ALLE ZEIT WACH
1842

Biophysik

Zweite, völlig neubearbeitete Auflage

Herausgegeben von
Walter Hoppe · Wolfgang Lohmann
Hubert Markl · Hubert Ziegler

Mit Beiträgen von

R. D. Bauer · W. S. Bennett, Jr. · H. Berg · H. Brunner · R. Busse
O. D. Creutzfeldt · F. Dörr · K. Dose · K. Dransfeld · J. Dudel
J. Engel · K. A. Fisher · E. Frömter · K. M. Hartmann · W. Haupt
H. Heumann · G. L. Hofacker · K. C. Holmes · W. Hoppe
R. Huber · H. Hutten · A. Johnsson · K.-E. Kaißling
G. M. Kalvius · O. Kratky · H. Kuhn · J. J. Ladik · W. Lohmann
G. Manley · H. G. Mannherz · H. Markl · H. Marko
W. D. McElroy · R. Menzel · H. Mittelstaedt · W. Nachtigall
H. Neubacher · B. Neumcke · G. Neuweiler · E.-G. Niemann
F. Parak · H.-H. Paul · V. Penka · W. Reichardt · G. Renger
H. Rüppel · E. Sackmann · A. Scharmann · H. Scheich
E. Schnepf · G. E. Schulz · P. Schuster · K. Sigmund · H. Simon
A. W. Snyder · H. Stieve · W. Stoeckenius · G. Thews · U. Thurm
H. Tschesche · J. Waser · M. H. Weisenseel · E. Wetterer
A. Wollmer · H. Ziegler · W. Zillig · G. Zundel · E. Zwicker

Mit 856 Abbildungen

Springer-Verlag
Berlin Heidelberg New York 1982

Professor Dr. Walter Hoppe, Max-Planck-Institut für Biochemie, Am Klopferspitz, 8033 Martinsried

Professor Dr. Wolfgang Lohmann, Institut für Biophysik der Universität Gießen, Strahlenzentrum, Leihgesterner Weg 217, 6300 Gießen

Professor Dr. Hubert Markl, Fakultät für Biologie der Universität Konstanz, Postfach 5560, 7750 Konstanz

Professor Dr. Hubert Ziegler, Institut für Botanik und Mikrobiologie der Technischen Universität München, Arcisstraße 21, 8000 München 2

ISBN 3-540-11335-5 2. Auflage Springer-Verlag Berlin Heidelberg New York
ISBN 0-387-11335-5 2nd edition Springer-Verlag New York Heidelberg Berlin

ISBN 3-540-07474-0 1. Auflage Springer-Verlag Berlin Heidelberg New York
ISBN 0-387-07474-0 1st edition Springer-Verlag New York Heidelberg Berlin

CIP-Kurztitelaufnahme der Deutschen Bibliothek
Biophysik: e. Lehrbuch/hrsg. von Walter Hoppe ...
Mit Beitr. von R. D. Bauer ... –
2., völlig neubearb. Aufl.
Berlin; Heidelberg; New York: Springer, 1982.
ISBN 3-540-11335-5 (Berlin, Heidelberg, New York)
ISBN 0-387-11335-5 (New York, Heidelberg, Berlin)
NE: Hoppe, Walter [Hrsg.]; Bauer, Rudolf D. [Mitverf.]

Satz, Druck und Bindearbeiten: Brühlsche Universitätsdruckerei, Gießen.
2131-3130/543210

Vorwort zur zweiten Auflage

Die erste Auflage der „Biophysik" fand freundliche Aufnahme bei Studenten, Hochschullehrern und vielen anderen, die sich für die physikalischen Grundlagen von Lebensvorgängen interessieren. Herausgeber, Autoren und Verlag hatten dies natürlich erhofft, waren aber dennoch fast ein wenig überrascht, da ein Vielautorenwerk, das ein so weit gestecktes Gebiet behandelt, keine leichte Lektüre ist. Um so größer war die Freude darüber, daß dieses neue, weit ausgreifende Konzept der Darstellung der Biophysik so guten Anklang fand.

Der rasche Fortschritt nahezu aller Disziplinen der Biologie – zu dem die biophysikalische Forschung ja in besonderem Maße beiträgt – machte es unumgänglich, die „Biophysik" für die Neuauflage in allen Teilen grundlegend zu überarbeiten, erheblich zu ergänzen und durch eine Reihe zusätzlicher Kapitel zu erweitern, die vor allem neu entwickelte biophysikalische Methoden behandeln. Die ohnehin schon große Zahl der Autoren stieg von 52 auf 68, der Umfang schwoll von über 700 Seiten der ersten Auflage auf ca. 1000 Seiten an. Wenngleich sich die Herausgeber aus sachlichen Gründen gezwungen sahen, diese erhebliche Erweiterung zu vertreten – wobei sie auch manchen freundlichen Anregungen von Rezensenten der ersten Auflage folgten –, teilen sie mit dem Verlag die Sorge, daß, was ursprünglich als einführendes Lehrbuch konzipiert war, im Zuge der Neubearbeitung die Lehrbuchdimension immer mehr zu sprengen droht. Nun gibt es allerdings Lehrbücher sehr unterschiedlicher Aufgabenstellung. Sie reichen vom knappen Elementartext, dessen Stoffangebot auf das zugeschnitten ist, was ein Student vernünftigerweise bis zu einem ersten Examen lernen kann, bis zum gründlichen und umfassenden Lehrwerk, das kaum jemand von vorne bis hinten in einem Stück durchlesen, geschweige denn wirklich „lernen" wird, das es vielmehr dem Nutzer – vom Anfängerstudenten bis zum Dozenten – ermöglichen soll, sich rasch Einblick in ganz verschiedene Forschungsrichtungen und Arbeitsmethoden zu verschaffen, um so zugleich einen selektiven, exemplarischen Überblick über den Stand des Wissens zu erhalten und dadurch zu speziellen, vertiefenden Werken hingeführt zu werden. Die „Biophysik" hat sich von Anfang an eher als ein Lehrbuch der zweiten Art verstanden und ist wohl auch schon in der ersten Auflage von vielen Interessenten so genutzt worden. Diesem breiten Nutzerkreis zuliebe wurde auch in der Neuauflage darauf geachtet, daß bei allem Bemühen um einen einführenden Darstellungsstil der Leser doch ein Werk in die Hand bekommt, das ihn umfassend auf neuestem Stand mit dem ganzen Reichtum an biophysikalischen Problemstellungen, Arbeitsmethoden und Forschungsergebnissen vertraut macht.

Natürlich sind die Koordinationsprobleme durch diese inhaltliche Ausweitung nicht verringert worden, im Gegenteil. Herausgeber und Autoren haben dem Verlag mit diesem Konzept eine große Last auferlegt. Sie sind ihm daher auch zu besonderem Dank verpflichtet, daß er sich alle erdenkliche Mühe gab, dieses verlagstechnisch schwierige Unterfangen mit größter Geduld und Sorgfalt zu einem guten Ende zu bringen. Unser Dank gilt auch den vielen, die uns auf Lücken, Unklarheiten und Unrichtigkeiten der Darstellung hingewiesen haben. Nun bleibt zu hoffen, daß auch die zweite Auflage so gute Aufnahme findet, wie es bei der ersten der Fall war.

Frühjahr 1982 Die Herausgeber

Vorwort zur ersten Auflage

Es ist meistens ein zufälliger Anlaß, der zu dem Entstehen eines Werkes dieser Art führt: Vor mehreren Jahren hatten einige Kollegen an der Technischen Universität München eine Ringvorlesung über Biophysik durchgeführt, in welcher nicht nur Physiker sondern auch Chemiker, Biochemiker und Biologen zu Worte kamen, mit dem Wunsch, die physikalisch orientierten Prinzipien ihrer Disziplinen darzustellen. Aus dieser Vorlesung ist dieses Buch hervorgegangen — allerdings in nicht unbeträchtlich erweiterter Form und mit z. T. neuen Autoren.

Was ist Biophysik? Wie immer bei Grenzgebieten fällt es schwer, präzise Definitionen zu finden. Es ist ferner unmöglich, Biophysik zu betreiben, wenn man nicht gewisse Grundkenntnisse der Biologie, der Physik, der physikalischen Chemie, der Chemie und der Biochemie besitzt. Für den Entwurf eines biophysikalischen Lehrbuches ergibt sich damit sofort die Frage, ob man den Studenten auf die Literatur dieser Nachbargebiete verweisen soll, wobei ihm dann die Auswahl des notwendigen Wissensstoffes überlassen wäre. Wir waren der Meinung, daß es nützlicher und zeitsparender ist, wenn er den ausgewählten „Zusatzwissensstoff" in konzentrierter Form im Rahmen der Biophysik-Vorlesung geboten bekommt. Auch in diesem Buch wird man daher Beiträge über die Struktur und Funktion der Zelle, über den chemischen Bau von biogenen Makromolekülen, aber auch über theoretische Chemie usw. finden.

Wiederholen wir die Frage, was ist Biophysik? Muß man Physiologie, Elektromedizin, Strahlenmedizin usw. auch hinzurechnen? Das Bild der Biophysik hat sich in den letzten Jahren sehr gewandelt. In immer stärkerem Maße steht das molekulare Verständnis der Lebensvorgänge im Vordergrund. Ähnlich wie es eine molekulare Chemie und eine molekulare Physik in der nichtbelebten Natur gibt, entwickelt sich eine molekulare Biochemie und eine molekulare Biophysik. An die Stelle der kleinen Moleküle treten die biogenen Makromoleküle, wobei deren Funktion nicht nur von dem chemischen Aufbau aus dem überraschend beschränkten Bausteinvorrat sondern auch von ihrer räumlichen Anordnung — ihrer Struktur — abhängig ist. Der außerordentlichen Differenziertheit in diesem Gebiet können nur Methoden entsprechen, welche ebenfalls differenzierte Aussagen gestatten. Hier nehmen die Beugungsmethoden eine besondere Stellung ein. Mit der molekularen Kenntnis der Struktur können nun die anderen Methoden der physikalischen Chemie an die Aufklärung der dynamischen Zusammenhänge schreiten, wobei insbesondere die Aufschlüsselung der Kinetik nach der Zeitkoordinate (Sprungmethoden usw.) besonders wertvolle Beiträge leistet.

Aber es wäre falsch, die Biophysik nur als molekulare Biophysik zu verstehen. Die Makromoleküle, Zellorganellen und Zellen bilden hochorganisierte Systeme, welche über komplexe Steuersysteme zusammenarbeiten. Kybernetik in der Biologie ist ein Gebiet, welches wohl erst am Anfang steht — wenn auch an gewissen Spezialsystemen schon tiefgreifendes Verständnis erzielt werden konnte.

Nun ist aber jedes Lebewesen auch eine „Maschine" im klassisch mechanischen, klassisch elektrischen, klassisch akustischen und klassisch optischen Sinn. Ein mehr molekular orientierter Biophysiker ist gerne geneigt, diese Aspekte der „Biophysik" zu vergessen. Das wäre aber schade, lehren sie uns doch, in welch vielfältiger und bunter Weise die Natur Physik betreibt. Der Leser wird hierüber viel Bemerkenswertes in diesem Buche finden.

Nach einer alten Klassifikation wurde die Physik als die Wissenschaft der Methoden, die Chemie als die Wissenschaft der Stoffe bezeichnet. Diese Einteilung ist heute längst überholt, doch läßt sich die stark methodisch orientierte Zielsetzung der physikalischen Disziplinen sicherlich nicht leugnen. Dem entspricht, daß in diesem Buch den Methoden ein breiter Raum eingeräumt wird. Hierbei wird durchaus auch versucht, dem Studenten ein mehr als nur oberflächliches Verständnis nahezubringen.

Nun noch ein Wort zur Zusammensetzung des Buches aus vielen Einzelbeiträgen verschiedenster Autoren. Es gibt grundsätzlich zwei Möglichkeiten, ein solches Gebiet zu behandeln. Ein von einem einzigen Autor geschriebenes Lehrbuch ist (wenn der Autor gut ist) ein in sich geschlossenes Werk. Aber gerade auf Grenzgebieten findet man immer wieder, daß die Kapitel über das eigene Spezialgebiet vorzüglich sind, während die Nachbargebiete schlechter dargestellt, z. T. manchmal sogar irreführend „abgeschrieben" sind. Setzt man hingegen das Buch aus Artikeln der zuständigen Wissenschaftler zusammen, so ist die Chance groß, daß die Beiträge nicht nur den neuesten Stand wiedergeben, sondern auch die wesentlichen und entscheidenden Punkte herausheben. Freilich hängt das sehr stark vom Einzelautor, seiner Darstellungskunst usw. ab. Außerdem ist immer die Gefahr vorhanden, daß Gleiches oder Ähnliches von mehreren Autoren behandelt wird und daß einzelne Autoren, verliebt in ihr Arbeitsgebiet, etwas zu ausführlich werden. Der Umfang eines Vielautorenlehrbuches ist zwangsläufig immer größer als der Umfang eines Einzelautorenlehrbuches. Aber ist das nicht auch ein Vorteil? Ein Buch dieser Art ist für den fortgeschrittenen Studenten gedacht, der durchaus kritisch und auswählend lesen soll. Die Herausgeber haben sich bemüht, in die Redaktion der Einzelbeiträge möglichst wenig einzugreifen.

Zum Schluß möchten Autoren und Herausgeber dem Verlag für die Sorgfalt danken, mit der er sich den in diesem Fall besonders komplizierten verlegerischen Aufgaben gewidmet hat. Ein Lehrbuch aus der Feder von vielen Autoren macht sehr viel Mühe — allein schon die drucktechnische Koordinierung der Beiträge der natürlich immer zeitlich überlasteten Autoren ist ein Geduldspiel ersten Ranges.

Winter 1976/77 Die Herausgeber

Inhaltsverzeichnis

Mitarbeiterverzeichnis

Dr. R. D. BAUER
Institut für Physiologie und Kardiologie der Universität Erlangen-Nürnberg, Waldstraße 6, 8520 Erlangen

Dr. W. S. BENNETT, JR.
Max-Planck-Institut für Biochemie, Am Klopferspitz, 8033 Martinsried

Professor Dr. H. BERG
Zentralinstitut für Mikrobiologie und experimentelle Therapie, Beutenbergstraße 11, DDR-6900 Jena

Dr. H. BRUNNER
Denninger Straße 200, 8000 München 81

Professor Dr. R. BUSSE
Lehrstuhl für Angewandte Physiologie der Universität Freiburg, Hermann-Herder-Straße 7, 7600 Freiburg

Professor Dr. O. D. CREUTZFELDT
Max-Planck-Institut für biophysikalische Chemie, Am Faßberg, 3400 Göttingen-Nikolausberg

Professor Dr. F. DÖRR
Institut für Physikalische und Theoretische Chemie der Technischen Universität München, Lichtenbergstraße 4, 8046 Garching

Professor Dr. K. DOSE
Institut für Biochemie der Universität, J.-Becker-Weg 28, 6500 Mainz

Professor Dr. K. DRANSFELD
Fachbereich Physik der Universität Konstanz, Postfach 5560, 7750 Konstanz

Professor Dr. J. DUDEL
Physiologisches Institut der Technischen Universität München, Biedersteiner Straße 29, 8000 München 40

Professor Dr. J. ENGEL
Universität Basel, Biozentrum, CH-4056 Basel

Dr. K. A. FISHER
University of California, School of Medicine, Cardiovascular Research Institute, San Francisco, CA 94143/USA

Professor Dr. E. FRÖMTER
Max-Planck-Institut für Biophysik, Kennedy-Allee 70, 6000 Frankfurt 70

Professor Dr. K. M. HARTMANN
Botanisches Institut der Universität Erlangen-Nürnberg, Schloßgarten 4, 8520 Erlangen

Professor Dr. W. HAUPT
Botanisches Institut der Universität Erlangen-Nürnberg, Schloßgarten 4, 8520 Erlangen

Dr. H. HEUMANN
Max-Planck-Institut für Biochemie, Am Klopferspitz, 8033 Martinsried

Professor Dr. G. L. HOFACKER
Institut für Physikalische und Theoretische Chemie, Technische Universität München, Lichtenbergstraße 4, 8046 Garching

Professor Dr. K. C. HOLMES
Max-Planck-Institut für Medizinische Forschung, Abteilung Biophysik, Jahnstraße 29, 6900 Heidelberg 1

Professor Dr. W. HOPPE
Max-Planck-Institut für Biochemie, Am Klopferspitz, 8033 Martinsried

Professor Dr. R. HUBER
Max-Planck-Institut für Biochemie, Am Klopferspitz, 8033 Martinsried

Professor Dr. H. HUTTEN
Physiologisches Institut der Universität, Saarstraße 21, 6500 Mainz

Professor Dr. A. JOHNSSON
Institute of Physics NLHT, University of Trondheim, N-7055 Dragvoll

PD Dr. K.-E. KAISSLING
Max-Planck-Institut für Verhaltensphysiologie, 8131 Seewiesen

Professor Dr. G. M. KALVIUS
Physik-Department E 15 der Technischen Universität München, James-Franck-Straße, 8046 Garching

Professor Dr. O. KRATKY
Institut für Röntgenstrukturforschung der österreichischen Akademie der Wissenschaften und Forschungszentrum Graz, Steyrergasse 17 VI, A-8020 Graz

Professor Dr. H. KUHN
Max-Planck-Institut für Biophysikalische Chemie, Am Faßberg, 3400 Göttingen

Professor Dr. J. J. LADIK
Institut für Theoretische Chemie, Universität Erlangen-Nürnberg, Egerlandstraße 3, 8520 Erlangen

Professor Dr. W. LOHMANN
Institut für Biophysik der Universität Gießen, Strahlenzentrum, Leihgesterner Weg 217, 6300 Gießen

Professor Dr. G. MANLEY
Zoologisches Institut der Technischen Universität München, Lichtenbergstraße 4, 8046 Garching

Professor Dr. H. G. MANNHERZ
Institut für Anatomie und Zellbiologie der Universität Marburg, Robert-Koch-Straße 6, 3550 Marburg

Professor Dr. H. MARKL
Fakultät für Biologie der Universität Konstanz, Postfach 5560, 7750 Konstanz

Professor Dr. H. MARKO
Institut für Informationstechnik der Technischen Universität München, Arcisstraße 21, 8000 München 2

Professor Dr. W. D. MCELROY
University of California, University House, 9630 La Jolla Farms Road, La Jolla, CA 92037/USA

Professor Dr. R. MENZEL
Freie Universität Berlin, Fachbereich 23, Tierphysiologie, Grunewaldstraße 34, 1000 Berlin 41

Professor Dr. H. MITTELSTAEDT
Max-Planck-Institut für Verhaltensphysiologie, 8131 Seewiesen

Professor Dr. W. NACHTIGALL
Zoologisches Institut der Universität des Saarlandes, 6600 Saarbrücken

Dr. H. NEUBACHER
Institut für Biophysik der Universität Gießen, Strahlenzentrum, Leihgesterner Weg 217, 6300 Gießen

Professor Dr. B. NEUMCKE
Fachbereich III, Theoretische Medizin, Fachrichtung 3.2 – Physiologie, 6650 Homburg

Professor Dr. G. NEUWEILER
Zoologisches Institut der Universität München, Luisenstraße 14, 8000 München 2

Professor Dr. E.-G. NIEMANN
Institut für Strahlenbotanik, GSF, und Institut für Biophysik der Technischen Universität Hannover, Herrenhäuser Straße 2, 3000 Hannover-Herrenhausen

Dr. F. PARAK
Physik-Department E 15 der Technischen Universität München, James-Franck-Straße, 8046 Garching

Dr. H.-H. PAUL
Institut für Biophysik der Universität Gießen, Strahlenzentrum, Leihgesterner Weg 217, 6300 Gießen

Dr. V. PENKA
Institut für Biophysik der Universität Gießen, Strahlenzentrum, Leihgesterner Weg 217, 6300 Gießen

Professor Dr. W. REICHARDT
Max-Planck-Institut für Biologische Kybernetik, Spemannstraße 38, 7400 Tübingen

Professor Dr. G. RENGER
Max-Volmer-Institut für Physikalische Chemie und Molekularbiologie, Technische Universität Berlin, Straße des 17. Juni 135, 1000 Berlin 12

Professor Dr. H. RÜPPEL
Max-Volmer-Institut für Physikalische Chemie und Molekularbiologie, Technische Universität Berlin, Straße des 17. Juni 135, 1000 Berlin 12

Professor Dr. E. SACKMANN
Fakultät für Physik der Technischen Universität München, James-Franck-Straße, 8046 Garching

Professor Dr. A. SCHARMANN
I. Physikalisches Institut der Universität Gießen, Heinrich-Buff-Ring 16, 6300 Gießen

Professor Dr. H. SCHEICH
Zoologisches Institut der Technischen Hochschule, Schnittspahnstraße 3, 6100 Darmstadt

Professor Dr. E. SCHNEPF
Institut für Zellenlehre der Universität Heidelberg, Im Neuenheimer Feld 230, 6900 Heidelberg 1

Professor Dr. G. E. SCHULZ
Max-Planck-Institut für Medizinische Forschung, Jahnstraße 29, 6900 Heidelberg 1

Professor Dr. P. SCHUSTER
Institut für Theoretische Chemie und Strahlenchemie der Universität Wien, Währingerstraße 42, A-1090 Wien

Professor Dr. K. SIGMUND
Institut für Mathematik der Universität Wien, Strudelhofgasse 4, A-1090 Wien

Professor Dr. H. SIMON
Institut für Organische Chemie und Biochemie, Technische Universität München, Arcisstraße 21, 8000 München 2

Professor Dr. A. W. SNYDER
Australian National University, Department of Applied Mathematics, Canberra A.C.T. 2600/Australien

Professor Dr. H. STIEVE
Institut für Neurobiologie der Kernforschungsanlage Jülich GmbH, Postfach 1913, 5170 Jülich 1

Professor Dr. W. STOECKENIUS
University of California, School of Medicine, Cardiovascular Research Institute, San Francisco, CA 94143/USA

Professor Dr. Dr. G. THEWS
Physiologisches Institut der Universität Mainz, Saarstraße 21, 6500 Mainz

Professor Dr. U. THURM
Zoologisches Institut der Universität Münster, Hüfferstraße 1, 4400 Münster

Professor Dr. H. TSCHESCHE
Fakultät für Chemie der Universität Bielefeld, Universitätsstraße, 4800 Bielefeld 1

Professor Dr. J. WASER
6120 Perryhill Drive, La Jolla, California 92037, USA

Professor Dr. M. H. WEISENSEEL
Botanisches Institut der Universität, Kaiserstraße 2
7500 Karlsruhe

Professor Dr. E. WETTERER
Institut für Physiologie und Kardiologie der Universität Erlangen-Nürnberg, Waldstraße 6, 8520 Erlangen

Professor Dr. A. WOLLMER
Physiologisches Institut der Rheinisch-Westfälische Technischen Hochschule Aachen, 5100 Aachen

Professor Dr. H. ZIEGLER
Institut für Botanik und Mikrobiologie der Technischen Universität München, Arcisstraße 21, 8000 München 2

Professor Dr. W. ZILLIG
Max-Planck-Institut für Biochemie, 8033 Martinsried

Professor Dr. G. ZUNDEL
Physikalisch-Chemisches Institut der Universität München, Theresienstraße 41, 8000 München 2

Professor Dr. E. ZWICKER
Institut für Elektroakustik der Technischen Universität München, Arcisstraße 21, 8000 München 2

1 Bau der Zelle (Prokaryoten, Eukaryoten)

Eberhard Schnepf

1.1 Eigenschaften der Zelle

1.1.1 Molekül – Organelle – Zelle – Organismus

Das Phänomen „Leben" manifestiert sich in *Organismen.* In ihnen finden alle die Reaktionen statt, die in ihrer Gesamtheit für das Leben charakteristisch sind. Die einzelnen Reaktionen lassen sich heute schon fast alle auch außerhalb der Organismen, *in vitro*, experimentell durchführen. Sie werden in der Regel durch Enzyme katalysiert und kontrolliert (vgl. Kapitel 9). Übermolekulare Funktionseinheiten sind die *Organellen.* In manchen Organellen sind viele Reaktionen lokalisiert und aufeinander abgestimmt; diese Organellen sind dementsprechend kompliziert aufgebaut, haben aber auch dann nur gewisse Teilfunktionen innerhalb des Organismus.

Die erste Integrationsstufe, die *alle* für das Leben charakteristischen Prozesse koordiniert durchführt, also die kleinste Einheit des Lebens, die zu Stoffwechsel, Selbstreproduktion und Mutabilität fähig ist, ist die *Zelle.* In manchen Fällen, bei Einzellern, ist die Zelle mit dem Organismus identisch. Höher entwickelte Organismen bestehen jedoch aus vielen Einzelzellen, deren Aktivität ebenfalls einer Kontrolle — auf überzellulärer Ebene — unterliegt. Wenn diese Regulation versagt, wie z.B. bei Krebserkrankung, wird der Organismus geschädigt. Auch ein Zusammenleben von Organismen ist nicht ohne Koordination möglich; jede Organisationsstufe hat ihre Regulationssysteme.

1.1.2 Die Zelle als Grundeinheit des Lebens

1.1.2.1 Die Zelle als Grundeinheit der Struktur

Alle höheren Organismen durchlaufen bei ihrer Entwicklung in der Regel ein Stadium, in dem sie nur aus einer einzigen Zelle bestehen. Viele mehrzellige Organismen, sogar Höhere Pflanzen, kann man in Einzelzellen zerteilen, die sich unter bestimmten Bedingungen wieder zu einem vollständigen Organismus entwickeln. Hingegen ist es nicht möglich, eine echte Zelle in mehrere entwicklungsfähige Teile zu zerlegen; sie stellt ein *Individuum* dar (vgl. jedoch 1.3).

Damit ist bereits gesagt, daß alle Lebewesen aus Zellen bestehen und daß diese gegen die unbelebte Umgebung wie gegen Nachbarzellen abgegrenzt sind. Die Grenze wird durch die Plasmamembran, das *Plasmalemma*, gebildet. Viele Zellen sind von einer festen Hülle aus sezerniertem Material umschlossen. Besonders Pflanzenzellen haben meist mächtige *Zellwände.* Diese sind ein Teil der Zelle, obwohl sie nicht zum eigentlichen lebenden Zellkörper, dem *Protoplasten*, gehören. Sie haben der Zelle sogar den Namen gegeben, denn was Hooke vor mehr als 300 Jahren im Flaschenkork beobachtete und „cellulae" nannte, waren die Wände und nicht der lebende Inhalt; der war längst abgestorben und verschwunden.

1.1.2.2 Die Zelle als Grundeinheit der Vermehrung

Die *Zelltheorie*, nach der alle Lebewesen aus Zellen bestehen, wurde 1838 von Schwann und Schleiden aufgestellt und ist eine der fundamentalen Aussagen der Biologie. Sie beinhaltet, daß Zellen nur aus Zellen entstehen, was allerdings erst von Virchow 1855 klar formuliert wurde. Dabei teilt sich meistens eine Zelle in zwei Tochterzellen, wobei die die Zellentwicklung steuernde genetische Information gleichmäßig verteilt wird. Die Tochterzellen können zusammenbleiben und einen mehrzelligen Organismus bilden oder sich trennen und jeweils ein selbständiges Leben führen.

Neue Zellen können aber auch durch die Verschmelzung von zwei Zellen entstehen. Das findet regelmäßig bei einer geschlechtlichen Fortpflanzung statt.

Die Zelltheorie schließt natürlich nicht aus, daß sich während der Entstehung des Lebens die ersten Zellen aus Gebilden entwickelt haben, die man heute nicht als Zellen ansprechen würde (vgl. Kapitel 18).

1.1.2.3 Die Zelle als Grundeinheit der Funktion

Die Zelle ist ein *offenes System.* Sie steht in ständigem Stoffaustausch mit ihrer Umgebung. Die Abgrenzung durch das Plasmalemma ist notwendig, um Stoffe im Zellinneren anzureichern und unbeeinflußt vom umgebenden Milieu umzusetzen. Manche Zellen nehmen außer Energie nur einfache anorganische Moleküle oder Ionen auf und formen diese zu den verschiedensten Biosubstanzen um; sie sind *autotroph.* Andere sind auf die Zufuhr von organischen Stoffen angewiesen, also auf die Tätigkeit anderer Zellen; sie sind *heterotroph.* Aber immer kann eine Zelle in einer Umgebung wachsen und sich vermehren, die weniger komplex als sie selbst ist. Das unterscheidet sie von *Viren* und *Bakteriophagen* (vgl. 1.5). Diese haben zwar die für die Informationsweitergabe notwendigen Moleküle, DNA oder RNA, jedoch, von wenigen Ausnahmen abgesehen, nicht beide Nucleinsäuren gemeinsam; sie müssen also zur Ausprägung der Information (vgl. Kapitel 10) den Syntheseapparat einer echten

Zelle benutzen. Eine Zelle mag zwar im Einzelfall stark reduziert sein und beispielsweise, so bei manchen intrazellulären Parasiten, wie den *Rickettsien* und den *Psittakosis*-Organismen, nicht einmal befähigt sein, Energie (in Form von ATP) sowie Redox-Substanzen (NAD) zu produzieren, sie hat jedoch stets einen vollständigen Apparat zur Proteinsynthese, mit DNA und RNA.

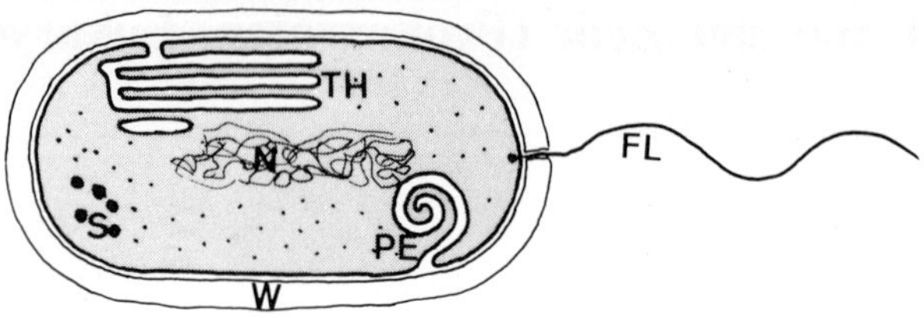

Abb. 1.1. Organisation einer Protozyte, schematisch. *FL* Bakteriengeißel; *N* Nukleoid; *PE* Plasmalemma-Einstülpung = Mesosom; *S* Speicherstoffgranula (z.B. aus Glycogen oder Poly-β-hydroxybuttersäure); *TH* Thylakoide; *W* Zellwand. Nucleozytoplasmatische Matrix gerastert

1.1.3 Die Größe der Zelle

Bei der Vergrößerung einer Zelle wird das Verhältnis von Volumen zu Oberfläche immer ungünstiger. Dadurch entstehen Schwierigkeiten in der Stoffaufnahme und -abgabe. Außerdem wird Stoff- und Informationsfluß innerhalb der Zelle erschwert (vgl. aber 1.3).

Gelegentlich, als Extrem im Ei der Vögel und Reptilien, gibt es jedoch Zellen, deren Größe weit über das normale Maß hinausgeht. Sie enthalten außer den für die einzelnen Lebensprozesse notwendigen Stoffen und Strukturen einen großen Vorrat von Reservesubstanzen; dieser läßt sie so voluminös werden. Er ermöglicht die Entwicklung des Embryos ohne Stoffzufuhr von außen.

Abgesehen von Sonderfällen, wie sie z.B. in den Nervenzellen vorliegen, die sehr lang (bis in den Bereich von Metern) werden, ist eine Zelle selten größer als etwa 100 µm und kleiner als 1 µm im Durchmesser, wobei sich zwei Typen unterscheiden lassen, die *Protozyte* (die Zelle der *Prokaryoten*, nämlich der Bakterien und der Blaualgen, vgl. 1.1.4.1) mit einer Größe von etwa 1 µm und die *Euzyte* (die Zelle der höheren Organismen, der *Eukaryoten*, vgl. 1.1.4.2) von etwa 10–50 µm.

Die untere Grenze der Zellgröße ist bedingt durch die kleinstmögliche Anzahl der Komponenten, die für eine selbständige Existenz notwendig sind, und durch deren Größe. Man hat geschätzt, daß in einer Zelle etwa 100 Stoffwechselreaktionen im Minimum ablaufen. Es müssen also dafür wenigstens 100 verschiedene Enzyme und die entsprechende Menge von Substratmolekülen vorliegen, außerdem eine lange DNA-Doppelhelix, verschiedene RNA-Moleküle, Ribosomen, um diese Enzyme zu synthetisieren, und Regulator-Moleküle. Wenn man das Volumen dieser Moleküle berechnet, den Wassergehalt und das Plasmalemma in die Kalkulation mit einbezieht, resultiert ein Minimalorganismus von etwa 70 nm Durchmesser. Es muß jedoch noch berücksichtigt werden, daß zahlreiche Moleküle vielfach vorkommen müssen, denn die Reaktionen setzen das zufallsgemäße Zusammentreffen der Reaktionspartner voraus.

Die kleinsten bekannten Zellen, *Rickettsien* und *Mycoplasmen*, haben einen Durchmesser von etwa 100 nm; es ist also unwahrscheinlich, daß es wesentlich kleinere Lebewesen gibt.

1.1.4 Protozyte und Euzyte

1.1.4.1 Organisation der Protozyte

Solche „Minimalzellen" müssen aus wenigstens zwei Strukturelementen zusammengesetzt sein. Das eine ist das *Plasmalemma* als morphologische und physiologische Abgrenzung gegen die Umgebung, das andere das *Grundplasma*, die *nucleozytoplasmatische Matrix*, in der die Proteinsynthese lokalisiert ist. Sie enthält *DNA-Moleküle* und *Ribosomen* als mikroskopisch definierbare Strukturen.

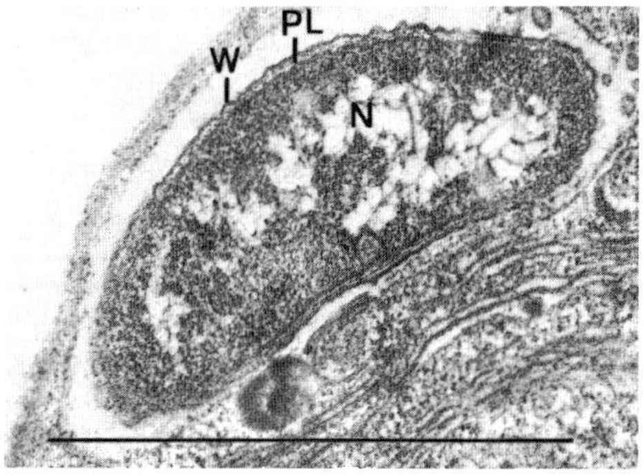

Abb. 1.2. Einfach organisiertes Bakterium, das in einer Grünalge parasitiert. *N* Nukleoid; *PL* Plasmalemma; *W* Zellwand. Marke: 1 µm

Solche extrem einfach gebauten Zellen werden durch die *Mycoplasmen* repräsentiert, intrazelluläre Parasiten, die Erreger von Infektionskrankheiten bei Tieren und Pflanzen sind. Nur wenig komplizierter aufgebaut (Abb. 1.1–1.3) sind die echten *Bakterien* und die *Blaualgen* (oder „blau-grüne Bakterien", *Cyanophyceen*). Sie haben im Gegensatz zu den nackten Mycoplasmen eine feste, extraplasmatische Zellwand und dadurch eine definierte Gestalt (Kugel, Stäbchen usw.). Andere extraplasmatische Strukturen bei Bakterien sind die Bakteriengeißeln und die Fimbrien.

Bei vielen Bakterien stülpt sich das Plasmalemma nach innen ein. Die Oberflächenvergrößerung hat nicht nur einen Einfluß auf den Stoffaustausch, sondern auch auf Stoffwechselprozesse, an denen membrangebundene Enzyme beteiligt sind. Solche Einstülpungen können sich vom Plasmalemma ablösen; es entstehen dann membranumschlossene Räume, *Kompartimente*; sie werden *Thylakoide* genannt, wenn ihre Membran wie bei Blaualgen und photosynthetisch aktiven Bakterien Chlorophyll enthält. Bei diesen Organismen, den *Prokaryoten*, besteht die Zelle meist nur aus *einem* Kompartiment, der nukleozytoplasmatischen Matrix, in der die DNA-haltigen Bereiche (*Nukleoide*) nicht scharf vom übrigen Grundzytoplasma abgetrennt sind. Zusätzliche innere Kompartimente lassen sich von Einstülpungen des Plasmalemmas ableiten. Sie enthalten demzufolge nichtplasmatisches

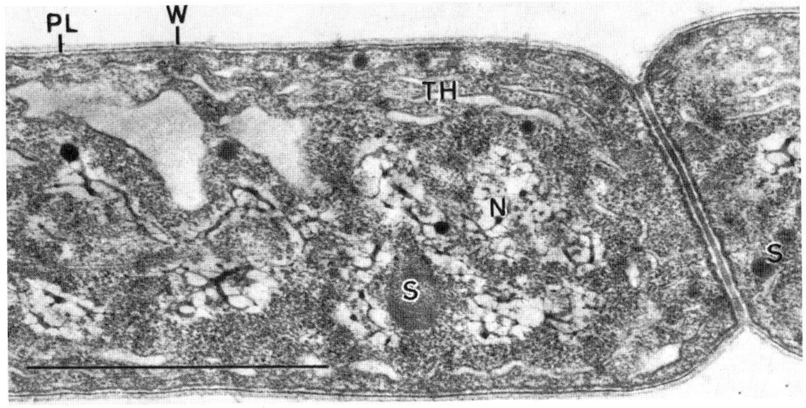

Abb. 1.3. Teil einer fädigen Blaualge (Cyanophycee) mit Kompartimentierung durch Thylakoide, die z.T. angeschwollen sind. *N* Nukleoid; *PL* Plasmalemma; *S* Granula aus Reservesubstanzen; *TH* Thylakoide; *W* Zellwand. Marke: 1 μm

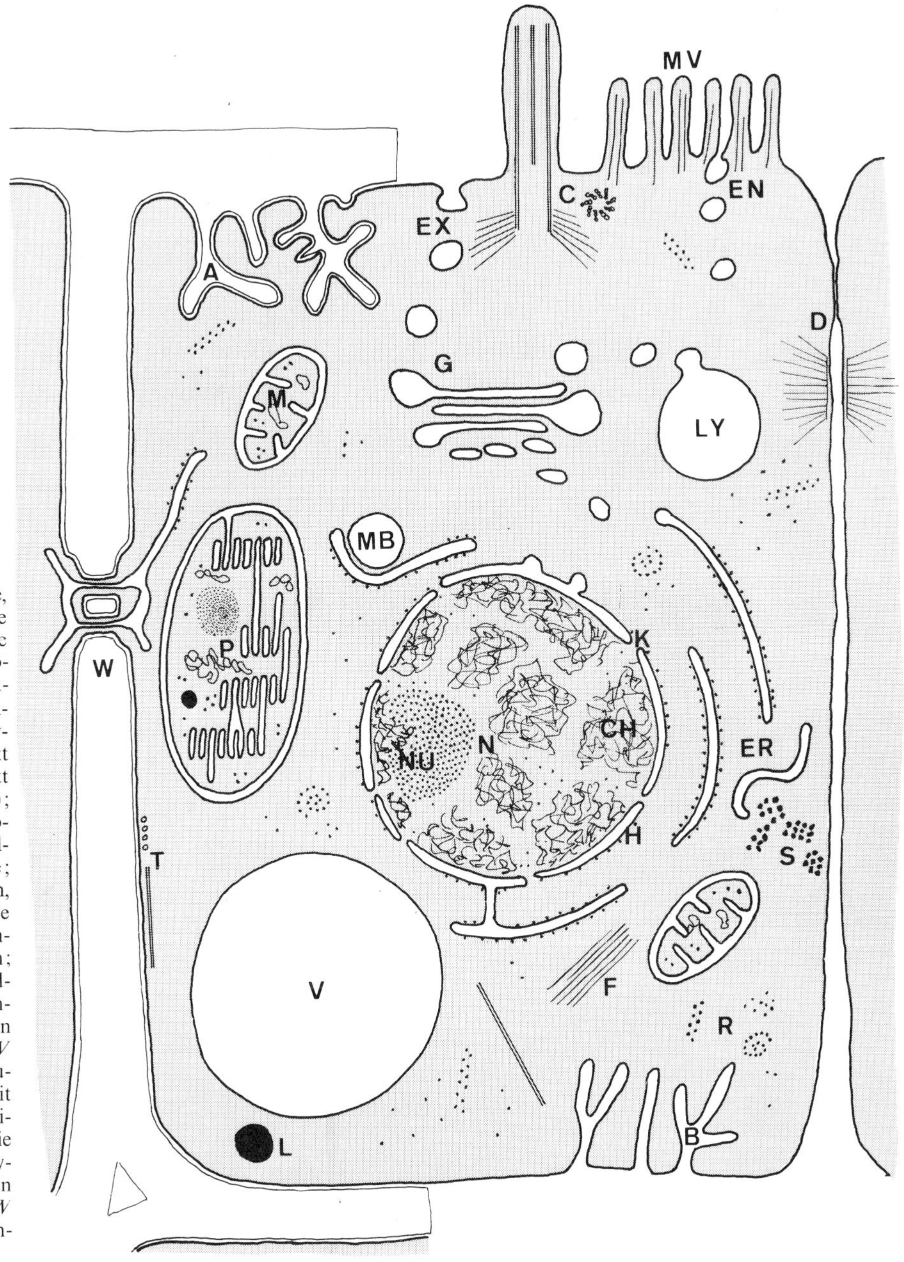

Abb. 1.4. Organisation der Euzyte, schematisch. In der linken Bildhälfte ist eine pflanzliche, in der rechten eine tierische Zelle dargestellt. Die nukleozytoplasmatische Matrix ist gerastert. *A* apikale Zellwandprotuberanzen (Wandlabyrinth); *B* basales Labyrinth; *C* Zilie, links im Längsschnitt mit Zilienwurzel, rechts Querschnitt durch eine Zilienbasis (≈ Zentriol); *CH* Chromatin; *D* Desmosom mit zonula occludens (oben) und zonula adhaerens (unten); *EN* Endocytose; *ER* endoplasmatisches Reticulum, links rauh, rechts glatt; *EX* Exocytose (von Golgivesikeln); *F* Mikrofilamente; *G* Diktyosom mit Golgi-Vesikeln; *H* Kernhülle mit *K* Poren; *L* Lipoidtropfen; *LY* Lysosom; *M* Mitochondrium mit DNA und Ribosomen in der Matrix; *MB* Microbody; *MV* Mikrovilli; *N* Zellkern mit *NU* Nukleolus; *P* Plastide (Chloroplast) mit Thylakoiden, Stärkekorn, DNA, Ribosomen und Plastoglobulus; *R* freie Polyribosomen; *S* Speicherstoff-(Glykogen-)Granula; *T* Mikrotubuli, oben quer, unten längs; *V* Vakuole; *W* Zellwand, von Plasmodesmen durchzogen

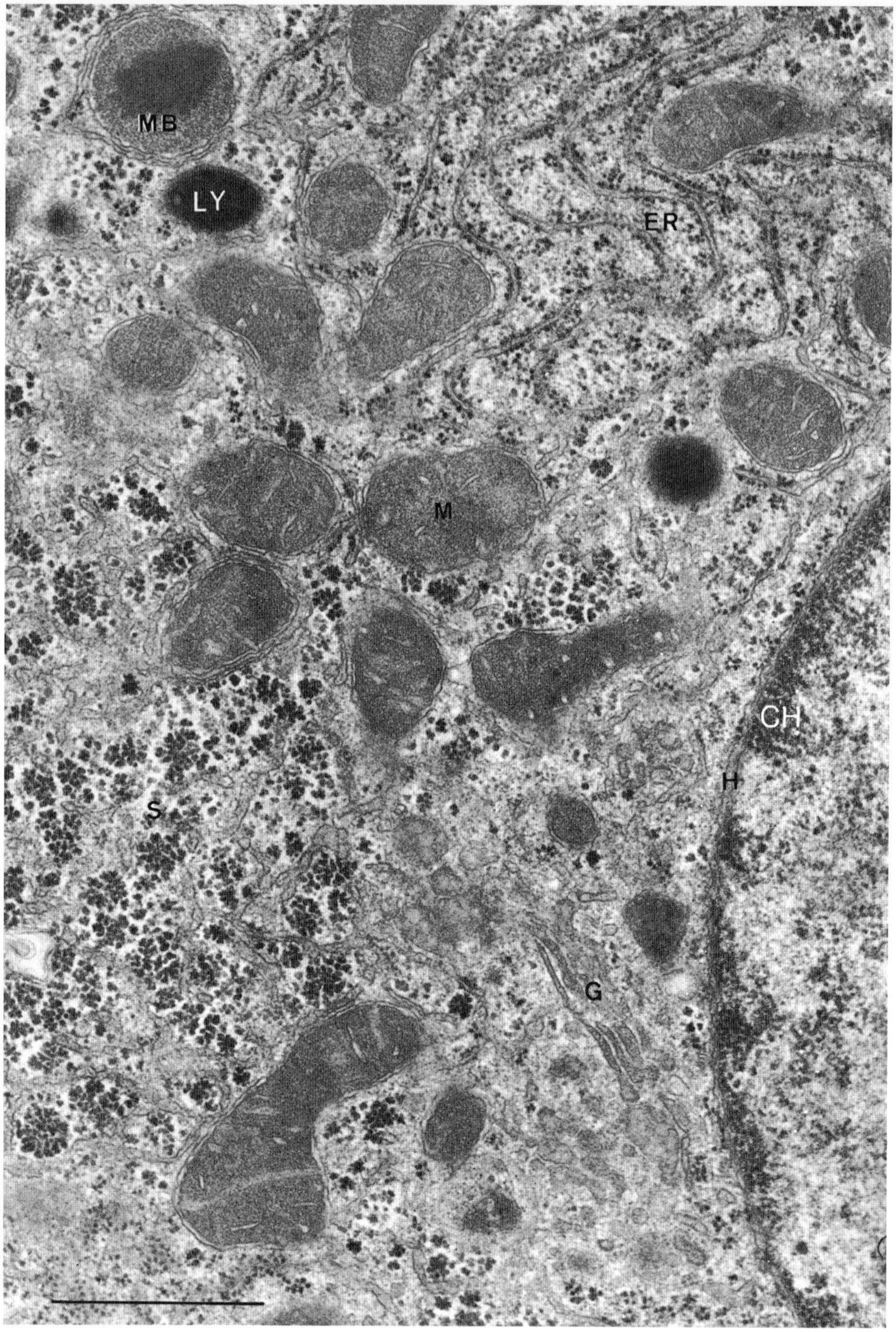

Abb. 1.5. Teil einer Leberzelle der Ratte; rechts unten Abschnitt des Zellkerns mit Chromatin *(CH)* und Kernhülle *(H)*; oben rauhes endoplasmatisches Retikulum *(ER)*; in der unteren Bildhälfte umgibt glattes *ER* die Ansammlungen von Glykogen *(S)*; *G* Diktyosom; *LY* Lysosom; *M* Mitochondrium; *MB* Microbody mit kristalloidem Einschluß. Marke: 1 µm Aufnahme: Dr. H. Falk

Material. Protozyten haben, wenn überhaupt, fast ausschließlich nur je eine Art von nichtplasmatischen Kompartimenten. Dadurch unterscheiden sie sich grundsätzlich von der *Euzyte*, der Zelle der Eukaryoten, zu denen alle anderen Einzeller *(Protisten)* und Höheren Tiere und Pflanzen gehören (vgl. Abb. 1.1 und 1.4). Protozyte und Euzyte unterscheiden sich außerdem z.B. noch durch die Ribosomen, deren Größe 70 S bzw. 80 S beträgt und deren Empfindlichkeit gegenüber einigen Antibiotika verschieden ist. Vermutlich ist der nur wenig gegliederte Protoplast der Grund dafür, daß Protozyten in der Regel sehr klein sind, und daß sich auf der Stufe der Prokaryoten keine echten Vielzeller mit Zellverbänden aus unterschiedlichen Zelltypen entwickelt haben; nur bei Blaualgen gibt es fädige, aus Zellreihen bestehende Organismen, bei denen bis zu drei verschiedene Zellarten unterschieden werden können.

1.1.4.2 Organisation der Euzyte

Die *Euzyte* ist hingegen viel komplexer aufgebaut, was wohl mit einer besseren Regulation und Koordination in Zusammenhang steht und damit eine höhere Entwicklung erlaubt hat. Die vielfältigere *Kompartimentierung* kommt durch eine Differenzierung der endoplasmatischen Membranen zustande. Dabei findet man in allen Euzyten nahezu die gleichen Organellen. Auch Pflanzen- und Tierzellen unterscheiden sich nur in wenigen Details (vgl. Abb. 1.5, 1.6 und 1.7). Die Mannigfaltigkeit in der Organisation bei den Eukaryoten beruht also in erster Linie auf quantitativen Unterschieden bei den Organellen. Die Zahl der Organelltypen ist nicht sehr groß.

In Abb. 1.4 ist schematisch die Organisation einer Euzyte dargestellt, wobei auch die wenigen jeweils für Tier- und Pflanzenzellen spezifischen Elemente mit berücksichtigt sind. Der Protoplast wird vom *Plasmalemma* umgrenzt, welches wiederum von der *Zellwand* (bei Pflanzen) oder der *Glykocalyx* oder dem Zwischenzellmaterial (bei Tieren) umhüllt wird.

Wenn man das Plasmalemma, von außen kommend, durchquert, gelangt man in das *Grundplasma* (die *zytoplasmatische Matrix*). Im Gegensatz zu Bakteriengeißeln sind die Geißeln und Zilien vom Plasmalemma umschlossene Ausstülpungen des Grundplasmas. Das *Nukleo-* oder *Karyoplasma* enthält die DNA, anders als bei Protozyten, als *Chromatin*. Es ist im Zellkern organisiert und wird durch die *Kernhülle* vom Grundplasma abgetrennt. Es steht jedoch mit ihm durch Poren in der Kernhülle in Verbindung, gehört also auch hier demselben morphologischen Kompartiment, der *nukleozytoplasmatischen Matrix*, an. Der *Nukleolus* ist eine charakteristische Differenzierung des echten Kernes, die den Nukleoiden der Protozyten fehlt.

In der nukleozytoplasmatischen Matrix gibt es außerdem die verschiedenen, für die Euzyte charakteristischen, aus Kompartimenten bestehenden Organellen. Sie lassen sich in zwei Gruppen einteilen. Die aus *einem* Kompartiment bestehenden Organellen haben nur eine Membran und treten in Form von etwa kugeligen Gebilden (Vesikel, Vakuolen), von flachen Säckchen (Zisternen) und von Röhren (Tubuli) auf: *endoplasmatisches Retikulum*, *Golgi-Apparat*, *Lysosomen*, *Vakuolen* und *Microbodies*, sowie verschiedene Formen von intermediären Vesikeln.

Die *zusammengesetzten Organellen* (*Mitochondrien* und *Plastiden*) werden von zwei verschiedenen Membranen umhüllt. Die äußere Membran trennt die Organelle vom Grundplasma, die innere liegt ihr dicht an und umschließt eine Matrix, die DNA-Moleküle und Ribosomen (Größe ebenfalls 70 S) enthält.

Aus Abb. 1.1 und 1.4 wird das Organisationsprinzip der Zelle klar: *Eine Membran grenzt immer ein nukleozytoplasmatisches Kompartiment (mit DNA und Ribosomen) von einem nichtplasmatischen Kompartiment ab.* Sie ist damit funktionell asymmetrisch.

Membranen sind also Bestandteil der verschiedensten Zellorganellen und haben jeweils unterschiedliche Zusammensetzungen und Funktionen. Dennoch sind alle Biomembranen prinzipiell ähnlich; sie haben etwa die gleiche Dicke (6–10 nm), bestehen vorwiegend aus polaren Lipiden (besonders Phospholipiden) und Proteinen (vgl. Kapitel 11.1 und 11.2) und werden elektronenmikroskopisch im Querschnitt dreischichtig (dunkel-hell-dunkel) abgebildet (Abb. 1.8 und 1.9). Hinzu kommen die gleichartigen Eigenschaften und Funktionen: *Diffusionsbarriere*, *selektive Permeabilität*, Fähigkeit zum *spezifischen Transport* und, oft, *Energiebildung* (Kapitel 11). Der topographischen und funktionellen Asymmetrie entsprechend sind die Membranen asymmetrisch gebaut. Sie können dadurch *vektorielle Reaktionen* ausführen (Kapitel 11 und 13.1), die eine Besonderheit vieler Lebensprozesse sind.

1.2 Zellorganellen

1.2.1 Plasmalemma

Das Plasmalemma kontrolliert den Stoffaustausch mit der Umgebung. Dabei sind oft Enzyme beteiligt, die am oder im Plasmalemma lokalisiert sind, so die Galaktosidpermease von *Escherichia coli*, ein Protein mit einem Molekulargewicht von 31000. Das Bakterium kann Milchzucker erst dann aufnehmen und akkumulieren, wenn die Bildung dieses Proteins durch β-Galaktoside im Nährmedium induziert wurde. Eine wichtige Rolle beim Aufbau von Membranpotentialen und bei der Erregungsleitung in Nerven spielt eine K^+, Na^+-aktivierbare ATPase. Außerdem enthält das Plasmalemma viele Enzyme, die metabolisch aktiv sind.

An der Außenseite trägt das Plasmalemma oft Kohlenhydrate, die an Membranlipoide gebunden sind, so Neuraminsäure in Gangliosiden. Hier sind bei roten Blutkörperchen die Blutgruppenantigene lokalisiert, außerdem Virusrezeptoren, sowie die Faktoren, an denen sich tierische Zellen untereinander erkennen, wodurch die Gewebebildung ermöglicht wird. Experimentell isolierte Zellen eines Organs finden auch dann organspezifisch wieder zusammen, wenn sie mit Zellen aus anderen Organen gemischt wurden. Nach einer Behandlung mit Neuraminidase werden die Oberflächeneigenschaften von vielen tierischen Zellen stark verändert; die Adsorption von Stoffen, die die Voraussetzung für die Aufnahme durch Pinozytose (s.u.) ist, ist dann gestört. Kohlenhydrate treten aber hier auch in Form von Glykoproteiden oder Polysacchariden auf. Diese Substanzen leiten über zu den Zellhüllen (Abschnitt 1.2.6).

Die Größe des Stoffein- und -austritts bei einer Zelle wird u.a. durch die Oberfläche des zu passierenden Plasmalemmas begrenzt. Deshalb ist diese in vielen transportaktiven Zellen durch Einfaltungen oder Ausstülpungen des Protoplasten vergrößert (Abb. 1.4).

Pseudopodien sind unregelmäßige, transitorische Plasmafortsätze.

Das *basale Labyrinth* besteht aus Einfaltungen des Plasmalemmas im basalen Teil von tierischen Epithelzellen, also auf der Seite, die z.B. zu einem Blutgefäß hin gerichtet ist.

Die Ausdehnung des basalen Labyrinths verändert sich mit dem Funktionszustand der Zelle. Das haben Untersuchungen an Salzdrüsen von Möwen gezeigt. Wenn die Vögel nur mit stark salzhaltigem Wasser versorgt werden, die Salzdrüsen also sehr aktiv sein müssen, sind die Plasmalemma-Einfaltungen sehr viel zahlreicher und tiefer als bei einer salzarmen Ernährung. Die Bedeutung des basalen Labyrinthes für den aktiven Transport zeigt sich auch darin, daß hier Mitochondrien angereichert sind.

An der freien Apikalseite von resorbierenden oder sezernierenden Zellen von Tieren vergrößern oft *Mikrovilli* die Oberfläche, fingerförmige Ausstülpungen von etwa 0,1 μm Durchmesser, die von Aktin-Mikrofilamenten (Abschnitt 1.2.3.3) längs durchzogen werden. Das Plasmalemma, das sie umhüllt, ist oft etwas dicker als an der Seite oder der Basis der Zelle und enthält z.T. andere Enzyme.

Eine entsprechende Plasmalemmavergrößerung gibt es bei Höheren Pflanzen in den *Transferzellen.* Auch diese sind für Transportprozesse spezialisiert. Hier bildet das Plasmalemma auf der sezernierenden oder resorbierenden Seite der Zelle Einfaltungen; diese sind mit Zellwandmaterial ausgefüllt, wodurch unregelmäßige Wandprotuberanzen entstehen. In manchen Nektar-ausscheidenden Drüsenzellen bilden sich diese Wandfortsätze zu Beginn der Sekretionsphase und werden nach ihrem Ende wieder abgebaut.

In allen diesen Fällen wird die direkte Membranpassage von Molekülen oder Ionen erleichtert, sei es durch die Vermehrung von Orten mit transportierenden *Transferasen*, sei es durch die Vergrößerung der Diffusionsrate.

Ein anderer Weg, um Stoffe aufzunehmen oder auszuscheiden, sind *Zytosen.* Es stülpen sich kleine Membranbezirke ein und schnüren sich schließlich als Vesikel ab (Abb. 1.4), wodurch die an der Membran adsorbierten Moleküle oder Partikel und das von ihr umschlossene Material in das Innere des Protoplasten gelangen *(Endozytose).*

Auf diese Weise werden durch *Phagozytose* größere, geformte Nahrungsteilchen, z.B. Bakterien, von Amöben oder Leukozyten aufgenommen. Bei der *Pinozytose* haben die Teilchen allenfalls makromolekulare Dimensionen; sie adsorbieren vor der Aufnahme am Plasmalemma. Besondere Membranbeläge (Abschnitt 1.2.4.2) und kontraktile Mikrofilamente (Abschnitt 1.2.3.3) wirken oft bei der Endozytose mit.

Die aufgenommenen Substanzen werden in Lysosomen verdaut (vgl. 1.2.4.3). Die nicht abgebauten Reste werden durch *Exozytose* wieder ausgestoßen. Dabei fusioniert die Membran des Vesikels mit dem Plasmalemma, es öffnet sich dabei wieder nach außen. Durch Exozytose gelangen auch Substanzen nach außen, die in Vesikeln synthetisiert worden sind.

1.2.2 Zellkern

Der Zellkern enthält die Hauptmenge der DNA in der Zelle und kontrolliert damit die Lebensprozesse.

Nur in wenigen Ausnahmen gibt es kernlose Zellen; sie haben den Kern während ihrer Differenzierung verloren. Es handelt sich um stark spezialisierte Zellen, wie die roten Blutkörperchen der Säuger und die assimilatleitenden Siebröhrenglieder der Höheren Pflanzen, die sich auch nicht mehr teilen können. Eine Zelle, der man den Kern entnimmt, geht über kurz oder lang zu Grunde; sie kann keine mRNA mehr bilden, und damit hört die Proteinsynthese auf. Eine kernlos gemachte Amöbe verhungert, obwohl sie Nahrung aufnehmen kann, weil ihr die Verdauungsenzyme fehlen.

An der mehrere Zentimeter großen, einzelligen und einkernigen Grünalge *Acetabularia* hat man schon lange vor den Befunden der Molekularbiologie über die Realisierung der genetischen Information zeigen können, daß die Morphologie und die Leistung der Zelle vom Kern abhängt. Wenn man bei einer noch nicht ausgewachsenen *Acetabularia*-Zelle den Kern entfernt und ihn durch den einer verwandten Art mit anderen Merkmalen ersetzt, so entwickelt sie sich wie die Art, von der der Kern stammt.

1.2.2.1 Karyoplasma und Chromatin

Im Zellkern (Abb. 1.6) ist die DNA, im Gegensatz zum Kernäquivalent der Prokaryoten, mit bestimmten Proteinen vergesellschaftet *(Chromatin).* Die Kernproteine machen oft etwa 80% des Trockengewichts aus, etwa 10–15% kommen auf die DNA, etwa 5% auf RNA, etwa 3% auf Lipide. Die Hauptmenge der Proteine, die *Histone*, sind wegen ihres hohen Gehalts an Lysin, Arginin und Histidin stark basisch. Die Histone (2 Moleküle H IIa, 2 H IIb, 2 H III und 2 H IV) aggregieren in Oktameren, flachen Zylindern mit einem Durchmesser von etwa 11 nm und einer Höhe von etwa 6 nm. Ein etwa 140 Basenpaare langes Stück der DNA-Doppelhelix windet sich $1^3/_4$ mal um ein solches Partikel und bildet mit ihm ein *Nukleosom.* Die Nukleosomen sind mit DNA-Verbindungssträngen aus etwa 60 Basenpaaren verbunden und bilden eine etwa 11 nm dicke „Perlenkette". Das Histon H I trägt dazu bei, eine Ordnung höherer Art zu organisieren: Fäden mit einem Durchmesser von 20–30 nm (s. auch Kapitel 10), die in Dünnschnitten nur schwierig zu identifizieren sind, aber in gespreitetem Chromatin sichtbar gemacht werden können.

Das Chromatin ist in morphologisch distinkten Einheiten organisiert, den *Chromosomen*, die allerdings nur während der Kernteilung deutlich erscheinen. Im metabolisch aktiven Kern, während der *Interphase* (der Phase zwischen zwei Kernteilungen), sind sie so fein dispergiert, daß sie nicht individuell erkennbar sind. Das stark aufgelockerte *Euchromatin* ist das eigentlich aktive. Daneben gibt es in vielen Kernen einzelne Chromosomenabschnitte mit stärker kondensiertem Chromatin, dem inaktiven *Heterochromatin*; sie bilden die *Chromozentren.* Auch ganze Chromosomen können heterochromatisch werden.

Das ist vor allem dann der Fall, wenn zwei gleiche Geschlechtschromosomen (s. 1.2.2.2) vorliegen, wie bei weiblichen Säugern, auch beim Menschen. Das eine, stark heterochromatische Chromosom ist als *Barr-Körper* in vielen Kernen leicht zu erkennen und bildet neuerdings die Grundlage für die Geschlechtsbestimmung bei Sportwettbewerben. Neben ständig kondensiertem, konstitutivem Heterochromatin gibt es, funktionsbedingt, auch fakultatives Heterochromatin.

Während der DNA-Synthese lockert sich das Heterochromatin meistens auf (Zerstäubungsphase); es wird meist am Ende der S-(Synthese-)Phase (ein Stadium der Interphase), also nach dem Euchromatin, repliziert.

Das Chromatin ist in die eher flüssige *Karyolymphe* eingebettet. Die Karyolymphe enthält vor allem Enzymproteine, aber auch RNA.

1.2.2.2 Chromosomen

Während der Kernteilung sind dagegen die Chromosomen in ihrer Individualität erkennbar. Sie unterscheiden sich untereinander durch ihre Größe und durch die Lage des *Kinetochors*, einer Einschnürung, an der die Spindelfasern in der Mitose ansetzen (vgl. 1.2.2.5). Auch weitere, *sekundäre Einschnürungen* können vorkommen. An solchen sekundären Einschnürungen sind oft die *Nukleolus-Organisatoren* lokalisiert (vgl. 1.2.2.3).

In den Körperzellen der Höheren Tiere und Pflanzen treten jeweils 2 *homologe Chromosomen* auf, von denen eines von der Mutter, das andere vom Vater stammt (*diploider* Satz). Nur wenn Geschlechtschromosomen vorhanden sind, die u.a. die Gene enthalten, welche die Geschlechtsmerkmale bestimmen, können sie verschieden sein (X, Y), was mitunter so weit geht, daß der eine Paarling ganz fehlt (X, 0). Die Geschlechtszellen sind hingegen *haploid*, d.h. sie enthalten nur jeweils eins der beiden Homologen.

Die Zahl der Chromosomen ist für jede Art charakteristisch; sie liegt im diploiden Satz meist zwischen 6 und 60 und beträgt beim Menschen 46. Abweichungen von der Norm können gelegentlich bei einzelnen Individuen auftreten und sind meist letal oder stark schädigend und die Ursache für verschiedene genetisch bedingte Krankheiten, z.B. den Mongolismus, bei dem ein Chromosom dreifach vorhanden ist („Trisomie 21").

Mit Methoden, durch die Chromosomenabschnitte mit DNA von unterschiedlicher Basenzusammensetzung verschieden gefärbt werden, läßt sich ein Bandenmuster darstellen, das für jedes Chromosom spezifisch ist. Durch zytomorphologische Untersuchungen in Verbindung mit genetischen Analysen und mit DNA-RNA-Paarung kann man einzelne Gene lokalisieren.

Bereits vor der Teilung besteht ein Chromosom aus zwei identischen Längshälften, den *Chromatiden*. Jede derselben enthält einen einheitlichen, durchgehenden Chromatinstrang in Form des oben erwähnten, aufgeknäulten 20–30 nm dicken Fadens.

Durch Versuche, in denen man Zellen in einem Medium mit Tritium-markiertem Thymidin als DNA-Vorstufe wachsen ließ und dann wieder in ein Medium mit nichtmarkiertem Thymidin übertrug, ist bewiesen worden, daß eine Chromatide nur eine DNA-Doppel-Helix enthält. Autoradiographische Analysen nach solchen Markierungen haben ergeben, daß in der ersten Mitose nach der Synthese von radioaktiver DNA beide Chromatiden radioaktiv waren. Das entspricht der semikonservativen Reduplikation der DNA (vgl. Kapitel 10); beide neuentstandenen Doppelhelices enthalten jeweils ein radioaktives Molekül. In der zweiten Mitose nach der Markierung ist hingegen nur eine Chromatide je Chromosom radioaktiv. Die Chromosomenverdoppelung ist also auch „*semikonservativ*" (vgl. S.409). Bei einer *polytänen* Organisation des Chromosoms, d.h. wenn mehr als zwei DNA-Stränge vorliegen, müßten in der 2. Mitose beide Chromatiden radioaktiv sein.

Versuche, mit DNase und Proteinasen die sogenannten *Lampenbürstenchromosomen* abzubauen, zeigen an, daß die DNA in einer durchgehenden Doppelhelix vorliegt (Länge bei *Drosophila*: 2 cm). Lampenbürstenchromosomen kommen u.a. bei der Eizellentwicklung von manchen Tieren, z.B. Fröschen, aber auch in der Grünalge *Acetabularia* vor. Sie sind bis zu 1 mm lang und wenig aufgeschraubt, der Chromatinstrang bildet seitliche Schlaufen, die durch anhängende RNA (+ Protein) im Lichtmikroskop sichtbar sind. Die letzten Beweise zugunsten der *Einstrang-Hypothese* lieferten Experimente, bei denen das Molekulargewicht der DNA des DNA-Doppelfadens im Chromosom bestimmt und mit der DNA-Menge im Kern verglichen wurde. Die Genexpression und ihre Morphologie sind in Kapitel 10 beschrieben.

1.2.2.3 Nukleolus

In metabolisch aktiven Kernen gibt es ein bis mehrere Nukleolen, dichte und daher stärker lichtbrechende, meist etwa kugelige Einschlüsse im Karyoplasma mit relativ hohem RNA-Gehalt. Während der Kernteilung, in der keine Nucleinsäuren gebildet werden, und in inaktiven Kernen, wie in denen von Spermatozoen (männlichen Geschlechtszellen), fehlen sie. Im Bereich der Nukleolen wird die *ribosomale RNA* (rRNA) synthetisiert. Die dabei verwendeten DNA-Abschnitte *(Cistrons)* liegen oft in vielhundertfacher oder -tausendfacher Kopie vor; sie sind *redundant*. Die entsprechenden Chromosomenbereiche, die *Nukleolus-Organisatoren* (s. 1.2.2.2), sind mit den Nukleolen eng verbunden. Oft ist Heterochromatin mit dem Nukleolus assoziiert. In manchen Zellen, besonders Eizellen, wird außerdem die rRNA noch extra-repliziert, was zur Bildung von Extra-Nukleolen führt. Im allgemeinen fusionieren aber die Nukleolen gern.

Strukturell lassen sich in den Nukleolen außer dem Nukleolus-Chromatin meistens ein mehr zentraler Bereich aus feinem, fibrillärem Material *(pars fibrosa)* und periphere Bezirke mit eher granulärer Struktur (*pars granulosa*, aus Ribosomenvorstufen bestehend) unterscheiden.

1.2.2.4 Kernhülle

Das Karyoplasma wird vom Grundzytoplasma durch die Kernhülle getrennt. Diese Trennung ist unvollständig, die Hülle ist von *Poren* durchbrochen (Abb. 1.6) und zerfällt außerdem bei den meisten Organismen während der Kernteilung. Die Kernhülle ist eine besondere *Zisterne des ER* (s. 1.2.4.1); sie trägt oft auf der dem Grundplasma zugekehrten Membran Ribosomen (Abb. 1.6) und kann mit zytoplasmatischen Zisternen in Verbindung kommen.

Die Membran auf der Kernseite ist meist eng mit Chromatin assoziiert (Abb. 1.5 and 1.6). In den Kernporen verbinden sich die beiden Membranen der Zisterne, sie dienen dem Austausch von Stoffen, besonders von Makromolekülen, zwischen Karyo- und Zy-

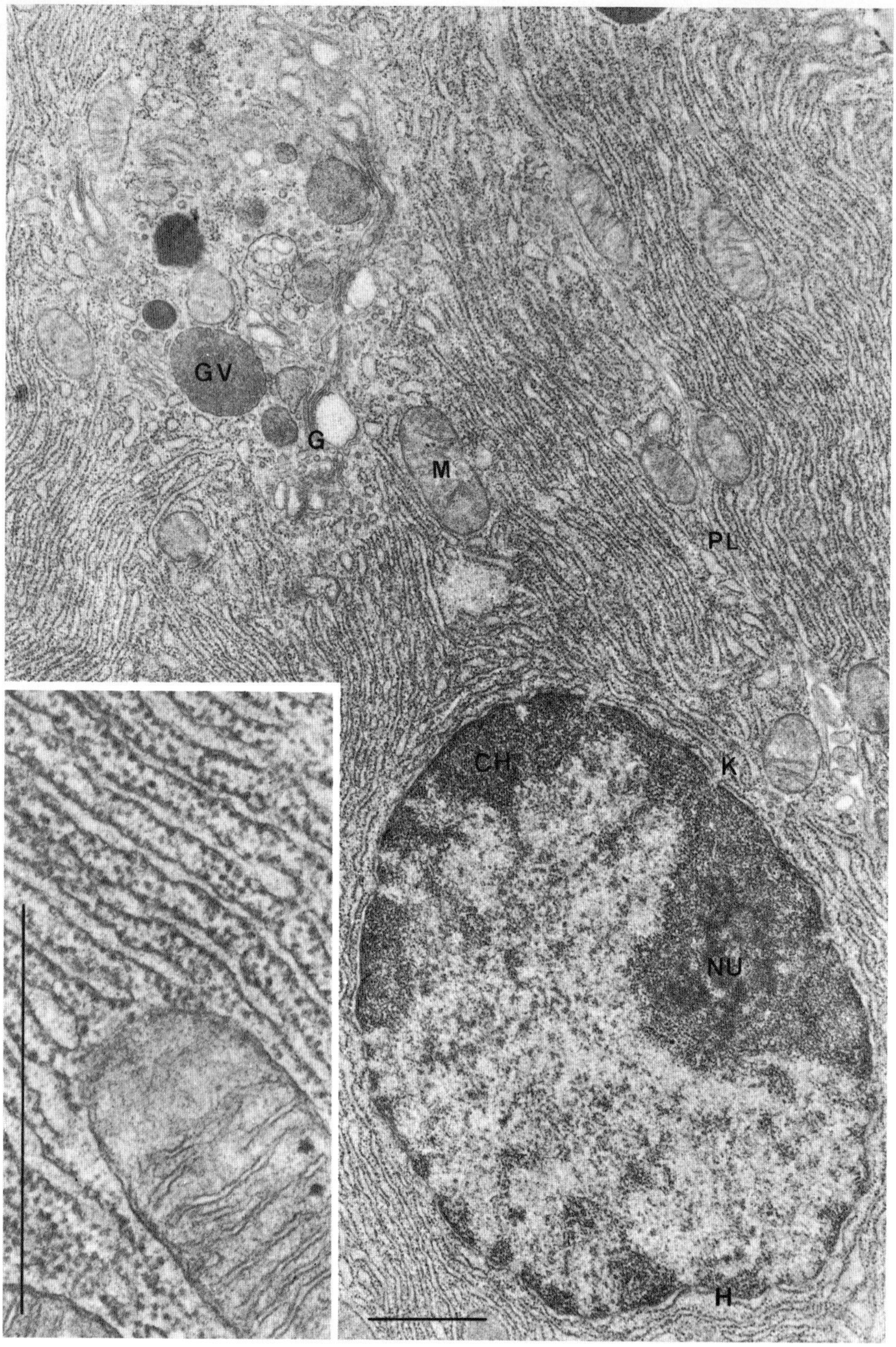

Abb. 1.6. Exokrine Pankreaszelle der Maus mit stark entwickeltem rauhem endoplasmatischem Retikulum, Golgi-Apparat (*G* Diktyosom; *GV* sekretorisches Golgi-Vesikel=Zymogengranulum) und Zellkern (*CH* Chromatin; *H* Kernhülle mit *K* Poren; *NU* Nukleolus). *M* Mitochondrium; *PL* Plasmalemmen (Zellgrenzen); *Einsatz:* stärkere Vergrößerung mit rauhem *ER* und Mitochondrium. Marke: 1 μm

toplasma. Man hat nachgewiesen, daß Goldpartikel mit einem Durchmesser von knapp 10 nm die Poren gerade noch passieren können. Der von den Membranen gebildete Kanal hat jedoch einen Durchmesser von 30–80 nm. Sein Lumen wird eingeschränkt durch eine ringförmige Struktur aus 8 Untereinheiten, den *Anulus*. Der Anulus kontrolliert offenbar den Stoffdurchtritt durch die Poren.

Die Zahl der Poren pro μm^2 Kernoberfläche schwankt stark und hängt von der Aktivität und der Größe des Kernes ab; sie beträgt im Durchschnitt etwa 10. Bei manchen Kernen wird über 15% der Kernoberfläche von Kernporen eingenommen. Berechnungen haben ergeben, daß bei aktiven Kernen etwa 10 RNA-Moleküle pro Minute eine Pore passieren.

1.2.3 Grundplasma

1.2.3.1 Hyaloplasma

Das *Hyaloplasma* ist der Bestandteil des Grundplasmas, in dem mit den üblichen licht- und elektronenmikroskopischen Methoden keine distinkten Strukturen auszumachen sind. Es ist ein Sol mit hohem Wassergehalt. Dementsprechend enthält es gelöste Enzyme, die nicht an irgendwelche Strukturen gebunden sind *(Zytosol)*. Im Hyaloplasma laufen viele wichtige Stoffwechselketten ab, so z.B. die Glykolyse und die Gärung, der oxidative Pentosephosphatzyklus, die Glykogen- und Fettsäuresynthese und Teilprozesse der Proteinsynthese wie die Aktivierung der Aminosäuren und ihre Bindung an die tRNA. In ihm können Reservestoffe gelöst, aber auch in Form von Aggregaten liegen, z.B. Glykogengranula (Abb. 1.5), Proteine (gelegentlich sogar kristallisiert) und Lipoidtropfen. Im Falle der Lipoidtropfen (in Pflanzenzellen oft als *Sphärosomen* bezeichnet) ist es allerdings umstritten, ob diese nicht durch eine Membran (oder vielleicht nur durch eine „halbe" Membran) vom Hyaloplasma getrennt werden. Zweifellos sind an der Grenze zwischen dem hydrophoben Lipoidtropfen und dem hydrophilen Hyaloplasma besondere, vielleicht membranähnliche Molekülanordnungen zu erwarten.

Das Hyaloplasma wird von Mikrofilamenten und Mikrotubuli (s.u.), aber auch von einem Netzwerk aus unregelmäßigen, nur schlecht darstellbaren *Trabekeln* durchzogen.

1.2.3.2 Ribosomen

An den Ribosomen findet die Proteinsynthese statt (Kapitel 10). Sie haben einen Durchmesser von 15–25 nm und bestehen aus RNA (60% bei Protozyten, 40% bei Euzyten) und Protein (40% bzw. 60%). Sie werden im allgemeinen durch ihre Sedimentationsgeschwindigkeit in der Ultrazentrifuge charakterisiert. Protozyten haben Ribosomen von 70 S, im Grundplasma der Euzyten kommen 80 S-Ribosomen vor. Beide Ribosomentypen sind aus einer größeren (50 S bzw. 60 S) und einer kleineren Untereinheit (30 S bzw. 40 S) zusammengesetzt, welche durch Mg^{++}-Ionen zusammengehalten werden. Die größere Untereinheit enthält 2 bzw. 3 RNA-Moleküle (23 S und 5 S, bzw. 28 S, 5,8 S und 5 S) sowie etwa 34–50 verschiedene Proteine, die kleinere ein RNA-Molekül (von 16 S bzw. 18 S) und etwa 21–30 Proteine (s.a. Kapitel 10). Die molekulare Zusammensetzung und Topographie der Ribosomen von *Escherichia coli* ist fast vollständig aufgeklärt, u.a. mit Hilfe von Immunmethoden, durch die man Aufschlüsse über die Lage und die Funktion der einzelnen Proteine erhalten hat. Es war auch möglich, funktionstüchtige Ribosomen aus den einzelnen Komponenten zu rekonstituieren.

Einzelribosomen kommen in den meisten Zellen nur in relativ geringer Zahl vor, häufiger sind sie zu *Polysomen* aggregiert. Dabei sind einige bis viele „Monosomen" an einem meist etwas spiralig gewundenen mRNA-Molekül aufgereiht. Das mRNA-Molekül befindet sich dabei zwischen den beiden Untereinheiten. Der Abstand der Monosomen im Polysom (von Mitte zu Mitte) beträgt etwa 30 nm. Außer Poly- und Monosomen existieren auch die freien Untereinheiten in der Zelle. Die Polysomen treten frei im Grundplasma auf oder sind an Zisternen des ER („rauhes ER") angeheftet (Abb. 1.6). Dabei liegt die größere Untereinheit der Membran an und ist relativ fest an sie gebunden, offenbar durch die sich bildende Polypeptidkette (s.u.). Die kleinere ist nur indirekt über die größere fixiert.

An der kleinen Untereinheit treten die mit aktivierter Aminosäure beladenen tRNA's in der Reihenfolge, die durch die mRNA vorgegeben ist, zusammen, an der großen Untereinheit werden die Peptidbindungen geknüpft. Wenn die Ribosomen am ER sitzen, schiebt sich die entstehende Polypeptidkette durch die Membran hindurch in das Lumen der Zisterne hinein; bei freien Polysomen gelangt sie ins Grundplasma. Demzufolge findet man freie Polysomen vor allem in solchen Zellen, die viel Protein im Hyaloplasma für ihr eigenes Wachstum benötigen, wie embryonale oder Krebszellen; an das ER gebundene Ribosomen produzieren hingegen hauptsächlich Export- und Membran-Proteine und sind deshalb besonders in Zellen häufig, die Proteine sezernieren (vgl. Abb. 1.5, 1.6 und 1.7).

Bei der Bildung der Ribosomen wird zunächst im Nukleolus ribosomale RNA synthetisiert, wobei die Länge der Moleküle anfangs größer als im fertigen Ribosom ist. In mehreren Schritten werden die Moleküle verkürzt. Die 28 S, die 18 S und die 5,8 S rRNA entstehen dabei aus einer gemeinsamen Vorstufe, die 5 S rRNA wird anderswo gebildet. Die ribosomalen Proteine entstehen im Grundplasma.

1.2.3.3 Mikrofilamente und Myofilamente

Im Grundplasma kommen verschiedenartige fadenförmige Proteinstrukturen vor. Eine Gruppe hat kontraktile Funktion und besteht hauptsächlich aus *Aktin-Filamenten* (Dicke: 5–6 nm) und *Myosin-Filamenten* (Dicke: 12 nm). Diese Filamente haben eine polare Struktur. Sie wurden zuerst in Muskelzellen gefunden. Im gestreiften Muskel sind sie als Myofibrillen regelmäßig in einem gebänderten Muster angeordnet. Die Kontraktion beruht auf einem Gleitprozeß (Einzelheiten in Kapitel 14.1).

Durch Antikörper, die mit Fluoreszenzfarbstoffen verbunden sind, oder mit einem Teil des Myosins (heavy meromyosin, HMM), das sich an die Aktinfilamente ansetzt und sie spezifisch „dekoriert", kann man zeigen, daß Aktin-Filamente (und ebenso Myosinfilamente, wie vermutlich auch andere, mit ihnen assoziierte Komponenten des kontraktilen Apparates: *Tropomyosin*, *α-Aktinin*) nicht nur in Muskelzellen, sondern wohl in jeder typischen Euzyte vorkommen, wo sie an der *Plasmaströmung* (z.B. in Pflanzenzellen) beteiligt sind, sowie an der *amöboiden Bewegung* (von Amöben und anderen Protisten und bei Leukozyten) und am intrazellulären Organellen-Transport. Mikro-

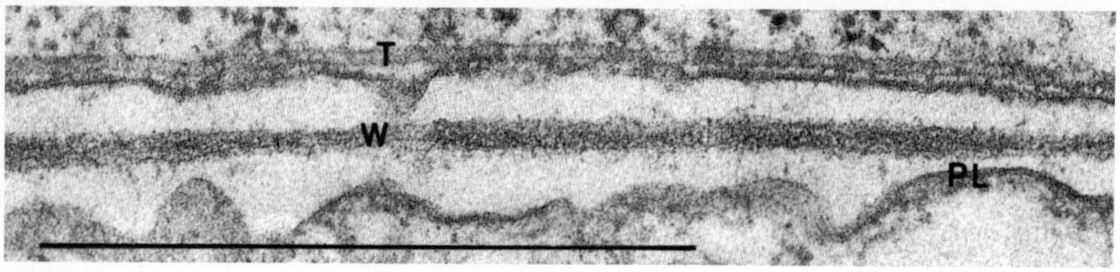

Abb. 1.7. Blättchen eines Mooses *(Sphagnum)*. Ein längs getroffener Mikrotubulus *T* fixiert das Plasmalemma *PL*; *W* Zellwand. Marke: 1 µm

villi enthalten ein Bündel von gleichsinnig polarisierten Aktin-Filamenten.

Andere Filamente sind 7–10 nm dick *(intermediäre Filamente)*. Sie haben Zytoskelett-Funktion, bilden aber eine uneinheitliche Gruppe von Strukturen. Die *Tonofilamente* sitzen an den Desmosomen von tierischen Zellen (Abschnitt 1.2.6.3) und stabilisieren mechanisch den Zusammenhalt der Zellen. Sie bestehen aus *Präkeratin* (MG 47000–68000) und treten dementsprechend auch in großer Menge in verhornenden Epidermiszellen auf. Andere intermediäre Filamente bestehen aus *Vimetin* (MG 57000, hauptsächlich in Mesenchymzellen) oder *Desmin* (MG 53000, in Muskelzellen). Nervenzellen enthalten Neurofilamente.

1.2.3.4 Mikrotubuli

Mikrotubuli bestehen aus einem Protein, dem *Tubulin* (MG 55000), das in zwei ähnlichen Modifikationen auftritt. Diese bilden Dimere, welche durch H-Brücken zusammengehalten werden. Die Dimere fügen sich zu Protofilamenten zusammen; meistens 13 parallele Protofilamente bilden eine Röhre mit einem Durchmesser von etwa 15–25 nm, den Mikrotubulus (Abb. 1.7). Mikrotubuli sind sehr labile Strukturen und zerfallen leicht in die Untereinheiten, können aber auch schnell aus diesen wieder aufgebaut werden. *In vivo* spielen dabei Ca^{2+}-Ionen vermutlich eine wichtige regulatorische Rolle. Die Untereinheiten aggregieren unter geeigneten Bedingungen auch *in vitro* (*"self assembly"*). Dieser Prozeß wird gefördert, wenn Mikrotubulus-Teile als Starter zugegen sind. Im Prinzip verlängern sich die Mikrotubuli nur unipolar. Dabei können die Aggregationskeime von ganz anderen Organismen stammen als das an ihnen sich ansetzende Tubulin, was zeigt, wie wenig das Tubulin in der Evolution verändert wurde. Das wird auch durch Analysen der Aminosäure-Sequenz bestätigt. In der Zelle wird die Bildung und Orientierung der Mikrotubuli durch verschiedenartige Mikrotubulus-Organisationszentren (MTOC) in noch unbekannter Weise gesteuert.

Durch Kälte oder hydrostatischen Druck wird die Disaggregation, durch Wärme oder schweres Wasser die Aggregation gefördert. Bestimmte Drogen wie das Alkaloid *Colchicin* verbinden sich sehr spezifisch mit einer der beiden Tubulin-Arten und verhindern das Zusammentreten der Untereinheiten. Dadurch wird das Gleichgewicht auf die Seite des nicht-aggregierten Tubulins verschoben.

Mikrotubuli kommen häufig als Elemente eines plasmatischen Innenskelettes vor und steifen Plasmafortsätze, aber auch Plasmaeinbuchtungen aus, was durch Brückenbildung mit dem Plasmalemma (Abb. 1.7) aber auch mit anderen Membranen und untereinander ermöglicht wird. Sie spielen außerdem eine Rolle bei manchen Bewegungsprozessen, besonders in der Kernteilung (Abb. 1.10, vgl. 1.3) und in Geißeln und Zilien (Abb. 1.8). Sie sind selbst aber nicht kontraktil und haben selbst keine ATPase-Aktivität. In Geißeln und Zilien werden sie durch eine ihnen ansitzende ATPase, *Dynein* (Abb. 1.8), bewegt. Auch die übrigen Mikrotubuli sind mit verschiedenen Proteinen assoziiert, die zum Teil als Brückenbildner dienen, zum Teil regulatorische Funktionen zu haben scheinen.

1.2.3.5 Geißeln, Zilien, Zentriolen

Geißeln und Zilien sind Ausstülpungen des Protoplasten, also vom Plasmalemma überzogen und enthalten Mikrotubuli in charakteristischer Anordnung. *Geißeln* sind lang (etwa 10–200 µm) und kommen meist nur einzeln oder zu zweit vor, hingegen sind *Zilien* kurz (1–5 µm) und treten in Vielzahl auf. Beide Organellen dienen der Bewegung, so bei männlichen Geschlechtszellen und bei Einzellern der Fortbewegung; bei manchen Epithelzellen erzeugen Zilien durch ihren Schlag einen Flüssigkeitsstrom.

Geißeln vollführen meistens schraubenförmige Bewegungen. Zilien schlagen eher in einer Ebene, wobei der Abschlag, bei gestreckter Zilie, den Antrieb erzeugt; zur Aufrichtung krümmt sie sich bogenartig zurück. Die Zilien einer Zelle schlagen metachron in koordinierten Wellen.

Geißeln und Zilien enthalten ein *Axonem* aus zwei einzelnen, zentralen Mikrotubuli und 9 „doppelten“

Abb. 1.8. *Acetabularia*-Gamet, Querschnitt durch die Geißel; die Mikrotubuli lassen ihren Aufbau aus Untereinheiten erkennen. *DY* Dynein; *PL* Plasmalemma. Marke: 0,1 µm. Aufnahme: Dr. W. Herth

peripheren Mikrotubuli (Abb. 1.8), die oft eine sehr steile Schraube bilden. Genau genommen sind die peripheren Dubletts nicht doppelt, da nur die Subfiber A vollständig aus 13 Protofilamenten besteht, während die Subfiber B nur aus 10 oder 11 Protofilamenten aufgebaut ist. Die Subfiber A trägt in 2 Reihen von Fortsätzen das *Dynein* (s. 1.2.3.4). Außerdem sind die beiden zentralen Singletts untereinander und mit den peripheren Dubletts verbunden. Sterische Analysen und Versuche mit isolierten Geißeln, bei denen die Membran und ein Teil der Verbindungsproteine weggelöst worden waren, zeigen, daß die Bewegung auf dem Gleiten der äußeren Dubletts beruht.

Fast alle Eukaryoten haben wenigstens in den männlichen Geschlechtszellen Geißeln oder Zilien; sie fehlen, außer bei gewissen Algengruppen, den Höheren Pilzen und den Höheren Samenpflanzen, wo sie sicherlich im Verlauf der Evolution verloren gegangen sind. Sie sind, von wenigen Ausnahmen abgesehen, überall gleich aufgebaut. Das hat man oft als Argument für die monophyletische Entstehung der Eukaryoten angeführt und einen begeißelten Einzeller als Ur- und Stammform aller Eukaryoten postuliert. Bei solchen Überlegungen muß man jedoch berücksichtigen, daß das $2 \times 9 + 2$-Muster vielleicht auch sterisch bedingt ist und mehrfach unabhängig voneinander entstanden sein könnte. Modifizierte, bewegungsunfähige Geißeln sind Bestandteil vieler Rezeptorzellen. Sie haben meistens ein $2 \times 9 + 0$-Muster.

Die beiden zentralen Tubuli des Axonems beginnen etwa in der Höhe des Übergangs in den Protoplasten, während die peripheren Dubletts weiter in den Protoplasten hineinreichen und den Basalkörper *(Kinetosom)* bilden. Sie werden hier zu Tripletts, indem sich an die Subfiber B (s.o.) eine weitere Subfiber (C) anlegt. Die 9 Tripletts stehen untereinander durch seitliche Brücken und an der Basis des Kinetosoms durch radial verlaufende Speichen in Verbindung. Am Kinetosom sitzen häufig Mikrofibrillen und Mikrotubuli an, die zum Teil sehr komplizierte *Geißelwurzeln* bilden und offenbar zur Verankerung dienen. Die Geißeln und Zilien entstehen durch das Auswachsen der Kinetosomen, wobei sich die peripheren Dubletts distal verlängern.

Eine Struktur, die morphologisch, manchmal auch funktionell dem Kinetosom gleicht, ist das *Zentriol*. Zentriolen werden bei der Geißelbildung zu Basalkörpern. Zentriolen entstehen nicht durch Teilung, sondern bilden sich meistens nahe der Basis eines alten, rechtwinklig zu diesem. Diese Konfiguration *(Diplosom)* bleibt oft noch längere Zeit erhalten. Es gibt aber auch viele Zellen, in denen Zentriolen entstehen, ohne daß morphologisch distinkte Zentriolen oder andere Vorstufen vorher erkennbar waren. Außer bei der Geißelbildung spielen die Zentriolen in vielen Zellen eine Rolle bei der Kernteilung (vgl. 1.3.1).

1.2.4 Organellen aus einem Kompartiment

1.2.4.1 Endoplasmatisches Retikulum

Das endoplasmatische Retikulum (ER) ist ein System von meist englumigen Zisternen, Tubuli und kleinen Vesikeln, die miteinander verbunden sein können, teilweise aber auch nur vorübergehend kommunizieren oder auseinander hervorgehen. Die Membranen sind mit Ribosomen besetzt (rauh, Abb. 1.5, 1.6) oder ribosomenfrei (glatt, Abb. 1.5). Aggregate von rauhem ER waren schon lichtmikroskopisch als *Ergastoplasma* (in Nervenzellen als *Nissl-Schollen*) bekannt; das eigentliche ER wurde aber erst mit Hilfe des Elektronenmikroskopes entdeckt. Bei der Zellhomogenisation werden die Zisternen des rauhen ER zerschlagen und in geschlossene Vesikel umgewandelt, die die *Mikrosomen*-Fraktion der Biochemiker bilden.

Das rauhe ER (vgl. 1.2.3.2) synthetisiert Proteine, die wie z.B. Exoenzyme oder Antikörper sezerniert werden oder die zum Aufbau anderer Kompartimente dienen. Dabei kann es sich um Membranproteine handeln, aber auch um solche, die im Kompartimentinneren vorkommen. Die meisten dieser Proteine haben am Anfang der Polypeptidkette eine besondere *Signalsequenz*, die hauptsächlich aus hydrophoben Aminosäuren besteht. Sie wird vermutlich für die spezifische Anheftung des synthetisierenden Polysoms an die ER-Membran und für den Transport des sich bildenden Moleküls durch die Membran hindurch gebraucht. Nach der Membranpassage wird sie abgetrennt. Einige dieser Proteine werden bereits im ER glycosyliert.

Auch Triglyceride, Phospholipide und Steroide und damit Membranlipoide werden am ER synthetisiert. In Steroidhormon-Drüsen von Tieren und in vielen pflanzlichen Drüsen mit lipophilen Exkreten ist daher das ER, und zwar in der glatten, tubulären Modifikation, die dominierende Zellkomponente. In der Leber werden mit Hilfe von Enzymen des ER Drogen wie Phenobarbital chemisch verändert und dadurch in eine unschädliche Form übergeführt; es tritt deshalb nach der Applikation von solchen Substanzen vermehrt auf. Außerdem ist es hier an der Bildung des Blutzuckers beteiligt; die Glukose-6-Phosphatase ist ein ER-Enzym.

Neben seiner Funktion im Stoffwechsel und als Membranbildungszentrum spielt das ER eine wichtige Rolle beim intrazellulären Stofftransport. Ein besonders gut bekanntes Beispiel ist das sarkoplasmatische Retikulum in Muskelzellen; es steht mit dem Plasmalemma in Kontakt (ohne mit ihm zu fusionieren) und umhüllt in regelmäßiger Anordnung die Myofibrillen. Es reguliert hier durch Permeabilitätsveränderungen und durch aktives Pumpen die Ca^{++}-Konzentration im Bereich der Myofibrillen und damit die Kontraktion (vgl. Kapitel 14.1). In pflanzlichen Geweben gibt es durch die Plasmodesmen hindurch interzelluläre Verbindungen des ER (Abb. 1.4), ein deutliches Zeichen für seine Bedeutung für den Stofftransport.

1.2.4.2 Golgi-Apparat

In tierischen Zellen ist der Golgi-Apparat häufig zwischen Zellkern und Zentriol konzentriert. Oft aber, besonders bei Pflanzen, sind seine Elemente, die *Diktyosomen*, in der ganzen Zelle zerstreut. Ein typisches Diktyosom besteht aus einem Stapel von etwa 3–8 glatten, flachen Zisternen mit einem Durchmesser von etwa 1 µm. Im Extrem, z.B. bei Pilzen, liegen nur einzelne Golgi-Zisternen vor. Am Rande der Diktyosomen sind die Golgi-Zisternen meist netzartig durchbrochen und laufen in Tubuli aus, die stellenweise zu Vesikeln erweitert sind. Gewöhnlich unterscheiden sich die Zisternen innerhalb eines Stapels, so daß ein Diktyosom polar gebaut ist (Abb. 1.6). Auf der einen Seite bilden sich neue Golgi-Zisternen, oft durch die Fusion von kleinen Vesikeln, die von glatten Bereichen von ER-Zisternen abgeschnürt werden. Sie führen Exportproteine herbei. Die Golgi-Zisternen dieser Seite, der *Regenerationsseite*, sind oft relativ weitlumig, die peripheren Vesikel klein, ihr Inhalt wenig dicht. Auf der anderen Seite, der *Sekretionsseite*, lösen sich Sekretvesikel ab, ihr Inhalt ist infolge der Sekretumwandlung und -kondensierung dichter (Abb. 1.6). Hier sind die Zisternen oft englumig.

Die Golgi-Zisternen werden also auf der einen Diktyosomenseite gebildet und auf der anderen wieder aufgelöst, wandern also durch den Stapel hindurch. Das läßt sich besonders gut dann erkennen, wenn sie geformte Sekrete enthalten. Ein Diktyosom ist daher eine Fließgleichgewichts-Struktur, wie ein Strudel im Strom. Im Golgi-Apparat werden die im ER synthetisierten Export-Proteine in der Regel weiter mit Kohlenhydraten gekoppelt und in Glykoproteide umgewandelt. Außerdem werden hier manchmal noch SO_4^{--}-Gruppen an die Glykoproteide (z.B. im Chondroitinsulfat des Knorpels) angehängt. In Pflanzen tritt die Proteinkomponente zurück oder fehlt ganz, es werden dann Polysaccharide, besonders saure Polysaccharide (in der Regel wohl keine Cellulose), synthetisiert, die zum Aufbau der Zellwand dienen oder als Schleim ausgeschieden werden. Hier sind dann die Übergangsvesikel zwischen dem ER und den Diktyosomen weniger auffällig oder fehlen ganz.

In den abgelösten sekretorischen Golgi-Vesikeln wird die Synthese und Kondensation des Sekretes oft weiter fortgesetzt. Ihre Entleerung erfolgt *exozytotisch*: das Vesikel öffnet sich, indem seine Membran mit dem Plasmalemma fusioniert (Abb. 1.4). Die Vesikelmembran wird dabei in das Plasmalemma eingebaut. In wachsenden oder sich teilenden Zellen kann auf diese Weise das Plasmalemma vergrößert werden. Wenn aber, wie in Drüsenzellen, die Zell- und damit die Plasmalemma-Größe konstant bleibt, muß entsprechend dem Einbau von Membranmaterial auch wieder solches resorbiert werden. Das geschieht vermutlich nicht nur durch eine gegenläufige Endozytose, sondern auch in Form von einzelnen Molekülen oder Molekülaggregaten. Diese scheinen z.T. wieder direkt, z.T. erst nach einer Umformung, zum Einbau in das ER oder auch direkt in den Golgi-Apparat zur Verfügung zu stehen.

Versuche mit radioaktiv markierten Substanzen haben gezeigt, daß in tierischen Drüsen, wie z.B. im Pankreas, von der Applikation einer Aminosäure bis zu ihrer Sekretion in Form eines Glykoproteids etwa 1 bis 2 Stunden vergehen, wobei die Passage durch den Golgi-Apparat die längste Zeit beansprucht. Bei manchen Pflanzenzellen, bei denen Polysaccharide ausgeschieden werden, dauert es hingegen manchmal nur wenige Minuten von der Bildung eines Sekretvesikels bis zu seiner Extrusion.

Bei diesem Membranfluß verändern die Membranen in den einzelnen Stufen ihre Zusammensetzung sowie ihre Struktur. Eine ER-Membran ist etwa 6 nm dick, das Plasmalemma 9 nm, die Golgi-Membranen nehmen eine Zwischenstellung ein. Grundlage für diese Veränderungen sind vermutlich besondere Entmischungsprozesse. Als Vermittler zwischen verschiedenen Kompartimenten treten häufig kleine Vesikel *(coated vesicles)* mit einem Belag auf der Plasmaseite der Membran auf, der aus einem Protein vom MG 180000, *Clathrin*, besteht.

1.2.4.3 Microbodies

Microbodies sind Vesikel mit einem dichten Inhalt (Abb. 1.4, 1.5) und einem Durchmesser von etwa 0,5 µm. Sie werden vom ER gebildet (manche Microbody-Enzyme entstehen aber an freien Ribosomen) und sind an verschiedenen Stoffwechselreaktionen beteiligt (Purinabbau, Umwandlung von Fett in Zucker bei der Samenkeimung, Glycolatoxidation in grünen Blättern), bei denen H_2O_2 entsteht. Diese toxische Substanz wird durch Katalase wieder abgebaut. Katalase ist ein Leitenzym für die Microbodies; sie kann, wie auch die Uricase, kristalloide Einschlüsse in ihnen bilden.

1.2.4.4 Lysosomen

Die *Lysosomen* (Abb. 1.4, 1.5) sind wie die Microbodies eher biochemisch als morphologisch zu charakterisieren. Die *Lysosomen* sind reich an lytischen Enzymen, Hydrolasen mit einem Reaktionsoptimum im sauren Bereich, wie saure Phosphatase (das Leitenzym für Lysosomen), Proteasen, Nucleasen, Arylsulfatasen, Lipasen usw. Sie entstehen als *primäre Lysosomen* meistens direkt aus dem Golgi-Apparat und fusionieren häufig mit endozytotischen Vesikeln, in die hinein sie ihre Enzyme entleeren und sie dadurch zu *sekundären Lysosomen* umformen. In diesen wird die endozytotisch aufgenommene Nahrung (vgl. 1.2.1) verdaut. Außerdem gibt es *Autolysosomen*, die zelleigenes Material, meist ganze Organellen, abbauen, vor allem dann, wenn sich die Zellfunktion ändert und dadurch manche Strukturen überflüssig werden. Sie ermöglichen damit aber auch eine ständige Erneuerung der Organellen. (In der Leberzelle beträgt die „Lebensdauer" eines Mitochondriums durchschnittlich etwa 10 Tage.)

Der Angriff der lysosomalen Enzyme bleibt bei den Autolysosomen dadurch lokal beschränkt, daß ganze Plasmabezirke von ER-Zisternen umhüllt und vom übrigen Plasma abgetrennt werden, oder dadurch, daß sich eine Plasmaportion in ein Lysosom hinein vorstülpt und dann abgetrennt wird. Die Semipermeabilität der Lysosomenmembran verhindert, daß die Hydrolasen die übrigen Plasmastrukturen angreifen. Erst beim Zelltod wird die Membran durchlässig, die Enzyme treten aus und beteiligen sich am Abbau der Zelle.

1.2.4.5 Vakuolen

Die *Vakuolen* sind große Kompartimente, die sich in typischer Form nur bei Pflanzen finden (Abb. 1.10) und manchmal fast die ganze Zelle ausfüllen. Sie entwickeln sind z.T. durch Teilung von vorhandenen Vakuolen, z.T. aus Elementen des ER; vermutlich können aber auch Golgi-Vesikel zu ihrer Bildung beitragen. Beim Wachstum einer Zelle vergrößern sich die Vakuolen und verschmelzen schließlich oft zu einer großen Zentralvakuole. Dadurch wird das Zellvolumen stark vergrößert, ohne daß die Protein- und Nucleinsäuremenge zunehmen muß. Das ist für das Wachstum der Pflanze von großer Bedeutung. Außerdem bildet die Zelle mit Hilfe der Vakuolenmembran *(Tonoplast)* und der im Vakuoleninhalt (Zellsaft) gelösten Stoffe ein osmotisches System, das durch seinen Druck auf die Zellwände der Pflanze eine gewisse Festigkeit verleiht. Ein Verlust dieses Binnendruckes führt zum Welken.

Im Zellsaft sind zahlreiche Substanzen des primären (Zucker, organische Säuren) und des sekundären Stoffwechsels (Gerbstoffe, wasserlösliche Farbstoffe, Alkaloide usw.) gelöst, so daß die Vakuole sowohl eine Speicherorganelle wie eine Organelle zur Aufnahme von „Stoffwechselschlacken“ ist. Besonders bemerkenswert sind die Kristalle aus Calciumoxalat, die in manchen Vakuolen vorkommen. Vakuolen enthalten außerdem lytische Enzyme, die für die Lysosomen tierischer Zellen charakteristisch sind; sie nehmen daher bei Pflanzen die Stelle dieser Organellen ein.

1.2.5 Zusammengesetzte Organellen

1.2.5.1 Mitochondrien

Die Mitochondrien (Abb. 1.4, 1.5, 1.6, 1.10) sind Träger der *Atmung* und damit die wichtigsten Energie-(ATP-)Lieferanten der Zelle. In ihnen sind der Zitratzyklus, die Atmungskette und die oxidative Phosphorylierung sowie der Fettsäureabbau lokalisiert. Sie sind kugelig bis länglich, haben einen Durchmesser von etwa 0,5–1 µm und erreichen Längen von mehreren Mikrometern. Kleine Einzeller haben oft nur ein, normale Zellen oft mehrere hundert Mitochondrien. In Leberparenchymzellen machen sie etwa 20% des Volumens aus. Sie kommen fast ausnahmslos bei allen Eukaryoten vor und fehlen nur bei manchen stets anaerob lebenden Organismen.

Die Mitochondrien bestehen aus zwei Kompartimenten und damit aus zwei Membranen. Die *äußere* Membran grenzt sie gegen das Grundplasma ab. Sie ist relativ permeabel und ähnelt in ihrer Zusammensetzung den Membranen des ER. Das Kompartiment zwischen äußerer und innerer Mitochondrienmembran erscheint meistens leer.

Die *innere* Mitochondrienmembran liegt der äußeren dicht an, stülpt sich aber platten-, sack- oder röhrenförmig in die Matrix ein und bildet so Cristae, Sacculi oder Tubuli. Sie enthält *Cardiolipin*, ein Lipid, das sonst nur bei Prokaryoten (und in Chloroplasten) vorkommt. Flavoproteine, Cytochrome und Ubichinon, Faktoren der Atmungskette, sind in Multienzymkomplexen, ebenso wie z.B. die Succinat-Dehydrogenase, integrierte Bestandteile dieser Membran. Außerdem sitzen an ihrer der Matrix zugekehrten Seite Partikel *(Elementarpartikel)* mit einem Durchmesser von etwa 8 nm, die mit einem Stiel von etwa 4 nm mit der Membran verbunden sind. Sie haben ein Molekulargewicht von knapp 300000 und repräsentieren eine als F_1 bekannte ATPase (der F_0-Faktor ist integraler Bestandteil der Membran), die die ATP-Bildung an die Atmungskette koppelt. Wenn diese Partikel experimentell abgelöst werden oder natürlich fehlen (wie im braunen Fettgewebe von Winterschläfern), läuft die Elektronentransportkette, ohne daß ATP gebildet wird; dafür entsteht Wärme.

Mitochondrien in Zellen mit hoher respiratorischer Aktivität enthalten besonders viele Cristae, wie z.B. solche in Muskeln oder in Nierentubuli.

Die *Matrix* enthält die löslichen Enzyme des Citratzyklus und des Fettsäureabbaus sowie DNA und Ribosomen. Die *mitochondriale DNA* (mit-DNA) der Höheren Tiere ist ein etwa 5 µm langer Ring. Bei Pflanzen hat man auch größere Längen gefunden. Sie ist nicht mit Histon assoziiert und hybridisiert nicht mit der Kern-DNA. Die *Ribosomen* gleichen in ihrer Größe (70 S), ihrem Aufbau und ihrer Empfindlichkeit gegenüber gewissen Antibiotika eher den Ribosomen von Prokaryoten als den Zytoplasma-Ribosomen der Eukaryoten.

Ein Mitochondrium enthält meistens etwa 3–6 identische DNA-Ringe. Die Informationsmenge, die in einem DNA-Molekül von 5 µm Länge enthalten ist, reicht nicht aus, um alle mitochondrialen Proteine zu kodieren. Die Mitochondrien sind also *semiautonom*, d.h. sie bilden einen Teil ihrer Proteine selbst, die Mehrzahl der Enzyme wird jedoch vom Kern-Zytoplasma-System synthetisiert, z.B. die löslichen Enzyme des Zitratzyklus und Cytochrom c. Beispiele für Produkte der mit-DNA sind die mitochondrialen rRNA's und tRNA's, sowie 3 (von 7) Untereinheiten der Cytochromoxidase und einige Untereinheiten des ATP-ase-Komplex. Es handelt sich dabei um relativ lipophile Proteine. Die anderen Untereinheiten werden vom Kern-Zytoplasma-System gebildet. Die Genkarte der mit-DNA einiger Organismen ist schon sehr genau bekannt; die Basensequenz der menschlichen mit-DNA ist kürzlich aufgeklärt worden.

Die mit-DNA repliziert sich selbst, wobei die DNA-(wie die RNA-) Polymerase jedoch vom Kern-Zytoplasma-System gebildet wird. Mitochondrien können sich nur durch Teilung vermehren. Das wird durch viele direkte oder indirekte Befunde untermauert. In wenigen Fällen, wie z.B. bei manchen Hefen, können sie sich aus sogenannten *Promitochondrien* entwickeln, reduzierten Organellen, die sich infolge einer Anaerobiose bilden und keine Atmungsenzyme, wohl aber den Proteinsyntheseapparat enthalten. Sie haben keine Cristae, bestehen aber aus beiden Kompartimenten und entwickeln sich bei Gegenwart von Sauerstoff schnell zu voll funktionstüchtigen Mitochondrien.

1.2.5.2 Plastiden

Die Plastiden (Abb. 1.9, 1.10) sind die Organellen der *Photosynthese. Chloroplasten* wandeln die physikalische Energie des Sonnenlichtes mit Hilfe des Chlorophylls in chemische Energie um (vgl. Kapitel 13.1). Damit sind sie die weitaus wichtigsten Produzenten des organischen Materials auf der Erde. Plastiden kommen bei allen Pflanzen (mit Ausnahme der Pilze) vor, auch in nichtgrünen Geweben oder in Pflanzen, die sich als Parasiten oder Saprophyten rein heterotroph ernähren und chlorophyllfrei sind. Hier sind die grünen Chloroplasten durch farblose *Leukoplasten* oder durch gelblich oder rötlich durch Carotinoide gefärbte *Chromoplasten* ersetzt. Prokaryoten haben auch dann keine Plastiden, wenn sie Chlorophyll besitzen (vgl. 1.1.4.1).

Bei manchen Algen kommt nur ein großer, oft bizarr geformter Chloroplast in jeder Zelle vor. Andere Zellen enthalten mehr und kleinere, linsenförmige Plastiden, bei den Höheren Pflanzen meist etwa 20–50 mit einem Durchmesser von 4–8 µm. Leukoplasten kommen in Meristemen, Wurzeln, Speicherorganen, weißen Blütenblättern usw. vor, Chromoplasten in Blütenblättern und Früchten sowie in alternden Laubblättern, wo sie sich meistens aus Chloroplasten entwickeln *(Gerontoplasten)*.

Wenn man die Plastiden nicht nach ihrer Färbung, sondern nach ihrem Entwicklungsgrad und ihrer Funktion einteilt, muß man die noch nicht differenzierten, farblosen *Proplastiden* in embryonalen und meristematischen Zellen herausheben. Aus ihnen entwickeln sich im Zuge der Zelldifferenzierung die verschiedenen funktionell differenzierten Plastiden, wie Assimilations-Chloroplasten, (Stärke-) Speicherplastiden *(Amyloplasten)* usw. Die Proplastiden entstehen durch Teilung auseinander.

Auch junge Chloroplasten und Leukoplasten können sich teilen. Mitunter, bei einer „Rückdifferenzierung" von Zellen, bilden sich Proplastiden auch aus anderen Leukoplasten oder aus Chloroplasten.

Die Plastiden bestehen wie die Mitochondrien aus zwei Membransystemen und zwei Kompartimenten (Abb. 1.4, 1.9). Die äußere Membran trennt sie vom Grundplasma. Die innere Membran umhüllt die *Matrix*. In der Matrix liegen bei Chloroplasten zahlreiche flache, membranumgrenzte Säckchen, die *Thylakoide*. Diese entwickeln sich direkt oder indirekt aus Einstülpungen der inneren Plastidenmembran. Der Thylakoidbinnenraum ist damit dem Kompartiment zwischen den beiden Plastidenmembranen homolog (vgl. die Organisation der Mitochondrien, 1.2.5.1).

Die Thylakoide in den Chloroplasten der Höheren Pflanzen haben scheibenförmige Bezirke (Durchmesser meist etwa 0,3–0,5 µm), die wie die Münzen einer Geldrolle gestapelt sind (Abb. 1.9, 1.10) und so die lichtmikroskopisch erkennbaren *Grana* bilden (Granumthylakoide). Von den Granumthylakoiden aus erstrecken sich unregelmäßige Thylakoidabschnitte (Stromathylakoide) in die Matrix. Sie verbinden die verschiedenen Grana miteinander und sind nicht gestapelt, können aber auch die Thylakoide innerhalb eines Granums miteinander verbinden. Vielleicht ist der Thylakoidbinnenraum manchmal ein einziges Kontinuum. Bei einigen Algengruppen kommen andere Thylakoidanordnungen vor.

Die *Thylakoidmembranen* enthalten Chlorophyll, Carotinoide und eine Reihe von weiteren Photosynthese-Faktoren. Der molekulare Aufbau ist in Kapitel 13.1 beschrieben.

Durch elektronenmikroskopische Untersuchungen mit Hilfe der Gefrierbruchtechnik wurden Partikel in und auf der Membran nachgewiesen. Mit dieser Methode gelingt es, Aufsichten auf die Membranaußenseiten, vor allem aber auch auf Membraninnenflächen zu erhalten, da die Membranen bevorzugt in der lipophilen Mitte aufspalten. Bei den Partikeln auf der Matrixseite handelt es sich um die Ribulosebisphosphat-Carboxylase und, wie bei den Mitochondrien, um eine ATPase (Kopplungsfaktor CF_1). Die Partikel in der Membran (Durchmesser meist etwa 17,5 bzw. 11 nm) repräsentieren das Photosystem II bzw. I (vgl. Kapitel 13.1). Im Bereich der Kontaktflächen der Thylakoide innerhalb eines Granums kommen beide Partikelsorten vor, und zwar sitzen die 17,5 nm großen Partikel mit ihrem größten Teil in der dem Thylakoidbinnenraum zugekehrten Membranhälfte und die 11 nm großen Partikel mit ihrem größten Teil in der dem Nachbarthylakoid zugekehrten Membranhälfte. Im Granum sind dementsprechend beide Photosysteme lokalisiert. Stromabereiche von Thylakoiden, wozu auch die begrenzenden Membranen eines Granums gehören, enthalten vorwiegend die 11 nm großen Partikel und Photosystem I. Hier ist auch das Chlorophyll a:b-Verhältnis größer als in den Membranabschnitten innerhalb eines Granums.

Die *Matrix* ist Sitz des plastidären Proteinsynthese-Apparates mit DNA und Ribosomen (Abb. 1.9). In ihr bildet sich die Stärke, hier befinden sich die Enzyme des Calvinzyklus. Die Ribulosebisphosphat-Carboxylase (fraction I-protein) bildet den größten Teil der Matrix-Proteine. Außerdem findet man in der Matrix Lipoidtropfen *(Plastoglobuli)*; bei alternden Chloroplasten sind die Plastoglobuli oft reich an Carotinoiden. Die „*Augenflecke*" grüner Flagellaten, die durch Beschatten des Photorezeptors bei der Wahrnehmung der Lichtrichtung eine Rolle spielen, sind oft Ansammlungen von Plastoglobuli in einem besonderen Plastidenabschnitt. Die Carotinoide von Chromoplasten können aber auch in Tubuli oder Fibrillen lokalisiert oder sogar, wie bei der Möhre, in Form von Platten auskristallisiert sein.

Die Proplastiden und die meisten anderen Leukoplasten haben meist nur einzelne, kleine Thylakoide, die oft mit der inneren Plastidenmembran in Kontakt stehen. Thylakoidstapel fehlen hier.

Die *plastidäre DNA* ist von der Kern- und der Mitochondrien-DNA verschieden. Sie ist zwar länger als die mit-DNA (*Euglena*: 40 µm), enthält aber auch nicht genug Information, um alle Plastiden-Proteine zu kodieren. Die *plastidären Ribosomen* haben eine Größe von 70 S und ähneln damit, wie auch in ihren

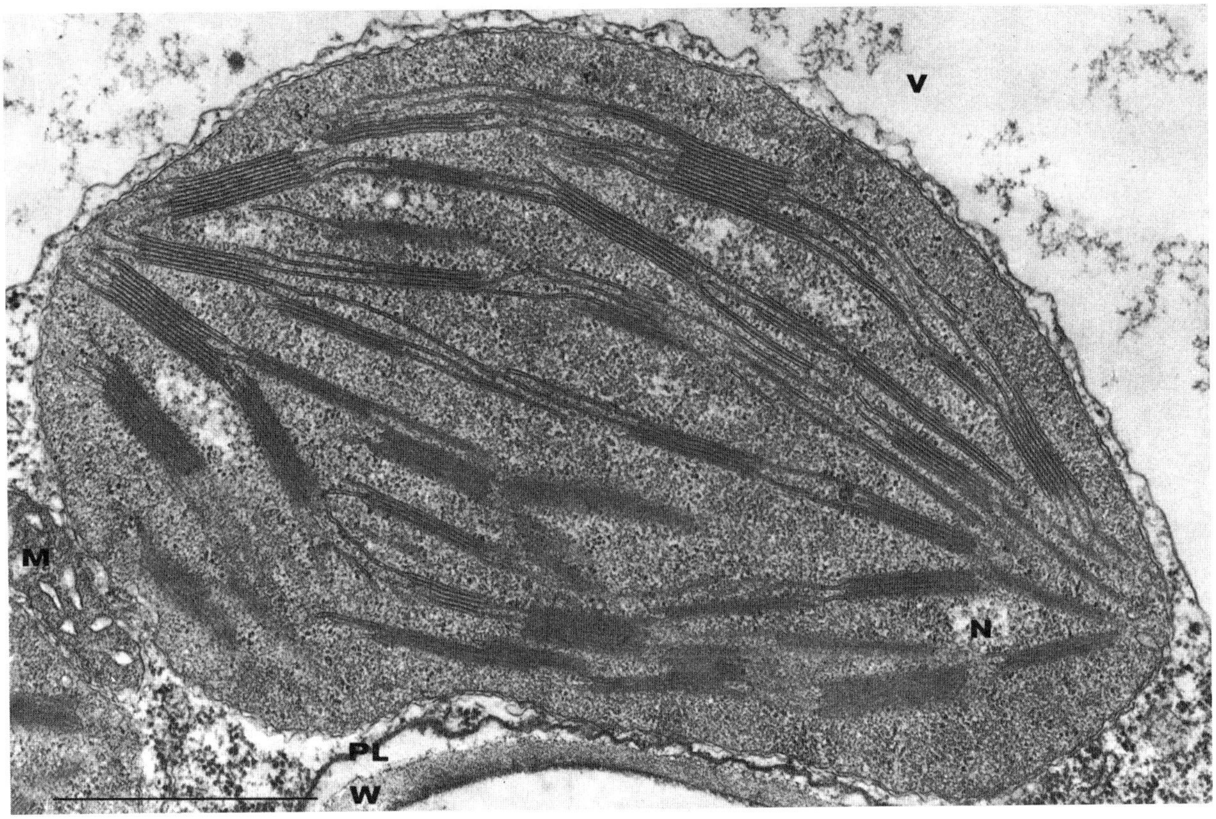

Abb. 1.9. Chloroplast der Bohne *(Phaseolus vulgaris)*. In der Matrix sind DNA-Regionen *N* und Ribosomen zu erkennen. *M* Mitochondrium; *PL* Plasmalemma; *V* Vakuole; *W* Zellwand. Marke: 1 µm. Aufnahme: Dr. H. Falk

Eigenschaften, eher Ribosomen von Prokaryoten und Mitochondrien als den Zytoplasma-Ribosomen. Die Plastiden sind wie die Mitochondrien *semiautonom*. Von der Plastiden-DNA wird die Plastiden-rRNA und die Plastiden-tRNA codiert, sowie mRNA, die an den plastidären Ribosomen u.a. Teile des Kopplungsfaktors, einige Enzyme der Elektronentransportkette, einige (wohl nicht alle) Proteine der Plastiden-Ribosomen, sowie die größere Untereinheit der Ribulosebisphosphat-Carboxylase bildet. Die kleinere Untereinheit dieses Enzyms wird hingegen vom Kern-DNA/Zytoplasma-Ribosomen-System gebildet, ebenso wie die Plastiden-DNA-Polymerase und Photosyntheseenzyme, wie z.B. Ferredoxin. Es ist fraglich, ob Proteine auch an plastidären Ribosomen synthetisiert, aber durch eine Kern-mRNA codiert werden. Die enge Verflechtung der beiden Systeme wurde durch den Einsatz von spezifischen Hemmstoffen, von Mutanten und von temperatursensitiven Formen aufgeklärt.

Die molekularbiologischen Befunde bestätigen damit, was schon vorher durch direkte Beobachtungen und vor allem durch genetische Experimente mit *Plastidenmutanten* (Mutationen in der Kern- wie in der Plastiden-DNA kommen vor) bewiesen war: Die Plastiden können sich nur durch Teilung vermehren, diese wird vom Kern/Zytoplasma kontrolliert. Ein wichtiges Indiz für die (partielle) Autonomie der Plastiden war das gelegentliche Vorkommen von Mischzellen, d.h. von Zellen mit zwei oder mehr verschiedenen Plastidentypen.

Im Verlauf der Zelldifferenzierung entwickeln sich in den Mesophyllzellen von Blättern Chloroplasten aus Proplastiden. Für die Organellen-Transformation ist bei den meisten Höheren Pflanzen Licht erforderlich. Fehlt dieses, so entstehen *Etioplasten*, sie enthalten Chlorophyllvorstufen und *Prolamellarkörper* mit kristallartig angeordnetem Membranmaterial in Form von untereinander verbundenen Tubuli; bei einer Belichtung entwickeln sich daraus schnell chlorophylltragende Thylakoide.

Bei Niederen Pflanzen mit weniger verschiedenen Zelltypen gibt es auch weniger Plastidentypen. Hier fehlen Proplastiden, es teilen sich die Chloroplasten. Bei *Chlamydomonas*, einem grünen Flagellaten, verschmelzen bei einer Befruchtung nicht nur die Kerne, sondern auch die Plastiden. Bei der Befruchtung in Höheren Pflanzen werden Plastiden hauptsächlich, manchmal auch ausschließlich, über die Eizelle auf die nächste Generation weitergegeben, denn die männlichen Geschlechtszellen bringen wenig oder keine Plastiden mit.

1.2.6 Zellhüllen und Zellverbindungen

1.2.6.1 Pellicula, Glykocalyx

Fast alle Zellen sind von einer extraplasmatischen Hülle umgeben. Bei einigen Protisten sind die Zellen zwar nackt, enthalten aber periphere, innere Skelett-

Elemente, die die *Pellicula* bilden. Die Skelettelemente können aus Einschlüssen im Zytoplasma in Form von Proteinplatten bestehen, wie bei *Euglena*, (auch Mikrotubuli können solche Stützfunktion haben) oder durch Einschlüsse in flachen, peripheren Vesikeln (z. B. bei Dinoflagellaten in Form von Cellulose-Platten) gebildet werden.

Bei vielen „nackten" Zellen ist das Plasmalemma mit einer dünnen Lage aus Glykoproteiden und Glykolipiden überzogen, der *Glykocalyx*. Manche dieser Moleküle sind eigentlich Bestandteile der Membran selbst (Abschnitt 1.2.1).

Die Grenze der Glykocalyx ist nicht nur zum Plasmalemma hin fließend, sondern auch nach außen und geht oft in eine stark hydratisierte Schleimhülle über. Diese besteht vorwiegend aus Mucopolysacchariden. Im Zwischenzellraum können bei Tieren aber auch spezielle Strukturen liegen, z. B. das *Kollagen*. Es handelt sich dabei um ein Protein, das zu 25% aus Prolin und Hydroxyprolin besteht und zu einem Drittel aus Glycin. Es bildet Fäden von 1,4 nm Durchmesser und 300 nm Länge (Tropokollagen). Drei solcher (nicht identischer) Ketten bilden eine Helix; die Helices lagern sich zu größeren Fibrillen mit einer regelmäßigen Querbänderung (Abstand 70 nm) zusammen. Besonders das Bindegewebe enthält viel Kollagen.

In den Zwischenzellräumen des Knochens kristallisieren an und zwischen solchen Kollagenfibrillen Hydroxylapatit und, später, Calciumcarbonat aus und verfestigen damit den Knochen. Abgesehen von solchen Sonderfällen sind jedoch die Zwischenzellstrukturen und Zellhüllen bei Tieren nur schwach entwickelt.

1.2.6.2 Zellwand

Bei Pflanzen ist die „Glykocalyx" als *Zellwand* besonders stark ausgebildet und stellt ein charakteristisches und auffälliges Zellelement dar. Sie bildet eine feste, geschlossene Hülle (Abb. 1.10). Bei manchen pflanzlichen Einzellern ist diese Hülle allerdings offen oder besteht aus einzelnen Platten oder Schuppen oder zwei ineinander gefügten Schalen, wie z. B. bei den Diatomeen, wo sie aus Kieselsäure aufgebaut sind.

Die echten Zellwände bestehen aus *Gerüstsubstanzen* (Cellulose, bei Pilzen und einigen Algen auch Chitin oder andere Polysaccharide), die in eine *Matrix* aus Pectinen und sogenannten Hemicellulosen (Xylane, Arabane und Mischpolysaccharide) eingelagert sind. Die Gerüstsubstanzen geben der Zellwand Festigkeit und Elastizität. Die Druckfestigkeit wird größer, wenn Lignin eingelagert ist *(Inkrustation)*. Diese Verholzung erfolgt vor allem bei den Zellen des Wassertransportsystems und in Stützgeweben und war eine Voraussetzung für die Erschließung des Landes durch die Pflanzen in der Evolution. Auch Mineralstoffe, Gerbstoffe, usw. können als Inkrusten vorkommen. Bei Zellen in Abschlußgeweben liegen außen auf der Zellwand (Cuticula) oder an ihrer Innenseite (Kork) Schichten aus Cutin bzw. Suberin. Diese *Akkrusten* sind Polymere aus Hydroxyfettsäuren, zwischen die monomolekulare Wachsfilme eingelagert sind. Sie setzen die Wasserpermeabilität der Zellwände und den Wasserverlust bei der Transpiration herab.

Eine Zellwand besteht in der Regel aus der *Mittellamelle*, auf der beiderseits eine *Primärwand* und oft auch eine *Sekundärwand* aufgelagert ist. Die Mittellamelle besteht vorwiegend aus Pectinen und enthält keine Cellulose. In der Primärwand ist der Celluloseanteil meist relativ gering; die Cellulosefibrillen sind in Streutextur angeordnet, d. h. sie liegen flächenparallel, aber nicht untereinander parallel. Die Sekundärwand hat den höchsten Cellulosegehalt; sie besteht meistens aus mehreren Schichten von Cellulosefibrillen, die in einer Schicht jeweils parallel sind, deren Richtung aber in den verschiedenen Schichten wechselt. Dadurch wird, wie beim Sperrholz, die Festigkeit erhöht. In einigen Fällen ist es allerdings schwierig, Primär- und Sekundärwand klar zu unterscheiden.

Die *Cellulose* tritt in Form von *Elementarfibrillen* auf; diese sind meistens etwa 3,5 nm dick und bestehen dann aus etwa 30 längs verlaufenden Cellulosemakromolekülen, die kristallartig geordnet sind. Solche Elementarfibrillen verbändern sich zu den Cellulosemikrofibrillen. Die Cellulosefibrillen entstehen in der Regel an der Außenseite des Plasmalemmas. Dabei wird also eine Celluloselage an die andere gepackt *(Appositionswachstum)*. Die Pectine werden wohl vorwiegend durch den Golgi-Apparat sezerniert.

Wenn die Zellwände nicht verholzt sind, können sie beim Streckungswachstum der Zellen auch in der Fläche vergrößert werden. Dabei werden vorhandene Wandschichten gedehnt, die Fibrillen teilweise wohl auch umorientiert und neue Wandschichten aufgelagert *(Multi-Netz-Wachstum)*. Beim Wandwachstum spielen möglicherweise Proteine eine Rolle, die z. T. kovalent an die Polysaccharide gebunden sind, so daß das Zwischenzellmaterial sich bei Tier und Pflanze im Prinzip gleicht; nur überwiegt beim Tier der Protein-, bei der Pflanze der Kohlenhydratanteil.

1.2.6.3 Zellverbindungen

Pflanzliche Zellen sind durch dünne (Durchmesser etwa 30–50 nm) cytoplasmatische Kanäle verbunden, die *Plasmodesmen*, die sich durch Poren in der Zellwand erstrecken (Abb. 1.5, 1.10). Oft sind diese Poren in wenig verdickten Wandbezirken (Tüpfeln) gehäuft. Die meisten Plasmodesmen enthalten ein sehr enges, röhrenförmiges Element des ER: Sie verbinden nicht nur das Grundzytoplasma benachbarter Zellen, sondern auch ihre nicht-plasmatischen Innenkompartimente und bilden ein Kontinuum im pflanzlichen Körper *(Symplast)*, das nahezu alle lebenden Zellen umfaßt (Kapitel 14.6). Der freie Raum in den Zellwänden stellt ein anderes Kontinuum dar *(Apoplast)*, das funktionell durch die Einlagerung von wasserundurchlässigen Inkrusten (z. B. in der Endodermis) unterbrochen sein kann.

Tierische Zellen sind nicht durch solche Plasmabrücken verbunden, aber oft durch Kontaktzonen *(Desmosomen)* miteinander verknüpft. In Epithelien besteht der desmosomale Komplex distal aus einer

Zonula occludens, in der die Plasmamembranen benachbarter Zellen dicht zusammen kommen und die Diffusion im Zwischenzellraum unterbunden wird. Der mechanische Kontakt zwischen den Zellen wird hergestellt durch die *Zonula adhaerens* und die *Maculae adhaerentes* (Desmosomen im engen Sinne), die mit Tonofilamenten (s. 1.2.3.3) assoziiert sind. In einigen Geweben gibt es *„gap junctions"*, Felder aus engen Poren durch die Membranen, die dort miteinander in enger Berührung sind. Sie ermöglichen einen Durchtritt von Molekülen bis etwa zum MG 1000 von Zelle zu Zelle und wirken als elektrische Synapsen (Kapitel 11.1).

1.3 Kern- und Zellteilung

1.3.1 Mitose

In der Mitose teilt sich der Zellkern, wobei dafür gesorgt wird, daß das genetische Material gleichmäßig auf die Tochterkerne verteilt wird. Die Chromosomen gehen dabei von ihrer metabolischen Interphaseform, dem dispergierten Zustand, in dem sie einzeln nicht erkennbar sind, in die Transportform, den kondensierten Zustand, über.

Die Mitose wird in verschiedene Phasen eingeteilt. In der *Prophase* werden die Chromosomen kompakter; die Chromatiden rollen sich, beginnend bei den Chromozentren, schraubig auf. Gegen Ende der Prophase verschwindet der Nukleolus. Auch die Kernhülle löst sich auf, d.h. sie zerfällt in einzelne ER-ähnliche Zisternen. Bei Niederen Eukaryoten bleibt die Kernhülle während der Mitose ganz oder teilweise erhalten. Gleichzeitig bildet sich die *Spindel* aus. Die lichtmikroskopisch erkennbaren Spindelfasern bestehen aus Bündeln von Mikrotubuli (s. 1.2.3.4). Ihre Bildung beginnt in der Nähe der Zentriolen (s. 1.2.3.5), die vorher an die beiden Zellpole gewandert sind. Später entstehen Mikrotubuli auch an den Kinetochoren. Bei Höheren Pflanzen fehlen die Zentriolen; hier konvergieren die Mikrotubuli in den Polkappen, organellenfreien Bezirken über dem Kern (Abb. 1.10).

Man unterscheidet in der fertigen Spindel meistens Chromosomenfasern, die von den Zentriolen zu den Chromosomen laufen, und durchgehende Fasern, die von Zentriol zu Zentriol reichen. Eingehende Untersuchungen haben aber gezeigt, daß nicht alle Spindel-Mikrotubuli diesen beiden Faser-Typen zuzuordnen sind. Zur Bildung der Spindel-Mikrotubuli wird häufig das Material von zytoplasmatischen Mikrotubuli mit verwendet.

In der *Metaphase* hat sich die schraubige Aufrollung der Chromosomen vollendet. Der Mechanismus dieses Prozesses ist unbekannt. Die Chromatiden sind dann noch im Kinetochor zusammengehalten. Die Chromosomen arrangieren sich in der *Äquatorialplatte* (Abb. 1.10). Diese steht quer zur Spindel. In der *Anaphase* weichen die Chromatiden auseinander. Dabei wandern die Kinetochoren voran und ziehen die Schenkel hinter sich her, Chromosomenbruchstücke ohne Kinetochoren bleiben in der Äquatorialplatte liegen.

Colchicin (s. 1.2.3.4) verhindert die Bildung von Mikrotubuli, die Bewegung der Chromatiden und damit die Kernteilung, nicht aber die Chromatidenteilung. Es entsteht so ein Kern mit verdoppeltem Chromosomensatz, bei einem diploiden Organismus ein tetraploider Kern. Mit dem Grad der Ploidie steigt, natürlich nicht unbegrenzt, die Zellgröße, und damit die Größe des Organs und des Individuums. Viele Kulturpflanzen sind natürlich oder künstlich polyploid.

Die Rolle der Mikrotubuli bei der *Chromosomenbewegung* ist noch umstritten. Wahrscheinlich handelt es sich um Gleitmechanismen, ähnlich wie in der Geißel (s. 1.2.3.5), wobei Wechselwirkungen zwischen durchgehenden Fasern und Chromosomenfasern im Spiele sein könnten. Die dafür zu postulierende ATPase ist aber bislang nicht sicher nachgewiesen und jedenfalls kein integrierter Bestandteil der Spindel-Mikrotubuli selbst. Vermutlich erzeugen Nicht-Mikrotubulus-Proteine, die in der Spindel gefunden wurden, die bewegende mechanische Kraft. Ca^{++}-Ionen scheinen dabei eine Rolle zu spielen. Die Mikrotubuli selbst dienen dann nur als die Überträger der Bewegung auf die Chromosomen. Aber auch ein partieller Auf- und Abbau der Mikrotubuli ist sicher beteiligt; oft verlängert sich die Spindel in der Mitose.

In der *Telophase* entschrauben sich die Chromosomen wieder. Der Nukleolus bildet sich wieder. Die Kernhülle wird restituiert, indem ER-Zisternen miteinander fusionieren.

Die Mitose dauert meistens etwa $\frac{1}{2}$–2 Std, wobei die Prophase und die Telophase die längste Zeit beanspruchen, die Interphase etwa 15–30 Std. Alle diese Werte hängen jedoch stark vom Organismus, vom Zelltyp und von den Entwicklungsbedingungen ab.

Manchmal, besonders bei der Differenzierung von stark spezialisierten Pflanzenzellen, ist die Mitose unvollständig. Die Chromosomen teilen sich, aber eine Spindel wird nicht gebildet, und die Chromosomen weichen nicht auseinander *(Endomitose)*. Durch mehrfache Endomitosen können die Kerne stark polyploid werden (in den Brennhaaren von Brennesseln bis 256-ploid). Oft werden bei der Endomitose nicht einmal die Chromosomen deutlich ausgebildet. In extremen Fällen bleiben die Chromatiden nach der DNA-Replikation parallel nebeneinander liegen. Es entstehen dadurch *polytäne* Riesenchromosomen, die auch im Arbeitskern deutlich lichtmikroskopisch sichtbar sind. Sie zeigen ein Muster von Querbanden, in denen man durch genetische und entwicklungsphysiologische Untersuchungen bestimmte Gene lokalisieren konnte. Stark aufgeblähte Querbanden, *Puffs*, zeigen eine besonders intensive RNA-Synthese in diesem Bereich an. Der Nukleolus erweist sich als ein spezieller Puff. Die Riesenchromosomen der *Drosophila*-Speicheldrüsen, die sich aus den gepaarten Homologen bilden, haben den 1024fachen DNA-Gehalt.

1.3.2 Meiose

Bei jeder sexuellen Fortpflanzung fusionieren Zellkerne (Karyogamie), wobei die Chromosomen selbständig

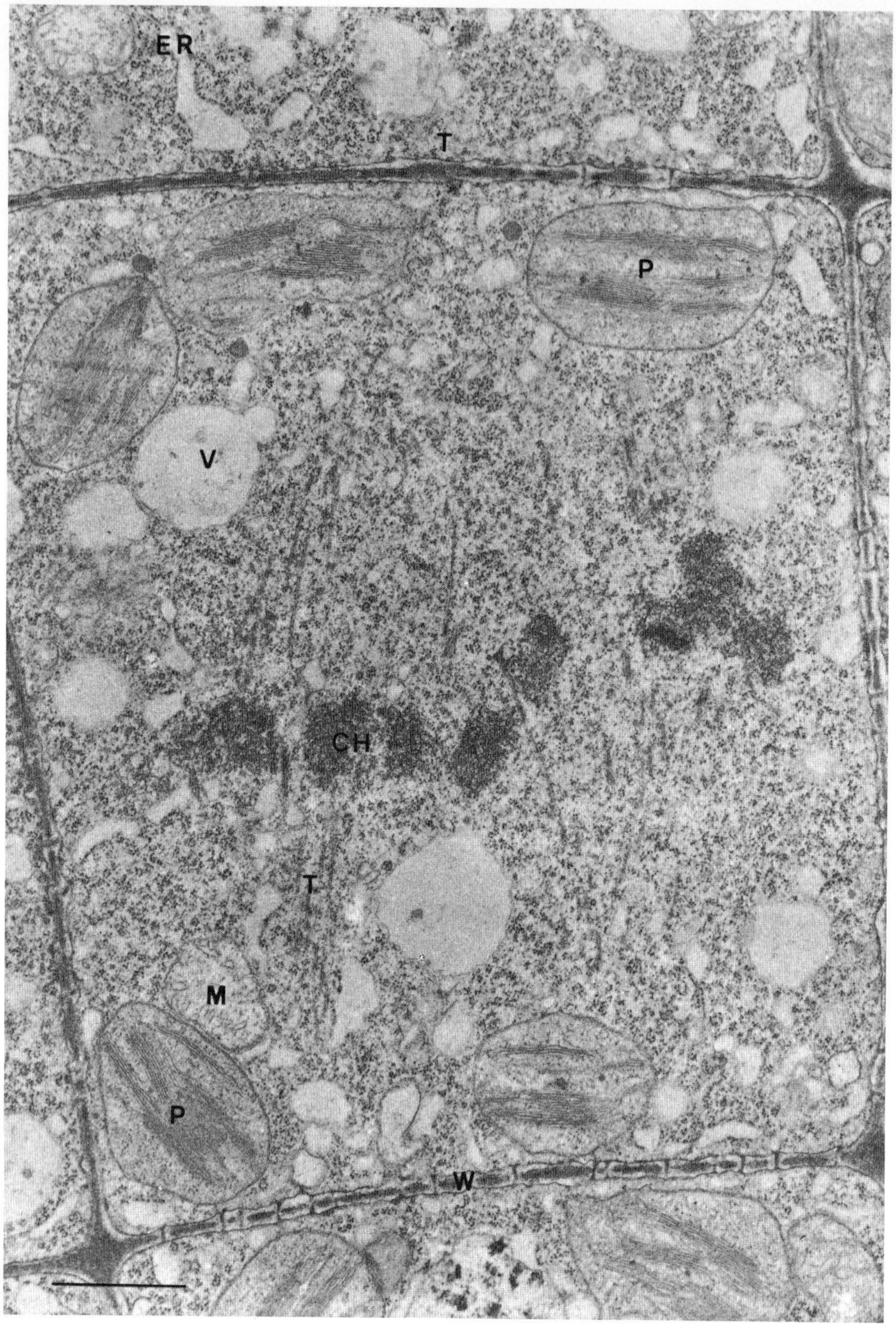

Abb. 1.10. Zelle aus dem Blättchen eines Mooses *(Sphagnum)* in Mitose (Metaphase). Die Chromosomen *CH* sind in der Äquatorialplatte geordnet. Im Grundplasma viele freie Ribosomen. *ER* endoplasmatisches Retikulum; *M* Mitochondrium; *P* Chloroplasten; *T* Mikrotubuli (in der Spindel längs, an der Zellwand quer getroffen); *V* Vacuole; *W* Zellwand mit zahlreichen Plasmodesmen. Marke: 1 μm

bleiben. Damit verdoppelt sich der Chromosomensatz. Daher wird zwischen zwei Karyogamien durch die *Meiose* die Zahl der Chromosomen vom diploiden auf den haploiden Satz reduziert. Die Meiose setzt sich aus zwei unmittelbar aufeinander folgenden Teilungen, einer *Reduktionsteilung* und einer *Äquationsteilung*, zusammen. Dabei wird eine einmalige Chromosomenteilung mit einer zweimaligen Spindelbildung gekoppelt. Aus einem diploiden Kern entstehen vier haploide.

In der Meiose kommt es zur Rekombination und damit zu einer Durchmischung des genetischen Materials, das von der Mutter und vom Vater geliefert wurde, was zweifellos evolutionär von Vorteil ist. Dabei werden 1. mütterliche und väterliche Chromosomen zufallsgemäß auf die Tochterkerne verteilt und 2. außerdem Segmente zwischen den Homologen ausgetauscht.

Charakteristisch für die Meiose ist eine sehr ausgedehnte Prophase; sie kann im Extrem, z. B. bei der Eizellenentwicklung des Menschen, arretiert werden und sich dadurch über mehrere Jahrzehnte hinziehen. Sie wird in verschiedene Stadien eingeteilt. Der prämeiotische Kern ist meistens größer als ein normaler

Kern, das Chromatin ist sehr locker. Im *Leptotän* beginnt die Aufschraubung der Chromosomen; es erscheinen feine, lichtmikroskopisch sichtbare Fäden, die sich zunehmend verkürzen. Im *Zygotän* wird erkennbar, daß sich die homologen Chromosomen paaren; sie bilden Bivalente. Sie verkürzen und verdicken sich im *Pachytän* weiter, wobei die Parallelisierung deutlicher wird. Da jeder der beiden Paarlinge dabei, wie schon jetzt erkennbar wird, aus 2 Chromatiden besteht, wird eine *Chromatidentetrade* gebildet. Im *Diplotän* streben die Chromosomen wieder auseinander. Sie hängen schließlich nur noch an einzelnen Haftpunkten, den *Chiasmata*, zusammen. Diese Haftpunkte sind Ausdruck des *Crossing over*, des Segment- und damit Genaustauschs zwischen mütterlichen und väterlichen Chromosomen. Das wird durch Brüche und Verheilung zwischen den 4 Chromatiden der beiden Homologen verursacht.

Die Frage, wie sich die homologen Chromosomen finden und paarweise zusammenlegen, ist noch nicht zu beantworten. Morphologisch wird dieser Prozeß durch den *synaptonemalen Komplex* manifestiert, eine kompliziert gebaute, vorwiegend aus Proteinen bestehende, mehrschichtige Struktur, die sich zwischen den Homologen ausbildet und einen konstanten Abstand von etwa 100 nm gewährleistet. Das schließt nicht aus, daß DNA-Stränge durch sie hindurchtreten und in den direkten Kontakt kommen, der zum Zustandekommen des Crossing over notwendig sein sollte, aber noch nicht gezeigt werden konnte. Jedes Chromosomenpaar hat einen synaptonemalen Komplex, der mit beiden Enden an der Kernhülle ansitzt.

Im *Diplotän* setzt sich die Aufschraubung der Chromosomen weiter fort und erreicht in der *Diakinese* ihren Höhepunkt. Dabei lösen sich die Chiasmata, von den Kinetochoren her beginnend, so daß die Chromosomen nur noch an den Enden zusammenhängen.

In der 1. Metaphase ordnen sich diese Bivalenten in der Äquatorialplatte; die Spindel ist nun ausgebildet. In der 1. Anaphase werden die Chromosomen getrennt (Reduktionsteilung). Es folgt die 1. Telophase, manchmal noch eine kurze Interphase, und dann, ohne neue DNA-Synthese, die Pro-, Meta-, Ana- und Telophase der 2. Reifungsteilung, bei der die Chromatiden getrennt werden (Äquationsteilung).

1.3.3 Zellteilung

In der Regel folgt unmittelbar auf die Kernteilung *(Karyokinese)* die Zellteilung *(Zytokinese)*. Die Zellen sind also dann stets einkernig. Kern- und Zellteilung sind aber grundsätzlich nicht notwendig aneinander gekoppelt. Bei den coenozytischen Organismen, wie manchen Algen z. B., treten Zellteilungen erst am Ende der Entwicklung auf, nachdem viele Mitosen stattgefunden haben und eine große Zahl von Kernen gebildet wurde, die alle in einer gemeinsamen, nicht durch Plasmalemmen in einzelne Portionen zerlegten zytoplasmatischen Matrix liegen.

Solche vielkernigen Organismen, zu denen z. B. auch noch die Plasmodien der Schleimpilze gehören, lassen sich in einzelne Teile zerlegen, die wieder zu vollständigen Organismen heranwachsen können, wenn sie mindestens einen Zellkern und je eine der autoreduplikativen Organellen enthalten. Für diese *polyenergiden* Organismen (eine *Energide* besteht aus einem Zellkern und der physiologisch dazugehörenden, aber nicht morphologisch abgegrenzten Plasmaportion) trifft also die in 1.1.2.1 gegebene Definition der Zelle nicht zu. Manche anderen Algen bestehen aus Fäden, die durch Querwände in einzelne mehrkernige Zellen unterteilt sind. Auch hier sind also Zellteilung und Kernteilung voneinander unabhängig.

Bei Tieren und Niederen Pflanzen teilt sich die Zelle gewöhnlich dadurch, daß sie im Bereich zwischen den zwei Tochterkernen durchgeschnürt wird, wobei ein sich kontrahierender Ring aus Mikrofilamenten beteiligt ist. Wenn eine Zellwand gebildet wird, wächst sie zentripetal.

Im Gegensatz dazu entwickelt sich bei Höheren Pflanzen durch die Fusion von pectinhaltigen Golgi-Vesikeln (vermutlich sind auch ER-Elemente daran beteiligt) eine *Zellplatte*, die quer zur Spindelachse steht und sich zentrifugal durch die Verschmelzung mit weiteren Vesikeln vergrößert, wobei in der Fusionsregion senkrecht zur Zellplatte stehende Mikrotubuli, den *Phragmoplast* bildend, möglicherweise als Leitstrukturen dienen. Wenn die Zellplatte die bestehende Wand erreicht, wird ihre Membran zum Plasmalemma und die Pectinschicht zur Mittellamelle.

1.4 Evolution der Euzyte

Die Evolution des Lebens und die Entstehung primitiver Zellen ist ausführlich in Kapitel 18 behandelt. Hier soll deshalb nur die Evolution der Euzyte kurz diskutiert werden.

Die Euzyte unterscheidet sich, wie in den vorstehenden Abschnitten gezeigt wurde, von der Protozyte nicht allein durch ihre Größe, eine kompliziertere Kompartimentierung, den Besitz von echten Geißeln oder Zilien und eines Zellkerns, sondern auch dadurch, daß sie in den Mitochondrien und, gegebenenfalls, in den Plastiden autoreduplikative Organellen mit partieller Autonomie enthält. Es ist unzweifelhaft, daß Prokaryoten-ähnliche Organismen primitiver als Eukaryoten und daher als ursprünglicher anzusehen sind. Zwei Hypothesen versuchen den Übergang von der Protozyte zur Euzyte zu erklären; eine sichere Entscheidung wird wahrscheinlich mangels Fossilien mit ausreichendem Erhaltungszustand niemals möglich sein.

Die eine Hypothese sagt aus, daß es im Verlauf der Evolution in „Protozyten" zu einer Trennung des genetischen Materials, u. U. nach einer Genduplikation, kam. Daß so etwas möglich ist, zeigen die *Plasmide*, extrachromosomale Gene, die bei manchen Prokaryoten auftreten. Ein Teil des genetischen Materials isolierte sich dann zusammen mit einer Portion Grundplasma durch zwei Membranen (beispielsweise durch eine völlige Umhüllung durch eine ER-Zisterne oder eine Plasmalemma-Einstülpung) innerhalb des Protoplasten ab und bildete so ein „Urmitochondrium" bzw. eine „Urplastide", d. h. es kam auch zu einer funktionellen Trennung zwischen Restzelle und abgetrennter „Organelle"; im Verlauf der Evolution wurden die Unterschiede zwischen beiden immer größer.

Die andere Hypothese geht u. a. von der Ähnlichkeit der Mitochondrien und Plastiden mit einer Protozyte aus und postuliert, daß diese zusammengesetzten Organellen ursprünglich freilebende Prokaryoten waren, die von einer anderen Zelle phagozytotisch aufgenommen, aber nicht verdaut wurden, sondern mit der „Wirtszelle" ein symbiontisches Verhältnis eingingen. Die Wirtszelle ging danach vermutlich aus einem heterotrophen, sich phagozytotisch ernährenden Organismus hervor, der deshalb größer sein mußte als seine „Beute-Organismen" und, damit im Zusammenhang, auch effektivere Bewegungsorganellen (Aktin/Myosin, echte Geißeln) entwickelt hatte und durch eine kompliziertere Kompartimentierung (u. a. zur Bildung von Heterolysosomen) ausgezeichnet war. Die aufgenommenen Symbionten waren Atmungs- bzw. Photosynthese-Spezialisten. Da sich eine solche Symbiose nur dann in der Evolution als vorteilhaft erweist, wenn das Wachstum und die Vermehrung der Partner aufeinander abgestimmt sind, mußte sich eine starke gegenseitige Abhängigkeit entwickeln, die schließlich in der nur noch partiellen Autonomie der Organellen resultierte.

Eine wesentliche Stütze findet diese Hypothese darin, daß solche Experimente der Evolution auch heute noch wiederholt werden; es gibt z. B. verschiedene rezente Endosymbiosen zwischen nichtgrünen Euzyten und Blaualgen, wobei der Prokaryot als Photosyntheseorganelle dient und in verschiedenem Maße reduziert und z. T. auch nicht mehr voll autonom ist, was sich auch in der Reduktion des DNA-Gehaltes zeigt.

In jedem Falle ist bei einer Euzyte eine viel höhere Regulation nötig als bei einer Protozyte. Dementsprechend ist auch der Informationsgehalt, die Menge der DNA pro Zelle, bei Euzyten viel größer als bei Protozyten. Eine weitere Zunahme der DNA-Menge findet dann in der Evolution beim Übergang vom Einzeller zum differenzierten Vielzeller statt; auch dies ist sicher durch die erhöhte Anforderung an die Regulation bedingt.

1.5 Viren und Bakteriophagen

Viren und Bakteriophagen sind bis etwa 300 nm groß, also z. T. größer als kleine Protozyten. Sie haben oft die Form von Stäbchen oder Polyedern und bestehen aus einem Nucleinsäurestrang (oder Doppelstrang) aus RNA oder aus DNA und einer mehr oder weniger kompliziert gebauten Hülle *(Kapsid)*. Im einfachsten Fall, so z. B. beim Tabakmosaikvirus (TMV), einem Stäbchen mit den Maßen 18 × 300 nm, wird das Kapsid aus nur einem einzigen Protein gebildet: aus etwa 2200 Molekülen mit je 158 Aminosäuren, deren Sequenz bekannt ist. Diese Untereinheiten lagern sich in helikaler Anordnung zu einem zylindrischen Röhrchen zusammen und schließen den RNA-Faden ein.

Andere Kapside, besonders die von polyedrischen Viren, bestehen aus mehreren Proteinen. Außerdem gibt es Viren, z. B. die Influenza-Viren, die noch eine zusätzliche Hülle haben. Diese leitet sich vom Plasmalemma der Wirtszelle her, in der die Viren entstanden sind, und enthält dementsprechend nicht nur Proteine, sondern auch Lipide und Glykoproteide. Diese Struktur kann nur im Zusammenhang mit der Virusbildung verstanden werden.

Die Viruspartikel, *Virionen*, heften sich an das Plasmalemma einer Wirtszelle an, wobei die in 1.2.1 erwähnten Rezeptoren eine Rolle spielen, und dringen in noch nicht ganz geklärter Weise in die Zelle ein. Schließlich liegt die Virus-Nucleinsäure frei in der nukleozytoplasmatischen Matrix. Dann wird der Stoffwechsel der Zelle so verändert, daß vorwiegend oder ausschließlich virusspezifische Proteine (Enzymproteine, die bei der Virussynthese mitwirken, und Proteine des Kapsids) an den wirtseigenen Ribosomen, unter Verwendung des wirtseigenen Syntheseapparates, synthetisiert werden. Außerdem wird die Virus-Nucleinsäure vielfach repliziert.

Die Nucleinsäuremoleküle fügen sich dann mit den Untereinheiten des Kapsids zusammen. Dieser Prozeß läßt sich, zumindest bei einfachen Viren, auch *in vitro* durchführen, wobei sich die Teilchen auf Grund ihrer Form und ihres Ladungsmusters ohne direkte Zufuhr von Energie zusammenfügen *(self assembly)*.

In manchen Fällen werden die Virionen durch die Auflösung der Wirtszelle frei. In anderen Fällen wandern Nukleokapside an das Plasmalemma und lagern sich diesem an, worauf sich dieses hier in spezifischer Weise verändert. Bestimmte Proteine und Lipide sammeln sich hier, andere werden ausgeschlossen; schließlich bildet sich eine Vorwölbung nach außen, in der das Nukleokapsid eingeschlossen wird. Dann schnürt sich die Virusknospe ab.

Viele *Bakteriophagen* haben ein besonders kompliziert gebautes Kapsid. Es kann z. B. in „Kopf" und „Schwanz" gegliedert sein. Im Kopf ist die DNA eingeschlossen, der Schwanz ist eine Röhre, deren Mantel aus zwei Proteinlagen gebildet wird. An seinem Ende sitzen eine Platte und Fäden, mit deren Hilfe das Virion den spezifischen Wirt am Ladungsmuster der Zellwand erkennt und sich dann anheftet. Das löst die enzymatische Durchbohrung der Zellwand aus, was wiederum ein Signal für die Kontraktion des Schwanzes (der äußeren Hülle) ist, Prozesse, die zur Injektion der DNA in das Bakterienplasma führen. Bei der Kontraktion wird die mechanische Energie aus ATP gewonnen, das im Phagenschwanz enthalten ist. Nach der Vermehrung der Phagen in der Bakterienzelle wird die Zellwand durch ein phageneigenes Enzym (Lysozym) aufgelöst, und die Phagen werden frei.

Viren und vor allem Bakteriophagen haben also einzelne Eigenschaften, die für Organismen charakteristisch sind: Vererbung und Mutation, Andeutung eines „Stoffwechsels" (z. B. die enzymatische Auflösung der Wirtszellwand, die einem Verdauungsprozeß vergleichbar ist); außerdem kann es bei der Anheftung von Phagen an die Wirtszelle zu Reaktionen kommen, die Reizreaktionen und aktiven, durch ATP angetriebenen Bewegungen ähnlich sind. Aber Viren und Phagen reproduzieren sich nicht selbst, sondern sie werden von der Wirtszelle reproduziert, wie auch ihre Enzyme von der Wirtszelle synthetisiert werden, denn sie haben keine eigenen Ribosomen. Sie borgen sich das Leben (Weidel). Ferner fehlt ihnen ein eigenes Plasmalemma. Sie sind zu ihrer Vermehrung auf ein „Medium" (die lebende Zelle) angewiesen, das komplizierter ist als sie selbst (vgl. 1.1.2.3). Auch hochentwickelte Viren und Phagen lassen sich demnach klar gegen primitive Zellen abgrenzen.

Literaturauswahl

Berkaloff, A., Bourguet, J., Favard, P., Guinnebault, M.: Die Zelle — Morphologie und Physiologie. Hamburg: Rowohlt 1974.

Bielka, H. (Hrsg.): Molekulare Biologie der Zelle, 2. Aufl. Stuttgart: G. Fischer 1973.

Dyson, R.D.: Cell biology: a molecular approach. 2. edn. Boston: Allyn and Bacon 1978.

Gunning, B.E.S., Steer, M.W.: Ultrastructure and the biology of plant cells. London: Arnold 1975.

Hirsch, G.C., Ruska, H., Sitte, P. (Hrsg.): Grundlagen der Cytologie. Jena: G. Fischer 1973.

Hopkins, C.R.: Structure and function of cells. London: Saunders 1978.

Ledbetter, M.C., Porter, K.R.: Introduction to the fine structure of plant cells. Berlin-Heidelberg-New York: Springer 1970.

Lima-de-Faria, A. (Ed.): Handbook of molecular cytology. Amsterdam-London: North-Holland Publishers 1969.

Novikoff, A.B., Holtzman, E.: Zellen und Organellen. München-Bern-Wien: BLV 1973.

Porter, K.R., Bonneville, M.A.: Einführung in die Feinstruktur von Zellen und Geweben. Berlin-Heidelberg-New York: Springer 1965.

Robards, A.W.: Ultrastruktur der pflanzlichen Zelle. Stuttgart: Thieme 1974.

Robards, A.W.: (Ed.): Dynamic aspects of plant ultrastructure. Maidenhead: McGraw-Hill 1974.

Schlegel, H.G.: Allgemeine Mikrobiologie, 4. Aufl. Stuttgart: Thieme 1976.

Sengbusch, P. von: Molekular- und Zellbiologie. Berlin-Heidelberg-New York: Springer 1979.

2 Der chemische Bau biologisch wichtiger Makromoleküle

HARALD TSCHESCHE

2.1 Einleitung

Biologische Makromoleküle sind eine Voraussetzung für alle Lebensvorgänge. Die folgenden wichtigen Stoffe gehören hierzu:

das genetische Material: Desoxyribonucleinsäuren und Ribonucleinsäuren,
die Gerüstsubstanzen: Cellulose, Lignin, Chitin, Murein, Collagen, Elastin, Keratin, Seide, Membranproteine u.a.,
die Transport- u. Bewegungsproteine: Hämoglobine, Flagellin, Muskelmyosin und -actin,
die Biokatalysatoren: alle Enzymproteine und
die Reservestoffe: Stärke, Glykogen.

um nur die wichtigsten zu nennen. Ihre Molekulargewichte variieren von wenigen Zehntausend bis zu Werten von mehreren Millionen.

Der biosynthetische Aufbau solcher Riesenmoleküle erfolgt stets durch Enzyme aus kleineren Biosynthese-Einheiten. Diese bilden die monomeren Baustein-Moleküle (Nucleotide, Monosaccharide, aromatische Alkohole, Aminosäuren), die in der Regel unter Wasserabspaltung (Polykondensation) über zwei (oder mehr) Verknüpfungsstellen zu langkettigen Makromolekülen verbunden werden. Der Vorgang der Polykondensation verläuft dabei unter exakter Einhaltung des durch die beteiligten Enzyme bestimmten Aufbauprinzips zu:

1. Makromolekülen mit statistischer Größe aus gleichartigen Monomeren in unverzweigter Anordnung (Beispiele: Amylose, Cellulose) oder verzweigter Anordnung (Beispiele: Glykogen, Murein) oder zu
2. Makromolekülen mit definierter Bausteinzahl und geordneter unverzweigter Anordnung von mehreren unterschiedlichen Monomeren (Beispiele: Nucleinsäuren und Proteine).

Nur die zweite Gruppe biogener Makromoleküle kann aufgrund der im Molekülaufbau niedergelegten Ordnung weitere inhärente Information tragen. Die in der Bausteinart und -reihenfolge niedergelegte Information (Primärstruktur) bestimmt sowohl die Festlegung der Spezies-spezifischen Merkmale (z.B. Charakterisierung der Art, Gattung, Familie) wie auch die spezielle Funktion (z.B. m-RNA oder t-RNA[1], Faser- oder globuläres Protein, Muskelsauerstoff-, Speicher- oder Blutsauerstoff-Transport-Protein). Durch die Art der Monomerenreste und ihre Abfolge werden nicht nur die Spezies-Eigenart und die Funktion festgelegt, sondern auch die räumliche Struktur der Makromoleküle in ihrer natürlichen wäßrigen Umgebung unter physiologischen Bedingungen (pH 6,5–7, 25–40° C, schwache Ionenkonzentration, 760 mbar usw.) determiniert. Die Funktion ist dabei eindeutig abhängig und bestimmt von der Ausbildung der einzigartigen und richtigen räumlichen Anordnung der Reste zueinander (Sekundärstrukturelemente und Tertiärstruktur).

Es ist klar, daß uns wegen ihrer Bedeutung für das molekulare, biologische Geschehen hier in erster Linie die biogenen Makromoleküle determinierter Struktur (2. Gruppe) interessieren werden. Um ihren Aufbau und ihre Wirkungsweise verstehen zu können, müssen jedoch neben der kovalenten Struktur der monomeren Bausteineinheiten und ihrer Verknüpfung zu Makromolekülen auch die sog. „schwachen Wechselwirkungen" zwischen den Bausteinen besprochen werden. Zu den wichtigen, schwachen chemischen Bindungen gehören die Wasserstoffbrücken, die ionische Bindung, sowie die Van der Waals-Kräfte und die hydrophobe Wechselwirkung, denen im Rahmen dieses Buches eigene Kapitel gewidmet sind, und die daher hier nur kurz behandelt werden.

Wasserstoffbrücken bilden sich zwischen einem kovalent gebundenen, dissoziierbaren H-Atom, das in der Regel an O oder N gebunden ist, und einem elektronegativen Akzeptoratom, das wie O oder N freie Elektronenpaare aufweist. Sie beruhen auf der elektrostatischen Anziehung zwischen dem negativen Akzeptoratom und dem positiv polarisierten H-Atom. Wasserstoffbrücken sind stets richtungsorientiert. Die Bindungsenergie macht etwa 10–30 kJ/mol (3–7 kcal/mol) aus.

Ionische Bindungen beruhen auf elektrostatischen Kräften, welche zwischen zwei entgegengesetzt geladenen Gruppen auftreten. Ihre Bindungsenergie liegt in wäßriger Umgebung ebenfalls bei 10–30 kJ/mol (3–7 kcal/mol), kann aber in hydrophober Umgebung, d.h. bei wesentlich kleinerer Dielektrizitätskonstante ($\varepsilon_{H_2O} = 81$), wesentlich größere Werte annehmen.

Van der Waals-Kräfte beruhen auf den Wechselwirkungen zwischen den vorhandenen, induzierten und momentanen Dipolen der Moleküle. Die Wechselwirkungsenergien sind mit 0,2–0,5 kJ/mol (1–2 kcal/mol) relativ schwach.

„Hydrophobe Wechselwirkungen" ist eine irreführende Bezeichnung. Ihr Energiebeitrag bei der Zusam-

---

[1] Das Präfix m- bezeichnet in der m-RNA die Funktion der Ribonucleinsäure als "messenger" (Bote), das Präfix t- in t-RNA die Funktion des "transfers" bei der Anknüpfung der Aminosäuren während der Proteinbiosynthese.

menlagerung von unpolaren (hydrophoben) Molekülgruppen beruht auf der Freisetzung von Wassermolekülen, die an den unpolaren Seitenketten in geordneter Struktur fixiert sind (Entropiegewinn).

Die Summation aller schwachen Wechselwirkungen liefert die Stabilisierungsenergie für die Sekundär- und Tertiärstruktur biologisch aktiver Makromoleküle.

2.2 Nucleinsäuren und ihre Bausteine

2.2.1 Nucleotide als Bausteine

Desoxyribonucleinsäure (DNA[2]) und Ribonucleinsäure (RNA[2]) sind kettenförmige Makromoleküle, deren Funktion in der Speicherung und Übertragung genetischer Information besteht. Diese Nucleinsäuren sind wesentliche Komponenten aller Zellen. Ihr Anteil an der Trockenmasse macht ca. 5–15% aus. Die monomeren Bausteine der Nucleinsäure, die sich durch chemische oder enzymatische Hydrolyse erhalten lassen, sind die Desoxyribonucleotide bzw. Ribonucleotide, die auch kurz als Nucleotide bezeichnet werden. Jedes Nucleotid setzt sich zusammen aus einer heterozyklischen Stickstoffbase der Pyrimidin- oder Purinreihe, einem Zucker der Pentosereihe, und zwar entweder D-Ribose oder 2-Desoxy-D-ribose und Phosphorsäure (Abb. 2.1). Jede Nucleinsäure enthält nur

Nucleotid
Base-Pentose-Phosphorsäure
Nucleosid

Abb. 2.1

jeweils eine der beiden Zuckerarten. Die Aldopentosen liegen in der zyklischen Halbacetalform als Furanosen vor. Die Konfiguration am anomeren C-Atom 1 entspricht der β-Form. In den Ribonucleinsäuren (RNA) enthalten alle Nucleotide nur D-Ribose, sind also Ribotide. In den Desoxyribonucleinsäuren (DNA) kommen nur Nucleotide mit 2-Desoxy-D-ribose vor, d.h. Desoxyribotide (Abb. 2.2). Beide Nucleinsäuren haben unterschiedliche biologische Funktionen. Die RNA ist unmittelbar als Matrize oder Adapter an der Proteinbiosynthese beteiligt. Die DNA stellt das genetische Material in den Zellchromosomen (und meisten Viren) dar.

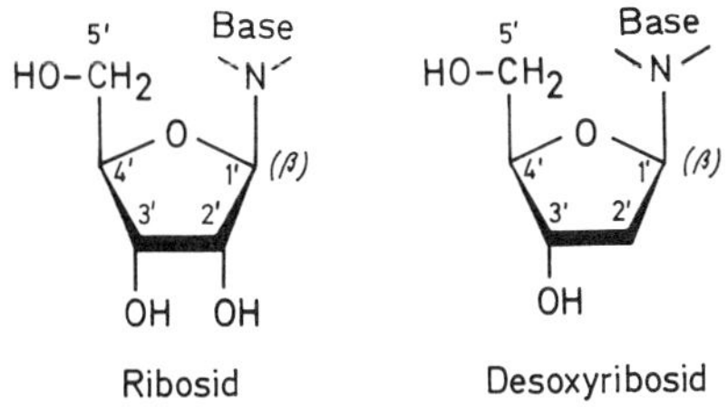

Abb. 2.2

[2] Die angelsächsischen Abkürzungen (Ribo-Nucleic Acid) RNA bzw. (Desoxyribo-Nucleic Acid) DNA entsprechen den heute weniger gebräuchlichen deutschsprachigen Abkürzungen RNS (Ribo-Nuclein-Säure) und DNS (Desoxyribo-Nuclein-Säure).

Nucleotide sind die Phosphorsäureester der Nucleoside. Jedes Nucleosid enthält N-glykosidisch an die Pentose gebunden entweder eine der Pyrimidinbasen Cytosin, Uracil, Thymin, bzw. einen der selteneren methylierten Abkömmlinge wie 5-Methylcytosin, oder eine der Purinbasen Adenin, Guanin, und seltener Xanthin, bzw. Hypoxanthin (Abb. 2.3). DNA und RNA unterscheiden sich hierbei nicht nur in der Art der Pentose, 2-Desoxy-D-ribose bzw. D-Ribose, sondern auch in der Art der Basenzusammensetzung. Thymin kommt nur in der DNA vor, die RNA enthält stattdessen Uracil (Abb. 2.3).

Details der Strukturen von Pyrimidin- und Purinbasen wurden durch Röntgenstrukturanalyse aufgeklärt (Abb. 2.4). Der Pyrimidinring ist eben und aus den C–, N- und C–C-Bindungsabständen geht ein etwa 50%iger Doppelbindungscharakter hervor, wie er für ein sechsgliedriges Ringsystem mit benzolähnlicher

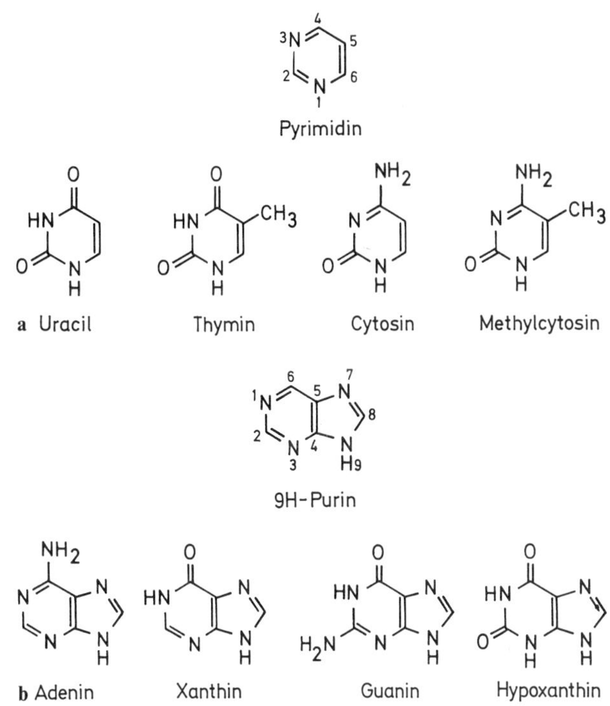

Abb. 2.3a, b. Strukturen der wichtigsten Pyrimidin- und Purinbasen. Wiedergegeben sind die in wäßriger Lösung bei pH ~ 7 vorliegenden Tautomeren

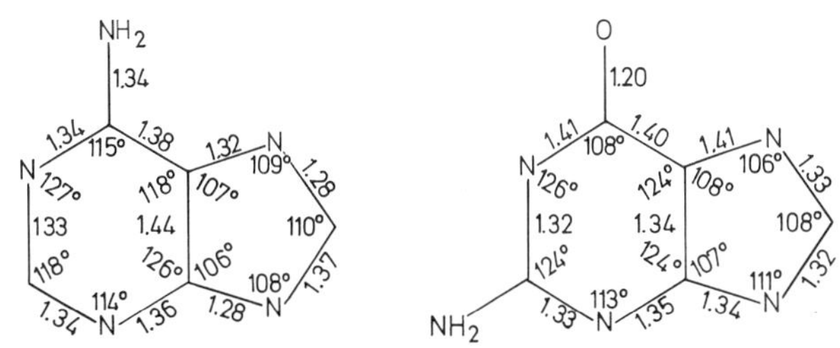

Abb. 2.4. Molekulare Parameter der Purinbasen Adenin und Guanin

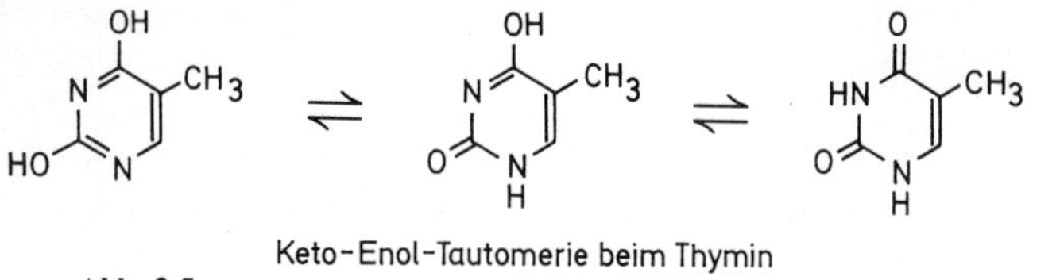

Abb. 2.5

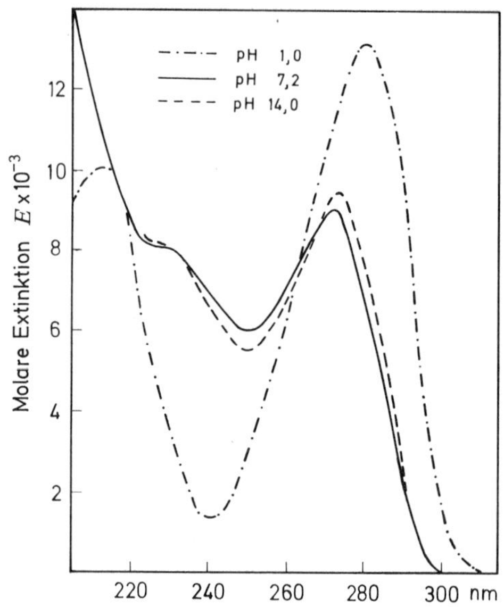

Abb. 2.6. Ultraviolett-Absorptionsspektren von Desoxycytidin bei saurem, neutralem und alkalischem pH-Wert

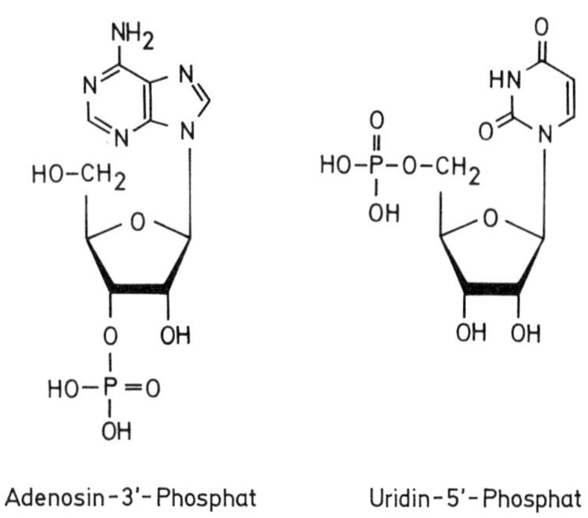

Abb. 2.7. Adenosin-3'-phosphat (3'-AMP), Uridin-5'-phosphat (5'-UMP)

Resonanzstruktur zu erwarten ist. Inwieweit eine Resonanzstruktur in den substitutierten Basen der Nucleinsäuren maximal auftritt, hängt davon ab, ob die Amino- und Ketogruppen als solche oder in der tautomeren Form als Imino- und Enolgruppe vorliegen. Bei Pyrimidinen und Purinen besteht eine pH-abhängige Keto-Enol-Tautomerie, bei der durch Protonenwanderung die Laktamformen -(CO-NH-) in zwei oder mehrere Laktimformen (-COH=N-) übergehen können (Abb. 2.5). Aus den UV-Absorptionsspektren geht hervor, daß die in 2- und 4(6)-Stellung O-substituierten Pyrimidine in der Ketoform vorliegen, also Pyrimidone sind. Uracil kann also auch als 2,4(6)-Pyrimidindion bezeichnet werden. Auch für die Purinbasen ergibt sich aus den Bindungslängen zwischen den Ringatomen ein erheblicher Resonanzcharakter. Die Strukturen von Adenin und Guanin sind sehr ähnlich. Der Hauptunterschied liegt darin, daß der Aminostickstoff (N_{10}) im Guanin um 0,11 nm aus der Ringebene der übrigen Atome herausgehoben und die C_4–C_5-Bindung im Adenin um 0,10 nm länger ist. Das ist in Übereinstimmung mit den unterschiedlichen Säure-Basen-Eigenschaften von Adenin und Guanin. Die kurze Länge der C_6-N_{10}-Bindung (1,34 nm anstelle von 1,47 nm für eine Einfachbindung) im kristallisierten Adeninhydrochlorid spricht jedoch auch für Anteile von Resonanzstrukturen mit positiver Ladung am N_{10} und einer C_6-N_{10}-Doppelbindung.

Die Resonanzstrukturen der Pyrimidin- und Purinbasen sind verantwortlich für eine hohe Absorption von UV-Licht mit Absorptionsmaxima im Bereich von 260–280 nm. Der Verlauf der Absorptionsspektren der Nucleinsäurebasen, bzw. der Nucleoside und Nucleotide, ist stark pH-abhängig, da der Ionisierungszustand der Basen hiervon abhängt (Abb. 2.6). Das Ausmaß der UV-Absorption hängt außerdem wesentlich von der Sekundärstruktur ab (s. dort).

2.2.2 Die kovalente Polynucleotid-Struktur

Nucleinsäuren sind Polykondensate, bei denen die einzelnen Mononucleotide kovalent durch Phosphodiesterbrücken von dem 3'-Hydroxyl des einen Nucleotids zu dem 5'-Hydroxyl des benachbarten Nucleotids verknüpft sind (Abb. 2.7). Das eigentliche polymere „Rückgrat" der Nucleinsäuren wird also von der monotonen Zucker-Phosphat-Zucker-Kette gebildet (Abb. 2.8). An dieser Kette hängen an jedem Zucker am 1'-C-Atom[3] β-glycosidisch verknüpft die verschiedenen heterozyklischen Stickstoffbasen, deren Art und Reihenfolge den eigentlichen Informationsgehalt der Nucleinsäuren ausmachen. Es sei an dieser Stelle nur darauf hingewiesen, daß jeweils drei aufeinanderfolgende Basen ein sog. Triplett bilden. Die Zusammensetzung dieser Basen-Tripletts im genetischen Material der DNA und in der danach synthetisierten m-RNA, der unmittelbaren Proteinbiosynthese-Matrize, bestimmt die Art eines Aminosäurerestes im entsprechenden Protein. Der linearen Folge der Nucleotide in den Nucleinsäuren entspricht die lineare Sequenz der Aminosäuren im Protein (DNA→RNA→Protein).

Die Raumstruktur der Nucleinsäuren und ihr chemischer Charakter werden wesentlich durch die Bausteinzusammensetzung bestimmt. Das lineare und alternierende Zucker-Phosphat-Skelett hat aufgrund

[3] Die Zählung der Zucker-Ringatome erfolgt vom anomeren 1'-C-Atom entlang der Kohlenstoffatome bis zum exozyklischen 5'-C-Atom.

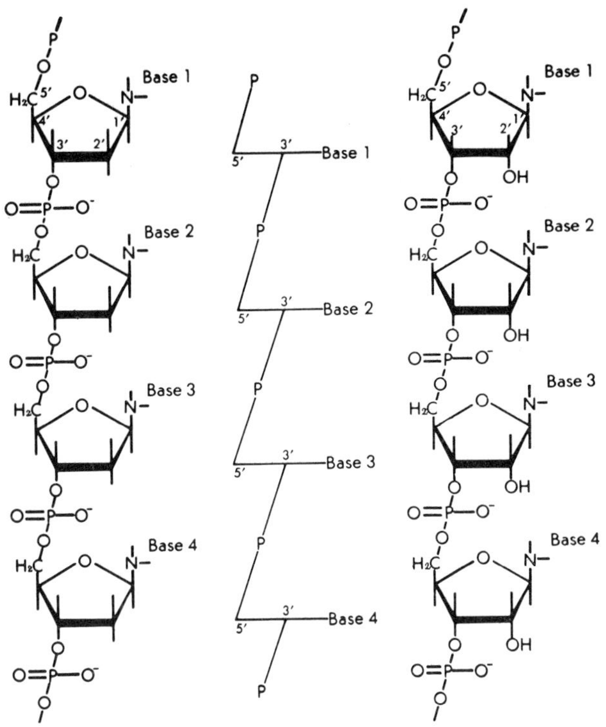

Abb. 2.8. Aufbau der Polynucleotid-Ketten der Ribonucleinsäure und Desoxyribonucleinsäure

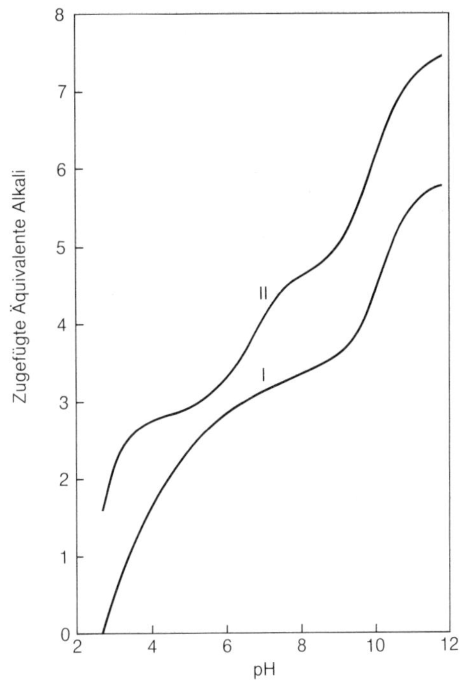

Abb. 2.9. Titrationskurve von Hefe-Ribonuklease, I und von deaminierter Hefe-Ribonuklease, II

der sekundären Phosphatreste sauren Charakter (Nucleotid mit primärem Phosphat $pK_a \sim 0{,}8$—1; Nucleinsäuren mit sekundärem Phosphat $pK_a \sim 6$). Alle Phosphatgruppen tragen eine negative Ladung, deren Neutralisation durch eine ausreichende Konzentration an Magnesiumionen für den Ablauf vieler biologischer Prozesse notwendig erscheint. Nucleinsäuren sind jedoch wie Proteine Polyelectrolyte, da die organischen Stickstoffbasen Träger positiver Ladungen sind ($-N_{(1)}H-C_{(6)}O-$, $pK_a \sim 8$—10; $-N_{(3)}H-C_{(2)}O-$, $pK_a \sim 12$–12,5; $-NH_3^{\oplus}$, $pK_a \sim 2{,}4$–4,5) (Abb. 2.9). Nucleinsäuren zeigen daher gute Wasserlöslichkeit, während die freien Pyrimidin- und Purinbasen schwer löslich im Wasser sind. Veränderungen im pH und der Ionenstärke können die Dimensionen solcher Makromoleküle drastisch beeinflussen.

2.2.3 Das Prinzip der Basenpaarung

Die dreidimensionale Struktur der strangförmigen Makromoleküle wird wesentlich durch intra- und intermolekulare Wechselwirkungen zwischen den einzelnen heterozyklischen Stickstoffbasen bestimmt. Pyrimidine sind planare Moleküle, Purine sind nahezu ebene Moleküle mit einzelnen Auslenkungen. Die exakten Dimensionen sind der Abb. 2.4 zu entnehmen. Aber nicht nur die Dimensionen der Basen, sondern ihr Vermögen, Wasserstoffbrücken auszubilden, ist entscheidend für die Struktur und Funktion der Nucleinsäuren. An der Ausbildung der Wasserstoffbrücken sind beteiligt die Aminogruppen von Adenin, Guanin und Cytosin, die Ring-NH-Gruppen in der Position 1 von Adenin und Guanin und in Position 3 der Pyrimidinbasen sowie die stark elektronegativen Sauerstoffatome der Carbonylgruppen in Position 6 der Purine und in Position 2 der Pyrimidine (Abb. 2.10). Als Protonendonatoren fungieren die labilen Protonen der Aminogruppen, als Protonenakzeptoren die Sauerstoffatome der Carbonylgruppen bzw. die Stickstoffatome in Position 1 bzw. 3 der heterozyklischen Ringsysteme von Cytosin bzw. Adenin.

In der *Desoxyribonucleinsäure* können zwischen Adenin und Thymin zwei und zwischen Guanin und Cytosin drei Wasserstoffbrücken ausgebildet werden, Abb. 2.10. Die Basenpaarung erfolgt hierbei in der Regel zwischen Nucleotiden zweier verschiedener DNA-Stränge. Als Ergebnis werden zwei komplementäre Stränge in antiparalleler Anordnung aneinander gebunden. Jeder Purinbase entspricht eine Pyrimidinbase im komplementären Strang ($A+G=C+T$). Die Zahl der Adeninreste entspricht der der Thyminreste ($A=T$) und die der Guaninreste ist gleich der Anzahl der Cytosinreste ($G=C$). Hierdurch entsteht eine strenge Basenäquivalenz, die zuerst von Chargaff (1952) entdeckt wurde. Die Basenäquivalenz in beiden antiparallelen Strängen beinhaltet aber nicht, daß die Basenzusammensetzung und Sequenz in gleicher Richtung von 5′ nach 3′ betrachtet identisch ist. Das molare Verhältnis der beiden gepaarten Basengruppen $A+T/G+C$ ist nicht einheitlich in verschiedenen Arten. Es ist charakteristisch für die jeweilige Species. Innerhalb einer Species ist die Basenzusammensetzung

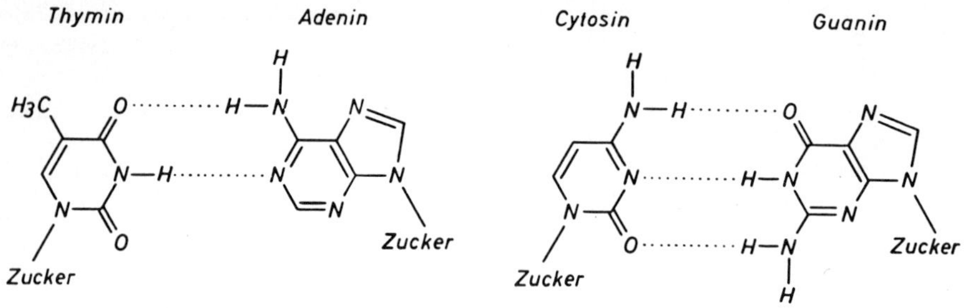

Abb. 2.10. Formelbilder der über Wasserstoffbrücken gebundenen heterozyklischen Stickstoffbasen der DNA. Zwischen Thymin und Adenin liegen zwei, zwischen Cytosin und Guanin drei Wasserstoffbrücken [nach Pauling, L., Corey, R. B.: Arch. Biochem. Biophys. **65**, 164 (1956)]

unabhängig von der Art, dem Alter oder dem Ernährungszustand der Zellen.

Die *Ribonucleinsäuren* liegen meist als Einzelstränge vor, in denen Basenpaarungen intramolekular erfolgen, so daß keine entsprechenden Regeln für die Basenzusammensetzung gelten.

Aus der exakten Basenpaarung in der Desoxyribonucleinsäure folgt, daß die Basenfolge in einem Strang die Sequenz im komplementären Strang bestimmt. Durch Öffnen der Wasserstoffbrücken zwischen den Basenpaaren der beiden Polynucleotidketten und Anbau je eines neuen komplementären DNA-Stranges an jeden alten Einzelstrang kann das genetische Material exakt verdoppelt werden (Reduplikation). Voraussetzung für das genaue Kopieren der Nucleinsäurematrizen im Verlauf der biosynthetischen Reduplikation ist das Vorliegen der unveränderten Ketoform der Stickstoffbasen, die bei neutralem, physiologischem pH gegenüber den tautomeren Laktim-Enol-Formen überwiegen. Das ungewöhnliche Vorliegen der Enolform beim Thymin kann zu einer Paarung mit Guanin, das beim Cytosin zu einer mit Adenin führen. Solche seltenen Fehler in der „Ablesegenauigkeit" können offenbar Anlaß zu spontanen Mutationen sein.

2.2.4 Die Doppelhelix-Struktur der DNA

Die Sekundärstruktur der Desoxyribonucleinsäure wird nach den grundlegenden Arbeiten von Watson und Crick durch zwei antiparallele, wasserstoffverbrückte Polynucleotidketten gebildet, die in helikaler Anordnung gemeinsam um die gleiche Helixachse gewunden sind (Abb. 2.11). Dabei entsteht eine Doppelschraube mit wechselseitig aufeinanderfolgenden breiten und schmalen Rillen. Beide Ketten bilden rechtsgängige Helices. Die planar angeordneten Basenpaare sind innen von der Helix lokalisiert. Die Phosphatgruppen liegen außen an der Peripherie und sind für Kationen leicht zugänglich. Der Abstand der Phosphoratome von der Helixachse beträgt 10 nm. Die C'_1, O'_1, C'_2 und C'_4-Atome des β-D-Desoxyfuranoseringes liegen fast in einer Ebene, nur das C'_3-Atom liegt etwas außerhalb. Zwischen der Ringebene der heterozyklischen Basen und dem Zucker wird ein nahezu rechter Winkel gebildet. Die Ebene der Basen liegt senkrecht zur Helixachse. Der Abstand zwischen den aufgestockten Basen beträgt 0,34 nm. Zwischen benachbarten Nucleotiden der selben Kette wird ein Winkel von 36° gebildet, so daß sich die Struktur nach jeweils 10

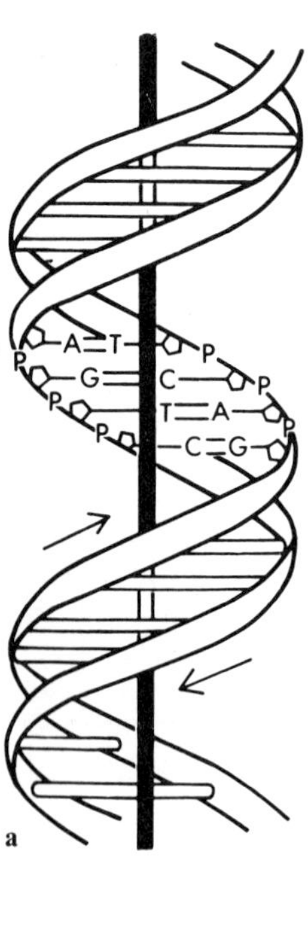

a

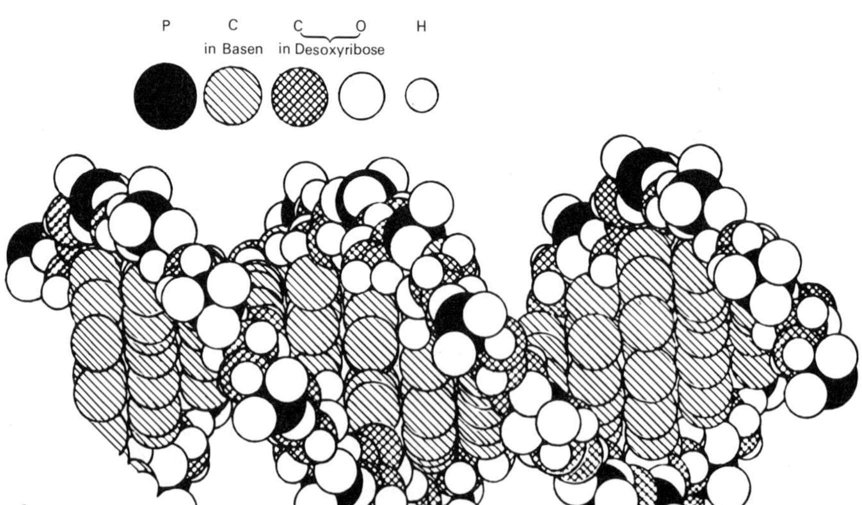

b

Abb. 2.11. a Schematische Darstellung der DNA-Doppelhelixstruktur (Typ B) mit antiparallelem Verlauf der komplementären 3'-P-5'-Phosphodiesterbindungen enthaltenden Polynucleotidstränge. **b** Kalotten-Modell der DNA-Struktur (Typ B) [nach Feugelman, M. et al.: Nature, Lond. **175**, 834 (1955)]

Resten einer Kette wiederholt. Die Identitätsperiode nach einer vollen Umdrehung beträgt also 3,4 nm. Es ist praktisch unmöglich, diese Struktur mit D-Ribose als Zucker anstelle von 2-Desoxy-D-ribose aufzubauen, da das zusätzliche Sauerstoffatom einen zu engen Van der Waals-Kontakt machen würde.

Die Wasserstoffbrücken sind jedoch nicht die einzigen Wechselwirkungen zwischen den heterozyklischen Basen. Hinzu kommen Dipol-Dipolwechselwirkungen der vorhandenen und der induzierten Dipolmomente und die Dispersions- oder Londonkräfte momentaner Dipole, die von der Bewegung der Elektronen innerhalb der Atome und Moleküle herrühren. Aus den berechneten Dipolmomenten ergibt sich, daß diese für die A+T-Paare klein und auf Abstoßung und in den G+C-Paaren groß und auf Anziehung ausgerichtet sind (Abb. 2.12). Guanin wird von Cytosin angezogen, während Adenin von Thymin abgestoßen wird (Tabelle 2.1). Die Energiebeträge dieser Wechselwirkungen sind denen der Wasserstoffbrücken hinzuzuzählen. DNA-Bereiche mit A-T-Paarungen (nur 2H-Brücken) sind daher von geringer Stabilität und denaturieren leichter als Bereiche mit G-C-Paarungen. Innerhalb einer Doppelhelix wirken jedoch Dipol-Dipolkräfte nicht nur zwischen den gepaarten, sondern auch zwischen den planar übereinandergestapelten Basen. Die unter der Bezeichnung „Van der Waals-Wechselwirkung" zusammengefaßten Wechselwirkungen sind recht erheblich (Tabelle 2.2). Die quantenmechanische Berechnung genauer Energiebeträge leidet unter der Tatsache, daß die lokalen Werte der Dielektrizitätskonstanten ε nicht bekannt sind ($\varepsilon \sim 2$–5, für H_2O bei 25° C, $\varepsilon = 81$). Die Gesamtenergie der Wechselwirkung zwischen zwei Basenpaaren ergibt sich also als Summe der Energien aus Tabellen 2.1 und 2.2. Für die Paarung ↑AT, GC↓ erhält man:

$-31{,}0 + 0{,}84 - 16{,}3 = 46{,}46$ kJ/mol.

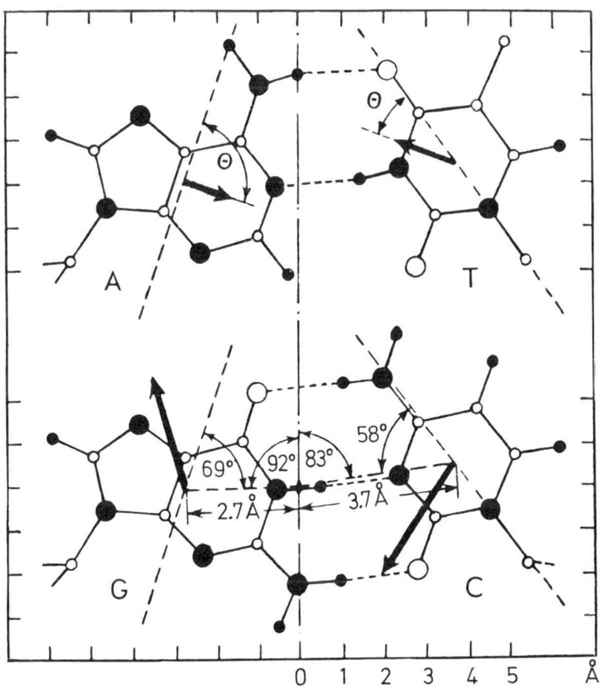

Abb. 2.12. Dipolmomente der Paare von Stickstoffbasen: A+T und G+C [nach Vol'kenshtein, M.V.: Molecules and Life, New York-London: Plenum Press]

Tabelle 2.1. Energien der Basen-Wechselwirkungen (in kJ/mol)

Basenpaar	Summe
G+C	−16,3
A+T	0,84

Tabelle 2.2. Halbe Summe der Wechselwirkungen zwischen gepaarten, gestapelten Basen (in kJ/2 mol von Basen)

Benachbarte Paare	Summe
↑CG↓ GC	−82,8
GC GC	−49,8
TA CG	−46,9
AT CG	−32,6
AT GC	−31,0
TA GC	−30,1
GC CG	−23,8
TA AT	−21,8
AT AT	−20,9
AT ↑TA↓	− 6,7

Bei dieser Betrachtung der Van der Waals-Wechselwirkungen blieb die Rolle des Wassers unberücksichtigt, die nicht nur auf den Beitrag zur Dielektrizitätskonstante reduziert werden kann. Es ist vielmehr notwendig, den Energiebeitrag mit zu berücksichtigen, der aus der Wechselwirkung mit Wassermolekülen resultiert, wenn diese bei der Ausbildung der Doppelhelix ausgeschlossen werden. Diese als hydrophobe Wechselwirkung bekannte Erscheinung enthält einen wesentlichen Entropieanteil, da hydrophobe Moleküle von einer geordneten Wasserstruktur umgeben sind. Die Freisetzung dieser Wassermoleküle bei Zusammenlagerung der überwiegend hydrophoben Basen unter Ausschluß von Wasser liefert eine Zunahme der Entropie (s. S. 22).

Die Struktur der Doppelhelix erscheint heute, insbesondere durch Auswertungen von Röntgenfaserdiagrammen der DNA-Natrium- oder Lithiumsalze, gut gesichert. Man sollte jedoch bei diesen statischen Betrachtungen nicht vergessen, daß auch in diesen biologischen Makromolekülen die einzelnen Atome und Moleküle ihre normalen Wärmeschwingungen ausführen. Es handelt sich also nicht um starre Anordnungen. Die gesamte Struktur ist außerdem offen, und der intramolekulare Wassergehalt ist relativ hoch. Bei

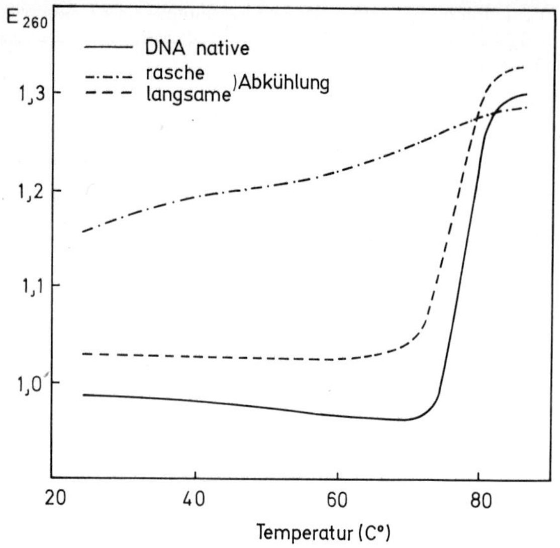

Abb. 2.13. UV-Absorption (260 nm) von T_2-Bakteriophagen-DNA bei thermischer Denaturierung [nach Marmur, J., Doty, P.: Nature (Lond.) **183**, 1427 (1959)]

geringerem Wassergehalt ließe sich sogar erwarten, daß die Basen leicht winklig angeordnet werden, so daß eine mehr kompakte Struktur resultiert.

2.2.5 Eigenschaften der DNA

Temperaturerhöhung führt zu einer thermischen Denaturierung der DNA. Bei Erreichen eines sog. T_m-Wertes (T_m = Temperature of melting) kommt es zu einer Trennung der beiden DNA-Einzelstränge, die als Schmelzen bezeichnet wird (Abb. 2.13). Langsame Abkühlung kann zu weitgehender Renaturierung führen, während rasche Abkühlung zu bleibender Denaturierung führt, d.h., die Helix wandelt sich in ein statistisches Knäul um (Helix-Knäul-Übergang). Die Strukturumwandlung ist mit einer drastischen Viskositätsminderung, Änderung der optischen Drehung und einer Dichteerhöhung verbunden. Ferner kommt es zu einem Anstieg der UV-Absorption (Hyperchromie), da die Aufstockung der Basen in der DNA-Doppelhelix eine Absorptionssenkung (Hypochromie) zur Folge hat. Die der DNA-Doppelhelix entsprechenden Sekundärstrukturelemente finden sich bei der überwiegend einsträngig vorkommenden RNA nur in Bereichen, wo komplementäre Basenanordnungen eine intramolekulare Wasserstoffbrückenbildung zwischen den Stickstoffbasen erlauben. Hierüber ist noch wenig bekannt. Erste Raumstrukturdaten der t-RNA-Moleküle sind aus Röntgenkristalluntersuchungen erarbeitet worden, Abb. 2.14.

Die Desoxyribonucleinsäure liegt in der Bakterienzelle und im Zellkern von Eukaryoten in kompakter Form vor, muß also eine weitere „Überstruktur" aufweisen. Vom Bakterienchromosom aus *E. coli* weiß man, daß die DNA (4 Millionen Nucleotide) einen einzigen großen Ring bildet. Aufgrund experimenteller Befunde nimmt man an, daß die chromosomale DNA in 50 oder mehr Schleifen vorliegt, die in sich noch eine etwa 200fach verdrillte Superhelix bilden (Abb. 2.15a, b). Auch für die Eukaryoten-DNA des Zellkerns nimmt man die Verdrillung zu partiellen Superhelices an. Für die Stabilisierung der Superhelix macht man stark basische Proteine, die Histone, verantwortlich, die in nahezu äquimolarer Menge im Chromatinfaden von somatischen Zellen vorkommen. Man nimmt an, daß sich die Histone in der großen Rille der DNA anlagern, indem elektrostatische Wechselwirkungen (Salzbrücken) zwischen den positiven Ladungen der basischen Aminosäureseitenketten der Histone und den negativ geladenen Phosphatresten der DNA auftreten.

2.3 Proteine und ihre Bausteine

2.3.1 Aminosäuren als Bausteine

Die monomeren Bausteine der Proteine sind die 20 natürlichen α-L-Aminosäuren, für die eine Information (DNA-Basentriplett) im genetischen Material existiert

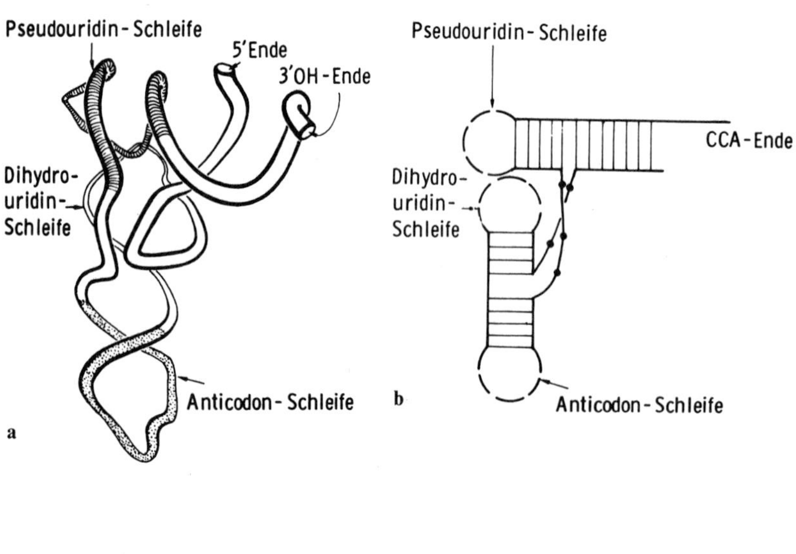

Abb. 2.14a, b. Schematische Zeichnung **a** der Kettenkonformation der Phenylalanin-t-RNA aus Hefe und **b** der intramolekularen Anordnung der Wasserstoffbrücken [aus Kim, S.H. et al.: Science **179**, 285 (1973)]

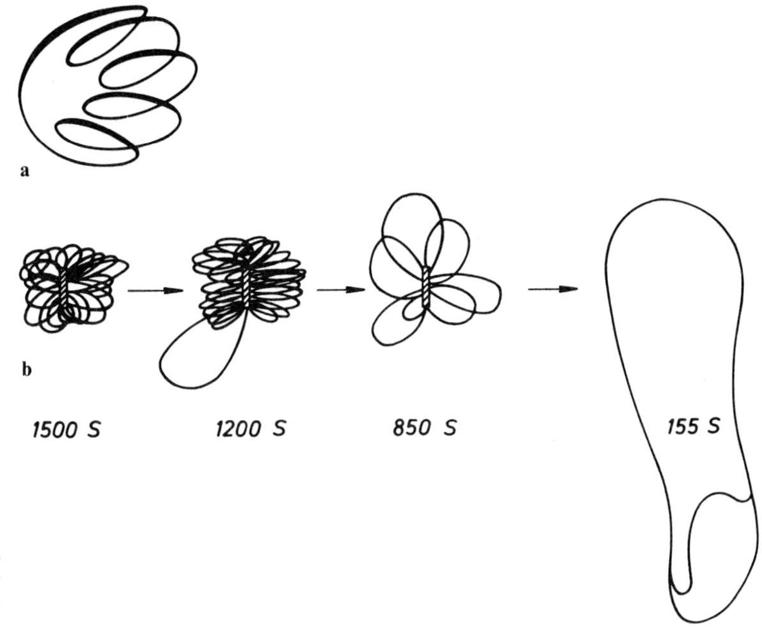

Abb. 2.15a, b. Schematische Darstellung **a** der Superstruktur der ringförmigen E. coli DNA, **b** Auflösung der kompakten Anordnung des E. coli-Chromosoms nach Behandlung mit Desoxyribonuclease [nach Worcel, A., Burgi, E.: J. mol. Biol. **71**, 127 (1972)]

(Tabelle 2.3). Alle übrigen, aus natürlichem Material durch enzymatische, saure oder alkalische Hydrolyse isolierten Aminosäuren (ca. 150) werden durch nachträgliche Umsetzung aus diesen aufgebaut. Als gemeinsames Strukturmerkmal tragen sie am α-C-Atom eine Carboxyl- und eine Aminogruppe sowie, bis auf die α-Iminosäure Prolin, alle ein H-Atom. Die Unterschiede der einzelnen Aminosäuren beruhen auf der charakteristischen Seitenkette R, die aliphatischer, aromatischer oder heterozyklischer Natur sein kann und die vierte Valenz am α-C-Atom absättigt:

$$H_2N{-}\underset{\displaystyle R}{\underset{|}{C}H}{-}COOH\,.$$

Nur der einfachste Vertreter der Reihe, Glycin, trägt anstelle der Seitenkette R ein weiteres H-Atom. Außer Glycin sind damit alle übrigen Aminosäuren asymmetrisch aufgebaut und kommen in zwei Stereoisomeren vor, den optischen Antipoden der L- und D-Reihe. Alle aus Proteinen isolierten Aminosäuren weisen, unabhängig von ihrem Drehungssinn für linear polarisiertes Licht [Präfix für Rechtsdrehung: (+), für Linksdrehung: (−)], die natürliche L-Konfiguration auf. Die absoluten Konfigurationen können nach dem R,S-System von Kahn und Ingold dokumentiert oder nach Übereinkunft in den vereinfachten Fischer-Projektionsformeln angegeben werden. Hierbei ist die Carboxylgruppe am α-C-Atom definitionsgemäß nach oben zu schreiben (Abb. 2.16).

Zur Bezeichnung der natürlichen L-Aminosäuren werden in der Regel nur die ersten drei Buchstaben des Trivialnamens verwendet, der sich historisch von der Herkunft oder besonderen Eigenschaften ableitet (leucos = weiß, tyros = Käse), oder die Einbuchstaben-Symbole (Tabelle 2.3). Sollen die optischen Antipoden bezeichnet werden, wird das Symbol D der Reihe vorgesetzt, z. B. D-Alanin.

2.3.2 Das Prinzip der Verknüpfung

Proteine bestehen aus den 20 natürlichen (s.o.) L-Aminosäuren, die in wechselnder Gesamtzahl und Folge (Sequenz) zu langen unverzweigten Ketten polykondensiert werden. Unter Wasseraustritt zwischen einer α-Carboxyl- und einer α-Aminogruppe von zwei Aminosäuren entsteht eine Peptidbindung (eingerahmt,

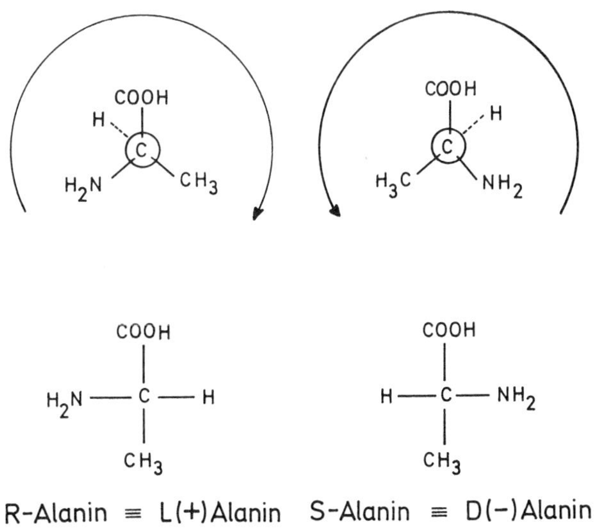

Abb. 2.16. Formelbilder der optischen Antipoden der Aminosäure Alanin. Oben: Anordnung nach dem RS-System von Khan und Ingold zur Bezeichnung der absoluten Konfiguration; unten: in Fischer-Projektion

Tabelle 2.3. Die natürlichen Protein-Aminosäuren[a]

Name Molgewicht	3-Buchst.- Abkürzung	Buchst.- Symbol.	Seitenkette	Charakter	ΔG-Werte (25° C, kJ/mol)[b] für Transfer von Wasser in Äthanol
Asparaginsäure 174	Asp	D	$HOOC{-}CH_2{-}CH(COO^-)(NH_3^+)$	sauer	
Glutaminsäure 147	Glu	E	$HOOC{-}CH_2{-}CH_2{-}CH(COO^-)(NH_3^+)$	sauer	
Tyrosin 181	Tyr	Y	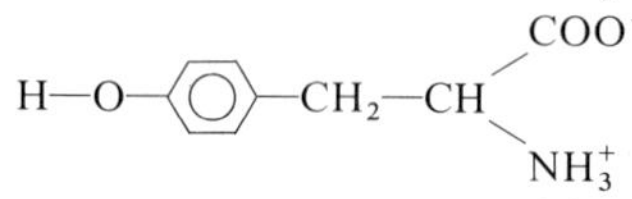	sauer neutral	− 9,6
Alanin 89	Ala	A	$CH_3{-}CH(COO^-)(NH_3^+)$	neutral	− 2,1
Asparagin 132	Asn	N	$H_2N{-}CO{-}CH_2{-}CH(COO^-)(NH_3^+)$	neutral	
Cystein 121	Cys	C	$HS{-}CH_2{-}CH(COO^-)(NH_3^+)$	neutral	
Glutamin 146	Gln	Q	$H_2N{-}CO{-}CH_2{-}CH_2{-}CH(COO^-)(NH_3^+)$	neutral	
Serin 105	Ser	S	$HO{-}CH_2{-}CH(COO^-)(NH_3^+)$	neutral	+ 1,3
Threonin 119	Thr	T	$CH_3{-}CH(OH){-}CH(COO^-)(NH_3^+)$	neutral	− 1,7
Histidin 155	His	H	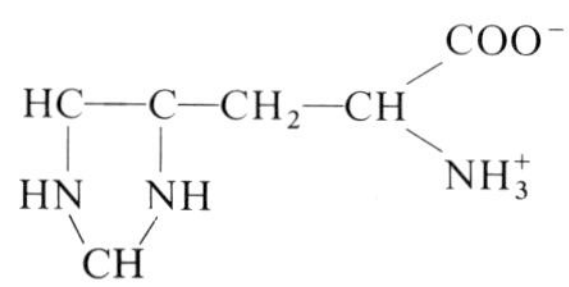	neutral basisch	− 2,1
Arginin 174	Arg	R	$H_2N{-}C(NH_2){-}NH{-}CH_2{-}CH_2{-}CH_2{-}CH(COO^-)(NH_3^+)$	basisch	
Lysin 146	Lys	K	$CH_2{-}CH_2{-}CH_2{-}CH_2{\rightarrow}CH(COO^-)(NH_3^+)$	basisch	
Glycin 75	Gly	G	$H{-}CH(COO^-)(NH_3^+)$	unpolar hydrophob	
Isoleucin 131	Ile	I	$CH_3{-}CH_2{-}CH(CH_3){-}CH(COO^-)(NH_3^+)$	unpolar hydrophob	
Leucin 131	Leu	L	$(CH_3)_2CH{-}CH_2{-}CH(COO^-)(NH_3^+)$	unpolar hydrophob	− 7,5

Tabelle 2.3 (Fortsetzung)

Name Molgewicht	3-Buchst.-Abkürzung	Buchst.-Symbol.	Seitenkette	Charakter	ΔG-Werte (25° C, kJ/mol)[b] für Transfer von Wasser in Äthanol
Methionin 149	Met	M	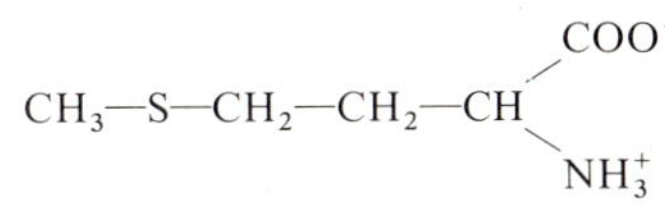	unpolar hydrophob	− 5,4
Phenylalanin 165	Phe	F	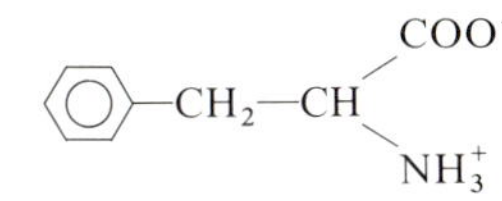	unpolar hydrophob	−10,5
Prolin 115	Pro	P	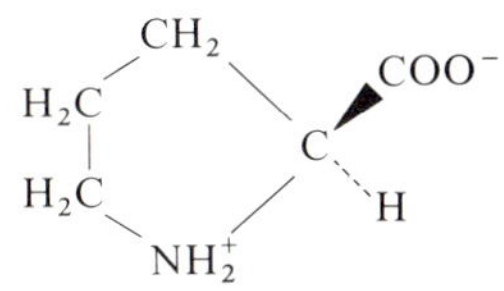	unpolar hydrophob	
Tryptophan 204	Trp	W	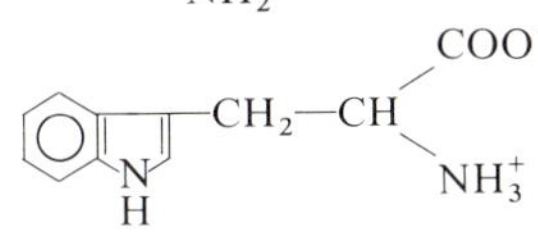	unpolar hydrophob	−14,2
Valin 117	Val	V	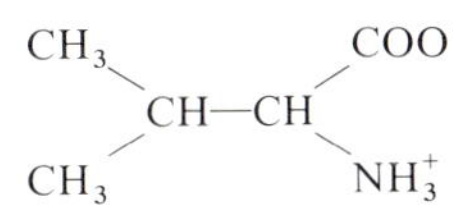	unpolar hydrophob	− 6,3

[a] Wiedergegeben sind die ionischen Formen, die unter physiologischen Bedingungen bei pH 6–7 überwiegen.
[b] Nach Nozaki und Tanford [J. Biol. Chem. **246**, 2211 (1971)].

s.u.), durch die beide Aminosäuren über eine Säureamidgruppe zu einem Dipeptid verknüpft werden. Die Verknüpfung von drei Aminosäuren führt zum Tripeptid und so fort. Peptide und Proteine bestehen also aus monotonen Folgen von Peptidbindungen und α-C-Atomen, wobei jedes α-C-Atom eine charakteristische Aminosäure-Seitenkette R trägt:

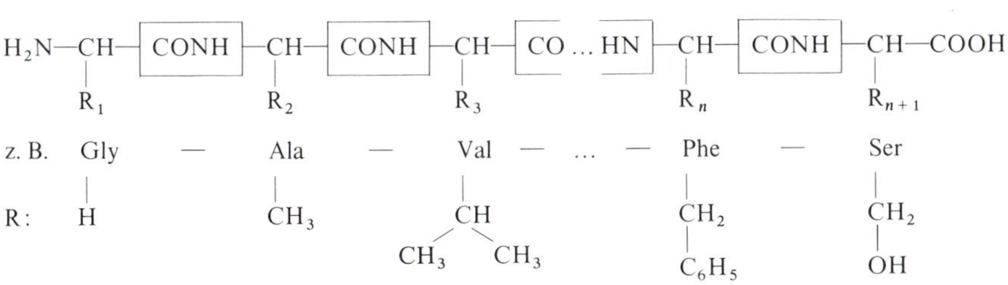

Es entspricht einer Übereinkunft, den N-Terminus, d.h. die freie α-Aminogruppe der Peptidkette, nach links zu schreiben, den C-Terminus, die α-Carboxylgruppe, nach rechts. Damit ist die Aminosäuresequenz auch bei Verwendung der Dreibuchstaben-Symbole, wie oben, eindeutig festgelegt.

2.3.3 Eigenschaften der Aminosäuren

Das proteinchemische Verhalten, die Kettenkonformation (Sekundär-, Tertiär- und Quartärstruktur, s.u.), die Funktion der Proteine und ihre Speziesspezifität werden durch die Art und Reihenfolge der Seitenketten, d.h. durch die in der Aminosäuresequenz niedergelegte „Information", bestimmt. Es ist daher notwendig, kurz die Eigenschaften der Aminosäure-Bausteine zu besprechen. Eine Einteilung kann nach der Polarität der Seitenkette R bei physiologischem pH-Wert vorgenommen werden. Man unterscheidet folgende vier Hauptgruppen: Aminosäuren mit (1) unpolarer oder hydrophober, (2) neutraler und ungeladener, (3) positiv geladener (basischer), oder (4) negativ geladener (saurer) Seitenkette, Tabelle 2.3. Innerhalb einer solchen Gruppe kann z.B. der hydrophobe Charakter erheblich variieren: Gly < Ala < Val < Ile. Die Hydrophobizität kann durch Messung der Änderung der freien Energie ΔG beim Transfer der Aminosäuren von Wasser in organische Lösungsmittel abgeschätzt werden. Um den Betrag der Differenz der freien Energie $\Delta G_{transfer}$ für eine Seitenkette zu erhalten, muß der Anteil der Hauptkette abgezogen werden. Das kann durch Subtraktion des Wertes für Glycin

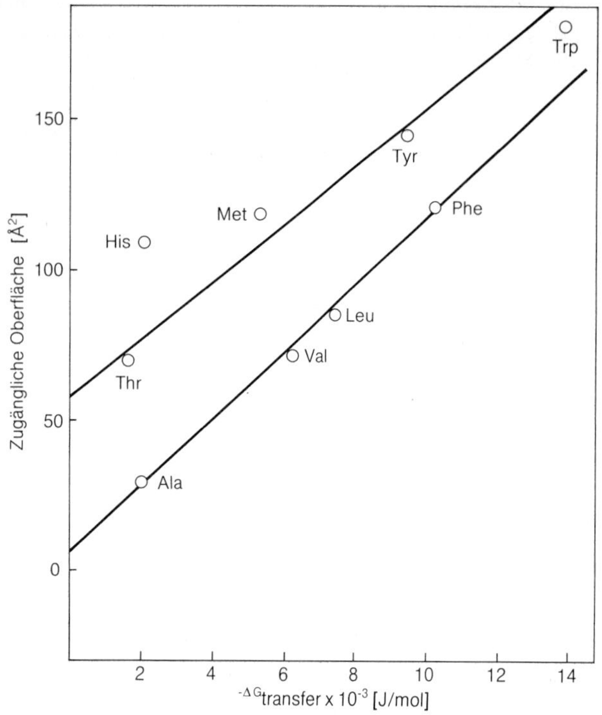

Abb. 2.17. Wasserzugängliche Oberflächenbereiche der Aminosäure-Seitenketten als Funktion ihrer Hydrophobizität (als Funktion der freien Energie $G_{transfer}$ für die Überführung von Wasser in Äthanol und Dioxan).[Nach Nozaki, Y., Tanford, C.: J. Biol. Chem. **246**, 2211 (1971) und Chothia, C.: Nature (London) **248**, 338 (1974)]

erfolgen und gibt die Beträge der Tabelle 2.3. Für vollständig unpolare Seitenketten ergibt sich eine lineare Beziehung zwischen $\Delta G_{transfer}$ und der für Wasser zugänglichen Oberfläche, Abb. 2.17.

Die Säure-Basen-Eigenschaften von Aminosäuren sind für das Verständnis der Funktionen von Proteinen von besonderer Bedeutung. Sie spielen auch die Hauptrolle bei der analytischen Trennung und Identifizierung verschiedener Aminosäuren, z. B. im Rahmen von Strukturaufklärungen. Die freien Aminosäuren liegen in neutraler wäßriger Lösung in dipolarer Form als Zwitterionen vor, sind also amphotere Elektrolyte (Ampholyte), Abb. 2.18, 2.19:

$$H_3\overset{+}{N}-CHR-COOH + H_2O \underset{pH\,4-8}{\overset{pH<2}{\rightleftharpoons}} H_3\overset{+}{N}-CHR-COO^- + H_3^+O$$

$$H_3\overset{+}{N}-CHR-COO^- + H_2O \underset{pH>10}{\overset{pH\,4-8}{\rightleftharpoons}} H_2N-CHR-COO^- + H_3^+O\,.$$

Das Säure-Base-Verhalten von Ampholyten läßt sich durch den Formalismus der Brönsted-Lowryschen Theorie konjugierter Säure-Basen-Paare beschreiben, wonach Säuren als Protonendonatoren und Basen als Protonenakzeptoren wirken. Die zweiphasige Titrationskurve der „monofunktionellen" Aminosäure Alanin ist wiedergegeben in Abb. 2.18. Die jeweiligen Mittelpunkte der Kurve (Pufferbereiche), bei denen nach Zugabe eines halben bzw. von anderthalb Basenäquivalenten gerade die Hälfte der Protonen der jeweils konjugierten Säure abgegeben wurde, werden

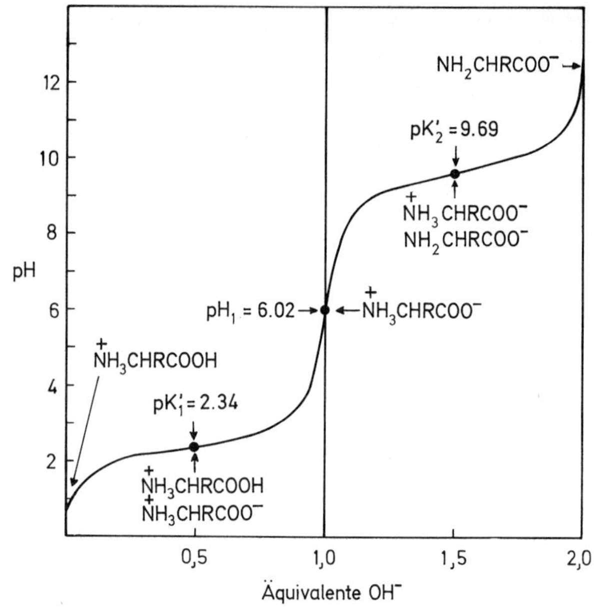

Abb. 2.18. Titrationskurve von Alanin (R=CH_3). An den Wendepunkten sind die überwiegenden, ionischen Formen angegeben

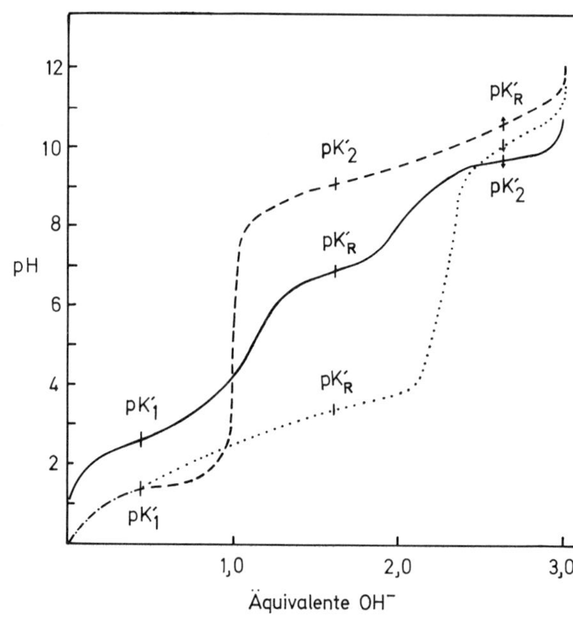

Abb. 2.19. Titrationskurven von Glutaminsäure (·····), von Histidin (———) und Lysin (------)

als pK′-Werte definiert. Man unterscheidet den pK'_1-Wert für die Dissoziation der Carboxylatgruppe im sauren pH-Bereich und den pK'_2-Wert für die Dissoziation der α-Aminogruppe im basischen pH-Bereich. Für die zusätzlichen sauren bzw. basischen Gruppen der „bifunktionellen" Aminosäuren läßt sich ein weiterer pK'_R-Wert für die Seitenkettengruppe bestimmen. Die pK′-Werte für die wichtigsten Aminosäuren sind in Tabelle 2.4 wiedergegeben. Der Verlauf der Titra-

a
b
c

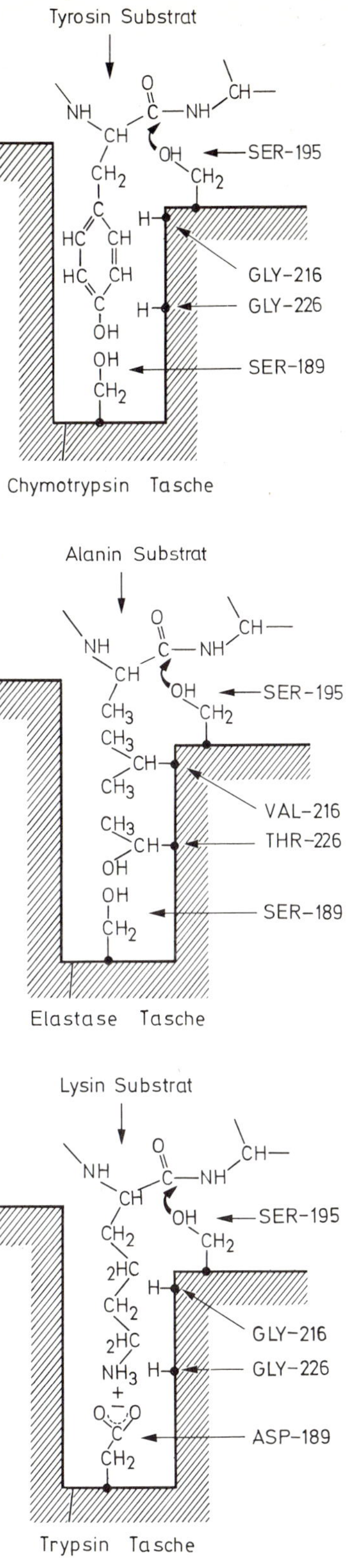

Abb. 2.20a–c. Schematische Darstellung der Substrat-Bindungstaschen (Spezifitätstaschen) der proteolytischen Enzyme **a** Chymotrypsin, **b** Elastase und **c** Trypsin mit den eingelagerten Peptidsubstraten. Eingezeichnet sind die entsprechenden Aminosäureseitenketten der Enzyme, die für die Dimensionen der Tasche maßgebend sind [nach Shotton, D.: Proceedings Internat. Res. Conf. Proteinase Inhibitors, Berlin-New York: de Gruyter 1971]

Tabelle 2.4. pK'Werte (25° C) einiger wichtiger Aminosäuren

	pK'_1 α-COOH	pK'_2 α-NH_3^+	pK'_R R-Gruppe
Glycin	2,34	9,6	
Alanin	2,34	9,69	
Leucin	2,36	9,60	
Serin	2,21	9,15	
Threonin	2,63	10,43	
Glutamin	2,17	9,13	
Asparaginsäure	2,09	9,82	3,86
Glutaminsäure	2,19	9,67	4,25
Histidin	1,82	9,17	6,0
Cystein	1,71	10,78	8,33
Tyrosin	2,20	9,11	10,07
Lysin	2,18	8,95	10,53
Arginin	2,17	9,04	12,48

tionskurven einer sauren, neutralen und basischen bifunktionellen Aminosäure ist in Abb. 2.19 gezeigt. Histin hat als einzige Aminosäure eine Seitenkette, deren pK'_R-Wert im physiologischen pH-Bereich (pH 6,0–7,5) liegt. Es nimmt damit eine Sonderstellung ein, die sich in der Beteiligung an vielen wichtigen biologischen Reaktionen ausdrückt.

Die Histidinseitenkette dient z. B. als wechselseitiger Protonen-Akzeptor und Protonendonator (charge-relais system) bei den Serin-Peptidpeptidylhydrolasen. Hiermit wird eine Gruppe von proteolytischen Enzymen bezeichnet, die Peptidbindungen innerhalb einer Peptidkette hydrolysieren (Endopeptidasen). Die Spezifität solcher Enzyme (s. gesondertes Kapitel), die Peptidketten selektiv nur an bestimmten Aminosäuren — und dort wiederum zum Teil nur bei Vorliegen bestimmter Sequenzen — hydrolysieren (z. B. an Lys oder Arg durch Trypsin, Plasmin, Thrombin, Kallikrein, Akrosin u. a.), ist eine Voraussetzung für die Steuerung vieler biologischer Vorgänge. Hierbei wird die Enzym-Spezifität durch Art, Raumerfüllung und stereochemische Anordnung der Aminosäure-Seitenketten bestimmt, die am Aufbau der Substratbindungsstelle und insbesondere der sog. Spezifitätstasche beteiligt sind (Abb. 2.20). In die Spezifitätstasche am Enzym wird die Aminosäure-Seitenkette der Peptidkette des Substrates eingelagert, die dort räumlich und ladungsmäßig hineinpaßt, d. h. für die das Enzym „Spezifität" aufweist.

Die UV-Absorption von Proteinen beruht im wesentlichen auf der Absorption der Seitenkettenreste der Aminosäuren Phe, Tyr und Trp, Abb. 2.21.

2.3.4 Die kovalente Struktur von Proteinen

2.3.4.1 Aufklärung der Aminosäure-Sequenz

Spezifische, proteolytische Enzyme werden auch bei der Aufklärung der Aminosäure-Sequenz (Protein-Primärstruktur) zur Darstellung einer Serie kleinerer Partialpeptide aus der Peptidkette denaturierter Proteine benutzt. Die Aufklärung der Partialsequenz erfolgt nach Baustein-Analyse durch weiteren Abbau vom C- und/oder N-Terminus mit Hilfe von sog.

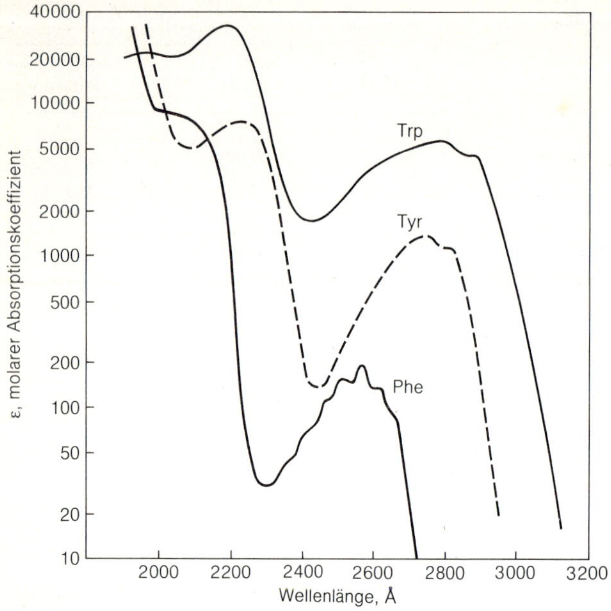

Abb. 2.21. UV-Absorptionsspektren der Aminosäuren Phe, Tyr und Trp bei saurem pH

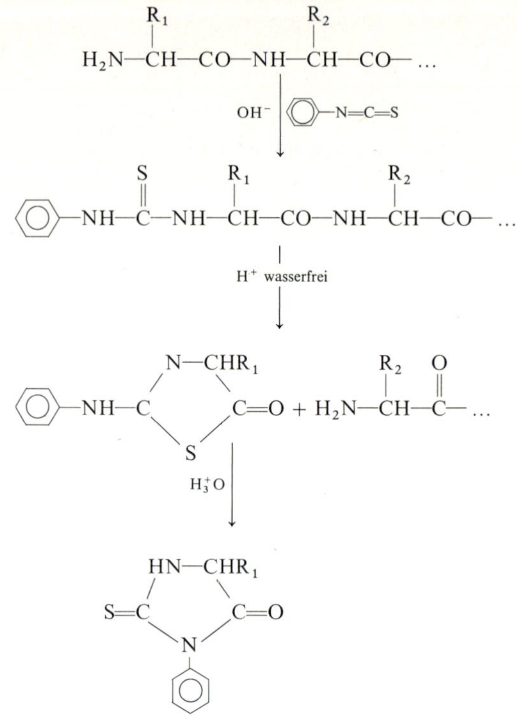

Abb. 2.22. Schema des chemischen Peptid-Abbaues vom N-Terminus nach Edman

Carboxy- und Aminopeptidasen (Exopeptidasen) und durch chemischen Abbau. Bei dem schrittweisen, chemischen Abbau wird in der Regel das Verfahren nach Edman verwendet, bei dem die endständige, N-terminale Aminosäure als Phenylthiohydantoin abgespalten, extrahiert und identifiziert wird (s. Abb. 2.22). Die vollständige Aminosäure-Sequenz ergibt sich aus den Partialsequenzen zweier oder mehrerer Serien von Partialpeptiden, die durch Spaltung mit Enzymen unterschiedlicher Spaltungs-Spezifität aus der Ausgangsproteinkette erhalten wurden. Die Partialpeptide einer Serie enthalten dann Sequenzen, die die Spaltungsstellen der anderen Serie aufweisen (Überlappungspeptide), so daß eine Anordnung aller Partialpeptide in korrekter Reihenfolge, entsprechend Schema 1, möglich wird:

2.3.4.2 Spezies-Spezifität von Aminosäure-Sequenzen

Proteine gleicher Funktion besitzen homologe Aminosäure-Sequenzen, Abb. 2.23. Je enger der phylogenetische Verwandtschaftsgrad ist, um so ähnlicher sind die Sequenzen. Die β-Ketten des Hämoglobins von Mensch und Gorilla weisen beispielsweise nur einen einzigen Unterschied in der Position 104 (Leu bzw. Arg) auf, während zwischen Mensch und Pferd 26 unterschiedliche Reste in der β-Kette gefunden werden.

H-Gly-Ile-Val-Glu-Gln-$CySO_3H$-$CySO_3H$-Ala-Ser-Val-$CySO_3H$-Ser-Leu-Tyr-Gln-Leu-Glu-Asn-Tyr-$CySO_3H$-Asn-OH

↑ Elastase (Ala-Ser) ↑ Elastase (Ser-Leu) ↑ Chymotrypsin A (Tyr-Gln) ↑ Chymotrypsin B (Tyr-$CySO_3H$)

Schema 1. Wechselseitige Spaltung der oxidierten Insulin-A-Kette (Rind) mit Elastase aus Schweinepankreas und Chymotrypsin A vom Rind.

Mensch	H-Gly-Ile-Val-Glu-Gln-Cys-Cys-Thr-Ser-Ile-Cys-Ser-Leu-Tyr-Gln-Leu-Glu-Asn-Tyr-Cys-Asn-OH
Pferd	H-Gly-Ile-Val-Glu-Gln-Cys-Cys-Thr-*Gly*-Ile-Cys-Ser-Leu-Tyr-Gln-Leu-Glu-Asn-Tyr-Cys-Asn-OH
Rind	H-Gly-Ile-Val-Glu-Gln-Cys-Cys-*Ala*-Ser-*Val*-Cys-Ser-Leu-Tyr-Gln-Leu-Glu-Asn-Tyr-Cys-Asn-OH
Elefant	H-Gly-Ile-Val-Glu-Gln-Cys-Cys-Thr-*Gly*-*Val*-Cys-Ser-Leu-Tyr-Gln-Leu-Glu-Asn-Tyr-Cys-Asn-OH
Ratte 1 und 2	H-Gly-Ile-Val-*Asp*-Gln-Cys-Cys-Thr-Ser-Ile-Cys-Ser-Leu-Tyr-Gln-Leu-Glu-Asn-Tyr-Cys-Asn-OH
Meerschweinchen	H-Gly-Ile-Val-*Asp*-Gln-Cys-Cys-Thr-*Gly*-*Thr*-Cys-*Thr*-*Arg*-*His*-Gln-Leu-Glu-*Ser*-Tyr-Cys-Asn-OH
Huhn, Truthahn	H-Gly-Ile-Val-Glu-Gln-Cys-Cys-*His*-*Asp*-*Thr*-Cys-Ser-Leu-Tyr-Gln-Leu-Glu-Asn-Tyr-Cys-Asn-OH
Kabeljau	H-Gly-Ile-Val-*Asp*-Gln-Cys-Cys-*His*-*Arg*-*Pro*-Cys-*Asp*-*Ile*-*Phe*-*Asp*-Leu-*Gln*-Asn-Tyr-Cys-Asn-OH
Angler-Fisch	H-Gly-Ile-Val-Glu-Gln-Cys-Cys-*His*-*Arg*-*Pro*-Cys-*Asn*-*Ile*-*Phe*-*Asp*-Leu-*Gln*-Asn-Tyr-Cys-Asn-OH
Krötenfisch I	H-Gly-Ile-Val-Glu-Gln-Cys-Cys-*His*-*Arg*-*Pro*-Cys-*Asp*-*Ile*-*Phe*-*Asp*-Leu-Glu-*Ser*-Tyr-Cys-Asn-OH

Abb. 2.23. Homologien und Speziesunterschiede der Aminosäure-Sequenzen der Insulin A-Kette. *Kursiv* gesetzt sind die gegenüber dem Menschen unterschiedlichen Aminosäurereste

Die Unterschiede in den Aminosäure-Sequenzen gestatten, für jede Proteinklasse einen Stammbaum der Evolution zu entwickeln. Einzelheiten der phylogenetischen Entwicklung lassen sich daraus oft genauer ableiten als aus morphologisch gewonnenen Stammbäumen. Die Korrelation von Aminosäure-Mutationen mit der Zeitskala aus Fossilienfunden gestattet, einen Durchschnittswert der Mutationsrate für jedes Protein anzugeben. Die Häufigkeit von Aminosäureaustauschen innerhalb einer Klasse von Proteinen (z.B. Hämoglobin, Cytochrom, Trypsin usw.) ist abhängig davon, inwieweit solche Mutationen tolerierbar sind, d.h. die Kettenkonformation und die davon abhängige biologische Aktivität nicht maßgeblich verändert werden. Oft sind innerhalb einer Proteinklasse nur wenige Aminosäurereste als „invariant" zu bezeichnen. Eine denkbare Substitution solcher invarianter Reste würde die biologische Aktivität und Funktion zerstören (z. B. Letal-Mutation). Eine Folge der unterschiedlichen Aminosäure-Sequenzen funktionell gleichartiger Proteine ist ihre immunologische Verschiedenheit, die Spezies-Spezifität.

2.3.4.3 Cystein als funktionelle Aminosäure und Brückenbildner

Die SH-Gruppe der Seitenkette von Cystein kann in mehrfacher Weise funktionelle Aufgaben erfüllen:

a) Anstelle von Serin im reaktiven Zentrum von Serin-Proteasen kann Cystein die Stelle der nucleophil wirksamen Seitenkette übernehmen (Beispiele für SH-Enzyme: Papain, Bromelain, Cathepsine).

b) Durch Addition der SH-Gruppe an Doppelbindungen können Cofermente über eine Thioätherbrücke kovalent an das Proteinskelett gebunden werden (Beispiel: Cytochrom C):

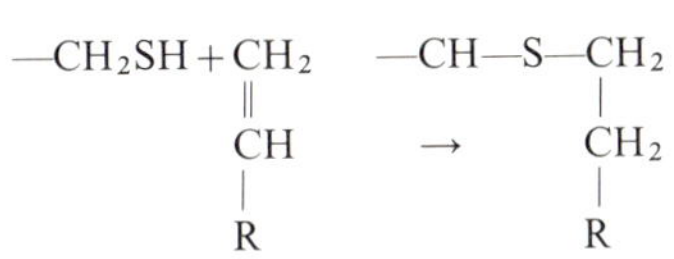

c) Durch milde Oxidation, z.B. an der Luft, lassen sich zwei Cysteinseitenketten (oder Halb-Cysteinreste) unter Ausbildung einer Disulfidbrücke kovalent verbinden. Derart können inter- und intra-molekulare Vernetzungen zwischen Polypeptidketten gebildet werden. Disulfidbrücken stabilisieren bei den meisten globulären Proteinen die native Konformation oder bei Faserstrukturen die gegenseitige Verankerung der fibrillären Bauelemente.

Die Disulfidbrücken bilden sich aus benachbarten Cystein-Resten unter neutralen und oxidierenden Bedingungen spontan *in vitro*. *In vivo* werden sie jedoch auch unter reduzierenden Bedingungen (5 mM reduziertes Glutathion und 0,1 mM oxidiertes Glutathion) gebildet, unter denen die spontane Protein-Disulfidbildung nicht begünstigt ist. Daher ist ein eigenes System, das oxidiertes Cystamin und membrangebundene Enzyme benötigt, für die Ausbildung der Disulfidbrücken verantwortlich gemacht worden.

2.3.4.4 Die Peptidbindung und Kettenkonformation

Die Peptidbindung stellt eine zur Resonanz fähige Struktur dar. Eine Grenzstruktur ist die Form mit einer C=O-Doppelbindung und einer C–N-Einfachbindung, bei der das freie Elektronenpaar am Stickstoff ein nicht hybridisiertes 2p-Orbital besetzt. Die andere Grenzstruktur enthält eine Doppelbindung zwischen Kohlenstoff und Stickstoff, mit einer C–O-Einfachbindung und dem einsamen Elektronenpaar am Sauerstoff in einem 2p-Orbital. In dieser Struktur treten wegen der Elektronenverschiebung von Stickstoff zum Sauerstoff eine positive Ladung am Stickstoff und eine negative Ladung am Sauerstoff auf. Die zwei elektronischen Grenzstrukturen der Peptidbindung bilden ein Hybrid, das etwa 60% der Struktur I, die freie Rotation erlaubt, und 40% der Struktur II aufweist, die die Rotation einschränkt und außerdem ein großes Dipolmoment verursacht:

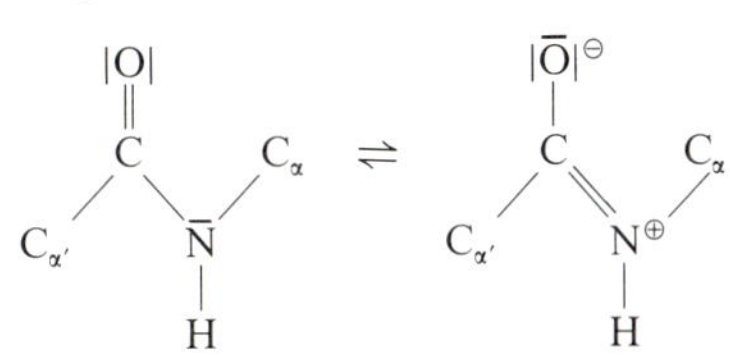

I. freie Rotation II. planar

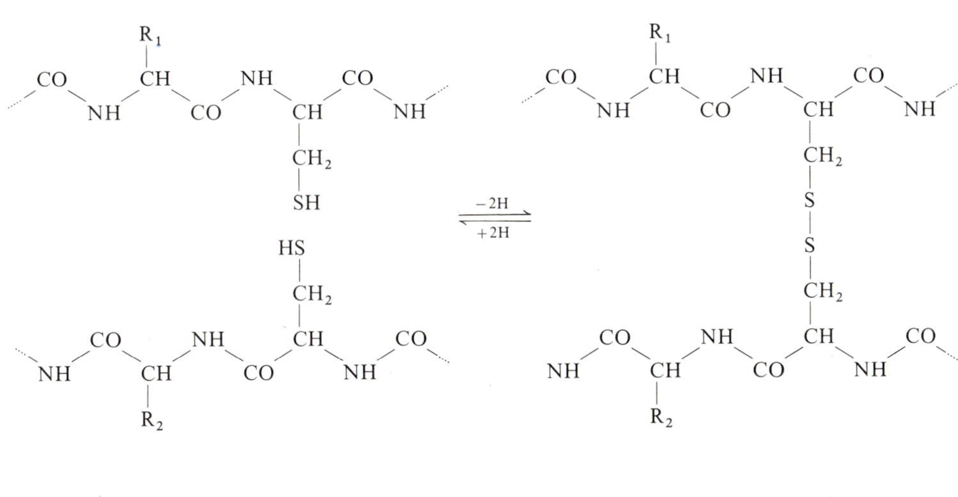

Die Resonanzstruktur führt zu delokalisierten π-Elektronen, wobei sich das Molekülorbital über alle drei Atome O, C und N erstreckt. Die CO-Bindung verliert ihren reinen Doppelbindungscharakter (verlängerter C–O-Bindungsabstand), während die CN-Bindung partiellen Doppelbindungscharakter (verkürzter C–N-Bindungsabstand) gewinnt. Der Gewinn an Resonanzenergie liegt bei etwa 87,9 kJ/mol (21 kcal/mol). Das Ergebnis der Ausbildung der Resonanzstruktur ist die Anordnung aller sechs Atome in einer Ebene. Tordierungen um die C–N-Einfachbindung erfordern Energie. Die Grundabmessungen der Peptidbindung gehen aus der Abb. 2.24 hervor.

Die Anordnung der C-Atome in der Ebene ist in der Regel trans zueinander. Die cis-Anordnung ist aus sterischen Gründen weniger günstig und wird nur gelegentlich bei Prolin-Resten gefunden[4]. Eine spontane Isomerisierung während des Faltungsprozesses der Peptidkette ist unwahrscheinlich, da die Energiebarriere zwischen trans und cis hoch ist. Diese Energiebarriere liegt nur für Prolinbindungen um etwa die Hälfte niedriger (54,4 kJ/mol oder 13 kcal/mol).

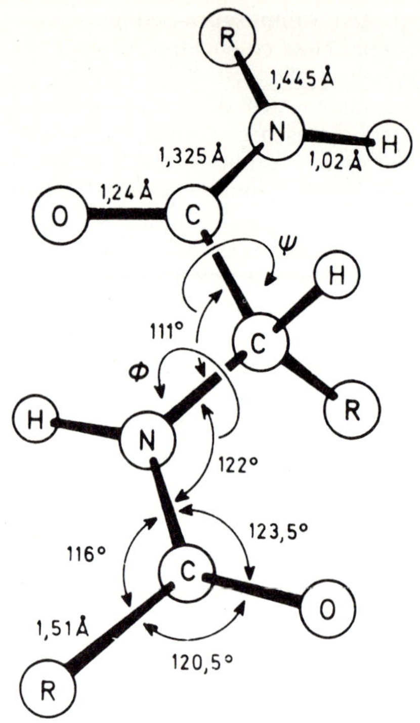

Abb. 2.24. Dimensionen der Peptidbindung. Die sechs Atome C_α–CONH–C_α liegen in einer Ebene. Die Kette besitzt „freie" Drehbarkeit nur an den C_α-Atomen um die Winkel Φ (N–C_α) und Ψ (C_α–C')

2.3.5 Die Stabilisierung der Strukturelemente durch Wasserstoffbrücken (Sekundärstruktur)

Eine Polypeptidkette weist aufgrund der Resonanzstruktur der planaren Peptidbindungen Freiheitsgrade der Rotation nur an den zwei Einfachbindungen N–Cα und Cα–C' auf, an denen die Bindungsebenen über die Cα-Atome miteinander verknüpft sind. Die dihedralen Winkel werden mit Φ (N–Cα) und Ψ (Cα–C') bezeichnet.

Die Konformation einer Polypeptidkette läßt sich damit vollständig durch Angabe der Winkel Φ und Ψ beschreiben. Nur diejenigen Winkel Φ und Ψ sind jedoch energetisch günstig, die eine zu große gegenseitige Annäherung der O-Atome der Carbonylgruppen bzw. der H-Atome der N–H-Gruppen vermeiden. Die Bereiche der günstigen Winkel Φ und Ψ für Paare von Peptidbindungen wurden von Ramachandran ermittelt. Tatsächlich fallen fast alle an Proteinen ermittelten Φ- und Ψ-Werte in die „erlaubten" Bereiche des Ramachandran-Diagrammes, Abb. 2.25. Nur Glycin macht hier als nicht asymmetrische Aminosäure ohne raumerfüllende Seitenkette eine Ausnahme.

Bei immer gleichen Winkeln Φ und Ψ ergeben sich geordnete Sekundärstrukturen, die bis auf die ebene Anordnung des sog. 2_7-Bandes ($\Phi = 105°$, $\Psi = 250°$) alle Helices ergeben (Abb. 2.26)[5]. Einige dieser Helices

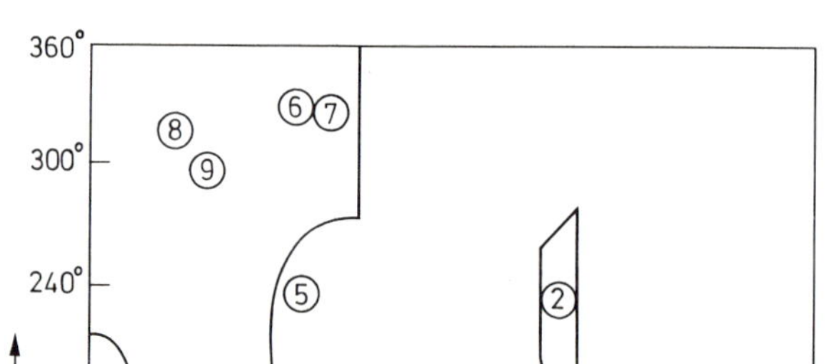

Abb. 2.25. Ramachandran Diagramm mit den sterisch tolerierbaren Winkelkombinationen für die wichtigsten Sekundärstrukturen von Peptidketten: ① Rechtsgängige α-Helix, ② Linksgängige α-Helix, ③ π-Helix (auch 4_{16}-Helix genannt), ④ 3_{10}-Helix, ⑤ flache $2{,}2_7$-Helix, ⑥ Polyprolin-Helix, ⑦ Kollagen-Helix, ⑧ antiparallele und ⑨ parallele β-Faltblatt-Struktur, ⑩ ebener Cyclopentapeptidring, eingerahmt die generell „erlaubten" Bereiche. [Nach Ramachandran, G.N., Sasisekharan, V.: Adv. Protein Chem. **23**, 283 (1968)]

[4] Die trans-Konfiguration der C_α-Atome in Bezug auf die partiellen Doppelbindungscharakter aufweisende CO–NH-Bindung ist oben wiedergegeben. Die C_α-Atome weisen dabei den größtmöglichen Abstand voneinander auf (energieärmere Form). Bei der cis-Konfiguration liegen beide C_α-Atome auf derselben Seite der CO–NH-Bindung (energiereichere Form, größeres Dipolmoment).

[5] Die große Hauptzahl in der Helix-Bezeichnung gibt die Anzahl der Aminosäure-Reste pro Helixwindung an, während die kleine Indexzahl die Anzahl der Atome im Ring bezeichnet, der durch die H-Brücke geschlossen wird. Die α-Helix ist damit eine $3{,}6_{13}$-Helix, s. Abb. 2.27.

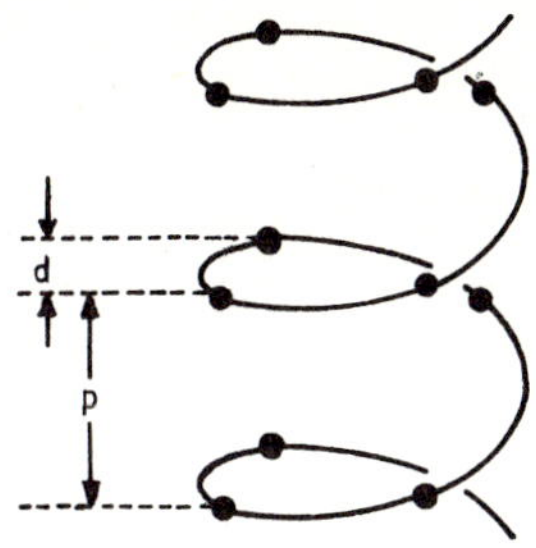

Abb. 2.26. Strukturparameter einer Helix. Für die stabilen Helices sind die Parameter in Tabelle 2.5 wiedergegeben

Tabelle 2.5. Strukturparameter wichtiger Peptidkonformationen

	α-Helix	3_{10}-Helix	2_7-Band	Poly-prolin-Helix	Anti-paralleles β-Faltblatt
	132° (113°)	131° (106°)	105°	103°	40°
	123° (136°)	154° (176°)	250°	326°	215°
n	3,61	3,00	2,00	−3,00	2,00
d [nm]	1,50	2,00	2,80	3,12	3,47
p [nm]	5,41	6,00	5,60	9,36	6,95

n = Anzahl der Aminosäuren (C_α-Atome) pro Helixwindung.
d = Ganghöhe parallel zur Helixachse pro Aminosäure-Rest.
p = Ganghöhe einer Windung: $d = p/n$.

können intramolekular durch die Ausbildung einer maximalen Zahl von Wasserstoffbrücken stabilisiert werden, wie die 3_{10}-, α- und π-Helix. Hierbei bildet jedes Carbonylsauerstoffatom mit dem NH-Atom einer übernächsten oder weiter entfernten Peptidbindung eine Wasserstoffbrücke aus, die annähernd parallel zur Helixachse verläuft (Abb. 2.27). Besonders stabil ist die α-Helix, da die Wasserstoffbrücken nahezu spannungsfrei hergestellt werden können.

Die drei genannten Helices 3_{10}, α, und π sind rechtsgängige Helices (Abb. 2.28). Bei Ψ-Winkeln unter 85° und über 234° werden mit $\Phi \sim 120°$ linksgängige Helices gebildet, bei denen die Carbonylsauerstoffatome und die NH-Gruppen von der Helixachse wegweisen. Damit werden nur noch intermolekulare Wasserstoffbrücken-Bindungen möglich, die bei der Polyprolin-Helix und der Kollagen-Tripelhelix wieder zu einer günstigen, stabilisierten Struktur führen. Drei linksgängige, einsträngige Helices winden sich in der Kollagen-Helix rechtsgängig umeinander und werden

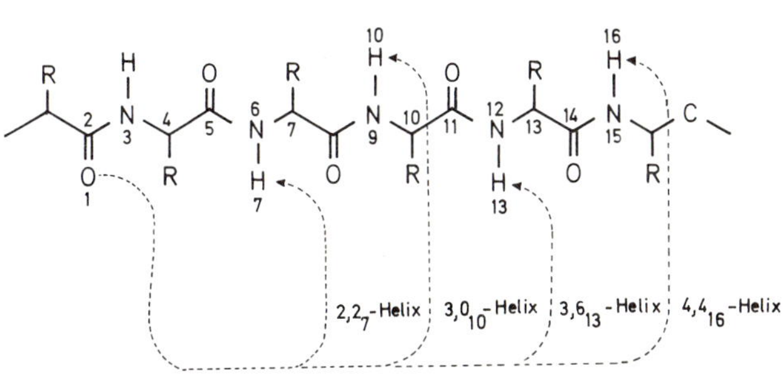

Abb. 2.27. Anordnung der Wasserstoffbrücken von einer Helixwindung zur nächsten innerhalb des 2_7-Bandes, der $3,0_{10}$, α- und $4,4_{16}$- (bzw. π-) Helix. Die tiefgestellte Zahl gibt die Anzahl der Atome pro Helixwindung an

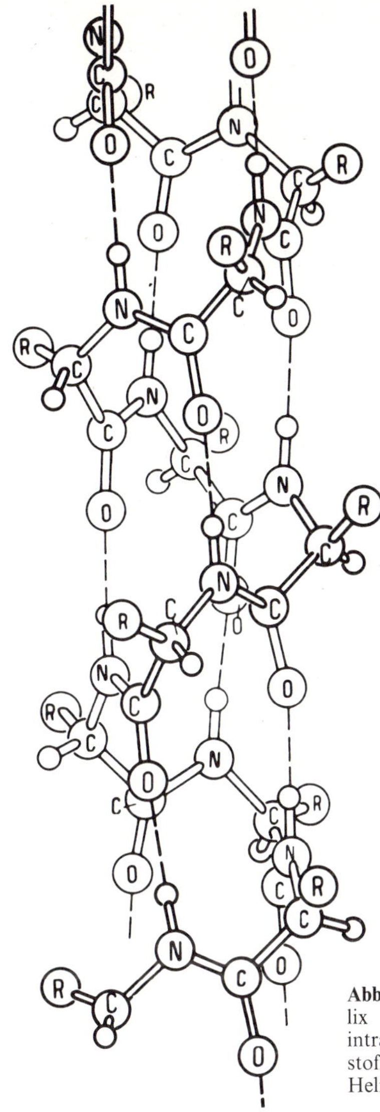

Abb. 2.28. Modell einer α-Helix mit der Anordnung der intramolekularen Wasserstoffbrücken parallel zur Helixachse

durch intermolekulare Wasserstoffbrücken zusammengehalten (Abb. 2.29).

Eine weitere wichtige Sekundärstruktur ist das β-Faltblatt. Parallel oder antiparallel verlaufende Peptidketten können durch Wasserstoffbrücken zwischen den Ketten stabilisiert werden. Die gestreckte antiparallele Faltblattstruktur mit paralleler Anordnung der Wasserstoffbrücken findet sich oft auch als partielles Strukturelement in globulären Proteinen (Abb. 2.30).

2.3.6 Die Raumstruktur

Der Faltungsvorgang einer Polypeptidkette wird heute noch nicht im Detail verstanden. Wir wissen jedoch, daß er spontan erfolgt und auf einfachen physikalisch-chemischen Gesetzen beruht. Die räumliche Anordnung einer Peptidkette in einem globulären oder faserförmigen Protein wird durch die Aminosäure-Sequenz bestimmt. Sie kann mit Hilfe der Röntgenkristall-Strukturanalyse ermittelt werden.

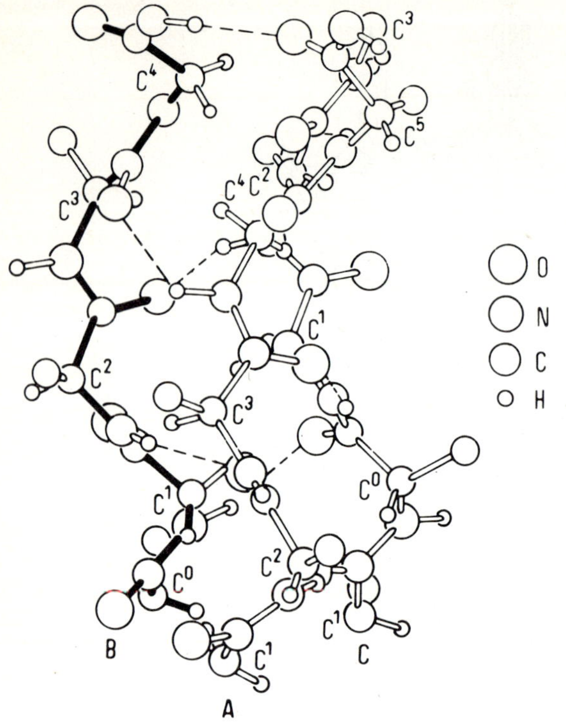

Abb. 2.29. Modell der Kollagen-Tripel-Helix mit der Anordnung der intermolekularen Wasserstoffbrücken. Drei linksgängige, einsträngige Stränge winden sich rechtsgängig umeinander. Jeder dritte Rest muß aus sterischen Gründen Glycin sein

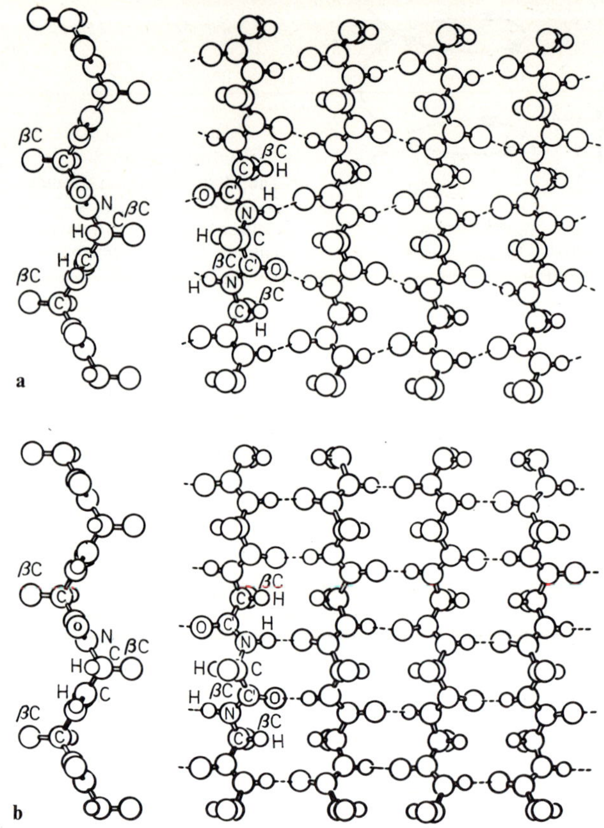

Abb. 2.30a, b. Darstellung der **a** parallelen und **b** antiparallelen Faltblatt-Struktur. [Nach Pauling, L. u. Corey, R.B.: Proc. Natl. Acad. Sci. U.S., *37*, 729 (1951)]

Die Ableitung der dreidimensionalen Struktur aus der Aminosäure-Sequenz wäre äußerst wünschenswert, da nicht erwartet werden kann, daß sich von allen Proteinen geeignete Kristalle für die Röntgenstruktur-Analyse züchten lassen. Eine Ableitung der Raumstruktur müßte dem natürlichen Faltungsprozeß folgen, da es aussichtslos erscheint, von einer gegebenen Peptidkette alle möglichen Endstrukturen auf der Basis ihrer freien Energie auszusortieren. Immerhin ist eine weitgehende Vorhersage von Helix- und Faltblattstrukturen, d.h. der Sekundärstruktur eines Proteins, aus der Art der beteiligten Aminosäurereste heute möglich.

Alle Proteine enthalten mehr oder weniger große Anteile an Sekundärstrukturelementen (α-Helix, Polyprolinhelix, β-Faltblatt, Tripelhelix), aber auch Bereiche ohne „erkennbare" Struktur. In diesen Bereichen sind die eingangs erwähnten schwachen Wechselwirkungen, insbesondere die hydrophoben Wechselwirkungen, als ordnende Kräfte wirksam (Schema 2). Hydrophobe Seitenketten haben die Tendenz, sich zusammenzulagern und die käfigartig um diese Seitenketten fixierten Wassermoleküle (Clathratstrukturen)

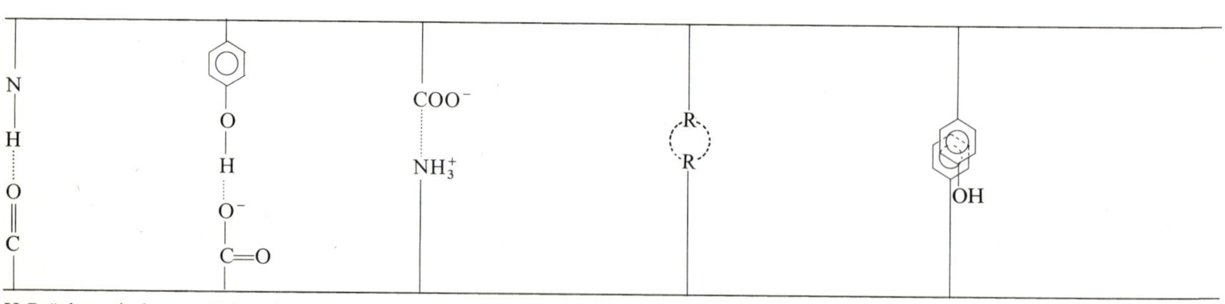

H-Brücke zwischen Peptidbindungen der Hauptkette | H-Brücke zwischen Aminosäure-Seitenketten | Ionische Wechselwirkung zwischen Seitenketten und Kettenenden | Apolare Wechselwirkung hydrophober Seitenketten | Charge-Transfer-Wechselwirkung von Seitenketten

Schema 2

freizusetzen. Die Überführung jeder unpolaren, hydrophoben Seitenkette aus wäßriger Umgebung in eine nicht-polare Umgebung liefert für das Protein einen berechneten Gewinn an freier Stabilisierungsenergie von etwa 16,7 kJ/mol (4 kcal/mol). Es gilt daher das Bauprinzip: hydrophobe Reste innen, hydrophile Reste außen anzuordnen (Öltropfenmodell). Ausnahmen von dieser Regel dienen meist einem bestimmten Zweck, wie (1) der Fixierung von Cofermenten oder (2) der Zusammenlagerung von mehreren Protein-Untereinheiten zur Quartärstruktur oder (3) der Anlagerung von Phospholipiden beim Aufbau von Membranen oder (4) der Substratbindung bei Enzymen. Die hydrophobe Umgebung des katalytisch aktiven Enzymzentrums (niedrige Dielektrizitätskonstante) erleichtert chemische Umsetzungen in ähnlicher Weise wie ein organisches Lösungsmittel, in dem starke elektrische Kräfte lokal auf das Substrat einwirken können.

2.3.6.1 Faserproteine

Die wichtigsten Faserproteine sind die Keratine, die sich in Haar, Wolle, Horn und Federn finden, das Actin und Myosin des Muskelgewebes, die Seiden und Insektenfäden und das Kollagen der Sehnen und Häute.

Keratine sind meist aus in Richtung der Faserachse angeordneten gebündelten α-Helices aufgebaut, die durch eine unterschiedliche Anzahl von Cystinbrücken vernetzt sind. Die Wasserstoffbrücken der Helices liegen parallel zur Faserachse. Das Ergebnis ist eine geschmeidige, elastische und stark dehnbare Faser.

Die Seiden enthalten als Sekundärstrukturelement in weiten Bereichen das β-Faltblatt. In Richtung der Faserachse verlaufen die kovalenten Verknüpfungen der Peptidkette, weshalb die Faser wenig dehnbar ist,

Kollagen baut sich aus Strängen der Tripel-Helix, angeordnet in Faserrichtung, auf. Das gibt diesem Material die Steifheit und geringe Dehnbarkeit, die z. B. für die Sehnenfasern erforderlich ist.

2.3.6.2 Globuläre Proteine

Die löslichen Proteine sind in der Regel mehr oder weniger globuläre Proteine, wie alle Enzyme, die Transportproteine, Immunglobuline, Hormone u. a. Ihr dreidimensionaler Aufbau erfolgt durch Zusammenwirken aller schwachen Wechselwirkungskräfte, wobei sich Sekundärstrukturelemente wahrscheinlich zuerst falten und dann weiter zusammenlagern (s. gesondertes Kapitel). Manche globulären Proteine, wie das Myoglobin, enthalten als Sekundärstrukturelement nur α-Helices. Der Helixgehalt an der Gesamtstruktur beträgt im Myoglobin sogar 75% (Abb. 2.31). Oft enthalten globuläre Proteine aber neben Helices auch Anteile an antiparalleler Faltblattstruktur (β-turns), wie z. B. Lysozym, Carboxypeptidase A oder der gewebsständige Trypsin-Inhibitor aus Rinderorganen. Für das relativ kleine Molekül des Trypsin-Inhibitors ist schematisch der Molekülaufbau aus wasserstoffverbrückten

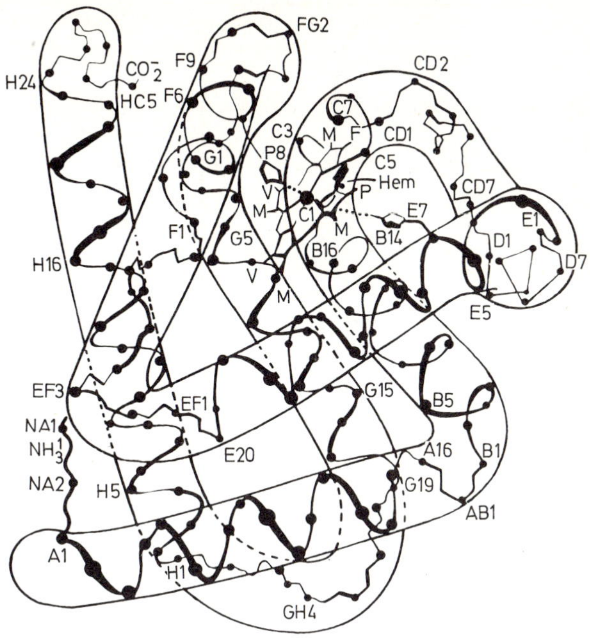

Abb. 2.31. Raumstruktur und Anordnung der 8 Helices des Myoglobins nach Röntgenstruktur-Analyse mit 2 nm Auflösung [nach Perutz, M. F.: Nature (Lond.) **167**, 1053 (1951)]

Elementen von α-Helix und antiparallelen β-Strukturen wiedergegeben in Abb. 2.32a, b.

Das Molekül des Myoglobins wird von 8 Helices aufgebaut, die eine kastenförmige Anordnung mit einer hydrophoben Tasche aufweisen. Die für die Sauerstoff-Fixierung verantwortliche Hämgruppe (Fe^{++}-Porphyrin) wird nur durch schwache Wechselwirkungen in dieser Tasche fixiert. Die Fixierung der Helices beruht ebenfalls nur auf schwachen Wechselwirkungen. An den Kontaktstellen der Helices finden sich vorzugsweise hydrophobe Aminosäuren. Damit hydrophobe Seitenketten bei einer α-Helix auf der gleichen Seite angeordnet werden, muß etwa jede vierte Aminosäure eine hydrophobe Seitenkette tragen.

Man kennt pathologische Hämoglobine, bei denen innerhalb der Hämtasche von zwei der vier Myoglobin-ähnlichen Untereinheiten aufgrund einer Gen-Mutation ein hydrophober Aminosäurerest gegen einen hydrophilen Rest ausgetauscht wurde. Das Ergebnis ist ein leichteres Herausgleiten des Häms aus der Tasche und damit der Verlust der Transportfunktion für Sauerstoff. Träger dieser Gendefekte neigen zu hämolytischer Anämie.

2.3.6.3 Zusammengesetzte Strukturen

Viele biologisch wichtige Strukturen werden durch Zusammenlagerung kleinerer Untereinheiten aufgebaut. Die Assoziation von Untereinheiten zu biologischen Makromolekülen bringt viele biologische Vorteile:

a) Unabhängige Biosynthese kleinerer Polykondensate,

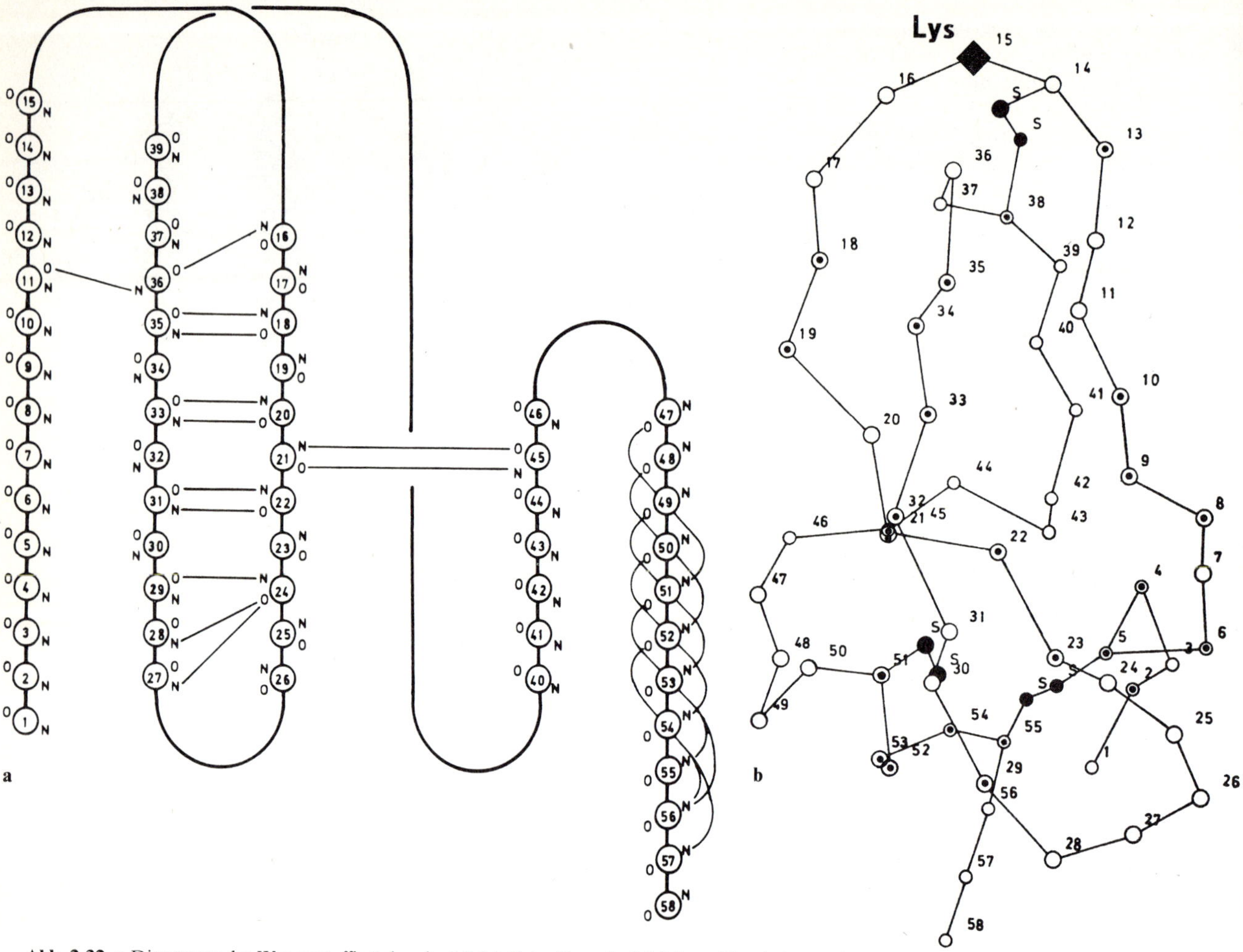

Abb. 2.32. **a** Diagramm der Wasserstoffbrücken im Molekül des Trypsin-Inhibitors (Kunitz) aus Rinderorganen. **b** Schematische Darstellung der Raumstruktur des Trypsin-Inhibitors anhand der Position der C_α-Atome [nach Huber, R. et al.: Proceedings Internat. Res. Conf. Proteinase Inhibitors. Berlin: de Gruyter 1971]

b) Verringerung der Teilchenzahl und damit der Osmolarität,
c) Möglichkeit zu kooperativer Wechselwirkung und allosterischer Regulation,
d) Wiederholte Verwendung von Untereinheiten (z.B. Cofermenten bei mehreren Enzymen),
e) Erhöhte funktionelle Sicherheit,
f) Verbreiterung des Evolutions-Spielraumes.

Nur zwei Beispiele sollen kurze Erwähnung finden:

a) *Hämoglobin* ist ein tetrameres Molekül, dessen Quartärstruktur aus je zwei α- und zwei β-Peptidketten aufgebaut ist ($\alpha_2\beta_2$), Abb. 2.33. Die vier in ihrer Kettenkonformation dem Myoglobin entsprechenden Untereinheiten werden nur durch hydrophobe Wechselwirkungen und Salzbrücken an ihren Kontaktstellen zusammengehalten. Die Summation aller schwachen Wechselwirkungen führt zu Energiebeträgen von mehreren kcal/mol. Die Tendenz zur Dissoziation in αβ-Dimere bzw. in die Untereinheiten ist dementsprechend gering. Die Dissoziationskonstanten liegen bei

$$K = \frac{(\alpha\beta)^2}{\alpha_2\beta_2} = 1{,}2 \cdot 10^{-6}\,\text{mol/l für die Dissoziation in } \alpha\beta\text{-Dimere.}$$

Die vier Untereinheiten des Hämoglobin-Moleküls nehmen je 1 Sauerstoffatom auf. Abhängig vom Oxigenierungszustand verändert sich die relative Lage der Untereinheiten zueinander. Das Molekül

Abb. 2.33. Quartärstruktur des Hämoglobins aus vier Peptidketten ($\alpha_2\beta_2$) nach M.F.Perutz (aus Dickerson and Geis)

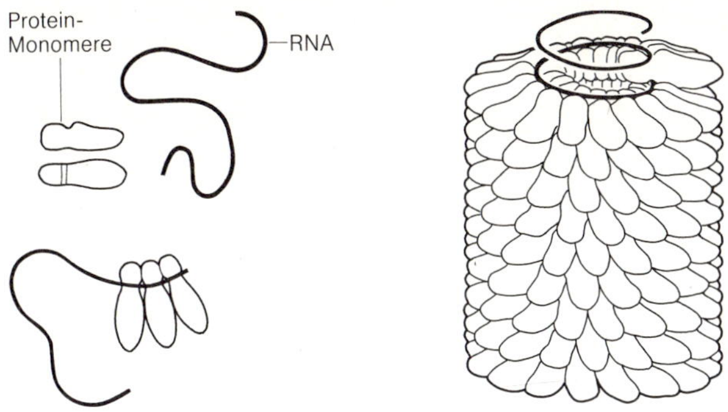

Abb. 2.34. Schema der Selbst-Assoziation von Protein-Monomeren und Virus-RNA zum vollständigen Tabak-Mosaik-Virus

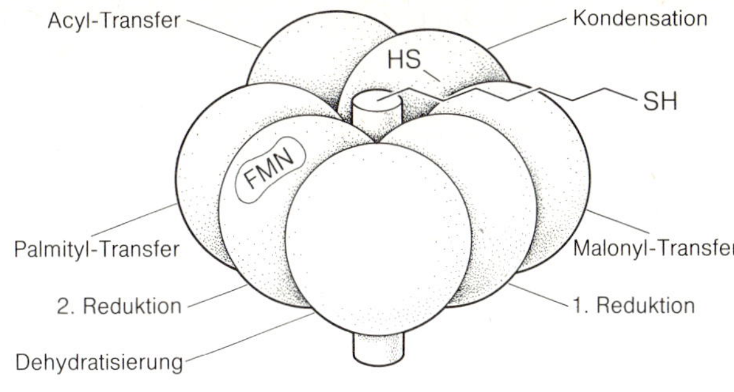

Abb. 2.35. Schema des Fettsäure-Synthetase-Multienzymkomplexes. Der an die SH-Gruppe des zentralen Acylcarrier-Proteins gebundene Acrylrest wird pro Zyklus in mehreren Teilschritten (Kondensation, 1. Reduktion, Dehydratation, 2. Reduktion) um eine C_2-Einheit (mittels Malonyl-CoA, aufgebaut aus CO_2 + Acetylrest) am Carboxylende der wachsenden Kette verlängert

zeigt eine „paradoxe Atmung“ mit einer Kontraktion bei Sauerstoffaufnahme und einer Ausdehnung bei Sauerstoffabgabe. Die Untereinheiten sind zur Kooperation fähig. Die Sauerstoffaufnahme (bzw. -abgabe) führt in jeder Untereinheit zu einer geringen allosterischen Konformationsänderung. Über Kontakte kann diese Änderung der benachbarten Untereinheit mitgeteilt werden. Je höher die Sauerstoffbeladung des Moleküls bereits ist, um so leichter erfolgt die weitere Absättigung (Hämoglobin: sigmoide Sauerstoff-Sättigungskurve; Myoglobin: hyperbolische Sättigungskurve).

b) *Viren* sind auf verschiedene Organismen infektiös wirkende Gebilde, die aufgebaut sind aus viraler Nucleinsäure (RNA oder DNA als Einzel- oder Doppelstrang), umgeben von einer regelmäßig aufgebauten Proteinkapsel (vgl. S. 23f.). Viren lassen sich kristallisieren. Sie gehören zu den effizientesten selbst-reproduzierenden, intrazellulären Parasiten, die jedoch keine metabolische Energie umsetzen oder Proteine selbst synthetisieren können, sondern hierzu die Enzymsysteme der Wirtszellen benutzen. Die einfachsten Viren haben 3 Gene, die komplexeren bis zu 250 Gene. Der die Nucleinsäure umgebende Proteinmantel wird aufgebaut aus einer großen Anzahl identischer oder wenigen verschiedenen Protein-Untereinheiten, da der genetische Informationsgehalt der Viren für Proteine sehr begrenzt ist. Im Tabakmosaik-Virus (TMV) sind 2130 identische Untereinheiten um ein Einzelstrang-RNA-Molekül in zylindrischer Anordnung gruppiert (Abb. 2.34).

Die einzelnen Protein-Untereinheiten des Mantels und die TMV-RNA treten unter geeigneten Bedingungen spontan zum vollständigen Viruspartikel zusammen, das hinsichtlich Struktur und Infektiosität nicht vom Originalvirus zu unterscheiden ist. Auch hier erfolgt die Ausbildung der spezifischen, biologischen Gesamtstruktur nach dem Prinzip der Selbstassoziation.

c) *Fettsäure-Synthetase* ist ein Multienzym-Komplex (aus Hefe MG 2300000), der die Biosynthese der Fettsäuren im Cytoplasma der Zelle katalysiert.

An dem Komplex werden 7 Enzym-katalysierte Einzelreaktionen in koordinierter Weise nacheinander ausgeführt. Das Ergebnis ist der Aufbau von Fettsäureresten aus aktivierten Acetylresten (aktivierte Essigsäure = Acetyl-Coenzym A), indem in je 7 Teilreaktionen eine Fettsäure (bzw. Essigsäure) um eine C_2-Einheit verlängert wird. Hieraus resultiert die Tatsache, daß die Fettsäuren eine gerade Anzahl von C-Atomen aufweisen. Nach heutiger Ansicht ist der Fettsäure-Synthetasekomplex aus 7 globulären Enzymuntereinheiten aufgebaut, die um ein Acylträgerprotein in der Mitte gruppiert sind (Abb. 2.35). Die Zwischenstufen der Fettsäure-Biosynthese sind an das Acylträgerprotein gebunden, wodurch ein effektiver und koordinierter Reaktionsablauf ermöglicht wird. Die Assoziation von Enzymen zu Multienzymkomplexen bringt erhebliche Vorteile hinsichtlich der Effektivität des Substratumsatzes, in dem die Zwischenprodukte rasch und koordiniert unter Minimierung von Diffusionswegen und -zeiten umgesetzt werden können.

d) Protein-Protein-Komplexe der Art, wie sie in Antigen-Antikörper-Komplexen oder Enzym-Inhibitor-Komplexen vorliegen, werden ebenfalls durch die Summierung reiner Nebenvalenzkräfte (schwacher Wechselwirkungskräfte) bewirkt. Für die Assoziation des Trypsin-Inhibitors (Kunitz), Abb. 2.32, am aktiven Zentrum des Pankreasenzyms Trypsin wurden aus Röntgenkristallstrukturuntersuchungen des kristallisierten Komplexes über 36 Reste und 11 Wasserstoffbrücken zwischen Inhibitor- und Enzymprotein ermittelt (Tabelle 2.6), die den Kontakt herstellen und für die geringe Dissoziationskonstante des Komplexes $K_D = 6 \cdot 10^{-14}$ M verantwortlich sind. Die Summierung aller schwachen Wechselwirkungen führt zu Assoziationsenergien von 60–80 kJ/mol (15–20 kcal/mol).

2.3.6.4 Protein-Nukleinsäure-Wechselwirkungen

Die Wechselwirkung von Proteinen mit Nukleinsäuren ist für viele biologische Prozesse von großer Bedeutung, z. B. für die Regulation der Genexpression, die Enzym-Nukleinsäurewechselwirkung bei den Prozessen der Transcription (DNA→RNA) oder Translation (RNA→Protein), oder für die *m*-RNA-Ribosom-Wechselwirkung bei der Proteinbiosynthese. Aufgrund von Röntgenstruktur-Untersuchungen an Komplexen von doppelhelikaler Nukleinsäure (DNA) und Peptidantibiotika (Distamycin und Actinomycin) nimmt man heute an, daß Proteine über Wechselwirkungen zweier antiparalleler, doppelsträngiger Polypeptid-Helices

Tabelle 2.6. Summe der Wechselwirkungen

Inhibitor Trypsin	Thr 11	Gly 12	Pro 13	Cys 14	Lys 15	Ala 16	Arg 17	Ile 18	Val 34	Tyr 35	Gly 36	Gly 37	Cys 38	Arg 39
Tyr 39							V							
His 40							H							
Phe 41						V	H, V	V						
Cys 42						V								
His 57				V	V	V					V	V	V	
Cys 58						V								
Tyr 59														
Lys 60								V						
Ser 96														
Asn 97														H, V
Thr 98														V
Leu 99				V									V	V
Tyr 151							V, CT		V					
Gln 175														H
Asp 189					S									
Ser 190					H, V									
Cys 191					V									
Gln 192	H?	H?, V		H	V	V								
Gly 193					H, V	V	V							
Asp 194														
Ser 195				V	C?,V,H	V								
Ser 214					H									
Tyr 215			V	V	V								V	
Gly 216			H, V											

C kovalent, H Wasserstoffbrücke, V Van-der-Waals-Wechselwirkung, CT Charge-Transfer-Wechselwirkung, S Salzbrücke. [Nach Huber et al.: In: Proteinase inhibitors – Bayer Symposium V Springer, Berlin, Heidelberg, New York, 1974].

mittels Wasserstoffbrücken von den NH-Bindungen der Peptidhauptketten zu den heterozyklischen Basen gebunden werden und nicht über die Aminosäure-Seitenketten, Abb. 2.36. Die doppelsträngigen, antiparallelen Polypeptidketten können leicht helikale Strukturen bilden und mit ihren Peptidgruppen Wasserstoffbrücken-Donatoren (–NH) oder Akzeptoren (–CO–) zu funktionellen Gruppen der heterozyklischen Basen bilden. Damit können diese Proteine als Regulatoren spezifische Bindungsstellen der DNA aufgrund von Basensequenzen erkennen und assoziieren.

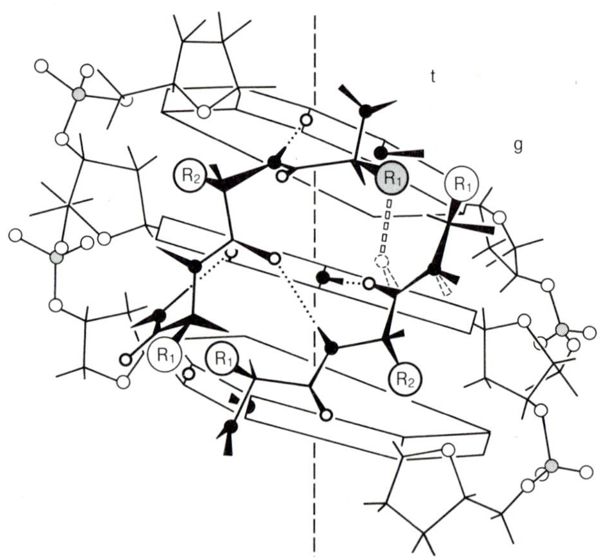

Abb. 2.36. Schema der Einlagerung und Bindung einer antiparallelen, doppelsträngig aufgebauten Polypeptid-Helix über Wasserstoffbrücken-Bindungen von den NH-Gruppen des Peptidgerüstes an die heterozyklischen Basen, z. B. an die Guanin-2-Aminogruppe, einer DNA-Doppelhelix. Projektion auf die Ebene durch die DNA-Helixachse. Symbole: ○: Sauerstoff, ●: Stickstoff, ◍: Phosphor. *Gestrichelte Linien:* H-Brücken. R_1 und R_2 repräsentieren nach innen und nach außen gerichtete Aminosäure-Seitenketten. Eine Wasserstoffbrücke zur Guanin-2-Aminogruppe wird von der Art der Seitenkette R_1 *(gestrichelt)* in der Peptidkette 1 kontrolliert: Serin bildet eine intermolekulare Brücke zur Amidbindung und schwächt den Kontakt. [Nach Gursky, G.V. et al.: In: Nucleic Acid-Protein Recognition. Vogel, H.J. (ed.) New York, San Francisco, London: Academic Press 1977]

2.3.6.5 Membranen

Membranen sind zusammengesetzte Systeme, die im wesentlichen aus Proteinen (50–60%) und Lipiden (40–50%) bestehen. Der Lipidanteil setzt sich zusammen aus Cholesterol, Phosphoglyceriden und Sphingomyelinen. Die Phosphoglyceride enthalten als hauptsächliche Bauelemente Phosphoglycerin, das mit 2 Fettsäure-Resten von je 12–22 C-Atomen verestert ist (Abb. 2.37). Sphingomyeline enthalten entsprechend Sphingosin bzw. Dihydrosphingosin, an dessen Aminogruppe ein Fettsäure-Rest amidartig gebunden ist und dessen l-Hydroxylgruppe mit Phosphorsäure verestert ist (Abb. 2.37). Als polare Kopfgruppe ist in den Phosphoglyceriden und den Sphingomyelinen an die Phosphorsäure ein polarer Rest X, wie Äthanolamin, Cholin, Serin, Inositol, Glycerol u. a., verestert (Tabelle 2.7). Dadurch entstehen amphiphatische Moleküle mit

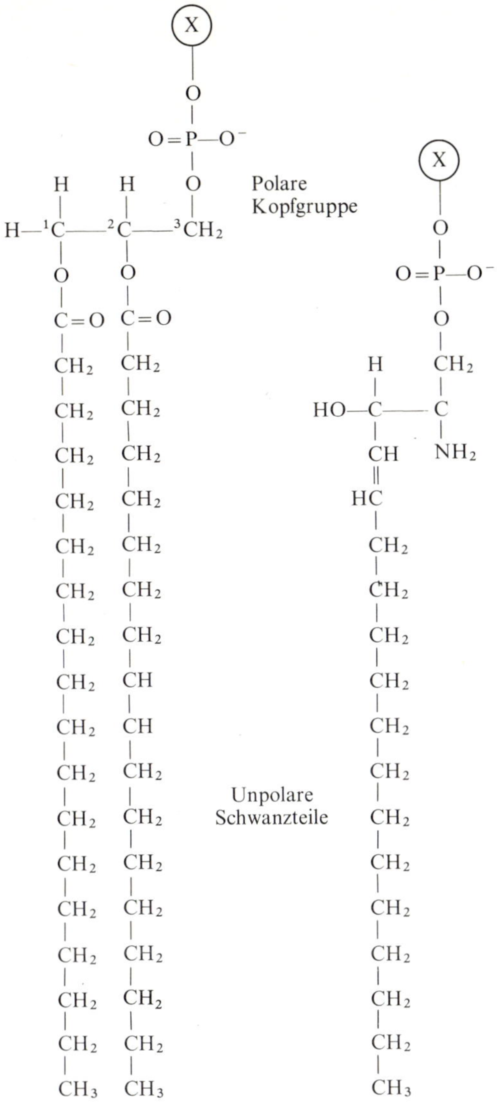

Generelle Struktur der Phosphoglyceride mit X als polarer Kopfgruppe (s. Tab. 2.6).

Sphingosin-phosphat mit X als polarer Kopfgruppe (z.B. Cholin) mit freier NH_2-Gruppe ohne zweiten Fettsäureanteil.

Abb. 2.37

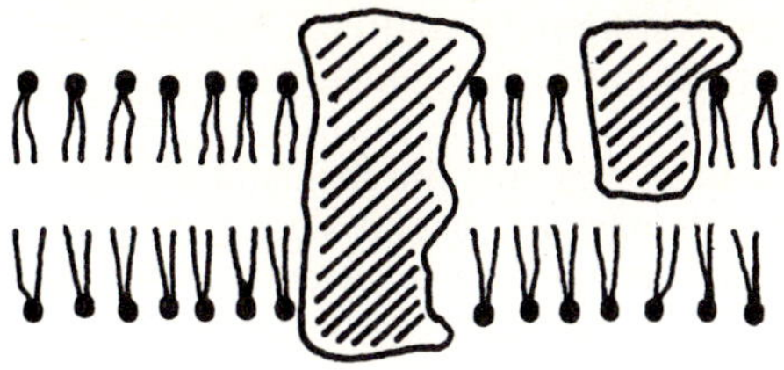

Abb. 2.38. Einlagerung (schematisch) von Proteinen in eine Phospholipid-Doppelschicht

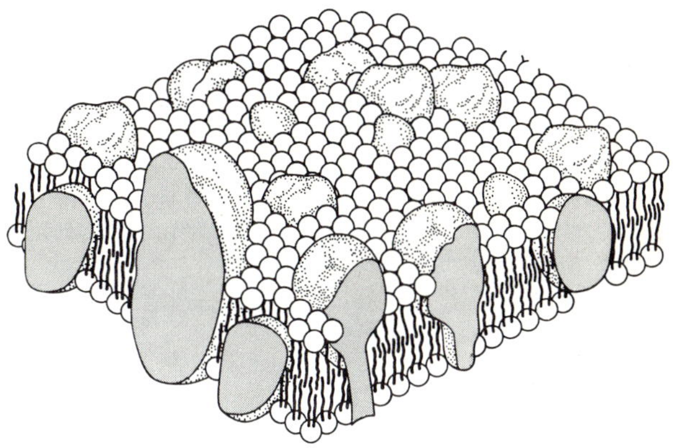

Abb. 2.39. Modell einer Zellmembran aus Proteinen und Phospholipid-Doppelschicht

polarem Kopf und unpolarem, hydrophobem Schwanz, die sich in wäßriger Lösung zu Mizellen (polare Gruppen außen — hydrophobe Reste innen) oder zu monomolekularen Schichten bzw. Doppelschichten zusammenlagern können (Abb. 2.37).

Membranen sind nach heutigen Anschauungen fluide Systeme, die aus einem Mosaik von Doppelschichten von Phospholipiden und den verschiedensten globulären Membranproteinen aufgebaut sind (Abb. 2.39). An den Kontaktflächen der Proteine zu den Lipiden (Fettsäure-Resten) müssen unpolare, hydrophobe Aminosäure-Seitenketten vorhanden sein. Wie weit die Proteine in die Lipidschicht eindringen bzw. diese ganz durchdringen, wird also letztlich von der Aminosäure-Sequenz bestimmt (Abb. 2.39). Das Membrangefüge wird nur durch nichtkovalente, schwache

Tabelle 2.7. In Phosphoglyceriden enthaltene polare Kopfgruppen X

Äthanolamin	Cholin	Serin	Inositol	Glycerol
NH_2–CH_2–CH_2–OH	$^+N(CH_3)_3$–CH_2–CH_2–OH	COOH–CH–NH_2–CH_2–CH_2–OH	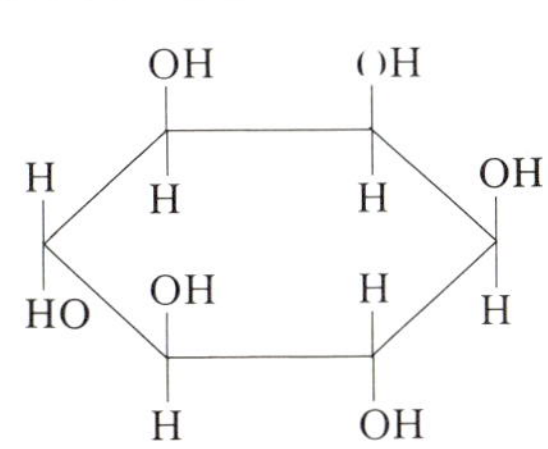	OH–CH_2–CHOH–CH_2–OH

Wechselwirkungen zusammengehalten. Die Membranproteine sind stark mit den Lipiden assoziiert und werden durch diese in ihrer nativen Konformation stabilisiert. Sie lassen sich nur durch Detergentien in denaturierter Form extrahieren und sind in neutraler wäßriger Lösung unlöslich. Die Membranproteine sind innerhalb der Lipidschicht frei beweglich und zu rascher lateraler Diffusion befähigt, so daß Wanderungen über Entfernungen von mehreren µm pro Minute möglich sind. Gleiches gilt für die Lipide, die in lateraler Richtung Diffusionskonstanten von $D \sim 10^{-8}\,cm^2 s$ aufweisen. Die transversale Diffusion auf die andere Seite der ca. 50 nm dicken Doppelschicht ist für Proteine, wenn überhaupt, dann nur sehr schwer möglich, für Phospholipide wenigstens 10^9 mal seltener als die Diffusion in lateraler Richtung.

Aufbau und Funktion biologischer Makromoleküle und Systeme sind wesentlich ein Ergebnis schwacher chemischer Wechselwirkungen.

Literaturauswahl

Allgemeine Literatur

Barry, J. M., Barry, E. M.: Die Struktur biologisch wichtiger Moleküle. Stuttgart: G. Thieme 1971.

Dose, K.: Biochemie. Berlin-Heidelberg-New York: Springer 1979.

Lehninger, A. L.: Biochemistry, 2nd ed. Worth Publishers, Inc. 1975.

Rich, A., Davidson, N.: Structural Chemistry and Molecular Biology. San Francisco: Freeman, W. H., Company 1968.

Stryer, L.: Biochemistry. San Francisco: Freeman, W. H., Company 1975.

Vol'kenshtein, M. V.: Molecules and Life. Plenum Press, New York-London 1970.

Nucleinsäuren

Harbers, E.: Nucleinsäuren. Stuttgart: G. Thieme 1975.

Knippers, R.: Molekulare Genetik. Stuttgart: G. Thieme 1974.

Proteine

Fasold, H.: Die Struktur der Proteine. Weinheim: Verlag Chemie 1972.

Dickerson, R. E., Geis, I.: Struktur und Funktion der Proteine. Weinheim: Verlag Chemie 1971.

Lübke, K., Schröder, E., Kloss, G.: Chemie und Biochemie der Aminosäuren, Peptide und Proteine I u. II. Stuttgart: G. Thieme 1975.

Schulz, G. E., Schirmer, R. H.: Principles of Protein Structure. Berlin-Heidelberg-New York: Springer 1979.

Membranen

Hoelz-Wallach, D. F., Knüfermann, H. G.: Plasmamembranen, Berlin-Heidelberg

3 Methoden zur Untersuchung struktureller und funktioneller Eigenschaften einzelner Biomoleküle sowie ganzer biologischer Systeme

3.1 Äußere Struktur

FRIEDRICH DÖRR

3.1.1 Allgemeines

Proteine und Nucleinsäuren bilden Makromoleküle, mit Dimensionen bis zu einigen 10^2 nm und Molekulargewichten bis 10^8. Zur Bestimmung ihrer (idealisierten) Form, ihrer Größe und ihres Molekulargewichts eignen sich besonders diejenigen physikalischen Methoden, die für die Analytik synthetischer Makromoleküle entwickelt worden sind. Synthetische Polymere fallen aber im allgemeinen nicht mit einem einheitlichen Molekulargewicht M an, sondern mit einer mehr oder weniger breiten Molekulargewichtsverteilung. Für eine Mischung solcher Makromoleküle sei N_i die Zahl der Teilchen mit dem Molekulargewicht M_i. Dann definiert man folgende Mittelwerte für verschiedene Werte von x:

$$\bar{M} = \frac{\sum N_i \cdot M_i^x}{\sum N_i \cdot M_i^{x-1}}$$

für $x=1$: $\bar{M} \equiv M_n =$ „Zahlenmittel" des Molekulargewichts

$x=2$: $M_w =$ „Gewichtsmittel"

$x=3$: $M_z =$ „z-Mittel"

$x=4$: $M_{z+1} =$ „(z+1)-Mittel"; usw.

Aus der Viskosität von Lösungen ergibt sich noch ein weiterer Mittelwert, M_V. Verschiedene Meßmethoden liefern im allgemeinen nicht den gleichen Mittelwert. Für die relative Größe dieser Mittelwerte gilt

$$M_n < M_V \leqq M_w < M_z < M_{z+1} \dots .$$

Bei einer einheitlichen Fraktion, in der alle $M_i = M$ sind, sind jedoch auch alle diese Mittelwerte gleich M. In der Biochemie und Biophysik interessieren die chemischen bzw. biologischen Funktionen ganz bestimmter Moleküle, die bis in Details der Struktur definiert sind. Bei der Aufgabe, deren Größe, Form und Molekulargewicht zu bestimmen, hat man es deshalb, wenn auch meist nach mühsamer Trennung, mit einheitlichen Fraktionen zu tun, vorzugsweise in wäßriger Elektrolytlösung.

Tabelle 3.1 gibt zunächst eine Übersicht über die Methoden zur Bestimmung der äußeren Struktur und des Molekulargewichts von Makromolekülen. Die Grundlagen der am häufigsten angewandten Methoden werden in diesem Buch beschrieben, auf die betreffenden Kapitel wird in Tabelle 3.1 hingewiesen. Für einige Methoden sind am Ende von Kapitel 3.1 Literaturhinweise gegeben.

3.1.1.1 Idealisierte Molekülformen

Die in Tabelle 3.1 unter den Nummern 7 bis 16 aufgeführten Methoden beruhen unter anderem auf den hydrodynamischen Eigenschaften der Makromoleküle. Um die Meßwerte in Beziehung zur Molekülform und -größe zu bringen, benötigt man ein theoretisches Modell für diesen Zusammenhang. Das hydrodynamische Verhalten eines Moleküls hängt im allgemeinen in komplizierter Weise von diesen beiden Eigenschaften ab. Nur für idealisierte, starre Molekülformen ergeben sich relativ einfache Formeln. Solche speziellen Formen und ihre charakteristischen Parameter sind in Abb. 3.1 angegeben.

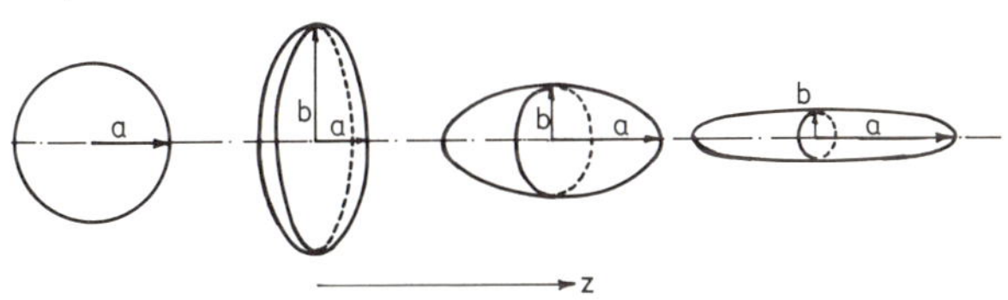

Abb. 3.1. Idealisierte Molekülformen. Kugel, Radius a; Rotationsellipsoide, Rotationsachse z; $a<b$: „abgeplattet", $a>b$ „gestreckt"; Stäbchen, $a \gg b$

Reale Makromoleküle bilden im allgemeinen mehr oder weniger flexible statistische Knäuel, die vom Lösungsmittel durchströmt werden können. Nur im Falle, daß das eingeschlossene und das an der Oberfläche gebundene Lösungsmittel die Bewegung des Makromoleküls mitmacht, kann dieses (samt gebundenem Lösungsmittel) als annähernd starr betrachtet werden.

Für flexible Makromoleküle definiert man Mittelwerte wie den mittleren Endenabstand $\bar{h} = \sqrt{\overline{h^2}}$, $\overline{h^2} = \frac{\sum h_i^2}{N}$, h_i Endenabstand des i-ten Moleküls, und den „Trägheitsradius" $R_G = \sqrt{\overline{R^2}}$, $\overline{R^2} = \frac{\sum m_i r_i^2}{\sum m_i}$, r_i Abstand der i-ten Untereinheit mit der Masse m_i vom Schwerpunkt des Moleküls in einer speziellen Konformation. Es gibt Modelltheorien, die unter bestimmten Annahmen über Segmentbeweglichkeiten, Segmentassozia-

Tabelle 3.1. Übersicht über die Methoden zur Bestimmung von Größe, Form und Molekulargewicht M von Makromolekülen (A_i: Atomgewichte)

lfd. Nr.	Methode	liefert	M-Bereich	Kapitel dieses Buches	Bemerkung
1	Vollständige chem. Analyse	$M=\sum A_i$	beliebig		—
2	Quantitativer chemischer Nachweis von Gruppen, deren Zahl proportional zu M ist (z.B. $>C=0$)	M	fast beliebig		Kenntnis der allg. Struktur nötig
3a	Röntgenstrahl-Beugung	Größe, Form, innere Struktur	fast beliebig	3.2.1.	Einkristall nötig
3b	Neutronenbeugung	wie 3a			wie 3a
4	Elektronenmikroskopie	Größe, Form	>5000	3.2.3.	
5	Osmotischer Druck	M_n	$<10^6$		neuere Technik: Dampfdruck-Osmometer
6	Zweiter Virial-Koeffizient B	(M), Form		3.2.4.	Einfluß der el. Ladung des Makromol.
7	Viskosität von Lösungen	M_V (Größe, Form)	$<10^7$	3.1.2.6	formabhängig
8	Diffusion	Größe, M_w	$<10^6$	3.1.2.1. u. 3.2.4.	Einfluß von Form, Solvatation, Konzentration
9	Kombination 7+8	M_w, Form	$<10^6$		wie 7 und 8
10	Sedimentationsgeschwindigkeit	Größe, M_w	$<5 \cdot 10^7$	3.1.2.2.	formabhängig
11	Kombination 8+10	M_w	$<5 \cdot 10^7$		Formeinfluß eliminiert für molekular einheitliche Proben
12	Elektrophorese von Ionen	(M)			Theorie kompliziert, dennoch zu ungenau; gute Trennmethode
13	Rotationsdiffusion	Größe, Form, M_w	fast beliebig	3.1.2.7	formabhängig, Zusammenhang mit Viskosität
14	Strömungsdoppelbrechung	Größe, Form, M_w		3.1.2.7	erfordert empirische Eichung
15	elektrische Doppelbrechung (Kerr-Effekt)	Größe, (Form)	fast beliebig		nur für nichtleitende Lösung, Dipolmoment muß bekannt sein
16	dielektrische Dispersion	Größe, (Form)	fast beliebig		wie bei 15
17	Sedimentations-Gleichgewicht	M_w, M_z	$<5 \cdot 10^6$	3.1.2.4.	formunabhängig, rel. rasche Messung
18	Lichtstreuung ($\lambda \approx 500$ nm)	Größe, M_w	$\geqq 10^4$	3.2.4.	rasch; empfindlich auf Assoziation der Moleküle
19	Röntgenlichtstreuung ($\lambda < 1$ nm) (Kleinwinkelstreuung)	Größe	rel. kleine Moleküle	3.2.2	schwierige Technik

Mit kommerziellen Geräten werden routinemäßig vorzugsweise folgende Methoden eingesetzt: Nr. 5, 7, 8 (besonders in Kombination mit 18), 10, 17, 18; Größen in Klammern: i. allg. nur ungenaue Ergebnisse

tion bzw. -Verdrängung, Zusammenhänge zwischen diesen Größen, der chemischen Struktur und hydrodynamischen Parametern formulieren.

3.1.2 Experimentelle Methoden

3.1.2.1 Diffusion

a) Kinetische molekulare Beschreibung (Einstein, 1905)

Ein Molekül in Lösung erleidet infolge der thermischen Bewegungen und Schwingungen der Lösungsmittelmoleküle von diesen je Sekunde etwa 10^{13} bis 10^{15} (großes Molekül) Stöße, die eine statistische Bewegung des Moleküls bewirken (Brownsche Bewegung). Sind die Teilschritte dieser Bewegung voneinander völlig unabhängig, so ergibt die Statistik, daß das "mittlere Verschiebungsquadrat" $\overline{x^2}$ proportional der Beobachtungszeit t ist:

$$\overline{x^2} = C \cdot t; \quad C = \text{const}. \tag{3.1}$$

x ist die Komponente der Verschiebung des Teilchens vom Anfangsort in Koordinatenrichtung x bei einer einzelnen Beobachtung der Dauer t; $\overline{x^2}$ ist der Mittelwert über x^2 für viele Beobachtungen gleicher Dauer t; der Mittelwert über x verschwindet bei völlig statistischer Bewegung: $\bar{x}=0$: eine Verschiebung nach $+x$ ist gleich wahrscheinlich wie nach $-x$. Für die Mittelung genügen bei Lösungen wegen der hohen Stoßzahl schon Zeiten $t \geqq 1$ µs.

Gesucht ist nun eine Beziehung zwischen der Konstanten C in Gl. (3.1) und den Molekülparametern. Für Makromoleküle kann bei thermischen Geschwindigkeiten v eine Reibungskraft angenommen werden, die zu v proportional ist:

$$F_{\mathrm{R}} = -f \cdot v\,. \tag{3.2}$$

Dann ergibt sich (Einstein)

$$\frac{\overline{x^2}}{t} = \frac{2kT}{f} \tag{3.3}$$

$k = 1.38 \cdot 10^{-23}\,\mathrm{JK}^{-1}$, Boltzmann-Konstante; T absol. Temperatur

Der Reibungsfaktor f ist abhängig von Form und Größe des Makromoleküls, jedoch unabhängig von seiner Masse. (Daß dann gemäß Gl. (3.3) auch $\overline{x^2}$ von der Masse unabhängig ist, erklärt sich qualitativ daraus, daß ein schweres Teilchen zwar weniger rasch beschleunigt, aber auch weniger rasch abgebremst wird als ein leichtes.) Für kugelförmige Teilchen ist nach Stokes

$$f = 6\pi\eta a\,, \tag{3.4}$$

a Radius des Teilchens,
η Viskosität des Mediums (Lösungsmittels);
für Rotationsellipsoide gibt es entsprechende Formeln von Perrin.

b) Makroskopische und molekulare Beschreibung der Diffusion

Da kleine Moleküle nicht einzeln zu verfolgen sind, braucht man eine Beziehung zwischen Gl. (3.3) und einer makroskopisch meßbaren zeitlichen Konzentrationsänderung. Diese ist durch die Gesetze von Fick gegeben.

Für die Situation der Abb. 3.2 mit einem konstanten Konzentrationsgefälle $\frac{\partial c}{\partial x}$ der Molekülsorte A (Makromoleküle) in einem Lösungsmittel B lautet das

1. Ficksche Gesetz:

$$\frac{\partial n}{\partial t} = -D_{\mathrm{AB}} \cdot A \cdot \frac{\partial c}{\partial x} \tag{3.5}$$

n = Teilchenzahl; $\partial n/\partial t$ [s^{-1}] Teilchenstrom durch einen Querschnitt A [m^2]; c [m^{-3}] = Konzentration

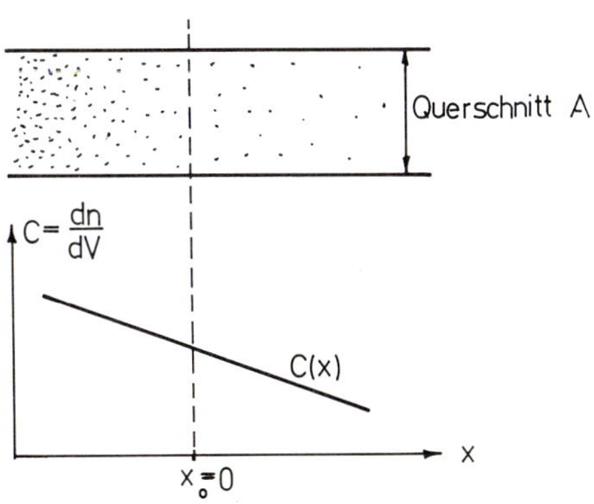

Abb. 3.2. Zum 1. Fickschen Gesetz, Gl. (3.5); C Konzentration (Teilchen/Volumeneinheit)

in Teilchen pro Volumeneinheit; D_{AB} [m^2/s] Diffusionskoeffizient für Molekülsorte A in B (Umgebung). Der Zusammenhang der makroskopischen Größe D_{AB} mit dem molekularen Reibungsfaktor f der Gl. (3.3) ergibt sich anhand der Abb. 3.3:

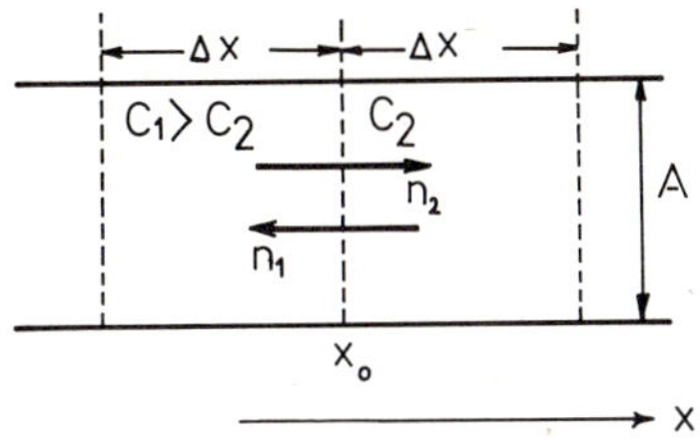

Abb. 3.3. Zur statistischen Interpretation des 1. Fickschen Gesetzes und des Diffusionskoeffizienten (vgl. Text)

Nach Gl. (3.3) ist mit $\Delta x = \sqrt{\overline{x^2}}$

$$v_x = \frac{\Delta x}{t} = \frac{2kT}{f} \cdot \frac{1}{\Delta x} \tag{3.6}$$

die Diffusionsgeschwindigkeit in x-Richtung. In einer Zeit Δt passieren den Querschnitt bei x_0 von links nach rechts alle Moleküle in $\Delta V = A \cdot \Delta x = A \cdot v_x \cdot \Delta t$, die sich in $+x$-Richtung bewegen, das ist im Mittel die Hälfte aller Moleküle, also

$n_2 = \frac{1}{2} c_1 \cdot A \cdot v_x \cdot \Delta t$, und von rechts nach links

$n_1 = \frac{1}{2} c_2 \cdot A \cdot v_x \cdot \Delta t$, netto also, mit $c_2 - c_1 \approx \frac{\partial c}{\partial x} \Delta x$:

$$\Delta n = n_2 - n_1 = -\frac{1}{2} A v_x \Delta x \frac{\partial c}{\partial x} \Delta t = -\frac{1}{2}\frac{2kT}{f} A \frac{\partial c}{\partial x} \Delta t$$

bzw. in der Zeiteinheit

$$\frac{\Delta n}{\Delta t} \approx \frac{\partial n}{\partial t} = -\frac{kT}{f} \cdot A \cdot \frac{\partial c}{\partial x}\,.$$

Vergleich mit den Gln. (3.5) und (3.3) ergibt

$$D_{\mathrm{AB}} = \frac{kT}{f} = \frac{\overline{x^2}}{2t} \tag{3.7}$$

Aus D_{AB} erhält man f, aus f über ein hydrodynamisches Reibungsmodell, z. B. Gl. (3.4), die Molekülgröße.

c) Messung des Diffusionskoeffizienten D_{AB}

Die Bedingungen für eine unmittelbare Anwendung der Gl. (3.5) sind experimentell schwierig realisierbar. Das 2. Ficksche Gesetz Gl. (3.8), ist hierfür besser geeignet; es beschreibt die zeitliche Änderung der Konzentration am Ort x zur Zeit t infolge der Diffusion:

$$\left(\frac{\partial c}{\partial t}\right)_x = \frac{\partial}{\partial x}\left(D_{\mathrm{AB}} \cdot \frac{\partial c}{\partial x}\right)_t \tag{3.8}$$

bzw., wenn D_{AB} konzentrationsunabhängig ist,

$$\left(\frac{\partial c}{\partial t}\right)_x = D_{AB}\left(\frac{\partial^2 c}{\partial x^2}\right)_t . \qquad (3.8a)$$

Der zeitliche Verlauf der Konzentration an einem bestimmten Ort x hängt von den Anfangs- und Randbedingungen ab. Man überschichtet z. B. in einem „Diffusiometer" eine homogene Lösung mit reinem Lösungsmittel und beobachtet das Eindiffundieren des gelösten Stoffes in das Lösungsmittel an seiner charakteristischen Lichtabsorption (Maß für c) oder an der Veränderung im Brechungsindex (Schlierenmethode, ergibt $\partial c/\partial x$). Solche Messungen sind langwierig (1 bis 2 Tage). Die Temperatur ist über diese Zeit konstant zu halten, Erschütterungen und Konvektion sind sorgfältig zu vermeiden. Diese Nachteile vermeidet die in Kapitel 3.2.4.3 beschriebene Messung des optischen Dopplereffekts an diffundierenden Teilchen.

Hat man aus D_{AB} aufgrund einer angenommenen Molekülform das Molekülvolumen V bestimmt, so folgt daraus die Molmasse

$$M = N_L \cdot V \cdot \varrho ; \quad N_L = \text{Avogadrosche Zahl}, \quad \varrho = \text{Dichte der Molekülsubstanz}. \qquad (3.9)$$

So bestimmte M-Werte sind i. allg. zu groß gegenüber Werten aus anderen Methoden. Die Gründe dafür sind:

(a) Die meist angenommene Kugelform ist zu sehr idealisiert (Korrektion mittels eines Dissymmetriefaktors aus Messungen mit anderen Methoden, die auf die Gestalt des Moleküls ansprechen: Viskosität, Strömungsdoppelbrechung, dielektrische Dispersion);

(b) Hydratation vergrößert das Reibungsvolumen, $V_{eff} > V$;

(c) Wasseraufnahme ändert die Dichte gegenüber der trockenen Substanz: $M_{trocken}/M_{hydrat} \approx 1{,}46$;

(d) elektrische Oberflächenladungen (z. B. bei Proteinen) beeinflussen den Reibungsfaktor stark. Am sog. „isoelektrischen Punkt", einstellbar über die Ionenkonzentration im Lösungsmittel, sind die Makromoleküle ungeladen. Die Löslichkeit ist dann aber häufig sehr gering (Ausflocken).

Eine gegenseitige Wechselwirkung der beobachteten Teilchen eliminiert man z. B. durch Extrapolation der Meßwerte auf verschwindende Konzentration. Eine andere bequeme Meßmethode zur Bestimmung von Diffusionskonstanten beruht auf der Diffusion durch eine poröse Platte (Fritte). Man erhält für verschiedene Proben relative Diffusionskonstanten, benötigt also eine empirische Eichung.

Die Meßzeit wird auch wesentlich verkürzt, wenn die Moleküle als Folge einer auf sie wirkenden gerichteten Kraft eine Driftbewegung ausführen. Dies ist der Fall bei der Sedimentation in einem Beschleunigungsfeld und bei der Elektrophorese.

3.1.2.2 Sedimentationsgeschwindigkeit

Ein Teilchen der Masse m erfährt in einer Zentrifuge eine Radialkraft

$$F_r = m\omega^2 r, \quad \omega = \text{Winkelgeschwindigkeit}, \quad r = \text{Abstand des Teilchens von der Drehachse}. \qquad (3.10)$$

Hat das Teilchen die Dichte ϱ_M und das umgebende Lösungsmittel die Dichte ϱ_L, so wirkt noch der Auftrieb $m\omega^2 r \varrho_L/\varrho_M$. Der durch F_r bewirkten Sedimentationsbewegung wirkt eine Reibungskraft entgegen. Für Stokessche Reibung gilt im stationären Fall mit den Gln. (3.2) und (3.7):

$$F_r' = m\left(1 - \frac{\varrho_L}{\varrho_M}\right)\omega^2 r = -F_R = f v_s = \frac{kT}{D_{AB}} v_s . \qquad (3.11)$$

Mit den Definitionen

$$\bar{V} = \frac{1}{\varrho_M} \quad \text{partielles spezifisches Volumen der betrachteten Teilchen}, \qquad (3.12)$$

$$s = \frac{v_s}{\omega^2 r} \quad \text{Sedimentationskoeffizient, Einheit } 10^{-13}\,\text{s} = 1S \text{ („Svedberg")}, \qquad (3.13)$$

wird aus Gl. (3.11) mit $M = N_L \cdot m$ (Molmasse), $R = N_L \cdot k$ (allgemeine Gaskonstante)

$$M = \frac{sRT}{D_{AB}(1 - \bar{V}\varrho_L)} . \qquad (3.14)$$

Man mißt v_s und damit s mit optischen Methoden in einer Ultrazentrifuge bei einer Radialbeschleunigung $\omega^2 r \approx 10^5\,\text{ms}^{-2}$; v_s ist dann von der Größenordnung $10^{-6}\,\text{ms}^{-1}$. Für (annähernd) sphärische Teilchen kann man wieder nach Gl. (3.4) und (3.7) $D_{AB} = \dfrac{kT}{6\pi\eta a}$ setzen. Kennt man D_{AB} aus einer von der Molekülform unabhängigen Methode, z. B. einer Diffusionsmessung, so wird M nach Gl. (3.14) formunabhängig. (Statt durch M werden Makromoleküle häufig auch durch Angabe ihres Sedimentationskoeffizienten s charakterisiert.) Bei Molekülen, die in Ionen dissoziieren, tritt während der Sedimentation ein elektrisches Potentialgefälle auf, das v_s verkleinert. Zusatz von Salzen vermindert diesen Effekt. Korrektionen sind auch wegen der Geometrie der Meßzellen nötig (Verdünnungseffekt mit zunehmendem Abstand bei sektorförmiger Zelle). Da D_{AB} von der Konzentration abhängt, ist auf $c \to 0$ zu extrapolieren.

3.1.2.3 Elektrophorese

Geladene Teilchen, wie z. B. die Proteine, erfahren in einem elektrischen Feld E eine Kraft

$$F_{el} = Q \cdot E, \quad Q \text{ Ladung}. \qquad (3.15)$$

Diese bewirkt bei Stokesscher Reibung eine Driftgeschwindigkeit

$$v=\frac{EQ}{f}, \quad f=\text{Reibungsfaktor}. \tag{3.16}$$

Man definiert eine von der Feldstärke unabhängige Ionenbeweglichkeit

$$u=\frac{v}{E}=\frac{Q}{f}=\frac{Q\cdot D_{AB}}{kT}\;;\; D_{AB}\ \text{Diffusions-Koeffizient}. \tag{3.17}$$

Die Auswertung von Gl. (3.17) analog der Gl. (3.11) bei der Sedimentation gelingt aber nur sehr ungenau, weil das hydrodynamische Problem hier viel komplizierter ist. Die Ursachen dafür sind: eine Lösung ist immer auch in kleinen Volumina elektrisch neutral. Das bedeutet, daß sich in der nächsten Nähe eines Ions mit der Ladung $Q=Z\cdot e$ eine Anzahl Gegenionen gleicher Gesamtladung befinden, z. B. einwertige Ionen der Ladung $-e$ (e Elementarladung), die unter der Wirkung des Feldes E in entgegengesetzter Richtung zu wandern suchen. Alle Ionen schleppen eine Hülle von (polaren) Lösungsmittelmolekülen mit sich, die sich bei höherer Geschwindigkeit deformiert (Relaxationseffekt) und die den Reibungsfaktor über den hydrodynamischen Wert hinaus erhöht. Die Oberfläche eines geladenen Makromoleküls ist unmittelbar von einer fest haftenden Wasserschicht der Dicke d umgeben, in der sich eine thermodynamisch bedingte Anzahl von Gegenionen befindet. Diese Hydratschicht bewegt sich mit dem Makromolekül, vermindert seine effektive Ladung und vergrößert sein Volumen. Das elektrische Potential auf ihrer Oberfläche ist das sog. ζ-Potential. Es hängt von Ladung und Geometrie des Makromoleküls, von der Dielektrizitätskonstanten des Lösungsmittels, von der Temperatur und von der Ionenstärke der Lösung ab. Theoretische Modelle zur Berechnung von ζ stammen von Helmholtz, von Debye und Hückel, und von Booth. Zur Schwierigkeit, ζ genügend genau zu berechnen, kommt noch die Tatsache, daß Proteine häufig eine nicht zu vernachlässigende innere Ionenleitfähigkeit aufweisen. Die Elektrophorese ist eine hervorragende Trennmethode; für die Bestimmung von Molekülparametern ist sie weniger geeignet.

3.1.2.4 Sedimentationsgleichgewicht im Beschleunigungsfeld

Nach der Boltzmann-Statistik verhalten sich die Besetzungszahlen n_1, n_2 zweier nichtentarteter Energieniveaus E_1, E_2 bei der Temperatur T gemäß Gl. (3.18):

$$\frac{n_2}{n_1}=e^{-\frac{E_2-E_1}{kT}}. \tag{3.18}$$

In einem Beschleunigungsfeld ist E_2-E_1 die Differenz der potentiellen Energie zwischen den Orten r_2 bzw. r_1, in der Atmosphäre z.B. zwischen verschiedenen Höhen, in einer Zentrifuge zwischen verschiedenen Abständen r von der Drehachse. Gemäß Gl. (3.11) verhält sich wegen des Auftriebs ein Teilchen der Masse m in Lösung wie ein freies Teilchen der effektiven Masse

$$m'=m\left(1-\frac{\varrho_L}{\varrho_M}\right), \quad \begin{matrix}\varrho_L\ \text{Dichte des Lösungsmittels},\\ \varrho_M\ \text{Dichte des Teilchens}.\end{matrix} \tag{3.19}$$

Die Energiedifferenz $E_2(r_2)-E_1(r_1)$ ist dann

$$E_2-E_1=\int_{r_1}^{r_2}F_r\,dr=-m'\omega^2\int_{r_1}^{r_2}r\,dr=\frac{m'\omega^2}{2}(r_1^2-r_2^2). \tag{3.20}$$

Damit folgt aus Gl. (3.18)

$$\ln\frac{n_1/\Delta V}{n_2/\Delta V}=\frac{m'\omega^2}{2kT}(r_1^2-r_2^2). \tag{3.21}$$

Man mißt mit optischen Methoden die Teilchendichten $n_1/\Delta V_1$ und $n_2/\Delta V_2$ bei r_1 bzw. r_2 und erhält mit Gln. (3.21) und (3.19) die Molekülmasse m, unabhängig von Größe, Form und Ladung der Teilchen.

3.1.2.5 Dichtegradientenmethode

Mit einem Zusatz schwerer anorganischer Salze, z. B. CsCl, entsteht während des Zentrifugierens ein Dichtegradient im Lösungsmittel: $\varrho_L=\varrho_L(r)$. Gelöste Makromoleküle erfahren keine Zentralkraft am Ort, wo ihre (effektive oder Schwimm-) Dichte gleich derjenigen der Flüssigkeit ist, sie sammeln sich in schmaler Schicht im entsprechenden Abstand r von der Drehachse. Dies kann z. B. zur Trennung von isotopen-markierten Molekülen dienen. Auch die Sedimentationsgeschwindigkeit v_s hängt vom Dichtegradienten ab. Es gilt für 2 Teilchenarten vom Molekulargewicht M_1 bzw. M_2 für die von ihnen in einer bestimmten Zeit zurückgelegten Strecken x_1 bzw. x_2:

$$\frac{M_1}{M_2}=\left(\frac{x_1}{x_2}\right)^{3/2}. \tag{3.22}$$

Mit dieser Beziehung können relative Molekulargewichte ermittelt werden. Die effektive Dichte von Biopolymeren hängt von ihrer Konformation ab.

3.1.2.6 Viskosität von Polymerlösungen

Abbildung 3.4 zeigt das Geschwindigkeitsprofil in einer Flüssigkeit zwischen zwei Platten, wobei die obere mit der konstanten Geschwindigkeit v_0 gegen die untere bewegt wird. Zufolge der inneren Reibung

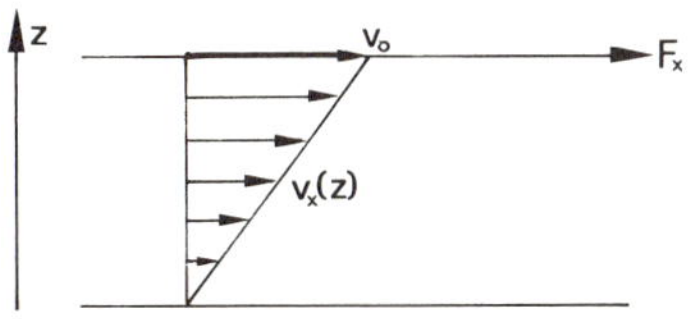

Abb. 3.4. Strömungsprofil zwischen zwei Platten, die gegeneinander mit der Geschwindigkeit v_0 bewegt sind

der Flüssigkeit ist dazu je Flächeneinheit eine Kraft

$$\tau_x = \frac{F_x}{A} = \eta \frac{dv_x(z)}{dz} \qquad (3.23)$$

nötig (Newton). Die „Viskosität“ η (Einheit 1 kg/ms ≙ 10 Poise) ist eine hydrodynamische Eigenschaft der Flüssigkeit und von der Struktur und Wechselwirkung der Moleküle in ihr abhängig. Außerdem besteht eine Temperaturabhängigkeit in der Art einer thermisch aktivierten Reaktion: $\eta \sim \exp(-\varepsilon/kT)$. Zur Bestimmung von η drückt man z.B. die Flüssigkeit mittels einer Druckdifferenz Δp durch eine Kapillare der Länge l mit Radius R. Für den Volumenstrom gilt dann (t = Zeit)

$$\frac{V}{t} = \frac{R^4\pi}{8\eta l} \cdot \Delta p \quad \text{(Hagen-Poiseuille)}. \qquad (3.24)$$

Andere Methoden benutzen die Übertragung eines Drehmoments zwischen rotierenden und stehenden Scheiben oder Zylindern, oder die Fallgeschwindigkeit einer (geeichten) Kugel in der Flüssigkeit. Enthält die Flüssigkeit (Lösung) langgestreckte Teilchen, so werden diese bei großem dv/dz teilweise orientiert (vgl. Abb. 3.11b) und es tritt eine Abnahme der Viskosität ein. Dieser Strukturanteil kann eliminiert werden (z. B. im limes $dv/dz \to 0$).

Den Beitrag eines gelösten Polymers zur Viskosität gibt man in Form der „reduzierten spezifischen Viskosität“ an:

$$\eta_{\text{red}} = \frac{1}{c} \cdot \frac{\eta - \eta_0}{\eta_0} = \frac{1}{c} \cdot \eta_s \qquad (3.25)$$

bzw. als deren („intrinsischen“) Grenzwert

$$\eta_{\text{intr}} = \lim_{c \to 0} \eta_{\text{red}} \qquad (3.25a)$$

η Viskosität der Lösung, η_0 des Lösungsmittels, η_s spezifische Viskosität, c Konzentration des Polymeren.

Für idealisierte Molekülformen lassen sich Beziehungen zwischen η_s bzw. η_{intr} und den Formparametern ableiten, z. B. für Rotationsellipsoide

$$\eta_s = \nu \frac{V_p}{V_L} \qquad (3.25b)$$

bzw. mit (3.25)

$$\eta_{\text{intr}} = \frac{\nu}{\varrho_p}, \; c \to 0. \qquad (3.25c)$$

V_p, ϱ_p Volumen bzw. Dichte des Polymeranteils, V_L Volumen der Lösung.

$\nu = 2{,}5$ für Kugeln (Einstein); für Rotationsellipsoide findet man ν in Abhängigkeit vom Achsenverhältnis tabelliert (*Simha*-Faktoren). Für flexible Knäuel ist

$$\eta_{\text{intr}} \sim M^{1/2}.$$

Bei Polyelektrolyten hängt schließlich die Konformation, und damit η_{intr}, stark von der Ionenstärke der Lösung ab.

3.1.2.7 Rotationsdiffusion

Die betrachteten Teilchen sollen eine physikalisch erkennbare Vorzugsrichtung aufweisen, etwa eine lange Achse, ein elektrisches Dipolmoment oder ein optisches Übergangsdipolmoment für die Absorption bzw. Emission von linear polarisiertem Licht. Zu einer bestimmten Zeit t_0 sollen diese Molekülachsen eine gewisse Verteilung ihrer Orientierungen gegen eine willkürlich gewählte Richtung z haben.

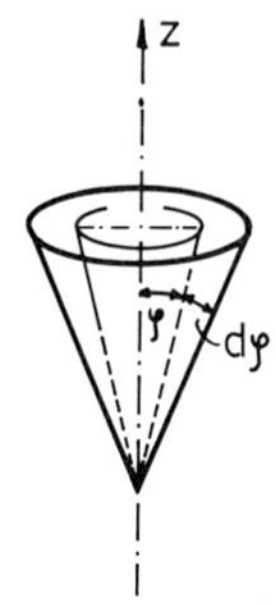

Abb. 3.5. Zur Definition der Rotationsdiffusionskonstante (vgl. Text)

Es sei $dn(\varphi)$ die Zahl aller Moleküle mit einer Orientierung zwischen φ und $\varphi + d\varphi$ gegen z (Abb. 3.5). Dann beschreibt $\varrho(\varphi) = \partial n/\partial\varphi$ als Funktion von φ die Orientierungsdichteverteilung auf alle Intervalle $d\varrho$ im Bereich $0 \ldots \varrho \ldots \pi$. Infolge der thermischen Rotationsbewegung verlassen nun in der Zeit dt eine Anzahl Moleküle ihre Orientierung. Analog dem 1. Fickschen Gesetz der Diffusion, Gl. (3.5), resultiert ein „Strom“ in Richtung zu kleinerer Dichte:

$$\frac{dn}{dt} = -\Theta \frac{\partial\varrho}{\partial\varphi}; \quad \Theta \text{ Rotationsdiffusionskonstante (Dimension } s^{-1}). \qquad (3.26)$$

Einer Rotation mit der Winkelgeschwindigkeit ω wirkt ein Reibungsdrehmoment entgegen, das in guter Nährung zu ω proportional ist:

$$M_R = -f_R \cdot \omega.$$

In Analogie zu der molekularen Interpretation des Reibungsfaktors f bei der linearen Diffusion [Gl. (3.7)] ergibt sich

$$\Theta = \frac{kT}{f_R}. \qquad (3.27)$$

Die hydrodynamische Behandlung für laminare Strömung liefert nach Perrin für kugelförmige Moleküle vom Radius a:

$$f_R = 8\pi\eta a^3, \quad \eta \text{ Viskosität der umgebenden Flüssigkeit}; \qquad (3.27a)$$

für langgestreckte Rotationsellipsoide, a lange, b kurze Halbachse ($a \gtrsim 5b$), Rotation um kurze Achse:

$$f_R \approx \frac{2}{3} \cdot 8\pi\eta a^3 \cdot \frac{1}{2\ln\frac{2a}{b} - 1} \approx \text{const.} \cdot a^3. \qquad (3.27b)$$

Andere Achsenverhältnisse und dreiachsige Ellipsoide wurden eingehend von Memming behandelt.

Die Rotationsdiffusion eines beliebig geformten Teilchens wird, entsprechend den drei Rotationsfreiheitsgraden, durch drei Rotationsdiffusionskonstante Θ_i, $i=1, 2, 3$, beschrieben.

a) Die Rotationsrelaxationszeit

Der Gleichgewichtszustand eines Systems werde durch den Wert X_{Gl} einer charakteristischen Größe beschrieben, die von der Zustandsvariablen F abhängt. Wenn sich F sprunghaft ändert, paßt sich X i. allg. nur verzögert den neuen Bedingungen an („Relaxation"). Ist nun speziell die Geschwindigkeit, mit der sich X nach einer momentanen Störung dem Gleichgewichtswert X_{Gl} nähert, der Abweichung $x=X-X_{Gl}$ von diesem proportional, so gilt

$$x(t)=x(0)\cdot e^{-t/\tau_R}; \qquad (3.28)$$

$x(0)$ anfängliche Abweichung

Für kleine Störungen ist dies immer eine gute Näherung.

τ_R ist die sog. Relaxationszeit des Prozesses, das ist die Zeit, in der die Abweichung auf 1/e des Anfangswertes abgeklungen ist. [In der chemischen Kinetik beschreibt Gl. (3.28) eine sog. Reaktion 1. Ordnung.] In Abb. 3.6 ist dies veranschaulicht.

Eine geeignete Größe zur Beschreibung des Orientierungsgrades von Molekülen mit einer ausgezeichneten Achse ist der Mittelwert von $\cos\varphi$ über die Orientierungsverteilung $\varrho(\varphi)$:

$$\overline{\cos\varphi}=\frac{\int_0^\pi \varrho(\varphi)\cos\varphi\, d\varphi}{\int_0^\pi \varrho(\varphi)\, d\varphi}. \qquad (3.29)$$

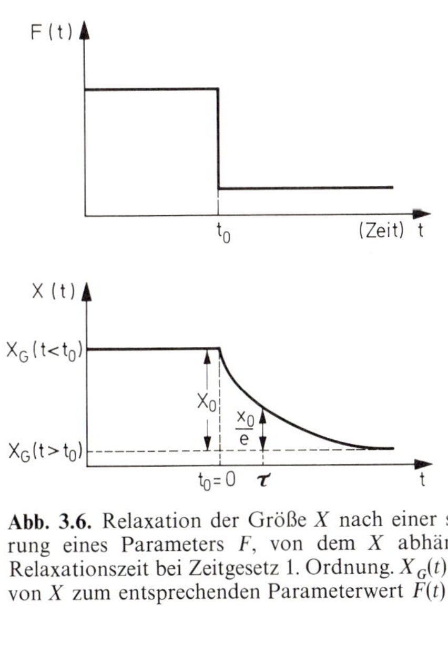

Abb. 3.6. Relaxation der Größe X nach einer sprunghaften Änderung eines Parameters F, von dem X abhängt, zur Zeit t_0; τ Relaxationszeit bei Zeitgesetz 1. Ordnung. $X_G(t)$ Gleichgewichtswert von X zum entsprechenden Parameterwert $F(t)$

Die Abweichung von der Gleichgewichtsverteilung ist dann zur Zeit t

$$x(t)=\overline{\cos\varphi(t)}-\overline{\cos\varphi(t\to\infty)}. \qquad (3.30)$$

Aus einer Messung von $\overline{\cos\varphi}$ als Funktion der Zeit nach einer momentanen Störung folgt dann bei Gültigkeit von Gl. (3.28) die Rotationsrelaxationszeit τ_R. Diese steht in einer einfachen Beziehung zur Rotationsdiffusionskonstanten Θ aus Gl. (3.26). Für kugelförmige Teilchen gilt mit Gl. (3.27)

$$\tau_R=\frac{1}{2\Theta}=\frac{f_R}{2kT}. \qquad (3.31)$$

Für zweiachsige Ellipsoide gibt es zwei Θ- und zwei τ_R-Werte, für dreiachsige je drei. Bei stabförmigen Teilchen interessiert meist nur die Rotation um eine kurze Achse. Über hydrodynamische Reibungsmodelle erhält man aus Θ schließlich die Moleküldimension [vgl. Gln. (3.27a, b)].

b) Messung der Rotationsrelaxationszeit τ_R

α) Depolarisation der Fluoreszenz von Lösungen

Die Wechselwirkung von Licht mit Molekülen wird in den Kapiteln 3.2.3, 3.2.4, 3.2.5, 3.2.6 und 5.1 näher behandelt. An dieser Stelle genügen folgende Tatsachen: Die Absorption eines Lichtquants ($h\nu_A$) im sichtbaren oder ultravioletten Spektralbereich befördert ein Molekül in einen angeregten Elektronenzustand (z.B. S_1 in Abb. 3.7), von dem es i. allg. auf verschiedenen Wegen durch Energieabgabe wieder in den Grundzustand (S_0) zurückkehren kann. Gibt es die Energie nach einer gewissen mittleren Existenzdauer τ_F des angeregten Zustandes wieder als Lichtquant ($h\nu_F$) ab, so spricht man von Fluoreszenz.

Wesentlich für das folgende ist nun, daß die Lichtabsorption und -emission (praktisch immer) über ein molekülfestes elektrisches Übergangsdipolmoment erfolgt. Die Übergangswahrscheinlichkeit ist $\sim\cos^2\varphi$, wenn φ der Winkel zwischen diesem Übergangsmoment und dem elektrischen Feldstärke-Vektor der Lichtwelle ist. Aus einem Ensemble (einer Lösung) statistisch orientierter Moleküle werden durch linear polarisiertes Licht nur die geeignet orientierten angeregt („Photoselektion"). Die angeregten Moleküle besitzen dann eine anisotrope Orientierungsverteilung, die sich im Polarisationszustand ihres Fluoreszenzlichts ausdrückt. Dieser kann z.B. durch den Polarisationsgrad P charakterisiert werden, der hier anhand der Meßanordnung (Abb. 3.8) definiert werden soll.

Einstrahl- und Beobachtungsrichtung sollen in der (xy)-Ebene liegen. Das Erregerlicht (ν_A) ist mittels Polarisator P_1 mit dem elektrischen Vektor senkrecht zu dieser Ebene, also parallel z, polarisiert. Das Fluoreszenzlicht (ν_F) hat dann eine Komponente der Intensität I_p, die parallel zum Erregerlicht polarisiert ist, und eine Komponente der Intensität I_s mit dazu senkrechter Polarisation. I_p und I_s können durch Drehen von Polarisator P_2 getrennt gemessen werden.

Man definiert den Polarisationsgrad P durch

$$P=\frac{I_p-I_s}{I_p+I_s}. \tag{3.32}$$

Aus der Mittelung über alle Molekülorientierungen folgt für schwache Anregung ($<1\%$ aller Moleküle gleichzeitig angeregt, mit Ausnahme von Laser-Puls-Anregung praktisch immer erfüllt)

$$P=\frac{3\cos^2\alpha-1}{\cos^2\alpha+3}, \tag{3.33}$$

wobei α der Winkel zwischen absorbierenden ($\boldsymbol{m}_A$) und emittierendem ($\boldsymbol{m}_F$) Übergangsdipolmoment im einzelnen Molekül ist.

Die Grenzwerte von P sind:

$P=+1/2$ für $\alpha=0°$, insbesondere, wenn $\boldsymbol{m}_A$ mit $\boldsymbol{m}_F$ identisch ist (wie z. B. im Fall der Abb. 3.7);

$P=-1/3$ für $\alpha=90°$.

Verschiedene Mechanismen erniedrigen den Betrag von P. Sieht man von der Überlagerung mehrerer Übergänge, von Schwingungskopplung und Energiewanderung (s. Kap. 5.1.8) ab, die durch geeignete Wahl der Spektralbereiche und der Konzentration weitgehend eliminiert werden können, so ist es vor allem die Rotationsdiffusion der Moleküle während der Lebensdauer τ_F des angeregten Zustandes, die $|P|$ vermindert. Die grundlegende Beziehung dafür stammt von Perrin, sie lautet:

$$\left(\frac{1}{P}-\frac{1}{3}\right)=\left(\frac{1}{P_0}-\frac{1}{3}\right)(1+6\Theta\tau_F)\equiv\frac{1}{G(P)} \tag{3.34}$$

mit Θ = Rotationsdiffusionskonstante [s. Gl. (3.26)].

P_0 ist der Polarisationsgrad, der bei Verhinderung der Rotationsdiffusion gemessen wird, z.B. an einer eingefrorenen Lösung; P ist der Wert mit Rotationsdiffusion. Θ ist im allgemeinen Fall ein Tensor, der von der Temperatur T, der Viskosität η des Lösungsmittels und dem Molekülvolumen V abhängt. Für ein Molekül von der Form eines gestreckten Rotationsellipsoids nach Abb. 3.1 mit $a>b$, $\kappa=b/a$ kann man schreiben

$$\Theta_{\underset{(x)}{z}}=\frac{1}{8}\cdot\frac{kT}{V\eta}\cdot\Lambda_{\underset{(x)}{z}}(\kappa);\quad \text{k = Boltzmannkonstante}. \tag{3.35}$$

Abbildung 3.9 gibt die Formfaktoren $\Lambda(\kappa)$ wieder. Für kugelförmige Moleküle ist

$$\Theta_z=\Theta_x=\Theta=\frac{1}{6}\cdot\frac{kT}{V\eta}=\frac{1}{2\tau_R}, \tag{3.36}$$

τ_R ist die Rotationsrelaxationszeit [vgl. Gl. (3.31)].

Mit den Gln. (3.34) und (3.35) folgt, daß die Auftragung von $1/G(P)$ über T/η eine Gerade („Perrin-Gerade") ergibt, wenn τ_F konstant ist. Dies ist meist erfüllt, vgl. z. B. Abb. 3.10.

Bei Kenntnis der Fluoreszenzabklingdauer τ_F erhält man dann aus ihrer Steigung das Molekülvolumen V.

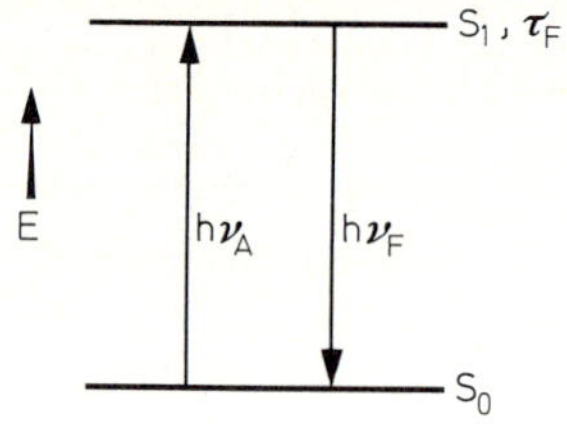

Abb. 3.7. Einfaches Termschema zur Absorption ($h\nu_A$) und Emission ($h\nu_F$) eines Lichtquants. S_0 Grundzustand, S_1 angeregter Zustand des Moleküls; τ_F mittlere Lebensdauer von S_1 bei einem Ensemble gleichartiger Moleküle („Fluoreszenzabklingdauer"). E Elektronenenergie

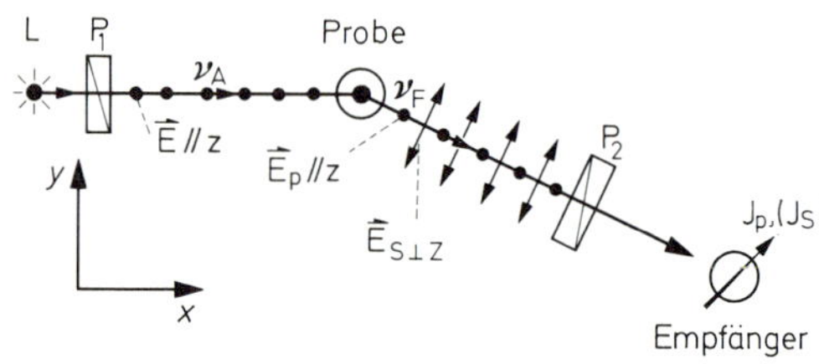

Abb. 3.8. Schema zur Messung des Polarisationsgrades der Fluoreszenz. L Lichtquelle, P_1 feststehender, P_2 drehbarer Polarisator; ν_A Erregerlicht, ν_F Fluoreszenzlicht; $\boldsymbol{E}, \boldsymbol{E}_p, \boldsymbol{E}_s$ Polarisation von Anregungs- bzw. Lumineszenzlicht; Monochromatoren zur Selektion nicht gezeichnet. Probe temperierbar, Dewargefäß mit optischen Fenstern. Photoelektrische Intensitätsmessung

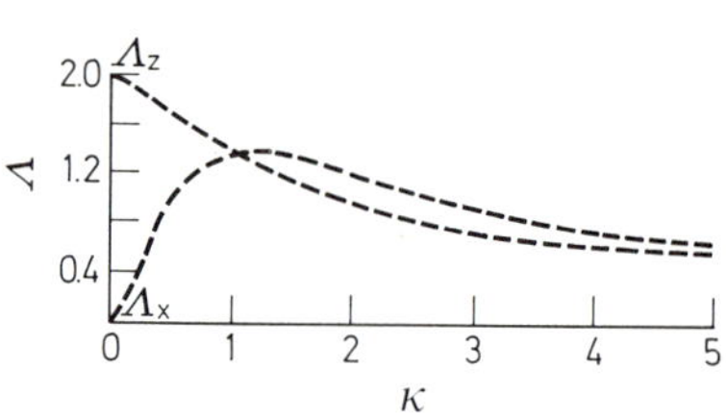

Abb. 3.9. Formfaktoren Λ für gestreckte Rotationsellipsoide, nach R. Memming: Z. physikal. Chemie NF **28**, 168 (1961)

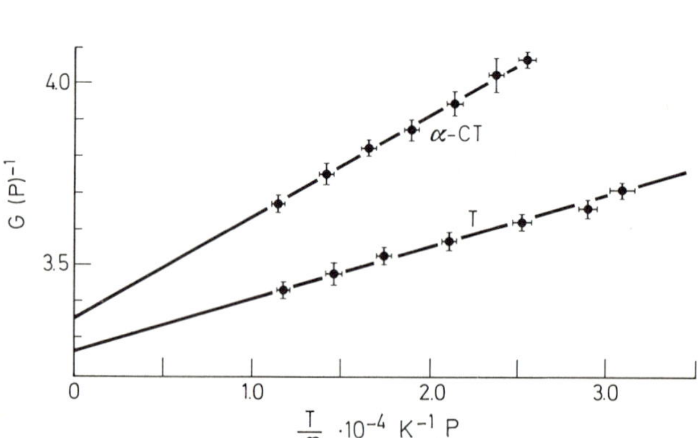

Abb. 3.10. Perrin-Gerade: $\frac{1}{G(P)}$ nach Gl. (3.34) über T/η des Lösungsmittels; T Temperatur, η Viskosität. α-Chymotrypsin (α-CT) und Trypsin (T) in H_2O; nach F. Hechenbichler, Diss. TU München, 1974; η in Poise

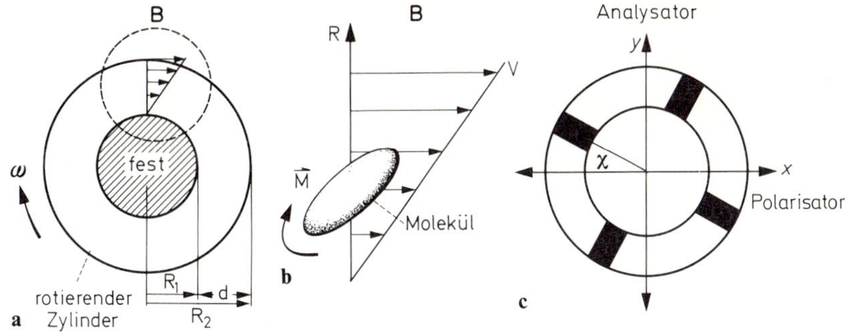

Abb. 3.11a–c. Zur Strömungsdoppelbrechung. **a** Meßanordnung; **b** mikroskopische Situation eines Makromoleküls im Strömungsgradienten; **c** Nachweis und Messung der Doppelbrechung, Probe zwischen gekreuzten Polarisatoren, sog. Isoklinenkreuz (s. Text)

Für Ellipsoide ergibt sich für τ_R ein Mittelwert der auf die Hauptachsen (x, y, z) bezogenen Relaxationszeiten gemäß Gl. (3.37):

$$\frac{1}{\tau_R} = \frac{1}{\tau_x} + \frac{1}{\tau_y} + \frac{1}{\tau_z}. \tag{3.37}$$

Tritt bei einer bestimmten Temperatur (oder aus anderer Ursache) eine Konformationsänderung ein, so ändert sich die Steigung der Perrin-Geraden. Die Methode eignet sich deshalb besonders dazu, solche Konformationsänderungen zu erkennen und mit Änderungen der biochemischen Aktivität zu korrelieren. Die Lösung kann, anders als bei der dielektrischen Relaxation, elektrisch leitend sein. Praktisch hinderlich ist die meist geringe Eigenfluoreszenz von Biomolekülen. In manchen Fällen können sie mit einem fest adsorbierenden Fluoreszenzfarbstoff markiert werden.

β) Strömungsdoppelbrechung

Für nichtsphärische Moleküle ist die Methode der Strömungsdoppelbrechung zur Bestimmung ihrer äußeren Gestalt ziemlich universell anwendbar. Sie beruht auf der Orientierung der Moleküle in einer Strömung mit konstantem Geschwindigkeitsgradienten. Der Orientierungsgrad wird über die damit verbundene optische Doppelbrechung bestimmt. Die Meßanordnung besteht aus zwei Zylindern mit gemeinsamer senkrecht stehender Achse, mit den Radien R_1 und $R_2 = R_1 + d$, von denen der eine gegen den anderen mit der Winkelgeschwindigkeit ω rotiert, vgl. Abb. 3.11a.

Bei geeigneten Bedingungen bildet sich in einer Flüssigkeit zwischen den beiden Zylindern, die die Makromoleküle gelöst enthält, eine laminare Strömung mit einem radialen Geschwindigkeitsgradienten

$$\frac{\partial v}{\partial R} = \gamma = \frac{v(R_2) - v(R_1)}{R_2 - R_1} = \frac{\omega R_2}{d} \tag{3.38}$$

aus. (Hierbei ist der innere Zylinder als stehend angenommen.) Auf die Makromoleküle wirkt ein Drehmoment, das sie parallel zu den Strömungslinien zu orientieren sucht (Abb. 3.11b). Diese Orientierung wird durch die Rotationsdiffusion gestört, es stellt sich ein stationärer Zustand mit einer Orientierungsverteilung $\varrho(\varphi)$ ein, die vom Geschwindigkeitsgradienten γ und von der Rotationsdiffusionskonstanten Θ, damit von der Geometrie des Moleküls, abhängt (φ ist der Winkel zwischen der Längsachse eines Makromoleküls und der Strömungsrichtung.) Ein geschlossener Ausdruck für $\varrho(\varphi, \gamma, \Theta)$ ist nicht zu geben, Reihenentwicklungen für verschiedene Fälle wurden von Scheraga et al. durchgeführt.

Die Bestimmung der wahrscheinlichsten Orientierung φ_m geschieht mit Hilfe der optischen Doppelbrechung. Die Makromoleküle sind optisch anisotrop, sie haben für Licht, das parallel zu ihrer Längsachse polarisiert ist, einen anderen Brechungsindex wie für senkrecht dazu polarisiertes Licht. Bringt man sie zwischen zwei gekreuzte Polarisatoren mit der Transmissionsrichtung x für den Polarisator, y für den Analysator (vgl. Abb. 3.11c), so dringt nur dann kein Licht durch die gesamte Anordnung, wenn die optische Vorzugsachse der Moleküle parallel zu x oder y liegt. Bei einer davon abweichenden Orientierung tritt als Folge der Doppelbrechung in den Makromolekülen ein Teil des Lichts hindurch. Betrachtet man die Strömung zwischen den Zylindern in z-Richtung zwischen gekreuzten Polarisatoren, so erhält man das in Abb. 3.11c skizzierte Bild. An denjenigen Stellen der Strömung, wo die Moleküle vorwiegend parallel zu x oder y orientiert sind, ist das Gesichtsfeld dunkel (Isoklinenkreuz), an den anderen Stellen hell. Das Isoklinenkreuz ist um den Winkel χ gegen die Achsen x bzw. y der Polarisatoren verdreht. Hätten alle Moleküle die Orientierung φ_m zur Strömungsrichtung, so wäre das Isoklinenkreuz genau um $\chi = \varphi_m$ gegen die Achsen x bzw. y der Polarisatoren verdreht. Bei Scheraga finden sich Formeln, die χ mit einer gewissen Orientierungsverteilung verknüpfen.

Weitere Methoden zur Messung der Rotationsdiffusionskonstanten beruhen auf der Abnahme der Viskosität einer Lösung infolge der Orientierung anisotroper Moleküle in einem Geschwindigkeitsgradienten, auf der elektrischen Doppelbrechung (Kerr-Effekt) oder auf der dielektrischen Dispersion; sie sollen hier nicht näher behandelt werden.

Literaturauswahl

a) *Allgemein*

Beier, W.: Einführung in die theoretische Biophysik. Stuttgart: G. Fischer, 1965.
Beier, W.: Biophysik. Leipzig: VEB G. Thieme, 1975, 4. Aufl.
Setlow, R., Pollard, E.C.: Molecular Biophysics. London: Pergamon Press 1962.

Williams, V. R., Williams, H. B.: Basic Physical Chemistry for the Life Sciences. San Francisco: W. H. Freeman 1967.
Autorenkollektiv: Strukturuntersuchungen an Biopolymeren mit spektroskopischen und hydrodynamischen Methoden. Akademie-Verl. Berlin (DDR) 1976.

b) *Speziell*

Gosting, L. J.: Adv. Protein Chem. **11**, 429 (Viskosität) (1959).
Schachman, H. K.: Ultracentrifugation in Biochemistry. New York: Academic Press 1959.
Weber, G.: Adv. Protein Chem. **8**, 415 (Fluoreszenzdepolarisation) (1953).

3.2 Innere Struktur und Funktion

3.2.1 Strukturanalyse mit Röntgenstrahlen

Walter Hoppe

3.2.1.1 Einleitung

Es ist sehr lehrreich, sich zu überlegen, wo die molekulare Biophysik und Biochemie heute stünde, wenn es keine Methoden gäbe, die atomare Architektur der biogenen Makromoleküle — der Proteine und der Nukleinsäuren — zu entschleiern. Langmuir hatte sich ein Proteinmolekül ähnlich wie ein kolloidales Öltröpfchen mit einem carbophilen Kern und einer hydrophilen Oberfläche vorgestellt. Die Biochemiker der 30er Jahre erklärten die katalytische Wirkung von Enzymen durch das Vorhandensein eines „aktiven Zentrums", an welchem — mikroheterogen — die Reaktion stattfinden sollte. Man hatte sich auch bereits Gedanken über die grundsätzliche Wirkungsweise gemacht: Die „Schlüssel-Schloß-Hypothese" vermutete, daß das Substrat ganz definiert — wie ein Schlüssel in ein Schloß — auf die Oberfläche des Proteinmoleküls passen müßte, um dort adsorbiert zu werden. Das adsorbierte Substrat sollte dann gespalten werden. Diese substratspezifische Adsorption sollte die Spezifität der Enzyme erklären. Man kann heute sagen, daß all diese Vorstellungen im Prinzip richtig waren. Doch sie waren viel zu allgemein, um etwa die Spezifität einer Peptidase zu erklären, die eine Peptidkette nur an bestimmten, von der Aufeinanderfolge der Aminosäuren abhängigen Stellen aufzuspalten vermag (vgl. Kapitel 9).

Es war eigentlich klar, daß ein Verständnis der makromolekularen Reaktionsweisen nur auf der Basis des Erfahrungsschatzes der niedermolekularen Reaktionsweisen gelingen konnte. Erst als es gelang, den Ablauf von Bioreaktionen auf die gleiche atomare Basis zurückzuführen wie den Ablauf der Reaktionen in der unbelebten Natur, konnte man „unsere Naturwissenschaft" anwenden. Und andererseits — wenn dieses Vorhaben zum Erfolg führen sollte — so war damit auch klargestellt, daß alle geheimnisvollen, aus Unkenntnis erwachsenen Vorstellungen über spezifische „Lebenskräfte" jeden Inhaltes entbehrten.

In bewundernswerter Weise hat man in der niedermolekularen Chemie die atomaren Reaktionen aus dem chemischen Verhalten indirekt erschließen können. Bei den aus vielen Tausenden von Atomen bestehenden biogenen Makromolekülen war dieser indirekte Weg undenkbar. Wenn auch die Primärsequenzanalyse eines Proteins ein überraschend gesetzmäßiges chemisches Bauprinzip erkennen läßt — ein kleines globuläres Protein ist eine einzige gefaltete Peptidkette — so waren doch die räumlichen Möglichkeiten unübersehbar. Und das „Schloß" eines Enzymmoleküls mußte durch eine ganz bestimmte räumliche Anordnung der Peptidkette mit spezifischen Lagen ihrer Seitenketten realisiert sein. Es war ein Glücksfall, daß die physikalischen Methoden der Strukturanalyse mit Beugungsverfahren gerade in ein Stadium traten, das es erlaubte, diese Probleme physikalisch zu untersuchen. Es waren insbesondere — ja fast ausschließlich — die Methoden der Röntgenkristallstrukturanalyse, welche hier den Durchbruch brachten und den Weg zum molekularen Verständnis der Bioreaktionen öffneten. Die Röntgenkristallstrukturanalyse ist eine „statische" Methode. Sie zeigt, wie ein Molekül aussieht; sie liefert gewissermaßen in atomarer Auflösung das dreidimensionale Bild des Moleküls. Natürlich ist damit noch nicht eine Reaktion — also ein dynamischer Ablauf — verstanden. Aber es ist mit dieser Kenntnis die Möglichkeit gegeben, normale physikalisch chemische Überlegungen anzuwenden und chemische Reaktionsweisen im Detail experimentell zu prüfen.

Eine der Großtaten der „indirekten strukturellen Chemie" war die Aufstellung des Benzolmodells durch Kekulé. In wissenschaftshistorischen Beschreibungen ist nachzulesen, welche begriffliche Schwierigkeiten zunächst zu überwinden waren, bis Kekulé von der Kette zum sechszählig symmetrischen ebenen Ring gelangte. Die Röntgenkristallstrukturanalyse niedermolekularer Verbindungen, welche seit der Entdeckung der Röntgenbeugung im Jahre 1912 durch von Laue entstanden war und welche vor allem durch die Arbeiten von W. H. Bragg und W. L. Bragg in England besonders entwickelt wurde, hat aus allen indirekten chemischen Hypothesen Realitäten geschaffen. Abbildung 3.12 zeigt die Elektronendichte von 2 Molekülen γ-Rhodomycinon; jedes der Moleküle enthält drei annelierte Benzolringe. Das Bild in Abb. 3.12 wurde aus einer Kristallstrukturanalyse gewonnen; es zeigt die Moleküle in der zufälligen Orientierung im Kristall. Man kann an dieser Figur einige charakteristische Merkmale des Resultats einer röntgenographischen Analyse diskutieren. Zunächst ist Abb. 3.12 eine vereinfachte dreidimensionale Darstellung. Die Analyse ergibt eine dreidimensionale Funktion der Elektronendichte. Die Elektronendichte zeigt ein Maximum am Ort der Atome. Die übliche Darstellung der Elektronendichte ist eine Aufzeichnung in genügend eng übereinanderliegenden Schnittebenen. Um nun eine solche dreidimensionale Aufzeichnung in ein zweidimensionales Bild anschaulich zu kondensieren, wurden in Abb. 3.12 nur die Höhenlinien der

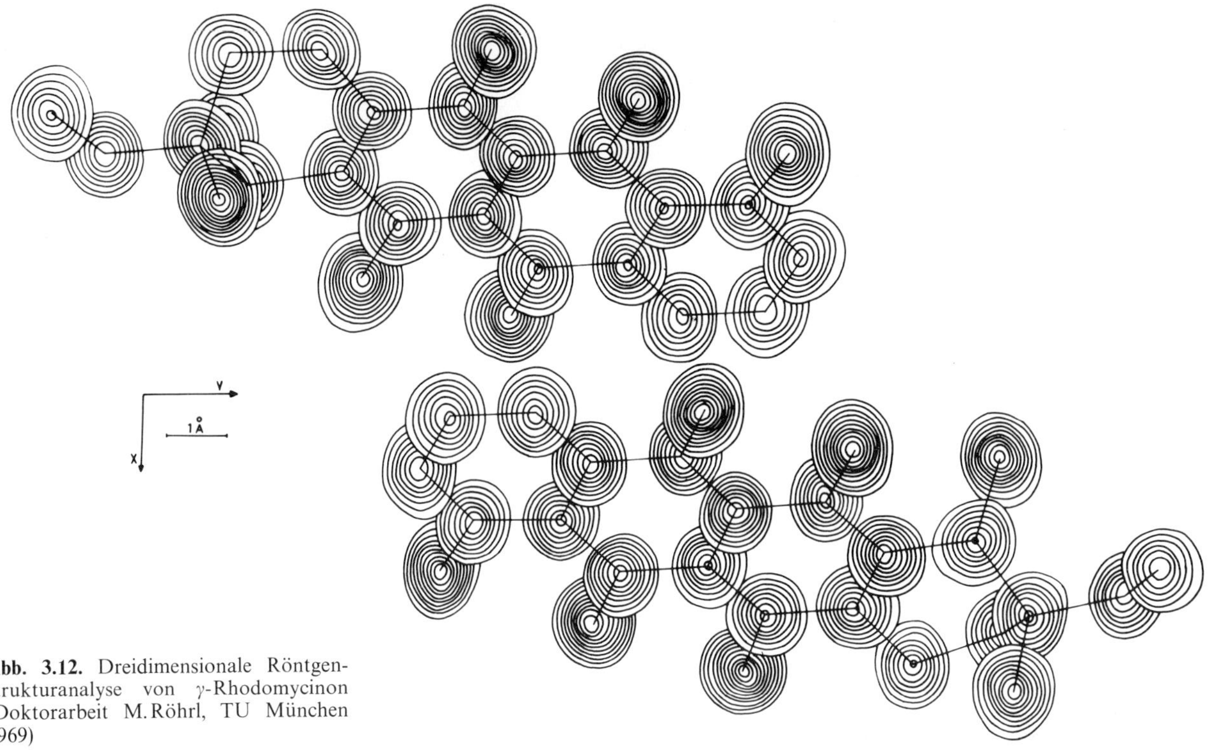

Abb. 3.12. Dreidimensionale Röntgenstrukturanalyse von γ-Rhodomycinon (Doktorarbeit M. Röhrl, TU München 1969)

atomaren Elektronendichtefunktion, geschnitten in der Höhe der Atomschwerpunkte, eingezeichnet. Den Verlauf der Schichtlinien berechnet ein Computer aus den Meßergebnissen. Nicht erkennbar in Abb. 3.12 sind die Wasserstoffatome. Die Elektronendichte der Wasserstoffatome ist so gering, daß sie in einer üblichen Röntgenstrukturanalyse vernachlässigt wird.

Wohl niemand, der zum ersten Mal eine Darstellung nach Abb. 3.12 betrachtet, wird sich ihrer Faszination ganz entziehen können. Man „sieht" das Molekül, als wäre es in einem idealen atomar auflösenden Mikroskop abgebildet. Andererseits ist der Vergleich mit einem mikroskopischen Bild doch nicht ganz zutreffend. Denn man sieht hier ein Bild im Raume, während ein Mikroskop von einem nicht unendlich dünnen Objekt so etwas ähnliches wie eine Projektion liefert. Es wird später gezeigt, daß sich die Röntgenkristallstrukturanalyse von der konventionellen Mikroskopie noch darin unterscheidet, daß sie nicht ein individuelles Bild eines einzigen Moleküls, sondern die Überlagerung von Bildern gleichartig liegender Moleküle in den Elementarzellen liefert.

Die zahlreichen Röntgenkristallstrukturanalysen haben einen bildlichen Eindruck von der Welt der Atome hinterlassen, welcher aus der modernen Naturwissenschaft nicht mehr hinwegzudenken ist. Der organische Chemiker wendet heute sogar die Röntgenstrukturanalyse als chemische Analysenmethode an: Aus einer voraussetzungsfrei durchgeführten Analyse des zu untersuchenden Moleküls (bis etwa 100 Atome ohne Wasserstoff) — von dem nur verlangt werden muß, daß es sauber kristallisiert — gelangt er zur Elektronendichtefunktion und von dieser unmittelbar zum räumlichen Aufbau des Moleküls aus seinen einzelnen Atomen und damit zur chemischen Konstitutionsformel. Seit 1958 wird die Röntgenkristallstrukturanalyse erfolgreich auch zur Analyse von Proteinmolekülen (mehr als tausend Atome ohne Wasserstoff) angewandt.

Der Biophysiker verwendet seinen physikalischen Methodenvorrat, um Lebensvorgänge aufzuklären. Lebensvorgänge sind hoch differenziert. Methoden, welche informationsreiche, differenzierte Aussagen gestatten, sind diesem Problemkreis besonders angepaßt. In besonderem Maße gilt dies für die Methoden der Beugungsanalyse von biogenen Makromolekülen, welche Zehntausende bis Hunderttausende von Daten verwerten und welche es ermöglichen, den Ort von Tausenden und Zehntausenden Atomen zu bestimmen.

Die folgende Einführung soll es ermöglichen, die Grundgedanken der Anwendung dieser Methoden auf biogene Makromoleküle zu verstehen.

3.2.1.2 Beugung an einem einzelnen Atom

Der einfachste Zugang führt über das Huygenssche Prinzip, nach welchem ein Wellenfeld als Überlagerung von Elementarwellen aufgefaßt werden kann. Das Einbringen eines „punktförmigen" absorbierenden Körpers bedeutet das Auslöschen einer dieser Elementarwellen. Die Subtraktion dieser Welle ist aber gleichbedeutend mit ihrer Addition mit Gegenphase zum ungestörten Wellenfeld. Man kann daher phänomenologisch den kleinen absorbierenden Körper als Sender für diese Gegenwelle auffassen. Atome wirken aber in guter Näherung nicht als absorbierende sondern als brechende Körper (ähnlich wie Glaskügelchen bei Licht). Die Theorie zeigt dann, daß die Elementarwelle nicht um π sondern um $\pi/2$ phasenverschoben erscheint. Absorbierende Objekte bezeichnet man als Amplitudenobjekte, brechende Objekte als Phasenobjekte. Nur im ersteren Fall wird Strahlung vernichtet, was sich auch in der Energiebilanz bemerkbar macht. Die Phasenschiebung gegenüber dem Primärstrahl spielt in der Röntgenkristallstrukturanalyse keine Rolle, da keine Interferenzen mit dem Primärstrahl auftreten. In der Elektronenmikroskopie wird sie bei den Hellfeldverfahren (Addition der Bildamplitude zum Primärstrahluntergrund) zur berücksichtigen sein.

Die Streuungsamplitude eines Atoms gibt man vorteilhaft im Verhältnis zur Streuung eines „Einheitsobjektes" (bei Röntgenstrahlen ein Elektron) an, um von zufälligen geometrischen Faktoren zu abstrahieren. Nur wenn der streuende Körper sehr klein ist gegenüber der Wellenlänge (Atomkern bei Neutronenstreuung), ist die punktförmige Näherung voll berechtigt (Unabhängigkeit der Streuamplitude vom Streuwinkel). Ist er vergleichbar mit der Wellenlänge (Elektronenhülle eines Atoms im Vergleich zur Röntgenwellenlänge von ca. 0,1 nm), so ist schon die Streuwelle des Atoms aus vielen räumlich schwach gegeneinander verschobenen Wellen zusammenzusetzen, die miteinander interferieren und eine Schwächung des Streustrahls in Abhängigkeit vom Streuwinkel Θ (Winkel zwischen Primärstrahlrichtung und Streustrahlrichtung) bewirken. Dieses f_Θ (bei Röntgenstrahlen in Elektronenäquivalenten ausgedrückt) wird als Atomformfaktor bezeichnet; seine Fouriertransformierte beschreibt die Form des Atoms, „gesehen" mit der entsprechenden Strahlung.

3.2.1.3 Beugung an einem einzelnen Molekül

Die Beugungsobjekte für die Röntgenstrukturanalyse sind Kristalle. Es ist aber vorteilhaft, die Grundprinzipien der Beugungstheorie zuerst am einzelnen Molekül abzuleiten und dann erst zum aus vielen Molekülen zusammengesetzten Kristall fortzuschreiten, um unterscheiden zu können, welche Gesetzmäßigkeiten der Beugungstheorie angehören und welche Gesetzmäßigkeiten zusätzlich durch die Anordnung der Moleküle zum Kristall entstehen. In letzter Zeit kann man aber auch eine mehr physikalisch orientierte Begründung für diese didaktische Einteilung angeben: Während es mit Röntgenstrahlen undenkbar ist, Streuexperimente an einzelnen Molekülen durchzuführen (die Streuintensitäten wären wegen der schwachen Wechselwirkung der Strahlung viel zu klein), sind entsprechende Experimente mit Elektronen möglich. Wie schon in der Einleitung erwähnt, beruhen alle Abbildungsverfahren auf den Streugesetzen. Es ist daher kein Zufall, daß im Artikel über Elektronenmikroskopie die Ergebnisse der hier abgeleiteten Theorie Anwendung finden werden.

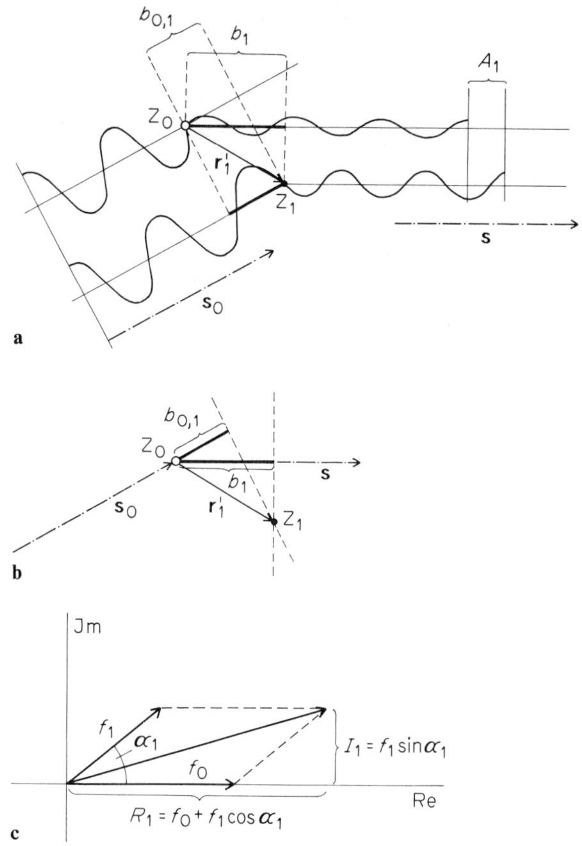

Abb. 3.13a–c. Beugung am einzelnen Molekül

Die wesentlichen Gesetze findet man bereits, wenn man die Streuung an einem 2-atomigen Molekül studiert. In Abb. 3.13a ist der Streuvorgang bildlich dargestellt. Das Molekül besteht aus den beiden Atomen Z_0 und Z_1, welche durch den Vektor $\boldsymbol{r}_1$ miteinander verbunden sein sollen. Es sei vorausgesetzt, daß zwar Z_0 in der Zeichenebene liegt, daß aber Z_1 auch außerhalb der Zeichenebene liegen kann. In Abb. 3.13a ist daher eigentlich die Senkrechtprojektion des Atoms Z_1 auf die Zeichenebene eingezeichnet mit der zugehörigen Projektion des Vektors $\boldsymbol{r}_1$ auf die Zeichenebene, die mit $\boldsymbol{r}_1'$ bezeichnet werden soll. Hingegen wurden in Abb. 3.13 sowohl der Primärstrahl wie auch der gestreute Strahl in die Zeichenebene gelegt. Ihre Richtungen sind durch die Einheitsvektoren $\boldsymbol{s}_0$ bzw. $\boldsymbol{s}$ gekennzeichnet. Es sei ferner angenommen, daß sich das Wellenzentrum der Primärstrahlung „unendlich" weit vom Molekül befindet und daß ferner auch der die Streustrahlung registrierende Detektor „unendlich" weit vom Molekül angeordnet ist (Fraunhofersche Beugung). Bei üblichen Röntgendiffraktometern sind diese Abstände in der Größenordnung von Zentimetern, sie sind also tatsächlich sehr groß gegenüber den Atomabständen. Sowohl Primärwelle wie auch gestreute Welle lassen sich deshalb als Planwellen annähern. Nach Abb. 3.13a überstreicht nun die Primärwelle sowohl das Atom Z_0 wie auch das Atom Z_1.

Allerdings ist der Weg zum Atom Z_1 um die Strecke $b_{0,1}$ länger. Beim Auftreffen der Primärwelle auf die beiden Atome wird je eine Streuwelle ausgelöst, die im allgemeinen eine verschieden hohe Amplitude (in Abhängigkeit von der Atomart) haben wird. Der Weg der beiden Streuwellen zum Detektor ist nicht gleich lang. Er unterscheidet sich nach Abb. 3.13a um die Strecke b_1. Der resultierende Wegunterschied ist die Differenz von b_1 und $b_{0,1}$, welche in Abb. 3.13a als A_1 bezeichnet ist. Man versteht am besten das Auftreten dieses Wegunterschiedes, wenn man sich vorstellt, daß die Welle bei der Beugung gewissermaßen „um die Ecke" laufen muß. Es ist dann sofort klar, daß die äußere Welle (welche am Atom Z_0 abbiegt) einen größeren Weg zurücklegen muß als die innere, am Atom Z_1 abgebogene Welle. Bei dieser Betrachtungsweise wurde zur einfacheren Darstellung vernachlässigt, daß bei der Beugung ein Phasensprung $\pi/2$ (Phasenobjekt) auftritt. Es ist leicht einzusehen, daß dieser Phasensprung unwesentlich ist, wenn er für beide betroffene Atome gleiche Größe hat.

Abbildung 3.13b zeigt die geometrischen Zusammenhänge beim Beugungsversuch in Abb. 3.13a. Man erkennt leicht, daß die Strecke $b_{0,1}$ gleich ist der Projektion des Vektors $\boldsymbol{r}_1$ auf den Einheitsvektor $\boldsymbol{s}_0$. Analog ist die Strecke b_1 gleich der Projektion des Vektors $\boldsymbol{r}_1$ auf den Einheitsvektor $\boldsymbol{s}$. Projektionen von Vektoren auf Einheitsvektoren lassen sich als Skalarprodukte schreiben:

$$\begin{aligned} b_{0,1} &= (\boldsymbol{s}_0, \boldsymbol{r}_1), \\ b_1 &= (\boldsymbol{s}, \boldsymbol{r}_1). \end{aligned} \tag{3.39}$$

Für die Phasenverschiebung α_1 folgt die Beziehung (3.40):

$$\begin{aligned} \alpha_1 = \frac{2\pi(b_1 - b_{0,1})}{\lambda} &= \frac{2\pi}{\lambda}[(\boldsymbol{s}, \boldsymbol{r}_1) - (\boldsymbol{s}_0, \boldsymbol{r}_1)] \\ &= 2\pi\left(\frac{\boldsymbol{s}-\boldsymbol{s}_0}{\lambda}, \boldsymbol{r}_1\right). \end{aligned} \tag{3.40}$$

Die Addition der beiden Wellen mit den Amplituden f_0 und f_1 und der Phasenverschiebung α_1 zur resultierenden Welle erfolgt nach den elementaren Gesetzen der Wellentheorie. Für Real- und Imaginärteil der Welle R_1 bzw. I_1 ergeben sich (vgl. Abb. 3.13c):

$$\begin{aligned} R_1 &= f_0 + f_1 \cos\alpha_1 \\ I_1 &= f_1 \sin\alpha_1 . \end{aligned} \tag{3.41}$$

f_0 und f_1 sind die Atomformfaktoren (Streuamplituden) der Atome Z_0 und Z_1. Es ist nun einfach, die Theorie auf ein Molekül mit beliebig viel Atomen zu erweitern. Für jedes neu hinzukommende Atom muß zur Resultatwelle eine neue Streuwelle addiert werden, wobei sich die Phasenverschiebungen analog wie für das Atom Z_1 berechnen. Es folgt also:

$$\begin{aligned} R &= f_0 + \sum_{j=1}^{n} f_j \cos\alpha_j \\ I &= \sum_{j=1}^{n} f_j \sin\alpha_j , \end{aligned} \tag{3.42}$$

wobei sich die α_j in Analogie zu (3.40) nach (3.43) ergeben:

$$\alpha_j = 2\pi\left(\frac{\boldsymbol{s}-\boldsymbol{s}_0}{\lambda}, \boldsymbol{r}_j\right). \tag{3.43}$$

Das streuende Molekül ist dabei durch die Angabe der Ortsvektoren $\boldsymbol{r}_j$ und durch die Streuamplituden f_j aller Atome eindeutig gekennzeichnet. Die Vektoren $\boldsymbol{r}_j$ sind dabei auf das Atom Z_0 bezogen, welches den Ursprung für die Beschreibung des Moleküls definiert. Um diese Sonderrolle des Atomes Z_0 zu beseitigen, kann man das Streuvermögen von Z_0 gegen 0 gehen lassen und erhält schließlich:

$$\begin{aligned} R_{\boldsymbol{H}} &= \sum_{j=1}^{n} f_j \cos 2\pi(\boldsymbol{H}, \boldsymbol{r}_j) \\ I_{\boldsymbol{H}} &= \sum_{j=1}^{n} f_j \sin 2\pi(\boldsymbol{H}, \boldsymbol{r}_j) \end{aligned} \tag{3.44}$$

$$|F_{\boldsymbol{H}}| = \sqrt{R_{\boldsymbol{H}}^2 + I_{\boldsymbol{H}}^2} \quad \operatorname{tg}\Phi_{\boldsymbol{H}} = \frac{I_{\boldsymbol{H}}}{R_{\boldsymbol{H}}},$$

$$\boldsymbol{H} = \frac{\boldsymbol{s}-\boldsymbol{s}_0}{\lambda}, \tag{3.45}$$

$$|\boldsymbol{H}| = \frac{2}{\lambda}\sin\frac{\Theta}{2}. \tag{3.45a}$$

Amplitude $|F|$ und Phase Φ der Resultatwelle lassen sich auch in komplexer Schreibweise angeben:

$$F_{\boldsymbol{H}} = |F_{\boldsymbol{H}}| \exp i\Phi_{\boldsymbol{H}} = \sum_{j=1}^{n} f_j \exp 2\pi i(\boldsymbol{H}, \boldsymbol{r}_j). \tag{3.46}$$

In (3.45) wurde zur Abkürzung der Schreibweise der Vektor $\boldsymbol{H}$ eingeführt. So sehr das vielleicht auch überraschen mag: Die einfache Formel (3.45) ist eines der entscheidenden Ergebnisse der Theorie der Streuvorgänge. Sie bedeutet, daß die fünf experimentellen Variablen (je zwei Winkelvariable für die Primärstrahlrichtung $\boldsymbol{s}_0$ und die Streustrahlrichtung $\boldsymbol{s}$ und eine Variable für die Wellenlänge λ) durch die Theorie zu den drei Variablen des Vektors $\boldsymbol{H}$ reduziert werden. Für jedes spezielle Streuexperiment kann $\boldsymbol{H}$ nach (3.45) leicht ermittelt werden. Nach (3.45) ist $|\boldsymbol{H}|$ die Grundlinie eines gleichschenkligen Dreiecks mit Schenkeln der Länge $1/\lambda$ und dem Winkel Θ zwischen $\boldsymbol{s}/\lambda$ und $-\boldsymbol{s}_0/\lambda$ (= Streuwinkel). Diese Länge $|\boldsymbol{H}|$ ergibt sich nach (3.45a) aus diesem Dreieck. $\boldsymbol{H}$ hat die Dimension einer reziproken Länge und ist der Ortsvektor in einem dreidimensionalen reziproken Raum. Das zweite wichtige Ergebnis der (kinematischen) Streutheorie — Amplitude $|F|$ und Phase Φ der Streuwelle — ist in (3.45) enthalten. Die Intensität der Streuwelle ist proportional zu $|F|^2$.

Der reziproke Raum — der bei der Diskussion von Streuexperimenten in der Fachliteratur immer wieder benutzt wird und dem Neuling auf diesem Gebiet Interpretationsschwierigkeiten bereitet, findet so seine einfache Erklärung. Eine mathematische Diskussion von (3.46) zeigt nun, daß $F_{\boldsymbol{H}}$ als Fouriertransformierte einer Punktfunktion mit den r_j als Koordinaten der Punkte aufgefaßt werden kann.

Die Deutung von F_H als Fouriertransformierte ermöglicht — wie in mathematischen Lehrbüchern nachgelesen werden kann — die Berechnung der zugehörigen Ortsfunktion (bei Röntgenstrahlen der Elektronendichte des Moleküls) durch Rücktransformationen:

$$\varrho_r = \int_{-\infty}^{\infty} F_H \exp -2\pi i(\boldsymbol{H}, \boldsymbol{r}) dV^* . \quad (3.47)$$

Das Integral ist über den gesamten reziproken Raum zu erstrecken. d_V^* ist das Volumenelement im reziproken Raum. Aus (3.45a) folgt, daß $|\boldsymbol{H}|$ nicht größer sein kann als $2/\lambda$. Nun bestimmt nach allgemeinen Prinzipien der Fouriertransformiertentheorie $1/\boldsymbol{H}_{max}$ die Auflösung (Abstand zweier Punkte, die noch getrennt werden können); (3.47) beschreibt daher die Struktur bis zu einer Auflösung von höchstens $\lambda/2$ (bei der häufig benutzten CuK_α-Strahlung ~0,077 nm). Der Vollständigkeit wegen geben wir noch F_H in Abhängigkeit von dem kontinuierlichen ϱ_r an:

$$F_H = \int_{-\infty}^{\infty} \varrho_r \exp 2\pi i(\boldsymbol{H}, \boldsymbol{r}) dV . \quad (3.48)$$

Das Integral ist über den gesamten Ortsraum zu erstrecken. d_V ist das Volumelement im Ortsraum. (3.46) und (3.48) sind verschiedene Formulierungen des gleichen Sachverhalts. Man kann (3.48) sich anschaulich aus (3.46) plausibel machen, wenn man sich den Raum des Moleküls in lauter Volumelemente unterteilt denkt und in jedes Element ein winziges „Punktatom" eingesetzt denkt, dessen „Elektronenzahl" sich durch Multiplikation des Volumelements mit der zugehörigen Elektronendichte berechnet.

Die Rückführung der Streugesetze auf dreidimensionale Fouriertransformationen erlaubt die grundsätzliche Lösung des Problems der Strukturanalyse: In geeigneten Experimenten vermesse man die F_H im reziproken Raum (der auch als Fourierraum bezeichnet werden kann). Eine nachfolgende Transformation nach (3.47) führt dann unmittelbar zur interessierenden Funktion ϱ_r. Noch ein Wort zur Organisation der Streuexperimente. Es liegt nahe, die Wellenlänge λ konstant zu halten, also mit monochromatischer Strahlung zu arbeiten. Besonders bequem wäre es natürlich, wenn man auch die Primärstrahlrichtung konstant halten könnte. Das geht aber nicht, da dann drei der fünf experimentell zugänglichen Variablen fixiert werden. Der Streueinheitsvektor $\boldsymbol{s}$ entspricht nur zwei Variablen. Abbildung 3.14 zeigt, daß der geometrische Ort aller Vektoren $\boldsymbol{H}$ bei konstant gehaltener Primärstrahlung eine Kugelfläche (die Ewaldsche Ausbreitungskugel) ist. Will man statt einer Fläche im reziproken Raum den ganzen Raum erfassen, so muß man auch die Orientierung des Primärstrahls zum streuenden Molekül ändern.

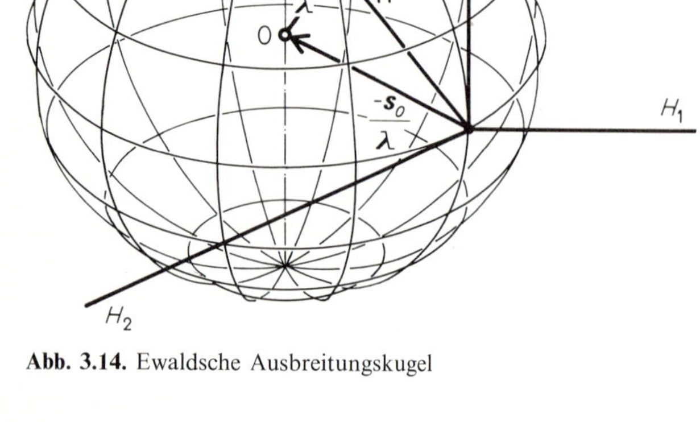

Abb. 3.14. Ewaldsche Ausbreitungskugel

3.2.1.4 Der Kristall als Streuobjekt

In Kristallen sind die Moleküle in Raumgittern angeordnet. Abbildung 3.15a zeigt das Bauprinzip eines solchen Gitters. Drei nichtkomplanare Vektoren $\boldsymbol{a}_1, \boldsymbol{a}_2, \boldsymbol{a}_3$ definieren die Kantenvektoren einer Elementarzelle. Der Gittervektor von irgendeinem, zum Ursprung erklärten Gitterpunkt zu allen anderen Gitterpunkten ist:

$$\boldsymbol{m} = m_1\boldsymbol{a}_1 + m_2\boldsymbol{a}_2 + m_3\boldsymbol{a}_3 , \quad (3.49)$$

m_1, m_2, m_3 sind ganze Zahlen. In den Gitterzellen ist mindestens ein Molekül (häufiger einige, meist durch Symmetrieoperationen verbundene Moleküle) enthalten. Diese Molekülkonfiguration ist in allen Gitterzellen identisch. Der Vektor $\boldsymbol{R}_j$ zu einem der Atome setzt sich aus dem Vektor $\boldsymbol{m}$ zu der entsprechenden Gitterzelle und aus dem Vektor $\boldsymbol{r}_j$ vom Nullpunkt der Gitterzelle zum Atom f_j zusammen:

$$\begin{aligned} \boldsymbol{R}_j &= \boldsymbol{m} + \boldsymbol{r}_j \\ \boldsymbol{r}_j &= x_j\boldsymbol{a}_1 + y_j\boldsymbol{a}_2 + z_j\boldsymbol{a}_3 . \end{aligned} \quad (3.50)$$

In Analogie zu (3.46) ergibt sich die Streuamplitude des „Riesenmoleküls" Kristall zu

$$F^{\boldsymbol{H}} = \sum_{m_1=0}^{M_1-1} \sum_{m_2=0}^{M_2-1} \sum_{m_3=0}^{M_3-1} \sum_{j=1}^{n} f_j \exp 2\pi i(\boldsymbol{H}, \boldsymbol{m} + \boldsymbol{r}_j) . \quad (3.51)$$

Der Einfachheit wegen wurde ein begrenzter quaderförmiger Kristall mit M_1 Elementarzellen in $\boldsymbol{a}_1$-Richtung, M_2 Elementarzellen in $\boldsymbol{a}_2$-Richtung und M_3 Elementarzellen in $\boldsymbol{a}_3$-Richtung angenommen. Jede Elementarzelle enthält n Atome. Das zur Beschreibung eines Kristalls natürliche Koordinatensystem $\boldsymbol{a}_1, \boldsymbol{a}_2, \boldsymbol{a}_3$ ist nun nur im Spezialfall des kubischen Systems kartesisch. Im allgemeinsten (triklinen) Fall ist es schiefwinklig und die drei Vektoren $\boldsymbol{a}_1, \boldsymbol{a}_2, \boldsymbol{a}_3$ haben verschiedene Längen. Würde man nun im reziproken Raum irgendein beliebiges Koordinatensystem

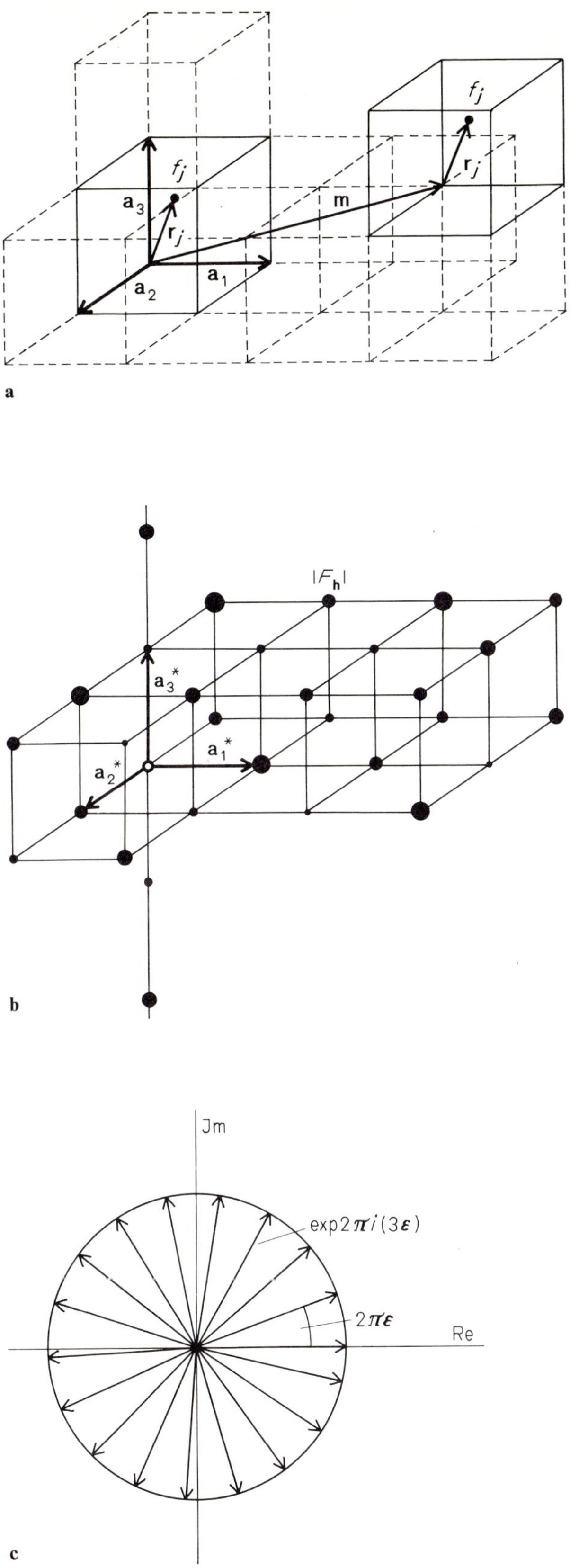

Abb. 3.15. Aufbau des Raumgitters **a** und des reziproken Gitters **b**; **c** Summe von komplexen Einheitszahlen mit ansteigendem Inkrement $2\pi\varepsilon$

$\boldsymbol{b}_1, \boldsymbol{b}_2, \boldsymbol{b}_3$ wählen, so müßte man die Skalarprodukte in neungliedrigen Ausdrücken berechnen, z. B.:

$$\begin{aligned}(\boldsymbol{H}, \boldsymbol{r}_j) &= (x_j\boldsymbol{a}_1 + y_j\boldsymbol{a}_2 + z_j\boldsymbol{a}_3)(H_1\boldsymbol{b}_1 + H_2\boldsymbol{b}_2 + H_3\boldsymbol{b}_3) \\ &= H_1x_j(\boldsymbol{b}_1, \boldsymbol{a}_1) + H_1y_j(\boldsymbol{b}_1, \boldsymbol{a}_2) + H_1z_j(\boldsymbol{b}_1, \boldsymbol{a}_3) \\ &\quad + H_2x_j(\boldsymbol{b}_2, \boldsymbol{a}_1) + H_2y_j(\boldsymbol{b}_2, \boldsymbol{a}_2) + H_2z_j(\boldsymbol{b}_2, \boldsymbol{a}_3) \\ &\quad + H_3x_j(\boldsymbol{b}_3, \boldsymbol{a}_1) + H_3y_j(\boldsymbol{b}_3, \boldsymbol{a}_2) + H_3z_j(\boldsymbol{b}_3, \boldsymbol{a}_3).\end{aligned} \tag{3.52}$$

Durch geschickte Wahl des Koordinatensystems im reziproken Raum läßt sich erreichen, daß die Skalarprodukte $(\boldsymbol{a}_1, \boldsymbol{b}_1)$, $(\boldsymbol{a}_2, \boldsymbol{b}_2)$, $(\boldsymbol{a}_3, \boldsymbol{b}_3)$ gleich 1 werden, während die sechs übrigen Skalarprodukte gleich 0 werden. (3.52) läßt sich dann als dreigliedriger Ausdruck (3.53) schreiben:

$$\begin{aligned}(\boldsymbol{H}, \boldsymbol{r}_j) &= H_1x_j + H_2y_j + H_3z_j \\ \boldsymbol{H} &= \mathrm{H}_1\boldsymbol{a}_1^* + \mathrm{H}_2\boldsymbol{a}_2^* + \mathrm{H}_3\boldsymbol{a}_3^*.\end{aligned} \tag{3.53}$$

Wie in jedem Lehrbuch der Mathematik oder Kristallographie nachzulesen ist, erfüllt das sog. reziproke Koordinatensystem $\boldsymbol{a}_1^*, \boldsymbol{a}_2^*, \boldsymbol{a}_3^*$ diese Bedingungen. Seine Achsen sind durch die Vektorbeziehungen (3.54) definiert:

$$\boldsymbol{a}_1^* = \frac{[\boldsymbol{a}_2, \boldsymbol{a}_3]}{\boldsymbol{a}_1\boldsymbol{a}_2\boldsymbol{a}_3}, \quad \boldsymbol{a}_2^* = \frac{[\boldsymbol{a}_3, \boldsymbol{a}_1]}{\boldsymbol{a}_1\boldsymbol{a}_2\boldsymbol{a}_3}, \quad \boldsymbol{a}_3^* = \frac{[\boldsymbol{a}_1, \boldsymbol{a}_2]}{\boldsymbol{a}_1\boldsymbol{a}_2\boldsymbol{a}_3}. \tag{3.54}$$

Der reziproke Vektor $\boldsymbol{a}_1^*$ steht also senkrecht auf der durch die Vektoren $\boldsymbol{a}_2$ und $\boldsymbol{a}_3$ begrenzten Fläche der Elementarzelle. Seine Länge ist gleich dem Quotienten des Inhalts dieser Fläche dividiert durch das Volumen der Elementarzelle. Analoges gilt für $\boldsymbol{a}_2^*$ und $\boldsymbol{a}_3^*$.

Mit diesen Vereinfachungen läßt sich (3.51) entsprechend (3.55) in Komponentenform schreiben:

$$\begin{aligned}F_{H_1H_2H_3} &= \sum_{m_1=0}^{M_1-1} \sum_{m_2=0}^{M_2-1} \sum_{m_3=0}^{M_3-1} \\ &\quad \cdot \exp 2\pi i(H_1m_1 + H_2m_2 + H_3m_3) \\ &\quad \cdot \sum_{j=1}^{n} \exp 2\pi i(H_1x_j + H_2y_j + H_3z_j).\end{aligned} \tag{3.55}$$

Es ist leicht zu sehen, daß (3.55) für ganzzahlige H_1, H_2, H_3 (im folgenden als h_1, h_2, h_3 bezeichnet) eine besonders einfache Gestalt annimmt. Das skalare Produkt $(\boldsymbol{h}, \boldsymbol{m})$ wird nach (3.56) ganzzahlig:

$$(\boldsymbol{h}, \boldsymbol{m}) = h_1m_1 + h_2m_2 + h_3m_3 = \text{ganzzahlig}. \tag{3.56}$$

Man erhält, da die entsprechenden Exponentialfunktionen (von ganzzahligen Vielfachen von 2π) gleich 1 sind, den Ausdruck (3.57)

$$\begin{aligned}F_{H_1H_2H_3} &= M_1M_2M_3 \\ &\quad \cdot \sum_{j=1}^{n} \exp 2\pi i(h_1x_j + h_2y_j + h_3z_j) \\ &\quad \text{für} \quad \boldsymbol{H} = \boldsymbol{h}.\end{aligned} \tag{3.57}$$

Für die weitere Rechnung wird zunächst H_1 und H_2 ganzzahlig gelassen, während H_3 unganzzahlig angesetzt wird (ε sei eine Zahl zwischen 0 und 1).

$$F_{h_1h_2H_3} = M_1 M_2 U_3 \sum_{j=1}^{n} f_j \cdot \exp 2\pi i(h_1 x_j + h_2 y_j + (h_3+\varepsilon) z_j)$$

$$\text{für} \quad H_3 = h_3 + \varepsilon \quad \text{mit} \tag{3.58}$$

$$U_3 = \sum_{m_3=0}^{M_3-1} \exp 2\pi i(h_3+\varepsilon) m_3 = \sum_{m_3=0}^{M_3-1} \exp 2\pi i \varepsilon m_3 \,.$$

(3.58) unterscheidet sich von (3.57) durch den Ersatz des Faktors M_3 durch den Faktor U_3. Nun ist die Summe von komplexen Einheitszahlen, deren Phasen um das gleiche Inkrement $2\pi\varepsilon$ ansteigt, für große M_3 in guter Näherung gleich Null. Ist aber in (3.58) U_3 gleich Null, so wird auch $F_{H_1H_2H_3}$ Null (vgl. Abb. 3.15c). Selbstverständlich gilt diese Überlegung auch, wenn statt H_3 die Komponenten H_1 oder H_2 unganzzahlig sind oder auch, wenn zwei oder alle drei Komponenten von der ganzen Zahl abweichen:

$$F_{\boldsymbol{H}} = 0 \quad \text{für} \quad \boldsymbol{H} \neq \boldsymbol{h} \,. \tag{3.59}$$

Nach (3.57) ist also die Streuamplitude $F_{\boldsymbol{H}}$ eines Kristalls gleich der mit seiner Anzahl von Elementarzellen multiplizierten Strukturamplitude des molekularen Inhalts einer einzigen Elementarzelle. Allerdings ist der reziproke Raum nur diskontinuierlich (im Gitter $\boldsymbol{A}_1^*, \boldsymbol{A}_2^*, \boldsymbol{A}_3^*$) mit Streuamplituden besetzt (vgl. Abb. 3.15b). Außerhalb dieses „reziproken Gitters" ist nach (3.59) die Strukturamplitude Null. Die durch die Anzahl der Elementarzellen dividierte Streuamplitude eines Kristalls wird auch Strukturfaktor genannt. Diese Ergebnisse sind nicht sehr überraschend. Schon aus der Akustik weiß man, daß einem einmalig ablaufenden Vorgang (einem Geräusch) ein kontinuierliches Spektrum entspricht, während einer periodischen Wiederholung (Klang) das diskontinuierliche Spektrum aus Grundton und Obertönen gegenübersteht. In der Akustik handelt es sich um zeitliche Vorgänge, bei Streuung und Abbildung um räumliche Strukturen. Man kann das dreidimensionale „Obertongitter" eines räumlich periodischen Kristalls durchaus in Analogie zum linearen Obertongitter eines zeitlich periodischen Klanges sehen. Ähnlich wie sich in der Akustik durch eine eindimensionale Fourierreihe die periodisch wiederholenden Schwingung berechnen läßt, erhält man durch eine dreidimensionale Fourierreihe die Raumgitterstruktur des Kristalls:

$$\varrho_{x,y,z} = \frac{1}{V} \sum_{h_1} \sum_{h_2} \sum_{h_3} F_{h_1h_2h_3} \cdot \exp -2\pi i(h_1 x + h_2 y + h_3 z) \,. \tag{3.60}$$

Zur Durchführung einer Strukturanalyse müssen daher die Strukturfaktoren F_{h_1,h_2,h_3} gemessen werden. Dann läßt sich über (3.60) die Kristallstruktur unmittelbar berechnen.

Auf eine Besonderheit soll noch hingewiesen werden: Analog wie beim Einzelmolekül beschreibt die Ewaldsche Ausbreitungskugel diejenigen Gebiete des reziproken Raumes, welche bei konstant gehaltener Primärstrahlrichtung erreichbar sind. Nun ist es insbesondere bei großperiodischen reziproken Gittern (denen im Kristallgitter relativ kleine Elementarzellen entsprechen) durchaus möglich, daß die Ewaldsche Ausbreitungskugel bei bestimmten Primärstrahlrichtungen überhaupt keinen reziproken Gitterpunkt schneidet. Das bedeutet physikalisch, daß der Kristall bei diesen Primärstrahlrichtungen nicht streut (zumindest wenn man sekundäre Streueffekte — wie thermische diffuse Streuung usw. — vernachlässigt, auf die hier nicht eingegangen werden kann. Nur bei bestimmten Primärstrahlrichtungen „blitzt" ein Streustrahl auf, welcher dann einem der reziproken Gitterpunkte entspricht.

3.2.1.5 Eigenschaften des Kristalls als rauscharmer Streuamplitudenverstärker

Wie (3.57) zeigt, wird die Streuamplitude um einen Faktor verstärkt, welcher gleich ist der Anzahl aller Elementarzellen im untersuchten Kristall. Wie einfache Abschätzungen zeigen, ist dieser Faktor bei Kristalldimensionen von wenigen Zehnteln Millimetern bereits außerordentlich groß. Ihm ist zu verdanken, daß man mit Strahlung schwacher Wechselwirkung (Röntgenstrahlen, Neutronen) meßbare Streuamplituden erhält. Aber der Kristall als Streuobjekt hat noch weitere Vorteile zu bieten. Von ganz besonderer Bedeutung ist die Reduktion der Strahlschädigung, die dadurch entsteht, daß anstelle einzelner Atome mit den Ortsvektoren $\boldsymbol{r}_j$ Gitter aus Atomen mit den Ortsvektoren $\boldsymbol{m} + \boldsymbol{r}_j$ streuen. Entsprechend der außerordentlich großen Anzahl an Elementarzellen spielt es gar keine Rolle, wenn beim Streuprozeß Moleküle zerstört werden. Das Gitter, in welchem das gestörte Molekül liegt, wird dadurch nur ganz geringfügig verändert. Liegt hingegen nur ein einziges Molekül vor, so ist mit seiner Zerstörung das Streuexperiment beendet. Diese Schwierigkeit würde wegfallen, wenn die Wahrscheinlichkeit einer molekülverändernden Strahleinwirkung sehr gering wäre. Das ist aber nicht der Fall. Gerade bei Biomolekülen ist die Wahrscheinlichkeit sehr groß, daß der größte Teil der Zusammenstöße mit einem Röntgenquant strahlenschädigend wirkt. Ein dritter Vorteil ist die beliebige Reproduzierbarkeit des molekularen Objekts durch Neukristallisation. Man muß sich dabei klar machen, daß die Struktur eines Moleküls nicht nur von seinem inneren Aufbau sondern auch von den auf es wirkenden Kräften der Umgebung abhängt. Bei einem Molekül im Kristallgefüge ist diese Umgebung genau definiert. Ein weiterer Vorteil ist schließlich die experimentelle Vereinfachung, welche mit dem Ersatz des Einzelmoleküls durch einen Kristall hervorgerufen wird. Das zu untersuchende Objekt ist zwar atomar —

es ist der Inhalt einer Elementarzelle mit einigen nm Kantenlänge —, aber das experimentell erforderliche Präparat ist ein mit bloßem Auge sichtbarer, leicht hantierbarer Körper. Damit steht im Zusammenhang, daß die Röntgendiffraktometer relativ grobe Instrumente sein können. Tatsächlich ist nur eine geringe Experimentierkunst in der Kristallstrukturanalyse erforderlich, insbesondere, wenn die Messungen in automatischen Apparaturen ablaufen können. Das gilt freilich nicht unbedingt für die Präparation der Kristalle, die manchmal sehr schwierig ist.

3.2.1.6 Einige experimentelle Details

Im Prinzip ist ein Röntgendiffraktometer eine der einfachsten Apparaturen der Optik (Abb. 3.16). Durch zwei Lochblenden wird ein Primärstrahl $\boldsymbol{s}_0$ mit einem Querschnitt von ca. 1 mm ausgeblendet und trifft auf den im Zentrum des Diffraktometers angeordneten Kristall K. Dieser Kristall kann mittels eines Winkeleinstellgerätes (Eulerwiege) in jede beliebige Orientierung zum Primärstrahl gebracht werden. Ein Szintillations- oder Proportionalzähler D registriert den zu messenden Streustrahl. Dieser Zähler bewegt sich nur in der Äquatorebene $\vartheta, 2\vartheta$ des Diffraktometers; seine Einstellung nach anderen Winkelkoordinaten ist nicht erforderlich, da jeder reziproke Gitterpunkt durch Verdrehen des Kristalls in die Äquatorebene (Meßebene) gebracht werden kann. Als Primärstrahlquelle muß eine „Röntgenspektralröhre" (z.B. eine Röhre mit Cu-Anode, in welcher vorzugsweise die K_α-Strahlung ($\lambda = 0{,}154$ nm) angeregt wird) benutzt werden. Röntgeneinkristalldiffraktometer sind heute voll automatisiert — durch Stellmotoren werden nach einem, durch eine kleine Rechenmaschine berechneten Programm sämtliche Winkelkoordinaten eingestellt und die Messung durchgeführt. Die Daten werden auf Lochstreifen oder Magnetband gespeichert. Bei Proteinkristallen hat allerdings dieses technisch hochentwickelte Meßverfahren Nachteile. Wegen der Größe der Elementarzelle ist die reziproke Elementarzelle sehr klein. Die Ewaldsche Ausbreitungskugel schneidet daher gleichzeitig eine große Anzahl von reziproken Gitterpunkten. Das bedeutet, daß für eine einzige Primärstrahlrichtung mehrere Streustrahlen (bei Kristallen von Proteinen mit hohem Molekulargewicht oder von Virusmolekülen bis zu mehreren Tausend) angeregt werden. Daher ist die Beschränkung der Messung auf einen einzigen Streustrahl sehr unökonomisch. In der Proteinkristallstrukturanalyse verwendet man neuerdings in steigendem Maße wieder photographische Methoden, die mehrere Strahlen gleichzeitig registrieren können. Ferner sind Zählrohrdetektoren in Entwicklung, welche ähnlich wie ein Film in zwei Dimensionen ortsempfindlich sind, so daß man den Ort eines jeden Impulses messen kann.

Bei der Entwicklung der photographischen Röntgenkameras für die Kristallstrukturanalyse war man z.T. bestrebt, die Geometrie der Kristall-Filmbewegungen so zu führen, daß auf dem Film eine reziproke Gitterebene abgebildet wird. Abbildung 3.17a zeigt die Abbildung einer reziproken Gitterebene eines organischen Kristalls in einer Präzessionskamera, Abb. 3.17b eine reziproke Gitterebene eines kleinen Proteins (Molekulargewicht ~16000). Man beachte die kleinere reziproke Gitterzelle (Gitterkonstanten in der Größenordnung 5 nm). Die Symmetrie in der Aufnahme rührt nicht von Molekülsymmetrien sondern von der Symmetrie der Anordnung der Moleküle im Kristall her.

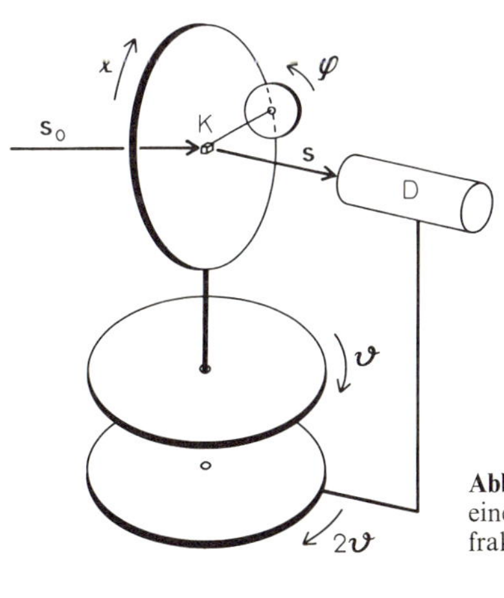

Abb. 3.16. Winkelstellungen eines Einkristallröntgendiffraktometers

3.2.1.7 Proteinkristalle

Globularproteine sind in erster Näherung Kugeln oder Ellipsoide. Nun leuchtet unmittelbar ein, daß eine Kugelpackung von kleinen Kugeln kleine Lücken zwischen den Kugeln bildet, welche proportional zur Vergrößerung des Kugeldurchmessers anwachsen. Dementsprechend sind in den Ellipsoid- und Kugelpackungen der Proteinkristalle große leere Räume zwischen den Proteinmolekülen vorhanden, welche mit Mutterlauge gefüllt sind. Diese Lücken sind meist miteinander zu einem Netzwerk von Kanälen verbunden. Das Verhältnis von Proteinsubstanz zur Mutterlauge ist von der Größenordnung 1:1. Wenn man ein Proteinkristall aus der Mutterlauge entfernt und eintrocknen läßt, so bricht seine Kristallstruktur zum großen Teil zusammen. An den Innenoberflächen im Kristall treten beim Eintrocknungsprozeß starke deformierende Kräfte auf. Es wird freilich auch im feuchten Zustand nicht ganz die Ordnung von niedermolekularen Kristallen erreicht. Im Röntgendiagramm macht sich das dadurch bemerkbar, daß die reziproken Gitterpunkte nach außen zu geschwächt werden und ab einem gewissen $|\boldsymbol{h}_{max}|$ völlig ausgelöscht sind. Da nun — wie weiter oben erwähnt — $1/\boldsymbol{h}_{max}$ die Auflösung bestimmt, mit welcher die Struktur gesehen wird, erscheinen die Atome wesentlich schlechter getrennt als z.B. in Abb. 3.12 ($1/|\boldsymbol{h}_{max}| = 0{,}077$ nm). Bei Proteinkristallen ist $1/|\boldsymbol{h}_{max}|$ meist von der Größenordnung 0,2–0,3 nm. Intermolekular gebundene Atome sind daher nicht aufgelöst. Doch hilft sich der Proteinstrukturanalytiker mit dem Einsetzen ganzer Atomgruppen in die unscharfe Elektronendichtesynthese, wobei die Beschränkung auf Peptidketten mit Aminosäureresten die Aufgabe vor allem dann beträchtlich

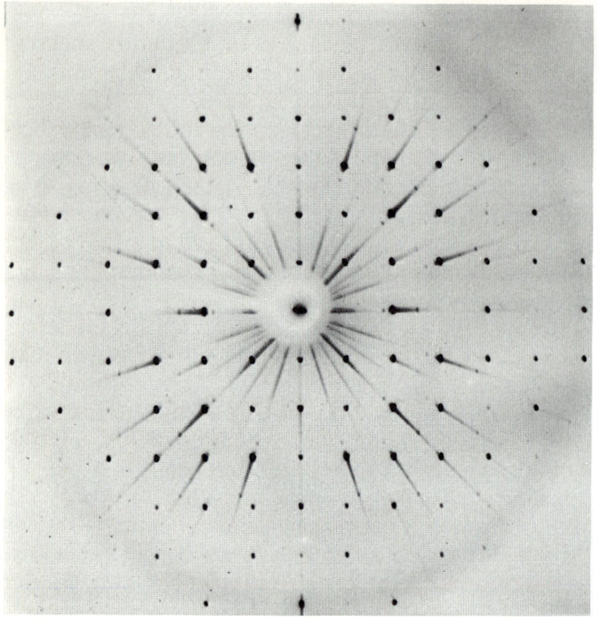

a

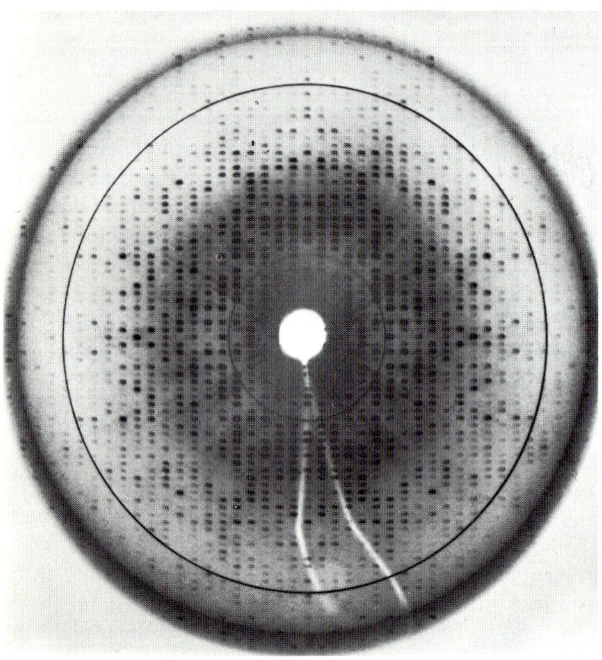

b

Abb. 3.17a, b. Präzissionsaufnahme eines niedermolekularen Kristalls **a** und eines Proteinkristalls [Myoglobin]. **b** Der innere Ring in **b** entspricht den Reflexen bis 0,6 nm Auflösung, der zweite Ring bis 0,2 nm Auflösung. Gesamtbereich: 0,15 nm Auflösung

erleichtert, wenn die Sequenz bekannt ist. In jüngster Zeit konnte an einigen besonders gut kristallisierenden Proteinen die Auflösung bis $1/\boldsymbol{h}_{\max} \sim 0{,}15$ nm erhöht werden.

Der hohe Wassergehalt bewirkt, daß sich Proteinkristalle sehr weich — gelatineartig — anfühlen. In die mit Flüssigkeit gefüllten Kanäle kann man verschiedene Moleküle eindiffundieren lassen. Wenn diese

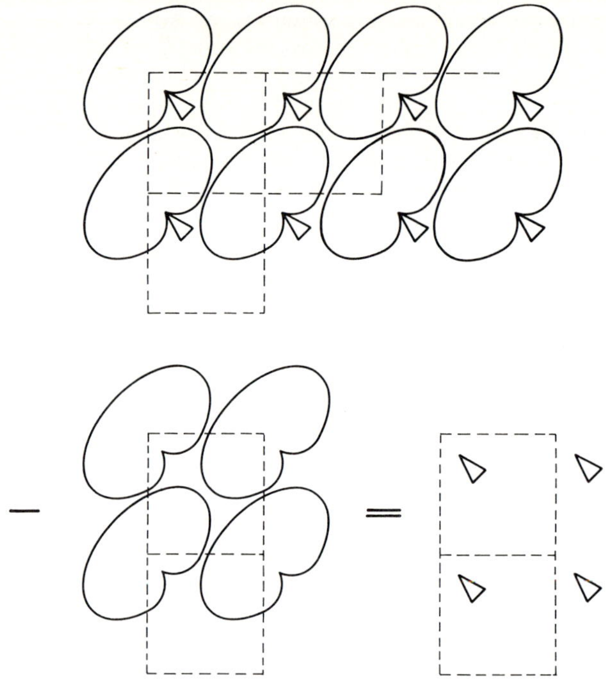

Abb. 3.18. Bindung eines Substratsanalogons an den Proteinkristall. Differenzbild (Differenzfouriersynthese)

Moleküle an spezifischen Stellen der Proteinoberfläche adsorbiert werden, so ändert sich die Intensität der Streustrahlung. Durch vergleichende Untersuchung mit und ohne Adsorbat kann man dann diese Adsorption im molekularen Detail studieren. Die Diffusionsgeschwindigkeit ist so beträchtlich, daß sogar Enzymreaktionen im Kristallverband durchgeführt werden können. Läßt man Substratanaloge (substratähnliche Moleküle, welche zwar an der aktiven Stelle adsorbiert, aber nicht gespalten werden) eindiffundieren, so läßt sich der erste Schritt der Enzymkatalyse (die Adsorption des Substrates) in Differenzbildern (Differenzfouriersynthesen) von Proteinstruktur mit Substratanalogen minus Proteinstruktur stereochemisch deuten (vgl. Abb. 3.18). Die Anlagerung von niedermolekularen Gruppen an das Protein ist einfach zu messen: Man befestigt den Kristall in einer sehr dünnen, röntgenstrahlendurchlässigen Durchflußkapillare, setzt ihn in ein Diffraktometer ein, stellt das Diffraktometer auf einen stärkeren Streustrahl ein und mißt die Änderung seiner Streuintensität, während man durch die Kapillare eine Lösung des zu adsorbierenden Moleküls pumpt.

Die Empfindlichkeit der Röntgenmethode für die Registrierung hinzukommender oder abgetrennter Atome ist außerordentlich hoch. Man kann ein einziges Leichtatom bereits erkennen. Das ist bei der großen Anzahl von Atomen im Proteinmolekül (Größenordnung 1000, Wasserstoffatome nicht mitgezählt) zunächst überraschend, um so mehr als die Meßgenauigkeit doch recht beschränkt ist (~5% bis 10%). Aber ein Proteinmolekül streut im Mittel nicht proportional der Anzahl seiner Atome. Die atomaren Streuwellen interferieren miteinander, so daß die resultierende Welle stark geschwächt ist. Die mittlere Streuamplitude nimmt mit der Wurzel aus der Anzahl an Atomen zu, bei 1000 Atomen ist sie also nur ca. 30mal so groß wie die Streuung eines Einzelatoms. Wenn man ferner noch bedenkt, daß die Intensitätsänderungen vieler Streustrahlen gemessen werden, um ein Differenzbild zu erhalten (Statistik!), so erscheint die große Empfindlichkeit der Röntgenmethode nicht mehr so verwunderlich.

3.2.1.8 Das Phasenproblem in der Proteinkristallstrukturanalyse

Wie schon ausgeführt, kann man mit Szintillations- oder Proportionalzählern oder über die Schwärzung in photographischen Emulsionen die Intensitäten der Streustrahlen bestimmen. Nun sind die Intensitäten proportional dem Quadrat des Absolutwertes der Strukturamplitude. Nicht meßbar ist auf diesem Wege die Phasenverschiebung des Streustrahls gegenüber dem Primärstrahl. Phasenmessungen sind nur über Interferenzversuche möglich. Wie Abb. 3.13 zeigt, sind Primärstrahl- und Streustrahl divergent und können daher nicht zur Interferenz gebracht werden. In der Lichtoptik (auch in der Elektronenoptik) kann man im Prinzip die zur Interferenz nötige Richtungsänderung der divergierenden Strahlen durch Strahlberechnung oder Strahlreflexion bewirken. Man könnte vermuten, daß die Unkenntnis der Phasen (welche immerhin die Hälfte der zur Berechnung der Elektronendichte erforderlichen Information liefern) die Analyse der Struktur von zumindest komplizierteren Verbindungen unmöglich macht. Würde jede beliebige Funktion als Elektronenfunktion möglich sein, so wäre tatsächlich die Kenntnis der Phasen zwingend erforderlich. In Wirklichkeit ist aber die Elektronendichtefunktion sehr starken Beschränkungen unterworfen: Sie muß immer positiv sein und sie muß an der Stelle der Atome zu kleinen kugelähnlichen Bereichen „kondensieren". Tatsächlich genügen diese Einschränkungen, um bei Kristallstrukturen bis ca. 100 Atomen pro Molekül die chemisch richtige Lösung aus der unendlichen Mannigfaltigkeit der möglichen Lösungen „herauszusuchen". Bei den Proteinmolekülen mit mindestens ca. 1000 Atomen versagen jedoch diese sogenannten „direkten Phasenbestimmungmethoden". Es war daher von entscheidender Bedeutung, als es gelang, mit der an sich altbekannten kristallographischen Methode des isomorphen Ersatzes die Phasen von Proteineinkristallen zu messen. Abbildung 3.19a zeigt nun ein einfaches Mittel, den Primärstrahl in jede beliebige Raumrichtung zu „biegen", um seine Interferenz mit den Streustrahlen zu erzwingen. Man ordnet neben dem streuenden Molekül einen Referenzstreuer — am einfachsten ein einzelnes Referenzatom R — an, welches von der auffallenden Primärwelle zur Aussendung einer Kugelwelle angeregt wird. Wie bei jedem anderen Streuvorgang hat diese Streuwelle definierte Phasenbeziehungen zur Primärwelle, sie kann daher gewissermaßen als Ersatzwelle zur Bestimmung der

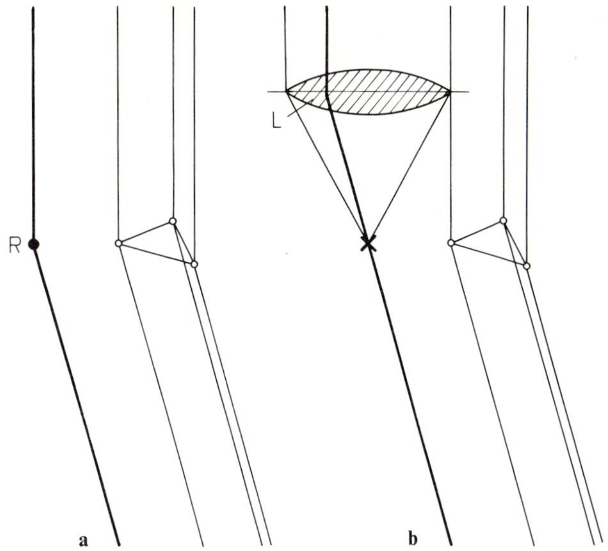

Abb. 3.19a, b. Phasenbestimmung mit Referenzatom R **a** und Fouriertransformiertenholographie **b**

Phasenverschiebung zwischen Primärwelle und der am Molekül gestreuten Welle durch Interferenz benutzt werden. Nur am Rande sei bemerkt, daß ein im Prinzip analoges holographisches Phasenbestimmungsverfahren als Fouriertransformiertenholographie bekannt ist. Allerdings wird dort die Referenzkugelwelle nicht durch Streuung sondern durch Abtrennung eines Teiles des Primärstrahls und durch Konzentration dieses Teils durch eine fokussierende Linse L zu einem leuchtenden Punkt erzielt (vgl. Abb. 3.19b). Man kann also die kristallographischen Verfahren des isomorphen Ersatzes auch als quasiholographische Verfahren ansehen.

Liegt ein Kristall vor, so wird man vorteilhaft einen solchen Referenzstreuer in jede Elementarzelle (natürlich an genau der gleichen Stelle) einbauen. Im Prinzip sollte auch beim Kristall ein einziger Referenzstrahler ausreichen — vorausgesetzt natürlich, daß er einen genügend intensiven Referenzstrahl für das Riesenmolekül Kristall liefert (was bei einem einzelnen Atom als Referenzstreuer natürlich nicht der Fall ist, aber mit holographischen Mitteln denkbar wäre). Nun bestehen aber die meisten Kristalle — auch die Proteinkristalle — aus einem Konglomerat von winzigen gegeneinander etwas versetzten und um sehr kleine Winkel verdrehten Kristallblöcken (Mosaikkristall), die alle gegenüber dem Primärstrahl eine verschiedene Phasenschiebung zeigen, so daß eine Phasenbestimmung auch dann unmöglich wäre, wenn man echte Röntgenholographie betreiben könnte. Ganz anders ist die Situation, wenn die Referenzstreuer in jedes Kristallblöckchen eingebaut sind. Eine Verschiebung des Blöckchens gegenüber dem Primärstrahl läßt die Phasendifferenz gegenüber der Referenzwelle unbeeinflußt, da sich die im Gitter eingebauten Referenzwellensender mitverschieben. Da die Intensitäten von zwei Kristallen verglichen werden — einmal mit, einmal ohne Einbau der Referenzatome —, ist es eine selbstverständliche Forderung, daß die Kristalle isomorph sind (also daß die Moleküle gleichartig in gleichen Kristallgittern vorliegen). Da andererseits aber die Moleküle aus energetischen Gründen so eng wie möglich gepackt sind, gibt es im allgemeinen bei niedermolekularen Verbindungen keine Lücken im Kristallgitter, in welchem man ein Referenzatom einbauen könnte. Man benutzt daher meist den Kunstgriff des „isomorphen Ersatzes" eines schon vorhandenen Atoms durch ein Atom mit einer höheren Ordnungszahl (aber mit ungefähr dem gleichen Platzbedarf). Ein derartiges Paar ist z.B. Chlor und Brom. Bei einem Proteinkristall gibt es aber die schon diskutierten großen Lücken, welche mit Mutterlauge ausgefüllt sind. Man kann daher fast beliebig große niedermolekulare Gruppen (welche ein Schweratom als Referenzstreuer enthalten) in das Kristallgitter einfügen und an eine spezifische Stelle auf der Oberfläche des Proteinmoleküls adsorbieren (vgl. auch Abb. 3.18). Man verwendet fast ausschließlich elektrisch geladene Gruppen. Nun gibt es auf der Oberfläche eines Proteinmoleküls sehr viele polare Seitenketten und es ist daher eigentlich überraschend, daß die einfache Methode der Diffusion von Schweratomionen in dem Proteinkristall nur zur Besetzung von einem oder wenigen definierten Plätzen führt. Man kann sich das so erklären, daß beim Zusammenbau zum Kristall sehr viele Adsorptionsstellen blockiert oder zumindest energetisch ungünstig werden. Der Proteinkristallstrukturanalytiker hat einen „Baukasten" von ca. 100 verschiedenen Schweratomverbindungen, die er nacheinander in die zu untersuchenden Proteinkristalle eindiffundieren läßt. An auftretenden Intensitätsänderungen (insbesondere bei Reflexen mit größerem $|\boldsymbol{h}|$) erkennt er einen evtl. Einbau.

Allerdings ist es mit dem Nachweis des Einbaus noch nicht getan. Um Amplitude und Phase der Referenzwelle berechnen zu können, benötigt er den Ort des (oder der) Referenzatome im Kristallgitter. Das ist nur durch eine gesonderte Strukturanalyse möglich, die nach ähnlichen Prinzipien abläuft wie eine niedermolekulare Strukturanalyse. Im allgemeinen gelingt sie leicht, da nur der Ort weniger Atome zu bestimmen ist. Der Trick bei der Proteinkristallstrukturanalyse ist also die Transformation des kristallstrukturanalytischen Problems mit vielen tausenden Atomen auf ein kristallographisches Problem mit wenigen Atomen mit anschließender Phasenmessung durch Interferenz mit Referenzwellen. In Abb. 3.20 ist gezeigt, daß die Bestimmung des komplexen Strukturfaktors F_P des nativen Proteinkristalls und zugleich die Bestimmung des komplexen Strukturfaktors F_R des Proteinkristalls mit eingebautem Referenzatom nach elementaren geometrischen Prinzipien erfolgen kann, wenn der Strukturfaktor des Referenzatoms R und die beiden Absolutwerte $|F_P|$ und $|F_R|$ bekannt sind. R wurde bestimmt durch die schon erwähnte Referenzatomstrukturbestimmung, während die Absolutwerte der Strukturfaktoren aus den Intensitätsmessungen an den beiden Proteinkristallen bekannt sind. Durch

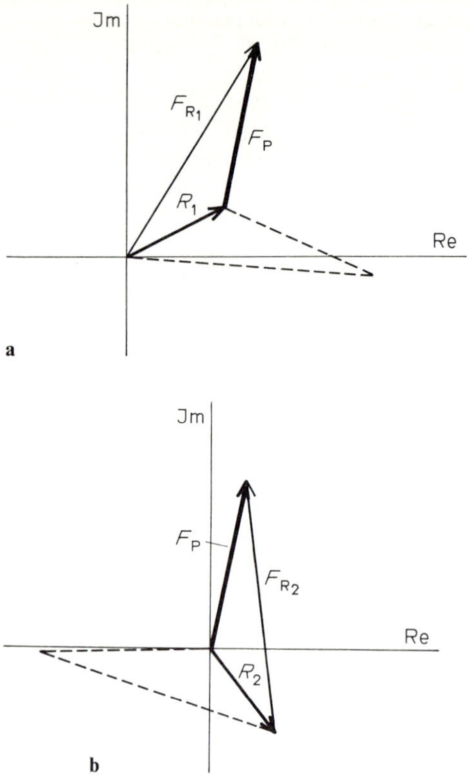

Abb. 3.20a, b. Phasenbestimmung durch multiplen isomorphen Ersatz

drei Seiten ist ein Dreieck bestimmt; es ergeben sich aber, wie Abb. 3.20a zeigt, zwei gleichwertige Lösungen, die spiegelbildlich zur Richtung des Referenzatomvektors liegen. Durch Wiederholung der Messung mit einem anderen Referenzatomderivat (welches einen Referenzatomvektor verschiedener Richtung liefert) läßt sich diese Zweideutigkeit beseitigen. Wie Abb. 3.20b zeigt, zeigt die zweite Bestimmung ebenfalls zwei Werte für F_P an. Es ist unmittelbar klar, daß die in beiden Messungen als gleich befundenen F_P-Vektoren die richtigen Werte darstellen müssen (in Abb. 3.20a und 3.20b stark ausgezogen).

Das Kapitel über Phasenbestimmung im Proteinkristall wäre unvollständig, wenn man nicht die neuerdings sehr diskutierten Methoden des „physikalischen isomorphen Ersatzes" erwähnen würde. Bei Verwendung einer Strahlung in der Nähe der Absorptionskante eines Atoms tritt eine Phasenverschiebung und eine Änderung der Streuamplitude auf, da sich das „Phasenatom" wegen der Absorption zum Teil in ein „Amplitudenatom" umwandelt (anomale Streuung). Man kann diese Effekte zu einem „physikalischen isomorphen Ersatz" ausnützen. Baut man anomal streuende Atome in einen Proteinkristall ein und untersucht diesen Kristall einmal mit einer Wellenlänge außerhalb der Absorptionskante und einmal mit einer Wellenlänge in der Nähe der Absorptionskante der Referenzatome, so wird sich das Streuvermögen dieser Atome (und ihre Phase gegenüber dem Primärstrahl) etwas ändern. Diese Differenzen können nun als Referenzstreuung deklariert werden. Die Effekte sind sehr klein (z.B. bei Verwendung der anomalen Streuung von Eisen nur etwa 3 Elektronen), doch wurde experimentell gezeigt, daß man durch gewisse Tricks bei den Intensitätsmessungen Phasen mit verblüffender Genauigkeit bestimmen kann. Die Effekte der anomalen Streuung werden größer, wenn man andersartige Strahlungen verwendet. Bei Neutronenstrahlen gibt es gewisse Isotope, die eine starke, wellenlängeabhängige anomale Streuung zeigen. Besonders groß ist die anomale Streuung bei der γ-Resonanzstreuung. Wird mit einer Co 57 Mößbauer-Quelle (Wellenlänge $\sim$0,086 nm) ein Proteinkristall bestrahlt, der als Referenzatome Fe 57 Atome enthält, so tritt neben der üblichen Elektronenstreuung Resonanzabsorption in den Eisenkernen auf. Der stark absorbierende Eisenkern wirkt als starkes Amplitudenobjekt und bewirkt eine intensive Kernresonanzstreuung, die im Optimalfall einem Atom mit 500 Elektronen entspricht. Da die Mößbauer-Linien außerordentlich scharf sind, so genügt bereits eine durch Dopplereffekt (Bewegung der Quelle oder des Kristalls) erreichbare Verstimmung der Strahlung, um die starke Kernresonanzstreuung (und damit auch die Referenzatome) abzuschalten. Sieht man davon ab, daß man nach dieser Methode auf ein einziges Referenzatom beschränkt ist, so hätte man ein geradezu ideales Phasenbestimmungsverfahren. Allerdings ist die Intensität der γ-Kernresonanzquellen außerordentlich gering, so daß man nur mit experimentellen Kunstgriffen (gleichzeitige Anordnung vieler Vielkanaldiffraktometer um eine Mößbauer-Quelle) hoffen kann, in vertretbaren Zeiten Proteine zu vermessen.

Schließlich sei erwähnt, daß eine im Grundgedanken völlig verschiedene Methode in letzter Zeit mit beträchtlichem Erfolg zur Strukturanalyse von Proteinen angewandt wurde. Bereits in der niedermolekularen Strukturanalyse war gezeigt worden, daß das strukturanalytische Problem stark vereinfacht werden kann, wenn ein Teil der Molekülstruktur (z.B. ein aromatisches Gerüst) bekannt ist. Man kann diese Kenntnis entweder im reziproken Raum (Fourier-Transformiertenmethode) oder im Ortsraum (Faltmolekülmethode) auswerten. Diese Methoden haben im niedermolekularen Bereich sehr an Bedeutung verloren, da man heute auch ohne Kenntnis der Molekülstruktur (direkte Methoden) zum Ziele gelangen kann. Es hat sich nun herausgestellt, daß die Tertiärstruktur von Proteinmolekülen überraschend wenig von der Umgebung abhängt. Sogar ein Austausch von Aminosäuren (wie er besonders charakteristisch für die Immunglobuline ist) verändert die Tertiärstruktur sehr wenig. Daher haben diese Methoden des „molekularen Ersatzes" eine überraschende Renaissance in der Proteinkristallstrukturanalyse gefunden.

Zum Schluß dieses Abschnittes einige historische Bemerkungen: Die ersten Röntgendiagramme waren bereits in den dreißiger Jahren von Bernal, Crowfoot-Hodgkin und von Bragg erhalten worden (Insulin, Hämoglobin, Myoglobin). Eine Analyse ihrer Struktur erschien damals hoffnungslos. Das ist verständlich, da es schon Schwierigkeiten bereitete, Strukturen mit 10 Atomen im Molekül zu lösen. Trotzdem wurde insbesondere in den Laboratorien von W.L. Bragg und Bernal mit systematischen Arbeiten begonnen. Nach jahrelangen Bemühungen gelang es 1958 J.C. Kendrew und M.F. Perutz, die ersten Proteinstrukturen zu lösen.

3.2.1.9 Fibrillarstrukturen

Das sind kettenförmige Strukturen (Peptidketten, Nucleinsäureketten), welche nicht in Einkristallen sondern in faserigen Aggregaten kristallisieren, die um die Faserachse angeordnet sind. Eine systematische Einkristallanalyse ist unmöglich. Man erhält aus den Röntgendiagrammen im allgemeinen nur wenige (meist verzerrte) Reflexe und kann höchstens diese Daten mit den berechneten Daten von Modellen vergleichen. Diese müssen „vereinfacht" sein — bei der Analyse von Peptidketten vernachlässigt man z.B. die verschiedene Folge von Aminosäureresten und betrachtet nur die Peptidkette — andererseits müssen sie aber stereochemisch (Bindungen, Winkel) korrekt sein. Erst relativ spät hat man gelernt, konsistente Modelle zu bauen. Die Struktur wird meist über Wasserstoffbindungen stabilisiert.

a) Peptidketten (vgl. auch Kapitel 9). Der einfachste Fall liegt vor, wenn die Peptidkette gestreckt ist (β-Struktur). Allerdings ist auch hier die Kette leicht gefaltet (Faltblattstrukturen, vgl. Abb. 3.21b), um die gegenseitige seitliche Verankerung durch Wasserstoffbindung zu ermöglichen und den Seitengruppen Platz zu verschaffen (senkrecht zum Faltblatt).

Bei den Peptidschraubenstrukturen (Hauptvertreter α-Schraube (α-Helix), vgl. Abb. 3.21a) tritt zum erstenmal das Schraubenprinzip (vgl. auch Abb. 9.7, Kapitel 9) auf, welches in verschiedenen Varianten für viele biogene Makromoleküle charakteristisch ist. Man beachte, daß die Anzahl (n) der Peptidgruppen pro Windung nicht ganzzahlig ($n = 3{,}6$) ist, wie es sonst der Kristallograph bei Schraubenachsen gewohnt ist. Tatsächlich hatte das „Dogma" der Ganzzahligkeit lange Zeit das Auffinden der korrekten α-Helixstruktur behindert. Bei einer Windungshöhe von $p = 0{,}54$ nm ist der Abstand d der Peptidgruppen in Achsrichtung $d = 0{,}54/3{,}6 = 0{,}15$ nm.

Als dritte Peptidschraubenstruktur ist die Kollagenstruktur zu erwähnen, bei welcher die cis-Konfiguration des Prolins einen eigenartigen, schwach gewundenen Schraubentyp erzwingt. Im Kollagen sind 3 derartige Schrauben miteinander verdrillt (vgl. in Abb. 3.21c) eine Polyprolinschraube als Modell).

b) Nucleinsäureketten. Bezüglich des chemischen Aufbauprinzips der DNA vgl. Kapitel 10.

DNA ist eine Polysäure, welche in der Natur mit stark basischen Proteinen (den Protaminen und Histonen) neutralisiert ist. Durch geeignete Präparation kann man diese basischen Proteine ablösen und durch Alkalionen ersetzen. In dieser Form läßt sich DNA in

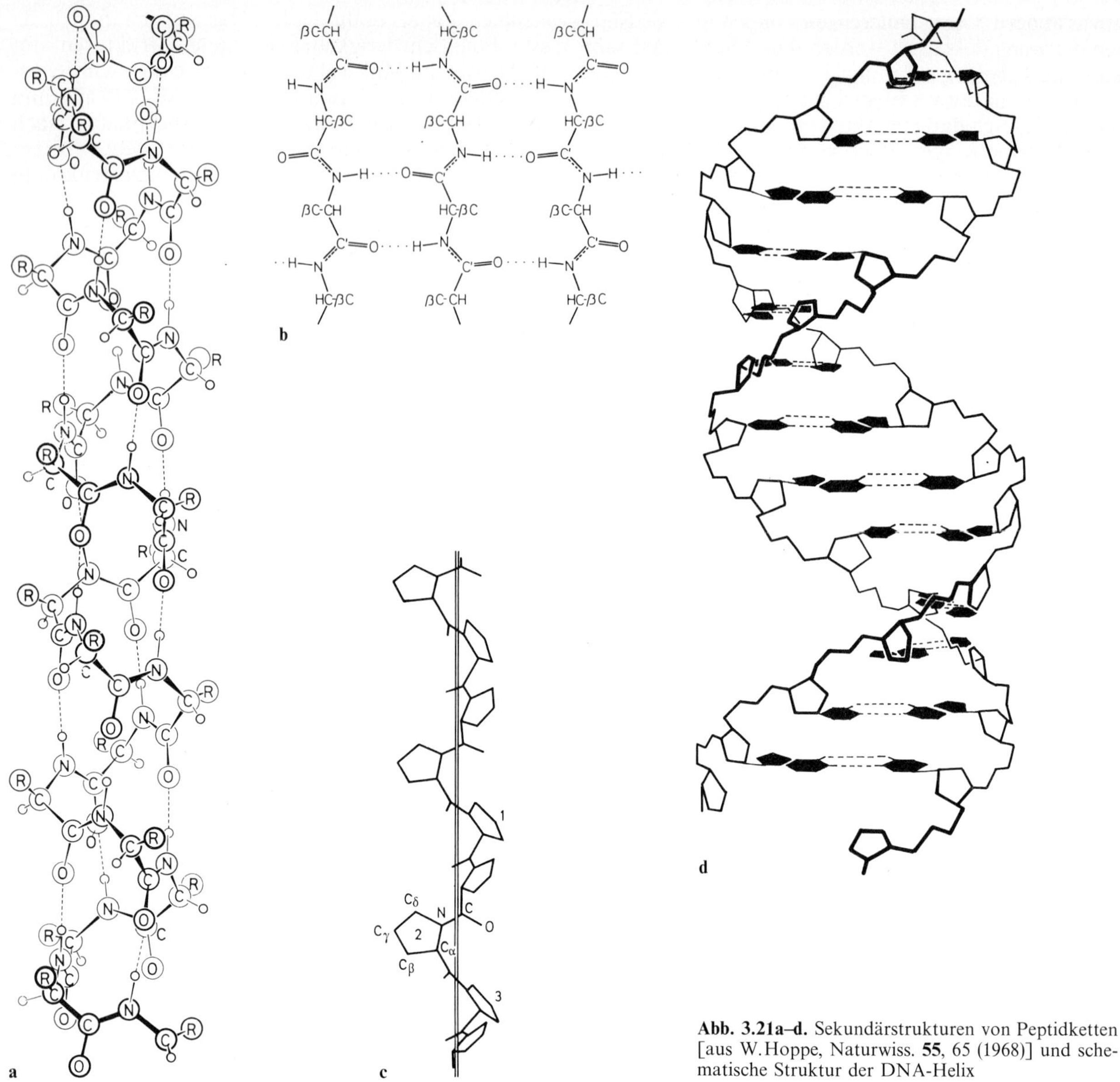

Abb. 3.21a–d. Sekundärstrukturen von Peptidketten [aus W. Hoppe, Naturwiss. **55**, 65 (1968)] und schematische Struktur der DNA-Helix

feuchtem Zustand vorzüglich zu Fäden ziehen, deren Röntgenaufnahmen eindeutig auf eine Schraubenstruktur hinwiesen. Damit war allerdings das Problem noch nicht gelöst, denn nach Dichtemessungen war eine Struktur mit zwei oder drei Schrauben anzunehmen. Die Nukleinsäure haben eine gewisse strukturelle Verwandtschaft mit den Proteinen. Die Ribose-Phosphorsäure-Kette entspricht der Peptidkette, die 4 verschiedenen Basen entsprechen den 20 Aminosäureresten. Die Strukturanalyse der DNA ist ein gutes Beispiel, daß äußere Analogien auch irreführen können. Für die α-Schraube ist charakteristisch, daß die platzbeanspruchenden Aminosäurereste außen, die Peptidkette innen angeordnet sind. Versuche, nach ähnlichen Prinzipien eine befriedigende DNA-Struktur (also die Basen außen angeordnet) abzuleiten, schlugen fehl. Erst als die Basen innen angeordnet wurden und als mit der Basenpaarung zwischen einer Purinbase und einer Pyrimidinbase dieses innere Doppelelement eine einheitliche Struktur erhielt, konnte die Wendeltreppen-ähnliche Doppelschraubenstruktur der DNA abgeleitet werden (vgl. Abb. 3.21d und Kapitel 2 und 10).

Alle hier besprochenen Strukturtypen von Peptidketten (manchmal auch als Sekundärstruktur bezeichnet) wurden auch in Globularproteinen vorgefunden, wobei freilich unter dem Einfluß der Seitenketten und der Überfaltung zum Peptidknäuel sehr beachtliche Abweichungen von den Idealstrukturen auftreten. Auch das Prinzip der Basenpaarung konnte in einer Einkristalluntersuchung einer Nucleinsäure (Transferribonucleinsäure) hypothesenfrei gefunden werden. Es ist dabei besonders bemerkenswert, daß die Analyse der globalen Nucleinsäure „Transferribonucleinsäure" nach genau den gleichen Prinzipien (isomorpher Ersatz) erfolgte wie eine Proteinkristallstrukturanalyse.

Die gestreckte Struktur der Peptidkette in Seidenfibroin wurde bereits 1923 von R. Brill aus Röntgenaufnahmen gefolgert. Nach experimentellen schönen, aber in der Deutung etwas mißlungenen Arbeiten von W. T. Astbury gelangte erst L. Pauling 1951 zu den strukturell richtigen Vorstellungen der α-Schraube und des Faltblattes. Entscheidend waren vorangegangene Röntgenuntersuchungen an Einkristallen von Aminosäuren und einfachen Peptiden, welche die zum Modellbau nötigen stereochemischen Gesetze lieferten. Die Kollagenstruktur wurde von Ramachandran einerseits und A. Rich und F. H. C. Crick andererseits abgeleitet. Die DNA-Struktur wurde aus Röntgenaufnahmen von M. H. F. Wilkins, von J. D. Watson und F. H. C. Crick gefolgert.

3.2.1.10 Viren und andere Riesenmoleküle

„Kleine" Proteinmoleküle haben ein Molekulargewicht von ca. 10000 bis 30000, mittlere Proteinmoleküle bis vielleicht ca. 200000, während die größten Proteinmoleküle ein Molekulargewicht bis ca. 750000 (Hämocyanin) aufweisen können. Nach den großen Erfolgen der Proteineinkristallstrukturanalyse mag man sich fragen, wie ihre Entwicklung weiter gehen wird. Nun bestehen große Proteinmoleküle aus mehreren gleichartig oder ähnlich aufgebauten Untereinheiten — ein relativ einfaches Beispiel ist das Hämoglobin mit 4 Untereinheiten —, die meist in recht symmetrischer Weise miteinander verbunden sind. Die Analyse sehr großer Moleküle führt zu mehreren Problemen: Zuerst müssen Meßverfahren vorliegen, welche es gestatten, die außerordentlich große Anzahl von Reflexen zu vermessen. Einkristalldiffraktometer mit ortsempfindlichen Detektoren und photographische Methoden sollten dem Problem angepaßt werden können. Ferner müssen leistungsfähige Rechner zur Verfügung stehen; bei der ständigen Weiterentwicklung auf diesem Gebiet wird man auch hier keine ernstlichen Hindernisse befürchten müssen. Schließlich muß die Referenzatomstruktur genügend stark streuen, um deutliche Intensitätsunterschiede beim Vergleich der verschiedenen Derivate hervorzurufen. Das läßt sich erreichen, wenn mehrere Referenzatome — also z. B. ein Referenzatom pro Untereinheit — eingebaut werden; wobei die hohe Symmetrie die Bestimmung ihrer Lagen erleichtern kann. Man beachte, daß es sich bei diesen Problemen eigentlich doch trotz der Größe des Gesamtmoleküls um die Analyse eines kleineren Proteins handelt.

In die Klasse der Strukturen mit symmetrisch wiederholten gleichen Untereinheiten kann man auch die „kleineren" Viren zählen. „Klein" ist allerdings hier ein relativer Begriff. Molekulargewichte von mehreren Millionen sind hier die Regel. Es gibt freilich auch Riesenviren mit Molekulargewichten von mehreren Milliarden (z. B. der Pockenvirus), die sich wohl immer der Röntgenanalyse entziehen werden.

Ein Virus ist eine „Informationskonserve". Er enthält ein außerordentlich langes Molekül einer Nucleinsäure oder eines Nucleoproteides, welches als Herstellungsrezept für das Virusmolekül aufgefaßt werden kann und eine große Anzahl von symmetrisch angeordneten Kopien eines Proteins mit relativ kleinem Molekulargewicht.

Die heutige Viruskristallstrukturanalyse ist fast ausschließlich auf die Bestimmung der symmetrischen Virusproteinstruktur gerichtet. Dieses Problem läßt sich — analog wie oben für Proteine aus Untereinheiten geschildert — mit den heutigen Mitteln noch bewältigen.

Prinzipiell relativ einfach gestaltet sich die Analyse eines Kugelvirus (z. B. tomato bushy stunt virus). In einer hochsymmetrischen kubischen Elementarzelle ist ein einziges Molekül angeordnet. Das Molekül muß daher die Symmetrie der entsprechenden kubischen Raumgruppe besitzen. Es besteht aus einem kugeligen Kern, welcher die Nucleinsäure enthält und aus den Proteinuntereinheiten, welche die Oberfläche dieser Kugel bedecken. Die hohe Symmetrie (ikosaedrische Symmetrie im tomato bushy stunt virus) wiederholt die Untereinheiten in einer bestimmten Anordnung.

Sie ist übrigens kein Zufall. Bereits in vorchristlicher Zeit hatte sich der griechische Philosoph Plato das mathematische Problem überlegt, wie man auf einer Kugeloberfläche dichteste Packungen von kleinen Kugeln derart unterbringen kann, daß sie die Kugel möglichst lückenlos (also mit möglichst vielen gegenseitigen Kontakten) bedecken. Einer dieser platonischen Körper hat ikosaedrische Symmetrie und die Anzahl der Kugeln auf der Oberfläche entspricht genau der Anzahl der Proteineinheiten in einem ikosaedrischen Virus (vgl. Abb. 3.22). Die hohe Symmetrie der Proteinstruktur macht sich auch in einer entsprechend hohen Symmetrie im reziproken Raum bemerkbar. Man muß nur einen kleinen Ausschnitt des Fourierraumes vermessen und kann die anderen Teile des Fourierraumes durch Symmetrie wiederholen. Das gilt freilich nicht für die Nucleinsäurestruktur, welche vom Prinzip her eine asymmetrische Basenverteilung besitzen muß. Ihre Struktur wird bei dieser Art der Analyse vernachlässigt.

Abb. 3.22. Bauprinzip eines sphärischen Virus

Neben den sphärischen Viren gibt es als zweite Klasse die Schraubenviren (helikale Viren), von denen der Tabakmosaikvirus besonders gut untersucht wurde. Ein Tabakmosaikvirus ist ein Stäbchen von 280 nm Länge und 18 nm Dicke. Es besteht zu 95% aus Proteinen. In der Konstruktion ist er der α-Schraube verwandt, mit dem Unterschied, daß die einzelne Peptidgruppe durch ein Virusprotein mit dem Molekulargewicht 17500 ersetzt ist, wobei statt $n=3{,}6$ $n=16{,}33$ Einheiten entlang einer Windung angeordnet sind. Die Schraube (mit einer Windungshöhe von $p=2{,}3$ nm) wiederholt sich nach 3 Windungen. Die große Zahl und das viel höhere Molekulargewicht der Untereinheiten bewirken den großen Durchmesser von 18 nm. In der Mitte dieser aus Proteinuntereinheiten gebildeten Schraube läuft der infektiöse RNA-Faden des Virus. Nach den Dimensionen des Moleküls ist er einsträngig und gestreckt. Abbildung 3.23 zeigt ein schematisches Modell des Virus.

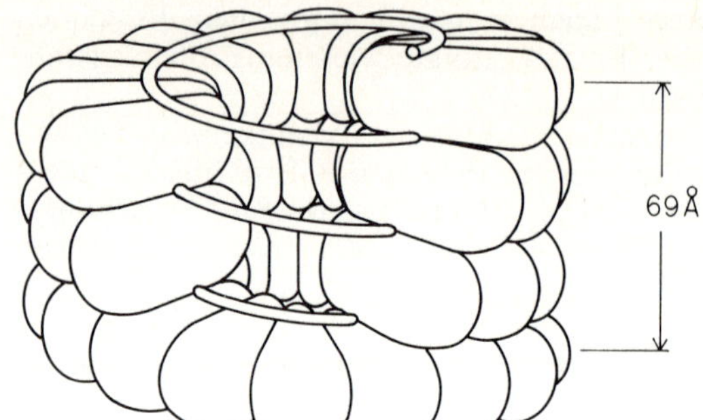

a

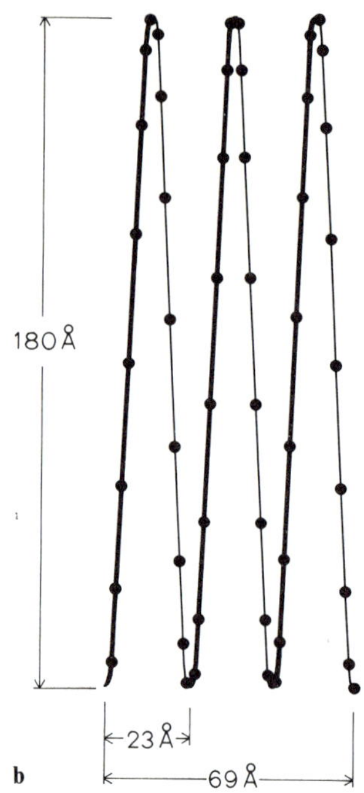

b

Abb. 3.23a, b. Schematisches Modell des Tabakmosaikvirus **a** und Projektion der Helix **b**. Eine Identitätsperiode des linearen „Helixgitters" mit 49 Untereinheiten (schematisch durch Punkte gekennzeichnet) ist dargestellt

Bei der Analyse des Virusproteins wurde eine etwas ungewöhnliche Methode angewandt. Zu ihrem Verständnis ist die Kenntnis des Projektionssatzes der Fouriertransformiertentheorie erforderlich. Er läßt sich sehr einfach für Kristalle ableiten. Aus (3.57) (dividiert durch die Anzahl der Elementarzellen) folgt z.B. für alle Strukturfaktoren, deren dritte Koordinate H_3 Null ist (die zugehörigen reziproken Gitterpunkte liegen also in einer Ebene des reziproken Gitters) die Beziehung (3.61)

$$F_{h_1h_20}=\sum_j^n f_j \exp 2\pi i(hx_j+ky_j)\,. \tag{3.61}$$

Nun entspricht (3.61) dem Strukturfaktor einer zweidimensionalen Struktur, die alle Atome der dreidimensionalen Struktur enthält, in der jedoch nur deren x_j, y_j-Koordinaten eingetragen sind (= Projektion der Struktur entlang der z-Achse). In den Frühzeiten der Strukturanalyse wurden diese Beziehungen häufig zur Vereinfachung der Analyse angewandt. Es wurden z.B. nur $F_{h_1h_10}$ und $F_{h_10h_3}$ gemessen. Bei einfachen Strukturen genügen diese 2 Projektionen zur Ableitung der dreidimensionalen Struktur. Mit der Vervollkommnung von Meß- und Rechenmethoden verlor diese Technik an Bedeutung, um so mehr, als bei komplizierteren Strukturen Überlappungen die Deutung der Projektionen unmöglich machen.

Verallgemeinert auf beliebige (auch aperiodische) Strukturen lautet der Projektionssatz: Projiziert man (Parallelprojektion) einen dreidimensionalen Körper auf eine Ebene und berechnet die dazugehörige zweidimensionale Fouriertransformierte, so entspricht diese einem ebenen Schnitt durch den dreidimensionalen Fourierraum, der senkrecht steht zur Projektionsrichtung und der den Ursprung des reziproken Raumes schneidet. Nun ist, wie Abb. 3.24 zeigt, die Projektion einer kontinuierlichen Schraube eine Sinuslinie. Eine Drehung dieser Schraube entspricht einer Verschiebung der Sinuslinie entlang ihrer Nullinie. Bei einer Drehung um 360° verschiebt sich die Sinuslinie um genau eine Periode. Die verschiedenen Projektionen, die bei Drehung einer Schraube um ihre Mittelachse entstehen, sind also bis auf die Verschiebung identisch. Kennt man also eine Projektion — und damit einen Schnitt im reziproken Raum —, so kann man auf Grund der Schraubensymmetrie alle anderen Projektionen — und damit alle anderen Schnitte im reziproken Raum — auf einfachste Weise berechnen. Wenn, wie beim Tabakmosaikvirus, eine aus Untereinheiten zusammengesetzte Schraube vorliegt,

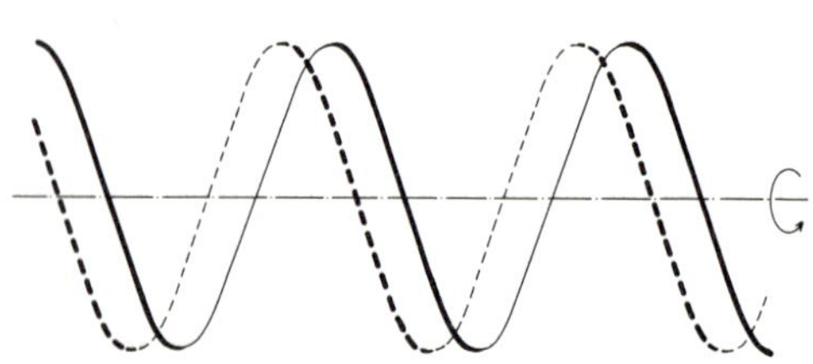

Abb. 3.24. Verschiebung der Projektion einer kontinuierlichen Helix (Sinuslinie) bei Drehung der Helix

so gilt dieses Gesetz nur in Näherung. Nun macht sich eine Verschiebung einer Struktur nur in den Phasen Φ, aber nicht in den Amplituden $|F|$ der Strukturfaktoren (die allein gemessen werden können) bemerkbar.

Dieses Gesetz folgt aus (3.46). Ersetzt man nämlich alle $\boldsymbol{r}_j$ durch $\boldsymbol{r}_0+\boldsymbol{r}_j$ (Verschiebung um $\boldsymbol{r}_0$), so folgt

$$\begin{aligned} F'_{\boldsymbol{H}} &= \sum_{j=1}^{n} f_j \exp 2\pi i(\boldsymbol{H}, \boldsymbol{r}_j+\boldsymbol{r}_0) \\ &= \exp 2\pi i(\boldsymbol{H}, \boldsymbol{r}_0) \sum_{j=1}^{n} f_j \exp 2\pi i(\boldsymbol{H}, \boldsymbol{r}_j) \\ &= |F_{\boldsymbol{H}}| \exp 2\pi i(\boldsymbol{H}, \boldsymbol{r}_0+\Phi_{\boldsymbol{H}})\,. \end{aligned} \tag{3.62}$$

Entlang Kreislinien um die Schraubenachse sind daher die Amplituden $|F|$ konstant. Es spielt daher auch eine Verdrehung der Schraube für die Messung keine Rolle. Hat man ein Präparat vorliegen, welches die Tabakmosaikvirusmoleküle entlang ihrer Längsachse ausgerichtet, in bezug auf die Verdrehung um diese Achse hingegen ungeordnet enthält (molekulare Fasertextur von Tabakmosaikvirus), so lassen sich wegen dieser Zylindersymmetrie aus Aufnahmen dieser Fasern alle Strukturfaktoren Absolutwerte $|F_{\boldsymbol{H}}|$ im reziproken Raum gewinnen. Allerdings müssen für die gemessenen Daten auch die Phasen bestimmt werden (durch isomorphen Ersatz mit Schweratomen), um dann über (3.62) ($\boldsymbol{r}_0$ läßt sich aus den Daten der Schraube berechnen) auch die Phasen für alle Strukturfaktoren im reziproken Raum abzuleiten. Tabakmosaikviren lassen sich durch bestimmte Verfahren vorzüglich entlang der Schraubenachse ausrichten. Tatsächlich konnte an einem solchen orientierten Gel eine dreidimensionale Strukturanalyse des Virusproteins (allerdings mit beschränkter Auflösung wegen der nicht völlig identischen Projektionen) durchgeführt werden. Dieses Beispiel zeigt, daß das Postulat des Vorliegens von Einkristallen für eine voraussetzungsfreie dreidimensionale Analyse nicht in allen Fällen zwingend ist.

Ohne Reduktion der Information durch Symmetrie muß man auskommen, wenn das Riesenmolekül unsymmetrisch ist. Beispiele für solche Strukturen sind gewisse Enzymkomplexe — wie die Hefefettsäuresynthetase —, welche eine ganze Reihe von Enzymreaktionen durchführen. Ein anderes Beispiel wäre das Zellorganell Ribosom, das zu einem Drittel aus Protein und zu zwei Drittel aus Ribonukleinsäure besteht. Das Ribosom ist völlig unsymmetrisch, enthält es doch mehr als 54 verschiedene Proteine, von denen meistens nur eine einzige Kopie vorliegt. Man wird erwarten können, daß bereits die Referenzatomstrukturanalyse beträchtliche Schwierigkeiten bereiten dürfte.

Nicht zuletzt ist darauf hinzuweisen, daß biogene Makromoleküle um so schwerer in guten Einkristallen erhalten werden können, je größer sie sind. Zur Zeit sind z.B. nur winzige Mikrokristalle von Ribosomen bekannt, die unter bestimmten Bedingungen *in vivo* aus Hühnerembryonen gewonnen werden.

3.2.1.11 Kleinwinkelstreuung

Man kann mit Röntgenstreuung die gleichen Objekte untersuchen, welche auch mit Lichtstreuung experimentell zugänglich sind. Denn das $|\boldsymbol{H}_{max}|$, das die Auflösung bestimmt, ist nur nach oben, aber nicht nach unten durch die Wellenlänge begrenzt. Freilich sind dann die Streuwinkel etwa 1000mal kleiner als mit Licht, was experimentelle Schwierigkeiten bereiten kann.

Über die Anwendung zur Untersuchung von Biomolekülen in Lösung wird in Kapitel 3.2.2 berichtet.

Als Kleinwinkelbeugung bezeichnet man aber auch Kristallographie „bei kleinen Winkeln" — also von Kristallen, Kristallfasern, Kristallpulver mit sehr großen Gitterkonstanten, deren Reflexe nicht zu großen Streuwinkeln reichen (Auflösungen ~ 1–5 nm). Schichtförmige Biostrukturen (Membrane) gehören hierher. Wenn gewisse Voraussetzungen gegeben sind (definierte endliche Begrenzung, Symmetriezentrum) lassen sich auch Schlüsse auf Streuphasenzusammenhänge ohne isomorphen Ersatz ziehen. So konnte die mittlere Elektronendichteverteilung senkrecht zur Schichtebene von einigen Membranen nach dieser Methode bestimmt werden.

Literaturauswahl

Hoppe, W.: Röntgenbeugung. In: Ullmanns Encyklopädie der technischen Chemie, 3. Aufl., Bd. II/1 (Methodenband), S. 529. München-Berlin: Urban & Schwarzenberg 1961. (Etwas erweiterte Form der vom Einzelmolekül ausgehenden Theorie).

3.2.2 Diffuse Kleinwinkelstreuung von makromolekularen Lösungen

Otto Kratky

Die Auflösung, die beim Studium makromolekularer Strukturen durch Beugungsexperimente erreicht werden kann, hängt wesentlich vom Ordnungszustand des Systems ab, so daß der kristalline Zustand zweifellos bei weitem die besten Voraussetzungen bietet. Leider gibt es eine große Gruppe von biologischen Makromolekülen, die nicht zur Bildung genügend guter Kristalle gebracht werden können, oder bei welchen die Anbringung von schweren Atomen ("labels") an identischen Stellen aller Moleküle im Kristall nicht gelingt.

Viele der nicht kristallisierbaren Makromoleküle lassen sich aber als homodisperse Lösungen erhalten und damit eröffnet sich zugleich ein Weg, Probleme zu studieren, die unmittelbar mit dem Lösungszustand verknüpft sind: wie Dissoziations- und Assoziationsvorgänge, Änderungen der Konformation durch Einfluß des Lösungsmittels oder der Temperatur, Reaktionen mit kleinen Molekülen oder Makromolekülen in Lösung.

Der Beitrag handelt von der Streuung der Röntgen- und Neutronenstrahlen. Die Streutheorie ist für beide Strahlenarten bezüglich des geometrischen Zusammenhangs zwischen Objekt und Streubild im Prinzip identisch, ein wesentlicher Unterschied besteht allerdings in der verschiedenen Streukraft der Atomarten, der zu einer Überlegenheit der Neutronenbeugung bei bestimmten, in Kapitel 3.2.2.4 und 3.2.2.5 behandelten Problemen führt. Dort werden Beispiele für die Anwendung beider Strahlenarten besprochen und auch ihr Unterschied herausgestellt. Kapitel 3.2.2.1, 3.2.2.2 und 3.2.2.3 beschränken sich dagegen auf die Röntgenstrahlung, weil mit dieser ungleich mehr einschlägige Erfahrungen vorliegen.

3.2.2.1 Vom Teilchen zur Streukurve (Abriß der allgemeinen Streutheorie)

Bei allen Beugungsvorgängen stehen Beugungswinkel und Größe der beugenden Teilchen zueinander im umgekehrten Verhältnis. Da Makromoleküle im Vergleich mit der Wellenlänge riesenhaft sind[1], findet man die Streuung der Makromoleküle als Ganzes bei entsprechend kleinen Winkeln, es tritt eine „Kleinwinkelstreuung" auf.

Die Beschränkung auf das Studium von verdünnten Lösungen schließt zugleich in sich, daß die Moleküle in allen räumlichen Lagen mit gleicher Häufigkeit vorliegen, sowie unregelmäßige Abstände voneinander haben, die im Mittel groß im Vergleich mit der Dimension der Moleküle sind; dann addieren sich einfach die von allen Molekülen gestreuten Intensitäten und die Streuung der Lösung charakterisiert das Verhalten der Einzelteilchen, man spricht daher von „*Partikelstreuung*". Der Zusammenhang zwischen dem räumlichen Aufbau eines Teilchens aus n-Atomen und seiner Streukurve – d. i. die Darstellung der gestreuten Intensität in Abhängigkeit vom Streuwinkel[2] – ist, wenn man sich zunächst auf die Röntgenstreuung beschränkt, nach Debye (1915) durch die Beziehung gegeben

$$I(h) = \sum_{i=1}^{i=n} \sum_{k=1}^{k=n} f_i f_k \frac{\sin h r_{ik}}{h r_{ik}}. \qquad (3.63)$$

f sind die Atomformfaktoren, r die Abstände zwischen den Atommittelpunkten. Es ist also jedes Atom mit jedem anderen (auch mit sich selbst) gemäß (3.63) zu kombinieren, und über alle Paare zu summieren.

Sind die Bereiche der Inhomogenität innerhalb eines Teilchens klein im Vergleich mit seiner Gesamtdimension, so darf man für die Berechnung des Streuverhaltens eine homogene Elektronendichte unterstellen und dann geht (3.63) über in:

$$I(h) = 4\pi \int_0^\infty p(r) \frac{\sin hr}{hr} \cdot dr, \qquad (3.64)$$

wo $p(r)$ die Abstandsfunktion, d. h. die Häufigkeitsverteilung der Elektronenabstände bedeutet.

Es gibt auch andere Wege, Streukurven geometrisch einfacher homogener Körper zu berechnen und man findet für die wichtigsten dreiachsigen Körper (Ellipsoide, elliptische Zylinder, Hohlzylinder, Hohlkugeln, Prismen, etc.) die Ergebnisse fertig vor.

Alles was wir bisher gesagt haben, gilt ohne weiteres für im Vakuum befindliche Teilchen. Man hat es aber mit gelösten Partikeln zu tun. Es ist dann von den in der Volumeneinheit des Gelösten vorhandenen Elektronen ϱ_2 (= Elektronendichte des Gelösten) nur mehr der Betrag $(\varrho_2 - \varrho_1)$ wirksam, wo ϱ_1 die Elektronendichte des Lösungsmittels bedeutet. Die gestreute Amplitude ist dann proportional $(\varrho_2 - \varrho_1)$, die gestreute Intensität proportional $(\varrho_2 - \varrho_1)^2$. Bei Gleichheit der beiden Elektronendichten „sieht" der Röntgenstrahl das Teilchen nicht, weil ein homogenes Elektronen-Kontinuum vorliegt und sich die an diesem gestreuten Wellen auslöschen. Wenn im folgenden von Elektronendichte gesprochen wird, muß man immer bedenken, daß eigentlich die Differenz der Elektronendichten, der „Kontrast", in alle Beziehungen eingeht.

Bisher wurde nur der Weg vom Teilchen zur Streukurve aufgezeigt; das Ziel der Kleinwinkelanalyse ist aber der umgekehrte Weg, nämlich der von der Streukurve zum Teilchen. Nun wurden aus der angedeuteten Streutheorie Beziehungen abgeleitet, die es ermöglichen, aus bestimmten Eigenschaften der Streukurve auf bestimmte Teilchenparameter zu schließen. Im folgenden werden die wichtigsten dieser Beziehungen (vgl. 3.2.2.2, a bis g) besprochen und es werden Beispiele für ihre Anwendung gebracht.

Zu den eindeutig bestimmbaren Merkmalen der Teilchen kann man auch die Abstandsfunktion $p(r)$ rechnen, die man aus der Beziehung (3.64) in sehr einfacher Weise erhält, nämlich durch Fourier-Umkehrung (vgl. 3.2.2.2, g).

Begnügt man sich aber nicht mit Teilchenmerkmalen, sondern wünscht ein möglichst gutes räumliches Abbild des Teilchens, so bleibt nichts anderes übrig, als aus angenommenen Teilchen die Streukurven auszurechnen und nun durch trial and error die Annahme so lange zu variieren, bis man ein Teilchen ermittelt hat, das die richtige Streukurve ergibt (vgl. 3.2.2.3).

3.2.2.2 Bestimmung von Partikelparametern

a) Streumassenradius

Er ist definiert als die Wurzel aus dem mittleren Abstandsquadrat aller Elektronen vom Schwerpunkt des Teilchens und stellt somit ein Maß für dessen räumliche Ausdehnung dar. Nach Guinier verläuft der innerste Teil jeder Partikelstreuung nach einer Gaußschen Kurve

$$I = I_0 \cdot e^{-KR^2(2\theta)^2} \qquad K = \left(\frac{2\pi}{\lambda}\right)^2 \cdot \frac{1}{3} \qquad (3.65a)$$

---

[1] Bei Röntgenstrahlen wendet man meist die CuK_α-Linie mit $\lambda = 1{,}54$ Å an, bei Neutronenstrahlen ist die Wellenlänge etwa im Bereich von 1,7 bis 10 Å variierbar.

[2] Man bezeichnet den Winkel zwischen Primärstrahl und Streurichtung, den Ablenkungswinkel, mit 2θ oder, im Bogenmaß angegeben, mit radians (rad). Das dem Vergleich mit theoretischen Streukurven am besten angepaßte Argument ist $h = \frac{4\pi \cdot \sin\theta}{\lambda}$.

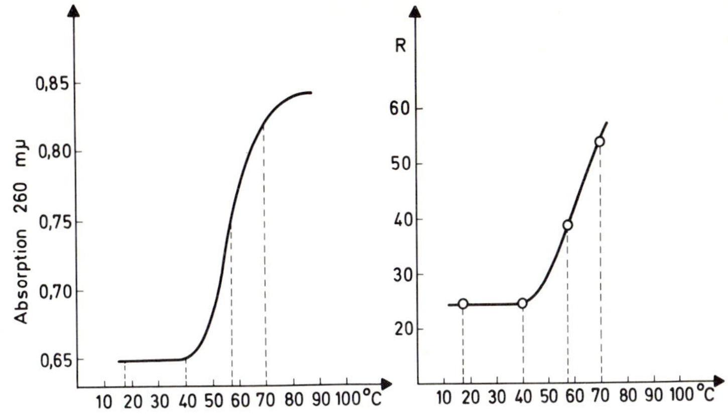

Abb. 3.25. „Schmelzkurve“ der t-RNA^{Phe} (Hefe). Abhängigkeit des Streumassenradius (rechts) und der Absorption (links) von der Temperatur. [Pilz, I., Kratky, O., Cramer, F., Haar, F. v. d., Schlimme, E.: Eur. J. Biochem. **15**, 401 (1970)]

(I_0 bedeutet sie beim Winkel null gestreute Intensität, R den Streumassenradius). Aus (3.65a) folgt

$$\ln I = \ln I_0 - KR^2(2\theta)^2 . \qquad (3.65b)$$

Trägt man $\ln I$ gegen $(2\theta)^2$ auf (Guiniersche Auftragung), so erhält man nach (3.65b) eine fallende Kurve; aus ihrer Neigungstangente $-KR^2$ bei kleinen Winkeln entnimmt man den Streumassenradius.

In obiger Form sind die Beziehungen, streng genommen, nur bei unendlicher Verdünnung richtig. Bei endlicher Konzentration können interpartikuläre Interferenzeffekte auftreten, die die Ergebnisse fälschen. Es ist daher notwendig, stets eine Konzentrationsserie herzustellen und die erhaltenen Kurven, oder zumindest den gegen die Konzentration aufgetragenen scheinbaren Streumassenradius, auf die Konzentration null zu extrapolieren.

Phenylalaninspezifische t-Ribonucleinsäure stellt ein Beispiel dar, bei dem allein die Bestimmung des Streumassenradius zu einer wichtigen Feststellung führte. Wie Abb. 3.25 zeigt, beginnt der Streumassenradius ab 40° C anzusteigen. Der Effekt ist dadurch verursacht, daß sich die intrapartikulären Bindungen der zunächst eng zusammengefalteten Polynucleotidkette zu öffnen beginnen; man spricht vom „Schmelzen des Moleküls“. Der Anstieg der Absorption für Licht von 260 nm zeigt bei steigender Temperatur den gleichen Vorgang an.

b) Streumassenradius des Querschnitts.

Viele biologische Makromoleküle haben eine langgestreckte Gestalt. In diesem Fall macht man oft von der Möglichkeit Gebrauch, die Streukurve in zwei Faktoren zu zerlegen:

$$I = I_q \cdot \frac{1}{(2\theta)} \ldots I_q = I \cdot (2\theta) . \qquad (3.66)$$

Diese Beziehung wird durch den Hinweis plausibel, daß $1/(2\theta)$ die Streukurve eines Gases von unendlich dünnen und unendlich langen Nadeln darstellt. Wenn aber die Nadeln eine „endliche“ Dicke haben, dann muß man ihre Streukurve $1/(2\theta)$ mit einem Faktor I_q multiplizieren, der von Größe und Gestalt des Querschnitts abhängt. In Analogie zu (3.65b) ergibt die Auftragung von $\ln I_q$ gegen $(2\theta)^2$ aus der Neigung bei kleinen Winkeln den Streumassenradius des Querschnitts:

$$\text{Neigungstangente} = -K'R_q^2, K' = \left(\frac{2\pi}{\lambda}\right)^2 \cdot \frac{1}{2} . \qquad (3.67)$$

Aus R und R_q findet man sofort die Länge des Teilchens gemäß

$$L = 12(R^2 - R_q^2) . \qquad (3.68)$$

Diese Beziehung wurde beim Studium der Glutaminsäure-Dehydrogenase angewendet. Es war bekannt, daß dieses Ferment eine langgestreckte Gestalt hat und mit zunehmender Konzentration eine Assoziation erfolgt. Daher liegt nahe, gemäß (3.66) und (3.67) den Querschnittsfaktor auszurechnen. Er besitzt, wie Abb. 3.26 zeigt, die gewohnte, einer Guinierschen Kurve nahekommende Gestalt, die überdies von der Konzentration kaum abhängt, d.h. der Querschnitt ist immer derselbe trotz zunehmendem Molekulargewicht. Die Assoziation muß daher durch eine Aneinanderlagerung in der Längsrichtung erfolgen. Wendet man nun (3.68) an, so ergeben sich die Längen von 240, 480 und 960 Å, wo 240 Å der Länge des Monomeren entspricht.

c) Streumassenradius der Dicke und die Dicke selbst

Bei einem blättchenförmigen Teilchen läßt sich die Streukurve benfalls in zwei Faktoren aufspalten:

$$I = I_d \cdot \frac{1}{(2\theta)^2} \ldots I_d = I \cdot (2\theta)^2 . \qquad (3.69)$$

$1/(2\theta)^2$ ist die Streukurve eines Gases aus unendlich großen, unendlich dünnen Blättchen. Haben diese aber eine „endliche“ Dicke, so ist, ähnlich wie bei den Stäbchen, mit einem „Dickenfaktor“ I_d zu multiplizieren. In Entsprechung zu (3.65b) führt die Guiniersche Auftragung von I_d auf den Streumassenradius der Dicke R_d:

$$\text{Neigungstangente} = -KR_d^2, K'' = \left(\frac{2\pi}{\lambda}\right)^2 \qquad (3.70)$$

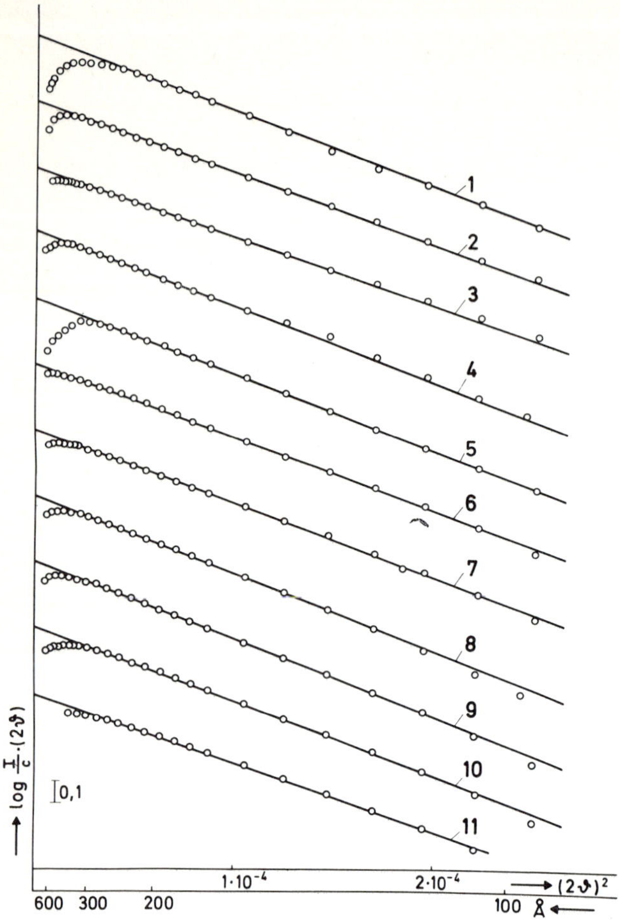

Abb. 3.26. Guinier-Auftragung des Querschnittsfaktors von Glutaminsäure-Dehydrogenase für die angegebenen Konzentrationen (mg/ml). [Sund, H., Pilz, I., Herbst, M.: Eur. J. Biochem. 7, 517 (1969)]

aus dem man die Dicke D erhält:

$$D = R_d \sqrt{12}. \tag{3.71}$$

d) Volumen korpuskularer Teilchen, Querschnittsfläche stäbchenförmiger Teilchen, Dicke flacher Teilchen

Das Volumen einer Partikel ist nach Porod gemäß:

$$V = \frac{\lambda^3 a^3}{4\pi} \cdot \frac{I_0}{Q}; \quad Q = \int_0^\infty I(2\theta)^2 \, d(2\theta) \tag{3.72}$$

berechenbar. a bedeutet den Abstand Präparat — Registrierebene. Das Integral Q wird als „Invariante" bezeichnet, weil sein Wert vom Dispersitätsgrad — bei festgehaltener Gewichtskonzentration — unabhängig ist. Die Teilchen können also in beliebiger Weise in kleinere zerfallen, oder zu größeren assoziieren, das Integral Q bleibt unverändert. Da I_0 hingegen mit wachsender Assoziation zunimmt, versteht man, daß der Quotient ein Maß für das Volumen des Einzelteilchens ist.

Die Beziehung (3.72) ist unter der Voraussetzung gültig, daß die Elektronendichte innerhalb des Teilchens und im umgebenden Medium als homogen betrachtet werden darf. In diesem Fall würde die Streuintensität einen Auslauf gemäß $1/(2\theta)^4$ zeigen (Porod), was es möglich macht, in das Integral von Q auch jenen Winkelbereich einzuschließen, in dem die Streuung schon so schwach ist, daß sie vom Rauschuntergrund nicht mehr abgetrennt werden kann. Durch die Länge dieses Bereichs und seine Gewichtung durch Multiplikation mit $(2\theta)^2$ stellt der Auslauf immerhin einen wesentlichen Anteil der Invariante dar. Bei starker Inhomogenität und daher auch bei Teilchen, die aus verschiedenen chemischen Bestandteilen aufgebaut sind, ist die Beziehung nicht anwendbar. Es ist nach dem Gesagten verständlich, daß bei Teilchen, die große innere Hohlräume aufweisen, aber im übrigen genügend homogen sind, die Hohlräume nicht „mitgerechnet" werden.

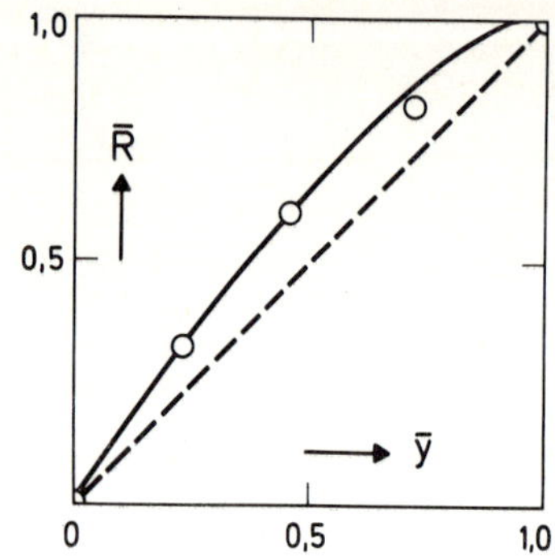

Abb. 3.27. Volumskontraktion von Glyzerinaldehyd-3-phosphat-dehydrogenase in Abhängigkeit vom Sättigungsgrad mit NAD. [Durchschlag, H., Puchwein, G., Kratky, O., Schuster, I., Kirschner, K.: Eur. J. Biochem. **19**, 9 (1971)]

Ein Beispiel, bei dem allein die Volumsmessung zu einem biologisch interessanten Ergebnis geführt hat, ist das Studium der Absättigung des Apoenzyms von Hefe-Glycerinaldehyd-3-phosphatdehydrogenase mit dem Koenzym NAD zum Holoenzym. Es ergab sich bei vollständiger Absättigung eine Volumskontraktion von 7%. Aus Abb. 3.27 sieht man, daß keine lineare Beziehung zwischen dem Absättigungsgrad und der Volumskontraktion besteht. Dieses Resultat spricht zugunsten eines allosterischen Mechanismus und gegen den sequentiellen, bei dem eine lineare Beziehung zu erwarten wäre.

Bei stäbchenförmigen Teilchen erhält man für die Querschnittsfläche F die zu (3.72) analoge Beziehung

$$F = \frac{\lambda^2 a^2}{2\pi} \frac{[I(2\theta)]_0}{Q} \tag{3.73}$$

und bei blättchenförmigen Teilchen ist die Dicke D auch nach

$$D = \frac{\lambda a}{2} \frac{[I(2\theta)^2]_0}{Q} \tag{3.74}$$

berechenbar.

e) Massenbestimmung

Massenbestimmungen basieren auf der durch die Thomsonsche Theorie festgelegten Abbeugung des Einzelelektrons. Eine einfache Ableitung ergibt für das

Molekulargewicht:

$$M = \frac{I_0}{P_0} \frac{21{,}0a}{(z_2 - \bar{v}_2' \varrho_1)^2 \cdot d \cdot c}. \tag{3.75}$$

z_2 ist die Zahl der Molelektronen per 1 Gramm der gelösten Substanz, ϱ_1 die Elektronendichte des Lösungsmittels und $\bar{v}_2$ das isopotentiale spezifische Volumen der gelösten Substanz. d(cm) ist die Dicke des Präparates und c (g/ml) die Konzentration. Auf diesem Wege sind an vielen biologischen Makromolekülen Molekulargewichte im Bereich von 10^4 bis 10^7 Dalton bestimmt worden.

Es ist auch möglich, mit der Kleinwinkelmethode für ein langgestrecktes Teilchen die Masse pro Längeneinheit $M/1$ Å zu bestimmen. Dazu braucht man nur in (3.75) I_0 durch $(I \cdot 2\theta)_0$, also durch den Nullwert des Querschnittsfaktors zu ersetzen und anstelle der Konstanten 21,0 den Wert 27,3 einzufügen.

In analoger Weise läßt sich für blättchenförmige Teilchen die Masse pro Flächeneinheit M_d ausrechnen. I_0 ist in diesem Fall durch den Nullwert des Dickenfaktors $[I \cdot (2\theta)^2]_0$ zu ersetzen und die Konstante 55,6 zu verwenden.

f) Unsymmetriefaktor

Aus dem Vergleich von R und V erhält man ein Maß für die Anisotropie des Teilchens, das Ähnlichkeit mit dem Unsymmetriefaktor der Ultrazentrifuge hat. Die Rotationsellipsoide in Abb. 3.28 mögen alle das gleiche Volumen haben, welches mit (3.72) bestimmt worden war und die Länge der Pfeile geben die Streumassenradien dieser Ellipsoide an. Wenn der gemessene Streumassenradius z. B. gleich dem in Abb. 3.28b eingezeichneten ist, dann repräsentiert dieses Ellipsoid den Grad der Anisotropie des Teilchens.

Insbesondere bei Proteinen hat die Kleinwinkelmethode im Vergleich mit der Ultrazentrifuge den Vorteil, daß das mit ihrer Hilfe bestimmte Volumen und damit auch der Anisotropiefaktor unbeeinflußt von der Solvatation ist; die Solvathülle eines Proteins besitzt in der Regel praktisch die gleiche Elektronendichte wie das übrige Lösungsmittel, so daß sie der Röntgenstrahl nicht „sieht". Anders ist es bei gelösten Nucleinsäuren mit ihren vielen geladenen Gruppen an der Oberfläche und den dadurch in der Nähe des Teilchens sitzenden Gegenionen, die sowohl das gemessene Volumen als auch den Streumassenradius erheblich beeinflussen.

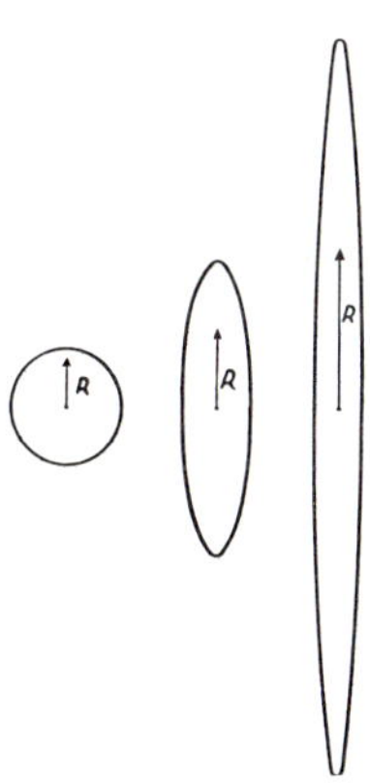

a b c

Abb. 3.28a–c. Kugel und Ellipsoide von gleichem Volumen. Der Streumassenradius R wächst mit zunehmender Anisotropie

g) Abstandsfunktion

Aus Beziehung (3.64) erhält man, wie oben schon erwähnt, durch Fourier-Umkehrung die Abstandsfunktion:

$$p(r) = \frac{r^2}{2\pi^2} \int_0^\infty I(h) h^2 \frac{\sin hr}{hr} \cdot dh. \tag{3.76}$$

Die Bedeutung der Abstandsfunktion besteht darin, daß man manche Eigenschaft des Teilchens aus ihr besser erkennen kann als aus dem Vergleich der Streukurve mit theoretischen Streukurven. So ist aus der Auftragung der nach (3.76) gewonnenen Abstandsfunktion $p(r)$ gegen r aus ihrem Schnittpunkt mit der Abszisse die maximale, innerhalb der Partikel vorkommende Distanz ablesbar. Damit lassen sich auch Assoziationen erkennen.

Nun ist die Abstandsfunktion $p(r)$ nur ein sehr indirektes Maß für die Struktur eines Teilchens. Was man gerne kennen würde, wäre — ähnlich wie in der Kristallstrukturanalyse, allerdings bei wesentlich schlechterer Auflösung — die Elektronendichte $\varrho(r)$ im Teilchen. Dazu müßte man die räumliche Streuamplitudenverteilung kennen. Das ist aber unmöglich, da die Streuamplitudenverteilung über alle Raumwinkel gemittelt wird und da außerdem nur das Amplitudenquadrat gemessen werden kann. Im Spezialfall eines in Näherung kugelsymmetrischen Teilchens ist aber die Streuamplitudenverteilung orientierungsunabhängig, so daß die erste Schwierigkeit entfällt. Da eine kugelsymmetrische Verteilung auch zentrosymmetrisch ist, wird die Streuamplitude $A(h)$ reell. Bei einer radialen Dichteverteilung $\varrho(r)$ ergibt sich $A(h)$ nach

$$A(h) = 4\pi \int_0^\infty \varrho(r) r^2 \frac{\sin hr}{hr} \cdot dr. \tag{3.77}$$

Durch Fourier-Umkehrung erhält man

$$\varrho(r) = \frac{1}{2\pi^2} \int_0^\infty A(h) h^2 \frac{\sin hr}{hr} \cdot dh. \tag{3.78}$$

Die Amplituden $A(h)$, die man für die Berechnung von $\varrho(r)$ braucht, sind die Wurzeln aus den Intensitäten. Dabei tritt das Problem der Vorzeichenbestimmung auf. Seine Lösung ist dadurch sehr erleichtert, daß ein Wechsel des Vorzeichens immer nur bei einer Nullstelle der Streukurve möglich ist.

Eine wichtige Anwendung fand (3.78) bei der Analyse von Lipoproteinen. Die Streukurven in Abb. 3.29 mit ihren tiefen Minima sind typisch für nahezu kugelförmige Teilchen; die über die Streuamplituden berechneten Elektronendichteverteilungen ermöglichen bei bekannter chemischer Zusammensetzung die Aufstellung von Modellen (Abb. 3.30). Man sieht, daß der Kern des Teilchens eine Umwandlung von einem

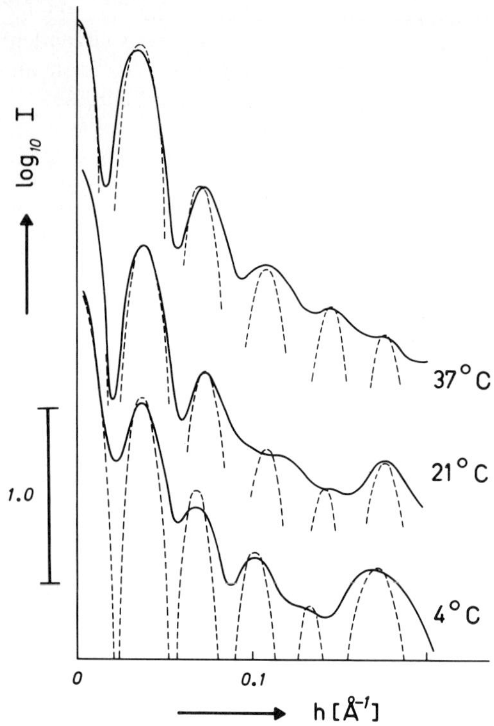

Abb. 3.29. Streukurven von menschlichem Lipoprotein LpB. [Laggner,P., Degovics,G., Müller,K.W., Glatter,O., Kratky,O., Kostner,G., Holasek,A.: Hoppe-Seylers Z. Physiol. Chem. **358**, 771 (1977)]

hochgeordneten Zustand bei tiefen Temperaturen in den ungeordneten bei hohen Temperaturen durchmacht. Diese Veränderung ist reversibel zwischen 4° und 40° C.

Es gibt auch Symmetriebeziehungen, welche trotz Mittelung über den Raumwinkel zu analytisch darstellbaren Transformationen zwischen Streuamplitude und Elektronendichte führen, so daß die Elektronendichtefunktion nach Umwandlung der Intensitätsfunktion zur Amplitudenfunktion berechnet werden kann (langgestreckte Teilchen mit rotationssymmetrischem Querschnitt, blattförmige Teilchen mit Spiegelebenen parallel zur Blattebene). Bezüglich Theorie und Anwendung sei auf die Literatur verwiesen.

3.2.2.3 Approximation der Teilchenform durch Vergleich mit theoretischen Streukurven

Alle bisher besprochenen Parameter, die Dimensionen und Massen betreffen, sind nach einfachen Beziehungen und ohne Probieren bestimmbar. Sowie man aber eine genauere Information über den räumlichen Aufbau erhalten will, kommt man ohne "trial and error" nicht mehr aus.

a) Vergleich mit Streukurven dreiachsiger einfacher Körper

Wesentlich besser als durch den Unsymmetriefaktor wird die reale Gestalt der Teilchen angenähert, indem man die experimentelle Streukurve mit theoretisch berechneten Streukurven von dreiachsigen, einfachen geometrischen Körpern vergleicht und jene Kurve aussucht, die mit der experimentellen am besten übereinstimmt. Man sagt dann, sie sei mit dem realen Körper *streuungsäquivalent*. Der so ausgesuchte zwei- oder dreiachsige Körper ist somit ein Modell für das reale Teilchen, das jedenfalls eine erste Näherung an die Wirklichkeit darstellt.

Wir kommen nochmals auf die Glutaminsäure-Dehydrogenase zurück. Es wurde schon erwähnt, daß die verschiedenen Assoziate Längenverhältnisse von 1:2:4 besitzen. Abbildung 3.31 bringt nun einen Formvergleich der gesamten Streukurven dieser Teil-

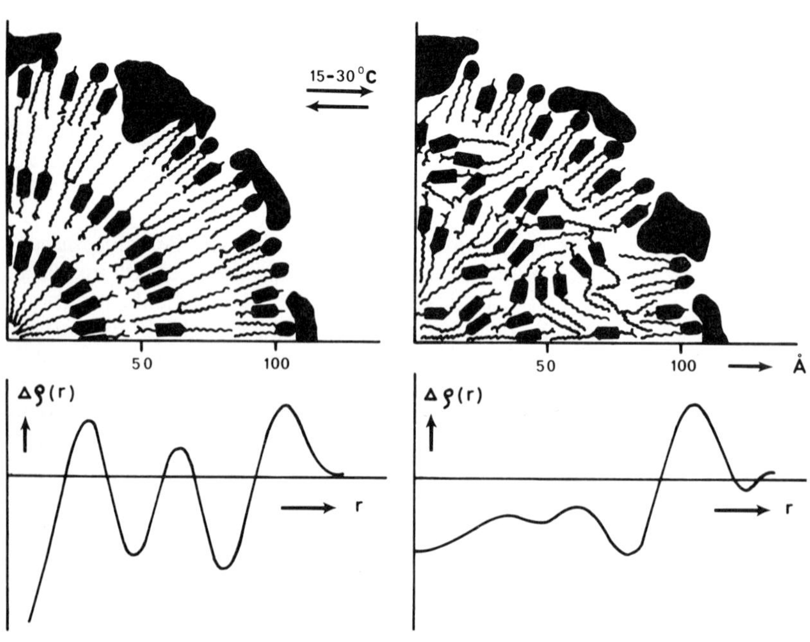

Abb. 3.30. Idealisierter Querschnitt von LpB, abgeleitet aus der im unteren Teil der Figur dargestellten radialen Elektronendichteverteilung. [Laggner, P., Degovics, G., Müller, K.W., Glatter, O., Kratky, O., Kostner, G., Holasek, A.: Hoppe-Seylers Z. Physiol. Chem. **358**, 771 (1977)]

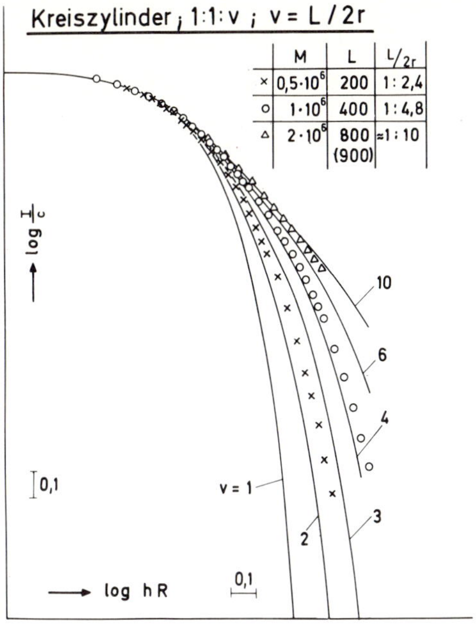

Abb. 3.31. Theoretische Streukurven für Kreiszylinder (volle Linien). Die Zahlen bedeuten die Verhältnisse der Längen zum Durchmesser. Die eingezeichneten Punkte stellen die experimentellen Streukurven von Glutaminsäuredehydrogenase dar. [Sund, H., Pilz, I., Herbst, M.: Eur. J. Biochem. **7**, 517 (1969)]

chen mit einer Schar theoretischer Kurven von Zylindern mit verschiedenen Achsenverhältnissen. Man sieht, wie gut sich die experimentellen Kurven in dieses Bild einfügen. Die durch Interpolation erhaltenen Achsenverhältnisse entsprechen genau den Längenverhältnissen (vgl. die Tabelle in der Abbildung).

In diesem Fall hat es genügt, die Streuungsäquivalenz im Bereich des Hauptmaximums herzustellen. Oft gelingt es auch, das 1. Nebenmaximum (Lage und Intensität) in dieser Weise zu interpretieren und damit eine genauere Gestaltinformation zu erzielen.

Sehr instruktiv in dieser Hinsicht ist die Formbestimmung von Hämocyanin. Nach elektronenmikroskopischen Befunden war ein Hohlzylinder zu erwarten. Man sieht in Abb. 3.32 die theoretischen Streukurven für Hohlzylinder mit verschiedenen Verhältnissen des inneren zum äußeren Durchmesser. Wie bei allen Hohlkörpern steigt die Intensität des ersten Nebenmaximums relativ zum Hauptmaximum mit dem „Hohlheitsgrad“ an. Die experimentelle Kurve fügt sich gut in diese Kurvenschar und führt auf ein Verhältnis des inneren zum äußeren Durchmesser von 0:45.

b) Approximation durch Gestalten, die aus mehreren einfachen Körpern zusammengesetzt sind

Neben zahlreichen anderen Fällen, wo aus dem ersten und zweiten Maximum eine gute Streuungsäquivalenz mit einem einfachen geometrischen Körper gefunden werden konnte, gibt es auch Beispiele, wo sich nicht einmal das Hauptmaximum in dieser Weise deuten läßt. Es sei das IgG-Immunoglobulin angeführt. Da eine langgestreckte Gestalt nach der chemischen Struktur anzunehmen war, liegt es nahe, den Querschnittsfaktor anzusehen. Wie Abb. 3.33 zeigt, besteht er aus zwei Ästen, d. h. es liegen offenbar zwei Querschnitte vor. Nach der chemischen Aufklärung durch Edelman war zu erwarten, daß von einem zentralen, länglichen Teil zwei langgestreckte dünnere Seitenarme ausgehen. Es wurden daher theoretische Streukurven berechnet, die aus 3 dreiachsigen Körpern in verschiedener Weise zusammengesetzt sind. Abbildung 3.33 zeigt, daß das gestreckte Modell eine mit dem experimentellen ausgezeichnet übereinstimmende Streukurve liefert.

c) Modell aus zahlreichen kleinen Kugeln

Wenn einfache Modelle zu keinem befriedigenden Ergebnis führen, dann gibt es die Möglichkeit, aus vielen kleineren Kugeln Modelle aufzubauen und nun durch trial and error eine Annäherung an die Streuungsäquivalenz von Modell und realem Teilchen anzustreben.

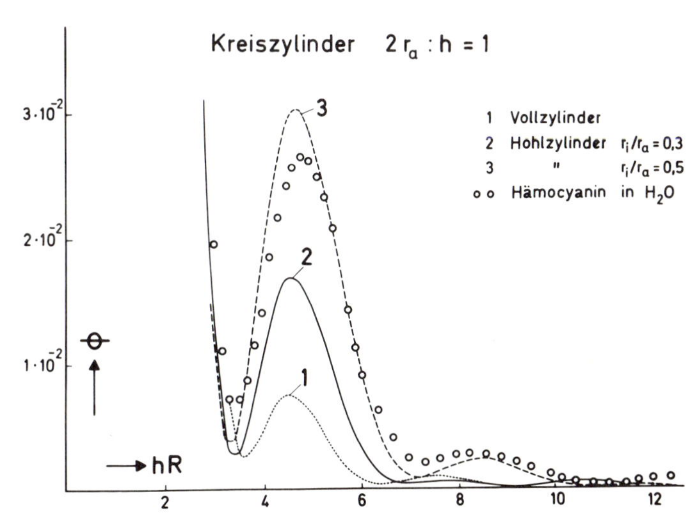

Abb. 3.32. Außenteil der Streukurve des Hämocyanins von Helix Pomatia, verglichen mit theoretischen Streukurven von Hohlzylinder mit den in der Figur angegebenen Verhältnissen des inneren zum äußeren Radius r_i/r_a. [Pilz, I., Kratky, O., Moring-Claesson, I.: Z. Naturforsch. **25**b, 600 (1970)]

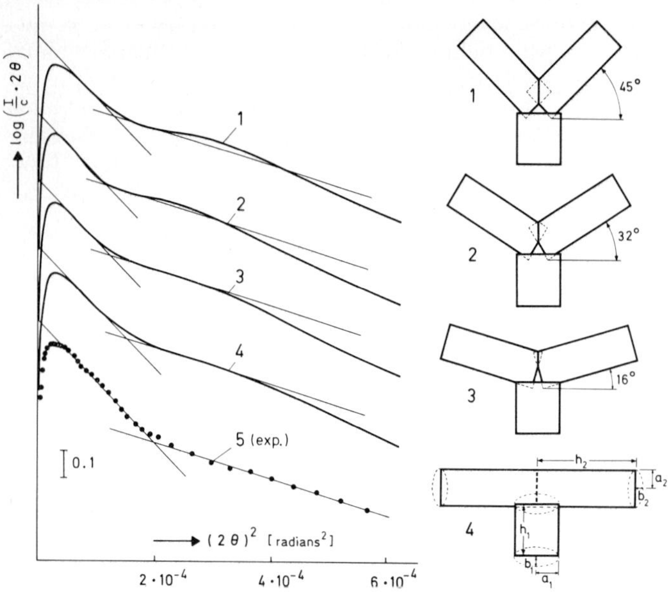

Abb. 3.33. Berechnete Querschnittskurven (1–4) der im rechten Teil der Figur dargestellten *Y*- und *T*-förmigen Modelle (1–4) des IgG-Moleküls in Lösung. Die experimentelle Kurve (5) entspricht am besten dem Modell 4. [Pilz, I., Puchwein, G., Kratky, O., Herbst, M., Haager, O., Gall, W. E., Edelmann, G. M.: Biochemistry **9**, 211 (1970)]

Die Berechnung der Streukurve erfolgt hier nach (3.63). Die kleinen Kugeln sind dabei nicht als echte Grundbausteine zu betrachten, sondern lediglich als Hilfsmittel, um eine gewünschte Formgebung der Gesamtgestalt zu erzielen. Es ist allerdings in der Regel notwendig, zusätzlich Informationen anderer Art, d.h. Anregungen über die Konzeption der Gestalt im Großen zur Verfügung zu haben, sonst ist die Arbeit uferlos.

3.2.2.4 Kontrastvariation

Gelingt es *nicht* unter Annahme einer homogenen Elektronendichte die Gestaltsbestimmung durch Vergleich mit theoretisch berechneten Kurven durchzuführen bzw. weiß man aus Informationen anderer Art, daß beträchtliche Inhomogenitäten der Elektronendichte vorliegen, so gibt es doch einen Weg, zu wertvollen Informationen zu gelangen, und zwar durch Variation der Elektronendichte des Lösungsmittels. Es ließ sich zeigen (Stuhrmann), daß aufgrund von Messungen in mindestens drei Lösungsmitteln verschiedener Elektronendichte die Streufunktion J in 3 Terme aufgespalten werden kann:

$$J = J_1 + J_{01} + J_0 \tag{3.79}$$

J_1 ist die Streufunktion eines mit der wirklichen Partikelform gleichen, jedoch gleichmäßig mit Elektronendichte erfüllten Teilchens, sie läßt sich daher mit theoretisch berechneten Streufunktionen homogener Körper vergleichen und liefert die umhüllende Gesamtgestalt. J_0 ist die Streufunktion, welche die reale Partikel in einem Lösungsmittel hätte, dessen Elektronendichte gleich der mittleren Elektronendichte der Partikel ist. Diese Information gibt wichtige Hinweise insbesondere über den Grad der Ungleichmäßigkeit der Elektronendichte. J_{01} ist eine gemischte Funktion, die hier nicht diskutiert werden soll.

Eine Schwierigkeit dieses Verfahrens besteht darin, daß man die Elektronendichte nur in recht engen Grenzen variieren kann. In wäßrigen Medien, die für biologische Moleküle im allgemeinen verwendet werden, kann die Elektronendichte durch Zusatz von Rohrzucker oder Phosphorsäure erhöht werden, aber eben nicht sehr viel.

Im letzten Jahrzehnt ist man mit aus diesem Grund zunehmend dazu übergegangen, anstelle von Röntgenstrahlen Neutronenstrahlen abzubeugen. Der große Vorteil ist der, daß sich hier eine viel größere Kontrastvariation erzielen läßt, und zwar aus folgendem Grund:

Während bei Streuung der Röntgenstrahlen die Streukraft proportional mit der Zahl der Elektronen pro Volumseinheit wächst und daher das Einbringen von Zucker und Phosphorsäure in dieser Hinsicht nicht viel ergibt, hat für Neutronenstreuung D_2O eine ungleich höhere Streukraft als H_2O und man ist daher in der Lage, durch eine H_2O-D_2O-Mischung eine in allen Fällen ausreichend hohe Streukraft zu erzielen, ohne wesentliche Gefahr einer Veränderung der gelösten Teilchen. Diese überraschende Tatsache hängt damit zusammen, daß die Neutronen an den Atom*kernen* gebeugt werden und deren Streukraft („Streulänge") von Element zu Element in unregelmäßiger Weise variiert und dabei zwischen H und D ein gewaltiger Sprung zu großen Werten erfolgt. Daß sich dadurch neue Informationen erhalten lassen, sei durch ein einfaches Beispiel demonstriert.

Für eine Partikel, die aus den Bausteinen 1 und 2, etwa einem Proteinmolekül und einem Nukleinsäuremolekül (z.B. Ribosomen), zusammengesetzt sei, soll eine Aussage über die gegenseitige Lage der Bausteine gemacht werden. Der Streumassenradius des Gesamtteilchens sei R, sein Molekulargewicht M. Die Molekulargewichte der Bausteine seien M_1 und M_2. Nun wird die ganze Partikel in ein H_2O-D_2O-Gemisch von gleicher Streulängendichte wie Baustein 1 gebracht, so daß dessen Streuung ausgelöscht ist. Was man jetzt mißt, kommt nur vom Teilchen 2 und es kann daher sein Streumassenradius R_2 bestimmt werden. Stellt man umgekehrt das H_2O-D_2O-Gemisch auf das Teilchen 2 ein, so erhält man durch die entsprechende Prozedur den Streumassenradius R_1 des Teilchens 1. Es gilt dann nach dem Steinerschen Satz

$$MR^2 = M_1R_1^2 + M_2R_2^2 + \frac{M_1M_2}{M} \cdot d^2 \tag{3.80}$$

wo d den Abstand der Schwerpunkte beider Teilchen bedeutet, der aus obiger Beziehung, da alle anderen Größen bekannt sind, entnommen werden kann. Diese Angabe ermöglicht oft, die räumliche Lagerung von Bausteinen aufzuklären.

Das Verfahren läßt sich auch anwenden, wenn das Teilchen aus Bestandteilen gleicher Dichte besteht (z. B. nur aus Proteinen) aber Bestandteile durch chemische Verfahren abgetrennt und wieder angelagert werden können. Setzt man dabei das Teilchen aus nicht-deuterierten und deuterierten Elementen zusammen, so liegt wieder der obige Fall eines Teilchens mit verschieden streuenden Komponenten vor. Die Herstellung deuterierter Teilchen erfolgt durch Züchtung von Mikroorganismen in deuterierten Medien. Das bedeutet natürlich, daß dieser Untersuchung nur Teilchen zugänglich sind, welche in Mikroorganismen vorkommen.

3.2.2.5 Markentriangulationsmethode[3]

Eine der Schwächen der Kleinwinkelmethoden ist die relativ geringe Meßinformation (Mittelung über alle Teilchenorientierungen!), welche es zwar erlaubt, Größe, Molekulargewicht und — mit gewissen Einschränkungen — auch die Form der Teilchen zu untersuchen, welche aber bei der Behandlung komplexer Strukturen sehr schnell zu Grenzen und zur Vieldeutigkeit führen kann. In den modernen Entwicklungen der Kleinwinkeltechnik ist man daher bestrebt, die experimentelle Grundlage zu erweitern. Bereits die Kontrastvariationsmethode führt zu einer solchen Erweiterung der Meßinformation; die Auswertung erfolgt auf der Basis einer Reihe von Strukturen (mit verschiedenem Kontrast). Man kann die Meßinformation auch erweitern, wenn man das Teilchen in verschiedener Weise modifiziert (z. B. Einbau schwerer Atome, partielle Deuterierung) und die entsprechenden Strukturen zur Auswertung heranzieht. Das ist in letzter Zeit öfters getan worden. Freilich muß man auch in diesen Fällen mit trial und error Methoden arbeiten. In der Markentriangulationsmethode (Hoppe, Engelmann und Moore) wurde nun ein systematisches Verfahren zur Analyse der Quartärstruktur von Partikeln angegeben, das freilich auf Komplexe beschränkt ist, die im wesentlichen aus verschiedenen Bausteinen zusammengesetzt sind und die sich mit chemischen Methoden in ihre Bausteine zerlegen und wieder zusammensetzen lassen (z. B. Ribosomen, DNA-abhängige RNA-Polymerase).

Das Prinzip ist eigentlich der Geographie (Landesvermessung) entnommen, wo man die Anordnung („Struktur") von Triangulationspunkten durch ein Netz von Dreiecken bestimmt. Bekanntlich ist ein Dreieck durch eine Seite und 2 Winkel, durch 2 Seiten und einen Winkel oder durch 3 Seiten bestimmt. In der Markentriangulationsmethode werden die Dreiecke nach der 3. Variante bestimmt, wobei gezielt Marken an verschiedene Stellen des Komplexes eingesetzt werden, deren Abstände sukzessive zu vermessen sind. Als Marken können bei Röntgenbeugung schwere Atome verwendet werden. Man kann aber auch die betreffenden Untereinheiten deuterieren, so daß sie selber als „Marken" (im Neutronenbeugungsexperiment) wirken.

Zur Abstandsmessung wird ein Verfahren angewandt, das schon vor längerer Zeit ausgearbeitet wurde (Kratky und Worthmann). In der Markentriangulationsmethode wird es in folgenden Varianten angewendet: Für die Abstandsmessung der markierten Untereinheiten A und B im Komplex werden folgende Präparate hergestellt:

a Komplex markiert in A und B
b Komplex markiert in A
c Komplex markiert in B
d unmarkierter Komplex.

Man kann nun entweder Streukurven von gleichkonzentrierten Lösungen aller vier Präparate a bis d messen, oder man kann a mit d sowie b mit c in gleichen Teilen mischen und an den zwei Mischungen Streukurven messen. Es läßt sich nun zeigen, daß sowohl die Differenz der Summe der Streukurven $a+d$ minus $b+c$ als auch die Differenz der Streukurven der Mischungen $a+d$ bzw. $b+c$ durch eine einfache Beziehung beschrieben werden kann. Im Falle von Schweratommarken folgt für den gesuchten Abstand:

$$\begin{aligned} I_D &\sim (f_A f_B \sin x)/x \\ x &= (4\pi d \sin\theta)/\lambda . \end{aligned} \tag{3.81}$$

f_A und f_B sind die Atomformfaktoren der Schweratome. Im allgemeinen Fall (Deuterierung der Proteine) wird aber I_D auch durch Form und Orientierung der Marken beeinflußt. Durch Fouriertransformation von I_D erhält man eine Abstandsfunktion $d(r)$, welche der $p(r)$-Funktion in (3.76) entspricht. Während aber $p(r)$ die Gewichte aller Abstände in *einem* Teilchen beschreibt, kennzeichnet $d(r)$ alle möglichen Abstände *zwischen* den beiden Marken. Beginnt z. B. $d(r)$ im Ursprung, so ist der kürzeste Zwischenteilchenabstand Null, was bedeutet, daß sich die Marken berühren. $d(r)$ ist offenbar vom Abstand der Marken, ihrer Form und ihrer gegenseitigen Orientierung abhängig.

Überraschenderweise sind nun beide Varianten der Abstandsbestimmung nicht völlig gleichartig. Während die Bestimmung über vier Streukurven — analog zur Kleinwinkeltechnik — geringe Konzentrationen

[3] Bearbeitet von W. Hoppe

erfordert, um die Störung durch interpartikuläre Interferenzen klein zu halten, werden bei der Mischungsmethode interpartikuläre Interferenzen eliminiert, so daß beliebige Konzentrationen angewandt werden können (Hoppe). Das ist von Interesse bei der Neutronenbeugungsuntersuchung von großen Komplexen wie von Ribosomen, da dort die markierten Proteine nur einen kleinen Bruchteil des Gesamtkomplexes ausmachen. So wurden bei der Untersuchung der 30 S Untereinheit von Ribosomen aus Escherichia coli Konzentrationen von 10% bis 20% angewandt. Trotz dieser hohen Konzentrationen sind aber die Streudifferenzen noch so klein, daß die Messungen an Hochflußreaktoren durchgeführt werden müssen. Die 30 S Untereinheit besteht aus 2/3 RNS und 1/3 Protein. Der Proteinanteil besteht aus 21 verschiedenen, aber etwa gleichgroßen Proteinen. Mit der Markentriangulation konnte der Ort der meisten Proteine bereits bestimmt werden. Hierbei erwies es sich als günstig, daß die als Marken deuterierten Proteine relativ klein im Vergleich zu ihren Abständen sind, so daß ihre Größen und Formen in erster Näherung vernachlässigt werden konnten.

Im Detail beträchtlich verschieden, hat sich die von einer anderen Gruppe durchgeführte Untersuchung der DNA-abhängigen RNA-Polymerase entwickelt. Der Komplex (Molekulargewicht ~500000 Dalton) besteht aus fünf Proteinen, von denen zwei Proteine identisch sind und ein Dimer bilden, welches in der Untersuchung als ein Einzelprotein behandelt werden muß. Eine Triangulation zwischen vier Partikeln scheint einfach zu sein, doch wurde die Aufgabe dadurch erschwert, daß diese Partikel stark elongiert sind und daß naturgemäß die Abstände kurz gegenüber den Partikeldimensionen sein müssen. Eine Separation der Formen- und Orientierungsparameter von dem Abstandsparameter ist bei der Auswertung von $d(r)$ nicht mehr möglich. Dieses Problem ist wegen der zusätzlichen Form- und Orientierungsparameter viel komplexer als man aus der geringen Anzahl von Bausteinen vermuten könnte. Es wurde neben der Markentriangulationsmethode das ganze Arsenal der Kleinwinkelmethoden sinngemäß eingesetzt (Deuterierung der Einzelproteine mit „Farblosmachen" des Restes durch geeignete H_2O-D_2O-Gemische zur Bestimmung der Gestaltparameter, zusätzliche Abstandsmessungen über den Steinerschen Satz etc.). Leider geht bei diesen Untersuchungen die schöne Einfachheit der Markentriangulation mit punktförmigen Markern verloren, und man muß zur Deutung der verschiedenen $p(r)$- und $d(r)$-Funktionen doch wieder zu trial- und error-Verfahren übergehen. Günstig ist freilich, daß die Abstandsfunktionen miteinander so verflochten sind, daß eine gegenseitige Kontrolle der Auswertung möglich wird. In bezug auf Details auf das abgeleitete Modell sei auf die Literatur verwiesen. Röntgen-Triangulationsuntersuchungen mit Schweratomen liegen noch nicht vor. Hingegen wurde in einigen Fällen (Histidin-Dekarboxylase, Hämoglobin) ein Markenabstand (Quecksilberionen als Marken) vermessen.

3.2.2.6 Zur experimentellen Methodik

Die Kleinwinkelmethode hat ein breites Spektrum. Es erstreckt sich von der einfachen Labormethode bis hin zu Untersuchungen, welche langwierige, biochemische Arbeiten und Messungen an Hochflußreaktoren oder mit Synchrotronstrahlung erfordern. Entsprechend vielfältig ist auch die experimentelle Methodik geworden. Das Prinzip ist einfach: Ein fein ausgeblendeter Primärstrahl trifft das Präparat. Die Streustrahlung ändert sich nur mit dem Streuwinkel — sie ist also auf einem flächenhaften Detektor (z. B. photographischer Film) konstant entlang Kreisen um den Primärstrahl. Es genügt daher, nur entlang einer radialen Richtung zu messen. Das Problem ist die Erreichung einer großen Winkelauflösung und die Vermeidung von Streuung durch die Blenden des Primärstrahls, die insbesondere dessen unmittelbare Umgebung verschleiern würde. In einer kommerziellen Laborapparatur wird das durch spezielle Formung von Spaltblenden erreicht. Spaltblenden führen zu einer Vergrößerung des Primärstrahlquerschnittes bei Erhaltung der Winkeldivergenz und damit zu einer Verkürzung der Aufnahmezeiten. Man muß allerdings die bei Spaltabtastung gemessene Streukurve entzerren („entschmieren"). Bei Neutronenstrahlreaktoren und bei Synchrotronstrahlung benutzt man hingegen kreisförmige Primärstrahlblenden (Radius im cm-Bereich!) und erreicht die nötige geringe Strahldivergenz durch Strahllängen von mehreren Metern. Charakteristisch ist dort ferner die Verwendung von flächenhaft empfindlichen elektronischen Zählern (Matrixdetektoren), welche die gesamte Streustrahlung registrieren. Bei der Auswertung werden die Signale entlang Kreislinien summiert, um ein gutes Signal-Rausch-Verhältnis zu erzielen.

Literaturauswahl

Guinier, A., Fournet, G.: Small Angle Scattering of X-Rays. New York: I. Wiley Sons Inc. and London: Chapmann & Hall 1955.

Beeman, W., Kaesberg, P., Anderegg, J.W., Webb, M.B.: Size of particles and lattice defects. Handb. Phys. **32**, 322–389 (1957).

Kratky, O.: X-ray small angle scattering with substances of biological interest in diluted solution. Prog. Biophys. **13**, 105–173 (1963).

Brumberger, H.: Small-Angle X-Ray Scattering: New York, London, Paris: Gordon and Breach 1967.

Kratky, O., Pilz, I.: Recent advances and applications of diffuse X-ray small-angle scattering on biopolymers in dilute solutions. Q. Rev. Biophys. **5**, 481–537 (1972).

Pilz, I.: Small-Angle X-Ray Scattering. In: Physical Principles and Techniques of Protein Chemistry, Part C London, New York: Academic Press 1973, pp. 141–243.

Pessen, H., Kumosinsky, T.F., Timasheff, S.N.: Small-angle X-ray scattering. Methods Enzymol. **27**, 151–209 (1973).

Kratky, O., Pilz, I.: A. Comparison of X-ray small-angle scattering results to crystal structure analysis and other physical techniques in the field of biological macromolecules. Q. Rev. Biophys. **2**, 39–70 (1978).

Pilz, I., Glatter, O., Kratky, O.: Small-angle X-ray scattering. Methods Enzymol **61**, 148–249 (1979).

3.2.3 Strukturanalyse mit Elektronenstrahlen (Elektronenmikroskopie)

WALTER HOPPE

3.2.3.1 Einleitung

Erst nach der Erfindung des Lichtmikroskops konnte der vielzelluläre Aufbau der meisten pflanzlichen und tierischen Lebewesen aufgeklärt und die Welt der einzelligen Organismen (Amöben, Bakterien) entdeckt werden. Da nach bekannten optischen Prinzipien die Auflösung auf ca. $\lambda/2$ begrenzt ist, können Einzelheiten unterhalb eines Abstandes von $\sim 0{,}2$ µm nicht mehr erkannt werden. Aber gerade unterhalb dieser Dimension beginnt die „Welt in der Zelle" besonders interessant zu werden und es war der Traum eines jeden Biologen, ein Gerät mit besserem Auflösungsvermögen in die Hand zu bekommen. Einiges kann man noch gewinnen, wenn man zu der etwas kurzwelligeren ultravioletten Strahlung übergeht. Allerdings ist die Strahlung „unsichtbar", was aber keine grundsätzlichen Schwierigkeiten bereitet, da das mit ihr erzeugte Bild durch einen Strahlentransformator (Fluoreszenzschicht, Photoplatte) sichtbar gemacht werden kann. Allerdings ist die hier erreichbare Auflösungserhöhung recht mäßig. Um fast den Faktor 1000 könnte man die Auflösung erhöhen, wenn man von den elektromagnetischen Wellen „Licht" zu den elektromagnetischen Wellen „Röntgenstrahlen" übergehen würde. Man liest meist in Lehrbüchern, daß die Benutzung dieser Strahlung für ein Mikroskop unmöglich ist, da es keine genügend stark ablenkenden Spiegel und Linsen für diese Strahlung gibt. Das ist richtig; aber auch bei Vorhandensein geeigneter optischer Elemente würde man kein brauchbares Röntgenmikroskop für atomare Auflösung bauen können. Denn ebenso wichtig wie Brechung und Reflexion ist die Wechselwirkung mit dem Objekt. Bereits im Artikel über Röntgenbeugung wurde darauf hingewiesen, daß diese Wechselwirkung außerordentlich schwach ist. Die gleiche physikalische Ursache, welche erlaubt, einen menschlichen Körper zu durchleuchten, würde ein Bakterium in einem Röntgenmikroskop völlig kontrastlos erscheinen lassen. Vom Standpunkt der Wechselwirkung geradezu ideal ist die Elektronenstrahlung. Da bereits bei mittleren Spannungen die Wellenlänge nur einige Hundertstel Å beträgt, ist auch keine Auflösungsbeschränkung durch Beugung zu befürchten. Ferner lassen sich Elektronen durch elektrische und magnetische Felder in ihrer Richtung beeinflussen („brechen" und „reflektieren"). Zuletzt sollte noch erwähnt werden, daß eine Elektronenstrahlquelle sehr viel effizienter ist als eine Quelle elektromagnetischer Strahlung. Die üblichen elektromagnetischen Quellen (Laser ausgenommen) strahlen mehr oder minder gleichmäßig in alle Raumrichtungen. Die Elektronen bewegen sich jedoch nur in Richtung des beschleunigenden Feldes. Erzeugt man kurzwellige elektromagnetische Strahlung (Röntgenstrahlung) durch Elektronenstoß, so ist zudem der Konversionsfaktor sehr klein (weit unter 1% bei einer Anregung mit 100 kV Elektronen). Tatsächlich lassen sich im Elektronenmikroskop mit Elektronenströmen von µA Bilder in mehrhunderttausendfacher Vergrößerung mit Belichtungszeiten von Sekunden herstellen, während Belichtungszeiten von vielen Stunden in der Röntgenstrukturanalyse durchaus üblich sind. Nun hat die Elektronenstrahlung auch Eigenschaften, die bei einem abbildenden Gerät weniger sympathisch sind. Während man in einem Lichtmikroskop ein biologisches Präparat stundenlang beobachten kann, ohne daß eine Veränderung festzustellen ist, wirken Elektronenstrahlen sehr stark auf das zu untersuchende Präparat ein. Tatsächlich ist — wie später noch im einzelnen gezeigt wird — die Strahlenschädigung des Präparates eine der grundsätzlichen Barrieren in der Elektronenmikroskopie. Bedenken bezüglich eines katastrophalen Einflusses der Strahlenschädigung hatten zu Beginn der Entwicklung des Elektronenmikroskops bewirkt, daß ausgezeichnete Physiker die Elektronenmikroskopie in scharfen Polemiken als ein sinnloses Unterfangen bezeichneten. Glücklicherweise ließen sich die Entwickler des Elektronenmikroskops von der Kritik nicht beeinflussen. Wieviel ärmer wäre unsere naturwissenschaftliche Erkenntnis ohne das Elektronenmikroskop!

Die theoretischen Elektronenoptiker konnten zeigen, daß die fast ausschließlich verwendeten eisengekapselten Magnetlinsen Grenzauflösungen von 0,2–0,3 nm erlauben. Diese Auflösung liegt so nahe bei der atomaren Auflösung von ca. 0,1 nm, daß die Elektronenmikroskopiker begannen, den Traum von der atomaren Auflösung — also vom unmittelbaren Sehen der Atome in den Objekten — zu träumen. Theoretische elektronenoptische Überlegungen zeigen, daß schon ein Erhöhen der Spannung auf ca. 1000000 Volt zu einer theoretischen Grenzauflösung von etwa 0,1 nm führen sollte. Hochspannungselektronenmikroskope bis 3000000 Volt sind aus anderen Gründen an verschiedenen Stellen gebaut worden (die allerdings die Grenzauflösung wegen Erschütterungen nicht erreichen). Außerdem existieren schon seit längerer Zeit Berechnungen von neuartigen Linsensystemen (neuerdings auch experimentelle Untersuchungen), welche auch bei Mittelspannungen (Größenordnung 100 kV) das Erreichen der atomaren Auflösungsgrenze ermöglichen sollten.

Aber gleichzeitig mit diesen optimistischen Ansätzen begann sich ein gewisses Unbehagen auszubreiten. Schon an den Grenzen der bisher erreichbaren Auflösung von 0,2–0,3 nm wurde es immer schwieriger zu verstehen, was man eigentlich sah. Optische Artefakte in starker Abhängigkeit von der Defokussierung, primäre Strahlenschäden, sekundärer Auf- und Abbau von Atomen über Reaktionen mit dem Restgas im Vakuum verknäuelten sich miteinander zu einem unentwirrbaren Komplex. Vor allem aber wurde immer mehr klar, daß die Elektronenmikroskopiker bei ihrem Streben nach höchster Auflösung gegen ein einfaches optisches Grundgesetz verstießen: Im Lichtmikroskop ist ein Präparat nur dann einwandfrei zu deuten, wenn es „dünn“ ist, wenn seine Dicke um vielleicht den Faktor 5 größer ist als die Auflösung. Bei sehr hohen Vergrößerungen kann man in der Lichtmikroskopie einen zusätzlichen Trick verwenden. Um hohe Auflösungen zu garantieren, muß der Öffnungswinkel des Objektives sehr groß — in der Nähe von 180° — sein. Das bedeutet aber, daß die Tiefenschärfe des Objektives sehr gering ist — ähnlich wie auch bei einer lichtstarken Photokamera die Tiefenschärfe mit der Öffnung des Objektives abnimmt. Das bedeutet, daß nur Einzelheiten in der Fokussierungsebene scharf erscheinen, während Einzelheiten über und unterhalb dieser Ebene sehr rasch in einem grauen diffusen Schleier verschwinden. Dieser einfache Weg der Auffächerung der Bilder nach ihrer Tiefe im Objekt ist beim Elektronenmikroskop nicht — oder zumindest nicht so konsequent — gangbar. Die Wellenlänge der Elektronenstrahlen ist sehr kurz (3.82):

$$\lambda = h/m_e v\,, \tag{3.82}$$

oder relativistisch

$$\lambda = h\sqrt{1-v^2/c^2}/m_e v \tag{3.83}$$

(m_e = Elektronenmasse, v = Elektronengeschwindigkeit, c = Lichtgeschwindigkeit). Bei 100 kV ist z.B. $\lambda = 0{,}0037$ nm.

Daher genügen Objektive mit Öffnungswinkeln von der Größenordnung Grad, um die Grenzauflösung zu erreichen. Das ist — elektronenoptisch gesehen — ein Glück, da die Magnetlinsen optisch außerordentlich schlecht sind und nur bei kleinen Öffnungswinkeln brauchbare Abbildungseigenschaften besitzen. Andererseits führt aber die diesen kleinen Öffnungen entsprechende große Tiefenschärfe dazu, daß alle Schichten des Präparats übereinander projiziert werden. Zudem bewirkt — wie später ausgeführt wird — die kohärente Beleuchtung im Elektronenmikroskop, daß nichtfokussierte Schichten nicht „unscharf“ verschwinden, sondern verzerrt im Bild verbleiben. Die dünnsten elektronenmikroskopischen Präparate sind vielleicht 3 nm dick. Das ist etwa die Dicke eines kleinen Proteinmoleküls. Auch in der Röntgenkristallstrukturanalyse eines Proteins kann man — etwa mit 0,2 nm Auflösung — ein Protein auf eine Ebene projizieren. Dem Proteinkristallstrukturanalytiker war es aber seit Beginn seiner strukturellen Arbeit klar, daß derartige Proteinprojektionen völlig undeutbar sind. Natürlich ist es bei dieser Schlußfolgerung gleichgültig, ob man Proteine oder sonst ein anderes Präparat — z.B. eine amorphe Folie — betrachtet. Die Anzahl der Atome im Einheitsvolumen — auf die es hier ankommt — ist ungefähr gleich.

Besonders kritisch ist aber auch die Strahlschädigung bei organischen Präparaten. Die Strahlendosis, die organische Strukturen vertragen, ist vollkommen unzureichend für die Abbildung bei den erreichbaren Auflösungen von 0,2–0,3 nm. Man muß dabei bedenken, daß einem das beste Mikroskop nichts nützt, wenn wegen einer zu geringen Strahldosis fast keine Elektronen die Bildfläche erreichen. Aber auch hier haben sich die Experimentatoren eine Anzahl von Kunstgriffen überlegt, um überleben zu können. Freilich gelingt das — wie später gezeigt wird — nur für biologisch signifikante Auflösung von 1–2 nm. Trotzdem ist einzusehen, daß diese Methoden (z.B. für die Untersuchung der Quartärstruktur der im Artikel Röntgenbeugung diskutierten Riesenmoleküle mit Molekulargewichten von mehreren Millionen) nützlich sind. Allerdings gilt auch hier der Einwand, daß eine Deutung der Bilder wegen der Projektion der Struktur auf eine Ebene außerordentlich erschwert wird. Riesenmoleküle haben Dicken in der Größenordnung von 20–30 nm. Nimmt man eine biologisch signifikante Auflösung von 1,5 nm bei einer Schichtdicke von 22,5 nm an, so ist das Verhältnis von Dicke zur Auflösung genau gleich wie beim oben erwähnten Hochauflösungsproblem der Deutung eines 3 nm dicken Proteinmoleküls bei 0,2 nm Auflösung!

Es besteht aber auch die Möglichkeit, ein Elektronenmikroskop nicht als Weiterentwicklung des Lichtmikroskops, sondern als Analogon zu einem Röntgendiffraktometer zu betrachten. Denn die theoretischen Grundlagen der Beugung von Elektronen und der Beugung von Röntgenstrahlen sind gleich. Damit ergeben sich neue Antworten auf die soeben angeschnittenen Fragen. Tatsächlich ist das in letzter Zeit etwas erstarrte Gebiet der Elektronenmikroskopie neuerdings wieder in Bewegung geraten. Und es ergeben sich faszinierende neue Möglichkeiten zur Strukturanalyse von Biomolekülen.

Ein tieferes Verständnis der Elektronenmikroskopie — insbesondere in ihren neueren Entwicklungen — setzt eine Kenntnis der Grundlagen der Beugungsverfahren voraus, wie sie im Artikel für Röntgenbeugung entwickelt wurden.

3.2.3.2 Das Elektronenmikroskop als Abbildungsgerät

Abbildung 3.34 zeigt den analogen Aufbau eines Lichtmikroskops mit Photographiereinrichtung und eines Elektronenmikroskops. Um den Vergleich zu erleichtern, ist das Lichtmikroskop in der beim Elektronenmikroskop üblichen Anordnung — also mit geradlinigem Strahlengang von oben nach unten — dargestellt. Etwas ungewöhnlich ist nur die Zwischenlinse, welche man beim Lichtmikroskop zwischen Objektiv und Projektionsokular (Projektionslinse) anbringen müßte. Das Elektronenmikroskop vergrößert also in 3 (manchmal sogar in 4 oder 5) Stufen statt in den im Lichtmikroskop üblichen 2 Stufen. Das ist nötig, da die elektronenmikroskopische Vergrößerung bis auf einige 100000fach einstellbar sein muß, während eine lichtmikroskopische Vergrößerung über etwa 1000-fach sinnlos ist. Als Linsen werden durchwegs (rotationssymmetrische) eisengekapselte Magnetspulen verwendet, deren Fehlerkonstanten gegenüber den früher verwendeten elektrostatischen Linsen um etwa eine Größenordnung geringer sind. Neuerdings sind Versuche unternommen worden, supraleitende Spulen

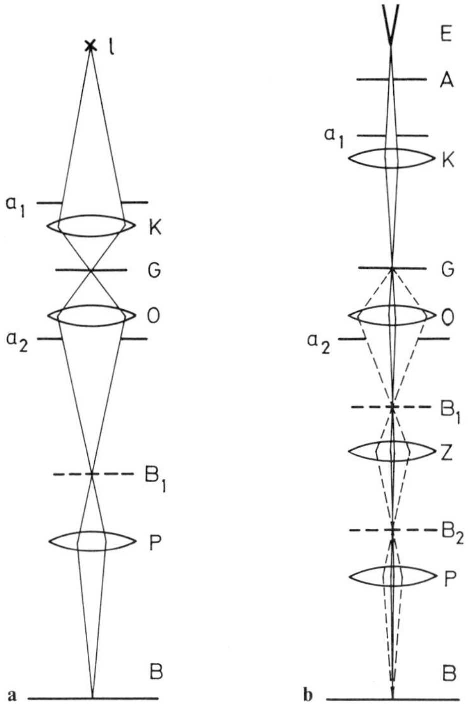

Abb. 3.34a, b. Vergleich von Lichtmikroskop und Elektronenmikroskop. **a** Zweistufiges Projektionslichtmikroskop mit inkohärenter Hellfeldbeleuchtung. *l* Lichtquelle, *K* Kondensor, *O* Objektiv, *P* Projektionsokular, *G* Gegenstand, B_1 Objektivbild, *B* Projektionsbild, a_1 Kondensoraperturblende, a_2 Objektivaperturblende ($a_1 = a_2$, inkohärente Beleuchtung). **b** Dreistufiges Elektronenmikroskop mit kohärenter Hellfeldbeleuchtung. *E* Elektronenquelle, *A* Anode, *K* Kondensor, *O* Objektiv, *Z* Zwischenlinse, *P* Projektionslinse, *G* Gegenstand, B_1 Objektivbild, B_2 Zwischenbild, *B* Projektionsbild, a_1 Kondensoraperturblende ($a_1 \ll a_2$, kohärente Beleuchtung mit fast parallelem Primärstrahl). Gestreute Strahlen sind strichliert gezeichnet. Sie fallen in **a** in den Primärstrahlkegel, in **b** im allgemeinen außerhalb des Primärstrahlkegels. Eine kleine Defokussierung erzeugt ein unscharfes Bild in **a**, aber ein scharfes und verzerrtes Bild in **b**

mit und ohne Eisenkreise zur Erzeugung der Magnetfelder zu benutzen.

Als Objektträger werden außerordentlich dünne Folien (Dicke 1–10 nm) aus Leichtatomverbindungen (z. B. Kohle, Aluminiumoxyd) verwendet, die meist auf engmaschige Kupfernetzchen aufgebracht werden. Diese Folien sind im Gegensatz zu den Glasobjektträgern in der Lichtmikroskopie nicht strukturlos. Bei hohen Auflösungen überlagert sich ihre Struktur dem Bild des Objektes und verzerrt sein Abbild. Versuche, sehr dünne und glatte Einkristalle als Objektträger zu verwenden, waren bisher nicht sehr erfolgreich. Man kann auch objektträgerfrei arbeiten, wenn man z. B. sehr dünne Schnitte (einige 10 nm) aus Objekten herstellt, welche vorher in einen aushärtbaren Kunststoff eingebettet wurden. Ganz analog wie in der Lichtmikroskopie benutzt man zum Schneiden Mikrotome („Ultramikrotome"), deren Vorschub den dünnen Schichten angepaßt ist. Durch die Hochvakuumschleuse wird das Präparat in den Objektraum gebracht und kann mit einem Kreuztisch in zwei zueinander senkrechten Richtungen verschoben werden. Eine mechanische Höhenverstellung ist im allgemeinen nicht erforderlich, da die magnetischen Linsen „Gummilinsen" sind. Durch Änderung ihrer Erregung läßt sich ihre Brennweite und damit auch ihre Gegenstandsebene verschieben. Erstaunlich ist die außerordentlich hohe mechanische Reproduzierbarkeit und Stabilität von Bewegungen und Einstellungen, die freilich erst nach mühsamer Entwicklung erreicht wurden. Bei hohen Vergrößerungen muß das Präparat um Bruchteile von nm verschiebbar sein. Da die Belichtungszeiten einige Sekunden betragen, darf sich das Präparat in diesen Zeiten auch nicht bewegen. Da elektronische Strahlengänge nicht nur durch die abbildenden Felder, sondern auch durch äußere Störfelder beeinflußt werden, müssen die Geräte sorgfältig elektrisch und magnetisch abgeschirmt werden.

Die Beobachtung des Präparates kann unmittelbar auf einem Fluoreszenzschirm in der Aufnahmeebene erfolgen, der weggeklappt wird, wenn die photographische Aufnahme erfolgt. In modernen Geräten kann das Leuchtschirmbild auch elektronisch verstärkt werden. Das auf einem Durchsichtleuchtschirm erzeugte Bild wird über eine Faseroptik und über ein Bildverstärker-Fernsehsystem auf einen Fernsehmonitor übertragen und kann dort bequem beobachtet werden. Die Empfindlichkeit dieser Anordnungen ist heute so groß, daß die Einschlagstellen einzelner Elektronen auf dem Leuchtschirm sichtbar gemacht werden können.

3.2.3.3 Das biologische Präparat und das Elektronenmikroskop

Es ist schon in der Einleitung erwähnt worden, daß sich die organischen biologischen Präparate (Zellen, Zellorganellen, biogene Makromoleküle) außerordentlich schlecht als elektronenmikroskopische Präparate eignen, da sie durch Elektronenstrahlen zerstört werden. Dies ist nur durch energieübertragende Stoßprozesse — also nicht durch elastische Streuung — möglich. Bedauerlicherweise erleiden aber gerade die Leichtatome — H, C, N, O — mehr inelastische als elastische Elektronenstöße. Bei Kohlenstoff sind z.B. ca. 75% aller Elektronenwechselwirkungen inelastisch und nur 25% elastisch. Durch Änderung der Spannung kann man dieses Verhältnis auch nicht verändern, es ändert sich nur der Streuquerschnitt für *beide* Wechselwirkungen. Die übertragene Energie bei einem inelastischen Streuprozeß ist in der Größenordnung von einigen eV, sie genügt also durchaus, um Bindungen zu trennen. Bemerkenswerterweise tritt der Hauptteil der störenden Wechselwirkung zwischen dem Elektron im Strahl und einem Elektron in der Elektronenhülle des Atoms auf. Strahlenschäden durch Herauswerfen eines Atomkerns sind recht selten ($\sim$0,03%), außerdem muß die Elektronenbeschleunigungsspannung eine gewisse Grenze übersteigen. So lassen sich z.B. Cu-Atome erst ab Spannungen über 600 kV durch Stoß aus dem Präparat entfernen. Diese Grenze hängt von der Masse und der Stärke der Bindung ab; bei Kohlenstoff beträgt sie nur ca. 25 kV, bei Wasserstoff ist sie sogar nur von der Größenordnung von 2–3 kV. Nun ist keineswegs gesagt, daß jede Verletzung der Elektronenhülle (Anregung, Ionisation) zum Aufbrechen einer Bindung führen muß. Bei anorganischen Strukturen kann die Energie in den meisten Fällen ohne Schädigung des Objektes nach außen abgegeben werden. Bei organischen Strukturen — insbesondere bei den aliphatischen Kettenstrukturen der Proteine — wirkt aber ein Großteil der inelastischen Stöße bindungssprengend. Bei aromatischen Molekülen — wie bei den Basen der Nukleinsäuren — sind die Verhältnisse etwas günstiger (etwa um den Faktor 10), allerdings kann man auch da nicht genügend Elektronen für jedes Atom sammeln, um sie im Elektronenmikroskop bei hohen Auflösungen wiedergeben zu können. Diese Verhältnisse sind seit langem theoretisch bekannt. In letzter Zeit gibt es auch sorgfältige experimentelle Untersuchungen, wobei man die Zerstörung eines aus organischen Molekülen bestehenden Kristallgitters, den Massenverlust des Präparates, oder — besonders elegant — die Änderung des Energieverlustspektrums des organischen Moleküls in Abhängigkeit von der Elektronendosis untersucht hat. Leider scheint es keine Mittel zu geben, die Strahlenschädigung merklich zu reduzieren. Sie ist nicht temperaturabhängig — man kann also wenig durch Tiefkühlung gewinnen — und die in der Spektroskopie so beliebten Blitzmethoden führen hier nicht zum Ziel, da die Bindungen bereits nach ca. 10^{-14} s aufgesprengt sind. Kürzere Blitze als etwa 10^{-8}–10^{-9} s sind technisch kaum möglich, aber auch physikalisch nicht mehr sinnvoll. Bei dieser Sachlage tröstet es nur wenig, daß die Elektronen immer noch strahlenschonender arbeiten als etwa die Röntgenstrahlen.

Man muß also zu zwar ingeniösen, aber doch etwas hilflosen Tricks greifen, wenn man etwas über biologische Strukturen erfahren will. Die bekannteste Methode ist die Färbung mit amorphen Schweratomsalzen. Im histologischen Bereich — in dem man sich

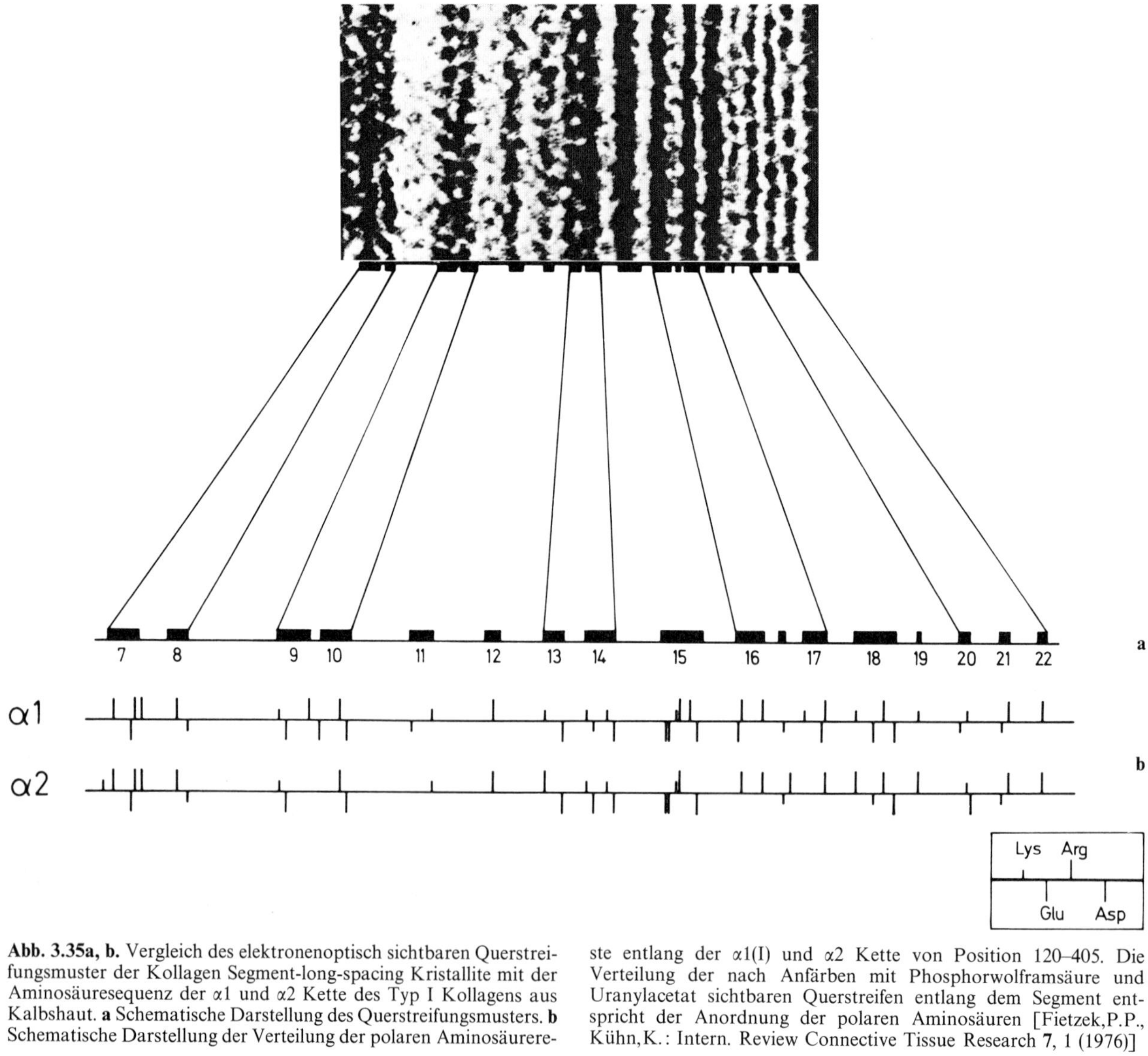

Abb. 3.35a, b. Vergleich des elektronenoptisch sichtbaren Querstreifungsmuster der Kollagen Segment-long-spacing Kristallite mit der Aminosäuresequenz der $\alpha 1$ und $\alpha 2$ Kette des Typ I Kollagens aus Kalbshaut. **a** Schematische Darstellung des Querstreifungsmusters. **b** Schematische Darstellung der Verteilung der polaren Aminosäurereste entlang der $\alpha 1$(I) und $\alpha 2$ Kette von Position 120–405. Die Verteilung der nach Anfärben mit Phosphorwolframsäure und Uranylacetat sichtbaren Querstreifen entlang dem Segment entspricht der Anordnung der polaren Aminosäuren [Fietzek, P.P., Kühn, K.: Intern. Review Connective Tissue Research **7**, 1 (1976)]

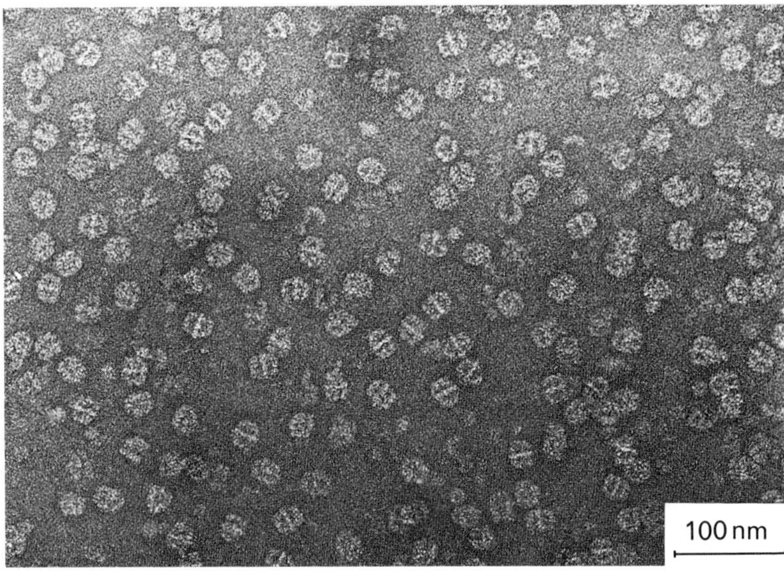

Abb. 3.36. Negativ gefärbte Fettsäuresynthetasemoleküle. Originalaufnahme. Wegen Defokus und schwachem Astigmatismus Verzerrung der Details bei hohen Auflösungen (vgl. Abb. 3.46)

also für den Aufbau der Zellen interessiert — sind die Methoden gut anwendbar, wenn auch eine gewisse Vorsicht am Platze ist, um nicht Präparationsartefakte einzuführen. Der Farbstoffärbung in der Lichtmikroskopie verwandt ist die Positivfärbung. Hierbei werden Schweratome in die organische Matrix eingelagert und man kann diese Schweratomcluster auf Grund ihrer stärkeren Streuung im Elektronenmikroskop sehen. Da die Schweratomverbindungen ionoid sind, werden sie sich an polare Gruppen in den Makromolekülen anlagern. Dies ist z.B. bei der elektronenmikroskopischen Untersuchung von Kollagenmolekülen durch Vergleich mit der Sequenzanalyse nachgewiesen worden (Abb. 3.35). Keine Parallele in der Lichtmikroskopie hat die Methode der Negativfärbung, bei welcher ein Schweratomglas (z.B. aus Phosphor-Wolframsäure oder Uranylsalzen) die Höhlungen in den Präparaten — z.B. in den Lücken der Quartärstruktur eines biogenen Makromoleküls — ausfüllt. Dieser Abdruck ist wegen der Eigenstruktur des Glases ungenau (signifikante Auflösungen ~ 1,5–2 nm). In Abb. 3.36 ist ein negativ gefärbtes Fettsäuresynthetasepräparat gezeigt. Die Fettsäuresynthetase ist ein Enzymkomplex mit einem Molekulargewicht von 2,3 Millionen, der nach chemischen Untersuchungen aus 5 oder 6 identischen Kopien besteht. Er katalysiert mit sieben Enzymfunktionen die Synthese der Fettsäure. Es ist verständlich, daß der Aufbau dieses komplizierten Moleküls aus seinen Untereinheiten Interesse für die Erklärung der Funktion besitzen muß. Die Aufnahmen sind zwar recht detailreich, es ist aber wegen Überlappungen unmöglich, aus ihnen die dreidimensionale Struktur des etwa 20 nm dicken Moleküls abzuleiten. Wie in der Einleitung schon ausgeführt, stößt man hier auf die Grenze der konventionellen zweidimensionalen Elektronenmikroskopie: Das Präparat ist im Verhältnis zur Auflösung (ca. 1,5 nm) zu dick. Die Aussichten einer Deutung verbessern sich, wenn hochsymmetrische Quartärstrukturen vorliegen. Abbildung 3.37 zeigt z.B., daß die aus sechs identischen Kopien bestehende Citratlyase (Molekulargewicht ~ 500000) sechseckige Ringe bildet.

Günstig ist es, wenn man die Elektronenmikroskopie mit anderen Methoden kombinieren kann. Ein interessantes Beispiel zeigt Abb. 3.38, in welcher eines der 34 Proteine der 50 S-Untereinheit von Bakterienribosomen immunologisch markiert ist. Die Biochemiker kennen Methoden, das Ribosom in seine einzelnen Bausteine zu zerlegen und dann wieder zusammenzusetzen. Nimmt man aus diesem Baukasten von 34 Proteinen eines der Proteine heraus, und erzeugt mit immunologischen Methoden Immunglobuline, die sich spezifisch nur an dieses eine Protein binden können, so läßt sich die Lage des Proteins im Ribosom bestimmen. Man muß nur die Ribosomen — bzw. im Fall von Abb. 3.16 die 50 S-Untereinheit — mit diesen spezifischen Immunglobulinen reagieren lassen. In-

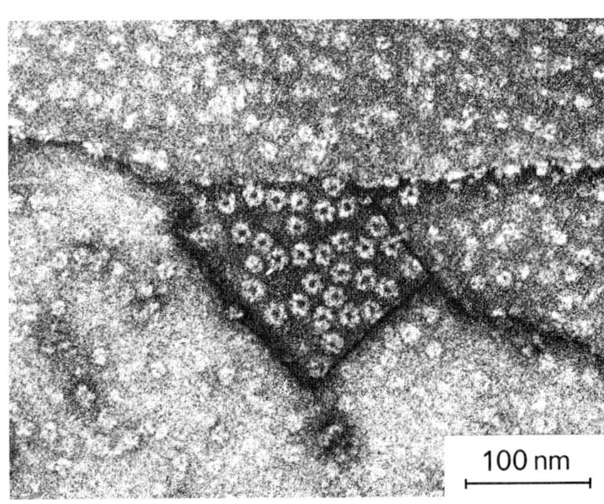

Abb. 3.37. Negativ gefärbte Moleküle von Citratlyase (Mayer, F.: Institut für Mikrobiologie, Universität Göttingen)

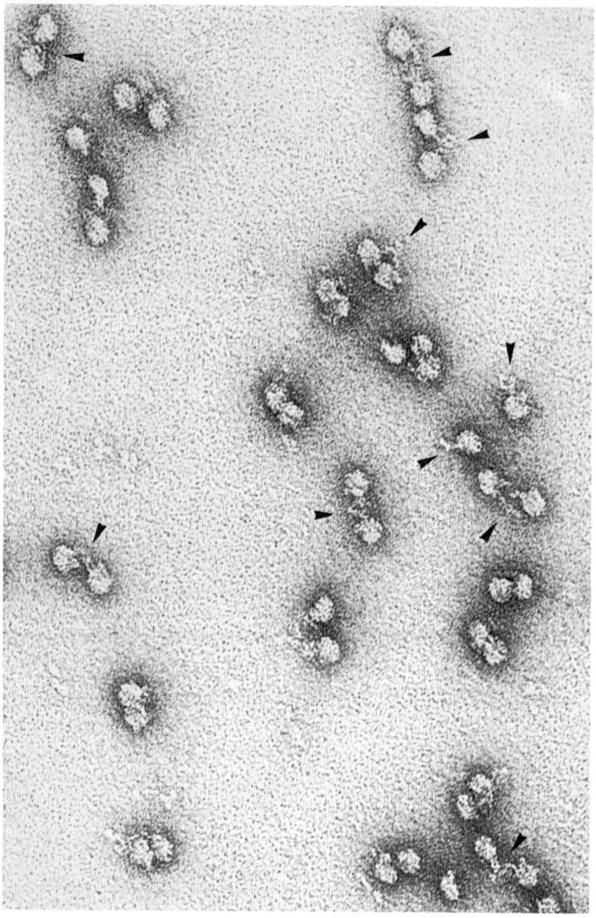

Abb. 3.38. Immunmikroskopie von Ribosomen. Ein Y-förmiges Immunglobulinmolekül, welches speziell das Protein L 6 in der 50 S-Untereinheit markiert, bildet eine Brücke zwischen zwei 50 S-Untereinheiten. Die Markierungsstellen kennzeichnen die Lage des L 6-Proteins (G. W. Tischendorf u. G. Stöffler, Max-Planck-Institut für Molekulare Genetik, Berlin)

takte Immunglobuline (vgl. Kapitel 9) sind bivalent. Wie Abb. 3.38 (welche mit Negativfärbung aufgenommen wurde) zeigt, verbindet sich das Immunglobulin mit zwei Untereinheiten. Die Bindungsenden des Immunglobulin deuten auf das immunologisch aktive Protein. Mit solchen immunologischen Methoden kann man nun die topologische Verteilung der Proteine in Ribosomen etc. studieren.

Eine mit der Negativfärbung verwandte, aber noch ältere Methode ist die Schrägbeschattung durch Aufdampfung eines Metallfilms. Die Oberfläche eines elektronenmikroskopischen Präparates zeigt Erhöhungen an den Stellen, an welchen sich die aufgebrachten Präparate befinden. Ein schräg auffallender Atomstrahl von Metallatomen wird „Schatten werfen", aus deren Länge bei Kenntnis des Neigungswinkels die Höhe der Erhebungen berechnet werden kann. Zum Oberflächenstudium beliebig dicker Präparate läßt sich auch die Replicatechnik verwenden, bei welcher ein außerordentlich dünner Kunststoffilm auf die Oberfläche aufgezogen und dann wieder entfernt wird. Er erzeugt einen mechanischen Abdruck der Oberfläche, der — wieder mit Schrägbedampfung zur Hervorhebung des Reliefs — im Elektronenmikroskop studiert werden kann. Eine Oberflächenabdruckmethode ist auch die Gefrierätzmethode. Ihr eigentliches Ziel ist die Vermeidung von Präparationsartefakten, die durch den Entzug von Wasser und durch die Einwirkung von chemischen Reagentien auf die organischen Strukturen entstehen können. Durch sehr schnelles Abkühlen wird das Präparat eingefroren, wobei das Wasser in den Zellen eine amorphe Eisschicht bilden muß, wenn nicht durch das Eiskristallwachstum sekundär die Gewebe zerstört werden sollen. Dieses gefrorene Präparat wird dann bei tiefen Temperaturen geschnitten bzw. eigentlich auseinander gebrochen. Die Bruchflächen sind nicht zufällig, sondern verlaufen sehr häufig z. B. an oder innerhalb von Zellmembranen. Überschüssiges Eis wird sorgfältig absublimiert (abgeätzt) und das Oberflächenrelief wird mit der schon erwähnten Abdruckmethode untersucht. Insbesondere für die Membranforschung hat diese Methode interessante Beiträge geliefert (vgl. Kapitel 11.1).

3.2.3.4 Das Rasterelektronenmikroskop

In letzter Zeit hat das Rasterelektronenmikroskop, das bereits in der Frühzeit der Elektronenmikroskopie beschrieben wurde (M. v. Ardenne), eine überraschende Renaissance erfahren. In seiner zunächst zur technischen Reife entwickelten Form ist es ein Gerät zum unmittelbaren Studium der Oberfläche. Abbildung 3.39a zeigt das Prinzip. Eine feine Elektronensonde tastet die Oberfläche ab. Die im Präparat ausgelösten Sekundärelektronen (und die rückgestreuten Elektronen) werden in einem Detektor in Abhängigkeit von der Lage der Sonde registriert und im Fernsehabtastrhythmus auf einem Fernsehmonitor wiedergegeben. Bei nichtleitenden Oberflächen — also insbesondere bei biologischen Objekten — wird noch eine dünne leitende Schicht aufgedampft, um elektrostatische Einflüsse auf die abtastenden Elektronen zu vermeiden. Die Auflösung des Oberflächenrastermikroskops kann nicht sehr groß sein, da sich der Elektronenstrahl im Präparat durch Vielfachstreuung verbreitert (ca. 5–10 nm). Andererseits sind aber derartige Oberflächenbilder außerordentlich brillant und kontrastreich. Das Oberflächenrelief ist vorzüglich zu erkennen (vgl. Abb. 3.40).

Keine Auflösungsbeschränkung durch Verbreiterung der Elektronensonde entsteht, wenn das Rastermikroskop als Durchstrahlungsmikroskop aufgebaut wird (Abb. 3.39b). Dieses Prinzip konnte erst technisch zufriedenstellend realisiert werden, als es gelang, äußerst intensive und sehr kleine Elektronenquellen (Feldemissionskathoden) herzustellen und (im Ultrahochvakuum) zu betreiben. Mit den üblichen thermischen Kathoden (geringer Richtstrahlwert) sind die Abtastzeiten viel zu hoch. Das Durchstrahlungsrasterelektronenmikroskop kann wellenoptisch bis zu einem gewissen Grad als Umkehr des konventionellen Mikroskops angesehen werden. Es hat Vorzüge, aber

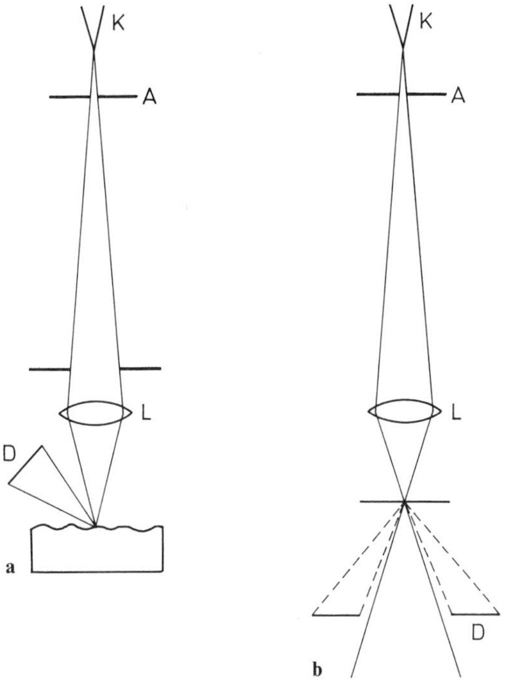

Abb. 3.39a, b. Prinzip des Oberflächenrastermikroskops mit Registrierung der rückgestreuten Elektronen **a** und des Durchstrahlungsrastermikroskops mit Registrierung der vorwärts gestreuten Elektronen **b**

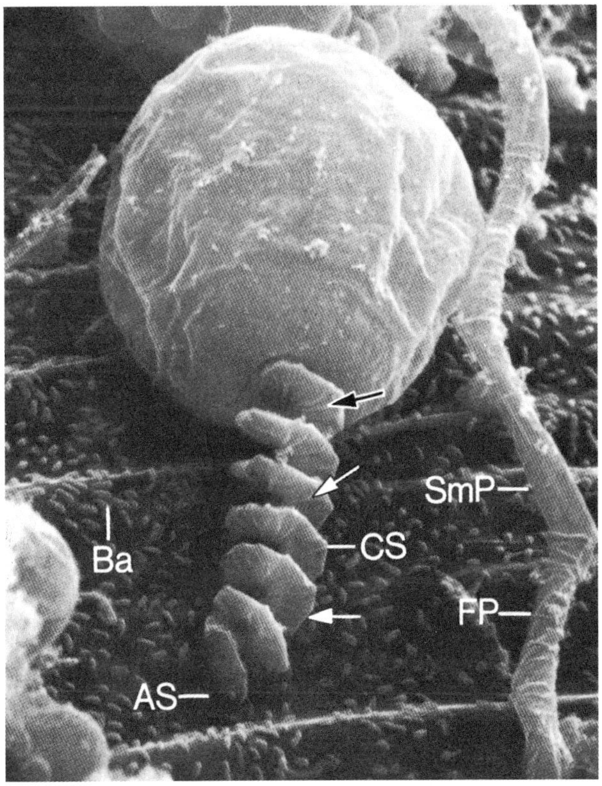

Abb. 3.40. Aufnahme des Einzellers Vorticella mit dem Oberflächenrastermikroskop. Vergrößerung $M = 1{,}375$. (Aus Kessel, R, G., Shih, C. Y.: Scanning Electron Microscopy in Biology, Berlin-Heidelberg-New York 1974)

auch Nachteile gegenüber dem konventionellen Mikroskop. Man kann recht einfach einen Analysator für die Elektronengeschwindigkeiten der gestreuten Elektronen unterhalb des Präparates anordnen und damit die Elektronenverlustspektren in Abhängigkeit vom Ort im Präparat studieren. Das ist freilich bei hohen Auflösungen mit einer außerordentlich großen Strahlbelastung des Präparats verbunden, da genügend Elektronen zur Definition der Spektralverteilung gesammelt werden müssen. Wichtiger ist die gute Strahlausbeute der Abbildung bei mäßigen Auflösungen. Im konventionellen Elektronenmikroskop gehen die Elektronen, die auf die Objektivaperturblende fallen, verloren. Im Rasterelektronenmikroskop gehen umgekehrt diejenigen Elektronen verloren, welche in den auflösungsbestimmenden Aperturwinkel der Sonde gestreut werden. Hingegen können alle übrigen Elektronen ausgenützt werden. Es hängt deshalb von der Auflösung ab, welches Mikroskop die gestreuten Elektronen besser ausnützt. Bei 0,5 nm Auflösung fallen z.B. nur $\sim 5\%$ der gestreuten Strahlung im konventionellen Durchstrahlungsmikroskop in die Aperturblende. Bei sehr hohen Auflösungen kehren sich die Verhältnisse um, da im konventionellen Mikroskop wegen der großen Aperturblende fast alle gestreuten Elektronen in das Bild gelangen. Allerdings hat man sich neuerdings auch Verfahren überlegt, die die in den Primärstrahlenkegel des Rastermikroskops fallenden Streustrahlen für den Bildaufbau ausnützen. Das Durchstrahlungsrastermikroskop arbeitet in der üblichen Anordnung im sogenannten inkohärenten Dunkelfeld. Es ist ein ausgesprochenes Abbildungsgerät und läßt sich nicht ohne weiteres als „Diffraktometer" (mit Möglichkeiten zur Bildrekonstruktion) benutzen.

3.2.3.5 Das periodisch-symmetrische positiv oder negativ gefärbte biologische Objekt

Wie bereits im Artikel Röntgenbeugung ausgeführt, gibt es biogene Makromoleküle mit ausgesprochenen Symmetrien. Typische Vertreter sind die helikalen und kugelförmigen Viren, in denen eine relativ kleine Proteinuntereinheit durch Schraubensymmetrie oder durch kubische Symmetrie wiederholt wird (vgl. Kapitel 3.2.1. Röntgenbeugung), aber auch Proteine, die aus mehreren Untereinheiten bestehen. Bei der Negativ- oder Positivfärbung wird jedes der einzelnen Partikel eine etwas verschiedene Anfärbung erhalten. Sie werden also nicht ganz identische Bilder zeigen. Durch Mittelung über die einzelnen Bilder der Untereinheiten kann man ein Bild erhalten, welches von den zufälligen Einflüssen der Präparation bis zu einem gewissen Grad frei ist. Besonders einfach läßt sich das Verfahren anwenden, wenn die negativ gefärbten Untereinheiten entlang eines Ringes angeordnet sind. Wiederholt sich die Untereinheit n-mal, so liefert eine n-fache Superposition der Aufnahme mit Winkelinkrementen $360°/n$ (Rotationssuperposition) ein gemitteltes Bild mit identischen Untereinheiten, in denen der zufällige Einfluß der Schweratomglasverteilung und die Struktur der Unterlagsfolie teilweise eliminiert

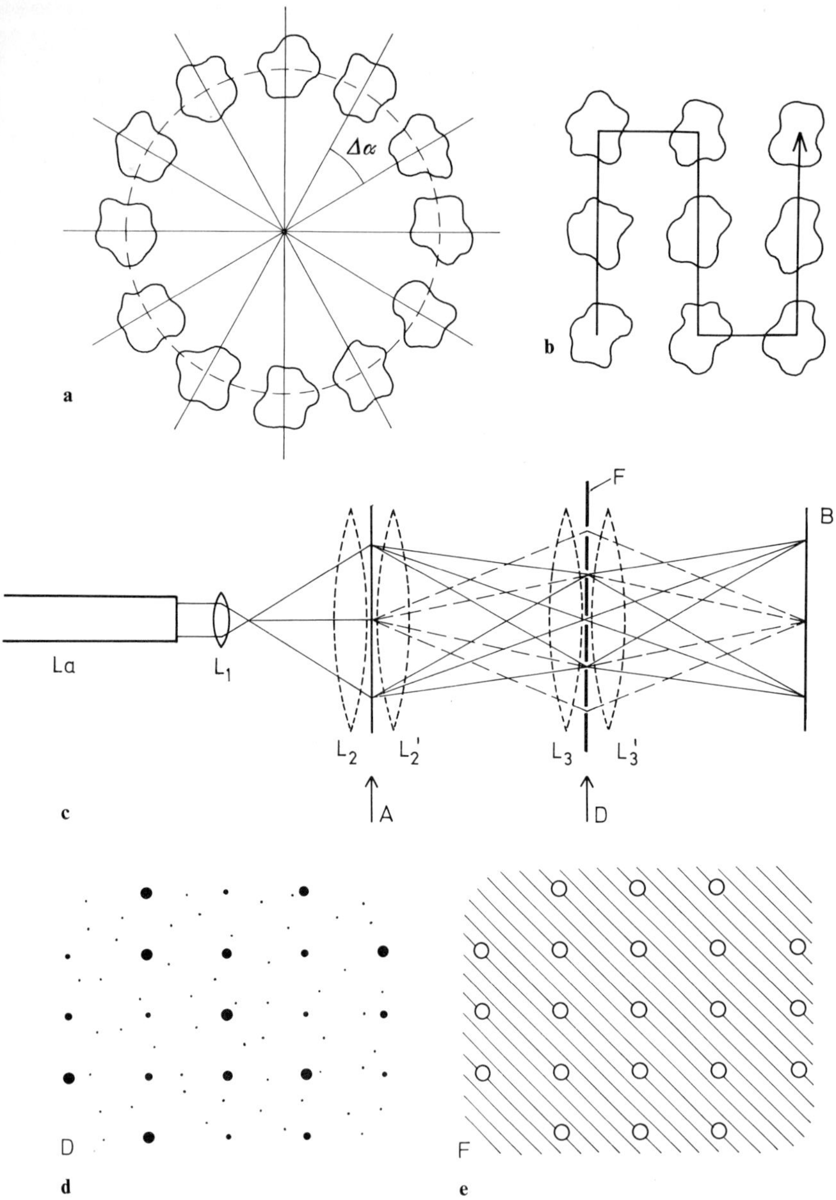

Abb. 3.41a–e. Prinzip der Mittelungsanalyse. **a** Eine Untereinheit sei in einem Ring n-mal wiederholt. Wenn man das Bild n-mal übereinander kopiert und jedesmal um $\Delta\alpha = 360°/n$ verdreht, erhält man ein Ringbild mit n identischen gemittelten Untereinheiten. **b** Im Prinzip analog kann man verfahren, wenn ein Flächengitter vorliegt. Die Mittelung erfolgt entlang der eingezeichneten Mäanderlinie. **c** Bei einer großen Anzahl von Untereinheiten werden die Superpositionsverfahren mühsam und ungenau. Dann ist die gefilterte Abbildung im lichtoptischen Laserdoppeldiffraktometer vorzuziehen. Der parallele monochromatische Strahl des Lasers *La* wird durch die Linse L_1 fokussiert und beleuchtet die elektronenmikroskopische Aufnahme *A*. Das Linsenpaar L_2, L_2' erzeugt in der Beugungsebene *D* ein Beugungsbild der Aufnahme. Läßt man das Linsenpaar L_3, L_3' weg (Lasereinfachdiffraktometer), so kann man in *D* eine photographische Aufnahme des Beugungsbildes herstellen. Lasereinfachdiffraktometer werden auch zur Herstellung der Lichtdiffraktogramme nach Abb. 3.36e benutzt. Durch Hinzunahme von L_3, L_3' wird (ähnlich wie in einem Projektionsapparat) ein Bild von *A* in der Bildebene *B* erzeugt. Dieses Bild kann man durch Filterung des Beugungsbildes in *D* durch das Filter *F* beeinflussen. **d** Ist z.B. das mikroskopische Abbild *A* das Bild eines Flächengitters, so entsteht im Laserdiffraktometer an der Stelle *D* als Beugungsbild wieder ein Gitter (starke Punkte in **d**), dessen Gitterpunkte verschiedene Intensitäten haben. Wegen der Unvollkommenheiten des Gitters *A* (verschiedene Schweratombelegung bei negativ gefärbtem Präparat, amorphe Unterlagsfolie, unzureichende Elektronenstatistik) enthält aber das Beugungsdiagramm auch zwischen den reziproken Gitterpunkten Beugungsintensität. Legt man über das Beugungsdiagramm *D* im Laserdiffraktometer ein Filter *F* (vgl. **e**), das einfach aus einer undurchlässigen Maske mit Löchern an der Stelle der reziproken Gitterpunkte besteht, so werden die amorphen „Gittergeister" ausgeblendet und man erhält als Bild im Doppeldiffraktometer ein streng periodisches Gitter mit gemittelten Untereinheiten

sind (Abb. 3.41a). Das Verfahren kann auch zur Bestimmung des richtigen „n" benutzt werden, wobei Bilder mit verschiedenen n verglichen werden und das deutlichste als richtig bezeichnet wird. Bei größerem n können sich allerdings leicht Fehlinterpretationen ergeben, da Präparationsartefakte falsche Gesetzmäßigkeiten vortäuschen können.

Im Prinzip benutzt man hier eigentlich schon einen Grundgedanken der Kristallographie. Wie im Artikel Röntgenbeugung ausgeführt wurde, liefert die Fouriersynthese eines Kristallgitters nicht die Struktur eines individuellen Moleküls, sondern die Überlagerung der Struktur sämtlicher Moleküle in allen Elementarzellen. In Abb. 3.41a wird über den Ring statt über den Kristall gemittelt. Es gibt auch Mikrokristalle aus biogenen Makromolekülen, die — nach Negativfärbung — auf Grund ihrer großen Gitterkonstanten im Elektronenmikroskop gut sichtbar sind. So kann man das Protein Katalase (Molekulargewicht 480000) in sehr dünnen Einkristallen erhalten, die stabile negativgefärbte Präparate liefern. Schließlich hat man gefunden, daß auch gewisse Membranen zweidimensional kristallisieren, wobei ebenfalls wieder negativgefärbte Präparate herstellbar sind. Man könnte nun nach einem im Prinzip genau gleichen Verfahren wie nach Abb. 3.41a vorgehen und die Elementarzellen des flächenhaften Gitters sukzessive überlagern (Abb. 3.41b). Eleganter ist es jedoch, eine „Kristallstrukturanalyse" des Flächengitters auf der Photoplatte durchzuführen, welche, wie erwähnt, ebenfalls zur gemittelten Struktur führen muß. Dazu kann man wegen der makroskopischen Größe des Gitters „Diffraktometer" benutzen, welche mit kohärentem monochromatischem sichtbaren Licht (z.B. mit Laserstrahlung) ar-

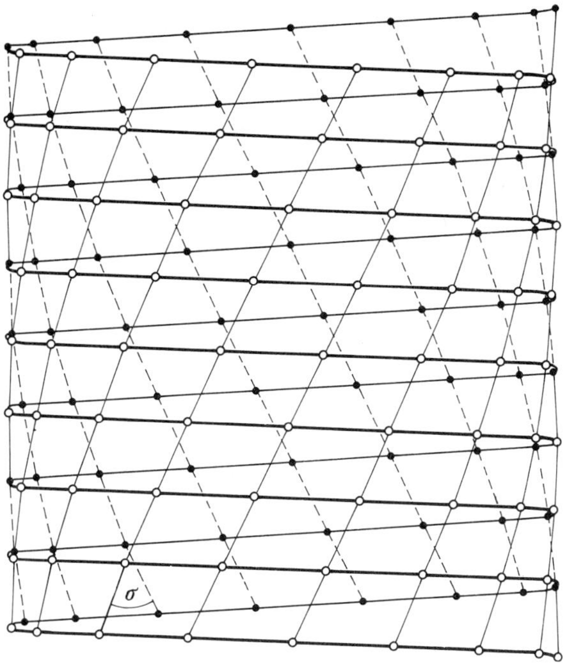

Abb. 3.42. Prinzip der Trennung der Struktur von Voderseite und Rückseite einer Helix. Eine Sinuslinie (Projektion einer Helix) ist in einiger Entfernung von ihren Umkehrpunkten in recht guter Näherung geradlinig. Ist sie aus einer größeren aber ungeradzahligen Anzahl von Untereinheiten pro Windung aufgebaut (Beispiel in der Abbildung Tabakmosaikvirus mit $16^1/_3$ Untereinheiten), so bilden die Untereinheiten auf der Oberseite (Ringe) und die Untereinheiten auf der Unterseite (Punkte) in erster Näherung 2 identische (verzerrte) Flächengitter, die um den Winkel σ gegeneinander verschwenkt sind. Wegen der Verschwenkung sind die Beugungsreflexe dieser beiden „Gitter" voneinander getrennt. Bildet man die elektronenmikroskopische Aufnahme in einem Laserdoppeldiffraktometer (Abb. 3.31c) ab, wobei man alle Beugungsreflexe außer den Reflexen der Vorderseite (oder Hinterseite) durch ein Lochfilter (vgl. Abb. 3.31d) abblendet, so erhält man nur das Bild der Vorderseite (oder Hinterseite) der Helix. Da man sich im wesentlichen auf die Reflexe der Flächengitter beschränkt, wird bis zu einem gewissen Grad auch über die Untereinheiten gemittelt. Das Verfahren funktioniert besonders gut, wenn eine sehr große Anzahl von Untereinheiten eine Helix mit großem Durchmesser besetzt (Beispiel Phagenschwanz des T4-Phagen), wobei eine eventuelle Abplattung des Hohlzylinders durch Oberflächenkräfte bei der Präparation keineswegs stört, sondern für die Ausbildung der beiden verschwenkten „Flächengitter" eher förderlich ist

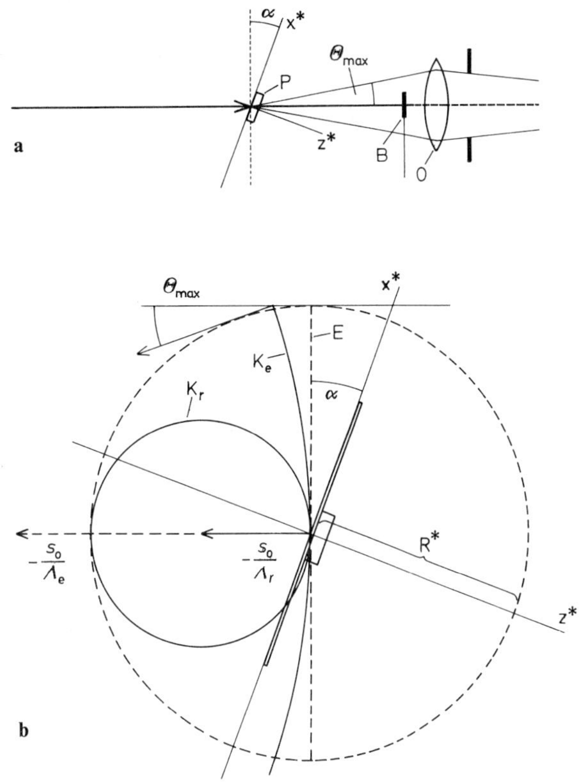

Abb. 3.43a, b. Das Elektronenmikroskop als Diffraktometer. **a** Eine Planwelle („Primärstrahl") beleuchtet das (um den Winkel α verkippte) Objekt P (kohärente Beleuchtung). Die gestreuten Strahlen und der Primärstrahl interferieren in der Bildebene (kohärente Hellfeldabbildung). Wird der (strichliert gezeichnete) Primärstrahl durch die zentrale Blende B abgedeckt, so wird das Bild nur durch die gestreuten Strahlen aufgebaut (kohärente Dunkelfeldabbildung). Zum Vergleich mit Abb. 3.43b sind die reziproken Achsen x^*, z^* eingezeichnet. Im Lichtmikroskop wird die beleuchtende Planwelle durch ein konvergentes Bündel von beleuchtenden Wellen mit der Apertur Θ_{ill} ($\Theta_{ill} = \Theta_{max}$) ersetzt (inkohärente Beleuchtung). Der „diffraktometrische" Zusammenhang mit eindeutiger Zuordnung von Streustrahl und Strukturfaktor geht damit verloren. **b** Vergleich der Ewaldschen Ausbreitungskugel für Röntgenstrahlen ($\lambda_r = 0{,}15$ nm) mit der Ausbreitungskugel für Elektronen. Der wesentlich größere Radius der Ausbreitungskugel führt zur Abtastung des reziproken Raumes mit der flachen Kugelkalotte K_e, welche bei geringeren Auflösungen in Näherung durch die Tangentialebene E ersetzt werden kann. Bei Röntgenstrahlen (λ_r) ist K_e durch K_r ersetzt (vgl. auch Abb. 3.14)

beiten (vgl. Abb. 3.41c). Der lichtdiffraktometrischen Analyse sind auch andere geordnete periodische Strukturen — z.B. Schraubenstrukturen — zugänglich. Man hat diese Methoden in den letzten Jahren insbesondere für Schraubenstrukturen öfters angewandt, wobei es möglich war, die Streuung der Vorder- und der Hinterseite im Lichtdiffraktogramm voneinander zu trennen und so entweder nur die Vorderseite oder nur die Hinterseite der Struktur abzubilden (vgl. Abb. 3.42).

Man muß sich allerdings darüber im klaren sein, daß diese Mittelungsprozedur nicht ein echtes Abbild des Moleküls erzeugt, sondern ein Modell, welches die wahrscheinlichste Schweratomglasbelegung in den *Lücken* der untersuchten Strukturen wiedergibt.

3.2.3.6 Das Elektronenmikroskop als phasenmessendes Diffraktometer für Elektronenstrahlen

Es seien die wesentlichen Konstruktionselemente eines Diffraktometers ins Gedächtnis zurückgerufen (vgl. Abb. 3.16). Eine Planwelle trifft das Objekt, die gestreuten Strahlen werden auf einem Detektor (z.B. auf einer photographischen Schicht) aufgefangen. Abbildung 3.43 zeigt diese grundsätzliche Anordnung für Elektronenstrahlen unter Berücksichtigung, daß die Streuwinkel wegen der kleinen Wellenlänge ebenfalls sehr klein sind. Bei Röntgenstrahlen mit der Wellenlänge 0,15 nm ist der maximale Streuwinkel von 180° erforderlich, bei 100 kV Elektronen genügt ein maximaler Streuwinkel von $\Theta_{max} \sim 3°$, um die gleiche Auflösung zu erhalten. Wegen der kleinen Streuwinkel (vgl. Abb. 3.43) läßt sich (3.45a) auch nach (3.84) schreiben:

$$|\boldsymbol{H}| \approx \frac{\Theta}{\lambda}. \quad (3.84)$$

Wie schon im Artikel für Röntgenstrahlung ausgeführt, ist der Reziprokwert von $|\boldsymbol{H}_{max}|$ etwa gleich der erreichbaren Auflösung (dem Abstand von zwei gerade noch trennbaren Bildpunkten). Abbildung 3.43b zeigt schematisch die Ewaldsche Ausbreitungskugel für Elektronen im reziproken Raum. Da λ sehr klein ist, ist ihr Radius sehr groß. Der maximale Streuwinkel Θ_{max} schneidet nach Abb. 3.43b aus der Ewaldschen Ausbreitungskugel eine flache Kugelkalotte aus, welche im reziproken Raum alle Orte kennzeichnet, deren Fourierkoeffizienten (Strukturfaktoren) für das untersuchte Objekt gemessen werden können.

Es ist hierbei entscheidend, daß ein Primärstrahl definierter Richtung (Planwelle) das Objekt bestrahlt. Das ist keineswegs selbstverständlich. Im Lichtmikroskop verwendet man zur Beleuchtung des Objekts einen Primärstrahlenkegel mit ungefähr gleicher Öffnung wie das Objektiv. Die Analogie zu einem Diffraktometer geht damit verloren. Natürlich läßt sich eine Planwelle nur in einer gewissen Näherung realisieren. In den üblichen kommerziellen Elektronenmikroskopen ist die Winkeldivergenz des Primärstrahls in der Größenordnung von einigen tausendstel Grad (kohärente Beleuchtung). Würde man im Elektronenmikroskop hinter dem Objekt alle Linsen ausschalten, so könnte man auf der Aufnahmeplatte das Beugungsdiagramm des Objektes studieren. Tatsächlich sind alle käuflichen Mikroskope mit Einrichtungen zur Beugungsanalyse kleiner Präparatteile ausgestattet, die allerdings meist die Linsen wegen der Möglichkeit der Variation der Beugungslänge mitbenutzen (Abbildung des in der Brennebene des Objektivs erzeugten Beugungsdiagramms durch Zwischenlinse und Projektiv). Hingegen ist das Durchstrahlungsrasterelektronenmikroskop dem Lichtmikroskop verwandt, da die Präparatbeleuchtung mit einem Primärstrahlkegel erfolgt.

Nun unterscheidet sich das Elektronenmikroskop von den eigentlichen Elektronenbeugungsgeräten dadurch, daß es auch die Phase der Streustrahlen gegenüber dem Primärstrahl zu bestimmen gestattet. Das geschieht auf prinzipiell einfache Weise dadurch, daß die Linsen des Elektronenmikroskops das Objekt abbilden. Durch Brechung der gestreuten Elektronen in den Linsen wird ihre Richtung verändert und die phasenbestimmende Interferenz in der Bildebene erzeugt. Für das Folgende ist zunächst wichtig, daß das Bild einer Projektion entlang der optischen Achse entspricht, daß also die Tiefenschärfe groß ist im Verhältnis zur Dicke des Präparates und zur Auflösung. Das bedeutet, daß in Näherung die Wellenlänge λ als unendlich klein bzw. der Radius $1/\lambda$ der Ewaldschen Kugel (vgl. Abb. 3.43b) als unendlich groß betrachtet werden kann (Ersatz der Ewaldschen Kugelkalotte durch eine Ebene). Es sei ferner ein ideales Mikroskop angenommen, das in der exakten Fokussierebene ein Dunkelfeldbild erzeugt, dessen Intensität proportional ist zum Quadrat der Bildamplitude ϱ_r^2. Unter der Voraussetzung, daß ein reines Phasenobjekt vorliegt (in Näherung für Elektronenstreuung an Atomen erfüllt), ist ϱ_r reell und positiv (bis auf die unwesentliche Phasenverschiebung von $\pi/2$ zum ausgeblendeten Primärstrahl) und kann daher aus ϱ_r^2 gewonnen werden. Aus ϱ_r kann man nach (3.48) die Fourierkoeffizienten (Strukturfaktoren) $F_{\boldsymbol{H}}$ auf der Oberfläche der Ausbreitungskugel berechnen. Dazu muß man ϱ_r^2 digitalisieren (in einem Raster im Photometer vermessen und die Schwärzungen in digitaler Form im Computer speichern) und aus ϱ_r die zweidimensionale Fouriertransformierte berechnen.

Man wird einwenden, daß das doch eine ganz unnötige Operationsfolge ist, da ja nach (3.47) eben gerade dieses Bild (und nicht seine Fourierkoeffizienten) interessieren. Die Situation ändert sich aber, wenn man in Analogie zur Kristallstrukturanalyse nicht an der Projektion des Objektes sondern an seiner dreidimensionalen Struktur interessiert ist. Durch eine elektronenmikroskopische Aufnahme erhält man nur die Strukturfaktoren auf der Oberfläche der Ausbreitungskugel (die unter den oben erwähnten Bedingungen einer genügenden Tiefenschärfe als Ebene approximiert wurde). Man benötigt aber die Messung der $F_{\boldsymbol{H}}$-Verteilung im ganzen reziproken Raum, um die zur *dreidimensionalen* Struktur des Objektes führende Transformation (3.47) durchführen zu können. Wie schon im Artikel Röntgenbeugung ausgeführt, muß man dazu die Orientierung vom Objekt zum Primärstrahl variieren. Dazu ist es erforderlich, innerhalb des Objektivraums ein winziges Goniometer anzuordnen, welches die Abtastung des reziproken Raumes mit der Oberfläche der Ewaldschen Ausbreitungskugel ermöglicht. Nun muß für jede Orientierung des Präparates eine eigene elektronenmikroskopische Aufnahme angefertigt werden. Doch läßt sich die Zahl dieser Aufnahmen reduzieren, da zwischen den einzelnen Ewaldschnitten im reziproken Raum interpoliert werden kann. Erst aus dem Gesamtgebäude der dreidimensionalen Fourierkoeffizienten läßt sich die dreidimensionale Struktur des Objekts berechnen. In der einfachsten Anordnung kippt man das Präparat um eine beliebige Drehachse in gleichen Winkelinkrementen $\Delta\alpha$. Nach Abb. 3.44a erhält man ein Ebenenbüschel im reziproken Raum, das im Idealfall von $+90°$ bis $-90°$ reichen sollte. Wie Abb. 3.44b demonstriert, ist im allgemeinen der Kippwinkelbereich auf höchstens $\sim \pm 60°$ begrenzt. Der unvollständige Fourierraum („blinde Regionen") bewirkt Bildpunktverzerrungen, die bei der Auswertung berücksichtigt werden müssen. Man darf dreidimensionale Abbildung nicht mit Stereoabbildung verwechseln. Stereoabbildung entspricht der Abbildung der Projektion der Struktur aus 2 leicht gegeneinander geneigten Projektionsrichtungen. Im reziproken Raum entsprechen ihr nur zwei etwas gegeneinander geneigte Ebenen.

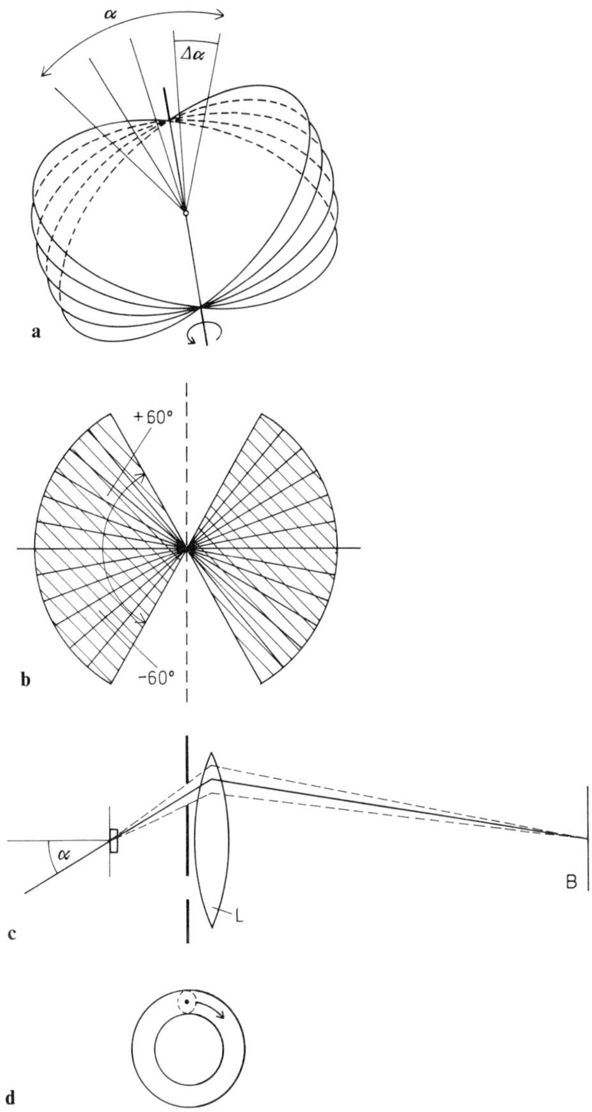

Abb. 3.44a–d. Dreidimensionale Elektronenmikroskopie. **a** Bündel von Ewaldschen Kugelschalen (in Näherung Ebenen) und eine Kippachse. **b** Projektion dieser Ebenen entlang der Kippachse. ±60°-Kippbereich mit „blindem Fourierbereich". **c** Prinzip der dreidimensional abbildenden Linse. Das Präparat wird schief beleuchtet (α = Primärstrahlneigung gegen die Achse). Weit geöffnete Linse *L*, doch wegen der kleinen Streuwinkel wird nur ein kleiner Bereich der Randzone der Linse zur Abbildung verwendet. Abbildung in Bildebene *B*, mit anschließenden weiteren Vergrößerungsstufen. Die Neigung des Primärstrahls für alle Aufnahmen ist α, geändert wird nur der Azimut. Der Primärstrahl beschreibt daher einen Kegelmantel mit 2α als Öffnungswinkel des Kegels. **d** Randzonenaperturblende der Linse *L*. Strichliert eingezeichnet ist der mit Streustrahlen beaufschlagte Bereich der Randzone für eine bestimmte Primärstrahlrichtung. Die Korrektur der Linse ist nur für diese Randzone erforderlich. Primärstrahl und Streustrahlkegel wandern in Pfeilrichtung zu der Orientierung für die nächste Aufnahme

Die Bewegung des Objektes kann auch durch eine äquivalente Bewegung des Primärstrahls ersetzt werden (Abb. 3.44c). Damit vermeidet man mechanische Bewegungen des Objektes, die bei den molekularen Dimensionen der Präparate Schwierigkeiten machen. Andererseits führen schiefe Strahlenbündel in elektronenoptischen Systemen zu großen Abbildungsfehlern. Doch wurde in letzter Zeit in theoretischen Arbeiten gezeigt, daß diese Fehler nicht nur beherrscht werden können, sondern daß sogar bessere Auflösungen möglich sind als bei Systemen mit geraden Bündeln (dreidimensional abbildende Objektive).

Die in Abb. 3.44c beschriebene Strahlgeometrie ist auch durch mechanische Mittel („konische Kippung") realisierbar. Ein weiterer Vorteil dieser Strahlgeometrie betrifft die wesentlich verbesserte Bildpunktstruktur.

Die dreidimensionale Abbildung löst das in der Einleitung erwähnte Probelm der Überlappung übereinanderliegender Bildeinzelheiten. Das Bild läßt sich als Serie dünner Schnitte darstellen, ganz analog wie in der Röntgenkristallstrukturanalyse. Der experimentelle und auch der rechnerische Aufwand sind allerdings erheblich größer als bei der konventionellen zweidimensionalen Mikroskopie. Hingegen ist theoretisch die integrale Strahlbelastung für die signifikante Abbildung eines Bildelementes bei beiden Methoden die gleiche. Das ist ein entscheidender Vorteil, da damit die Informationserweiterung in Richtung der dritten Koordinaten nicht mit einer zusätzlichen Strahlenschädigung erkauft werden muß. Vom Standpunkt einer optimalen Informationsnutzung ist im Gegenteil eigentlich die zweidimensionale Mikroskopie eine Informationsverschwendung.

3.2.3.7 Zweidimensionale Bildfilterung und -rekonstruktion

Die Zerlegung in einzelne Fourierkomponenten hat noch den weiteren Vorteil, daß man nicht auf die Registrierung des „echten" elektronenmikroskopischen Abbildes angewiesen ist. Man kann auch durch Defokussierung verzerrte Bilder, ja sogar durch Linsenfehler verzerrte Bilder benutzen. Denn vom Standpunkt der Wellenoptik gesehen ist ein Abbild eine Interferenzfigur der gestreuten Strahlen, aus der die Strukturfaktoramplituden und die zugehörigen Phasen zu bestimmen sind. Entscheidend ist wieder die kohärente Beleuchtung (Primärstrahl definierter Richtung), die bewirkt, daß diese Interferenzfigur unabhängig von Defokussierung und Linsenfehlern ungefähr die gleiche Information überträgt. Bei Bestrahlung mit einem polychromatischen Kegel von Primärstrahlen (wie in der Lichtmikroskopie) verschwindet das Bild bei Defokussierung sehr schnell in einem unscharfen Schleier statt — bei Beibehaltung der „Schärfe" — verzerrt zu werden. Die Information geht verloren. Andererseits ist diese Eigenschaft für die Lichtmikroskopie sehr günstig, da — wie in der Einleitung schon erwähnt — Präparateinzelheiten außerhalb der Fokussierungsebene wenig stören.

Abbildung 3.45 zeigt die grundsätzlichen Zusammenhänge. Bei einem idealen Mikroskop ist die bildseitige Wellenfläche eine Kugelfläche K_2'. Die Streuwellen auf der Wellenfläche erreichen den Achsbildpunkt (Ursprung der Kugelfläche) ohne Phasenänderung, da der Weg für alle Streustrahlen der gleiche ist.

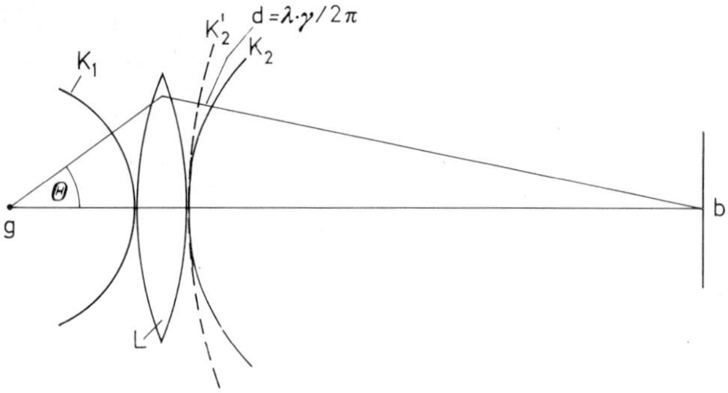

Abb. 3.45. Bedeutung der Wellenaberration γ. Wellenoptisch betrachtet bewirkt eine ideale Linse L eine Umformung der gegenstandseitigen kugelförmigen Wellenfläche K_1 in die bildseitige kugelförmige Wellenfläche K'_2 mit umgekehrter Krümmung und mit Ursprung im Bildpunkt b. Erreicht wird das durch Veränderung der Wellengeschwindigkeit in der Linse; die Wellen werden im achsnahen Gebiet stärker verzögert als im achsfernen Gebiet. Die Elementarwellen treffen in b mit gleicher Phase ein und erzeugen dort durch Interferenz den scharfen „Bildpunkt". Wegen der Linsenfehler ist aber die reale Wellenfläche K_2 meist keine Kugelfläche, daher ist der Weg zum Bildpunkt für einen um Θ abgelenkten Strahl um die Strecke $d=\lambda\gamma/2\pi$ verkürzt. Die in b mit verschiedener Phase auftreffenden Wellen erzeugen nun einen flächenförmigen „Bildpunkt" mit entlang Kreisringen konstanter Struktur (Rotationssymmetrie der Linse vorausgesetzt)

Ändert sich hingegen wegen Linsenfehlern die Wellenfläche etwa derart, daß die Krümmung der Wellenfläche gegen die Randzonen ansteigt (sphärische Aberration, Überkorrektur) oder (und) wird eine andere Bildebene als die Gaussche Ebene gewählt, so ändern sich die Weglängen für die einzelnen Streustrahlen. Die verschiedenen Weglängen bewirken eine zusätzliche Phasenverschiebung γ (Wellenaberration), die aus den geometrischen Daten der Wellenfläche und aus der Lage der Bildebene elementargeometrisch ausgerechnet werden kann.

Sie ergibt sich für einen Öffnungsfehlerkoeffizienten $C_ö$ und eine Defokussierung Δz zu

$$\gamma=2\pi(\tfrac{1}{4}C_ö\Theta^4-\tfrac{1}{2}\Delta z\Theta^2)/\lambda\,. \tag{3.85}$$

Für die phasenverschobenen Strukturfaktoren F'_H folgt

$$F'_H=F_H\exp i(\gamma-\tfrac{\pi}{2})\,. \tag{3.86}$$

Hierbei ist berücksichtigt, daß — wie im Artikel Röntgenbeugung ausgeführt — die Atome Phasenobjekte sind, so daß bei ihrer Streuung eine zusätzliche Phasenverschiebung $\frac{\pi}{2}$ auftritt. Durch eine Fourieranalyse der komplexen Bildamplitude würde man also nicht die F_H (wie bei der idealen Linse) erhalten, sondern die F'_H, welche durch den Einfluß von Linsenfehlern und Defokussierung eine zusätzliche Phasenverzerrung erlitten haben. Man sieht sofort, daß die Kenntnis der F'_H genügt, da man mit der sphärischen Aberration $C_ö$ und der Defokussierung den Phasenfehler über (3.85) berechnen kann, um aus (3.86) die richtigen F_H aus den gemessenen F'_H zu berechnen. Fügt man weitere Glieder mit höheren Potenzen von Θ hinzu, so gilt (3.85) für beliebig große Θ. Das bedeutet, daß die F_H im Prinzip für jedes beliebige Θ — also für jede beliebige Auflösung bestimmt werden können. Die Linsenfehler spielen dann keine Rolle mehr; eine praktische Grenze ist jedoch durch experimentelle Schwierigkeiten (nicht beliebig hohe Kohärenz, Fehler bei der Konstantenbestimmung) gegeben.

Nun kann man aber in der Bildebene nur die Bildintensität $|\varrho'_r|^2$ nicht aber die Bildamplitude ϱ'_r messen, ähnlich wie man im Beugungsdiagramm nur die Streuintensität, nicht aber die komplexe Streuamplitude registrieren kann. Bei der Dunkelfeldabbildung im idealen Mikroskop hatte das keine Rolle gespielt, da dort ϱ_r als reell und positiv angenommen werden durfte, so daß aus ϱ_r^2 das ϱ_r berechnet werden konnte. Die ϱ'_r sind aber wegen des Einflusses der Wellenaberration γ komplex. Einigermaßen übersichtlich wird die Situation erst wieder, wenn man zur Bildamplitude ϱ'_r eine starke primäre Hellfeldamplitude (Referenzwelle im Sinne der Holographie) addiert, wenn man also nicht allzu stark streuende (dünne) mikroskopische Präparate im Hellfeld untersucht; das ist übrigens sowieso die übliche Betrachtungsart in der Elektronenmikroskopie. Dann muß man diese konstante (reell angenommene) Primäramplitude A zur Bildamplitude ϱ' summieren und das Quadrat bilden (3.87), um die Intensität I zu erhalten:

$$I=(A+\varrho')(A+\varrho'^*)=A^2+(\varrho'+\varrho'^*)A+\varrho'\varrho'^* \tag{3.87}$$

(ϱ'^* = komplex konjugierte Bildamplitude).

Ist nun A groß gegen ϱ', so kann das dritte Glied vernachlässigt werden. Bis auf den Untergrund A^2 und den konstanten Faktor A wird nach (3.87) in der Bildintensität die Summe der Bildamplitude ϱ' und ihrer Komplexkonjugierten ϱ'^* abgebildet. Die Fourieranalyse führt damit zur Summe der Strukturfaktoren von ϱ' und ϱ'^* (3.88) (vgl. auch (3.86); $F^*_{-H}=F_H$, da $\varrho_r=\varrho_r^*$):

$$F''_H=F_H\exp i(\gamma-\tfrac{\pi}{2})+F_H\exp -i(\gamma-\tfrac{\pi}{2})$$
$$=2F_H\cos(\gamma-\tfrac{\pi}{2})=?F_H\sin\gamma\,. \tag{3.88}$$

Die F''_H lassen sich durch Division mit $\sin\gamma$ in die F_H umwandeln („Filterung" mit $1/\sin\gamma$) — wobei man allerdings eine zusätzliche Gewichtsfunktion einführen muß, da sonst für kleines $\sin\gamma$ ungenaue $|F_H|$-Werte resultieren. Abbildung 3.46 zeigt $\sin\gamma$ für zwei verschiedene Defokussierungen, berechnet für ein Hochleistungselektronenmikroskopobjektiv mit der Öffnungsfehlerkonstante 1 mm und für eine Spannung von 100 kV ((=0,0037 nm). Nach Abb. 3.46a (Scherzerscher Fokus) ändert sin ^{R} bis zu einem Streuwinkel von 0,012 rad nicht das Vorzeichen. Ab der ersten Nullstelle sei der Θ-Bereich durch eine Blende begrenzt. Das bedeutet, daß im Streustrahlenbereich kein Phasenfehler auftritt. Allerdings ändert sich der Absolutwert $|F_H|$, was aber wegen (3.89)

$$F''_H=2F_H\sin\gamma=2\sum_{j=1}f''_j\exp 2\pi i(\boldsymbol{H},\boldsymbol{r}_j) \tag{3.89}$$

und (3.90)

$$f''_j=f_j\sin\gamma \tag{3.90}$$

[vgl. auch (3.46)] nur einen etwas veränderten Atomformfaktor f''_j (und damit eine etwas veränderte Atomgestalt) zur Folge hat: Man erhält im Scherzerschen Fokus ein fast unverzerrtes Hellfeldbild des „Phasenkontrastes" der Atome. Die „Scherzersche Abbildung" entspricht der Phasenkontrastabbildung im Lichtmikroskop. In Abb. 3.46b wurde hingegen ein Δz gewählt, in welchem $\sin\gamma$ in einem fast doppelt so großen Θ-Bereich gleichmäßig oszilliert. Die F''_H in den positiven $\sin\gamma$-Gebieten zeigen einen Phasenfehler von π. Das Bild ist bis zur Unkenntlichkeit verzerrt. Doch führt trotzdem seine Fourieranalyse zu fehlerfreien F_H, wenn die F''_H mit $1/\sin\gamma$ korrigiert werden. Falls das unverzerrte zweidimensionale Bild interessiert, kann man es durch eine Fouriersynthese aus den F_H berechnen (Bildrekonstruktion), sonst kann man die F_H gleich zur dreidimensionalen Analyse weiterverwenden. Entsprechend dem doppelt so großen Θ-Bereich sollte die Auflösung verdoppelt sein. Allerdings konnte diese Auflösungserhöhung noch nicht realisiert werden, da eine zusätzliche Schwächung der F''_H wegen Störung der Monochromasie durch die verschiedenen Austrittsgeschwindigkeiten der Elektronen aus der thermischen Kathode hervorgerufen wird. Mit Verwendung der für die Durchstrahlungsrastermikroskopie entwickelten Feldemissionskathoden (welche besser monochromatische Elektronen liefern), sollte hingegen die Auflösungserhöhung möglich sein. Nur am Rand sei erwähnt, daß es auch farbfehlerkompensierende Rekonstruktionsverfahren gibt (mit gekipptem Primärstrahl), mit welchen eine Verbesserung der Auflösung auf $\sim 0{,}15$ nm nachgewiesen wurde.

Allerdings kann bei sehr hohen Auflösungen die Ewaldsche Kugelkalotte in Abb. 3.43b nicht mehr als Ebene angesehen werden. Doch wurde gezeigt, daß mit Bildrekonstruktionsverfahren, welche auch eine komplexe Bildfunktion zu bestimmen gestatten, die F_H auf der gekrümmten Kugelfläche bestimmt werden können, so daß im Prinzip dreidimensionale Analysen mit beliebig hoher Auflösung möglich wären.

Man wird sich fragen, woher man die zur Berechnung von γ erforderlichen Größen $C_ö$ und Δz erhält. $C_ö$ ist eine Apparatekonstante, welche die Hersteller des Mikroskops angeben. Δz ändert sich jedoch von Aufnahme zu Aufnahme. Nun haben die F''_H (3.88) Nullstellen für diejenigen Streuwinkel Θ, für welche auch $\sin\gamma$ selbst 0 ist (vgl. Abb. 3.46b). Diese Null-Linien durchziehen die Fouriertransformierten der Aufnahmen, so daß die Bestimmung des Δz aus der zu untersuchenden Aufnahme selbst erfolgen kann. Abbildung 3.46c–3.46i zeigt als Beispiel die zweidimensionale Bildrekonstruktion von Molekülen aus der Aufnahme Abb. 3.36. Abbildung 3.46e demonstriert ein Lichtdiffraktogramm, aufgenommen in einer Apparatur nach Abb. 3.41c (als Einfachdiffraktometer benutzt), welches die Nullstellen von $\sin\gamma$ unmittelbar erkennen läßt. Computerisierte Bildrekonstruktion wird erst in wenigen Laboratorien durchgeführt. Sie kann auch mit lichtoptischen „Analogrechnern" nach Prinzipien der Holographie erfolgen. Wenn man von der möglichen Erhöhung der Auflösung absieht (die im biophysikalischen Bereich z.Z. meist sowieso unwichtig ist, $d \sim 0{,}9$ nm in Abb. 3.46c!), so ist ihr Hauptvorteil die Eliminierung der *zufälligen Einflüsse* (Defokussierung, Linsenfehler) auf die Resultate. Experimentell ist es — insbesondere bei der mühevollen

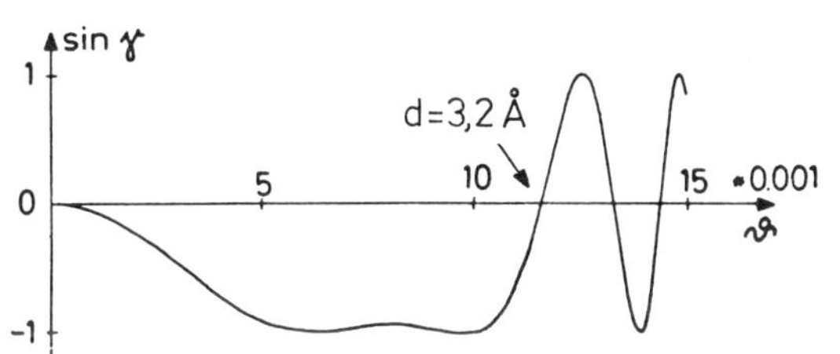

a

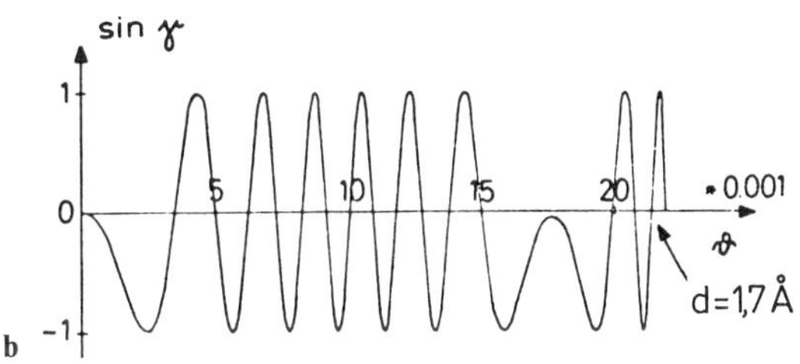

b

Abb. 3.46a, b

Abb. 3.46a–i. Zweidimensionale Bildrekonstruktionen. **a, b** Verhalten der Übertragungsfunktion ($\sin\gamma$) für verschiedene Defokussierungen ($C_ö = 1$ mm, $V = 100$ kV, $C_{chr} = 0$, $\alpha_{ill} = 0$, $\Delta z = 67{,}5$ nm). **a** Phasenkontrastoptimum (Scherzerscher Fokus). Durch Zusammenspiel zwischen Öffnungsfehler und Defokussierung wird eine optimale Ausdehnung des ersten (negativen) Maximums erzielt. Erste Nullstelle bei $\Theta \sim 1{,}2 \cdot 10^{-2}$ rad, entsprechend einer kristallographischen Auflösung λ/Θ von 0,31 nm. Besonderheit: Starke Schwächung der Fourierkomponenten mit kleinem Θ („Zernikesche Phasenplatte" für das Elektronenmikroskop). **b** Optimale Verteilung der Oszillationen von $\sin\gamma$ ($\Delta z = 310$ nm). Im doppelten Auflösungsbereich von **a** treten nur wenige, relativ gleichabständige Oszillationen von $\sin\gamma$ auf, daher gute Bedingungen für die Bildrekonstruktion durch Filterung. Abschneiden bei $\Theta \sim 2{,}2 \cdot 10^{-2}$ sinnvoll ($d = 0{,}17$ nm), ab da enge Oszillationen. Positive Maxima zeigen einen Phasenfehler von π an. Die diesen Streustrahlen (z. B. von $3{,}5 \cdot 10^{-3}$ rad bis $5 \cdot 10^{-3}$ rad) entsprechenden Fourierkoeffizienten müssen bei der Bildrekonstruktion um π phasenverschoben werden. Wegen der partiellen Kohärenz der Beleuchtung ($\alpha_{ill} \neq 0$) und insbesondere wegen der ungenügenden Monochromasie der Elektronen ($C_{chr} \neq 0$) tritt eine zusätzliche Schwächung mit zunehmendem Θ auf, welche es bisher unmöglich gemacht haben, Streustrahlen bis $2{,}2 \cdot 10^{-2}$ rad zu registrieren. **c–i** Beispiel: Bildrekonstruktion eines der negativ gefärbten Fettsäuresynthetasemoleküle aus Abb. 3.36 ($C_ö = 1{,}9$ mm, $C_{chr} = 1{,}6$ mm). **c** vergrößerter Ausschnitt der Originalaufnahme. **d** Schichtliniendiagramm der Aufnahme **c**, aus digital vermessenen Photometerdaten im Computer berechnet und auf einem Plotter ausgegeben. **c** „Diagnose" = Lichtdiffraktogramm (vgl. Abb. 3.41a) der Aufnahme **c**, geformt nach $\sin^2\gamma$ (vgl. **b**): Hauptmaximum mit ringförmigen Nebenmaxima. Elliptizität zeigt ein schwach unrundes Magnetfeld an (axialer Astigmatismus). Die Aufnahme ist defokussiert (Unterfokus, $\Delta z = 600$ nm). Der erste (dritte, fünfte...) Ring enthält Strukturfaktoren mit einem Phasenfehler von π. **f** Begrenzung der Auflösung durch eine „rechnerische Blende". Hätte man in die Linse eine Aperturblende mit dem, durch den schwarzen Strich (vgl. **e**) gekennzeichneten Radius eingesetzt, so wären alle Nebenmaxima ausgeblendet und die Abbildung würde nur durch die (phasenrichtigen) Strukturfaktoren des zentralen Maximums aufgebaut werden. Erfolg der Maßnahme: Keine Verfälschung durch phasenfalsche Nebenmaxima, Reduzierung des Einflusses des axialen Astigmatismus, allerdings mit Reduktion der Auflösung (~ 2 nm). Man erreicht das gleiche, wenn man **c** fourieranalysiert, alle Fourierkoeffizienten mit Auflösungen über 2 nm abschneidet und das Bild durch eine Fouriersynthese neu erzeugt. Geringere Anzahl von Einzelheiten („unschärferes Bild") als in **d**, aber keine Bildfehler. **g** Bildrekonstruktion bis 0,9 nm Auflösung. Die „künstliche Blende" reicht bis zum Ende des weißen Striches in **e**, aber die um π falsche Phase im 1. Nebenmaximum wurde rechnerisch korrigiert. **d, g** sind einander ähnlich, doch treten in den feineren Einzelheiten drastische Unterschiede (Reduzierung von 3 Maxima auf 2 Maxima, Verformungen usw.) auf. **h, i** Vergrößerte Ausschnitte aus **d, g**, Unterschiede von Einzelheiten zeigend. In den Schichtlinienkarten sind zur Erhöhung der Übersichtlichkeit nur die Schichtlinien oberhalb des Niveaus der mittleren Dichte (entsprechend den hellen, vom Schweratomglas nicht ausgefüllten Bereichen in **c**) eingezeichnet. Schichtlinienabstand: 3% der mittleren Dichte. Rekonstruktionen nach **c–i** lassen sich auch mit holographischen Hilfsmitteln (lichtoptischer Analogierechner), allerdings mit geringerer Genauigkeit, realisieren. **a, b**: Hoppe, W.: Acta Cryst. (1970) **A 26**, 414; **c–i**: Eckert, M.: Max-Planck-Institut für Biochemie, Martinsried

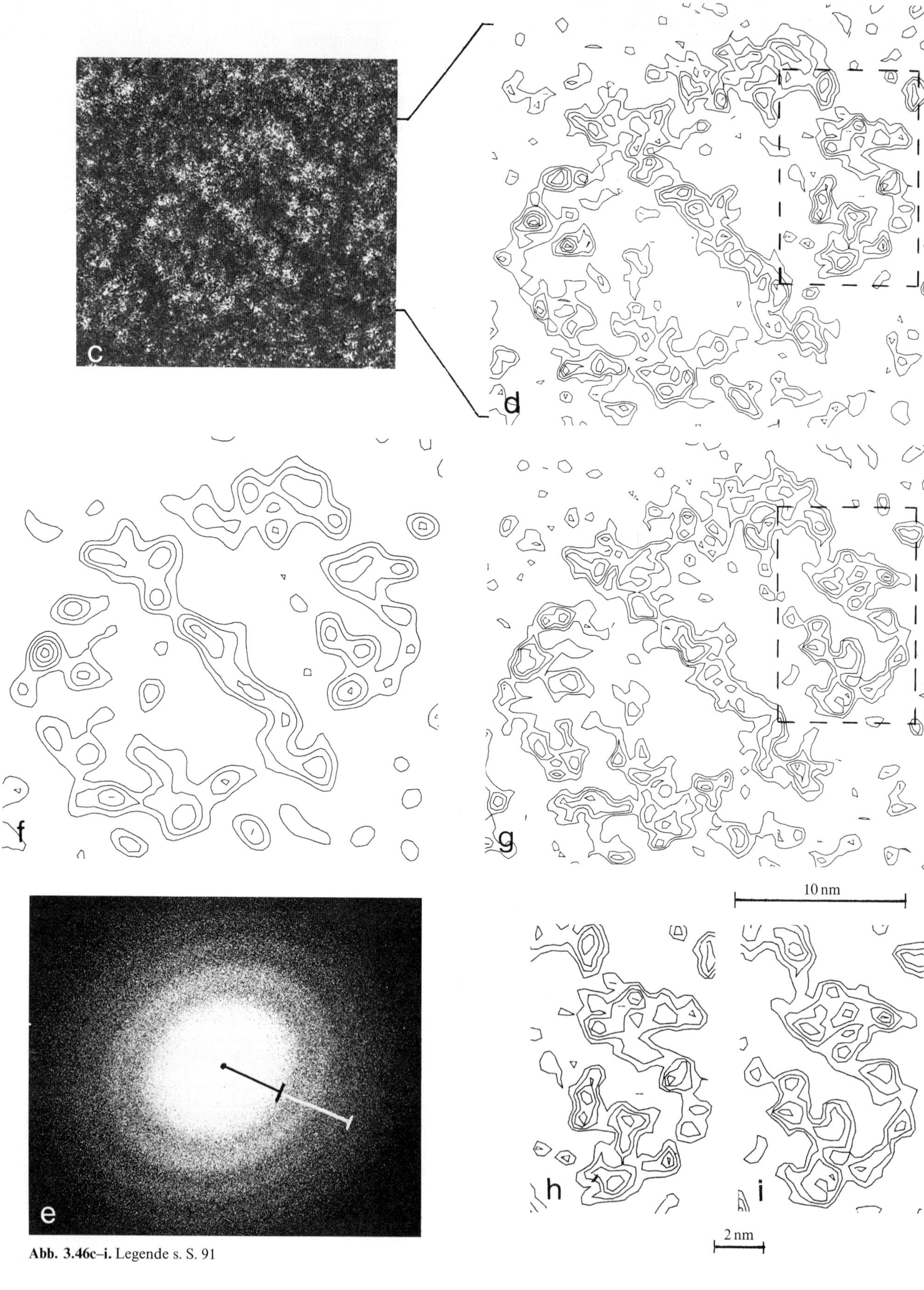

Abb. 3.46c–i. Legende s. S. 91

Herstellung von Aufnahmeserien für die dreidimensionale Analyse — besonders vorteilhaft, daß nicht ein genauer Fokus (der verschieden gekippten Aufnahmen) eingestellt werden muß. Nur am Rande sei angemerkt, daß bei stark gefärbten Präparaten nach Abb. 3.46 über die verschiedene anomale Streuung von Schwer- und Leichtatom gemittelt wird.

Man kann übrigens auch die Amplituden F'_H [vgl. (3.86)] korrigieren (statt der aus den Bildintensitäten gewonnenen F''_H [vgl. (3.88)]), wenn man Korrektorelemente im Mikroskop selbst (in der Aperturblende des Objektivs) vorsieht, welche auf die Elektronenstreuamplituden unmittelbar einwirken. Diese Art der Korrektur ist sogar zuerst für die Elektronenmikroskopie vorgeschlagen und auch experimentell erprobt worden (Zonenkorrekturplatten). Sie hat grundsätzlich Vorteile (z.B. wird kein Referenzstrahl benötigt) und kann auch im Dunkelfeld durchgeführt werden. Allerdings ist sie experimentell schwieriger, da sie Eingriffe in das Elektronenmikroskop voraussetzt.

3.2.3.8 Dreidimensionale Elektronenmikroskopie biologischer Objekte

Für die praktische Durchführung muß man genauso wie bei der konventionellen zweidimensionalen Elektronenmikroskopie ein Präparierverfahren wählen, welches das strahlenempfindliche Biomolekül für die elektronenmikroskopische Behandlung stabilisiert (also z.B. Negativfärbung). Als eine gewisse Zwischenstufe zur echten dreidimensionalen Elektronenmikroskopie kann man die schon seit einiger Zeit übliche dreidimensionale Rekonstruktion von hochsymmetrischen, negativ gefärbten Biomolekülen (z.B. Tabakmosaikviren, Phagenschwänze) ansehen. Ganz analog wie bei der Röntgenanalyse des Tabakmosaikvirus beschrieben, genügt zur „dreidimensionalen Elektronenmikroskopie" eines Tabakmosaikvirus eine einzige Projektion (also eine einzige Aufnahme). Wegen der Schraubensymmetrie kann man die anderen Projektionen als bekannt voraussetzen (Abb. 3.47a, vgl. auch Abb. 3.33). Es ist klar, daß dadurch wieder die Analyse außerordentlich erleichtert wird, da man experimentell auf die sonst nötige Serie von Kippaufnahmen verzichten kann und auch keine Probleme mit der Bestimmung des gemeinsamen Ursprungs der einzelnen Projektionen hat. Allerdings kann man mit diesem Verfahren nur idealisierte Modelle der Schweratomglasverteilung im Molekül erhalten, da — wie Abb. 3.47b, c zeigt — verschieden gekippte Aufnahmen eines Tabakmosaikvirusmoleküls wegen der ungleichmäßigen Verteilung des Schweratomglases auf Unterlagsfolie und im Molekül nicht identisch sein können. Der Einfluß auf die Bildrekonstruktion ist nicht ganz unbedenklich, da das Bildrekonstruktionsprogramm diesen Teil als hervorgerufen durch eine helikale Struktur interpretiert, wobei sich die entsprechende dreidimensionale Scheinstruktur über die echte Struktur überlagert. Auch die innere Färbung der Proteinuntereinheiten im Tabakmosaikvirusmolekül ist sicher nicht ganz gleichmäßig. Trotzdem hat sich dieses Verfahren als recht brauchbar für das Studium der Quartärstruktur hochsymmetrischer Moleküle herausgestellt.

Echte dreidimensionale Strukturanalysen individueller negativ gefärbter Moleküle sind erst in letzter Zeit erfolgreich durchgeführt worden. An dem Beispiel der Fettsäuresynthetase, von der bereits negativ gefärbte Abbildungen in Abb. 3.36 und — mit zweidimensionaler Bildrekonstruktion korrigiert — in Abb. 3.46 gezeigt wurden, sollen einige Ergebnisse diskutiert werden. — An den elliptisch geformten Abbildungen der Moleküle in Abb. 3.36 und Abb. 3.46 ist eine Zweiteilung durch einen weißen Querstrich in Richtung der kurzen Achse auffallend. Ferner sind noch Unterstrukturen feststellbar, die von Molekül zu Molekül variieren (sie entsprechen offenbar verschiedenen Orientierungen des Moleküls). Fettsäuresynthetase ist ein Enzymkomplex, der nach biochemischen Untersuchungen aus 5–6 identischen Kopien besteht, von denen jede alle Enzymfunktionen zum Aufbau einer Fettsäure ausführen kann („Fettsäurefabrik"). Er hat ein Molekulargewicht von $2{,}3 \cdot 10^6$ Dalton und eine Größe von 20–30 nm. Wie schon in der Einleitung hervorgehoben, entspricht die strukturelle Komplexität eines so großen Moleküls schon bei Auflösungen von nur 1,5–2 nm der eines kleineren Proteinmoleküls bei etwa 0,2 nm „atomarer" Auflösung! Es ist also hoffnungslos, aus Projektionen genaueres über die dreidimensionale Verteilung des Schweratomglases erfahren zu wollen.

Ähnlich wie Abb. 3.46 die zweidimensionale Rekonstruktion eines einzelnen Fettsäuresynthetasemoleküls gezeigt hat, zeigt nun Abb. 3.48 Schnitte aus der dreidimensionalen Abbildung eines einzelnen Moleküls. Abbildung 3.48a, b zeigt einen Schnitt entlang der optischen Achse des Gerätes — also entlang der Richtung, in welcher eine konventionelle Aufnahme keine Information vermitteln kann. Das Molekül ist entlang der langen Achse geschnitten, es hat eine bestimmbare „Dicke" (etwa gleich seiner z.B. in Abb. 3.36 ablesbaren „Breite") und es liegt recht schief auf der Unterlagsfolie auf. Nun kann man die dreidimensionale Struktur in beliebiger Richtung auch projizieren und enthält so ein Analogen zu einem elektronenmikroskopischen Bild, welches ja immer einer Projektion des Objektes entspricht. In Abb. 3.48c wurde senkrecht zur optischen Achse projiziert. Die Ähnlichkeit zu Abb. 3.46f ist deutlich zu erkennen. Die „optische Qualität" von Abb. 3.46f ist freilich besser, was einerseits auf die Bildpunktverzerrungen (Elongation entlang z, negative Seitenminima) und andererseits auf die noch unvollkommene Technik dieser ersten dreidimensionalen Rekonstruktionen zurückzuführen ist.

Die konventionellen elektronenmikroskopischen Bilder der Fettsäuresynthetase (vgl. Abb. 3.46f) zeigen viele Details der inneren Molekülstruktur. Bei Bildern von Ribosomen und ribosomalen Untereinheiten (vgl. Abb. 3.48d, e) ist das nicht der Fall — die Moleküle haben im Gegensatz zur Fettsäuresynthetase eine sehr unsymmetrische interne Struktur. Aus den Abb. 3.48d,e läßt sich gerade noch die Form der Untereinheiten

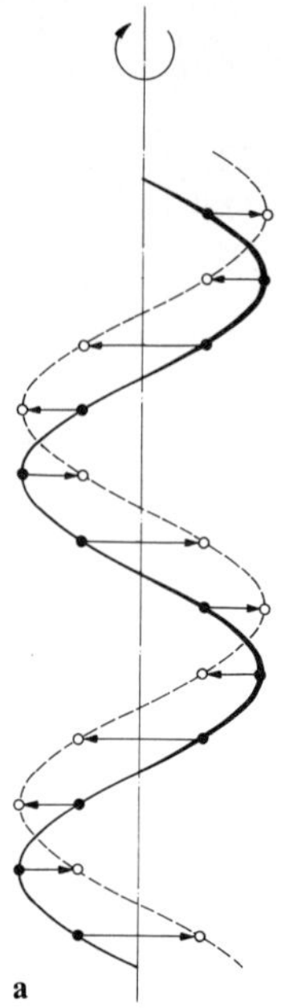

a

Abb. 3.47. a Projektion einer Helix, die mit Untereinheiten besetzt ist. Bei einer kontinuierlichen Helix (Abb. 3.24) sind die Projektionen mit beliebigen Drehwinkeln bis auf eineTranslation identisch. Ist hingegen die Helix mit n Untereinheiten besetzt ($n=6$, schwarze Punkte), so erzeugen nur diskrete Verdrehungen mit $k \cdot 360°/n$ identische Projektionen (für $\Delta\alpha = 360°/n = 60°$: Ringe, strichlierte Helix). Bei TMV ist $n=49$ (vgl. Abb. 3.23b), daher entspricht eine Aufnahme 49 „gekippten" Projektionen mit $\Delta\alpha \approx 7{,}35°$ Kippwinkel. **b** Negativ gefärbtes TMV-Molekül. Windungen der Helix nur am Rand erkennbar, im Innern durch Überlagerung von Vorder- und Rückseite unkenntlich. Verstärkung der Färbung am Rand des Moleküls. **c** TMV aus **b**, um 44°gekippt. Aufnahme qualitativ verschieden von **b** (wegen der unsymmetrischen Verteilung des Schweratomglases). [Hoppe, W., Hunsmann, N., Schramm, H. J., Sturm, M., Grill, B., Gaßmann, J.: Proc. 6th Europ. Congr. Electr. Micr. Jerusalem (1976)]

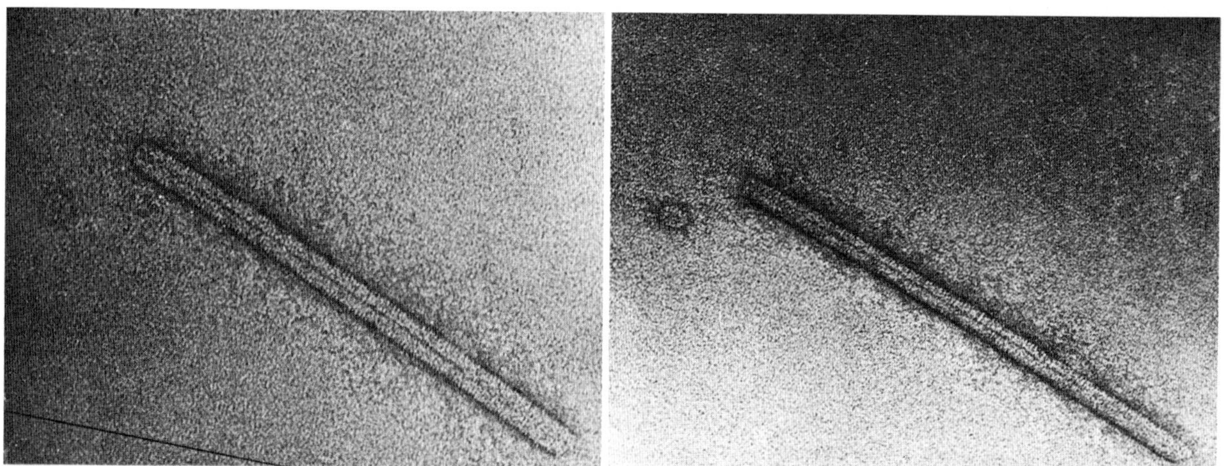

b c

erkennen. Charakteristisch ist eine gleichmäßig über das Bild verteilte Granulation, welche der Elektronenmikroskopiker als „Strukturrauschen" bezeichnet. Die dreidimensionale Analyse ließ erkennen, daß sich im „Strukturrauschen" eine außerordentlich detailreiche dreidimensionale Struktur im Innern der Untereinheit verbirgt, die von der strukturellen Anordnung von Proteinen und positiv gefärbten Nukleinsäuren herrührt. Um die Reproduzierbarkeit dieser Struktur zu überprüfen, wurden gleichorientierte Untereinheiten der gleichen Projektion verglichen, was den Vorteil hat, daß die Bildpunktform identisch ist. Es stellte sich heraus, daß — bewirkt durch Präparation und Strahlschädigung — durchaus Unterschiede festzustellen waren, daß aber die topologische Anordnung überraschend reproduzierbar war. Es wurden eine große Zahl identischer Bereiche großen Kontrasts aufgefunden und zum besseren Vergleich durch Punkte markiert. Abbildung 3.48f, g zeigen den Vergleich zweier x, y-Schnitte aus 2 Untereinheiten.

Jedem Biophysiker ist bekannt, welche fast unübersehbare Informationsmenge mit Kontrastierungsmethoden schon zweidimensional gewonnen wurde. Insbesondere das letzte Beispiel zeigt deutlich, welchen Gewinn eine Auffächerung in die dritte Koordinate schon bei durchaus konventionellen Präparierverfahren bringt.

3.2.3.9 Strukturanalyse nativer biogener Makromoleküle

Nach den methodischen Entwicklungen der letzten Jahre ist die dreidimensionale Elektronenmikroskopie in atomarer Auflösung im Prinzip möglich geworden. Das gilt bereits für die „konventionellen" Grenzauflösungen kommerzieller Geräte, wenn man

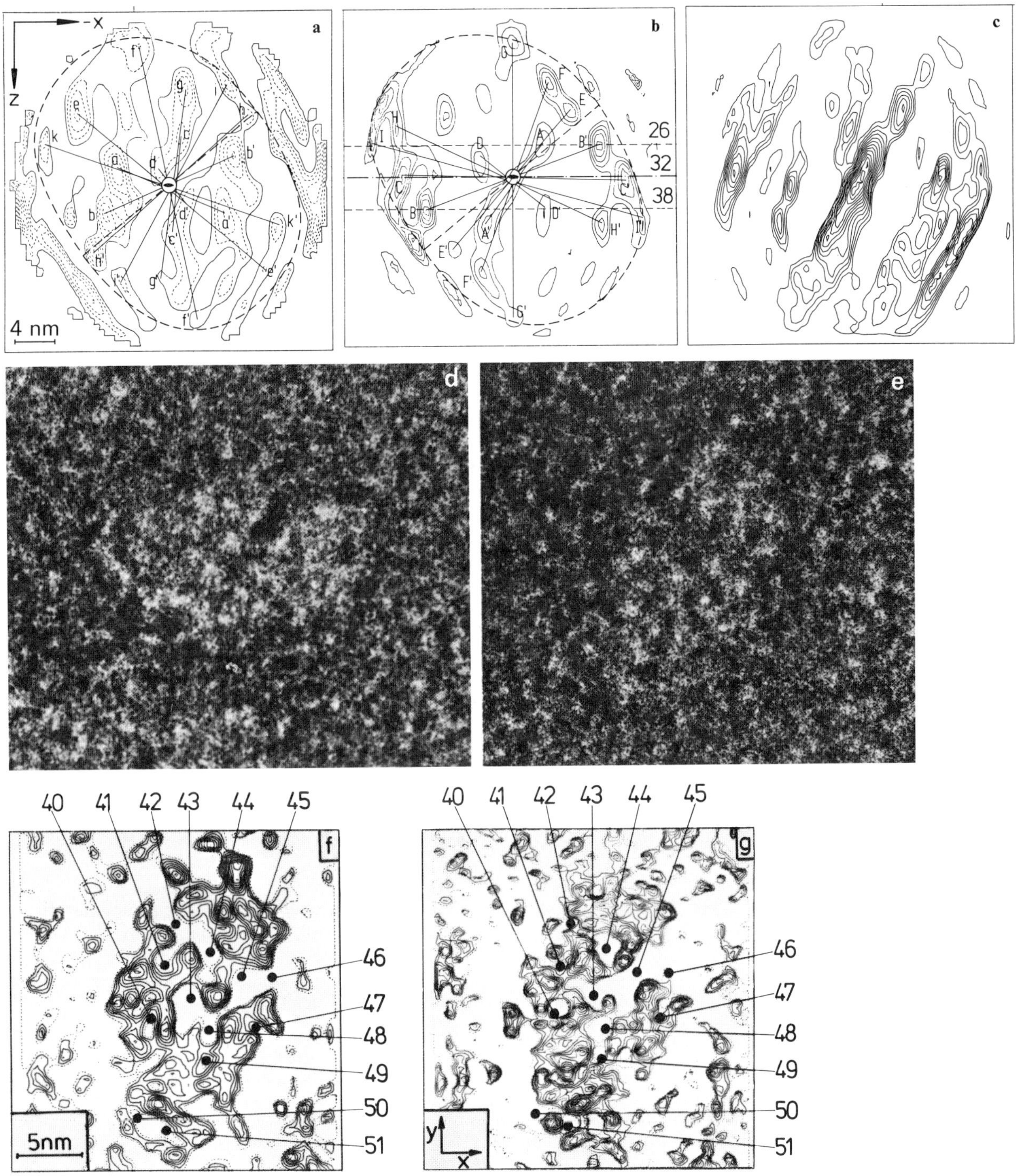

Abb. 3.48a–g. Schnitt durch ein Fettsäuresynthetasemolekül entlang der optischen Achse des Mikroskops und entlang der langen Achse des Moleküls. **a** Schweratomglasverteilung (Bildfunktion kleiner als die mittlere Dichte, Schichtlinien gestrichelt). **b** Verteilung des Leichtatomgerüstes (Bildfunktion größer als die mittlere Dichte, Schichtlinien ausgezogen). Umriß des Moleküls und Mittelmembran schematisch als strichlierte Linie angedeutet. Angenäherte zweizählige Symmetrie (Maxima aa′, bb′..., AA′, BB′...). Man beachte, daß die Definition der Aufteilung in „Schweratomstruktur" und „Leichtatomstruktur" über die Bedingung „größer oder kleiner als die mittlere Dichte willkürlich ist". **c** Projektion des dreidimensional rekonstruierten Moleküls senkrecht zur optischen Achse (senkrecht zur Zeichenebene). **d–g** 30-S Untereinheit von Ribosomen aus E. coli. **d, e** Stark vergrößerte Aufnahmen von 2 Untereinheiten mit verschiedener Orientierung. Man beachte das „Strukturrauschen" in den Aufnahmen. **f, g** Vergleich von Schnitt 37 aus Untereinheit 3 **f** mit dem entsprechenden Schnitt 36 aus Untereinheit 4 **g**. Die Punkte kennzeichnen gemeinsame negative (=stark kontrastierte) Gebiete. Die ausgezogenen Schichtlinien kennzeichnen Gebiete geringen Streuvermögens (Protein). Trotz der durch Präparationsartefakte und Strahlenschaden bewirkten Unterschiede sind deutlich strukturelle Zusammenhänge erkennbar. [Hoppe, W., Hunsmann, N., Schramm, H.J., Sturm, M., Grill, B., Gaßmann, J.: Proc. 6th Europ. Congr. Electr. Micr. Jerusalem (1976); Hoppe, W.: Annual Review of Biophysics and Bioengineering, Vol. 10 (1980)]

atomare Auflösung im Sinne der Proteinkristallstrukturanalyse als Auflösung versteht, innerhalb der man atomar deuten kann, auch wenn noch keine optische Auflösung kovalent gebundener Atome vorliegt (0,2–0,3 nm). Doch ist auch echte atomare Auflösung (<0,15 nm) durch Bildrekonstruktion oder bei hohen Spannungen möglich. Damit stellt sich erneut die Frage, ob die durch die extreme Strahlempfindlichkeit der biogenen Strukturen bewirkte Grenze der signifikanten Abbildung wirklich nicht überschritten werden kann. Es bedarf wohl keiner näheren Erläuterung, welch außerordentlichen Fortschritt es für die molekulare Biologie bedeuten würde, wenn man biogene Strukturen in ähnlicher Weise atomar „sehen" könnte wie in der Röntgenproteinstrukturanalyse. Wieder bietet sich die Analogie zur verwandten Röntgenmethode an. Die Analyse ist dort nur möglich, weil über die einzelnen Individuen im Kristall gemittelt wird. Schon vor einigen Jahren wurde daher das Konzept der „Proteinkristallstrukturanalyse nativer Moleküle im Elektronenmikroskop" entworfen und es wurden die ersten Experimente dazu durchgeführt. Folgende Bedingungen sind zu erfüllen:

1. Konservierung der Kristallstruktur der Proteine im Hochvakuum.
2. Untersuchung des Proteinkristalls unter Vermeidung von Färbemethoden mit geringsten Dosen.

Abbildung 3.49a, b zeigt die Konservierung der Proteinstruktur durch Ersatz des die Kristallstruktur stabilisierenden Wassers durch einen Hydroxylgruppen enthaltenden Kunststoff. Durch Vergleich von Röntgenbeugungsaufnahmen der entsprechend präparierten Kristalle mit Elektronenbeugungsaufnahmen von sehr dünnen ungefärbten, im Ultramikrotom hergestellten Kristallschnitten konnte gezeigt werden, daß Elektronenbeugungsreflexe mit zur Röntgenbeugung gleichen Intensitätsverhältnissen erhalten werden konnten. Es hat sich bei diesen Experimenten herausgestellt, daß die Kristallstruktur bei Ersatz des Wassers durch das organische Monomere bis zur atomaren Auflösung erhalten bleibt, aber beim Polymerisationsprozeß gestört wird (Reduktion der Auflösung auf ~0,8 nm). Das ist verständlich, da die Polymerisierung mit einer Reorganisation der Moleküle verbunden sein muß. Alternativ wurde daher die Untersuchung feuchter Präparate diskutiert, welche entweder tiefgefroren werden (Ersatz des Wassers durch Eis) oder bei denen das Austrocknen der Präparate durch eine „feuchte Objektkammer" verhindert wird. Man kann das Wasser auch durch andere proteinverträgliche Flüssigkeiten ersetzen (z.B. das schon erwähnte Monomer) und tief frieren (um gewisse Schwierigkeiten der Eisbildung zu vermeiden) oder auch feste hydroxylgruppenhaltige Einbettungen versuchen. Die Palette an experimentellen Möglichkeiten zur Präparation ist also beträchtlich. Vor kurzem wurde die Analyse einer nativen (zweidimensionalen) Kristallstruktur der Purpurmembran von Halobakterium bei einer Auflösung von 0,7 nm durchgeführt, welche die α-Schraubenstruktur der Strukturproteine zeigte (vgl. den Artikel Stoeckenius). Die Elektronenmikroskopie tritt damit in direkte Konkurrenz zur Röntgenkristallstrukturanalyse, wobei aber das „Elektronenmikroskop als Diffraktometer" eine experimentelle Phasenbestimmung (ohne den sonst nötigen multiplen Ersatz) erlaubt und wobei mirkoskopisch kleine Kristalle untersucht werden können.

In jüngster Zeit ist übrigens dieses Untersuchungsverfahren von Kristallen auf andere periodische Strukturen — z. B. Helixstrukturen — erweitert worden. Tatsächlich ist es ja gleichgültig, nach welchem Gesetz die Wiederholung eines Motivs erfolgt. Die Kristallgitterwiederholung ist nur ein Spezialfall einer solchen Reproduktion. Man beachte, daß z. B. ein einzelnes Tabakmosaikvirusmolekül 2100 identische Kopien der zu untersuchenden Proteinuntereinheit enthält! Eine Aufnahme eines einzigen Moleküls bei einer Strahlenbelastung von 10^{-4}–10^{-3} C/cm^2 (welche noch keine meßbare Strahlschädigung hervorruft) ist bei geeigneter Mittelung einer konventionellen Aufnahme mit ~1 C/cm^2 äquivalent. Wichtig ist die Präparation der nativen Struktur und eine Technik zur Aufnahme, Verarbeitung und Mittelung bei kleinsten Strahlendosen. Die letzteren Aufgaben kann man lösen, wenn man Aufnahmen mit niedrigen Strahlendosen mit anschließenden Aufnahmen mit hohen Dosen (zur Ortung der Moleküle, Skalierung von Periodizitäten) kombiniert. Zur Stabilisierung der Struktur kann man wie bei Kristallen eine wasserersetzende organische Matrix (vgl. z. B. Abb. 3.49a) verwenden. Es hat sich aber herausgestellt, daß auch anorganische Gläser die Struktur weitgehend stabilisieren. So zeigt z. B. Abb. 3.49c, d den Vergleich einer Hochdosis- und einer Tiefdosisrekonstruktion von Tabakmosaikvirus (Schnitt durch die Helix der Abb. 3.23 senkrecht zur Schraubenachse). Man beachte, daß die in der Tiefdosisrekonstruktion deutlich sichtbare Ribonukleinsäurekette (bei 4 n Radius) in der Hochdosisrekonstruktion praktisch verschwunden ist (Strahlschaden).

Neuerdings ist gezeigt worden, daß auch eine Mittelung über viele unorientierte, bei niedrigen Dosen aufgenommene Moleküle über Korrelationsfunktionen möglich ist — eine periodische Anordnung ist also nicht unbedingt erforderlich.

3.2.3.10 Ist wirklich die Untersuchung eines individuellen biogenen Makromoleküls in atomarer Auflösung ausgeschlossen?

Daß die Mittelungsanalyse nur bei Molekülen anwendbar ist, welche chemisch in gleichartiger Weise reproduziert werden können, ist selbstverständlich. Aber einer der großen Reize der Untersuchung individueller Strukturen ist eben die Erfassung nicht wiederholbarer Strukturen, die sicher in der Biologie eine bedeutende Rolle spielen. So gibt es z.B. auch nicht kristallisierte Membranstrukturen, in denen etwa Proteine nichtperiodisch — aber keineswegs gesetzlos verteilt sind. Wie will man ihr Funktionsprinzip aufklären, wenn man nicht einige individuelle Vertreter in ihrer Struktur erkennt? Auch ein DNA-Faden ist in der Basenstruktur unperiodisch, man darf sich

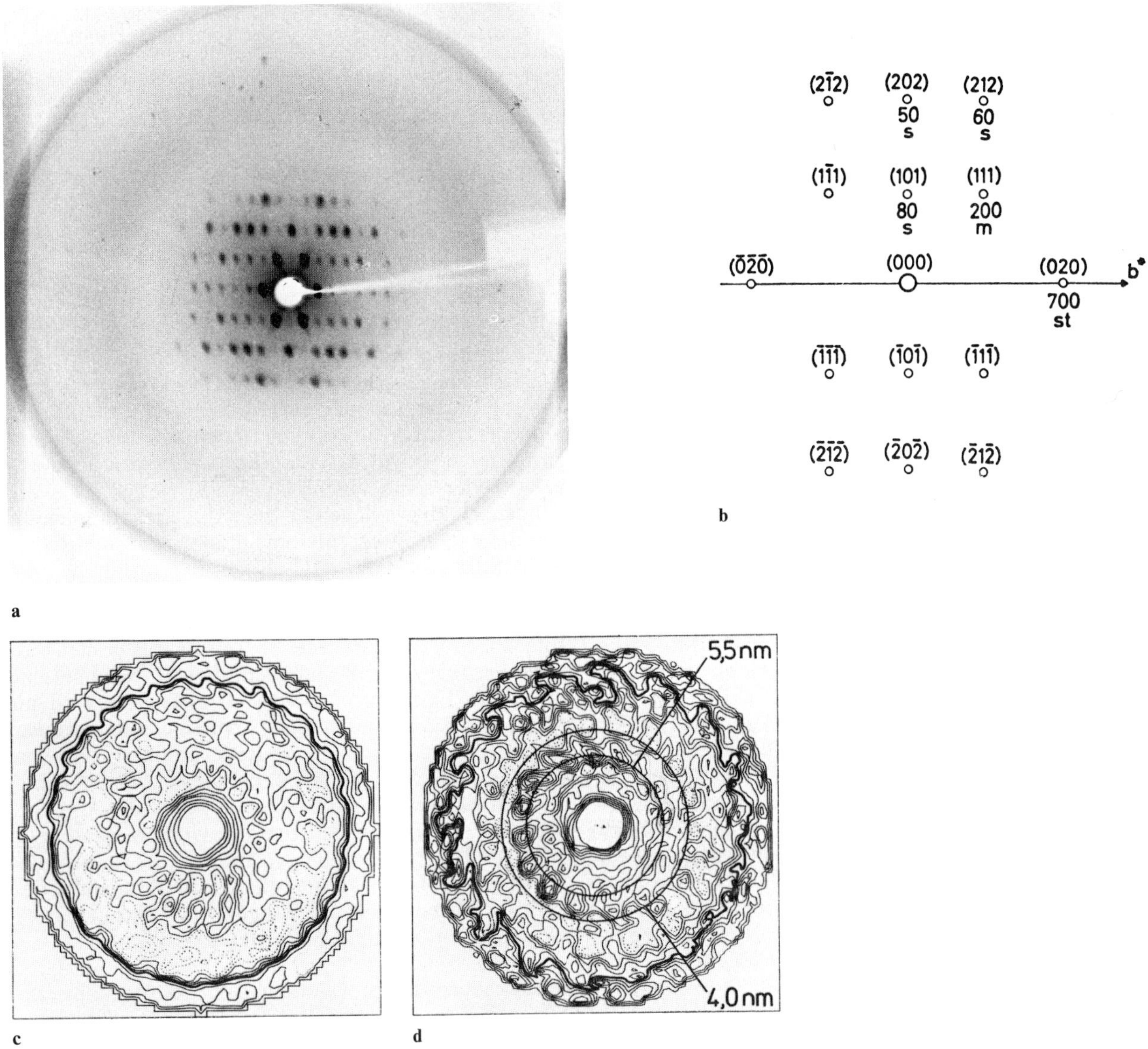

Abb. 3.49. a Röntgenbeugungsdiagramm eines mit Vestopal strukturstabilisierten Pottwal-Myoglobinkristalls (Auflösung 0,8 nm). **b** Indizierung des Elektronenbeugungsdiagramms eines orientierten Schnittes eines strukturstabilisierten Pottwal-Myoglobinkristalls (Auflösung 1,2 nm). Ungefähr gleiche Intensitäten bei Röntgen- und Elektronenaufnahmen. **c, d** Vergleich der Hochdosisrekonstruktion **c** (7200 el/nm^2) mit der Niederdosisrekonstruktion **d** (400 el/nm^2) eines mit Uranylformiat kontrastierten Tabakmosaikvirus (vgl. auch Abb. 3.23 und Abb. 3.47b, c). Die Schnitte liegen senkrecht zur Schraubenachse und enthalten 16 1/3 Untereinheiten, die in verschiedenen Höhen geschnitten werden, so daß in der Abbildung ~16 radial angeordnete Schnitte mit je 0,14 nm Abstand vorliegen. Man beachte die durch Strahlschaden hervorgerufene diffuse Struktur der Hochdosisrekonstruktion **c**. Die bei einem Radius von ~4 nm in **d** deutlich erkennbare RNS-Kette ist in **c** wegen des aufgetretenen Strahlenschadens kaum mehr lokalisierbar. **a, b**: Hoppe, W., Langer, R., Knesch, G., Poppe, Ch.: Naturwissenschaften **55** (1968) 333; **c, d**: Hoppe, W., Wenzl, H., Schramm, H.J.: Hoppe-Seyler's Z. Physiol. Chem. 358 (1977) 1069

durch die symmetrische Wendeltreppenstruktur nicht täuschen lassen. Die physikalischen und chemischen Aussichten zu einer Analyse sind — darüber muß man sich klar sein — recht schlecht, wenn auch die Möglichkeiten eines physikalischen oder auch chemischen Strahlenschutzes (Abfangen der Radikale) noch keineswegs völlig überblickt werden können. In dieser fatalen Situation mag es daher — gewissermaßen als Ausblick — nicht uninteressant sein, daß in neuester Zeit in der Diskussion dieser Fragestellung ein neuer Gedanke geäußert wurde. Bisher ist bei der Diskussion der Elektronenmikroskopie immer davon ausgegangen worden, daß es sich hier — ähnlich wie in der Röntgenkristallstrukturanalyse — um ein statisches Problem, nämlich um ein Abbildungsproblem handelt. In Wirklichkeit aber ist die elektronenmikroskopische Untersuchung einer individuellen biogenen Struktur ein dynamischer Prozeß. Während des Auftreffens der Elektronen ändert sich dauernd die Struktur. Nun ist diese Änderung keineswegs willkürlich, sondern folgt strahlenchemischen Gesetzen. Es liegt also nicht nur eine „Struktur" im dreidimensionalen Raum vor, sondern auch eine „Struktur" im vierdimensionalen Ort-Zeit-Raum. Aus dieser Struktur sollte man experimentell und theoretisch (unter Ausnützung von Redundanzen) auf die eigentlich interessierende Struktur des biogenen Makromoleküls schließen können. So sehr diese Ansätze hypothetisch sind — man mag es als tröstlich betrachten, daß die oft als grundsätzlich bezeichnete Barriere der Strahlenschädigung auch für die Untersuchung individueller organischer Strukturen nicht unbedingt unüberwindbar sein muß.

3.2.3.11 Schlußbemerkung

Elektronenmikroskopie im konventionellen Sinne — Herstellung guter Aufnahmen und intelligente Deutung der Bilder — wird in der Biologie im breitesten Rahmen angewandt. Artikel über Elektronenmikroskopie im biologischen Bereich entwickeln sich leicht zu Bilderalben mit zweifellos großem heuristischem Wert. Doch Biophysik ist eine messende Wissenschaft und der Biophysiker sollte der Versuchung entgehen, in der Elektronenmikroskopie nur eine qualitative „Guckwissenschaft" zu sehen. Bei der Anwendung der Beugungsmethoden in den Biowissenschaften ist es die Menge an meßbarer Information, die zählt — die bisher maximale Informationsmenge (Größenordnung bis zu 100000 Röntgenreflexen) hatte die Proteinkristallographie zu bieten; diese Zahl kann aber in der Elektronenmikroskopie weit übertroffen werden. Man betrachte im Vergleich zu diesen Zahlen etwa die magere Ausbeute bei einer klassischen Röntgenfaseraufnahme eines Proteins mit bestenfalls einigen hundert Reflexen. Es ist verständlich, daß man diesen Aufnahmen nur die Grundzüge der Sekundärstruktur der Proteine entnehmen konnte. Die Biologie kann auf eine quantitative physikalische Auswertung in der so informationspotenten Elektronenmikroskopie nicht verzichten.

Vieles ist freilich noch neu und häufig liegen nur erste Ergebnisse vor. Aber die grundsätzlichen Methoden sind ausgearbeitet, in ihrer Logik zwingend und in ihrer Kapazität übersehbar.

Literaturauswahl

Allgemein:

Hall, C.E.: Introduction to Electron Microscopy. New York: McGraw-Hill 1966. (Einführung in die konventionelle Elektronenmikroskope mit Darstellung ihrer geschichtlichen Entwicklung).

Reimer, L.: Elektronenmikroskopische Untersuchungs- und Präparationsmethoden. Berlin-Heidelberg-New York: Springer 1967.

Huxley, H.E., Klug, A. (Eds.): New Developments in Electron Microscopy. London: Royal Society 1971.

Nichtkonventionelle Elektronenmikroskopie, Monographien:

Hoppe, W., Mason, R. (Eds.): Advances in Structure Research by Diffraction Methods, Vol. 7. Braunschweig/Wiesbaden: Friedr. Vieweg & Sohn 1979.

Hawkes, P.W. (Ed.): Computer Processing of Electron Microscope Images, Vol. 13. Berlin-Heidelberg-New York: Springer 1980

Kihlborg, L. (Ed.): Direct Imaging of Atoms in Crystals and Molecules. Stockholm: The Royal Swedish Academy of Sciences 1979 (Nobel Symposium 47)

Baumeister, W., Vogell, W. (Eds.): Electron Microscopy at Molecular Dimensions. Berlin-Heidelberg-New York: Springer 1980

Crowther, R.A., Klug, A.: Structural analysis of macromolecular assemblies by image reconstruction from electron micrographs. Annu. Rev. Biochem. **44**, 161–182 (1975)

Hoppe, W.: Three-Dimensional Electron Microscopy. Annu. Rev. Biophys. **10**, in press (1981)

3.2.4 Lichtstreuung an Makromolekülen

Horst Brunner und Klaus Dransfeld

3.2.4.1 Vorbemerkung

Lichtstreuung ist ein wichtiges Verfahren, um eine Vielzahl von Eigenschaften eines Makromoleküls in Lösung zu bestimmen: das Molekülgewicht und die Dimension des Moleküls ebenso wie seine Diffusions-Konstanten, etwaiges Assoziations-Dissoziationsverhalten oder seine innere Dynamik (Molekülschwingungen). Dabei beleuchtet man die Makromoleküle z.B. in der Lösung mit einem monochromatischen Lichtstrahl und mißt das seitlich abgestrahlte Streulicht. Das nach allen Richtungen gestreute Licht ist sehr intensitätsschwach (etwa 10^{-5} der eingestrahlten Intensität). Der überwiegende Teil davon besitzt dieselbe Frequenz wie das anregende Licht: Man spricht in diesem Fall von *elastischer Streuung*, sie wird im Abschnitt 3.2.4.2 beschrieben. Nur ein sehr geringer Bruchteil wird *inelastisch* gestreut. Die dabei erfolgte Frequenzverschiebung zeigt an, daß sich das Molekül als ganzes bewegt (Abschnitt 3.2.4.3) oder daß im Molekül Schwingungen angeregt wurden (Abschnitt 3.2.4.4).

Die Monochromasie und die scharfe Bündelung des Lichtstrahls bei hoher Leistung machen den Laser zur idealen Lichtquelle für Lichtstreuexperimente.

Im folgenden soll eine kurze Übersicht gegeben werden über die Anwendung der Lichtstreuung zur Untersuchung von Makromolekülen. Die angeführte Literatur wird es dem Leser leicht machen, sich über spezielle Fragen genauer zu informieren.

3.2.4.2 Elastische Lichtstreuung

a) Rayleighstreuung an verdünnten Gasen

Bei der Beschreibung der Lichtstreuung ist es zweckmäßig, zwischen den Effekten bei „kleinen" und „großen" Teilchen bzw. Molekülen zu unterscheiden. „Kleine" Teilchen besitzen Abmessungen, die viel kleiner sind als die Wellenlänge λ des einfallenden Lichts, d.h. kleiner als etwa $\lambda/20$.

Man betrachtet zunächst ein isoliertes kleines Teilchen im Vakuum, auf das eine monochromatische Lichtwelle, deren Frequenz weit von dessen Absorptionsbanden entfernt liegt, auftrifft. Die elektrische Feldstärke $\boldsymbol{E}$ der Welle führt nun zu einer Kraft, welche die Elektronen des Teilchens in eine Richtung und die Atomkerne in die entgegengesetzte Richtung bewegt: So wird ein elektrisches Dipolmoment $\boldsymbol{p}$ induziert, das parallel zum elektrischen Feld $\boldsymbol{E}$ liegt, sofern das Teilchen isotrop ist. Die Größe des erzeugten Dipol-

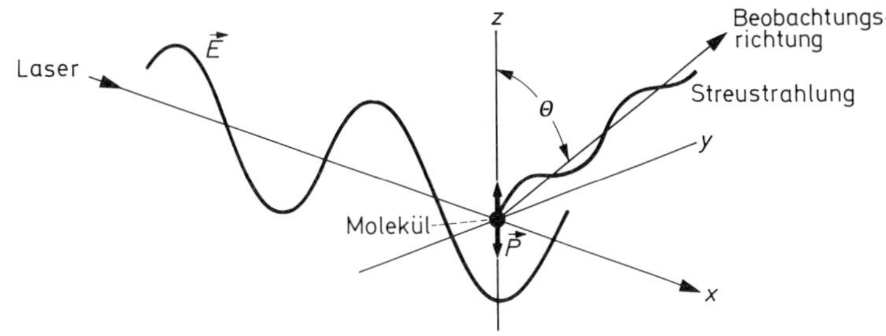

Abb. 3.50. Streuung von Licht durch ein polarisierbares Teilchen. Die elektrische Feldstärke $\boldsymbol{E}$ der monochromatischen Lichtwelle erzeugt im Molekül ein oszillierendes Dipolmoment $\boldsymbol{p}$, das elektromagnetische Strahlung nach allen Richtungen emittiert

moments $\boldsymbol{p}$ wird durch die Polarisierbarkeit α des Teilchens bestimmt:

$$\boldsymbol{p}=\alpha\cdot\boldsymbol{E}\,. \tag{3.91}$$

Die Feldstärke $\boldsymbol{E}$ eines polarisierten Lichtstrahls der Frequenz ν und der Wellenlänge λ hat die Zeit- und Ortsabhängigkeit

$$\boldsymbol{E}=\boldsymbol{E}_0\cos 2\pi\left(\nu t-\frac{x}{\lambda}\right) \tag{3.92}$$

und steht senkrecht auf der Ausbreitungsrichtung des Lichts. Bei Teilchen, deren Dimension $d \ll ($ ist, ist die elektrische Feldstärke $\boldsymbol{E}$ an jedem Ort x innerhalb des Teilchens gleich groß und es treten daher keine Phasenunterschiede auf. Der einfallende Lichtstrahl induziert also im Teilchen ein *oszillierendes* Dipolmoment:

$$\boldsymbol{p}=\alpha\boldsymbol{E}_0\cos 2\pi\left(\nu t-\frac{x}{\lambda}\right). \tag{3.93}$$

Dieser oszillierende Dipol emittiert nun seinerseits elektromagnetische Strahlung, die sich sphärisch nach allen Richtungen senkrecht zum $\boldsymbol{E}$-Vektor ausbreitet: die Streustrahlung.

Die elektrische Feldstärke dieser Dipolstrahlung ist bekanntlich proportional zu $d^2\boldsymbol{p}/dt^2$. Für große Entfernungen vom Dipol steht sie senkrecht auf der Verbindungsgeraden zwischen Dipol und Beobachter und fällt mit $1/r$ ab. Die Größe der Feldstärke variiert mit $\sin\theta$, wenn θ den Winkel zwischen Dipolachse und Streurichtung bezeichnet (Abb. 3.50): In Richtung der Dipolachse ist die Feldstärke daher gleich null und senkrecht zur Dipolachse beobachtet man die maximale Feldstärke.

Man erhält also für die Feldstärke $\boldsymbol{E}_s$ des gestreuten Lichts:

$$\boldsymbol{E}_s=\frac{4\pi^2\alpha\boldsymbol{E}_0\sin\theta}{r\lambda^2}\cos 2\pi\left(\nu t-\frac{x}{\lambda}\right). \tag{3.94}$$

Die Frequenz bleibt genau dieselbe wie die des einfallenden Lichts: Deshalb nennt man den eben beschriebenen Streuvorgang *elastisch.*

Die Intensität einer Lichtwelle ist proportional zu $\boldsymbol{E}^2$ und das Verhältnis der Streuintensität I_s zur Intensität des einfallenden Lichts I_0 ergibt sich aus Gl. (3.94) zu

$$\frac{I_s}{I_0}=\frac{16\pi^4\alpha^2\sin^2\theta}{\lambda^4 r^2}. \tag{3.95}$$

Die Gl. (3.95) wurde erstmals 1871 von Lord Rayleigh abgeleitet. Sie zeigt die typische λ^{-4}-Abhängigkeit der Streuintensität vom einfallenden Licht und erklärt z.B. den hohen Blauanteil des in der Erdatmosphäre gestreuten Sonnenlichts.

Man betrachtet nun zunächst die Lichtstreuung an mehreren identischen „kleinen" Teilchen, die voneinander unabhängig sind, d.h. keine Wechselwirkung miteinander besitzen. Dieser Fall liegt in guter Näherung bei einem verdünnten *idealen* Gas vor.

Die Polarisierbarkeit α eines einzelnen Teilchens und der Brechungsindex n des Gases sind durch die Clausius-Mosotti-Gleichung verknüpft:

$$n^2-1=4\pi N\alpha\,. \tag{3.96}$$

N bezeichnet dabei die Zahl der Teilchen pro Volumeneinheit.

Der Brechungsindex n für ein verdünntes Gas liegt nahe bei 1. Daher kann man ihn in eine Taylorreihe nach der Konzentration c der Teilchen im Gas entwickeln und nur die in c linearen Terme berücksichtigen:

$$n=1+\frac{dn}{dc}c+\cdots$$

Dann läßt sich die Polarisierbarkeit α ausdrücken

$$\alpha=\frac{c}{2\pi N}\cdot\frac{dn}{dc}=\frac{M}{2\pi L}\cdot\frac{dn}{dc}, \tag{3.97}$$

wobei M das Molekulargewicht der Teilchen und L die Avogadrosche Zahl ($6\times10^{23}\,\mathrm{mol}^{-1}$) ist, so daß $M/L=c/N$ die Masse pro Teilchen angibt. Man kombiniert Gl. (3.97) mit Gl. (3.96) und erhält

$$\frac{I_s}{I_0}=\frac{4\pi^2M^2\sin^2\theta}{L^2\lambda^4r^2}\left(\frac{dn}{dc}\right)^2. \tag{3.98}$$

Die Lichtintensität, die ein Teilchen streut, erweist sich als proportional zum Quadrat seines Molekulargewichts. M kann somit durch Lichtstreuung experimentell bestimmt werden.

Meist ist es vorteilhaft, die Streuintensität i_s pro Volumeneinheit anzugeben. Die Gasteilchen sind statistisch verteilt und unkorreliert: Die Gesamtstreuintensität summiert sich daher aus den Beiträgen der einzelnen Teilchen. Mit $N=Lc/M$ Teilchen pro Vo-

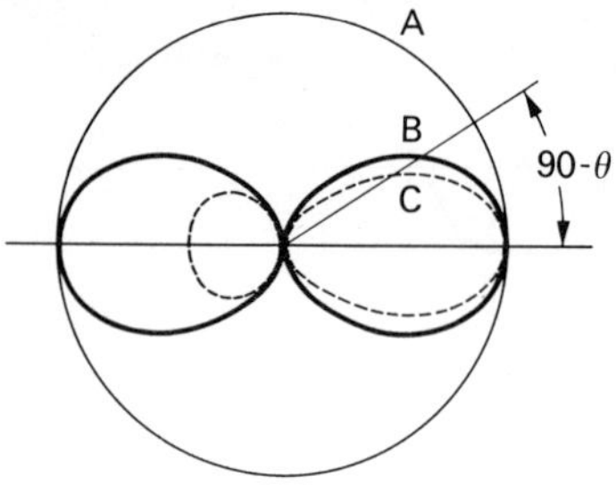

Abb. 3.51. Polardiagramm der Intensitätsverteilung $i_s(\theta)$ der Streustrahlung für einfallendes Licht unterschiedlicher Polarisierung. Der **E**-Vektor liegt (*A*) senkrecht zur Zeichenebene, bzw. (*B*) in ihr. Die Kurve *C* zeigt die Intensitätsverteilung für den Fall *B*, wenn das streuende Teilchen nicht sehr viel kleiner als die Wellenlänge des anregenden Lichtes ist

lumeneinheit ist

$$\frac{i_s}{I_0} = \frac{4\pi^2 \sin^2\theta \left(\frac{dn}{dc}\right)^2}{L\lambda^4 r^2} \cdot cM. \tag{3.99}$$

Gleichung (3.99) beschreibt die Streuintensität i_s pro Volumeneinheit eines verdünnten Gases, auf das polarisiertes Licht der Wellenlänge λ und Intensität I_0 auftrifft. Die Winkelabhängigkeit von i_s ist in Abb. 3.51 dargestellt.

b) Streuung an Makromolekülen in Lösung

Nach Gl. (3.98) ist die Streuintensität eines Teilchens proportional dem Quadrat des Molekulargewichts. Lichtstreuung eignet sich also vortrefflich, um Makromoleküle in Gegenwart von kleinen (Lösungsmittel-) Molekülen zu studieren, da der Beitrag vom Lösungsmittel relativ unbedeutend ist.

Zunächst sei wieder vorausgesetzt, daß die Makromoleküle völlig unabhängig voneinander seien (ideale Lösung). Dann gestaltet sich die Ableitung der Lichtstreuintensität von Makromolekülen in Lösung analog wie für das verdünnte Gas. Nur sind die streuenden Moleküle jetzt in einem Medium (=Lösungsmittel) mit dem Brechungsindex n_0 verteilt. Daher muß man in Gl. (3.96) n^2-1 durch $n^2-n_0^2$ ersetzen. α ist nun die Differenz zwischen der Polarisierbarkeit des Makromoleküls und der des Lösungsmittels, das es verdrängt.

Mit

$$n^2 - n_0^2 = 2n_0 \cdot \frac{dn}{dc} \cdot c$$

wird aus Gl. (3.99) für die Streuintensität i_θ einer makromolekularen Lösung pro Volumeneinheit

$$\frac{i_\theta}{I_0} = \frac{4\pi^2 n_0^2 \sin^2\theta \left(\frac{\mathrm{dn}}{dc}\right)^2}{L\lambda^4 r^2} cM. \tag{3.100}$$

Man definiert als Rayleigh-Verhältnis R_θ

$$R_\theta = \frac{i_\theta}{I_0} \frac{r^2}{2\sin^2\theta}, \tag{3.101}$$

das nun unabhängig vom Streuwinkel ist:

$$R_\theta = \frac{2\pi^2 n_0^2 \left(\frac{dn}{dc}\right)^2}{L\lambda^4} cM = KcM, \tag{3.102}$$

wobei

$$K = \frac{2\pi^2}{L\lambda^4} n_0^2 \left(\frac{dn}{dc}\right)^2 \tag{3.103}$$

bedeutet.

Für eine ideale Lösung gilt somit

$$\frac{Kc}{R_\theta} = \frac{1}{M}. \tag{3.104}$$

Im Falle realer Lösungen — mit ihnen hat es der Biophysiker fast ausschließlich zu tun — müssen allerdings noch die Wechselwirkungen zwischen den Molekülen berücksichtigt werden.

Eine exakte Berechnung der Streuintensität realer Lösungen mit Hilfe der thermodynamischen Theorie von Konzentrationsfluktuationen führte Debye durch. Es soll hier gleich das Ergebnis übernommen werden, das sich von Gl. (3.104) nur durch von c abhängige Korrekturterme unterscheidet:

$$\frac{Kc}{R_\theta} = \frac{1}{M} + 2Bc + \ldots \tag{3.105}$$

B ist der „zweite Virialkoeffizient". Er tritt immer dann auf, wenn Stöße und Korrelationen zwischen zwei Teilchen berücksichtigt werden müssen, und er ist ein direktes Maß für die Stärke der Wechselwirkung zwischen den Molekülen.

Der Virialkoeffizient tritt auch in der Beschreibung nicht-idealer Gase auf, was an dieser Stelle in Erinnerung gerufen sei:

$$\begin{aligned} &\text{Ideal:} \quad p \cdot V = RT, \\ &\text{Real:} \quad p \cdot V = RT(1 + Bp + \ldots), \end{aligned} \tag{3.106}$$

p=Gasdruck, V=Gasvolumen, R=Gaskonstante, T=absolute Temperatur.

c) Experimentelle Durchführung der Lichtstreuung

Die Abb. 3.52 zeigt schematisch den typischen Aufbau einer Lichtstreuapparatur. Als monochromatische Lichtquelle dient ein Laser. Sein gebündelter Lichtstrahl (Wellenlänge λ, Intensität I_0) wird von der Linse F in die Streuzelle SZ fokussiert. Der Photomultiplier PM registriert die Streustrahlung i_θ. Er sitzt auf einem beweglichen Arm und kann um die Streuzelle rotiert werden: So läßt sich die Streuintensität der makromolekularen Lösung bei jedem Winkel θ messen. Die Streuintensität des Lösungsmittels allein muß man getrennt ermitteln und von der Gesamtstreuintensität subtrahieren, weil alle vorher abgeleiteten Gleichungen nur für die Differenz der Streuung von Lösung und Lösungsmittel gelten. Die Größe dn/dc bestimmt man separat in einem Differential-

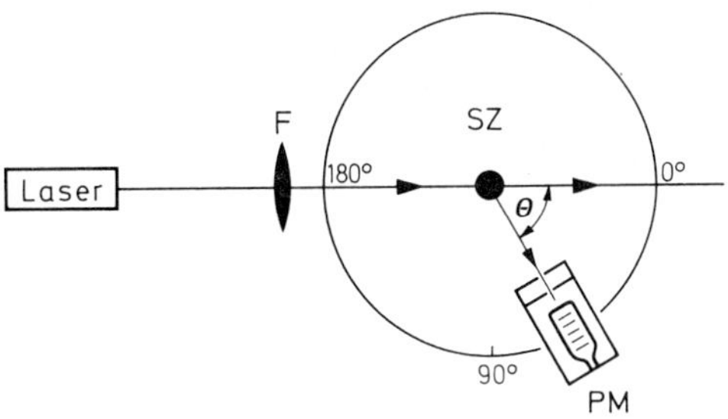

Abb. 3.52. Schematische Darstellung einer Lichtstreuapparatur. Erklärung im Text

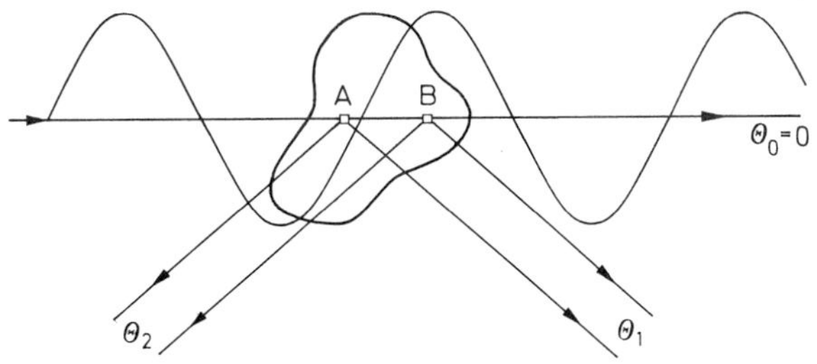

Abb. 3.54. Abhängigkeit der destruktiven Interferenz der Streuwellen, die von den Zentren A und B ausgehen, vom Streuwinkel θ

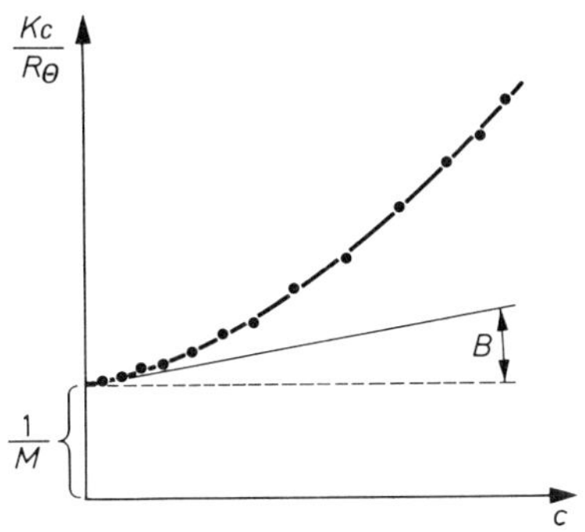

Abb. 3.53. Typische Meßkurve der Werte Kc/R_θ in Abhängigkeit von der Konzentration c. Aus ihr entnimmt man das Molekulargewicht M und den 2. Virialkoeffizienten B

Refraktometer. Die Konzentrationsabhängigkeit von dn/dc ist meist vernachlässigbar.

Da das Rayleigh-Verhältnis R_θ in Gl. (3.102) vom Winkel θ unabhängig ist, genügt es, die Messung bei festem Winkel und verschiedenen Konzentrationen c durchzuführen. Man trägt die Größe Kc/R_θ in Abhängigkeit von c auf (Abb. 3.53). Aus dem Ordinatenabschnitt der Meßkurve entnimmt man das Molekulargewicht M, die Steigung der Kurve [s. Gl. (3.105)] für $c \to 0$ liefert den 2. Virialkoeffizienten B.

d) Streuung an größeren Molekülen

Bisher beschränkten wir uns auf Moleküle, deren Dimensionen wesentlich kleiner als die Lichtwellenlänge sind, etwa kleiner als $\lambda/20 \simeq 25$ nm. Die Ausdehnung vieler biologischer Makromoleküle übersteigt aber diesen Grenzwert. Deshalb soll im folgenden der Einfluß der endlichen Größe der Teilchen auf die Streuintensität untersucht werden. Dabei wird man sehen, daß zwar die mathematische Beschreibung etwas schwieriger wird, gleichzeitig jedoch der Informationsgehalt der Lichtstreudaten zunimmt: Sie liefern nun noch eine Aussage über die *Molekülgröße*.

Solange die Abmessungen des Moleküls klein gegen die Wellenlänge des erregenden Lichts sind, die elektrische Feldstärke über das ganze Molekül also homogen ist, strahlt das Molekül wie ein punktförmiger Dipol. Bei größeren innermolekularen Distanzen werden aber die Elektronen in den verschiedenen Teilen des Moleküls mit unterschiedlicher Phase erregt. Die kohärenten Wellenzüge der Streustrahlung interferieren und löschen sich je nach den geometrischen Verhältnissen im Molekül und in Abhängigkeit von der Streurichtung mehr oder weniger aus.

In Abb. 3.54 ist ein Molekül mit $d \simeq \lambda/2$ (größere Teilchen kommen selten vor und bleiben hier unberücksichtigt) dargestellt, das mit Licht der Wellenlänge λ bestrahlt wird. Die beiden Streuzentren A und B werden mit einer Phasendifferenz von etwa $\lambda/4$ erregt. Der induzierte Dipol in B schwingt um eine Viertelperiode versetzt zu dem in A. In allen Beobachtungsrichtungen θ überlagern sich nun die Amplituden der Streuwellen. Man erkennt, daß

a) in Vorwärtsrichtung ($\theta_0 = 0°$) kein Gangunterschied auftritt. Die Amplituden beider Wellenzüge addieren sich einfach und verstärken sich maximal.

b) unter kleinen Streuwinkeln θ_1 ein geringer Gangunterschied existiert, woraus eine etwas verminderte Streuintensität resultiert,

c) bei großen Streuwinkeln θ_2 (Rückwärtsstreuung) erhebliche Auslöschung geschieht. Die Streuintensität kann null werden, wenn der Gangunterschied bis auf $\lambda/2$ angewachsen ist.

Durch diese Interferenzeffekte wird also die Streustrahlung insgesamt geschwächt, am stärksten in Rückwärtsstreuung (vgl. Abb. 3.51, Fall C).

Ganz allgemein beschreibt man die Änderungen in der Streuintensität, die durch die Größe des Teilchens verursacht werden, mit einer Funktion $P(\theta)$. Sie gibt das Verhältnis an zwischen der gemessenen Intensität bei einem Winkel θ und jener, die man beobachten würde, wenn das Molekül (bei identischem Molekulargewicht) im Vergleich zu λ sehr klein wäre:

$$P(\theta) = \frac{\text{Streuintensität des großen Teilchens}}{\text{Streuintensität ohne Interferenzeffekte}}.$$

$P(\theta)$ ist folglich nie größer als eins.

Die langwierige Herleitung von $P(\theta)$ findet sich z.B. bei Tanford. Hier soll nur das Ergebnis übernommen werden:

$$P(\theta) = \frac{1}{N^2} \sum_{i=1}^{N} \sum_{j=1}^{N} \frac{\sin mR_{ij}}{mR_{ij}}. \qquad (3.107)$$

N ist die Zahl der streuenden Teilchen, R_{ij} der Abstand zweier Streuzentren i und j im Molekül und

$$m = \frac{4\pi}{\lambda} \sin\frac{\theta}{2}. \qquad (3.108)$$

Die Gl. (3.107) hat übrigens auch fundamentale Bedeutung für die Beschreibung der Röntgenstreuung.

Es sollen nun einige Grenzfälle von $P(\theta)$ diskutiert werden. Dazu entwickelt man $\frac{\sin mR_{ij}}{mR_{ij}}$ in eine Taylorreihe:

$$\frac{\sin mR_{ij}}{mR_{ij}} = 1 - \frac{(mR_{ij})^2}{6} + \frac{(mR_{ij})^4}{120} - \ldots . \qquad (3.109)$$

Daraus ersieht man unmittelbar, daß für $R_{ij} \to 0$ oder $m \to 0$

$$P(\theta) \to \frac{1}{N^2} \sum_{i=1}^{N} \sum_{j=1}^{N} (1) = \frac{1}{N^2} N^2 = 1 \qquad (3.110)$$

wird. Für sehr kleine Streuwinkel ($\theta \to 0$), für sehr große Wellenlängen ($\lambda \gg R_{ij}$) oder für sehr kleine Moleküle ($R_{ij} \to 0$) wird $P(\theta) = 1$, ist also der Grenzfall der Rayleigh-Streuung erreicht.

e) Bestimmung der Molekülgröße

Angenommen, die Größe der Moleküle, die man mit Lichtstreuung untersuchen will, liegt in solch einem Bereich, daß die ersten zwei Glieder der Entwicklung (3.109) für die Ermittlung von $P(\theta)$ genügen; dann ist:

$$P(\theta) = \frac{1}{N^2} \sum_{i=1}^{N} \sum_{j=1}^{N} (1) - \frac{m^2}{6N^2} \sum_{i=1}^{N} \sum_{j=1}^{N} R_{ij}^2$$

oder (3.111)

$$P(\theta) = 1 - \frac{m^2}{6N^2} \sum_{i=1}^{N} \sum_{j=1}^{N} R_{ij}^2 .$$

Um die durchschnittliche Ausdehnung eines Moleküls zu beschreiben, bedient man sich des *Gyrationsradius* R_G. Er ist definiert als der mittlere Abstand der einzelnen Massenpunkte eines Moleküls vom Molekülschwerpunkt:

$$R_G^2 = \frac{1}{2N^2} \sum_{i=1}^{N} \sum_{j=1}^{N} R_{ij}^2 . \qquad (3.112)$$

Damit wird

$$P(\theta) = 1 - \frac{m^2 R_G^2}{3} + \ldots = 1 - \frac{16\pi^2 R_G^2}{3\lambda^2} \sin^2 \frac{\theta}{2} + \ldots \qquad (3.113)$$

Die Winkelabhängigkeit der Streuintensität liefert also den Gyrationsradius R_G! Allerdings darf das Molekül nicht zu klein sein, damit $P(\theta)$ merklich vom Wert 1 abweicht. Die Messung der Winkelabhängigkeit der Lichtstreuung ist folglich nur für größere Makromoleküle sinnvoll.

Da die Lichtstreuintensität realer makromolekularer Lösungen sowohl vom Streuwinkel als auch von der Konzentration abhängt, muß man R_θ als Funktion beider Variablen messen.

Führt man nun den Korrekturfaktor $P(\theta)$ in die Gl. (3.105) ein, dann erhält man

$$\frac{Kc}{R_\theta} = \frac{1}{P(\theta)} \left(\frac{1}{M} + 2Bc \right) . \qquad (3.114)$$

In der Näherung von Gl. (3.113) wird daraus

$$\frac{Kc}{R_\theta} = \frac{1}{1 - \frac{16\pi^2 R_G^2}{3\lambda^2} \sin^2 \frac{\theta}{2}} \cdot \left(\frac{1}{M} + 2Bc \right),$$

oder, da für kleine x gilt: $\frac{1}{1-x} \simeq 1 + x$

$$\frac{Kc}{R_\theta} = \left\{ 1 + \frac{16\pi^2 R_G^2}{3\lambda^2} \sin^2 \frac{\theta}{2} \right\} \cdot \left\{ \frac{1}{M} + 2Bc \right\} . \qquad (3.115)$$

Um das Endergebnis, die etwas komplizierte Gl. (3.115), transparenter zu machen, soll nochmals festgestellt werden:

1. $i_\theta \sim R_\theta$ [s. Gl. (3.101)] ist die einzige Meßgröße: die Streuintensität der gelösten Makromoleküle.

2. Der Streuwinkel θ und die Konzentration c sind die Variablen des Streuexperiments.

3. Die Moleküleigenschaften Gyrationsradius R_G. 2. Virialkoeffizient B und Molekulargewicht M werden bestimmt.

Zur Ermittlung des Molekulargewichts M muß man Kc/R_θ in Gl. (3.115), extrapolieren für $c \to 0$ und $\theta \to 0$

$$\lim_{\substack{c \to 0 \\ \theta \to 0}} \frac{Kc}{R_\theta} = \frac{1}{M} .$$

Beide Extrapolationen lassen sich elegant im sogenannten „Zimm-Diagramm" durchführen. Die Abb. 3.55 zeigt ein Zimm-Diagramm für Lichtstreudaten einer Makromolekül-Lösung. Dabei ist die Größe Kc/R_θ gegen $\left(\sin^2 \frac{\theta}{2} + mc \right)$ aufgetragen. Die willkürliche Konstante m soll nur eine vernünftige Auftragung gewährleisten.

Für jede Messung von R_θ (bei einem bestimmten Wert von θ und c) trägt man einen Punkt in das Dia-

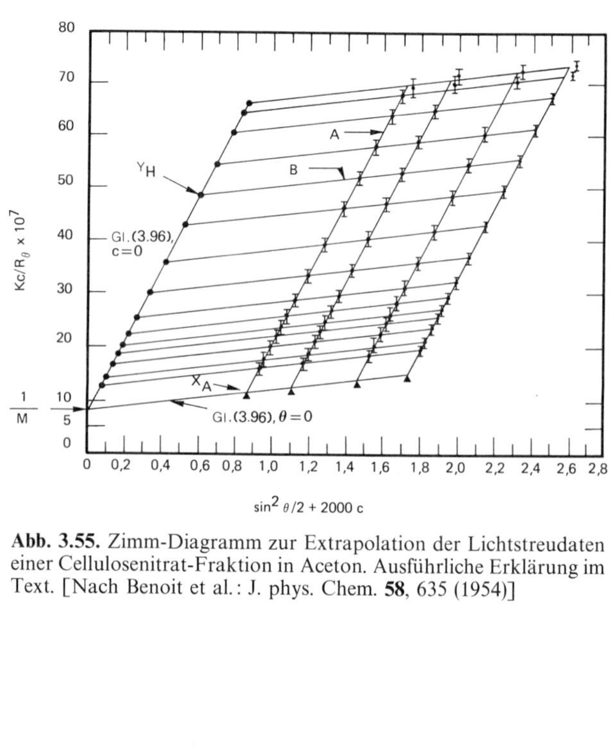

Abb. 3.55. Zimm-Diagramm zur Extrapolation der Lichtstreudaten einer Cellulosenitrat-Fraktion in Aceton. Ausführliche Erklärung im Text. [Nach Benoit et al.: J. phys. Chem. **58**, 635 (1954)]

gramm ein, dessen Abszisse $\left(\sin^2\frac{\theta}{2}+mc\right)$ und Ordinate Kc/R_θ ist. Bei festgehaltener Konzentration c_A liegen die Punkte für verschiedene θ etwa auf der Kurve A. Ihr unterer Endpunkt X_A für die Extrapolation $\theta \to 0$ hat den Abszissenwert mc_A. Parallel zu A liegen die Kurven für andere Konzentrationen c_i. Alle Endpunkte $X_i(\theta=0!)$ dieser Kurven bilden eine Gerade, die sich aus Gl. (3.115) ergibt:

$$\left.\frac{Kc}{R_\theta}\right|_{\theta=0}=\frac{1}{M}+2Bc\,. \tag{3.116}$$

Aus ihrem Achsenabschnitt entnimmt man das Molekulargewicht M, ihre Steigung liefert den 2. Virialkoeffizienten B. Geht man jedoch so vor, daß man den Streuwinkel θ_B festhält und die Konzentration variiert, wird man Punkte in das Diagramm einzeichnen, die etwa auf der Kurve H liegen. Deren linker Endpunkt Y_H (Extrapolation $c \to 0$) ist durch den Abszissenwert $\sin^2\frac{\theta}{2}$ festgelegt. Alle Endpunkte Y_H bilden wieder eine Gerade, die aus Gl. (3.115) folgt:

$$\left.\frac{Kc}{R_\theta}\right|_{c=0}=\frac{1}{M}\left\{1+\frac{16\pi^2R_G^2}{3\lambda^2}\sin^2\frac{\theta}{2}\right\}. \tag{3.117}$$

Der Achsenabschnitt ergibt nochmals M (Kontrolle!), aus der Steigung der Geraden gewinnt man den Gyrationsradius R_G.

Obwohl R_G eindeutig definiert ist (Gl. 3.112), hängt seine Interpretation bezüglich der Dimensionen des Moleküls von dessen Form ab. Tabelle 3.2 zeigt für drei wichtige Fälle den Zusammenhang zwischen Gyrationsradius und Form.

In der Tabelle 3.3 sind mit Lichtstreuung ermittelte Werte von Molekülgewicht und Gyrationsradius einiger Makromoleküle aufgeführt.

Tabelle 3.2. Zusammenhang zwischen Gyrationsradius und Form

Form	R_G
Kugel	$\sqrt{\frac{3}{5}}R_K$
Rotationsellipsoid	$a\sqrt{\frac{2+\gamma^2}{5}}$
Langes Stäbchen	$\frac{l}{\sqrt{12}}$

R_K = Kugelradius; $2a$, $2a$, $2a\gamma$ sind die Achsenlängen; l = Länge des Stäbchens.

Tabelle 3.3. Molekulargewicht und Gyrationsradius [nm] einiger biologisch wichtiger Makromoleküle

Molekül	M	R_G
β-Lactoglobulin	36000	—
Myosin	493000	46,8
DNA	4×10^6	117
Tabakmosaikvirus (TMV)	39×10^6	92,4

Zusammenfassend läßt sich sagen, daß man mit der elastischen Lichtstreuung Molekülgewicht und -größe bestimmen kann. Diese Methode ist anwendbar für Moleküle im Bereich $0{,}05<\frac{R_G}{\lambda}<0{,}5$. Für Moleküle kleiner als $0{,}05\,\lambda$ ist $P(\theta)$ kaum mehr winkelabhängig. Dadurch geht die Information über R_G verloren. Für zu große Moleküle gilt die Näherung Gl. (3.114) nicht mehr. Die Lichtstreuung an Teilchen mit Ausdehnung $d \gtrsim \lambda$ wird adäquat durch die Mie-Gleichungen beschrieben. Die Lösungen dazu sind außerordentlich kompliziert und wurden bisher nur für einige Spezialfälle gefunden.

3.2.4.3 Quasielastische Lichtstreuung

Die Größe und Winkelabhängigkeit der Intensität des Lichts, das eine makromolekulare Lösung streut, liefert Aussagen über das Molekulargewicht und die Dimension der gelösten Makromoleküle.

Aus der spektralen Breite des Streulichts kann man etwas über die Transporteigenschaften der Moleküle in Lösung erfahren. Wir sprechen hier von einem Spektrum des Streulichts, weil es Doppler-verbreitert ist. Es enthält Frequenzkomponenten, die das angeregte Laserlicht nicht hatte (deshalb *quasielastische* Lichtstreuung). Die Dopplerverbreiterung (s. Abb. 3.56) resultiert aus der Translations- und Rotationsbewegung der Moleküle in Lösung.

Die translatorische Bewegung geschieht durch Diffusion. Ein Molekül benötigt eine Zeit τ, um eine Strecke l zu diffundieren. τ und l sind über die Diffusionskonstante D verknüpft

$$\tau=\frac{l^2}{D}\,. \tag{3.118}$$

Die spektrale Abhängigkeit der Streulichtintensität folgt einer Lorentzkurvenform (Abb. 3.56):

$$I(\nu)\simeq\frac{DK^2/2\pi}{(\nu-\nu_0)^2+\left(\frac{DK^2}{2\pi}\right)^2}\,. \tag{3.119}$$

$\boldsymbol{K}$ = Wellenvektor des gestreuten Lichts $\left(|\boldsymbol{K}|=\frac{4\pi}{\lambda}\sin\frac{\theta}{2}\right)$.

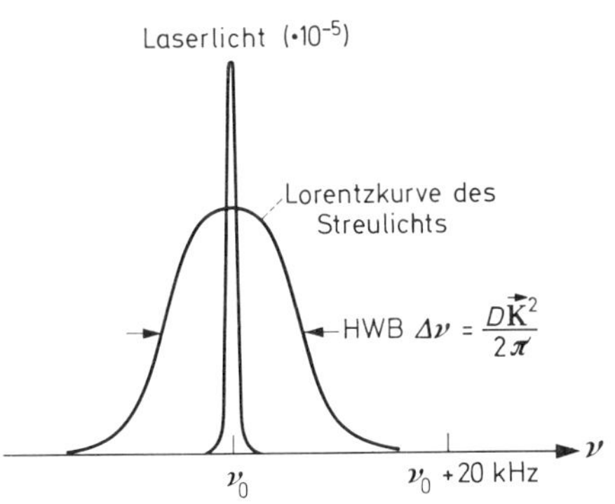

Abb. 3.56. Spektrale Verteilung des Laserlichtes und des dopplerverbreiterten Streulichtes

Aus der Halbwertsbreite (HWB) $DK^2/2\pi$ des Spektrums erhält man direkt die Diffusionskonstante D. Zusätzlich zur translatorischen Bewegung rotieren die Moleküle auch noch. Wenn ein Molekül optisch anisotrop ist (also z.B. nicht kugelförmig), so moduliert seine Rotationsbewegung das gestreute Licht. Auch daraus resultiert eine Dopplerverbreiterung des Streulichts. Allerdings ist die Intensität des Lichts, das durch die Rotationsdiffusion gestreut wird, etwa 100fach kleiner als die von der Translationsbewegung. Für Makromoleküle liegt $D_{\text{translat.}}$ im Bereich ,zwischen $10^{-8}\,\text{cm}^2/\text{s}$ und $10^{-6}\,\text{cm}^2/\text{s}$. Nach Gl. (3.119) folgt daraus für die Halbwertsbreite $\Delta\nu$ des Spektrums bei Rückwärtsstreuung ($\theta = 180°$): $100\,\text{Hz} < \Delta\nu < 10^4\,\text{Hz}$. Das anregende Licht hat jedoch eine Frequenz ν_0 von ca. 6×10^{14} Hz ($\hat{=}$ einer Wellenlänge von $\lambda = 500$ nm). Die Nachweisapparatur für das Streulicht muß folglich ein Auflösungsvermögen $A = \nu_0/\Delta\nu$ von etwa 10^{13} besitzen. Die besten Werte konventioneller spektroskopischer Methoden ($A \cong 10^6$ für Gitterspektrometer und $A \cong 5 \times 10^7$ für sphärisches Fabry-Perot-Etalon) liegen aber weit unter dieser geforderten Marke. Das extrem hohe Auflösungsvermögen $A = 10^{13}$ wird von einer von Cummins und Swinney entwickelten Technik erreicht, der "Self-Beating"-Spektroskopie.

Die wesentliche Eigenschaft dieser Überlagerungsmethode liegt darin, daß man die spektrale Information, die zunächst bei der optischen Frequenz $\nu_0 \pm$ einige kHz liegt, zu sehr kleinen Frequenzen verschiebt, bei denen konventionelle elektrische Filter bequem benützt werden können, um das Spektrum zu analysieren. Das wird dadurch erreicht, daß man das Streulicht auf einen Photomultiplier fallen läßt. Dessen Ausgangsstrom ist proportional zum Quadrat des einfallenden elektrischen Feldes (nichtlineares elektrisches Element). Daher enthält der Photostrom auch die Schwebungen (= beats), die durch Interferenz der einzelnen Spektralkomponenten entstehen. Die Lorentz-förmige Intensitätsverteilung des Streulichts (Abb. 3.56), deren Mittelfrequenz bei ν_0 lag und die die Halbwertsbreite $\Delta\nu = DK^2/2\pi$ hat, wird dadurch in eine Lorentz-förmige Intensitätsverteilung des Photomultiplierstroms transformiert, die das Maximum bei der Frequenz $\nu = 0$ und eine Halbwertsbreite von

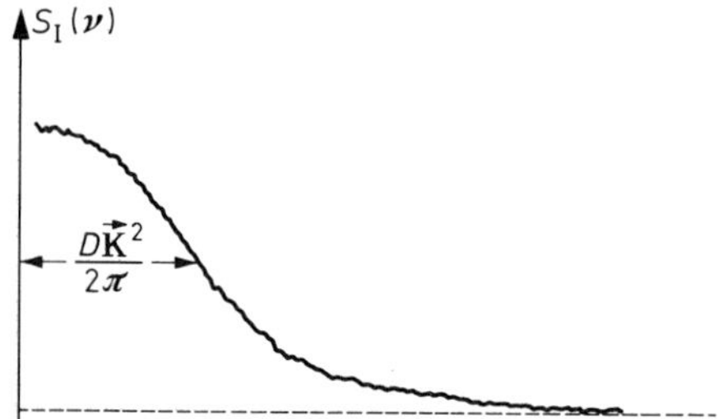

Abb. 3.57. Typisches Spektrum des Photomultiplierstroms bei quasielastischer Lichtstreuung. Die Halbwertsbreite in diesem Beispiel ist etwa 15 kHz

Tabelle 3.4. Translations- und Rotationsdiffusionskonstanten einiger biologisch wichtiger Makromoleküle

Molekül	$D_t[10^{-7}\,\text{cm}^2/\text{s}]$	$D_r[\text{s}^{-1}]$
Rinder-Serumalbumin	$6{,}7 \pm 0{,}1$ [a]	—
Ovalbumin	$7{,}1 \pm 0{,}2$ [a]	—
Lysozym	$11{,}5 \pm 0{,}3$ [a]	—
TMV	$0{,}4 \pm 0{,}02$ [a]	350 ± 20 [b]
DNA	$0{,}2 \pm 0{,}1$ [a]	—

[a] Dubin et al., Proc. nat. Acad. Sci. (Wash.) **57**, 1164 (1967).
[b] Wada et al., J. chem. Phys., **50**, 31 (1969).

$2DK^2/2\pi$ hat (Abb. 3.57). Die Rotationsbewegung eines Moleküles gibt auch in Vorwärtsstreuung eine Frequenzverschiebung, die Translationsbewegung dagegen nicht: So kann man unabhängig voneinander die Rotations- und Translations-Diffusionsbewegung messen.

Die Tabelle 3.4 zeigt Translationsdiffusions- und Rotationsdiffusionskonstanten D_t bzw. D_r, die mit der Self-Beating-Methode ermittelt wurden.

Diese Lichtstreutechnik wurde auch angewandt, um Assoziations-Dissoziations-Mechanismen in Makromolekülen zu studieren (z. B. die Selbstassoziation von Myosin), oder um die Beweglichkeit von Spermatozoen in Abhängigkeit des NaCl-Gehalts der Lösung zu messen.

3.2.4.4 Inelastische Lichtstreuung

Bei der inelastischen Lichtstreuung an Molekülen ist die Frequenz des gestreuten Lichts um $\Delta\nu$ bezüglich der Frequenz ν_0 des angeregten Lichts verschoben. Die Frequenzverschiebung $\Delta\nu$ entspricht einem Energiebetrag $h\Delta\nu$ (h = Plancksches Wirkungsquantum), mit dem eine Molekülschwingung angeregt wurde ($\Delta\nu < 0$). Ist $\Delta\nu > 0$, so hat eine bereits angeregte Molekülschwingung ihre Energie $h\Delta\nu$ abgegeben.

Im klassischen Bild beschreibt man den inelastischen Streuprozeß dadurch, daß man die Polarisierbarkeit α des Moleküls [Gl. (3.93)] nicht mehr als konstant ansieht, sondern annimmt, daß α durch die Molekülschwingung der Frequenz ν_M moduliert wird

$$\alpha = \alpha_0 + \alpha_M \cos 2\pi\nu_M t\,. \tag{3.120}$$

Aus Gl. (3.93) ergibt sich dann mit Gl. (3.120) nach trigonometrischer Umformung für die Zeitabhängigkeit des induzierten Dipols

$$\begin{aligned} \boldsymbol{p} = {} & \alpha_0 \boldsymbol{E}_0 \cos 2\pi\nu_0 t \\ & + \tfrac{1}{2}\alpha_M \boldsymbol{E}_0 \{\cos 2\pi(\nu_0 + \nu_M)t + \cos 2\pi(\nu_0 - \nu_M)t\}\,. \end{aligned} \tag{3.121}$$

Der 1. Term der Gl. (3.121) führt wieder zu einer Streustrahlung mit der anregenden Frequenz ν_0 (= Rayleighstreuung), der 2. Term zu einer um die Frequenz $\pm\nu_M$ verschobenen Streustrahlung (= Ramanstreuung). Streulicht mit $\nu_0 + \nu_M$ nennt man *Anti-stokes*-, jenes mit $\nu_0 - \nu_M$ *Stokes*-Ramanlinie. Die einzelnen Ramanlinien eines Moleküls bilden dessen charakteristisches Ramanspektrum. Die Frequenz ν_M

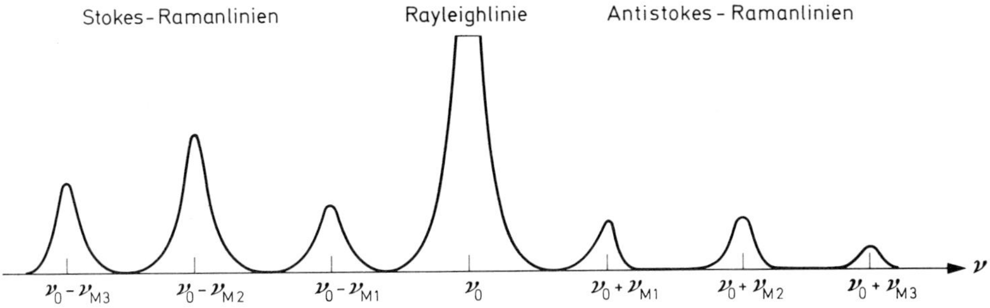

Abb. 3.58. Idealisiertes Ramanspektrum eines einfachen Moleküls mit drei ramanaktiven Schwingungen der Frequenzen ν_{M1}, ν_{M2}, und ν_{M3}. Die Intensität der Rayleighlinie ist ungefähr 10^5 mal größer als die der Ramanlinien

einer Molekülschwingung hängt nicht nur von der Masse der dabei beteiligten Atome und der Stärke ihrer Bindung ab, sondern auch von der gegenseitigen Anordnung der Atome. Somit widerspiegeln die Schwingungsfrequenzen eines Moleküls auch dessen Struktur.

Die Abb. 3.58 zeigt schematisch das Ramanspektrum eines Moleküls mit 3 (ramanaktiven) Molekülschwingungen der Frequenzen ν_{M1}, ν_{M2} und ν_{M3}. Die Wahrscheinlichkeit, daß eine Molekülschwingung der Frequenz ν_M thermisch angeregt ist, beträgt $\exp(-h\nu_M/kT)$, k = Boltzmann-Konstante, T = absolute Temperatur. Die Zahl der angeregten Moleküle ist sehr klein: Für eine typische Molekülvibrationsfrequenz von $1000\ \mathrm{cm}^{-1}$ ($\cong 3 \times 10^{13}$ Hz) errechnet sich die Anregungswahrscheinlichkeit bei Zimmertemperatur ($T = 300$ K) zu 0,008. Die Intensität der Antistokes-Ramanlinie ist folglich immer viel kleiner als die der Stokeslinien. Bei Ramanstreuexperimenten sind daher meist nur die Stokeslinien von Bedeutung.

Im Prinzip liefert die Ramanstreuung dieselbe Information wie die Infrarotabsorption, nämlich die Frequenzen der Molekülschwingungen. Beide Effekte beruhen jedoch auf ganz unterschiedlichen physikalischen Prozessen. Infrarotabsorption geschieht dann, wenn die Molekülschwingung eine Änderung des permanenten Dipolmoments verursacht, während Ramanstreuung auftritt, wenn die Molekülschwingung die Polarisierbarkeit moduliert. Zusätzlich existieren für Ramanstreuung und Infrarotabsorption unterschiedliche Auswahlregeln, die von den Symmetrieeigenschaften des Moleküls abhängen.

Der große Vorteil der Ramanstreuung zur Untersuchung der Schwingungen in einem Makromolekül besteht darin, daß man die Moleküle in ihrer nativen Konformation, d.h. in wäßriger Lösung studieren kann. Wasser ist ein sehr schwacher Ramanstreuer mit sehr wenigen Ramanlinien, die folglich im Ramanspektrum des Makromoleküls kaum stören.

Wegen der großen Zahl von Atomen in einem Makromolekül existieren sehr viele Schwingungen. Demzufolge ist das Ramanspektrum eines Makromoleküls sehr linienreich. Die meisten Linien stammen gewöhnlich von Schwingungen der Einzelbausteine des Makromoleküls, den Aminosäureseitenketten in Proteinen oder den Basen der Nucleoside in DNA und RNA. Zusätzlich erscheinen im Spektrum Ramanlinien, die von Schwingungen des Rückgrats dieser Moleküle herrühren (C—C—N-Skelett in Proteinen Zucker-Phosphat-Kette in den Nucleinsäuren). Als Beispiel ist in Abb. 3.59 das Ramanspektrum des Proteins Lysozym (Molekulargewicht $\simeq$ 15000) dargestellt. Die stärksten Linien stammen von Schwingungen der Seitenketten der aromatischen Aminosäuren Tryptophan (Trp), Tyrosin (Tyr) und Phenylalanin (Phe), der S—S-Bindung von Cystin (Cys), der C—C- und C—N-Bindungen des Proteinrückgrates. Die Schwingungen der Peptidgruppe O=C—N—H äußern sich in den sogenannten Amid-Banden.

Bei der Strukturänderung eines Makromoleküls werden einige Bindungslängen und Bindungswinkel modifiziert. Die Änderungen der entsprechenden

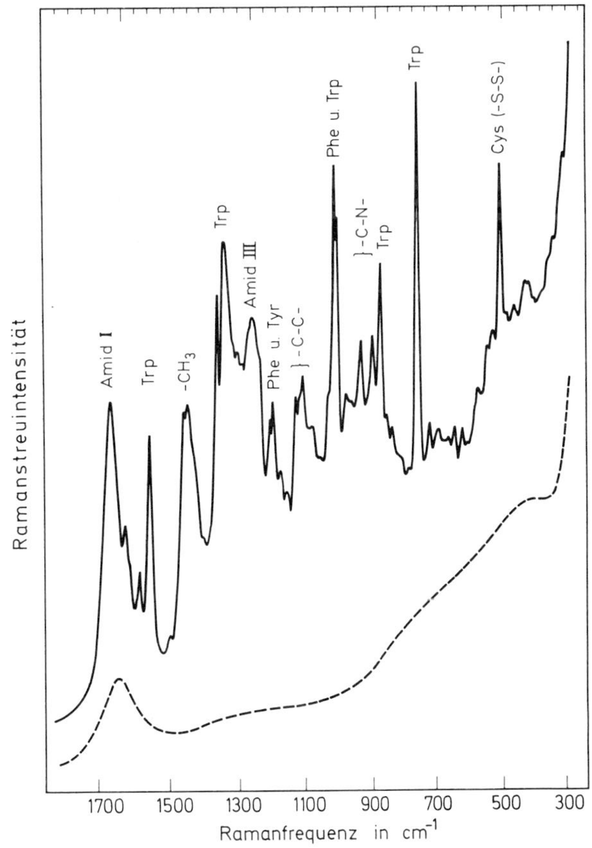

Abb. 3.59. Ramanspektrum (nur Stokeslinien) des Proteins Lysozym (M = 15000) in wäßriger Lösung. Die Zuordnung der stärksten Linien ist angegeben. Die gestrichelte Kurve repräsentiert das Ramanspektrum des Lösungsmittels Wasser. [Nach Brunner und Sussner: Biochim. biophys. Acta (Amst.) **271**, 16 (1972)]

Schwingungsfrequenzen läßt sich im Ramanspektrum einfach verfolgen. So ist mit Ramanstreuung an vielen Proteinen und Nucleinsäuren der Einfluß untersucht worden, den pH, Ionenstärke oder Temperatur auf die Konformation dieser Moleküle in wäßriger Lösung nehmen.

3.2.4.5 Ausblick

Wie oben beschrieben, lassen sich mit Hilfe der Lichtstreuung folgende Parameter eines Moleküls in Lösung im Prinzip bestimmen:

1. das Molekulargewicht (falls die Konzentration bekannt ist),
2. die Molekülgröße (falls nicht wesentlich kleiner als λ),
3. die translatorische und rotatorische Diffusionskonstante,
4. die Schwingungsfrequenzen innerhalb eines Moleküls.

Was die methodische Weiterentwicklung dieser Lichtstreutechnik betrifft, so gilt ein besonderes Interesse der Beobachtung sehr niedriger Schwingungsfrequenzen innerhalb von Makromolekülen, in denen eine Grundschwingung des ganzen Moleküls — im Terahertz(10^{12} Hz)-Frequenzbereich — mit Hilfe der Ramanstreuung beobachtet wird. In diesem Zusammenhang sei auf die ersten Raman-Beobachtungen von Peticolas und Mitarb. hingewiesen, die Dickenschwingungen von 10–20 nm dicken Polyäthylenlamellen gemessen haben. Die entsprechende Grundschwingung von biologischen Membranen konnte bisher mit Hilfe der Lichtstreuung noch nicht nachgewiesen werden.

Fast alle biologischen Makromoleküle besitzen infolge ihrer mangelnden Symmetrie auch piezoelektrische Eigenschaften. Daher ergibt sich die Frage, ob man die niederfrequenten Grundschwingungen eines Biomoleküls, z.B. einer Membran, nicht durch Einstrahlung von Submillimeterstrahlung piezoelektrisch so weit höher als thermisch anregen kann, daß sie doch ramanspektroskopisch nachweisbar werden. Bekanntlich lassen sich auch hochpolymere Polyvinylidenfluorid-Folien wegen ihrer starken Piezoelektrizität zur Lichtmodulation verwenden.

Wenn man auch mit Hilfe der Lichtstreutechnik auf diese Weise viele wichtige Informationen über Moleküle und Makromoleküle erhalten kann, so wird sie doch in wertvoller Weise ergänzt durch die Methode der Röntgen- und insbesondere der Neutronenstreuung. Einerseits sind hier die Wellenlängen kürzer, so daß man auch Auskunft über die Struktur kleinerer Moleküle gewinnt, und andererseits erlaubt der systematische künstliche Aufbau von Makromolekülen aus deuterierten und protonierten Teilen einen besonderen Kontrast in der Neutronenanalyse der Molekülstruktur.

Literaturauswahl

Cummins, H., Swinney, H.: In: E. Wolf (Ed.): Progress in Optics, p. 135. Amsterdam: North Holland Publ. 1970.
Debye, P.: J. Phys. Chem. **51**, 18 (1951).
Mie, G.: Ann. Physik **25**, 37 (1908).
Lord Rayleigh: Phil. Mag. **41**, 107 (1871).
Tanford, C.: Physical Chemistry of Macromolecules, Chap. 5. New York: Wiley 1961.
Zimm, B.: J. Chem. Phys. **16**, 1100 (1948).

3.2.5 Anwendung der Spektralphotometrie im UV- und sichtbaren Bereich

Harald Neubacher und Wolfgang Lohmann

3.2.5.1 Vorbemerkungen

Die Absorption von elektromagnetischer Strahlung ist eine universelle Eigenschaft der Materie. Hier soll nur über den Teilbereich des elektromagnetischen Spektrums gesprochen werden, der das ultraviolette und das sichtbare Licht umfaßt, also Licht des Wellenlängenbereichs von etwa 180–800 nm.

In der klassischen Maxwellschen Theorie wird Licht durch Schwingungen elektrischer und magnetischer Feldvektoren dargestellt. Die Geschwindigkeit des Lichtes im Vakuum ($c = 2{,}998 \cdot 10^8\ \mathrm{ms}^{-1}$) hängt mit der Wellenlänge λ und mit der Frequenz ν durch folgende Beziehung zusammen:

$$c = \nu\lambda\,.$$

Eine andere Einheit, die in der Spektroskopie häufig recht nützlich ist, ist die Wellenzahl $\tilde{\nu}$ [cm^{-1}]

$$\tilde{\nu} = \frac{1}{\lambda},$$

da sie eine direkt proportionale Größe zur Energie der Strahlung im Planckschen Strahlungsgesetz darstellt:

$$E = h\nu = h\frac{c}{\lambda} = hc\tilde{\nu}\,.$$

Hierbei ist $h = 6{,}6252 \cdot 10^{-34}$ [Js] das Plancksche Wirkungsquantum.

Atome und Moleküle besitzen stets mehrere stabile Elektronenzustände E_n. Licht kann nur dann absorbiert werden, wenn die Energie $h\nu$ eines Lichtquants gerade der Energiedifferenz zweier solcher Zustände entspricht. Diese Energiedifferenz liegt in der Größenordnung von eV. Jeder Elektronenzustand besitzt eine größere Anzahl von Schwingungszuständen, die sich ihrerseits um Energien der Größenordnung 0,1 eV unterscheiden. Die Schwingungsniveaus sind wiederum in Rotationsniveaus aufgespalten, deren Abstände bei etwa 0,01 eV liegen. Rotationsniveaus sind im UV und im sichtbaren Bereich nur bei Gasen zu beobachten. In diesem Kapitel sollen jedoch Spektren kondensierter Materie besprochen werden, in denen die Elektronenübergänge bestenfalls eine Schwingungsstruktur aufweisen.

Neben der Lage der Banden (Energie) dient auch u.a. die absorbierte Lichtintensität (optische Dichte) zur Charakterisierung eines Absorptionsspektrums.

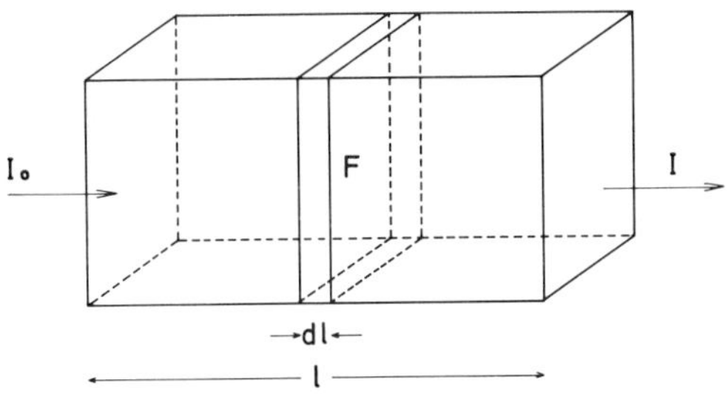

Abb. 3.60. Zur Herleitung des Lambert-Beerschen Gesetzes

3.2.5.2 Lambert-Beersches Gesetz

Um die Gesetzmäßigkeit zwischen der auf dem Meßobjekt auffallenden Lichtintensität und des wirklich absorbierten Anteiles davon zu erfassen, kann man folgende Betrachtung anstellen:

Ein monochromatisches Bündel paralleler Lichtstrahlen mit der Intensität I_0 [Photonen pro Fläche und Zeiteinheit] fällt auf eine Meßküvette der Länge l [cm] (Abb. 3.60). Davon wird der Anteil I_A absorbiert, so daß auf der anderen Seite der Küvette die Intensität $I = I_0 - I_A$ zu messen ist. In einem Volumenelement der Dicke dl und der Fläche F werden dabei dI Photonen pro Flächen- und Zeiteinheit absorbiert. Die Anzahl der absorbierenden Moleküle sei n in einer Volumeneinheit. Sie sollen homogen verteilt, unabhängig voneinander und statistisch orientiert sein. Jedes dieser Moleküle besitzt einen mittleren Wirkungsquerschnitt q, den man sich etwa als die Fläche der Elektronenwolke im Molekül vorstellen kann, wie sie sich den einfallenden Photonen darstellt.

Den Absorptionsquerschnitt k eines Moleküls erhält man dann durch Multiplikation mit der Wahrscheinlichkeit w, die angibt, wie wahrscheinlich die Absorption eines Photons ist, das ein Molekül passiert: $k = wq$ [cm^2]. Damit ergibt sich die Intensität des im Volumenelement Fdl absorbierten Lichtes zu

$$-dI = kndlI$$

oder (3.122)

$$I = I_0 e^{-knl}.$$

Diese Gesetzmäßigkeit ist das sog. *Lambert-Beersche Gesetz*. Eine gebräuchlichere Form der Gleichung (3.122) ist

$$I = I_0 10^{-\varepsilon cl}, \qquad (3.123)$$

wobei c [M] die Konzentration der absorbierenden Substanz ist. Der *molare Extinktionskoeffizient* ε [$M^{-1}\,cm^{-1}$] ist eine charakteristische Größe für jede Molekülart in einem bestimmten Lösungsmittel und, wie man leicht bestätigt, mit dem Absorptionsquerschnitt durch folgende Relation verbunden:

$$k = 3{,}82 \cdot 10^{-21}\,\varepsilon.$$

Da Substanzen bei verschiedenen Wellenlängen unterschiedlich absorbieren, ist ε natürlich auch eine Funktion der Wellenlänge.

Neben der *Transmission* I/I_0 ist der Begriff der *optischen Dichte (OD)* oder *Extinktion* von Wichtigkeit:

$$OD = \log\frac{I_0}{I} = \varepsilon cl.$$

Bei den meisten Photometern können die Absorptionsspektren sowohl als Transmission($T = 100\,I/I_0$ [%]) als auch als optische Dichte in Abhängigkeit von der Wellenlänge bzw. Wellenzahl registriert werden. Zwischen beiden besteht der Zusammenhang

$$OD = 2 - \log T.$$

Entsprechend dem Meßproblem kann die Messung der Transmission oder der optischen Dichte als Funktion der Wellenlänge zweckmäßiger sein, um das Absorptionsverhalten einer Substanz zu registrieren.

Während der Extinktionskoeffizient einer Absorptionsbande sich merklich mit der Phase der absorbierenden Substanz und dem Lösungsmittel ändern kann, bleibt die Fläche $A = \int \varepsilon d\nu$ im allgemeinen dieselbe. Die *Oszillatorstärke f*, die in etwa die Zahl der Elektronen angibt, die in Oszillationen versetzt werden, wenn eine Gruppe von Molekülen in ein Strahlenfeld gebracht wird, ist mit der Fläche der Absorptionsbanden durch folgende Beziehung verbunden:

$$f = 4{,}315 \cdot 10^{-9} \int \varepsilon d\nu.$$

Quantenmechanisch ist die Lichtabsorption bestimmt durch die Größe der Dipolstärke D oder das Quadrat des elektrischen Übergangsmomentes μ_{ga}:

$$D = \mu_{ga}^2 = \langle \psi_g^* | \sum_i e\boldsymbol{r}_i | \psi_a \rangle^2.$$

Diese Größe ist u.a. nur dann nicht Null, wenn der Integrand $\langle \psi_g^* | \sum_i e\boldsymbol{r}_i | \psi_a \rangle$ eine gerade Funktion ist, d.h. wenn das Produkt $\psi_g^* \cdot \psi_a$ nicht ungerade ist (Symmetrieverbot).
Hierin sind $\psi_{g,a}$ die Zustandsfunktionen von Grund- und Anregungszustand des absorbierenden Moleküls, $\sum_i e\boldsymbol{r}_i$ wird als der Dipolmomentvektor bezeichnet. Es besteht also eine direkte Korrespondenz zwischen dem klassischen Begriff der Oszillatorstärke und dem quantentheoretisch berechenbaren Quadrat des elektrischen Übergangsmomentes.

Sehr vorteilhaft ist häufig eine Darstellung von $\log OD = \log\varepsilon + \log c + \log l$. Qualitative Identifikationen eines Spektrums und bequemer Vergleich von Spektren sind die Vorteile dieser Auftragungsweise. Diese Art der Darstellung kann interessant sein, z.B. bei der Erkennung des Vorliegens von Komplexen oder Dimeren.

Es sei hier noch eine häufig recht nützliche analytische Anwendung des Lambert-Beerschen Gesetzes angeführt: die Bestimmung der Konzentration zweier bekannter, nicht wechselwirkender Substanzen in einer Lösung. Die Substanz A habe bei den Wellenlängen λ_1 und λ_2 die molaren Extinktionskoeffizienten $\varepsilon_{\lambda_1}^A$ und $\varepsilon_{\lambda_2}^A$. Bei denselben Wellenlängen sind $\varepsilon_{\lambda_1}^B$ und $\varepsilon_{\lambda_2}^B$ auch für die Substanz B bekannt. Gefragt ist nach den Konzentrationen c^A und c^B der Substanzen A und B. Man mißt dazu die optische Dichte an diesen beiden Wellenlängen und erhält, wenn l die Schichtdicke der Küvette ist,

$$OD(\lambda_1) = \varepsilon_{\lambda_1}^A c^A l + \varepsilon_{\lambda_1}^B c^B l,$$

$$OD(\lambda_2) = \varepsilon_{\lambda_2}^A c^A l + \varepsilon_{\lambda_2}^B c^B l.$$

Daraus errechnen sich die gewünschten Konzentrationen zu

$$c^A = \frac{OD(\lambda_1)\varepsilon^B_{\lambda_2} - OD(\lambda_2)\varepsilon^B_{\lambda_1}}{l(\varepsilon^A_{\lambda_1}\varepsilon^B_{\lambda_2} - \varepsilon^A_{\lambda_2}\varepsilon^B_{\lambda_1})},$$

$$c^B = \frac{OD(\lambda_2)\varepsilon^A_{\lambda_1} - OD(\lambda_1)\varepsilon^A_{\lambda_2}}{l(\varepsilon^A_{\lambda_1}\varepsilon^B_{\lambda_2} - \varepsilon^A_{\lambda_2}\varepsilon^B_{\lambda_1})}.$$

Durch den Einsatz von Computern in der Spektralphotometrie läßt sich dieses Verfahren ohne großen Zeitaufwand auch noch anwenden, wenn in einer Probe mehr als zwei Komponenten zum Gesamtspektrum beitragen. Analog zu dem besprochenen Fall zweier Komponenten müssen im Falle mehrerer Komponenten die Extinktionswerte an mindestens so vielen Wellenlängen gemessen werden wie die Zahl der Komponenten ist. Dafür muß der molare Extinktionskoeffizient für jede Komponente für alle diese Wellenlängen bekannt sein. Es läßt sich dann ein Gleichungssystem entsprechend dem bei zwei Komponenten aufstellen, aus dem mittels des Computers die Anteile der Einzelkomponenten am Gesamtspektrum berechnet werden können.

3.2.5.3 Orbitale und Übergänge

Den stationären Elektronenbahnen der Atome entsprechen die molekularen Elektronenbahnen der Moleküle (Molekül-Orbitale, M.O.). Folgende Orbitale sind in organischen Molekülen im Grundzustand bekannt (Abb. 3.61):

Bindende σ-Orbitale. Diese bewirken die Einfachbindungen zwischen den Atomen. Sie sind sehr fest. Äußere Einflüsse durch Atome außerhalb der Bindung sind unwesentlich. Die Elektronen sind praktisch nicht delokalisiert. Die Elektronenverteilung ist rotationssymmetrisch zur Bindung.

Bindende π-Orbitale. Sie treten in Mehrfachbindungen auf und entstammen einer Kombination atomarer *p*-Bahnen. Die Elektronen in diesen Bahnen sind stark delokalisiert und treten leicht in Wechselwirkung mit der Umgebung.

n-Orbitale. Wenn Moleküle Heteroatome wie O oder N enthalten, sind die besetzten Orbitale mit der höchsten Energie jene einsamen Elektronenpaare, die nicht an Bindungen beteiligt sind und somit ihren atomaren Charakter behalten haben.

Im angeregten Zustand sind zwei Typen von Orbitalen wichtig:

σ-Orbitale.* Diese sind antibindend, da sie zwar rotationssymmetrisch zur Bindung sind, jedoch einen Knotenpunkt in der Elektronenverteilung zwischen den Atomen haben. Dieser Zustand ist jedoch nicht notwendigerweise dissoziativ. Die Energie für einen $\sigma \to \sigma^*$-Übergang ist hoch. Die Übergänge liegen in der Region des Vakuum-UV. Einige Moleküle wie Wasser, Äther, gesättigte Alkohole, Amine zeigen Absorptionen, die $n \to \sigma^*$-Übergänge zugeschrieben werden.

π-Orbitale.* Diese sind delokalisiert wie im Grundzustand, haben aber ebenfalls einen Knoten auf der Bindungsachse und sind daher antibindend. Die Energien der $\pi \to \pi^*$-Übergänge sind niedriger als die der $\sigma \to \sigma^*$-Übergänge. Sie haben aber hohe Extinktionskoeffizienten ($\varepsilon_{max} \approx 10^4 - 10^5\ M^{-1}\,cm^{-1}$), sofern sie durch Spin- oder Symmetrie-Auswahlregeln nicht verboten sind. Die $n \to \pi^*$-Übergänge sind ebenfalls wichtig, da sie häufig als die Übergänge mit der niedrigsten Energie und daher sehr oft als langwellige Schultern der Absorptionsspektren zu erkennen sind.

Die energetische Lage der Orbitale zueinander und mögliche Übergänge sind im Molekular-Orbital-Diagramm in Abb. 3.62 veranschaulicht. Durch Lösungsmitteleinflüsse können die Energieniveaus u. U. erheblich verändert werden. Um die Energieniveaus eines Moleküls übersichtlich darzustellen, wählt man in der Regel an Stelle des Molekular-Orbital-Diagramms eine auf Jablonski zurückgehende Darstellung

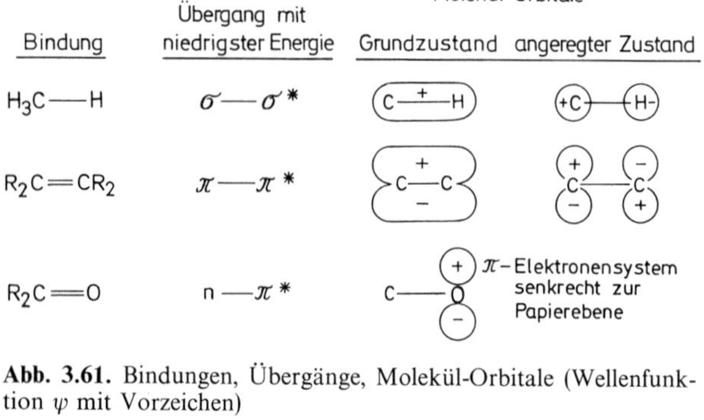

Abb. 3.61. Bindungen, Übergänge, Molekül-Orbitale (Wellenfunktion ψ mit Vorzeichen)

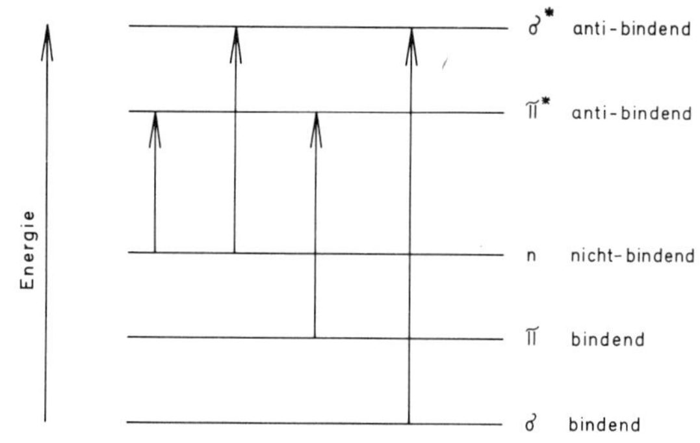

Abb. 3.62. Vereinfachtes Molekularorbital-Diagramm: relative Energien und mögliche Übergänge ($\sigma \to \pi^*$ und $\pi \to \sigma^*$ sind bei symmetrischen Chromophoren symmetrieverboten, z.B. bei Formaldehyd $CH_2{=}O$)

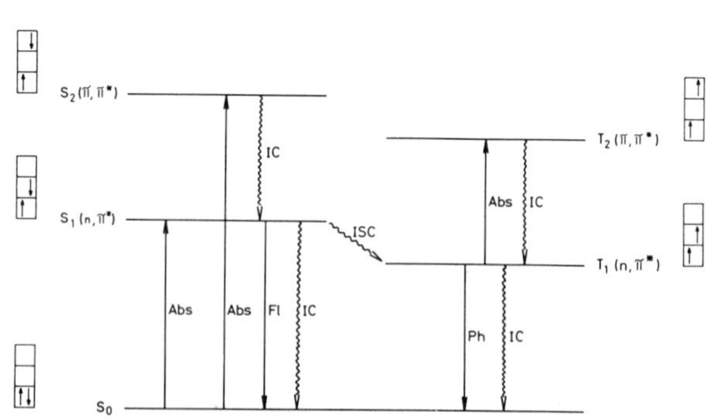

Abb. 3.63. Vereinfachtes Energietermdiagramm (Jablonski-Diagramm) für ein Molekül mit einem $n \to \pi^*$-Übergang als niederenergetischem Übergang. Der Spinzustand im Molekülorbital ist durch Pfeile symbolisiert. → strahlende Übergänge; ⇝ strahlungslose Übergänge; *Abs* absorbierende Übergänge; *Fl* Fluoreszenz; *Ph* Phosphoreszenz; *IC* Innere Umwandlung (internal conversion); *ISC* Interkombination (intersystem crossing)

(Abb. 3.63). Darin werden die Energien der Elektronenübergänge, nicht jedoch die Energien der molekularen Orbitale selbst aufgezeichnet.

Die Zustände, die durch Übergänge erhalten werden, bezeichnet man mit (n, π^*), (π, π^*), (σ, π^*), (n, σ^*), (σ, σ^*). In Molekülen, in denen mehrere π-Elektronen an einem π-Elektronensystem beteiligt sind, bestehen mehrere Möglichkeiten für Übergänge zwischen bindenden und antibindenden π-Orbitalen.

Die Elektronen in den bindenden molekularen Orbitalen liegen normalerweise mit antiparallelem Spin vor. Diese Spinanordnung charakterisiert die sog. *Singulett-Zustände*. Die Grundzustände von Molekülen sind in der Regel Singulett-Zustände. Es gibt jedoch einige Ausnahmen, zu denen auch der Sauerstoff zählt. In den antibindenden Orbitalen kann jedoch ein angeregtes Elektron in bezug auf das in dem bindenden Orbital verbleibende Elektron einen antiparallelen oder parallelen Spin haben, ohne daß das Pauli-Prinzip verletzt wird. Parallele Spins charakterisieren die sog. *Triplett-Zustände.*

Man bezeichnet die angeregten Singulett-Zustände mit $S_1, S_2, \ldots$ bzw. $^1(n, \pi^*)$, $^1(\pi, \pi^*), \ldots$, die angeregten Triplett-Zustände mit $T_1, T_2, \ldots$ bzw. $^3(n, \pi^*)$, $^3(\pi, \pi^*), \ldots$. Der zu einem Singulett-Zustand gehörende Triplett-Zustand hat immer eine etwas niedrigere Energie.

Die durch Absorption anzuregenden Elektronenübergänge besitzen sehr unterschiedliche Übergangswahrscheinlichkeiten. Die Ursachen sind nur quantenmechanisch zu verstehen. Sie äußern sich in der Größe des elektrischen Übergangsmomentes und somit in der Größe des molaren Extinktionskoeffizienten.

Die wichtigste Einschränkung bei den elektronischen Übergängen ist das *Interkombinationsverbot*. Es besagt, daß Übergänge, bei denen es zu einer Spinumkehr kommt ($S \rightarrow T$, $T \rightarrow S$), sehr unwahrscheinlich sind. Während z.B. spinerlaubte $\pi \rightarrow \pi^*$-Übergänge molare Extinktionskoeffizienten von $\varepsilon = 10^3$–10^5 $M^{-1}\,cm^{-1}$ haben, liegen die spinverbotenen S_0–T_1-Übergänge bei etwa $\varepsilon = 10^{-3}\,M^{-1}\,cm^{-1}$.

Ferner kann die Übergangswahrscheinlichkeit durch *Überlappungs- oder Raumverbot* eingeschränkt werden. Dieser Fall tritt auf, wenn die an dem Übergang beteiligten Molekular-Orbitale verschiedene Regionen im Raum ausfüllen, sich also nicht überlappen. Das ist bei $n \rightarrow \pi^*$-Übergängen der Fall (Abb. 3.61), bei denen das n-Orbital in eine andere Richtung als das π^*-Orbital orientiert ist. Die $n \rightarrow \pi^*$-Übergänge haben deshalb auch kleine molare Extinktionskoeffizienten ($\varepsilon = 10^2\,M^{-1}\,cm^{-1}$).

Das *Symmetrieverbot* schließlich wirkt sich nur wesentlich bei Molekülen mit hoher Symmetrie aus.

Nachdem bislang nur die Ursachen der Lichtabsorption durch die Moleküle besprochen wurden, soll nun etwas über die Form der Spektren gesagt werden. Wichtige Informationen über die lichtabsorbierende Substanz erhält man nämlich sowohl aus der Lage der Banden als auch aus ihrer Intensität und Linienbreite.

Bei Absorptionsspektren ist gelegentlich eine Unterstruktur zu erkennen, die aus den mit den elektronischen Übergängen gekoppelten Schwingungsübergängen zusammenhängt. Sollte diese Struktur verschmiert sein, was häufig bei polaren Lösungsmitteln auftritt, so bestimmen dennoch die nicht aufgelösten Schwingungsbanden die Form des Absorptionsspektrums.

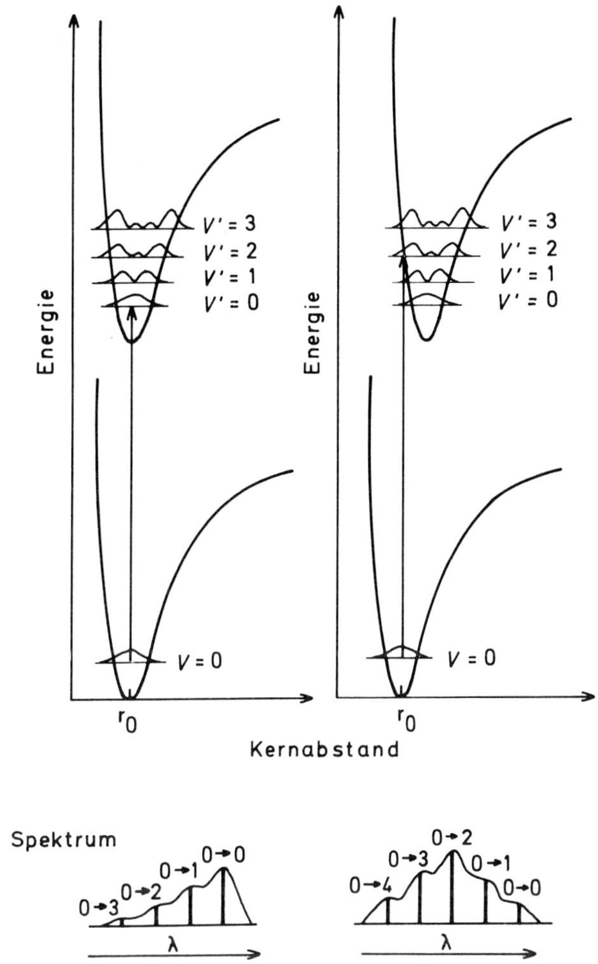

Abb. 3.64. Zusammenhang zwischen der Wahrscheinlichkeit eines mit der Elektronenanregung verbundenen Schwingungsüberganges und dem Absorptionsspektrum eines zweiatomigen Moleküls

Die Erklärung, welche Schwingungsbanden im Spektrum vorliegen und mit welcher Intensität, gibt das *Franck-Condon-Prinzip*:

In Abb. 3.64 sind Potentialkurven für ein 2-atomiges Molekül dargestellt. Das Verhalten der Moleküle wird angenähert durch das Modell eines anharmonischen Oszillators. Das 2-atomige Molekül ist auch für kompliziertere Moleküle eine brauchbare Veranschaulichung, da sehr häufig die Elektronenverteilung beim Zustandekommen einer Verbindung überwiegend auf den Bereich zweier Atome des Moleküls beschränkt bleibt. Ein genaueres Modell benötigt mehrdimensionale Potentialflächen und wäre zu kompliziert.

Die quantenmechanische Berechnung obigen Modells ergibt, daß die Aufenthaltswahrscheinlichkeit der Elektronen in den einzelnen Schwingungsniveaus am Rande der Potentialkurve am größten ist. Dies stimmt mit der klassischen Vorstellung überein, wonach man einen schwingenden anharmonischen Oszillator am wahrscheinlichsten an seinen Umkehrpunkten antrifft. Die größte Aufenthaltswahrscheinlichkeit deckt sich also etwa mit der ausgezogenen Potentialkurve. Die entscheidende Abweichung liegt im untersten Schwingungsniveau. Hier besagt die Quantenmechanik, daß sich das Elektron am wahrscheinlichsten in der Nähe der Ruhelage r_0 aufhält, während klassisch auch hier zwei Maxima an den Umkehrpunkten auftreten sollten.

Bei Zimmertemperatur befinden sich die Moleküle in Lösungen oder im Festkörper praktisch ausschließlich im niedrigsten Schwingungszustand. Die Lichtabsorption erfolgt also vom untersten Schwingungszustand aus. Das ist in Abb. 3.64 für die beiden Fälle dargestellt, daß angeregter Zustand und Grundzustand den gleichen Gleichgewichtsabstand haben bzw. daß im angeregten Zustand ein größerer Gleichgewichtsabstand vorliegt.

Die elektronischen Übergänge (10^{-15} s) erfolgen im Vergleich zu den Molekülschwingungen ($\sim 10^{-13}$ s) sehr schnell. Unmittelbar nach der Absorption eines Photons, durch die der Elektronenübergang erfolgt ist, haben die Atome des Moleküls noch etwa die gleiche Lage zueinander wie direkt vor dem Übergang. Folglich haben diejenigen Übergänge die größte Wahrscheinlichkeit, bei denen sich die relative Lage der Atome nicht oder nur wenig ändert, in Abb. 3.64 also die Übergänge $v=0 \rightarrow v'=0$ bzw. $v=0 \rightarrow v'=2$. Im unteren Teil der Abbildung ist aufgezeichnet, wie diese Absorptionsspektren in ihrer Struktur aussehen könnten.

Die Absorptionsspektren, die man mit Photometern aufnimmt, sind überwiegend *Singulett-Singulett-Absorptionen*. *Triplett-Triplett-Absorptionen* und *Singulett-Triplett-Absorptionen* sind unter gewissen experimentellen Voraussetzungen jedoch auch zu erfassen.

T-T-Absorptionen werden bei Zimmertemperatur und den geringen Lichtintensitäten der Lampen der normalen Photometer nicht gemessen, da die stationären Konzentrationen an Molekülen, die sich im Triplett-Zustand befinden, infolge der schnellen strahlungslosen Desaktivierung der Triplett-Zustände zu gering sind. Lediglich bei hohen Lichtintensitäten sind zumindest kurzzeitige, wie z.B. mit der Methode der Blitzlichtspektroskopie, hohe T_1-Konzentrationen zu erreichen, so daß ein *T-T*-Übergang zu beobachten ist. Diese Spektren zeigen etwa vergleichbare Extinktionskoeffizienten wie die *S-S*-Übergänge und können ebenfalls Schwingungsstrukturen besitzen. Auch bei tiefen Temperaturen (77 K) ist häufig die T_1-Konzentration so hoch, daß auch *T-T*-Absorptionen in Betracht zu ziehen sind (biphotonische Prozesse).

Singulett-Triplett-Übergänge zwischen reinen *S*- und *T*-Zuständen sind streng verboten. Dieses Verbot wird dadurch eingeschränkt, daß infolge der sog. *Spin-Bahn-Kopplung* des Elektrons, die besonders bei schweren Atomen eine wichtige Rolle spielt, die reinen *S*- bzw. *T*-Charaktere verloren gehen. Vielmehr ist eine geringe Vermischung beider Zustände vorhanden. Auf diese Weise besteht auch für eine Interkombination eine gewisse Wahrscheinlichkeit. Allerdings sind die molaren Extinktionskoeffizienten klein, wie z.B. für aromatische Kohlenwasserstoffe $\varepsilon \approx 10^{-3}\ M^{-1}\ cm^{-1}$, die bei reinen Übergängen etwa 10^7fach größer sind.

3.2.5.4 Chromophore und ihre Spektren

Atome oder Atomgruppen, in denen die an der Anregung beteiligten Elektronen lokalisiert sind, bezeichnet man als Chromophore. Für den betrachteten Wellenlängenbereich (200–800 nm) müssen solche Chromophore immer locker gebundene Elektronen (*n*- oder π-Elektronen) enthalten. Die Lage der Banden, die Intensität und die Linienbreite der Spektren der Chromophore geben die Information aus den Absorptionsspektren bezüglich der Substanzen, ihrer Struktur und ihren Wechselwirkungen. Tabelle 3.5 enthält Daten einiger Chromophore, Abb. 3.65 Absorptionsspektren einiger wichtiger Biomoleküle.

Es seien zunächst einige Begriffe der Absorptionsspektroskopie angeführt: Man spricht von *Bathochromie* (Rotverschiebung), wenn eine Absorptionsbande aus irgendeinem Grund, z.B. unter Lösungsmitteleinfluß, zu längeren Wellenlängen hin verschoben wird. Eine Verschiebung zu kurzen Wellenlängen wird *Hypsochromie* (Blauverschiebung) genannt. So sind z.B. $n \rightarrow \pi^*$-Banden von $\pi \rightarrow \pi^*$-Banden im allgemeinen dadurch zu unterscheiden, daß durch Übergang vom unpolaren zum polaren Lösungsmittel erstere hypsochrom, letztere bathochrom verschoben werden. Wichtig sind ferner die Begriffe *Hyperchromie* (Extinktionserhöhung) und *Hypochromie* (Extinktionserniedrigung), da Wechselwirkungen zwischen Chromophoren in gewissen Bereichen des Absorptions-

Tabelle 3.5. UV-Maxima einiger Chromophore. (Substituteneinflüsse können die Lage sehr verändern)

Chromophor	λ_{max} [nm]	$\varepsilon[M^{-1}\ cm^{-1}]$	Übergang
—COO—R	205	50	$n \rightarrow \pi^*$
	165	$4 \cdot 10^3$	$\pi \rightarrow \pi^*$
>C=O	280	20	$n \rightarrow \pi^*$
	190	$2 \cdot 10^3$	$n \rightarrow \sigma^*$
	150		$\pi \rightarrow \pi^*$
>C=S	500	10	$n \rightarrow \pi^*$
	240	$9 \cdot 10^3$	$\pi \rightarrow \pi^*$
—S—S—	250–330	10^3	$n \rightarrow \sigma^*$
>C=C<	190	$9 \cdot 10^3$	$\pi \rightarrow \pi^*$
—C≡C—	175	$8 \cdot 10^3$	$\pi \rightarrow \pi^*$
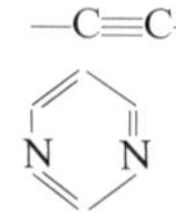	300	325	$n \rightarrow \pi^*$
	245	$2 \cdot 10^3$	$\pi \rightarrow \pi^*$
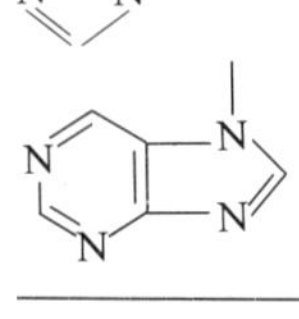	220	$3 \cdot 10^3$	$\pi \rightarrow \pi^*$
	265	$8 \cdot 10^3$	$\pi \rightarrow \pi^*$

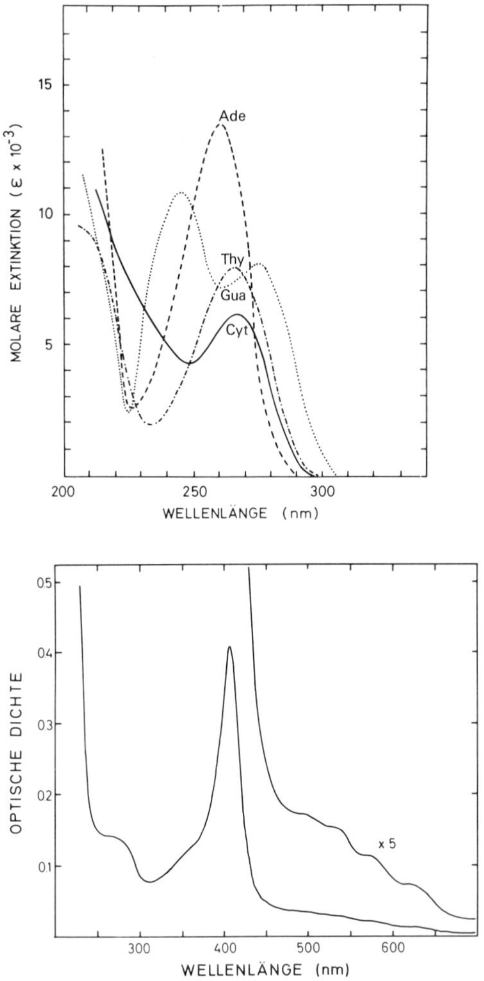

Abb. 3.65. a Absorptionsspektren von DNA-Basen in neutraler Lösung. *Ade* Adenin; *Cyt* Cytosin; *Gua* Guanin; *Thy* Thymin. **b** Absorptionsspektrum von Hämoglobin vom Rind, 7,5 mg/10 ml, pH 7,9. Die intensitätsstarke Absorptionsbande bei ca. 400 nm (Soret-Bande) ist durch das ausgedehnte π-Elektronensystem des Porphyrin-Ringes zu erklären, ebenso die schwache Bande zwischen 450 nm und 750 nm, die eine Schwingungsstruktur erkennen läßt. Die Bande bei 280 nm stammt vom Tryptophan

spektrums u. a. Extinktionsveränderungen hervorrufen.

Des weiteren sollen noch einige Eigenschaften von π-Elektronensystemen, die ja überwiegend die Ursache für die Lichtabsorption im Bereich 200–800 nm sind, diskutiert werden. Vergleicht man die Lage der Absorptionsbanden verschiedener π-Elektronensysteme, so findet man je nach Substanz unterschiedliche Bandenmaxima. Im Falle der Peptidbindung, die ein sehr kleines π-Elektronensystem hat, liegt es bei 190 nm. Das größere π-Elektronensystem der Nucleinsäurebasen absorbiert bei etwa 260 nm. β-Carotin mit seinem ausgedehnten π-Elektronensystem schließlich absorbiert zwischen 400 und 500 nm. Im Bereich $\lambda > 400$ nm absorbiert auch das große π-Elektronensystem der Porphyrinringe, die in einer wichtigen Klasse von in der Natur vorkommenden Pigmenten (z. B. Chlorophyll, Hämin, usw.) vorliegen.

Man erkennt aus den genannten Beispielen die Regel, daß π-Elektronensysteme bei um so größeren Wellenlängen absorbieren, je größer das π-Elektronensystem ist, je mehr also die π-Elektronen delokalisiert sind.

Dieser Sachverhalt wird durch folgende Betrachtung einsichtiger. Das zu einem linearen System konjugierter Bindungen

$$-\mathrm{C}{=}\mathrm{C}{-}\mathrm{C}{=}\mathrm{C}{-}\mathrm{C}{=}\mathrm{C}-$$

zugehörige π-Elektronensystem wird als ein Potentialkasten der Länge l (Kettenlänge der konjugierten Bindungen) aufgefaßt, in dem die π-Elektronen frei beweglich sind. Diese vereinfachte Betrachtung zur Gewinnung von Molekülorbitalen wird als Elektronengastheorie (Modell freier Elektronen, FE-Theorie) bezeichnet. Die Wellengleichung für ein Teilchen der Masse m (Elektron) im eindimensionalen Potentialkasten ist bekanntlich gegeben durch

$$\frac{d^2\psi}{dx^2} + \frac{8\pi^2 m}{h^2}(E-V)\psi = 0$$

Ist das Potential $V=0$, so findet man als allgemeinste Lösung dieser Gleichung

$$\psi_n = A_n \sin(a_n x + b_n)$$

mit den Energiewerten

$$E_n = \frac{h^2 a_n^2}{8\pi^2 m},$$

wobei a_n, A_n und b_n Konstanten sind. Unter der hier gemachten Annahme eines Kastens der Länge l mit unendlichem Potential bei $x=0$ und $x=l$ muß ψ_n an diesen Grenzen 0 sein. Durch diese Bedingungen werden a_n und b_n festgelegt:

$$b_n = 0\,, \qquad a_n = \frac{\pi n}{l},$$

worin n ganzzahlig ist. Somit wird also nach Normierung $\left(\int_0^k \psi_n^2(x)dx = 1\right)$

$$\psi_n = \left(\frac{2}{l}\right)^{\frac{1}{2}} \sin\frac{\pi n x}{l}$$

mit den Energiewerten

$$E_n = \frac{h^2 n^2}{8 m l^2}.$$

Diese Gleichungen beschreiben die Elektronenzustände eines linearen konjugierten Moleküls.

Gibt es $2k$ konjugiert gebundene Kohlenstoffatome in der Kette, so gibt es $2k$ π-Elektronen im Grundzustand des Moleküls (Pauli-Prinzip), die die k Molekülorbitale tiefster Energie besetzen. Die Länge des Kastens (Abstand zwischen den äußersten Atomen plus eine Bindungslänge d) ist $l = d(2k+1)$. Je zwei Elektronen pro Orbital bedeuten, daß der erste Anregungszustand mit dem Elektronenübergang $\psi_k \to \psi_{k+1}$ verknüpft ist. Die Energie der ersten Absorptionsbande, die gleich dem Energieunterschied dieses Übergangs ist, ergibt sich damit zu

$$\Delta E = \frac{h^2}{8md^2}\left(\frac{1}{2k+1}\right).$$

Diese einfache Theorie sagt also für ein Kettenmolekül mit konjugierten Bindungen voraus, daß, da $\Delta E \propto \frac{1}{\lambda}$, die Wellenlänge der ersten Absorptionsbande proportional zur Anzahl $2k$ der konjugierten Atome ist.

Es muß betont werden, daß ein so einfaches Modell für qualitative Aussagen zwar sehr nützlich ist, quantitative Aussagen über die

Energie der Elektronenübergänge aber nur sehr unbefriedigend wiedergibt. Entsprechende Betrachtungen für aromatische Kohlenwasserstoffe sind mit dem Modell eines zweidimensionalen Kastens ebenfalls durchführbar.

Das beschriebene Modell nutzt die Eigenschaft der relativ leichten Verschiebbarkeit der Elektronen im π-System aus. Hieraus resultiert eine relativ hohe Polarisierbarkeit. Damit wird die Eigenart der π-Elektronensysteme verständlich, molekulare Wechselwirkungen über Dispersionswechselwirkung

$$U \propto \frac{\alpha_1 \cdot \alpha_2}{r^6},$$

sehr zu begünstigen, wobei α_1 und α_2 die Polarisierbarkeiten zweier wechselwirkender Elektronensysteme sind, die den Abstand r haben.

In einem Molekülverband können die π-Elektronensysteme einzelner Gruppen infolge ihrer Polarisierbarkeit derart miteinander in Wechselwirkung treten, daß sich die Intensität ihrer Übergänge ändert. Folglich kann auch die Konformation einer Substanz ihr Absorptionsspektrum beeinflussen.

Allerdings zeigt die Quantenmechanik, daß die Summe der Oszillatorstärken für alle Elektronenübergänge in einem Elektronensystem eine der Elektronenzahl proportionale konstante Größe ist.

Für die Untersuchung von Konformationsänderungen werden im allgemeinen nur die langwelligen Elektronenübergänge betrachtet. Die Wechselwirkung der Übergangsmomente hängt von der Orientierung dieser Momente zueinander ab. Stehen sie senkrecht zueinander, so tritt keine Intensitätsänderung ein. Dies ist einleuchtend, wenn man bedenkt, daß bei einem Übergang sich die Elektronen in Richtung des Übergangsmomentes verschieben. Sind die Momente längs einer Achse und hintereinander angeordnet, so vergrößert sich die Intensität der langwelligen Übergänge auf Kosten der kurzwelligen. Die langwelligen Banden zeigen Hyperchromie. Liegen die Momente parallel zueinander, so findet man eine Intensitätsverringerung der langwelligen Übergänge auf Kosten der kurzwelligen. Die langwelligen Banden zeigen Hypochromie.

Ein wichtiges Beispiel ist die DNA-Doppelhelix. Hier verursachen die π-Elektronensysteme der Basen die Absorption. Unter anderem ist aus Untersuchungen mit polarisiertem UV-Licht bekannt, daß die Basenreste senkrecht zur Achse der Doppelhelix gestapelt aufeinander liegen. Dementsprechend liegen auch die π-Elektronensysteme und die Übergangsmomente parallel. Bei intakter Doppelhelix findet man also Hypochromie. Dieses Verhalten wird bei der Bestimmung des Schmelzpunktes der DNA ausgenutzt.

3.2.5.5 Lineardichroismus

Lichtabsorbierende Moleküle sind optisch anisotrop. Das bedeutet, daß die Wahrscheinlichkeit der Lichtabsorption maximal oder vernachlässigbar ist, je nachdem, ob der elektrische Vektor des Lichtes in Richtung des absorbierenden Dipols oder senkrecht dazu schwingt. Besteht die absorbierende Materie aus einer Menge nicht orientierter Moleküle, so ist diese Anisotropie der einzelnen Moleküle nicht zu erfassen, und es gilt das Lambert-Beersche Gesetz in der bekannten Form. Besteht die absorbierende Materie jedoch überwiegend aus orientierten Molekülen, so zeigt sich diese Anisotropie auch im Absorptionsverhalten des Materials, wenn das einfallende Licht linear polarisiert ist.

Fällt beispielsweise linear polarisiertes Licht mit dem Feldvektor $\boldsymbol{E}$ auf parallel ausgerichtete, in Richtung der elektrischen Feldkomponente E_x liegende Dipole, dann kann nur diese Komponente $E_x = E \cdot \cos\theta$ absorbiert werden. Hierbei ist θ der Winkel zwischen der Richtung der absorbierenden Dipole und dem elektrischen Feldvektor des Lichtes. Die Komponente $E_y = E \cdot \sin\theta$ trägt zur Absorption nicht bei. Mit den Spektralphotometern wird jedoch nicht der elektrische Feldvektorn, sondern die Intensität des Lichtes gemessen, die proportional zum zeitlich gemittelten Quadrat der elektrischen Feldstärke ist. Es ist also

$$I_x = I \cdot \cos^2\theta; \quad I_y = I \cdot \sin^2\theta.$$

Das Lambert-Beersche Gesetz gilt jetzt für jede Komponente einzeln

$$I_x = I_{0x} 10^{-\varepsilon_{\parallel} c l}$$
$$I_y = I_{0y} 10^{-\varepsilon_{\perp} c l}.$$

Im Falle der parallelen Dipole tritt dadurch an Stelle des Lambert-Beerschen Gesetzes die Beziehung

$$I = I_x + I_y = I_{0x} 10^{-\varepsilon_{\parallel} c l} + I_{0y}$$

da nur eine Komponente des elektrischen Feldvektors absorbiert wird.

Das Verhältnis $\frac{\varepsilon_{\parallel}}{\varepsilon_{\perp}}$ bzw. $\frac{\varepsilon_{\parallel} - \varepsilon_{\perp}}{\varepsilon_{\parallel} + \varepsilon_{\perp}}$ wird als das dichroitische Verhältnis bezeichnet, das um so größer wird, je größer der Ausrichtungsgrad ist, den die Chromophore in dem untersuchten System haben. Solche Ausrichtungen findet man in Kristallen, in Polymeren und bei in orientierten Medien eingelagerten Molekülen.

Folgerungen aus dem dichroitischen Verhältnis sind besonders aussagekräftig bei IR-Messungen, da dabei Informationen über die Orientierung spezifischer Gruppen in Molekülen erfaßt werden und nicht nur die Ebenen der π-Elektronensysteme, wie im UV-Bereich.

3.2.5.6 Absorptionsspektren von Übergangsmetall-Komplexen

Die Absorptionsspektroskopie von Übergangsmetall-Komplexen ist ein sehr ausgedehntes Gebiet, das in diesem Rahmen nur kurz angerissen werden kann. Es ist jedoch von großer Wichtigkeit, da Übergangsmetall-Komplexe wichtige Aufgaben im biologischen Bereich zu erfüllen haben.

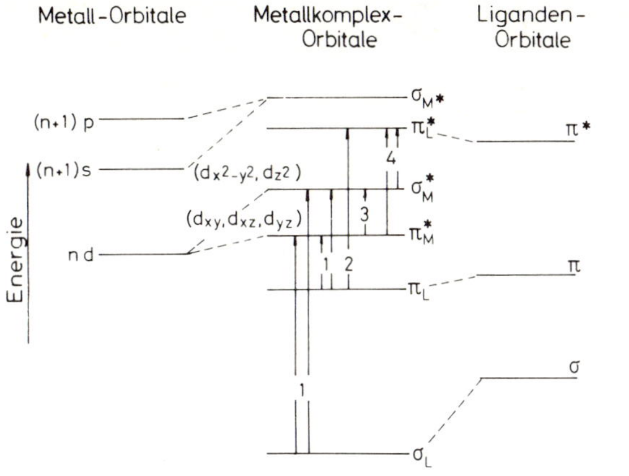

Abb. 3.66. Schematisches Energiediagramm und die verschiedenen elektronischen Übergänge in einem oktaedrischen Übergangsmetall-Komplex. 1 Ligand→Metall Charge-Transfer-Übergänge, 2 Intraligand-Übergänge, 3 Ligandenfeld-Übergänge (d – d-Übergänge), 4 Metall→Ligand Charge-Transfer-Übergänge. Es sind Verbindungslinien von den Energieniveaus der Komplexorbitale zu denen derjenigen Metall- oder Liganden-Orbitale gezogen, die jeweils den größten Anteil an den entsprechenden Komplexorbitalen haben. Die Bahn π_M^* kann in Abhängigkeit von Metall und Ligand antibindenden oder bindenden Charakter haben

Innerhalb eines Übergangsmetall-Komplexes hat man drei verschiedene elektronische Übergänge zu unterscheiden (Abb. 3.66).

1. Übergänge zwischen MO's, die im wesentlichen auf dem zentralen Metallatom lokalisiert sind: Es sind dies Übergänge zwischen *d*-Orbitalen, die trotz der Bindung des Metalls an die Liganden überwiegend ihren Metall-Charakter behalten haben. Diese Übergänge sind nicht sehr intensiv ($\varepsilon \approx 10$–$100\ M^{-1}\ cm^{-1}$), da sie symmetrieverboten sind. Die Lage dieser Übergänge im Spektrum hängt wesentlich von der Art der Liganden ab. Sie liegen meist im sichtbaren Bereich. Theoretisch werden sie durch die Ligandenfeldtheorie beschrieben.

2. Übergänge zwischen MO's, die im wesentlichen an Liganden und solchen, die im wesentlichen am zentralen Metallatom lokalisiert sind: Diese Übergänge werden als Charge-Transfer-Übergänge bezeichnet. Man unterscheidet zwischen Ligand→Metall Charge-Transfer und Metall→Ligand Charge-Transfer, je nachdem, ob bei der Anregung ein Elektron aus einer Bahn mit überwiegendem Ligandencharakter in eine mit überwiegendem Metallcharakter angehoben wird oder umgekehrt. Diese Übergänge sind sehr intensiv ($\varepsilon \approx 10^3$–$10^4\ M^{-1}\ cm^{-1}$). Sie liegen häufig im UV, manchmal auch im sichtbaren Bereich. Zu ihrer theoretischen Erklärung ist die Molecular-Orbital-Theorie notwendig.

3. Übergänge zwischen MO's, die überwiegend am Liganden lokalisiert sind: Diese Übergänge betreffen Liganden-Orbitale, die durch die Komplexbildung wenig beeinflußt werden. Sie werden als interne Liganden-Übergänge oder Intraligand-Übergänge bezeichnet. Ihre Intensität richtet sich im wesentlichen nach den früher besprochenen Übergangswahrscheinlichkeiten bei Chromophoren, die keine Metalle in ihrer Nachbarschaft haben. Sie liegen häufig im ultravioletten Spektralbereich, wo sie z.T. von den sehr intensiven Charge-Transfer-Banden überdeckt werden. Intraligand-Banden von Komplexen mit Liganden, die selbst π-Elektronensysteme besitzen, zeigen häufig auch nur eine sehr geringe Änderung ihrer spektralen Lage durch die Komplexierung.

Die bindenden und antibindenden MO's des Komplexes werden durch Kombination von Metall- und Liganden-Orbitalen gleicher Symmetrie-Eigenschaften erhalten. Vom Metall kommen die Orbitale *nd*, $(n+1)s$ und $(n+1)p$ in Frage. Diese wechselwirken mit Liganden-Orbitalen, die aus den Orbitalen der individuellen Liganden zu entsprechendem Symmetrie-Orbitalen kombiniert werden.

3.2.5.7 Meßtechnik der Absorptionsspektralphotometrie

Photometer

Zur Messung von Absorptionsspektren werden überwiegend registrierende Spektralphotometer eingesetzt, die nach dem Zweistrahlprinzip arbeiten (Abb. 3.67). Als Lichtquelle dienen mehrere auswechselbare oder sich automatisch einspiegelnde Kontinuumstrahler (Wasserstofflampen, Wolframlampen). Damit überstreicht man einen Wellenlängenbereich von etwa 200–2000 nm. Besteht die Möglichkeit, den gesamten Lichtweg mit Stickstoff zu spülen, so kann der Meßbereich bis etwa 175 nm erweitert werden.

Das Licht fällt durch einen Prismen- oder Gittermonochromator, hinter dem der Strahl aufgeteilt und moduliert wird. Die Aufteilung des Strahles nimmt man vor, um stets gegen eine Vergleichslösung messen zu können. Als Vergleichslösung wählt man meistens das Lösungsmittel, in dem die zu untersuchende Substanz gelöst ist. Andererseits würde man die Aufnahme des Spektrums eines Reaktionsproduktes als Differenz-

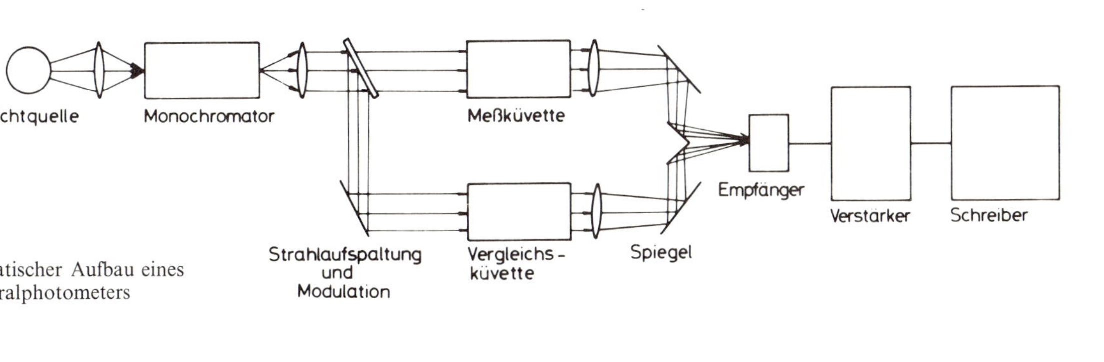

Abb. 3.67. Schematischer Aufbau eines Absorptionsspektralphotometers

Messung gegen die einzelnen Reaktionspartner in getrennten Küvetten vornehmen.

Die Aufteilung des monochromatischen Lichtstrahles geschieht zum Beispiel durch einen rotierenden Spiegel, so daß abwechselnd über beide Lichtwege der Strahl geleitet wird. Man benutzt auch halbdurchlässige Spiegel, dann wird die Modulation auf andere Weise vorgenommen, z.B. durch Unterbrecherscheiben. Die Modulation ist erforderlich, um rauschärmer messen zu können. Nach diesem Prinzip brauchen die Verstärker nur Frequenzen zu übertragen, die in der Nähe der Modulationsfrequenz liegen.

Die monochromatischen Strahlen durchlaufen dann die beiden Küvetten und erreichen über Umlenkspiegel einen gemeinsamen Detektor, in einigen Spektralphotometertypen auch zwei gleichartige Detektoren. Bis zu Wellenlängen von etwa 330 nm kann man Glasküvetten benutzen, in denen die Lösungen gemessen werden. Im kurzwelligeren Bereich absorbiert das Glas selbst, so daß Quarzküvetten genommen werden müssen. Als Detektoren kommen Sekundärelektronenvervielfacher und Photozellen zum Einsatz, letztere für den langwelligeren Wellenlängenbereich.

Die sich anschließende Elektronik muß die Signale aus dem Meß- und dem Vergleichsstrahlengang vergleichen, damit der Schreiber dann die Differenz beider aufzeichnen kann. Auch dazu ist notwendig, daß der Lichtstrahl vorher moduliert wurde, und zwar für beide Strahlengänge mit unterschiedlicher Phase. Die Wellenlänge des Meßlichtes wird durch eine motorgetriebene Monochromatoreinstellung kontinuierlich verändert, ebenso wie der Schreibervorschub. Dadurch ist eine eindeutige Zuordnung der Wellenlänge zur Position des Schreibers möglich. Die Darstellung ist entweder mit linearer Anzeige, wenn Transmission oder Absorption in Prozent gemessen werden sollen, oder sie ist logarithmisch, wenn die optische Dichte aufgezeichnet werden soll.

Es sollte erwähnt werden, daß für bescheidenere Ansprüche, wenn es beispielsweise nur auf genaue Extinktionsbestimmungen ankommt, auch noch Einstrahlspektrophotometer auf dem Markt sind. Die Messung wird dabei so ausgeführt, daß man nach manueller Einstellung der gewünschten Wellenlänge die Vergleichsküvette in den Strahlengang bringt, auf 100% Transmission kalibriert und nach Einschieben der Meßküvette in den Strahlengang den Transmissions- oder Extinktionswert abliest.

Noch einfachere Photometer besitzen an Stelle des kontinuierlich verstellbaren Monochromators nur Filter. Solche Filterphotometer leisten gute Dienste in der routinemäßigen quantitativen Bestimmung von Substanzen bekannter Absorptionen und bei gewissen Untersuchungen der chemischen Kinetik.

Es sollen kurz einige mögliche Fehlerquellen bei Absorptionsmessungen erwähnt werden. Es ist wichtig darauf zu achten, ob Abweichungen vom Lambert-Beerschen Gesetz auftreten.

Es können wahre Abweichungen aufgrund chemischer Gleichgewichte oder zwischenmolekularer Kräfte sein, wodurch die effektive Konzentration der absorbierenden Spezies geändert wird. Das ist der Fall, wenn der absorbierende Stoff an einem konzentrationsabhängigen Gleichgewicht beteiligt ist. Bei einem derartigen Gleichgewicht kann es sich um Dissoziation, z. B. unter Einfluß verschiedener pH-Werte, um Assoziation, z. B. Dimerenbildung, oder um die Bildung von Verbindungen, z. B. mit dem Lösungsmittel, handeln. Bei Teilnahme der absorbierenden Substanz an einem binären Gleichgewicht gehen alle bei verschiedenen Konzentrationen aufgenommenen Spektren durch einen gemeinsamen Punkt, den *isosbestischen Punkt*. Dieser kommt dadurch zustande, daß beide Substanzen bei einer bestimmten Wellenlänge zufällig den gleichen Extinktionskoeffizienten haben. Der gemessene mittlere Wert der Lösung ist bei dieser Wellenlänge konstant.

Zum anderen treten scheinbare Abweichungen vom Lambert-Beerschen Gesetz durch unvollkommene Monochromasie der Strahlung auf, da es sowohl aus prinzipiellen Gründen (natürliche Linienbreite usw.) als auch aus meßtechnischen Gründen (genügend große Strahlungsintensität) niemals möglich ist, streng monochromatisches Licht zu erzeugen. Hierdurch können besonders an steil ansteigenden oder abfallenden Absorptionsbanden erhebliche Verfälschungen des Absorptionsspektrums auftreten. Zu dieser Art der Fehler zählt auch das Streulicht, das außerhalb des eingestellten Wellenlängenbereiches durch den Monochromator hindurchtritt.

Besonders bei einfachen Monochromatoren muß stets mit Streulicht gerechnet werden. Es wirkt sich besonders dann sehr störend aus, wenn der Nutzlichtphotostrom in die Größenordnung des Streulichtphotostroms herabsinkt. Das ist einleuchtend, wenn man die Größe der Transmission $T = I/I_0$ betrachtet, die unter Berücksichtigung des Streulichtes $T' = (I + I_f)/I_0$ ist, wobei I_f die Intensität des Streulichtanteils sei.

Streulichteffekte treten z.B. bei Wellenlängen $\lambda < 200$ nm auf, wo die optischen Elemente des Spektrometers zu absorbieren beginnen und die Intensität der Strahlenquelle, je nach Typ, mehr oder weniger stark abnimmt. Auch hohe Eigenabsorptionen von sowohl Lösungsmittel als auch gelöster Substanz verursachen, da sie den Nutzlichtanteil herabsetzen, einen Streulichteinfluß. Es gibt verschiedene Möglichkeiten, den Streulichteinfluß zu eliminieren oder zumindest beträchtlich zu reduzieren: Einsatz eines Mehrfachmonochromators, zusätzliche Filter, Änderung der Höhe von Eintritts- und Austrittsspalt, Verringerung der Schichtdicke, kleinere Konzentrationen oder Wahl eines anderen Lösungsmittels. Welche dieser Maßnahmen zu treffen ist, hängt vom speziellen Meßproblem ab.

3.2.5.8 Verschiedene Techniken

Eine Methode, die besonders hohe Präzision ergibt, ist die Differenz-Spektroskopie. Sie kann mittels jedes Zweistrahlspektrometers durchgeführt werden. Die Aufnahme von Differenzspektren bietet sich immer dann an, wenn vergleichsweise geringe Absorptionsän-

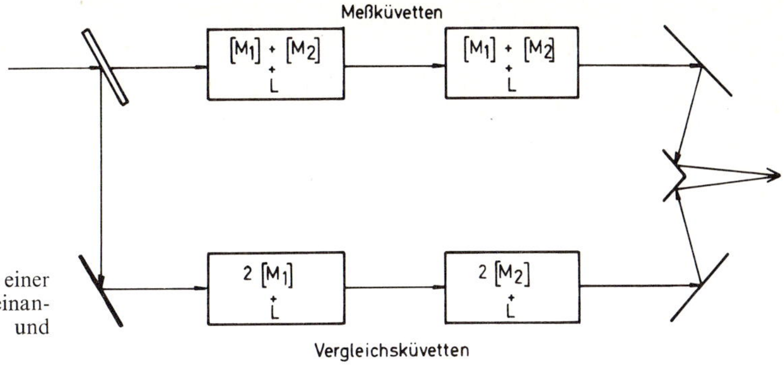

Abb. 3.68. Küvettenanordnung zur Differenzmessung einer Lösung, in der die gelösten Moleküle M_1 und M_2 miteinander wechselwirken; L = Lösungsmittel, $[M_1]$ und $[M_2]$ = Konzentrationen von M_1 und M_2

derungen einer Meßprobe bei relativ hoher Gesamtabsorption zu messen sind. Das ist beispielsweise der Fall bei der Untersuchung des Einflusses von Lösungsmitteln, von pH-Änderungen, von Temperaturänderungen und von Konzentrationsänderungen auf das Absorptionsspektrum von Chromophoren. Für den Fall der Untersuchung der Wechselwirkung zweier Substanzen in einem ternären System ist eine zweckmäßige Küvettenanordnung in Abb. 3.68 dargestellt.

Zur genauen Bestimmung sich stark überlagernder Banden ist es vorteilhaft, die Derivativ-Spektroskopie zu benutzen. Insbesondere durch den Einsatz der Elektronik ist es einfach möglich, die 1. und 2. Ableitung der Absorptionsspektren zu erhalten.

Die 1. Ableitung akzentuiert schwache Schultern auf einer starken Absorptionsbande, die ansonsten eventuell übersehen würden. Die genaue spektrale Lage von Bandenmaxima, insbesondere bei breiten Banden, als auch leichte Verschiebungen aufgrund von Wechselwirkungen sind recht einfach zu bestimmen, da die 1. Ableitung die Basislinie im Bandenmaximum kreuzt.

Reicht die Spektrenauflösung noch nicht aus, so bringt die Aufnahme der 2. Ableitung des Absorptionsspektrums eine weitere Verschmälerung der Signale der individuellen Banden. Die so entstandenen Maxima stimmen mit denen der ursprünglichen Absorptionskurve überein (Abb. 3.69). Eine wichtige Anwendung der Derivativ-Spektroskopie ist somit die Eliminierung von Untergrundabsorptionen, wie sie beispielsweise bei der Unterlagerung von breiten Absorptionsbanden oder bei getrübten Lösungen auftreten.

Spektralphotometrische Untersuchungen können auch im mikroskopischen Bereich mit sog. Mikrospektralphotometern durchgeführt werden (vgl. 8.7.3.3). Diese Methode wird angewandt, wenn Chromophore, wie z. B. DNS, aromatische Aminosäuren oder Hämoglobin direkt in Zellen untersucht werden sollen. Prinzipiell unterscheidet sich die Methode nicht von der normalen Spektralphotometrie, jedoch wird die Küvetteneinrichtung durch ein Mikroskop ersetzt. Sowohl Vergleichsstrahl als auch Meßstrahl durchstrah-

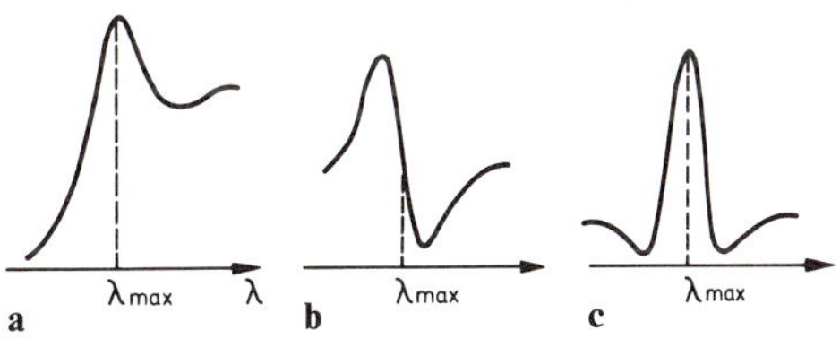

Abb. 3.69a–c. Das Spektrum einer Absorptionsbande **a** und ihrer ersten **b** und zweiten **c** Ableitung

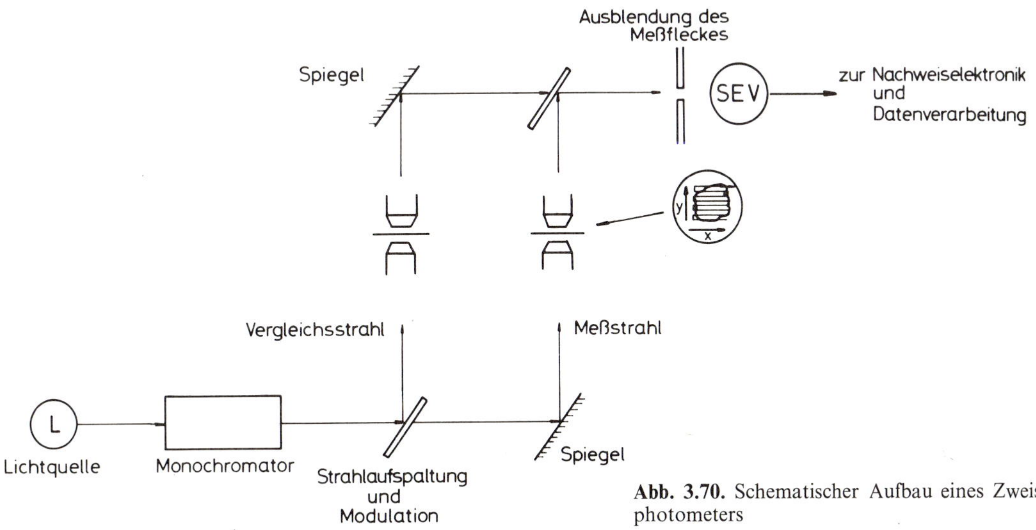

Abb. 3.70. Schematischer Aufbau eines Zweistrahl-Mikrospektralphotometers

len, falls ein Zweistrahlgerät vorliegt, ein vollständiges Mikroskop. Die Ausblendung des zu untersuchenden Meßflecks erfolgt im vergrößerten mikroskopischen Bild (Abb. 3.70).

Die Mikrospektralphotometrie erlaubt neben der spektroskopischen Untersuchung des Materials auch eine Objektabsuchung. Dabei wird während der Messung mit einem kleinen Meßfleck das Objekt mäanderförmig bewegt. Im biologischen Material liegen in der Regel inhomogene Objekte vor, so daß auch die Streuung eine wesentliche Fehlerquelle ist. Insbesondere bei der Mikrospektralphotometrie ist daher eine Computerverarbeitung der Meßsignale sehr wichtig. Damit kann die Datenfülle bei der Untersuchung biologischer Objekte schnell ausgewertet werden, z. B. durch Errechnen der Gesamtextinktion eines Objektes oder zur Erstellung von Derivativ-Spektren.

Literaturauswahl

Jaffé, H. H., Orchin, M.: Theory and Application of Ultraviolet Spectroscopy. New York: Wiley 1962.
Korte, F. (Hrsg.): Methodicum Chimicum. Stuttgart: Thieme; New York-London: Academic Press 1973.
Kortüm, G.: Kolorimetrie, Photometrie und Spektroskopie. Berlin-Göttingen-Heidelberg: Springer 1962.
Murrel, J. N.: Elektronenspektren organischer Moleküle. Mannheim: Bibliographisches Institut 1967.
Schläfer, H. L., Gliemann, G.: Einführung in die Ligandenfeldtheorie, Frankfurt/Main: Akademische Verlagsgesellschaft 1967.
Thiessen, H., Thiessen, G.: Microspectrophotometric Cell Analysis. Stuttgart: Gustav Fischer Verlag 1977.

3.2.6 Die Anwendung der Photoakustischen Spektroskopie in der Biophysik

HARALD NEUBACHER, ARTHUR SCHARMANN und WOLFGANG LOHMANN

Über die Charakterisierung von Substanzen mit Hilfe der Methode der Absorptionsspektroskopie wurde ausführlich in 3.2.5 berichtet. Viele organische und anorganische Materialien liegen jedoch polykristallin, amorph, gelartig, als Teil eines Festkörpers oder in Suspension vor und können sich damit zum Teil der Absorptionsspektroskopie entziehen. Reflexionsspektroskopie solcher Proben ist zwar in der Regel möglich, häufig jedoch mit erheblichen Schwierigkeiten verbunden. Dieses betrifft insbesondere biologische Proben mit intakten Strukturen.

Für die Erfassung der optischen Eigenschaften solcher Materialien kann die photoakustische Spektroskopie (PAS), auch optoakustische Spektroskopie genannt, nützlich sein. Man unterscheidet bei der PAS prinzipiell zwei unterschiedliche Methoden: Untersuchung von Gasen mit ihren Verunreinigungen und Untersuchungen kondensierter Phasen (Flüssigkeiten und Festkörper).

Die PAS in Gasen geht auf W. C. Röntgen (1880) und andere bekannte Physiker wie Tyndall und Lord Rayleigh zurück. Bei der Einstrahlung mit modulier-

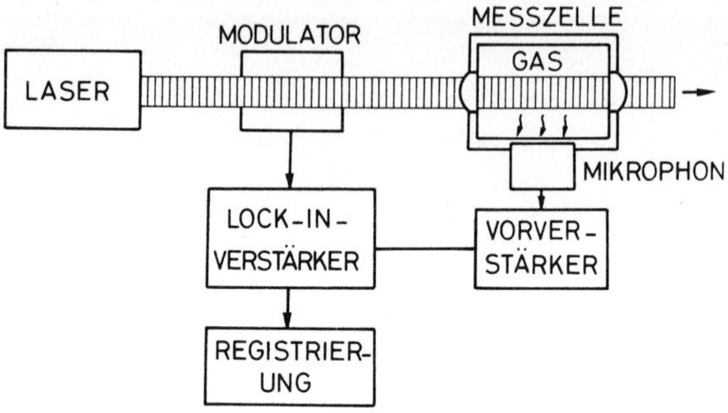

Abb. 3.71. Prinzipanordnung eines photoakustischen (PA) Spektrometers für Gase

tem Licht durchstimmbarer Wellenlänge treten, wenn das Licht absorbiert wird, periodische Erwärmungen und damit periodische Dichteschwankungen und damit Schallwellen auf, die mit einem Mikrophon nachgewiesen werden können (Abb. 3.71).

Eine besonders wichtige Anwendung der Photoakustik in Gasen ist der Nachweis geringer Umweltverschmutzungen, wie SO_2, NO, Äthylen u. a. Bekannt und bisher viel angewandt hierfür ist die optische Absorptionsmethode, wobei der Gehalt an solchen Molekülen durch die Schwächung des durchgehenden Lichtes gemessen wird. Im Prinzip beruht auch die photoakustische Methode auf der Absorption, und das photoakustische Spektrum entspricht dem optischen Absorptionsspektrum, denn dort, wo absorbiert und die Absorptionsenergie in Wärme umgewandelt wird, gibt es ein akustisches Signal. Die photoakustische Methode hat zwei sofort einleuchtende Vorteile gegenüber der optischen Absorptionsmethode:

Bei kleinen Konzentrationen ist die Absorption schwach, der beobachtete Effekt der Intensitätsverminderung also gering und schwer meßbar, während der photoakustische Effekt direkt der Konzentration und der Lichtintensität proportional ist und daher durch Verwendung einer intensiven Lichtquelle (Laser) stark erhöht werden kann.

Die Entkopplung zwischen der optischen Einstrahlung und der akustischen Beobachtung erlaubt bei der Messung geringer Konzentrationen von Molekülen und demnach schwacher Absorption einen Trick anzuwenden, der bei optischer Beobachtung versagt. Das eingestrahlte Licht wird dabei durch eine passende Anordnung von Spiegeln oftmals durch die Absorptionszelle gesandt, wodurch die Absorption vervielfacht wird und die Empfindlichkeit um fast zwei Größenordnungen verbessert werden kann. Darauf beruht eine relativ einfache photoakustische Anwendung, mit welcher Konzentrationen des Schadstoffs SO_2 bis unter 1 ppb nachgewiesen werden können. Die Tabelle zeigt die Empfindlichkeiten für den Nachweis einiger Schadstoffe.

Wir wollen uns jetzt der photoakustischen Spektroskopie von kondensierten Phasen zuwenden, eine Methode, die auf Graham Bell (1880) zurückgeht. Auch die Photoakustik an Festkörpern beruht auf der Absorption in den für sie charakteristischen Spektralbe-

Tabelle 3.6. Empfindlichkeit der photoakustischen Methode für einige gasförmige Stoffe (ppb $=10^{-9}$ Molekülanteile. [Nach Kreuzer, L.B. et al.: Science **177**, 347 (1972)]

Gas	Empfindlichkeit (ppb)	Laser	Wellenlänge (µm)
Ammoniak	0,4	CO	6.1493
Benzol	3.0	CO_2	9.6392
1,3-Butadien	1.0	CO	6.2153
1-Buthylen	2.0	CO_2	10.7874
Äthylen	0.2	CO_2	10.5321
Methanol	0.3	CO	9.6760
Stickstoffoxid	0.4	CO	5.2148
Stickstoffdioxid	0.1	CO	6.2293
Propylen	3.0	CO	6.0685
Trichloräthylen	0.7	CO_2	10.6321
Wasser	14.0	CO	5.9417

reichen. Die Meßanordnung ist im Prinzip sehr einfach. Die Probe, deren spektrale Absorption untersucht werden soll, wird von einer intensiven Lichtquelle intermittierend beleuchtet. Wird in einem bestimmten Spektralbereich absorbiert, so erwärmt sich der Festkörper periodisch. Die so entstehenden Schallwellen werden von einem empfindlichen Mikrophon aufgenommen. Das elektrische Signal als Funktion der Wellenlänge des Lichtes gibt das Absorptionsspektrum des Festkörpers.

Die optische Untersuchung von Festkörpern ist eine wichtige zerstörungsfreie Methode. Man benutzt dafür bislang entweder die Absorption oder die Reflexion oder die Fluoreszenz. Alle drei „klassischen" Methoden haben jedoch ihre Grenzen. Bei der Fluoreszenz-Spektroskopie erfaßt man nur diejenigen Fälle, bei denen die Absorption des Lichtes auch wieder zur Lichtemission führt, was jedoch insbesondere beim Festkörpern keineswegs stets der Fall ist. Vielmehr wird häufig, mitunter in der Regel, die Absorptionsenergie durch strahlungslose Übergänge im Festkörper in Wärme umgewandelt. Daher ist die photoakustische Spektroskopie eine wichtige ergänzende Methode für die Analyse von Festkörpern geworden.

Die photoakustische Spektroskopie benötigt nur ganz geringe Mengen von Substanz. Diese Methode eignet sich sowohl für Untersuchungen von Oberflächen als auch von Schichten und für photochemische Untersuchungen. Man kann bei heterogenen Stoffen Oberflächenmoleküle von mehr im Innern befindlichen unterscheiden, denn die bei der Absorption des Lichtes entstehende Wärme benötigt eine der Wärmeleitfähigkeit entsprechende Zeit, bis sie an die Oberfläche kommt und den akustischen Effekt auslöst. Dieses akustische Signal ist dann phasenverschoben gegenüber dem von Molekülen mehr an den Oberflächen.

Die Vorgänge bei der Erzeugung und Aufnahme der photoakustischen Signale sollen im folgenden dargestellt werden, wobei auf eine detaillierte Ableitung der derzeit vorliegenden Theorie verzichtet werden kann. Die zu untersuchende Probe wird mit möglichst monochromatischem Licht bestrahlt, das seinerseits z. B. durch eine Zerhackerscheibe mit der Frequenz

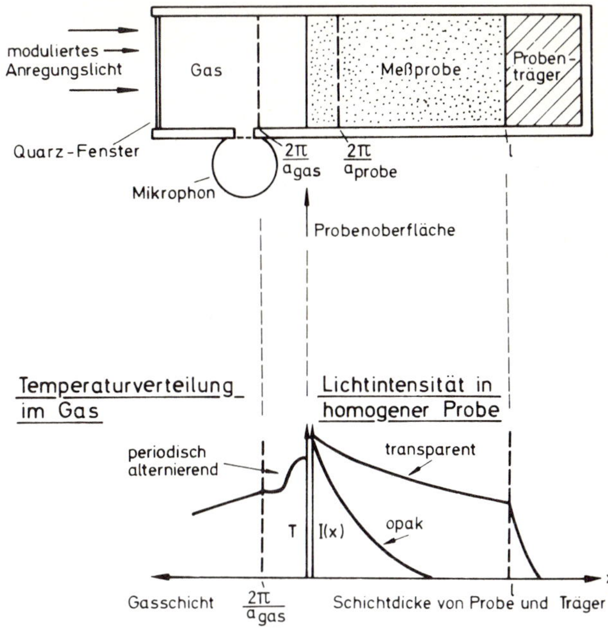

Abb. 3.72. Schematische Darstellung der Vorgänge in einer photoakustischen Meßzelle

$\omega/2\pi=\nu$ moduliert ist (Abb. 3.72). Das Licht wird von der Probe entsprechend dem Bouguer-Lambert-Beerschen Gesetz

$$I_x = I_0 \cdot e^{-\beta x} \tag{3.124}$$

absorbiert, wobei I_x die Lichtintensität ist, die in einer Tiefe x der Substanz mit dem optischen Absorptionskoeffizienten β gemessen wird, wenn I_0 die auf die Oberfläche gelangende Lichtintensität ist.

Da die Intensität des Anregungslichtes moduliert ist, wird auch in der absorbierenden Probe eine Temperaturmodulation derselben Frequenz auftreten. Die von der Probe aufgenommene Energie und damit auch der Anteil davon, der in Wärme umgewandelt wird, ist proportional zur absorbierten Lichtintensität $I_{abs}=I_0(1-e^{-\beta x})$ [vgl. (3.124)]. Auf der Strecke dx wird folglich

$$dI_{abs} = \beta \cdot I_x \cdot dx \tag{3.125}$$

absorbiert. Die absorbierte Energie und damit die Temperatur der Probe ist also proportional zum Absorptionskoeffizienten β der Probe und der Lichtintensität. Für Licht mit sinusförmiger Modulation der Intensität mit einem Modulationshub zwischen $I=0$ und $I=I_0$, $I=\frac{1}{2}I_0(1+\sin\omega t)$, ist entsprechend

$$dI_{abs} = \beta(\tfrac{1}{2}I_0(1+\sin\omega t)e^{-\beta x})dx\,. \tag{3.126}$$

Für die weitere Betrachtung werden vereinfachende Voraussetzungen gemacht, derer man sich bei der Beurteilung von PA-Spektren bewußt sein muß. Es wird eine Probe angenommen, die optisch und thermisch homogen ist. Des weiteren sollen der Lichteinfall und der Wärmefluß nur senkrecht zur Probenoberfläche erfolgen.

Nach der Lichtabsorption wird die Anregungsenergie zu einem Teil η durch strahlungslose Übergänge in Wärme umgewandelt. Das führt zu örtlichen, periodischen Erwärmungen in der Probe. Durch die thermische Diffusion breitet sich die Wärme in der Probe aus und erreicht auch die Probenoberfläche, wo sie z. T. auf das in der Probenkammer vorhandene Gas übertragen wird (Abb. 3.72).

Für die zeitabhängigen Wärmeleitungsprozesse in der Probe gilt die Wärmediffusionsgleichung:

$$\frac{\partial^2 T}{\partial x^2} = \frac{1}{\alpha} \cdot \frac{\partial T}{\partial t} - \frac{\eta}{\kappa} \cdot \frac{dI_{\text{abs}}}{dx}. \tag{3.127}$$

Diese Gleichung beschreibt die Änderung der Temperatur T in der Probe der Temperaturleitfähigkeit α und der Wärmeleitfähigkeit κ. Durch die Temperaturleitfähigkeit $\alpha = \frac{\kappa}{\varrho \cdot c}$ gehen auch die Dichte ϱ der Proben, sowie deren spezifische Wärmekapazität c ein.

Die Lösung dieser Differentialgleichung sind Wärmewellen, die nach einer Laufstrecke x von ihrem Entstehungsort um den Faktor $\exp -(ax)$ gedämpft werden. a ist der thermische Diffusionskoeffizient des Probenmaterials. Die Größe $1/a = \mu$ ist die thermische Diffusionslänge, die von der Modulationsfrequenz des eingestrahlten Lichtes entsprechend der Beziehung

$$\frac{1}{a} = \mu = \sqrt{\frac{2\alpha}{\omega}} \tag{3.128}$$

abhängt. Mit Hilfe dieser thermischen Diffusionslänge kann eine thermisch aktive Schicht der Dicke

$$L = 2\pi\mu = 2\pi \sqrt{\frac{2\alpha}{\omega}} \tag{3.129}$$

definiert werden.

Die Größe L gibt an, aus welcher Tiefe bei einem bestimmten Material Informationen mit Hilfe der durch Lichtabsorption erzeugten Wärmewellen noch erhalten werden können. Durch Änderung der Modulationsfrequenz kann die zu untersuchende Schicht verändert werden. Thermische Oszillationen, die in Tiefen $x > L$ entstehen, erreichen die Oberfläche der Probe nicht mehr während einer Periode des Anregungslichtes. Darüber hinaus leisten sie dort auch keinen nennenswerten Beitrag mehr zur Erwärmung der Probe.

Die in der Probe erzeugten Wärmewellen gelangen an der Probenoberfläche mit dem Füllgas der Probenkammer in Berührung. Dadurch kommt es auch in der Gasschicht direkt darüber zu periodischen Temperaturschwankungen. Entsprechend der obigen Überlegungen ist auch eine thermisch aktive Gasschicht der Schichtdicke

$$L_{\text{Gas}} = 2\pi\mu_{\text{Gas}} = 2\pi \sqrt{\frac{2\alpha_{\text{Gas}}}{\omega}} \tag{3.130}$$

zu definieren. Diese aktive Gasschicht wirkt als Druckkolben für das restliche Gasvolumen der Meßkammer, so daß periodische Druckschwankungen auftreten, die als Schallwellen nachweisbar sind.

Die Intensität der Schallwellen wird also bestimmt durch die Quantenausbeute der in Wärme umwandelbaren strahlungslosen Übergänge, durch die Wärmediffusion in der Probe, sowie die Wärmeübertragung auf den Gasraum und die Wärmeausbreitung dort.

Das PA-Signal, das der Schallwelle der Intensität S entspricht, hat folgenden Zusammenhang mit Apparate- und Probeneigenschaften:

$$S \propto I_0 \left[\frac{P}{T a_{\text{Gas}}(\omega)} \cdot \frac{1}{l_{\text{Gas}}} \right] \left[K \cdot \frac{\eta \cdot \beta}{\kappa} \cdot \frac{1}{a_{\text{Probe}}(\omega)} \cdot l_{\text{Probe}} \right]. \tag{3.131}$$

Der erste Term enthält Konstanten der PA-Meßzelle. Sie betreffen die Schallausbreitung im Gasraum der Meßzelle, die vom Druck P des Gases, der Temperatur T sowie der thermischen Diffusionslänge a_{Gas} abhängt. Die Länge des Gasraumes oberhalb der Probe l_{Gas} sollte möglichst kurz sein, damit der akustische Kolben optimal wirkt.

Der zweite Term betrifft die Probe selbst. Hieraus sind Optimierungsmöglichkeiten für die Meßprobe ersichtlich. Die in der Probe erzeugte Wärmewelle ist zunächst proportional zu $\frac{\eta \cdot \beta}{\kappa} \cdot I_0$. Das PA-Signal wird um so größer, je größer die eingestrahlte Lichtintensität I_0 ist, und je größer der Anteil η ist, der nach Anregung der Probe mit dem Absorptionskoeffizienten β aus der Anregungsenergie in Wärme umgewandelt wird. Dabei wird die lokale Temperaturerhöhung um so größer sein, je kleiner die Leitfähigkeit κ der Probe ist.

Die Wärmedurchgangszahl K ist ein Maß für die Wärmeübertragung zwischen Probe und Gas. Dieser Wert steigt mit wachsender Probenoberfläche an, d. h. je poröser und feinkörniger die Probe ist. Darüber hinaus kann natürlich nur die Wärme als periodisches Signal die Oberfläche erreichen, die in einem Abstand erzeugt wird, der kleiner als die thermische Diffusionslänge $1/a_{\text{Probe}}$ ist. Sofern die Probenlänge kürzer als $1/a_{\text{Probe}}$ ist, beeinflußt insbesondere ihre Größe die Signalamplitude.

Die Eigenschaften des gemessenen PA-Signals in Abhängigkeit von der Eindringtiefe des Lichtes (z. B. bei $5/\beta$ ist $I < 0, 01 \cdot I_0$) und der thermischen Diffusionslänge sind in Abb. 3.73 schematisch zusammengestellt. Je nach Art des Probenmaterials und Wahl der Modulationsfrequenz sind das einwandfreie PA-Spektrum der Probe [Fall (c) und (f)], das Probenspektrum mit Anteilen des Trägermaterialspektrums [Fall (b)] oder auch nur das Lampenspektrum zu messen [Fall (a), (d) und (e)]. Bei der Durchführung der Messungen ist insbesondere darauf zu achten, daß die Verhältnisse (a), (d) und (e) auch nicht annähernd erreicht werden. Man spricht in diesen Fällen, wenn $\mu_{\text{Probe}} \geqq 1/\beta$ wird, von Signalsättigung. In Abb. 3.74 ist die Auswirkung der Sättigung auf ein PA-Spektrum erläutert. Es wird eine Probe angenommen, die aufgrund ihres Absorptionskoeffizienten $\beta(\lambda)$ nur Licht bis in eine Tiefe s eindringen läßt. Ist die thermische Diffusionslänge

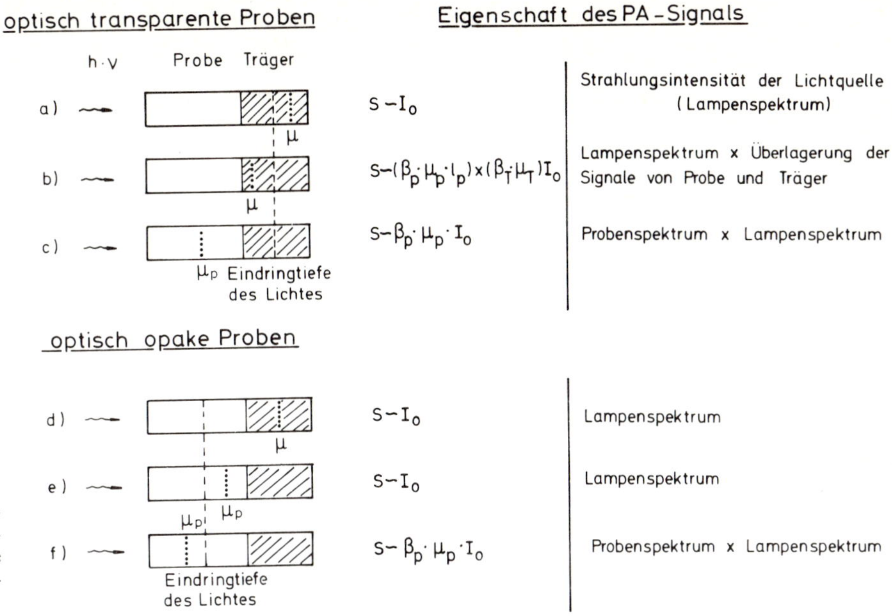

Abb. 3.73. Zur Abhängigkeit des photoakustischen Signals von der Eindringtiefe des Lichtes in die Probe und den Träger und von der thermischen Diffusionslänge μ

$\mu_{\text{Probe}} \ll s$ im gesamten Spektralbereich, so erhält man ein einwandfreies PA-Spektrum, bei dem stets $S \propto \beta \cdot I_0$ ist. Ist diese Bedingung nur in Teilbereichen des Spektrums erfüllt, so gilt obige Beziehung nur in diesen Bereichen. In den übrigen Spektralbereichen sättigt die Probe.

Dadurch erscheinen die nicht gesättigten Linien relativ stärker im Gesamtspektrum. Völlig unabhängig von deren Absorptionskoeffizienten $\beta(\lambda)$ wird das PA-Spektrum schließlich, wenn $s < \mu_{\text{Probe}}$ ist, die Probe also im gesamten Spektralbereich sättigt.

Ausgenutzt wird die vollständige Signalsättigung beim Zweistrahlspektrometer, wo die zu messende Substanz gegen eine vollständig gesättigte Referenzprobe (z. B. Ruß) gemessen wird, wodurch Schwankungen der Lampenintensität als Einfluß auf das Probenspektrum eliminiert werden.

Ein photoakustisches Spektrometer besteht im wesentlichen aus drei Teilen: einer amplitudenmodulierten Lichtquelle, einer Meßzelle, in der von der Probe ein photoakustisches Signal erzeugt wird, und einem Mikrophon mit nachfolgender Verstärkungs- und Nachweiselektronik (Abb. 3.75).

Als Lichtquellen werden meistens, sofern der Wellenlängenbereich vom UV bis zum nahen IR überstrichen werden soll, Xenon-Hochdrucklampen verwendet mit typischen Leistungen von 300 bis 1000 W. Die Modulation des Lichtes geschieht durch einen mechanischen Chopper, der in seiner Frequenz variabel einstellbar ist, oder durch Modulation des Lampenstromes. Die Messungen werden meistens im Frequenzbereich von 10–1000 Hz ausgeführt. Entweder vor oder hinter dem Chopper tritt das Licht durch einen leistungsstarken Monochromator, bevor es auf

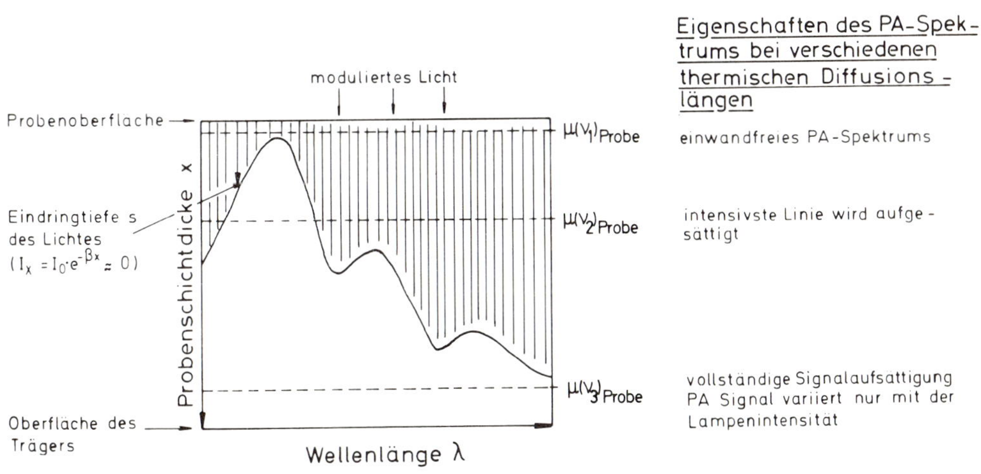

Abb. 3.74. Zur Erläuterung der Sättigung von photoakustischen Signalen: Es ist hier die wellenlängenabhängige Eindringtiefe s des Lichtes in eine Probe mit dem Absorptionskoeffizienten $\beta(\lambda)$ dargestellt und die Eigenschaften des zu erwartenden PA-Spektrums in Abhängigkeit von der modulationsfrequenzabhängigen thermischen Diffusionslänge $\mu(\nu)$ in der Probe charakterisiert

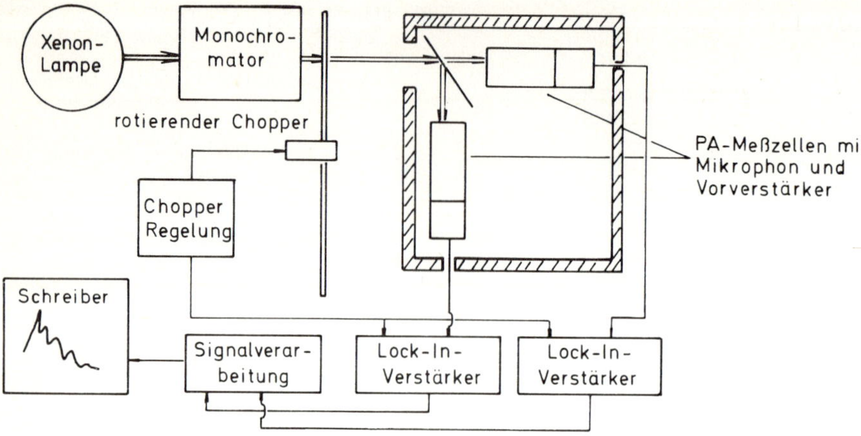

Abb. 3.75. Schematischer Aufbau eines photoakustischen Spektrometers mit Zweistrahlbetrieb und mechanischer Lichtmodulation

die PA-Meßzelle fällt. Für spezielle Probleme werden als Lichtquellen häufig auch Laser eingesetzt.

Die Meßzelle besteht aus einem möglichst schwach absorbierenden Material hoher Wärmeleitfähigkeit, um ein möglichst niedriges Leersignal zu erhalten. Die Zelle sollte nur einen kleinen Gasraum haben, um ein optimales Signal zu erhalten; Mikrophon und Vorverstärker sind direkt an die Zelle montiert. Es werden Elektret- und Kondensatormikrophone verwendet.

Bevorzugt werden Zweistrahlspektrometer eingesetzt, um die spektralen Einflüsse von Lichtquelle, Monochromator und optischem System zu eliminieren. Das Vergleichssignal kann dabei von einer weiteren photoakustischen Zelle oder von einem Leistungsmesser kommen.

Wenn sowohl die Phase wie auch die Signalamplitude gemessen werden sollen, sind für jeden Kanal phasenempfindliche Lock-In-Verstärker notwendig. Die Signale beider Meßkanäle werden miteinander verglichen und z. B. auf einem Schreiben registriert.

Die PA-Spektroskopie liefert in erster Linie qualitative Elektronen- und Schwingungsanregungsspektren von nicht zu stark reflektierenden Proben, die anorganische oder organische Verbindungen, Metalle, Halbleiter oder Isolatoren sein können. Das Verfahren arbeitet zerstörungsfrei und ist für die verschiedensten physikalischen Zustandsformen (z. B. gelöst, kristallin, amorph, gelartig) anwendbar. Aus diesen Gründen ist die photoakustische Spektroskopie insbesondere bei der Untersuchung biologischer Systeme in vielen Fällen eine sehr hilfreiche Methode. Die Lichtstreuung bewirkt keine entscheidende Störung der Messung, so daß mit diesem Verfahren optische Eigenschaften von biologischen Proben leicht und direkt untersucht werden können.

Die photoakustische Spektroskopie eignet sich im wesentlichen für qualitative Untersuchungen. Das liegt vor allem an zwei Ursachen, wie aus Gl. (3.131) zu ersehen ist. Das PA-Signal hängt über die Wärmedurchgangszahl K von der Probenpräparation und über β und $1/a$ vom Verhältnis der thermischen Diffusionslänge zur optischen Absorptionslänge ab. Die Probenpräparation beeinflußt die Signalamplitude im gesamten Spektralbereich eines Spektrums. Sofern bei der Aufnahme des Spektrums einer Probe für eine Wellenlänge $1/\beta < 1/a$ wird, gesättigt das Spektrum an dieser Stelle, und es erreicht nicht die seinem optischen Absorptionskoeffizienten entsprechende Signalhöhe (Abb. 3.74). Sättigung wird leicht bei stark absorbierenden Proben eintreten können.

Sofern man nur an den schwächer absorbierenden Banden einer Substanz interessiert ist, wird man die Sättigung der stark absorbierenden Banden gern in Kauf nehmen, um die anderen um so empfindlicher nachweisen zu können. Sofern man die Sättigung vermeiden will, gibt es dafür in den meisten Fällen mehrere Möglichkeiten. Manchmal kann man sie dadurch umgehen, daß feste Proben in einem nicht absorbierenden Material wie MgO verdünnt werden. Häufig führt auch eine Vergrößerung der Modulationsfrequenz zum Ziel, wenn dadurch $\mu = \sqrt{\frac{2\alpha}{\omega}} < \frac{1}{\beta}$ zu erreichen ist (Abb. 3.76). Diese Methode hat jedoch ihre praktischen Grenzen, da zwar die thermische Diffusionslänge proportional zu $\omega^{-1/2}$ ist, aber auch die Signalgröße mit $\omega^{-3/2}$ variiert. Teilweise mag auch die Möglichkeit bestehen, das Probenmaterial in so kleinen Teilchen herzustellen, daß der Durchmesser kleiner als μ ist.

Grundsätzlich ist es jedoch auch möglich, absolute optische Absorptionskoeffizienten zu bestimmen. Hierfür sind Methoden erarbeitet worden, mittels derer β aus der Änderung der Signalamplitude in Abhängigkeit von der Modulationsfrequenz ω bzw. aus dem Spektrum der Phasenwinkel ϕ des PA-Signals bezüglich der Modulationsphase des einfallenden Lichtes zu berechnen ist.

Als Beispiel für photoakustische Spektren von Substanzen in der festen Phase sind die der anticarcinogen wirksamen Substanzen cis-Dichlorodiamminplatin(II), polykristallin, und „Platin-Thymin-Blau", amorph, im Bereich von UV bis NIR dargestellt (Abb. 3.77). Photoakustische Spektren von Bestandteilen von Blut, von gefriergetrockneten Erythrozyten, White Ghosts und Blutplasma zeigt Abb. 3.78.

Interessant ist insbesondere, Messungen am intakten biologischen Material vornehmen zu können. Als

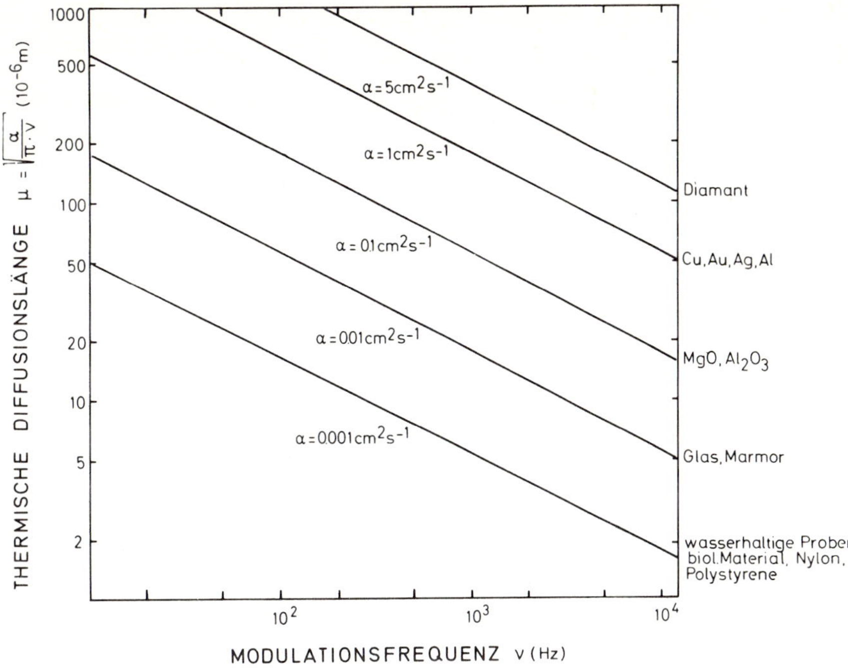

Abb. 3.76. Abhängigkeit der thermischen Diffusionslänge μ von der Modulationsfrequenz ν des Anregungslichtes

Beispiel ist in Abb. 3.79 das PA-Spektrum eines grünen Blattes gezeigt. An diesem System sind mittels der PA-Spektroskopie z. B. Informationen zur Photobiologie oder zum Schadstoffeinfluß auf die chromophoren Systeme zu erhalten.

Weitere Beispiele, bei denen der Einsatz der photoakustischen Spektroskopie sehr nützlich sein kann, sind u. a. die Untersuchung von wasserhaltigem und trockenem Gewebe, die Bestimmung des Wassergehaltes an Proben, photobiologische Untersuchungen an

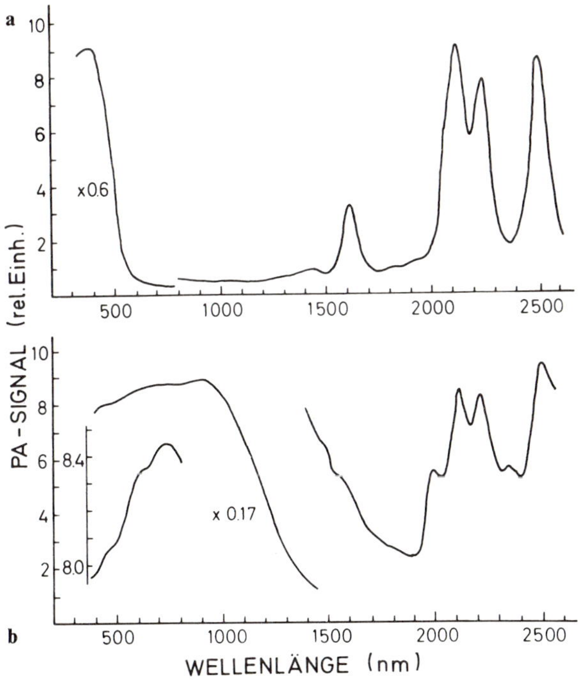

Abb. 3.77a, b. PA-Spektren von polykristallinem cis-Dichlorodiamminplatin(II) **a** und amorphem „Platin-Thymin-Blau" **b**, einem Reaktionsprodukt von cis-Diaquodiamminplatin(II) und Thymin. Die vier Banden in **a** zwischen 1600 nm und 2600 nm, die auch in **b** sichtbar sind, sind Oberton- oder Kombinationsschwingungsbanden der NH_3-Liganden zuzuordnen. Die Spektren sind teilweise gesättigt, so daß schwache Banden relativ intensiv erscheinen

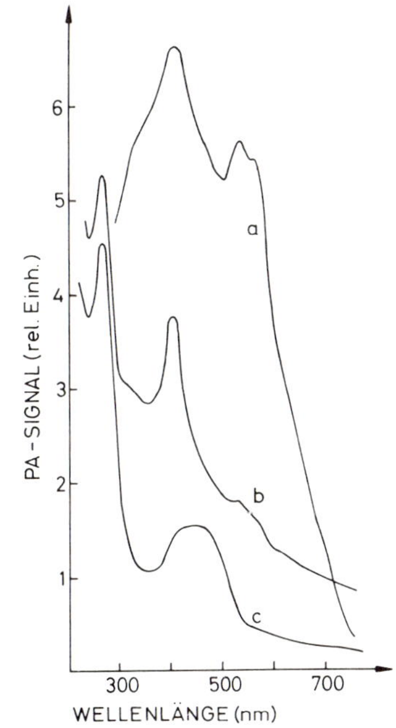

Abb. 3.78. PA-Spektren von gefriergetrockneten Blutbestandteilen. *a* Erythrozyten: die Soret-, α- und β-Banden sind gut zu erkennen. *b* „White Ghosts"; wie aus dem PA-Spektrum zu sehen ist, nicht ganz frei von Hämoglobin. *c* Blutplasma. Die Spektren sind teilweise aufgesättigt, so daß schwächere Banden (α, β) relativ intensiv erscheinen

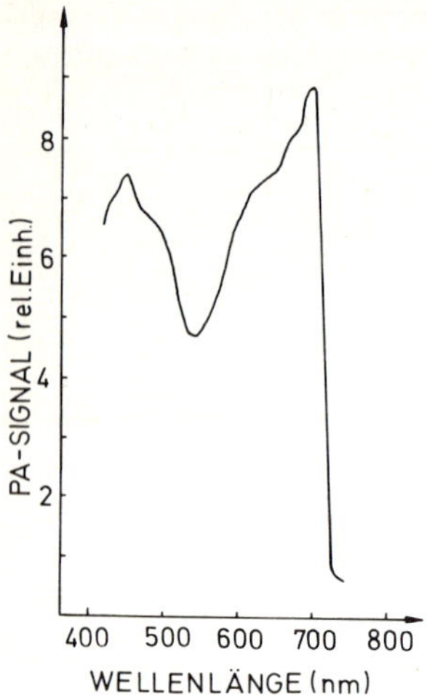

Abb. 3.79. PA-Spektrum eines Keimblattes von Raphanus. Die Absorptionen des Chlorophylls bei 688 nm und 445 nm, sowie des Carotins bei 480 nm sind deutlich sichtbar. (Nach C. Buschmann und H. Prehn)

Membranen oder die Identifizierung von Analyseprodukten auf Dünnschichtplatten.

Die photoakustische Spektroskopie ist insbesondere immer dann eine interessante Methode zur Erlangung optischer Aussagen über das Absorptionsverhalten von Proben, wenn diese optisch dick $\left(1 \gg \frac{1}{\beta}\right)$ sind und $\mu < \frac{1}{\beta}$ ist.

Literaturauswahl

Rosencwaig, A., Gersho, A.: J. Appl. Phys. **47**, 64 (1976).
McDonald, F. A., Wetsel, G. C., Jr.: J. Appl. Phys. **49**, 2313 (1978).
Wetsel, G. C., McDonald, F. A.: Appl. Phys. Lett. **30**, 252 (1977).
Roark, J. C., Palmer, R. A., Hutchinson, J. S.: Chem. Phys. Lett. **60**, 112 (1978).
Pao, Y.-H., (Ed.): Optoacoustic Spectroscopy and Detection. New York, San Francisco, London: Academic Press 1977.

3.2.7 Wirkungsspektrometrie

Karl M. Hartmann

3.2.7.1 Einleitung

Seit 1928 steht zur Charakterisierung von Photosensoren die *exakte Wirkungsspektrometrie* nach Otto Warburg zur Verfügung. Ihr Ziel ist es, die Photonenwechselwirkungsquerschnitte sowie die kinetischen Interaktionsmechanismen von Pigmenten zu bestimmen, um auf diese Weise zur Aufklärung der Reaktionsketten von Photoreaktionen beizutragen.

Die Wirkungsspektrometrie analysiert also Effekte, die durch Belichtung verursacht werden, um die beteiligten Pigmente sowohl spektral als auch kinetisch zu charakterisieren. Indem mit Monochromatbändern im Spektralbereich zwischen 300 und 1100 nm Wellenlänge bestrahlt wird, können Informationen über *Photosensoren* gewonnen werden, das sind Pigmente, die stoffumsetzend, energieübertragend oder regulierend in ein System eingreifen; passive Pigmente können dabei als Beschatter fungieren und die Eigenschaften der Photosensoren modulieren bzw. maskieren, d.h. die Wirkungsspektrometrie erschweren. Für die hinreichende Charakterisierung aller direkt oder indirekt beteiligten Pigmente sind stets spezielle Methoden der Spektralphotometrie (Kapitel 3.2.5) als Hilfsmittel erforderlich. Die Gesamtproblematik ist darüber hinaus analog zur Strahlenbiophysik (Kapitel 6), mit dem wesentlichen Unterschied, daß es sich dort um die Analyse von Folgereaktionen destruktiver Primärprozesse handelt, während bei der Wirkungsspektrometrie mit der Analyse von Photosynthesen, -katalysen und -regulationen (Kapitel 13.1, 13.2, 15.2.4), fast nur konstruktiv wirkende Photoprozesse im Brennpunkt des Interesses stehen.

Prinzipiell erweisen sich bei der Wirkungsspektrometrie *in vivo* folgende Eigenschaften des Lichts bzw. der Photonen als vorteilhaft:

1. Lebewesen sind an Photonen als natürlichen Außenfaktor voll adaptiert.
2. Drei Eigenschaften der Photonen können experimentell variiert werden: der Photonenfluß E (d.h. die Zahl der Photonen pro Fläche und Zeit), die Photonenenergie e (d.h. die Wellenlänge λ bzw. die Farbe der monochromatischen Strahlung) und die Polarisationsart (d.h. linear, rechts- oder linkszirkular, rechts- oder linkselliptisch polarisiert bzw. unpolarisiert).
3. Photonen durchdringen Versuchssysteme bzw. verschwinden daraus praktisch verzögerungsfrei, d.h. das für chemische Effektoren typische Transportproblem existiert nicht.
4. Es gibt in Lebewesen nur eine begrenzte Anzahl von Molekültypen, die durch Photonen des Spektralbereichs $300\,\text{nm} \leqq \lambda \leqq 1100\,\text{nm}$ elektronisch angeregt werden. Die Transparenz lebender Systeme ist deshalb im sichbaren Spektralbereich relativ hoch, ein Phänomen, welches als *optisches Fenster* bekannt ist.
5. Die Photonenabsorption wird ausschließlich durch die Sensorpigmente, ihr molekulares Milieu und ihre Beschattungssituation bestimmt.

Bei der Charakterisierung von Sensorpigmenten können alle angeführten Punkte vorteilhaft genutzt werden. Beim Arbeiten mit polarisierter Strahlung und dem dann u.U. auftretenden *Wirkungsdichroismus* (s.S. 568) werden die kinetischen Freiheitsgrade allerdings so stark erhöht, daß eine quantitative Argumentation nur gelingt, wenn das Sensorpigment mit seinem kinetischen Mechanismus bereits als bekannt gelten darf oder, wenn Informationen über die sich spektral ändernden Orientierungen der Pigmentübergänge zur Verfügung stehen.

Die Wirkungsspektrometrie zerfällt in zwei Teilprobleme: Ausgehend vom Stark-Einsteinschen Äquivalenzgesetz kann für den Begriff des *exakten Wirkungsspektrums* eine allgemein gültige Definition angegeben werden, zu deren Deutung aber *kinetische Modellbetrachtungen* erforderlich sind. Prinzipiell genügt es einige Minimalmodelle abzuhandeln.

Zunächst ist an Pigmente zu denken, die durch Belichtung im Rahmen einer photochemischen Reaktion verändert, d.h. also in ein *Photoprodukt* umgelagert werden. Weiter sind Fälle bekannt, wo Pigmente photoaktiviert werden, d.h. katalytisch regulierend oder energieübertragend in ein System eingreifen, also als *Photokatalysatoren* gelten dürfen. Ferner kann auch eine Kombination beider Prinzipien vorkommen, etwa bei *Photochromkatalysen*, wo also ein Pigment durch Photoreaktionen in mindestens zwei unterschiedlich gefärbte Produkte umgewandelt werden kann, von denen mindestens eines katalytisch wirkt.

Es ist üblich, bei Modellbetrachtungen zur Wirkungsspektrometrie sehr kleine Konzentrationen für die Photosensoren anzunehmen und das Beschattungsproblem zu vernachlässigen. Biologische Photorezeptoren sind in der Regel jedoch aus membranassoziierten Pigmentaggregaten aufgebaut, die aus verschiedenen Pigmenten und quasi kristallinen Zonen bestehen können. Folglich kann die *lokale* Konzentration eines Sensorpigments *in vivo* den theoretisch möglichen Maximalwert erreichen, obwohl seine *mittlere* Konzentration im System u. U. sehr gering ist. Deshalb werden für die hier gegebenen Modellbetrachtungen keine Einschränkungen bezüglich der Pigmentkonzentrationen und der Beschattungssituation gemacht.

3.2.7.2 Die Pigment-Photonen-Wechselwirkung

Die Interaktionen zwischen Photonen und Pigmentmolekülen sind singuläre Treffereignisse. Der *Photonentreffbereich* ist eine spektrale Größe und kann im Spektralbereich $300 \leqq \lambda \leqq 1100$ mm höchstens 0,5% der Querschnittsfläche des Sensorpigmentes erreichen (s. Abb. 3.80).

Wenn man den Photonentreffbereich auf ein Mol des Pigments bezieht, ergeben sich Werte bis zu $10^5 m^2 \cdot mol^{-1}$, die man als *spektralen molaren Absorptionsquerschnitt* $\sigma(\lambda)$ bezeichnet. Entsprechend ist der *monochromatische Photonenfluß* E_λ dann in $mol \cdot m^{-2} \cdot s^{-1}$ anzugeben, d.h. als Mole von Photonen (früher auch *Einstein*), die pro Sekunde einen Querschnitt von einem Quadratmeter durchlaufen. Die in diesem Zusammenhang erforderlichen Begriffe und Methoden bei der Erzeugung und Messung monochromatischer Photonenflüsse werden im Abschn. 3.2.7.5 kurz behandelt.

Für exakte Wirkungsspektrometrie sollte der jeweilige monochromatische Raumphotonenfluß am Ort des Sensorpigments bekannt sein; er wird im weiteren als *monochromatischer funktioneller Raumphotonenfluß* $E_{\circ f \lambda}$ bezeichnet. Für seine Definition und Messung sind einige Überlegungen notwendig, die daraus resultieren, daß in pigmenthaltigen Proben bei Bestrahlung das Phänomen der *Selbstbeschattung* auftritt. Dadurch

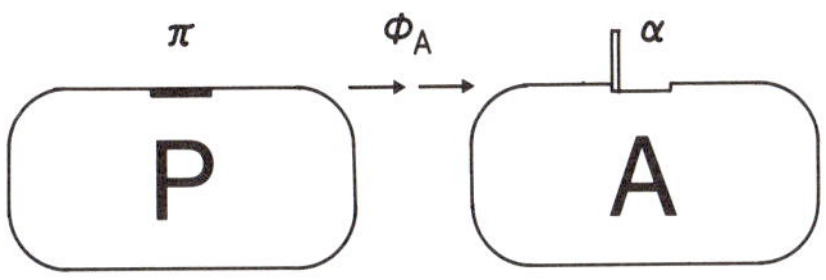

Abb. 3.80. Wirkungsquerschnitte eines dichroitischen Sensorpigments. Das *Sensorpigmentmolekül P* hat als Chromoprotein einen Querschnitt von $>30\,nm^2$. Sein *spektraler Photonentreffbereich* $\pi(\lambda)$ bzw. sein *spektraler molarer Absorptionsquerschnitt* $\sigma(\lambda)$ kann für $\pi \to \pi^*$-Übergänge im Bereich der Absorptionsmaxima speziell geformte Areale bis maximal $0{,}16\,nm^2$ bzw. $10^5\,m^2 \cdot mol^{-1}$ einnehmen. $\pi(\lambda)$ kann also höchstens 0,5% des Pigmentquerschnittes ausmachen, was hier berücksichtigt ist. Im Rahmen des Jablonski-Diagrams (s. S. 108) lagert sich das getroffene *P* mit der Wahrscheinlichkeit $0 < \phi_A(\lambda) \leqq 1$, d.h. einer situationstypischen *spektralen Photonen-* bzw. *Quantenausbeute* in einen *aktiven Zustand A* um (s. S. 124), der einen geänderten und reorientierten spektralen Photonentreffbereich $\alpha(\lambda)$ hat. Je nachdem, ob sich *A* in ein Folgeprodukt $R \neq P$ umlagert ($=a$), ob *A* als Sensibilisator bzw. Katalysator wirkt und spontan ($=b$) oder durch Belichtung ($=c$) zu *P* revertiert, kann man von (*a*) Photoproduktbildung, (*b*) Photokatalyse bzw. (*c*) Photochromkatalyse sprechen. Für das *Phytochrom* (s. Abb. 13.23 und 13.33, S. 567 und 572) entsprechen die hier gezeigten Zustände *P* bzw. *A* der hellrotabsorbierenden Form *R* bzw. der dunkelrotabsorbierenden Form *F* für den S_1-Übergang bei 667 nm; die stabförmigen dichroitischen Chromophorareale sind entsprechend dem nachgewiesenen *Umklappdichroismus* (s. Abb. 13.25, S. 568) dargestellt. [In Anlehung an Song et al. Biochim. Biophys. Acta **576**, 479 (1979)]

wird die Bestimmung von Wirkungs- bzw. Konversionsspektren – in streuenden Proben u.U. sogar die Bestimmung von Absorptions- und Differenzspektren – gestört.

a) Selbstbeschattung und Photonenflußgradient

In klaren homogenen Proben gilt regulär das Gesetz von Bouguer, Lambert und Beer, und der durch die gelösten Farbstoffe verursachte *innere Photonenflußgradient* ist rein exponentiell gemäß Gl. (3.122; S. 107). Biologische Proben sind aber oft streuende Proben, d.h. die Selbstbeschattung bzw. der innere Photonenflußgradient wird außer durch Absorption gleichzeitig durch Streuung bestimmt. Hier versagt das Gesetz von Bouguer, Lambert und Beer und es ist statt dessen u. U. die Theorie von Mie erforderlich (s. Kapitel 3.2.4). Häufig ist es jedoch möglich, die Randbedingungen bei der Bestrahlung so zu wählen, daß man mit der Theorie von Kubelka und Munk auskommt.

Als Anwendungsvoraussetzung für die Theorie von Kubelka und Munk müssen die periodischen Inhomogenitäten der Proben klein sein gegen die konstante Schichtdicke *d* und den Strahldurchmesser; dies kann bei biologischen Proben mit einer mittleren Zellgröße von ca. 50 µm durch Probenabmessungen von mindestens einigen mm leicht erfüllt werden. Sofern die Proben außerdem radial von hochreflektierendem Material umgeben sind, wird der Streulichtverlust senkrecht zur Durchstrahlungsrichtung vernachlässigbar. Der innere Photonenflußgradient bzw. der *lokale spektrale Raumphotonenfluß* $E_\circ(\lambda, z)$ in solchen streuenden Proben folgt bei unilateraler Einstrahlung des Raumphotonenflusses $E_\circ(\lambda)$ der hyperbolischen Beziehung

$$E_\circ(\lambda, z) = E_\circ(\lambda) \cdot \tau(\lambda)_1 \left(\frac{a+1}{b} \cdot \sinh bSz + \cosh bSz \right), \tag{3.105}$$

wobei für die Austrittsebene $z=0$ und für die Eintrittsebene $z=d$ gilt. Die Hilfsgrößen *a* und *b*, wie auch der *spektrale Streuungsmodulus S* in m^{-1} sowie der *spektrale Absorptionsmodulus K* in m^{-1} sind über die Messung des *integralen spektralen Transmissionsgrades* $\tau(\lambda)_1$ und des *integralen spektralen Reflexionsgrades* $\varrho(\lambda)_1$ zugänglich [s. S. 127, Gln. (3.127) bis (3.129)]:

$$a = \frac{1 + \varrho(\lambda)_1^2 - \tau(\lambda)_1^2}{2 \cdot \varrho(\lambda)_1}; \quad b = \sqrt{a^2 - 1}; \tag{3.106}$$

$$K = S \cdot (a-1); \quad S = \frac{1}{d \cdot b} \operatorname{arsinh} \frac{b \cdot \varrho(\lambda)_1}{\tau(\lambda)_1}.$$

Damit folgt für den *Photonenfluß der Eintrittsebene*

$$E_\circ(\lambda, d) = (1 + \varrho(\lambda)_1) \cdot E_\circ(\lambda) \tag{3.107}$$

und für den der *Austrittsebene*

$$E_\circ(\lambda, 0) = \tau(\lambda)_1 \cdot E_\circ(\lambda). \tag{3.108}$$

Bei stark streuenden Proben mit vernachlässigbarer Absorption ($\varrho(\lambda)_1 \to 1$; $\tau(\lambda)_1 \to 0$) kann der innere Photonenflußgradient also zwischen den Extremwerten $2 \cdot E_\circ(\lambda)$ und 0 verlaufen. Der *effektive* Photonenfluß für die Eintrittsebene kann demnach bis zum doppelten Wert des eingestrahlten ansteigen und eine Fehlbeurteilung photokinetischer Daten verursachen, sofern man die gestreute Reflexion nach Gl. (3.107) nicht berücksichtigt.

Bei der Wirkungsspektrometrie ist zunächst über die Lokalisation der Sensorpigmente innerhalb der Proben nichts bekannt und deshalb kann der *spektrale funktionelle Raumphotonenfluß* $E_{\circ f}(\lambda)$ nicht exakt angegeben werden. Die beste Schätzung für $E_{\circ f}(\lambda)$ bei homogenen streuenden Proben ist im allgemeinen der *mittlere spektrale Raumphotonenfluß* $\overline{E_\circ(\lambda)}$ wie er sich nach dem Mittelwertsatz der Integralrechnung aus Gl. (3.105) errechnet:

$$\overline{E_\circ(\lambda)} = \frac{1}{d}\int_0^d E_\circ(\lambda, z)\cdot dz = E_\circ(\lambda)\cdot\frac{1-\varrho(\lambda)_I - \tau(\lambda)_I}{(a-1)\cdot S\cdot d}. \quad (3.109)$$

Infolge von zunehmender Pigmentanregung, -bleichung oder -umwandlung kann bei stark absorbierenden Proben mit ansteigenden Photonenflüssen u.U. eine merkliche Änderung von $\varrho(\lambda)_I$ und $\tau(\lambda)_I$ auftreten, was entsprechend zu berücksichtigen ist (s. S. 137, δ).

Die Berechnung von $\overline{E_\circ(\lambda)}$ vereinfacht sich, sofern der innere Photonenflußgradient annähernd linear bzw. exponentiell verläuft. Dieser Gradient darf mit einer Abweichung $\Delta < 5\%$ als linear gelten, solange die Paare von $\varrho(\lambda)_I$ und $\tau(\lambda)_I$ einer Probe die Bedingung

$$1-\varrho(\lambda)_I \geqq \tau(\lambda)_I \geqq 0{,}85\,(1-\varrho(\lambda)_I) \quad (3.110)$$

erfüllen oder genauer, in den als *linear* bezeichneten Bereich der Abb. 3.81 fallen. Der mittlere spektrale Raumphotonenfluß solcher Proben ist etwa der arithmetische Mittelwert der Photonenflüsse von Eintritts- und Austrittsebene:

$$\overline{E_\circ(\lambda)} \approx \tfrac{1}{2}E_\circ(\lambda)\cdot(1+\varrho(\lambda)_I+\tau(\lambda)_I)\,. \quad (3.111)$$

Der innere Photonenflußgradient darf mit einer Abweichung $\Delta < 5\%$ als exponentiell gelten, solange $\varrho(\lambda)_I < 0{,}05$. Für solche schwach streuenden Proben kann Gültigkeit des Gesetzes von Bouguer, Lambert und Beer angenommen werden und die Meßpaare von $\varrho(\lambda)_I$ und $\tau(\lambda)_I$ liegen in dem als *exponentiell* bezeichneten Areal der Abb. 3.81. Für den mittleren spektralen Raumphotonenfluß ergibt sich dann:

$$\overline{E_\circ(\lambda)} \approx E_\circ(\lambda)\cdot\frac{\tau(\lambda)_I - 1}{\ln \tau(\lambda)_I}\,. \quad (3.112)$$

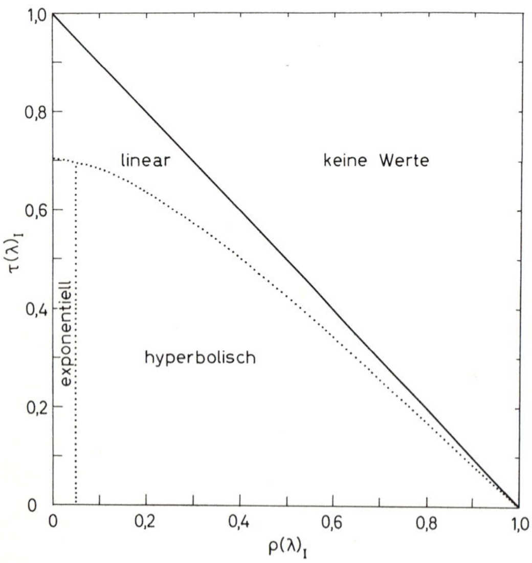

Abb. 3.81. Paarige Zuordnung von integralem spektralem Reflexionsgrad $\varrho(\lambda)_I$ und Transmissionsgrad $\tau(\lambda)_I$ für Proben mit *hyperbolischem*, annähernd *linearem* bzw. annähernd *exponentiellem* Photonenflußgradient (jeweils $\Delta < 5\%$). [Nach Hartmann und Unser, 1972]

Die Berechnung von $\overline{E_\circ(\lambda)}$ nach Gl. (3.112) ist für gerührte *klare* Lösungen, wie sie in der Photochemie häufig vorkommen, korrekt; $\overline{E_\circ(\lambda)}$ entspricht hier exakt dem funktionellen Raumphotonenfluß $E_{\circ f}(\lambda)$. Für streuende biologische Proben — z. B. eine verdünnte Zellsuspension — darf aber $\overline{E_\circ(\lambda)}$ nur als Schätzung für $E_{\circ f}(\lambda)$ dienen, da die intrazelluläre Pigmentlokalisation eine zusätzliche, zunächst unbekannte spektrale Beschattung verursachen kann.

In biologischen Proben unterscheidet sich also der funktionelle spektrale Raumphotonenfluß $E_{\circ f}(\lambda)$ in der Regel vom eingestrahlten spektralen Raumphotonenfluß $E_\circ(\lambda)$ durch einen zunächst unbekannten *räumlichen spektralen Beschattungsfaktor* $a_\circ(\lambda)$:

$$E_{\circ f}(\lambda) = a_\circ(\lambda)\cdot E_\circ(\lambda)\,. \quad (3.113)$$

Dieser Beschattungsfaktor $a_\circ(\lambda)$ ist für den Funktionsort des Sensorpigments typisch und kann variieren mit dem Objekt, seinem Entwicklungszustand, dem untersuchten Merkmal, der Bestrahlungsgeometrie und bei Bleichung oder Photochromie auch mit dem Photonenfluß. Als Folge von Fokussierung und Streuung kann $a_\circ(\lambda)$ auch Werte >1 annehmen und deshalb gilt allgemein $a_\circ(\lambda) \geqq 0$.

b) Pigmentparameter

Die Photonenabsorption durch mehratomige Pigmomentmoleküle kann auf der Basis des *Jablonski-Diagramms* behandelt werden (s. Kapitel 3.2.5.3 und 5.1.1). Das heißt, daß nach der Photonenabsorption, die etwa 10^{-15} s dauert, das Pigmentmolekül P eine Serie von *Anregungszuständen* durchläuft, deren *Zerfalls-* oder *Inaktivierungskonstanten* k_i oberhalb 20 °C im Bereich $10^{13} \geqq k_i \geqq 10^{-2} s^{-1}$ liegen. Im Gefolge dieser Anregungszustände, die zunächst elektronische und oszillatorische sind, können auch Konformationsänderungen des Proteinanteils eines Chromoproteins auftreten. Alle diese Zustände, die nicht mit dem Grundzustand P des Pigments identisch sind, werden als *Zwischenzustände* I_i bezeichnet, wobei $i = 1, 2, 3, \ldots, n$.

Jeder Kanal, der von P zu einem Zwischenzustand I_i führt, kann durch seinen (*spektralen*) *molaren Konversionsquerschnitt* $\sigma_i(\lambda)$ charakterisiert werden. Dieser hängt mit dem *(spektralen) molaren Absorptionsquerschnitt* $\sigma(\lambda)$ des Pigments P über die *(spektrale) Photonen-* oder *Quantenausbeute* $\phi_i(\lambda)$, wie sie für den Übergang $P \rightarrow I_i$ typisch ist, zusammen (s. Gl. (5.3), S. 276):

$$\sigma_i(\lambda) = \sigma(\lambda)\cdot\phi_i(\lambda)\,. \quad (3.114)$$

Die Quantenausbeute $\phi_i(\lambda)$ ist somit das Verhältnis: Zahl der Moleküle vom Typ I_i (oder seinen Äquivalenten) die aus P entstehen/Zahl der von P absorbierten Photonen (das ist die *Photonendosis* D_λ; s. S. 136, Gl. (3.158).

Der Kehrwert $\phi_i(\lambda)^{-1}$ wird als *Photonen-* oder *Quantenbedarf* bezeichnet.

Die Dimensionen dieser molaren Wirkungsquerschnitte sind identisch, z. B. $m^2 \cdot mol^{-1}$, und da nach dem Gesetz von Grotthus-Draper nur absorbierte Photonen chemische Wirkungen auslösen können, gilt für die dimensionslose Photonenausbeute hier $0 < \phi_i(\lambda) \leqq 1$. $\phi_i(\lambda)$ ist also ein Maß für die Wahrscheinlichkeit, daß ein vom Pigment P absorbiertes Photon das Pigment in den Zustand I_i überführt. Der Konversionsquerschnitt ist demnach eine Teilmenge des Absorptionsquerschnitts und dieser wiederum eine Teilmenge des Pigmentquerschnitts (s. Abb. 3.80).

Es muß hier noch erwähnt werden, daß der molare Absorptionsquerschnitt $\sigma(\lambda)$ auch als *molarer natürlicher Absorptionskoeffizient* bezeichnet werden kann. Der in der Biochemie übliche *molare dekadische Absorptionskoeffizient* $\varepsilon(\lambda)$ wird meist in $cm^{-1} \cdot mol^{-1} \cdot dm^3$ angegeben und für ihn gilt nach Umrechnung auf $m^2 \cdot mol^{-1}$:

$$\varepsilon(\lambda) = 0{,}4343 \cdot \sigma(\lambda). \qquad (3.115)$$

Mit Hilfe der eingeführten Begriffe können die *lokalen photochemischen Bildungsraten* für Zwischenzustände I_i definiert werden als

$$\frac{dI_i}{dt} = P \cdot \int_{\lambda_a}^{\lambda_b} \sigma_i(\lambda) \cdot E_{\circ f}(\lambda) \cdot d\lambda = P \cdot \int_{\lambda_a}^{\lambda_b} s_i(\lambda) \cdot E_{\circ}(\lambda) \cdot d\lambda, \qquad (3.116)$$

wobei I_i und P in Gleichungen stets Konzentrationsangaben in $mol \cdot m^{-3}$ repräsentieren. Ferner ist der in Gl. (3.113) eingeführte Beschattungsfaktor $a_{\circ}(\lambda)$, da er zunächst unbekannt ist, mit den molaren Konversionsquerschnitten $\sigma_i(\lambda)$ kombiniert gemäß

$$\sigma_i(\lambda) \cdot a_{\circ}(\lambda) = s_i(\lambda), \qquad (3.117)$$

und es ist von *scheinbaren (spektralen) molaren Konversionsquerschnitten* $s_i(\lambda)$ zu sprechen. Damit ist also die allgemeine Definition für die *lokalen photochemischen Reaktionsgeschwindigkeitskonstanten* k_{iA} in s^{-1}, wie sie für die Übergänge $P \rightarrow I_i$ gelten:

$$k_{iA} = \int_{\lambda_a}^{\lambda_b} \sigma_i(\lambda) \cdot E_{\circ f}(\lambda) \cdot d\lambda = \int_{\lambda_a}^{\lambda_b} s_i(\lambda) \cdot E_{\circ}(\lambda) \cdot d\lambda, \qquad (3.118)$$

oder für monochromatische Photonenflüsse die Vereinfachung

$$k_{i\lambda} = \sigma_i(\lambda) \cdot E_{\circ f\lambda} = s_i(\lambda) \cdot E_{\circ\lambda}. \qquad (3.119)$$

3.2.7.3 Exakte Wirkungsspektren

Jeder Graph, bei dem ein Merkmal als Funktion der Wellenlänge λ, der Wellenzahl λ^{-1}, der Frequenz ν oder der Photonenenergie e untersucht worden ist, wird in der Literatur als *Wirkungs-* bzw. *Aktionsspektrum* bezeichnet. Dabei ist die monochromatische Strahlung photonisch, energetisch oder teilweise sogar photometrisch gemessen worden. Aus theoretischen Gründen empfiehlt es sich ausschließlich *photonenbezogene* Wirkungsspektren auszuarbeiten, denn nur bei diesen besteht die Chance, daß sie den *Konversionsspektren* der Sensorpigmente entsprechen.

Selbst bei der Beschränkung auf photonenbezogene Wirkungsgrößen bleibt eine Vielfalt von Aktinitätsmaßen zur Auswahl. Denn ausgehend von der (absoluten) spektralen Photonenempfindlichkeit $s_P(\lambda)$ nach Gl. (3.175) kann für ein Merkmal y diese Größe zunächst zeitabhängig, später aber u.U. stationär sein. Weiter kann $s_P(\lambda)$ für konstanten Merkmalswert y, für konstante Raumphotonenbestrahlung $F_{\circ\lambda}$ oder für konstanten Raumphotonenfluß $E_{\circ\lambda}$ ermittelt werden. Schließlich bleibt noch die Möglichkeit, sich jeweils mit der Bestimmung der relativen spektralen Größen zu begnügen. Um entscheiden zu können, welches Aktinitätsmaß zur Bestimmung der Konversionsspektren der Sensorpigmente führt, muß man vom Stark-Einsteinschen Äquivalenzgesetz ausgehen.

a) Das Stark-Einsteinsche-Äquivalenzgesetz

Der Ansatz für die exakte Wirkungsspektrometrie setzt Gültigkeit des *Stark-Einsteinschen-Äquivalenzgesetzes* voraus, d.h. es wird postuliert, daß die *umgesetzte Pigmentmenge* der *absorbierten Photonenmenge proportional* ist. Mit der Zusatzannahme, daß bei einem Sensorpigment P mindestens einer der nach der Photoexzitation durchlaufenen möglichen Zwischenzustände I_i als aktiver Zustand A im System wirkt, ergibt sich bei Einschränkung auf *ein* Pigment P mit *einem* aktiven Zustand A die folgende Modellvorstellung (Abb. 3.80): Eine durch Belichtung erzeugte Merkmalsänderung oder Photomorphose Δy, welche von A in Form einer kontinuierlich steigenden oder fallenden Funktion abhängt, erreicht die gleiche zeitliche Änderung dy/dt, wenn pro Zeiteinheit dt eine konstante Zahl an aktiven Zuständen dA gebildet wird. Diese Aussage ist unabhängig davon, ob der aktive Zustand A im System zu einem Produkt umgelagert wird, oder in ihm als Katalysator oder Effektor wirkt. Wegen der an A anschließenden Reaktionsketten ergibt sich häufig eine zeitliche Verzögerung bzw. Latenzzeit, ehe die Photomorphosen manifest werden. Sofern man diese Latenzzeit berücksichtigt, gilt nach Gln. (3.116) und (3.119) bei Monochromatbestrahlung für konstante zeitliche Merkmalsänderung dy/dt:

$$\frac{dA}{dt} = P \cdot s_A(\lambda) \cdot E_{\circ\lambda} = P \cdot k_{A\lambda} = \text{konstant}, \qquad (3.120)$$

wobei $s_A(\lambda)$ der *scheinbare spektrale molare Konversionsquerschnitt des Sensorpigments* für den Übergang $P \rightarrow A$ und $k_{A\lambda}$ die entsprechende *Reaktionsgeschwindigkeitskonstante* sind.

Damit die Konzentration der $n-1$ Zwischenzustände I_i gegenüber den Konzentrationen von P und A bei $\geqq 20\,°C$ vernachlässigbar, also etwa $< 1\,\%$ bleiben, muß einerseits die Bestrahlungszeit t groß sein gegenüber den Zeitkonstanten der Zwischenzustände $k_i^{-1} < 10^2$ s, d.h. bei $\geqq 20\,°C$ sollte $t \geqq 100$ s sein; anderseits muß bei den wirksamsten Wellenlängen der funktionelle Raumphotonenfluß $E_{\circ f\lambda} < 0{,}1\,\mu mol \cdot m^{-2} \cdot s^{-1}$ betragen, was etwa der natürlichen Mondlichthelligkeit entspricht. Für diese Randbedingungen darf nach Bodenstein das photostationäre Gleichgewicht der photophysikalischen Prozesse als eingestellt gelten.

b) Die Quantenwirksamkeit

Aus Gl. (3.120) folgt nun die Definition für die *(absolute stationäre spektrale) Quanten- bzw. Photonenwirksamkeit*

$$p(\lambda) = \frac{1}{E_{\circ\lambda}} = \frac{s_A(\lambda)}{k_A(\lambda)}. \qquad (3.121)$$

Die Photonenwirksamkeit $p(\lambda)$ ist also der Kehrwert des monochromatischen Raumphotonenflusses $E_{\circ\lambda}$, der eine bestimmte Merkmalsänderung Δy verursacht, und $p(\lambda)$ ändert sich spektral direkt proportional zum scheinbaren molaren Konversionsquerschnitt $s_A(\lambda)$ des Sensorpigments. Damit wird über die Bestimmung der Photonenwirksamkeit $p(\lambda)$ das *relative Konversionsspektrum des Sensorpigmentes* zugänglich. Dies wird noch klarer, wenn man Gl. (3.120) einmal allgemein für monochromatische Photonenflüsse $E_{\circ\lambda}$ und einmal für eine Referenzwellenlänge λ_r anschreibt und dividiert. So erhält man als Bestimmungsgröße für das *relative scheinbare Konversionsspektrum* des Sensorpigments die sog. *relative (stationäre spektrale) Quanten-* bzw. *Photonenwirksamkeit*

$$p(\lambda)_{\text{rel}} = \frac{E_{\circ\lambda_r}}{E_{\circ\lambda}} = \frac{s_A(\lambda)}{s_A(\lambda_r)}. \tag{3.122}$$

Zur praktischen Bestimmung von $p(\lambda)_{\text{rel}}$ empfiehlt es sich für eine Serie enggestufter Monochromatbänder jeweils die Anlaufbereiche von Fluenz-Effekt-Kurven bei t=konstant $\geqq 100$ s und $\geqq 20\,°\text{C}$ auszuarbeiten und für $\Delta y \to 0$ oder Δy=konstant $\neq 0$ die Werte der monochromatischen Photonenflüsse $E_{\circ\lambda}$ zu ermitteln (s. Abb. 3.83 und 3.86). Als Referenzwellenlänge λ_r wird die Wellenlänge gewählt, für die $E_{\circ\lambda}$ das Minimum erreicht, weil dann $0 \leqq p(\lambda)_{\text{rel}} \leqq 1$ gilt.

c) Konversionsspektren

Gemäß diesen Überlegungen liefert also ein Graph mit $p(\lambda)$ bzw. $p(\lambda)_{\text{rel}}$ als Funktion der Wellenlänge λ, der Wellenzahl λ^{-1}, der Frequenz ν oder der Photonenenergie e das relative *scheinbare* Konversionsspektrum des Sensorpigments. Prinzipiell sind aber nur *korrekte* Konversionsspektren zur Identifizierung von Pigmenten geeignet. Sofern der Beschattungsfaktor $a_\circ(\lambda)$ für den Funktionsort des Pigments beurteilt werden kann, können scheinbare Konversionsspektren gemäß der Formel

$$p(\lambda)_{\text{rel}} \frac{a_\circ(\lambda_r)}{a_\circ(\lambda)} = \frac{s_A(\lambda)\cdot a_\circ(\lambda_r)}{s_A(\lambda_r)\cdot a_\circ(\lambda)} = \frac{\sigma_A(\lambda)}{\sigma_A(\lambda_r)} \tag{3.123}$$

in korrekte Konversionsspektren umgerechnet werden. Eine Beschattungskorrektur kann mit einem Fehler von $\Delta < 5\%$ vernachlässigt werden, sofern für die Proben stets $\tau(\lambda)_I > 0{,}9$ bleibt.

Ein Vergleich der Gl. (3.113) mit den Gln. (3.109), (3.111) und (3.112) zeigt, daß bei einseitiger Bestrahlung von gerührten Systemen, etwa Zellsuspensionen, als Folge der zeitlichen Mittelung für den *mittleren Beschattungsfaktor* $\overline{a_\circ(\lambda)}$ folgende Schätzungen brauchbar sind: Im Falle hyperbolischer Photonenflußgradienten gilt

$$\overline{a_\circ(\lambda)} \approx \frac{1-\varrho(\lambda)_I - \tau(\lambda)_I}{(a-1)\cdot S\cdot d}\,; \tag{3.124}$$

im Falle linearer Gradienten gilt

$$\overline{a_\circ(\lambda)} \approx \tfrac{1}{2}\{1+\varrho(\lambda)_I+\tau(\lambda)_I\}\,; \tag{3.125}$$

im Falle exponentieller Gradienten gilt

$$\overline{a_\circ(\lambda)} \approx \frac{\tau(\lambda)_I - 1}{\ln \tau(\lambda)_I}. \tag{3.126}$$

Diese Überlegungen zeigen, daß es für die Bestimmung des *exakten* Konversionsspektrums eines Sensorpigments zwei Möglichkeiten gibt:

1. Bei Proben, die *schwach* absorbieren und streuen ($\alpha(\lambda) < 0{,}1$; $\tau(\lambda) > 0{,}9$; $\varrho(\lambda) \to 0$), liefert die relative Photonenwirksamkeit $p(\lambda)_{\text{rel}}$, bezogen auf den *eingestrahlten Raumphotonenfluß* $E_{\circ\lambda}$, ein nahezu exaktes Konversionsspektrum weil der Beschattungsfaktor im Bereich $0{,}95 < a_\circ(\lambda) < 1$ bleiben sollte (z.B. Photoaktivierung der Cytochromoxidase in Hefen; s. S. 134).

2. Bei Proben, die *stark* absorbieren und/oder streuen ($\alpha(\lambda) > 0{,}1$; $\tau(\lambda) < 0{,}9$; $\varrho(\lambda) > 0{,}05$), unterliegen die Sensorpigmente einer starken Fremd- oder Selbstbeschattung; deshalb liefert die relative Photonenwirksamkeit $p(\lambda)_{\text{rel}}$ bestenfalls bei Bezug auf den *mittleren* Raumphotonenfluß $\overline{E_{\circ\lambda}}$ [s. Gln. (3.109) bis (3.112)] ein korrektes Konversionsspektrum (z.B. Photosynthese an Chloroplastensuspensionen; s. S. 135).

Die Methode 2 darf und kann *nicht* verwendet werden, wenn komplexe Objekte einzeln und orientiert bestrahlt werden und die Lokalisation und Beschattungssituation des Sensorpigments unklar ist (z.B. Phytochromeffekte bei grünen Pflanzen; s. S. 577ff.). In solchen Fällen können zunächst nur *scheinbare* Konversionsspektren bestimmt werden.

Je nachdem ob scheinbare oder exakte Konversions- bzw. Wirkungsspektren in absoluter oder relativer Form vorliegen, empfiehlt sich als Graph die Auftragung von $\log s_A(\lambda)$, $\log \sigma_A(\lambda)$, $\log p(\lambda)$, $\log\{s_A(\lambda)/s_A(\lambda_r)\}$ usw. als Funktion von λ, λ^{-1}, ν oder e. Diese Darstellung in Form der *typischen Konversions-* bzw. *logarithmischen Wirkungsspektren* liefert bei Systemidentität für absolute sowie relative Spektren deckungsgleiche, aber u. U. parallel verschobene Kurven, sofern die Koordinateneinheiten gleich gewählt sind.

Jedoch können Werte unterhalb des Niveaus $p(\lambda)_{\text{rel}} = 10^{-2}$ problematisch sein, sobald die verwendeten Monochromatbänder nicht genügend rein sind, was vor allem im Spektralbereich $\lambda < 550$ nm allein durch Fluoreszenz der Objekte oder ihrer Umgebung bedingt sein kann (s. Abb. 13.33 und 13.38, S. 572 bzw. 575).

Wegen Gültigkeit der Gl. (3.114) erhält man aus einem *exakten* Konversionsspektrum nach Division mit dem zugehörigen Absorptionsspektrum die spektrale Quantenausbeute $\phi_i(\lambda)$ der Photoreaktion. Der Schluß auf $\phi_i(\lambda)$ ist direkt möglich wenn die Probenabsorption praktisch vollständig auf die Sensorpigmente zurückzuführen ist, die die Wirkung verursachen; hier liefert der Quotient aus der beobachteten Merkmalsänderung und der absorbierten Photonenmenge, sofern beide molar oder molekular beurteilt werden können, direkt die Quantenausbeute $\phi_B(\lambda)$; diese ist für die Bildung des aktiven Sensorpigmentzustandes und die von ihm kontrollierte Folgereaktion typisch, also quasi der Systemwirkungsgrad (z.B. photosynthetische O_2-Produktion bei gerührten Zellsuspensionen; s. S. 135).

d) Absorptionsspektren

Für die Identifizierung eines Sensorpigments benötigt man zusätzlich Information über dessen *typisches Absorptionsspektrum* oder die sog. *typische Farbkurve* am Funktionsort, d. h. für ein spezielles Milieu bei gegebener Temperatur. Hierzu ist die Spektralphotometrie an klaren bzw. streuenden Proben als Hilfsmittel erforderlich (s. Kapitel 3.2.5). Im Falle von streuenden Proben kann nach der Theorie von Kubelka und Munk gearbeitet werden, sofern deren Anwendungsvoraussetzungen gegeben sind (s. S. 123). Prinzipiell dürfen die Proben auch den Charakter von homogenen Siebfiltern zeigen, d. h. ein Teil des Lichtstroms dringt durch gleichmäßig verteilte Hohlräume zwischen pigmenthaltigen Gewebeteilen, Zellen oder Organellen. Es muß aber beachtet werden, daß die Proben einseitig diffus oder ev. parallel mit einem Einfallswinkel $\eta = 60° = \pi/3$ rad zu bestrahlen sind; nur bei stark streuenden Proben ist parallele Bestrahlung mit senkrechter Inzidenz zulässig. Für die korrekte Messung der *integralen spektralen Reflexions-* und *Transmissionsgrade* $\varrho(\lambda)_\mathrm{I}$ bzw. $\tau(\lambda)_\mathrm{I}$ an streuenden Proben sind Spektralphotometer mit Photometerkugeln erforderlich.

Zur Messung von $\tau(\lambda)_\mathrm{I}$ kann eine Photometerkugel mit zwei benachbarten Öffnungen dienen. Eine Öffnung wird mit der Probe abgedeckt, die zweite bleibt offen. Wenn man abwechselnd von außen die Probe (=x) und die freie Öffnung (=Referenz=r) monochromatisch bestrahlt, so mißt der angeflanschte Photodetektor die mittleren spektralen Photonenflüsse $E(\lambda)_\mathrm{x}$ bzw. $E(\lambda)_\mathrm{r}$ im Kugelinnern und es gilt:

$$\tau(\lambda)_\mathrm{I} = \frac{E(\lambda)_\mathrm{x}}{E(\lambda)_\mathrm{r}}. \tag{3.127}$$

Zur Messung von $\varrho(\lambda)_\mathrm{I}$ empfiehlt sich eine Photometerkugel mit drei benachbarten identischen Öffnungen sowie einer diametral liegenden Öffnung, die das Eintrittsfenster für den monochromatischen Strahl ist. Je eine der drei benachbarten Öffnungen wird mit der Probe (=x) abgedeckt, einem weißen Reflexionsstandard (=w) verschlossen, bzw. bleibt offen (=schwarzes Loch=s). Das schwarze Loch dient als Schwarzstandard zur Bestimmung des Streulichtwerts der Kugel. Der angeflanschte Photodetektor registriert bei abwechselnder Bestrahlung von x, w und s die mittleren spektralen Photonenflüsse $E(\lambda)_\mathrm{x}$, $E(\lambda)_\mathrm{w}$ bzw. $E(\lambda)_\mathrm{s}$, und es gilt:

$$\varrho(\lambda)_\mathrm{I} = \frac{E(\lambda)_\mathrm{x} - E(\lambda)_\mathrm{s}}{E(\lambda)_\mathrm{w} - E(\lambda)_\mathrm{s}} \cdot \varrho(\lambda)_{\mathrm{I,w}}, \tag{3.128}$$

wobei $\varrho(\lambda)_{\mathrm{I,w}}$ = integraler spektraler Reflexionsgrad des Weißstandards ist. Sofern die Voraussetzungen zur Messung von $\varrho(\lambda)_\mathrm{I}$ nicht gegeben sind, kann man $\tau(\lambda)_\mathrm{I}$ für einfache und doppelte Probendicke (= I, *d*) messen und $\varrho(\lambda)_\mathrm{I}$ berechnen als

$$\varrho(\lambda)_\mathrm{I} = \left[1 - \frac{\tau(\lambda)_\mathrm{I}^2}{\tau(\lambda)_{\mathrm{I},d}}\right]^{\frac{1}{2}}. \tag{3.129}$$

Häufig wird einfach der spektrale Transmissionsgrad $\tau(\lambda)$ spektralphotometrisch mittels großflächiger Sekundärelektronenvervielfacher gemessen, die direkt hinter den Probenküvetten plaziert sind. Sofern der Probendurchmesser kleiner ist als das Eintrittsfenster für die Photokathode kann ein hinreichend großer Raumwinkelanteil der transmittierten Strahlung erfaßt werden. Allerdings werden solche Messungen durch inhomogene Empfindlichkeit der Photokathode und durch Reflexionsverluste gestört; man erhält annähernd korrekte Werte von $\tau(\lambda)_\mathrm{I}$ wenn zwischen Probe bzw. Vergleichsküvette und Photokathode eine stark streuende Schicht (z. B. Opalglas) eingeschoben wird. Mit Hilfe von Gl. (3.129) ist dann auch der *integrale spektrale Absorptionsgrad* $\alpha(\lambda)_\mathrm{I}$ zugänglich, weil er nach dem Prinzip der Energieerhaltung mit $\tau(\lambda)_\mathrm{I}$ und $\varrho(\lambda)_\mathrm{I}$ summativ verknüpft ist: $\alpha(\lambda)_\mathrm{I} + \varrho(\lambda)_\mathrm{I} + \tau(\lambda)_\mathrm{I} = 1$.

Ein spektraler Graph von $\log\log\tau(\lambda)_\mathrm{I}^{-1}$ liefert den Verlauf der *typischen Farbkurve*, sofern der Verlauf dieses Graphs kongruent ist mit dem Verlauf von $\log\log\varrho(\lambda)_\mathrm{I}^{-1}$ der gleichen Probe oder mit dem Verlauf von $\log\log\tau(\lambda)_\mathrm{I}^{-1}$ einer Probe stark abweichender Dicke. Wenn diese Bedingung nicht erfüllt ist, repräsentiert $\log\log\tau(\lambda)_\mathrm{I}^{-1}$ lediglich das *scheinbare typische Absorptionsspektrum*.

Dann muß man aus genauen Messungen von $\tau(\lambda)_\mathrm{I}$ und $\varrho(\lambda)_\mathrm{I}$ für äquivalente Proben zunächst mit Hilfe der Gl. (3.106) gemäß der Theorie von Kubelka und Munk den *mittleren spektralen Absorptionsmodulus* K in m^{-1} errechnen:

$$K = 2\sum_{j=1}^{n} \sigma_j(\lambda)\cdot\bar{P}_j = (a-1)\cdot S. \tag{3.130}$$

Hierbei sind $\sigma_j(\lambda)$ die molaren Absorptionswirkungsquerschnitte und $\bar{P}_j$ die mittleren Konzentrationen aller n Pigmente, die in der Probe vorkommen. Erst ein Graph mit $\log K$ als Funktion von λ, λ^{-1}, ν oder e liefert die typische Farbkurve, deren Verlauf von der gewählten Probendicke unabhängig ist.

Typische Farbkurven können nur auf der Basis eines einzigen Pigments gedeutet werden, wenn die Modulusbeiträge $\sigma_j(\lambda)\cdot\bar{P}_j$ aller $n-1$ anderen Pigmente bekannt oder vernachlässigbar sind. Sobald eine kleine Zahl von Pigmenten in hoher Konzentration in einheitlichen Organellenfraktionen vorliegt (z. B. Chloroplasten oder Mitochondrien), gelingt häufig die zweifelsfreie Zuordnung von typischen Absorptions*banden*. Gelegentlich sind die erste oder auch höhere Ableitungen von Transmissionsspektren ein Hilfsmittel zur Trennung oder Identifizierung überlagerter Absorptionsbanden (s. Abb. 3.90, S. 137).

e) Die Deutung von Wirkungsspektren

Die Deckungsgleichheit eines logarithmischen Wirkungsspektrums mit einem typischen Absorptionsspektrum bzw. einer typischen Farbkurve wird oft als Beweis für Identität von sensorischen und absorbierenden Pigmenten angesehen. Es ist aber zu berücksichtigen, daß die lokalen photochemischen Reaktionsgeschwindigkeitskonstanten und damit auch die Wirkungsspektren Durchschnittswerte für den Funktionsort und sein Milieu sind.

Kongruenz eines typischen Absorptions- und eines typischen Konversionsspektrums kann z. B. erwartet werden, sofern bei Pigmentidentität die spektrale Photonenausbeute $\phi_\mathrm{A}(\lambda)$ sowie der spektrale räumliche Beschattungsfaktor $a_\circ(\lambda)$ wellenlängenunabhängig sind. Identität von Spektren kann aber auch resultieren, wenn verschiedene Pigmente vorliegen: Die Freiheitsgrade von $\phi_\mathrm{A}(\lambda)$ und $a_\circ(\lambda)$, das Pigmentmilieu sowie Pigmentinteraktionen können spektrale Unterschiede kompensieren. Häufiger können diese Freiheitsgrade bei Pigmentidentität jedoch zu völlig unterschiedlichen Wirkungs- und Absorptionsspektren führen (s. Abb. 13.38, S. 575). Deshalb ist selbst Kongruenz oder Divergenz von typischen *korrekten* Konversions- und Absorptionsspektren weder ein Beweis für Pigmentgleichheit noch -verschiedenheit, da hierbei lediglich der Einfluß des Beschattungsfaktors $a_\circ(\lambda)$ eliminiert ist. *Zum Nachweis der Pigmentidentität bei der Wirkungsspektrometrie ist man also auf zusätzliche Argumente angewiesen, wie sie etwa aus der kinetischen Charakterisierung der Sensorpigmente folgen.*

3.2.7.4 Kinetische Typologie und Modellanalysen

Die Betrachtung wird hier, getrennt nach Theorie und Beispielen, auf die drei wichtigsten Typen von Photoreaktionen beschränkt: die Photoproduktbildung, die Photokatalyse und die Photochromkatalyse.

a) Photoproduktbildung

Für die Wirkungsspektrometrie mit Photoprodukten kann man folgendes Minimalmodell zugrunde legen:

$$E_{\circ f\lambda} \rightsquigarrow \mathrm{P} \rightleftarrows \downarrow \underset{k_A}{\overset{k_{A\lambda}}{\rightleftarrows}} \mathrm{A} \overset{k}{\rightarrow} \mathrm{B} \rightarrow \rightarrow \mathrm{R}. \qquad (3.131)$$

Es besagt, daß aus einem Pigmentmolekül P nach Photoexzitation im Rahmen der Komplikationen des Jablonski-Diagramms der aktive Zustand A entsteht, der in einer ein- oder mehrstufigen Reaktion in das Endprodukt R übergeht.

Das Modell schließt nicht aus, daß an den Umwandlungen von P zu R Reaktanten des Milieus beteiligt sind, deren Konzentrationen konstant bzw. nicht umsatzlimitierend sind. k ist die Reaktionsgeschwindigkeitskonstante in s^{-1} für den Übergang des aktiven Zustands A in das Produkt B, welches bereits das Endprodukt sein kann, oder aus dem es entsteht. Auch bei dem langsamsten triplettabhängigen und diffusionskontrollierten Photoreaktionen *in vivo* bleibt oberhalb 20 °C $k > 10^5\,s^{-1}$. Sowohl die Reversionskonstante k_A von A, die die Rückverwandlung von A zu P bedingt, als auch die lokale photochemische Reaktionsgeschwindigkeitskonstante $k_{A\lambda}$, sind in Abschn. b), S. 124 definiert.

α) Theorie

Es interessiert nun die Frage, wie sich bei Modell (3.131) ein Merkmal y, welches der Konzentration des Endprodukts R proportional ist, als Funktion der Bestrahlungszeit t und des eingestrahlten Raumphotonenflusses $E_{\circ\lambda}$ ändert. Dieser Zusammenhang bleibt einfach, solange die Zwischenzustände I_i gegenüber den Konzentrationen von P, B und R vernachlässigbar sind.

Hierzu müssen einerseits die Bestrahlungszeiten t groß sein gegenüber den Zeitkonstanten der Zwischenzustände $k_i^{-1} < 10^{-5}$ s, d.h. es muß $t \geqq 1$ ms bleiben; andererseits muß, damit sich höchstens 1% der langlebigsten Zwischenzustände photostationär akkumulieren, der funktionelle Raumphotonenfluß $E_{\circ f\lambda} < 10\,\mathrm{mmol \cdot m^{-2} \cdot s^{-1}}$ sein, was selbst im natürlichen Weißlicht gilt. Hinzu kommt, daß in biologischen Systemen der endgültige Merkmalswert y häufig nicht sofort nach der Bestrahlung erscheint, sondern erst nach einer Verzögerungs- oder Lag-Phase t_l, die durch nachfolgende Dunkelreaktionen, z.B. eine Enzyminduktion durch das primäre Photoprodukt B, bedingt sein kann. Es ist deshalb oft zusätzlich zu berücksichtigen, daß die Auswertungszeit t_y, für die der Merkmalswert y ermittelt wird, groß sein muß gegenüber der Summe von t und t_l, damit alle umgewandelten Pigmentmoleküle P ihren Beitrag zu R geliefert haben.

Dann gilt nämlich wegen $-dP/dt = k_{A\Lambda} \cdot k \cdot P/(k_A + k)$ für den relativen Effekt

$$y_{rel} = \frac{R}{R_{max}} = 1 - \exp\left\{-\int_{\lambda_a}^{\lambda_b} s_B(\lambda) \cdot F_\circ(\lambda) \cdot d\lambda\right\}, \qquad (3.132)$$

wobei R_{max} = Maximalwert von R, d.h. R für $F_\circ(\lambda) \to \infty$ und $F_\circ(\lambda) = E_\circ(\lambda) \cdot t$ die *spektrale Photonenfluenz* oder die *spektrale Raumphotonenbestrahlung* in $\mathrm{mol \cdot m^{-2} \cdot nm^{-1}}$ sind (s. Abschn. 3.2.7.5). Den *scheinbaren spektralen molaren Konversionsquerschnitt* $s_B(\lambda)$ des Übergangs P→B kann man auch durch den für den Übergang P→A als $s_A(\lambda) \cdot \frac{k}{k_A + k}$ ausdrücken.

Für Monochromatbestrahlung resultiert

$$y_{rel} = 1 - e^{-s_B(\lambda) \cdot F_{\circ\lambda}}, \qquad (3.133)$$

worin $F_{\circ\lambda}$ als *monochromatische Photonenfluenz* oder als *monochromatische Raumphotonenbestrahlung* in $\mathrm{mol \cdot m^{-2}}$ zu bezeichnen ist, also der über den gesamten Raumwinkel applizierten Photonenmenge entspricht.

Der relative Effekt y_{rel} hängt demnach hier *exponentiell* vom Produkt $s_B(\lambda) \cdot E_{\circ\lambda} \cdot t$ ab, wobei experimentell der monochromatische Raumphotonenfluß $E_{\circ\lambda}$ und die Bestrahlungszeit t kompensatorisch variiert werden können. Dieser Tatbestand kann als

$$y_{rel} = f(F_{\circ\Lambda}) = f(E_{\circ\Lambda} \cdot t) \qquad (3.134)$$

ausgedrückt werden und ist als das *Bunsen-Roscoe-Reziprozitätsgesetz* bekannt; in der Physiologie spricht man von Gültigkeit des *Reiz-Mengen-Gesetzes*. Hiernach ist bei Modell (3.131) der Effekt, sofern die obigen Randbedingungen gelten, stets eine Funktion der pro Flächeneinheit eingestrahlten Photonen, ohne daß dabei die zeitliche Verteilung der Einstrahlung eine Rolle spielt.

Gemäß der Gln. (3.133) und (3.132) erhält man sowohl für Monochromat- als auch für Polychromatbestrahlung *exponentielle Fluenz-Effekt-Kurven* (s. Abb. 3.82). Dabei wird für Monochromatbestrahlung der relative Effekt $y_{rel} = 1 - e^{-1} \approx 0{,}632$ erreicht, wenn die monochromatische Photonenfluenz $F_{\circ\lambda}$ dem Kehr-

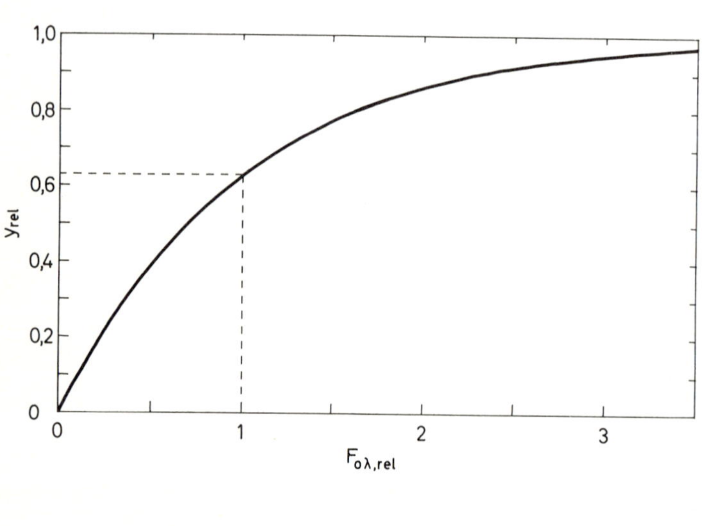

Abb. 3.82. Exponentielle Fluenz-Effekt-Kurve für Photoproduktbildung gemäß Modell (3.131) bzw. Gl. (3.133). Der relative Effekt y_{rel} ist als Funktion der relativen monochromatischen Photonenfluenz $F_{\circ\lambda,rel}$ dargestellt. An der Stelle $y_{rel} \approx 0{,}632$ mit $F_{\circ\lambda,rel} = 1$ gilt für die absolute monochromatische Photonenfluenz $F_{\circ\lambda}$ in $\mathrm{mol \cdot m^{-2}}$: $F_{\circ\lambda}^{-1} = s_B(\lambda)$ = Absolutwert des scheinbaren molaren Konversionsquerschnitts. [Nach Hartmann u. Unser, 1972]

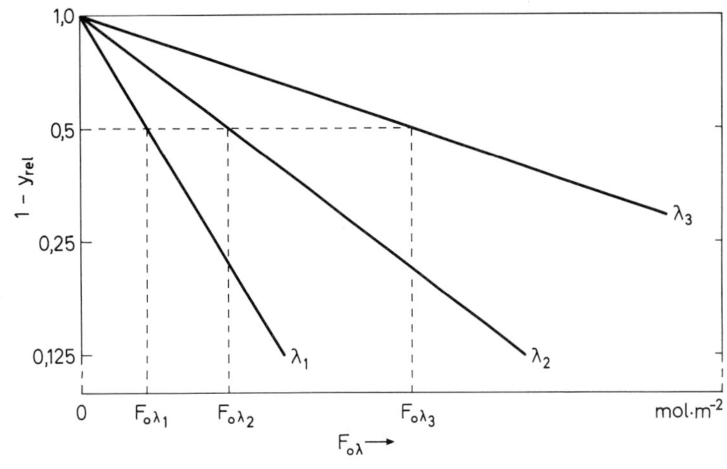

Abb. 3.83. Exponentielle Fluenz-Effekt-Kurven für Photoproduktbildung gemäß Modell (3.131) bzw. Gl. (3.135). Das Komplement des relativen Effekts $1-y_{rel}$ ist auf einer logarithmischen Achse gegen die monochromatische Photonenfluenz $F_{\circ\lambda}$ aufgetragen. Für die Steigung gilt: $\tan\alpha = -s_B(\lambda)\cdot \log e = \Delta \log(1-y_{rel})/\Delta F_{\circ\lambda}$. Für die drei gezeigten Fluenz-Effekt-Kurven ist jeweils die Ermittlung von $F_{\circ\lambda}$ für halbmaximalen Effekt $y_{rel}=0{,}5$ gestrichelt eingetragen. [Nach Hartmann u. Unser, 1972]

wert des scheinbaren molaren Konversionsquerschnitts $s_B(\lambda)$ entspricht. Mit Hilfe einer Schar von Fluenz-Effekt-Kurven kann also das *absolute scheinbare Konversionsspektrum* des umgelagerten Pigments P ermittelt werden.

Zur graphischen Überprüfung des exponentiellen Verlaufs der Fluenz-Effekt-Kurven ist es günstig mit der *Geradentransformation* von Gl. (3.133) zu arbeiten:

$$\log(1-y_{rel}) = -s_B(\lambda)\cdot F_{\circ\lambda}\cdot \log e\,. \tag{3.135}$$

Man erhält also Ursprungsgeraden ($\log 1 = 0$), wenn $1-y_{rel}$ logarithmisch gegen $F_{\circ\lambda}$ aufgetragen wird, wobei die Steigung $\tan\alpha = -s_B(\lambda)\cdot \log e$ direkt die scheinbaren Konversionsquerschnitte $s_B(\lambda)$ liefert (s. Abb. 3.83). Sofern man jeweils die Photonenfluenz $F_{\circ\lambda}$ für gleiches Effektniveau, z.B. $y_{rel}=0{,}5$, als spektrale Größe ermittelt, kommt man, analog zu Gl. (3.122), zur spezifizierten Definition der *relativen (spektralen) Photonenwirksamkeit* $p(\lambda)_{rel}$:

$$p(\lambda)_{rel} = \frac{F_{\circ\lambda_r}}{F_{\circ\lambda}} = \frac{s_B(\lambda)}{s_B(\lambda_r)}\,. \tag{3.136}$$

Die Anwendung der Gln. (3.132) bis (3.136) ist gemäß Modell (3.131) an die Voraussetzung gebunden, daß *ein* Pigment P über *einen* aktiven Zustand A konvertiert wird. Das schließt mit ein, daß für Poly- oder Dichromat-Bestrahlungen der Totaleffekt sich nach Gl. (3.132) aus den Monochromateffekten errechnen läßt. Mittels geschickt gewählter *Zwei-Wellenlängen-Bestrahlungen* kann und sollte man deshalb experimentell prüfen, ob die Bedingung

$$y_{rel} = 1-\exp\{-[s_B(\lambda_1)\cdot F_{\circ\lambda_1} + s_B(\lambda_2)\cdot F_{\circ\lambda_2}]\} \tag{3.137}$$

erfüllt ist. Widersprüche zu Gl. (3.137) bedeuten den Ausschluß von Modell (3.131) und sind ein Beweis für Pigmentinteraktionen oder andere kinetische Komplikationen.

β) Chlorophyllbildung

Als ein Beispiel für Photoproduktbildung gemäß Modell (3.131) kann die lichtabhängige *Chlorophyllsynthese* in höheren Pflanzen dienen. Unter Induktionsbedingungen gilt das Reziprozitätsgesetz Gl. (3.134) und die Fluenz-Effekt-Kurven sind exponentiell [Gl. (3.133) bzw. (3.135)], solange Photonenflußgradienten und Inhomogenitäten des Materials vernachlässigbar bleiben. Genaue Wirkungsspektren für die Chlorophyllbildung sind zunächst für etiolierte bzw. vergeilte Maisblätter bestimmt worden (Abb. 3.84). Es zeigte sich, daß das Wirkungsspektrum ziemlich gut dem Absorptionsspektrum der methanolgelösten Porphyrinkörper *Protochlorophyllid* entspricht, wobei jedoch beim Wirkungsspektrum eine *Bathochromie* bzw. Rotverschiebung der Banden von ca. 20 nm auffiel und die Wirkungsbande bei 450 nm gegenüber der Absorptionsbande stark reduziert war. Um zu prüfen, inwieweit diese Gipfelreduktion durch Carotinbeschattung verursacht wird, ist auch ein Wirkungsspektrum für Albinomais, der kaum Carotinoide enthält, ausgearbeitet

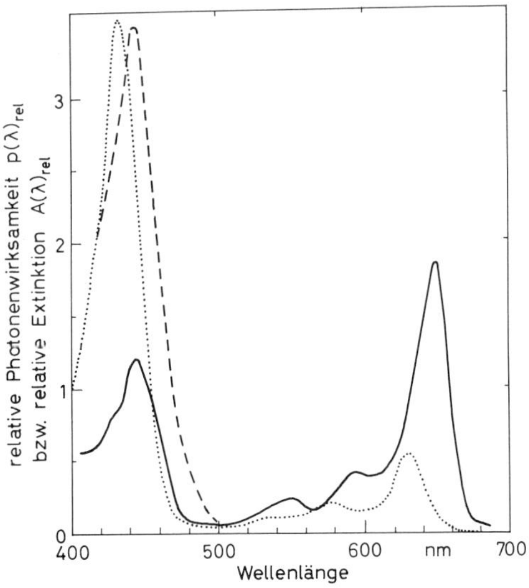

Abb. 3.84. Wirkungsspektren für die Chlorophyllbildung, ermittelt für junge etiolierte Maisblätter des Wildtyps *(Zea mays: ausgezogen)* bzw. einer carotinfreien Albinomutante *(gestrichelt)*. Zum Vergleich ist das Absorptionsspektrum von methanolgelöstem Protochlorophyllid angegeben (*punktiert*). [Nach Koski et al.: Arch. Biochem. Biophys. **31**, 1 (1951)]

worden: Es ergab sich eine Verdreifachung der relativen Photonenwirksamkeit im Bereich der Blaubande. Die Bathochromie des Wirkungsspektrums wird neben dem Milieuunterschied vor allem dadurch verursacht, daß die Photochlorophyllide der Chloroplasten an ein Apophotoenzym gebunden als sog. *Protochlorophyllid-Holochrome* vorliegen, deren Rotbanden *in situ* bei 650 nm stehen. In diesem Zustand wird der Ring D der Protochlorophyllide *photoreduziert* und es entstehen Chlorophyllid a-Holochrome ($k > 10^3\,s^{-1}$), deren Rotbanden bei 678 nm liegen. Die spektrale Photonenausbeute $\phi_B(\lambda)$ für diese, auch bei 0 °C möglichen Photoreduktionen ist bis herunter zu 400 nm konstant und geht erst im Bereich der Proteinabsorptionsbande (280 nm) stark zurück. Dies zeigt, daß nur die von Protochlorophylliden absorbierten Photonen photoreduzierend wirken. Die in Abb 3.84 gezeigten Wirkungsspektren sind also die *scheinbaren Konversionsspektren der Protochlorophyllid-Holochrome* für junge etiolierte Maisblätter.

Die durch Photoreduktion in den Chloroplasten der höheren Pflanzen entstandenen Chlorophyllid a-Holochrome werden dort in einer Dunkelreaktion ($k \approx 2\,s^{-1}$) in Chlorophyllide a ($\lambda_{max} \approx 684$ nm) und das Apophotoenzym zerlegt, welches sich wieder mit Divinyl- und Monovinyl-Protochlorophylliden verbindet. Die Chlorophyllide a werden dann in der lipophilen Phase der Chloroplasten durch das Enzym Chlorophyllase mit Phytol zu Chlorophyllen a verestert ($k \approx 10^{-3}\,s^{-1}$; $\lambda_{max} \approx 672$ nm). Wegen dieser kinetischen Komplikationen ist der Zeitbereich für Gültigkeit der Reziprozität stark eingeschränkt.

γ) Photoinaktivierung

Als ein Beispiel von allgemeiner Bedeutung sei die *Photoinaktivierung* durch kurzwelliges Ultraviolett ($200 \leqq \lambda \leqq 300$ nm) genannt. Diese kurzwellige Strahlung kommt in den natürlichen Biotopen heute kaum vor, und an solche Strahlung sind Lebewesen demzufolge schlecht angepaßt. Wegen der hohen Quantenenergie e dieser Strahlung ($6{,}2 \geqq e > 4{,}1$ eV) kann sie die *Photodissoziation* funktionell wichtiger Bindungen bewirken. Das kurzwellige Ultraviolett wirkt deshalb destruktiv oder inaktivierend bzw. bestenfalls mutagen.

Man hat die Inaktivierung von Enzymen, Viren, Bakterien, Blutkörperchen, anderen Einzellern sowie Vielzellern spektral analysiert. In all diesen Fällen ist es am bequemsten, die Wirkung der noch verbliebenen aktiven Partikel zu verfolgen, anstatt die Inaktivierungsprodukte zu registrieren. Demzufolge wird hier, analog zu Modell (3.131), die Partikelabnahme als $-dP/dt = k_{AA} \cdot k \cdot P/(k_A + k) = k_{BA} \cdot P$ beschrieben, aber der verbliebene aktive Bruchteil als $1 - y_{rel} = P_t/P_\circ$ verfolgt. Die Gln. (3.132) bis (3.137), d.h. exponentielle Fluenz-Effekt-Kurven und Reziprozität, bleiben für *Ein-Treffer-Prozesse* gültig; $s_B(\lambda)$ ist aber als der *scheinbare spektrale Inaktivierungsquerschnitt* oder *Treffbereich* zu bezeichnen.

Diese Gesetzmäßigkeiten werden in Frage gestellt, sobald di- bis polyploide Organismen vorliegen, wenn gegen die oben angegebenen Randbedingungen verstoßen wird, oder falls ein System stark metabolisiert bzw. sich schnell ändert, d.h. sobald Reaktivierung und Wachstum interferieren; durch Bestrahlung bei Temperaturen in der Nähe des Gefrierpunktes können diese Prozesse oft wirksam unterdrückt werden.

Für viele Systeme sind Wirkungsspektren der *Inaktivierung* oder auch *Mutationsauslösung* ausgearbeitet worden. Häufig steigen solche Wirkungsspektren von 300 zu 200 nm hin stark an und zeigen ein Maximum bei 280 oder 260 nm und ein Minimum bei 250 bzw. 240 nm. Sie folgen also der *Protein-* bzw. *Nucleinsäureabsorption*, die hauptsächlich durch die aromatischen Aminosäuren Tryptophan und Phenylalanin bzw. die Purin- und Pyrimidinbasen verursacht wird (s. Abschn. 3.2.5.4). Exakte Inaktivierungsspektren decken sich aber nicht mit den Absorptionsspektren der sensitiven Verbindungen, woraus unmittelbar folgt, daß die *Quantenausbeute der Inaktivierung* $\phi_B(\lambda)$ hier wellenlängenabhängig sein muß.

Der Grund hierfür bei Proteinen z. B. ist, daß die verschiedenen Aminosäuren sich nicht nur in den Absorptionsspektren, sondern vor allem bezüglich der Werte von $\phi_B(\lambda)$ unterscheiden. So ist bei *Enzyminaktivierungen* gefunden worden, daß $\phi_B(254)$ nahezu direkt proportional mit dem Cystingehalt ansteigt. Dies beruht darauf, daß für das Dipeptid Cystin, das wegen seiner Disulfidgruppe bei 240 nm ein schwaches Absorptionsmaximum aufweist, Werte von ϕ_B(UV) nahe 0,05 gelten, während für die aromatischen Aminosäuren, deren Absorptionsmaxima unter physiologischen Bedingungen zwischen 280 und 260 nm liegen, nur Werte von ϕ_B(UV) um 0,005 anzunehmen sind.

Als Erklärung für die unterschiedlichen Quantenausbeuten der Inaktivierung bietet sich an, daß die Disulfidbrücken des Cystins benachbarte Peptidketten verknüpfen und so die Tertiärstruktur von Proteinen stabilisieren. Ein *Bruch von Disulfidbrücken* kann deshalb Entfaltung des Proteins und Funktionsausfall bewirken und ist zudem von den Bindungsenergien her favorisiert. Denn für die hier interessierenden Bindungen liegen die Dissoziationsenergien in eV bei 2,2 für S—S, 2,7 für C—S, 3,0 für C—N und 3,6 für C—C und C—O.

Die weitere Analyse der *UV-Inaktivierung* der genetischen Substanz *Desoxyribonucleinsäure* hat gezeigt, daß die Photodimerisierung der Pyrimidinbase Thymin die Hauptursache für die Denaturierung bzw. Mutationsauslösung ist. Auch der hier angreifende, für Lebewesen äußerst wichtige Mechanismus der *Photoreaktivierung*, ist zunächst wirkungsspektrometrisch charakterisiert worden: Man findet breite, objektabhängige Wirkungsbereiche, mit den Maxima um 380 nm und Halbwerten zwischen 310 und 340 bzw. 420 und 470 nm.

δ) Treffertheorie und Variabilität

Beim Studium der Inaktivierung und Mutationsauslösung bei Organismen stößt man oft auf Fluenz-Effekt-Kurven, die als *Mehr-Treffer-Prozesse* gedeutet werden können (s. Abschn. 6.3.1).

Zum Verständnis dieser Problematik sind folgende Überlegungen notwendig: Nach Gl. (3.133) ist bei einer Ein-Treffer-Inaktivierung der Anteil der nicht inaktivierten Partikel bzw. die Wahrscheinlichkeit dafür, den Treffbereich nicht effektiv zu treffen, gleich $\exp[-s_B(\lambda) \cdot F_{\circ\lambda}]$. Die Wahrscheinlichkeit, den Treffbereich zu inaktivieren, ist also $1-\exp[-s_B(\lambda)\cdot F_{\circ\lambda}]$. Wenn bei einem Organismus nun *n gleichwertige Treffbereiche* inaktiviert werden müssen, um ihn zu töten oder zu mutieren, so ist die Wahrscheinlichkeit für dieses kooperative Ereignis

$$y_{\mathrm{rel}}=(1-\mathrm{e}^{-s_B(\lambda)\cdot F_{\circ\lambda}})^n, \tag{3.138}$$

und für den Bruchteil der *scheinbar* nicht veränderten Partikel gilt w.o. $P_t/P_\circ=1-y_{\mathrm{rel}}$.

Mehrtrefferkurven mit konstantem Treffbereich $s_B(\lambda)$, entsprechend der Gl. (3.138), können formal durch die Aufnahme der kooperativen Umlagerung

$$n\mathrm{A}\underset{k_2}{\overset{k_1}{\rightleftharpoons}}\mathrm{A}_n\overset{k}{\rightarrow}\mathrm{B} \tag{3.139}$$

in das Modell (3.131) erklärt werden. Mit Ansteigen der Trefferzahl, des Kooperationsgrads bzw. der Reaktionsordnung n, wird der Anlaufbereich der Mehrtrefferkurven verzögert und der Einlauf in die Sättigung relativ dazu beschleunigt. Im Raster der Abb. 3.87 nähern sich diese Kurven mit steigendem n dem Typ einer *Schwellenwert-* oder *Sprungfunktion*, im Raster der Abb. 3.83 aber ergeben sich *Schulterkurven*, die für Extrapolation auf $F_{\circ\lambda}=0$ die Zahl n der Treffbereiche liefern (s. Abschn. 6.3.1).

Eine genaue Analyse solcher Mehrtrefferkinetiken hat gezeigt, daß mit zunehmender Kompliziertheit der inaktivierten bzw. mutierten Organismen die Zahl n der postulierten Treffbereiche vom Ploidiegrad der Genausstattung bzw. der Zahl der Regenerationszentren abweicht. Im Rahmen der *Treffertheorie* (s. Abschn. 6.3 u. 6.6) kann man das deuten. Dabei wirkt sich in biologischen Systemen das Phänomen der *Variabilität* aus, d.h. für Merkmale und Parameter in äquivalenten Strukturen wie z.B. Individuen, Geweben, Zellen oder Organellen, kann kein fester typischer Wert angenommen werden, sondern bestenfalls ein Bereich, in dem sich die Einzelwerte normal oder logarithmisch normal verteilt anordnen. Dementsprechend muß man in Organismen sowohl mit einer *Variabilität des Treffbereichs*, die durch stochastische Variation des Kompartimentmilieus oder der Entwicklungsphase bedingt sein kann, als auch mit einer *Variabilität der Trefferzahl*, d.h. einer wechselnden Zahl von sensitiven Zentren rechnen. Diese Überlagerung durch die biologische Variabilität, die zudem tagesperiodisch schwanken kann (s. Kapitel 16.5), täuscht *mehrphasige* Trefferkurven vor und ist daran zu erkennen, daß die Fluenz-Effekt-Kurven im linearen bzw. logarithmischen *Wahrscheinkichkeitsnetz* annähernd gerade verlaufen. Bei diesem Netz wird y_{rel} auf der nach dem Gaußschen Integral geteilten Ordinate gegen die lineare bzw. logarithmische Fluenz aufgetragen *(Probitanalyse)*.

Wenn also Fluenz-Effekt-Kurven in diesem Graphen gerade verlaufen, d.h. *sigmoidal* sind, so können die zugrundeliegenden Trefferprozesse *nicht* direkt ermittelt werden, weil sie durch den Einfluß der biologischen Variabilität maskiert bzw. verschmiert sind. Dieses Kriterium wurde 1941 von K. G. Zimmer für die Treffertheorie bewiesen und gilt allgemein für Quantentreffprozesse, d.h. speziell für die Wirkungsspektrometrie. Deshalb ist die Wirkungsspektrometrie mit intakten biologischen Objekten in ihrem *kinetischen* Teil prinzipiell sehr erschwert oder sogar unmöglich (s.z.B. S. 576). Quantitative Deutungen an biologischen Systemen mittels homogener kinetischer Modelle sind darum nur selten berechtigt.

Neben dieser sehr wichtigen, aber leider oft ignorierten Erkenntnis, hat das Studium der Photoinaktivierungsprozesse vor allem gezeigt, daß die *Quantenausbeuten der Inaktivierung* für Proteine und Nucleinsäuren durchweg sehr gering sind und in den Bereich $10^{-2}\leqq\phi_B(\mathrm{UV})\leqq10^{-6}$ fallen. Dies beweist die hohe Stabilität dieser für den Ablauf aller Lebensprozesse fundamental wichtigen Substanzklassen.

b) Photokatalyse

Von Photokatalyse kann gesprochen werden, wenn im Licht ein enzymatisch oder energieübertragend wirkender Zustand A entsteht, der einer lichtunabhängigen kontinuierlichen Inaktivierung unterliegt. Dementsprechend kommt man zu folgendem Minimalmodell:

$$E_{\circ f\lambda}\rightsquigarrow\mathrm{P}\rightleftarrows\downarrow\underset{k_A}{\overset{k_{A\lambda}}{\rightleftarrows}}\mathrm{A}\;\left(k\;\begin{matrix}\cdots\\ \rightarrow\;\rightarrow y\end{matrix}\right. \tag{3.140}$$

Hier wird also der aktive Zustand A des Pigments P nicht umgesetzt, sondern kontrolliert als Katalysator im weitesten Sinne den Stoffumsatz oder -durchfluß einer Schrittmacherreaktion, die zum Merkmal y führt. Der aktive Zustand A kann dabei als Aktivator oder als Inhibitor wirken, d.h. es gilt $|dy/dt|=k\cdot A$.

α) Theorie

Bei Wirkungsspektrometrie mit Photokatalysen interessiert nun die Frage, wie sich ein Merkmal y als Funktion der Bestrahlungszeit t und des eingestrahlten Raumphotonenflusses $E_{\circ\lambda}$ ändert.

Da sich Lebewesen unter natürlichen Bedingungen entwickelt haben, sind sie an *Langzeit-Hochintensitätsbestrahlung* adaptiert. Photokatalysen, die in Organismen von Bedeutung sind, müssen also speziell unter *photostationären Bedingungen* regulierend wirken. Bei Temperaturen $\geqq 20\,°\mathrm{C}$ stellt sich für die photophysikalischen Komplikationen des Jablonski-Diagramms in der Größenordnung von Sekunden ein photostationärer Zustand ein. Deshalb ist zum Verständnis der kybernetischen Eigenschaften von Modell (3.140) für natürliche Bedingungen die mathematische Behandlung der prästationären Übergangskinetiken zunächst entbehrlich.

Bei Modell (3.140) wird impliziert, daß die Koeffektoren und Kosubstrate, die für die Bildung von y benötigt werden, stets in ausreichendem Überschuß zur Verfügung stehen. Dies darf für inhibitive Photokatalysen, wie etwa eine negative Photomodulation (s. S. 563), als sicher gelten. Bei aktivierenden Photokatalysen muß aber grundsätzlich mit dem Auftreten von Substrat- und Koeffektorlimitierungen gerechnet werden, was einen Wechsel der Regelstelle bedeuten kann. Deshalb muß formal eine *Michaelis-Henri-Interaktion*, d.h. ein Koeffektor X eingeführt werden, der sich mit A zum Effektorkomplex AX reversibel vereinigt. Die Merkmalsänderungen sind dann der Konzentration von AX proportional und es gilt, daß die Konzentration aller Pigmentzustände P_Σ groß ist gegenüber der Konzentration aller Koeffektorzustände X_Σ. Der Charakter der Fluenz-Effekt-Kurven bleibt dadurch unverändert, der Halbwertsfluenz repräsentiert aber eine komplizierte kinetische Größe und die Absolutwerte der scheinbaren Konversionsquerschnitte $s_A(\lambda)$ sind nicht mehr direkt bestimmbar.

Der Effektorzustand A ist meistens eine besondere Konformation eines Chromoproteins mit Relaxations- bzw. Inaktivierungskonstanten bis zu $k_A<1\,\mathrm{s}^{-1}$ bei $\geqq 20\,°\mathrm{C}$. Damit sich weniger als 1% des Pigments in Form der *Zwischenzustände* akkumuliert, muß deshalb der funktionelle Raumphotonenfluß $E_{\circ f\lambda}<0{,}1\,\mu\mathrm{mol}\cdot\mathrm{m}^{-2}\cdot\mathrm{s}^{-1}$ bleiben, was etwa der Mondlichthelligkeit oder dem 10^{-5}ten Teil des natürlichen Sonnenlichts entspricht. Die stationären Konzentrationen

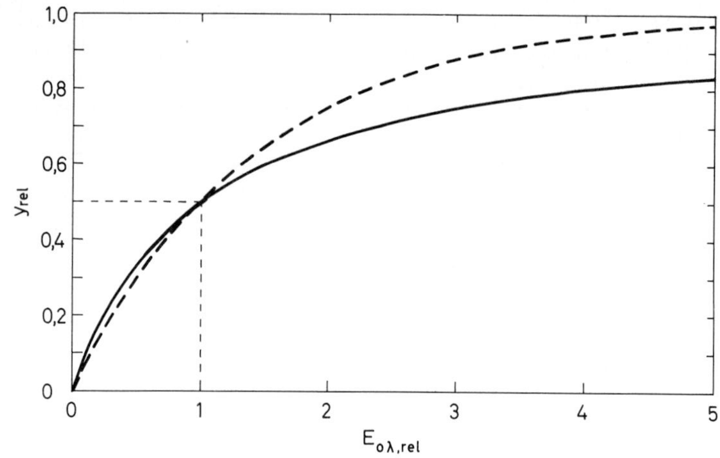

Abb. 3.85. Hyperbolische Fluenz- oder Fluß-Effekt-Kurve für Photokatalysen gemäß Modell (3.140) bzw. Gl. (3.143); *(ausgezogen)*. An der Stelle $y_{rel}=0{,}5$ mit dem relativen Raumphotonenfluß $E_{\circ\lambda,rel}=1$ gilt für den monochromatischen Raumphotonenfluß $E_{\circ\lambda}$ in $mol\cdot m^{-2}s^{-1}$: $E_{\circ\lambda}\cdot s_A(\lambda)=k_A$ = Inaktivierungskonstante des aktiven Pigmentzustandes. Der Verlauf der exponentiellen Fluenz-Effekt-Kurve gemäß Modell (3.131) bzw. Abb. 3.82 ist *gestrichelt* eingetragen. [Nach Hartmann u. Unser, 1972]

der Zwischenzustände können also bei der Photokatalyse unter natürlichen Bedingungen nicht vernachlässigt werden. Die mathematische Berücksichtigung der Zwischenzustände ist möglich und zeigt, daß der Funktionstyp der Fluenz-Effekt-Kurven nicht verändert wird. Ungünstigstenfalls kann das Saturierungsniveau y_{max} der Fluenz-Effekt-Kurven sich mit der Wellenlänge ändern. Solange dies nicht beobachtet wird, dürfen die Störungen durch Zwischenzustände unberücksichtigt bleiben, und man kann bis zu höchsten Photonenflüssen mit dem Minimalmodell (3.140) arbeiten.

Für Modell (3.141) ergibt sich der absolute photostationäre Effekt für Monochromatbestrahlung zu

$$y=k\cdot P_\Sigma\cdot t\cdot\left[1+\frac{k_A}{s_A(\lambda)\cdot E_{\circ\lambda}}\right]^{-1}, \tag{3.141}$$

d.h. der Effekt nimmt *proportional* mit der Bestrahlungszeit *t*, aber *hyperbolisch* mit dem monochromatischen Raumphotonenfluß $E_{\circ\lambda}$ zu. Der Effekt kann also nicht als Funktion der Photonenfluenz $E_{\circ\lambda}$ gemäß Gl. (3.134) ausgedrückt werden, und somit gilt das Bunsen-Roscoe-Reziprozitätsgesetz unter photostationären Bedingungen *nicht*.

Nur beim Arbeiten mit sehr kleinen Photonenflüssen gilt annähernd das Reziprozitätsgesetz, denn aus Gl. (3.141) wird dann:

$$\lim_{E_{\circ\lambda}\to 0} y=k\cdot P_\Sigma\cdot t\cdot s_A(\lambda)\cdot E_{\circ\lambda}/k_A=f(F_{\circ\lambda}). \tag{3.142}$$

Bei Photokatalysen hängt also die Wirkung entscheidend von der zeitlichen Verteilung der eingestrahlten Photonen ab. Deshalb sind nur relative Monochromateffekte y_{rel} zu vergleichen, die bei konstanter Bestrahlungszeit *t* ermittelt wurden. Für diese folgt aus Gl. (3.141)

$$y_{rel}=\left(1+\frac{k_A}{s_A(\lambda)\cdot E_{\circ\lambda}}\right)^{-1}. \tag{3.143}$$

Man erhält also *hyperbolische Fluenz-* oder *Fluß-Effekt-Kurven* (s. Abb. 3.85) die an der Stelle $y_{rel}=0{,}5$ die Halbwerte der Raumphotonenflüsse $K_{\circ\lambda}$ liefern. Für diese gilt:

$$K_{\circ\lambda}=k_A/s_A(\lambda). \tag{3.144}$$

Hier sind also die Absolutwerte der scheinbaren molaren Konversionsquerschnitte $s_A(\lambda)$ nicht direkt zugänglich, sondern mit der Inaktivierungskonstante k_A des Effektors verknüpft. Der Wert von k_A kann dadurch bestimmt werden, daß man die Wirkungsabnahme nach Bestrahlungsende zeitlich genau verfolgt. Denn für die Halbwertszeit τ der *exponentiellen Abklingkinetik* gilt der einfache Zusammenhang

$$k_A\cdot\tau=\ln 2. \tag{3.145}$$

Oft ist τ wegen existierender Verzögerungsglieder nicht direkt, sondern nur über den Wirkungsvergleich periodischer Belichtungsprogramme zu ermitteln, und so kann auch für Photokatalysen aus einer Schar von Fluenz-Effekt-Kurven das *absolute scheinbare Konversionsspektrum* des Steuerpigments *in situ* bestimmt werden.

Zur graphischen Überprüfung des hyperbolischen Verlaufs der Fluenz-Effekt-Kurven ist eine *Geradentransformation* günstig. Durch beidseitige Subtraktionen des Zählers vom Nenner in Gl. (3.143) erhält man für den *Komplementquotienten* des relativen Effekts:

$$\frac{y_{rel}}{1-y_{rel}}=\frac{s_A(\lambda)\cdot E_{\circ\lambda}}{k_A}. \tag{3.146}$$

Das heißt $y_{rel}/(1-y_{rel})$ gegen den Raumphotonenfluß aufgetragen ergibt Ursprungsgeraden mit der Steigung $m_\lambda=\tan\alpha=s_A(\lambda)/k_A$ (s. Abb. 3.86). Das aus einer Schar von monochromatischen Fluenz-Effekt-Kurven ermittelte Steigungsverhältnis liefert also das relative scheinbare Konversionsspektrum des Steuerpigments bzw. die *relative Photonenwirksamkeit* $p(\lambda)_{rel}$:

$$\frac{m_\lambda}{m_{\lambda_r}}=\frac{s_A(\lambda)}{s_A(\lambda_r)}=p(\lambda)_{rel} \tag{3.147}$$

Weiter ist aus den Gln. (3.143), (3.144) bzw. (3.146) ersichtlich, daß die Kehrwerte der Raumphotonenflüsse $E_{\circ\lambda}$, die gleiches Effektniveau, z.B. $y_{rel}=0{,}5$ ergeben, der relativen spektralen Photonenwirksamkeit $p(\lambda)_{rel}$ und damit dem relativen scheinbaren Konversionsspektrum gemäß Gl. (3.122) entsprechen.

Als Geradentransformation für hyperbolische Fluenz-Effekt-Kurven ist auch die logarithmische Transformation von Gl. (3.146) geeignet:

$$\log\frac{y_{rel}}{1-y_{rel}}=\log E_{\circ\lambda}+\log\frac{s_A(\lambda)}{k_A}. \tag{3.148}$$

In Analogie zum *Hill-Plot* (Potenzraster, d.h. beide Achsen logarithmisch gestuft) liefert also die Auftragung von $\log[y_{rel}/(1-y_{rel})]$ gegen $\log E_{\circ\lambda}$ für hyperbolische Fluenz-Effekt-Kurven 1. Ordnung parallele Geraden mit der *Steigung* oder dem *Hill-Koeffizienten* $n=1$. Dieser Graph hat den Vorteil, daß kleine Effekte $y_{rel}\to 0$ und auch Werte im Bereich der Sättigung $y_{rel}\to 1$ gut trennbar bleiben. Die wellenlängenabhängigen Parallelverschiebungen der Fluenz-Effekt-Kurven in Richtung $\log E_{\circ\lambda}$ sind zu $\log s_A(\lambda)$ direkt proportional.

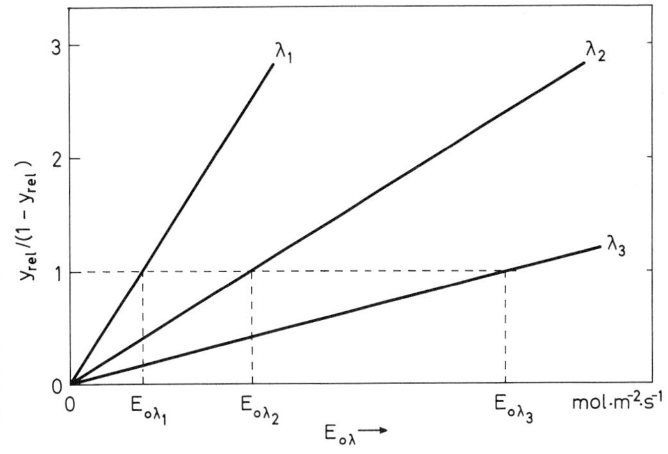

Abb. 3.86. Hyberbolische Fluenz- oder Fluß-Effekt-Kurven für Photokatalysen gemäß Modell (3.140) bzw. Gl. (3.146). Der Komplementquotient des relativen Effekts $y_{rel}/(1-y_{rel})$ ist gegen den monochromatischen Raumphotonenfluß $E_{\circ\lambda}$ aufgetragen. Für die Steigung gilt $\tan\alpha = s_A(\lambda)/k_A$. Für die drei gezeigten Fluenz-Effekt-Kurven ist jeweils die Ermittlung von $E_{\circ\lambda}$ für halbmaximalen Effekt $y_{rel} = 0{,}5$ gestrichelt eingetragen. [Nach Hartmann u. Unser, 1972]

Daneben ist für Fluenz-Effekt-Kurven im Bereich der Biologie ein Graph mit y_{rel} gegen $\log E_{\circ\lambda}$ üblich. Dieser Graph liefert für hyperbolische wie für exponentielle Fluenz-Effekt-Kurven einen *sigmoidalen* oder *S*-förmigen Verlauf (Abb. 3.87). Es ist evident, daß hier die Unterscheidung beider Funktionstypen im Bereich $0 \leqq y_{rel} \leqq 0{,}7$ schwierig ist. Ein einfaches Charakteristikum der hyperbolischen Fluenz-Effekt-Kurven 1. Ordnung ist jedoch, daß zum Anstieg von $y_{rel} = 1/11 = 0{,}091$ auf $y_{rel} = 10/11 = 0{,}91$ der Photonenfluß um einen Faktor 100 erhöht werden muß. Der exponentielle Verlauf ist demgegenüber deutlich steiler. In beiden Fällen besteht aber der Eindruck, daß die Daten im Bereich $0{,}2 < y_{rel} < 0{,}8$ auf eine Gerade fallen und folglich wird inkorrekterweise auch von *logarithmischer Intensitätsabhängigkeit* gesprochen.

Die Fluenz-Effekt-Kurven für biologische Systeme verlaufen oft flacher als in Abb. 3.87, d.h. die Reaktionsordnung oder der Hill-Koeffizient ist scheinbar $n < 1$ (s. Abb. 3.95). Als Erklärung für dieses Phänomen bieten sich zwei Möglichkeiten an. Einerseits bedingt die *biologische Variabilität*, daß innerhalb äquivalenter Kompartimente von Zell-, Gewebe- oder Organismuspopulationen sich die Reaktanten, Substrate und Effektoren und folglich auch die Stoffumsätze sowie deren kinetische Parameter lokal unterscheiden (s. S. 131). Dies bedeutet bestenfalls eine Superposition von Kinetiken mit *normalverteilten Parametern*, was eine Reduktion des Hill-Koeffizienten verursacht. Andererseits können *negative Interaktionen von mehreren Steuerzentren*, die im gleichen Organismus vorkommen, den Hill-Koeffizienten bzw. den Kooperationsgrad verringern. Sobald beide Störeinflüsse nicht sicher auszuschließen sind, versagt die Reaktionskinetik homogener Systeme, und eine kinetische Charakterisierung der Sensorpigmente wird erschwert oder bleibt fragwürdig. Deshalb muß als *Anwendungsvoraussetzung* für die exakte modellbezogene Wirkungsspektrometrie eine sorgfältige Objekt- und Merkmalswahl erfolgen, dis sich an *ganzzahligen Reaktionsordnungen n* der Fluenz-Effekt-Kurven orientiert.

Darüber hinaus ist die Anwendung der Gln. (3.141) bis (3.147) laut Modell (3.140) an die Voraussetzung gebunden, daß im gesamten Spektralbereich nur *ein* funktionelles Pigment P mit *einem* aktiven Zustand A reguliert bzw. steuert. Eine notwendige Bedingung hierfür ist, daß bei Poly- oder Dichromat-Bestrahlungen die Totaleffekte der Beziehung

$$\frac{y_{rel}}{1-y_{rel}} = \frac{1}{k_A} \int_{\lambda_a}^{\lambda_b} s_A(\lambda) \cdot E_\circ(\lambda) \cdot d\lambda \tag{3.149}$$

gehorchen. Mittels geschickt gewählter *Zwei-Wellenlängen-Bestrahlungen* kann und sollte man deshalb bei hyperbolischer Fluenz-Effekt-Abhängigkeit prüfen, ob

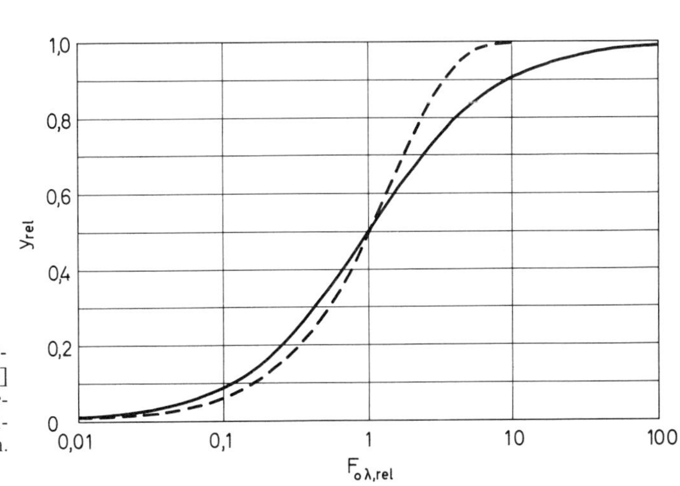

Abb. 3.87. Hyperbolische bzw. exponentielle Fluenz-Effekt-Kurve für Photokatalysen [Modell (3.140), Gl. (3.143): *ausgezogen*] bzw. für Photoproduktbildung [Modell (3.131), Gl. (3.133): *gestrichelt*]. Der relative Effekt y_{rel} ist gegen die relative Photonenfluenz $F_{\circ\lambda,rel}$ auf logarithmisch gestufter Abszisse aufgetragen. [Nach Hartmann u. Unser, 1972]

die Bedingung

$$\left(\frac{y_{rel}}{1-y_{rel}}\right)_{\lambda_1+\lambda_2} = \left(\frac{y_{rel}}{1-y_{rel}}\right)_{\lambda_1} + \left(\frac{y_{rel}}{1-y_{rel}}\right)_{\lambda_2}$$

$$= \frac{1}{k_A}(s_A(\lambda_1)\cdot E_{\circ\lambda_1} + s_A(\lambda_2)\cdot E_{\circ\lambda_2}) \quad (3.150)$$

erfüllt ist. Widersprüche zu Gl. (3.150) bedeuten den Ausschluß von Photokatalysen gemäß Modell (3.140) und sind ein Beweis für Pigmentinteraktionen oder andere kinetische Komplikationen.

β) Photoaktivierung der Cytochromoxidase

Das klassische Beispiel der Photokatalyse, bei dem sich die exakte Wirkungsspektrometrie als eine mit dem Nobelpreis bedachte Pioniermethode erwiesen hat, ist die Photoaktivierung des kohlenmonoxidgehemmten Atmungsferments oder der sogenannten *Cytochromoxidase.* Dieses Enzym, welches den letzten Schritt der Zellatmung katalysiert, d.h. die Elektronenübertragung auf den Sauerstoff und damit die Wasserbildung kontrolliert, wurde 1928 von Otto Warburg u. Mitarb. zunächst in lebenden *Torula*-Hefen und Essigsäurebakterien nachgewiesen und charakterisiert.

Ausgangspunkt war die Entdeckung, daß die Zellatmung durch CO kompetitiv gehemmt wird, d. h. der Hemmungsgrad hängt vom Partialdruckverhältnis CO/O_2 ab, wobei für halbe Hemmung Werte im Bereich $10 \leqq CO/O_2 \leqq 30$ ermittelt wurden. Daraus folgt, daß der Sauerstoff mit dem Kohlenmonoxid um die reduzierten Valenzen eines Enzyms konkurriert. Da die Zellatmung auch cyanidempfindlich ist und zwar unabhängig vom O_2-Partialdruck, war klar, daß CN^- die oxidierten Valenzen des Enzyms blockiert. Wegen dieser Art der Kohlenmonoxid- und Blausäureempfindlichkeit kam für den Bindungsort des Sauerstoffs nur ein Schwermetall in Frage. Warburgs wichtigste Entdeckung war, daß die *CO-Hemmung* der Zellatmung *lichtreversibel* ist. Damit war gezeigt, daß bei der Zellatmung — analog dem O_2-Transport mittels Hämoglobin — der Bindungsort des Sauerstoffs zweiwertiges Eisen sein muß: Denn nur Eisen-Carbonyl-Verbindungen hatten sich bislang als lichtempfindlich bzw. photodissoziabel erwiesen. Die Schlußfolgerung war, daß das Eisen des Atmungsferments während der Katalyse zwischen dem zwei- und dreiwertigen Zustand oszilliert und dabei Elektronen auf den Sauerstoff überträgt.

Warburg konnte somit von der Vorstellung ausgehen, daß *in vivo* für diese Photokatalyse folgendes Minimalmodell gilt:

$$E_{\circ f\lambda} \rightsquigarrow FeCO + O_2 \underset{k_A}{\overset{k_\lambda + k_d}{\rightleftharpoons}} CO + FeO_2 \left(k \begin{array}{l} \cdots \\ \rightarrow H_2O \end{array}\right. \quad (3.151)$$

Dabei sind FeCO das durch CO blockierte *inaktive* und FeO_2 das mit O_2 beladene *aktive* Ferment. Bei Belichtung kommt zu den Reaktionsgeschwindigkeitskonstanten 2. Ordnung k_d und k_A also zusätzlich die photochemische k_λ.

Bei hohen und konstanten Gaspartialdrucken folgt für das photostationäre Gleichgewicht

$$\frac{FeO_2}{FeCO} = \frac{k_\lambda + k_d}{k_A} \cdot \frac{O_2}{CO} \quad (3.152)$$

und gleichzeitig für die Atmung als Sauerstoffverbrauch bzw. Wasserbildung:

$$\frac{-\Delta O_2}{\Delta t} = \frac{\Delta 2H_2O}{\Delta t} = y = k \cdot FeO_2. \quad (3.153)$$

Der in Abwesenheit von CO zu erzielende Maximalwert der Atmung wird durch die Gesamtmenge des Ferments erzeugt und für ihn gilt deshalb:

$$y_{max} = k(FeO_2 + FeCO). \quad (3.154)$$

Daraus folgt, daß die Atmung bei Belichtung in CO-haltiger Atmosphäre der *hyperbolischen* Beziehung

$$\left(\frac{y_{rel}}{1-y_{rel}}\right)_\lambda = \frac{k_\lambda + k_d}{k_A} \cdot \frac{O_2}{CO} \quad (3.155)$$

gehorcht. Durch Vorwegabzug der Dunkelatmung erhält man für Monochromatbestrahlung die *linearisierte* Form der hyperbolischen Fluenz-Effekt-Kurven:

$$\left[\left(\frac{y_{rel}}{1-y_{rel}}\right)_\lambda - \left(\frac{y_{rel}}{1-y_{rel}}\right)_d\right] \cdot \frac{CO}{O_2} = \frac{k_\lambda}{k_A} = \frac{s_A(\lambda)\cdot E_{\circ\lambda}}{k_A}. \quad (3.156)$$

Die Gültigkeit der Gl. (3.156) konnte für einige Objekte, bei denen die Photonenflußgradienten und die Empfindlichkeitsvariabilität vernachlässigbar sind, experimentell bestätigt werden. Für *Torula*-Hefe ist das *absolute scheinbare Konversionsspektrum* für die Fermentaktivierung mit Hilfe von Gl. (3.156) bestimmt worden (Abb. 3.88). Die hierzu benötigte Inaktivierungskonstante k_A kann man z. B. mit Hilfe von Gl. (3.145) aus der exponentiellen Übergangskinetik zwi-

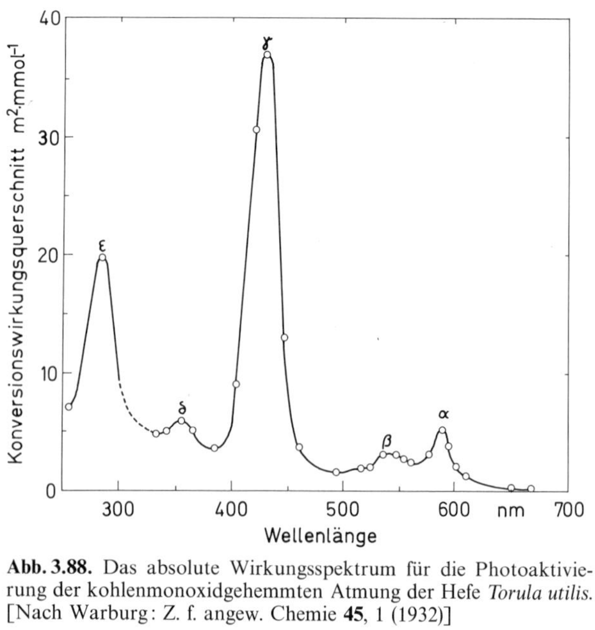

Abb. 3.88. Das absolute Wirkungsspektrum für die Photoaktivierung der kohlenmonoxidgehemmten Atmung der Hefe *Torula utilis.* [Nach Warburg: Z. f. angew. Chemie **45**, 1 (1932)]

schen Hell- und Dunkelgleichgewicht ermitteln. Das Konversionsspektrum des *Kohlenoxidferments* ist, mit Ausnahme einer Rotverschiebung von ca. 10 nm, dem Absorptionsspektrum des Kohlenoxidhämoglobins sehr ähnlich. Damit war evident, daß das später als Cytochromoxidase bezeichnete Atmungsferment ein porphyrinhaltiges Protein sein mußte. Wegen der Größe der Konversions(wirkungs)querschnitte und aufgrund von Modellversuchen mit bekannten Häminverbindungen, bei denen neben den Konversionsquerschnitten auch die Absorptionsquerschnitte bekannt waren, konnte für die *Quantenausbeute* der Photodissoziation des CO-Komplexes der Cytochromoxidase im gesamten Spektralbereich $260 \leqq \lambda \leqq 660$ nm nur der Wert $\phi_A(\lambda) = 1$ angenommen werden. Das bedeutet, daß auch die von den aromatischen Aminosäuren des Proteinanteils bei 280 nm absorbierten Quanten, als Folge von ausreichendem Energietransfer zum Chromophor, die Abspaltung des CO bewirken.

Im weitern Verlauf der Forschung sind an stark atmenden Zellen, wie Essigsäurebakterien und dem stickstoffbindenden *Azotobacter*, die Cytochromoxidasebanden sowie deren Verlagerung bei Oxidation, Reduktion und Carbonylierung spektroskopisch *in vivo* nachgewiesen worden. Heute kann man die strukturgebundene Cytochromoxidase, die als Endglied der Atmungskette in der Mitochondrieninnenmembran sitzt, auch *in vitro* als fast lipidfreies Protein gewinnen und die spektralen Eigenschaften gelten als voll bestätigt.

γ) *Photosynthese*

Der global wichtigste photochemische Prozeß ist die *Photosynthese*, der das Kapitel 13.1. gewidmet ist. Sie verläuft in grünen Pflanzen gemäß der endothermen Bilanzgleichung

$$n\mathrm{CO_2} + n\mathrm{H_2O} \rightarrow (\mathrm{CH_2O})_n + n\mathrm{O_2}$$
$$\Delta \bar{G}^{\circ\prime} = 478\,\mathrm{kJ \cdot mol^{-1}}, \qquad (3.157)$$

wobei die freie Standardenthalpie für 25 °C und pH 7 einem Energiebedarf von 4,8 eV pro assimiliertem CO_2-Molekül entspricht. Es entstehen also aus Kohlendioxid und Wasser zunächst Kohlenhydrate von der Reduktionsstufe der Glucose (= Traubenzucker) sowie Sauerstoff. Unter Ausnutzung von weniger als 1 Promille der solaren Globalstrahlung werden so jährlich etwa 10^{14} kg organische Substanz produziert. Dabei unterliegen das Kohlendioxid und der Sauerstoff der Atmosphäre (0,032 bzw. 21 Vol.-%), sowie das irdische Wasser einem Umsatz mit Halbwertszeiten von etwa 10 und 6500 bzw. 3000000 Jahren. Letztlich basiert die Energetik der gesamten Biosphäre auf dieser Produktionsleistung der photoautotrophen Organismen.

Allerdings tragen Biotope, die im metabolischen Gleichgewicht sind, ohne weiter organische Substanz zu akkumulieren (d.h. Assimilation = Dissimilation; z.B. tropischer Regenwald oder Grassteppe), zu einer Verschiebung der Anteile von CO_2 und O_2 in der Atmosphäre nicht bei. Werden solche Biotope aber vernichtet, so wird das darin fixierte CO_2 in die Atmosphäre zurückgeleitet und die CO_2-Assimilation wird entsprechend dezimiert. Als Folge der technologisch intensivierten Ausbeutung der fossilen Erdöl- und Kohlelagerstätten hat die derzeitige CO_2-Rückführung bereits etwa 15% der CO_2-Assimilation der Landpflanzen erreicht, was trotz der guten CO_2-Pufferkapazität der Weltmeere z.Z. einen jährlichen Anstieg des atmosphärischen CO_2 um etwa $7 \cdot 10^{-5}$ Vol.-% verursacht.

Den Anstoß zur Erforschung der molekularen Mechanismen der Photosynthese lieferte die Wirkungsspektrometrie. Bereits in den 20er Jahren wurden als Chloroplastenersatz die einzelligen Grünalgen der Gattung *Chlorella* (Zelldurchmesser 3 bis 5 μm) verwendet. Für gerührte, hinreichend homogene *Chlorella*suspensionen sind die Fluenz-Effekt-Kurven der O_2-Entwicklung hyperbolisch 1. Ordnung, und die Reziprozität gilt nicht.

Die Photosynthese ist eine Photokatalyse, die sich als komplexe photosensibilisierte Reaktionsfolge erweist. Aus dem Vergleich genauer Wirkungs- und Absorptionsspektren war schon 1943 ersichtlich, daß die Photonenwirksamkeit $p(\lambda)$ oberhalb 680 nm und unterhalb 580 nm Wellenlänge hinter der Absorption zurückbleibt. Dies bedeutet, daß die *Photonen-* bzw. *Quantenausbeute* $\phi_B(\lambda)$ der Photosynthese in diesen Bereichen abfällt (s. Abschn. 13.1.2.1) und wurde als ein Hinweis für die Beteiligung mehrerer Pigmente gewertet. Dementsprechend konnte R. Emerson für Zwei-Wellenlängen-Bestrahlungen die Ungültigkeit der Gl. (3.150) nachweisen. Der von ihm 1957 endeckte wellenlängenabhängige *Enhancement-* oder Steigerungseffekt, der auch für Wechsellichtbestrahlungen gefunden wurde, gab den Anstoß zum Postulat der beiden im *Zick-Zack-Schema* (s. Abschn. 13.1.5.3) kooperierenden Pigmentsysteme der Photosynthese: *Photosystem I* und *Photosystem II* (s. Abschn. 13.1.3.1).

Die reduzierte Photonenausbeute $\phi_B(\lambda)$ im blauen und grünen Spektralbereich beruht darauf, daß in grünen Pflanzen und Algen die Carotinoide des Pigmentkollektivs relativ ineffektive Antennenpigmente mit Lichtschutzfunktion sind; die absorbierten Photonen werden nur mit einem Wirkungsgrad von etwa 40% auf die photochemisch aktiven Chlorophyll a-Moleküle der Reaktionszentren übertragen (s. S. 537 f.). Diese Exzitonenfallen von PS I bzw. PS II fungieren als lichtabhängige Redoxenzyme und sind aufgrund ihrer Absorptionsänderungen als Chorophylle vom Typ P 700 oder Chl a_I bzw. P 682 oder Chl a_{II} identifiziert worden (Kok, 1956; Witt et al., 1967; s. Abschn. 13.1.3). Von den beiden Elektronendonatoren Chl a_I und Chl a_{II} ist der letztere im Grundzustand so positiv, daß er Elektronen vom H_2O übernehmen kann (s. Abb. 13.11, S. 552). Diese Elektronen können durch Hill-Reagenzien, wie z.B. Ferricyanid, abgefangen werden und so im Licht ohne CO_2-Reduktion eine O_2-Entwicklung ermöglichen, wobei stattdessen das Ferricyanid zu Ferrocyanid reduziert wird (Hill-Reaktion, 1937). In intakten Chloroplasten arbeitet das PS II alleine, wenn man den Elektronenabfluß aus dem Plastochinonpool in das PS I mit DBMIB hemmt und als Elektronenakzeptor Ferricyanid zusetzt. Das durch den Elektronentransport gebildete elektrochemische Potential bewirkt einen vektoriellen Protonentransport durch die ATP-ase der Thylakoidmembran und synthetisiert ATP (chemiosmotische Hypothese: Mitchell, 1961). Die von Arnon 1954 an isolierten Chloroplasten nachgewiesene sog. zyklische Photophosphorylierung nutzt nur das PS I. Das PS I kann im intakten Chloroplasten alleine betrieben werden, sofern der Elektronenzufluß vom H_2O über das PS II durch DCMU gehemmt wird und Ascorbat mit PMS als Elektronendonator bzw. Redoxkatalysator zugefügt werden.

Die besten z.Z. bekannten Wirkungsspektren für das PS I und das PS II sind an isolierten Spinatchloroplasten für die *Photophosphorylierung* bestimmt worden (s. Abb. 3.89). Obwohl diese Wirkungsspektren im linearen Teil der Fluenz-Effekt-Kurven und mit größtmöglicher spektraler Auflösung gemessen wurden, sind es keine exakten Wirkungsspektren im Sinne von Gl. (3.123); diese Wirkungsspektren liefern als *spektrale Photonenempfindlichkeit* durch Selbstbeschattung

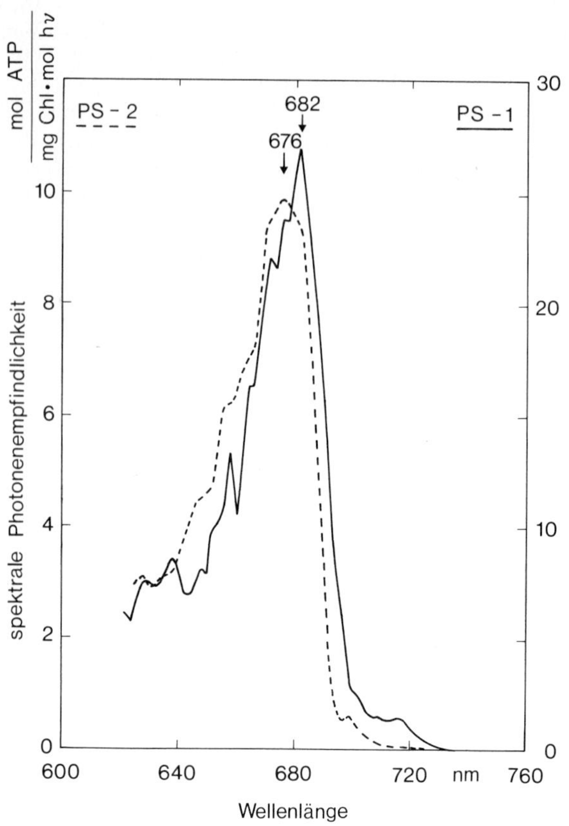

Abb. 3.89. Wirkungsspektren für die lichtabhängige ATP-Bildung (= *Photophosphorylierung*) einer Spinatchloroplastensuspension, katalysiert durch die Photosysteme I bzw. II. Im ersten Fall (= PS I) enthielt das Phosphorylierungsmedium 8,5 mmol·m^{-3} DCMU (= Dichlorophenylharnstoff), 41 mmol·m^{-3} PMS, 3,8 mol·m^{-3} Ascorbat und 4 g·m^{-3} Chlorophylle; im zweiten Fall (= PS II) 0,34 mol·m^{-3} Ferricyanid, 1 mmol·m^{-3} DBMIB (= Dibromothymochinon) und 6,1 g·m^{-3} Chlorophylle. Alle Experimente wurden in Luft mit Proben von 0,53 cm^3 bei 1 cm Lichtweg und 25±0,1°C durchgeführt. Die für je 2 min eingestrahlten Monochromatbänder hatten einen Photonenfluß $E_{\perp\lambda} \approx 74\,\mu$mol·m^{-2}·s^{-1} bei einer Halbwertsbreite von 6,4 nm und wurden im 2,5- bis 3-nm-Abstand gewählt. Angegeben ist die *spektrale Photonenempfindlichkeit* $s_p(\lambda)$ in mol ATP·mg Chl^{-1}·mol Photonen^{-1}. Da im linearen Teil der Fluenz-Effekt-Kurven gearbeitet wurde, es sich aber um stark absorbierende Proben wechselnder spektraler Extinktion handelt ($A(\lambda) \leqq A_{679} \leqq 0{,}41$), ist $s_p(\lambda)$ zwar der spektralen Photonenwirksamkeit $p(\lambda)$, *nicht* aber dem *exakten* Konversionsspektrum proportional. Denn der mittlere Photonenfluß in den Proben ist im Bereich starker Extinktion niedriger als im Bereich geringer Extinktion [s. Gl. (3.112)]. Deshalb sind die Gipfel dieser Wirkungsspektren im Vergleich zu einem exakten Wirkungs- bzw. Konversionsspektrum zu niedrig. [Verändert nach van Ginkel and Kleinen Hammans: Photochem. Photobiol. **31**, 385 (1980)]

gestörte *scheinbare Konversionsspektren* der jeweils am PS I und PS II beteiligten Antennenpigmente im Sinne von Gl. (3.142) bzw. (3.147). Im Vergleich zum zugehörigen Absorptionsspektrum (s. Abb. 3.90) läßt sich aber erkennen, daß die verschiedenen *Chlorophyllkomplexe*, inclusive der Typen Chl a-703 und Chl a-718, mit jeweils unterschiedlichem Wirkungsgrad die absorbierte Photonenenergie in die Reaktionszentren von PS I (= Chl a-700) bzw. PS II (= Chl a-682) einspeisen; nur die Form Chl a-690 ist ausschließlich im Rahmen von PS I aktiv, wodurch das klassische Phänomen des Rotabfalls der Quantenausbeute (s. Abb. 13.4, S. 536) verursacht wird.

Insgesamt zeigen diese Spektren, daß die Antennenpigmentkollektive von PS I und PS II wenigstens in Teilbereichen der Thylakoidmembranen eng benachbart liegen müssen, was gemäß elektronenoptischer Befunde in der Kontaktzone der Grana-Thylakoide gegeben ist. Es besteht die Hoffnung, daß durch quantitative Auswertung hinreichend genauer Absorptions- und Wirkungsspektren die *Energietransferwahrscheinlichkeit* zwischen den Chlorophyllkomplexen und den Reaktionszentren bestimmt werden kann.

Ein von 1920 ab, für rund 40 Jahre umstrittenes Problem der Photosyntheseforschung war die Frage nach dem *Quanten-* bzw. *Photonenbedarf* $\phi_B(\lambda)^{-1}$ für die Bilanzgleichung (3.157). Da die maximale Enthalpie der Photonenenergie an der langwelligen Wirkungsgrenze von etwa 680 nm bei 1,8 eV liegt, kann ein Wert von $\phi_B(680)^{-1} = 4{,}8/1{,}8 \approx 2{,}7$ theoretisch nicht unterschritten werden.

Interessanterweise haben Otto Warburg und Mitarbeiter sowohl für *Chlorella*-Suspensionen als auch für junge Salatblätter Werte bis herunter zu $\phi_B(680)^{-1} = 2{,}85$ mitgeteilt. Allerdings sind diese Werte, die einem *energetischen Wirkungsgrad* η von 95% bei 680 nm bzw. 61% bei 436 nm entsprechen würden, von der Einhaltung besonderer Bedingungen abhängig: So muß das Versuchsmaterial in Anlehnung an die natürliche Tagesperiodik bei fluktuierenden Lichtintensitäten in einer speziellen Nährlösung und bei erhöhtem CO_2-Partialdruck (5–10 Vol.-%) gezüchtet werden. Für die eigentliche Quantenbedarfsmessungen der Sauerstoffentwicklung muß bei CO_2-Sättigung (≧5 Vol.-%) gearbeitet werden und es sind zudem nur junge Zellen, deren Atmung durch blaugrünes Licht kompensiert wird, zu verwenden. Außerdem muß der *integrale spektrale Absorptionsgrad* $\alpha(\lambda)_I$ der Proben bei Versuchsbeginn und -ende mit einer sogenannten Ulbrichtschen Kugel in gleicher geometrischer Anordnung wie beim Photosyntheseversuch gemessen werden, damit man die mittlere absorbierte Photonenmenge, d.i. die sog. *Photonendosis* D_λ in mol als

$$D_\lambda = \alpha(\lambda)_I \cdot F_{\circ\lambda} \cdot q = [1 - \varrho(\lambda)_I - \tau(\lambda)_I] \cdot E_{\circ\lambda} \cdot t \cdot q \qquad (3.158)$$

ermitteln kann. Dabei ist q der *Wechselwirkungsquerschnitt von Strahl und Probe* in m^2, und $\varrho(\lambda)_I$ sowie $\tau(\lambda)_I$ sind gemäß Gln. (3.127) bzw. (3.128) definiert. Um bei der Messung von $\alpha(\lambda)_I$ den sog. *Kugelfehler* (s. Kortüm, 1969) zu eliminieren, müssen die Probe und eine ihr äquivalente Streuprobe *gleichzeitig* im Zentrum der Kugel stehen, jedoch alternierend bestrahlt werden. Nur so läßt sich der nach Gl. (3.114) definierte Quantenbedarf korrekt messen. Viele Quantenbedarfsmessungen der Photosynthese, die bis zu $\phi_B(680)^{-1} > 100$ reichen, sind fehlerhaft und von dem nur unter Optimalbedingungen im Anlaufbereich der Fluenz-Effekt-Kurven erreichbaren Minimalwert weit entfernt. Es kann aber nicht ausgeschlossen werden, daß die Werte von $\phi_B(680)^{-1} = 2{,}85$ infolge endogener Substratdisproportionierung nur für Teilprozesse der Photosynthese gelten.

Gemäß dem Zick-Zack-Schema der Photosynthese (s. Abb. 13.11, S. 552), kann von der freien Enthalpie der beiden Lichtreaktionen bei der CO_2-Reduktion im Calvin-Zyklus nur rund die Hälfte in chemischer Form gebunden werden (je 1,8 eV). Da außerdem für die Bildung eines O_2-Moleküls 4 Elektronen über beide Stufen transportiert werden müssen, sind hier 8 Photonen erforderlich, d.h. der *energetische Wirkungsgrad* η kann im Rot bei 680 nm Wellenlänge maximal $4{,}8/8 \cdot 1{,}8 \approx 33\%$ betragen, was etwa dem der Atmung von ≈38% entspricht. An Einzelbättern sind für die Photosynthese unter optimalen Bedingungen artab-

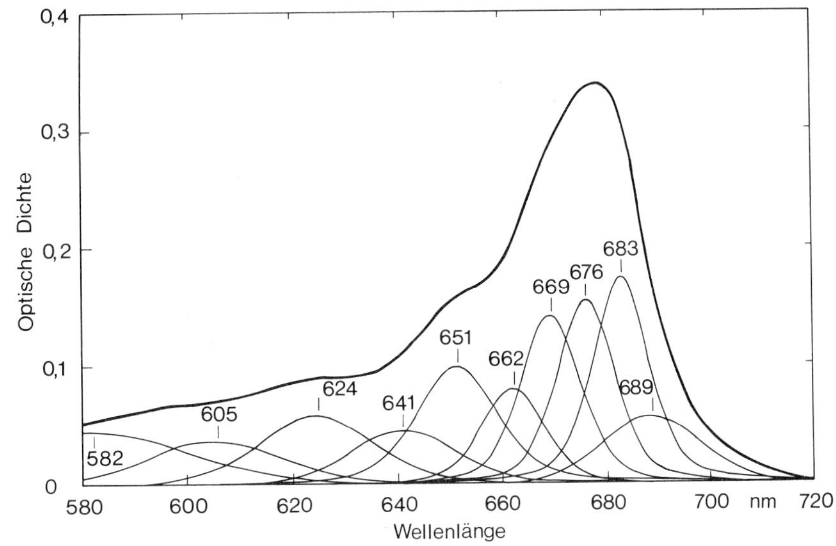

Abb. 3.90. Absorptionsspektrum von Spinatchloroplasten bei 25° C (*Spinacia oleracea*), suspendiert in einem Phosphorylierungsmedium mit Zusatz des artifiziellen Redoxkatalysators Phenazinmethosulfat (=PMS). Das Spektrum wurde mit Hilfe seiner zweiten Ableitung und dem modifizierten Computer-RESOLV-Programm von French, Brown und Lawrence (1972) in eine Minimalserie von Normal- und Lorentzverteilungen zerlegt, die die Absorptionsbeiträge der für höhere Pflanzen und Grünalgen typischen Chlorophyllkomplexe liefern: a-661, a-670, a-677, a-684(641), a-691(664) und b-650. [Nach van Ginkel and Kleinen Hammans: Photochem. Photobiol. 31, 385 (1980)]

hängig Werte von $15 \leqq \eta \leqq 24\%$ gemessen worden. In landwirtschaftlichen Intensivkulturen wie Maisfeldern gilt $\eta < 2\%$, in Zuckerrohrbeständen $\eta \leqq 8\%$; für den tropischen Regenwald schätzt man $\eta \approx 4{,}5\%$.

δ) *Photoaktivierung der Nitratreduktase*

Die *Nitratreduktase* gilt als Schlüsselenzym bei der Nitratassimilation von Pflanzen und zahlreichen Mikroorganismen. Das Enzym kann z.B. vom reduzierten Riboflavin Elektronen übernehmen und damit Nitrat zu Nitrit reduzieren. Das hierbei stöchiometrisch oxidierte Riboflavin wird im Licht und mit EDTA als Elektronendonator photoreduziert. Wenn man also in 1-cm-Thunberg-Küvetten in Argonatmosphäre bei Zusatz von Riboflavin, EDTA und Nitrat im Bereich der Blaubande des oxidierten Riboflavins ($\lambda_{max} \approx 445$ nm) bestrahlt, so kann man die von der Nitratreduktase katalysierte *Nitritbildung* als Photokatalyse auffassen.

Untersucht man die gebildete Nitritmenge ($=y$) als Funktion des eingestrahlten Raumphotonenflusses ($=E_{\circ 448}$) für ein Spektralband von 448 ± 10 nm Bandbreite, so kann die resultierende Fluß-Effekt-Kurve als eine hyperbolische vom Typ

$$\frac{y_{rel}}{1-y_{rel}} = \left(\frac{E_{\circ 448}}{K_{\circ 448}}\right)^n \tag{3.159}$$

mit dem Halbwertsfluß $K_{\circ 448} = 16{,}8\,\mu\text{mol}\cdot\text{m}^{-2}\cdot\text{s}^{-1}$ und dem Hill-Koeffizienten $n=1{,}6$ beschrieben werden. Scheinbar spricht dies dafür, daß im Prinzip eine exponentielle Fluenz-Effekt-Kurve gemäß Gl. (3.133) bzw. Gl. (3.135) vorliegt, wie sie für eine Photoproduktbildung typisch wäre.

Da die Probenextinktion bei 448 nm mit ansteigendem Photonenfluß $E_{\circ 448}$ abfällt, d.h. ein zunehmender Bruchteil des Riboflavins reduziert vorliegt, nimmt die Selbstbeschattung der Probe mit ansteigendem $E_{\circ 448}$ ab. Deshalb steigt der *mittlere Raumphotonenfluß* in den Proben [$=\overline{E_{\circ 448}}$ nach Gl. (3.112)] stärker an als $E_{\circ 448}$. Um diese Störung zu eliminieren, ist es erforderlich, die gebildete Nitritmenge in Mol als Funktion der absorbierten Photonenmenge [=Photonendosis D_{448} nach Gl. (3.158)] zu untersuchen. Diese *Dosis-Effekt-Kurve* erweist sich als hyperbolisch gemäß

$$\frac{y_{rel}}{1-y_{rel}} = \left(\frac{D_{448}}{H_{448}}\right)^n \tag{3.160}$$

mit der Halbwertsdosis $H_{448} = 0{,}81\,\mu$mol und dem Hill-Koeffizienten $n=1{,}95 \approx 2$. Dies zeigt, daß für die Reduktion des Nitrats zur Stufe des Nitrits *zwei* Elektronen benötigt werden und es sich um eine Photokatalyse handelt, obwohl dies von den Rohdaten her zunächst als nicht zutreffend erscheint.

Wegen der Meßfehler läßt sich z.Z. kinetisch nicht klären, ob die beiden Elektronen sequentiell oder simultan erforderlich sind, obwohl ersteres der Regel entspräche. Die niedrige Quantenausbeute der Gesamtreaktion von $\phi_B(448) = 0{,}03 \pm 0{,}01$ muß unter dem Aspekt gesehen werden, daß Triplett-Zustände von Flavinmolekülen durch leicht polarisierbare Anionen wirkungsvoll gelöscht werden.

c) Photochromkatalyse

Die Photochromkatalyse ist eine reversible Photokonversion zwischen zwei unterschiedlich absorbierenden Pigmentzuständen P und A, von denen A als Effektor wirkt und in der Regel auch spontan zum inaktiven Zustand P revertiert. Dementsprechend ist ein Minimalmodell für Photochromkatalysen:

$$E_{\circ f\lambda} \rightsquigarrow P \underset{k_{P\lambda}+k_A}{\overset{k_{A\lambda}}{\rightleftharpoons}} A \left(\begin{array}{l} \cdots \\ k \\ \to y \end{array} \right. \tag{3.161}$$

Modell (3.161) läßt die Wechselwirkung mit einer Substrat- oder Matrixbindungsstelle X unberücksichtigt, weil dies, wie bei Modell (3.140), kinetisch ohne Einfluß bleibt, sofern X stets in ausreichendem Überschuß zur Verfügung steht. Auch wenn X reaktionslimitierend wird, d.h. falls die Zahl der Pigmentzustände P_Σ groß ist gegenüber der Zahl von Wechselwirkungsstellen X_Σ, bleibt das kinetische Verhalten prinzipiell gleichartig; die kinetischen Parameter gelten dann aber unter photostationären Bedingungen für die gebundenen Pigmentzustände PX und AX bzw. nur im Anlaufbereich für P und A.

α) Theorie

Die Gültigkeit von Modell (3.161) setzt voraus, daß Zwischenzustände der reversiblen Photokonversion P⇄A vernachlässigbar bleiben. Diese Annahme ist nur für Kurzzeit-Niederintensitäts-Bestrahlungen (=Pikosekunden-Induktion) oder für Langzeit-Hochintensitäts-Bestrahlungen (=photostationärer Zustand) zulässig (s. S. 125 u. 132). Eine Behandlung der regulatorischen Eigenschaften des Modells ist deshalb nur für diese Randbedingungen möglich und sinnvoll, denn im Übergangsbereich werden die Kinetiken als Folge der sukzessive durchlaufenen Zwischenzustände spektral unterschiedlich gestört.

Bei Modell (3.161) gilt für die Bildung des Effektors A die Differentialgleichung

$$\frac{dA}{dt} = \frac{-dP}{dt} = Pk_{A\lambda} - A(k_{P\lambda} + k_A)\,. \qquad (3.162)$$

Vor der Erstbelichtung liegt das gesamte *Photochrom* im Zustand P vor, und deshalb darf für den *Anlaufbereich der Fluenz-Effekt-Kurven*, d.h. für $F_{\circ\lambda} \to 0$ bei $t \to 0$ geschrieben werden:

$$dA = P \cdot s_A(\lambda) \cdot dF_{\circ\lambda}\,. \qquad (3.163)$$

In Kombination mit $|dy/dt| = k \cdot A$ ist somit ersichtlich, daß auch bei Modell (3.161) für $y \to 0$ die Gl. (3.122) gilt. Die *relative Photonenwirksamkeit* $p(\lambda)_{rel}$ für $y \to 0$ repräsentiert also auch bei Photochromkatalysen das relative scheinbare Konversionsspektrum für die *Effektorbildung* P→A.

Die Situation ist anders, sobald die Photokonversionen 1. Ordnung in beiden Richtungen voll ins Spiel kommen. Dazu müssen die Raumphotonenflüsse $E_{\circ\lambda}$ so hoch gewählt werden, daß auch für Einstrahlung der Halbwertsfluenz die Bestrahlungszeit t klein bleibt gegenüber der Inaktivierungszeit k_A^{-1} von A. Dann darf in Gl. (3.162) k_A vernachlässigt werden, und man findet bei voller *Gültigkeit der Reziprozität* als Gleichung für die *exponentiellen Fluenz-Effekt-Kurven*

$$\ln(1 - y_{rel}) = -(k_{A\lambda} + k_{P\lambda}) \cdot t\,, \qquad (3.164)$$

wobei der relative Effekt y_{rel} auf das *wellenlängenabhängige Saturierungsniveau* y_{sat} bezogen werden muß; dieses ergibt sich aus Gl. (3.162) für $E_{\circ\lambda} \to \infty$ zu

$$y_{sat} = \frac{k \cdot P_\Sigma \cdot t \cdot A}{A + P} = \frac{k \cdot P_\Sigma \cdot t \cdot s_A(\lambda)}{s_A(\lambda) + s_P(\lambda)}\,. \qquad (3.165)$$

Für monochromatische Fluenz-Effekt-Kurven ist das Sättigungsniveau y_{sat} also der photostationären Fraktion des Effektors A/P_Σ direkt proportional und für die obigen Randbedingungen treten die Eigenschaften der Photoproduktbildung in modifizierter Form auf. So gilt für die *relative Photonenwirksamkeit* $p(\lambda)_{rel}$ wegen Gl. (3.164) hier als Definition

$$p(\lambda)_{rel} = \frac{F_{\circ\lambda_r}}{F_{\circ\lambda}} = \frac{s_A(\lambda) + s_P(\lambda)}{s_A(\lambda_r) + s_P(\lambda_r)}\,. \qquad (3.166)$$

Ein exaktes Wirkungsspektrum liefert somit die *relative Summe* der scheinbaren Konversionsspektren beider Photochromformen.

Die kybernetischen Eigenschaften von Modell (3.161) ändern sich, wenn man zu Langzeit- bzw. Dauerbestrahlung übergeht. Denn sobald die Bestrahlungszeiten groß werden gegenüber den Halbwertszeiten der Photo- und Dunkelprozesse, darf man *photostationäre Bedingungen* annehmen und es gilt:

$$y = k \cdot t \cdot A = \frac{k \cdot P_\Sigma \cdot t \cdot k_{A\lambda}}{k_{A\lambda} + k_{P\lambda} + k_A}\,. \qquad (3.167)$$

Für $E_{\circ\lambda} \to \infty$ ist im Nenner von Gl. (3.167) k_A vernachlässigbar, und man erhält so das für Photochromkatalysen typische spektrale Saturierungsniveau y_{sat} entsprechend Gl. (3.165). Deshalb liefert die Division von Gl. (3.167) durch letztere den relativen Effekt, jeweils bezogen auf das wellenlängentypische Sättigungsniveau der Fluenz-Effekt-Kurven (s. Abb. 3.91):

$$y_{rel} = \frac{y}{y_{sat}} = \frac{k_{A\lambda} + k_{P\lambda}}{k_{A\lambda} + k_{P\lambda} + k_A}\,. \qquad (3.168)$$

Gleichung (3.167) bzw. (3.168) beschreibt die photostationären Effekte von Modell (3.161), nicht nur für

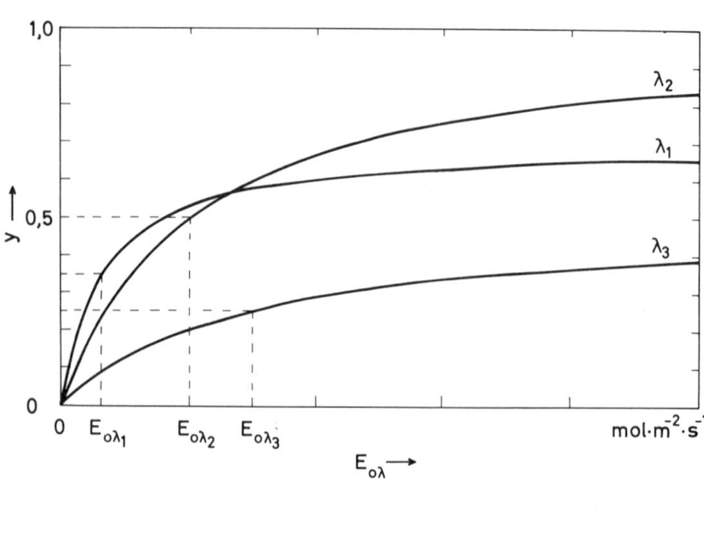

Abb. 3.91. Hyperbolische Fluß- bzw. Fluenz-Effekt-Kurven für eine Photochromkatalyse gemäß Modell (3.161) bzw. Gl. (3.167), d.h. für photostationäre Bedingungen oder eingestelltes Fließgleichgewicht. Das spektrale Saturierungsniveau y_{sat} nach Gl. (3.165) ist eine Funktion der Wellenlänge und für die drei Fluß-Effekt-Kurven verschieden. Die Ermittlung des Raumphotonenflusses $E_{\circ\lambda}$ für halbmaximalen Effekt $y_{rel} = 0{,}5$ ist jeweils eingetragen und eine Voraussetzung für die Bestimmung der relativen Photonenwirksamkeit $p(\lambda)_{rel}$ nach Gl. (3.166) bzw. (3.168) oder (3.169). [Original]

monochromatische Raumphotonenflüsse $E_{\circ\lambda}$, sondern auch für polychromatische $E_{\circ\Lambda}$, sofern man die photochemischen Reaktionsgeschwindigkeitskonstanten $k_{i\lambda}$ durch die entsprechenden für Polychromatbestrahlung, das ist $k_{i\Lambda}$ laut Gl. (3.118), ersetzt.

Somit resultiert für die Geradenform der monochromatischen Fluß-Effekt-Kurven bei *Ungültigkeit der Reziprozität*, d.h. *hyperbolischer Photonenfluß- und linearer Zeitabhängigkeit*:

$$\frac{y_{\text{rel}}}{1-y_{\text{rel}}}=\left(\frac{s_A(\lambda)+s_P(\lambda)}{k_A}\right)E_{\circ\lambda}\,. \tag{3.169}$$

Damit bleibt für die relative Photonenwirksamkeit $p(\lambda)_{\text{rel}}$ Gl. (3.166) gültig, d.h. auch unter photostationären Bedingungen liefert ein genaues Wirkungsspektrum die *relative Summe* der scheinbaren Konversionsspektren beider Photochromformen.

Deshalb erhält man das relative Konversionsspektrum für den Übergang P→A aus der relativen stationären Photonenwirksamkeit $p(\lambda)_{\text{rel}}$ nach Gl. (3.166) durch Multiplikation mit dem spektralen Saturierungsniveau y_{sat} nach Gl. (3.165):

$$y_{\text{sat}}\cdot p(\lambda)_{\text{rel}}=k\cdot P_{\Sigma}\cdot t\cdot\frac{s_A(\lambda)}{s_A(\lambda_r)+s_B(\lambda_r)}\,. \tag{3.170}$$

Da sich die *Quantenausbeuten* $\phi_{PA}(\lambda)$ und $\phi_{AP}(\lambda)$ für beide Photokonversionen unterscheiden können, muß man damit rechnen, daß exakte Wirkungsspektren für Photochrome jedem Mischungsverhältnis der Absorptionsspektren beider Photochromzustände folgen können. Umgekehrt kann man bei Kenntnis der Absorptionsspektren der beiden Photochromformen durch Vergleich mit der relativen Photonenwirksamkeit $p(\lambda)_{\text{rel}}$ nach Gl. (3.166) sofort das *Quantenausbeuteverhältnis* $\phi_{PA}(\lambda)/\phi_{AP}(\lambda)$ ermitteln. Gleichung (3.169) ist noch weiter von Bedeutung, da sie die Summe der scheinbaren Konversionsquerschnitte $s_A(\lambda)+s_P(\lambda)$ direkt mit der Inaktivierungskonstante k_A des Effektors A verknüpft.

Auch bei Photochromkatalysen sind *Zwei-Wellenlängen-* bzw. *Dichromatbestrahlungen* wichtige Experimente zur Überprüfung bzw. Bestätigung der kinetischen Gesamtsituation. Dichromatbestrahlungen sind vor allem unter photostationären Bedingungen sinnvoll, weil dann aus Gl. (3.168) analog zu Gl. (3.169) folgt:

$$\left(\frac{y_{\text{rel}}}{1-y_{\text{rel}}}\right)_{\lambda_1+\lambda_2}=\left(\frac{y_{\text{rel}}}{1-y_{\text{rel}}}\right)_{\lambda_1}+\left(\frac{y_{\text{rel}}}{1-y_{\text{rel}}}\right)_{\lambda_2}$$
$$=\frac{1}{k_A}[(s_A(\lambda_1)+s_P(\lambda_1))E_{\circ\lambda_1}+(s_A(\lambda_2)+s_P(\lambda_2))E_{\circ\lambda_2}]\,. \tag{3.171}$$

Hierbei ist das Saturierungsniveau y_{sat} für die gewählte Dichromatbestrahlung $\lambda_1+\lambda_2$ eine Funktion des Photonenflußverhältnisses $E_{\circ\lambda_1}/E_{\circ\lambda_2}$ und y_{sat} muß als Bezugsbasis für y_{rel} nach Gl. (3.168) zusätzlich ermittelt werden. Nur so läßt sich die Gültigkeit der kinetischen Interaktionsgleichung (3.171) überprüfen.

Eine hinreichende Charakterisierung einer Photochromkatalyse gemäß Modell (3.161) ist also wirkungsspektrometrisch möglich, ohne daß man *Effektrevertierbarkeit durch Wechsellichtbestrahlungen* voraussetzen muß; damit diese Eigenschaft auftritt, müßte in Modell (3.161) zwischen A und y ein Verzögerungsglied enthalten sein, was *a priori* nicht angenommen werden kann, aber z.B. für das *Phytochrom* typisch ist.

β) Phytochrom

Als Beispiel für eine Photochromkatalyse, die wirkungsspektrometrisch korrekt bearbeitet ist, darf die Regulation durch *Phytochrom*, das wichtigste Steuerpigment der pflanzlichen Photomorphogenese gelten (s. S. 563ff.). Für Kurzzeit-Induktionsbestrahlungen und für $y_{\text{rel}}\to 0$ folgt die relative Photonenwirksamkeit $p(\lambda)_{\text{rel}}$ den Konversionsspektren für die Umlagerung vom inaktiven Zustand R zum Effektor F bzw. umgekehrt (vgl. Abb. 13.20 und 13.33). Weiter sind bei Gültigkeit der Reziprozität die Fluenz-Effekt-Kurven exponentiell [vgl. Gl. (13.45) mit (3.164)], bei Ungültigkeit der Reziprozität aber, d.h. für die *Hochintensitätsphänomene*, sind sie hyperbolisch [vgl. Gl. (13.49) mit (3.169)]. Die Fluenz-Effekt-Kurven gehen also, genau wie für Photochrome zu erwarten, vom exponentiellen Anlaufbereich fließend in den hyperbolischen Bereich über. Im exponentiellen Bereich ist die relative Photonenwirksamkeit $p(\lambda)_{\text{rel}}$ der Summe der beiden Konversionsspektren $s_{\text{rf}}(\lambda)+s_{\text{fr}}(\lambda)$ direkt proportional. Im hyperbolischen Bereich ist die Situation zusätzlich kompliziert, da die Zahl der Wechselwirkungsstellen für den Effektor F relativ klein ist, er gemäß einer Reaktion 1. Ordnung aus dem System verschwindet sowie kooperative Eigenschaften aufweist; ferner kompensiert die geringe aber konstante Neusynthese der inaktiven Phytochromform R nach mehrstündiger Bestrahlungszeit die Destruktion von F (s. Kapitel 13.2.5, S. 572ff.). Beim Arbeiten mit inhomogenen Populationen werden diese zuletzt genannten Komplikationen maskiert bzw. nivelliert, was sich darin äußert, daß die Fluenz-Effekt-Kurven zu flach verlaufen ($n<1$, vgl. Abb. 3.95 mit Abb. 3.87). Im Raster der Abb. 3.87 folgen dann wegen Gln. (3.165) und (13.37) sowohl das Sättigungsniveau, als auch die Steilheit der monochromatischen Fluenz-Effekt-Kurven der photostationären Fraktion des Effektors F (s. Abb. 13.21).

γ) Rhodopsine

Die kinetische Charakterisierung zahlreicher *Sehpigmente* hat gezeigt, daß hier häufig das Prinzip der Photochromkatalyse realisiert ist (s. Kapitel 15.2.4).

Eine vorbildliche wirkungsspektrometrische Analyse ist z.B. von K. Hamdorf et al. für den UV-Sehfarbstoff aus dem Auge des schmetterlingsähnlichen Netzflüglers *Ascalaphus macronius* durchgeführt worden. Die ausschließlich UV-empfindlichen Rezeptoren des Frontalauges besitzen ein *Rhodopsin* mit dem Absorptionsmaximum bei 345 nm und einer Bandbreite von etwa 50 nm. Dieses wird durch nahes UV in ein beständiges *Metarhodopsin* mit dem Absorptionsmaximum bei 475 nm umgewandelt. Durch Anregung im Spektralbereich von 420 bis 600 nm – was im natürlichen Weißlicht dominierend gegeben ist – wird das Metarhodopsin zum entsprechenden Rhodopsin reisomerisiert. Deshalb wird mit diesem Photochrom unter natürlichen Bedingungen stets eine fast maximale UV-Empfindlichkeit gewährleistet, ohne daß eine metabolisch gesteuerte Regeneration des Sehfarbstoffs erfolgt. Hier entfällt also die Dunkelreversionskonstante k_A aus Modell (3.161) und diese Situation scheint für die meisten Evertebraten wie Insekten und Kephalopoden typisch zu sein.

Im Gegensatz dazu spielt die Photoreisomerisierung bei den Rhodopsinen der Wirbeltiere unter physiologischen Temperaturen praktisch keine Rolle, obwohl sie bis zur Stufe des Metarhodopsins I für alle Zwischenzustände nachgewiesen ist. Hier erfolgt also ausschließlich eine metabolische Regeneration der Rhodopsine, und deshalb entfällt im Modell (3.161) die Photokonversionskonstante $k_{P\lambda}$, d.h. der Sehprozeß bei Wirbeltieren ist regulatorisch betrachtet eine Photokatalyse gemäß Modell (3.140).

Neuerdings intensiv bearbeitet wird das *Bakteriorhodopsin* des halophilen (= salzliebenden) Bakteriums *Halobacterium halobium*. Dieser Spezialist lebt an Standorten, an denen die Salinität Werte von $3\,mol \cdot dm^{-3}$ bis hin zu gesättigten Lösungen erreicht, was der Situation im Toten Meer bzw. in austrocknenden Küstenlagunen entspricht. Unter den dort vorherrschenden Bedingungen des Sauerstoff- und Substratmangels können bis zu 50% der Membranoberfläche des Bakteriums vom Bakteriorhodopsin besetzt sein. Dieses aus *13-cis-/all-trans-Retinal* und dem Apoprotein *Bakterioopsin* aufgebaute Pigment sitzt in der etwa 5 nm dicken Zellmembran (= *Purpurmembran*) und macht bis zu 75% ihrer Trockensubstanz aus; es bildet in ihr kristalline zweidimensionale Hexagonalgitter mit einer Gitterkonstante von etwa 6 nm, wobei pro Molekül 7 α-helikale Abschnitte die Membran quer durchspannen. Nach Photonenabsorption ($\lambda_{max} \approx 570$ nm) durchläuft das Bakteriorhodopsin mit einer Halbwertszeit von 5 bis 10 ms einen Konversionszyklus mit mehreren Zwischenstufen. Dabei wird auf dem Weg zum deprotonierten Metarhodopsin ($\lambda_{max} \approx 412$ nm) zunächst ein Proton ins Außenmedium gepumpt. Das Metarhodopsin kehrt über weitere Zwischenzustände und unter Aufnahme eines Protons aus dem Cytoplasma in den Ausgangszustand zurück; dies erfolgt spontan, kann aber durch intensives kurzwelliges Blaulicht bzw. nahes UV beschleunigt werden. Das heißt, die Gesamtsituation entspricht einer Photochromkatalyse gemäß Modell (3.161), wobei aber unter natürlichen Bedingungen meistens die schnelle Dunkelreversion k_A gegenüber der rückführenden Photoreaktion dominiert, so daß regulatorisch die Situation einer Photokatalyse nach Modell (3.140) gegeben ist. Der bewirkte Protonenexport ist infolge des positiven Ladungsexports mit einem Anstieg des Membranpotentials gekoppelt. Membranpotential und pH-Gradient repräsentieren das *elektrochemische Potential*, welches nach der *chemiosmotischen Hypothese* von Mitchell (s. S. 380) die Voraussetzung für eine ATP-Synthese mit Hilfe des Protonenrückstroms darstellt. Die bei *Halobacterium halobium* realisierte Photophosphorylierung ist also der Prototyp einer Lichtenergiewandlung, die im Gegensatz zu den grünen Pflanzen ohne komplizierte Elektronentransportketten zu funktionieren scheint.

δ) *Probleme*

Es gibt Hinweise für die Existenz weiterer, bis jetzt unentdeckter Photochromkatalysen. Bei zahlreichen, sehr unterschiedlichen Vertretern des Pflanzenreichs sind z.B. für interessante Photomorphosen approximative Wirkungsspektren ausgearbeitet worden. Die Wirkung ist dabei häufig auf den Bereich $\lambda < 550$ nm beschränkt und die relative Photonenwirksamkeit $p(\lambda)_{rel}$ folgt dem Verlauf der Abb. 13.38.

Wirkungsspektren dieser Typologie werden aufgrund eines Vorschlags von M. Delbrück als *Cryptochrom*-Spektren bezeichnet und sind z.B. für die Anthocyan- und Carotinoidakkumulation, die Chloroplastenbewegung, die Wachstumshemmung und -förderung, die Photorespiration und -sporulation, die Phototaxis, den Phototropismus, die Polarotaxis sowie den Polarotropismus ausgearbeitet worden. Die Ansicht, daß diese Wirkungsspektren die Absorptionsspektren von Flavoproteinen widerspiegeln ist weit verbreitet, vermutlich aber in dieser einfachen Form nicht richtig. Denn in vielen Fällen, in denen genaue Fluenz-Effekt-Kurven ausgearbeitet worden sind, treten all die Komplikationen auf, die für Photochromkatalysen typisch sind: Eine exponentielle Phase mit Gültigkeit der Reziprozität wird von einer hyperbolischen Phase mit Ungültigkeit der Reziprozität abgelöst, und sowohl Steilheit als auch Sättigungsniveau der Fluenz-Effekt-Kurven sind wellenlängenabhängig. Allerdings sind diese Charakteristika nicht selten durch Systeminhomogenitäten sowie -interaktionen verwischt bzw. modifiziert. Trotzdem läßt sich aber folgern, daß ähnlich wie bei der phytochromabhängigen Hochintensitätsreaktion (Abb. 13.38), die sog. *Flavoprotein-Wirkungsspektren* im Prinzip *Photochrom-Wirkungsspektren* sein müssen, d.h. Superpositions- bzw. Mischspektren von mindestens zwei Photochromformen.

Dabei darf man jedoch nicht erwarten, daß für Photochromkatalysen generell mit Hilfe von Dichromatkurven vom Typ der Abb. 13.39 die scheinbaren Konversionsspektren der beiden Pigmentformen bestimmbar sind, da dies eine Effektorabhängigkeit in Form einer Optimumskurve (s. Abb. 13.40) voraussetzt. Vielmehr bekommt man den besten Hinweis auf die spektrale Absorption der beteiligten Photochromformen durch den Vergleich der relativen Photonenwirksamkeit $p(\lambda)_{rel}$, einmal bestimmt nach Gl. (3.122) für $E_{o\lambda} \to 0$, zum anderen aber nach Gl. (3.166) im Bereich der Gültigkeit der Reziprozität. Im ersten Fall muß $p(\lambda)_{rel}$ dem scheinbaren Konversionsspektrum für die Umlagerung $P \to A$ folgen, im zweiten Fall aber der Summe der Konversionsspektren $P \rightleftarrows A$. Letzteres ist wegen Gl. (3.169) auch für den hyperbolischen Bereich zu erwarten, obwohl dann zeitabhängige Pigmentreaktionen das Wirkungsspektrum zusätzlich modifizieren (s. Abb. 13.38). Schließlich existiert nach Gl. (3.165) auch noch das Argument, daß das wellenlängenabhängige Sättigungsniveau der Fluenz-Effekt-Kurven der photostationären Fraktion $A/(P+A)$ des Effektors folgt.

Keine der oben aufgeführten Photomorphosen ist mangels der hier dargestellten Theorie aktionsspektrometrisch korrekt bearbeitet worden. Es läßt sich aber aus den z.Z. verfügbaren Daten entnehmen, wie die *Konversionsspektren der beiden Photochromformen* in etwa verlaufen. In diesem Zusammenhang ist der von H. Etzold und A. M. Steiner sorgfältig bearbeitete *Polarotropismus* der Keimfäden des Wurmfarns (s. Abschn. 13.2.3 und Abb. 13.24) sehr wertvoll. Hier zeigt sich nämlich, daß bei Wirkungsspektren für $y_{rel} \to 0$ die schwache Wirkung im Rotbereich dem Absorptionsspektrum der hellrotabsorbierenden Form des Phytochroms R folgt, für $y_{rel} \to y_{max}$ aber entspricht die Wirkungsbande eher einer Partialsumme der Konversionsspektren von R und F. Im Kurzwelligen < 550 nm zeigt das Wirkungsspektrum für $y_{rel} \to 0$ eine starke Blaubande (400–500 nm) mit dem

Maximum bei 450 nm, einer Schulter bei 480 nm und kaum Wirkung bei 370 nm; für $y_{rel} \to y_{max}$ findet sich zusätzlich eine dominierende Ultraviolettbande bei 370 nm sowie ein aufgesetztes Maximum bei 420 nm. Deshalb muß die *inaktive Form* P des hier wirksamen Photochroms hauptsächlich im *Blaubereich um 450 nm sowie bei 480 nm*, der *Effektorzustand* A aber bevorzugt im *UV-A bei 370 nm sowie im Blau bei 420 nm* absorbieren.

Zur Deutung der sog. Cryptochromspektren muß man also Photochromkatalysen postulieren [Modell (3.161)]. Ob diese Photochrome Flavin- oder Rhodopsinsysteme sind, ist in keinem Fall zweifelsfrei geklärt. Interessanterweise haben aber kürzlich G. Löser und E. Schäfer gezeigt, daß die blaulichtinduzierte phototropische Reaktion des Pilzsporangiophors von *Phycomyces blakesleeanus* durch gleichzeitige Einstrahlung hoher Photonenflüsse von Gelblicht um 605 nm teilweise revertierbar ist. Dies kann als eine photochromtypische Dichromatinteraktion (s. Abb. 13.39) gedeutet werden und ist nach R. Hertel ein Hinweis auf ein Flavin-Semichinon als photochromes Sensorpigment, welches mit Hilfe einer substratabhängigen Folgereaktion voll reduzierbar wäre. Durch Konproportionierung eines voll reduzierten *gebundenen* Flavins (= Sensorpigment) mit einem oxidierten *freien* Flavin zu zwei Semichinonmolekülen, die substratabhängig beide voll reduziert werden, ergäbe sich hier ein autokatalytischer Verstärkungsmechanismus derart wie er z.B. für den Phototropismus postuliert wird.

d) Vergleich und Ausblick

Die verschiedenen hier behandelten Reaktionstypen, sowie deren kinetische Charakteristika sind mit einigen Beispielen in Tabelle 3.7 zusammengestellt.

Wegen der geweblichen, zellulären und intrazellulären Kompartimentierung biologischer Systeme (s. S. 131) kann nur bei sehr homogenen Organellen-, Zell- oder Organismuspopulationen *in situ* eine quantitative Bestätigung der typologischen Funktionsverläufe für Fluenz-Effekt-Kurven [Gln. (3.133), (3.143), (3.164) usw.] erwartet werden. Die Zuordnung zu *Reaktionstypen* gelingt deshalb oft nur durch Überprüfung der Fluenz-Effekt-Kurven bezüglich der *Reziprozität* sowie des spektralen *Saturierungsniveaus* (bzw. ihrer *Steilheit* im Raster der Abb. 3.87). Dies reicht gemäß Tabelle 3.7 zwar zur Einordnung aus, sollte aber durch *Dichromatbestrahlung* ergänzt werden, um evtl. existierende Pigmentinteraktionen auszuschließen bzw. nachzuweisen. Nur wenn der Reaktionstyp bekannt ist, kann ein exaktes Wirkungsspektrum in Form der *absoluten* oder *relativen Quantenwirksamkeit* (s. S. 125) als *relatives Konversionsspektrum* des bzw. der Sensorpigmente gedeutet werden und zur Pigmentidentifizierung dienen. Die meisten ungeklärten oder umstrittenen Fälle gehören aufgrund der kinetischen Charakteristika von Tabelle 3.7 zur Gruppe der *Photochromkatalysen*. Wie diese wirkungsspektrometrisch korrekt zu bearbeiten sind, ist auf S. 138ff. gezeigt. Die Wirkungsspektrometrie hat somit nicht nur bei zahlreichen Photoprozessen den Anstoß zur Entdeckung und Klä-

Tabelle 3.7. Reaktionstypen, kinetische Charakteristika und Beispiele der Wirkungsspektrometrie. Es bedeuten: y = Merkmalswert; y_{max} = Maximalwert von y; y_{sat} = wellenlängenabhängiger Saturierungswert von $y \leqq y_{max}$; s_A bzw. s_P = scheinbare spektrale Konversionsquerschnitte für die Umlagerung eines Pigmentes P in seinen aktiven Zustand A bzw. umgekehrt; rel als Index kennzeichnet relative Größen. [Original]

Reaktionstyp	Photonenfluß-abhängigkeit	Zeitabhängigkeit	Bunsen-Roscoe-Reziprozität	Saturierungsniveau der Fluenz-Effekt-Kurven	Relative Quantenwirksamkeit liefert	Beispiele
Photoproduktbildung $P \rightleftarrows \downarrow \underset{k_A}{\overset{k_{A\lambda}}{\rightleftarrows}} A \xrightarrow{k} B \twoheadrightarrow R$	Exponentiell	Exponentiell	Gültig	Konstant $= y_{max}$	$s_{A_{rel}}$ für $y < y_{max}$	Vitamin D_3 aus 7-Dehydrocholesterin; Photoinaktivierung; Chlorophyllbildung; Trefferprozesse
Photokatalyse $P \rightleftarrows \downarrow \underset{k_A}{\overset{k_{A\lambda}}{\rightleftarrows}} A \,(k \to y)$	Im Anlauf: exponentiell Stationär: hyperbolisch	Im Anlauf: exponentiell Stationär: proportional	Im Anlauf: gültig Stationär: ungültig	Konstant $= y_{max}$	$s_{A_{rel}}$ für $y < y_{max}$	Cytochromoxidase-aktivierung im CO-haltigen Milieu; Photosynthese; Sehprozesse bei Wirbeltieren; Bakteriorhodopsin; Photoaktivierung der Nitratreduktase
Photochromkatalyse $P \underset{k_{P\lambda}+k_A}{\overset{k_{A\lambda}}{\rightleftarrows}} A \,(k \to y)$	Im Anlauf: exponentiell Stationär: hyperbolisch	Im Anlauf: exponentiell Stationär: proportional	Im Anlauf: gültig Stationär: ungültig	Wellenlängen-abhängig $= y_{sat} \sim \frac{s_A}{s_A + s_P}$	$s_{A_{rel}}$ für $y \to 0$; $(s_A + s_P)_{rel}$ für $0 \ll y < y_{sat}$	Phytochrom; Rhodopsine bei Wirbellosen; Hochintensitätsreaktion; Phototropismus

rung ihrer molekularen Mechanismen gegeben, sondern dürfte sich bei korrekter Anwendung auch für die Zukunft als ein unentbehrliches Hilfsmittel der Forschung erweisen.

3.2.7.5 Begriffe und Methoden zur Erzeugung und Messung von monochromatischer und polarisierter Strahlung

Für die analytische Wirkungsspektrometrie sollen quasimonochromatische symmetrische Spektralbänder mit konstanter Bandbreite und definierter Polarisierung eingesetzt werden. Bei der Erzeugung und Messung entsprechender Serien von Monochromatbändern sind Methoden der Strahlungserzeugung, -leitung, -filterung, -regulierung und -messung unentbehrlich. Nachfolgend können zum Teil nur einführende Hinweise gegeben werden, ansonsten wird auf die Spezialliteratur verwiesen (z.B. Albrecht et al. 1977; Flügge, 1976; Kiefer, 1977).

a) Monochromasie

Die Anforderungen bezüglich der Monochromasie sind bescheiden, sofern man sich auf das Studium biologischer Objekte beschränkt. Sobald annähernd glockenförmige Spektralverteilungen vorliegen, deren *Halbwerts-* bzw. *Bandbreiten* $HW \leqq 20$ nm betragen, darf hier von *Monochromatbändern* gesprochen werden (vgl. Abb. 5.8, S. 282). Da die Absorptionsspektren biologischer Pigmente stets Molekülspektren mit Bandenabsorption sind, bringt das Arbeiten mit $HW < 5$ nm kaum Informationsgewinn, es sei denn, es kann bei tiefen Temperaturen bestrahlt werden. Spektralbänder mit $HW > 5$ nm verursachen jedoch eine zunehmende Wirkungsmittelung, d.h. eine Verflachung und Verschmierung von Wirkungsbanden.

Den Monochromatbändern werden *Nominalwellenlängen* λ_m zugeordnet, die der Mitte ihrer HW entsprechen und den *Wellenlängen für maximalen spektralen Energie- oder Photonenfluß* λ_{max} sehr nahe kommen. Um bei Wirkungsspektren eine optimale spektrale Auflösung zu erzielen, muß der *Wellenlängenabstand benachbarter Nominalbanden* $\Delta\lambda_m$ etwa 50 bis 100% der verfügbaren spektralen Bandbreiten HW betragen. Der Strahlungsanteil außerhalb des Spektralbereichs $\lambda_m \pm HW$, das sog. *Fremdlicht*, sollte stets so niedrig wie möglich gehalten werden, wenigstens $< 10^{-2}$, was häufig durch eine Kombination von Filtersystemen erreicht werden kann. Zur hinreichenden Charakterisierung einer Monochromatbande ist es notwendig, auch die Zehntel-, Hundertstel- und Tausendstelwertsbreiten (ZW, hW, tW) zu ermitteln. Noch besser ist es, den *spektralen Photonenfluß* $E(\lambda)$ in $mol \cdot m^{-2} \cdot s^{-1} \cdot nm^{-1}$ zu messen und auf logarithmisch transformierter Achse gegen die Wellenlänge λ in nm aufzutragen.

Mit Hilfe von Monochromatoren (s.u.) gelingt es, weitgehend fremdlichtfreie Monochromatbänder einzustrahlen. Trotzdem können die biologischen Objekte einer abweichenden Spektralverteilung ausgesetzt sein, was vor allem im Spektralbereich $\lambda < 500$ nm häufig durch Eigen- oder Milieufluoreszenz bedingt ist. Streng genommen muß also nicht nur der *eingestrahlte* spektrale Photonenfluß, sondern auch der vom Objekt *reflektierte* spektroskopisch analysiert werden.

b) Polarisierung

Bei der Bestrahlung von Einzellern, Zellfäden, Zellagen oder speziell differenzierten Photorezeptororganen mit linear polarisierten Monochromatbändern ist *Wirkungs- oder Aktionsdichroismus* beobachtet worden. (vgl. Abb. 13.27, S. 569 und Kapitel 15.2.4.2). Dies bedeutet, daß die Wirkung linear polarisierter Strahlung abhängen kann von der Orientierung der Schwingungsebene relativ zur Systemachse des bestrahlten Objekts. Der Wirkungsdichroismus ist ein spektraler vektorieller Effekt, d.h. sowohl bezüglich Größe als auch Orientierung wellenlängenabhängig und damit ein *Wirkungspleochroismus*. Seine Ursache liegt in einer Vorzugsorientierung von dichroitischen bzw. pleochroitischen Sensorpigmentmolekülen mit ihren elektronischen Übergängen und ermöglicht Rückschlüsse auf den zugrundeliegenden *Konversionsdichroismus* (vgl. Abb. 13.25, S. 568 und Abb. 3.80, S. 123). Damit ein eventuell vorhandener Wirkungsdichroismus bzw. -pleochroismus nachweisbar wird, müssen einerseits völlig *unpolarisierte* Monochromatbänder, andererseits streng *linear polarisierte* in unterschiedlicher Orientierung zur Objektachse eingestrahlt werden.

Die meisten Strahlungsquellen emittieren weitgehend unpolarisierte Strahlung, d.h. Photonen mit statistischer Rotationssymmetrie. Durch eine Nachfilterung mit *Polarisatoren* bzw. *Depolarisatoren* (s.u.) lassen sich aber total linear polarisierte bzw. unpolarisierte Monochromatbänder erzeugen. Allerdings ist es unvermeidlich, daß die Strahlung bis zum Ort des Sensorpigments mit Materie unterschiedlicher Art und Struktur in Wechselwirkung tritt. Dabei können folgende Störungen auftreten: 1. *Reflexionen* an dielektrischen Grenzflächen wie Quarz, Glas, Kunststoff, Wachs, Chitin oder Wasser wandeln unpolarisierte Strahlung in partiell (oder total) linear polarisierte um (*Brewster-Effekt*), d.h. u.U. ist nur ein Teil der Strahlung linear polarisiert, der Rest aber unpolarisiert. 2. Die *optische Aktivität* (=Drehvermögen) von chiralen Verbindungen (mit asymmetrischen C-Atomen), des Zellinhalts oder des Mediums bewirkt zirkulare Doppelbrechung, d.h. eine Rechts- oder Linksdrehung der Schwingungsebene von partiell oder total linear polarisierter Strahlung. 3. *Anisotrope Medien* (=doppelbrechend) modulieren linear polarisierte Strahlung in Abhängigkeit von der Weglänge und der Orientierung der Schwingungsebene zur optischen Achse des Mediums; dabei kann rechts oder links elliptische, zirkulare und längs oder quer orientierte linear polarisierte Strahlung entstehen. Die hier möglichen Arten der Doppelbrechung sind: *Eigendoppelbrechung* (von ein- oder zweiachsig doppelbrechenden Materialien wie kristallinem Quarz oder Zellulose), *Form- oder Strukturdoppelbrechung* (an geordneten Molekülstrukturen in Medien abweichender Brechzahl wie Membranstapeln oder Zellwandtexturen), *Spannungsdoppelbrechung* (an verspannten optischen Bauteilen wie gehärteten Wärmeabsorptionsgläsern oder gepreßten Kunststoffschalen) und *Strömungsdoppelbrechung* (in gerührten oder strömenden Suspensionen von nicht kugelförmigen Objekten). 4. *Vielfachstreuung* im Medium, im Objekt oder am Hintergrund (z.B. Zellsuspensionen, Gewebe, Chromatographiepapier) erzeugt statistische Rotationssymmetrie, d.h. wirkt depolarisierend. (Vergleiche Kapitel 3.2.8).

Darum empfiehlt es sich, direkt am Bestrahlungsort die Polarisierung, d.h. sowohl *Polarisationsgrad* als auch *Polarisationsart* und *-richtung* zu bestimmen. Darüber hinaus sind für das zu bestrahlende Versuchsgut entsprechende Messungen erforderlich.

c) Strahlungsquellen

Die von der Sonne stammende Kontinuumsstrahlung ist polychromatisch und erreicht im sichtbaren Spektralbereich ($380 \leqq \lambda \leqq 780$ nm) an der Erdoberfläche *Raumphotonenflüsse* $E_{\circ A}$ bis zu 3 mmol·m^{-2}·s^{-1}. Als Folge ihrer zeitlichen und räumlichen Inkonstanz ist die Globalstrahlung jedoch aktionsspektrometrisch kaum nutzbar. Deshalb ist man auf künstliche Strahlungsquellen angewiesen, die am elektrischen Netz betrieben werden.

Als Kontinuumsstrahler sind neben Temperaturstrahlern, wie *Niedervolt-Wolfram-Halogenlampen*, vor allem Hochdruckgasentladungslampen, wie *Xenon-* oder *Quecksilberhochdruckbrenner* wichtig. *Niederdruckgasentladungslampen* sind wegen ihrer geringen Strahlungsdichte und ihren typischen Linienspektren weniger geeignet, jedoch zur Eichung der Wellenlängenskala von Monochromatoren und Spektralphotometern unentbehrlich. Wenn kurze Belichtungszeiten angestrebt werden, sind *Blitzlichtröhren* und *Pulslaser* nützlich; von letzteren können in etwa 1 ns bis zu 10^{15} Photonen emittiert werden. Neben den vielfältigen Typen der *Laser* als Quellen für intensive, zeitlich und räumlich kohärente Strahlung (= extrem monochromatisch, in Phase linear polarisiert, scharf gebündelt bzw. parallel),gewinnen auch die *lichtemittierenden Dioden* als Monochromatstrahler an Bedeutung.

d) Strahlungsleitung

Zur Leitung der optischen Strahlung des Spektralbereichs $300 \leqq \lambda \leqq 1100$ nm sind einerseits optisch klare und isotrope, andererseits gerichtet bzw. diffus reflektierende Materialien erforderlich.

Quarzglas, gewisse Sondergläser und auch Plexiglas sind als *klare isotrope Medien* geeignet. Plexiglas ist preiswert und erfüllt bis 100° C die Anforderungen; es kann gesägt, geschnitten, poliert und sogar verformt werden, sofern es im Ölbad auf $\geqq 140°$ C erhitzt wird. Linsen, Lichtleiter, Fiberoptiken, Objekthalter und -abdeckungen aus diesen Materialien sind wichtige Hilfsmittel.

Zur Herstellung von Spiegeln, d.h. für *gerichtete Reflexion*, ist aufgedampftes Aluminium mit Quarzschutzschicht nahezu ideal und vor allem im UV besser als Silber oder Chrom.

Für Zwecke hoher *gestreuter Reflexion* wird Magnesiumoxid oder Bariumsulfat eingesetzt. MgO in höchster Reinheit als Preßling, oder 5fach frisch auf poliertes Aluminium aufgeraucht, kann als weißer Reflexionsstandard dienen mit $\geqq 95\%$ diffuser Reflexion im Bereich $350 \leqq \lambda \leqq 1100$ nm. $BaSO_4$ liefert zwar etwas geringere Reflexionswerte, wird aber wegen seiner besseren Stabilität neuerdings als Weißstandard bevorzugt. Mit K_2SO_4 als Binder empfiehlt sich $BaSO_4$ auch zur Beschichtung von Photometerkugeln. Im UV-Bereich und bezüglich Stabilität ist chemisch reine Kieselsäure von 50 bis 200 µm Korngröße (Aerosil) vorzuziehen.

e) Strahlungsfilterung

Die Strahlungsfilterung erfolgt mit dem Ziel, symmetrische und fremdlichtfreie Monochromatbänder definierter Polarisierung zu erhalten. Anordnungen, die dies leisten, werden als *Monochromatoren* bzw. *Polarisatoren* bezeichnet und können nach unterschiedlichen Prinzipien gebaut werden. Meistens müssen zur Erzielung hinreichender Monochromasie mehrere (= m) Filtersysteme kombiniert werden. Dabei ist zu berücksichtigen, daß die *spektrale Transmission* $\tau(\lambda)$ für eine Farbfilterkombination gleich ist dem Produkt der spektralen Transmissionen der Einzelsysteme:

$$\tau(\lambda) = \prod_{i=1}^{m} \tau(\lambda)_i . \qquad (3.172)$$

Für Filtersysteme bzw. Monochromatoren kann prinzipiell keine zeitliche Konstanz von $\tau(\lambda)$ erwartet werden. Deshalb sollte ihre spektrale Transmission bzw. Emission periodisch gemessen werden.

α) *Prismenmonochromatoren*

Sie nutzen das Prinzip des Regenbogens, d.h. die spektrale Dispersion der Brechzahl n_λ von Medien wie Glas, Quarz oder Schwefelkohlenstoff. In Kombination mit Eintritts- und Austrittsspalten können drehbare Prismen aus solchen Materialien zur Isolierung von Monochromatbändern verwendet werden. Dabei ist zu beachten, daß auch bei konstanten Spaltbreiten die spektrale Bandbreite *HW*, wie auch der monochromatische Photonenfluß E_λ, komplizierte Funktionen der Wellenlänge sind; sofern eine Systemkalibrierung vorliegt, können λ_m und *HW* schnell und reproduzierbar geändert werden. Den Streulichtanteil (= Fremdlicht) reduziert man durch Kombination mit Farbfiltern (s.u.).

β) *Gittermonochromatoren*

Sie basieren auf dem Prinzip der Lichtbeugung und -interferenz an ebenen oder gewölbten Parallelstrichgittern. Den besten Wirkungsgrad erreichen die treppenförmigen *Echelette-Reflexionsgitter*, die für definierte Glanzwinkel und -wellenlängen gebaut werden. Beugungsgitter sind, wie Prismen, in Kombination mit Eintritts- und Austrittsspalten zu verwenden; für konstante Spaltbreiten erhält man konstante spektrale Bandbreiten *HW*. Der Drehwinkel α, unter dem die Nominalwellenlängen λ_m erscheinen, ist durch die Gitterkonstante d (das ist der Abstand der Gitterstriche bzw. -stufen) bestimmt nach: $\alpha = \arcsin(\pm k\lambda_m/d)$ mit $k = 0, 1, 2, 3, \ldots$. Die Richtung α, und damit die spektrale Auflösung wächst also proportional mit λ_m und umgekehrt proportional mit d, wobei für gute Gitter Werte um $d = 1$ µm nötig sind. Zur Möglichkeit der schnellen und gezielten Veränderung von λ_m und *HW* kommen als Nachteile die teilweise Überlappung der Spektren höherer Ordnung k sowie ein hoher Streulichtanteil. Diese Nachteile können durch Nachfilterung mit Farbfiltern behoben werden (s.u.).

γ) *Filtermonochromatoren*

Sie können aus Dia- bzw. Kinoprojektoren mit Hilfe von frontseitig zu kühlenden (Ventilation oder Wasserkreislauf) Farbfilterkombinationen aufgebaut werden. Zur Isolierung von Spektralbändern mit $\lambda_m < 350$ nm bzw. > 700 nm müssen in der Regel optische Bauteile modifiziert werden, z.B. Quarz- statt Glasoptik und destilliertes Wasser statt Wärmeabsorptionsfilter (s.u.).

Die wichtigsten Farbfilter sind die *Interferenz-* oder *Dielektrikfilter*. Bei ihnen wird das Phänomen der Farben dünner Plättchen, d.h. die Interferenz an dünnen Schichten genutzt. Im einfachsten Fall bestehen Interferenzfilter aus einer Glasplatte, auf die zwischen zwei teildurchlässigen Metallschichten eine Dielektrikaschicht aufgedampft ist, deren Dicke d und spektrale Brechzahl n_λ die Wellenlänge für maximale Transmission λ_{max} bestimmen: $\lambda_{max} = 2n_\lambda d/k$ mit $k = 1, 2, 3, \ldots$. Ein Interferenzfilter liefert also eine Serie von Transmissionsbanden, von denen die unerwünschten durch Verkittung mit Hilfsfiltern auszuschalten sind. Interferenzfilter werden für *HW* zwischen 1 und 40 nm bei Gipfeltransmissionen von 10 bis 90% angeboten. Die feuchtigkeitsempfindlichen Interferenzfilter sollen auf der weiß spiegelnden Seite bestrahlt und gekühlt werden, wobei Temperaturen von 70° C im Dauerbetrieb nicht überschritten werden dürfen. Für optimale Monochromasie muß die Bestrahlungsapertur unter $10° = \pi/18$ rad bleiben.

Im Spektralbereich $\lambda < 320$ nm ist das Prinzip der *Interferenz-Reflexionsfilter* dem der -Transmissionsfilter überlegen. Solche selektiven Reflexionsfilter können auch als ebene oder gewölbte *Interferenz-Breitbandspiegel* gefertigt werden und sind vor allem bei Hochleistungsprojektoren wichtige Hilfsmittel zur Abtrennung unerwünschter Spektralbereiche.

Die verschiedenen Typen der *Absorptionsfilter* sind oft als Hilfsmittel unentbehrlich. Gase, Flüssigkeiten, Kunststoffe und Gläser sind geeignete farbige Filtermedien. Da die absorbierte Strahlungsenergie innerhalb dieser Filter fast völlig in Wärme verwandelt wird, ist meist eine intensive Kühlung erforderlich.

Luft als *Gasfilter* absorbiert in den Bereichen < 200 nm und > 15 µm Wellenlänge sehr stark und stört schon oberhalb 1500 nm aufgrund der Absorptionsbanden von O_2, CO_2 und H_2O. Chlorgas ist als Hilfsfilter für die Isolierung von UV-Bereichen interessant.

Das wichtigste Lösungsmittel für *Flüssigkeitsfilter* ist destilliertes oder entsalztes Wasser, welches in 5 cm Schichtdicke bereits die

Strahlung mit $\lambda > 1200$ nm fast völlig absorbiert. Salz- und Farbstofflösungen sind bei richtiger Präparation und periodischer Überprüfung billige und wirksame Farbfilter.

Die bekanntesten *Kunststoffarbfilter* sind Platten aus Plexiglas. Sie werden in Metergrößen hergestellt und können leicht bearbeitet werden (s. S. 143). Manche Farb-Plexigläser sind als 3 mm dicke Platten wichtige Farbfilter zum Bau von großflächigen Farblichtfeldern, etwa auf Leuchtstofflampenbasis (s. z. B. Tabelle 3.10).

Optische *Farbgläser* sind mit Metallionen (z. B. Ca, Co, Ni, W) gefärbt und werden bei unterschiedlicher Dicke bis regulär 25 cm Kantenlänge, manche Sorten auch als Tafelglas, offeriert: Breitbandfilter vom UV- bis IR-Bereich, Kantenabsorptionsgläser die nur Strahlung oberhalb einer kritischen Wellenlänge bis ins nahe IR transmittieren, Bandenabsorptionsgläser, Wärmeabsorptionsgläser (auch gehärtet lieferbar) sowie Neutralgläser (s. u. f) γ) 4.) sind die wichtigsten Typen. Die Stabilität der meisten Filtergläser ist ausgezeichnet, manche aber fluoreszierern, sind verwitterungsanfällig oder verfärben sich bei starker UV-Bestrahlung.

δ) Polarisatoren

Zur Herstellung *linear polarisierter Spektralbänder* sind auch heute noch Polarisationsprismen in Form des *Glan-Prismas* von Interesse. Es besteht aus zwei doppelbrechenden, durch einen Luftspalt getrennten Kalkspatprismen mit senkrechten Strahlein- und Strahlaustrittsflächen; es liefert bis ins UV hinein linear polarisierte Strahlung mit dem Polarisationsgrad $P_\lambda \leqq 99{,}99\,\%$ (s. Gl. 3.189) bei einer inneren Transmission bis $\tau(\lambda)_i = 100\,\%$. Wesentlich billiger sind *Präzisionspolarisationsfilter*. Sie bestehen aus Kunststoffen mit parallel orientiert eingelagerten dichroitischen Mikrokristallen (z. B. Herapathit), erreichen im sichtbaren Bereich ähnlich hohe Werte von P_λ, liegen jedoch für $\tau(\lambda)_i < 60\,\%$ und dürfen nicht über 70° C erwärmt werden. Wegen der im Abschn. b), S. 142 angeführten Problematik, und weil Polarisatoren selten ganz streulichtfrei sind, sollten sie unmittelbar vor dem Bestrahlungsgut angebracht werden.

Sollen völlig *depolarisierte Spektralbänder* eingestrahlt werden, so ist man häufig gezwungen, einen Streukörper im Strahlengang anzuordnen, u. U. so, daß er mit Hilfe einer störungsfreien Optik in die Bestrahlungsebene abgebildet werden kann. Als *Streukörper mit diffuser Vielfachreflexion* kommen in Frage: Opalgläser, Küvetten mit Glas- oder Quarzkügelchen, für große Flächen evtl. Filtrier- oder Chromatographiepapier zwischen zwei Glasplatten.

f) Strahlungsregulierung

Bei der Wirkungsspektrometrie werden einerseits hohe Anforderungen an die Konstanz von Bestrahlungsstärken und -zeiten gestellt, andererseits müssen sie aber auch über Größenordnungen variiert werden.

α) Emissionsstabilisierung

Nach einer *Einbrennzeit* von mindestens 30 min hat die Emission von Strahlungsquellen im allgemeinen $\geqq 99\,\%$ des Endwertes erreicht. Sofern ihr elektrischer Widerstand R konstant bleibt, folgt die elektrische Leistungsaufnahme L und damit auch die abgestrahlte Leistung dem Ohmschen Gesetz: $L = I \cdot U = I^2 \cdot R = U^2/R$. L ändert sich also quadratisch mit der Stromstärke I bzw. der Spannung U. Um zeitlich hinreichend konstante Photonenflüsse E_A zu erzielen (z. B. $\Delta E_{A\,\mathrm{rel}} \leqq \pm 1\,\%$), müssen also I bzw. U entsprechend stabil sein ($\Delta I_{\mathrm{rel}} = \Delta U_{\mathrm{rel}} \leqq \pm 0{,}5\,\%$). Demzufolge sollten Strahlungsquellen bei definierter Umgebungstemperatur über *Spannungskonstanthalter* oder über *photoelektrische Regelkreise* betrieben werden, wobei letzteres vor allem bei Langzeitbetrieb geeignet ist alterungs- und verschmutzungsbedingte Intensitätsabnahmen zu kompensieren.

Die üblichen Wechselstromnetze oszillieren mit 50 (oder 60) Hz und demzufolge pulsiert die Emission von Temperaturstrahlern bzw. Gasentladungslampen und Photodioden mit einer Frequenz von 100 (oder 120) Hz, wobei die Restemissionen periodisch auf $\geqq 75\,\%$ bzw. $\geqq 1\,\%$ abfallen. Dies kann bei Bestrahlungszeiten $t < 20$ ms zu merklichen Fehlern bei der eingestrahlten Photonenmenge führen. Deshalb müssen Strahlungsquellen u. U. mit gut *geglättetem Gleichstrom* gespeist werden.

β) Bestrahlungszeiten

Für Bestrahlungszeiten im Bereich $t \geqq 10$ s genügt die manuelle Betätigung von *Sperrschiebern* mit Hilfe von Stoppuhren. Für kürzere Exponierungen bis zu $t = 1$ ms sind magnetische *Elektronikverschlüsse* zu empfehlen, da sich damit nahezu rechteckige Photonenflußprofile erzielen lassen. Viele der handelsüblichen Blitzlichtgeräte liefern demgegenüber sehr komplizierte und zum Teil sogar variable Emissionsprofile.

γ) Bestrahlungsstärken

Zum Einstellen bestimmter Bestrahlungsstärken bzw. Photonenflüsse gibt es verschiedene Verfahren:

1. Änderung der elektrischen *Leistungsaufnahme* der Strahlungsquellen: Bei Gasentladungslampen innerhalb bestimmter Grenzen zulässig, ohne daß sich ihr spektraler Emissionsgrad ändert; bei Temperaturstrahlern stets mit einer Änderung der spektralen Emission bzw. Farbtemperatur gekoppelt, was modifizierte Monochromatbänder und Photonenwirksamkeiten verursachen kann.

2. Änderung des *Strahlquerschnitts A* im divergierenden Bündel führt zu einer Änderung der Photonenflüsse E_A gemäß: $A_1 \cdot E_{A1} = A_2 \cdot E_{A2}$. Beim Arbeiten mit frei abstrahlenden, nahezu punktförmigen Strahlungsquellen des Durchmessers d gilt für Arbeitsabstände $r \geqq 10\ d$ das Abstandsgesetz: $E_{A1} \cdot r_1^2 = E_{A2} \cdot r_2^2$.

3. Verwendung einer *Iris* als Aperturblende, z. B. in der Nähe der Linsenhauptebene des Projektivs, gestattet eine kontinuierliche Veränderung der Photonenflüsse ohne merkliche Beeinträchtigung von Abbildung und Ausleuchtung. (Prinzip der Kamerablende!)

4. Einsetzen von *Neutral-* oder *Graufiltern*, das sind Filter mit nahezu konstanter spektraler Transmission $\tau(\lambda)$. Es kommen in Frage: Schwarze Drahtnetze, Lochbleche oder -folien, weißes Papier, Gaze, Neutralgläser und -reflexionsfilter. Für äquidistant gelochte Netze, Bleche oder Folien gilt: $\tau(\lambda) \approx A_L/A_\Sigma$, wobei A_L die Lochfläche und A_Σ die Gesamtfläche sind. Neutralgläser bzw. -reflexionsfilter werden als gestufte Sätze für $10^{-4} \leqq \tau(\lambda) \leqq 0{,}8$ angeboten. Für Feinabstufungen ist interessant, daß eine farblose planparallele Glasplatte (z. B. Dia- oder Fensterglas) für senkrechte Inzidenz in Luft $\tau(\lambda) \approx 0{,}92$ liefert. Fünf Glasscheiben mit Lufttrennung liefern nach Gl. (3.172) bereits $\tau(\lambda) \approx 0{,}92^5 \approx 0{,}66$.

g) Strahlungsmessung

Ausgehend vom sichtbaren Bereich des elektromagnetischen Spektrums ($380 \leqq \lambda \leqq 780$ nm) existieren drei Maßsysteme zur Bewertung von Licht und seinen angrenzenden Strahlungsbezirken: Man kann Strahlung bezüglich ihrer Helligkeit für das menschliche Auge (= *visuell*), bezüglich ihrer Energiedichte (= *energetisch*), oder bezüglich ihrer Photonen- oder Quantendichte (= *photonisch* oder *gequantelt*) beurteilen, was jeweils definierte *spektrale Empfindlichkeiten* der Photodetektorsysteme voraussetzt (s. u.). Ferner müssen in Abhängigkeit von der geometrischen Situation bei der Bestrahlung *normale*, *cosinusgetreue* oder *raumintegrierende* Strahlungsgrößen gemessen werden, was entsprechende *geometrische Empfindlichkeiten* der Photodetektoren erfordert (s. u.) und somit die Meßverfahren auf neun erhöht.

Das Nebeneinander von visuellen, energetischen und photonischen Strahlungsgrößen entspricht der Situation bei der Beurteilung von Stoffmengen. Letztere können nach ihrem Volumen in m^3, nach ihrer Masse in kg, oder aber nach ihrer Teilchenzahl in mol beurteilt werden. Wie in der Chemie sind zum Verständnis photochemischer Reaktionen die eingesetzten *Stoffmengenkonzentrationen* in mol·m^{-3} bzw. mol·dm^{-3} (= molar) erforderlich. Folglich müssen für die Bearbeitung quantitativer und kinetischer Aspekte der Wirkungsspektrometrie *flächen-* und *zeitbezogene Photonen-* bzw. *Quantenmengen* bestimmt werden. Solche gequantelten Strahlungsfeldgrößen können selten direkt, sondern oft nur mit Hilfe der energetischen oder gar visuellen Meßverfahren ermittelt werden. Dazu wird nicht nur die Nomenklatur der analogen Strahlungsgrößen, sondern auch ihr quantitativer Zusammenhang benötigt (s.u.).

α) Spektrale Empfindlichkeiten

Es gibt eine Fülle von *Photodetektorsystemen*, die zur Strahlungsmessung geeignet sind. Sie bestehen in der Regel aus dem eigentlichen Photodetektor und einem darauf abgestimmten elektrischen Anzeigegerät. Üblicherweise wird impliziert, daß für solche Meßgeräte strikte Proportionalität zwischen Eingangsgröße und Signal besteht, und daß Störungen durch die Temperaturabhängigkeit, Ermüdung und Trägheit der Photodetektoren ausgeschlossen sind, was aber prinzipell zu überprüfen ist.

Die bei der Strahlungsmessung genutzte charakteristische Eigenschaft eines Photodetektorsystems ist meistens seine *(absolute) spektrale (Energie-)Empfindlichkeit* $s_e(\lambda)$. Sie kann definiert werden als

$$s_e(\lambda)=\frac{y_\lambda}{E_{e\lambda}}, \tag{3.173}$$

mit y_λ = Signal bei monochromatischer Bestrahlung mit der Wellenlänge λ, und $E_{e\lambda}$ = energetisch bewerteter monochromatischer Strahlungsfluß, d.h. *monochromatische Bestrahlungsstärke* in $W\cdot m^{-2}$, jeweils gemessen im parallelen Strahl bei senkrechter Inzidenz.

Häufig wird als abgeleitete Größe die *relative spektrale Empfindlichkeit*

$$s_e(\lambda)_{rel}=\frac{s_e(\lambda)}{s_e(\lambda_r)} \tag{3.174}$$

verwendet, wobei $s_e(\lambda_r)$ = spektrale Empfindlichkeit für die *Referenzwellenlänge* λ_r ist.

Bei *selektiven Photodetektorsystemen* ist $s_e(\lambda)_{rel}$ eine Funktion von λ. Die meisten Photodioden, Photoelemente, Photowiderstände, Photozellen und Sekundärelektronenvervielfacher fallen in diese Gruppe. Solche Systeme können gemäß Gln. (3.173) und (3.174) bei senkrechter und paralleler Inzidenz zur Messung *monochromatischer Bestrahlungsstärken* $E_{e\lambda}$ verwendet werden, sofern $s_e(\lambda)_{rel}$ und zusätzlich $s_e(\lambda)$ für eine Wellenlänge bekannt sind. Zur Vermeidung von Streulichtstörungen sollte man nur den Bereich $s(\lambda)_{rel}\geqq 0{,}05$ nutzen, was z.B. bei einem *Siliziumelement* dem Spektralbereich $400\leqq\lambda\leqq 1500$ nm entspricht.

Bei *grauen* oder *schwarzen Photodetektorsystemen* gilt im sichtbaren Spektralbereich $s_e(\lambda)$ = konstant, d.h. ihre Energieempfindlichkeit ist wellenlängenunabhängig (s. Abb. 3.92). *Thermosäulen* und *Bolometer* sind die bekanntesten Photodetektorsysteme, die für den sichbaren Spektralbereich sowie die angrenzenden UV- und IR-Bezirke dieses Postulat erfüllen. Solche Systeme sind sowohl zur Messung *monochromatischer Bestrahlungsstärken* $E_{e\lambda}$ als auch zur integralen Messung *polychromatischer Bestrahlungsstärken* E_{eA} geeignet, sofern nur $s_e(\lambda)$ bekannt ist.

Besonders interessant für die Wirkungsspektrometrie sind Photodetektoren, bei denen $s_e(\lambda)$ proportional mit λ ansteigt [s. Gl. (3.185) u. Abb. 3.92], da dann für ihre *spektrale Photonenempfindlichkeit* $s_p(\lambda)$ gilt:

$$s_p(\lambda)=\frac{y_\lambda}{E_\lambda}=\text{konstant}. \tag{3.175}$$

Derartige Systeme können zur Messung *monochromatischer Photonenflüsse* E_λ wie auch zur Messung *polychromatischer Photonenflüsse* E_A verwendet werden.

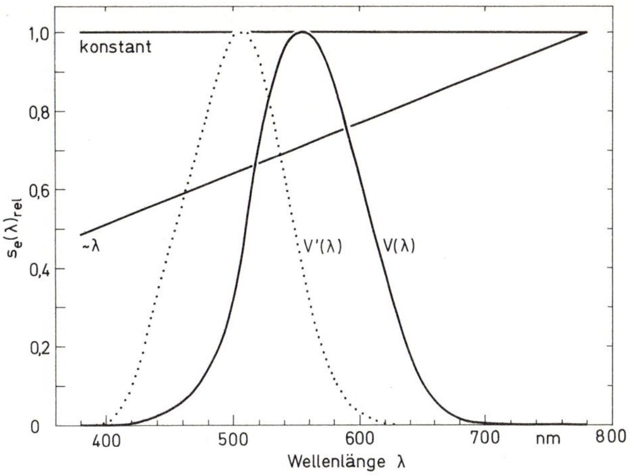

Abb. 3.92. Relative spektrale Empfindlichkeit $s_e(\lambda)_{rel}$ von Photodetektoren bei konstanter Energieempfindlichkeit ($s_e(\lambda)_{rel}$ = konstant), bei konstanter Photonenempfindlichkeit ($s_p(\lambda)_{rel}$ = konstant, d.h. z.B. $s_e(\lambda)_{rel}=\lambda/780\cdot 10^{-9}$) bzw. bei visueller Empfindlichkeit für Tagessehen $s_e(\lambda)_{rel}=V(\lambda)$) und Nachtsehen ($s_e(\lambda)_{rel}=V'(\lambda)$). [Nach DIN bzw. Original]

Bleisulfidwiderstände und *Germaniumdioden* erfüllen für den sichtbaren Spektralbereich bis hinein ins Infrarot in etwa Gl. (3.175) und sind also *Photonenzähler*. Durch Kombination mit Farbkonversionsfiltern kann man auch andere Photodetektoren für begrenzte Spektralbereiche auf konstante Photonenempfindlichkeit anpassen.

Die Grundlage für die *visuelle Photometrie* bilden Photodetektoren, deren relative spektrale Empfindlichkeiten $s_e(\lambda)_{rel}$ dem *spektralen Hellempfindlichkeitsgrad für Tagessehen* $V(\lambda)$ bzw. *Nachtsehen* $V'(\lambda)$ folgen. $V(\lambda)$ bzw. $V'(\lambda)$ sind glockenförmige Funktionen, die für den sichtbaren Spektralbereich $380\leqq\lambda\leqq 780$ mm definiert sind und den Maximalwert 1 bei $\lambda=555$ bzw. 507 nm erreichen. Sie repräsentieren das Zapfen- bzw. Stäbchensehen. Für $\lambda\leqq 455$ mm bzw. $\lambda\geqq 665$ mm ist $V(\lambda)<0{,}05$ (s. Abb. 3.92). Photodetektoren, die an die $V(\lambda)$-Funktionen angepaßt sind, können zur Messung *monochromatischer* wie auch *polychromatischer Beleuchtungsstärken* $E_{v\lambda}$ bzw. E_{vA} gemäß Gl. (3.176) verwendet werden, sofern die *spektrale visuelle Empfindlichkeit* $s_v(\lambda)$ bekannt ist:

$$s_v(\lambda)=s_v(555)\cdot V(\lambda)=\frac{y_\lambda}{E_{v\lambda}}. \tag{3.176}$$

Die *Beleuchtungsstärke* ist ein Maß für die *Helligkeit*, die das menschliche Auge empfindet, also ein psychophysisches Maß und ist generell in *Lux* (= lx = Lumen pro $m^2 = lm\cdot m^{-2}$) anzugeben. Die im angloamerikanischen Schrifttum bislang übliche Einheit war das *footcandle* (= fc = Lumen per *square foot*; 1 fc = 10,764 lx). Geräte zur Messung von Beleuchtungsstärken sind als *Beleuchtungsmesser* bzw. *Luxmeter* im Handel.

β) Geometrische Empfindlichkeiten

Bei der Bestrahlung biologischer Objekte wird oft durch äußere und innere Grenzflächen sowie die Umgebung Photonenstreuung über den gesamten *Raumwinkel* $\Omega = 4\pi$ sr (= Steradiant) verursacht. Dies erfordert eine räumlich integrierende Messung der Photonen am Bestrahlungsort, was Photodetektorsysteme mit definierten *spektralen* und *geometrischen Empfindlichkeiten* voraussetzt.

Unabhängig von der spektralen Empfindlichkeit eines Photodetektors kann seine geometrische Empfindlichkeit sehr unterschiedlich sein. Die Oberflächenstruktur (z.B. poliert oder mattiert), eventuelle Vorsatzkörper (z.B. Linsen oder Streukörper aus Opalglas) sowie die Abschirmung am Meßort (z.B. Halterungen oder Gehäuse) sind hier entscheidend. Deshalb müssen für korrekte Messungen die spektralen Empfindlichkeiten nach Gln. (3.173) bis (3.176) räumlich bzw. vektoriell definiert sein. Das heißt, sie werden z.B. zu *räumlichen spektralen (Energie-)Empfindlichkeiten* $s_e(\lambda, \eta, \theta)$, also wird z.B. $s_e(\lambda)$ eine Funktion des *Einfallswinkels* η und des *Rotationswinkels* θ; Entsprechendes gilt für $s_p(\lambda)$ und $s_v(\lambda)$. Gemessen werden η gegen die Achse für senkrechte Inzidenz und θ in einer Ebene senkrecht zu dieser Inzidenzachse, d.h. in einer Ebene mit $\eta = 90° = \pi/2$ rad. Im allgemeinen genügt es, die dimensionslose *relative räumliche spektrale Empfindlichkeit* als

$$s(\lambda, \eta, \theta)_{\text{rel}} = \frac{y_{\lambda,\eta,\theta}}{y_\lambda} \tag{3.177}$$

zu bestimmen. Dabei sind $y_{\lambda,\eta,\theta}$ das Meßsignal für parallele Monochromatbestrahlung λ aus der Richtung η, θ und y_λ das Meßsignal $y_{\lambda,\eta,\theta}$ für senkrechte Inzidenz $\eta = 0$ rad.

Basierend auf der räumlichen Bestrahlungs- und Meßsituation sollten wenigstens drei Typen von Meßgrößen unterschieden werden: 1. Beim Arbeiten mit annähernd parallelen Strahlenbündeln (Bestrahlungsapertur $\eta \leqq 10° = \pi/18$ rad) und senkrechtem Strahlungseinfall, d.h. für Bedingungen normaler Inzidenz, sollte man von *Normal*-Strahlungsgrößen sprechen und sie durch den Index $\perp$ kennzeichnen. 2. Bei Bestrahlungsaperturen im Bereich $10° = \pi/18 \text{ rad} \leqq \eta \leqq 90° = \pi/2$ rad für Organe bzw. Objekte, die bevorzugt flächig entwickelt in einer bzw. parallelen Ebenen orientiert sind, und sofern die Milieureflexion vernachlässigbar bleibt (z.B. manche Rosettenpflanzen oder Thallophyten im schwarzen Raum), sind *Cosinus*-Strahlungsgrößen zu messen und diese durch den Index ⌓ zu charakterisieren. 3. Erreicht die Bestrahlungsapertur Werte $\eta > 90° = \pi/2$ rad, oder wird eine der unter 2. genannten Bedingungen verletzt (z.B. Zellsuspensionen, dreidimensional irreguläre Objekte, merkliche Milieureflexion), so müssen *Raum*-Strahlungsgrößen gemessen werden, zu kennzeichnen mit Index ○. In Zweifelsfällen empfiehlt es sich alle drei Meßgrößen zu ermitteln, um das Strahlungsfeld hinreichend zu charakterisieren (vgl. Tabelle 3.10).

Für *cosinusgetreue* Strahlungsmessung soll die räumliche spektrale Empfindlichkeit der Photodetektoren gemäß dem Lambertschen Gesetz der Bedingung

$$s(\lambda, \eta, \theta) = s(\lambda) \cdot \cos\eta \tag{3.178}$$

genügen. Der geometrische Ort für die Spitzen der Empfindlichkeitsvektoren $s(\lambda, \eta, \theta)$ bzw. ihr Hüllraum (= Indikatrix) ist also eine Kugel mit dem Durchmesser $s(\lambda)$, welche die Detektorenoberfläche tangiert (Abb. 3.93a). Damit ergeben sich aus *monochromatischen Strahlungsdichten* $E(\eta, \theta)_\lambda = E(\Omega)_\lambda$, d.h. z.B. aus dem raumwinkelbezogenen Photonenfluß mit der Dimension $\text{mol} \cdot \text{m}^{-2} \cdot \text{s}^{-1} \cdot \text{sr}^{-1}$, nach Integration über die positive Hemisphäre (= ⌓) Signale vom Typ

$$\begin{aligned} y_{\frown\lambda} &= \int_0^{2\pi} \int_0^{\pi/2} E(\eta, \theta)_\lambda \cdot s(\lambda) \cdot \cos\eta \cdot \sin\eta \cdot d\eta \cdot d\theta \\ &= s(\lambda) \cdot \int_0^{2\pi} E(\Omega)_\lambda \cdot \cos\eta \cdot d\Omega\,. \end{aligned} \tag{3.179}$$

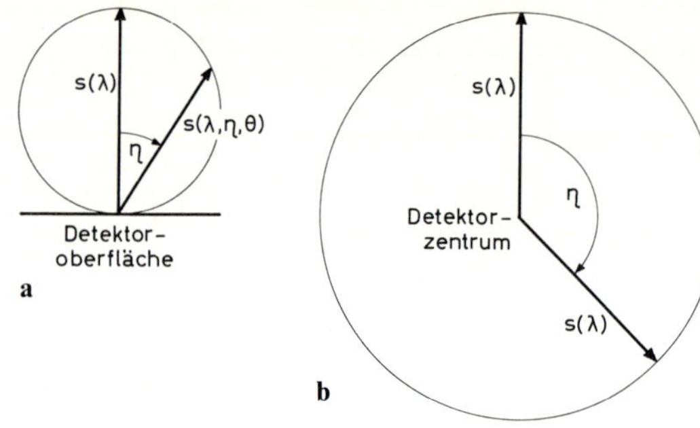

Abb. 3.93. Indicatrices bzw. Hüllräume für die Empfindlichkeitsvektoren $s(\lambda, \eta, \theta)$ bei cosinusgetreuer (= **a**) bzw. räumlich konstanter (= **b**) Empfindlichkeit von Photodetektoren. [Nach Hartmann u. Unser, 1972]

Der *monochromatische Cosinus-Photonenfluß* $E_{\frown\lambda}$ resultiert somit als

$$E_{\frown\lambda} = \frac{y_{\frown\lambda}}{s_p(\lambda)}, \tag{3.180}$$

wobei nur $s_p(\lambda)$ für normale Inzidenz bekannt sein muß.

Nackte flache Photodetektoren haben mehr oder weniger starke Cosinusfehler, d.h. für $\eta > 45° = \pi/4$ rad wird $s(\lambda, \eta, \theta) < s(\lambda) \cdot \cos\eta$. Bei Thermosäulen, die in Gehäusen mit Aperturbegrenzung sitzen, ist die räumliche Empfindlichkeit häufig auf $\eta \leqq 15° = \pi/12$ rad eingeschränkt, d.h. für $\eta > 15°$ gilt $s(\lambda, \eta, \theta) \rightarrow 0$. Speziell für Beleuchtungsmesser gibt es Cosinusvorsätze im Handel, die die räumliche Empfindlichkeit von Photoelementen cosinusgetreu anpassen. Solche Vorsätze bestehen z.B. aus einer Trübglaskalotte und einem sie umgebenden Stufenring, der bis 18 cm ∅ haben kann. Eine für $\eta < 60° = \pi/3$ rad ausreichende Cosinuskorrektur ergibt sich, wenn man die Photodetektoroberfläche mit weißem Chromatographiepapier oder weißem mattiertem Trübplexiglas abdeckt. Bei Cosinusvorsätzen sind die Reduktion von $s(\lambda)$ um etwa einen Faktor 3 und u.U. sogar eine Änderung von $s(\lambda)_{\text{rel}}$ zu berücksichtigen.

Für *raumintegrierende Strahlungsmessung* soll die räumliche spektrale Empfindlichkeit die Bedingung

$$s(\lambda, \eta, \theta) = s(\lambda) \tag{3.181}$$

erfüllen. Die Indikatrix für die Empfindlichkeitsvektoren $s(\lambda, \eta, \theta)$ ist also eine Kugel mit dem Radius $s(\lambda)$, deren Zentrum im Detektorzentrum liegt (Abb. 3.93b). Hier ergeben sich bei Integration über den gesamten Raum (= ○) Signale vom Typ

$$\begin{aligned} y_{\circ\lambda} &= \int_0^{2\pi} \int_0^{\pi} E(\eta, \theta)_\lambda \cdot s(\lambda) \cdot \sin\eta \cdot d\eta \cdot d\theta \\ &= s(\lambda) \cdot \oint_0^{4\pi} E(\Omega)_\lambda \cdot d\Omega\,. \end{aligned} \tag{3.182}$$

Der *monochromatische Raumphotonenfluß* $E_{\circ\lambda}$ kann damit bestimmt werden als

$$E_{\circ\lambda} = \frac{y_{\circ\lambda}}{s_p(\lambda)}, \tag{3.183}$$

wobei wiederum nur $s_p(\lambda)$ für normale Inzidenz gegeben sein muß.

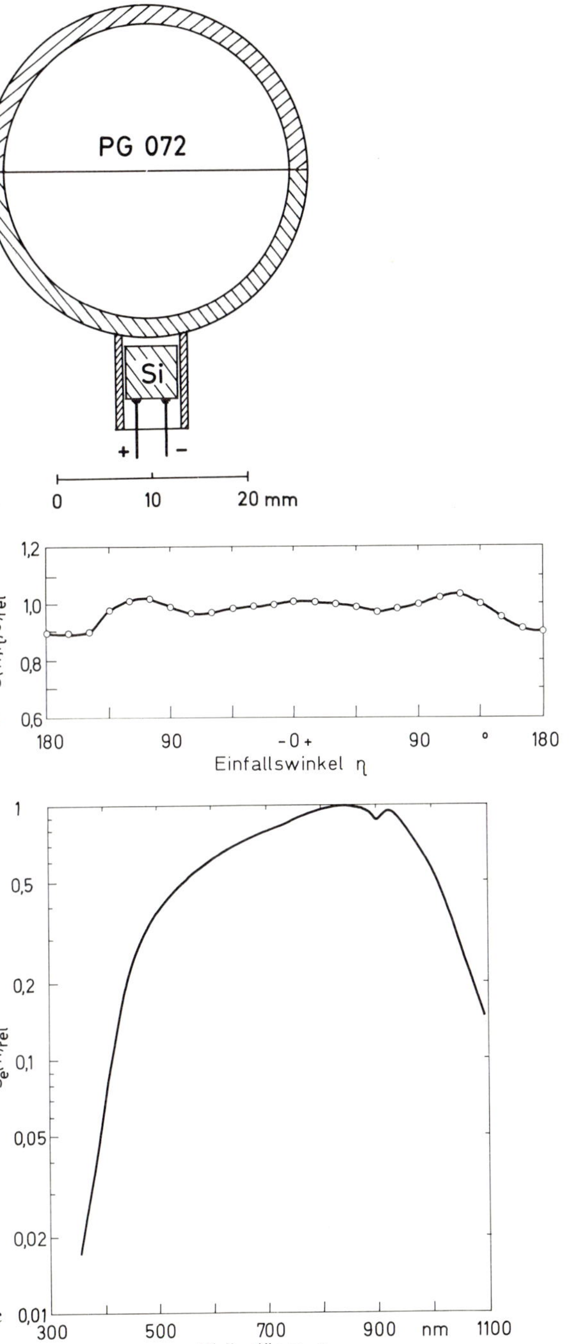

Abb. 3.94a–c. Raummeßkopf gemäß Text mit räumlich annähernd konstanter Empfindlichkeit. **a** Querschnitt; **b** relative räumliche Empfindlichkeit $s(\lambda, \eta, \theta)_{rel}$ als Funktion des Einfallswinkels η; **c** relative spektrale Empfindlichkeit $s_e(\lambda)_{rel}$. [Original]

Speziell für Beleuchtungsmesser gibt es *Raumbeleuchtungsvorsätze* ($=E_\circ$-Vorsätze) im Handel, die die Empfindlichkeit von Photoelementen über den gesamten Raumwinkel auf $\pm 5\%$ konstant halten. Solche Vorsätze sind Hohlkugeln aus weißem Trübplexiglas ($\varnothing \leqq 15$ cm) mit eingeklebten Korrekturstreifen. Die $E_\circ$-Vorsätze reduzieren $s(\lambda)$ um etwa einen Faktor 8 und verändern u. U. auch $s(\lambda)_{rel}$. Für die Messung monochromatischer Raumphotonenflüsse $E_{\circ\lambda}$ im Zusammenhang mit der Wirkungsspektrometrie sind die kommerziellen $E_\circ$-Vorsätze meistens zu groß.

Einen hinreichend kleinen und ausreichend genauen *Raummeßkopf* kann man selbst herstellen, indem man ein Siliziumelement von ca. 5 mm $\varnothing$ in ein ca. 10 mm langes Al-Röhrchen setzt, an einem dünnen Stab fixiert und mit einem glatten und reinweißen Tischtennisball (ca. 38 mm $\varnothing$) verklebt. Unter erschwerten Bedingungen (Freiland, Wasser) verwendet man besser eine Plexiglashohlkugel von ca. 34 mm $\varnothing$, die man mit Chloroform aus zwei Halbkugelkalotten verklebt. Letztere werden aus 2 mm dicken Plexiglasplatten weiß 072 nach Anwärmen im Ölbad auf 145° C mit Hilfe einer kalten Kugel (30 mm $\varnothing$) und einem angewärmten Ring (34 mm $\varnothing$) tiefgezogen, auf der Drehbank abgestochen und verschliffen. Abbildung 3.94 zeigt den Querschnitt sowie die relativen räumlichen und spektralen Empfindlichkeiten eines solchen Meßkopfs.

Der Empfindlichkeitsabfall in Richtung $\eta = 180° = \pi$ rad ist meistens ohne Bedeutung, da man beim Messen und Eichen den Meßkopf stets so orientieren kann, daß das Photoelement in eine Richtung zeigt, aus der kaum Photonen einfallen. Diese Empfindlichkeitsdepression vergrößert sich, sobald das Verhältnis Siliziumelementdurchmesser zu Kugeldurchmesser erhöht wird. Sie kann aber auf Kosten von reduzierter mittlerer Empfindlichkeit nivelliert werden. Dazu klebt man an die 5 Stellen, an denen die rechtwinkligen kartesischen Koordinatenachsen die Kugeloberfläche durchstoßen und die nicht durch die Photozelle besetzt sind, jeweils ein rundes Stück weißes gewebearmiertes Tesaband mit dem Durchmesser der Photozellenhalterung.

γ) *Photonische, energetische und visuelle Strahlungsgrößen*

Die Terminologie für Strahlungsfeld- und Empfängergrößen wird z.Z. nicht einheitlich gehandhabt. Es gibt zwar Empfehlungen der *Commission Internationale de l'Eclairage* (=CIE), diese stehen aber teilweise im Widerspruch zu den terminologischen Gepflogenheiten im Bereich der Physik und Biologie.

Im Bereich der Physik ist z.B. der Begriff *Fluß* (engl.: *flux*) für Partikel pro Fläche und Zeit üblich. Partikel pro Zeit wird dagegen als *Strom* (engl.: *flow*) bezeichnet. *Photonen-* bzw. *Quantenfluß* wäre demnach mit dem Einheitenterm $mol \cdot m^{-2} \cdot s^{-1}$, *Photonen-* bzw. *Quantenstrom* mit $mol \cdot s^{-1}$ zu belegen; nach Vorschlag der CIE sollen stattdessen die Begriffe *Photonenbestrahlungsstärke* (engl.: *photon irradiance*) bzw. *Photonenstrom* (engl.: *photon flux*) verwendet werden, während in der Biologie oft inkorrekt *Photonenstromdichte* eingesetzt wird. Terminologische Klarheit besteht bei der *Photonenmenge* (engl.: *photon number*) in mol und der *Photonenbestrahlung* (engl.: *photon exposure*) in $mol \cdot m^{-2}$, wobei stets die eingestrahlten Photonen gemeint sind. Der Begriff der *Photonendosis* (engl.: *photon dose*) in mol sollte nur verwendet werden, wenn tatsächlich die *absorbierte* Photonenmenge gemäß Gl. (3.158) ermittelt worden ist. In der Photobiologie wird seit etwa 10 Jahren zunehmend (und häufig mißbräuchlich für Photonenbestrahlung) der Begriff *Photonenfluenz* in $mol \cdot m^{-2}$ verwendet, der laut CIE der *Raumphotonenbestrahlung* (engl.: *photon fluence* bzw. *spherical photon exposure*) entspricht. Die *Raumphotonenbestrahlungsstärke* nach CIE ist physikalisch der *Raumphotonenfluß* in $mol \cdot m^{-2} \cdot s^{-1}$ (engl.: *spherical photon irradiance* oder *photon fluence rate* bzw. *spherical photon flux*.

Zu den photonischen Strahlungsgrößen kommen noch die entsprechenden energetischen und visuellen Größen. Sie sind in Tabelle 3.8 zusammen mit den hier verwendeten Symbolen angegeben. Gemäß Empfehlung der CIE sind zur Vermeidung von Verwechselungen die Symbole für photometrisch-*visuelle* Größen

Tabelle 3.8. Wichtige Strahlungsfeld- und Strahlungsempfängergrößen. Die verwendeten Symbole müssen durch Indices spezifiziert werden: 1. Für die photometrische Bewertung (photonisch = p, energetisch = e, visuell = v); 2. Für die Meßgeometrie (normal = $\perp$, cosinusgetreu = ⌓, raumintegrierend = ○); 3. Für das Spektralband (monochromatisch = λ, polychromatisch = Λ). Die Photonendosis $D_{\mathrm{p}\lambda}$ kann nur bestimmt werden, wenn für das zu bestrahlende Objekt bei gleicher Bestrahlungsgeometrie der *integrale spektrale Absorptionsgrad* $\alpha(\lambda)_I$ gemessen werden kann [vgl. Gl. (3.158)]. Außerhalb des sichtbaren Spektralbereichs ($380 \leqq \lambda \leqq 780$ nm) muß der Terminus *Photonen* durch *Quanten* ersetzt werden. *A* steht für Fläche. [Nach DIN, CIE bzw. Original]

Symbol mit Indices	Definition	Strahlungsgrößen: Namen und Einheitenterme (englisch)						
		Photonische = p			Energetische = e		Visuelle = v	
		Physikalisch	DIN (CIE)					
ϕ	$\mathrm{d}N/\mathrm{d}t$	Photonenstrom (photon flow)	Photonenstrom (photon flux)	$\mathrm{mol \cdot s^{-1}}$	Energiestrom (radiant flux)	W	Lichtstrom (luminous flux)	lm
$E_\perp$	$\mathrm{d}\phi/\mathrm{d}A_\perp$	Normal-Photonenfluß (normal photon flux)			Normal-Bestrahlungsstärke (normal irradiance)		Normal-Beleuchtungsstärke (normal illuminance)	
E⌓	Gln. (3.179) und (3.180)	Cosinus-Photonenfluß (cosine photon flux)	Photonenbestrahlungsstärke (photon irradiance)	$\mathrm{mol \cdot m^{-2} \cdot s^{-1}}$	Cosinus-Bestrahlungsstärke (cosine irradiance)	$\mathrm{W \cdot m^{-2}}$	Cosinus-Beleuchtungsstärke (cosine illuminance)	lx
$E_\circ$	Gln. (3.182) und (3.183)	Raum-Photonenfluß (spherical photon flux)	Photonenraumbestrahlungsstärke (spherical photon irradiance, photon fluence rate)		Raumbestrahlungsstärke (spherical irradiance, energy fluence rate)		Raumbeleuchtungsstärke (spherical illuminance, luminous fluence rate)	
$F_\perp$		Normal-Photonenbestrahlung (normal photon exposure)			Normal-Bestrahlung (normal radiant exposure)		Normal-Belichtung (normal luminous exposure	
F⌓	$\int_0^t E_x \cdot \mathrm{d}t$	Cosinus-Photonenbestrahlung (cosine photon exposure)	Photonenbestrahlung (photon exposure)	$\mathrm{mol \cdot m^{-2}}$	Cosinus-Bestrahlung (cosine radiant exposure)	$\mathrm{J \cdot m^{-2}}$	Cosinus-Belichtung (cosine luminous exposure)	lx·s
$F_\circ$		Raum-Photonenbestrahlung (spherical photon exposure)	Photonenraumbestrahlung (spherical photon exposure, photon fluence)		Raumbestrahlung (spherical radiant exposure, energy fluence)		Raumbelichtung (spherical luminous exposure, luminous fluence)	
N	$F_\circ \cdot \mathrm{A}$	Photonenmenge (photon amount)	Photonenzahl (photon number)	mol	Strahlungsmenge (radiant energy)	J	Lichtmenge (luminous energy)	lm·s
D	$N \cdot \alpha(\lambda)_I$	Photonendosis (photon dose)	Photonendosis (photon dose)	mol	Strahlungsdosis (radiant dose)	J	Lichtdosis (luminous dose)	lm·s

mit dem Index *v*, für *energetische* mit dem Index *e* und für *photonische* mit dem Index *p* zu kennzeichnen. Für die Wirkungsspektrometrie sind nur photonische bzw. gequantelte Strahlungsfeld- und Empfängergrößen von Bedeutung und deshalb kann hier bei diesen auf den Index *p* verzichtet werden. Die Größen sind aber spektral zu spezifizieren, was bei Monochromatstrahlung durch den Index λ, bei Polychromatstrahlung durch Λ erfolgt. Sobald die Sichtbarkeitsgrenzen ($\lambda < 380$ nm, $\lambda > 780$ nm) überschritten werden ist der Terminus *Photonen* durch den allgemeineren *Quanten* zu ersetzen.

Für monochromatische Spektralbänder können photonische, energetische und visuelle Strahlungsgrößen direkt ineinander umgerechnet werden, unabhängig davon ob Normal- ($=\perp$), Cosinus- (= ⌓) oder Raum-Strahlungsgrößen (= ○) vorliegen.

Für die Verknüpfung zwischen der *Bestrahlungsstärke* $E_{\mathrm{e}\lambda}$ in $\mathrm{W \cdot m^{-2}}$ und der *Beleuchtungsstärke* $E_{\mathrm{v}\lambda}$ in lx gilt z. B.

$$E_{\mathrm{e}\lambda} = \frac{E_{\mathrm{v}\lambda}}{K_{\mathrm{m}} \cdot V(\lambda)}, \tag{3.184}$$

wobei K_{m} = photometrisches Strahlungsäquivalent $= 673\,\mathrm{lm \cdot W^{-1}}$ und $V(\lambda)$ = spektraler Hellempfindlichkeitsgrad für Tagessehen mit $V(555) = 1$ sind. Analoges gilt für Nachtsehen mit $K'_{\mathrm{m}} = 1725\,\mathrm{lm \cdot W^{-1}}$ und $V'(507) = 1$ (s. Abb. 3.92). Gleichung (3.184) ist praktisch nutzbar solange $V(\lambda)$ bzw. $V'(\lambda) \geqq 0{,}05$ bleibt, da anderenfalls die aus $E_{v\lambda}$ berechneten Werte $E_{e\lambda}$ zu unsicher werden.

Gemäß Planck's Quantentheorie erhält man den *Photonenfluß* E_λ in $mol \cdot m^{-2} \cdot s^{-1}$ aus der *Bestrahlungsstärke* $E_{e\lambda}$ in $W \cdot m^{-2}$, wenn man letztere durch die Energie eines Mols Photonen ($=N_A \cdot h \cdot \nu$) dividiert:

$$E_\lambda = \frac{E_{e\lambda}}{N_A \cdot h \cdot \nu} = 8{,}36 \cdot \lambda \cdot E_{e\lambda}. \qquad (3.185)$$

Dabei sind N_A die Avogadro-Konstante, h die Planck-Konstante und ν die Frequenz in Hz, wobei letztere durch den Quotienten c/λ, d.h. die Vakuumlichtgeschwindigkeit c und die Wellenlänge λ in m ersetzt sind.

Aus Gl. (3.184) und Gl. (3.185) ergibt sich der Zusammenhang zwischen dem *Photonenfluß* E_λ und der *Beleuchtungsstärke* $E_{v\lambda}$:

$$E_\lambda = \frac{8{,}36 \cdot \lambda \cdot E_{v\lambda}}{K_m \cdot V(\lambda)}. \qquad (3.186)$$

δ) Spektrale Photonenflüsse

Strahlung des sichtbaren Spektralbereichs und der angrenzenden Bezirke kann als Spektralverteilung in Form des *spektralen Photonenflusses* $E(\lambda)$ charakterisiert werden, der in $mol \cdot m^{-2} \cdot s^{-1} \cdot nm^{-1}$ anzugeben ist.

Für die Praxis genügt es, wenn die Spektralverteilung als *relativer spektraler Photonenfluß* $E(\lambda)_{rel} = E(\lambda)/E(\lambda_r)$ mit λ_r als Referenzwellenlänge bekannt ist. $E(\lambda)_{rel}$ kann mit Hilfe eines Spektralphotometers punktweise oder kontinuierlich gemessen werden, sofern die *spektrale (Energie-)Empfindlichkeit* $s_e(\lambda)$ des Spektralphotometers [s. Gl. (3.173)] hoch genug ist, um bei einer Bandbreite von $HW \leqq 1$ nm bis herunter zu $< 10^{-4}$ des Maximalwerts von $E(\lambda)$ zu messen. Für die Kalibrierung des Spektralphotometers ist eine Referenzstrahlungsquelle erforderlich, deren relativer spektraler Photonenfluß $E(\lambda)_{rel,\,r}$ für genau einzuhaltende elektrische Leistungsaufnahme bekannt sein muß. Mittels identischer optischer Anordnungen ($BaSO_4$-Tablette, Quarzlinsen) wird die Strahlung jeweils auf den Monochromatoreneintrittsspalt des Spektralphotometers projiziert. Dabei ergebe sich als *spektrales Ausgangssignal für die Referenzstrahlungsquelle* $x(\lambda)$ und für die *unbekannte Spektralverteilung* $y(\lambda)$. Damit resultiert für den relativen spektralen Photonenfluß $E(\lambda)_{rel}$ der unbekannten Spektralverteilung:

$$E(\lambda)_{rel} = \frac{y(\lambda)}{x(\lambda)} \cdot E(\lambda)_{rel,\,r}. \qquad (3.187)$$

Für annähernd symmetrische Spektralverteilungen mit Bandbreiten $HW \leqq 20$ nm darf man den integralen spektralen Photonenfluß einer Nominalwellenlänge $\lambda \approx \frac{1}{2}(\lambda_a + \lambda_b)$ zuordnen, d.h. es gilt in etwa

$$\int_{\lambda_a}^{\lambda_b} E(\lambda) \cdot d\lambda = E_\lambda. \qquad (3.188)$$

Man spricht dann von einem *monochromatischen Photonenfluß* E_λ mit der Dimension $mol \cdot m^{-2} \cdot s^{-1}$. In allen anderen Fällen ist der integrale spektrale Photonenfluß nach Gl. (3.188) als *polychromatischer Photonenfluß* E_A in $mol \cdot m^{-2} \cdot s^{-1}$ zu bezeichnen.

ε) Polarisierung von Strahlungsfeldern

Zur Charakterisierung der Polarisierung eines Strahlungsfeldes ist der *spektrale Polarisationsgrad* P_λ ein notwendiger Parameter. Seine Bestimmung ist ein Amplitudenproblem, für dessen Messung man einen Photodetektor mit fixiertem Polarisator als Vorfilter benötigt. Durch Drehen dieser Meßzelle im monochromatischen Strahlungsfeld ergeben sich Signalwerte y_λ, die den maximalen und minimalen Photonenflüssen proportional und gegeneinander um $90° = \pi/2$ rad gedreht sind. Analog zu Gl. (3.32), S. 52, errechnet sich daraus der spektrale Polarisationsgrad

$$P_\lambda = \left(\frac{y_{max} - y_{min}}{y_{max} + y_{min}}\right)_\lambda \quad \text{mit} \quad 0 \leqq P_\lambda \leqq 1. \qquad (3.189)$$

P_λ kann innerhalb eines Strahlungsfeldes u.U. lokal variieren; über die lokale Auflösung von Messungen entscheidet die Größe der Meßzelle. Allerdings ist die Messung von P_λ für die Festlegung der Polarisationsart oft nicht ausreichend. Denn für streng linear polarisierte Strahlung gilt $P_\lambda = 1$, für unpolarisierte und zirkular polarisierte $P_\lambda = 0$, für partiell linear polarisierte und elliptisch polarisierte $0 < P_\lambda < 1$ (s. Tabelle 3.9). Aufgrund von Strahlungswechselwirkung mit dem Versuchsgut kann bis zum Sensorpigment eine Veränderung von P_λ erfolgen (vgl. b), S. 142). Ob dies der Fall ist, muß polarisationsmikroskopisch geprüft werden, u.U. an Dünnschnitten (s.z.B. Gerlach, 1976).

Tabelle 3.9. Zusammenhang zwischen Polarisationsart, spektralem Polarisationsgrad P_λ und spektralem Gangunterschied Γ_λ in Strahlungsfeldern. Γ_λ ist als Vielfaches der Wellenlänge λ angegeben mit der Laufzahl $k = 0, 1, 2, 3\ldots$ [Original]

Polarisierung	P_λ	Γ_λ
Linear	1	$k\lambda/2$
Partiell linear	$1 > P_\lambda > 0$	$k\lambda/2$
Links zirkular	0	$(4k+1)\lambda/4$
Rechts zirkular	0	$(4k+3)\lambda/4$
Unpolarisiert	0	0
Links elliptisch	$1 > P_\lambda > 0$	$k\lambda < \Gamma_\lambda < (4k+1)\lambda/4$ $(2k+1)\lambda/2 > \Gamma_\lambda > (4k+1)\lambda/4$
Rechts elliptisch	$1 > P_\lambda > 0$	$(2k+1)\lambda/2 < \Gamma_\lambda < (4k+3)\lambda/4$ $k\lambda > \Gamma_\lambda > (4k+3)\lambda/4$

Zur eindeutigen Entscheidung über die Polarisierung eines Strahlungsfeldes muß neben dem Polarisationsgrad P_λ auch die zugehörige Phasensituation bekannt sein. Diese kann durch Messung der *spektralen Gangunterschiede* Γ_λ ermittelt werden, wie sie für die zueinander senkrecht schwingenden ordentlichen und außerordentlichen Teilstrahlen nach senkrechter Durchstrahlung von anisotropen Medien zu erwarten sind. Die Messung von Γ_λ kann mit Hilfe von *Kompensatoren* in Anlehnung an das Prinzip der Polarisationsmikroskopie erfolgen. Wenigstens für die zu bestrahlenden Objekte sind polarisationsmikroskopische Messungen erforderlich (s.z.B. Gerlach, 1976; Scheuner u. Hutschenreiter, 1972).

Für linear polarisierte Monochromatstrahlung müssen die spektralen Gangunterschiede Γ_λ zwischen dem ordentlichen und außerordentlichen Strahl die Bedingung $\Gamma_\lambda = k\lambda/2$ mit $k = 0, 1, 2, 3, \ldots$ erfüllen, wobei für die ganzzahlige Teilserie $\Gamma_\lambda = k\lambda$ die ursprüngliche Schwingungsrichtung erhalten bleibt, während diese für die ungeradzahlige Teilserie $\Gamma_\lambda = (2k+1)\lambda/2$ um $90° = \pi/2$ rad gedreht wird. Ensprechendes gilt auch für partiell linear polarisierte Strahlungsfelder. Sobald die Gangunterschiede der Bedingung $\Gamma_\lambda = (2k+1)\lambda/4$ genügen, liegt zirkular polarisierte Strahlung vor, die für die Serie $\Gamma_\lambda = (4k+1)\lambda/4$ linksdrehend, für die Serie $\Gamma_\lambda = (4k+3)\lambda/4$ aber rechtsdrehend ist. Wenn sich keine Gangunterschiede nachweisen lassen, darf für den Polarisationsgrad $P_\lambda = 0$ völlig unpolarisierte Strahlung angenommen werden. In den verbleibenden Gangunterschiedsbereichen zwischen linear und zirkular polarisierter Strahlung existiert links bzw. rechts elliptisch polarisierte (s. Tabelle 3.9).

ζ) *Photodetektoreichungen*

Alle im Zusammenhang mit Eichungen durchzuführenden Messungen sollten bei 25 ± 1° C in einem schwarzen Raum erfolgen. Die Geräte müssen thermisch adaptiert sein, und es ist daran zu denken, daß der menschliche Körper bereits in Ruhe im Infrarotbereich als ein Störstrahler von etwa 100 W Leistung wirkt. Um die Emission der verwendeten Strahlungsquellen ausreichend konstant zu halten, muß ihre Leistungsaufnahme auf $\Delta \leqq \pm 0{,}5\,\%$ stabilisiert werden.

Bevor man ein Photodetektorsystem eicht, ist zu prüfen, ob die *Kennlinie* linear ist, d.h. ob das Signal y_A direkt proportional mit der Bestrahlungsstärke E_{eA} zunimmt. Das läuft darauf hinaus, daß die *differentielle Empfindlichkeit* $\Delta y_A/\Delta E_{eA}$ unabhängig von der Vorerregung y_A *konstant* sein muß. Zur experimentellen Überprüfung dieses Tatbestandes richtet man einfach zwei Lichtbündel auf den Photodetektor. Das erste Bündel E_{eA} wird stufenweise von Null bis zur Maximalerregung gesteigert. Das zweite Bündel ΔE_{eA} wird konstant gehalten und jeweils an- und abgeschaltet. Wenn das System proportional arbeitet, so muß unabhängig von der durch E_{eA} erzeugten Grunderregung y_A, die jeweils durch ΔE_{eA} erzeugte Signaldifferenz Δy_A konstant sein. Man findet dies in der Regel bestätigt, wenn Photodetektoren bei niederohmigem Abschluß ($R_a \leqq 100\,\Omega$) betrieben werden. Bei hochohmigem Abschluß geht die Proportionalität jedoch häufig verloren, und die Kennlinien bekommen den Charakter von Saturierungshyperbeln.

Wegen der Existenz der Gln. (3.184) bis (3.186) benötigt man zur Wirkungsspektrometrie mit monochromatischen Photonenflüssen nur *ein* geeichtes Photodetektorsystem. Am günstigsten wäre ein geeichtes System mit konstanter Photonenempfindlichkeit $s_p(\lambda)$.

Primär läßt sich jedoch ein nackter Photodetektor mit konstanter Energieempfindlichkeit $s_e(\lambda)$ am einfachsten eichen, weil man hier den *Eichwert* durch direkten Anschluß an das elektrische System ermitteln kann. Man nutzt dabei die Tatsache, daß für eine röhrenförmige klare Wolframfadenlampe bei Horizontallage die Abstrahlung in der Zentralebene senkrecht zur Lampenachse und außerhalb des 10fachen Lampendurchmessers so ist wie bei einer Punktquelle. Außerdem gilt beim Betrieb von Glühlampen, daß im Bereich von 30–100% der Nennleistung die *Änderung der elektrischen Leistungsaufnahme* ziemlich genau der *Änderung der abgestrahlten Energie* entspricht, da in diesem Lastbereich Änderungen von Konvektions- und Leitungsverlusten vernachlässigbar gering bleiben. In der Zentralebene senkrecht zur Lampenachse gilt dann für die *Änderung der polychromatischen Bestrahlungsstärke*

$$\Delta E_{eA} = \frac{U_{\mathrm{Nenn}} \cdot I_{\mathrm{Nenn}} - U_x \cdot I_x}{4\pi r^2}, \qquad (3.190)$$

mit $U_x \cdot I_x \geqq 0{,}3 \cdot U_{\mathrm{Nenn}} \cdot I_{\mathrm{Nenn}}$ und $r \geqq 10\,d$, wobei U = Betriebsspannung in V, I = Betriebsstrom in A, r = Arbeitsabstand von der Lampenachse und d = Lampendurchmesser in m sind. Mit Hilfe der sich für ΔE_{eA} ergebenden Signaldifferenz $\Delta y_A = y_{A\mathrm{Nenn}} - y_{Ax}$ ermittelt man analog zu Gl. (3.173) die absolute spektrale Energieempfindlichkeit $s_e(\lambda)$ = konstant = $\Delta y_A/\Delta E_{eA}$ als sog. *differentielle Empfindlichkeit*.

Für die praktische Durchführung einer *Niederintensitätseichung* genügt nach Björn (1971) eine ca. 3 cm lange Osram-Soffittenlampe vom Typ 6430 (24 V, 3 W) die direkt mit den stromzuführenden Cu-Drähten verlötet wird. Man stellt das Detektorniveau der zu eichenden grauen bzw. schwarzen Photodetektoren senkrecht zur Lampenachse exakt auf r = 0,2 m ein. Eventuell vorhandene Detektorfenster sind zur Eichung zu entfernen, da sie die langwellige infrarote Strahlung und damit bis zur Hälfte der Glühlampenstrahlung absorbieren. Mit Hilfe von zwei 12-Volt-Bleiakkumulatoren (oder einer anderen gut stabilisierten Gleichstromquelle), einem Voltmeter, einem Amperemeter (Güteklasse jeweils ≦0,5%) und einem Schieberheostat, wird die Lampenleistung auf 3 bzw. 1,5 W eingestellt. Damit erhält man nach Gl. (3.190) im Abstand r = 0,2 m für $\Delta E_{eA} \approx 3\,\mathrm{W \cdot m^{-2}}$. Die zu dieser Bestrahlungsstärkendifferenz gehörende Signaldifferenz Δy_A wird durch wiederholtes Exponieren und Beschatten des Detektors mit einer Fototüte bei beiden Einstellwerten ermittelt und so die absolute spektrale Energieempfindlichkeit $s_e(\lambda)$ bestimmt. Bei sorgfältigem Arbeiten erreicht man mit diesem Verfahren fast die gleiche Genauigkeit (±2%) wie mit einem geeichten teuren Gesamtstrahlungsstandard.

Für den *Meßeinsatz* von geeichten Photodetektorsystemen, meist wohl Thermosäulensysteme, müssen diese mit einem *Fenster* verschlossen werden. Als Fenster verwendet man stets ein Stück von dem Material, welches zur Abdeckung der Objekte bei der Exponierung dient, weil dann der spektrale Transmissionsgrad $\tau(\lambda)$ des Abdeckmaterials nicht als Korrekturfaktor berücksichtigt werden muß. Falls regulär ohne Abdeckung bestrahlt wird, wird ein poliertes Quarzfenster eingesetzt, für welches im Spektralbereich 300 nm $\leqq \lambda \leqq$ 1000 nm $\tau(\lambda) \approx 0{,}92$ gilt.

Für *Anschlußeichungen* sollte man ausschließlich möglichst parallele Monochromatbänder verwenden. Mit Hilfe der Gln. (3.184) bis (3.186) kann man die nach Gln. (3.173), (3.175) und (3.176) definierten Empfindlichkeiten verschiedener Photodetektorsysteme bestimmen und überprüfen. Das gilt auch für Systeme, die Normal-, Cosinus- bzw. Raumstrahlungsgrößen messen, sofern man sie bei normaler und möglichst paralleler Inzidenz im gleichen Spektralfeld vergleicht. Bei Strahlungsfeldern mit großer Bestrahlungsapertur gelingt dies, indem man die Detektoren nacheinander am Grunde eines innen mattschwarzen Tubus exponiert, dessen Eintrittsblende den Einfallswinkel auf $\eta \leqq 10° = \pi/18$ rad begrenzt. Dabei muß gleiches mittleres Detektorniveau eingehalten werden. Nach diesem Verfahren können innerhalb des gleichen Maßsystems auch normal, cosinusgetreu und raumintegrierend messende Photodetektorsysteme für definierte polychromatische Spektralverteilungen gegeneinander geeicht werden.

Als Beispiel für *Anschlußeichungen* ist in Tabelle 3.10 eine Meßserie für ein Hellrotfeld gegeben, wobei ausgehend von einem Thermo-

Tabelle 3.10. Photonenflüsse über einer schwarzen (Schwarztuch) bzw. weißen (Glasal perlweiß) horizontalen Tischfläche, die 0,7 m unterhalb von einem horizontalen Hellrotaggregat (Leuchtstofflampen vom Typ Philips TL 40 W/15 mit 3 mm Plexiglas rot Nr. 501; Leuchtfläche 1,1 m × 1,2 m; λ_m = 658 nm, HW = 15 nm, ZW = 40 nm, hW = 91 nm) in einem schwarzen Dunkelraum bei 25 ± 0,5° C angeordnet ist. Die Photonenflüsse wurden jeweils normal (= $E_{\perp 658}$), cosinusgetreu (= $E_{\triangle 658}$) und raumintegrierend (= $E_{\circ 658}$) gemessen. Die spektralen Photonenempfindlichkeiten $s_p(\lambda)$ des Cosinus- bzw. Raum-Photometers (Abb. 3.94) wurden durch Vergleich mit einem Thermosäulenmeßkreis im gleichen Lichtfeld bei reduzierter Bestrahlungsapertur ($\eta = 9{,}5°$) bestimmt, wobei zur Aperturbegrenzung ein innen mattschwarzes Rohr (Höhe = 0,5 m; ∅ = 0,2 m; Eintrittsblenden-∅ = 145 mm; Detektorniveau = 65 mm über Grund) diente. [Original]

Photonenfluß	Schwarzer Tisch		Weißer Tisch	
	$\mu\mathrm{mol \cdot m^{-2} \cdot s^{-1}}$	% von $E_{\circ 658\,\mathrm{weiß}}$	$\mu\mathrm{mol \cdot m^{-2} \cdot s^{-1}}$	% von $E_{\circ 658\,\mathrm{weiß}}$
$E_{\perp 658}$	1,0	13	1,2	15
$E_{\triangle 658}$	2,8	36	2,9	37
$E_{\circ 658}$	4,1	53	7,8	100

säulenmeßkreis mit $\eta \leqq 15°$, der cosinusgetreue Photonenfluß $E_{\ominus 658}$ bzw. der Raumphotonenfluß $E_{\circ 658}$ bestimmt wurden. Unter dem Hellrotaggregat wurde über schwarzem und weißem Grund mit einem cosinusgetreuen Beleuchtungsmesser bzw. einem Raummeßkopf gemäß Abb. 3.94 gemessen. Es ist eindeutig, daß allein der Raumphotonenfluß $E_{\circ 658}$ die Gesamt-Strahlungsbelastung repräsentiert. Mit der Thermosäule wird in etwa $E_{\perp 658}$ erfaßt, was bei Messung über weißem Grund dazu führt, daß nur 15% von $E_{\circ 658\,\text{weiß}}$ registriert werden. Die cosinusgetreue Messung liefert 37% von $E_{\circ 658\,\text{weiß}}$, d.h. noch eine Unterbewertung der Photonenfluenz um den Faktor 2,7. $E_{\circ 658\,\text{weiß}}$ ist das 1,9fache von $E_{\circ 658\,\text{schwarz}}$, womit der *integrale spektrale Reflexionsgrad* von Glasal perlweiß $\varrho(658)_\text{I} = 0{,}86$ fast bestätigt wird. Die Werte über weißem Grund liegen durchweg höher, was durch partielle Rückreflexion des reflektierten Photonenflusses am Hellrotaggregat bedingt ist. Deshalb, und auch wegen der durch die bestrahlten Objekte u. U. verursachten Beschattung, liefert die Messung des Raumphotonenflusses $E_{\circ\lambda}$ am Bestrahlungsort generell genauere Werte als wenn man z. B. für einen parallelen Strahl nur den Normal-Photonenfluß $E_{\perp\lambda}$ mißt und den Raumphotonenfluß $E_{\circ\lambda}$ mit Hilfe des integralen spektralen Reflexionsgrades des Untergrunds $\varrho(\lambda)_\text{I}$ rechnerisch ermittelt gemäß

$$E_{\circ\lambda} \approx E_{\perp\lambda} \cdot (1 + \varrho(\lambda)_\text{I}). \tag{3.191}$$

h) Bestrahlungsanlagen

Die *Anordnung der Monochromatoren* sollte so erfolgen, daß möglichst nur die fertig ausgefilterte monochromatische Strahlung mit Hilfe von lichtdichten Durchführungen oder Lichtleitern in den Bestrahlungsraum gelangt. Alle zur Strahlungserzeugung und -filterung erforderlichen Bauteile sollten in einem Vor- oder Nebenraum arrangiert werden; für die Abführung der oft erheblichen Abwärme aus Raum und Filtern ist eine Luft- oder Flüssigkeitskühlung vorzusehen.

Der *Bestrahlungsraum* selbst sollte mattschwarz gestrichen, thermisch gut isoliert und mit einer Raumtemperierung (±0,5° C) ausgerüstet sein. Wenn biologische Objekte frei exponiert werden sollen, ist u. U. auch eine Feuchtigkeitsregulierung (±5%) einzuplanen. Beim Arbeiten mit hohen Photonenflüssen ist ferner an das Auftreten von Übertemperaturen im Bestrahlungsgut zu denken: Temperaturmessungen mit Thermonadeln sowie zusätzliche Thermostatenbäder für das Versuchsgut sind dann erforderlich.

Es empfiehlt sich, das Versuchsmaterial bei *völliger Dunkelheit* an den Bestrahlungsort zu stellen, was mit Hilfe von entsprechend vorjustierten Rahmen, in welche die Versuchsbehälter genau hineinpassen, leicht möglich ist. Vor und nach der Bestrahlung sollten das Versuchsmaterial wie auch die Dunkelkontrollen in lichtdichten Blechschachteln (Keksdosen oder Al-Schachteln mit Schwarztuchüberwurf unter dem Deckel) unter kontrollierten Bedingungen (am besten im Bestrahlungsraum) verbleiben.

i) Sicherheitslicht

Die Vorbereitung des biologischen Versuchsmaterials ist häufig nicht in völliger Dunkelheit möglich. Man benutzt deshalb am Arbeitsplatz und in Schleusen gerne ein *grünes Sicherheitslicht*, welches nur Strahlung im Bereich zwischen den Maximalwerten der spektralen Hellempfindlichkeitsgrade für Tages- und Nachtsehen ($\lambda_\text{max} = 555$ bzw. 507 nm) emittiert.

Für den Bau solcher Sicherheitslichter sind kastenförmige Leuchten für je eine gelbe oder grüne Leuchtstofflampe z. B. vom Typ Philips TL 16 oder 17 mit 20 oder 40 W Leistung geeignet. Die ringförmigen Zonen zwischen Lampenrohr und Metallsockel, wo die Phosphorenbelegung der Lampen aussetzt, werden mit schwarzem Isolierband umklebt. Das Austrittsfenster der Leuchte ist mit je einer 3 mm dicken Platte aus Farbplexiglas der Typen gelb Nr. 303 und blau Nr. 627 lichtdicht zu verschließen. Es resultiert ein grünes Spektralband mit $\lambda_\text{max} \approx 521$ nm, $HW = 22$ nm, $ZW = 41$ nm und $hW = 63$ nm. Nach 15–20 min Dunkeladaption sind in diesem Licht noch bei einer Bestrahlungsstärke von ca. $10\,\text{mW} \cdot \text{m}^{-2}$, das ist ein Photonenfluß von ca. $44\,\text{nmol} \cdot \text{m}^{-2} \cdot \text{s}^{-1}$, feine Präparierarbeiten möglich; um Größenordnungen geringere Bestrahlungsstärken genügen, wenn man auf einer von unten zu beleuchtenden Opalglasplatte arbeitet.

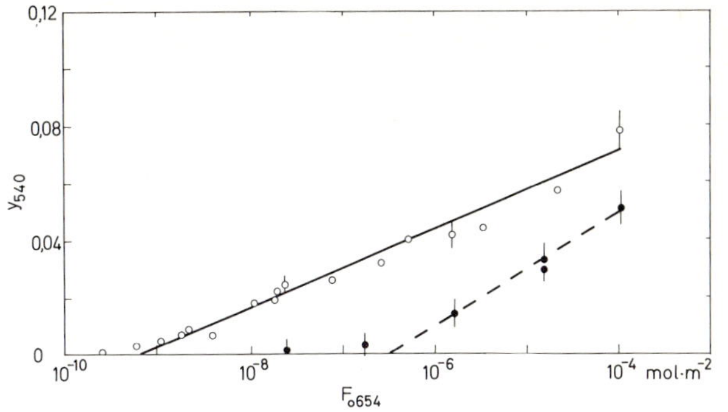

Abb. 3.95. Veränderung des Schwellwerts und der Steilheit einer Hellrot-Fluenz-Effekt-Kurve durch Grünlichtvorbestrahlung ($\lambda_\text{m} = 519$ nm, $HW = 23$ nm, Bestrahlungszeit $t = 10$ s, Photonenfluenz $F_{\circ 519} = 1\,\mu\text{mol} \cdot \text{m}^{-2}$). Untersucht wurde die Anthocyanakkumulation bei Senfkeimlingen [*Sinapis alba* L., s. Abb. 13.18 in Kapitel 13.2; Anzucht bei 25 ± 0,5° C; Bestrahlung, Extraktion und Photometrie erfolgten 36, 72 bzw. 96 Std. nach Aussaat. Als Hellroteffekt y_{540} wurde das streuungskorrigierte dekadische Absorptionsmaß (= Extinktion) bei $\lambda = 540$ nm ermittelt und jeweils um den entsprechenden Dunkel- bzw. Grüneffekt vermindert]. Aufgetragen ist der Hellroteffekt y_{540} *ohne* (ausgezogen) und *mit* (gestrichelt) Grünvorbestrahlung als Funktion der hellroten Photonenfluenz $F_{\circ 654}$($\lambda_\text{m} = 654$ nm, $HW = 20$ nm, $t = 5$ s) in Form der Regressionsgeraden. Die relative Photonenwirksamkeit des Grünlichts, bezogen auf Hellrot, beträgt $p(519)_\text{rel} \approx 0{,}024$. Die Grünlichtvorbestrahlung erhöht aber den Schwellenwert für Hellrot von $F_{\circ 654} \approx 6 \cdot 10^{-10}\,\text{mol} \cdot \text{m}^{-2}$ auf $\approx 3 \cdot 10^{-7}\,\text{mol} \cdot \text{m}^{-2}$, d.h. um etwa einen Faktor 500 bei gleichzeitiger Erhöhung der Anlaufsteilheit der Fluenz-Effekt-Kurve auf das 1,44fache. Steuerpigment ist das Phytochrom (s. Kapitel 13.2). [Thoma und Hartmann: Original]

Vor einer routinemäßigen Verwendung grüner und anderer Sicherheitslichter muß dringend gewarnt werden, denn bei empfindlichen Systemen kann bereits durch eine Photonenbestrahlung mit $1\,\mu\text{mol} \cdot \text{m}^{-2}$ bei 519 nm (das entspricht einer Bestrahlungszeit von ca. 23 s im obigen Sicherheitslicht) der Anlaufbereich von Fluenzeffektkurven drastisch modifiziert werden (s. Abb. 3.95). Deshalb sollte man eher die unbedenklichen *Infrarotsichtgeräte* einsetzen.

Mein Dank gilt den Kollegen L. Fukshansky (Freiburg/Br.) und D. Gerlach (Erlangen) für wertvolle Hinweise sowie Frau A. Mollwo für technische Hilfe.

Literaturauswahl

Albrecht, H. u.a.: Optische Strahlungsquellen. Grafenau/Württ.: Lexika-Verlag 1977.

Björn, L.O.: Simple Methods for the Calibration of Light Measuring Equipment. Physiol. Plant. **25**, 300–307 (1971).

Flügge, J.: Studienbuch zur technischen Optik. Hrsg. G. Hartwig. Göttingen: Vandenhoeck & Ruprecht 1976.

Gerlach, D.: Das Lichtmikroskop. Stuttgart: G. Thieme 1976.

Hartmann, K.M., Cohnen Unser, I.: Analytical Action Spectroscopy with Living Systems: Photochemical Aspects and Attenuance. Ber. Deutsch. Bot. Ges. **85**, 481–551 (1972).

Kiefer, J., Hrsg.: Ultraviolette Strahlen. Berlin, New York: de Gruyter 1977.

Kortüm, G.: Reflexionsspektroskopie. Berlin, Heidelberg, New York: Springer 1969.

Mielenz, K.D., Velapoldi, R.A., Mavrodineanu, R.: Standardization in Spectrophotometry and Luminescence Measurements. Washington: U.S. Government Printing Office 1977.

Scheuner, G., Hutschenreiter, J.: Polarisationsmikroskopie in der Histophysik. Leipzig: Thieme 1972.

Senger, H. Hrsg.: The Blue Light Syndrome. Berlin, Heidelberg, New York: Springer 1980.

Setlow, R.B., Pollard, E.C.: Action Spectra and Quantum Yields. In: Molecular Biophysics pp. 267–305. Oxford, London, New York, Paris: Pergamon Press 1962.

Zimmer, K.G.: Zur Berücksichtigung der biologischen Variabilität bei der Treffertheorie der biologischen Strahlenwirkung. Biol. Zbl. **61**, 208 (1941).

3.2.8 ORD- und CD-Spektroskopie

AXEL WOLLMER

3.2.8.1 Grundlagen

a) Optische Rotation

Optische Rotation und Circulardichroismus sind zwei stets miteinander gekoppelte Erscheinungsformen der optischen Aktivität und resultieren aus der Wechselwirkung eines Mediums mit linear polarisiertem Licht. Ihr Verständnis wird erleichtert, wenn man linear polarisiertes Licht nach Fresnel als Überlagerung zweier gleicher Anteile links- und rechts-zirkular polarisierten Lichtes auffaßt (Abb. 3.96). Optisch aktive Medien besitzen für diese beiden Komponenten verschiedene Brechungsindizes, $n_l \neq n_r$, sowie, da $n = c/v$ (c = Lichtgeschwindigkeit im Vakuum), verschiedene Propagationsgeschwindigkeiten $v_l \neq v_r$ und damit verschiedene Winkelgeschwindigkeiten der Projektionen der elektrischen Feldstärkevektoren (s. Abb. 3.96). Während des Durchtritts durch eine Schicht der Dicke d' gewinnt die eine gegenüber der anderen Komponente einen zeitlichen Vorsprung

$$\Delta t = \frac{(n_l - n_r)}{c} \cdot d'. \tag{3.192}$$

Dieser entspricht einer Phasenverschiebung

$$\phi = 2\pi v \cdot \Delta t = \frac{2\pi v}{c}(n_l - n_r) \cdot d' = \frac{2\pi}{\lambda_{\text{vak.}}}(n_l - n_r) \cdot d' [\text{rad}]. \tag{3.193}$$

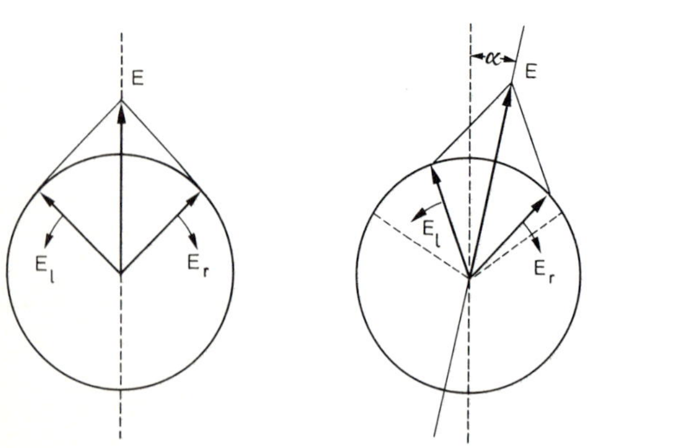

Abb. 3.96. *Links.* Zusammensetzung des linear polarisierten Lichtes aus zwei gleich großen Komponenten links- und rechts-zirkular polarisierten Lichtes. Projektion der elektr. Feldstärkevektoren ***E*** entgegen der Propagationsrichtung.
Rechts. Situation nach Austritt des Lichtes nicht absorbierter Wellenlänge aus einem optisch aktiven Medium

Die Phasendifferenz bleibt mit Austritt aus dem optisch aktiven Medium konstant. Das austretende Licht ist also weiterhin linear polarisiert, jedoch ist die Polarisationsebene gegenüber derjenigen vor dem Eintritt in das Medium um den Winkel

$$\alpha = \phi/2 = \frac{180}{\lambda_{\text{vak.}}}(n_l - n_r) \cdot d' [\text{grad}] \tag{3.194}$$

gedreht ($\lambda_{\text{vak.}}$ ist die Wellenlänge des verwendeten Lichtes im Vakuum).

Um den Drehwinkel als Stoffkonstante angeben zu können, bezieht man auf eine Schichtdicke d in Dezimetern und die Konzentration c in $\text{g} \cdot \text{cm}^{-3}$. Bei Angabe der sog. spezifischen Drehung müssen zugleich Wellenlänge und Temperatur spezifiziert werden:

$$[\alpha]_\lambda^T = \frac{\alpha}{c \cdot d}\left[\frac{\text{grad} \cdot \text{cm}^3}{\text{g} \cdot \text{dm}}\right]. \tag{3.195}$$

Für den Vergleich ähnlicher Stoffe empfiehlt sich eine molare Basis. Ist M die Molmasse, so beträgt die molare Drehung

$$[\Phi]_\lambda^T = \frac{M}{100}[\alpha]_\lambda^T = \frac{M}{100} \cdot \frac{\alpha}{c \cdot d}\left[\frac{\text{grad} \cdot \text{cm}^2}{\text{dezimol}}\right]. \tag{3.196}$$

Bei Polymeren ist der Bezug auf die Molmasse des Gesamtmoleküls nicht sinnvoll. Hier bezieht man auf die (bei Heteropolymeren mittlere) Molmasse der Polymerisationseinheit, so z.B. bei Proteinen auf die mittlere Aminosäurerestmasse (MRW, mean residue weight). Die molare Drehung pro mittleren Aminosäurerest ist

$$[m]_\lambda^T = \frac{\text{MRW}}{100} \cdot \frac{\alpha}{c \cdot d}\left[\frac{\text{grad} \cdot \text{cm}^2}{\text{dezimol}}\right]. \tag{3.197a}$$

Die optische Drehung ist ferner abhängig vom Brechungsindex n_λ des Lösungsmittels bei der betreffenden Wellenlänge. Durch den Lorentz-Faktor werden alle Messungen auf ein einheitliches Medium reduziert. Die reduzierte molare Drehung ist

$$[m']_\lambda^T = \frac{3}{n_\lambda^2 + 2} \cdot \frac{\text{MRW}}{100} \cdot \frac{\alpha}{c \cdot d}\left[\frac{\text{grad} \cdot \text{cm}^2}{\text{dezimol}}\right]. \tag{3.197b}$$

b) Circulardichroismus

Der andere Aspekt der Wechselwirkung von linear polarisiertem Licht mit einem optisch aktiven Medium besteht darin, daß dieses für die links- und die rechtszirkular polarisierte Komponente einen unterschiedlichen Extinktionskoeffizienten besitzt, $\varepsilon_l \neq \varepsilon_r$, d.h. es zeigt Circulardichroismus. Die Projektionen der elektrischen Vektoren haben also nicht allein eine unterschiedliche Winkelgeschwindigkeit, sondern ferner eine unterschiedliche Länge (s. Abb. 3.97). Das Licht verläßt das Medium mit elliptischer Polarisation. Die Elliptizität θ ist definiert als der Arcustangens des Verhältnisses von kleiner zu großer Halbachse

$$\theta = \arctan \frac{b}{a}. \tag{3.198}$$

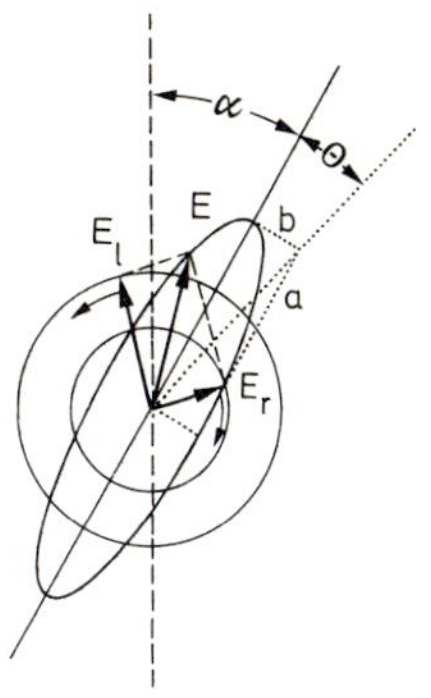

Abb. 3.97. Elliptische Polarisation bei Austritt des Lichtes aus einem Medium im Absorptionsbereich eines optisch aktiven Elektronenüberganges: Circulardichroismus. (Projektionsrichtung wie in Abb. 3.96)

Da die Transmission dem Quadrat der Länge des elektrischen Vektors proportional ist, gilt

$$E_l = k \cdot \sqrt{T_l} \quad \text{sowie} \quad E_r = k \cdot \sqrt{T_r}. \tag{3.199}$$

$$\tan\theta = \frac{b}{a} = \frac{\sqrt{T_r} - \sqrt{T_l}}{\sqrt{T_r} + \sqrt{T_l}}. \tag{3.200a}$$

Durch Erweiterung mit $(\sqrt{T_r} + \sqrt{T_l})$ erhält man:

$$\tan\theta = \frac{T_r - T_l}{T_r + 2\sqrt{T_r\, T_l} + T_l}. \tag{3.200b}$$

Da der Unterschied zwischen T_r und T_l und dementsprechend der Winkel θ äußerst klein ist, gilt näherungsweise

$$\theta \approx \frac{1}{4} \cdot \frac{\Delta T}{\overline{T}} [\text{rad}]. \tag{3.201}$$

Nach Lambert entspricht der Transmission $\overline{T}$ die (dekadische) Extinktion E, der minimal höheren Transmission $(\overline{T} + \Delta T)$ die kleinere Extinktion E':

$$\log \overline{T} = -E, \tag{3.202a}$$

$$\log(\overline{T} + \Delta T) = -E'. \tag{3.202b}$$

Für kleine ΔT erhält man mit einer Taylor-Reihenentwicklung:

$$\ln(\overline{T} + \Delta T) = \ln \overline{T} + \frac{\Delta T}{\overline{T}}, \tag{3.203a}$$

$$\log(\overline{T} + \Delta T) = \log \overline{T} + \frac{\Delta T}{\overline{T}} \cdot \frac{1}{\ln 10}, \tag{3.203b}$$

$$E - E' = \Delta E = E_L - E_R = \frac{\Delta T}{\overline{T}} \cdot \frac{1}{\ln 10}. \tag{3.204}$$

Mit den Gln. 3.201 und 3.204 ergibt sich folgende Beziehung zwischen der Elliptizität und dem Circulardichroismus:

$$\theta = \frac{2{,}303 \cdot \Delta E}{4} [\text{rad}] \quad \text{bzw.} \tag{3.205a}$$

$$\theta = \frac{360 \cdot 2{,}303 \cdot \Delta E}{2\pi \cdot 4} = 33{,}0 \cdot \Delta E\, [\text{grad}] \tag{3.205b}$$

Die Elliptizität ist somit dem Circulardichroismus proportional.

Für die Elliptizität ist ein analoger Formalismus eingeführt wie für die Rotation. Dementsprechend gilt für die spezifische und molare Elliptizität sowie bei Polymeren für die auf die mittlere Molmasse der Bausteine bezogene Elliptizität:

$$[\theta]_\lambda^T = \frac{\theta}{c \cdot d}, \tag{3.206}$$

$$[\theta_M]_\lambda^T = \frac{M}{100} \cdot \frac{\theta}{c \cdot d}, \tag{3.207}$$

$$[\theta_{MRW}]_\lambda^T = \frac{MRW}{100} \cdot \frac{\theta}{c \cdot d}. \tag{3.208}$$

Es ist unüblich, die Elliptizität mit dem Lorentz-Faktor zu korrigieren.

c) Wellenlängenabhängigkeit

Wie aus der λ-Indizierung bereits ersichtlich, sind optische Rotation und Circulardichroismus bzw. Elliptizität von der Wellenlänge abhängig. Die Auftragung des optischen Drehwinkels gegen die Wellenlänge wird als optische Rotationsdispersion oder als ORD-Spektrum, die des Circulardichroismus oder der Elliptizität als CD-Spektrum bezeichnet. Je nachdem ob Brechzahl oder Extinktionskoeffizient der links-zirkular polarisierten größer oder kleiner sind als die der rechts-zirkular polarisierten Komponente, haben optische Drehung und Elliptizität ein positives oder negatives Vorzeichen. Abbildung 3.98 zeigt schematisiert das ORD- und CD-Spektrum im Bereich einer isolierten Absorptionsbande. Beide spektralen Erscheinungen werden nach ihrem Entdecker als Cotton-Effekt bezeichnet. Nach dem Vorzeichen der CD-Bande unterscheidet man positive und negative Cotton-Effekte. Bei einem positiven Cotton-Effekt tritt im ORD-Spektrum der positive Teil stets auf der langwelligen Seite des Nulldurchgangs auf. Es fällt auf, daß die ORD-Kurve der ersten Ableitung der CD-Kurve ähnelt. Wie viele andere dispersive und absorptive Phänomene sind optische Rotation und Circulardichroismus gekoppelt und prinzipiell mathematisch ineinander überführbar. Aus einem ORD-Spektrum läßt sich — sofern nicht zu viele Cotton-Effekte überlagert sind —

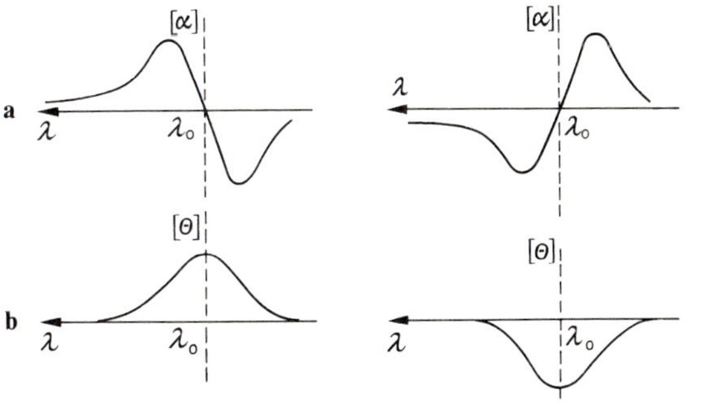

Abb. 3.98a, b. Cotton-Effekte von Absorptionsbanden bei λ_0. **a** $[\alpha]$ als Funktion von λ: ORD-Spektrum, **b** $[\theta]$ als Funktion von λ: CD-Spektrum. *Links.* positiver, *rechts.* negativer Cotton-Effekt

durch Anwendung der Kronig-Kramer-Transformationsgleichungen das zugehörige CD-Spektrum berechnen und umgekehrt.

Wie in Abb. 3.98 angedeutet, wird optische Drehung auf Grund ihrer dispersiven Natur noch in großer Entfernung von der Lage des optisch aktiven Übergangs registriert, wohingegen der Circulardichroismus naturgemäß auf den Bereich der Absorptionsbande begrenzt ist. Hierin liegen auch die Vor- und Nachteile der einen gegenüber der anderen Methode begründet. Heute steht die CD-Spektroskopie ganz im Vordergrund. Ihre Überlegenheit beruht hauptsächlich auf der Auflösung sich überlagernder Banden (wobei gegenüber der isotropen Absorption noch die Vorzeichendifferenzierung hinzukommt). Dennoch greift man wegen spezifischer Vorteile auf die ORD-Spektroskopie zurück: Sie stellt eine Absolutmethode dar, während die CD-Skala mit Standardsubstanzen (meistens *d*-10-Camphersulfonsäure; $\theta^{1\%;\,1\,\text{cm}}_{290\,\text{nm}}=0{,}308°$) geeicht werden muß. Ferner erlaubt die ORD-Spektroskopie Schlüsse auf Existenz und Vorzeichen von Cotton-Effekten in Wellenlängenbereichen, die der direkten Messung aus technischen Gründen oder wegen stark absorbierender Lösungsmittel unzugänglich sind. Bei Denaturierungsstudien von Proteinen mit hohen Konzentrationen an Harnstoff oder Guanidinhydrochlorid reicht z.B. bei kleinen Schichtdicken die Transparenz des Lösungsmittels gerade aus, um das Helix-bedingte ORD-Minimum bei 233 nm noch zu erfassen, während die n-π^--Bande selbst bei 222 nm im CD-Spektrum wegen des ungünstigen Signal/Rausch-Verhältnisses nicht mehr meßbar ist.

d) Molekulare Ursachen

Die Quantentheorie der optischen Aktivität geht auf Rosenfeld (1928) zurück. Nach ihrer Kernaussage ist die optische Aktivität eines Moleküls daran gebunden, daß ein bestimmter Elektronenübergang $0\to i$ sowohl elektrisch als auch magnetisch erlaubt ist und daß die beiden Übergangsmomente nicht senkrecht aufeinander stehen.

$$R_{0i}\cong \operatorname{Im}\boldsymbol{\mu}_{0i}\cdot \boldsymbol{m}_{i0}\,, \tag{3.209}$$

($z=a+ib$; $\operatorname{Im} z=b$). Die Rotationsstärke R_{0i} ist der Dipolstärke einer isotropen Absorptionsbande analog. Sie ist für einen isolierten Cotton-Effekt sowohl über das CD- als auch das ORD-Spektrum zugänglich. Entspricht die CD-Bande einer Gauss-Kurve, so ist

$$R_{0i}\approx 4{,}118\cdot 10^{-57}[\theta]_{0i}\cdot\frac{\Delta_{0i}}{\lambda_{0i}}[\text{Am}^3\text{s}]\,. \tag{3.210}$$

Dabei ist $[\theta]_{0i}$ die molare Elliptizität im Maximum der i-ten Bande bei der Wellenlänge λ_{0i}, und Δ_{0i} ist das Wellenlängenintervall, über das $|[\theta]|$ auf $|[\theta]_{0i}|/e$ abfällt, beide in nm. Aus einer ORD-Kurve ist die Rotationsstärke nach folgender Formel zu erhalten:

$$R_{0i}\approx 7{,}366\cdot 10^{-57}[A']_{0i}\cdot\frac{\Delta^3_{0i}}{\lambda_{0i}\cdot\Delta^2_{0i}+0{,}003\lambda^3_{0i}}[Am^3s]\,. \tag{3.211}$$

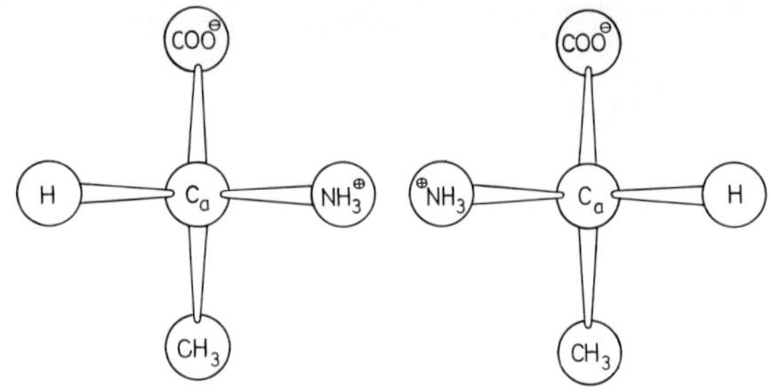

D-Alanin $[\alpha]_D^{25°C}=-14{,}47$ L-Alanin $[\alpha]_D^{25°C}=+14{,}47$

[grad · cm³/g · dm]

Abb. 3.99. Die Enantiomeren des Alanins

Hier steht $[A']_{0i}$ für die Amplitude der Kurve, Lorentz-korrigiert, Δ_{0i} für den halben Wellenlängenabstand der beiden Extrema, den sog. Dämpfungsfaktor, in nm.

Das gleichzeitige Vorhandensein eines elektrischen und magnetischen Übergangsmoments bedeutet, daß sich die Ladungsverschiebung aus einer translatorischen und einer rotatorischen Komponente zusammensetzt, deren Superposition eine Schraubenbewegung ergibt. Seit erstmals Van t'Hoff die optische Drehung mit dem Molekülbau verknüpft hat, ist die bekannteste Quelle optischer Aktivität das asymmetrische Kohlenstoffatom. Durch die verschiedenen Liganden ist das Elektronensystem um das Kohlenstoffatom asymmetrisch; man spricht von einem chiralen Chromophor. Ein Beispiel sind die beiden Enantiomeren des Alanins (Abb. 3.99): Den Unterschied zwischen den beiden Stereoisomeren erkennt man, wenn man die Liganden in beiden Fällen in derselben Reihenfolge verbindet. In einem Fall erhält man eine Rechts- und im anderen eine Linksschraube. Entsprechend dreht das eine Spiegelbildisomere die Polarisationsebene nach rechts und die andere nach links.

Die Biopolymeren aller drei großen Klassen — Proteine, Polynucleotide und Polysaccharide — sind optisch aktiv auf Grund der asymmetrischen C-Atome ihrer Bauelemente. Ihre optische Aktivität gleicht jedoch nicht derjenigen ihrer (hinsichtlich Zahl und Konfiguration der asymmetrischen C-Atome unveränderten) Hydrolysate. Die Ursache der zusätzlichen optischen Aktivität liegt in der Asymmetrie der Konformation (bereits Pasteur hat auf die Chiralität selbst einer Wendeltreppe hingewiesen, deren Stufenelemente symmetrisch sind). Ohne diese Tatsache wäre die methodische Eignung der Polarimetrie für Konformationsuntersuchungen nicht gegeben.

Nach Rosenfelds Theorie ist für Chromophore mit Symmetriezentrum oder Symmetrieebene die Rotationsstärke Null. Optische Aktivität von Chromophoren mit inhärenter Symmetrie ist jedoch keineswegs selten. Die meisten Protein-Chromophore z.B. haben planare Symmetrie. Die Erklärung liegt in einer asymmetrischen Störung des Chromophors durch seine

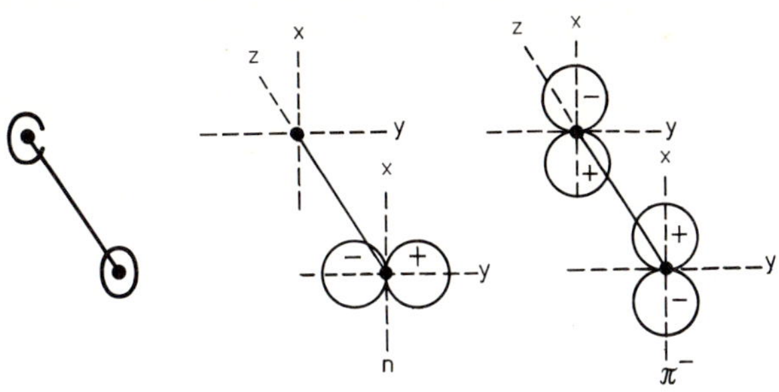

Abb. 3.100. n- und π^--Orbitale der Carbonylfunktion. Magnetisches Moment des $n-\pi^-$-Überganges durch Ladungsrotation um die C–O-Bindung. [Nach Schellman, J.A., Schellman, C.: In: The Proteins, Vol. II, Neurath, H. (Ed.): New York: Academic Press 1964]

molekulare Umgebung. Ihr wird durch hauptsächlich zwei verschiedene störungstheoretische Modelle Rechnung getragen: 1. Der Ein-Elektron-Mechanismus (Condon, Altar, Eyring) betrachtet die Störung durch das statische Feld der Umgebung. Er ist einschlägig für die optische Aktivität der n-π^--Bande der Peptidgruppe. Dieser Übergang ist elektrisch verboten. Er impliziert eine Ladungsdrehung um die C–O-Bindung und damit ein magnetisches Übergangsmoment (Abb. 3.100). Das für das Auftreten optischer Aktivität erforderliche elektrische Moment wird durch die Umgebung induziert. 2. Beim Mechanismus der gekoppelten Oszillatoren (Kuhn, Kirkwood) stehen dynamische Störeffekte im Vordergrund. Abbildung 3.101 zeigt die elektrischen Momente zweier Übergänge als Tangenten an einen Zylinder. (Diese Konstruktion ist allgemein möglich. Auszuschließen sind jedoch Anordnungen, die ein Symmetriezentrum oder eine Symmetrieebene aufweisen.) Schwingen die Dipole durch Kopplung in Phase, so setzt sich die Ladungsbewegung aus einer Rotation um die Zylinderachse und einer Translation in Richtung der Zylinderachse zusammen. Eine effektive Kopplung erfordert kleine Distanzen zwischen den Oszillatoren ($d \ll \lambda$) und große Dipolstärken, entsprechend starken Absorptionsbanden. Ein biophysikalisch wichtiges Beispiel ist die $\pi-\pi^-$-Bande der Peptidgruppe. Moffitt hat erkannt, daß die Anordnung identischer Chromophore (degenerierte Übergänge) in einer festen periodischen Lagebeziehung, wie sie in den Sekundärstrukturen der

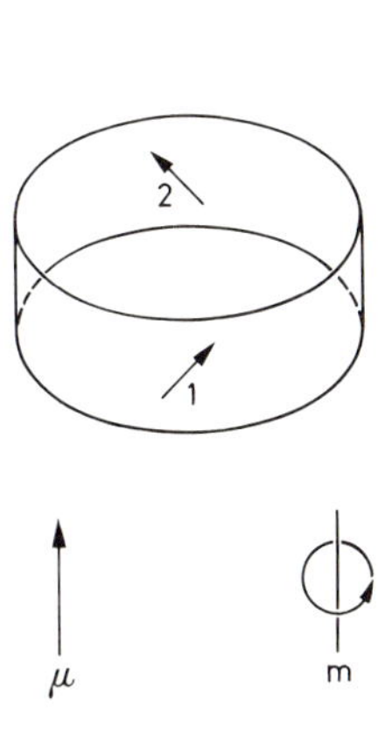

Abb. 3.101. Die elektrischen Momente zweier Übergänge als Tangenten an einen Zylinder. Ihre Kopplung resultiert in einem elektrischen Moment μ und einem magnetischen Moment m parallel zur Zylinderachse. [Quelle: s. Abb. 3.100]

Biopolymeren vorliegt, einen Spezialfall der Kopplung darstellt, der als Excitonsystem nach Davydov zu behandeln ist.

3.2.8.2 Anwendungen

Die heutigen Maßstäbe der Strukturbestimmung von Biopolymeren werden von den ebenso umfassenden wie detaillierten Ergebnissen der Röntgenkristallographie gesetzt. Dennoch leistet die Spektralpolarimetrie nach wie vor wichtige spezifische und komplementäre Beiträge. Ihr Aufwand, besonders der zeitliche, ist vergleichsweise gering. Bei Proteinen und Polypeptiden ermöglicht sie zumindest eine Abschätzung der Sekundärstrukturanteile, wenn eine Röntgenstrukturanalyse wegen zu kleiner Substanzmengen (man denke an best. Proteohormone), zu hoher Molmassen, mangelnder Kristallisierbarkeit oder welcher Gründe immer nicht praktikabel ist. Über intra- und intermolekulare Wechselwirkung chromophorer Seitenketten werden Tertiär- und Quartärstruktureffekte erfaßbar. Auch die Bindung kleinerer Moleküle, so z.B. von Coenzymen, kann unter best. Voraussetzungen anhand sog. extrinsischer Cotton-Effekte oder von Banden beteiligter Seitenketten untersucht werden. Als kinetische Methode erlaubt die CD-Spektroskopie die Verfolgung langsamer bis mittelschneller Konformationsübergänge.

a) Analyse der Hauptkettenkonformation von Biopolymeren

Für die Sekundärstrukturanalyse von Proteinen in Lösung ist die Spektralpolarimetrie die wichtigste Methode. Anfangs stand nur die ORD-Spektroskopie zur Verfügung.

Die optische Rotationsdispersion statistisch geknäuelter Polypeptide und denaturierter Proteine außerhalb des Wellenlängenbereiches ihrer Absorption gehorcht der Gleichung von Drude:

$$[m']_\lambda = \frac{k}{\lambda^2 - \lambda_c^2}, \tag{3.212}$$

Darin sind k und λ_c Konstanten. Beim Vorliegen von Helix jedoch kann die ORD-Kurve mit Hilfe einer erweiterten Gleichung von Moffitt angenähert werden:

$$[m']_\lambda = a_0 \frac{\lambda_0^2}{\lambda^2 - \lambda_0^2} + b_0 \left(\frac{\lambda_0^2}{\lambda^2 - \lambda_0^2} \right)^2. \tag{3.213}$$

Man trägt im sog. Moffitt/Yang-Diagramm $[m']_\lambda \cdot (\lambda^2 - \lambda_0^2)/\lambda_0^2$ über $\lambda_0^2/(\lambda^2 - \lambda_0^2)$ auf und erhält aus der Steigung der resultierenden Geraden b_0 als Maß für den Helixgehalt. Bei 100% Helix beträgt $b_0 = -630\,\text{grad}\cdot\text{cm}^2/\text{dezimol}$, bei Abwesenheit von Helix wird es 0, womit die Moffitt-Gleichung zur Drude-Gleichung reduziert wird. Der Ordinatenabschnitt a_0 wird in seinem Zahlenwert stark von der Art des Lösungsmittels beeinflußt. Für λ_0 führt im Durchschnitt der Wert 212 ± 2 nm zur besten Linearisierung im Moffitt/Yang-Diagramm.

In der ersten Zeit war die ORD-spektroskopische Analyse im wesentlichen auf den Helixgehalt fixiert. Alternative Hauptkettenkonformationen, auch die β-Struktur, wurden vernachlässigt. Zur konformationellen Differenzierung ist es vorteilhafter, die Peptid-Cotton-Effekte selbst zu analysieren. Hierzu kann zwar auch das ORD-Spektrum herangezogen werden, seit etlichen Jahren kommt jedoch fast nur noch die CD-Spektroskopie zur Anwendung. In jedem Fall ist man auf spektrale Standarddaten für alle zu berücksichtigenden Konformationen angewiesen. Die Analyse besteht in der Computer-vermittelten Bestimmung derjenigen Kombination von Standardspektren, die nach Maßgabe der kleinsten Fehlerquadrat-Summe die optimale Anpassung an das zu analysierende Spektrum darstellt. Allein die Unterschiede zwischen den für ein und dieselbe Konformation veröffentlichten Standarddaten machen die Limitationen des Verfahrens deutlich.

Als Standards dienen in der Regel synthetische Homopolypeptide. So ist z.B. die absolute Forderung, daß diese total in einer bestimmten Konformation vorliegen, bei der α-Helix eher erfüllt als bei der β-Struktur. Bei den Standards haben die Sekundärstrukturen quasi unendliche Ausdehnung, während in globulären Proteinen Helices nur wenige Windungen, Faltblätter nur wenige Kettenabschnitte umfassen, so daß End- und Randeffekte zu erwarten sind. Neuerdings sind polymerisierte und cyclisierte Di- und Tetrapeptide als Modelle für den β-Turn eingeführt worden, eine weitverbreitete Hauptkettenkonformation, die sich über 4 Aminosäuren erstreckt. Relativ unsicher ist das Spektrum des statistischen Knäuels. Abgesehen davon, daß es experimentell schwer zu verwirklichen ist, repräsentiert es Bereiche in Proteinen, die zwar nicht periodisch geordnet, aber mitnichten statistische Knäuel sind. Um den Unzulänglichkeiten von Modellsubstanzen auszuweichen, kann man

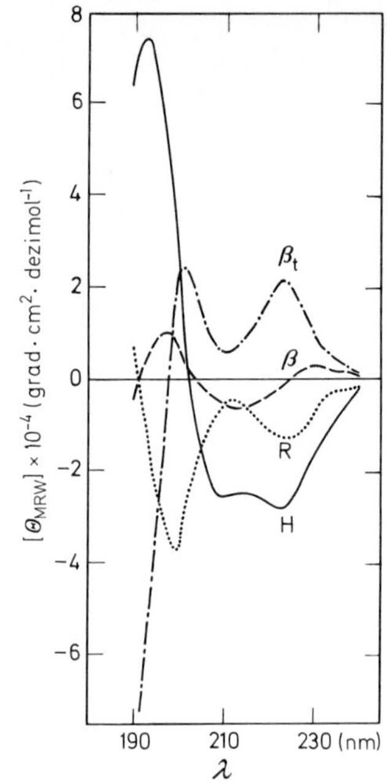

Abb. 3.102. CD-Referenzspektren für Helix (H), β-Form (β), β-Turn (β_t) und random coil (R) aus der Korrelation der CD-Spektren von 15 Proteinen mit ihren Röntgenstrukturen. [Nach Chang, C.T., et al.: Analyt. Biochem. **91**, 13–31 (1978)]

Standarddaten aus den CD-Spektren von Proteinen extrahieren, deren Röntgenstruktur bekannt ist. Für das θ jedes dieser Proteine gilt bei allen Wellenlängen die Gleichung

$$\theta = f_\alpha \cdot \theta_\alpha + f_\beta \cdot \theta_\beta + f_\tau \cdot \theta_\tau + f_\varrho \cdot \theta_\varrho . \qquad (3.214)$$

Darin bedeuten f_α, f_β, f_τ und f_ϱ die Fraktionen der konstituierenden Konformationen α-Helix, β-Struktur, Turn und random coil, die sich zu 1 ergänzen. $\theta_{\alpha,\beta,\tau,\varrho}$ sind die gesuchten Standardelliptizitäten für die einzelnen Konformationen. Da die Zahl der vorliegenden Röntgenstrukturen die der unbekannten Konformationsparameter übertrifft, lassen sich diese ermitteln. Es ist kürzlich unternommen worden, auf dieser Basis

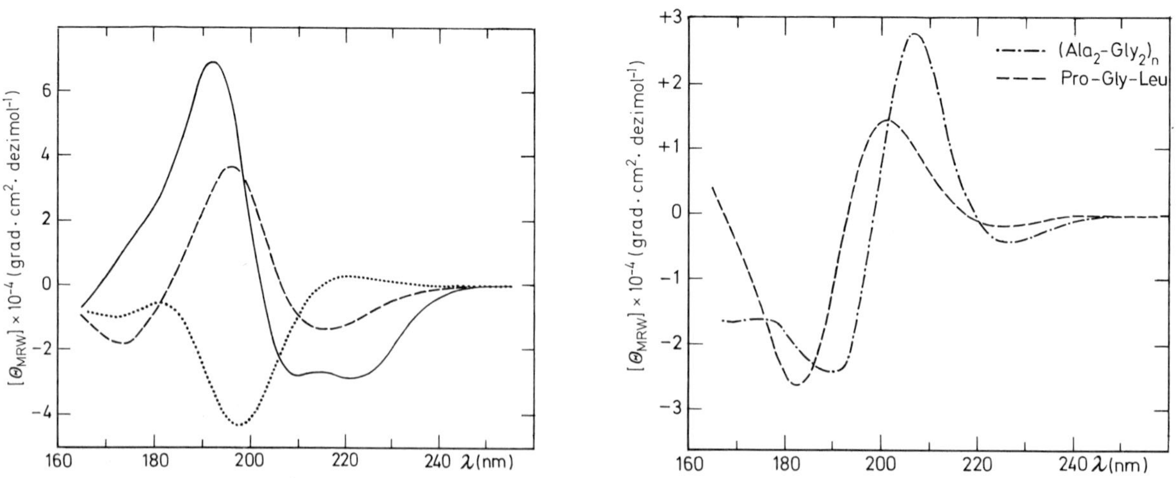

Abb. 3.103. CD-Referenzspektren von Standardpeptiden. *Links.* —— α-Helix, Wal-Myoglobin, Korrelation mit der Röntgenstruktur, - - - β-Form, Poly-(-Lys-Leu-) in 0,5 M NaF bei pH 7, ····· statistisches Knäuel, Poly-(-Pro-Lys-Leu-Lys-) in Wasser. *Rechts.* β-Turn, Typ I und II (Venkatachalam) –·–·– Poly-(-Ala_2-Gly_2-), - - - - - N-Acetyl-L-Pro-Gly-L-Leu-OH, in Trifluoräthanol bei −40° C. Man beachte die Ausdehnung der Daten in das Vakuum-UV und ihre Bedeutung für die Erfassung der β-Turns. [Nach Brahms, S., Brahms, J.G.: J. Chim. Phys. **76**, 841–846 (1979)]

zwischen paralleler und antiparalleler β-Struktur weiter zu differenzieren. Die auf diese Weise gewonnenen Referenzspektren sind in Abb. 3.102 wiedergegeben. Zum Vergleich zeigt Abb. 3.103 die entsprechenden Spektren von Standardpeptiden.

Sekundärstrukturanalysen haben zusätzliches Interesse gewonnen im Hinblick auf die Überprüfung statistischer Konformationsvorhersagen aus Sequenzdaten.

In der Stoffklasse der *Polynucleotide* werden Sekundär- bzw. Supersekundärstruktur hauptsächlich in den Cotton-Effekten der Seitenketten, d.h. der Basen, widergespiegelt (Abb. 3.104). Die erheblichen Unterschiede zwischen dem Spektrum einer Mischung aus Homopolyadenylsäure (Poly-A) und Homopolyuridylsäure (Poly-U) (Kurve 2) und dem Mittel der Spektren der beiden Komponenten (Kurven 1 bzw. 4) beruhen auf Ausbildung der Doppelhelix. Die Ähnlichkeit der Kurven 2 und 3 spricht dafür, daß auch ein *AU*(1:1)-Copolymeres als doppelsträngige Helix vorliegt, die wegen der statistischen Verteilung der Basen jedoch wahrscheinlich weniger regelmäßig ist. Auch einsträngig liegt Poly-A unter den für die Kurven 1 und 4 gültigen Bedingungen als Helix vor, Poly-U jedoch nur unter den Konditionen für Kurve 4.

Bei den *Polysacchariden* galten die ausführlichsten Untersuchungen den Glycosaminoglykanen, insbesondere ihren Komplexen mit basischen Farbstoffen wie Methylenblau. Aus den für eine helikale Anordnung der Farbstoff-Moleküle charakteristischen extrinsischen Cotton-Effekten wird auf helikale Konformation der polymeren Matrix geschlossen.

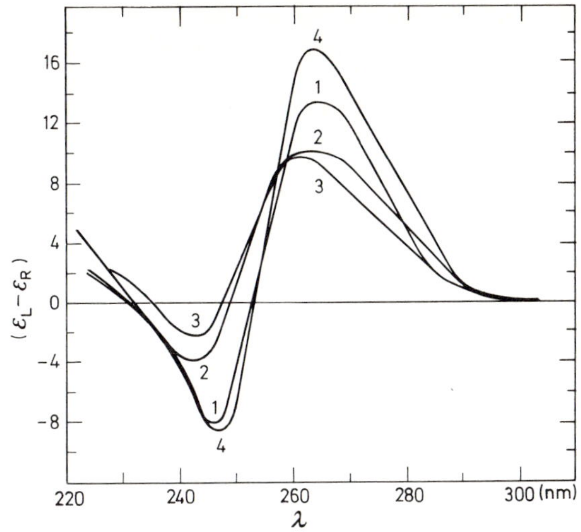

Abb. 3.104. CD-Spektren von Polyadenylsäure (Poly-A) und Polyuridylsäure (Poly-U). *1* Mittleres Spektrum von Poly-A und Poly-U, separat gemessen bei 14° C. *2* Spektrum einer äquimolaren Mischung von Poly-A und Poly-U bei 14° C. *3* Spektrum eines AU (1:1)-Copolymeren bei 14° C. *4* Mittleres Spektrum von Poly-A und Poly-U, separat gemessen bei 3° C. [Nach Brahms, J.: J. Mol. Biol. **11**, 785–801 (1965)]

b) Seitenketten-Cotton-Effekte als Tertiär- und Quartärstrukturmerkmale von Proteinen

Obwohl die Bestimmung der periodischen Hauptkettenkonformationen (Sekundärstruktur) bei der Anwendung der ORD/CD-Spektroskopie stark im Vordergrund steht, ist z.B. das CD-Spektrum eines Proteins zugleich Ausdruck seiner Tertiär- und gegebenenfalls Quartärstruktur. Während CD-Signale von Seitenketten, prosthetischen Gruppen, Liganden und Labeln häufig als sensible Indikatoren von Konformationsänderungen auf diesen Strukturebenen benutzt werden, bleibt ihr komplexer Ursprung meistens ungeklärt. Es gibt jedoch vielversprechende Ansätze, den Circulardichroismus von Übergängen in Seitenketten oder prosthetischen Gruppen von Proteinen zu berechnen. Voraussetzung ist die Kenntnis der Molekülgeometrie, d.h. der Atomkoordinaten der Röntgenstruktur. Es handelt sich demnach um einen Vergleich von mit Hilfe quantenchemischer Näherungsverfahren umgemünzter Strukturinformation aus dem Kristall mit Strukturinformation aus der Lösung. Deshalb ist dieser Versuch unausweichlich mit dem Problem konfrontiert, wieweit die Kristallkoordinaten für die Verhältnisse in Lösung repräsentativ sind.

Als erste zeigten Hsu und Woody, daß die Rotationsstärke des Soret-Überganges von Myoglobin und Hämoglobin auf der Wechselwirkung der π-Elektronensysteme des Häms und naher aromatischer Seitenketten beruht. Das Verfahren erwies sich als geeignet, z.B. das inverse Vorzeichen der Soretbande eines Insektenhämoglobins (Erythrocruorins) richtig wiederzugeben. Weitere Rechnungen betreffen den 275 nm-Übergang von Tyrosin in Ribonuclease (E. H. Strickland) und Insulin (Strickland und Mercola).

Die störungstheoretischen Verfahren basieren auf der Arbeit von Kirkwood, Moffitt und Tinoco. Gleichung (3.216) beschreibt die Rotationsstärke für den Übergang eines Chromophors A aus dem Grundzustand in den ersten angeregten Zustand. Chromophor A befindet sich in einer festen Lagebeziehung zu einem anderen Chromophor B und wird durch dessen Übergang vom Grundzustand in den ersten angeregten Zustand gestört. Deshalb ist auch der 0→1-Übergang von A im Komplex mit B nicht identisch mit dem im isolierten Chromophor A:

$$R_{(\mathrm{A0}\to 1)'} = -\frac{2\pi}{c}\cdot\frac{V_{\mathrm{A0\,1,\,B0\,1}}}{h}\cdot\frac{\nu_{\mathrm{B0}\to 1}\cdot\nu_{\mathrm{A0}\to 1}}{(\nu^2_{\mathrm{B0}\to 1}-\nu^2_{\mathrm{A0}\to 1})}\cdot(\boldsymbol{R}_\mathrm{B}-\boldsymbol{R}_\mathrm{A})\cdot\boldsymbol{M}_{\mathrm{B0}\to 1}\times\boldsymbol{M}_{\mathrm{A0}\to 1} \qquad (3.215)$$

$\boldsymbol{R}_{\mathrm{A,B}}$ sind die Ortsvektoren für die Gruppen A und B, $\boldsymbol{M}_{\mathrm{A0}\to 1,\mathrm{B0}\to 1}$ die elektrischen Übergangsmomente des gestörten bzw. des störenden Überganges, $\nu_{\mathrm{A0}\to 1,\mathrm{B0}\to 1}$ ihre Frequenzen. Die Störung impliziert magnetische Übergangsmomente, obwohl sie in diesem Ausdruck nicht auftreten.

Die Wertbeträge für Übergangsmomente und Frequenzen sind an Aminosäurederivaten meßbar. Die Lage der Übergangsmomente innerhalb der chromophoren Gruppen ist durch Absorptionsmessungen an ausgerichteten Proben mit polarisiertem Licht oder aus theoretischen Überlegungen erhältlich. Die Röntgendaten fließen ein in die Ortsvektoren und die Orientierung der Übergangsmomente sowie in den Wechselwirkungsterm $V_{\mathrm{A01,B01}}$.

Die Rotationsstärke ist dem Wechselwirkungsterm proportional:

$$V_{\mathrm{A01,B01}} = \int \psi_{\mathrm{A0}} \psi_{\mathrm{A1}} V_{\mathrm{AB}} \psi_{\mathrm{B0}} \psi_{\mathrm{B1}} d\tau_{\mathrm{A}} d\tau_{\mathrm{B}}. \tag{3.216}$$

Hierin bedeuten ψ die Wellenfunktionen für die Grundzustände und die ersten angeregten Zustände von A und B. V_{AB} ist das Störpotential, $d\tau_{\mathrm{A}}$ und $d\tau_{\mathrm{B}}$ sind die Produkte der Volumenelemente für die Elektronen von A und entsprechend von B. Die Integration geht über alle Elektronen von A und B. Für dieses Integral stehen im Prinzip zwei Näherungen zur Verfügung, und zwar 1) die Dipol/Dipol-Approximation:

$$V_{\mathrm{A01,B01}} \approx \frac{1}{|\boldsymbol{R}_{\mathrm{AB}}|^3} \left(\boldsymbol{M}_{\mathrm{A0}\to 1} \cdot \boldsymbol{M}_{\mathrm{B0}\to 1} - 3 \cdot \frac{(\boldsymbol{M}_{\mathrm{A0}\to 1} \boldsymbol{R}_{\mathrm{AB}}) \cdot (\boldsymbol{M}_{\mathrm{B0}\to 1} \boldsymbol{R}_{\mathrm{AB}})}{|\boldsymbol{R}_{\mathrm{AB}}|^2} \right) \tag{3.217}$$

und 2) die Monopol/Monopol-Approximation:

$$V_{\mathrm{A01,B01}} \approx \sum_{\mathrm{K(A)}} \sum_{\mathrm{K'(B)}} \frac{q_{\mathrm{K(A)}} q_{\mathrm{K'(B)}}}{r_{\mathrm{KK'}}}. \tag{3.218}$$

Die Übergangsmonopole $q_{\mathrm{K(A,B)}}$ sind durch quantenmechanische Rechnungen mit semiempirischen Verfahren erhältlich. Sie sind für alle in reinen Proteinen vorkommenden π-Elektronensysteme von Woody [J. Chem. Phys. **49**, 4797–4806 (1968)] zusammengestellt worden. Die Abstände $r_{\mathrm{KK'}}$ in den einzelnen Monopol-Paaren sind wiederum durch die Röntgenstruktur gegeben. Summiert wird über alle Atomkerne der Gruppen A und B.

Für die Berechnung der Rotationsstärke eines Überganges, z.B. des Tyrosins, betrachtet man die Störung dieses Überganges in jedem einzelnen Tyrosinrest durch *paarweise Wechselwirkung* mit den Übergängen jeweils der übrigen Tyrosine, aller anderen aromatischen Seitenketten, aller Peptidgruppen sowie aller Amid-, Carboxyl- und Guanidinylfunktionen. Anhand der Einzelbeiträge ist sofort ersichtlich, welche Wechselwirkungen besonders wichtig sind. Soweit allenfalls eine allgemeine Tendenz erkennbar ist, dominiert in der Regel der Einfluß bestimmter aromatischer Seitenketten, wohingegen sich die Peptidgruppen aufgrund ihrer großen Zahl in ihrem Einfluß mehr oder weniger kompensieren.

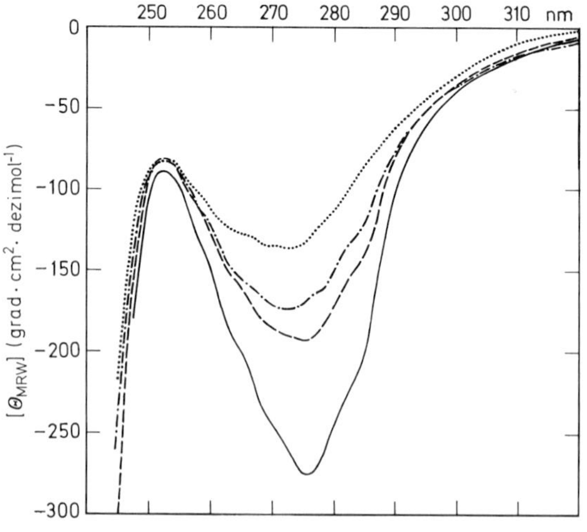

Abb. 3.105. CD-Spektrum des Insulins (Schwein) in Abhängigkeit von der Proteinkonzentration bei pH 7,8. ...... $c = 3{,}3 \cdot 10^{-6}$ mol/l, –·–·–· $c = 3{,}3 \cdot 10^{-5}$ mol/l, ------ $c = 3{,}3 \cdot 10^{-4}$ mol/l, ——— $c = 3{,}3 \cdot 10^{-4}$ mol/l in Gegenwart von Zinkionen (Endpunkt der Assoziation zu Insulin-Hexameren)

Das Auftreten einer beherrschenden Aromaten-Wechselwirkung war Anlaß einer kritischen Untersuchung am Insulin. Der gemessene Tyrosyl-CD des Insulins ist negativ. Bei Steigerung der Proteinkonzentration und Zugabe von Zinkionen wird eine Zunahme des Absolutwertes beobachtet, die mit der Assoziation der Monomeren über Dimere zu Hexameren korreliert (Abb. 3.105). Auf Grund der Wechselwirkung der Chromophore in und zwischen den Protomeren kommen im CD-Spektrum Tertiär- und Quartärstruktureffekte zum Ausdruck. Sowohl das Vorzeichen als auch der assoziationsbedingte Anstieg der Rotationsstärke werden von den Rechnungen richtig wiedergegeben. Die erwähnte dominierende Wechselwirkung besteht zwischen A14-Tyrosin und B1-Phenylalanin. Durch Abspaltung des Phenylalanins, die auf Grund seiner *N*-terminalen Position relativ leicht gelingt, wird diese Wechselwirkung gegenstandslos. Wichtig ist, daß dabei die funktionellen und strukturellen Eigenschaften des Insulins unverändert bleiben. Unverändert bleibt jedoch im Gegensatz zur Erwartung auch das Spektrum. Es ist demnach für den Tyrosyl-CD bedeutungslos, ob das B1-Phe vorhanden ist oder nicht. Das legt die Vermutung nahe, daß der Rest, bedingt durch *thermische Beweglichkeit*, keine definierte Position einnimmt, so daß sich sein Beitrag im zeitlichen Mittel aufhebt. Energierechnungen nach der Kraftfeldmethode haben gezeigt, daß durch Entfernung von B1-Phe zugleich die Beweglichkeit des Wechselwirkungspartners A14-Tyr stark zunimmt. So ist tatsächlich bei der Röntgenstrukturanalyse von des-Phe$^{\mathrm{B1}}$-Insulin die Elektronendichte eines der A14-Tyrosine nicht lokalisierbar. Wird bei der Berechnung des Tyrosyl-CD nicht nur B1-Phe, sondern auch A14-Tyr, sowohl als gestörte wie auch als störende Gruppe, ausgelassen, so ergibt sich im Einklang mit dem Experiment eine gute Übereinstimmung der Werte für Insulin und des-Phe$^{\mathrm{B1}}$-Insulin.

Es ist versucht worden, die atomaren Temperaturfaktoren B der Röntgenstrukturanalyse auszunutzen, um der thermischen Beweglichkeit differenziert Rechnung zu tragen, indem die Monopole nach Maßgabe der B-Werte „verschmiert" wurden. Der Effekt ist jedoch vernachlässigbar. Ferner ist der Einfluß der Qualität der Röntgenstruktur auf das Ergebnis der Rechnungen untersucht worden. Die Refinement-bedingten Korrekturen der lokalen Geometrie können durchaus ein Ausmaß annehmen, daß erhebliche Änderungen von Einzelbeiträgen resultieren.

3.2.8.3 Experimentelle Technik

Für die Messung von ORD- und CD-Spektren sind relativ ausgereifte Geräte kommerziell verfügbar. Ihr Wellenlängenbereich ist 185–800 nm. Als Lichtquelle dienen Xenon-Hochdrucklampen. Bei der Messung der optischen Rotation geht es im wesentlichen um die photoelektrische Bestimmung der Kreuzstellung der Polarisationsebene von Probe und Analysator. Dazu wird mit Hilfe eines Faraday-Modulators eine zusätzliche Drehung von alternierend z.B. $+1^\circ$ und -1° erzeugt. Nur bei der Kreuzstellung resultiert ein Photowechselstrom konstanter Amplitude, ansonsten treten alternierend zwei verschiedene Amplituden auf. Die Amplitudendifferenz kann über einen Synchrongleichrichter zur Nachregelung von Polarisator oder Analysator benutzt werden, wobei der nachgeregelte Winkel den Meßwert darstellt. Kernpunkt der CD-Messung ist die Erzeugung zirkular polarisierten Lichtes. Hierzu kann linear polarisiertes Licht bestimmter Wellenlänge mit seiner Polarisationsebene unter 45° zu den Schwingungsebenen von ordentlichen und außerordentlichen Strahl durch ein Viertelwellenlängenplättchen geschickt werden. Da in einem CD-Spektrometer jedoch die Wellenlänge kontinuierlich variiert und ferner alternierend links- und rechtszirkular polarisiertes Licht benötigt wird, braucht man einen variablen Gangunterschied der Doppelbrechung. Dies erreicht man über den Pockels-Effekt durch Anlegung eines elektrischen Feldes an Plättchen einachsiger oder kubischer Kristalle, z.B. von Ammonium-dideuteriumphosphat. Über die Monochromator-gekoppelte Modulation der Stärke und Richtung des elektrischen Feldes wird erreicht, daß für alle durch laufenen Wellenlängen der Gangunterschied zwischen $+\lambda/4$ und $-\lambda/4$ alterniert. Wenn eine Probe mit Circulardichroismus die beiden Lichtsorten unterschiedlich absorbiert, so resultiert ein Photostrom, der sich aus einer Gleichstrom- und einer überlagerten, im Idealfall mäanderförmigen Wechselstromkomponente zusammensetzt. Letztere liefert, verstärkt, über einen logarithmischen Konverter das Meßsignal. Neuerdings werden photoelastische Modulatoren verwendet, die mit etwa der hundertfachen Frequenz (20 kHz) betrieben werden können. Dadurch wird der kinetische Anwendungsbereich auf schnellere Reaktionen ausgedehnt.

Die Empfindlichkeit handelsüblicher Geräte in Standardanwendung beträgt für α ca. 0,8, für θ ca. 0,2 Milligrad pro cm Signalausschlag, die jedoch bei starker Absorption u.U. nicht ausgeschöpft werden kann. Das optimale Signal/Rausch-Verhältnis liegt bei einer Extinktion der Probe in absorptionsfreiem Lösungsmittel von etwa 0,9. Die verwendeten Küvetten haben Schichtdicken von etwa 0,02 bis 20 cm. Die für eine günstige CD-Messung im Wellenlängenbereich 185–350 nm mindestens erforderliche Substanzmenge beträgt bei Proteinen typischerweise 2,5 mg.

Als spezielle Aspekte der optischen Aktivität mit analytischer Bedeutung können die magnetisch induzierte Aktivität (MORD, MCD) und Fluoreszenz-ORD/CD hier nur Erwähnung finden, ebenso die Spezialtechniken zur Ausdehnung des Meßbereiches in das Vakuum-UV und das Infrarote, die sich bislang auf Eigenentwicklungen weniger Laboratorien beschränken.

Literaturauswahl

Brahms, J., Brahms, S.: Circular dichroism of nucleic acids. In Fasman, G.D., Timasheff, S.N. (Eds.): Fine structure of proteins and nucleic acids, Biological Macromolecules Series, Vol. 4. New York: Marcel Dekker 1970.

Caldwell, D.J., Eyring, H.: The theory of optical activity. New York: Wiley-Interscience 1971.

Hsu, M.-C., Woody, R.W.: J. Am. Chem. Soc. **93**, 3515–3525 (1971).

Imahori, K., Nicola, N.A.: Optical rotatory dispersion and the main chain conformation of proteins. In Leach, S.J. (Ed.): Physical principles and techniques of protein chemistry, Part C. New York: Academic Press 1973.

Sears, D.W., Beychok, S.: Circular dichroism, ebendort.

Strickland, E.H.: CRC Crit. Rev. Biochem. **2**, 113–175 (1974).

Tinoco, J., Jr.: Advan. Chem. Phys. **4**, 113–160 (1962).

Weissberger, A., Rossiter, B. (Eds.): Techniques of chemistry, Vol. I, Part IIIC, Polarimetry. New York: Wiley & Sons 1972.

3.2.9 Anwendung des Mößbauereffektes auf Probleme der Biophysik

Fritz Parak und G. Michael Kalvius

3.2.9.1 Einleitung

Vor etwa 20 Jahren entdeckte R. L. Mößbauer den später nach ihm benannten Effekt. Daraus wurde in kurzer Zeit ein wichtiges spektroskopisches Verfahren entwickelt. Insbesonders eignet sich die Mößbauerspektroskopie zu Untersuchungen der elektronischen Struktur des gebundenen Eisens. In einer Reihe von biologisch bedeutsamen Makromolekülen bilden eisenhaltige Atomgruppen das sog. aktive Zentrum. Ein sehr bekanntes Beispiel ist das Hämoglobin. Mit der Untersuchung derartiger Makromoleküle hat die Mößbauerspektroskopie ihren Eingang in die Biophysik gefunden und ist dort in den letzten Jahren ein vielseitig angewandtes Meßverfahren geworden. Zu den bereits erwähnten Untersuchungen der Elektronenkonfiguration des Eisens in Biomolekülen, die in der Literatur den größten Raum einnehmen, kommen als weitere Anwendung des Mößbauereffekts die Lösung des Phasenproblems bei der Strukturbestimmung von Proteinen, sowie die Untersuchung der dynamischen Eigenschaften von Makromolekülen hinzu. Eine Einführung in die physikalischen Prinzipien der Mößbauerspektroskopie würde den Rahmen dieses Buches sprengen. Wir verweisen auf entsprechende Lehrbücher. Nach einer kurzen Schilderung des Meßverfahrens und der zu bestimmenden Meßgrößen werden einige typische Beispiele aus den verschiedenen Anwendungsbereichen diskutiert.

3.2.9.2 Meßverfahren, Meßgrößen

Der Mößbauereffekt basiert auf der Resonanzabsorption von Kern-Gammastrahlung. Wir betrachten den

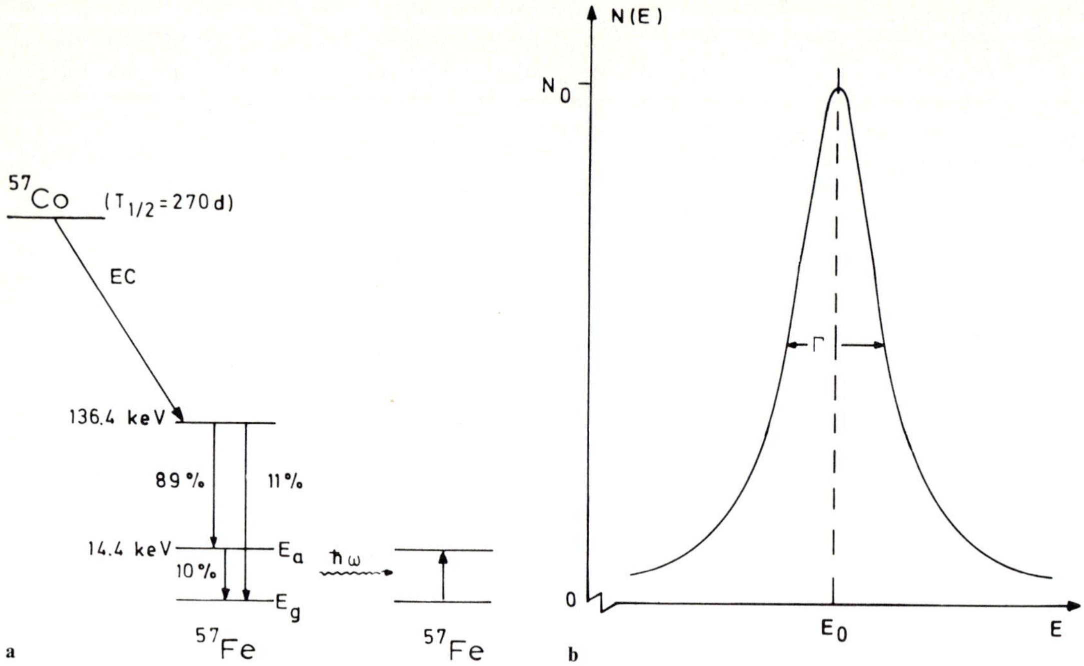

Abb. 3.106. **a** Vereinfachtes Zerfallschema von ^{57}Co zu ^{57}Fe. Die Wahrscheinlichkeit der wichtigsten γ-Emissionen ist in Prozent angegeben. Die 14,4 keV-Strahlung wird beim Übergang $E_a \to E_g$ des Eisens emitiert. Dies geschieht mit der angegebenen Wahrscheinlichkeit von etwa 10%. Der Rest der Übergänge erfolgt strahlungslos durch innere Konversion. Die γ-Strahlung besitzt die in **b** gezeigte Energieverteilung

für biologische Anwendung bedeutsamen Kern ^{57}Fe, der mit 2,2% im natürlichen Isotopengemisch des Eisens enthalten ist. Der instabile Kern ^{57}Co zerfällt mit einer Halbwertzeit von 270 Tagen unter Einfang eines Hüllenelektrons (EC-Zerfall) in den stabilen Tochterkern ^{57}Fe (vgl. Abb. 3.106). Dort wird aber nicht direkt der Grundzustand erreicht, sondern über Zwischenstufen zunächst das erste angeregte Niveau, das 14,4 keV über dem Grundzustand liegt. Dieser Zustand hat eine mittlere Lebensdauer von $\tau_N = 141$ ns. Die bei seinem Zerfall in den Grundzustand ausgesandte Gammastrahlung ist monochromatisch. Infolge der endlichen Lebensdauer τ_N des angeregten Zustandes ist aber seine Energie gemäß der Heisenbergschen Unschärferelation nur bis auf $\Gamma = \hbar\tau_N = 4{,}7 \cdot 10^{-9}$ eV definiert. Die Unschärfe des angeregten Zustandes spiegelt sich in einer spektralen Verteilung der Energie der Gammastrahlung wieder. Sie ist durch eine Lorentzfunktion gegeben. Der Emmissionsprozeß ist umkehrbar und besitzt ebenfalls die in Abb. 3.106 gezeigte Energieverteilung. Durch Absorption eines Gammaquants mit der Energie $E_O = 14{,}4$ keV wird ein ^{57}Fe-Kern, der sich im Grundzustand befindet, in den ersten angeregten Zustand gebracht. Diesen Vorgang bezeichnet man als Resonanzabsorption. Bringt man also ^{57}Fe-Kerne als Absorber in den Weg des 14,4 keV Gammastrahls einer ^{57}Co-Quelle, so erwartet man wegen der Resonanzabsorption eine Schwächung der Gammastrahlungsintensität. Sie tritt jedoch nur auf, wenn die Verteilungsfunktionen der Emissions- und der Absorptionslinie energetisch überlappen. Ist das ^{57}Co bzw. das ^{57}Fe in einem Festkörper gebunden, so besitzt ein Bruchteil f der emittierten bzw. absorbierten 14,4 keV Gammastrahlung die um E_O zentrierte spektrale Verteilung von Abb. 3.106b. Der Rest der Strahlung ist infolge der Wechselwirkung mit thermischen Schwingungen des Kristallgitters energetisch stark verschoben. Nur der sog. „Rückstoßfreie Anteil" f kann zur Resonanzabsorption beitragen (Mößbauereffekt) und soll im folgenden betrachtet werden. Es sei erwähnt, daß in Gasen und in der Regel in Flüssigkeiten die gesamte Strahlung energetisch stark verschoben emittiert bzw. absorbiert wird und daß deshalb dort kein Mößbauereffekt auftritt. Das einfachste Verfahren, die Stärke der Resonanzabsorption zu messen, besteht darin, in einer üblichen Transmissionsgeometrie, wie sie Abb. 3.107 zeigt, die Resonanz nach Belieben ein- und auszuschalten. Die Resonanz ist ausgeschaltet, wenn man die Energie der Emissionsverteilung um einen Betrag $\Delta E \gg \Gamma$ gegenüber der Absorptionslinie verschiebt. Zu diesem Zweck bewegt man die Quelle Q relativ zum Absorber A mit der Geschwindigkeit v und erzielt durch den linearen Dopplereffekt eine Verschiebung $\Delta E_D = E_O \cdot v/c$ des Maximums der Emissionslinie. Die Form der spektralen Verteilung wird dabei aber nicht geändert. Durch Variation der Geschwindigkeit v kann man den Überlappungsgrad der Emissions- und Absorptionsverteilung und somit die Stärke der Resonanzabsorption beliebig einstellen (Abb. 3.107c). Für ^{57}Fe ergibt sich der Wert $v_\Gamma = \Gamma \cdot c/E_O \approx 0{,}1$ mm/s, es sind also nur Dopplergeschwindigkeiten von weniger als 10 mm/s erforderlich. Die gemessene Abhängigkeit der vom Zählrohr nachgewiesenen Gammastrahlungsintensität

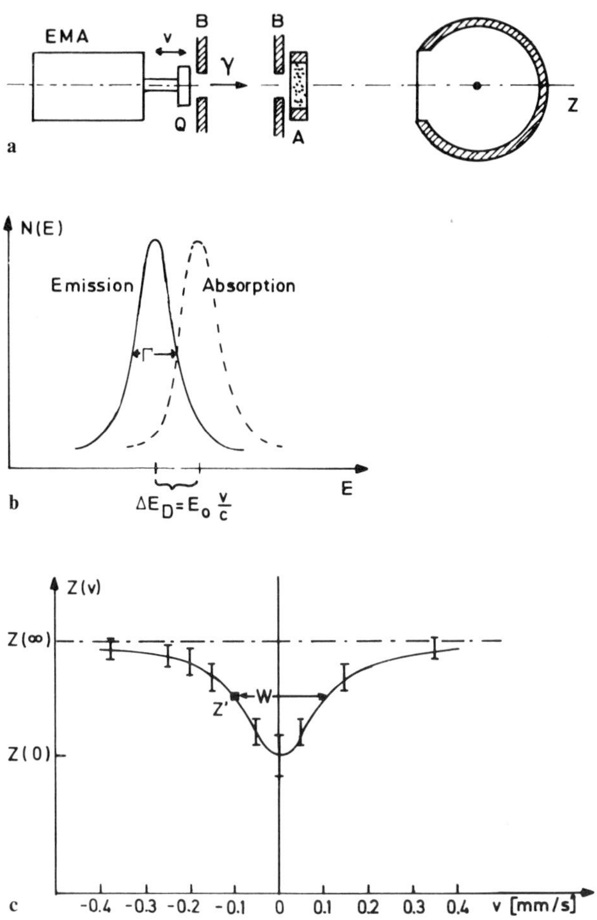

Abb. 3.107. **a** Schema eines Mößbauerspektrometers. Die Strahlungsquelle Q wird von einem elektromechanischen Antriebssystem EMA mit der Geschwindigkeit v bewegt. Die vom Resonanz-Absorber A durchgelassene γ-Strahlung wird im Zählrohr Z nachgewiesen. Im Strahlengang befinden sich die Bleiblenden B zur Kollimation. **b** Überlappung des scharfen Anteils des Emissions- und Absorptionsspektrums bei einer bestimmten Dopplergeschwindigkeit v. **c** Mößbauerspektrum. Die in b gezeichnete Situation liefert den Meßpunkt Z'. Die *ausgezogene Kurve* ist die theoretisch erwartete Form des Spektrums, die an die entsprechend der Zählstatistik schwankenden Meßwerte angepaßt ist

$Z(v)$ als Funktion der Dopplergeschwindigkeit v bezeichnet man als Mößbauerspektrum. Die theoretische Rechnung ergibt, daß $Z(v)$ in guter Näherung wieder eine Lorentzkurve mit der Halbwertsbreite $W \approx 2\Gamma$ ist. In modernen Spektrometern wird die Zählrate bei den einzelnen Geschwindigkeiten nur während einer kurzen Zeitspanne gemessen, diese Messung aber laufend wiederholt. In einem Speicher, z.B. einem Kleincomputer, werden die Zählraten dann als Funktion von v sortiert. Die Dopplergeschwindigkeiten v werden durch einen elektromechanischen Antrieb, der nach dem Lautsprecher-Prinzip arbeitet, erzeugt. Der Antrieb wird oftmals direkt vom Kleincomputer gesteuert, und die Aufnahme des Spektrums erfolgt somit vollautomatisch. Wie bereits erwähnt, trägt nur der Bruchteil f aller von der Quelle emittierten und auf den Absorber auftreffenden Quanten zur Resonanzabsorption bei. Diese Wahrscheinlichkeit f für rückstoßfreie Emission bzw. Absorption wird Lamb-Mößbauer-Faktor (oft auch etwas unkorrekt Debye-Waller-Faktor) genannt. Er ist temperaturabhängig und ein Maß für die mittlere quadratische Auslenkung des ^{57}Fe-Kerns um seine Mittellage. Damit wird der Lamb-Mößbauer-Faktor zur relevanten Meßgröße bei der Untersuchung des dynamischen Verhaltens von Makromolekülen. Die in Abb. 3.107c von der Mößbauerabsorptionslinie sowie der gestrichelten Linie $Z(\infty)$ bestimmte „Absorptionsfläche" A ist dem Produkt aus f (Emissionsprozeß) und f' (Absorptionsprozeß) proportional.

Das in Abb. 3.107c dargestellte Mößbauerspektrum ist für eine biologische Probe keineswegs typisch. In der Regel treten wegen der sog. Hyperfeinwechselwirkung mehrere Absorptionslinien auf (vgl. Abb. 3.109). Außerdem liegt das Zentrum des Spektrums nicht bei der Geschwindigkeit $v=0$ (Isomerieverschiebung). Die Zahl und der energetische Abstand der auftretenden Absorptionslinien sind weitere zu bestimmende Parameter bei der Mößbauerspektroskopie. Sie erlauben Aussagen über die elektronische Konfiguration des Eisens im Biomolekül. Infolge des hohen Auflösungsvermögens der Mößbauerspektroskopie können kleine Veränderungen in der Umgebung des Eisens festgestellt werden. Die Mößbauermessung wird am Kern vorgenommen, aber im Hinblick auf die Elektronenverteilung rund um das Eisenatom interpretiert.

Die elektromagnetische Wechselwirkung zwischen Kern und Elektronen entwickelt man üblicherweise nach Multipolen und betrachtet dann getrennt die Terme verschiedener Ordnung. Als Term *nullter Ordnung* hat man die elektrostatische Wechselwirkung der ausgedehnten elektrischen Ladung des Kerns mit der ihn durchdringenden Ladungsdichte der Elektronen. Sie führt zur oben erwähnten Isomerieverschiebung. Durch eine Messung der Isomerieverschiebung läßt sich bestimmen, in welcher chemischen Bindungsform das Eisen vorliegt, etwa ob es das Fe^{2+}- oder Fe^{3+}-Ion bildet, ob es eine „high-spin" oder „low-spin" Konfiguration besitzt, ob es stark ionisch oder mehr kovalent gebunden ist und ähnliches mehr. Als Term *erster Ordnung* tritt die magnetische Kopplung zwischen dem magnetischen Kerndipolmoment und dem von den Elektronen am Ort des Kerns erzeugten Magnetfeld auf. Dies ist die Ursache der magnetischen Hyperfeinaufspaltung. Sie ist lediglich dann von Bedeutung, wenn die Elektronenhülle nicht abgeschlossen ist und daher ein paramagnetisches Moment besitzt. Dies ist immer dann der Fall, wenn das Eisen als Fe^{3+} vorliegt (z.B. Metmyoglobin). Der Term *zweiter Ordnung* ist die sog. Quadrupol-Aufspaltung. Sie beschreibt die Wechselwirkung zwischen dem Kernquadrupolmoment und dem Gradienten des von den Elektronen erzeugten elektrischen Feldes am Kernort. Im Fall von ^{57}Fe erhält man ein Mößbauerspektrum, das aus zwei Linien besteht. Der Abstand ΔE_Q der beiden Resonanzlinien ergibt sich zu:

$$\Delta E_a = \tfrac{1}{2} e^2 q Q (1 + \tfrac{1}{3}\eta^2)^{1/2} \qquad (3.219)$$

e ist die Elementarladung. Das Kernquadrupolmoment des angeregten ^{57}Fe-Kerns ist zu $Q \approx 0{,}2 \cdot 10^{-24}\,\mathrm{cm}^2$ bestimmt worden. $q = V_{zz}/e = \partial^2 V/\partial z^2$ ist der elektrische Feldgradient am Kernort. V ist dabei das Potential der Elektronen am Kernort, und x, y, z spannen ein kartesisches Koordinatensystem mit dem Kernmittelpunkt als Ursprung auf. Außerdem definiert man $\eta = (V_{xx} - V_{yy})/V_{zz}$ als Asymmetrieparameter, da er die Abweichung der Ladungsverteilung von einem Rotationsellipsoid angibt. ($V_{xx} = \partial^2 V/\partial x^2$; $V_{yy} = \partial^2 V/\partial y^2$). Es zeigt sich, daß der Linienabstand ΔE_Q temperaturabhängig ist. Die Messung dieser Temperaturabhängigkeit lieferte zahlreiche Aussagen über die Struktur und Funktion von Hämoglobinen. Sie wird im weiteren noch ausführlich behandelt.

Abschließend seien noch ein paar Worte zur Probenpräparation gesagt. Es ist üblich, eine biologische Substanz als Resonanzabsorber zu verwenden. Die Präparation von Absorbern aus biologischen Materialien bereitet eine Reihe von Schwierigkeiten. Das Eisen in Kristallen aus Biomolekülen besitzt meist einen sehr geringen f-Faktor bei Zimmertemperatur ($f \approx 0{,}03$). Er kann aber durch Kühlung signifikant erhöht werden. In der Mehrzahl der Fälle liegen die Biomoleküle in wäßriger Lösung vor. In Flüssigkeiten ist eine gewisse Bindungsstruktur vorhanden. Die Moleküle bewegen sich aber durch Diffusion so rasch, daß die Beobachtung des Mößbauereffektes im allgemeinen unmöglich wird. Man friert daher die Lösung ein und mißt bei tiefen Temperaturen, um eine deutliche Mößbauerabsorption zu beobachten.

Ein typisches Biomolekül wie Hämoglobin hat ein Molekulargewicht von 64000 und besitzt nur 4 Eisenatome. Von diesen sind wiederum nur 2,2% resonanzfähig (Isotop ^{57}Fe). Dies macht die Beobachtung des Mößbauereffektes selbst bei tiefen Temperaturen schwierig. Man versucht deshalb, alle Eisenatome durch das Isotop ^{57}Fe zu ersetzen. Dies geschieht z.B. im Falle des Hämoglobins dadurch, daß die Hämingruppe aus dem Molekül mittels chemischer Verfahren ausgebaut wird. Dann wird das Fe des Hämins durch hochangereichertes ^{57}Fe ersetzt, und die Hämingruppe wieder an die Proteinketten angelagert. Bei Enzymen, die aus Bakterien gewonnen werden, erzielt man die Anreicherung durch Aufzucht in ^{57}Fe-haltigen Nährmedien.

3.2.9.3 Untersuchung der Temperaturabhängigkeit der Quadrupolaufspaltung von Fe in Hämoglobin

Im folgenden wird die Untersuchung von Hämoglobinen mit Hilfe der Mößbauerspektroskopie etwas ausführlicher behandelt. Diese Hämproteine dienen zum Sauerstofftransport (z.B. Hämoglobin, abgekürzt Hb) oder zur Sauerstoffspeicherung (z.B. Myoglobin, abgekürzt Mb). Das menschliche Hämoglobin (HbA) ist ein wesentlicher Bestandteil der roten Blutkörperchen. In der Lunge wird das HbA des Blutes mit O_2 beladen. Der Sauerstoff wird im Blutstrom zu den verschiedenen Stellen im Körper transpotiert (z.B. den Muskeln)

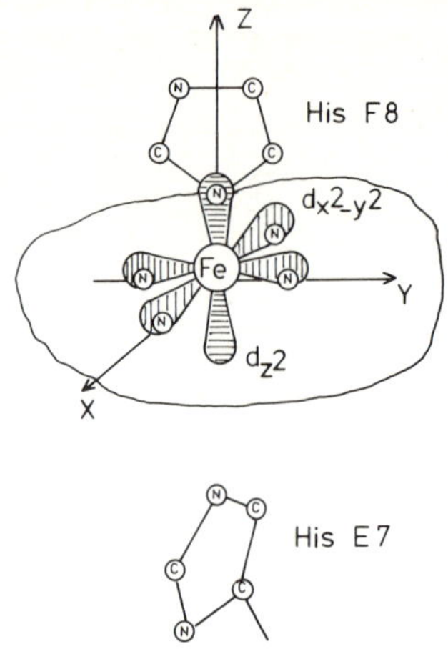

Abb. 3.108. Nächste Nachbarn des Fe in Myoglobin oder Hämoglobin. Der Sauerstoff wird an Koordinationsstelle 6 gebunden. Die *z*-Achse ist senkrecht zur Häminebene gewählt. Die Winkelabhängigkeit der Elektronendichteverteilung des d_z^2-Orbitals und des $d_{x^2-y^2}$-Orbitals ist eingezeichnet

und dort wieder vom HbA abgegeben. Das HbA-Molekül besteht aus 4 Untereinheiten, von denen jede ein Protoporphyrin IX besitzt. In dessen Zentrum befindet sich jeweils ein Fe Atom. An dieses bindet dann das O_2-Molekül. Die Fe-Atome bilden somit das „aktive Zentrum des Moleküls". Im Gegensatz zum tetrameren HbA ist z.B. das Myoglobin oder das Hämoglobin der Insektenlarve von Chironomus thummi thummi monomer, d.h. es besteht aus nur einer Untereinheit.

In unligandierten (deoxigenierten) Molekülen befindet sich das Eisen im 2^+-Zustand. Abbildung 3.108 zeigt die strukturelle Umgebung des Fe in Hb. Die Punktsymmetrie des Eisens ist näherungsweise C_4. Von den 5 möglichen 3*d*-Orbitalen des Fe sind nur die $d_{x^2-y^2}$- und d_{z^2}-Orbitale gezeichnet. Ist kein O_2 gebunden, so befindet sich das Fe-Atom etwas außerhalb der Häminebene. Wird O_2 angelagert, so bewegt sich das Eisen in der Ebene. Dies wird aus Röntgendaten geschlossen. Es sind daher Modelle entwickelt worden, die eine Korrelation zwischen dem Abstand des Fe-Atoms von der Häminebene mit der Sauerstoffaffinität des Hb vornehmen.

Von großem Interessse ist auch der relative Abstand des an der 5. Koordinationsstelle gebundene N_ε-Atoms des sog. proximalen Histidins (HisF8) zum Fe. Der gesamte Problemkreis wird z.B. von Perutz et al. bzw. von Braunitzer et al. behandelt. Wie im folgenden gezeigt wird, kann hierzu mit Hilfe der Mößbauerspektroskopie eine Aussage gemacht werden. Abbildung 3.109 zeigt ein typisches Mößbauerspektrum von deoxigeniertem Hämoglobin. Der Abstand der beiden Absorptionslinien (Quadrupolaufspaltung) hängt von den Hämoglobin Spezies und von der Meßtemperatur ab. Der Temperaturverlauf der Quadrupolspaltung von einigen Hämoglobinen in deoxigeniertem Zustand ist in Abb. 3.110 zusammengestellt. Wie kann man nun diesen Temperaturverlauf deuten und was kann

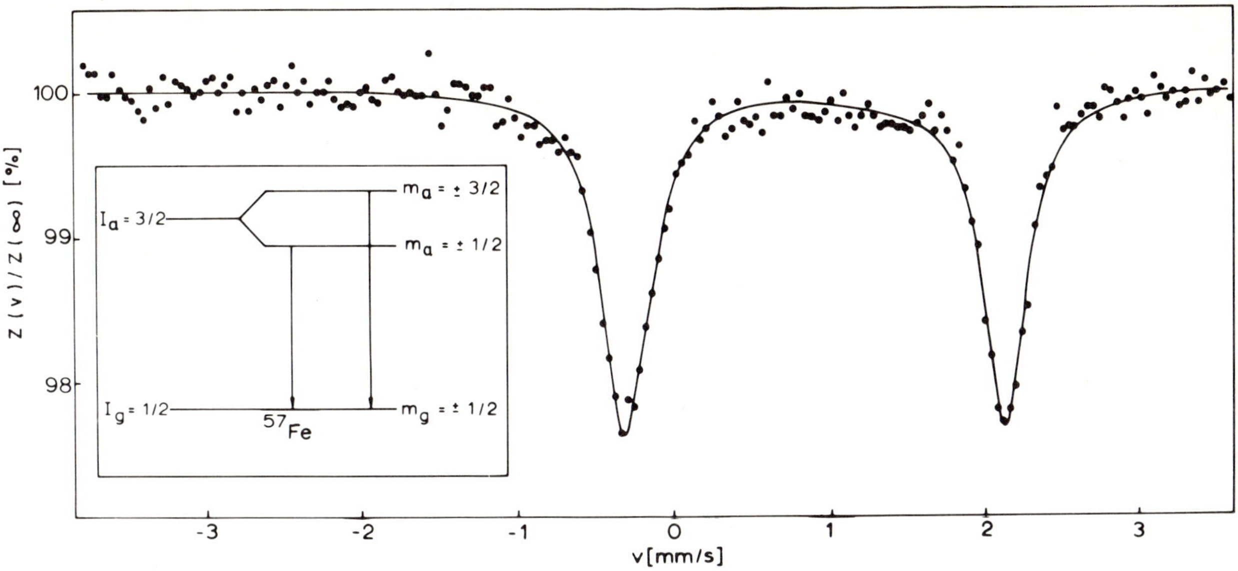

Abb. 3.109. Mößbauerspektrum von Humanhämoglobin in Deoxi-Form, gemessen bei 20 K als Beispiel einer Quadrupolaufspaltung. Das eingefügte Termschema zeigt die Quadrupolaufspaltung des 14,4 keV-Zustandes des ^{57}Fe-Kernes und die daraus resultierenden zwei Hyperfeinübergänge. Die Isomerieverschiebung ist deutlich als Verschiebung des Schwerpunktes des Spektrums von $v=0$ zu erkennen. Die durchgezogene Linie ist eine Anpassung der theoretischen Spektralverteilung an die Meßdaten nach der Methode der „kleinsten Quadrate"

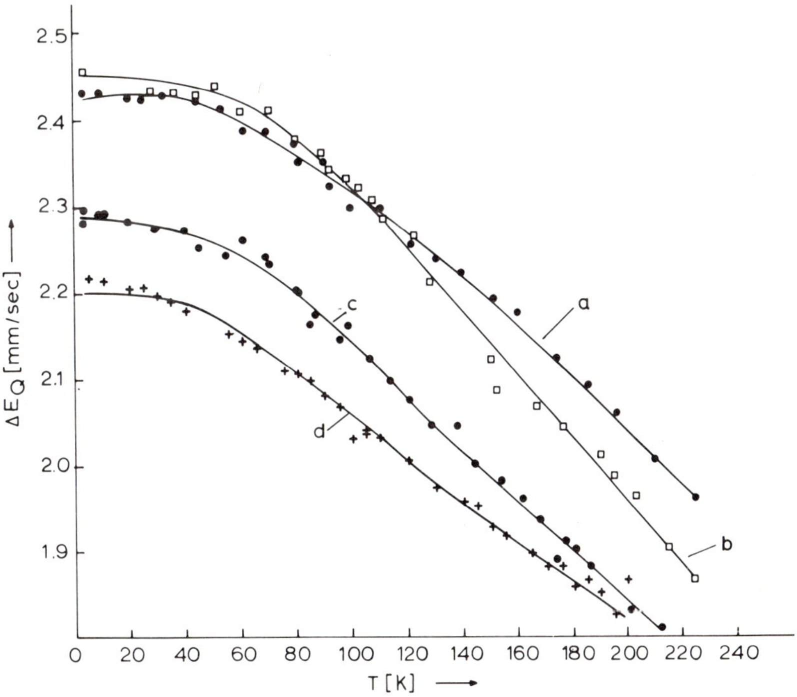

Abb. 3.110. Temperaturabhängigkeit der Quadrupolaufspaltung ΔE_Q von verschiedenen Hämoglobinen im deoxigenierten (O_2 freien) Zustand bzw. oxigeniertem Zustand (O_2 ligandiert). *a* Deoxy HBA; *b* isolierte *β*-Kette, deoxi); *c* Deoxymyoglobin; *d* oxigeniertes Hämoglobin

man aus dem Vergleich der verschiedenen Hämoglobine lernen? Theoretische Betrachtungen zeigen, daß die Quadrupolaufspaltung von Mb und Hb im O_2-freien Zustand im wesentlichen durch die 3*d*-Elektronen des Fe hervorgerufen werden. Bei der Bindung des Fe-Atoms im Molekül entstehen durch Modifikation der 3*d*-Orbitale des freien Fe-Atoms 5 antibindende Orbitale, (vgl. Abb. 3.111). Die im freien Fe-Atom noch vorliegende Entartung dieser Orbitale ist aber hier durch den Einfluß des kristallelektrischen Feldes der benachbarten *N*-Atome aufgehoben. Das daraus folgende Termschema der modifizierten 3*d*-Elektronen ist in Abb. 3.112 aufgezeichnet. Die energetische Lage der Orbitale ist durch die zunächst unbekannten Parameter ε_1 bis ε_3 festgelegt. Im Fe^{2+} stehen sechs 3*d*-Elektronen zur Verfügung, die auf die angegebenen

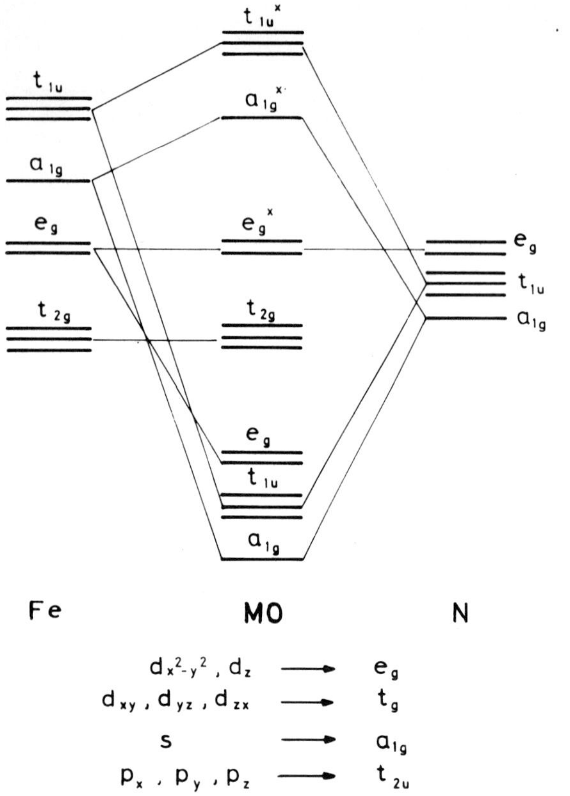

Abb. 3.111. Die Atomorbitale des Eisens (Fe) bilden mit den Atomorbitalen des Stickstoffs (N) die Molekülorbitale MO. Für das Eisen ist O_h-Symmetrie angenommen. Es werden lediglich σ-Bindungen berücksichtigt

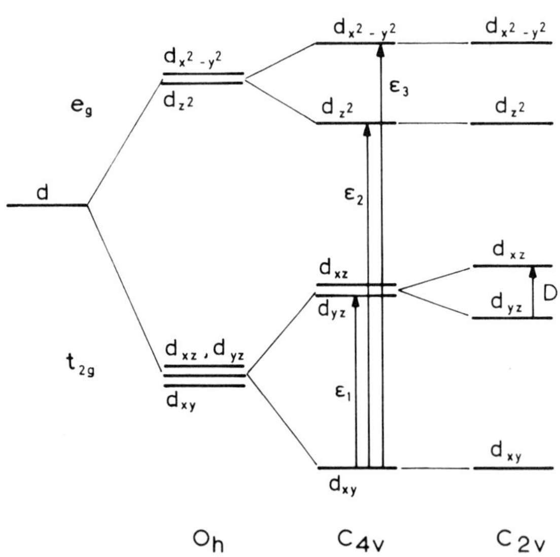

Abb. 3.112. Aufhebung der Entartung der e_g und t_{2g}-Orbitale von Fe in Hämoglobinen durch den Einfluß der benachbarten N-Atome. In erster Näherung herrscht C_{4v} Symmetrie. Genauere Rechnungen berücksichtigen eine Reduktion der Symmetrie zu C_{2v} (Aufspaltung *D*). Die e_g und t_{2g}-Orbitale haben in großem Ausmaß den Charakter von 3*d*-Orbitalen. Abweichungen werden in der hier benutzten Näherung durch den sog. Kovalenzparameter α^2 berücksichtigt

Orbitale zu verteilen sind. Theoretisch sind verschiedene Besetzungstypen möglich. Einige davon sind in Abb. 3.113a aufgeführt. Die einzelnen Besetzungen unterscheiden sich energetisch voneinander. Es ist die Frage, welcher dieser Zustände die niederigste Energie hat, d.h. den Grundzustand darstellt, und wie die weitere Sequenz der angeregten Elektronenzustände aussieht. Das Energieschema der Elektronenzustände ist in Abb. 3.113b gezeichnet. Hier ist der $^5B_2$ Term als Bezugszustand gewählt (Besetzung gemäß Hundscher Regel). Die $^1A_1$, ^5E und ^3E Terme bilden den 1., 2. bzw. 3. angeregten Zustand der gegenüber dem $^5B_2$ Term um ΔE_1, ΔE_2 bzw. ΔE_3 energetisch höher liegt. Es muß noch die (bekannte) Spin-Bahn-Wechselwirkung berücksichtigt werden. Dazu erweitert man den Hamiltonoperator um die Spin-Bahn-Wechselwirkung und benützt die Wellenfunktionen der $^5B_2$, $^3E_1$, $^1A_1$ und ^5E Terme als Basisvektoren. Gleichzeitig läßt man eine Störung der C_{4v}-Symmetrie zu. Als Ergebnis dieser Rechnung erhält man 22 neue Energieterme.

Jedem Energieterm entspricht eine bestimmte Elektronenverteilung und damit ein bestimmter elektrischer Feldgradient am Kernort.

Wir haben in unserem Fall 22 verschiedene Terme zu berücksichtigen. Für jeden dieser Terme kann aus theoretischen Überlegungen der elektrische Feldgradient q und der Asymmetrieparameter η erhalten werden. Die 22 Terme sind entsprechend ihres Boltzmannfaktors besetzt. Daher muß der elektrische Feldgradient bei einer bestimmten Temperatur T aus dem Mittelwert der gemäß der Boltzmannstatistik gewichteten Beiträge der 22 Zustände gebildet werden. In Gl. (3.219) ist dann q durch $\langle q(T) \rangle$ und η durch $\langle \eta(T) \rangle$ zu ersetzen. Die Besetzung und damit die Wichtung der einzelnen Zustände ändert sich mit der Temperatur, und damit zeigt der Feldgradient eine deutliche Temperaturabhängigkeit. Das Termschema ist also durch die 4 Energieparameter ΔE_1, ΔE_2, ΔE_3 und D, wie sie in Abb. 3.113 gezeigt sind, bestimmt. Durch Variation dieser Parameter wird nun der theoretisch berechnete Temperaturverlauf der Quadrupolaufspaltung an die aus dem Mößbauerexperiment erhaltenen Werte angepaßt. In Abb. 3.110 sind diese angepaßten Kurven eingezeichnet. Sie legen die Werte der Parameter fest.

Die Parameter ΔE_1, ΔE_2 und ΔE_3 sind eindeutig mit den Kristallfeldparametern ε_1, ε_2 und ε_3 korreliert. Sie lassen sich somit ebenfalls aus der Messung bestimmen.

Es soll noch erwähnt werden, daß bei der Aufstellung des Termschemas zusätzlich Suszeptibilitätsdaten und Mößbauereffektmessungen an Myoglobin-Einkristallen herangezogen werden. Nur auf diese Weise läßt sich die energetische Reihenfolge der Terme $^5B_2$, $^1A_1$, ^5E und ^3E eindeutig festlegen.

Betrachtet man Abb. 3.108, so sieht man, daß durch eine Annäherung des Fe an die Häminebene die Überlappung der $d_{x^2-y^2}$-Orbitale mit den 4 Nachbarstickstoffatomen des Hämins vergrößert wird. Ebenso hängt die Überlappung des N_ε-Atoms des proximalen Histidins mit dem d_{z^2}-Orbital des Fe von deren relati-

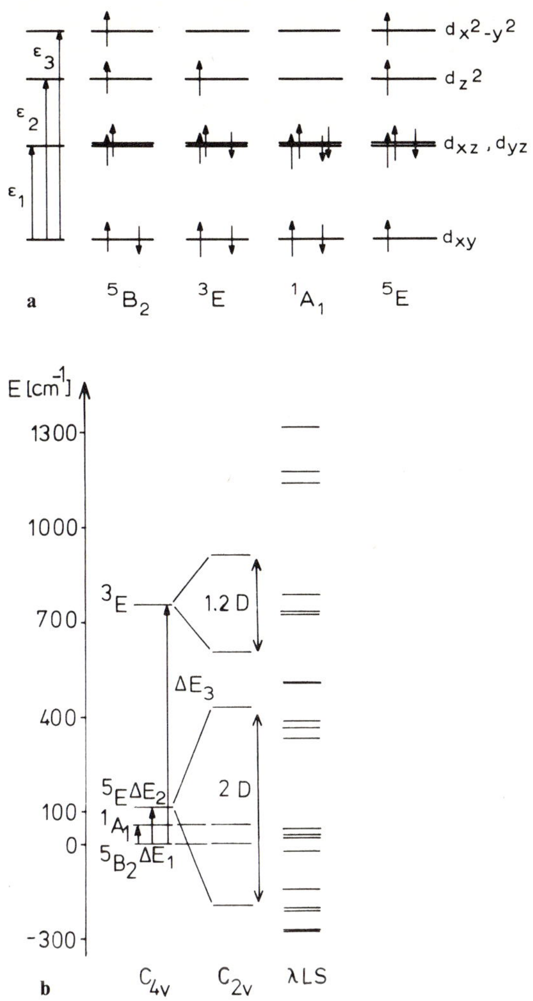

Abb. 3.113. a Modifizierte 3*d*-Orbitale des Fe mit 6 Elektronen. Die verschiedenen Möglichkeiten der Besetzung sind durch die in der Gruppentheorie übliche Notation gekennzeichnet. Im freien Ion wäre der $^5B_2$-Zustand gemäß der Hundschen Regel der Grundzustand und würde mit ^5D bezeichnet werden. **b** energetische Anordnungen der angeregten Zustände des Fe bezogen auf den $^5B_2$-Zustand. Zur Erklärung der Temperaturabhängigkeit der Quadrupolaufspaltung muß man die C_{2v}-Symmetrie (Aufspaltung 2*D* bzw. 1,2*D*) und die Spin-Bahnkopplung λLS berücksichtigen. Man erhält daher unmittelbar das bei „λLS" gezeichnete Termschema. Aus diesem läßt sich das bei „C_{2v}" bzw. „C_{4v}" gezeichnete Termschema zurückrechnen

vem Abstand ab. Aus der Molekül-Orbital-Theorie ist bekannt, daß eine stärkere Überlappung der Wellenfunktionen die antibindenden Orbitale energetisch anhebt. Vergleicht man daher z.B. die ε_3-Werte verschiedener ähnlicher Hämoglobine im O_2-freien Zustand miteinander, so wird bei dem Molekül mit dem größten ε_3-Wert das Fe am dichtesten an der Häminebene liegen. Ebenso wird bei ähnlichen Hämoglobinen dasjenige Molekül, das einen größeren ε_2-Wert besitzt, einen kleineren Fe$-$N$_\varepsilon$-Abstand haben. Der Vergleich der aus Mößbauermessungen erhaltenen Parameter bei verschiedenen Hämoglobinen liefert also Aussagen über den relativen Abstand des Eisens zu den nächsten N-Atomen. Es sollen nun einige Beispiele gezeigt werden, wo dadurch Aussagen über die Korrelation von Struktur und Funktion ermöglicht werden.

a) Regulation der Sauerstoffaffinität durch den „Transeffekt"

Tabelle 3.11 faßt einige Ergebnisse an deoxigenierten Hämoglobinen zusammen. Diskutiert werden sollen vor allem die Kristallfeldparameter ε_2 und ε_3. Vergleicht man z.B. die ε_3-Werte von Humanhämoglobin und die seiner isolierten β-Ketten, so sieht man, daß der ε_3-Wert in der β_{PMB}-Kette größer ist. Dies entspricht einem größeren Überlappen der $d_{x^2-y^2}$ Wellenfunktion mit den vier Nachbarstickstoffen des Eisens im Protoporphyrin IX und zeigt an, daß sich das Eisen bei den β_{PMB}-Ketten näher an der Protoporphyrinebene befindet als im Hämoglobin. Aufschlußreicher ist jedoch die Korrelation der ε_2-Werte. Humanhämoglobin hat im Vergleich mit den monomeren Hämoglobinen (Spalte 2 bis 4 in Tabelle 3.11) einen signifikant höheren ε_2-Wert, der auf einen relativ kleinen Abstand Fe$-$N$_\varepsilon$ hinweist. Niedrige Sauerstoffaffinität kann daher durch einen kleinen Fe$-$N$_\varepsilon$-Abstand hervorgerufen werden. Diese Korrelation wurde von Gersonde aus EPR-Messungen an Methämoglobinen gefordert und als Transeffekt bezeichnet. Die Annäherung des starken σ-Donors Imidazols an der 5. Koordinationsstelle des Eisens behindert die Bindung eines σ-Donors (z.B. O_2) an der 6. Koordinationsstelle.

Der Transeffekt dürfte auch bei der kooperativen Bindung von O_2 in tetrameren Hämoglobinen eine wesentliche Rolle spielen. Bekanntlich hängt die Sauerstoffaffinität der unligandierten Ketten eines Humanhämoglobin-Moleküls von der Sauerstoffbeladung der restlichen Ketten ab. Steigende O_2-Beladung des Moleküls führt zu anwachsender O_2-Affinität der noch unligandierten Ketten. Mößbaueruntersuchungen an einer HbA-Probe, die im Mittel etwa 75% O_2-ligandierte Ketten enthielt, weisen darauf hin, daß die ε_2-Werte der nichtligandierten Ketten dieser Probe ähnlich denen der deoxigenierten β-Ketten sind. Eine Ligandierung eines großen Teils der 4 Ketten eines HbA-Moleküls bewirkt also, daß in einer noch nicht

Tabelle 3.11. Energie der Elektronenterme relativ zum $^5B_2$-Term und Kristallfeldparameter für einige deoxygenierte Hämoglobine

Hämoglobin Spezies	HbA	Isolierte β-Kette	Myoglobin Mb	CIT IV
$^1A_1$ [cm^{-1}]	− 130	− 50	60	− 350
^5E [cm^{-1}]	− 283	35	120	− 340
^3E [cm^{-1}]	1990	900	760	1050
D [cm^{-1}]	− 260	− 330	− 310	− 160
ε_2 [cm^{-1}]	9400	8150	7900	8200
Fehlergrenze	+ 400 − 200	± 100	± 200	± 100
ε_3 [cm^{-1}]	15700	17080	17250	16500
Fehlergrenze	+ 200 − 500	± 100	± 200	± 100

ligandierten Kette der Abstand Fe$-$N$_\varepsilon$ vergrößert wird und sich dadurch die Sauerstoffaffinität erhöht.

b) Die Bindung von O_2 an Hämoglobin

Die reversible Bindung eines O_2-Moleküls an das Eisen der Hämgruppe des Moleküls ist Gegenstand einer Vielzahl von Publikationen. Trotzdem ist der Mechanismus noch keineswegs voll verstanden. Mößbauereffektmessungen an oxigeniertem Myoglobin liefern einen starken Hinweis dafür, daß bei der Bindung ein Elektron des Eisens überwiegend zum O_2-Molekül transferiert wird. Die Elektronenkonfiguration des Eisen-Sauerstoff-Komplexes dürfte daher sehr viel näher an $Fe^{3+}O_2^-$ liegen als, wie früher vermutet, an $Fe^{2+}O_2$.

Abbildung 3.110d zeigt die Temperaturabhängigkeit der Quadrupolaufspaltung von oxigeniertem Hämoglobin. Sie ähnelt zunächst stark den Fe^{2+}-Hämoglobinen. Auch die Abwesenheit einer magnetischen Hyperfeinwechselwirkung weist auf Fe^{2+} hin. Dagegen würde die Isomerieverschiebung besser zu einer Fe^{3+}-Verbindung passen. Als wesentlichen experimentellen Befund muß man den von Pauling aus Suszeptibilitätsmessungen gefundenen Diamagnetismus des Fe$-$$O_2$-Komplexes in Hämoglobin betrachten. Paulings-Messungen wurden später von verschiedenen Gruppen wiederholt und bestätigt. Abbildung 3.114a zeigt den Grundzustand des Fe^{2+} in Deoxihämoglobinen ($S=2$) und die Elektronenkonfiguration des freien O_2-Moleküls ($S=1$). Kopplung zu einem diamagnetischen Komplex ist unmöglich. Durch die Annäherung des O_2-Moleküls kann jedoch die Energie der Terme sowohl des Eisens als auch des O_2-Moleküls verändert werden. Abbildungen 3.114b und c zeigen die beiden Termkombinationen, die über diesen Mechanismus einen diamagnetischen Grundzustand ergeben. Während man mit einem $Fe^{2+}(^1A_1)$-Term als Grundzustand eine völlig falsche Quadrupolaufspaltung erhält, erklärt ein $Fe^{2+}(^3E)$-Grundzustand die gemessene Größe der Quadrupolaufspaltung bei tiefen Temperaturen. Ihre Temperaturabhängigkeit ist jedoch mit einem Fe^{2+}-Termschema mit ^3E als Grundterm nicht zu erklären. Daher wurde versucht, von einem Fe^{3+} O_2^--Komplex auszugehen. In diesem Falle kann der $Fe^{3+}(^2E)$-Term mit einem $O_2^-(^2\pi)$-Term zu einem diamagnetischen Komplex koppeln (vgl. Abb. 3.114d). Die weiter zu berücksichtigenden angeregten Zustände sind aus Suszeptibilitäts- und Mößbaueruntersuchungen von Fe^{3+}-Hämoglobinen bekannt. In Frage kommen die Terme $^6A_1$, $^4A_2$, ^2E, $^2B_2$ und ^4E. Berücksichtigt man lediglich den $^4A_2$- und den $^2B_2$-Term als energetische niedrig liegende angeregte Zustände, so kann man die gemessene Temperaturabhängigkeit der Quadrupolaufspaltung gut wiedergeben. Es muß nun noch erklärt werden, warum trotz eines Betrages des $^4A_2$-Terms ein diamagnetisches Verhalten beobachtet wird. Die Fe^{3+}-Zustände bilden unter dem Einfluß der rhombischen Störung und der Spinbahnkopplung 8 Kramers-Dubletts. Vom O_2^--Molekül wird ebenfalls ein tiefliegendes Kramers-Dublett zur Bindung angeboten. Durch Austausch-Wechselwirkung bildet sich aus Paaren von Kramers-Dubletts jeweils ein Singlettzustand und ein Triplettzustand aus (vgl. Abb. 3.115). Zur Erklärung des diamagnetischen Verhaltens muß man nun noch annehmen, daß die Singlettzustände die energetisch tiefer liegenden Terme bilden. Ein energetischer Abstand von mehr als 600 cm^{-1} erscheint im Vergleich mit anderen Singlett/Triplett-Systemen sinnvoll. Die Triplettzustände sind dann bei Zimmertemperatur nicht besetzt.

Das hier gezeigte Modell darf keineswegs überinterpretiert werden. Es ist lediglich als idealisierte Grenzkonfiguration mit relativ starkem Gewicht im Vergleich zu einer $Fe^{2+}O_2$-Grenzkonfiguration anzuse-

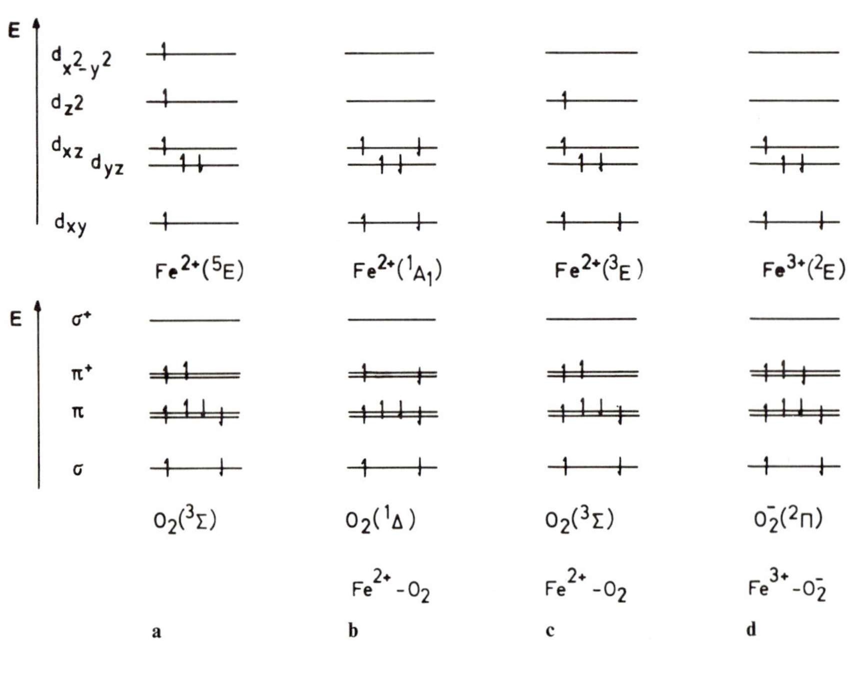

Abb. 3.114. a Elektronenkonfiguration des ungebundenen O_2-Moleküls und des Grundzustandes des Eisens in deoxigenierten Hämoglobinen. Durch die Annäherung des O_2-Moleküls an das Eisen im Hämoglobin können sowohl im O_2-Molekül als auch im Eisen des Hämoglobins neue, energetisch günstiger liegende Grundzustände entstehen **b, c, d.** In den hier gezeigten Fällen ist eine Kopplung zu einem diamagnetischen Gesamtsystem möglich

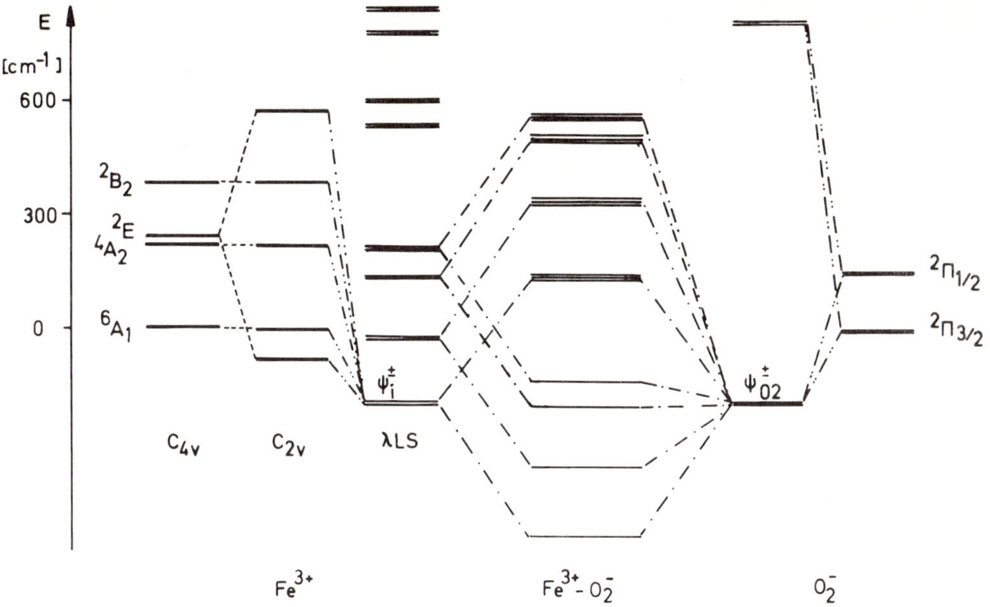

Abb. 3.115. Aus den $^6A_1$, $^4A_2$, ^2E und $^2B_2$-Termen des Fe^{3+} bei C_{4v}-Symmetrie entstehen durch die rhombische Störung (C_{2v}-Symmetrie) und die Spin-Bahn-Kopplung λLS die Kramers-Dubletts $\psi_i^{\pm}$. Diese bilden mit den Kramers-Dubletts $\psi_{O2}^{\pm}$ des O_2^--Moleküls durch Austauschwechselwirkung jeweils einen Singlett- und einen Triplett-Zustand

hen. Die hier benutzte Ligandenfeldtheorie vernachlässigt zahlreiche Feinheiten der Bindung und beschränkt sich im wesentlichen auf die Beschreibung des Verhaltens der $3d$-Elektronen.

c) Der Bohreffekt

Die Sauerstoffaffinität des Humanhämoglobins kann durch den pH-Wert der Umgebung reguliert werden („Bohreffekt“). Dies führt zu dem physiologisch so wichtigen Ergebnis, daß das Blut den Sauerstoff am Muskel, wo durch das im Verlaufe von biochemischen Prozessen entstandene CO_2 der pH erniedrigt wurde, leichter abgibt (Affinitätserniedrigung). In der Lunge dagegen nimmt es bei etwas höherem pH leichter O_2 auf (Affinitätserhöhung). Eine Regulierung der Sauerstoffaffinität durch den pH erfolgt auch im monomeren Hämoglobin von Chironomus thummi thummi (CTTHb). Hier läßt sich der Regulationsmechanismus leichter untersuchen, als im Humanhämoglobin, da keine Quartärstrukturänderungen berücksichtigt werden müssen. Abbildung 3.116 zeigt die Temperaturabhängigkeit der Quadrupolaufspaltung vom CTTHb IV bei pH 5,5 und pH 9,0. Bei deoxigeniertem CTTHb IV läßt sich im Rahmen der Meßfehler kein unterschiedlicher Verlauf bei den beiden pH-Werten feststellen. Die Elektronenkonfiguration des Eisens bleibt trotz unterschiedlicher Sauerstoffaffinität gleich. Eine Erklärung des Bohreffekts über den Transeffekt oder eine andere Veränderung der unmittelbaren Nachbarschaft des Eisens scheidet daher aus. Die entscheidende Änderung muß ziemlich weit entfernt vom Eisen erfolgen (Alosterie). Es wurde kürzlich ein sogenanntes „Induced fit“-Modell entwickelt, das die experimentellen Befunde klärt: In Deoxi CTT IV besteht im protonierten Zustand eine Salzbrücke zwischen der C-terminalen Carboxyl-Gruppe Met H 22 und dem Imidazol des His G 2. Ein Aufbrechen dieser Bindung durch Deprotonierung führt nicht zu einer Veränderung des relativen Abstandes des proximalen Imidazols zum Eisen in der Hämtasche. Die Beweglichkeit der Imidazols wird jedoch erhöht. Damit erfolgt die Änderung des Abstandes N_ε–Fe, die bei einer Oxigenierung eintritt, leichter, wenn sich das Molekül in deprotoniertem Zustand befindet, als im protonierten. Der Einfluß des pH ist also am Eisen bei einem deoxigenierten Molekül nicht bemerkbar. Er wird erst wirksam, wenn das O_2-Molekül bindet. In diesem „Induced fit“-Modell muß jedoch die Elektronenkonfiguration des Eisens im O_2 beladenen Hämoglobin davon abhängen, ob die O_2-Ligandierung an ein Molekül mit protonierter oder mit deprotonierter Salzbrücke erfolgt ist. Im Gegensatz zum deoxigenierten Hämoglobin sollten daher die Mößbauerspektren des oxigenierten Hämoglobins pH-abhängig sein. Die in Abb. 3.116b gezeigten experimentellen Resultate bestätigen diese Erwartung. Das Modell wird auch durch von Gersonde durchgeführte EPR-Messungen an Chironomus-Hämoglobin bei dem das Eisen durch Kobalt ersetzt wurde, sowie durch Messung der Reaktionskinetik gestützt.

3.2.9.4 Untersuchung der Elektronenstruktur eines Bakterienferredoxins

Neben den Hämproteinen ist vor allem die Gruppe der Eisen-Schwefel-Proteine Gegenstand zahlreicher Mößbauer-Experimente. Als Beispiel seien hier einige Er-

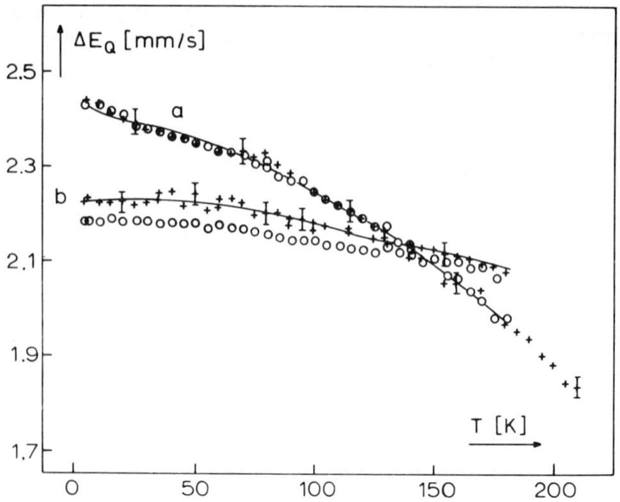

Abb. 3.116. Temperaturabhängigkeit der Quadrupolaufspaltung in **a** deoxygeneiertem und **b** oxigeniertem Chironomus Hämoglobin. *Kreuze* pH 9,0; Kreise: pH 5,5. Die *ausgezogenen Kurven* beschreiben den theoretischen Verlauf für pH 5,5 **a** bzw. pH 9,0 **b**, der durch Anpassung an die Meßdaten nach der Methode der kleinsten Quadrate erhalten wurde

gebnisse aus Untersuchungen am Ferredoxin von Chlostridium-Pasteurianum-Bakterien zusammengestellt. Es kann im Rahmen dieses Kapitels jedoch nicht im einzelnen gezeigt werden, wie diese Ergebnisse aus den Mößbauerspektren abgeleitet werden. Für ein näheres Verständnis wird auf die Originalliteratur verwiesen.

Ferredoxin hat im lebenden Organismus die Aufgabe des Elektronentransports. Elektronen, die bei einem bestimmten chemischen Prozeß entstehen, werden vom Ferredoxin aufgenommen und an anderer Stelle, wo sie für einen chemischen Prozeß benötigt werden, wieder abgegeben. So ist z.B. Ferredoxin entscheidend am Aufbau von Ammoniak aus dem Stickstoff der Luft beteiligt. Das im folgenden diskutierte Ferredoxin enthält zwei Anhäufungen (Kluster) von Fe- und S-Atomen. Jeder Kluster besteht kristallographisch aus einem etwas verzerrten Würfel, bei dem die 8 Ecken von 4 S- und 4 Fe-Atomen gebildet werden. In den vier Ecken der Oberfläche des Würfels wechseln sich dabei die Fe- und die S-Atome ab. Jeder der beiden Kluster nimmt bei dem Reduktionsprozeß ein Elektron auf. Welche elektronische Konfiguration besitzen nun diese Fe-Atome des Klusters im oxidierten bzw. reduzierten Zustand? Wie kann man die Aufnahme bzw. Abgabe der Elektronen, die ja offenbar ein leicht umkehrbarer Vorgang sein muß, verstehen? Das Mößbauerspektrum von oxidiertem Ferredoxin zeigt im wesentlichen das typische Linienpaar einer Quadrupolaufspaltung. Durch Anlegen eines äußeren magnetischen Feldes erkennt man, daß sich das Eisen diamagnetisch verhält. Die Elektronenspins von jeweils zwei Eisenatomen des Klusters müssen sich also antiparallel paaren, um für den Kluster eine einzige Wellenfunktion mit einem Gesamtspin $S=0$ zu ergeben. Der gleiche Schluß kann aus dem beobachteten Fehlen eines Elektronenspin-Resonanz (ESR)-Signals gezogen werden. Was geschieht nun bei der Reduktion? Nimmt ein Kluster mit einer Wellenfunktion von $S=0$ ein Elektron auf, so sollte eine Kluster-Wellenfunktion von $S=\frac{1}{2}$ entstehen. Eine derartige Wellenfunktion sollte im Mößbauer-Spektrum bei Anlegen eines externen magnetischen Feldes zu einer deutlichen magnetischen Hyperfeinstruktur führen. Abbildung 3.117 zeigt das Verhalten von reduziertem Ferredoxin bei 4,2 K und extern angelegten Magnetfeldern B. Bei $B=0$ findet man keineswegs die für einen Spin $S=\frac{1}{2}$ charakteristische magnetische Hyperfeinaufspaltung, sondern ein Spektrum, das wieder ein diamagnetisches Verhalten des Klusters anzeigt. Man muß daher annehmen, daß die Spins der beiden Kluster eines Moleküls miteinander in Wechselwirkung treten. Durch Spin-Spin-Kopplung entsteht wieder ein Spin $S=0$ oder 1 für die Gesamtwellenfunktion beider Kluster und damit diamagnetisches Verhalten des Gesamtsystems. Ein hinreichend großes äußeres Magnetfeld (z.B. $B=1{,}8\ T$) bricht die Kopplung der Spins vollständig auf. Man erhält dann das erwartete Verhalten eines halbzahligen Spins im Magnetfeld. Das Mößbauerspektrum wird durch eine komplizierte Verknüpfung von elektrischer Quadrupol- und magnetischer Dipol-Wechselwirkung relativ komplex, läßt sich theoretisch jedoch relativ gut beschreiben (vgl. Abb. 3.117 ausgezogene Linien). Für das Verständnis des Verhaltens bei kleinen Magnetfeldern ($0{,}5\ T<B<0{,}9\ T$) sind einige Zusatzannahmen erforderlich. So muß man annehmen, daß die beiden Kluster etwas ungleich sind und daher kleine Abweichungen ihres g-Faktors haben. Das hier gegebene Bild wurde durch ESR-Messungen überprüft und bestätigt. Das wesentliche Ergebnis dieser Untersuchungen ist, daß die Eisenatome der Kluster mit *einer* gemeinsamen Wellenfunktion und *einem* Spinzustand des Klusters zu beschreiben sind. Lagert man ein Elektron an, so geht es nicht etwa an eines der vier Fe-Atome des Klusters, sondern delokalisiert sich im gesamten Klusterbereich.

3.2.9.5 Der Mößbauereffekt als Hilfsmittel bei der Strukturbestimmung von Proteinen

In den bisherigen Kapiteln wurde gezeigt, wie man mit Hilfe der Mößbauerspektroskopie die elektronische Struktur des aktiven Zentrums von Biomolekülen untersuchen kann, sofern es Eisenatome enthält. In diesem Kapitel soll eine Anwendung des Mößbauereffekts in Verbindung mit der Röntgenstrukturanalyse beschrieben werden, die sich seit längerer Zeit im Entwicklungsstadium befindet.

Führt man an einem Einkristall des zu untersuchenden Proteins Röntgenstreumessungen durch, so erhält man in den durch das Braggsche Gesetz bestimmten Richtungen Reflexe. Die Intensitäten dieser Reflexe hängen vom räumlichen Aufbau der Einheitszelle des Kristalles ab. Da die Einheitszelle mindestens ein, in der Regel jedoch mehrere Moleküle enthält, ist die Intensität der Bragg-Reflexe eng mit dem räumlichen Aufbau der Moleküle verknüpft. Leider genügt bei

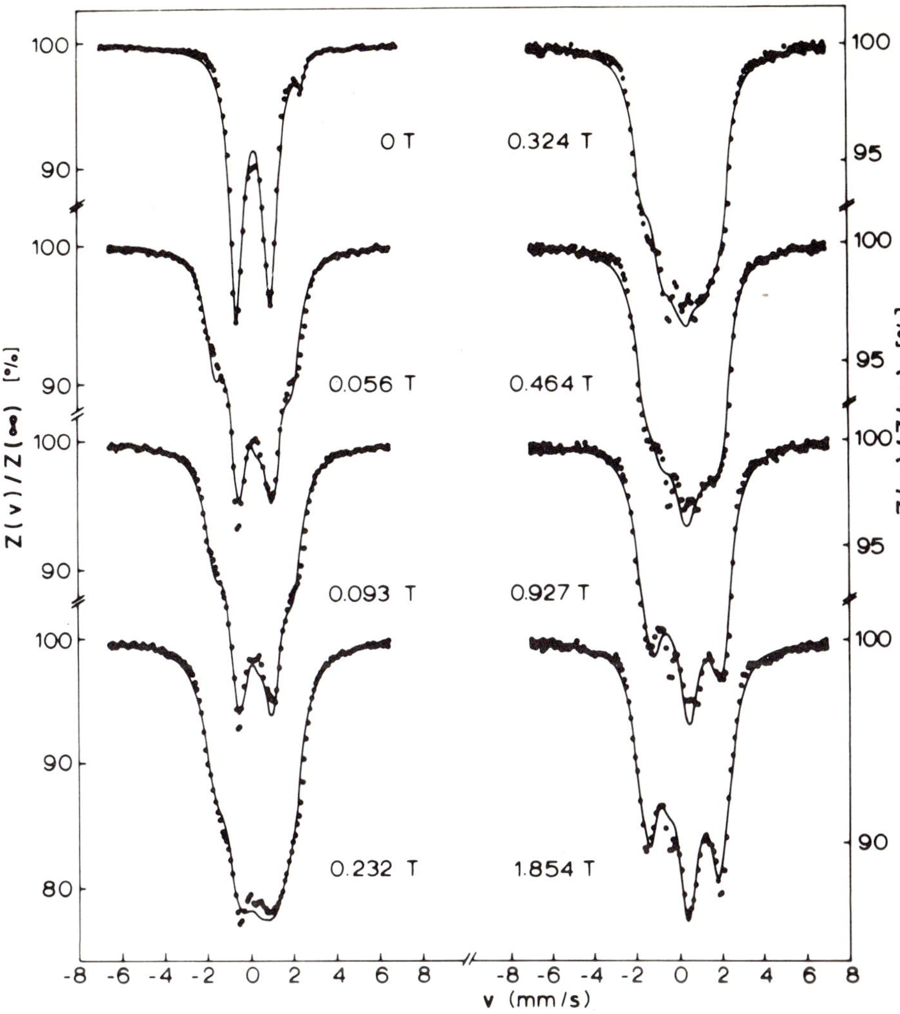

Abb. 3.117. Mößbauerspektrum von reduziertem Bakterienferredoxin bei 4,2 K und extern angelegten Magnetfeldern von $B = 0T$ bis $B = 1{,}854\,T$. Die durchgezogenen Kurven entstammen theoretischen Berechnungen mit den im Text beschriebenen Annahmen

großen Molekülen die Kenntnis der Intensitäten einer hinreichend großen Anzahl von Bragg-Reflexen allein nicht, um daraus die räumliche Position der einzelnen Atome in der Einheitszelle zu bestimmen. Es ist vielmehr nötig, zusätzlich die komplexen Streuamplituden (Strukturfaktoren) nach Betrag und Phase zu bestimmen. Dies ist das wohlbekannte Phasenproblem der Röntgenstrukturanalyse. Perutz und Kendrew lösten dieses Problem mit Hilfe der Methode des multiplen isomorphen Ersatzes. Dabei werden Schweratome als „Referenzstreuer" zusätzlich in die Einheitszelle eingebaut. Details über dieses Verfahren findet man an einer anderen Stelle dieses Buches. Als Referenzstreuer eignen sich aber auch ^{57}Fe-Kerne, falls man die nach der Absorption in einem ^{57}Fe-Kern wieder reemittierten γ-Quanten nachweist.

Man führt nun mit der 14,4 keV-Gammastrahlung ein Streuexperiment an einem eisenhaltigen Protein-Einkristall durch. Die Wellenlänge der 14,4 keV-Gammastrahlung ($\lambda = 0{,}086$ nm) liegt im Bereich der üblicherweise zur Strukturanalyse verwendeten Röntgenstrahlung. Die Gammastrahlung wird daher genauso wie Röntgenstrahlung von allen Atomelektronen gestreut (Rayleigh Streuung). Dies führt bei Kristallen zur Ausbildung der Bragg-Reflexe. Die Rayleigh-Streuung ist elastisch und kohärent, aber nicht resohant. Damit ist die Phasendifferenz zur einfallenden Welle unabhängig von einer etwaigen Dopplergeschwindigkeit v zwischen Quelle und Streuer. Gleichzeitig findet aber an den ^{57}Fe-Kernen noch die Mößbauer-Kernresonanzstreuung statt. Dieser Prozeß ist ebenfalls elastisch und kohärent. Rayleigh-Streuung und Mößbauer-Streuung sind daher interferenzfähige Prozesse. Wegen des Resonanzverhaltens besteht bei der Dopplergeschwindigkeit am Resonanzmaximum eine Phasenverschiebung von $\pi/2$ zwischen einfallendem und dem am ^{57}Fe-Kern gestreuten Gammastrahl. Unterhalb der Resonanz (v mehr negativ) geht die Phasendifferenz gegen 0, oberhalb (v mehr positiv) gegen π. Aus der Überlagerung der nichtresonanten elektronischen Streuamplitude $\boldsymbol{F}_P(hkl)$ des Proteins und der resonanten Kernstreuamplitude $\boldsymbol{F}_R(v, hkl)$ des Eisens läßt sich die Phase der elektronischen Streuamplitude für jeden beliebigen Bragg-Reflexe bestimmen. Bei großem v ist die Kernresonanzstreuung zerstört, $|\boldsymbol{F}_R(v, hkl)| = 0$, und die Intensität $I(\infty)$ des Reflexes ist infolge der Streuung des Proteins proportional zu

$$I(\infty)=C|\boldsymbol{F}_{\mathrm{P}}|^2=C|\boldsymbol{F}_{\mathrm{P}})e^{i\varphi_{\mathrm{P}}}\cdot|\boldsymbol{F}_{\mathrm{P}}|e^{-i\varphi_{\mathrm{P}}}. \qquad (3.220)$$

Die Millerindizes sind zur Vereinfachung der Schreibweise weggelassen. Die Proportionalitätskonstante C enthält nur direkt berechenbare Größen. Bei kleinen Dopplergeschwindigkeiten v addiert sich die Kernresonanzstreuung, und die Intensität des Braggreflexes ist proportional zu

$$\begin{aligned}I(v)&=C\,||\boldsymbol{F}_{\mathrm{P}}|e^{i\varphi_{\mathrm{P}}}+|\boldsymbol{F}_{\mathrm{R}}(v)|e^{i\varphi_{\mathrm{R}}(v)}|^2\\&=C\{|\boldsymbol{F}_{\mathrm{P}}|^2+|\boldsymbol{F}_{\mathrm{R}}(v)|^2\\&\quad+2|\boldsymbol{F}_{\mathrm{P}}|\,|\boldsymbol{F}_{\mathrm{R}}(v)|\cos(\varphi_{\mathrm{P}}-\varphi_{\mathrm{R}}(v))\}. \qquad (3.221)\end{aligned}$$

Die Kernresonanzstreuamplitude eines einzelnen ^{57}Fe-Kerns ist nach Betrag und Phase als Funktion der Dopplergeschwindigkeit v der Quelle aus der Theorie des Mößbauereffektes berechenbar. Im allgemeinen befinden sich jedoch mehrere Proteinmoleküle und damit mehrere ^{57}Fe-Kerne in der Einheitszelle. Um $|\boldsymbol{F}_{\mathrm{R}}(v)|$ und $\varphi_{\mathrm{R}}(v)$ zu erhalten, muß man dann noch die Position aller Fe-Kerne in der Einheitszelle kennen. Man bestimmt diese mit den bekannten Methoden der Patterson Analyse (vgl. Kap. über Röntgenstrukturbestimmung). Damit enthält Gl. (3.221) als einzige Unbekannte die gesuchte Phase φ_{P}. Da diese jedoch das Argument einer cos-Funktion ist, hat Gl. (3.221) zwei Lösungen. Die für die Strukturbestimmung nötige Eindeutigkeit erhält man, wenn man die Intensität im Bragg-Reflex bei mindestens drei verschiedenen Quellengeschwindigkeiten mißt: $v=\infty$ liefert $I(\infty)$ und wegen $|\boldsymbol{F}_{\mathrm{R}}(\infty)|=0$ die Größe $|\boldsymbol{F}_{\mathrm{P}}|$; v_1 ergibt den Meßwert $I(v_1)$. $|\boldsymbol{F}_{\mathrm{R}}(v_1)|$ und $\varphi_{\mathrm{R}}(v_1)$ sind berechenbar. Eine Messung bei der Dopplergeschwindigkeit v_2 liefert den Meßwert $I(v_2)$; $|\boldsymbol{F}_{\mathrm{R}}(v_2)|$ und $\varphi_{\mathrm{R}}(v_2)$ sind wiederum berechenbar. Durch Einsetzen in Gl. (3.221) erhält man mit v_1 und v_2 je ein Wertpaar für $\varphi_{\mathrm{P}}(v)$. Für die gesuchte Phase gilt: $\varphi_{\mathrm{P}}(v_1)=\varphi_{\mathrm{P}}(v_2)=\varphi_{\mathrm{P}}$, da die Phase φ_{P} nicht von der Dopplergeschwindigkeit der Mößbauerquelle abhängen darf.

In der Röntgenstrukturbestimmung ist es üblich, die Phasenbestimmung an Hand eines Vektordiagramms zu erklären (vgl. entsprechendes Kapitel). An die Stelle des Vektors für den Schweratombeitrag tritt in unserem Falle der Beitrag der ^{57}Fe-Kernresonanzstreuung.

Das beschriebene Verfahren hat den Vorteil, daß große Referenzstreuamplituden auftreten und daß eisenhaltige Biomoleküle chemisch nicht modifiziert zu werden brauchen. Bei nicht Fe-haltigen Proteinen ist eine einmalige Anlagerung einer Fe-Verbindung ausreichend. Die experimentellen Schwierigkeiten, insbesondere bezüglich der Intensität der verfügbaren Gammaquellen, sind gegenwärtig noch so groß, daß bisher nur zum Test der Methode die Phasen einzelner Reflexe von Myoglobinkristallen bestimmt wurden. In Abb. 3.118 wird die Phasenbestimmung des (60$\bar{3}$)-Reflexes von Myoglobin gezeigt. Im Gegensatz zu dem bisher Gesagten wurde jedoch nicht nur bei drei Geschwindigkeiten, sondern bei 50 verschiedenen Geschwindigkeiten die Größe $I(v)$ gemessen. Damit ist

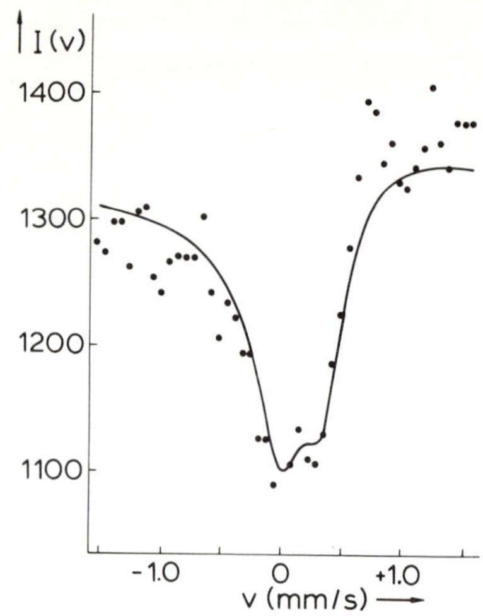

Abb. 3.118. Bestimmung der Phase des 60$\bar{3}$-Reflexes von CO-ligandiertem Myoglobin. Jeder Meßpunkt bei einer bestimmten Geschwindigkeit v liefert einen Wert $I(v)$. (Einzelheiten s. Text)

Gl. (3.221) sehr stark überbestimmt und die Genauigkeit der Phasenbestimmung steigt. Die durchgezogene Linie zeigt die Anpassung von Gl. (3.221) an die Meßwerte durch Minimalisierung der kleinsten quadratischen Abweichung. Als variabler Parameter wurde lediglich die Phase φ_{P} benutzt. Berücksichtigt wurde jedoch zusätzlich die in Gl. (3.221) nichtenthaltene Absorption sowie die Lorentzförmige Energieverteilung der aus der Mößbauerquelle kommenden γ-Strahlung. Die so bestimmte Phase wich von der aus der Strukturbestimmung bekannten Phase lediglich um 1° ab.

In letzter Zeit hat die Entwicklung starker Mößbauerquellen bedeutende Fortschritte gemacht. Gleichzeitig wurde die Entwicklung ortsempfindlicher Flächendetektoren vorangetrieben, die es gestatten werden, die Phasen von mehr als 1000 Reflexen gleichzeitig zu bestimmen. Damit könnte die beschriebene Methode in absehbarer Zeit eine praktische Bedeutung erlangen.

3.2.9.6 Die Untersuchung des dynamischen Verhaltens von Biomolekülen

Für ein Verständnis der Funktion von Biomolekülen ist die Kenntnis ihres geometrischen Aufbaues („Röntgenstruktur“) von großer Bedeutung. Daneben kann, wie in den vorangegangenen Kapiteln am Beispiel des Eisens gezeigt wurde, die Untersuchung der Elektronenkonfiguration von Metallatomen im aktiven Zentrum von Proteinen wertvolle Zusatzinformationen liefern. In letzter Zeit hat es sich darüber hinaus herausgestellt, daß das Schwingungsverhalten von Biomolekülen ebenfalls wesentlich für ihre biologische Funktion ist. Zur Demonstration dieses Tatbestandes soll noch einmal das Hämoglobin betrachtet werden. Das Eisen, an das das O_2-Molekül bindet, befindet sich keineswegs an der Oberfläche des Moleküls, sondern ist zusammen mit dem Protoporphyrin IX vom sog.

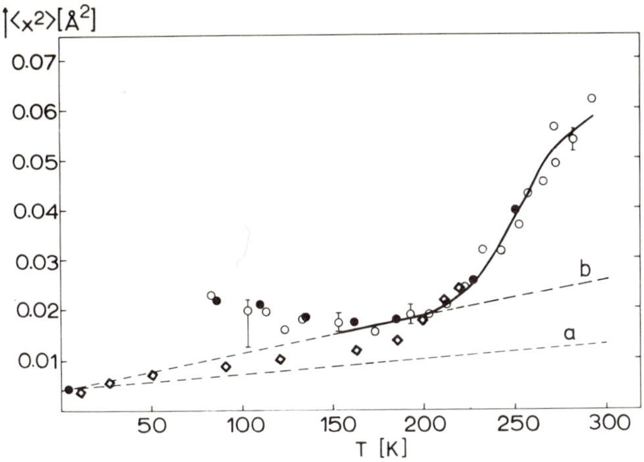

Abb. 3.119. Mittlere quadratische Auslenkung $\langle x^2 \rangle$ von Eisen in Myoglobin als Funktion der Temperatur. Die *offenen und ausgefüllten Kreise* beziehen sich auf Messungen an Metmyoglobinkristallen, die *Karos* auf Messungen an gefrorener Lösung von CO ligandiertem Myoglobin. Die *gestrichelten Linien a und b* geben die typische Temperaturabhängigkeit infolge thermischer Vibration wieder. Die *durchgezogene Linie* ist eine Anpassung eines theoretischen Verlaufes an die Meßdaten

Globin umgeben. Der Sauerstoff kann durch einen Kanal, der von der Oberfläche des Moleküls zur Hämtasche führt, zum Eisen gelangen. Betrachtet man die Röntgenstruktur des Moleküls, so sieht man, daß dieser Kanal zu eng ist, um das O_2-Molekül hindurch zu lassen. Man muß daher annehmen, daß das Molekül eine Art Atmungsbewegung durchführt. Dadurch wird der Kanal zeitweilig so aufgeweitet, daß das Sauerstoffmolekül hindurch paßt.

Man kann das Eisenatom im Hämoglobin als Markierung für eine derartige Bewegung innerhalb des Moleküls benutzen. Wie bereits in Kapitel 3.2.9.2 erwähnt wurde, ist die Absorptionsfläche eines Mößbauerspektrums proportional zum Lamb-Mößbauer-Faktor f'. Dieser ist gegeben durch:

$$f' = \exp(-k^2 \langle x^2 \rangle), \qquad (3.222)$$

wobei $k = 2\pi/\lambda$ und λ die Wellenlänge der Mößbauerstrahlung ist. $\langle x^2 \rangle$ ist die mittlere quadratische Auslenkung des Fe-Atoms aus seiner Mittellage infolge von Schwingungen. Abbildung 3.119 zeigt $\langle x^2 \rangle$-Werte von Eisen in Myoglobinkristallen in einem relativ großen Temperaturbereich, die aus gemessenen Werten von f' abgeleitet wurden. Zwischen 4,2 K und etwa 210 K besitzt der $\langle x^2 \rangle$-Wert eine Größe, die für anorganische oder kleine organische Eisenkomplexe typisch ist. Die Werte zeigen an, daß das Eisen relativ zu den benachbarten N-Atomen des Protoporphyrin IX bzw. das N_ε-Atom des His F8 normale thermische Vibrationen ausführt. Bei etwa 210 K verändert sich das Verhalten von $\langle x^2 \rangle$ substantiell. Die starke Zunahme von $\langle x^2 \rangle$ mit der Temperatur ist durch kein einfaches Schwingungsmodell erklärbar. Man muß annehmen, daß bei höheren Temperaturen ein neuer Bewegungsmodus zu $\langle x^2 \rangle$ beiträgt, der unterhalb 210 K praktisch eingefroren ist. Große Bereiche des Gesamtmoleküls schwingen relativ zu anderen Bereichen. Neuere Mößbauer-Untersuchungen zeigten, daß eine charakteristische Schwingungszeit bei Zimmertemperatur in der Größenordnung von 10^{-7} s liegt. Die Mößbauerexperimente geben damit einen direkten Beweis für die Existenz der anfangs postulierten Atmungsbewegungen des Moleküls. Einfache physikalische Bilder, mit denen man das Bewegungsverhalten des Eisens qualitativ beschreiben kann (ausgezogene Kurve in Abb. 3.119) zeigen, daß sich die einzelnen Moleküle eines Myoglobinkristalls infolge der Atmungsbewegung in ihrer Struktur um bis zu 0,5 Å unterscheiden. Dies dürfte damit die Auflösungsgrenze sein, bis zu der es sinnvoll ist, Ergebnisse aus der Röntgenstrukturbestimmung zu interpretieren.

Literaturauswahl

Bade, D., Parak, F.: Biophys. Struc. Mech. **2**, 219–231 (1976).
Bade, D., Parak, F.: Z. Naturforsch. **33**c, 488–494 (1978).
Bearden, A., Dunham, W.R.: Struct. Bond. **8**, 1–52 (1970).
Braunitzer, G., Buse, G., Gersonde, K.: Structure and function of hämoglobins. In: Hayaishi, D. (Ed.). Molecular Oxigen in Biology, Chap. 6. Series: Frontiers of Biology, Holland.
Eicher, H., Bade, D., Parak, F.: J. Chem. Phys. **64**, 1446–1455 (1976).
Eicher, H., Parak, F., Bogner, L., Gersonde, K.: Z. Naturforsch. **29**c, 683–691 (1974).
Gersonde, K., Schlaak, H.I., Breitenbach, M., Parak, F., Eicher, H., Zgorzalla, W., Kalvius, G.M., Mayer, A.: Eur. J. Biochem. **43**, 307–317 (1974).
Goldanskii, V.I., Herber, R.H.: Chemical Applications of Mößbauer Spectroscopy. London, New York: Academic Press 1968.
Gonser, U., Maeda, Y., Trautwein, A., Parak, F., Formanek, H.: Z. Naturforsch. **29**b, 241–244 (1974).
Greenwood, N.N., Gibb, T.C.: Mößbauer Spectroscopy. London: Chapman and Hall 1971.
Kalvius, G.M., Kankeleit, E.: Mößbauer Spectroscopy and its application. International Atomic Energy Agency, p. 9, Vienna 1972.
Mößbauer, R.L.: Annu. Rev. Nucl. Sci. **12**, 123–152 (1962).
Mößbauer, R.L.: Naturwissenschaften **60**, 493 (1973).
Parak, F., Formanek, H.: Acta Cryst. A**27**, 573–578 (1971).
Parak, F.: Proc. Int. Conf. On Mößbauer Spectroscopy, Vol. I. Hrynkiewicz, A.Z., Sawicki, J.A. (Eds.). pp. 439–440 (1975).
Parak, F., Mößbauer, R.L., Hoppe, W., Thomanek, U.F., Bade, D.: J. Phys. Coll. C6 **37**, C6 703–706 (1976).
Perutz, M.F.: Nature (London) **228**, 726–739 (1970)
Phillips, D.C.: In: Brill, R., Mason, R. (Eds.). Advances in Structure Research by Diffraction Methods, Vol. 2. Braunschweig: Vieweg 1966, pp. 75–140.
Stevens, J.G., Stevens, V.E.: Mößbauer Effect Data Index. New York: IFI Plenum Press (Erscheint jährlich seit 1965).
Thomanek, U.F., Parak, F., Mößbauer, R.L., Formanek, H., Schwager, P., Hoppe, W.: Acta Cryst. A**29**, 263–265 (1973).
Wegener, H.: Der Mößbauereffekt und seine Anwendung in Physik und Chemie. Mannheim: Bibliographisches Institut 1965.

3.2.10 Methoden zur Untersuchung schneller und funktioneller Eigenschaften einzelner chemischer Reaktionen

Hartmann Rüppel

3.2.10.1 Das Prinzip der physikalischen Reaktionsanregung und der chemischen Relaxation

Aus dem zeitlichen Verlauf einer chemischen Reaktion, z.B. zwischen Ausgangsprodukten A und B zu einem

Endprodukt E,

$$A+B \xrightarrow{\vec{k}} E \qquad (3.223a)$$

kann man die Geschwindigkeitskonstante $\vec{k}$ der Reaktion bestimmen. Der Reaktionsverlauf läßt sich immer dann in einfacher Weise verfolgen, wenn es gelingt, die Stoffe A und B sehr schnell zu mischen und anschließend, z.B. durch Entnahme von Proben, die Entstehung des Endproduktes E zu messen. Die Mischzeit bestimmt dabei die zeitliche Auflösung der kinetischen Messung, da diese gegenüber der Reaktionszeit klein bleiben muß. In den üblichen Reaktionsgefäßen liegt die untere Grenze für die Mischzeit mit einem Rührwerk bei etwa einer Sekunde. In speziell konstruierten Strömungssystemen mit besonderen Mischkammern kann man bei hohen Strömungsgeschwindigkeiten Mischzeiten bis herunter zu etwa einer ms erreichen.

In diesem Bereich ist eine Probenentnahme bereits nicht mehr möglich. Das schnell entstehende Reaktionsprodukt kann nur noch mit einem rein physikalischen Meßverfahren erfaßt werden. Eine kontinuierliche Messung läßt sich mit Hilfe solcher physikalischer Parameter wie Lichtabsorption, Leitfähigkeit, Fluoreszenz etc. ausführen, sofern diese ein Maß für die zu messende Konzentration der Komponente E darstellen.

Um die zeitliche Auflösung weiter zu erhöhen, muß man von dem in der Chemie üblichen Mischungsprinzip abgehen und versuchen, die Reaktion auf physikalischem Wege schneller einzuleiten. Hierzu ist es erforderlich, daß das Reaktionsgemisch vom Gleichgewichtszustand aus reagiert. Dieses Gleichgewicht

$$A+B \underset{\overleftarrow{k}}{\overset{\vec{k}}{\rightleftharpoons}} E, \qquad (3.223b)$$

das durch eine Gleichgewichtskonstante

$$K(T,p,\mathfrak{E}) = \frac{c_{\rm E}^{=}}{c_{\rm A}^{=} \cdot c_{\rm B}^{=}} = \frac{\vec{k}}{\overleftarrow{k}} \qquad (3.223c)$$

bestimmt ist, wird durch eine sprunghafte Änderung der Gleichgewichtsparameter x_i gestört (z.B. Temperatur T, Druck p oder elektrisches Feld $\mathfrak{E}$). Die Abhängigkeit der Gleichgewichtskonstanten K von diesen Parametern ist durch die thermodynamischen Beziehungen

$$\frac{\partial \ln K}{\partial x_i} = \frac{\xi_i}{RT} \qquad (3.224)$$

gegeben. Dabei ist ξ_i die jeweils zu x_i konjugierte thermodynamische Größe, z.B. die durch die Reaktion hervorgerufene Änderung der Standardwerte der Entropie $\boldsymbol{\Delta S}^0$, des Molvolumens $\boldsymbol{\Delta V}^0$ oder der Molpolarisierung $\boldsymbol{\Delta M}^0$. R ist die allgemeine Gaskonstante.

Das chemische Reaktionssystem folgt einer sprunghaften Änderung der Gleichgewichtslage nur mit einer bestimmten Verzögerungszeit τ (s. Abb. 3.120), die sich aus den endlichen Reaktionsgeschwindigkeiten $(\vec{k}, \overleftarrow{k})$ ergibt.

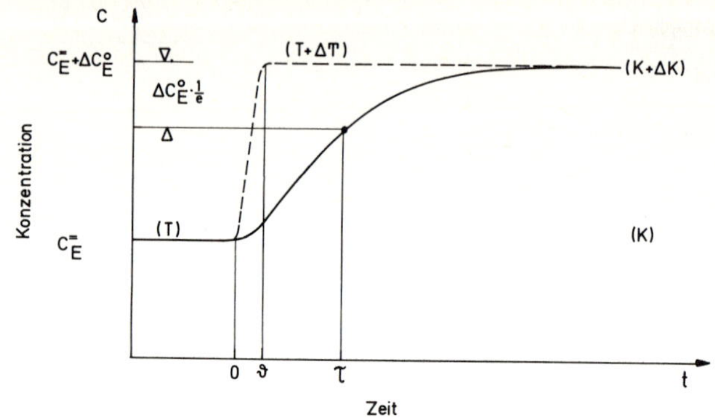

Abb. 3.120. Relaxationsvorgang nach einer sprunghaften Verschiebung des Gleichgewichtes durch einen Temperatursprung ΔT: ——. Die Gleichgewichtskonstante K ändert sich um ΔK. ϑ Einstellzeit der Gleichgewichtsverschiebung: — — —. τ Relaxationszeit

Wird die Gleichgewichtsverschiebung z.B. durch eine schnelle Änderung der Temperatur ($x_i = T$) bewirkt, so erhält man einmal aus der Beziehung (3.224) mit $\xi_i = \boldsymbol{\Delta S}^0$ für $\Delta T/T \ll 1$

$$\Delta \ln K = \frac{\boldsymbol{\Delta S}^0}{RT} \cdot \Delta T = \frac{\boldsymbol{\Delta H}^0}{RT} \cdot \frac{\Delta T}{T}; \qquad (3.224a)$$

zum andern aber mit Gl. (3.223c)

$$\Delta \ln K = \frac{\Delta c_{\rm E}^{=}}{c_{\rm E}^{=}} - \frac{\Delta c_{\rm A}^{=}}{c_{\rm A}^{=}} - \frac{\Delta c_{\rm B}^{=}}{c_{\rm B}^{=}}$$

$$= (1+K(c_{\rm A}^{=}+c_{\rm B}^{=}))\,\frac{\Delta c_{\rm E}^{=}}{c_{\rm E}^{=}}, \qquad (3.223d)$$

da für die Verschiebungsgrößen $\Delta c_{\rm x}^{=}$ (x = A, B, E) aus Stöchiometriegründen stets

$$\Delta c_{\rm E}^{=} = -\Delta c_{\rm A}^{=} = -\Delta c_{\rm B}^{=} \qquad (3.225)$$

sein muß. Die relative Änderung der Gleichgewichtskonzentration $c_{\rm E}^{=}$ ergibt sich somit zu

$$\frac{\Delta c_{\rm E}^{=}}{c_{\rm E}^{=}} = \frac{\boldsymbol{\Delta H}^0}{RT} \cdot \frac{1}{1+K(c_{\rm A}^{=}+c_{\rm B}^{=})} \cdot \frac{\Delta T}{T}. \qquad (3.226)$$

Diese Gleichgewichtsverschiebung wird nach Größe und Vorzeichen primär durch die Reaktionsenthalpie $\boldsymbol{\Delta H}^0$ (1. Term), in ihrem Absolutbetrag sodann auch von der Lage des anfänglichen Gleichgewichtes bestimmt (2. Term). Die $\boldsymbol{\Delta H}_0$-Werte für Reaktionen im biologischen Bereich liegen in der Regel zwischen 1 und 20 kJ/mol.

Der zeitliche Verlauf der Reaktion nach Gl. (3.223b) ergibt sich als Lösung der Geschwindigkeitsgleichung:

$$-\frac{dc_{\rm E}}{dt} = -\vec{k} \cdot c_{\rm A} \cdot c_{\rm B} + \overleftarrow{k} \cdot c_{\rm E}, \qquad (3.227)$$

einer nichtlinearen Differentialgleichung (Dgl.) 1. Ordnung. Betrachtet man den Reaktionsverlauf bei kleinen Abweichungen von der Gleichgewichtslage ($\Delta c_{\rm E}^{=}/c_{\rm E}^{=} \ll 1$), so läßt sich die Dgl. (3.227) wesentlich vereinfachen: Wenn man die Konzentrationsverläufe $c_{\rm x}(t)$ der einzelnen Reaktionspartner x = A, B, E mittels der momentanen Gleichgewichtsabweichungen $\delta c_x(t)$ beschreibt und in Dgl. (3.227) jeweils $c_x(t)$ durch $\bar{c_x} + \delta c_x(t)$ ersetzt, so erhält man mit der Gleichgewichtsbedingung (3.223c) $\vec{k}\bar{c_A}\bar{c_B} = \overleftarrow{k}\bar{c_E}$ bei Vernachlässigung von Gliedern 2. Ordnung unter Berücksichtigung von Gl. (3.225) eine lineare, homogene Differentialgleichung 1. Ordnung für eine Variable, die Konzentrationsänderung z.B. der Komponente E, in der Form:

$$-\frac{d\delta c_E(t)}{dt} = (\overleftarrow{k} + \vec{k}(\bar{c_A} + \bar{c_B}))\,\delta c_E(t) \tag{3.228}$$

mit einer Zeitkonstanten

$$\tau = \frac{1}{\overleftarrow{k} + \vec{k}(\bar{c_A} + \bar{c_B})} \tag{3.228a}$$

$$= \frac{1}{\overleftarrow{k}(1 + K(\bar{c_A} + \bar{c_B}))}. \tag{3.228b}$$

Diese wird als Relaxationszeit der chemischen Reaktion bezeichnet.

Bei einer raschen Erwärmung der Reaktionslösung um ΔT in einer Aufheizzeit $\vartheta \ll \tau$, bei einer sog. Temperatursprunganregung, die die Gleichgewichtslage der Komponente E für $t > \vartheta$ um $\Delta \bar{c_E}$ verschiebt, erhält man als Lösung der Dgl. (3.228)

$$\delta c_E(t) = \Delta \bar{c_E} \cdot (1 - e^{-t/\tau}) \quad \text{(vgl. Abb. 3.120)}. \tag{3.229}$$

Bei einer kurzzeitigen, aber starken Anregung z.B. mit einem hohen Druck- oder Feldstoß, der die Gleichgewichtslage der Komponenten E nur während der Anregungsdauer $\vartheta \ll \tau$ um $\Delta \bar{c_E}$ verschiebt, ergibt sich als Lösung der Dgl. (3.228)

$$\delta c_E(t) = \delta c_E^0 e^{-t/\tau} \quad \text{mit} \quad \delta c_E^0 = \Delta \bar{c_E} \cdot \frac{\vartheta}{\tau} \tag{3.230}$$

Bei beiden *Störungsverfahren*, der Sprung- bzw. Stoßanregung, kann man die Relaxationszeit unmittelbar aus dem gemessenen Relaxationssignal entnehmen (s. Abb. 3.120).

Bei einer periodischen Anregung, z.B. durch Schallwellen oder elektrische Wechselfelder, hat man die permanent angreifende Gleichgewichtsverschiebung $\Delta \bar{c_E}(t)$ als „äußere Kraft" bei der Dgl. (3.228) in Form einer Inhomogenität mit zu berücksichtigen.

$$\tau \cdot \frac{d\delta c_E(t)}{dt} + \delta c_E(t) = \Delta \bar{c_E}(t). \tag{3.231}$$

Bei einer periodischen Anregung $\Delta \bar{c_E}(t) = \Delta c_E^0 \cdot e^{j\omega t}$ ($\omega = 2\pi f$ = Kreisfrequenz der Anregung) erhält man als Lösung der inhomogenen Dgl. (3.231) mit einem Ansatz $\delta c_E(t) = \mathfrak{A} e^{j\omega t}$ unmittelbar die komplexe Amplitude

$$\mathfrak{A}(j\omega) = \frac{\Delta c_E^0}{1 + j\omega\tau} = \frac{\Delta c_E^0}{\sqrt{1 + \omega^2\tau^2}} e^{-j \cdot \mathrm{arctg}\,\omega\tau}. \tag{3.232}$$

Bei diesem *Dispersionsverfahren* erhält man die Relaxationszeit aus dem Frequenz- und Phasengang der komplexen Meßsignalamplitude:

$$A(\omega) = \frac{\Delta c_E^0}{\sqrt{1 + \omega^2\tau^2}}, \qquad \varphi(\omega) = -\mathrm{arctg}\,\omega\tau \tag{3.233}$$

Die Relaxationszeit τ kann man z.B. aus der Frequenz $\omega_r = 1/\tau$ bestimmen, für die die Amplitude auf $1/\sqrt{2}$ abgesunken bzw. die Phase auf $-45°$ abgefallen ist.

Aus der gemessenen Relaxationszeit τ kann man die Geschwindigkeitskonstanten der Reaktion berechnen. In dem einfachen Beispiel einer einstufigen Reaktion gemäß Gl. (3.223b) kann man $\overleftarrow{k}$ nach Gl. (3.228b) bereits mit einer einzigen Messung der Relaxationszeit bestimmen: $\overleftarrow{k} = 1/\tau(1 + K(\bar{c_A} + \bar{c_B}))$, sofern $K = \vec{k}/\overleftarrow{k}$ z.B. aus statischen Messungen bekannt ist. Anderenfalls lassen sich beide Reaktionskonstanten gemäß Gl. (3.228a) aus der Konzentrationsabhängigkeit der reziproken Relaxationszeit ermitteln: $1/\tau = \overleftarrow{k} + \vec{k}(\bar{c_A} + \bar{c_B})$.

Im Hinblick auf die Anwendung dieses Verfahrens der chemischen Relaxation im biologischen Bereich ist anzumerken, daß es sich bei den biophysikalisch interessanten Systemen (z.B. bei der Photosynthese oder beim Sehvorgang) zumeist nicht um chemische Gleichgewichtssysteme im strengen Sinne handelt. Die Reaktionen in den jeweils tiefer liegenden Zustand (zumeist im Fließgleichgewicht weitab vom thermodynamischen Gleichgewicht) verlaufen in vielen Fällen bei geringen Umsätzen gemäß den linearen Gesetzmäßigkeiten der irreversiblen Thermodynamik, so daß die Anwendung des Relaxationsverfahrens zur Ermittlung kinetischer Daten weitgehend gerechtfertigt ist.

Bei biologischen Systemen hat man in der Regel sehr komplexe Reaktionsmechanismen zu untersuchen, bei denen häufig mehrere Folge- und Parallelreaktionen verschiedener Ordnungen auftreten. Es zeigt sich jedoch, daß man ein solches System mit n Komponenten in Gleichgewichtsnähe nach dem oben beschriebenen Verfahren in den Verschiebungsgrößen durch ein gekoppeltes System von n linearen, homogenen Differentialgleichungen 1. Ordnung beschreiben kann, das geschlossen lösbar ist. Ähnlich wie bei der Bestimmung von Normalschwingungen bei einem System von gekoppelten Schwingungen kann man auch hier über eine Säkulargleichung n diskrete Relaxationszeiten τ_i zu n partikulären Lösungen ermitteln. Die resultierende Gesamtlösung des Differentialgleichungssystems ergibt sich als Linearkombination aus den Partikular-Lösungen. Die n Relaxationszeiten τ_i bilden das Relaxationszeitspektrum des chemischen Systems, dem bei periodischer Anregung (z.B. Schallabsorptionsmessung) ein Spektrum von Relaxationsfrequenzen ω_r (Absorptions-, nicht Resonanzfrequenzen (!)) gegenübersteht.

Eine Meßapparatur zur Untersuchung schneller Reaktionen besteht im allgemeinen aus drei Teilen: 1. dem „Stimulator" zur *Anregung* des Relaxationsvorganges, 2. dem „Detektor" zur *Messung* und 3. dem „Analysator" zur *Registrierung* und *Auswertung* des ausgelösten Relaxationsvorganges. Entsprechend dieser Dreiteilung sind die folgenden Abschnitte gegliedert.

Im Abschnitt 3.2.10.2 werden die gebräuchlichsten Verfahren zur Reaktionsanregung dargestellt. Der Abschnitt 3.2.10.3 beschreibt die entsprechenden Meßverfahren für Relaxationsvorgänge. Im abschließenden Abschnitt 3.2.10.4 werden die Registrierverfahren dargestellt und die meßtechnischen Möglichkeiten aufgezeigt, die Meßempfindlichkeit und die zeitliche Auflösung bei diesen Verfahren zu steigern.

3.2.10.2 Anregungsverfahren

Bei den normalen Relaxationsverfahren erfolgt die Gleichgewichtsstörung entweder durch Anregungsimpulse wie z.B. *Temperatursprung*, *Drucksprung*, *Feldstoß* oder durch eine periodische Anregung wie z.B. durch *Schall*wellen, Wechselfelder usw. Bei den Impuls-Photolyse-Verfahren, bei denen streng genommen keine Gleichgewichtsstörung im Sinne der chemischen Relaxation ausgeführt wird (s.o.), erfolgt die Anregung der Reaktion durch niederenergetische Lichtblitze *(Impulsphotolyse)* oder hochenergetische Strahlungsimpulse *(Pulsradiolyse)*.

a) Temperatursprung

In einer Meßlösung kann man eine Temperaturerhöhung mit kurzer Aufheizzeit ϑ sowohl durch einen Stromstoß als auch durch die Absorption eines Impulses elektromagnetischer Strahlung erzeugen.

Bei der *Stromstoß-Aufheizung* (Abb. 3.121a) wird ein Kondensator C auf eine Spannung U aufgeladen und über einen Schalter S durch die Meßzelle (Elektroden mit Fläche A im Abstand d) entladen. Wenn die Zelle einen elektrischen Widerstand $R = 1/\varkappa \cdot d/A$ ($\varkappa$ = elektr. Leitfähigkeit) besitzt, so erfolgt die Kondensatorentladung durch die Zelle mit einer Zeitkonstanten $\tau = RC$, die Energieübertragung mit $\tau/2$ und somit die Aufheizung (auf 95%) in $\vartheta = 3 \cdot \tau/2 = 1{,}5 \cdot RC$. Um gemäß Gl. (3.226) bei einem ΔH^0 von z.B. 8 kJ/mol eine Verschiebung der Gleichgewichtskonzentration um 1% zu erzielen, muß ΔT mindestens 1 K betragen. Verlangt man nun eine Aufheizung um ΔT in einer bestimmten Zeit ϑ, so liegt damit die Spannung U am Kondensator fest, da die Leitfähigkeit $\varkappa$ der Meßlösung vorgegeben ist. Aus der Energiebilanz

$$E = \tfrac{1}{2} C U^2 = \varrho \cdot A \cdot d \cdot c_v \cdot \Delta T$$

ϱ = Dichte und
c_v = spezifische Wärmekapazität der Lösung

folgt:

$$U = d \sqrt{\frac{3 \cdot \varrho \cdot c_v \cdot \Delta T}{\varkappa \cdot \vartheta}}. \tag{3.234}$$

Die Leitfähigkeit $\varkappa$ wird durch Zugabe eines Elektrolyten als Leitsalz möglichst groß gemacht. Für $\varkappa = 10^{-2}\,(\Omega\text{cm})^{-1}$ (0,1 m NaCl, $R = 50\,\Omega$ bei $A = 1\text{ cm}^2$), $d = 0{,}5$ cm, $\Delta T = 1$ K, $\vartheta = 1\,\mu$s ergibt sich $U \approx 18$ kV, ein Hochspannungswert, der für den Schalter bereits eine Funkenstrecke erforderlich macht. Umgekehrt legt gemäß Gl. (3.234) die Größe der anwendbaren Spannung U die zeitliche Auflösung ϑ fest, die in der Praxis im µs-Bereich liegt.

Wegen der elektromagnetischen Störungen durch die Funkenstrecke sowie der optischen Beeinträchtigungen durch Schlieren und Schockwellen nach der raschen Zellerwärmung, führt man stets Differenzmessungen gegenüber einer Referenzzelle aus, die nur das Leitsalz enthält.

Bei der *Aufheizung durch Strahlungsabsorption* braucht das Reaktionssystem nicht unbedingt in einer wäßrigen Leitsalzlösung vorzuliegen. Zur *Lichtabsorption* muß dafür ein Farbstoff beigefügt werden, der die Lichtenergie absorbiert und dem Reaktionssystem strahlungslos als Wärme zuführt. Für die rasche Aufheizung sind jedoch während des Lichtimpulses so hohe Bestrahlungsstärken erforderlich, daß sich der Farbstoff in der Regel zersetzt, weshalb man bei der Relaxationsmessung den physikalischen und chemischen Einfluß der Photolyseprodukte mit zu berücksichtigen hat. Für eine extrem kurzzeitige Temperatursprung-Anregung, z.B. im ns-Gebiet, bleibt ein Riesenimpulslaser derzeit einzige Anregungsquelle (s. unter 3.2.10.2e).

Bei der *Mikrowellenabsorption* liegen die Verhältnisse deshalb günstiger, weil diese Absorption direkt im Lösungsmittel erfolgen kann. Polare Moleküle mit einer Dipol-Gruppe (OH), wie z.B. Wasser, Methanol und Äthylenglycol, besitzen in der Regel eine starke

Abb. 3.121a, b. Schematische Darstellung von Versuchsaufbauten zur Erzeugung schneller Temperatursprünge: **a** Stromstoß-Aufheizung nach Czerlinski [Czerlinski, G., Eigen, M.: Z. Elektrochem. **63**, 652 (1959)]. *U* Hochspannung (10–50 kV), *C* Stoßkondensator, *Z* Zündimpuls, *S* Funkenstrecke, *ML* Meßlichtbündel, *d* Plattenabstand. **b** Mikrowellen-Impulsaufheizung nach Ertl (Einzelimp. [Ertl, G., Gerischer, H.: Ber. Bunsenges. **65**, 629 (1961)] und Brumm (rep. Betrieb) [Brumm, P., Kilian, F.P., Rüppel, H.: Z. Naturf. **20**b, 915 (1965)]. *T* = Thyratron, *ER* Elektrodenring, $\mathfrak{E}$ Vektor der Mikrowellenfeldstärke.

Debyesche (Relaxations-)Absorption bei Frequenzen um 10 GHz mit Eindringtiefen für die Mikrowellen zwischen 1 und 5 mm. Eine Mikrowellen-Impulsapparatur ist in Abb. 3.121b schematisch dargestellt.

Als Mikrowellen-Impulsgeneratoren werden Radar-Magnetrons verwendet, die Mikrowellen-Impulse von 0,3–5 µs Dauer bei Impulsleistungen von 100 kW bis zu einigen MW abgeben. Die Impulsdauer wird durch den Impulsgenerator bestimmt und ist nach oben hin von der Durchschlaggrenze im Magnetron festgelegt. Die untere Grenze, die die zeitliche Auflösung bedingt, ergibt sich aus der minimalen Einschwingzeit des Magnetrons.

Die Mikrowellenimpulse werden in einem Rechteck-Hohlleiter zu einem Absorberrohr geleitet, in dem sich das Reaktionssystem befindet. Das Absorberrohr ist vor einem abstimmbaren Kurzschlußschieber durch den Hohlleiter gesteckt und zwar parallel zum 𝔈-Vektor des Wellenfeldes. Bei optimaler Abstimmung werden bis zu 95% der Mikrowellenenergie im Absorberrohr absorbiert. Je nach Magnetronleistung kann man in 0,1 ml Absorbervolumen eine recht homogene Aufheizung um 1–6 K erzielen. Bei einem strömenden Reaktionssystem kann dieser Temperatursprung auch repetierend ausgeführt werden (s. Abschnitt 3.2.10.4b). Als Absorbermedium stehen mehrere Lösungsmittel zur Verfügung, von deren Äthylenglycol bzw. Formamid-Glyzerol-Gemische auch Messungen bei Temperaturen unter 0° zulassen.

Bei allen drei Temperatursprungverfahren ist die minimale Aufheizzeit letztlich durch die maximale Impulsleistung begrenzt. Zur Aufheizung von 0,1 ml wäßriger Lösung um 1 K benötigt man ca. 0,4 J. Bei einer Impulsdauer von 10 ns entspricht diesem Wert eine Impulsleistung von 40 MW, die nur noch mit Hochleistungslasern zu erreichen ist.

b) Drucksprung

Über einer Meßlösung kann man eine Druckänderung in kurzer Einstellzeit ϑ sowohl durch plötzliche Entspannung einer unter hohem Druck stehenden Apparatur als auch durch eine Schockwelle erzielen, die in ein Reaktionsrohr einläuft.

Das Schema einer *Druckentspannungs*-Apparatur ist in Abb. 3.122a dargestellt. Die Entspannung des hohen Druckes erfolgt durch die mechanische Zerstörung einer Berstscheibe infolge eines Überdrucks. Im Druckübertragungsraum, der eine Meß- und Referenzzelle enthält, fällt der Druck nur mit einer Verzögerungszeit $\tau_p \approx 10$ µs ab, die sich aus den Eigenschaften des vorgespannten Materials ergibt.

Um durch eine Druckänderung Δp eine Gleichgewichtsverschiebung $\Delta K/K$ von 1% zu erreichen, ist gemäß Gl. (3.224) bei einem Reaktionsvolumen ΔV^0 von $10\,\text{cm}^3/\text{mol}$ und $T = 300$ K ein Drucksprung

$$\Delta p = \frac{RT}{\Delta V^0} \cdot \frac{\Delta K}{K} \approx 25\,\text{bar} \qquad (3.224\text{b})$$

erforderlich. Ionenreaktionen besitzen wegen der Änderungen in der Hydrathülle relativ hohe ΔV^0-Werte zwischen 10 und $30\,\text{cm}^3/\text{mol}$. Demgegenüber liegen die Volumenänderungen bei anderen Reaktionen gewöhnlich weit unter $1\,\text{cm}^3/\text{mol}$, so daß zur Anregung Drucksprünge >250 bar notwendig sind. Aus diesem Grunde werden mit Drucksprüngen in der Regel nur Ionenreaktionen untersucht und die Autoklaven für etwa 100 bar ausgelegt.

Die beim Zerstören der Berstscheibe entstehende Druckwelle erzeugt nicht unerhebliche Störungen im gesamten Meßsystem. Deshalb ist es wie bei den Temperatursprung-Untersuchungen unerläßlich, in einer Brückenschaltung (s. Abschnitt 3.2.10.3d) eine Differenzmessung gegenüber einer Neutralsalzlösung auszuführen.

Die Erzeugung von Drucksprüngen bzw. Schockwellen durch nicht zerstörungsfreie mechanische Elemente, wie Berstscheibe, Sprengsatz usw., entspricht nicht der Vorstellung einer quasi „trägheitslosen" physikalischen Reaktionsauslösung. Diesem Prinzip kommt jedoch ein spezielles *Schockwellenverfahren* entgegen, das einen elektromagnetischen Druckstoßgeber verwendet, der wiederholt durch elektrische Impulse erregt wird. Die mechanische Stoßantwort dieses Gebers wird über ein geeignetes Übertragungsmedium im

a

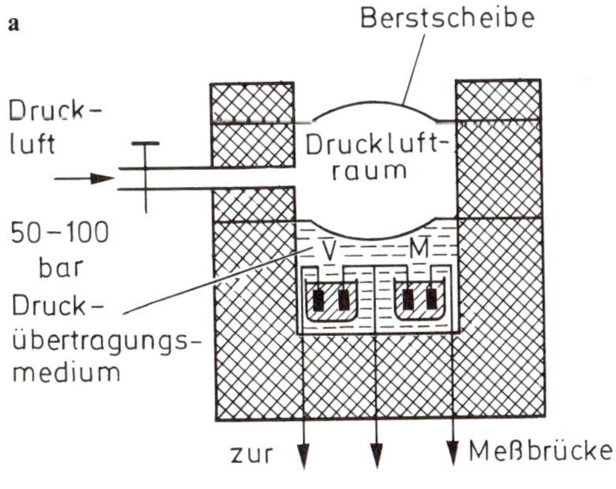

b

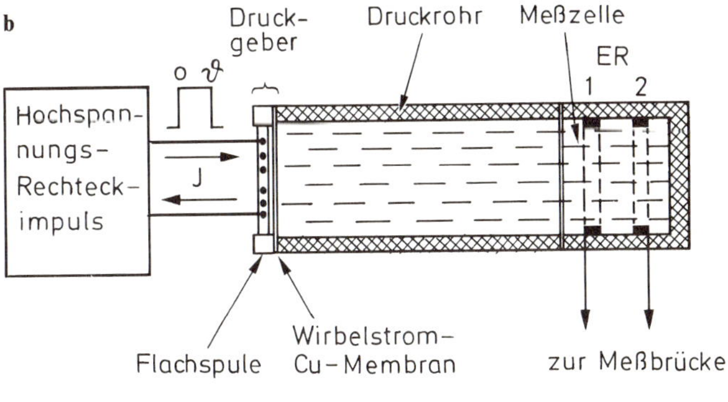

Abb. 3.122a, b. Schematische Darstellung von Versuchsaufbauten zur Erzeugung schneller Drucksprünge: **a** Druckentspannungsapparatur nach Strehlow [Strehlow, H., Becker, M.: Ber. Bunsenges. **63**, 457 (1959)]. *M* Meßzelle, *V* Vergleichszelle. **b** Druckwellenapparatur nach Hoffmann [Hoffmann, H., Pauli, K.: Ber. Bunsenges. **70**, 1052 (1966), Platz, G., Hoffmann, H.: Ber. Bunsenges. **76**, 491 (1972) (Gas-Stoßwellen)]. *ER* Elektrodenringe, *I* Impulsstrom

Stoßwellenrohr auf die Meßzelle eingekoppelt (vgl. Abb. 3.122b). Die Anstiegszeit der Druckwelle ist durch die Abmessungen der Meßzelle gegeben und liegt bei etwa 1 µs. Da der Druckzustand nur etwa für die Dauer des elektrischen Impulses besteht, ist eine Relaxationsmessung mit diesem Verfahren auf einen relativ kurzen Zeitbereich bis max. 100 µs beschränkt. Für kinetische Untersuchungen kann dieses Stoßwellenrohr somit nur zusätzlich zur Druckentspannungapparatur verwendet werden, um die zeitliche Auflösung in den µs-Bereich zu erweitern.

Ein Stoßwellenrohr gemäß Abb. 3.122b läßt sich auch durch einen Druckgeber mit einer Berstscheibe wie in Abb. 3.122a anregen. Mit einer derartigen Gas-Stoßwellenapparatur erzielt man aufgrund der Aufsteilung der Stoßwellenfront ebenfalls Anstiegszeiten von einigen µs.

c) Feldstoß

Für eine Anregung durch eine Feldänderung ΔE folgt aus Gl. (3.224) (x_i = äußere elektrische Feldstärke E und $\xi_i = \boldsymbol{\Delta M}^0$) für eine Gleichgewichtsverschiebung

$$\Delta \ln K = \frac{\Delta K}{K} = \frac{\boldsymbol{\Delta M}^0}{RT} \cdot \Delta E, \tag{3.224c}$$

die durch die Änderung der Molpolarisation d.h. des molaren elektrischen Reaktionsmoments $\boldsymbol{\Delta M}^0$ festgelegt ist. Dieses Reaktionsmoment ergibt sich z.B. bei einer Gleichgewichtsreaktion gemäß Gl. (3.223b) als $\boldsymbol{\Delta M}^0 = \boldsymbol{M}_E^0 - (\boldsymbol{M}_A^0 + \boldsymbol{M}_B^0)$.

Im Falle von Reaktanden, die permanente elektrische Dipolmomente μ_x(x = E, A, B) aufweisen, hängen deren wirksame Beträge vom Ausmaß der mittleren Einstellung dieser Dipole im elektrischen Feld ab, die gegen die thermische Bewegung der Moleküle erfolgt. Wenn $\mu_x \cdot E_w/kT \ll 1$ bleibt ($E_w = (\varepsilon + 2)/3 \cdot E$: am Ort des Dipols wirksame Feldstärke, k: Boltzmannkonstante, ε: Dielektrizitätskonstante des apolaren Lösungsmittels), findet man nach der Langevinschen Beziehung ein mittleres in Feldrichtung eingestelltes Dipolmoment $\bar{\mu}_x = \mu_x^2 \cdot E_w/3 \cdot kT$ und nach Umrechnung auf die außen angelegte Feldstärke E ein $\boldsymbol{\Delta M}^0 = N_A \cdot ((\varepsilon+2)/3)^2 \cdot (\mu_E^2 - (\mu_A^2 + \mu_B^2)) \cdot E/3 \cdot kT$ (N_A: Avrogadrosche Konstante).

Im Falle einer Änderung der Polarisierbarkeiten der Reaktanden während des Reaktionsverlaufes, z.B. $\alpha_E - (\alpha_A - \alpha_B) = \boldsymbol{\Delta\alpha}$ berechnen sich die molaren elektrischen Momente gemäß $\boldsymbol{M}_x^0 = N_A \cdot \alpha_x \cdot E_w$. Mit der Umrechnung auf die äußere Feldstärke (s.o.) folgt für die Reaktions-Molpolarisation $\boldsymbol{\Delta M}^0 = N_A \cdot ((\varepsilon+2)/3) \cdot \boldsymbol{\Delta\alpha} \cdot E$.

Da $\boldsymbol{\Delta M}^0$ in beiden Fällen der Feldstärke E proportional ist, also $\boldsymbol{\Delta M}^0 = \boldsymbol{\Delta\alpha}^0 \cdot E$ ($\boldsymbol{\Delta\alpha}^0$: Reaktions-Molpolarisierbarkeit) läßt sich Gl. (3.224c) allgemein in der Form

$$\frac{dK}{K} = \frac{\boldsymbol{\Delta\alpha}^0}{RT} \cdot E dE \tag{3.224d}$$

angeben. In der Regel bleibt die Änderung der Gleichgewichtskonstanten bei der angelegten Feldstärke E_a: $\Delta K = K(E_a) - K(E=0) \ll K(E=0)$, so daß die Integration von $E=0$ bis E_a

$$\frac{\Delta K}{K(E=0)} = \frac{\boldsymbol{\Delta\alpha}^0}{RT} \cdot \frac{E_a^2}{2} \tag{3.224e}$$

ergibt.

Bei niedermolekularen Reaktanden sind die Werte für $\boldsymbol{\Delta\alpha}^0$ in der Regel sehr klein. Relativ große Werte $\boldsymbol{\Delta\alpha}^0 \approx 50$ pF cm^2 mol^{-1} hat man bei einigen Isomerisierungsreaktionen. Jedoch sind auch hier bereits Feldstärken von mehr als 10^6 V/cm erforderlich, um das Gleichgewicht um 1% zu verschieben.

Bei makromolekularen Reaktanden findet man dagegen häufig erheblich größere Werte von $\boldsymbol{\Delta\alpha}^0$. So besitzen zahlreiche Proteine aufgrund eines hohen permanenten bzw. einige Polyelektrolyte infolge hoher induzierter Dipolmomente bei Reaktionen 10–100fach höhere Werte von $\boldsymbol{\Delta\alpha}^0$. Deshalb reichen bei diesen Reaktionen Feldstärken von bereits 10^4–10^5 V/cm für eine 1%ige Gleichgewichtsverschiebung.

Bei Ionenreaktionen können jedoch auch für kleine Moleküle durch den Dissoziations-Feldeffekt Gleichgewichtsverschiebungen dieser Größe mit Feldstärken von 10^4–10^5 V/cm hervorgerufen werden. Der Dissoziations-Feldeffekt überwiegt bei weitem den normalen Polarisations-Feldeffekt. Um die Gleichgewichtsverschiebung aufgrund dieses Effektes zu beschreiben, hat man bei Ionen gleicher Wertigkeit anstelle von $\boldsymbol{\Delta M}^0$ in Gl. (3.224c) den Ausdruck $q^3 N_A/8\pi\varepsilon\varepsilon_0 kT$ einzusetzen (q = Elementarladung, ε_0 = elektrische Feldkonstante). In nichtwäßrigen, weniger polaren Lösungsmitteln sind die erforderlichen Feldstärken wegen der kleineren Dielektrizitätskonstanten entsprechend kleiner. Für die Messung von Relaxationsvorgängen über eine Anregung mit Hilfe des Dissoziations-Feldeffektes sind daher bei Elektrodenabständen zwischen 1 und 10 mm Impulsspannungen von 10–100 kV erforderlich.

Da bei derartig hohen Spannungen Störungen in der Meßzelle, z.B. eine Erwärmung der Lösung, Effekte an den Elektroden etc., auftreten, ist auch hier eine Referenzzellenordnung unumgänglich, bei der die Störeffekte kompensiert werden. Durch unterschiedliche Elektrodenabstände bei gleicher Zellimpedanz kann

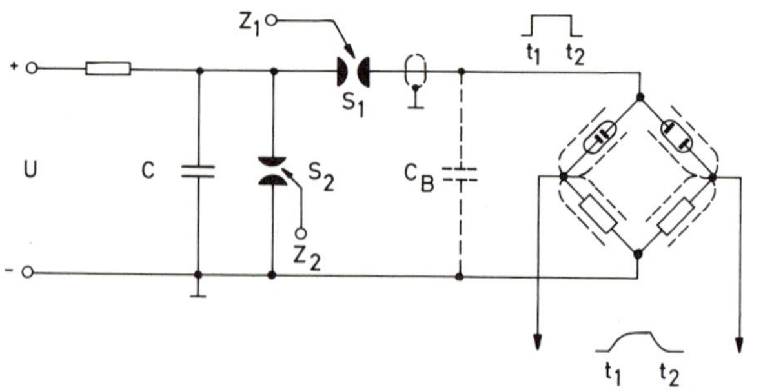

Abb. 3.123. Schematische Darstellung eines Versuchsaufbaues zur Erzeugung von schnellen Feldstößen nach Eigen [Eigen, M., de Mayer, L.: Z. Elektrochem. **59**, 986 (1955)]. Die Hochspannungsimpulse werden durch Funkenstrecken geformt: Einschalten (S_1), Ausschalten (S_2), getriggert durch Zündimpulse Z_1 und Z_2 zu Zeiten t_1 und t_2. C Stoßkondensator, C_B Brückenstreukapazität

man in einer Brückenschaltung z.B. spannungsabhängige Effekte von den eigentlichen Feldeffekten separieren (s. Abb. 3.123). Die Hochspannung U wird über eine Zündfunkenstrecke S_1 zur Zeit t_1 an die Meßstrecke mit hoher Impedanz[1] angelegt und zur Zeit t_2 über eine zweite Zündfunkenstrecke durch Kurzschließen wieder abgetrennt.

Die Auf- und Entladung der effektiven Brückenkapazität, die durch bifilaren Aufbau besonders klein gehalten wird, ist praktisch nur durch die Schaltzeit der Funkenstrecken vorgegeben und liegt bei einigen ns. Die zeitliche Auflösung der Meßanordnung ist lediglich durch die Übertragungseigenschaften der Meßbrücke bestimmt, die infolge der endlichen Zellkapazitäten gewöhnlich im µs-Bereich liegt (s. Abschnitt 3.2.10.3d).

Da man Feldstöße relativ leicht mit sehr hoher Flankensteilheit erzeugen kann, wird die zeitliche Auflösung zumeist weniger durch die Anregung als durch die Beobachtungsmethode begrenzt. Mißt man die Relaxationssignale nach einer Feldanregung z.B. nicht konduktometrisch wie in Abb. 3.123 (vgl. auch 3.2.10.3d) sondern photometrisch über Absorptionsänderungen (vgl. 3.2.10.3a), so läßt sich eine Auflösung von einigen ns erzielen.

d) Schallanregung

Bei *niedrigen* Frequenzen bis in den kHz-Bereich ist die Schallabsorption in Lösungen äußerst gering, so daß für einen meßbaren Intensitätsabfall Schichtdicken von einigen Metern notwendig sind. Man verwendet deshalb spezielle mit Meßlösung gefüllte Schallresonatoren, bei denen man durch Frequenzvariation die Resonanzbreite Δf_r oder nach Abschalten der Schallerregung die Schwingungsdämpfung über τ_r mißt. Der Schallabsorptionskoeffizient pro Wellenlänge μ berechnet sich hieraus gemäß der Beziehung

$$\mu = 2\pi \frac{\Delta f_r}{f_r} = \frac{1}{f_r \cdot \tau_r} \qquad (3.235)$$

mit $2\pi\Delta f_r = 1/\tau_r$.

Für *hohe* Frequenzen (Ultraschall, im MHz-Gebiet) kann man dagegen in geeigneten Trögen, in die als „Stimulator" ein Schallgeber und als „Detektor" ein beweglicher Schallaufnehmer eintauchen, sowohl den Intensitätsabfall als auch die Phase in Abhängigkeit vom Abstand d zwischen Schallgeber und -aufnehmer messen und aus der Beziehung $I_{(d)} = I_0 e^{-\frac{\mu}{\lambda} d}$ den Schallabsorptionskoeffizienten

$$\mu = \ln I_{(d=\lambda)}/I_0 \qquad (3.236)$$

bestimmen (s. Abb. 3.124). — Aus der Frequenzabhängigkeit von μ wird die Relaxationszeit τ nach einer Beziehung vom Typ der Gl. (3.233) ermittelt.

[1] Beim Temperatursprung-Impuls hat die Zelle eine niedrige Impedanz.

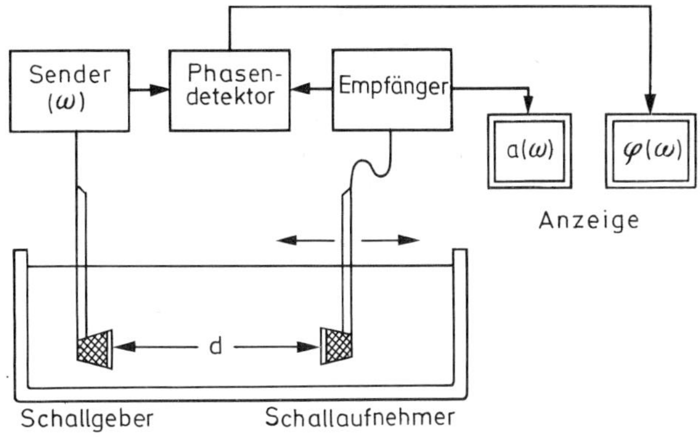

Abb. 3.124. Schematische Darstellung eines Versuchsaufbaues zur Anregung mit hochfrequenten Schallwellen (MHz-Gebiet) und Messung von Amplitude $a(\omega)$ und Phase $\varphi(\omega)$ in Abhängigkeit vom Abstand d zwischen Schallgeber und Schallaufnehmer in einem Meßtrog nach Carstensen [Carstensen, E.L.: J. Acoust. Soc. Am. **26**, 858 u. 862 (1954)]

e) Impulsphotolyse

Die Anregung mit kurzen Lichtimpulsen ist ein weitverbreitetes und wirkungsvolles Verfahren zur Untersuchung photochemischer Reaktionen vornehmlich bei biologischen Vorgängen. Für photochemische Prozesse wird die Energie zum Reaktionsumsatz von den absorbierten Lichtquanten geliefert, wie z.B. bei der Photosynthese (s. auch Kapitel 13.1). Jedoch kann das Anregungslicht auch lediglich als Auslöser eines Vorganges dienen, der aus einer dem System eigenen Energiequelle gespeist wird, wie das z.B. beim Sehvorgang der Fall ist (vgl. Kapitel 15.2.4.1).

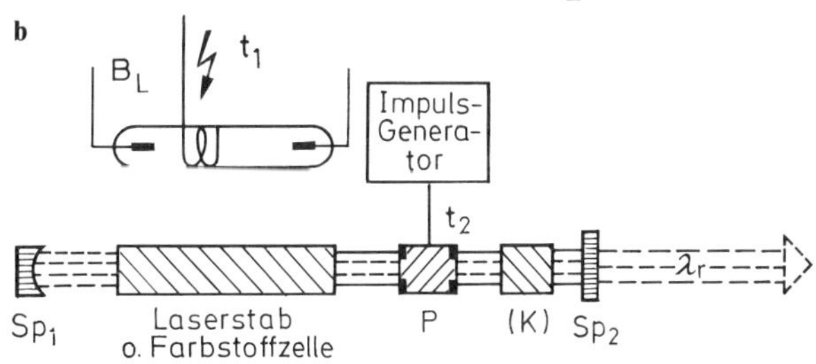

Abb. 3.125a, b. Schematische Darstellung von Impuls-Lichtquellen für die Anregung photochemischer Reaktionen (Impulsphotolyse). **a** Elektronenblitzlampe: C Stoßkondensator, B_L Quarzblitzröhre, Tr Zündtrafo, Z Zündimpuls, F Farbfilter, $\Delta\lambda$ ausgefilterter Spektralbereich. **b** Riesenimpuls-Laser: Sp_1 Spiegel, Sp_2 halbdurchlässiger Spiegel, B_L Pumplichtlampe gezündet zu t_1, P Pockelzelle (*Q-switch*), geöffnet zu $t_2 > t_1$, aktives Schaltelement für die Erzeugung von ns-Riesenimpulsen, (K) Kristall, passives Schaltelement zum „mode-locking"-Betrieb von *ps*-Impulsen, λ_r Laser-Spektrallinie

Zur Anregung mit kurzen Lichtblitzen werden neben schnellen Photoverschlüssen vor Glühlichtlampen ($\vartheta \gtrsim 1$ ms) und Elektronen-Blitzlampen ($\vartheta \gtrsim 0{,}3$ µs) auch Festkörper- und Farbstofflaser im Riesenimpulsbetrieb (ϑ im ns-Bereich) oder im „mode-locking"-Betrieb (ϑ im ps-Bereich) eingesetzt. In Abb. 3.125a ist die Schaltung einer Blitzlampe, in Abb. 3.125b die eines Impuls-Lasers schematisch wiedergegeben. Der Entladekreis der Blitzlampen — auch der im Pumplichtkreis des Lasers — entspricht demjenigen in der Temperatursprung-Apparatur (vgl. auch Abb. 3.121a), es fallen lediglich Zündfunkenstrecke und Entladungszelle in der Blitzlampe zusammen. Trotz der recht erheblichen Lichtimpuls-Leistungen von ca. 100 kW über 5 µs bei der Blitzlampe oder ca. 10 MW innerhalb weniger als 5 ns beim Impulslaser liegen die jeweiligen Gesamt-Photonenzahlen pro Blitz nur bei einigen µ-Einstein. Diese Photonenzahlen reichen jedoch für eine Sättigungsanregung gewöhnlich aus, da das Reaktionssystem zumeist auch nur in Mengen von einigen µ-Mol vorliegt (mM Lösung in ml Meßvolumen).

Das Anregungslicht wird beim Pulslaser ($\lambda_a = \lambda_r$) zumeist direkt, beim Photoverschluß und bei der Blitzlampe mittels einer optischen Abbildung oder durch einen Lichtleiter über einen Farbfilter F ($\lambda_a \pm \Delta\lambda$) in das Reaktionssystem geleitet (s. Abb. 3.125).

f) Pulsradiolyse

Die Anregung mit kurzen energiereichen Elektronenpulsen eröffnet die Möglichkeit, in einem System Reaktionen mit bestimmten, zumeist hochreaktiven Radiolyseprodukten (z.B. solvatisierten Elektronen) zu untersuchen. Der Elektronenstrahl wird von einem van de Graaff-Generator (s. Abb. 3.126) oder einem Linearbeschleuniger erzeugt und in die Meßküvette eingeleitet.

Betrachtet man einen kleinen van de Graaff-Generator mit 1,7 MeV, einem max. Pulsstrom von 10 mA und einer einstellbaren Pulsbreite zwischen 0,5 und 50 µs, so werden pro µs dem Meßvolumen etwa 700 rad zugeführt. Daraus ergeben sich bei max. Pulsbreite und einer Erzeugungsrate G = 3/100 eV ca. 0,1 µmol an Radiolyseprodukten im Meßvolumen.

Mit der höheren Elektronenenergie (15 MeV) sowie dem höheren Pulsstrom (1 A) von Linearbeschleunigen erreicht man auch bei kürzeren Pulsbreiten bis ca. 1 ns Ausbeuten von einigen µMol pro Puls, die denjenigen bei der Photolyse entsprechen.

3.2.10.3 Meßverfahren

Im einleitenden Kapitel 3.2.10.1 wurde bereits erläutert, daß die Verfolgung eines schnellen Relaxationsvorganges über jeden physikalischen Parameter vorgenommen werden kann, der ein eindeutiges Maß für die Konzentration eines der Reaktionspartner im Relaxationsvorgang ist. Für solche Untersuchungen werden optische Eigenschaften wie Lichtabsorption, Fluoreszenz, Refraktion, Rotation etc., elektrische Eigenschaften wie Leitfähigkeit, Polarisation, Ladungstransport etc., in einigen Fällen sogar mechanische Eigenschaften wie Druck oder Volumen herangezogen.

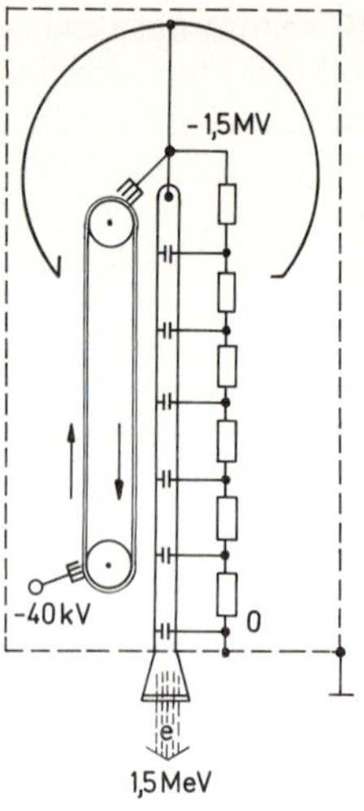

Abb. 3.126. Prinzip-Darstellung eines van de Graaff-Generators zur Anregung chemischer Reaktionen mit Elektronenstrahlen (Pulsradiolyse). Schema mit Daten des Generators vom Hahn-Meitner-Institut, Berlin, nach Henglein [Henglein, A.: Einführung in die Strahlenchemie mit praktischen Anleitungen. Weinheim: Verlag Chemie 1968, Kapitel 1.3 u. 14.1]

In den folgenden Abschnitten sind nur die meistbenutzten *optischen* und *elektrischen* Meßverfahren näher beschrieben. Hierzu zählen die spektrale *Photo-* und *Fluorimetrie* (Abschnitte 3.2.10.3a und b) sowie die *Konduktometrie* und die in der *Elektrophysiologie* angewendete direkte Messung mit Mikroelektroden (3.2.10.3d und e).

a) Kinetische Spektralphotometer

Wenn bei einem Relaxationsvorgang [z. B. gemäß Gl. (3.223a)] einer der Reaktionspartner im Wellenlängenbereich zwischen 200 und 1000 nm absorbiert, kann man die Reaktion mit einem kinetischen Spektralphotometer verfolgen, das in Abb. 3.127 skizziert ist:

Monochromatisiertes Meßlicht $I_0(\lambda)$ aus einer Glühlichtquelle durchstrahlt eine Meßküvette mit dem Reaktionssystem und fällt über ein Abblockfilter F (bei Blitzlichtanregung) auf einen Meßlichtdetektor [im sichtbaren und UV-Spektralbereich auf einen Elektronenvervielfacher (SEV) bzw. in einzelnen Spektralbereichen (IR bis sichtbar) auf eine schnelle Photodiode]. Die nach der Anregung auftretenden Absorptionsänderungen $\delta\alpha$ werden in Meßlichtänderungen δI und diese über den Meßlichtdetektor z. B. SEV in entsprechende Änderungen des Anoden- bzw. Diodenstromes δi_A umgesetzt, die man am Arbeitswiderstand R_A als Spannungsänderungen (Signale) $\delta U_A = -R_A \delta i_A$ messen kann. Die Meßsignale werden verstärkt und entweder auf einem Schreiber oder einem Oszilloskop angezeigt.

Die Meßsignale δU_A hängen mit den Konzentrationsänderungen δc in folgender Weise zusammen: Wenn $I_{(\lambda)}$ die Intensität des aus der Küvette austretenden Meßlichtes bei der Wellenlänge λ ist, dann ergibt sich die Absorption $\alpha_{(\lambda)}$ *vor* der Anregung in einer Küvette der Länge l bei n Reaktionspartnern der Kon-

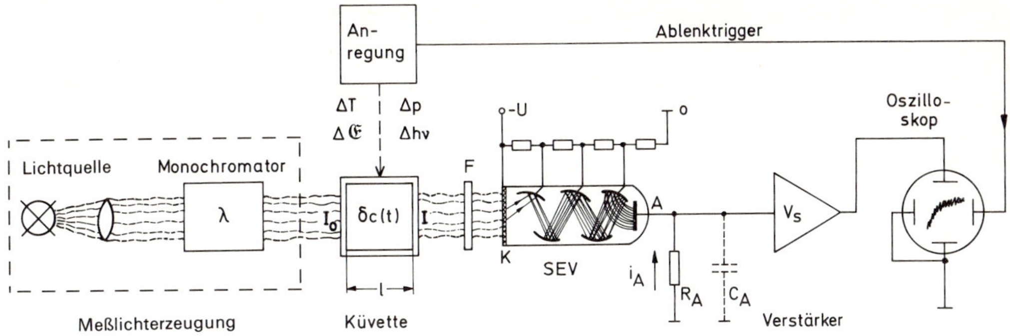

Abb. 3.127. Schematische Darstellung eines kinetischen Spektralphotometers nach Porter [Norrish, R.G.W., Porter, G.: Nature **164**, 658 (1949) (*Spektrograph*)]. Witt [Witt, H.T., Moraw, R., Müller, A.: Z. physik. Chem. N.F. **20**, 193 (1953) (*Photometer*)] und Rüppel [Rüppel, H., Bültemann, V., Witt, H.T.: Ber. Bunsenges. **68**, 340 (1964) (*repet. Photometer*)]. K Kathode, A Anode, V_s Nachverstärkung, U Kathodenspannung (ca. −500 V b. Photomet., −2500 V b. Fluorimet.), F Abblock-Interferenzfilter bei Blitzanregung, andere Bezeichnungen s. Text

zentration $c_i^{=}$ mit Absorptionskoeffizienten ε_i zu

$$\alpha^{=} = \ln \frac{I_0(\lambda)}{I(\bar{\lambda})} = \sum_{i=1}^{n} \varepsilon_i c_i^{=} l\,.^{2} \tag{3.237}$$

Während der Reaktion ändert sich die Zusammensetzung der Meßlösung gegenüber der jeweiligen Gleichgewichtskonzentration $c_i^{=}$ um $\delta c_i = c_i - c_i^{=}$ und damit die Intensität des austretenden Meßlichtes um $\delta I = I - I^{=}$, so daß sich aus Gl. (3.237) eine Absorptionsänderung

$$\begin{aligned}\delta\alpha &= \alpha - \alpha^{=} = -\ln I/I^{=} = -\ln\left(1 + \frac{\delta I}{I^{=}}\right)\\ &= \sum_{i=1}^{n} \varepsilon_i c_i l - \sum_{i=1}^{n} \varepsilon_i c_i^{=} l = \sum_{i=1}^{n} \varepsilon_i \delta c_i l\end{aligned} \tag{3.238}$$

ergibt. Für kleine Änderungen $\delta I/I^{=} < 0{,}1$ ist

$$\delta\alpha = -\frac{\delta I}{I^{=}} = -\frac{\delta U_A}{U_A^{=}} \tag{3.239}$$

mit einem Fehler <6%. Im Beispiel gemäß Gl. (3.223a) ist $\delta c_A = \delta c_B = -\delta c_E$ und damit folgt aus Gl. (3.238)

$$\begin{aligned}\delta\alpha &= -\frac{\delta I}{I^{=}} = (\varepsilon_E \delta c_E + \varepsilon_A \delta c_A + \varepsilon_B \delta c_B) \cdot l\\ &= (\varepsilon_E - \varepsilon_A - \varepsilon_B) \delta c_E \cdot l\,.\end{aligned} \tag{3.239a}$$

Da die ε_i Funktionen der Wellenlänge sind, hängt das Vorzeichen der Absorptionsänderung davon ab, ob bei der betrachteten Wellenlänge die End- oder die Ausgangsprodukte eine höhere Absorption besitzen. Der besondere Vorteil dieses optischen Meßverfahrens liegt bei mehrstufigen Reaktionen gerade in der Möglichkeit, ein vollständiges Differenzspektrum aufzunehmen, mit dem man Zwischenprodukte indentifizieren kann.

Ein Maß für die *Meßgenauigkeit* bei einem kinetischen Spektralphotometer ergibt sich aus folgender Überlegung:

Für das am Arbeitswiderstand R_A abgegriffene Meßsignal $\boldsymbol{S}$ gilt $\boldsymbol{S} = |\delta U_A| = R_A |\delta i_A|$. Bei einem SEV ist die Anodenstromänderung $\delta i_A = V \cdot \delta i_K$ (V = Verstärkung). Die Kathodenstromänderung δi_K ist proportional zur Änderung der Lichtintensität δI:

$$\delta i_K = E_\lambda \cdot A \cdot \delta I \tag{3.240a}$$

und gemäß Gl. (3.239)

$$= -E_\lambda \cdot A \cdot I \cdot \delta\alpha \tag{3.240b}$$

(E_λ = Kathodenempfindlichkeit, A = durchstrahlte Küvettenfläche).

Der Meßfehler $\partial\boldsymbol{S}$ ergibt sich überwiegend aus der statistischen Fluktuation des Kathodenstromes i_K, für die man aufgrund des Schroteffektes der Photoelektronen das mittlere Schwankungsquadrat

$$\overline{\partial i_K^2} = \frac{\overline{\partial \boldsymbol{S}^2}}{(R_A V)^2} = 2q|i_K| \Delta f = 2q E_\lambda \cdot A \cdot I \cdot \Delta f \tag{3.241}$$

angeben kann, wobei q die Elementarladung, $\Delta f = 1/4 \cdot R_A C_A$ die „rauschäquivalente" d.h. die einem rechteckförmigen Übertragungsband äquivalente RC-Bandbreite, und C_A die effektive Anodenkapazität ist.

Die auf dem Schreiber bzw. Oszilloskopschirm sichtbare „Rauschbreite" (Rauschpegel) $\boldsymbol{R}$ ist definiert als

$$\boldsymbol{R} = p\sqrt{\overline{\partial \boldsymbol{S}^2}} = p \cdot R_A \cdot V \sqrt{\overline{\partial i_K^2}} \tag{3.242}$$

mit dem statistischen Faktor p.[3] Damit folgt für die relative Meßgenauigkeit oder das sog. Signal-Rausch-Verhältnis $\boldsymbol{S}/\boldsymbol{R}$

$$\frac{\boldsymbol{S}}{\boldsymbol{R}} = \frac{1}{p}\sqrt{\frac{E_\lambda \cdot I \cdot A}{2q \cdot \Delta f}} \cdot \delta\alpha\,. \tag{3.243}$$

Eine entsprechende Beziehung für das $\boldsymbol{S}/\boldsymbol{R}$-Verhältnis $\sim \sqrt{E_\lambda \cdot I \cdot A}$ erhält man auch für eine Photodiode, wenn wie in Gl. (3.241) das Schwankungsquadrat des Photostroms proportional dem Photostrom ist. Das

---

[2] Die in der Praxis bevorzugte Größe der optischen Dichte OD ergibt sich aus $OD = \lg I_0/I = \varepsilon_i^D c_i l$, wobei ε_i^D der molare *dekadische Absorptionskoeffizient* ist. (Umrechnung $OD = \alpha/\ln 10$, $\varepsilon_i^D = \varepsilon_i/\ln 10$.)

[3] Zum Beispiel $p = 4$: Bei einer Gaußverteilung liegen 14% der stochastischen Werte zu $\boldsymbol{S}$ außerhalb $\boldsymbol{R}$.

$\boldsymbol{S}/\boldsymbol{R}$-Verhältnis nimmt bei gegebener Bandbreite Δf mit steigender Meßlichtintensität $\sim\sqrt{I}$ weiter zu. Da diese aber gemäß Gl. (3.237) ihrerseits von der Absorption $\alpha^{=}$ im Reaktionssystem abhängt, kann man unabhängig von I_0 das $\boldsymbol{S}/\boldsymbol{R}$-Verhältnis durch geeignete Wahl von $\alpha^{=}$ optimieren. Dieser Sachverhalt läßt sich in folgendem Grenzfall einfach überblicken: Erfolgt die Signalmessung in einem Spektralbereich, wo nur eine Komponente, z. B. gemäß Gl. (3.223a) etwa das Endprodukt E absorbiert, so ist $\alpha^{=}=\alpha_{\mathrm{E}}$, $\delta\alpha=\alpha_{\mathrm{E}}\cdot\delta c_{\mathrm{E}}/c_{\mathrm{E}}^{=}$, $I=I_0\cdot e^{-\alpha_{\mathrm{E}}}$ und gemäß Gl. (3.243) $\boldsymbol{S}/\boldsymbol{R}\sim\alpha_{\mathrm{E}}\cdot e^{-\alpha_{\mathrm{E}}/2}$.

Der Optimalwert liegt bei $\alpha_{\mathrm{E}}=2$ entsprechend einer optischen Dichte $OD=0{,}87$ (14% Transmission). Diesen Wert kann man durch Variation von l bzw. von $c_{\mathrm{E}}^{=}$ einstellen, sofern $\delta c_{\mathrm{E}}\sim c_{\mathrm{E}}^{=}$ ist. Somit erhält man das optimale $\boldsymbol{S}/\boldsymbol{R}$-Verhältnis als

$$\left(\frac{\boldsymbol{S}}{\boldsymbol{R}}\right)_{\mathrm{opt}}=\frac{2}{ep}\sqrt{\frac{2E_\lambda\cdot A\cdot I_0}{q}R_{\mathrm{A}}C_{\mathrm{A}}}\cdot\frac{\delta c_{\mathrm{E}}}{c_{\mathrm{E}}^{=}}, \tag{3.244}$$

wenn man $\Delta f=1/4R_{\mathrm{A}}C_{\mathrm{A}}$ einsetzt. Bei vorgegebener Meßlichtintensität I_0 [4] kann man das $\boldsymbol{S}/\boldsymbol{R}$-Verhältnis dadurch verbessern, daß man die durchstrahlte Fläche A möglichst groß macht (A ist proportional zur Zahl der angeregten Moleküle), eine hohe Detektorempfindlichkeit E_λ aussucht (max. SEV-Wert $0{,}35\,q/h\nu$) und die Übertragungszeitkonstante $R_{\mathrm{A}}C_{\mathrm{A}}$ so groß wählt, wie es für eine ausreichende Zeitauflösung noch zulässig ist (z.B. $R_{\mathrm{A}}C_{\mathrm{A}}\lesssim\vartheta/\pi$, s. Kapitel 3.2.10.4.b).

b) Kinetische Spektralfluorimeter

Der allgemeine Aufbau für das kinetische Spektralfluorimeter ist auch in der Abb. 3.127 zu erkennen, in der das entsprechende Spektralphotometer schematisch dargestellt ist. Beim Fluorimeter entfällt lediglich die Meßlichterzeugung vor der Küvette. Ansonsten ist nur der SEV, der beim Photometerbetrieb mit hohen Photoströmen bei niedriger Verstärkung arbeitet, für Fluoreszenzmessungen durch eine höhere Betriebsspannung bzw. eine größere Dynodenzahl auf eine hohe Verstärkung einzustellen, um auch kleine Fluoreszenzlichtintensitäten erfassen zu können. Da das Fluoreszenzlicht allseitig emittiert wird, hat die Meßoptik vor dem SEV einen möglichst großen Raumwinkel zu erfassen, was am wirkungsvollsten durch eine Ulbricht-Kugel erreicht wird.

Zur Abschätzung des $\boldsymbol{S}/\boldsymbol{R}$-Verhältnisses hat man in den für das Photometer abgeleiteten Beziehungen die auf den Raumwinkel Ω bezogenen Fluoreszenz-Lichtstärken einzusetzen, z.B. $\Delta\Omega/4\pi\cdot\delta I(\Omega)$ sowohl anstelle von $A\cdot\delta I$ in Gl. (3.240a) als auch von $A\cdot I$ in Gl. (3.241). Hieraus ergibt sich entsprechend der Ableitung von Gl. (3.243) ein $\boldsymbol{S}/\boldsymbol{R}$-Verhältnis, das mit der Quadratwurzel aus der Fluoreszenzlicht-Änderung $\delta I(\Omega)$ ansteigt und somit, anders als bei der Absorptionsänderung $\delta\alpha$, nicht linear von der Größe des Meßsignals abhängt.

c) Mikrospektralphotometer

Ein besonders für biophysikalische Untersuchungen, z.B. beim Sehvorgang, bedeutsames Meßinstrument ist das Mikrospektralphoto- bzw. -fluorimeter mit Polarisationszusatz. Dieses Gerät kann aus einem guten, handelsüblichen umgekehrten Mikroskop aufgebaut werden. Das monochromatische (ggfs. polarisierte) Meßlicht wird mit einem Objektiv von oben auf das Präparat (z.B. Ausschnitte aus einem Sehstäbchen) abgebildet. Das austretende Licht wird (ggfs. über einen Polarisations-Analysator) in einem SEV gesammelt. Die Anregung des Präparates erfolgt über ein seitlich in den Strahlengang eingeführtes Lichtbündel entweder mit einem Strahlenteiler oder durch einen Lichtleiter.

d) Kinetische Konduktometer

Dem kinetischen Spektralphotometer entspricht das kinetische Konduktometer, das immer angewendet werden kann, wenn sich bei dem untersuchten Relaxationsvorgang der Dissoziationsgrad ändert, weil entweder geladene Reaktionspartner reagieren oder geladene Zwischenprodukte auftreten.

Wenn u_i die Beweglichkeit der i-ten Ionensorte ist, die in der Konzentration c_i [5] mit der Ladungszahl z_i vorliegt, so ergibt sich die Gesamtleitfähigkeit bei n Ladungsträgern als

$$\varkappa=\boldsymbol{F}\cdot\sum_{i=1}^{n}c_iu_i|z_i| \tag{3.245}$$

($\boldsymbol{F}$ = Faradaykonstante).

Eine Gleichgewichtsverschiebung, z.B. durch einen Temperatursprung, kann sowohl die Konzentation c_i als auch die Ionenbeweglichkeit u_i ändern. Während sich die Konzentrationsänderung gemäß dem Relaxationsvorgang vollzieht $\delta c_i=\delta c_i(t)$ [s. Gl. (3.229) und (3.230)], stellt sich die Beweglichkeitsänderung in der Regel extrem schnell ein, z.B. beim Temperatursprung in ca. 10^{-8} s: $\delta u_i=\delta u_i^0=\mathrm{const}$. Man erhält damit aus Gl. (3.245):

$$\begin{aligned}\delta\varkappa(t)&=\boldsymbol{F}\left(\sum_{i=1}^{n}\delta c_i(t)u_i|z_i|+\sum_{i=1}^{n}c_i\delta u_i^0|z_i|\right)\\&=\delta\varkappa^r(t)+\delta\varkappa^0.\end{aligned} \tag{3.246}$$

Neben dem zeitabhängigen Relaxationsterm $\delta\varkappa^r(t)$ tritt noch ein konstanter Leitfähigkeitsterm $\delta\varkappa^0$ auf. Da dieser Beweglichkeitssprung bei allen Elektrolyten nahezu gleich groß ist (z.B. bei ΔT-Sprung 2%/K), kann man diesen in einer Leitfähigkeitsbrücke kompensieren, wenn man gegen eine Referenzzelle mit einer Neutralsalzlösung (z.B. KCl) mißt (s. Abb. 3.128). Um Elektrolyse zu vermeiden, wird die Brücke mit einer Wechselspannung $\mathfrak{U}(t)=\mathfrak{U}^0e^{j\omega t}$ betrieben. Für sehr schnelle Relaxationssignale kann auch eine Rechteck-Impulsspannung als Brückenspeisespannung verwen-

[4] Insbesondere bei einer photochemischen Reaktion wird man versuchen, die Meßlichtbelastung I_0 im Anregungsspektralbereich möglichst klein zu halten, um eine Anregung durch das Meßlicht weitgehend auszuschließen.

[5] Bei stark verdünnten Lösungen, sonst durch Aktivität a_i zu ersetzen.

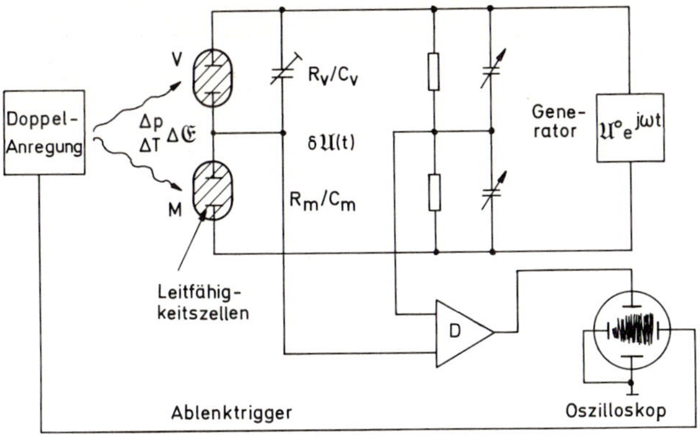

Abb. 3.128. Schematische Darstellung eines kinetischen Impulskonduktometers nach Strehlow (s. in Abb. 3.122). D Differenz-Meßverstärker R_m/C_m und R_v/C_v: Widerstand/Kapazität von M Meß- und V Vergleichs-Zelle, andere Bezeichnungen s. Text

det werden. Wenn man die Meßbrücke (Abb. 3.128) sowohl ohmisch als auch kapazitiv abgestimmt hat ($\gamma = R_m/(R_m + R_v)$, $R_mC_m = R_vC_v = \tau_m$, R_m/C_m u. R_v/C_v = Widerstand/Kapazität von Meß- und Vergleichszelle) und dann zur Zeit $t=0$ eine Leitfähigkeitsänderung $\delta\varkappa(t)$ in der Meßzelle erzeugt, so entsteht ein Brückenausschlag $\delta\mathfrak{U}$ und eine relative Brückenverstimmung

$$\frac{\delta\mathfrak{U}(t)}{\mathfrak{U}^0} = \frac{\gamma(1-\gamma)}{\sqrt{1+(\omega\tau_m)^2}} \frac{\delta\varkappa(t)}{\varkappa} e^{-\operatorname{arctg}\omega\tau_m}(e^{j\omega t} - e^{-t/\tau_m}). \tag{3.247}$$

Für den Grenzfall $\omega \to o$, der z.B. im Rechteck-Impulsbetrieb realisiert ist, erkennt man in dem Klammerterm, daß die Brückenzeitkonstante τ_m die zeitliche Auflösung der Meßbrücke bestimmt. Für große Werte von ω begrenzt τ_m durch den Wurzelterm im Nenner auch die Meßempfindlichkeit: für $\omega = 1/\tau_m$ ist diese auf $1/\sqrt{2}$ abgesunken. Auf den Einschwingvorgang der Brücke ($\sim \pi \cdot \tau_m$) entfällt dann gerade eine Halbwelle der Brückenwechselspannung. Die zeitliche Auflösung ist daher durch $\vartheta = 2\pi \cdot \tau_m$ (Abtastung durch 2 Halbwellen) gegeben, ein Wert, der wegen $\tau_m = R_m \cdot C_m$ und $R_m \sim 1/\varkappa$ mit steigendem $\varkappa$ abnimmt.

Die relative Genauigkeit bzw. das $\boldsymbol{S/R}$-Verhältnis findet man analog zur Ableitung von Gl. (3.243), wenn man für das Rauschen der Leitfähigkeitszelle die Nyquistbeziehung für den Widerstand R_m verwendet: $\overline{\partial U^2} = 4\sigma \cdot kTR_m\Delta f$, wobei ein Rauschfaktor $\sigma > 1$ (etwa 4) hinzugefügt wird, der das zusätzliche Rauschen des Elektrolyten und der Metall-Elektrolyt-Grenzschichten berücksichtigt und k die Boltzmann-Konstante ist. Dann ergibt sich mit der „Äquivalenz"-Rauschbreite $\Delta f = 1/4 \cdot R_m \cdot C_m$:

$$\boldsymbol{R} = p\sqrt{\frac{\sigma kT}{C_m}}. \tag{3.248}$$

Für eine einfache Neutralisationsreaktion gemäß dem Schema von Gl. (3.223b), bei der $c_A = c_B = c^+ = c^-$ ist, folgt gemäß Gl. (3.246) $\delta\varkappa^r/\varkappa = \delta c^+/c^+$. Damit ergibt sich bei einem symmetrischen Brückenabgleich ($\gamma = 1/2$) für $\omega = 1/\tau_m$ aus Gl. (3.247) ein Signal

$$\boldsymbol{S} = |\delta u| = \frac{1}{4\sqrt{2}} \frac{\delta\varkappa^r}{\varkappa} |\mathfrak{U}^0| \text{ und somit ein}$$

$$(\boldsymbol{S}/\boldsymbol{R})_{opt} = \frac{1}{4p}\sqrt{\frac{C_m}{2\sigma kT}} |\mathfrak{U}^0| \frac{\delta c^+}{c^+}. \tag{3.249}$$

Genau wie beim kinetischen Spektralphotometer [Gl. (3.244)] steigt das $\boldsymbol{S/R}$-Verhältnis mit der Wurzel aus der Schaltkapazität am Meßobjekt an, die auch die Zeitauflösung bestimmt. Die relative Meßgenauigkeit kann linear mit der angelegten Brückenspannung $\mathfrak{U}^0$ vergrößert werden, während beim entsprechenden Spektralphotometer diese nur mit der Wurzel aus der eingestrahlten Meßlichtintensität ansteigt. Diese Vergrößerung der Genauigkeit ist in beiden Fällen nach oben hin begrenzt: im ersten Fall durch eine Erwärmung der Meßzelle, im zweiten Falle durch eine Ausbleichung der Meßlösung.

e) Elektrodenmessungen

Die Messung von bioelektrischen Signalen läßt sich im strengen Sinne nicht zu den Relaxationsuntersuchungen schneller chemischer Reaktionen zählen. Die im Bereich der Neurologie u.a. durch akustische, chemische und elektrische „Reize", im Sehvorgang sowie in der Photosynthese durch Lichtimpulse hervorgerufenen elektrischen Signalverläufe sind stets mit einem chemisch-energetischen Umsatz verknüpft. Deshalb lassen sich die elektrischen Vorgänge in mannigfaltiger Weise gerade zur Untersuchung der chemischen Reaktionen heranziehen, die den elektrobiologischen Signalen vorausgehen, diese erzeugen oder begleiten.

Durch das Anlegen großflächiger *Elektroden* kann man an vielen biologischen Objekten nach entsprechender Anregung („Reizung") elektrische Signalverläufe („Potentiale") registrieren („ableiten"). So wurde als erstes bioelektrisches Lichtsignal überhaupt das Elektroretinogramm (ERG) entdeckt, das als Antwort des Auges auf einen Rechteck-Lichtimpuls zwischen einer Wattebauschelektrode auf der Hornhaut und einer Körperelektrode meßbar ist. Die entsprechenden „Ableitungen" des Elektrokardiogramms (EKG) oder des Elektroenzephalogramms (EEG) liefern ebenfalls elektrische Signalfolgen, die die Summation aller zwischen den Elektroden ablaufenden elektrobiologischen Vorgänge darstellen. Es bedarf daher geschickter chemischer oder physiologischer Eingriffe, um die einzelnen Anteile des Summensignals voneinander zu separieren und zu identifizieren.

Für direkte „Ableitungen" von Signalen am Ort ihrer Enstehung, z.B. in der Retina oder im nervösen Gewebe, benutzt man *Mikrosonden*, die in, auf oder zwischen die betreffenden Zellen eingestochen werden. Man verwendet hierzu neben dünnen Metallelektroden hauptsächlich dünne Glaskapillaren, die in speziellen Schmelz-Ziehgeräten auf Spitzendurchmesser von 0,1–5 µm ausgezogen und mit physiologischer oder auch höher-molarer Salzlösung gefüllt werden. Der Elektrodenwiderstand (100–1 MΩ) wird hauptsächlich vom Spitzendurchmesser bestimmt. Ein chlorierter Silberdraht stellt den Übergang zum metallischen Leiter her. Die Gegenelektrode besteht ebenfalls aus einem chlorierten Silberdraht, der über eine Salzdiffu-

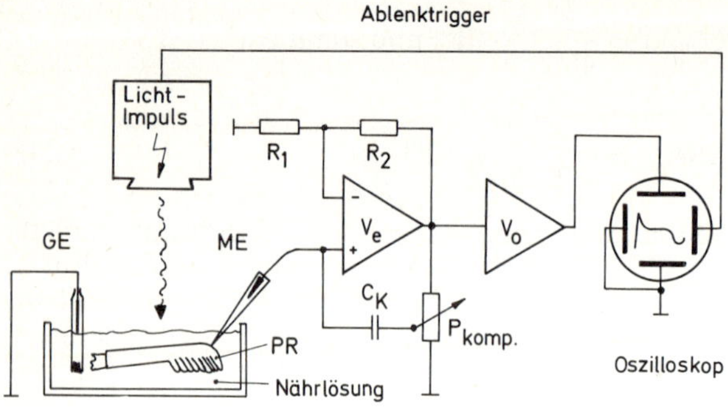

Abb. 3.129. Schematische Darstellung einer elektrophysiologischen Meßordnung zur intra- oder extrazellulären Registrierung bioelektrischer Signale mit einem kapazitätskompensierten Eingangsverstärker. *ME* Mikroelektrode (Glaskapillare), *GE* Gegenelektrode, *PR* Photorezeptor, C_K Rückführungskapazität, V_e Eingangsverstärker, V_0 Nachverstärker, P_{komp} Kompensationspotentiometer

sionbrücke den Übergang z.B. in die Nährlösung herstellt. Mit speziellen Mikromanipulatoren werden eine oder mehrere Elektroden entweder direkt in die Zelle eingestochen (intrazelluläre Messung über der Zellmembran), in den Zellzwischenraum eingeführt (extrazelluläre Messung längs der Membran) oder auf die Zelle aufgesetzt (Messung von Membransegmenten). Da sowohl die Innenwiderstände der Signalquellen als auch die der Mikroelektroden sehr hoch sind (bis 100 MΩ), müssen die Eingangsverstärker als Impedanzwandler ausgebildet sein. Hierzu eignen sich Operationsverstärker in Elektrometerschaltung, die Eingangswiderstände $>1\,G\Omega$ besitzen (s. Abb. 3.129). Die effektive Eingangskapazität C (Elektrodenstreukapazität, Kabel- und Eingangsstufenkapazität) beträgt ca. 20–30 pF. Bei einem Elektrodenwiderstand von $R \approx 100\,M\Omega$ erreicht die zeitliche Auflösung (Anstiegszeit bei einem Rechtecksignal am Eingang) nur einen Wert $\vartheta = 2{,}2 \cdot RC \approx 5$ ms entsprechend $\Delta f = 1/2\pi RC =$ 60 Hz. Die Eingangskapazität C kann jedoch durch eine kapazitive Rückführungsschaltung zum großen Teil neutralisiert werden (s. Abb. 3.129). Hiermit erreicht man Grenzfrequenzen Δf von 20–30 kHz entsprechend einer Auflösung $\vartheta = 10$–$15\,\mu s$, was für die normalen bioelektrischen Signale vollauf ausreichend ist.

Wegen des meist sehr hohen Elektrodenwiderstandes R ist der Rauschpegel $\boldsymbol{R}$ praktisch nur durch das Widerstandsrauschen bestimmt. So findet man z.B. bei $R = 30\,M\Omega$ sowie $\Delta f = 20$ kHz nach der Nyquist-Beziehung (s.o.) ein $\sqrt{\overline{\partial U^2}} = 125\,\mu V$ und damit bei $p = 4$ ein $\boldsymbol{R} = 0{,}5$ mV. Dieser Wert ergibt bei intrazellulären Messungen mit Signalhöhen von 70–90 mV z.B. im Tintenfisch-Axon oder in Sehzellen von Evertebraten noch ein sehr gutes $\boldsymbol{S}/\boldsymbol{R}$-Verhältnis. Bei anderen, vor allem extrazellulären Messungen von bioelektrischen Signalen (z.B. bei der schnellen Photospannung (ERP) am Vertebraten-Sehstäbchen mit Signalhöhen von max. 400–500 µV) fällt das $\boldsymbol{S}/\boldsymbol{R}$-Verhältnis unter diesen Bedingungen auf unter 1 ab (s.a. Abschn. 3.2.10.4b).

3.2.10.4 Registrierung und Signalauswertung

Die über verschiedene Meßparameter (z.B. Absorption, Leitfähigkeit, Druck etc.) kinetisch verfolgten Relaxationsvorgänge werden in der Regel sofort in entsprechende elektrische Meßsignale umgesetzt (z.B. im SEV, in einer Meßbrücke, im Transducer etc.).

Analoge Registrierung: Meßsignale mit Reaktionszeiten $\tau \gtrsim 1$ s kann man bei entsprechender Nachverstärkung mit einem schnell ansprechenden Schreiber registrieren ($\tau_m \approx 0{,}1$ s). Schnellere Signale hat man — wie in den Abb. 3.121–3.123 dargestellt — mit einem Oszilloskop aufzunehmen und zur weiteren Registrierung vom Bildschirm abzufotografieren. Eine analoge Signalregistrierung kann jedoch auch auf schnell laufenden Magnetbändern oder -platten erfolgen.

Digitale Registrierung: Eine etwas aufwendigere, für die weitere Signalauswertung (s.u.) jedoch günstigere Registrierung ist die digitale Signalaufnahme mit Hilfe von schnellen Speichersystemen (z.B. Mittelwertrechnern). Bei diesen wird das einlaufende Signal an m diskreten Zeitpunkten t_i (Adressen) für ein kurzes Zeitintervall Δt abgestastet, die jeweiligen Amplitudenwerte S_i in einer Analog-Digital-Wandlung digitalisiert und in dieser Form in m entsprechenden Speicherplätze eingegeben. Dabei ergibt sich die Frage, wie viele Proben m man im Abstand $\Delta t = T/m$ aus einem Signal der Länge T entnehmen muß, um dieses wieder mit vollständigem kinetischen Informationsgehalt zusammensetzen zu können. Diese Frage wird von der Nachrichtentechnik durch die Küpfmüller-Beziehung (Shannon-Theorem) beantwortet. Für m bzw. Δt muß gelten:

$$m \geqq 2\Delta f \cdot T \quad \text{bzw.} \quad \Delta t \leqq \frac{1}{2\Delta f}. \tag{3.250}$$

Die Mittelwertrechner (Averager) wurden ursprünglich für medizinisch-biologische Zwecke (EEG, Histogramme usw.) entwickelt. Sie besitzen in der Regel 1/4, 1 oder 4 k Adressen (1024 = 1 k Probenentnahmen pro Signalbereich), Schaltintervalle bis herab zu 1 µs (mit Vorschaltschieberegistern geringer Amplitudenauflösung bis zu einigen ns) sowie ein digitales Datenspeichersystem (5–12 bit/Adresse) und die hierzu notwendigen Analog-Digitalwandler für die Amplitudenwerte.

Die zeitliche Auflösung dieser Speichersysteme ist durch den kleinsten Abstand der Abtastintervalle $\Delta t = t_i - t_{i-1}$ vorgegeben und liegt deshalb bei einigen ns.

Aus dem Speicher kann das Signal mit einer entsprechenden Digital-Analog-Wandlung wieder in ein analoges Signal zurückverwandelt werden. Der große Vorteil dieser Systeme besteht darin, daß gerade die schnellen Signale bei der Ausgabe in einem stark gedehnten Zeitmaßstab wiedergegeben und so nicht nur mit einem Oszilloskop, sondern auch mit einem analogen oder digitalen Schreiber registriert werden können.

Signalauswertung: Mit Hilfe eines derartigen Zwischenspeichersystems kann man die Signalinformation zur weiteren Auswertung, z.B. zur Signalmittelung (s. Abschn. 3.2.10.4b), zur Kurvenanpassung, zur Berechnung der kinetischen Parameter aus dem Kurvenverlauf etc. entweder direkt im „on line"-Betrieb oder über eine zusätzliche Band- oder Plattenaufzeichnung in einen Rechner eingeben. Eine unmittelbare Auswertung der Meßsignale bzw. der Signalfolgen in Rechnersystemen wird insbesondere auf dem Gebiet der Elektrophysiologie vielfach ausgeführt.

Bei einigen Relaxationssystemen ist es erforderlich, die Anregungsbedingungen zu verändern, um überhaupt den Relaxationsvorgang zu erfassen bzw. die Reaktionszeiten bestimmen zu können. Vom Einzelimpuls oder -sprung abweichende Anregungsbedingungen liegen bei dem periodischen Dispersionsverfahren und dem repetierenden Verfahren zur Steigerung der Meßempfindlichkeit vor. Diese Verfahren werden in den beiden letzten Abschnitten dieses Kapitels behandelt.

a) Dispersionsverfahren

Im Gegensatz zu dem mit Gl. (3.229) und (3.230) beschriebenen Störungsverfahren, bei dem die Reaktionszeit *direkt* aus dem Einzelsignal abgelesen werden kann (s.a. Abb. 3.120), wird bei dem *indirekten* Dispersionsverfahren das Reaktionssystem periodisch angeregt und die Relaxationszeit aus der Frequenzabhängigkeit eines Meßparameters ermittelt. Ein derartiges Verfahren ist bereits bei der Behandlung der periodischen Anregung in Abschnitt 3.2.10.1 bzw. der Schallanregung in Abschnitt 3.2.10.2d im einzelnen dargestellt worden. Zu diesen indirekten Verfahren zählt auch die Untersuchung von Reaktionsvorgängen mit der Kernresonanz. — Im weiteren Sinne gehören hierzu auch alle diejenigen indirekten Verfahren, bei denen der Stoffumsatz einer Reaktion in Abhängigkeit von der Repetitionsrate der Anregungsimpulse gemessen und daraus die Zeitkonstante des geschwindigkeitsbestimmenden Schrittes der Reaktion bestimmt wird. Diese spezielle Dispersionsmethoden sollen exemplarisch an einem Meßverfahren erläutert werden, das speziell für Untersuchungen über die Sauerstoffproduktion bei der Photosynthese eingeführt wurde (vgl. Kapitel 13.1).

Die stationäre Sauerstoffausbeute einer Versuchsprobe (z.B. Chlorella-Grünalge) pro Blitz wird hierbei in Abhängigkeit vom Abstand T der repetierten Anregungsblitze untersucht. Aus der mit abnehmendem Blitzabstand sinkenden Sauerstoff-Ausbeute wird die Reaktionszeit des geschwindigkeitsbestimmenden Schrittes beim Elektronentransport vom Wasser zum $NADP^+$ ermittelt.

Die Voraussetzungen für eine solche Messung sind, daß

1. sowohl die Blitzdauer (1/10-Wertsbreite) als auch der minimale Blitzabstand T_{min} (max. Repititionsfrequenz $f_{max}=1/T_{min}$) kleiner ist als die Reaktionszeit und
2. die Lichtblitze mindestens Sättigungsintensität besitzen.

Wenn der geschwindigkeitsbestimmende Reaktionsschritt exakt durch eine Reaktion 1. Ordnung beschreibbar ist, dann erhält man mit steigendem Blitzabstand T einen exponentiellen Anstieg der Ausbeute/Blitz. Derjenige Blitzabstand T_e, für den die Blitzausbeute auf 1/e des Maximalwertes absinkt, wird mit der Reaktionszeit des begrenzenden Schrittes identifiziert: $T_e=\tau$ (Halbwert für $\tau_{1/2}=\ln 2\cdot\tau$). In Wirklichkeit üben jedoch auch andere Reaktionsschritte einen merklichen Einfluß auf die Reaktionsausbeute aus, so daß der Abfall der Ausbeutekurve mit sinkendem Blitzabstand mehrphasig sein kann, d.h. in mehreren, meist exponentiellen Stufen erfolgt. Auch bei mehreren dieser Zwischenreaktionen mit Zeitkonstanten τ_i, die die Ausbeute mitbestimmen, kann man mit dem integrierenden Meßverfahren noch weitere Aussagen gewinnen. Hierzu hat man anstelle von Einzelblitzen in konstantem Abstand Blitzgruppen zu verwenden, bei denen zur Untersuchung der Einzelkinetik zwar der Gruppenabstand T_G ($\gg$ max. τ_i) konstant bleibt, dafür aber der Blitzabstand T *innerhalb* der Gruppe sowie die Zahl z der Blitze pro Gruppe variiert wird.

Die zeitliche Auflösung ist durch den minimalen Blitzabstand T_{min} vorgegeben, der vielfach durch die Maximalleistung des Netzgerätes $N_{max}=E_B/T_{min}$ festliegt (E_B = elektr. Energie/Blitz). Dieser Wert von T_{min} kann bei gleicher mittlerer Leistung durch die Verwendung von Blitzgruppen erheblich herabgesetzt werden, da dann $N_{max}=z\cdot E_B/T_G$ unabhängig von T ist. Ein absoluter, unterer Grenzwert für T ist durch die Zehntelwertsbreite (ϑ) der Blitzemission gegeben, die bei einer Stroboskop-Blitzlampe bei 10–50 µs liegt.

Die *Empfindlichkeit* des Meßverfahrens ist beim Einzelblitz gering: Der Effekt eines einzelnen Blitzes kann bei extrem kleiner Bandbreite gerade noch nachgewiesen werden. Da jedoch über den Effekt vieler Einzelblitze gemittelt wird, ist die Grenzempfindlichkeit prinzipiell lediglich durch die Meßdauer bzw. die Stabilität des Meßsystems inclusive des Präparates bestimmt. Dieses gilt auch für die repetierenden Verfahren, die im nächsten Abschnitt mit Hinblick auf die Verbesserung der Meßgenauigkeit behandelt werden.

Die Sauerstoffmessung wurde ursprünglich mit einfachen Manometern über eine Gasvolumenbestimmung durchgeführt. Die Manometer sind durch die viel empfindlicheren und schneller ansprechenden O_2-Elektroden ersetzt worden, die die momentane Sauerstoffkonzentration in der Meßlösung über einen Diffusionsstrom anzeigen, durch den der Sauerstoff reduziert wird.

Neben der Bildung bzw. dem Verbrauch von Sauerstoff bei der Photosynthese kann man bei biologischen Systemen auch über andere Reaktionsprodukte eine Analyse von Zwischenreaktionsschritten ausführen. Hierzu gehören u.a. die Bildung oder der Verbrauch von $NADP^+$ bzw. ATP, die über Messungen der UV-Absorption oder einer Indikatorfluoreszenz nachgewiesen werden.

b) Verbesserung von Meßempfindlichkeit und Zeitauflösung durch repetierende Meßverfahren

Bei der Behandlung der einzelnen Meßverfahren in Abschnitt 3.2.10.3 wurde gezeigt, daß die Meßgenauigkeit letztlich durch die stochastischen Schwankungen der Meßempfängerströme bestimmt wird. Die Größe des Rauschpegels $\boldsymbol{R}$ ist stets prop. $\sqrt{\Delta f}$. Da aber die Bandbreite $\Delta f \sim 1/\Delta t$ ist (Δt = minimal auflösbare Meßzeit), bleibt die relative Meßgenauigkeit, das $\boldsymbol{S}/\boldsymbol{R}$-Verhältnis prop. $\sqrt{\Delta t}$. Damit ist die Meßgenauigkeit stets mit der zeitlichen Auflösung verkoppelt, was man an den Beziehungen (3.244) und (3.249) für das optimale $\boldsymbol{S}/\boldsymbol{R}$-Verhältnis in diesen Spezialfällen ablesen kann.

Zur Verbesserung der in dieser Weise verkoppelten Grenzdaten wird man im ersten Schritt bemüht sein, optimale Meßbedingungen einzustellen (vgl. z.B. Abschnitt 3.2.10.3a, Gl. (3.244)). Dazu zählt weiterhin die Unterdrückung, zumindest weitgehende Herabsetzung nicht-stochastischer Störkomponenten wie 50 Hz-Brumm, elektromagnetische oder akustische Störungen, die Drift von Gleichspannungspegeln, Verstärkungsänderungen etc.

In einem zweiten Schritt wird man sodann mit statistischen Mitteln versuchen, den Einfluß der unausweichlichen stochastischen Störkomponenten relativ zum Signal herabzusetzen. Hierzu muß man die Meßvorgänge mehrfach wiederholen und in geeigneter Weise eine Mittelwertbildung vornehmen, um die relative Meßgenauigkeit zu erhöhen.

Man betrachtet bei einem mehrfach repetierten, „verrauschten" Meßsignal $s(t)$ eine einzelne Amplitude zur Zeit t, und zwar zwischen t und $t+\Delta t$, die den „wahren" Wert $\boldsymbol{S}$ und eine mittlere quadratische Abweichung $\overline{\partial \boldsymbol{S}_i^2}$ des Momentanwertes $\boldsymbol{S}_i$ von $\boldsymbol{S}$ haben möge. Führt man jetzt n Messungen der Momentanwerte $\boldsymbol{S}_i$ an verschiedenen Signalen aber im gleichen Signalintervall aus, so sinkt die mittlere quadratische Abweichung des Mittelwertes $\overline{\boldsymbol{S}^{(n)}} = 1/n \sum_{i=1}^{n} \boldsymbol{S}_i$ auf $\overline{\partial \boldsymbol{S}^{2(n)}} = 1/n \cdot \overline{\partial \boldsymbol{S}_i^2}$, da sich — anschaulich betrachtet — die „wahren" Signalamplituden bei der Mittelwertbildung im Speicher linear addieren $\boldsymbol{S}_n = n \cdot \boldsymbol{S}$, während sich die Fehler quadratisch addieren: $\partial \boldsymbol{S}_n^2 = \sum_{i=1}^{n} \partial \boldsymbol{S}_i^2 \approx n \overline{\partial \boldsymbol{S}_i^2}$. — Damit verbessert sich das Signal-Rausch-Verhältnis $(\boldsymbol{S}/\boldsymbol{R})$ nach n Messungen der Einzelsignal-Amplituden $\boldsymbol{S}^{(1)}$ gemäß

$$\left(\frac{\boldsymbol{S}}{\boldsymbol{R}}\right)^{(n)} = \frac{n \cdot \boldsymbol{S}^{(1)}}{p\sqrt{n \overline{\partial \boldsymbol{S}_i^{(1)2}}}} = \sqrt{n}\left(\frac{\boldsymbol{S}}{\boldsymbol{R}}\right)^{(1)} \qquad (3.250)$$

um das $\sqrt{n}$-fache.

Diese Beziehung gilt ableitungsgemäß zuerst nur für einen Amplitudenwert aus dem Signal, ohne den zeitlichen Verlauf und insbesondere das Zeitintervall Δt zu berücksichtigen, in dem die „Signalprobe" entnommen wurde. Der Zeitverlauf ist aber gerade für kinetische Messungen entscheidend. Da es nicht möglich ist, Signalverläufe in geeigneter Form „analog" zu speichern und n-mal zu überlagern, muß man die zu Beginn dieses Abschnitts bereits beschriebene „digitale" Speicherung ausnutzen und korrespondierende Amplitudenwerte aus n Signalen überlagern. Das Signal wird nach den n Durchgängen wieder aus den m — jetzt genaueren — Amplitudenwerten mit gem. Gl. (3.250) verbesserten Signal-Rausch-Verhältnissen wieder zusammengesetzt.

Der *Gewinn* G im $\boldsymbol{S}/\boldsymbol{R}$-Verhältnis ist durch das Eigenrauschen der Geräte sowie die Amplitudenauflösung der Digitalisierung begrenzt. Bei kleinen Eingangs-$\boldsymbol{S}/\boldsymbol{R}$-Verhältnissen ($\boldsymbol{S}/\boldsymbol{R} \ll 1$) kann man bei $n = 10^4$ Repititionen ein G von knapp 100 erzielen, darüber hinaus ist der Gewinn auch bei erheblicher Steigerung der Repititionszahl n nicht erheblich und hat erfahrungsgemäß eine obere Grenze bei 150 bis 200.

Der Gewinn im $\boldsymbol{S}/\boldsymbol{R}$-Verhältnis kann zu einer G-fachen Genauigkeit bei *gleicher Zeitauflösung*, aber auch zu einer G^2-fachen Zeitauflösung bei *gleicher Genauigkeit* ausgenutzt werden. Dieser Gewinn geht aber stets auf Kosten der *Meßzeit*: Bei einer Signallänge T ist eine maximale Repititionsfrequenz $f_r = 1/T$ möglich. Damit ist die minimale Meßzeit bei n Repititionen durch $T^{(n)} = n \cdot T$ gegeben. Der gesamte Vorgang wird somit in einer n-fachen Gesamtmeßzeit aufgenommen, wodurch zur Signalübertragung entsprechend nur $1/n$ der Meßbandbreite Δf erforderlich ist. Hieraus ergibt sich unabhängig von den statistischen Überlegungen gemäß Gl. (3.241) und (3.242) ebenfalls unmittelbar ein um $\sqrt{n}$ verringerter Rauschpegel und damit ein $\sqrt{n}$-faches $\boldsymbol{S}/\boldsymbol{R}$-Verhältnis.

Literaturauswahl

Bernasconi, C.F.: Relaxation Kinetics. New York, San Francisco, London: Academic Press 1976.

Eigen, M., de Mayer, L.: Theoretical Basis of Relaxation Spectroscopy. Kap. III in: Techniques of Chemistry (A. Weisberger, Ed.) Vol. VI, Part II, New York, London, Toronto: Wiley 1973; s. auch andere Kapitel in Part II: Investigation in Elementary Reaction Steps in Solution and Very Fast Reactions (G. G. Hammes, Ed.).

Irnich, W.: Einführung in die Bioelektronik. Stuttgart: Thieme 1975.

Rüppel, H.: Kinetische Untersuchungen chemischer Reaktionen durch repetierende Anregung und Mittelung von Relaxationssignalen. Habilitationsschrift, Berlin 1969.

Rüppel, H., Witt, H. T.: Measurements of fast reactions by single and repetitive excitation with pulses of electromagnetic radiation. In: S. P. Colowick, and N. O. Kaplan (Eds.): Vol. XVI: Fast Reactions, Article 9. New York London: Academic Press 1969.

Winkler-Oswatitsch, R., Eigen, M.: Die Kunst des Titrierens. Angew. Chem. **91**, 20–51 (1979).

3.3 Elektronenspin-Resonanz-Spektroskopie

Harald Neubacher und Wolfgang Lohmann

3.3.1 Einführung

Die Elektronenspinresonanz-Spektroskopie (ESR) ist eine Hochfrequenz-Spektroskopie, mit der sich paramagnetische Substanzen untersuchen lassen. In biologischen Systemen treten paramagnetische Spezies in vielfältiger Form auf, beispielsweise als Übergangsmetallkomplexe, als Zwischenprodukte bei Elektronenübertragungsmechanismen oder als Folgeprodukte von Biomolekülen, die mit Licht oder ionisierender Strahlung geschädigt wurden.

Die Voraussetzung für die ESR ist der sog. Spin (Eigendrehimpuls) des Elektrons und das damit verbundene magnetische Moment $\boldsymbol{\mu}_e$

$$\boldsymbol{\mu}_e = -g \cdot \beta \cdot \boldsymbol{S} \qquad (3.252)$$

Hierin ist $\boldsymbol{S}$ der Eigendrehimpuls-Vektor des Elektrons (Spin), gemessen in Einheiten von $\hbar$, $\beta = \frac{e \cdot \hbar}{2me}$ das Bohrsche Magneton, in dem e und m die Ladung und Masse des Elektrons sind, $\hbar = \frac{h}{2\pi}$ die Plancksche Konstante dividiert durch 2π, c die Lichtgeschwindigkeit und g der Landésche g-Faktor, eine dimensionslose Konstante, deren Wert vom Beitrag von Bahn- und Spindrehimpuls zum Gesamtdrehimpuls des Elektrons abhängt. Ein freies Elektron hat den g-Faktor $g_e = 2{,}0023$.

Bringt man ein Elektron in ein äußeres Magnetfeld $\boldsymbol{H}$, dann wechselwirkt das magnetische Moment $\boldsymbol{\mu}_e$ mit dem Magnetfeld und hat die potentielle Energie

$$E = -\boldsymbol{\mu}_e \cdot \boldsymbol{H}. \qquad (3.253)$$

Wenn das Magnetfeld nur eine Komponente in z-Richtung hat, kann diese Wechselwirkung umgeschrieben werden

$$E = g \cdot \beta \cdot S_z \cdot H \qquad (3.254)$$

wobei S_z die Komponente des Elektronenspins in z-Richtung ist. Da für ein Elektron $S = 1/2$ ist, kann es sich in Richtung des Magnetfeldes nur parallel oder antiparallel einstellen. Das entspricht den magnetischen Quantenzahlen $M_S = -1/2$ und $M_S = +1/2$. Folglich existieren für das Elektron im Magnetfeld zwei Energieniveaus (s. Abb. 3.130)

$$\begin{aligned} E_1 &= +\tfrac{1}{2} \cdot g \cdot \beta \cdot H \\ E_2 &= -\tfrac{1}{2} \cdot g \cdot \beta \cdot H. \end{aligned} \qquad (3.255)$$

Durch Einstrahlen von elektromagnetischer Energie in eine Probe, die ungepaarte Elektronen enthält, werden Übergänge zwischen beiden Energieniveaus induziert,

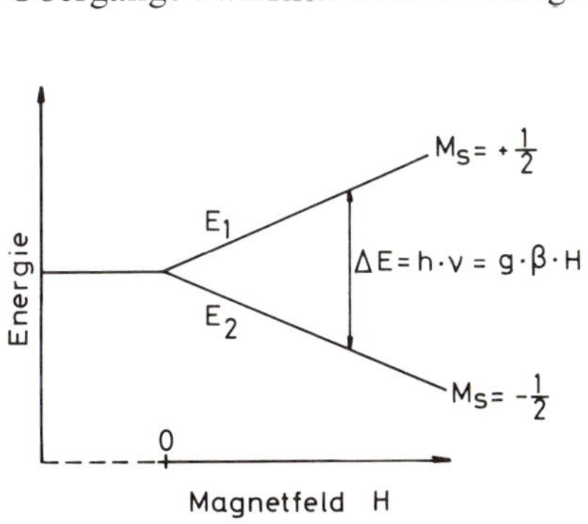

Abb. 3.130. Elektronenspin-Niveaus (Spin $S = 1/2$) im Magnetfeld

wenn diese Energie gerade dem Abstand der beiden Niveaus $\Delta E = g \cdot \beta \cdot H$ entspricht. Diese Energieabsorption wird mittels der ESR-Spektroskopie untersucht.

Meistens werden X-Band Spektrometer, die mit 3 cm-Wellen ($\nu \sim 9500$ MHz) arbeiten, benutzt. Dann findet man die Resonanz der freien Elektronen, deren g-Faktor den Wert 2,0023 hat, bei einem Magnetfeld von ungefähr 340 mT (1 T = 10^4 Gauss). Mit einem Q-Band Spektrometer ($\nu \sim 35000$ MHz) liegt die Resonanz bei etwa 1,25 T.

Die Resonanzabsorption kann natürlich nur dann beobachtet werden, wenn eine Besetzungszahldifferenz zwischen beiden Energieniveaus vorhanden ist. Im thermischen Gleichgewicht ist das Verhältnis der Zahl der Spins n_1 mit $M_S = 1/2$ zu der Zahl der Spins n_2 mit $M_S = -1/2$

$$\frac{n_1}{n_2} = e^{\frac{-(E_1 - E_2)}{kT}} \qquad (3.256)$$

durch die Boltzmann-Verteilung gegeben. k ist die Boltzmannkonstante (1,38066 10^{-23} JK^{-1}), T die Temperatur. Wenn nicht ein Mechanismus vorhanden wäre, der nach Einstrahlung der Energie das thermische Gleichgewicht wieder herstellen könnte, wäre keine kontinuierliche ESR-Messung auszuführen. Die Zeitkonstante, mit der diese Energieabführung vonstatten geht, wird als "Spin-Gitter-Relaxationszeit" bezeichnet. Ist die eingestrahlte Leistung so hoch, daß trotz dieses Prozesses die Besetzungszahldifferenz zwischen den beiden Niveaus abnimmt, so spricht man von "Sättigung". Sättigung ist in der Regel bei Messungen unerwünscht, da dadurch die Resonanzlinien verbreitert werden.

3.3.2 Der Spin-Hamilton-Operator

Wenn die Elektronenspinresonanz nicht nur für den einfachen Fall des freien Elektrons, sondern allgemein für paramagnetische Spezies betrachtet werden soll, müssen alle möglichen magnetischen Wechselwirkungen mit dem äußeren Magnetfeld wie auch mit inneren Feldern berücksichtigt werden. Die magnetischen und die elektrischen Wechselwirkungen eines paramagnetischen Atoms sind durch einen Hamilton-Operator zu beschreiben, dessen Eigenzustände gerade die auftretenden Energieniveaus sind. Er setzt sich aus mehreren Anteilen zusammen:

$$\begin{aligned} \mathscr{H} = {} & \mathscr{H}_{\mathrm{El}} + \mathscr{H}_{\mathrm{CF}} + \mathscr{H}_{\mathrm{LS}} + \mathscr{H}_{\mathrm{ZE}} \\ & + \mathscr{H}_{\mathrm{SS}} + \mathscr{H}_{\mathrm{SI}} + \mathscr{H}_{\mathrm{ZI}} + \mathscr{H}_{\mathrm{Q}}. \end{aligned} \qquad (3.257)$$

Die Größenordnung der entsprechenden Energien und die Bedeutung der Abkürzungen sind:

$\mathscr{H}_{\mathrm{El}}$ = elektronische Energie des freien Ions ($10^4 - 10^5$ cm^{-1})
$\mathscr{H}_{\mathrm{CF}}$ = Kristallfeld-Wechselwirkung ($10^3 - 10^4$ cm^{-1})
$\mathscr{H}_{\mathrm{LS}}$ = Spin-Bahn-Wechselwirkung ($10^1 - 10^3$ cm^{-1})
$\mathscr{H}_{\mathrm{ZE}}$ = Elektronen-Zeeman-Wechselwirkung ($0 - 1$ cm^{-1})

$\mathscr{H}_{SS}$ = Spin-Spin-Wechselwirkung ($0-1\,\text{cm}^{-1}$)
$\mathscr{H}_{SI}$ = Hyperfein-Wechselwirkung ($0-10^{-2}\,\text{cm}^{-1}$)
$\mathscr{H}_{ZI}$ = Kern-Zeeman-Wechselwirkung ($0-10^{-3}\,\text{cm}^{-1}$)
$\mathscr{H}_{Q}$ = elektrische Kern-Quadrupol-Wechselwirkung ($0-10^{-2}\,\text{cm}^{-1}$)

Für die Beschreibung der ESR-Spektren sind aus der Gesamtheit der Operatoren nur diejenigen zu betrachten, die für das zu untersuchende System und dessen Wechselwirkungen wirklich relevant sind.

Für das Studium von organischen Radikalen sind insbesondere die Terme $\mathscr{H}_{ZE}$ und $\mathscr{H}_{SI}$ von Wichtigkeit. Für die Zeeman-Wechselwirkung $\mathscr{H}_{ZE}$ gilt

$$\mathscr{H}_{ZE}=\beta\cdot \boldsymbol{H}(\boldsymbol{L}+g\boldsymbol{S}) \tag{3.258}$$

wobei $\boldsymbol{L}$ und $\boldsymbol{S}$ die Operatoren des Bahndrehimpulses und des Spins sind. Die Hyperfein-Wechselwirkung zwischen Elektronen- und Kernspin ist zu beschreiben durch

$$\mathscr{H}_{SI}=g\cdot g_N\cdot\beta\cdot\beta_N\sum_{jk}\frac{(\boldsymbol{S}_k\cdot\boldsymbol{I}_j)}{r_{jk}^3} - \frac{3(\boldsymbol{S}_k\boldsymbol{r}_{ik})(\boldsymbol{I}_j\boldsymbol{r}_{ik})}{r_{ik}^5} - \frac{8\pi}{3}g\cdot g_N\cdot\beta\cdot\beta_N\sum_{ik}|\psi_{ik}(0)|^2\boldsymbol{I}_i\boldsymbol{S}_k. \tag{3.259}$$

Dabei ist g_N der g-Faktor des Kernes, β_N das Kernmagneton, r_{iK} der Abstand zwischen i-tem Kern und k-tem Elektron und $|\psi_{ik}(0)|^2$ das Amplitudenquadrat der Wellenfunktion des k-ten Elektrons am i-ten Kern. Der erste Term ist anisotrop. Er beschreibt die gewöhnliche Dipol-Dipol-Wechselwirkung und ist wichtig insbesondere bei Spektren von kristallinen Proben. Der zweite Term

$$-\frac{8\pi}{3}g\cdot g_N\cdot\beta\cdot\beta_N\sum_{ik}|\psi_{ik}(0)|^2\boldsymbol{I}_i\boldsymbol{S}_k \tag{3.260}$$

stellt die isotrope Fermi-Kontakt-Wechselwirkung dar. Besitzen die zu untersuchenden paramagnetischen Atome große Spin-Bahn-Kopplungskonstanten, was besonders bei Übergangsmetallionen, jedoch auch bei im biologischen Bereich vorkommenden Atomen wie Sauerstoff, Phosphor und Schwefel der Fall ist, dann ist zusätzlich der Term

$$\mathscr{H}_{LS}=\lambda\cdot\boldsymbol{L}\cdot\boldsymbol{S} \tag{3.261}$$

wichtig.

Sofern in der paramagnetischen Spezies $S\geqq 1$ ist, beeinflußt darüberhinaus die dipolare Spin-Spin-Wechselwirkung zwischen den Elektronen das ESR-Spektrum.

$$\mathscr{H}_{SS}=g^2\beta^2\sum_{jk}\frac{\boldsymbol{S}_j\boldsymbol{S}_k}{r_{jk}^3}-\frac{3(\boldsymbol{S}_j\boldsymbol{r}_{jk})(\boldsymbol{S}_k\boldsymbol{r}_{jk})}{r_{jk}^5}, \tag{3.262}$$

Entsprechend des zu untersuchenden Systems werden die Hamilton-Operatoren für die beteiligten magnetischen Wechselwirkungen zum geeigneten Spin-Hamilton-Operator zusammengefügt.

3.3.3 ESR-Spektren von organischen Radikalen in Lösungen – Isotrope Hyperfeinaufspaltung

Am einfachsten ist die Analyse von ESR-Spektren organischer Radikale in flüssigen Lösungen. Bei dem häufigsten Fall, daß ein ungepaartes Elektron mit benachbarten Kernen wechselwirkt, hat der Spin-Hamilton-Operator die einfache Form

$$\mathscr{H}=\mathscr{H}_{ZE}+\mathscr{H}_{SI}. \tag{3.263}$$

Der Bahnbeitrag spielt bei organischen Radikalen mit ungepaartem Elektron am Kohlenstoff nur eine untergeordnete Rolle. Da sich in der flüssigen Phase durch die Brownsche Molekularbewegung die anisotropen Anteile der Aufspaltung herausmitteln, ist, wenn H die z-Richtung festlegt, (nach 3.258, 3.260).

$$\mathscr{H}=g\cdot\beta\cdot H\cdot S_z+S_z\sum_k A_k I_{zk}. \tag{3.264}$$

Hierin ist $A_k=\frac{8\pi}{3}g\cdot\beta\cdot g_N\cdot\beta_N|\psi_K(0)|^2$ die isotrope Kopplungskonstante des Elektrons mit dem k-ten Kern.

Damit erhält man die Energien

$$E=g\cdot\beta\cdot H\cdot M_S+(A_1\cdot M_{I_1}+A_2\cdot M_{I_2}+\ldots)M_S, \tag{3.265}$$

wobei die magnetische Quantenzahl der Kerne M_I die Werte $I, I-1, \ldots, -I$ und die magnetische Quantenzahl des Elektrons M_S die Werte $M_S=\pm 1/2$ haben kann. Erlaubte ESR-Übergänge sind nur solche, bei denen $\Delta M_S=\pm 1$ und $\Delta M_I=0$ ist. Für den Fall der Wechselwirkung eines freien Elektrons mit zwei Protonen ($I=1/2$) ist die Aufspaltung der Energieniveaus und die ESR-Übergänge in Abb. 3.131 erläutert.

Es passiert häufig, daß mehrere Kerne die gleiche Hyperfein-Kopplungskonstante haben. In diesem Fall vereinfacht sich das Spektrum, da Linien zusammenfallen. Die Intensitäten solcher zusammenfallender Linien addieren sich dann. Bei mehreren äquivalenten Protonen entsteht eine Intensitätsverteilung der $2In+1$ Linien entsprechend der Binominalverteilung

$$\binom{n}{k}=\frac{n!}{(n-k)!\,k!} \tag{3.266}$$

worin n die Zahl der wechselwirkenden Protonen angibt und k die Laufzahl der Linien von 0 bis n ist (vgl. Abb. 3.132). In flüssigen Lösungen stammt die Hyperfeinstruktur der ESR-Spektren nur von der Fermi-Kontakt-Wechselwirkung. Diese ist jedoch nur dann möglich, wenn das ungepaarte Elektron mit einer gewissen Wahrscheinlichkeit am Kernort des wechselwirkenden Atoms zu finden ist, d.h. es muß dort eine nicht verschwindende Aufenthaltswahrscheinlichkeit $|\psi(0)|^2$ für ein einsames Elektron geben.

In Atomen ist diese Bedingung bei dem Aufenthalt des ungepaarten Elektrons in s-Orbitalen gegeben, nicht hingegen bei p, d und f-Orbitalen, die am Kernort einen Knoten haben. Ein Spektrum auf Grund des freien Elektrons in einem s-Orbital mit der Spindichte $\varrho=1$ erzeugt das Wasserstoffatom. Es zeigt ein Dublett mit einer Aufspaltung von $A_H=50{,}4\,\text{mT}$.

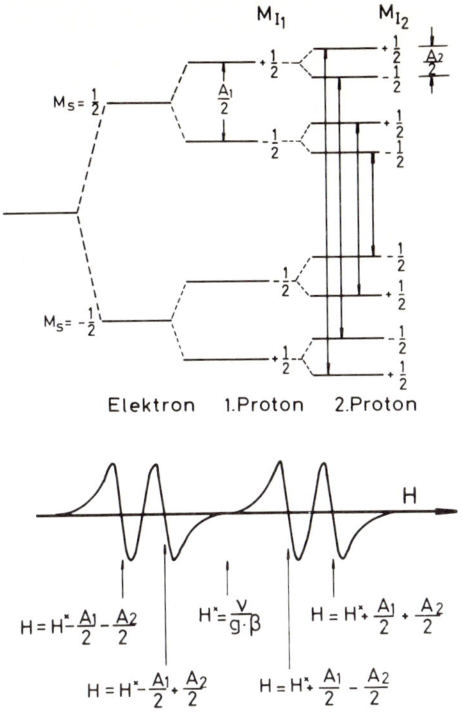

Abb. 3.131. *Obere Figur:* Hyperfein-Energieniveaus und ESR-Übergänge infolge der Wechselwirkung eines ungepaarten Elektrons mit zwei nicht äquivalenten Protonen ($I = 1/2$).
Untere Figur: Lage des ESR-Spektrums (1. Ableitung) im Magnetfeld ***H***, Kopplungskonstanten A_1 und A_2 bei fester Frequenz ν gemessen in Magnetfeld-Einheiten

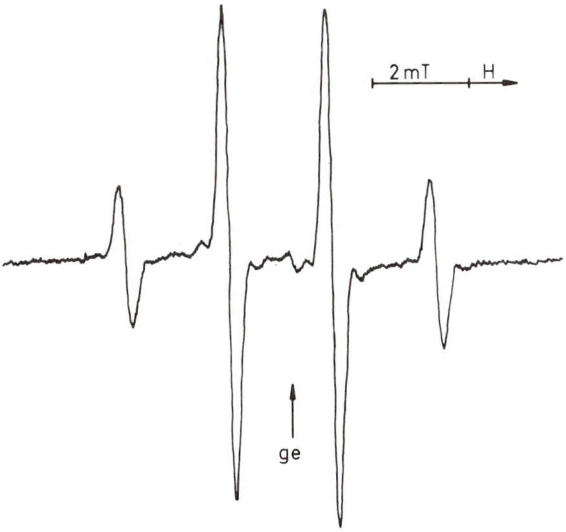

Abb. 3.132. ESR-Spektrum des Methylradikals $\dot{C}H_3$, erzeugt durch UV-Bestrahlung von Essigsäure bei 77 K

Bei organischen Radikalen findet man das ungepaarte Elektron in *p*- oder π-Orbitalen, so daß keine Aufenthaltswahrscheinlichkeit am Kern zu erwarten ist. Die ESR Spektroskopie ist jedoch besonders deshalb eine so wertvolle Meßmethode, da auch in diesem Fall die Wechselwirkungen mit Protonen oder anderen

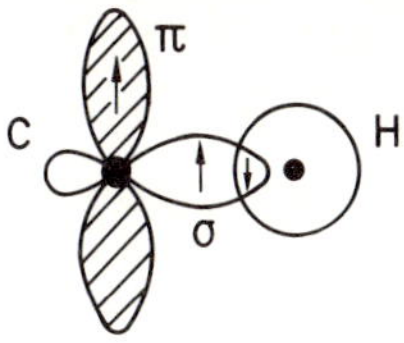

Abb. 3.133. Zur Erläuterung der Spinpolarisation. In der schraffiert gezeichneten π-Bahn befindet sich das ungepaarte Elektron, das die δ-C–H-Bindung ein wenig polarisiert im Sinne von parallelen Spins. Dadurch entsteht eine entgegengesetzte, „negative", Spinpolarisation im 1*s*-Orbital, wodurch die isotrope Protonenaufspaltung zustande kommt

Atomen mit Kernspin $I \neq 0$ zu beobachten sind. Für Protonen ist die Ursache für die isotrope Hyperfeinaufspaltung zu erklären durch Spinpolarisation des Valenzelektrons des Wasserstoffatoms durch das freie Elektron des π-Elektronensystems, wie es in Abb. 3.133 angedeutet ist.

Die Hyperfeinaufspaltung A_H eines Protons ist proportional zur Elektronendichte ϱ_π des freien Elektrons im π-Orbital am Ort des direkt gebundenen C-Atoms (McConnellsche Beziehung)

$$A_H = Q \cdot \varrho_\pi . \tag{3.267}$$

Der Proportionalitätsfaktor Q variiert je nach System zwischen 2,2 und 3,0 mT.

Die Spinpolarisation erklärt die isotrope Hf-Aufspaltung bei α-Protonen, also direkt benachbarten Protonen. Es werden jedoch auch die Kopplungen der β-Protonen sichtbar, also der Protonen, die an ein Nachbaratom gebunden sind. Sie sind meist größer als die der α-Protonen. Der Mechanismus der β-Protonenkopplung ist überwiegend Hyperkonjugations-Wechselwirkung. Durch diese Wechselwirkung kann das ungepaarte Elektron direkt in die 1 s Bahn des Wasserstoffs eindringen. Das geschieht durch Überlappung der π-Bahn mit einer Bahn, die eine Kombination der *s*-Bahnen der wechselwirkenden Protonen ist und eine zur Erreichung der Überlappung geeignete Symmetrie aufweist. Hierher gehört die Wechselwirkung mit Methylgruppen, für deren β-Protonen-Hyperfeinaufspaltung experimentell die Beziehung

$$A_H = A_1 + A_2 \cdot \cos^2 \theta \tag{3.268}$$

gefunden wurde.

Hierin ist θ der Winkel zwischen der $2p_z$-Bahn des radikalischen α-Kohlenstoffs und der C–H-Bindung des β-Protons. Es ist ersichtlich, daß dann die drei Protonen der Methylgruppe nicht äquivalent sind. In der flüssigen Phase rotieren Methylgruppen normalerweise frei. In diesem Fall ist, da $\cos^2 \theta$ den Mittelwert 1/2 hat,

$$A_H = A_1 + \tfrac{1}{2} A_2 . \tag{3.269}$$

Unter günstigen Umständen kann es in Molekülen zu so starken Überlappungen des ungepaarten π-Orbitals mit *s*-Orbitalen kommen, daß Aufspaltungen größer als 8 mT auftreten können (Abb. 3.134). Wechselwirkungen mit anderen Kernen als Protonen, z.B.

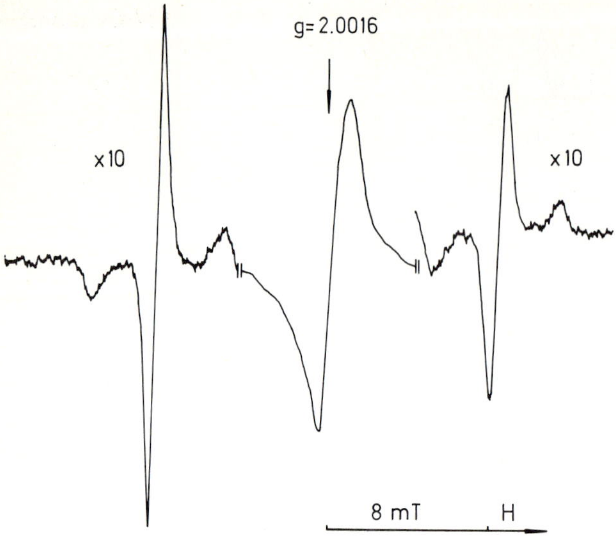

Abb. 3.134. ESR-Spektrum einer wäßrigen Lösung (pH 5,3) von Glycyl-Glycin bei 77 K nach UV-Bestrahlung und anschließender Temperaturbehandlung (5 min bei 130 K). Die beiden äußeren Linien sind dem Radikal $\dot{N}=CH_2$ zuzuordnen, der zentrale Teil des Spektrums ist nicht aufgelöst

$^{14}N(I=1)$, $^{13}C(I=1/2)$, sind überwiegend mit den gleichen Mechanismen zu erklären.

3.3.4 ESR-Spektren von organischen Radikalen im Festkörper — Anisotrope Hyperfeinaufspaltung

Am meisten Informationen über die Struktur eines Radikals und die Wechselwirkungsparameter erhält man aus Untersuchungen an Einkristallen, da dann auch anisotrope Wechselwirkungen erfaßt werden können. Der Hamilton-Operator ist wieder

$$\mathscr{H}=\mathscr{H}_{ZE}+\mathscr{H}_{SI} \tag{3.270}$$

jedoch muß jetzt auch der anisotrope Teil der Hyperfeinwechselwirkung mitbetrachtet werden. Nimmt man den einfachen Fall der Wechselwirkung des ungepaarten Elektrons mit nur einem Kern an, so ist jetzt (nach 3.258, 3.259, 3.260)

$$\begin{aligned}\mathscr{H}&=g\cdot\beta\cdot\boldsymbol{H}\cdot\boldsymbol{S}+\boldsymbol{S}\cdot\boldsymbol{T}\cdot\boldsymbol{I}\\&=g\cdot\beta\cdot\boldsymbol{H}\cdot\boldsymbol{S}+A\cdot\boldsymbol{S}\cdot\boldsymbol{I}+\boldsymbol{S}\cdot\boldsymbol{T}'\cdot\boldsymbol{I}\end{aligned} \tag{3.271}$$

$\boldsymbol{T}$ ist der symmetrische Hyperfein-Tensor, der einen isotropen Teil, der von der Fermin-Kontakt-Wechselwirkung verursacht wird, und einen anisotropen Teil $\boldsymbol{T}'$ enthält. Durch Wahl der Hauptachsen als Koordinatensystem ist er zu diagonalisieren. Die Diagonalelemente sind

$$T_{xx}=t_1+A, \qquad T_{yy}=t_2+A, \qquad T_{zz}=t_3+A\,.$$

Dann wird

$$\boldsymbol{STI}=(t_1+A)S_xI_x+(t_2+A)S_yI_y+(t_3+A)S_zI_z \tag{3.272}$$

wobei t_1, t_2 und t_3 die Hauptwerte des dipolaren Tensors $\boldsymbol{T}'$ sind. Dieser hat die Spur $(t_1+t_2+t_3)=0$, so daß A gerade der Mittelwert der Diagonalelemente von $\boldsymbol{T}$ ist. Da man im Zeitmittel, also bei der Untersuchung flüssiger Lösungen, einen Tensor vorliegen hat mit den drei Diagonalelementen $\frac{1}{3}(T_{xx}+T_{yy}+T_{zz})$, mißt man unter diesen Bedingungen nur die isotrope Aufspaltung.

Die einzelnen Komponenten des Tensors sind bei Einkristalluntersuchungen zu ermitteln. Dazu wählt man in dem Kristall drei zueinander orthogonale Achsen, um die herum der Kristall im Magnetfeld gedreht wird. Nacheinander verfolgt man dann die Aufspaltung in Abhängigkeit vom Drehwinkel um alle drei Achsen. Daraus erhält man das Quadrat des Hyperfein-Tensors aus dem sich dann der Hyperfein-Tensor selbst ergibt.

Bei dem Einsatz der ESR Spektroskopie für biophysikalische Probleme hat man es häufig mit der Untersuchung von Festkörpern zu tun, ohne daß Einkristallmessungen möglich sind. In diesen Fällen erschweren die Anisotropien die Spektrenanalyse meistens. Schreibt man nämlich den Anisotropieanteil um in Polarkoordinaten, so erhält man näherungsweise, wenn das Magnetfeld H wieder die z-Richtung angibt,

$$\begin{aligned}\mathscr{H}&=g\cdot\beta\cdot H\cdot S_z+A\cdot S_z\cdot I_z\\&\quad+g\cdot g_N\cdot\beta\cdot\beta_N\frac{(3\cos^2\theta-1)}{r^3}I_z\cdot S_z\,,\end{aligned} \tag{3.273}$$

Dabei ist r der Abstand zwischen ungepaartem Elektron und Kern und θ der Winkel zwischen angelegtem äußeren Magnetfeld und der Verbindungslinie zwischen Elektron und Kern. Aufgrund dieser Beziehung mißt man, wenn die Einzelradikale in der Probe statistisch zur Magnetfeldrichtung liegen, eine erheblich verbreiterte Linie z.T. sogar mit zwei Maxima, wie es beispielsweise in polykristallinen Proben oder gefrorenen Lösungen auftreten kann.

3.3.5 ESR-Spektren von anorganischen Radikalen — g-Faktor-Anisotropie

Die Theorie der ESR Spektren wird etwas komplizierter, aber auch informativer, wenn das Elektron zu seinem Spin auch eine Kopplung mit einem Bahnmoment aufweist. Das ist bei anorganischen Radikalen, insbesondere bei Übergangsmetallkomplexen der Fall (s. Tabelle 3.12). Man findet dann eine Anisotropie des g-Faktors. Der Spin-Hamilton-Operator muß zusätzlich den Spin-Bahn-Kopplungsterm enthalten

$$\mathscr{H}=\mathscr{H}_{ZE}+\mathscr{H}_{LS}+\mathscr{H}_{SI}\,. \tag{3.274}$$

Betrachtet man der Einfachheit halber nur die beiden ersten Terme, so ist (vgl. 3.258, 3.261)

$$\mathscr{H}=\beta\cdot\boldsymbol{H}(\boldsymbol{L}+g\cdot\boldsymbol{S})+\lambda\cdot\boldsymbol{L}\cdot\boldsymbol{S}\,.$$

Tabelle 3.12. Spin-Bahn-Kopplungskonstanten $\lambda\,(\mathrm{cm}^{-1})$

Atome mit *p*-Elektronen		Freie Ionen von 3*d* Übergangsmetallen	
B	11	Ti^{3+} (d^1)	154
C	28	V^{3+} (d^2)	104
N	76	Cr^{3+} (d^3)	97
O	151	Cr^{2+} (d^4)	59
F	270	Mn^{3+} (d^4)	90
Na	11	Mn^{2+} (d^5)	–
P	299	Fe^{3+} (d^5)	–
S	382	Fe^{2+} (d^6)	−100
Cl	586	Co^{2+} (d^7)	−178
Br	2460	Ni^{2+} (d^8)	−324
		Cu^{2+} (d^9)	−829

Dieser Ausdruck kann in einen sog. effektiven Hamilton-Operator umgeformt werden

$$\mathscr{H} = \beta \cdot \boldsymbol{H} \cdot \boldsymbol{g} \cdot \boldsymbol{S}\,.$$

S steht jetzt nicht mehr für den „richtigen Spin", da das ungepaarte Elektron jetzt nicht nur den Spindrehimpuls besitzt, und wird als "fiktiver Spin" bezeichnet. Bei dieser Rechnung ergibt sich g als symmetrischer Tensor, darstellbar wieder durch eine 3×3-Matrix, mit den Komponenten

$$g_{ij} = g_e - 2\lambda \sum_n \frac{\langle\psi_0|L_i|\psi_n\rangle\langle\psi_n|L_j|\psi_0\rangle}{E_n - E_0}\,. \tag{3.275}$$

Hierin sind ψ_0 und ψ_n der Grundzustand mit der Energie E_0 und der angeregte Zustand mit der Energie E_n, die durch Spin-Bahn-Kopplung vermischt werden. Aus obiger Beziehung folgt, daß die g-Faktor-Anisotropie um so größer ist, je größer die Spin-Bahn-Kopplung ist.

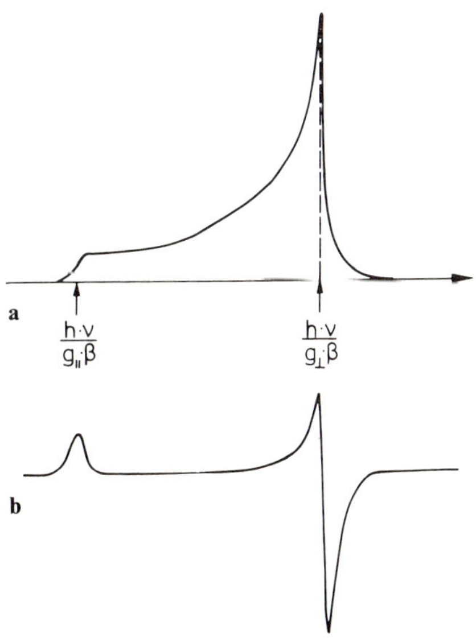

Abb. 3.135a, b. Resonanzlinie in polykristallinen Proben und gefrorenen Lösungen einer axialsymmetrischen Molekülgruppe: Absorptionslinie **a** und 1. Ableitung **b**

Der effektive Spin-Hamilton-Operator läßt sich, auf Hauptachsenform gebracht, schreiben als

$$\mathscr{H} = (g_{xx}S_xH_x + g_{yy}S_yH_y + g_{zz}S_zH_z)\,. \tag{3.276}$$

Viele molekulare Systeme sind axialsymmetrisch, in diesem Fall schreibt man die Hauptwerte als

$$g_{xx} = g_{yy} = g_\perp\,; \qquad g_{zz} = g_\parallel\,. \tag{3.277}$$

Wie diese Werte aus den Spektren zu erhalten sind, ist in Abb. 3.135 zu sehen.

Der gesamte g-Tensor ist ähnlich wie der HF-Tensor nur an Einkristallen zu erhalten. Bei polykristallinen Proben und gefrorenen Lösungen bewirkt die g-Faktor-Anisotropie eine Linienverbreiterung, in flüssigen Lösungen mittelt sich der anisotrope Teil wieder vollständig heraus. Wenn allerdings die paramagnetischen Spezies gewisse Symmetrieeigenschaften besitzen, erhält man auch in polykristallinen Proben typische Linienformen, aus denen mindestens teilweise die Diagonalelemente zu bestimmen sind.

3.3.6 ESR von organischen Molekülen im Triplett-Zustand – Elektronen-Spin-Spin-Wechselwirkung

Viele photobiologische und photochemische Reaktionen laufen über einen angeregten Triplett-Zustand der Moleküle ab. Im Triplett-Zustand sind zwei Elektronen ungepaart, die aber miteinander koppeln und den Gesamtspin $S=1$ (beide Spins sind parallel) ergeben. In diesem Fall muß also auch die Wechselwirkung der Spins untereinander in den Spin-Hamilton-Operator aufgenommen werden (vgl. 3.258, 3.259, 3.262).

$$\mathscr{H} = \mathscr{H}_{ZE} + \mathscr{H}_{SS} + \mathscr{H}_{SI}\,. \tag{3.278}$$

Die Spin-Bahn-Kopplung braucht, da sie bei organischen Molekülen nur eine untergeordnete Rolle spielt, nicht berücksichtigt werden. Auch der Hyperfeinterm wird in der folgenden Betrachtung vernachlässigt, da nur bei wenigen Triplett-Molekülen eine Hyperfein-Struktur meßbar ist. Für die meisten Triplett-Zustände von organischen Molekülen ist auch die g-Faktor-Anisotropie gering. Betrachtet wird also nur der Hamilton-Operator

$$\mathscr{H} = g\cdot\beta\cdot\boldsymbol{H}(\boldsymbol{S}_1+\boldsymbol{S}_2) + g^2\cdot\beta^2 \cdot\left[\frac{\boldsymbol{S}_1\boldsymbol{S}_2}{r^3} - \frac{3(\boldsymbol{S}_1\cdot\boldsymbol{r})(\boldsymbol{S}_2\cdot\boldsymbol{r})}{r^5}\right]. \tag{3.279}$$

Es kann durch Umformung wieder ein effektiver Spin-Hamilton-Operator gebildet werden:

$$\mathscr{H} = g\cdot\beta\cdot\boldsymbol{H}\cdot\boldsymbol{S} + \boldsymbol{S}\cdot\boldsymbol{D}\cdot\boldsymbol{S} \tag{3.280}$$

wobei $\boldsymbol{D}$ der symmetrische Nullfeld-Aufspaltungstensor ist. In Haupachsendarstellung, in der der Tensor diagonal ist, ergibt sich

$$\mathscr{H} = g\cdot\beta\cdot\boldsymbol{H}\cdot\boldsymbol{S} - X\cdot S_x^2 - Y\cdot S_y^2 - Z\cdot S_z^2 \tag{3.281}$$

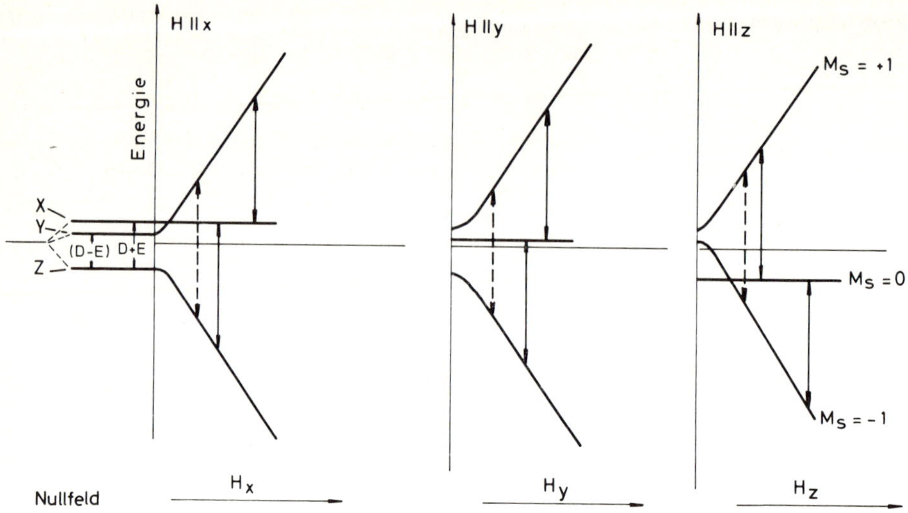

Abb. 3.136. Nullfeldaufspaltung und Zeeman-Aufspaltung eines Moleküls im Triplett-Zustand, Magnetfeld jeweils parallel zu den Hauptachsen
⟷ $\Delta M_S = \pm 1$ Übergänge
⇠⇢ $\Delta M_S = \pm 2$ Übergänge

wobei $-X$, $-Y$, $-Z$ die Eigenwerte von $\boldsymbol{D}$ sind. Da der Tensor $\boldsymbol{D}$ wieder die Spur Null hat ($X+Y+Z=0$), kann die Nullfeldaufspaltung durch zwei voneinander unabhängige Konstanten D und E beschrieben werden:

$$\mathscr{H} = g \cdot \beta \cdot \boldsymbol{H} \cdot \boldsymbol{S} + D(S_z^2 - \tfrac{2}{3}) + E(S_x^2 - S_y^2). \tag{3.282}$$

Die Größe der Parameter D und E hängt stark von dem Abstand der Elektronenspins ab. Mittels dieses Spin-Hamilton-Operators erhält man die Aufspaltung der Triplett-Niveaus. Ein Beispiel ist in Abb. 3.136 gezeichnet. Es sind dort auch die ESR-Übergänge $\Delta M_S = \pm 1$ und $\Delta M_S = \pm 2$ angegeben.

Die $\Delta M_S = \pm 1$-Übergänge sind, wie zu erkennen, sehr anisotrop. Daher ist es häufig nicht möglich, diese Übergänge in polykristallinen Proben oder gefrorenen Gläsern zu messen. Manchmal jedoch können sechs Linien gemessen werden, die paarweise gerade den Einkristallresonanzen in den drei Richtungen der Hauptachsen entsprechen. Für die Messung der $\Delta M_S = \pm 1$-Übergänge sind Einkristallmessungen sehr vorteilhaft.

Als besonders wervoll hat sich jedoch die Möglichkeit erwiesen, insbesondere in Gläsern, den sogenannten $M_S = \pm 2$-Übergang erfassen zu können. Dieser Übergang tritt bei niedrigem Feld ($g \approx 4$) auf und ergibt eine recht isotrope Linie. Mittels dieses Übergangs sind sogar die Werte D und E in guter Näherung zu erhalten. Die Linien liegen bei dem Magnetfeld

$$H_{\min} = \frac{1}{g \cdot \beta} (\tfrac{1}{4}(h\nu)^2 - \tfrac{1}{3}(D^2 + 3E))^{1/2}. \tag{3.283}$$

Abgesehen von Bi-Radikalen, bei denen die zwei ungepaarten Elektronen einen weiten Abstand voneinander haben und wo D und E daher klein sind, sind bislang keine Triplett-ESR-Spektren in Lösungen gemessen worden.

3.3.7 Relaxationszeiten und Linienform

Die ESR-Resonanzlinien sind nicht nur durch die Lage im Magnetfeld (bei fester Frequenz der eingestrahlten elektromagnetischen Wellen), sondern auch durch die Breite und Form charakterisiert. Aufgrund der Unschärferelation

$$\Delta\nu \cdot \Delta t \approx 1 \tag{3.284}$$

kann sie nicht beliebig schmal werden, da z.B. durch Wechselwirkung zwischen Spinsystem und Gitter die absorbierte Energie strahlenlos wieder abgeführt wird. Die Zeitkonstante dieser Energieübertragung wird als Spin-Gitter-Relaxationszeit T_1 bezeichnet. Je kürzer die Spin-Gitter-Relaxationszeit T_1 ist, um so breiter ist also die Resonanzlinie.

Die Spin-Gitter-Relaxation ist jedoch nicht der einzige Mechanismus, der zur Linienverbreiterung führt. Viele Prozesse im Festkörper wie in Lösungen bewirken zeitliche Fluktuationen der Lagen der Energieniveaus des Spinsystems, wodurch ebenfalls eine Linienverbreiterung auftritt. Solche Prozesse werden, da sie durch benachbarte magnetische Dipole hervorgerufen werden, durch die sogenannte Spin-Spin-Relaxationszeit T_2' charakterisiert. Die resultierende Halbwertslinienbreite des Absorptionssignals beträgt dann

$$\frac{\Delta\omega}{2} = \frac{1}{2T_1} + \frac{1}{T_2'} \equiv \frac{1}{T_2} \tag{3.285}$$

wobei die Zeitkonstante T_2 die Zeit ist, die der gemessenen Gesamtbreite der Linie entspricht.

Die Linienform des Absorptionssignals wird häufig durch eine Lorentz- oder Gauß-Funktion beschrieben, in anderen Fällen durch Anteile beider:

$$\text{Lorentz-Kurve: } g(\omega) = \frac{T_2}{\pi} \frac{1}{1 + T_2^2(\omega - \omega_0)^2} \tag{3.286}$$

$$\text{Gauß-Kurve: } g(\omega) = \frac{T_2}{\sqrt{2\pi}} \cdot e^{-\frac{1}{2}T_2^2(\omega - \omega_0)^2}. \tag{3.287}$$

Dabei bedeutet ν_0 die Resonanzfrequenz und $\omega = 2\pi\nu$. Gauß-Linien mißt man insbesondere dann, wenn T_2 nicht nur von T_1 und T_2', sondern zusätzlich von den unten aufgeführten Verbreiterungsursachen abhängt.

In Flüssigkeiten hat die Relaxation ihre Hauptursache darin, daß sich infolge der Brownschen Molekularbewegung am Radikalmolekül eine Modulation der örtlichen Magnetfeldstärke ergibt. Es ist $T_1 \propto \frac{T}{\eta(T)}$, wobei $\eta(T)$ die Viskosität des Lösungsmittels bei der Temperatur T bedeutet. Für T_2 gilt die gleiche Temperaturabhängigkeit.

In Festkörpern beruht die Energieabgabe an das Gitter überwiegend auf der Spin-Bahn-Kopplung, die bei nicht zu tiefen Temperaturen eine Wechselwirkung zwischen Spin und Phononen ermöglicht. Es dominiert eine inelastische Phononenstreuung. Für diesen Prozeß gilt:

$$T_1 \approx \frac{\Delta_L^6 \cdot 10^4}{\lambda^2 \cdot H^2 \cdot T^7} \quad (3.288)$$

wobei Δ_L der Abstand zwischen dem energetisch höchsten besetzten und dem energetisch niedrigsten unbesetzten Elektronenniveau ist. λ ist die Spin-Bahn-Kopplungskonstante. Die Spin-Spin-Relaxationszeit T_2' ist hier in erster Linie von der Konzentration der paramagnetischen Zentren abhängig.

Die Linienbreite wird nicht nur von den Relaxationseffekten, sondern zusätzlich von anderen Verbreiterungsmechanismen beeinflußt: Magnetfeldinhomogenitäten, unaufgelöste Feinstruktur, Anisotropie bei polykristallinen Substanzen. Man spricht hier von inhomogener Linienverbreiterung im Gegensatz zur homogenen, die nur auf Relaxationsmechanismen beruht.

Ein weiterer Verbreiterungseffekt beruht auf der sog. Mikrowellenaufsättigung, die dann eintritt, wenn aufgrund der eingestrahlten Mikrowellenleistung die Besetzungszahldifferenz der Energieniveaus zu stark verringert wird. Dieser Effekt ist in der Nähe der Resonanz (Linienmitte) stärker als für weiter entfernte Frequenzen (Linienflanken).

3.3.8 Das ESR-Spektrometer

Der Aufbau eines ESR-Spektrometers ist schematisch in Abb. 3.137 dargestellt. Es besteht aus drei Baugruppen: dem Mikrowellenteil, in dem die Mikrowelle erzeugt, absorbiert und gemessen wird, dem elektronischen Teil, mit dem die durch ESR bewirkten geringen Absorptionen registriert werden und dem Magneten mit einem hochstabilisierten Stromversorgungsgerät, das eine zeitlineare Veränderung des Magnetfeldes ermöglicht.

Im Luftspalt des Magneten befindet sich der Mikrowellenresonator, in dessen Inneres die zu untersuchende Meßsubstanz gebracht wird (Abb. 3.138). Von einem Klystron, das die Mikrowelle erzeugt, gelangt die Mikrowellenstrahlung in den Hohlraumresonator und

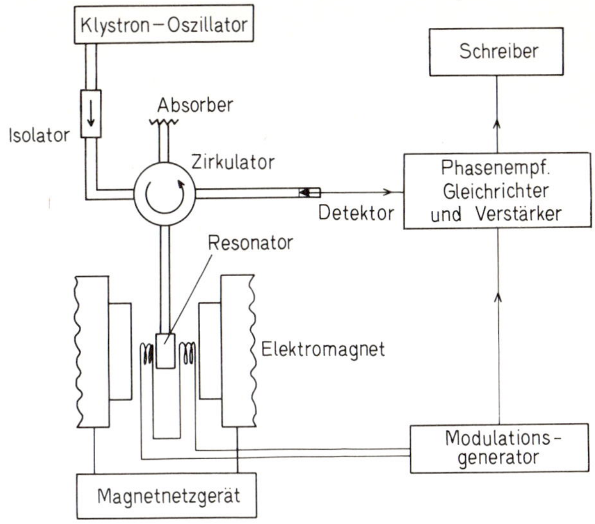

Abb. 3.137. Blockschema eines ESR-Spektrometers

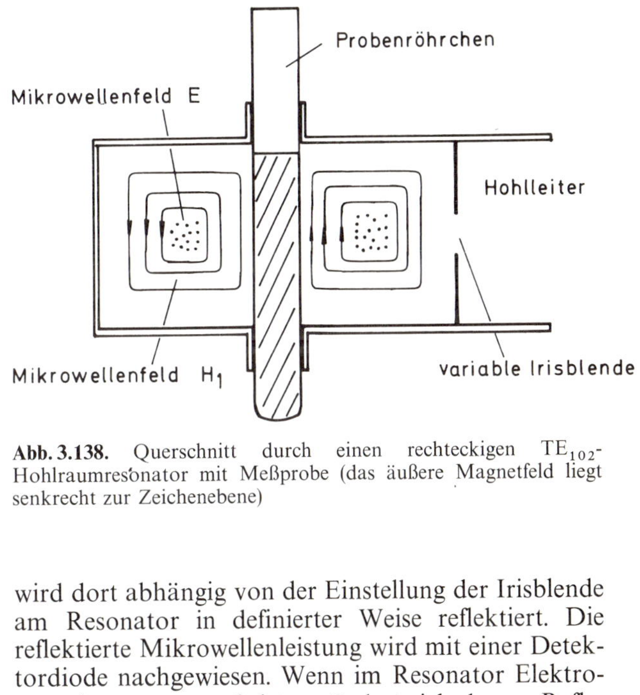

Abb. 3.138. Querschnitt durch einen rechteckigen TE_{102}-Hohlraumresonator mit Meßprobe (das äußere Magnetfeld liegt senkrecht zur Zeichenebene)

wird dort abhängig von der Einstellung der Irisblende am Resonator in definierter Weise reflektiert. Die reflektierte Mikrowellenleistung wird mit einer Detektordiode nachgewiesen. Wenn im Resonator Elektronenspinresonanz auftritt, verändert sich dessen Reflexionsfaktor und damit die Mikrowellenleistung an der Detektordiode. Der Zirkulator sorgt dafür, daß ausschließlich die Mikrowellenleistung an den Detektor gelangt, die vom Resonator reflektiert wird.

Um die Resonanzabsorption entsprechend der Resonanzbedingung $h \cdot \nu = g \cdot \beta \cdot H$ zu erreichen, wird das Magnetfeld zeitlinear variiert, während die Klystronfrequenz konstant bleibt und genau der Resonanzfrequenz des Hohlraumresonators entspricht.

Da die zu registrierenden Leistungsänderungen häufig außerordentlich klein sind, wird dem äußeren Magnetfeld am Ort des Resonators ein hochfrequentes magnetisches Wechselfeld überlagert, dessen Amplitude klein gegen die Linienbreite der aufzunehmenden

Resonanzsignale ist. Auf der Flanke der Absorptionssignale erhält man dann eine Amplitudenmodulation der auf den Detektor auftreffenden Mikrowelle. Der Detektor liefert dann eine Signalspannung mit der Modulationsfrequenz als Trägerfrequenz. Nach Verstärkung und phasenempfindlicher Gleichrichtung (Lock-in-Verstärker) erfolgt die Signaldarstellung auf einem Schreiber. Durch die Modulation erhält man als ESR-Spektrum die ersten Ableitungen der Resonanzkurven. Häufig ist die Möglichkeit einer gleichzeitigen zweiten Modulation mit einer anderen Frequenz gegeben. Man erhält dann die zweiten Ableitungen, die wegen ihrer verschmälerten Linien besonders bei schlecht aufgelösten Spektren hilfreich sein können. Höhere als die erste Ableitung sind allerdings auch auf rein elektronischen Wegen ohne zusätzliche Modulation zu erhalten.

Die meisten ESR-Spektrometer arbeiten in X-Band (Mikrowellenfrequenz $\nu \approx 9-10$ GHz). Es ist beim Vorliegen komplizierter Spektren manchmal nützlich, auch mit anderen Frequenzen zu arbeiten, da davon zwar die Lage der Spektren im Magnetfeld, nicht aber die Größe der Hyperfeinaufspaltung abhängt, so daß unterschiedliche Spezies auf diese Weise zu trennen sind. Die Differenz der Resonanzmagnetfeldstärken H_1 und H_2 zweier Spezies mit den g-Faktoren g_1 und g_2 nimmt proportinal zur Mikrowellenfrequenz ν zu:

$$H_1 - H_2 = \frac{h \cdot \nu}{g \cdot \beta}\left(\frac{g_2 - g_1}{g}\right). \qquad (3.289)$$

Es werden derzeit neben X-Band-Geräten kommerzielle Spektrometer angeboten mit Frequenzen im Q-Band ($\nu \approx 35$ GHz), K-Band ($\nu \approx 24$ GHz), S-Band ($\nu \approx 3$ GHz) und L-Band ($\nu \approx 1$ GHz).

3.3.9 Verwandte Techniken — Mehrfachresonanzen

a) ENDOR

Häufig werden ESR Linien registriert, die sich offensichtlich aus nicht aufgelösten Hyperfeinlinien zusammensetzen. In einem solchen Fall kann die ENDOR-Technik (*E*lectron-*N*uclear-*D*ouble-*R*esonance) die Auflösung der Spektren erhöhen, so daß exakt die Hyperfeinaufspaltung gemessen werden kann und zusätzlich auch die Art des wechselwirkenden Kerns durch den Erhalt von g_N.

Die ENDOR-Technik weist radiofrequenz-induzierte NMR-Übergänge mittels der Änderung von ESR-Signalen nach, wodurch theoretisch die Empfindlichkeit der ESR mit der Auflösung der NMR verknüpft wird. Das Prinzip wird mittels Abb. 3.139 erläutert, in der die Aufspaltung der Energieniveaus bei der Wechselwirkung eines Elektrons mit einem Proton gezeichnet ist. Im Vergleich zu Abb. 3.131 ist auch die Kern-Zeeman-Wechselwirkung zu berücksichtigen. Im ENDOR-Experiment wird durch Einstrahlen hoher Mikrowellenenergie der nicht aufgelöste ESR-Übergang

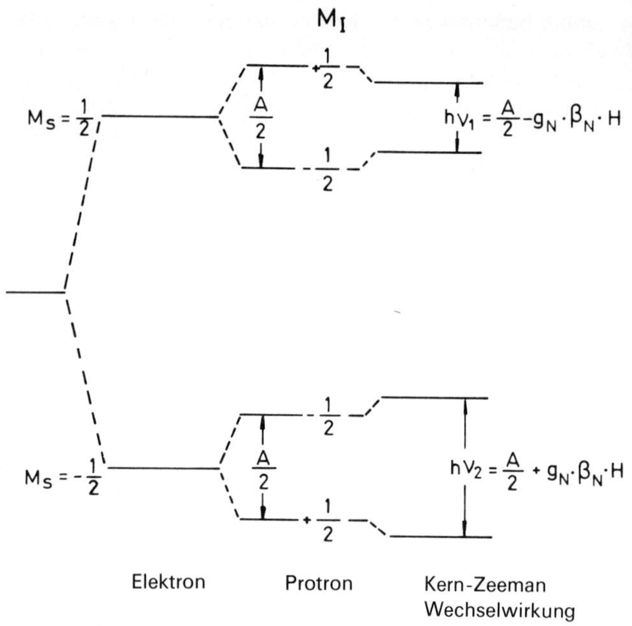

Abb. 3.139. ENDOR-Übergänge im Falle der Hyperfeinaufspaltung durch ein Proton.

ESR-Übergänge: $\Delta M_S = \pm 1$, $\Delta M_I = 0$, $\nu_{a,b} = \frac{1}{h}\left(g \cdot \beta \cdot H \pm \frac{A}{2}\right)$

ENDOR-Übergänge: $\Delta M_S = 0$, $\Delta M_I = \pm 1$, $\nu_{1,2} = \frac{1}{h}\left(\frac{A}{2} \mp g_N \cdot \beta_N \cdot H\right)$

aufgesättigt. Wird nun gleichzeitig eine Radiofrequenz eingestrahlt, so daß nacheinander die NMR-Übergänge $\Delta E = \frac{A}{2} \pm g_N \cdot \beta_N \cdot H$ induziert werden, so wird die Sättigung der ESR-Übergänge aufgehoben, und man mißt zwei ESR-Linien, die um A voneinander getrennt liegen. Generell gilt, daß, wenn im ESR-Spektrum ein Kern zu $2I+1$ Linien Anlaß gibt, im ENDOR Spektrum unabhängig von Kernspin nur zwei Linien auftreten.

b) TRIPEL

Eine Weiterentwicklung der ENDOR-Technik ist die TRIPEL-Resonanz-Technik (Electron-Nuclear-Nuclear-Tripel-Resonanz). ENDOR-Signale erreichen üblicherweise nur ein paar Prozent der Intensität von ESR-Signalen, zum anderen sind die Linienintensitäten normalerweise nicht proportional zur Zahl der beteiligten Kerne. Diese Nachteile werden größtenteils durch die TRIPEL-Technik überwunden. Wie ENDOR kann TRIPEL prinzipiell als NMR-Experiment angesehen werden, bei dem das ungepaarte Elektron nur als empfindlicher Detektor dient. Man beobachtet die Änderung der Intensitäten von gesättigten ESR-Übergängen, wenn durch die NMR-Übergänge Relaxationswege zusätzlich eröffnet werden. Man unterscheidet zwischen spezieller und genereller TRIPEL-Resonanz. Während im ENDOR-Experiment einer der beiden NMR-Übergänge ν_1 und ν_2, die zu einer Gruppe äquivalenter Kerne mit den Resonanzfrequenzen $\nu_{1,2} = |\nu_N \pm A \cdot M_S|$ gehört, angeregt wird, um die Sättigung des ESR-Übergangs aufzuheben, werden bei der speziellen TRIPEL-Resonanz gleichzeitig beide Übergänge induziert. Die Änderung der ESR-Absorption, die in Abhängigkeit der Frequenz des Sweep-Oszillators aufgenommen wird, ergibt ein Spektrum, das sehr ähnlich der einen Hälfte eines ENDOR-Spektrums ist. Die Linienintensitäten können theoretisch jedoch fast so groß wie die der ESR-Linien werden und sie entsprechen der Zahl der Kerne, die von den NMR-Übergang betroffen werden.

Bei der generellen TRIPEL Resonanz strahlt man simultan in zwei der NMR-Übergänge bei zwei nicht äquivalenten Kernen ein. Man beobachtet die Intensitätsänderung des ENDOR Signals des einen Kerns, während ein NMR-Übergang des anderen Kerns aufgesättigt wird. Diese Methode erlaubt es, die relativen Vorzeichen der Hyperfeinkopplungen zu bestimmen.

c) ELDOR

ELDOR (*E*lectron-Electron-*D*ouble-*R*esonanz) ist ebenso wie ENDOR zur Messung von Hyperfeinaufspaltungen nützlich, und zwar dann, wenn die Aufspaltung über den Sweep-Bereich der Radiofrequenz hinausgeht. Dann wird statt dessen eine weitere Mikrowellenquelle eingesetzt. Beobachtet wird der Effekt der zweiten Mikrowellenfrequenz auf einen ESR-Übergang, der bei der Beobachtungsfrequenz ν_{obs} liegt, wobei die zweite Frequenz den Bereich von beispielsweise $\nu_p = \nu_{obs} \pm 300$ MHz überstreichen kann. Die zweite Frequenz pumpt Mikrowellenenergie in die übrigen zugehörigen Hyperfein-Übergänge, die dadurch je nach den Relaxationsverhältnissen dieser Übergänge aufgesättigt werden. Sind diese Übergänge durch Kreuzrelaxation mit den beobachteten Hf-Linien verbunden, so äußert sich ein Durchfahren durch eine der Hf-Linien in einer Intensitätsveränderung der beobachteten Linie. Mit dieser Meßtechnik lassen sich neben dem Messen von großen Hf-Aufspaltungen insbesondere die Relaxationsverhältnisse von Hf-Linien untersuchen.

3.3.10 Anwendungen

3.3.10.1 Komplexe mit Übergangsmetallionen

Ein sehr wichtiger Anwendungsbereich der ESR Spektroskopie in biologischen Systemen ist die Untersuchung von Übergangsmetallkomplexen. Sie kommen in vielfältiger Form in wichtigen Biomolekülen vor, beispielsweise Cu in Kupferproteinen oder Fe in Häm-Proteinen.

Die ungepaarten Elektronen, die der Grund für das Auftreten von ESR-Signalen sind, sind in den *d*-Orbitalen lokalisiert.

Daraus resultiert ein beträchtlicher Beitrag des Bahn-Drehmoments der *d*-Elektronen, was zur Folge hat, daß gem. Gl. (3.275) anisotrope Spektren auftreten mit *g*-Faktoren, die von dem des freien Elektrons stark verschieden sein können.

Die Spin-Bahn-Kopplung bewirkt darüber hinaus kurze Relaxationszeiten, so daß manchmal gem. Gl. (3.288) ESR-Spektren nur bei tiefen Temperaturen zu messen sind, da sie bei höheren Temperaturen stark verbreitert sind. Durch den Einfluß der Spin-Bahn-Kopplung erhält man folglich sehr spezifische Spektren für die einzelnen Übergangsmetallionen. Die Aussagekraft der ESR-Spektren wird zusätzlich erhöht durch die Tatsache der starken Ausrichtung der *d*-Orbitale. Dadurch kann die spezifische Wechselwirkung mit den Liganden erfaßt werden, wie z.B. Aussagen über die Art der Liganden, die an der Wechselwirkung beteiligten Orbitale des Zentralatoms, und über den Kovalenzgrad der ausgebildeten Bindung.

Übergangsmetallionen können mehr als ein ungepaartes Elektron besitzen. Jede der 5 *d*-Orbitale kann zwei Elektronen mit unterschiedlich gerichteten Spins aufnehmen. Es sind also zehn verschiedene Elektronenkonfigurationen möglich von d^1, z.B. Mo^{5+}, bis zu d^{10} bei z.B. Cu^+. Mit steigender Zahl von *d*-Elektronen werden die *d*-Orbitale zunächst entsprechend der Hundschen Regel mit je einem Elektron stets mit gleicher Spin-Ausrichtung gefüllt, so daß man bei Mn^{2+} beispielsweise fünf *d*-Elektronen mit gleichgerichtetem Spin findet, der Gesamtspin also $S = 5/2$ ist. Bei weiterer Auffüllung der Bahnen werden Elektronen mit entgegengesetzt ausgerichteten Spins die Bahnen besetzen. Der Gesamtspin wird wieder kleiner werden, bis schließlich bei Cu^+ alle Spins abgesättigt sind ($S = 0$), so daß kein ESR Signal mehr zu messen ist.

Die Spin-Paarung hängt allerdings auch von den Liganden ab. Wie durch die Kristallfeldtheorie und die Ligandenfeldtheorie erklärt wird, werden durch die elektrostatische und kovalente Wechselwirkung der Liganden mit dem Metallion charakteristische Aufspaltungen zwischen den Energieniveaus der verschiedenen *d*-Orbitale hervorgerufen. Dadurch wird die Verteilung der Elektronen auf die Orbitale und damit die Elektronenspinresonanz am Metallion beeinflußt. Verursachen die Liganden ein starkes Kristallfeld, so kann der energetische Abstand einzelner Bahnen von den übrigen so groß werden, daß vor der Besetzung der nächst höheren Bahn eine niederige *d*-Bahn mit einem zweiten Elektron aufgefüllt wird. In einem solchen Fall ist der Gesamtspin *S* kleiner geworden als er gewesen wäre, wenn ein nicht so starkes Kristallfeld vorhanden wäre. Man hat dann „low-spin"-Komplexe vorliegen im Gegensatz zu „high-spin"-Komplexen. Beispielsweise kann Fe^{3+} je nach Ligand als „high-spin"-Komplex mit $S = 5/2$ oder als „low-spin"-Komplex mit $S = 1/2$ vorliegen.

Sofern $S \geqq 1$ ist, kommt es, wie schon im Falle der Triplett-Moleküle, zu einer Nullfeldaufspaltung. Sie beruht hier jedoch überwiegend auf der Spin-Bahn-Kopplung und weniger auf der dipolaren Spin-Spin-Wechselwirkung wie bei den Triplett-Molekülen. Bedingt durch die Nullfeldaufspaltung können die ESR-Übergänge auch bei extremen *g*-Faktoren liegen oder wegen der Größe der Aufspaltung nicht meßbar sein.

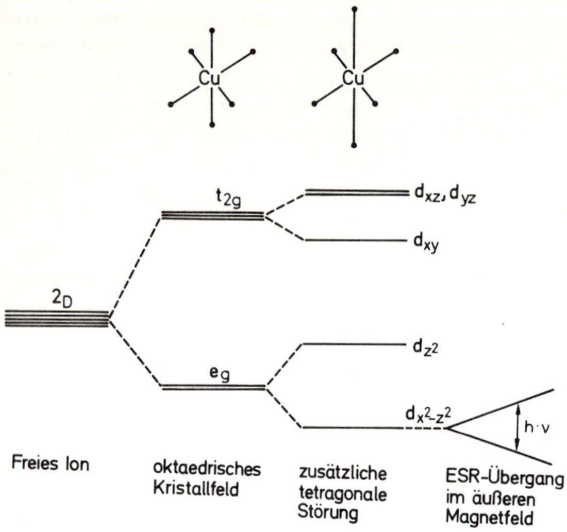

Abb. 3.140. Energieaufspaltung zwischen den *d*-Orbitalen eines Cu^{2+}-Ions im oktaedrischen bzw. tetragonal gestörten oktaedrischen Komplex und der ESR-Übergang

Zum Beispiel liegen die Fe^{3+}-Signale in Häm-Proteinen bei $g_\perp \approx 6$ und $g_{||} \approx 2$.

Eine detaillierte Beschreibung der ESR-Spektren von Übergangsmetallionenkomplexen würde den Rahmen dieser Ausführungen sprengen. Es soll daher nur kurz auf das Beispiel von Kupfer-Komplexen eingegangen werden, die ja in den Kupfer-Proteinen wichtige biologische Aufgaben erfüllen.

Cu(II) hat die Elektronenkonfiguration $3d^9$. Die 5 *d*-Orbitale sind also bis auf einen Platz besetzt. Der Gesamtspin ist $S = 1/2$. Cu(II)-Komplexe sind in der Regel tetragonal gestörte Oktaeder. Wegen der Ausrichtung der *d*-Orbitale sind an der Komplexbildung die Orbitale $d_{x^2-y^2}$ und d_{z^2} vorwiegend beteiligt. Aus der Kristallfeld-Theorie folgt dann eine Aufspaltung der $3d$-Niveaus, wie sie in Abb. 3.140 gezeigt ist. Das ungepaarte Elektron befindet sich in der $d_{x^2-y^2}$-Bahn. Für diesen Fall können die *g*-Faktoren berechnet werden, und man erhält entsprechend Gl. (3.275)

$$g_{||} = g_e - \frac{8\lambda}{E(d_{xy}) - E(d_{x^2-y^2})}$$
$$g_\perp = g_e - \frac{2\lambda}{E(d_{xz}, d_{yz}) - E(d_{x^2-y^2})}, \qquad (3.290)$$

Da λ bei Kupfer negativ ist, folgt $g_{||}, g_\perp > g_e = 2{,}0023$. Cu(II) hat den Kernspin $I = 3/2$, d.h. man erhält $2I + 1 = 4$ Hyperfein-Linien. Im Spektrum der Abb. 3.141 sind zusätzlich Hyperfeinlinien infolge der Ligandenwechselwirkung zu erkennen. Sie treten dann auf, wenn die Ligandenatome einen Kernspin $I \neq 0$ (z.B. bei *N* ist $I = 1$) besitzen und kovalente Anteile bei der Bindung zwischen Metall und Ligand vorhanden sind.

Aus dem Spektrum der Abb. 3.141 kann man also schließen, daß die Ligandenatome Stickstoffatome sind, die in der *X*-*Y*-Ebene liegen. Des weiteren kann man beispielsweise ausschließen, daß das ungepaarte Elektron in der d_{z^2}-Bahn ist, da man dann folgende *g*-Faktoren errechnen würde:

$$g_{||} = g_e$$
$$g_\perp = g_e - \frac{6\lambda}{E(d_{xz}, d_{yz}) - E(d_{z^2})}. \qquad (3.291)$$

Da $\lambda < 0$, müßte $g_\perp > g_{||} = g_e$ sein, was dem Experiment widerspricht.

3.3.10.2 ESR an natürlichen biologischen Proben

Neben den Metallionen findet man noch weitere paramagnetische Spezies in biologischen Materialien, deren Ursprung allerdings in vielen Fällen schwierig zu erklären ist. Wenn ESR-Signale meßbar sind, so findet man in den meisten Fällen sowohl bei der Untersuchung von pflanzlichem Material als auch bei der Messung von tierischem Gewebe Signale bei $g \approx 2$.

Insbesondere wurden viele Untersuchungen durchgeführt, um Unterschiede zwischen gesundem und

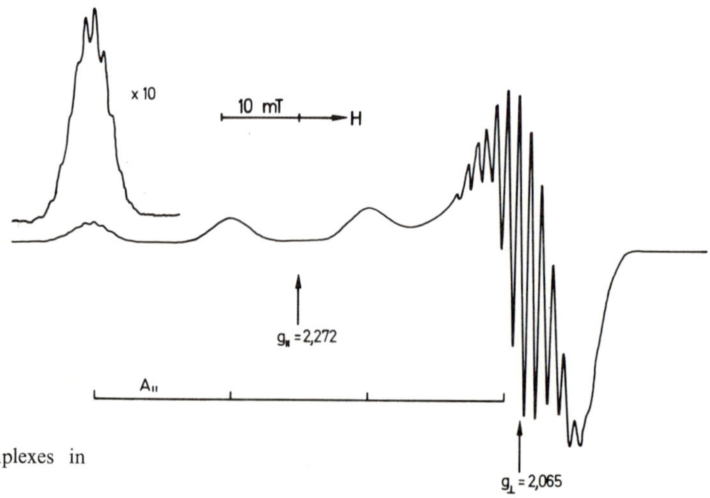

Abb. 3.141. ESR-Spektrum eines Cu(II)-Imidazol-Komplexes in äthanolischer Lösung, 77 K

kranken Gewebe bzw. Blut festzustellen. Um die störende Anwesenheit von Wasser zu umgehen, wurden die Proben eingefroren, getrocknet oder gefriergetrocknet. Man findet dabei Spektren, die aufgrund ihrer g-Faktoren Übergangsmetallionen zuzuordnen sind und deren Konzentration vom Krankheitsbild abhängt. So ist z.B. Cu^{2+} ($g \approx 2{,}05$) bei den meisten Krankheiten im Plasma erhöht, während Fe^{3+} ($g \approx 4{,}3$ bei Fe^{3+}-Transferrin; $g_{\perp} \approx 6$ bei Fe^{3+}-Häm) den umgekehrten Effekt zeigt. Darüber hinaus kann man Radikalsignale bei $g \approx 2$ beobachten, deren Entstehen teilweise mit der Probenpräparation zusammenhängt, die jedoch andererseits besonders dann auftreten, wenn krankes Ausgangsmaterial präpariert und gemessen wird, so daß die entstehenden Radikale Monitorfunktionen erfüllen. Hier konnte beispielsweise gezeigt werden, daß ein Signal bei $g = 2.005$, welches z.B. im Blut bei einer akuten lymphatischen Leukämie und im Lungen-Gewebe bei vorhandenem Bronchial-Krebs auftritt, dem Semidehydroascorbat-Radikal zuzuordnen ist. Des weiteren ergaben die Untersuchungen, daß die Spin-Konzentration am Rande der Geschwulst am größten ist, während in ihrem Zentrum, wie auch im gesunden Gewebe, eine kleinere Spin-Konzentration gemessen wird. Dies stimmt mit Modell-Untersuchungen überein, bei denen Vitamin C zu biologischen Proben (Abb. 3.142) hinzugesetzt wurde. Dabei wurde gefunden, daß mit zunehmender Ascorbinsäure-Konzentration die Spin-Konzentration zunächst zu- und dann wieder abnimmt. Interessant ist auch die Beobachtung, daß bei Patienten mit akuter lymphatischer Leukämie, die mit gewissen Cytostatica behandelt wurden, sowohl die Spin-Konzentration wieder abnimmt als auch das Signal bei $g = 2.005$ größtenteils verschwindet.

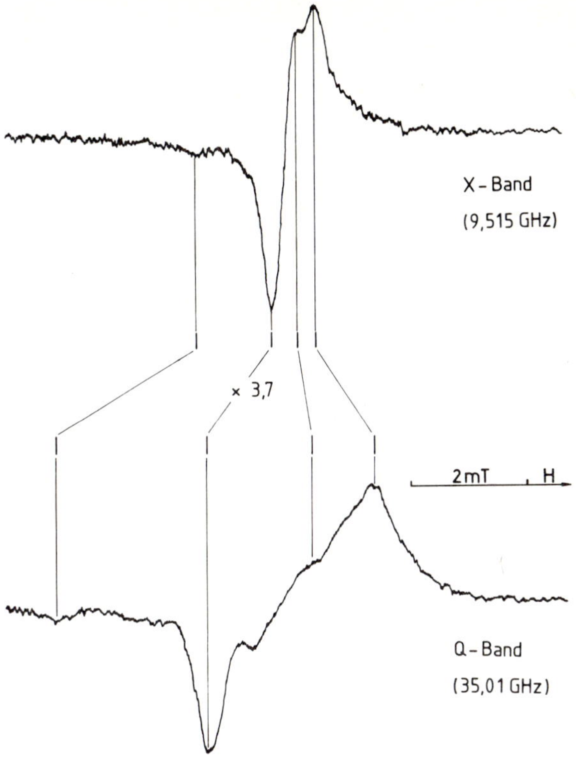

Abb. 3.142. X-Band- und Q-Band-ESR-Spektrum einer gefriergetrockneten Probe von Vollblut, dem 1 mM Vitamin C zugesetzt wurde

3.3.10.3 ESR an bestrahltem biologischem Material

Wird eine Substanz ionisierender Strahlung ausgesetzt, so werden Moleküle angeregt oder ionisiert. Aus diesen primären Bestrahlungsprodukten entstehen weitere Zwischenprodukte, die zu einem großen Teil radikalischer Natur sind, bis schließlich nach weiteren Reaktionen stabile Strahlenprodukte gebildet werden.

Die ESR-Spektroskopie erlaubt es, die zeitliche und räumliche Verteilung der paramagnetischen Spezies zu untersuchen, um damit Hinweise zur Entstehung des schließlich manifest werdenden Strahlenschadens zu erhalten.

Über Untersuchungen von strahleninduzierten Radikalen in biologisch interessanten Systemen liegt eine große Zahl von Arbeiten vor. Diese wurden sowohl an wichtigen Biomolekülen, wie beispielsweise der DNS und deren Bestandteilen oder Proteinen und deren Bestandteilen, aber auch an Geweben, Pflanzenteilen oder Einzellern durchgeführt. Voraussetzung für solche Messungen ist, daß die Radikale in genügend hoher Konzentration auftreten und auch lange genug beständig sind.

Da die Konzentration der Radikale häufig etwa entsprechend einer Kurve [1-exp(-Dosis)] ansteigt, sind durch Erhöhen der absorbierten Dosis die Radikalausbeuten meistens für einen Nachweis ausreichend zu erhöhen. Dabei muß allerdings berücksichtigt werden, daß in vielen Fällen die Radikale aufgrund von Reaktionen mit benachbarten Spezies mehr oder weniger schnell wieder verschwinden. Aus diesem Grund müssen die Proben i. allg. wasserfrei sein oder sie müssen bei tiefen Temperaturen bestrahlt und auch gemessen werden.

In wäßrigen Lösungen findet man als primäre Produkte überwiegend die Bestrahlungsprodukte H, OH und e_{aq} des Wassers, die mit den gelösten Molekülen weiterreagieren. An den Biomolekülen treten, durch solche Primärprodukte indirekt bewirkt oder direkt durch die Bestrahlung erzeugt, am häufigsten Radikale am Kohlenstoffatom auf. Sie entstehen überwiegend durch Abspaltung oder Anlagerung von Protonen (vgl. Abb. 3.143).

$$\xrightarrow{h\nu} M_1H \rightarrow \dot{M}_1 + \dot{H}$$
$$\dot{H} + M_2 \rightarrow \dot{M}_2H\,.$$

Diese Radikale zeigen entsprechend den früheren Ausführungen geringe g-Faktor-Anisotropie. Eine Anisotropie der Hyperfeinstruktur tritt jedoch auf, besonders für die α-Protonen. Sie äußert sich, sofern nicht Einkristall-Untersuchungen, sondern nur Messungen an polykristallinen Proben oder gefrorenen Lösungen durchzuführen sind, in Linienverbreiterungen.

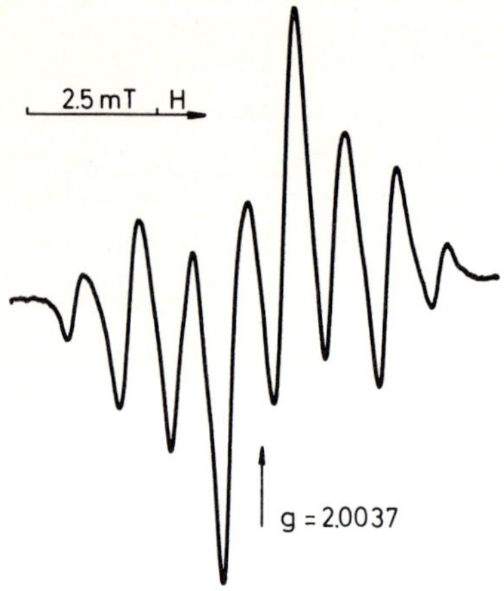

Abb. 3.143. ESR-Spektrum von röntgenbestrahltem polykristallinen 2′-Desoxy-Thymidin (Bestrahlung bei 295 K, Messung bei 77 K). Das Spektrum ist überwiegend dem Anlagerungsradikal

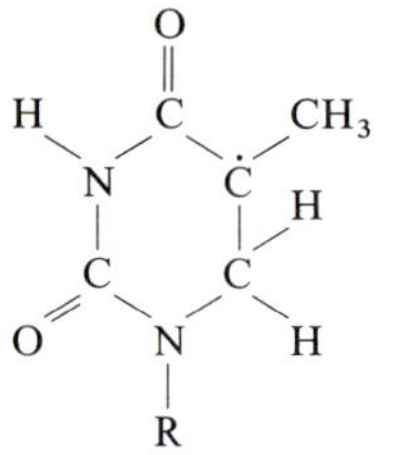

zuzuordnen

Wichtig, insbesondere im Hinblick auf Untersuchungen zum Strahlenschutz bzw. zur Strahlensensibilisierung, ist die Erfassung des Energietransfers von einem geschädigten Molekül auf ein benachbartes. Man stellt fest, daß von der Vielzahl der möglichen Radikale in einem System immer nur ganz wenige spezifische gebildet werden. Durch Bestrahlung bei tiefen Temperaturen und anschließender kurzzeitiger Temperaturerhöhung der Meßprobe schrittweise auf höhere Werte nach jeder Messung des ESR-Spektrums bei tiefer Temperatur sind solche Vorgänge häufig zu verfolgen.

Auch die Anwesenheit gewisser Substanzen führt zu ganz definierten Radikalumlagerungen. So findet man bei Anwesenheit von Sauerstoff häufig die Ausbildung von Peroxyradikalen

$$\dot{R} + O_2 \rightarrow R\dot{O}_2$$

oder bei der Anwesenheit von SH-Gruppen enthaltenden Verbindungen die Umlagerung zu Radikalen am Schwefel, z.B.

$$\dot{R} + M-SH \rightarrow RH + M-\dot{S}.$$

Beide Radikaltypen sind, da bei ihnen die Spin-Bahn-Kopplung wesentlich wird, durch eine auftretende *g*-Faktor-Anisotropie zu erkennen.

Literaturauswahl

Abragam, A., Bleaney, B.: Electron Paramagnetic Resonance of Transition Ions. Oxford: Clarendon Press 1970.

Carrington, A., McLachlan, A.D.: Introduction to Magnetic Resonance. London: Chapman & Hall 1979.

Dorio, M.M., Freed, J.H. (Eds.): Multi Electron Resonance Spectroscopy. New York: Plenum Press 1979.

Knowles, P.F., Marsh, D., Rattle, H.W.E.: Magnetic Resonance of Biomolecules. London: John Wiley & Sons 1976.

Scheffler, K., Stegman, H.B.: Elektronenspinresonanz. Berlin, Heidelberg, New York: Springer 1970.

Schneider, F., Plato, M.: Elektronenspinresonanz. München: Verlag Karl Thiemig 1971.

Swartz, H.M., Bolton, J.R., Borg, D.C. (Eds.): Biological Applications of Electron Spin Resonance. New York: Wiley Interscience 1972.

Wertz, J.B., Bolton, J.R.: Electron Spin Resonance, Elementary Theory and Practical Applications. New York: McGraw-Hill 1972.

3.4 Kernresonanzspektroskopie

Hans-Helmut Paul, Volker Penka und Wolfgang Lohmann

3.4.1 Einleitung

Seit den ersten Experimenten auf dem Gebiet der Kernmagnetischen Resonanzspektroskopie (Abkürzung: NMR von Nuclear Magnetic Resonance) 1946 von Bloch, Hansen und Packard sowie Purcell, Torrey und Pound hat diese Methode eine stürmische Entwicklung durchlaufen. Die NMR-Spektroskopie zählt heute sicherlich zu den wichtigsten Methoden zur Strukturbestimmung in der organischen Chemie; aber sie hat inzwischen auch ungezählte Anwendungen im biologischen, biochemischen und medizinischen Bereich gefunden. Mit ihrer Hilfe wurden zahlreiche Aussagen zu strukturellen und dynamischen Eigenschaften von biologischen Makromolekülen, multimolekularen Systemen und deren Bausteinen möglich. Die NMR-Spektroskopie gestattet darüber hinaus spezifische Aussagen zur Stärke und Struktur intermolekularer Komplexe. Sogenannte hochaufgelöste NMR-Spektren, über die im folgenden berichtet werden soll, erhält man von flüssigen Proben, meist Lösungen der untersuchten Substanzen. Demgegenüber zeigen die Spektren von Festkörpern im allgemeinen sehr breite Linien, die kaum weiter aufgelöst werden können. Eine Ausnahme hiervon bildet die neuerdings entwickelte Technik der Drehung der Probe um den magnetischen Winkel von 54,7° zum äußeren Magnetfeld (Magic Angle Spinning, MAS), mit deren Hilfe auch von Festkörpern hochaufgelöste NMR-Spektren gewonnen werden können.

Zur Durchführung eines Kernresonanzexperiments benötigt man Kerne mit einem von Null verschiedenen Kernspin. Am besten eignen sich Kerne mit der Spinquantenzahl $I = 1/2$, da sich das Quadrupolmoment von Kernen mit $I > 1/2$ nachteilig auswirkt. In Tabelle 3.13 sind die wichtigsten Nuklide für die Kernresonanzspektroskopie von in Biomolekülen vorkommenden Elementen aufgeführt. Experimentell am leichtesten zugänglich sind diejenigen Nukleide, für die sowohl die natürliche Häufigkeit als auch die rel. Emp-

Tabelle 3.13. Eigenschaften einiger für die Kernresonanzspektroskopie in der Biophysik wichtiger Kerne

Nuklid	Spinquantenzahl I	Elektr. Quadrupolmoment (10^{-24} cm²)	NMR-Frequenz (MHz) (H_0 = 2,35 T)	Rel. Häufigkeit %	Rel. Empfindlichkeit (bez. auf ¹H) (bei konstantem Feld)	Üblicher Standard
^{1}H	1/2	–	100	99,98	1	TMS
^{2}H	1	$2{,}73\cdot10^{-3}$	15,351	0,015	$9{,}65\cdot10^{-3}$	–
^{13}C	1/2	–	25,145	1,108	$1{,}59\cdot10^{-2}$	TMS
^{14}N	1	$7{,}1\cdot10^{-2}$	7,224	99,63	$1{,}01\cdot10^{-3}$	–
^{15}N	1/2	–	10,137	0,37	$1{,}04\cdot10^{-3}$	CH_3NO_2 oder NO_3^-
^{17}O	5/2	$-2{,}6\cdot10^{-2}$	13,557	0,037	$2{,}91\cdot10^{-2}$	–
^{19}F	1/2	–	94,094	100	0,834	CCl_3F
^{23}Na	3/2	0,12	26,451	100	$9{,}25\cdot10^{-2}$	Na^+ aq.
^{31}P	1/2	–	40,48	100	$6{,}63\cdot10^{-2}$	85% H_3PO_4

findlichkeit (Tabelle 3.13) groß sind. Bei einem solchen Vergleich erweist sich das Proton als besonders geeignet, auch von ^{19}F und ^{31}P lassen sich noch relativ leicht Spektren gewinnen. Das einzige magnetische Kohlenstoffisotop ^{13}C ist wegen seiner geringen Häufigkeit und der zusätzlichen geringen Empfindlichkeit experimentell schwerer zugänglich. In neuester Zeit wurden auch Messungen an Kernen mit sehr geringer Empfindlichkeit wie ^{17}O und ^{15}N durchgeführt.

Der folgende theoretische Teil ist allgemeiner Natur und auf alle Kerne mit Kernspinquantenzahl $I=1/2$ anwendbar.

3.4.2 Grundlegende Theorie

3.4.2.1 Verhalten eines Kerns im äußeren Magnetfeld

Bringt man einen Kern mit Kernspin $\boldsymbol{I}$ (gemessen in Einheiten von $\hbar$) und dem magnetischen Moment $\boldsymbol{\mu}=\gamma\cdot\hbar\cdot\boldsymbol{I}$ (γ = gyromagnetisches Verhältnis, $\hbar=h/2\pi$) in ein Magnetfeld $\boldsymbol{H}_0=(0,0,H_0)$ — üblicherweise wird das Feld in z-Richtung angenommen —, so wird die Spinentartung des Grundniveaus aufgehoben. Der Kern hat im Feld die Energie

$$E=-\boldsymbol{\mu}\cdot\boldsymbol{H}_0=-\gamma\hbar\boldsymbol{I}\cdot\boldsymbol{H}_0\,. \tag{3.292}$$

Nach der Quantentheorie ergeben sich $2I+1$ mögliche Einstellungen (I = Kernspinquantenzahl) mit $m_I=I, I-1, \ldots, -I$. Die Energiedifferenz zwischen zwei benachbarten Niveaus ist

$$\Delta E=\gamma\cdot\hbar\cdot H_0\,. \tag{3.293}$$

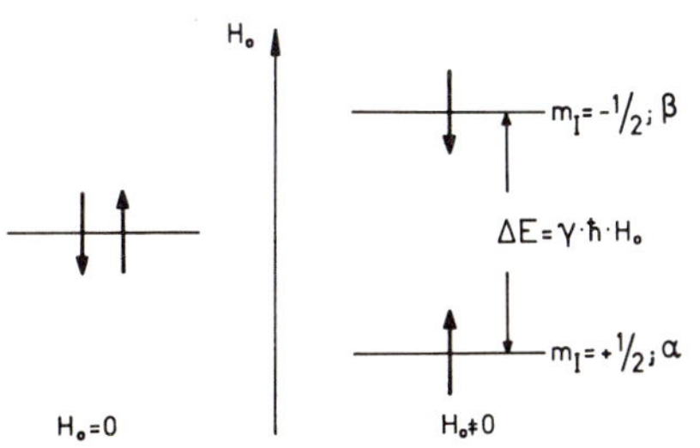

Abb. 3.144. Energieniveauschema eines Kerns mit Kernspinquantenzahl $I=1/2$ im äußeren Magnetfeld

Abbildung 3.144 zeigt die Energieaufspaltung für einen Kern mit Spin $I=1/2$; der Zustand mit $m_I=1/2$ wird oft mit α, derjenige mit $m_I=-1/2$ mit β bezeichnet. Im Grundzustand α ist der Spin in Richtung des äußeren Feldes orientiert.

Wird ein Quant der Energie $E=\hbar\cdot\omega_0$ eingestrahlt, so kann es absorbiert werden. Die Resonanzbedingung lautet dann

$$\omega_0=\gamma\cdot H_0 \quad \text{bzw.} \quad \nu_0=\gamma/2\pi\cdot H_0\,. \tag{3.294}$$

Dies ist die der kernmagnetischen Resonanz zugrunde liegende Gleichung.

3.4.2.2 Chemische Verschiebung und Spin-Spin-Kopplung

Durch die Wechselwirkung der einen Atomkern umgebenden Elektronen der Atome und Moleküle mit dem statischen Magnetfeld H_0 wird am Ort des Kerns ein lokales Zusatzfeld induziert, das sich dem äußeren Magnetfeld überlagert und zu einer diamagnetischen Abschirmung führt. Das effektive Feld H_{eff} am Kernort ist also kleiner als das angelegte Feld H_0

$$H_{\text{eff}}=H_0-H_{\text{ind}}=H_0(1-\sigma) \tag{3.295}$$

und die Resonanzbedingung lautet:

$$\omega=\gamma\cdot(1-\sigma)\cdot H_0\,. \tag{3.296}$$

Die Abschirmkonstante σ ist positiv und von der Größenordnung 10^{-4} bis 10^{-6}. Bei gleichem Feld ist die Resonanzfrequenz des abgeschirmten Kerns daher kleiner als die des freien Kerns, bzw. bei gleicher Frequenz erfolgt die Resonanz des abgeschirmten Kerns bei höherem äußeren Feld als die des freien Kerns. Da dieser Effekt durch die chemische Umgebung der Atomkerne hervorgerufen wird, spricht man von der chemischen Verschiebung der Resonanzfrequenz oder kurz von der chemischen Verschiebung. Sie ist eine charakteristische Größe für die unterschiedlichen chemischen Gruppen eines Moleküls und hierin liegt die eigentliche Bedeutung der hochauflösenden Kernresonanzspektroskopie. Sie ermöglicht, ein bestimmtes Isotop bezüglich seiner Umgebung im Molekül zu erkennen; der Kern dient quasi als Sonde zur

Tabelle 3.14. Bereiche der chemischen Verschiebung der Protonen einiger in Biomolekülen vorkommenden chemischen Gruppen

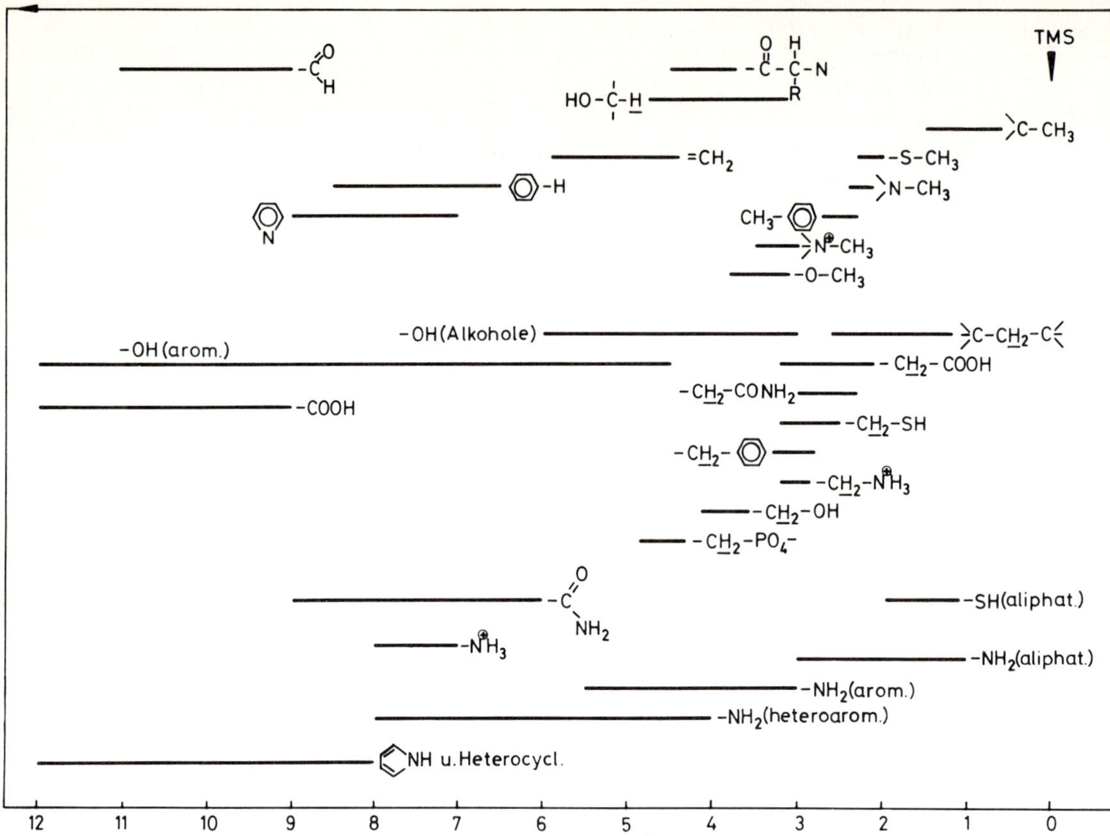

Tabelle 3.15. Charakteristische Bereiche der ^{13}C-Chemischen Verschiebung von einigen in Biomolekülen vorkommenden chemischen Gruppen

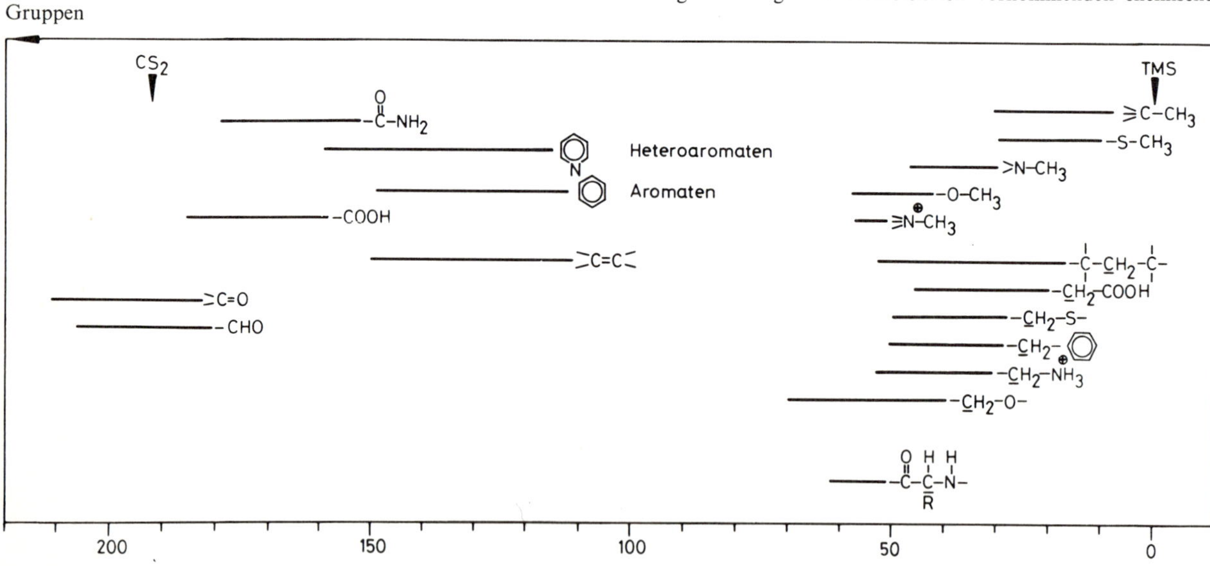

Charakterisierung der elektronischen, strukturellen und dynamischen Eigenschaften von Molekülen.

Tabellen 3.14 und 3.15 zeigen am Beispiel der Protonen und des ^{13}C-Kerns die charakteristischen Resonanzbereiche einiger funktioneller Gruppen. Die chemische Verschiebung wird i. allg. relativ zu einer Standardsubstanz angegeben, die man einer Lösung der zu untersuchenden Probe zusetzt. Man definiert eine δ-Skala gemäß

$$\delta = \frac{\nu_{\text{Substanz}} - \nu_{\text{Standard}}}{\nu_0} = \sigma_{\text{Standard}} - \sigma_{\text{Substanz}} . \qquad (3.297)$$

Die chemische Verschiebung δ wird in ppm (parts per million, 10^{-6}) angegeben. Als Standard für Protonen

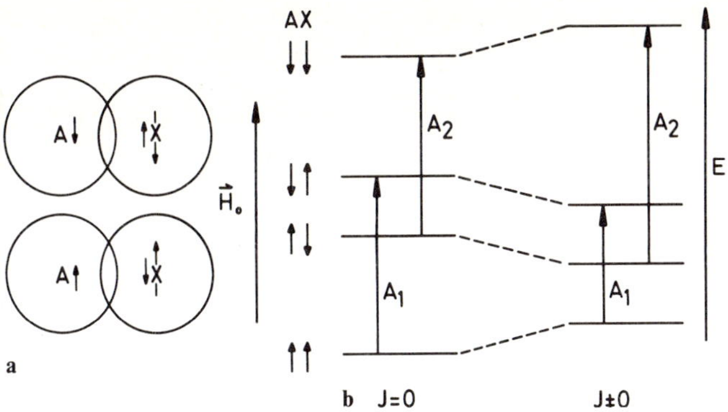

Abb. 3.145. Schematische Darstellung der Spin-Spin-Kopplung am Beispiel eines zweiatomigen Moleküls

und ^{13}C wird meist Tetramethylsilan (TMS) mit der chemischen Formel $(CH_3)_4Si$ verwendet, dem man die chemische Verschiebung $\delta = 0$ zuordnet. Zu Standardverbindungen anderer Kerne s. Tabelle 3.13.

Sind in einem Molekül mehrere Kerne vorhanden, die ein magnetisches Moment besitzen, so kommt es zu Wechselwirkungen zwischen den einzelnen Momenten, den sog. Kopplungen. Hierbei handelt es sich um eine magnetische Wechselwirkung, die nicht über den Raum, sondern indirekt über die Elektronen der chemischen Bindung vermittelt wird. Der Mechanismus der Spin-Spin-Kopplung wird in Abb. 3.145a am Beispiel eines zweiatomigen Moleküles AX verdeutlicht. Das magnetische Moment des Kerns X verursacht eine schwache magnetische Polarisation seiner Elektronenhülle, die im Molekül vermittels der sich überlappenden Orbitale — unter Beachtung des Pauli-Prinzips — zum Nachbarkern A weitergeleitet wird. Je nach Spinzustand von X wird am Ort des Kerns A das effektive Feld verstärkt oder abgeschwächt. Im Energieniveauschema erhält man gegenüber dem ungekoppelten Zustand eine Absenkung der Niveaus für die antiparallele und entsprechend eine Anhebung derer für die parallele Einstellung der Kernspins (Abb. 3.145b). Betrachtet man nun die Übergänge A_1 und A_2 des Kerns A, so werden diese vermöge der Spin-Spin-Kopplung energetisch unterschiedlich, so daß man eine Aufspaltung der Resonanzlinie in ein Dublett beobachtet. Die Energie der Spin-Spin-Wechselwirkung ist proportional zum skalaren Produkt der beiden Kernspins $\boldsymbol{I}_A$ und $\boldsymbol{I}_X$:

$$E_{AX} = h \cdot J_{AX} \cdot \boldsymbol{I}_A \cdot \boldsymbol{I}_X \,. \qquad (3.298)$$

Sie ist unabhängig von der Feldstärke des angelegten statischen Magnetfeldes $\boldsymbol{H}_0$. Der Proportionalitätsfaktor J_{AX} heißt Kopplungskonstante (Einheit Hz). Diese hängt von der Art der koppelnden Kerne, von deren Abstand, ihrem Bindungswinkel und von Art und Anzahl der zwischen ihnen liegenden Bindungen ab. Die homonuklearen Kopplungskonstanten für Protonen liegen im Bereich von 0 bis 20 Hz. Die Kopplungskonstanten von Kernen wie ^{13}C, ^{31}P und ^{19}F untereinander und mit ^1H betragen bis zu einigen hundert Hz.

Wichtig für das Aussehen der aus der Spin-Spin-Kopplung resultierenden Multipletts ist das Verhältnis aus deren spektralem Abstand und ihrer Kopplungskonstante $\Delta\nu/J$.

Falls $\Delta\nu/J \gg 1$ ist, spricht man von einem Spektrum erster Ordnung. Es gelten dann die folgenden Regeln:

Die Multiplizität des Multipletts eines Kerns A ist $2l \cdot I_X + 1$, wenn A mit l magnetisch äquivalenten Kernen mit Kernspinquantenzahl I_X koppelt. Als magnetisch äquivalent werden hierbei solche Kerne X bezeichnet, welche die gleiche chemische Verschiebung zeigen und zu anderen Kernen jeweils die gleiche gemeinsame Kopplung haben. So sind z.B. die drei Protonen einer Methylgruppe i. allg. magnetisch äquivalent. Der Abstand zweier benachbarter Multiplettlinien entspricht der Kopplungskonstante J_{AX}. Die chemische Verschiebung δ_X des Multipletts entspricht der Lage seines Mittelpunkts. Die Intensitäten der Linien verhalten sich für Kerne mit $I = 1/2$ wie die Binomialkoeffizienten, für Kerne mit $I = 1$ nach einem ähnlichen Schema (Tabelle 3.16).

Die Kopplungskonstante ist wegen der Symmetrie der Gl. (3.298) aus den Spektren von beiden koppelnden Kernen ablesbar, wohingegen die Multiplettstruktur i. allg. jeweils unterschiedlich ist.

Für $\Delta\nu/J \approx 1$ spricht man von Spektren höherer Ordnung. In einfachen Fällen lassen sich dann die Parameter δ und J direkt aus dem Spektrum entnehmen, während man in komplizierteren Fällen hierzu auf die Anwendung von Spektrensimulationsprogrammen angewiesen ist. Hierbei werden die Spektren aus der exakt lösbaren Schrödinger-Gleichung der Kernresonanz berechnet.

Den hierzu benötigten Hamilton-Operator erhält man aus folgenden Überlegungen:

Die magnetische Energie eines Moleküls mit N magnetischen Kernen setzt sich aus den Beiträgen E_M für jeden Kern zusammen:

$$\mathscr{H}_M = \sum_k (E_M)_k = -\sum_k \gamma_k (1-\sigma_k) \hbar \boldsymbol{I}_k \cdot \boldsymbol{H}_0 \,. \qquad (3.299)$$

Dazu kommt noch der Beitrag für die Spin-Spin-Wechselwirkungen

$$\mathscr{H}_J = \sum_{j<k}\sum (E_J)_{jk} = \sum_{j<k}\sum h J_{jk} \boldsymbol{I}_j \cdot \boldsymbol{I}_k \,, \qquad (3.300)$$

Tabelle 3.16. Multiplettregeln für Spektren erster Ordnung

Zahl der Kopplungspartner k	Multiplizität $2\,kI+1$	Intensitätsverhältnis der Linien	
1	2	1:1	
2	3	1:2:1	
3	4	1:3:3:1	Kerne mit
4	5	1:4:6:4:1	$I = 1/2$
5	6	1:5:10:10:5:1	
6	7	1:6:15:20:15:6:1	
1	3	1:1:1	
2	5	1:2:3:2:1	Kerne mit
3	7	1:3:6:7:6:3:1	$I = 1$
4	9	1:4:10:16:19:16:10:4:1	

so daß sich der Hamilton-Operator für das Gesamtmolekül ergibt zu

$$\mathscr{H} = \mathscr{H}_M + \mathscr{H}_J = -\sum_k \gamma_k(1-\sigma_k)\hbar \cdot \boldsymbol{I}_k \cdot \boldsymbol{H}_0 + \sum_{j<k}\sum hJ_{jk} \cdot \boldsymbol{I}_j \cdot \boldsymbol{I}_k . \quad (3.301)$$

Dividiert man diese Gleichung durch h und setzt die Resonanzbedingung $\omega_k = \gamma_k \cdot H_0(1-\sigma_k)$ ein, so erhält man mit $\boldsymbol{I}_k \cdot \boldsymbol{H}_0 = m_{Ik} \cdot H_0$ (m_{Ik} = Komponente von $\boldsymbol{I}_k$ in $\boldsymbol{H}_0$-Richtung)

$$\mathscr{H}' = -\sum_k \nu_k \cdot m_{Ik} + \sum_{j<k}\sum J_{jk} \cdot \boldsymbol{I}_j \cdot \boldsymbol{I}_k . \quad (3.302)$$

Dabei ist ν_k die Resonanzfrequenz des k-ten Kerns und J_{jk} die Kopplungskonstante zwischen dem j-ten und dem k-ten Kern. Alle Linien eines hochaufgelösten Kernresonanzspektrums lassen sich als Differenzen der Eigenwerte von $\mathscr{H}'$ darstellen.

Das bisher gesagte soll am Beispiel des ^{1}H-NMR Spektrums von 1-Äthyl-Thymin, eines Derivates der Nukleobase Thymin, erläutert werden (Abb. 3.146a).

Zunächst erkennt man, daß die chemischen Verschiebungen der einzelnen Resonanzen mit den Voraussagen der Tabelle 3.14 übereinstimmen: Die Äthylgruppen am N-1 zeigt je ein Multiplett der CH_3-Gruppe bei 1,3 ppm und der CH_2-Gruppe bei 3,8 ppm. Die 5-Methylgruppe führt zu einer Resonanz bei 2 ppm, während das Signal von H-6 bei 7 ppm erscheint. Schließlich ist noch eine breite Linie bei 8,9 ppm zu erkennen, die (N-3)-H zugeordnet wird. Diese Zuordnungen werden durch die Analyse der Spin-Spin-Kopplungen unterstützt: Aus der gegenseitigen Kopplung der CH_3- und der CH_2-Protonen der 1-Äthylgruppe resultiert ein Triplett der Methylgruppe, die mit den beiden (magnetisch äquivalenten) Protonen der CH_2-Gruppe wechselwirkt, während diese von den drei Protonen der Methylgruppe zu einem Quartett aufgespalten wird. Bei größerer Spreizung erkennt man, daß auch die Protonen der 5-Methylgruppe und H-6 miteinander koppeln, allerdings ist die gegenseitige Kopplungskonstante kleiner. H-6 zeigt ein Quartett durch Wechselwirkung mit drei äquivalenten Protonen, während umgekehrt die 5-Methylgruppe von H-6 zu einem Dublett aufgespalten wird.

Die Richtigkeit der getroffenen Zuordnung läßt sich mit Hilfe eines Doppelresonanzexperiments, der sog. Spin-Entkopplung, überprüfen.

Durch Einstrahlung der Resonanzfrequenz von einem der koppelnden Kerne mittels eines zweiten Senders wird im Spektrum die Kopplung aller anderen Kerne zu diesem Kopplungspartner aufgehoben, die Kerne werden entkoppelt. Dies wird in Abb. 3.146b, c am Beispiel der Resonanzen der Äthylgruppe von 1-Äthyl-Thymin demonstriert. Durch Einstrahlung einer zweiten Frequenz bei 3,8 ppm wird das CH_3-Multiplett bei 1,3 ppm entkoppelt (Abb. 3.146b), und umgekehrt wird durch Einstrahlung bei 1,3 ppm das CH_2-Quartett bei 3,8 ppm zu einem Singulett (Abb. 3,146c).

Aus solchen Experimenten erhält man in schwierigen Fällen Hilfen zum Auffinden von miteinander koppelnden Kernen. Außerdem lassen sich mit Hilfe dieser Technik stark gekoppelte Spektren vereinfachen, was man insbesondere zur Elimination der heteronuklearen ^{13}C-^1H-Kopplungen in ^{13}C-Spektren ausnutzt.

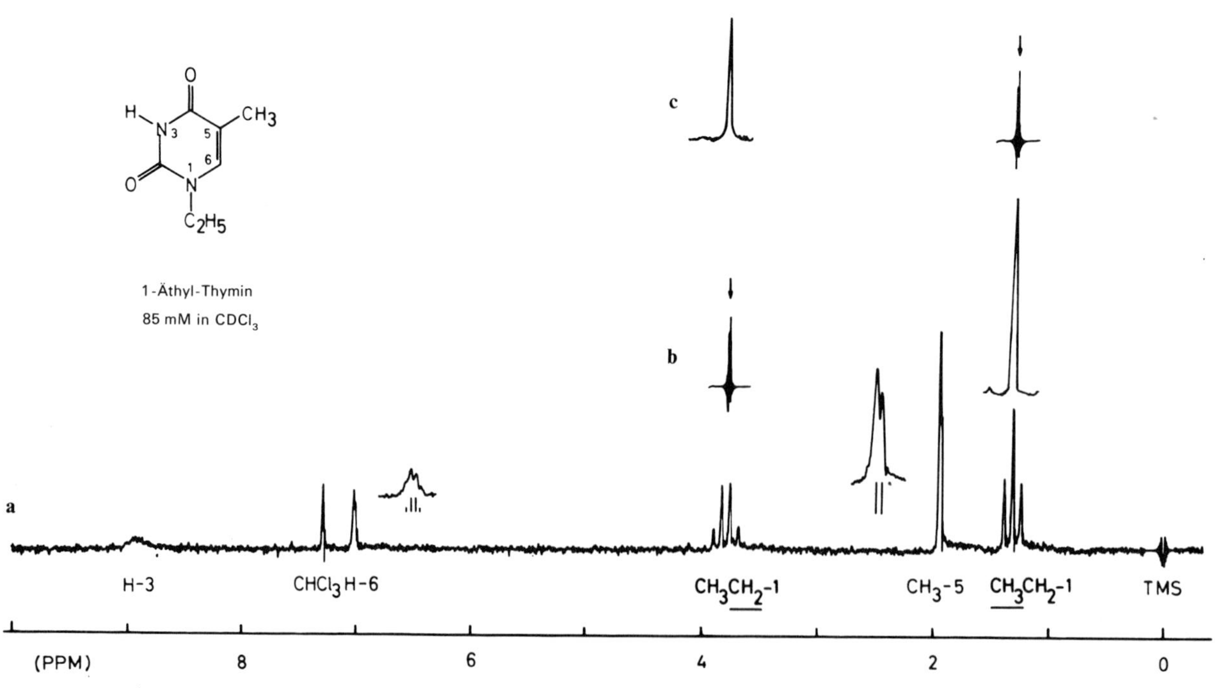

Abb. 3.146a–c. ^{1}H-NMR-Spektrum von 1-Äthyl-Thymin. **a** Übersicht mit Dehnung des Abszissenmaßstabs im Bereich schlecht aufgelöster Linien. **b, c** Entkopplung der Signale der Äthylgruppe

3.4.2.3 Klassische Beschreibung des NMR-Experiments – Relaxationseffekte

Die Ausrichtung der Kernspins im äußeren Magnetfeld führt zu einer makroskopisch meßbaren Magnetisierung $\boldsymbol{M} = \chi \cdot \boldsymbol{H}_0$ (χ = Suszeptibilität). Die Größe von $\boldsymbol{M}$ erhält man aus der Verteilung der Spins auf die beiden Zustände α und β, welche der Boltzmann-Statistik genügt:

$$\frac{n_\alpha}{n_\beta} = e^{\frac{\Delta E}{kT}} = e^{\frac{\gamma \hbar H_0}{kT}} \approx 1 + \frac{\gamma \cdot \hbar \cdot H_0}{kT} \tag{3.303}$$

(n_0 = Gesamtzahl der Spins, n_α, n_β = Zahl der Spins im Zustand α bzw. β, k = Boltzmann-Konstante, T = absolute Temperatur). Die Rechnung liefert für Protonen bei einer Meßfrequenz von 100 MHz

$$\frac{n_\alpha}{n_\beta} = \frac{1\,000\,016}{1\,000\,000};$$

d.h. die Kernspins sind wegen der im Vergleich zur thermischen Energie geringen Energiedifferenz $\Delta E = \gamma \cdot \hbar \cdot H_0$ auf die beiden Zustände α und β nahezu gleich verteilt und nur etwa 0,001 % aller Kernspins der Probe stehen für einen Absorptionsvorgang zur Verfügung.

Im klassischen Bild präzedieren die Kernspins mit der Larmorfrequenz ω_L um die Achse des äußeren Magnetfeldes; ihre Komponenten in Richtung des Feldes addieren sich zur Längsmagnetisierung M_z auf, während sich die Komponenten in der Ebene senkrecht zur Richtung des Feldes gerade kompensieren (Abb. 3.147a).

Induziert man nun mit Hilfe eines äußeren hochfrequenten Magnetfeldes $H_1 = H_{1x} \cdot \cos\omega t$, das in x-Richtung linear polarisiert sei, Übergänge zwischen den beiden Spinzuständen, so wird durch Absorption und stimulierte Emission bei genügend hoher Feldstärke H_{1x} eine Gleichverteilung des Spins auf die Zustände α und β erreicht; hierdurch wird $M_z = 0$. Außerdem erzwingt das Hf-Feld eine in-Phase-Präzession der Kernspins, so daß man eine Quermagnetisierung $M_\perp$ in der Ebene senkrecht zum Feld H_0 beobachtet (Abb. 3.147b). Diese oszilliert mit der Lamorfrequenz ω_L der Kernspins und induziert in einer senkrecht zur Senderspule orientierten Empfängerspule eine meßbare Spannung, die zur Registrierung des Resonanzvorganges verwendet werden kann (Prinzip der Kernininduktion). Nach Abschalten des Hf-Feldes H_1 laufen gleichzeitig zwei als Relaxation bezeichnete Prozesse ab:

1. Es stellt sich allmählich wieder die Gleichgewichtsmagnetisierung M_0 in Richtung des Feldes ein, wobei die angeregten Spins ihre Energie an die Umgebung (kurz als Gitter bezeichnet) abgeben (Abb. 3.147c). Die hierfür charakteristische Zeit heißt longitudinale oder Spin-Gitter-Relaxationszeit T_1.

2. Daneben geht auch die Phasenkohärenz der in Phase präzedierenden Spins wieder verloren (Abb. 3.147d), z.B. durch Spin-Spin-Austausch, wobei die Spins zweier Kerne, von denen einer im unteren und einer im oberen Niveau ist, gleichzeitig umklappen. Auch Inhomogenitäten des äußeren Magnetfeldes, die unterschiedliche Larmorfrequenzen der individuellen Kernspins zur Folge haben, können zum Verlust der Phasenkohärenz führen. Die charakteristische Zeit für diesen Vorgang heißt transversale oder Spin-

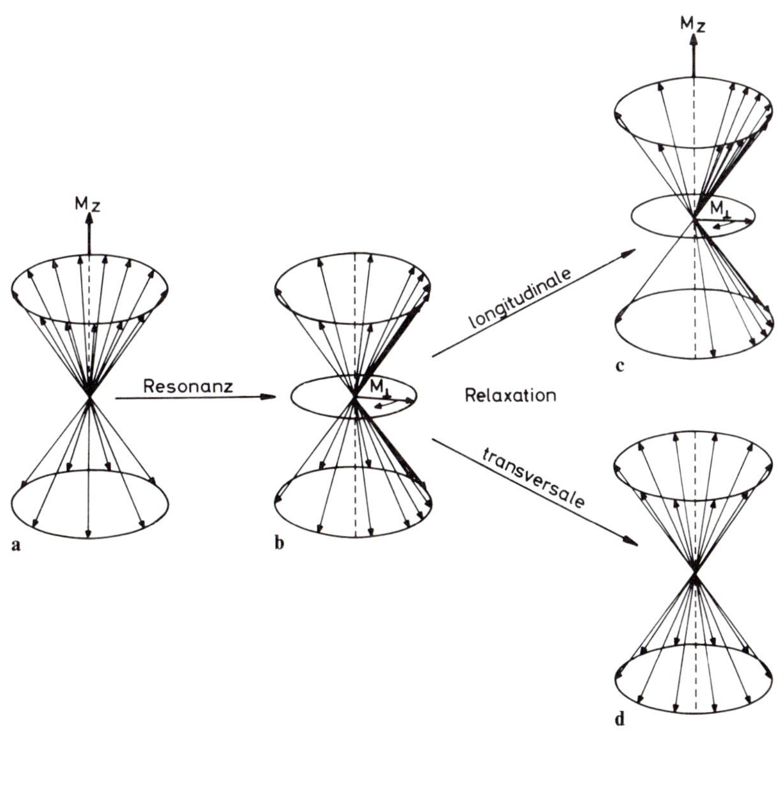

Abb. 3.147a–d. Schematische Darstellung des Kernresonanzexperiments im klassischen Bild. **a** Im Gleichgewichtszustand sind die Kernspins auf die beiden Zustände α und β nach Boltzmann verteilt. **b** Im Fall von Resonanz erhält man (bei genügend starkem Hf-Feld) eine Gleichverteilung auf α und β und eine in-Phase-Präzession der Kernspins mit der Larmorfrequenz ω_L. **c** Die longitudinale Relaxation stellt die Gleichgewichtsverteilung der Kernspins wieder her. **d** Während der transversalen Relaxation geht die Phasenkohärenz der Kernspins wieder verloren. In der Praxis laufen die beiden Relaxationsprozesse **c** und **d** gleichzeitig ab

Spin-Relaxationszeit T_2, die auch sehr anschaulich als „Phasengedächtniszeit" bezeichnet wird. Im Gegensatz zur longitudinalen Relaxation verläuft die transversale Relaxation ohne Energieabgabe des Spin-Systems.

Der Vorgang der Relaxation wird mit Hilfe der Differentialgleichungen

$$\frac{dM_x}{dt} = -\frac{M_x}{T_2}, \qquad (3.304)$$

$$\frac{dM_y}{dt} = -\frac{M_y}{T_2}, \qquad (3.305)$$

$$\frac{dM_z}{dt} = -\frac{M_0 - M_z}{T_1} \qquad (3.306)$$

beschrieben.

Untersucht man die Frage nach den Mechanismen, welche den Spins die Abgabe ihrer zugeführten Energie ermöglichen, so findet man, daß hierfür ausschließlich fluktuierende magnetische Wechselwirkungen in Frage kommen; d.h. man benötigt eine magnetische Wechselwirkung, die direkt auf die Spins einwirkt, und einen Prozeß, der diese Wechselwirkung zeitlich so moduliert, daß sie Komponenten bei der Larmorfrequenz ω_L hat.

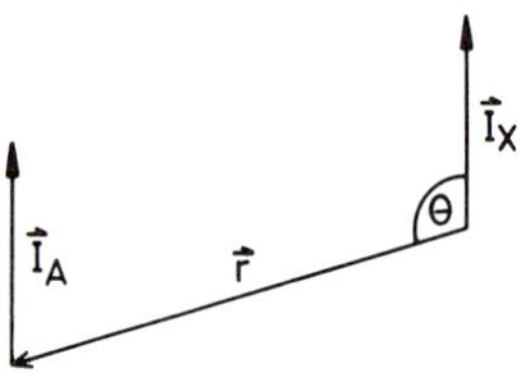

Abb. 3.148. Zur Definition von Abstand r und Winkel θ zweier Kerne A und X in Gl. (3.307)

Der wichtigste Wechselwirkungsmechanismus zur Relaxation von ^{1}H- und ^{13}C-Kernen ist die magnetische Dipol-Dipol-Wechselwirkung. Betrachten wir hierzu zwei Kerne A und X im Abstand r (Abb. 3.148). Das Feld des Kerns X am Ort von A errechnet sich zu

$$H_X = \tfrac{3}{2}\frac{\mu_x}{r^3}(3\cos^2\theta - 1), \quad \text{wobei} \quad \theta = \sphericalangle(\boldsymbol{\mu}, \boldsymbol{r}). \qquad (3.307)$$

Die zeitliche Modulation der Stärke der Wechselwirkung ergibt sich z.B. aus der Brownschen Molekularbewegung der Moleküle, bei der sich θ oder r ändern. Sind die beiden Kerne Teil eines gemeinsamen, starren Moleküls (intramolekulare Relaxation), so wird bei dessen Rotationsbewegung der Abstand r der Kerne konstant bleiben, der Winkel θ sich jedoch ändern, da die beiden Kernspins ihre Richtung zum äußeren Feld beibehalten. Befinden sich die beiden Kerne dagegen in verschiedenen Molekülen (intermolekulare Relaxation), so wird sich bei deren gegenseitiger Diffusionsbewegung auch der Abstand r ändern.

Ein Maß zur Charakterisierung der Zeitabhängigkeit einer solchen Bewegung ist die Korrelationszeit τ_c. Kurze Korrelationszeiten entsprechen schnellen Bewegungen und umgekehrt lange Korrelationszeiten langsamen Bewegungen. Für die Rotationsbewegung einer starren Kugel mit Radius a in einer Lösung der Viskosität η bei der Temperatur T errechnet man

$$\tau_c = \frac{4\pi\eta a^3}{3kT}. \qquad (3.308)$$

τ_c ist damit offensichtlich empfindlich auf die Flexibilität und Größe von Molekülen oder Molekülteilen und auf die Viskosität und Temperatur des Mediums, in dem sich diese befinden.

Man findet, daß die Frequenzabhängigkeit der Stärke der Dipol-Dipol-Wechselwirkung für eine isotrope Bewegung durch eine spektrale Dichtefunktion $J(\omega)$ wiedergegeben wird, welche die Form hat

$$J(\omega) \sim \frac{\tau_c}{1 + \omega^2 \cdot \tau_c^2}. \qquad (3.309)$$

Diese Funktion ist für drei verschiedene Werte von τ_c in Abb. 3.149 dargestellt. Man erhält in allen drei Fällen für niedrige Frequenzen einen Bereich weißen Rauschens, dem sich bei $\omega \approx 1/\tau_c$ ein relativ steiler Abfall der Dichtefunktion anschließt. Man kann sich nun vorstellen, daß zur Relaxation eines Kerns im wesentlichen nur solche Komponenten beitragen können, die mit der Larmorfrequenz ω_L des relaxierenden Kerns übereinstimmen. Aus Abb. 3.149 wird ersichtlich, daß diese Bedingung optimal für Korrelationszeiten erfüllt ist, die nahe bei $1/\omega_L$ liegen; längere Korrelationszeiten haben keinen Beitrag bei ω_L, für kürzere τ_c-Werte nimmt die spektrale Dichte bei der Frequenz ω_L ab. Der Zusammenhang zwischen den Relaxationszeiten T_1 und T_2 und der Korrelationszeit τ_c, die dem Relaxationsmechanimus zugrunde liegt, wurde in einer klassischen Arbeit von Bloembergen angegeben. Unter Voraussetzung der Dipol-Dipol-Relaxation und einer isotropen Bewegung des betrachteten Moleküls erhält man für die Relaxation eines Kerns mit Kernspin I_1 durch Wechselwirkung mit einem Kern mit Kernspin I_2 die folgenden beiden Gleichungen

$$\frac{1}{T_1^{I1}} = \frac{\hbar^2 \cdot \gamma_{I1}^2 \cdot \gamma_{I2}^2}{10 r^6} \left\{ \frac{\tau_c}{1 + (\omega_{I1} - \omega_{I2})^2 \tau_c^2} + \frac{3\tau_c}{1 + \omega_{I1}^2 \tau_c^2} + \frac{6\tau_c}{1 + (\omega_{I1} + \omega_{I2})^2 \cdot \tau_c^2} \right\} \qquad (3.310)$$

$$\frac{1}{T_2^{I1}} = \frac{\hbar^2 \cdot \gamma_{I1}^2 \cdot \gamma_{I2}^2}{20 r^6} \left\{ 4\tau_c + \frac{\tau_c}{1 + (\omega_{I1} - \omega_{I2})^2 \cdot \tau_c^2} + \frac{3\tau_c}{1 + \omega_{I1}^2 \tau_c^2} + \frac{6\tau_c}{1 + \omega_{I2}^2 \cdot \tau_c^2} + \frac{6\tau_c}{1 + (\omega_{I1} + \omega_{I2})^2 \cdot \tau_c^2} \right\} \qquad (3.311)$$

$\gamma_{I_1}, \gamma_{I_2}$ = gyromagnetisches Verhältnis von I_1 bzw. I_2, $\omega_{I_1}, \omega_{I_2}$ = Larmorfrequenz von I_1, *bzw.* I_2, τ_c = effektive Korrelationszeit der zugrunde liegenden molekularen Bewegung, r = Abstand der beiden wechselwirkenden Kerne.

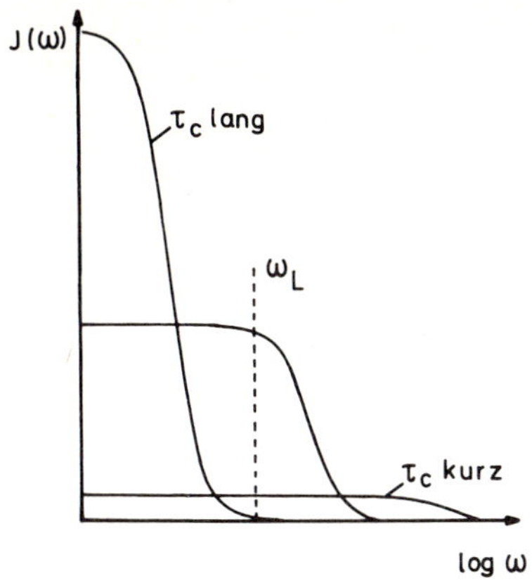

Abb. 3.149. Spektrale Dichtefunktion $J(\omega)$ für unterschiedliche Korrelationszeiten τ_c

Diese funktionale Abhängigkeit ist für den experimentell sehr wichtigen Fall der Relaxation eines ^{13}C-Kerns durch die direkt gebundenen Protonen einer CH_2-Gruppe in Abb. 3.150 für zwei verschiedene Magnetfeldstärken dargestellt.

Im Bereich $\omega_I^2 \cdot \tau_c^2 \ll 1$ (engl. als Bereich des „extreme motional narrowing" bezeichnet) sind die Relaxationsraten ($1/T_1$ und $1/T_2$) gleich und umgekehrt proportional zur molekularen Beweglichkeit. Für $\tau_c^2 \approx 1/\omega_I^2$ erreicht $1/T_1$ ihr Maximum, während $1/T_2$ weiter ansteigt. Im folgenden Bereich, wo $\omega_I^2 \cdot \tau_c^2 \gg 1$, nimmt die Relaxationsrate $1/T_1$ mit abnehmender molekularer Beweglichkeit ab. Für Moleküle in der flüssigen Phase liegen typische Korrelationszeiten bei $3 \cdot 10^{-12}$ s für Wasser, 10^{-11} bis 10^{-10} s für Aminosäuren und Peptide und 10^{-9} bis 10^{-7} s für globuläre Proteine mit einem Molekulargewicht zwischen 10000 und 100000.

Aus der Heisenbergschen Unschärfenrelation, welche die Breite eines Energieniveaus mit dessen Lebensdauer verknüpft, läßt sich der Einfluß der transversalen Relaxationszeit auf die Linienbreite der NMR-Linien verstehen. Es muß nämlich gelten:

$$\Delta E \cdot \Delta t \geqq \hbar \tag{3.312}$$

und

$$\Delta \nu_{1/2} \cdot \Delta t \geqq 1/2\pi \tag{3.313}$$

und wegen

$T_2 \leqq T_1$ mit $\Delta t \approx T_2$ folgt

$$\Delta \nu_{1/2} \geqq \frac{1}{2\pi \cdot T_2} \tag{3.314}$$

d.h. die Relaxationsrate $1/T_2$ steht in direktem Bezug zur Halbwertsbreite $\Delta\nu_{1/2}$ der NMR-Linien. Für kleine Moleküle, bei denen die Korrelationszeiten kurz sind, findet man sehr scharfe Linien, während die Resonanzen von Makromolekülen mit Korrelationszeiten $> 10^{-9}$ s i. allg. stark verbreitert sind.

Aus der Heisenbergschen Unschärfenrelation läßt sich umgekehrt auf die Zeit Δt schließen, während der sich ein Kern in zwei energetisch unterschiedlichen Zuständen aufhalten muß, damit die sich hieraus ergebenden beiden Linien im Spektrum aufgelöst wer-

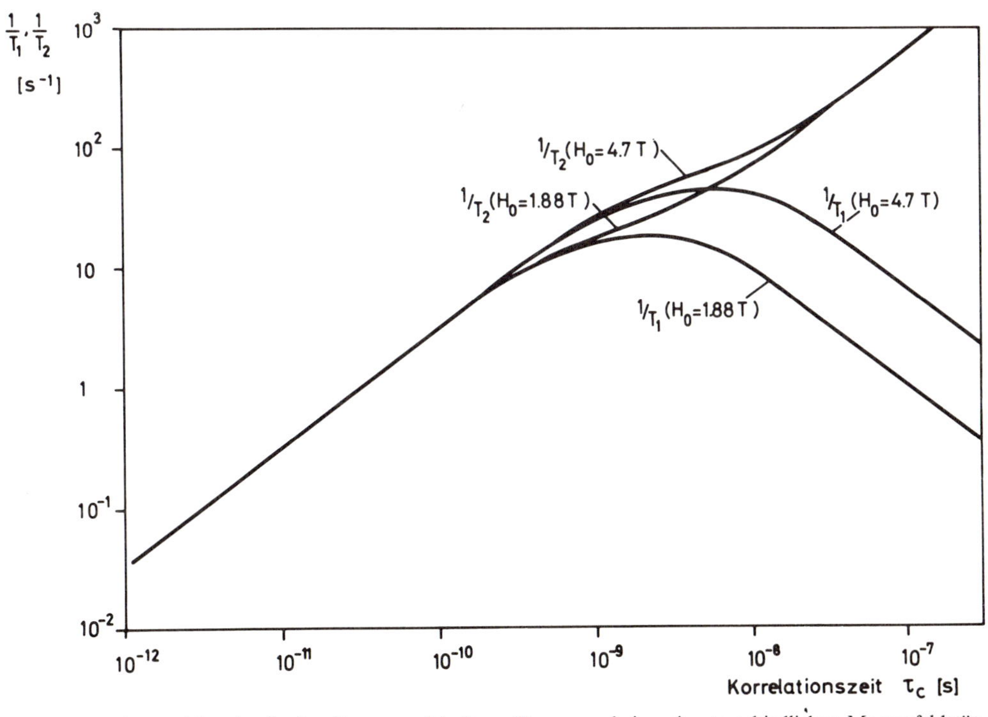

Abb. 3.150. Abhängigkeit der transversalen und longitudinalen Relaxationsraten des ^{13}C-Kerns einer Methylengruppe von der Korrelationszeit der dem Relaxationsmechanismus zugrunde liegenden molekularen Bewegung bei zwei unterschiedlichen Magnetfeldstärken $H_0 = 1{,}88\,T [\triangleq \nu_0(^1H) = 80$ MHz und $\nu_0(^{13}C) = 20$ MHz] und $H_0 = 4{,}7\,T [\triangleq \nu_0(^1H) = 200$ MHz und $\nu_0(^{13}C) = 50{,}3$ MHz]

den. Es muß gelten:

$$\Delta t \geqq \frac{\hbar}{\Delta E} = \frac{1}{2\pi \cdot \Delta \nu} \tag{3.315}$$

($\Delta\nu$ = Abstand der zwei Linien in Hz).

Hierdurch wird eine Zeitskala festgelegt. Ist die Aufenthaltsdauer eines Kerns in zwei Zuständen groß gegen Δt, so beobachtet man im Spektrum zwei Linien, die diesen beiden Zuständen zugeordnet werden. Ist sie kürzer, so beobachtet man nur eine Linie, die sich aus der gewichteten Mittelung der beiden diskreten Linien ergibt.

3.4.2.4 Einfluß von Metallionen

Gibt man Metallionen zu einer Lösung eines diamagnetischen Moleküls, so beobachtet man in dessen NMR-Spektren Veränderungen, die durch die Ausbildung von Komplexen mit diesen Ionen hervorgerufen werden. Die Bindung diamagnetischer Metallionen führt zu meist geringen Verschiebungen im Spektrum des Liganden, die sich für Protonen in der Größenordnung von 0,2 bis 0,4 ppm bewegen. Sie werden als reiner Ligandeneffekt, bedingt durch die entschirmende Wirkung positiver Ionen, erklärt.

Demgegenüber beobachtet man unter dem Einfluß paramagnetischer Ionen kräftige Linienverschiebungen und -verbreiterungen, verursacht durch statische und dynamische Effekte des ungepaarten Elektronenspins. In Analogie zur Hyperfeinaufspaltung von ESR-Linien spricht man von der „Hyperfeinverschiebung" der NMR-Linien. Die unterschiedliche Manifestation der Kopplung von Kern- und Elektronenspin in der NMR- bzw. ESR-Spektroskopie erklärt sich durch die verschiedenen Zeitskalen der ablaufenden Prozesse. Im Vergleich zur ESR-Zeitskala erfolgt die Relaxation der Kernspins sehr langsam, so daß die Elektronenspins eine statische Verteilung der Kerne auf die $2I+1$-Zustände sehen, was zu einer Aufspaltung der ESR-Linie in ein $(2I+1)$-Multiplett führt. Umgekehrt erfolgt die Relaxation der Elektrospins sehr schnell in der Zeitskala der NMR, so daß der Kernspin nur ein mittleres Feld der Elektronenspins in den einzelnen Zuständen registriert. Die Hyperfein-Verschiebung Δ_{HF} von NMR-Linien errechnet sich zu

$$\alpha_{HF} = \frac{a_N(n_\alpha - n_\beta)}{2(n_\alpha + n_\beta) \cdot \nu_0} \tag{3.316}$$

(a_N = Hyperfein-Konstante, n_α, n_β = Population der Elektronenspins in den Zuständen α und β, ν_0 = NMR-Frequenz). Sie ist proportional zu dem im Vergleich zur NMR etwa 10^3fach größeren Besetzungsunterschied der Elektronenspins.

Für die Hyperfeinverschiebung sind in der Praxis zwei Mechanismen zur Kopplung von Kern- und Elektronenspins von Bedeutung, die Dipol-Dipol- und die Fermikontakt-Wechselwirkung.

Letztere basiert auf der Delokalisierung von elektronischer Spindichte über die chemischen Bindungen des Liganden zum Ort des koppelnden Kerns. Der Prozeß erstreckt sich nur über wenige Bindungen, so daß die auftretende sog. Kontaktverschiebung Δ_k nur für die Kerne der Atome von Bedeutung ist, die sehr nahe an der Koordinationsstelle der Metallionen liegen.

Bei der zweiten Wechselwirkung, auch als Pseudokontakt-Wechselwirkung bezeichnet, handelt es sich um eine Kopplung der Kernspins direkt über den Raum. Dieser Kopplungsmechanismus wurde bereits im Zusammenhang mit der Dipol-Dipol-Relaxation besprochen. Die auftretende Pseudokontakt-Verschiebung läßt sich mit der Gleichung

$$\Delta_{PK} = K \cdot \left(\frac{3\cos^2\theta - 1}{r^3} \right) \tag{3.317}$$

beschreiben.

Der Ausdruck in der Klammer wird als geometrischer Faktor bezeichnet und hängt von der relativen räumlichen Orientierung des Metallions und des jeweiligen Atoms des Liganden (s. Abb. 3.148) ab. Der Eichfaktor K enthält die elektronischen Eigenschaften von Metallion und Ligand. Pseudokontakt-Verschiebungen sind von großer Bedeutung für den Effekt der als Verschiebungsreagenzien eingesetzten Chelate von dreiwertigen Lanthaniden.

Neben den Verschiebungen von NMR-Linien werden oft erhebliche Linienverbreiterungen durch paramagnetische Ionen hervorgerufen, insbesondere von Übergangsmetallen, da die fluktuierenden Felder der ungepaarten Elektronenspins vermöge ihres 2000fach höheren magnetischen Moments zu einem sehr viel effektiveren Relaxationsmechanismus führen als die Dipol-Dipol-Wechselwirkungen der Kerne.

Meist genügt bereits eine Spur eines Übergangsmetall-Ions, um im NMR-Spektrum eine Verbreiterung der Linien von Molekülteilen hervorzurufen, in deren Nähe die Komplexierungsstelle des paramagnetischen Ions liegt, und entsprechend erhält man durch paramagnetische Verunreinigungen eine Verfälschung der von diamagnetischen Molekülen gewonnenen Relaxationszeiten.

3.4.3 Experimentelle Technik

3.4.3.1 Aufbau eines Kernresonanzspektrometers und FT-Spektroskopie

Zur Durchführung eines Kernresonanzexperiments benötigt man ein statisches Magnetfeld H_0 zur Ausrichtung der Kernspins, ein hochfrequentes Wechselfeld $H_1 = H_1^0 \cdot \cos\omega t$ zur Anregung von Absorption und einen Detektor, der den Resonanzvorgang registriert.

In Abb. 3.151 ist das Blockschaltbild eines einfachen sog. „continuous wave (cw)"-Spektrometers dargestellt. Der Magnet, zwischen dessen Polschuhen sich die Probe befindet, liefert das statische Feld H_0. An die Homogenität dieses Magnetfeldes werden sehr hohe Anforderungen gestellt, da sich bereits Abweichungen in der Größenordnung von 10^{-8}, wegen der daraus resultierenden unterschiedlichen Larmorfrequenz der

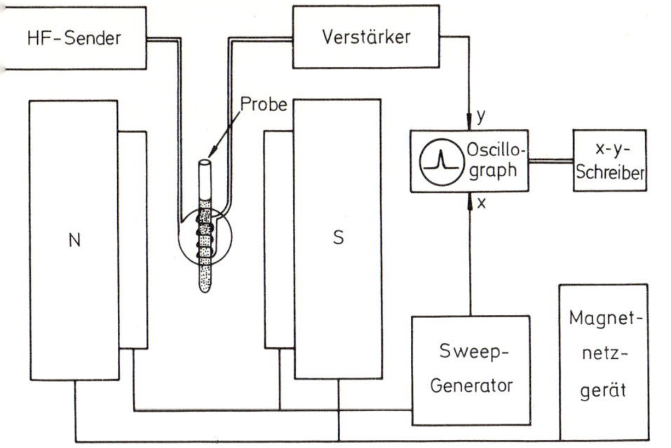

Abb. 3.151. Prinzipieller Aufbau eines Kerninduktionsspektrometers

einzelnen Kernspins, in der Breite und Form der Resonanzlinie bemerkbar machen.

Die Senderspule überträgt das im Hf-Sender kontinuierlich erzeugte monochromatische Hochfrequenzfeld H_1 auf die Probe, welche im Resonanzfall Energie aus dem Hf-Feld absorbiert. Vermittels der dadurch auftretenden Quermagnetisierung wird in der senkrecht zur Senderspule angeordneten Empfängerspule eine Wechselspannung induziert, verstärkt und mittels eines Oszillographen oder Schreibers aufgezeichnet.

Diese Methode nach Bloch nennt man Kerninduktion oder „cross-coil"-Methode, im Gegensatz zum Verfahren nach Purcell, das ähnlich wie die ESR-Technik mit einer Spule in einer Hf-Brücke arbeitet. Zum Aufzeichnen eines Spektrums verändert man entweder kontinuierlich das Magnetfeld H_0 bei festgehaltener Frequenz des Feldes H_1 (Field Sweep) oder man variiert diese Frequenz bei konstantem äußeren Feld (Frequency Sweep).

Eine wesentliche Erweiterung der Möglichkeiten der NMR-Spektroskopie erbrachte die Einführung der Puls-Fourier-Transform-Spektroskopie sowie der Einsatz von Magneten mit supraleitenden Spulen und der dadurch möglichen Anwendung stärkerer statischer Magnetfelder. In einem Puls-Fourier-Transform-Spektrometer (FT-Spektrometer) erfolgt die Anregung der Probe nicht durch kontinuierliche Einstrahlung eines monochromatischen Hf-Feldes, sondern mittels eines kurzen Hochfrequenzpulses, der alle Frequenzen aus dem gesamten Bereich der möglichen chemischen Verschiebung eines Kerns enthält. Hierdurch wird die Magnetisierung M_z der Probe in Richtung des Feldes H_0 vermindert und eine Quermagnetisierung aufgebaut, die Magnetisierung also insgesamt um einen Winkel gekippt, der von der Energie des Pulses abhängt (Abb. 3.152a). Man spricht von einem 90°-Puls, wenn $M_z = 0$ und $M_\perp$ maximal werden. In der Praxis läßt sich dieser Winkel durch die Pulsdauer ($\approx 10^{-5}$ s) festlegen.

In der Empfängerspule wird wie im CW-Experiment durch Auftreten der Quermagnetisierung eine Spannung induziert, die nach Abschalten des Hf-Senders entsprechend den individuellen Relaxationszeiten der

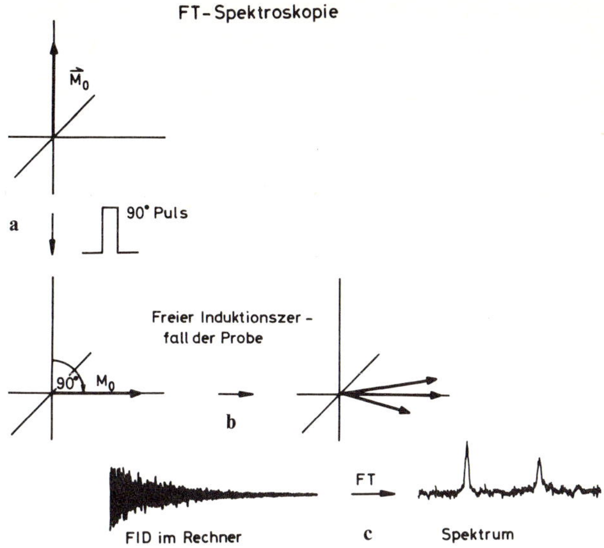

Abb. 3.152. Zum Prinzip der FT-Spektroskopie

einzelne Kerne abklingt. Man nennt diesen Prozeß den freien Induktionsabfall, engl. „free induction decay", FID (Abb. 3.152b). Die in den Empfängerspulen registrierte Spannung wird verstärkt, in kurzen zeitlichen Abständen digitalisiert und in einem im Spektrometer integrierten Prozeßrechner gespeichert. Ein FID umfaßt einige tausend Datenpunkte und enthält Informationen über die Lamorfrequenzen aller durch den Puls angeregten Kerne. Er ist die Fouriertransformierte des gewöhnlichen Kernresonanzspektrums, das man daher durch eine Fourier-Transformation aus dem gespeicherten FID gewinnen kann (Abb. 3.152c). Diese mathematische Operation läßt sich mit Hilfe des sog. Fast Fourier Transform (FFT)-Algorithmus innerhalb einiger Sekunden im Prozeßrechner durchführen. Die gesamte zur Aufnahme eines NMR-Spektrums notwendige Zeit beträgt also nur Sekunden, während zum Abtasten des Spektrums mit einem CW-Spektrometer meist einige Minuten benötigt werden.

Zur Steigerung der Empfindlichkeit des Spektrometers bedient man sich der Technik der Spektrenakkumulation. Hierbei werden mehrere FID's nacheinander aufgenommen und vom Prozeßrechner addiert. Nach n Akkumulationsschritten ist die Intensität der Signale um den Faktor n gewachsen, die des Rauschens jedoch nur um den Faktor $\sqrt{n}$, und man erhält insgesamt eine Verbesserung des Signal-Rausch-Verhältnisses des Spektrums um $\sqrt{n}$.

Die dadurch in kurzer Zeit erzielbare Empfindlichkeitssteigerung ist einer der entscheidenden Fortschritte der FT-Spektroskopie. Erst nach Einführung dieser Technik wurde es möglich, an Kernen mit geringer natürlicher Häufigkeit oder geringer Empfindlichkeit Kernresonanzmessungen durchzuführen.

Durch Einsatz supraleitender Magnete (Magnetfeldstärken bis 14,1 T) erhält man einen weiteren Empfindlichkeitsgewinn (theoretisch $\sim H_0^2$), zum einen aufgrund des günstigeren Boltzmannschen Besetzungsver-

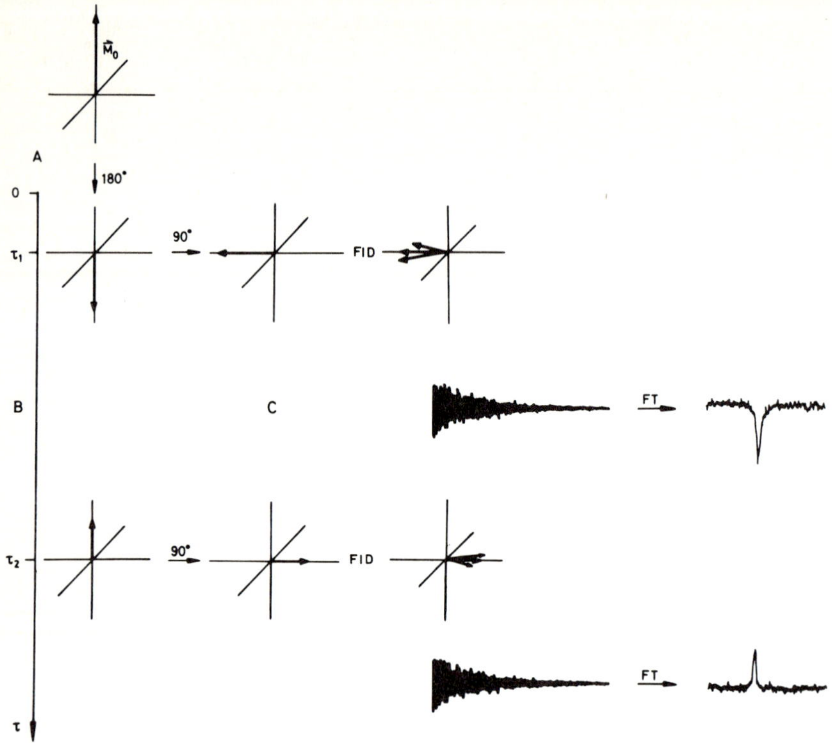

Abb. 3.153. Zum Prinzip der Inversions-Erholungsmethode zur Messung der longitudinalen Relaxationszeit T_1

hältnisses, zum anderen wegen der besseren Homogenität und Stabilität des Feldes solcher Magnete. Darüber hinaus bringt die Anwendung höherer Feldstärken eine erheblich verbesserte spektrale Dispersion und führt zur Vereinfachung gekoppelter Spin-Systeme, was insbesondere bei linienreichen Protonenspektren von Makromolekülen von großer Wichtigkeit ist.

3.4.3.2 Messung der longitudinalen Relaxationszeit

Mit Hilfe der FT-Technik wird es möglich, Mehrfach-Pulsexperimente durchzuführen, bei denen die Anregung der Probe durch Anwendung einer Sequenz verschiedenartiger Einzelpulse erfolgt. Ein wichtiges Beispiel dieser Technik ist die Inversions-Erholungs-Methode (engl. „inversion recovery"), mit deren Hilfe die Messung der longitudinalen Relaxationszeit T_1 besonders einfach wird. Die Magnetisierung der Probe wird zunächst mittels eines 180°-Pulses in Richtung der negativen z-Achse orientiert (invertiert) (Abb. 3.153a). Nach einer Wartezeit τ ist die Längsmagnetisierung durch Relaxation auf den Wert M_τ abgefallen (Abb. 3.153b). Durch Anwendung eines 90°-Pulses wird diese in die xy-Ebene gedreht, so daß der folgende FID aufgezeichnet werden kann (Abb. 3.153c). Die Intensität der Linien des daraus gewonnenen Spektrums ist proportional zur Größe von M_τ. Die beschriebene Pulsfrequenz wird in einer Kurznotation mit $180° - \tau - 90°$-FID bezeichnet. Durch Variation der Zeit τ erhält man Spektren mit unterschiedlicher Linienintensität und kann daraus die Relaxationszeit T_1 der einzelnen Kerne bestimmen:

Durch Integration der Differentialgleichung

$$\frac{dM_\tau}{dt} = -\frac{M_0 - M_\tau}{T_1} \qquad (3.318)$$

folgt

$$\ln(M_0 - M_\tau) - \ln 2M_0 = -\frac{\tau}{T_1}. \qquad (3.319)$$

Das heißt durch Auftragung von $\ln(M_0 - M_\tau)$ gegen die Wartezeit τ erhält man eine Gerade mit der Steigung $-1/T_1$. Als Beispiel ist in Abb. 3.154 das Ergebnis der T_1-Inversion-Recovery-Messung am ^{13}C-Spektrum von Ascorbinsäure dargestellt.

3.4.3.3 Zweidimensionale NMR-Spektroskopie

Eine neuere Technik, die insbesondere im biologischen Bereich zur Verbesserung der Auflösung linienreicher Spektren von Bedeutung ist, ergibt sich durch Anwendung der Pulssequenz $90° - k\tau - 180° - k\tau -$ FID, mit $k = 0, 1, \ldots, (N-1)$. Man erhält eine zweidimensionale Datenmatrix, die aus N FID's von jeweils M Datenpunkten besteht, aus der man mittels einer Fourier-Transformation ein zweidimensionales NMR-Spektrum erzeugt (Abb. 3.155). Man kann sich ein solches Spektrum aus einem konventionellen NMR-Spektrum (oberer Rand der Abb. 3.155) entstanden denken, indem man die einzelnen Multipletts um 90° um ihr Zentrum dreht. Durch Projektion entlang der so entstandenen J-Achse des $2D$-Spektrums erhält man ein voll entkoppeltes Spektrum, während sich die Struktur der einzelnen Multipletts aus einer Projektion entlang der δ-Achse ergibt.

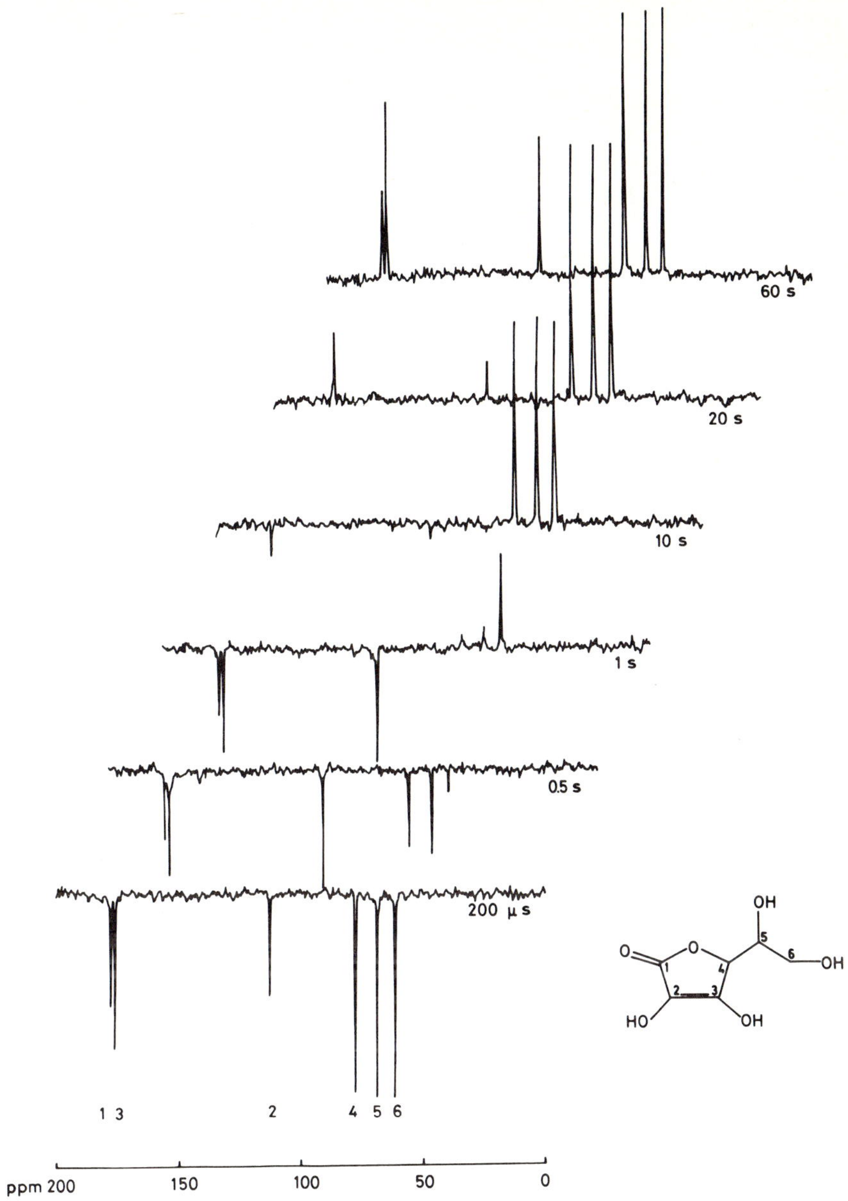

Abb. 3.154. Beispiel einer T_1-Messung an einer 1*M* Lösung von Ascorbinsäure bei 30 °C. Man erhält relativ lange Relaxationszeiten für die quartären Kohlenstoffe des Furanrings [T_1(*C*-1) = 40 s, T_1(*C*-2) = 20 s, T_1(*C*-3) = 18 s] und kürzere Relaxationszeiten für die Kohlenstoffe mit direkt gebundenen Protonen, die entlang der Seitenkette zum einen aufgrund zunehmender Beweglichkeit und zum anderen, da *C*-6 zwei Protonen trägt, zum Kohlenstoff-6 hin abnehmen [T_1(*C*-4) = 1,5 s, T_1(*C*-5) = 1,3 s und T_1(*C*-6) = 0,9 s]

3.4.4 Biophysikalische Anwendung der Kernresonanzspektroskopie

Im folgenden werden einige Anwendungen der Kernresonanzspektroskopie im Bereich der Biophysik aufgezeigt. Diese Zusammenstellung ist keineswegs vollständig, sondern dient lediglich zur Illustration des möglichen Einsatzes der Methode.

3.4.4.1 Base-Stacking und Wasserstoffbrückenwechselwirkung

Aufgrund der relativ freien Beweglichkeit der π-Elektronen kann ein äußeres Magnetfeld in einem aromatischen Ringmolekül einen Ringstrom induzieren, dessen magnetisches Moment nach der Lenzschen Regel dem äußeren Feld H_0 entgegengerichtet ist (Abb. 3.156). Das mikroskopische Feld dieses magnetischen Moments verstärkt oder verringert das äußere Feld, so daß die beobachteten Resonanzen verschiedener Kerne, die je nach Lage relativ zum Ringsystem, zu höherem (Lage oberhalb oder unterhalb der Ringebene) bzw. tieferem Feld (Lage in der Ebene des Ringsystems) verschoben werden.

Dieser Ringstromeffekt ist die Grundlage zum Nachweis des sog. Base-Stacking, d.h. der Stapelung der Nukleobasen in Nukleinsäuren. Am Beispiel des 6-Methyl-9-methyl-Adenin, eines Derivates der Nukleobase Adenin, soll der Einfluß des Base-Stacking in NMR-Spektrum demonstriert werden. Im Protonenspektrum einer wäßrigen Lösung dieser Nukleobase beobachtet man eine konzentrationsabhängige Verschiebung aller Resonanzlinien; und zwar tritt mit zunehmender Konzentration eine Hochfeldverschie-

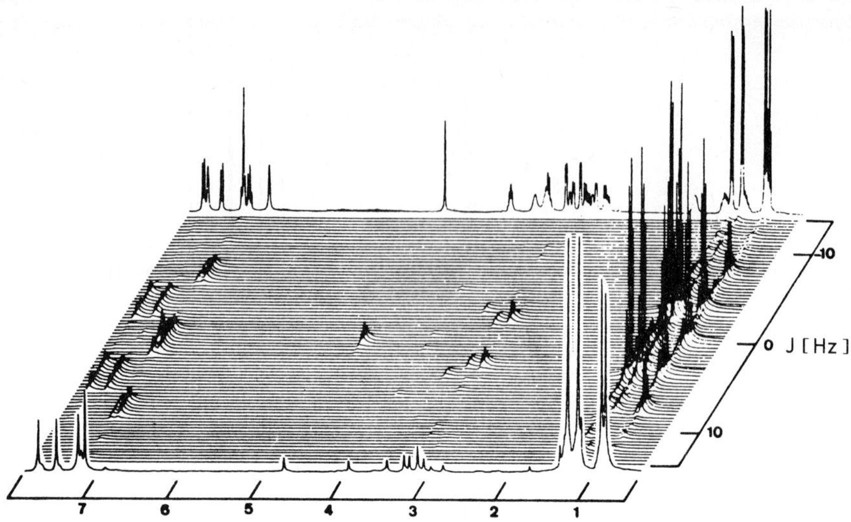

a

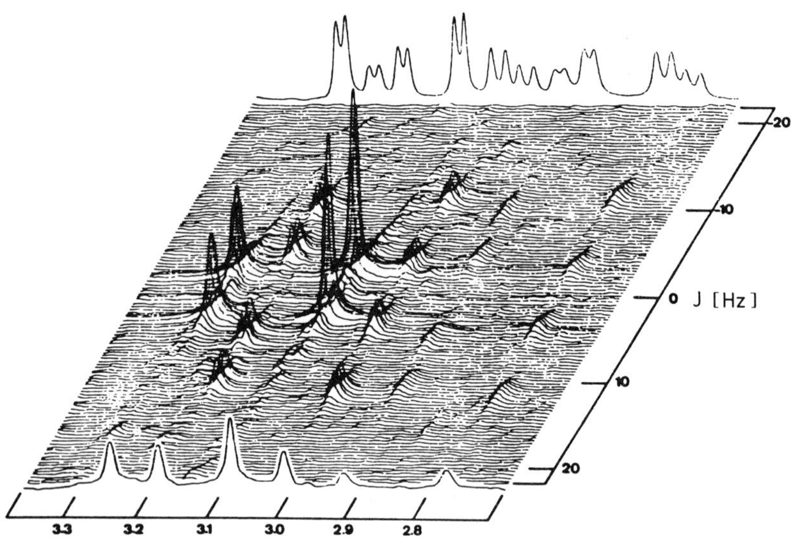

b

Abb. 3.155a, b. Zweidimensionales 360 MHz ^{1}H-NMR-Spektrum einer 0,1*M*-Lösung der Aminosäuren Ala, Ile, Thr, His und Trp. **a** Übersicht. **b** Expansion des Bereichs 2,7 bis 3,4 ppm. Am oberen Rand ist jeweils das konventionelle (gekoppelte) Spektrum angegeben, am unteren Rand die Projektion entlang der *J*-Achse, die zu einem homonuklear voll entkoppelten Spektrum führt. [Nach Nagamaya, K., Wüthrich, K.: Naturwissenschaften 64, 581 (1977)]

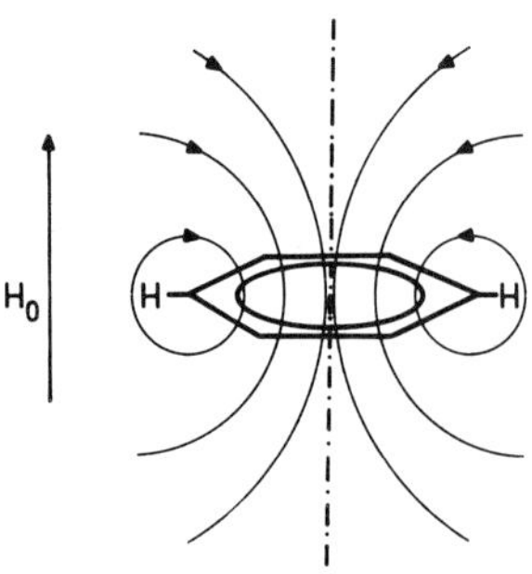

Abb. 3.156. Der Ringstromeffekt aromatischer Systeme. Am Ort der Protonen des Benzolringes kommt es zu einer Verstärkung des äußeren Feldes und damit zu einer Verschiebung ihrer Resonanz zu tieferem Feld. Umgekehrt erfahren Kerne oberhalb und unterhalb der Ringebene eine Verschiebung ihrer Signale zu höherem Feld

bung auf (Abb. 3.157). Diese Verschiebung wird durch die Ausbildung von Assoziaten hervorgerufen, in denen die einzelnen Moleküle senkrecht zu ihrer Ringebene aufeinandergestapelt sind.

Dabei befinden sich die Protonen in einem Magnetfeld, das durch den Ringstromeffekt der Nachbarmoleküle abgeschwächt ist. Mit zunehmender Konzentration kommt es zu einer Aufeinanderschichtung von immer mehr Einzelmolekülen, so daß die beobachteten Protonensignale immer weiter zu höherem Feld wandern (Abb. 3.157). Da der Austausch der Moleküle von der freien zu ihrer im Assoziat gebundenen Form sehr schnell erfolgt (das ist eine Folge der zugrunde liegenden schwachen nonkovalenten Wechselwirkung), beobachtet man im NMR-Spektrum für jedes Proton des Moleküls nur eine Linie, deren chemi-

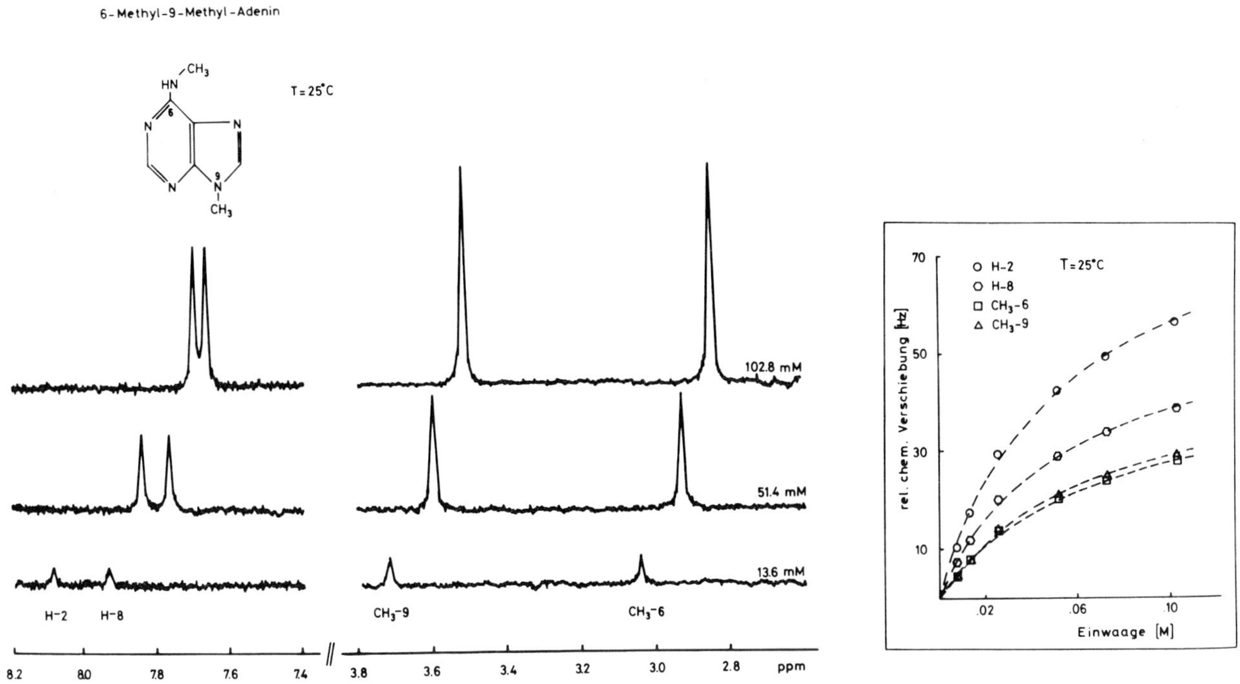

Abb. 3.157. Nachweis der Stacking-Wechselwirkung bei der Selbstassoziation von 6-Methyl-9-methyl-Adenin. Mit zunehmender Konzentration der Nukleobase wandern die Resonanzen aller Protonen zu höherem Feld. Aus der Auftragung der Verschiebung der Resonanzen gegen die Einwaagekonzentration der Nukleobase erhält man eine Aussage über die maximale Verschiebung der unterschiedlichen Signale sowie über die Gleichgewichtskonstante der Wechselwirkung

sche Verschiebung sich aus dem gewichteten Mittel der freien zu den assoziierten Molekülen ergibt. Legt man ein geeignetes Modell zur Beschreibung des Assoziationsvorgangs zugrunde, so lassen sich aus der Auftragung der beobachteten Verschiebung der einzelnen

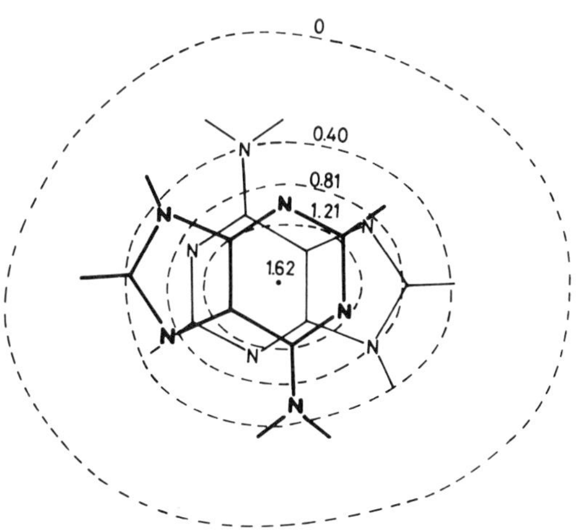

Abb. 3.158. Kurven gleicher magnetischer Abschirmung von Adenin (dünn gezeichnetes Molekül) in einer Ebene 3,4 Å ober- oder unterhalb des Ringsystems der Nucleobase. [Nach Giessner-Prettre, C., Pullmann, B.: Biochem. Biophys. Res. Commun. 70, 578 (1976)]. Angaben des Abschirmungseffektes auf die chemische Verschiebung in ppm. Mit Kenntnis dieser Kurven läßt sich die Lage eines zweiten (gestackten) Moleküls *(in der Abb. dick gezeichnet)* relativ hierzu bestimmen, wobei die Größe der experimentell ermittelten Komplexverschiebungen mit den theoretischen Werten in möglichst gute Übereinstimmung gebracht wird

Resonanzlinien der Nukleobase gegen deren Einwaagekonzentration eine mittlere Gleichgewichtskonstante der Komplexe und die relative chemische Verschiebung der Resonanzlinien der Nukleobasen im Komplex bestimmen. Aus ihrem Vergleich mit Ergebnissen einer quantitativen Berechnung der Ortsabhängigkeit des Ringstromeffekts der untersuchten Nukleobase läßt sich eine Vorstellung zur gegenseitigen Orientierung der Basen innerhalb der Stacking-Assoziate gewinnen (Abb. 3.158).

Eine andere schwache Wechselwirkung, die mittels ^1H-NMR-Spektroskopie gut untersuchbar ist, ist die Wasserstoffbrückenbindung. Da das die Brücke bildende Proton durch die Anziehung zum Protonenakzeptor teilweise entschirmt wird, erfährt seine Resonanz eine Verschiebung zu tieferem Feld, die je nach Stärke und Grad der Wechselwirkung bis zu einigen ppm betragen kann. Wegen des raschen Austauschs mit Wasserprotonen sind derartige Untersuchungen nur in geeigneten nichtwäßrigen Lösungsmitteln durchführbar.

3.4.4.2 Beobachtung der Helix-Knäuel-Umwandlung an Proteinen

Am Beispiel der Protonenspektren von Proteinen sollen einige Anwendungen der NMR-Spektroskopie an Makromolekülen erläutert werden.

Typischerweise trifft man bei solchen Systemen zunächst auf das Problem der Auflösung und Zuordnung einzelner Linien. Einerseits erhält man wegen der großen Zahl chemisch ähnlicher Gruppen, aus denen die Makromoleküle aufgebaut sind, NMR-Spektren mit sehr vielen, z. T. überlagerten Linien. Andererseits sind diese einzelnen Linien aufgrund der relativ langen Korrelationszeit globulärer Proteine bereits sehr stark verbreitert, so daß sich aus ihrer Überlagerung häufig nur breite Banden ergeben. Die wesentlichen Bereiche der Protonenresonanzen von Aminosäuren liegen zwischen 1 und 4,5 ppm für die aliphatischen Gruppen und zwischen 7 und 9 ppm für die aromatischen Reste (Histidin, Phenylalanin, Tryptophan und Tyrosin).

Bei dem Zusammenschluß von Aminosäuren zu Peptiden und Proteinen unter Ausbildung von Peptidbindungen werden im NMR-Spektrum Primärstruktureffekte sichtbar, die vorwiegend die C_α-Protonen betreffen. Man beobachtet hier eine Tieffeldverschiebung um etwa 0,5 ppm, während die Signale der restlichen Protonen kaum Veränderungen zeigen. Das Spektrum eines Proteins oder Peptids, das im statistischen Knäuel vorliegt, entspricht daher in erster Näherung der Summe der konstituierenden Aminosäuren. Im nativen Zustand treten dagegen durch die Ausbildung der Sekundär- und Tertiärstruktur zusätzliche Linienverschiebungen auf. Sie sind bedingt durch intramolekulare Wechselwirkungen oder durch magnetische Anisotropien, die z.B. von dem bereits erwähnten Ringstromeffekt aromatischer Aminosäuren hervorgerufen werden können. Aus der Analyse solcher Verschiebungen lassen sich Aussagen zur Konformation von Proteinen in Lösung gewinnen.

Abbildung 3.159 zeigt den Einfluß der Hitzedenaturierung auf das Spektrum von Lysozym aus Hühnereiweiß. Im nativen Zustand, in dem das Protein noch bei 56 °C vorliegt, findet man Linien zwischen −0,5 und 0,8 ppm sowie 10–11 ppm, die außerhalb des üblichen Resonanzbereichs von Aminosäuren liegen. Bei Erhöhung der Temperatur wird das Protein teilweise denaturiert, was sich am Verschwinden dieser Linien im Protonenspektrum verfolgen läßt. Außerdem beobachtet man unter Denaturierung das Auftreten schärferer Linien wegen der Zunahme der Beweglichkeit der Polypeptidkette.

Sofern solche Konformationsänderungen in einzelnen Teilschritten erfolgen, lassen sich diese oft mit Hilfe der NMR-Spektroskopie beobachten und analysieren. Die Interpretation solcher Übergänge hinsichtlich einzelner Domänen eines Proteins setzt jedoch voraus, daß zumindest eine teilweise Zuordnung der Linien des NMR-Spektrums zu individuellen Aminosäuren möglich ist.

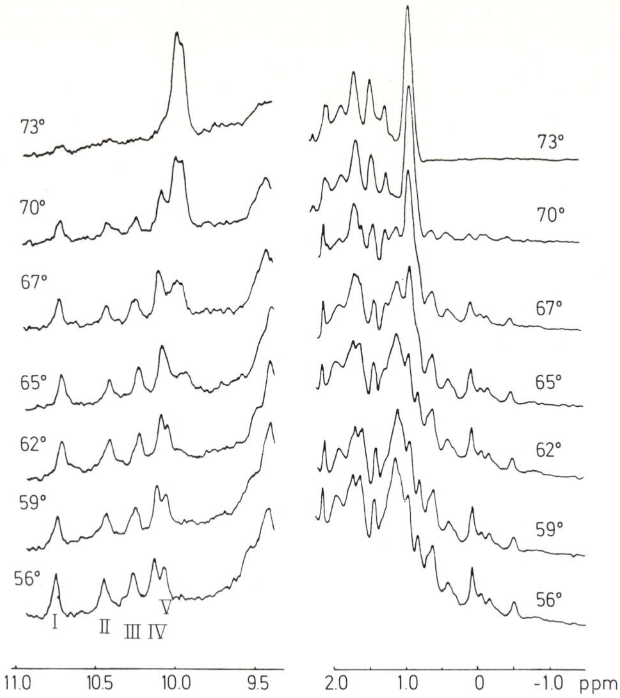

Abb. 3.159. ^1H-NMR-Spektren einer 10%igen Lysozym-Lösung in H_2O, pH 3,3 bei zunehmenden Temperaturen. Bei 56 °C liegt das Molekül in der globulären Konformation vor, bei Temperaturzunahme beobachtet man Denaturierung, bis schließlich bei 73 °C das Molekül im statistischen Knäuel mit intakten Disulfidbrücken vorliegt. [Nach McDonald, C.C. et al.: J. Am. Chem. Soc. **93**, 235 (1971)]

3.4.4.3 Zuordnung von Histidin-Resonanzen durch pH-Titration

In vielen Fällen muß man sich anstelle einer vollständigen Linienzuordnung mit der Beobachtung weniger Resonanzen begnügen, die aufgrund außergewöhnlicher chemischer Verschiebung oder anderer spezifischer Eigenschaften einzelner Aminosäuren bestimmten Regionen eines Proteins zugeordnet werden können. Im allgemeinen Fall wird es sehr schwierig sein, im Bereich der aliphatischen Resonanzen Zuordnungen zu treffen, da dieser Bereich gewöhnlich stark mit Linien überladen ist, so daß die Auflösung einzelner Resonanzen unmöglich wird. Häufig werden jedoch durch einen glücklichen Zufall gerade die Resonanzen derjenigen Aminosäuren im Spektrum aufgelöst, die an der Bildung der aktiven Zentren von Proteinen beteiligt sind.

So lassen sich z.B. oft die Linien von Histidin, insbesondere die Resonanz seines C-2-Protons bei 8–9 ppm am Rand des aromatischen Bereichs, im Spektrum kleiner Proteine gut auflösen und anhand ihrer charakteristischen pH-Abhängigkeit identifizieren.

Abbildung 3.160 zeigt dies am Beispiel der Ribonuclease A (RNase A). Dieses Protein besteht aus 124 Aminosäuren. An den Stellen 12, 48, 105 und 119 der Polypeptidkette finden sich Histidine, deren Imidazollinien teilweise aufgelöst werden. Da Histidin als einzige Aminosäure einen pK_a-Wert im neutralen pH-Bereich besitzt, lassen sich aus der Auftragung der chemischen Verschiebung gegen den pH-Wert (Abb. 3.161) typische Titrationskurven gewinnen, aus denen die individuellen pK_a-Werte der Histidine entnommen werden können. Aus ihrem Vergleich erhält man auch einen Hinweis zur Zuordnung der einzigen aufgelösten Resonanz eines His-C_4-Protons.

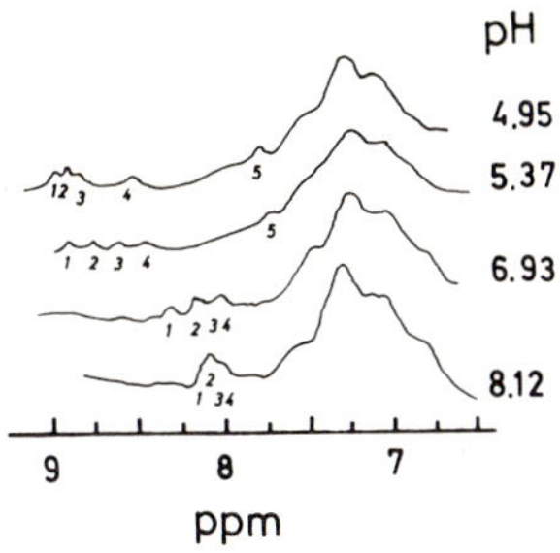

Abb. 3.160. Aromatischer Bereich des 100 MHz-^1H-NMR-Spektrums einer 0,01*M* Lösung von Ribonuclease A in Deuteroacetat-Puffer bei unterschiedlichem pH-Wert. Die Linien 1–4 gehören zu *C*-2-Imidazol-Protonen von vier Histidin-Resten, die Linie 5 ist die Resonanz eines der vier *C*-4-Imidazol-Protonen. Die restlichen drei *C*-4 Protonen liegen unter den überlappenden Resonanzen zwischen 6,5 und 7,7 ppm. [Nach Meadows, D.H. et al.: Proc. Natl. Acad. Sci. USA 58, 1307 (1967)]

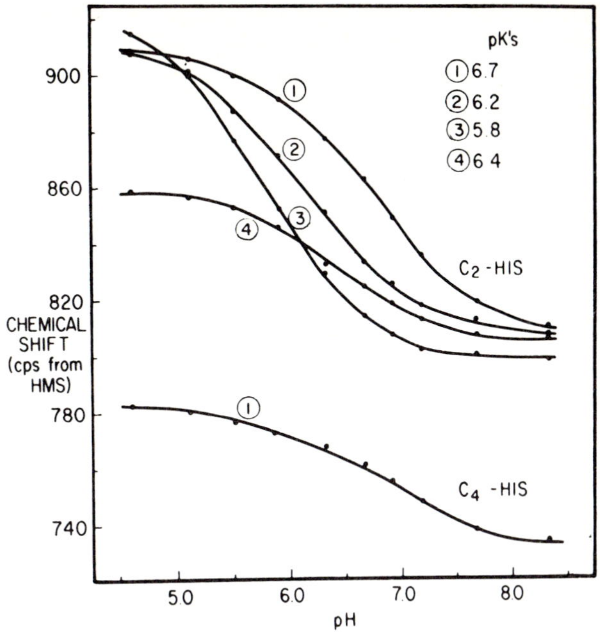

Abb. 3.161. Titrationskurven der vier Histidinreste von RNase A. Aus dem Verlauf der Kurven können die pK_a-Werte der einzelnen Histidine entnommen werden. Folgende Zuordnungen wurden getroffen: 1 = His(105), 2 = His(12), 3 = His(119), 4 = His(48). [Nach Meadows, D.H. et al.: Proc. Natl. Acad. Sci. USA **60**, 766 (1968)]

Verschiebungen der pK_a-Werte gegenüber denen der freien Aminosäure lassen sich durch die unterschiedliche chemische Umgebung der Histidine im nativen Zustand des Proteins erklären.

Zur genauen Zuordnung der Histidin-Resonanzen benötigt man oft noch zusätzliche Informationen, die man z.B. aus der Veränderung der Spektren bedingt durch chemische oder biologische Modifikation oder selektive Deuterierung des Proteins erhält. In vielen Fällen ergeben sich weitere Hinweise auch aus den Ergebnissen der Röntgenstrukturanalyse des betrachteten Proteins, sofern diese erhältlich ist. Im Falle der RNase A konnte eine eindeutige Zuordnung der Histidin-Resonanzen getroffen werden. Diese ist im Text der Abb. 3.161 angegeben.

3.4.4.4 Untersuchung von Protein-Liganden-Wechselwirkungen

Bei der Untersuchung von Protein-Liganden-Wechselwirkungen, z.B. an Enzym-Inhibitor-, Hapten-Antikörper- oder Pharmakon-Rezeptor-Komplexen lassen sich mit Hilfe der NMR-Spektroskopie spezifische Bindungsstellen sowohl am Protein als auch am Liganden charakterisieren. Diese Anwendung soll am Beispiel der Inhibitor-Wechselwirkung von Cytidin-3'-Monophosphat an RNase diskutiert werden. Bei Zugabe des Inhibitors beobachtet man im Spektrum von RNase A eine leichte Verschiebung der (C-2)-H-Resonanz von Histidin-48 und eine stärkere Verschiebung der Linien der Histidine-12 und -119. Die Linien von Histidin 115 bleiben dagegen unbeeinflußt von der Zugabe des Inhibitors (Abb. 3.162).

In Übereinstimmung mit Ergebnissen der Röntgenstrukturanalyse, wonach die Histidine 12 und 119 Teil des aktiven Zentrums von RNase sein sollten, läßt sich hieraus schließen, daß vorwiegend diese Histidine an der Bindung von 3'-CMP an das Protein beteiligt sind.

Ein Vergleich der Titrationskurven der Histidin-Resonanzen des Enzym-Inhibitor-Komplexes mit denen des freien Proteins zeigt, daß die Verschiebung der Linien der Histidine 12 und 119 am stärksten bei

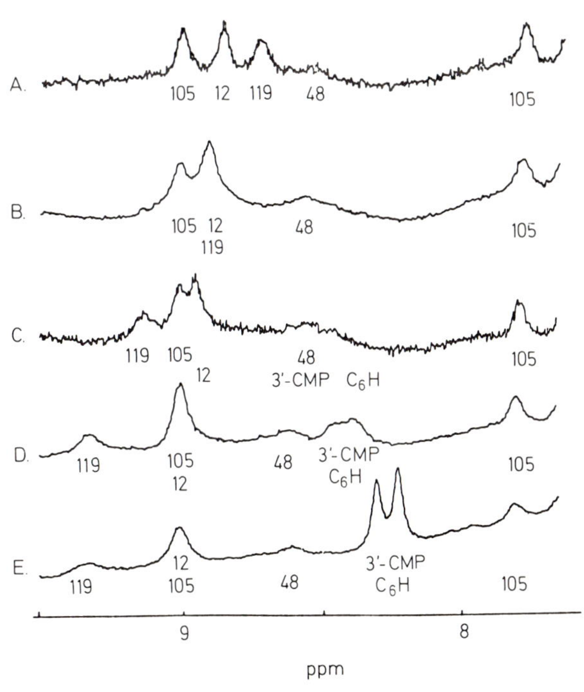

Abb. 3.162. ^1H-NMR-Spektren (100 MHz) zwischen 7,5 und 9,5 ppm einer D_2O-Lösung von 0,0065*M* Ribonuclease A, 0,2*M* NaCl und variablen Konzentration des Inhibitors Cytidin-3'-monophosphat (3'CMP), $T = 32\,°C$, pH = 5,5. *A* = kein 3'CMP, *B* = 0,002*M*, *C* = 0,005*M*, *D* = 0,10*M* und *E* = 0,03*M* 3'-CMP. Die Numerierung der Linien entspricht der der Aminosäuren des Proteins. [Nach Meadows, D.H. et al.: Proc. Natl. Acad. Sci. USA **61**, 406 (1968)]

tiefem pH ausgeprägt ist, daß der Inhibitor in diesem pH-Bereich also stärker gebunden wird und folglich die Histidine zur Ausbildung einer stabilen Bindung protoniert vorliegen müssen. Diese Annahme wird weiter unterstützt durch die Verschiebung der pK_a-Werte der beiden Aminosäuren zu höheren Werten.

Die Tieffeldverschiebung der Linie von His-119 um 20 Hz stimmt mit der Verschiebung der Resonanz des (C-2)-Protons von Imidazol bei Ausbildung des Imidazol-Phosphat-Komplexes in Dimethylsulfoxid überein. Dies legt die Vermutung nahe, daß der Phosphatrest von 3'-CMP an Histidin 119 bindet. Diese Annahme wird von der Beobachtung unterstützt, daß bei Bindung von 2'-CMP und 5'-CMP anstelle von 3'-CMP an RNase die Verschiebung von His-119 verändert ist, nicht aber die von His-12.

Durch Analyse der Veränderungen im Spektrum von 3'-CMP und der Verschiebung einer Phenylalanin-Linie im aromatischen Bereich des Protein-Spektrums findet man außerdem, daß Phe-120 für die Bindung des Pyrimidin-Rings des Inhibitors von Bedeutung ist.

In Zusammenfassung dieser Ergebnisse unter Hinzunahme der relativen Positionen der Aminosäuren des aktiven Zentrums von RNase aus der Röntgenstrukturanalyse erhält man schließlich eine detaillierte Vorstellung von der Struktur des Enzym-Inhibitor-Komplexes und über die molekularen Wechselwirkungen, die für dessen Bindung verantwortlich sind.

Nicht immer wird es möglich sein, wie in diesem Beispiel die Bindung eines kleinen Moleküls an ein Protein sowohl im Spektrum des Proteins als auch in dem des Liganden zu beobachten.

Oftmals ist man allein auf die Beobachtung von Veränderungen im Spektrum des Liganden angewiesen. In vielen Fällen wird man hier lediglich eine Verbreiterung von Linien beobachten, die durch die Immobilisierung des Liganden bei Bindung an das Protein bedingt ist.

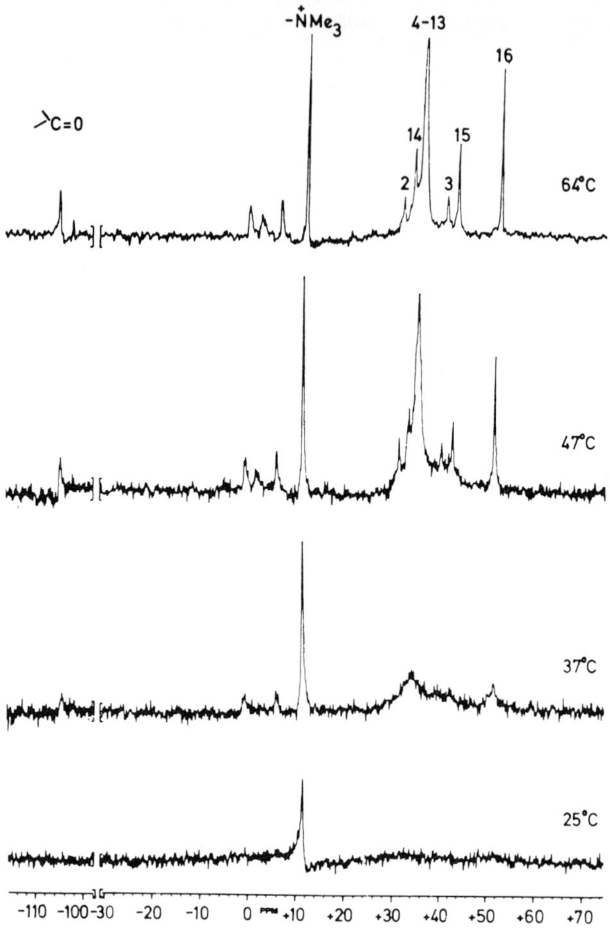

Abb. 3.163. ^{13}C-NMR-Spektren von Dipalmityol-Lecithin-Vesikeln in D_2O bei unterschiedlichen Temperaturen. Zur Numerierung der Kohlenstoffe der Fettsäureketten s. Abb. 3.164. Die Skala der chemischen Verschiebung ist um 67,4 ppm gegen TMS verschoben. [Nach Levine, Y.K. et al.: Biochemistry **11**, 1416 (1972)]

3.4.4.5 NMR an Membranen

Auch biologische Membranen und Modellmembransysteme lassen sich mittels der Kernresonanzspektroskopie untersuchen. Neben der ^1H-NMR wird hierbei vielfach die ^{13}C-NMR angewandt, aber auch die ^{31}P-NMR zur Beobachtung der Phospholipide und die ^2H-NMR, sofern man die Membranlipide geeignet deuteriert hat.

Eine wesentliche Bedingung für den Einsatz hochauflösender NMR-Spektroskopie an Membranen ist, daß sich diese in der flüssigkristallinen Phase befinden müssen, da die stark eingeschränkte Beweglichkeit der Lipide in der Gel-Phase deren Resonanzen sehr stark verbreitert. Dies ist am Beispiel der ^{13}C-NMR-Spektren von Dipalmitoyl-Lecithin-Membranen (Phasenumwandlung bei 41° C) gut zu sehen (Abb. 3.163). Bei tiefen Temperaturen zeigen nur die relativ freien Cholin-Kopfgruppen eine scharfe Resonanzlinie, während die Resonanzen der Fettsäureketten erst bei höheren Temperaturen scharf werden.

Eine genauere Charakterisierung der unterschiedlichen Beweglichkeit der verschiedenen Lipidgruppen erlauben Messungen des Ordnungsparameters bei der Anwendung von ^2H-NMR[1] oder der Relaxationszeiten im Fall der ^{13}C-NMR.

Der für ^{13}C-Kerne dominierende Relaxationsmechanismus ist die intramolekulare Dipol-Dipol-Wechselwirkung mit den direkt gebundenen Protonen und ist abhängig von der je nach Gruppe unterschiedlichen Beweglichkeit (im wesentlichen Rotation um die C–C-Bindungen).

Die T_1-Messung am Beispiel von Dipalmitoyl-Lecithin-Vesikeln ergibt kurze Relaxationszeiten für die *C*-Atome des Glycerin-Rückgrats, aber zunehmende Werte sowohl entlang der Fettsäurekette als auch zur Cholin-Gruppe hin. Eine Ausnahme bildet die Carbonylgruppe, für die kein direkt gebundenes *H*-Atom zur Dipol-Dipol-Relaxation zur Verfügung steht (Abb. 3.164).

[1] (Analog zu ESR-Spinlabel-Messungen des Ordnungsgrades, siehe 12.2.)

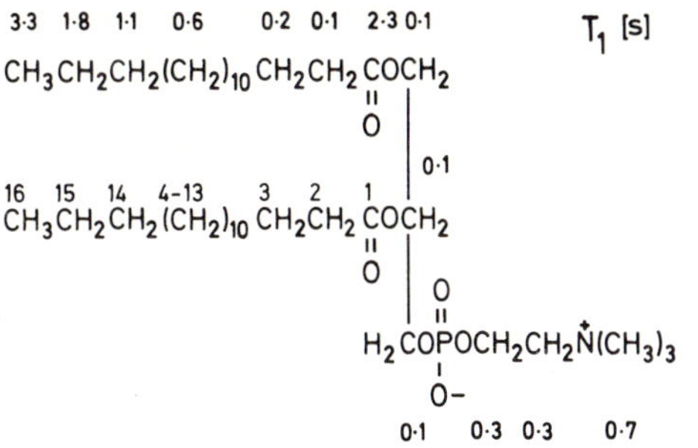

Abb. 3.164. ^{13}C-T_1-Relaxationszeiten von Dipalmitoyl-Lecithin-Vesikeln bei 52° C in D_2O. [Nach Levine, Y.K. et al.: Biochemistry **11**, 1416 (1972)]

Aus der Temperaturabhängigkeit der gemessenen T_1-Zeiten ergibt sich, daß für das untersuchte System die Näherung $\omega^2 \cdot \tau_c^2 \ll 1$ gilt, d.h. die Relaxationszeiten sind direkt proportional zur molekularen Beweglichkeit. Aus der Zunahme der T_1-Zeiten folgt daher auf eine zum Schwanz- bzw. Kopfende der Lipide zunehmende Beweglichkeit in Lipid-Doppelschichten.

3.4.4.6 Ortsaufgelöste NMR-Spektroskopie

In letzter Zeit wurden Methoden zur Gewinnung ortsaufgelöster NMR-Signale entwickelt, die als Zeugmatografie, NMR-Imaging oder NMR-Tomografie bezeichnet werden und mit deren Hilfe sich zerstörungsfrei Schnittbilder lebender Organismen herstellen lassen. Die Methode eignet sich im Bereich der Medizin für diagnostische Zwecke. Ihre Anwendung anstelle der Röntgendiagnostik vermeidet eine unerwünschte Strahlenbelastung und kann auch über das der Röntgendiagnostik schlecht zugängliche weiche Gewebe Aussagen ergeben.

Ortsaufgelöste NMR-Spektroskopie wird möglich, wenn man statt eines homogenen ein inhomogenes äußeres Magnetfeld H_0 verwendet, das eine solche Form besitzt, daß jedem Volumenelement der Probe eindeutig eine Resonanzfrequenz ν_0 zugeordnet werden kann. In der Praxis arbeitet man mit linearen Feldgradienten. Bei der für Ganzkörperaufnahmen am häufigsten angewandten Technik wird zunächst eine empfindliche Fläche im Objekt erzeugt, z.B. durch Anlegen eines modulierten Magnetfeldgradienten in z-Richtung. Durch Überlagerung eines zeitlich konstanten Gradienten in der xy-Ebene erhält man Ebenen gleicher Feldstärke, die senkrecht zur empfindlichen Fläche orientiert sind. Zu einem Signal gleicher Resonanzfrequenz tragen alle Spins bei, die entlang der jeweiligen Schnittlinien dieser Ebenen mit der empfindlichen Fläche angeordnet sind. Die Amplituden der erhaltenen Signale bei ^1H-NMR an biologischen Proben — hauptsächlich durch die Konzentration von Wasser gegeben — entsprechen der Projektion der Spindichte entlang dieser Linien. Diese werden zur Bildrekonstruktion mittels eines Computers in einer zweidimensionalen Bildmatrix abgespeichert, und zwar jeweils entlang einer Linie, deren Orientierung der signalgebenden Linie des Objekts entspricht. Dieser Vorgang wird mehrfach jeweils nach Drehung des Feldgradienten wiederholt. In der Bildmatrix entsteht dabei durch Addition der projizierten Intensitäten ein zweidimensionales Schnittbild des Objekts.

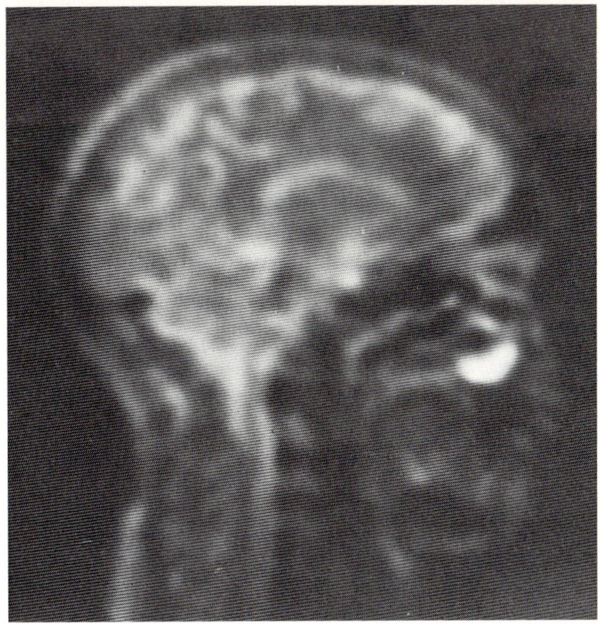

Abb. 3.165. Zeugmatografische Aufnahme, sagittaler Schnitt eines menschlichen Kopfes. Das Bild wurde aus 120 Projektionen zu 256 × 256 Datenpunkten rekonstruiert; Aufnahmezeit drei Minuten. (Bruker Spektroskpin, Karlsruhe)

Die technische Entwicklung der Zeugmatografie ist inzwischen soweit fortgeschritten, daß erste Geräte für den klinischen Routineeinsatz zur Verfügung stehen.

Zur Demonstration des derzeitigen technischen Standes zeigt Abb. 3.165 einen sagittalen Schnitt eines menschlichen Kopfes. In dieser Aufnahme erscheinen Orte hoher Protonendichte hell, Knochen und Körperhöhlungen dunkel. Weiches Gewebe wird deutlich differenziert, wie man insbesondere im Hirnbereich erkennt, aber auch im Bereich der Halswirbel, des Mund-, Rachen- und Nasenraumes werden Details sauber aufgelöst.

Da die Intensität der jeweils erhaltenen Signale von den Relaxationszeiten der bildgebenden Kerne abhängig ist, eignet sich die Zeugmatografie auch zur Tumorerkennung, denn es konnte gezeigt werden, daß die Relaxationszeiten von Protonen im Inneren von Karzinomen gegenüber denen im gesunden Gewebe deutlich verändert sind.

Literaturauswahl

Berliner, L.J., Reuben, J.: Biological Magnetic Resonance, Bd. 1 u. 2. New York: Plenum Press 1978, 1980.

Breitmaier, E., Voelter, W.: Carbon-13 NMR Spectroscopy, Monographs in Modern Chemistry, Vol. 5. Weinheim: Verlag Chemie 1978.

Dwek, R.A.: Nuclear Magnetic Resonance in Biochemistry. Oxford: Clarendon Press 1973.

Emsley, J.W., Feeney, J., Sutcliffe, L.H.: Progress in Nuclear Magnetic Resonance Spectroscopy. Oxford: Pergamon Press 1966.

Günther, H.: NMR-Spektroskopie. Stuttgart: Thieme 1973

Levy, G.C., Nelson, G.L.: Carbon-13 Nuclear Magnetic Resonance for Organic Chemists. New York: John Wiley & Sons 1972.

Martin, M.L., Delpuech, J.J., Martin, G.J.: Practical NMR spectroscopy. London: Heydon & Son 1980.

Shulman, R.G.: Biological Applications of Magnetic Resonance. New Yotk, San Francisco, London: Academic Press 1979.

Slichter, C.P.: Principles of Magnetic Resonance. Berlin, Heidelberg, New York: Springer 1978.

Stothers, J.B.: Carbon-13 nmr Spectroscopy. New York, London: Academic Press 1972.

Suhr, H.: Anwendung der kernmagnetischen Resonanz in der organischen Chemie. Berlin, Heidelberg, New York: Springer 1965.

Wehrli, F.W., Wirtlin, T.: Interpretation of Carbon-13 NMR Spectra. London, New York, Rheine: Heyden & Son 1976.

Wüthrich, K.: NMR in Biological Research: Peptides and Proteins. Amsterdam, Oxford: North-Holland; New York: American Elsevier 1976.

4 Intra- und Intermolekulare Wechselwirkungen

4.1 Einleitung

G. LUDWIG HOFACKER

Die Erscheinungen einer Welt, in der sich lebende Organismen behaupten können, sind geprägt durch eine Hierarchie physikalischer und chemischer Gesetzmäßigkeiten. In diesem Kapitel soll untersucht werden, in welcher Weise die einfachste Stufe dieser Hierarchie, nämlich die in der Sprache der Quantentheorie faßbaren Grundgesetze des Atom- und Molekülbaus sowie der molekularen Wechselwirkungen, den molekularen Aspekt der Biologie beherrscht. Dabei soll nicht vergessen werden, daß erst jene Gesetze der genannten Hierarchie, welche uns ein Urteil darüber gestatten, wie wahrscheinlich einer von vielen quantenmechanisch erlaubten Zuständen eines molekularen Systems ist, zu einem detaillierten Verständnis der in diesem Buch erwähnten Bau- und Funktionsprinzipien biologischer Moleküle führen.

Man muß sich hüten, die physikalische Charakterisierung molekularer Systeme, wie sie der fundamentalen Theorie entspricht (etwa durch eine besonders gewählte Menge von Beobachtungsgrößen) als die einzige relevante zu betrachten. Die Quantentheorie gilt zwar unbestritten auch für sehr komplexe Molekülsysteme, wie sie in lebenden Organismen gefunden werden, sie basiert jedoch auf einer so feinrasterigen Beschreibung, daß die Beschaffung der dazu erforderlichen Information (durch Messung oder Rechnung) unsere Möglichkeiten bei weitem übersteigt. Unsere Einsichten gehen daher auf der einen Seite gerade so weit, wie mathematische Approximationen der physikalischen Grundgleichungen (z.B. der Vielelektronen-Schrödingergleichung) zuverlässig sind, auf der anderen, so weit, wie es uns gelingt, physikalisch vereinfachte, dafür aber mathematisch noch lösbare (oder experimentell parameterisierbare) Ersatzsysteme (sog. Modelle) zu finden, welche den wirklichen Systemen in bestimmten, beobachtbaren Eigenschaften gleichen. Einige der beobachteten Eigenschaften von Biomolekülen, wie Bindungsabstände, Ladungsverteilung oder die Drehung der Polarisationsebenen des Lichtes, entsprechen genau den charakteristischen Beobachtungsgrößen („Erwartungswerten von Observablen") der Quantentheorie, andere Beobachtungen wiederum lassen sich nur sehr schwer und in groben Zügen in der Sprache der fundamentalen Theorie ausdrücken, z.B. Eigenschaften, welche die „Funktion" eines Moleküls (im Sinne einer sinnvoll angelegten Folge molekularer Prozesse) betreffen.

Charakteristisch für die Physik der Biomoleküle ist, daß die Diskussion der von der Quantentheorie her leichter zugänglichen Struktureigenschaften, wie auch der in vageren chemischen Begriffen beschriebenen Struktur-Funktionsbeziehungen auf Modellebene geführt wird. Wo immer möglich sollen hier die einfachsten physikalisch noch quantifizierbaren Modelle benutzt werden. Da die „unphysikalischen" Fragen nach der Anlage bestimmter molekularer Systeme und deren Funktionen aber nicht ganz ausgeklammert werden können, müssen gelegentlich auch Modelle betrachtet werden, die in besonderer Weise auf die Wiedergabe der beobachteten biologischen und chemischen Zusammenhänge in einem komplexen molekularen System, weniger auf deren mechanische oder quantenmechanische Simulation, zugeschnitten sind.

4.2 Primärstruktur

G. LUDWIG HOFACKER

4.2.1 Teilchen

Das naturwissenschaftliche Prinzip, die Phänomene, beobachtet an komplexen Systemen, auf die wechselseitige Beeinflussung einfacherer Untersysteme — oder Strukturen — zurückzuführen, wird in der Physik zum Extrem getrieben: Als Untersysteme werden nur solche zugelassen, deren innere Struktur für die beobachteten Phänomene ohne Bedeutung ist. Für den molekularen Bereich bedeutet das, die chemischen und biochemischen Erscheinungen durch die Wechselwirkungen von Elektronen, Atomkernen und Photonen zu erklären. Dabei sind Elektronen und Photonen ohnehin bis auf ihren Spin ($\frac{1}{2}$ bzw. 1) strukturlose Teilchen. Atomkerne sind jedoch hochstrukturierte Teilchen, die schon in der einfachsten Charakterisierung nach Ladung und Masse aus positiv geladenen Protonen und ungeladenen Neutronen „bestehen".

Dennoch benehmen sich die Atomkerne im Bereich der chemisch interessierenden Energien ($kT \approx 0{,}5$ kcal/mol $\approx 0{,}02$ eV ≈ 2 kJ/mol), bei geringer Dichte hochenergetischer Photonen und genügend kurzen Beobachtungszeiten (so daß kaum Kernzerfälle vorkommen) wie schwere Massen (schwer im Vergleich zur Elektronenmasse), die eine Zahl $Z (Z \lesssim 100)$ ganzer positiver Ladungen (in Einheiten der Elektronenladung $e = 4{,}803 \cdot 10^{-10}$ ESE $= 1{,}602 \cdot 10^{-19}$ C) tragen. Für die Chemie ist daher ein Modell, in dem schwere, positiv geladene Kerne (Ladung-Ze) und Elektronen

(Ladung-e) durch Coulombkräfte der potentiellen Energie $U = Ze^2/r$ (r Abstand) in Wechselwirkung treten, ausreichend.

Die geringen Einflüsse auf die Elektronen, die vom quantisierten Drehimpuls, der Ausdehnung des Atomkerns sowie seinen inneren Zuständen ausgehen, lassen jedoch wichtige Schlüsse auf die Bindungsverhältnisse und die molekulare Dynamik zu, wenn man die davon herrührenden energetischen Effekte in Meßverfahren wie kernmagnetische Resonanz, Elektronenspinresonanz, Mikrowellen- oder Mößbauerspektroskopie erforscht.

Kerne mit gleicher Protonen- aber verschiedener Neutronenzahl (Isotope) sind nur in einem relativ engen Bereich von Neutronenzahlen stabil. Das hat zur Folge, daß Atome einer bestimmten Protonenzahl (Elemente) chemisch fast ununterscheidbar sind. Nur beim Vergleich von Wasserstoff, Deuterium und Tritium (^1H, ^2H bzw. ^3H) kann man in kinetischen Experimenten deutliche chemische Isotopieeffekte beobachten.

Zwischen der natürlichen Häufigkeit der über einhundert Elemente, die durch Bildung, Anreicherung und Stabilität der entsprechenden Kerne bestimmt ist, und ihrer biologischen Bedeutung besteht kein offensichtlicher Zusammenhang; andererseits spielt jedoch auch keines der sehr seltenen Elemente eine biologische Rolle.

4.2.2 Atome

Die Vielfalt der Erscheinungen unserer Welt beruht wesentlich auf der Individualität der Atome, aus denen sie aufgebaut ist. Diese Individualität hat vornehmlich zwei Ursachen:

1. die Wellennatur der Elektronen
2. das Pauli-Prinzip.

Aus ihnen folgt unmittelbar jene Systematik der Atome, genannt das Periodensystem der Elemente, das eine sowohl physikalische als auch chemische Charakterisierung der Atome erlaubt. Es stellt den einfachsten theoretischen Unterbau der Chemie (und damit der molekularen Biologie) dar.

Aus einfachen Modellen des Atombaues lassen sich bereits weitgehende Einsichten in die Rolle, die ein Atom oder Ion im Molekül bzw. Komplex spielen wird, ableiten. Man gelangt dadurch zu einer spezifisch biochemischen Charakterisierung der Atome, die in einem sehr groben Sinn auf die Frage abzielt: Welches ist die Funktion der Atome einer bestimmten Spezies in Biomolekülen, warum sind gewisse Atome oder Ionen häufig, andere selten oder gar nicht darin zu finden?

4.2.2.1 Das Periodensystem

Die stationären (d.h. zeitunabhängigen) Wellenzustände eines Teilchens (genannt Orbitale) im zentralsymmetrischen Potentialfeld eines Atomkerns lassen sich bekanntlich (Pauling and Wilson, 1935) durch einen Satz von 3 Quantenzahlen n, l und m (genannt Haupt-, Neben- und magnetische Quantenzahl) charakterisieren. Die Gestalt der Orbitale (s. Abb. 4.1)

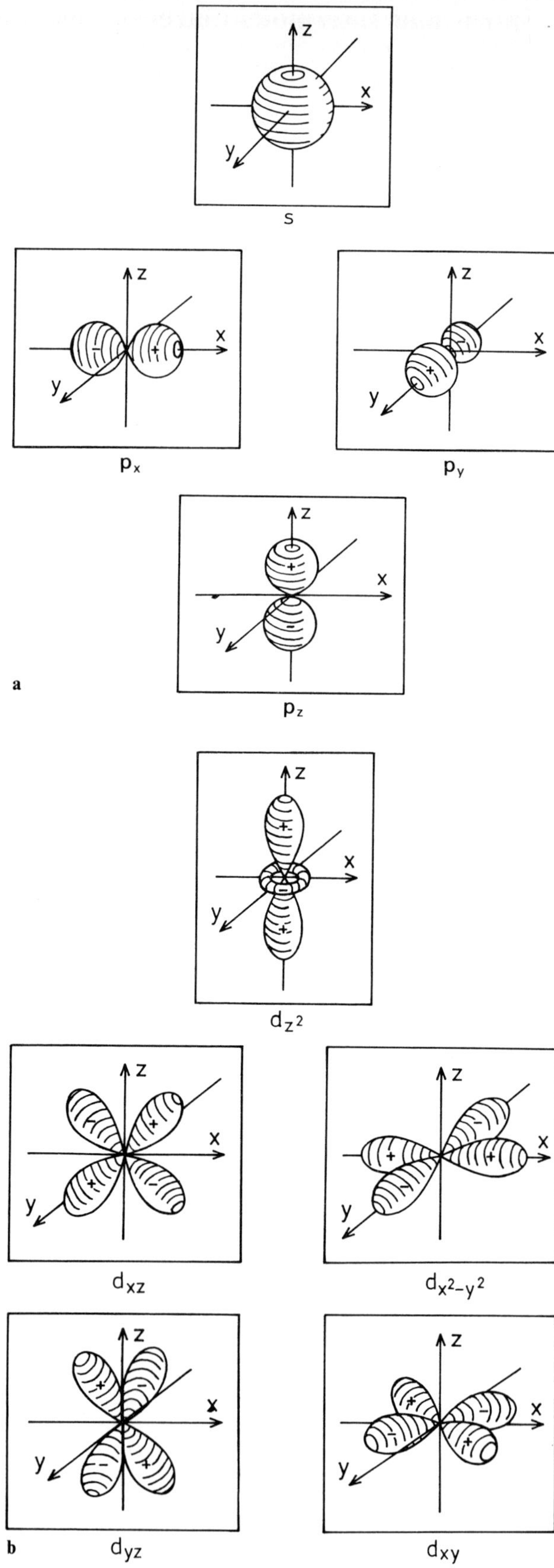

Abb. 4.1. **a** s- und p-Orbitale, **b** d-Orbitale [vgl. Gl. (4.1)]

variiert besonders stark mit der Nebenquantenzahl l; innerhalb einer bestimmten Klasse von l-Orbitalen ordnet man wiederum nach der magnetischen Quantenzahl m.

Man nennt die Orbitale zur Hauptquantenzahl n die der entsprechenden „Schale" und benennt die Schalen $n=1, 2, 3, \ldots$ mit K, L, M, ... Innerhalb der n-ten Schale können Orbitale mit Nebenquantenzahlen $l=0, 1, \ldots, n-1$ existieren. Man bezeichnet ein Orbital der n-ten Schale mit

$l=0, 1, 2, 3, \ldots$

als

ns, np, nd, nf, ...

Die nl-Unterschale ist ihrerseits in $2l+1$ Orbitale der magnetischen Quantenzahl

$m=-l, -l+1, \ldots, 0, \ldots, l-1, l$

aufgespalten. Für die Unterschalen s, p und d sind spezielle Orbitaldarstellungen mittels reeller Funktionen einer Raumkoordinate gebräuchlich, deren Radialteil gegeben ist durch (s. Abb. 4.1):

$$\begin{aligned}
\mathrm{s} &= (4\pi)^{-\frac{1}{2}} \\
\mathrm{p}_x &= (3/4\pi)^{\frac{1}{2}} \sin\Theta \cos\Phi = (3/4\pi)^{\frac{1}{2}} x \\
\mathrm{p}_y &= (3/4\pi)^{\frac{1}{2}} \sin\Theta \sin\Phi = (3/4\pi)^{\frac{1}{2}} y \\
\mathrm{p}_z &= (3/4\pi)^{\frac{1}{2}} \cos\Theta = (3/4\pi)^{\frac{1}{2}} z \\
\mathrm{d}_{z^2} &= (15/16\pi)^{\frac{1}{2}} (3\cos^2\Theta - 1) \\
&= (15/16\pi)^{\frac{1}{2}} (2z^2 - x^2 - y^2) \\
\mathrm{d}_{xz} &= (15/4\pi)^{\frac{1}{2}} \sin\Theta \cos\Theta \cos\Phi = (15/4\pi)^{\frac{1}{2}} xy \\
\mathrm{d}_{yz} &= (15/4\pi)^{\frac{1}{2}} \sin\Theta \cos\Theta \sin\Phi = (15/4\pi)^{\frac{1}{2}} yz \\
\mathrm{d}_{x^2-y^2} &= (15/16\pi)^{\frac{1}{2}} \sin^2\Theta \cos 2\Phi = (15/4\pi)^{\frac{1}{2}} (x^2 - y^2) \\
\mathrm{d}_{xy} &= (15/16\pi)^{\frac{1}{2}} \sin^2\Theta \sin 2\Phi = (15/16\pi)^{\frac{1}{2}} xy\,.
\end{aligned} \tag{4.1}$$

In der n-ten Schale befindet sich somit eine Zahl von

$$\sum_{l=0}^{n-1} (2l+1) = n^2 \tag{4.2}$$

Orbitalen.

Die angegebenen Formen der Elektronenwellen ähneln sich für Atomkerne jeder Ladung. Nur der sogenannte radiale Teil der Orbitalfunktion, $f(r)$, trägt dem Umstand Rechnung, daß eine höhere positive Kernladung die Elektronenwelle stärker in Kernnähe halten wird als eine geringere. Da für ein Orbital $\chi(r, \Theta, \Phi)$

$(\chi)^2 =$ Elektronendichte

am Ort mit den Polarkoordinaten r, Θ, Φ ist und

$\int |\chi|^2 dv = 1$

(dv ist das räumliche Volumenelement), muß die Funktion $f(r)$ um so rascher abfallen, je größer die Kernladung ist.

Was geschieht nun, wenn mehr als ein Elektron an einen Atomkern gebunden ist? Ohne Zweifel wird die Coulomb-Abstoßung zwischen den Elektronen das einfache Muster der Einelektronen-Wellen, von dem ausgegangen wurde, modifizieren. Da die Elektronen aber keine sich bewegenden geladenen Massenpunkte sind, sondern Wellen (womit ausgedrückt ist, daß sie keinen bestimmten Ort zu einer bestimmten Zeit besitzen), wirkt ein Elektron auf das andere in erster Näherung wie das Potential einer verschmierten Ladung. Der Einfluß, den alle übrigen Elektronen auf ein gegebenes ausüben, entspricht daher einer Modifizierung (sprich: Abschwächung oder Abschirmung) des Kernpotentials. Solange dieses abgeschirmte, effektive Kernpotential kugelsymmetrisch ist, werden auch die für ein gegebenes Elektron erlaubten Orbitale weiterhin wasserstoffartig, d.h. von dem in den Gl. (4.1) dargestellten Typ sein. Nur die Radialfunktionen $f(r)$, mit der die Funktionen der Gl. (4.1) zu multiplizieren sind, müssen der effektiven Wechselwirkung der Elektronen angepaßt werden.

Auf Grund der bisherigen Überlegungen kann man verstehen, wie aus dem Orbitalmodell die Quantenhaftigkeit des Energieinhalts eines Atoms folgt. Stünde jedoch allen Elektronen eines Atoms jedes beliebige Orbital offen, so böte die Welt ein einförmiges Bild, mit einem Meer von Atomen, die sich wesentlich nur durch ihre Masse unterschieden. Denn wegen der geringen thermischen Energie und Strahlungsenergie befänden sich die Elektronen der meisten Atome im untersten Orbital von 1s-Typ. Das aus der chemischen Empirie hergeleitete Periodensystem folgt zwar ganz deutlich dem magischen Orbitalaufbau des Einelektronenmodells, man erkennt bei der Zuordnung von Orbital- und Atomperioden aber sofort eine ungeheuer wichtige Zusatzregel:

> Jedes Orbital kann nur von höchstens zwei Elektronen besetzt sein.

Durch dieses von Pauli aus ganz anderen Überlegungen gefundene Prinzip kommt erst die chemische Individualität der Atome zustande und damit die Reichhaltigkeit der molekularen Welt.

Mit Hilfe des Pauli-Prinzips kann man bei Kenntnis der Orbitalenergien (s. Abb. 4.3) die Elektronenkonfiguration und damit die wesentlichen chemischen Eigenschaften eines Atoms erraten; umgekehrt gibt uns das Periodensystem einen Hinweis auf die Lage der Orbitale im Einelektronenmodell. So erkennt man z.B., daß nach Auffüllung des 3s-Orbitals beim Na und Mg und der drei 3p-Orbitale durch Al, Si, P, S, Cl und Ar das Atom mit 19 Elektronen sein Elektron nicht in die 3d-Unterschale, sondern in das 4s-Orbital setzt, wodurch es zum Alkalimetall K wird: Das 4s Orbital liegt niedriger als die 3d Orbitale (s. Abb. 4.2). Der Grund dafür, daß die Orbitale einer gegebenen Hauptquantenzahl n eine um so höhere Energie besitzen, je größer die Drehimpulsquantenzahl l ist, liegt in der Zentrifugalkraft, welche die Elektronen mit höherem Drehimpuls weiter vom Kern wegtreibt.

Schließlich muß man noch verstehen, warum erst alle p, d oder f Orbitale je ein Elektron aufnehmen, bevor die Doppelbesetzung der Orbitale beginnt (z. B.

hat N die Elektronenkonfiguration $2s^2 2p_x^1 2p_y^1 2p_z^1$, nicht $2s^2 2p_x^2 2p_y^1$ — die oberen Indizes bedeuten die Zahl der Elektronen im Orbital). Die Ursache liegt im Spin $\hbar/2$ der Elektronen, für den zwei räumliche Einstellungen, „oben" ↑ und „unten" ↓, zulässig sind, als handle es sich um einen halbzahligen Drehimpuls. Die Elektronen gleichen Spins, die nur in verschiedenen Orbitalen vorkommen können, sind dann ununterscheidbar, was zu der nichtklassischen, die Energie absenkenden, Wechselwirkung des Austausches führt. Elektronen werden daher Orbitale gleicher Energie so besetzen, daß möglichst viele von ihnen gleichen Spin besitzen. Mit dieser „Hundschen Regel" läßt sich der Aufbau dees Periodensystems leicht vollenden. Scheinbare Unregelmäßigkeiten, wie etwa die Elektronenkonfiguration des Chroms ($Z=24$), dessen Valenzelektronen über der Argonschale sich in $4s^1 3d^5$ statt $4s^2 3d^4$ anordnen, reflektieren nur die relative Größe von Orbitalenergien, Coulomb-Abstoßung und Austauschwechselwirkung. Im letzteren Fall obsiegt der Austausch, da die 4s- und 3d-Niveaus beim Cr so nahe beisammen liegen.

4.2.2.2 Biochemische Aspekte des Periodensystems

Die Häufigkeit und die Stelle des Auftretens einer bestimmten Atomsorte in biologischen Systemen sollte sich aus ihrer elektronischen Struktur verstehen lassen. Die Frage ist nur, ob man sehr weitgehende Einsichten in biochemische Zusammenhänge besitzen muß, um etwas über die biologische Funktion eines Atoms aussagen zu können. Charakteristisch für die wissenschaftliche Untersuchung komplexer Systeme ist, daß Aussagen von weitreichender Gültigkeit notwendigerweise grob geraten müssen, während Aussagen von großer Schärfe oder Detaillierthieit nur für spezielle Systeme wahr sein können. In diesem Sinne sollte man nicht versuchen, den ad hoc Begriff der biochemischen Funktion eines Atoms zu sehr zu verschärfen. Er wird aber helfen, Struktur-Funktionszusammenhänge schon auf der untersten, atomaren Stufe zu erkennen.

Zunächst sollen, ohne der späteren Diskussion in Abschnitt 4.2.3 viel vorzugreifen, die Atome in bezug auf ihre Eigenschaften, andere Atome zu binden, im Rahmen eines ganz einfachen Modells klassifiziert werden. Das, was entsteht, wenn zwei Atome eine chemische Bindung eingehen, hängt naturgemäß von beiden Partnern ab. Gewisse Eigenheiten eines Atoms kommen jedoch in allen Bindungen, gleich mit welchem Partner, zum Ausdruck.

Eine chemische Wechselwirkung tritt auf, wenn zwei Atome A und B sich nahekommen, die zwei Orbitale φ_A und φ_B mit zusammen ein oder zwei Elektronen besitzen. In diesem Fall gibt es immer ein Orbital

$$\psi = a\varphi_A + b\varphi_B \tag{4.3}$$

mit geeignet gewählten Parametern a und b, das, mit den ein oder zwei verfügbaren Elektronen besetzt, eine tiefere Energie der beiden Atome repräsentiert als die einzelnen Orbitale. Die Energieabsenkung und damit die Bindung sind um so größer, je stärker die beiden

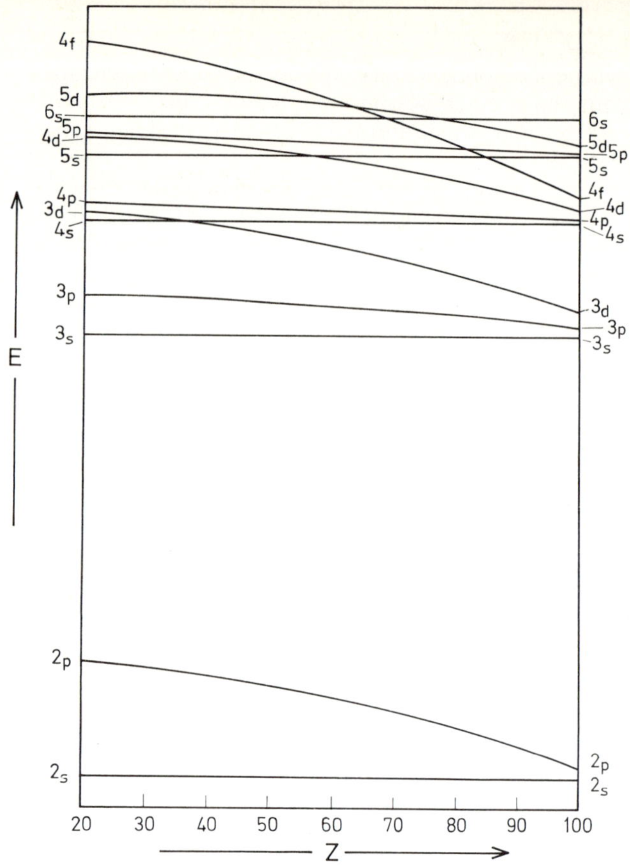

Abb. 4.2. Schematische Darstellung der relativen Lage der Einelektronenenergien der Atome des PS in Abhängigkeit von der Kernladungszahl

Orbitale einander durchdringen (sprich: „überlappen").

Bringen die beiden Atome in ihren beiden Orbitalen zusammen drei Elektronen mit, so resultiert meist noch eine Bindung, allerdings schwächer als im Falle von einem oder zwei Elektronen, während vier Elektronen in zwei Orbitalen immer zur Abstoßung führen (Abb. 4.3).

Die Konfiguration niedrigster Energie erreicht eine gegebene Zahl von Atomen somit dadurch, daß möglichst alle einfach besetzten Orbitale gepaart werden und zwar näherungsweise unter Ausbildung größtmöglicher Überlappung. Man wird gleich sehen, daß dadurch die energetisch günstigen Anordnungen der Bindungspartner um die meisten Atome ziemlich genau festgelegt sind.

Die Orbitale der Atome, wie sie etwa in Gl. (4.1) angegeben sind, haben für sich genommen keine physikalische Realität. Bildet man irgendwelche orthogonale Linearkombination von Orbitalen gleicher Energie (etwa der äußeren d-Unterschale), so sind diese so gut wie irgendeine andere orthogonale Linearkombination. Mehr noch, da die Einflüsse der Bindungspartner die Energiedifferenzen zwischen verschiedenen Unterschalen oft übersteigen (etwa zwischen 2s und 2p oder 3d und 4p), sind auch atomare Bindungsorbitale möglich, die aus Anteilen verschiedener Energie gemischt sind. Durch die Mischung von Orbitalen verschiedener Unterschalen entstehen neue Orbitale, die eine größere Überlappung bei der Kom-

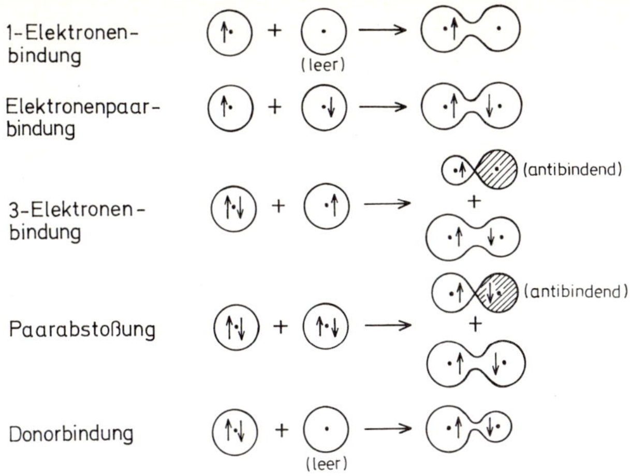

Abb. 4.3. Schematische Darstellung der Besetzungsmöglichkeiten bei zwei überlappenden Orbitalen

bination mit den Partnerorbitalen ermöglichen. Die dadurch gewonnene Bindungsenergie macht den Energieaufwand, das Atom in den für die Bindung günstigeren Zustand zu bringen, mehr als wett. Das gleiche gilt für das Aufbrechen eines doppelt besetzten Atomorbitals zur Erzeugung eines weiteren Valenzelektrons, etwa bei C:

$$C(2s^2 2p^2) \rightarrow C(2s2p_x^1 2p_y^1 2p_z^1)\,.$$

Es sollen nun die möglichen Hybridorbitale in einigen typischen Fällen betrachtet werden. Aus den 4 Orbitalen des Charakters s und p lassen sich auf drei verschiedene Weisen Hybridorbitale von bevorzugter Symmetrie bilden (Pauling, 1967):

a) $d_1 = 2^{-\frac{1}{2}}(s+p_x)$; $d_2 = 2^{-\frac{1}{2}}(s-p_x)$; p_y; p_z.

b) $tr_1 = 3^{-\frac{1}{2}}s + (2/3)^{\frac{1}{2}}p_x$;

$tr_2 = 3^{-\frac{1}{2}}s - 6^{-\frac{1}{2}}p_x + 2^{-\frac{1}{2}}p_y$;

$tr_3 = 3^{-\frac{1}{2}}s - 6^{-\frac{1}{2}}p_x - 2^{-\frac{1}{2}}p_y$; p_z.

c) $te_1 = 2^{-1}(s+p_x+p_y+p_z)$

$te_2 = 2^{-1}(s-p_x+p_y-p_z)$

$te_3 = 2^{-1}(s-p_x-p_y+p_z)$

$te_3 = 2^{-1}(s+p_x-p_y-p_z)$.

Die Orbitale erlauben größte Überlappung a) in zwei entgegengesetzte Richtungen (diedrische Hybridisation), b) in die Ecken eines gleichseitigen Dreiecks (trigonale Hybridisation) und c) nach den Ecken eines Tetraeders (tetraedrische Hybridisation).

Die Atome der ersten Reihe des Periodensystems können also nie an mehr als 4 Nachbaratome gebunden sein. In höheren Schalen steigt dagegen die Zahl der möglichen Hybridorbitale durch Einmischung von d und f Atomorbitalen stark an (z.B. zwischen 4s, 3d und 4p). Hier bestimmt nicht mehr die Hybridisierung die Anordnung der Bindungspartner, vielmehr stellt sich jene Mischung der Atomorbitale und jener Valenzzustand ein, durch den die herumsitzenden Liganden am festesten gebunden werden können. Größe und Ladung der Liganden sind schließlich bei den Kationen mit abgeschlossener Schale (z.B. Na^+, Ca^{++}, Cu^+, Zn^{++}) die überwiegend, wenn auch nicht allein die Umgebungskonfiguration determinierenden Faktoren.

Als Quintessenz dieser einfachen Analyse der lokalen Bindungs- und Koordinationseigenschaften soll festgehalten werden, daß die geringe Zahl von Valenzorbitalen und die Kleinheit der Atome der ersten Reihe des PS eine höchst restriktive lokale Konfiguration von Bindungspartnern erzwingt und dadurch die Ausbildung von stabilen „Strukturen" (das heißt hier den Raum nur teilweise füllenden atomaren Anordnungen) erlaubt. Dagegen sind die Ligandenfigurationen um die Atome und Ionen der Übergangsmetalle zahlreich; sie sind weniger stabil in dem Sinne, daß wenig Energie erforderlich ist, um von der einen zur anderen überzugehen. Damit hat das primitive Modell eines chemischen Atomismus Gestalt angenommen.

a) Gerüstbauelemente

Die Atome C, N und O binden vornehmlich in trigonaler und tetraedrischer Konfiguration (die diedrische Mischung ist biochemisch von untergeordneter Bedeutung). Trigonale und tetraedrische Hybridisierung kann jedoch nicht in beliebiger Weise kombinieren, da bei der trigonalen Mischung das auf der Ebene der drei gerichteten Orbitale senkrecht stehende p_z Orbital in dieser Richtung nur wieder mit einem Orbital der gleichen Symmetrie zu kombinieren vermag (Abb. 4.5). So entstehen zwei Bindungstypen, die σ und π genannt werden. Eine σ und eine π Bindung mit je einem Elektronenpaar kann zwischen zwei Atomen zur gleichen Zeit bestehen. Man spricht dann von einer Doppelbindung. Ein subtileres Modell der Bindung in Biomolekülen soll später entwickelt werden.

Der Katalog der Gerüstbauelemente von Biomolekülen kann nun folgendermaßen zusammengestellt werden:

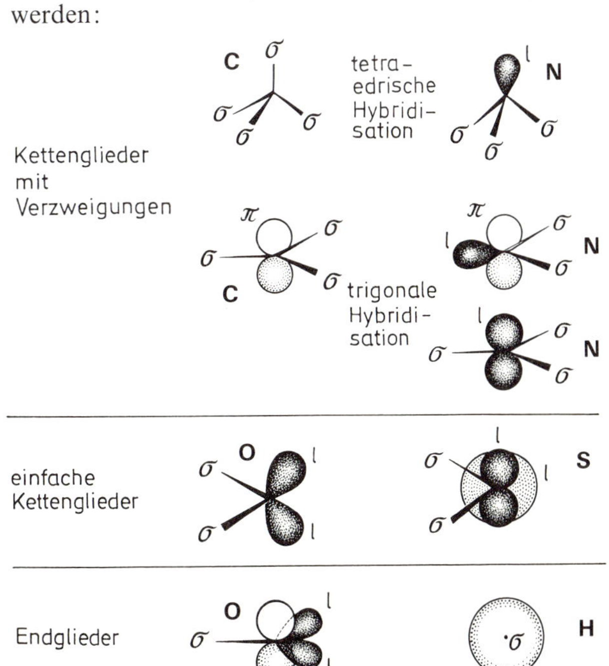

Dabei sei bemerkt, daß das Kettenglied Schwefel ebenso wie der doppelt gebundene Sauerstoff zusätzliche, nicht strukturspezifische Funktionen erfüllt, die an dieser Stelle noch nicht diskutiert werden können.

Eine besondere Rolle spielt auch Phosphor, der nur in tetraedrischer Koordination mit 4 Sauerstoffatomen auftritt und zwar als einfach negativ geladenes Kettenglied

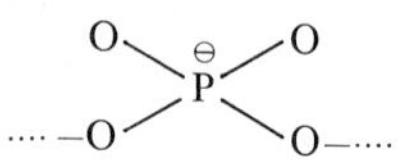

oder zweifach negativ geladene Endgruppe

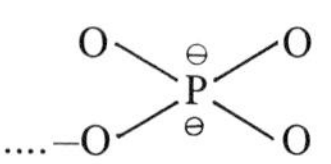

Die tetraedrische Konfiguration am P spricht für ein sp^3 Hybrid. Das kann jedoch nur entstehen, wenn ein Elektron in die 3d Unterschale befördert wird. Die optimale Kombination von Orbitalen führt zunächst zu 4 P—O σ-Bindungen. Dann bleiben 4 Elektronen für je ein p_π Orbital am O senkrecht zur Bindungsachse und 5 d-Orbitale. Das erlaubt gerade zwei p—d-Doppelbindungen, so daß man schreiben könnte

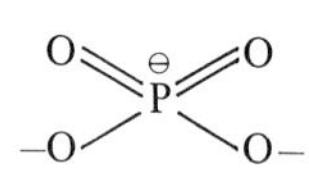

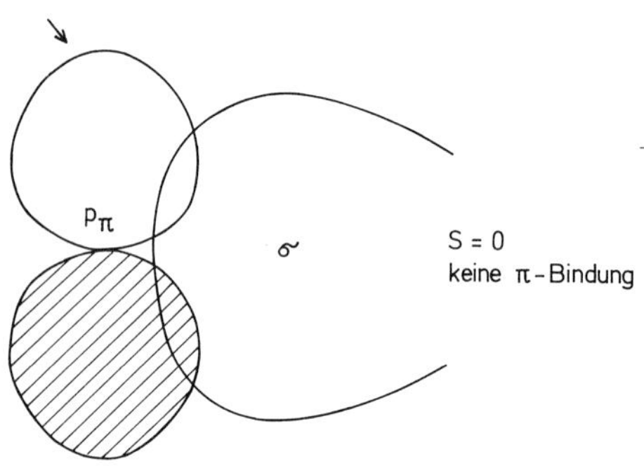

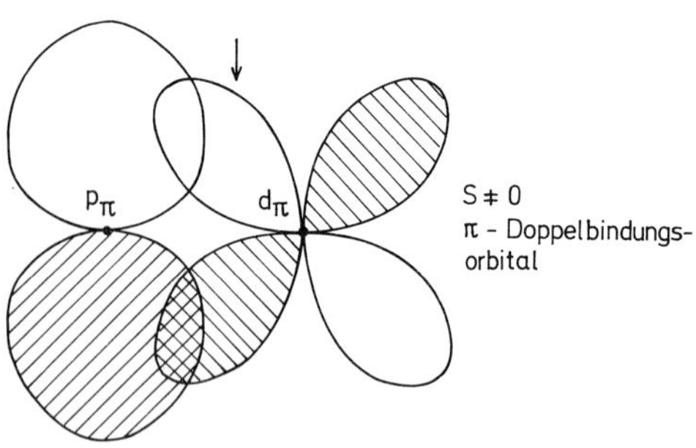

Unter Ausnutzung der Erfahrung, daß die Bindungsabstände eines bestimmten Typs zwischen zwei Atomen von Molekül zu Molekül nur ganz wenig variieren, kann man nun einen Strukturbaukasten erstellen, der durch einfaches Aneinanderfügen bereits einen erheblichen Teil der in der Biochemie bekannten Molekülgerüste zu bilden gestattet. Wichtige strukturelle Besonderheiten (etwa die Planarität der Peptidkettenglieder oder die Wechselwirkung zwischen verschiedenen Teilen eines Kettenmoleküls) sind jedoch nicht mehr auf die Eigenschaften der einzelnen Atome zurückführbar.

b) Ligandenwechsler

Die Bindungen der Atome des Molekülgerüsts sind auf Dauer angelegt, mit Bindungsenergien um 300 kJ/mol. Nur durch chemischen Angriff lassen sie sich in andere umwandeln. Das Molekülgerüst macht den weitaus größten Teil der organischen Substanz aus. Dagegen kommen die Übergangselemente nur in geringen Spuren vor, wenngleich ihre Bedeutung für die Lebensvorgänge immens ist. Die Atome und Ionen mit teilweise gefüllten d-Orbitalen können zahlreiche Hybridkonfigurationen bilden und sich damit ganz verschiedenen Ligandenkonfigurationen anpassen. Ihre Bindungsenergien mit den typischen Liganden (>O, =O, ⋛N, ⋛N, ⋛C—, —S—) liegen um mehr als die Hälfte unter den Energien der σ-Bindungen des Gerüsts. Schließlich kann sich durch Aufnahme oder Abgabe von Elektronen (Reduktion bzw. Oxydation) der Valenzzustand und damit die Metall-Liganden-Bindung grundlegend ändern.

In Biomolekülen sind Atome oder Ionen der Übergangsmetalle gewöhnlich mit einer Anzahl fest koordinierter Liganden versehen (vergleiche etwa Fe in Hämoglobin), durch welche die Valenzzustände zur Bindung weiterer Liganden stark eingeschränkt werden. Diese freien Ligandenplätze können dann zeitweise von Substratmolekülen eingenommen werden, deren Reaktionsfähigkeit damit erhöht wird. Komplexierte Übergangsmetallatome oder -Ionen sind für katalytische Wirkungen besonders prädestiniert, weil sie die daran gebundenen Substratmoleküle auf mannigfache Weise beeinflussen können und zwar (unter Umständen gleichzeitig) durch (Gould, 1971)

1. Polarisation der Bindungen des Substratmoleküls im Felde der Ladung.
2. Ausbildung von σ-Bindungen vom einfach kovalenten und Donor-Typ, und schließlich
3. Ausbildung von π-Bindungen jeglichen Typs.

Wegen der Zunahme der Atom- und Ionenradien sind diese Eigenschaften in der nächsten langen Reihe des Periodensystems schon weit weniger ausgeprägt. Man findet daher nur noch ein Übergangselement von biologischer Bedeutung in dieser Reihe, das Mo, das in einer sehr speziellen Funktion (der Fixierung von Stickstoff) von Bedeutung ist. Für die auffallende Seltenheit der sehr vielseitigen katalytischen Komplexe des Ni in biologischen Systemen könnten kompliziertere, außerhalb der lokalen Bindungsaspekte liegende Gründe (etwa die kinetische Destabilisierung der katalytischen Komplexe des Fe) eine Rolle spielen.

c) Ionen

Die Biochemie *in vivo* spielt sich im stark polaren Lösungsmittel Wasser ab, soweit sie nicht an Oberflächen stattfindet. Alle Stoffe sind hydratisiert, d. h. die Wassermoleküle in der Umgebung eines gelösten Moleküls sind so orientiert, daß die freie Enthalpie von Lösungsmittel und gelöstem Stoff minimal wird. Sind mehrere Stoffe gelöst, dann setzt sich die freie Enthalpie G neben einem Anteil aus der Mischungsentropie aus der freien Energie der Hydratisierung der einzelnen Komponenten der Lösung mit Molzahlen n_1, $n_2, \ldots, n_i, \ldots$ zusammen. Nur bei ganz verdünnten Lösungen gibt es keine gegenseitige Beeinflussung der Hydratationsschalen, und die Beiträge der einzelnen Komponenten zur Hydratisierungsenthalpie sind additiv. Im Normalfall wird die Hydratation um jedes einzelne gelöste Molekül ein Kompromiß mit der Hydratation um alle anderen sein, und es wird direkte Wechselwirkung zwischen den gelösten Molekülen geben. Ein solches System wird man dann charakterisieren durch die Änderung, welche die freie Enthalpie erfährt, wenn man die Molzahl n_i um ein Geringes ändert. Es kommt also auf die Ableitung von G nach n_i an, eine Größe, die „chemisches Potential" μ_i genannt wird,

$$\mu_i = \partial G / \partial n_i ,$$

Das chemische „Potential", das in physikalischer Analogie eigentlich als „Kraft" bezeichnet werden sollte, läßt nun eine Aussage darüber zu, welches mehrkomponentige System gegenüber einem anderen thermodynamisch Arbeit leisten kann.

Diese einleitende Begriffsbestimmung war notwendig, um die biologische Funktion der Ionen richtig definieren zu können: Durch Zusatz von Ionen lassen sich in einem Teil eines biologischen Systems die chemischen Potentiale irgendwelcher Komponenten gegenüber denen eines anderen Teils verändern. Ionen dienen daher als Trägersubstanz in einer Vielzahl von Pumpeinrichtungen zur Verschiebung chemischer Potentiale. Unter dem hier eingenommenen einseitigen und vergröbernden Standpunkt braucht die Voraussetzung der Existenz von Membranen und die chemische Quelle der Pumparbeit nicht weiter beschrieben zu werden. Man kann jedoch einsehen, warum die Zahl der biochemisch relevanten Kationen so gering ist (Na^+, K^+, Ca^{2+}, Mg^{2+}) und als freies Anion (neben dem PO_4^- bzw. der endständigen PO_4^{2-} Gruppe) nur Cl^- vorkommt.

Funktionelle Differenzierung besteht offenbar nur bei den Kationen; das Cl^--Ion ist wegen der Elektroneutralität eine Notwendigkeit. Um hohe chemische Potentiale zu erzielen, muß es spezifische Wechselwirkungen zwischen Ionen und Biomolekülen geben, durch welche Ionen nach Ladung und Ionenradius (vielleicht auch nach ihrer Polarisierbarkeit) unterschieden werden. Je mehr Ionen in dem System vorhanden sind, desto präziser müssen die molekularen Einrichtungen zur spezifischen Wechselwirkung beschaffen sein. Die Zahl der biochemisch essentiellen Ionen ist deshalb so klein wie möglich gehalten. Besondere chemische Gesichtspunkte sind hinsichtlich der Wahl der einwertigen Ionen Na und K nicht zu erkennen; vermutlich fanden sie wegen der Häufigkeit ihres Vorkommens Eingang in die molekulare Evolution.

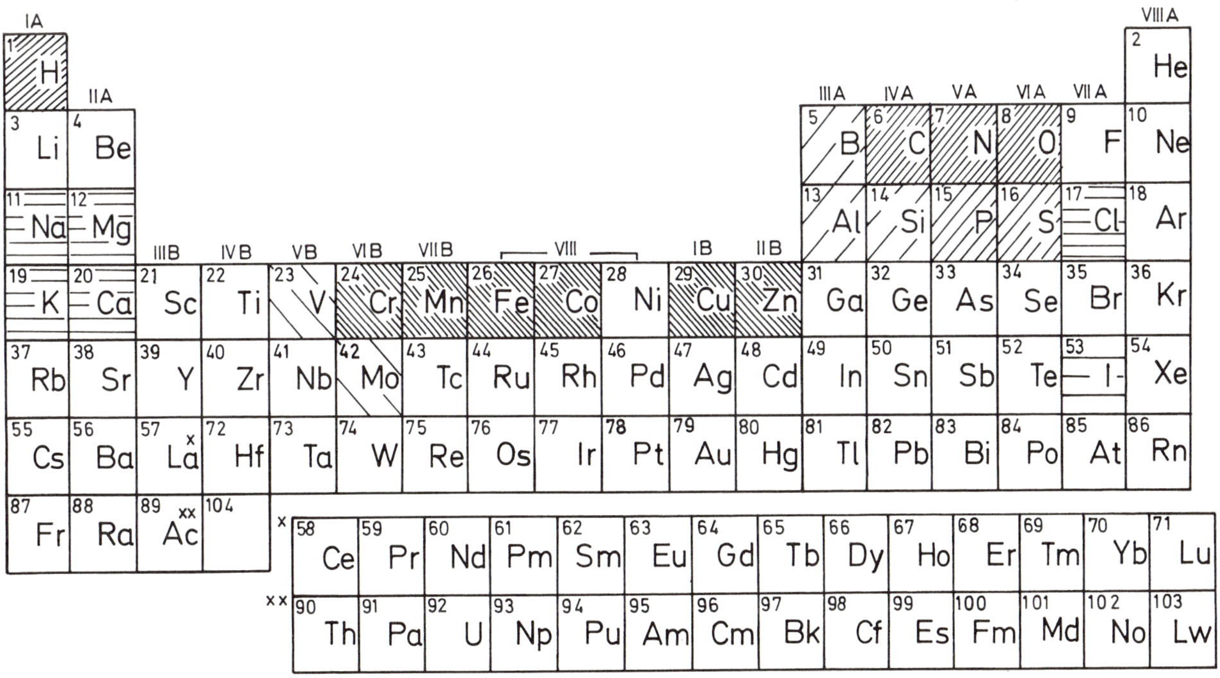

Periodensystem der Elemente: Die biologisch wichtigen Elemente sind durch Schraffierung herausgehoben.

„Strukturbildner" „Valenzwechsler" „Ionen"

4.2.3 Bindungen

4.2.3.1 Das Valenzschema der Chemie und das Orbitalmodell

Wesentliche Züge des chemischen Valenzmodells wurden bereits in Abschnitt 4.2.2 unter dem lokalen, atomaren Aspekt behandelt. Dabei ergaben sich Bindungen durch Kombination von Hybridorbitalen zwischen Atomen. Der Charakter der Bindungsorbitale wurde durch $\sigma, \pi, \ldots$ charakterisiert und die Bindungen durch die Zahl der beteiligten Elektronen, im regulären Fall der Elektronenpaarbindung als Einfachbindung oder Doppelbindung bezeichnet. Einfachbindungen zwischen Atomen werden durch einen Valenzstrich, Doppelbindungen mit einem Doppelstrich gekennzeichnet usw., z.B.

>C—H

>C=O

N≡N.

Die chemische Empirie unterstützt dieses Modell der lokalen Bindungen, solange man keine zu genauen Vorhersagen für Energetik, Struktur und Kinetik verlangt. Es soll daher, so weit wie möglich, die Diskussion in diesem einfachen Bild geführt, die Rechtfertigung der Argumente jedoch der übergeordneten Näherungsstufe der Theorie der Molekülorbitale (Molecular Orbital Theorie, abgekürzt MO-Theorie) entnommen werden.

Die Problematik aller lokalen Bindungstheorien liegt in der Unkenntnis des Hybridisationszustandes der Atome und der effektiven Wechselwirkung zwischen Bindungen. Es muß deshalb im Rahmen des Einelektronenmodells eine Orbitalbeschreibung der chemischen Bindung entwickelt werden, die zunächst keine Rücksicht auf lokale Eigenschaften nimmt, aber in geeigneter Weise in das lokale Valenzschema der Chemie übersetzt werden kann.

Obgleich die Orbitalbeschreibung chemischer Bindungen ungleich subtiler ist als das Valenzschema der Chemie, wird man sehen, daß die Orbitalwellenfunktionen der meisten Moleküle zu handfesten chemischen Aussagen, auch in der Sprache des Valenzschemas, kondensiert werden können. Dabei verdient der Umstand, daß ein Orbital für sich allein keine physikalische Bedeutung hat, besondere Beachtung. Es gibt nämlich Orbitaldarstellungen, die vor allen anderen ausgezeichnet sind, weil sie Schlüsse auf das Verhalten des Moleküls unter bestimmten Störungen zulassen. Von besonderer chemischer Wichtigkeit ist wiederum jene Orbitaldarstellung, in der die Orbitale am stärksten lokalisiert sind, weil sie dann dem chemischen Valenzschema am besten entsprechen.

4.2.3.2 Das MO-Modell und seine Varianten

Die Modellstufe der lokalisierten Bindungsorbitale, auf der das Valenzschema der Chemie beruht, enthält als wesentlichste Begriffselemente Valenzzustand und Hybridisation sowie die Doppelbesetzung der Zweizentren-Bindungsorbitale als Ausdruck des Pauli-Prinzips. Bei genauer Betrachtung erkennt man jedoch, daß der „Zustand" eines Atoms im Molekül nur schwer zu definieren, geschweige zu messen ist, daß von Hybridisierung nur in der Einelektronennäherung gesprochen werden kann und sie auch da von einer Orbitaldarstellung zur anderen verschieden ist. Schließlich verbietet das Pauli-Prinzip in seiner allgemeinsten Form („die Wellenfunktion muß in den Orts-Spinkoordinaten der Elektronen antisymmetrisch sein") die Zuordnung eines Elektronenpaares zu einem bestimmten Orbital. Es soll deshalb das umfassendere Einelektronenmodell in der einfachen Version der Molekülorbitale (MO's) entwickelt werden, um Grundbegriffe und -Annahmen des Valenzschemas der Chemie deuten zu können und um Einsicht in subtilere chemische Funktionen von Biomolekülen zu gewinnen.

Wegen der großen Massendifferenz zwischen Elektronen und Atomkernen läßt sich das Problem der Elektronenbewegung (d.h. des elektronischen „Zustandes") in einem Molekül weitgehend von dem der Kernbewegung (d.h. der Kernschwingungen und der kinetischen Prozesse) trennen. Es genügt, die Wellenfunktion als ein Produkt der Wellenfunktionen von Kernen und Elektronen anzusetzen;

$$\Phi(\boldsymbol{R}_i) \cdot \Psi(\boldsymbol{x}_k, \boldsymbol{R}_i), \tag{4.4}$$

wo $\boldsymbol{R}_i$ die Ortskoordinaten der Kerne $1, \ldots, M$ und $\boldsymbol{x}_k = (\boldsymbol{r}_k, \sigma_k)$ einen Vektor aus Spinkoordinaten σ_k und Ortskoordinaten $\boldsymbol{r}_k$ der Elektronen $1, 2, \ldots, N$ bedeutet. Ψ ist die elektronische Wellenfunktion bei festgehaltenen Kernen in den Positionen $\boldsymbol{R}_i$ (die $\boldsymbol{R}_i$ spielen die Rolle von Quantenzahlen) und Φ die Wellenfunktion der Kerne, die sich in einem von den Elektronen erzeugten effektiven Potential bewegen. Dieser als Born-Oppenheimer-Näherung bezeichnete Ansatz gilt natürlich nicht mehr, wenn Kern- und Elektronenbewegung interferieren, z.B. bei kinetischen Prozessen mit Elektronenübergang.

In dem Hamiltonoperator $\mathscr{H}$, der dem Modell zugrundegelegt wird, fehlt aus oben genannten Gründen der Operator der kinetischen Energie der Kerne. Nur über das Potential finden die Kernlagen Eingang in $\mathscr{H}$. Somit ist

$$\mathscr{H} = -\frac{\hbar^2}{2m} \sum_k \nabla_k^2 - \sum_{\nu k} \frac{Z_\nu e^2}{r_{\nu k}} + \sum_{i>j} \frac{e^2}{r_{ij}}, \tag{4.5}$$

wobei $r_{\nu k} = |\boldsymbol{R}_\nu - \boldsymbol{r}_k|$, der Abstand des k-ten Elektrons vom ν-ten Kern, ferner

$$r_{ij} = |\boldsymbol{r}_i - \boldsymbol{r}_j|,$$

$$\nabla_k^2 = \frac{\partial^2}{\partial x_k^2} + \frac{\partial^2}{\partial y_k^2} + \frac{\partial^2}{\partial z_k^2}$$

und

$$r_k = (x_k, y_k, z_k).$$

Die Wellenfunktion muß das Pauli-Prinzip erfüllen, d.h. bei Vertauschung von zwei Elektronenkoordinaten muß sie in ihr Negatives übergehen. Die einfachste Funktion mit dieser Eigenschaft läßt sich aus dem Produktansatz

$$\psi_1(\boldsymbol{x}_1)\psi_2(\boldsymbol{x}_2)\ldots\psi_N(\boldsymbol{x}_N) \tag{4.6}$$

durch Antisymmetrisierung herleiten. Wenn man die Koordinaten der Elektronen (oder die Indizes der Orbitale) permutiert und Permutationen, die aus einer geraden Anzahl von Vertauschungen bestehen (gerade Permutationen), positives, den anderen negatives Vorzeichen gibt, erhält man durch Aufaddieren dieser $N!$ Terme offensichtlich eine antisymmetrische Funktion. Der Einfachheit halber nimmt man die ψ_l als orthonormal an, d.h.

$$\int \psi_l^*(\boldsymbol{x}_1)\psi_{l'}(\boldsymbol{x}_1)d\boldsymbol{x}_1 \equiv \langle\psi_l|\psi_{l'}\rangle = \delta_{ll'} \,. \tag{4.7}$$

Dann formalisiert man das eben entwickelte Rezept zu einer Operatorvorschrift. Der Antisymmetrisierungsoperator ist definiert durch

$$\mathscr{A} \equiv (N!)^{-1}\sum_P (-1)^P P \,, \tag{4.8}$$

wo P irgendeine der Permutationen von $1\ldots N$ bedeutet; $(-1)^P$ ist $(+1)$, wenn P gerade, (-1), wenn P ungerade. Der Faktor $1/N!$ ist gewählt, damit $\mathscr{A}$ die angenehme Eigenschaft der Idempotenz

$$\mathscr{A}^2 = \mathscr{A}$$

besitzt. Eine antisymmetrische Wellenfunktion kann dann geschrieben werden als

$$\begin{aligned}\Psi &= \sqrt{N!}\,\mathscr{A}\,\psi_1(\boldsymbol{x}_1)\psi_2(\boldsymbol{x}_2)\ldots\psi_N(\boldsymbol{x}_N)\\ &= (N!)^{-\frac{1}{2}}\,\mathrm{Det}\{\psi_1(\boldsymbol{x}_1)\psi_2(\boldsymbol{x}_2)\ldots\psi_N(\boldsymbol{x}_N)\}\,,\end{aligned} \tag{4.9}$$

wo Det die Determinante mit der Diagonalen $\psi_1(\boldsymbol{x}_1)\ldots\psi_N(\boldsymbol{x}_N)$ bedeutet. Da in dem Modellhamiltonoperator $\mathscr{H}$ Kopplungen zwischen dem magnetischen Moment des Spins mit der Elektronenbahn, sowie zwischen den Spins verschiedener Elektronen, vernachlässigt wurden, kann überdies jedes $\psi_k(\boldsymbol{x}_k)$ als Produkt einer Spinfunktion $\alpha(\sigma_k)$ oder $\beta(\sigma_k)$ und einer Ortsfunktion $\varphi_k(\boldsymbol{x}_k)$ dargestellt werden:

$$\psi_k(\boldsymbol{x}_k) = \varphi_k(\boldsymbol{x}_k)\cdot\begin{cases}\alpha(\sigma_k)\\ \beta(\sigma_k)\end{cases} = \varphi_k(k)\cdot\begin{cases}\alpha(k)\\ \beta(k)\end{cases} \tag{4.10}$$

(beachte die Kurzschreibweise).

Wenn nun die φ_k nach aufsteigender Energie indiziert werden, sieht die Wellenfunktion für den niedrigsten Zustand eines Systems mit einer geraden Zahl von Elektronen so aus:

$$\begin{aligned}\Psi = \sqrt{N!}\,\mathscr{A}\,&\varphi_1(1)\alpha(1)\varphi_1(2)\beta(2)\ldots\varphi_{N/2}(N-1)\\ &\cdot\alpha(N-1)\varphi_{N/2}(N)\beta(N)\,.\end{aligned} \tag{4.11}$$

Die φ_k heißen Orbitale; ihre Bestimmung und ihre Eigenschaften werden uns im folgenden beschäftigen.

Es liegt nahe, nun nach den „besten" Orbitalen im Rahmen des Einelektronen-MO Modells zu fragen. Als Vergleichskriterium für diese Wellenfunktion bietet sich die Gesamtenergie $E = \langle\Psi|\mathscr{H}|\Psi\rangle$ an, weil sich dann die Orbitale, welche die niedrigste Gesamtenergie liefern, aus dem Variationsprinzip

$$\delta\langle\Psi|\mathscr{H}|\Psi\rangle = 0\,, \tag{4.12}$$

bestimmen lassen. Obgleich man keine Aussicht hat, mit einem Orbitalansatz der tatsächlichen Energie des Systems sehr nahe zu kommen (erreichen kann man sie nur mit der exakten Wellenfunktion), darf man hoffen, beim Vergleich chemisch verwandter Systeme (z. B. eines Moleküls in verschiedenen Konformationen) deren Energie in der richtigen Größenordnung zueinander zu erhalten. Da ein Großteil der chemischen und biochemischen Probleme energetische Aspekte besitzt, hat sich das auf dem Energiekriterium fußende MO Modell als äußerst fruchtbar erwiesen. Mehr noch, wie man gleich sehen kann, erlaubt das MO Modell, den Orbitalen Energieinkremente, sog. Orbitalenergien, zuzumessen, die näherungsweise sogar experimentell verifiziert werden können.

Die formale Seite des MO-Modells (Brant, 1972) läßt sich nun leicht vollenden. Die Variation nach allen Orbitalen unter der Nebenbedingung der Normiertheit von Ψ, hier in der Form der Orthonormalität der Orbitale,

$$\langle\varphi_l|\varphi_m\rangle = \delta_{lm}\,, \tag{4.13}$$

führt auf ein System von Integro-Differentialgleichungen für die Orbitale der Gestalt

$$\mathscr{F}\varphi_k(\boldsymbol{r}_1) = \sum_l \varphi_l(\boldsymbol{r}_1)\varepsilon_{lk}\,. \tag{4.14}$$

Dabei sind die ε_{lk} Lagrangesche Parameter zur Erfüllung der Orthonormierungsbedingungen (4.13) und $\mathscr{F}$, der sog. Fockoperator, ist gegeben durch

$$\mathscr{F} = -\frac{\hbar^2}{2m}\nabla_1^2 - \sum_\nu \frac{Z_\nu e^2}{r_{\nu 1}} + \mathscr{J}(\boldsymbol{r}_1) - \mathscr{K}(\boldsymbol{r}_1)\,, \tag{4.15}$$

wobei die Operatoren $\mathscr{J}$ und $\mathscr{K}$ am augenfälligsten durch die sog. Dichtematrix ϱ des Systems

$$\varrho(\boldsymbol{r}_1, \boldsymbol{r}_2) \equiv 2\sum_{l=1}^{N/2}\varphi_l^*(\boldsymbol{r}_1)\varphi_l(\boldsymbol{r}_2) \tag{4.16}$$

definiert werden (beachte, daß die Elemente von ϱ durch die beiden kontinuierlichen Indices $\boldsymbol{r}$ und $\boldsymbol{r}'$ gegeben sind und die Diagonale der Matrix die Elektronendichte $\sigma(\boldsymbol{r},\boldsymbol{r}) \equiv \varrho(\boldsymbol{r})$ ist). Der Coulomboperator $\mathscr{J}$ und der Austauschoperator $\mathscr{K}$ hängen von der Dichtematrix ϱ und damit von allen Orbitalen φ_l ab:

$$\begin{aligned}\mathscr{J}(\boldsymbol{r}_1)\varphi(\boldsymbol{r}_1) &= \int\frac{\varrho(\boldsymbol{r}_2)}{r_{12}}\varphi(\boldsymbol{r}_1)d\boldsymbol{r}_2\,,\\ \mathscr{K}(\boldsymbol{r}_1)\varphi(\boldsymbol{r}_1) &= \int\frac{\varrho(\boldsymbol{r}_1,\boldsymbol{r}_2)}{r_{12}}\varphi(\boldsymbol{r}_2)d\boldsymbol{r}_2\,.\end{aligned} \tag{4.17}$$

$\mathscr{J}$ multipliziert also das Orbital, worauf es wirkt, mit dem Potential aller Elektronen, während $\mathscr{K}$ ein durch

Asymmetrie der Wellenfunktion hervorgebrachter nichtlokaler Operator ist (nichtlokal, weil die Funktion φ in ihrer Gesamtheit erfaßt werden muß, um $\mathcal{K}\varphi$ an einem einzigen Punkt zu erhalten). Man beachte noch, daß die Differenz $(\mathcal{J}-\mathcal{K})\varphi_l$ als lokalen Coulombteil gerade das Potential aller Elektronen bis auf das eine im Orbital φ_l enthält.

Das Fock'sche Gleichungssystem (4.14) ergibt zusammen mit den Nebenbedingungen (4.13) als Lösung die Orbitale φ_k und die $\frac{N}{2}\left(\frac{N}{2}+1\right)\Big/2$ Lagrangeschen Parameter ε_{lk}. Für das Verständnis des Orbitalmodells sind nun die Freiheiten, die man bei der Wahl eines bestimmten Orbitalsatzes hat, von besonderer Bedeutung. Eine unitäre Transformation $\mathcal{U}$ führt bekanntlich die orthogonale Basis $\{\varphi_k\}$ eines linearen Funktionenraumes in eine andere orthonormale Basis $\{\varphi_k'=\mathcal{U}\varphi_k\}$ über. Die Dichtematrix $\varrho(\boldsymbol{r}_1,\boldsymbol{r}_2)$ bleibt wegen der Eigenschaft $\mathcal{U}^+\mathcal{U}=\mathcal{U}\mathcal{U}^+=1$ bei unitärer Transformation invariant und damit auch der Fockoperator $\mathcal{F}(\varrho)$. Das Gleichungssystem (4.14) geht unter der unitären Transformation

$$\varphi_k'=\mathcal{U}\varphi_k \tag{4.18}$$

über in

$$\begin{aligned}\mathcal{F}(\varrho')\varphi_k' &= \sum_l \varepsilon_{lk}'\varphi_l',\\ \varepsilon_{lk}' &= \sum_m \mathcal{U}_{ml}\varepsilon_{mk},\end{aligned} \tag{4.19}$$

es behält also seine Form. Offenbar sind jene Orbitale vor allen anderen ausgezeichnet, für die

$$\varepsilon_{lk}=0 \quad \text{für} \quad l \neq k.$$

Diese Orbitale heißen Symmetrieorbitale und es ist oft von Vorteil, wenn auch nicht notwendig, zunächst ebendiese zu berechnen und andere Darstellungen durch Transformation zu gewinnen.

a) Symmetrieorbitale

Das Gleichungssystem für die Symmetrieorbitale,

$$\mathcal{F}(\varrho)\varphi_k=\varepsilon_k\varphi_k, \tag{4.20}$$

kann im Fall der Selbstkonsistenz (d.h. wenn die φ_k im Operator $\mathcal{F}$ sich im linearen Eigenwertproblem von $\mathcal{F}$ reproduzieren), als Eigenwertproblem *des* Einelektronenoperators des Moleküls angesehen werden. Die Eigenwerte ε_k lassen sich nun als die Energie eines Elektrons im Orbital φ_k interpretieren.

Wenn man, wie eingangs angenommen, die niedrigsten $N/2$ Orbitale eines Moleküls mit abgeschlossener Schale zweifach besetzt, so erhält man die Wellenfunktion des Grundzustandes (s. Abb. 4.4a).

Nach einem Theorem von Koopmans (s. Pilar, 1968) entspricht nun die Orbitalenergie des obersten gefüllten Symmetrieorbitals genähert der Ionisierungsenergie aus diesem Orbital. Das bedeutet, daß die Elektronen in den tiefer gelegenen Orbitalen das Fehlen eines äußeren Elektrons kaum bemerken. Ionisiert man ein Elektron aus einem tieferliegenden Orbital, so ist die aufzuwendende Energie um einiges größer als die Orbitalenergie, da sich die Orbitale nun unter Energieerniedrigung reorganisieren. Dennoch sind auch die Orbitalenergien der unteren Symmetrieorbitale noch recht gute Näherungen für die Ionisierungsenergien. Deshalb ist es möglich, die Parameter ε_k unseres Modells etwa den durch Photoelektronenspektroskopie gewonnenen Ionisierungsenergien zuzuordnen. Auf diese Weise kann man Orbitale, die durch die Symmetrieforderungen der Molekülgeometrie schon weitgehend charakterisiert sind, gemessenen Energien zuordnen (Jaffé and Orchin, 1965). Die „Energie eines Elektrons in einem Orbital", ursprünglich als Lagrange'scher Parameter im Rahmen eines mathematischen Näherungsansatzes eingeführt, wird dadurch zu einem eigenständigen physikalischen Modellbegriff, dessen formale Bedeutung bei den chemischen Anwendungen immer mehr in den Hintergrund tritt.

In der Darstellung der Symmetrieorbitale leistet das Einelektronenmodell auch für die Elektronenspektroskopie beachtliches. Der angeregte Zustand eines Moleküls entspricht einer Orbitalbesetzung wie in Abb. 4.4b. Alle Orbitale sind doppelt besetzt bis auf zwei, die je ein Elektron enthalten. Da jedes der beiden einfach besetzten Orbitale sein Elektron mit α und β Spin haben kann, gibt es 4 Determinanten gleicher Energie mit Spinkombinationen $\alpha\alpha$, $\alpha\beta$, $\beta\alpha$ und $\beta\beta$. Geht man einen Schritt über das Einelektronenmodell hinaus, indem man diese 4 Determinantenfunktionen zu den Basisfunktionen einer Störungsrechnung macht, so erhält man einen Zustand mit Gesamtspin Null, genannt „Singulett", und drei entartete Zustände mit Gesamtspin 1, genannt „Triplett". Im allgemeinen liegt die Energie des Tripletts unter der des Singuletts. Die Aufspaltung der Spins zweier Elektronen in 2 verschiedenen Orbitalen in ein Triplett und ein Singulett entspricht der Quantisierung eines Drehimpulses 0 (Spins antiparallel $\uparrow\downarrow$, Singulett) und eines Drehimpulses 1 (Spins parallel $\mapsto\rightarrow$, z-Komponenten 1, 0 und -1, Triplett). Jedes einfach angeregte Molekül mit abgeschlossener Schale besitzt daher ein Singulett- und ein Triplettsystem angeregter Zustände, die sich im Rahmen des Orbitalmodells charakterisieren las-

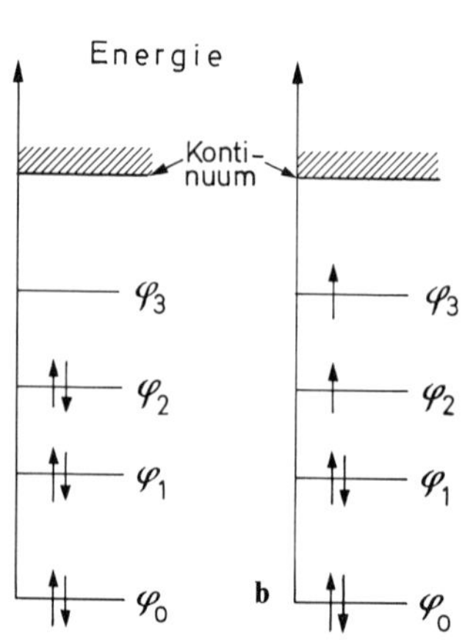

Abb. 4.4. Orbitalbesetzung bei abgeschlossener Schale und einfach angeregter „Konfiguration"

sen und die umgekehrt direkte Rückschlüsse auf die Orbitalstruktur des Moleküls zulassen.

Symmetrieorbitale sind offenbar die geeignetste Darstellung des Einelektronenmodells, wenn es sich um die Interpretation von Experimenten handelt, in denen das Molekül als Ganzes „gesehen" wird. Nur für Symmetrieorbitale gilt die Aussage, daß der auf φ_k wirkende Fockoperator $\mathscr{F}$ der (im Rahmen des Einelektronenmodells) effektive Hamiltonoperator eines Elektrons im Orbital φ_k ist. Die Wirkung einer nichtlokalen äußeren Störung von Einelektronencharakter (d.h. einer Störung bestehend aus einer Summe von Einelektronentermen, wie etwa dem Störoperator eines Strahlungsfeldes) auf ein Molekül wird man deshalb am einfachsten in jener Darstellung des Hamiltonoperators behandeln, in der sein aus $\mathscr{F}$ gebildeter Einelektronenteil diagonal ist.

b) Lokalisierte Orbitale

Wenden wir uns nun den Spielarten des Orbitalmodells zu, in welchen man die lokalen Eigenschaften eines Moleküls (genauer: das Verhalten eines Moleküls unter lokalen Störungen) besonders gut studieren kann.

Es wäre unmöglich, Eigenschaften wie Struktur und Reaktionsverhalten der Moleküle in eine überschaubare Ordnung zu bringen, wenn nicht chemische Bindung und chemische Wechselwirkung weitgehend lokale, d.h. nur durch die Nachbarschaft einiger Atome bestimmte Phänomene wären. Das dieser Erfahrung Rechnung tragende Modell der lokalen Bindungen wurde in Abschnitt 4.2.2 entwickelt, doch konnte auf dieser Modellstufe das Problem der Wechselwirkung lokalisierter Bindungen nicht erfaßt werden. Im Orbitalmodell sind alle chemischen Bindungen samt ihren Wechselwirkungen enthalten, nur sind der Bindung zwischen zwei Atomen in einer beliebigen Orbitaldarstellung nicht einige wenige Orbitale zugeordnet, sondern eine Vielzahl von ihnen. Außerdem sind alle Orbitaldarstellungen, die durch unitäre Transformation auseinander hervorgehen, äquivalent. Es ist bereits an anderer Stelle darauf hingewiesen worden, daß im chemischen Modelldenken aus formalen Gründen einer Theorie (etwa den Lagrangeschen Multiplikatoren bei der Variation des antisymmetrischen Produkts) oft Modellbegriffe gebildet werden, denen ein physikalischer Inhalt (die Einelektronenenergie) unterschoben wird, auch wenn dieser im Sinne der zugrundeliegenden Theorie nicht faßbar (d.h. meßbar) ist. Im Sinne des chemischen Modellverständnisses stellt sich daher die Frage: Gibt es eine Darstellung der Orbitale, in der die lokalen Eigenschaften der chemischen Bindung zutage treten?

Die Antwort ist so wenig eindeutig, wie die Frage. Man kann aber eine ganze Reihe von Kriterien erfinden, die zu brauchbaren, wenn auch leicht voneinander abweichenden Lokalisierungen der Orbitale führen. Wir wollen uns hier nur mit den am häufigsten gebrauchten und am besten verstandenen Lokalisierungskriterien beschäftigen, nämlich

$$\mathscr{L} = \sum_{l=1}^{N/2} \int |\varphi_l(\boldsymbol{r}_1)|^2 \frac{1}{r_{12}} |\varphi_l(\boldsymbol{r}_2)|^2 d\boldsymbol{r}_1 d\boldsymbol{r}_2 = \text{Maximum}. \tag{4.21}$$

Gleichung (4.21) besagt, daß jene Orbitaldarstellung zu wählen ist, welche die einzelnen Orbitale am kompaktesten macht, in dem Sinne, daß die Elektronenwechselwirkung innerhalb der Orbitale maximal sein soll, wodurch gleichzeitig die Wechselwirkung zwischen den Elektronen in verschiedenen Orbitalen minimal wird, weil ja die gesamte Energie der Elektronenwechselwirkung eine Observable ist und vom Wechsel der Orbitaldarstellung unberührt bleibt (England et al., 1971).

An den nun folgenden Beispielen wird man erkennen, daß das Kompaktheitskriterium tatsächlich zu einer Version des Orbitalmodells führt, in dessen Rahmen man das intuitiv konzipierte Valenzschema der Chemie begründen kann.

4.2.3.3 Beispiele des Orbitalaufbaus

In diesem Abschnitt soll der Orbitalaufbau von einigen biologisch wichtigen Molekülen betrachtet und dabei die Frage der chemischen oder biologischen Relevanz des Orbitalmodells im Auge behalten werden. Dabei sollte besonders beachtet werden, daß der Gebrauch des Orbitalmodells sehr verschieden ist von der Anwendung der meisten physikalischen Modelle. Die Modelle der Physik sind, abgesehen von jenen, die als mathematische Näherungen konzipiert sind, Vereinfachungen der Wirklichkeit, die in ihren Funktionen meist völlig durchschaubar und in den daraus zu ziehenden Konsequenzen wohl definiert sind. Das Orbitalmodell dagegen, nur um es zu erstellen, bedarf bei komplexeren Molekülen eines leistungsfähigen Rechners; nachdem dies geschehen ist, hängt der Fortgang der Überlegungen entscheidend von der Fragestellung ab. Nur für Standardprobleme (angeregte Zustände, Ladungsverteilungen, Bindungsstärken, Übergangszustände u.ä.) existieren ausgefeilte Prozeduren. Das Orbitalmodell muß notwendigerweise so unspezifisch sein, weil es für eine Vielzahl chemischer Systeme anwendbar sein soll, deren Vergleich oft erst die wesentlichen chemischen Einsichten vermittelt. Die Folge ist ein hohes Maß an Unsicherheit darüber, welches physikalische Niveau der Beantwortung einer bestimmten chemischen Frage angemessen ist. Im einfachsten chemischen Gebrauch fungiert das Orbitalmodell deshalb als bloße Struktur, in deren Rahmen sich chemische Information ordnen und darstellen läßt.

Die Brauchbarkeit des Orbitalmodells hängt, je nach der Problematik, mehr oder weniger von der Güte der Orbitale und der energetischen Parameter ab. Für fast jeden Zweck sind besonders parametrisierte Versionen des Orbitalmodells in Gebrauch (unter Namen wie CNDO/2, INDO, MINDO, MAT u.v.a.) (Dewar, 1971). Da keine bestimmte Anwendung bevorzugt wird, sind in den folgenden Abschnitten Orbitale angegeben, welche unter Gebrauch begrenzter Basissätze, aber ohne Gebrauch empirischer Parameter („*ab initio*") gewonnen wurden. Diese Orbitale dürfen deshalb als gute Näherung der Fock-Orbitale angesehen werden (Pullman, 1972).

a) Das H_2O Molekül

Die Diskussion des Orbitalmodells soll zunächst am Beispiel des Wassermoleküls konkretisiert werden. Anhand der vom Rechner gezeichneten Linien gleicher Orbitalamplitude, jeweils in geeigneten Schnitten gesehen, kann man die Morphologie der Orbitale erkennen und reale wie intuitive Einsichten daran entwickeln. Trotz des besagten fragwürdigen physikalischen Erkenntnisgehalts der Orbitalmorphologie gewinnen die Orbitalfiguren an Faszination, je mehr von der chemischen oder biologischen Funktion eines Moleküls dem Betrachter gegenwärtig ist.

Am einfachsten sind die Symmetrieorbitale eines Moleküls zu verstehen, wenn man bedenkt, daß der Fockoperator von der Anordnung der Atomkerne und der selbstkonsistenten Einteilchen-Dichtematrix abhängt. Sicher wird $\mathscr{F}$ invariant sein unter all den Transformationen, welche die Symmetriegruppe des Moleküls darstellen, was zur Folge hat, daß die Symmetrieorbitale φ_k von (4.20) sich unter einer dieser Transformationen höchstens um einen Faktor vom Betrage 1 ändern dürfen. Zusammen mit der Knotenregel, die besagt, daß ein höherliegendes Orbital nicht weniger Knotenflächen (Flächen mit $\varphi = 0$) besitzt als ein energetisch niedrigeres, kann man die Orbitalformen in einfachen Fällen erraten oder wenigstens leicht einsehen. Zur Darstellung der Orbitale ist zu sagen, daß die gezeichneten Amplituden von φ nicht im Hinblick auf quantitative Auswertung sondern möglichst gute Augenfälligkeit gewählt wurden.

Das H_2O-Molekül besitzt gewinkelte Geometrie, die man außer durch das Experiment auch durch Variation der Gesamtenergie nach dem Valenzwinkel mit guter Genauigkeit verifizieren kann. Für die 10 Elektronen des H_2O benötigt man die Kenntnis der 5 am niedrigsten liegenden Orbitale. Sie sind in Abb. 4.5a–c für die Gleichgewichtsgeometrie, Bindungswinkel 104,5°, Bindungsabstand 0,096 nm dargestellt. Zum besseren Verständnis der Bilder sind die H-Atome mit H_1 und H_2 bezeichnet; die Schnitte liegen in der Molekülebene (M.E.) oder senkrecht dazu in der Winkelhalbierenden (⊥ WH) bzw. durch die OH-Bindung (⊥ OH). Die ab initio-Orbitale der Abb. 4.5 sind nicht anderes als genauere Versionen von Molekülorbitalen, die aus Linearkombinationen der energetisch zugänglichen Atomorbitale bestehen. Zum besseren Verständnis ist es notwendig, sich klar zu machen, welche Linearkombination aus Atomorbitalen ein ab initio Molekülorbital approximiert.

Die besetzten Atomorbitale eines O und zweier H Atome sind jeweils 1s, 2s, $2p_x$, $2p_y$, $2p_z$ und zweimal 1s. Wahrscheinlich wird das energetisch tiefliegende 1s Orbital des O wenig von der Bildung des Moleküls bemerken. Das ihm entsprechende Orbital 1 der Abb. 4.5a ist deshalb nach wie vor von fast sphärischer Symmetrie. Es hat keine Knotenflächen. Im Orbital 2 kombinieren das 2s-Orbital des O mit etwas $2p_x$ Einmischung mit den 1s-Orbitalen von H_1 und H_2. Eine Knotenfläche entsteht nur dicht am O-Kern, da das 2s-Orbital des O eine Knotenfläche besitzt (die Nullinie und gestrichelte Niveaulinien lassen sich hier nicht mehr unterscheiden). Ein Beitrag von $2p_y$ und $2p_z$ zu dem Orbital verbietet sich aus Symmetriegründen. Orbital 3 hat eine weitere Knotenfläche in der Molekülebene; es entspricht einer Kombination des $2p_y$ Orbitals mit den beiden 1s Orbitalen, die Koeffizienten von entgegengesetztem Vorzeichen tragen. Die anderen Orbitale des O haben die falsche Symmetrie. Im Orbital 4 kombinieren 2s und $2p_x$ schwach mit den beiden 1s Orbitalen der H-Atome. Der Schwerpunkt der beiden Elektronen in diesem Orbital ist in der Molekülebene nach „hinten" verschoben. Dieses Orbital trägt viel zum Dipolmoment des Wassermoleküls bei, doch wenig zur Bindung, da die Elektronenwelle von φ_4 zwischen Wasserstoffen und Sauerstoff auf der Höhe des O-Atoms eine Knotenfläche (d.h. Dichteminimum) bildet. Die Elektronen in diesem Orbital werden wegen ihrer geringen Beteiligung an der Bindung von H_1 und H_2 „einsames Elektronenpaar" (englisch "lone pair") genannt. Vom gleichen Charakter ist das Orbital 5, das dem $2p_z$ Orbital des O mit Knotenfläche in der Molekülebene entspricht. Überfliegt man die 5 Orbitale nochmals, so fällt ihr Symmetriecharakter besonders ins Auge: Sie können als modifizierte Atomorbitale des Sauerstoffs gesehen werden [mit Einmischung von $1s(H_1)+1s(H_2)$ bzw. $1s(H_1)-1s(H_2)$], und zwar entspricht die Reihenfolge der Molekülorbitale der Quantisierung der O-Orbitale 1s, 2s, $2p_y$, $2p_x$, $2p_z$.

Dieses Beispiel mag genügen um zu erkennen, wie wenig das Orbitalmodell in der Version der Symmetrieorbitale bei all seinen hervorragenden physikalischen Eigenschaften den chemischen Vorstellungen vom Wassermolekül gerecht wird. Es soll deshalb das H_2O-Molekül noch einmal in der Darstellung der lokalisierten Orbitale betrachtet werden.

In Abb. 4.6a–e findet man nun jene Orbitaldarstellung der H_2O-Wellenfunktion, in der die Wechselwirkung zwischen den Orbitalen am geringsten ist, d.h. sie am ehesten als Eigenfunktionen eines lokalen Bindungsproblems angesehen werden können. Erstaunlich daran ist, wie sehr die lokalisierten ab initio-Orbitale den einfachen Ansätzen des Paarbildungsmodells entsprechen (freilich sind jene ungleich genauer). So zeigen die beiden OH-Bindungsorbitale den Charakter einer s–p Hybrid-Atomfunktion des O in Kombination mit dem 1s Orbital des Bindungspartners H, während die beiden nichtbindenden Elektronenpaare s–p Hybridatomfunktionen des O besitzen. Einige chemische Konsequenzen betreffend die Wechselwirkungen der einsamen Paare lassen sich daraus sofort herleiten. Z.B.: Wegen der Ähnlichkeit der beiden nichtbindenden und der bindenden Orbitale wird H_3O^+ ein pyramidales Molekül sein. Positive Ladun-

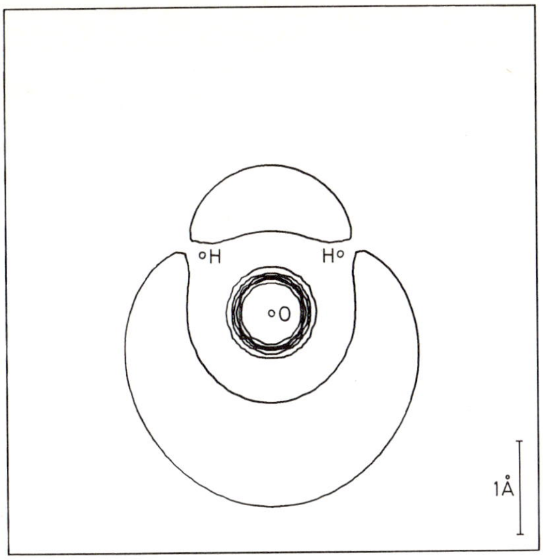

a

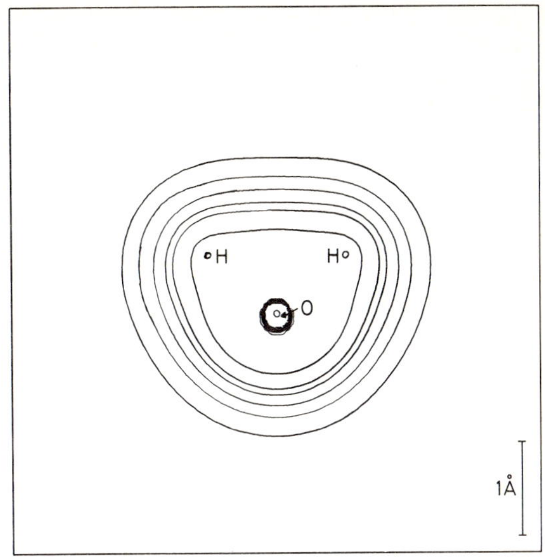

b

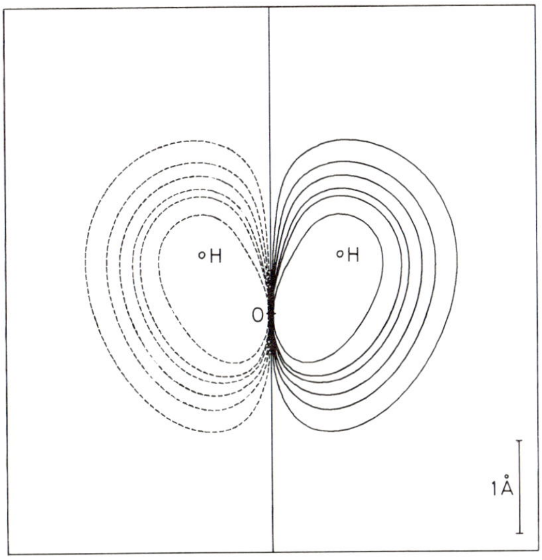

c

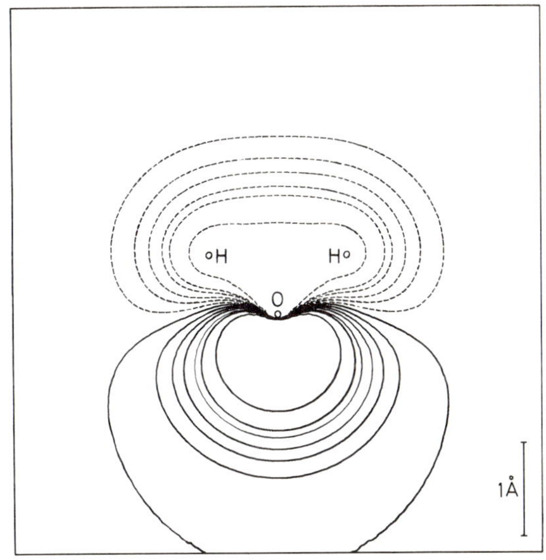

d

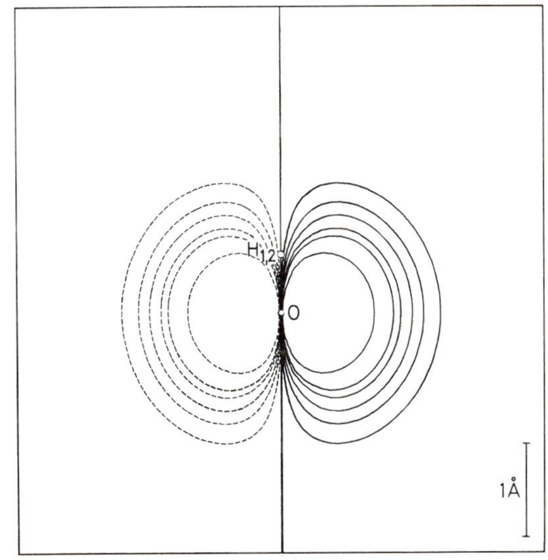

e

Abb. 4.5a–e. Symmetrieorbitale des H_2O-Moleküls
Abkürzungen: ME ≙ Molekülebene; ⊥ ≙ Ebene senkrecht zur Molekülebene; WH ≙ HOH Winkelhalbierende; OH ≙ OH Verbindungslinie; x, y, z ≙ Rechtskoordinatensystem; x in WH, xy in ME. Die gezeichneten Linien entsprechen Absolutwerten der Orbitalamplitude von 0,13; 0,080; 0,065; 0,045; 0,030; 0,015; 0,0. Negative Orbitalamplituden sind gestrichelt dargestellt
a Orbital 1: ME, entspr. 1s AO am O. **b** Orbital 2: ME, entspr. Kombination aus 2s und $2p_x$ AO am O und beiden 1s AO's von H_1 und H_2. **c** Orbital 3: ME, gleiche Kombination wie in **b**, nur mit Knotenlinien entlang WH. **d** Orbital 4: ME, entspr. Kombination aus 2s, $2p_x$ und $2p_y$ AO's von O und den beiden 1s Orbitalen von H. **e** Orbital 5: ⊥ WH, entspr. $2p_z$ AO von O

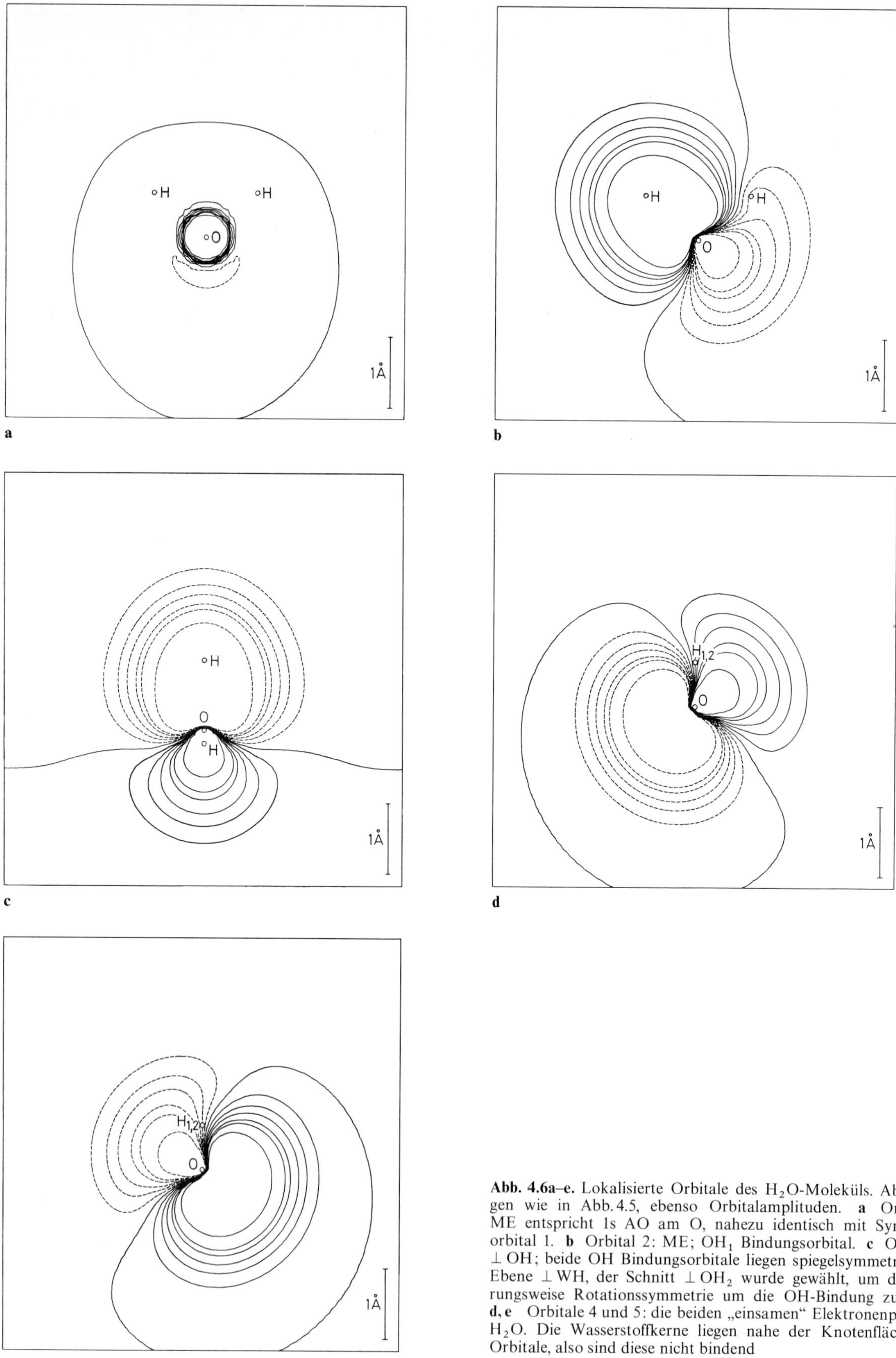

Abb. 4.6a–e. Lokalisierte Orbitale des H_2O-Moleküls. Abkürzungen wie in Abb. 4.5, ebenso Orbitalamplituden. **a** Orbital 1: ME entspricht 1s AO am O, nahezu identisch mit Symmetrieorbital 1. **b** Orbital 2: ME; OH_1 Bindungsorbital. **c** Orbital 3: $\perp$ OH; beide OH Bindungsorbitale liegen spiegelsymmetrisch zur Ebene $\perp$ WH, der Schnitt $\perp OH_2$ wurde gewählt, um die näherungsweise Rotationssymmetrie um die OH-Bindung zu zeigen. **d, e** Orbitale 4 und 5: die beiden „einsamen" Elektronenpaare des H_2O. Die Wasserstoffkerne liegen nahe der Knotenflächen der Orbitale, also sind diese nicht bindend

gen (positives Ende eines Dipolmoleküls, Kationen) wechselwirken mit H_2O Molekülen unter bestimmten Vorzugsrichtungen. Bei der Hydratisierung von Kationen wird der Winkel zwischen der Kation-Sauerstoff-Verbindungslinie und der Ebene des Moleküls beträchtlich sein. Die Kation-Wasser-Wechselwirkungsenergie hat als Funktion dieses Winkels ein sehr flaches Minimum.

Über die lokalisierten Orbitale sind wir von der übergeordneten Modellstufe der Orbitalistik zum Valenzschema der Chemie zurückgekehrt, jedoch mit genauen Vorstellungen vom lokalen, effektiven Hamiltonoperator, der Hybridisierung und der nichtlokalen Anteile der Wellenfunktion. Die Unterstellung des früher besprochenen Paarbildungsmodells, daß chemisch ähnliche Bindungen (etwa eine CH-Bindung in Methan und Propan) auch durch ähnliche Bindungswellenfunktionen beschrieben sein sollten, kann jetzt geprüft und mit neuem Sinn erfüllt werden.

In der Tat erweisen sich die lokalisierten Orbitale für Bindungen und einsame Elektronenpaare als weitgehend übertragbar im Sinne des chemischen Valenzschemas, weshalb viele chemische Fragen (z.B. der Reaktivität) sich nach Übertragung des ab initio-Fockoperators für die entsprechende lokale Atomkonfiguration im Rahmen einfacher Variations- oder Störungsansätze beantworten lassen.

b) π-Bindungen und starre Struktureinheiten

Die nahezu rotationssymmetrischen lokalisierten Orbitale der meisten Einfachbindungen bedingen eine bei Normaltemperatur fast ungehinderte Drehbarkeit um die Bindungsachse. Deshalb besitzen die Makromoleküle der gesättigten Kohlenwasserstoffe keine nennenswerten Struktureigenschaften. Voraussetzung für die Ausbildung einer höheren molekularen Ordnung (Ordnung verstanden als räumlich-geometrische Beziehungen zwischen Atomen) ist daher die Existenz von relativ starren Struktureinheiten innerhalb eines Makromoleküls. Dadurch werden Nahordnungsbereiche von der Größenordnung der Struktureinheiten erzeugt. Starre Anordnungen von Atomen lassen sich in einer Struktur verknüpft durch Einfachbindungen kaum realisieren, auch nicht durch Ringschluß, wenn man von den chemisch abnormen, kleinen oder hochverzweigten Ringen absieht. Doppelbindungen haben dagegen die Eigenschaft einer hohen Energiebarriere gegen Drehung um die Bindungsachse, weil hier eine Knotenebene durch die Bindungsachse verläuft. Äthylen, mit einer σ- und einer π-Bindung zwischen den beiden C-Atomen, ist somit ein starres Molekül (starr bis auf Schwingungen um die Ruhelagen der Atome). Ein Polymer, aufgebaut aus solchen starren Äthylen-Einheiten, ermangelt aber noch völlig einer höheren molekularen Ordnung — es ist eine Faltungspolymer mit einer Unzahl von Konformationen. Weitreichende molekulare Ordnung entsteht erst, wenn zwischen den Ketten eines aus quasi starren Strukturelementen aufgebauten Polymers orientierte Wechselwirkungen bestehen, weshalb bloße Äthylengruppen als einfachste Bauelemente eines Biopolymers nicht geeignet sind.

Die einfachste starre Struktureinheit müßte also eine äthylenartige Atomkonfiguration der Art

(4.22)

besitzen, doch müssen zur Ermöglichung komplexerer Strukturen zwei der peripheren Trans-Atome eine anziehende Wechselwirkung aufeinander ausüben können, (die beiden anderen werden zur Verkettung im Polymer benötigt). Damit sind zwei Forderungen gestellt, die sich für die kleinstmögliche Struktureinheit von äthylenartiger Atomkonfiguration nur durch eine einzige Kombination von Atomen erfüllen läßt. Da die C—H-Gruppe nur sehr schwache zwischenmolekulare Wechselwirkungen tätigen kann, müssen entweder zwei trans H-Atome der Struktureinheit (4.22) durch stark wechselwirkende einwertige Atome ersetzt werden, oder mindestens eines der C-Atome. Die erstere Möglichkeit läßt sich, wie ein Blick auf das Periodensystem zeigt, nicht realisieren, also wird eines der C-Atome ersetzt. Das neue Atom muß mit dem anderen C eine Doppelbindung eingehen können, da die Struktureinheit sonst nicht starr ist, überdies muß es eine Valenz zur Verkettung frei haben. Dafür kommt aus der 1. Reihe des Periodensystems nur das zum C isoelektronische N^+ in Frage. Schon aus energetischen Gründen wird aber ein neutrales Molekül benötigt. Ein positives N, zumindest mit dem Bruchteil einer positiven Ladung, kann deshalb nur bestehen, wenn ein anderes Atom von besonders hoher Elektronenaffinität zeitweilig ein Elektron aus seinem einsamen Elektronenpaar aufnimmt. Es muß mindestens zweiwertig sein, denn es soll ja auch nach Aufnahme eines Elektrons an das C gebunden bleiben. Daraus folgt, daß nur ein O-Atom dem N in trans-Stellung gegenüberstehen kann.

So kommt man als einzige realisierbare Lösung auf die Peptideinheit

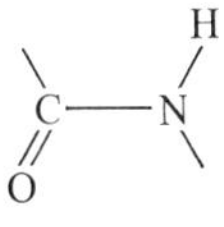

wie man sie im Peptidgerüst von Proteinen

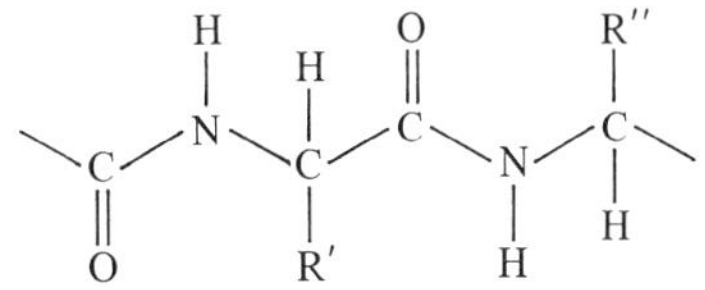

findet. Die Peptideinheit ist in der Tat planar, da in der Sprache des Valenzschemas eine Verteilung der Elektronenpaare auf bindende und nichtbindende Orbitale in einer Art möglich ist, bei der zwischen C und N eine Doppelbindung entsteht, nämlich

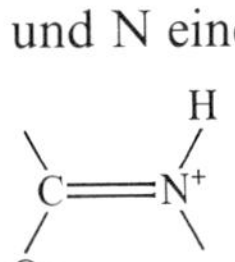

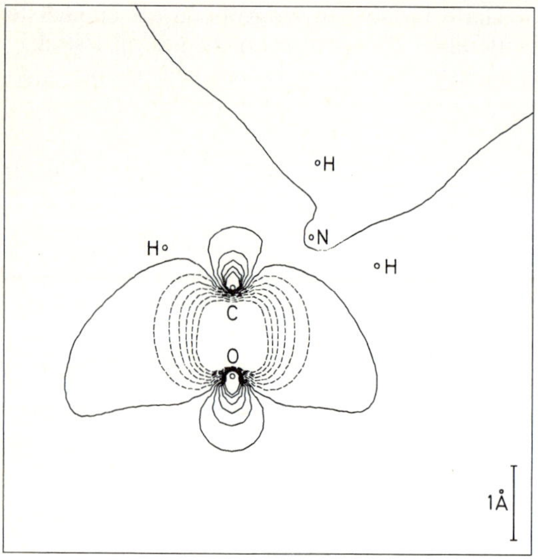
H
N
H
H
C
O
1Å

a

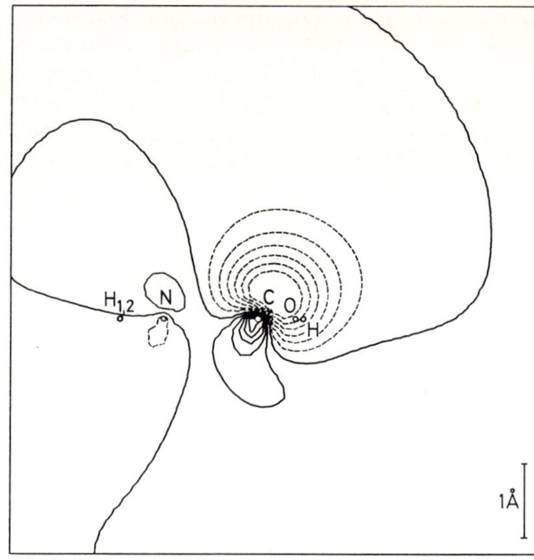
H1,2
N
C
O
H
1Å

b

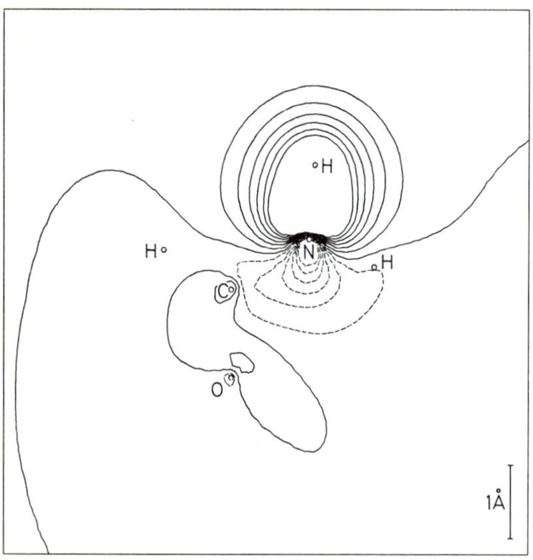
H
H
N
H
C
O
1Å

c

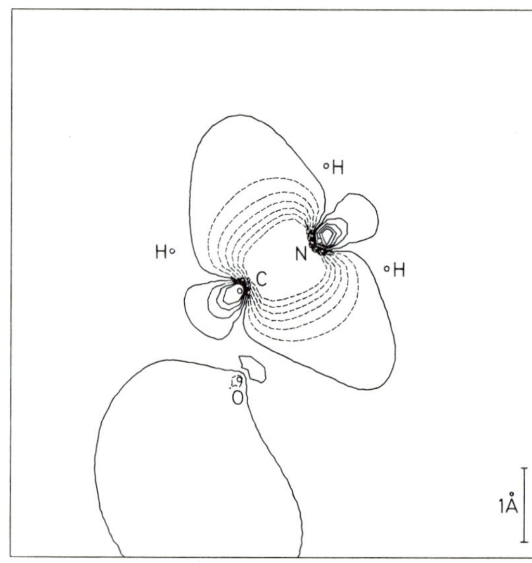
H
H
N
H
C
O
1Å

d

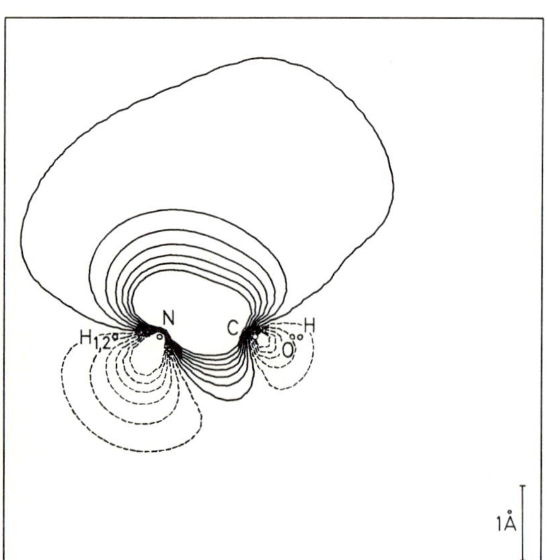
N
C
H
H1,2
O
1Å

e

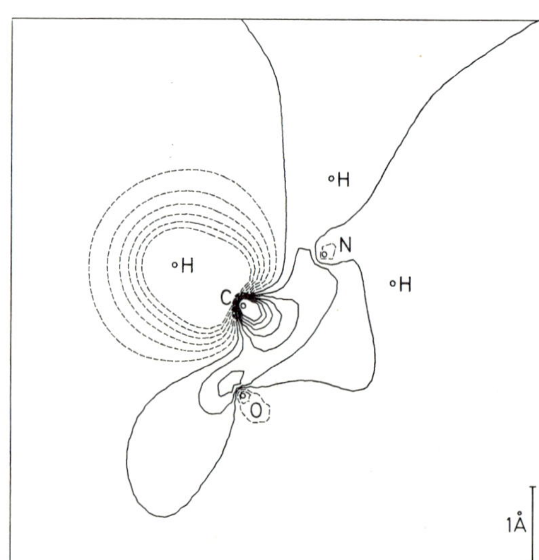
H
N
H
H
C
O
1Å

f

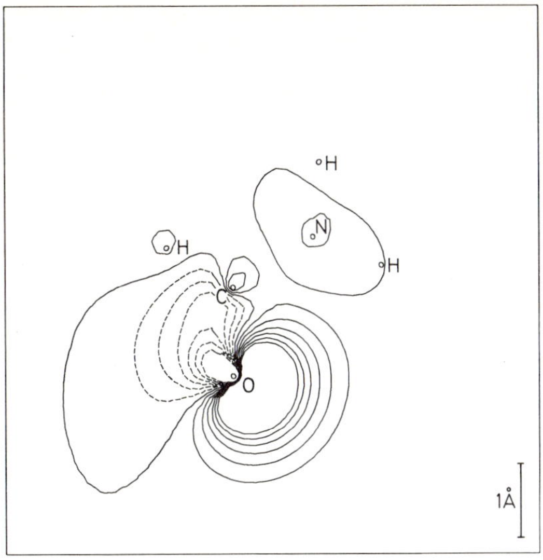

g

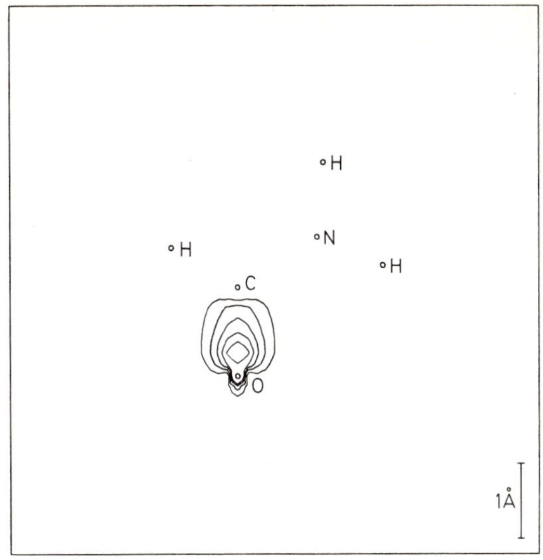

h

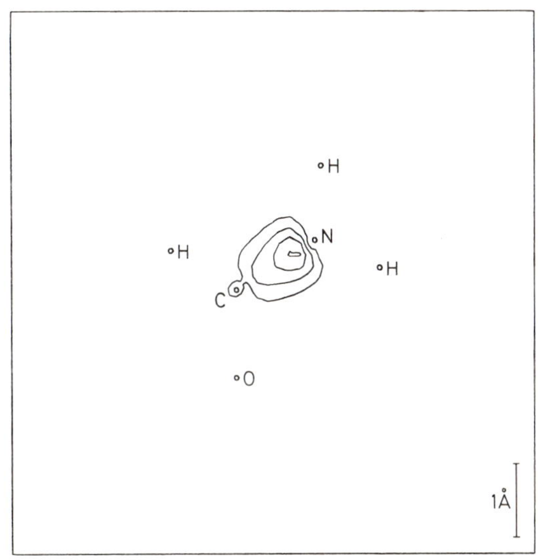

i

Abb. 4.7a–i. Chemisch relevante Orbitale des Formamidmoleküls (als Prototyp eines Peptidbausteins). Konturlinien bei Amplitudenbeträgen 0,180, 0,150, 0,120, 0,090, 0,060, 0,030, 0,000. **a,b** Orbitale 4 und 5: Die beiden CO-Doppelbindungsorbitale; sie erscheinen im Schnitt durch die ME, von Bild **a** gleich, liegen jedoch apfelförmig darüber bzw. darunter, wie Abb. 4.6 im Schnitt ⊥ durch C—N-Bindung zeigt. **c** Orbital 6: Eines der beiden N—H-Bindungsorbitale von etwas verzerrtem sp^2-Charakter in der Nähe des N-Atoms; Orbital 7 liegt dazu beinahe spiegelbildlich bezüglich einer Ebene durch HNH Winkelhalbierende senkrecht zur ME. **d** Orbital 8: Erstes C—N-Doppelbindungsorbital. **e** Orbital 9: Zweites C—N-Doppelbindungsorbital, von gleicher Gestalt wie Orbital 8, gesehen im Schnitt durch die C—N-Bindung senkrecht zur ME. **f** Orbital 10: C—H-Bindungsorbital, in der Umgebung des C-Atoms hat es offenbar den Charakter eines sp^2-Hybrids. **g** Orbital 11: Eines der beiden einsamen Elektronenpaare am O; Orbital 12 des anderen einsamen Paares liegt spiegelsymmetrisch dazu bezüglich einer Ebene durch die C=O-Bindung senkrecht zur ME. **h** Dichtekontur der Orbitale der C=O-Doppelbindung (höhere Ladungsdichte bei O!). **i** Dichtekontur der Orbitale der C=N-Doppelbindung (höhere Ladungsdichte bei N; dennoch wird N insgesamt positiver)

In Fällen, wo die Molekülwellenfunktion bei der Übertragung in das chemische Valenzschema zu mehr als einer Valenzstrichfigur führt, spricht man von „Hyperkonjugation". Sie steht für eine Bindungssituation, in der die Zuordnung von Elektronenpaaren und lokalisierten Orbitalen nicht mehr möglich ist.

Im folgenden wird an Orbitalbildern erkannt werden, daß beide Valenzstrukturen eines Peptidbausteins einen wesentlichen Aspekt der Bindung zum Ausdruck bringen. Die Atome in cis-Stellung, ein positiv geladenes H-Atom und ein negativ geladenes O-Atom, sind nun schon aus elektrostatischen Gründen für anziehende Wechselwirkung prädestiniert. In der Tat geht die Stärke dieser Wechselwirkung noch über die elektrostatische Anziehung hinaus, wie in dem Abschnitt über Wasserstoffbrücken gesehen werden kann.

Die Peptideinheit ist somit das kleinste und einfachste aller möglichen Strukturelemente, das zum Aufbau geordneter Polymerstrukturen geeignet ist; sie stellt eine der wichtigsten Strukturträger in Biomolekülen dar. Die Bindungsverhältnisse im Prototyp dieser Struktureinheit, dem Formamidmolekül,

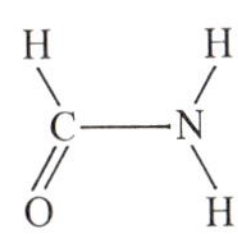

sollen nun anhand der lokalisierten Orbitale diskutiert werden.

Die Abb. 4.7 zeigt in übersichtlicher Weise die Orbitalstruktur einer Peptideinheit. Die niedrigsten 3 Orbitale entsprechen den 1s Atomorbitalen von O, N und C und sind daher weggelassen. Die am tiefsten liegenden C=O Doppelbindungsorbitale erscheinen in der Version des Modells der lokalisierten Orbitale als zwei über und unter der Molekülebene liegende Blasen (man spricht auch von “banana bonds”): man muß es als einen Nachteil der hier verwendeten Lokalisierung ansehen, daß die Molekülebene nicht als Knotenfläche erscheint. Die starke Polarität der C=O-Bindung erkennt man an der Dichtekontur in Abb. 4.7h. Dem weiteren Orbitalaufbau kann man nun leicht folgen. Es existiert eine polare N–H-Bindung, deren Proton eine effektive positive Ladung der Größenordnung 0,3 *e* trägt (Abb. 4.7c). Die C–N-Bindung hat in der Tat Doppelbindungscharakter, wie aus zwei gestaltgleichen bindenden Orbitalen vom „Bananentyp" hervorgeht. Die CN-Bindungslänge beträgt auch nur 0,132 nm, während eine normale CN-Einfachbindung 0,147 nm lang ist. Nach der Dichtekontur für das Elektronenpaar eines C=N-Doppelbindungsorbitals liegt der Schwerpunkt der Elektronenladung noch immer nahe am N. Das muß so sein, da sonst die Doppelbindung C=O noch polarer im Sinne C^+O^- würde und damit an Bindungsenergie verlieren müßte. Diese Beispiele mögen zur Einführung in einen pragmatischen Gebrauch des Orbitalmodells und seine Übersetzung in die Sprache des Valenzschemas genügen. Wir verfügen damit über ein wirksames Ordnungsprinzip, das sich bei der Diskussion charakteristischer physikalischer und chemischer Eigenschaften von Biomolekülen wie auch der Auffindung von geeigneten ad hoc Modellbeschreibungen bewähren wird.

4.3 Wechselwirkungen zwischen Strukturbausteinen

G. Ludwig Hofacker

Bei der Entwicklung des Orbitalmodells im vorigen Abschnitt wurde deutlich, daß es sich dabei gleichzeitig um ein Modell des Schalenaufbaus der Moleküle handelt. Wir hatten uns auf den wichtigsten Fall der abgeschlossenen Schale beschränkt unter der Vorstellung, daß in einem Milieu mit vielen freien Radikalen diese sich teilweise gegenseitig unter Ausbildung von Elektronenpaarbindungen eliminieren und überdies der vielerorts gegenwärtige Sauerstoff (dessen Grundzustand entgegen allen einfachen Valenz- und Orbitalregeln ein Triplettzustand ist) ein gleiches besorgt. Die Wechselwirkung zwischen Molekülen ist daher ganz stark vom Schalenabschluß geprägt — erst dadurch werden einfache Modelle, in denen die Wechselwirkungsenergie aus elektrostatischen und quantenmechanischen Anteilen additiv zusammengesetzt wird, brauchbar. Diese zwischenmolekularen oder Van der Waals-Kräfte, einschließlich der Wasserstoffbrückenbindung, sollen nun in diesem Abschnitt diskutiert werden (Brant, 1972).

4.3.1 Die Abstoßung von Elektronenpaaren

Aus der Welt unserer makroskopischen Erfahrungen überträgt man unwillkürlich die Undurchdringlichkeit der Körper auf Moleküle. Zwei Körper können sich in der Tat nicht durchdringen, weil ihre Moleküle sich bei sehr kurzen Abständen heftig abstoßen. Worauf ist diese offenkundigste aller zwischenmolekularen Wechselwirkungen aber zurückzuführen?

Diese Frage läßt sich im Orbitalmodell leicht behandeln. Gesetzt, zwei doppelt besetzte Orbitale φ_A und φ_B würden sich durchdringen mit einer „Überlappung"

$$S=\int \varphi_A^* \varphi_B dv\,, \tag{4.23}$$

dann können diese nicht mehr Eigenfunktionen eines hermitischen Fockoperators sein, da dessen Eigenfunktionen ja orthogonal sein müssen. Bei kleiner Überlappung S (und schon „kleine" Überlappungen, $S \ll 1$, geben Anlaß zu Abstoßungsenergien von mehreren kJ/mol.) werden sich nur die überlappenden Orbitale φ_A und φ_B, nicht aber alle übrigen, ändern. φ_A und φ_B aber werden zu zwei neuen, orthogonalen Orbitalen kombinieren

$$\begin{aligned} \Phi_a &= (2+2S)^{-\frac{1}{2}}(\varphi_A+\varphi_B) \\ \Phi_b &= (2-2S)^{-\frac{1}{2}}(\varphi_A-\varphi_B) \end{aligned} \tag{4.24}$$

die, wie es sein muß, genähert wieder Eigenfunktionen vom Fockoperator des Gesamtsystems darstellen. Bildet man damit den Ausdruck für die HF-Energie des Gesamtsystems, entwickelt bis zur 2. Ordnung in S und zieht die HF-Energien der Einzelmoleküle ab, so bleibt die elektrostatische Wechselwirkung der Moleküle A und B übrig, soie ein Term proportional S^2 mit einem Vorfaktor von der Größenordnung der Summe der Ionisierungsenergien aus φ_A und φ_B. Dieser Term entspricht hauütsächlich dem Pauli-Prinzip, welches ein Anwachsen der Ladungsdichte von Elektronen gleichen Spins, wie es bei der Durchdringung doppelt besetzter Orbitale erfolgt, energetisch benachteiligt. Bei Elektronenpaaren, die aufeinander gerichtete Dipolmomente erzeugen, kann auch die elektrostatische Abstoßung eine erhebliche Rolle spielen.

Am stärksten ist ohne Frage die Abstoßung zwischen einsamen Elektronenpaaren. Schon bei ungefährer Kenntnis der Hybridatomfunktionen dieser Paare kann man die energetisch möglichen Konformationen von Makromolekülen oft wesentlich reduzieren. Überlegungen dieser Art spielen besonders für das Verständnis der Konformationen von Polyamidketten eine wichtige Rolle. Die Erfahrung, daß bestimmte Molekülgruppen sich bei thermischen Energien nur bis auf einen typischen Abstand, den sog. Van der Waals-Abstand, nähern können, wird durch die S^2-Regel bestätigt, die ja nichts anders als einen plötzlichen, exponentiellen Anstieg der Abstoßung zum Ausdruck bringt. Wie schon Pauling (1967) bemerkt hat, sind die Van der Waals-Abstände sogar additiv aus Van der Waals-Radien der wechselwirkenden Gruppen zusammenzusetzen. Auch dies steht in Einklang mit der S^2-Regel. Da alle Orbitale von einem bestimmten Abstand r_0 vom Kern aus exponentiell abfallen, wird die für den Van der Waals-Abstand typische Überlappung mit einem anderen Orbital gerade außerhalb des Abstandes r_0 stattfinden und der

Van der Waals-Abstand ist somit genähert die Summe zweier für die (natürlich lokalisierten) Orbitale charakteristischer Parameter. Als empirischer Ansatz für das Abstoßungspotential $U(r)$ benutzt man daher vielfach die Funktion

$$U(r) = A e^{-\alpha(r/d_0)}, \tag{4.25}$$

wo r der Abstand der wechselwirkenden Gruppen ist und d_0 die Summe der Van der Waals-Radien.

Die stärkstmögliche Durchdringung zweier Elektronenpaare findet man in den Wasserstoffbrücken, wo ein Proton für starke elektrostatische und quantenmechanische Anziehungskräfte sorgt, welche die Paarabstoßung zu kompensieren vermögen.

4.3.2 Elektrostatische Kräfte

Wenn so gut wie keine Überlappung zwischen den Orbitalen zweier Gruppen besteht, sind die intermolekularen Austauschterme $K_{a_i b_k}$ vernachlässigbar klein und die Wechselwirkung wird in der Näherung des Orbitalmodells durch die Coulomb-Abstoßung $J_{a_i b_k}$, die Kernabstoßung und die intermolekulare Kern-Ladungswechselwirkung bestimmt. Faßt man diese Terme zusammen, so kann man ein einfaches Modell der elektrostatischen Wechselwirkung von Molekülen und Molekülgruppen entwerfen, das seine Brauchbarkeit aus der Erfahrung zieht, daß bestimmten Gruppen innerhalb eines Moleküls typische Ladungsverteilungen und Polarisierbarkeiten zugeordnet werden können. Berechnet man die Orbitale der wechselwirkenden Partner nach irgendeinem self-consistent Field Verfahren, und daraus die Ladungsverteilung, so hat man die wechselseitige Polarisation der Gruppen schon erfaßt und braucht nur noch die intermolekulare potentielle Energie der Ladungen zu bestimmen. Da bei nicht zu geringen Abständen die Polarisationswechselwirkungen nur mäßig groß sind, kann man sie oft mit Erfolg durch lineare Polarisierbarkeiten von Gruppen oder Bindungen charakterisieren und so die gesamte elektrostatische Wechselwirkung zwischen Gruppen durch semiempirische Ansätze beschreiben (Brant, 1972).

4.3.2.1 Kraftgesetze

Für die Abschätzung der elektrostatischen Energien von Konformationen benutzt man nun einfach die Kraftgesetze der Elektrostatik.

a) Ladung-Ladung

Besitzt man eine Punktladungsnäherung von der Ladungsverteilung der wechselwirkenden Partner A und B, so ergibt sich die elektrostatische Wechselwirkungsenergie aus

$$E_L = \sum_{ij} \frac{q_i^A q_j^B}{\varepsilon r_{ij}} \tag{4.26}$$

wo r_{ij} den Abstand der Ladungen i und j bezeichnet. ε ist die Dielektrizitätskonstante, über die noch zu sprechen sein wird.

b) Ladung-Dipol

Das Potential eines Dipols erhält man, wenn man das Coulombpotential zweier nahe beieinander liegender entgegengesetzter Ladungen q mit dem Abstandsvektor $\boldsymbol{d}$ bis zur ersten Ordnung in $\boldsymbol{d}$ entwickelt:

$$U_{\text{Dip}}(\boldsymbol{r}) = -\frac{\boldsymbol{\mu r}}{\varepsilon r^3}, \tag{4.27}$$

wo $\boldsymbol{\mu} = \boldsymbol{d}q$ und $\boldsymbol{r}$ der Vektor vom Dipol zum Aufpunkt ist. Eine Ladung Q hat demnach im Feld des Dipols die Energie

$$E_{\text{L-Dip}} = -\frac{Q\boldsymbol{\mu r}}{\varepsilon r^3}. \tag{4.28}$$

c) Dipol-Dipol

Zwei Dipole mit Momentenvektoren $\boldsymbol{\mu}_1$ und $\boldsymbol{\mu}_2$ haben hingegen die Energie

$$E_{\text{Dip-Dip}} = \frac{1}{\varepsilon r^3}\left(\boldsymbol{\mu}_1\boldsymbol{\mu}_2 - 3\frac{(\boldsymbol{\mu}_1\boldsymbol{r})(\boldsymbol{\mu}_2\boldsymbol{r})}{r^2}\right), \tag{4.29}$$

wo $\boldsymbol{r}$ der Verbindungsvektor zwischen den Dipolen ist.

d) Induzierte Polarisation

In einem elektrischen Feld F verschiebt sich der Schwerpunkt der Elektronendichte eines Moleküls ein wenig gegenüber einem festen Kerngerüst, weil die Gesamtenergie des Systems dadurch abgesenkt wird. Weiterhin finden kleine Verzerrungen des Kerngerüsts statt, um die Bindungsdipole gegenüber dem Feld in eine günstigere Orientierung zu bringen, bzw. sie durch Kernverrückung in Feldrichtung zu verstärken. Aus einem Abstand gesehen, der groß ist gegenüber dem Durchmesser des Moleküls oder der Gruppe, erscheint ein zusätzliches, induziertes Dipolmoment nahezu parallel zur Feldrichtung. Bei isotroper Polarisierbarkeit α, auf die sich hier beschränkt werden soll, ist das induzierte Dipolmoment

$$\boldsymbol{\mu}_{\text{ind}} = \alpha \boldsymbol{F}, \tag{4.30}$$

wo α ein molekül- oder gruppenspezifischer Parameter ist, den man aus Daten der Rayleigh- und Ramanstreuung oder quantenmechanischen Rechnungen bezieht. Nur bei Gruppen von sehr inhomogenem chemischen Aufbau ist es manchmal unerläßlich, die Tensoreigenschaften der Polarisierbarkeit zu berücksichtigen.

Ein Ion der Ladung Ze oder ein Molekül mit permanentem Dipol $\boldsymbol{\mu}_0$ kann aufgrund der Dipolinduktion auch von ladungs- und dipolfreien Gruppen angezogen werden, weil der induzierte Dipol stets anziehend auf die das Feld verursachende Ladungsverteilung zurückwirkt. Die Wechselwirkungsenergie E' der gesamten Ladungskonfiguration ist dann bei isotropem α

$$E'_{\text{L-Dip ind}} = -\frac{Ze\mu_{\text{ind}}}{\varepsilon r^2} = -\frac{(Ze)^2\alpha}{\varepsilon^2 r^4}. \qquad (4.31)$$

Dies ist jedoch nicht die gesamte Wechselwirkungsenergie, da zur Schaffung des induzierten Dipols eine Arbeit A geleistet werden mußte:

$$A_{\text{ind}} = \int_0^F \alpha F dF = \tfrac{1}{2}\alpha F^2. \qquad (4.32)$$

Unter dem Integranden in (4.32) steht die bei einer Feldänderung dF für die Dipolinduktion zu leistende Arbeit. Alternativ kann argumentiert werden, daß die Energie des induzierten Dipols im Feld $\mu_{\text{ind}}F = -\alpha F^2$, der Gewinn an potentieller Energie des Dipols μ_{ind} bei einer Feldänderung dF aber $-\mu_{\text{ind}}dF$, wodurch sich $-\alpha F^2/2$ als Energie des induzierten Dipols im Feld F ergeben. Die gesamte Wechselwirkungsenergie von Ion und polarisierbarer Gruppe ist daher

$$E_{\text{L-Dip ind}} = E' + A_{\text{ind}} = -\tfrac{1}{2}\alpha F^2 = -\frac{Z^2e^2\alpha}{2\varepsilon^2 r^4}. \qquad (4.33)$$

In analoger Weise erhält man für die gesamte Wechselwirkungsenergie zwischen Dipol und polarisierbarer Gruppe ein $1/r^6$ Abstandsgesetz.

4.3.2.2 Abschirmung

Die Dielektrizitätskonstante ε, die in den Gln. (4.26) bis (4.33) erscheint, macht das Modell der quasielektrostatischen Wechselwirkung von Molekülgruppen erheblich komplizierter als es auf den ersten Blick erscheint. Darin ist die strukturchemische und physikalische Detailinformation enthalten, der auch einfache Modelle, und sei es nur durch einen einzigen Parameter, Rechnung tragen müssen. Die Bedeutung von ε erkennt man schon daran, daß es bei elektrostatischer Wechselwirkung über materiefreien Zwischenraum als 1, bei Ausfüllung mit einer 2–3 Moleküle dicken Wasserschicht aber von der Größenordnung 100 angenommen werden muß.

Die Abschirmung von Ladungen auf molekularer Dimension folgt nur in Idealfällen bekannten, makroskopischen Gesetzmäßigkeiten. Einige Faustregeln lassen sich jedoch leicht angeben; die Fehlergrenzen bleiben im Rahmen anderer Fehler des elektrostatischen Modells und sind deshalb tragbar.

Zwei wichtige Beiträge zur induzierten Polarisation des Zwischenmediums und damit zur Abschirmung einer Ladung wurden schon erwähnt — die elektronische Verschiebungspolarisation und die Gerüstrelaxation. Beider Anteil ist etwa gleich groß. Sind zwischen den wechselwirkenden Ladungen nur Molekülteile von großer Starrheit vorhanden, so ist für die elektronische Verschiebung $\varepsilon \approx 1.5$ anzunehmen; sind jedoch polare Bindungen mit niedrigen Infrarotfrequenzen vorhanden, hat man $\varepsilon \approx 3$; im Falle frei drehbarer polarer Gruppen ist ε noch größer. In biologischen Makromolekülen spielt vor allem Wasser für die Abschirmung von elektrischen Feldern eine Rolle. Die makroskopische Dielektrizitätskonstante von Wasser ist 80, die von Eis 100. Schon wenige Wassermoleküle können eine Ladung stark abschirmen, da ihr Dipolmoment von 1.8 D einer formalen Ladung auf dem 0-Atom von knapp einer halben Elektronenladung entspricht und der Hybridcharakter der beiden einsamen Elektronenpaare die Abschirmung positiver Ladungen darüber hinaus noch verbessert. Deshalb muß man auch im mikroskopischen Bereich bei Anwesenheit von genügend Wassermolekülen mit effektiven Dielektrizitätskonstanten zwischen 50 und 100 rechnen.

4.3.3 Dispersionskräfte

Für die bisher betrachteten Wechselwirkungen gab das Einelektronenmodell, zumal in einer selbst-konsistenten Version, eine ausreichende Beschreibung. Es gibt aber zwischenmolekulare Kräfte, die das Einelektronenmodell prinzipiell nicht wiedergeben kann, da sie auf der Tendenz der Elektronen, sich so gut es geht zu meiden, beruht. Alle Effekte, welche dem Einzelektronenmodell entgehen, werden als Korrelationseffekte bezeichnet (Ladik, 1972); sie sind in jenen Termen der Wellenfunktion enthalten, welche die Lücke zwischen Orbitalnäherung und exakter Wellenfunktion füllen. In semiklassischer Interpretation ist Korrelation das sich Meiden der Elektronen durch eine Art von „Im Takt Laufen".

Betrachtet man der Einfachheit halber zwei neutrale Atome mit m bzw. n Elektronen. Dann ist die Wechselwirkungsenergie zwischen beiden bei entsprechend großen Abständen eine Summe von Dipoltermen, wobei ein Dipol aus einer positiven Kernladung und einem Elektron besteht. Die Dipolmomente des ersten Atoms $\boldsymbol{\mu}_i$ erzeugen gemäß Gl. (4.27) am Ort des zweiten Atoms im Abstand r ein Feld, dessen radiale und azimutale Komponenten durch F_r bzw. F_φ gegeben sind:

$$F_r = -\frac{\partial U}{\partial r} = -\sum_i \frac{2\mu_i \cos\varphi}{r^3}$$
$$F_\varphi = -\frac{\partial U}{r\partial\varphi} = -\sum_i \frac{\mu_i \sin\varphi}{r^3}. \qquad (4.34)$$

Auf dieses rasch fluktuierende Feld stellt sich die Elektronenbewegung des anderen Atoms so ein, daß seine Kern-Elektron Dipole ein fluktuierendes, resultierendes (induziertes) Dipolmoment der Größe αF bilden. Wie man weiß, ist die Energie dieses induzierten Dipols $-\alpha F^2/2$, weshalb die Dipolfluktuation des ersten Atoms im Mittel einen Beitrag zur Wechselwirkungsenergie ergibt der Größe

$$\tfrac{1}{2}\alpha F^2 = \tfrac{1}{2}\alpha(\boldsymbol{E}_r + \boldsymbol{E}_\varphi)^2 = \frac{\overline{\mu^2}\alpha}{r^6}, \qquad (4.35)$$

wo $\overline{\mu^2}$ der Mittelwert vom Quadrat des resultierenden Kern-Elektron Dipolmoments ist. Wie man sieht, ist die Dispersionsenergie $1/r^6$ proportional. Da man bei komplexeren Molekülen den Proportionalitätsfaktor aus empirischen oder semiempirischen Resultaten gewinnt, braucht obiges Resultat nicht weiter diskutiert zu werden. Wir begnügen uns mit dem Ansatz

$$E_{\mathrm{Disp}} = -\frac{A}{r^6}, \tag{4.36}$$

für die Dispersionsenergie zweier etwa kugelsymmetrischer Gruppen. Dabei ist A um so größer, je „weicher" (d.h. je polarisierbarer) die wechselwirkenden Gruppen sind <u>und</u> je größer das quantenmechanische Analogon von μ^2, d.h. die mit Fluktuationen der Elektronendichte verknüpften Dipolmomente.

Für Zwecke der Konformationsberechnung von biologischen Makromolekülen gewinnt man den Parameter A durch Anpassung eines Potentialansatzes anhand bekannter Konformationen bzw. Kristallstrukturen. Für grobe Abschätzungen leistet eine aus der quantenmechanischen Störungsrechnung gewonnene Gleichung gute Dienste

$$E_{\mathrm{Disp}} = -\frac{\alpha^2 I}{r^6}. \tag{4.37}$$

wo I die mittlere Ionisierungsenergie ist.

Zwischen kleinen Molekülen oder Gruppen, die sich bis auf ihren Van der Waals-Abstand genähert haben, bestehen Dispersionskräfte im Bereich von 1 bis 10 kJ/Mol. Ein Mehrfaches können die Disperionskräfte zwischen π-Elektronensystemen mit niedrigliegenden elektronischen Anregungen betragen und zwischen Makromolekülen sollten niederfrequente Dichtefluktuationen zu starken, langreichweitigen Dispersionswechselwirkungen führen, obgleich letztere noch nicht sehr gut experimentell belegt sind.

4.3.4 Wasserstoffbrücken

Betrachtet man die Strukturen von Biopolymeren, so erkennt man schon aufgrund der Abstände der Atome den Unterschied zwischen kovalenten oder ionischen Bindungen und Van der Waals-Wechselwirkungen. Nur gewisse polare Gruppen, eine davon mit einem polaren H-Atom, die andere mit einem einsamen Elektronenpaar ausgestattet, liegen mit ihren Abständen zwischen der Summe der beiden Van der Waals-Radien und kovalenten Bindungsabständen. Bei genauerem Zusehen entdeckt man sogar, daß hier zwei Elektronenpaare einander erheblich durchdringen. Die dabei auftretenden Abstoßungskräfte müssen durch irgendeine doppelte Bindungsfunktion des H-Atoms kompensiert werden, obgleich diesem aus energetischen Gründen außer dem 1s Orbital keine weiteren Orbitale für eine Bindung zur Verfügung stehen. Die Energie der Wechselwirkung zweier Elektronenpaare über ein H-Atom liegt entsprechend zwischen der Energie von kovalenten und Van der Waals-Wechselwirkungen. Dieses System wird als Wasserstoffbrücke bezeichnet (Pimentel and McClellan, 1960, 1971) und symbolisiert mit

$$X-H\ldots Y.$$

4.3.4.1 Bindungseigenschaften

Für 3 Zentren X, H und Y, angeordnet wie in einer Wasserstoffbrücke, lassen sich im einfachsten Ansatz der MO Theorie aus Atomfunktionen x, h und y folgende Orbitale bilden:

$$\begin{aligned} \varphi_1 &= a_1 x + a_2 h + a_3 y \quad a_1, a_2, a_3 > 0 \\ \varphi_2 &= a_1 x + a_2 h - a_3 y \\ \varphi_3 &= b_1 x - b_2 h + b_3 y \quad b_1, b_2, b_3 > 0, \end{aligned} \tag{4.38}$$

die a_i sind reelle Koeffizienten und die Überlappung ist bei der Normierung der Orbitale vernachlässigt worden. Die nichtlokalisierten Orbitale φ_1 und φ_2 sind mit je 2 Elektronen besetzt; das dritte, unbesetzte Orbital dagegen impliziert einen Zustand, in dem das antibindende Orbital der X—H-Bindung mit dem einsamen Elektronenpaar kombiniert. Es handelt sich also um einen angeregten Zustand der H-Brücke, in dem ein Elektrontransfer aus dem einsamen Elektronenpaar in die X—H-Bindung stattfindet.

Da φ_1 und φ_2 nur Ladungsverschiebung innerhalb der X—H-Bindung zum Ausdruck bringen, stellt sich für das Verständnis der Bindungseigenschaften die wichtige Frage, ob die Energie des Orbitals φ_3 niedrig genug liegt, um mit φ_2 konkurrieren zu können. In anderen Worten: Ist die Wasserstoffbrücke ein Elektrontransferkomplex, der nach dem Übergang der Ladung hauptsächlich von elektrostatischen Kräften zusammengehalten wird? Die Antwort gibt uns wiederum das Einelektronenmodell, das in seiner selbstkonsistenten Fassung mittels *ab initio* Rechnungen Orbitalwellenfunktionen von hoher Genauigkeit gerade für diese Klasse von Wechselwirkungen liefert. Selbstverständlich fehlen mit der Korrelationswechselwirkung auch die Dispersionskräfte im Orbitalmodell. Ihre Berücksichtigung in der Wellenfunktion wäre nur von geringem Interesse, abgesehen davon, daß sich eine solche Wellenfunktion nicht mehr bildlich darstellen ließe. Der Beitrag der Dispersionskräfte zur Energie liegt in der Größenordnung einiger kJ/Mol und kann nachträglich der Brückenbindungsenergie zugeschlagen werden. Da es sich um eine Wechselwirkung abgeschlossener Schalen handelt, wirkt sich die Vernachlässigung der Korrelation innerhalb jedes einzelnen der wechselwirkenden Partner nur geringfügig auf die Resultate bezüglich der Bindungseigenschaften aus.

Als typisches Beispiel soll die mittelstarke N—H…O-Brücke zwischen zwei Formamidmolekülen betrachtet werden, welche den H-Brücken in den α-helikalen und Faltblattstrukturen von Proteinen ziemlich genau gleicht. Im lokalisierten Orbitalbild sind nur 3 Orbitale durch die Bildung der H-Brücke verändert: die beiden Orbitale der einsamen Paare am O und das N—H-Bindungsorbital. Sie sind in Abb. 4.8a–c dargestellt. Man erkennt mit bloßem Auge nur geringe Unterschiede — bei genauem Hinsehen sind die einsamen Paare etwas zum Proton hin verzerrt und das Bindungsorbital hat sich zum N hin verschoben, so daß das Wasserstoffatom jetzt noch

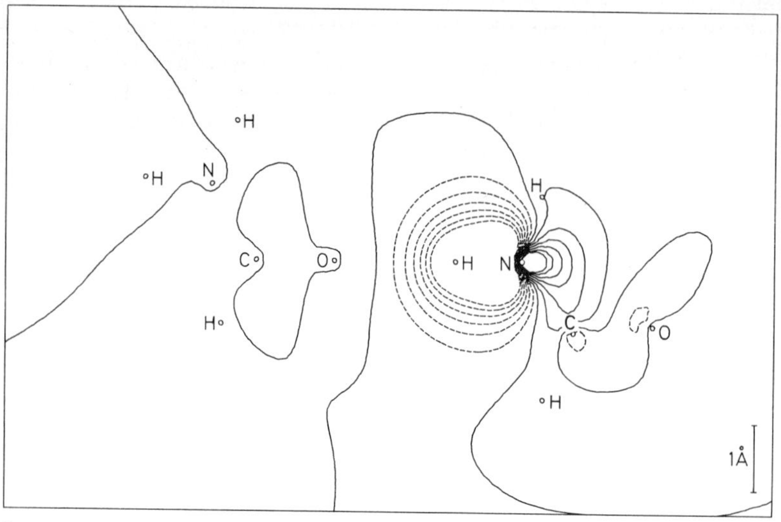

a

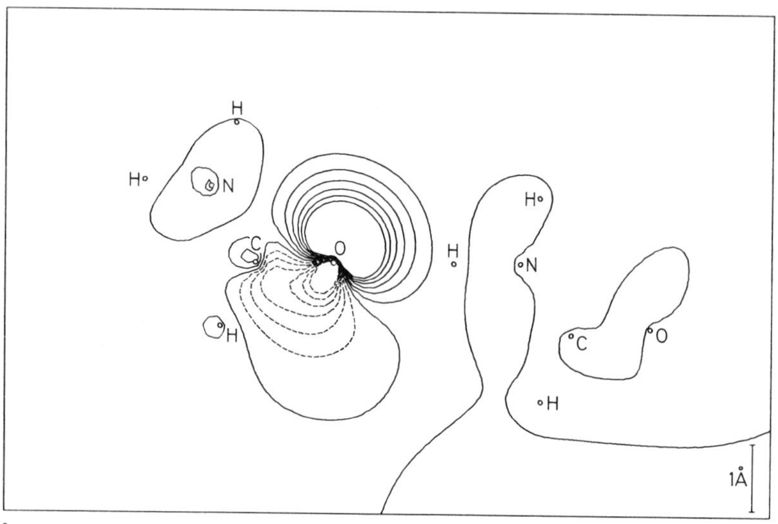

b

Abb. 4.8a–d. Lokalisierte Brückenbindungsorbitale und Differenzelektronendichte zweier wechselwirkender Formamidmoleküle. Orbitalamplituden wie in Abb. 4.7. **a** N—H-Bindungsorbital (vgl. Abb. 4.7c) gegenüber Orbital der freien N—H-Gruppe im Sinne N^-—H^+ polarisiert. **b, c** Orbitale der einsamen Paare am O des Akzeptormoleküls. Eine geringe Verzerrung in Richtung auf das Proton ist gegenüber den freien Orbitalen (Abb. 4.7g) erkennbar. **d** Differenzdichte des Formamiddimers gegenüber den ungebundenen Formamidmolekülen. Konturlinien bei Beträgen von Dichteunterschieden 0,03; 0,06; 0,09; 0,012; 0,15; 0,18. Dichtezunahmen sind durchgezogen, Abnahmen gestrichelt gezeichnet

„nackter", die N—H-Bindung noch polarer geworden ist. Im vorliegenden Fall ist die Störung der einsamen Elektronenpaare durch das positive H-Atom nicht stark genug, die Beinahe-Äquivalenz der einsamen Paare im Lokalisierungsschema aufzuheben. Die Karte der Dichtedifferenz zwischen den wechselwirkenden und den starren Ladungsverteilungen der Abb. 4.8d macht die Situation noch deutlicher. Die starke Vergrößerung der Dichtedifferenzen darf dabei jedoch nicht übersehen werden. Zwar gewinnt das Protondonor-Molekül negative Ladung, doch ist die gesamte, zwischen den Molekülen übergegangene Ladung weniger als 0,1 *e*. Viel wichtiger sind die intramolekularen Elektronenverschiebungen, welche die Polarität der als Protondonor fungierenden Formamidmoleküle vom Brückenwasserstoff über das N zum O hin verstärkt. Gleichzeitig wächst dadurch die Protonakzeptorstärke dieses Moleküls. So kommt es, daß die senkrecht zu den Wendeln der α-Helix verlaufenden Ketten von H-Brücken sich durch Polarisationseffekte verstärken. Dieses Phänomen der Verstärkung der Donor- und Akzeptoreigenschaften in Ketten von H-Brücken bei Molekülen, die Protondonor- und Akzeptor zugleich sein können, ist sehr häufig anzutreffen.

Die Bindungseigenschaften von H-Brücken können nun so zusammengefaßt werden:

1. Die X—H-Bindung wird noch stärker polarisiert im Sinne X^-—H^+.

2. Ein *geringer* Elektronentransfer aus der Protonakzeptorgruppe findet statt.

3. Die Anordnung der Partner in der H-Brücke ist elektrostatisch günstig. Anziehende elektrostatische und quantenmechanische Beiträge zur Energie sind von gleicher Größenordnung.

4. Die Polarisation der Partner in der H-Brücke erstreckt sich über mehrere Bindungen.

5. In schwachen H-Brücken überwiegen die elektrostatischen, in starken die quantenmechanischen Wechselwirkungen.

6. Je stärker die H-Brücke, desto kürzer der X…Y-Abstand und desto größer die Verlängerung des

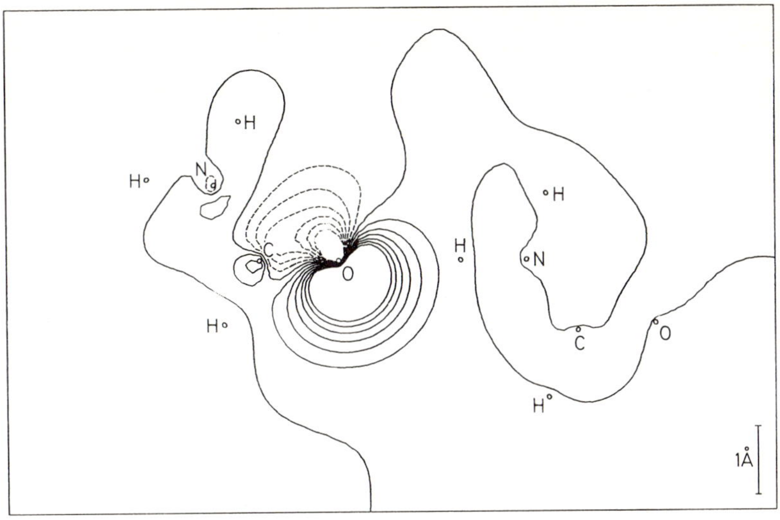

c

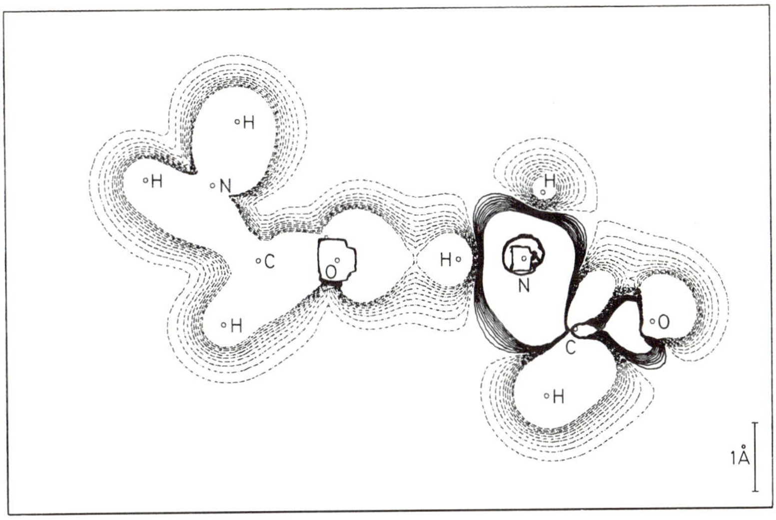

d

X—H-Abstandes. Der Fall des Protonenübergangs $X^-...H—Y^+$ kann eintreten.

4.3.4.2 Struktur- und Funktionseigenschaften

Protondonor in Wasserstoffbrücken können alle X—H-Gruppen sein, welche eine genügend starke Polarität im Sinne $X^-—H^+$ aufweisen. Das sind insbesondere die Gruppen

O—H..., N—H..., schwächer S—H...
sowie die Halogenwasserstoffe mit abnehmender Donorneigung bei zunehmender Ordnungszahl

C—H... und P—H... in Ausnahmefällen — etwa Cl_3C—H... (Chloroform) bzw. R_2P—H... (Phosphin).

Akzeptoren sind der σ—σ- und σ—π-gebundene Sauerstoff —O— bzw. =O, sowie der σ^3- und σ^2—π-gebundene Stickstoff >N— bzw. —N=; ein schwacher Akzeptor ist der σ—σ-gebundene Schwefel —S—. Daneben sind alle stark negativ geladene Substituenten (insbesondere Halogene), und natürlich Anionen, gute Akzeptoren. Aufgrund ihrer Polarisierbarkeit können sogar π-Elektronensysteme und Dreifachbindungen Akzeptoreigenschaften entwickeln.

Die Enthalpie der Assoziation variiert über einen weiten Bereich, von der Größenordnung 4–100 kJ/mol. In den Proteinen wird die Enthalpie der H-Brücken wesentlich von der Natur der Seitenketten beeinflußt. Aus Modellrechnungen und empirischen Daten von Modellsubstanzen kommt man zu der Annahme einer N—H...O = Brückenbindungsenthalpie von 15 bis 25 kJ/mol. Etwas größer dürfte die OH...O Assoziationsenthalpie der Wasserstoffbrücken zwischen den Basenpaaren der Nucleotide sein. Schließlich darf man nicht vergessen, daß die Stabilität einer Wasserstoffbrücke durch die freie Enthalpie zwischen dieser bestimmten H-Brückenanordnung und einer anderen, im allgemeinen diesen Brückenpartnern und dem Wasser, gemessen wird. Da der letztere Zustand durch die Entropie wesentlich begünstigt ist, bleiben als Stabilitätsgewinn pro Brücke jeweils nur wenige kJ/mol.

All diese Fakten folgen den in Abschnitt 4.3.4.1 entwickelten Vorstellungen der Bindungsstruktur der Wasserstoffbrücken. In biologischen Systemen kommt von den aufgeführten Donoren und Akzeptoren ein guter Teil tatsächlich vor.

Für die Sekundärstruktur von Nucleotiden und Proteinen sind O—H...O und N—H...O Wasserstoffbrücken von besonderer Bedeutung. So können wir nun die in Abschnitt 4.2.2.2a angestellte Überlegung, daß die Peptideinheit der kleinste zur Strukturbildung brauchbare Molekülbausteine sei, durch die zusätzliche Eigenschaft der Peptidbausteine, je eine Proteindonor- und Akzeptorgruppe zu besitzen, ergänzen und ihre Bedeutung für die Sekundärstruktur (etwa das Auftreten von α-helikalen Bereichen) erkennen.

Eine besondere Rolle unter allen Molekülen kommt im Hinblick auf das gleichzeitige Vorhandensein von Donor- und Akzeptorgruppen dem Wasser zu. H_2O-Moleküle besitzen zwei positive Wasserstoffatome und zwei einsame Elektronenpaare in Hybridfunktionen, wie in Abschnitt 4.2.3.3a gezeigt wurde. Aus diesem Grunde sind flüssiges und festes Wasser die ungewöhnlichsten, aus kleinen Molekülen bestehenden Körper. Flüssiges Wasser ist eine in reinem Zustand hochstrukturierte Flüssigkeit, deren natürliche, auf nahezu perfekter Viererkoordination um jedes H_2O-Molekül beruhende Ordnung durch Lösen von Ionen oder Molekülen mit polaren Gruppen in der Umgebung der gelösten Spezies stark geändert wird. So bildet Wasser z.T. mit Kationen in Vierer- oder Sechserkoordination Komplexe, bei denen ein einsames Elektronenpaar eine polare Elektron-Donorbindung mit dem freien Orbital des Ions tätigt. Dieser Komplex stört die natürliche Wasserstruktur bis zur dritten Solvationsschale um das Ion ganz wesentlich. Nicht weniger stören aliphatische Gruppen, deren hydrophobe Eigenschaften durch hydrophile (d.h. H-Brückenbindungsfähige), polare Gruppen kompensiert sind, die Wasserstruktur. Hier sind die Wechselwirkungskräfte zwischen der „Rückseite" der H_2O-Moleküle mit ihren einsamen Elektronenpaaren und den aliphatischen Gruppen vom Dispersions- und Dipolinduktionstyp. Insgesamt stellt sich nach dem Prinzip vom Minimum der freien Enthalpie eine Wasserstruktur um die hydrophoben Gruppen ein, die eher eisartig, d.h. im Sinne tetraedrischen Viererkoordination noch vollkommener geordnet ist als das normale Wasser. Diese eisartigen Hüllen um die aliphatischen Seitenketten, etwa von Proteinen, „frieren" bestimmte Konformationen ein — aus thermodynamischen Gründen jene, die bei geringster Bewegungsentropie der Gruppen die niedrigste Energie (d.h. ein Höchstmaß an übriger Wechselwirkungsenergie) besitzen. Wird die hier beschriebene Verteilung der Wasserstoffbrücken zwischen den Wassermolekülen unter sich und zum Protein wesentlich gestört, z.B. durch Zusatz starker H-Brückenbildner wie Amiden oder Harnstoff, so bricht die ursprüngliche Konformation zusammen, und das Protein geht in einen „denaturierten" Zustand über.

Zweifellos wäre die Vielfalt der Strukturen biologischer Makromoleküle ohne die Existenz der Protondonor-Akzeptor Wechselwirkung in den Wasserstoffbrücken nicht möglich. Erst bei viel niedrigerer Temperatur vermöchten die anderen zwischenmolekularen Kräfte eine vergleichbare Zahl unverwechselbarer makromolekularer Strukturen hervorzubringen. Man kann daher sagen, daß eine der biologischen Funktionen von H-Brücken darin besteht, den Biopolymeren gerade noch Stabilität gegenüber der thermischen Bewegung bei Normaltemperatur zu verleihen (die Stabilität der typischen H-Brücken in Biopolymeren beträgt nur etwa das 4–10fache von kT). Eine isolierte H-Brücke würde demnach alle 10^{-6}–10^{-10} s brechen und sich wieder bilden. In den aktiven Konformationen der Biopolymere ist die Bruchhäufigkeit aber oft um viele Größenordnungen geringer, da zwischen benachbarten Wasserstoffbrücken Kooperationseffekte durch gegenseitige Polarisation bestehen, die den Bruch einer einzelnen Brücke unwahrscheinlicher machen. Lineare Systeme kooperativ angelegter Wasserstoffbrücken können daher nur sequentiell (wie ein Reißverschluß) aufgebrochen werden (Poland and Scheraga, 1970). Dies kann durch die Wirkung der besonders polaren Gruppen eines Enzyms, aber auch, wie bei der Denaturierung, durch einen dem Schmelzen vergleichbaren Prozeß geschehen. Eine der Funktion von H-Brücken in Biomolekülen ist somit die kinetische Stabilität eines Biopolymers auch im thermodynamisch instabilen Bereich zu erhalten und durch einen Katalysator (das Enzym) kontrollierbar zu machen, bzw. die thermodynamische Stabilität durch Änderung des chemischen Potentials des Mediums zu verschieben. Die biologische Bedeutung der genannten Funktionen von Wasserstoffbrücken hat ihre Ursache letztlich in den energetischen Eigenschaften dieser Wechselwirkung, mit Assoziationsenergien, die zwischen den Van der Waals und den Valenzkräften liegen.

Die dritte, wichtige Funktion der Wasserstoffbrücken, die hier aufgeführt werden muß, betrifft den Übergang des Protons von einem einsamen Paar zum anderen. Neben dem Transport von Ionen mit abgeschlossenen Schalen und Elektronen spielt im biologischen System der Transport von H^+-Ionen eine nicht minder wichtige Rolle. Protonen müssen in biologischen Systemen unter anderem bewegt werden, um lokale Elektroneutralität herzustellen (z.B. Rekombination mit OH^--Ion oder Säureanion), zur Säure-Base-Katalyse (bei Anlagerung des Protons an ein einsames Elektronenpaar als Zwischenschritt einer chemischen Reaktion), zur Abschirmung eines bewegten Elektrons, zur Kompensation von Raum- und Polarisationsladungen (in Membranen), als endotherme Spezies, deren freie Enthalpie in chemische Reaktionen von sonst reaktionsträgen Partnern eingebracht wird. Da Protonen in Bindungen gefangen sind, deren Protonisierungsenergie um 600 kJ/mol liegt, können sie nur von einem Elektronenpaar zum anderen bewegt werden, sofern sie nicht angelagert an ein Molekül diffundieren. Der Übergang des Protons zwischen einsamen Elektronenpaaren kann sehr schnell erfolgen (mit Übergangsgeschwindigkeiten von mehr als $10^{12}\,s^{-1}$), da das einmal transferierte Proton seine H-Brücke aber nicht zu verlassen vermag, kann nur das Proton einer benachbarten Brücke verschoben werden, usw. Schließlich steht am Ende einer langen Kette von Wasserstoffbrücken ein Proton für irgendeinen Zweck zur Verfügung. Am augenfälligsten erkennt man diesen Mechanismus beim Transport des H^+-Ions in Wasser, dessen Beweglichkeit alle anderen Ionen um das 4–5fache übertrifft, bis auf das OH^--Ion, das sich ebenfalls durch Protontransfer fortbewegt und etwa 40% langsamer durch die Wasserstruktur springt.

Ein H^+-Ion in Wasser kann aus der Dissoziation eines H_2O-Moleküls stammen oder aus einer Säure. Es verschwindet in einem einsamen Elektronenpaar unter Bildung des zum Ammoniak isoelektrischen H_3O^+-Ions. Dieses hydratisiert unter Ausbildung enorm starker Wasserstoffbrücken (Dissoziationsenergie einer Brücke der 1. Hydratationsschale über 100 kJ/mol.). Erstaunlicherweise diffundiert dieser energetisch enorm stabile Komplex mit einer Aktivierungsenergie von nur 11 kJ/mol durch die Wasserstruktur, symbolisch:

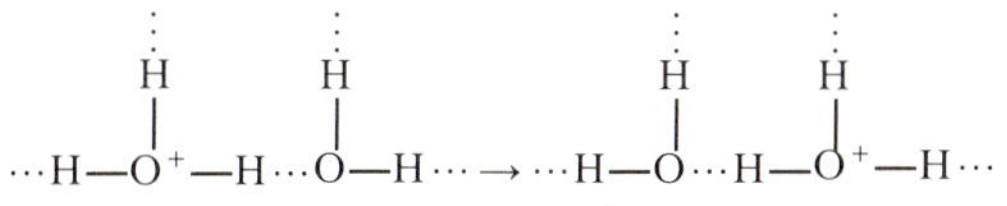

Ein entsprechender Mechanismus gilt für OH^--Ionen:

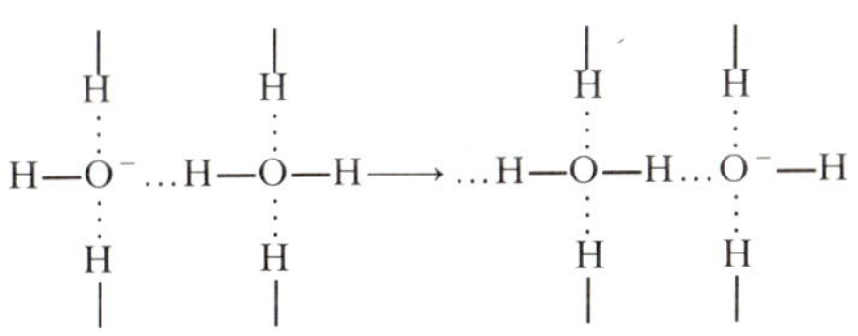

Das Wasser ist daher eine Quelle von H^+- und OH^--Ionen, aus der sich Moleküle und Enzyme schnell regenerieren können, die in einer Säure-Base-Katalyse ein solches Ion gespendet haben.

Der Autor ist Herrn Dr. Peter Otto für seine Hilfe bei der Erstellung der Orbitalbilder sehr zu Dank verpflichtet.

Literaturauswahl

Brant, D. A.: Ann. Rev. Biophys. Bioeng. **1** (1972).
Dewar, M.: Molecular Orbitals. Fortschr. Chem. Forsch. **23** (1971).
England, W., Salmon, L.S., Ruedenberg, K.: Molecular Orbitals. Fortschr. Chem. Forsch. **23** (1971).
Gould, R. F. (ed.): Bioinorganic Chemistry. Washington: Am. Chem. Soc. Publ. 1971.
Jaffé, H. H., Orchin, M.: Symmetry in Chemistry. New York: Wiley 1965.
Ladik, J.: Quantenbiochemie für Chemiker und Biologen. Stuttgart: Enke 1972.
Pauling, L.: The Nature of the Chemical Bond. Ithaca: Cornell University Press 1967.
Pauling, L., Wilson, E. B.: Introduction to Quantum Mechanics. New York: McGraw-Hill 1935.
Pilar, F. L.: Elementary Quantum Chemistry. New York: McGraw-Hill 1968.
Pimentel, C. G., McClellan, A. L.: The Hydrogen Bond. San Francisco: Freeman 1960 (Supplement 1971).
Poland, D., Scheraga, H. A.: Theory of Helix-Coil Transitions in Biopolymers. New York: Academic Press 1970.
Pullman, A.: Stereo- and theoretical chemistry. Fortschr. Chem. Forsch. **31** (1972).

4.4 Charge-Transfer-Reaktionen in Biomolekülen

Janos J. Ladik

Szent-Györgyi hat als erster hervorgehoben, daß Charge-Transfer-Wechselwirkungen in biologischen Systemen eine wichtige Rolle spielen könnten. Berechnungen von Ladik über die Energiebänder der DNA und von Proteinen weisen auf die Möglichkeit hin, daß Charge-Transfer zwischen der Polypeptidkette des Proteinteils eines Nucleoproteins und der Zuckerphosphatkette [Poly(SP)-Kette] in der DNA oder intern zwischen der Basispaarregion der DNA und der Poly(SP)-Kette stattfinden kann. Ferner können — worauf erst kürzlich Szent-Györgyi hingewiesen hat — ungesättigte Aldehyde und Ketone als Elektronenakzeptoren wirken, wenn sie sich in der Nähe einer Polypeptidkette befinden. Andererseits besteht auch die Möglichkeit, daß Verbindungen mit einer –SH-Gruppe (oder die –SH enthaltenden Cysteinseitenketten eines Proteinmoleküls) Extra-Elektronen ins Leitungsband eines Polypeptids abgeben können. Auf diese Weise könnten Charge-Transfer-Reaktionen bezüglich der Energie- und Ladungstransporteigenschaften biologischer Makromoleküle eine sehr wichtige Rolle spielen.

Die Positionen der höchsten besetzten und niedrigsten leeren Molekülorbital-Niveaus (HOMO und LEMO für *H*ighest *O*ccupied und *L*owest *E*mpty *M*olecular *O*rbital) sind wahrscheinlich wichtig für Charge-Transfer-Reaktionen in der Elektronentransportkette

(4.39)

der Oxidation-Reduktion-Coenzyme. Cytochrom ist abgekürzt mit CYT, Flavinmonophosphatnucleotid mit FMN, $FMNH_2$ ist dessen reduzierte Form. NAD^+ ist die Abkürzung für Nicotinamidadenin-Dinucleotid, $NADH + H^+$ ist wieder dessen reduzierte Form, M steht für Substrat und MH_2 für die reduzierte Form.

Die Untersuchung der zwischen Purinbasen und aromatischen Kohlenwasserstoffen gebildeten Komplexe (meist mit Hilfe von Löslichkeitsmessungen, UV- und Fluoreszenzspektren) hat gezeigt, daß diese Komplexe, gewöhnlich in einer 1:1-Sandwich-Form, meist durch Polarisationskräfte zusammengehalten werden. Die Möglichkeit eines Charge-Transfer-Beitrages zu dieser Wechselwirkung kann nicht ausgeschlossen werden. Sollte dies bestätigt werden können, könnten frühere Annahmen von Hoffmann und Ladik über eine Charge-Transfer-Reaktion im Tumorentwicklungsmechanismus an Wahrscheinlichkeit gewinnen.

Wie Slifkin in der Einleitung zu seinem Buch betont, gibt es keine klare *in vivo* Evidenz für die Formation von Charge-Transfer-Komplexen zwischen Biomolekülen, obgleich viele Moleküle, die in lebenden Systemen aktiv sind, Charge-Transfer-Komplexe *in vitro* bilden können. Daher ist die experimentelle und theoretische Untersuchung von Charge-Transfer-Komplexen zwischen biologisch aktiven Molekülen von großem Interesse.

Der Ausdruck „*Charge-Transfer-Komplex*" stammt von Mulliken, der damit einen bestimmten Typus von Molekülkomplexen mit besonderen Eigenschaften benannt hat. Es war bekannt, daß Mischungen gewisser Moleküle (ein gutes Beispiel ist Chinhydron) im festen Zustand oder in Lösung stark gefärbt sein können, obwohl die gefärbte Mischung keine neue chemische Verbindung zu sein schien, sondern meist die chemischen Eigenschaften ihrer Komponenten besaß. Gewöhnlich nehmen Löslichkeit und paramagnetische Suszeptibilität dieser Mischungen zu, während ihre diamagnetische Suszeptibilität abnimmt. Ihre Färbung kommt von einem neuen, für einen gegebenen Charge-Transfer-Komplex charakteristischen Absorptionsmaximum im langwelligen Bereich.

Entsprechend der grundsätzlichen Theorie für Charge-Transfer-Komplexe (sie stammt ebenso von Mulliken) kann man die Wellenfunktion eines Charge-Transfer-Komplexes mit der Valenzbindungsmethode ansetzen als

$$\Psi_{\text{CH.T.K.}} = C_1 \Psi_{\text{AD}} + C_2 \Psi_{\text{A}^-\text{D}^+}, \tag{4.40}$$

wobei Ψ_{AD} die Wellenfunktion der zwei Moleküle A und D ist, die 0,34 nm voneinander entfernt sein sollen (die normale Entfernung zwischen Molekülen in einer Sandwichstruktur). Ihre gegenseitige Störung, hervorgerufen durch Coulomb-, Polarisations-, Austausch- und Dispensionswechselwirkung, soll durch Ψ_{AD} beschrieben werden[1], nicht aber die Charge-Transfer-Wechselwirkung. $\Psi_{\text{A}^-\text{D}^+}$ ist die Wellenfunktion der zwei Moleküle, die durch ein Elektron verbunden werden, das gänzlich vom Donator D zum Akzeptor A übertragen wird. Die Energieniveaus des Komplexes können vom Erwartungswert des Hamilton-Operators $\hat{H}$ erhalten werden

$$\langle \hat{H} \rangle = \frac{\langle \Psi_{\text{CH.T.K.}} | \hat{H} | \Psi_{\text{CH.T.K.}} \rangle}{\langle \Psi_{\text{CH.T.K.}} | \Psi_{\text{CH.T.K.}} \rangle} = \frac{\int \Psi^*_{\text{CH.T.K.}}(x,y,z) \hat{H} \Psi_{\text{CH.T.K.}}(x,y,z) dx dy dz}{\int \Psi^*_{\text{CH.T.K.}} \Psi_{\text{CH.T.K.}} dx dy dz}, \tag{4.41}$$

[1] Nach der Störungstheorie mit Überlappung bis zur Ordnung U^2S^2 (U ist das intermolekulare Potential und S das Überlappungsintegral zwischen den molekularen Mehrelektronenwellenfunktionen) können die Wechselwirkungsenergieterme klassifiziert werden als Coulomb-, Polarisations-, Austausch-, Charge-Transfer- und Dispersionsterm.

wenn man Gl. (4.40) in Gl. (4.41) substituiert und nach der Ritzschen Variationsmethode verfährt[2]. Auf diese Weise erhält man die Gesamtenergien des Komplexes

$$W_{\text{I}} = W_{\text{N}} = W_0 - \frac{(H_{0,1} - W_0 S)^2}{W_1 - W_0} \quad \text{wenn } S^2 \ll 1, \tag{4.42a}$$

$$W_{\text{II}} = W_{\text{A}} = W_1 + \frac{(H_{0,1} - W_1 S)^2}{W_1 - W_0}. \tag{4.42b}$$

In diesen Gleichungen ist

$$H_{0,0} = \langle \Psi_{\text{AD}} | \hat{H} | \Psi_{\text{AD}} \rangle = W_0,$$
$$H_{1,1} = \langle \Psi_{\text{A}^-\text{D}^+} | \hat{H} | \Psi_{\text{A}^-\text{D}^+} \rangle = W_1,$$
$$H_{0,1} = \langle \Psi_{\text{AD}} | \hat{H} | \Psi_{\text{A}^-\text{D}^+} \rangle,$$
$$S \;\; = \langle \Psi_{\text{AD}} | \Psi_{\text{A}^-\text{D}^+} \rangle,$$

und es ist angenommen, daß die Wellenfunktion Ψ_{AD} und $\Psi_{\text{A}^-\text{D}^+}$ normalisiert sind, $\langle \Psi_{\text{AD}} | \Psi_{\text{AD}} \rangle = \langle \Psi_{\text{A}^-\text{D}^+} | \Psi_{\text{A}^-\text{D}^+} \rangle = 1$. Schließlich kann man leicht zeigen, daß W_{N} kleiner als W_{A} ist, $W_{\text{N}} < W_{\text{A}}$. Daher stellt W_{N} die Grundzustandsenergie dar, und W_{A} die des angeregten Zustands. Die Differenz gibt daher die Anregungsenergie des Charge-Transfer-Komplexes,

$$h\nu_{\text{CT}} = W_{\text{A}} - W_{\text{N}} = W_1 - W_0 + \frac{(H_{0,1} - W_1 S)^2 + (H_{0,1} - W_0 S)^2}{W_1 - W_0}. \tag{4.43}$$

Für $W_1 - W_0$ kann man substituieren:

$$W_1 - W_0 = I_D - E_{\text{A}} - \Delta, \tag{4.44}$$

wobei I_D das Ionisationspotential des Donators ist, d.h. die Energie ist, die notwendig ist, um ein Elektron vom höchsten besetzten MO zu entfernen. E_{A} stellt die Elektronenaffinität des Akzeptors dar, d.h. den Energiegewinn, der erhalten wird, wenn ein Elektron vom Unendlichen in das niedrigste leere MO des Akzeptors gebracht wird. Δ repräsentiert andere Terme, der wichtigste ist die Coulombwechselwirkungsenergie zwischen D^+ und A^-, kleinere Beiträge kommen von der Veränderung der Elektronenverteilungen der D^+- und A^--Ionen, verglichen mit den neutralen D- und A-Molekülen (dem sogenannten Relaxations- oder Rearrangementphänomen), und von Änderungen in den Korrelationsenergien. Dazu kommen Löslichkeitsterme, wenn der Charge-Transfer-Komplex gelöst ist, doch deren Änderung kann gewöhnlich vernachlässigt werden für Familien chemisch verwandter Moleküle, wenn sie im gleichen Lösungsmittel gelöst sind.

Wenn man Gl.(4.44) in Gl.(4.45) substituiert, erhält man

$$h\nu_{\text{CT}} = I_{\text{D}} - E_{\text{A}} - \Delta + \frac{(H_{0,1} - W_1 S)^2 + (H_{0,1} - W_0 S)^2}{I_{\text{D}} - E_{\text{A}} - \Delta}. \tag{4.45}$$

[2] Für die Beschreibung dieses Verfahrens, s. z.B. Ladik, J.: Quantenchemie, Stuttgart: Enke 1973.

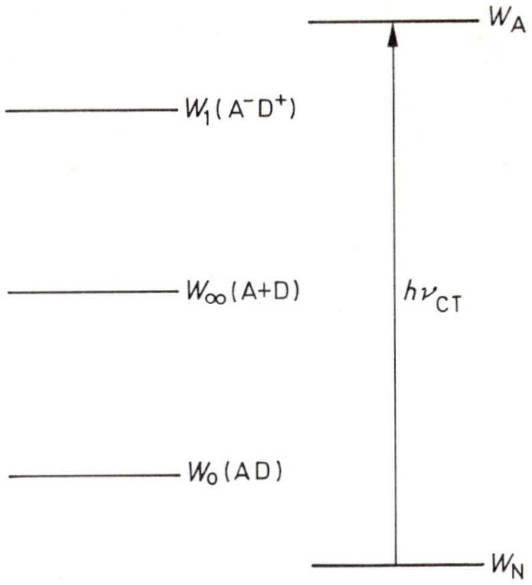

Abb. 4.9. Energieniveaus eines Charge-Transfer-Komplexes
W_A: Energie des angeregten Zustands des Komplexes
W_N: Energie des Grundzustands des Komplexes
W_∞: Energie der zwei isolierten Moleküle
$W_1 = \langle \Psi_{A^-D^+} | \hat{H} | \Psi_{A^-D^+} \rangle$
$W_0 = \langle \Psi_{AD} | \hat{H} | \Psi_{AD} \rangle$
$W_\infty - W_N$: Totale Bindungsenergie des Charge-Transfer-Komplexes im Grundzustand
$W_0 - W_N$: Bindungsenergie durch Charge-Transfer-Wechselwirkung
$W_\infty - W_0$: Bindungsenergie durch andere (nicht Charge-Transfer-) van der Waals-Wechselwirkungen
$h\nu_{CT} = W_A - W_N$ (Energieskala ist schematisch)

Für schwach gebundene Komplexe gilt: $H_{0,1} \approx S \approx 0$. Damit ergibt sich die lineare Relation

$$h\nu_{CT} = I_D - E_A - \Delta\,. \tag{4.46}$$

Das heißt, daß für eine Serie von schwach gebundenen Komplexen mit einem gemeinsamen Akzeptor und ähnlichem Donator eine lineare Korrelation zwischen den Ionisationspotentialen der verschiedenen Donatorarten und den Positionen der Charge-Transfer-Bänder besteht.

In Abb. 4.9 sind die in der vorangegangenen Diskussion erwähnten verschiedenen Energieniveaus gezeigt. Wie man sieht, kann derjenige Teil der Bindungsenergie des Komplexes im Grundzustand, welcher durch Charge-Transfer verursacht wird, folgendermaßen geschrieben werden:

$$W_0 - W_N = \frac{(H_{0,1} - W_0 S)^2}{W_1 - W_0}. \tag{4.47}$$

Man kann leicht zeigen, daß im Grundzustand die Ψ_{AD}-Valenzstruktur dominierend ist, während im angeregten Zustand die $\Psi_{A^-D^+}$-Struktur viel stärker ins Gewicht fällt.

Um ein realistischeres Maß für die im Grundzustand des Komplexes vom Donator zum Akzeptor übertragene Ladung zu erhalten, ist es am verläßlichsten, eine quantenchemische „Supermolekül"-Berechnung auszuführen. Die zwei Moleküle werden in eine wahrscheinliche relative geometrische Position gebracht, und beide werden mit der Molekülorbitalmethode (MO-Methode) berechnet, indem man annimmt, daß sich die MO's über beide Moleküle erstrecken. Löst man die Hartree-Fock-Gleichungen mit LCAO-MO's

$$\Psi_i(\mathbf{r}) = \sum_{v=1}^{m} c_{i,v}\chi_v(\mathbf{r} - \mathbf{r}_V), \qquad v \in V \tag{4.48}$$

(V ist das Atom, zu dem das Atomorbital (AO) gehört, $\mathbf{r}_V$ ist der Ortsvektor vom Atom V, $m = m_D + m_A$, die Summe der Funktionen (AO's), die für den Donator D bzw. den Akzeptor A benützt werden) in einem Iterationsprozeß, so erhält man eine Self-Consistent-Field(SCF)-Ladungsverteilung für das AD-Supermolekül. Vergleicht man diese mit den totalen Ladungen der isolierten Moleküle A und D (man erhält sie auf gleiche Weise, nur werden sie für A und D getrennt berechnet), dann kann man direkt den von D zu A übertragenen Ladungsbetrag bestimmen. Jedoch sollte betont werden, daß dieser Typ von Rechnung (welcher den Gebrauch von größeren Computern voraussetzt) nur dann verläßliche Ergebnisse liefert, wenn eine *ab initio*-Rechnung durchgeführt wird (explizite Berücksichtigung aller Elektronen und aller Wechselwirkungsintegrale zwischen ihnen). Solche Rechnungen wurden in jüngster Zeit von Otto, Suhai und Ladik für die Systeme Formamid-Glyoxal bzw. Formamid-H_2S durchgeführt. Es zeigte sich, daß in dem ersten System Glyoxal immer der Akzeptor (und entsprechend Formamid der Donator) ist, während in dem zweiten Fall auch die Richtung des Charge-Transfers von der relativen geometrischen Lage der zwei Moleküle (Formamid und H_2S) abhängt.

Die Energie der $\Psi_N \rightarrow \Psi_A$-Anregung vom Charge-Transfer-Typ (intermolekulare Anregung) ist gewöhnlich beträchtlich kleiner als irgendeine der ersten intramolekularen Anregungen. Ebenso ist die Intensität des Überganges in den meisten Fällen viel schwächer als die Übergangsintensitäten der Molekülbestandteile des Komplexes. Beide Phänomene können sehr leicht in der MO-Beschreibung erklärt werden: das höchste besetzte MO (HOMO) des Donators liegt ziemlich hoch, während das niedrigste leere MO (LEMO) des Akzeptors vergleichsweise niedrig liegt (s. Abb. 4.10). Auch wenn in einem *ab initio*- oder angenähertem Hartree-Fock-Schema die Singulettanregungsenergie nicht genau die Differenz der zugehörigen Einelektronenenergien ist, sondern durch die korrespondierenden Coulomb- und Austauschintegrale $J_{i,j}$ und $K_{i,j}$ korrigiert werden muß

$$^1\Delta \mathbf{E}_{i \rightarrow j} = \varepsilon_j - \varepsilon_i - \mathbf{J}_{i,j} + 2\mathbf{K}_{i,j}\,, \tag{4.49}$$

wobei ε_j die Einelektronenenergie des LEMO und ε_i die des HOMO ist, bleibt es wahr, daß die intramolekularen Anregungen mehr Energie erfordern als die Charge-Transfer-Übergänge.

Die Erklärung der Intensitätsabnahme eines Charge-Transfer-Überganges ergibt sich folgendermaßen: Für die Oszillatorstärke des $i \rightarrow j$-Überganges, welche die theoretische Beschreibung der Übergangs-

[3] Wenn man annimmt, daß ein Ladungsbetrag von S.e vom Donator zum Akzeptor übertragen ist.

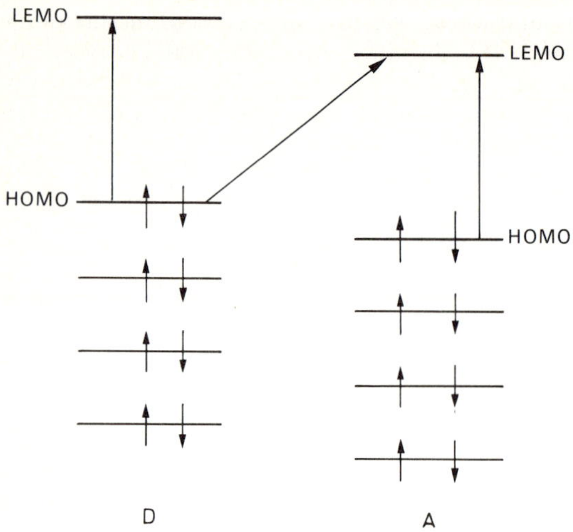

Abb. 4.10. Die Positionen der HOMOs und LEMOs eines Donators und eines Akzeptors (schematisch). Von diesem Schema ist es offensichtlich, daß die Anregung vom intermolekularen Charge-Transfer-Typ weniger Energie braucht als die korrespondierenden intramolekularen Übergänge

intensität liefert, kann man schreiben (im Rahmen der MO-Theorie unter Berücksichtigung des ganzen Komplexes als Supermolekül):

$$f_{i\to j}^{\text{theor}} = 1{,}085 \cdot 10^{-5} \frac{\varepsilon_j - \varepsilon_i}{hc} |\boldsymbol{R}_{i\to j}|^2 , \tag{4.50}$$

wobei der Übergangsmomentvektor $\boldsymbol{R}_{i\to j}$ folgendermaßen definiert ist:

$$\begin{aligned} \boldsymbol{R}_{i\to j} &= \sqrt{2}\langle \varphi_i | \boldsymbol{r} | \varphi_j \rangle \\ &= \sqrt{2} \sum_{r=1}^{m} \sum_{s=1}^{m} c_{i,r} c_{j,s} \langle \chi_r | \boldsymbol{r} | \chi_s \rangle , \end{aligned} \tag{4.51}$$

und die reziproke Wellenlänge $\frac{1}{\lambda_{i\to j}} = \frac{\varepsilon_j - \varepsilon_i}{hc}$ in cm^{-1} gemessen ist. Die MO's φ_i und φ_j in diesen Ausdrücken erstrecken sich über Donator- und Akzeptormolekül, doch durch die Koeffizienten $c_{i,r}$ können sie immer noch danach klassifiziert werden, ob sie überwiegend zu Molekül D oder Molekül A gehören. In anderen Worten, das MO-φ_i hat große LCAO-Koeffizienten $c_{i,r}$, wenn sie zu Basisfunktionen χ_r gehören, die an zu Molekül D gehörenden Atomen zentriert sind. Im Fall des MO-φ_j hingegen werden jene Koeffizienten $c_{j,s}$ groß sein, die zu den an Molekül A zentrierten AO's gehören. Auf diese Weise ist das Produkt der Koeffizienten für $s=r$ in der Doppelsumme immer klein. Im Fall $s \neq r$ gilt dieselbe Regel, wenn s und r zum gleichen Molekül gehören. Wenn s und r zu zwei verschiedenen Molekülen gehören, wird das Integral $\langle \chi_r | \boldsymbol{r} | \chi_s \rangle$ offensichtlich aus geometrischen Gründen immer klein sein. Das heißt also, daß das Produkt der drei Größen auf der rechten Seite der Gl. (4.51) immer klein ist und deswegen auch $|\boldsymbol{R}_{i\to j}|$ und $f_{i\to j}^{\text{theor}}$. Andererseits ist es gewöhnlich nicht so, wenn es sich um intramolekulare Übergänge handelt.

Die beschriebene Situation wurde von Rein und Ladik in einer semiempirischen π-Elektronen-Supermolekülrechnung für das Guanin-Cytosin(G-C)Basispaar gefunden. Die intramolekularen Übergänge waren ungefähr hundertmal intensiver als Übergänge vom Charge-Transfer-Typ vom G-Typ HOMO zum C-Typ LEMO. Die Energie dieses Überganges war beträchtlich kleiner als die der niedrigsten intramolekularen Anregungen. Für den Betrag der übertragenen Ladung ergab sich 0,99 e (kein Ladungsübertrag wurde im Grundzustand des Basispaares gefunden).

Es bleibt zu erwähnen, daß die Oszillatorstärke eines Charge-Transfer-Überganges auch vom experimentellen Absorptionsspektrum bestimmt werden kann, wenn das schwächere Charge-Transfer-Band nicht mit Bändern von intensiveren intramolekularen Übergängen überlappt. Man benützt folgenden Ausdruck

$$f_{i\to j}^{\text{exp.}} = \frac{mc^2}{\pi e^2 N} \int_{\nu_1}^{\nu_2} \varepsilon(\nu) d\nu . \tag{4.52}$$

m ist die Masse des Elektrons, N die Avogadrozahl und $\varepsilon(\nu)$ der molare Extinktionskoeffizient, welcher natürlich eine Funktion der Frequenz ν ist. Die Integration muß gewöhnlich numerisch ausgeführt werden, die Integrationsgrenzen ν_1 und ν_2 sind die Frequenzgrenzen des Charge-Transfer-Bandes.

Literaturauswahl

Hoffmann, T. A., Ladik, J.: In: Advan. Chem. Phys. J. Duchesne (Hrsg.), Bd. VII, S. 84–158. New York-London: Academic Press 1964.

Ladik, J.: Quantenchemie. Stuttgart: Enke 1973.

Mulliken, R. S.: J. Am. Chem. Soc. **74**, 811 (1952). J. Phys. Chem. **56**, 801 (1952).

Otto, P., Suhai, S., Ladik, J.: Int. J. Quant. Chem. QBS **4**, 451 (1977).

Pullman, B., Pullman, A.: Quantum Biochemistry. New York-London: Interscience 1963.

Rein, R., Ladik, J.: J. Chem. Phys. **40**, 2466 (1964).

Slifkin, M. A.: Charge Transfer Interactions of Biomolecules. New York-London: Academic Press 1971.

Szent-Györgyi, A.: Bioenergetics. New York-London: Academic Press 1957.

Szent-Györgyi, A.: Introduction to Submolecular Biology. New York-London: Academic Press 1961.

Szent-Györgyi, A.: Bioelectronics. New York-London: Academic Press 1968.

Szent-Györgyi, A.: Electronic Biology and Cancer. New York-Basel: Dekker 1976.

Szent-Györgyi, A.: The Living State and Cancer. New York-Basel: Dekker 1978.

4.5 Konformationsumwandlungen in Biopolymeren

JÜRGEN ENGEL

4.5.1 Einleitung

Die meisten Biopolymere (Peptide, Proteine, DNA) besitzen im nativen Zustand definierte Konformationen (s. Kapitel 1 und 2). Diese werden durch die sterischen Gegebenheiten der Peptid- und Nucleotidketten, sowie durch Wechselwirkungen unter den Molekülgruppen des Polymers und zwischen diesen und der Umgebung (Lösungsmittel, Liganden, Bindung an andere Biopolymere) determiniert. Hierbei resultiert die Stabilisierung einer bestimmten Konformation aus einer komplizierten Bilanz von stabilisierenden und destabilisierenden Wechselwirkungen. Zum Beispiel wirkt eine Wasserstoffbrücke zwischen der Peptid CO-Gruppe eines Aminosäurerests und dem Peptid NH des viertfolgenden Restes stabilisierend auf die α-helicale Konformation. Wasserstoffbrücken zwischen den gleichen Gruppen und Wasser oder anderen Molekülen im Lösungsmittel (z. B. Harnstoff, Guanidin) wirken destabilisierend auf die α-Helix und fördern den aufgefalteten Zustand des statistischen Knäuels. Für die Stabilisierung globulärer Proteine und der DNA-Doppelhelix sind hydrophobe Wechselwirkungen besonders wichtig. Diese beruhen auf der Tendenz hydrophober Gruppen des Polymers, der wäßrigen Umgebung auszuweichen. Wichtig sind auch elektrostatische Wechselwirkungen zwischen Dipolen und Ladungen auf ionosierbaren Gruppen, die je nach pH verschieden dissoziiert sind. Diese und die meisten anderen Wechselwirkungen hängen stark vom Lösungsmittel, vom pH und der Ionenstärke ab. Allgemein ist die Ausbildung einer Wechselwirkung mit einer Reaktionsenthalpie, einem Reaktionsvolumen und einem elektrischen Moment verbunden und daher von der Temperatur, dem Druck und der elektrischen Feldstärke abhängig. Es ist daher zu erwarten, daß Änderungen dieser äußeren Parameter und der Umgebung zu Änderungen der Konformation führen.

Die experimentelle Beobachtung zeigt nun, daß ein bestimmter Strukturtyp, z. B. die α-Helix eines Polypeptides oder die native Struktur eines Proteins, in einem großen Existenzbereich erhalten bleibt. Dafür erfolgt eine völlige Umwandlung bei einer weiteren Änderung der äußeren Parameter über diesen Bereich hinaus in einem sehr kleinen Intervall. Kleine Strukturänderungen sind bei Änderung der äußeren Parameter auch innerhalb des Existenzbereichs einer definierten Struktur beobachtbar. Auch darf man sich eine Struktur nicht als starr vorstellen. Jedes Atom führt thermisch angeregte Schwingungen um seine mittlere Position aus. Auch können mehrere Positionen energetisch ähnlich günstig sein und von der gleichen Molekülgruppe mit vergleichbarer Wahrscheinlichkeit besetzt sein. Änderungen der äußeren Parameter beeinflussen auch diese Dynamik und Flexibilität der Struktur. Es ist jedoch zweckmäßig, diese Strukturveränderungen innerhalb des Existenzbereichs einer durch ihre physikalischen und funktionellen Eigenschaften gut definierten Struktur von den Strukturumwandlungen zu unterscheiden.

Ein Beispiel für eine Konformationsumwandlung ist die thermische Auffaltung (Denaturierung) von Proteinen. Bei Enzymen führt diese innerhalb eines Temperaturintervalls von wenigen Grad zu einem völligen Verlust der enzymatischen Aktivität. Ein weiteres Beispiel ist das Aufwinden (Schmelzen) der DNA. Zur Verfolgung der Konformationsumwandlungen können funktionelle Eigenschaften oder physikalische Parameter dienen. Spektroskopische Methoden (Absorption, Fluoreszenz, optische Drehung, Circulardichroismus) erlauben wegen ihrer Schnelligkeit meist auch die kinetische Verfolgung der Umwandlung.

Das auffällige gemeinsame Merkmal sehr verschiedener Konformationsumwandlungen ist ihre große „Schärfe“, d. h. die vollständige Umwandlung in einem kleinen Intervall der Temperatur oder anderer Parameter. Daher werden oft Begriffe wie „Schmelzen“ und „Phasenumwandlungen“ verwendet, obwohl es klar ist, daß es sich nicht um Phasenumwandlungen 1. Ordnung handelt, da keine diskontinuierliche Änderungen auftreten. Für eine quantitative Beschreibung der großen Umwandlungsschärfe wurde das Konzept der Kooperativität zwischen den Einzelsegmenten eines Biopolymers eingeführt. Besonders einfach liegen die Verhältnisse bei Umwandlungen in linearen Systemen, da sich diese mit Hilfe des Formalismus des linearen Ising Modells relativ leicht beschreiben lassen. Eine Einführung in diese Behandlung sei daher der Besprechung experimenteller Systeme vorausgestellt.

4.5.2 Theoretische Behandlung

4.5.2.1 Nicht kooperative Umwandlung

Die Konformationsumwandlung eines aus vielen Segmenten bestehenden Makromoleküls verläuft über viele Einzelschritte. Es sei zunächst der allerdings hypothetische Grenzfall betrachtet, in dem sich die Segmente nicht gegenseitig beeinflussen und ihre einzelnen Umwandlungsschritte völlig unabhängig voneinander ablaufen. Für diese nicht kooperative Umwandlung der Segmente zwischen zwei Zuständen a und b ist das Gleichgewicht $a \rightleftharpoons b$ mit einer Gleichgewichtskonstante $s = c_b/c_a$ beschreibbar.

Der Umwandlungsgrad in den Zustand b ist

$$\Theta = \frac{c_b}{c_a + c_b} = \frac{s}{1+s}. \tag{4.53}$$

Die Temperaturabhängigkeit ist durch die Van't Hoff-Gleichung gegeben

$$\frac{d\ln s}{dT} = \frac{\Delta H_u^{\ominus}}{RT^2} \tag{4.54}$$

in der $\Delta H_u^{\ominus}$ die Umwandlungsenthalpie eines Segments von a nach b ist. Die Schärfe der Umwandlung am Umwandlungsmittelpunkt folgt aus Gln. (4.53) und (4.54)

$$\left(\frac{d\Theta}{dT}\right)_{\Theta=0,5} = \frac{\Delta H_u^{\ominus}}{4RT_m^2}. \tag{4.55}$$

T_m ist die Temperatur am Mittelpunkt der Umwandlung. Ein Zahlenbeispiel zeigt, daß die Temperaturabhängigkeit der Umwandlung vergleichsweise gering ist. Wird z. B. beim Übergang eines Aminosäurerestes aus dem Knäuelzustand in den α-helikalen Zustand eine Wasserstoffbrücke geknüpft, so ist $\Delta H_u^{\ominus}$ die Enthalpie für die Bildung dieser Brücke. Ein Maximalwert für die stärksten in biologischen Systemen vorkommenden Wasserstoffbrücken ist $-16\,\mathrm{kJ/mol}$. Mit diesem Zahlenwert wäre nach Gl. (4.55)

$$(d\Theta/dT)_{\Theta=0,5} \approx -5\times10^{-6}\,\mathrm{K}^{-1} \quad (\text{für } T_m \approx 300\,\mathrm{K}).$$

Auch bei anderen Elementarreaktionen, bei denen keine kovalenten Bindungen geknüpft oder gebrochen werden, sind nicht höhere Absolutwerte der Enthalpieänderung zu erwarten, so daß das Beispiel eine obere Abschätzung für die Temperaturabhängigkeit nichtkooperativer Umwandlungen liefert. Der für die nicht kooperative Umwandlung abgeschätzte Zahlenwert für $d\Theta/dT$ ist um Größenordnungen kleiner als die für die Umwandlung der meisten Biopolymere beobachtete Umwandlungsschärfe. So ist die Temperaturabhängigkeit der Knäuel$\rightleftharpoons$Tripelhelix Umwandlung des Kollagens (s. Abschnitt 4.5.3.3)

$$(d\Theta/dT)_{\Theta=0,5} = 0{,}16\,\mathrm{K}^{-1}$$

bei $T=313\,\mathrm{K}$. Die gesamte Umwandlung erfolgt in einem Temperaturbereich von 6°! Der Ansatz der unabhängigen Umwandlung der Einzelsegmente ist also für eine Beschreibung der meisten beobachteten Konformationsumwandlungen unbrauchbar.

4.5.2.2 Ein einfaches Beispiel einer kooperativen Umwandlung

Wir betrachten ein lineares Polymere mit N Segmenten, die entweder im Zustand a oder b vorliegen können. Wir nehmen jetzt nicht mehr an, daß alle Umwandlungsschritte $a\rightleftharpoons b$ unabhängig voneinander ablaufen. Vielmehr soll die erste Bildung eines b-Zustandes in einer reinen Sequenz aus a Zuständen relativ schwierig sein (Nucleation). Ist aber einmal ein erstes b-Segment vorhanden (Keim), so sollen sich die anderen Segmente vergleichsweise leicht durch Wachstumsschritte auch in b umwandeln. Es sei ein sequenzieller Umwandlungsmechanismus angenommen, der für $N=4$ lautet

$$aaaa \overset{K_1}{\rightleftharpoons} baaa \overset{K_2}{\rightleftharpoons} bbaa \overset{K_3}{\rightleftharpoons} bbba \overset{K_4}{\rightleftharpoons} bbbb\,. \tag{4.56}$$

Es gibt noch andere Reaktionswege für die Umwandlung von a_4 in b_4, doch ist zur Vereinfachung angenommen, daß die Nucleation von b nur an einem Ende erfolgt. Mechanismus (4.56) wird daher auch Reißverschlußmechanismus genannt. Bei Wechselwirkung zwischen den Segmenten können natürlich alle Gleichgewichtskonstanten K_1, K_2, K_3 und K_4 verschieden sein. Wenn aber Wechselwirkung zwischen nächsten Nachbarn die Hauptrolle spielen, so liegt die Nucleationsschwierigkeit im Auftreten der Grenze ba im ersten Schritt. In allen folgenden Wachstumsschritten wandeln sich Segemente um, die bereits ein b als Nachbarn besitzen. In diesem Falle ist es sinnvoll für alle Wachstumsschritte gleiche Gleichgewichtskonstanten s anzunehmen. Der Nucleationsschritt ist um den Nucleationsparameter $\sigma<1$ erschwert. Dies ist der einfachste Ansatz für die Beschreibung eines kooperativen Gleichgewichts. Für den Nuclationsschritt gilt

$$\sigma s = K_1 \tag{4.57a}$$

und für alle Wachstumsschritte

$$s = K_2 = K_3 = K_4\,. \tag{4.57b}$$

Zur Illustration seien die Konzentrationen der verschiedenen Konformationszustände des Polymers im Gleichgewicht für $N=4$, $\sigma=10^{-4}$ und $s=10$ ausgerechnet (Populationsanalyse).

Folgende relative Anteile, bezogen auf die reine a-Form, berechnen sich aus den Gleichgewichtskonstanten:

Zustand	relativer Anteil
$aaaa$	$\equiv 1$
$baaa$	$\sigma s = 10^{-3}$
$bbaa$	$\sigma s^2 = 10^{-2}$
$bbba$	$\sigma s^3 = 10^{-1}$
$bbbb$	$\sigma s^4 = 1$
Summe $= Q =$	2.111.

Die Zustandssumme für N Segmente ist

$$Q = 1 + \sigma \sum_{i=1}^{i=N} s^i\,. \tag{4.58}$$

Die Konzentrationen der Zustände lassen sich jetzt angeben, z. B. $c_{baaa} = \sigma s c_p/Q$, wobei c_p die Polymerkonzentration ist. Da die Einzelzustände meist nicht meßbar sind, interessiert mehr der Umwandlungsgrad:

$$\Theta = \frac{1}{N}\frac{\partial \ln Q}{\partial \ln s} = \frac{\sigma}{NQ}\sum_{i=1}^{i=N} i s^i\,. \tag{4.59}$$

Mit den Zahlenwerten unseres Beispiels ($N=4$, $\sigma=10^{-4}$, $s=10$) ist $\Theta=0{,}511$. Besonders am Umwandlungsmittelpunkt zeigt die Populationsanalyse sehr anschaulich den Unterschied zwischen einem kooperativen und einem nicht kooperativen System. Wir sehen aus der Tabelle, daß die reinen Zustände $aaaa$ und $bbbb$ weit überwiegen. Im Gegensatz dazu wäre für eine nicht-kooperative Umwandlung wegen der größeren Zahl der Realisierungsmöglichkeiten der gemischten Formen nur ein kleiner Anteil der reinen Formen zu erwarten (je 4.5% von $aaaa$ und $bbbb$ in unserem Beispiel). Die Konzentrationen der Zwischenzustände, die eine energetisch ungünstige ba-Grenze enthalten, sind bei hoher Kooperativität und kleinen Kettenlängen klein und in vielen praktischen Fällen vernachlässigbar. Dies führt auf den interessanten Grenzfall des „Alles-oder-Nichts"-Verhaltens von kooperativen Systemen.

4.5.2.3 Die Alles-oder-Nichts (AON)-Näherung

Die AON-Näherung ist anwendbar, wenn die Zwischenzustände Z, die bei der Umwandlung von einer reinen Konformation A, in einer reinen Form B durchlaufen werden

$$A \overset{K_1}{\rightleftharpoons} Z_1 \overset{K_2}{\rightleftharpoons} Z_2 \overset{K_3}{\rightleftharpoons} \dots \overset{K_N}{\rightleftharpoons} B \tag{4.60}$$

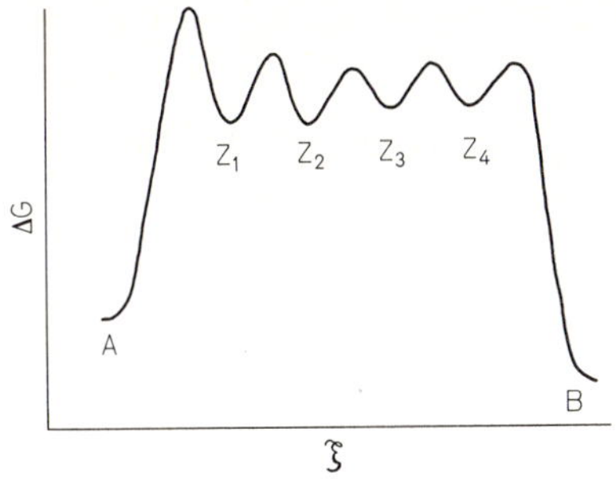

Abb. 4.11. Schematische Darstellung des Reaktionsprofils einer Konformationsumwandlung $A \rightleftharpoons B$ mit Zwischenzuständen Z_1, Z_2, etc., die im Gleichgewicht wegen ihrer ungünstigen freien Enthalpie ΔG nur in vernachlässigbaren Anteilen vorliegen. Je nach Höhe der Aktivierungsschwellen (freie Enthalpie der Aktivierung) können im kinetischen Ablauf Zwischenzustände in hohen Anteilen vorkommen. Auf der Abszisse ist die Reaktionskoordinate ξ aufgetragen

energetisch ungünstig sind (s. Abb. 4.11) und die Summe ihrer Konzentrationen vernachlässigt werden kann. Das Gleichgewicht zwischen den reinen Formen $A \rightleftharpoons B$ wird durch eine Gleichgewichtskonstante beschrieben, die das Produkt der Gleichgewichtskonstanten der Einzelschritte ist. Da die Zwischenzustände nicht zum Umwandlungsgrad beitragen, gilt

$$\Theta = \frac{K_{\mathrm{AON}}}{1+K_{\mathrm{AON}}} \quad \text{mit} \quad K_{\mathrm{AON}} = \prod_{i=1}^{i=N} K_i . \tag{4.61}$$

Wenn wie im Beispiel des Abschnitts 4.5.2.2 die Gleichgewichtskonstante der Nucleation σs ist und alle folgenden Konstanten s der Wachstumsschritte gleich sind, gilt

$$\Theta = \frac{\sigma s^N}{1+\sigma s^N} . \tag{4.62}$$

Die Abhängigkeit der Umwandlung von der Kettenlänge nach Gl. (4.62) ist in Abb. 4.12 aufgetragen. Es ist zu beachten, daß Gl. (4.62) nur für kleine N und genügende Kooperativität eine gute Näherung darstellt.

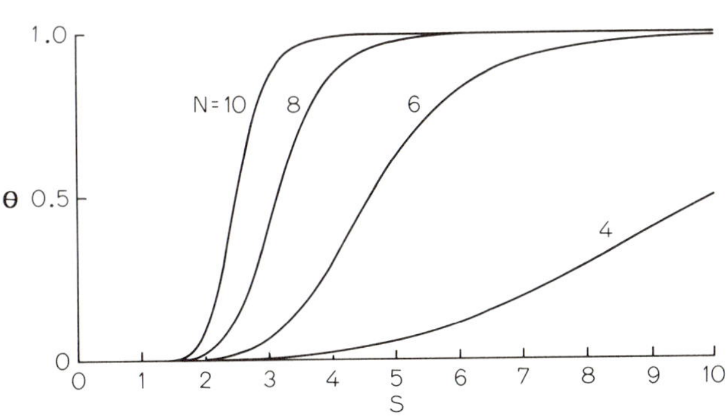

Abb. 4.12. Kettenlängenabhängigkeit des Gleichgewichts einer Umwandlung, deren Gleichgewichtskonstanten der Keimbildung und des Wachstums σs und s betragen, nach der Alles-oder-Nichts-Näherung (Gl. 4.62). Für die Berechnung wurde ein Keimbildungsparameter $\sigma = 10^{-4}$ angenommen

Die Güte der AON-Näherung sei für das Beispiel des Abschnitts 4.5.2.2 gezeigt. Mit den dort gewählten Zahlenwerten ($s=10$, $\sigma=10^{-4}$, $N=4$) ergibt Gl. (4.62) $\Theta=0{,}5$ im Vergleich zum exakten Wert von 0.511.

4.5.2.4 Umwandlung sehr langer Ketten

In vielen Fällen, z. B. bei der Knäuel$\rightleftharpoons$α-Helix Umwandlung in einer Polypeptidkette aus gleichartigen Segmenten, ist die beim Reißverschlußmodell (Abschnitt 4.5.2.2) gemachte Annahme über den Ort der Nucleation nicht erlaubt. Die Bildung eines Helixkeims kann an jeder Stelle der geknäuelten Kette erfolgen. Die Berechnung eines solchen Modells ist für beliebige Kettenlängen möglich, führt aber auf komplizierte Gleichungen. Die Behandlung wird jedoch einfach, wenn die Ketten so groß sind, daß Endeffekte unberücksichtigt bleiben können. Wir betrachten ein System aus N Segmenten, die wieder in den beiden Konformationszuständen a oder b vorliegen können. Die Nucleation an irgendeiner Stelle der sehr langen Kette ist gegeben durch

$$aaa \rightleftharpoons aba \quad \text{mit} \quad \sigma s = \frac{c_{aba}}{c_{aaa}} . \tag{4.63a}$$

Für die Wachstumsschritte gilt

$$aab \rightleftharpoons abb \quad \text{mit} \quad s = \frac{c_{abb}}{c_{aab}} . \tag{4.63b}$$

Die Gleichgewichtskonstante hängt in diesem Modell wieder nur von dem Zustand der nächsten Nachbarn ab. Über die Schritte (4.63a) und (4.63b) kann jede Kette 2^N verschiedener Zustände annehmen. Eine mathematische Behandlung ist trotzdem leicht mit Hilfe der sogenannten Dublettklausur möglich. Danach läßt sich die Wahrscheinlichkeit für jede Triplettsequenz von Zuständen für „unendlich" lange Ketten durch die Wahrscheinlichkeit des Auftretens eines Zustandes in der ersten Stelle dieser Sequenz und die bedingten Wahrscheinlichkeiten der im Triplett auftretenden Dubletts ausdrücken, z. B.

$$[abb] = [a](ab)(bb) \quad \text{mit} \quad (ab) = \frac{[ab]}{[a]}$$

und

$$(bb) = \frac{[bb]}{[b]} .$$

Wahrscheinlichkeiten sind durch eckige Klammern, bedingte Wahrscheinlichkeiten durch runde Klammern bezeichnet. Trivialerweise sind $[b]=\Theta$ und $[a]=1-\Theta=[aa]+[ab]$. Aus Gln. (4.63a) und (4.63b) folgt

$$s = \frac{[abb]}{[aab]} = \frac{(bb)}{(aa)} \tag{4.64}$$

und

$$\sigma s = \frac{[aba]}{[aaa]} = \frac{(ab)(ba)}{(aa)^2} , \tag{4.65}$$

da $(ab)=1-(aa)$ und $(ba)=1-(bb)$ folgt

$$\frac{1}{(aa)}=\frac{1}{2}\left(1+s+\sqrt{(1-s)^2+4\sigma s}\right). \tag{4.66}$$

Aus Gl. (4.65) folgt für die Wahrscheinlichkeit des Auftretens von Grenzen zwischen verschiedenen Konformationen $[ab]=[ba]$

$$[ab]^2=\sigma s(aa)^2\,\Theta(1-\Theta) \tag{4.67}$$

und wegen $(aa)(1-\Theta)+[ab]=1-\Theta$

$$\Theta=\frac{1}{2}\left(1+\frac{s-1}{\sqrt{(s-1)^2+4\sigma s}}\right). \tag{4.68}$$

Eine andere interessante Größe ist die mittlere Länge einer unterbrochenen Sequenz von Segmenten gleicher Konformation. Diese ist für b

$$N_b=\frac{[b]}{[ba]}=\frac{1}{(aa)\sqrt{\sigma s}}\,\frac{\Theta}{1-\Theta}. \tag{4.69}$$

Am Umwandlungsmittelpunkt ($\Theta=0.5$) folgt

$$N_b=N_a=1+\sigma^{-1/2}=N_0. \tag{4.70}$$

N_0 ist die kooperative Länge, deren Größe anschaulich die Kooperativität zwischen Segmenten gleichen Zustands widerspiegelt. Für $\sigma=10^{-4}$ wechseln große Bereiche von a-Zuständen mit großen Bereichen von b-Zuständen ab, und die mittlere Länge dieser Bereiche ist $N_0\approx 200$. Für eine nicht-kooperative Umwandlung ($\sigma=1$) sind bei $\Theta=0.5$ im Mittel nur 2 Segmente gleicher Konformation benachbart.

Nach Gl. (4.68) berechnete Umwandlungskurven sind in Abb. 4.13 aufgetragen. Sie zeigen die große Zunahme der Umwandlungsschärfe mit abnehmendem σ.

4.5.2.5 Umwandlungen mit bimolekularem Keimbildungsschritt

Im Falle der Bildung einer Doppelhelix müssen sich zwei Ketten bei der Nucleation finden. Die Konzentration des Keims c_1 mit der ersten Paarung ist dann

$$c_1=\beta s c_0^2, \tag{4.71}$$

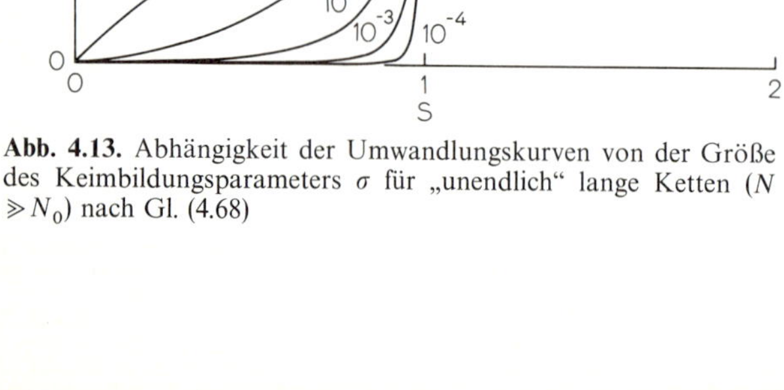

Abb. 4.13. Abhängigkeit der Umwandlungskurven von der Größe des Keimbildungsparameters σ für „unendlich" lange Ketten ($N \gg N_0$) nach Gl. (4.68)

wenn βs die Gleichgewichtskonstante der Nucleation ist und c_0 die Konzentration der freien Ketten. Die weitere Konformationsausbildung erfolgt über monomolekulare Wachstumsschritte für die wieder s als Gleichgewichtskonstante definiert werden soll. Die bisher behandelten Modelle lassen sich sinngemäß erweitern. Am einfachsten ist die Situation beim Reißverschlußmodell (Nucleation nur an einem Ende), wenn die AON-Näherung angewendet werden kann. Die Konzentration an völlig umgewandelten Molekülen (Doppelhelices) ist $c_n=\beta s^N c_0^2$, die totale Konzentration an Strängen ist $c_p=c_0+2c_N$ und der Umwandlungsgrad ist $\Theta=2c_N/c_p$. Damit folgt

$$\frac{\Theta}{(1-\Theta)^2}=2\beta c_p s^N. \tag{4.72}$$

In diesem Fall hängt Θ also von der Konzentration c_p ab. Ein solches System verhält sich kooperativer bei kleinen Konzentrationen und (oder) kleinen Werten des Nucleationsparameter β.

4.5.2.6 Beschreibung experimenteller Daten

In der Regel wird die wirkliche Umwandlung komplizierter sein als die vereinfachenden Modellmechanismen. Allerdings ist es nicht sinnvoll einen komplizierten Mechanismus mit vielen justierbaren Parametern aufzustellen, wenn ein einfacher Mechanismus, der die wesentlichen Züge des wahren Mechanismusses enthält, bereits eine gute Beschreibung der experimentellen Werte ermöglicht. Deshalb sei kurz diskutiert, wie kritisch einige der in den vorhergehenden Abschnitten gemachten Annahmen sind.

Die Annahme eines linearen Systems bedeutet, daß die Umwandlung eines Segments nur von den „linken" und „rechten" Nachbarsegmenten abhängt. Diese können aber im Raume beliebig angeordnet sein, so daß die Anwendung des Formalismus nicht unbedingt auf die Umwandlung in Kettenmolekülen beschränkt ist. Zum Beispiel wird bei der Bildung der Kollagentripelhelix eine Tripeptideinheit im Wachstumsschritt die helikale Konformation erleichtert annehmen, wenn die in der Struktur vorhergehende, aber in einer anderen Kette stehende Tripeptideinheit diese angenommen hat. Die Reaktion verläuft also unter abwechselnder Beteiligung der Segmente der drei Ketten und läßt sich daher formal linear schreiben. Eine normalerweise unkritische Annahme ist die, daß die Wechselwirkungen nur zwischen nächsten Nachbarn auftreten. Modelle mit Wechselwirkungen über einen begrenzten Bereich von Segmenten hinaus (klein gegenüber der kooperativen Länge) lassen sich auf den Formalismus der nächsten Nachbar Wechselwirkung reduzieren. Wenn ein Segment gleichzeitig in mehreren Raumrichtungen von Nachbarsegmenten beeinflußt wird, wie dies z.B. in globulären Proteinen der Fall ist, ist der Formalismus des linearen Ising Modells nicht mehr anwendbar.

Die Beschreibung von Umwandlungen mit nur zwei Gleichgewichtskonstanten σs und s ist nur dann möglich, wenn die Einzelschritte von der Position der Segmente im Molekül unabhängig sind. Dies ist für Homopolymere zu erwarten, trifft aber auch annähernd für Umwandlungen von Biopolymeren mit komplizierter Sequenz zu, wenn die Gleichgewichtskonstante der Einzelschritte nicht stark von der chemischen Natur der Segmente abhängt. So stehen z. B. beim Kollagen die Seitenketten der Aminosäurereste nach außen und beeinflussen die Umwandlung erst in 2. Näherung. Auf der anderen Seite muß, z. B. bei der Doppelhelixbildung von DNA mit Basenpaaren sehr verschiedener Stabilität, die Modellrechnung erweitert werden.

Für einen Vergleich der theoretischen Umwandlungskurven (z. B. in Abb. 4.12 und 4.13) mit experimentellen Umwandlungsdaten muß noch die Abhängigkeit von σ und s von den Parametern bekannt sein, die die Umwandlung induzieren. Bei hoher Kooperativität kann in der Regel σ in dem kleinen Bereich der Umwandlung als konstant angenommen werden. Die Temperaturabhängigkeit von s ist nach Gl. (4.54) durch die Umwandlungsenthalpie $\Delta H_u^\ominus$ des Wachstumsschrittes gegeben. Für den Fall sehr langer Ketten ($N \gg N_0$) folgt aus Gl. (4.68) die Temperaturabhängigkeit von Θ am Umwandlungsmittelpunkt

$$\left(\frac{d\Theta}{dT}\right)_{\Theta=0,5} = \frac{N_0 \Delta H_u^\ominus}{4RT_m^2}. \tag{4.73}$$

Bei Kenntnis von $\Delta H_u^\ominus$ aus kalorimetrischen Messungen kann N_0 bzw. nach Gl. (4.70) σ direkt aus der Umwandlungsschärfe erhalten werden. Die Größe $N_0 \Delta H_u^\ominus$ wird auch $\Delta H^\ominus_{\text{Van't Hoff}}$ genannt, da sie bei einer Auftragung der apparenten Gleichgewichtskonstante $K = \Theta/(1-\Theta)$ aus der Van't Hoff-Auftragung $\left(\ln K \text{ gegen } \frac{1}{T}\right)$ erhalten wird. Es gilt also

$$\frac{1}{\sqrt{\sigma}} \approx N_0 = \frac{\Delta H_{\text{Van't Hoff}}}{\Delta H_u^\ominus}. \tag{4.74}$$

Bei einer Alles-oder-Nichts-Umwandlung ($N \ll N_0$) folgt wegen $K_{\text{AON}} = \sigma s^N$, daß $\Delta H_{\text{Van't Hoff}}/\Delta H_u^\ominus = N$. In diesem Falle ist N_0 also nicht bestimmbar.

Als Beispiel für die Abhängigkeit von s von der Zusammensetzung des Lösungsmittels sei der Fall diskutiert, in dem eine Komponente x der Lösung mit einer Bindungskonstante K_x ausschließlich an Segmente in der Konformation a bindet. Die Gesamtkonzentration von a ist dann c_a (freies a) $+ K_x a_x c_a$ (a an das x gebunden hat). Die Abhängigkeit von s von der Aktivität a_x der Lösungsmittelkomponenten ist dann

$$s = \frac{c_b}{c_a + K_x a_x c_a} = s_0 \frac{1}{1 + K_x a_x}. \tag{4.75}$$

s_0 ist die Gleichgewichtskonstante für die Umwandlung der freien Segmente. Gleichung (4.75) läßt sich auf Bindung mehrerer Partner an beiden Konformationszuständen erweitern.

4.5.2.7 Kinetik kooperativer Umwandlungen

Die komplizierte Kinetik kooperativer Prozesse kann hier nur skizziert werden. Im einfachsten Fall des linearen Ising-Modells werden Geschwindigkeitskonstanten für die Bildung (k_N) und Zerstörung (k'_N) des Nucleus in Gl. (4.62) sowie für den Wachstumsschritt (k_p und k'_p) in Gl. (4.63) eingeführt. Da diese durch die Gleichgewichtskonstanten $\sigma s = k_N/k'_N$ und $s = k_p/k'_p$ verbunden sind, bleibt für jeden Prozeß ein kinetischer Parameter offen. Für $N \gg N_0$ folgt für die durch Relaxationsverfahren (s. Kapitel 8) meßbare Relaxationszeit

$$\tau = 4\Theta(1-\Theta)\frac{1}{4\sigma k_p}. \tag{4.76}$$

Bei bekanntem σ läßt sich aus derartigen Messungen also die Geschwindigkeitskonstante der Hinreaktion des Wachstumsschritts bestimmen. Für Alles-oder-Nichts-Umwandlungen ist die Geschwindigkeitskonstante der Strukturbildung oft annähernd gleich der Geschwindigkeitskonstante der Nucleation

$$\vec{k} \approx k_N \tag{4.77}$$

und wegen $K_{\text{AON}} = \sigma s^N = \vec{k}/\overleftarrow{k}$

$$\overleftarrow{k} \approx k_N/\sigma s^N. \tag{4.78}$$

4.5.3 Experimentelle Beispiele

4.5.3.1 Die Knäuel⇌α-Helix-Umwandlung

Die α-Helix ist ein häufiges Strukturelement (Sekundärstruktur) in Proteinen. Ihre Bildung aus dem statisch geknäuelten Zustand läßt sich vorteilhaft an Poly-α-L-Aminosäuren studieren, die reine α-Helices ausbilden. Zudem ist zu erwarten, daß sich jeder Aminosäurerest wegen der chemischen Identität der Reste bei der Umwandlung gleich verhält. Auch ist bei diesen synthetischen Peptiden ein Studium der Kettenlängenabhängigkeit der Umwandlung möglich.

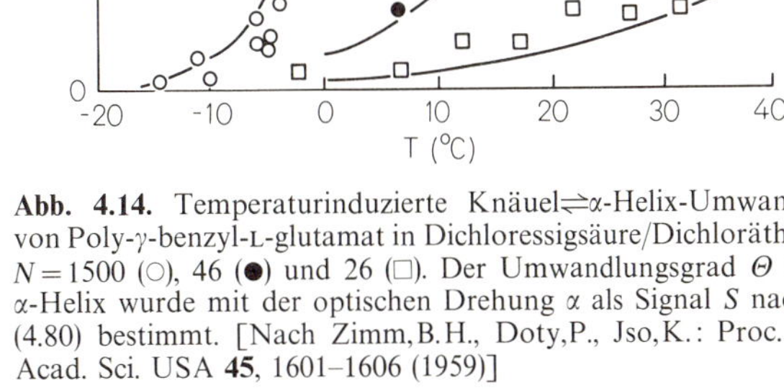

Abb. 4.14. Temperaturinduzierte Knäuel⇌α-Helix-Umwandlung von Poly-γ-benzyl-L-glutamat in Dichloressigsäure/Dichloräthan für $N = 1500$ (○), 46 (●) und 26 (□). Der Umwandlungsgrad Θ in die α-Helix wurde mit der optischen Drehung α als Signal S nach Gl. (4.80) bestimmt. [Nach Zimm, B. H., Doty, P., Jso, K.: Proc. Natl. Acad. Sci. USA **45**, 1601–1606 (1959)]

Das klassische Beispiel ist ein temperatur-induzierter Knäuel⇌α-Helix-Umwandlung von Poly-γ-benzyl-L-glutamat (Abb. 4.14). Eine gute Beschreibung der experimentellen Daten gelang mit Hilfe des einfachen Modells [Gln. (4.64), (4.65)], in der *b* für einen Aminosäurerest in α-helikaler Konformation und *a* für einen Rest im statistisch geknäuelten Konformationszustand stehen. Allerdings war für eine Beschreibung der Umwandlung bei mittleren Kettenlängen eine allgemeine mathematische Behandlung nötig, während in Abschnitt 4.5.2 nur die Grenzfälle für sehr kurze und sehr lange Ketten behandelt sind. Für die Temperaturabhängigkeit von *s* wurde Gl. (4.54) verwendet. Die Anpassung der theoretischen Kurven an die experimentellen Werte (Abb. 4.14) ergab für den Keimbildungsparameter $\sigma = 2 \times 10^{-4}$ und für die Enthalpie der Umwandlung eines Restes in die α-helikale Konformation $\Delta H_u^{\ominus} = 4{,}14$ kJ/mol. Kalorimetrische Messungen ergaben in guter Übereinstimmung

$$\Delta H_u^{\ominus} = 3{,}97\,\text{kJ/mol}\,.$$

Auch ohne die Kettenlängenabhängigkeit zu kennen, läßt sich mit diesem Wert und der Umwandlungsschärfe der langen Ketten ($\Delta H_{\text{Van't Hoff}}$!) mit Hilfe von Gln. (4.73) und (4.74) $\sigma = 1{,}8 \times 10^{-4}$ berechnen. Die kooperative Länge für dieses System ist nach Gl. (4.70) $N_0 = 70$ Reste. Für die Umwandlung der Moleküle mit $N = 1500$ ist daher $N \gg N_0$ und Gl. (4.68) ist anwendbar.

Die Kooperativitätsparameter σ für andere neutrale Poly-L-Aminosäuren liegen gleichfalls bei 10^{-4}. Für Poly-L-Lysin und Poly-L-Glutaminsäure wurden σ-Werte von etwa 10^{-3} gefunden, was auf den Einfluß der geladenen Seitenketten zurückgeführt wird. Für die meisten Knäuel⇌α-Helix-Umwandlungen ist $\Delta H_u^{\ominus}$ negativ. Der positive Wert für Poly-γ-benzyl-L-Glutamat kommt durch die stark negative Bindungsenthalpie von Dichloressigsäure [Komponente *x* in Gl. (4.75)] zustande. Die Säure bindet an den geknäuelten Zustand und wird bei der Helixbildung abdissoziiert.

Die molekulare Ursache für die hohe Kooperativität bei der Knäuel⇌α-Helix-Umwandlung ist darin zu suchen, daß bei der Bildung des Helixkeims nur eine Wasserstoffbrücke geknüpft wird (Enthalpiegewinn), daß aber drei Aminosäurereste in ihrer Konformation fixiert werden (großer Entropieverlust) (Abb. 4.15). Beim Wachstumsschritt steht dem gleichen Enthalpiegewinn ein viel kleinerer Entropieverlust (Einfrieren der freien Beweglichkeit nur eines Restes) gegenüber. Mit dieser sicher vereinfachenden Anschauung kann die Differenz der Entropieänderung zwischen Nucleations- und Wachstumsschritte zu

$$\Delta S = RT \ln \sigma \approx -75\,\text{JK}^{-1}$$

berechnet werden.

Mit Hilfe der Schallabsorption und dielektrischer Relaxationsverfahren konnte die Kinetik der Umwandlung von Poly-γ-benzyl-L-glutamat gemessen werden. In Bestätigung von Gl. (4.76) wurde der Maximalwert der Relaxationszeit $\tau_{\text{Max}} = (4\sigma k_p)^{-1}$ bei

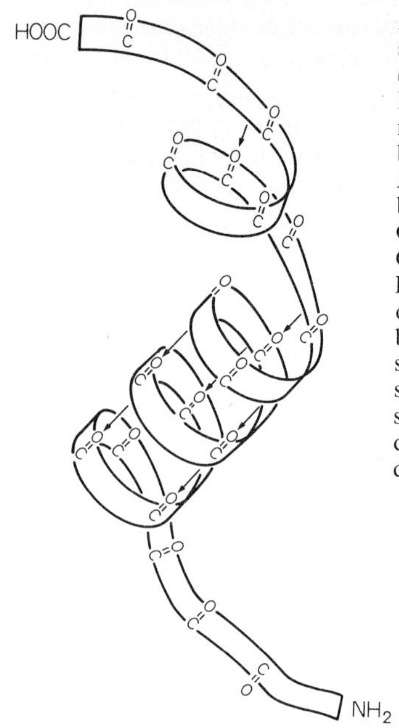

Abb. 4.15. Schematische Darstellung einer Peptidkette mit α-helikalen und geknäuelten Bereichen. Jeder Aminosäurerest ist durch seine Peptidcarboxylgruppe dargestellt. Die *Pfeile* sind Wasserstoffbrücken zwischen diesen CO-Gruppen und den Peptid NH-Gruppen des viertfolgenden Rests (in Richtung des Carboxylendes). Ein Keim (*oben*) besitzt nur eine solche Wasserstoffbrücke, doch müssen zu seiner Bildung drei Aminosäurereste (eine Helixwindung) räumlich festgelegt werden

$\Theta = 0{,}5$ beobachtet. Die Geschwindigkeitskonstante des Wachstumsschrittes errechnete sich zu $k_p \approx 10^{10}\,\text{s}^{-1}$ in guter Übereinstimmung mit dem Erwartungswert für die Bildung einer Wasserstoffbrücke. Um ein bis zwei Größenordnungen langsamer verlaufen die mit Hilfe der Temperatursprungmethode (Kapitel 8) verfolgbaren Umwandlungen von Poly-L-Lysin und Poly-L-Glutaminsäure.

4.5.3.2 Die Knäuel zu Doppelhelixumwandlung von Nucleinsäuren

Der erste Schritt zur Ausbildung einer Doppelhelix aus zwei komplementären Polynucleotidsträngen ist die Verbindung der beiden Stränge durch eine Basenpaarung (Abb. 4.16). Eine derartige Verbindung über Wasserstoffbrücken ist in wäßriger Umgebung sehr labil. Es ist daher zu erwarten, daß ein solcher Assoziat sehr oft zerfällt, bis einmal eine Weiterreaktion eintrifft. Es liegt also ein schnelles Vorgleichgewicht vor. Erst durch Paarung benachbarter Basen kann sich die für die Stabilisierung der DNA-Doppelhelix wichtige Stapelungswechselwirkung ausbilden (Abb. 4.16). Ist ein genügend großer Keim der Doppelhelix entstanden, wächst die Doppelhelix durch Wachstumsschritte mit näherungsweise gleichen Gleichgewichts- und Geschwindigkeitskonstanten.

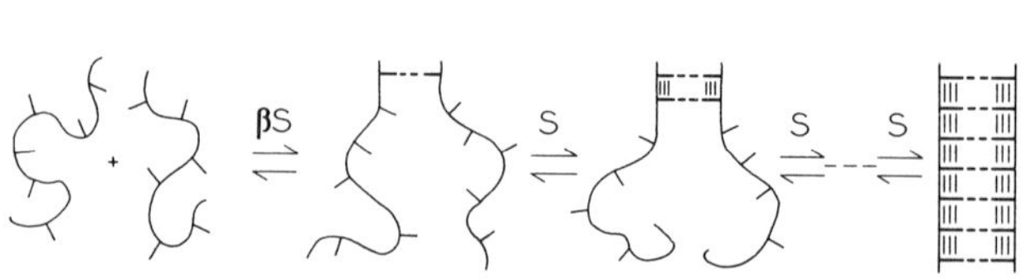

Abb. 4.16. Bildung der DNA-Doppelhelix nach dem Reißverschlußmechanismus. Die Doppelhelix wird durch Wasserstoffbrücken (– –) zwischen den Basen (——) und durch Stapelungswechselwirkungen (| | |) stabilisiert. Letztere können sich noch nicht beim ersten Basenpaar ausbilden

Das am besten untersuchte System ist die Bildung der Doppelhelix aus Oligo A und Oligo U. Die Strukturbildung wurde mit der Hyperchromizität bei 290 nm für Oligonucleotide verschiedener Kettenlängen in Abhängigkeit von der Temperatur verfolgt. Eine gute Beschreibung der beobachteten Umwandlungskurven für kurze Ketten gelang mit der AON-Näherung (Gl. 4.72) mit $\beta = 10^{-3}\,\mathrm{M}^{-1}$ und einem $\Delta H_u^{\ominus}$ von etwa -25 kJ/mol Basenpaar. Ein etwas erweitertes Modell, welches eine Assoziation der beiden Stränge in verschiedenen auch gegeneinander verschobenen Positionen („verschiebbarer Reißverschluß") berücksichtigt, liefert besonders bei längeren Ketten eine etwas verbesserte Anpassung. Sehr lange Ketten geben extrem scharfe Umwandlungen innerhalb 2°–3°. Zu ihrer quantitativen Beschreibung müssen zusätzliche Effekte, wie vielfache Nucleation und Schlaufenbildung, betrachtet werden.

Die Kinetik der Umwandlung der Oligomeren ließ sich in guter Näherung durch einen AON-Mechanismus beschreiben. Die Geschwindigkeitskonstante der Bildung der Doppelhelix $\vec{k}$ war wenig von der Kettenlänge der Oligomeren abhängig, während die Dissoziationsgeschwindigkeitskonstante $\overleftarrow{k}$ entsprechend Gl. (4.78) sehr stark mit steigender Kettenlänge abnahm. Eine interessante Besonderheit war die für $\vec{k}$ beobachtete negative Aktivierungsenergie. Der negative Wert zeigt, daß $\vec{k}$ nicht entsprechend Gl. (4.77) gleich der Geschwindigkeitskonstante der Keimbildung sein kann. Diese muß als Elementarprozeß eine positive Aktivierungsenergie besitzen. Die negative Aktivierungsenergie wird durch die negative Enthalpie des oben beschriebenen Vorgleichgewichts erklärt. Es wurde geschlossen, daß erst nach 3 Basenpaarungen ein stabiler Keim entsteht, der schneller wächst als zerfällt. Die mit den experimentellen Werten am besten übereinstimmenden Geschwindigkeitskonstanten sind für Oligomere der Kettenlänge $N=5$ in folgendem Schema zusammengefaßt

$$\begin{matrix}\mathrm{A_5\text{-}Knäuel}\\ \mathrm{U_5\text{-}Knäuel}\end{matrix} + \underset{2\times 10^{9}\,\mathrm{s}^{-1}}{\overset{10^{8}\,\mathrm{M}^{-1}\mathrm{s}^{-1}}{\rightleftharpoons}} Z_1 \underset{2\times 10^{7}\,\mathrm{s}^{-1}}{\overset{10^{7}\,\mathrm{s}^{-1}}{\rightleftharpoons}} Z_2 \underset{2\times 10^{6}\,\mathrm{s}^{-1}}{\overset{10^{7}\,\mathrm{s}^{-1}}{\rightleftharpoons}} Z_3 \underset{2\times 10^{6}\,\mathrm{s}^{-1}}{\overset{10^{7}\,\mathrm{s}^{-1}}{\rightleftharpoons}} Z_4 \underset{2\times 10^{6}\,\mathrm{s}^{-1}}{\overset{10^{7}\,\mathrm{s}^{-1}}{\rightleftharpoons}} (\mathrm{AU})_5\text{-Doppelhelix.}$$

Z_1, Z_2, Z_3 und Z_4 sind Zwischenzustände mit 1 bis 4 Basenpaarungen. Für lange Nucleotidstränge wird die Behandlung der Umwandlungen durch die Möglichkeit des Auftretens von „Schlaufen" geknäuelter Bereiche zwischen Helixabschnitten komplizierter. Bei natürlicher DNA wird eine quantitative Behandlung durch die komplizierte Sequenz erschwert. Das Vorhandensein von Basenpaaren mit verschiedener Stabilität führt zu einer Verflachung der Umwandlungskurven und eventuell zu Stufen. Solche Domainen mit verschiedener Umwandlungstemperatur ließen sich besonders klar bei den t-RNA unterscheiden.

4.5.3.3 Faltung eines Faserproteins: Die Knäuel⇌Tripelhelix-Umwandlung des Kollagens

Kollagen besitzt eine einfache und sich entlang des Moleküls wiederholende Struktur. Drei Peptidketten

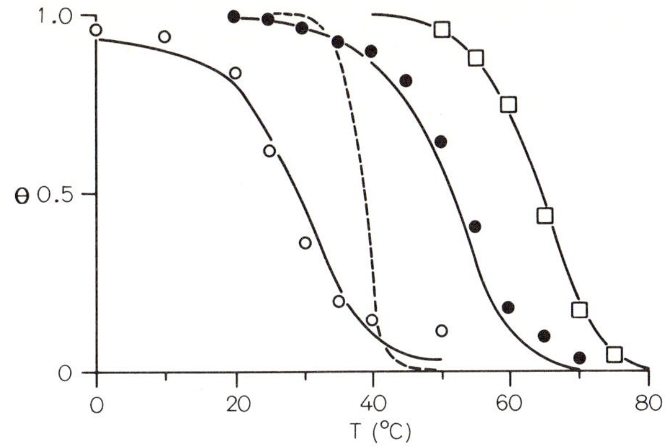

Abb. 4.17. Tripelhelix⇌Knäuel-Umwandlung von Modellpeptiden des Kollagens $(\mathrm{Pro\,Pro\,Gly})_N$ mit $N=10$ (○), 15 (●) und 20 (□) und von Typ III Kollagen aus Kalbshaut (---). Dieses enthält $N=340$ Tripeptideinheiten Gly XY pro Kette. Die Peptide wurden in 3 proz. Essigsäure und das Kollagen in 0,1 M Tris HCl Puffer, pH 7 mit 0,4 M NaCl vermessen. Der mit der optischen Drehung als Funktion der Temperatur gemessene Tripelhelixgehalt Θ wird für die drei Modellpeptide gut durch das Modell des „verschiebbaren Reißverschluß" beschrieben. Die theoretischen Kurven (——) wurden mit einem Nucleationsparameter $\beta = 10^{-4}\,\mathrm{M}^{-2}$ und einer Umwandlungsenthalpie von $\Delta H_u^{\circ} = -11$ kJ/mol Tripeptideinheit berechnet. [Nach Kobayashi, Y., Sakai, R., Kakiuchi, K., Jsemura, T.: Biopolymers **9**, 415–424 (1970); Bächinger, H.P., Bruckner, P., Timpl, R., Prockop, D.J., Engel, J.: Eur. J. Biochem. **106**, 619–632 (1980)]

sind durch Wasserstoffbrücken zwischen den Ketten und durch andere Wechselwirkungen in einer Tripelhelix vereint. Die Seitenketten ragen nach außen. Damit sich die drei Ketten zur Bildung der Wasserstoffbrücken genügend nähern können, muß sich Gly in jeder dritten Position der Ketten wiederholen. Die Sequenz ist daher $(\mathrm{Gly\,X\,Y})_N$, wobei X und Y für beliebige Aminosäuren stehen. Prolin ist häufig und Y ist oft Hydroxyprolin. Beide Aminosäuren stabilisieren die Kollagenstruktur.

Modellpeptide der Sequenz $(\mathrm{Gly\,Pro\,Pro})_N$ und $(\mathrm{Gly\,Pro\,Hyp})_N$ bilden die gleiche Tripelhelix wie Kollagen. Die Umwandlungskurven einiger Modellpeptide und eines Kollagens sind in Abb. 4.17 verglichen. Wie bei den bereits besprochenen Systemen, steigen Stabilität und Umwandlungsschärfe mit der Kettenlänge. Für kleine N werden die Umwandlungskurven gut mit der AON-Näherung beschrieben. Die quantitativen Beziehungen sind analog zu Gl. (4.71) und (4.72) ableitbar. Eine verbesserte Anpassung (Abb. 4.17) wurde mit dem Modell des verschiebbaren Reißverschluß erzielt bei dem die Möglichkeit der Bildung von nur teilweise tripelhelikalen Produkten, in denen die drei Ketten gegeneinander verschoben sind mit berücksichtigt wurde. Der Nucleationsschritt des richtigen Zusammentritts von drei Ketten ist in der Regel geschwindigkeitsbestimmend. Die Anfangsgeschwin-

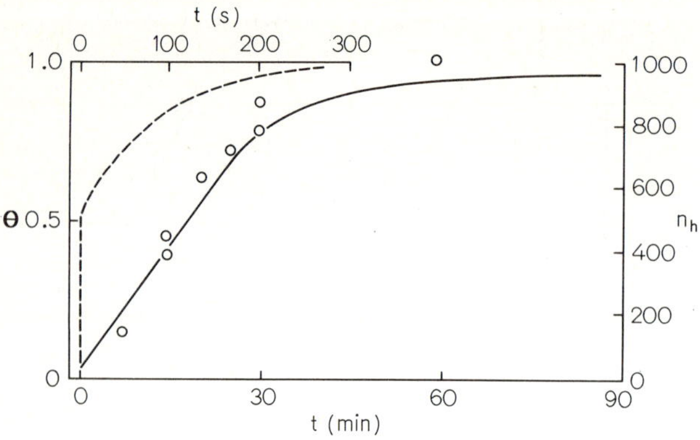

Abb. 4.18. Kinetik der Tripelhelixbildung eines kurzen Kollagenpeptids Col 1–3 mit $N=15$ Tripeptideinheiten Gly XY pro Ketten (---, obere Abszisse) und von Typ III Kollagen, $N=340$ (——, untere Abszisse). Das Peptid in 50 mM Natriumphosphatpuffer, pH 7 und das Kollagen in 50 mM Natriumcitratpuffer, pH 3,9 wurden zunächst durch Erwärmen oberhalb der Umwandlungstemperaturen völlig aufgefaltet. Die Rückfaltung wurde bei 25° mit Hilfe eines für die Tripelhelix spezifischen Signals (Circulardichroismus bei 221 nm) verfolgt und daraus der Umwandlungsgrad Θ berechnet. Für das Kollagen sind zum Vergleich die Zahl der tripelhelikalen Tripeptideinheiten n_h (○) eingezeichnet, die aus der Länge der gegen Trypsinabbau resistenten Zwischenprodukten bestimmt wurden. [Nach Bächinger, H.P., Bruckner, P., Timpl, R., Engel, J.: Eur. J. Biochem. **90**, 605–613 (1978)]

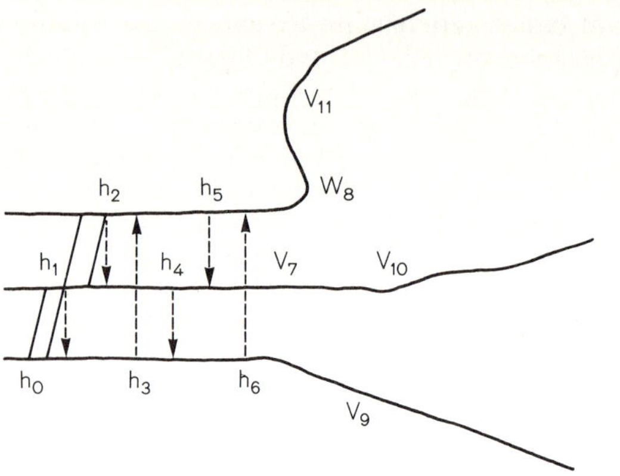

Abb. 4.19. Schematische Darstellung der Tripelhelixbildung ausgehend von einem permanenten Keim h_0, der durch drei Disulfidbrücken stabilisiert wird. Tripeptideinheiten, in denen sich alle Peptidbindungen in *trans*-Konfiguration befinden (v) können sich schnell unter Ausbildung der die Tripelhelix stabilisierenden Wasserstoffbrücken (--→) in die Tripelhelix einbauen (h). Sobald die Tripelhelixbildung eine Tripeptideinheit erreicht, in der eine Peptidbindung in *cis* Konfiguration vorliegt (w), muß die langsame *cis→trans*-Isomerisation abgewartet werden.

digkeit der Tripelhelixbildung ist daher sehr konzentrationsabhängig und folgt der dritten Ordnung.

Besonders aufschlußreich ist die Kinetik der Tripelhelixbildung bei einem natürlichen kurzen Kollagenpeptid Col 1–3 vom aminoterminalen Ende des Typ III Prokollagens. Bei diesem sind drei $(\mathrm{Gly\,X\,Y})_{15}$-Sequenzen am Carboxylende durch drei Disulfidbrücken verbunden. Dadurch ist die Nucleationsschwierigkeit aufgehoben oder wenigstens stark vermindert, und die Fortpflanzungsschritte werden geschwindigkeitsbestimmend. Ausgehend von diesem „Disulfidknoten" verläuft die Tripelhelixbildung nach einem Reißverschlußmechanismus in zwei kinetischen Phasen (Abb. 4.18).

In einer sehr schnellen Reaktion bildet sich ein Teil der Tripelhelix, bis sie durch das Vorliegen einer *cis*-Peptidbildung am schnellen Weiterwachsen verhindert wird (Abb. 4.19). Da nur Reste in *trans* Konfiguration in die Tripelhelix eingebaut werden können, wird für den Rest der Umwandlung die relativ langsame *cis→trans* Isomerie geschwindigkeitsbestimmend. Für Peptidbindungen, an denen Prolin oder Hydroxyprolin mit ihrem sekundären Stickstoff beteiligt sind, liegen die Gleichgewichtskonstanten der *cis* und *trans* Isomerisation zwischen $K_{cis\,trans}=[trans]/[cis]=1$ und 30, während für andere Peptidbindungen der *cis*-Anteil meist vernachlässigbar ist. Da Kollagen einen sehr hohen Anteil an Prolin oder Hydroxyprolin besitzt, enthält im geknäuelten Zustand im Mittel etwa jede 25. Tripeptideinheit eine Peptidbindung in *cis*-Konfiguration. Daher wandelt sich im Col 1–3 etwa die Hälfte der 45 Tripeptideinheiten in einer schnellen Phase um (Abb. 4.18).

Viel langsamer ist die 2. Phase, die von der *cis→trans* Isomerie (Geschwindigkeitskonstante bei 20° $k_{cis\,trans}=$ etwa $0.01\,\mathrm{s}^{-1}$) bestimmt wird. Diese Phase hat daher auch die charakteristische, hohe Temperaturabhängigkeit der *cis→trans*-Isomerie (Aktivierungsenergie 80 kJ/mol). Ein Beweis für die Rolle der *cis→trans*-Isomerie wurde durch ein sogenanntes Doppelsprungexperiment erbracht. Tripelhelikales Col 1–3, in dem alle Peptidbindungen in *trans* Konfiguration sind, wurde sehr schnell aufgefaltet (1. Temperatursprung), verschiedene Zeiten im geknäuelten Zustand belassen und dann durch Temperaturerniedrigung (2. Sprung) rückgefaltet. Kurz nach der Auffaltung wurde eine sehr große, schnelle Phase beobachtet. Mit der Geschwindigkeit der Einstellung des *trans→cis* Gleichgewichts kehrte die langsame Phase zurück. Auch im ganzen Typ III Kollagen mit 340 Tripeptideinheiten pro Kette beginnt die Tripelhelixbildung ausschließlich am Disulfidknoten am Carboxylende. Die schnelle Phase macht bei dem langen Molekül nur einen verschwindenden Anteil von etwa $0{,}025 \approx 25/1045$ aus. Der Hauptteil der Umwandlung erfolgt nach einem Reißverschlußmechanismus in dem die *cis→trans*-Isomerie geschwindigkeitsbestimmend ist. Da sich nach jeder Isomerisierung im Mittel 25 Tripeptideinheiten schnell umwandeln und insgesamt $3N$ Tripeptideinheiten pro Molekül umgewandelt werden, ist die Anfangsgeschwindigkeit der Helixbildung

$$\frac{d\Theta}{dT}\ \frac{1}{3N}\,K_{cis\,trans}\cdot k_{cis\,trans}\,. \tag{4.79}$$

Diese Geschwindigkeit bleibt konstant, solange noch jedes Molekül eine Tripelhelix/Knäuelgrenze enthält. Dies ist für die langen Moleküle über einen großen Bereich der Umwandlung erfüllt. Mehr als die Hälfte der Reaktion verläuft daher nach der 0. Ordnung. Erst wenn Moleküle mit vollständiger Tripelhelix, d.h.

ohne Knäuel/Helix-Grenze auftreten, biegt die Kurve ab. Abbildung 4.18 zeigt einen Vergleich der Faltungskinetiken von Peptid Col 1–3 und Typ III Kollagen. Entsprechend Gl. (4.79) ist die Geschwindigkeit der Helixbildung umgekehrt proportional zur Kettenlänge.

Da aufgefaltete Bereiche des Typ III Kollagens durch Trypsin abgebaut werden, tripelhelikale jedoch resistent sind, lassen sich Zwischenstufen in verschiedenen Stadien der Rückfaltung nachweisen. Nach verschiedenen Zeiten der Faltung wurden die Produkte in eine Trypsinlösung eingespritzt, die einen schnellen Abbau der aufgefalteten Anteile bewirkte. Alle gegen Trypsin resistenten Peptide enthielten den Disulfidknoten am Carboxylende. Ihre Länge nahm mit fortschreitender Faltung zu. Daraus ließ sich das Wachsen der tripelhelikalen Region bestimmen (Abb. 4.18), welches mit erstaunlich gleichmäßiger Geschwindigkeit erfolgt. Im Falle des Typ III Kollagens folgt die Strukturbildung, also einem einzigen durch den Keim am Carboxylende und durch den linearen Bau des Moleküls festgelegten Faltungsweg. Die Frage des Faltungswegs ("folding pathway") steht bei globulären Proteinen (s. Abschnitt 4.5.3.4) im Mittelpunkt des Interesses.

Wegen seiner Länge und des höheren Gehalts an *cis*-Peptidbindungen im aufgefalteten Zustand ist die Faltung des Kollagens im Vergleich zu anderen Proteinen langsam. Die Geschwindigkeit der Faltung der einzeln synthetisierten Ketten zur Tripelhelix unter *in vivo*-Bedingungen ist nicht genau bekannt. Es ist anzunehmen, daß sie in der gleichen Größenordnung liegt wie die Geschwindigkeit der Biosynthese. Die Synthesen einer Kollagenkette mit etwa 1000 Aminosäuren benötigt 5–10 Minuten.

4.5.3.4 Denaturierung und Renaturierung globulärer Proteine

Bei den für die Regulation enzymatischer Eigenschaften wichtigen allosterischen Umwandlungen (s. Kapitel 1.3) sind die Strukturänderungen meist sehr klein. Es genügen Verschiebungen um Bruchteile von Ångström, um große funktionelle Änderungen zu verursachen. Ein anderer Grenzfall sind die Konformationsumwandlungen, die mit einer mehr oder weniger vollständigen Auffaltung in dem geknäuelten Zustand verbunden sind (Denaturierung). Besonders faszinierend ist die Reversion dieses Vorganges, die Rückfaltung (Renaturierung) zur nativen Struktur. Diese kann als Übersetzung der in der Aminosäuresequenz der Peptidkette enthaltenen Information in eine räumliche Struktur aufgefaßt werden, die ihrerseits, z.B. bei einem Enzym, die Information für die Substraterkennung enthält. Die Fähigkeit der reversiblen Rückfaltung vieler Proteine zeigt, daß in der Anordnung der Reste mit ihren unterschiedlichen Seitenketten die Information für die native Struktur enthalten ist, daß also keine zusätzliche Information, z.B. durch eine „Faltungsmatrix", während der Biosynthese nötig ist. Nicht alle Proteine zeigen jedoch eine Reversibilität der Auffaltung. Das liegt in vielen Fällen sicher daran, daß die richtigen Bedingungen bei den *in vitro*-Versuchen noch nicht gefunden wurden. Proteinstrukturen können jedoch auch metastabil sein. In diesen Fällen entspricht die beobachtete Struktur nicht dem Gleichgewichtszustand, also dem energetisch günstigsten Zustand; die Umwandlung in diesen ist jedoch kinetisch gehemmt. Metastabile Strukturen sind besonders dann zu erwarten, wenn native Proteine nach ihrer *in vivo*-Faltung chemisch modifiziert werden, z.B. durch enzymatische Spaltungen der Peptidkette.

Eine Proteinstruktur als thermodynamisch stabiler Zustand ließe sich im Prinzip aus der Aminosäuresequenz bei Kenntnis aller Wechselwirkungen, die im Molekül und zwischen diesem und seiner Umgebung auftreten, berechnen. Die vielen Arbeiten in dieser Richtung sind von Bedeutung für ein Verständnis der Faltung und haben auch zu praktischen Teilerfolgen geführt. Es bestehen jedoch große rechnerische Probleme („Ausprobieren" von unzähligen möglichen Anordnungen) und das prinzipielle Problem, daß die energetischen Beiträge der schwer separierbaren einzelnen Wechselwirkungen nur ungenügend genau quantitativ bekannt sind.

Experimentell am besten untersucht ist das Enzym Ribonuclease. Es zeigt eine völlig reversible, durch pH, Temperatur und andere Parameter induzierbare Denaturierung (Abb. 4.20). Das Gleichgewicht ist durch eine einzige Gleichgewichtskonstante K_{AON} beschreibbar. Der aus der Umwandlungsschärfe erhaltene Wert für $\Delta H_{\mathrm{Van't\,Hoff}}$ ist sehr groß (etwa -450 kJ/mol für die Strukturbildung). Dies zeigt bereits, daß sehr viele Wechselwirkungen in einer konzertierten Reaktion zusammen ausgebildet werden. Der Wert von $\Delta H_{\mathrm{Van't\,Hoff}}$ ist annähernd gleich der kalorimetrisch bestimmten Enthalpie für die Gesamtumwandlung ΔH_{Cal}. Alle zur Enthalpie beitragenden elementaren Wechselwirkungen bilden sich also kooperativ in einer Alles-oder-Nichts-Reaktion gemeinsam aus. Danach sind im Gleichgewicht im wesentlichen nur völlig geknäuelte Moleküle neben völlig gefalteten Molekü-

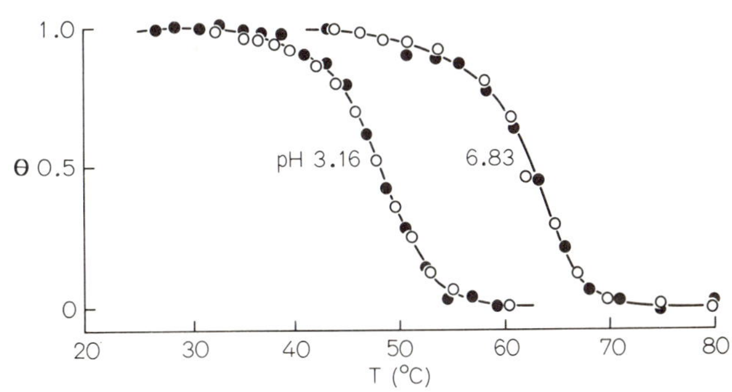

Abb. 4.20. Temperaturinduzierte Umwandlung von Ribonuclease bei zwei pH-Werten. Als Signale zur Verfolgung der Umwandlung diente die Änderung der Absorption der aromatischen Seitenketten (○) und der optischen Drehung (●), die im wesentlichen von den Peptidchromophoren herrührt. Unabhängig von der Art des Signals wurden nach Gl. (4.80) der gleiche Umwandlungsgrad Θ erhalten. [Nach Hermans, J.Jr., Scheraga, H.A.: J. Am. Chem. Soc. **83**, 3283–3290 (1961)]

len zu erwarten. Als weiterer Beweis für dieses AON-Verhalten kann aufgeführt werden, daß sehr verschiedene Signale S wie optische Drehung, Absorption der aromatischen Seitenketten (Abb. 4.20) und die von der hydrodynamischen Gestalt abhängige Viskosität die gleiche Umwandlungskurve liefern, wenn der Umwandlungsgrad nach

$$\Theta = (S - S_d)/(S_n - S_d) \qquad (4.80)$$

berechnet wird. S_n und S_d sind die Signale im rein native oder denaturierten Zustand. Eine solche Übereinstimmung wäre nicht zu erwarten, wenn partiell strukturierte Zwischenzustände vorliegen würden, da diese zu den verschiedenen Signalen unterschiedlich beitragen sollten.

Für die kinetische Beschreibung der reversiblen Faltung von Ribonuclease A ist die AON-Näherung nicht anwendbar. Kinetische Untersuchungen mit kleiner Störung des Gleichgewichts ergaben nämlich zwei Relaxationsstufen in gut getrennten Zeitbereichen (Millisekunden und Sekunden) und vergleichbaren Amplituden. Dies führte zur Formulierung eines Minimalmechanismus mit zwei aufgefalteten Spezies U_1 und U_2, die sich nur langsam ineinander umwandeln und einer nativen Spezies N, die sich aus U_2 schnell bilden kann

$$U_1 \underset{\text{langsam}}{\rightleftharpoons} U_2 \underset{\text{schnell}}{\rightleftharpoons} N .$$

Der scheinbare Widerspruch, daß das Gleichgewicht mit der AON-Näherung beschrieben ist, die Relaxationskinetik aber zwei Phasen zeigt, ist auflösbar, wenn U_1 und U_2 sehr ähnliche spektroskopische, hydrodynamische und thermodynamische Eigenschaften besitzen. Kürzlich wurde eine molekulare Erklärung für den langsamen Schritt $U_1 \rightarrow U_2$ vorgeschlagen. Die Ribonucleasekette enthält vier Prolinreste, deren Peptidbindung wie beim Kollagen (s. Abschnitt 4.5.3.4) im Gleichgewicht zu einem erheblichen Anteil in *cis*-Konfiguration vorliegen. Nur der Anteil an aufgefalteten Molekülen, der diese Peptidbindungen in der richtigen Konfiguration der nativen Struktur enthält (U_2), kann sich schnell in N umwandeln. Anderenfalls wird eine langsame Isomerisation $U_1 \rightarrow U_2$ notwendig. Daß diese Erklärung richtig ist, wurde u. a. durch Doppelsprungexperimente gezeigt, wie sie in Abschnitt 4.5.3.4 für Kollagen beschrieben sind.

Ein Unterschied im Einfluß der Isomerisierung von Peptidbindungen auf die Faltung von Kollagen und Ribonuclease liegt darin, daß ein Tripelhelixabschnitt sich unbehindert ausbilden kann, bis die erste *cis*-Peptidbindung erreicht ist, während bei dem globulären Protein die Ausbildung der nativen Struktur durch eine falsch stehende Peptidbindung weitgehend verhindert ist. Dies berührt die Frage des Faltungsweges, der für Typ III Kollagen bekannt, für Ribonuclease und für andere globuläre Proteine aber nur ungenau bekannt ist. Es ist allerdings klar, daß ein oder wenige Faltungswege für den kinetischen Ablauf der Strukturbildung vorgegeben sein müssen. Ein statistisches Durchprobieren aller möglichen Anordnungen würde trotz der hohen Geschwindigkeit der beteiligten Elementarschritte (mit Ausnahme der Peptidisomisierung) ungeheuer lange Zeiten erfordern. Ein genügend schneller Faltungsweg war daher sicher auch ein Kriterium bei der Evolution der Proteine. Einen Einblick in die Zwischenprodukte einer Proteinfaltung haben Arbeiten am Trypsin Inhibitor (Kunitz) aus Pankreas ergeben. Die Faltung wurde unter Redox-Bedingungen untersucht, bei denen sich die Disulfidbrücken dieses Proteins reversibel bilden, und es wurden Zwischenprodukte isoliert, die völlig andere Disulfidverknüpfungen enthielten als die, die später im nativen Protein vorliegenden.

Die grundlegenden Eigenschaften der Konformationsumwandlung von Biopolymeren sind heute gut verstanden. Die wesentlichen Übersichtartikel und Monographien sind unten zitiert. Viele Probleme, die in dieser Einführung nur angeschnitten oder ganz ausgelassen wurden, stehen im Zentrum der biophysikalischen Forschung. Davon kann nur das Lesen von Originalliteratur, von der eine Auswahl angegeben ist, einen Eindruck vermitteln.

Literaturauswahl

Bächinger, H.P., Bruckner, P., Timpl, R., Engel, J.: The role of cis-trans isomerization of peptide bonds in the coil⇌triple helix conversion of collagen. Eur. J. Biochem. **90**, 605–613 (1978).

Brandts, J.F., Halverson, H.R., Brennan, M.: Consideration of the possibility that the slow step in protein denaturation reactions is due to *cis-trans* isomerism of proline residues. Biochemistry **14**, 4953–4963 (1978).

Creighton, T.E.: Experimental studies of protein folding and unfolding. Prog. Biophys. Mol. Biol. **33**, 231–297 (1978).

Engel, J., Schwarz, G.: Kooperative Konformationsumwandlungen von linearen Biopolymeren. Angew. Chem. **82**, 468–479 (1969); Angew. Chem. Int. Edn. **9**, 389–400.

Hagerman, P.J., Baldwin, R.L.: A quantitative treatment of the kinetics of the folding transition of ribonuclease A. Biochemistry **15**, 1462–1473 (1976).

Jaenicke, R. (ed.): Protein Folding. Proceedings of the 28th Conference of the German Biochemical Society. Amsterdam: Elsevier/North-Holland Biomedical Press 1980.

Nemethy, G.: Molecular Interactions and Allosteric Effects. In: Timasheff, S.N., Fasman, G.D. (eds.): Subunits in Biological Systems, Part C. New York, Basel: Marcel Dekker 1975, pp. 1–83.

Pörschke, D.: Elementary Steps of Base Recognition and Helix-Coil Transition in Nucleic Acids. In: Pecht, I., Rigler, R. (eds.): Chemical Relaxation in Molecular Biology. Berlin, Heidelberg, New York: Springer 1977, pp. 191–216.

Poland, D.: Cooperative Equilibria in Physical Biochemistry. Clarendon Press, Oxford 1978.

Privalov, P.L., Khechinashvili, N.N.: A thermodynamic approach to the problem of stabilization of globular protein structure: A calorimetric study. J. Mol. Biol. **86**, 665–684 (1974).

Schwarz, G., Engel, J.: Kinetik kooperativer Konformationsumwandlungen von linearen Biopolymeren. Angew. Chem. **84**, 615–623 (1972), Angew. Chem. Int. Edn. **11**, 568–575.

4.6 Polare Wechselwirkungen, Hydratation, Protonenleitung und Konformation biologischer Systeme — Ergebnisse infrarotspektroskopischer Untersuchungen

Georg Zundel

4.6.1 Grundlagen

Die im infraroten (IR) Spektralbereich beobachteten Absorptionsbanden sind durch Molekülschwingungen verursacht. Man unterscheidet innermolekulare Schwingungen, bei diesen bewegen sich die Atomkerne eines Moleküls relativ zueinander, und zwischenmolekulare, bei diesen bewegen sich die Moleküle selbst relativ zueinander.

Die Lage der Banden wird als Wellenzahl, d.h. Wellen/cm in (cm^{-1}) angegeben. Zwischen der Wellenzahl und der Frequenz besteht der Zusammenhang $\nu = c\bar{\nu}$ (c Lichtgeschwindigkeit). Die innermolekularen Grundschwingungen liegen im Bereich 4000–400 cm^{-1}, die zwischenmolekularen bei Wellenzahlwerten kleiner 800 cm^{-1}. Die meisten Untersuchungen liegen im Bereich 4000–200 cm^{-1} vor, jedoch eröffnet die Entwicklung der Fourierspektrometer nun auch den Bereich kleinerer Wellenzahlen.

Betrachtet man ein zweiatomiges Molekül als harmonischen Oszillator, so ist die Grundschwingung durch

$$\bar{\nu} = \frac{1}{2\pi c}\sqrt{\frac{k}{\mu}}, \qquad (4.81)$$

k = Kraftkonstante in N/m
μ = reduzierte Masse in g

gegeben. Wenn man die potentielle Energie in Abhängigkeit vom Abstand der Atome aufträgt, ergibt sich eine Potentialkurve: Im Falle der harmonischen Näherung erhält man eine Parabel, im Falle realer Moleküle eine Potentialkurve, wie sie in Abb. 4.21a dargestellt ist. Die Quantenmechanik zeigt, daß ein solches System nur diskrete Energiewerte annehmen kann (in Abb. 4.21a als Energieniveaus eingezeichnet).

Die Übergänge zwischen diesen Energieniveaus sind die im Infrarotspektrum beobachteten Schwingungen. Nach Gl. (4.81) sind den einzelnen Gruppierungen charakteristische Schwingungen zuzuordnen, denn die Kraftkonstante wird durch die Stärke der jeweiligen Bindungen und die reduzierte Masse durch die Massen der schwingenden Atome bestimmt. Damit findet man die Schwingungen bestimmter Gruppierungen innerhalb bestimmter charakteristischer Wellenzahlenbereiche. Die Bereiche, in denen die Schwingungen der jeweiligen Gruppierungen auftreten, sind in Zuordnungstabellen zusammengefaßt. Die umfangreichste Diskussion der Bandenlagen von Gruppierungen in Biomolekülen findet man bei Parker. Vergleicht man die Banden des Spektrums einer unbekannten Substanz mit den tabellierten Bandenlagen, so erhält man Auskunft über die in einem Molekül anwesenden Gruppierungen. Man unterscheidet folgende innermolekulare Schwingungen:

a) Valenz-Schwingungen (abgekürzt st), bei diesen erfolgt die Bewegung der Atome bevorzugt in Bindungsrichtung.

b) Deformations-Schwingungen (b), bei diesen erfolgt die Bewegung der Atome bevorzugt senkrecht zur Bindungsrichtung. Man unterscheidet in-plane und out-of-plane Schwingungen, wenn die Deformation in bzw. aus der Gruppenebene stattfindet. Letztere bezeichnet man auch als Nick-Schwingung (w).

c) Von Gerüst- oder Skelett-Schwingungen spricht man, wenn das ganze Gerüst einer Molekülgruppierung, z. B. eines Benzolrings schwingt. Auch hier unterscheidet man zwischen Gerüst-Valenz- und Gerüst-Deformations-Schwingungen.

d) Neben diesen Schwingungen beobachtet man bisweilen auch sogenannte Kombinations-Schwingungen, jedoch meist mit geringerer Intensität. Diese sind Summen oder Differenzen von zwei oder mehreren anderen Schwingungen.

Die genaue Lage der Banden innerhalb der in den Zuordnungstabellen gegebenen Bereiche wird durch die folgenden Effekte bestimmt:

a) Wechselwirkung der Gruppierungen mit ihrer Umgebung. Die Betrachtung der Bandenverschiebungen, die diese Wechselwirkungen verursachen, geben wertvolle Informationen über polare Wechselwirkungen in biologischen Systemen.

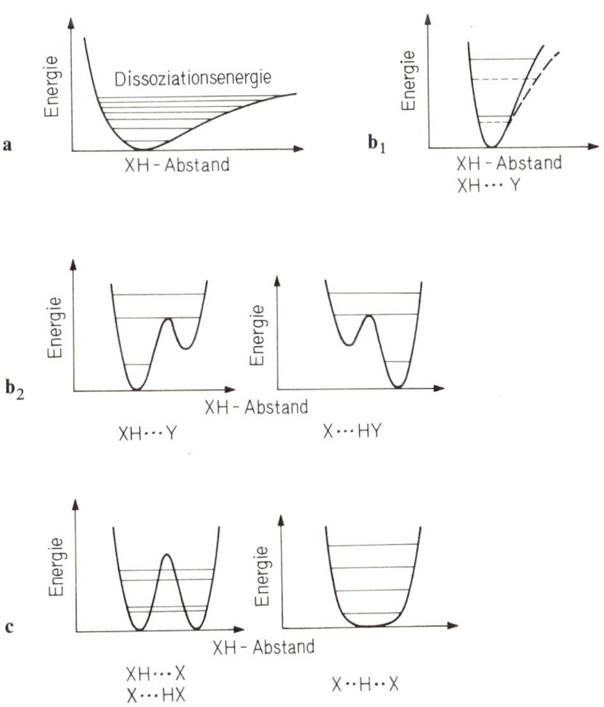

Abb. 4.21. **a** Potentialkurve. **b** *1* Änderung der Potentialkurve bei Ausbildung einer Wasserstoffbrücke, *2* Potentialkurven bei Protontransfer. **c** Symmetrische Potentialkurven

b) Kopplung von Schwingungen. Die Betrachtung in dieser Weise verursachter Bandenverschiebungen geben Informationen über die Konformation biologischer Makromoleküle.

a) Informationen über polare Wechselwirkungen:

Für die Untersuchung der Assoziation über Wasserstoff-Brückenbindungen ist die IR-Spektroskopie besonders geeignet. Bei der Ausbildung einer Wasserstoff-Brücke bindet eine Donorgruppe, z. B. eine OH-Gruppe, an ein einsames Elektronenpaar einer Akzeptorgruppe (OH···N). Dadurch wird das Potential an der Donorgruppe in Bindungsrichtung aufgeweitet [Abb. 4.21b(1)]. Die Energieniveaus werden abgesenkt und rücken zusammen, d. h. die Valenzschwingung der Donorgruppe verschiebt sich bei Ausbildung der Wasserstoff-Brücken nach kleineren Wellenzahlen. Demgegenüber wandert die Deformationsschwingung der Donorgruppe ein wenig nach größeren Wellenzahlen, da das H-Atom nach Ausbildung der Wasserstoffbrücke nicht mehr so leicht senkrecht zur OH-Bindung ausgelenkt werden kann. An Hand derartiger Verschiebungen kann die Assoziation über Wasserstoff-Brücken untersucht werden. Die integralen Extinktionen der Banden liefern hierbei die Bindungskonstanten. In dieser Weise wurde z. B. die Assoziation der Nucleinsäure-Basen untersucht (Abschn. 4.62b).

Handelt es sich um einen sehr kräftigen Akzeptor, so kann das Potential bei der Ausbildung der Brücke auch vollständig verändert werden. Es kann sich das Minimum an den Akzeptor verlagern [Abb. 4.21b(2)], d. h. es kann mehr oder weniger weitgehender Transfer des Protons zur Akzeptorgruppe eintreten. Dieses $B_1H \cdots B_2 \rightleftharpoons B_1^- \cdots H^+B_2$ Protontransfergleichgewicht kann an Hand von IR-Banden der Donor bzw. Akzeptorgruppen bestimmt werden. Handelt es sich z. B. um eine Carbonsäure-N-Base Wasserstoffbrücke, so ordnet sich die Elektronenstruktur der Carbonsäuregruppe bei Ablösung des Protons grundlegend um. Aus den Bindungen mit Einfach- und Doppel-Bindungscharakter entstehen durch mesomeren Bindungsausgleich weitgehend gleich kräftige Bindungen

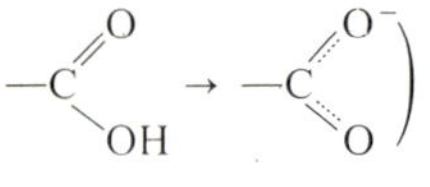

Diese Gruppierungen verursachen natürlich auch andere IR-Banden. So beobachtet man um $1720\,cm^{-1}$ die Valenzschwingung der C=O-Doppelbindung (Abb. 4.28a). Demgegenüber findet man die antisymmetrische Valenzschwingung des Carboxylations um $1575\,cm^{-1}$ und die symmetrische um $1400\,cm^{-1}$. An Hand dieser Banden läßt sich die Ablösung des Protons von der Carbonsäuregruppe und damit die Lage des $B_1H \cdots B_2 \rightleftharpoons B_1^- \cdots H^+B_2$ Protontransfergleichgewichts bestimmen.

Ein besonders interessanter Fall sind Wasserstoff-Brücken, in denen, wenn sie von ihrer Umgebung isoliert sind, die Potentiale weitgehend symmetrisch sind (Abb. 4.21c). Derartige Wasserstoff-Brücken sind um etwa zwei Größenordnungen polarisierbarer als Elektronensysteme. Diese Eigenschaft haben natürlich struktursymmetrische Wasserstoffbrücken, d. h. homokonjugierte Brücken vom Typ $B^+H \cdots B \rightleftharpoons B \cdots H^+B$ oder $B^- \cdots HB \rightleftharpoons BH \cdots {}^-B$. Aber auch bei heterokonjugierten Brücken vom Typ $B_1H \cdots B_2 \rightleftharpoons B_1^- \cdots H^+B_2$ treten Polarisierbarkeiten dieser Größe auf, wenn diese Brücken nicht zu unsymmetrisch sind.

Diese großen Protonpolarisierbarkeiten bewirken extrem kräftige Wechselwirkungen dieser Brücken mit ihrer Umgebung, Zundel 1976:

1. Induktionswechselwirkungen mit lokalen elektrischen Feldern. Mit diesem Wechselwirkungseffekt ist eine mehr oder weniger starke Deformation der Potentialkurven verbunden. 2. Kopplung von Schwingungsübergängen in der Brücke mit Schwingungen in der Umgebung der Brücke, insbesondere mit zwischenmolekularen Schwingungen. 3. Wechselwirkungen zwischen leicht polarisierbaren Brücken. Diese führen zu einer kräftigen Kopplung der Protonenbewegungen in diesen Brücken. Alle diese Effekte bewirken Verschiebungen der Energieniveaus. Die Stärke dieser Wechselwirkungen zeigt in amorphen Systemen eine breite Verteilung und dies bewirkt, daß leicht polarisierbare Brücken meist an Stelle von Banden kontinuierliche Absorption in den IR-Spektren verursachen, die ihrerseits die Anwesenheit leicht polarisierbarer Wasserstoff-Brücken anzeigen (Abb. 4.28).

Derartige leicht polarisierbare Wasserstoffbrückenbindungen sind notwendige Voraussetzung für das Auftreten der anomalen Protonenleitfähigkeit, der Grotthus-Leitfähigkeit; denn infolge dieser Polarisierbarkeit der Wasserstoff-Brücken bekommt die Protonenbewegung eine Vorzugsrichtung in Feldrichtung. In den Abschnitten 4.6.3e und f werden wir sehen, wie in Proteinen über leicht polarisierbare Wasserstoffbrücken zwischen Seitengruppen Protonen verschoben werden. Aber auch für die Stabilisierung von Konformationen kann die Wechselwirkung zwischen leicht polarisierbaren Wasserstoffbrücken von Bedeutung sein, denn die Kopplung der Protonenfluktuationen kann zu Protonendispersionskräften führen, die einen Gewinn an freier Enthalpie mit sich bringen (s. hierzu Abschn. 4.6.2d). Ferner kann in einer leicht polarisierbaren Wasserstoffbrücke freie Enthalpie vorübergehend gespeichert werden. Diese freie Enthalpie wird verfügbar, wenn die Brücke durch eine unsymmetrische Umgebung polarisiert wird. Ein derartiger Mechanismus könnte z. B. bei dem relativ langlebigen Übergangszustand des Akto-Myosin Systems eine Rolle spielen. Bei ihm ist ADP und ortho-Phosphat an das Myosin gebunden (s. Abschn. 14.1.10). Diese Phosphate sind vermutlich über eine Wasserstoffbrücke miteinander verknüpft. Von derartigen $OH \cdots O^- \rightleftharpoons {}^-O \cdots HO$ Brücken ist es aber bekannt, daß sie leicht polarisierbar sind (Matthies und Zundel). Damit könnte – bei der Kopplung von ATP-Spaltung und Kontraktion –, wenn diese Brücke beim Herantreten des Aktin polarisiert wird, die für die Kontraktion erforderliche freie Enthalpie verfügbar werden. In dieser Weise würde die freie Enthalpie, die durch zwischenmolekulare Wechselwirkung verfügbar wird, in mechanische Arbeit umgesetzt.

Ion-Ion Wechselwirkungen und Dissoziationsvorgänge

Der Dissoziationsgrad saurer Gruppen kann an Hand der IR-Banden dieser Gruppen bestimmt werden. Bereits bei der Behandlung der Protontransfergleichgewichte haben wir gesehen, daß sich bei Ablösung der Protonen die Schwingungen in den Anionen grundlegend ändern. Dies ermöglicht eine Bestimmung des Dissoziationsgrads und damit auch der pK_a-Werte von Gruppierungen in biologischen Systemen.

Aber nicht nur die Dissoziation saurer Gruppen kann an Hand der IR-Banden studiert werden. Auch die Wechselwirkung anderer Kationen mit Anionen führt zu Bandenverschiebungen, die eine Untersuchung dieser Wechselwirkung ermöglicht. Dies ist insbesondere dann der Fall, wenn es sich um Ionen mit entarteten Schwingungen handelt. So hat z. B. ein Ion mit C_{3v} Symmetrie wie die $-PO_3^{2-}$ oder die $-SO_3^-$ Gruppierung eine entartete antisymmetrische Valenzschwingung. Wenn diese Gruppierungen mit Kationen in Wechselwirkung treten, so wird hierdurch die Entartung dieser Schwingung aufgehoben, sofern die Anlagerung unsymmetrisch erfolgt. Man beobachtet an Stelle einer Bande ein Dublett. An Hand dieser Aufspaltung läßt sich die Kation-Anion-Wechselwirkung untersuchen. So läßt sich z. B. zeigen, daß bei solchen Ion-Paaren in Polyelektrolyten mit zunehmendem Grad der Hydratation zunächst eine stetige Lockerung der Kation-Anion-Bindung bei Anlagerung von Wassermolekülen erfolgt, bis sich dann das Kation vom Anion ablöst. [Details siehe, Zundel 1969].

Schließlich kann auch der Einfluß von Kationen auf ungeladene Moleküle untersucht werden. Wenn man z. B. Polyelektrolyte, in denen Kationen mit verschieden kräftigen Feldern anwesend sind, betrachtet, verschiebt sich die OH-Valenzschwingung der angelagerten Wassermoleküle mit zunehmendem Kationfeld zunehmend nach kleineren Wellenzahlen. Diese Verschiebung zeigt, daß die Wassermoleküle durch die Kationenfelder polarisiert und damit die von ihren OH-Gruppen ausgebildeten Wasserstoffbrücken kräftiger werden. Sind Kationen der Übergangselemente, wie z.B. Cu^{2+} und Zn^{2+} anwesend, so verursacht die Wechselwirkung der einsamen Elektronenpaare der Wassermoleküle mit den d-Lücken der Kationen in analoger Weise eine Polarisation der Wassermoleküle und damit eine Erhöhung der Stärke der Wasserstoffbrücken, die diese Wassermoleküle ausbilden. [Details siehe, Zundel 1969].

b) Information über die Konformation von Biomolekülen

Über die Konformation von Makromolekülen liefert die IR-Spektroskopie Aussagen, da Molekülschwingungen miteinander koppeln können. Eine Kopplung von Schwingungen bewirkt eine Aufspaltung und (oder) ein Auseinanderwandern von Banden durch Fermi-Resonanz. Derartiges kann eintreten, wenn die Wellenzahlenwerte der Schwingungen nicht zu sehr voneinander abweichen. Wichtig ist nun, daß nicht nur Schwingungen innerhalb einer Gruppierung, sondern bisweilen auch solche benachbarter Gruppierungen koppeln. Handelt es sich um elektromagnetische Kopplung, so tritt diese nur auf, wenn die Übergangsmomente der Schwingungen parallel oder antiparallel orientiert sind. Die Lage der Übergangsmomente der Schwingungen in den Gruppierungen ist meist bekannt. Damit kann man, wenn man ein solches kopplungsbedingtes Auseinanderwandern von Banden beobachtet, auf die relative Orientierung von Gruppierungen zueinander und damit auf die Sekundärstruktur von Makromolekülen schließen. So werden z. B. bei den Polynucleotiden die Übergangsmomente der C=O Valenzschwingungen bei der Doppelhelixbildung antiparallel orientiert (Abb. 2.11); dies bewirkt eine Aufspaltung der C=O Valenzschwingungen (Abb. 4.24), die die Doppelhelixbildung anzeigt, wie in Abschn. 4.6.2c näher diskutiert.

Auch bei den Proteinen kann die Konformation an Hand von IR-Banden bestimmt werden, denn die Schwingungen benachbarter Peptidgruppen im Rückgrat sind nicht voneinander unabhängig. Durch die Wasserstoffbrücken wird eine schwache Kopplung vermittelt. Damit hat man im Proteinrückgrat eine Anordnung schwach gekoppelter identischer Oszillatoren vorliegen. Da diese Kopplung durch die Art der vorliegenden Struktur bestimmt wird, ist die genaue Lage, die Halbwertsbreite und die Intensität der Amid-Banden konformationsabhängig – wie zunächst von Ambrose und Elliot gezeigt. An Hand dieser Amid-Banden kann damit, wie in Abschn. 4.6.3a dargelegt, die vorliegende Konformation ermittelt werden.

Besonders hervorzuheben ist, daß derartige Strukturuntersuchungen an Makromolekülen in Lösung vorgenommen werden können, da diese nicht wie bei den Röntgenstrukturuntersuchungen in periodischer Anordnung vorliegen müssen.

4.6.2 Wechselwirkung und Konformation bei Polynucleotiden

a) Tautomere der Nucleinsäurebasen

Als Watson und Crick die nach ihnen benannte Paarung der Basen in der DNS postulierten (Abb. 2.9), war es für sie sehr erschwerend, daß es nicht bekannt war, in welcher tautomeren Form die Basen vorliegen. Erst einige Jahre später wurde dies durch IR-Untersuchungen, insbesondere durch Arbeiten von Shimanouchi, Tsuboi und Kyogoku geklärt. Wie dabei vorgegangen werden kann, soll am Beispiel des Cytosin erläutert werden:

Hierzu vergleicht man das Spektrum eines Cytosinderivats mit Spektren von Modellsubstanzen (Abb. 4.22). Bei der Modellsubstanz I ist der Doppel-

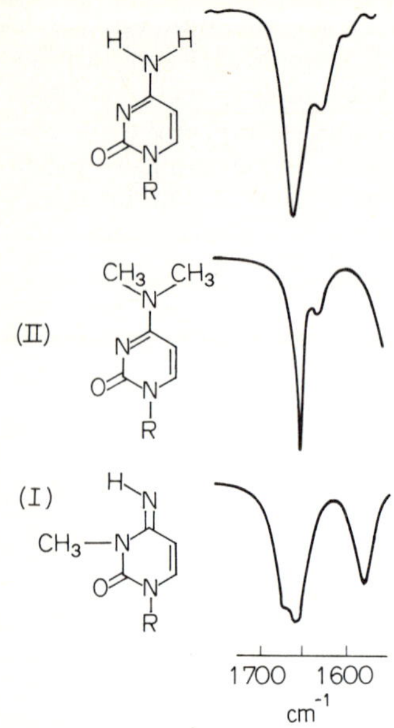

Abb. 4.22. IR-Spektren eines Cytosinderivats und von Modellsubstanzen

bindungscharakter der CN-Bindung im Ring klein, bei der Modellsubstanz II jedoch groß. Der Vergleich der Spektren zeigt, daß das Spektrum des Cytosinderivats dem der Modellsubstanz II gleicht, während es sich grundlegend von dem der Modellsubstanz I unterscheidet. Das Spektrum des Cytosinderivats gleicht also dem Spektrum der Substanz, von der man weiß, daß die CN-Bindung im Ring Doppelbindungscharakter besitzt. Hiernach liegt das Cytosin bevorzugt in der Amino- und nicht in der Iminoform vor. Seinerzeit war die Klärung der Tautomerieverhältnisse eine starke Stütze für die von Watson und Crick postulierte Art der Basenpaarung.

b) Assoziation der Basenreste, Untersuchung an Modellen

An Hand der Verschiebung der NH Valenzschwingungen bei Ausbildung der Wasserstoffbrücken kann die Assoziation der Basenreste bei der Basenpaarung untersucht werden. Solche Untersuchungen wurden z. B. an Modellmolekülen für die Basenpaare der Polynucleotide durchgeführt. Die Abbildungen 4.23a–c zeigen dies für das (A + U)-Paar. In den Spektren der verdünnten Lösungen (obere Kurven) findet man die NH-Valenzschwingungen der Monomeren (Adeninderivat bei 3482 und 3416 cm^{-1}, Uracilderivat bei 3380 cm^{-1}). Mit zunehmender Konzentration (untere Kurven) treten bei kleineren Wellenzahlenwerten die entsprechenden Schwingungen der Wasserstoffbrücken-Assoziate auf. Im Fall der Mischung der Derivate beobachtet man bei niederer Konzentration Assoziatbanden, dies jedoch bei etwas anderen Wellenzahlenwerten. Hierdurch wird angezeigt, daß die (A + U)-Paarung vor der Selbstassoziation der Basen bevorzugt erfolgt. Durch eine quantitative Auswertung derartiger Spektren wurden durch Kyogoku und Mitarbeiter die Bindungskonstanten für die verschiedenen Paarungen bestimmt. Die (A + U)- und die (G + C)-Paarung erfolgt um etwa 1–2 Größenordnungen bevorzugt vor anderen Paarungen. Hiernach begünstigen die Wasserstoffbrücken zwar die Watson-Crick-Paarung, sie erklären aber keinesfalls die außerordentlich fehlerarme Reproduktion der DNS (auf 10^9 Basenpaare nur ein Fehler).

c) Basenpaarung bei der Doppelhelixbildung

Bei den Polynucleotiden geben – wie in Abschn. 4.6.1b diskutiert – kopplungsbedingte Bandenaufspaltungen bzw. Bandenverschiebungen der Valenzschwingungen der Gruppierungen der Basenreste im Bereich 1750–1400 cm^{-1} Auskunft über die Helixbildung. Dies wurde zunächst von Miles und Mitarbeitern am Guanin-

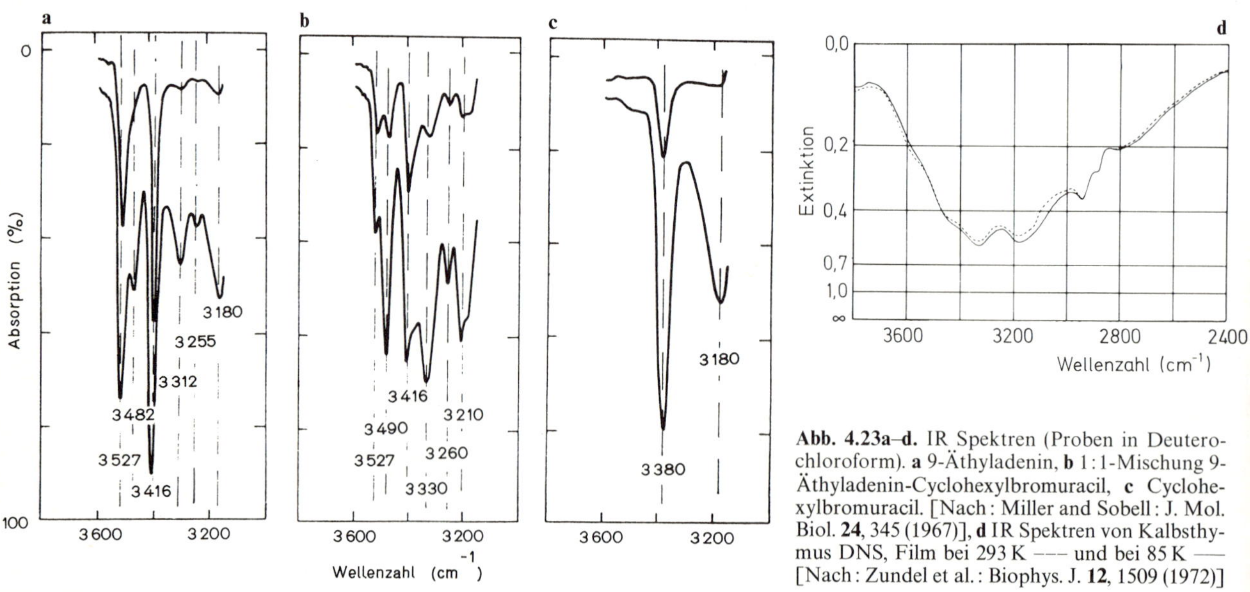

Abb. 4.23a–d. IR Spektren (Proben in Deuterochloroform). **a** 9-Äthyladenin, **b** 1:1-Mischung 9-Äthyladenin-Cyclohexylbromuracil, **c** Cyclohexylbromuracil. [Nach: Miller and Sobell: J. Mol. Biol. **24**, 345 (1967)], **d** IR Spektren von Kalbsthymus DNS, Film bei 293 K --- und bei 85 K —— [Nach: Zundel et al.: Biophys. J. **12**, 1509 (1972)]

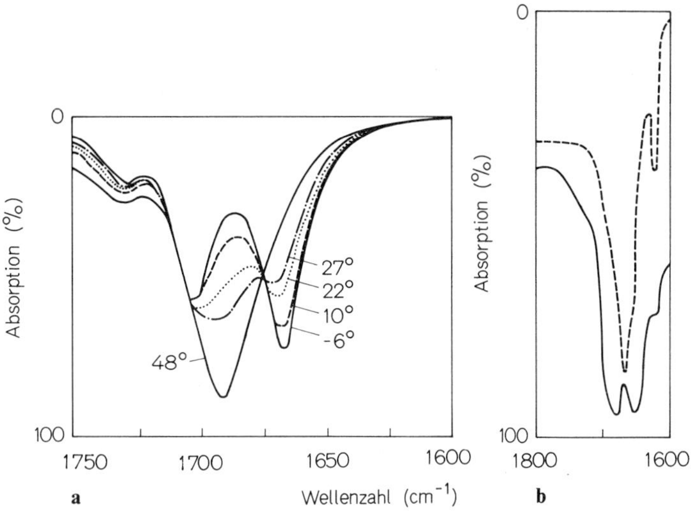

Abb. 4.24a, b. IR-Spektren. **a** Poly-Cytidin + 5′-Guanosinmonophosphat in Abhängigkeit von der Temperatur. [Nach: Howard, Frazier und Miles: Proc. Natl. Acad. Sci. USA **64**, 451 (1969)], **b** DNA —— 25 °C, – – – 95 °C. [Nach: Kölckenbeck und Zundel: Biophysics Struct. Mech. **1**, 203 (1975)]

Cytosin-Paar studiert. Sie lagerten 5′-Guanosin-Monophosphat an Poly-Cytidin an. Beim Abkühlen beobachtet man eine Bandenaufspaltung (Abb. 4.24a). Sie rührt davon her, daß nach Ausbildung der Struktur die C=O-Valenzschwingungen vom Guaninrest und Cytosinrest miteinander koppeln, da die Übergangsmomente dieser Schwingungen bei der Basenpaarung antiparallel orientiert werden. Diese Aufspaltung zeigt bei der Untersuchung natürlicher Polynucleotide in D_2O die Basenpaarung und damit die Doppelhelixbildung an (Abb. 4.24b). Diese Aufspaltung verschwindet, wenn die Doppelhelix schmilzt. Führt man die Untersuchungen nicht in D_2O, sondern in H_2O durch, so überlagern sich der kleinerwellenzahligen Bande die H_2O- und die NH_2-Scherenschwingung. Die Strukturänderungen lassen sich dann nur an der Bande um 1700 cm^{-1} verfolgen. Diese Bande wird als „Strukturbande" der Polynucleotide bezeichnet.

d) Konformationsstabilisierende Kräfte durch Protonfluktuation

Die Valenzschwingung in den NH ··· N Wasserstoffbrücken verursacht eine Bande mit Maximum bei 2750 cm^{-1} (Abb. 4.23d). Die Halbwertsbreite dieser Bande ist extrem groß und darüber hinaus vollständig temperaturunabhängig. Sie ist vergleichbar der Halbwertsbreite der Bande, die durch die Valenzschwingung der N^+H Gruppen der Doppelhelix, die halbprotoniertes Poly(C) bildet, verursacht ist. Bei $N^+H \cdots N \rightleftharpoons N \cdots H^+N$ Brücken in der Poly(C) Doppelhelix handelt es sich aber um struktursymmetrische und damit leicht polarisierbare Brücken. All dies legt es nahe, daß die Verbreiterung der NH Valenzschwingung bei DNS und RNS durch eine Protonenfluktuationswechselwirkung zwischen den NH ··· N Brücken in der Doppelhelix verursacht wird. Tatsächlich wurde von Shulman postuliert, daß in diesen Brücken ein, wenn auch unsymmetrisches, Doppelminimumpotential, das die Voraussetzung für eine derartige Ladungsfluktuation wäre, vorliegt. Diese durch Protonenfluktuation auftretenden Kräfte kommen – zu den zwischen den Basenresten wirkenden durch die Elektronenfluktuationen in den Basenresten bedingten Dispersionskräften – als helixstabilisierende Kräfte hinzu, wobei natürlich Protonen und Elektronenladungsfluktuation nicht voneinander unabhängig sind.

e) Rolle der 2′OH-Gruppe für die Konformation des RNS Rückgrats

Während die Banden der Basenreste im Bereich 1750–1400 cm^{-1} Aussagen über die Helixbildung machen, erhält man durch Betrachtung der Banden der Ribosereste und der Phosphatgruppen im Bereich 1300–1000 cm^{-1} Auskunft über Strukturbildungen am Rückgrat. Die IR-Spektroskopie kann hiernach getrennt Auskunft über Strukturbildungen in verschiedenen Bereichen eines Makromoleküls geben.

Abbildung 4.25a zeigt Spektren des K^+ Salzes von Poly(C) in H_2O und D_2O. Beim Übergang von H_2O zu D_2O-Hydratation taucht bei 1030 cm^{-1} die OD-Deformationsschwingung der 2′OD-Gruppen auf. Gleichzeitig wird die um 1060 cm^{-1} beobachtete Skelettschwingung der Äthergruppe des Riboserests nach größeren Wellenzahlen gedrückt. Diese Verschiebung zeigt die Kopplung dieser Schwingungen an. Die Übergangsmomente dieser Schwingungen sind nur dann parallel orientiert, wenn die 2′OD-Gruppe über eine Wasserstoffbrücke mit dem Äther-O-Atom des benachbarten Riboserests verknüpft ist (Abb. 4.26a). Damit zeigt diese kopplungsbedingte Bandenverschiebung die Verknüpfung der Ribosereste der RNS über Wasserstoffbrücken an. Abbildung 4.25b zeigt, wie diese Kopplung der Schwingungen verschwindet, wenn die Wasserstoffbrücken bei Temperaturerhöhung, d. h. beim Schmelzen der Rückgratstruktur aufgebrochen werden.

Durch diese von den 2′OH-Gruppen ausgebildeten Wasserstoffbrücken, die die Ribosereste bei den verschiedenen Arten RNS unter natürlichen Bedingungen verknüpfen, wird die Rückgratkonformation der RNS

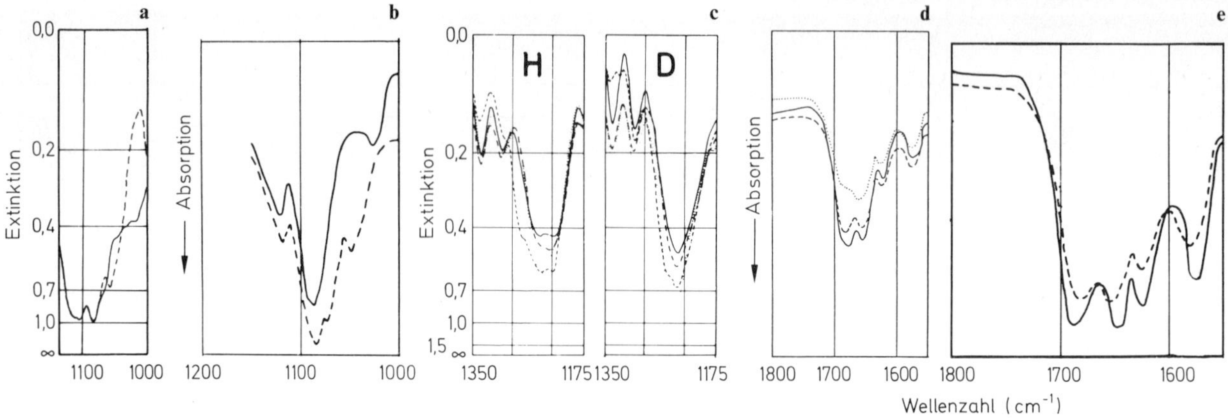

Abb. 4.25a–e. IR-Spektren **a** Poly(C) K^+ Salz ---- H_2O hydratisiert, —— D_2O hydratisiert. **b** tRNS^{Phe} —— bei 20° C, ---- bei 50° C. **c** Spektren von Salzen des Poly(A) (Proben *links* H_2O, *rechts* D_2O hydratisiert) —— Mg^{2+} Salz, ---- Ca^{2+} Salz, -·-·- Ba^{2+} Salz und ···· Cs^+ Salz. **d** tRNS^{Phe} ··· in destilliertem Wasser, --- in K^+ enthaltendem Puffer, —— in Mg^{2+} enthaltendem Puffer. **e** 23 S RNS --- in K^+ enthaltendem Puffer, —— in Mg^{2+} enthaltendem Puffer. [**a**, **c** nach: Kölkenbeck und Zundel: Biophys. Struct. Mech. **1**, 203 (1975). **b**, **d**, **e** nach: Herbeck und Zundel: Biochim. Biophys. Acta **418**, 52 (1976)]

versteift. Dieser IR-Befund ist insofern von großer Bedeutung, da er besagt, daß der Unterschied zwischen DNS und RNS, soweit dieser von der 2′OH-Gruppe verursacht ist, auf der strukturfördernden Wirkung dieser Wasserstoffbrücken beruht.

f) Einfluß von Kationen mit kräftigen Feldern auf die Rückgratkonformation der RNS

Abbildung 4.25c zeigt, daß bei Salzen der Polyadenylsäure im Fall von Kationen mit kräftigen Feldern um $1240\,cm^{-1}$ eine Bande mit Dublettstruktur beobachtet wird. Diese Dublettstruktur verschwindet bei D_2O-Hydration. Sie zeigt an, daß Kationen mit kräftigen Feldern – wie z.B. Mg^{2+}-Ionen – im RNS Rückgrat eine Konformation induzieren, bei der die antisymmetrische Valenzschwingung der $>PO_2^-$ Gruppierungen und eine Schwingung der 2′OH-Gruppe mit Deformationscharakter koppeln. Die Kalottenmodelle in den Abb. 4.26b und c zeigen, daß hiernach Kationen mit kräftigen Feldern eine Konformation induzieren, in der die $>PO_2^-$ Gruppen den Basenresten zugekehrt

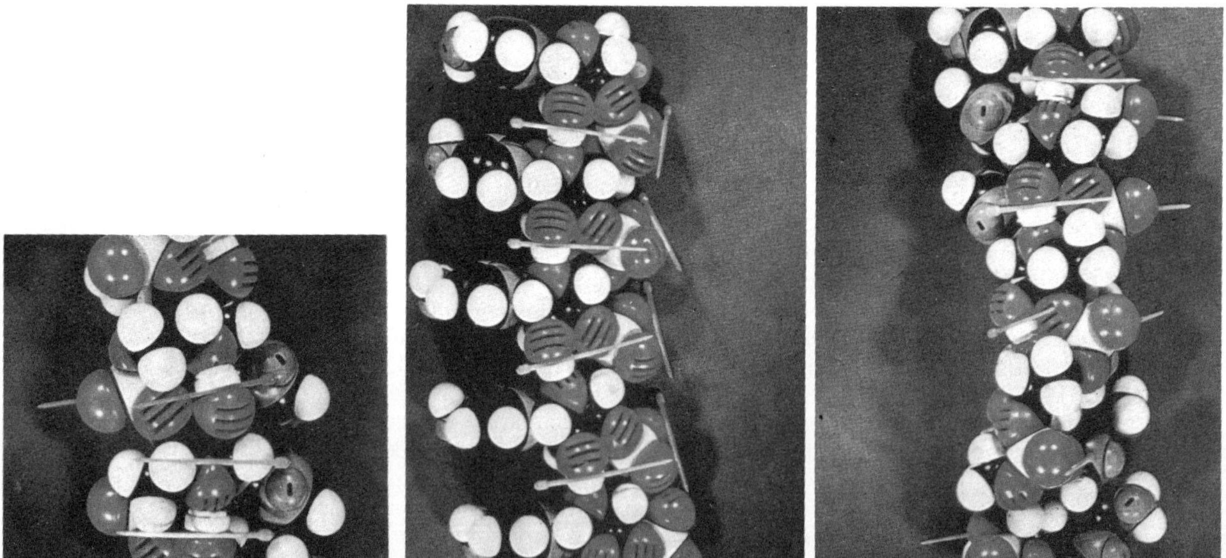

a b c

Abb. 4.26a–c. Kalottenmodelle (die Orientierung der Übergangsmomente von Schwingungen ist durch Stäbchen angedeutet). **a** Kopplung der 2′OD Deformationsschwingung mit der Schwingung der C–O–C Gruppierung. **b** Rückgratkonformation bei Anwesenheit von Kationen mit schwachen Feldern, **c** Helikale Rückgratkonformation bei Anwesenheit von Kationen mit kräftigen Feldern. [Nach: Kölkenbeck und Zundel: Biophys. Struct. Mech. **1**, 203 (1975)] sind, während bei Anwesenheit von Kationen mit schwachen Feldern die $>PO_2^-$ Gruppen am Rückgrat nach außen gekehrt sind. Der Sachverhalt, daß das RNS Rückgrat in diesen zwei Konformationen vorliegen kann, wurde auch durch Berechnungen von Pullman et al. am Dibutylphosphat als Modell gezeigt.

Wie das Kalottenmodell in Abb. 4.25c veranschaulicht, induzieren Kationen mit kräftigen Feldern bereits in einem einzigen Polynucleotidmolekül eine relativ steife Helixstruktur mit Rechtsschraubencharakter. Damit ist bereits in dieser Konformation des einzelnen Polynucleotidmoleküls die Drehung vorgebildet, die man in der doppelsträngigen Struktur der Doppelhelix wiederfindet.

g) Einfluß der Mg^{2+}-Ionen auf die Konformation verschiedener Arten natürlicher RNS

Mg^{2+}-Ionen sind für die biochemisch aktive Struktur jeder tRNS essentiell. Diese haben großen Einfluß auf z.B. die Stabilität der $tRNS^{Phe}$ Konformation, denn bei Überführung dieser tRNS von K^+ in Mg^{2+}-Ionen erhaltenden Puffer steigt die Schmelztemperatur um etwa 40 K an. Auch für die Struktur der Ribosome und insbesondere für deren Dissoziation in Untereinheiten sind Mg^{2+}-Ionen von entscheidender Bedeutung. Garrett und Mitarbeiter haben gezeigt, daß die Bindung bestimmter Proteine an die Ribosome über die Mg^{2+}-Ionenkonzentration gesteuert werden kann. Damit stellt sich die Frage: wie verändern Mg^{2+}-Ionen die tRNS und die rRNS Konformationen?

Bei der $tRNS^{Phe}$ nimmt beim Übergang von K^+ in Mg^{2+}-Ionenmilieu die Aufspaltung der Bande der C=O Valenzschwingungen und damit die Kopplung der Schwingungen ein wenig ab (Abb. 4.25d), d.h. die doppelhelikalen Bereiche werden durch die Mg^{2+}-Ionen etwas weniger kompakt. Die Betrachtung der Schwingungen des Rückgrats zeigt, daß durch den Einfluß der Mg^{2+}-Ionen die Wasserstoffbrücken, die die 2'OH-Gruppen ausbilden, etwas kräftiger werden. Diese Veränderungen können aber keinesfalls den starken Anstieg der Schmelztemperatur durch den Einfluß der Mg^{2+}-Ionen erklären. Somit beruht dieser nicht auf Veränderungen der Sekundärstruktur, sondern darauf, daß diese Mg^{2+}-Ionen eine Tertiärstruktur induzieren, was durch Röntgenstrukturuntersuchungen bestätigt wird (Abb. 10.11a). Hiernach bewirkt die Tertiärstrukturbildung durch Mg^{2+}-Ionen die Erhöhung der Schmelztemperatur. Andererseits wird durch die Tertiärstrukturbildung auf die doppelhelikalen Bereiche ein Streß ausgeübt, der zu der beobachteten geringfügigen Auflockerung der Sekundärstruktur dieser Bereiche führt. Dies ist verständlich, wenn man die von Kim und Mitarbeitern bestimmte Tertiärstruktur betrachtet, in der auch die Lage der strukturbildenden Mg^{2+}-Ionen ermittelt wurde.

Bei der 23 S RNS nehmen die Mg^{2+}-Ionen einen völlig anderen Einfluß. Abbildung 4.25e zeigt, daß durch die Mg^{2+}-Ionen die Aufspaltung der C=O Valenzschwingungen zunimmt. Hiernach werden die doppelhelikalen Bereiche kompakter und vermutlich durch die Einwirkung der Mg^{2+}-Ionen auch größer. Auch die 2'OH Wasserstoffbrücken werden kräftiger, d.h. die Struktur des Rückgrats wird ebenfalls verfestigt. Diese Mg^{2+}-ioneninduzierten Konformationsänderungen dürften hiermit die Ribosomenstruktur in der Weise verändern, daß – wie von Garrett und Mitarbeitern beobachtet – bei bestimmtem Mg^{2+}-Ionenmilieu bestimmte Proteine an die Ribosome gebunden werden.

4.6.3 Wasserstoffbrücken zwischen Seitengruppen, Protonenleitung, Hydratation und Konformation von Proteinen

a) Konformationsermittlung

Die Schwingungen der Peptidgruppen im Proteinrückgrat lassen sich einteilen in fünf in-plane (in der CONH-Ebene) und drei out-of-plane Formen. Bei 3300 cm^{-1} findet man eine kräftige Bande und eine etwas weniger kräftige bei etwa 3100 cm^{-1}, die als Amid A- bzw. Amid B-Bande bezeichnet werden. Während die Amid A-Bande im wesentlichen die NH-Valenzschwingung ist, ist die Amid B-Bande die erste Oberschwingung der bei ca. 1550 cm^{-1} gefundenen Amid II-Schwingung, die durch Fermi-Resonanz mit der NH-Valenzschwingung verstärkt wird. Sehr kräftige Banden werden durch die Amid I-Schwingung um 1650 cm^{-1} und durch die Amid II-Schwingung um 1540 cm^{-1} verursacht. Erstere ist im wesentlichen die C=O-Valenzschwingung. Letztere hat einen C–N-Valenz- und einen NH-Deformationsschwingungsanteil.

Wie in Abschn. 4.6.1b besprochen, ist die Lage dieser Banden charakteristisch für die Konformation des Rückgrats. Hierbei kann Knäuel von geordneten Strukturen an Hand der Amid A-Bande unterschieden werden, während sich ein Unterschied zwischen α-Helix und β-Struktur an Hand der Amid I-Bande treffen läßt.

Konformation	Amid A $\bar{\nu}$ cm^{-1}	Halbwertsbreite $\Delta\bar{\nu}$ cm^{-1}	Amid I $\bar{\nu}$ cm^{-1}	Amid II $\bar{\nu}$ cm^{-1}
ungeordnet	um 3250	150–200	um 1655 kräftig	1520–1545 kräftig
α-Helix	um 3290	55–90	um 1650 kräftig	1545–1550 kräftig
antiparallele β-Struktur	3290–3260	55–90	um 1690 schwach um 1630 kräftig	1520–1530 kräftig

Abbildung 4.27 zeigt, wie sich das Spektrum des Lactoglobulin, das weitgehend in β-Struktur vorliegt, von dem des Myoglobin unterscheidet. Kann man das Protein orientieren, so läßt sich an Hand des Dichroismus zusätzliche Information gewinnen.

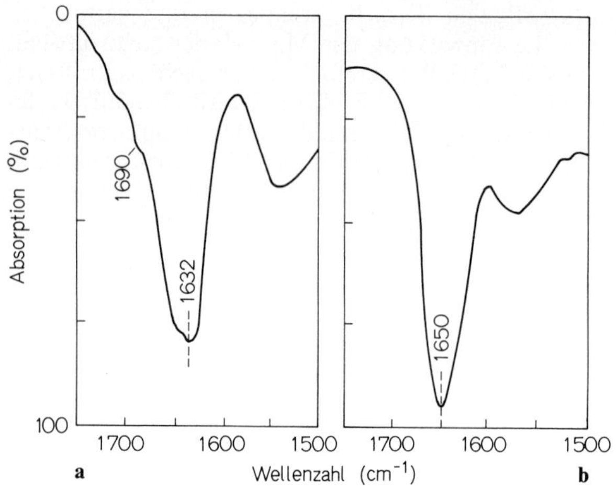

Abb. 4.27a, b. IR-Spektren. **a** β-Lactoglobulin. **b** Myoglobin

b) Leicht polarisierbare Wasserstoffbrücken zwischen Seitengruppen der Proteine

Der Vergleich der Lage der Amid A-Bande mit der Lage der analogen Schwingung nicht wasserstoffbrückengebundener monomerer Amide zeigt, daß die Amid A-Bande durch die Ausbildung der Wasserstoffbrücken nicht sehr stark nach kleineren Wellenzahlen verschoben ist. Dies zeigt, daß die im Rückgrat der Proteine gebildeten Wasserstoffbrücken relativ schwach und unsymmetrisch sind. Demgegenüber findet man bei den Wasserstoffbrücken, die sich zwischen den polaren Seitengruppen der Proteine ausbilden, ganz verschiedene Typen von Brücken mit sehr interessanten Eigenschaften. Diesen Brücken kommen für die Funktionen, die die Proteine erfüllen, bisweilen essentielle Aufgaben zu.

Die Natur der Wasserstoffbrücken zwischen den polaren Seitengruppen der Proteine wurde an Modellsystemen, an Polyaminosäuren und an Aminosäuren, die an der α-Aminogruppe und an der α-Carboxylatgruppe eine Schutzgruppe haben, untersucht. Die Ergebnisse sind in der folgenden Tabelle 4.1 zusammengestellt. Weitere wichtige Informationen wurden durch Untersuchungen an Polyaminosäure-Monomer-Systemen erhalten.

Kontinua in den Infrarotspektren zeigen an, daß die in der Tabelle 4.1 aufgeführten struktursymmetrischen Wasserstoffbrücken gebildet werden und leicht polarisierbar sind. Diese Kontinua entstehen, wenn zum (L-His)$_n$ und (L-Lys)$_n$ eine starke Säure bzw. zu (L-Glu)$_n$, (L-Tyr)$_n$ und (L-Cys)$_n$ eine quarternäre Ammoniumbase zugegeben wird. Abbildung 4.28b zeigt dieses Kontinuum im Fall der $N^+H \cdots N \rightleftharpoons N \cdots H^+N$ Brücken, die sich zwischen Histidin- und Histidiniumresten bilden. Je nach Länge der leicht polarisierbaren Brücken erstrecken sich die Kontinua über unterschiedliche Wellenzahlenbereiche. Die langen $SH \cdots S^- \rightleftharpoons {}^-S \cdots HS$ Brücken zwischen Cysteinresten und die langen $N^+H \cdots N \rightleftharpoons N \cdots H^+N$ Brücken zwischen Lysinresten verursachen Kontinua nur im Bereich 2800–1800 cm^{-1}. Die $N^+H \cdots N \rightleftharpoons N \cdots H^+N$ Brücken zwischen Histidinresten sind Brücken mittlerer Länge, sie verursachen Kontinua über den gesamten Bereich unter 3000 cm^{-1}. Demgegenüber zeigen kurze $OH \cdots O^- \rightleftharpoons {}^-O \cdots HO$ Brücken, die sich zwischen Glutaminsäure und Glutaminsäureanionresten bilden, Kontinua, die hauptsächlich im Bereich 1600–800 cm^{-1} intensiv sind.

Aber nicht nur diese struktursymmetrischen Brücken zwischen Seitengruppen sind leicht polarisierbar. Auch in verschiedenen $B_1H \cdots B_2 \rightleftharpoons {}^-B_1 \cdots H^+B_2$ Brücken (s. Tabelle 4.1) sind Protonenpotentiale mit Doppelminimum anwesend. Hiermit sind auch diese Brücken leicht polarisierbare Protontransfer-Brücken. Die Abbildungen 4.28c und d zeigen Beispiele von IR-Kontinua, die durch derartige leicht polarisierbare Brücken verursacht sind. Wie im Abschn. 4.6.1a beschrieben, wurden die Gewichte zwischen den Protongrenzstrukturen an Hand der IR-

Tabelle 4.1. Wasserstoffbrücken mit großer Protonenpolarisierbarkeit zwischen Seitengruppen in Proteinen

Systeme	Wasserstoffbrücke			Stabilität bei Anwesenheit von Wasser
(L-Cys)$_n$ + (L-Cys$^-$NEt$_4^+$)$_n$	$SH \cdots S^- \rightleftharpoons {}^-S \cdots HS$	Kontinuum		sehr gering
(L-Lys)$_n$ + (L-Lys$^+$ClO$_4^-$)$_n$	$N^+H \cdots N \rightleftharpoons N \cdots H^+N$	Kontinuum		gering
(L-Tyr)$_n$ + (L-Tyr$^-$NEt$_4^+$)$_n$	$OH \cdots O^- \rightleftharpoons {}^-O \cdots HO$	Kontinuum		gut
(L-His)$_n$ + (L-His$^+$Cl$^-$)$_n$	$N^+H \cdots N \rightleftharpoons N \cdots H^+N$	Kontinuum		mittel
(Boc-His-OMe)$_n$ + HClO$_4$	$N^+H \cdots N \rightleftharpoons N \cdots H^+N$	Kontinuum		
(L-Glu)$_n$ + (L-Glu$^-$NEt$_4$)$_n$	$OH \cdots O^- \rightleftharpoons {}^-O \cdots HO$	Kontinuum		gut
		Gewicht der polaren Protongrenzstruktur in %		
		trocken	hydratisiert bei 90% Luftfeuchtigkeit	
(L-Tyr)$_n$ + (L-Arg)$_n$	$OH \cdots N \rightleftharpoons {}^-O \cdots H^+N$	73	73	
(L-Cys)$_n$ + (L-Lys)$_n$	$SH \cdots N \rightleftharpoons {}^-S \cdots H^+N$	50	80–90	sehr gering
(L-Tyr)$_n$ + (L-Lys)$_n$	$OH \cdots N \rightleftharpoons {}^-O \cdots H^+N$	10	10	mittel
(L-Glu)$_n$ + (L-Lys)$_n$	${}^-O \cdots H^+N$	100	100	gering
(L-Glu)$_n$ + (L-His)$_n$	$OH \cdots N \rightleftharpoons {}^-O \cdots H^+N$	75	90	mittel
Z-Glu-OBzl + Boc-His-OMe	$OH \cdots N \rightleftharpoons {}^-O \cdots H^+N$	71		
Z-Asp-OBzl + Boc-His-OMe	$OH \cdots N \rightleftharpoons {}^-O \cdots H^+N$	87		

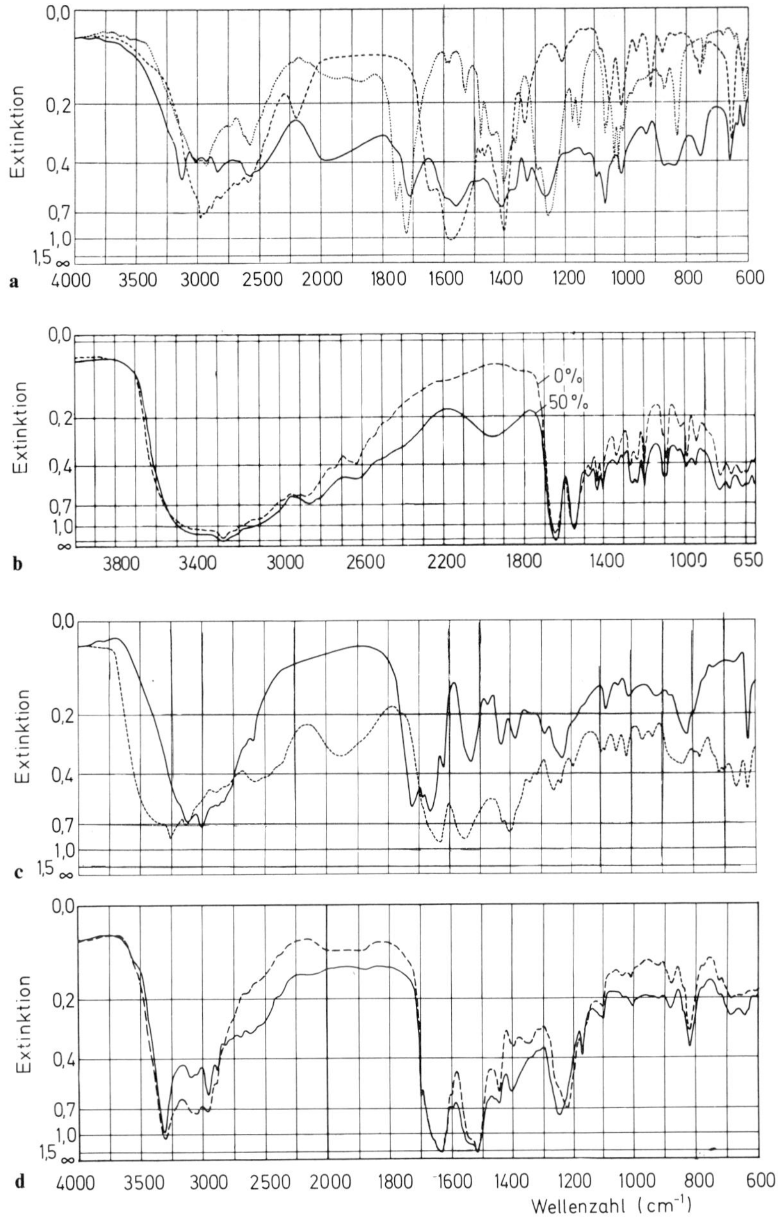

Abb. 4.28a–d. IR-Spektren. **a** —— Essigsäure + Imidazol, ---- Essigsäure + *n*-Propylamin, ··· Essigsäure + 2-Methylpyrazin; **b** (L-His)$_n$ ---- 0%, —— 50% protoniert; **c** (L-His)$_n$ + Essigsäure —— trocken, ---- hydratisiert; **d** Kopolymeres (L-Tyr, L-Lys)$_n$, —— (L-Lys, L-Tyr)$_n$, ---- (L-Lys, L-Tyr, HBr)$_n$. [Nach: **a** Lindemann und Zundel: JCS Faraday II **73**, 788 (1977), **c** Lindemann und Zundel: Biopolymers **17**, 1285 (1978), **d** Kristof und Zundel: Biophys. Struct. Mech. **6**, 209 (1980)]

Banden der Donor- bzw. der Akzeptorgruppen bestimmt. Das Gewicht der polaren Protongrenzstruktur ist für die wasserfreien Systeme in Spalte 3 der Tabelle 4.1 angegeben. Hiernach ist die Aufenthaltswahrscheinlichkeit des Protons im (L-Cys)$_n$ + (L-Lys)$_n$ System an beiden Resten etwa gleich groß. Im (L-Tyr)$_n$ + (L-Lys)$_n$ System hält sich das Proton bevorzugt am Tyr-Rest auf, während in den anderen Systemen seine Aufenthaltswahrscheinlichkeit an der Akzeptorgruppe größer ist.

c) Einfluß der Hydratation auf Protontransfer-Gleichgewicht und die Stabilität dieser Brücken

Bei Proteinen können die Wasserstoffbrücken in mehr hydrophoben oder mehr hydrophilen Bereichen vorkommen. Außerdem kann sich der Zutritt von Wassermolekülen in einem Proteinmolekül zu Gruppierungen durch Konformationsänderungen oder durch Substratbindung verändern. Deshalb ist es von Interesse, wie sich die Lage der Protontransfergleichgewichte durch Hydratation ändert und insbesondere wie stabil diese Wasserstoffbrücken bei Anwesenheit von Wassermolekülen sind.

In der Tabelle 4.1 sind in Spalte 4 die % Protontransfer in den Systemen angegeben, wenn diese hydratisiert sind. Soweit die leichtpolarisierbaren Brücken nicht aufgebrochen werden, handelt es sich wieder um das Gewicht der polaren Protongrenzstruktur. Abbildung 4.29a zeigt die Verschiebung des Protontransfergleichgewichts für (L-Glu)$_n$ + N-Base und für das (L-His)$_n$ + Essigsäuresystem. Man sieht, daß Hydratwasser, d.h. eine polare Umgebung der Brücken, den Protontransfer begünstigt, d.h. das Gewicht der polaren Protongrenzstruktur erhöht, wobei dieser Umgebungseinfluß bei den verschiedenen Typen leicht polarisierbarer Brücken unterschiedlich groß ist.

Die Stabilität der leicht polarisierbaren Brücken gegenüber dem Einfluß von Hydratwasser läßt sich im Fall der struktursymmetrischen Wasserstoffbrücken über die Abnahme der Intensität des Kontinuums und bei den anderen Brücken an Hand von Banden ermitteln, denn es lassen sich in den Spektren Banden finden, die, je nachdem ob die Brücken ausgebildet sind oder nicht, charakteristische Lagen haben. Die Stabilität der Brücken gegenüber Hydratation ist in der Tabelle in Spalte 5 angegeben. Die langen $(Cys\text{-}Cys)^-$ und Cys-Lys Brücken sind nur in hydrophoben Bereichen der Proteine stabil. Weit stabiler sind die Glu-His Brücken. Schließlich sind die kurzen $OH \cdots O^- \rightleftharpoons {}^-O \cdots HO$ Brücken, die sich zwischen den carbonsauren Resten bilden, so stabil, daß sie auch im peripheren Bereich der Proteine eine Rolle spielen können.

d) Konformationen, Grad des Protontransfer und Grad der Hydratation

Der Zutritt von Wasser zu diesen Brücken hängt bei Proteinen von der Konformation ab. Zusammenhänge zwischen der Konformation und dem Grad des Protontransfer können ebenfalls an Polyaminosäuresystemen untersucht werden. Für $(\text{L-His})_n$ + Carbonsäure und $(\text{L-Cys})_n$ + N-Base Systeme sind in Abb. 4.29b und c sowohl die % Protontransfer in den $B_1H \cdots B_2 \rightleftharpoons B_1^- \cdots H^+B_2$ Brücken sowie die an Hand der Amid A-Bande ermittelte Konformation in Abhängigkeit vom ΔpK_a aufgetragen. Jeder Punkt entspricht einem System und der ΔpK_a bedeutet pK_a der protonierten Akzeptorgruppe minus pK_a der Donorgruppe. Die Resultate zeigen, daß der Protontransfer in den Brücken in beiden Fällen eine Konformationsänderung induziert.

Die Protontransferkurven sind in diesen Systemen, z. B. im Gegensatz zu denjenigen der $(Glu)_n$ + N-Base Systeme sehr steil. Außerdem hängt bei den $(His)_n$ + Carbonsäuresystemen die Lage des Protontransfergleichgewichts weit empfindlicher vom Grad der Hydratation ab als bei entsprechenden $(Glu)_n$–N-Basesystemen (s. Abb. 4.29a). Dies beruht auf dieser wechselseitigen Abhängigkeit von Protontransfergleichgewicht und Konformationsänderung, denn hiermit wirkt sich die Kooperativität der Konformationsänderung auf den Protontransfer aus und bewirkt diese Aufsteilung der Kurve.

Bereits die Ausbildung von Wasserstoffbrücken zwischen den Seitengruppen kann die Konformation des Rückgrats wesentlich beeinflussen. Dies zeigt die Untersuchung von $(\text{L-Cys})_n$ + Basesystemen, wenn man bei diesen den Konformationsübergang in Abhängigkeit von den Äquivalenten anionischer S^--Reste betrachtet (Abb. 4.29d). Wird mit KOH deprotoniert, so

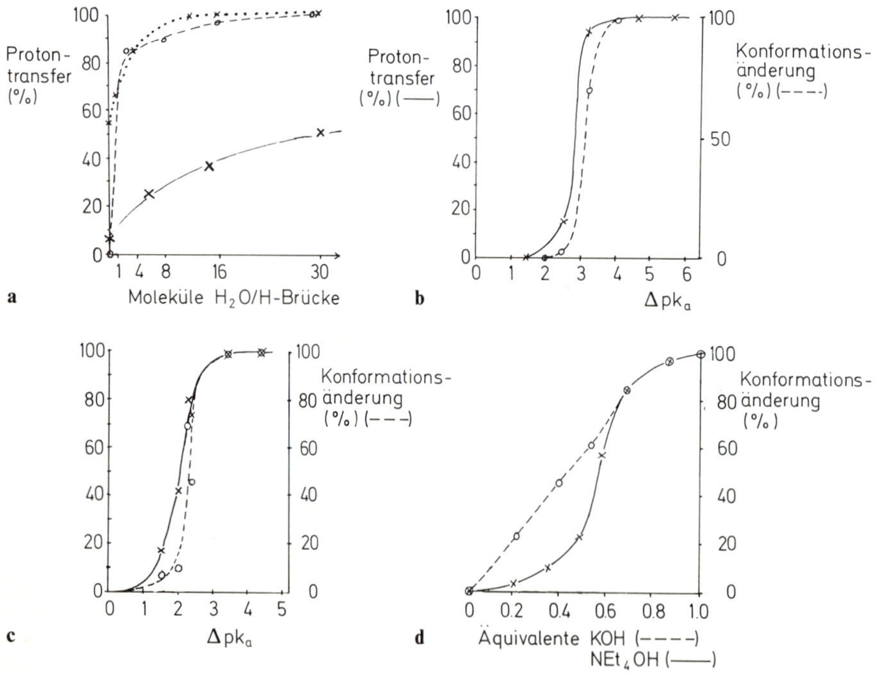

Abb. 4.29. **a** Protontransfer in Abhängigkeit vom Hydratationsgrad, angegeben als Moleküle H_2O pro im trockenen Film gebildeter H-Brücken. —— $(\text{L-Glu})_n$ + Pyridin, ··· $(\text{L-Glu})_n$ + Imidazol, ---- $(\text{L-His})_n$ + Essigsäure. **b, c** Grad des Protontransfer und Konformationsänderung in Abhängigkeit vom ΔpK_a **b** $(\text{L-His})_n$ + Carbonsäuren, **c** $(\text{L-Cys})_n$ + N-Basen, **d** Konformation des $(\text{L-Cys})_n$ in Abhängigkeit von der Zugabe von Base —— NEt_4OH ---- KOH [Nach: **a**, **b** Lindemann und Zundel: Biopolymers **16**, 2407 (1977), **17**, 1285 (1978), **c** Kristof und Zundel: Biopolymers (im Druck), **d** Kristof und Zundel: Biopolymers **19**, 1753 (1980)]

bilden sich keine, wird mit NEt_4OH deprotoniert, so bilden sich leicht polarisierbare $SH \cdots S^- \rightleftharpoons {}^-S \cdots HS$ Brücken aus. Im letzteren Fall zeigt der sigmoide Verlauf der Konformationsumwandlung an, daß diese durch die Ausbildung der Wasserstoffbrücken zwischen den Seitengruppen zu einem kooperativen Konformationsübergang geworden ist. Verstehen läßt sich dies, wenn man bedenkt, daß durch die Ausbildung der Wasserstoffbrücken zwischen den Seitengruppen die Konformationsumwandlung erschwert wird.

Zusammenfassend läßt sich feststellen: Konformationsumwandlungen, Protontransferprozesse in den leichtpolarisierbaren Wasserstoffbrücken und der Grad der Hydratation sind meist voneinander nicht unabhängig. Dies dürfte für die Funktion von Proteinen, bei denen Protontransferprozesse eine Rolle spielen, von großer Bedeutung sein.

e) Protonenverschiebungen über leicht polarisierbare Wasserstoffbrücken in aktiven Zentren von Enzymen und Reaktivität

In zahlreichen Enzymen liegen in den aktiven Zentren Wasserstoffbrücken vor, die leicht polarisierbar sind. So wurde von Rüterjans und Witzel gezeigt, daß sich im aktiven Zentrum der Ribonuclease eine $N^+H \cdots N \rightleftharpoons N \cdots H^+N$-Brücke zwischen Histidinresten ausbilden kann. Diese Brücke ist leicht polarisierbar und damit kann über diese Brücke während des katalytischen Prozesses Ladung verschoben werden.

Blow postulierte, daß beim Chymotrypsin der Serinrest im aktiven Zentrum dadurch reaktiv wird, daß positive Ladung vom Serinrest 195 zum Aspartatrest 102 über ein Charge Relay System verschoben wird (Abb. 4.30a). Nach den Ergebnissen in Abschn. 4.6.3b ist die Brücke zwischen Asparaginsäure und Histidinrest leicht polarisierbar. Nach Untersuchungen an Imidazol-Alkoholat Systemen ist es bekannt, daß auch die zweite Brücke dieses Wasserstoffbrücken-Systems noch polarisierbar ist. Die Theorie zeigt, daß Protonenbewegungen in benachbarten, leicht polarisierbaren Wasserstoffbrücken stark gekoppelt ablaufen. Damit sind die Protonenbewegungen in beiden Brücken gekoppelt und das ganze System leicht polarisierbar. Nach Röntgenstrukturuntersuchungen von Huber und Bode werden, wenn ein Substratmolekül an das aktive Zentrum herantritt, Wassermoleküle verdrängt und die Serin-Histidin-Brücke geknüpft. Die positive Partialladung am Carbonyl-Kohlenstoffatom des elektrophilen Substrats bewirkt, daß nun die Protonenverschiebung vom Serinrest über das System leicht polarisierbarer Wasserstoffbrücken zum Aspartatrest erfolgt. Hierdurch wird der Serinrest reaktiv.

Bei der Betrachtung des Mechanismus der Fettsäuresynthetase nehmen Oesterhelt und Mitarbeiter die Beteiligung einer Cystein-Basebrücke an (Abb. 4.30b). Wenn es sich bei der Base in diesem Enzym um einen Lysinrest handelt, liegt in diesem aktiven Zentrum eine leicht polarisierbare $SH \cdots N \rightleftharpoons {}^-S \cdots H^+N$-Wasserstoffbrücke vor. Wenn sich nun bei der Fettsäuresynthetase das Carbonyl-Kohlenstoffatom mit seiner positiven Partialladung der SH Gruppe nähert, wird zufolge der großen Polarisierbarkeit der $SH \cdots N \rightleftharpoons {}^-S \cdots H^+N$-Brücke das Proton zur Base verschoben, wodurch die Reaktivität des S-Atoms erhöht wird, was seine Reaktion mit dem Kohlenstoffatom ermöglicht.

Hsu und Mitarbeiter haben gezeigt, daß im aktiven Zentrum der sauren Protease Penicillopepsin eine Asparaginsäure-Aspartat-Wasserstoffbrücke anwesend ist (Abb. 4.30c). Wenn sich ein elektrophiles Substrat mit seiner positiven Partialladung dem aktiven Zentrum nähert, wird das Proton in dieser Wasserstoffbrücke vom Asp 32 zum Asp 215 verschoben, dies als Folge der Polarisierbarkeit der $OH \cdots O^- \rightleftharpoons {}^-O \cdots HO$-Wasserstoffbrücke. Hiermit wird Asp 32 negativ geladen und damit reaktiv.

f) Protonenflüsse über leicht polarisierbare Wasserstoffbrücken durch hydrophobe Bereiche biologischer Membranen

Protonenflüsse durch hydrophobe Bereiche biologischer Membranen spielen bei der Phosphorylierung in den Thylakoidmembranen der Chloroplasten und in den Membranen der Cristae Mitochondriales eine entscheidende Rolle.

Es ist sehr wahrscheinlich, daß hierbei die Verschiebung der positiven Ladung durch Verschiebung der Protonen in Wasserstoffbrücken, d.h. durch einen Grotthus-Mechanismus erfolgt. Bei ihm wird durch das elektrische Feld infolge der großen Polarisierbarkeit das Gewicht der Protongrenzstruktur, in der das Überschußproton in Feldrichtung verschoben ist, erhöht. Damit tauscht das Proton seine Rolle als Überschußproton mit dem Proton in einer benachbarten Brücke. Ist diese und sind folgende Brücken ebenfalls leicht polarisierbar, so kann das Proton durch ein elektrisches Feld über eine Kette von Brücken verschoben werden, so wie dies Abb. 4.30d für eine Kette von Brücken zwischen Histidinresten zeigt. Hat ein Proton ein derartiges Wasserstoffbrücken-System passiert, so muß dieses durch Drehung der Gruppierungen, die kooperativ erfolgen wird, regeneriert werden.

Das bestuntersuchte protonleitende Protein ist das Bakteriorhodopsin der Purpurmembran. Seine Primärstruktur wurde von Ovchinnikov und Mitarbeitern aufgeklärt. Diese Primärstruktur ermöglicht die Ausbildung zahlreicher Wasserstoffbrücken zwischen Seitengruppen, von denen man weiß, daß es sich um leichtpolarisierbare Protontransfer-Wasserstoffbrükken handelt. Somit liegt es nahe, daß die Protonenleitung im Bakteriorhodopsin über derartige Systeme aus polarisierbaren Wasserstoffbrücken erfolgt. Merz und Zundel haben an Hand eines Kalottenmodells postuliert, daß diese Leitung über eine weitgehend struktursymmetrische Wasserstoffbrückenkette erfolgt, die aus einem Asp-, 6 Tyr- und einem Glu-Rest aufgebaut ist. Insbesondere sollen an der Innenseite der Membran eine beträchtliche Anzahl Carboxylatreste (Glu und Asp) anwesend sein. Die leicht polarisierbaren $OH \cdots O^- \rightleftharpoons {}^-O \cdots HO$-Brücken zwischen solchen

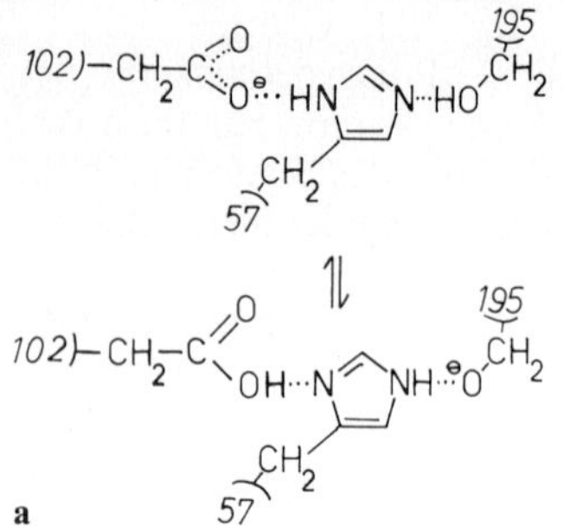

a

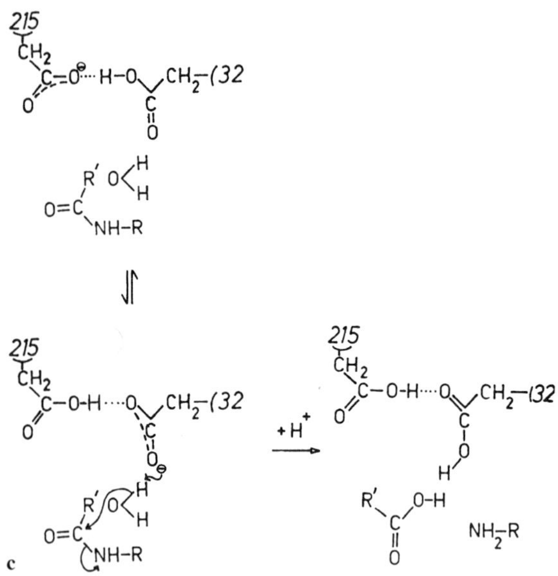

c

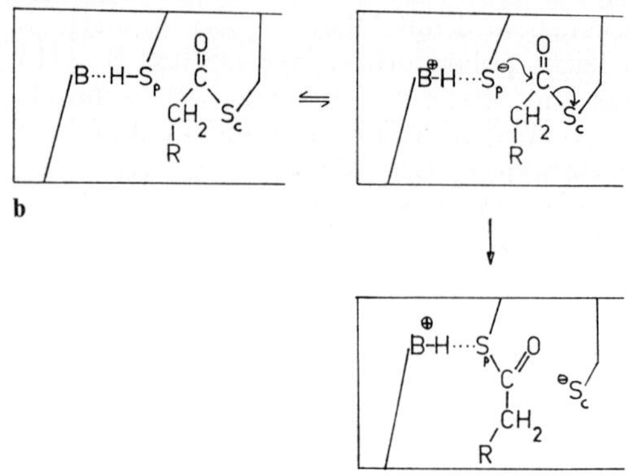

b

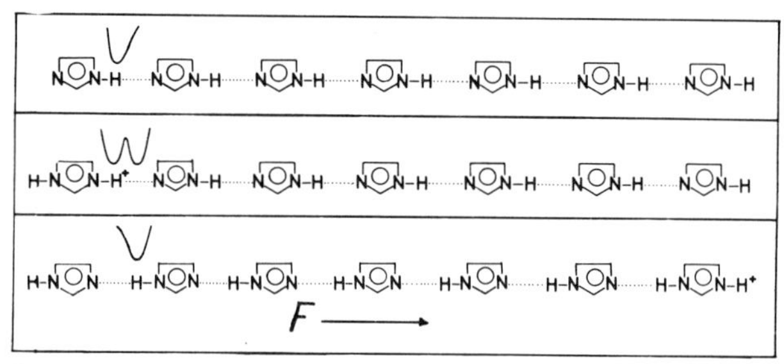

d

Abb. 4.30a–d. Leicht polarisierbare Wasserstoffbrücken in aktiven Zentren von Enzymen. **a** Chymotrypsin, **b** Fettsäuresynthetase, **c** Penicillopepsin, **d** Schema zur Grotthus-Leitfähigkeit [Nach: **a** Blow: Acc. Chem. Res. **9**, 145 (1976), **b** Oesterhelt et al.: Eur. J. Biochem. **79**, 191 (1979), **c** Hsu und Delbaere: Nature (London) **266**, 140 (1977), **d** Zundel: In: The Hydrogen Bond. North Holland Publ. Co. 1976]

Gruppen sind auch bei Anwesenheit von Wasser stabil (s. Abschn. 4.6.3d). Damit kann durch die Bildung dieser Brücke die Protonenaufnahme an der Innenseite der Purpurmembran vermittelt werden.

4.6.4 Experimentelle Technik

Bei den üblichen IR-Spektrophotometern wird eine Fläche von etwa 1,5 cm^2 durchstrahlt. Die Probenschichtdicke muß hierbei 1–15 µm betragen, d. h. man kommt mit einigen mg Substanz aus. Dieser Bedarf kann auf 10–50 µg reduziert werden, wenn man den Strahl mit einem Beam Condenser verengt. Bei diesem Vorgehen ist aber gerade bei biologischen Proben besonders sorgfältig darauf zu achten, daß sich diese nicht während der Aufnahme des Spektrums erwärmen. Im folgenden wird nun auf die Besonderheiten bei der Präparationstechnik eingegangen, die bei biologisch interessanten Proben meist auftreten, da man diese im wäßrigen Milieu untersuchen will.

Die Proben können als definiert hydratisierte Filme, in wäßriger Lösung oder in Suspension spektroskopiert werden. Als Probenträger oder Küvettenfenstermaterialien verwendet man hochreines polykristallines Ge oder Si. Ge ist im Bereich 4000–600 cm^{-1}, Si im Bereich 4000–10 cm^{-1} brauchbar. Hierbei müssen beim Si einige Banden durch entsprechende Scheiben im Vergleichsstrahl kompensiert werden. Damit der Strahl nicht zu stark geschwächt wird, dürfen die Si-Scheiben zusammen höchstens 4 mm dick sein. Nur in dem kleinen Bereich von 620–600 cm^{-1} sind die Verluste so groß, daß man keine Aufzeichnung mehr erhält.

Filme reproduzierbarer Schichtdicke stellt man am besten mit einem Zentrifugationstrocknungsverfahren nach Hofmann und Zundel her. Wäßrige Lösungen oder Suspensionen untersucht man am besten zwischen Ge- oder Si-Scheiben. Um Interferenzen, die als Folge des großen Brechungsindex dieser Substanzen auftreten, zu vermeiden, bildet man den Probenraum keilförmig aus, d. h. man schleift eine keilförmige Vertiefung in die eine Scheibe, bringt in diese Vertiefung die Flüssigkeit und preßt die Scheiben in einer entsprechenden Vorrichtung mit definiertem Druck aufeinander. Die Schichtdickenreproduzierbarkeit ist ±0,2 µm. Bei der Auswertung der Extinktionen ist eine Korrektur notwendig, da für eine keilförmige Schicht das Lambert-Beersche Gesetz nicht gilt. Häufig besteht der Wunsch, auch relativ verdünnte wäßrige Lösungen zu untersuchen. Hochleistungs-IR-Spektrometer liefern auch bei einer Probendurchlässigkeit von 1% noch einwandfreie Spektren, wobei man die Verluste im Vergleichsstrahl kompensiert. Damit kann man auch in wäßrigen Lösungen mit mittleren Schichtdicken von 50 µm arbeiten. Hierbei nimmt man Teilbereiche des Spektrums in H_2O bzw. D_2O auf. Bei entsprechender Ordinatendehnung kann man dann auch noch Spektren von Proben mit einer Konzentration von etwa 2 mg/ml aufnehmen.

Die FMIR-Technik ist für Untersuchung biologischer Proben besonders geeignet. Mit dieser Technik können nämlich auch besonders stark absorbierende Proben untersucht werden. Ferner kann an der Probe, auch während sich diese im Spektrometer befindet, manipuliert werden; so kann man z. B. das Ionenmilieu durch Dialyse austauschen. Näheres über diese Technik findet man in dem Buch von Harrik.

Literaturauswahl

Ambrose, E.J., Elliot, A.: Proc. R. Soc. London Ser. A **205**, 47–60 (1951), **208**, 75–90 (1951).

Brügel, W.: Einführung in die Ultrarotspektroskopie. Darmstadt: Steinkopf 1962.

Harrik, N.Y.: Internal Reflexion Spectroscopy. New York: Interscience Publ. 1967.

Hofmann, K.P., Zundel, G.: Rev. Sci. Instr. **42**, 1726 (1971).

Holbrook, St.R., Sussman, J.L., Warrant, R.W., Church, G.M., Kim, S.-H.: Nucleic Acid Res. **4**, 2811–2820 (1977).

Huber, R., Bode, W.: Acc. Chem. Res. **11**, 114–122 (1978).

Kyogoku, Y., Lord, R.C., Rich, A.: Science **154**, 518 (1966), J. Am. Chem. Soc. **89**, 496 (1967).

Matthies, M., Zundel, G.: Bioinorg. Chem. **10**, 109–123 (1979).

Merz, H., Zundel, G.: Biochem. Biophys. Res. Comun. **101**, 540–546 (1981).

Ovchinnikov, Yu.A., Abdulaev, N.G., Feigina, M.Yu., Kiselev, A.W., Lobanov, N.A.: FEBS Lett. **100**, 219–224 (1979).

Parker, F.S.: Applications of Infrared Spectroscopy in Biochemistry, Biology, and Medicine. London: Hilger 1971.

Pullman, B., Pullman, A., Berthod, H., Gresh, N.: Theoret. Chim. Acta **40**, 93–111 (1975).

Rüterjans, H., Witzel, H.: Eur. J. Biochem. **9**, 118–127 (1969).

Shimanouchi, T., Tsuboi, M., Kyogoku, Y.: In: Advances in Chemical Physics, Vol. VII. New York: Interscience Publ. 1964.

Shulman, R.G.: Ann. Proc. N.Y. Acad. Sci. **158**, 96–99 (1969).

Zundel, G.: Hydration and Intermolecular Interaction. London, New York: Academic Press 1969, Moskau: Mir 1972.

Zundel, G.: In: The Hydrogen Bond, Recent Developments in Theory and Experiments, Vol. 2. Schuster, P., Zundel, G., Sandorfy, C. (Eds.). Amsterdam: North Holland Publ. 1976.

4.7 Debye-Hückel-Theorie (Kräfte zwischen Molekülen in Lösung)

JANOS J. LADIK

Die biologisch aktiven Makromoleküle und die daraus aufgebauten Zellbestandteile (Zellkern, Mitochondrien, Ribosomen usw.) sind in eine wäßrige Lösung eingebettet, die aus verschiedenen Proteinmolekülen, Nucleotiden, einer Anzahl von Ionen usw. besteht. Das Verständnis der Wechselwirkung zwischen Ionen und Molekülen in Lösung ist daher von großem biologischen Interesse.

Der einfachste Fall ist die theoretische Untersuchung der Kräfte zwischen Ionen in einem starken Elektrolyten. Diese Theorie wurde sowohl von P. Debye und E. Hückel als auch von L. Onsager ausgearbeitet und kann im Detail im Buch von Glasstone nachgelesen werden.

4.7.1 Debye-Hückel-Theorie

Wenn $V(\boldsymbol{r})$ das Potential am Punkt $\boldsymbol{r}$ in der Nähe eines positiven Ions bezeichnet, dann ist die Arbeit, die geleistet werden muß, um ein anderes positives Ion mit der Ladung Z_+e vom Unendlichen dorthin zu bringen, Z_+eV (Z_-eV für ein negatives Ion, $Z_+>0$, $Z_-<0$). Seien n_+^0 und n_-^0 die Ionenkonzentrationen in beträchtlicher Entfernung vom Referenzion („beträchtlich" heißt, daß näherungsweise gilt: $V\approx 0$). Für die Konzentrationen am Punkt $\boldsymbol{r}$ kann dann geschrieben werden:

$$n_+(\boldsymbol{r})=n_+^0\exp\left[-\frac{Z_+eV(\boldsymbol{r})}{kT}\right], \tag{4.82}$$

$$n_-(\boldsymbol{r})=n_-^0\exp\left[-\frac{Z_-eV(\boldsymbol{r})}{kT}\right], \tag{4.83}$$

woraus folgt, daß $n_-(\boldsymbol{r})>n_+(\boldsymbol{r})$ gilt. Das heißt, daß sich in der Nähe eines positiven Ions im Mittel mehr negative als positive Ionen befinden und umgekehrt. Jedes Ion ist daher von einer entgegengesetzt geladenen Ionenwolke umgeben.

Mit den oben definierten Konzentrationen kann für die Ladungsdichte $\varrho(\boldsymbol{r})$ geschrieben werden:

$$\varrho(\boldsymbol{r})=e(n_+Z_++n_-Z_-)=e\left(n_+^0Z_+\exp\left[-\frac{Z_+eV(\boldsymbol{r})}{kT}\right]+n_-^0Z_-\exp\left[-\frac{Z_-eV(\boldsymbol{r})}{kT}\right]\right),$$
$$(Z_+>0, Z_-<0). \tag{4.84}$$

Wenn $Z_+=1$, $Z_-=-1$ und $n_+^0=n_-^0=n$, vereinfacht sich $\varrho(\boldsymbol{r})$ zu

$$\varrho(\boldsymbol{r})=ne(e^{-[eV/kT]}-e^{+[eV/kT]}). \tag{4.85}$$

Wenn weiterhin $eV/kT\ll 1$, dann kann in guter Näherung geschrieben werden (nur die ersten zwei Terme in der Potenzreihenentwicklung der Exponentialfunktion werden berücksichtigt):

$$\varrho=-\frac{e^2V}{kT}\cdot 2n. \tag{4.86}$$

Für den allgemeinen Fall, daß die Lösung verschiedene Ionenarten enthält, erhält man anstatt von Gl. (4.84)

$$\varrho=e\sum_i n_iZ_ie^{-Z_iV/kT}, \tag{4.87}$$

und wenn, wie vorher (jetzt für jedes i) $Z_ieV/kT\ll 1$, ergibt sich das Analogon zu Gl. (4.86)

$$\varrho=-\frac{e^2V}{kT}\sum_i n_iZ_i^2. \tag{4.88}$$

Setzt man diesen Ausdruck für ϱ in die Poisson-Gleichung ein

$$\Delta V = \frac{\partial^2 V}{\partial x^2} + \frac{\partial^2 V}{\partial y^2} + \frac{\partial^2 V}{\partial z^2} = -\frac{4\pi\varrho}{\varepsilon}, \tag{4.89}$$

(ε ist die Dielektrizitätskonstante), drückt den Laplace-Operator Δ in Polarkoordinaten aus und nimmt an, daß das Potential V Kugelsymmetrie besitzt.

$$V(\mathbf{r}) = V(r); \quad \frac{\partial V}{\partial \vartheta} = \frac{\partial V}{\partial \varphi} = 0,$$

so erhält man

$$\frac{1}{r^2}\frac{d}{dr}\left(r^2 \frac{dV}{dr}\right) = \frac{d^2 V}{dr^2} + \frac{2}{r}\frac{dV}{dr} = -\frac{4\pi\varrho}{\varepsilon}$$

$$= \frac{4\pi}{\varepsilon}\frac{e^2}{kT} V \sum_i n_i Z_i^2 = K^2 \frac{V}{\varepsilon} \tag{4.90}$$

mit

$$K^2 = \frac{4\pi e^2}{kT} \sum_i n_i Z_i^2 . \tag{4.91}$$

Die allgemeine Lösung der Differentialgleichung (4.61) lautet:

$$V(r) = A\frac{e^{-Kr}}{r} + B\frac{e^{Kr}}{r}, \tag{4.92}$$

wobei A und B Integrationskonstanten sind. Da $V(r) \to 0$ für $r \to \infty$, muß man $B = 0$ setzen. Aus der Bedingung, daß in sehr verdünnten Lösungen ($K \to 0$) das Potential in der Nähe eines Ions von diesem Ion allein hervorgerufen wird und als Potential einer Punktladung betrachtet werden kann, d.h. $\lim_{K\to 0} V = \frac{Z_i e}{\varepsilon r}$, folgt weiterhin, daß $A = \frac{Z_i e}{\varepsilon}$ ist und sich somit ergibt:

$$V(r) = \frac{Z_i e}{\varepsilon}\frac{e^{-Kr}}{r}. \tag{4.93}$$

Für verdünnte Lösungen, für welche Kr eine kleine Größe ist, läßt sich die Exponentialfunktion wieder entwickeln, $e^{-Kr} \approx 1 - Kr$, und der Ausdruck für das Potential lautet dann

$$V = V_1 + V_2 = \frac{Z_i e}{\varepsilon r} - \frac{Z_i e K}{\varepsilon}. \tag{4.94}$$

Das Potential in einer Entfernung r von einem gegebenen Ion ist $Z_i e/\varepsilon r$ in Abwesenheit anderer Ionen. Der zweite Term auf der rechten Seite von Gl. (4.65) stammt also von der entgegengesetzt geladenen Ionenwolke. Da dieser Term unabhängig von r ist, liefert er deshalb auch das Potential $V_2(0)$ am Ion selbst, hervorgerufen durch die umgebenden Ionen mit entgegengesetzter Ladung[1],

$$V_2(0) = -\frac{Z_i e K}{\varepsilon}. \tag{4.95}$$

Diese Gleichung liefert die Möglichkeit einer physikalischen Interpretation für K: Würde die gesamte Ladung $-Z_i e$ der Ionenwolke, die ein positives Ion mit Ladung $Z_i e$ umgibt, in eine Entfernung $1/K$ vom gegebenen Ion plaziert, wäre das dadurch am positiven Ion hervorgerufene Potential $-Z_i e K/\varepsilon$. $1/K$ kann daher als der äquivalente Radius der Ionenwolke angesehen werden. Er beträgt größenordnungsmäßig 10^{-8} cm $= 0{,}1$ nm für gewöhnliche Lösungen. In Tabelle 4.2 sind die Werte von $1/K$ für verschiedene Typen von starken Elektrolyten in wäßriger Lösung ($\varepsilon = 79$) bei 25 °C als Funktion der totalen Ionenkonzentration (gemessen in M) angegeben.

Tabelle 4.2. $1/K$-Werte (in nm) für verschiedene Arten von starken Elektrolyten als Funktion der Konzentration (in M) bei 25 °C

Konzentration	Typ des Elektrolyten			
	1:1	1:2	2:2	1:3
10^{-4}	30,40	17,60	15,20	12,40
10^{-3}	9,62	5,56	4,81	3,93
10^{-2}	3,04	1,76	1,52	1,24
10^{-1}	0,96	0,56	0,48	0,39

Aus Tabelle 4.2 ist ersichtlich, daß in Übereinstimmung mit Gl. (4.95) der Radius der Ionenwolke mit zunehmender Konzentration und Ladung abnimmt.

Die elektrostatische Energie eines Ions mit der Ladung $Z_i e$ ist das Produkt dieser Ladung und der Hälfte des darauf einwirkenden Potentials (der Ionenwolke):

$$E_i = \tfrac{1}{2} Z_i e V_2(0) = -\frac{1}{2\varepsilon} Z_i^2 e^2 K, \tag{4.96}$$

oder nach Multiplikation mit der Avogadroschen Zahl für 1 Gramm Mol Ion: $E_i' = -N Z_i^2 e^2 K/2\varepsilon$.

Das chemische Potential eines einzelnen Ions in einer idealen Lösung ist

$$\mu_i = \mu_i^0 + RT \ln x_i, \tag{4.97}$$

wobei x_i dessen Molfraktion in der gegebenen Lösung ist. Für eine nichtideale Lösung erhält man jedoch

$$\mu_i = \mu_i^0 + RT \ln a_i = \mu_i^0 + RT \ln x_i + RT \ln \gamma_i, \tag{4.98}$$

wo a_i die Aktivität und γ_i der Aktivitätskoeffizient der Ionenspezies ist. Der zusätzliche Term $RT \ln \gamma_i$ ist die Differenz in der Änderung der freien Energie, die sich

[1] Wenn das Ion nicht als mathematischer Punkt behandelt wird, sondern mit einem effektiven mittleren Durchmesser d (jedoch immer noch $d \ll 1/K$), erhält man anstelle von Gl. (4.95)

$$V_2(0) = -\frac{Z_i e}{\varepsilon}\frac{K}{1 + Kd}. \tag{4.95a}$$

ergibt, wenn 1 gMol Ion der gegebenen Ionenspezies einem großen Volumen einer realen bzw. idealen Lösung hinzugefügt oder daraus entfernt wird. Diese Differenz kann als Äquivalent der von der Ionenwolke herrührenden elektrostatischen Energie des Ions angesehen werden, wenn man die Abweichung vom idealen Verhalten ganz zwischenionischen Kräften zuschreibt. Man kann also schreiben:

$$RT\ln\gamma_i = -\mathrm{N}Z_i^2 e^2 \mathrm{K}/2\varepsilon$$

$$= -\frac{NZ_i^2 e^2}{2\varepsilon}\sqrt{\frac{4\pi e^2}{\varepsilon kT}\sum_i n_i Z_i^2}\,, \tag{4.99}$$

woraus mit $k=R/N$ erhalten wird:

$$-\log_{10}\gamma_i = \frac{A'}{(\varepsilon T)^{3/2}} Z_i^2 \sqrt{2J}\,. \tag{4.100}$$

A' enthält nur Konstanten, J ist die Ionenstärke,

$$J = \tfrac{1}{2}\sum_i n_i Z_i^2\,. \tag{4.101}$$

Diese oben kurz geschilderte *Debye-Hückel-Theorie* beschreibt das Verhalten starker Elektrolyte in verdünnten Lösungen ziemlich gut, wie Messungen der Aktivitäten zeigen. In weniger verdünnten Lösungen (Konzentrationen über 10^{-2} Mol/l) hat man Gl. (4.95a) für $V_2(0)$ zu benützen (s. Fußnote S. 266), welcher anstatt Gl. (4.100) liefert:

$$-\log_{10}\gamma_i = \frac{A'}{(\varepsilon T)^{3/2}}\,\frac{Z_i^2\sqrt{2J}}{1+Kd} = \frac{A'}{(\varepsilon T)^{3/2}}\,\frac{Z_i^2\sqrt{2J}}{1+\dfrac{dB'\sqrt{2J}}{(\varepsilon T)^{1/2}}}$$

$$= \frac{\tilde{A}Z_i^2\sqrt{J}}{1+d\tilde{B}\sqrt{J}}\,. \tag{4.102}$$

Die Konstanten $\tilde{A}$ und $\tilde{B}$ enthalten für ein gegebenes Lösungsmittel und eine bestimmte Temperatur auch ε und T.

Für noch höhere Konzentrationen müssen auch die Wechselwirkungen zwischen den Ionen und den Dipolmomenten der Lösungsmittelmoleküle berücksichtigt werden. Dies führt zu einer Abnahme der Wechselwirkungen zwischen Ionen mit entgegengesetzter Ladung. Die Debye-Hückel-Gleichung lautet dann schließlich:

$$-\log_{10}\gamma_i = \frac{\tilde{A}Z_i^2\sqrt{J}}{1+d\tilde{B}\sqrt{J}} - \tilde{C}J\,. \tag{4.103}$$

Es sollte bemerkt werden, daß die Debye-Hückel-Theorie in der beschriebenen Form nur eine Annäherung darstellt, da sie auf der klassischen elektrostatischen Behandlung der Anion-Kation-Wechselwirkungen basiert und in diesem Rahmen in der Reihenentwicklung der Exponentialfunktionen $e^{-eV/kT}$ auch nur die ersten zwei Terme berücksichtigt ($e^{-eV/kT} \sim 1 - eV/kT$). Einige Autoren verbesserten diese Approximation und erhielten verschiedene Korrekturterme, die hier nicht diskutiert werden sollen (s. das Buch von Glasstone).

Die Debye-Hückel-Theorie kann ebenso für schwache und intermediäre Elektrolyte, in welchen die gelösten Verbindungen nicht komplett ionisiert sind, angewandt werden. In diesen Fällen können in der Berechnung der Ionenstärke $J = \frac{1}{2}\sum_i n_i Z_i^2$ die Ionenkonzentration n_i nicht direkt von der Konzentration der gelösten Substanz abgeleitet werden, sondern es ist nötig, zusätzlich den Dissoziationsgrad α einzuführen. Für eine uni-univalente Verbindung zum Beispiel ist n_i für jedes Ion gleich αc (c ist die Elektrolytkonzentration), die Ionenstärke für diese Elektrolyte ist also αc anstatt c für starke Elektrolyte.

4.7.2 Quantenmechanische Diskussion

Vom quantenmechanischen Gesichtspunkt aus stellt die Struktur von Flüssigkeiten und Lösungen mit verschiedenen gelösten Ionen und Molekülen ein beträchtliches Problem dar. Die ersten Schritte in dieser Richtung sind aber nichtsdestoweniger schon getan. Clementi führte interessante *ab initio*-Rechnungen[2] für Wassermoleküle-Cluster aus(bis zu ca. 8 Wassermoleküle), in denen das ganze Cluster als ein Supermolekül behandelt wird. Im Verlauf der MO-Rechnungen wird jedes Einelektronenorbital angesetzt in der Form

$$\Psi_i(\boldsymbol{r}) = \sum_{\alpha=1}^{M}\sum_{s=1}^{m} c_{i;s,\alpha}\chi(\boldsymbol{r}-\boldsymbol{r}_{s\alpha})\,, \tag{4.104}$$

wobei m die Zahl der AOs für jedes Wassermolekül ist, M die Zahl der berücksichtigten Wassermoleküle und $\boldsymbol{r}_{s\alpha}$ der Positionsvektor des Atoms des Wassermoleküls α, an dem das AOs zentriert ist. Aus dieser Gleichung ist ersichtlich, daß auf diese Weise sich jedes MO (oder besser Cluster-Orbital) über alle M Wassermoleküle erstreckt. Die totale Energie des Clusters wird für eine vergleichsweise kleine Anzahl von verschiedenen plausiblen geometrischen Konfigurationen berechnet. Damit wird zunächst eine Interpolationsformel aufgestellt, die die totale Energie als Funktion (einer ziemlich großen Zahl) von geometrischen Variablen ausdrückt. Dann liefert ein Monte-Carlo-Programm verschiedene zufällige Werte der geometrischen Variablen. Mit Hilfe der Interpolationsformel wird die totale Energie für diese Konformationspunkte berechnet (einige zehntausend Konformationspunkte konnten auf diese Art betrachtet werden). Immer, wenn die totale Energie des Clusters für einen Konformationspunkt kleiner wird (größerer negativer Wert) als die vorhergehende kleinste totale Energie, schaltet das Programm zur vollen *ab initio*-Rechnung zurück, um

[2] In einer *ab initio* SCF-LCAO-MO-Rechnung sind alle Elektronen und ihre Wechselwirkungsintegrale berücksichtigt.

das Minimum genau zu bestimmen. Indem auf diese Weise die komplizierte vieldimensionale Energiehyperoberfläche abgesucht wird, können verschiedene lokale Minima und ebenso das absolute Minimum gefunden werden.

In anderen interessanten Untersuchungen starteten Diercksen und Kraemer *ab initio*-Rechnungen für die Solvatisierung von Li^+- und Na^+-Ionen. Auch sie haben das System, welches auch dem positiven Ion und den umgebenden Wassermolekülen besteht, als Supermolekül behandelt und die wahrscheinlichste geometrische Konfiguration der untersuchten Systeme bestimmt. Auf ähnliche Weise wurden das Be^{2+}-H_2O-System von Schuster und Preuss und das F^--H_2O-Supermolekül von Diercksen und Kraemer untersucht. Erst kürzlich wurden von Port und Pullmann *ab initio*-Supermolekül-Rechnungen für die Hydratation der Peptidbindung und der verschiedenen hydrophilen Aminosäureketten der Proteine ausgeführt, wozu die erste Hydratationsschale genommen wurde.

Trotzdem ist es offensichtlich, daß größere Cluster aus Lösungsmittel und gelöster Substanz in vorhersehbarer Zukunft nicht als Supermoleküle behandelt werden können. Was man daher braucht, ist eine befriedigende quantenmechanische Theorie der Wechselwirkungen zwischen mehreren Molekülen. Die Behandlung intermolekularer Wechselwirkungen mit normaler Störungstheorie [siehe z. B. das Buch von Hirschfelder et al. (1954)] hat den Nachteil, daß sie nur Wechselwirkungen zwischen Molekülpaaren berücksichtigt (welche sicherlich durch die Anwesenheit weiterer Partner beeinflußt sind, besonders wenn sie geladen sind). Weiterhin benötigt eine störungstheoretische Behandlung im *ab initio*-Fall ungefähr die gleiche Computerzeit wie eine Supermolekülrechnung. Anstatt dessen kann man mit viel weniger Computerzeit ziemlich gute Wechselwirkungsenergien erhalten, wie Rechnungen von Otto und Ladik gezeigt haben, wenn man in dem Einelektronenteil des sogenannten Fock-Operators für jedes der wechselwirkenden Moleküle das Coulomb- und das Austauschpotential (in seiner nach Slater vereinfachten Form) all der anderen Moleküle einbaut und auf iterative Weise diejenige Ladungsverteilung für jedes Molekül findet, welche konsistent in Anwesenheit der anderen Moleküle ist. Diese sogenannte wechselseitig konsistente Ladungsverteilung (MCF-Methode = *M*utually *C*onsistent *F*ield-Methode) gilt natürlich nur für eine bestimmte geometrische Konformation der Moleküle. Man kann aber die Monte-Carlo-Routine für die Bestimmung der wahrscheinlichsten (energetisch günstigsten) geometrischen Konformation mit dieser Methode verbinden, wie es kürzlich Clementi im Fall des Supermoleküls getan hat. Ferner sollte bemerkt werden, daß die MCF-Methode auch für Wechselwirkungen zwischen Molekülen (Ionen) und Makromolekülen formuliert wurde und auch für Wechselwirkungen zwischen Makromolekülen. Man kann hoffen, daß in Zukunft die näherungsweise Behandlung auch der Struktur einer so komplizierten Lösung wie die der Proteine des Zytoplasmas auf diese Weise möglich ist.

Literaturauswahl

Debye,P., Hückel,E.: Phys. Z. **24**, 305 (1923).
Debye,P., Hückel,E.: Phys. Z. **25**, 49 (1924).
Debye,P., Hückel,E.: Trans. Faraday Soc. **23**, 334 (1927).
Diercksen,G.H.F., Kraemer,W.P.: Theoret. Chim. Acta **23**, 387 (1972).
Glasstone,S.: Textbook of Physical Chemistry. Princeton-Toronto-New York-London: Van Nostrand 1958.
Hirschfelder,J.P., Curtis,C.F., Bird,R.B.: Molecular Theory of Gases and Liquids. New York-London-Sidney: Wiley-Interscience 1954.
Kistenmacher,H., Lie,G.C., Popkie,H., Clementi,E.: J. Chem. Phys. **61**, 546 (1974).
Kraemer,W.P., Diercksen,G.H.F.: Theoret. Chim. Acta **23**, 393 (1972).
Onsager,L.: Phys. Z. **27**, 388 (1926).
Onsager, L.: Phys. Z. **28**, 277 (1927a).
Onsager, L.: Trans. Faraday Soc. **23**, 341 (1927b).
Otto,P., Ladik,J.: Chem. Phys. **8**, 192 (1975), **19**, 209 (1977); Otto,P.: Chem. Phys. **33**, 407 (1978).
Port,G.N.J., Pullman,A.: Int. J. Quant. Chem. Quant. Biol. Symp. **1**, 21 (1974).
Schuster,P., Preuss,H.-W.: Chem. Phys. Letters **11**, 35 (1971).
Slater,J.C., Wilson,T.M., Wood,J.H.: Phys. Rev. **179**, 28 (1969).

4.8 Polyelektrolyte und ihre Interaktionen

H. Berg

4.8.1 Einleitung

Während die Strukturen zahlreicher Proteine und Nukleinsäuren ebenso lange bekannt sind wie potentiometrische und elektrophoretische Untersuchungen von deren Lösungen, gelangte man zu einem besseren Verständnis der Konformationszustände von Polyelektrolyten und ihren Interaktionen erst während des vergangenen Jahrzehnts. Diese bei den Proteinen als Allosterie und bei den Nukleinsäuren als Basenfluktuation, Konformationstransition oder partielle Helix-Knäuel-Übergänge bezeichneten dynamischen Zustände hängen in starkem Maße von bioelektrochemischen Prinzipien ab. Hierzu zählen der Einfluß des Ionenmilieus, die Anzahl der basischen und sauren Molekülgruppen und biologisch aktive Liganden mit elektrostatischen Wechselwirkungen. Häufig werden biochemische und biologische Vorgänge durch elektrostatische Kräfte gesteuert, weshalb einige bioelektrochemische Grundlagen vorgestellt werden sollen.

4.8.2 Polyelektrolyte in Salzlösungen

Die Grundlagenuntersuchungen werden zumeist in verdünnten Lösungen mittlerer Ionenstärke, wie „physiologischer Kochsalzlösung“ oder Pufferlösungen, bei Zimmertemperatur durchgeführt. Aus diesen Resultaten schließt man auf entsprechende Zustände in Kompaktschichten (→4.8.3) oder in Komplexen (→4.8.4).

4.8.2.1 Proteine

Die ionisierbaren Seitengruppen der Aminosäuren bestimmen sequenzabhängig die Säure-Basen-Eigen-

Tabelle 4.3. Ionisierbare Gruppen der Ribonuklease

Gruppe	Anzahl nach Primär-struktur	Anzahl nach Titrations-kurve	$pK' = \text{pH-log}\frac{[A^-]}{[HA]}$
α-COOH	1	11	
COOH(Glu, Asp)	10		
Imidazol(His)	4	5	6,5
α-Amino	1		7,8
phenol. OH(Tyr)	6	16	9,95
ε-Amino(Lys)	10		10,2
guanidyl(Arg)	4	4	12

schaften globulärer Proteine. Aus Titrationskurven (äquivalente OH^--Ionenkonzentration über dem pH-Wert) in Abhängigkeit von der Temperatur sind z. B. für Ribonuklease die in der Tabelle 4.3 enthaltenen Gruppen analysiert worden. Diese sitzen überwiegend an der Oberfläche des Globulus, während die unpolaren Gruppen nach innen gerichtet sind. Der pK′-Wert von Histidin liegt als einziger im biologischen Bereich und erfüllt damit eine intrazelluläre Pufferfunktion. Aus den pK′-Werten der Tabelle 4.3 resultiert der isoelektrische Punkt (IP), gekennzeichnet dadurch, daß bei dem zugehörigen pH-Wert keine Elektrophorese erfolgen kann (vgl. Tabelle 4.4). Die IP werden durch Neutralsalze und Liganden verändert, was bei Trennungen durch Elektrophorese und Ionenaustauschchromatographie, sowie für die Löslichkeit und das Aussalzen zu berücksichtigen ist. Die Löslichkeit variiert mit dem pH-Wert, der Ionenstärke $\mu = \frac{1}{2}\sum c_i z_i^2$, dem DK-Wert des Lösungsmediums ε und der Temperatur. In Abhängigkeit von dem pH-Wert erreicht die Löslichkeit ein Minimum am IP. Beiderseits davon tragen alle Moleküle gleichartige Ladungen, die Aggregationen verhindern. Mit steigendem μ geht die Löslichkeit häufig durch ein Maximum und erreicht bei hohen Ionenstärken niedrige Werte bis zum Aussalzeffekt, wobei die mehrwertigen Ionen ($|z| > 1$) insbesondere Kationen, wirkungsvoller sind. Abnahme von ε durch Zusatz organischer Lösungsmittel verstärkt elektrostatische Wechselwirkungen, d. h. die Ionisierung ist verringert, während die Aggregation begünstigt wird.

Näherungsweise lassen sich diese Effekte durch die Debye-Hückel-Theorie für niedermolekulare Ionen interpretieren (vgl. S. 265f.). Ausgehend von Gl. 4.110 (S. 270) wird der Potentialverlauf der Ladung ze über den Abstand r durch Abschirmung seitens benachbarter Ionen bestimmt. Damit klingt das Potential gemäß $e^{-\kappa r}$ ab. Der Debye-Hückel-Parameter κ seinerseits beträgt

$$\kappa = \sqrt{\text{const}\frac{e^2\mu}{kT}}\ \text{cm}^{-1}, \qquad (4.105)$$

so daß für $T = 298°$ K und $\varepsilon = 79$

$$\kappa^{-1} = \frac{3{,}04 \cdot 10^{-8}}{\sqrt{\mu}}\ \text{cm} \qquad (4.105a)$$

die Reichweite der elektrostatischen Wechselwirkung darstellt. Bei 25 °C für 1:1wertige Ionen ist ihre μ-Abhängigkeit in Tabelle 4.2 (S. 266) enthalten. Diese Reichweite nimmt aber nicht nur mit $|z| > 1$ stark ab, sondern auch mit ε, z. B. für NaCl (25 °C):

$\mu = 0{,}01$	$\varepsilon = 79$	$\varepsilon = 2$
κ^{-1} nm	2,96	0,465

Durch Erweiterung dieser Vorstellungen auf ein kugelförmiges Makroion vom Radius ϱ mit gleichmäßig verteilen z_+ Oberflächenladungen ergibt sich die elektrostatische freie Enthalpie G_e gegenüber einem mobilen Ion, welches sich bis auf δ, die Summe beider Ionenradien, nähern kann:

$$G_e = \frac{z_+^2 e^2}{2\varepsilon}\left[\frac{1}{\varrho} - \frac{\kappa}{1+\kappa\delta}\right]. \qquad (4.106)$$

Hieraus leitet sich der Aktivitätskoeffizient des Polyions ab:

$$\log\gamma_+ = -0{,}51\, z_+^2 \sqrt{\mu}\,. \qquad (4.106a)$$

Für mittlere Salzkonzentrationen resultiert mit steigendem μ eine Abnahme von γ_+, verbunden mit einer Stabilisierung der z_+ Gruppen und Löslichkeitserhöhung. Im Aussalzbereich jedoch tritt Konkurrenz um die Wassermoleküle ein und Gl. (4.106a) wird ungültig. Anstelle von Gl. (4.107a) tritt die Beziehung

$$\log s = Y_1 + Y_2 c_s \qquad (4.107)$$

mit s Löslichkeit, c_s Salzkonzentration, Y_1, Y_2 Konstanten. Aufschlußreich ist, daß Y_2 den lyotropen Reihen (v. Hippel et al., 1973) folgt:

$$NH_4^+ < K^+ < Na^+ < Rb^+ < Cs^+ < Li^+ < Mg^{2+} < Ca^{2+} < Ba^{2+}$$

$$F^- < SO_4^{2-} < Cl^- < Br^- < I^- < ClO_4^- < SCN,$$

die Aussalzen, Denaturierungen, Enzymhemmungen u. a. bestimmen. Im niedrigen und mittleren Bereich wirkt sich die größere Reichweite (κ^{-1}) unabgeschirmter Ladungen z_+ oder z_- bei pH-Werten abseits vom IP infolge Repulsion in einer hydrodynamisch meßbaren Expansion des Proteinglobulus aus.

Die Vertiefung der Polyelektrolyttheorie durch Oosawa (1971), (Manning (1978) und Record (1978) geht über die Debye-Hückel-Theorie hinaus und folgt den

Tabelle 4.4. Isoelektrische Punkte (IP)

Pepsin	1
Serumalbumin	4,9
β-Laktoglobulin	5,2
α_1-Lipoprotein	5,5
Hämoglobin	6,9
Ribonuklease	9,6
Cytochrom c	10,6
Thymohistone	10,8
Clupein	12,1

Konzeptionen (a) Seitenkettenbindung bei Proteinen und (b) Gegenionenkondensation bei Nukleinsäuren.

(a) Die Ionenbindung an unabhängige Seitenkettenplätze basiert auf dem Massenwirkungsgesetz in der Variante nach Scatchard (1949) und Schellmann (1975).

An einem Proteinmolekül P seien N identische Bindungsplätze, die durch den Liganden L der Aktivität a_L besetzt werden, dann resultiert für die mittlere Besetzungsdichte:

$$\frac{n_L}{N} = \frac{K_L N a_L}{1 + K_L a_L} \qquad (4.108)$$

mit

n_L Anzahl besetzter Bindungsplätze je Molekül
K_L Bindungskonstante.

Daraus folgt unter Vernachlässigung der Wechselwirkung zwischen den gebundenen Liganden

$$\frac{r}{a_L} = K_L N - K_L r \quad \text{mit} \quad r = \frac{n_L}{N} \qquad (4.109)$$

womit K und N aus dem bekannten Scatchard Diagramm $\left(\frac{r}{a_L} \text{ über } r\right)$ zu ermitteln sind. Als experimentelle Bestimmungsmöglichkeiten dienen Gleichgewichtsdialyse, Ultrafiltration, Verteilungsanalyse, Absorptionsspektrometrie, Polarographie u. a. Anwendungsbeispiele (Record et al., 1978) sind α-Chymotrypsin, Myosin, Tubulin, Hämoglobin, RNAse und die Histone.

4.8.2.2 Nukleinsäuren

Wegen der stark polaren Phosphatgruppen und des niedrigen pK'-Wertes liegen die Nukleotide bei pH > 4 vollständig ionisiert vor. Andererseits bei den Nukleinsäuren selbst wurde das Phänomen der Gegenionenkondensation an den Phosphatgruppen theoretisch erwartet (Record et al., 1978; Manning, 1978; Oosawa, 1971) und experimentell bestätigt (Anderson et al., 1978). Als Modell (Manning, 1978) dient eine lineare Kette einwertiger Ladungen von mittlerem Ladungsabstand b. Dann wird der Gegenionen-Kondensationsgrad pro Phosphat f durch den reduzierten Ladungsdichteparameter

$$\lambda = \frac{e^2}{\varepsilon b k T} \qquad (4.110)$$

nach

$$f = 1 - (|z|\lambda)^{-1} \qquad (4.111)$$

geregelt. Darin bedeuten:
e Ladung des Elektrons,
z Ladungszahl des Gegenions,
ε DK des reinen Lösungsmittels.

Für eine B-Doppelhelix beträgt $b = 0{,}17$ nm pro Ladung (wenn man die Projektion der beiden Phos-

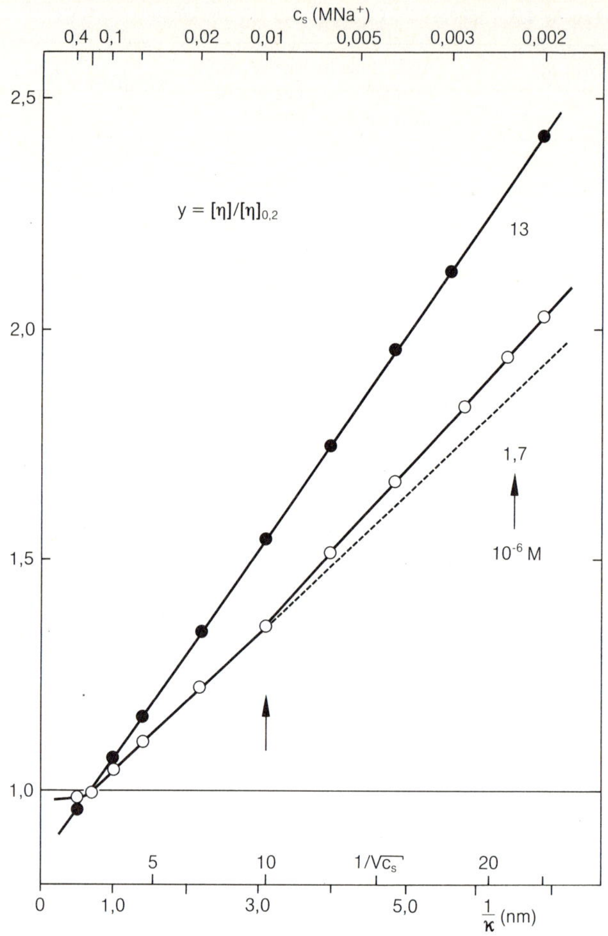

Abb. 4.31. Relative Änderung der Grenzviskosität mit der Na-Konzentration für zwei DNA-Proben unterschiedlichen Molekulargewichts. [Nach K. Geller und K. E. Reiner: Nucleic Acids Res. **8**, 2807 (1980).] y: bezogen auf 0,2 M

phatladungen pro Nukleotidpaar auf die Helixachse wählt), und mit $\lambda = 4{,}2$ ist $f = 0{,}76$. Demnach sind 76% einer Ladung durch die hohe lokale Gegenionenkonzentration $c_L = 1{,}2$ M nach

$$c_L = 0{,}0243(\lambda b^3)^{-1} \qquad (4.112)$$

in einem Zylindermantel um die DNA von ca. 0,7 nm Stärke abgeschirmt. Für einzelsträngige DNA gelten $b = 0{,}39$ nm, $\lambda = 1{,}8$, $f = 0{,}44$, $c_L = 0{,}21$ M.

Trotz dieser Abschirmung und der Dipolwechselwirkung mit Wassermolekülen ist der Ionenstärkeeinfluß auf Flexibilität und Konturlänge der DNA und somit auf ihre hydrodynamischen Eigenschaften markant (Beispiel Abb. 4.31). Für Komplexe mit divalenten Kationen gelten Gleichungen analog (4.109) und (4.110), wobei einwertige kondensierte Gegenionen verdrängt werden. Eine Reihe weiterer Vorgänge wie das Schmelzen der Doppelhelix und deren Ausfällung (s. lyotrope Reihe) können mit dieser Polyelektrolyttheorie beschrieben werden.

4.8.3 Polyelektrolyte an Grenzflächen

Wichtigster Vorgang ist die hauptsächlich durch elektrostatische und hydrophobe Wechselwirkungen gesteuerte Adsorption an der Phasengrenze, wonach Konformationsumwandlungen und Elektronenübergänge (bei Elektroden) erfolgen können. Im biologischen System werden diese Phasengrenzen zumeist durch Membranen verschiedenster Organellen und um das Cytoplasma gebildet. Als Modell dafür dient hier die ladungsvariable Grenzfläche der Quecksilberelektrode, wo sich potentialabhängige Ionenverteilungen einstellen lassen.

4.8.3.1 Proteine

Ihre Wechselwirkung mit der Elektrodenoberfläche hat Bedeutung bei Enzymelektroden, Biobrennstoffzellen, Enzymreaktoren.

Die Bedeckung der Elektrodenoberfläche erfolgt überwiegend diffusionskontrolliert (D). Die Oberflächenkonzentration Γ eines globulären Moleküls ist zeitabhängig nach der Koryta-Gleichung

$$\Gamma = 7{,}36 \cdot 10^{-4} c D^{1/2} t^{1/2}, \qquad (4.113)$$

wobei Kapazitätsänderungen der Doppelschicht zur Anzeige herangezogen werden (Jehring, 1974). Nur Proteine mit Disulfidbrücken (Insulin, Ribonuklease) oder mit Kofaktoren (Hämoglobin, Cytochrom) können erst nach der Adsorption Elektronen aufnehmen. Je nach Stabilität des Globulus ist eine partielle Auffaltung in der 1. Adsorptionsschicht möglich, während Proteine in der 2. Adsorptionsschicht kaum gestört sein dürften, wodurch beim reversiblen Elektronenaustausch ihre biologische Aktivität erhalten bleibt (Hämoproteide). Da über maximales Γ hinaus die Reduktion, z.B. von Cytochrom c, unbehindert weiterläuft, müssen die Elektronen in die 2. Schicht gelangen. Dafür werden 2 Mechanismen (Berg, 1979) diskutiert: Elektronenübernahme von der Elektrode in großen Poren der 1. Schicht (Metmyoglobin) oder electron hopping über 1 nm auch durch das Proteingerüst der 1. Schicht (Methämoglobin). Diesem Elektronentransfer begegnet man bei den Nukleinsäuren wieder.

4.8.3.2 DNA

Wie im Falle der Proteine, so haben auch Nukleinsäuren Adsorptionsisothermen mit elektrostatischem Anteil, dessen Einfluß vom Vorzeichen der Elektrodenladung abhängt (Silberberg, 1978).

Ein elektrochemisch orientiertes Modell (Berg, 1979, 1981, Abb. 4.32) für DNA-Adsorption und Kompaktisierung wurde hauptsächlich aus pulspolarographischen und wechselstrompolarographischen Untersuchungen entwickelt (Abb. 4.33):

1. Teilweise Dehydratisierung der adsorbierten Segmente gegenüber den in die Lösung ragenden Schlaufen.

2. Partieller Konformationsübergang von der B- zu einer Art A-Form in den dehydratisierten Segmenten, wodurch die Ionenkondensation auf $c_L = 2\,M$ erhöht wird ($b = 0{,}13$ nm, $\lambda = 5{,}5$, $f = 0{,}82$).

3. Die Fluktuationshäufigkeit der Basen vergrößert die Adsorptionsenthalpie, welche infolgedessen im Feedback Nachbarbasen labilisiert.

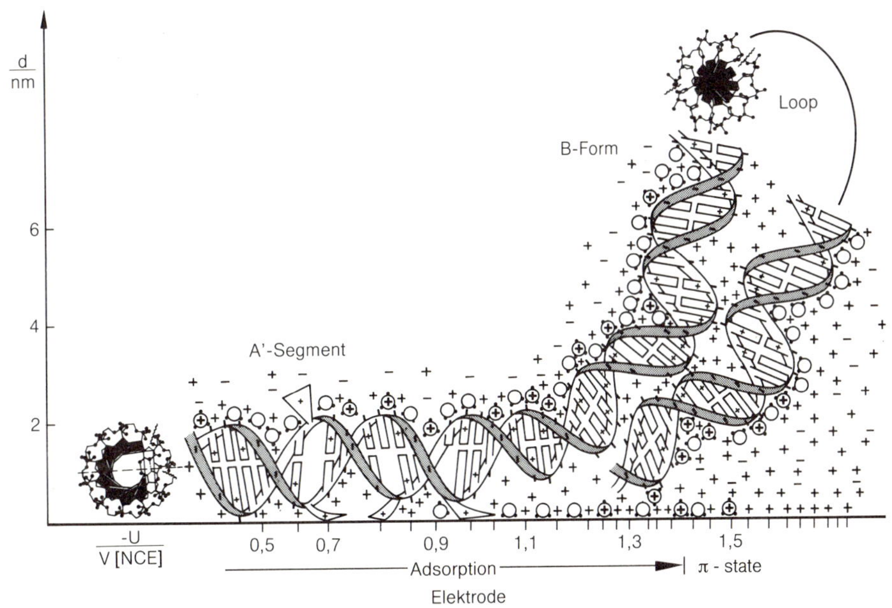

Abb. 4.32. Elektrostatisches Modell der Adsorption und Kompaktisierung von DNA zum π-Zustand (vgl. Text und Abb. 4.33). In den teilweise dehydratisierten, adsorbierten A-Segmenten ist die Fluktuation der protonierten Basen (⊕▷) erhöht. Nach negativen Elektrodenpotentialen zu werden Kationen in der diffusen Doppelschicht angereichert, welche die Phosphatgruppen zusätzlich abschirmen. Die Gegenionenkondensation wird durch den Dissoziationsfeldeffekt in der Helmholtz-Doppelschicht gestört. Die Loops in der Lösung behalten die B-Form der Doppelhelix bei.

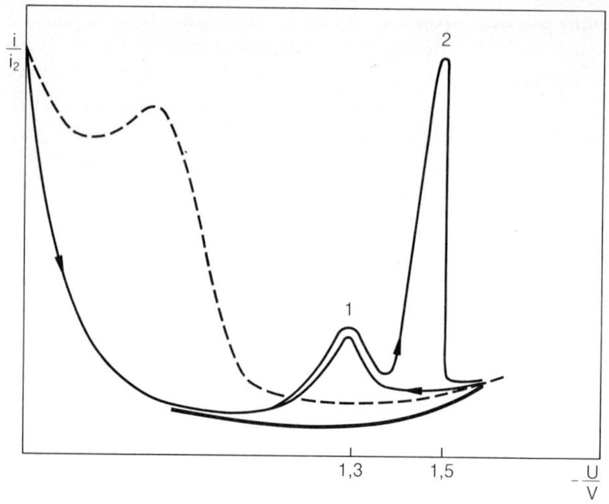

Abb. 4.33. Schema relativierter Wechselstrompolarogramme (Jehring, 1974) nativer DNA im Vorlauf→ und Rücklauf← an zwei stationären Quecksilbertropfen. Dazu die Grundlösung (– – –) sowie der Verlauf (——) nach potentialinduzierter Kompaktisierung (π-Zustand) infolge Fixierung des Elektrodenpotentials auf peak 2 (Berg und Horn, 1981)

4. Weitere Akkumulation positiver Gegenionen unter Steigerung von $f \rightarrow 1$ bei negativen Elektrodenpotentialen. Infolge dieser „Neutralisation" der Phosphatladungen erfolgt eine potentialinduzierte, spontane Kompaktisierung – insbesondere bei erhöhter Temperatur — zu möglicherweise kristallartiger Segmentordnung (π-Zustand, vgl. Abb. 4.33, und Abb. 4.32 rechts).

5. Durch einen Dissoziations-Feld-Effekt in der Helmholtz-Doppelschicht (Feldstärke $\leq 10^6$ V cm^{-1}) kann stärkere Unsymmetrie der Ladungsverteilung resultieren unter Verbiegung von Segmenten und Ausbildung verdichteter Molekülinseln an der Oberfläche (Abb. 4.32).

6. Die Elektronenaufnahme kann direkt zu den herausgeklappten Basen erfolgen oder über einen electron hopping-Mechanismus in das Innere der Doppelhelix, die in kompakter, wasserarmer Form zum Halbleiter tendiert (Mikac-Dadic et al., 1974).

Dieser Art der Kompaktisierung wird begünstigt durch mehrwertige anorganische Ionen (Mg^{2+}, Ca^{2+}) oder organische Basen (Spermin, Netropsin). Das biologische Gegenstück ist in kompaktisierten Nukleinsäuren von Phagen und Viren verwirklicht. Allgemein folgen daraus die elektrostatisch induzierten erstaunliche Möglichkeiten im Formenwandel bei Nukleinsäuren, um ihre Funktionen ermöglichen zu können.

4.8.4 Polyelektrolyte in Komplexen

Zu den wichtigsten Überstrukturen gehören Nukleoproteine spezifische Enzyme (RNA-Polymerase) oder Repressoren, komplexiert mit DNA, Assemblierungen im Ribosom sowie im Chromatin u.a. (Revzin und Hippel, 1977; Mikac-Dadic et al., 1974). Durch Wirkstoffe werden diese Strukturen beeinflußt, was am Beispiel der Anthrazyklinkomplexe mit DNA demonstriert werden soll.

4.8.4.1 Interaktionen mit Wirkstoffen

Die Ermittlung der Bindungskonstante nach der Scatchard-Methode (1949) ist nicht mehr adäquat, da die Bindungsplätze auf der DNA sich überlappen und die gebundenen Liganden miteinander wechselwirken können (kooperativer Effekt) (Revzin und Hippel, 1977). Hierfür sind mit Hilfe der statistischen Mechanik mehrere Modelle entwickelt worden (Lifson, 1964; Bloomfield et al., 1974). Dabei ist zu unterscheiden, wieviele der Bindungsmechanismen:

a) elektrostatische Ionenbindung an die Phosphatgruppen,
b) Wasserstoffbrückenbindungen zu Basen oder
c) Interkalation zwischen zwei Basenpaaren beteiligt sind.

Eine Kombination von a) und c) dominiert für die kanzerostatischen Anthrazykline, wie z.B. Daunomycin, Adriamycin u.a. Danach folgt einer sehr schnellen Salzbildung zwischen dem Aminozucker (vgl. Formel von Daunomycin) und einer Phosphatgruppe die In-

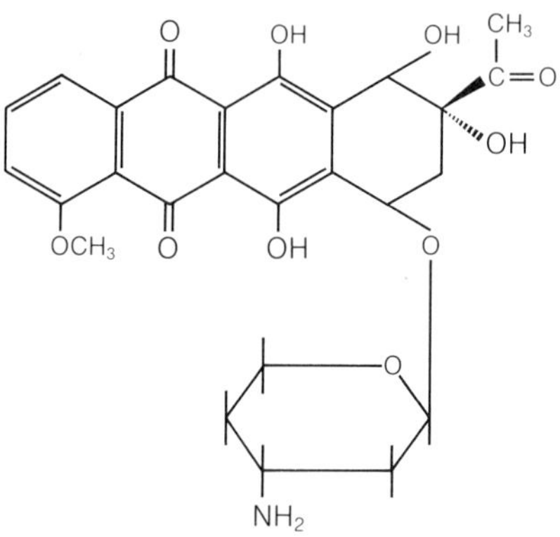

terkalation des ebenen Chromophors (Berg und Eckhardt, 1970), wofür die Dissoziationsgeschwindigkeit mit $k = 10\,s^{-1}$ (Stutter und Förster, 1979) langsam ist. Aus Veränderungen von Absorptions- und Fluoreszenzspektren, sowie Polarogrammen bei Titrationen resultieren Bindungsisothermen (r über a_L), woran sich Modellrechnungen zur Ermittlung von K_L, α (Bindungsplatzgröße in Basenpaaren pro Ligand) und σ (Kooperativitätsfaktor) anschließen (Schütz et al., 1979). Die hohe Bindungskonstante für Daunomycin $K_L = 6 \cdot 10^5\,M^{-1}$ bei $\sigma \approx 1$ und $\alpha = 3$ steht in Einklang mit seiner Hemmwirkung auf die RNS-Polymerase, ebenso wie die oben erwähnte langsame Abdissoziation. Wird der basische Zucker chemisch abgespalten, so sinkt K_L um mehrere Größenordnungen und die biologische Wirkung des Chromophors geht verloren.

4.8.4.2 Interaktionen im Nukleoprotein und Nukleosom

Die Interaktion anionischer und kationischer Polyelektrolyte wird dadurch kompliziert, daß damit Veränderungen auch der Wasserhüllen, Gegenionen, Protonen, Anionen gekoppelt sind. Im vereinfachten Fall (Record et al., 1978) sei die Komplexbildung aus hydratisierter DNA und kondensierten Gegenionen $[Na^+]$ mit dem hydratisierten Protein P:

$$DNA + P \overset{K_L}{\rightleftharpoons} DNAP + \Delta m[Na^+], \qquad (4.114)$$

wobei $\Delta m = m_{DNA} - m_{DNAP}$ Gegenionen von der Bindungsregion im DNAP verdrängt werden. Wenn im Komplex n_L Phosphatgruppen von den insgesamt N besetzt werden, gilt weiterhin

$$\Delta m = n_L(1-(|z|\lambda)^{-1}). \qquad (4.115)$$

Nach Vereinfachungen und Umformungen resultieren

$$\frac{d \ln K_L}{d \ln[Na^+]} \approx n_L[1-(2|z|\lambda)^{-1}] \qquad (4.116)$$

und

$$\ln K_L = \ln K_L^0 + n_L\lambda^{-1} \cdot \ln \bar{\gamma}\tfrac{1}{3}b - n_L(1-2\lambda^{-1}) \ln[Na^+] \qquad (4.117)$$

$\bar{\gamma}$ mittlerer Aktivitätskoeffizient des Salzes. Tabelle 4.5 enthält Werte für n_L und K_L, extrapoliert auf 1 M NaCl. Im Falle des äußerst stabilen Komplexes zwischen Lac-Repressor und Operatorregion der DNA wirkt ein hoher Anteil nichtelektrostatischer Kräfte mit.

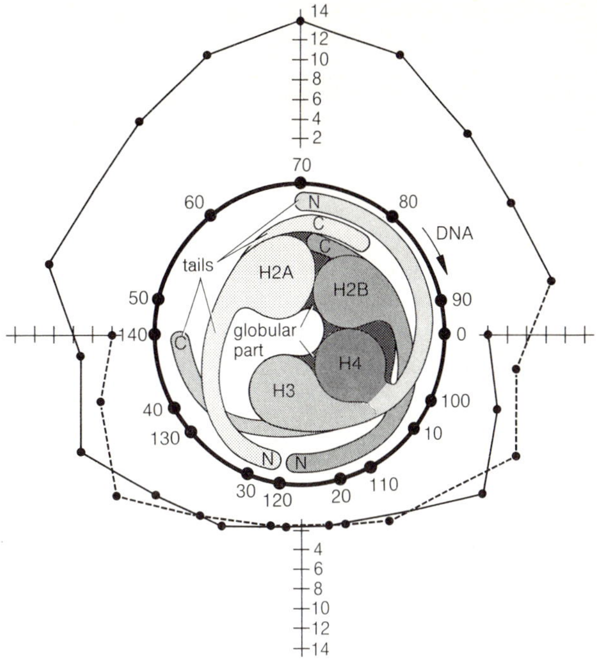

Abb. 4.34. Zinke-Modell eines Nukleosomen Core. Vereinfachung der Histonanordnung durch Weglassung eines Heterotetrameren. DNA-Superhelix ($1^1/_2$-Windung) mit Numerierung der Basenpaare. Die periphere positive Ladungsdichteverteilung des Histonkerns zur angrenzenden DNA entsteht durch Superposition der basischen Eigenschaften der *C*- und *N*-terminalen Histonketten. Angabe der relativen Basizität beläuft sich an der Symmetrieachse auf 1 bis 14

Tabelle 4.5. Protein-DNA Komplexe (Record et al., 1978)

L	n_L	$\ln K_L$	pH	°C
Ribonuklease	4	− 3	7,7	24
Lac-Repressor (*E. coli*)	12	− 8,5	8	4
RNA-Polymerase (*E. coli*)	12	− 5	7,8	20
Lac-Repressor (Operatorregion)	8	15,9	7,4	24

Mit diesen Voraussetzungen soll die Interaktion des Histon-Kerns eines Nukleosoms mit DNA auf der strukturellen Basis des Zinke-Modells (Zinke, 1979) beschrieben werden. Bekanntlich sind 8 Histone, bestehend aus je einem relativ apolaren Globulus sowie einer kurzen *C*-terminalen Kette und einer langen *N*-terminalen Kette, als 2 Dimere $(H2A\text{-}H2B)_2$ und einem Tetrameren (2H3-2H4) zu einem Kern von ca. 7–8 nm Durchmesser kompaktisiert ("core particle"). Um diesen sind ca. 145 Basenpaare in etwa $1^1/_2$facher Superhelix überwiegend elektrostatisch an die basischen Histonketten gebunden (Abb. 4.34). Der Aussendurchmesser des scheibchenförmigen Nukleosoms beträgt etwa 11–12 nm, sein Achsenverhältnis ist 1:1:0.5. Hinzu kommt das H1-Histon, welches einen Komplex mit der „linker"-DNA (50–60 Basenpaare) eingeht, die das beschriebene "core particle" mit seinem Nachbarn verbindet.

Gemäß Abb. 4.34 erfolgt eine besonders starke elektrostatische Komplexbindung mit dem Basenbereich um 70. Nach Gl. (4.111) für $z > 4$ nähert sich $f_i \to 1$ (vollständige Abschirmung) auf der Innenseite gegenüber $f_a = 0{,}76$ auf der Außenseite. Dadurch erfolgt eine kooperative Krümmung der DNA um das Histon-core unter Ablösung von Δm kondensierten Gegenionen [Gl. (4.115)]. Durch interkalierende Anthrazykline werden die schwächer bindenden DNA-Enden infolge Erhöhung von f_a und Verlängerung der Doppelhelix losgelöst.

Niedrige Ionenstärken vergrößern die Reichweite der elektrostatischen Abstoßung der Restladungen beider DNA-Segmente (ca. 50 Basenpaare) in der Frontregion des "core particle" von $\kappa^{-1} < 1$ nm auf $\kappa^{-1} > 2$ nm, wodurch sich ihre Abstände und auch die der H3–H4 globuli erhöhen und eine Öffnung des Partikels in diesem Bereich erfolgt.

Bei Erhöhung der Ionenstärke ($\kappa^{-1} < 0{,}5$ nm) dissoziieren zuerst H1 und danach Komplexe der *N*-terminalen Ketten geringerer Basizität von H2A und H2B im Basenbereich 0–50 und 95–145, wobei eine Expansion des "core particle" auf über 11 nm erfolgt. Dagegen bleiben die starken elektrostatischen Interaktionen der *N*-terminalen Ketten von H3 und H4 im Basenbereich 60–80 am längsten erhalten.

Auch bei Assoziationen von Nukleosomen zur Chromatinkette spielen elektrostatische Interaktionen eine Rolle. Somit beinhaltet das Zinke-Modell nicht nur eine Topologie, sondern vermag energetische Erklärungen zu geben, die überwiegend auf elektrostatischen Wechselwirkungen beruhen.

4.8.5 Ausblick

Um die zahlreichen Konformationsänderungen (Fritzsche et al., 1976; Guschlbauer, 1976) bei Proteinen und Nukleinsäuren, sowie ihr vielfältiges Zusammenwirken (Eigen und Winkler, 1975; Eigen und Schuster, 1978) besser verstehen zu können, bedarf es des weiteren Ausbaus der theoretischen Bioelektrochemie (Milazzo, 1978). Dafür wurde seit 1974 die Zeitschrift Bioelectrochemistry and Bioenergetics herausgegeben und 1979 die Bioelektrochemische Gesellschaft begründet, deren Untersuchungen auch Membranen, Zellen, Gewebe und sogar Organismen einbeziehen. Neben den klassischen Methoden wie Konduktometrie, Potentiometrie, Polarographie, Elektrophorese werden heute kurzzeitige Pulsmethoden wie der elektrische Feldsprung mit Dichroismusanzeige angewendet, um Relaxationen der Polyelektrolyte zu induzieren. So befindet sich die Bioelektrochemie in stürmischer Entwicklung, obwohl die Anfangsgründe schon vor 200 Jahren von L. Galvani, A. Volta und J. Ritter gelegt worden sind (Berg, 1980).

Literaturauswahl

Anderson, C., Record, M., Hart, P.: Biophys. Chem. **7**, 301 (1978).
Berg, H.: Stud. Biophys. **75**, 209 (1979).
Berg, H.: Experientia **36**, 1247 (1980).
Berg, H., Horn, G.: Bioelectrochem. Bioenerg. **8**, 167 (1981).
Berg, H., Eckhardt, K.: Z. Naturforsch. **25b**, 362 (1970).
Bloomfield, V., Crothers, D., Tinoco, I.: Physical Chemistry of Nucleic Acids. New York: Harper and Row 1974.
Eigen, M., Schuster, P.: Naturwissenschaften **64**, 541 (1977); **65**, 7 (1978).
Eigen, M., Winkler, R.: Das Spiel. München: Piper 1975.
Fritzsche, H., Kittler, L., Löber, G., Reinert, K.E., Tresselt, D., Triebel, H., Zimmer, Ch.: Strukturuntersuchungen an Biopolymeren mit spektroskopischen und hydrodynamischen Methoden. Berlin: Akademie Verlag 1976.
Guschlbauer, W.: Nucleic Acid Structure. Berlin, Heidelberg, New York: Springer 1976.
Hippel, P. von, Peticolas, V., Schack, L., Karlson, L.: Biochemistry **12**, 1256 (1973).
Jehring, H.: Elektrosorptionsanalyse mit der Wechselstrompolarographie. Berlin: Akad. Verlag 1974.
Lifson, S.: J. Chem. Phys. **40**, 3705 (1964).
Manning, G.: Q. Rev. Biophys. **11**, 179 (1978).
Mikac-Dadic, V., Pravdic, V., Rupprecht, A.: Bioelectrochem. Bioenerg. **1**, 364 (1974).
Milazzo, G.: Topics in Bioelectrochemistry and Bioenergetics. Vols. I, II, III, IV. New York: J. Wiley 1976/1978/1980/1981
Mirzabekov, A., Rich, A.: Proc. Natl. Acad. Sci. USA **76**, 1118 (1979).
Oosawa, F.: Polyelectrolytes. New York: Marcel Dekker 1971.
Record, Th., Anderson, Ch., Lohman, T.: Q. Rev. Biophys. **11**, 103 (1978).
Revzin, A., Hippel, P. v.: Biochemistry **16**, 4769 (1977).
Scatchard, G.: Ann. N.Y. Acad. Sci. **51**, 660 (1949).
Schellmann, J.: Biopolymers **14**, 999 (1975).
Schütz, H., Gollmick, F.A., Stutter, E.: Stud. Biophys. **75**, 147 (1979).
Silberberg, A.: Ions in Macromolecular and Biological Systems (29. Colston Symp.) Everett, D., Vincent, B. (Eds.). Bristol 1978, p. 1.
Stutter, E., Förster, W.: Stud. Biophys. **75**, 199 (1979).
Zinke, M.: Stud. Biophys. **75**, 107 (1979); Bioelectrochem. Bioenerg. **8**, 189 (1981).

5 Energieübertragungsmechanismen

5.1 Allgemeine Grundlagen der Photophysik und Photochemie

FRIEDRICH DÖRR

Die letzte Energiequelle aller biologischen Vorgänge ist das Sonnenlicht. In den grünen Pflanzen, die selbst die Grundnahrung von Tier und Mensch bilden, wird die Strahlungsenergie des Wellenlängenbereiches zwischen etwa 400 nm und 700 nm (bei photosynthetisierenden Bakterien bis >800 nm) dazu verwendet, um aus den einfachen Grundstoffen Wasser und Kohlendioxid die relativ komplizierte, an chemischer Energie reiche organische Verbindung Glucose aufzubauen:

$$6CO_2 + 6H_2O + \text{Licht} \rightarrow C_6H_{12}O_6 + 6O_2\,. \tag{5.1}$$

Dabei wird Sauerstoff freigesetzt. Mit Hilfe der Lichtenergie werden also gewisse chemische Bindungen gespalten und andere neu geknüpft. Diesen Vorgang nennt man eine photochemische Reaktion oder einen photochemischen Prozeß. (Beispiele für andere biologisch wichtige photochemische Prozesse werden in Kapitel 13 besprochen.)

Damit Licht photochemisch wirksam wird, muß es zunächst einmal von der Materie absorbiert werden. Nun absorbiert jeder Stoff Licht in spezifischen Wellenlängenbereichen. Wenn aber jedes Molekül, das ein Lichtquant absorbiert hat, einer chemischen Umwandlung unterläge, gäbe es überhaupt keine stabilen Verbindungen. Es existieren also Mechanismen, die die absorbierte Lichtenergie ohne chemische Reaktion aus dem angeregten Molekül wieder abführen. Solche Prozesse, einschließlich dem Prozeß der Lichtabsorption, werden nach Birks *photophysikalisch* genannt. Eine *photochemische* Reaktion besteht im allgemeinen aus einer Folge von Reaktionsschritten. In der Photosynthese der grünen Pflanzen liegen zwischen der linken und der rechten Seite der Bruttogleichung (5.1) mehr als hundert Einzelreaktionen. Meist sind nur wenige dieser Schritte vom Licht direkt aktiviert (photochemische Primärreaktionen), die anderen laufen als Folge davon ohne Lichtzufuhr ab (Dunkelreaktionen). In diesem Kapitel sollen nur photophysikalische Prozesse und photochemische Primärreaktionen betrachtet werden.

5.1.1 Stationäre Zustände von Molekülen

Ein freies Molekül kann in verschiedenen stationären Zuständen existieren, die in guter Näherung durch die Lösungen $\psi_{\{k\}}$ der zeitunabhängigen, nichtrelativistischen Schrödinger-Gleichung beschrieben werden. Ihnen entsprechen bestimmte Werte der Energie und des Drehimpulses, eine bestimmte Dichteverteilung der Elektronen und bestimmte Gleichgewichtsabstände der Atomkerne.

In sehr guter Näherung gilt für die Energie

$$E_i = E_{\mathrm{el}(i)} + E_{\mathrm{v}(i)} + E_{\mathrm{rot}(i)} \tag{5.2}$$

$E_{\mathrm{el}(i)}$ = Elektronenenergie im Zustand ψ_i;
$E_{\mathrm{v}(i)}$ = Schwingungsenergie der Kerne im Potential der Elektronen;
$E_{\mathrm{rot}(i)}$ = Rotationsenergie des ganzen Moleküls.

Eine Anregung der am lockersten gebundenen, für das chemische Verhalten maßgeblichen Valenzelektronen erfordert Energien im Bereich $\Delta E_{\mathrm{el}} \approx 1 \div 10$ eV; dem entsprechen Lichtquanten im Wellenlängenbereich $\lambda = 1000 \div 100$ nm. Innere Schwingungen werden schon mit Energiequanten der Größenordnung 10^{-1} eV angeregt, Rotationen mit etwa 10^{-3} eV. Der Spektralbereich $1 \div 10$ eV interessiert hier vorwiegend. Von der Sonnenstrahlung dringen nur Wellenlängen $\lambda > 300$ nm ($\tilde{\nu} < 33\,000\ \mathrm{cm}^{-1}$, $h\nu < 2{,}7$ eV) durch die Atmosphäre bis zur Erdoberfläche durch. Ähnlich liegt die Grenze bei Glühlampen mit Glaskolben. Niederdruck-Quecksilberdampflampen emittieren noch intensiv bei 254 nm ($h\nu \approx 3{,}2$ eV). Bei etwa 10 eV liegt die erste Ionisierungsgrenze vieler organischer Moleküle.

Die für die Spektroskopie wichtigen Größen, wie z. B. Wellenlänge λ, Wellenzahl $\tilde{\nu}$, Quantenenergie $h\nu$ etc. sind auf S. 106f., Kapitel 3.2.5, zusammengefaßt.

5.1.1.1 Termschema; Multiplizität

In kondensierter Phase sind Rotationen behindert, Schwingungen können sich ausbilden, sind aber mehr oder weniger gedämpft, die entsprechenden Energieniveaus dadurch verbreitert. Im folgenden soll deshalb von Rotationen abgesehen werden.

Die Energien der verschiedenen „vibronischen" Zustände (d. h. Elektronenzustände mit Schwingungsanregung) trägt man übersichtlich in einem Termschema auf, in das man auch Übergänge eintragen kann. Für das folgende wichtig sind außer den Energiebeträgen auch die natürlichen Lebensdauern τ_i der angeregten Zustände, von denen die erreichbaren

Besetzungszahlen und die Reaktionswahrscheinlichkeiten abhängen, Eine besondere Rolle im Hinblick auf die Lebensdauer spielt die Multiplizität. Fast alle stabilen organischen Moleküle besitzen eine gerade Zahl von Elektronen, die im Grundzustand ihre Spins paarweise antiparallel orientiert haben, also die Gesamtspinquantenzahl $S=0$ und die Multiplizität $2S+1=1$ (Singulett) besitzen (von den Kernspins können wir hier absehen). Eines der strengsten Übergangsverbote zwischen zwei Zuständen eines Elektronensystems für „optische" (d. h. mit Aufnahme oder Abgabe von Lichtquanten verbundene) Prozesse ist das „Spinverbot". Es sagt aus, daß sich der Gesamtspin und damit die Multiplizität bei dem Prozeß nicht ändern darf (s. a. Kap. 4.2).

Ein angeregter Zustand eines isolierten Moleküls ist besonders langlebig, wenn energetisch unter ihm nur Zustände anderer Multiplizität liegen. Bei Systemen (Molekülen) mit gerader Elektronenzahl treten außer Singulett-Zuständen vor allem noch Triplett-Zustände mit zwei parallel orientierten Elektronenspins und der Gesamtspinquantenzahl $S=1$ in Erscheinung. Triplettmoleküle sind paramagnetisch. Das Spinverbot wird gelockert durch die Spin-Bahn-Kopplung, deren Größe mit der Kernladungszahl stark zunimmt. Sie ist deshalb vor allem in Molekülen wirksam, die schwere Atome enthalten (Halogene, Metalle, Schwefel, Phosphor).

Das wichtigste Molekül mit Triplett-Grundzustand ist der (fast) überall gegenwärtige Sauerstoff O_2, der mit Molekülen in optisch angeregten Triplettzuständen besonders leicht reagiert. Durch Reduktion (Aufnahme eines Elektrons) bzw. Oxidation (Abgabe eines Elektrons) entstehen aus einem Singulettmolekül Radikale oder Radikationen, i. allg. mit $S=\frac{1}{2}$ und der Multiplizität 2 (Dublett).

Ein typisches Termschema eines organischen Moleküls mit einigen Elektronenniveaus (S_i Singuletts, T_i Tripletts) ist auf S. 108, Abb. 3.63 wiedergegeben. In dieses sogen. Jablonski-Diagramm sind auch einige photophysikalische Prozesse eingetragen. Typische Lebensdauern in Lösung sind: S_1: 1 ns; T_1: 1 µs; $S_{n>1}$, $T_{n>1}$: 1 ps.

Die Besetzungszahl n_k eines angeregten Zustandes ψ_k in einem Ensemble wird durch die verschiedenen photophysikalischen und photochemischen Reaktionen („Zerfallskanäle") aus diesem Zustand vermindert. Im allgemeinen gelten für die Reaktionsgeschwindigkeiten v_i nach den einzelnen Kanälen i Geschwindigkeitsgesetze erster Ordnung, d. h. $v_i=k_i \cdot n_k$; k_i ist die Geschwindigkeitskonstante des betreffenden Prozesses. Man definiert die „Ausbeute" ϕ_i der Reaktion i als denjenigen Bruchteil, der nach Kanal i reagiert:

$$\phi_i = \frac{k_i}{\Sigma k_j} \tag{5.3}$$

Wird der Ausgangszustand (ψ_k) direkt oder auf Umwegen durch die Absorption von 1 Lichtquant je Molekül besetzt, so ist ϕ_i nach Gl. (5.3) die „Quantenausbeute" des Prozesses i. Für eine photochemische

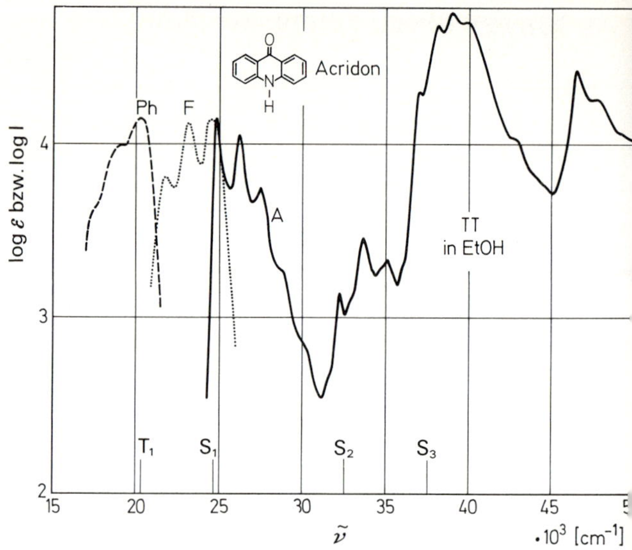

Abb. 5.1. Lösungsspektren von Acridon in Äthanol, bei 100 K glasartig gefroren; ε Extinktionskoeffizient der Absorption A, I relative Intensität von Fluoreszenz F bzw. Phosphoreszenz Ph. Die $S_0 \rightarrow S_1$-Absorptionsbande mit Schwingungsstruktur überdeckt den Spektralbereich 24700 ÷ 31000 cm^{-1}; höhere Übergänge überlagern sich teilweise

Primärreaktion ist demnach immer $\phi_i \leqq 1$. Dagegen kann bei photochemisch initiierten Kettenreaktionen die Zahl von Produktmolekülen sehr viel größer sein als die Zahl der absorbierten Photonen, die in diesem Fall nur als Starter einer Reaktionskette wirken.

5.1.1.2 Lösungsspektren

Typische Absorptions- und Emissionsspektren einer Lösung von Molekülen mit einem Termschema der Art, wie es im Jablonski-Diagramm angegeben ist, sind in Abb. 5.1 dargestellt. Die Lagen der reinen elektronischen Übergänge sind an der Abszisse angedeutet. Die komplizierte Struktur rührt von der Anregung von Schwingungen her („vibronische" Übergänge), die Verbreiterung zu „Banden" von der Störung der reinen Zustände durch Wechselwirkungen (Stöße) mit der Umgebung (Matrix). Die Intensitätsverteilung wird in Abschn. 5.1.4.1 erklärt. Eine Emission wird, mit wenigen Ausnahmen, in kondensierter Phase nur aus S_1 (Fluoreszenz, Abklingdauer $\tau_F \approx 1$ ns) und aus T_1 (Phosphoreszenz, Abklingdauer τ_p in fester Lösung bis 10 s, in flüssiger Lösung ≈ 1 µs) beobachtet; alle höheren vibronischen Zustände werden rascher strahlungslos desaktiviert als sie emittieren können.

Als Intensitätsmaß für die Absorption wählt man im allg. log ε, mit dem „molaren dekadischen Extinktions-Koeffizienten" (s. a. Kapitel 3.2.5)

$$\varepsilon(\tilde{\nu}) = \frac{1}{cd} \log \frac{I_0(\tilde{\nu})}{I(\tilde{\nu})} = \frac{E(\tilde{\nu})}{cd} \quad (\text{Dimension: l mol}^{-1}\,\text{cm}^{-1}) \tag{5.4}$$

Die „Extinktion" $E=\log I_0/I$ wird mit einem Spektralphotometer gemessen. In Gl. 5.4 bedeuten:

$I_0(\tilde{\nu})$ die bei der Wellenzahl $\tilde{\nu}$ (und gegebener spektraler Bandbreite) auf die Probe auffallende (bzw. durch eine Vergleichsküvette mit Lösungsmittel durchtretende) Lichtintensität; $I(\tilde{\nu})$ die durchtretende Intensität; c die Konzentration des absorbierenden Stoffes in mol/l, d die Schichtdicke der Probe in cm.

Die Emissionsintensität von Fluoreszenz (F) und Phosphoreszenz (Ph) wird als (relativer) Quantenstrom in s^{-1} für eine gegebene Bandbreite $\Delta\tilde{\nu}$ angegeben.

Die Theorie der strahlenden Übergänge, insbesondere der relativ intensivsten elektrischen Dipolübergänge, ist seit längerem befriedigend formuliert; die Theorie der strahlungslosen Prozesse ist derzeit in rascher Entwicklung begriffen.

Die spinerlaubte Absorption $S_1 \rightarrow S_{n>1}$ und $T_1 \rightarrow T_{m>1}$ kann nur bei einer merklichen Besetzung der Ausgangszustände S_1 bzw. T_1 beobachtet werden. Dies wird nur unter besonderen Bedingungen (z. B. Laseranregung oder Blitzlichtspektroskopie) erreicht. (Thermisch ist bei Zimmertemperatur schon ein Schwingungsniveau mit nur 1000 cm^{-1} über S_0 nur mehr mit 0,8% aller Moleküle besetzt.) Durch diese Prozesse kann die Energie von zwei Lichtquanten im Molekül gespeichert werden (biphotonische Prozesse). Bei hoher Intensität (Laser) kann sich aber auch die Energie von zwei (und mehr) Quanten in einem einzigen Absorptionsakt addieren (Mehrquantenabsorption). Hierfür gelten dann andere Auswahlregeln wie für Einquantenübergänge. Die spinverbotene Absorption $S_{0,0} \rightarrow T_{1,v}$ wird nur bei großen Schichtdicken bzw. Konzentrationen beobachtet, die Phosphoreszenz $T_{1,0} \rightarrow S_{0,v}$ im allgemeinen nur bei festen Lösungen (tiefen Temperaturen). Der erste Index kennzeichnet ein bestimmtes Elektronenniveau, der zweite ein darauf aufbauendes Schwingungsniveau.

5.1.2 Theoretische Grundlagen zur Beschreibung von Molekülzuständen

5.1.2.1 Die MO-Näherung

Alle beobachtbaren Eigenschaften, die sog. Erwartungswerte $\langle O \rangle$ von Observablen, werden durch die exakten Lösungen ψ_i der Schrödingergleichung des speziellen Systems

$$(\mathscr{H} - \mathrm{E})\psi = 0\,; \quad \mathscr{H} = \text{Hamilton-(Energie)-Operator des betreffenden Systems oder Modells} \tag{5.5}$$

quantitativ beschrieben, wenn man dazu noch die den „Observablen" O entsprechenden hermiteschen Operatoren $\hat{\mathcal{O}}$ kennt. Die ψ_i seien normiert, d. h.

$$\int \ldots \int \psi_i^* \psi_i \, d\tau \equiv \langle \psi_i | \psi_i \rangle = 1\,. \tag{5.6}$$

Die Integration erstreckt sich über die Definitionsbereiche aller Orts- und Spinvariablen, von denen ψ_i abhängt; ψ_i^* ist konjugiert komplex zu ψ_i.

Man nennt ein Integral der Form (5.7) mit einem Operator $\mathscr{R}$ allgemein ein „Matrixelement"

$$\int \ldots \int \psi_i^* \hat{\mathscr{R}} \psi_j \, d\tau \equiv \langle \psi_i | \hat{\mathscr{R}} | \psi_j \rangle = R_{ij} \tag{5.7}$$

Für den Erwartungswert der Observablen O (Operator $\hat{\mathcal{O}}$) im stationären Zustand ψ_i gilt

$$\langle O_i \rangle = \langle \psi_i | \hat{\mathcal{O}} | \psi_i \rangle\,. \tag{5.7a}$$

Die Schrödingergleichung (5.5) ist für Systeme mit mehreren wechselwirkenden Teilchen (Elektronen) nicht exakt lösbar. Man macht sich deshalb durch Vernachlässigungen gewisser Wechselwirkungen im Energieoperator $\hat{\mathscr{H}}$ ein „Modellsystem", für das man einfachere Lösungen finden kann. Auch diese sind meist nur Näherungslösungen zum Modelloperator. Mathematisch praktikabel und zugleich relativ anschaulich sind die *Molekülorbital-(*MO-*)-Modelle.* Sie entsprechen dem Schalenmodell des Atomaufbaues. Ein Molekülorbital ist eine Einelektronenbahnfunktion im (irgendwie gemittelten) Feld der Kerne und der übrigen Elektronen. Die MO-Energien ε_i und die räumliche Verteilung der MO's sind keine Observablen; dennoch lassen sich diese Modellgrößen gut mit vielen physikalischen und chemischen Eigenschaften korrelieren. Aus den MO-Funktionen lassen sich in einfacher Weise sog. „Bindungsordnungen" ableiten, die eine verfeinerte Beschreibung des altbewährten chemischen Valenzstrichbildes darstellen. Chemische, photochemische und photophysikalische Prozesse betreffen die energetisch höchsten, von Elektronen besetzten, und die niedrigsten leeren MO's; die Rückwirkungen auf die tiefer liegenden Rumpf-MO's werden meist als Störungen behandelt; sie sind nicht mehr anschaulich darstellbar, aber dennoch für quantitative Betrachtungen nicht zu vernachlässigen. Man ermittelt die besten MO's, die sich aus einem vorgegebenen, intuitiv gewählten Basissatz von Funktionen aufbauen lassen, durch Minimisieren der Gesamtenergie unter der Nebenbedingung, daß die Gesamtzustandsfunktion ψ_i normiert ist. Am häufigsten wählt man eine Basis aus wasserstoffähnlichen Atomorbitalen (AO's), die man mit zunächst freien, optimierbaren Parametern linear zu MO's kombiniert (LCAO-MO's)[1]. Hier werden einige gebräuchliche Begriffe daraus einfach vorgestellt. Abbildung 5.2 gibt zunächst ein MO-Termschema mit verschiedenen Weisen der Besetzung der MO's durch eine gegebene Zahl von Elektronen (a, b, c), und ihre näherungsweise Zuordnung zu den Elektronenzuständen S_0, S_1 und T_1. Bei der Verteilung der Elektronen auf die MO's ist das Pauli-Prinzip zu berücksichtigen: ein MO kann maximal zwei Elektronen mit antiparallelen Spins aufnehmen. Ein MO-Termschema, wie Abb. 5.2, darf nicht mit einem Gesamtenergieschema verwechselt werden. Der Elektronenzustand zu einem Elektronenterm des Jablonski-Diagramms kann nicht ausreichend durch eine einzige Elektronenverteilung

[1] Aus rechentechnischen Gründen werden häufig Gauss-Funktionen als Basis bevorzugt.

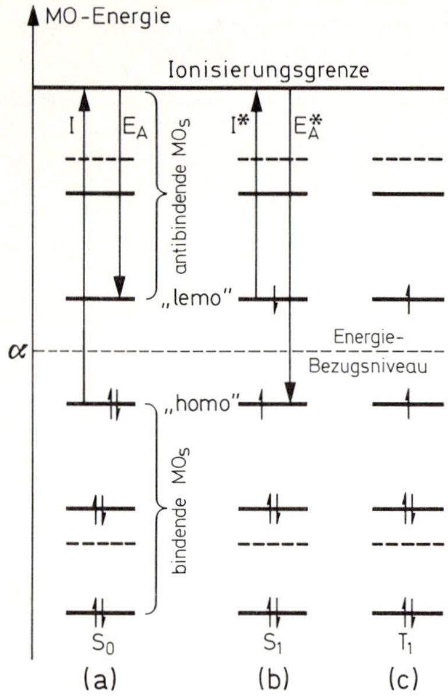

Abb. 5.2. MO-Besetzungsschema. ↿ und ⇂ Elektronen mit Spin; „homo" = highest occupied MO, „lemo" = lowest empty MO im Grundzustand S_0; I = Ionisierungsenergie, E_A Elektronenaffinität im Grundzustand, I^* und E_A^* im angeregten Zustand S_1

auf die MO's, z. B. Abb. 5.2b, beschrieben werden. Außerdem hat eine Umbesetzung in einem MO Rückwirkungen auf die Energien der anderen; dies zeichnet man i. allg. nicht.

Man nennt eine bestimmte Verteilung der numeriert gedachten Elektronen auf die MO's samt allen Permutationen der Elektronen und der Spins bei gleichem Gesamtspin eine *(Elektronen-) „Konfiguration"*. Konfigurationen gleicher Symmetrie (in der Symmetriegruppe des Moleküls) treten miteinander in Wechselwirkung („Konfigurationswechselwirkung", CI). Dies gibt vor allem für die modellmäßige Beschreibung angeregter Zustände (wie S_1, T_1) nicht zu vernachlässigende Beiträge zur berechneten Energie. Eine Beschreibung mit einem einzigen Besetzungsschema ist eine grobe anschauliche Näherung.

5.1.2.2 Klassifizierung der MOs

Man klassifiziert MO's nach verschiedenen Gesichtspunkten. „Bindend" nennt man MO's mit $\varepsilon < \alpha$ (Abb. 5.2), bei deren Besetzung durch Elektronen aus einem Donatorniveau der Energie α Energie gewonnen, das System also relativ stabilisiert wird; entsprechend ist die Besetzung „antibindender" MO's ($\varepsilon > \alpha$) destabilisierend. „Nichtbindende" (n-)MO's haben keinen Einfluß auf die Stabilität. Diese Begriffe werden meist im Zusammenhang mit einem sehr einfachen Modell angewandt, so daß sie nur als grobe Näherung ausgelegt werden dürfen. Spezielle n-MO's sind die Orbitale der weitgehend an Heteroatomen lokalisierten „einsamen" Elektronenpaare.

Eine andere Klassifizierung betrifft das Symmetrieverhalten der mathematischen MO-Wellenfunktion. Ungesättigte Moleküle mit lauter sog. konjugierten Doppelbindungen (Einfach- und Doppelbindungen abwechselnd durch das ganze Molekül, Prototyp: Aromaten) sind eben; andere ungesättigte Verbindungen haben ebene Teilbereiche. MO-Funktionen, die bei einer Spiegelung an dieser Ebene in sich selbst übergehen, nennt man σ-MO's, solche, die dabei nur ihr Vorzeichen wechseln, π-MO's; antibindende MO's bezeichnet man oft mit *: σ^*, π^*. Energetisch liegen die bindenden σ-MO's i. allg. unter den bindenden π-MO's und unter den n-MO's an Heteroatomen. Die *untersten* leeren MO's ungesättigter Verbindungen sind i. allg. vom π^*-Typ (vgl. Abb. 5.4).

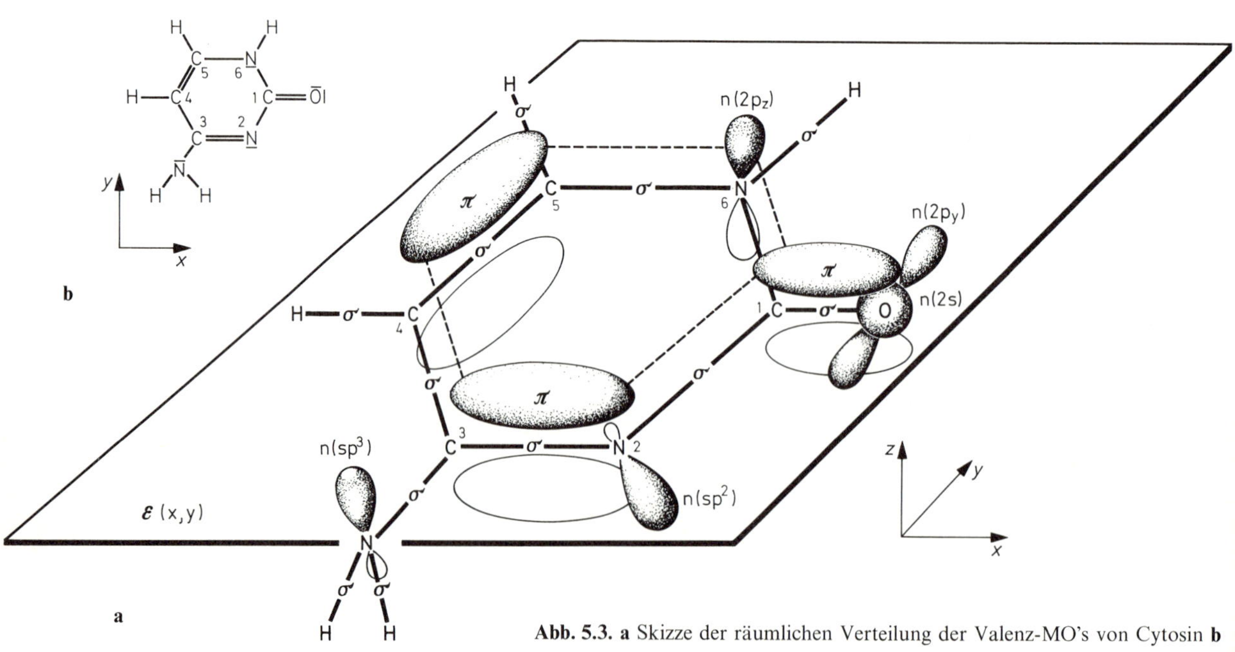

Abb. 5.3. **a** Skizze der räumlichen Verteilung der Valenz-MO's von Cytosin **b**

Zur Illustration dieser Klassifizierung sind in Abb. 5.3 die MO's von Cytosin skizziert. Dabei sind bindende σ-MO's nur durch Striche (ihre Achsen) dargestellt. Die Wechselwirkung benachbarter π-MO's, durch ... angedeutet, führt zu ihrer Delokalisierung auf die Bindungen 1–2, 3–4, 5–6 und 1–6; n-Paare sind in (b) durch – am Atomsymbol angedeutet.

5.1.2.3 Klassifizierung optischer Übergänge und angeregter Zustände

Man benutzt, je nach Zweck, verschiedene Klassifizierungsmerkmale für optische Übergänge (Absorption, Emission) und für die daran beteiligten Zustände. Für analytische Zwecke genügen rein phänomenologische Merkmale, wie Intensität, Beeinflussung durch Substituenten und Lösungsmittel, Schwingungsstruktur; Symmetriesymbole (Quantenzahlen) eignen sich für die Formulierung von Auswahlregeln, in der exakten Symmetrie des Moleküls oder in der idealisierten Symmetrie eines Modells; schließlich benutzt man die im vorhergehenden Abschnitt definierten Bezeichnungen für diejenigen MO's, die am meisten zu den betroffenen Konfigurationen bzw. Zuständen beitragen, auch für Übergänge. Diese Klassifizierung erfordert eine gewisse Einsicht in die MO-Struktur und benutzt zugleich empirische Zuordnungen; sie ist praktischen Zwecken am besten angepaßt. In diesem Sinne kennt man:

a) π-π^*-Übergänge (Absorption und Emission)

Sie sind relativ langwellig ($\lambda > 200$ nm bis nahes Infrarot; für eine isolierte Doppelbindung: 190 nm), intensiv ($\varepsilon \geqq 10^4$) und werden in polaren Lösungsmitteln um 10–20 nm nach längeren Wellen („Rot") verschoben. Für die dominierende angeregte Konfiguration schreibt man ($\pi\pi^*$). Beispiel: alle ungesättigten Verbindungen.

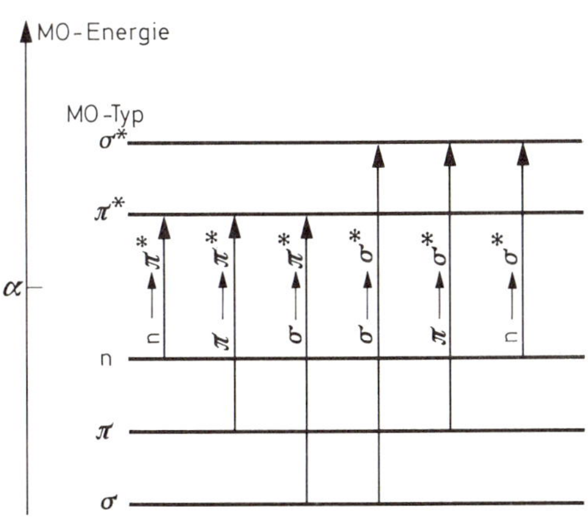

Abb. 5.4. Übergangstypen der Elektronenanregung im Einelektronen-(MO-)Bild; α Bezugsniveau der MO-Energie

b) n-π^*-Übergänge

Sie sind relativ langwellig ($\lambda > 280$ nm), schwach ($\varepsilon \approx 10^2$), zeigen eine Verschiebung nach „Blau" in polaren Lösungsmitteln und verschwinden in Säuren durch Protonierung der n-Elektronen. Angeregte Konfiguration: ($n\pi^*$); Beispiele: Ketone, Nitroverbindungen, N-Heterocyclen.

c) π-σ^*, n-σ^* und σ-π^*-Übergänge

Sie sind relativ kurzwellig ($\lambda < 200$ nm) und in Lösung i. allg. nicht zu beobachten.

Die verschiedenen Typen von Übergängen sind am MO-Schema Abb. 5.4 veranschaulicht.

5.1.3 Übersicht über wichtige photophysikalische Prozesse

Zur Diskussion der verschiedenen Prozesse aus optisch angeregten Molekülen bedient man sich einer Schreibweise ähnlich wie für chemische Reaktionen; die Symbole in der folgenden Zusammenstellung vertreten Moleküle in einem entsprechenden Elektronenzustand.

Es beschreiben:

- $h\nu$ ein Photon geeigneter Energie;
- $|S_0\rangle$ ein Molekül im Singulett-Elektronenzustand S_0 (Grundzustand, i. allg. ohne Schwingungsanregung);
- $|S_1\rangle$ ein Molekül im Singulett-Zustand S_1;
- $|S_n\rangle$ das Molekül in einem Singulett-Zustand $S_{n>1}$;
- $|T_1\rangle$ das Molekül im Triplett-Zustand T_1;
- $|T_m\rangle$ das Molekül in einem Triplett-Zustand $T_{m>1}$;
- D ein Donormolekül, das Energie abgibt;
- A ein Akzeptormolekül, das Energie übernimmt;
- (XY) einen Komplex aus zwei Molekülen, speziell für X = Y ein Dimer.

Tabelle 5.1 gibt nur eine Auswahl der wichtigsten Prozesse. In den verschiedenen Prozessen bedeutet $h\nu$ i. allg. jeweils verschiedene Quantenenergien. Sind mehrere Moleküle an einem Prozeß beteiligt, so werden sie durch entsprechende Indices an den Zustandssymbolen unterschieden, z. B. $|S_1\rangle_X$ usw.

5.1.4 Mechanismen ausgewählter photophysikalischer Prozesse

5.1.4.1 Lichtabsorption und -emission

a) Born-Oppenheimer-Separation, Potentialkurvenschema

Die Energie eines Moleküls in einem gegebenen Elektronenzustand hängt noch von den Kernkoordinaten Q ab, und damit von den Vibrationen der Kerne gegeneinander. Angenähert kann man die sehr rasche Elektronenbewegung von der relativ langsamen Kernbewegung separieren und die Zustandsfunktion eines „vibronischen" Zustands als Produkt einer Elektro-

Tabelle 5.1. Auswahl photophysikalischer Prozesse

Prozeß[a]	Bezeichnung
1. *Absorptionsprozesse*	
(a) $\|S_0\rangle + h\nu \rightarrow \|S_1\rangle$	$S_0 \rightarrow S_1$-Absorption
(b) $\|S_0\rangle + h\nu \rightarrow \|S_n\rangle$	$S_0 \rightarrow S_n$-Absorption $n > 0$
(c) $\|S_0\rangle + h\nu \rightarrow \|T_1\rangle$	$S_0 \rightarrow T_1$-Absorption
(d) $\|T_1\rangle + h\nu \rightarrow \|T_m\rangle$	$T_1 \rightarrow T_m$-Absorption $m > 1$
(c) ist spinverboten	
2. *Emissionsprozesse*	
(e) $\|S_1\rangle \rightarrow \|S_0\rangle + h\nu$	$S_1 \rightarrow S_0$-Fluoreszenz
(f) $\|T_1\rangle \rightarrow \|S_0\rangle + h\nu$	$T_1 \rightarrow S_0$-Phosphoreszenz
(f) ist spinverboten	
3. *Strahlungslose innermolekulare Prozesse*	
(g) $\|S_1\rangle \rightsquigarrow \|S_0\rangle$	$S_1 \rightsquigarrow S_0$ Internal Conversion (IC)
(h) $\|S_n\rangle \rightsquigarrow \|S_1\rangle$	$S_n \rightsquigarrow S_1$ Internal Conversion
(i) $\|S_1\rangle \rightsquigarrow \|T_1\rangle$	$S_1 \rightsquigarrow T_1$ Intersystem Crossing (ISC)
(j) $\|T_1\rangle \rightsquigarrow \|S_0\rangle$	$T_1 \rightsquigarrow S_0$ Intersystem Crossing
4. *Strahlungslose zwischenmolekulare Prozesse*	
4.1. *Energiewanderung zwischen zwei gleichartigen Molekülen* a *und* b	
(k) $\|S_1\rangle_a + \|S_0\rangle_b \rightsquigarrow \|S_0\rangle_a + \|S_1\rangle_b$	Singulett-Singulett-Energie-Wanderung
(l) $\|T_1\rangle_a + \|S_0\rangle_b \rightsquigarrow \|S_0\rangle_a + \|T_1\rangle_b$	Triplett-Triplett-Energie-Wanderung
(m) $\|T_1\rangle_a + \|T_1\rangle_b \rightsquigarrow \|S_1\rangle_a + \|S_0\rangle_b$	Triplett-Triplett-Annihilation
(n) $\|S_1\rangle_a + \|S_0\rangle_b \rightsquigarrow \|T_1\rangle_a + \|T_1\rangle_b$	Singulett-Exciton-Zerfall
4.2. *Energieübertragung zwischen verschiedenartigen Molekülen* D *(Donor) und* A *(Akzeptor)*	
(o) $\|S_1\rangle_D + \|S_0\rangle_A \rightsquigarrow \|S_0\rangle_D + \|S_1\rangle_A$	Singulett-Energie-Übertragung
(p) $\|T_1\rangle_D + \|S_0\rangle_A \rightsquigarrow \|S_0\rangle_D + \|S_1\rangle_A$	Triplett zu Singulett-Energie-Übertragung
(q) $\|T_1\rangle_D + \|S_0\rangle_A \rightsquigarrow \|S_0\rangle_D + \|T_1\rangle_A$	Triplett-Energie-Übertragung
5. *Bildung und Zerfall von Excimeren und Exciplexen*	
Excimer = excited dimer, X = Y	
Exciplex = excited complex, X ≠ Y	
(r) $\|S_1\rangle_X + \|S_0\rangle_Y \rightleftharpoons \|S_1\rangle_{(XY)}$	Bildung ($\rightsquigarrow$) bzw. Zerfall ($\leftsquigarrow$) eines Singulett-Exciplexes (Excimeren)
(s) $\|T_1\rangle_X + \|S_0\rangle_Y \rightleftharpoons \|T_1\rangle_{(XY)}$	Bildung bzw. Zerfall eines Triplett-Exciplexes (Excimeren)
(t) $\|T_1\rangle_X + \|T_1\rangle_Y \rightleftharpoons \|S_1\rangle_{(XY)}$	bimolekulare Triplett-Triplett-Reaktion ($\rightsquigarrow$) bzw. Singulett-Exciplex-(Excimeren-)Zerfall
(u) $\|S_1\rangle_{(XY)} \rightarrow \|S_0\rangle_X + \|S_0\rangle_Y + h\nu$	Exciplex-(Excimer-)-Fluoreszenz
(v) $\|T_1\rangle_{(XY)} \rightarrow \|S_0\rangle_X + \|S_0\rangle_Y + h\nu$	Exciplex-(Excimer-) Phosphoreszenz

[a] Gerade Pfeile bezeichnen Prozesse mit Beteiligung von Lichtquanten, gewellte Pfeile bezeichnen sog. strahlungslose Prozesse

nenfunktion θ (samt Spin) und einer Kernschwingungsfunktion χ darstellen (Born-Oppenheimer-Näherung oder „adiabatische" Näherung; von Rotationen wird abgesehen):

$$\psi_{i,v} \approx \theta_i(q,Q) \cdot \chi_{i,v}(Q) \tag{5.8}$$

q Elektronen-, Q Kernkoordinaten,
i Elektronenzustand, v Schwingungszustand

Für θ kann man Q als Parameter betrachten; χ hängt explizit von Q ab, aber auch noch vom Potential, das

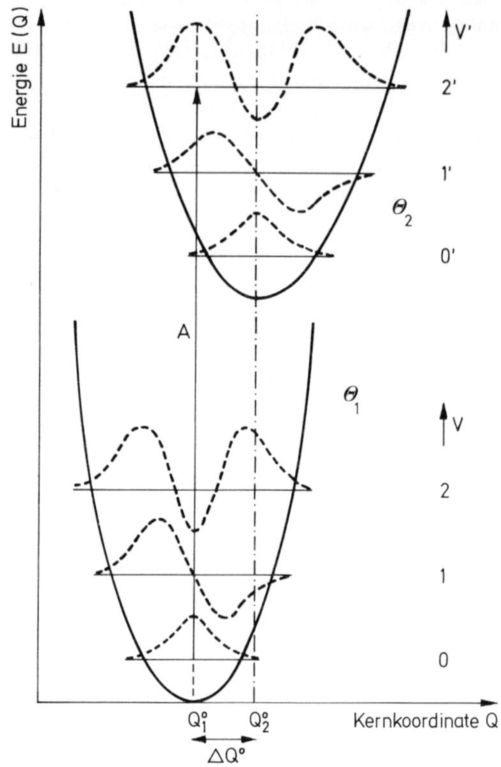

Abb. 5.5. Potentialkurvenschema für zwei Elektronenzustände θ_1 und θ_2. Q_1^0 bzw. Q_2^0 sind die entsprechenden Gleichgewichtskoordinaten der Kerne. A Absorptionsübergang $\psi_{1,0} \rightarrow \psi_{2,2'}$; v, v' Schwingungsquantenzahlen

die Elektronen im Zustand i aufbauen und in dem sich die Kerne bewegen. Nimmt man dieses näherungsweise als harmonisch an, so ergeben sich Potentialkurvendarstellungen in Art der Abb. 5.5. Gleichung (5.8) ist äquivalent mit der Näherung Gl. (5.2) für die Gesamtenergie. Sie bedeutet, daß sich die Elektronenverteilung momentan auf das von den Kernen gegebene Potential einstellt. Die Näherung bricht zusammen, wenn die Schwingungsenergie E_v in Gl. (5.2) von der Größe der Energiedifferenz benachbarter Elektronenzustände ist.

In Abb. 5.5 ist die potentielle Energie der Kerne in Abhängigkeit von Q, einer ihrer $3N-6$ Normalschwingungs-Koordinaten, für zwei Elektronen-Zustände θ_1 und θ_2 aufgetragen, sowie die erlaubten, jeweils äquidistanten Schwingungs-Niveaus mit der Schwingungsquantenzahl v bzw. v' und (schematisch) die entsprechenden Schwingungseigenfunktionen

$$\chi_{1,v} \quad \text{bzw.} \quad \chi_{2,v'} \quad (v, v' = 0, 1, 2, \ldots);$$

N Zahl der Atome im Molekül.

b) Übergangstypen, Übergangsmoment, Intensität, Franck-Condon-Prinzip

Während eines optischen Übergangs ändern sich periodisch mit der Frequenz des Lichts die Ladungsverteilung und damit die elektrischen und magnetischen

Momente des Moleküls. Entsprechend beschreibt man den Vorgang als elektrischen bzw. magnetischen Dipolübergang, elektrischen Quadrupolübergang usw. Für jeden dieser Übergangstypen gelten andere Symmetrie-Auswahlregeln. Es stellt sich heraus, daß alle intensiveren optischen Übergänge elektrischen Dipolcharakter haben. Das entsprechende Übergangsdipolmoment $\boldsymbol{M}$ hat eine definierte Orientierung im Molekül. Es ist durch die Eigenfunktionen der beteiligten Zustände bestimmt:

$$\boldsymbol{M}_{12} = e\left\langle \psi_1 \left| \sum_i \boldsymbol{r}_i \right| \psi_2 \right\rangle \tag{5.9}$$

ψ_1, ψ_2 Zustandsfunktionen des Ausgangs- bzw. Endzustands; r_i Ortsvektor des i-ten Elektrons, e Elementarladung.

In der Näherung, daß in Gl. (5.8) die Abhängigkeit der Elektronenfunktionen θ von den Kernkoordinaten Q vernachlässigt werden kann, gilt

$$\boldsymbol{M}_{12} \approx \bar{\boldsymbol{M}}_{\mathrm{el},12} \cdot S_{1v,2v'} \,. \tag{5.10}$$

Hierin ist $\bar{\boldsymbol{M}}_{\mathrm{el},12}$ der elektronische Anteil des Übergangsmoments, $S_{1v,2v'}$ der „Franck-Condon-Faktor" zwischen der v-ten Schwingungsfunktion im Elektronen-Zustand θ_1 und der v'-ten Schwingungsfunktion im Zustand θ_2:

$$S_{1v,2v'} = \langle \chi_{1v} | \chi_{2v'} \rangle \,. \tag{5.11}$$

Er hängt wesentlich von der Verschiebung der Gleichgewichtslagen $Q_2^0 - Q_1^0$ zwischen den beteiligten Elektronenzuständen ab (vgl. Abb. 5.5).

Anschaulich bedeutet Gl. (5.10): Ein Elektronenübergang erfolgt so rasch, daß dabei die Kernkoordinaten praktisch unverändert bleiben; in Abb. 5.5 ist er deshalb als senkrechter Pfeil (A) dargestellt („vertikaler Übergang"). Den unmittelbar erreichten Zustand nennt man einen *Franck-Condon-Zustand*; er kann durch Kernbewegungen anschließend auf einen stabileren Zustand relaxieren.

Die Intensität eines optischen Übergangs $\psi_1 \to \psi_2$ ist $\sim |\boldsymbol{M}_{12}|^2$. Der Elektronenübergang findet nach den Gl. (5.10) und (5.11) am wahrscheinlichsten bei einer Kernanordnung Q statt, bei der die Überlappung der Kernschwingungsfunktionen von Anfangs- und Endzustand maximal ist, in Abb. 5.5 z. B. zwischen $\chi_{1,v=0}$ und $\chi_{2,v'=2}$. Bei Zimmertemperatur gehen Absorptionsübergänge immer von $v=0$ aus, aber auch Fluoreszenz- und Phosphoreszenzemission erfolgt wegen der raschen Schwingungsrelaxation in ψ_2 in kondensierter Phase immer von $v'=0$ aus, weil vor der Absorption und auch vor der Emission thermisches Gleichgewicht der Schwingungen hergestellt wird, mit sehr geringer Besetzung von Schwingungsniveaus mit $v, v' > 0$.

Die Abhängigkeit des Franck-Condon-Faktors (5.11) von der Verschiebung der Gleichgewichtskernkoordinaten, $\Delta Q^0 = Q_2^0 - Q_1^0$, drückt sich in der Intensitätsverteilung der Schwingungsstruktur von Elektronenbanden aus. Bei $\Delta Q^0 \approx 0$ ist die sog. 0–0'-

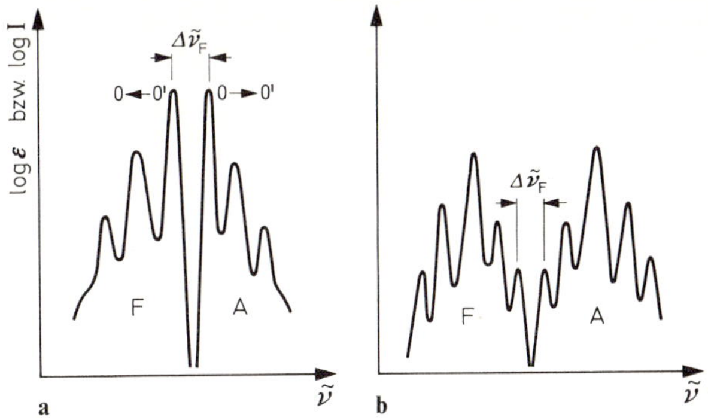

Abb. 5.6a, b. Franck-Condon-Schwingungsstrukturen. *A* Absorption, *F* Fluoreszenz, $\Delta\tilde{\nu}_F$ Fluoreszenzlücke; **a** $\Delta Q^0 = Q_2^0 - Q_1^0 \approx 0$; **b** $\Delta Q^0 \neq 0$

Schwingungsbande die intensivste, vgl. Abb. 5.6. Die Bezeichnung $0 \to 0'$ bedeutet den Übergang $\chi_{1,v=0} \to \chi_{2,v'=0}$. Die annähernde Spiegelsymmetrie von $S_0 \to S_1$-Absorptionsspektrum und $S_1 \to S_0$-Fluoreszenzspektrum beruht darauf, daß die Franck-Condon-Faktoren $\langle \chi_{1,0} | \chi_{2,v'} \rangle$ und $\langle \chi_{2,0} | \chi_{1,v} \rangle$ für $v = v'$ annähernd gleich sind, wenn sich v und v' auf gleichartige Schwingungen beziehen.

In Lösung beobachtet man i. allg. zwischen den 0–0'-Übergängen der Absorption $S_0 \to S_1$ und der Fluoreszenz $S_1 \to S_0$ eine „Fluoreszenzlücke" $\Delta\tilde{\nu}_F$. Sie ist um so größer, je mehr sich die Solvatationsenergien des Moleküls in den beiden Zuständen S_0 und S_1 auf Grund der verschiedenen Ladungsverteilung voneinander unterscheiden. Unmittelbar nach der Lichtabsorption $S_0 \to S_1$ besteht noch die Solvat-Struktur zum S_0-Zustand (Franck-Condon-Zustand des Lösungsmittels); vor der Fluoreszenzemission, die mit ca. 10^{-9} s Verzögerung erfolgt, ordnet sich das Lösungsmittel gemäß seiner Wechselwirkung mit S_1 unter Energiegewinn (Wärme) um, d. h. die S_1-Energie sinkt entsprechend ab. Ähnlich wird bei der Emission dann zunächst eine dem S_1-Zustand des gelösten Moleküls entsprechende Solvat-Struktur erreicht, deren Energie jetzt über S_0 im

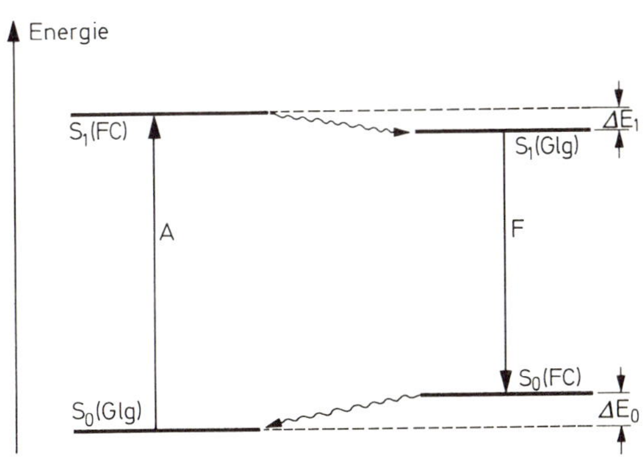

Abb. 5.7. Zur Entstehung der Fluoreszenzlücke durch Lösungsmittelrelaxation. *A* Absorption, *F* Fluoreszenz; *(FC)* Franck-Condon-Zustand des Systems Molekül + Solvathülle unmittelbar nach der Absorption bzw. Emission eines Lichtquants; *(Glg)* Gleichgewichtszustand nach Relaxation der Solvathülle, etwa nach 10^{-10} s

Gleichgewichtszustand liegt (Abb. 5.7). Die Fluoreszenzlücke hat dann die Größe $h\tilde{\nu}c = \Delta E = |\Delta E_0| + |\Delta E_1|$. Über Modellvorstellungen zur Wechselwirkung Molekül-Solvathülle lassen sich hieraus z. B. die Änderung des Dipolmoments zwischen den Zuständen S_0 und S_1 ermitteln. Bei polaren Molekülen findet man bis zu 10 Debye-Einheiten Zunahme in S_1.

c) Extinktionskoeffizient, Oszillatorstärke und Lebensdauer des angeregten Zustands

Die Intensität eines elektronischen Absorptionsübergangs $\psi_1 \to \psi_2$, z. B. $S_0 \to S_1$, kann durch verschiedene Größen ausgedrückt werden. Ein relativ grobes Maß ist ε_{max}, der Extinktionskoeffizient der stärksten Schwingungsbande innerhalb einer Elektronenbande. In Abb. 5.8a ist der ganze schraffierte Bereich *I* zwischen $\tilde{\nu}_a$ und $\tilde{\nu}_b$ eine einzige Elektronenbande mit Schwingungs-(Teil-)-Banden; II ist eine andere Elektronenbande. Ein genaueres Maß als ε_{max} ist die dimensionslose „Oszillatorenstärke" f:

$$f_{12} = \frac{4{,}32\cdot 10^{-9}}{n} \int_{\tilde{\nu}_a}^{\tilde{\nu}_b} \varepsilon\, d\tilde{\nu} \approx \text{const}\cdot \bar{\tilde{\nu}} \cdot |\bar{\boldsymbol{M}}_{12}|^2 \tag{5.12}$$

n Brechungsindex der Lösung; ε in l/mol cm; $\tilde{\nu}$ in cm^{-1}; $\bar{\tilde{\nu}}$ ist die mittlere Wellenzahl für den Schwerpunkt des Übergangs, $\bar{\tilde{\nu}} \approx \tilde{\nu}_{max}$; $\bar{\boldsymbol{M}}_{12}$ ist das in Gl. (5.10) verwendete mittlere Übergangsmoment.

Zur Ausführung der Integration muß $\varepsilon(\tilde{\nu})$, nicht $\log \varepsilon(\tilde{\nu})$, aufgetragen werden; im Überlappungsbereich zweier Banden ist die Trennung ihrer ε-Werte etwas willkürlich. Für sehr intensive Übergänge ist $f_{12} \approx 1$.

Wenn der angeregte Zustand ψ_2 (z. B. S_1) nur durch spontane Emission eines Lichtquants in den Zustand ψ_1 (z. B. S_0) zurückkehren kann (z. B. durch $S_1 \to S_0$-Fluoreszenz) und andere Desaktivierungskanäle ausgeschlossen sind, so ist die „natürliche" (oder „strahlende") mittlere Lebensdauer τ_0 des angeregten Zustands in Sekunden ($\tilde{\nu}$ in cm^{-1}):

$$\begin{aligned}\tau_0 &\approx 3{,}5\cdot 10^8 \cdot \frac{g_2}{g_1} \cdot \frac{1}{n^2 \cdot \bar{\tilde{\nu}}^2 \cdot \int_{\tilde{\nu}_a}^{\tilde{\nu}_b} \varepsilon\, d\tilde{\nu}} \\ &\approx 3{,}5\cdot 10^8 \cdot \frac{g_2}{g_1} \cdot \frac{1}{n^2 \cdot \bar{\tilde{\nu}}^2 \cdot \varepsilon_{max} \cdot \Delta\tilde{\nu}_{1/2}} \\ &\approx \frac{1{,}5}{n^2 \cdot \tilde{\nu}^2_{max} \cdot f_{12}}.\end{aligned} \tag{5.13}$$

g_1, g_2: statistisches Gewicht des Zustandes ψ_1 bzw. ψ_2, $g = 1$ für Singulett, $g = 3$ für Triplett.

Die letzte Näherung gilt für symmetrische Absorptionsbanden ohne ausgeprägte Schwingungsstruktur mit der Halbwertsbreite $\Delta\tilde{\nu}_{1/2}$ (vgl. Abb. 5.8b).

Die meßbare „mittlere Lebensdauer" τ (Abklingdauer) ist, nur für einfach exponentielles Abklingen, definiert durch

$$I(t) = I_0 \cdot e^{-t/\tau}, \qquad \ln I(t) = \ln I_0 - \frac{t}{\tau} \tag{5.14}$$

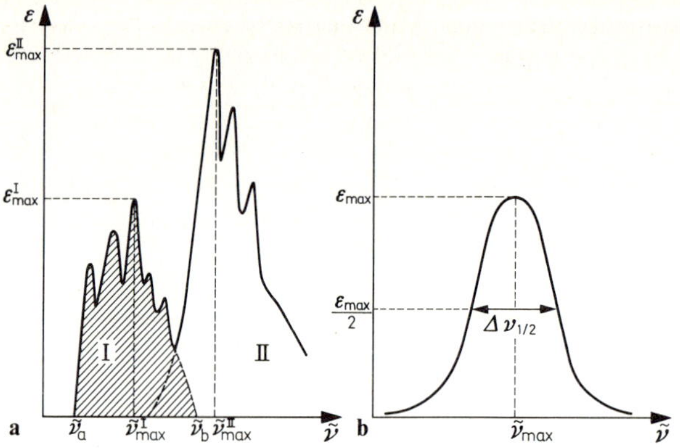

Abb. 5.8. **a** Zur Kennzeichnung der Intensität von Absorptionsübergängen (vgl. Text); **b** Definition der Halbwertsbreite $\Delta\tilde{\nu}_{1/2}$ symmetrischer Banden

I_0, $I(t)$ Emissionsintensität zur Zeit t_0 bzw. $t > t_0$,
$\frac{1}{\tau} = k_E\ (s^{-1})$ Gesamt-Übergangsrate der Emission.

Mit der Definition der Fluoreszenz-Quantenausbeute ϕ_F entsprechend Gl. (5.3) folgt dann

$$\tau = \phi_F \cdot \tau_0\,. \tag{5.15}$$

Für die Phosphoreszenz gilt

$$\tau = \tau_0 \frac{\phi_{Ph}}{\phi_{ISC}}\,; \tag{5.15a}$$

ϕ_{Ph}, ϕ_{ISC}: Quantenausbeuten der Phosphoreszenz bzw. des Intersystem-Crossings, vgl. Tabelle 5.1(i). Die Beziehungen Gln. (5.15) und (5.15a) dienen zur Ermittlung der natürlichen Lebensdauer τ_0 von S_1 bzw. T_1 und damit auch zur Bestimmung der Rate der nichtstrahlenden Prozesse (Meßgrößen: τ, ϕ_F, ϕ_{Ph}).

5.1.5 Einige Anwendungen der Absorptions- und Fluoreszenzspektroskopie

5.1.5.1 Qualitative Analyse

Absorptions- und Fluoreszenzspektren sind charakteristisch für eine Substanz, die Fluoreszenz kann häufig schon bei sehr geringen Konzentrationen gemessen werden. Mißt man die Fluoreszenzintensität in Abhängigkeit von der Erregerwellenlänge, so erhält man (nach Korrektur auf konstante Erregerintensität) das „Anregungsspektrum", das bei geringen Konzentrationen dem Absorptionsspektrum ähnlich ist und dieses zu ermitteln gestattet, auch wenn es in einem Gemisch durch die Absorption anderer, jedoch nicht fluoreszierender Komponenten überdeckt ist.

5.1.5.2 Quantitative Absorptions-Spektral-Analyse

Bei kleinen Konzentrationen ist $\varepsilon(\tilde{\nu})$ in Gl. (5.4) konzentrationsunabhängig (Lambert-Beersches Gesetz). Die Messung von $\log I_0/I = E = \varepsilon c d$ ermöglicht dann eine einfache Bestimmung der Konzentration. Abweichungen vom Lambert-Beerschen Gesetz weisen auf Assoziationen oder andere Reaktionen hin (s. auch Kapitel 3.2.5.2).

5.1.5.3 Gleichgewichtsbestimmung

Absorbieren die Komponenten der Reaktion

$A + B \rightleftarrows C$

in verschiedenen Spektralbereichen, so kann durch Absorptionsspektrometrie die Lage des Gleichgewichts in Abhängigkeit von äußeren Bedingungen ermittelt werden. Überlappen in einem bestimmten Bereich nur die Spektren von A und C, so hat das Absorptionsspektrum bei konstanter Gesamtkonzentration von A + C je nach Lage des Gleichgewichts ein Aussehen wie in Abb. 5.9. Am „isosbestischen Punkt" i bei $\tilde{\nu}_i$ haben A und C den gleichen Extinktionskoeffizienten.

Interessante Spezialfälle sind $B = A$, $C = A_2$, die Assoziationsreaktion von A in Abhängigkeit von der Temperatur, und $B = H^+$, $C = AH^+$, eine Säure-Basen-Reaktion. Für letztere ist die Gleichgewichtskonstante

$$K_c = \frac{[AH^+]}{[A][H^+]} \qquad (5.16)$$

oder mit $pH = -\log[H^+]$ (für den Fall Aktivität = Konzentration)

$$\log K_c = \log \frac{[AH^+]}{[A]} + pH\,. \qquad (5.17)$$

Variiert man den pH-Wert des Lösungsmittels, bis aus dem Spektrum zu entnehmen ist, daß $\frac{[AH^+]}{[A]} = 1$ (z. B. Kurve *3* in Abb. 5.9), d. h., daß gerade die Hälfte der A-Moleküle protoniert ist, so bezeichnet man den zugehörigen pH-Wert mit pK, und es ist nach Gl. (5.17)

$$\log K_c = pK \qquad (5.18)$$

und

$$RT \ln K_c = -\Delta A_T^0 = 2{,}303\, RT pK\,. \qquad (5.19)$$

ΔA_T^0 ist die Grundreaktionsarbeit der Protonierungsreaktion bei der Temperatur T. Aus der Temperatur-Abhängigkeit von K_c bzw. ΔA^0 erhält man schließlich auch die Reaktionsenthalpie ΔH^0 und die Reaktionsentropie ΔS^0 gemäß

$$\left(\frac{\partial \ln K_c}{\partial T}\right)_p = \frac{\Delta H^0}{RT^2}, \qquad (5.19a)$$

$$\left(\frac{\partial \Delta A^0}{\partial T}\right)_V = -\Delta S^0\,. \qquad (5.19b)$$

5.1.6 Änderung der Basizität bzw. Acidität mit der Elektronenanregung

In Molekülen mit nicht zu hoher Symmetrie, insbesondere in Molekülen mit Heteroatomen, tritt bei der Anregung eine Veränderung der Elektronendichteverteilung ein. Eine Anhäufung negativer Ladung bei einem bestimmten Atom erhöht dessen Basizität und umgekehrt. Dies bedeutet u.a., daß die Gleichgewichte

$A + H^+ \rightleftarrows AH^+$

und

$A^* + H^+ \rightleftarrows (AH^+)^*$

verschiedene pK-Werte haben, pK für den Grundzustand A, pK* für den angeregten Zustand A*. Wenn sich A* und $(AH^+)^*$ durch verschiedene Emissionsspektren (Fluoreszenz oder Phosphoreszenz) unterscheiden, und wenn sich während der Lebensdauer von $(AH^+)^*$ das neue protolytische Gleichgewicht einstellt (dies ist wegen der hohen Geschwindigkeit von Säure-Basen-Reaktionen i. allg. der Fall), so findet man für die Emissionsspektren

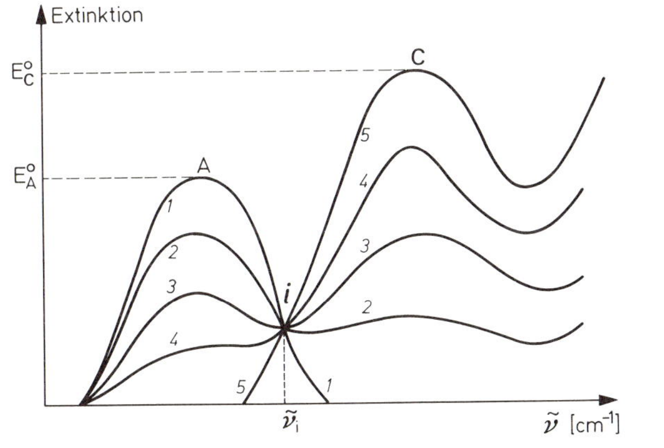

Abb. 5.9. Isosbestischer Punkt i bei Gleichgewichten $A \rightleftarrows C$. Ordinate: Extinktion $E = d(\varepsilon_A c_A + \varepsilon_C c_C) = E_A + E_C$ gemäß Gl. (5.4). Konzentrationsverhältnisse $c_A : c_C$ in Kurve *1* 1:0; *2* 3:1; *3* 1:1; *4* 1:3; *5* 0:1

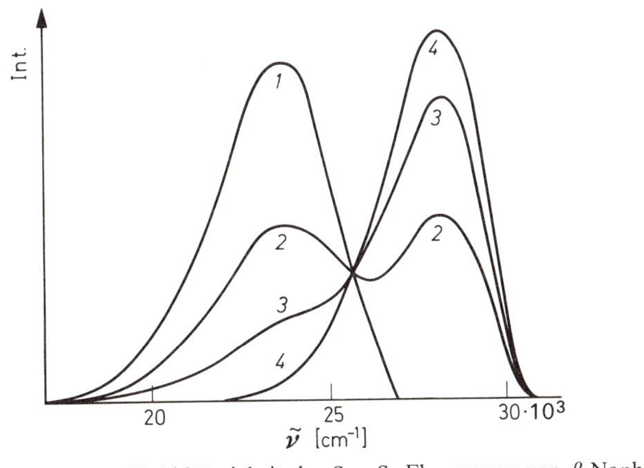

Abb. 5.10. pH-Abhängigkeit der $S_1 \rightarrow S_0$-Fluoreszenz von β-Naphthol. *1* pH = 13; *2* pH = 9; *3* pH = 3; *4* pH = 0; nach Th. Förster in: F. Daniels (Herausg.), Photochemistry in the Liquid and Solid States. New York: J. Wiley and Sons 1960

in Abhängigkeit vom pH der Lösung ein ähnliches Verhalten wie in Abb. 5.9 für die Absorptionsspektren; Abb. 5.10 zeigt dies für β-Naphthol.

Die Fluoreszenzintensität beider Komponenten hat den halben Wert der jeweiligen Extremwerte bei $pH = pK^* \approx 3$, während sich aus Absorptionsmessungen analog Abb. 5.9 für den Grundzustand $pK = 9{,}6$ ergibt; β-Naphthol ist also im S_1-Zustand um etwa 6 pH-Einheiten saurer als im S_0-Zustand. Diese Größenordnung ist typisch; $pK^*(T_1)$ für den T_1-Zustand liegt i. allg. zwischen $pK(S_0)$ und $pK^*(S_1)$. Phenole und aromatische Amine werden bei der Anregung saurer, aromatische Ketone und Carboxylsäuren basischer. Aus derartigen Spektren lassen sich eine Reihe thermodynamischer und kinetischer Daten ableiten.

5.1.7 Fluoreszenzlöschung

Mit der Fluoreszenz und den strahlungslosen monomolekularen Prozessen IC (Internal Conversion) und ISC [Intersystem Crossing, Tabelle 5.1(g) bzw. (i)] können verschiedene bimolekulare Löschprozesse konkurrieren, die die Quantenausbeute ϕ_F der Fluoreszenz erniedrigen. Ist [Q] die Konzentration des Löschers („Quencher“), so wird gemäß Gl. (5.3) und (5.15)

$$\phi_F = \frac{k_F}{k_F + k_{IC} + k_{ISC} + k_Q[Q]} = k_F \cdot \tau \,. \qquad (5.20)$$

τ ist die meßbare wahre Lebensdauer des angeregten Zustandes. Mit $\phi_F([Q]=0) = \phi_F^0$, $\tau([Q]=0) = \tau_M$ ergibt sich die *Stern-Volmer-Beziehung*

$$\frac{\phi_F^0}{\phi_F} - 1 = \tau_M \cdot k_Q \cdot [Q] = K \cdot [Q] \,. \qquad (5.21)$$

Eine formal gleiche Beziehung liefert aber auch der Fall, daß Q, anstatt mit dem angeregten Molekül A* nur im Stoß (kinetisch) zu reagieren, mit A bereits im Grundzustand einen nichtfluoreszierenden „statischen“ Komplex (AQ) bildet: K in Gl. (5.21) ist dann die Gleichgewichtskonstante der Reaktion

$$A + Q \rightleftarrows (AQ) \,.$$

Besonders effektiv ist die Löschung der $T_1(\pi\pi^*) \to S_0$-Phosphoreszenz durch molekularen Sauerstoff, der selbst einen Triplett-Grundzustand besitzt.

5.1.8 Energiewanderung

Es gibt zahlreiche Fälle, bei denen in einem Gemisch D („Donor“) + A („Akzeptor“) durch Licht eines bestimmten Spektralbereiches ($\Delta\nu_D$) nur die Molekülsorte D optisch angeregt wird, wo jedoch als Folge davon Erscheinungen eintreten, die von angeregten A-Molekülen ausgehen. Dies bedeutet, daß die Elektronenanregungsenergie von D* auf A übertragen wurde (vgl. Tabelle 5.1):

$$D + h\nu_D + A \to D^* + A \to D + A^*$$

A* kann z. B. sein typisches Fluoreszenz- oder Phosphoreszenzspektrum (ν_A) emittieren (durch D sensibilisierte Fluoreszenz bzw. Phosphoreszenz) oder eine chemische Reaktion eingehen (sensibilisierte Photoreaktion). In biologischen Systemen kann eine rasche Energieabwanderung aus D* diese Verbindung vor unerwünschten Reaktionen bewahren. Die Energieübertragung kann über verschiedene Mechanismen verlaufen:

a) Lichtemission aus D* und Reabsorption in A („trivialer Prozeß“)

$$D^* + A \to D + h\nu_D + A \to D + A^* (\to D + A + h\nu_A) \,.$$

Voraussetzung: ν_D kann von A absorbiert werden. Die Wahrscheinlichkeit dieses Prozesses hängt wie R^{-2} vom Abstand R zwischen D und A ab. Der Prozeß ist von der Viskosität des Lösungsmittels unabhängig und beeinflußt nicht die Fluoreszenzabklingdauer von D*, wenn $A \neq D$. Resonanz ist erforderlich: $h\nu_A \approx h\nu_D$. Wegen der Polarisation der Strahlung und des Vektorcharakters der Übergangsmomente hängt die Reabsorptionswahrscheinlichkeit von der gegenseitigen Orientierung von A und D ab.

b) Strahlungslose Energieübertragung von einem primär angeregten Donormolekül D* auf ein Acceptormolekül A

Die Quantentheorie lehrt, daß die Wahrscheinlichkeit des Übergangs zwischen zwei Zuständen ψ_1 und ψ_2 eines Systems, deren gegenseitige Wechselwirkung durch den Operator $\hat{\mathscr{V}}$ repräsentiert werde, maßgeblich durch die Größe

$$\beta \equiv \langle \psi_1 | \hat{\mathscr{V}} | \psi_2 \rangle \quad \text{„Resonanzintegral“} \qquad (5.22)$$

bestimmt wird.

Für unseren Fall seien (D* ... A) und (D ... A*) die beiden Zustände des Systems (D ... A)*, d. h. eines Paares Donor-Akzeptor, das i. allg. noch durch Lösungsmittelmoleküle getrennt sein kann.

Es ist sinnvoll, folgende Klassifizierungen zu treffen:

1) kohärenter Transfer: Die Phase der Anregung mehrerer Moleküle D* ist korreliert (dieser Fall tritt z. B. in Molekülkristallen auf);

2) inkohärenter Transfer: eine anfängliche Phasenbeziehung zwischen den angeregten Molekülen D* geht durch statistische Wechselwirkung mit anderen Energieakzeptoren („Stöße“) rasch verloren (bezogen auf die Zeitskala des Energietransfers, in Lösungen wenige Picosekunden);

3) „sehr schwache Kopplung“: $\beta < \Delta E$, wobei ΔE die Größe der Energiefluktuationen im Medium ist, z. B. aufgrund der thermischen Phononenanregung.

Hierbei werden in D* viele, bei der

4) „schwachen Kopplung“ ($\beta \approx \Delta E$) noch einige Kernschwingungen durchlaufen, bis der Transfer einsetzt. Bei der

5) „starken Kopplung“ schließlich versagt die Vorstellung, daß die Energie einmal auf D*, dann A* lokalisiert gedacht und beschrieben werden kann. Das Absorptionsspektrum der Mischung ist dann nicht mehr die Überlagerung der Spektren von reinem D und reinem A wie bei sehr schwacher und noch – mit etwas Verbreiterung und Verschiebung – bei schwacher Kopplung.

Den inkohärenten Prozeß bei schwacher Kopplung hat Th. Förster eingehend untersucht. R. S. Knox hat betont, daß nur dieser für photobiologische Prozesse relevant ist. Wir beschränken uns hier deshalb auf diesen Fall.

Zur Beschreibung der wesentlichen Aspekte wählen wir das einfachste MO-Modell: in D und A sei nur je ein Elektron (1 bzw. 2) an dem Prozeß beteiligt. Wir betrachten die Konfigurationen zu S_0 und S_1 bzw. T_1. Die Situation ist in Abb. 5.11 veranschaulicht. Die Wechselwirkung sei das Coulombpotential zwischen den Elektronen 1 und 2 im Abstand r_{12}: $\mathscr{V} = \mathscr{V}_{12} = \frac{1}{r_{12}}$ (in atomaren Einheiten). Der signifikante Anteil der antisymmetrisierten Gesamtwellenfunktion des Systems vor bzw. nach dem Transfer ist

$$\psi_{D^*A} = \frac{1}{\sqrt{2}}[\psi_{D^*}(1)\psi_A(2) - \psi_{D^*}(2)\psi_A(1)], \tag{5.23a}$$

$$\psi_{DA^*} = \frac{1}{\sqrt{2}}[\psi_D(1)\psi_{A^*}(2) - \psi_D(2)\psi_{A^*}(1)]. \tag{5.23b}$$

Damit wird (5.22) zu

$$\beta = \beta_c + \beta_{ex} \tag{5.24}$$

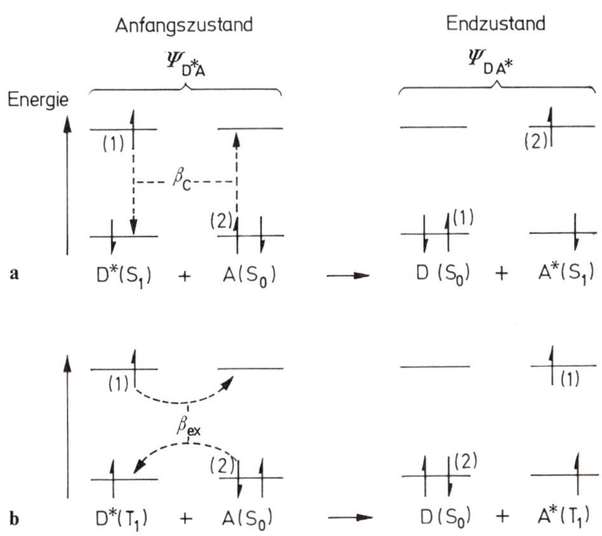

Abb. 5.11a, b. Zur Energiewanderung entsprechend Gln. (5.23) und (5.25)

mit den Matrixelementen,

$$\beta_c = \left\langle \psi_{D^*}(1)\psi_A(2) \left| \frac{1}{r_{12}} \right| \psi_D(1)\psi_{A^*}(2) \right\rangle \tag{5.25a}$$

„Coulombterm“

und

$$\beta_{ex} = -\left\langle \psi_{D^*}(1)\psi_A(2) \left| \frac{1}{r_{12}} \right| \psi_D(2)\psi_{A^*}(1) \right\rangle \tag{5.25}$$

„Austauschterm“.

[Für den Fall starker Kopplung bilden die Funktionen (5.23) keine physikalisch adäquate Basis und die Aufteilung von β gemäß (5.24) verliert ihren Sinn.]

Die beiden durch β_c und β_{ex} repräsentierten Mechanismen sind in Abb. 5.11a, b angedeutet.

Wegen des Multiplizitätsverbots [Erhaltung des Gesamtpins im System (AD), $T_1 \rightarrow S_0$ ist verboten innerhalb D bzw. A] trägt zu einem Triplett-Triplett-Transfer (Prozeß 1 in Tabelle 5.1) nur der Austauschterm β_{ex} bei, während beim Singulett-Singulett-Transfer beide Wege, über β_{ex} und β_c, erlaubt sind. Die beiden Mechanismen unterscheiden sich wesentlich in ihrer Reichweite: β_{ex} wird nur dann merklich, wenn sich die Wellenfunktionen von D und A räumlich überlappen. Da diese exponentiell mit dem Abstand R abfallen, bewirkt dieser Term einen Austausch von elektronischer Energie praktisch nur im Kontakt (oder im Stoß) zwischen D* und A.

Der Coulombterm β_c ist im hier betrachteten Zusammenhang interessanter. Er kann eine beträchtliche Kopplung über Distanzen bis etwa 10 nm liefern. Macht man für r_{12}^{-1} in Gl. (5.25a) eine Multipolentwicklung, so dominiert für nicht zu kleine Abstände R i. allg. der sog. Dipol-Dipol-Term:

$$\beta_c \approx \beta_{\text{Dipol-Dipol}} \approx \boldsymbol{M}_D \cdot \boldsymbol{M}_A \cdot R^{-3} \cdot n^{-2} \tag{5.26}$$

mit den experimentell bestimmbaren Größen $\boldsymbol{M}_D$, $\boldsymbol{M}_A$: elektronische Übergangsdipolmomente in D bzw. A [vgl. Gl. (5.9)]; R Abstand D … A; n Berechnungsindex, n^2 optische Dielektrizitätskonstante des Mediums (Lösungsmittels) zwischen D und A.

Nur wenn $\boldsymbol{M}_D$ oder $\boldsymbol{M}_A = 0$, treten Beiträge höherer Momente in Erscheinung, wie

$$\beta_{\text{Dipol-Quadrupol}} \propto R^{-4},$$

$$\beta_{\text{Quadrupol-Quadrupol}} \propto R^{-5}, \text{ usw.}$$

Im betrachteten Fall ergibt sich die Transferrate (= Wahrscheinlichkeit, daß in der Zeiteinheit die Energie zwischen den beiden Zuständen des Systems, hier also zwischen D* und A, ausgetauscht wird) nach Fermis „goldener Regel“ zu

$$k_{D^* \rightarrow A} = \frac{2\pi}{\hbar} |\beta|^2 \cdot \varrho \tag{5.27}$$

$\hbar = \frac{h}{2\pi}$; ϱ ist ein Maß für die Dichte der wechselwirkenden Anfangs- und Endzustände des realen Systems.

Förster definierte die Reichweite R_0 der Kopplung als denjenigen Abstand D...A, für den die interne Relaxation in D durch Ausstrahlung (Ratenkonstante k_0) und strahlungslose Prozesse ohne Energietransfer (Ratenkonstante k_{nr}) gleich wahrscheinlich ist wie der Transfer D*→A ($k_{D^* \to A}$).

In Gegenwart von je nur einem Acceptor in festem Abstand R vom Donor führt (5.27) zu einem exponentiellen Abklingen der Anregung und damit auch der leicht meßbaren Fluoreszenz von D*. Für die Abstandsabhängigkeit ergibt sich aus (5.27):

$$\text{mit } \beta_{ex}: \; k_{D^* \to A} \approx \frac{1}{\tau_D} \cdot e^{-\gamma(R-R_0)}, \tag{5.28a}$$

$$\text{mit } \beta_c: \; k_{D^* \to A} \approx \frac{1}{\tau_D} \cdot \left(\frac{R_0}{R}\right)^s. \tag{5.28b}$$

$s=6$ für Dipol-Dipol-, $=8$ für Dipol-Quadrupol-, $=10$ für Quadrupol-Quadrupol-Wechselwirkung; γ beschreibt die Abstandsabhängigkeit der Überlappung der Wellenfunktionen; τ_D ist die Fluoreszenzabklingdauer von D* ohne A, $\tau_D^{-1}=k_0+k_{nr}$.

Im Dipol-Dipol-Fall gilt (Förster; vgl. auch Kapitel 5.2)

$$R_0^6 = \frac{C \cdot \kappa^2 \cdot \phi_D}{n^4} \cdot I. \tag{5.29}$$

In (5.29) bedeuten:

n Berechnungsindex des Lösungsmittels; κ ist ein Orientierungsparameter der Größenordnung 1, bei sehr rascher Rotation von D und A ist $\kappa^2=\frac{2}{3}$; ϕ_D ist die Fluoreszenzquantenausbeute von D* in Abwesenheit von A; mit $N_A=6{,}02 \cdot 10^{23}\,\text{mol}^{-1}$ wird

$$C = \frac{9 \ln 10}{2^7 \cdot \pi^5 \cdot N_A} \approx 8{,}8 \cdot 10^{-28}\,\text{mol}$$

Das Integral

$$I \equiv \int_0^\infty f_{D^*}(\tilde{v}) \varepsilon_A(\tilde{v}) \frac{d\tilde{v}}{\tilde{v}^4} \quad (\text{Dimension: cm}^6\,\text{mol}^{-1})$$

ist ein Maß für die energetische Überlappung der Zustände in D* und A [vgl. ϱ in Gl. (5.27)].

Dabei bedeuten $\varepsilon_A(\tilde{v})$ [in $\text{l mol}^{-1}\,\text{cm}^{-1}=10^3\,\text{cm}^2\,\text{mol}$]: Extinktionskoeffizient von A gemäß Gl. (5.4).

$f_{D^*}(\tilde{v}) = \dfrac{dn_e(\tilde{v})}{d\tilde{v}}$ [cm]: Quantenspektrum der Fluoreszenz von D, normiert auf

$$\int_0^\infty f_{D^*}(\tilde{v})\,d\tilde{v} = 1;$$

$f_{D^*}(\tilde{v})d\tilde{v}$ ist die Wahrscheinlichkeit dafür, daß D* im Spektralbereich $\tilde{v} \ldots \tilde{v}+d\tilde{v}$ emittiert.

Zu I trägt nur der Bereich der Überlappung des Emissionsspektrums von D mit dem Absorptionsspektrum von A bei, der in Abb. 5.12 schraffiert gezeichnet ist. R_0 ist unabhängig vom Übergangsmoment $\boldsymbol{M}_D$ des Donors. Tatsächlich findet man experimentell für die Triplett-Singulett-Energie-Übertragung ähnliche Reichweiten wie für die Singulett-Singulett-Übertragung, obwohl der optische $T_1 \to S_0$-Übergang in D spinverboten ist.

Betrachten wir jetzt (nach A. Blumen) das System: inertes Gitter („Wirt"), Teilchenkonzentration c_H; ein Teil der Gitterplätze durch Donoren besetzt (c_D), ein Teil durch Acceptoren (c_A). Zunächst sei $c_D < c_A \ll c_H$. Für einen bestimmten Donor gilt dann

$$k_{D^* \to A} = \sum_i k_{D^* \to A_i}(R_i).$$

Das Abklingverhalten eines Ensembles von Donoren ist jetzt durch Mittelung über die vorkommenden Paarabstände R_i nicht mehr exponentiell, sondern gegeben durch

$$\tilde{\phi}(t) = \exp[-(t/\tau_D)] \cdot \phi(t) \tag{5.30}$$

mit

$$\phi(t) = \prod_j (1-c_A/c) \cdot \{1-\exp[-k_{D^* \to A}(R_i) \cdot t]\} \tag{5.31}$$

mit $\quad c = c_H + c_A + c_D$.

Für lange Zeiten und $c_A \lesssim c/10$ ergibt sich das Grenzverhalten

$$\phi_{\Delta,s}(t) = \exp[-\text{A} c_A \cdot t^{\Delta/s}] \tag{5.31a}$$

für Multipol-Wechselwirkung

bzw.

$$\phi_{\Delta,ex}(t) = \exp[-\text{A} c_A \cdot g_\Delta(Bt)] \tag{5.31b}$$

für Austausch-Wechselwirkung.

Hierin sind A, B Konstante, die durch γ, R_0 und τ_D [Gl. (5.28a)] bestimmt sind; Δ ist die Dimension des „Gitters" (z. B. 2 für Monoschichten, 3 für Lösungen); s charakterisiert die Multipol-Ordnung gemäß Gl. (5.28b);

$g_\Delta(z)$ ist eine analytische Funktion:

$$g_\Delta(z) = \Delta \int_0^\infty x^{\Delta-1}[1-\exp(-ze^{-x})]\,dx$$

$$= \Delta! \sum_{j=1}^\infty \frac{(-1)^{j-1} \cdot z^j}{j! j^\Delta}.$$

Für den häufigsten Fall dipolarer Wechselwirkung ($s=6$) in Lösung ($\Delta=3$) bei statistischer Orientierung von D und A folgt aus (5.30) und (5.31a) Försters Beziehung für das Abklingen der Anregung der Donoren:

$$\phi(t) = \exp[-\text{A} \cdot c_A \sqrt{t}]. \tag{5.32}$$

Abweichungen können verursacht sein durch Überlagerung verschiedener Transfer-Prozesse und durch die spezielle Gitterstruktur. Wegen des Abfalls der Intensität können Messungen bei längeren Zeiten schwierig werden; für kurze Zeiten ist dagegen das Abklingverhalten komplexer.

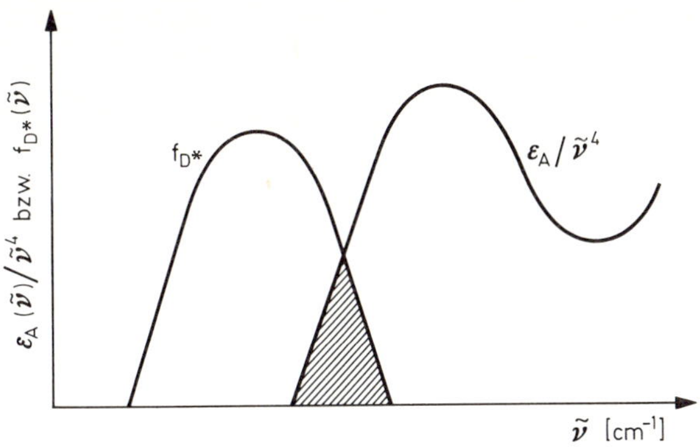

Abb. 5.12. Überlappungsbedingung der Spektren für Exciton-wanderung nach dem Förstermechanismus, Gl. (5.25a). Die Fläche unter f_{D*} ist zu 1 normiert

Schließlich sei noch der Fall

$c_H > c_D \gg c_A$

betrachtet.

In praktisch interessanten Fällen ist i.allg. nur ein kleiner Bruchteil der Donoren gleichzeitig angeregt, $c_{D*} \ll c_D$. Die Energie wandert dann über mehrere Donoren, bis sie einen Acceptor erreicht (indirekter Transfer). Hierfür gibt es keine allgemeine Lösung im Sinne der Gl. (5.31). Die Energie diffundiert als Exciton über das Donor-Gitter, die Kopplung an die Acceptoren wechselt mit jedem „Sprung". Dennoch beobachtet man auch dann noch häufig ein quasi-exponentielles Abklingen. Für diesen Fall liefert das Modell eine mittlere Ratenkonstante $k \propto c_A c_D^{\frac{s}{\Delta}-1}$.

In den hier beschriebenen Modellen wurde nicht berücksichtigt, daß sich in Lösung die D* ... A-Abstände während der Lebensdauer von D* durch Diffusion ändern können. Die experimentelle Ratenkonstante weicht dann von den hier beschriebenen ab, insbesondere wird sie deutlich viskositäts- und damit temperaturabhängig.

5.1.9 Verzögerte Fluoreszenz

In manchen Fällen beobachtet man neben der „prompten" $S_1 \rightarrow S_0$-Fluoreszenz und der $T_1 \rightarrow S_0$-Phosphoreszenz eine Emission mit dem Spektrum der Fluoreszenz, aber mit größerer Abklingzeit. Diese *„verzögerte Fluoreszenz"* kann verschiedene Ursachen haben. Beim *„E-Typ"-Mechanismus* werden Moleküle vom T_1-Zustand thermisch auf das S_1-Niveau gehoben und fluoreszieren von dort aus mit der Abklingdauer τ_p der Phosphoreszenz. Die Ausbeute ist stark temperaturabhängig, die Auftragung $\log I_E/I_p$ über $1/T$ ergibt eine fallende Gerade. I_E/I_p: Verhältnis der Intensitäten oder Quantenausbeuten von verzögerter Fluoreszenz zu Phosphoreszenz.

Der *„P-Typ"-Mechanismus* entspricht dem Prozeß (m) in Tabelle 5.1, der Triplett-Triplett-Annihilation. Beim „Stoß" zweier gleichartiger Triplett-Moleküle wird ihre Anregungsenergie auf eines der beiden lokalisiert, das so in den fluoreszierenden S_1-Zustand gelangen kann. Die Ausbeute dieses Stoßprozesses ist proportional dem Quadrat der Anregungsintensität und von der Diffusion, damit von der Viskosität der Lösung abhängig. Die Abklingdauer ist $\frac{1}{2}\tau_p$. Beide Prozesse können sensibilisiert werden, d. h. es kann ein Schritt vorgelagert sein, in dem die Triplett-Moleküle durch Energieübertragung von einem anderen primär angeregten Molekül gebildet werden, z. B. nach Prozeß (q) in Tabelle 5.1.

In kondensierter Phase, insbesondere in glasartiger Matrix und in gestörten Kristallen, kann schließlich schon mit Quantenenergien weit unter der Ionisierungsenergie des freien Moleküls ein Elektron abgetrennt und eine Zeitlang in einer Falle des Lösungsmittels festgehalten werden (Charge-Transfer zum Lösungsmittel). Bei seiner Rekombination mit einem ionisierten Molekül tritt dann häufig dessen Fluoreszenz oder Phosphoreszenz auf. Die Abklingfunktion ist i.allg. nicht einfach exponentiell und vom Lösungsmittel und der Natur der Fallen abhängig.

5.1.10 Photochemische Primärreaktionen

In einem elektronisch angeregten Zustand, wie S_1 oder T_1, besitzt ein Molekül eine andere Elektronendichteverteilung wie im Grundzustand. Dies bedeutet eine Veränderung von Eigenschaften, die die Reaktivität bestimmen, wie: Bindungsstärken, Basizität und Acidität (vgl. Abschn. 5.1.6), Ionisierungsenergie I^* und Elektronenaffinität E_{A*} (vgl. Abb. 5.2) bzw. Redoxpotential, Gleichgewichtsgeometrie, u. a. Verschiedene Zustände werden im MO-Modell durch verschiedene MO-Besetzungen (genauer: Elektronen-Konfigurationen) beschrieben. Die für eine bestimmte Reaktion hauptsächlich maßgeblichen MO's haben i. allg. je nach Zustand verschiedene Symmetrie. Über das „Prinzip von der Erhaltung der Orbitalsymmetrie" (Woodward-Hoffmann-Regeln) versteht man hieraus die i. allg. unterschiedlichen Wege von thermisch über Schwingungen im elektronischen Grundzustand aktivierten Reaktionen gegenüber photochemischen Reaktionen aus elektronisch angeregten Zuständen. Ein elektronisch angeregtes Molekül ist also nicht einfach ein „heißes" Molekül im üblichen Sinn. Verfeinerte Modelle stellen auch sterische Effekte und Wechselwirkungen mit der Umgebung, insbesondere Wasserstoffbrücken, in Rechnung. Eine kondensierte Matrix kann sehr rasch Schwingungsenergie übernehmen und so die Schwingungsrelaxation beschleunigen. Photosynthese (s. Kapitel 13.1), Sehprozeß (Kapitel 15.2.4) und andere photobiologische Prozesse verlaufen in kondensierter Phase. In polaren Lösungsmitteln (Wasser) sind polare Moleküle und Ionen (und ev. solvatisierte Elektronen) relativ stabil; in verdünnten Gasen bilden häufig Radikale die Anfangsglieder einer Reaktionsfolge. Über den Wärmehaushalt der Erde (Strahlungsdurchlässigkeit der Atmosphäre) und über die Belastung der Atmosphäre mit gesundheitsschädlichen Stoffen (z. B. NO), die in großer Menge durch Photoreaktionen gebildet werden, ist auch die Photochemie in der Gasphase von großer biologischer Bedeutung.

Aus der großen Zahl bekannter Photoreaktionen können hier nur wenige Beispiele vorgestellt werden, die für die wichtigsten Mechanismen typisch sind. Zur Aufklärung der Mechanismen hat besonders die Blitzlichtspektroskopie beigetragen, mit der sich noch Zwischenprodukte von nur wenigen 10^{-12} s Lebensdauer erkennen lassen.

5.1.10.1 Monomolekulare Photoreaktionen

α) *cis-trans-Isomerisierung.* Die Photoreaktion (I) stellt den Primärprozeß des Sehvorgangs dar (s. Kapitel 15.2.4.1).

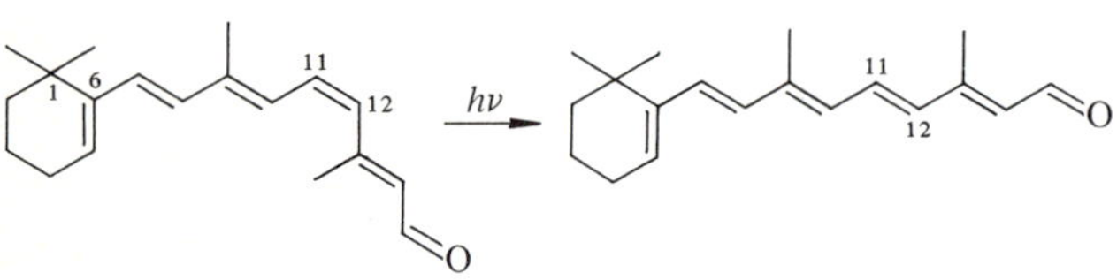

Retinal$_1$, 11-cis-Form (Dunkelform) — all-trans Form

β) *Tautomere Umlagerung.* Beispiel für die Photochromie (= reversible Photoumlagerung mit Farbänderung) von Anilen in fester Matrix:

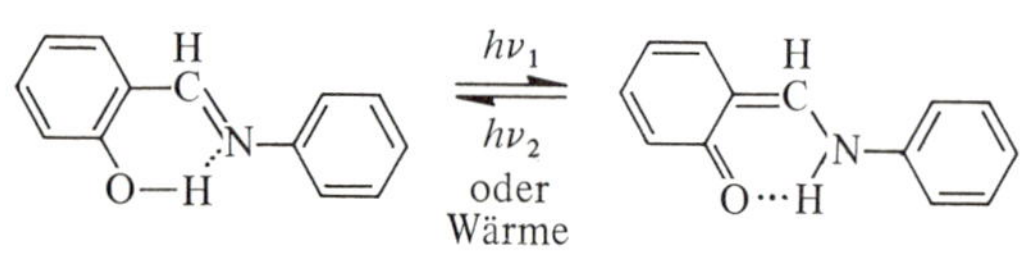

Ähnlich verhalten sich manche Nitroverbindungen:

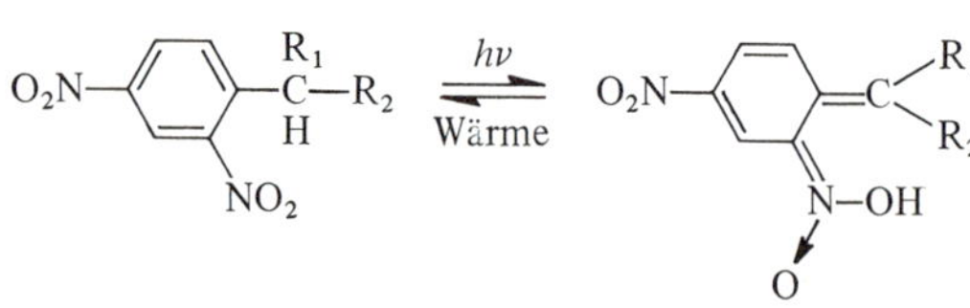

γ) *Photoumlagerungen.* Besonders vielseitig sind die Photoreaktionen der verschiedenen Ketone, zu denen auch eine Reihe von Steroiden zählen. Je nach Struktur und Konformation bewirkt eine optische Anregung Ringschluß, Ringöffnung (zum α-C), Ringerweiterung, Ringverengung, Enolisierung, Substituentenverschiebung, intramolekulare Addition oder auch eine Reaktion mit der Umgebung (s. u.). Photoinduzierte Valenzisomerisierung ist in der Vitamin-D-Reihe von Bedeutung.

δ) *Photodissoziation (Photolyse).* Wenn die primär in den Elektronen lokalisierte Anregungsenergie durch „Internal Conversion" innermolekular in Schwingungsenergie umgesetzt wird und diese sich auf eine bestimmte Bindung konzentriert, so kann diese gespalten werden. Neben Radikaldissoziationen (z. B. Halogenabspaltung) tritt in polaren Lösungen auch Ionendissoziation in Erscheinung, z. B. bei Cyaniden und Nitrilen (Abspaltung von CN^-). Radikalisch verläuft auch die Abspaltung von CO aus Ketonen und von N_2 aus Aziden, die durch rasche Umlagerung aber zu stabilen Primärprodukten führt. Auch der Ligandenaustausch von Metallkomplexen kann häufig photochemisch induziert werden.

5.1.10.2 Magnetfeldeffekte bei der Radikaldissoziation

Ein bindendes Orbital zwischen den Teilmolekülen A und B sei durch zwei Elektronen besetzt. Diese müssen nach dem Pauli-Prinzip (s. Kapitel 5.1.2.1) antiparallele Spins haben: (A↑ − ↓B). Wird das Molekül radikalisch gespalten, so bleiben die Spinrichtungen zunächst erhalten: (A↑ ... ↓B). Das Radikalpaar bleibt i. allg. eine gewisse Zeit im Lösungsmittelkäfig gefangen, so daß eine hohe Wahrscheinlichkeit der geminalen Wiederbegegnung besteht. Über den Mechanismus der Elektron-Kernspin-Wechselwirkung (s. Hyperfeinstruktur der ESR-Spektren, Kapitel 3.3) können Elektronenspins „umklappen". Wenn dies nun z. B. im Radikal B innerhalb der Zeit τ (typisch: $\tau \approx 1$ ns) zwischen zwei Stößen mit A geschieht (↓B→↑B), so kann der Stoß A↑ ... ↑B wegen des Pauli-Verbots nicht mehr zur Rekombination führen, A und B diffundieren auseinander und gehen i. allg. andere Reaktionen ein. Wenn dagegen innerhalb τ kein Umklappen stattfindet, konkurriert die rasche geminale Rekombination mit der chemischen Weiterreaktion. Nun können bereits schwache äußere Magnetfelder (Erdfeld) die Umklappzeit und damit auch die Ausbeute der Weiterreaktion beeinflussen. Dieser Mechanismus dürfte für viele biologische Magnetfeldeffekte maßgeblich sein (vgl. Kapitel 15.2.6). Die Elektronenspin-Kernspin-Wechselwirkung ist zudem (wegen verschiedener Kernspins) isotopenselektiv, so daß in Verbindungen, die über solche Reaktionen entstehen, auch Verschiebungen der natürlichen Isotopenhäufigkeit (z. B. von ^{13}C) beobachtet werden. Hier sind also nicht (praktisch unmerkliche) energetische Unterschiede, sondern die hohe Selektivität der Spin-Auswahlregeln für den Reaktionsablauf bestimmend.

5.1.10.3 Bimolekulare Primärreaktionen

Die Ausbeute bimolekularer Reaktionen hängt wesentlich von der Lebensdauer des angeregten Zustandes und von der Diffusion (Viskosität) ab. Die Reaktionen erfolgen meist aus dem T_1-Zustand.

ε) *Photoreduktion.* Eine Reihe von Farbstoffen (F), z. B. Methylenblau, reagiert in Gegenwart eines Reduktionsmittels (z. B. Fe^{+2}) photochemisch nach dem Schema

$$F \xrightarrow{h\nu} F^* \xrightarrow[\text{(dunkel)}]{Fe^{+2}} F^- \xrightarrow{Fe^{+2}} F^{-2}\,.$$
$$(F^- \xrightarrow{Fe^{+3}} F)$$

ζ) *Photoaddition.* Man kennt eine große Zahl von Photoadditionen, die häufig zu zyklischen Verbindungen führen. Biologisch bedeutsam sind z. B. die Photodimerisierung und die Wasseraddition (auch die Photoreduktion) von Pyrimidinen.

η) Wasserstoff-Abstraktion. Aromatische Ketone im angeregten $T_1(n\pi^*)$-Zustand dehydrieren mit hoher Ausbeute Alkohol, auch Cellulose (die dadurch brüchig wird) und andere H-Donatoren (RH) nach dem Schema

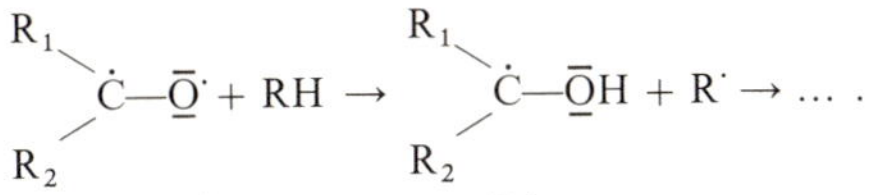

$T_1(n\pi^*)$ D˙

Der Zustand $T_1(n\pi^*)$ von Ketonen hat eine biradikalähnliche Elektronenstruktur mit einem am O lokalisierten und einem im aromatischen Teil delokalisierten radikalischen Elektron. Die primär entstehenden Radikale D˙ und R˙ reagieren rasch weiter.

5.1.10.4 Sensibilisierung

Ein Sensibilisator (S) ist ein Photokatalysator. Er überträgt die Energie eines absorbierten Lichtquants ganz oder zum Teil auf einen Akzeptor (A), der dann chemisch reagiert, wie wenn er selbst direkt optisch angeregt worden wäre (P = Photoprodukt):

$$S + h\nu_s + A + B \rightarrow S^* + A + B \rightarrow S + A^* + B \rightarrow S + P.$$

Nach der Reaktion erscheint S i. allg. unverändert und kann wieder wirksam werden. Zwei Mechanismen sind für die Energieübertragung von S^* auf A zu diskutieren: (a) die strahlungslose Energiewanderung (s. Abschn. 5.1.8) bis etwa 5 nm Abstand und (b) eine Redoxreaktion im Stoß von S* mit A. Im zweiten Fall muß der oxidierte (oder reduzierte) Sensibilisator von einer weiteren Komponente des Reaktionsgemisches (z. B. O_2) wieder regeneriert werden, wenn er nicht zerstört werden soll. Für den Mechanismus (a) besteht nur die Bedingung, daß die Anregungsenergie von S* mindestens gleich groß ist wie die von A*; für (b) ist es notwendig, daß die Orbitale von A* und B, zwischen denen ein Elektron ausgetauscht wird, auf (annähernd) gleicher Höhe bezüglich des Vakuum-Niveaus dieses Elektrons liegen und daß sich diese Orbitale merklich überlappen. Prozeß (b) hängt deshalb empfindlich von der Konstitution von S und A ab, Prozeß (a) dagegen nicht. Als Sensibilisatoren nach Typ (a) für eine Triplett-Anregung des Akzeptors eignen sich besonders aromatische Ketone, die einen relativ energiereichen, optisch über $S_1(n\pi^*)$ leicht besetzbaren $T_1(n\pi^*)$-Zustand besitzen, z. B. Benzophenon mit $E(T_1) \approx 3$ eV.

Nach Mechanismus (b) verläuft sehr wahrscheinlich die Sensibilisierung des photographischen Prozesses durch Farbstoffe. Er liegt auch vielen Vorschlägen für Solarzellen zugrunde.

5.1.10.5 Photosensibilisierte Oxigenierung durch Singulett-Sauerstoff

O_2 ist eines der wenigen Moleküle mit Triplett-Grundzustand. Im Stoß mit einem angeregten Sensibilisator („Farbstoff" F) im T_1-Zustand kann O_2 durch Energieübertragung bei Erhaltung des Gesamtspins auf einen Singulett-Zustand angeregt werden:

$$^1F + h\nu_F + {}^3O_2 \rightarrow {}^1F^* + {}^3O_2 \xrightarrow{ISC} {}^3F^* + {}^3O_2 \rightarrow {}^1F + {}^1O_2^*$$

$^1O_2^*$ entsteht i. allg. mit größerer Ausbeute im Zustand $^1\Delta_g$, $E_1 = 0{,}96$ eV, daneben mit geringerer Ausbeute im kürzerlebigen Zustand $^1\Sigma_g^+$, $E_2 = 1{,}6$ eV. Beide Singulett-Zustände sind metastabil. $^1O_2^*$ reagiert mit Aromaten und cis-Dienen zu Peroxiden, mit Olefinen zu Alkoholen. Seine Rolle bei der oxidativen Zerstörung von Enzymen und Nucleinsäuren und bei der Entstehung von Hautkrebs ist derzeit Gegenstand intensiver Forschung.

5.1.10.6 Photodynamische Effekte

Einige sensibilisierte Photoreaktionen können in biologischen Systemen krankhafte (Hautausschlag) bis tödliche Veränderungen hervorrufen. Meist handelt es sich dabei um lichtinduzierte Oxidationen in Gegenwart von O_2, wobei „Farbstoffe" aus der Nahrung (z. B. Chlorophyll bei Tieren), aus Medikamenten oder aus Kosmetika (Eosin, jetzt verboten) als Sensibilisatoren wirken können, aber auch körpereigene (Stoffwechsel-)Produkte (Hämoglobin), die infolge einer Fehlsteuerung nicht normal abgebaut werden. Es scheint, daß hohe Fluoreszenzquantenausbeute, d. h. geringe anderweitige Desaktivierung des Sensibilisators, seine photodynamische Wirkung begünstigt im Sinn einer erhöhten Reaktionschance zur Bildung von $^1O_2^*$. Carotinoide können als „harmlose" Energieacceptoren mit dieser Reaktion in Konkurrenz treten und so eine Schutzfunktion ausüben.

Literaturauswahl

Birks, J. B.: Photophysics of Aromatic Molecules. New York: Wiley Interscience 1970.

Birks, J. B. (Hrsg.): Organic Molecular Photophysics, Vol. I/Vol. II; New York: J. Wiley and Sons 1973/1975.

Förster, Th.: Ann. Physik **2**, 55 (1948).

Knox, R. S.: In: Bioenergetics of Photosynthesis. Govindjee, R. (ed.). New York: Academic Press 1955.

Knox, R. S.: In: Primary Processes in Photosynthesis. Barber, J. (ed.) Amsterdam: Elsevier/North Holland 1977.

Lamola, A. A., Turro, N. J: Energy Transfer and Organic Photochemistry. New York: Interscience 1969.

Parker, C. A.: Photoluminescence of Solutions. Amsterdam: Elsevier 1968.

Smith, K. C., Hanawalt, Ph. C.: Molecular Photobiology. New York: Academic Press 1969.

Turro, N. J.: Modern Molecular Photochemistry. New York: Benjamin 1978.

Wayne, R. P.: Photochemistry. London: Butterworth 1970.

5.2 Energieübertragungsmechanismen

Hans Kuhn

Betrachtet man beispielsweise ein Molekül 1 eines ultraviolett absorbierenden und blau fluoreszierenden Farbstoffes, das sich in einem Abstand r von einem blau absorbierenden und orangerot fluoreszierenden

Molekül 2 befindet, dann beobachtet man bei großem Abstand der beiden Moleküle bei Bestrahlung mit ultraviolettem Licht die blaue Fluoreszenz von 1, bei Bestrahlung mit blauem Licht die orangerote Fluoreszenz von 2. Verringert man den Abstand der beiden Moleküle auf 5 nm oder weniger, dann wird beim Bestrahlen mit ultraviolettem Licht die von 1 aufgenommene Energie nicht als Fluoreszenzstrahlung vom Molekül 1 abgegeben, sondern direkt auf das Molekül 2 übertragen. In diesem Fall beobachtet man nicht die blaue Fluoreszenz von 1, sondern die orangerote Fluoreszenz von 2.

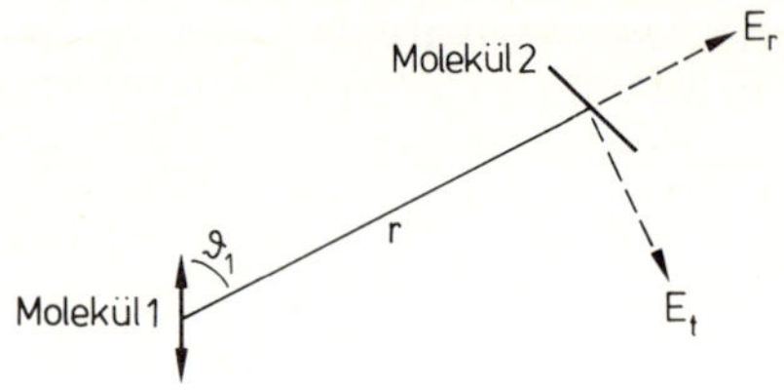

Abb. 5.13. Feldstärke des Oszillators 1 (Komponenten E_t, E_r) am Ort des Absorbers 2

5.2.1 Klassische Betrachtung

Molekül 1 emittiert elektromagnetische Wellen und Molekül 2 wirkt als Empfänger.

Durch Bestrahlen mit Licht, dessen Wellenlänge im Absorptionsbereich von 1 liegt, wird das Molekül 1 angeregt. Ein geringer Teil der Anregungsenergie wird als Schwingungsenergie vom Molekülgerüst an die Umgebung abgegeben (Übergang in den untersten Schwingungszustand des elektronisch angeregten Moleküls), der Rest kann durch Aussendung von Fluoreszenzlicht oder durch Übertragung auf das Molekül 2 abgegeben werden. Grundsätzlich kann das Molekül auch durch thermische Stöße in den elektronischen Grundzustand gelangen; in der folgenden Betrachtung soll zunächst davon ausgegangen werden, daß dieser Anteil vernachlässigt werden kann. Man betrachtet nun das Molekül 1, das Fluoreszenzlicht emittiert, als schwingenden Dipoloszillator, der wie eine Antenne elektromagnetische Wellen ausstrahlt. Sie regen das Molekül 2 an. Ein klassisches Modell wird also zugrunde gelegt, d. h., man geht davon aus, daß die Leistung vom Molekül 1 zum Teil kontinuierlich ausstrahlt (Anteil W_1) und zum Teil kontinuierlich an das Molekül 2 abgegeben wird (Anteil W_2). Nach der Quantentheorie wird die Anregungsenergie jedoch quantenhaft entweder emittiert oder an das Molekül 2 abgegeben. Klassische und quantenmechanische Betrachtung entsprechen sich jedoch, indem die Wahrscheinlichkeiten für die Emission des Lichtquants bzw. die Abgabe der Anregungsenergie an 2 durch das Verhältnis $W_1/(W_1+W_2)$ bzw. $W_2/(W_1+W_2)$ gegeben ist. Nimmt man eine große Anzahl N angeregter Moleküle 1 an, jedes in gleicher geometrischer Anordnung zu je einem Molekül 2 stehend, und ist N_1 bzw. N_2 die Anzahl Moleküle 1, die ihre Anregungsenergie abstrahlen bzw. auf das Molekül 2 übertragen, so gilt $N_1/(N_1+N_2)=W_1/(W_1+W_2)$ bzw. $N_2/(N_1+N_2)=W_2/(W_1+W_2)$. Die anschauliche klassische Betrachtung liefert also einen einfachen Weg zur Gewinnung der interessierenden Übergangswahrscheinlichkeiten.

Betrachtet man einen Dipoloszillator der Frequenz ν (Kreisfrequenz $\omega=2\pi\nu$), der mit der Amplitude x_{10} schwingt: Auslenkung $x_1=x_{10}\cos\omega t$). Im Abstand r herrscht eine elektrische Feldstärke mit der Komponente

$$E_r=2e_1x_{10}\cos\vartheta_1\left\{\frac{1}{n^2r^3}\cos[\omega(t-rn/c)] - \frac{\omega}{ncr^2}\sin[\omega(t-rn/c)]\right\} \quad (5.33)$$

in Richtung von r und der Komponente

$$E_t=e_1x_{10}\sin\vartheta_1\left\{\left(\frac{1}{n^2r^3}-\frac{\omega^2}{c^2r}\right)\cos[\omega(t-rn/c)] - \frac{\omega}{ncr^2}\sin[\omega(t-rn/c)]\right\} \quad (5.34)$$

senkrecht dazu (Abb. 5.13). Darin ist ϑ_1 der Winkel zwischen Dipolrichtung und der Richtung von r, c die Lichtgeschwindigkeit, e_1 die Ladung des Oszillators und n der Brechungsindex des dielektrischen Mediums (Hertzsche Lösung der Maxwell-Gleichung).

Zunächst soll die mittlere Fluoreszenzleistung W_1 betrachtet werden. Dazu denkt man sich um den Oszillator eine Kugel mit einem großen Radius r gelegt. W_1 stellt die mittlere Strahlungsleistung dar, die durch die Oberfläche dieser Kugel emittiert wird. Ist I die Intensität des Fluoreszenzlichtes, dann ist (dO = Flächenelement auf der Kugel)

$$W_1=\int_{\text{Kugelfläche}} I\,dO\,. \quad (5.35)$$

Zwischen der Lichtintensität und der Amplitude E_0 der elektrischen Feldstärke E besteht die Beziehung

$$I=\frac{cn}{8\pi}E_0^2\,. \quad (5.36)$$

E_0 ergibt sich aus Gl. (5.33) und Gl. (5.34); da das Fluoreszenzlicht in großem Abstand vom Oszillator gemessen wird, kann man die Glieder mit $1/r^2$ und $1/r^3$ gegenüber dem Glied mit $1/r$ vernachlässigen. Es folgt dann

$$E=E_0\cos[\omega(t-rn/c)] \quad (5.37)$$

mit

$$E_0=-\frac{e_1x_{10}\omega^2}{c^2r}\sin\vartheta_1\,; \quad (5.38)$$

und durch Einsetzen von Gl. (5.38) und Gl. (5.36) in Gl. (5.35) erhält man nach Auflösen des Integrals

$$W_1=\frac{e_1^2x_{10}^2\omega^4n}{3c^3}\,. \quad (5.39)$$

a

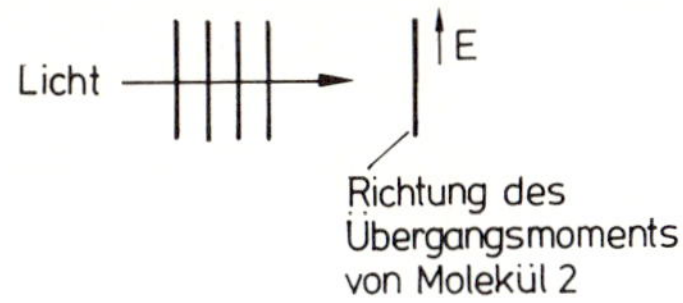

b

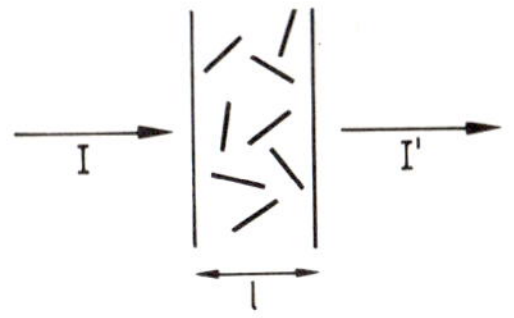

Abb. 5.14a, b. Lichtabsorption von Farbstoff 2. **a** Übergangsmoment parallel zum Vektor der elektrischen Feldstärke. **b** Moleküle in statistischer Verteilung

Es fragt sich nun, welche Leistung das Molekül 2 im Feld des Moleküls 1 aufnimmt. Um diese Frage zu beantworten sei das Molekül 2 vorerst nicht im Feld des Moleküls 1 betrachtet, sondern werde mit Licht der Kreisfrequenz ω bestrahlt (Abb. 5.14a). Es ist nach der von diesem Molekül absorbierten Leistung gefragt. Das Molekül tritt nur in Wechselwirkung mit der Komponente des elektrischen Vektors des Lichtes, die in einer bestimmten Richtung zu den Molekülachsen schwingt (Richtung des Übergangsmomentes), und die im Zeitmittel absorbierte Leistung W_2 wächst mit dem Quadrat der Amplitude E_0 dieser Komponente an:

$$W_2 = aE_0^2\,. \tag{5.40}$$

Die Proportionalitätskonstante a ergibt sich, wie im folgenden gezeigt wird, aus dem molaren Extinktionskoeffizienten ε, der durch die Beziehung $I' = I\cdot 10^{-\varepsilon Cl}$ definiert ist, wobei I bzw. I' die Intensität von Licht vor bzw. nach dem Durchtritt durch eine Schicht der Dicke l ist, die den Farbstoff 2 in der Konzentration C enthält (Abb. 5.14b). Bei einer Schichtdicke dl gilt daher für die Änderung der Intensität

$$-dI = I\varepsilon C(\ln 10)\,dl\,. \tag{5.41}$$

Im betrachteten Fall ist die Orientierung der Molekülachsen statistisch verteilt. Denkt man sich die Übergangsmomente der Farbstoffmoleküle in der Richtung des elektrischen Vektors des erregenden linear polarisierten Lichts orientiert, so ist dI um den Faktor 3 vergrößert. Da nach Gl. (5.36) $I = (cn/8\pi)E_0^2$ ist, folgt aus Gl. (5.41) für diesen Fall

$$-dI = 3(cn/8\pi)\,E_0^2\varepsilon C(\ln 10)\,dl\,. \tag{5.42}$$

$-dI$ entspricht der Leistung, die von den Molekülen absorbiert wird, die auf die Einheitsfläche entfallen, also von $N_A C dl$ Molekülen. N_A ist die Avogadrosche Konstante. Die von einem Molekül absorbierte Leistung wird damit

$$a = -\frac{dI/dl}{CN_A} = 3(cn/8\pi)\,\varepsilon(\ln 10)/N_A\,. \tag{5.43}$$

Bringt man ein Molekül 2 in die Nähe des angeregten Moleküls 1, dann befindet es sich im Feld Gl. (5.33), Gl. (5.34). Ist r genügend klein, so sind in der Beziehung für E_0 die Glieder mit $1/r$ und $1/r^2$ neben den Gliedern mit $1/r^3$ zu vernachlässigen. Liegt das Übergangsmoment in der Richtung von r, so ist nach Gl. (5.33) $E_0 = \frac{2e_1x_{10}\cos\vartheta_1}{n^2r^3}$, liegt es senkrecht zu r und in der Ebene des Winkels ϑ_1, so ist nach Gl. (5.34) $E_0 = -\frac{e_1x_{10}\sin\vartheta_1}{n^2r^3}$. Bei beliebiger Orientierung ist

$$E_0 = \frac{e_1x_{10}}{n^2r^3}\cdot\kappa \tag{5.44}$$

und

$$\kappa = 2\cos\vartheta_1\cos\vartheta_2 - \sin\vartheta_1\sin\vartheta_2\cdot\cos\xi\,, \tag{5.45}$$

wobei ϑ_2 den Winkel zwischen r und dem Übergangsmoment von 2 darstellt und ξ den Winkel zwischen den Ebenen von ϑ_1 und ϑ_2.

E_0 ist in diesem Fall einfach durch das Coulombsche Feld der Ladungen des Dipols gegeben. Betrachtet man etwa als Beispiel $\vartheta_1 = \vartheta_2 = 0$ ($\kappa = 2$), $n = 1$, dann ist:

$$E_0 = \frac{e_1}{(r - x_{10}/2)^2} - \frac{e_1}{(r + x_{10}/2)^2} = \frac{e_1}{r^2}\left[\frac{1}{(1 - x_{10}/2r)^2} - \frac{1}{(1 + x_{10}/2r)^2}\right].$$

Der Klammerausdruck ist gleich $\frac{2x_{10}}{r}$ für $x_0 \ll r$.

Nach Gl. (5.40) und Gl. (5.44) ist die vom Molekül 2 aus dem Strahlungsfeld von 1 im Mittel entnommene Leistung

$$W_2 = aE_0^2 = a\left(\frac{e_1x_{10}}{n^2r^3}\kappa\right)^2. \tag{5.46}$$

Sie ist also proportional r^{-6}. Von besonderem Interesse ist der Abstand $r = r_0$, in dem $W_2 = W_1$ ist. Nach Gl. (5.39) und Gl. (5.46) ist

$$\frac{\omega^4 n}{3c^3} = a\,\frac{\kappa^2}{n^4 r_0^6}\,, \tag{5.47}$$

und es folgt dann mit Gl. (5.43)

$$r_0 = \left[\frac{3c^3\kappa^2}{\omega^4 n^5}\,3(cn/8\pi)\,\varepsilon\cdot(\ln 10)/N_A\right]^{1/6}$$

$$= \left[\frac{9(\ln 10)\,\kappa^2 c^4}{128\pi^5 N_A n^4}\,\frac{\varepsilon}{\nu^4}\right]^{1/6}.$$

Bei diesem Abstand ist $\frac{W_1}{W_1 + W_2} = \frac{1}{2}$. Es wird also die Hälfte der Leistung als Fluoreszenzlicht von 1 abgestrahlt, die Häfte auf 2 übertragen. Die Fluoreszenz von 1 ist durch das Molekül 2 zur Hälfte gelöscht. Für ein Farbstoffmolekül ist $\varepsilon \simeq 10^8\,\mathrm{cm^{-1}\,mol^{-1}}$ und $\lambda \simeq 5\cdot 10^{-5}$ cm, also $\nu = c/\lambda = 10^{15}\,\mathrm{s^{-1}}$. Ferner ist $c = 3\cdot 10^{10}\,\mathrm{cm\,s^{-1}}$ und $N_A = 6\cdot 10^{23}\,\mathrm{M^{-1}}$. Es folgt damit für $\kappa = 1$, $n = 1$: $r_0 \simeq 5{,}0$ nm.

In der vorangehenden Betrachtung wurde die Energieabgabe des Moleküls über thermische Stöße vernachlässigt. Bei Berücksichtigung der thermischen Energieabgabe ist auf der rechten Seite von Gl. (5.39) ein Korrekturfaktor q anzubringen. q ist die Wahrscheinlichkeit dafür, daß ein Molekül 1, das sich im untersten Schwingungsniveau des elektronisch angeregten Zustandes befindet, tatsächlich Fluoreszenzstrahlung aussendet. Dabei ist vorausgesetzt, daß das Molekül 2 fehlt. Weiter wird angenommen, daß die Fluoreszenzbande genügend schmal ist.

Ist die Bande breit, dann ist zu berücksichtigen, daß ε noch von der Wellenlänge abhängt; es ist dann $\varepsilon(\nu)/\nu^4$ durch $\int_0^\infty [\varepsilon(\nu)/\nu^4] f(\nu) d\nu$ zu ersetzen, wo $f(\nu)$ die gemäß $\int_0^\infty f(\nu) d\nu = 1$ normierte Quantenverteilungsfunktion der Lumineszenz von 1 ist, d. h. $f(\nu) d\nu$ ist die Wahrscheinlichkeit, daß bei Abwesenheit von 2 das emittierte Lichtquant in das Intervall ν bis $\nu + d\nu$ fällt. Es ist damit

$$r_0 = \left[\frac{9c^4\kappa^2 \ln 10}{128\pi^5 N_A n^4} \cdot q \int_0^\infty \frac{f(\nu)\varepsilon(\nu)}{\nu^4} d\nu\right]^{1/6}. \tag{5.48}$$

Die Beziehung wurde erstmals von Förster auf andere Weise erhalten (vgl. die quantenmechanische Betrachtung in Kapitel 5.1.8b). Förster betrachtete das Molekül 2, klassisch ausgedrückt, als Gesamtheit von Dipolen mit wenig verschiedenen Frequenzen. Im alternierenden elektrischen Feld des Emitterdipols ist die Energieaufnahme proportional zur Zeit t, während bei einem einzigen Dipol die absorbierte Energie unter der Resonanzbedingung proportional t^2 ist. Die Proportionalität mit t kommt dadurch zustande, daß die Zahl der phasenrichtig schwingenden Oszillatoren mit der Zeit t abnimmt. Die Situation ist analog zu dem von Einstein untersuchten Fall der Lichtabsorption eines Moleküls. Daher ist die Förstersche Beziehung auch nach dem vorangehend betrachteten einfachen formalen Weg zu gewinnen: Man berechnet die Absorptionsleistung des gemäß Gl. (5.40) absorbierenden Körpers 2 im Nahfeld von 1.

Die Beziehung von Förster wird als strahlungsloser Resonanzenergieübergang bezeichnet. Das ist mißverständlich. Der Energieübergang erfolgt über das elektromagnetische Feld des strahlenden Dipols und wird in der vorangehenden Betrachtung nicht als Resonanzphänomen behandelt. Das sieht man am besten in einem Grenzfall: Man betrachtet den Akzeptor 2 als Ladung, die nur unter der Wirkung des erregenden Feldes $E = E_0 \cos \omega t$ und einer Reibungskraft $b(dx_2/dt)$ steht. Es ist also:

$$b \frac{dx_2}{dt} = e_2 E \tag{5.49}$$

und somit

$$\frac{dx_2}{dt} = \frac{e_2 E}{b} = \frac{e_2}{b} E_0 \cos \omega t . \tag{5.50}$$

Die pro Zeiteinheit erfolgende Energiedissipation in 2 ist gleich Kraft $b(dx_2/dt)$ mal Weg pro Zeiteinheit dx_2/dt, im Mittel also gleich $b\overline{(dx_2/dt)^2}$. Es ist also nach Gl. (5.50):

$$W_2 = b \frac{e_2^2 E_0^2}{b^2} \overline{\cos^2 \omega t} = \frac{e_2^2}{2b} E_0^2 .$$

Damit wird

$$W_2 = aE_0^2$$

mit

$$a = \frac{e_2^2}{2b}. \tag{5.51}$$

Es gilt also Gl. (5.40) (mit dem Faktor $a = e_2^2/2b$), und nach dem Vorangehenden ist somit die Förstersche Beziehung auch in diesem Fall, in dem kein Resonanzphänomen vorliegt, anzuwenden.

5.2.2 Emittermolekül nahe an Absorberschicht

Gewisse Aspekte des Energieübergangs sind besser zu sehen, wenn man sich nicht ein einzelnes absorbierendes Molekül 2 vorstellt, sondern eine Kugelschale um das Molekül 1 als Mittelpunkt gelegt denkt, die aus einer schwach absorbierenden Schicht besteht. Der Radius r dieser Kugel soll zunächst wiederum sehr groß sein. Ist I die Intensität des Lichts, das auf die Schicht auftrifft und I' die Intensität nach Verlassen der Schicht, so gilt für die Absorption

$$A = \frac{I - I'}{I}. \tag{5.52}$$

Für die auf das Flächenelement dO übertragene Leistung dW_2 gilt $dW_2 = (I - I')dO = AIdO$. Setzt man Gl. (5.36) in diese Beziehung ein, so folgt

$$W_2 = A \frac{cn}{8\pi} \int_{\text{Kugelfläche}} E_0^2 dO . \tag{5.53}$$

Vergleicht man mit den Gl. (5.35) und (5.36), so wird

$$W_2 = AW_1 . \tag{5.54}$$

Im betrachteten Fall ist E_0 durch Gl. (5.36) gegeben. Ist r genügend klein, so ist E_0 durch Gl. (5.44), Gl. (5.45) gegeben, wobei $\vartheta_2 = \pi/2$ und $\xi = 0$ zu setzen sind, falls die Schicht nur mit der Komponente des elektrischen Vektors in der Schichtebene in Wechselwirkung tritt und in dieser Ebene isotrop ist.

Man erhält dann durch Einsetzen in Gl. (5.53)

$$W_2 = A \frac{cn}{8\pi} \frac{e_1^2 x_{10}^2}{n^4 r^6} \int_0^\pi \sin^2 \vartheta_1 \cdot 2\pi r \sin \vartheta_1 \cdot r d\vartheta_1$$

$$= \frac{1}{3} \frac{e_1^2 x_{10}^2 Ac}{n^3 r^4} . \tag{5.55}$$

Vergleicht man Gl. (5.55) mit Gl. (5.39), dann ist in diesem Fall

$$W_2 = \left(\frac{c}{n\omega r}\right)^4 AW_1 . \tag{5.56}$$

Bei kleinem r ist also W_2 um den Faktor $\left(\frac{c}{n\omega r}\right)^4$ größer als nach Gl. (5.54). Ist $\nu = 10^{15}\,\text{s}^{-1}$, $n = 1$ und $r = 10{,}0$ nm, dann wird

$$\left(\frac{c}{2\pi\nu n r}\right)^4 = 5 \cdot 10^2 .$$

Beträgt A beispielsweise 0,05, dann wird bei großem Abstand nach Gl. (5.54) nur 5% der Strahlung absorbiert, bei kleinem Abstand aber

$$\frac{W_2}{W_1+W_2}=\frac{5\cdot 10^2\cdot 0{,}05}{1+5\cdot 10^2\cdot 0{,}05}=96\%\,.$$

Falls die schwach absorbierende Schicht eben angeordnet ist, ergibt eine analoge Überlegung

$$W_2=\left(\frac{\alpha c}{\nu n d}\right)^4 A W_1\,. \tag{5.57}$$

d ist der Abstand des Moleküls 1 von der Schicht, α ist ein Zahlenfaktor, der von der Richtung von Dipol 1 und von den Eigenschaften der absorbierenden Schicht abhängt.

Es sollen nun 2 Spezialfälle betrachtet werden: Die Schicht absorbiert nur die Komponente, deren elektrischer Vektor in der Schichtebene schwingt (Fall a). Die Schicht besteht aus isotropem Material (Fall b). Der Emitter kann senkrecht oder parallel zur Schichtebene stehen.

Es ist

$\alpha=(4\pi)^{-1}\,(9/4)^{1/4}$ (Fall a, $\|$),

$\alpha=(4\pi)^{-1}\,(9/2)^{1/4}$ (Fall a, $\perp$),

$\alpha=(4\pi)^{-1}\,(9/2)^{1/4}$ (Fall b, $\|$),

$\alpha=(4\pi)^{-1}\,(9)^{1/4}$ (Fall b, $\perp$).

Für den Abstand $d=d_0$, für den $W_1=W_2$ ist, folgt

$$d_0=\frac{\alpha c}{n}\left(\frac{A}{\nu^4}\right)^{1/4} \tag{5.58}$$

und es ist

$$\frac{W_2}{W_1}=\left(\frac{d_0}{d}\right)^4. \tag{5.59}$$

Nach Gl. (5.58) ist d_0 um so kleiner, je größer die Frequenz ν des vom Molekül 1 ausgestrahlten Fluoreszenzlichtes ist. Ferner ist d_0 um so größer, je größer die Absorption A der absorbierenden Schicht ist. Mit derselben Erweiterung, die zu Gl. (5.48) führte, folgt

$$d_0=\frac{\alpha c}{n}\left[q\int_0^\infty \frac{A(\nu)}{\nu^4} f(\nu)d\nu\right]^{1/4}, \tag{5.60}$$

wobei $A(\nu)$ die Absorption bei der Frequenz ν ist.

5.2.3 Energieübertragung in monomolekularen Schichtsystemen

Auf einer Wasseroberfläche kann durch Auftropfen einer Lösung, die die Substanz

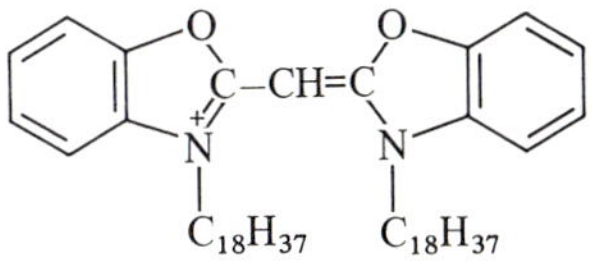

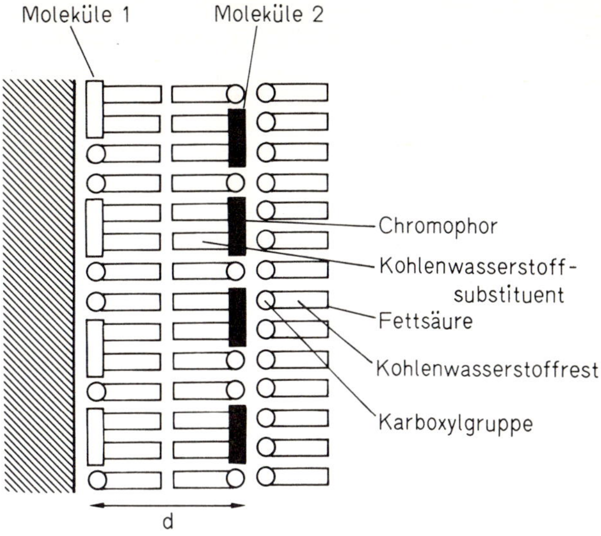

Abb. 5.15. Bauschema eines Schichtsystems mit dem Abstand $d=5{,}0$ nm zwischen den beiden Farbstoffschichten

als Farbstoff 1 mit Arachinsäure ($C_{19}H_{39}COOH$) gemischt enthält, eine monomolekulare Schicht hergestellt werden. Die Schicht kann beim Austauchen auf eine Glasplatte übertragen werden. Taucht man nun den Träger in Wasser, auf dessen Oberfläche eine monomolekulare Schicht von

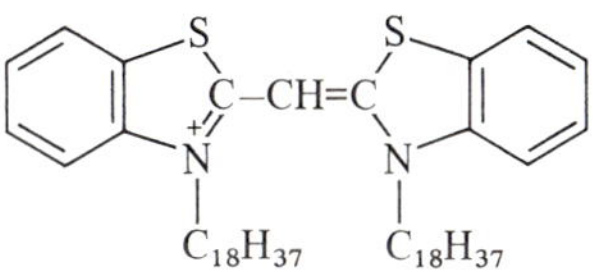

als Farbstoff 2 mit Arachinsäure sich befindet, so erhält man ein System, in dem sich jeder Chromophor 1 in einen Abstand $d=5$ nm von einer Schicht des Chromophors 2 befindet (Abb. 5.15). Die Kohlenwasserstoffsubstituenten der Farbstoffe dienen als Abstandhalter.

Auf die eine Hälfte des Trägers bringt man eine Fettsäureschicht anstelle der Schicht der Moleküle 2. Zur Stabilisierung des Schichtsystems beschichtet man den Objektträger mit Fettsäure (Abb. 5.15). Man bestrahlt ihn mit Licht der Wellenlänge 386 nm (Absorptionsbande von 1) und mißt auf jeder Hälfte der Platte die Intensität des bei 420 nm (Fluoreszenz-

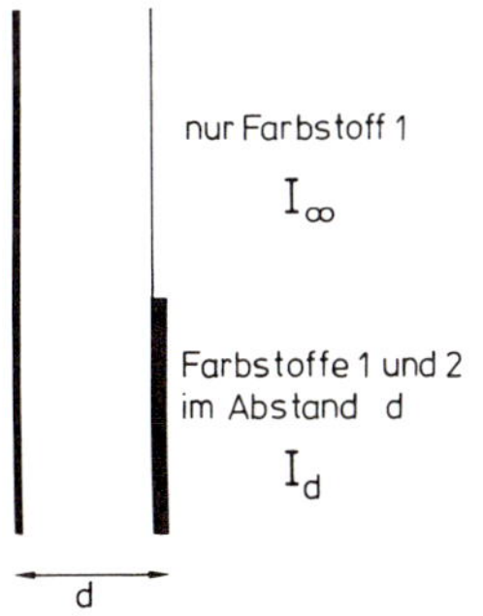

Abb. 5.16. Glasplatte zur Hälfte mit Farbstoff 1 und auf der anderen Hälfte mit den Farbstoffen 1 und 2 im Abstand d beschichtet

bande von 1) ausgestrahlten Fluoreszenzlichtes. Bezeichnet man die Intensität auf der Hälfte des Objektträgers, die mit 1, aber nicht mit 2 beschichtet ist, mit I_∞ und die Intensität auf der anderen Seite mit I_d (Abb. 5.16), dann muß $I_d = \text{konst} \cdot \dfrac{W_1}{W_1+W_2}$ und $I_\infty = \text{konst}$ sein. Somit ist

$$\frac{I_d}{I_\infty} = \frac{W_1}{W_1+W_2} = \frac{1}{1+W_2/W_1} \tag{5.61}$$

also nach Gl. (5.59)

$$\frac{I_d}{I_\infty} = \left[1+\left(\frac{d_0}{d}\right)^4\right]^{-1}. \tag{5.62}$$

Verschiedene Abstände d ergeben sich dadurch, daß entsprechende Zahlen monomolekularer Schichten von Fettsäure zwischen die Chromophorschichten als Abstandhalter gelegt werden. Abbildung 5.17a zeigt den Verlauf nach Gl. (5.62) für $d_0 = 7{,}3$ nm und die Meßpunkte. Aus dem Wert $d_0 = 7{,}3$ nm läßt sich nach Gl. (5.60) auf die Quantenausbeute q schließen, da $f(\nu)$ und $A(\nu)$ durch die Fluoreszenz- bzw. Absorptionsspektren von 1 bzw. 2 gegeben sind und im betrachteten Fall $\alpha = (4\pi)^{-1}(9/4)^{1/4} = 0{,}098$ ist. Es folgt der Wert $q = 0{,}6$ [Gl. (5.60)]. In Abb. 5.17b ist das Entsprechende für ein anderes Farbstoffpaar dargestellt. Die Kreise stellen die Intensität I_d bei 490 nm (Fluoreszenzmaximum von 1) in Abhängigkeit von d dar, die ausgefüllten Punkte die Intensität I'_d bei 593 nm (Fluoreszenzmaximum von 2). I'_d ist proportional zum Anteil der auf 2 übertragenen Energie:

$$I'_d = \text{const}\,\frac{W_2}{W_1+W_2} \quad \text{und} \quad I'_0 = \text{const}\,.$$

Somit folgt:

$$\frac{I'_d}{I'_0} = \frac{1}{1+\dfrac{W_1}{W_2}} = \left[1+\left(\frac{d}{d_0}\right)^4\right]^{-1}. \tag{5.63}$$

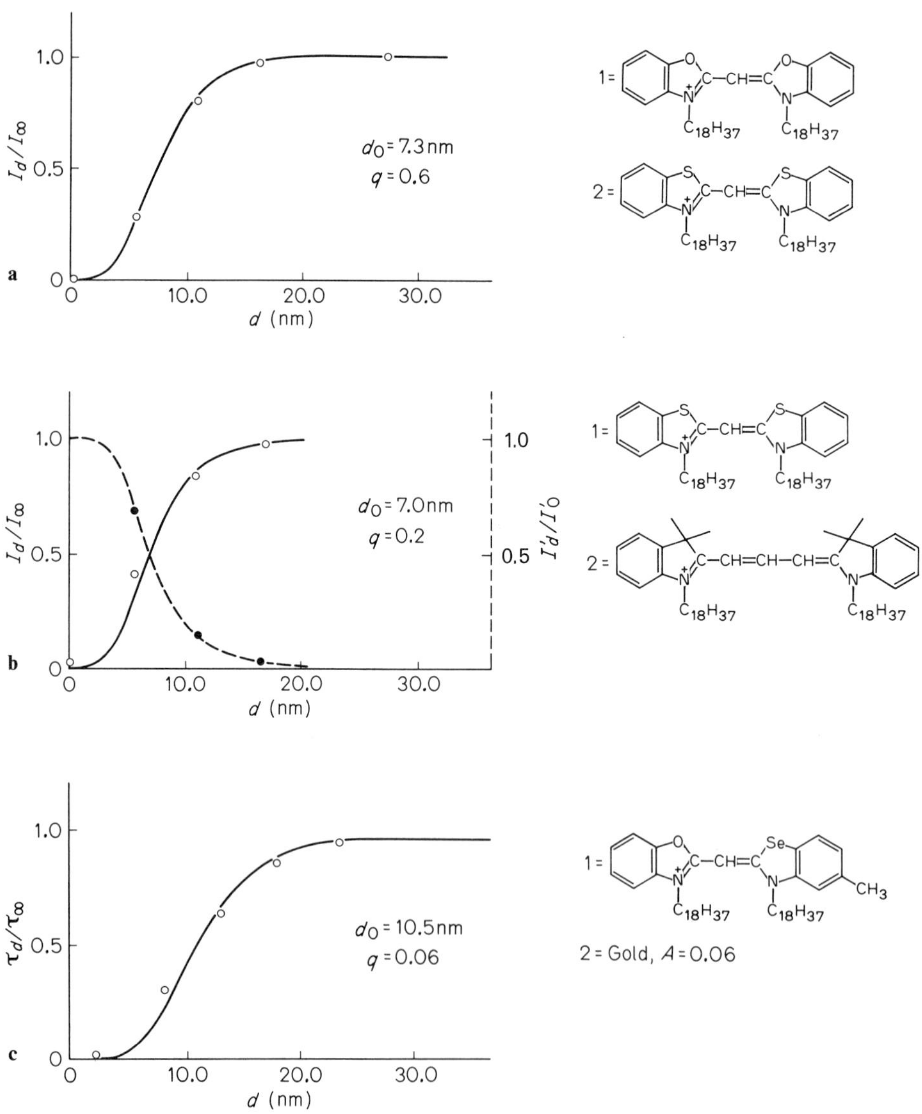

Abb. 5.17a–c. Energieübertragung in Schichtsystemen. Farbstoffschichten 1 und 2 im Abstand d. **a** Fluoreszenzintensität von 1 (I_d) gegen d. **b** Fluoreszenzintensität von 1 (I_d ausgezogen) und Fluoreszenzintensität von 2 (I'_d gestrichelt) gegen d. **c** Phosphoreszenzabklingzeit (τ_d) gegen d. Theoretische Kurven nach Gl. (5.62) bis (5.64), experimentell: Punkte

Abbildung 5.17b zeigt für $d_0 = 7{,}0$ nm den Verlauf nach Gl. (5.62) (ausgefüllt) und Gl. (5.63) (gestrichelt). Aus diesem d_0-Wert ergibt sich der Wert $q = 0{,}2$. Abbildung 5.17c bezieht sich auf ein Beispiel, bei dem als Farbstoff 1 ein Phosphoreszenzemitter und als Akzeptor eine dünne Goldaufdampfschicht verwendet wurde. Die Phosphoreszenz kommt dadurch zustande, daß das angeregte Molekül vom kurzlebigen Singulettanregungszustand S_1 in den langlebigen Triplettzustand T übergeht (Abb. 5.18). Es kann dann ein Phosphoreszenzquant emittieren oder die Energie an die Akzeptorschicht abgeben. Der Energieübergang zum Akzeptor tritt in Konkurrenz zur Emission des Phosphoreszenzlichtquants, und die Abklingzeit der Phosphoreszenz wird vom Wert τ_∞ auf den Wert τ_d verkürzt, wenn sich der Emitter im Abstand d von der Absorberschicht befindet. Es ist:

$$\frac{\tau_d}{\tau_\infty} = \left[1 + \left(\frac{d_0}{d}\right)^4\right]^{-1} . \tag{5.64}$$

Die Kurve in Abb. 5.17c ergibt sich mit dem Wert $d_0 = 10{,}5$ nm. Die Werte beziehen sich auf Zimmertemperatur. Im betrachteten Fall ist nach S. 293 $\alpha = (4\pi)^{-1}(9/2)^{1/4}$ zu setzen und mit Gl. (5.60) folgt $q = 0{,}06$.

Alle Beziehungen gelten für elektrische Dipolemitter und -absorber. Die Voraussetzung für einen Dipolabsorber ist praktisch stets gegeben. Im Fall der Phosphoreszenz, die einen verbotenen Übergang darstellt, ist aber nicht ohne weiteres gesagt, daß ein Dipolemitter vorliegt.

Es wäre nicht undenkbar, daß das strahlende Molekül beispielsweise als elektrischer Quadrupol zu beschreiben wäre, der entsprechend behandelt werden kann wie ein Dipol. Durch Untersuchung der Richtungsabhängigkeit der Strahlung in einem geeigneten monomolekularen Schichtsystem läßt sich die Dipolnatur im betrachteten Fall nachweisen.

Für die Löschung der Phosphoreszenz müßte Gl. (5.62) gelten. Nun kann aber der Akzeptor schon wirken, solange das angeregte Molekül noch im Zustand S_1 ist (Abb. 5.18). Die Löschung erfolgt dann auf größere Abstände, weil der Akzeptor auf zweifache Weise wirkt. Aus der Abstandsabhängigkeit der Phosphoreszenzintensität kann man schließen, wie lange das angeregte Molekül im Singulettanregungszustand S_1 bleibt, ob also der Übergang $S_1 \to T$ auf dem in Abb. 5.18 ausgezogen gezeichnetem Weg erfolgt, also etwa 10^{-9} s beansprucht, oder auf dem gestrichelten Weg in etwa 10^{-12} s.

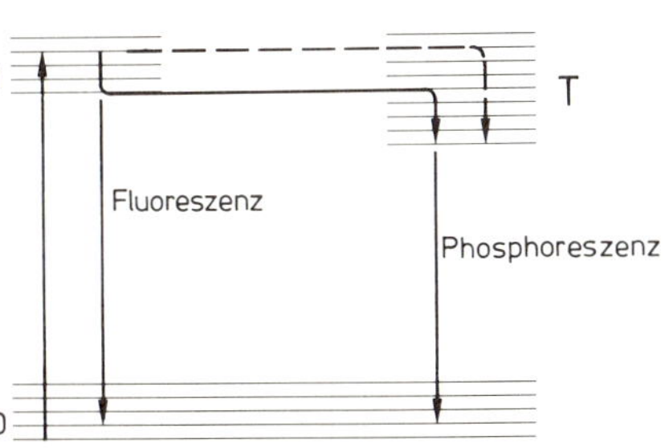

Abb. 5.18. Desaktivierung von angeregtem Molekül 1 aus Singulettzustand S_1 (Fluoreszenz) oder Triplettzustand T (Phosphoreszenz). Der Übergang $S_1 \to T$ kann auf dem ausgezogen gezeichneten Weg über das unterste Schwingungsniveau von S_1 oder auf dem gestrichelten Weg über ein höheres Schwingungsniveau von S_1 erfolgen

Mit einem System gemäß Abb. 5.15 ist ein einfacher Fall einer molekularen Funktionseinheit realisiert, also ein System mit Eigenschaften, die durch die Organisation in der molekularen Dimension bedingt sind: Das System der zusammenwirkenden Moleküle verhält sich anders als jedes dieser Moleküle allein, die Moleküle bilden ein Team.

Ein wesentlicher Unterschied zwischen belebten und leblosen Systemen besteht darin, daß in belebten Systemen Einzelmoleküle kooperieren, also Funktionssysteme bilden. Ein belebter Organismus ist eine große Funktionseinheit kooperierender Moleküle. Die Konstruktion molekularer Funktionseinheiten ist daher von besonderem Interesse, und die betrachteten Energieübergangssysteme sind als primitivste Konstruktion dieser Art von Interesse.

Umgekehrt ist der Förstersche Energieübergang als Abstandsmaß im 2 bis 10 nm-Bereich für die Untersuchung der Architektur konstruierter Schichtsysteme außerordentlich nützlich.

Als Beispiel sei gezeigt, wie der Energieübergangseffekt Möglichkeiten des Manipulierens von monomolekularen Schichten aufzufinden gestattet. Für viele Zwecke ist es von Interesse, ein vorfabriziertes Schichtsystem, gegebenenfalls von komplizierter Architektur, in einem Schritt in molekularen Kontakt mit der geeigneten Oberfläche zu bringen. Dazu muß man in der Lage sein, eine monomolekulare Schicht der Moleküle 2 von der Schicht 1 abzuheben und die Schicht 2 auf eine neue monomolekulare Schicht zu legen. Ebenso möchte man die Schicht 2 gerne auf ihrer Gegenseite mit einer Schicht in Kontakt bringen. Man möchte von beiden Seiten eine Einzelschicht oder ein Schichtsystem an ein geeignetes anderes System ankoppeln.

Um dieses Ziel zu realisieren, werden monomolekulare Schichten der Farbstoffe 1 und 2 auf einen Träger aufgezogen und darauf eine wäßrige Lösung eines hochpolymeren Stoffes, Polyvinyl-Alkohol, gebracht (Abb. 5.19). Nach dem Eintrocknen kann das Polyvinyl-Alkohol-Häutchen von der Glasunterlage abgezogen werden. Die Schichten trennen sich dann, wie in Abb. 5.19a gezeichnet, molekular genau voneinander. Solange sich die Schichten berühren, findet beim Einstrahlen mit ultraviolettem Licht der Energieübergang von 1 nach 2 statt. Nach Abziehen des Häutchens ist die Fluoreszenz völlig verändert; auf der Unterlage tritt die blaue Fluoreszenz von 1 auf, und auf dem Häutchen ist im ultravioletten Licht keine Fluoreszenz mehr festzustellen. Beim Bestrahlen mit blauem Licht tritt dagegen auf dem Häutchen die orange Fluoreszenz von 2 auf. Man kann daraus schließen, daß die Trennung sauber zwischen den monomolekularen Schichten von Sensibilisator und Akzeptor stattgefunden hat.

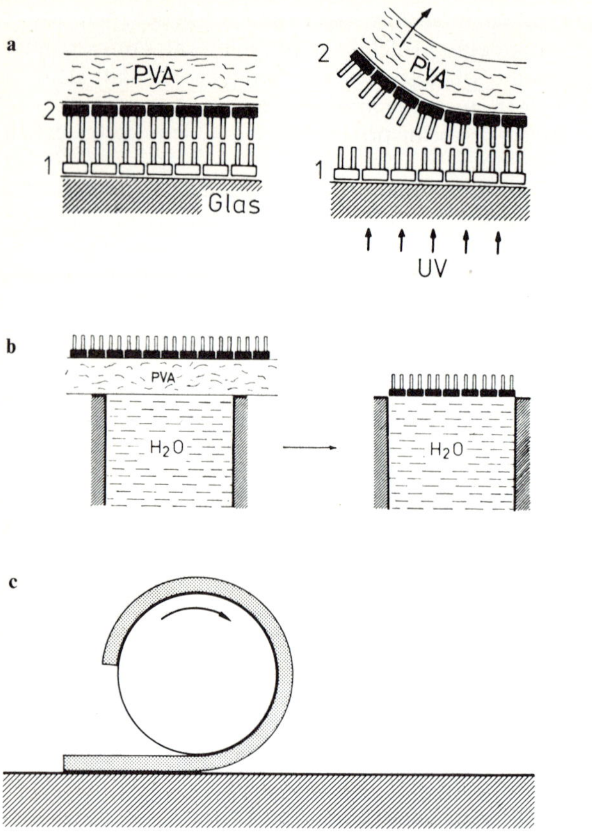

Abb. 5.19a–c. Trennen und Kontaktieren von Schichtsystemen mit molekularer Genauigkeit. Nachweis aus Fluoreszenzeffekten durch Fehlen oder Vorhandensein einer Energieübertragung.
a Beim Abreißen des Polymerhäutchens trennt sich das Schichtsystem in definierter Weise auf, und beim Zurücklegen wird der molekulare Kontakt wiederhergestellt. **b** Ablösen des Polymerhäutchens ermöglicht Kontaktieren der Gegenseite der monomolekularen Schicht. **c** Übertragen eines Schichtsystems durch Kontaktieren mit einem Träger, dessen Oberfläche eine bessere Haftung ermöglicht als zum ursprünglichen Träger

Bringt man nun das Polyvinyl-Alkohol-Häutchen mit dem einen Farbstoff auf die Unterlagen mit dem anderen Farbstoff zurück oder auf einen Träger mit der monomolekularen Schicht eines weiteren geeigneten Farbstoffes, so hat man dadurch den molekular genauen Kontakt wieder hergestellt. Das ergibt sich aus der Tatsache, daß an den Berührungsstellen die Fluoreszenz des Sensibilisators gelöscht wird und die sensibilisierte Fluoreszenz des Akzeptors erscheint. Um die angehobene monomolekulare Schicht des Akzeptors auch von der umgekehrten Seite her in molekular genauen Kontakt zu bringen, geht man folgendermaßen vor (Abb. 5.19b): Die Polyvinyl-Alkohol-Folie wird umgewendet, also mit der monomolekularen Schicht nach oben, und auf eine Wasseroberfläche gelegt. Das Polyvinyl-Alkohol-Häutchen löst sich weg. Die Schicht kann vom Wasser auf einen Träger mit der Sensibilisatorschicht gebracht werden. Man kann leicht in der üblichen Weise durch Untersuchung des Energieübergangs den störungsfreien Verlauf dieser Prozeduren kontrollieren.

Es gelingt auch eine monomolekulare Schicht oder ein System übereinandergelegter monomolekularer Schichten von einer Unterlage durch Kontaktieren auf eine geeignete andere zu übertragen (Abb. 5.19c). Wiederum kann der Effekt durch Untersuchung der Fluoreszenzänderung nachgewiesen werden. Die Energieübertragung zu einem Akzeptor auf die neue Unterlage zeigt, daß der molekulare Kontakt erreicht ist.

Entsprechende Versuche können auch mit Schichtsystemen von komplizierter Architektur durchgeführt werden. Es lassen sich Proteine in künstliche Schichtsysteme einbauen und die Energieübertragung zu einer chromophoren Gruppe im Protein studieren. Ebenso können natürliche Membranen mit einem Schichtsystem kontaktiert und die Energieübertragung durch die Membran oder zu einem Chromophor in der Membran untersucht werden.

5.2.4 Rückwirkung des Empfängermoleküls 2 auf das Sendermolekül 1

Das Empfängermolekül 2 muß auf das Sendermolekül 1 zurückwirken; der Energieübergang kann daher daran gemessen werden, wie sich die Leistung, die vom Molekül 1 abgegeben wird, durch diesen Rückwirkungseffekt verändert. Im folgenden soll dieser Weg betrachtet werden, da er einen Einblick in die Phasenbeziehungen beim Energieübergang vermittelt. Es wird wieder die klassische Betrachtungsweise zugrunde gelegt. Das Molekül 2 ist als Dipol zu beschreiben, der im Feld des Moleküls 1 mit einer bestimmten Phasendifferenz γ gegenüber der Erregung mitschwingt. Diese Phasendifferenz hängt von den Eigenschaften des Absorbers ab. Beschreibt man beispielsweise das absorbierende Molekül als gedämpften Oszillator im Feld $E=E_0 \cos\omega t$, so ist $x_2=x_{20}\cos(\omega t+\gamma)$ und es gilt

$$\operatorname{tg}\gamma=\frac{b\omega}{m}\,\frac{1}{\omega_0^2-\omega^2}\,.$$

ω_0 ist die Eigenfrequenz, m die Masse und b die Dämpfungskonstante des Oszillators 2. Danach ist $\gamma=0$ für $\omega\ll\omega_0$, $\gamma=\pi$ für $\omega\gg\omega_0$, $\gamma=-\pi/2$ für $\omega=\omega_0$.

Die Phasendifferenz γ zwischen erregendem Feld und mitschwingendem Oszillator läßt sich mit der Technik des molekularen Schichtaufbaus direkt messen, indem man auf eine Farbstoffschicht eine Deckschicht aus Fettsäuren bringt. Die Transmission ändert sich periodisch mit zunehmender Dicke dieser Deckschicht. Dieser Effekt beruht darauf, daß die an der Grenze zwischen Deckschicht und Luft reflektierte Welle mit den Streuwellen, die von den Farbstoffmolekülen ausgehen, zur Interferenz gelangt. Der Effekt ist abhängig von der Phase der Streuwellen gegenüber der Primärwelle.

Das Molekül 2 befinde sich nun im Feld des angeregten Moleküls 1. Der mitschwingende Oszillator 2 erzeugt ein Feld, das auf den Oszillator 1 zurück-

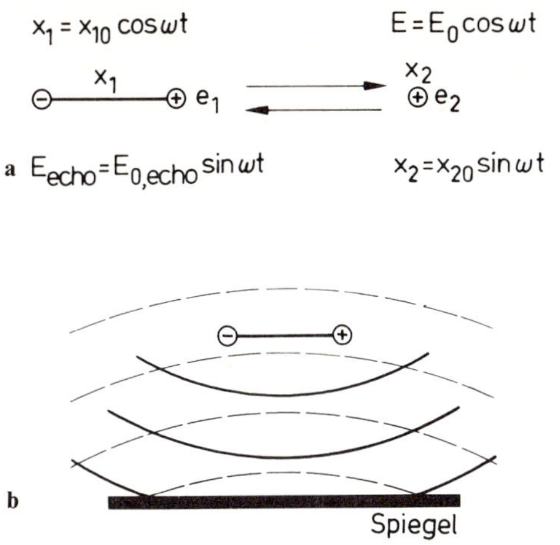

Abb. 5.20a, b. Echoeffekte am Emitteroszillator. **a** Akzeptor 2 als Ladung e_2 im Feld des Oszillators 1 und einer Reibungskraft $-b(dx_2/dt)$. Das Echofeld von 2 oszilliert gegenüber 1 mit einer Phasenverschiebung $\pi/2$ und bremst dadurch den Oszillator 1. **b** Oszillator im Echo eines Metallspiegels. Verkürzung oder Verlängerung der Lebensdauer des Anregungszustandes je nach Phasenbeziehung von Oszillator und Echofeld

wirkt und ihn bremst. Nach Gl. (5.46) und Gl. (5.43) ist die Bremsleistung bei gleichbleibendem ε unabhängig von γ, Das kann auch direkt gezeigt werden, indem man das Feld von 2 am Ort von 1 für beliebige Phasenverschiebungen berechnet.

Zur Veranschaulichung soll nur der Fall eines Akzeptors betrachtet werden, der als Ladung e_2 beschrieben wird, die nur unter der Wirkung des Feldes von 1 [Gl. (5.44)] und einer Reibungskraft [Gl. (5.49)] steht. Die Phasenverschiebung durch die endliche Laufzeit der Welle von 1 nach 2 und 2 nach 1 ist vernachlässigbar. Oszillator 1 hat die Elongation $x_1 = x_{10} \cos \omega t$, und es gilt dann für die Elongation von Oszillator 2 (Abb. 5.20a):

$$b \frac{dx_2}{dt} = e_2 \frac{e_1 x_{10}}{n^2 r^3} \kappa \cos \omega t \tag{5.65}$$

und somit

$$x_2 = \frac{e_1 e_2 x_{10}}{n^2 r^3 b \omega} \kappa \sin \omega t \,. \tag{5.66}$$

2 erzeugt bei 1 das alternierende Feld

$$E_{\text{Echo}} = \frac{e_2 x_2}{n^2 r^3} \kappa \tag{5.67}$$

oder mit Gl. (5.66)

$$E_{\text{Echo}} = E_{0,\text{Echo}} \sin \omega t \tag{5.68}$$

mit

$$E_{0,\text{Echo}} = \frac{e_1 e_2^2 x_{10} \kappa^2}{n^4 r^6 b \omega} \,. \tag{5.69}$$

Die Bremsleistung am Oszillator 1 ist: Kraft $e_1 E_{\text{Echo}}$ mal Weg pro Zeiteinheit $-\frac{dx_1}{dt}$, also

$$-e_1 E_{\text{Echo}} \frac{dx_1}{dt} = e_1 E_{0,\text{Echo}} \cdot \sin \omega t \cdot x_{10} \omega \sin \omega t \,,$$

im Mittel also

$$W_2 = e_1 E_{0,\text{Echo}} x_{10} \omega \cdot \tfrac{1}{2} \,. \tag{5.70}$$

Mit Gl. (5.51) und Gl. (5.69) folgt wiederum Gl. (5.46). Das Beispiel illustriert erneut, daß die Förster-Gleichung nicht an das Resonanzkonzept gebunden ist.

Die Betrachtungen gelten natürlich nur für den praktisch stets gegebenen Fall, daß das Echo ankommt, bevor der Emitter seine Phase durch einen thermischen Stoß verloren hat, d. h. es muß die Zeit $t = 2rn/c$ klein gegen die Zeit zwischen thermischen Stößen sein.

5.2.5 Emittermolekül im Echo eines Metallspiegels

In den in den Abschnitten 5.2.1 bis 5.2.4 betrachteten Fällen ist der mitschwingende Absorptionsoszillator 2 nur schwach angeregt und trägt daher praktisch nichts zur Strahlungsleistung des Systems bei. Die Strahlungsleistung des Systems ist durch Gl. (5.39) gegeben. Die Lumineszenz von 2, die im Anschluß an den Energieübergang stattfinden kann, stellt einen Sekundäreffekt dar, der hier nicht zur Diskussion steht.

In anderen Anordnungen wird die Strahlungsleistung eines lumineszierenden Moleküls durch die Umgebung stark verändert. Ein solcher Fall soll nun betrachtet werden, da er einen besonders interessanten Gesichtspunkt für Energieübertragungsmechanismen aufzeigt. Das lumineszierende Molekül soll sich nahe an einem Metallspiegel befinden (Abb. 5.20b). In der klassischen Beschreibung werden die vom angeregten Molekül ausgehenden elektromagnetischen Wellen am Spiegel reflektiert, und durch Interferenz der primär ausgesandten mit den reflektierten Wellen wird das Wellenfeld stark verändert, so daß die Strahlungsleistung je nach den Interferenzverhältnissen zu- oder abnimmt. Man kann auch sagen, daß die Wellen, die vom Emittermolekül ausgehen, dieses Molekül nach der Reflektion am Spiegel wieder erreichen und den Emitteroszillator anregen oder bremsen, je nach der Phasenverschiebung, die sich aus der Laufzeit ergibt. Die Strahlungsleistung ist also durch die Laufzeit $2d/c$ bestimmt, wobei d der Abstand des Moleküls vom Spiegel und c die Lichtgeschwindigkeit ist.

Der Idealfall sei betrachtet, daß die gesamte Anregungsenergie ausgestrahlt wird, also keine Energie im Molekül oder im Spiegel in Wärme verwandelt wird. Bei hoher Strahlungsleistung wird die Anregungsenergie des Emitteroszillators schnell abgestrahlt, die Abklingzeit der Lumineszenz ist klein, bei geringer Strahlungsleistung ist sie groß. Nach der Quantentheorie ist dieses klassische Bild, nach dem die Energieabgabe des Moleküls allmählich erfolgt, zu korrigieren. Das Molekül gibt seine Anregungsenergie $h\nu$ spontan zu einem früheren oder späteren Zeitpunkt als Lichtquant ab. Bei einer großen Zahl N angeregter Moleküle kann nach der Zahl dN gefragt werden, die im Zeitintervall dt nach der Anregung ihr Lichtquant emittieren, oder nach der Strahlungsleistung $h\nu\, dN/dt$. Diese Strahlungsleistung wird durch die klassische Betrachtung richtig wiedergegeben, und damit auch die mittlere Lebensdauer des angeregten Zustandes.

Die Abhängigkeit der Strahlungsleistung und damit der mittleren Lebensdauer des Anregungszustandes vom Abstand des Moleküls vom Metallspiegel zeigt einen interessanten Aspekt der Wellen-Partikel-Dualität des Lichts: Die Lichtwelle, die vom Molekül wie von einer Antenne emittiert wird, tastet die weitere Umgebung des Moleküls ab, und die Wahrscheinlichkeit, daß sich Licht zu einem bestimmten Zeitpunkt als Quant manifestiert, wird deshalb von der Umgebung mitbestimmt.

Die Änderung der mittleren Lebensdauer des Anregungszustandes durch einen Spiegel kann mit der Technik des molekularen Schichtaufbaus untersucht werden: Man hält die lumineszierenden Moleküle durch monomolekulare Fettsäureschichten, die als Abstandhalter dienen, im Abstand d von einer Metalloberfläche fest, regt mit einem Lichtblitz an und mißt die danach auftretende Lumineszenz. Aus der Geschwindigkeit des Abklingens der Lumineszenz ergibt sich die mittlere Lebensdauer des Anregungszustandes für den Abstand d.

a

b

c

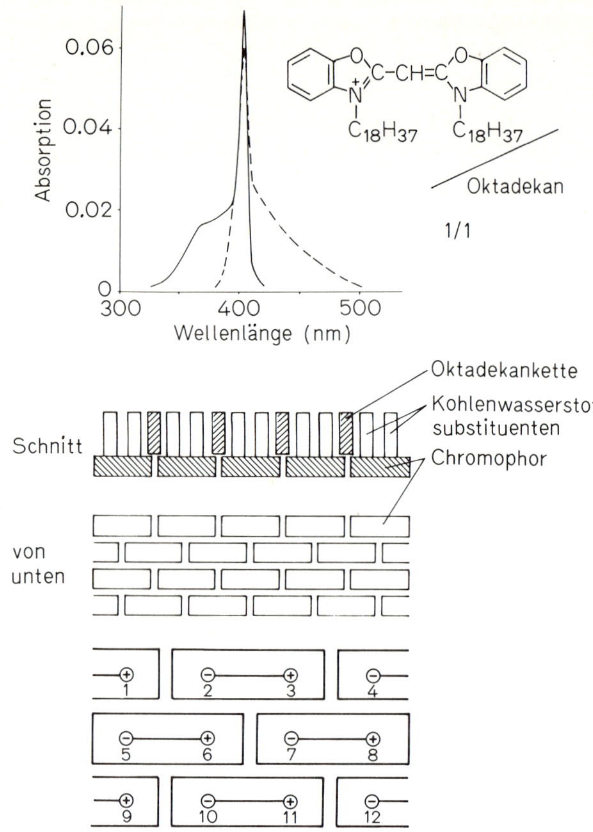

Abb. 5.21a–c. Kooperatives System von Oszillatoren. **a** Absorption und Fluoreszenz eines Schichtsystems aus Farbstoff und Octadecan. **b** Dichte Packung der Kohlenwasserstoffketten (Substituenten der Farbstoffmoleküle und Octadecanketten in Zwischenräumen) bringt gleichzeitig hohe Ordnung der Farbstoffchromophore mit sich (Anordnung wie die Steine in einem Backsteinmauerwerk). Das wieder führt zu einem kooperativen Effekt: Farbstoffoszillatoren schwingen in Gleichtakt. – Durch die Verteilung der Anregungsenergie auf viele Moleküle ist die Gerüstschwingung beim Elektronenübergang praktisch nicht angeregt. Absorptions- und Fluoreszenzbande sind daher schmal und die Maxima kaum verschoben. **c** Gekoppelte Oszillatoren. Herausgegriffene Ladung 6 erfährt durch das Feld der umgebenden Moleküle eine Kraft, die der Rückstellkraft des Moleküloszillators entgegenwirkt (auf Ladung 6 wirkt Ladung 7; die Wirkungen aller anderen Ladungen der Nachbaroszillatoren kompensieren sich gegenseitig)

5.2.6 Energieübertragung in kooperativen Systemen von Farbstoffmolekülen

Wird auf einer Wasseroberfläche eine Lösung gespreitet, die den Farbstoff

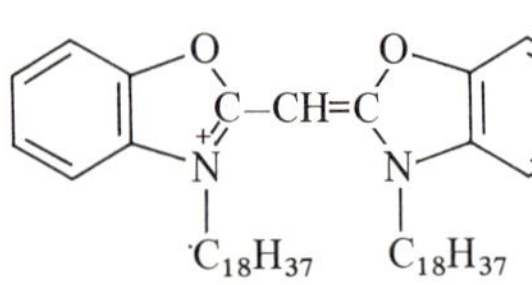

und Octadecan ($C_{18}H_{38}$) im Mischungsverhältnis 1:1 enthält, so entsteht eine monomolekulare Schicht, die man auf eine Glasplatte übertragen kann. Sie weist eine schmale und hohe Absorptionsbande und eine schmale Fluoreszenzbande auf, deren Maxima fast übereinstimmen (Abb. 5.21a). Diese überraschende Erscheinung beruht darauf, daß die Chromophore in dichter Packung vorliegen. Die Octadecan-Moleküle füllen die zylindrischen Kanäle aus, die von den Kohlenwasserstoffsubstituenten der Farbstoffmoleküle offen gelassen werden (Abb. 5.21b). Die Chromophore besitzen dadurch die gleiche Anordnung wie die Backsteine eines Mauerwerks. Durch diese strenge Ordnung sind die klassischen Ersatz-Oszillatoren, die man den einzelnen Farbstoffchromophoren zuschreiben kann, stark miteinander gekoppelt. Bei der Einstrahlung mit Licht tritt ein kooperativer Effekt auf: Diese Oszillatoren schwingen im Gleichtakt mit (Abb. 5.21c). Durch die gegenseitige Kopplung der Oszillatoren wird das Absorptionsmaximum gegenüber dem des monomeren Farbstoffes um 19 nm nach längeren Wellen verschoben. Eine nähere quantenmechanische Betrachtung läßt eine Verschiebung um 23 nm erwarten.

Im klassischen Modell der gekoppelten Oszillatoren kann die Richtung dieser Verschiebung sofort eingesehen werden. Wie man aus Abb. 5.21c erkennt, ist an der Stelle eines herausgegriffenen Moleküls das Feld der Dipoloszillatoren aller übrigen Moleküle so gerichtet, daß die beiden Ladungen auseinander gezogen werden. Die Rückstellkraft des Oszillators wird also herabgesetzt, seine Schwingungsfrequenz gegenüber der des freien Moleküls verkleinert.

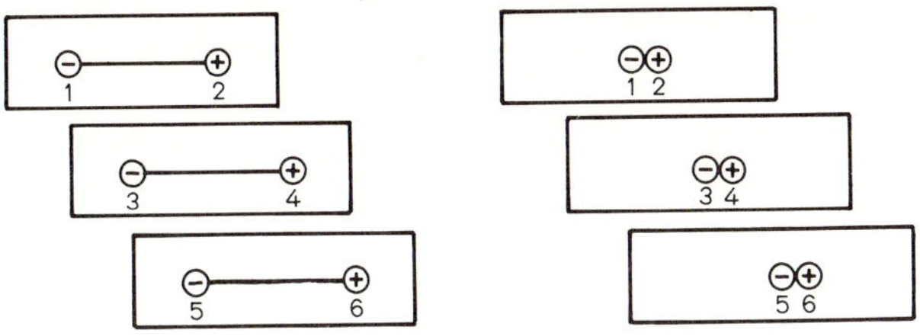

Abb. 5.22. Anordnung von Farbstoffmolekülen, in der die Rückstellkraft des herausgegriffenen Moleküloszillators durch das Feld der umgebenden Oszillatoren verstärkt wird. Das wird durch das Modell der ausgedehnten Dipoloszillatoren richtig wiedergegeben. Das Punktdipolmodell läßt den umgekehrten Effekt erwarten. (Man betrachte z.B. die Wirkung von Ladung 2 auf Ladung 3 in den beiden Fällen.)

Das Ergebnis der quantenmechanischen Betrachtung wird nur sinnvoll wiedergegeben, wenn man sich diesen Ersatzdipol über den Chromophor erstreckt und nicht als Punktdipol denkt. Für große Abstände, wie sie im vorangehenden betrachtet wurden, spielt der Unterschied keine Rolle. Bei kleinen Abständen kann bei gewissen Geometrien das übliche Punktdipolmodell zu qualitativ falschen Aussagen führen, wie man im Fall von Abb. 5.22 sieht, wo das Punktdipolmodell eine Verschiebung zu kleineren Frequenzen erwarten läßt, das Modell der ausgedehnten Dipole eine Verschiebung in umgekehrter Richtung.

Es soll nun eine Lösung, die neben dem betrachteten Farbstoff und Octadecan eine Spur des Farbstoffs

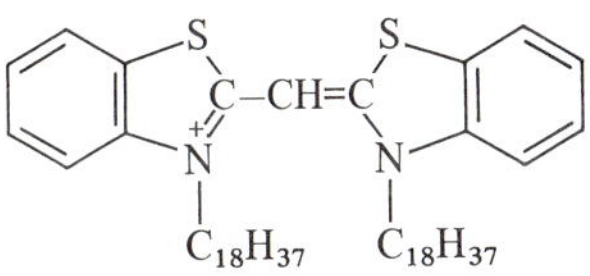

enthält, auf einer Wasseroberfläche gespreitet und die monomolekulare Schicht wieder auf eine Glasplatte übertragen werden. Ein Molekül des zweiten Farbstoffs kann im Schichtverband den Platz eines Moleküls des ersten Farbstoffs einnehmen. Das Absorptionsspektrum bleibt unverändert, die Spuren vom zweiten Farbstoff machen sich darin nicht bemerkbar, aber die Fluoreszenz ist verändert: Die schmale Fluoreszenzbande, die beim Bestrahlen mit UV-Licht auftrat und dem kooperativen System des ersten Farbstoffs zuzuschreiben war, ist gelöscht, dafür tritt die Fluoreszenz des zweiten Farbstoffes auf. Der Effekt kann noch bei einem Verhältnis 1:50000 zwischen dem zweiten und dem ersten Farbstoff nachgewiesen werden, d.h. für einen mittleren Abstand zwischen Molekülen des zweiten Farbstoffs von über 100 nm. Die Anregungsenergie kann über das gekoppelte System der betrachteten Oszillatoren viel schneller und daher über viel größere Abstände zum Störzentrum geleitet werden als über das Dipolfeld jedes Einzelmoleküls. Entsprechende Effekte werden in organischen Kristallen beobachtet: Die Fluoreszenz von Anthracen wird durch Spuren von Tetracen gelöscht, und die Tetracenfluoreszenz erscheint; der Bereich um ein Tetracenmolekül, aus dem die Anregungsenergie des Antracens übernommen wird, hat aber einen Radius von nur etwa 10 nm.

Das betrachtete kooperative Schichtsystem ist ein Beispiel für den Aufbau einer einfachen molekularen Funktionseinheit durch Selbstorganisation: Geeignet ineinanderpassende Moleküle (im betrachteten Fall Farbstoff und Octadecan) läßt man gemeinsam spreiten. Sie bauen sich dann von selbst zu einem organisierten System mit völlig neuen Eigenschaften zusammen. Die Möglichkeit, organisierte Systeme dadurch gezielt zu gewinnen, daß man geeignet ineinanderzuverzahnende Moleküle zusammengibt und beim Spreiten auf einer Oberfläche sich selbst zu den vorgeplanten organisierten Systemen zusammentreten läßt, erscheint neben dem Verfahren des geplanten Manipulierens von Schichtsystemen besonders aussichtsreich für die Herstellung von Modellen in der Biophysik und die Gewinnung von Modellen für eine anzustrebende Technologie molekularer Funktionssysteme. Energieübertragungseffekte sind von Interesse zur Kontrolle der Architektur solcher Systeme.

Literaturauswahl

Birks, J.B.: Photophysics of Aromatic Molecules. London: Wiley-Interscience 1970.

Förster, Th.: Energiewanderung und Fluoreszenz. Naturwissenschaften **33**, 166 (1946).

Förster, Th.: Action of Light and Organic Crystals. In: Sinanoglu, O. (Ed.): Modern Quantum Chemistry, Part III. New York: Academic Press 1965.

Kuhn, H.: Classical Aspects of Energy Transfer in Molecular Systems. J. chem. Phys. **53**, 101 (1970).

Kuhn, H., Möbius, D.: Systeme aus monomolekularen Schichten. Zusammenbau und physikalisch-chemisches Verhalten. Angew. Chem. **83**, 672 (1971).

Kuhn, H., Möbius, D., Bücher, H.: Spectroscopy of Monolayer Assemblies. In: Weissberger, A., Rossiter, B. (Eds.): Physical Methods of Chemistry, Vol. 1, Part 3B. London: Wiley 1972.

Möbius, D.: Molecular Cooperation in Monolayer Organizates. Accounts of Chem. Res. **14**, 63 (1981).

6 Strahlenbiophysik

Ernst-Georg Niemann

6.1 Einleitung

Strahlenbiophysik ist die Wissenschaft von der Wirkung ionisierender Strahlung auf biologische Systeme. Im Gegensatz zur Strahlenbiologie, die sich mit biologischen und medizinischen Folgeprozessen befaßt, werden hier vorwiegend physikalische und chemische Primärprozesse beschrieben bzw. biologische Erscheinungen auf diese zurückgeführt. Weitere Nachbargebiete sind Strahlenchemie und Photobiologie; erstere, weil durch die Strahlung bewirkte chemische Änderungen im Biosystem im allgemeinen die biologisch-metabolische Strahlenwirkung einleiten; letztere, weil durch sichtbares, vor allem aber durch ultraviolettes Licht oft ähnliche Effekte wie durch ionisierende Strahlen auslösbar sind.

Das wissenschaftliche Interesse an der Strahlenbiophysik resultiert einerseits aus der Notwendigkeit, die Primärprozesse kennen und quantifizieren zu lernen, die am Anfang einer biologischen Reaktionskette stehen, die schließlich zur medizinisch erkennbaren — und genutzten — Strahlenwirkung führt. Andererseits hat man die Möglichkeit, durch das Agens Strahlung Informationen über Ablauf und Beeinflußbarkeit metabolischer Prozesse zu erhalten. Darüber hinaus besteht immer die Frage nach einer möglichen Strahlenschädigung und wirksamen Schutzmaßnahmen. Physikalisch wie biologisch interessant ist auch die Tatsache, daß hier minimale Energiebeträge über komplizierte Wirkungsketten makroskopisch wesentliche Effekte auslösen können.

6.2 Die Strahlung und ihre Messung

6.2.1 Strahlenarten

Ionisierend nennt man alle Strahlenarten, deren Quantenenergie hoch genug ist ($E > 10$ eV), um Elektronen aus dem Molekül- oder Atomverband herauszulösen. Dabei können sie selbst geladen (direkt ionisierend) oder ungeladen (indirekt ionisierend) sein (Tabelle 6.1). Ihre Energie wird im allgemeinen in Elektronenvolt oder seinem Vielfachen angegeben (1 keV $= 10^3$ eV, 1 MeV $= 10^6$ eV). 1 eV ist die kinetische Energie, die ein einfach geladenes Teilchen erhält, wenn es ein Spannungsgefälle von 1 V durchläuft:

$$1\ \text{eV} = 1{,}602 \cdot 10^{-19}\ \text{J}$$

Beim Kernzerfall, aber auch in Beschleunigern usw., werden normalerweise Strahlen erzeugt, deren Quantenenergie ein hohes Vielfaches der Ionisierungsenergie ist, so daß diese Strahlen auf der Spur jedes ihrer Quanten beim Durchgang durch Materie eine große Zahl von Ionisationen und Anregungen erzeugen, die alle zu chemischen und biologischen Folgeprozessen führen können.

Neben dem Einfluß äußerer Bestrahlung auf biologische Systeme ist in der Strahlenbiophysik auch die Wirkung inkorporierter, d.h. direkt in das System eingebauter Radionuklide von Interesse. Hier kann außer der beim Zerfall emittierten Strahlung noch die Transmutation, d.h. die beim radioaktiven Zerfall erfolgende Umwandlung des Radionuklids in ein anderes chemisches Element, und die Rückstoßenergie, die auf den emittierenden Kern wirkt, von Bedeutung sein.

6.2.2 Wechselwirkung Strahlung–Materie

Die Energieabgabe der Strahlung an Materie in Form von Ionisation und Anregung ist der erste physikalische Schritt in einer langen Reihe von Folgereaktionen, die schließlich zur biologischen Strahlenwirkung führt. Diese primäre Wechselwirkung ist qualitativ und quantitativ unterschiedlich für die verschiedenen Strahlenarten und -energien.

6.2.2.1 Direkt ionisierende Strahlen

Die Energieabgabe pro Weglänge, das Massenbremsvermögen, läßt sich für direkt ionisierende Strahlen, also für alle geladenen schweren Partikel, durch die

Tabelle 6.1. Ionisierende Strahlen

Name	Art	Masse	Ladung	Erzeugung
Direkt ionisierende Strahlung				
α	$^4_2$He	4	2+	Kernzerfall
β^-	e	0,000549	−	Kernzerfall, Betatron
β^+	e	0,000549	+	Kernzerfall
p	$^1_1$H	1	+	Beschleuniger
d	$^2_1$H	2	+	Beschleuniger
Indirekt ionisierende Strahlung				
γ	el.-magn. Str.	0	0	Kernzerfall
Rö	el.-magn. Str.	0	0	Röntgenröhre
n	^0_1n	1	0	Kernreaktion, Kernspaltung

Bethe-Formel beschreiben:

$$-\frac{dE}{dx}=\frac{4\pi N_A}{m_e}\cdot\frac{e^4z^2}{v^2}\cdot\varrho\frac{Z}{A}\cdot B$$

dabei sind: N_A = Avogadrosche Zahl
m_e = Ruhemasse des Elektrons
e = Elementarladung des Partikels
z = Ordnungszahl des Partikels
v = Geschwindigkeit des Partikels
ϱ = Dichte des absorbierenden Materials
Z = Ordnungszahl des absorbierenden Materials
A = Atomgewicht des absorbierenden Materials
$B=\ln\left(\frac{2m_e v^2}{I(1-\beta^2)}\cdot\beta^2\right)$
I = Ionisierungspotential des absorbierenden Materials

Für Elektronen gilt wegen ihrer stärkeren Ablenkung eine etwas veränderte Gleichung.

Der zweite Term dieser Gleichung gibt die Abhängigkeit der Energieabgabe von den Eigenschaften des Teilchens an: Hohe Ladung und Ordnungszahl erhöhen, hohe Geschwindigkeit erniedrigt die Energieabgabe pro Weglänge.

Bei konstant gehaltenen Teilcheneigenschaften wird die Energieabgabe durch den dritten Term beschrieben:

$$-\frac{dE}{dx}\sim\varrho\cdot\frac{Z}{A}.$$

Da Z/A in weiten Bereichen als konstant angesehen werden kann, ist in erster Näherung die Energieabgabe dem Flächengewicht proportional.

Der in der Strahlenbiophysik oft verwendete LET-Wert entspricht im wesentlichen dem Massenbremsvermögen, berücksichtigt aber nur Ionisationen und Anregungen in der Nähe der Primärbahn, also nicht die von Sekundärteilchen.

Neben dem Prozeß der direkten Ionisation spielt die Erzeugung von Bremsstrahlung noch eine wesentliche Rolle bei der Energieabgabe geladener Teilchen an Materie. Hier wird ein Teilchen im Kernfeld abgebremst, die freiwerdende Energie wird als γ-Quant abgestrahlt. Die Wahrscheinlichkeit für diesen Prozeß steigt stark mit wachsender Teilchengeschwindigkeit und steigender Ordnungszahl des Absorbers.

6.2.2.2 Indirekt ionisierende Strahlen

a) Röntgen- und γ-Strahlung

Die Absorption dieser elektromagnetischen Strahlung in Materie läßt sich durch einen einfachen exponentiellen Ausdruck beschreiben:

$$I_x=I_0\cdot e^{-\mu x}.$$

Dabei sind I_0 und I_x die Strahlenintensitäten vor und nach Durchtritt durch die Schichtdicke x [cm] und μ [cm^{-1}] der Absorptionskoeffizient. Dieser setzt sich zusammen aus drei Komponenten, die verschiedene Wechselwirkungsprozesse beschreiben:

$$\mu=\tau+\sigma+\varkappa$$

τ = Photoabsorptionskoeffizient,
σ = Compton-Absorptionskoeffizient,
$\varkappa$ = Paarbildungskoeffizient.

Beim *Photoeffekt* gibt das γ-Quant seine gesamte Energie an ein Hüllenelektron des absorbierenden Materials ab. Dieser Prozeß herrscht im Bereich niedriger γ-Energien vor, seine Wahrscheinlichkeit steigt mit der fünften Potenz der Ordnungszahl des Absorbers;

$$\tau\sim\varrho\cdot\frac{Z^5}{A}.$$

Die Energiebilanz des Photoprozesses ist:

$$E_e=h\nu-B_e.$$

B_e = Bindungsenergie des freigesetzten Elektrons,
E_e = Kinetische Energie des freigesetzten Elektrons,
$h\nu$ = Quantenenergie der γ-Strahlung.

Der *Comptoneffekt* kann als Stoßprozeß zwischen einem γ-Quant und einem Elektron beschrieben werden, bei dem das γ-Quant einen Teil seiner Energie dem Elektron überträgt:

$$E_e+h\nu'=h\nu-B_e,$$

$h\nu'$ = Quantenenergie nach dem Stoß.

Dieser Prozeß herrscht im Bereich mittlerer γ-Energien vor, sein Eintreten hängt von der Elektronendichte des Absorptionsmaterials ab, also

$$\sigma\sim\varrho\cdot\frac{Z}{A}.$$

Beim *Paarbildungsprozeß* „materialisiert" ein γ-Quant im Kernfeld zu einem Elektron-Positron-Paar. Er kann daher nur auftreten, wenn die Quantenenergie mindestens dem Energieäquivalent der doppelten Elektronenmasse (1,02 MeV) entspricht. Erst bei sehr viel höheren Energien wird er zum dominierenden Prozeß, seine Wahrscheinlichkeit steigt mit dem Quadrat der Ordnungszahl des Absorbers:

$$\varkappa\sim\varrho\cdot\frac{Z^2}{A}.$$

Die Energiebilanz des Paarbildungsprozesses ist:

$$h\nu-1{,}02\,\mathrm{MeV}=E_{e^+}+E_{e^-}.$$

Elektron und Positron verlieren ihre kinetische Energie durch Ionisation und Anregungen. Das Positron rekombiniert schließlich mit einem Elektron und zerfällt gemeinsam mit diesem unter Emission von zwei γ-Quanten von je 0,51 MeV (Vernichtungsstrahlung).

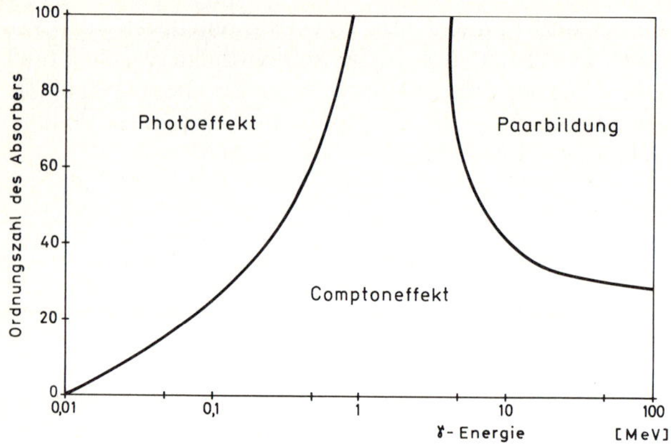

Abb. 6.1. Bereiche des Vorherrschens von Photoeffekt, Comptoneffekt und Paarbildung

Abbildung 6.1 gibt an, in welchen Bereichen von γ-Energie und Ordnungszahl die einzelnen Wechselwirkungsprozesse überwiegen.

b) Neutronen

Neutronen geben ihre Energie ebenfalls vorwiegend in drei Prozessen an biologisches Material ab: Elastische Streuung, unelastische Streuung und n-Einfang.

Die *elastische* Streuung ist ein Stoßprozeß zwischen dem Neutron und einem Atomkern, bei dem alle Energie als kinetische Energie erhalten bleibt. Nach den Stoßgesetzen der Mechanik ist die Energieübertragung dann besonders groß, wenn Neutron und gestoßener Kern gleich groß sind, also beim Wasserstoff. Die dadurch erzeugten Rückstoßprotonen geben ihre Energie innerhalb einer kurzen Weglänge in Form von Ionisationen und Anregungen an das Gewebe ab.

Bei der *unelastischen* Streuung wird ein Teil der beim Stoß übertragenen Energie zur Kernanregung verwandt. Der Kern relaxiert in sehr kurzer Zeit unter Emission eines harten γ-Quants. Bei hohen n-Energien kann auch ein zweites Neutron emittiert werden [$(n, 2n)$-Prozeß].

Durch die Stoßprozesse verlieren die Neutronen ihre kinetische Energie, bis sie sich in thermischem Gleichgewicht mit der Umgebung befinden (thermische Neutronen).

Ihre Energie ist dann $E_{\text{th}}=\frac{1}{2}kT$,

mit k = Boltzmannkonstante = $1{,}38\cdot10^{-23}$ J/° C,
T = Absolute Temperatur.

Bei 20° C Umgebungstemperatur ergibt das E_{th} = 0,025 eV.

Beim *Neutroneneinfang* wird ein langsames Neutron im Kern des absorbierenden Atoms aufgenommen. Unter Emission eines γ-Quants entsteht ein (meist radioaktives) Isotop des Absorberelements [(n,γ)-Prozeß]. In einigen Fällen findet auch ein (n,p)-Prozeß statt, wobei eine Elementarumwandlung erfolgt. Die Wahrscheinlichkeit für das Eintreten dieser Prozesse wächst mit der Aufenthaltsdauer des Neutrons im Kernfeld, folgt also einer $1/v$-Funktion, die oft durch Resonanzstellen überlagert ist. Im biologischen Bereich sind besonders wichtig die Reaktionen

$${}^{14}_{7}\text{N}(n,p)\,{}^{14}_{6}\text{C}+0{,}66\ \text{MeV}\,,$$

$${}^{1}_{1}\text{H}(n,\gamma)\,{}^{2}_{1}\text{H}+2{,}2\ \text{MeV}\,.$$

Die Überschußenergie enthält im ersten Fall das Proton, im zweiten das γ-Quant.

6.2.3 Dosis und Dosisleistung

Um die biologische Strahlenwirkung quantifizieren zu können, braucht man eine Angabe über die pro Masseneinheit absorbierte Strahlenenergie. Die Einheit dieser „Energiedosis" ist das Gray [Gy]:

$$1\,\text{Gy}=1\,\text{J}\cdot\text{kg}^{-1}\,.$$

Da die Strahlenwirkung häufig nicht nur vom Betrag der absorbierten Dosis abhängt, sondern auch von der Zeit, während der die Dosis appliziert wurde, führt man zusätzlich den Begriff der Dosisleistung ein [$\text{Gy}\cdot\text{s}^{-1}$].

Die direkte kalorimetrische Messung der Energiedosis ist nur schwer möglich, da die äquivalenten Energiebeträge sehr klein sind. Eine Dosis von 1 Gy würde Wasser nur um ca. $2{,}4\cdot10^{-4}$ °C erwärmen. Außerdem kann die Strahlenenergie zum Teil in Form chemischer Energie festgelegt werden, die nicht zur Erwärmung beiträgt.

Man benutzt daher zur Dosismessung meist die Eigenschaft ionisierender Strahlen, Gase zu ionisieren und definiert eine Ionendosis, die in $\text{C}\cdot\text{kg}^{-1}$ angegeben wird.

Da die zur Erzeugung eines Ionenpaares in Luft aufzuwendende Energie bekannt ist, (W = 34 eV/Ionenpaar), kann man umrechnen:

$$1\,\text{C kg}^{-1}=34\,\text{Gy}\,.$$

In Wasser und Gewebe gilt:

$$1\,\text{C kg}^{-1}=36\text{–}38\,\text{Gy}\,.$$

Diese Werte beziehen sich allerdings nur auf Röntgen- und β-Strahlen; sie können, insbesondere bei schweren geladenen Teilchen, sehr stark abweichen.

In der Literatur finden sich häufig noch die älteren Einheiten rad [rd] und Röntgen [R], die sich leicht in die SI-Einheiten umrechnen lassen:

$$1\,\text{rd}=100\,\text{erg}\cdot\text{g}^{-1}=10^{-2}\,\text{Gy}$$

$$1\,\text{R}=2{,}58\cdot10^{-4}\,\text{C kg}^{-1}$$

$$1\,\text{R}=0{,}877\,\text{rd in Luft}$$

$$1\,\text{R}=0{,}93\text{–}0{,}98\,\text{rd in Wasser und Gewebe}\,.$$

Auch gleiche Energiedosen verschiedener Strahlenarten können in biologischen Systemen sehr unterschiedliche Wirkung haben. Als „Relative biologische Wirksamkeit" (RBW) einer Strahlung bezeichnet man daher das Verhältnis der Dosis einer Standardstrahlung

(200 kV Röntgen) zu der einer beliebigen Strahlung, die zum gleichen biologischen Effekt führt;

$$\text{RBW} = \frac{\text{Dosis der Standardstrahlung } D' \text{ [Gy]}}{\text{Dosis der untersuchten Strahlung } D \text{ [Gy]}}.$$

Dabei müssen natürlich sowohl der biologische Effekt genau definiert als auch alle Randbedingungen (Dosisleistung, Temperatur, Sauerstoffkonzentration usw.) konstant gehalten werden.

Die genannte Standardstrahlendosis gibt man häufig als „Äquivalentdosis" in Sievert [Sv] an. Dann ist

$$D'[\text{Sv}] = \text{RBW} \cdot D[\text{Gy}].$$

Die alte Einheit der Äquivalenzdosis ist das rem (roentgen equivalent men). Es gilt:

$$1 \text{ rem} = 0{,}01 \text{ Sv}.$$

Die relative biologische Wirksamkeit einer Strahlung hängt unter anderem eng mit ihrem LET-Wert (linear energy transfer-Wert, lineare Energieabgabe des Strahlenpartikels auf seinem Weg [keV/μm]) zusammen (Abb. 6.2).

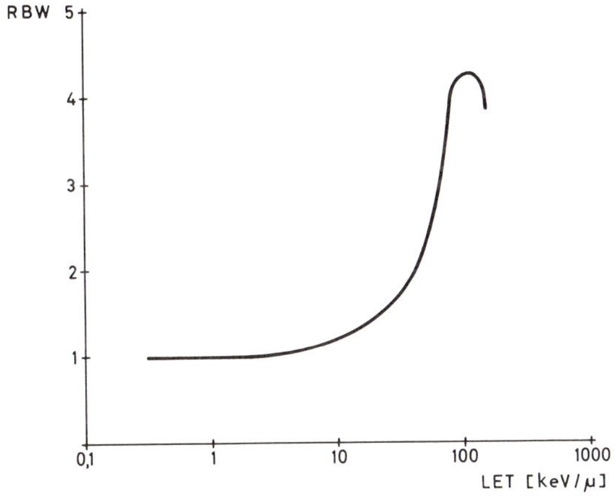

Abb. 6.2. Beziehung zwischen der relativen biologischen Wirksamkeit ionisierender Strahlung und ihrem *LET*-Wert in Gewebe

6.2.4 Dosimetrie

Zur Messung von Dosis und Dosisleistung im Bereich der biologischen Strahlenwirkung werden vorwiegend folgende Verfahren eingesetzt.

1. Die Ionisationskammer. Die in einem Luft- (oder Gas-)Volumen durch die Strahlung erzeugten Ionen werden durch ein anliegendes elektrisches Feld auf Elektroden abgesaugt. Der hierbei fließende Strom ist der Ionendosisleistung [$\text{C kg}^{-1}\,\text{s}^{-1}$] direkt proportional, wenn die Saugspannung hoch genug ist, um die Ionenrekombination zu verhindern, und wenn durch geeignete Ausbildung der Wände Elektronengleichgewicht an der Grenze des Meßvolumens erreicht wird. Gewebeäquivalenz läßt sich erreichen, wenn Füllgas und Wand- bzw. Elektrodenmaterial die gleiche mittlere Ordnungszahl wie Gewebe haben.

2. Das Fricke-Dosimeter. Bei diesem Dosimeter wird die Oxidation von Fe^{2+} zu Fe^{3+} in wäßriger Lösung durch ionisierende Strahlen zur Dosismessung benutzt:

$$Fe^{2+} + h\nu \rightarrow Fe^{3+} + e^- .$$

Das gebildete Eisen(III)-Ion wird im Spektralphotometer bei 304 nm gemessen. Vorteile dieses Systems sind seine gute Gewebeäquivalenz und seine weitgehende Unabhängigkeit von der Dosisleistung sowie die Möglichkeit, beliebige Dosimeterformen herstellen zu können. Der Meßbereich liegt zwischen 10 und 100 Gy.

Zahlreiche andere chemische Dosimeter sind bekannt, werden aber im biologischen Bereich wenig angewandt.

3. Filmdosimeter. Die Schwärzung einer photographischen Emulsion durch ionisierende Strahlen läßt sich ebenfalls als Dosimeter benutzen und wird, besonders in der Personendosisüberwachung, viel eingesetzt. Die Nachweisempfindlichkeit ist recht gut ($D > 400\,\mu\text{Gy}$), wegen der Abhängigkeit von Emulsionseigenschaften und vom Entwicklungsprozeß müssen jedoch sorgfältige Standardisierungen vorgenommen werden.

4. Thermolumineszenzdosimetrie. Bei diesem Dosimetersystem wird die Fähigkeit einiger Kristalle (z. B. CaF_2) genutzt, strahlenerzeugte freie Elektronen in Kristallfehlstellen für längere Zeit zu speichern. Bei Aufheizen des Kristalls gehen sie unter Lichtemission wieder in den Grundzustand über. Da die Zahl der erzeugten „Exzitonen" proportional der Dosis ist, ist die beim Erhitzen emittierte Lichtsumme ebenfalls ein Maß für die applizierte Dosis. Thermolumineszenzdosimeter können sehr klein und (z. B. mit Teflon als Träger) gewebeäquivalent hergestellt werden. Ihr Meßbereich geht von ca. 10^{-5} bis 10^2 Gy und ist weitgehend (bis mindestens $10^8\,\text{Gy s}^{-1}$) dosisleistungsunabhängig.

5. Kalorimetrische Verfahren. Der Definition des Gy entsprechend (s. o.) ist die Messung der Temperaturerhöhung eines Körpers bekannter spezifischer Wärme ein ideales Dosimetrieverfahren, wenn chemische Reaktionen ausgeschlossen werden können (z. B. bei Graphit). Wegen der geringen, durch ionisierende Strahlen übertragenen Energie ist es jedoch nur für hohe Dosen einsetzbar und wird ausschließlich als Primärstandard verwendet.

6. Sonstige Dosimetrieverfahren. Weitere Möglichkeiten zur Dosimetrie ergeben sich z. B. aus der Trübung von Gläsern oder organischen Polymeren, aus der Verfärbung von Kristallen, der Änderung der Leitfähigkeit von Halbleitern oder aus der Abtötungsrate von Bakterien o. ä. durch ionisierende Strahlen. Diese Systeme werden jedoch in der biophysikalischen Strahlendosimetrie wenig eingesetzt.

6.3 Beschreibung und Deutung der Strahlenwirkung

6.3.1 Dosiseffektkurven und Treffertheorie

Zur quantitativen Beschreibung biologischer Strahlenwirkungen werden häufig Dosiseffektkurven verwandt. Trägt man dabei den Logarithmus eines quantitativ angebbaren Strahleneffekts (z. B. Überlebensrate von Viren, Bakterien oder Zellkulturen, Restaktivität von Enzymen oder auch Ertrag von Nutzpflanzen) über der Dosis auf, so ergeben sich 4 typische Kurvenformen (Abb. 6.3).

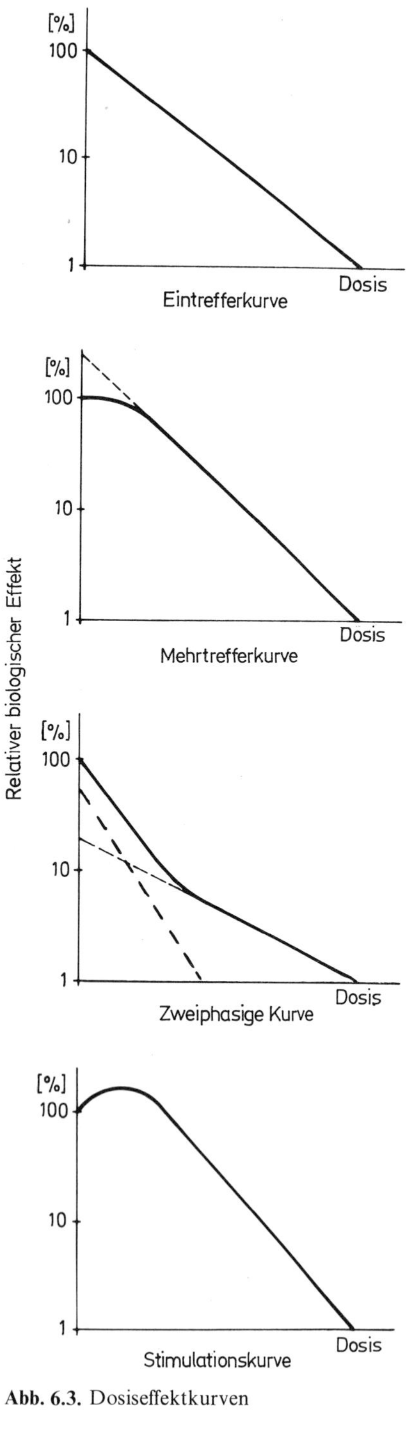

Abb. 6.3. Dosiseffektkurven

1. Exponentielle „Ein-Treffer-Kurve". In diesem einfachsten Fall, der häufig bei der Inaktivierung von Viren und von Enzymen anzutreffen ist, folgt die Schädigung einem Exponentialgesetz, d.h. die Dosiseffektkurve ist in halblogarithmischer Darstellung eine Gerade, die man durch die Gleichung

$$N = N_0 \cdot e^{-D/D_0}$$

darstellen kann.

Die Treffertheorie versucht, den statistischen Prozeß der Strahlenabsorption mit den verschiedenen Formen der Dosiseffektkurven dadurch in Verbindung zu bringen, daß sie in der Zelle oder dem Molekül strahlenempfindliche Volumina (targets) fordert, innerhalb derer eine Ionisation (oder Anregung) erfolgen muß, um Zelle oder Molekül zu inaktivieren.

Ein rein exponentieller Kurvenverlauf ergibt sich dann, wenn zur Inaktivierung in nur einem vorhandenen Treffbereich gerade ein Treffereignis stattfinden muß (Ein-Trefferkurve).

2. Schulterkurven. Bei der Bestrahlung von Bakterien und höheren Organismen ergeben sich oft Dosiseffektkurven, die eine „Schulter" aufweisen; d.h. daß bei niedrigen Dosen nur geringe Strahleneffekte auftreten und die Kurve erst für höhere Dosen einen exponentiellen Verlauf annimmt. Diese Kurvenform läßt sich nach der Treffertheorie so deuten, daß im Organismus entweder mehrere Treffbereiche getroffen werden müssen, um den beobachteten Strahleneffekt zu erreichen, oder daß dazu in einem Treffbereich mehrere Treffereignisse stattfinden müssen. Mathematisch sind beide Fälle verschieden, jedoch reicht die experimentelle Meßgenauigkeit meist nicht zur Unterscheidung aus. Die Extrapolation des exponentiellen Teils der Schulterkurve auf die Dosis 0 gibt einen Hinweis auf die Zahl der notwendigen Treffer oder der vorhandenen Treffbereiche.

3. Zweiphasige Dosiseffektkurven. „Durchhängende" Dosiseffektkurven ergeben sich immer dann, wenn in der bestrahlten Zellpopulation Individuen unterschiedlicher Strahlenempfindlichkeit vorhanden sind, z. B. Bakterienstämme unterschiedlicher Sensibilität oder Zellen in verschiedenen Stadien des Zellzyklus. Bei niedrigen Dosen wird in diesem Fall bevorzugt der empfindlichere Teil der Population geschädigt, bei höheren Dosen auch der weniger empfindliche. Die relativen Strahlenempfindlichkeiten lassen sich in einfachen Fällen auch hier durch Extrapolation der beiden exponentiellen Teile der Kurve ermitteln.

4. „Stimulationskurven". Bei der Bestrahlung höherer Pflanzen, aber auch bei Bakterien, Pilzen und Tieren, zeigt es sich manchmal, daß bei niedrigen Strahlendosen „positive" Strahleneffekte auftreten, daß also Merkmale wie Ertrag, Pflanzenlänge oder auch RNA-Syntheserate gegenüber der unbestrahlten Kon-

trolle erhöht werden. Die Dosiseffektkurve steigt also über die 100%-Linie, bevor sie bei höheren Dosen, im allgemeinen wiederum exponentiell, abfällt. Treffertheoretisch läßt sich dieser Verlauf nur schwer deuten: Man muß annehmen, daß durch das Inaktivieren nur eines oder weniger Treffbereiche Prozesse in Gang gesetzt werden, die den entstandenen Schaden reparieren oder sogar überkompensieren können.

6.3.2 Direkte und indirekte Strahlenwirkung

Die Treffertheorie geht davon aus, daß innerhalb einer Zelle ein definierter Bereich direkt getroffen werden muß, um die Zelle zu schädigen. Wegen der statistischen Verteilung der Ionisierungen und Anregungen in Materie werden aber die meisten Energieabsorptionen außerhalb dieser Bereiche stattfinden und hier chemisch reaktive Produkte bilden. Diese können in der Zelle diffundieren und sekundär biologisch wichtige Makromoleküle oder Strukturen schädigen. Die Wahrscheinlichkeit für eine solche indirekte Strahlenwirkung hängt natürlich stark von den Konzentrationsverhältnissen in der Zelle ab und davon, ob dritte Reaktionspartner vorhanden sind, die mit den Primärprodukten reagieren können, ob also Konkurrenzreaktionen zum biologisch wichtigen Prozeß ablaufen. In welchem Maß eine Strahlenschädigung *in vivo* auf direkter oder indirekter Wirkung beruht, ist nur schwer festzustellen: Die Wirkung von „Strahlenschutzstoffen", die beim Vorhandensein in der Zelle den Strahleneffekt reduzieren, läßt zwar — durch Konkurrenzreaktion — auf eine indirekte Wirkung schließen, aber auch bei direkter Strahlenwirkung lassen sich entsprechende „Schutzreaktionen" denken.

In vitro läßt sich im allgemeinen diese Unterscheidung leichter durchführen: Bei direktem Strahleneffekt muß bei konstanter Dosis die Anzahl geschädigter Moleküle in Lösung proportional der Konzentration sein, bei indirekter Wirkung aber unabhängig davon.

6.3.3 Energieübertragungsprozesse, Reaktionsgeschwindigkeiten, Impulsphoto- und -radiolyse

Unabhängig von der Kenntnis des Ablaufs der Strahlenreaktion kann man die Energieausbeute angeben:

$$G = \frac{\text{Zahl der gebildeten oder veränderten Moleküle}}{100\ \text{eV absorbierte Energie}}.$$

Besonders bei indirekter Strahlenwirkung kann dieser Wert stark vom Vorhandensein und der Konzentration dritter Lösungspartner abhängig sein.

Eine exakte Beschreibung des Reaktionsablaufs ist nur bei Kenntnis der einzelnen Reaktionsschritte und ihrer Darstellung durch Reaktionsgleichungen möglich. Die Bildungsgeschwindigkeit eines Produktes X hängt von der Konzentration eines oder mehrerer Reaktionspartner ab:

$$\frac{dx}{dt} = k \cdot f(a, b, c, \ldots).$$

Die dabei auftretende Konstante k ist die Reaktionsgeschwindigkeitskonstante. In einfachen Fällen lassen sich Reaktionen durch Differentialgleichungen niedriger ganzzahliger Ordnung beschreiben (Tab. 6.2). Die Molekularität einer Reaktion (d.h. die Zahl der daran beteiligten Moleküle) stimmt mit der Ordnung der Differentialgleichung aber nur bei einem einzelnen Reaktionsschritt überein, nicht bei gekoppelten Reak-

Tabelle 6.2. Reaktionsgleichungen

Ordnung	Reaktionsgleichung in Differentialform	Reaktionsgleichung in Integralform	Dimension von k
0.	$\frac{dx}{dt} = k_0$	$k_0 t = x$	mol s^{-1}
1.	$\frac{dx}{dt} = k_1(a-x)$	$k_1 t = \ln \frac{a}{a-x}$ oder: $(a-x) = a \cdot e^{-k_1 t}$	s^{-1}
2.	$\frac{dx}{dt}\ k_2(a-x)^2$	$k_2 t = \frac{x}{a(a-x)}$	$\text{mol}^{-1}\,\text{s}^{-1}$
2.	$\frac{dx}{dt} = k_2(a-x)(b-x)$	$k_2 t = \frac{1}{a-b} \ln \frac{b(a-x)}{a(b-x)}$	$\text{mol}^{-1}\,\text{s}^{-1}$
Pseudo 1. ($a \ll b$)	$\frac{dx}{dt} = k_2(a-x)(b-x)$	$k_2 t = \frac{1}{b} \ln \frac{a}{a-x}$	$\text{mol}^{-1}\,\text{s}^{-1}$
3.	$\frac{dx}{dt} = k_3(a-x)^3$	$k_3 t = \frac{1}{2(a-x)^2} - \frac{1}{2a^2}$	$\text{mol}^{-2}\,\text{s}^{-1}$

Dabei sind x = Konzentration eines Reaktionsproduktes
a, b = Konzentration von Reaktionspartnern
$k_0 \ldots k_3$ = Reaktionsgeschwindigkeitskonstanten.

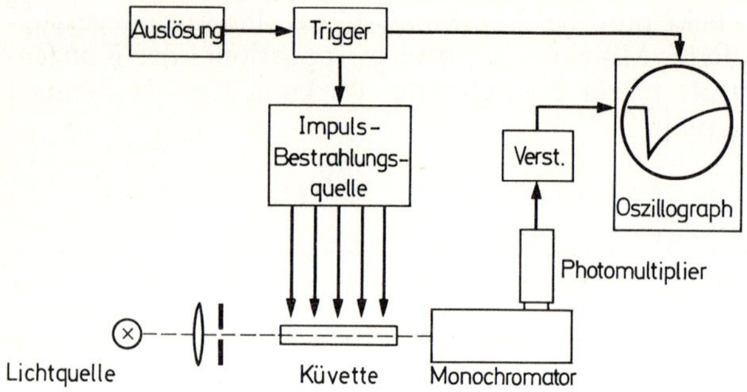

Abb. 6.4. Anlage zur Impulsphoto- oder -radiolyse (Prinzip)

tionen:

$$A + B \xrightarrow{k_2} C \xrightarrow{k_1} D + E$$

Hier lassen sich drei Fälle unterscheiden.

1. $k_2 \gg k_1$ (k_1 geschwindigkeitsbestimmend) Gesamtreaktion bimolekular, Gleichung 1. Ordnung,

2. $k_2 \ll k_1$ (k_2 geschwindigkeitsbestimmend) Gesamtreaktion bimolekular, Gleichung 2. Ordnung,

3. $k_2 \approx k_1$ (beide k geschwindigkeitsbestimmend) Gesamtreaktion bimolekular, Ordnung der Gleichung nicht ganzzahlig.

Zur Bestimmung der Reaktionsgeschwindigkeitskonstanten von Strahlen- und Photoreaktionen sind die Methoden der Impulsradio- und -photolyse gut geeignet. Bei ihnen wird ein kurzer Impuls ($10^{-3} > t > 10^{-9}$ s) ionisierender oder optischer Strahlung hoher Intensität in das zu untersuchende System (meistens eine Lösung) eingestrahlt und erzeugt dort Primärprodukte in relativ hoher Konzentration. Diese, sowie der Auf- und Abbau von Folgeprodukten lassen sich mit Hilfe schneller Analyseverfahren, bei denen die kinetische Absorptionsspektrometrie und kinetische Leitfähigkeitsmessungen eine besondere Rolle spielen, messend verfolgen (Abb. 6.4). Aus den erhaltenen Kurven lassen sich dann die Reaktionsgeschwindigkeitskonstanten berechnen.

6.4 Molekulare Strahleneffekte

6.4.1 Strahlenchemie des Wassers

Wegen des hohen Wassergehalts der meisten biologischen Systeme hat die Wasserradiolyse und die Reaktion ihrer Folgeprodukte eine besonders große Bedeutung für die indirekte Strahlenwirkung. Nach der primären Ionisation

$$H_2O + h\nu \rightarrow H_2O^+ + e^-$$

können folgende Sekundärreaktionen stattfinden (Abb. 6.5):

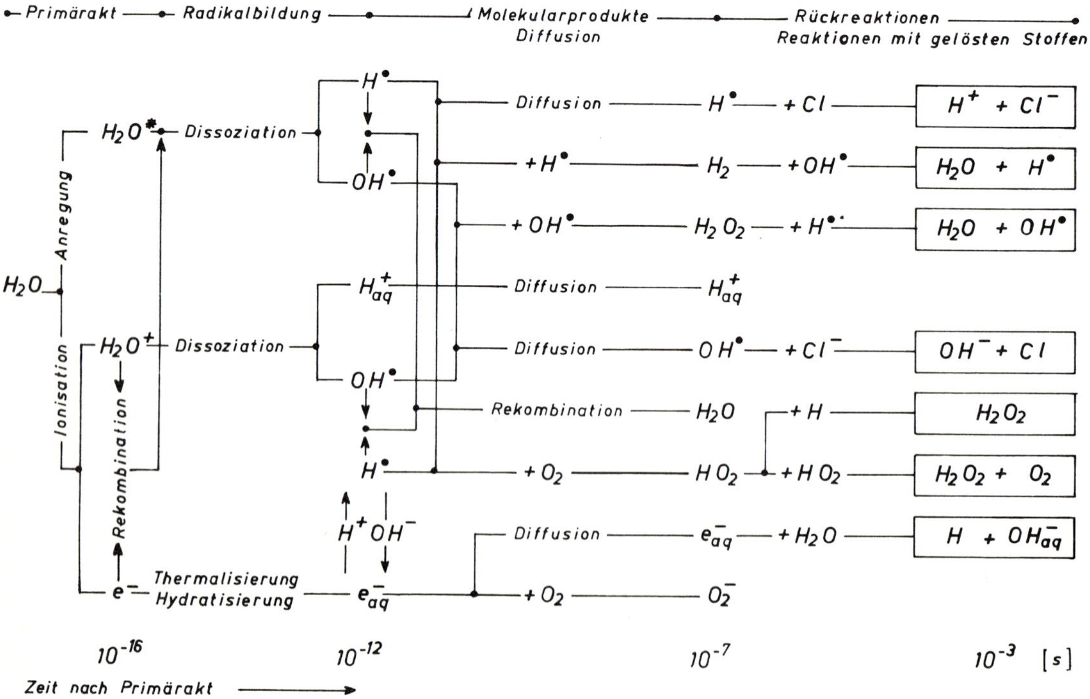

Abb. 6.5. Ablauf der Strahlenreaktion in Wasser

Samuel und Maggee berechneten, daß das freie Elektron noch im Nahfeld des Mutterions seine kinetische Energie verliert und mit ihm rekombiniert:

$$H_2O^+ + e^-_{th} \rightarrow H_2O^* .$$

Das angeregte Wassermolekül dissoziiert dann zu den Radikalen:

$$H_2O^* \rightarrow H^\cdot + OH^\cdot ,$$

die genug kinetische Energie besitzen, um frei diffundieren und mit dritten Reaktionspartnern reagieren zu können.

Nach Platzman und Fröhlich gibt das Elektron seine Energie nur in kleinen Schritten ab und ist bei seiner Thermalisierung etwa 15 nm vom Mutterion entfernt, so daß eine Rekombination unwahrscheinlich ist. Es ist dann von einer Hülle orientierter Wasserdipole umgeben, die die Reaktionsfähigkeit des „hydratisierten Elektrons" stark verringern.

$$e^-_{th} + n\, H_2O \rightarrow e^-_{aq} .$$

Das Mutterion dissoziiert zu

$$H_2O^+ \rightarrow H^+ + OH^\cdot ,$$

während das hydratisierte Elektron im Sauren zu

$$e^-_{aq} + H^+ \rightarrow H^\cdot + n\, H_2O$$

reagiert. Auch hier entstehen also als Hauptprodukte $H^\cdot$ und $OH^\cdot$-Radikale, die sich in ihrer räumlichen Verteilung aber von den nach Samuel und Maggee direkt entstehenden unterscheiden.

Daneben entstehen durch Rückreaktionen Molekularprodukte:

$$H^\cdot + OH^\cdot \rightarrow H_2O$$
$$H^\cdot + H^\cdot \rightarrow H_2$$
$$OH^\cdot + OH^\cdot \rightarrow H_2O_2 .$$

Diese Prozesse sind nach etwa 10^{-7} s abgeschlossen, so daß in reinem Wasser dann im wesentlichen folgende Produkte für weitere Reaktionen zur Verfügung stehen:

$$H^\cdot, OH^\cdot, e^-_{aq}, H_2, H_2O_2 .$$

6.4.2 Radikale und Molekularprodukte

Radikale zeichnen sich durch ein ungepaartes Elektron in ihrer äußeren Schale aus und sind darum besonders reaktionsfähig. Sie werden durch einen hochgestellten Punkt gekennzeichnet. Ebenso wie $H^\cdot$ und $OH^\cdot$ ist auch das hydratisierte Elektron, als H_2O^- betrachtet, ein Radikal. Typische Beispiele für die Reaktion dieser Radikale mit organischen Molekülen der Form RH sind:

$$RH + OH^\cdot \rightarrow R^\cdot + H_2O$$
$$RH + H^\cdot \rightarrow R^\cdot + H_2$$
$$RH + e^-_{aq} \rightarrow RH^- + n\, H_2O .$$

Tabelle 6.3. Reaktionsgeschwindigkeitskonstanten k_2 von Wasserradikalen mit einigen wichtigen Reaktionspartnern $[l \cdot mol^{-1} s^{-1}]$. (Nach Hart, 1971)

Reaktionspartner	Radikal		
	e^-_{aq}	$H^\cdot$	$OH^\cdot$
e^-_{aq}	$6 \cdot 10^9$	$2{,}5 \cdot 10^{10}$	$3{,}0 \cdot 10^{10}$
$H^\cdot$	$2{,}5 \cdot 10^{10}$	$2{,}0 \cdot 10^{10}$	$2 \cdot 10^{10}$
$OH^\cdot$	$3{,}0 \cdot 10^{10}$	$2 \cdot 10^{10}$	$6 \cdot 10^9$
H_2O	16,0		
O_2	$1{,}9 \cdot 10^{10}$	$2{,}2 \cdot 10^{10}$	
H_2O_2	$1{,}23 \cdot 10^{10}$	$9 \cdot 10^7$	$4{,}5 \cdot 10^7$
CO_2	$7{,}7 \cdot 10^9$	$< 10^6$	$3{,}0 \cdot 10^8$
CH_3OH	$< 1{,}0 \cdot 10^4$	$1{,}6 \cdot 10^6$	$5{,}0 \cdot 10^8$
Thymin	$1{,}7 \cdot 10^{10}$	$2{,}3 \cdot 10^8$	$4{,}6 \cdot 10^9$
Thymidin		$2{,}5 \cdot 10^8$	$3{,}9 \cdot 10^9$
Uracil	$7{,}7 \cdot 10^9$		$4{,}5 \cdot 10^9$
Cytosin	$8{,}0 \cdot 10^9$		$4{,}2 \cdot 10^9$
Cytidin	$1{,}2 \cdot 10^{10}$		$3{,}9 \cdot 10^9$
Adenin	$3{,}1 \cdot 10^{10}$	$7{,}9 \cdot 10^7$	$4{,}3 \cdot 10^9$
Adenosin	$1{,}0 \cdot 10^{10}$	$1{,}4 \cdot 10^8$	$3{,}6 \cdot 10^9$

Bei direkter Strahlenwirkung tritt dagegen vorwiegend die Reaktion

$$RH \xrightarrow{h\nu} R^\cdot + H^\cdot$$

auf.

Unter den Molekularprodukten ist besonders das H_2O_2 sehr reaktionsfähig:

$$RH + H_2O_2 \rightarrow ROH + H_2O .$$

Als Folge der Wasserradiolyse überwiegen also Oxidationsreaktionen. Tabelle 6.3 gibt die Reaktionsgeschwindigkeitskonstanten von Wasserradikalen mit einigen wichtigen Reaktionspartnern an.

6.4.3 Modifizierung der Strahlenwirkung

6.4.3.1 Sauerstoffeffekt und Rückreaktionen

Sauerstoff ist in biologischen Systemen meistens in ziemlich hoher Konzentration vorhanden und beeinflußt wesentlich die Weiterreaktion der Wasserradikale. Dies geschieht einerseits durch die Bildung hochreaktiver und langlebiger Molekular- und Radikalprodukte:

$$H^\cdot + O_2 \rightarrow HO_2^\cdot$$
$$HO_2^\cdot + H^\cdot \rightarrow H_2O_2$$
$$e^-_{aq} + O_2 \rightarrow O_2^- + n\, H_2O .$$

Andererseits werden organische Peroxide gebildet:

$$R^\cdot + O_2 \rightarrow RO_2^\cdot ,$$

welche mit weiteren organischen Molekülen zu einer Kettenreaktion führen können:

$$RO_2^\cdot + RH \rightarrow RO_2H + R^\cdot .$$

Diese Reaktionen bewirken, daß bei Röntgen- und γ-Bestrahlung der biologische Effekt durch die Anwesenheit von O_2 wesentlich verstärkt wird. Der „Sauerstoffverstärkungsfaktor“ [Oxygen Enhancement Ratio (*OER*)] liegt allgemein zwischen 2 und 3; bei Strahlung hoher LET ist er wesentlich geringer.

Auch beim oben erwähnten „Fricke-Dosimeter“ spielt der Sauerstoff eine wesentliche Rolle. Die Gesamtreaktion ist hier

$$2H_2O + O_2 + 4Fe^{2+} \xrightarrow{h\nu} 4Fe^{3+} + 4OH^- .$$

Andere anorganische Reaktionspartner können dagegen die Wirkung der Wasserradikale drastisch reduzieren:

$$Cl^- + OH^\bullet \rightarrow Cl^\bullet + OH^-$$
$$Cl^\bullet + Cl^\bullet \rightarrow Cl_2$$
$$Cl^\bullet + H^\bullet \rightarrow Cl^- + H^+ .$$

Auch hier ist also eine Kettenreaktion von wesentlicher Bedeutung.

6.4.3.2 Reparaturprozesse, Sensibilisatoren

Modifikationen der Strahlenwirkung sind auf drei Ebenen möglich: Auf der Radikalstufe, auf der Stufe der Makromoleküle und im Bereich metabolischer Prozesse. Ebenso wie O_2 und Cl^- auf der Radikalebene wirken und deren Wirksamkeit drastisch erhöhen oder erniedrigen, gibt es zahlreiche andere „Radikalfänger“ wie z.B. Histidin, die durch ihre hohe Reaktionsgeschwindigkeit mit Wasserradikalen deren biologische Wirksamkeit stark reduzieren können.

Eine Reihe organischer Verbindungen, insbesondere solche mit -SH Gruppen (wie Cystein oder Cysteamin), haben die Fähigkeit, organische Radikale durch Wasserstoffübertragung zu „heilen“ und dabei selbst in die Dimerenform überzugehen:

$$R^\bullet + RSH \rightarrow RH + RS^\bullet$$
$$RS^\bullet + RS^\bullet \rightarrow RS{-}SR .$$

Allerdings ist dieser Prozeß nur möglich, wenn nicht zuvor durch Sauerstoffeinwirkung bereits ein organisches Peroxiradikal der Form $RO_2^\bullet$ entstanden ist.

Andererseits läßt sich experimentell die Strahlenempfindlichkeit von Zellen bis zum Faktor 4 erhöhen, wenn in die DNA dieser Zelle anstelle von Thymin eine halogen-substituierte Pyrimidinbase wie 5-Brom-Uracil eingebaut wird.

All diese Modifikationen der Strahlenwirkung auf der Radikal- oder Molekülbasis werden nur dann wirksam, wenn die „Strahlenschutzstoffe“ oder die „Sensibilisatoren“ bereits *während* der Bestrahlung in der Zelle vorhanden sind.

Die Abhängigkeit der Strahlenwirkung von der Dosisleistung in dem Sinne, daß bei niedriger Dosisleistung oder zeitlich fraktionierter Bestrahlung der Strahleneffekt verringert ist, deutet darauf hin, daß auch relativ langsame metabolische Prozesse Strahlenschäden reparieren können. Das gilt jedoch nur für Strahleneffekte, die durch eine Dosiseffektkurve mit „Schulter“ beschrieben werden können, d.h. daß enzymatische Prozesse in der Lage sind, „subletale“ Schäden zu reparieren. Schäden, die durch Strahlung hoher LET bewirkt wurden, lassen sich im allgemeinen daher nicht reparieren.

Zellen oder Organismen sind häufig neben einer Bestrahlung weiteren chemischen oder physikalischen Belastungen ausgesetzt, die bereits für sich allein Schädigungen hervorrufen können. Kombinierte Effekte von Strahlung und solch anderen Belastungen sind noch wenig untersucht; es gibt aber Hinweise darauf, daß beide Agentien nicht immer unabhängig voneinander wirken, so daß sich ihre Effekte addieren, sondern daß Synergismen auftreten können, die zu einer Verstärkung oder einer Verminderung der Gesamtwirkung führen können. Besonders im Bereich niedriger Strahlendosen und geringer Schadstoffkonzentrationen müßten solche Kombinationswirkungen zu einer neuen Betrachtung strahlenbiologischer Grundkonzepte führen.

6.5 Strahlenwirkung auf Biomoleküle und molekulare Strukturen

6.5.1 Strahlenwirkung auf Proteine

Proteine liegen in der Zelle als Strukturelemente und als Enzyme vor, die den gesamten Zellmetabolismus steuern. Sie sind Polypeptide mit Molekulargewichten zwischen 10^3 und 10^6, die durch Wasserstoffbrückenbindungen eine definierte und für ihre Funktion wichtige Sekundär- und Tertiärstruktur einnehmen.

Die Schädigungsdosen *in vitro* liegen bei einigen 10 Gy, wobei die indirekte Strahlenwirkung eine wesentliche Rolle spielt. Mit dem $OH^\bullet$ Radikal reagieren besonders schnell die aromatischen Aminosäuren sowie die schwefelhaltigen Aminosäuren Methionin, Cystein und Cystin. Die drei letzteren werden auch durch das hydratisierte Elektron stark angegriffen. Bei direkter Strahlenwirkung, d.h. direkter Ionisation des Proteins, tritt ebenfalls eine Energieübertragung auf; der Schaden manifestiert sich meistens am α-Kohlenstoff eines Glycin- oder am Schwefel eines Cystein- oder Cystinrestes.

Auch *in vivo* liegt die Schädigungsdosis für Enzymfunktionen bei einigen 10 Gy und damit etwa eine Größenordnung höher als die für Zellen. Enzyme liegen in der Zelle in großer Mannigfaltigkeit und in sehr verschiedenen Konzentrationen vor. Da sie darüber hinaus ständig neu synthetisiert werden, könnte der Ausfall einzelner Enzyme biologisch relativ irrelevant sein. Es ist aber nicht auszuschließen, daß spezielle Enzyme hoher Strahlensensibilität nur in äußerst geringer Konzentration vorhanden sind, deren Schädigung zum Zusammenbruch des Metabolismus führen könnte. Allerdings sind solche Proteine bisher nicht isoliert und nachgewiesen worden.

Die Strahlenempfindlichkeit von Enzymen *in vivo* ist allgemein höher als die *in vitro*. Das läßt darauf schließen, daß in der Zelle zusätzliche Mechanismen zur Schädigung der Funktion beitragen. Diese könnten durch Strahleneffekte an Strukturelementen der Zelle, wie z. B. Membranen, bedingt sein. Über die hier vorliegenden Wirkungsmechanismen ist jedoch nichts bekannt.

6.5.2 Strahlenwirkung auf Nucleinsäuren

Die Nucleinsäuren werden häufig als bestimmendes Element für die Strahlenschädigung biologischer Systeme angesehen, weil sie (als DNA) Träger des genetischen Codes sind und (als RNA) entscheidende Übertragungsfunktionen bei der Proteinsynthese haben. Auch die gute Korrelation der Strahlenempfindlichkeit verschiedener Pflanzenarten mit ihrem Nucleinsäuregehalt im Kern (dem sog. Interphasechromosomenvolumen) deutet in diese Richtung. Dabei muß man davon ausgehen, daß bereits die Änderung oder der Ausfall nur einer Base unter zehntausend besonders dann biologisch wirksam sein kann, wenn eine wichtige Information nur einmal pro Zelle vorliegt. Eine solche Änderung wird jedoch noch nicht nachweisbar sein. Ein chemischer Nachweis von Änderungen an den Nucleinsäuremolekülen läßt sich erst bei recht hohen Strahlendosen führen, wobei besonders Kettenbrüche und Basenänderungen von Bedeutung sind.

Brüche des einzelnen DNA-Stranges lassen sich vorwiegend auf eine Zerstörung der Phosphatesterbindung zurückführen; sie lassen sich durch physikochemische Methoden (Messung von Viskosität, Sedimentation, Streuung oder Strömungsdoppelbrechung) nachweisen. Der Bruch einer doppelsträngigen DNA erfolgt dann, wenn in beiden Ketten im Abstand weniger Basen eine solche Bindung zerstört wird. Die Wahrscheinlichkeit hierfür ist wesentlich geringer als für den Bruch der Einzelkette; während letzterer als Eintrefferprozeß darstellbar ist, folgt der Doppelstrangbruch den Gesetzen des Zweitrefferprozesses. *In vivo* herrscht direkte Strahlenwirkung vor, was offenbar auf eine Abschirmung der DNA gegenüber Radikaleinwirkung durch Proteine (Histone) zurückgeführt werden kann. In wäßriger Lösung ist die Strahlenempfindlichkeit der DNA dadurch wesentlich erhöht, daß hier auch Radikale einen indirekten Strahleneffekt bewirken können, der z.B. durch den Radikalfänger Histidin reduziert wird.

Basenschäden können ebenfalls sowohl durch direkte als auch durch indirekte Strahlenwirkung auftreten (Basenfreisetzung, Öffnung des Imidazolrings oder des heterocyclischen Sechserrings). Dabei sind die Pyrimidinbasen Thymin, Uracil und Cytosin etwa 100mal empfindlicher als die Purinbasen Guanin und Adenin. UV-Bestrahlung führt bei den Pyrimidinbasen, besonders beim Thymin, zur Bildung von Dimeren, die bei Bestrahlung mit sichtbarem Licht wieder zerfallen.

6.5.3 Strahlenwirkung auf Membranstrukturen

Membranen steuern in der Zelle den Stofftransport und sind als Strukturelemente wesentlich an bioenergetischen Prozessen beteiligt. Strahlenwirkungen auf Membransysteme lassen sich bei sehr unterschiedlichen Strahlendosen nachweisen: Die an das endoplasmatische Retikulum gebundene Proteinsynthese und die an der Chloroplastenmembran stattfindende Photosynthese sind sehr strahlenunempfindlich. Eine veränderte Na^+- und K^+-Permeation an äußeren Zellmembranen und an Nervenzellen läßt sich erst bei ca. 100 Gy nachweisen, funktionelle Störungen am Zentralnervensystem treten jedoch schon ab etwa 0,5 Gy auf.

Lysosomen, kleine Membransäcke, die katabolische Enzyme enthalten, könnten durch eine strahlenbedingte unkontrollierte Freisetzung dieser Enzyme schwere metabolische Schäden hervorrufen. Tatsächlich findet man nach Bestrahlung in der Zelle eine erhöhte Konzentration lysosomaler Enzyme; wie weit diese für eine Zellschädigung verantwortlich sind, ist jedoch noch nicht nachgewiesen.

Die oxidative Phosphorylierung, die am Membransystem der Mitochondrien abläuft, ist offenbar recht strahlenempfindlich: Lebermitochondrien brechen bereits bei ca. 10 Gy auf, wobei sich die oxidative Phosphorylierung drastisch verringert: im Thymus wurde ihre Reduzierung bereits nach 0,25 Gy nachgewiesen.

6.6 Strahlenwirkung auf Zellen und Organismen

6.6.1 Strahlenwirkung auf die Zelle

Nach Bestrahlung mit sehr hohen Dosen im Bereich von einigen 10 Gy erleiden alle Zellen den „Interphasetod“, d.h. der gesamte Zellmetabolismus bricht zusammen, ohne daß dies auf einen bestimmten Initialprozeß zurückgeführt werden könnte.

Bei teilungsfähigen Zellen tritt eine Schädigung bereits nach sehr viel niedrigeren Dosen ein. Bergonié und Tribondeau fanden bereits 1906, daß Röntgenstrahlen am stärksten auf die Zellen wirken, die die größte reproduktive Aktivität, die längste Mitosephase und die geringste morphologische und funktionelle Differenzierung besitzen. Dieser „reproduktive“ Tod ist als der Verlust der unbegrenzten Teilungsfähigkeit definiert; Zellen werden erst dann als überlebend gezählt, wenn sie mindestens 5–6 Teilungsschritte durchlaufen, also 32–64 Tochterzellen gebildet haben.

Die Strahlenempfindlichkeit während des Zellzyklus variiert stark, man findet allgemein eine Abnahme in der Richtung $M > G_2 > G_1 >$ S-Phase (Abb. 6.6). Da auch die Dosiseffektkurven für die Bestrahlung in verschiedenen Zellphasen unterschiedliche Formen ha-

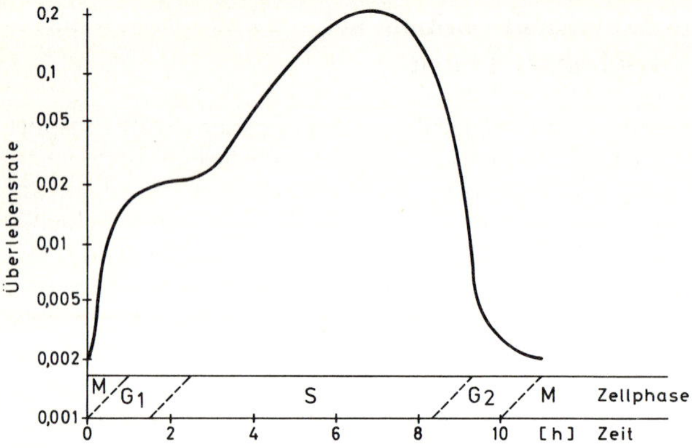

Abb. 6.6. Variation der Strahlenempfindlichkeit innerhalb des Zellzyklus. (Nach Sinclair). Chinesischer Hamster, $D = 7{,}1$ G

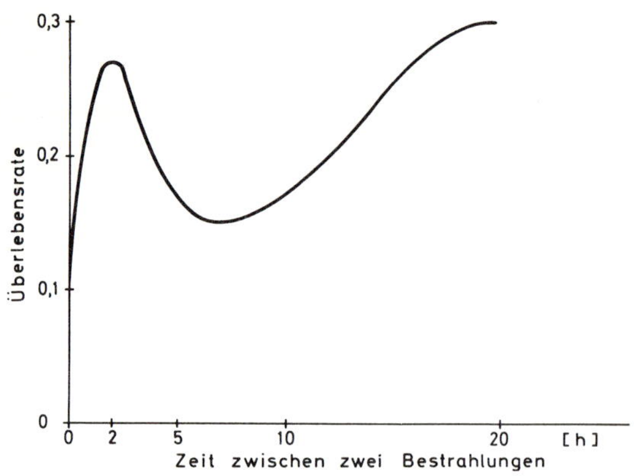

Abb. 6.7. Einfluß des zeitlichen Abstandes zweier Strahlendosen von je 1,5 Gy auf die Überlebensrate von Zellen (Nach Elkind)

ben, kann man auf unterschiedliche Wirkungsmechanismen schließen. Bereits bei subletalen Strahlendosen tritt eine Verlängerung des Zellcyklus und eine Mitoseverzögerung ein. Auch dieser Effekt ist abhängig von der bestrahlten Zellphase.

Teilt man eine Gesamtdosis in zwei oder mehr Fraktionen auf, die man mit zeitlichem Abstand appliziert, so ist der Effekt der „fraktionierten" Bestrahlung wesentlich geringer als der der Einzelbestrahlung. Das läßt auf die Existenz von Reparaturprozessen schließen, die in der Lage sind, subletale Strahlenschäden zu eliminieren. Der zeitliche Abstand zwischen zwei Strahlenfraktionen spielt dabei eine wesentliche Rolle (Abb. 6.7).

Nach einer Behandlung mit dicht ionisierender Strahlung (hohe LET) treten sowohl die Empfindlichkeitsvariationen während des Zellzyklus als auch Reparaturprozesse in wesentlich verringertem Maße auf.

6.6.2 Genetische Strahlenwirkungen

Als Folge der bereits besprochenen Strahlenwirkungen an der DNA können einerseits Chromatid- und Chromosomenbrüche auftreten und andererseits — durch Basenänderung — punktuelle Änderungen der genetischen Information. Beide Erscheinungen können entweder bereits in der Mutterzelle letal sein, oder zu Mutationen — sprunghaften Änderungen der Erbanlagen — führen, die erst in den Folgegenerationen auftreten. Die meisten dieser Mutationen sind allerdings rezessiv, d. h., sie kommen nur zum Ausdruck, wenn in einer späteren Generation zwei gleichartig mutierte Gene aufeinandertreffen.

Untersuchungen der Dosiseffektkurven für Mutationen an der Fruchtfliege Drosophila haben gezeigt, daß die Mutationshäufigkeit linear mit der Dosis zunimmt und nicht von der Dosisleistung abhängt. Das bedeutet, daß bereits geringste Strahlendosen zu einer Erhöhung der Mutationsrate führen und sich die Strahlenwirkung über lange Zeiträume akkumuliert. Die Verdoppelungsdosis für die natürliche Mutationsrate beim Menschen wird auf 0,5 Gy geschätzt.

An Mäusen haben neuere Versuche jedoch gezeigt, daß bei einer Reduzierung der Dosisleistung um den Faktor 10^4 etwa 3–4mal weniger Mutationen auftreten, daß also auch für genetische Strahlenwirkungen möglicherweise ein Reparaturmechanismus vorhanden ist.

6.6.3 Strahlenstimulation

Dosiseffektkurven, die einen quantitativen Parameter — wie etwa die Ertragsleistung von Pflanzen — beschreiben, zeigen oft anstelle einer Schulter einen positiven, über die 100% Linie bei niedrigen Dosen hinausgehenden Verlauf. Das Maximum dieses positiven „Stimulations"-Bereich liegt meist etwa bei einem Zehntel der LD_{50}. Obgleich dieser Effekt praktisch bereits in hohem Maße zur Ertragsverbesserung eingesetzt wird, ist sein Auftreten stark und in nicht vorhersehbarem Maße von Umwelteinflüssen abhängig und oft nur schwer reproduzierbar. Man führt den Stimulationseffekt darauf zurück, daß durch niedrige Strahlendosen Reparaturprozesse inganggesetzt werden, die den gesetzten Strahlenschaden überkompensieren und damit zu einem im Ganzen erhöhten Metabolismus führen. Über die Natur dieses Effekts ist noch wenig bekannt; in einigen untersuchten Systemen scheint eine erhöhte RNS-Synthese und eine Verschiebung des NAD-$NADH_2$-Verhältnisses beteiligt zu sein.

6.7 Strahlengefährdung und Strahlenschutz

6.7.1 Natürliche und zivilisatorische Strahlenbelastung

Eine wesentliche Grundlage für die Abschätzung des Strahlenrisikos ist die Kenntnis der natürlichen Strahlenbelastung und ihrer Relation zu zivilisatorischen Strahlenquellen. Die natürliche Strahlenbelastung wirkt sowohl von außen als auch intern (durch Aufnahme von Radionukliden in den Körper) auf den Menschen. Sie setzt sich aus zwei Komponenten zusammen: Die *Höhenstrahlung* stammt von der Sonne und aus dem Weltraum und enthält primär Röntgenstrahlen und sehr energiereiche Protonen. Durch Wechselwirkungen mit den äußeren Luftschichten entstehen zahlreiche Folgeprodukte (e^-, e^+, γ, n, ...), die z. T. schon in der Atmosphäre absorbiert werden, teilweise die Erdoberfläche erreichen oder auch tief in die Erde eindringen können. Durch Kernreaktionen mit Luftkomponenten entstehen auch die Radionuklide ^{14}C und ^{3}H aus der Höhenstrahlung. Die *terrestrische Strahlung* stammt von natürlichen Radionukliden in der Erdoberfläche, die Halbwertzeiten von über 10^9 Jahren haben, vorwiegend ^{40}K, ^{238}U und ^{232}Th. Die beiden letzteren sind die Ausgangspunkte radioaktiver Zerfallsreihen, die kurzlebige feste und gasförmige Elemente enthalten, so daß sie auch in der Luft und als Aerosol zu finden sind.

Die natürlichen Radionuklide und ihre Folgeprodukte können sowohl über die Nahrungskette als auch über die Atemluft in den Körper aufgenommen werden und bewirken dort eine zusätzliche „interne" Bestrahlung.

Tabelle 6.4 gibt einige Werte der natürlichen Strahlenbelastung. Diese Daten sind jedoch nur Richtwerte; sie variieren stark mit der Höhe über dem Meeresspiegel und der geologischen Formation: Bereits bei einer Höhe von 2000 m ü. d. M. ergibt die Höhenstrahlung einen Beitrag von etwa 1,2 mSv/Jahr, in Monazitgebieten in Indien und Brasilien, deren Böden hohe Thoriumgehalte aufweisen, steigt die terrestrische Strahlenbelastung bis zu einem Wert von 100 mSv/Jahr an.

Eine zusätzliche „zivilisatorische" Strahlenbelastung resultiert vornehmlich aus der medizinischen Anwendung von ionisierenden Strahlen und Radionukliden, aus dem Betrieb von Kernkraftwerken und dem beruflichen Umgang mit radioaktiven Stoffen in Industrie und Wissenschaft und aus den Tests von Kernwaffen. Erhebungen in Großbritannien haben ergeben, daß die medizinische Strahlenanwendung — über die Bevölkerung gemittelt — eine Jahresdosis von 340 μSv für das Knochenmark und von 190 μSv für die Fortpflanzungsorgane bewirkt.

Tabelle 6.4. Natürliche Strahlenbelastung in μSv/Jahr

	Fortpflanzungsorgane	Knochenmark
(1) Höhenstrahlung		
Ionisierende Komponente	280	280
Neutronen	7	7
(2) Terrestrische Strahlung einschl. Luft	500	500
(3) Interne Bestrahlung durch in den Körper aufgenommene Radionuklide	216	175
	1003	962

In der Umgebung von Kernkraftwerken wird garantiert, daß nirgendwo eine Jahresdosis von 300 μSv/Jahr überschritten wird; die mittlere Strahlenbelastung aus der beruflichen Anwendung von Radionukliden liegt — für weniger als 1/1000 der Bevölkerung — bei ca. 5 mSv/Jahr; die bisher durchgeführten Kernwaffentests werden bis zum Jahre 2000 insgesamt eine Strahlenbelastung von ca. 1,2 mSv für die Weltbevölkerung ergeben. Insgesamt liegt also die Strahlenbelastung durch zivilisatorische Strahlenanwendungen bisher deutlich unter der natürlichen.

6.7.2 Strahlenschutz

Aufgrund der Kenntnisse über die natürliche Strahlenbelastung des Menschen und unter der Annahme, daß es für genetische Strahlenwirkungen keine Schwellendosis gibt, hat die ICRP (International Comission for Radiation Protection) maximal zulässige Dosen für die äußere Bestrahlung von Individuen der Gesamtbevölkerung sowie für verschiedene Kategorien beruflich strahlenexponierter Personen empfohlen (Tabelle 6.5). Diese empfohlenen Höchstwerte berücksichtigen einerseits die unterschiedliche Strahlensensibilität verschiedener Organe und zum anderen die Tatsache, daß das genetische Risiko für eine kleine Gruppe (die

Tabelle 6.5. Maximal zulässige Strahlendosen in mSv/Jahr für Einzelpersonen. (Nach ICRP-Empfehlungen)

	Gesamtbevölkerung	Beruflich strahlenexponierte Personen	
		Kategorie A	Kategorie B
Ganzkörper, Gonaden, rotes Knochenmark	5	50	15
Haut, Knochen, Schilddrüse	30	300	100
Hände, Unterarme, Füße u. Unterschenkel	75	750	250
Andere Einzelorgane	15	150	50

Tabelle 6.6. Jährlich maximal dem Körper zuzuführende Aktivitäten, für beruflich strahlenexponierte Personen der Kategorie A. (Nach ICRP-Empfehlungen)

	in Luft (Inhalation) [Bq/Jahr]	in Wasser (Ingestion) [Bq/Jahr]
^{3}H	$3 \cdot 10^9$	$3 \cdot 10^9$
^{32}P	$3 \cdot 10^7$	$2 \cdot 10^7$
^{56}Mn	$6 \cdot 10^8$	$2 \cdot 10^8$
^{54}Mn	$3 \cdot 10^7$	$1 \cdot 10^7$
^{60}Co	$6 \cdot 10^6$	$2 \cdot 10^7$
^{90}Sr	$7 \cdot 10^5$	$1 \cdot 10^6$
^{131}J	$2 \cdot 10^6$	$1 \cdot 10^6$
^{137}Cs	$6 \cdot 10^6$	$4 \cdot 10^6$
^{226}Ra	$2 \cdot 10^4$	$7 \cdot 10^4$

Strahlenarbeiter) geringer ist, als für die Gesamtbevölkerung. Auch innerhalb der angegebenen Grenzwerte sollen die Strahlenbelastungen jedoch so niedrig wie möglich gehalten werden. Die in den einzelnen Ländern gültigen Strahlenschutzbestimmungen halten sich im allgemeinen eng an die ICRP-Empfehlungen.

Bei der Festlegung der pro Jahr maximal dem Körper über Luft oder Nahrungsmittel (Wasser) zuzuführenden Aktivitäten müssen die unterschiedliche Anreicherung der Radionuklide in einzelnen Organen, deren unterschiedliche Strahlenempfindlichkeit sowie die biologischen Halbwertszeiten berücksichtigt werden, d. h. die Zeit, nach der eine einmal aufgenommene Aktivität eines bestimmten Radionuklids zur Hälfte wieder ausgeschieden ist. Die in Tabelle 6.6 angegebenen Werte beziehen sich auf beruflich strahlenexponierte Personen der Kategorie A und sind so berechnet, daß in keinem Organ eine jährliche Äquivalentdosis von 50 mSv überschritten wird. Die für die Gesamtbevölkerung geltenden Werte liegen bis zu einem Faktor 333 unter den hier angegebenen.

Literaturauswahl

Bacq, Z. M., Alexander, P.: Grundlagen der Strahlenbiologie, 2. Aufl. Stuttgart: Thieme 1958.

Dertinger, H., Jung, H.: Molekulare Strahlenbiologie. Berlin-Heidelberg-New York: Springer 1969.

Dessauer, F.: Quantenbiologie (Ergänzt von K. Sommermeyer, Hrsg.). Berlin-Göttingen-Heidelberg-New York: Springer 1964.

Errera, M., Forssberg, A.: Mechanisms in Radiobiology. New York-London: Academic Press 1960.

Fritz-Niggli, H.: Strahlenbiologie, Grundlagen und Ergebnisse. Stuttgart: Thieme 1959.

Hug, O., Kellerer, A. M: Stochastik der Strahlenwirkung. Berlin-Heidelberg-New York: Springer 1966.

Lea, D. E.: Action of Radiation on Living Cells, 2nd ed. Cambridge: University Press 1956.

Matheson, M. S., Dorfman, L. M.: Pulse Radiolysis. Cambridge (Mass.): MIT-Press 1969.

Phillips, G. O. (Ed.): Energetics and Mechanisms in Radiation Biology. London-New York: Academic Press 1968.

Streffer, C.: Strahlen-Biochemie. Heidelberger Taschenbücher, Bd. 59/60. Berlin-Heidelberg-New York: Springer 1969.

Timofeeff-Ressowsky, N. V., Ivanov, V. I., Korogodin, V. J.: Die Anwendung des Trefferprinzips in der Strahlenbiologie. Jena: G. Fischer 1972.

7 Isotopen-Methoden in der Biologie

Helmut Simon

7.1 Einleitung

Die stürmische Entwicklung der Biologie auf molekularer Ebene und in quantitativer Hinsicht wäre ohne die umfangreiche Anwendung von stabilen und radioaktiven Isotopen nicht möglich gewesen. Falls man von radioaktiven Isotopen als Strahlungsquellen absieht, kann man die meisten Isotopenanwendungen in eine der drei Hauptgruppen einteilen:

1. Isotope bzw. mit Isotopen markierte Verbindungen als analytische Hilfsmittel.
2. Isotope zur Kennzeichnung des Weges eines Atoms, einer Atomgruppe oder eines Moleküls in *in vivo* bzw. *in vitro* Systemen.
3. Untersuchungen, die von Isotopeneffekten Gebrauch machen.

Viele Arbeiten, insbesondere analytischer Art, werden wesentlich vereinfacht und die Nachweisgrenzen für beliebige Substanzen lassen sich häufig um Größenordnungen verbessern, wenn sie mit Isotopen markiert sind. Wesentlich wichtiger ist jedoch, daß man mit Isotopen bzw. Isotopen-markierten Verbindungen Einblicke in Reaktionsabläufe erhalten kann, die — häufig aus prinzipiellen Gründen — ohne sie nicht möglich wären.

Den wesentlichen Unterschied zwischen den Anwendungen 1 und 2 — sie sollen kurz „analytische" bzw. „kinetische" Methoden genannt werden — zeigen bereits die geschichtlich ersten Tracerexperimente deutlich. Paneth und Hevesy bestimmten 1913 die Löslichkeit des Bleisulfids mit Hilfe eines natürlichen radioaktiven Bleiisotops. Sie bestimmten dabei eine Bleiionenkonzentration von ca. 10^{-12} g/l. Die Methode ist äußerst empfindlich, sie leistet jedoch nichts, was nicht evtl. durch eine andere Methode geleistet werden könnte. Die „kinetische" Methode hingegen erlaubt die Beobachtung von Austausch-, Stoffwechsel- und Transportvorgängen, die nur dadurch möglich sind, daß vom gleichen chemischen Element verschiedene Kernarten unterschieden werden können. So beobachtete Hevesy 1915, wie Blei aus einem Bleiblech mit Bleiionen in einer Lösung austauscht. 1923 untersuchte er die Aufnahme von Blei durch Pflanzen und dessen Austausch. Dazu wurden die Pflanzen, die zunächst aus einer Lösung radioaktive Bleiionen aufgenommen hatten, in eine Nährlösung mit nicht-radioaktiven Bleiionen gebracht. Nach einiger Zeit war das radioaktive Blei aus den Pflanzen verschwunden.

Ein besonders schönes Beispiel, das die gleichzeitige Anwendung aller drei oben genannten Möglichkeiten zeigt, ist die Aufklärung des Wegs des Kohlenstoffs bei der Photosynthese grüner Pflanzen. Radioaktiver Kohlenstoff führte zur Aufstellung des Calvin-Zyklus (vgl. Kapitel 13.1). Die Pflanzen unterscheiden sich jedoch durch den Weg, den das Kohlendioxid durchläuft, bis es in Kohlenhydraten fixiert wird. Dabei kommt es zu einer unterschiedlichen Isotopenfraktionierung. Das heißt, die Photosyntheseprodukte unterscheiden sich aufgrund geringer Unterschiede in den Isotopeneffekten (vgl. Kapitel 7.3) etwas in dem Verhältnis der beiden natürlich vorkommenden Kohlenstoffisotope ^{12}C und ^{13}C (vgl. Kapitel 7.32). Welchen der Wege das Kohlendioxid in einer Pflanze bis zur Fixierung des Kohlenstoffs in den Kohlenhydraten nimmt, kann aus dem $^{12}C/^{13}C$-Verhältnis abgelesen werden.

7.2 Stabile und radioaktive Isotope

7.2.1 Vergleichende Betrachtung

Die verschiedenen Isotope eines durch seine Ordnungszahl charakterisierten Elements unterscheiden sich nur durch die Anzahl der Neutronen im Atomkern. Wegen der gleichen Protonenzahl ist die Zahl und Anordnung der Elektronen bei den verschiedenen Isotopen eines Elements identisch und daher sind es auch die chemischen Eigenschaften. Der Einfluß der Massenunterschiede z.B. auf die Geschwindigkeit, mit der verschiedene Isotope eines Elements reagieren, ist in Kapitel 7.3 dargestellt. Tabellen 7.1 und 7.2, zeigen die Einflüsse der unterschiedlichen Neutronenzahlen auf die Masse und davon abhängige Größen sowie auf magnetische und kernchemische Eigenschaften. Entsprechende Unterschiede treten natürlich bei den radioaktiven Isotopen eines Elements auch auf. Allerdings ist die Radioaktivität eine so leicht zu messende Größe, daß man von den auf Masse und Magnetismus beruhenden Unterschieden zur Messung in der Regel keinen Gebrauch macht. Außerdem ist bei den meisten Tracerarbeiten mit radioaktiven Isotopen das Verhältnis von radioaktiven zu stabilen Nukliden so klein, z.B. $\leqq 10^{-4}$, daß spektroskopische u.a. Methoden, die nicht die Radioaktivität messen, nicht empfindlich genug sind, die geringe Konzentration an radioaktiven Isotopen zu erfassen.

Tabelle 7.2 beschreibt einige Eigenschaften wichtiger stabiler Isotope und Tabelle 7.3 die von radioaktiven Isotopen.

Tabelle 7.1. Durch die unterschiedliche Neutronenzahl der verschiedenen Isotope eines Elements werden die Masse und der Magnetismus beeinflußt. Davon leiten sich Unterschiede der Isotopeneigenschaften ab, die als Meßgröße verwendet werden können

Kern-Eigenschaft	Abhängige Größe in Atomen und Molekülen	Meßgröße mit Isotopen-Effekt	Meßmethode	Aussage der Messung
Masse	Atom- und Molekulargewicht	Spezif. Ladung Sedimentationsgeschwindigkeit, Dichte, Bindungs-Energien	Massenspektrometrie, Ultrazentrifugation; Densimetrie; Chromatographie	Quantitativ und positionell semiquantitativ; quantitativ; semiquantitativ
	Energie- und Polarisationszustände	Absorption, Emission und Polarisation[a], elektromagnetische Strahlung	Infrarot-Spektrometrie; Emissions-Spektralanalyse; Polarimetrie, Optische Rotationsdispersion, Zirkulardichroismus	positionell und semiquantitativ; quantitativ; semiquantitativ
Magnetismus	Magnetismus und dessen Wechselwirkung mit dem anderer Kerne und Elektronen	Kernmagnetische Resonanz, Elektronenspin-Resonanz (Feinstruktur), Hyperfeinstruktur von γ-Absorptionen (Mößbauer-Effekt)	Kernmagnetische Resonanz-Spektroskopie, Elektronenspin-Resonanz-Spektroskopie, Mößbauer-Spektroskopie	positionell und semiquantitativ
Absorption von Korpuskular-Strahlung	Absorption von Korpuskular-Strahlung	Kern-Prozeß	Bestimmung von emittierter Strahlung	quantitativ

[a] Wird auch durch den Magnetismus beeinflußt.

Tabelle 7.2. Eigenschaften einiger stabiler Isotope

Element	Symbol	Relative natürliche Häufigkeit [Atom-%]	Kern-Masse [Dalton]	Kern-Magnetismus		
				Spin-Quantenzahl I	Chemische Verschiebung (ppm)	Moment $[\mu_B]$
Wasserstoff	^{1}H	99,9855	1,00782522	1/2	10	2,79268
	$^{2}H=D$	0,0145	2,0141022	1	10	0,85738
Kohlenstoff	^{12}C	98,892	12,0000000	0	—	0
	^{13}C	1,108	13,0033543	1/2	200	0,70216
Stickstoff	^{14}N	99,6337	14,0030744	1	900	0,40357
	^{15}N	0,3663	15,0001081	1/2	900	−0,28304
Sauerstoff	^{16}O	99,7587	15,9949149	0	—	0
	^{17}O	0,0374	16,9991334	5/2	600	−1,8930
	^{18}O	0,2039	17,9991598	0	—	0
Phosphor	^{31}P	100,0000	30,973763	1/2	400	1,1305
Schwefel	^{32}S	95,018	31,972074	0		0
	^{33}S	0,750	32,971460	3/2		0,64274
	^{34}S	4,215	33,967864	0		0
	^{36}S	0,017	35,967091	0		0
Chlor	^{35}Cl	75,7705	34,968854	3/2		0,82088
	^{37}Cl	24,2295	36,965896	3/2		0,68328

Von den wichtigen Elementen Stickstoff und Sauerstoff gibt es keine radioaktiven Isotope von genügend langer Lebensdauer. Stehen von einem Element sowohl stabile wie radioaktive Isotope zur Verfügung, so wird die Anwendung der einen oder anderen Sorte meist durch die Problemstellung bestimmt. Eine Reihe von Gesichtspunkten bei der Anwendung von stabilen und radioaktiven Isotopen sind in Tabelle 7.4 zusammengestellt.

7.2.2 Stabile Isotope und die Prinzipien ihrer Messung

Beim Arbeiten mit stabilen Isotopen sind folgende Parameter und Meßgrößen von Bedeutung: Atomprozent, relative natürliche Häufigkeit und Atomprozent-Überschuß. Unter Atomprozent versteht man die Anzahl der Kerne des betrachteten Isotops in 100 Kernen des Isotopengemischs. Die relative natürliche Häufig-

Tabelle 7.3. Eigenschaften einiger radioaktiver Isotope[a]

Element	Symbol	Halbwertszeit	Max. β-Energie in $J \cdot 10^{-13}$ bzw. Strahlenart[b]	γ-Energie $J \cdot 10^{-13}$	Masse (10^{-6} kg) je GBq	Reichweite der β-Strahlung in Wasser (m)
Wasserstoff	$^{3}H = T$	12,26 a	0,029	keine	$2,78 \cdot 10^{-3}$	$8 \cdot 10^{-6}$
Kohlenstoff	^{14}C	5760 a	0,25	keine	5,94	$3 \cdot 10^{-4}$
Natrium	^{24}Na	15,5 h	2,22	4,42; 2,21	$3,05 \cdot 10^{-6}$	$0,6 \cdot 10^{-2}$
Magnesium	^{28}Mg	21,4 h	0,67	0,032–1,354% KE	$5,1 \cdot 10^{-6}$	$0,15 \cdot 10^{-2}$
Phosphor	^{32}P	14,3 d	2,72	keine	$9,73 \cdot 10^{-5}$	$0,8 \cdot 10^{-2}$
Phosphor	^{33}P	25 d	0,40	keine	$1,70 \cdot 10^{-4}$	—
Schwefel	^{35}S	86,35 d	0,267	keine	$6,27 \cdot 10^{-4}$	$3 \cdot 10^{-4}$
Kalium	^{42}K	12,4 h	5,73; 3,26	2,43; 0,51	$4,3 \cdot 10^{-6}$	$1,8 \cdot 10^{-2}$
Calcium	^{45}Ca	165 d	0,40	keine	$6,75 \cdot 10^{-4}$	$7 \cdot 10^{-4}$
Eisen	^{55}Fe	2,7 a	EC	0,0094	$1,12 \cdot 10^{-2}$	—
	^{59}Fe	45 d	0,21; 2,50 (1%)	0,22–2,06	$5,49 \cdot 10^{-4}$	$0,18 \cdot 10^{-2}$
			0,43 (46%)	1,8 (57%)		
			0,75 (53%)	2,06 (43%)		
Kobalt	^{60}Co	5,26 a	0,50 (100%)	1,87 (100%)	$2,38 \cdot 10^{-2}$	$0,10 \cdot 10^{-2}$
			2,37 (0,01%)	2,13 (100%)		
Zink	^{65}Zn	245 d	β^+ 0,52 (1,7%)	0,82 von β^+	$3,29 \cdot 10^{-3}$	
			EC 98,3%	1,78 (49%)		
Brom	^{82}Br	35,9 h	0,74	0,88–2,37	$3,56 \cdot 10^{-5}$	$0,17 \cdot 10^{-2}$
Jod	^{125}J	60 d	EC, KE	0,056	$1,55 \cdot 10^{-3}$	
Jod	^{131}J	8,04 d	0,40–1,30	0,13–1,15	$2,18 \cdot 10^{-4}$	$0,25 \cdot 10^{-2}$

[a] Abkürzungen: EC = Elektroneneinfang (electron capture).
KE = Konversionselektronen. Weitere Erläuterungen s. S. 316f.
[b] 1 MeV (Million Elektronvolt) = $1,60 \cdot 10^{-13}$ J.

Tabelle 7.4. Gesichtspunkte für die Anwendung von

radioaktiven Isotopen oder	stabilen Isotopen
Nachweisempfindlichkeit meist um Größenordnungen höher. Messung häufig in Gegenwart großer Mengen anderer Materialien möglich. Verteilungsstudien durch Autoradiographie bis in den intrazellulären Bereich durchführbar. Leichte Isolierung unwägbarer Mengen durch chromatographische Verfahren. Beliebig hoher Ersatz einer Molekülposition durch ein radioaktives Nuklid ist zwar möglich, Substanzen unterliegen dann jedoch rascher Autoradiolyse und können wegen der Strahlengefährdung nur in sehr geringen Mengen manipuliert werden. Anwendung außerhalb spezieller Isotopenlaboratorien häufig nicht möglich. Die Ermittlung der Position eines Isotops im Molekül erfordert chemischen Abbau. Mit der Fourier-NMR Spektroskopie läßt sich Tritium in einer Molekülposition erkennen, falls die Aktivität ca. $1–5 \cdot 10^{7}$ Bq beträgt.	Relative Meßgenauigkeit z. B. durch Massenspektrometrie wesentlich höher. Dadurch genaue Bestimmung von Isotopeneffekten möglich. Verdünnung durch die natürliche Häufigkeit limitiert. Zur Messung müssen Substanzen meist in reiner Form oder stark angereichert vorliegen. Aufgrund der möglichen hohen Substitution in einzelnen Molekülpositionen können Kerneigenschaften gemessen werden, die von der chemischen Bindung und Umgebung des Isotops beeinflußt werden. Daraus kann die intramolekulare Markierungsposition erkannt werden. Aber auch wichtige intramolekulare Wechselwirkungskräfte lassen sich erkennen. Durch NMR-Messungen können der Umsatz von Zellinhaltsstoffen oder in Zellstrukturen (Membranen) Bindungsverhältnisse beobachtet werden. Intramolekulare Doppelmarkierungen möglich. Schutzmaßnahmen nicht erforderlich.

keit (vgl. Tabelle 7.2) wird in Atomprozenten angegeben. Bei Anwendung entsprechend genauer Meßmethoden, wie z. B. der Massenspektrometrie, zeigt sich jedoch, daß die natürliche Häufigkeit keine Naturkonstante ist, sondern z. B. bei ^{13}C Abweichungen im Promille-Bereich vorkommen (vgl. Abschn. 7.3.2). Daneben wird häufig noch der Atomprozent-Überschuß verwendet. Darunter versteht man die Differenz zwischen den Atomprozenten eines gegebenen Präparats und den Atomprozenten der natürlichen Häufigkeit.

Die Unterschiede in den Kernmassen sind die Grundlage für eine ganze Reihe analytischer Methoden (Tabelle 7.1). Bei der Massenspektrometrie und evtl. auch Ultrazentrifugation sowie Gaschromatographie werden markierte und nicht markierte Moleküle getrennt. Eine weitere Gruppe von Masse-abhängigen Methoden beruht auf der Messung einer der Isotopen-Zusammensetzung proportionalen Mischgröße. Solche Verfahren (z. B. Densimetrie) erfordern extrem reine Meßpräparate.

Die optischen Verfahren können häufig an Mischungen ausgeführt werden, da sie zu getrennten Meßsignalen führen. Spinquantenzahl und kernmagnetisches Moment sind insbesondere bei Isotopen der Elemente von großem Interesse, bei denen das hauptsächlich natürlich vorkommende Element keine von Null verschiedenen Werte aufweist. Dies gilt insbesondere bei ^{12}C bzw. ^{13}C (vgl. Tabelle 7.2).

7.2.3 Radioaktive Isotope

Ein Präparat hat die Radioaktivität 1 Becquerel (Bq), wenn pro Sekunde 1 Kernzerfall stattfindet (dps = Zerfälle pro Sekunde). Die noch häufig verwendete Einheit Curie entspricht $3.70 \cdot 10^{10}$ Bq.

Da die Minute eine für die Messung günstigere Zeiteinheit ist, verwendet man meist *dpm* (Zerfälle pro Minute) 60 dpm = 1 Bq.

Unter spezifischer Radioaktivität versteht man die Anzahl Bq pro Gramm oder pro Mol (oder Untereinheiten) in einer Substanz. Angaben wie dpm/mmol sind üblich.

Wie in Tabelle 7.3 dargestellt, werden die Energien der ausgesandten Strahlung in Millionen- oder Kilo-Elektronenvolt (MeV, keV) angegeben. Hier interessieren β^-- und β^+-Strahlung (positive oder negative Elektronen) und γ-Strahlung (von einem Atomkern ausgesandte elektromagnetische Strahlung). Zur Elektronenstrahlung kann es auch durch Konversionselektronen kommen. Dabei wird der Energieunterschied zwischen zwei Kernzuständen nicht als γ-Strahlung ausgesandt, sondern auf ein Elektron der Atomhülle übertragen, das dadurch freigesetzt wird. Im Gegensatz zur β-Strahlung (vgl. unten) sind diese Elektronen monoenergetisch. Als Symbol verwendet man e^-. Unter dem Konversionskoeffizienten versteht man das Verhältnis: Zahl der Konversionselektronen/Zahl der γ-Quanten.

Zu einer weiteren elektromagnetischen Strahlung kann es durch Elektroneneinfang (electron capture) des Kerns aus der Hülle kommen. Dieser Vorgang konkurriert nicht selten mit der β^+-Strahlung. Das Nachfallen von Elektronen aus äußeren Schalen in die Lücke der unteren Schale (meist *K*-Schale) führt zu einer charakteristischen Röntgenstrahlung. An deren Stelle kann auch ein Elektron ausgesandt werden (innerer Photoeffekt), dessen kinetische Energie gleich der Energie der charakteristischen Röntgenstrahlung abzüglich der Bindungsenergie des Elektrons ist. Solche Elektronen werden als Auger-Elektronen bezeichnet.

Die Zahl der pro Zeiteinheit zerfallenden Atomkerne ist der Zahl der jeweils vorhandenen Kerne proportional:

$$-\frac{dN}{dt} = \lambda N\,. \tag{7.1}$$

N ist die vorhandene Anzahl von Kernen, *dN* die Anzahl, die im Zeitintervall *dt* zerfällt. λ wird Zerfallskonstante genannt.

Von 0 bis *t* integriert ergibt sich

$$N = N_0 e^{-\lambda t}\,. \tag{7.2}$$

Ist *t* gleich der Zeit, nach der die Radioaktivität eines Präparats auf die Hälfte gesunken ist (Halbwertzeit) ($t = T_{1/2}$), so ist N_0 doppelt so groß wie *N* und folglich gilt

$$\frac{N}{N_0} = \frac{1}{2} = e^{-\lambda T_{1/2}}\,. \tag{7.3}$$

Aus der Halbwertszeit läßt sich nach Gl. (7.1) ausrechnen, wie viele Atome eines radioaktiven Isotops beispielsweise 1 GBq darstellen. Kohlenstoff-14 hat eine Halbwertszeit von rund 5760 Jahren $= 1{,}82 \cdot 10^{11}$ s. Danach ergibt sich aus

$$\frac{dN}{dt} = \frac{\ln 2N}{T_{1/2}}; \quad 1 \cdot 10^9 = \frac{0{,}693 \cdot N}{1{,}82 \cdot 10^{11}}$$

$N = 2{,}62 \cdot 10^{20}$ Atome ^{14}C sind 1 GBq.

Unter Berücksichtigung der Avogadroschen Zahl ($6{,}02 \cdot 10^{23}$) und dem Atomgewicht 14 ergeben sich für 1 GBq ^{14}C $5.94 \cdot 10^{-6}$ kg (vgl. Tabelle 7.3).

β-Strahler mit einer Maximalenergie von mehr als $1{,}6 \cdot 10^{-13}$ J rechnet man zu den harten Strahlern (z. B. ^{32}P mit $2{,}7 \cdot 10^{-13}$ J oder ^{24}Na mit $2{,}2 \cdot 10^{-13}$ J Energie der β-Strahlung). Unter Strahlern mittlerer Energie versteht man solche mit Energien von $0{,}3$–$1{,}6 \cdot 10^{-13}$ J (z. B. ^{131}J mit $1 \cdot 10^{-13}$ J).

Als weiche Strahler bezeichnet man Strahler mit Maximalenergien von weniger als $0{,}3 \cdot 10^{-13}$ J (^{14}C mit $0{,}24 \cdot 10^{-13}$ J, ^{35}S mit $0{,}27 \cdot 10^{-13}$ J oder $^3H \triangleq T$ mit $0{,}029 \cdot 10^{-13}$ J).

Elektronen von $1{,}6 \cdot 10^{-13}$ J besitzen bereits 94% der Lichtgeschwindigkeit.

Die Durchdringungsfähigkeit von Elektronen kann innerhalb eines gewissen Bereichs durch eine Exponentialfunktion halbquantitativ beschrieben werden:

$$A_d = A_0 e^{-\mu d}\,. \tag{7.4}$$

A_d ist die gemessene Aktivität, nachdem die Strahlung die Schichtdicke *d* eines Absorbers durchdrungen hat, A_0 ist die Aktivität pro Zeit und Flächeneinheit ohne Absorber, μ ist der Absorptionskoeffizient. Es ist üblich, die Schichtdicke nicht in Längeneinheiten anzugeben, sondern bei β-Strahlern in $10^{-6}\,kg/10^{-4}\,m^2$, da die chemische Natur des Absorptionsmaterials nur von geringem Einfluß auf den numerischen Wert von μ ist.

7.2.4 Die wichtigsten Meßmethoden für radioaktive Isotope

Die physikalischen Grundlagen der Meßmethoden beruhen auf Ionisierung (Ionisationskammern, Proportional- und Geiger-Müller-Zählrohre, Halbleiter-Detektoren), Szintillation und Autoradiographie. Die „Čerenkov-Zähler“ spielen für β-Strahler mit Maximalenergien $\geq 1{,}0$ MeV eine Rolle. Von der Zerfallsrate (*dpm*) eines Präparats wird nur ein Bruchteil vom Detektor registriert. Es gilt für diese Zählrate (*cpm*, von counts per Minute): $cpm = ZA \cdot dpm$.

Die Zählausbeute $ZA < 1{,}0$ wird u. a. durch folgende Faktoren beeinflußt: Geometrie des Strahlers zum Detektor, Absorption von Strahlung im Präparat, in der Detektorwand etc. und Zählausbeute des Detektors. Außerdem setzt sich jede wie auch immer registrierte Zählrate cpm_G aus zwei Anteilen zusammen: aus der Zählrate der Probe selbst (cpm_p) und einem Nulleffekt (cpm_{NE}). Unter dem Nulleffekt versteht man die Zählrate, die durch die Höhen- und die immer vorhandene Umgebungsstrahlung bedingt wird.

Der Fehler einer beobachteten Zählrate errechnet sich nach:

$$S_{rel} = 1/\sqrt{cpm \cdot t}. \tag{7.5}$$

Hierbei ist S_{rel} die relative Standardabweichung (68% Vertrauensbereich) und t die Meßzeit. Die Beziehung erhält man aus der Poisson-Verteilung, der der radioaktive Zerfall als rein statistischer Vorgang gehorcht. Man sieht, daß der relative Fehler mit steigender Zählrate und/oder längerer Meßzeit kleiner wird. Falls der Nulleffekt im Vergleich zur Probenzählrate ($cpm_p = cpm_G - cpm_{NE}$) nicht zu vernachlässigen ist, muß Gl. (7.5) erweitert werden zu:

$$S_{rel} = \frac{\sqrt{\frac{cpm_G}{t_G} + \frac{cpm_{NE}}{t_{NE}}}}{cpm_G - cpm_{NE}}. \tag{7.6}$$

Dabei sind t_G und t_{NE} die Zeiten, die für die Bestimmung von cpm_G bzw. cpm_{NE} aufgewandt wurden.

Daß Zählanordnungen nie absolut und frei von Nulleffekten registrieren, ist für die Tracertechnik meist unerheblich, da Relativmessungen genügen. Um sie ausführen zu können, muß aber unter jeweils genau gleichen Bedingungen oder bei genau bekannter Zählausbeute gemessen werden.

7.2.4.1 Zählrohre

Ein Zählrohr besteht aus einem mit einem geeigneten Gas gefüllten Rohr, in das isoliert ein dünner Draht eingeführt ist, der gegenüber dem Rohr eine elektrische Hochspannung aufweist. Gelangt ein β-Teilchen z.B. durch ein dünnwandiges Fenster in das Zählrohr, so stößt es mit den Elektronen der Gasmoleküle zusammen. Dadurch werden Elektronen aus der Atomhülle herausgeschlagen. In dem hohen elektrischen Feld werden diese auf dem Weg zum Draht beschleunigt. Dabei kann ihre Energie so hoch werden, daß sie ihrerseits Elektronen aus Gasmolekülen herausschlagen. Durch häufige Wiederholung dieses Effekts kommt es zu einer Elektronenlawine und schließlich zu einem Spannungsimpuls am Draht, der registriert werden kann. Das Meßergebnis eines festen radioaktiven Präparats, das außerhalb eines Zählrohrs angeordnet ist, ist eine komplexe Funktion der Schichtdicke des Präparats, seiner Lage zum Zählrohr, der Dicke des Fensters usw. Die zu messenden Substanzen können auch in Gase überführt werden und diese in Zählrohre gefüllt werden. Diese Methode ist aufwendig, aber sehr genau und empfindlich.

7.2.4.2 Szintillationszähler

Treffen elektrisch geladene Elementarteilchen auf Phosphore, so entstehen Lichtblitze (Szintillation). Auf Photokathoden von Sekundär-Elektronen-Vervielfachern (Photomultipliern) erzeugen die Szintillationsblitze Elektronen, die auf weitere Elektroden prallen und Sekundärelektronen auslösen. Der lawinenartig ablaufende Vorgang verstärkt den Anfangsimpuls auf das 10^5- bis 10^8fache, wodurch er elektronisch weiterverarbeitet werden kann. Einer bestimmten im Szintillator absorbierten Elektronenenergie entspricht eine analoge Impulshöhe am Ausgang des Photomultipliers.

Man unterscheidet feste und flüssige Szintillatorsysteme. Feste Szintillatoren werden hauptsächlich für γ-Strahler verwendet. Ihre Energie ist zu hoch, um Szintillatoren direkt anregen zu können. Bei der Absorption der γ-Quanten entstehen schnelle Elektronen, die in den Phosphoren Lichtquanten hervorrufen. Da bei durch γ-Strahlung erzeugten Elektronen die Szintillationsanregung nur einer der möglichen Prozesse ihrer Abbremsung ist, wird nur ein Teil ihrer Energie in Lichtquanten umgewandelt. Bei mit Thallium dotiertem Natriumjodid (NaJ(Tl)) rechnet man mit einem Wirkungsgrad von 12–14%. Bei Energien > 50 kev ist die Zahl der ausgelösten Quanten proportional der Elektronenenergie. Bei niederen Energien machen sich dann zunehmend Löscheffekte bemerkbar. Als feste Szintillatoren können NaJ(Tl) und CsJ(Tl) verwendet werden. Organische Szintillatoren wie Anthracen, trans-Stilben und Terphenyl werden wegen ihrer geringen Total-Absorption nur dann verwendet, wenn man mit Hilfe ihrer kurzen Abklingzeit höhere Auflösungszeiten anstrebt. Die Intensität der Szintillation ist der Energie proportional, die die γ-Quanten an den Szintillator abgeben.

Zur Erfassung einer dem γ-Spektrum analogen Impulshöhenverteilung kann man mit zwei Diskriminatoren einen Kanal („Fenster") bilden und untersuchen, welche Impulse in diesen Kanal fallen. Durch kontinuierliches Verschieben dieses Kanals und Aufzeichnen der Impulse kommt man zu der gesuchten Impulshöhenverteilung. Wesentlich rascher aber werden solche Messungen in Vielkanalanalysatoren vorgenommen, bei denen der interessierende Energiebereich in viele Kanäle (z.B. 512) eingeteilt ist. In ihnen werden die Impulse nach ihrer Größe sortiert und registriert. Die in den einzelnen Kanälen gespeicherten Impulse können ausgedruckt oder aufgezeichnet werden.

Das Verfahren der Flüssig-Szintillations-Messung beruht, vereinfacht dargestellt, darauf, daß beim β-Zerfall einer in einem geeigneten Lösungsmittel gelösten Substanz die Zerfalls-Energie zum überwiegenden Teil auf die Lösungsmittel-Moleküle übertragen wird. Enthält das Lösungsmittel außerdem noch Szintillatoren, so kann die Anregungsenergie der Lösungsmittel-Moleküle auf diese übertragen werden. Bei deren Übergang in den Grundzustand wird Licht emittiert, das von einem Photomultiplier registriert wird. Letztlich resultiert ein dem β-Zerfalls-Spektrum analoges Photonen-Impulshöhen-Spektrum (Abb. 7.1).

Störungen der Energieübergänge zwischen Lösungsmittelmolekülen und Szintillatorsubstanzen bzw. Absorption des ausgesandten Lichts nennt man Löschung. Sie bedeutet eine Verringerung der *cpm*-Werte. Wenn die Probe den Energietransfer auf der

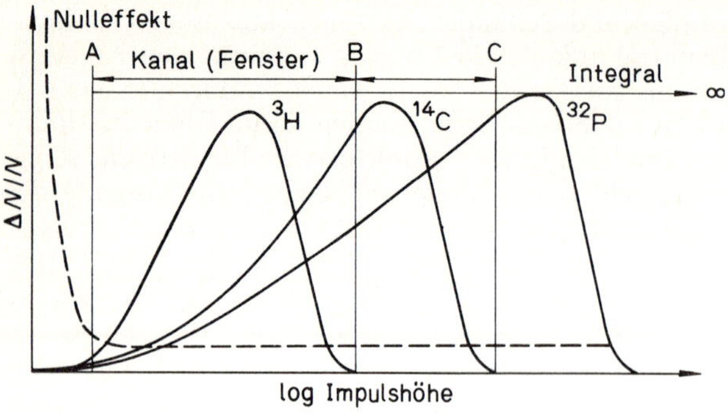

Abb. 7.1. Ein dem β-Zerfall der Isotope ^3H, ^{14}C und ^{32}P analoges Photonenimpulshöhen-Spektrum in Abhängigkeit von der Energie (logarithmisch). Im Energiebereich (Kanal, Fenster) zwischen den Diskriminatoren A und B werden alle Impulse von Tritium, daneben aber auch solche von ^{14}C und ^{32}P registriert. Im Kanal B–C werden Impulse von ^{14}C und ^{32}P und oberhalb des Diskriminators C nur solche von ^{32}P registriert. Der Diskriminator A eliminiert vor allem Rauschimpulse, von denen ein besonders großer Anteil im extrem niederenergetischen Bereich liegt

Stufe des Lösungsmittels beeinträchtigt, spricht man von chemischer Löschung. Handelt es sich um gefärbtes Material, das die emittierte Fluoreszenzstrahlung absorbiert, spricht man von Farblöschung. In praxi zeigt jede Probe mehr oder weniger Löschung.

In Abb. 7.1 entspricht der Ordinate die Häufigkeit der Impulse $\Delta N/N$ einer bestimmten Energie. Man ist bestrebt, den Nulleffekt so niedrig wie möglich zu halten. Das wird durch Impuls-Diskriminierung erreicht, wobei mittels zweier Diskriminatoren ein gegen das Nulleffektspektrum optimierter spektraler Ausschnitt der Meßprobe ausgeblendet wird. Aus Abb. 7.1 ist zu ersehen, wie mit Hilfe der Szintillationszählung mehrfach markierte Proben gemessen werden können, wenn sich die Isotope in ihrer Maximalenergie um mehr als den Faktor 5 unterscheiden. Die Flüssig-Szintillations-Messung ist heute die häufigst angewandte Meßtechnik in der Analytik von β-Strahlern.

7.2.4.3 Autoradiographische Verfahren

Autoradiographische Verfahren erlauben auf einem Objekt, z. B. einem Dünnschnitt eines Laboratoriumstieres, einer fixierten Zellsuspension, aber auch auf einem Chromatogramm, eine qualitative und z. T. auch halbquantitative, jedoch örtlich exakte Lokalisierung von radioaktiven Bezirken. Bei der klassischen Autoradiographie nutzt man das Schwärzen einer Photoemulsion durch radioaktive Strahlung aus, indem man den Film auf das Objekt bringt. Zur optimalen Schwärzung von Röntgenfilmen müssen je nach Energie des β-Strahlers 10^6–10^8 Elektronen pro cm^2 Film und zur gerade sichtbaren Schwärzung 10^5–10^6 Elektronen auftreffen. Für Tritium ist das zur sichtbaren Filmschwärzung nötige Produkt „Radioaktivität × Zeit" ca. 60mal größer als bei ^{14}C.

Bei Mikroautoradiogrammen z. B. von histologischen Präparaten ist durch Silberkornzählung oder bei harten Strahlern durch Bahnspurzählung eine quantitative Auswertung möglich, die häufig angewandt wird. Dazu muß jedoch der meist nicht ideale Kontakt zwischen Film und Objekt wesentlich verbessert werden. Man überzieht daher das zu untersuchende Objekt mit speziellen Kernemulsionen. Diese haben im Vergleich zu den häufig verwendeten Röntgenfilmen eine höhere Konzentration von Silberbromid, die Körner sind außerdem wesentlich kleiner und von einheitlicher Größe. Damit wird ein wesentlich höheres Auflösungsvermögen erhalten, und die Empfindlichkeit gegenüber weichen β-Strahlern ist erhöht. Nach der Expositionszeit wird entwickelt, wobei die Silberkörner direkt auf dem Objekt präzipitiert werden. Beides wird dann unter dem Mikroskop betrachtet. Bei der elektronenmikroskopischen Autoradiographie werden sehr hohe Vergrößerungen erzielt. Dabei werden Filmemulsionen mit Körnern von 0,03–0,01 µm verwendet. Es werden Auflösungen von 0,1–0,3 µm erreicht. Die mittlere Reichweite von β-Strahlern beträgt in photographischen Emulsionen für ^3H ca. 1 µm, für ^{14}C und ^{35}S ca. 10 µm und für ^{32}P um 800 µm. Bei der Anwendung von ^3H-Markierung lassen sich physikalische Parameter von Makromolekülen sichtbar machen. Durch molekulare Autoradiographie ließ sich z. B. die Replikation eines *E. coli* Chromosoms beobachten.

7.3 Isotopeneffekte

7.3.1 Hauptursachen von Isotopeneffekten

Bei der Anwendung von Isotopen geht man meist von der Annahme aus, daß sich die verschieden schweren Isotope eines Elements gleich verhalten, d.h., daß beim Ablaufen irgendwelcher physikalischer oder chemischer Reaktionen keine Diskriminierung markierter und nichtmarkierter Moleküle stattfindet. Bei quantitativer Untersuchung beobachtet man derartige Diskriminierungen aber mehr oder weniger deutlich. Diese Isotopeneffekte beruhen überwiegend auf Massenunterschieden der Isotope und dadurch bedingten Differenzen der Nullpunktsenergien der Bindungen (vgl. Abb. 7.2).

In erster grober Näherung kann man sagen, daß die Nullpunktsenergie einer chemischen Bindung proportional der Schwingungsfrequenz ist. Für die Frequenz ν gilt:

$$\nu \approx \sqrt{\frac{k}{\mu}}. \tag{7.7}$$

Dabei bedeutet k die Kraftkonstante und $\mu = \frac{m_1 \cdot m_2}{m_1 + m_2}$ die reduzierte Masse.

Bei einer C–^{1}H-Bindung und C–^{2}H-Bindung ist die Kraftkonstante k gleich. Die reduzierte Masse μ verhält sich für beide Bindungen annähernd wie in 1 : 2. Folglich gilt für das Verhältnis $\nu_H : \nu_{^2H} = \sqrt{2} : 1 \sim 1{,}4 : 1$. Dies kann man z. B. sehr deutlich in IR-Spektren sehen.

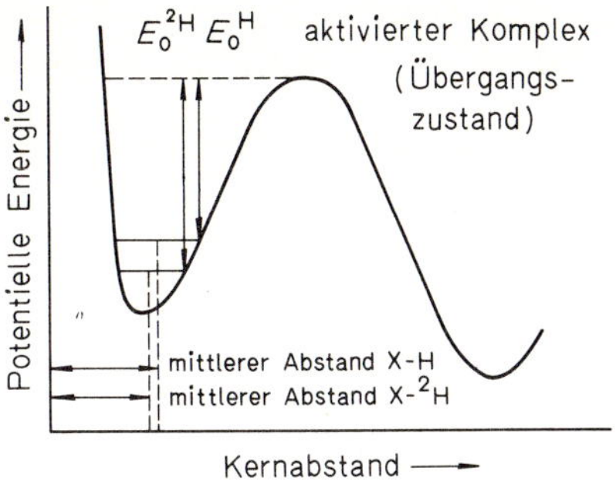

Abb. 7.2. Potentialkurve einer Molekel HX und des Übergangszustandes. Die Unsymmetrie der Potentialmulde (der Deutlichkeit halber stark überzeichnet) ist der Grund für den im Vergleich zur X-H-Bindung etwas geringeren X-^{2}H-Abstand. Die unterschiedlichen Nullpunktsenergien E_0^H und E_0^{2H} bedingen für eine Reaktion verschiedene Aktivierungsenergien (Pfeile) und sind die Hauptursache des kinetischen Isotopeneffekts

Betrachtet man z. B. die IR-Spektren von Chloroform $CHCl_3$ und C^2HCl_3, so stellt man fest, daß die *C–H*-Valenzschwingung bei 3050 cm^{-1} und die der C–^{2}H-Valenzschwingung bei 2260 cm^{-1} erscheint. Dies entspricht einem Verhältnis von 1,35 : 1. Wie aus dieser Darstellung hervorgeht, sind die Isotopeneffekte um so kleiner, je kleiner der prozentuale Massenunterschied zweier Isotope ist. Sie fallen bereits bei den Isotopen des Kohlenstoffs nicht mehr sehr ins Gewicht. Dagegen muß man sich bei der Anwendung der Wasserstoffisotope stets über den Einfluß von Isotopeneffekten Rechenschaft ablegen, da Versuchsergebnisse häufig nur dann gedeutet werden können. Dies gilt besonders, wenn im Verlauf einer Reaktion Bindungen des Isotops im geschwindigkeitsbestimmenden Schritt gebrochen werden. Man unterscheidet im wesentlichen „kinetische" und Gleichgewichts-Isotopeneffekte.

Gleichgewichts-Isotopeneffekte werden z. B. bei Phasenübergängen oder Austauschreaktionen nach Gleichgewichtseinstellung beobachtet. Für das Austauschgleichgewicht zwischen Wasser und deuteriumhaltigem Schwefelwasserstoff

$$H_2O + {}^2HHS \underset{k_2}{\overset{k_1}{\rightleftharpoons}} {}^2HHO + H_2S$$

gilt bei 25° C: $k_1/k_2 = K = 2{,}2$.

Dies ist ein extremer Wert.

Eine Folge von Gleichgewichts-Isotopeneffekten ist auch, daß Säuren in ^2H_2O wesentlich schwächer sind als in H_2O. Der Unterschied ist um so größer, je schwächer die Säure ist. So ist das Verhältnis der Dissoziationskonstanten von Chloressigsäure in H_2O und ^2H_2O $K_H/K_{2H} = 2{,}74$. Für Essigsäure ist das Verhältnis 3,33 und für das Hydrogencarbonatanion 3,95.

Für schwerere Nuklide sind die Effekte wieder wesentlich kleiner. Für die beiden nachfolgenden Reaktionen sind die Gleichgewichtskonstanten 1,034 bzw. 1,017.

$$^{15}NH_3 + {}^{14}NH_4^+ \rightleftharpoons {}^{14}NH_3 + {}^{15}NH_4^+$$

$$^{12}CO_3^{2-} + {}^{13}CO_2 \rightleftharpoons {}^{13}CO_3^{2-} + {}^{12}CO_2 .$$

Dabei sind die Ionen jeweils in Wasser und NH_3 bzw. CO_2 in der Gasphase.

Allgemein läßt sich sagen, daß die Verteilung eines Isotops zwischen zwei Molekülen A und B bei der Reaktion

$$A + B' \rightleftharpoons A' + B$$

gleich ist dem Produkt der Quotienten der Verteilungsfunktion Q im Grundzustand von markierten Molekülen A′ bzw. B′ und den nichtmarkierten A bzw. B und der Nullpunktsenergien des Grundzustands.

$$K = \frac{Q_{A'} \cdot Q_B}{Q_A \cdot Q_{B'}} \cdot \prod^{3n-6} \frac{e^{-1/2\mu_{A'}}}{e^{-1/2\mu_A}} \cdot \prod^{3n-6} \frac{e^{-1/2\mu_B}}{e^{-1/2\mu_{B'}}} . \qquad (7.8)$$

Dabei bedeuten $\mu = h \cdot \nu / kT$, h = Plancksches Wirkungsquantum, ν = Frequenz der Normalschwingungen, k = Boltzmann-Konstante, T = absolute Temperatur, n = Zahl der Freiheitsgrade.

7.3.2 Kinetische Isotopeneffekte und ihre Bestimmung

Ein kinetischer Isotopeneffekt errechnet sich aus dem Quotienten der Reaktionsgeschwindigkeiten der unterschiedlich isotopmarkierten Verbindungen.

Die Bestimmung kinetischer Isotopeneffekte ermöglicht einen Einblick in den Reaktionsmechanismus. Darin liegt ihre Bedeutung. Sie sind dann von 1,0 verschieden, wenn die betrachtete Bindung im geschwindigkeitsbestimmenden Schritt einer Reaktionskette gelöst wird.

Man unterscheidet folgende Isotopeneffekte (vgl. nachstehendes Reaktionsschema, die höhere Indexzahl bezeichnet das schwerere Isotop):

$$A_1CA_1 + B \xrightarrow{k_{11}} A_1C + A_1B$$

$$A_2CA_1 + B \xrightarrow{k_{12}} A_1C + A_2B$$

$$ \xrightarrow{k_{21}} A_2C + A_1B$$

$\dfrac{k_{21}}{k_{12}}$ = intramolekularer oder primärer Isotopeneffekt

$\dfrac{k_{11}}{k_{21}}$ = sekundärer Isotopeneffekt

$\dfrac{nk_{11}}{(n-1)\,k_{21} + k_{12}}$ = kinetischer Isotopeneffekt, mitunter auch intermolekularer Isotopeneffekt genannt.

Dabei ist n z. B. die Zahl von Wasserstoffatomen oder anderen identischen Gruppen an einem C- oder sonstigen Atom. Falls keine gleichwertigen Positionen in einem Molekül vorhanden sind, d. h. $n = 1$ und die Isotopenbindung bei der Reaktion gelöst wird, entfällt k_{21}, und es ergibt sich ein kinetischer bzw. intermolekularer Isotopeneffekt $\dfrac{k_{11}}{k_{12}}$.

Zur Bestimmung von kinetischen Isotopeneffekten verwendet man hauptsächlich zwei Methoden:

1. Getrennte Messung der Reaktionsgeschwindigkeiten der unmarkierten und der markierten Verbindung (nicht-kompetitive Methode).

2. Gleichzeitige, kompetitive Messung der Reaktionsgeschwindigkeiten.

Methode 1 setzt die Zugänglichkeit von ausreichenden Mengen an isotopisch reinen Verbindungen voraus und erfordert eine nur schwer erreichbare, völlig vergleichbare Versuchsdurchführung.

Liegen die markierten Moleküle nur in Spurenmengen vor, wie das bei Traceruntersuchungen mit radioaktiv markierten Verbindungen der Fall ist, so gelten folgende Gleichungen zur Berechnung des Isotopeneffektes IE:

$$IE = \frac{\ln(1-f)}{\ln\left(1 - \frac{R_{b,t}}{R_{a,0}} f\right)}, \tag{7.9}$$

$$IE = \frac{\ln(1-f)}{\ln \frac{R_{a,t}}{R_{a,0}}(1-f)}. \tag{7.10}$$

Dabei bedeuten:
R = spezifische molare Radioaktivität und die Indices
a = Reaktand, b = Produkt,
0 = Start der Reaktion und
t = die Reaktion zur Zeit t mit einem Umsatz von f.

Mit Hilfe der Massenspektrometrie können Isotopengehalte und Isotopeneffekte von stabilen Isotopen sehr genau relativ bestimmt werden. Da die genauen Isotopengehalte eines jeden Materials von seiner Vorgeschichte abhängen, bezieht man die Werte auf international anerkannte Standardsubstanzen und gibt die Abweichung von diesen in δ-Promille-Werten an. Für den ^{13}C-Gehalt eines Materials gilt dann z. B.

$$\delta\, ^{13}C\permil = \frac{^{13}C/^{12}C_{probe} - {}^{13}C/^{12}C_{standard}}{^{13}C/^{12}C_{standard}} \cdot 1000\,. \tag{7.11}$$

Die Abspaltung eines Deuterium von Kohlenstoff, Stickstoff oder Sauerstoff kann 2–10mal langsamer erfolgen als die Abspaltung von Protium. D.h. der Isotopeneffekt $k_H/k_{^2H} = 2$–10. Für den Zusammenhang zwischen Geschwindigkeitskonstanten für die Lösung von X–H, X–^{2}H und X–^{3}H Bindung gilt:

$$\left(\frac{k_H}{k_{^2H}}\right)^{1.44} = \frac{k_H}{k_{^3H}}.$$

Tabelle 7.5. Maximale kinetische Isotopeneffekte bei der Lösung von Bindungen zwischen schwereren Atomen. Dabei wird der Verlust einer Streckschwingung im Grundzustand bei 25° C angenommen

Bindung	$\omega(cm^{-1})$	k/k'
C–^{12}C	1129	$k_{12}/k_{13} = 1.054$[a]
C–^{14}N	1134	$k_{14}/k_{15} = 1.044$
C–^{16}O	1113	$k_{16}/k_{18} = 1.068$

[a] $k_{12}/k_{14} = 1.9\, k_{12}/k_{13} - 0{,}9$.

Die maximalen Isotopeneffekte bei der Lösung von Bindungen zwischen Kohlenstoff-Kohlenstoff etc. sind in Tabelle 7.4 angegeben.

7.4 Analytische Isotopenanwendung

Den Anwendungsmöglichkeiten von markierten Stoffen für analytische Probleme sind kaum Grenzen gesetzt. Hier können nur einige Prinzipien erwähnt werden.

7.4.1 Aktivierungsanalyse

Werden Neutronen, geladene Elementarteilchen oder hochenergetische Photonen auf stabile Atome geschossen, so können diese in radioaktive Nuklide umgewandelt werden. Durch Messung der von der Probe emittierten Strahlung kann häufig die Anwesenheit bestimmter Elemente quantitativ bestimmt werden. Die Methode wird zur Bestimmung von Spurenelementen verwendet. Da die meisten Elemente mit Ordnungszahlen >10 praktisch brauchbare Wirkungsquerschnitte für thermische Neutronen (vgl. S. 302) haben, werden häufig n,γ-Reaktionen benutzt. Die vier Hauptelemente biologischer Materialien, nämlich H, C, N und O, werden durch thermische Neutronen kaum aktiviert. Daher sind thermische Neutronen gut brauchbar zur Bestimmung von Spurenelementen in Geweben.

Die Aktivierungsanalyse wurde häufig zur Spurenanalyse von Zn, Cu, Mn, Mo und Co verwendet. Diese Metalle sind essentielle Bestandteile einer Reihe von Enzymen. Auch für toxikologische Studien ist die Aktivierungsanalyse von Interesse. Bekannt wurde beispielsweise die Bestimmung von Arsen in einer Haarprobe von Napoleon. Eine Länge von 1–2 mm eines Haares reichte aus, um durch die Reaktion $^{75}As(n,\gamma)\,^{76}As$ nachzuweisen, daß Napoleon in seinen letzten Lebensjahren eine ungewöhnlich hohe Menge Arsen aufgenommen hat. Auch *in vivo* kann die Aktivierungsanalyse angewendet werden. Die Mengen an Calcium-, Natrium- und Chloridionen wurden durch Ganzkörperbestrahlung von Menschen und Tieren durch schnelle Neutronen verschiedener Energie bestimmt.

Beim Vergleich der Isotopenzusammensetzung chemisch völlig identischer Stoffe, die auf verschiedenen Wegen gebildet wurden, kann man in der Regel geringe, aber signifikante Unterschiede feststellen. Bei den höheren Landpflanzen gibt es Gruppen mit verschiedenem ersten Schritt der photosynthetischen CO_2-Fixierung; diese haben daher etwas verschiedene $^{13}C/^{12}C$-Verhältnisse in ihrer organischen Trockensubstanz.

7.4.2 Isotopen-Verdünnungsanalysen

Es gibt zahlreiche Variationen der Verdünnungsanalyse. Sie beruht meist auf der Bestimmung von spezifischen Radioaktivitäten oder Atomprozentüberschüssen. Sie wird hauptsächlich dann angewandt, wenn die Abtrennung eines Stoffes aus einem Gemisch zwar in reiner Form, jedoch nicht quantitativ möglich ist. Bei der „einfachen" oder direkten Isotopenverdünnungsanalyse wird die zu bestimmende Substanz in markierter Form in genau bekannter Menge und spezifischer Radioaktivität zugesetzt. Nach Durchmischung wird etwas von der zu bestimmenden Substanz in völlig reiner Form isoliert und die spezifische Radioaktivität bestimmt.

Wurde eine Menge M_1 der spezifischen Radioaktivität S_1 zugesetzt und die Substanz mit der spezifischen Radioaktivität S_2 isoliert, so muß gelten:

$$M_1 \cdot S_1 = S_2(M_1 + M_x) \quad \text{und}$$

$$M_x = M_1\left(\frac{S_1 - S_2}{S_2}\right). \tag{7.12}$$

Aus diesem Zusammenhang ersieht man, daß die Bestimmung von M_x unzuverlässig wird, wenn die Differenz S_1–S_2 zu klein und damit unsicher wird. S_1–S_2 wird dann klein, wenn die zugesetzte Menge M_1 wesentlich höher als M_x ist. Bei einem extrem großen Verhältnis M_1/M_x wird eine Bestimmung von M_x überhaupt undurchführbar. In diesem Fall setzt man dem Stoffgemisch ein markiertes Reagens bekannter spezifischer Radioaktivität zu und verwandelt den zu bestimmenden Stoff quantitativ, evtl. auch andere, in ein markiertes Derivat (Derivat-Verdünnungsanalyse). Der Überschuß des markierten Reagens wird entfernt und anschließend setzt man das nichtmarkierte Derivat zu und führt eine umgekehrte Verdünnungsanalyse durch. Dieses Verfahren ist zur Bestimmung auch kleinster Mengen sehr gut geeignet.

Die Derivat-Verdünnungsanalyse beruht jedoch auf der Voraussetzung, daß das markierte Reagens quantitativ mit der zu bestimmenden Substanz ein einheitliches Derivat bildet. Falls dies nicht gelingt, steht eine Variante zur Verfügung.

Dem Stoffgemisch setzt man den zu bestimmenden Stoff in markierter Form (z.B. mit ^{14}C) zu und anschließend ein Reagens, das mit einem anderen Isotop (z.B. ^3H oder ^{35}S) markiert ist. Nach erfolgter Reaktion mit dem markierten Reagens setzt man ein nicht markiertes Derivat zu und isoliert eine für die Radioaktivitätsbestimmungen notwendige Menge. Anschließend wird auf beide Isotope getrennt analysiert und daraus der Gehalt der Mischung an dem zu bestimmenden Stoff ermittelt.

Wie einführend erwähnt, können auch Verbindungen, die mit stabilen Isotopen markiert sind, zu Verdünnungsanalysen verwendet werden. Die relative natürliche Häufigkeit setzt den möglichen Verdünnungsfaktoren engere Grenzen. Man kann jedoch z.B. das $^{13}C/^{12}C$-Verhältnis einer Probe relativ zu einer Standardprobe auf 0,1% genau bestimmen. Daher kann der Zusatz einer Verbindung, die in einer Kohlenstoff-Position nahezu quantitativ mit ^{13}C markiert ist, zu der unmarkierten Verbindung mit der natürlichen Häufigkeit in einem Verhältnis $1:10^5$ noch erkannt werden.

7.4.3 Radioimmunologische Analyse

Eine sehr wichtige Variante der Isotopenverdünnungsanalyse ist die radioimmunologische Bestimmung von Hormonen oder anderen in geringer Konzentration vorkommenden biologisch wirksamen Substanzen (Radio-Immuno-Assay). Dabei macht man vom Prinzip der kompetitiven Proteinbindungsanalyse Gebrauch. Hat man für eine zu bestimmende Substanz, z.B. Insulin oder Steroidhormone, Antikörper und bringt sie mit einer Analysenlösung und der zu bestimmenden Verbindung in radioaktiver Form zusammen, so entsteht eine Konkurrenz der radioaktiven und nicht-radioaktiven Moleküle um eine begrenzte Zahl von Bindungsstellen am Protein (Antikörper). Das Verhältnis von radioaktiv markierten zu nicht markierten Molekülen am Protein entspricht dem Verhältnis ihrer Mengen im Analysenansatz. Hält man bindendes Protein und radioaktive Substanz konstant, so werden um so weniger radioaktive Moleküle gebunden, je mehr nicht radioaktive Moleküle vorhanden sind. Auf diese Weise lassen sich z.B. Oestrogene im Bereich von weniger als 10^{-9} g oder Amphetamine in 50 µl Urin quantitativ bestimmen. (s. Abb. 7.3).

7.5 Beispiele für Isotopenanwendungen

Die vielfältigen Möglichkeiten der Isotopenanwendungen werden am besten durch eine Reihe von Bei-

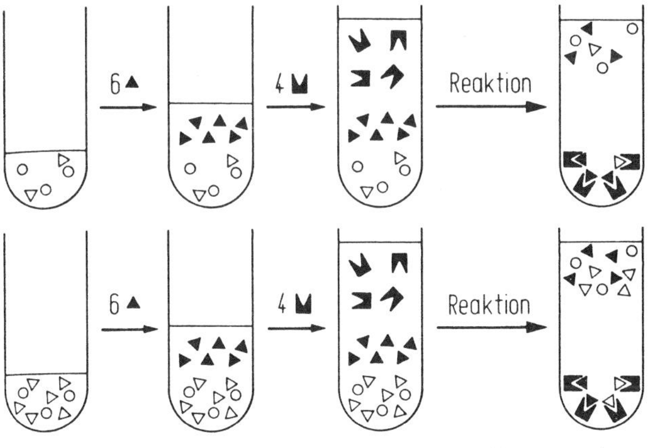

Abb. 7.3. Prinzip des Radio-Immuno-Assays (RIA). **a** Zu einer Lösung, die die zu bestimmenden Moleküle △ (Antigen) neben beliebigen Fremdmolekülen ○ enthält, wird eine definierte Menge radioaktives Antigen ▲ und weiterhin eine definierte Menge an Antikörper gegeben. Letztere muß weniger Bindungsstellen haben, als der Summe △ + ▲ entspricht. Das Verhältnis der Menge von zu bestimmendem △ zu der zugesetzten Menge ▲ im Antigen-Antikörper-Komplex und , der isoliert wird = 1:3. Folglich waren dreimal so viele (radioaktive) Antigenmoleküle zugesetzt worden, als ursprünglich nicht markierte in der zu bestimmenden Lösung waren. **b** wie unter **a**. Das Verhältnis der Menge von zu bestimmenden △ zu der zugesetzten Menge △ im Komplex = 1:1. Folglich waren soviele zu bestimmende Moleküle anwesend, als in radioaktiver Form zugesetzt worden waren.

spielen aufgezeigt. Es ist erstaunlich, welche verschiedenartigen biologischen Phänomene mit Isotopen studiert werden können. Der Bogen spannt sich von Altersbestimmungen über Verteilungsstudien, bei denen Radioaktivität z. B. lediglich der Indikator für die Bewegung eines Tieres ist, über das Studium von Transportphänomenen bis hin zu Untersuchungen auf molekularer Ebene mit Aufklärungen von komplexen Mechanismen, wie der Weg des Kohlenstoffs bei der Photosynthese oder der Proteinbiosynthese und schließlich Fragen der Stereochemie und Bestimmung des geschwindigkeits-bestimmenden Schrittes bei Enzymreaktionen *in vitro* oder *in vivo*.

Es ist jedoch wichtig, folgendes zu betonen: Isotopenmethoden sind äußerst potent. Dies gilt sowohl für die Möglichkeit, interessante „richtige" Ergebnisse zu erhalten, wie auch für die Möglichkeit, „Blödsinn", der nicht ohne weiteres sofort als solcher erkannt wird, zu produzieren. Nur sehr sorgfältig geplante, sauber durchgeführte und kritisch ausgewertete Experimente geben „richtige" Ergebnisse.

7.5.1 Verteilungsstudien

Um z. B. die unterirdischen Bewegungen von Drahtwurmlarven zu verfolgen, hat man in ihre Körperhöhle Kobalt-60 implantiert. Die durchdringenden γ-Strahlen konnten über der Erdoberfläche registriert werden. Über Zahl und Bewegung von Moskitos und anderen Insekten erhielt man dadurch Aufschluß, daß man die Larven mit ^{32}P-markierten Phosphaten fütterte und die ausschlüpfenden Insekten in dem zu untersuchenden Gebiet frei ließ. Durch Aufstellen von Fallen an bestimmten Stellen und zu bestimmten Zeiten konnte aus der bekannten „spezifischen Radioaktivität" der Insekten eine Verdünnungsanalyse durchgeführt werden.

Auch Volumen- und Raumbestimmungen sind hier zu erwähnen. Diesen liegt wieder das Prinzip der Verdünnungsanalyse zugrunde. Erwähnt seien Ganzkörper-Wasserbestimmungen oder die Bestimmung des „Raums" für bestimmte Verbindungen oder Verbindungsklassen. Folgendes Beispiel soll dies erläutern: Plasmaprotein wird z. B. durch Jod-131 markiert. (Dabei werden die aromatischen Reste der Aminosäuren durch elektrophile Substitution jodiert.) Eine Menge, die klein ist im Verhältnis zu der in einem Versuchstier, z. B. einer Ratte, erwarteten, wird injiziert. Nach Gleichgewichtseinstellung entnimmt man etwas Plasma und bestimmt die Radioaktivität des Proteins. Angenommen, es wurden 4 mg mit 100000 *cpm*/mg Protein injiziert und das isolierte Material zeigt 500 *cpm*/mg, dann errechnet sich ein Proteinplasmagehalt von 800 mg. Wurde gleichzeitig durch chemische Analyse bestimmt, daß pro ml Plasma 70 mg Protein enthalten sind, so berechnet sich der „Raum" des Plasmaproteins zu 11,4 ml.

In der Pharmakologie und Medizin sind Aufnahme-, Verteilungs- und Ausscheidungsstudien von Chemotherapeutika und, in neuerer Zeit in zunehmendem Maße, all ihrer Abbauprodukte ein wichtiges Arbeitsgebiet. Dabei spielt die Autoradiographie eine wichtige Rolle.

7.5.2 Stoffwechsel und Transport

7.5.2.1 Typische Fälle und Ergebnisse

In jedem lebenden System befinden sich alle Bestandteile in einem dynamischen Zustand. Während viele Stoffe, z. B. im Blut, in Konzentrationen vorliegen, die, von pathologischen Zuständen abgesehen, nur wenig schwanken, hat ein betrachtetes Molekül nur eine charakteristische Lebensdauer, bevor es resorbiert oder abgebaut wird. Diesem Abfluß entspricht ein Zufluß, der zu einem Fließgleichgewicht (steady state) führt. Stoffwechsel und Transport müssen daher meist zusammen betrachtet werden. Daher wurden auch viele Transportphänomene mit Hilfe markierter Verbindungen studiert. Aufnahmestudien an Mikroorganismen, Stofftransport in Pflanzen oder die Aufnahme von Nährstoffen durch die Wände des Verdauungstrakts bei Tieren sind nur einige Beispiele bedeutender Forschungsgebiete, die häufig sehr wesentliche Erkenntnisse brachten.

Bereits in den dreißiger Jahren fütterte man mit ^{15}N markierte Aminosäuren an Ratten und fand, daß diese unerwartet rasch in die Proteine der Leber eingebaut wurden, obwohl der Gesamtproteingehalt der Leber sich nicht änderte. Das heißt, der hohen Syntheserate steht eine genau entsprechende Abbaurate gegenüber. Die Halbwertszeit der Leberproteine einer Ratte wurde zu 5–6 Tagen bestimmt. Die Proteine der Muskeln zeigen dagegen eine solche von 30 Tagen. Solche Untersuchungen liegen inzwischen für zahlreiche Stoffklassen in verschiedenen Organen von verschiedenen Lebewesen vor.

Mit dem allgemeinen Verfügbarwerden von Kohlenstoff-14, Tritium und anderer Isotope (vgl. Tabellen 7.2 und 7.3) und der Entwicklung der Methodik wurden in den fünfziger Jahren wichtige Stoffwechselwege und die Biosynthese vieler niedermolekularer Substanzen aufgeklärt. Hierher gehört der Weg des Kohlenstoffs bei der Photosynthese grüner Pflanzen, die Biosynthese von Pyrimidinen, Purinen, Porphyrinen, Aminosäuren, Steroiden etc. Der Krebszyklus wurde zwar ohne Isotopenanwendung formuliert, aber erst durch Isotopenstudien wurde die Rolle der Essigsäure verständlich und außerdem die Tatsache, daß es sich hier um Syntheseleistungen ohne Nettosynthese handelt.

In den sechziger Jahren wurde dann mit Hilfe der Isotopentechnik hauptsächlich die Biosynthese der Makromoleküle wie Nucleinsäuren, Proteinen und Polysacchariden aufgeklärt.

Zur Aufklärung der Biosynthese einer niedermolekularen Verbindung ging man üblicherweise wie folgt vor: Man applizierte an das biologische System (rohe Enzympräparate, ganze oder aufgebrochene Zellen von Mikroorganismen oder Organen, ganze Pflanzen oder Tiere) einen vermuteten Vorläufer (Precursor), der meist mit ^{14}C markiert war. Nach einer geeigneten Zeit, die häufig auch erst experimentell bestimmt werden mußte, wurde das Produkt isoliert und seine Radioaktivität bestimmt. Unter der Voraussetzung, daß der Precursor an den Bildungsort des Produkts gelangt, ist Radioaktivität in dem Produkt eine notwendige, aber nicht hinreichende Voraussetzung dafür, daß zwischen der applizierten Verbindung und dem Produkt ein direkter biogenetischer Zusammenhang besteht. Beim Vergleich verschiedener vermuteter Vorläufer-Verbindungen ist der biogenetische Zusammenhang mit dem Produkt in der Regel um so enger, je höher die Einbaurate bzw. die spezifische Einbaurate ist. Man versteht unter Einbaurate das Verhältnis der im Produkt wiedergefundenen Isotopenmenge zu der insgesamt applizierten. Unter spezifischer Einbaurate versteht man das Verhältnis der spezifischen Radioaktivität des Vorläufers zu der im Produkt. Durch Abbau des Produkts wurde die Isotopenverteilung bestimmt. Dadurch konnten Hypothesen entwickelt werden, die durch weitere Experimente zu überprüfen waren. Bis zur Aufklärung aller Detailfragen konnten sich solche Untersuchungen mitunter über einige Jahrzehnte hinziehen. Als Beispiel sei die Cholesterinbiosynthese erwähnt. Bereits in den vierziger Jahren hatte Bloch durch Verwendung von Deuterium-markierter Essigsäure gezeigt, daß zwischen Essigsäure und Cholesterin ein biogenetischer Zusammenhang besteht. Später wurde doppelt markiertes Acetat $^{14}CH_3{}^{13}COOH$ mit Leberscheibchen inkubiert, das gebildete Cholesterin isoliert und (nach Verdünnung mit Trägermaterial) die im nachfolgenden Schema wiedergegebene Kohlenstoff-Isotopenverteilung festgestellt. Die quantitative Auswertung ergab, daß alle Kohlenstoffatome von Acetat stammen, daß beide C-Atome des Acetats verwendet werden und daß eine Verbindung mit sechs C-Atomen durchlaufen werden muß, von der ein C-Atom verlorengeht.

Stereochemische Fragen der Biosynthese des Cholesterins wurden erst vor einigen Jahren, insbesondere durch Cornforth, mit Deuterium- und Tritium-Markierung aufgeklärt. An Fragen der Regulation der Biosynthese wird immer noch in verschiedenen Laboratorien unter Verwendung markierter Verbindungen gearbeitet.

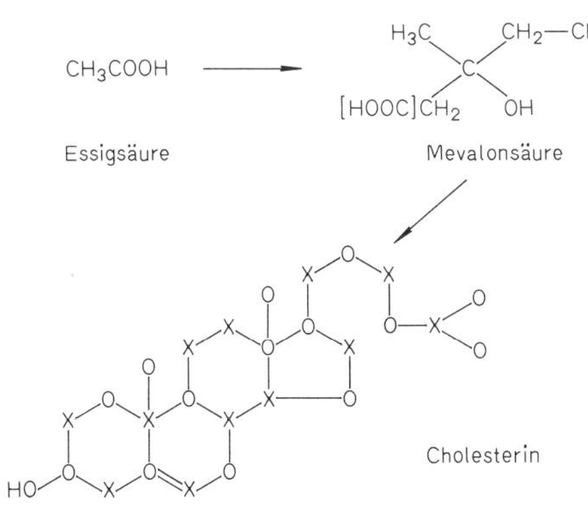

Schema: Cholesterinbiosynthese aus [1-^{13}C, 2-^{14}C] Essigsäure über Mevalonsäure. $^{13}C = X$, $^{14}C = O$. Die in der Mevalonsäureformel eingeklammerte Carboxylgruppe geht verloren

Heute verwendet man für Biogenesestudien, die zu genügend großen Produktmengen führen, gerne ^{13}C-markierte Vorstufen, da die Verteilung des ^{13}C im Produkt oft NMR-spektroskopisch ermittelt werden kann, und der meist sehr mühsame chemische Abbau zur Ermittlung der Isotopenverteilung erspart wird.

Bei der Aufklärung des Wegs des Kohlenstoffs bei der Photosynthese war eine wichtige Frage die des ersten stabilen Kohlenstoffixierungsprodukts. Wurde einer belichteten Algensuspension, die sich im Fließgleichgewicht der Photosynthese befand, $^{14}CO_2$ gegeben und nach 20 Sekunden das Experiment schlagartig gestoppt, so ergab der Algenextrakt nach zweidimensionaler Papierchromatographie und Autoradiographie, daß bereits mehr als 20 Verbindungen radioaktiv markiert waren. Verkürzte man die Zeit des Experiments, so zeigte sich, gegen den Zeitpunkt Null extrapoliert, daß nur 3-Phosphoglycerinsäure ^{14}C markiert war. Der radioaktive Kohlenstoff befand sich in der Carboxylgruppe.

7.5.2.2 Einige Begriffe und theoretische Betrachtungen

In Ergänzung zu den obigen qualitativ beschriebenen Prozessen kann man sagen, daß im allgemeinen jedes biologische System Zwischenprodukte von Hauptreaktionswegen mit mehr oder weniger vielen Nebenwegen enthält. Will man die zeitliche Änderung der spezifischen Radioaktivität der Substanzen analysieren, so ergeben sich Integralgleichungen, die nur durch Näherungsverfahren lösbar sind.

Zilversmit entwickelte jedoch Kriterien, wonach Vorläufer-Produkt-Beziehungen feststellbar sind, wenn sich das System im Fließgleichgewicht (steady state) befindet. Wie bereits erwähnt, ist im Fließgleichgewicht die Geschwindigkeit, mit der eine Substanz aus ihren Vorläufern gebildet wird und mit der sie abgebaut wird, genau gleich. (Statt Bildung und Abbau kann auch der Zu- und Abfluß aus und in andere Kompartimente, oder beides, stattfinden.) Für eine Reaktion $A \rightarrow B$ werden folgende Annahmen gemacht:

p = die konstante Geschwindigkeit, mit der der Vorläufer A in das Produkt B umgewandelt wird,
r = Menge an B im betrachteten Raum (z. B. Organ oder Gewebe),
x = Menge an markiertem B im betrachteten Raum,
$f(t)$ = spezifische Radioaktivität von A als Funktion von der Zeit t.

Die Menge des markierten Materials, das pro Zeiteinheit in das Produkt B umgewandelt wird, beträgt $p \cdot f(t)$ und für die Menge an markiertem Material, das pro Zeiteinheit verschwindet, gilt $p \cdot \frac{x}{r}$. Die Änderung der spezifischen Radioaktivität von B mit der Zeit beträgt danach:

$$\frac{dx}{dt} = pf(t) - p\frac{x}{r}. \tag{7.13}$$

Da r konstant ist, kann man schreiben

$$r\left(d\frac{x}{r}\Big/dt\right)=p\left[f(t)-\frac{x}{r}\right] \tag{7.14}$$

und daraus folgt

$$\left(d\frac{x}{r}\Big/dt\right)\Big/\left(f(t)-\frac{x}{r}\right)=\frac{p}{r}=\text{const.} \tag{7.15}$$

Abbildung 7.3 gibt den Verlauf der spezifischen Radioaktivitäten von A und B in Abhängigkeit von der Zeit wieder. Der Zähler von Gl. (7.15) gibt die Neigung der Kurve der spezifischen Radioaktivität von B wieder. Der Nenner ist gleich der Differenz der spezifischen Radioaktivität von A und B zu einem gegebenen Zeitpunkt. Wie aus Abb. 7.4 ersichtlich, muß, solange die Neigung der Kurve B positiv ist, die spezifische Radioaktivität von A größer sein als die von B. Zum Zeitpunkt des Maximums der spezifischen Radioaktivität von B ist die Neigung Null, d.h. die spezifische Radioaktivität von A und B muß gleich sein. Sobald die spezifische Radioaktivität von B abnimmt, ist die von A geringer als die von B, d.h. der Nenner von Gl. (7.15) ist negativ. Mit anderen Worten kann man sagen, falls A ein Vorläufer von B ist, muß unter Bedingungen des Fließgleichgewichts die Kurve der spezifischen Radioaktivität von A die des Produkts B im Maximum schneiden. Aus der Abb. 7.4 läßt sich noch der Begriff Umsatzzeit (turnover time) ersehen. Man versteht darunter die Zeit, die notwendig ist, um eine Substanzmenge umzusetzen, wie sie im Fließgleichgewicht im betrachteten Pool vorhanden ist. Sie kann erhalten werden, wenn man die Fläche unter den Kurven der spezifischen Radioaktivitätskurven zwischen den Zeiten t_1 und t_2 durch den Anstieg m in der spezifischen Radioaktivität von B zwischen t_1 und t_2 dividiert.

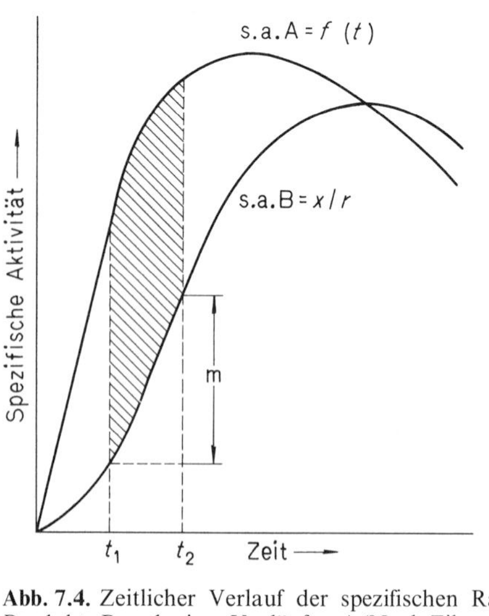

Abb. 7.4. Zeitlicher Verlauf der spezifischen Radioaktivität eines Produkts B und seines Vorläufers A (Nach Zilversmit et al.). Weitere Erläuterungen s. Text

7.5.2.3 Weitere Beispiele und wichtige Experimente der Molekularbiologie

Das Vorliegen eines in den vorstehenden Abschnitten besprochenen Fließgleichgewichts muß nicht für alle Bereiche eines Organismus gelten. Dies zeigt ein berühmtes Experiment von Shemin und Rittenberg, in dem sie (1946) die Biosynthese von Hämin mit ^{15}N-markiertem Glycin in Menschen studierten. Durch zahlreiche vorhergehende Tierexperimente war bekannt, daß Glycin in das Hämin eingebaut wird. Für 3 Tage nahmen die Versuchspersonen ^{15}N-Glycin mit der Nahrung auf. Man sollte erwarten, daß der markierte Stoff mit einer bestimmten Geschwindigkeit in den Erythrozyten auftaucht, ein Maximum durchläuft und wieder abnimmt, wie dies in Abb. 7.3 gezeigt ist. Es wurde jedoch folgendes Ergebnis erhalten. Nach Beendigung der Zufuhr von ^{15}N-Glycin nahm der Einbau von ^{15}N in das Hämin nicht wieder ab, sondern noch für 25 Tage zu. Danach blieb die Markierung für ca. 100 Tage konstant und fing dann an, abrupt abzunehmen. Daraus mußte man die überraschenden Schlüsse ziehen, daß das Hämoglobin und vermutlich die ganzen Erythrozyten nicht kontinuierlich auf- und abgebaut werden, sondern schubweise. Nach der Gabe des ^{15}N-Glycins wurde eine gewisse Menge von Erythrozyten gebildet. Diese existierten für ca. 100 Tage und wurden dann wieder abgebaut. Die den Abbau bewirkenden Enzyme greifen also die Erythrozyten nicht willkürlich an, sondern „erkennen" die alten Erythrozyten.

Besonders wichtig waren und sind Tracer in der molekularbiologischen Forschung. Dies soll an einigen Beispielen gezeigt werden. Bekanntlich bedeutet eine Folge von drei Nucleotiden auf der Deoxyribonucleinsäure eine Aminosäure im Genprodukt Protein (vgl. S. 415). Diese Dreierfolgen (Triplett) auf der Messenger-Ribonukleinsäure (mRNA) mußten für die 20 Aminosäuren, die am Aufbau der Proteine beteiligt sind, bestimmt werden. Der experimentelle Durchbruch gelang Matthaei und Nierenberg 1961, als sie zu einem Gemisch von mit Aminosäure-beladenen Transfer-Ribonucleinsäuren (tRNA) und Ribosomen die künstliche mRNA Polyuridin gaben. Von den 20 möglichen Aminosäuren wurde nur Phenylalanin zu einem Polypeptid polymerisiert. Die Folge von drei Uracilbasen (UUU) bedeutete Phenylalanin. Die dabei umgesetzten Mengen waren unwägbar und konnten nur durch chromatographische Methoden getrennt und durch ihre Radioaktivität erkannt werden. Die weitere Aufklärung des genetischen Codes erfolgte durch Experimente mit künstlichen Tripletts. Nimmt man z.B. das Triplett, in dem die Basen Uracil, Cytosin, Uracil (UCU) enthalten sind, und kombiniert dies mit Ribosomen, so bildet sich ein Triplett-Ribosomen-Komplex. Gibt man diesen zu einem Gemisch von tRNA, die mit ihren entsprechenden Aminosäuren (Aminoacyl-tRNA) beladen sind, so haftet sich nur die Aminoacyl-tRNA an die mit UCU beladenen Ribosomen, die das zu UCU entsprechende Antitriplett besitzt. Hat man 20 Mischungen der 20 verschiedenen

Aminoacyl-tRNA, in denen jeweils in einem Gemisch nur eine Sorte von Aminoacylresten radioaktiv ist, gibt etwas von dem UCU-Ribosomen-Komplex hinzu und saugt nach einiger Zeit den Reaktionsansatz über ein Membranfilter ab, so bleibt bei diesem Beispiel nur auf dem Filter Radioaktivität haften, in dem die Aminosäure Serin radioaktiv markiert war. Das heißt, nur Seryl-tRNA haftet sich an den UCU-Ribosomen-Komplex an und kann daher nicht das Filter passieren. Das Triplett UCU bedeutet folglich Serin.

Ein weiteres berühmtes Experiment, in dem mit ^{32}P- und ^{35}S-Markierung gearbeitet wurde, ist das von Hershey und Chase. Dabei wurde gezeigt, daß nur die Deoxyribonucleinsäure (DNA) von T-Phagen, nicht aber ihr Protein die Information zur Bildung von Viren enthält. T4-Phagen wurden in Bakterien gezogen, in denen der Schwefel und Phosphor markiert waren. Dadurch wurden die Proteine aufgrund ihres Gehalts an Schwefel-haltigen Aminosäuren mit ^{35}S markiert und die DNA mit ^{32}P.

Da DNA keinen Schwefel und Virusprotein keinen Phosphor enthält, waren beide Polymere ausschließlich nur mit einer Sorte radioaktiver Nuklide markiert. Von diesen so markierten Phagen drang nur ^{32}P in die Wirtszellen, während die ^{35}S-Radioaktivität an der Zelloberfläche hängen blieb und durch Scherkräfte entfernt werden konnte. Die infizierten Wirtszellen produzierten neue T4-Phagen. Damit war gezeigt, daß proteinfreie Nucleinsäure alle Informationen zur Bildung von Viren enthält.

Das Experiment von Meselson und Stahl gibt Aufschluß über die Art der Replikation von DNA. *Escherichia coli*-Zellen wurden in einem Medium gezüchtet, in dem alle Stickstoffsalze fast nur ^{15}N enthielten. In die gebildete DNA wurde damit das schwere ^{15}N-Isotop eingebaut. Nach einem gewissen Wachstum in dem „schweren" Medium wurden die Zellen in „leichtes" Medium, d.h. solches mit ^{14}N-Stickstoffsalzen überführt. Vor dem Medienwechsel und zu verschiedenen Zeiten danach wurden Zellen auf DNA aufgearbeitet und diese der Caesiumchlorid-Gleichgewichtszentrifugation unterworfen. Die in „schwerem" Medium gewachsenen Zellen enthielten nur „schwere" DNA. Nach einer Generationszeit im „leichten" Medium nahm die DNA im Dichtegradienten eine Stellung ein, die zwischen der „schweren" und „leichten" DNA lag. Nach einer weiteren Generationszeit lagen „halbschwere" und „leichte" im Verhältnis 1:2 vor (vgl. Schema). Daraus ergab sich die sog. semikonservative DNA-Replikation (vgl. S. 409).

Nach dem Auffinden von spezifischen Endonukleasen für doppelsträngige DNA (Restriktionsnukleasen) ist es in Kombination mit der Tracertechnik möglich geworden, DNA zu sequenzieren. Man versteht darunter die Bestimmung der Basenfolge in der DNA. Den diversen Verfahren ist gemeinsam, daß die verschieden langen Oligonukleotide aufgrund von ^{32}P-Markierung nach elektrophoretischer Trennung in Polyacrylamidgelen autoradiographisch sichtbar gemacht werden können. Mit weniger als 10^{-9} kg DNA werden ca. 100 Basensequenzen bestimmt. Es wurden

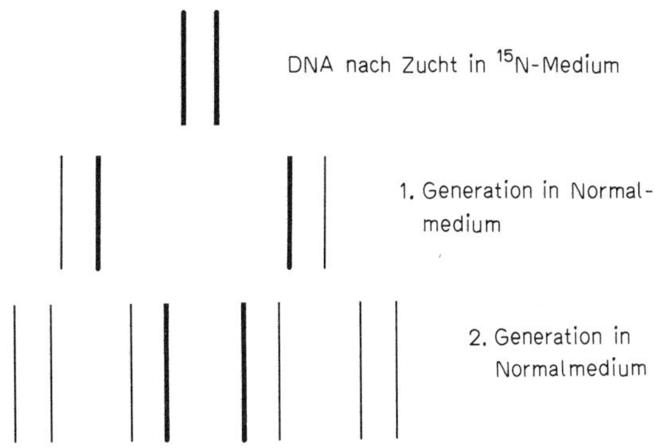

Schema: Zur semikonservativen Reduplikation von Deoxyribonucleinsäure. Dick gezeichnete Linien bedeuten „schwere", d.h. ^{15}N-haltige DNA. Dünn gezeichnete Linien sind „leichte" Stränge, d.h. ^{14}N-haltig

Sequenzen mit über 6000 Basenpaaren ermittelt. Dabei werden ^{32}P-markierte Phosphate verwendet, deren spezifische Radioaktivität ca. $4 \cdot 10^{13}$ Bq/mmol beträgt. Die Autoradiographiezeit beträgt einige Stunden. Die Methoden haben sehr überraschende neue Erkenntnisse gebracht. Hier seien nur zwei erwähnt. In Phagen gibt es Fälle, in denen Basensequenzen in zwei oder sogar in allen drei möglichen Rastern gelesen werden. Diese sogenannten überlappenden Gene erfordern die Erweiterung der Definition eines Gens. Man muß daher heute formulieren: Ein Gen ist ein Abschnitt auf der DNA, der, in einem bestimmten Raster gelesen, für ein bestimmtes Polypeptid kodiert. Gene in höheren Zellen können durch nicht-kodierende DNA unterbrochen sein. Das Gen für Hühnereiweiß (Ovalbumin) enthält sieben Abschnitte (Introns), die nicht in das Genprodukt übersetzt werden. Die nicht-kodierenden Introns dieses Gens werden zunächst in eine Prä-mRNA mitübersetzt und sodann ausgeschnitten. In das Polypeptid werden nur die sogenannten Exons übersetzt.

7.5.3 Sterischer Verlauf von Enzymreaktionen an prochiralen Systemen

Viele im Stoffwechsel beteiligte Verbindungen sind chiral. In den meisten Fällen wird diese Chiralität durch vier verschiedene Liganden (Cabcd) an einem oder mehreren C-Atomen bewirkt. Es ist seit langem bekannt, daß Enzyme, die alle auch chiral sind, sich gegen die verschiedenen enantiomeren Formen einer Substanz unterschiedlich verhalten. Neben den zahlreichen chiralen Verbindungen sind nahezu alle biologischen Moleküle prochiral, d.h. sie enthalten ein oder mehrere C-Atome der Art Caabc. Beispiele sind Citronensäure mit zwei $-CH_2COOH$-Gruppen oder ein primärer Alkohol $R\text{-}CH_2OH$ mit seinen beiden Wasserstoffatomen an dem die OH-Gruppe tragenden Kohlenstoffatom. In einem prochiralen Molekül verhalten sich die beiden Gruppen a in einer chiralen Umgebung nicht gleich. Dieser als Ogston-Hypothese

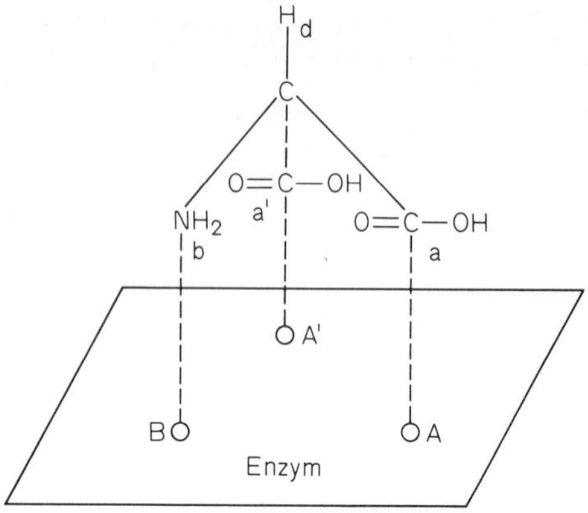

Abb. 7.5. Tritt ein Molekül mit einer prochiralen Gruppe Caabd mit einem chiralen Reagens an drei verschiedenen Punkten in Wechselwirkung, so unterliegen die zwei Gruppen a unterschiedlichen Einflüssen. Falls eine Gruppe (a') markiert ist, kann dies festgestellt werden, wenn es unter dem Einfluß einer katalytischen Gruppe (z.B. A) zur Abspaltung oder Substitution einer Gruppe a kommt

bekannte Sachverhalt ist für die Deutung von Tracerexperimenten von großer Bedeutung. Ogston wies 1948 darauf hin, daß der Übergang

$$\underset{\text{Serin}}{HOCH_2\underset{|\atop {}^{15}NH_2}{C}H{-}{}^{13}COOH} \rightarrow \rightarrow \rightarrow \underset{\text{Glycin}}{H_2{}^{15}NCH_2{}^{13}COOH}$$

durchaus über das symmetrische Zwischenprodukt

$$HOOC{-}\underset{|\atop {}^{15}NH_2}{C}H{-}{}^{13}COOH \quad \text{(Aminomalonsäure)}$$

verlaufen kann, obwohl das Glycin das gleiche $^{15}N/^{13}C$-Verhältnis zeigt wie das Serin. Ogston begründete diese Auffassung durch die Abb. 7.5. Danach gibt es für ein chirales Reagens (Enzym), das mit dem Substrat in Wechselwirkung tritt, keine zwei identischen Anordungen, in denen lediglich der Bindungsort der beiden Carboxylgruppen A und A′ vertauscht wäre. Nimmt man aber an, daß z.B. aufgrund der katalytischen Wirkung der Bindungsstelle A nur die Carboxylgruppe a abgespalten werden kann, dann ist obiges Ergebnis durchaus mit dem symmetrischen Zwischenprodukt Aminomalonsäure verträglich. Ein solcher Sachverhalt kann prinzipiell nur mit Isotopen-Markierung bestätigt werden. Inzwischen gibt es hunderte von Beispielen. Interessant sind solche Untersuchungen insbesondere im Hinblick auf die Evolution der aktiven Zentren von Enzymen. So sind z.B. Fälle bekannt, bei denen reversibel von einer Verbindung eine Methylengruppe in eine Methingruppe

$$-\overset{H}{\underset{H}{C}}- \rightleftharpoons -\overset{H}{C}=$$

umgewandelt wird. Dies ist z.B. bei der Gruppe von Pyridoxal-abhängigen Enzymreaktionen der Fall. Man kennt inzwischen 7 recht verschiedenartige Reaktionen, die von verschiedenen Enzymen katalysiert werden. Man stellte fest, daß dabei immer das sterisch gleiche Wasserstoffatom von der Methylengruppe des Pyridoxamins entfernt wird, bzw. an die Methingruppe des Pyridoxals das Wasserstoffatom immer von der gleichen Seite her fixiert wird. Da es in jedem der 7 untersuchten Reaktionen zwei Möglichkeiten gibt, ist die Wahrscheinlichkeit, daß die sterische Identität Zufall ist, $1/2^7 \approx 0{,}008$. Viel wahrscheinlicher ist, daß eine Familie von Enzymen einen gemeinsamen Vorfahren hat und eine bewährte sterische Anordnung während der Evolution erhalten bleibt.

7.5.4 Isotopenaustauschstudien

Durch Isotopenaustauschstudien können wesentliche kinetische und mechanistische Erkenntnisse an Systemen gewonnen werden, die sich im Fließgleichgewicht befinden. Ein wesentlicher Grund ist, daß Geschwindigkeitsmessungen von ganz — oder in Teilschritten — reversiblen Reaktionsketten biologisch nur relevant sind, wenn sich alle Produkte dieser Reaktionskette im Fließgleichgewicht befinden. Dies gilt sowohl für chemische Reaktionen wie Transportphänomene durch Membranen oder Phasenübergänge etc. Häufig sind Messungen von Initialgeschwindigkeiten gar nicht sinnvoll. Falls z.B. die Geschwindigkeit des Eintritts von Kaliumionen in eine Zelle gemessen werden soll, führt es nicht zu zuverlässigen Ergebnissen, die Zellen völlig Kalium-frei zu machen, um sie dann in ein Medium mit Kaliumionen zu bringen und deren Eindringen zu messen. Selbst wenn dies unter physiologischen Bedingungen gelänge, ist die eigentliche Initialphase, die ohne Rückreaktion verläuft, sehr kurz und experimentell nicht leicht zu verfolgen. Sehr viel günstiger ist ein Experiment, bei dem Zellen unter physiologischen Bedingungen im Medium mit so wenig radioaktiven Kaliumionen versetzt werden, daß das Gleichgewicht zwischen Medium und Zellinnern in bezug auf die Kaliumkonzentration nicht gestört wird, wohl aber das Eindringen der Radioaktivität in die Zelle gemessen werden kann.

Geschwindigkeiten von Enzymreaktionen in der Initialphase, d.h. in Abwesenheit von Produkten, zu messen, sagt häufig wenig über die Geschwindigkeiten unter *in vivo*-Bedingungen aus, da die Produkte regulierend auf die Aktivität der Enzyme einwirken können. Aber selbst beim Messen von Initialgeschwindigkeiten von Reaktionen als Funktion der Konzentrationen von Substraten, Produkten, Inhibitoren etc. läßt sich meist nur eine Nettogeschwindigkeit des chemischen Umsatzes messen. (Diese wird um so weniger genau, je mehr man sich dem Gleichgewicht nähert!) Falls man aus mechanistischen Gründen an den Geschwindigkeiten von Teilschritten interessiert ist, läßt sich dies für solche, die nicht zu meßbaren Zwischenstufen führen, nicht tun. Was man für solche Schritte durch Messungen von Konzentrationsänderungen nur sieht, sind oft nur die kleinen Differenzen von großen Geschwindigkeitskonstanten ähnlicher Größe. Durch Isotopenaustauschmessungen sind häufig interessante Informationen erhältlich.

Als Beispiel sei die sogenannte Fumarase-Reaktion genannt. Dabei wird die reversible Wasserabspaltung von L-Malat in Fumarat katalysiert (vgl. Schema). Wurde zu einer im Gleichgewicht befindlichen Mischung von Malat und Fumarat in Gegenwart von Fumarase eine geringe Menge genügend stark ^{14}C-markiertes Malat oder Fumarat gegeben, so ließ sich die Geschwindigkeit des Übergangs Malat→Fumarat bzw. umgekehrt messen. Setzt man die Austauschgeschwindigkeit

^{14}C-Malat ⇌ ^{14}C-Fumarat

gleich 1,0, so stellt man fest, daß in ^{18}O-markiertem Wasser der Austausch

^{18}O-Malat ⇌ ^{18}O-Wasser

4,0 beträgt und der Austausch

^{3}H-Malat ⇌ ^{3}H-Wasser

0,43 beträgt. Daraus läßt sich, ohne ins Detail zu gehen, folgendes schließen:

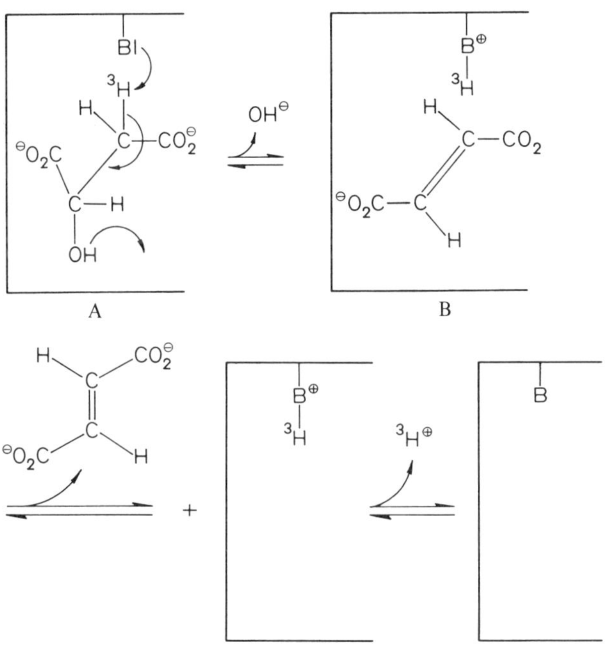

Vom Enzym-Substrat-Komplex A wird OH^- und $^3H^+$ abgespalten, und es bildet sich B. Die OH^--Gruppe wird sofort ins Wasser entlassen. Das Tritium wird von der Base B am Enzym gebunden. Der Komplex B kann jetzt folgendermaßen reagieren: 1. Zurück nach A oder 2. unter Freisetzung von Fumarat. Der 4mal so rasche ^{18}O-Austausch im Vergleich zum Übergang Malat⇌Fumarat zeigt, daß der Komplex B im Mittel 4mal häufiger nach A zurückreagiert. Der Austausch des an der Base B gebundenen Tritiums mit den Protonen des Wassers erfolgt relativ langsam. Fast jedes zweite Enzymmolekül, das ein gebildetes Fumaratmolekül wieder in Malat umwandelt, besitzt noch das Tritium und fixiert dieses wieder am C-3 des Malats.

Literaturauswahl

Bächmann, K.: Messung radioaktiver Nuklide. Weinheim/Bergstr.: Verlag Chemie 1970

Bentley, R.: Molecular asymmetry in biology, Bd. I u. II. New York-London: Academic Press 1969–1970.

Birkenfeld, H., Haase, G., Zahn, H.: Massenspektrometrische Isotopenanalyse. Berlin: VEB Deutscher Verlag d. Wissenschaften 1969.

Boyer, P. D.: Isotope exchange probes and enzyme mechanisms. Acc. Chem. Res. **11**, 218 (1978).

Buncel, E., Lee, C. C. (Hrsg.): Isotopes in organic chemistry. Amsterdam-Oxford-New York: Elsevier Scientific Publ. Comp., Vol. 1, 1975, Vol. 4, 1978 (weitere Bände folgen).

Caprioli, R. M.: Use of stable isotopes. In: Waller, G. R. (Ed.): Biochemical applications of mass spectrometry, pp. 735–776. New York-London-Sydney-Toronto: Wiley-Interscience 1972.

Cohen, J. S.: Nuclear magnetic resonance studies of biologically relevant isotopes other than hydrogen. Crit. Rev. Biochem. **5**, 25 (1978).

Evans, E. A.: Tritium and its compounds. London: Butterworth 1974.

Feinendegen, L. E.: Tritium-labeled molecules in biology and medicine. New York-London: Academic Press 1967.

Gandour, R. D., Schowen, R. L.: Transition states of biochemical processes. New York-London: Plenum Press 1978.

Kiefer, H., Maushart, R.: Strahlenschutzmeßtechnik. Karlsruhe: Braun 1964.

Krumbiegel, P.: Isotopieeffekte. WTB Bd. 77. Berlin-Oxford-Braunschweig: Akademie-Verlag, Pergamon Press, Vieweg und Sohn 1970.

Matwiyoff, N. A., Ott, D. G.: Stable isotope tracers in the life sciences and medicine. Science **181**, 1125 (1973).

Nuclear Activation Techniques in the Life Sciences. Proceedings of a Symposium, Wien Mai 1978. Wien: International Atomic Energy Agency, 1978.

Klein, E. R., Klein, P. D. (Hrsg.): Stable isotopes. Proceedings of the Third International Conference. New York-San Francisco-London: Academic Press 1979.

Shipley, R. A., Clark, R. E.: Tracer methods for *in vivo* kinetics. New York-London: Academic Press 1972.

Simon, H. (Hrsg.): Messung von radioaktiven und stabilen Isotopen. Berlin-Heidelberg-New York: Springer 1974.

Wang, C. H., Willis, D. L., Loveland, W. D.: Radiotracer in the biological, environmental and physical sciences. Englewood Cliffs, New Jersey: Prentice-Hall Inc. 1975.

Wang, Y. (Hrsg): Handbook of radioactive nuclides. Cleveland: The Chemical Rubber Co. 1969.

Werner, G., Fischer, H. A.: Autoradiographie. Berlin: W. de Gruyter 1971.

8 Energetische und statistische Beziehungen

8.1 Allgemeines

FRIEDRICH DÖRR

Eine lebende Zelle kann als physikalisch-chemisches System betrachtet werden. Sieht man von ihrer Entwicklung ab, so hat man dessen stationäre Zustände unter gegebenen Bedingungen zu beschreiben. Leben ist an eine hohe räumliche Ordnung von Strukturen und an eine hohe zeitliche Ordnung (Koordinierung) der physikalischen (Materie- und Energietransport) und chemischen Prozesse (katalytische Reaktionen) gebunden. Zur makroskopischen Beschreibung der Energetik dieser Prozesse erscheint die Thermodynamik geeignet, insbesondere in der Formulierung für stationäre Nichtgleichgewichtsprozesse. Die Aussagen der Thermodynamik sind von molekularen Modellen unabhängig; die Verknüpfung zu den molekularen Eigenschaften stellt die statistische Mechanik her. Es gibt keinerlei Erfahrungen, die darauf hinweisen würden, daß über die bekannten physikalischen Prinzipien hinaus (Quantentheorie der Atome und Moleküle; Erhaltungssätze) in der lebenden Zelle noch weitere Prinzipien wirksam wären. Insbesondere kann die Energetik und die Richtung biologischer Prozesse im Rahmen der Thermodynamik beschrieben werden. In der Erweiterung auf irreversible Prozesse kann mittels thermodynamischer Begriffe auch die spontane Bildung von höher geordneten Strukturen (Inhomogenitäten) und deren Aufrechterhaltung unter „Dissipation" von Energie („Fließgleichgewicht") prinzipiell verstanden werden. Einfachste Modelle hierfür können annähernd quantitativ erfaßt werden, für die biologisch interessanten, komplizierten gekoppelten Reaktionen ist dies noch nicht erreicht.

Die Grundbegriffe der klassischen Thermodynamik sind für Gleichgewichtszustände definiert. Die „Gleichgewichtsthermodynamik" liefert Grenzwerte für die maximale Nutzarbeit aus einem chemischen Prozeß. Stationäre Nichtgleichgewichtszustände in der Nähe von Gleichgewichtszuständen werden von der linearen Thermodynamik irreversibler Prozesse erfaßt. Instabilitäten, wie der spontane Umschlag von einer stationären Struktur in eine andere bei gewissen kritischen Werten der aufgeprägten äußeren Bedingungen, die weit vom Gleichgewichtswert liegen (z. B. große Konzentrationsgradienten), können nur bei nichtlinearen Zusammenhängen auftreten. Die Thermodynamik irreversibler Prozesse und die molekulare Statistik stehen über die Entropie in enger Beziehung zum Informationsgehalt eines Systems. Zellen sind aufgrund ihres sehr hohen Informationsgehaltes z. B. in der Lage, sich rasch und mit äußerst geringer Fehlerquote zu vermehren (zu reduplizieren) und Schäden zu reparieren. Evolution ist Steigerung des Informationsgehalts durch „Lernprozesse" und Auslese. Thermodynamische Größen als statistische Mittelwerte über molekulare Eigenschaften verlieren ihren Nutzen, wenn bei sehr kleinen Systemen die statistischen Schwankungen groß werden. Außerdem liefert die Gleichgewichtsthermodynamik nur Aussagen über die Richtung und den möglichen Endzustand (Gleichgewicht) einer Reaktion, nicht aber darüber, ob sie unter den gegebenen Bedingungen tatsächlich mit endlicher Geschwindigkeit abläuft. Katalysatoren (z. B. Enzyme) beeinflussen die Reaktionsgeschwindigkeit, ohne die Lage des Gleichgewichts zu verändern.

8.2 Grundbegriffe der Gleichgewichtsthermodynamik

FRIEDRICH DÖRR

Ein thermodynamisches „System" ist ein begrenzter Ausschnitt aus der stofflichen Welt. Je nach Durchlässigkeit der Begrenzung für Wärme Q, Arbeit W (z. B. mechanisch oder elektrisch) und Materie $n_{\{x\}}$ nennt man es (vgl. Abb. 8.1)

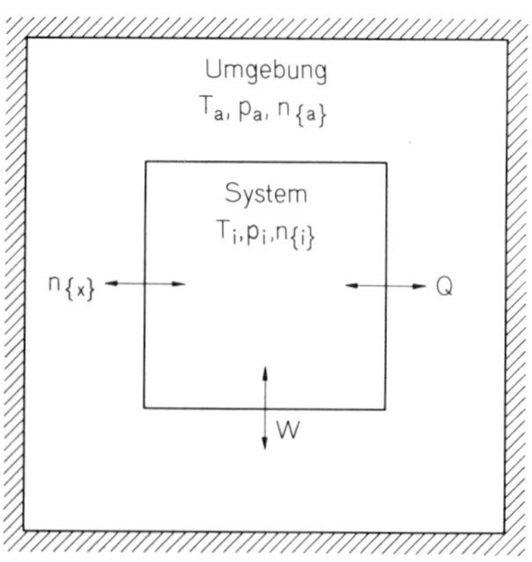

Abb. 8.1. „System" und „Umgebung". T_i, p_i, $n_{\{i\}}$ Temperatur, Druck bzw. Molzahlen der Komponenten im „System", T_a, p_a, $n_{\{a\}}$ in der „Umgebung", die nach außen isoliert ist. W Arbeits-, $n_{\{x\}}$ Stoffaustausch, Q Wärmeaustausch, $V(T_i, p_i, n_{\{i\}})$ Volumen des Systems

isoliert (abgeschlossen), wenn $Q=0$; $W=0$; $n_{\{x\}}=0$;
offen, wenn $Q \neq 0$; $W \neq 0$; $n_{\{x\}} \neq 0$.
$n_{\{x\}}$: Abkürzung für einen Satz von Molzahlen, z. B. $n_1, n_2 \ldots$
(Andere Fälle interessieren hier nicht.)

Biologische Systeme insbesondere sind „offene" Systeme.

Das System ist gekennzeichnet durch seine Zusammensetzung $n_{\{i\}}$, durch Druck, Temperatur und evtl. aufgeprägte Felder (Gravitation, elektrisches, magnetisches Feld); von letzteren sehen wir hier ab. Das Volumen V ist über die Zustandsgleichung mit den übrigen „Zustandsvariablen" verknüpft. Chemische und physikalische Prozesse sind im allgemeinen mit Änderungen dieser Größen und des Wertes von davon abgeleiteten „Zustandsfunktionen" verbunden. Bei vielen Prozessen werden einige der Variablen konstant gehalten. Biologische Vorgänge laufen meist „isotherm" unter $T=\text{const.}$ (Körpertemperatur) und „isobar" unter $p=\text{const}$ (atmosphärischer Luftdruck) ab. Bei chemischen Reaktionen in kondensierter Phase (Lösungen) ist auch $V \approx \text{const}$ („isochorer" Prozeß).

„Zustandsfunktionen" sind solche Funktionen der Zustandsvariablen ($p, V, T, n_{\{i\}}$), deren Wert von der Vorgeschichte des Systems unabhängig ist. Für einen Prozeß von ($p_1, V_1, T_1, n_{\{1\}}$) nach ($p_2, V_2, T_2, n_{\{2\}}$) ist also für jede Zustandsfunktion $F(p, V, T, n)$ mit $F_1 = F(p_1, V_1, T_1, n_{\{1\}})$ usw.:

$$\Delta F = \int_1^2 dF = F_2 - F_1 \tag{8.1}$$

unabhängig vom Integrationsweg bzw. Reaktionsweg.

8.2.1 Erster Hauptsatz, Enthalpie

Der Wärmeumsatz Q und der Arbeitsumsatz W einer Reaktion sind je für sich im allgemeinen vom Reaktionsweg abhängig, also nicht analog Gl. (8.1) auszudrücken. Wohl aber ist die Summe $W+Q=\Delta E$ vom Reaktionsweg unabhängig. Zufuhr von Wärme und Arbeit erhöht die „Innere Energie" E des Systems.[1] Dies ist der I. Hauptsatz der Thermodynamik, in Formeln:

$$\Delta E = Q + W, \quad \text{bzw. differentiell} \tag{8.2}$$

$$dE = \delta Q + \delta W \quad \text{(I. Hauptsatz)}. \tag{8.2a}$$

Dem System zugeführte Energiebeträge werden hier als positiv definiert. Wenn das System bei einer Reaktion sein Volumen gegen einen äußeren Druck p (z. B. Luftdruck) um dV ändert, so wird dabei die mechanische Arbeit

$$\delta W = -p dV \quad \text{(„Volumenarbeit")} \tag{8.3}$$

umgesetzt.

Die Schreibweise δQ bzw. δW („unvollständige Differentiale") soll daran erinnern, daß Q und W keine Zustandsfunktionen sind; dE ist dagegen ein „vollständiges Differential" der Zustandsfunktion E. Bezüglich des Vorzeichens von W in Gl. (8.2) ist die Darstellung in der Literatur uneinheitlich. Manche Autoren definieren W als die vom System abgegebene Arbeit; dann ist das Vorzeichen von W in Gl. (8.2) negativ.

Sehr viele Reaktionen laufen unter $p=\text{const}$ (isobar) ab. Es ist deshalb sinnvoll, eine weitere Zustandsfunktion einzuführen:

$$H = E + pV \quad \text{„Enthalpie"}, \tag{8.4}$$

bzw.

$$dH_p = dE + pdV \quad \text{für} \quad p=\text{const}, \tag{8.4a}$$

für eine endliche Änderung

$$\Delta H_p = \Delta E + p\Delta V, \qquad p=\text{const}.$$

Wenn in Gl. (8.2a) $\delta W = -pdV$ (reine Volumenarbeit) ist, wird

$$dH_p = \delta Q \quad \text{bzw.} \quad \Delta H_p = Q \tag{8.4b}$$

die kalorimetrisch meßbare „Reaktionswärme" = „Reaktionsenthalpie".

Die thermodynamischen Größen werden unterteilt in „extensive", der Stoffmenge proportionale Größen (z. B. Energie, Entropie) und „intensive", von der Stoffmenge unabhängige Größen (z. B. Temperatur, Druck, Energie je Mol, Molwärme).

Maß der Stoffmenge ist das Mol, das sind $N_L \approx 6{,}02 \cdot 10^{23}$ gleichartige Teilchen; Energieeinheit ist $1\,J = 1\,Ws$, außerdem sind noch in Gebrauch cal, kcal und eV. Es gilt $1\,J = 0{,}239\,cal = 6{,}24 \cdot 10^{18}\,eV$.

Extensive Größen werden häufig auf 1 Mol bezogen; sie werden dadurch zu intensiven Größen. Im folgenden wird dies „je Mol" konsequent durch einen Querstrich über dem Größensymbol ausgedrückt, z. B. $\bar{E}$, $\bar{H}$, $\bar{V}$ (Molvolumen). In vielen Darstellungen wird diese Unterscheidung nicht ausdrücklich gekennzeichnet; sie ergibt sich meist aus dem Zusammenhang.

Beispiel

Das wichtigste Ergebnis der Photosynthese in den grünen Pflanzen ist der Aufbau von Glucose aus Kohlendioxid und Wasser:

(a) $6CO_2 + 6H_2O \rightarrow C_6H_{12}O_6$ (Glucose) $+ 6O_2$

$\Delta H = +2{,}81 \cdot 10^3$ kJ/mol $= +673$ kcal/mol

($1\,kcal = 4{,}18 \cdot 10^3$ Ws oder J)

$\Delta H > 0$ bedeutet, daß bei isobarer Reaktion in der angegebenen Richtung das System diese Wärmemenge verbraucht („endotherme" Reaktion). Der zu (a) umgekehrte Prozeß läuft — über viele Zwischenstufen — bei der Oxidation von Glucose in der Zelle ab. Dabei wird der gleiche Betrag an Wärmeenergie frei („exotherme" Reaktion).

[1] In der deutschen Literatur wird für die innere Energie häufig auch das Symbol U verwendet.

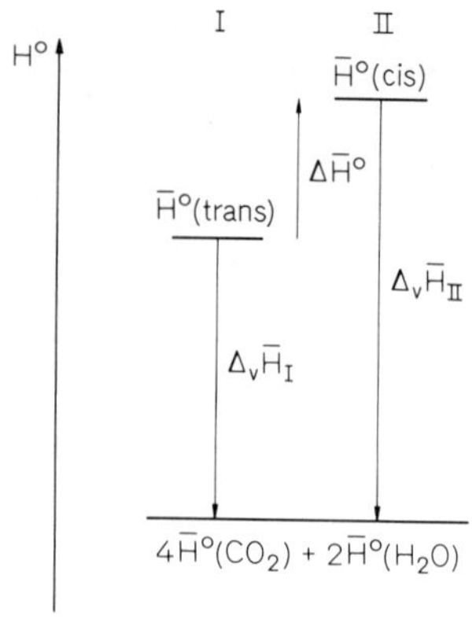

Abb. 8.2. Zum Heßschen Satz: $\Delta\bar{H}^0$ Fumarsäure→Maleinsäure (vgl. Text)

Da H eine Zustandsgröße ist, ist ΔH von den tatsächlichen komplizierten Reaktionswegen unabhängig (Satz von Heß). Inbesondere ist für einen Kreisprozeß aus Teilschritten l

$$\Delta H_{\mathrm{Kr}} = \sum_{\mathrm{Kr}} \Delta H_l = \oint dH = 0$$

Beispiel

Enthalpiedifferenz Fumarsäure (I)→Maleinsäure (II) (im Citratzyklus):

Verbrennungswärmen (s. Abb. 8.2)

$$(\mathrm{I}) + 3\,O_2 \rightarrow 4\,CO_2 + 2\,H_2O, \quad (\Delta_V\bar{H})_{\mathrm{I}} = -1336\ \mathrm{kJ/mol}$$

$$(\mathrm{II}) + 3\,O_2 \rightarrow 4\,CO_2 + 2\,H_2O, \quad (\Delta_V\bar{H})_{\mathrm{II}} = -1359\ \mathrm{kJ/mol}$$

Kreisprozeß von $\bar{H}_{\mathrm{I}}^0$ ausgehend (im Uhrzeigersinn), vgl. Abb. 8.2:

$$\text{(a)}\quad \Delta\bar{H}^0 + \Delta_V\bar{H}_{\mathrm{II}} - \Delta_V\bar{H}_{\mathrm{I}} = 0$$

$$\Delta\bar{H}^0 = \Delta_V\bar{H}_{\mathrm{I}} - \Delta_V\bar{H}_{\mathrm{II}} = (-1336 + 1359)\ \mathrm{kJ/mol} = +23\ \mathrm{kJ/mol}.$$

In (a) erhält ein Teilschritt ein negatives Vorzeichen, wenn er entgegen der für ΔH angenommenen Richtung anzusetzen ist[2].

Nützlich sind noch die molaren Wärmekapazitäten (kurz „Molwärmen")

$$\left(\frac{\partial\bar{E}}{\partial T}\right)_V \equiv \bar{C}_v(T) \quad \text{Molwärme bei konstantem Volumen,} \tag{8.4c}$$

$$\left(\frac{\partial\bar{H}}{\partial T}\right)_p \equiv \bar{C}_p(T) \quad \text{Molwärme bei konstantem Druck.} \tag{8.4d}$$

[2] Der obere Index ^{0} kennzeichnet einen bestimmten „Standardzustand" von Edukt und Produkt, s. Kapitel 8.2.3 und 8.2.5

Damit wird für n Mole eines einheitlichen Stoffes bei einer Temperaturänderung

$$dE_{V=\mathrm{const}} = n\bar{C}_v dT; \qquad \Delta E_V = n\int_{T_1}^{T_2} \bar{C}_v(T)\,dT$$

$$dH_{p=\mathrm{const}} = n\bar{C}_p dT; \qquad \Delta H_p = n\int_{T_1}^{T_2} \bar{C}_p(T)\,dT$$

8.2.2 Zweiter Hauptsatz, Entropie, Freie Enthalpie, Gleichgewicht, maximale Nutzarbeit

Die Richtung und die Arbeitsleistung einer möglichen Reaktion hängen nicht von ΔE bzw. ΔH allein ab, sondern auch von der Änderung einer weiteren Zustandsgröße, der „Entropie" S. Sie ist definiert durch

$$dS = \frac{\delta Q_{\mathrm{rev}}}{T} \quad \text{bzw.} \quad \Delta S = \int_1^2 \frac{\delta Q_{\mathrm{rev}}}{T} \tag{8.5}$$

Die Integrationsgrenzen bedeuten: 1 = Anfangs-, 2 = Endzustand; δQ_{rev} ist die bei „reversibler" Führung des Prozesses ausgetauschte Wärmemenge, T die Reaktionstemperatur bei diesem differentiellen Schritt. Eine reversible Reaktion ist ein idealisierter Grenzfall mit unendlich langsamem Ablauf über benachbarte Gleichgewichtszustände.

Bei der Temperaturänderung von 1 Mol eines reinen Stoffes unter V = const ist nach Gl. (8.3) $\delta W = 0$, damit $dE_V = \delta Q_{\mathrm{rev}} = \bar{C}_v dT$ und

$$d\bar{S}_V = \frac{\bar{C}_v}{T}\,dT \quad \text{bzw.} \quad \Delta\bar{S}_V = [\bar{S}(T_2) - \bar{S}(T_1)]_{V=\mathrm{const}} = \int_{T_1}^{T_2} \frac{\bar{C}_v(T)}{T}\,dT \tag{8.5a}$$

und analog

$$\Delta\bar{S}_p = \int_{T_1}^{T_2} \frac{\bar{C}_p(T)}{T}\,dT. \tag{8.5b}$$

Entropieänderungen werden durch den zweiten Hauptsatz erfaßt. Eine mögliche mathematische Formulierung dafür ist

$$dS \geqq \frac{\delta Q}{T}, \quad \text{II. Hauptsatz} \tag{8.6}$$

integriert:

$$\Delta S = S_2 - S_1 = \int_1^2 \frac{\delta Q_{\mathrm{rev}}}{T} \geqq \int_1^2 \frac{\delta Q}{T} \tag{8.6a}$$

= gilt für reversible, > für irreversible, spontane, „freiwillige" Prozesse.

Das erste Integral in Gl. (8.6a) ist über einen reversiblen (sonst beliebigen) Weg zu nehmen, das zweite über den wirklichen Reaktionsweg.

Für ein *isoliertes* System ist $\delta Q = 0$, nach Gl. (8.6) also $dS \geqq 0$: ein spontaner Prozeß verläuft in einem isolierten System unter Zunahme der Entropie bis zu einem mit den gegebenen Bedingungen verträglichen Maximum. Das Gleichgewicht in einem isolierten System ist also gekennzeichnet durch

$$S = \text{Maximum}, \quad dS = 0. \tag{8.6b}$$

Für *offene* Systeme ist es sinnvoll, zur Beschreibung des Gleichgewichts folgende neuen Zustandsfunktionen einzuführen, die die Entropieänderung der Umgebung berücksichtigen:

$$A = E - TS \quad \text{„Freie Energie“}, \tag{8.7}$$

$$dA_{T,V} = dE - TdS \quad \text{für } T = \text{const}, \quad V = \text{const}$$
$$\text{(isotherm-isochore Prozesse)}, \tag{8.7a}$$

$$G = H - TS = E + pV - TS \quad \text{„Freie Enthalpie“}, \tag{8.8}$$

$$dG_{T,p} = dH - TdS = dE + pdV - TdS \tag{8.8a}$$

für $T = \text{const}$, $p = \text{const}$ (isotherm-isobare Prozesse).

Für kondensierte Phasen ist $pV \ll E$, also $H \approx E$, sowie $d(pV) \approx 0$, also:

$dA_T \approx dG_{T,p}$ in kondensierter Phase.

Nach Gl. (8.2) ist (I.HS)

$$\delta Q = dE - \delta W.$$

Daraus folgt mit den Gln. (8.5) und (8.6):

$$\frac{\delta Q_{\text{rev}}}{T} = dS \geqq \frac{\delta Q}{T} = \frac{dE - \delta W}{T}, \tag{8.9}$$

daraus

$$TdS \geqq dE - \delta W. \tag{8.9a}$$

Ist δW nur Volumenarbeit, $\delta W = -pdV$, so folgt daraus mit Gl. (8.8a)

$$dG_{T,p} \leqq 0 \tag{8.10}$$

und analog mit Gl. (8.7a)

$$dA_{T,V} \leqq 0. \tag{8.10a}$$

Das Zeichen $<$ gilt für irreversible, spontane Prozesse.

In Worten: Eine freiwillig verlaufende Reaktion ist gekennzeichnet durch eine Abnahme der Freien Enthalpie und der Freien Energie, das Gleichgewicht durch das Minimum dieser Größen unter den gegebenen Bedingungen von Druck (oder Volumen), Temperatur und Zusammensetzung des Systems. Mathematisch formuliert:

Gleichgewichtsbedingung:

$$G = \text{Min!} \quad dG = 0 \quad \text{bzw.} \quad \Delta G = 0. \tag{8.10b}$$

Leistet das System bei einer freiwilligen Reaktion außer Volumenarbeit auch noch „Nutzarbeit“ W_N, z. B. in Form von abgegebener elektrischer Energie oder von Muskelarbeit, so ist in Gl. (8.9a)

$$\delta W = -pdV + \delta W_N$$

Mit Gl. (8.8a) folgt dann

$$dG_{T,p} \leqq \delta W_N \quad \text{bzw.} \quad \Delta G_{T,P} \leqq W_N \tag{8.11}$$

für spontane Reaktionen.

Bei einer spontanen Reaktion ist $\Delta G_{T,p} < 0$, die vom System abgegebene Nutzarbeit W_N dem Betrag nach also kleiner als $\Delta G_{T,p}$ (die von der Umgebung „gewonnene“ Arbeit ist $-W_N$). $\Delta G_{T,p}$ (bzw. $\Delta A_{T,V}$) ist die unter den angegebenen Nebenbedingungen im Grenzfall reversibler Führung maximal zu gewinnende Nutzarbeit. Dieser Grenzfall wird meßtechnisch bei der stromlosen Messung elektrischer Potentialdifferenzen am ehesten erreicht.

8.2.3 Standardwerte der Zustandsgrößen

Die (Freie) Bildungs-Enthalpie für 1 Mol einer Verbindung wird wie folgt bezeichnet und tabelliert:

$\Delta_f \bar{H}_T^0$ oder ΔH_f^0 bzw. $\Delta_f \bar{G}_T^0$ oder ΔG_f^0

Δ_f: Differenz der nachfolgenden Größe bei der Bildung („Formation“) der Verbindung aus den Elementen im Standardzustand. T Standardtemperatur; Tabellenwerte gelten für $T = 298{,}16\ \text{K} = 25°\ \text{C}$; der Index T wird dort meist weggelassen. Der obere Index ^{0} bedeutet, daß alle Edukte und Produkte mit der „Aktivität“ (effektiven Konzentration) $a = a^0 = 1$ vorliegen (vgl. Abschnitt 8.2.5). Es ist also unter Berücksichtigung der Stöchiometrie

$$\Delta_f \bar{H}_T^0 = \bar{H}_T^0 \text{(Verbindung)} - H_T^0 \text{(Elemente)} \tag{8.12}$$

und

$$\Delta_f \bar{G}_T^0 = \bar{G}_T^0 \text{(Verbindung)} - G_T^0 \text{(Elemente)}.$$

Demnach ist $\Delta_f \bar{H}_T^0(\text{Element}) = 0$. Durch diese Festlegung ist die Unsicherheit in der Angabe von $G_0^0 = H_0^0 = E_0^0 =$ Nullpunktsenergie bei $T = 0$ K eliminiert. Bei Differenzbildungen fällt der Bezugswert heraus.

Anders bei der *Entropie*: Aufgrund des III. Hauptsatzes der Thermodynamik ist $S_0^0 = 0$ (Abbschnitt 8.3.2). Infolgedessen kann die Entropie einer Verbindung bzw. eines Elementes als S_T^0 ohne den Δ_f-Operator angegeben werden.

Für das Folgende wichtig ist die Freie Standardenthalpie = „Grundreaktionsarbeit“ einer *Reaktion* Edukte → Produkte:

$$\Delta G^0 = \Delta_f G^0 \text{(Produkte)} - \Delta_f G^0 \text{(Edukte)} \tag{8.13}$$

($-\Delta G^0$ bezeichnet man auch als Chemische Standard-Affinität.)

Beispiele für die Änderung der Freien Enthalpie bei einigen biochemischen Reaktionen

(Aus praktischen Gründen werden in der Biochemie die thermodynamischen Daten nicht auf die Standardzustände bezogen, die in Abschnitt 8.2.5. definiert werden, sondern auf wäßrige Lösungen von 25° C mit pH = 7; die Schreibweise ist dann $\Delta H^{0\prime}$, $\Delta G^{0\prime}$ usw.)

(a) Oxidation von D-Glucose

$$C_6H_{12}O_6|_{\text{gelöst}} + 6O_2|_{\text{gas}} \rightarrow 6CO_2|_{\text{gas}} + 6H_2O|_{\text{flüss}}$$
$$\Delta\bar{H}^{0\prime} = -2{,}81 \cdot 10^6 \text{ J/mol} = -673 \text{ kcal/mol}$$
$$\Delta\bar{G}^{0\prime} = -2{,}87 \cdot 10^6 \text{ J/mol} = -687 \text{ kcal/mol}$$

(b) Hydrolyse von Saccharose

$$\text{Saccharose} + H_2O \rightarrow \text{Glucose} + \text{Fructose}$$
$$\Delta\bar{H}^{0\prime} = -20{,}1 \cdot 10^3 \text{ J/mol} = -4{,}8 \text{ kcal/mol}$$
$$\Delta\bar{G}^{0\prime} = -23{,}0 \cdot 10^3 \text{ J/mol} = -5{,}5 \text{ kcal/mol}$$

(c) Umlagerung von Glucosephosphat

$$\text{Glucose-1-phosphat} \rightarrow \text{Glucose-6-phosphat}$$
$$\Delta\bar{G}^{0\prime} = -7{,}29 \cdot 10^3 \text{ J/mol} = -1{,}745 \text{ kcal/mol}$$

(d) Ionendissoziation der Essigsäure in H_2O

$$CH_3COOH + H_2O \rightarrow CH_3COO^- + H_3O^+$$
$$\Delta\bar{H}^0 = +4{,}81 \cdot 10^3 \text{ J/mol} = +1{,}150 \text{ kcal/mol}$$
$$\Delta\bar{G}^0 = +26{,}4 \cdot 10^3 \text{ J/mol} = +6{,}310 \text{ kcal/mol}$$

(e) Reduktion von Acetaldehyd

$$CH_3CHO|_{\text{gelöst}} + \text{NADH}|_{\text{gelöst}} + H^+|_{\text{gelöst}}$$
$$\rightarrow C_2H_5OH|_{\text{gelöst}} + \text{NAD}^+|_{\text{gelöst}}$$
$$\Delta\bar{G}^{0\prime} = -30{,}3 \cdot 10^3 \text{ kJ/mol} = -7{,}25 \text{ kcal/mol}\,.$$

8.2.4 Grundreaktionsarbeit und Gleichgewichtskonstante

In Mischungen, insbesondere in Ionenlösungen, hängen die Beiträge der einzelnen Komponenten zur Freien Enthalpie in komplizierter Weise von der Wechselwirkung der verschiedenen Moleküle untereinander ab. Um zu einer formal einheitlichen Darstellung zu gelangen geht man zunächst von Mischungen idealer Gase aus, bei denen diese Wechselwirkung fehlt, und bringt dann in den hierfür erhaltenen Beziehungen spezifische Korrekturen für die realen Systeme an.

Ein ideales Gas (n Mole) ist gekennzeichnet durch die Zustandsgleichung

$$pV = nRT; \qquad R = 8{,}31 \frac{\text{Ws}}{\text{molK}} = 1{,}98 \frac{\text{cal}}{\text{molK}}, \tag{8.14}$$

R Allgemeine Gaskonstante.

Für eine isotherm-reversible Volumenänderung gilt mit den Gln. (8.2) und (8.5):

$$dE = \delta Q_{\text{rev}} + \delta W_{\text{rev}} = T dS - p dV, \tag{8.15}$$

mit Gl. (8.8) und (8.15):

$$dG_T = dE + d(pV) - d(TS)$$
$$= [T dS - p dV + p dV + V dp - T dS - S dT]_T = V dp \tag{8.16}$$

und mit Gl. (8.14):

$$dG_T = nRT \frac{dp}{p}.$$

Integriert vom Druck p^0 auf den Druck p:

$$\Delta G_T = G_T(p) - G_T(p^0) = nRT \ln \frac{p}{p^0} = RT \ln \left(\frac{p}{p^0}\right)^n. \tag{8.17}$$

Die stöchiometrische Reaktionsgleichung (8.18) beschreibe eine isotherme chemische Reaktion, bei der alle Komponenten A, B usw. als ideale Gase betrachtet werden können:

$$a\text{A}(p^{\text{A}}) + b\text{B}(p^{\text{B}}) \xrightarrow{\Delta G} c\text{C}(p^{\text{C}}) + d\text{D}(p^{\text{D}}) \tag{8.18}$$

a, p^{A} stöchiometrischer Koeffizient bzw. Partialdruck des Stoffes A, usw.

$\Delta G = G_2 - G_1$ ist die gesamte Änderung der Freien Enthalpie unter den angegebenen Bedingungen. Gesucht ist die Grundreaktionsarbeit ΔG^0 bei der Reaktionstemperatur T. G ist Zustandsfunktion, deshalb kann ΔG aus den Beiträgen für Teilprozesse nach dem Schema (8.18a) zusammengesetzt werden.

$$\underbrace{a\text{A}(p^{\text{A}}) + b\text{B}(p^{\text{B}})}_{G_1} \xrightarrow{+\Delta G'_{\text{A}} + \Delta G'_{\text{B}}} \underbrace{a\text{A}(p^0) + b\text{B}(p^0)}_{G_1^0} \xrightarrow{+\Delta G^0} \underbrace{c\text{C}(p^0) + d\text{D}(p^0)}_{G_2^0} \xrightarrow{\Delta G'_{\text{C}} + \Delta G'_{\text{D}}} \underbrace{c\text{C}(p^{\text{C}}) + d\text{D}(p^{\text{D}})}_{G_2} \tag{8.18a}$$

Im folgenden bedeutet $p_x = p^x/p^0$ stets die Maßzahl des Partialdrucks des Stoffes X in Vielfachen des „Standarddrucks" $p^0 = 1$ atm. Um die zahlreichen Tabellenwerke nicht wertlos zu machen, wird in der chemischen Thermodynamik vorläufig auf die konsequente Einführung des SI-Systems verzichtet.

Danach ist pro Formelumsatz

$$G_2 - G_1 = \Delta G = \Delta G^0 + \Delta G'_{\text{A}} + \Delta G'_{\text{B}} + \Delta G'_{\text{C}} + \Delta G'_{\text{D}},$$

mit Gl. (8.17)

$$\Delta G_T = \Delta G_T^0 + RT \ln \underbrace{\left(\frac{p_{\text{C}}^c \cdot p_{\text{D}}^d}{p_{\text{A}}^a \cdot p_{\text{B}}^b}\right)}_{Q} = \Delta G_T^0 + RT \ln Q\,. \tag{8.18b}$$

Wenn nun das System (8.18) bei den relativen Partialdrucken $\bar{p}_{\text{A}}$, $\bar{p}_{\text{B}}$ usw. gerade im Gleichgewicht ist (Gleichgewichtsdrucke), so ist nach Gl. (8.10b) $\Delta G = 0$ und

$$\Delta G_T^0 = -RT \ln \left(\frac{\bar{p}_{\text{C}}^c \cdot \bar{p}_{\text{D}}^d}{\bar{p}_{\text{A}}^a \cdot \bar{p}_{\text{B}}^b}\right)_{(\text{Glg.})} = -RT \ln K_p \tag{8.19}$$

ΔG_T^0 ist die „Grundreaktionsarbeit", wenn Edukte und Produkte jeweils im Standardzustand (s. Abschnitt 8.2.5) vorliegen.

Man nennt

$$K_p(T) = \left(\frac{\bar{p}_C^c \cdot \bar{p}_D^d}{\bar{p}_A^a \cdot \bar{p}_B^b}\right)_{(\mathrm{Glg.})} = \prod_i \bar{p}_i^{\nu_i} \tag{8.20}$$

die Gleichgewichtskonstante, ausgedrückt in (Gleichgewichts-) Partialdrucken.

Die stöchiometrischen Koeffizienten ν_i sind positiv für entstehende, negativ für verschwindende Stoffe. Man bezeichnet die maximale isotherme Nutzarbeit

$$\mathscr{A} = \frac{-\Delta G}{\text{Formelumsatz}} = RT \ln K/Q$$

als „Affinität", d.h. Triebkraft einer Reaktion. Die Geschwindigkeit v_R einer chemischen Reaktion ist (nur) nahe beim Gleichgewicht proportional zu $\mathscr{A}$.
Für ideale Gase gilt für jede Komponente

$$p^i = \frac{n_i}{V} RT = c_i RT = X_i p .$$

p^i Partialdruck, n_i Molzahl (Stoffmenge) von i,
c_i Konzentration in mol l^{-1}

$$X_i = \frac{n_i}{\Sigma n_i} \text{ Molenbruch}, \quad p \text{ Gesamtdruck}.$$

Damit folgt mit Δn = Änderung der Molzahlen in der angenommenen Reaktionsrichtung

$$K_X \equiv \prod_i \bar{X}_i^{\nu_i} = K_p p^{-\Delta n}, \tag{8.20a}$$

Gleichgewichtskonstante in Molenbrüchen,

$$K_c \equiv \prod_i \bar{c}^{\nu_i} = K_p (RT)^{-\Delta n} = K_X \left(\frac{p}{RT}\right)^{\Delta n}. \tag{8.20b}$$

Gleichgewichtskonstante in Konzentrationen.

Die zu Gl. (8.19) analoge Beziehung für K_c (ideale Lösungen) lautet

$$\Delta A_T^0 = -RT \ln K_c \tag{8.19a}$$

mit $\Delta A_T = \Delta E - T\Delta S$ (Freie Energie).

Mit $\Delta G_T^0 = \Delta H_T^0 - T\Delta S_T^0$ (8.8) folgt aus (8.19) für die Temperaturabhängigkeit des Gleichgewichts

$$\ln K_p(T) = -\frac{\Delta H_T^0}{RT} + \Delta S_T^0 .$$

Trägt man gemessene Werte von $\ln K_p$ in einem beschränkten Temperaturbereich um T (ΔH^0, $\Delta S^0 \approx$ const) über $\frac{1}{T}$ auf, so ergibt sich eine Gerade der Steigung $-\frac{\Delta H_T^0}{R}$ (van t'Hoff). Analog erhält man ΔE_T^0 aus $\ln K_c(T)$.

8.2.5 Chemisches Potential, Aktivität Standardzustand

E, V, S und damit ΔG sind den Molzahlen n_i der Komponenten proportional (extensive Größen), die sich bei einer chemischen Reaktion um dn_i ändern. Mit $G = G(T, p, n_1, n_2 \ldots)$ gilt dann

$$dG = \left(\frac{\partial G}{\partial T}\right)_{p,n_i} dT + \left(\frac{\partial G}{\partial p}\right)_{T,n_i} dp + \sum_i \left(\frac{\partial G}{\partial n_i}\right)_{T,p,n_j \neq n_i} dn_i ; \tag{8.21}$$

andererseits folgt aus Gl. (8.8)

$$dG = dE + pdV + Vdp - TdS - SdT$$

und daraus mit Gl. (8.2a) und (8.3)

$$dG = Vdp - SdT \quad \text{(nur Volumenarbeit)}.$$

Vergleich mit Gl. (8.21) ergibt

$$\left(\frac{\partial G}{\partial T}\right)_{p,n_i} = -S \quad \text{und} \quad \left(\frac{\partial G}{\partial p}\right)_{T,n_i} = V . \tag{8.22}$$

Mit der Definition

$$\left(\frac{\partial G}{\partial n_i}\right)_{T,p,n_j \neq n_i} \equiv \mu_i \quad (\text{oder } \bar{G}_i), \tag{8.23}$$

„chemisches Potential" oder „partielle molare Freie Enthalpie" der Komponente i in einer Mischung einheitlicher Phase, wird aus Gl. (8.21) für eine Reaktion

$$dG = -SdT + Vdp + \sum_i \mu_i dn_i \tag{8.21a}$$

$dn_i > 0$ für entstehende Stoffe (Produkte),
< 0 für verschwindende (Reaktanden, Edukte).

Für isotherm-isobare Reaktionen (z. B. in der Biologie) folgt

$$dG_{T,p} = \sum_i \mu_i dn_i . \tag{8.21b}$$

Aufgrund der (präziseren) mathematischen Definition extensiver Größen („homogene Funktionen 1. Grades in den Molzahlen") gilt für endliche Änderungen ν_i der Molzahlen

$$\Delta G_{T,p} = \sum_i \mu_i \nu_i ; \tag{8.21c}$$

$\nu_i > 0$ für Produkte, < 0 für Edukte.

Das Kriterium (8.10) für Gleichgewicht (=) bzw. spontane Reaktion (<) erhält die Form

$$\sum_i \mu_i dn_i \leqq 0 \quad \text{bzw.} \quad \sum_i \mu_i \nu_i \leqq 0 . \tag{8.24}$$

Bezogen auf den Standardzustand $\bar{G}_T(p^0) = \mu_i^0$ ergibt sich aus Gl. (8.17) mit (8.23):

$$\mu_i(p^i, T) = \bar{G}_i^0(T) + RT \ln p_i ; \tag{8.25}$$

Gleichung (8.25) gilt für die Komponenten in Mischungen idealer Gase mit p_i = relativer Partialdruck der Komponente i; $\bar{G}_i^0$ ist das „chemische Potential" von i beim Partialdruck $p^i = 1$ atm in der Mischung. Ist der Gesamtdruck $p = \Sigma p^i = p^0 = 1$ atm, so folgt mit X_i = Molenbruch von i:

$$\mu_i(T) = \bar{G}_i^0(T) + RT \ln X_i . \quad (8.25a)$$

Für Mischungen realer Gase und für Lösungen behalten die Gln. (8.25), (8.24), (8.20) und (8.19) ihre mathematische Form, wenn man in Gl. (8.25) statt der (relativen) Drucke die Relativwerte anderer geeignet definierter Größen, die „Aktivitäten" a_i, einsetzt, die den Drucken bzw. Konzentrationen (annähernd) proportional sind[3]:

$$\mu_i(T) = \bar{G}_i^0(T) + RT \ln a_i ; \quad (8.25b)$$

entsprechend gilt mit

$$K_a(T) = \prod_i (\bar{a}_i^{\nu_i})_{\text{Glg.}} \quad (8.20c)$$

(Gleichgewichtskonstante ausgedrückt durch Gleichgewichts-Aktivitäten):

$$\Delta G_T^0 = -RT \ln K_a(T) \quad (8.19a)$$

für Gleichgewicht bzw. allgemein

$$\Delta G_T = \Delta G_T^0 + RT \ln \prod_i a_i^{\nu_i} = W_{\max} . \quad (8.18c)$$

$W_{\max}$ ist die maximale Nutzarbeit aus der Reaktion, wenn die a_i Nichtgleichgewichtswerte sind. (Molzahländerung $\nu_i < 0$ für Edukte, > 0 für Produkte.)

Die Wahl der Standardzustände ist nicht trivial. Mit den internationalen Tabellenwerten sind die folgenden Beziehungen konsistent:

(a) reale Gase:

$a_i = f_i = \gamma_i(p) p_i$; f_i = (relative) „Fugazität"

γ_i = „Aktivitätskoeffizient", p_i = relativer Partialdruck

(praktisch ist $\gamma_i \approx 1$ bei Drucken $\lesssim 1$ atm ≈ 1 bar)

(b) reine Feststoffe und reine Flüssigkeiten unter $p = 1$ atm:

$a = 1$

(c) Komponente i in idealer (flüssiger oder fester) Mischung:

$$a_i = X_i = \frac{n_i}{\sum_j n_j}$$

n_i Molzahl, X_i Molenbruch von i in der Mischung

(d) reale Mischung:

$a_i = \gamma_i X_i$

(e) verdünnte Lösung von Nichtelektrolyten:

Lösungsmittel (1): $a_1 = \gamma_1 X_1$, $\lim\limits_{X_1 \to 1} \gamma_1 = 1$

Lösungsgut (2): $a_2 = \gamma_2 m_2$, $\lim\limits_{m_2 \to 0} \gamma_2 = 1$

m_2 Konzentration von (2) in Mole (2)/kg(1) („Molalität"); für verdünnte wäßrige Lösungen ist $m_2 \approx c_2$ (Molarität, Mole (2) je Liter fertiger Lösung).

(f) Ein-einwertige Elektrolyte ($AB \rightleftarrows A^+ + B^-$): individuelle Ionenaktivitäten a_+ and a_- können nicht separat bestimmt werden, jedoch die „mittlere Aktivität" $a\pm = (a_+ \cdot a_-)^{1/2}$ und ein mittlerer Aktivitätskoeffizient

$$\gamma_\pm = \frac{a_\pm}{m_2} \quad \text{mit} \quad \lim_{m_2 \to 0} \gamma_\pm = 1 .$$

Für das Lösungsmittel gilt (e).

In der Biochemie bezieht man sich häufig auf einen Standardzustand, in dem alle Komponenten die Aktivität 1 gemäß obigen Definitionen haben, bis auf H^+, das mit $pH \equiv -\log a_{H^+} = 7$ (neutrale Lösung) anstatt mit $pH = 0$ (stark sauer) vorliegt. Man schreibt dann $E^{0\prime}$, $H^{0\prime}$, $S^{0\prime}$, $G^{0\prime}$ usw. ....

Für einige Modelle der zwischenmolekularen Wechselwirkung läßt sich γ_i näherungsweise berechnen. So ist nach der Debye-Hückel-Theorie für verdünnte Ionenlösungen

$$\log \gamma_\pm = -0{,}5 Z_+ Z_- \sqrt{\frac{1}{2} \sum_i m_i Z_i^2}$$

Z_+ bzw. Z_- Ladungszahlen der positiven bzw. negativen Ionen, m_i Molalitäten. Der Ausdruck unter der Wurzel ist die „Ionenstärke" I.

Für die meisten praktischen Anwendungen muß a_i experimentell ermittelt werden, z. B. aus Dampfdruck, osmotischem Druck, Gefrierpunktserniedrigung, Siedepunktserhöhung, Verteilung zwischen nichtmischbaren Lösungsmitteln, elektromotorischer Kraft bei Redoxreaktionen an Elektroden, oder aus Gleichgewichtskonstanten. Die chemischen Standardpotentiale $\bar{G}_i^0$ und damit die Gleichgewichtskonstante sind stark von der Temperatur, aber nicht vom Druck abhängig (da sie ja für einen bestimmten Druck definiert sind).

8.2.6 Phasengleichgewicht, Phasenregel

Kann sich ein Stoff i auf mehrere Phasen (I, II...) verteilen, die miteinander in Stoffaustausch stehen (z. B. Lösung (I)-Dampf (II) oder Lösung (I)-Lösung (II) mit unmischbaren oder durch eine semipermeable Membran getrennten Lösungsmitteln, so folgt aus Gl. (8.24) wegen $\nu_i(\text{I}) = -\nu_i(\text{II})$ (Austausch) für das Gleichgewicht

$$\mu_i(\text{I}) = \mu_i(\text{II}) . \quad (8.24a)$$

Bei p Phasen gelten $p-1$ Beziehungen dieser Form. Für Elektrolytgleichgewichte an Membranen besteht die zusätzliche Bedingung der Elektroneutralität:

[3] Die Aktivitäten berücksichtigen die gegenseitige Wechselwirkung der Teilchen.

jede Phase enthält für sich gleich viele positive wie negative Ladungen.

Ein System von c Komponenten, die sich auf p Phasen verteilen, ist $\left(\text{wegen } \sum_i X_i = 1\right)$ gekennzeichnet durch $c-1$ Molenbrüche je Phase, also insgesamt $p(c-1)$ Molenbrüche, dazu Druck und Temperatur, insgesamt also $p(c-1)+2$ Variable. Im Fall des Gleichgewichts bestehen zwischen den chemischen Potentialen für jede Komponente $p-1$ Bedingungen entsprechend Gl. (8.24a), insgesamt $c(p-1)$. Die Zahl der frei veränderlichen Variablen ist dann noch

$$f = p(c-1)+2-c(p-1) = c-p+2 .$$

Dies ist die Gibbs'sche Phasenregel.

8.3 Interpretation thermodynamischer Größen durch die Molekularstatistik

Friedrich Dörr

8.3.1 Energieeigenwerte, Maxwell-Boltzmann-Verteilung, Zustandssummen

Der Energieinhalt E eines Moleküls ist gequantelt („Eigenwerte" der Energie). Er kann in sehr guter Näherung auf verschiedene Anteile aufgeteilt werden:

$$E = E_{\text{tr}} + E_{\text{rot}} + E_{\text{vib}} + E_{\text{el}} \tag{8.26}$$

E_{tr} Translationsenergie,
E_{rot} Rotationsenergie des ganzen Moleküls,
E_{vib} Schwingungsenergie der Atome des Moleküls,
E_{el} Energie der Elektronen im Feld der Atomkerne.

Jeder dieser Anteile ist in sich gequantelt, d. h. zu einem bestimmten Elektronenzustand gibt es verschiedene Schwingungszustände, zu jedem Schwingungszustand eines Elektronenzustandes gibt es verschiedene Rotationszustände, usw. Die typische Energiedifferenz benachbarter Quantenzustände ist für die einzelnen Energieformen größenordnungsmäßig verschieden:

$$\Delta E_{\text{rot}} \approx 10^{-3}\ \text{eV}; \quad \Delta E_{\text{vib}} \approx 10^{-1}\ \text{eV}; \quad \Delta E_{\text{el}} > 1\ \text{eV}$$

$$(1\ \text{eV/Teilchen} = 23{,}06\ \text{kcal/mol} = 96{,}50\ \text{kJ/mol}) .$$

In makroskopischen Gefäßen ist $\Delta E_{\text{tr}} \approx 10^{-16}$ eV, d. h. die Translationsniveaus liegen praktisch kontinuierlich dicht im Vergleich zur mittleren Translationsenergie bei Zimmertemperatur (s. u.). Setzt man im einfachsten Modell eines idealen Gases (keine inneren Freiheitsgrade der Moleküle) die Innere Energie bei der Temperatur T gleich der mittleren kinetischen Translationsenergie der Moleküle, so folgt durch Vergleich mit dem (makroskopischen) idealen Gasgesetz für 1 Mol

$$\bar{E} = \bar{E}_{\text{tr}} = \tfrac{3}{2}RT = \sum_i \frac{mv_i^2}{2} = \frac{m}{2}\sum_i (v_{xi}^2 + v_{yi}^2 + v_{zi}^2)$$

$$= N_L \frac{m}{2}\overline{v^2} \quad (\approx 38\ \text{meV bei}\ T = 300\ \text{K})$$

mit $\overline{v^2}$ = „mittleres Geschwindigkeitsquadrat".

Da v_{xi}, v_{yi} und v_{zi} äquivalent sind, trifft im Mittel auf jeden Freiheitsgrad der Translation bei der Temperatur T die thermische Energie $RT/2$, bei 25° C 1,24 kJ/mol bzw. 12,8 meV/Teilchen. Nach Boltzmann trifft der gleiche Betrag im Mittel auf jeden unabhängigen Freiheitsgrad der Bewegung, die Quantenbedingungen beschränken diese Aussage auf die bei der Temperatur T voll angeregten Freiheitsgrade. Bezeichnet man die Energieniveaus (Terme) eines Moleküls in einem Gefäß mit E_i, $i=1$ (Nullpunktsenergie), 2, 3..., die „Besetzungszahl" eines Niveaus mit N_i, so ist $\sum_i N_i = N$ (Gesamtzahl der Moleküle, für 1 Mol $N = N_{\text{L}}$) und die Energie $E = \sum_i N_i E_i$, bezogen auf einen zu definierenden Nullpunkt. Der makroskopische, thermodynamische Zustand eines Einkomponentensystems ist gekennzeichnet z. B. durch die Stoffmenge (Molzahl), die Temperatur T und die Innere Energie E (bezogen auf den Standardwert E^0); Volumen V und Druck p sind dadurch festgelegt. Dieser Zustand kann durch eine große Zahl von unterscheidbaren Verteilungen der Moleküle auf die Energieniveaus realisiert werden. Die statistische Mechanik löst die Aufgabe, bei Kenntnis der Energiestufen E_i die wahrscheinlichste Verteilung $f_i = \dfrac{N_i(E_i)}{N}$ bei gegebenem V und E (oder T) zu ermitteln; die E_i können quantenmechanisch berechnet (besonders E_{tr}) oder spektroskopisch gemessen werden. Mathematisch handelt es sich darum, das Maximum der Zahl P möglicher Permutationen der Teilchen untereinander zu bestimmen, die die gesamte Verteilung unverändert lassen, unter den Nebenbedingungen $E = \text{const}$ (Gesamtenergie) und $N = \text{const}$ (Stoffmenge). Macht man weiterhin die Annahmen, daß (1) gleichartige Teilchen im Prinzip voneinander unterscheidbar, daher numerierbar sind und (2) die Wahrscheinlichkeit, daß ein Teilchen einen definierten Quantenzustand (einschl. Spin) mit dem Energieeigenwert E_i besetzt, unabhängig davon ist, wieviele Teilchen sich schon im gleichen Zustand befinden, so führt die Bestimmung von $P = P_{\max}$ zur Maxwell-Boltzmann-Verteilung als wahrscheinlichster Verteilung. Ist ein Energieeigenwert E_i g_i-fach entartet, d. h. kann E_i durch g_i verschiedene Quantenzustände realisiert werden, so ergibt die Kombinatorik für die Wahrscheinlichkeit („Permutabilität") einer bestimmten Verteilung $N_1(E_1)$, $N_2(E_2) \ldots N_i(E_i) \ldots N_n(E_n)$ mit $\sum N_i = N$

$$P = \frac{N!}{N_1!N_2!\ldots N_n!} g_1^{N_1} g_2^{N_2} \ldots g_n^{N_n} = N! \prod_i^n \frac{g_i^{N_i}}{N_i!} . \tag{8.27}$$

Die wahrscheinlichste Verteilung, d. h. $P_{\max}$, ergibt sich bei der Temperatur T unter den obigen Bedingungen bei einer relativen Besetzung

$$f_i = \frac{N_i}{N} = \frac{g_i e^{-E_i/kT}}{\sum_i g_i e^{-E_i/kT}} = \frac{g_i e^{-E_i/kT}}{q}; \quad (8.28)$$

dies ist die Maxwell-Boltzmann-Verteilung, mit

$$q = \sum_i g_i e^{-E_i/kT} \quad \text{„Molekülzustandssumme"}. \quad (8.29)$$

Die Boltzmann-Konstante

$$k = \frac{R}{N_L} = 1{,}38 \cdot 10^{-23}\ \mathrm{J/K} = 8{,}61 \cdot 10^{-5}\ \mathrm{eV/K}$$

ergibt sich durch Vergleich mit Meßdaten.

Die Annahmen (1) und (2) gelten für kein System exakt; zu (1): gleiche Teilchen sind prinzipiell ununterscheidbar; zu (2): Teilchen mit halbzahligem Spin (Fermiteilchen) folgen der Fermi-Dirac-Statistik und dem Pauli-Prinzip, wonach ein definierter Quantenzustand (einschl. Spin) nur von 0 oder 1 Teilchen besetzt sein kann. Teilchen mit ganzzahligem Spin (einschl. 0, Boseteilchen) bevorzugen die Besetzung schon besetzter gleicher Quantenzustände. Die meisten Moleküle besitzen den Spin 0, sie gehorchen also der Bose-Einstein-Statistik, in der die Wahrscheinlichkeit einer bestimmten Verteilung durch Gl. (8.30) gegeben ist:

$$P = \prod_i^n \frac{(N_i + g_i - 1)!}{N_i!(g_i - 1)!}. \quad (8.30)$$

Der Unterschied zur Maxwell-Boltzmann-Statistik macht sich aber erst bei sehr tiefen Temperaturen bemerkbar, die für chemische Betrachtungen ohne Belang sind. (Lichtquanten sind Boseteilchen; in den Strahlungsgesetzen und beim Laser spielt dies eine entscheidende Rolle.) Berücksichtigt man die Ununterscheidbarkeit, nimmt aber an, daß in jedem Energieniveau (-Intervall) mehr Zustände zur Verfügung stehen, als besetzt werden sollen, so liefern die verschiedenen Statistiken den gleichen Grenzwert Gl. (8.27).

Die Zustandssumme q, Gl. (8.29), ist die zentrale Größe der statistischen Thermodynamik. Bei Gültigkeit von Gl. (8.26) läßt sie sich (nach Umordnung der Summationen) in Faktoren aufteilen:

$$q = q_{\text{trans}} q_{\text{rot}} q_{\text{vib}} q_{\text{el}}. \quad (8.31)$$

Wegen $\Delta E_{\text{el}} \gg kT$ für $T \approx 300\ \mathrm{K}$ ist $q_{\text{el}} \approx g_{1,\text{el}}$ (für Singulett-Zustände: $g = 1$); q_{vib} hängt wesentlich von der Wahl des Nullpunkts für die Schwingungsenergie ab (s. u.).

Die Quantentheorie liefert mit $h = 6{,}626 \cdot 10^{-34}$ Js (Planck-Konstante)

$$q_{\text{trans}} = \left(\frac{2\pi mkT}{h^3}\right)^{3/2} V \quad m \text{ Teilchenmasse, } V \text{ Volumen} \quad (8.32\text{a})$$

$$q_{\text{rot}} = \frac{8\pi^2 IkT}{\sigma h^2} \quad \text{für zweiatomige Moleküle}^4 \quad (8.32\text{b})$$

I = Trägheitsmoment $= \frac{m_1 m_2}{m_1 + m_2} r^2$

m_1, m_2 Atommassen, r Atomabstand

$\sigma = 1$ für heteroatomare, $= 2$ für homoatomare Moleküle (Symmetriezahl);

für nichtlineare, mehratomige Moleküle[4]:

$$q_{\text{rot}} = \left(\frac{\pi}{\sigma}\right)^{1/2} \left(\frac{8\pi^2 kT}{h^2}\right)^{3/2} (I_A I_B I_C)^{1/2} \quad (8.32\text{c})$$

I_A, I_B, I_C Hauptträgheitsmomente;

$$q_{\text{vib}} = \prod_l q_{l,\text{vib}} \quad (8.32\text{d})$$

mit

$$q_{l,\text{vib}} = \frac{e^{-X_l/2}}{1 - e^{-X_l}}; \quad X_l = \frac{\varepsilon_l}{kT}$$

ε_l Quantenenergie des l-ten (harmonischen) Schwingungsoszillators. $l = 1 \ldots 3N - 6$ bei nichtlinearem Molekül, bzw. $1 \ldots 3N - 5$ bei linearem Molekül mit N Atomen.

Den wesentlichen Beitrag zu q_{vib} liefern niederfrequente Schwingungen, bei großen Molekülen insbesondere Torsionsschwingungen.

Systemzustandssumme Q

Für ein System von N gleichartigen, aber unterscheidbaren Teilchen (z. B. Moleküle auf definierten Gitterplätzen eines Kristalls) ist die „Systemzustandssumme"

$$Q = q^N \quad \text{(unterscheidbare Teilchen)}. \quad (8.33)$$

Für nichtunterscheidbare gleichartige Teilchen (Moleküle eines Gases) reduziert sich Q um den Faktor der Permutationen, $N!$, die zu nicht unterscheidbaren Verteilungen führen, auf

$$Q = \frac{q^N}{N!} \quad \text{(nichtunterscheidbare Teilchen)}. \quad (8.33\text{a})$$

Polare Flüssigkeiten und biologische Substrate besitzen in kleinen Bereichen kristallähnliche Strukturen, umgeben von „nichtunterscheidbaren", d. h. nicht (mehr oder weniger) lokalisierten Teilchen. Ihre Zustandssumme liegt deshalb zwischen den Extremwerten nach Gl. (8.33) bzw. (8.33a).

Bedeutung der Zustandssumme

Nach Gl. (8.28) ist bei der Temperatur T der Anteil aller Moleküle, die sich im Grundzustand E_1 befinden, im Gleichgewicht

$$\frac{N_1}{N} = \frac{g_1 e^{-E_1/kT}}{q}.$$

Der Rest ist auf die angeregten Zustände verteilt. Mit $g_1 = 1$ und $E_1 = 0$ (Bezugsniveau) ist

$$q = \frac{N}{N_1} = \frac{N_1 + N_{\text{anger.}}}{N_1} = 1 + \frac{N_{\text{anger.}}}{N_1}$$

[4] sog. Hochtemperaturnäherung

$q-1$, also auch q, ist ein Maß für die „Anregung"; der Wert von q steigt mit T und mit der Zahl der Freiheitsgrade und damit mit der Zahl der Atome eines Moleküls, wegen Gl. (8.32a) auch mit dem Volumen (besonders bei Gasen).

8.3.2 Zustandssumme und thermodynamische Funktionen, dritter Hauptsatz

Diese Darstellung soll anhand des Modells des idealen Gases nur eine gewisse elementare Einsicht in die Zusammenhänge vermitteln. Zwischenmolekulare Kräfte, die für die Prozesse in biologischen Systemen wesentlich sind, führen zu beträchtlichen Anteilen an potentieller Energie in der Zustandssumme, deren Betrag von den Koordinaten aller Teilchen abhängt. Sie werden durch Multiplikation der Zustandssumme mit einem sog. Konfigurations-Integral berücksichtigt. Dessen thermodynamische Entsprechung sind die Aktivitäts-Koeffizienten.

Für die mittlere Energie eines wechselwirkungsfreien Teilchens folgt bei der wahrscheinlichsten Verteilung Gl. (8.28) (alle $g_i=1$ angenommen):

$$\bar{E}=\frac{\sum_i E_i f_i}{\sum_i f_i}=\frac{1}{q}\sum_i E_i e^{-E_i/kT}$$

$$=kT^2\left(\frac{\partial}{\partial T}\ln q\right)_{V=\mathrm{const}} \tag{8.34}$$

und für die mittlere Energie eines Systems von N gleichartigen Teilchen

$$E'=N\bar{E}=kT^2\left(\frac{\partial}{\partial T}\ln q^N\right)_V=kT^2\left(\frac{\partial}{\partial T}\ln Q\right)_{V,N} \tag{8.34a}$$

Der Faktor $1/N!$ aus Gl. (8.33a) fällt bei der Differentiation nach T wieder weg; d.h. Gl. (8.34a) gilt auch für ideale Kondensate.

Der Mittelwert E', Gl. (8.34a), ist, bei geeignet gewähltem Bezugsniveau, für ideale Gase mit der Inneren Energie E identisch. Mit Gl. (8.4c) und $N=N_L$ ergibt sich aus Gl. (8.34a)

$$\bar{C}_v=\frac{\partial}{\partial T}\left(kT^2\frac{\partial}{\partial T}\ln Q\right)_{V,N=\mathrm{const}}$$

und mit Gl. (8.5a) nach partieller Integration und $T_0=0$:

$$S(T)=\frac{E}{T}+k\ln Q(T)-k\ln Q(0)\,. \tag{8.35}$$

Der letzte Term ist mit $S(0)$ gleichzusetzen. Für einen idealen Kristall wird nach Gl. (8.33) mit $E_1=0$ $Q(0)=g_1^N$, $S(0)=k\ln g_1$, und speziell bei nichtentartetem Grundzustand ($g_1=1$):

$$S_0=0 \quad \text{III. Hauptsatz}\,, \tag{8.36}$$

$$S(T)=k\left(T\frac{\partial}{\partial T}\ln Q+\ln Q\right)_{V,N}. \tag{8.37}$$

Mit Gln. (8.34a), (8.35) und (8.37) kann man die Freie Energie durch die Zustandssumme ausdrücken:

$$A=-kT\ln Q \tag{8.38}$$

Analog ergibt sich die Freie Enthalpie $G=A+pV$ zu

$$G=NkT-kT\ln Q=pV-kT\ln Q \tag{8.39}$$

(wegen $Nk=nN_Lk=nR$ und $pV=nRT$).

Mit der Stirling-Näherung $\ln N!\approx N\ln N-N$ folgt mit Gl. (8.33a):

$$G_T\approx -RT\ln q/N \tag{8.39a}$$

Für die wahrscheinlichste (Gleichgewichts-) Verteilung $N_i(E_i)_{\mathrm{Glg}}$ wird aus Gl. (8.27) $P=P_{\max}$ und (ohne Beweis)

$$S=k\ln P_{\max}\,, \tag{8.40}$$

die thermodynamisch definierte Entropie. Allgemeiner definiert man für irgendeine Verteilung $N_i(E_i)$ mit P gemäß Gl. (8.27)

$$S=k\ln P,\quad \text{in Worten:} \tag{8.40a}$$

die Entropie ist proportional dem Logarithmus der Wahrscheinlichkeit einer bestimmten Verteilung.

8.3.3 Statistische Beschreibung des Gleichgewichts

Für die spezielle Reaktion $A+B\rightleftarrows C$ ist mit Gl. (8.39a) und $N_i=c_iN_LV$, c_i Konzentration (mol/l), N_L Loschmidt-Zahl, V (gemeinsames) Reaktionsvolumen, im Gleichgewicht bei der Temperatur T:

$$\Delta G_T=-RT\left[\ln\left(\frac{q_C}{c_CN_LV}\right)-\ln\left(\frac{q_A}{c_AN_LV}\right)-\ln\left(\frac{q_B}{c_BN_LV}\right)\right]_{\mathrm{Glg.}}$$

$$=-RT\left[\ln\left(\frac{q_C}{q_Aq_B}N_LV\right)-\ln\left(\frac{c_C}{c_Ac_B}\right)\right]_{\mathrm{Glg.}}=0$$

daraus

$$\frac{q_C}{q_Aq_B}N_LV=\left(\frac{c_C}{c_Ac_B}\right)_{\mathrm{Glg.}}=K_c \tag{8.41}$$

K_c ist die Gleichgewichtskonstante in Konzentrationen, vgl. Gl. (8.20b).

Dabei ist vorausgesetzt, daß die nach Gl. (8.29) in die q_A usw. eingehenden Energien E_i alle auf eine gemeinsame Skala bezogen sind. Praktisch bezieht

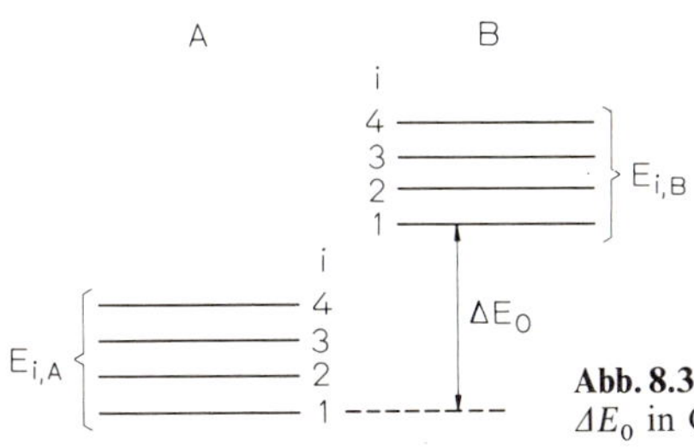

Abb. 8.3. Zur Definition von ΔE_0 in Gl. (8.41a); vgl. Text

man sie aber für jedes Molekül auf seinen bei $T=0$ K stabilen Grundzustand. Wählt man z.B. $E_{A,1}=0$ für die Molekülsorte A, so ist nach Abb. 8.3 in q_B der Faktor $e^{-\Delta E_o/kT}$ hinzuzufügen, für weitere Molekülsorten analog. So ergibt sich schließlich

$$K_c = \frac{q_C}{q_A q_B} N_L V e^{-\frac{\Sigma \Delta E_o}{kT}}. \quad (8.41a)$$

8.4 Theorie der absoluten Reaktionsgeschwindigkeiten nach Eyring

FRIEDRICH DÖRR

8.4.1 Definition kinetischer Parameter

Die Geschwindigkeit v_R einer chemischen Reaktion

$$\nu_A A + \nu_B B + \ldots \rightarrow \nu_C C + \nu_D D + \ldots$$

„Edukte" „Produkte"

ν_i stöchiometrische Zahlen

wird definiert als zeitliche Änderung der Konzentration eines Reaktionsteilnehmers, z.B. durch die Abnahme von A:

$$v_R = -\frac{dc_A}{dt} \quad (\text{Einheit: mol}\,l^{-1}\,s^{-1}) \quad (8.42)$$

c_i Konzentration der Komponente i.

Eine flexiblere Schreibweise, mit der z.B. auch der Stofftransport über die Grenzen des Reaktionsvolumens erfaßt werden kann, ist mit Einführung der Reaktionsvariablen ξ möglich:

$$d\xi = \frac{dn_i}{\nu_i}$$

dn_i Umsatz des Stoffes i in Molen, <0 für Edukte, >0 für Produkte.

Damit wird

$$v_R = \frac{d\xi}{dt}. \quad (8.43)$$

v_R ist eine Funktion der Temperatur und der Konzentration aller (m) Komponenten des Systems, sowohl der Edukte als auch der eventuell schon gebildeten Produkte und der formal nicht in die chemische Bruttogleichung eingehenden Stoffe, wie Lösungsmittel und Katalysatoren:

$$v_R = f(T, c_i), \quad i = 1 \ldots m. \quad (8.44)$$

Für sehr viele (aber nicht alle) Reaktionen gilt die phänomenologische Beziehung

$$v_R = k(T) \prod_i c_i^{x_i} \quad (8.45)$$

c_i Konzentration des Stoffes i

x_i „Ordnung" der Reaktion bezüglich i

$n = \sum x_i$ Ordnung der gesamten Reaktion.

Die empirisch zu ermittelnden Parameter x_i (und damit Σx_i) sind im allgemeinen nicht ganzzahlig. Nur in Reaktionen mit sehr einfachen Elementarschritten findet man gelegentlich $x_i = \nu_i$ (Ordnung = „Molekularität").

Die Temperaturabhängigkeit der „Geschwindigkeitskonstanten" $k(T)$ wird in beschränkten Temperaturbereichen durch die Arrhenius-Beziehung Gl. (8.46) angenähert:

$$k(T) = k_0 e^{-E_A/RT}. \quad (8.46)$$

Hierin nennt man, wenn man sich nicht auf ein spezielles Modell beziehen will, k_0 den „präexponentiellen Faktor" mit der Dimension $l^{n-1}\,mol^{1-n}\,s^{-1}$; $n =$ Reaktionsordnung;

$$E_A = RT^2 \frac{d \ln k}{dT} \quad (8.47)$$

ist die experimentelle „Aktivierungsenergie" der Reaktion. Der häufigste Fall $E_A > 0$ bedeutet eine rasche Zunahme von v_R mit steigender Temperatur. Für organisch-chemische Reaktionen liegen typische Werte im Bereich 40 bis 80 kJ·mol^{-1}. $E_E \approx 0$ ist typisch für Radikal- und Neutralisationsreaktionen. Formal kann sich auch $E_A < 0$ ergeben[5].

Die Werte für k_0 überdecken viele Größenordnungen: für bimolekulare Neutralisationsreaktionen findet man $k_0 \approx 10^{10}$ l/mol s, für Hydrolysereaktionen $\approx 10^{-4}$. Dies hat zur Folge, daß auch in einem komplexen biochemischen System kaum zwei Reaktionen den gleichen k_0-Parameter besitzen. Meßtechnisch sind sehr verschiedenartige Methoden nötig, um einen so großen Bereich zu erfassen (vgl. Abschnitt 3.2.10).

Eine Reaktion nach dem Schema $A + B \rightarrow C + D$ kann man in drei Schritte unterteilen: 1) Zusammendiffusion von A und B; 2) chemische Reaktion; 3) Auseinanderdiffusion von C und D. Die Geschwindigkeit von Reaktionen mit niedriger Aktivierungsenergie ist in Lösung häufig durch Schritt 1) begrenzt: „diffusionskontrollierte" Reaktionen; eine Reaktion, deren Geschwindigkeit durch 2) bestimmt ist, nennt man „reaktionskontrolliert". Auf Ionenreaktionen hat die Solvatation durch polare Lösungsmittel einen wesentlichen Einfluß („Käfigeffekt"). Im folgenden wird nur Schritt 2) betrachtet.

Eine Theorie der Reaktionsgeschwindigkeiten muß die Parameter k_0 und E_A in Gl. (8.46) quantitativ interpretieren. Zwei Modelle werden dafür diskutiert: das Stoßmodell auf der Basis der kinetischen Theorie (insbesondere für Gasreaktionen) und das Modell des Übergangs-Komplexes (oder -Zustands), das auf Pelzer und Wigner zurückgeht und im wesentlichen von Eyring ausgearbeitet wurde. Dieses Modell macht von den Begriffen der statistischen Thermodynamik Gebrauch. Seine Voraussetzungen erscheinen u.a. bei biochemischen Reaktionen häufig gut erfüllt.

[5] Dies kann z.B. auf eine Inaktivierung eines Katalysators (Enzyms) bei höherer Temperatur hinweisen.

8.4.2 Theorie des Übergangszustandes

Das Modell des Übergangszustandes geht für eine Reaktion $A+B \rightarrow P$ von folgenden Grundannahmen aus: (a) Beim Zusammenstoß von A mit B ist die potentielle Energie des Systems als Funktion der Koordinaten der Atomkerne prinzipiell definierbar und meßbar („Potentialhyperfläche"). Zu verschiedenen Elektronenzuständen gehören verschiedene Potentialhyperflächen; die gesamte Reaktion soll auf einer bestimmten Potentialfläche, d. h. „adiabatisch" verlaufen. (b) Alle „reaktiven" Stöße müssen über eine geometrisch und damit energetisch ziemlich scharf definierte Konfiguration verlaufen, einen „Flaschenhals" mit sehr geringer Entropie. Dies ist der Übergangszustand $(AB)^{\ddagger}$, der mit den Edukten $A+B$ im Gleichgewicht stehen soll. (c) Die Geschwindigkeit der Reaktion ist bestimmt durch die Konzentration von $(AB)^{\ddagger}$ und seine Zerfallsrate in Richtung auf die Produkte P.

Die Konzentration von $(AB)^{\ddagger}$ kann mit den Begriffen der (statistischen) Thermodynamik beschrieben werden. Die maximale Zerfallsrate von $(AB)^{\ddagger}$ ist gleich der Frequenz ν einer „kritischen Schwingung".

Damit wird

$$v_R = \nu c_{(AB)^{\ddagger}} = \nu K_c^{\ddagger} c_A c_B \tag{8.48}$$

mit der Gleichgewichtskonstanten

$$K_c^{\ddagger} = \frac{c_{(AB)^{\ddagger}}}{c_A \cdot c_B}, \quad \text{ausgedrückt in Molaritäten.}$$

Der Verlauf der Freien Enthalpie längs der Reaktionskoordinate ist in Abb. 8.4 skizziert.

Um den „universellen Frequenzfaktor" ν von Gl. (8.48) zu bestimmen, kann man, etwas grob, so argumentieren: Die Annahme eines Gleichgewichts $A+B \rightleftarrows (AB)^{\ddagger}$ erfordert für $(AB)^{\ddagger}$ ein Energieminimum auf der Potentialfläche. Es gibt eine kritische Schwingungsform, die mit hoher Wahrscheinlichkeit zum Zerfall nach P führt. Diese Schwingung hat eine so niedrige Anregungsenergie, daß sie bei der Reaktionstemperatur „voll angeregt" ist (im Grenzfall geht sie in eine Translation der Produkte über). Dann ist

$h\nu = kT$ $\quad k$ Boltzmann-Konstante

$\quad h$ Plancksche Konstante

bzw.

$$\nu = \frac{kT}{h}. \tag{8.49}$$

Eine sorgfältigere Mittelwertbildung über die kinetische Energie bzw. die Geschwindigkeit längs des Reaktionsweges in seinem Scheitel liefert den gleichen Wert. Damit wird die Geschwindigkeitskonstante $k(T)$ in den Gln. (8.45) und (8.46), unter Berücksichtigung von Gl. (8.20b)

$$k(T) = \frac{kT}{h} K_c^{\ddagger} = \frac{kT}{h} (RT)^{-\Delta n^{\ddagger}} K_p^{\ddagger}. \tag{8.50}$$

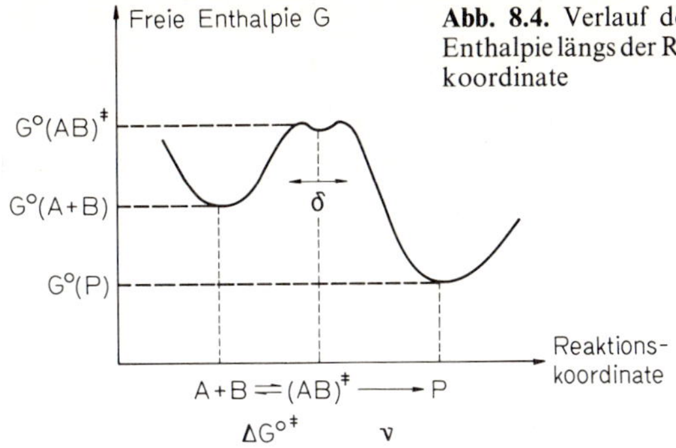

Abb. 8.4. Verlauf der Freien Enthalpie längs der Reaktionskoordinate

Die Gleichgewichtskonstante $K_c^{\ddagger}$ (bzw. $K_p^{\ddagger}$) kann thermodynamisch oder statistisch interpretiert bzw. ermittelt werden:

Mit den Gln. (8.19) und (8.8) ist

$$K_p^{\ddagger} = e^{-\frac{\Delta G^{0\ddagger}}{RT}} = e^{\frac{\Delta S^{0\ddagger}}{R}} e^{-\frac{\Delta H^{0\ddagger}}{RT}}$$

Damit wird aus Gl. (8.50)

$$k(T) = \frac{kT}{h} (RT)^{-\Delta n^{\ddagger}} e^{\frac{\Delta S^{0\ddagger}}{R}} e^{-\frac{\Delta H^{0\ddagger}}{RT}}. \tag{8.51}$$

Für den hier als Beispiel gewählten Reaktionstyp ist $\Delta n^{\ddagger} = -1$. Dies ergibt eine Aktivierungsenergie gemäß Gl. (8.47)

$$E_A = \Delta H^{0\ddagger} + 2RT. \tag{8.52}$$

Die Gleichgewichtskonstante $K_c^{\ddagger}$ in Gl. (8.48) kann nach Gl. (8.41a) auch durch die molekularen Zustandssummen ausgedrückt werden. Dabei ist aber noch zu bedenken, daß aus den $3N-6$ Schwingungsfreiheitsgraden von $(AB)^{\ddagger}$ (N Zahl der Atome in $(AB)^{\ddagger}$) bereits einer für die Zerfallskoordinate abgespalten wurde, vgl. Gl. (8.49). Der Vibrationsanteil $q_{vib(AB)^{\ddagger}}$ gemäß Gln. (8.31) und (8.32d) ist deshalb nur über die $3N-7$ verbleibenden Schwingungsmoden zu bilden.

8.5 Energiefluß in der belebten Welt, ATP, Übertragungspotential

FRIEDRICH DÖRR

Nach den dargelegten Kriterien der Thermodynamik sind die Triebkräfte chemischer Reaktionen: Abnahme der Energie und Zunahme der Entropie, zusammengefaßt: Abnahme der freien Energie bzw. der Freien Enthalpie. Letzte Quelle der Freien Energie für das Leben auf der Erde ist die Sonne, genauer: die Kernfusion $4\,^1H \rightarrow {}^4He + 2e^- +$ Energie. Nach mehrfacher Umwandlung der freiwerdenden Energie noch in der Sonne erreicht ein Teil davon die Erde als Licht, im wesentlichen als Lichtquanten ($h\nu$) des sichtbaren Bereichs. Der Spektralbereich um $\lambda = 650$ nm Wellen-

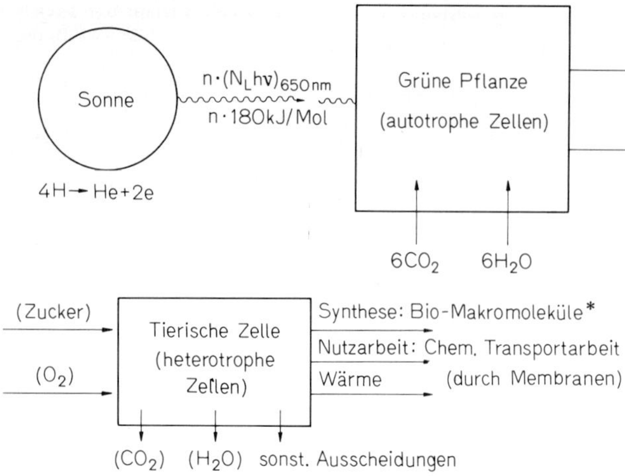

Abb. 8.5. Energiefluß in der Biosphäre. * z.B. Proteine, Nucleinsäuren bis 10^6 Monomereinheiten, $\Delta_f G^{0\prime} \approx 20$ kJ/Mol je Monomereinheit

länge dient nicht nur zur Erwärmung und damit Entropieerzeugung, sondern wird bei der Photosynthese in den grünen Pflanzen direkt in hochwertige entropiearme chemische Energie umgesetzt (1 Mol Lichtquanten = 1 Einstein von 650 nm Wellenlänge transportiert ≈ 180 kJ Energie).

Leben erzeugt allgemein höher geordnete Strukturen, d. h. es vermindert die Entropieproduktion. (Entropie wird unter isothermen Bedingungen nur zusammen mit Materie ausgetauscht.) Abbildung 8.5 gibt ein grobes Schema des Flusses der Freien Energie in der Biosphäre. Ausgehend von CO_2 und H_2O mit niederem Energie- und hohem Entropiegehalt werden mittels Lichtenergie über Pflanze und Tier Makromoleküle mit sehr hoher Freier Energie aufgebaut.

Spezielle Teilschritte

Die chemischen Prozesse in Zellen laufen über sehr viele Zwischenstufen ab, die durch Enzyme spezifisch katalysiert werden. Die Energie für die Einzelprozesse liefern überwiegend Elektronenübertragungsprozesse, d. h. Redoxreaktionen. Als universeller Energiespeicher in pflanzlichen und tierischen Zellen dient Adenosintriphosphat (ATP), das durch chemische Energie, die in der Photosynthese (Pflanzen) bzw. in der Oxidation von Nährmitteln durch den Sauerstoff bei der Atmung (Pflanzen und Tiere) frei wird, aus

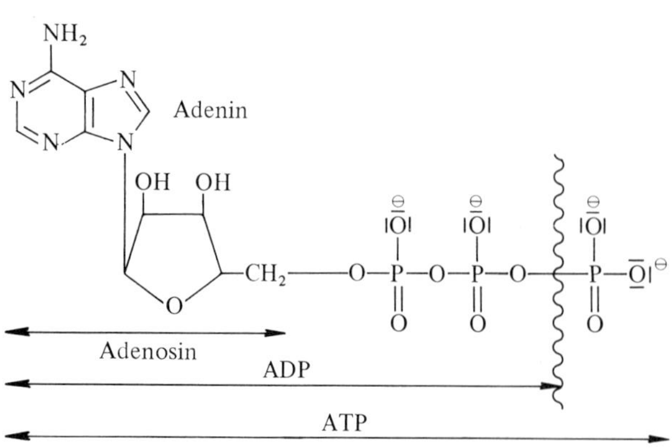

dem energieärmeren Adenosindiphosphat (ADP) gebildet wird.

Durch den umgekehrten Prozeß der enzymatischen Spaltung von ATP wird die Energie wieder freigesetzt:

$$(ATP)^{4-} + H_2O \rightarrow (ADP)^{3-} + (HPO_4)^{2-} + H^+$$

$$\Delta\bar{G}^{0\prime} = -29{,}3\ \text{kJ/mol} = -7\ \text{kcal/mol}.$$

Die molekulare Interpretation des relativ hohen Betrags umgesetzter Energie berücksichtigt den hohen Anteil an elektrostatischer Abstoßungs-Energie zwischen den negativen Ionen auf der rechten Seite der Reaktionsgleichung.

Auch eine Reihe anderer Phosphatverbindungen hat ähnliche energetische Eigenschaften. Man klassifiziert sie nach ihrem „Phosphatübertragungspotential", definiert als $-\Delta\bar{G}^{0\prime} \cdot 10^{-3}$ mit $\Delta\bar{G}^{0\prime}$ in cal/mol. Die Bezeichnung „Übertragungspotential" bedeutet, daß es sich dabei um die Änderung des chemischen Potentials bei der Übertragung einer bestimmten Atomgruppe handelt. ATP ist durch einen mittleren Wert von $\Delta\bar{G}^{0\prime}$ ausgezeichnet; es dient als „Fahrzeug" für die Phosphatgruppenübertragung zwischen Phosphat-Donatoren und -Akzeptoren. Analog kann man für die Übertragung anderer Gruppen „Gruppenübertragungspotentiale" definieren: für die Übertragung eines Elektrons ein Elektronenübertragungs- oder Redoxpotential E^0, für die Übertragung eines Protons ein Protonenübertragungspotential (= Acidität pK_a). Man wählt als Maß dafür nicht $\Delta\bar{G}^0$ selbst, sondern eine dazu proportionale Größe, z. B. $E^0 = -\frac{\Delta\bar{G}^0}{nF}$ (Volt), n = Zahl der je Elementarschritt übertragenen Elektronen, $F = 96\,500\ \text{As} = N_L e$, Faraday-Konstante; bzw. $pK_a = \frac{\Delta\bar{G}^0}{2{,}303\,RT}$; R allgemeine Gaskonstante, T Temperatur.

All diese Werte werden auf vereinbarte Standard-Akzeptoren bezogen.

Zwei chemische Reaktionen, die eine Komponente (ein Zwischenprodukt) gemeinsam haben, nennt man gekoppelt. Die bei einzelnen „exergonischen" Teilreaktionen frei werdenden Beträge an Freier Enthalpie können zusammenwirken, um das Gleichgewicht auf bestimmte Produkte hin zu schieben, z.B. in Richtung der Synthese energiereicher Verbindungen. Folgen von gekoppelten Reaktionen sind für die Biochemie typisch. Dabei spielt das ATP–ADP-System die wichtigste Rolle als gemeinsames Zwischenprodukt. Die Einzelschritte haben ΔG-Werte $\lesssim 50\ \text{kJmol}^{-1}$; solche Reaktionen sind leichter steuerbar als stark exergonische.

Literaturauswahl

Beier, R. W.: Einführung in die theoretische Biophysik. Stuttgart: G. Fischer 1965.

Cantor, Ch. R., Schimmel, P. R.: Biophysical Chemistry. San Francisco: W. H. Freeman 1980.

Glansdorff, P., Prigogine, I.: Thermodynamic Theory of Structure, Stability and Fluctuations. New York: Wiley-Interscience 1971.

Klotz, I. M.: Energetik biochemischer Reaktionen, 2. Aufl. Stuttgart: G. Thieme 1970.

Laidler, K. J.: Reaktionskinetik I und II. BI-Hochschultaschenbücher Nr. 290 und 291. Mannheim: Bibliographisches Institut 1973.

Lehninger, A. L.: Bioenergetik, 2. Aufl. Stuttgart: G. Thieme 1974.

Rauen, H. M. (Hrsg.): Biochemisches Taschenbuch. 2. Bd., 2. Aufl. Berlin-Heidelberg-New York: Springer 1964 (Tabellen).

8.6 Irreversible Thermodynamik — Ein Überblick

Peter Schuster

8.6.1 Einleitung

Dieser Beitrag ist nur als ein kurzgefaßter Überblick über die Thermodynamik irreversibler Prozesse, ein modernes und in rascher Entwicklung befindliches Fachgebiet zu verstehen. Der zur Verfügung stehende Umfang gestattet es gerade, die grundlegenden Tatsachen zu erwähnen und sie mit Hilfe von einfachen Beispielen anschaulich zu machen. Diese Beispiele wurden größtenteils den chemischen Reaktions-Diffusionssystemen entnommen, da diese in der Biologie eine wichtige Rolle spielen und einfach genug sind, um ein intuitives Verständnis zu gestatten. Transport durch Membranen und elektrochemische Phänomene werden nur gelegentlich erwähnt werden. Dies nur wegen der anzustrebenden Kürze und nicht, weil ihre Bedeutung in der Biophysik unterschätzt würde. Wir werden weder Beweise noch Ableitungen der Lehrsätze bringen, aber versuchen, dem Leser eine Vorstellung von der Art, in diesem Fachgebiet zu denken, zu vermitteln. Dieses Kapitel erhebt daher weder den Anspruch vollständig zu sein, noch will es einführende Literatur in dieses Gebiet ersetzen. Eine Zusammenstellung empfohlener Lehrbücher findet sich in den Literaturhinweisen zu diesem Kapitel.

8.6.2 Gleichgewicht — der Zustand perfekter dynamischer Kompensation

Das thermodynamische Gleichgewicht ist ein Zustand, der durch die Konstanz aller makroskopischen Variablen gekennzeichnet ist. Wir wollen uns den Gleichgewichtszustand im mikroskopischen oder molekularen Bereich vor Augen führen und betrachten deshalb ein übertragenes aber sehr illustratives Beispiel: das Ehrenfestsche Urnenmodell. Wir verteilen N numerierte Teilchen auf zwei Schachteln A und B. Die Anzahl der Teilchen in den beiden Schachteln bezeichnen wir mit N_A und N_B ($N_A + N_B = N$). Außerdem benötigen wir noch eine Urne mit N Losen, welche ebenfalls Nummern von 1 bis N tragen. Jedes Los ist daher umkehrbar eindeutig einem Teilchen zugeordnet. Nun spielen wir ein Spiel nach den folgenden Regeln:

1. wir ziehen ein Los
2. wir nehmen das Teilchen, welches die Zahl trägt, die vom Los gezeigt wird, aus der Schachtel, in der es sich befindet, heraus und geben es in die andere Schachtel, und
3. wir geben das Los in die Urne zurück. Nun wiederholen wir den ganzen Vorgang n mal. Vorausgesetzt, daß n eine große Zahl darstellt, ergibt sich dasselbe Endresultat unabhängig von der Wahl der Anfangsbedingungen: die Teilchen verteilen sich zu gleichen Teilen auf beide Schachteln. In anderen Worten, der Erwartungswert für die Teilchenzahl N_A ist gleich dem für N_B:

$$\lim_{n\to\infty} \langle N_A \rangle = \lim_{n\to\infty} \langle N_B \rangle = \frac{N}{2}. \tag{8.49}$$

Die Standardabweichungen von N_A und N_B werden ebenfalls gleich:

$$\lim_{n\to\infty} \sigma(N_A) = \lim_{n\to\infty} \sigma(N_B) = \tfrac{1}{2}\sqrt{N}. \tag{8.50}$$

In Abb. 8.6 zeigen wir das Ehrenfestmodell an Hand eines ganz einfachen konkreten Beispiels, das jeder selbst nachvollziehen kann. Wir sehen, daß die Fluktuationen um den Gleichgewichtszustand proportional zur Quadratwurzel der Gesamtteilchenzahl sind. In den üblichen chemischen Systemen sind diese Fluktuationen kaum nachweisbar: wir haben es mit Teilchenzahlen in der Größenordnung von 10^{20} zu tun. Die Standardabweichungen betragen etwa 10^{10} Teilchen. Dies ist nur 10^{-10} mal der Erwartungswert!

Das Ehrenfestmodell können wir als ein einfaches Modell für eine monomolekulare chemische Reaktion mit gleichen Geschwindigkeitskonstanten für Hin- und Rückreaktion auffassen. In diesem Fall ist die Gleichgewichtskonstante $K = 1$. Eine solche chemische Reaktion

$$A \underset{k_{21}}{\overset{k_{12}}{\rightleftharpoons}} B \tag{8.51}$$

kann als ein stochastischer Prozeß angesetzt und analysiert werden[1]. Beginnen wir mit genau N Molekülen A zum Zeitpunkt $t = 0$. Wir bezeichnen die beiden Zufallsvariablen mit $N_A(t)$ und $N_B(t)$. Sie definieren die

[1] Die stochastische Kinetik behandelt chemische Reaktionen als Zufallsprozesse. Die Teilchenzahlen oder Konzentrationen sind stochastische Variable. Die Geschwindigkeitskonstanten haben den Charakter von Reaktionswahrscheinlichkeiten. Die stochastische Kinetik ist in der Lage, Fluktuationen in den Teilchenzahlen zu beschreiben und zeigt deutlich ihre Wichtigkeit bei niedrigen Konzentrationen. Bei einigen Reaktionsmechanismen, insbesondere bei jenen, die autokatalytische Reaktionsschritte beinhalten, können Fluktuationen auch bei makroskopischen Konzentrationen merkbar werden. Weitere Details finden sich in McQuarrie (1967). Bezüglich einer Einführung in die Theorie stochastischer Prozesse s. Bartlett (1978).

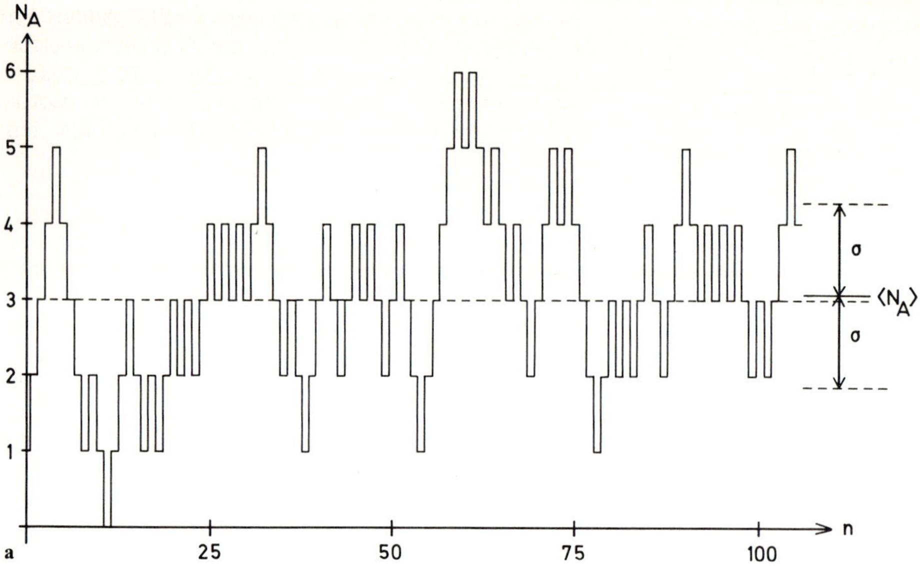

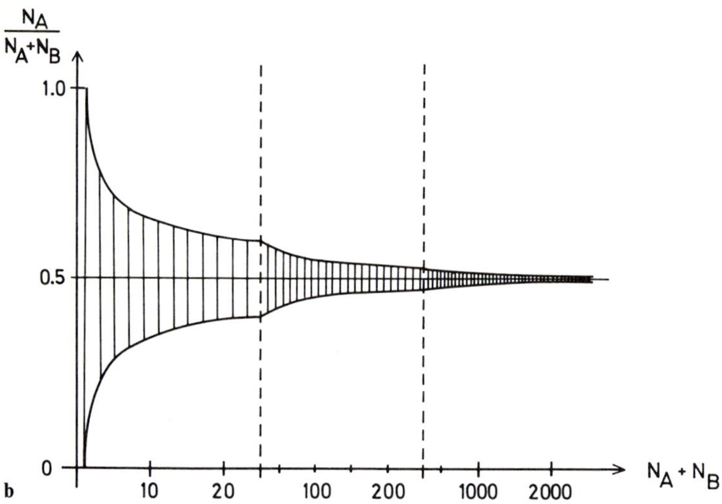

Abb. 8.6. Das Ehrenfestsche Urnenmodell gespielt mit einem gewöhnlichen Würfel: sechs Teilchen bezeichnet mit den Nummern 1, 2, ..., 6 werden auf zwei Schachteln A und B aufgeteilt. Die Teilchenzahlen in den beiden Schachteln bezeichnen wir mit N_A und N_B. Nun beginnen wir zu würfeln. Jenes Teilchen, das die erwürfelte Zahl trägt wird aus der Schachtel, in der es sich befindet, herausgenommen und in die andere gelegt. Die gleiche Prozedur wird nun viele Male wiederholt. Nach einigen Würfen nähern sich die Mittelwerte von N_A und N_B, $\langle N_A\rangle$ und $\langle N_B\rangle$ einem Wert von 3 an und die Standardabweichung wird $\sigma=\frac{1}{2}\sqrt{6}$. Ein konkretes Beispiel ist in **a** gezeigt. Die Zahl der Würfe wird mit n bezeichnet. In **b** tragen wir die relative Standardabweichung $\sigma=\frac{1}{2}\sqrt{N_A+N_B}$ als eine Funktion der Gesamtteilchenzahl N_A+N_B auf

Wahrscheinlichkeiten daß N_A Moleküle A und N_B Moleküle B zum Teilpunkt t vorliegen. Erwartungswert und Standardabweichung von N_A sind gegeben durch

$$\langle N_A\rangle=\frac{N}{k_{12}+k_{21}}\{k_{12}\exp[-(k_{12}+k_{21})t]+k_{21}\} \quad (8.52)$$

und

$$\sigma^2(N_A)=\frac{N\omega}{1+K}\left(1-\frac{\omega}{1+K}\right). \quad (8.53)$$

Hierin bedeuten $K=k_{12}/k_{21}$ und $\omega=K\exp[-(k_{12}+k_{21})t]+1$.

Ein Zahlenbeispiel findet sich in Abb. 8.7. Die analogen Beziehungen für N_B erhalten wir trivialerweise aus der Erhaltbeziehung $N_A+N_B=N$.

Im thermodynamischen Gleichgewicht finden wir dementsprechend

$$\lim_{t\to\infty}\langle N_A\rangle=N\frac{k_{21}}{k_{12}+k_{21}} \quad (8.54)$$

und

$$\lim_{t\to\infty}\sigma(N_A)=\sqrt{N}\frac{\sqrt{k_{12}k_{21}}}{k_{12}+k_{21}}. \quad (8.55)$$

Sofort erkennen wir das Ehrenfestsche Modellbeispiel als einen Spezialfall mit $k_{12}=k_{21}$ oder $K=1$ wieder. In realen chemischen Systemen haben wir es gewöhnlich mit großen Teilchenzahlen zu tun, die in Molen pro Liter ($mol\cdot l^{-1}$) gemessen werden. Um diesen Sachverhalt anzudeuten, verwenden wir eigene Symbole für die Konzentrationen: $a=N_A$ und $b=N_B$.

Die Konstanz der Konzentrationen im Gleichgewichtszustand erscheint daher als eine präzise Kompensation von Hin- und Rückreaktion:

$$k_{12}\bar{a}=k_{21}\bar{b} \quad (8.56)$$

Hier bedeuten $\bar{a}$ und $\bar{b}$ die Gleichgewichtskonzentrationen von A und B.

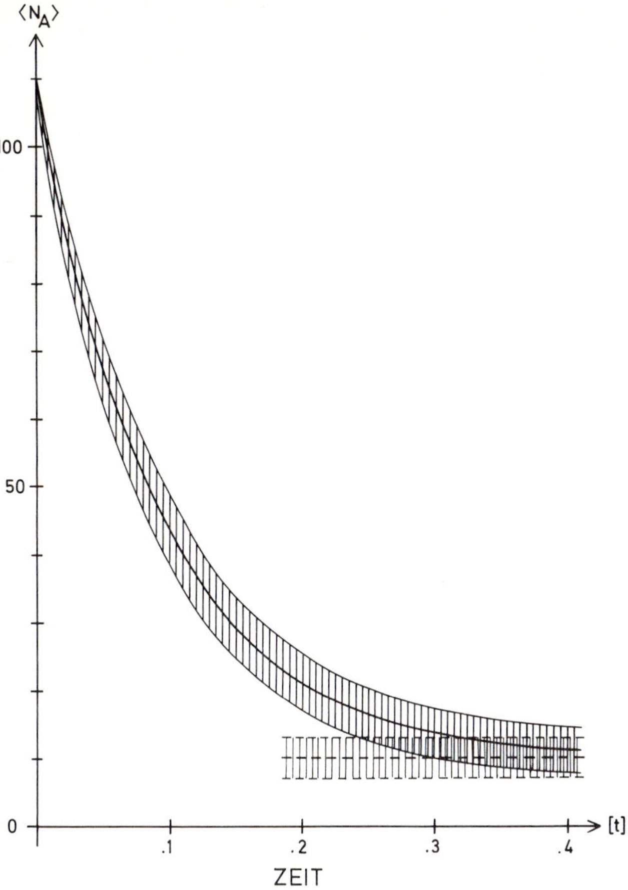

Abb. 8.7. Die stochastische Beschreibung einer monomolekularen Reaktion $A \underset{k_{21}}{\overset{k_{12}}{\rightleftarrows}} B$. Wir geben eine Kurvenschar an, die den Erwartungswert $\langle N_A \rangle$ zusammen mit seiner Standardabweichung zeigt: $\langle N_A \rangle \pm \sigma$. Wir beginnen mit $N_A = 110$ Molekülen zum Zeitpunkt $t = 0$. Die Reaktionswahrscheinlichkeiten sind $k_{12} = 10[t^{-1}]$ und $k_{21} = 1[t^{-1}]$. $[t]$ stellt eine beliebige Zeiteinheit dar, die die Skaleneinteilung auf der Zeitachse festlegt. Wir sehen, daß die Fluktuationen in der Teilchenzahl — hier dargestellt durch σ zu Beginn der Reaktion anwachsen, durch ein Maximum laufen und schließlich wieder etwas abnehmen, wenn sich das System dem Gleichgewichtszustand nähert

In ähnlicher Art und Weise können wir uns ein Gleichgewicht hinsichtlich Massentransports oder Diffusion als gleiche Zahlen von Molekülen vorstellen, die sich durch eine gedachte Einheitsfläche von rechts nach links und von links nach rechts bewegen. Im allgemeinen stellt sich das Diffusionsgleichgewicht in Abwesenheit eines von außen stabilisierten Konzentrationsgradienten rasch ein (Abb. 8.8).

Für jeden vollständigen Satz unabhängiger thermodynamischer Parameter stellt sich nach ausreichend langer Zeit ein eindeutiger Gleichgewichtszustand ein. Trotz der Bewegungen der einzelnen Teilchen und ihrer eventuellen chemischen Reaktionen beobachten wir keine zeitlichen Veränderungen von Eigenschaften und Zusammensetzung des Systems im Gleichgewicht, vorausgesetzt das betrachtete Volumen ist groß genug.

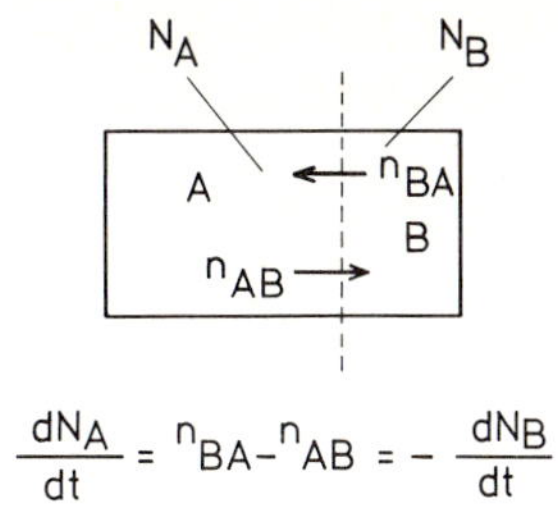

Abb. 8.8. Diffusionsgleichgewicht. Wir teilen das System willkürlich in zwei Abteile, welche N_A und N_B Moleküle der gleichen Sorte enthalten. Im Gleichgewicht passieren im Mittel gleich viele Moleküle die gedachte Grenzfläche von links nach rechts, n_{AB}, und von rechts nach links, n_{BA}: $n_{AB} = n_{BA}$

8.6.3 Die vier Hauptsätze der Gleichgewichtsthermodynamik

Vom Standpunkt der Thermodynamik aus ist jedes System durch einen Satz makroskopischer Parameter wie Druck oder Volumen, molare Zusammensetzung und/oder eine Reihe verwickelterer Größen wie Temperatur, innere Energie, Enthalpie, Entropie etc., vollständig bestimmt. Die Gleichgewichtsthermodynamik kümmert sich dementsprechend nicht um den Weg, der zum Gleichgewicht führt, noch werden Fluktuationen oder makroskopische Variationen der Art, wie wir sie im vergangenen Abschnitt kennenlernten, betrachtet. Wir machen uns nun den Standpunkt der Gleichgewichtsthermodynamik zu eigen und wiederholen die vier allgemeinsten und wichtigsten Aussagen, die charakteristisch die vier Hauptsätze der Thermodynamik genannt werden.

Das nullte Gesetz beinhaltet eine Definition der Temperatur als thermischer Parameter. Ein abgeschlossenes System[2] bestehend aus zwei Untersystemen in thermischem Kontakt nähert sich einem Gleichgewichtszustand an, der durch gleiche Temperatur in beiden Teilsystemen charakterisiert ist. Dieser Gleichgewichtszustand ist eindeutig. Wenn sich A im thermischen Gleichgewicht mit B befindet, dann ist B in thermischem Gleichgewicht mit A. Mit anderen Worten: Systeme im thermischen Gleichgewicht besitzen die gleiche Temperatur!

Der erste Haupsatz der Thermodynamik stellt die thermodynamische Formulierung des Energieerhaltungssatzes dar. Er dehnt das entsprechende Gesetz der Mechanik auf andere Energieformen, wie Wärme oder thermische Energie aus. Die innere Energie eines Systems wird beschrieben durch eine Zustandsfunktion U und ist daher eindeutig definiert durch einen vollständigen Satz der makroskopischen Parameter.

[2] Wir folgen hier der Mehrzahl der Bücher über Thermodynamik und unterscheiden drei Klassen von thermodynamischen Systemen. Ein *abgeschlossenes* System unterhält keinen Austausch mit der Umgebung und zwar weder Energie noch Materialaustausch. Ein *geschlossenes* System tauscht Energie mit der Umgebung aus, aber kein Material. Ein *offenes* System schließlich hat sowohl Energie als auch Materialaustausch mit der Umgebung.

Diese sind wie vorhin erwähnt beispielsweise Temperatur, Druck oder Volumen und molare Zusammensetzung. Die innere Energie U verändert sich entweder durch Austausch von Wärme (Q) oder mechanischer Energie (W) mit der Umgebung[3]

$$dU = dQ - dW. \tag{8.57}$$

Der Energieerhaltungssatz kann auch in Form geschlossener Integrale formuliert werden[4]:

$$\oint dU = 0 = \oint dQ - \oint dW. \tag{8.58}$$

Entlang eines geschlossenen Kurvenzuges verschwindet die Gesamtveränderung der inneren Energie. Mit anderen Worten, die innere Energie eines Zustandes ist unabhängig von dem Weg, auf dem er erreicht wurde. Längs eines geschlossenen Kurvenzuges kompensieren sich aufgenommene Wärme und geleistete Arbeit bei jedem vollständigen Umlauf.

Der zweite Haupsatz ist gleichzeitig das am meisten verwickelte und für unsere weiteren Überlegungen wichtigste Gesetz der Thermodynamik. Im Jahre 1853 präsentierte Lord Kelvin seine berühmte Formulierung, die im Originaltext lautet: "It is impossible by means of inanimate material agency to derive mechanical effect from any portion of matter by cooling it below the temperature of the coldest of its surrounding objects". Etwa zwölf Jahre später führte Clausius eine neue Zustandsfunktion ein, die Entropie S, die es gestattet, den zweiten Haupsatz in geeignete mathematische Form zu bringen: Für einen *reversiblen* Prozeß finden wir

$$dS = \frac{dQ}{T}. \tag{8.59}$$

Die Entropieänderung erweist sich proportional zu der vom System aufgenommenen Wärmemenge. Der Proportionalitätsfaktor ist die inverse absolute Temperatur. Ein reversibler oder Quasigleichgewichtsprozeß ist ein Prozeß, der unendlich langsam abläuft, während sich das System für praktische Zwecke stets im Gleichgewicht befindet. Ein solcher Prozeß ist klarerweise eine Idealisierung, der man sich in günstigen Fällen zwar annähern kann, die jedoch niemals völlig erreicht wird. Durch Vereinigen der Gl. (8.57) und (8.59) erhalten wir die Grundgleichung der Thermodynamik reversibler Prozesse, die den ersten und zweiten Haupsatz miteinander verbindet:

$$dU = TdS - dW. \tag{8.60}$$

[3] Es ist eine Eigenheit der Thermodynamik, verschiedene Vorzeichen der Wärme und der mechanischen Arbeit, die von einem System erzeugt wird, zuzuordnen. Wärme hat ein positives Vorzeichen, wenn sie von dem System aufgenommen wird. Arbeit hingegen hat ein positives Vorzeichen, wenn sie vom System geleistet wird.

[4] Das Symbol $\oint$ bezeichnet ein sogenanntes geschlossenes Integral entlang eines beliebigen Kurvenzuges, der aus einer geschlossenen Schleife besteht. Der Kurvenzug kehrt an einen Punkt zurück, von dem er ausgegangen war. Da die innere Energie U eine Zustandsfunktion darstellt, ist der Wert von U durch die Angabe der Zustandsvariablen eindeutig definiert. Daher ist der Wert eines geschlossenen Integrals von U stets null.

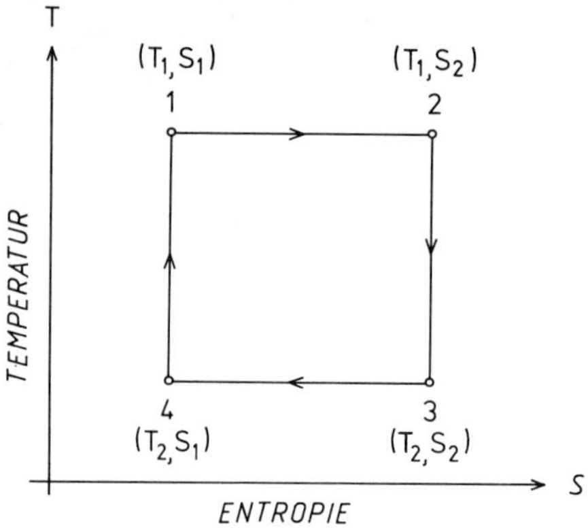

Abb. 8.9. Der Carnotsche Kreisprozeß gezeigt in einem (S, T)-Koordinatensystem, welches thermische Ebene genannt wird. Der Zyklus besteht aus vier reversiblen Prozessen: zwei isothermen Prozessen $1 \to 2$ bei der Temperatur $T = T_1$ und $3 \to 4$ bei der Temperatur $T = T_2$ sowie zwei adiabatischen Prozessen $2 \to 3$ bei der Entropie $S = S_2$ und $4 \to 1$ bei der Entropie $S = S_1$. Die Fläche des umschlossenen Rechteckes stellt ein Maß für die mechanische Arbeit dar, die eine idealisierte Maschine, die unter den durch die vier Geraden gegebenen Bedingungen arbeitet, zu leisten vermag. Wir verstehen nun sofort den Inhalt der Lord Kelvinschen Formulierung des zweiten Hauptsatzes: Im Fall $T_1 = T_2$ entartet das Rechteck zu einer geraden Linie, die Fläche verschwindet und dementsprechend kann eine isotherm arbeitende Dampfmaschine keine Arbeit leisten

Betrachten wir nun zwei wichtige Klassen von reversiblen Prozessen:

1. der reversible adiabatische Prozeß, währenddessen keine Wärme mit der Umgebung ausgetauscht wird, $dQ = 0 \to dS = 0$ — das System ist in thermischer Isolation — und

2. der reversible isotherme Prozeß, $dT = 0$. Eine geeignete Kombination von adiabatischen und isothermen Prozessen gestattet es, einen Kreisprozeß zu bilden. Dieser reversible Kreisprozeß ist nach Carnot benannt, der ihn verwendete, um den optimalen Wirkungsgrad einer Dampfmaschine zu erklären. In der thermischen Ebene, welche als ein S, T-Diagramm charakterisiert werden kann, stellt der Carnotsche Kreisprozeß ein einfaches Rechteck dar (Abb. 8.9). Aus Gl. (8.58) leiten wir einfach die Bezeichnung

$$\oint dU = 0 = \oint TdS - \oint dW \tag{8.61a}$$

ab, die sich auch in die Form

$$(T_1 - T_2)\Delta S = \oint dW = W \tag{8.61b}$$

bringen läßt.

Die mechanische Energie, die im Rahmen eines reversiblen Kreisprozesses gewonnen werden kann, ist daher proportional zur Temperaturdifferenz der beiden verwendeten Wärmereservoire. In Übereinstimmung mit Lord Kelvins Formulierung kann eine Dampfmaschine, die bei ein und derselben Temperatur arbeitet, keine Arbeit verrichten.

Der dritte Haupsatz ist für die weiteren Überlegungen, die wir hier anstellen wollen, nur von geringer Bedeutung. Er sagt, daß der absolute Nullpunkt (0 K) als ein geeigneter Bezugszustand gewählt werden kann.

Ein Maß für die absolute Entropie kann durch Nullsetzen von $S(0\,K)=0$ für Idealkristalle, die keine Orientierungsentartung aufweisen, erhalten werden.

8.6.4 Reversible und irreversible Prozesse

Mit den Augen eines Formalisten betrachtet erscheint die Gleichgewichtsthermodynamik auf die Schimäre des reversiblen Prozesses aufgebaut: Es gibt keine reversiblen Prozesse in der Natur, da diese nur mit unendlich langsamer Geschwindigkeit ablaufen und daher nie zu einem Ende kommen. Wir betrachten nun den zweiten Hauptsatz von einem anderen Gesichtspunkt aus, um die Bedeutung reversibler Prozesse als wichtige Grenzfälle erkennen zu können: Carathéodory leitete ein wichtiges Prinzip für allgemeine adiabatische Prozesse ab (Abb. 8.6). Es gibt Zustände, die von einem gegebenen Anfangszustand mit Hilfe eines adiabatischen Prozesses überhaupt nicht erreicht werden können, ohne daß dabei der zweite Hauptsatz verletzt würde. Diese Zustände liegen links von einer vertikalen Geraden in der thermischen Ebene. Es gibt eine ausgezeichnete Grenzlinie, welche die irreversiblen adiabatischen Prozesse von den physikalisch unmöglichen scheidet: Diese Grenzlinie ist der reversible Prozeß.

Für die Entropie S gilt daher in der realen Welt keine Erhaltungsbeziehung. Gemäß dem Prinzip von Carathéodory nimmt die Entropie während jedes irreversiblen adiabatischen Prozesses zu. Dies hat eine wichtige Konsequenz für abgeschlossene Systeme (s. Fußnote auf S. 343). In einem abgeschlossenen System gibt es keinen Energie- oder Massenaustausch mit der Umgebung. Daher sind alle Prozesse adiabatisch und die Entropie nimmt ständig zu, bis das System den Gleichgewichtszustand erreicht. Es gilt die allgemeine

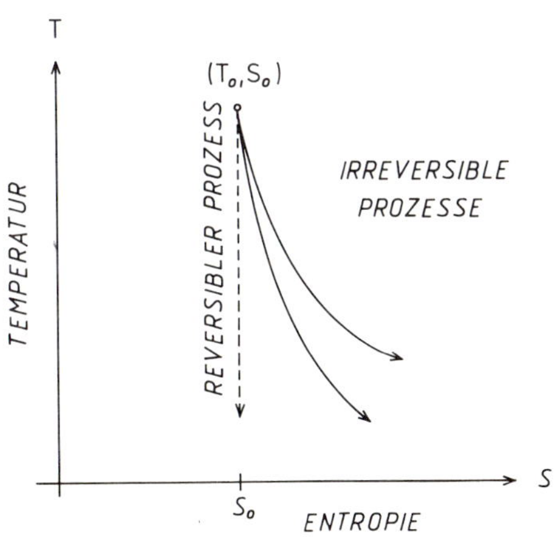

Abb. 8.10. Die Formulierung des zweiten Hauptsatzes nach Carthéodory. Realistische adiabatische Prozesse führen unweigerlich zu einer Zunahme der Entropie. Der idealisierte reversible Prozeß findet bei konstanter Entropie ($\Delta S=0$) statt. Er bildet die Grenzlinie zwischen physikalisch möglichen und physikalisch unmöglichen Vorgängen. Adiabatische Vorgänge, die zu Bedingungen links von der Geraden des reversiblen Prozesses führen, finden nicht statt

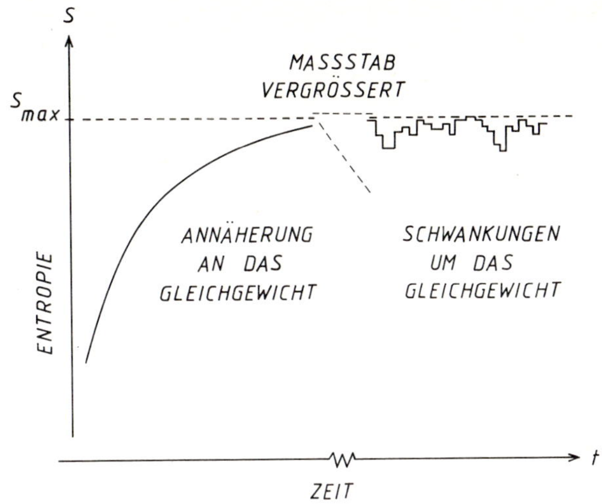

Abb. 8.11. Die Annäherung an das Gleichgewicht in einem abgeschlossenen System. Die Entropie nähert sich einem Maximalwert S_{max}. Im Gleichgewicht beobachten wir Fluktuationen der gleichen Art wie wir sie in den Abb. 8.6 und 8.7 diskutieren. Diese Fluktuationen sind durch $\delta S<0$ gekennzeichnet. Das Auftreten einer solchen Fluktuation verursacht eine Kraft, welche das System zum Gleichgewicht zurücktreibt

Beziehung $dS \geqq 0$. Im Gleichgewicht sind alle Prozesse reversibel und das Gleichheitszeichen ist gültig. Die Entropie weist einen Maximalwert auf. Es können Fluktuationen von der Art, wie sie im Abschn. 8.6.2 besprochen wurden, auftreten. Diese Schwankungen verursachen notgedrungen eine zeitliche und eventuell auch örtlich lokalisierte Abnahme der Entropie. Gleichzeitig kreieren sie aber auch eine Kraft, welche das System in seinen Gleichgewichtszustand zurücktreibt, wodurch die Entropie wieder ihren Maximalwert erreicht (Abb. 8.11). Die Tatsache, daß die Entropie eines abgeschlossenen Systems einem Maximalwert zustrebt, wurde ausführlich in Zusammenhang mit ihrer Bedeutung für das Universum diskutiert. Wir werden auf diese Frage in Abschn. 8.6.9 wieder zurückkommen.

Das genannte Extremalprinzip ist keine besondere Eigenschaft abgeschlossener Systeme. Andere Bedingungen erfordern andere Funktionen, welche am Gleichgewichtszustand einen Extremwert annehmen. Bei konstantem Volumen (V) und konstanter Temperatur ist die freie Energie (F) eine geeignete Funktion,

$$F=U-TS\,, \tag{8.62}$$

bei konstantem Druck (p) und konstanter Temperatur ist dies die freie Enthalpie (G):

$$G=H-TS=U+pV-TS\,. \tag{8.63}$$

Beide Funktionen nehmen am Gleichgewicht einen Minimalwert an.

Betrachten wir nun ein allgemeines, offenes System. Es unterhält Wärme- und Stoffaustausch mit seiner Umgebung. Die Entropieänderung läßt sich in zwei Beiträge aufteilen. (Abb. 8.12):

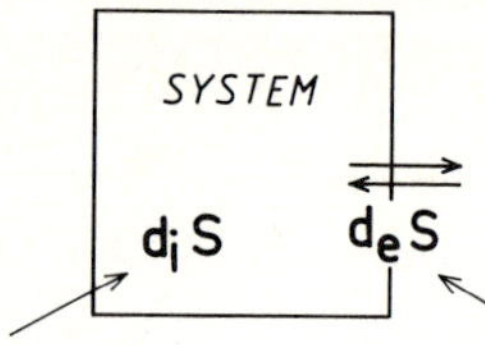

Abb. 8.12. Ein offenes System. Die Entropie ändert sich auf Grund zweier Beiträge, der Entropieproduktion innerhalb des Systems und des Entropieaustausches mit der Umgebung

1. Die Entropiezunahme durch Prozesse im Inneren des Systems, $d_i S$ und
2. die Entropieänderung verursacht durch Austausch mit der Umgebung, $d_e S$,

$$dS = d_i S + d_e S. \tag{8.64}$$

Der erste Beitrag in Gl. (8.64) ist per definitionem dem gleichen allgemeinen Kriterium unterworfen wie die Entropie in abgeschlossenen Systemen: $d_i S \geqq 0$. Das Gleichheitszeichen gilt abermals ausschließlich am Gleichgewichtszustand. In jedem System außerhalb des Gleichgewichts finden wir zwingend eine ständige Zunahme der inneren Entropie.

8.6.5 Flüsse, Kräfte und Entropieproduktion

Indem wir nun das thermodynamische Gleichgewicht verlassen, um irreversible Prozesse näher zu untersuchen, müssen wir uns nach einer geeigneten Beschreibungsweise für die Veränderungen in den betrachteten Systemen umsehen. In der klassischen Punktmechanik ist die Beschreibung der Veränderung mit Hilfe der Dynamik klar vorgegeben. Wir charakterisieren die Veränderungen der Positionen von Teilchen durch die Geschwindigkeiten und deren Ableitungen nach der Zeit, die Beschleunigungen. Die letzteren haben gemäß den Newtonschen Gesetzen ihre Ursache in den Wirkungen von Kräften. Ein Hauptverdienst der Thermodynamik irreversibler Prozesse besteht nun darin, dieses Konzept der klassischen Mechanik verallgemeinert zu haben: Prozesse äußern sich in Flüssen, welche die Analoga der Bewegung von Teilchen darstellen. Flüsse sind die Konsequenz von verallgemeinerten Kräften, die im System wirksam werden. Die Kräfte ihrerseits rühren von Verteilungen der Massen und Energien im weitesten Sinne her, die von den entsprechenden Gleichgewichtsverteilungen abweichen. Daher haben diese verallgemeinerten Kräfte die universelle Tendenz, das System zum Gleichgewicht zu treiben. Sowohl die Flüsse als auch die Kräfte verschwinden im Gleichgewichtszustand.

In der Biophysik betrachten wir zumeist Vorgänge in Lösung oder, wie im Fall von Membranprozessen, an Grenzflächen. Wir haben es mit Konzentrationen zu tun, die Funktionen von Ort und Zeit darstellen. Dies sind lokale Konzentrationen

$$c = c(\mathbf{r}, t) = c(x, y, z, t). \tag{8.65}$$

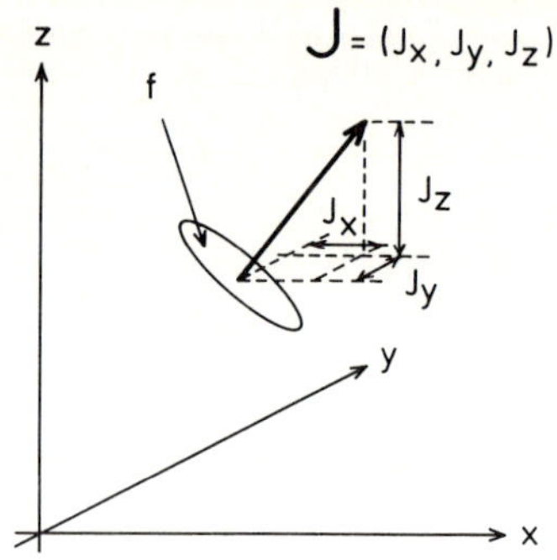

Abb. 8.13. Die Definition eines vektoriellen Flusses. Der Fluß $\boldsymbol{J}$ beschreibt die Bewegung (von Teilchen) entlang einer Richtung. Die Länge des Vektors ist bestimmt durch die Zahl der Teilchen pro Flächeneinheit, die durch eine Fläche senkrecht zur Richtung des Vektors zu einer Zeiteinheit hindurchfließen

Die Molzahl und die mittlere Konzentration in einem gegebenen Volumen V werden durch Integrieren gebildet:

$$n = \int_V c\,dV \quad \text{und} \quad \bar{c} = \frac{n}{V} = \frac{1}{V}\int_V c\,dV. \tag{8.66}$$

Flüsse, die Masse- oder Wärmetransport beschreiben sind Vektoren ($\boldsymbol{J}$). Sie zeigen in die Richtungen, in welche Masse, Wärme, elektrische Ladung etc. vom betreffenden Ort aus transportiert wird (Abb. 8.13).

Chemische Reaktionen verursachen Flüsse anderer Art. Sie finden auch in homogener Lösung statt und werden im allgemeinen die räumliche Homogenität nicht zerstören. Im Sinne der vorhin erwähnten Verallgemeinerung ordnen wir auch der chemischen Reaktion einen Fluß zu. Dieser Fluß ist der Natur der chemischen Reaktionen entsprechend eine skalare Größe. Im einzelnen identifizieren wir den Fluß

$$J_\xi = \frac{d\xi}{dt} = -\frac{1}{\nu_A}\cdot\frac{da}{dt} = -\frac{1}{\nu_B}\cdot\frac{db}{dt} = \ldots$$
$$= \frac{1}{\nu_C}\cdot\frac{dc}{dt} = \frac{1}{\nu_D}\cdot\frac{dd}{dt} = \ldots \tag{8.67}$$

mit der Reaktion

$$\nu_A A + \nu_B B + \ldots \underset{k_{21}}{\overset{k_{12}}{\rightleftarrows}} \nu_C C + \nu_D D + \ldots. \tag{8.68}$$

Für die Konzentrationen der an der Reaktion beteiligten Verbindungen verwenden wir wie vorhin Kleinbuchstaben: $[A] = a$, $[B] = b$, $[C] = c$ und $[D] = d$[5]. Die Variable ξ beschreibt den Fortschritt der chemischen Reaktion. Im Fall von Massenwirkungskinetik

[5] Genau genommen müßten wir chemische Aktivitäten a_i anstelle von Konzentrationen c_i in Lösungen verwenden: $a_i = c_i \cdot f_i$. Die Verwendung von Aktivitäten würde aber keine anderen Ergebnisse liefern als jene, die wir mit Konzentrationen erhalten, soweit dies die allgemeinen Problemstellungen, an denen wir hier interessiert sind, betrifft. Die gesamte Vorgangsweise wäre aber viel langwieriger und aufwendiger, da wir uns auch über die zumeist unbekannten Aktivitätskoeffizienten f_i Gedanken machen müßten.

erhalten wir

$$\frac{d\xi}{dt} = k_{12} a^{\nu_A} b^{\nu_B} \ldots - k_{21} c^{\nu_C} d^{\nu_D} \ldots \tag{8.67a}$$

oder im allgemeinen

$$\frac{d\xi}{dt} = k_{12} \prod_k k^{\nu_K} - k_{21} \prod_l l^{\nu_L}. \tag{8.67b}$$

Hierbei bezeichnen wir alle Reaktanten mit dem Index „k" und alle Produkte mit „l".

Wir können zwei Klassen von Größen unterscheiden: solche, für die eine Erhaltbeziehung gilt und solche, für die dies nicht zutrifft. Lokale Veränderungen von Größen mit Erhalt werden ausschließlich durch Zu- und Abfluß innerhalb des betreffenden Volumselements geregelt. Beispiele von Größen mit Erhalt sind Masse und Energie. Die entsprechenden lokalen Erhaltbeziehungen besitzen die Gestalt

$$\frac{\partial \varrho_m}{\partial t} = -\operatorname{div} \boldsymbol{J}_m \tag{8.69}$$

und

$$\frac{\partial \varrho_E}{\partial t} = -\operatorname{div} \boldsymbol{J}_E. \tag{8.70}$$

Masse und Energie können im Rahmen der Thermodynamik weder erzeugt noch vernichtet werden. Daher werden die lokalen Veränderungen in (Massen-) Dichte (ϱ_m) und Energiedichte (ϱ_E) durch die lokalen Eigenschaften der entsprechenden Flüsse bestimmt: Massenfluß, $\boldsymbol{J}_m$ und Energiefluß, $\boldsymbol{J}_E$. In mathematischen Termen wird diese lokale Veränderung durch die „Divergenz" (div) des entsprechenden Flusses ausgedrückt (Abb. 8.14).

Die Konzentration einer Substanz I, welche an einer chemischen Reaktion beteiligt ist, erfüllt keine Erhaltbeziehung. Folglich finden wir

$$\frac{\partial c_i}{\partial t} = -\operatorname{div} \boldsymbol{J}_i + \nu_i J_\xi. \tag{8.71}$$

Die lokalen Konzentrationen verändern sich durch Diffusion *und* durch chemische Reaktionen.

Nun betrachten wir die wichtigste Größe der irreversiblen Thermodynamik, die Entropie. Wir definieren eine lokale Entropiedichte, s. Die gesamte Entropie eines Volumens V wird durch Integration erhalten

$$S = \int_V s\, dV. \tag{8.72}$$

Die Entropieproduktion ist daher durch die Gleichung

$$\frac{dS}{dt} = \int_V \frac{\partial s}{\partial t} dV = \frac{d_i S}{dt} + \frac{d_e S}{dt} \tag{8.73}$$

bestimmt. Wie in Gl. (8.64) teilen wir die Entropieänderung in einen internen Beitrag $d_i S/dt$ und den Entropieanteil $d_e S/dt$ auf, der zwischen dem betrachteten Volumselement und der Umgebung ausgetauscht wird. Der letztere Beitrag kann mathematisch mit Hilfe eines Entropieflusses $\boldsymbol{J}_S$ beschrieben werden:

$$\frac{d_e S}{dt} = -\int_V \operatorname{div} \boldsymbol{J}_S dV\,. \tag{8.74}$$

Der erste Term in Gl. (8.73) kann einer lokalen Entropieproduktion σ zugeschrieben werden:

$$\frac{d_i S}{dt} = \int_V \sigma\, dV. \tag{8.75}$$

Die lokale Entropieproduktion muß die Ungleichung

$$\sigma \geqq 0 \tag{8.76}$$

erfüllen. Das Gleichheitszeichen gilt ausschließlich für das Gleichgewicht. Die gesamte, lokale Entropieänderung können wir nun als

$$\frac{\partial s}{\partial t} = -\operatorname{div} \boldsymbol{J}_S + \sigma \tag{8.77}$$

schreiben.

In diesem Abschnitt haben wir nun ein geeignetes Maß zur Unterscheidung zwischen stationären Zuständen und dem Gleichgewicht hergeleitet. Am stationären Zustand gibt es keine Veränderung der Größen mit Erhalt. Auch die Konzentrationen der Reaktionspartner werden beim Erreichen eines stationären Zustandes konstant. Aus $\partial s/\partial t = 0$ aber erhalten wir die Bedingung $\sigma = \operatorname{div} \boldsymbol{J}_S$. $\sigma = 0$ ist dem Gleichgewichtszustand vorbehalten. Ein adiabatisches System ist gekennzeichnet durch das Fehlen des Entropieaustausches mit der Umgebung: $\int_V \operatorname{div} \boldsymbol{J}_S dV = 0$. Daher kann

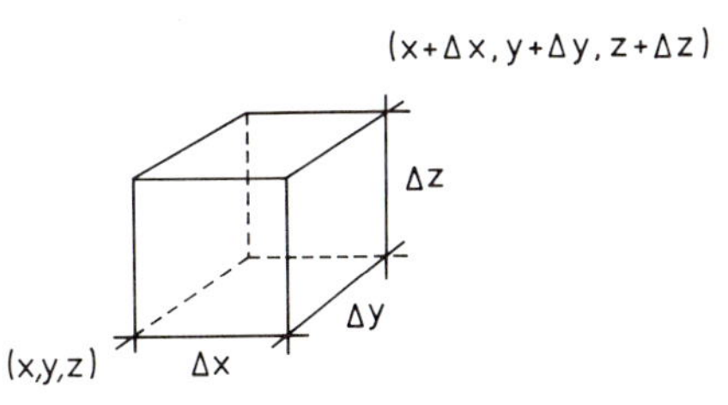

$$\operatorname{div} \boldsymbol{J} = \lim_{\substack{\Delta x \to 0 \\ \Delta y \to 0 \\ \Delta z \to 0}} \left(\frac{J_x(x+\Delta x, y, z) - J_x(x,y,z)}{\Delta x} + \frac{J_y(x, y+\Delta y, z) - J_y(x,y,z)}{\Delta y} + \frac{J_z(x,y,z+\Delta z) - J_z(x,y,z)}{\Delta z} \right)$$

Abb. 8.14. Die Definition der Divergenz eines vektoriellen Flusses: div$\boldsymbol{J}$. Die Divergenz eines Vektors ist die Differenz zwischen Ein- und Ausfluß eines infinitesimalen Volumselementes. Daher bedeutet der Ausdruck div$\boldsymbol{J} = 0$, daß der betrachtete Fluß in diesem Volumselement weder Quellen noch Senken besitzt. Durch Integration können wir diese Beziehung über ein endliches Volumen erstrecken: $\int_V \operatorname{div} \boldsymbol{J} dV$ ist ein Maß für die Balance zwischen Quellen und Senken im Volumen V

die Entropieproduktion innerhalb des Systems, $\int_V \sigma dV$ nicht kompensiert werden und als Folge davon ist der Gleichgewichtszustand auch der einzige zeitunabhängige Zustand eines adiabatischen Systems.

In den konservativen Systemen der klassischen Mechanik[6] definieren wir eine Kraft als einen negativen Gradienten einer Potentialfunktion. Die verallgemeinerten Kräfte der irreversiblen Thermodynamik sind hinsichtlich dieser Eigenschaft von ähnlicher Natur: Sie können ebenfalls als negative Gradienten oder Potentialdifferenzen verstanden werden. Zu jedem Fluß gibt es eine konjugierte Kraft: Massentransport wird durch einen Dichtegradienten im Schwerefeld getrieben, Wärmeleitung durch einen Temperaturgradienten, Diffusion durch einen Konzentrationsgradienten und ein chemischer Fluß oder, mit anderen Worten, eine chemische Reaktion durch die chemische Affinität, welche als die Differenz zwischen den chemischen Potentialen verstanden werden kann.

Betrachten wir nun den letzten Fall etwas genauer, da er ein Beispiel für das ungewöhnliche Konzept einer skalaren Kraft darstellt. Das chemische Potential der Verbindung I, μ_i, ist für konstanten Druck p und konstante Temperatur T definiert als

$$\mu_i = \left(\frac{\partial G}{\partial n_i}\right)_{p,T,n_j,j \neq i} . \qquad (8.78)$$

G bezeichnet die freie Enthalpiefunktion, die in Gl. (3.63) definiert wurde; n_i und n_j sind die Molzahlen der Verbindungen I und J. In idealen Lösungen, dies sind Lösungen mit so geringen Konzentrationen, daß Aktivitäten und Konzentrationen identisch werden (s. Fußnote auf S. 346), erhalten wir den einfachen Ausdruck

$$\mu_i = \mu_i^0 + RT \ln c_i \qquad (8.79)$$

für das chemische Potential der Verbindung I. Die Affinität einer chemischen Reaktion ist damit gegeben als

$$A = \sum_{k=1}^{m} \nu_k \mu_k - \sum_{l=1}^{n} \nu_l \mu_l$$

$$= -\Delta G_0 + RT\left(\sum_{k=1}^{m} \nu_k \ln c_k - \sum_{l=1}^{n} \nu_l \ln c_l\right). \qquad (8.80)$$

Der Index „k" bezeichnet Reaktanten, der Index „l" Produkte der Reaktion. ΔG_0 ist die gewichtete Differenz der freien Standardenthalpien ($\mu_i^0 = G_i^0$ bei konstantem Druck und konstanter Temperatur), die mit der Gleichgewichtskonstanten K über folgende Beziehung zusammenhängt:

$$\Delta G_0 = -\sum_{k=1}^{m} \nu_k \mu_k^0 + \sum_{l=1}^{n} \nu_l \mu_l^0 = -RT \ln K . \qquad (8.81)$$

Aus (8.80) und (8.81) folgt sofort, daß die chemische Affinität im Gleichgewicht verschwindet. In Tabelle 8.1 fassen wir die analytischen Ausdrücke für die chemischen Kräfte und Flüsse verschiedener Typen von chemischen Reaktionen zusammen.

Table 8.1. Chemische Kräfte und Flüsse bei einigen Elementarschrittreaktionen

Reaktion	Affinität A	Chemischer Fluß
$A \underset{k_{21}}{\overset{k_{12}}{\rightleftharpoons}} B$	$RT(\ln k_{12}a - \ln k_{21}b)$	$k_{12}a - k_{21}b$
$2A \underset{k_{21}}{\overset{k_{12}}{\rightleftharpoons}} B$	$RT(\ln k_{12}a^2 - \ln k_{21}b)$	$k_{12}a^2 - k_{21}b$
$A + B \underset{k_{21}}{\overset{k_{12}}{\rightleftharpoons}} C$	$RT(\ln k_{12}ab - \ln k_{12}c)$	$k_{12}ab - k_{21}c$
$A + B \underset{k_{21}}{\overset{k_{12}}{\rightleftharpoons}} 2A$	$RT(\ln k_{12}ab - \ln k_{21}a^2)$	$a(k_{12}b - k_{21}a)$
$A + B \underset{k_{21}}{\overset{k_{12}}{\rightleftharpoons}} C + D$	$RT(\ln k_{12}ab - \ln k_{21}cd)$	$k_{12}ab - k_{21}cd$

Die Grundgleichung der irreversiblen Thermodynamik bringt die lokale Entropieproduktion σ in Zusammenhang mit den verallgemeinerten Kräften und Flüssen:

$$\sigma = \sum_k J_k X_k . \qquad (8.82)$$

σ ergibt sich als Summe aller Produkte aus Flüssen und konjugierten Kräften. Dieser besonders einfache Ausdruck kann auch als eine Rechtfertigung im nachhinein für die Verallgemeinerung von Flüssen und Kräften angesehen werden. In einem endlichen Volumen berechnen wir die Entropieproduktion einfach durch Integration:

$$\frac{dS_i}{dt} = \int_V \sigma dV = \int_V \sum_k J_k X_k dV . \qquad (8.83)$$

Manchmal erweist es sich als vorteilhaft die „Dissipationsfunktion", $T\sigma$, anstelle von σ zu betrachten. Diese Funktion kann in gleicher Weise als eine Summe von Produkten konjugierter Flüsse und Kräfte darstellt werden, die dann allerdings wegen des Faktors T eine etwas andere Form besitzen.

Um Gl. (8.82) ableiten zu können, muß eine wichtige Annahme gemacht werden: Es herrsche „lokales" Gleichgewicht im System. Irreversible Prozesse mögen im System als ganzes ablaufen, aber in klein genug gewählten Volumselementen ist Gleichgewicht eingestellt. Dann besitzen die Hauptsätze der Gleichgewichtsthermodynamik, insbesondere die Gl. (8.57, 8.60, 8.63) und (8.79) lokale Gültigkeit. Aus diesem lokalen Gleichungen kann man ohne besondere Schwierigkeiten den allgemeinen Ausdruck für die lokale Entropieproduktion, der in Gl. (8.82) angegeben wurde, ableiten (s. beispielsweise Katchalsky und Curran, 1967, Kapitel 7). Die Annahme der Existenz von lokalem Gleichgewicht ist zweifellos gut erfüllt für Systeme in der Nähe des Gleichgewichtszustandes. Weitab vom Gleichgewicht sind aber die Aussagen der irreversiblen Ther-

[6] In konservativen mechanischen Systemen ist die Summe von kinetischer und potentieller Energie konstant. Keine Wärme wird durch Dissipation mechanischer Energie produziert.

modynamik, wie wir noch sehen werden, auf jeden Fall limitiert.

8.6.6 Lineare irreversible Thermodynamik

In der Umgebung des Gleichgewichtszustandes können wir die Flüsse, die sich unter der Wirkung ihrer konjugierten Kräfte einstellen, in einer Potenzreihe entwickeln

$$J_k = L_k^{(0)} + L_k^{(1)} X_k + \tfrac{1}{2} L_k^{(2)} X_k^2 + \dots \qquad (8.84)$$

Der Koeffizient nullter Ordnung verschwindet, da wir das Gleichgewicht als Referenzzustand wählen: $X_k = 0 \rightarrow J_k = 0$. In der „linearen Thermodynamik" werden alle Beiträge mit Ausnahme des Terms erster Ordnung vernachlässigt:

$$L_k^{(1)} = L_k\,; \qquad L_k^{(2)} = L_k^{(3)} = \dots = 0\,.$$

Die Experimente haben gezeigt, daß Flüsse nicht nur durch ihre konjugierten Kräfte verursacht werden. Es gibt Kopplungen zwischen Flüssen und nicht konjugierten Kräften. Die meisten dieser Kopplungsphänomene wurden schon im vorigen Jahrhundert entdeckt. Wir haben einige von ihnen in Tabelle 8.2 zusammengestellt. Durch Einbeziehen der Kopplungskoeffizienten in die Gl. (8.84) in linearer Näherung erhalten wir die sogenannten phänomenologischen Gleichungen der irreversiblen Thermodynamik:

$$J_k = \sum_{l=1}^{n} L_{kl} X_l\,. \qquad (8.85)$$

In seinem berühmten Beitrag zur Thermodynamik konnte Onsager zeigen, daß die Matrix der phänomenologischen Koeffizienten symmetrisch is

$$L_{kl} = L_{lk}\,; \qquad l, k = 1, 2, \dots, n\,. \qquad (8.86)$$

Aus Gl. (8.86) und dem notwendigerweise positiven Wert der lokalen Entropieproduktion $\sigma = \sum_k J_k X_k > 0$ lassen sich einige wichtige Beziehungen zwischen den phänomenologischen Koeffizienten ableiten:

$$L_{kk} \cdot L_{ll} > L_{kl}^2\,. \qquad (8.87)$$

Eine andere wichtige Beziehung zwischen den phänomenologischen Koeffizienten ist als Curie-Prigogine-sches Prinzip bekannt. Es sagt aus, daß sämtliche Kopplungsterme zwischen vektoriellen Kräften und skalaren Flüssen und umgekehrt aus Symmetriegründen in isotropen Systemen verschwinden. Daher gibt es keine phänomenologische Kopplung zwischen Diffusion und chemischen Reaktionen in Lösungen.

Bevor wir uns den allgemeinen Eigenschaften von stationären Zuständen in der Nähe des Gleichgewichtszustandes zuwenden, wollen wir ein paar konkrete Beispiele betrachten. Wir beginnen mit chemischen Reaktionen. In Abb. 8.15 zeigen wir Kurven, die die Abhängigkeit der chemischen Kräfte und Flüsse von den Konzentrationen der reagierenden Verbindungen zeigen. Leicht erkennt man den linearen Bereich um den Gleichgewichtszustand. Im Gegensatz zu den meisten anderen verallgemeinerten Flüssen und Kräften ist die Gültigkeit der linearen Abhängigkeit von chemischem Fluß und Affinität auf einem schmalen Konzentrationsbereich um das Gleichgewicht beschränkt. Als Beispiel berechnen wir den phänomenologischen Koeffizienten für die Reaktion

$$\mathrm{A} + \mathrm{A} \underset{k_{21}}{\overset{k_{12}}{\rightleftarrows}} \mathrm{B}\,. \qquad (8.88)$$

Wir führen neue Variable ein, welche die Abweichung von Gleichgewicht beschreiben ($\bar{a}$ und $\bar{b}$ sind wie vorhin die Gleichgewichtskonzentrationen):

$$\alpha = a - \bar{a} \quad \text{und} \quad \beta = b - \bar{b}\,. \qquad (8.89)$$

Ausgedrückt durch die im letzten Abschnitt definierte Reaktionsvariable ergibt sich:

$$\delta\xi = -\tfrac{1}{2}\alpha = \beta\,. \qquad (8.90)$$

Tabelle 8.2. Einige Beispiele von Kopplung zwischen Kräften und nicht-konjugierten Flüssen (s. auch Abschn. 8.6.6)

	Kräfte			
	Konzentrationsdifferenz an einer Membran	Temperaturdifferenz	Elektrische Potentialdifferenz	Druckdifferenz
Flüsse: Diffusion		Thermodiffusion (Soret Effekt)		
Diffusion durch die Membran		Thermoomose		Ultrafiltration
Wärmeleitung			Peltiereffekt	
Elektrische Leitung		Thermozellen Thermoelektrizität		Elektrokinetischer Strom
Volumsfluß	Osmotischer Fluß	Thermoosmotischer Volumsfluß	Elektroosmotischer Volumsfluß	

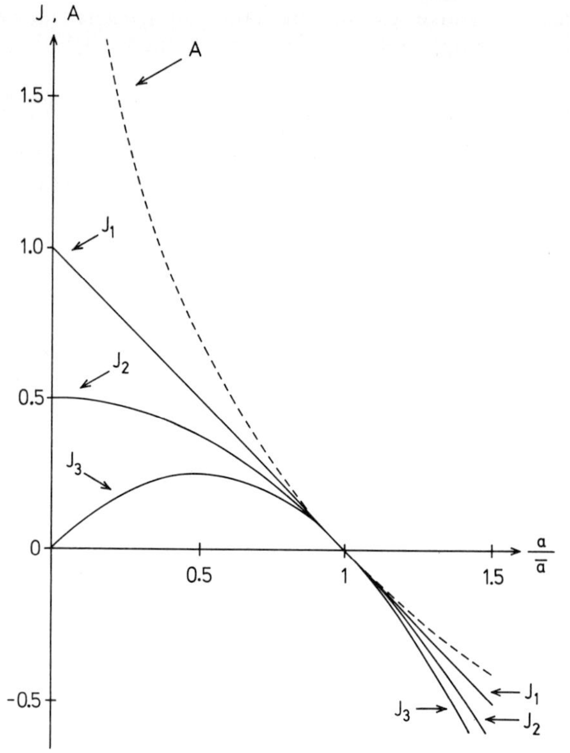

Abb. 8.15. Die Beziehung zwischen chemischen Flüssen und den konjugierten Kräften. Wir betrachten drei Reaktionen (1) B⇄A, (2) B⇆2A und (3) A+B⇆2A. Alle drei Reaktionen sind durch eine Nettoproduktion von A gekennzeichnet. Die Ausdrücke für die Flüsse und Kräfte sind in Tabelle 8.1 zusammengestellt. Um die Darstellung zu erleichtern, nehmen wir an, daß die Konzentration an B gepuffert ist: $b=\bar{b}=b_0=$const. Die Einheiten wählen wir so, daß das Diagramm dimensionslos wird: Die Konzentration a messen wir im Vielfachen der Gleichgewichtskonzentration $\bar{a}$ — $a/\bar{a}=1$ stellt den Gleichgewichtszustand dar. Die Flüsse J_1, J_2 und J_3 normalisieren wir derart, daß sich eine Tangente -1 am Gleichgewicht ergibt und die Affinitäten drücken wir in Einheiten von $[L^{-1}]$ aus, so daß Kräfte und Flüsse in der Umgebung des Gleichgewichtszustandes zusammenfallen. Wir sehen, daß J_3 bei der Konzentration $a=\bar{a}/2$ ein Maximum durchläuft. Folglich ist die autokatalytische Reaktion (3) durch eine negative Fluß/Kraft-Charakteristik im Bereich $0\leqq a<\bar{a}/2$ ausgezeichnet. Dabei bringen wir zum Ausdruck, daß Fluß und Kraft Tangenten mit entgegengesetztem Vorzeichen aufweisen

Mit „δ" deuten wir an, daß die Abweichung vom Gleichgewichtszustand gering sein soll. Wir verwenden die entsprechenden Bedingungen, $\alpha\ll\bar{a}$ und $\beta\ll\bar{b}$, und erhalten aus Gl. (8.67):

$$J_\xi=k_{12}(\alpha+\bar{a})^2-k_{21}(\beta+\bar{b})\cong\tfrac{1}{2}(4\bar{a}k_{12}+k_{21})\alpha$$
$$=-(4\bar{a}k_{12}+k_{21})\delta\xi\,. \qquad (8.91)$$

Gleichung (8.91) ist ein Spezialfall der allgemeinen Regel, daß sämtliche irreversiblen Prozesse den Gleichgewichtszustand durch exponentiellen Abfall anstreben (vorausgesetzt, das System ist keinem äußeren Zwang ausgesetzt, der dies verhindert):

$$J_\xi=\frac{d\delta\xi}{dt}=-(4\bar{a}k_{12}+k_{21})\delta\xi=-\frac{1}{\tau}\delta\xi\,, \qquad (8.91a)$$

$$\delta\xi(t)=\delta\xi(t_0)\cdot\exp(-(t-t_0)/\tau)\,. \qquad (8.91b)$$

Die Zeitkonstante „τ" wird allgemein Relaxationszeit genannt. Aus den Gln. (8.80) und (8.90) leiten wir einen Ausdruck für die chemische Kraft oder Affinität in der Nähe des Gleichgewichts ab:

$$A_\xi=RT\ln\frac{k_{12}a^2}{k_{21}b}$$
$$=RT[2\ln(\alpha+\bar{a})-\ln(\beta+\bar{b})+\ln K]$$
$$\cong RT\left(\frac{4}{\bar{a}}+\frac{1}{\bar{b}}\right)\tfrac{1}{2}\alpha=\frac{RT}{k_{12}\bar{a}^2}(4\bar{a}k_{12}+k_{21})\tfrac{1}{2}\alpha$$
$$=-\frac{RT}{k_{12}\bar{a}^2}(4\bar{a}k_{12}+k_{21})\delta\xi\,. \qquad (8.92)$$

Der phänomenologische Koeffizient wird daher aus (8.91) und (8.92) in folgender Form erhalten

$$L=\frac{k_{12}\bar{a}^2}{RT}=\frac{k_{21}\bar{b}}{RT}\,. \qquad (8.93)$$

Im allgemeinen finden wir starke Abweichungen von der Linearität zwischen chemischen Flüssen und Kräften bei Zuständen fern vom Gleichgewicht. Diese Abweichungen sind besonders wichtig bei autokatalytischen Reaktionen wie etwa dem folgenden Prozeß:

$$A+B\underset{k_{21}}{\overset{k_{12}}{\rightleftarrows}}2A\,. \qquad (8.94)$$

In diesem Fall gibt es Konzentrationsbereiche, in welchen die Abhängigkeiten des Flusses und der Kräfte von der Reaktionsvariablen ζ unterschiedliche Vorzeichen aufweisen (Abb. 8.15). Eine solche negative Fluß-Kraft-Charakteristik ist notwendig für das Auftreten einer Reihe von typischen Phänomenen wie oszillieren von Konzentrationen oder spontanes Auftreten von räumlicher Ordnung, welche im nichtlinearen Bereich der irreversiblen Thermodynamik auftreten können (siehe die Abschn. 8.6.7 und 8.6.8 sowie Kapitel „Vom Makromolekül zur primitiven Zelle", Kapitel 17.2).

Eine andere wichtige Eigenschaft chemischer Flüsse, die den Onsager-Beziehungen äquivalent ist, finden wir in chemischen Reaktionsnetzen. Wir betrachten drei einfache Reaktionen, die zu einem Kreis geschlossen sind:

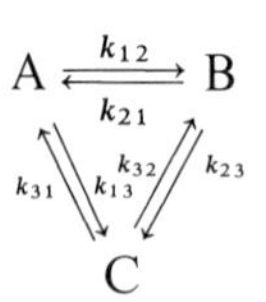

(8.95)

Dementsprechend haben wir es mit drei Flüssen und Kräften zu tun:

$$J_1=k_{12}a-k_{21}b,\quad A_1=\mu_A-\mu_B=RT\ln\frac{k_{12}a}{k_{21}b}, \qquad (8.96a)$$

$$J_2=k_{23}b-k_{32}c,\quad A_2=\mu_B-\mu_C=RT\ln\frac{k_{23}b}{k_{32}c}, \qquad (8.96b)$$

$$J_3=k_{31}c-k_{13}a,\quad A_3=\mu_C-\mu_A=RT\ln\frac{k_{31}c}{k_{13}a}. \qquad (8.96c)$$

Wir erkennen sofort, daß nur zwei Kräfte voneinander unabhängig sind. Der geschlossene Reaktionszyklus führt zu einer linearen Abhängigkeit

$$A_3 = -(A_1 + A_2).$$

Die Dissipationsfunktion umfaßt daher auch nur zwei unabhängige Flüsse

$$T\sigma = J_1 A_1 + J_2 A_2 + J_3 A_3 = (J_1 - J_3) A_1 + (J_2 - J_3) A_2. \tag{8.97}$$

Folglich entsprechen unserem System die beiden phänomenologischen Gleichungen

$$\tilde{J}_1 = J_1 - J_3 = L_{11} A_1 + L_{12} A_2 \tag{8.98a}$$

und

$$\tilde{J}_2 = J_2 - J_3 = L_{21} A_1 + L_{22} A_2. \tag{8.98b}$$

Die Thermodynamik verlangt, daß alle konjugierten Flüsse und Kräfte am Gleichgewicht verschwinden. Diese Bedingung wird durch Gleichheit aller Flüsse im Reaktionszyklus erfüllt:

$$\tilde{J}_1 = \tilde{J}_2 = 0 \rightarrow J_1 = J_2 = J_3. \tag{8.99}$$

Die statistische Mechanik liefert uns aber eine stärkere Bedingung. Die mikroskopische Reversibilität am Gleichgewicht beinhaltet eine Zusatzbedingung die als „Prinzip der detaillierten Balance" bekannt ist. Dieses Prinzip sagt aus, daß sämtliche Flüsse individueller Reaktionsschritte am Gleichgewicht null sind unabhängig davon, ob die Reaktionen zu einem Zyklus verknüpft sind oder nicht

$$J_1 = J_2 = J_3 = 0. \tag{8.100}$$

Eine einfache Rechnung zeigt, daß das Prinzip der detaillierten Balance mit der Onsagerschen Beziehung zwischen den phänomenologischen Koeffizienten äquivalent ist: $L_{12} = L_{21}$. Aus den Gln. (8.98) und (8.100) können wir ohne Schwierigkeit die phänomenologischen Koeffizienten berechnen:

$$L_{11} = \frac{(k_{12} + k_{13})\bar{a}}{RT}, \tag{8.101a}$$

$$L_{12} = L_{21} = \frac{k_{31}\bar{c}}{RT} = \frac{k_{13}\bar{a}}{RT}, \tag{8.101b}$$

$$L_{22} = \frac{(k_{31} + k_{32})\bar{c}}{RT}. \tag{8.101c}$$

Ohne äußere Zwänge gestaltet sich die Annäherung an das Gleichgewicht einfach als eine Superposition zweier Exponentialfunktionen:

$$\alpha = \alpha_1(t_0)\exp[-(t-t_0)/\tau_1] + \alpha_2(t_0)\exp[-(t-t_0)/\tau_2], \tag{8.102a}$$

$$\gamma = \gamma_1(t_0)\exp[-(t-t_0)/\tau_1] + \gamma_2(t_0)\exp[-(t-t_0)/\tau_2]. \tag{8.102b}$$

Die Abweichungen vom Gleichgewicht sind analog Gl. (8.89) definiert: $\alpha = a - \bar{a}$ und $\gamma = c - \bar{c}$. $\alpha_1, \alpha_2, \gamma_1$ und γ_2 sind die Relaxationsamplituden definiert zum Zeitpunkt $t = t_0 : \alpha(t_0) = \alpha_1(t_0) + \alpha_2(t_0)$ und $\gamma(t_0) = \gamma_1(t_0) + \gamma_2(t_0)$. Die beiden Relaxationszeiten τ_1 und τ_2 werden als Eigenwerte einer 2×2 Matrix erhalten (weitere Details s. Eigen u. DeMaeyer, 1974).

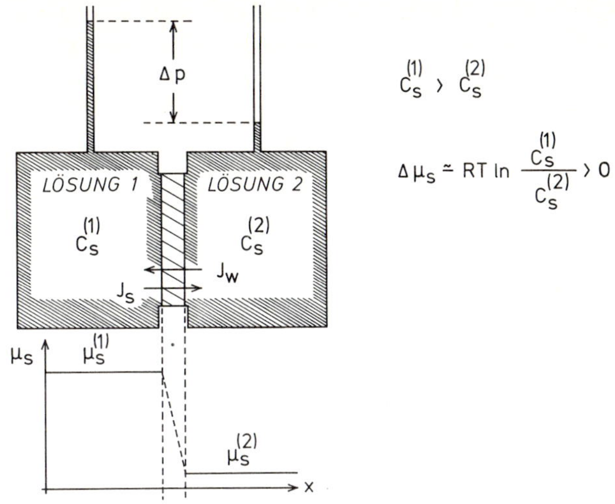

Abb. 8.16. Diffusionsfluß durch eine Membran welche zwei Kompartments voneinander trennt. Die Lösungen auf beiden Seiten der Membran enthalten dieselbe makromolekulare Verbindung in verschiedenen Konzentrationen, $c_s^{(1)}$ und $c_s^{(2)}$. $\boldsymbol{J}_s$ stellt den Fluß des gelösten Makromoleküls dar, $\boldsymbol{J}_w$ jenen des Lösungsmittels, des Wassers. Die Differenz im hydrostatischen Druck, Δp, wird in einer Osmometer ähnlichen Vorrichtung gemessen

Das nächste und letzte Beispiel behandelt ein diskontinuierliches System: eine Lösung einer makromolekularen Verbindung, welche durch eine Membran diffundiert, die zwei Kompartments voneinander unterscheidet (Abb. 8.16). Wir folgen hier im wesentlichen dem Gedankengang von Katchalsky u. Curran (1967). Die Membran ist teilweise durchdringlich oder undurchdringlich für die Makromoleküle, während die Lösungsmittelmoleküle ungehindert durchdiffundieren können. Isotherme Diffusion in Lösung wird durch den negativen Gradienten des chemischen Potentials getrieben. Die Dissipationsfunktion für n verschiedene Verbindungen ist von der Form

$$T\sigma = \sum_{i=1}^{n} J_i(-V_i \operatorname{grad} p - \operatorname{grad} \mu_i). \tag{8.103}$$

In einem isothermen System finden wir zwei Beiträge der verallgemeinerten Kraft für Transport von Molekülen, welche durch Druck- und Konzentrationsgradienten verursacht werden [V_i ist das partielle molare Volumen und μ_i das chemische Potential, das wir in Gl. (8.78) definierten]. Nehmen wir nun an, daß die Lösungen in beiden Kompartments homogen sind. Die Gradienten beschränken sich demgemäß auf den Bereich innerhalb der Membran. Für unsere Zwecke können wir die Gradienten durch Druck- und Konzentrationsdifferenzen (Δp oder $\Delta \ln c_i$) ersetzen. Entsprechend unserer Annahme haben wir es mit zwei Molekülsorten zu tun: Die Lösungsmittelmoleküle gewöhnlich Wassermoleküle charakterisieren wir mit

„w“ und die Makromoleküle, die darin gelöst sind, mit „s“. Die Flüsse von Wasser und Makromolekül bezeichnen wir mit $\boldsymbol{J}_{\mathrm{w}}$ und $\boldsymbol{J}_{\mathrm{s}}$. Ihre Richtungen sowie die Vorzeichen der Potentialdifferenzen sind in Abb. 8.16 definiert. Folglich erhalten wir

$$T\sigma = \boldsymbol{J}_{\mathrm{w}}(V_{\mathrm{w}}\Delta p + \Delta\mu_{\mathrm{w}}) + \boldsymbol{J}_{\mathrm{s}}(V_{\mathrm{s}}\Delta p + \Delta\mu_{\mathrm{s}}). \tag{8.104}$$

$\Delta\mu_{\mathrm{w}}$ kann mit dem osmotischen Druck π in Beziehung gebracht werden. Der osmotische Druck ist der Gleichgewichtsdruck, welcher eine Differenz der Konzentrationen des Makromoleküls auf beiden Seiten der Membran gerade kompensiert. In verdünnten Lösungen erfüllt der osmotische Druck die bekannte van t'Hoff-Beziehung.

$$\Delta\pi = RT(c_{\mathrm{s}}^{(1)} - c_{\mathrm{s}}^{(2)}) = RT\Delta c_{\mathrm{s}}. \tag{8.105}$$

In konzentrierten Lösungen können wir das chemische Potential verwenden, um einen analogen Ausdruck für den osmotischen Druck abzuleiten. Nun benutzen wir die Gibbs-Duhem-Gleichung für konstante Temperatur

$$\sum_i n_i d\mu_i = 0 \tag{8.106}$$

und erhalten

$$\Delta\mu_{\mathrm{w}} = -V_{\mathrm{w}}\Delta\pi = -V_{\mathrm{w}}RT\Delta c_{\mathrm{s}}. \tag{8.107}$$

Wir können nun eine „mittlere Konzentration“ des Makromoleküls definieren:

$$\bar{c}_{\mathrm{s}} = \frac{\Delta\pi}{\Delta\pi_{\mathrm{s}}} \cong \tfrac{1}{2}(c_{\mathrm{s}}^{(1)} + c_{\mathrm{s}}^{(2)}). \tag{8.108}$$

Diese Näherung ist gültig für geringe Konzentrationsdifferenzen und ideale Lösungen. Nach einigen algebraischen Umformungen finden wir

$$\begin{aligned} T\sigma &= (\boldsymbol{J}_{\mathrm{w}}V_{\mathrm{w}} + \boldsymbol{J}_{\mathrm{s}}V_{\mathrm{s}})\Delta p + \left(\frac{\boldsymbol{J}_{\mathrm{s}}}{\bar{c}_{\mathrm{s}}} - \boldsymbol{J}_{\mathrm{w}}V_{\mathrm{w}}\right)\Delta\pi \\ &= \boldsymbol{J}_{\mathrm{v}}\Delta p + \boldsymbol{J}_{\mathrm{d}}\Delta\pi. \end{aligned} \tag{8.109}$$

Wir sehen, daß die Umformung neue Flüsse und Kräfte nahelegt, welche eine physikalische Interpretation der Vorgänge an der Membran gewaltig erleichtern. Der erste Beitrag zu Gl. (8.109) kann als ein Gesamtvolumsfluß durch die Membran ($\boldsymbol{J}_{\mathrm{v}}$) verstanden werden, der durch die hydrostatische Druckdifferenz getrieben wird

$$\boldsymbol{J}_{\mathrm{v}} = \boldsymbol{J}_{\mathrm{w}}V_{\mathrm{w}} + \boldsymbol{J}_{\mathrm{s}}V_{\mathrm{s}}.$$

Der zweite Term auf der rechten Seite von Gl. (8.109) stellt eine gute Näherung für den Fluß des Gelösten relativ zum Fluß des Lösungsmittels dar. Dieser Fluß entspricht der normalen Diffusion eines Moleküls in einer Lösung und wird daher als Diffusionsfluß $\boldsymbol{J}_{\mathrm{d}}$ bezeichnet. Er wird von der osmotischen Druckdifferenz getrieben.

Die phänomenologischen Gleichungen können nun in der Form

$$\boldsymbol{J}_{\mathrm{v}} = L_{\mathrm{pp}}\Delta p + L_{\mathrm{pd}}\Delta\pi, \tag{8.110a}$$

$$\boldsymbol{J}_{\mathrm{d}} = L_{\mathrm{pd}}\Delta p + L_{\mathrm{dd}}\Delta\pi \tag{8.110b}$$

geschrieben werden.

Zur Illustration von Gl. (8.110) verwenden wir konkrete physikalische Beispiele:

1. Die Konzentration der makromolekularen Verbindung ist auf beiden Seiten der Membran die gleiche und daher ist $\Delta\pi = 0$. Dementsprechend finden wir

$$\boldsymbol{J}_{\mathrm{v}} = L_{\mathrm{pp}}\Delta p \quad \text{und} \quad \boldsymbol{J}_{\mathrm{d}} = L_{\mathrm{pd}}\Delta p \,(\text{für } \Delta\pi = 0).$$

Die hydrostatische Druckdifferenz verursacht einen Volumsfluß und darüber hinaus auch einen Diffusionsfluß, welche zu einer Konzentrationsdifferenz der gelösten Verbindung führt. Kolloidchemiker kennen dieses Phänomen als „Ultrafiltration“.

2. Wir nehmen einen einheitlichen hydrostatischen Druck an und erhalten

$$\boldsymbol{J}_{\mathrm{v}} = L_{\mathrm{pd}}\Delta\pi \quad \text{und} \quad \boldsymbol{J}_{\mathrm{d}} = L_{\mathrm{dd}}\Delta\pi \quad \text{für} \quad \Delta p = 0.$$

In diesem Fall verursacht die Kopplung einen Volumsfluß, welcher allgemein „osmotischer Fluß“ genannt wird. Die Onsagerbeziehung verlangt nun, daß der Volumsfluß pro Einheit der osmotischen Druckdifferenz gleich ist dem Diffusionsfluß pro Einheit der hydrostatischen Druckdifferenz.

$$\left(\frac{\boldsymbol{J}_{\mathrm{v}}}{\Delta\pi}\right)_{\Delta p = 0} = L_{\mathrm{pd}} = \left(\frac{\boldsymbol{J}_{\mathrm{d}}}{\Delta p}\right)_{\Delta\pi = 0}.$$

Nun sind wir auch in der Lage eine Definition einer idealen semipermeablen Membran mit Hilfe der phänomenologischen Koeffizienten zu geben. Eine ideale semipermeable Membran ist undurchlässig für die Moleküle, während die Lösungsmittelmoleküle durch sie hindurch diffundieren können. Daher muß der Fluß der makromolekularen Verbindung, $\boldsymbol{J}_{\mathrm{s}}$, für alle Werte von Δp und $\Delta\pi$ verschwinden. Aus den Gln. (8.109) und (8.110) können wir leicht den Ausdruck

$$\frac{\boldsymbol{J}_{\mathrm{s}}}{c_{\mathrm{s}}} = (L_{\mathrm{pp}} + L_{\mathrm{pd}})\Delta p + (L_{\mathrm{pd}} + L_{\mathrm{dd}})\Delta\pi \tag{8.111}$$

für $\boldsymbol{J}_{\mathrm{s}}$ herleiten.

Eine ideale semipermeable Membran verlangt daher, daß die Beziehungen

$$L_{\mathrm{pp}} = L_{\mathrm{dd}} = -L_{\mathrm{pd}} \tag{8.112}$$

erfüllt sind. Gleichung (8.112) können wir auch benutzen, um einen Reflexionskoeffizienten für Membranen zu definieren

$$\sigma = -\frac{L_{\mathrm{pd}}}{L_{\mathrm{pp}}}. \tag{8.113}$$

Daher bedeutet $\sigma = 1$ eine ideale semipermeable Membran. Alle Makromoleküle die auf die Membran auftreffen werden „reflektiert“. Ein Wert $\sigma < 1$ bedeutet

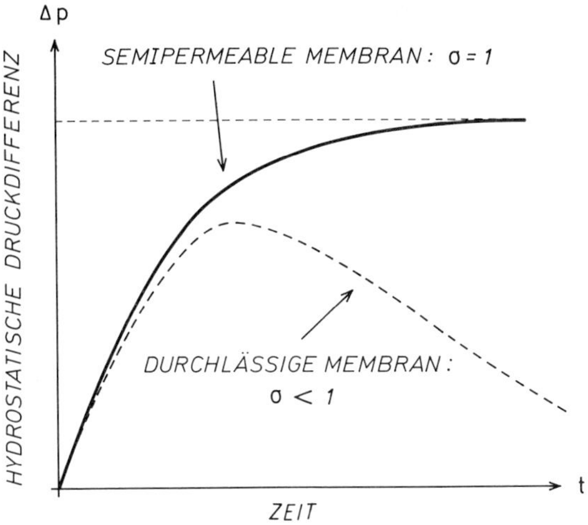

Abb. 8.17. Der Aufbau einer hydrostatischen Druckdifferenz in einer experimentellen Anordnung gemäß Abb. 8.16. Zum Zeitpunkt $t=0$ bringen wir Lösung ($c_s^{(1)}$) und Lösungsmittel ($c_s^{(2)}=0$) in Berührung. Der Reflexionskoeffizient der Membran $\sigma=-L_{pd}/L_{pp}$ [s. Gl. (8.113)] ist ein geeignetes Maß für die Durchlässigkeit der Membran

eine gewisse Durchlässigkeit der Membran für die gelösten Moleküle.

Wir beschließen die Diskussion der Membraneigenschaften mit einem einfachen Experiment: Eine Lösung der makromolekularen Verbindung und reines Lösungsmittel werden in gegenseitigen Kontakt durch eine Membran gebracht (Abb. 8.17). Die Höhe der Flüssigkeit in dem an den Kompartments angebrachten Osmometer zeigt die hydrostatische Druckdifferenz Δp an und stellt ein Maß für den kompensierten Volumsfluß zwischen den beiden Behältern dar. Die hydrostatische Druckdifferenz verändert sich mit der Zeit. Die so erhaltene Funktion $\Delta p(t)$ zeigt charakteristische Unterschiede je nachdem die Membran undurchlässig oder durchlässig für die Makromoleküle ist. Am Gleichgewicht finden wir $\boldsymbol{J}_v=0$. Die ideale Bedingung $\Delta\pi=\Delta p$ erfordert dann $L_{pp}=-L_{pd}$, eine Bedingung, die identisch ist mit jener, die wir in Gl. (8.112) abgeleitet hatten.

Das wichtigste Ergebnis der linearen irreversiblen Thermodynamik ist von gleichem Rang wie die Hauptsätze der Gleichgewichtsthermodynamik. Die Entropieproduktion erfüllt eine Ungleichung solange die lineare Fluß-Kraft Beziehungen gelten:

$$\frac{d}{dt}\left(\frac{dS_i}{dt}\right)\leqq 0. \qquad (8.114)$$

Die Entropieproduktion nimmt ständig ab und nähert sich einem Minimalwert. Sie wird konstant am stationären Zustand des Systems. Das Gleichheitszeichen in Gl. (8.114) bedeutet, daß das System einen stationären Zustand erreicht hat. Dieses Prinzip der minimalen Entropieproduktion wurde ursprünglich von Prigogine abgeleitet. Es hat die gleiche Bedeutung für stationäre Zustände wie das Prinzip der maximalen Entropie für den Gleichgewichtszustand eines abgeschlossenen Systems.

Gleichung (8.114) können wir leicht mit Hilfe eines allgemeinen Systems mit zwei Flüssen und Kräften verifizieren. In diesem Fall lautet der Ausdruck für die Entropieproduktion

$$\sigma=J_1X_1+J_2X_2. \qquad (8.115)$$

Nehmen wir nun an, daß die Kraft X_1 durch einen äußeren Zwang eine geeignete Vorrichtung mit Kontrollfunktion, auf einen konstanten Wert ($X_1=X_1^0$) eingestellt wird. Diese erzwungene Kraft hält das System vom Gleichgewichtszustand fern. Die phänomenologischen Gleichungen haben die Gestalt ($L_{12}=L_{21}$)

$$J_1=L_{11}X_1^0+L_{12}X_2, \qquad (8.116a)$$

$$J_2=L_{12}X_1^0+L_{22}X_2. \qquad (8.116b)$$

Am stationären Zustand verschwindet definitionsgemäß der Fluß, welcher frei vom angewendeten Zwang ist ($J_2=0$). Betrachten wir nun die Entropieproduktion σ und differenzieren den Ausdruck nach Einsetzen von (8.116) nach der freien Kraft X_2 um ein eventuell vorhandenes Extremum zu finden:

$$\frac{\partial\sigma}{\partial X_2}=\frac{\partial}{\partial X_2}[L_{11}(X_1^0)^2+2L_{12}X_1^0X_2+L_{22}X_2^2]$$
$$=2(L_{12}X_1^0+L_{22}X_2)=2J_2. \qquad (8.117)$$

Die Bedingung für den stationären Zustand $J_2=0$ ist daher identisch mit der Bedingung für ein Extremum der lokalen Entropieproduktion σ. Wir sehen sofort, daß es sich bei diesem Extremum um ein Minimum handeln muß

$$\frac{\partial^2\sigma}{\partial X_2^2}=2L_{22}>0.$$

Wir haben das Prinzip der minimalen Entropieproduktion für eine einzige freie Kraft innerhalb eines lokalen Volumselementes hergeleitet. Die Verallgemeinerung auf endliche Volumina durch Integration und auf eine beliebige Zahl von freien Kräften bereitet keine besonderen Schwierigkeiten.

Die lineare Thermodynamik kann als eine allmähliche, glatte Extrapolation der Gleichgewichtsthermodynamik verstanden werden. Es gibt ein allgemeingültiges Kriterium der Stationärität: Das Prinzip der minimalen Entropieproduktion am stationären Zustand. Dieses Prinzip ersetzt die entsprechende Bedingung für das thermodynamische Gleichgewicht — maximale Entropie, minimale freie Energie oder freie Enthalpie je nach den Randbedingungen. Wir können ein solches Prinzip dann verwenden, um die Eindeutigkeit der stationären Zustände im linearen Bereich zu beweisen. Für einen vorgegebenen Satz von Bedingungen existiert ein und nur ein stationärer Zustand. Es gibt stets einen glatten Übergang von einem gegebenen stationären Zustand zu dem entsprechenden Gleichgewichtszustand, der durch allmähliche Verringerung der Zwänge auf die betroffenen Kräfte erreicht werden kann.

8.6.7 Weitab vom Gleichgewicht–Bifurkationen, mehrfache stationäre Zustände und räumliche Ordnung

Verlassen wir die Nähe des Gleichgewichtszustandes, so müssen wir gewärtigen, daß die linearen oder phänomenologischen Gleichungen die tatsächlichen Fluß-Kraft-Beziehungen nur schlecht wiedergeben können. Dann betreten wir den Bereich der „nichtlinearen" Phänomene. Lineare Probleme haben den großen Vorteil, daß sie einer Analyse mit Hilfe allgemeiner und universell anwendbarer, mathematischer Techniken aus der linearen Algebra zugänglich sind. Dafür ist andererseits das Verhalten von linearen Systemen leicht zu überschauen und vorherzusagen. Irgendwie fehlt den linearen Modellen die „Pracht und Farbigkeit" der realen Welt. „Nicht-Linearitäten" haben ihre Eigenheiten. Sie können in geeigneter Form nur durch spezielle Techniken studiert werden, die aus den verschiedensten mathematischen Disziplinen stammen. Trotz des beachtlichen Fortschritts während der letzten zehn Jahre ist es noch immer nicht gelungen eine allgemeine mathematische Theorie nicht-linearer Phänomene zu entwickeln. Darüber hinaus gibt es keine universellen Prinzipien wie das der maximalen Entropie am Gleichgewicht eines abgeschlossenen Systems oder das der minimalen Entropieproduktion in stationären Zuständen nahe dem Gleichgewicht oder sie wurden zumindest bis jetzt noch nicht gefunden.

Glansdorff u. Prigogine (1954) konnten das Prinzip der minimalen Entropieproduktion nur teilweise auf den nichtlinearen Bereich ausdehnen: Ein stationärer Zustand bei konstanten Flüssen kann durch eine minimale Entropieproduktion charakterisiert werden. Um dieses Ergebnis zu veranschaulichen, teilen wir die lokale Entropieproduktion in zwei Beiträge auf — die gesamte Argumentation gilt ebenso für die globale Entropieproduktion, die einfach durch Integration erhalten wird (8.75):

$$\frac{d\sigma}{dt} = \frac{d}{dt}\left(\sum_k J_k X_k\right) = \sum_k J_k \frac{dX_k}{dt} + \sum_k X_k \frac{dJ_k}{dt} = \frac{d_X\sigma}{dt} + \frac{d_J\sigma}{dt}. \tag{8.118}$$

Unter der Bedingung konstanter Kräfte verschwindet der erste Term in Gl. (8.118), während bei konstanten Flüssen der zweite Term identisch null ist.

Im linearen Bereich der irreversiblen Thermodynamik können wir leicht die allgemeine Beziehung

$$d_X\sigma = d_J\sigma = \tfrac{1}{2} d\sigma \tag{8.119}$$

verifizieren, welche die eigentliche Grundlage des Prinzips der minimalen Entropieproduktion bildet.

Der erste Beitrag in Gl. (8.118) erfüllt nun ein Extremalprinzip auch außerhalb des linearen Bereichs und ist so allgemein wie die Annahme eines lokalen Gleichgewichts selbst:

$$\frac{d_X\sigma}{dt} \leqq 0. \tag{8.120}$$

Das Gleichheitszeichen gilt wieder nur am stationären Zustand. Wegen ihrer Allgemeinheit wurde die Gl. (8.120) auch das „universelle Evolutionskriterien" genannt. Ein ähnliches Prinzip für die differentielle lokale Entropieproduktion bei konstanten Kräften, $d_J\sigma/dt$, existiert jedoch nicht und daher erfüllt auch die gesamte differentielle Entropieproduktion, $d\sigma/dt$ kein universelles Kriterium.

Gleichung (8.120) bedeutet, daß alle Variationen von σ am stationären Zustand mit konstanten Flüssen positiv sind

$$(\delta_X\sigma)_{\text{stat. Zustand}} = \sum_k \delta J_k \delta X_k > 0. \tag{8.121}$$

Im linearen Bereich läßt sich leicht zeigen, daß Gl. (8.121) allgemein erfüllt ist. Daher sind in diesem Bereich auch alle stationären Zustände asymptotisch stabil.

Außerhalb des linearen Bereiches können aber auch negative Fluktuationen der Entropieproduktionen, $\delta_X\sigma < 0$, auftreten. Insbesondere trifft dies für autokatalytische Prozesse zu (s. auch Kapitel 17.2). Diese Fluktuationen sind mit der Existenz eines stationären Zustandes nicht vereinbar. Sie können ihn zerstören und gegebenenfalls unter Entropieabnahme zu einem neuen stationären Zustand führen (Abb. 8.18).

Wie eingangs erwähnt, bereitet die Analyse der nicht-linearen Phänomene beachtliche Schwierigkeiten und wir wollen daher dem Leser eine Aufzählung der

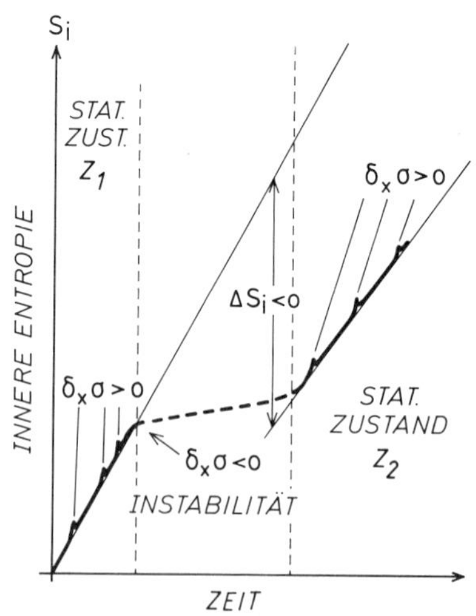

Abb. 8.18. Stationäre Zustände und das allgemeine Evolutionskriterium. Positive Fluktuationen der lokalen Entropieproduktion in stationären Zuständen bei konstanten Flüssen ($\delta_x\sigma > 0$) spielen dieselbe Rolle wie negative Schwankungen der Entropie eines abgeschlossenen Systems im Gleichgewicht (Abb. 8.11). Sie verschwinden bereitwillig infolge der rücktreibenden Kraft, die sie unvermeidlicherweise hervorrufen. Negative Fluktuationen zerstören einen eventuell vorhandenen stationären Zustand und können zu einem neuen stationären Zustand mit geringerer innerer Entropie führen

diversen mathematischen Techniken der Kürze halber ersparen. Wir versuchen hier nur eine Aufzählung der Dinge, die möglicherweise eintreten können und auch tatsächlich beobachtet wurden, wie auf einer gut bestückten Handelsmesse zu geben.

Betrachten wir vorerst den Gültigkeitsbereich der linearen Beziehungen. In der Biophysik sind wir vorwiegend an isothermen Systemen im mechanischen Gleichgewicht interessiert. In diesem Fall beschränken sich die Transportprozesse im wesentlichen auf isotherme Diffusion und gegebenenfalls Wärmeleitung[7]. Prigogine (1949) konnte zeigen, daß die linearen Transportgesetze, das Fouriersche Gesetz der Wärmeleitung und die Fickschen Diffusionsgesetze, solange ausgezeichnete Näherungen darstellen als sich die makroskopischen Gradienten über Bereiche erstrecken, die wesentlich größer sind als die mittleren freien Weglängen der beteiligten Moleküle. Diese Bedingung ist in den meisten Systemen im kondensierten Zustand erfüllt. In Situationen wo die genannte Bedingung nicht mehr gilt, ist auch das Konzept des lokalen Gleichgewichts in Frage zu stellen.

Welches sind nun die wahrscheinlichen Kandidaten für wesentliche Nicht-Linearitäten? Diffusion haben wir durch die soeben genannten Überlegungen ausgeschlossen. Daher bleiben im großen und ganzen nur die chemischen Reaktionen über. In Abb. 8.15 haben wir gesehen, daß chemische Prozesse bereits bei mäßiger Entfernung vom Gleichgewicht beachtliche Abweichungen von der Linearität zeigen. Erinnern wir uns der Kurve für die autokatalytische Reaktion $A+B \rightleftarrows 2A$. Dies ist für uns von besonderer Bedeutung, da wir nur in diesem Fall eine negative Fluß-Kraft Charakteristik (Kennlinie der Elektronik) in Bereichen weitab vom Gleichgewicht gefunden hatten. Eine derartige negative Charakteristik bedeutet, daß eine Abnahme der Kraft von einer Zunahme des Flusses begleitet wird und umgekehrt. Daher ist das Produkt aus beiden Veränderungen negativ und wir finden eine negative Variation von $\delta_x \sigma$ entsprechend Gl. (8.121), die in der Lage ist, einen stationären Zustand zu destabilisieren. Autokatalytische Reaktionen sind also die geeigneten Kandidaten, um „ungewöhnliche" Phänomene in nicht-linearen Bereich zu untersuchen.

Zahlreiche Beispiele von Systemen mit „nicht-linearer" Kinetik wurden bis jetzt studiert, sowohl in der Theorie als auch experimentell. Sie haben einiges gemeinsam, was wir im folgenden kurz diskutieren wollen. Wir setzen voraus, daß es einen geeigneten Parameter λ gibt — eine Konzentrationsdifferenz oder irgendeine andere meßbare Größe — welcher von außen reguliert werden kann und in geeigneter Form die Abweichung vom Gleichgewicht quantitativ beschreibt (der Gleichgewichtszustand sei durch $\lambda=0$ gekennzeichnet). Bei kleinen Werten von λ finden wir stationäre Zustände mit Eigenschaften ähnlich dem

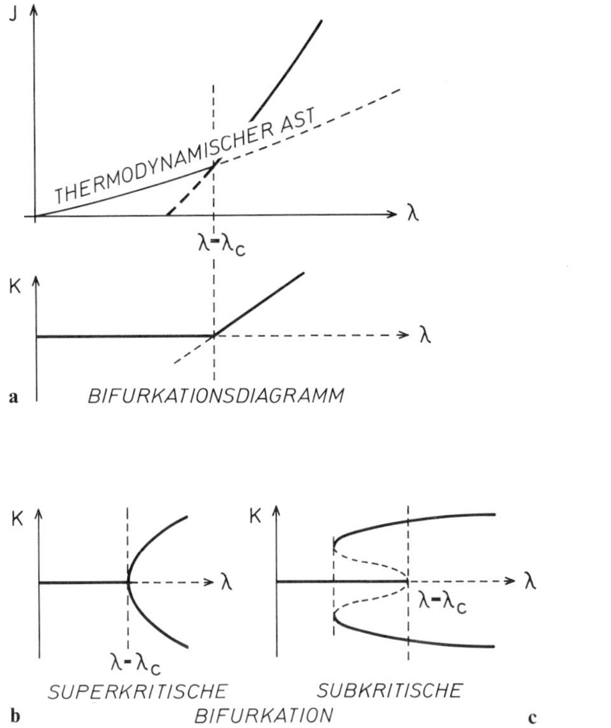

Abb. 8.19a–c. Beispiele von Bifurkationen. Ein Bifurkationspunkt ist ein Punkt, an dem ein System seine Eigenschaften sprunghaft ändert. Die einfachste Art einer Bifurkation ist in **a** gezeigt: zwei stationäre Zustände tauschen ihre Eigenschaften aus, der thermodynamische Ast wird instabil, wenn der Parameter λ den kritischen Wert $\lambda=\lambda_c$ überschreitet. Der Parameter κ wird so gewählt, daß der thermodynamische Ast durch $\kappa=0$ characterisiert ist. Eine kompliziertere Art der Bifurkation wird in **b** und **c** gezeigt: der thermodynamische Ast spaltet in zwei stabile Äste auf und wird instabil. Der subkritische Fall **c** ist von besonderem Interesse, da er zu hysteresartigen Erscheinungen führen kann (Abb. 8.20)

Gleichgewicht. Wir bezeichnen diese Menge von stationären Zuständen, welche als ein Funktional von λ formuliert werden kann, den „thermodynamischen Ast". In der Nähe des Gleichgewichts ist der thermodynamische Ast stabil. Dies ist eine Konsequenz von Gl. (8.121).

Betrachten wir nun unser System weitab vom Gleichgewicht. Unter der Voraussetzung, daß die Kinetik des Systems eine geeignete Nicht-Linearität aufweist, wird der thermodynamische Ast bei einem bestimmten kritischen Wert $\lambda=\lambda_c$ instabil (Abb. 8.19). Wir bezeichnen diesen kritischen Punkt als eine „Bifurkation". Eine solche Bifurkation ist durch eine plötzliche, sprunghafte Änderung der Eigenschaften des stabilen Zustandes gekennzeichnet, wenn wir von $\lambda=\lambda_c-\delta$ nach $\lambda=\lambda_c+\delta$ fortschreiten. Die einfachste Bifurkation besteht nun im Austausch der Stabilitätseigenschaften zweier stationärer Zustände: dem Punkt, an welchem der thermodynamische Ast seine Stabilität verliert, also bei $\lambda=\lambda_c$ wird ein neuer stationärer Zustand stabil und bleibt stabil zumindest für einen bestimmten Bereich des Parameters $\lambda_c<\lambda<\lambda_c'$. In Kapitel 17.2 werden wir ein einfaches Beispiel für einen

[7] Elektrische Leitung in biologischen Systemen wird hauptsächlich durch Ionentransport bewerkstelligt und kann als ein der Diffusion verwandtes Problem betrachtet werden.

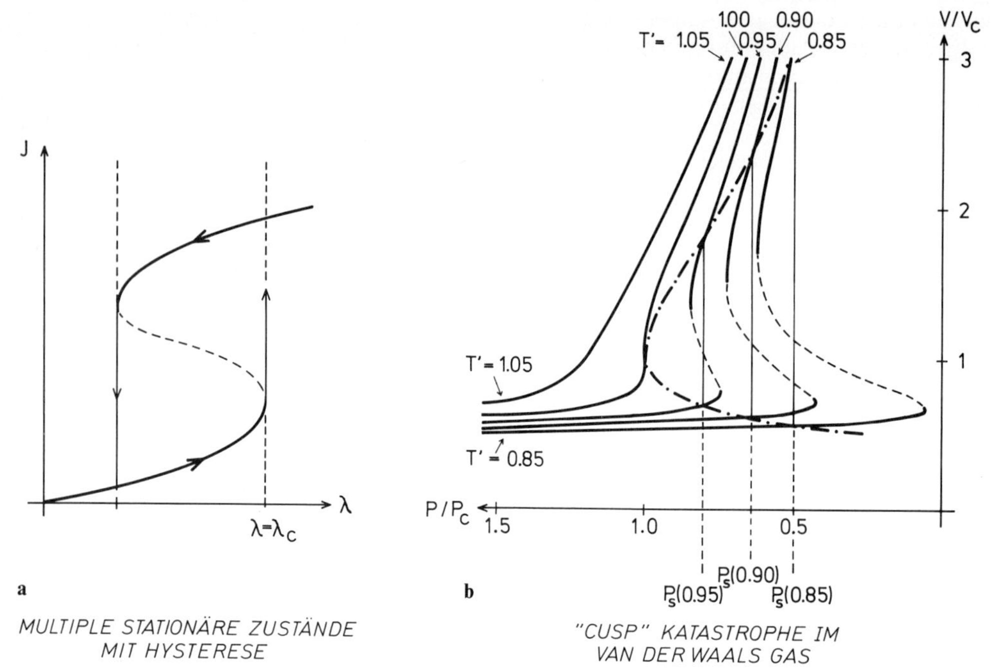

Abb. 8.20a, b. Chemische Hysterese und die „Cusp"-Katastrophe. Eine subkritische Bifurkation (Abb. 8.19) führt zu mehrfachen stationären Zuständen. Die Annäherung an den kritischen Parameterbereich führt zu Übergängen zwischen den stationären Zuständen bei verschiedenen Zahlenwerten des Parameters je nachdem ob wir von niedrigeren oder höheren λ Werten herkommen **(a)**. In **b** zeigen wir die „Cusp"-Katastrophe bei einem van-der-Waals-Gas, welche einige Ähnlichkeit zu der in **a** gezeigten Kurve aufweist. Unterhalb des kritischen Punktes existiert ein Druckbereich, innerhalb dessen unterkühlter Dampf oder Flüssigkeit bzw. Gas oder überhitzte Flüssigkeit existieren können. Im Gleichgewicht gibt es natürlich eine Koexistenz von Gas und Flüssigkeit nur beim Sättigungsdampfdruck (P_s). Wir verwenden die van-der-Waals-Gleichung in reduzierten Variablen $P' = P/P_c$, $V' = V/V_c$ und $T' = TR/T_c$, worin P_c, V_c und T_c die kritischen Konstanten und R die Gaskonstante bedeuten: $(P' + 3/V'^2)(V' - 1/3) = 6T'/3$. Die gestrichelten Linien kennzeichnen instabile Bereiche. Die Koexistenzkurve von Dampf und Flüssigkeit ist strichpunktiert (–·–·–) eingezeichnet

Reaktionsmechanismus angeben, der ein solches Bifurkationsverhalten zeigt.

Die nächst kompliziertere Verhaltensweise tritt ein, wenn der thermodynamische Ast am Bifurkationspunkt durch zwei lineare Mannigfaltigkeiten von Zuständen ersetzt wird (Abb. 8.19). Wir unterscheiden zwei charakteristische Fälle: die subkritische und die superkritische Bifurkation. Der subkritische Fall ist von besonderem Interesse, da er zu einem interessanten Beispiel mehrfacher stabiler stationärer Zustände führt. Wie wir in Abb. 8.20 schematisch zeigen, gibt es einen bestimmten Bereich des Parameters λ, innerhalb dessen sowohl der thermodynamische Ast als auch der neue Zustand stabil sind. In einem solchen Fall tritt „chemische Hysterese" auf (vgl. auch Neumann, 1973). Diese Bezeichnung wurde in Anlehnung an das analoge Phänomen aus dem Bereich des Magnetismus gewählt. Unter der Voraussetzung, daß das System nur geringen Störungen aus der Umgebung, beispielsweise Rauschen mit geringer Amplitude, ausgesetzt ist, beobachten wir den Übergang von einem stabilen Ast zum anderen bei verschiedenen Werten von λ je nachdem, ob wir uns dem Bifurkationsbereich von niedrigeren oder höheren Werten von λ annähern. In einer geeigneten graphischen Darstellung können wir diese Art der Bifurkation als ein Beispiel für eine „Cusp-Katastrophe" in der Terminologie von Thom (1975) betrachten[8]. Chemische Hysterese wurde experimentell beobachtet bei Polynukleotiden und bei bestimmten Enzymen von Halobakterien (s. Neumann, 1973). Diese Enzyme sind durch eine hochgradig nicht-lineare „kooperative" Kinetik der Reaktionen, welche sie katalysieren ausgezeichnet.

Wie unterscheiden sich nun die einzelnen stationären Zustände bei gleichem Wert von λ voneinander? Gewöhnlich sind sie ausgezeichnet durch verschiedene chemische Flüsse, das heißt verschiedene Synthesera-

[8] Ein Gleichgewichtsphasenübergang ist ein anderes Beispiel für eine „Cusp-Katastrophe". Das bestbekannte Exempel dieser Art ist die Kondensation eines van-der-Waals-Gases bei konstanter Temperatur (Abb. 8.20). Wir finden zwei lokale stabile Äste: Die überhitzte Flüssigkeit und der unterkühlte Dampf, die beide ihre Stabilität bei wohldefinierten Werten des Drucks verlieren: es gibt eine untere Grenze des Druckes, unterhalb derer keine Flüssigkeit existieren kann (bei vorgegebener Temperatur), und eine obere Grenze, oberhalb derer es kein Gas gibt. Nichtsdestoweniger erkennen wir einen ausgeprägten Unterschied zwischen Gleichgewichtsphasenübergängen und der „Cusp-Bifurkation" in der nicht-linearen Thermodynamik. Im ersteren Fall gibt es einen einzigen genau definierten Wert des Druckes — abhängig von der Temperatur und eventuell auch von anderen äußeren Parametern —, den Gleichgewichtsdampfdruck, bei dem die Phasen im Gleichgewicht koexistent sind. Für das van-der-Waals-Gas ist das jene Gerade konstanten Drucks, die die Schleife in zwei gleiche Hälften teilt. Im Fall von Nicht-Gleichgewichtsphänomenen konnte bis jetzt niemand einen solchen ausgezeichneten Wert des Parameters λ definieren. Vermutlich existiert ein solcher Wert auch gar nicht.

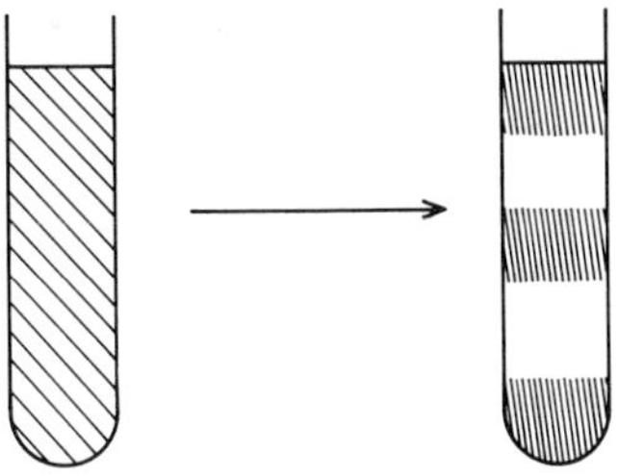

Abb. 8.21. Spontanes Brechen der Symmetrie führt zu geordneten Schichten, welche sich hinsichtlich ihrer Zusammensetzung und ihrer physikalischen Eigenschaften unterscheiden. Beispielsweise entstehen Schichten mit verschiedenen pH-Werten oder verschiedenen Redoxpotentialen

ten bestimmter Verbindungen. Schneider et al. (1979) untersuchten die Synthese von Polynukleotiden in Flußreaktoren und fanden tatsächlich Bifurkationspunkte und mehrfache stationäre Zustände in ihren Experimenten. Polynukleotidsynthese ist ein klassisches Beispiel einer autokatalytischen Reaktion (s. Kapitel 17.2).

Bifurkationen der oberhalb besprochenen Art können auch zu einem Bruch der räumlichen Homogenität der Lösung, in der die Reaktionen ablaufen, führen. Der genannte, zur Verfügung stehende Raum, wird spontan in Zonen unterteilt, in denen wir verschiedene Konzentrationen der Reaktionsteilnehmer beobachten (Abb. 8.21). Ein gut untersuchtes Beispiel für dieses Phänomen bietet die Belousov-Zhabotinski-Reaktion, die zu periodischen, streifenartigen Mustern führt. Diese Streifen können unschwer sichtbar gemacht werden, wenn man der Lösung einen geeigneten Indikator zusetzt, der das lokale Reduktionspotential anzeigt.

Weiter entfernt vom Gleichgewicht können die Streifen ihrerseits bei einem kritischen Wert $\lambda=\lambda_c'>\lambda_c$ instabil werden. Die neue Bifurkation führt zu einem komplizierteren räumlichen Muster. Weitere Bifurkationen können zu hochkomplizierten, räumlichen Ordnungszuständen führen. Dieses Konzept der kaskadenartigen Bifurkationen spielt eine interessante Rolle in der Embryologie als Modell für die Morphogenese (vgl. Abschn. 8.6.9).

Musterbildung als eine Folge von räumlichen Symmetriebrüchen in offenen Systemen weit weg vom Gleichgewicht stellt ein neues Konzept in der Physik dar, das in den letzten 20 Jahren von Prigogine und seiner Gruppe in Brüssel entwickelt wurde. Die Muster werden „dissipative Strukturen" genannt, da sie nur durch Dissipation von Energie aufrecht erhalten werden können.

8.6.8 Oszillationen, chemische Wellen und molekulares Chaos

Eine andere Art von Bifurkationen, die zu Ordnungsphänomenen längs der Zeitachse führen, wurde ebenfalls in chemischen und biochemischen Systemen beobachtet. Sie ist bekannt als „Hopf-Bifurkation" in der mathematischen Literatur. Bei einem bestimmten kritischen Wert von $\lambda=\lambda_c$ wird der stationäre Zustand instabil. Oberhalb von λ_c beobachten wir oszillierende Konzentrationen in unserem System. In Abb. 8.22 zeigen wir ein konkretes Beispiel. Die Oszillationen sind ungedämpft, vorausgesetzt, wir führen dem Reaktionssystem genug Energie und Material zu, so daß es in ausreichender Entfernung vom Gleichgewicht verbleiben kann. Die Hopf-Bifurkation führt zu einem Bruch der zeitlichen Symmetrie.

Einige Klassen von chemischen Reaktionen, gewöhnlich solche, die autokatalytische Schritte in komplizierten vielstufigen Mechanismen enthalten, sind bekannt dafür, daß sie unter weit vom Gleichgewicht entfernten Bedingungen zu Oszillationen führen. Die meisten anorganischen Reaktionen mit dieser Eigenschaft weisen Halogenatome in verschiedenen Valenzzuständen als Zwischenstufen auf. Beispielsweise tritt Brom als Br^-, Br_2, HOBr, $HOBr_2$, $BrO_2^{\cdot}$ und BrO_3^- in der bekannten Belousov-Zhabotinski-Reaktion auf (Tyson, 1976). Ein anderes Beispiel für oszillierende Reaktionen stammt aus der Biochemie. Die Oszillationen bei den Reaktionsschritten des glykolytischen Zyklus wurden in allen Einzelheiten untersucht (s. Hess u. Boiteux, 1971).

Oszillationen scheinen in der Biologie recht häufig vorzukommen. Es gibt viele Beispiele von oszillierenden Konzentrationen von Kontrollreagentien, z. B. c-AMP, Metaboliten und Enzymen. Ganze Organismen oszillieren hinsichtlich ihres Metabolimus. Der Zellteilungszyklus ist ein anderes Beispiel. Eine umfangreiche Kollektion periodischer Phänomene wurde kürzlich von Winfree (1980) vorgelegt. Molekulare Oszillatoren bilden allem Anschein nach die Elemente der biologischen Uhren, welche auch in Abwesenheit externer Schrittmacher arbeiten und auf diese Weise den Begriff der internen Zeitmessung in die Biologie einführen.

Die Kombination von periodischen Konzentrationsänderungen und der Bruch der räumlichen Homogeneität der Lösungen führt auf ein neues Phänomen: chemische Wellen, welche sich durch die Lösung fortbewegen. Für den Fall, daß die betrachteten Schichten dünn genug sind, wie etwa in einer „Petri"-Schale, bilden sich Wellen vor der Gestalt rotierender Spiralen aus (Winfree, 1974).

Eine weitere Vergrößerung des Abstandes vom Gleichgewicht führt oft zu zusätzlichen Hopf-Bifurkationen. In diesen Fällen erhalten wir Überlagerungen von Oszillationen mit verschiedenen Frequenzen. Weitere Bifurkationen bei immer größeren Werten von λ können folgen und mehr und mehr Zeitkonstanten in die periodischen Phänomene einführen, die ihrerseits immer komplizierter werden. Unter Umständen geht jegliche Periode verloren und das System erfährt völlig irreguläre Veränderungen in der Zeit. Dieses Verhalten wird als „chaotisch" bezeichnet (s. Tyson, 1978) und wurde auch experimentell beobachtet (Rössler u. Wegmann, 1978; s. aber auch die Kritik von Showalter et al., 1978). In mathematischer Ausdrucksweise entspricht dem „molekularem Chaos" ein „strange attrac-

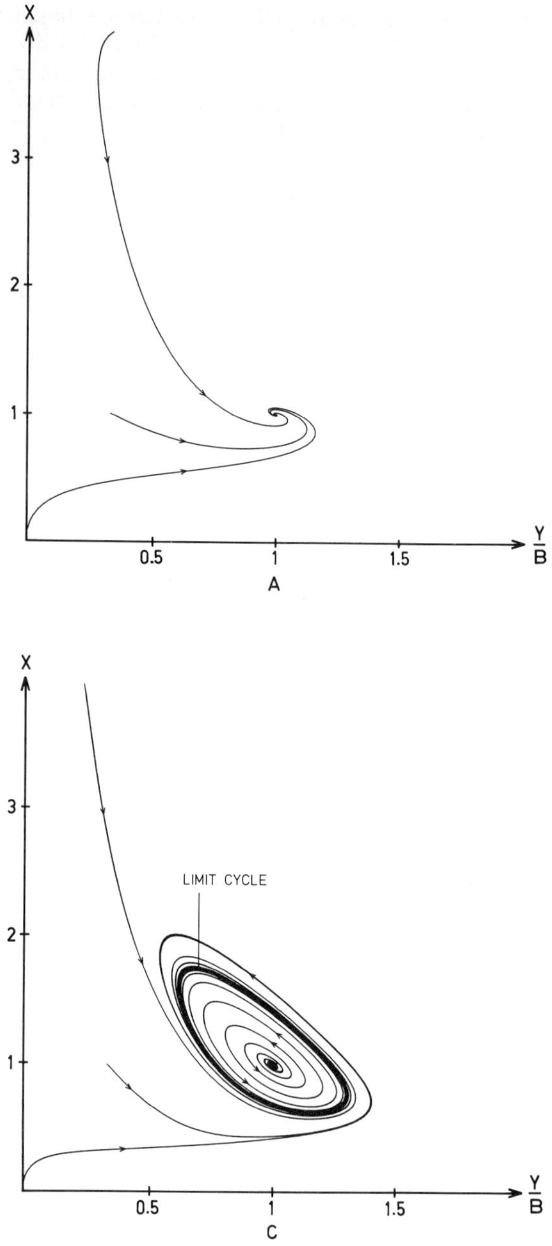

Abb. 8.22. Ein Beispiel für eine Hopf-Bifurkation, die im „Brusselator"-Modell (Glansdorff u. Prigogine, 1971) auftritt. Dieses Modell entspricht einem Reaktionsmechanismus mit einem autokatalytischen Schritt: $A \to X$, $2X+Y \to 3X$, $B+X \to Y+D$ und $X \to E$. Unter vereinfachenden Randbedingungen kann dieser Reaktionsmechanismus durch die Differentialgleichungen

$$\frac{dX}{dt} = A + X^2 Y - BX - X$$

und

$$\frac{dY}{dt} = BX - X^2 Y$$

beschrieben werden. Diese Differentialgleichung weist einen stationären Zustand bei $X_0 = A$ und $Y_0 = B/A$ auf, welcher für $B < B_c = 1 + A^2$ stabil ist. B_c ist hier der kritische Wert des Parameters. Wir zeigen Integrationen dieser Differentialgleichung mit $A = 1$. Für B wählen wir die Werte A:$B=1$, B:$B=1.9$, C:$B=2.2$ und D:$B=3.0$. In A beobachten wir rasche Konvergenz zum stabilen stationären Zustand. Die Kovergenz in B ist sehr langsam, da wir uns nahe dem kritischen Wert $B_c = 2$ befinden. Wir finden das Phänomen der kritischen Verzögerung. In C und D erkennen wir Grenzzyklen. Der Grenzzyklus tritt bei der Hopf-Bifurkation erstmals in Erscheinung und wird mit steigenden Werten des charakteristischen Parameters B größer tor". Das System nähert sich einem solchen Attraktor und bewegt sich dann völlig regellos im Konfigurationsraum umher. Es bleibt innerhalb einer bestimmten Region, aber es durchläuft keine längere vollständig geordnete Sequenz von Punkten ein zweites Mal in gleicher Reihenfolge. Chaotische Bewegung spielt eine wichtige Rolle in der Hydrodynamik bei der Theorie der turbulenten Strömung. Ob das molekulare Chaos eine wichtige regulatorische Funktion oder eine andere wesentliche Aufgabe in chemischen und biochemischen Systemen hat, ist noch nicht bekannt.

8.6.9 Schlußbemerkungen

Zum Abschluß dieses Überblicks über die Thermodynamik irreversibler Prozesse wollen wir uns der Bedeutung der Thermodynamik für allgemeine Evolutionsvorgänge erinnern. Speziell sind wir an Fragen der Selbstorganisation und Evolution der Biosphäre interessiert. Die Gleichgewichtsthermodynamik hatte, wie wir sahen, ihren Höhepunkt in der Formulierung des universellen Prinzips der Entropiezunahme. In abgeschlossenen Systemen nähert sich die Entropie monoton dem Maximalwert des Gleichgewichtszustandes an. Dieses Ergebnis verursachte beträchtliche Verwirrungen besonders unter den Nicht-Naturwissenschaftlern. Dieses Prinzip wurde mißinterpretiert als ein allgemeines Theorem der zunehmenden Unordnung in der physikalischen Welt. Es wurde sogar versucht, aus diesem Sachverhalt einen Widerspruch zwischen der biologischen Evolution und den Prozessen, die durch die Physik beschrieben werden, zu konstruieren. Es ist leicht einzusehen, daß die Aussage der Gleichgewichtsthermodynamik für Evolutionsprozesse die auf der Erde stattfinden, nicht zutreffend ist.

1. Die Erde empfängt elektromagnetische Strahlung hoher Temperatur von der Sonne und emittiert Strahlung niedriger Temperatur. Wir haben es daher nicht mit einem abgeschlossenen System zu tun.

2. Eine Vielzahl von Prozessen, die auf der Erde stattfinden, laufen unter Bedingungen weit vom Gleichgewichtszustand entfernt ab. Wir können daher nicht erwarten, relevante Aussagen über globale Evolutionsvorgänge aus der Gleichgewichtsthermodynamik zu erhalten.

Die lineare Thermodynamik bildet die stetige Fortsetzung der Gleichgewichtszustände im Bereich irreversibler Prozesse. Stationäre Zustände nahe dem Gleichgewicht zeigen große Ähnlichkeit mit dem Gleichgewichtszustand. Sie sind eindeutig und asymptotisch stabil. Unter eindeutig verstehen wir, daß für einen vollständigen Satz der äußeren Parameter ein und nur ein stationärer Zustand existiert. Es gibt ein universelles Prinzip, das Prinzip der minimalen Entropieproduktion, das eine eindeutige Charakterisierung des stationären Zustandes erlaubt. Es gibt keine Bifurkationen im linearen Bereich und daher können auch keine dramatischen Veränderungen der Eigenschaften von Systemen als Antwort auf kleine Parameteränderungen erwartet werden. In der Nähe des Gleichgewichts können wir dementsprechend keine spontanen Ordnungsprozesse in Raum oder Zeit erwarten.

Die lineare Thermodynamik erwies sich andererseits als ein ausgezeichnetes Mittel, um komplizierte Systeme, in denen verschiedene Kräfte gleichzeitig wirksam sind, zu analysieren. Im Speziellen werden Transportprozesse durch die phänomenologischen Gleichungen sehr gut beschrieben.

Chemische Reaktionen weitab vom Gleichgewicht, insbesondere solche, die autokatalytische Schritte beinhalten, sind durch eine außerordentlich vielfältige Dynamik gekennzeichnet.

Unter geeigneten Bedingungen beobachten wir Bifurkationen, die die Homogenität des Raumes oder die Monotonie der zeitlichen Abläufe oder beides zugleich brechen. Die neuen Zustände sind durch einen höheren Grad der Ordnung oder eine geringere Entropie gekennzeichnet. Die nicht-lineare Thermodynamik der irreversiblen Prozesse ermöglicht einen Zugang zu einer allgemeinen Theorie, die in der Lage ist, Selbstorganisationsvorgänge zu beschreiben. In der Chemie sind autokatalytische Reaktionen verhältnismäßig selten. Dissipative Strukturen und chemische Oszillationen wie jene, die wir im Fall der Belousov-Zhabotinski-Reaktion beschrieben, stellen eher interessante Kuriositäten als Zentralprobleme der chemischen Kinetik dar.

In der Biologie finden wir eine gänzlich andere Situation vor: Autokatalyse ist ein obligater Prozeß; keine Art kann überleben, wenn sie unfähig ist, sich zu vermehren. In der Tat versorgt uns die Biologie mit einer wahren Fülle von illustrativen Beispielen für Selbstorganisationsvorgänge. Wir erwähnen einige konkrete Beispiele, die bereits mit theoretischen Modellen untersucht wurden: Die Aggregation und Differenzierung einiger amöbenartigen Schleimpilze, welche durch stimulierte Sekretion von c-AMP initiert wird, die Zelldifferenzierung in primitiven Vielzellerorganismen wie einigen Grünalgen oder Hydra, die Morphogenese von Insektenflügel, welche auf die Musterbildung in den Flügelanlagen der Larven folgt, die Flügelbildung in Hühnerembryos sowie die Ausbildung und Organisation der Nervenverbindungen zwischen Retina und visueller Region der Hirnrinde. Die irreversible Thermodynamik bietet uns einen allgemeinen Rahmen, der erlaubt, alle genannten Phänomene als physikalische Prozesse anzusehen: die biologische Evolution widerspricht den Gesetzen der Physik nicht, soweit wir dies vom gegenwärtigen Stand unseres Wissens zu beurteilen vermögen. Die Einzelprobleme werden jedoch zumeist besser mit dynamischen Modellen beschrieben, die keinen direkten Bezug zur Thermodynamik aufweisen. Geeignete thermodynamische Randbedingungen und Zwänge wie konstante Flüsse oder konstante Kräfte lassen sich oft nur schwer in tatsächliche biologische Systeme einführen. Oft verkomplizieren sie die mathematische Analyse mehr, als daß sie sie erleichtern. Trotzdem haben verschiedene selbstorganisierende Systeme viele gemeinsame Merkmale wie Haken dies in seiner Theorie der „Synergetik" aufzuzeigen versucht (Haken, 1977, 1980). Ein Versuch, die Selbstorganisation von biologischen Makromolekülen bei der Bildung der Vorläufer unserer heutigen Zellen mit Hilfe eines kinetischen Modells zu beschreiben, wurden von Eigen (1971) unternommen. Wir werden darauf in Kapitel 17.2 zurückkommen.

Danksagung. Der Autor ist Herrn Prof. Dr. Karl Sigmund für die sorgfältige Durchsicht des Manuskriptes, Herrn Dr. R. Wolff für die Anfertigung einiger Computerzeichnungen, Frau J. Jakubetz für das Tippen des Artikels und Herrn J. König für das Zeichnen der Abbildungen zu Dank verpflichtet.

Literaturauswahl:

Bartlett, M.S.: An introduction to stochastic processes, 3rd ed. Cambridge (U.K.): Cambridge University Press 1978.
Eigen, M.: Naturwissenschaften **58**, 465 (1971).
Eigen, M., DeMaeyer, L.C.M.: Theoretical basis of relaxation spectrometry. In: Weissberger, A. (ed.): Techniques of chemistry, Vol. VI, Part II: Investigation of rates and mechanisms of reactions, Hammes, G.G. (ed.), 3rd ed., pp. 63–146. New York: Wiley-Interscience 1974.
Glansdorff, P., Prigogine, I.: Physica **20**, 773 (1954).
Hess, B., Boiteux, A.: Oscillatory phenomena in biochemistry. Ann. Rev. Biochem. **40**, 237 (1971).
McQuarrie, D.A.: Stochastic approach to chemical kinetics. London: Methuen 1967.
Neumann, E.: Angew. Chemie **85**, 430, Internat. Ed. **21**, 356 (1973).
Prigogine, I.: Physica **25**, 272 (1949).
Rössler, O.E., Wegmann, K.: Nature **172**, 89 (1978).
Schneider, F.W., Neuser, D., Heinrichs, M.: Hysteric behaviour in poly(*A*)-poly(*U*) synthesis in a stirred flow reactor. In: Balaban, M. (ed.): Molecular mechanisms of biological recognition, pp. 241–252. Amsterdam: Elsevier-North-Holland Biochemical Press 1979.
Showalter, K., Noyes, R.M., Bar-Eli, K.: J. Chem. Phys. **69**, 2514 (1978).
Tyson, J.J.: The Belousov-Zhabotinski reaction. In: Lecture Notes in Biomathematics, Vol. 10. Berlin-Heidelberg, New York: Springer 1976.
Tyson, J.J.: J. Math. Biol. **5**, 351 (1978).
Winfree, A.T.: Rotating chemical reactions. Scientific American **140**, (6), 82 (1974).
Winfree, A.T.: The geometry of biological time. In: Lecture Notes in Biomathematics, Vol. 8. Berlin, Heidelberg, New York: Springer 1980.

Empfohlene Bücher über irreversible Thermodynamik

Prigogine, I.: Von Sein zum Werden — Zeit und Komplexität in den Naturwissenschaften. München: Piper Verlag 1979.
Denbigh, K.G.: The thermodynamics of the steady state. London: Methuen 1951.
DeGroot, S.R., Mazur, P.: Grundlagen der Thermodynamik irreversibler Prozesse. B.I. Hochschul-Taschenbücher, Bd. 162/162a. Mannheim: Bibliographisches Institut 1969.
Katchalsky, A., Curran, P.F.: Nonequilibrium thermodynamics in biophysics. Cambridge (Mass.): Harvard University Press 1967.
Glansdorff, P., Prigogine, I.: Thermodynamic theory of structure, stability, and fluctuations, London: Wiley-Interscience 1971.
Nicolis, G., Prigogine, I.: Self-organization in non-equilibrium system. New York: Wiley-Interscience 1977.

Empfohlene Bücher über Katastrophentheorie und Synergetics

Zeeman, E.C.: Catastrophy theory. Scientific American **234** (4), 65 (1976).
Thom, R.: Structural stability and morphogenesis. New York: W.A. Benjamin, Inc. 1975.
Haken, H.: Synergetics — an introduction. Berlin, Heidelberg, New York: Springer 1977.
Haken, H. (ed.): Dynamics of synergetic systems. Berlin, Heidelberg, New York: Springer 1980.

8.7 Biologische Energiekonservierung

GERNOT RENGER

8.7.1 Einleitung

Es gehört zu den heute allgemein akzeptierten Erfahrungssätzen der Naturwissenschaften, daß die Bildung und Erhaltung biologischer Systeme vom energetischen Standpunkt aus allein den Gesetzen von Chemie und Physik unterliegen. Damit ist die Bioenergetik, die sich mit den Gesetzen der Energietransformationsprozesse in lebenden Organismen beschäftigt, ausschließlich durch die Thermodynamik bestimmt. Biologische Organismen sind strukturell hochorganisiert und besitzen einen hohen Informationsgehalt (der in der DNA einer *E. coli*-Zelle kodierte Konstruktionsplan des Bakteriums umfaßt ca. 4 Millionen „Buchstaben"). Sie sind daher im Sinne der statistischen Interpretation des II. Hauptsatzes der Thermodynamik Systeme mit geringer Entropie [$S=k\cdot\ln P$, s. Gl. (8.40a)]. Damit ergibt sich die Frage: Wie ist die Bildung biologischer Strukturen thermodynamisch zu verstehen?

Systeme mit einem extrem hohen Ordnungsgrad sind uns aus der unbelebten Natur in Form der Kristalle bekannt. Sie entstehen durch einen Phasenübergang aus der Gas- oder Flüssigphase durch Wärmeabgabe an die Umgebung. Der Ordnungsgrad nimmt mit fallender Temperatur zu und die Entropie erreicht am absoluten Nullpunkt nach dem III. Hauptsatz ihr Minimum $\left[\lim_{T\to 0} S=0\right.$ für den idealen Kristall, s. Gl. (8.36)$\left.\right]$. Man könnte versuchen, die Entstehung biologischer Systeme durch einen analogen Phasenübergang zu interpretieren. Die Kristallisation ist ein Prozeß, der zum thermodynamischen Gleichgewicht führt. Thermodynamisches Gleichgewicht aber ist ein Synonym für Tod. Es ist daher prinzipell unmöglich, biologische Strukturbildung als thermodynamischen Gleichgewichtsprozeß zu verstehen. Die Analyse der mikroskopischen und makroskopischen Aspekte des II. Hauptsatzes durch die Brüsseler Schule um I. Prigogine hat gezeigt, daß nicht nur das Gleichgewicht (wie im Falle des Kristalles), sondern auch Nichtgleichgewichtszustände zur Quelle von Ordnung werden und damit irreversible Prozesse zu einer neuen Art von Zuständen der Materie führen können, die als sog. „*dissipative Strukturen*" bezeichnet werden, weil ihre Erhaltung eine ständige Entropieproduktion und damit Vernichtung freier Enthalpie erfordert. Im Gleichgewicht oder in dessen Nähe (linearer Bereich der Nichtgleichgewichtsthermodynamik) spielen Fluktuationen keine wesentliche Rolle für den makroskopischen Zustand des Systems. In Gleichgewichtsferne dagegen können Fluktuationen zu neuen (kohärenten) Strukturen führen. Das Auftreten dissipativer Strukturen ist aus Physik und Chemie bekannt, z.B. die Phänomene der Benard-Instabilitäten einer Flüssigkeit in einem hohen Temperaturgradienten, oder die Kohärenz der Lasermoden, die oberhalb einer Schwellenenergie einsetzt, oder die zeitliche und räumliche Strukturierung chemischer Reaktionen. Nach Prigogine sind bei dissipativen Strukturen immer 3 Aspekte miteinander verknüpft: a) die Funktion, b) die Raum-Zeit-Struktur, die sich aus den Instabilitäten ergibt und c) die Fluktuationen, die die Instabilitäten auslösen.

Im Rahmen der Gesamtevolution kann die Ausbildung biologischer Organismen nach Eigen im Sinne der Nichtgleichgewichtsthermodynamik über die Ausbildung bestimmter dispativer Strukturen (sog. Hyperzyklen) rational verstanden werden (s. Abb. 8.23).

In diesem Kapitel sollen aber nicht die thermodynamischen Aspekte der Evolution biologischer Organismen beschrieben werden (s. Kapitel 17 Evolution), sondern wir wollen die Thermodynamik und den Mechanismus der Energieumwandlungs- und -speicherprozesse behandeln, die in den existierenden Lebewesen ablaufen. Die allgemeinen Grundlagen der Thermodynamik sind bereits im Kapitel 8 beschrieben. Deshalb wird hier nicht nur eine thermodynamische Beschreibung der wichtigsten Energietransformationsprozesse gegeben, sondern auch deren mechanistische Realisierung erläutert.

Biologische Systeme sind im Sinne der Thermodynamik prinzipiell Nichtgleichgewichtszustände. Sie können daher nur als offene Systeme existieren, zu deren ontogenetischer Entwicklung und ihrer Erhaltung geeignete Quellen Freier Enthalpie zur Verfügung stehen müssen. Damit ergeben sich zwei Fragen: 1. Wie weit sind Organismen vom thermodynamischen Gleichgewichtszustand entfernt? 2. Welches sind die für Lebewesen essentiellen Quellen Freier Enthalpie?

8.7.1.1 Die Lage des Nichtgleichgewichtszustandes lebender Organismen

Der Mittelwert des Abstandes aller nichtwäßrigen Zellbestandteile vom thermodynamischen Gleichgewicht ist für die Gesamtheit aller biologischen Lebewesen nicht direkt experimentell bestimmbar. Es müssen deshalb stark vereinfachende Modellvorstellungen benutzt werden, um eine grobe Abschätzung zu ermöglichen. Diese wurde von Morowitz in der Weise vorgenommen, daß die Bildung lebender Organismen (Biomasseerzeugung) durch folgende Modellbruttoreaktionen approximiert wird:

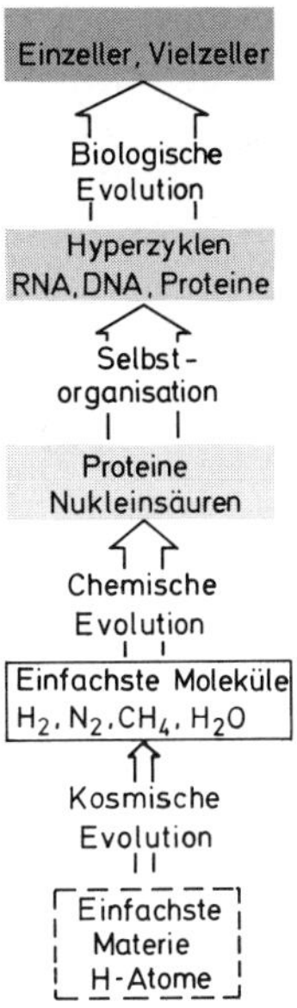

Abb. 8.23. Schematische Darstellung der 4 Evolutionsstufen von der Urmaterie zum Organismus

dabei gibt n die Gesamtzahl der Einzelkomponenten der Biomasse an. Die Gln. (8.122)–(8.124) beschreiben die photosynthetische Biomasseerzeugung, Gl. (8.125) die Synthese über heterotrophe Prozesse (s. Abschn. 8.7.1.2). Die Lage des Nichtgleichgewichtszustandes ist dann durch die Freie Enthalpie der Reaktionen (8.122)–(8.125) gegeben:

$$\Delta G_i = \Delta H_i - T\Delta S_i \qquad (8.126)$$

mit $i = 1, 2, 3, 4$.

Zur Berechnung von ΔG_i müssen alle stöchiometrischen Koeffizienten der Reaktionen (8.122)–(8.125) bekannt sein. Diese ergeben sich aus der mittleren chemischen Zusammensetzung der Biomasse. In starker Vereinfachung wird diese mit der Trockenmassezusammensetzung von *E. coli*-Bakterien gleichgesetzt. Ferner wird die Biomasse als ein gigantisches Biopolymermolekül aufgefaßt, dessen modellmäßige Bildung in 2 großen Teilschritten erfolgen soll: a) die Bildung vergleichsweise einfacher Komponenten, wie z. B. Aminosäuren, Zucker, Fettsäuren, Purinbasen, usw., b) die Biopolymerbildung.

Zur Berechnung der ΔG_i-Werte für den Teilschritt a) werden die Bildungs-, Verdünnungs- und Mischungsenthalpien sowie -entropien für ein Konzentra-

$$\sum_{i=1}^{n} [a_i(1)CO_2 + b_i(1)N_2 + c_i(1)H_2O + d_i(1)H_2SO_4 + f_i(1)H_3PO_4] \rightarrow \text{Biomasse} + \sum_{i=1}^{n} g_i(1)O_2\,, \qquad (8.122)$$

$$\sum_{i=1}^{n} [a_i(2)CO_2 + b_i(2)HNO_3 + c_i(2)H_2O + d_i(2)H_2SO_4 + f_i(2)H_3PO_4] \rightarrow \text{Biomasse} + \sum_{i=1}^{n} g_i(2)O_2\,, \qquad (8.123)$$

$$\sum_{i=1}^{n} [a_i(3)CO_2 + b_i(3)NH_3 + c_i(3)H_2O + d_i(3)H_2SO_4 + f_i(3)H_3PO_4] \rightarrow \text{Biomasse} + \sum_{i=1}^{n} g_i(3)O_2\,, \qquad (8.124)$$

$$\sum_{i=1}^{n} [m_i C_6H_{12}O_6 + b_i(4)NH_3 + d_i(4)H_2SO_4 + f_i(4)H_3PO_4] \rightarrow \text{Biomasse} + \sum_{i=1}^{n} (r_i(4)CO_2 + s_i(4)H_2O]\,, \qquad (8.125)$$

tionsgemisch, dessen chemische Zusammensetzung den entsprechenden Anteilen in der *E. coli*-Trockenmassezusammensetzung entspricht, in wäßriger, verdünnter Lösung nach dem in den Abschnitten 8.1–8.4 beschriebenen Formalismus der Gleichgewichtsthermodynamik ermittelt. Für die in Teilschritt b) stattfindende Biopolymerbildung ist die Kondensation der Monomere zu Makromolekülen und deren nachfolgender Einbau in die Zellstruktur zu berücksichtigen. Dazu fehlen hinreichend exakte Daten. Deshalb wird die Berechnung unter stark vereinfachenden Annahmen über die Polymerstatistik vorgenommen, wobei die Entropieberechnung im wesentlichen auf der Anwendung der Boltzmann-Beziehung $S = k \cdot \ln P$ beruht. P gibt dabei die Zahl der Anordnungsmöglichkeiten (thermodynamische Wahrscheinlichkeit) der Ausgangsstoffe und des Endproduktes (Biopolymer) an. Aus der hier nur grob skizzierten modellmäßigen Abschätzung folgt, daß der Gehalt an Freier Enthalpie aller nicht wäßrigen Zellbestandteile im Mittel um ca. 20–25 kJ/Mol über dem thermodynamischen Gleichgewichtszustand liegt. Dabei trägt die Enthalpie den Hauptanteil zur Freien Enthalpie bei, während der Entropiebeitrag vergleichsweise gering ist ($<5\%$).

8.7.1.2 Die Sonne als praktisch universelle Quelle Freier Enthalpie für die Biosphäre

Wenn wir von dem vernachlässigbar kleinen Beitrag der terrestrischen Kernenergie, sowie der durch Wasserkraft gewonnenen Energie, absehen, so zeigt es sich, daß die Existenz der gesamten Biosphäre, einschließlich des Menschen, energetisch allein von der extraterrestrischen Sonnenstrahlung abhängt.

Dabei ist ausdrücklich zu betonen, daß kein Nettoenergiegewinn an der Erdoberfläche eintritt, da die Erde selbst Energie an den kalten Weltraum abstrahlt. Der entscheidende Punkt ist, daß nicht die Sonnenenergie per se die Antriebkraft für alle Lebensprozesse darstellt, sondern die mit dem Wärmefluß von der heißen Sonne zur kalten Erde gekoppelte Umwandlung von elektromagnetischer Strahlung in chemische Nutzarbeit, die entsprechend dem II. Hauptsatz in den lebenden Organismen stattfindet. Nur durch diesen thermischen Energiefluß wird die Sonne zur Quelle von Freier Enthalpie (man bezeichnet diese mit dem Energiefluß gekoppelte Entropieabnahme oft als „Negentropie"). Die entropische Bedeutung der Sonnenstrahlung wurde bereits 1886 von L. Boltzmann erkannt. Die Gesamtheit aller biologischen Organismen ist bezüglich der Nutzung des Sonnenlichtes als Quelle Freier Enthalpie in 2 große Klassen zu unterteilen (s. Abb. 8.24):

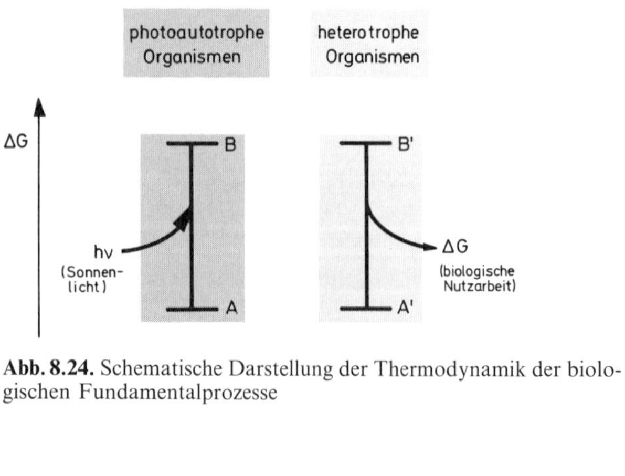

Abb. 8.24. Schematische Darstellung der Thermodynamik der biologischen Fundamentalprozesse

a) *Photoautotrophe Organismen.* Sie sind in der Lage, die Sonnenstrahlung direkt zur Umwandlung in chemische Nutzarbeit zu verwenden. Dieser Prozeß wird als *Photosynthese* bezeichnet. Er kann thermodynamisch sehr einfach als der lichtgetriebene Übergang aus einem Zustand A mit geringerer in einen Zustand B mit höherer Freier Enthalpie beschrieben werden.

b) *Heterotrophe Organismen.* Diese können Sonnenlicht nicht direkt als Negentropiequelle benutzen. Sie benötigen daher exogene Substanzen (Nährstoffe), deren Umsetzung in exergonischen[1] Reaktionen Freie Enthalpie zur energetischen Aufrechterhaltung der endogenen Stoffwechselprozesse bereitstellt. Dieser Prozeß wird als Respiration[2] (Atmung) bezeichnet, wenn Sauerstoff als Oxydans an der Reaktion beteiligt ist. Entsprechend ist der Umsatz der Nährstoffe thermodynamisch als ein Übergang aus einem Zustand B' höherer in einen Zustand A' geringerer Freier Enthalpie zu beschreiben. Die in Abb. 8.24 schematisch dargestellte allgemeine thermodynamische Formulierung der Bioenergetik führt nun zu der Frage nach den Substanzen, die die Zustände A, B und A', B' realisieren und dem Mechanismus der Reaktionen, die zu den Übergängen $A \rightarrow B$ und $B' \rightarrow A'$ führen. Im folgenden werden die Übergänge $A \rightarrow B$ und $B' \rightarrow A'$ als die bioenergetischen Fundamentalprozesse bezeichnet.

8.7.1.3 Die chemische Natur der Konverter Freier Enthalpie in lebenden Organismen

Wenn man für zunächst ganz allgemeine Überlegungen beachtet, daß lebende Organismen das Ergebnis eines langen Evolutionsprozesses sind, so ist zu vermuten, daß zur Realisierung der bioenergetischen Fundamentalprozesse die effektivsten Systeme selektiert worden sind. Es ist daher sicher vernünftig zu fragen, welche allgemeinen Eigenschaften von Bedeutung für Systeme sind, die als Speicher und Konverter Freier Enthalpie dienen. 3 Punkte sind zu berücksichtigen:

1. Die spezifische Speicherkapazität ΔG_S. Diese gibt an, wieviel Freie Enthalpie beim Übergang von A und B durch die Photosynthese gespeichert werden und beim Übergang von B' nach A' pro Formelumsatz freigesetzt werden kann. Aus Effektivitätsgründen sollte ΔG_S möglichst groß sein.

[1] Es ist in der Bioenergetik üblich, Reaktionen mit negativer Freier Enthalpie als exergonisch, solche mit positiver Freier Enthalpie als endergonisch zu bezeichnen.

[2] Die Begriffe Respiration und Fermentation sind in der Literatur nicht präzise definiert. Wir wollen hier den Begriff der Respiration auf den Nährstoffabbau mit O_2 als Oxydans begrenzen.

2. Die chemischen Komponenten, die die Zustände B und B' realisieren, müssen sich durch spezifische reaktive Eigenschaften auszeichnen. Sie sollen einerseits hinreichend reaktionsträge sein, um dissipative Abbaureaktionen möglichst auszuschließen, andererseits aber katalytisch aktivierbar sein, um bei Bedarf die gespeicherte Freie Enthalpie möglichst rasch, effektiv und selektiv freisetzen zu können.

3. Die Substanzen, die die bioenergetischen Fundamentalzustände A, B und A', B' aufspannen, müssen den lebenden Organismen in ausreichender Menge zur Verfügung stehen.

$$C_6H_{12}O_6 \xrightarrow[\text{Fermentation}]{\text{anaerobe}} \begin{cases} 2\,CH_3{-}CHOH{-}COOH & \Delta G^{0\prime} = -197\,\text{kJ/Mol} \\ 2\,C_2H_5OH + 2\,CO_2 & \Delta G^{0\prime} = -234\,\text{kJ/Mol}, \end{cases} \tag{8.127a}$$

$$6\,O_2 + C_6H_{12}O_6 \xrightarrow[\text{Respiration}]{\text{aerobe}} 6\,CO_2 + 6\,H_2O \quad \Delta G^{0\prime} = -2868\,\text{kJ/Mol}. \tag{8.127b}$$

Berücksichtigt man ferner, daß die Evolution lebender Organismen in wäßriger Umgebung erfolgte und Wasser von essentieller Bedeutung für alle Lebewesen ist, so ergibt sich eine theoretische thermodynamische Grenze für die Größe der spezifischen Speicherkapazität. Wenn man kinetische Effekte (kinetische Hemmung) außer Acht läßt (diese spielen bei rein thermodynamischen Energiebetrachtungen keine Rolle), so ergibt sich als Grenze die Zersetzung des Wassers in seine Elemente. Diese ist durch die sog. Zersetzungsspannung[3] bestimmt, die unter Standardbedingungen (298,16 K; 101325 Pa) 1,23 V beträgt.

In den Frühstadien der Evolution wurden zur Realisierung der bioenergetischen Fundamentalprozesse Substanzen verwendet, deren spezifische Kapazitäten vergleichsweise klein sind. Eine Reihe dieser Organismen haben die gesamte Evolution überlebt. Sie treten als Relikte in Form von verschiedenen einfachen Bakterien auf.

Der entscheidende Evolutionsschritt bezüglich der bioenergetischen Fundamentalprozesse erfolgte vor 2–3 Milliarden Jahren auf der Stufe der Blaugrünalgen (Cyanobakterien) mit der Entwicklung eines komplexen Reaktionssystems, das es erlaubt, Wasser mit Hilfe von Sonnenlicht in molekularen Sauerstoff und chemisch an geeignete Trägersubstanzen gebundenen Wasserstoff zu zerlegen. Damit wurde das Wasser selbst das Substrat für alle höheren Photosyntheseorganismen (s. Kapitel 13.1.4.3 Photosynthese). Gleichzeitig führte die mit der Wasserspaltung gekoppelte Sauerstoffentwicklung zur Umwandlung der bis dahin anaeroben (sauerstofffrei) in eine aerobe Erdatmosphäre. Damit wurde den heterotrophen Organismen mit dem Sauerstoff ein Reaktant zur Verfügung gestellt, der eine wesentlich intensivere Ausnutzung der Nährstoffe ermöglicht. Die Bedeutung dieses bioenergetischen Entwicklungsschrittes für die Ausbildung hochorganisierter beweglicher Lebewesen mit einem hohen Energieumsatz kann kaum überschätzt werden. Der Effekt sei am Beispiel der Gewinnung von Freier Enthalpie durch den Glukoseabbau illustriert [s. Gln. (8.127a) und (8.127b)]. Unter anaeroben Bedingungen erfolgt ein fermentativer Abbau zur Milchsäure oder zum Äthanol [Gl. (8.127a)], während aerob der vollständige Abbau zu H_2O und CO_2 möglich ist [Gl. (8.127b)]:

Der Vergleich von Gln. (8.127a) und (8.127b) zeigt, daß beim fermentativen Abbau weniger als 10 % der maximal zur Verfügung stehenden Freien Enthalpie des Glukosemoleküls freigesetzt und nutzbar gemacht werden kann. Es muß aber betont werden, daß der große bioenergetische Vorteil des oxydativen Abbaues gleichzeitig eine stark erhöhte thermodynamische Instabilität bedingt. Daher sind geeignete Schutzmechanismen erforderlich, um ein Überleben biologischer Organismen in aerober Atmosphäre zu sichern (s. Abschn. 8.7.4.2 und Kapitel 13.1.2.2). Die meisten der an anaerobe Bedingungen adaptierten biologischen Vorfahren starben aus, einige der einfachen Bakterien überlebten in anaeroben ökologischen Nischen, andere fanden einige hundert Millionen Jahre später eine neue Heimat in sauerstoffarmen Bereichen hochorganisierter Lebewesen (z.B. im Darm).

Wenn wir von diesen primitiven Organismen absehen, deren Bedeutung für das ökologische Gleichgewicht aber keinesfalls unterschätzt werden darf, so zeigt sich, daß alle Lebewesen oberhalb der Evolutionsstufe der Blaugrünalgen als universelles System zur Realisierung der bioenergetischen Fundamentalreaktionen die knallgasähnliche Redoxkette $H_2 \cdot T|H_2O|O_2$ benutzen[4]. Dieses System wird durch Sonnenlicht über die Photosynthese in den Zustand hoher Freier Enthalpie ($H_2 \cdot T + O_2$) „aufgeladen" und durch die heterotrophen Prozesse unter H_2O-Bildung wieder „entladen". Es gibt verschiedene Trägersubstanzen T, an die der Wasserstoff chemisch gebunden ist (s. Abschn. 8.7.4.3 und Kapitel 13.1.1.1), doch beeinflußt dies die Gesamtenergetik vergleichsweise wenig (<10 %) gegenüber der normalen Knallgaskette mit freiem Wasserstoff. Es muß noch einmal betont werden, daß der entscheidende Evolutionsschritt die Realisierung der Wasseroxydation war, da dies gleichzeitig auch zur Bereitstellung des molekularen gasförmigen Sauerstoffs als praktisch ubiquitäres Oxydans führte.

[3] Der Zusammenhang zwischen Zersetzungsspannung und Freier Bildungsenthalpie des Wassers, $\Delta_f G^0_{H_2O}$, ist durch die Beziehung $\Delta E^0_{H_2O} = -\dfrac{\Delta_f G^0_{H_2O}}{n}$ gegeben [s. Gl. (8.141)].

[4] Es gibt eine Vielzahl von heterotrophen Organismen (nicht nur Mikroorganismen, sondern z.B. auch bestimmte Gewebezellen des menschlichen Organismus), die je nach Bedingung sowohl anaerob unter fermentativem als auch aerob unter respirativem Nährstoffabbau leben können. Man bezeichnet diese Zellen als fakultativ aerob.

Wir haben damit gezeigt, daß die in Abb. 8.24 formal dargestellten Zustände *A* und *A'* substantiell und energetisch identisch sind und durch das Wasser realisiert werden, während die Zustände *B* und *B'* bezüglich der Freien Standardenthalpie praktisch gleich sind und sich nur in der Natur der Trägersubstanzen T unterscheiden. Die allgemeine Formulierung der bioenergetischen Fundamentalreaktionen liefert keinerlei Informationen über deren mechanistische Realisierung. Zur Klärung dieses komplexen Problems sind folgende Fragestellungen zu beantworten: a) Welche „Apparate" wurden von der Natur entwickelt, um die Aufladungs- und Entladungsreaktionen möglichst effizient ablaufen zu lassen? b) Wie erfolgt die Kopplung der in den Fundamentalprozessen umgesetzten Freien Enthalpie mit bestimmten exergonischen biologischen Einzelaktivitäten, z.B. der mechanischen Muskelarbeit, dem aktiven Stofftransport gegen einen Gradienten des chemischen oder elektrochemischen Potentials oder die Biosynthese vom komplizierten Molekülen?

8.7.2 Die Grundprinzipien der funktionellen und strukturellen Organisation der bioenergetischen Fundamentalreaktionen

Zur Vereinfachung wollen wir uns dabei auf die Eukaryoten (s. Kapitel 1) beschränken. Diese enthalten spezifische hochorganisierte Zellorganellen, die speziell zur Realisierung der bioenergetischen Fundamentalprozesse dienen: 1. *Chloroplasten*, die ausschließlich in den photoautotrophen Organismen vorkommen. 2. *Mitochondrien*, die in den Zellen aller höher organisierten Lebewesen auftreten. Das typische strukturelle Organisationsschema dieser Organellen ist in Abb. 8.25 dargestellt (vgl. auch Kapitel 13.1.1.1). Das gemeinsame Strukturmerkmal von Chloroplasten und Mitochondrien ist die Gliederung in ein hochorganisiertes Membransystem und eine weniger strukturierte wäßrig-gelartige Phase. Mit dieser charakteristischen strukturellen Organisation ist eine funktionelle Zweiteilung des Gesamtprozesses verbunden. Die eigentlichen bioenergetischen Fundamentalprozesse finden in den hochorganisierten Membransystemen statt: Die photolytische Wasserspaltung an der sog. Thylakoidmembran der Chloroplasten und die respirative „Verbrennung" des chemisch in Form von $H_2 \cdot T$ gebundenen Wasserstoffs zu Wasser an der sog. Cristae-Membran der Mitochondrien.

Das Thylakoidmembransystem kann als ein „Sonnenkraftwerk" betrachtet werden, das mit einer Wasserelektrolyse verbunden ist und entsprechend molekularen Sauerstoff und gebundenen Wasserstoff liefert (Solarelektrolysezelle). Ganz analog stellt das Cristae-Membransystem ein molekulares „Kraftwerk" dar, das Nutzarbeit durch die chemische Reaktion der „kalten"

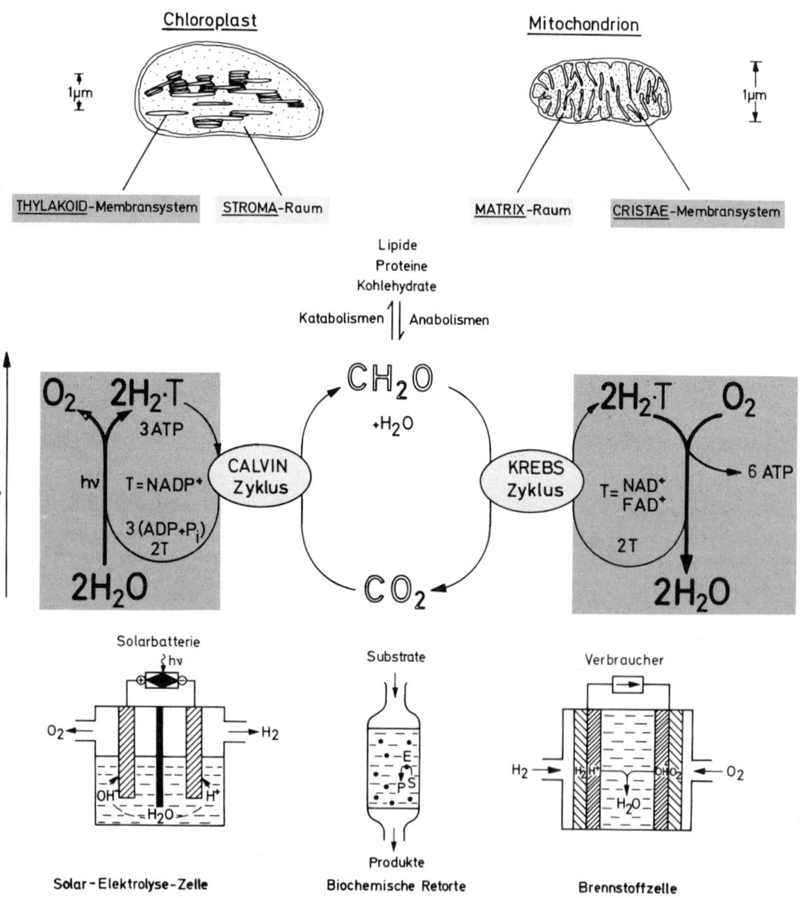

Abb. 8.25. Schematische Darstellung der funktionellen und strukturellen Gesamtorganisation der bioenergetischen Fundamentalprozesse. Im oberen Teil sind die strukturellen Charakteristika der biologischen Organellen angegeben, im mittleren Teil die funktionelle Organisation und im unteren Teil funktionell analoge technische Konstruktionen. Die dunkelgrau markierten Flächen charakterisieren die Funktionselemente und deren Bruttoreaktionen, die zur photosynthetischen Aufladung oder respiratorischen Entladung der knallgasähnlichen Kette $H_2T|H_2O|O_2$ führen. Die hellgrau markierten Flächen zeigen die nach- bzw. vorgeschalteten biochemischen Reaktionsfolgen

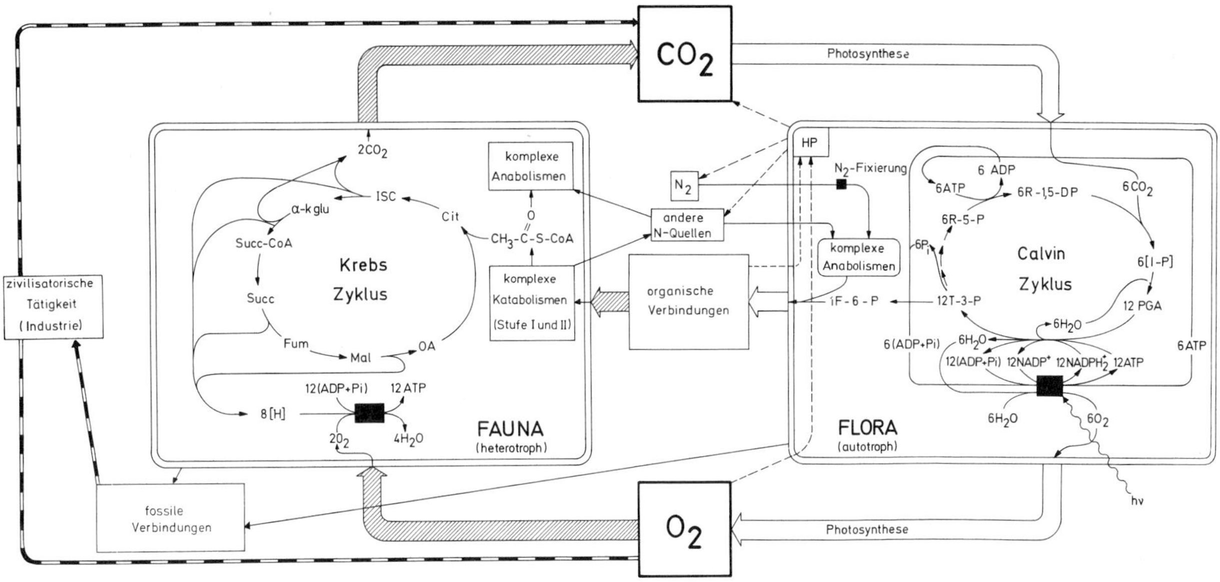

Abb. 8.26. Schematische Übersicht über die beiden wichtigsten Prozesse der Biosphäre. Die Dicke der Pfeile ist ein ungefähres Maß für die quantitative Bedeutung der einzelnen Prozesse, wobei aber die Bedeutung der zivilisatorischen Tätigkeit stark überhöht dargestellt ist. Die heterotrophen Prozesse finden sowohl in der Flora als auch in der Fauna statt, der Beitrag dieser Prozesse in Photosyntheseorganismen ist durch die graumarkierte Fläche „HP" symbolisiert (die gestrichelten Linien sind kein Maßstab für die quantitative Bedeutung). Die schwarzen Kästchen symbolisieren die photosynthetischen Primärprozesse und die Atmungskette. Die Bruttoreaktionen dieser Systeme sind im Mittelteil der Abb. 8.25 in den grau markierten Flächen angegeben. Einige Aktivitäten primitiver Organismen wurden zur Vereinfachung nicht berücksichtigt. Folgende Abkürzungen wurden benutzt: ADP = Adenosindiphosphat, ATP = Adenosintriphosphat, P_i = Orthophosphat. Flora: $NADP^+$/NADPH = Nikotinamidadenindinukleotidphosphat in oxydierter bzw. reduzierter Form. PGA = Phosphoglycerinsäure, R-5-P = Ribulose-5-phosphat, R-1,5-DP = Ribulose-1,5-diphosphat, T-3-P = Triose-3-phosphat, I-P = primäres Intermediärprodukt der CO_2-Reduktion mit R-1,5-DP. Fauna: α-kglu = α-Ketoglutarat, Cit = Citrat, Fum = Fumarat, [H] = metabolisch gebundener Wasserstoff, ISC = Isocitrat, Mal = Malat, OA = Oxalacetat, Succ = Succinat, Succ-CoA = Succinate gebunden an Coenzym A

Verbrennung bei Raumtemperatur gewinnt (Brennstoffzelle-Analogon).

Die wäßrig-gelartigen Phasen enthalten wasserlösliche globuläre Enzyme, die eine Vielzahl biochemischer Reaktionen katalysieren: Im sog. Stroma der Chloroplasten wird chemisch gebundener Wasserstoff unter Zuckerbildung auf CO_2 übertragen. Diese Reaktionsfolge wird als Calvin-Zyklus bezeichnet (s. Kapitel 13.1.1.1) (Abb. 8.26). An die Zuckerbildung schließt sich eine Vielzahl weiterer Synthesereaktionen an (diese biochemischen Aufbaureaktionen werden als Anabolismen bezeichnet), die zu einer großen Mannigfaltigkeit biochemischer Verbindungen (Proteine, Fette, Polysaccharide) führen. Im Matrix-Raum der Mitochondrien[5] wird dann durch den Abbau eines C_2-Bausteines des an Coenzym *A* gebundenen Acetylrestes in einer Reaktionsfolge, die als Krebs-Zyklus bezeichnet wird, wieder chemisch gebundener Wasserstoff erzeugt (die in Abb. 8.25 angegebene Stöchiometrie bezieht sich auf eine C_1-Einheit, s. Fußnote 8, S. 368). Die Photosynthese und deren heterotrophe Umkehr sind mit einem geschätzten Umsatz von 200–300 Milliarden Tonnen CO_2 pro Jahr die quantitativ bedeutendsten chemischen Prozesse auf der Erdoberfläche[6]. Das Wechselspiel zwischen photosynthetischer CO_2-Fixierung — stöchiometrisch gekoppelt mit einer O_2-Bildung — und dem heterotrophen O_2-Verbrauch — gekoppelt mit einer CO_2-Freisetzung —, das in Abb. 8.26 schematisch dargestellt ist, hat zu einem stationären Zustand geführt, der über Jahrmillionen praktisch unverändert geblieben ist. Durch die Verbrennung riesiger Mengen von Energieträgern fossilen Ursprungs (Erdöl, Kohle) scheint sich dieses Gleichgewicht in den letzten Jahrzehnten stetig zugunsten des atmosphärischen CO_2-Gehaltes zu verschieben.

Die Besprechung der Photosynthese erfolgt wegen der Besonderheiten photochemischer Reaktionen und der Bedeutung der biologischen Sonnenenergienutzung in einem gesonderten Abschnitt (Kapitel 13.1) innerhalb der Photobiophysik.

Die folgenden Betrachtungen sind ferner auf die Prozesse der Cristae-Membran in den Mitochondrien begrenzt, da mehr als 90% des Gesamtenergieumsatzes der Nährstoffe mit diesen Reaktionen gekoppelt ist.

Die in der Cristae-Membran freigesetzte Freie Enthalpie wird nicht direkt mit einzelnen biologischen Prozessen gekoppelt. Für den bioenergetischen Antrieb der zahlreichen exergonischen Reaktionen in den

[5] Zumindest für den Matrixraum ist die Annahme einer wäßrig-gelartigen Phase ein zu stark vereinfachtes Bild, da der hohe Proteingehalt (ca. 50%) eine eher reguläre Packung der Enzyme (ähnlich der eines Multienzymkomplexes) als eine reale Lösung begünstigt. Damit könnte zusätzlich die Annahme einer konstanten Wasseraktivität fragwürdig werden.

[6] Mehr als ein Drittel der gesamten photosynthetischen CO_2-Fixierung erfolgt durch die Meeresorganismen der Ozeane.

Lebewesen wurde vielmehr ein praktisch universelles Antriebssystem evolviert, wobei durch die Hydrolyse sog. „energiereicher Bindungen“ die notwendige Freie Enthalpie bereitgestellt wird. Wesentlich dabei ist, daß die Hydrolyse erst dann erfolgt, wenn die Freie Enthalpie zum Antrieb einer bestimmten Reaktion benötigt wird, d.h. die „Chemikalien“ des Antriebssystems müssen relativ stabil sein. Sie sollen überdies gut transportierbar sein, um leicht und schnell zu den Wirkorten zu gelangen, an denen sie benötigt werden. Die weitaus bedeutendste Verbindungsklasse dieser „biologischen Treibstoffe“ ist das Adenylatsystem. Innerhalb der Adenylatderivate spielt das ATP (Adenosintriphosphat, s. Abschn. 8.7.3) eine zentrale Rolle. Da in diesem Rahmen eine auch nur näherungsweise vollständige Behandlung der Bioenergetik nicht möglich ist, müssen bestimmte Schwerpunkte ausgewählt werden, an denen die wesentlichen Prinzipien exemplarisch erläutert werden.

Wir wollen dies auf der Grundlage des in Abb. 8.25 dargestellten Organisationsschemas der bioenergetischen Fundamentalprozesse vornehmen und dabei folgende Punkte beschreiben:

a) Die Eigenschaften von ATP und dessen zentrale Rolle in der Bioenergetik.

b) Energetik und Mechanismen des Umsatzes von metabolisch gebundenem Wasserstoff mit O_2 an der Cristae-Membran.

c) Bioenergetische Kopplungsmechanismen.

d) Mechanismus der ATP-Synthese.

8.7.3 Die Eigenschaften von ATP und dessen zentrale Rolle in der Bioenergetik

ATP kommt in allen lebenden Zellen in Konzentrationen von 10^{-3}–10^{-2} Mol/l (bezogen auf das Zellwasser) vor. Es wurde 1929 erstmalig aus Muskelextrakten isoliert und seine Struktur bestimmt (Fiske und Subbarow).

8.7.3.1 Die Eigenschaften von ATP

Das Molekül besteht aus 3 Bestandteilen (s. Abb. 8.27): der Adeningruppe, dem daran gebundenen Zuckermolekül D-Ribose und 3 Phosphatgruppen. Die nur 1 bzw. 2 Phosphatgruppen enthaltenden Verbindungen werden entsprechend als Adenosinmonophosphat (AMP) und Adenosindiphosphat (ADP) bezeichnet. Unter physiologischen Bedingungen sind 3 der 4 Hydroxylgruppen vollständig ($pK_1 = 2{,}1$), die vierte ($pK = 6{,}8$) weitgehend dissoziiert, so daß das ATP-Molekül als ein 4fach negativ geladenes Anion vorliegt. Es bildet sehr leicht Komplexe mit 2wertigen Kationen (Mg^{2+}, Ca^{2+}).

Die Hydrolyse von ATP zu ADP (entsprechend auch von ATP zu AMP und Pyrophosphat bzw. von ADP zu AMP und Orthophosphat) ist ein pH-abhängiger exergonischer Vorgang. Bei pH = 8,0 gilt:

$$ATP^{4-} + H_2O \rightarrow ADP^{3-} + HPO_4^{2-} + H^+ \qquad \Delta G^{0\prime} = -31\,\text{kJ/Mol}. \tag{8.128}$$

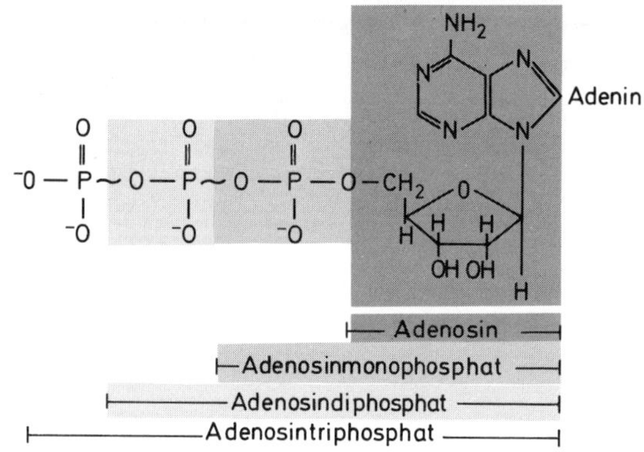

Abb. 8.27. Chemische Struktur des Adenylatsystems

Entsprechend wird die Phosphatbindung als „energiereich“ bezeichnet und durch ein Schlangenliniensymbol (s. Abb. 8.27) gekennzeichnet. Diese Kennzeichnung bedeutet nicht, daß die Bindung per se besonders energiereich ist (unter chemischer Bindungsenergie wird die zu der Dissoziation einer Bindung erforderliche Energie verstanden). Es soll damit nur symbolisiert werden, daß der *Gesamtprozeß* der hydrolytischen Spaltung eine signifikant exergonische Reaktion ist. Die dabei abgegebene Freie Enthalpie ist durch mehrere Faktoren bestimmt: 1. die elektrostatische Abstoßung im 4fach negativ geladenen ATP^{4-}-Anion ist größer als in den Produkten, 2. die Reaktionsprodukte sind resonanzstabilisiert, 3. die Solvatationsenthalpien der Produkte sind größer als die des ATP. Eine genaue quantitative Abschätzung der einzelnen Beiträge zur Gesamtdifferenz der Freien Enthalpie zwischen ATP und den Hydrolyseprodukten ist noch nicht gelungen.

Die tatsächlich in der Zelle für eine Reaktion zur Verfügung stehende Freie Enthalpie hängt neben dem $\Delta G^{0\prime}$-Wert endscheidend von den Konzentrationen der beteiligten Substanzen ab. Damit ergibt sich für die durch die ATP-Hydrolyse zu $ADP + P_i$ maximal zu gewinnende Nutzarbeit:

$$\Delta G = \Delta G^{0\prime} + RT \cdot \ln \frac{[ATP]}{[ADP] \cdot [P_i]}. \tag{8.129}$$

Dabei symbolisieren die Klammern die entsprechenden Aktivitäten, P_i ist eine Abkürzung für das anorganische Orthophosphat.

In Gl. (8.129) entspricht $\Delta G^{0\prime}$ der Freien Standardenthalpie (s. Kapitel 8.2.3). Da durch Gl. (8.128) beschriebene Hydrolysereaktion auch durch Ionen in der Lösung beeinflußt wird (insbesondere 2wertige Kationen spielen für die Komplexbildung der Adeninnukleotide ATP und ADP eine wesentliche Rolle), ist die Anwendung von Gl. (8.129) auf biologische Systeme nur sinnvoll, wenn man auch die unter physiologischen Bedingungen vorliegenden Ionenkonzentrationen berücksichtigt. Nimmt man vereinfachend an, daß die Ionenkonzentrationen praktisch konstant bleiben, so kann man deren Beitrag mit in das $\Delta G^{0\prime}$ aufnehmen.

Unter Berücksichtigung der physiologischen Bedingungen (pH≈8, Ionenkonzentrationen in Mitochondrien) wurde $\Delta G^{0''}$ zu 32,5 kJ/Mol abschätzt. Aus der Messung der *in vivo* unter stationären Bedingungen auftretenden Konzentrationen folgt, daß das aktuelle ΔG, das als *Phosphat-Potential* bezeichnet wird, im Matrix-Raum der Mitochondrien ebenso wie im Stroma-Raum der Chloroplasten in der Größenordnung von 50–60 kJ/Mol liegt.

Neben dem Phosphat-Potential wird der energetische Zustand des Adenylatsystems in der Zelle häufig in Form des von Atkinson (1968) eingeführten Begriffes der *Energieladung* beschrieben. Die Energieladung des Adenylatsystems $E(\mathrm{Ad})$ ist durch Gl. (8.130) definiert:

$$E(\mathrm{Ad}) = \frac{c_{\mathrm{ATP}} + 0{,}5 \cdot c_{\mathrm{ADP}}}{c_{\mathrm{ATP}} + c_{\mathrm{ADP}} + c_{\mathrm{AMP}}}. \qquad (8.130)$$

Der wesentliche Unterschied zum Phosphat-Potential besteht darin, daß die Konzentration des anorganischen Phosphates nicht berücksichtigt wird. Damit ist $E(\mathrm{Ad})$ eine energetisch nicht eindeutig definierte Größe. Sie beträgt z.B. für eine *E. coli*-Zellkultur in der (exponentiellen) Wachstumsphase ca. 0,8. Ruhende Zellen zeigen deutlich niedrigere $E(\mathrm{Ad})$-Werte.

8.7.3.2 Die Rolle des ATP in der Bioenergetik

Die bei der ATP-Hydrolyse gewonnene Freie Enthalpie wird dazu benutzt, um einzelne endergonische Reaktionen anzutreiben. Dabei ist entscheidend, daß die energetische Kopplung über eine *gemeinsame Zwischenstufe* erfolgt. Diese geschieht meist durch die Bildung phosphorylierter Verbindungen mit einem der Reaktanten (Substrataktivierung). Das Prinzip, das in Abb. 8.28 dargestellt ist, sei am speziellen Beispiel der endergonischen Glutamin-Synthese aus Glutamat und NH_4^+ erläutert, die in Gl. (8.131) beschrieben ist:

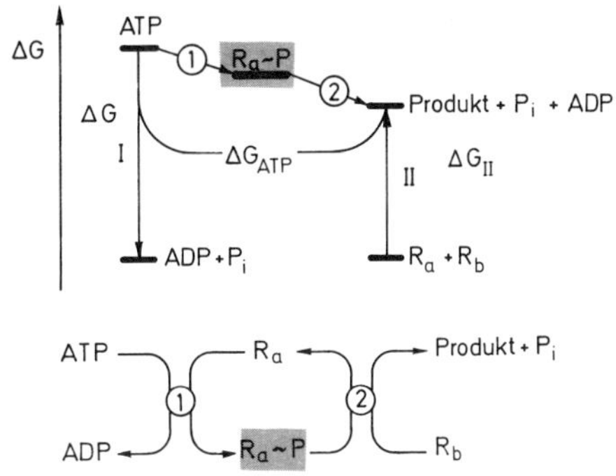

Abb. 8.28. Prinzip des Antriebes von endergonischen Biosynthesen durch ATP-Hydrolyse über ein gemeinsames phosphoryliertes Zwischenprodukt. R_a, R_b = Reaktanten, $R_a \sim P$ = phosphoryliertes Zwischenprodukt, ΔG_{I} und ΔG_{II} = Freie Enthalpie der ATP-Hydrolyse und der endergonischen Reaktionen, ① und ② sind die über $R_a \sim P$ chemisch gekoppelten Reaktionen

Der gekoppelte Gesamtprozeß ist exergonisch, es tritt insgesamt ein Verlust an Freier Enthalpie auf. In dieser Weise wird ATP zum Antrieb praktisch aller Biosynthesenreaktionen verwendet. Innerhalb der verschiedenen Syntheseleistungen der Zelle (Proteine, Lipide, Polysaccharide, DNA, RNA) wird der Hauptanteil für die Proteinsynthese verbraucht (bei *E. coli* beträgt dieser Anteil bezogen auf die Gesamtbiomasse fast 90 %).[7]

Es existiert eine Vielzahl sog. „energiereicher" Phosphatbindungen, deren Hydrolyse beträchtlich mehr ($\Delta G^{0'}$ für die Phosphoenolpyruvat-Hydrolyse beträgt −61,8 kJ/Mol) oder weniger ($\Delta G^{0'}$ für die Glycerin-3-phosphat-Hydrolyse beträgt −9,2 kJ/Mol) Freie Ent-

[7] Es muß in diesem Zusammenhang daran erinnert werden, daß Lebewesen keine statischen Systeme sind. Bis auf wenige Ausnahmen (z.B. Nervenzellen) findet während der Lebensdauer des Gesamtorganismus ein ständiger Auf- und Abbau von Zellen und deren Bestandteilen statt.

$$^{-}O{-}C({=}O){-}(CH_2)_2{-}CH(NH_2){-}C({=}O){-}O^- + NH_4^+ \longrightarrow H_2N{-}C({=}O){-}(CH_2)_2{-}CH(NH_2){-}C({=}O){-}O^- + H_2O \qquad \Delta G^{0'} = +14{,}2\ \mathrm{kJ/Mol}. \qquad (8.131)$$

Dieser Prozeß wird thermodynamisch durch die Zerlegung in 2 Teilreaktionen unter Kopplung mit der ATP-Hydrolyse über ein gemeinsames Zwischenprodukt möglich:

$$^{-}O{-}C({=}O){-}(CH_2)_2{-}CH(NH_2){-}C({=}O){-}O^- + ATP^{4-} \longrightarrow {}^{-}O{-}P(O^-)({=}O){\sim}O{-}C({=}O){-}(CH_2)_2{-}CH(NH_2){-}C({=}O){-}O^- + ADP^{3-}, \qquad (8.131a)$$

$$^{-}O{-}P(O^-)({=}O){\sim}O{-}C({=}O){-}(CH_2)_2{-}CH(NH_2){-}C({=}O){-}O^- + NH_4^+ \longrightarrow H_2N{-}C({=}O){-}(CH_2)_2{-}CH(NH_2){-}C({=}O){-}O^- + HPO_4^{2-} + H^+, \qquad (8.131b)$$

Summe:

$$^{-}O{-}C({=}O){-}(CH_2)_2{-}CH(NH_2){-}C({=}O){-}O^- + ATP^{4-} + NH_4^+ \longrightarrow H_2N{-}C({=}O){-}(CH_2)_2{-}CH(NH_2){-}C({=}O){-}O^- + ADP^{3-} + H^+ + HPO_4^{2-} + H_2O$$

$$\Delta G^{0'} = -16{,}3\ \mathrm{kJ/Mol}. \qquad (8.132)$$

halpie bei der Hydrolyse freisetzen. Das ATP/ADP-System steht praktisch in der Mitte der Skala und kann daher als ideales Donator/Akzeptor-Paar für den Phosphatgruppentransfer wirken.

Entsprechend seiner Bedeutung ist der Umsatz an ATP in den Lebewesen beträchtlich. So beträgt der tägliche Umsatz eines erwachsenen Menschen im Durchschnitt 70 kg. ATP selbst wird nicht im Körper als Depot gespeichert. Eine vereinfachende Abschätzung zeigt, daß der Gesamt ATP-Gehalt der einfachen *E.coli*-Zelle nur für 2 s zur Leistung der erforderlichen biosynthetischen Arbeit ausreicht. Daher muß ATP laufend synthetisiert werden.

Dies ist der Preis, den die Organismen zur Aufrechterhaltung ihres Lebens, d.h. ihres thermodynamischen Ungleichgewichtszustandes, „zahlen" müssen. Sie müssen dauernd Entropie produzieren, die an die Umgebung abgegeben wird. Dies erfolgt durch einen ständigen Energiefluß, bei dem ATP als Zwischenstufe eine zentrale Rolle spielt. Damit stellt ATP die endogene Überträgersubstanz für die Freie Enthalpie in den Lebewesen dar, durch die die Vielfalt biologischer Arbeitsleistungen energetisch möglich wird.

Wir haben bislang im Prinzip gezeigt, welche Rolle ATP bei biochemischen Syntheseleistungen spielt. In analoger Weise werden auch die mechanische Muskelarbeit und der aktive Stofftransport durch ATP angetrieben (s. Kapitel 14 und 12.5).

Es ist nun zu fragen, wie wird umgekehrt die ATP-Synthese mit der „kalten Verbrennung" von metabolisch gebundenem Wasserstoff durch O_2 in der Cristae-Membran energetisch und mechanistisch gekoppelt?

8.7.4 Mechanismus und Energetik des Umsatzes von gebundenem Wasserstoff mit O_2

Die Umsetzung von metabolisch gebundenem Wasserstoff mit O_2 erfolgt in der Cristae-Membran der Mitochondrien (s. Abb. 8.25). Bevor wir uns mit der mechanistischen Realisierung dieses Prozesses beschäftigen, sollen zunächst einerseits die Bildung von gebundenem Wasserstoff ($T \cdot H_2$) aus den Nährstoffen, andererseits die Eigenschaften von O_2 als Oxydans kurz beschrieben werden.

8.7.4.1 Die Erzeugung von gebundenem Wasserstoff durch katabolischen Nährstoffabbau

Die in der Zelle vorhandenen Nährstoffe (Lipide, Proteine und Polysaccharide) werden in der sog. Stufe I des Stoffwechsels in einer enzymkatalysierten biochemischen Reaktionsfolge im Cytoplasma (vgl. Zitat Lehninges) außerhalb der Mitochondrien katabolisch abgebaut. Dabei erfolgt die Spaltung von Lipiden in Glyzerin und Fettsäuren, von Proteinen in Aminosäuren und von Polysacchariden in Pentosen und Hexosen. Im daran anschließenden Katabolismus der Stufe II findet der Abbau zu Verbindungen statt,

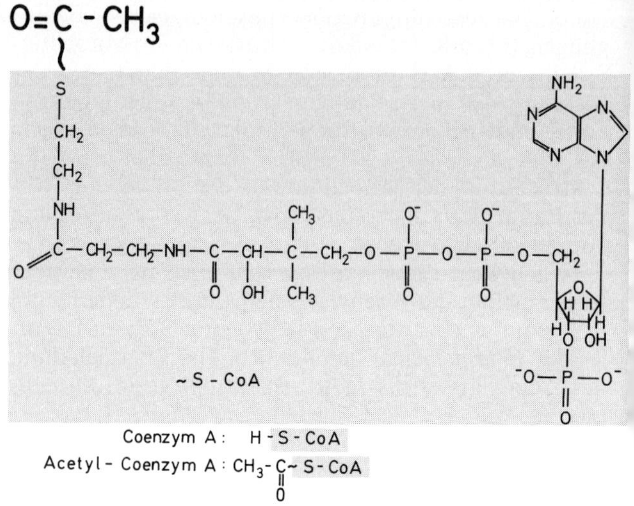

Abb. 8.29. Chemische Struktur von Acetyl-Coenzym A

die auf dem allgemeinen Abbauweg der Zelle liegen, z.B. in Pyruvat, das im Matrixraum der Mitochondrien in den an Coenzym A gebundenen Acetylrest überführt wird. Diese Verbindung (s. Abb. 8.29) wirkt als katalytisch aktivierter C_2-Baustein der formalen Zusammensetzung $(CH_2O)_2$[8]. Das Acetylcoenzym A wird im Matrix-Raum an Oxalessigsäure angelagert und tritt damit unter Bildung von Zitronensäure in den Zitrat-Zyklus (sog. Krebs-Zyklus) ein. Dabei erfolgt mit H_2O unter Abspaltung von $2\,CO_2$-Molekülen die Bildung von 4 Molekülen gebundenen Wasserstoffs $T \cdot H_2$ (s. Abb. 8.26):

$$CH_3-\underset{\underset{O}{\|}}{C}-S-CoA+3\,H_2O \rightarrow 4\,H_2+2\,CO_2+HS-CoA\,. \qquad (8.133)$$

Als chemische Trägersubstanzen wirken dabei an 3 Stellen des Zyklus Nicotinamidadenindinukleotid (NAD^+), an der vierten Stelle das Flavoprotein mit Flavinadenindinukleotid als funktionelle Gruppe. In allen Fällen wird dabei Wasserstoff an heterozyklische Systeme mit konjugierten Doppelbindungen gebunden. Ein analoges Prinzip ist auch in der Photosynthese realisiert (s. Kapitel 13.1). Die chemische Struktur dieser Trägersubstanzen und der Mechanismus der Wasserstoffbindung sind in Abb. 8.30 angegeben.

8.7.4.2 Die Eigenschaften von O_2 als biologisches Oxydans

Die bioenergetische Bedeutung des Sauerstoffs als Oxydans ist am Beispiel der Gewinnung von Nutzarbeit aus Glukose in Abschn. 8.7.1.3 [Gln. (8.127a) und (8.127b)] gezeigt worden. Damit diese potentielle Möglichkeit biologisch auch nutzbar gemacht werden konnte, mußten zwei wesentliche kinetische Eigenschaften

[8] Die formale Einheit $-CH_2O-$ wird als C_1-Einheitsbaustein des Kohlenhydratstoffwechsels aufgefaßt und Verbindungen der Zusammensetzung $(CH_2O)_n$ entsprechend als C_n-Bausteine bezeichnet.

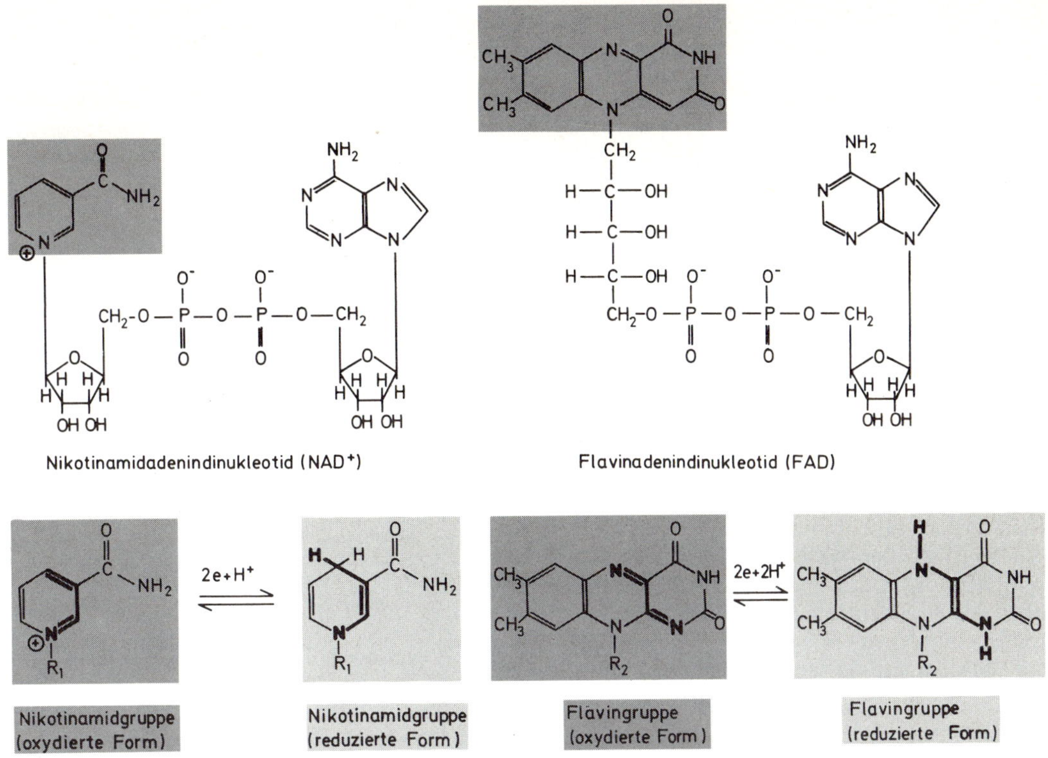

Abb. 8.30. Chemische Struktur von NAD^+ und FAD. Die funktionell aktiven Gruppen sind grau markiert

erfüllt sein: a) Sauerstoff muß hinreichend reaktionsträge sein, um einen spontanen dissipativen Abbau auszuschließen, b) Sauerstoff muß in den Zellen gut transportierbar und am Reaktionsort der Cristae-Membran aktivierbar sein.

Die Reaktionsträgheit des Sauerstoffs ist im wesentlichen durch 3 Faktoren bestimmt: a) die elektronische Struktur des Moleküls. Diese ist im Bilde der Molekülorbital (MO)-Darstellung durch die Konfiguration: $KK(2\sigma_g)^2(2\sigma_u)^2(3\sigma_g)^2(1\pi_u)^4(1\pi_g)^2$ gegeben, wobei angenommen wird, daß die inneren $1s$-Elektronen weitgehend durch die Atomorbitalstruktur zu beschreiben sind (symbolisiert durch Angabe der K-Schale): Aus der Besetzung des obersten MO $(1\pi_g)^2$ ergeben sich 6 unterscheidbare Zustände mit verschiedenen Elektronenverteilungen, Energien und magnetischen Eigenschaften: ein $^1\Sigma_g^+$-Zustand, zwei $^1\Delta_g$-Zustände und drei $^3\Sigma_g^-$-Zustände. Ein einfaches Zustandsdiagramm zeigt, daß O_2 im Grundzustand als $^3\Sigma_g^-$-Triplett vorliegt, wobei sich die 3 verschiedenen $^3\Sigma_g^-$-Zustände bezüglich ihrer Bindungsenergie praktisch nicht unterscheiden. Andererseits liegen praktisch alle organischen Molekülbausteine der Lebewesen im Grundzustand als Singuletts vor, deren bindende MO voll besetzt sind. Damit sind bimolekulare Elektronenaustauschreaktionen (Redoxreaktionen) mit dem Sauerstoffmolekül im Grundzustand quantenmechanisch spinverbotene Prozesse. Dies bewirkt, daß O_2 im $^3\Sigma_g^-$-Zustand relativ reaktionsträge ist. Für die energetisch höher liegenden $^1\Delta_g$- und $^1\Sigma_g^+$-Zustände gilt dieses Verbot aber nicht. Die Übergänge aus dem $^3\Sigma_g^-$-Zustand in $^1\Delta_g$ und $^1\Sigma_g^+$ erfordern nur relativ geringe Energie und sollten daher im sichtbaren bzw. nahen IR-Bereich möglich sein (s. Abb. 8.31). Glücklicherweise sind diese Übergänge auch spinverboten, sonst wäre ein Überleben unter aeroben Bedingungen nur schwer denkbar. Durch Pigmente ist aber eine sensibilisierte Singulett-Sauerstoffbildung möglich. Daher sind

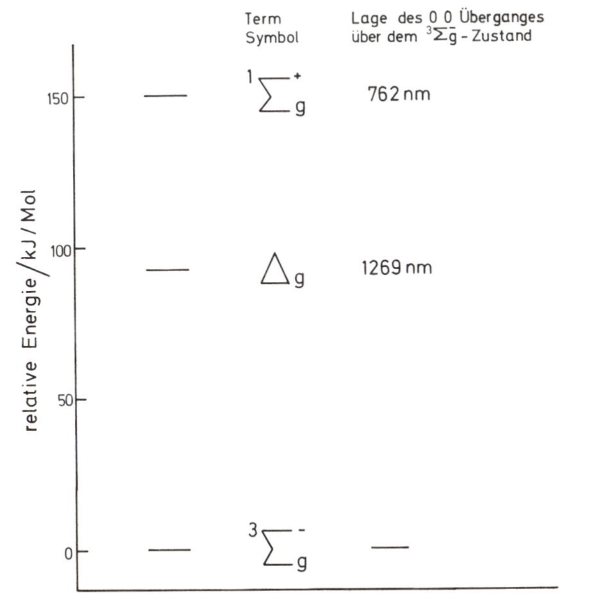

Abb. 8.31. Relative Lage des Energieniveaus der Potentialminima der 3 niedrigsten Elektronenzustände des Sauerstoffs

Schutzmechanismen erforderlich, um pigmentierte Lebewesen gegen eine photodynamische Zerstörung zu schützen (s. Abschn. 13.1.2.2). Darüber hinaus existieren in den Organismen noch Enzymsysteme, die reaktive Zwischenprodukte (H_2O_2, $O_2^{\overline{\cdot}}$) der O_2-Reduktion sehr rasch eliminieren[9]. b) Da molekularer Sauerstoff hydrophob ist, sind Reaktionen in wäßriger Lösung mit starken Umorientierungseffekten der umgebenden H_2O-Moleküle gekoppelt, so daß die Reaktivität durch einen sog. „thermodynamischen Milieu-Effekt" weiter vermindert wird. c) Die Bindungsenergie (in wäßriger Lösung 254 kJ/Mol) ist hinreichend groß, um die Bildung reaktiver Sauerstoffatome zu verhindern.

Für den Transport des O_2 zu den Reaktionszentren in der Cristae-Membran spielen bei den vielzelligen Tieren Trägerproteine (Myoglobin, Hämoglobin), die O_2 reversibel binden, eine wesentliche Rolle. Die Eigenschaften dieser Transportsysteme sind in Kapitel 12.6 beschrieben.

Die Frage der Aktivierung des Sauerstoffs für die zelluläre Oxydation ist eine der wesentlichen Fragen über den Mechanismus der Oxydation[10] von metabolisch gebundenem Wasserstoff. Sie führte O. Warburg zur Entdeckung des sog. „gelben Atmungsfermentes" und wird in Abschn. 8.7.4.3c ausführlicher behandelt.

8.7.4.3 Die Reaktionen des gebundenen Wasserstoffs mit O_2 in der Cristae-Membran

Die prinzipiellen Fragen zum Mechanismus der „kalten Verbrennung" von gebundenem Wasserstoff wurden zwischen 1920 und 1940 durch intensive Untersuchungen, im wesentlichen der Arbeitsgruppen von Wieland, Warburg und Keilin beantwortet und führten zum Konzept der Atmungskette.

a) Das Prinzip der Atmungskette

Die Untersuchungen von Warburg (1928) zeigten, daß O_2 durch ein spezielles Enzym, das „gelbe Atmungsferment" (dieses wird heute als Cytochromoxydase bezeichnet), aktiviert werden muß. Auf der anderen Seite schloß Wieland, daß die Oxydation reduzierter organischer Substanzen (nämlich die pauschal unter dem Symbol $T \cdot H_2$ zusammengefaßten Verbindungen des gebundenen Wasserstoffs) durch Wasserstoffentzug mittels spezieller Enzyme, der sog. *Dehydrogenasen*, erfolgt. Die Wiederentdeckung der Cytochrome durch Keilin (1925) führte diesen zu dem Schluß, daß die Cytochrome als Bindeglieder zwischen den Wielandschen Dehydrogenasen und dem Warburgschen Atmungsferment wirken. Nach dieser Hypothese wird gebundener Wasserstoff mit O_2 zu H_2O in einer Reaktionsfolge oxydiert, die als *Atmungskette* bezeichnet wird. Damit ergab sich das in Abb. 8.32 dargestellte Schema. Dabei findet in der oxydativen Respiration eine Stufenfolge von Elektronen- und Wasserstoff ($e + H^+$)-Überträgerprozessen statt, bei der O_2 als Oxydans erst auf der letzten Stufe der Kette beteiligt ist. Prozesse, bei denen Elektronen zwischen den Reaktionspartnern ausgetauscht werden, bezeichnet man als Redoxprozesse. Diese spielen in der Bioenergetik nicht nur bei den heterotrophen Fundamentalprozessen der Respiration $2T \cdot H_2 + O_2 \rightarrow 2H_2O + 2T$) eine entscheidende Rolle, sondern auch bei der autotrophen Umkehrreaktion in der Photosynthese.

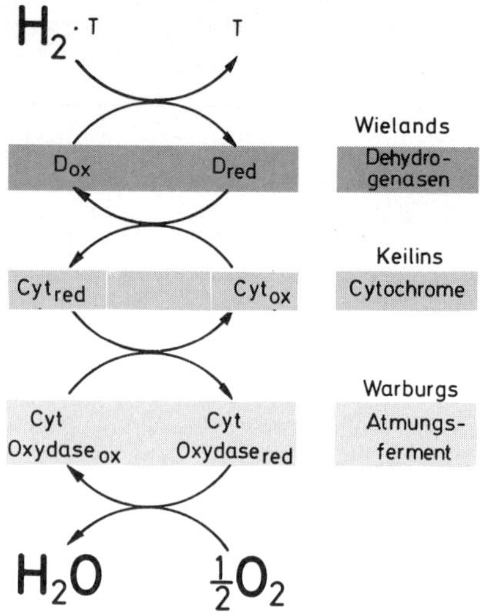

Abb. 8.32. Schematische Darstellung der 3 Hauptstufen der Oxydation von gebundenem Wasserstoff mit O_2 in der Atmungskette

b) Redox-Reaktionen in biologischen Systemen

Die Partner einer Reaktion zwischen denen der Elektronenaustausch stattfindet, können überdies noch mit Liganden reagieren, deren einfachster das Proton ist. Bezeichnet man den Liganden, der selbst nicht an dem Elektronenübergang beteiligt ist, mit L^y, wobei y die elektrische Ladung des Liganden angibt, so ergibt sich für eine einfache Redoxreaktion zwischen den Stufen, die durch Ox und Red symbolisiert werden, das in Gl. (8.134) dargestellte Schema:

$$\begin{array}{ccc} mL^y + \mathrm{Ox}^z + n \cdot e & \rightleftharpoons & \mathrm{Red}^{z-n} + m \cdot L^y \\ K^{\mathrm{L}}_{\mathrm{Ox}} \Updownarrow & & \Updownarrow K^{\mathrm{L}}_{\mathrm{Red}} \\ \mathrm{Ox} \cdot L_m^{z+m \cdot y} + n \cdot e & \rightleftharpoons & \mathrm{Red} \cdot L_m^{z+m \cdot y-n} \end{array} \qquad (8.134)$$

Dabei beschreibt z die Ladung der Substanz in der oxydierten Stufe und n die Zahl bei der Redoxreaktion übertragenen Elektronen, $K^{\mathrm{L}}_{\mathrm{Ox}}$ und $K^{\mathrm{L}}_{\mathrm{Red}}$ sind die Gleichgewichtskonstanten der Ligandenbindung. Freie Elektronen treten in biologischen Systemen praktisch nicht auf. Man kann aber das elektrochemische Potential der Elektronen für ein bestimmtes Redoxpaar dadurch erhalten, daß man den Elektronenübergang an einer inerten Metallelektrode (Gold oder Platin) stattfinden läßt. Dann gilt im Gleichgewicht für das elektrochemische Potential der komplexierten und nichtkomplexierten Spezies:

$$\tilde{\mu}_{\mathrm{Ox}} + n\tilde{\mu}_e^{(\mathrm{M})} = \tilde{\mu}_{\mathrm{Red}}$$

und

$$\tilde{\mu}_{\mathrm{Ox} \cdot \mathrm{L}_m} + n\tilde{\mu}_e^{(\mathrm{M})} = \tilde{\mu}_{\mathrm{Red} \cdot \mathrm{L}_m}, \qquad (8.135)$$

[9] Es gibt Theorien (Fridovich), nach denen die unvollständigen Schutzmechanismen gegen die Toxizität des Sauerstoffs ein Faktor für das Altern und schließlich den Tod des Lebewesens sind.

[10] Die katalytische Aktivierung von O_2 ist auch eines der wesentlichen Probleme bei der technischen Nutzung der „kalten Verbrennung" von H_2 (oder anderen Materialien) in der Brennstoffzelle, da die kinetische Limitierung die Überspannung und damit die Effizienz bestimmt.

wobei $\tilde{\mu}_e^{(M)}$ das elektrochemische Potential der Elektronen im Metall (dies entspricht dem Fermi-Niveau) darstellt. Setzt man ferner voraus, daß auch für die Komplexbildung Gleichgewicht vorliegt, d.h. $\tilde{\mu}_i + m \cdot \tilde{\mu}_L = \tilde{\mu}_{i \cdot L_m}$, wobei i=Ox oder Red ist, so sind die beiden Formen in Gl. (8.135) synonym.

Die Elektronenaustauschreaktion an der Grenzfläche zwischen Metall und der Phase, die die Redoxsubstanz enthält, wird dann thermodynamisch mit der Elektronenverteilung in der Phase (d.h. zwischen den Stufen Ox und Red) äquivalent, wenn das elektrochemische Potential der Elektronen durch die Redoxpartner definiert ist:

$$\tilde{\mu}_e = \frac{\tilde{\mu}_{Red} - \tilde{\mu}_{Ox}}{n} = \frac{\tilde{\mu}_{Red \cdot L_m} - \tilde{\mu}_{Ox \cdot L_m}}{n}. \quad (8.136)$$

Die oxydierten und reduzierten Spezies des Redoxpaares beschreiben damit das elektrochemische Potential von Elektronen auch in Phasen, in denen diese als freie oder solvatisierte Spezies gar nicht auftreten.

Für das elektrochemische Potential einer Komponente i gilt allgemein[11]:

$$\tilde{\mu}_i = \left(\frac{\partial G}{\partial n_i}\right)_{T,p,n_{j \neq i}} = \mu_i + z_i \cdot \mathscr{F} \cdot \psi$$
$$= \mu_i^0 + RT \cdot \ln[i] + z_i \cdot \mathscr{F} \cdot \psi \quad (8.137)$$

dabei sind $[i]$ die Aktivität der Komponente i und $\mathscr{F}$ die Faradaykonstante ($\mathscr{F}$ = 96485 Coul/Mol).

Man erhält damit für das elektrochemische Potential des Elektrons i=e, $z_e = -1$:

$$\tilde{\mu}_e = \mu_e - \mathscr{F}\psi$$
$$= \mu_e^0 + \frac{RT}{n} \cdot \ln\frac{[Red]}{[Ox]} - \mathscr{F}\psi, \quad (8.138)$$

wobei ferner gilt:

$$\mu_e^0 = \frac{\mu_{Red}^0 - \mu_{Ox}^0}{n} = -\mathscr{F} \cdot E^0. \quad (8.139)$$

Die Größe E^0 wird als *Standard-Redoxpotential* des Redoxpaares (Ox/Red) bezeichnet.

Entsprechend wird allgemein das chemische Potential[12] der Elektronen durch das Redoxpotential E ausgedrückt. Es gilt:

$$E = E^0 + \frac{RT}{n\mathscr{F}} \cdot \ln\frac{[Ox]}{[Red]}. \quad (8.140)$$

Damit ist das thermodynamische Verhalten eines Redoxpaares eindeutig durch sein Redoxpotential bestimmt. Es beschreibt die Tendenz einer Substanz, Elektronen aufnehmen oder abgeben zu können. Je negativer das Redoxpotential ist, desto leichter gibt das betreffende Redoxpaar Elektronen ab. Reagieren 2 Redoxpaare R_1 und R_2 miteinander, so gibt das Paar mit dem kleineren (negativeren) Redoxpotential Elektronen an das Paar mit dem größeren (positiveren) Redoxpotential ab. Die Differenz der Redoxpotentiale $\Delta E = E_1 - E_2$ ist ein Maß für die durch die Redoxreaktion R_1(red) + R_2(ox) → R_1(ox) + R_2(red) maximal zu gewinnende Nutzarbeit. Dabei besteht folgender Zusammenhang mit der Freien Enthalpie der Reaktion:

$$\Delta E = -\frac{\Delta G}{n \cdot \mathscr{F}}, \quad (8.141)$$

wobei n die Zahl der bei der Reaktion pro Formelumsatz ausgetauschten Elektronen ist. Die in Gl. (8.139) definierten absoluten Standard-Redoxpotentiale E^0 sind selbst experimentell nicht direkt meßbar. Es können nur Potentialdifferenzen hinreichend genau bestimmt werden. Daher ist ein geeignetes Bezugssystem notwendig. Vielfach wird die sog. *Normalwasserstoffelektrode* benutzt, deren Redoxpotential willkürlich gleich Null gesetzt wird[13]. Die Normalwasserstoffelektrode besteht aus einer von Wasserstoff (p = 101 325 *Pa*) umspülten und in eine wäßrige Lösung mit der Wasserstoffionenaktivität $[H^+]$ = 1 Mol/l (pH = 0) eintauchenden Platinelektrode. Für praktische Zwecke sind andere Bezugssysteme, wie z.B. die gesättigte Kalomelelektrode (das Redoxpotential bei 25° C beträgt ca. +240 mV gegenüber der Normalwasserstoffelektrode) besser geeignet.

In Analogie zu den Redoxreaktionen, bei denen das elektrochemische Potential von Elektronen, die in der betreffenden Phase als freie (bzw. solvatisierte) Spezies nicht auftreten, über das Redoxpotential definiert ist, kann man auch bei Protonisierungs/Deprotonisierungsreaktionen in Phasen (symbolisiert durch b), in denen keine freien (bzw. solvatisierten) Protonen vorkommen, das elektrochemische Potential der Protonen, $\tilde{\mu}_{H^+}^{(b)}$, durch die Aktivitäten der protonisierten und nichtprotonisierten Form ausdrücken:

$$\tilde{\mu}_{H^+}^{(b)} = \mu_{H^+}^{0(b)} + RT \cdot \ln\frac{[S_iH]}{[S_i]} + \mathscr{F} \cdot \psi. \quad (8.142)$$

Während bei Redoxpaaren der Elektronenübertritt an einer inerten Metallelektrode erfolgen kann, übernimmt diese Funktion bei den H^+-Transferreaktionen eine wäßrige Grenzfläche, in der das elektrochemische Potential der freien (hydratisierten) Protonen definiert ist (und damit entsprechend auch der pH-Wert).

Die experimentelle Bestimmung der thermodynamisch eindeutig definierten Standardredoxpotentiale bereitet in biologischen Systemen oft große Schwierigkeiten. Viele biologisch wichtige Redoxreaktionen sind mit Protonisierungs/Deprotonisierungsreaktionen gekoppelt. Biologische Systeme sind aber bei pH = 0 nicht lebensfähig. Man kann daher die Redoxpotentiale nur bei physiologischen pH-Werten messen und benutzt als Vergleichs-pH-Wert sehr oft pH = 7. Darüber hinaus ist es oft auch nur möglich, den Gesamtredoxzustand eines Systems zu bestimmen. Dieser ist gegeben durch $r = [Ox]_{total}/[Red]_{total}$. Man bezeichnet die bei $r = 1$ auftretenden Redoxpotentiale als Halbstufenpotentiale (engl. midpoint potential) und kennzeichnet diese durch $E_{m,pH}$, wobei pH den pH-Wert angibt, bei dem diese gemessen werden. Entsprechend werden in der Literatur meist $E_{m,7}$-Redoxpotentiale zur Charakterisierung von biologischen Redoxkomponenten angegeben. Einige wichtige Systeme sind in Tabelle 8.3 zusammengestellt. Es muß aber ausdrücklich betont werden, daß die Halbstufenpotentiale im Gegensatz z.B. zu den Standard-Potentialen pH-abhängig sein können.

Dies sei am Beispiel eines einfachen 1-Elektronen-Redoxpaares Ox/Red gezeigt, dessen oxydierte und reduzierte Form jeweils einstufig protonisierbar sei. Dann gilt:

$$Ox + e \rightleftharpoons Red \quad (8.143)$$

$Ox + H^+ \rightleftharpoons OxH^+$ und $Red + H^+ \rightleftharpoons RedH^+$. Mit den Dissoziationskonstanten

$$K_{Ox} = \frac{[Ox] \cdot [H^+]}{[OxH^+]} \quad \text{und} \quad K_{Red} = \frac{[Red] \cdot [H^+]}{[RedH^+]} \quad (8.144)$$

sowie dem Gesamtredoxzustand

$$r = \frac{[Ox]_{total}}{[Red]_{total}} \quad (8.145)$$

und den Bilanzgleichungen

$$[Ox]_{total} = [Ox] + [OxH^+] \quad \text{und} \quad [Red]_{total} = [Red] + [RedH^+]$$

[11] Die eindeutige Separierung in ein rein chemisches Potential μ_i (dieses ist in Kapitel 8.2.5 behandelt) und einen rein elektrischen Term $z_i \cdot \mathscr{F} \cdot \psi$ bereitet prinzipielle Schwierigkeiten, die hier nicht diskutiert werden sollen.

[12] Für das elektrochemische Potential ist entsprechend der elektrische Anteil noch zu addieren [s. Gl. (8.137)].

[13] Es ist auch üblich, die Redoxpotentiale auf das sog. Vakuumenergieniveau des Elektrons, das gleich Null gesetzt wird, zu beziehen. Da das Fermi-Niveau der Normalwasserstoffelektrode zu ca. −4,5 eV bestimmt wurde, ergibt sich für das auf das Vakuumniveau normierte Redoxpotential U^0: $U^0 = -4{,}5 + e \cdot E^0$ (e = Elementarladung).

Tabelle 8.3. Halbstufenpotentiale einiger biologisch wichtiger Redoxsysteme

Redoxsystem	Zahl der übertragenen Elektronen	Halbstufenpotential bei pH = 7, $E_{m,7}$ [mV]
Acetaldehyd/Acetat	2	− 600
$\text{Ferredoxin}_{\text{red}}/\text{Ferredoxin}_{\text{ox}}$	1	− 430
$H_2/2\,H^+$	2	− 420
2 Cystein/Cystin	2	− 340
$NADH/NAD^+$	2	− 320
$NADPH/NADP^+$	2	− 320
$\text{Riboflavin}_{\text{red}}/\text{Riboflavin}_{\text{ox}}$	2	− 210
Äthanol/Acetaldehyd	2	− 200
Lactat/Pyruvat	2	− 190
Succinat/Fumarat	2	+ 30
Ascorbat/Dehydroascorbat	2	+ 80
Ubihydrochinon/Ubichinon	2	+ 100
Plastohydrochinon/Plastochinon	2	+ 110
Cytochrom c_{red}/Cytochrom c_{ox}	1	+ 230
$H_2O_2/\frac{1}{2}O_2$	2	+ 300
Cytochrom f_{red}/Cytochrom f_{ox}	1	+ 365
$\text{Plastocyanin}_{\text{red}}/\text{Plastocyanin}_{\text{ox}}$	2	+ 370
Chlorophyll-a_I/Chlorophyll-a_I^+	1	+ 430
$H_2O/\frac{1}{2}O_2$	2	+ 815
$2\,H_2O/H_2O_2$	2	+1350
$H_2O/2\,OH$	2	+2300

erhält man dann für das Redoxpotential:

$$E = E^0 + \frac{RT}{\mathscr{F}}\cdot\ln r + \frac{RT}{\mathscr{F}}\cdot\ln\frac{\dfrac{[H^+]}{K_{\text{Red}}}+1}{\dfrac{[H^+]}{K_{\text{Ox}}}+1}, \tag{8.146}$$

wobei zur Vereinfachung $\psi = 0$ angenommen wird.

Für $r = 1$ (zur Vereinfachung wird angenommen, daß das Verhältnis der Aktivitätskoeffizienten $f_{\text{Ox}}/f_{\text{Red}} = \text{const}$ ist und damit mit dem Standard-Potential E^0 zu einer neuen Konstanten E_0 zusammengefaßt werden kann) ist $E \equiv E_m$ und damit

$$E_m = E_0 + \frac{RT}{\mathscr{F}}\cdot\ln\frac{\dfrac{[H^+]}{K_{\text{Red}}}+1}{\dfrac{[H^+]}{K_{\text{Ox}}}+1}. \tag{8.147}$$

Für einige biologisch wichtige Redoxkomponenten (z.B. Chinon/Hydrochinonsystem) gilt im physiologischen Bereich (pH = 6 bis 9) $K_{\text{Red}} \ll [H^+]$ und $K_{\text{Ox}} \gg [H^+]$. Dann ergibt sich aus Gl. (8.147)

$$E_{m,\text{pH}} = E_0 + \frac{2{,}3\cdot RT}{\mathscr{F}}\,pK_{\text{Red}} - \frac{2{,}3\cdot RT}{\mathscr{F}}\,\text{pH}. \tag{8.148}$$

Die experimentelle Bestimmung der Halbstufenpotentiale biologischer Redoxkomponenten erfordert die Gleichgewichtseinstellung an einer inerten Metallelektrode. Dies ist bei kompartimentierten Systemen, insbesondere bei membrangebundenen Komponenten in der Regel nicht realisierbar. Es sind daher zusätzliche Redoxsysteme notwendig, die eine Gleichgewichtseinstellung zwischen der Elektrode und der biologischen Redoxkomponente vermitteln (Redoxmediatoren), sowie eine definierte Redoxpotentialeinstellung erlauben (Redoxpuffer). Eindeutige Ergebnisse können daher nur dann erhalten werden, wenn die Gleichgewichtseinstellung am Ort der zu untersuchenden biologischen Redoxkomponente erfolgt. Ist dies nicht möglich (z.B. bei vielen mebrangebundenen Komponenten), so kann das gemessene Halbstufenpotential zusätzlich sowohl von elektrochemischen Transmembranpotentialdifferenzen ($\Delta\psi$ oder ΔpH) als auch von Oberflächenpotentialen abhängig sein. Eine eingehende Diskussion dieser äußerst wichtigen Problematik zur Interpretation experimenteller Redoxtitrationsdaten an kompartimentierten biologischen Systemen ist in diesem Rahmen nicht möglich[14]. Es sollte an dieser Stelle nur gezeigt werden, welche prinzipiellen Komplikationen auftreten können.

c) Der Elektronentransport in der Atmungskette

Die Atmungskette ist ein in die Cristae-Membran eingebundener Multienzymkomplex, an dem Elektronen vom gebundenen Wasserstoff $T\cdot H_2$, dessen Redoxpotential niedrig ist, in einer Folge von Elektronentransfer-Reaktionen unter H_2O-Bildung auf O_2 übertragen werden. Dieser Multienzymkomplex besteht aus 4 strukturell unterscheidbaren und präparativ trennbaren Komplexen, den sog. Komplexen I–IV, von denen jeder Polypeptide mit mehreren proteingebundenen Elektronenüberträgergruppen enthält.

Chemisch sind generell 2 Typen funktioneller Gruppen zu unterscheiden, an denen der Redoxprozeß stattfindet: a) Chinone bzw. heterozyklische Verbindungen, zu denen die in Abb. 8.30 dargestellten Spezies NAD^+, FAD, sowie FMN (Flavinmononucleotid, das sich vom FAD durch das Fehlen des Adenosinrestes unterscheidet und das nur eine Phosphatgruppe enthält) und Ubichinon (Abb. 8.33) gehören. b) Übergangsmetallkomplexe, bei denen proteingebundene Fe- oder Cu-Ionenzentren unter Valenzwechsel als Elektronenüberträger fungieren. Die Fe-Ionen

[14] Für eine ausführliche Diskussion der Thermodynamik von Redoxreaktionen in biologischen Systemen sei der Leser auf einen Übersichtsartikel von Walz [Biochim. Biophys. Acta **505**, 279–353 (1979)] verwiesen.

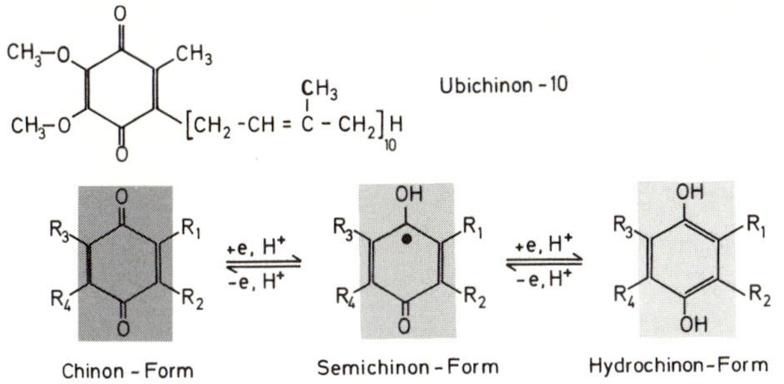

Abb. 8.33. Chemische Struktur von Ubichinon-10

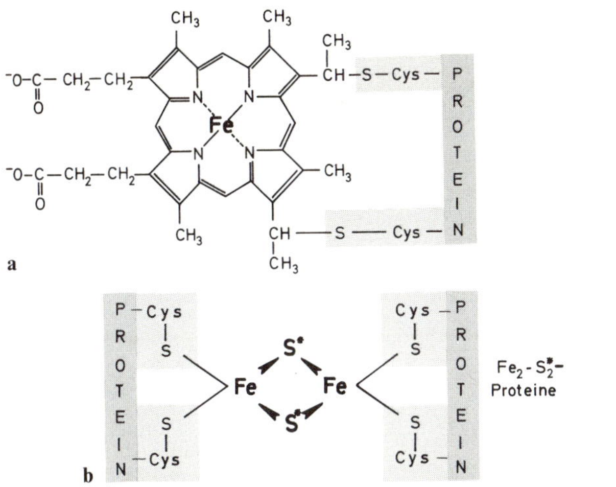

Abb. 8.34a, b. Chemische Struktur der funktionellen Gruppen der Cytochrome **a** und der Fe–S-Proteine **b** (S* = säurelabile S-Brücken, s. Fußnote[15])

sind dabei entweder in Form der Cytochrome an Häm-Gruppen (s. Abb. 8.34a) oder in Form sog. Fe–S-Proteine an Thiogruppen und „säurelabile“ S-Brücken) gebunden (Abb. 8.34b).

Diese Komplexe wirken an mehren Stellen in der Atmungskette, wobei Unterschiede in der Proteinkomponente zu den verschiedenen Arten der Cytochrome führen. Cu-Ionen sind nach dem heutigen Kenntnisstand nur am Komplex der Cytochromoxydase in der Atmungskette beteiligt.

Die Elektronenübertragungsreaktionen an den biologisch wichtigen heterozyklischen konjugierten Doppelbindungssystemen (NAD^+, $NADP^+$, FAD) und Chinonen sind im physiologischen pH-Bereich immer mit Protonierungs/Deprotonierungsreaktionen gekoppelt (s. Abschn. 8.7.4.3.b), sofern keine kinetischen Effekte eine Protonierung der reduzierten Form verhindern (s. Photosystem II der Photosynthese, Abschn. 13.1.3.3), Daher wirken diese Systeme meist als Wasserstoffüberträger im Sinne der Wielandschen Dehydrogenasen, da Elektronen und Protonen praktisch simultan ($H^+ + e = H$) transferiert werden. Sie können in 3 verschiedenen Redoxzuständen vorkommen: (X = N oder O, die allgemeine Formulierung schließt ein, daß die Heteroatome X auch Glieder eines zyklischen Systems sein können). Sie können damit als Überträger von einem oder zwei Redoxäquivalenten (Elektron oder Wasserstoffatom, je nach Dissoziationsgrad der Gruppe) wirken. Die Redoxpotentiale der biologisch wichtigen Redoxkomponenten dieses Typs liegen je nach der Art der funktionellen Gruppe und der Komplexierung an das Protein im Bereich von −400 bis +100 mV (s. Tabelle 8.3). Elektronenübertragungsreaktionen, die an Übergangsmetallionen als funktioneller Gruppe stattfinden, sind selbst nicht mit Protonierungs/Deprotonierungsreaktionen gekoppelt. Daher wirken diese Komplexe im allgemeinen als reine Elektronenüberträger. Es ist aber möglich, daß die Redoxreaktion am aktiven Zentrum mit einer Änderung der Proteinstruktur des Apoenzyms verknüpft ist, die zu einer Änderung der Protonierungseigenschaften führt. Man bezeichnet diesen Effekt, der auch bei der reversiblen Bindung von O_2 an Hämoglobin eine wichtige physiologische Rolle spielt, als Bohr-Effekt (s. Abschn. 12.6.3.1). Die mögliche Bedeutung des Bohr-Effektes für spezielle Cytochrom-b-Typen innerhalb der Atmungskette ist noch nicht eindeutig geklärt. Cytochrome wirken prinzipiell als 1-Elektronenüberträger, wobei das zentrale Fe-Ion je nach Redoxzustand die Oxydationszahl +2(red) oder +3(ox) einnimmt. Die Proteinstruktur des Apoenzyms spielt eine wesentliche funktionelle Rolle, sowohl für die Thermodynamik als auch für die Kinetik des Elektronenüberganges. Sie bestimmt entscheidend das Halbstufenpotential (s. Tabelle 8.3). Durch das Apoenzym wird ferner ein Kanal aufgebaut, durch den das Elektron sehr rasch auf das zentrale Fe-Ion übertragen werden kann. Die Fe–S-Proteine enthalten als funktionelle Gruppe oft ein Zentrum aus 2 Fe und 2 säurelabilen S-Brücken (sog. 2Fe–2S*-Zentrum, s. Abb. 8.346b), wie z. B. im Pflanzenferredoxin (s. Abschn. 13.1.3.2), oder ganze Vielfache davon, wie z. B. die sog. HIPIP (high potential non heme iron protein)-Komplexe (4Fe–4S*-Protein) photosynthetischer Bakterien oder die 8Fe–8S*-Ferredoxine anaerober Bakterien. Diese Enzyme wirken als reine Elektronenüberträger, die nicht mit einem H^+-Transfer gekoppelt sind: 2Fe—2S*- und 4Fe—4S*-Proteine als 1-Elektronenüberträger, 8Fe—8S*-Proteine als 2-Elektronenüberträger. Der molekulare Mechanismus des Elektronentransfers ist noch unbekannt. Das Halbstufenpotential ist für die einzelnen Spezies sehr unterschiedlich. Es liegt für viele Verbindungen (Ferredoxine) im Bereich von −400 mV, für die HIPIP-Proteine im Bereich von +350 mV.

[15] Diese Bezeichnung folgt aus der Labilität der S-Brücken gegenüber Säuren im Vergleich zu den Thiogruppen (der Cysteine), die relativ stabil sind.

$$\underset{\text{Ox-Form}}{X(CH{-}CH)_nX} \underset{-e(H^+)}{\overset{+e(H^+)}{\rightleftharpoons}} \underset{\text{Semi-Form}}{\begin{matrix} X(CH{=}CH)_nXH \\ \updownarrow \\ HX(CH{=}CH)_nX \end{matrix}} \underset{-e(H^+)}{\overset{+e(H^+)}{\rightleftharpoons}} \underset{\text{Red-Form}}{HX(CH{=}CH)_nXH} \quad (8.149)$$

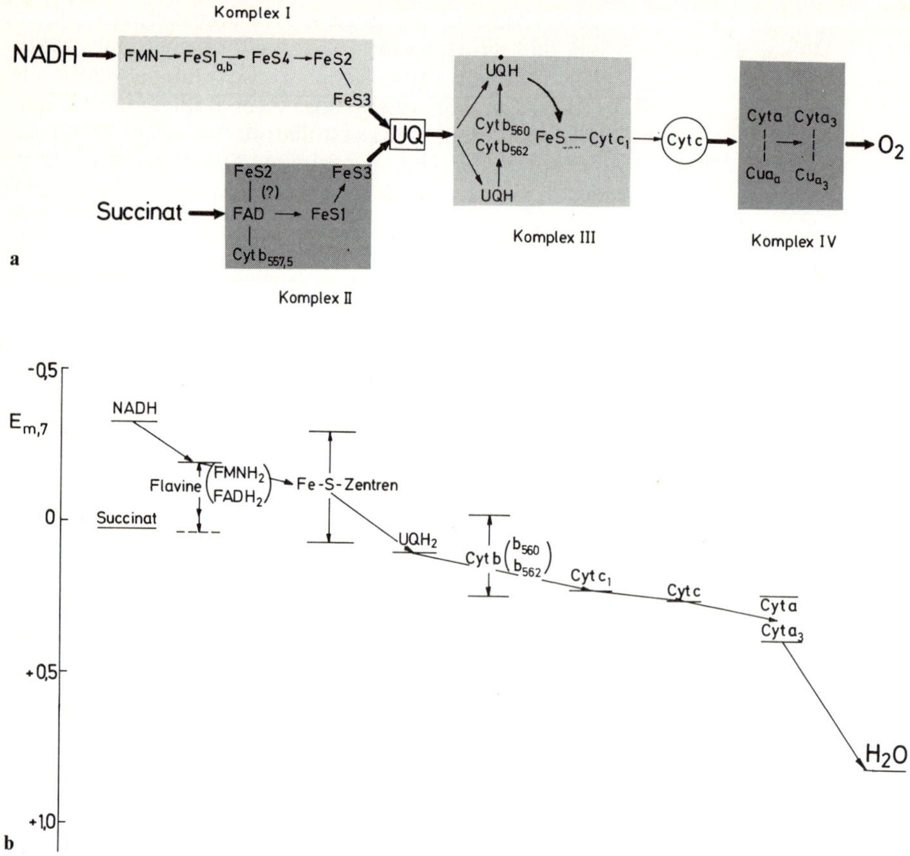

Abb. 8.35a, b. Elektronentransportschema der Atmungskette. **a** Darstellung der wichtigsten Reaktionswege. **b** Vereinfachtes Schema des Redoxpotentialdiagramms der Elektronentransportkomponenten in der Atmungskette. [Nach Y. Hatefi und Y.M. Galante, s. Zitat Schäfer, Klingenberg, Mitchell, P.: Angew. Chem. **91**, 718–739 (1979); Slater, E.C.: Quart. Rev. Biophys. **4**, 35–[illegible] (1971); Dutton, P.L., Wilson, D.F.: Biochem. Biophys. Acta **346**, 165–212 (1974)]

Die Funktionen und die Eigenschaften der Cu-Gruppe werden im Zusammenhang mit der Cytochromoxydase behandelt.

In der Atmungskette wird metabolisch gebundener Wasserstoff aus den Gliedern des Zitrat-Zyklus (oder analogen Substanzen und dem Acetylcoenzym A selbst) (s. Abschn. 8.7.4.1) durch die Komplexe I und II (Abb. 8.35) aufgenommen, wobei die Redoxenergie des in Form von NADH eingesetzten gebundenen Wasserstoffs um ca. 250–350 mV abnimmt. Der anschließende Elektronentransport über die Komponenten des sog. Komplexes III führt zu einer weiteren Abnahme der Redoxenergie um 200–300 mV. Schließlich erfolgt in der Cytochromoxydase (Komplex IV) die Elektronenübertragung auf den molekularen Sauerstoff.

Der molekulare Mechanismus der Elektronentransferreaktionen sowohl zwischen den Komponenten innerhalb der Komplexe I–IV als auch von Komplex zu Komplex ist noch nicht aufgeklärt. Es gibt aber experimentelle Hinweise darauf, daß Tunnelprozesse dabei eine wesentliche Rolle spielen.

Eine gewisse Sonderstellung innerhalb der Atmungskette nimmt die Cytochromoxydase ein, an der energetisch die größte Redoxpotentialdifferenz durchlaufen wird (ca. 600 mV). Dabei findet in diesem Komplex die Reduktion von O_2 zu H_2O statt. Dieser Prozeß, der sich durch die Bruttogleichung (8.150)

$$O_2 + 4\,H^+ + 4\,e \rightarrow 2\,H_2O \tag{8.150}$$

beschreiben läßt, stellt die Umkehrreaktion der Wasseroxydation dar. Damit ist die Cytochromoxydase das funktionelle Pendant der Atmungskette zum wasserspaltenden Enzymsystem der Photosynthese (s. Abschn. 13.1.4.3). Ebenso wie bei der photosynthetischen Wasseroxydation ist auch der Prozeß der respiratorischen O_2-Reduktion mechanistisch noch nicht vollständig aufgekärt.

Die Cytochromoxydase ist ein großer Dimerkomplex ($M = 250000$–350000), dessen Monomere aus jeweils 6–8 verschiedenen Untereinheiten bestehen. An der Reaktionsfolge vom O_2 zum H_2O sind direkt oder indirekt 4 Übergangsmetallzentren beteiligt: zwei Hämgebundene Fe-Ionen (Cytochrom a und Cytochrom a_3), sowie zwei Cu-Ionen. Wahrscheinlich gehören Cytochrom a und Cytochrom a_3 zu verschiedenen Untereinheiten, wobei zu jeder Häm-Gruppe ein Cu assoziiert ist, die entsprechend durch Cu_a und Cu_{a_3} symbolisiert werden.[16]

Die Elektronen werden vom Überträgerkomplex III über das Cytochrom c, das möglicherweise als bewegliche Komponente wirkt, auf die Cytochrom a$-Cu_a$-Gruppe übertragen, die ihrerseits die Elektronen zur Reduktion an die Cytochrom a$-Cu_{a_3}$-Gruppe abgibt.

Der Sauerstoff wird von der Cytochromoxydase wahrscheinlich durch eine „Tasche" im Protein aufgenommen und an die reduzierte Funktionseinheit Cytochrom $a_3-Cu_{a_3}$ binuklear komplexiert. Dabei entsteht

[16] Während Cyt a_3 (mit einem high-spin Fe-Zentralatom) und Cu a_3 stark miteinander (antiferromagnetisch) gekoppelt sind, ist eine Zuordnung zwischen Cyt a und Cu a experimentell noch nicht eindeutig geklärt.

durch Elektronentransfer von den Übergangsmetallzentren auf den Sauerstoff binuklear komplexiertes Peroxyd, das offensichtlich nicht hydrolysierbar ist, da kein freies H_2O_2 nachgewiesen werden konnte. Für den molekularen Mechanismus der O_2-Reduktion ergibt sich damit folgendes vorläufiges[17] Reaktionsschema:

$$2\,\mathrm{Cytc}^{2+} + (\mathrm{Cyta}^{3+}\cdot\mathrm{Cu}_a^{2+}) \rightarrow 2\,\mathrm{Cytc}^{3+} + (\mathrm{Cyta}^{2+}\cdot\mathrm{Cu}_a^{1+}), \tag{8.151a}$$

$$(\mathrm{Cyta}^{2+}\cdot\mathrm{Cu}_a^{1+}) + (\mathrm{Cyta}_3^{3+}\cdot\mathrm{Cu}_{a_3}^{2+}) \rightarrow (\mathrm{Cyta}^{3+}\cdot\mathrm{Cu}_a^{2+}) + (\mathrm{Cyta}_3^{2+}\cdot\mathrm{Cu}_{a_3}^{1+}), \tag{8.151b}$$

$$(\mathrm{Cyta}_3^{2+}\cdot\mathrm{Cu}_{a_3}^{1+}) + O_2 \rightarrow (\mathrm{Cyta}_3^{2+}\ldots\mathrm{O{-}O}\ldots\mathrm{Cu}_{a_3}^{1+}) \rightarrow (\mathrm{Cyta}_3^{3+}\ldots{}^{-}\mathrm{O{-}O}^{-}\ldots\mathrm{Cu}_{a_3}^{2+}), \tag{8.151c}$$

$$(\mathrm{Cyta}^{2+}\cdot\mathrm{Cu}_a^{1+}) + (\mathrm{Cyta}_3^{3+}\ldots{}^{-}\mathrm{O{-}O}^{-}\ldots\mathrm{Cu}_{a_3}^{2+}) \rightarrow (\mathrm{Cyta}_3^{2+}\ldots{}^{-}\mathrm{O{-}O}^{-}\ldots\mathrm{Cu}_{a_3}^{1+}) + (\mathrm{Cyta}^{3+}\cdot\mathrm{Cu}_a^{2+}), \tag{8.151d}$$

$$(\mathrm{Cyta}_3^{2+}\ldots{}^{-}\mathrm{O{-}O}^{-}\ldots\mathrm{Cu}_{a_3}^{1+}) + 4\,H^+ \rightarrow (\mathrm{Cyta}_3^{3+}\cdot\mathrm{Cu}_{a_3}^{2+}) + 2\,H_2O\,. \tag{8.151e}$$

Bei der O_2-Reduktion werden pro O_2-Molekül 4 Protonen chemisch zu H_2O gebunden. Darüberhinaus transportiert die Cytochromoxydase zusätzlich Protonen über die Cristae-Membran (diese Funktion wird im nächsten Abschnitt ausführlicher behandelt).

Die Cytochrom a_3-Komponente der Cytochromoxydase wird durch eine Reihe von Stoffen (HCN, CO, N_3^-) blockiert. Darauf beruht die als sehr stark bekannte Giftwirkung der Blausäure und ihrer Salze. Das im unteren Teil der Abb. 8.35 dargestellte Energiediagramm zeigt, daß in der Atmungskette die Elektronen einen exergonischen Reaktionsweg durchlaufen, bei dem die Redoxenergie um $\Delta E_0' = 1{,}13$ V abnimmt. Die Breite der Redoxpotentiale der Flavoproteine und der Fe–S-Proteine, sowie der Cytochrome zeigt, daß einerseits diese Komponenten die Einstellung optimaler Redoxbedingungen erlauben, daß aber andererseits deren exaktes Redoxpotential *in vivo* noch nicht restlos geklärt ist. Dies ist u.a. dadurch bedingt, daß die Halbstufenpotentiale membrangebundener Redoxkomponenten vom Energetisierungszustand der Membran (ΔpH, $\Delta\psi$) abhängig sein können (s. Abschn. 8.7.4.3b). $\Delta E_0' = 1{,}13$ V entspricht nach Gl. (8.141) einer Differenz der Freien Enthalpie von -220 kJ/Mol gebundenem Wasserstoff, falls dieser in Form von NADH in die Atmungskette eintritt. Mit Succinat ist die Differenz an Freier Enthalpie geringer. Faßt man alle Reaktionen des aeroben glykolytischen Abbaues zusammen, so zeigt sich, daß fast 90% der gesamten Freien Enthalpie der Glukose in der Atmungskette freigesetzt werden. Insgesamt führt die aerobe Glukoseoxydation zur Bildung von 36 ATP-Molekülen pro Glukosemolekül. Benutzt man die entsprechenden $\Delta G^{0\prime}$-Werte, so ergibt sich, daß entsprechend

$$\eta = \frac{36\cdot 31}{2868} = 0{,}40 \tag{8.152}$$

ca. 40% der Freien Enthalpie der Glukose in Form von ATP intermediär „gespeichert" werden.

Das in Abb. 8.35b dargestellte Energiediagramm gibt die Halbstufenpotentiale der wichtigsten Elektronentransferkomponenten der Atmungskette an und beschreibt damit deren thermodynamische Eigenschaften. Ein abgeschlossenes System geht in den Gleichgewichtszustand über, mit $\Delta G = 0$ (die dafür notwendige Zeit ist durch die Kinetik bestimmt). Es muß aber an dieser Stelle ausdrücklich daran erinnert werden, daß Lebewesen ja gerade Ungleichgewichtszustände mit $\Delta G \neq 0$ sind, zu deren Entwicklung und Erhaltung ein ständiger Energiefluß notwendig ist. Das gilt insbesondere natürlich für die „Apparate", in denen die bioenergetischen Fundamentalreaktionen realisiert sind, d.h. die Mitochondrien und speziell die Atmungskette. Daher stellt sich kein thermodynamischer Gleichgewichtszustand ein, sondern es wird in vielen Fällen ein Fließgleichgewicht erreicht[18]. Dabei nimmt der Reduktionsgrad der Redoxkomponenten der Atmungskette in Richtung vom NADH zum O_2 stetig ab (s. Abb. 8.36). Da das Halbstufenpotential ein Maß für den „Elektronendruck" einer Redoxkomponente ist (je negativer das Redoxpotential ist, desto leichter werden Elektronen abgegeben), kann man das Fließgleichgewicht der Atmungskette anschaulich durch das hydrostatische Analogon des Flüssigkeitsstromes aus einem System kommunizierender Röhren darstellen (s. Abb. 8.36). Der Gesamtstrom aller mitochondrialen Elektronenflüsse eines erwachsenen Menschen in Ruhe beträgt 80–100 A. Dies entspricht bei einer Potentialdifferenz von 1,2 V (Abb. 8.35b) einer Leistung von ca. 100 W.

Wir wollen nun untersuchen, welche Konsequenzen aus dem Fluß Freier Enthalpie in biologischen Systemen sich für die thermodynamische Beschreibung der Energietransformationsprozesse ergeben. In den anschließenden Betrachtungen werden dann die Mechanismen dieser Prozesse untersucht.

8.7.5 Biologische Energietransformationsprozesse

Nach dem II. Hauptsatz ist die Gesamtentropie-Produktion eines realen, irreversibel arbeitenden Systems eine positive Größe. Dies wird durch die sog. Dissipationsfunktion Φ beschrieben, die wie folgt definiert ist:

$$\Phi = T\cdot\frac{ds^{\mathrm{total}}}{dt} = \sum_{i=1}^{n} J_i\cdot X_i \geqq 0\,; \tag{8.153}$$

[17] Nach neuesten Ergebnissen könnte im Cyt a_3 auch die Stufe des Fe^{4+}-Zustandes (in Form eines 2fach positiv geladenen Ferrylkations) am Reaktionsablauf beteiligt sein.

[18] Es treten in Mitochondrien auch Oszillationen im Funktionszustand auf, die hier nicht diskutiert werden sollen.

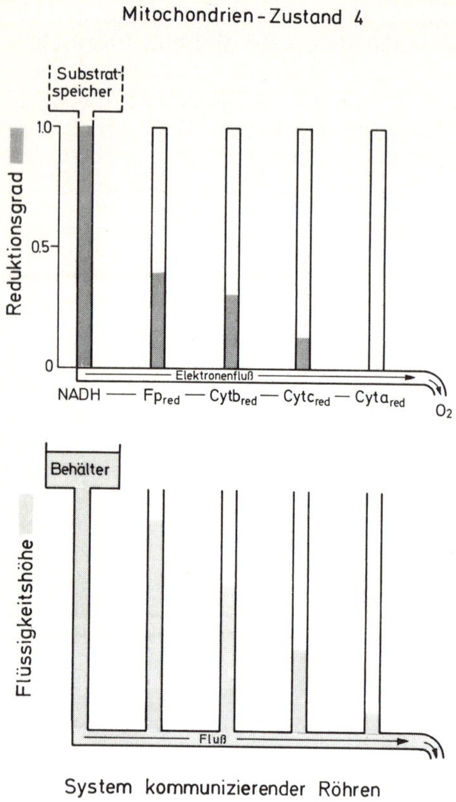

Abb. 8.36. Reduktionsgrad der Elektronentransferkomponenten beim Elektronenfluß durch die Atmungskette im Funktionszustand 4 der Mitochondrien (*oben*) verglichen mit dem hydrostatischen Analogon der Flüssigkeitsströmung in kommunizierenden Röhren (*unten*). (Nach Lehninger, verändert)

dabei sind J_i die verallgemeinerten Flüsse[19] (z.B. Wärmefluß, Materialfluß, chemische Reaktionsgeschwindigkeit) und X_i die korrespondierenden verallgemeinerten Kräfte[19] (Temperaturgradient, Konzentrationsgradient, chemische Affinität). Im Gleichgewichtszustand gilt das Gleichheitszeichen, für alle irreversiblen Prozesse (diese laufen mit endlicher Geschwindigkeit ab) das Ungleichheitszeichen. Nach Gl. (8.153) muß nur die gesamte Dissipativfunktion Φ positiv sein. Das bedeutet, einzelne Glieder der Summe können durchaus negativ sein und damit Flüsse entgegen der korrespondierenden Kraft stattfinden. Auf diese Weise kann durch die Kopplung von Flüssen[20] Freie Enthalpie von einer Energieform in eine andere transformiert werden, wobei aber gemäß Gl. (8.153) wegen des Ungleichheitszeichens in realen Systemen stets Verluste auftreten. In der Atmungskette wird der exergonische Fluß der Redoxenergie (s. Abb. 8.35) mit dem endergonischen Fluß der ATP-Synthese gekoppelt. Die so intermediär in Form des ATP gespeicherte Freie Enthalpie dient dann zum Antrieb einer Vielzahl biologischer Prozesse (s. Abschn. 8.7.3.2). Energietransformationsprozesse sind daher von wesentlicher Bedeutung für die gesamte Bioenergetik.

[19] Die chemische Reaktionsgeschwindigkeit ist eine skalare Größe Sie stellt daher im streng physikalischen Sinne keinen Fluß dar. Da aber bei geeigneter räumlicher Anordnung der Partner chemische Reaktionen sowohl untereinander als auch mit anderen Flüssen (z.B. Massetransport in Membransystemen) koppeln können, betrachtet man die chemische Reaktionsgeschwindigkeit als verallgemeinerten Fluß. Ebenso sind Größen wie der Konzentrationsgradient oder die chemische Affinität keine Kräfte im Sinne der Newtonschen Mechanik und daher nur verallgemeinerte Kräfte.

[20] Dabei ist zu beachten, daß nach dem Curie-Prinzip eine Kopplung zwischen skalaren (chem. Reaktion) und vektoriellen (z.B. Stofftransport) Flüssen in *isotropen* Medien nicht erlaubt ist. Dies gilt nicht für anisotrope Medien, z.B. die hier zu behandelnden Membransysteme.

Das Phänomen der Kopplung von unterschiedlichen Flüssen und Kräften nach Gl. (8.153) spielt nicht nur in biologischen Systemen eine zentrale Rolle, sondern ist auch aus der unbelebten Natur gut bekannt: z.B. die Thermoelektrizität als die Kopplung von Wärme- und Stromfluß (entweder in Form des Peltier-Effektes oder der Thermospannung), die Kopplung von Wärme- und Materiefluß (entweder in Form der Thermodiffusion oder des Dufour-Effektes) oder die Kopplung von Materie- und Stromfluß (z.B. in Form des Diffusionspotentials). In biologischen Organismen ist die Kopplung mit Wärmeflüssen von vergleichsweise untergeordneter Bedeutung gegenüber der Kopplung von chemischen Reaktionen untereinander oder mit Transportprozessen.

Wir wollen im folgenden zunächst eine allgemeine thermodynamische Betrachtung der Energieumwandlung durch die Kopplung verschiedener Flüsse und Kräfte vornehmen und danach verschiedene bioenergetische Kopplungsmechanismen analysieren.

8.7.5.1 Energiekonverter

Entwickelt man die in Gl. (8.153) auftretenden verallgemeinerten Flüsse als Funktion der Kräfte um den Gleichgewichtszustand, so erhält man

$$J_i(X_1,\ldots,X_n)=(J_i)^{\mathrm{Gl}}+\sum_{j=1}^{n}\left(\frac{\partial J_i}{\partial X_j}\right)^{\mathrm{Gl}}_{X_{k\neq j}}\cdot X_j+\text{höhere Glieder} \tag{8.154}$$

Dabei ist $(J_i)^{\mathrm{Gl}}=0$, da im Gleichgewicht alle Flüsse verschwinden. Ist das System nicht allzu weit vom Gleichgewicht entfernt, so können Glieder höherer Ordnung vernachlässigt werden und man erhält die wichtige lineare Beziehung zwischen Flüssen und Kräften:

$$J_i=\sum_{j=1}^{n}L_{ij}\cdot X_j\,, \tag{8.155}$$

wobei $L_{ij}=\left(\frac{\partial J_i}{\partial X_j}\right)^{\mathrm{Gl}}_{X_{k\neq j}}$ die sog. phänomenologischen Koeffizienten sind.

Onsager (1931) zeigte, daß in Gleichgewichtsnähe aus Symmetriegründen die Reziprozitätsbeziehungen gelten:

$$L_{ij}=L_{ji}\,. \tag{8.156}$$

Wir wollen nun das Verhalten eines einfachen *linearen Energiekonverters* analysieren. Der lineare Energiekonverter ist dadurch charakterisiert, daß sowohl die lineare Beziehung zwischen Flüssen und Kräften als auch die Onsager-Relationen [Gl. (8.156)] gelten. Zur

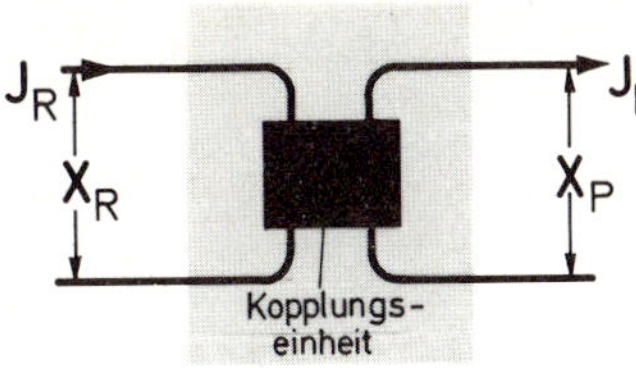

Abb. 8.37. Schema eines einfachen Energiekonverters zur Kopplung von 2 thermodynamischen Flüssen. Zur Beschreibung s. Text

Vereinfachung nehmen wir ohne Beschränkung der Allgemeinheit an, daß nur 2 Flüsse miteinander gekoppelt sind: J_R sei der exergonische Fluß, der in Richtung der konjugierten verallgemeinerten Kraft X_R läuft. J_R sei mit einem endergonischen Fluß J_P gekoppelt, der entgegen der Kraft X_P stattfindet. Auf diese Weise wird Freie Enthalpie aus dem Zustand R in den Zustand P transformiert. Das Schema des Energiekonverters ist in Abb. 8.37 dargestellt. Da der Kopplungsmechanismus selbst für die allgemeine thermodynamische Betrachtung nicht wesentlich ist, wird dieser durch eine „black-box" symbolisiert. Dies schließt aber umgekehrt ein, daß eine thermodynamische Analyse allein keine Aussage über den molekularen Mechanismus der Kopplung liefern kann (s. Abschn. 8.7.5.2).

Die Dissipationsfunktion und die Flußgleichungen des einfachen linearen Energiekonverters sind nach Gl. (8.153) und (8.155) wie folgt gegeben:

$$\Phi = J_P \cdot X_P + J_R \cdot X_R, \tag{8.157}$$

$$J_P = L_{PP} \cdot X_P + L_{PR} \cdot X_R, \tag{8.158a}$$

$$J_R = L_{RP} \cdot X_P + L_{RR} \cdot X_R. \tag{8.158b}$$

Die Stärke der Kopplung zwischen den Flüssen ist durch die Größe der Kreuzkoeffizienten $L_{PR} = L_{RP}$ im Verhältnis zu den Koeffizienten L_{PP} und L_{RR} bestimmt. Als Maß wurde dafür von Kedem u. Caplan (1965) der *Kopplungsgrad* q eingeführt und wie folgt definiert:

$$q = \frac{L_{PR}}{\sqrt{L_{PP} \cdot L_{RR}}}. \tag{8.159}$$

Da Φ eine positive Größe ist, ergibt sich aus den Matrizeneigenschaften für die phänomenologischen Koeffizienten, daß $|q| \leqq 1$ gelten muß. Der Kopplungsgrad q ist, wie wir sehen werden, von entscheidender Bedeutung für die Effizienz des linearen Energiekonverters. Da nur die Kopplung des exergonischen mit einem endergonischen Fluß zur Speicherung Freier Enthalpie führt, ist im folgenden nur der Bereich $X_P \leqq 0$ und $0 \leqq q \leqq 1$ zu diskutieren.

In vielen biologischen Energiekonvertern erfolgt die Kopplung chemischer Reaktionen. Es ist daher sinnvoll, auch eine phänomenologische Stöchiometrie der Flüsse zu definieren. Diese ist gegeben durch:

$$z = \sqrt{\frac{L_{PP}}{L_{RR}}}. \tag{8.160}$$

Über die phänomenologische Stöchiometrie und den Kopplungsgrad erhält man das Verhältnis der Flüsse

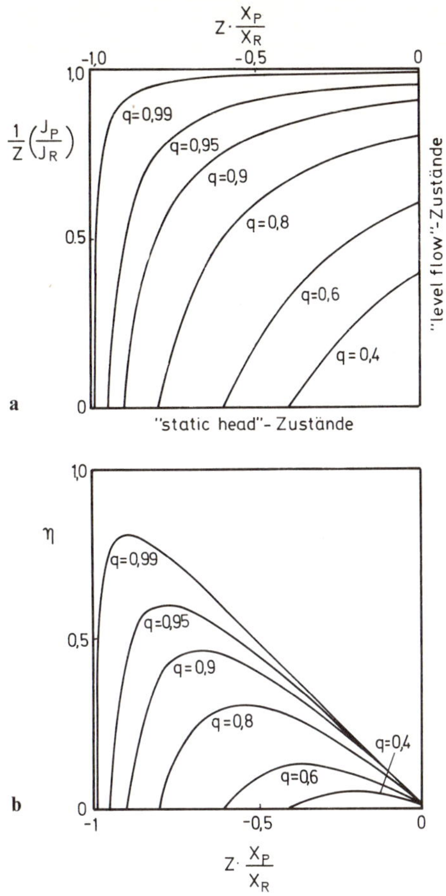

Abb. 8.38a, b. Stöchiometrisches Verhältnis der Flüsse $z^{-1}(J_P/J_R)$ (**a**) und des Leistungswirkungsgrades η; (**b**) als Funktion des Verhältnisses der stöchiometrischen Kräfte $z(X_P/X_R)$

als Funktion der Kräfte:

$$\frac{J_P}{J_R} = z \cdot \frac{q + z\frac{X_P}{X_R}}{1 + qz\frac{X_P}{X_R}}. \tag{8.161}$$

Dies zeigt, daß ohne Kenntnis des Kopplungsgrades eine Messung des Verhältnisses der Flüsse J_P/J_R nicht zur Bestimmung des stöchiometrischen Koeffizienten ausreicht.

Das Flußverhältnis $z^{-1}(J_P/J_R)$ als Funktion von $z(X_P/X_R)$ nach Gl. (8.161) ist für den uns hier nur interessierenden Bereich von $-1 \leqq zX_P/X_R \leqq 0$ für verschiedene Kopplungsgrade in Abb. 8.38a dargestellt. Es existieren 2 Grenzzustände für den Energiekonverter: a) $J_P = 0$ und b) $X_P = 0$.

Der Zustand $J_P = 0$ entspricht dem offenen Stromkreis einer Batterie. Es handelt sich dabei im allgemeinen nicht um einen echten thermodynamischen Gleichgewichtszustand[21]. Man bezeichnet daher zur

[21] Echtes Gleichgewicht würde nur dann vorliegen, wenn keinerlei Verluste auftreten, d.h. wenn gleichzeitig $J_R = 0$ wäre. Dies ist nur möglich, wenn $q = 1$ gilt.

Unterscheidung von einem Gleichgewicht diesen Zustand als „static head". Dann gilt für das Kräfteverhältnis im „static head" (St.H.)

$$(X_P)_{\text{St. H.}} = -q\frac{(X_R)_{\text{St. H.}}}{z} \tag{8.162}$$

und für den Verluststrom $(J_R)_{\text{St. H.}}$

$$\begin{aligned}(J_R)_{\text{St. H.}} &= L_{RR}\cdot(X_R)_{\text{St. H.}}\cdot(1-q^2)\\ &= L_{RR}\cdot z\cdot(X_P)_{\text{St. H}}\left(q-\frac{1}{q}\right)\end{aligned} \tag{8.163}$$

„Static head"-Zustände spielen in biologischen Systemen immer dann eine Rolle, wenn nur die Aufrechterhaltung bestimmter Gradienten, die selbst keine Freie Enthalpie zur Leistung von Nutzarbeit speichern, für physiologische Aufgaben wesentlich ist (z.B. Membranpotentiale in Nervenzellen).

Wesentlich ist, daß der „static head" ein Zustand minimaler Dissipationsfunktion (minimale Entropieproduktion) ist. Daher gehen alle linearen Energiekonverter in diesen Zustand über, wenn keine zusätzlichen einschränkenden Bedingungen vorliegen, wie z.B. die Regulierung des Ausflusses J_P durch angeschlossene Verbrauchsprozesse.

Für die Dissipationsfunktion gilt:

$$\begin{aligned}(\Phi)_{\text{St. H.}} &= L_{RR}(X_R)^2_{\text{St. H.}}(1-q^2)\\ &= L_{RR}\cdot z^2(X_P)^2_{\text{St. H.}}\left(\frac{1}{q^2}-1\right).\end{aligned} \tag{8.164}$$

Daraus erkennt man, daß im Falle $q=1$ der „static head"-Zustand ein echter Gleichgewichtszustand ist ($\Phi=0$).

Der Zustand $X_P=0$ entspricht dem einer kurzgeschlossenen Batterie, wobei $(J_P)_{\text{L. F.}}$ den Kurzschlußstrom angibt. Man bezeichnet diesen Zustand als „level flow" (L. F.). Aus Gl. (8.161) folgt:

$$\left(\frac{J_P}{J_R}\right)_{\text{L. F.}} = z\cdot q\,. \tag{8.165}$$

Es ergibt sich nun die Frage nach der Effizienz eines Systems. Man kann diese in verschiedener Weise definieren, je nach der Aufgabe, die ein System zu erfüllen hat. Für Energiekonverter, deren Aufgabe primär die Energietransformation ist, wird die Effizienz am geeignetsten durch das Verhältnis von Ausgangs- zu Eingangsleistung definiert (Kedem-Caplan):

$$\eta = -\frac{J_P\cdot X_P}{J_R\cdot X_R} = -\frac{q+z\cdot\dfrac{X_P}{X_R}}{q+\dfrac{1}{z}\cdot\dfrac{X_R}{X_P}}. \tag{8.166}$$

Die Effizienz η als Funktion des stöchiometrischen Kräfteverhältnisses $z\cdot X_P/X_R$ ist in Abb. 8.38b dargestellt. Man erkennt, daß weder im Zustand des „static head" noch im „level flow" eine Ausgangsleistung erhalten wird und daß die Effizienz η vom Kopplungsgrad q abhängig ist. Für die maximale Effizienz erhält man aus Gl. (8.166) durch Differenzieren nach $z\cdot\dfrac{X_P}{X_R}$ und Lösen der erhaltenen quadratischen Gleichung

$$\eta_{\max} = \frac{q^2}{(1+\sqrt{1-q^2})^2}\,. \tag{8.166a}$$

Wir wollen nun versuchen, die Umwandlung von Redoxenergie der Atmungskette in chemische Energie in Form von ATP thermodynamisch zu analysieren (eine analoge Betrachtung gilt auch für die Photophosphorylierung der Photosynthese). Dabei wird die Cristae-Membran als linearer Energiekonverter approximiert. Dies ist eine sehr scharfe Annahme, da sie die Gültigkeit der Linearitätsbeziehung (8.155) und der Onsager-Relationen (8.156) voraussetzt. Dies ist für chemische Reaktionen schon für relativ kleine Kräfte (dies sind die chemischen Affinitäten)[22] im allgemeinen nicht erfüllt. Es wurde aber gezeigt, daß für die Atmungskette, obgleich die Abweichung der Einzelreaktionen vom Gleichgewichtszustand beträchtlich sein kann (z.B. großes Phosphatpotential), die Approximation des linearen Energiekonverters für das Gesamtsystem als weitgehend gerechtfertigt erscheint. Wir wollen deshalb im Rahmen dieses Beitrages ausschließlich das Modell des linearen Energiekonverters benutzen, wobei stets zu bedenken ist, daß es sich um eine starke Idealisierung handelt. Daher muß die Anwendbarkeit in Einzelfällen experimentell untersucht und gesichert werden. Für die folgenden Betrachtungen werden die Probleme des Kopplungsmechanismus ausgeklammert (diese werden in Abschn. 8.7.5.2a ausführlich diskutiert) und die Cristae-Membran im Sinne der Abb. 8.37 behandelt. Dabei führt der exergonische Elektronenfluß längs des Redoxpotentialgradienten (s. Abb. 8.35) J_R zu einer ATP-Synthese, deren Rate durch den Fluß J_P gegeben ist.

1956 wurde von Chance und Williams gefunden, daß in isolierten Mitochondrien bei einem Überschuß von Substrat, O_2 und Orthophosphat (P_i) die O_2-Aufnahmegeschwindigkeit, d.h. die Respirationsrate J_R, stark von der Zugabe des Substrates ADP für die ATP-Synthese abhängt. Dieses schematisch in Abb. 8.39 dargestellte Verhalten zeigt, daß eine Kopplung zwischen der Respiration und der Phosphorylierung vorliegt. Entsprechend wurde der Zustand bei ADP-Mangel als kontrollierter Zustand (Zustand 4), der Zustand in Gegenwart von ausreichend ADP als aktiver Zustand (Zustand 3) bezeichnet und das Verhältnis der Raten im Zustand 3 und 4 $J_R(3)/J_R(4)$ als respiratorische Kontrolle definiert. In den letzten Jahren wurde sowohl an Mitochondrien als auch an Chloroplasten und Bakterien gezeigt, daß die Elektronentransportrate durch das Phosphatpotential (X_P) bestimmt ist. Im Zustand 4 ist die Phosphorylierungs-

---

[22] Die chemischen Affinitäten A_i sind durch die Beziehung $A_i = \sum_j \nu_{ij}\mu_{ij}$ definiert, wobei ν_{ij} die stöchiometrischen Koeffizienten und μ_{ij} die chemischen Potentiale der j-ten Komponente der i-ten Reaktion sind (sie entsprechen der pro Formelumsatz verfügbaren Freien Enthalpie $A_i = -\Delta G_i$).

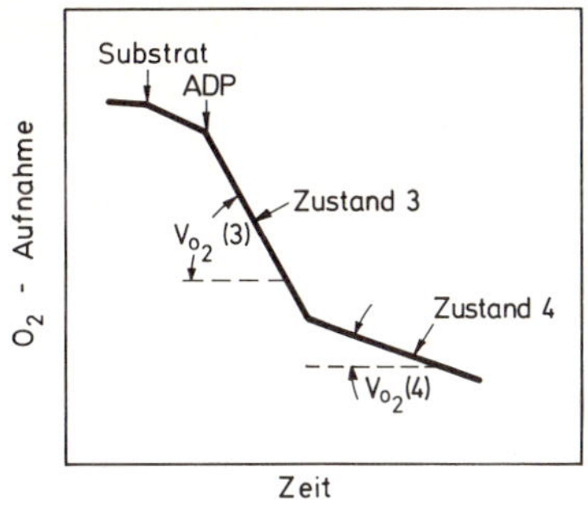

Abb. 8.39. Schema der Sauerstoffaufnahme von Mitochondrien als Funktion der Zeit unter verschiedenen Substratbedingungen. Die Steigungen der schematischen Meßkurven geben die Rate der O_2-Aufnahme an und sind damit ein direktes Maß für die Elektronentransportrate in der Atmungskette. Sie entsprechen den thermodynamischen Flüssen J_R. Weitere Erläuterungen s. Text

rate $J_P(4)=0$ und damit entspricht dies dem „static head"-Zustand. Da $J_R \neq 0$ ist, folgt, daß in den Mitochondrien Verlustprozesse stattfinden, die nicht zur Phosphorylierung führen ($q<1$). Dabei handelt es sich um dissipative Ionenflüsse (s. Abschn. 8.7.5.2.1). Demgegenüber darf der Zustand 3 nicht mit dem „level flow"-Zustand identifiziert werden, da auch im Zustand 3 noch ein signifikantes Phosphatpotential [s. Gl. (8.129)] auftritt und damit die Bedingung $X_P=0$ nicht erfüllt ist. Aus Abb. 8.38a folgt aber, daß bei hinreichend hohem Kopplungsgrad auch bei merklichen Abweichungen von $X_P=0$ das Flußverhältnis $(J_P)_{\mathrm{L.F.}}/(J_R)_{\mathrm{L.F.}}$ durch das Ratenverhältnis $J_P(3)/J_R(3)$ im Zustand 3 approximiert werden kann. Mit $s=J_R(3)/J_R(4)$ erhält man dann aus den experimentell bestimmten Werten für den Kopplungsgrad und das stöchiometrische Verhältnis:

$$q=\sqrt{\frac{(J_R)_{\mathrm{L.F.}}-(J_R)_{\mathrm{St.H.}}}{(J_R)_{\mathrm{L.F.}}}}\approx\sqrt{\frac{s-1}{s}}, \qquad (8.167)$$

$$z\approx\frac{\sqrt{s}\left(\frac{P}{O}\right)_{\mathrm{L.F.}}}{\sqrt{s-1}}, \qquad (8.168)$$

wobei das Verhältnis J_P/J_R als P/O-Verhältnis bezeichnet wird. Gleichung (8.167) zeigt, daß die respiratorische Kontrolle s ein Maß für den Kopplungsgrad q angibt. Aus experimentellen Daten von s werden Werte von 0,9–0,96 für q gefunden. Die experimentelle Bestimmung des wahren stöchiometrischen Koeffizienten z aus Messungen der Raten der Phosphorylierung und des Elektronentransportes muß kritisch betrachtet werden, da „level flow"-Bedingungen nicht zu erreichen sind (am geeignetsten erscheint noch die sog. Anfangsgeschwindigkeitsmethode). Zuverlässiger sind Bestimmungen über das Kräfteverhältnis (Phosphat- und Redoxpotential X_P/X_R) im „static head"-Zustand nach Gl. (8.162), da dies eine experimentell leicht einstellbare stabile Bedingung ist, wobei dann allerdings noch der Kopplungsgrad q bekannt sein muß. Mit NADH als Substrat ergibt sich als wahrscheinlichster Wert $z=3$.

Die für den biologischen Organismus wichtigste Frage ist die Optimierung der Bedingungen, unter denen die Energietransformationsprozesse ablaufen. Wenn die Maximierung der nach Gl. (8.166) definierten Effizienz das alleinige Kriterium wäre, so sollten in den Mitochondrien (und entsprechend auch in den Chloroplasten) Regulationsmechanismen existieren, die den Kopplungsgrad möglichst nahe 1 bringen und gleichzeitig das Verhältnis der stöchiometrischen Kräfte auf einem relativ hohen Niveau $z\cdot(X_P/X_R)_{\max}$ festhalten (s. Abb. 8.38b). Die Aufgabe der Mitochondrien könnte aber zur Erhaltung der Gesamtheit aller Lebensprozesse auch darin bestehen, eine maximale ATP-Produktion zu sichern. Maximale Rate bei maximaler Effizienz sind aber nicht gleichzeitig zu verwirklichen (vgl. Abb. 8.38a, b)[23]. Vom Standpunkt einer möglichst ökonomischen Nährstoffausnutzung ist es vielmehr sinnvoll, die Ausgangsleistung anstelle des Ausgangsflusses zu maximieren. Eine mathematische Analyse auf der Grundlage des einfachen linearen Energiekonverter-Modells[24] liefert für den Vergleich der „Betriebsbedingungen" für maximale ATP-Synthese (Index „op") und maximale Ausgangsleistung (Index „id") folgende Werte: Kopplungsgrad $q_{\mathrm{id}}=0{,}91$ und $q_{\mathrm{op}}=0{,}79$, $(J_P/J_R)_{\mathrm{id}}=0{,}644\cdot z$ und $(J_P/J_R)_{\mathrm{op}}=0{,}486\cdot z$, Effizienz $\eta_{\mathrm{id}}=0{,}414$ und $\eta_{\mathrm{op}}=0{,}236$, sowie respiratorische Kontrolle $r_{\mathrm{id}}=5{,}83$ und $r_{\mathrm{op}}=2{,}62$. Es ist interessant, daß die Werte für die maximale Ausgangsleistung wesentlich besser mit den experimentellen Daten übereinstimmen als die für die maximale Phosphorylierungsrate. Dies scheint die Vermutung der Maximierung der Ausgangsleistung zu stützen. Es wird ferner gezeigt, daß Fluktuationen im Kopplungsgrad die Effizienz der Phosphorylierung verbessern. Dies führt bei aller Vorsicht, mit der eine Analyse auf der Grundlage des linearen Energiekonverter-Modells betrachtet werden muß, zu dem überraschenden Ergebnis, daß zur Optimierung der Funktion ein Kopplungsgrad $q<1$ notwendig ist.

Wir hatten bislang die Cristae-Membran als linearen Energiekonverter betrachtet, bei dem Redoxenergie in chemische Energie in Form von ATP umgewandelt wird. ATP aber ist wichtigster Bestandteil des zelleigenen Adenylat-„Treibstoff"-Systems, durch das sehr viele Reaktionen angetrieben werden. Zur vollständigen Beschreibung muß daher die Verbrauchsrate des ATP mit berücksichtigt werden, um die Bioenergetik der Zelle zu verstehen. Wir werden auf dieses Problem der Steuerung des Energieflusses und seiner Optimierung im Anschluß an die Betrachtung über die mechanistischen Aspekte der Energiekopplung noch einmal zurückkommen.

[23] Es ist in Analogie dazu auch nicht möglich, aus einer Batterie bei maximaler Lebensdauer den maximalen Strom abzunehmen oder ein Auto bei minimalem Treibstoffverbrauch mit Höchstgeschwindigkeit zu fahren.

[24] Siehe hierzu W.J. Stucki in Energy Conversion in Biological Membranes (G. Schäfer and M. Klingenberg, eds.). Springer, Berlin 1978, S. 264–287.

8.7.5.2 Mechanistische Aspekte der Umwandlung von elektronischer Redoxenergie in chemische Energie in Form von energiereichen Verbindungen

Im Abschn. 8.7.4.3c wurde gezeigt, daß die „Verbrennung" des metabolisch gebundenen Wasserstoffs (NADH, FADH) an einem hochorganisierten, membrangebundenen Katalysatorsystem, dem Multienzymkomplex der Atmungskette, stattfindet. In analoger Weise wird auch die ATP-Synthese (bzw. deren Umkehrreaktion, die Hydrolyse) an einem Enzymkomplex katalysiert. Dieser Enzymkomplex wird entsprechend als ATP-ase bezeichnet. Damit ergeben sich 2 grundsätzliche mechanistische Fragestellungen: a) Auf welche Weise erfolgt die Kopplung zwischen dem Donatorsystem der Freien Enthalpie (Oxido-Reduktion des Elektronentransportes) und der ATP-ase als Akzeptorsystem (Hydro-Dehydratisierung der Phosphorylierung)? b) Nach welchem Mechanismus erfolgt innerhalb der ATP-ase die ATP-Synthese?

a) Der Kopplungsmechanismus zwischen Redoxreation und der ATP-Synthese

Wir benötigten zur thermodynamischen Beschreibung der Umwandlung von elektronischer Redoxenergie in chemische Energie in Form von ATP nur die Voraussetzung, daß die beiden Flüsse J_R und J_P miteinander gekoppelt sind. Daher konnte der Mechanismus der Kopplung zunächst unberücksichtigt bleiben und durch eine „black box" dargestellt werden (Abb. 8.37). Es gilt nun, das „Innenleben" dieser „black box" zu entschlüsseln.

Wegen der Rolle des Adenylatsystems als praktisch universeller zelleigener „Treibstoff" ist die Aufklärung des Kopplungsmechanismus der Phosphorylierung von zentraler Bedeutung für das Verständnis der Realisierung biologischer Energietransformations- und -konservierungsprozesse. Daher war (und ist) dieses Problem Gegenstand intensiver Forschungsaktivitäten und war Anlaß heftiger wissenschaftlicher Kontroversen.

Es wurden im wesentlichen 3 Hypothesen diskutiert:

a) Hypothese der rein chemischen Kopplung über ein gemeinsames Zwischenprodukt („chemische" Hypothese).

b) Hypothese der strukturellen Kopplung über einen energiereichen Konformationszustand („Konformations"-Hypothese).

c) Hypothese der chemiosmotischen Kopplung („chemiosmotische" Hypothese).

α) Die „chemische"-Hypothese

In dieser historisch ältesten Hypothese wurde von Slater (1953) vorgeschlagen, daß — in Analogie zur bekannten Substratphosphorylierung als der mechanistischen Umkehr der in Abschn. 8.7.3.2 behandelten Kopplung chemischer Reaktionen mit der ATP-Hydrolyse — in den Elektronentransferkomplexen der Atmungskette energiereiche chemische Zwischenprodukte simultan mit einem bestimmten Redoxprozeß gebildet werden, die dann zur ATP-Synthese führen:

$$A_{red} + I + B_{ox} \rightarrow B_{red} + A_{ox} \sim I, \quad (8.169a)$$

$$A_{ox} \sim I + ADP + P_i \rightarrow A_{ox} + I + ATP + H_2O, \quad ((8.169b)$$

$$\text{Summe: } A_{red} + B_{ox} + ADP + P_i \rightarrow A_{ox} + B_{red} + ATP + H_2O, \quad (8.169c)$$

wobei A und B Redoxkomponenten der Atmungskette und I ein am Redoxprozeß nicht beteiligter Ligand des ATP-ase-Komplexes sind. ~ symbolisiert eine „energiereiche" Bindung (s. Abschn. 8.7.3.1). Zur Vereinfachung wurden in Gln. (8.169a)–(8.169c) die negativen Ladungen der Phosphate und die Beteiligung von H^+ sowie von anderen Kationen (Mg^{2+}) an den Reaktionen nicht explizit berücksichtigt.

Die Segmente der Atmungskette, in denen sich Redoxpaare des Typs A/B und Liganden I befinden sollten, wurden als Kopplungsstellen bezeichnet. Diese sind daher streng lokalisiert. Insgesamt wurden 3 Kopplungsstellen in der Atmungskette postuliert. Trotz großer Anstrengungen gelang es aber nicht, Zwischenverbindungen des Typs $A_{ox} \sim I$ (oder der dazu äquivalenten Form $B_{red} \sim I$) zu identifizieren. Außerdem ist das Auftreten von elektrochemischen Potentialgradienten nur dann zu verstehen, wenn man zusätzlich annimmt, daß diese entweder parallel zum Aufbau der energiereichen Zwischenverbindung oder als Folge von deren Abbau gebildet werden. Titrationsversuche und die Bildungskinetik des elektrischen Potentialgradienten an Thylakoiden (s. Kapitel 13.1.6), sowie die ATP-Synthese an artifizellen Modellsystemen schließen die Hypothese der direkten chemischen Kopplung praktisch aus. Sie besitzt daher nur mehr historisches Interesse.

β) Die „Konformations"-Hypothese

Die von Boyer (1974) vorgeschlagene Konformationshypothese in ihrer ursprünglichen Konzeption gleicht im Grundprinzip der chemischen Hypothese. Der wesentliche Unterschied besteht darin, daß die energiereiche Stufe (durch ~ symbolisiert) nicht eine definierte chemische Verbindung ist, sondern *direkt* mit dem Elektronentransport gekoppelte Konformationsänderungen in definierten Protein- (bzw. Lipoproteinen) Bereichen darstellt. Die in Form energiereicher Konformationszustände gespeicherte Freie Enthalpie wird dann zur ATP-Synthese ausgenutzt. Das Schema dieser Kopplung läßt sich durch einen zu Gln. (8.169a)–(8.169c) analogen Formalismus darstellen, wenn man die energiereiche Verbindung $A_{ox} \sim I$ durch einen energiereichen Konformationszustand $\tilde{A}_{ox}$ ersetzt. Entsprechend gelten die gleichen Einschränkungen wie für α). Es muß aber ausdrücklich betont werden, daß diese Aussage nur für den primären Kopplungsschritt gilt, denn es ist sehr wohl denkbar, daß die ATP-Synthese selbst im Enzymkomplex der ATP-ase energetisch über Konformationsänderungen angetrieben wird. Da dies in erster Linie eine Frage des Mechanismus der ATP-Synthese ist, soll die mögliche Beteiligung von Konformationsänderungen bei der Beschreibung der enzymatischen Katalyse (Punkt 8.7.5.2b) behandelt werden.

γ) Die „chemiosmotische" Hypothese

Die von Mitchell (1961) formulierte chemiosmotische Hypothese postuliert, daß die energetische Kopplung der Oxido-Reduktion des Elektronentransportes mit der Hydro-Dehydratisierung der Phosphorylierung in den bioenergetischen Fundamentalprozessen über einen elektrochemischen Potentialgradienten an der Kopplungsmembran erfolgt. Diese Kopplungsmembran ist in den höheren photoautotrophen Organismen die Thylakoid-Membran, in den höheren heterotrophen Organismen die Cristae-Membran der Mitochondrien, sowie in den heterotrophen Bakterien die Plasmamembran.

Dazu wird angenommen, daß durch eine geeignete räumliche Anordnung der Redoxkomponenten in den entsprechenden Kopplungsmembranen ein vektoriel-

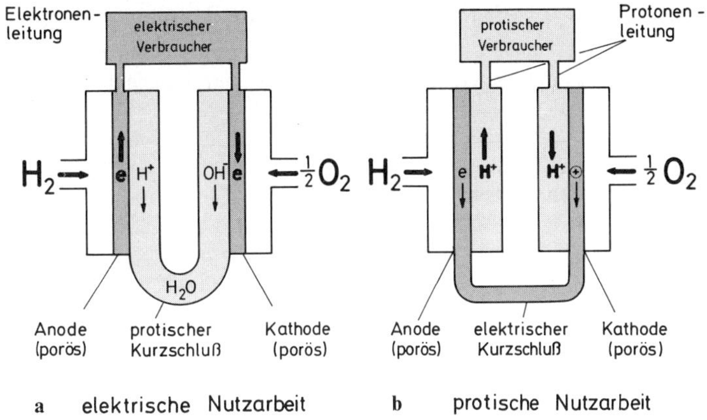

Abb. 8.40a, b. Schema einer Brennstoffzelle zur Gewinnung von elektrischer **a** und protischer **b** Nutzarbeit aus der „kalten Verbrennung" von Wasserstoff mit Sauerstoff. *e* und ⊕ symbolisieren die bei den elektrochemischen Reaktionen in den Elektroden erzeugten Elektronen und Defektelektronen, H^+ und OH^- die dabei gleichzeitig gebildeten Protonen und Hydroxylionen. Die elektrischen Teile der Brennstoffzelle sind mittelgrau, die protischen Teile hellgrau markiert

ler Elektronen- und ein entgegengesetzt gerichteter Protonen-Transport erfolgt, der zum Aufbau eines elektrochemischen Potentialgradienten für Protonen führt. Die so gebildeten elektrochemischen Protonengradienten induzieren dann einen exergonischen Protonenfluß durch den ebenfalls anisotrop in die Membran eingebauten ATP-ase-Komplex und treiben damit die endergonische ATP-Synthese energetisch an.

Um das Prinzip der Energiekopplung nach der Mitchell-Hypothese zu veranschaulichen, wollen wir noch einmal die Bruttoreaktion der Cristae-Membran, nämlich die Oxydation von metabolisch gebundenem Wasserstoff ($H_2 \cdot T$) durch O_2 betrachten. In Abb. 8.25 war gezeigt worden, daß die biologische Reaktionsführung im Prinzip mit einer Brennstoffzelle verglichen werden kann. In einer Brennstoffzelle finden an räumlich getrennten porösen[25] Elektroden folgende Reaktionen statt:

$$\text{Kathode}: O_2 + 2\,H_2O + 4\,e \rightarrow 4\,OH^-, \tag{8.170a}$$

$$\text{Anode}: 2\,H_2 \cdot T \rightarrow T + 4\,H^+ + 4\,e. \tag{8.170b}$$

Dabei wird in der technisch realisierten Brennstoffzelle (s. Abb. 8.40a) der protische Kreis kurzgeschlossen, so daß aus H^+ und OH^- sofort H_2O gebildet und die bei der chemischen Reaktion erhaltene Freie Enthalpie in Form elektrischer Nutzarbeit gewonnen wird, d.h. es wird Elektrizität erzeugt.

Man kann ebenso aber auch eine andere Reaktionsführung realisieren, indem man den elektrischen Stromkreis kurzschließt und den protischen Kreis öffnet (s. Abb. 8.40b). Man transformiert dann die Freie Enthalpie der chemischen Reaktion nicht in elektrische, sondern in protische Nutzarbeit. In Analogie zur Elektrizität benutzt Mitchell dafür den Begriff „*Protizität*". Entsprechend wird jetzt die an den Polen auftretende elektrochemische Potentialdifferenz der Protonen als p.m.f. (proton motive force) bezeichnet (in Analogie zur e.m.f. = electromotive force).

Nach Mitchell bilden Komplexe aus anisotrop angeordneten reinen Elektronenüberträgerenzymen (z.B. Fe–S-Zentren, s. Abschn. 8.7.4.3.c) und Wasserstoffüberträgern (z.B. Ubichinon s. Abb. 8.33) in der Membran sog. *Redoxschleifen*, so daß der Ablauf der Redoxreaktionen zum Aufbau eines Transmembranpotentialgradienten führt. Der dabei gleichzeitig stattfindende vektorielle Ladungstransport bewirkt die Bildung einer elektrischen Potentialdifferenz $\Delta\psi$. Damit ist die Größe der an der Membran aufgebauten p.m.f. gegeben zu:

$$\text{p.m.f.} = \Delta P = \Delta\psi + 2{,}3\,\frac{RT}{\mathscr{F}}\,\Delta\text{pH}\,. \tag{8.171}$$

Nach dem gleichen Prinzip erfolgt auch der ΔP-Aufbau an der Thylakoidmembran (s. Kapitel 13.1.5).

In der Mitchell-Hypothese wird die Membran als praktisch inerte Barriere aufgefaßt, die ein rasches dissipatives Kollabieren des elektrochemischen Protonen-Gradienten ΔP verhindert. Die Kopplungsmembran ist zugleich Träger der Redoxschleifen und des ATP-ase-Komplexes. Ebenso wie zur Nutzung der Elektrizität ein geschlossener Stromkreis zwischen Erzeuger und Verbraucher notwendig ist, erfordert auch die Nutzung der Protizität einen geschlossenen Kreis. Die leitende Verbindung des p.m.f.-Generators (Redoxschleife) mit dem p.m.f.-Verbraucher (ATP-ase) erfolgt nach Mitchell durch die beiden protonenleitenden wäßrigen Phasen, die durch die geschlossene Membran voneinander isoliert sind. Entsprechend bewirken Isolationsdefekte in der Membran Protizitätsverluste, die die ATP-Ausbeute vermindern oder vollständig unterdrücken. Auf diese Weise läßt sich die Wirkung verschiedenster chemischer Verbindungen als Entkoppler[26] durch die Induktion dissipativer Nebenschlüsse verstehen.

Mitchell nimmt ferner an, daß eine energetische Äquilibrierung in der gesamten wäßrigen Phase auf jeder Seite der Membran eintritt und keine *lokalen* Energetisierungen innerhalb der Membran stattfinden. Damit existieren im Idealmodell der chemiosmoti-

[25] Die Elektrodenstruktur spielt für die Effizienz wegen der Durchtrittsreaktionen der Elektronen und der damit verbundenen Überspannung eine entscheidende Rolle.

[26] Als Entkoppler bezeichnet man Verbindungen, die die Phosphorylierung unterdrücken und gleichzeitig die Elektronentransportrate stimulieren. Dies bedeutet, daß die energetische Kopplung zwischen Elektronenfluß und Phosphorylierungsfluß aufgehoben, d.h. entkoppelt wird.

schen Kopplung keine „lokalen“ Kopplungsstellen, sondern das Gesamtvesikel (z.B. das geschlossene Kompartiment) ist die Funktionseinheit der Energiekopplung mit der Phosphorylierung.

Nach der Mitchell-Hypothese ist außerdem gleichgültig, auf welche Weise Protizität erzeugt wird. Damit sollte eine Phosphorylierung auch ohne Elektronentransport möglich sein, wenn die Protizität künstlich erzeugt wird.

Tatsächlich kann an Vesikeln natürlicher Kopplungsmembranen (Thylakoide, Bakterienchromatophoren, Submitochondrienpartikeln) bei künstlicher Erzeugung von elektrochemischen Potentialgradienten (Säure/Base- oder Salzsprünge oder externe Spannungspulse) ATP synthetisiert werden (über Versuche dieser Art an Thylakoiden wird in Kapitel 13.1.6 berichtet). Ferner wurden von Racker und Kagawa artifizielle Modellsysteme aufgebaut, an denen der chemiosmotische Mechanismus der ATP-Synthese sehr schön zu zeigen ist (s. Abschn. 8.7.5.2b).

Die ATP-Synthese erfolgt in der ATP-ase durch den vektoriellen Transport von Protonen durch die ATP-ase längs des elektrochemischen Potentialgradienten. Damit läßt sich der Prozeß der chemiosmotisch angetriebenen Phosphorylierung wie folgt beschreiben:

$$ADP^{3-} + HPO_4^{2-} + H^+ + n_{ATP}\mathbf{H}^+_{e.\,reich} \rightleftharpoons ATP^{4-} + H_2O + n_{ATP}\mathbf{H}^+_{e.\,arm.} \qquad (8.172)$$

In Gl. (8.172) sind die die Phosphorylierung energetisch antreibenden Protonen durch Fettdruck hervorgehoben. Umgekehrt führt die ATP-Hydrolyse zum Aufbau eines elektrochemischen Protonengradienten (Rückreaktion, s. Abschn. 8.7.5.4).

Da die Freie Enthalpie der p.m.f. für die mit endlicher Geschwindigkeit (d.h. im Sinne der Thermodynamik irreversibel) ablaufende Netto-ATP-Synthese größer sein muß als das Phosphatpotential, gilt:

$$\text{p.m.f.} > \frac{\Delta G_{ATP}}{\mathcal{F} \cdot n_{ATP}}. \qquad (8.173)$$

Die experimentell bestimmten Werte für die p.m.f. unter stationären Bedingungen betragen in Mitochondrien, Chloroplasten und Bakterien 200–300 mV. Daraus ergibt sich bei einem Phosphatpotential von 50–60 kJ/Mol (dies entspricht ca. 500–600 mV), daß mindestens 2–3 H^+ pro ATP durch die ATP-ase transloziert werden müssen.

Die Mitchell-Hypothese hat sich in ihrem Grundkonzept als die derzeit beste Beschreibung der Energietransformationsprozesse an biologischen Membranen erwiesen. Sie wirkte äußerst befruchtend auf die bioenergetische Forschung der letzten 2 Jahrzehnte.

Es ist aber fraglich, ob die chemiosmotische Kopplung in der von Mitchell konzipierten idealisierten Form in biologischen Membranen tatsächlich abläuft. Es ist sicher denkbar, daß die Membran nicht nur als isolierende Barriere wirkt, sondern selbst zur Energetisierung beiträgt (z.B. über Strukturänderungen oder über den Einfluß elektrischer Ladungen in der Membran). Es gibt ferner Hinweise darauf, daß auch eine direkte Kopplung zwischen den Elektronentransferkomponenten und der ATP-ase über in der Membran lokalisierte Protonen, die nicht mit den wäßrigen Phasen äquilibrieren, stattfinden kann. Schließlich ist auch umstritten, ob die Kopplung zwischen Elektronentransport und dem Aufbau einer p.m.f. ausschließlich nach dem Prinzip der Redoxschleifen erfolgt, da z.B. an der Cytochromoxydase eine zusätzliche Protonenpumpe gefunden wurde.

Ein wichtiger mechanistischer Aspekt im Protizitätsmodell ist die Durchtrittsreaktion an den Grenzflächen. Dieser kinetische Effekt spielt für elektronische Durchtrittsreaktionen an der Grenzfläche der Elektroden zur Lösung eine wesentliche Rolle und führt zur Überspannung. Dabei treten an der Grenzfläche in der Lösung Potentialgradienten auf, deren Größe von der Elektrolytzusammensetzung abhängt. In Analogie dazu entstehen auch an der Grenzfläche zwischen Membran und Lösung Potentialgradienten, die durch die elektrischen Fixladungen in der Membran bedingt sind. Es ist daher notwendig, die Rolle der elektrisch geladenen Grenzschicht an der Membran für den Energietransduktionsmechanismus zu berücksichtigen. Darüber hinaus kann sich die Freie Enthalpie der in der Grenzschicht geordneten Wassermoleküle von der in der wäßrigen Lösung unterscheiden, so daß die protische Verbindung zwischen p.m.f.-Generator (Redoxkette) und -Verbraucher (ATP-ase) vorwiegend über diese Grenzschicht stattfinden könnte. Dies würde zu einer gewissen Lokalisierung der Kopplung im Sinne der Williams-Hypothese (1961) führen, die annimmt, daß die Energiekopplung über Protonen erfolgt, die in der Kopplungsmembran lokalisiert sind und nicht mit den wäßrigen Phasen äquilibrieren.

Durch impermeable, geladene Substanzen in den Phasen 1 und/oder 2 werden außerdem Donnan-Potentiale aufgebaut. Das Auftreten von Grenzflächen- und Donnan-Potentialen an den Kopplungsmembranen ist experimentell nachgewiesen worden. Es ist aber fraglich, ob aufgrund der strukturierten Membranoberfläche die Behandlung von Grenzflächenpotentialen im Rahmen der klassischen Gouy-Chapman-Theorie eine adäquate Beschreibung liefert. Die Klärung dieser Frage, sowie der Beitrag von Donnanpotentialen, erfordert weitere experimentelle und theoretische Untersuchungen.

Der Grundgedanke einer Kopplung der Energietransformationsprozesse über Protizität wird dadurch aber nicht in Frage gestellt. Dieses Konzept ist schematisch in Abb. 8.41 dargestellt.

Die Untersuchungen über den Kopplungsmechanismus zeigen, daß das in Abschn. 8.7.5.1 behandelte Modell einer direkten Kopplung zwischen Redoxflüssen J_R und Phosphorylierungsfluß J_P zu stark vereinfacht ist und zumindest der Protonenfluß mit berücksichtigt werden muß. Die dort erhaltenen Ergebnisse bleiben aber voll erhalten, wenn man annimmt, daß sich der Protonenfluß im Zustand des „static head“ befindet.

Wir hatten im Rahmen dieser thermodynamischen Betrachtungen gesehen, daß eine Optimierung der

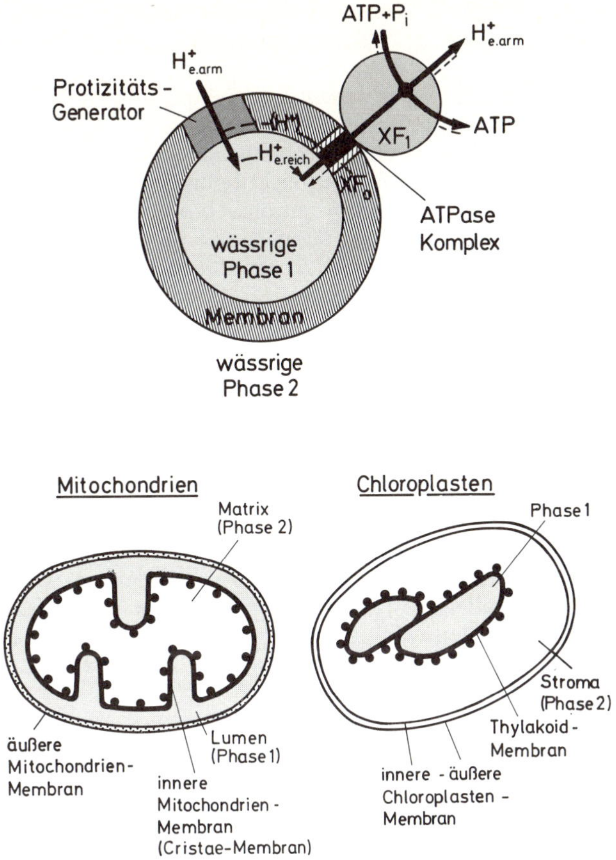

Abb. 8.41. Schema der protischen Kopplung zwischen membrangebundenem Protizitätsgenerator (z.B. Atmungskette oder photosynthetische Primärprozesse) und membrangebunder ATP-ase als Protizitätsverbraucher in einer geschlossenen Vesikel. Phase 1 ist Träger der „energiereichen" Protonen ($H^+_{e.\,reich}$), Phase 2 enthält „energiearme" Protonen ($H^+_{e.\,arm}$). Die Pfeile geben die protische Verbindung zwischen Generator und Verbraucher an, die gestrichelte Linie soll andeuten, daß auch eine direkte Kopplung über die Membranphase möglich ist. Im unteren Teil des Bildes ist das Schema der protischen Kopplung in Mitochondrien und Chloroplasten gezeigt. Die punktierte Linie soll die funktionelle Reversibilität der ATP-ase symbolisieren

Bioenergetik eine Vielzahl von Regulationsmechanismen erfordert, um optimale Funktionsparameter (Phosphatpotential, Kopplungsgrad, Leistungseffizienz) einzustellen. Es ergibt sich daher an dieser Stelle die Frage, ob ein protischer Kopplungsmechanismus teleonomisch sinnvoll ist.

Es ist an mehreren Stellen betont worden, daß ATP die häufigst benutzte Quelle zum energetischen Antrieb biologischer Prozesse ist. Der ATP-Bedarf wird aber innerhalb der Zelle oder bestimmter Zellbereiche zeitlichen Schwankungen unterworfen sein, z.B. durch biologische Rhythmen (vgl. Kapitel 16.5.2). Bei einer ATP-Konzentration in der Zelle in der Größenordnung von einigen Millimol/Liter ergibt sich eine Speicherkapazität von einigen Hundert Joule/Liter. Es ist denkbar, chemische Energie in Form anderer energiereicher Depotsubstanzen intermediär zu speichern. Ist der Bedarf geringer als die ATP-Syntheserate, so könnte das Depot aufgebaut und bei erhöhtem Bedarf ATP wieder freigesetzt werden. Dies ist aber vom energetischen Standpunkt aus ein sehr unökonomisches Verfahren, da Energietransformationsprozesse immer mit Verlusten an Freier Enthalpie verbunden sind. Nimmt man einmal an, daß eine sehr hohe Umwandlungseffizienz von 70% erreichbar wäre, so würde bei einem einmaligen Auf- und Abbau des Depots über 50% der Energie des ursprünglichen ATP verloren gehen. Daher ist dieses Prinzip nur für einige Spezialsysteme realisiert worden[27].

Da nicht nur die ATP-Synthese, sondern auch andere Prozesse (z.B. der Stofftransport) über einen elektrochemischen Potentialgradienten angetrieben werden, ist es zweckmäßiger, die Überschußenergie kurzfristig in Form der Vorstufe des ATP zu speichern. Man schätzt, daß aufgrund der zahlreichen Puffergruppen in Mitochondrien und Chloroplasten eine gegenüber dem Adenylatsystem [Energieladung, s. Gl. (8.130)] um ca. 2 Größenordnungen höhere Menge an Freier Enthalpie in Form eines elektrochemischen Protonengradienten gespeichert werden kann. Aus dieser Sicht erscheint es auch thermodynamisch sinnvoll zu sein, die p.m.f. als energiereiche Zwischenstufe zu etablieren, die eine relativ hohe Speicherkapazität besitzt. Es muß allerdings betont werden, daß wegen des relativ raschen Abbaues dieser Gradienten, dessen Kinetik durch die Membranpermeabilität bestimmt ist, nur eine Kurzzeitspeicherung ermöglicht wird.

b) Die enzymatische Katalyse der ATP-Synthese

Im vorangegangenen Abschnitt wurde gezeigt, daß die energetische Kopplung zwischen den Redoxreaktionen und der ATP-Synthese durch Protizität erfolgt. Als Generatoren wirken Elektronentransferkomplexe, in denen die Freie Enthalpie aus exergonischen Redoxreaktionen (entweder durch „Substratverbrennung" in heterotrophen Organismen oder durch die sog. Primärprozesse in photoautotrophen Organismen) in Protizität transformiert wird. Damit diese Protizität zum Antrieb der ATP-Synthese ausgenutzt werden kann, ist ein geeignetes Katalysatorsystem, die sog. ATP-ase, notwendig. Daher ergeben sich für den Mechanismus der ATP-Synthese 3 grundsätzliche Fragen: a) Wie ist der ATP-ase-Enzymkomplex aufgebaut? b) Wie erfolgt die Übertragung der Freien Enthalpie der Protonen auf den katalytischen Wirkort in der ATP-ase? c) Nach welchem molekularen Mechanismus verläuft die ATP-Synthese?

Der ATP-ase-Enzymkomplex ist aus den Kopplungsmembranen von Mitochondrien, Chloroplasten und Bakterien präparativ isolierbar. Er besteht generell aus 2 Funktionseinheiten, die als Kopplungsfakto-

[27] In einigen wenigen Geweben höherer Lebewesen (insbesondere in Muskel- oder Nervenzellen) wird ATP als Kreatinphosphat gespeichert ($K + ATP \rightleftharpoons K\sim P + ADP$). Kreatinphosphat ($K\sim P$) ist energiereicher als ATP ($\Delta G^{0'} = 43$ kJ/Mol), so daß das Gleichgewicht auf Seiten des ATP liegt. Damit ist gewährleistet, daß für Spezialaufgaben bei Ausfall der ATP-Synthese kurzeitig weiter eine hohe Arbeitsleistung (Muskelarbeit) möglich ist.

ren XF_0 und XF_1[28] bezeichnet werden: i) einem fest in die Membran eingebauten Lipoproteinkomplex XF_0 (in Abb. 8.41 schraffiert dargestellt) und ii) einem relativ großen globulären Komplex von ca. 10 nm Durchmesser und einem Molekulargewicht von ca. 325000 (in Abb. 8.41 dunkelgrau dargestellt).

Der in die Membran eingebaute Lipoproteinkomplex XF_0 bildet den funktionellen Kanal für die Protonenleitung zum katalytischen Wirkort. Er ist wahrscheinlich aus 2 verschiedenen Typen von Polypeptiduntereinheiten aufgebaut.

Der Kopplungsfaktor XF_1 ist an den Kopplungsfaktor XF_0 spezifisch gebunden. Er besteht aus 5 verschiedenen Untereinheiten ($\alpha, \beta, \gamma, \delta, \varepsilon$) mit der für CF_1 wahrscheinlichen Zusammensetzung $\alpha_2\beta_2\gamma\delta\varepsilon_2$ (die genaue Stöchiometrie der Untereinheiten ist noch immer nicht eindeutig geklärt), wobei der katalytische Wirkort sich im $\alpha_2\beta_2$-Bereich befindet, die γ- und δ-Einheiten sind für die Bindung an XF_0 verantwortlich und die ε-Einheit übt sehr wahrscheinlich die Funktion eines regulatorischen Inhibitors (Repressors) aus. XF_1 kann relativ leicht von membrangebundenem XF_0 getrennt und wieder rekonstituiert werden. Wird der Kopplungsfaktor abgelöst, so bleibt der Protonenleitkanal in XF_0 erhalten, so daß die Kopplungsmembran eine hohe Protonenleitfähigkeit besitzt[29].

Der Protonenleitfähigkeitskanal kann durch Inhibitoren (z.B. DCCD) spezifisch blockiert und damit die Phosphorylierung gehemmt werden. An Membranen mit abgelöstem XF_1 bewirkt DCCD eine starke Abnahme der Protonenpermeabilität. Es gibt auch andere Hemmstoffe, die spezifisch die Reaktionen in XF_1 inhibieren. Da diese Substanzen nur die ATP-ase-Reaktionen hemmen, ohne die Elektronentransportprozesse selbst zu beeinflussen, bezeichnet man diese Wirkstoffe als Energietransformationsinhibitoren.

Es ist gelungen, den Kopplungsfaktor TF_0 in künstliche Lipidmembranen einzubauen und dann XF_1 schrittweise aus den Untereinheiten zu rekonstituieren und an TF_0 zu binden. Auf diese Weise können künstliche phosphorylierende Systeme hergestellt werden, wenn zusätzlich in die Membran geeignete Protizitätsgeneratoren eingefügt sind. Als Generatoren eignen sich z.B. die Bakteriorhodopsin-Komplexe aus Halobakterien, die als lichtgetriebene Protonenpumpen wirken. Kürzlich wurde berichtet, daß an künstlich aufgebauten CF_0-CF_1-haltigen Phospholipidvesikeln pulsradiolytisch ATP synthetisiert wird (man nimmt an, daß durch solvatisierte Elektronen ein pH-Gradient aufgebaut wurde, da die Außenphase stark gepuffert ist). Nach neuesten Ergebnissen kann die Phosphorylierung an künstlichen Vesikeln, die ATP-ase-Komplexe enthalten, auch durch externe elektrische Spannungspulse energetisch angetrieben werden ($\Delta\psi$-Beitrag der p.m.f.). Diese *in vitro* Ergebnisse bestätigen das Konzept einer protischen Phosphorylierung.

Der Mechanismus der Energieübertragung von den energiereichen Protonen auf den Übergangskomplex (komplexe?) am katalytischen Wirkort ist noch ungeklärt. Es sind generell 2 Mechanismen zu unterscheiden: 1. Die direkte Kopplung des Protonenflusses mit der ATP-Synthese. Dabei wird angenommen, daß in der ATP-ase durch die lokale H^+-Konzentration am aktiven Zentrum die Fähigkeit des Phosphors im Phosphat zu nukleophiler Substitution so stark ansteigt, daß ADP^{3-} als Substituent unter ATP-Bildung gebunden wird. 2. Die indirekte Kopplung. Diese kann in der ATP-ase entweder über die Bildung eines energiereichen chemischen Zwischenproduktes (Phosphoenzym) oder über eine energiereiche Konformation erfolgen. Der indirekte Mechanismus über eine protonengetriebene Konformationskopplung wird mitunter als modifizierte Konformations-Hypothese bezeichnet[30]. Dabei wird angenommen, daß die ATP-Bildung an gebundenen Nukleotiden in der ATP-ase isergonisch ($\Delta G=0$) ist und erst die ATP-Freisetzung über eine Konformationsänderung Freie Enthalpie erfordert. Obgleich sowohl die Existenz fest gebundener Nukleotide als auch deren Austausch mit dem äußeren Medium in Abhängigkeit von der Energetisierung experimentell nachgewiesen worden sind, ist der molekulare Mechanismus der ATP-Synthese noch vollständig unbekannt.

Es ist mit Sicherheit nur erwiesen, daß Mg^{2+} als Kofaktor essentiell ist. Mg^{2+} bildet mit Nukleotiden Komplexe definierter Struktur. Ob diese Komplexbildung die alleinige Funktion des Mg^{2+} ist, muß noch gezeigt werden (für den Phosphoenzymmechanismus wird z.B. eine funktionelle reversible Mg^{2+}-Bindung an der ATP-ase diskutiert).

8.7.5.3 Die Nutzung elektrochemischer Energie für nichtchemische biologische Prozesse

Wir haben bislang die Nutzung der Protizität ausschließlich für den Prozeß der ATP-Synthese behandelt und dabei nicht berücksichtigt, daß die an den Redoxreaktionen und der Phosphorylierung beteiligten Reaktanten in Form von Substraten zum katalytischen Wirkort hin und als Produkte von den katalytischen Wirkorten abtransportiert werden müssen. Da diese in kompartimentierten Systemen lokalisiert sind, ist ein Stofftransport über verschiedene Membranen erforderlich. Viele der Substanzen liegen unter physiologischen pH-Bedingungen als Ionen vor (z.B. ADP^{3-}, P_i^-, ATP^{4-}, NAD^+), so daß der energetische Antrieb dieser Transportprozesse direkt über elektrochemische Potentialgradienten erfolgen kann, sofern geeignete Transportsysteme (Pumpen) zur Verfügung stehen, um eine Selektivität zu ermöglichen. Es ist eine Vielzahl von Transportsystemen bekannt. So besitzt z.B. die innere Mitochondrienmembran spezielle ADP/ATP-Translokatoren; das durch Glykolyse produzierte NADH wird über eine spezielle Pumpe (Malat-Pumpe) in den Matrix-Raum transportiert. Da der Stofftransport aber in Kapitel 12.5 ausführlich behandelt wird, soll an dieser Stelle auf die Beschreibung dieser wichtigen biologischen Aktivität verzichtet werden.

Die p.m.f. dient aber nicht nur zum Antrieb vieler Ionentransportprozesse, sondern kann z.B. auch die Bewegung einfacher einzelliger Lebewesen (z.B. Flagellaten) direkt energetisch antreiben. Dabei wird ange-

---

[28] Das Symbol X beschreibt die Organelle, aus der der entsprechende Kopplungsfaktor stammt (X=C für Chloroplasten, X=T für thermophile Bakterien, für Mitochondrien wird X=M meist weggelassen). Die Bezeichnung ist in der Literatur noch nicht einheitlich.

[29] Dies gilt nicht für photosynthetisierende Bakterien, bei denen nach XF_1-Ablösung der H^+-Leitungskanal in XF_0 geschlossen bleibt.

[30] Dieser Ausdruck ist etwas irreführend, denn er bezieht sich nur auf die ATP-ase-Reaktionen, nicht aber auf die primäre Energetisierung, die auf jeden Fall durch exergonischen vektoriellen Protonenfluß erfolgt.

nommen, daß eine chemiosmotisch induzierte Ionenbewegung einen Flüssigkeitsstrom erzeugt, der über einen Düseneffekt die Bewegung bewirkt. Auf diese Weise ließen sich die wichtigen Prozesse der *Chemotaxis* und *Phototaxis*[31] im Rahmen der Mitchell-Hypothese verstehen, da mit zunehmender Aktivität (durch Nährstoff- oder Lichtangebot bedingt) die Größe der p.m.f. und damit die Beweglichkeit erhöht werden.

Diese Beispiele zeigen, daß die Protizität nicht nur für die wichtige Spezialaufgabe der Kopplung von exergonischen Redoxreaktionen mit der endergonischen ATP-Synthese essentiell ist, sondern von universeller Bedeutung für bioenergetische Transformationsprozesse zu sein scheint.

8.7.5.4 Umkehrreaktionen der bioenergetischen Fundamentalprozesse

Wir hatten bislang nur eine Richtung der Freien Enthalpie-Flüsse von Redoxreaktionen (J_R) und Phosphorylierung (J_P) diskutiert, nämlich die in Richtung der ATP-Synthese. Als Katalysator sollte der ATP-ase-Komplex aber auch die Umkehrreaktion, d.h. die ATP-Hydrolyse, stimulieren. Dies ist der Fall. Sowohl der membrangebundene Kopplungsfaktor XF_1 als auch isoliertes XF_1 in Suspension katalysieren die ATP-Hydrolyse. Dabei wird im ersten Fall an der Kopplungsmembran — wie erwartet — ein ΔpH aufgebaut. Wenn durch ATP-Hydrolyse der membrangebundene ATP-ase-Enzymkomplex als Protozitätsgenerator wirken kann, so ist auch denkbar, daß die Reaktionen an den Elektronentransferkomplexen umkehrbar sind. Es ist tatsächlich gelungen, mit Hilfe von Protizität, die entweder durch Säure-Base-Sprünge oder durch ATP-Hydrolyse erzeugt wird, die Richtung der Redoxreaktionen in Teilbereichen der Elektronentransportkette umzukehren. Eine vollständige Umkehr der Atmungskette war nicht zu erreichen, da nach dem heutigen Erkenntnisstand die Reaktionen an der Cytochromoxydase nicht umkehrbar sind. Es ist bislang nicht möglich, die gut isolierbare Cytochromoxydase als Katalysator der Wasseroxydation zu benutzen. Umgekehrt katalysiert auch das wasserspaltende Enzymsystem der Photosynthese nicht die Oxydation mit O_2, d.h. es kann nicht als Aktivator für O_2 wirken (s. Kapitel Photosynthese 13.1.4.3). Die „Irreversibilität" dieser Enzyme beleuchtet die zentrale Bedeutung des Redoxsystems H_2O/O_2 in der Bioenergetik und dessen schwierige kinetische „Handhabung".[32]

Wir hatten gezeigt, daß über elektrochemische Potentialgradienten der Protonen Ionentransportprozesse angetrieben werden können. Dies sollte natürlich auch möglich sein, wenn die Gradienten durch ATP-Hydrolyse erzeugt werden. Für viele Transportprobleme ist es aber unzweckmäßig, zunächst Protonengradienten aufzubauen, die dann einen erforderlichen Ionentransport antreiben. Jeder funktionell überflüssige Energietransformationsschritt führt zu vermeidbaren Verlusten und sollte durch Selektionsdruck während der Evolution eliminiert worden sein. Es existieren daher spezielle ATP-getriebene Systeme, bei denen die ATP-Hydrolyse direkt mit dem Ionen- (bzw. allgemein Stoff-) Transport gekoppelt ist. Die Phänomene des Stofftransportes werden in Kapitel 12.5 ausführlich behandelt. Es ist interessant, daß diese Ionentransport-ATP-asen in Umkehrung ihrer eigentlichen biologischen Funktion beim Anlegen von Ionengradienten ATP synthetisieren (z.B. die Ca^{2+}-Pumpe des sarcoplasmatischen Retikulums oder die Na^+, K^+-Pumpe der Plasma-Membran). Dies legt den Schluß nahe, daß alle diese ATP-ase-Systeme anisotrop sind, die nach dem gleichen Grundprinzip arbeiten: der Kopplung zwischen vektoriellen Ionenflüssen und der ATP-Synthese, bzw. -Hydrolyse.

In analoger Weise ist es nicht nur denkbar, daß die ATP-Synthese über Konformationsänderungen angetrieben wird, sondern daß umgekehrt die ATP-Hydrolyse über Konformationsänderungen zum Antrieb mechanischer Arbeit ausgenutzt wird. Wir wissen, daß dieses Prinzip in den Muskeln tatsächlich realisiert ist. Dies wird in Kapitel 14.1 beschrieben. Tatsächlich verlief historisch der gedankliche Weg zum Verständnis bioenergetischer Prozesse genau umgekehrt. Aus Erkenntnissen über den biochemischen Mechanismus der Muskelfunktion wurde die Konformationshypothese für die Phosphorylierung postuliert als Umkehrprozeß der ATP-Hydrolyse bei kontraktilen Geweben.

[31] Als Chemotaxis wird die Bewegung längs eines Konzentrationsgradienten einer bestimmten Substanz (z.B. Nährstoffe wie Galaktose oder Lockstoffe zur Fortpflanzung) bezeichnet. Analog bedeutet Phototaxis durch die Lichtrichtung bestimmte Bewegung.

[32] Die „Irreversibilität" erscheint plausibel, wenn diese Enzyme nicht einfach nur als Katalysatoren im thermodynamischen Sinne, sondern als „molekulare Maschinen" betrachtet werden (in der Technik sind viele unidirektional wirkende Anordnungen bekannt, z.B. Halbleiterdioden). Der Begriff „molekulare Maschine" für spezielle Enzyme darf aber nicht mit Systemen verwechselt werden, die als sog. Maxwell-Dämonen wirken und im Widerspruch zur Thermodynamik stehen.

Literaturauswahl

Monographien

Lehninger, A.L.: Bioenergetik (dtsch. Übersetzung). Stuttgart: Georg Thieme 1974.

Morowitz, H.J.: Foundations of bioenergetics. New York, San Francisco, London: Academic Press 1978.

Nicolis, G., Prigogine, I.: Self organization in nonequilibrium systems. New York, London, Sidney, Toronto: John Wiley 1977.

Handbücher, Berichte

Azzone, G.F., Carafoli, E., Lehninger, A.L., Quagliariello, E., Siliprandi, N. (eds.): Biochemistry and biophysics of mitochondrial membranes. London, New York: Academic Press 1972.

Azzone, G.F., Ernster, L., Papa, S., Quagliariello, E., Sinipaldi, N. (eds.): Mechanisms in bioenergetics. London, New York: Academic Press 1973.

Ernster, L., Estabrook, R.W., Slater, E.C. (eds.): Dynamics of energy transducing membranes. Amsterdam, New York, London: Elsevier 1974.

Green, D.E. (eds.): The mechanism of energy transduction in biological systems, Vol. 227. New York: Academy of Sciences 1974.

Schäfer, G., Klingenberg, M. (eds.): Energy conversion in biological membranes. Berlin, Heidelberg, New York: Springer 1978.

Van Dam, K., van Gelder, B.F. (eds.): Structure and function of energy transducing membranes. Amsterdam, Oxford, New York: Elsevier 1977.

9 Enzyme als Biokatalysatoren

9.1 Einleitung

ROBERT HUBER und WILLIAM S. BENNETT, JR.

Proteine haben vielfältige Funktionen im lebenden Organismus:

Enzyme sind Katalysatoren,

Hormone sind Botenstoffe und dienen der Regulation,

Immunproteine erkennen, binden und, nach vielstufigem Prozeß, eliminieren Fremdmoleküle und Fremdzellen,

regulatorische Proteine steuern die Funktion anderer, assoziierter Makromoleküle,

kontraktile Proteine leisten mechanische Arbeit,

Transport-Proteine transportieren Moleküle z.B. durch Membranen,

Struktur-Proteine bilden Gewebe, Hüllen usw.

Diese Eigenschaften sind häufig nicht streng getrennt. Die Muskelproteine z.B. haben katalytische Eigenschaften ebenso wie die Proteine, die am aktiven Transport durch Membranen beteiligt sind. Diese sind auch Strukturproteine, da sie konstitutive Bestandteile der Membranen sind.

In diesem Kapitel sollen einige Gesichtspunkte der Funktion und Struktur von Enzymen diskutiert werden. Es soll sich auf einige allgemeine Überlegungen zur Funktion und Struktur und auf eine detailliertere Darstellung an zwei ausgewählten Beispielen beschränken: Serinproteasen und Immunproteine.

Während sehr allgemeine Gesichtspunkte über Struktur und Funktion von Proteinen generell gültig zu sein scheinen, gibt es kaum Ansätze für eine Detailerklärung. Dies zeigt sich z.B. im Unvermögen, aus der Funktion die Struktur eines Enzymes vorherzusagen. Dasselbe gilt für die umgekehrte Vorhersage (Funktion bei gegebener Struktur). Auch das scheinbar einfachere Problem, aus der Aminosäuresequenz die dreidimensionale Struktur abzuleiten, ist ungelöst.

9.2 Wie wirken Enzyme?

ROBERT HUBER und WILLIAM S. BENNETT, JR.

Eine große Zahl von verschiedenen chemischen Reaktionen geschehen im lebenden Organismus (Elektronentransfer, Gruppentransfer, Hydrolyse, Spaltung von chemischen Bindungen, Isomerisierung, Knüpfung von chemischen Bindungen). Die meisten dieser Reaktionen würden ohne Katalyse zu langsam ablaufen. Es ist klar, daß hohe Temperatur oder Druck zur Beschleunigung biologischer Reaktionen nicht anwendbar sind.

Biochemische Reaktionen umfassen viele Atome und sind im allgemeinen mehrstufig nach folgendem Reaktionsschema:

$$E + S \rightleftharpoons ES_1 \rightleftharpoons ES_2 \rightleftharpoons ES_n \rightleftharpoons EP \rightleftharpoons E + P$$

(E: Enzym, S: Substrat, P: Produkt, ES_n ntes Enzym/Substrat Zwischenprodukt).

Das Energie-Diagramm für die Überführung von $S \rightleftharpoons P$ könnte wie in Abb. 9.1 dargestellt werden. Das Enzym erniedrigt die Aktivierungsenergie der Reaktion. Die Reaktionsbeschleunigung kann sehr große Werte annehmen. Das Enzym Amylase, das Stärke hydrolytisch spaltet, beschleunigt die Reaktion etwa um den Faktor $3 \cdot 10^{11}$; Lysozym, das Zuckerketten der Bakterienzellwände hydrolysiert, erhöht die Reaktionsgeschwindigkeit um den Faktor $2 \cdot 10^6$.

Es gibt einige allgemeine Gesichtspunkte, die das Verständnis dieser enzymatischen Reaktionsbeschleunigung erleichtern:

1. Die Energie, die zur Erniedrigung der Aktivierungsenergie der Reaktion nötig ist, wird durch die Enzym-Substrat-Wechselwirkung geliefert. Der Übergangszustand der Reaktion ist stabilisiert im Enzym-Substrat-Komplex. Das Enzym hat eine besondere Af-

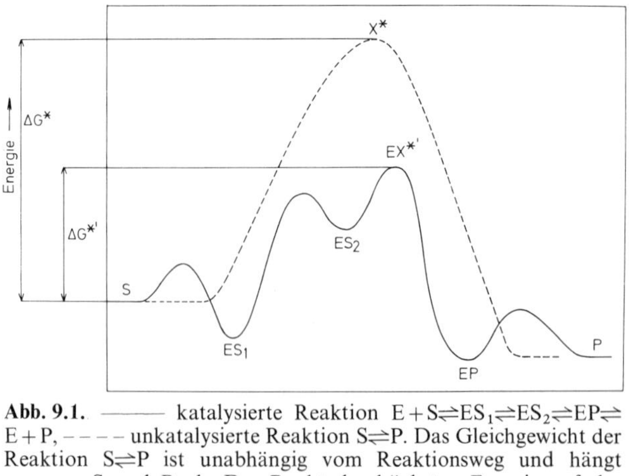

Abb. 9.1. ——— katalysierte Reaktion $E + S \rightleftharpoons ES_1 \rightleftharpoons ES_2 \rightleftharpoons EP \rightleftharpoons E + P$, ---- unkatalysierte Reaktion $S \rightleftharpoons P$. Das Gleichgewicht der Reaktion $S \rightleftharpoons P$ ist unabhängig vom Reaktionsweg und hängt nur von S und P ab. Der Punkt der höchsten Energie auf der Reaktionskoordinate (X* bzw. EX*') ist der Übergangszustand der Reaktion. Die Höhe der Energieschranke (ΔG^*) bestimmt die Reaktionsgeschwindigkeit nach der Arrhenius'schen Gleichung $k \sim \exp(-\Delta G^*/RT)$. Der Übergangszustand der enzymatischen ($X^{*\prime}$) und der nicht-enzymatischen Reaktion (X*) müssen nicht identisch sein

Tabelle 9.1

Verbindung	relative Geschwindigkeit der intramolekularen Laktonisierung
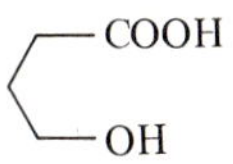	1
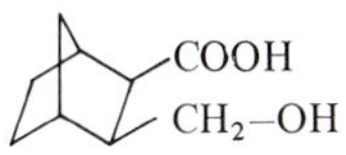	$0.83 \cdot 10^2$
	$1.3 \cdot 10^4$

Die Reaktionsgeschwindigkeit erhöht sich mit der Abnahme der relativen Freiheitsgrade der reagierenden Carboxyl- und Hydroxyl-Gruppen. [Nach Bruice: Cold Spring Harbor Symposia on Quant Biol. **26**, 21–27 (1972)]

finität zum Übergangszustand des Substratmoleküls. Dies wird später am Beispiel der Proteasen erläutert.

2. Die Enzym-Substrat-Wechselwirkung bewirkt allgemein eine Fixierung und Destabilisierung des Substrates.

a) Gewisse Rotations- und Translationsfreiheitsgrade des Substrates werden bei der Bindung an das Enzym eingefroren, so daß die sterischen Anforderungen im eigentlichen Reaktionsschritt geringer werden. Dies kann eine hohe Reaktionsbeschleunigung bewirken. Wenn man die (nicht-enzymatische) intramolekulare Esterbildung von Hydroxycarbonsäure vergleicht, zeigt sich, daß diese innere Ester(Lakton)-bildung um so schneller abläuft, je mehr die relative Bewegungsfreiheit der Carboxylgruppe und Hydroxylgruppe eingeschränkt ist (Tabelle 9.1).

b) Die Bindung an das Enzym bewirkt konformative und elektronische Destabilisierung des Substrates, z.B. wird die Spaltung einer chemischen Bindung erleichtert, wenn diese Bindung bei der Fixierung an das Enzym „gedehnt“ wird. Die Spaltung von Peptid-Bindungen

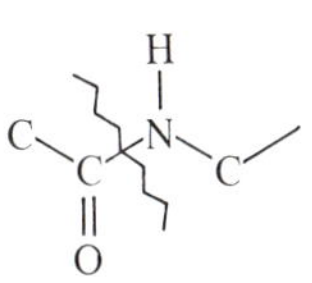

bei den Serin-Proteasen läuft über einen Zwischenzustand mit tetraedrischem Carbonyl Kohlenstoff. Proteasen verzerren bei der Substrat-Bindung das trigonal planare Kohlenstoffatom tetraedrisch. Dies führt zu einer Schwächung der C-N-Bindung und zu einer günstigen Polarisierung des Kohlenstoffatoms, wie später noch ausgeführt wird.

c) Das Enzym stellt chemisch aktive Reste, das katalytisch wirksame Zentrum, bereit, das die Bildung des Übergangszustandes der Reaktion beschleunigt. Diese Reste können das Substrat polarisieren und als Überträger von Ladungen und Protonen dienen, und unter Umständen mit ihm sogar eine chemische Bindung in Form einer reaktiven Zwischenstufe eingehen.

3. Enzyme sind spezifisch. Sie reagieren meist nicht mit Substanzen, die z.T. nur geringe struktur-chemische Änderungen gegenüber dem Substrat aufweisen. Aus dem Bereich der Proteasen kennt man Enzyme mit sehr unterschiedlicher Spezifität. Papain oder Pepsin sind unspezifische Proteasen; Trypsin spaltet bevorzugt nach basischen Aminosäuren; die verschiedenen proteolytisch wirksamen Faktoren des Blutgerinnungs- und Fibrinolyse-Systems sind sehr spezifisch und spalten nur Peptid-Bindungen innerhalb einer bestimmten, mehrere Aminosäuren umfassenden Sequenz.

Spezifität wird dadurch erreicht, daß am Enzym komplementär geformte Bindungsstellen für die spezifischen Gruppen des Substrates vorhanden sind.

9.3 Wie werden Enzyme reguliert?

ROBERT HUBER und WILLIAM S. BENNET, JR.

Enzymatische Aktivität muß an- und abgestellt, verringert und erhöht werden. Diese Regulation kann sich auf 3 verschiedenen Ebenen vollziehen:

1. Kompetitive oder allosterische Regulationen greifen am Enzym-Molekül selbst an. Enzyme können auch enzymatisch chemisch modifiziert (häufig phosphoryliert) werden, um ihre Aktivität und Spezifität zu ändern. Enzyme werden häufig als inaktive Vorstufen synthetisiert, die aktiviert werden müssen.

2. Manche Enzyme sind aus katalytischen und regulatorischen Untereinheiten aufgebaut. Die regulatorischen Untereinheiten beeinflussen die Aktivität der katalytischen Untereinheiten.

3. Enzymatische Aktivität wird durch die biochemische Synthese des Enzymes gesteuert (Kapitel 10).

Zu (1): Kompetitive Inhibitoren konkurrieren mit dem Substrat um dieselbe Bindungsstelle am Enzym. Beide schließen sich gegenseitig aus. Wirksame Inhibitoren binden besser als Substrate oder binden irreversibel, z.B. durch Ausbildung einer kovalenten Bindung mit Resten der aktiven Stelle des Enzyms (Abb. 9.2c). Allosterische Effektoren binden nicht an der aktiven Stelle des Enzyms. Sie beeinflussen die Substratbindungsstelle über Strukturänderungen des Enzyms (Abb. 9.2a, b): Es gibt allosterische, positiv oder negativ kooperative Wechselwirkung. Sie findet sich häufig bei Enzymen, die aus mehreren Untereinheiten bestehen. Die Strukturänderung am Substrat- und Effektorort geht meist mit einer Änderung der Geometrie der Aggregation (Quartärstruktur) einher. Ein Spezialfall mit großer Bedeutung liegt vor, wenn das Substrat selbst der allosterische, kooperative Aktivator ist (homotroper Effekt). Die Beladung einer Untereinheit mit dem Substrat steigert in diesem Fall die Affinität der noch unbeladenen Untereinheiten.

Das Hämoglobin, der sauerstoffbindende Blutfarbstoff, tritt in 2 Formen mit verschiedenen Quartärstrukturen auf. Eine Form hat niedrige Sauerstoff-Affi-

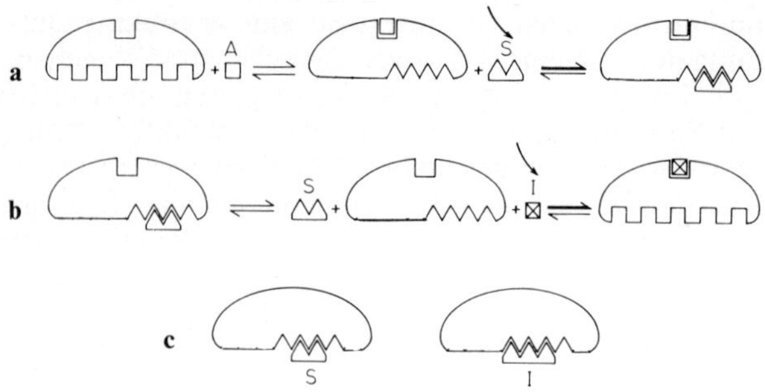

Abb. 9.2a–c. Fall **a** zeigt schematisch die Wirkung eines allosterischen Aktivators (*A*), Fall **b** eines allosterischen Inhibitors (*I*), Substrat (*S*), Aktivator (*A*) und Inhibitor (*I*) binden an verschiedenen Stellen. Sie bewirken eine Konformationsänderung des Enzyms. Nur die „Sägezahn-Oberfläche" bindet Substrat. Fall **c** zeigt schematisch die Bindung von Substrat (*S*) und kompetitivem Inhibitor (*I*) an das Enzym. Der Inhibitor nutzt mehr Bindungsstellen des Enzyms und bindet stärker als das Substrat. Eine andere Möglichkeit ist, daß der kompetitive Inhibitor irreversibel, kovalent an das Enzym bindet. Starke Bindung tritt auch ein, wenn der Inhibitor eine Konformation hat, die dem Übergangszustand der Reaktion ähnelt (Übergangszustandanaloge). Wie diskutiert, hat das Enzym eine besondere Affinität zum Übergangszustand des Substrates

nität (T = tense) und eine Form hohe Affinität (R = relaxed). Die sauerstofffreie Form ist die T-Form; bei der Beladung mit etwa 2 Molekülen Sauerstoff wandelt sich Hämoglobin in die R-Form um; die Sauerstoffaffinität steigt an.

Zu (2): Ein wohlbekanntes Enzym mit getrennten katalytischen und regulatorischen Untereinheiten ist die Aspartat-Transcarbamylase (ATCase). Es katalysiert die Reaktion,

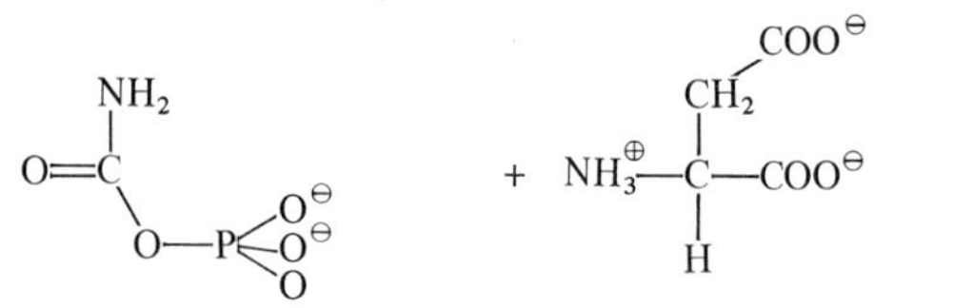

Carbamylphosphat + Aspartat

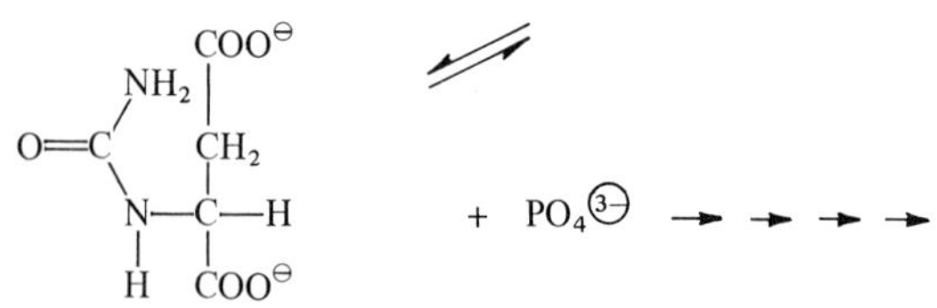

N-Carbamylaspartat + Phosphat

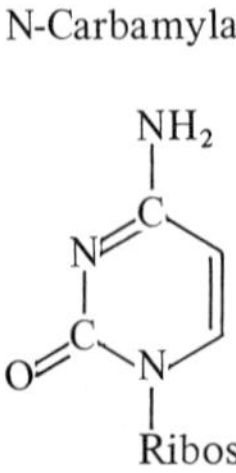

Cytidin-triphosphat

die über viele Enzym-katalysierte Zwischenstufen zu Cytidin führt. ATCase ist das Schlüsselenzym des Pyrimidin-Syntheseweges.

Es wird inhibiert vom Endprodukt Cytidintriphosphat. Das Enzymmolekül besteht aus 6 katalytischen

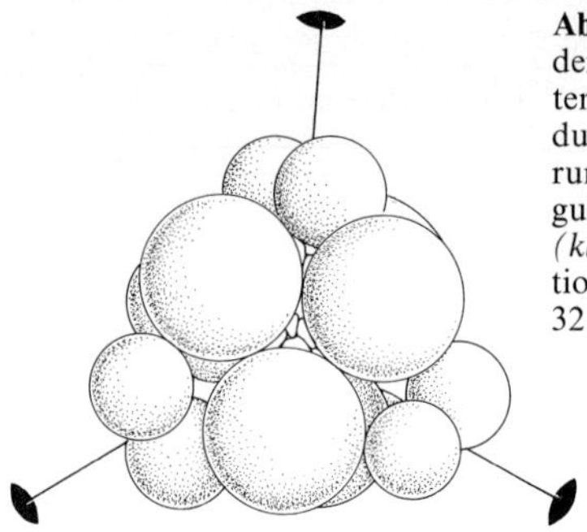

Abb. 9.3. Die Beeinflussung der katalytischen Untereinheiten *(große Kugeln)* erfolgt durch Quartärstrukturänderungen, ausgelöst von den regulatorischen Untereinheiten *(kleine Kugeln)*. Die Aggregation erfolgt nach Symmetrie 32

und 6 regulatorischen Untereinheiten. Die katalytische Untereinheit ist katalytisch aktiv, bindet aber keine Effektoren, die regulatorische Untereinheit bindet die Effektoren, ist aber katalytisch inaktiv.

Die Untereinheiten bilden ein Hexameres mit einer 3fachen Rotationsachse und 3 senkrecht dazu liegenden 2 zähligen Achsen (Fig. 9.3).

Der Grundkörper des Moleküls ist also notwendigerweise ein Dimeres aus einer katalytischen und einer regulatorischen Untereinheit. Die Strukturuntersuchungen haben jedoch ergeben, daß die Punktsymmetrie in diesem Fall eine mehr grundsätzliche, funktionelle Anordnung der Untereinheiten widerspiegelt. ATCase Untereinheiten aggregieren als Trimere der katalytischen Untereinheiten und Dimere der regulatorischen Untereinheiten. Nach dem gegenwärtigen Stand der Erkenntnisse erfolgt allosterische Regulation der ATCase über Änderungen der relativen Anordnung der regulatorischen Dimeren zu den katalytischen Trimeren.

9.4 Protein-Struktur (Globuläre Proteine)

ROBERT HUBER und WILLIAM S. BENNETT, JR.

Die native Proteinstruktur ist eine Funktion der Aminosäuresequenz. De- und Renaturierungsversuche bei vielen Beispielen zeigten Identität von nativen und renaturierten Molekülen. Die native Struktur ist die thermodynamisch stabile Form. Dies gilt allerdings im allgemeinen nur innerhalb enger Grenzen von Temperatur und Art des Lösungsmittels. Die Stabilität wird erhöht durch Kofaktoren (z. B. Häm-Gruppe bei den Hämoglobinen) oder, bei Enzymen häufig, Metallionen. Das Prinzip der Selbstfaltung findet sich wieder in der Selbstaggregation von höheren Strukturen, die aus Proteinuntereinheiten aufgebaut sind (oligomere Proteinmoleküle, fibrilläre Proteine, die aus globulären Untereinheiten bestehen, Virus-Hüllen).

9.4.1 Wie falten sich Proteine?

Im denaturierten Zustand liegen Proteinmoleküle als statistische Knäuel vor. Die Faltung zur „starren", dreidimensionalen Struktur bedeutet das Einfrieren vieler Rotationsfreiheitsgrade, um Wechselwirkungsenergie zu gewinnen. Es ist klar, daß die native Struktur in einem delikat ausgewogenen Gleichgewicht ist, das durch kleine Änderungen der Umgebung verschoben werden kann. Wir werden später sehen, daß sich die Faltung der Hauptkette im wesentlichen durch 2 dihedrale Winkel pro Aminosäure beschreiben läßt. Bei Unterteilung jedes Winkelbereiches in 10° Intervalle sind bei einer Polypeptidkette von 100 Aminosäuren 36^{200} verschiedene Konformationen möglich. Wenn die Faltung ein Trial-and-error-Verfahren wäre, das solange mit dem gesamten Molekül durchgespielt wird, bis das globale Energieminimum erreicht wird, wäre sie viel zu langsam. (Minimale Zeit zur Einstellung einer Konformation ist länger als 10^{-13} s.)

Der Faltungsprozeß ist jedoch sehr viel schneller, wenn die Faltung in kurzen Segmenten geschieht, die sich in einem zweiten Schritt zur dreidimensionalen Struktur falten (Abb. 9.4) (Nukleationsmodell). Segmente, die sich bevorzugt falten, können Helizes, Faltblätter und β-Ecken sein. In der Tat zeigt die Analyse von bekannten Proteinstrukturen, daß bestimmte Aminosäuren bevorzugt in bestimmten Sekundärstrukturelementen auftreten (Val, Ala, Ile in Helizes, Gly, Pro in β-Ecken). Ein experimenteller Hinweis für diese Hypothese ergibt sich aus der Beobachtung, daß im Laufe der Faltung falsch zusammengelagerte Sekundärstrukturelemente nachgewiesen werden können (Abb. 9.5).

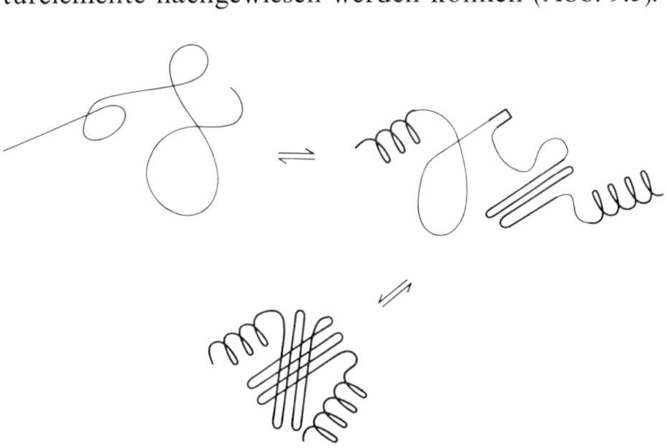

Abb. 9.4. Faltung in Segmenten

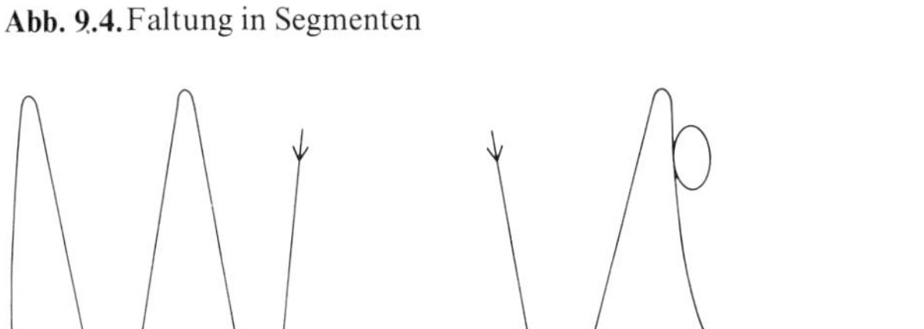

Abb. 9.5. a zeigt die native Struktur, charakterisiert durch zwei Disulfidverknüpfungen (1–4, 2–3). Während der Faltung tritt auch eine Spezies auf, (und läßt sich isolieren), die die falsche Disulfidbindung (1–3) zeigt (**b**)

Nach einer alternativen Faltungshypothese lagern sich zunächst die hydrophoben Aminosäuren zu einer noch flexiblen Struktur (Öltröpfchen) zusammen. In einem zweiten Schritt bildet sich die starre native Struktur unter Ausbildung der Sekundärstrukturelemente (Zurechtrütteln).

Die Faltung der Sekundärstrukturelemente, insbesondere der Helizes, ist kooperativ und erfolgt sehr schnell. Messungen an linearen Biopolymeren ergaben α-Helix$\rightleftharpoons$Knäuel-Umwandlungszeiten um 10^{-6} bis 10^{-8} s. Dies ist anschaulich verständlich, da nach Bildung eines Nucleus von einer Helixwindung die folgenden Aminosäuren die günstigen Wechselwirkungen, die eine Helix ermöglicht, nutzen können. Im umgekehrten Sinn ist es bei der Helixauflösung für eine einzelne Aminosäure schwierig, aus der Mitte des helicalen Verbandes zu brechen, da dann die günstigen Wechselwirkungen über einen weiten Bereich gestört werden.

9.4.2 Bausteine

Protein-Bausteine sind die 20 Aminosäuren, die sich in der Natur der Seitenkette R unterscheiden (vgl. S. 28):

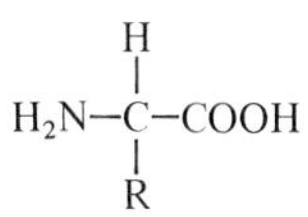

Das Bauelement der Peptidketten ist die Peptideinheit:

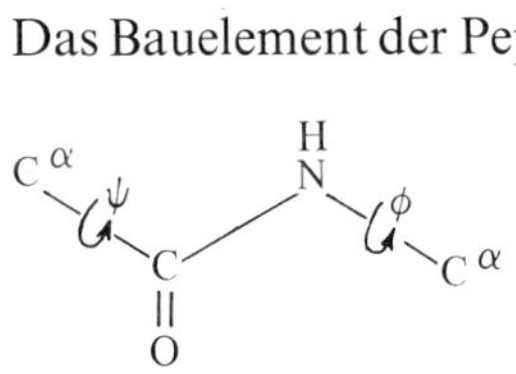

Diese Gruppe ist im energetisch stabilsten Zustand wegen des partiellen Doppelbindungscharakters der $-\overset{\displaystyle O}{\overset{|}{C}}-N-$-Bindung planar. Drehungen um C^{α}—C- und N—C^{α}-Bindungen sind möglich. Allerdings ist die Peptidgruppe mit geringem Energieaufwand tordierbar:

$$V(\omega) = 1/2\,K_{\omega}(1-\cos 2\omega)$$

$$K_{\omega} \sim 20 \text{ kcal/mol}$$

(ω ist der C—N Torsionswinkel).

Pyramidalisierungen am C und N sind ebenfalls mit verhältnismäßig geringem Energieaufwand verbunden. Das gleiche gilt für Abweichungen der Winkel an den C^{α}-Atomen vom idealen Tetraederwinkel. Bei Vernachlässigung dieser geringen Deformationen läßt sich die Faltung einer Peptidkette also durch 2 dihedrale Winkel pro Aminosäure beschreiben. Infolge sterischer Hinderungen zwischen aufeinanderfolgenden Karbonylsauerstoffatomen und zwischen den NH-Gruppie-

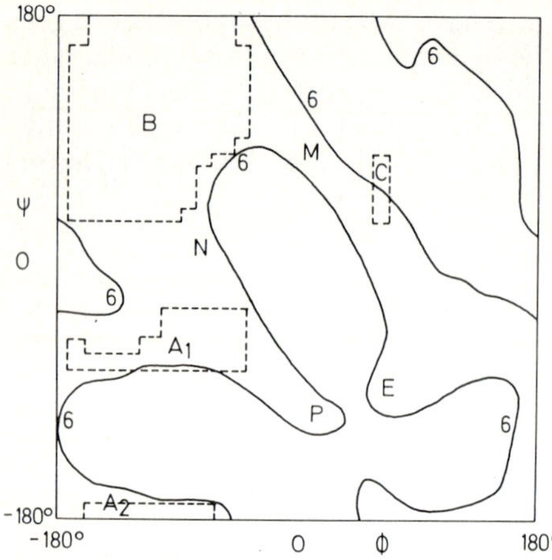

Abb. 9.6. Unter Annahme einer Polyalanylkette mit undurchdringlichen (harten) Atomen ergeben sich die gestrichelten Bereiche als erlaubte Einstellmöglichkeiten (Ramachandran). Die ausgezogene Kurve wurde nach quantenmechanischen Rechnungen erhalten. ψ ist der dihedrale Winkel zwischen C^{α}—C(=O), ϕ zwischen N—C^{α}. Bereich A1 umfaßt die α-Helix, B, die Faltblattstruktur. Die Nullage ist so definiert: Beide Peptidgruppen liegen in einer Ebene

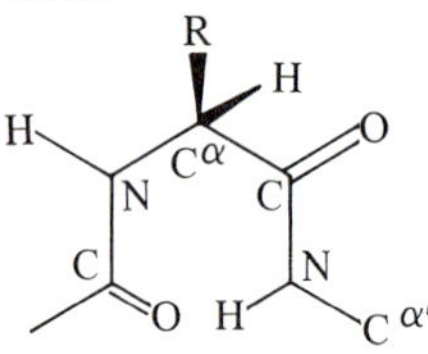

rungen sind nicht alle Einstellwinkel möglich (Abb. 9.6).

Die Peptidgruppe in globulären Proteinen ist fast ausschließlich in der trans-Konfiguration. Nur bei X-Pro-Peptidgruppen wurde in mehreren Fällen cis-Konfiguration beobachtet.

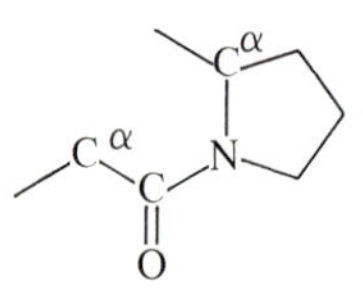

Im Falle des Prolins sind cis- und trans-Konfiguration etwa gleich stabil.

9.4.3 Konstruktions- (Sekundärstruktur-)elemente

Sekundärstruktur bezieht sich auf das Muster der Wasserstoffbrückenbindungen der polaren Gruppen eines Proteinmoleküls. In einer aufgefalteten Polypeptidkette sind vermutlich alle polaren Gruppen mit Molekülen des Lösungsmittels über Wasserstoffbrücken verknüpft. Es ist nicht völlig geklärt, ob diese im schnellen Austausch begriffenen Wasserstoffbrückenbindungen energetisch gleichwertig sind zu den stabilen Bindungen zwischen polaren Gruppen des gefalteten Proteins, doch dürfte der Unterschied gering sein. Es ist deshalb zu erwarten, daß der überwiegende Anteil der polaren Gruppen eines nativen globulären Proteinmoleküls an Wasserstoffbrücken beteiligt ist. Man findet in den meisten Fällen, daß etwa die Hälfte der polaren Gruppen an internen Wasserstoffbrücken beteiligt ist. Proteine mit hohem Gehalt an α-Helix haben sogar einen höheren Anteil. Die übrigen Gruppen befinden sich an der Oberfläche und können Wasserstoffbrücken mit dem Lösungsmittel ausbilden.

Die internen polaren Gruppen, die intramolekulare Wasserstoffbrücken ausbilden, sind meist die N–H und C–O Gruppen der Polypeptidkette, da polare Seitenketten sich vornehmlich an der Oberfläche des Protein befinden.

Ausnahmen findet man an aktiven Stellen der Enzyme, wo vergrabene polare Gruppen an der enzymatischen Katalyse beteiligt sind (s. Serinproteasen).

Die überwiegende Zahl von internen Wasserstoffbrücken findet sich in Regionen mit regulärer Sekundärstruktur, die zudem günstigere Konfigurationen darstellen (Abb. 9.6). Zudem ist die Ausbildung regulärer Sekundärstrukturen kinetisch vorteilhaft wegen der kooperativen Effekte, die vorher beschrieben wurden.

Drei Typen von Sekundärstruktur sind von besonderer Bedeutung:

a) Helizes. Wenn eine Reihe von aufeinanderfolgenden Aminosäuren identische ϕ und ψ dihedrale Winkel aufweisen, entsteht eine Helix (Abb. 9.7; vgl. auch Kapitel 2, S. 37). Aus der großen Zahl von möglichen Helizes sind nur wenige stabil. Die stabilen Konformationen zeichnen sich durch die Möglichkeit zu ungefähr linearen C–O...HN-Wasserstoffbrückenbindungen entlang der Helixachse aus. Der wichtigste Helixtyp ist die α-Helix (p: 5,4; d: 1,5; n: 3,6; ϕ: $-48°$; ψ: $-57°$).

Von großer Bedeutung ist die Kollagenhelix und die Polyprolinhelix.

b) Faltblatt. Die Faltblattstruktur besteht aus antiparallel oder parallel laufenden Peptidketten. Im antiparallelen Faltblatt werden lineare Wasserstoffbrückenbindungen zwischen den Ketten ausgebildet (Abb. 9.8). Das Wasserstoffbrückenschema in parallelen Faltblättern ist ähnlich, aber die Wasserstoffbrückenbindungen können nicht streng linear sein.

c) Die *Ketten* in Faltblattsegmenten kehren häufig um unter Ausbildung von β-turns (Abb. 9.9).

Ähnliche Turns findet man auch an anderen Stellen eines globulären Moleküls, wo die Polypeptidkette scharfe Biegungen macht.

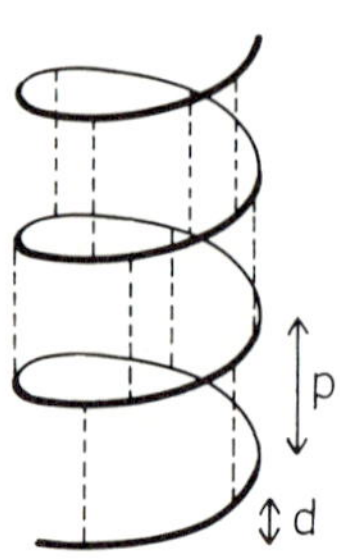

Abb. 9.7. Folgende Parameter charakterisieren eine Helix: p Windungshöhe; d Fortschritt/Rest; n Zahl der Reste/Windung. Diese Werte stehen mit den Konformationswinkeln ϕ und ψ im Zusammenhang. ---- Wasserstoffbrückenbindung

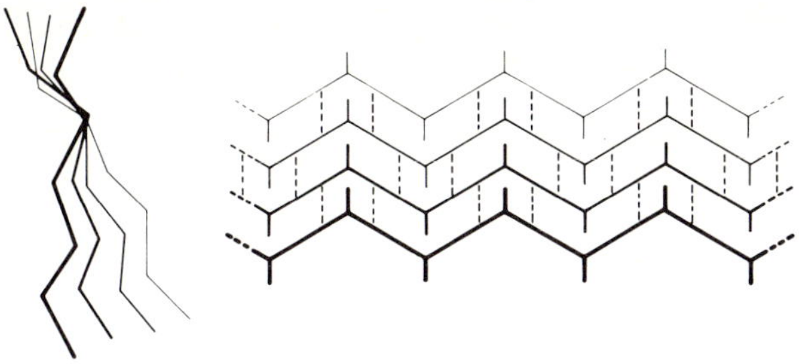

Abb. 9.8. Antiparallele Faltblattstrukturen in globulären Proteinen sind meist nicht eben, sondern verdreht zu einer Linksschraube (beim Blick senkrecht zu den Peptidketten)

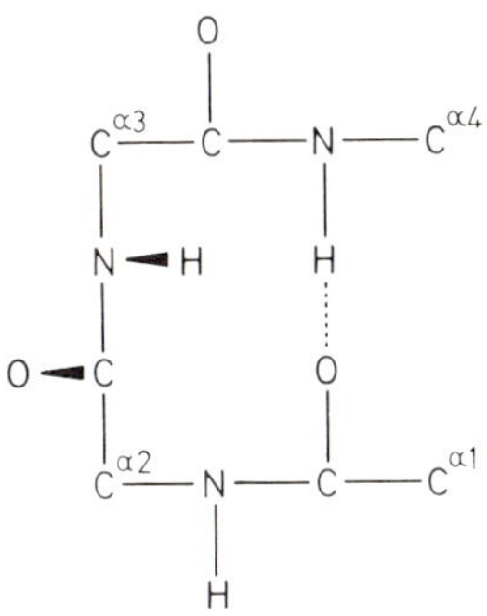

Abb. 9.9. Idealisiertes Modell eines β-turns, charakterisiert durch eine 1,4-Wasserstoffbrückenbindung

9.4.4 Dreidimensionale Struktur

9.4.4.1 Allgemeine Gesichtspunkte

Enzym-Moleküle sind im allgemeinen globulär. Sehr große Moleküle scheinen aus mehreren globulären Domänen zusammengesetzt zu sein. Der Grund könnte darin liegen, daß in einer einzigen großen Domäne zu viele Seitenketten im Inneren des Moleküls zu liegen kämen. Es könnte auch sein, daß die Faltung sehr großer Domänen zu schwierig und langwierig ist.

Die Packung der Atome im Inneren des Moleküls ist etwa ebenso dicht wie die Packung kleiner organischer Moleküle im Kristallverband. Gelegentlich auftretende Lücken sind mit Strukturwassermolekülen erfüllt. Die größte bisher bekannt gewordene Zahl von internen Wassermolekülen findet sich bei Trypsin mit etwa 24. Dies scheint ein Ausnahmefall zu sein. Im allgemeinen findet sich wesentlich weniger internes Strukturwasser.

Das Bild von der Proteinstruktur, das die Röntgenkristallanalyse liefert, ist statisch und verführt zur Vorstellung eines starren Moleküls. Genaue Röntgendaten zeigen differentielle Beweglichkeiten von Segmenten mit mittleren Auslenkungen von etwa 0,05 nm. Diese beobachteten Auslenkungen können durch thermische Bewegung, aber auch durch statische Strukturdifferenzen verursacht sein. NMR-Daten zeigen, daß selbst im Inneren des Moleküls vergrabene aromatische Aminosäureseitenketten mit einer Frequenz von etwa 1000 Hz rotieren. Rechnungen zeigen, daß die Aktivierungsenergien dieser Rotationen bei etwa 10–20 kcal/mol liegen.

9.4.4.2 Stabilisierungskräfte

Die native Faltungsstruktur steht in delikatem Gleichgewicht mit der statistisch geknäuelten Form. Auffaltung kann durch Temperaturänderung, Lösungsmitteländerung, Harnstoffzusatz und vieles andere erfolgen. Representative thermodynamische Daten für die Umwandlung Knäuel in native Struktur sind etwa: $\Delta H_{\text{calorim}} = -100$ kcal/mol, $\Delta S = \Delta H/T$. Das gilt beim Mittelpunkt der Umwandlungskurve ($\Delta G = 0$). ΔG im optimalen Stabilitätsbereich kann zu etwa -10 kcal/mol abgeschätzt werden.

Den wichtigsten Beitrag zur Stabilisierung der räumlichen Struktur liefert die hydrophobe Wechselwirkung. Hydrophobe Reste haben die Tendenz, sich zusammenzulagern. In der Tat ist das Innere aller bisher bekannten globulären Proteinmoleküle mit hydrophoben Aminosäuren gefüllt. Thermodynamisch gesehen bringt die Zusammenlegung von hydrophoben Resten einen Entropiegewinn, da die Wasserschicht um hydrophobe Reste immobilisiert ist (Abb. 9.10).

Ein charakteristisches Beispiel für die Anordnung hydrophober Reste im Molekülinneren sind die Domänen bei den Immunglobulin-Molekülen. Diese Domänen umfassen etwa 110 Aminosäuren und die Polypeptidkette ordnet sich in 2 Faltblattsegmenten, die die hydrophoben Aminosäurereste im Inneren abdekken (Abb. 9.11).

Hydrophobe Wechselwirkungen sind nicht gerichtet. Diese Wechselwirkungen allein ergeben ein Molekül, das einem fluiden Öltröpfchen entspricht. Starrheit wird durch gerichtete Wechselwirkungen erzwungen. Dies sind vor allem Wasserstoffbrückenbindungen. Der energetische Beitrag von Protein-Protein-Wasserstoffbrückenbindungen ist vermutlich klein, da die polaren Reste im aufgefalteten Zustand Wasser-

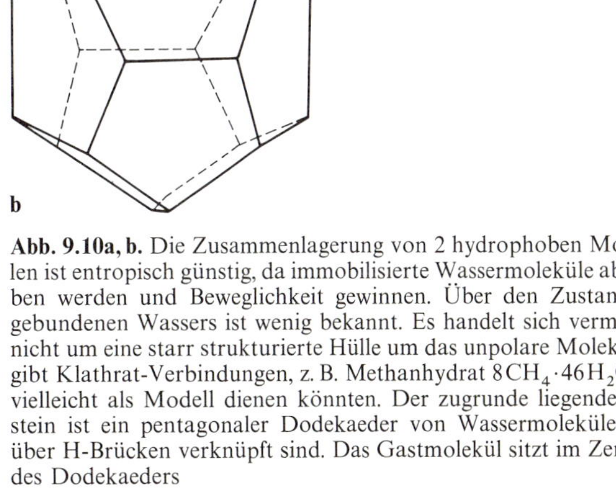

Abb. 9.10a, b. Die Zusammenlagerung von 2 hydrophoben Molekülen ist entropisch günstig, da immobilisierte Wassermoleküle abgegeben werden und Beweglichkeit gewinnen. Über den Zustand des gebundenen Wassers ist wenig bekannt. Es handelt sich vermutlich nicht um eine starr strukturierte Hülle um das unpolare Molekül. Es gibt Klathrat-Verbindungen, z. B. Methanhydrat $8CH_4 \cdot 46H_2O$, die vielleicht als Modell dienen könnten. Der zugrunde liegende Baustein ist ein pentagonaler Dodekaeder von Wassermolekülen, die über H-Brücken verknüpft sind. Das Gastmolekül sitzt im Zentrum des Dodekaeders

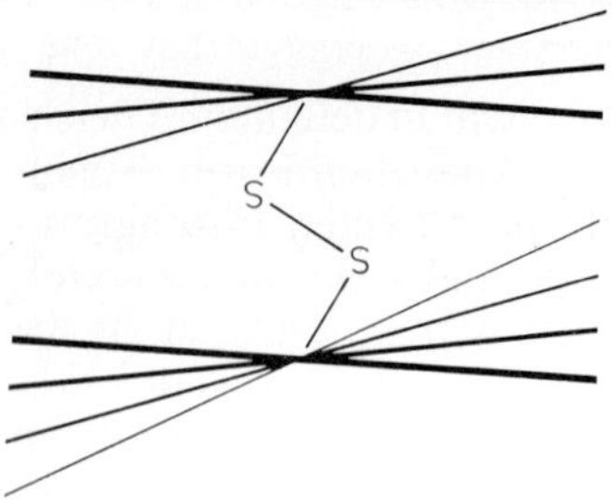

Abb. 9.11. Schema einer Immunoglobulindomäne. Zwei verdrehte Faltblattstrukturen decken das hydrophobe Innere des Moleküles ab. Die Faltblätter sind über eine Disulfidbrücke verknüpft. Es ergibt sich das Bild eines Sandwiches

stoffbrücken mit Wasser bilden: Ihr energetischer Beitrag ist also für beide Zustände etwa gleich. Allerdings ist eine intramolekulare Wasserstoffbrücke entropisch vorteilhaft gegenüber einer Protein-Wasser-Wasserstoffbrückenbindung.

Sehr spezifische elektrostatische Wechselwirkungen binden geladene Reste aneinander. Diese Salzbrücken sind zugleich Wasserstoffbrückenbindungen. In einigen Fällen liegt Wasser zwischen den geladenen Gruppen.

9.4.4.3 Strukturvorhersage

Die Beobachtung von reversibler De- und Renaturierung bei vielen globulären Proteinmolekülen zeigt, daß die räumliche Struktur durch die Aminosäuresequenz bestimmt ist. Es sollte deshalb möglich sein, die Struktur zu berechnen, indem man die Konformation berechnet, die das globale Energieminimum aufweist. Es ist ein Problem mit vielen tausend Variablen (hauptsächlich die dihedralen Winkel der Hauptkette und Seitenketten), das ab initio unlösbar scheint. Zudem sind nicht nur die intramolekularen Wechselwirkungen wichtig, sondern ebenso sehr die Wechselwirkung mit dem Lösungsmittel. Energieminimalisierung setzt genaue Kenntnis der Wechselwirkungspotentialfunktionen voraus. Diese sind gegenwärtig nur ungenau bekannt. Wir haben gesehen, daß Nahwirkungen der unmittelbar in der Sequenz folgenden Aminosäuren wichtig sind für die Bildung von Sekundärstrukturen. Man könnte also in zwei Schritten versuchen, zunächst die Sekundärstrukturelemente zu bestimmen, die dann gefaltet werden. Dies entspräche einer Faktorisierung des multidimensionalen Problems.

Beim gegenwärtigen Stand versucht man aus der Sequenz gewisse Sekundärstrukturelemente vorherzusagen. Dies basiert vor allem auf empirischen (an bekannten Strukturen gewonnenen) Eigenschaften von einzelnen Aminosäuren als Helixbildner, Helixbrecher, β-Eckenbildner usw. Die Güte der Vorhersage ist unterschiedlich, liegt aber im allgemeinen nur wenig über 50% (Verhältnis korrekt: falsch), doch zeigen neuere Algorithmen substantielle Verbesserungen. Versuche zum zweiten Schritt, nämlich die Zusammenfaltung der Sekundärstrukturelemente zu verstehen, stehen erst am Beginn.

Energieminimalisierung von bekannten Proteinstrukturen zum Zwecke der Modellverfeinerung und der methodischen Verbesserung erscheint gegenwärtig aussichtsreich zu sein. Diese Prozeduren werden gegenwärtig verbessert und in steigendem Maße angewendet.

9.5 Beispiele

Robert Huber und William S. Bennet, Jr.

9.5.1 Proteasen

a) Es gibt eine große Zahl verschiedener, Peptidbindungen hydrolysierender Enzyme. Die enzymatische Peptidspaltung ist praktisch meist irreversibel, da Substrat und Produkt bei hoher Verdünnung vorliegen. Bei hohen Substrat- und Produktkonzentrationen kann man aber auch Peptidsynthese durch Proteasen beobachten. Dies ist auch der Fall bei Substraten, bei denen die Spaltstücke zusammengehalten werden. Die Gleichgewichtskonstante der Peptidspaltung liegt dann nahe bei 1.

Proteasen unterscheiden sich in ihrer Spezifität und in ihrer Aktivität. Es gibt endo- und exo-Peptidasen, die Peptidketten im Inneren spalten oder endständige Aminosäuren abspalten. Die Spezifität ist meist gegen einen Rest unmittelbar an der zu spaltenden Peptidbindung gerichtet. Es gibt Proteasen mit sehr weitem Spaltspektrum, z. B. Papain, und außerordentlich spezifische, die nur Peptidbindungen in einer bestimmten, langen Sequenz spalten. Diese Enzyme haben eine bedeutungsvolle Funktion in der Regulation durch Proteolyse und wirken nur auf wenige physiologische Substrate, die Faktoren des Blutgerinnungssystems und Fibrinolysesystems, die proteolytischen Komponenten des Komplement-Systems. Faktor X_a des Blutgerinnungssystems, z. B. ist spezifisch für die Spaltung einer Ile-Glu-Gly-Arg + X-Bindung.

b) Regulation der Proteasen und Regulation durch Proteasen. Viele Proteasen werden als inaktive Vorstufen (Zymogene) gebildet, die durch proteolytischen Abbau oder durch Spaltung bestimmter Peptidbindungen aktiviert werden. Die Aktivierung findet am Wirkort statt. Regulation der Proteasen erfolgt durch natürliche Inhibitoren. Ein Teil dieser Inhibitoren wirkt nur temporär, da sie selbst proteolytisch abgebaut werden.

Viele Enzyme werden durch limitierte Proteolyse aktiviert. Zwei besonders eindrucksvolle Beispiele sind die Kaskadenaktivierung bei der Blutgerinnung und im Komplement-System, das Fremdzellen eliminiert (Abb. 9.12, 9.13).

c) Struktur und Funktion: Die Familie der Serin-Proteasen ist am besten erforscht unter den Proteasen. Sie tragen ihren Namen von einem für die Funktion essentiellen Serin-Rest.

Die nahe verwandten Serinproteasen Trypsin, Chymotrypsin, Elastase haben sehr ähnliche Kettenfaltung (Abb. 9.14). Ihre Spezifität ist unterschiedlich: Trypsin spaltet nach basischen Aminosäuren (Arginin, Lysin), Chymotrypsin nach aromatischen oder aliphatisch apolaren Aminosäuren (Phenylalanin, Tryptophan, Leucin usw.), Elastase nach Aminosäuren mit kleinen Seitenketten (Alanin).

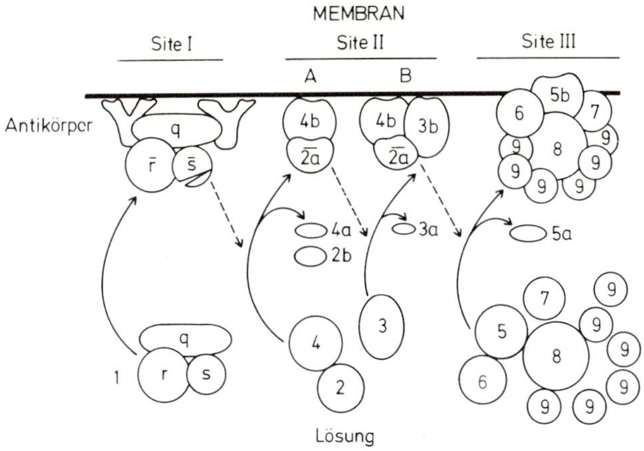

Abb. 9.12. Die Kaskadenaktivierung des Komplementsystems beginnt mit der Erkennung eines Antigens auf einer Zelloberfläche und der Fixierung von Antikörpermolekülen. Dies aktiviert die erste Komponente des Komplementsystems C1, das aus Komponenten q, r und s besteht. Das aktivierte C1 aktiviert die Komponenten 4 und 2, die sich an die Membran anlagern. Dieser Komplex aktiviert Komponente 3 und bindet 3b. C4, 2, 3 aktiviert C5 und verursacht die Zusammenlagerung des C5b–9 Komplexes, der dann die Membran perforiert. Alle Aktivierungen sind Peptidspaltungen (Freisetzung der Peptide 2b, 3a, 4a, 5a) und die aktiven Komponenten sind hochspezifische Proteasen. Kaskadenreaktionen bieten vielfältige Regulationsmöglichkeiten und stellen ein Sicherheitssystem dar. [Abbildung nach Müller-Eberhard: Ann. Rev. Biochem. **44**, 697–724 (1975)]

Die Bindung des Substrates erfolgt an der katalytischen Stelle, vornehmlich über Wechselwirkung der Peptidhauptkette des Substrates mit dem Enzym (Abb. 9.15). Nur die Seitenkette von Pl macht eine spezifische Interaktion mit dem Enzym. Sie ist in einer Tasche des Enzymes gebunden. Diese Tasche unterscheidet sich bei den 3 Enzymen und bestimmt die Spezifität (Abb. 9.16).

Die katalytisch aktiven Reste des Enzymes sind Asp 102, His 57, Ser 195, die schematisch angeordnet sind wie unten dargestellt. Die Serin-Hydroxylgruppe

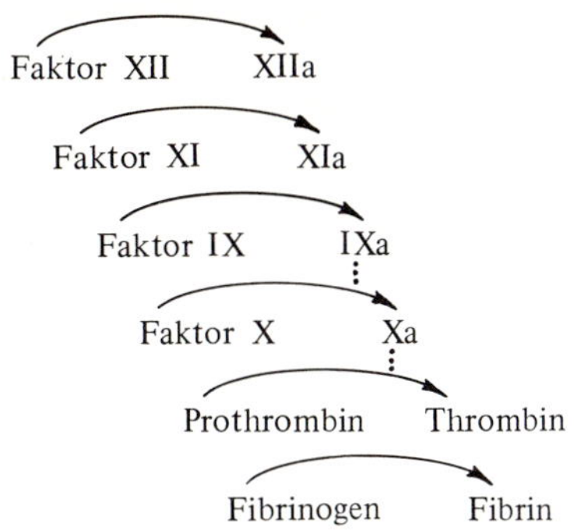

Abb. 9.13. Im Verlauf des Blutgerinnungsprozesses wird Fibrinogen in vernetztes Fibrin durch Abspaltung eines Fibrinpeptides verwandelt. Die Peptidspaltung erfolgt durch Thrombin. Die Enzyme Kallikrein, Plasmin, Thrombin sind Serinproteasen, ebenso wie die meisten der Faktoren (analysiert ist Faktor X), die ihrerseits aktiviert werden durch limitierte Proteolyse

wird negativ polarisiert unter dem Einfluß des Aspartats.

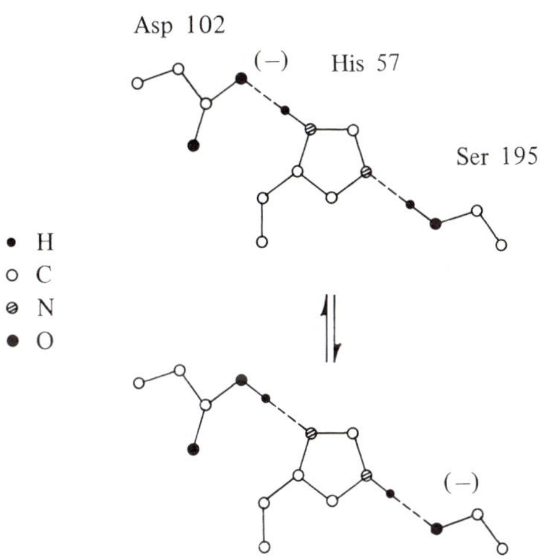

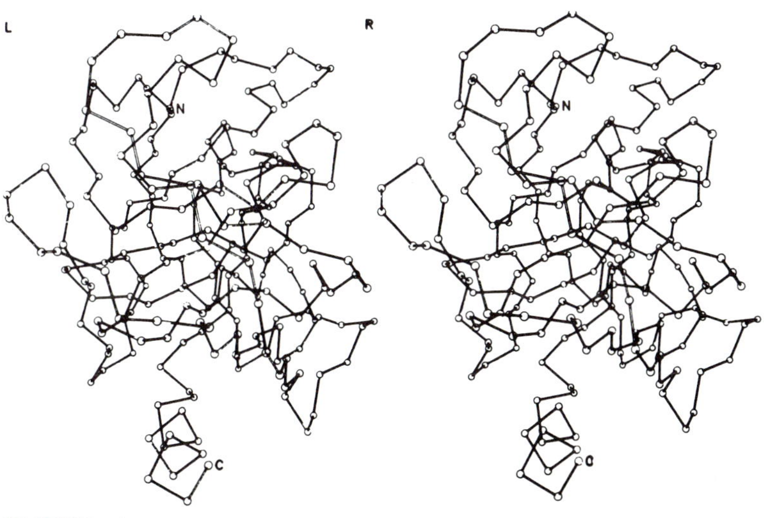

Abb. 9.14. Kettenfaltung Trypsin (Stereobild C^{α})

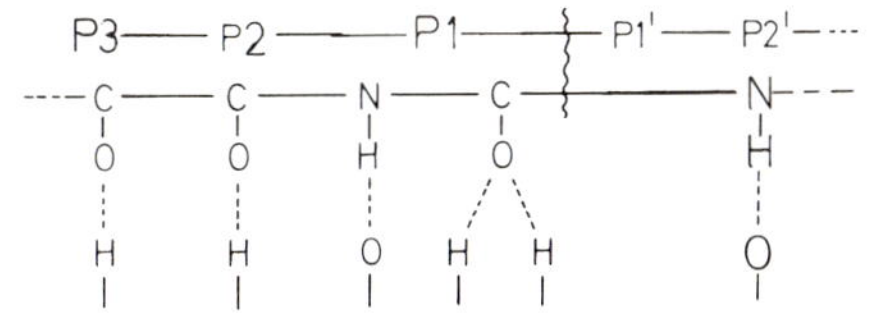

Abb. 9.15. Schema der Wasserstoff-Brückenbindungswechselwirkung einer Substrat-Kette mit Trypsin. Die Spaltstelle des Substrates ist zwischen P1 und P1'. Das Substrat wird starr gerichtet durch 6 Wasserstoffbrücken am Enzym gehalten

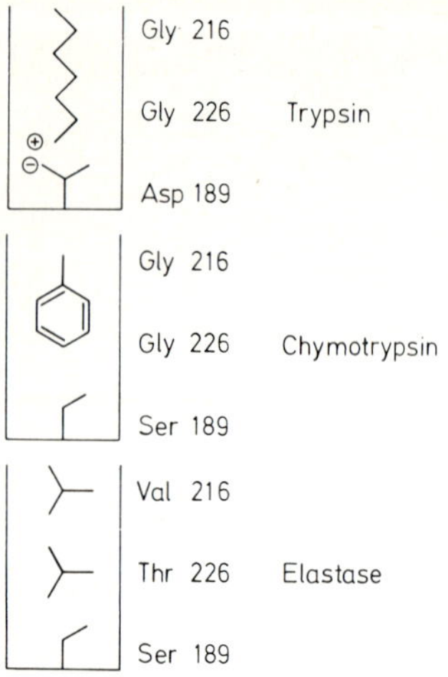

Abb. 9.16. Schema der Spezifitätstaschen bei den 3 Protease-Enzymen. Das negativ geladene Aspartat im Trypsin macht eine Salzbrücke mit basischen Resten in P1. Die Spezifitätstasche im Chymotrypsin ist mehr unpolar und bevorzugt unpolare Reste. Bei Elastase ist die Tasche blockiert. Dies erklärt die Spezifität für kleine Aminosäurereste in P1

a) Die katalytische Reaktion beginnt mit der Fixierung des Substrates nach Abb. 9.15 und 9.16. Die Carboxylgruppe von P1 wird dabei tetraedrisch verzerrt, der Carbonylkohlenstoff positiviert und elektrophil.

b) Dies erleichtert die nukleophile Addition des Serin O^{γ} an das Kohlenstoffatom unter Bildung eines tetraedrischen Addukts. Das Proton des Ser 195 wird auf das Histidin übertragen.

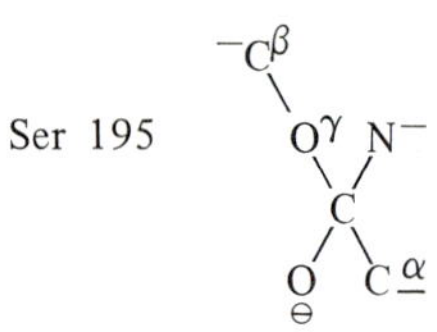

c) Das tetraedrische Addukt spaltet sich unter Bildung eines Acylenzymes, in dem die Polypeptidkette der N-terminalen Seite der gespaltenen Peptidbindung kovalent an das Enzym durch eine Bindung zwischen Serin 0^{γ} und dem Karbonylkohlenstoffatom gebunden ist. Protonenübertragung auf das N des neuen N-Terminus findet vermutlich vom Histidin her statt. P1′ wird so der neue N-Terminus der Polypeptidkette, die nun vom Enzym abdissozieren kann.

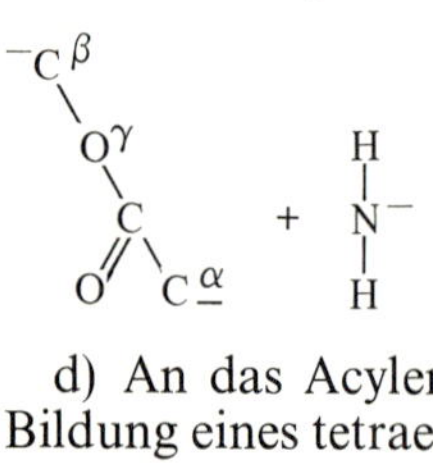

d) An das Acylenzym lagert sich Wasser an unter Bildung eines tetraedrischen Adduktes.

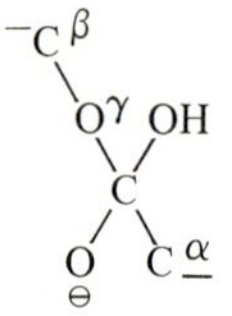

e) Das tetraedrische Addukt zerfällt zu freiem Enzym und Produkt.

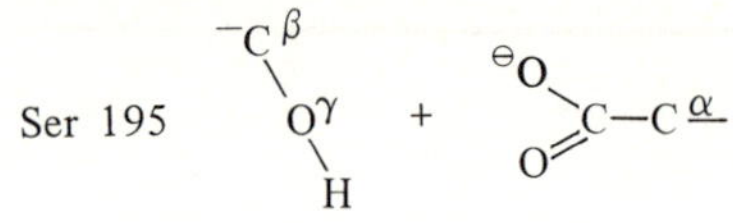

9.5.2 Immunoglobuline

Immunglobuline (Antikörper) haben keine enzymatischen Eigenschaften, sondern haben die Funktion, Fremdmoleküle und Zellen zu erkennen, zu binden und deren Eliminierung einzuleiten (siehe Komplement-System Abb. 9.12). Diese Moleküle sind optimal gebaut zu diesem Zweck. Sie zeigen, wie mit einfachen Mitteln außerordentlich viele verschiedene Bindungsspezifitäten entstehen können. Im kleineren Umfang haben wir dies schon bei den Serinproteasen gesehen. Es gibt verschiedene Typen von Immunglobulin-Molekülen, deren Funktion verschieden ist. Ihr prinzipieller Bauplan ist identisch (Abb. 9.17). Die beiden N-terminalen Domänen der leichten und schweren Kette bilden eine Bindungstasche, in der ein Fremdmolekül spezifisch gebunden werden kann. Es gibt eine große Zahl von N-terminalen Domänen, die sich in der Aminosäuresequenz unterscheiden. Man hat bisher noch keine identischen Sequenzen gefunden. Diejenigen Bereiche, die die Bindungstasche aufbauen, sind hypervariabel (Abb. 9.18). Wie groß die Zahl der Gene ist, die für die variablen Domänen im Erbmaterial codieren, ist noch unklar. Es wird auch die Hypothese einer somatischen Mutation zur Erklärung der Immunglobulin-Diversität diskutiert.

Die übrigen Domänen (1 bei den leichten Ketten, 3 bei den schweren Ketten) sind weitgehend konstant in ihrer Aminosäuresequenz innerhalb bestimmter Klas-

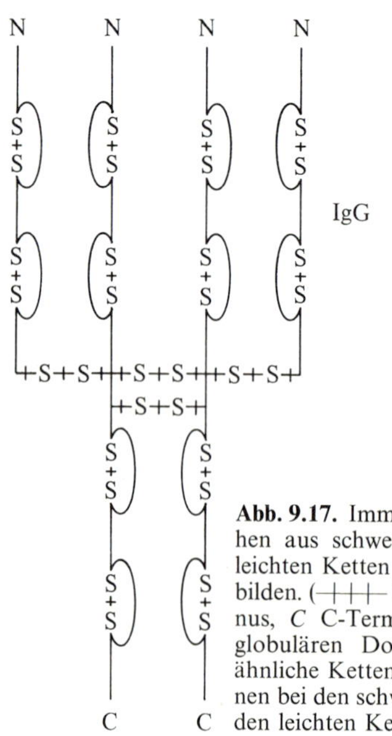

Abb. 9.17. Immunoglobulin-Moleküle bestehen aus schweren Ketten (MG 50000) und leichten Ketten (MG 25000), die ein Dimeres bilden. (—|—|—|— Disulfidbrücken, *N* N-Terminus, *C* C-Terminus). Die Ketten sind aus globulären Domänen aufgebaut, die sehr ähnliche Kettenfaltungen besitzen. (4 Domänen bei den schweren Ketten, 2 Domänen bei den leichten Ketten)

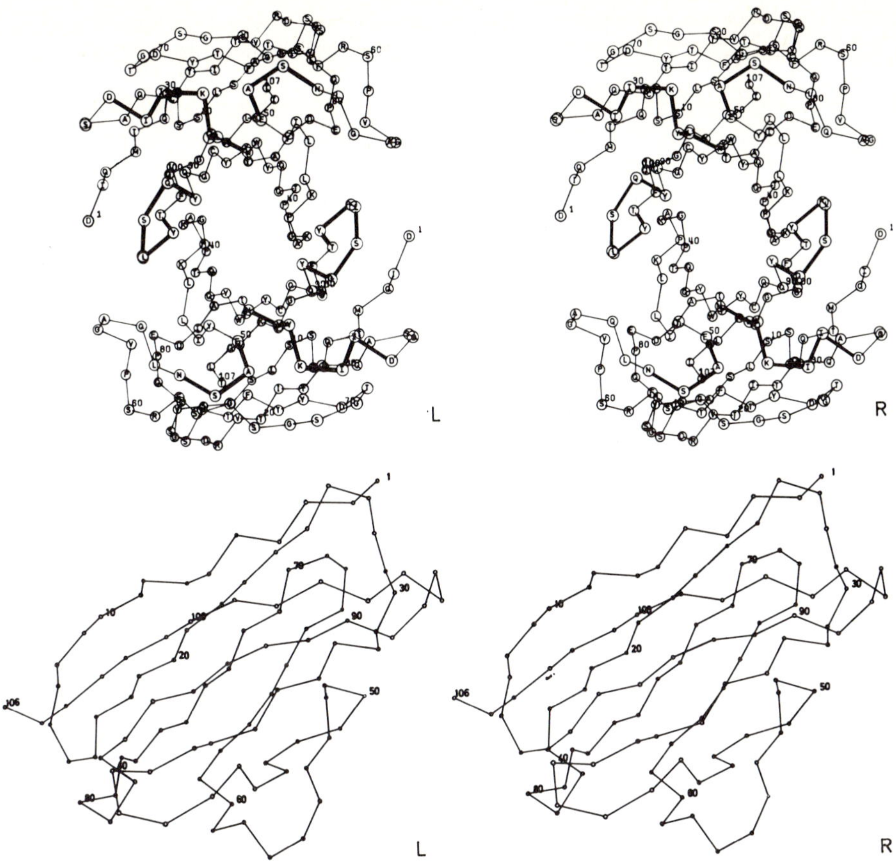

Abb. 9.18. Kettenfaltung einer Immunglobulin-Domäne. Die obere Abbildung zeigt die C^{α} Atome des Dimeren, das die Haptenbindungsstelle bildet. Die Haptenbindungsstelle wird von den hypervariablen Resten (—) aufgebaut und befindet sich am oberen Ende des Moleküls. Die untere Abbildung zeigt die Faltung der Kette einer einzelnen Domäne. Die beiden übereinanderliegenden Faltblätter sind klar zu erkennen

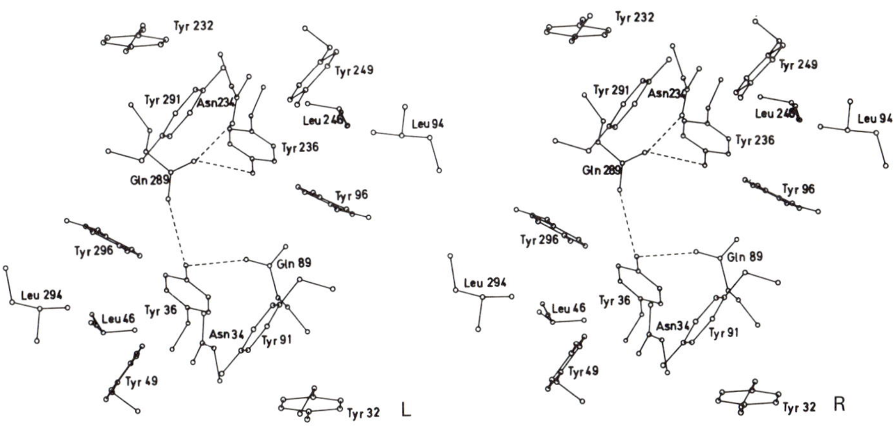

Abb. 9.19. Stereodiagramm der Haptenbindungstasche bei Immunoglobulin Fragment Rei. Dieses bindet spezifisch Trinitrophenylderivate. Der Trinitrophenylring schiebt sich senkrecht in die Tasche. Im nahe verwandten Fragment Au sind die Reste Tyr 96 und Tyr 296 durch Tryptophan ersetzt, die Bindungstasche wird dadurch erheblich eingeengt. Ein einziger Aminosäureaustausch verändert die Bingungseigenschaft fundamental

sen und Spezies (2 Klassen bei den leichten Ketten, 5 bei den schweren Ketten).

Eine zweite Quelle der Variabilität liegt in den verschiedenen Kombinationen von leichten und schweren Ketten.

Stereo Abb. 9.19 zeigt die Bindungstasche eines Immunoglobulin-Moleküls.

Das Modell beruht auf der Struktur eines Bence Jones Proteins Rei, das ein Dimeres aus leichten Ketten darstellt. Es wurde von einem Patienten mit Bence Jones Syndrom isoliert, bei dem dieses Protein in großen Mengen gebildet wird.

Das Bence Jones Protein Rei bindet Dinitrophenylderivate. Im nahe verwandten Bence Jones Molekül Au (das von einem anderen Patienten isoliert wurde) sind die symmetrischen Trypsinreste 96 und 296 gegen Tryptophan ausgetauscht. Dieser einzelne Austausch verändert die Spezifität völlig.

Literaturauswahl

Baldwin, R. L.: Intermediates in Protein Folding Mechanism and the Mechanism of Protein Folding. Ann. Rev. Biochem. **44**, 453 (1975).

Bruice, T. C.: Views on Approximation, Orbital Steering, and Enzymatic and Model Reactions. Cold Spring Harb. Symp. Quant. Biol. **36**, 21 (1972).
Changeaux, J.-P.: The Control of Biochemical Reactions. Sci. Amer. (April) 1965.
Davie, E. W., Fujikawa, K.: Basic Mechanism of Blood Coagulation. Ann. Rev. Biochem. **44**, 799 (1975).
Davies, D. R., Padlan, E. A., Segal, D. M.: The Three-dimensional Structure of Immunoglobulins. Ann. Rev. Biochem. **44**, 639 (1975).
Dickerson, R. E., Geis, I.: The Structure and Action of Proteins. New York-Evaston-London: Harper and Row 1969.
Edelman, E. M.: The Structure and Function of Antibodies. Sci. American (August) 1970.
Florkin, M., Stotz, E. H. (Eds.): Enzymes. General Considerations; in Comprehensive Biochemistry. Amsterdam: Elsevier 1964.
Jencks, W. P.: Structure-Reactivity Correlations and General Acid-Base Catalysis in Enzymic Transacylation Reactions. Cold Spring Harbor Symp. Quant. Biol. **34**, 1 (1972).
Koshland, Jr., D. E., Carraway, K. W., Dafforn, G. A., Gass, J. D., Storm, D. R.: The Importance of Orientation Factors in Enzymatic Reactions. Cold Spring Harbor Symp. Quant. Biol. **36**, 13 (1972).
Koshland, Jr., D. E., Neet, K. E.: The Catalytical Regulatory Properties of Enzymes. Ann. Rev. Biochem. **37**, 359 (1968).
Müller-Eberhard, H. J.: Complement. Ann. Rev. Biochem. **44**, 697 (1975).
Neurath, H.: Protein-Digesting Enzymes. Sci. American (December) 1964.
Wetlaufer, D. B., Ristow, S.: Aquisition of Three-Dimensional Structure of Proteins. Ann. Rev. Biochem. **42**, 135 (1973).
Wu, T. T., Fitch, W. M., Margoliash, E.: The Information Content of Protein Amino Acid Sequences. Ann. Rev. Biochem. **43**, 539 (1974).

9.6 Strukturelle Organisation von Proteinen

GEORG E. SCHULZ

9.6.1 Ketten, Bausteine und Stabilität

Auf den ersten Blick erscheinen Proteinstrukturen außerordentlich kompliziert, selbst wenn sie wie in den Abbildungen 2.31, 2.32, 9.14 und 9.18 vereinfacht dargestellt sind. Jedoch kann man sich leicht davon überzeugen, daß diese Strukturen bei weitem nicht den höchstmöglichen Komplexitätsgrad erreichen.

Normalerweise werden dreidimensionale Strukturen durch sukzessiven räumlichen Zusammenbau einzelner asymmetrischer Bauteile anhand eines detaillierten und damit informationsbeladenen Bauplans hergestellt. Dagegen ist der Aufbau eines Proteins geradezu trivial. Hier wird lediglich eine lineare Polypeptidkette aus 20 verschiedenen Typen von Aminosäuren geknüpft, wobei der Bauplan nur aus einer Reihenfolge von Typspezifikationen besteht, die (stückchenweise) kolinear in einem linearen DNS-Molekül niedergelegt sind. Der Übergang von der einfachen eindimensionalen zur komplizierten dreidimensionalen Information geschieht durch spontane Auffaltung dieser Kette im wäßrigen Medium.

Auch die Kettensynthese ist einfach gehalten: Alle verwendeten Aminosäuren sind vom α-Typ und bringen damit identische Molekülteile in den Hauptstrang der Polypeptidkette ein (Abb. 2.27); nur die Seitenketten sind unterschiedlich. Weiterhin haben alle C_α-Atome die S-Konfiguration (Abb. 2.16); alle Peptidbindungen werden in trans-Stellung (s. Abb. 2.2.4) geknüpft. Der Verknüpfungsprozeß ist also im wesentlichen unabhängig von den jeweils verwendeten Aminosäuren.

Die beschriebenen Vereinfachungen erleichtern nicht nur die Betrachtung dieser Strukturen, sondern sind auch notwendig für deren Entstehung und Unterhaltung. Würden Proteine durch sukzessiven, räumlichen Aufbau mit diversen Verknüpfungsarten hergestellt, dann wäre die erforderliche Information immens. In die Sprache der Thermodynamik übersetzt, ist Informationsfülle gleich Entropieverminderung; erforderliche Information bedeutet also Aufwand an freier Energie. Ein solches System wäre kostspielig in der Unterhaltung. Überdies könnte es nicht spontan entstehen (s. Kapitel 17); denn die Aktivierungsenergie-Schwelle wäre zu hoch.

Der Faltungsprozeß einer natürlichen Polypeptidkette in wäßrigem Medium führt aus einem Ensemble ausgedehnter Kettenkonformationen auf eine einzige kompakte Struktur. Dabei geht das Gesamtsystem bestehend aus wäßrigem Lösungsmittel und Kette in einen Zustand minimaler freier Energie über. Die Stabilisierungsenergie ist in der Größenordnung von 50 kJ/mol und damit recht gering. Sie wird (abgesehen von Disulfidbrücken und anderen seltenen kovalenten Vernetzungen) von non-kovalenten Kräften aufgebracht, wie sie in Tabelle 9.2 aufgeführt sind. Dabei spielen die sogenannten „hydrophoben Kräfte", die durch die Erhöhung der Entropie des Wassers bei Verminderung der Kontaktfläche zwischen Wasser und non-polaren Partien der Kette entstehen, eine wesentliche Rolle. Die Struktur einer Polypeptidkette in nichtwäßrigen Medien dürfte also nichts mit der natürlichen Struktur gemein haben.

Die geringe Stabilität von Proteinen mag zunächst als Nachteil erscheinen. Zieht man jedoch in Betracht, daß jeder Organismus fluktuierenden Umweltbedingungen unterworfen ist und deshalb vorhandenes Biomaterial schnell abbauen und gezielt neu einsetzen muß, dann ist sie auch vorteilhaft. Günstig ist auch, daß die Peptidbindung endergonisch ist und damit ohne Energieaufwand gelöst werden kann. Mit etwa 20 kJ/mol ist die freie Energie der Peptidbindung in Wasser klein verglichen mit anderen kovalenten Bindungen. Somit können Peptide auch wieder bequem zusammengesetzt werden.

Die lokale Stabilität eines Proteinbereiches kann an der Elektronendichtekarte, dem Ergebnis einer Röntgenstrukturanalyse (Kapitel 3.2.1), abgelesen werden. Üblicherweise sind die inneren Partien globulärer Proteine in dieser Karte klar definiert, sie sind sehr kompakt. Verglichen damit sind Oberflächenpartien gewöhnlich diffuser, sie sind weniger stabil.

In manchen Proteinen gibt es Bereiche von einzelnen bis zu mehreren Dutzend Aminosäureresten, die sich eine gewisse Flexibilität bewahren. Flexibilität scheint für die sichere Erkennung eines Partners besonders geeignet zu sein. Sie wird beim „induced-fit" von

Tabelle 9.2. Nonkovalente Kräfte in Proteinen

Typ	Beispiel		Bindungs-energie [kJ/mol]	Änderung der freien Energie beim Übergang Wasser→Äthanol [kJ/mol]
Dispersionskräfte	Aliphatischer Wasserstoff	–C–H ··· H–C–	– 0,2	
Elektrostatische Wechselwirkungen	Salzbrücke	$-COO^{\ominus} \cdots H_3N^{\oplus}-$	–20	– 5
	Zwei Dipole	$C^{\delta+}=O^{\delta-} \cdots O^{\delta-}=C^{\delta+}$	+ 2	
Wasserstoffbrücke	Eis	O–H ··· O	–15	
	Protein Hauptkette	N–H ··· O=	–10	
Hydrophobe Kräfte	Seitenkette des Phe			–10

Substraten an Proteinen beobachtet. Sie tritt weiterhin in Proteinen auf, die bestimmte Basensequenzen und damit sehr kleine Unterschiede in (wahrscheinlich) doppelhelicaler DNS erkennen müssen.

Sicheres Erkennen bedeutet hohe Assoziationskonstante. Jedoch kann ein Kontakt bei hoher Assoziationskonstante nicht wieder gelöst werden, der resultierende Komplex wäre zwar richtig, aber tot. Also muß die gewünschte Bindung absolut gesehen schwach, verglichen mit unerwünschten Bindungen aber stark sein. Das kann durch flexible Strukturen erreicht werden, welche sich bei Kontakt mit dem richtigen Partner energetisch günstig verfestigen. Dabei bleibt der Absolutwert der Assoziationskonstante klein, weil freie Energie für die Verfestigung der flexiblen Kette, die eine Entropieverminderung darstellt, aufgewendet werden muß.

9.6.2 Organisationsschema

Selbst komplizierte Gebilde werden einfach, wenn eine zugrundeliegende Ordnung erkannt werden kann; denn Ordnung bedeutet Verringerung der enthaltenen Information. Das erste Schema für die Organisation von Proteinstrukturen wurde von Linderström-Lang aufgestellt. Er unterschied Niveaus ansteigender Komplexität und nannte diese Primär-, Sekundär-, Tertiär- und Quartärstruktur. Damit meinte er die Aminosäurensequenz, Nahordnungen der Hauptkette vermittelt durch Wasserstoffbrücken zwischen Peptidamid- und -carbonylgruppen, die gesamte räumliche Struktur einer Polypeptidkette, sowie die Struktur von Proteinaggregaten.

Mit dieser Einteilung wird postuliert, daß Proteinstrukturen hierarchisch organisiert sind, wie es in Abb. 9.20 angedeutet ist: Die Aminosäuresequenz bildet die strukturelle Basis. Da sich Polypeptidketten spontan zu globulärer Struktur falten können, enthält diese Sequenz alle wesentliche Information. Bestimmte Kettenabschnitte bilden Sekundärstrukturen, die sich ihrerseits zur Tertiärstruktur, dem Protein, zusammenfinden. Proteine können schließlich zu Aggregaten assoziieren. In Abb. 9.20 werden die neueren, direkteren Bezeichnungen für die Organisationsniveaus verwendet. Außerdem werden zwei weitere Niveaus hinzugefügt; das Strukturmotiv oder Motiv, das zunächst den etwas umständlichen Namen Supersekundärstruktur erhielt, und die Domäne. In der folgenden Diskussion wird dieses Schema als Leitfaden dienen.

9.6.2.1 Aminosäuren

Wenden wir uns zunächst dem niedersten Niveau zu, den natürlichen Aminosäuren. Die Tatsache, daß deren C_α-Atome die S- und nicht die R-Konfiguration besitzen, erregt immer wieder Interesse. Schließlich könnte alles lebende Material ja auch spiegelbildlich

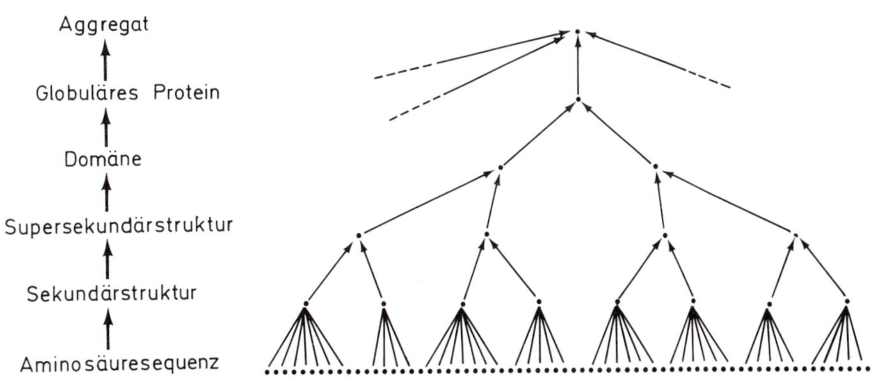

a b

Abb. 9.20. Schema der strukturellen Organisation. Die dritte Stufe wird auch Motiv genannt konstruiert sein; denn am Aufbau nehmen nur spiegelsymmetrische Kräfte teil. Trotz einer Reihe von Experimenten gibt es bisher keinen deutlichen Hinweis darauf, daß diese Präferenz durch asymmetrische Kräfte wie etwa den β-Zerfall verursacht wurde. Ein solcher Zusammenhang würde die S-Konfiguration der Materie und R der Antimaterie zuordnen. Höchstwahrscheinlich ist die vorhandene Dominanz auf eine Fluktuation zurückzuführen, die sich wie in Kapitel 17 beschrieben im Laufe der Entwicklung verfestigt hat.

Gibt es eine Erklärung für die Verwendung der trans- im Gegensatz zur cis-Stellung in den Peptidbindungen? Die Energiedifferenz ist zu klein, um als einleuchtender Grund dienen zu können. Jedoch ist in Ketten aus all-cis Peptiden die sterische Behinderung so groß, daß fast keine energiearmen Konformationen eingestellt werden können.

Gegenüber all-cis haben all-trans Polypeptidketten einen erheblich größeren Bewegungsspielraum. Dieser beträgt wegen der Planarität der Peptidbindung und der Rotationsbehinderung am C_α-Atom aber wiederum nur etwa 1% des Bewegungsspielraumes einer glatten Kette mit lauter frei drehbaren Einzelbindungen, wie etwa einer Alkankette. Damit können all-trans Peptidketten einerseits genügend viele verschiedene Konformationen annehmen. Andererseits ist der Konformationsraum aber so beschränkt, daß die Entropieverminderung beim Festlegen einer Kette auf eine einzige Konformation genügend gering ist, also nicht allzuviel Bindungsenergie für diese Festlegung nötig ist. Wäre die Peptidbindung nicht planar, sondern leicht drehbar, dürften non-kovalente Kräfte nicht zur Festlegung einer Konformation ausreichen, und die so wichtige spontane Faltung würde nicht funktionieren.

Die Optimierung der Beweglichkeit zeigt sich nicht nur in der Haupt-, sondern auch in den Seitenketten, deren Spielraum durch Verzweigungen (Val, Ile, Leu) oder Ringbildung (Phe, Tyr, Trp, His, Pro) eingeschränkt wird. Viele Seitenketten haben wenig Spielraum, weil sie kurz sind. Nur geladene Seitenketten (Glu, Lys, Arg), die gewöhnlich an der Proteinoberfläche bleiben und sowieso nicht festgelegt werden, sind sehr beweglich.

Es ist üblich, die 20 natürlichen Aminosäuren nach physikalischen Gesichtspunkten zu gruppieren in: große non-polare, kleine non-polare, neutral polare, geladen polare. Die strukturell wichtigen Ähnlichkeiten sind jedoch am besten an den Aminosäure-Austauschhäufigkeiten in homologen Proteinen verschiedener Spezies abzulesen. Solche Austausche haben offenbar wenig Einfluß auf die Struktur und Funktion eines Proteins. Folglich zeigt ihre Existenz, daß die in der Aminosäurensequenz enthaltene Strukturinformation degeneriert ist.

9.6.2.2 Sekundärstrukturen oder Nahordnungen der Hauptkette

Nahordnungen in Polypeptidketten konnten von Pauling allein anhand der kovalenten Struktur der Hauptkette vorhergesagt werden. Dieser Erfolg spiegelt den beschränkten Bewegungsspielraum von Polypeptidketten wider. Postuliert wurden α-Helices (Abb. 2.28, 3.21a, 9.7) und parallel sowie antiparallele β-Faltblätter (Abb. 2.30, 2.32, 9.9). Nur die rechtshändige, nicht aber die linkshändige α-Helix wurde bisher beobachtet. Später wurden noch Kehren im Kettenverlauf, wie sie in Abb. 9.9 dargestellt sind, hinzugefügt. In allen Fällen wird die Nahordnung durch Wasserstoffbrücken zwischen Peptidamid- und -carbonylgruppen eingestellt. In Kehren bzw. α-Helices liegen eine bzw. zwei Peptidbindungen zwischen den verbrückten Gruppen, bei Faltblättern sind die Distanzen entlang der Kette erheblich größer.

Gewöhnlich sind etwa zwei Drittel aller Aminosäurereste in Sekundärstrukturen geordnet. Dieser hohe Anteil dürfte energetische Ursachen haben: Da in entfalteten Ketten polare Gruppen Wasserstoffbrücken mit dem umgebenden Wasser eingehen, ist es energetisch sehr ungünstig, diese Gruppen ins Proteininnere zu bringen, ohne auch dort Gelegenheit zur Wasserstoffbrückenbildung zu geben. Maximale Verbrückung ist aber am ehesten in α-Helices und in Faltblättern zu erreichen.

Die Länge der beobachteten α-Helices variiert stark um einen Mittelwert von elf Aminosäuren. Die meisten Helices haben Längen zwischen 5 und 20. Das gleiche gilt für die Länge von Faltblattsträngen sowie für die seitliche Ausdehnung von Faltblättern. Die meisten Faltblätter haben Längen zwischen 3 und 9 Aminosäuren und sind 2 bis 8 Stränge breit. Sekundärstrukturen scheinen also keinen Einschränkungen zu unterliegen, ausgenommen der Begrenzung durch die unten beschriebene maximale Domänengröße. Umgekehrt wäre es denkbar, daß Domänen durch Eigenschaften der Sekundärstrukturen größenmäßig begrenzt werden. Jedoch gibt es dafür keine Anzeichen.

Das von Pauling postulierte planare Faltblatt (2.30) wird nur selten beobachtet. Fast alle Faltblätter sind verdrillt und zwar rechtshändig wenn man den Strängen entlang schaut. Wie in Abb. 9.21 erläutert, wird die Blattverdrillung durch Längsverdrillung der einzelnen Stränge hervorgerufen. Mit dieser Längsverdrillung (Abb. 9.21b) liegt die Konformation am einzelnen C_α-Atom in der Mitte des energetischen günstigen Bereiches, während sich die beiden Konformationen in planaren Faltblättern am Rande dieses Bereiches befinden (Abb. 9.21a). Wenn sich die in einem Faltblatt vorkommenden Konformationen gleichmäßig über diesen Bereich verteilen, was beispielsweise anzunehmen ist, wenn an jeder Position die Seitenkette optimal in ein unregelmäßiges Gefüge eingepaßt werden soll, dann ergibt sich ein etwas gestörtes, aber insgesamt verdrilltes Faltblatt. Letztendlich ist Blattverdrillung also eine Konsequenz des asymmetrischen Konformationsraumes am asymmetrischen C_α-Atom.

Mit den Nahordnungen wurde nun das zweite Niveau unseres Organisationsschemas erreicht. Damit kann die Beziehung zwischen den beiden untersten Niveaus diskutiert werden. Zunächst erhebt sich die Frage, ob diese Beziehung so streng hierarchisch ist,

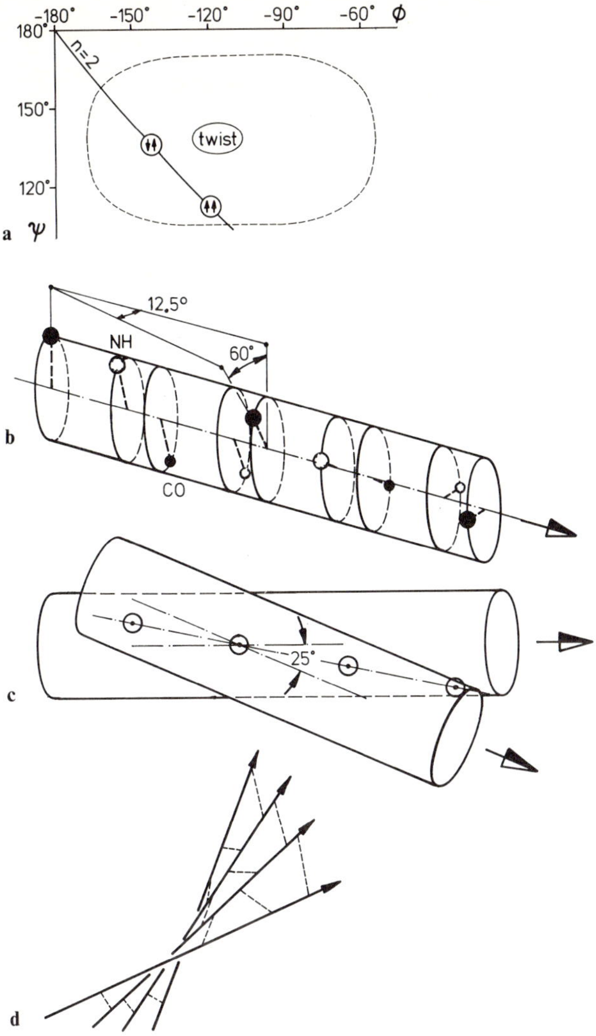

Abb. 9.21a–d. Verdrillung von β-Faltblättern. **a** Teil des Konformationsraumes am C_α-Atom, der durch die Rotationswinkel ϕ und ψ (s. Abb. 2.24) beschrieben wird: (↑↑) und (↓↑) sind die Positionen von ebenen parallelen und antiparallelen Faltblättern; (twist) gibt die Position des verdrillten Faltblatts; die gestrichelte Linie ist die Potentialkurve für 4 kJ/mol oberhalb des Energieminimums. **b** Der Einzelstrang eines verdrillten Faltblattes ist selbst verdrillt; der Verlauf der Hauptkette ist durch eine gestrichelte Gerade angedeutet; die Richtungen der Carbonyl- ● und Amid- ○ Gruppen sind eingezeichnet. **c** Zwei parallele Ketten, die gemäß **b** verdrillt sind, können bei einer relativen Neigung von etwa 25° unter Wasserstoffbrückenbildung ⊙ superponiert werden. **d** Skizze eines parallelen Faltblatts mit der Verdrillung, die den in **c** dargestellten Kontakten entspricht

wie es in Abb. 9.20 dargestellt wurde. In diesem Falle wären Sekundärstrukturen ausschließlich durch die in ihnen enthaltenen Aminosäurereste bestimmt und nicht durch Reste, die sich weiter entlang der Kette entfernt befinden. Damit sollten die aus einer Aminosäurensequenz entstehenden Sekundärstrukturen vorhersagbar sein. Inzwischen dürfte die Menge aller experimentell bekannten Zuordnungen zwischen Aminosäurerest und Sekundärstruktur groß genug sein, um einen vollen Erfolg solcher Vorhersagen zu sichern. Dieser volle Erfolg blieb jedoch aus; im allgemeinen können nur zwei Drittel aller Zuordnungen korrekt bestimmt werden. Das scheint weniger an der Unvollkommenheit der Methoden als an den Eigenschaften der Proteinstrukturen zu liegen. Die Beziehung ist eben nicht streng hierarchisch und nicht total lateral separiert, sondern nur teilweise. Weit entfernte Aminosäuren üben tatsächlich Einfluß aufeinander aus, wenn auch in beschränktem Maße.

9.6.2.3 Motive oder Supersekundärstrukturen

Das nächsthöhere Niveau des Organisationsschemas sind Motive, früher auch Supersekundärstrukturen genannt. Dazu gehören beispielsweise Faserstrukturen aus umeinandergewundenen α-Helices, dargestellt in Abb. 9.22, gefunden im Myosinfilament, im Paramyosin und im Tropomyosin (Kapitel 14.1). Dieses Motiv ergibt sich zwanglos bei optimaler Packung zweier sehr langer α-Helices. Da reguläre α-Helices eine gebrochene Zahl von Aminosäureresten pro Windung besitzen, können die Seitenketten von aneinanderliegenden α-Helices nicht über längere Bereiche verzahnen. Die Verzahnung ist jedoch möglich, wenn die α-Helixachsen um etwa 10° gegeneinander verkippt werden. Unter leichter Abweichung von der regulären α-Helixstruktur kann diese Verkippung durch Verdrillung der beiden α-Helices (Abb. 9.22) ad infinitum fortgesetzt werden.

Verzahnungen von α-Helices sind auch in globulären Proteinen bekannt, nur sind hier die verzahnten Längen durch die Domänengröße auf etwa 2 nm begrenzt und damit wesentlich kürzer. Bei so kurzen Längen sind auch Verzahnungen bei größeren Kippwinkeln möglich. Ein wiederholt beobachtetes Motiv, bestehend aus vier verzahnten Helices, ist in Abb. 9.23 dargestellt.

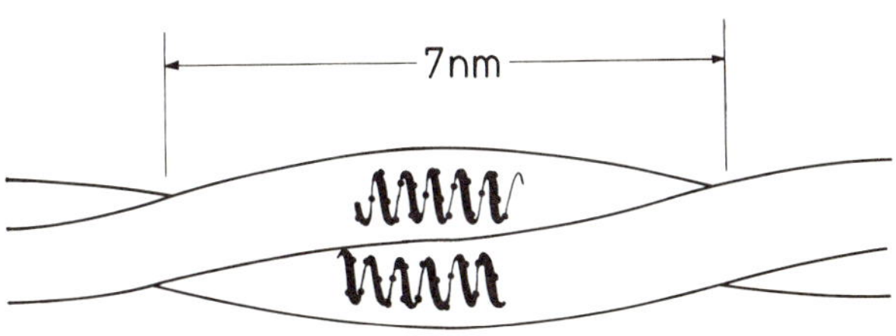

Abb. 9.22. Skizze einer linkshändigen Superhelix aus zwei leicht gestörten α-Helices. Die Steigung beträgt 14 nm

Abb. 9.23. Skizze eines Strukturmotivs bestehend aus vier antiparallelen α-Helices. Dieses Motiv wurde in Tabakmosaikvirus, Hämerythrin, Cytochrom b_{562} und anderen Proteinen gefunden. Es existieren zwei Formen, die sich durch die Kettenrichtung voneinander unterscheiden

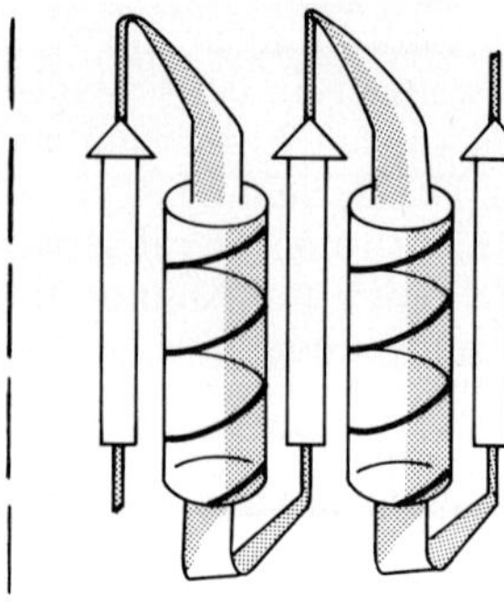

Abb. 9.24. $\beta\alpha\beta\alpha\beta$-Motiv bestehend aus drei Faltblattsträngen und zwei α-Helices. Die gestrichelte Gerade gibt die Position der zweizähligen Drehachse an, die zwei dieser Motive in den NAD-bindenden Domänen der Dehydrogenasen miteinander in Beziehung setzt

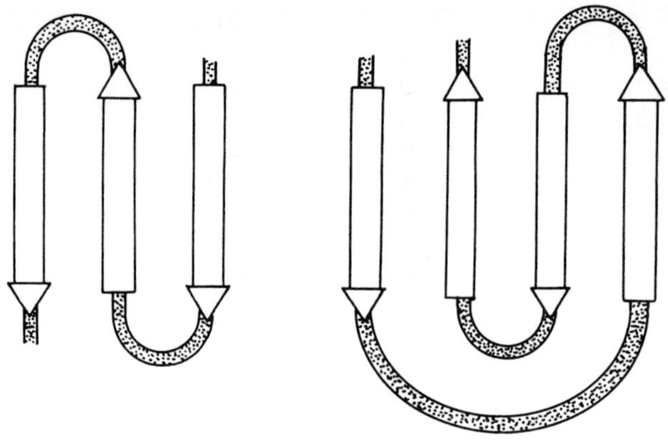

Abb. 9.26. β-Mäander und Antikes Dekor (engl. greek key). Es existieren zwei Formen des Antiken Dekors, die sich durch die Kettenrichtung voneinander unterscheiden

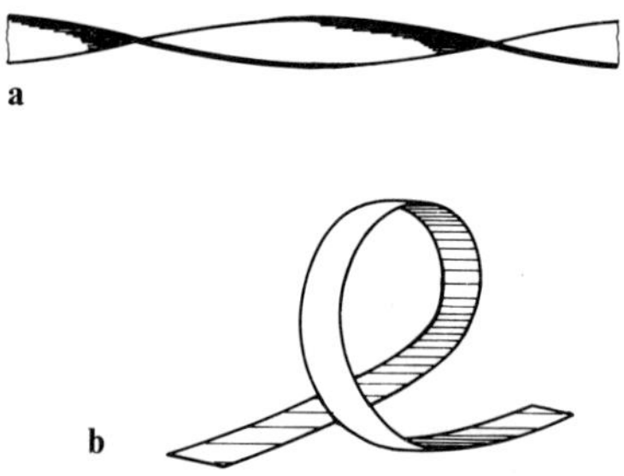

Abb. 9.25a, b. Skizze einer sich faltenden Polypeptidkette. Eine rechtshändige Verdrillung der Kette (Abb. 9.21b) wird durch die Bildung einer rechtshändigen Schleife vermindert. **a** Papierstreifen mit rechtshändiger Verdrillung. **b** Wenn dieser Papierstreifen zusammengeschoben wird, bildet sich eine rechtshändige Schleife

Weitere Motive wurden bei der Analyse der Topologie von Faltblättern entdeckt. In parallelen Faltblättern findet man häufig den in Abb. 9.24 skizzierten Verband von Sekundärstrukturen; Nachbarstränge sind über α-Helices so miteinander verbunden, daß rechtshändige Schleifen entstehen. Anhand dieses Motivs prägte Rossmann den Begriff Supersekundärstruktur. Eine Analyse aller bekannten parallelen Faltblätter ergab später, daß sich die Verbindungen zwischen parallelen Faltblattsträngen generell rechtshändig ausbilden, Ausnahmen sind äußerst selten.

Diese Regel kann folgendermaßen erklärt werden: Eine entfaltete Kette wird an ihren C_α-Atomen Konformationen gemäß der Boltzmann-Verteilung annehmen. Dabei dominieren Rotationswinkelpaare um die „twist"-Position in Abb. 9.21a (vergleiche Abb. 2.25 und auch Abb. 9.9), weil dort die Energie niedrig und der Konformationsraum weitläufig ist. Die entfaltete Kette ist also im allgemeinen rechtsverdrillt, wie in Abb. 9.21b detailliert und in Abb. 9.25a schematisch skizziert. Kontrahiert eine solche Kette unter Ausbildung einer Schleife, dann bewirkt eine rechtshändige Schleife eine Verminderung, eine linkshändige eine Erhöhung der Verdrillung. Rechts- bzw. linkshändige Schleifen entsprechen Bewegungen nach links unten bzw. rechts oben im Konformationsraum an einzelnen C_α-Atom in Abb. 9.21a. Ein Vergleich mit Abb. 2.25 zeigt aber, daß sich links unten erheblich mehr einstellbare Konformationen als rechts oben befinden. Im Mittel wird die Kette also Konformationen links unterhalb der „twist"-Position annehmen, womit die Schleife rechtshändig wird.

Häufig beobachtete Motive in antiparallelen Faltblättern sind „β-Mäander" und „Antikes Dekor", die in Abb 9.26 dargestellt sind. In einem β-Mäander sind zwei Drittel aller möglichen Peptid-Wasserstoffbrücken lokal ausgebildet, genauso viel wie in einer α-Helix mittlerer Länge. Deshalb sollte ein β-Mäander etwa ebenso stabil sein wie eine α-Helix. Das Antike Dekor läßt sich nicht zwanglos verstehen. Als Erklärung wurde hier ein besonders einfacher Faltungsweg vorgeschlagen; denn dieses Motiv läßt sich aus einem zweisträngigen haarnadelförmigen Faltblatt durch Umknicken in der Mitte erzeugen.

Bisher wurden konkrete Motive behandelt. Strukturmotive können aber auch in wesentlich abstrakterer

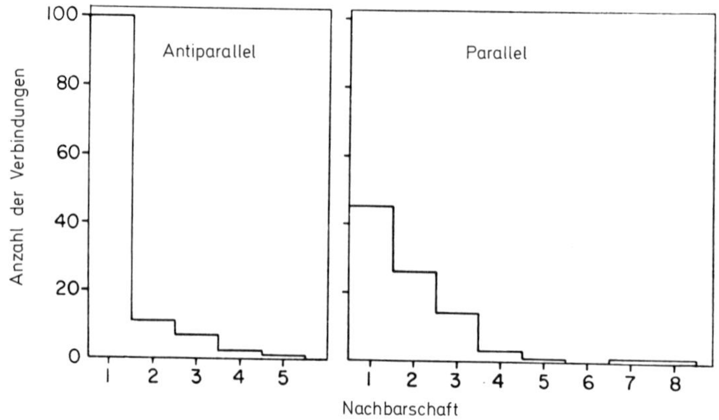

Abb. 9.27. Verteilung von Nachbarschaften in antiparallelen und parallelen Faltblättern. Die Anzahl der beobachteten Verbindungen von einem gegebenen Strang zum ersten, zweiten, usw. Nachbarstrang ist eingetragen

Form existieren. Beispielsweise gibt es in Proteinen keine Verknäuelungen, alle Kettenfaltungen lassen sich (geometrisch) bequem auseinandernehmen. Sie sind ebensowenig verheddert wie ein Wollfaden, der ausgestreckt entlang seiner Achse auf eine Platte fallengelassen wurde. Dies ist die einfachst mögliche Faltungsart; Verkäuelungen würden während des Faltungsprozesses wesentlich mehr Information erfordern, würden also eine Entropie- und damit eine Energiebarriere sein.

Diese Einfachheit des Faltungsprozesses spiegelt sich auch in den beobachteten Anordnungen von Faltblattsträngen wider. Die in Abb. 9.27 gegebene Verteilung von Nachbarschaften in Faltblättern zeigt deutlich, daß Stränge, die entlang der Kette aufeinanderfolgen, bevorzugt nebeneinander liegen. Die Einfachheit drückt sich also als Korrelation zwischen linearer und geometrischer Nachbarschaft aus. Umgekehrt erfordert hohe „Nachbarschaftskorrelation" den geringsten Aufwand an freier Energie.

Nachbarschaftskorrelation kann in diversen geometrischen Maßen ausgedrückt werden. Die Anwendung eines einfachen Maßes auf das Enzym Chymotrypsin ist in Abb. 9.28 dargestellt. Hier ergeben sich zwei voneinander getrennte Bereiche hoher Korrelation. Diese Bereiche führen uns zur nächsten Stufe unseres Organisationsschemas.

9.6.2.4 Domänen

In den Elektronendichtekarten von fast allen Proteinen mit Molekulargewichten über 20.000 zeigte sich, daß die Moleküle in zwei oder mehr dicht gepackte Bereiche unterteilt werden können, die durch Einkerbungen voneinander getrennt sind. Diese Bereiche wurden als „Domänen" bezeichnet. Gewöhnlich sind Domänen eines Proteins nur durch einen einzigen Kettenstrang miteinander verbunden, sie sind also entlang der Kette getrennt und damit Bereiche hoher Nachbarschaftskorrelation.

Da Bereiche hoher Nachbarschaftskorrelation sich besonders einfach falten können, dürften sie das unabhängig von anderen Kettenbereichen tun. Domänen sind demnach Faltungseinheiten. Bestärkt wird dieses Konzept beispielsweise durch eine Beobachtung an den in Abb. 9.29 skizzierten Serin-Proteasen, die in zwei Bereiche hoher Nachbarschaftskorrelation unterteilt werden können (Abb. 9.28). Hier sind einzelne Wassermoleküle zwischen den Zylindern im Proteininneren fest gebunden. Das weist darauf hin, daß sich bei der Faltung zunächst die Zylinder ausbilden, die dann anschließend assoziieren und dabei Wasser einschließen.

Eine weitere Stütze findet das Konzept in Proteinen, die aus zwei nahezu identischen, fast symmetrisch aggregierten Domänen aufgebaut sind. Dazu gehört die in Abb. 9.30 dargestellte Rhodanese. Wie weiter unten besprochen, stellt sich Symmetrie immer dann ein, wenn identische Körper ihre gegenseitigen Kontakte optimieren. Im Faltungsprozeß dürften sich hier zunächst die Domänen bilden, die sich im folgenden Schritt dann symmetrisch zusammenfinden. Ein direkter Nachweis für Faltungseinheiten existiert bisher leider nicht.

Mit der ursprünglichen Domänendefinition anhand der Elektronendichtekarte kann die Äquivalenz zwischen Domäne und Faltungseinheit jedoch nicht universell gelten. Beispielsweise würde die in Abb. 9.31 skizzierte Glutathion-Reduktase eine Domäne aus zwei, entlang der Kette getrennten Bereichen (1 und 3) enthalten, sowie eine andere Domäne aus zwei Bereichen (4 und 4'), welche zu verschiedenen Untereinheiten gehören. Diese Domänen können keine Faltungseinheiten sein. Weiterhin würde Proteinen wie etwa den Serin-Proteasen keine Domänenstruktur zugebilligt werden, weil sie in der Elektronendichtekarte keine deutlichen Einkerbungen zwischen den Bereichen hoher Nachbarschaftskorrelation zeigen.

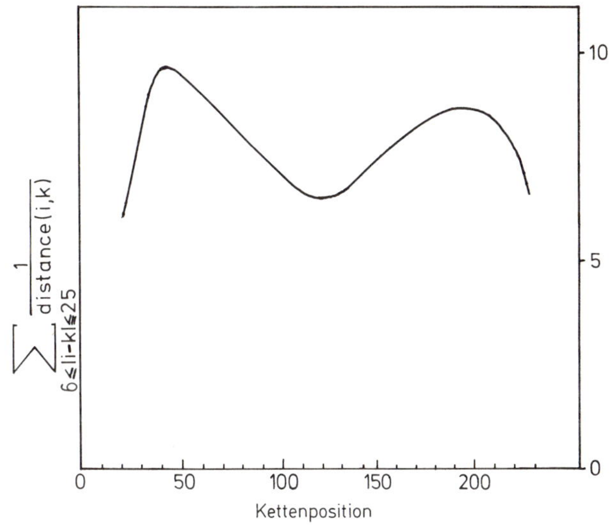

Abb. 9.28. Ein einfaches Maß für die Nachbarschafts-Korrelation in Proteinen dargestellt als Funktion der Kettenposition *i* in Chymotrypsin

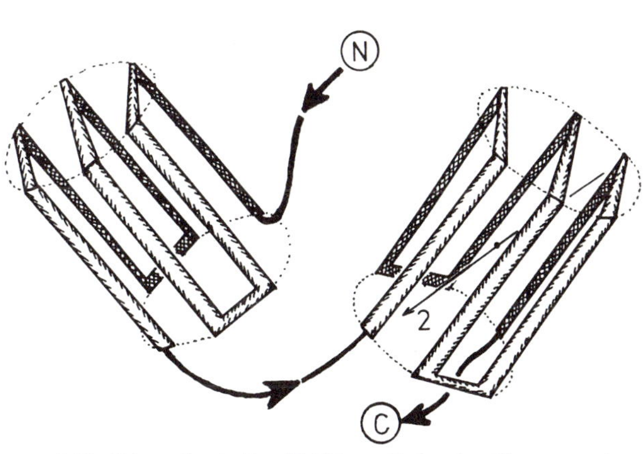

Abb. 9.29. Skizze der beiden Faltblattzylinder des Chymotrypsins und anderer Serin-Proteasen. Die Zylinder entsprechen den Regionen hoher Nachbarschaftskorrelation in Abb. 9.28, sie sind asymmetrisch angeordnet. Beide Zylinder enthalten eine annähernd zweizählige Rotationsachse, die je zwei β-Mäander einander zuordnet

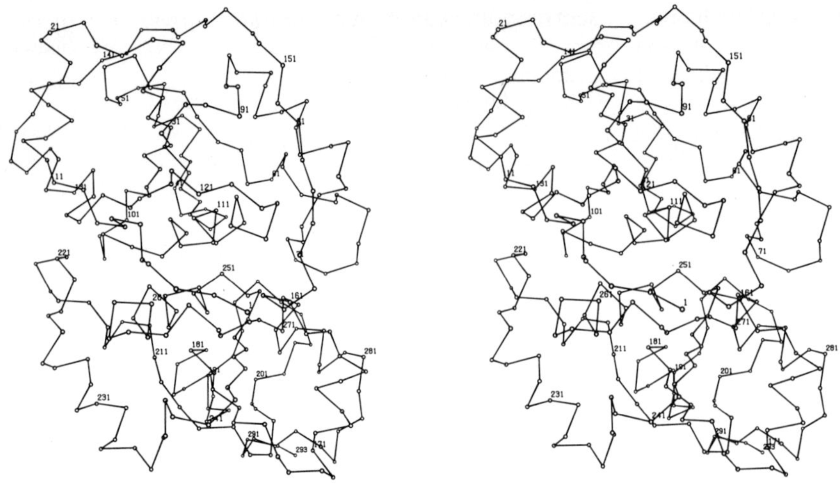

Abb. 9.30. Stereobild der Hauptkette des Enzyms Rhodanese [Nach W.J.G. Hol]. Abgesehen von einem kurzen Stück verbindender Kette sind obere und untere Hälfte durch eine fast exakte zweizählige Drehachse senkrecht zur Papierebene einander zugeordnet

Es scheint deshalb angebracht, den Begriff Domäne neu zu definieren, und zwar als einen „Bereich hoher Nachbarschaftskorrelation mit einem Molekulargewicht zwischen 5.000 und 20.000". Damit besteht Glutathion-Reduktase aus den vier Domänen 1, 2, 3, 4 (Abb. 9.31) und die Serin-Proteasen aus zwei Domänen (Abb. 9.29), die mit hoher Wahrscheinlichkeit jeweils Faltungseinheiten sind. Leider ist weder die alte noch die neue Domänendefinition präzise; während das ursprüngliche Elektronendichte-Kriterium subjektivem Urteil unterlag, basiert das neue Kriterium auf dem noch nicht endgültig quantifizierten Begriff Nachbarschaftskorrelation.

Auffällig ist die beobachtete Größenbeschränkung für Domänen auf ein Molekulargewicht von etwa 15.000. Alle größeren Proteine sind gewöhnlich in mehrere Domänen unterteilt. Energetisch ist das nicht verständlich, denn größere Körper haben generell ein kleineres Oberflächen/Volumen-Verhältnis und erlauben damit, dem Wasser relativ mehr non-polare Seitenketten zu entziehen, erlauben also stärkeren Zusammenhalt durch „hydrophobe Kräfte". Eine Erklärung liegt nicht auf der Hand. Möglicherweise sind zu große und damit zu komplexe Domänen nicht mehr spontan faltbar, weil sich im Faltungsprozeß zu viele Sackgassen öffnen.

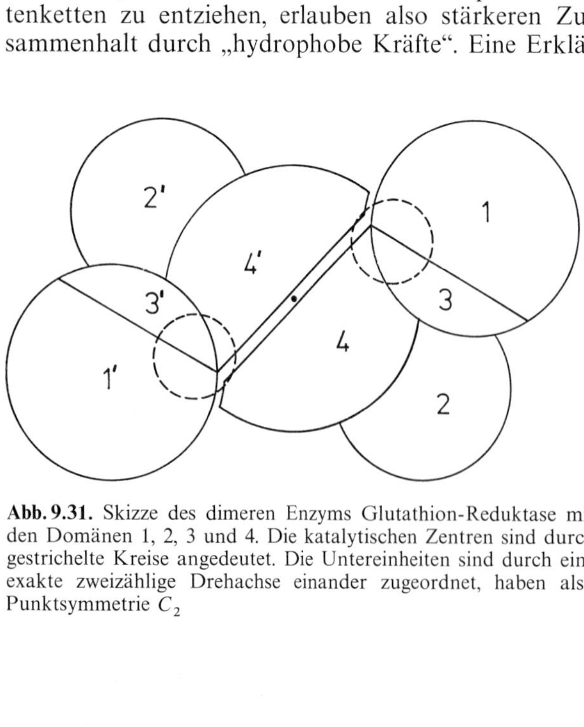

Abb. 9.31. Skizze des dimeren Enzyms Glutathion-Reduktase mit den Domänen 1, 2, 3 und 4. Die katalytischen Zentren sind durch gestrichelte Kreise angedeutet. Die Untereinheiten sind durch eine exakte zweizählige Drehachse einander zugeordnet, haben also Punktsymmetrie C_2

9.6.2.5 Proteine

Das nächsthöhere Organisationsniveau in Abb. 9.20 wird hier als Protein bezeichnet. Gemeint ist damit das aufgefaltete Produkt eines Gens. Abgesehen von mehr oder weniger starken nachträglichen Modifikationen, wie sie beispielsweise beim Übergang vom Prätrypsinogen zum Trypsin auftreten, entspricht das so definierte Protein einer am Ribosomen separat synthetisierten Polypeptidkette.

Anhand von Elektronendichtekarten und der Nachbarschaftskorrelation wurden Proteine in einzelne Domänen unterteilt, die wahrscheinlich Faltungseinheiten sind. Es gibt nun Hinweise, daß diese Unterteilung nicht nur strukturell, sondern auch funktionell ist. Beispielsweise wurde schon bald nach der Strukturaufklärung von NAD-abhängigen Dehydrogenasen postuliert, daß jeweils eine der beiden Domänen zur Bindung des NAD, und die andere zur Bindung des jeweiligen zweiten Substrats dient. Das katalytische Zentrum befindet sich im Grenzbereich zwischen beiden Domänen.

Dieses Konzept wird besonders durch die Beobachtung gestützt, daß die NAD-bindenden Domänen der erwähnten Dehydrogenasen einander strukturell ähneln. Diese Ähnlichkeit ist so ausgeprägt, daß sie nicht zufällig entstanden sein kann. Also sollte es hier einen entwicklungsgeschichtlichen Zusammenhang geben. Allerdings ist die Ähnlichkeit auf die NAD-bindende Domäne beschränkt, die Strukturen der jeweiligen zweiten Domänen differieren stark. Überdies wird die NAD-bindende Domäne in verschiedenen Bereichen der Polypeptidkette gefunden, in drei Fällen N-terminal, in einem Fall C-terminal. Bei so klaren Unterschieden dürften also nur die NAD-bindenden Domänen durch eine kontinuierliche Entwicklung miteinander verbunden sein, nicht aber die gesamten Proteine.

Demnach müssen die Proteine im Laufe der Entwicklung einmal aus verschiedenen Domänen zusammengesetzt worden sein. Dabei wurde bei allen strukturell bekannten Dehydrogenasen jeweils die gleiche NAD-bindende Domäne verwendet und mit einer für das zweite Substrat (Lactat, Malat, Glycerinaldehyd-3-phosphat, Äthanol) spezifischen Domäne verkettet. Verallgemeinert führt diese Aussage zur sogenannten Domänenhypothese: „Proteine sind modular aus Domänen mit spezifischen Funktionen aufgebaut".

Diese Hypothese wird durch Beobachtungen an den drei strukturell bekannten FAD-bindenden Enzymen bestätigt. Hier weisen die FAD-bindenden Domänen eine ausgeprägte Ähnlichkeit auf, die jeweiligen anderen Domänen sind jedoch grundverschieden. Die in Abb. 9.31 skizzierte Glutathion-Reduktase ist eines dieser FAD-bindenden Enzyme. Hier zeigt sich folgende Funktionsunterteilung: Domäne 1 bindet die prosthetische Gruppe FAD, Domäne 2 bindet das Substrat NADPH, Domäne 4 bewirkt die Dimerisierung. Wie allgemein in mehr-domänigen Enzymen, liegt auch hier das katalytische Zentrum im Grenzbereich zwischen Domänen, und zwar zwischen Domänen 1, 2, 3, 4 und 4'.

Die der Hypothese zugrundeliegende Duplikation, der Transfer und die erneute Inkorporation von genetischem Material sind heutzutage nicht mehr fragwürdig; denn diese Vorgänge geschehen beispielsweise fortwährend in der somatischen Entwicklung von Antikörpergenen. — Die durch Exons und Introns gegebenen Genunterteilungen entsprechen übrigens nicht generell den Domänengrenzen.

9.6.2.6 Protein-Aggregate

Im höchsten Niveau des Organisationsschemas (Abb. 9.20) werden zunächst Aggregate aus nicht-identischen von denen identischer Proteine unterschieden; erstere sind asymmetrisch und letztere gewöhnlich symmetrisch. Ein asymmetrisches Aggregat aus zwei Proteinen ist zum Beispiel der Komplex aus Trypsin (Abb. 9.14) und Trypsin-Inhibitor. Der Atmungsketten-Komplex sowie der DNS-Replikase-Komplex mit größenordnungsmäßig je zehn verschiedenen Proteinen sind Beispiele für komplizierte asymmetrische Aggregate. Symmetrische Aggregate aus zwei (Abb. 9.31) oder vier identischen Proteinen sind häufige Formen oligomerer Enzyme. Sehr große symmetrische Aggregate wurden in Virushüllen (Abb. 3.22 und 3.23) und im Muskel (Abb. 14.7 und 14.8) gefunden.

In vielen Fällen sind Komplexe aus mehr als einer Sorte von unter sich identischen Proteinen aufgebaut. Gewöhnlich stellt sich hier Symmetrie zwischen asymmetrischen Komplexen aus unterschiedlichen Proteinen ein. Das gilt beispielsweise für Hämoglobin (Abb. 2.33) und für Aspartat-Transcarbamylase (Abb. 9.3). Hämoglobin besteht aus je zwei α- und β-Untereinheiten, die einander sehr ähneln. α- und β-Untereinheit aggregieren mit annähernd zweizähliger Symmetrie, so daß Hämoglobin exakt zwar nur die Punktsymmetrie C_2 besitzt (Abb. 9.31), approximativ aber die höhere Symmetrie D_2 (drei orthogonale zweizählige Drehachsen). Solche fast symmetrische Komplexbildung ähnlicher Proteine ist recht häufig. Sie wird als „pseudosymmetrisch" bezeichnet.

Ein weiterer Spezialfall sind partiell asymmetrische Komplexe identischer Proteine. Partielle Asymmetrie wird beispielsweise in allen Kristallen und in allen sphärischen Virushüllen gefunden, die zwei oder mehr Proteine mit identischer kovalenter Struktur in der asymmetrischen Einheit haben. Häufig bilden hier die in einer asymmetrischen Einheit enthaltenen Proteine lokale Symmetrie aus. Da Proteinoberflächen flexibel sind und strukturell durch Kontakt mit Nachbarmolekülen geprägt werden, gilt diese lokale Symmetrie nie exakt für die gesamten Proteinmoleküle, sondern immer nur für einen (meist sehr großen) Teil. Die lokale Symmetrie wird deshalb „Quasisymmetrie" genannt.

In einem sphärischen Virus mit drei identischen Proteinen in der asymmetrischen Einheit wurde lokale Symmetrie jeweils nur für eine von zwei Domänen des Proteins beobachtet. Hier beeinflussen die Kontakte mit den Nachbarn nicht (nur) die Oberflächenstruktur, sondern die relativen Lagen der beiden Domänen. Damit bilden die drei Proteine in der asymmetrischen Einheit zwei recht verschiedene geometrische Strukturen bei gleicher kovalenter Struktur.

Quasisymmetrische Anordnung innerhalb einer asymmetrischen Einheit ist zwar häufig, aber nicht notwendig. Beispiele für völlig unsymmetrische Anordnungen wurden in Kristallformen der Hexokinase aus Hefe und des Thioredoxins aus Bakteriophage T4 gefunden. Da bisher nur wenige der vielen bekannten Kristallformen mit mehreren Proteinmolekülen in der asymmetrischen Einheit analysiert worden sind, dürfen wir in Zukunft noch mehr Beispiele für unsymmetrische Aggregation identischer Proteinmoleküle erwarten.

Gewöhnlich können Protein-Aggregate unter relativ milden Bedingungen dissoziiert und wieder assoziiert werden. In vielen Fällen sind die dabei auftretenden kinetischen Konstanten meßbar. Da diese Konstanten die Wechselwirkung an den Proteinkontaktflächen widerspiegeln, eröffnet sich hier die Möglichkeit, Energieberechnungen experimentell zu überprüfen. In Tabelle 9.3 sind die aus Kristallstrukturen berechneten und die in Lösung gemessenen freien Energien für einige Komplexe aufgeführt. Die Übereinstimmung ist bisher nur qualitativ. Das dürfte auf Fehler in den berechneten Daten zurückzuführen sein, die durch Approximation und vor allem durch mangelhafte Kenntnis der non-kovalenten Kräfte verursacht wurden. Umgekehrt ermöglichen diese Vergleiche jedoch, unsere Kenntnis non-konvalenter Kräfte zu präzisieren.

Obwohl nur qualitativ richtig, können solche Berechnungen zur Lösung biologischer Probleme dienen. Beispielsweise wird angenommen, daß der Insulinrezeptor ein Dimeres des Insulins bindet. Im Kristall bildet Insulin kompakte Hexamere mit Punktsymmetrie D_3 (Abb. 9.3), womit zwei Arten von Dimeren möglich sind. Energieberechnungen zeigen unterschiedliche Stabilität für die beiden Arten (Tabelle 9.3).

Tabelle 9.3. Kontakte zwischen Proteinen

Protein	Kontakt	Anzahl der van der Waals Kontakte	Wasserstoff-brücken	Salz-brücken	Differenz der freien Energie ΔG_{calc} [kJ/mol]	ΔG_{obs} [kJ/mol]
Oxyhaemoglobin	$\alpha_1\beta_1$	110	5	0	−67	< -46
	$\alpha_1\beta_1$	80	1	0		
	$\alpha_1\alpha_2$ und $\beta_1\beta_2$	0	0	0		
Insulin	*OP*	111	4	0	−21	−29
	OQ	99	2	1		
Concanavalin A	I:II	250	14	0		
	I:III	156	4	2		
	I:IV	16	2	0		
α-Chymotrypsin	*A*	143	8	1		
	B	57	6	0		
Trypsin:Trypsin Inhibitor		viele	7	1	−34	−76

Da das stabilere und damit häufigere Dimer die aktive Form sein dürfte, zeigen die Rechnungen also, welche Oberflächen des Insulins mit dem Rezeptor in Kontakt treten können. Auf analoge Weise können assoziierte Formen des Concanavalin A, des Chymotrypsin und der Hämoglobin-Untereinheiten mit Kristallstrukturen korreliert werden (Tabelle 9.3).

Wie bei der spontanen Faltung einer Polypeptidkette zu einem Protein, so handelt es sich auch bei der Aggregatbildung um einen selbstorganisierenden Aufbau, der einem vorgegebenen Weg folgt. Während jedoch der Faltungsprozeß einer Polypeptidkette bisher kaum experimentell zugänglich ist, konnte der Selbstaufbau zu Protein-Aggregaten in mehreren Fällen experimentell verfolgt werden.

Beispielsweise konnte der Aufbauprozeß des Tabakmosaik-Virus durch Kombination mehrerer Analysemethoden (Röntgendiffraktion am kristallisierten Hüllprotein und am intakten Virus, Elektronenmikroskopie beim Aufbau unterbrochener Viren, Gleichgewichtsmessungen zwischen verschiedenen Aggregationsstufen in Lösung) im atomaren Detail aufgeklärt werden. Dabei ergab sich, daß nicht der denkbar einfachste Weg gewählt wird; das wäre die sukzessive Addition von Hüllproteinmolekülen an einer Keimstruktur. Vielmehr bilden sich Doppelscheiben aus 34 Proteinmolekülen mit 17facher Drehsymmetrie als metastabile Intermediate, die sich bei RNS-Bindung zu helicaler Symmetrie umlagern (Abb. 9.32).

Auch im bisher einzigen experimentell einigermaßen verfolgbaren Faltungsweg einer Polypeptidkette, beim pankreatischen Trypsin-Inhibitor, wurde ein obligatorisches Intermediat gefunden, das nicht der Endstruktur entspricht. Der Weg kann hier allerdings nur durch die Knüpfung von Disulfidbrücken charakterisiert werden; das betreffende Intermediat enthält eine „falsche" Brücke. Metastabile Intermediate, die wenig mit der Endstruktur gemein haben, müssen also allgemein in Aufbauprozessen erwartet werden.

9.6.3 Hierarchie

Nachdem die beobachteten Strukturformen anhand des Organisationsschemas erläutert sind, muß diskutiert werden, inwieweit dieses Schema richtig ist. Würde es genau stimmen, dann dürfte die Aufklärung des spontanen Faltungsprozesses einer Polypeptidkette keine großen Schwierigkeiten machen, weil der komplexe Prozeß in mehrere einfache, klar separierte Schritte unterteilt werden kann: Der erste Schritt wäre die Bestimmung der einzelnen Sekundärstrukturen aus der Aminosäuresequenz, als zweiter Schritt würden Motive durch Aneinanderpassen von Sekundärstrukturen ermittelt, usw. Doch leider gilt Abb. 9.20 nur teilweise, und dieser Separationsansatz ist nicht konsequent anwendbar.

Der Grad von Hierarchie variiert allerdings stark von Stufe zu Stufe. Im ersten Schritt können etwa zwei Drittel aller Aminosäurereste richtig einer Sekundär-

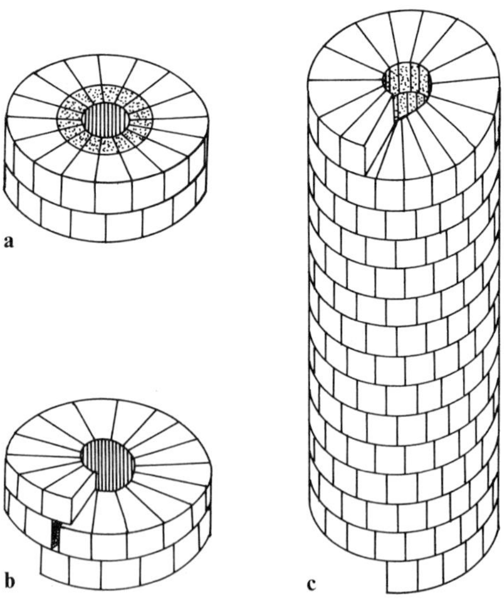

Abb. 9.32a–c. Aufbau des Tabakmosaik-Virus. **a** Metastabiles Intermediat bestehend aus 34 Hüllproteinmolekülen, die in zwei Schichten um eine 17zählige Achse angeordnet sind. Der schraffierte innere Teil des Ringes hat keine definierte Struktur. **b** Federscheibenanordnung mit 16,33 Molekülen pro Windung, die durch Umlagerung aus **a** entstehen und unter Addition von RNS den intakten Virus aufbauen kann. **c** Teil der intakten Virusstruktur, das gesamte Viruspartikel wäre 20 mal länger. Der Kontakt zwischen den Untereinheiten unterscheidet sich erheblich vom Kontakt im metastabilen Intermediat

struktur zugeordnet werden; in diesem Maße ist also Hierarchie vorhanden. Auffallend ist, daß in vielen Proteinen besonders klar zuzuordnende Kettenbereiche existieren. Diese Bereiche sind demnach besonders unbeeinflußt vom Rest der Kette, und könnten somit Keimstrukturen für den Faltungsprozeß sein.

Im zweiten Schritt ist die laterale Trennung nicht gut und die Hierarchie nicht sehr ausgeprägt, da Sekundärstrukturen wenig innere Stabilität besitzen. Unter den Sekundärstrukturen sind α-Helices am kompaktesten und dürften deshalb am stabilsten sein. Aus diesem Grunde wurde bisher nur das Aneinanderpassen von α-Helices zu Motiven theoretisch untersucht. Es sei zu erinnern, daß im Faltungsprozeß von Proteinen mit Faltblättern für den zweiten Schritt eine Regel bekannt ist: Verbindungen zwischen parallelen Faltblattsträngen sind immer rechtshändig.

Der Grad der Hierarchie beim Übergang von Motiven zu Domänen ist noch unklar. Auffällig ist jedoch, daß eine Reihe von Domänen fast symmetrisch angeordnete Motive enthalten. So besteht die NAD-bindende Domäne der Dehydrogenasen aus zwei *βαβαβ*-Einheiten, die mit zweizähliger Drehsymmetrie aneinandergefügt sind (Abb. 9.24). Weiterhin findet man in den beiden Domänen der Serin-Proteasen zweizählige Drehsymmetrie zwischen je zwei *β*-Mäandern (Abb. 9.29). Wie unten diskutiert, setzt Symmetrie formstabile Partner voraus. Stabile Partner können aber ohne starken Einfluß anderer Kettenbereiche aneinandergepaßt werden, demnach sollten in diesen Fällen Motive und Domänen hierarchisch geordnet sein.

Die Schritte von Domänen zu Proteinen und von Proteinen zu Protein-Aggregaten sind recht streng hierarchisch geordnet. Domänen sind wahrscheinlich die Einheiten, die sich während des Faltungsprozesses separat bilden. Anschließendes Zusammenfügen der Domänen zum Protein sollte dann nur noch Oberflächenstrukturen festlegen oder verändern, nicht aber die innere Struktur der Domäne. Diese Aussage wird durch häufige Symmetrie zwischen Domänen (Abb. 9.30) und auch durch die der Domänenhypothese zugrundeliegenden Beobachtungen bestätigt.

Das gleiche gilt für die Assoziation von Proteinen zu Protein-Aggregaten. Hier gibt es Beispiele, wo sich die Proteinstruktur bei Aggregation fast gar nicht ändert, wie etwa bei der Faserbildung aus Sichelzellhämoglobin. Gut analysierbare Beispiele sind die unphysiologischen Aggregationen zu Proteinkristallen. Hier wurden Kristalle analysiert, die aus identischen oder homologen Proteinen in unterschiedlicher molekularer Packung bestehen. Meist sind die beobachteten Strukturdifferenzen klein. In einigen Fällen, wie etwa bei den Immunoglobulinen (Abb. 9.18) und bei sphärischen Viren, werden jedoch relative Bewegungen zwischen Domänen gefunden. Die beobachteten Änderungen entsprechen denen, die bei quasisymmetrischen Strukturen auftreten. Eine erhebliche Strukturänderung während der Aggregation kennt man vom Tabakmosaik-Virus. Hier erhält ein Sechstel des Hüllproteins erst beim Übergang vom metastabilen Intermediat (Abb. 9.32) zum intakten Virus einen definierten Aufbau.

Bei der Bildung von Aggregaten ergibt sich jedoch ein wesentlicher Unterschied zu allen anderen Schritten des Schemas von Abb. 9.20, weil dieser Schritt experimentell nachgeprüft werden kann. Solche Experimente ermöglichen eine Verbesserung unserer Kenntnisse über non-kovalente Bindungen, was wiederum der Aufklärung der anderen Schritte im Schema Abb. 9.20 zugute kommt. — Faßt man alle Beobachtungen und Diskussionen zum Organisationsschema zusammen, so ergibt sich, daß es eine nützliche Arbeitshypothese darstellt, die von Fall zu Fall und von Strukturniveau zu Strukturniveau verschieden korrekt ist.

9.6.4 Symmetrie

Betrachten wir ein Ensemble identischer Körper, wie etwa formstabile Proteinmoleküle, die anziehende Kräfte aufeinander ausüben. Unter allen möglichen Kontakten zwischen zwei von diesen Molekülen gibt es einen energetisch günstigsten. Wird dieser Kontakt zwischen mehreren Molekülen ausgebildet, dann bildet sich eine lineare Gruppe, wie sie in Abb. 9.33a dargestellt ist. Wenn sich eine Längenbegrenzung durch sterische Behinderung ergibt, ist der letzte Kontakt und damit die gesamte Struktur ungünstig. Ein energetisches Optimum wird erreicht, wenn der Ring exakt geschlossen wird und damit die Punktsymmetrie C_n (Abb. 9.33b) eingestellt wird. Punktsymmetrie C_n entspricht also Energieminimierung. Dieses Argument kann auf alle anderen Punktsymmetrien asymmetrischer Körper, D_n, T, O, Y erweitert werden.

Die Punktsymmetrie Y kommt in sphärischen Viren vor (Abb. 3.22), O in Apoferritin, D_4 im Hämerythrin, D_3 in Aspartat-Transcarbamylase (Abb. 9.3), (pseudo-) D_2 im Hämoglobin (Abb. 2.33), C_{17} im Intermediat des Tabakmosaik-Virus (Abb. 9.32), C_3 in Bakteriochlorophyll-Protein, C_2 in Glutathion-Reduktase (Abb. 9.31), während T bisher nicht beobachtet wurde. Die Punktgruppen C_n, D_n, T, O, Y enthalten n, $2n$, 12,

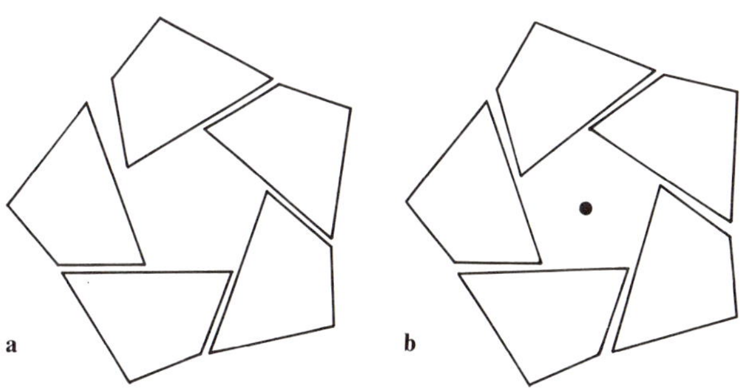

Abb. 9.33a, b. Asymmetrische Körper, die einen bevorzugten Kontakt miteinander ausbilden. Ohne sterische Behinderung nach einer Windung oder zwischen aufeinanderfolgenden Kontakten führt das zu einer Helix und damit zu einer linearen Gruppe. Im Aggregat **a** fehlt die Bindungsenergie des fünften Kontakts. Deshalb ist exakter Ringschluß, wie in **b**, energetisch günstig, außerdem führt er zu Punktsymmetrie

24, 60 asymmetrische Einheiten, die von einem (Abb. 9.31) oder mehreren (Abb. 9.3, 9.32a) Proteinen besetzt sein können; *n* ist beliebig.

Die Ableitung des Symmetrieprinzips setzt formstabile Partner voraus. Flexible Partner können so viele Kontakte miteinander bilden, daß kaum Einheitlichkeit und damit Symmetrie eingestellt werden kann. Umgekehrt zeigt Symmetrie, daß die Partner stabil sind.

9.6.5 Evolution

Bisher wurde wenig Gebrauch von der Tatsache gemacht, daß sich Proteine im Laufe der Evolution verändern. Da diese Änderungen den Faltungsprozeß und die Stabilität des Endprodukts nicht gefährden dürfen, ermöglichen sie Aussagen über diese Charakteristika. Hier hat die Natur eine Vielzahl von Experimenten ausgeführt, die man nur zu analysieren braucht.

Vergleiche innerhalb von Entwicklungslinien zeigen sehr deutlich, daß einzelne Aminosäuren ausgetauscht werden können, ohne den Rest des Proteins zu verändern. Erst wenn die Austausche akkumulieren, wird die allgemeine Struktur betroffen. Entlang einer Entwicklungslinie werden Aminosäuren zunächst an der Proteinoberfläche und erst später im Proteininneren ausgetauscht. Als Regel gilt, daß die Wechselfrequenzen an der Oberfläche erheblich größer sind als im Inneren. Daraus ist zu schließen, daß die genaue Struktur der Oberfläche unwichtig für Faltung und Stabilität ist.

Verfolgt man Entwicklungslinien über lange Zeiten, dann führen die Austausche zu erheblichen Unterschieden in den Aminosäuresequenzen. Anhand der Sequenz allein kann schließlich das Endglied nicht mehr direkt dem Anfangsglied zugeordnet werden, Zwischenglieder werden nötig. Trotz des fast vollständigen Aminosäurewechsels wird aber in allen bekannten Entwicklungslinien beobachtet, daß sich die Kettenfaltung, das ist die geometrische Struktur der Hauptkette, kaum verändert; sie ist außerordentlich streng konserviert.

Nun sollte die Geometrie der Hauptkette nicht durch die Stabilitätsforderung beeinflußt werden, denn Stabilität ergibt sich durch Wechselwirkung zwischen einzelnen Kettenteilen, wobei der allgemeine Verlauf der Kette unerheblich ist. Wenn nicht die Stabilität, dann sollte der Faltungsprozeß die Ursache sein. Das erscheint auch plausibel, denn die generelle Geometrie der Hauptkette wird ja zu Beginn dieses Prozesses festgelegt. Das deutet darauf hin, daß der Faltungsprozeß störungsempfindlich ist und deshalb kaum Variationen der Kettenfaltung zuläßt.

Parallel zu den Aminosäuretauschen in einer Entwicklungslinie treten auch Einfügungen und Auslassungen von Aminosäureresten auf. Damit wird die Kettenfaltung verändert. Hierbei gilt wiederum die Regel, daß diese Veränderungen an der Oberfläche wesentlich stärker als im Inneren sind. Zusätze und Kürzungen an der Oberfläche stören die allgemeine Geometrie der Kettenfaltung wenig.

Die strenge Konservierung der Kettenfaltungen erlaubt die Korrelation sehr weit entfernter Glieder von Entwicklungslinien. Dabei zeigte sich, daß Proteine während der Evolution radikal ihre Funktion ändern können, wie etwa vom Lysozym zum α-Lactalbumin. Weiterhin werden Polypeptidketten domänenweise übertragen, wie anhand von Dehydrogenasen und Oxidoreduktasen besprochen wurde. Oft werden solche Domänen auch innerhalb eines Proteins dupliziert (Abb. 9.30). Diese Regeln, zusammengefaßt in der Domänenhypothese, basieren fast ausschließlich auf geometrischen Kettenvergleichen. Bessere Kenntnisse über den Proteinaufbau vertiefen also nicht nur das Verständnis der Eigenschaften rezenter Proteine, sondern erlauben auch Einsichten in die Entwicklung bzw. Enstehung dieser Proteine und damit die Frühzeit der organischen Evolution.

Literaturauswahl

Anfinsen, C.B., Scheraga, H.A.: Experimental and theoretical aspects of protein folding. Adv. Protein Chem. **29**, 205–300 (1975).

Butler, P.J.G., Klug, A.: The assembly of a virus. Sci. Am. November (1978).

Harrison, S.C.: Structure of simple viruses: specificity and flexibility in protein assemblies. Trends Biochem. Sci. **3**, 3–7 (1978).

Levitt, M., Chothia, C.: Structural patterns in globular proteins. Nature (London) **261**, 552–557 (1976).

McLachlan, A.D.: Quantum chemistry and protein folding: The art of the possible. Int. J. Quant. Chem. **12**, 371–385 (1977).

Richardson, J.S.: β-Sheet topology and the relatedness of proteins. Nature (London) **268**, 495–500 (1977).

Schulz, G.E., Schirmer, R.H.: Principles of Protein Structure. Berlin, Heidelberg, New York: Springer 1979.

Stubbs, G., Warren, S., Holmes, K.: Structure of RNA and RNA binding site in tobacco mosaic virus from 4 Å map calculated from X-ray fibre diagrams. Nature (London) **267**, 216–221 (1977).

10 Die biologische Funktion der Nukleinsäuren

Hermann Heumann und Wolfram Zillig

10.1 Einleitung

10.1.1 Allgemeines

Funktion und Organisation von Zellen und Organismen werden durch Art und Menge der in ihnen enthaltenen Proteine bestimmt. Proteine katalysieren als Enzyme die Vielzahl der Prozesse des Stoffwechsels. Sie sind außerdem neben Lipiden und Polysachariden Bausteine der Zellstrukturen.

Die Eigenschaften eines Proteins sind in eindeutiger Weise durch seine Struktur bestimmt. Wie bereits ausführlich dargelegt (s. Kapitel 9) unterscheidet man zwischen der Primärstruktur, der Sequenz einer bestimmten, mehr oder weniger großen Zahl von 20 verschiedenen Aminosäureresten in den Polypeptidketten, der Sekundär- und der Tertiärstruktur, die die dreidimensionale Anordnung der Peptidketten beschreiben, und, bei komplexen Proteinen, der Quartärstruktur, der Anordnung mehrerer verschiedener oder gleicher Polypeptidketten bzw. Untereinheiten im Komplex.

Tertiär- und Quartärstruktur eines Proteins sind durch die Primärstruktur, also die Sequenz der Aminosäurereste in den Peptidketten, eindeutig vorgegeben. Es gibt heute viele Beispiele für die spontane Rückbildung der natürlichen Raumstruktur, die Renaturierung und Rekonstitution von Proteinen aus vollständig entfaltetem, denaturiertem, und dissoziiertem Zustand: u.a. bei der pankreatischen Ribonuklease, dem Kollagen, der DNA-abhängigen RNA-Polymerase und sogar bei Ribosomen. Es besteht demnach kein Anlaß, besondere Faltungsmechanismen zu postulieren, die die Ausbildung der „richtigen" Raumstrukturen sichern sollen.

Ein Organismus ist keine starre Struktur. Er ist innerhalb genetisch vorgegebener Grenzen zur Anpassung an Veränderungen der Umwelt fähig. Solche Anpassungsprozesse, die man als Regulations- bzw. Kontroll-Vorgänge bezeichnet, sind reversibel und resultieren in einer sinnvoll, d.h. ökonomisch erscheinenden Änderung der Art und Menge bzw. Aktivität der in den Zellen enthaltenen Proteine.

Daneben gibt es Veränderungen, die, einmal ausgelöst, nach einem vorgegebenen Programm zielgerichtet abzulaufen scheinen und daher zweckmäßig von Kontrollvorgängen als programmierte Prozesse unterschieden werden. Hierzu gehört die Differenzierung von Geweben innerhalb eines Organismus im Verlauf der Ontogenese, aber auch die Umprogrammierung des Stoffwechsels einer Zelle auf die Vermehrung eines Virus nach Infektion mit diesem. Sie sind im Normalfall irreversibel, eine Ausnahme scheint die „Entdifferenzierung" einer differenzierten Gewebszelle im Verlauf ihrer Umwandlung zu einer Tumorzelle zu sein. Auch Programmierungsprozesse resultieren in der Änderung der Proteinmuster von Zellen bzw. Geweben.

Wie im folgenden gesehen werden kann, tragen *Nukleinsäuren* als DNA die genetische Information, deren Expression in der Synthese der zugehörigen Proteine resultiert. Sie sind außerdem in der letzten Stufe der Genexpression, der Proteinbiosynthese (Translation), als Informationsübermittler (messenger), als Strukturelemente der Synthesemaschinerie und als Übersetzungsvehikel, Adaptoren, beteiligt.

Regulation und Programmierung führen zur reversiblen bzw. irreversiblen An- und Abschaltung der Expression genetischer Information.

Nukleinsäuren bestimmen also die von Proteinen realisierten Funktionen der Organismen. Ihre eigene Funktion üben sie ausschließlich in der Weitergabe genetischer Information an die Nachkommen, der DNA-Replikation, und in der Genexpression aus, und auch dies nur in Wechselwirkung mit Proteinen.

10.1.2 Vorkommen und Struktur von Nukleinsäuren

In der Zelle kommen zwei Grundtypen von Nukleinsäuren vor. Die Desoxyribonucleinsäure ist im Zellkern den Mitochondrien und den Plastiden bei Eukaryonten bzw. in den Nukleotiden bei Prokaryonten als Träger genetischer Information enthalten. Die Ribonukleinsäure wird bei Eukaryonten im Zellkern synthetisiert und übt ihre Funktion im Cytoplasma aus.

Die RNA kann nach Funktion und Struktur in mehrere Typen unterteilt werden. Als Informationsüberträger in der Proteinbiosynthese fungiert die messenger-(Boten-) oder mRNA. Die Transfer- oder tRNA wirkt als Adaptor für die Aminosäurereste im Translationsprozeß. Vier Typen von ribosomaler oder rRNA sind Strukturbestandteile der Translationsmaschine Ribosom, zwei große, nach den Sedimentationskonstanten bei Eukaryonten 28- und 18S-RNA, bei Prokaryonten 23- und 16S-RNA genannt, und zwei kleine, von denen die eine nur bei Eukaryonten vorkommt: 5S-RNA bei Prokaryonten, 5.8S und 5S-RNA bei Eukaryonten, wobei 5.8S-RNA der 5S-RNA der Prokaryonten entspricht, 5S-RNA der Eukaryonten also bei Prokaryonten kein Analogon besitzt.

Außerdem kommen Nukleinsäuren, und zwar sowohl DNA als auch RNA, als Informationsträger in Viren vor. Gelegentlich ist Virus-RNA gleichzeitig genetisches Material und mRNA.

Die Struktur der Nukleinsäuren wurde im einzelnen in Kapitel 2 besprochen. Hier soll nur daran erinnert werden, daß Nukeinsäuren Polynukleotidketten sind, wobei in DNA im allgemeinen die vier Nukleotide, Adenylsäure (pA), Thymidylsäure (pT), Guanylsäure (pG) und Cytidylsäure (pC) als Desoxyribonukleotide, also mit Desoxyribose als Zuckerkomponente, enthalten sind, während in RNA die entsprechenden Ribonukleotide, mit Ribose als Zuckerkomponente, vorkommen, wobei Uridylsäure (pU) an die Stelle der Thymidylsäure der DNA tritt. Ein wesentlicher Unterschied in der räumlichen Struktur von DNA und RNA ist, daß die DNA im allgemeinen als Doppelhelix aus zwei einander kompletären Polynukleotidsträngen entgegengesetzter Polarität (Richtung der 3'-5'-Phosphodiesterbindungen) vorliegt (Ausnahmen gewisse Viren, wie die Bakteriophagen ϕX174 und M13), während die RNA, von Ausnahmen (Rheo-Virus) abgesehen, einzelsträngig ist, wobei aber innerhalb des Stranges einander komplementäre Abschnitte miteinander in Wechselwirkung treten können. Man unterscheidet also in RNA zwischen ungepaarten (loops = Schleifen) und gepaarten Bereichen (hairpins, stems = Stämme). Die Wechselwirkung ist von der gleichen Natur wie in DNA. Sie beruht auf der Entstehung spezifischer Nukleotidpaare durch Ausbildung von Wasserstoffbrückenbindungen, wobei die Basen Adenin und Thymin (bzw. Uracil) durch zwei, die Basen Guanin und Cytosin durch drei Wasserstoffbrücken miteinander verbunden sind.

Die Enthalpie, etwa 8 kcal $\cdot$ Mol^{-1}, ist für das ATP-Paar etwas kleiner als für das GC-Paar. Die Stabilität und damit die Temperatur, Tm, bei welcher Strangtrennung erfolgt, steigt proportional zum GC-Gehalt.

mRNA ist im allgemeinen ein langer Polyribonukleotidstrang (bis viele Tausend Nukleotidreste lang). Sie kann, wie wir noch sehen werden, polycistronisch sein, d.h. genetische Information für mehrere Peptidketten enthalten. Entsprechend der Vielfalt der Proteine gibt es viele verschiedene Spezies von mRNA in einem Organismus (bei Prokaryonten einige Tausend), die, je nach Gendosis und Effizienz ihrer Synthese, in verschiedenen Stückzahlen pro Zelle vorkommen. Bei Eukaryonten besitzt mRNA oft ein maskiertes 5'-Ende und fast immer eine Poly-A-Sequenz am 3'-Ende (Ausnahme Histon-mRNA).

tRNA ist kurzkettig (etwa 80 Nukleotidreste lang), besitzt in erheblichem Maß komplementäre Bereiche innerhalb der Kette und damit viel Tertiärstruktur, hat in funktionsfähigem Zustand immer eine pCpCpA-Sequenz am 3'-Ende und oft pGp... als 5'-Terminus.[1]

[1] Der Großbuchstabe bezeichnet den Nukleosidrest. Links davon stehendes p ist in 5', rechts stehendes in 3' gebundenes Esterphosphat. Ein p zwischen zwei Nukleosidsymbolen ist also eine Phosphodiesterbrücke, die den 2'-Sauerstoff des linken mit dem 5'-Sauerstoff des rechten Nukleosids verbindet.

In der Zelle kommen etwa 40 verschiedene Spezies, davon einige seltene vor.

10.2 Die Replikation der DNA

Wie wir im einzelnen noch sehen werden, ist die genetische Information, die die Struktur der Proteine und damit die Leistungen eines Organismus bestimmt, in der Sequenz der Desoxyribonukleotidreste von DNA-Strängen enthalten. Diese Information besitzt eine erhebliche Stabilität, die die Konstanz der Eigenschaften einer Art über Generationen hinweg gewährleistet. Im Lauf der Evolution finden allerdings kleine schrittweise Änderungen, Mutationen, statt, die unter dem Selektionsdruck, den die Umwelt ausübt, zum Entstehen neuer, angepaßter Arten führen können. Die Konstanz der genetischen Information beruht auf ihrer exakten Verdopplung und der Gleichverteilung der identischen Verdopplungsprodukte im Prozeß der Zellteilung.

10.2.1 Organisation der DNA in der Zelle

Bei Organismen, die noch keinen durch eine Membran vom cytoplasmatischen Raum abgegrenzten Zellkern enthalten, sogenannten Prokaryonten (Bakterien und Blaualgen), ist der größte Teil der genetischen Information in kovalent ringförmig geschlossenen „Chromosomen" enthalten, die, durch RNA und Protein zusammengehalten, als kompakte Pakete vorliegen und in unbekannter Weise an die Zellmembran angeheftet sind. Das E.coli-Chromosom hat ein Molgewicht von etwa $2.5 \cdot 10^9$, besteht also aus etwa $4 \cdot 10^6$ Basenpaaren entsprechend etwa $5 \cdot 10^3$ Genen. Daneben können sogenannte Plasmide oder Episomen vorkommen, die ebenfalls kovalent ringgeschlossene DNA-Doppelstränge sind. Solche Ringe enthalten neben den für die B-Struktur der DNA charakteristischen Windungen der DNA-Stränge innerhalb der Doppelhelix zusätzliche, im allgemeinen entgegengesetzte Windungen der gesamten Doppelhelix, die man als (negativen) overtwist (= Überdrehung) bezeichnet. Durch Einfügung mindestens eines Strangbruches („nick") in einem der beiden DNA-Stränge als Drehpunkt kann dieser overtwist zum Verschwinden gebracht werden.

Die DNA der kernhaltigen Organismen, der sogenannten Eukaryonten, ist erheblich komplizierter organisiert. Für jeden eukaryontischen Organismen ist eine bestimmte Anzahl individueller Chromosomen charakteristisch. Bei Mammalia sollen in den Chromosomen einer Zelle insgesamt etwa 10^8 Gene enthalten sein. Jedes Chromosom enthält einen einzigen durchgehenden DNA-Doppelstrang und nicht, wie früher angenommen, ein Bündel aus vielen homologen DNA-Strängen („Chromonemata"). Basische Proteine, die sogenannten Histone, bestimmen durch ihre Wechselwirkung mit der DNA die Struktur des Chromatins, wobei H_1 offenbar verschiedene Bereiche eines Stranges vernetzt, während die übrigen Histone in einem bestimmten stöchiometrischen Verhältnis (wahrscheinlich $2H_{2a}$, $2H_{2b}$, $2H_3$ und $2H_4$ pro Nucleosom) Nucleosomen bzw. ν-Körper bilden. Die Nucleosomen sind wie Perlen in einer Kette durch kurze Abschnitte von freier DNA (je etwa 40 Nukleotidpaare) von einander getrennt, während der größere Teil der DNA in den Nucleosomen-haltigen Abschnitten (je etwa 200 Nucleotidpaare pro ν-Körper) im Kontakt mit der Oberfläche der Nucleosomen vorliegt (Abb. 10.1). Neben den Histonen sind im Chromatin sogenannte Nichthistonproteine enthalten, die im allgemeinen nicht basisch sondern neutral oder sauer sind und deshalb früher gelegentlich unscharf als saure Chromosomen-Proteine bezeichnet wurden. Hierunter befinden sich auch längst bekannte kontraktile Proteine wie Actin, Actomyosin und Tubulin, die vielleicht eine Rolle bei der Kondensation der Chromosomen im Verlauf der Mitose spielen. Die aktiven, d.h. an der Geneexpression beteiligten Abschnitte des Chromatins, das sogenannte Euchromatin, besitzen im Gegensatz zu dem stark kondensierten inaktiven Heterochromatin eine relativ lockere Struktur.

Bestimmte Abschnitte bestimmter Chromosomen, die sogenannten nucleolaren Organisatoren, bilden im Kern Substrukturen, die man als Nucleoli bezeichnet. In den Nucleoli werden die Vorstufen der ribosomalen RNA synthetisiert.

Neben dem Kern enthalten in eukaryotischen Zellen auch die genetisch zum Teil autonomen Mitochondrien und bei Pflanzen zusätzlich die Plastiden DNA, die in beiden Organellen wie im Chromosom von Prokaryonten in Form kovalent geschlossener Ringe vorliegt.

10.2.2 Prinzipien der DNA-Replikation

Die Replikation der DNA läuft bei Prokaryonten während der gesamten Generationsdauer, bei Eukaryonten dagegen in einem bestimmten Abschnitt des Zellzyklus, der S-Phase ab. Man kann sie in Initiation und die eigentliche Replikation unterteilen.

Die DNA wird semikonservativ repliziert, d.h. daß jeder der beiden Tochter-Doppelstränge je einen Strang des Elterndoppelstrangs und einen komplementären neusynthetisierten Strang enthält (Abb. 10.2).

Substrate sind die Desoxyribonucleosidtriphosphate. Die DNA-Ketten wachsen (unter Eliminierung von Pyrophosphat) vom 5'-Ende her zum 3'-Ende hin (Abb. 10.3). Der Prozeß beginnt an einem oder mehreren (beiEukaryonten-Chromosomen) definierten Replikationsursprüngen. Ein Stück DNA, das einen Replikationsursprung und links und rechts davon Replikationsterminationsorte enthält, wird als Replikon bezeichnet. Ein Bakterienchromosom, ein Plasmid, eine

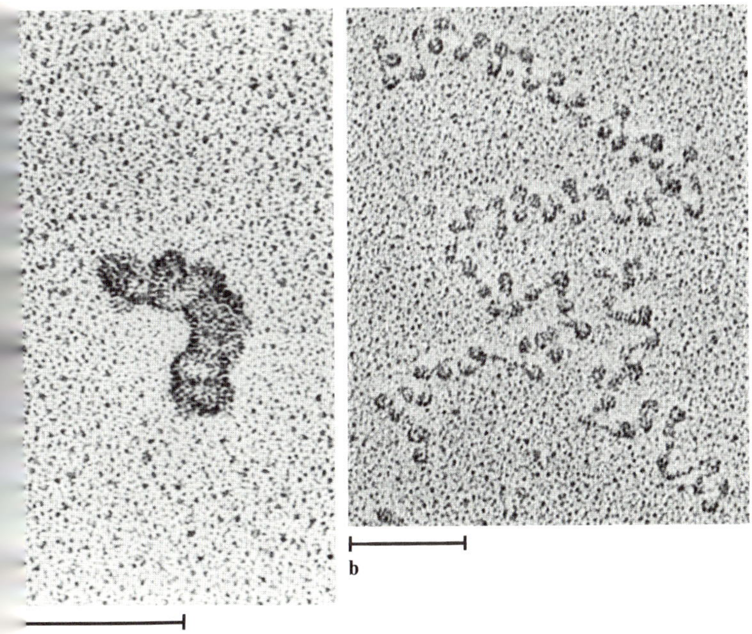

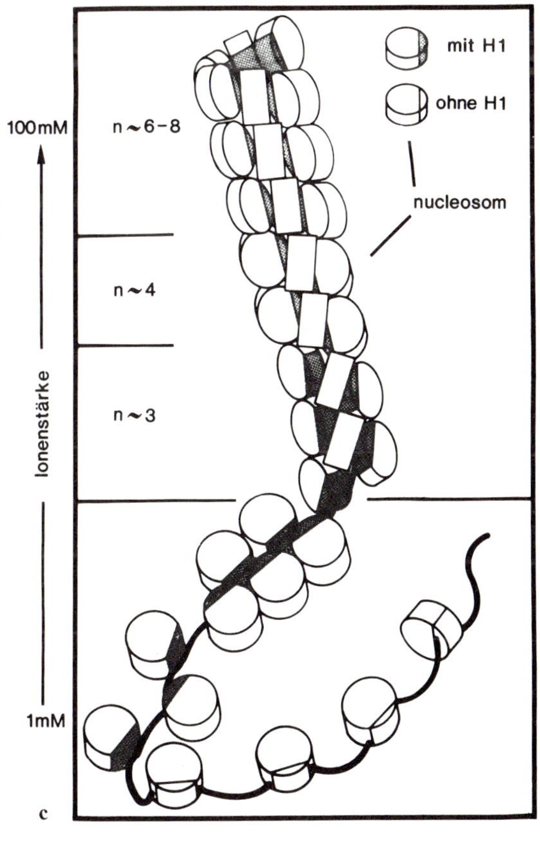

Fig. 10.1. a, b Elektronenmikroskopische Aufnahme von Chromatin bei hoher und niedriger Ionenstärke I (1a: I = 100 mM; 1b: I = 1 mM) Balkenlänge: 1000 Å. **c** Strukturmodell von Chromatinfiber für verschiedene Ionenstärken I [Aus: F. Thoma, Th. Koller und A. Klug, J. Cell. Biol. **83**, 403 (1979)]

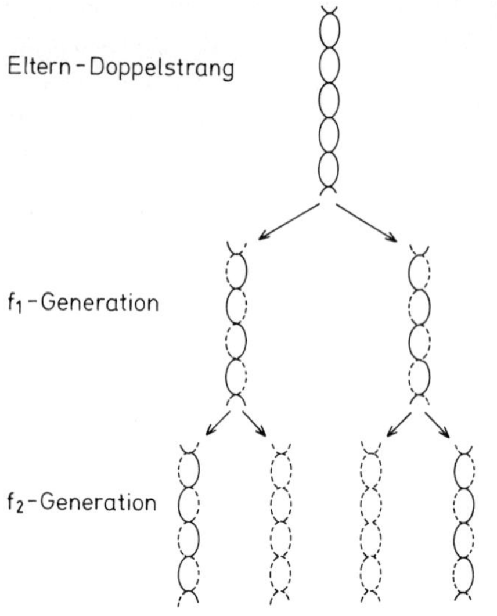

Abb. 10.2. Eltern-Doppelstrang Schema der semikonservativen DNA-Replikation

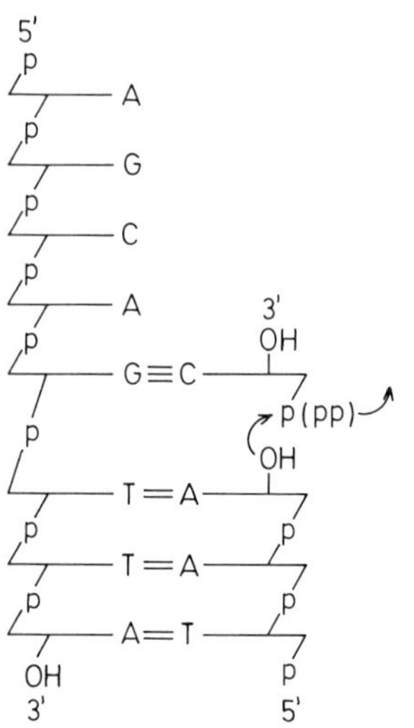

Abb. 10.3. Schematische Darstellung eines Einzelschritts der DNA-Synthese

Bakteriophagen-DNA, die ringförmigen DNAs von Mitochondrien and Plastiden sind einzelne Replikons, ein Eukaryontenchromosom besteht aus mehreren bzw. vielen Replikons.

Die Replikation erfolgt in der sogenannten *Replikationsgabel.* Dabei wird der DNA-Doppelstrang zunächst in die Einzelstränge getrennt. An demjenigen Einzelstrang, dessen Phosphodiesterbindungen in Syntheserichtung von 3′ nach 5′ laufen, kann der komplementäre Tochterstrang, wie durch die Spezifität der Replikase vorgeschrieben, von 5′ nach 3′ wachsen. Der Gegenstrang, der im Endergebnis von 3′ nach 5′ synthetisiert wird, muß in kleinen Abschnitten, also diskontinuierlich, verlängert werden. Diese, nach ihrem Entdecker Okazaki-Stücke genannt, werden jedes für sich von 5′ nach 3′ synthetisiert, aber in 3′-5′-Richtung hintereinander gereiht. Auch der im Endergebnis und in der Momentaufnahme von 5′ nach 3′

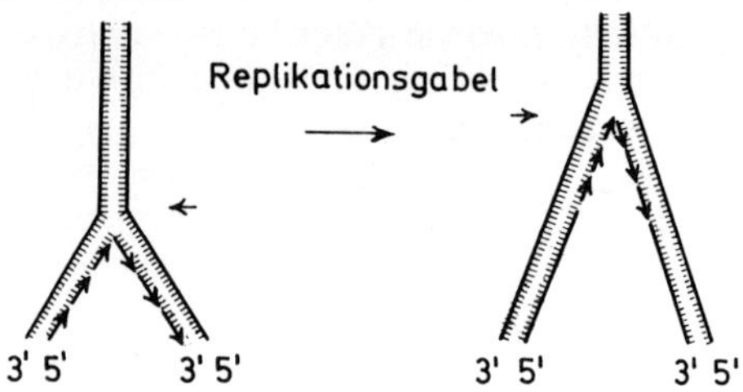

Abb. 10.4. Diskontinuierliche Synthese von DNA

wachsende andere Strang wird diskontinuierlich, in Stücken, synthetisiert (Abb. 10.4).

Die Synthese der Stücke bedarf der Initiation durch eine kurze (50 bis 100 Nucleotide lange) der Matrizen-DNA komplementären RNA-Sequenz, an deren terminales 3′-Hydroxyl der erste Desoxyribonucleotidrest geknüpft wird. Diese RNA-Abschnitte müssen später wieder entfernt und durch DNA ersetzt werden. Schließlich müssen die Okazaki-Stücke miteinander verknüpft, ligiert werden.

Abgesehen von DNA in Chromosomen von Eukaryonten und von DNA einzelner Bakterien-Viren, liegt DNA während der Replikation im allgemeinen kovalent ringgeschlossen vor. Es muß daher dafür gesorgt werden, daß die beim Aufwinden der Doppelhelix in der Replikationsgabel enstehende Gegenspannung nicht so stark anwachsen kann, bis der Prozeß blockiert wird.

Die kontinuierliche Aufhebung der Gegenspannung wird vermutlich durch Einführung eines sogenannten „swivel", eines Drehpunkts am Replikationsursprung bewerkstelligt.

10.2.3 Replikationsmodelle

Zwei Modelle für den formalen Ablauf des Replikationsprozesses können als bestätigt gelten. Nach dem ersten, dem „revidierten Cairns-Modell", enthält ein ringförmiges Replikon einen Replikationsursprung, von dem aus sich zwei Replikationsgabeln in entgegengesetzter Richtung bewegen (Replikationsauge), bis sie sich gegenüber dem Ursprung treffen (Abb. 10.5). Die durch die Strangtrennung entstehende Gegenspannung wird durch die reversible Einführung von Einzelstrangbrüchen als Drehpunkten beseitigt. Es scheint, daß dieses Modell den Normalfall der Replikation von Chromosomen beschreibt. Eukaryontische Chromosomen enthalten viele Replikationsursprünge, dementsprechend bilden sich viele Replikationsaugen, je eines pro Replikon.

Das zweite, das „rolling circle"-Modell (Abb. 10.6) gilt offenbar für die Vermehrung der DNA gewisser Bakteriophagen und für die Replikation, die während der Konjugation bestimmter bakterieller Stämme stattfindet, bei der ein frisch repliziertes Chromosom von einem Spenderbakterium auf ein Empfängerbakterium übertragen wird. Hier wird zunächst als Replikationsursprung ein Einzelstrangbruch in die ringförmig

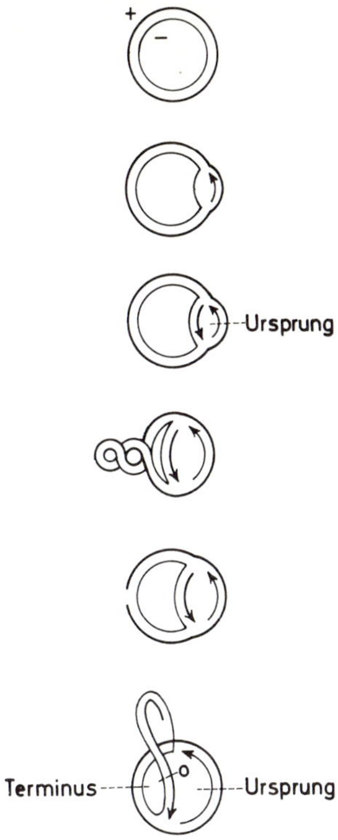

Abb. 10.5. Das revidierte Cairns-Modell

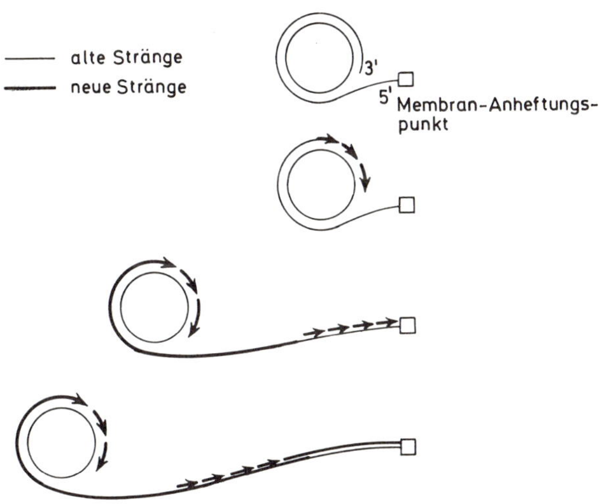

Abb. 10.6. Der „rolling circle" oder rollender Ring nach Gilbert und Dressler (1968)

kovalent geschlossene DNA-Doppelhelix eingeführt. Das dabei entstehende 3'-Ende ist der Startpunkt der Synthese des den Bruch tragenden Einzelstrangs, der sukzessive durch sein wachsendes Ende vom kovalent geschlossen bleibenden Matrizenstrang verdrängt wird. Der verdrängte Abschnitt des geöffneten Einzelstrangs dient als Matrize für diskontinuierliche Replikation, wie im vorigen Abschnitt (10.2) beschrieben. Es gibt also nur eine Replikationsgabel. Der durch Verdrängung und komplementäre Ergänzung synthetisierte offene Doppelstrang kann bis zu einem Vielfachen der Einheitslänge wachsen. Durch geeignetes Schneiden kann er wieder in Einheitslängen zerlegt werden. Diese können, wenn sie einander komplementär überstehende Enden (sogenannte sticky ends) tragen (versetzter Schnitt), Ringe bilden, die dann kovalent geschlossen, ligiert, werden können. Ringe können auch direkt durch einen Rekombinationsprozeß gebildet werden.

Das „rolling circle"-Modell benötigt keine besonderen Mechanismus für die Aufhebung der bei der Strangtrennung entstehenden Gegenspannung, da der Replikationspunkt selbst ein Drehpunkt ist.

10.2.4 Der Replikationsapparat

Vieles spricht dafür, daß der Replikationsapparat einen Komplex aus verschiedenen Einzelkomponenten mit verschiedenen Funktionen darstellt. Bisher wurde ein solcher Komplex allerdings nicht in funktionsfähigem Zustand isoliert. Einzelne Komponenten sind bekannt.

Sogenannte Entwindungsproteine (z.B. das Produkt des Gens 32 des Bakteriophagen T4), die eine hohe Affinität zu einzelsträngiger DNA besitzen und kooperativ binden, sollen bei der Strangtrennung in der Replikationsgabel eine Rolle spielen. Sie stimulieren jedenfalls die Replikation in vitro.

In Bakterien (E.coli) existieren 3 DNA-Polymerasen. Die DNA-Polymerase I (mehr als 1000 Moleküle pro Zelle) ist offenbar ein Reparaturenzym. Die DNA-Polymerase II (etwa 100 Moleküle pro Zelle) ist an der Replikation der DNA gewisser Bakteriophagen beteiligt. Die eigentliche DNA-Replikase ist aber offenbar die DNA-Polymerase III (nur etwa 10 Moleküle pro Zelle!). Alle diese DNA-Polymerasen besitzen eine Exonucleaseaktivität von 3' nach 5', die vielleicht für die außerordentlich große Genauigkeit des Replikationsprozesses verantwortlich ist (weniger als 1 Fehler bei 10^6 Verknüpfungen, also praktisch kein Fehler bei der Replikation des E.coli-Chromosoms). Falsche Nucleotidenden können entfernt und „berichtigt" werden.

Nur die DNA-Polymerase I besitzt daneben noch eine Exonuclease-Aktivität von 5' nach 3', die auch RNA-Sequenzen spaltet, so daß angenommen wird, daß dieses Enzym das Herausschneiden der RNA-Starter-Enden der Okazaki-Stücke besorgt. Das Auffüllen der Lücken (gaps) könnte vom nächsten DNA-3'-Ende her durch DNA-Polymerase I oder III erfolgen.

Nach Auffüllen der Lücken wird der verbleibende Einzelstrangbruch unter Verbrauch von ATP bei T4 bzw. $NAD^{\oplus}$ bei E.coli durch DNA-Ligase geschlossen, die auch „entspannte" (relaxed) ringförmige DNA (sogenannte Form II) in kovalent geschlossene, überdrehte (sogenannte Form I) überführen kann.

Die Überspannung, die während der Replikation bei der Strangtrennung entsteht, wird vermutlich durch ein von Wang beschriebenes Enzym beseitigt, das *reversibel*, ohne Energieverbrauch und nicht ortsspezifisch Einzelstrangbrüche einführt.

Das in Replikation begriffene Chromosom hat bei Bakterien vermutlich mehrere Kontaktpunkte mit der Zellmembran. Man vermutet, daß sowohl der Replikasekomplex in der Replikationsgabel als auch der Replikationsursprung an die Membran gebunden vorliegen. Beim „rooling circle" wird eine Anheftung des Endes des verdrängten Stranges an die Membran angenommen.

Als Strater (primer) der Synthese der Okazaki-Stücke dienen RNA-Sequenzen, die vermutlich von einer Rifamycin-resistenten, für die Funktion spezifischen RNA-Polymerase (Produkt des Gens dna G?) synthetisiert werden. Die Replikation ist ein außerordentlich schneller Prozeß. *In vivo* und *in vitro* läuft sie bei E.coli mit einer Gesamtgeschwindigkeit von etwa 1000 Nucleotidverknüpfungen pro Kette pro Sekunde ab, ist also wesentlich schneller, als die Transcription (nächstes Kapitel).

10.2.5 Reverse Transcriptase

In bestimmten Tumorviren und neuerdings auch in embryonalen Zellen wurde ein Enzym gefunden, das im Gegensatz zur RNA-Polymerase an *RNA* als Matrize *DNA* synthetisiert. Das genetische Material dieser Oncorna-Viren ist RNA. Es wird in der infizierten Zelle in DNA umkopiert und bei der Transformation zur Tumorzelle als DNA ins Wirtsgenom integriert. Es handelt sich also um einen Spezialfall des Umkopierens genetischer Information. Wie bei der DNA-Replikation dienen RNA-Sequenzen, in diesem Fall bestimmter tRNAs, als Starter. Nach der Synthese des der RNA komplementären DNA-Strangs wird die Matrize RNA durch eine RNAse (RNAse H) gespalten, die spezifisch hyprid annellierte RNA erkennt. Der abgebaute RNA-Strang wird schließlich durch einen DNA-Strang ersetzt. Die reverse Transcriptase ist also in diesem Schritt eine DNA-Polymerase. Die Rolle des Enzyms in embryonalen Zellen ist noch unverstanden. Durch die Entdeckung der reversen Transcriptase wird das „zentrale Dogma" der molekularen Biologie der Genwirkungen, DNA→RNA→Protein, in seiner Allgemeingültigkeit eingeschränkt.

10.3 Genexpression

10.3.1 Transcription

Die Expression der genetischen Information, die schließlich zur Übersetzung von Nucleotidsequenzen der DNA (=Gene) in Aminosäuresequenzen der Proteine (=Phaene) führt, findet in zwei Haupschritten statt. Im ersten, der *Transcription*, werden Nukleotidsequenzen des genetischen Materials DNA in die Sequenzen der verschiedenen im 2. Hauptschritt, der Translation, benötigten RNA-Spezies mRNA, tRNA und rRNA überschrieben, transcribiert.

10.3.1.1 Prinzipien des Transcriptionsprozesses

Wie die DNA-Replikation erfolgt auch die Transcription nach dem Komplementaritätsprinzip: Als Matrize dient nur einer der beiden Stränge der DNA, der „codogene" Strang, dessen Nukleotidsequenz umgeschrieben wird. Die Transcription ist also asymmetrisch.

Wie der in Replikation begriffene DNA-Strang wächst auch die RNA im Transcriptionsprozeß vom 5'-Ende her zum 3'-Ende hin. Als Substrate dienen die 4 Ribonukleosidtriphosphate pppX. Neben RNA ist Pyrophosphat Produkt pp.

$$\text{„pppP}_n + \text{npppX} \xrightarrow[\text{RNA-Polymerase}]{\text{M}_\text{g}^{++}} \text{pppPn(pX)n}^{+}\text{npp}$$
$$\text{DNA}$$

Im Gegensatz zur DNA-Replikation bedarf die Transcription zu ihrer Initiation keines Starters (primers), sondern eines als spezifische DNA-Sequenz erkannten Signals, das als Promotor bezeichnet wird. Die Initiation erfolgt praktisch immer mit einem Purinnukleosidtriphosphat, dessen Triphosphat-Rest zunächst am 5'-Ende der wachsenden Kette verbleibt.

Die eigentliche RNA-Synthese oder Elongation ist wie die Translation mit einer Translokation des sogenannten ternären Komplexes von RNA-Polymerase, wachsender RNA-Kette und DNA entlang der DNA verbunden. Wie Replikation und Translation ist die Transcription im Gegensatz zu einzelnen Teilschritten irreversibel.

Wie bei der Replikation wird auch bei der Transcription die DNA-Doppelhelix getrennt, hier allerdings nur lokal, so daß das Fortschreiten des Prozesses keine Spannungsprobleme aufwirft. Die in der Initiation geöffnete Strecke wird mit dem ternären Komplex entlang der Matrize verschoben, wobei gleichzeitig vorne getrennt, hinten wieder geschlossen wird. (Abb. 10.7).

Auch die Termination wird durch ein Signal in der DNA, den sogenannten Terminator eingeleitet.

Eine Leseeinheit der Transcription, ein Transcripton, enthält oft mehrere Gene und wird dann als Operon bezeichnet. Ein Transcripton besitzt eine bestimmte Länge, einen bestimmten Beginn, den Promotor, und ein bestimmtes Ende, den Terminator (Abb. 10.7, 10.8). Die Transcriptase oder DNA-abhängige RNA-Polymerase, das Enzym, das die Transcription bewerkstelligt, tritt also zumindest an zwei Orten, Promotor und Terminator, in spezifische, funktionsbestimmende Wechselwirkung mit der Matrize. Andere Beispiele solcher Wechselwirkungen, die für die molekulare Biologie der Genwirkungen charakteristisch sind, werden wir im Translationskapitel kennenlernen.

10.3.1.2 Der Transcriptionsapparat

Die Transcription wird von einem aus mehreren Untereinheiten bestehenden, sehr großen Enzym, der DNA-abhängigen RNA-Polymerase oder Transcrip-

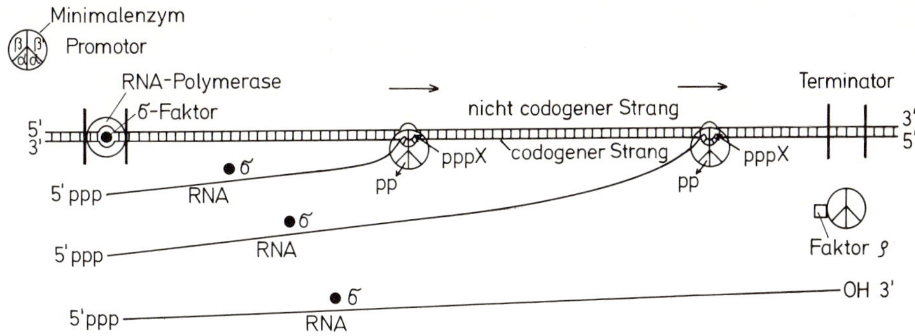

Abb. 10.7 Schema der RNA-Synthese an einem Transcripton

Abb. 10.8. Ribosomale RNA-Cistren aus der Grünalge Acetabularia ryukyuensis. Repetitive Transcriptionseinheiten sind durch nicht-transcribierte „spacer" getrennt. Die Länge der naszierenden RNA-Stränge steigt vom Initiationsort bis zum Terminationsort. Positiv gefärbt mit Phosphorwolfram-Säure. Vergrößerung 10000fach (Bild: S. Berger, Wilhelmshaven)

tase bewirkt. Bei E.coli ist dieses Enzym zusammengesetzt aus den Untereinheiten $\beta'\beta\alpha_2\sigma$. Das Molekulargewicht von β' ist 160000, von β 155000, von α 36500 und von σ 70000. Der Faktor σ wird für die korrekte Initiation der Transcription am Promotor benötigt und daher als Initiationsfaktor bezeichnet. Das nach Entfernung von σ verbleibende „Minimalenzym" initiiert unspezifisch und mit geringer Effizienz. σ wirkt katalytisch: schon nach der Verknüpfung von wenigen Ribonukleotid-Resten wird es freigesetzt. Die Elongation wird also durch Minimalenzym katalysiert. Nach der Termination verläßt die Polymerase die Matrize, σ wird wieder aufgenommen (σ-Zyklus) und die nächste Transcriptionsrunde kann beginnen.

Man unterscheidet zwischen einer unspezifischen, relativ losen Bindung der RNA-Polymerase an beliebige DNA-Sequenzen, die bei Minimalenzym fester ist als bei Vollenzym, und einer sehr festen spezifischen Bindung am Promotor, die σ-abhängig ist. Die Bildung des stabilen Präinitiationskomplexes der Polymerase mit dem Promotor erfolgt vermutlich in zwei Schritten. Der zweite hochkooperative Schritt ist wahrscheinlich die lokale Öffnung der DNA-Doppelhelix im Promotor durch die Transcriptase unter Beteiligung von σ.

Eine Anzahl von Promotoren wurde bereits sequenziert (Abb. 10.9). Sie enthalten alle 6 Nukleotidreste vom Initiationsort entfernt, eine 7 Nukleotidreste lange Sequenz geringer Variabilität, die vielleicht für die Wechselwirkung mit der Polymerase wichtig ist, und etwa 20 Nukleotidreste davor eine Pentanukleotidsequenz, die als Polymerase-Erkennungsort angesprochen wird. Die durch Polymerase vor der Hydrolyse durch DNAase geschützte DNA-Strecke am Promotor enthält außerdem noch etwa 20 zur transscribierten Sequenz gehörende Nukleotidreste, so daß die Polymerase zwischen der Bindung an die DNA und der Initiation nicht transloziert werden muß.

Der stabile Präinitiationskomplex enthält mindestens zwei Bindungsorte für Substrat, einen sogenannten Initiationsort für das 5'-terminale Purinnukleosidtriphosphat und einen Substratort für das zweite Substratmolekül. Nach der Verknüpfung, bei der Py-

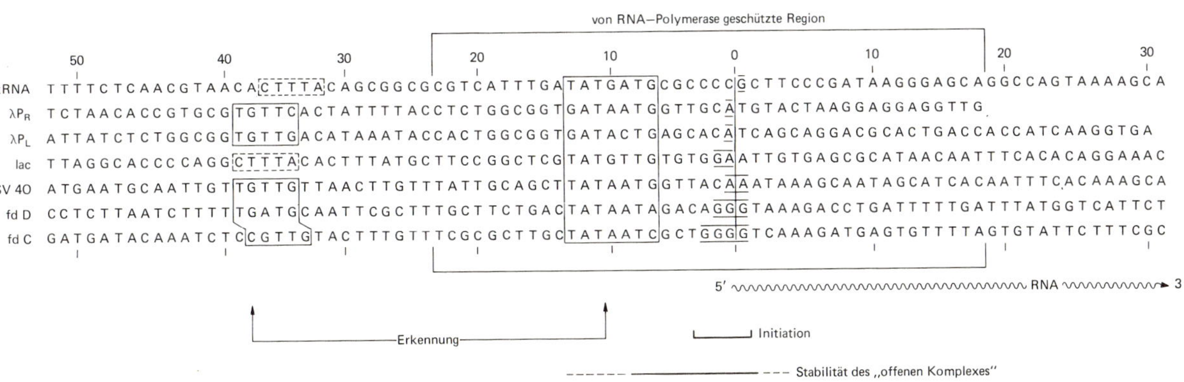

Abb. 10.9. Sequenzen der nicht-codogenen Stränge verschiedener Promotoren. Nucleotidsequenzen einiger bekannter Promotoren (nicht-codogener Strang). [Nach H. Schaller, Heidelberg (1975)]

rophosphat eliminiert wird, erfolgt die erste Translokation, bei der der 3′-terminale Nukleotidrest in den Initiationsort verschoben wird, der daher auch Produkt-Terminus genannt wurde. Dieser Prozeß wiederholt sich nach Bindung und Anknüpfung des nächsten Substratmoleküls.

Nach Verdrängung des σ-Faktors durch die wachsende RNA besitzt der ternäre Komplex sehr wahrscheinlich eine Struktur, in der die beiden DNA-Stränge unter dem Enzym über eine begrenzte Länge (maximal etwa 30 Nukleotide) getrennt sind. Das wachsende, also das 3′-Ende der RNA, ist wahrscheinlich hyprid über Wasserstoffbrücken in einer DNA-ähnlichen doppelhelikalen Struktur mit dem codogenen Strang der DNA annelliert, die entsprechende Strecke des nicht-codogenen DNA-Strangs ist einzelsträngig und vor der Hydrolyse durch DNAasen nicht geschützt (Abb. 10.10).

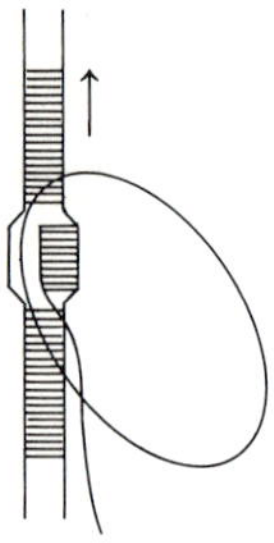

Abb. 10.10. Ternärer Transcriptionskomplex, schematisch

Schließlich erreicht der ternäre Komplex die Terminator-Region der Leseeinheit. Die RNA wird freigesetzt, die Polymerase steht für den nächsten Transcriptionszyklus zur Verfügung. Ob die Terminatorsequenz transcribiert wird, ist unbekannt. Einige bekannte 3′-terminale RNA-Sequenzen sind Folgen mehrerer Uridylsäurereste.

Während *in vitro* auch in Abwesenheit von Faktoren spezifische Termination möglich ist, scheint *in vivo* in E.coli Termination nur unter dem Einfluß des Terminationsfaktors rho zu erfolgen. Dieses Protein ist ein Produkt des sogenannten suA-Gens, das die Eigenschaften einer RNA-abhängigen ATPase besitzt. Die Spaltung von ATP ist für die Termination der Transcription erforderlich. Neben „normaler" Termination am Ende eines Transcriptons wird auch die die „Polarität" bewirkende Termination innerhalb von Operons und die sogenannte „attenuation" (= Dämpfung oder Drosselung, siehe Abschnitt über Regulation der Transcription) durch rho bewirkt. Der Mechanismus der Termination durch rho ist unverstanden.

Die Initiation prokaryontischer Transcription wird spezifisch durch das Antibioticum Rifamycin gehemmt, die Elongation durch das Antibioticum Streptolydigin.

10.3.1.3 Rolle der Untereinheiten der RNA-Polymerase

Die Untereinheit β' ist für die Bindung der RNA-Polymerase an die DNA und vermutlich auch für das Öffnen des Promotors wesentlich. Sie ist an der Bindung von σ beteiligt.

Die Untereinheit β trägt die Bindungsorte für Rifamycin und Streptolydigin. Sie ist an der σ-Bindung und wahrscheinlich auch an der Substratbindung beteiligt.

α hat vielleicht etwas mit Promotorerkennung, sicher aber auch mit Faktorerkennung (s. Regulation) zu tun.

σ ist der Initiationsfaktor. Er wirkt als Effektor und als Adaptor.

Selbst die Existenz mehrerer verschiedener, aktiver Zentren in der RNA-Polymerase erklärt die Größe des Enzyms nicht. Einige spezialisierte RNA-Polymerasen (die RNA-Polymerasen der Phagen T7 und T3 und aus Mitochondrien) sind erheblich kleiner. Sie bestehen aus einzelnen Polypeptidketten. Diese Enzyme sind allerdings völlig auf die Transcription bestimmter Leseeinheiten spezialisiert. Die Vermutung liegt nahe, daß die Größe der normalen Prokaryonten-Polymerase weniger durch die komplexe Funktion als durch die Notwendigkeit der Erkennung von Signalen bei Regulationsprozessen bedingt ist (s. Regulation).

10.3.1.4 Eukaryotische Transcription

Auch die normalen RNA-Polymerasen von Eukaryonten sind sehr große Enzyme, die noch komplexer zu sein scheinen, als die von Prokaryonten. Allerdings ist noch unklar, welche der vielen (bis 15) Komponenten eines einzelnen Enzyms wirklich als Untereinheiten angesprochen werden müssen.

Ein wesentlicher Unterschied zwischen eu- und prokaryontischer Transcription ist die Existenz verschiedener, spezifisch auf die Transcription bestimmter RNA-Klassen ausgerichteter Polymerasen. Die RNA-Polymerase A (I), die im Nucleolus enthalten ist, synthetisiert Vorläufer der ribosomalen RNA, die RNA-Polymerase B (II) des Nucleoplasmas mRNA-Vorstufen, die RNA-Polymerase C (III) tRNA und 5S RNA. α-Amanitin, ein Gift des Knollenblätterpilzes, hemmt RNA-Polymerase B stark, Polymerase C nur schwach und Polymerase A fast gar nicht.

Um eukaryontische Gene *in vitro* spezifisch zu transcribieren, ist der für Prokarionten entwickelte minimale *in vitro* Ansatz mit RNA-Polymerase, DNA und Nucleosidtriphosphaten nicht ausreichend. Erst durch Zusatz von Zellextrakten zum Ansatz erhält man spezifische Transcriptionsprodukte, z.B. mit Hilfe eines über Sephadex 100 gereinigten Zellextrakts (S-100 Extrakt) aus Säugetier-Zellen wird Adenovirus 2 DNA durch RNA Polymerase II spezifisch transcribiert. Welche Proteinfaktoren letztlich für spezifische Transcription notwendig sind, ist Gegenstand der Forschung. Ob das Konzept der Promotorerkennung, wie es für Prokaryonten erarbeitet wurde, auf Eukaryonten übertragbar ist, ist noch unklar. Es gibt jedoch Hinweise, daß es auch bei Eukaryonten eine spezielle Promotorerkennungssequenz TATAA (Hognes-box) gibt, die etwa 30 Nukleotide vor der transcribierten mRNA liegt.

10.3.2 Prozessierung und Spleißen von RNA-Vorstufen

Insbesondere in eukaryotischen, aber auch in prokaryotischen Zellen ist das primäre Transcriptionsprodukt oft erheblich größer als die funktionsfähige RNA. So wird z.B. die ribosomale RNA in E.coli als 30S-Vorläufer synthetisiert. Die Vorstufe enthält je eine Kopie 16S-, 23S- und 5S-RNA in einer durchgehenden Sequenz. Der entsprechende Vorläufer bei Mammalia sedimentiert mit 45S. Bakterielle tRNA wird innerhalb eines größeren Vorläufers transcribiert. Die sogenannte frühe mRNA des Bakteriophagen T7 wird von der RNA-Polymerase des Wirts E.coli als ein 5 Gene umfassendes Stück transcribiert. Bei Eukaryonten wird die mRNA im Kern als sogenannte hn-RNA, heterogene nucleare RNA hergestellt.

Prozessierung von RNA, d.h. das Zurechtschneiden des primären Transcriptionsprodukts zu einer funktionsfähigen RNA, findet man bei Eu- und bei Prokaryonten. In Bakterien wird sowohl die primäre ribosomale Vorläufer-RNA als auch das 5 Gene umfassende primäre Transcript der frühen Region des Bakteriophagen T7 von einer Ribonuklease, die doppelsträngige Regionen erkennt und spaltet, der RNAase III in die fertigen Bruchstücke zerlegt, im ersten Fall fünf mRNAs, die je 1 Gen repräsentieren, im zweiten Fall die 16S-, die 23S und die 5S-rRNA. Anschließend erfolgt ein Zurechtstutzen (trimming) auf die endgültige Größe. Insgesamt wird dabei nur ein kleiner Teil der Sequenzen des Vorläufers abgebaut.

In eukaryontischen Zellen enthalten die transcribierten RNA-Stücke oft eingeschobenen Sequenzen, die nicht zur Expression kommen: Diese schweigenden Sequenzen (Introns) werden herausgeschnitten und die verbleibenden Sequenzen (Exons) zu einer funktionsfähigen RNA zusammengefügt. Dieser Prozeß (Spleißen) spielt eine Rolle bei der Synthese von mRNA, rRNA und bestimmter tRNAs. Die Bedeutung des Spleißens für die Synthese von mRNA ist noch unklar. Man nimmt an, daß so Polypeptide-Domänen mit speziellen Funktionen zu einer größeren funktionsfähigen Einheit zusammengebaut wurden. Welche Rolle die Introns beim Spleißvorgang spielen ist unklar. Sie scheinen notwendig zu sein: Mutanten, die eine Deletion im Intron haben, können die entsprechende RNA nicht mehr zu einer funktionsfähigen mRNA spleißen. Nach der Prozessierung und dem Spleißen erfolgt eine strukturelle Modifikation der eukaryontischen RNA:

Die 3'-Enden dienen als Starter (primer) für die Anheftung von Poly-A-Sequenzen, die offenbar beim Transport vom Zellkern ins Cytoplasma eine Rolle spielen. Ferner wird das 5'-Ende mindestens teilweise durch einen über sein 5'-Phosphat an das 5'-Phosphat-Ende der mRNA angehefteten 7-Methyl-Guanylsäurerest (7 MeGppGpX...) verschlossen (capping), der vielleicht für die Initiation der eukaryontischen Translation von Bedeutung ist.

Sowohl bei Eukaryonton als auch bei Prokaryonten werden Nukeinsäuren, insbesondere DNA und tRNA, nach ihrer Synthese durch strukturelle Modifikationen von Basen, insbesondere durch Methylierung weiter verändert.

Das einer DNA durch Sequenz-spezifische Enzyme aufgeprägte *Methylierungsmuster* ist spezifisch für den Organismus. Die so modifizierte DNA ist vor der Hydrolyse durch sehr spezifische DNAasen, sogenannte Restriktionsenzyme, geschützt. Diese spalten den DNA-Doppelstrang an bestimmten relativ seltenen Oligonukleotidsequenzen, meistens an sog. Palindromen.

Das sind Sequenzen von Nukleotidpaaren, die eine zweizählige Symmetrieachse besitzen. Z.B. spaltet ein Enzym aus E.coli RY13, EcoR1 genannt, die Sequenz

G↓A A T T C
C T T*A A↑G

gleichzeitig an den beiden mit Pfeilen bezeichneten Stellen nur, wenn der neben der Symmetrieachse (*) befindliche Adeninrest nicht an N^6 methyliert ist. Man nimmt an, daß die Restriktion der Abwehr fremder genetischer Information, z.B. von Viren, dient, und daß die Modifikation das zelleigene genetische Material vor diesem Abwehrsystem schützt. Mit Restriktionsnukleasen läßt sich DNA auch *in vitro* spezifisch schneiden. Man erhält große Spaltstücke, die entweder komplementär überstehende Enden (sticky ends) besitzen, wie das oben erwähnte Eco R1, oder glatte Enden. Aus verschiedenen Organismen wurden eine große Zahl von Restriktionsnukleasen mit unterschiedlicher Sequenzspezifität isoliert. Wegen dieser streng sequenzabhängigen Nukleaseaktivität haben sich Restriktionsnukleasen als wertvolles Hilfsmittel sowohl für die Sequenzierung von DNA als auch für die *in vitro*-Kombination von Genen zu neuen Chromosomen (genetic engineering) erwiesen.

10.3.3 Die Translation

10.3.3.1 Prinzipien der Translation

Die eigentliche Übersetzung der genetischen Information aus dem Nucleotidcode in die „Aminosäuresprache" der Proteinstruktur findet im Translationsprozeß statt.

Sequenzen von jeweils 3 Nucleotiden codieren für einzelne Aminosäuren. $4^3=64$ verschiedenen Nucleotid-Tripletts stehen nur 20 verschiedene Aminosäurereste gegenüber. In der Tat ist der genetische Code degeneriert, d.h. für eine Aminosäure codieren jeweils mehrere Tripletts oder Codons (Tabelle 10.1). Der genetische Code ist Komma-frei. Eine eindeutige Übersetzung einer Nukleotidsequenz setzt daher die Kenntnis des Leserahmens oder Rasters voraus, anders ausgedrückt des Punktes, von dem aus Tripletts abgezählt werden sollen. Dies wird durch eine Punktuierung der genetischen Information durch Start- und Stop-Signale erreicht. Hierfür werden ebenfalls Codons verwendet, und zwar das Initationscodon AUG für den Start, die Terminationscodons UAG

Tabelle 10.1. Der genetische Code

1. Nucleotid	2. Nucleotid U	C	A	G	3. Nucleotid
U	Phe	Ser	Tyr	Cys	U
	Phe	Ser	Tyr	Cys	C
	Leu	Ser	Ochre	Umber	A
	Leu	Ser	Amber	Trp	G
C	Leu	Pro	His	Arg	U
	Leu	Pro	His	Arg	C
	Leu	Pro	Gln	Arg	A
	Leu	Pro	Gln	Arg	G
A	Ile	Thr	Asn	Ser	U
	Ile	Thr	Asn	Ser	C
	Ile	Thr	Lys	Arg	A
	Met und FMet	Thr	Lys	Arg	G
G	Val	Ala	Asp	Gly	U
	Val	Ala	Asp	Gly	C
	Val	Ala	Glu	Gly	A
	Val	Ala	Glu	Gly	G

(amber), UAA (ochre) und UAG (umber) für die Beendigung der Translation.

Die Ablesung der Tripletts der mRNA geschieht wie Replikation und Transcription nach dem Komplementaritätsprinzip. Hierfür verwendet der Translationsapparat Adaptormoleküle, die man als tRNAs, Transfer-Ribonukleinsäuren bezeichnet. Eine bestimmte tRNA besitzt einerseits Spezifität für die covalente Bindung der zugehörigen Aminosäure, andererseits eine als Anticodon bezeichnete Trinucleotidsequenz, die dem zugehörigen Codon in der mRNA komplementär ist (Abb. 10.11, 10.12). Da die Aminosäurereste durch die tRNAs nur dann in die Proteinsynthese eingebracht werden, wenn das Anticodon der tRNA und das entsprechende Codon der mRNA zueinander passen, ist die richtige Verknüpfung der Aminosäurereste sichergestellt. Dabei gilt die Regel, das A mit U und G mit C paart, strikt nur für die erste und die zweite Position des Codons. In der dritten Position ist innerhalb *bestimmter* Grenzen (Tabelle 10.2) eine gewisse Uneindeutigkeit zugelassen, von Crick als „wobble" bezeichnet. Dies ermöglicht, daß eine bestimmte Aminoacyl-tRNA im Rahmen dieser Festlegung mit mehr als einem der der Aminosäure zugeordneten Codons interagieren kann. Wie bei Replikation und Transcription ist auch in der Translation die Fehlerquote gering.

10.3.3.2 Der Translationsapparat

Die Verknüpfung von Aminosäureresten zur Polypeptidkette setzt neben der durch die Nukleotidsequenz der mRNA gewährleisteten Kontrolle der Reihenfolge die Aktivierung der Aminosäuren voraus. Diese wird durch Aminosäure-aktivierende Enzyme, sogenannte Aminoacyl-tRNA-Synthetasen, katalysiert. Sie erfolgt in zwei Schritten. Im ersten wird unter Verbrauch von ATP und Eliminierung von Pyrophosphat ein Enzymgebundenes gemischtes Anhydrid, ein Aminoacyladenylat, synthetisiert, von dem der Aminoacylrest auf das 3'- oder 2'-Hydroxyl des 3'-terminalen pA-Restes der tRNA übertragen wird.

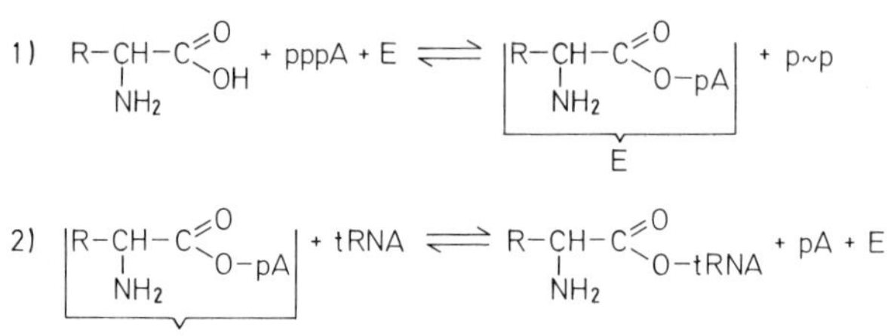

Der Erkennungsakt zwischen tRNA, Aminosäure und Aminoacyl-tRNA-Synthetase ist ein intensiv untersuchtes Beispiel für Protein-Nukleinsäure-Wechselwirkung. Die Synthetase erkennt die Tertiärstruktur der tRNA, nicht das Anticodon.

Die „Nähmaschine", die die Verknüpfung der Aminosäurereste in der von der mRNA bestimmten Reihenfolge besorgt, ist das Ribosom (Modell in Abb. 10.12). Die Initiation der Translation beginnt mit der Bindung der ribosomalen 30S-Untereinheit an eine bestimmte Ribosomenbindungssequenz vor dem Initiationscodon der mRNA (Abb. 10.13). Hierbei sind der Initiationsfaktor 3, IF3, und das Protein S1 der kleinen Untereinheit beteiligt. Die Initiation erfolgt bei Bakterien immer mit Formylmethionyl-$tRNA_F^{met}$, bei Eukaryonten ebenfalls mit einer besonderen Spezies von Methionyl-tRNA, die aber nicht formyliert wird. Die Bindung der Initiator-tRNA an den P-Ort (Peptidylort) des Ribosoms erfolgt in einem Komplex mit GTP und IF2. IF1 wirkt stimulierend. In dem Komplex aus 30S-Partikeln, IF1–3, GTP und Formylmethionyl-$tRNA_F^{met}$ sind das Initiationscodon AUG und das Anticodon der Initiator-tRNA im P-Ort basengepaart. Nun wird zunächst IF3 eliminiert, dann die 50S-ribosomale Untereinheit gebunden und schließlich IF1 und unter GTP-Spaltung, IF2 eliminiert. Damit ist die Initiation beendet, die Elongation kann beginnen.

Die zum folgenden Codon gehörende Aminoacyl-tRNA wird in einem Komplex mit dem Elongationsfaktor Tu (EFTu) und GTP an den sogenannten A-Ort (Akzeptorort) des Ribosoms gebunden. Unter Spaltung von GTP zu GDP und Phosphat wird EF Tu freigesetzt. Durch ein Protein der großen ribosomalen Untereinheit, die Peptidyltransferase, wird der Formylmethionylrest in einer Transacylierungsreaktion auf die Aminogruppe des im A-Ort befindlichen Aminoacylrests übertragen. Nach dem Peptidyltransfer erfolgt unter Beteiligung des Elongationsfaktors G(EFG) und Spaltung von GTP zu GDP und Phosphat die Freisetzung der desacylierten Initiator-tRNA und die Translokation der Peptidyl-tRNA und des zugehörigen Codons in den P-Ort. Damit rückt das nächste Codon in den A-Ort, die nächste Aminoacyl-tRNA kann gebunden werden, der Peptidylrest wird auf ihre Aminogruppe transacyliert. Diese Schritte werden wiederholt, bis ein Terminationscodon ins Ribosom einrückt. Nun werden unter Beteiligung der

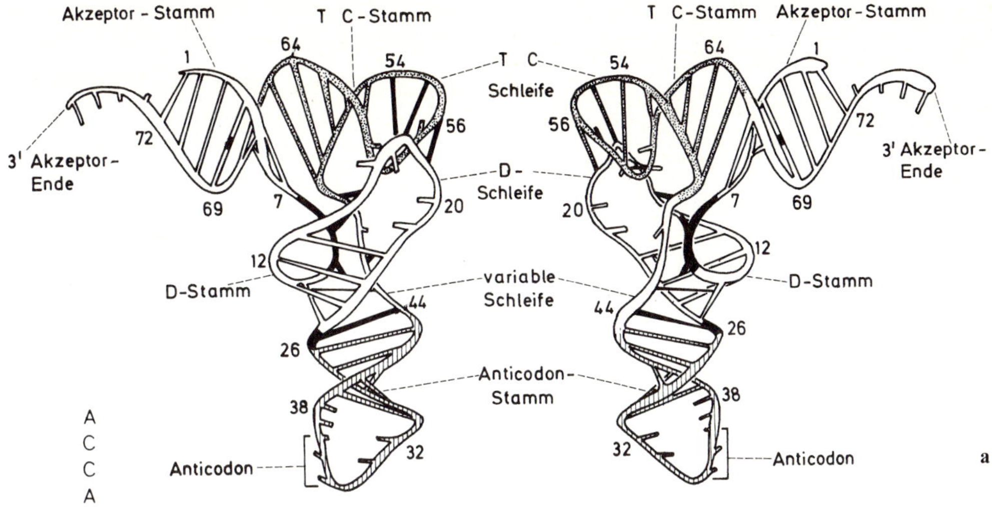

a

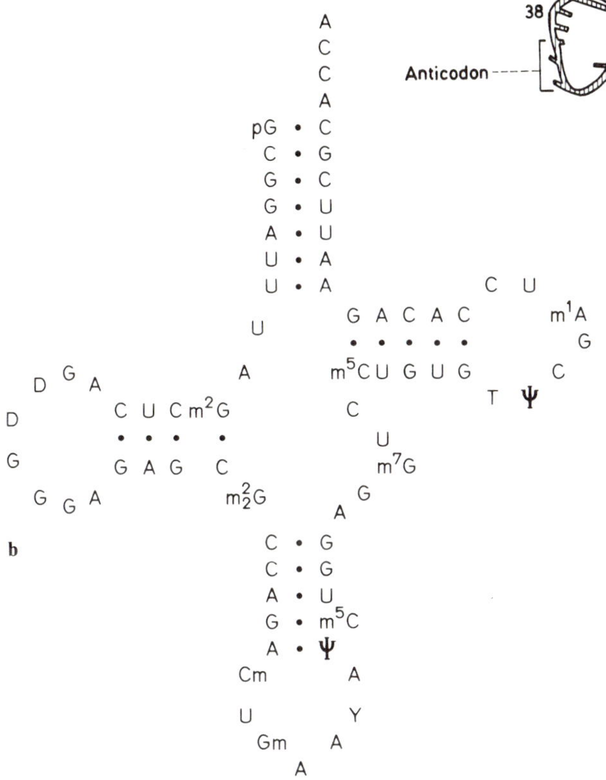

b

Abb. 10.11a, b. Struktur der Phenylalanin-spezifischen tRNA ($tRNA^{phe}$) aus Hefe. **a** Raumstruktur nach Quigley et al., Proc. Nat. Acad. Sci. USA **72**. **b** Kleeblattmodell nach RajBhandary et al. Proc. Nat. Acad. Sci. USA **57**

Tabelle 10.2. "Wobble" nach Crick: Paarungsregeln für die 3. Position des Codons

Anticodon	Codon
U	A, G
C	G
A	U
G	U, C
I	U, C, A

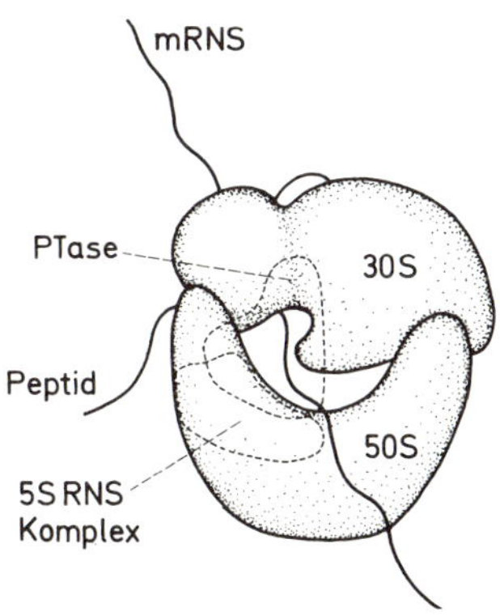

Abb. 10.12. Modell des E.coli Ribosoms nach elektronenmikroskopischen Untersuchungen von Zeichhardt, Tischendorf & Stöffler, Berlin

Terminationsfaktoren RF1, RF2 und RF3 Polypeptidkette, letzte tRNA und Ribosom freigesetzt. Das Ribosom wird in die Untereinheiten zerlegt und der Zyklus kann wieder beginnen. Die Polypeptidkette faltet sich schon in statu nascendi zum fertigen Protein.

In der Initiation wird ein GTP-Molekül gespalten, in jedem Elongationsschritt werden zwei GTP hydrolysiert, eine bei der Freisetzung von EF Tu, das andere bei der Translokation.

Bei Eukaryonten läuft der Prozeß analog ab. Die Faktoren werden zusätzlich mit einem E gekennzeichnet, z.B. IFE3 statt IF3. Zusätzliche Faktoren sind beteiligt. Der genetische Code aber ist universell.

Das Ribosom enthält neben 3, (bei Eukaryonten 4) rRNAs mehr als 50 verschiedene Proteine, davon bei Prokaryonten etwa 20 in der kleinen 30S, über 30 in der großen 50S Untereinheit. Einige dieser Proteine sind direkt an die rRNA gebunden. Einer bestimmten Sequenz der 5S-ribosomalen RNA ist eine in allen prokaryotischen tRNA-Species vorkommende Sequenz GTψCG(A) komplementär. Die Aufklärung der Rolle der einzelnen Proteine im Translationsprozeß und insbesondere der Wechselwirkung zwischen Protein und rRNA als Basis von Struktur und Funktion des Ribosoms ist eines der interessantesten Forschungsgebiete der aktuellen molekularen Biologie der Genwirkungen. Wesentliche Voraussetzung für den Fortschritt der Erkenntnis waren die Rekonstitution akti-

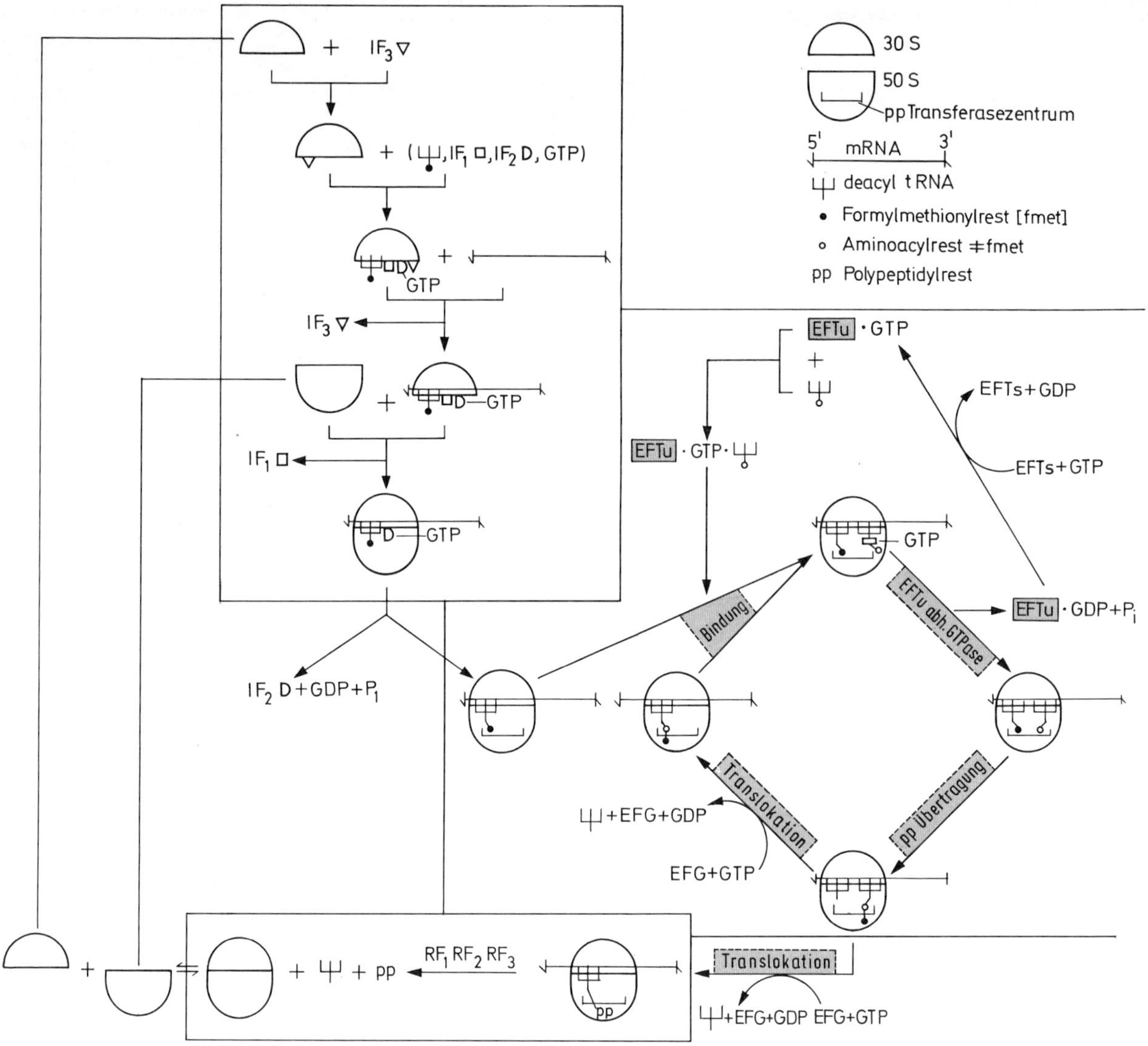

Abb. 10.13. Schematische Darstellung des Translationsprozesses. (Nach H.G. Wittmann, Berlin)

ver Ribosomen aus den getrennten Komponenten, die Analyse von Mutanten, und die Erforschung der Strukturen von Proteinen und rRNAs, u.a. mit Immun-Elektronenmikroskopie und Neutronen-Kleinwinkelstreuung.

10.4.1 Kontrollprozesse auf der Ebene der Transkription

Die Anpassung (Adaptation) eines Organismus an Änderungen der Umwelt besteht im Angleichen von Funktionen, also in der Regulation (= Kontrolle der Aktivität) von Proteinen. Die erste von zwei Möglichkeiten, die Änderung der Aktivität eines Enzyms ohne Änderung seiner Menge durch allosterische Effektoren bzw. durch strukturelle Modifikationen, muß hier außer Betracht bleiben. Die zweite Möglichkeit ist die Regulation der Genexpression, also letzten Endes der Proteinbiosynthese.

Nach einem Vorschlag von Magasanik ist es zweckmäßig, schnelle, reversible Adaptionsvorgänge als *Regulations-* bzw. *Kontrollprozesse* von langsamen, meist irreversiblen *Programmierungsprozessen* zu unterscheiden (s. Einleitung). Wie wir noch sehen werden, laufen Kontrollprozesse meist nach anderen Prinzipien ab als Programmierungsvorgänge.

Die Genexpression kann prinzipiell in allen ihren Schritten, also in Transcription, Prozessierung und Translation reguliert bzw. programmiert werden.

10.4.1 Kontrollprozesse auf der Ebene der Transcription

10.4.1.1 Regulation der Transcription

Regulation der Genexpression via Transcriptions-Kontrolle erfolgt mit negativem oder positivem Effekt durch Wechselwirkung von Faktoren mit Signalen der DNA.

Bei der sogenannten *negativen Kontrolle* oder Repression blockiert ein als Repressor bezeichnetes Protein eine als Operator bezeichnete Nukleotidsequenz neben dem Promotor, so daß die Bindung der RNA-Polymerase am Promotor und damit die Transcription blockiert ist. Der Repressor existiert entweder in aktiver oder in inaktiver Form. Die eine der beiden Formen wird durch Wechselwirkung mit einem Effektor in die andere überführt. Hierfür zwei typische Beispiele: Der nackte lac-Repressor reprimiert das katabole lac-Operon, das für die Enzyme codiert, die die Verwendung der Lactose als Nahrungsquelle ermöglichen. Der lac-Repressor wird durch Wechselwirkung mit einem β-Galactosid, *in vivo* einem Derivat der Lactose, inaktiviert, d.h. vom Operator abgelöst. Der Promotor wird frei, das lac-Operon wird transcribiert, also experimiert, Lactose kann verwertet werden. In summa schaltet der Effektor, ein Analog des Substracts des katabolen Prozesses, als Induktor die Biosynthese der katabolen Enzyme an.

Umgekehrt ist der Repressor bei anabolen Operons, z.B. dem Histidin – Operon, das für Enzyme codiert, die Histidin synthetisieren, in freier Form inaktiv. Repression findet nur in Gegenwart eines Co-Repressors statt, der das Endprodukt des anabolen Stoffwechselweges, in diesem Fall die Aminosäure Histidin, enthält. Vermutlich handelt es sich um Aminoacyl-tRNA. Der Repressor ist wahrscheinlich Aminoacyl-tRNA-Synthetase. Ergebnis ist jedenfalls, daß das Operon in Gegenwart des Endproduktes abgeschaltet, in seiner Abwesenheit abgeschaltet ist (Rückkopplungsprinzip).

Viel katabole Operons in E.coli unterliegen nicht nur der Repression durch spezifische Repressoren, sondern außerdem der Katabolitenrepression, die indirekt durch Glucose, direkt durch Senkung der Konzentration von Cyclo-AMP (cAMP) hervorgerufen wird. Für die effiziente Transcription des lac-Operons genügt es nicht, daß der Operator frei ist. Zusätzlich wird ein besonderes Protein, das CAP, cAMP-Bindungsprotein, Produkt des crp-Gens, benötigt, das nur durch Wechselwirkung mit dem Effektor cAMP in die aktive Form überführt wird. Wie der Repressor wirkt auch der Komplex aus CAP und cAMP an einem Signal der DNA neben dem Promotor. Im Gegensatz zum Repressor aktiviert er aber die Transkription des Operons. Man kann sich vorstellen, daß er die „Öffnung“ des Promotors durch die RNA-Polymerase erleichtert. Dies ist ein Beispiel für positive Kontrolle, die in diesem Fall nicht Operon-spezifisch, sondern Klassen-spezifisch ist, da ihr viele katabole Operons unterliegen.

Operon-spezifische positive Kontrolle erfolgt neben negativer Kontrolle am Arabinose-Operon, in diesem Fall sogar über das gleiche Protein, aber an zwei verschiedenen Signalen. Das Protein als solches ist Repressor, durch Bindung des Effektors Arabinose wird es in einen Aktivator überführt, der analog zum cAMP-CAP-Komplex an einem Signal der DNA wirkt, das vom Operator verschieden ist.

Diese Typen negativer und positiver Kontrolle regulieren die Initiation der RNA-Synthese. Die Transcription kann aber auch über ihre Termination reguliert werden: Bei bestimmten Operons, z.B. dem Tryptophan-Operon, liegt schon kurz hinter dem Promotor ein Terminations-Signal, der sogenannte Attenuator. In Gegenwart des Endproduktes, z.B. Tryptophan, wird hier terminiert. Die RNA-Polymerase tritt nicht in die Transcription der erst hinter dem Attenuator angeordneten Struktur-Gene des Operons ein. In Abwesenheit von Tryptophan wird die Termination am Attenuator gedrosselt, die RNA-Polymerase „liest durch“ und transcribiert die Strukturgene, das Operon wird exprimiert. Es ist möglich, daß ein Komplex aus unbeladener tRNA und Tryptophanyl-tRNA-Synthetase als Antiterminations-Faktor wirkt. In den meisten Fällen wird Termination durch den Terminationsfaktor ϱ bewirkt. Termination am Attenuator ist in jedem Fall ϱ-abhängig. Antitermination bedeutet demnach Anti-rho-Wirkung. Obwohl dieser Regulationstyp die Wirkung eines Signals der DNA kontrolliert, leitet er doch zu denen über, die an der RNA-Polymerase selbst angreifen: Terminationsfaktor rho und bestimmte Antiterminatoren (das N-Gen-Produkt des Phagen λ) greifen Signal-spezifisch an der RNA-Polymerase an. Sie modulieren die Wirkung von Signalen.

Durch Änderung der Transcriptions-Spezifität der RNA-Polymerase selbst kann bestenfalls eine grobe Regulation der Expression bestimmter Klassen von Genen erfolgen. Es scheint, daß Guanosintetra- und -pentaphosphat (ppGpp und pppGpp), die bei Bakterien am Ribosom in Gegenwart unbeladener tRNA, also bei Aminosäuremangel, gebildet werden, die Synthese von rRNA und damit von Ribosomen durch direkte Wechselwirkung mit der RNA-Polymerase unterdrücken. Die Ribosomenkonzentration wird so dem verringerten Bedarf angepaßt.

Die für die Initiation der Translation benötigte $tRNA_F^{met}$ und IF3, sowie 30S-ribosomale Untereinheiten, stimulieren die Transcription *in vitro*. Sie kommen für die seit langem postulierte Kopplung von Translation und Transcription in Betracht. Spezifität ist hier allerdings bisher nicht gefunden worden. Es handelt sich möglicherweise um die Anpassung der gesamten Transscriptionseffizienz an die Situation der Zelle.

10.4.1.2 Programmierung der Transcription

Eine weniger leicht revertierbare Veränderung der Transcriptionsspezifität kann durch sogenannte Modifikation der RNA-Polymerase bewirkt werden. Man unterscheidet kovalente strukturelle Modifikation durch Bindung bestimmter Reste an bestimmte Akzeptorgruppen in Untereinheiten der RNA-Polymerase von Modifikation durch Faktoren, die mit der RNA-Polymerase in Wechselwirkung treten. Beide Fälle kommen in Phagen-infizierten Bakterienzellen vor. Durch Phosphorylierung der β'-Untereinheit der RNA-Polymerase nach Infektion von E.coli mit dem Phagen T7 wird die Transscription der Wirts-RNA gedrosselt. Durch ADP-Ribosylierung der α-Untereinheit nach Infektion von *E. coli* mit T4-Phagen wird die Wirtstranscription abgeschaltet. Die Phagentranscription ist nicht betroffen. Hier handelt es sich also um eine klassenspezifische Programmierung. In vielen Phagen-Wirts-Systemen tauchen Faktoren auf, die offenbar für die zeitlich gestaffelte Transcription bestimmter Klassen von Phagengenen notwendig sind. Auch bei der Sporulation von Bazillen, die als Differenzierungsprozeß angesehen werden kann, sind offenbar solche Faktoren entscheidend.

10.4.2 Kontrolle anderer Schritte der Genexpression

Für Eukaryonten wird eine Kontrolle der Prozessierung der RNA-Vorstufen auf dem Weg zu den fertigen, im Cytoplasma wirksamen Produkten diskutiert. In der Tat taucht im Cytoplasma nur ein Bruchteil der im Kern synthetisierten Sequenzen auf.

mRNA und tRNA können gespeichert werden. Auch dies wurde bei Eukaryonten festgestellt, und zwar im Frühstadium der Individualentwicklung.

Obwohl seit Jahren postuliert und bearbeitet, ist die Kontrolle der Translation heute noch unverstanden. Man darf annehmen, daß sie existiert. Sowohl IF3 als auch seltene tRNAs werden diskutiert. Als klassenspezifische Kontrolle kann die Hemmung der Translation von viraler mRNA durch Interferon gelten, da die Translation der mRNA der Wirtszelle nicht betroffen ist. Die Mechanismen sind unbekannt.

Literaturauswahl

Watson, J.D.: Molecular Biology of the Gene, 3rd, edn. New York: W.A. Benjamin Inc. 1976.

Lewin, B.: Gene Expression. London, New York, Sydney, Toronto: John Wiley & Sons, 1974.

Kornberg, A.: DNA Synthesis. San Francisco: W.H. Freeman & Co. 1974.

Chamberlin, M.J., Losick, R. (eds.): RNA Polymerase, Cold Spring Harbor Monograph Series. Cold Spring Harbor Laboratory 1976.

Tissières, A., Lengyel, P. (eds.): Ribocomes. Cold Spring Harbor Monograph Series. Nomura, M., Cold Spring Harbor Laboratory 1974.

11 Thermodynamik und Kinetik von Self-Assembly-Vorgängen

JÜRGEN ENGEL

11.1 Allgemeines

Mit dem auch in der deutschsprachigen Literatur verwendeten Begriff Self Assembly bezeichnet man das Phänomen, daß sich komplizierte biologische Strukturen aus vielen Makromolekülen „von selbst" zusammensetzen. Damit ist gemeint, daß die in den Makromolekülen enthaltene Information ausreicht, um die richtige Struktur der gebildeten Organelle festzulegen. Es werden also keine zusätzlichen Einrichtungen oder Steuermechanismen benötigt, die etwa noch in einer lebendigen Zelle wirksam sein könnten. Daher lassen sich Self-Assembly-Vorgänge auch *in vitro* studieren. Deren Mechanismen können durch gezielte Variation der Komponenten, deren Konzentrationen und der Lösungsbedingungen mit Hilfe thermodynamischer und kinetischer Methoden studiert werden.

Einige Beispiele für Self Assembly Prozesse sind die Bildung der Aktinfilamente und die Bildung vieler anderer Filamente wie Microtubuli, Bakterienflagella, Kollagenfibrillen und Myosinfilamente, die Rekonstitution von Ribosomen aus sehr vielen verschiedenen Proteinen und einiger RNA Komponenten, sowie das gut studierte Self Assembly von Phagen wie Tabakmosaikvirus, T4 Phagen und andere. Auch die erst kürzlich gelungene Rekonstitution funktioneller biologischer Membranen, zum Beispiel der Protonenpumpe des Bakteriorhodopsins gehört zu diesen Beispielen. Hier spielen neben den richtigen Lösungsbedingungen auch noch Grenzflächenphänomene eine Rolle.

Die Fähigkeit vieler biologischer Makromoleküle zum Self Assembly ist faszinierend. Nicht nur, daß ein Ribosom komplizierte biologische Funktionen ausführen kann, es kann sich auch noch selbst zusammensetzen! Man könnte dies im technischen Bereich damit vergleichen, daß sich ein Bausatz für einen Transistorradio durch Schütteln der Komponenten von selbst zusammensetzen könnte. Die Information, die bei den erhältlichen Bausätzen in Form des Schaltplans beiliegt, müßte dann in den Bauteilen vorhanden sein. Technisch wäre es denkbar durch Anbringung von sehr spezifisch angeordneten Haftmagneten an den Bauteilen die richtige Zuordnung zu bewirken. Bei biologischen Makromolekülen wird dies durch spezifische Bindungsplätze erreicht. Da deren Spezifität zum Erkennen komplementärer Bindungsplätze am Assembly Partner durch die Struktur bedingt ist und die Struktur durch die Aminosäuresequenz (s. Kapitel 9) ist letztlich die Information zum Aufbau des Self Assembly Produkts bereits in der Nucleotidsequenz der codierenden DNA enthalten. Dieses Prinzip des Self Assembly hat eine große Bedeutung bei der Morphogenese. Es ist jedoch nur auf Teilschritte beschränkt. Beim Aufbau komplizierter Strukturen, ganzer Zellen oder Organe sind zusätzliche Steuermechanismen notwendig.

Oft ist es experimentell schwierig, diese Grenze des Self Assembly genau festzulegen. Es ist verständlich, daß für die Ausbildung der Wechselwirkungen zwischen den Komponenten eines Self Assembly Systems äußere Parameter wie Lösungsmittelzusammensetzung, pH, Temperatur etc. von entscheidender Bedeutung sind. Beim Mißlingen eines Rekonstitutionsexperiments *in vitro* ist es oft schwer zu entscheiden, ob die richtigen Bedingungen noch nicht gefunden wurden, ob eine notwendige Komponente fehlt oder eine zusätzliche Steuerung notwendig ist. Oft müssen die Komponenten bei Self Assembly Experimenten in einer bestimmten Reihenfolge zugegeben werden, was einer zusätzlichen Information gleichkommt. Eventuell ist diese Reihenfolge aber auch nur wegen der falschen Wahl der Bedingungen notwendig. Es stellt sich hier ein ähnliches Problem wie bei der Frage, ob die dreidimensionale Struktur eines biologischen Makromoleküls in jedem Fall durch seine Primärstruktur determiniert ist (s. Kapitel 4.5). Ähnlich wie bei der Konformationsumwandlung ist es auch bei den Self Assembly Vorgängen oft schwer zu entscheiden, ob die gebildete Struktur thermodynamisch bestimmt ist, sich also im Energieminimum befindet, oder ob sie vom Reaktionsweg abhängig kinetisch determiniert wurde. In diesem Zusammenhang sind die Assembly Vorgänge interessant, die mit einer chemischen Reaktion (Spaltung von Nucleotiden bei der Polymerisation von Actin und Tubulin) verknüpft sind.

Wie bei den Konformationsumwandlungen sind lineare Assembly Vorgänge zu Filamenten oder ähnlich linear aufgebaute Strukturen besonders übersichtlich. In dieser Einführung werden daher theoretische Ansätze zur Behandlung solcher Vorgänge behandelt und mit experimentellen Ergebnissen an einigen beispielhaften Systemen verglichen.

11.2 Lineare Assoziation

Zur Bildung eines Assoziates aus vielen Protomeren müssen sich zunächst zwei Monomere A in richtiger Weise zusammenlagern

$$A + A \rightleftharpoons A_2 \qquad (11.1)$$

Den weiteren Aufbau von linearen Aggregaten mit i Protomeren (A_i) kann man sich durch Bindung weiterer Protomere an kürzere Aggregate (A_{i-1}) vorstellen

$$A_{i-1} + A \rightleftharpoons A_i \tag{11.2}$$

Eine vollständige thermodynamische Beschreibung ist möglich, wenn alle Gleichgewichtskonstanten für die Anlagerung von Monomeren

$$K_i = \frac{c_i}{c_{i-1} c_1} \quad (i \geqq 2) \tag{11.3}$$

bekannt sind. Hier steht c_1 für die Monomerenkonzentration und c_{i-1} und c_i für die Konzentration der Aggregate mit $i-1$ und i Protomeren.

Es ist wichtig, sich klar zu machen, daß es für die Beschreibung des Gleichgewichts unwichtig ist, ob der durch Gl. (11.1) und (11.2) beschriebene Reaktionsweg auch wirklich eingeschlagen wird oder ob sich die gleichen Produkte auf einem anderen Wege z.B. durch Assoziation zweier Aggregate

$$A_k + A_e \rightleftharpoons A_{k+e} \tag{11.4}$$

bilden. Die Gleichgewichtskonstante von Reaktion (11.4) läßt sich durch die in Gl. (11.3) definierten Konstanten ausdrücken. Der Reaktionsweg hat jedoch in der Regel großen Einfluß auf die Kinetik. Daher sind kinetische Untersuchungen zusätzlich zu thermodynamischen zur Klärung des Mechanismus der Assoziation von großer Bedeutung.

11.3 Gleichgewicht

Aus Gl. (11.3) folgt für die Konzentrationen von A_i

$$c_i = c_1^i \prod_{j=2}^{i} K_j \quad (2 \leqq i \leqq n) \tag{11.5}$$

Außerdem folgt aus dem Massenerhalt für die totale Konzentration an Protomeren

$$c_0 = \sum_{i=1}^{n} i c_i = c_1 + c_p^* \tag{11.6a}$$

Dabei ist

$$c_p^* = \sum_{i=2}^{n} i c_i \tag{11.6b}$$

die Konzentration der in Aggregate eingebauten Protomere während

$$c_p = \sum_{i=2}^{n} c_i \tag{11.7}$$

die Konzentration aller Aggregate ist.

Oft ist der Größe der Assoziate keine Grenze gesetzt (s. Abschnitt 11.5). Dann bildet sich eine Mischung von vielen Assoziaten A_i mit verschiedenen i. Die Summen können in diesen Fällen auf $n \to \infty$ erweitert werden. Meßbar sind in der Regel nicht die Einzelkonzentrationen c_i sondern Zahlenmittel

$$\langle i \rangle = \sum_{i=1}^{n} i c_i \Big/ \sum_{i=1}^{n} c_i \tag{11.8a}$$

oder Gewichtsmittel

$$\langle i \rangle_w = \sum_{i=1}^{n} i^2 c_i \Big/ \sum_{n=1}^{n} i c_i \tag{11.8b}$$

der Partikelgröße.

Zur Messung von $\langle i \rangle$ kann z.B. der osmotische Druck dienen. Aus dem Gewichtsmittel des Molekulargewichts M_w (z.B. aus dem Sedimentationsgleichgewicht) und dem Molekulargewicht des Monomeren M_1 läßt sich $\langle i \rangle_w = M_w / M_1$ bestimmen. Oft ist durch spektroskopische Signale, die zwischen freien Monomeren und gebundenen Protomeren unterscheiden, auch c_p^* zugänglich.

Die Gleichgewichtskonstanten der Einzelschritte (11.1) und (11.2) können Anpassung von theoretisch berechneten Größen an experimentelle Abhängigkeiten bestimmt werden. Dabei erlaubt die Genauigkeit der Daten in der Regel keine eindeutige Bestimmung von sehr vielen verschiedenen Konstanten K_i. Bei Assoziation aus identischen Untereinheiten ist anzunehmen, daß die Anlagerungsschritte von Monomeren an den Enden von Aggregaten (Wachstumsschritte) in erster Näherung unabhängig von der Aggregatgröße sind. Allerdings sollten sich der erste Schritt und vielleicht noch einige folgende, die erst zur Nucleation eines Aggregats führen, von den Wachstumsschritten unterscheiden.

Das einfachste Modell welches aufgrund dieser Überlegungen formuliert werden kann ist definiert durch

$$K_2 = \sigma K \,(\text{Nucleation}) \tag{11.9a}$$

$$K_i = K \quad (i \geqq 3, \text{ Wachstum}) \tag{11.9b}$$

Ähnlich wie bei den kooperativen Umwandlungen (Kapitel 4.5 dieses Buches) ist σ der Kooperativitätsparameter. Bei hoher Kooperativität ($\sigma \ll 1$) ist die Nucleation gegenüber dem Wachstum stark erschwert. Aus Gl. (11.5) wird

$$c_i = \sigma (K c_1)^{i-1} c_1$$

und durch Einsetzung in Gl. (11.6a) und mit den Schreibweisen $K c_0 = s$ und $K c_1 = x$ folgt

$$s = x\left(1 + \sigma \sum_{i=2}^{n} i x^{i-1}\right) \tag{11.10}$$

Die Summe konvergiert für $n \to \infty$ für $0 \leqq x < 1$. Dies zeigt, daß c_1 immer kleiner als eine sogenannte kritische Konzentration $c_{crit} = K^{-1}$ bleiben muß. Mit Hilfe der Summenformel für die unendliche geometrische Reihe läßt sich Gl. (11.10) vereinfachen zu

$$s = x\left(1 + \sigma x \frac{2-x}{(1-x)^2}\right) \tag{11.11}$$

Auch $\langle i \rangle$ oder $\langle i \rangle_w$ [Gl. (11.8)] lassen sich durch x und s ausdrücken.

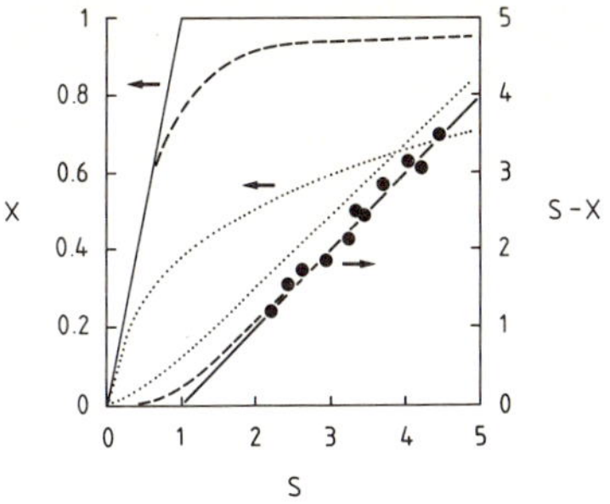

Abb. 11.1. Auftragung von x und $s-x$ als Funktion von s nach Gl. (11.11) für $\sigma=1$ (...), $\sigma=10^{-2}$ (– – –) und $\sigma=10^{-10}$ (——). Zum Vergleich sind aus Lichtstreuungsmessungen erhaltene Daten (●) für die Assoziation von Actin in 1 mM Triäthanolamin · HCl Puffer, pH 7.5 mit 1 mM $CaCl_2$ und 0.5 mM ATP (bei 20 °C) aufgetragen. (Nach Wegner und Engel (1975) Biophys. Chem. **3**, 215–225). Die Meßwerte $c_p^*=c_0-c_1$ als Funktion von c_0 wurden mit $K=1.7\cdot10^5\,M^{-1}$ ($c_{crit}=5.88\,\mu M$) auf $s-x=K(c_0-c_1)$ and $s=Kc_0$ umgerechnet

Zum Beispiel ist

$$\langle i\rangle=\frac{s}{x\left(1+\frac{\sigma x}{1-x}\right)} \tag{11.12}$$

Eine graphische Auftragung von x gegen s (oder c_1 gegen c_0 bei konstantem K) nach Gl. (11.11) (Abb. 11.1) zeigt, daß unterhalb der kritischen Konzentration c_1 mit c_0 zunimmt, oberhalb von c_{crit} aber praktisch konstant bleibt und K^{-1} nur wenig unterschreitet. Die Bildung von Aggregaten setzt massiv erst oberhalb von c_{crit} ein. Dieser kritische Punkt ist desto ausgeprägter umso kleiner σ ist. Die experimentellen Daten für ein System sehr hoher Kooperativität (Bildung der Actinfilamente) sind in Abb. 11.1 mit aufgetragen. Allerdings war hier eine Bestimmung von σ aus Gleichgewichtsdaten nicht möglich. Aus kinetischen Messungen folgt $\sigma=2\cdot10^{-7}$. Die Gleichgewichtskonstante der Wachstumsschritte folgte aus $K=c_{crit}^{-1}=1.7\cdot10^5 M^{-1}$ für die in der Legende der Abb. 11.1 angegebenen Pufferbedingungen. Das Phänomen des Einsetzens, der Assoziation bei einer kritischen Konzentration, wurde auch für viele andere Systeme beobachtet. Ein weiteres Beispiel ist die Bildung des „extended sheath" aus dem Genprodukt P18 des T4 Phagen. Diese Struktur ist eine der beiden Formen der kontraktilen Schwanzhülle des Phagen. Da c_{crit} über K auch von der Temperatur und von anderen Parametern (pH, Druck etc.) abhängt, wurden bei Assembly-Vorgängen auch kritische Temperaturen etc. beobachtet. Unterhalb der kritischen Werte findet keine Assoziation statt.

11.4 Kinetik

Ein typisches und einfaches Beispiel für die Kinetik der Assembly einer linearen Struktur ist die Bildung des Polysheath. Diese Struktur wird vom Genprodukt P18 des T4 Phagen in Anwesenheit der „core baseplate"

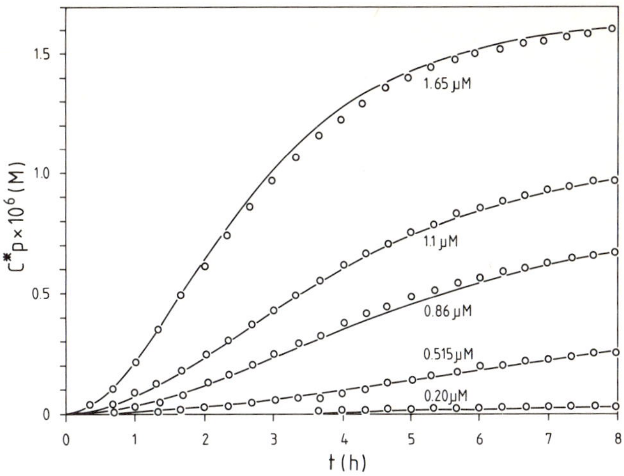

Abb. 11.2. Kinetik der polysheath Bildung aus Protein P18 des Schwanzes des T4 Phagen. Die Assoziation wurde durch Zugabe von $MgCl_2$ (Endkonzentration 5 mM) zu einer Lösung von P18 in 1 mM Natriumphosphatpuffer, pH 7 bei 20° initiiert. Die Einwaagekonzentrationen von P18 c_0 sind in der Abbildung angegeben. Die Kreise sind aus Lichtstreuungsdaten erhaltene Meßpunkte. Die Kurven wurden für Mechanismus (11.13) durch numerische Integration der Gl. (11.14) und (11.15) mit dem Anpassungsparameter $kxk_N = 8000\,M^{-2}s^{-2}$ erhalten. Nach Tschopp and Engel (1980) Biophys. Chem. **12**, 307–315

gebildet. Die helikale Anordnung der P18 Protomeren im Polysheath ist die selbe wie im kontrahierten sheath. Allerdings ist im Gegensatz zum am T4 Schwanz kontrahierten „sheath" die Länge des Polysheath variabel (s. Abschnitt 11.5). Polysheath und kontrahiertes sheath sind außerordentlich stabile Strukturen, die auch in hochkonzentrierten Harnstofflösungen nicht zerfallen. Die Bildung von Polysheath ist daher irreversibel, was die kinetische Behandlung vereinfacht. Der Einbau von Protomeren in die Struktur (c_p^*) ließ sich durch Lichtstreuung verfolgen (Abb. 11.2) und die Konzentration an Filamenten c_p zu verschiedenen Zeiten ließ sich durch elektronmikroskopisches Zählen von Partikeln bestimmen. Ein Mechanismus mit einer langsamen Dimerbildung als Nucleationsschritt und darauf folgenden Wachstumsschritten beschreibt die experimentellen Ergebnisse sehr gut.

$$2A \xrightarrow{k_N} A_2 \tag{11.13a}$$

$$A_{i-1}+A \xrightarrow{k} A_i \qquad (i \geqq 3) \tag{11.13b}$$

Die Konzentration von polysheaths Filamenten nimmt nach

$$\frac{dc_p}{dt}=k_N c_A^2 \tag{11.14}$$

zu. Hierbei werden alle Produkte mit $i>2$ als Filament definiert. Die Wachstumsschritte ändern c_p nicht, doch geben sie den wesentlichsten Beitrag zur Inkorporation von Protomeren

$$\frac{dc_p^*}{dt} = kc_A c_p = kc_p(c_0 - c_p^*) \qquad (11.15)$$

Die integrierte Form von Gl. (11.14) und (11.15) liefert eine sehr gut Übereinstimmung mit den experimentellen Kurven der Abb. 11.2. Der durch Anpassung erhaltene Parameter war $k \cdot k_N = 8000\,M^{-2}\,s^{-2}$. Prinzipiell ist aus Messungen der Zeitabhängigkeit von c_p^* allein nur das Produkt der Geschwindigkeitskonstanten k und k_N zu erhalten. Eine Separierung in $k_N = 10^{-2}\,M^{-1}\,s^{-1}$ und $k = 10^5\,M^{-1}\,s^{-1}$ wurde durch zusätzliche Messung von c_p zur Zeit ϑ nach Start der Polymerisation möglich. Durch Integration von Gl. (11.14) folgt

$$k_N = \frac{c_p(\vartheta)}{\int_0^{\vartheta} (c_A^0 - c_p^*)^2 dt} \qquad (11.16)$$

Das Integral in Gl. (11.16) wurde durch numerische Integration der Zeitabhängigkeit von c_p^* in Abb. 11.2 erhalten. Der Wert für die Wachstumsgeschwindigkeitskonstante konnte durch Verfolgung der Assoziationskinetik nach Zugabe von kurzen Stücken polysheath zu einer P18 Monomerlösung bestätigt werden. Durch Zugabe der Keime entfällt der langsame Schritt (11.13a). Die Kinetik verläuft ohne Sigmoidität nach Gl. (11.15) in der c_p jetzt die Konzentration der zugegebenen Keime ist.

Für die Kinetik der Actin Assoziation gab ein ähnlicher aber reversibler Mechanismus eine gute Beschreibung der experimentellen Daten. In diesem Fall wurde die beste Anpassung an die experimentellen Daten mit der Annahme erreicht, daß sich das Dimere zwar schnell bildet aber außerordentlich instabil ist und sehr schnell wieder zerfällt (schnelles Vorgleichgewicht). Dies ist verständlich, da sich bei der Bildung eines Dimeren nur *ein* Protein-Protein Kontakt ausbilden kann. Bedingt durch die doppelhelikale Struktur des Aktinfilaments bilden sich bei der Anlagerung eines Actinmoleküls an ein Dimer oder an das Ende eines höheren Assoziats jeweils *zwei* Kontakte. Natürlich gibt es noch andere molekulare Erklärungen für die schwierige Nucleation und damit verbundene hohe Kooperativität. Zum Beispiel könnte sich eine bestimmte assoziationsbereite Strukturform bilden, die im Filament vorhanden ist, bei der Keimbildung aber erstmals ausgebildet werden muß.

11.5 Größenverteilung und Längenbestimmung

Hier liegt ein nur teilweise gelöstes Problem vor. Die Längen der *in vivo* beobachteten linearen Strukturen wie Actinfilamente und T4 Schwänzen sind meist sehr genau festgelegt. Durch *in vitro* Assembly werden in der Anordnung der Proteine ununterscheidbare Strukturen gebildet, doch werden in der Regel breite Verteilungen der Längen beobachtet.

Die Gleichgewichtsbetrachtung (Abschnitt 11.3) sagt in der Tat eine sehr breite Verteilung voraus. Wegen $x < 1$ fällt

$$c_i = \frac{\sigma}{K} x^i \qquad (11.17)$$

monoton mit wachsendem i ab. Näherungsweise ist dieser Abfall exponentiell da für x nahe 1

$$x^i = e^{(\ln x)i} \approx e^{-i(1-x)}. \qquad (11.18)$$

Für $\sigma = 1$ *ist nach Gl.* (11.12) $1 - x = 1/\langle i \rangle$.

Auf der anderen Seite läßt sich zeigen, daß sich zunächst im kinetischen Ablauf eine andere Längenverteilung ausbilden kann. So ist im Extremfall einer durch Zugabe von Keimen initierten irreversiblen Assoziation (z.B. der polysheath Bildung) eine Poisson Verteilung zu erwarten. Dies ist die schärfste Verteilung, die sich nach dem Mechanismus (11.1) und (11.2) ohne zusätzliche Steuermechanismen ausbilden kann. Sie ist jedoch noch breiter als viele der den *in vivo* beobachteten Verteilungen. In praktischen Fällen (spontane Nucleation, Reversibilität) sind gleichfalls kinetisch bestimmte aber weniger scharfe Verteilungen zu erwarten. Oosawa und Asakura haben dieses Problem ausführlich diskutiert und gezeigt, daß die kinetisch eingestellten Verteilungen nur außerordentlich langsam auf die exponentielle Gleichgewichtsverteilung relaxieren. Im Vergleich zu der durch andere Prozesse (biologischer turnover) bedingten Lebensdauer der Organellen kann dieser Prozeß so langsam sein, daß die einmal kinetisch gebildete Länge erhalten bleibt. Dies hängt mit den extrem kleinen Geschwindigkeitskonstanten der Dissoziation von Proteinen zusammen, die durch mehrfache Protein-Protein Wechselwirkungen in einem Verband verankert sind. Es sei daran erinnert, daß bereits ein einziger starker nicht kovalenter Kontakt zwischen zwei Proteinen (Trypsin und Pankreatischer Trypsin Inhibitor Kunitz) die Bindungskonstante von $10^{13}\,M^{-1}$ liefern kann. Die Halbwertszeit für die Dissoziation dieses Komplexes beträgt bereits 100 Tage. Es ist daher nicht verwunderlich, daß sich einmal gebildete Filamente oder Viruspartikel nicht umorganisieren oder zerfallen.

In einigen Fällen erfolgt die Längenbestimmung durch eine Matrize. Im Falle des Assembly der Hülle des Tabakmosaikvirus ist dies die Virus RNA, die in einem übrigens faszinierenden Mechanismus in die Hülle eingefädelt wird. Ohne RNA werden auch Hüllen aber in breiter Längenverteilung gebildet. Das extended sheath des Schwanzes des T4 Phagen assoziiert auf die corebaseplate und seine Länge wird durch die Länge des core bestimmt. Nach der Kontraktion verbleibt isolierbares contracted sheath, dessen Länge durch die Länge des extended sheath determiniert ist. Im Einklang mit dem oben Gesagten können solche contracted sheath sehr lange aufbewahrt werden, ohne daß sich eine breitere Längenverteilung einstellt. Wird jedoch die Strukturform „contracted sheath" durch direkte ungesteuerte Assoziation von P18 zu polysheath gebildet, werden breite Verteilung beobachtet.

Ungeklärt ist jedoch wie die Länge des core des T4 Schwanzes bestimmt ist. Die Suche nach einer Matrize (ruler) war bisher erfolglos. Es ist jedoch denkbar, daß ein solcher „Maßstab“ als zusätzliches Steuerelement während des *in vivo* Assembly zugegen ist, dann aber von der gebildeten Struktur abgelöst wird. Aufgrund der diskutierten kinetischen Behinderungen bliebe das core als metastabile, eingefrorene Struktur zurück. Versuche die Längenbestimmung mit Hilfe von Gleichgewichtsmechanismen zu erklären (Modell des „accumulated strain“, „Vernier Mechanismus beim Myosinfilament) führt auf das Problem, daß die Bindungskonstanten K_i (Gl. 11.3) ab einer bestimmten Länge i ziemlich abrupt abnehmen müsse. Das ist für geschlossene räumliche Anordnungen (z.B. Ringe) einsichtig. Für lineare Strukturen führen vernünftige Annahmen über die Abhängigkeit K von i zu relativ breiten Verteilungen. Außerdem hängt bei derartigen Modellen die mittlere Länge immer von der totalen Protomerenkonzentration c_0 ab, die im biologischen Geschehen kaum genügend konstant ist.

11.6 Andere Effekte

Für zwei für die Funktion der Zelle (Mobilität, Mitose) sehr wichtige Systeme, Actinfilamente und Microtubuli wurde eine Spaltung von Nucleotiden bei der Assoziation gefunden. Für die Actinassoziation läßt sich folgendes vereinfachtes Reaktionsschema aufstellen.

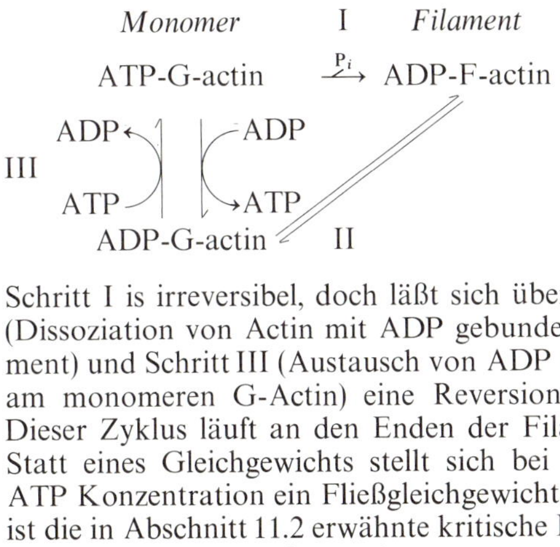

Schritt I is irreversibel, doch läßt sich über Schritt II (Dissoziation von Actin mit ADP gebunden am Filament) und Schritt III (Austausch von ADP gegen ATP am monomeren G-Actin) eine Reversion erreichen. Dieser Zyklus läuft an den Enden der Filamente ab. Statt eines Gleichgewichts stellt sich bei konstanter ATP Konzentration ein Fließgleichgewicht ein. Daher ist die in Abschnitt 11.2 erwähnte kritische Konzentration der Actinassoziation auch streng genommen nicht durch eine Gleichgewichts- sonder eine Fließgleichgewichtskonstante gegeben. Dieser Mechanismus führt zu einer Reihe von Besonderheiten. So können auch Filamente konstanter Länge an einem Ende durch Anlagerung von Monomeren wachsen und am anderen um den gleichen Betrag abnehmen. Für ein System im thermodynamischen Gleichgewicht ist ein solches Verhalten wegen des Prinzips der mikroskopischen Reversibilität nicht möglich. Die von A. Wegner entdeckten Kopf-Schwanz Polymerisation hat wahrscheinlich eine große Bedeutung für die Funktion der beiden Filamentsysteme in der Zelle. Er ermöglicht einen raschen Austausch der Actin- und Tubulinprotomeren und führt zu einer Translokation der Filamente. Ein anderes wichtiges Prinzip welches bei komplexeren Self Assembly Vorgängen als Steuermechanismus eingreift ist die proteolytische Modifikation von Proteinuntereinheiten durch sehr spezifische Proteinasen während des Ablaufs des Assembly Vorganges. Dieses Prinzip spielt bei der Fibrillenbildung des Kollagens nach Abspaltung der Extensionspeptide und beim Aufbau des Kopfes des T4 Phagen eine Rolle.

Diese Arbeit wurde im Rahmen der Projekte 3.678.075, 3.222.77 und 3.556.79 vom Schweizerischen Nationalfond zur Förderung der wissenschaftlichen Forschung unterstützt.

Literaturauswahl

Oosawa, F., Asakura, S.: Thermodynamics of the polymerization of protein. London, New York: Academic Press 1975.

Winklmair, D.: A simple approach to the theory of cooperative aggregation of biological macromolecules. Arch. Biochem. Biophys. **147**, 509 (1971).

Wegner, A., Engel, J.: Kinetics of the cooperative association of actin to actin filaments. Biophys. Chem. **3**, 215–225 (1975).

Tschopp, J., Engel, J.: Kinetics of the cooperative association of T4 tail sheath protein P18 to polysheath. Biophys. Chem. **12**, 307–315 (1980).

Casjens, S., King, J.: Virus assembly. Ann. Rev. Biochem. **44**, 555-611 (1975).

Lauffer, M.A.: Tobacco mosaic virus and its protein in subunits of biological systems, Vol. 5, Part. A, pp. 149–199. Timasheff, S.N., Fasman, G.D. (eds.). New York: Marcel Dekker 1971.

Lebeurier, G., Nocolaieff, A., Richards, K.E.: Inside-out model for self-assembly of Tobacco Mosaic Virus. Proc. Natl. Acad. Sci. USA **74**, 149–153 (1977).

Arisaka, F., Tschopp, J., Van Driel, R., Engel, J.: Reassembly of the bacteriophage T4 tail from the core-baseplate and the monomeric sheath protein P18: a cooperative association process. J. Mol. Biol. **132**, 369–386 (1979).

Wagenknecht, T., Bloomfield, V.A.: Equilibrium mechanism of length regulation in linear protein aggregates. Biopolymers **14**, 2297–2309 (1975).

Wegner, A.: Head to tail polymerization of actin. J. Mol. Biol. **108**, 139–150 (1976).

12 Membranen

12.1 Membran-Modelle

KNUTE A. FISHER und WALTHER STOECKENIUS

12.1.1 Einleitung: Vorkommen und Zusammensetzung von Biomembranen

Bei gegenwärtigen Diskussionen über Biomembran-Modelle werden stillschweigend zwei Annahmen gemacht. Es wird angenommen, daß erstens solche Membranen mit einer gemeinsamen Grundstruktur wirklich *in vivo* in der Zelle existieren und zweitens, daß sie relativ intakt isoliert und chemisch charakterisiert werden können. Die erste Annahme, daß die lebende Zelle von ihrer Umgebung durch eine geordnete Schicht von Molekülen physikalisch getrennt ist, ist während der vergangenen 80 Jahre immer wieder durch physiologische und morphologische Untersuchungen bestätigt worden. Die Permeabilität ist seit dem Ende des 18. Jahrhunderts untersucht worden und schon die frühen Ergebnisse zeigten, daß Zellen schrumpfen oder schwellen, wenn man die osmotische Druckdifferenz in ihrer Umgebung experimentell ändert; d.h. sie verhalten sich wie kleine Osmometer. Die zeitlichen Veränderungen des Zellvolumens stellen ein Maß für die Permeabilität der verwendeten Ionen oder Moleküle dar. Mit der Einführung von Radioisotopen haben diese Untersuchungen einen großen Aufschwung gewonnen; für alle Ergebnisse ist die einfachste physikalische Erklärung, daß die Zellen durch eine semipermeable Membran abgegrenzt sind. Sie ist allerdings im Lichtmikroskop wegen ihrer geringen Dicke nur in Ausnahmefällen sichtbar. Schon die ersten elektronenmikroskopischen Untersuchungen stützten aber das Membran-Konzept: Eine deutliche Grenzstruktur, meist als trilaminares Färbe-Muster erkennbar, war immer eindeutig an der Zellperipherie nachweisbar. Unerwartet war die Beobachtung, daß auch die meisten Zellorganellen durch eine ganz ähnliche Struktur abgegrenzt und z.T. noch unterteilt sind.

Die ersten Versuche, chemisch reine Membranfraktionen zu isolieren, obwohl konzeptionell wie technisch anfechtbar, gaben doch Hinweise für eine generell ähnliche Zusammensetzung aller Biomembranen. Fast ausnahmslos enthalten alle Membranen Protein und wechselnde Mengen an polaren Lipiden. Kleine Mengen von Kohlenhydraten lassen sich gewöhnlich ebenfalls nachweisen. Der Proteingehalt schwankt zwischen 25 und 75 Gewichtsprozent, typisch sind Werte von 40–60%; der Rest ist Lipid. Kohlenhydrate sind meist kovalent an die Proteine und Lipide gebunden, sie machen gewöhnlich weniger als 10 Gewichtsprozente aus. Diese chemischen und morphologischen Ergebnisse unterstützen die Annahme, daß alle Membranen eine gemeinsame Grundstruktur haben. Es muß betont werden, daß Membranmodelle oft auf einer Vielzahl von individuell nicht überzeugenden Beobachtungen und Schlußfolgerungen beruhen, die zusammengenommen aber doch ein relativ gut gestütztes Argument ergeben. Da gegenwärtige Modelle von Biomembranen grundlegende Merkmale von früheren Vorschlägen berücksichtigen, beginnen wir die Diskussion mit einem historischen Überblick.

12.1.1.1. Gorter und Grendel, die Lipiddoppelschicht

Für die Anordnung von Lipid-Molekülen in Plasma-Membranen hat sich in den letzten 50 Jahren ein Modell durchgesetzt: Das Doppelschicht-Modell. Der Doppelschicht-Vorschlag stammt von Gorter u. Grendel (1925); sie verglichen die Fläche eines monomolekularen Filmes von Erythrozytenlipiden an einer Wasseroberfläche mit der Gesamtoberfläche der Zellen, aus denen die Lipide extrahiert waren. Da das Verhältnis der Fläche des Filmes der extrahierten Lipiden zu der Fläche von intakten Zellen etwa 2 war, schlossen die Autoren daraus, daß die Zellen mit einer zwei Moleküle dicken Lipid-Schicht bedeckt sind. Da im Gegensatz zum Film an der Wasseroberfläche der Film an der Zelloberfläche auf beiden Seiten an Wasser grenzt, nahmen sie ferner an, daß die beiden Einzelschichten in entgegengesetzter Richtung orientiert waren, so daß die hydrophilen Gruppen der Lipide die beiden Oberflächen der Doppelschicht und die Kohlenwasserstoffketten eine hydrophobe innere Phase bilden. Obgleich später gezeigt wurde, daß Gorter und Grendels Lipid-Extraktion unvollständig war und daß ihr Wert für die Zelloberfläche zu niedrig gewählt war, blieben ihre Schlußfolgerungen doch unverändert, weil sich die beiden Fehler in etwa aufhoben. Neuere und bessere Bestimmungen haben gezeigt, daß genügend Lipid für eine Oberflächenbedeckung mit ein bis zwei Einzelschichten vorhanden ist. Eine Unsicherheit in der Berechnung ergibt sich aus der ungelösten Frage, bei welchem Oberflächendruck die Lipidfilmfläche gemessen werden soll. Eine Bestimmung der Fläche pro Molekül mittels Röntgenbeugungsuntersuchungen an experimentellen Lipiddop-

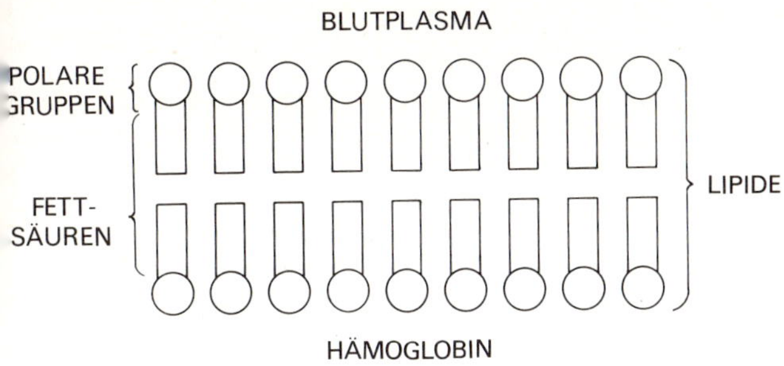

Abb. 12.1. Die von Gorter und Grendel 1925 vorgeschlagene amphiphile Lipiddoppelschicht. In ihrer kurzen Veröffentlichung war eine solche Zeichnung nicht enthalten, wir geben hier nur schematisch ihre Beschreibung der Membran mit den von ihnen benutzten Bezeichnungen wider

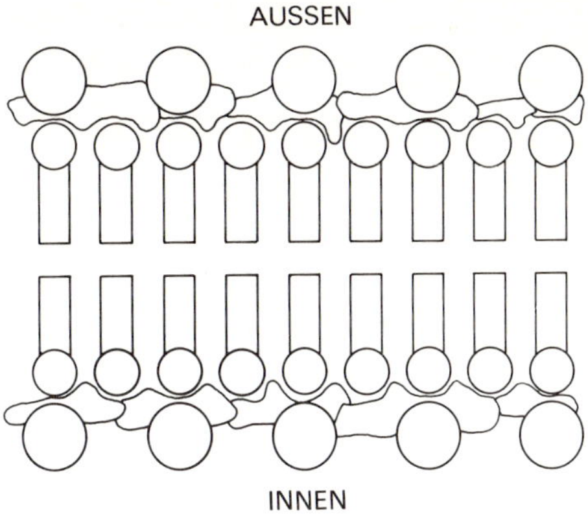

Abb. 12.2. Das Danielli-Davson-Modell: Protein-Lipid-Protein. Die Autoren nahmen zunächst an, daß sich an den Oberflächen globuläre Proteine finden; 1937 wurden entfaltete Polypeptidketten hinzugefügt

pelschichten unter physiologischen Bedingungen und an isolierten Membranen bietet eine bessere Grundlage für diese Berechnungen; sie zeigen, daß mehr Lipid als für eine aber nicht genügend für zwei Einzelschichten vorhanden ist. Die Ergebnisse der Röntgenbeugung bestätigen gleichzeitig die von Gorter und Grendel vorgeschlagene Orientierung der Lipidmoleküle in der Doppelschicht (Abb. 12.1). Messungen der elektrischen Kapazität an Zelloberflächen, von Höber schon um 1910 durchgeführt und später von Fricke erweitert, bestätigen ebenfalls die Existenz einer dünnen Schicht mit niedriger Dielektrizitätskonstante.

12.1.1.2 Das Danielli-Davson-Robertson-Modell

Neuere Modelle haben auch die Rolle des von Gorter u. Grendel vernachlässigten Proteins in der Membranstruktur berücksichtigt. Ein viel diskutiertes frühes Modell stammt von Danielli u. Davson (1935). Untersuchungen über Oberflächenspannungen an Lipid-Wasser-Grenzschichten und an lebenden Zellen ergaben viel niedrigere Werte für Zellen (z.B. unter 2 dyn/cm). Danielli zeigte, daß solche Werte durch die Adsorption von Protein an die Lipid-Filme erklärt werden können und schlug vor, daß in Membranen beide Oberflächen der Lipiddoppelschicht mit Proteinschichten bedeckt sind (Abb. 12.2). Solch ein Modell hat sich bald darauf als unwahrscheinlich herausgestellt. Zwei Argumente sprechen dagegen: Erstens können Phospholipide allein die niedrige Grenzschichtspannung der nativen Membranen erzeugen und somit ist die Annahme der Proteinschichten nicht nötig. Zweitens ist ein großer Teil der Membran-Lipide von der wäßrigen Phase her chemisch zugängig. Phospholipide in Membranen können z.B. leicht durch Enzyme abgebaut werden, und neutrale Lipide, wie z.B. Cholesterin, sind frei austauschbar. Zusammenfassungen von anderen Argumenten, die gegen das Daniellische Modell sprechen, wurden von Stoeckenius u. Engelman (1969) und von Singer (in Rothfield, 1971) gegeben und werden auch in 12.1.3.1. a) diskutiert.

12.1.1.3 Andere Modelle

Mehrere Modelle für eine Biomembran-Struktur, die nicht auf der Lipiddoppelschicht beruhen, wurden in den letzten 50 Jahren vorgeschlagen; sie haben jedoch nur kurze Zeit überdauert. Die meisten stützten sich auf Beobachtungen von intrazellulären Membranen, besonders Chloroplasten-Thylakoiden und Mitochondrien-Membranen. Sie nehmen einen Aufbau aus globulären Untereinheiten oder ähnlichen Strukturen an. Da gewisse physiologische Eigenschaften erklärt werden konnten, wenn man die Existenz funktioneller Einheiten von konstanter Zusammensetzung annahm, wurde auf ein strukturelles Äquivalent geschlossen. Solche homogenen strukturellen Untereinheiten konnten jedoch nie isoliert werden, und gegenwärtige Ergebnisse können durch Untereinheits-Modelle nicht hinreichend erklärt werden. Argumente, die für und gegen Untereinheits-Modelle sprechen, sind in dem Übersichtsartikel von Stoeckenius u. Engelman (1969) diskutiert worden.

12.1.2 Das Doppelschicht-Modell der Lipid-Anordnung in Biomembranen

Eines der besten Argumente für die generelle Existenz einer Lipiddoppelschicht in biologischen Membranen ist die thermodynamische Stabilität von Modell-Doppelschichten. Doppelschicht-Anordnungen von amphiphilen Lipiden in wäßrigen Medien haben einen minimalen Energiegehalt, der sich hauptsächlich aus der Eliminierung von Berührungsflächen zwischen Kohlenwasserstoff-Ketten und Wassermolekülen ergibt. Die Anordnung in einer Doppelschicht beruht auf der räumlichen Trennung der polaren und nichtpolaren Gruppen in den Lipidmolekülen. Die hydrophoben Anteile der Moleküle werden vom Wasser ausgeschlossen und assoziieren gegenseitig. Die polaren Kopfgruppen assoziieren sowohl miteinander als auch mit der wäßrigen Phase. Typische amphiphile Membran-Lipide und Lipidgemische bilden daher bei Hydratisierungen spontan smektische oder lamellare Mesophasen, die aus regelmäßig angeordneten Doppelschichten bestehen.

12.1.2.1 Experimentelle Ergebnisse an Modellsystemen und Biomembranen

Überzeugende experimentelle Beweise für die Existenz einer Doppelschicht in biologischen Membranen werden durch den Vergleich der Eigenschaften von Biomembranen und Modellmembranen erbracht. Eine Vielzahl von physikalischen und chemischen Methoden ist für solche Experimente verwendet worden. Die meisten können folgenden Kategorien zugeordnet werden: Elektromagnetische Analysen (Mikroskopie, Beugung, Spektroskopie), thermochemische Analysen (Kalorimetrie) oder elektrochemische Analysen (Polarographie). Die Mikroskopie und Röntgenbeugung haben den größten Beitrag zum Verständnis der statischen Struktur der Membran geleistet, während spektroskopische und kalorimetrische Methoden zur Untersuchung der kinetischen Aspekte herangezogen wurden.

Lichtmikroskopische Untersuchungen von Nervengewebe und später auch Röntgenbeugung erbrachten erste Hinweise für eine Palisaden-Anordnung der Lipide in Biomembranen. Schon vor 1900 wurde durch die Polarisations-Mikroskopie gezeigt, daß Nervengewebe aufgrund seines Lipidgehaltes stark doppelbrechend ist, was für einen hohen Grad molekularer Ordnung spricht. W. J. Schmidt erklärte mit seinem Myelin-Modell sowohl die starke positive Eigendoppelbrechung als auch die schwache negative Formdoppelbrechung. Er schlug vor, daß die Lipide der Markscheide in konzentrischen Schichten mit radial ausgerichteten Fettsäureketten angeordnet sind und daß Protein-Schichten mit Lipid-Schichten abwechseln. Dieses Modell wurde von F. O. Schmitt und seinen Mitarbeitern bestätigt und weiter ausgebaut. Sie schlossen auf Grund von polarisationsoptischen und Röntgen-Kleinwinkel-Untersuchungen, daß die Myelinschicht sich aus smektischen Lipiddoppelschichten und konzentrischen Proteinschichten zusammensetzt; sie postulierten ferner, daß die Zellmembran dieselbe Grundstruktur hat. Elektronenmikroskopische Untersuchungen bestätigten später die Annahme, daß die Markscheide sich wirklich von der Plasmamembran ableitet.

Elektronenmikroskopische Bilder zeigten die typische Struktur der Plasmamembran nicht nur an der Oberfläche aller Zellen, sondern auch innerhalb von Zellen, wo sie kleinere Strukturen (Organellen) abgrenzt und unterteilt. Im Dünnschnitt stellt sich die Membran oft als ein 2,5 nm breiter elektronentransparenter Raum dar, der durch zwei dunkle elektronenstreuende Linien von etwa gleicher Breite begrenzt ist. Das stetige Auftreten dieser trilaminaren Struktur wurde zuerst von Robertson erkannt, der dafür den Ausdruck „Einheits-Membran" prägte. Man nahm an, daß der transparente Raum von den nichtpolaren Bestandteilen der Lipide eingenommen wird, was mit dem Doppelschicht-Modell der Lipid-Anordnung übereinstimmt (Abb. 12.3). Elektronenmikroskopische Untersuchungen von Modellsystemen aus Lipiddoppelschichten mit und ohne Protein-Schichten an beiden Oberflächen bestätigen ebenfalls diese Interpretation.

Als die Gefrierbruchtechniken eingeführt wurden, trugen deren Resultate weiter dazu bei, das Lipiddoppelschicht-Modell zu unterstützen; sie gaben aber gleichzeitig neue Einblicke in die Anordnung des Proteins (s. unten). Bei dieser Methode werden biologische Proben oder Modellsysteme sehr schnell gefroren, gebrochen und manchmal durch Sublimation des Eises geätzt. Die Bruch- und Ätzflächen werden dann noch in gefrorenem Zustand unter Vakuum mit Schwermetall bedampft. Die gewonnenen Oberflächenabdrücke zeigen, daß der Bruch des Gewebes oft in der Ebene von Membranen erfolgt. Branton schlug vor, daß die biologische Membran während des Gefrierbruchs zwischen den Methylendgruppen der in einer Doppelschicht angeordneten Lipide spaltet (Abb. 12.4). Diese Interpretation wurde wiederholt experimentell bestätigt. Da die große Mehrheit der Biomembranen entlang einer inneren Ebene spaltet, liefert die Gefrierbruch-Methode gegenwärtig die stärksten Argumente für das generelle Vorhandensein von Lipiddoppelschichten in Biomembranen. Auch ein Vergleich der Bruch- und Ätzungseigenschaften von Phospholipid-Vesikeln und smektischen Lipidphasen ergibt große Ähnlichkeiten zum Verhalten der Biomembranen. Röntgenbeugungsuntersuchungen an Membran-Lipiden und ihren synthetischen Analogen zeigen eine Anzahl von temperatur- und hydratationsabhängigen Packungsmustern (z.B. hexagonal, kubisch, lamellar), die wenigstens zum Teil auch im Elektronenmikroskop identifiziert werden können. Die Gefrierbruch-Methode kann unter diesen verschiedenen Lipid-Packungsanordnungen unterscheiden. Ausgedehnte glatte

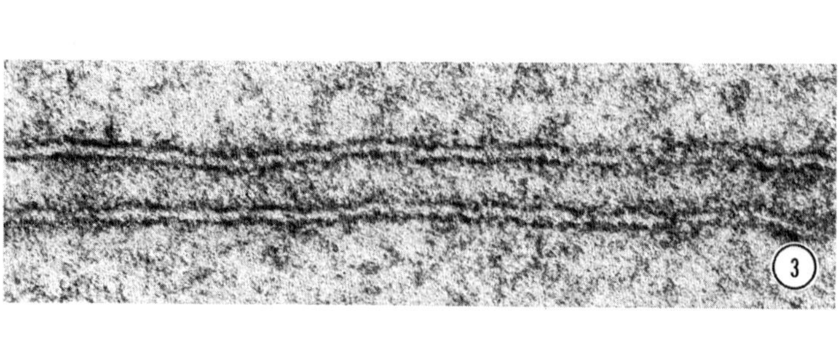

Abb. 12.3. Robertsons „Einheitsmembran" ist aus elektronenmikroskopischen Aufnahmen vieler Zell-Membranen in Dünnschnitten abgeleitet. Die trilaminare Struktur (dunkle Linie — heller Zwischenraum — dunkle Linie) wird hier an zwei Plasmamembranen des Rattendarmepithels gezeigt, die mit Osmiumtetroxyd fixiert und mit Schwermetallen chemisch angefärbt sind. Vergrößerung ×400000

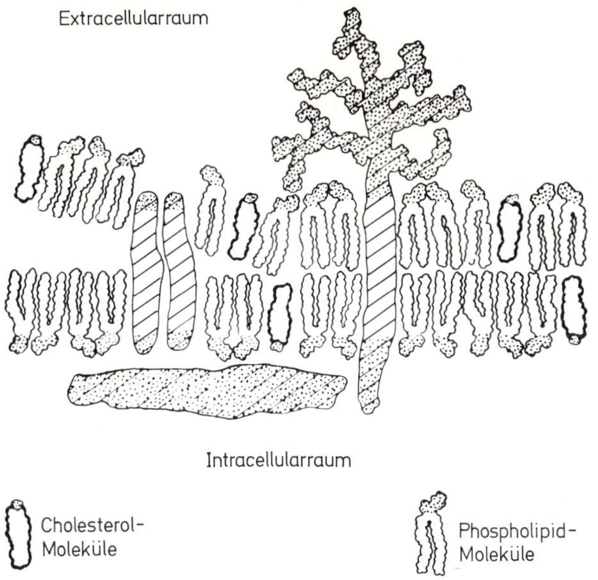

Abb. 12.4. Schematische Darstellung des von Singer und Nicholson 1972 vorgeschlagenen „Flüssigen Mosaik"-Modelles. Die Proteine (*diagonal gestreift*) sind sowohl in peripherer Assoziation mit der bimolekularen Lipidlamelle als auch als integrale Proteine, die die Schicht durchsetzen, gezeigt. Die intralamellaren Anteile der Proteine sind als alpha-Helixsegmente gezeichnet etwa in richtigen Größenverhältnis zu den Lipiden. Die verzweigte Struktur an der äußeren Oberfläche gibt die Kohlenwasserstoffseitenketten des Proteins wieder. Auf der linken Seite ist gezeigt wie die Struktur beim Gefrierbrechen in der Mittelebene der Lipidlamelle spaltet

Flächen sind charakteristisch für Lipide, die in Doppelschichten angeordnet sind. Die Muster, die bei Beugungs- und Gefrierbruch-Untersuchungen von Biomembranen beobachtet werden, entsprechen den lamellaren Doppelschicht-Anordnungen.

Röntgenbeugungsergebnisse sind nicht nur für das Studium der Orientierung des ganzen Lipidmoleküles von Bedeutung, sondern sie geben auch die verschiedenen möglichen Anordnungen der Fettsäureketten in der Doppelschicht wieder. Der genaue physikalische Zustand des Kohlenwasserstoff-Anteils der Doppelschicht in Membranen und lamellaren Lipid-Wasser-Systemen wird z.Z. eingehendst untersucht (siehe unten). Zwei verschiedene Zustände wurden jedoch schon früh durch Röntgenbeugung erkannt (Luzzati, 1966). Unterhalb einer gewissen Temperatur bilden die Kohlenwasserstoffreste eine feste Phase mit geraden Ketten, die im rechten Winkel oder geneigt zur Membranebene in einem hexagonalen Gitter angeordnet sind; oberhalb der kritischen Temperatur sind die Ketten in einer flüssigkeitsähnlichen Anordnung mehr regellos verteilt, und ihr mittlerer Abstand ist größer, während die Dicke der Doppelschicht geringer ist. Dieser temperaturabhängige Übergang von der gelähnlichen geordneten Phase zur flüssigkeits-ähnlichen weniger geordneten Phase ist für die Doppelschicht-Anordnung der Lipide charakteristisch.

Engelman benutzte dieses Phänomen, um die Existenz der Lipiddoppelschicht in einer biologischen Membran zu demonstrieren. Seine Röntgenbeugungsuntersuchungen an *Mycoplasma laidlawii*-Membranen zeigten unterhalb einer kritischen Temperatur eine reversible Abnahme des Abstands der Kohlenwasserstoffketten von 0,46 auf 0,42 nm mit einer entsprechenden Zunahme der Membrandicke. Mit Hilfe eines für Fettsäuren auxotrophen Stammes konnte er weiterhin zeigen, daß die Temperatur, bei welcher der Übergang stattfindet, wie zu erwarten von der Fettsäurezusammensetzung der Membran-Lipide abhängt. Dieses war der erste überzeugende, direkte Nachweis, daß die Lipide in einer biologischen Membran in Form einer Doppelschicht vorliegen. Viele ähnliche Experimente an einer Vielzahl von Membranen haben seither diese Feststellung bestätigt, und viele andere physikalische Techniken hauptsächlich spektroskopischer oder kalorimetrischer Art sind erfolgreich benutzt worden, um diesen Phasenübergang der Kohlenwasserstoffketten zu verfolgen.

12.1.2.2 Funktionelle Modellsysteme

Zusätzlich zu den Modell-Systemen, die einer strukturellen Analyse von Doppelschichten in Biomembranen dienen, wurden auch eine Anzahl von Systemen entwickelt, die es erlauben, die elektrischen und Permeabilitätseigenschaften von Modelldoppelschichten zu messen und mit biologischen Membranen zu vergleichen. Dazu bedeckt man z.B. eine kleine Öffnung in einer hydrophoben Trennwand zwischen zwei wäßrigen Phasen mit einem Tropfen von amphiphilen Lipiden in einem organischen Lösungsmittel. Lipid und Lösungsmittel bilden über der Öffnung eine dünne Schicht mit spontan abnehmender Dicke, die schließlich bimolekulare Dimension (5–7 nm) erreicht. Dieser Vorgang wird durch die wechselnden Interferenzfarben angezeigt. Zuletzt erscheint der Film schwarz. Mit geeigneten Elektroden in den wäßrigen Phasen auf beiden Seiten der Trennwand können die elektrischen Eigenschaften solcher schwarzer Lipidfilme gemessen und ihre Permeabilitäten für in die wäßrige Phase eingebrachte Ionen bestimmt werden. Druckunterschiede stülpen die Filme nach der Seite des niedrigeren Druckes aus, so daß auch osmotische Messungen möglich sind. Neuerdings werden planare Doppelschichtmembranen auch durch Vereinigung von zwei Einzelschichten hergestellt, die zunächst auf der Oberfläche der beiden wäßrigen Phasen gebildet werden. Dieses Verfahren erlaubt die Herstellung asymmetrischer Lipiddoppelschichten.

Messungen an solchen planaren Modellmembranen und Biomembranen ergeben ähnliche Werte für die spezifische elektrische Kapazität ($1\ \mu F\ cm^{-2}$, abhängig vom Lipid-Typ) und für die Durchschlagsfestigkeit ($5 \times 10^5\ V\ cm^{-1}$). Der spezifische elektrische Widerstand der Modellmembranen ($10^8\ \Omega\ cm$) ist jedoch etwa 10^6mal höher als der von Zellmembranen. Er kann aber in den Bereich von Biomembranen gesenkt werden, wenn kleinere Mengen von bestimmten Proteinen, Oligopeptiden oder ähnlichen Molekülen, wie Valinomycin, Nonactin, Gramicidin und Alamethicin zugegeben werden. Solche modifizierten Modellmembranen können die physiologischen Eigenschaften natürlicher Membranen weitgehend nachahmen, wie zuerst eindrucksvoll von Mueller u. Rudin (1968) gezeigt wurde, als sie in Lipiddoppelschichten den Aktionspotentialen von lebenden Zellen analoge Phänomene erzeugten. (Zur Diskussion von Membran-Potentialen siehe Kapitel 15.1).

Komplementäre Permeabilitätsbestimmungen sind auch in großem Umfang an Modellsystemen durchgeführt worden, die aus Suspensionen von Lipidvesikeln bestehen. Sie bieten unter anderem den Vorteil, daß die Struktur der die Vesikel begrenzenden Lipidschichten auch mit dem Elektronenmikroskop, der Röntgenbeugung und spektroskopischen wie kalorimetrischen Methoden untersucht werden kann.

12.1.2.3 Lipidverteilungs-Asymmetrie

Während sich frühere Untersuchungen auf eine grobe Beschreibung der Zusammensetzung und Anordnung der Biomembranlipide beschränkten, wurden neuerdings Techniken entwickelt, die eine genauere Analyse der Zusammensetzung beider Hälften der Doppelschicht ermöglichen. Zwingende Argumente für eine strukturelle Asymmetrie von Biomembranen sind schon lange bekannt; sie ergeben sich z.B. aus der funktionellen Asymmetrie der Transportsysteme. Die funktionelle Asymmetrie der Nervenmembran ist auch am perfundierten Riesen-Axon des Tintenfisches schlagend demonstriert worden. Substanzen, die spezifisch die Erregbarkeit beeinflussen, zeigen ganz verschiedene Wirkung, wenn sie von der zytoplasmatischen Seite oder von der extrazellulären Seite an die Membran gebracht werden. Membranmodelle geben die Asymmetrie aber gewöhnlich nicht wieder, weil es nicht gelingt zu bestimmen, wie sie sich in der Verteilung der Lipide oder Proteine ausdrückt. Die Untersuchungen der Markscheidenstruktur liefern ein klassisches Beispiel für dieses Problem.

Neuerdings haben chemische Untersuchungen erste quantitative Angaben über die Asymmetrie der Lipidverteilung möglich gemacht. Bei weitem am besten untersucht ist die Erythrozytenmembran. Das Verfahren besteht darin, die Reaktion der verschiedenen Lipidklassen mit spezifischen Reagenzien zu vergleichen, wenn die Reagenzien nur Zugang zur Außenseite oder zu beiden Seiten der Membran haben. Das kann z.B. durch Zugabe eines permeanten und impermeanten Reagenz gleicher Gruppenspezifität erreicht werden oder durch den Vergleich in der Reaktion eines impermeanten Reagenz an intakten Membranen und nach Zerstörung der Permeabilitätsbarriere. Zahlreiche Modifikationen dieses Prinzips sind angewendet worden, um möglichen Einwänden zu begegnen. Es ergibt sich als allgemeine Schlußfolgerung, daß Erythrozytenlipide asymmetrisch verteilt sind. Phosphatidyläthanolamin (PE) und Phosphatidylserin (PS) befinden sich hauptsächlich in der Zytoplasmalamelle und Phosphatidylcholin (PC) sowie Sphingomyelin (SM) in der äußeren Lamelle. Cholesterin kommt in der äußeren Lamelle in höherer Konzentration vor als in der Zytoplasma-Lamelle. Es gibt auch neuere Hinweise darauf, daß es asymmetrisch über die Fläche der Erythrozytenmembran verteilt sein kann. Trotz der Unzulänglichkeit der individuellen Techniken liefern die Gesamtergebnisse ein überzeugendes Argument für die asymmetrische Verteilung der Lipidklassen in der Erythrozytenmembran. Es ist wahrscheinlich, muß aber erst noch gezeigt werden, daß eine solche Asymmetrie für die meisten biologischen Membranen charakteristisch ist und somit in zukünftigen Doppelschichtmodellen entsprechend berücksichtigt werden muß.

12.1.2.4 Lipid-Dynamik

Obwohl schon F. O. Schmitt um 1940 klar den quasi flüssigen Charakter der Fettsäurereste in den Lipiddoppelschichten erkannt hatte, wurden bis Ende 1960 die Doppelschichtmodelle meist als statische Strukturen betrachtet. Erst die Anwendung von spektroskopischen Techniken, mit denen die Kinetik molekularer und intramolekularer Bewegungen verfolgt werden kann, änderte diese Auffassung der Membranstruktur grundlegend. Außerdem deckten lichtmikroskopische Untersuchungen die Beweglichkeit markierter Rezeptoren an der Zelloberfläche auf, und damit traten Untersuchungen über die Dynamik der Membranstruktur in den Vordergrund.

Der reversible Übergang der Kohlenwasserstoffketten von der Gel- zur Flüssigkeitsphase im hydrophoben Innern der Doppelschicht beeinflußt die Lipid-Dynamik entscheidend. Es ist eine endotherme Reaktion, die mit Differential-Kalorimetrie oder Differential-Thermoanalyse leicht nachzuweisen ist. Das thermische Verhalten von Membranen ist dem von experimentellen Lipiddoppelschichten sehr ähnlich, die aus isolierten Membranlipiden oder aus synthetischen Lipiden hergestellt werden. Der Phasenübergang ist auch mit einer Vielzahl anderer physikalischer Methoden nachweisbar. Infrarot-, Raman- oder Fluoreszenzspektroskopie, Elektronenspinresonanz (ESR) oder magnetische Kernresonanz (NMR) werden viel angewandt. Ein gleichartiger Phasenübergang in zwei verschiedenen Membranen oder Modellsystemen wird als ein Anzeichen für eine gleichartige Lipiddynamik gewertet.

Darüber hinaus liefern die spektroskopischen Methoden wesentliche Informationen über die molekulare Aktivität von amphiphilen Molekülen in einem weiten Temperaturbereich und unter einer Vielzahl anderer Bedingungen. Auch hier wurde beobachtet, daß die Signale von reinen Lipid- oder gemischten Lipiddoppelschichtsystemen denen von biologischen Membranen ähnlich sind. Die Spektren erlauben Aussagen sowohl über intramolekulare Vorgänge als auch über Wechselwirkungen zwischen Molekülen. Besonders die Elektronenspinresonanz-Technik hat unsere Vorstellungen über die Lipid-Beweglichkeit entscheidend beeinflußt (s. Kapitel 12.2).

Es hat sich gezeigt, daß sowohl in Modelldoppelschichten wie in Biomembranen ein Gradient zunehmender Beweglichkeit der Kohlenwasserstoffketten von den hydrophilen Kopfgruppen in Richtung der terminalen Methylgruppen in der Mitte der Doppelschicht besteht. Der Grad der Beweglichkeit hängt sowohl vom Lipid-Typ, seiner Sättigung, Kettenlänge als auch von Temperatur und Lösungsmitteleigenschaften ab, z.B. verringert die Anwesenheit von Cholesterin die Beweglichkeit. Die Beweglichkeit der hydrophilen Kopfgruppen besonders in Biomembranen ist bisher noch viel weniger untersucht worden. Ihre Wechselwirkungen mit Ionen und anderen Substanzen im wäßrigen Milieu können ebenfalls das Verhalten der Kohlenwasserstoffketten beeinflussen, und dieser Effekt ist physiologisch von Bedeutung.

Die ESR ist zuerst von Hubbell und McConnell zum Nachweis der Translations-, Rotations- und intramolekularen Bewegungen von Lipidanalogen in den synthetischen Doppelschichten und Biomembranen benutzt worden. Sie haben ähnliche Bewegungen für Lipide in synthetischen Phospholipidvesikeln und in der Axonmembran von Hummernerven gefunden. Es konnte auch gezeigt werden, daß die laterale Diffusionsrate in sarkoplasmatischen Reticulum-Membranen schnell und vergleichbar zu der in synthetischen Phospholipid-Doppelschichten ist. Dagegen ist die laterale Translations-Beweglichkeit in Erythrozyten-Membranen viel geringer.

Die meisten Rotationsdiffusionsfrequenzen, die mittels ESR, NMR oder optischer Techniken erhalten werden, liegen zwischen 10^7–10^8 s^{-1}. Die Rotationsrelaxationszeiten können mit der Viskosität korreliert werden. Solche Korrelationen ergeben Werte zwischen 1–10 poise für die meisten biologischen Membranen, was gut mit Messungen der lateralen Diffusionsgeschwindigkeiten der Lipide übereinstimmt. Diese liegen bei 10^{-7}–10^{-8} cm^2 s^{-1} sowohl für Phospholipid-Doppelschicht-Modelle als auch für Biomembranen. Bei Zimmertemperatur kann also ein einzelnes Molekül in einer Sekunde einige Mikrometer zurücklegen. Es sollte jedoch betont werden, daß die von den Markierungsmolekülen abgeleiteten Diffusionskonstanten nicht unbedingt einen Mittelwert für die Viskosität einer Membran wiedergeben, sondern nur lokale Mikroviskositäten messen, die durch die Art des zur Messung benutzten Moleküls beeinflußt sein können.

Das Phänomen der lateralen Phasentrennungen von gemischten Lipiden innerhalb einer Doppelschicht erfordert ebenfalls Translationsbewegungen. Doppelschichten, die aus Phospholipiden mit verschieden langen Fettsäureketten bestehen, wie z.B. Mischungen aus Dimyristoyl-Phosphatidyl-Cholin (DMPC) und Dipalmitoyl-Phosphatidyl-Cholin (DPPC), zeigen in der Nähe der Phasenübergangstemperatur innerhalb der Doppelschicht eine Auftrennung in diskrete Bereiche. Diese enthalten vorwiegend das höher schmelzende Lipid in der Gelphase oder das niedriger schmelzende in der flüssigen Phase. Es gibt Hinweise darauf, daß eine solche laterale Phasentrennung auch in Biomembranen vorkommen kann.

Der Austausch von amphiphilen Lipiden zwischen den beiden Einzelschichten einer Doppelschicht ist ebenfalls mit spektroskopischen Techniken bestimmt worden. Dieser Prozeß wird transverse Diffusion oder „flip-flop“ genannt, um ihn von den Translationsbewegungen in der Ebene der Doppelschicht zu unterscheiden. Die Doppelschichten können markiert werden, indem man asymmetrisch eine amphiphile Sonde von einer Seite einbringt, oder nach symmetrischem Einbringen seiten-selektiv das Sondenmolekül modifiziert. Zur Messung des „flip-flop“ werden meistens zeitliche Änderungen in der Signalamplitude, die durch spezifische Reaktionen mit dem wäßrigen Milieu einer Seite entstehen, gemessen. In sehr kleinen Lipidvesikeln ist, bedingt durch den Unterschied im Krümmungsradius, die Lipidanordnung und Dynamik in den Einzelschichten so verschieden, daß die Signale von Sonden in der inneren und äußeren Einzelschicht unterschieden werden können. Diese Untersuchungen zeigen, daß der Transmembran-Austausch zwischen den beiden Lamellen der Doppelschicht ein relativ langsamer Prozeß sowohl für Phospholipide als auch für neutrale Lipide ist. Der Austausch von 50% der Moleküle zwischen den Einzelschichten dauert Stunden bis Tage und ist in einigen Fällen überhaupt nicht nachweisbar. Nicht nur spektroskopische Untersuchungen, sondern auch Lipid-Austausch-Experimente haben eine solche langsame transverse Diffusion ergeben. Verschieden markierte Vesikel aus synthetischen oder natürlichen Lipiden oder Membranen tauschen einen Teil ihrer Moleküle sehr schnell aus und den Rest sehr langsam, wenn überhaupt. Es ist zu vermuten, daß der schnell austauschende Anteil der äußeren und der langsam austauschende der inneren Einzellamellen der Doppelschicht zuzuschreiben ist. In lebenden Zellen ist wahrscheinlich ein transverser Austausch spezifischer Lipid-Moleküle durch enzymatische Änderungen stark beschleunigt.

Die Dynamik von Lipid-Modelldoppelschichten aus wenigen wohldefinierten Lipiden ist relativ gut bekannt, die der komplexen Biomembranen weniger. Aus der Lipidzusammensetzung sowie aus direkten Messungen ergibt sich, daß unter physiologischen Bedingungen die Doppelschichten in Biomembranen entweder oberhalb oder in der relativ breiten Übergangszone von der gelartigen zur quasi flüssigen Phase existieren. Die Asymmetrie der Lipidverteilung zwischen den beiden Lamellen der Doppelschichten bleibt in den meisten Modellen unberücksichtigt. Weitere Untersuchungen an verschiedenen Biomembranen sind erforderlich, ehe die wenigen existierenden Befunde, die hauptsächlich von Erythrozytenmembranen stammen, verallgemeinert werden können.

Die Lipiddoppelschicht stellt also eine dynamische und vermutlich asymmetrische Struktur dar, die sich in ähnlicher Form an der Oberfläche aller Zellen und der meisten Zellorganellen findet. Ihre primäre Funktion ist, die Permeabilität für wasserlösliche Ionen und Moleküle zu beschränken. Diese Permeabilitätsbarriere muß offensichtlich modifiziert werden, um gelöste Substanzen, die für den Zellstoffwechsel und die spezifischen zellulären Funktionen notwendig sind, passieren zu lassen. Solche funktionellen Differenzierungen entstehen durch den Einbau einzelner Moleküle, die als Carrier fungieren, oder durch Aggregate von Molekülen, vermutlich meist Proteinen, die Kanäle oder Poren durch den hydrophoben inneren Teil der Doppelschicht bilden. Eine besondere Form solcher spezifischer Transportsysteme sind die Ionenpumpen, die unter Ausnutzung zellulärer Energiequellen Ionen gegen ein elektrochemisches Potential transportieren; sie erlauben es den Zellen z.B., Kalium zu akkumulieren und Natrium zu eliminieren. Sie sind gewöhnlich nur in relativ kleinen Konzentrationen in den Membranen vorhanden und meist diffus verteilt. Die Natrium-Kalium-Pumpe der Erythrozyten hat z.B. ein Molekulargewicht von ca. 90000 dalton, und in einem Erythrozyt werden nur 100–200 gefunden, was ungefähr einer Pumpe pro μm^2 Oberfläche entspricht. Jedoch können die Ionenpumpen in spezialisierten Membranen, z.B. im sarkoplasmatischen Reticulum der Muskelfasern, mehr als 50% des Gesamtmembranproteins ausmachen. Zusätzlich zur Natrium-Kalium-Pumpe wurden noch Calcium- und Protonen-Pumpen isoliert und charakterisiert. Die meisten Ionenpumpen sind elektrogen und erzeugen einen elektrochemischen Gradienten, der zum Transport anderer Substanzen durch spezifische Kanäle und in Austauschprozessen dient. Die in solchen Gradienten gespeicherte Energie wird auch für andere Zwecke, z.B. die Signalübermittlung, benutzt. Die passiven Natrium- und Kaliumflüsse während des Aktionspotentials in der Axon-Membran finden anscheinend über spezifische Kanäle statt, die von Polypeptiden gebildet werden, wobei das Öffnen und Schließen der Kanäle durch das von einer Natrium-Kalium-Pumpe erzeugte Membranpotential gesteuert wird. Die Anzahl dieser Kanäle wird auf 10–100 pro μm^2 Axon-Membran geschätzt (s. Kapitel 12.3, 12.4).

Während die einzelnen spezifischen funktionellen Einheiten wie Pumpen, Carrier und Kanäle nur einen kleinen Bruchteil der Membranfläche einnehmen, enthält eine typische Zellmembran natürlich eine große Anzahl verschiedener funktioneller Systeme, die zusammen dann doch einen erheblichen Anteil der Gesamtmembran ausmachen. Das heißt aber, daß dann an vielen Stellen die Lipiddoppelschicht unterbrochen ist. Welche Vorstellungen wir uns von der Modifikation der Membranstruktur im Bereich dieser funktionellen Einheiten machen, wird im Zusammenhang mit der Proteinanordnung in Membranen besprochen. Andere Beispiele für lokalisierte funktionelle Differenzierungen in Membranen sind Hormon- und Antikörperrezeptoren in Zelloberflächen oder die Atmungs- und Photosyntheseketten in Mitochondrien und Chloroplasten.

In besonderen Fällen finden sich auch in Plasmamembranen lokal hohe Konzentrationen gleichartiger funktioneller Einheiten, die dann z.B. im Licht- oder Elektronenmikroskop erkannt und u.U. auch isoliert werden können. In multizellulären Organismen sind an Stellen von Zellkontakten spezifische Membrandifferenzierungen gefunden worden. Manche, wie z.B. die Synapsen, sind Komplexe verschiedener funktioneller Einheiten, andere, wie z.B. die "gap junctions", erscheinen als ein gut abgegrenztes, nahezu kristallines zweidimensionales Aggregat anscheinend gleichartiger funktioneller Einheiten in den Plasmamembranen benachbarter Zellen. Sie nehmen bis zu 1 μm^2 Zelloberfläche ein und bilden gegen das Außenmilieu abgeschirmte, relativ unspezifische Diffusionswege mit niedrigem Widerstand. Sie koppeln so bestimmte Funktionen der Zellen. Ein eindrucksvolles Beispiel für eine lokalisierte Membranspezialisierung liefert auch die Purpurmembran des Prokaryonten *Halobacterium halobium*. Wenn die Zellen bei niedrigem O_2-Druck dem Licht ausgesetzt werden, bilden sich kristalline Bereiche in der Plasmamembran, die nur ein einziges Protein enthalten, das in einem zweidimensionalen hexagonalen Gitter angeordnet ist und 75% der Membranmasse in diesen Bereichen ausmacht. Der Rest ist Lipid. Dieses Protein, Bacteriorhodopsin, dient als Lichtenergiewandler. Wenn es Licht absorbiert, erzeugt es einen elektrochemischen Gradienten durch vektorielle Translokation von Wasserstoffionen. Die im Gradienten gespeicherte Energie wird wiederum von der Zelle zur ATP-Synthese und für andere, Energie verbrauchende Reaktionen benutzt. Ein weiteres gut untersuchtes Beispiel für das Vorkommen hoher Konzentrationen einer bestimmten funktionellen Einheit sind die Acetylcholinrezeptoren in der synaptischen Membran von Muskelfasern und den elektrischen Organen von Fischen.

12.1.3 Modelle der Protein-Anordnung in Biomembranen

Alle nur denkbaren Verteilungen von Proteinen in oder auf Membranen sind in verschiedenen Modellen vorgeschlagen worden. Wir berücksichtigen hier nur Modelle, die auf einer Lipiddoppelschicht basieren, da alle anderen heute als obsolet angesehen werden. Die Diskussion hat sich hauptsächlich mit der Frage beschäftigt, ob die Proteine an der Oberfläche der Lipiddoppelschicht oder im hydrophoben Inneren zu suchen sind. Gegenwärtig wird eine Kombination dieser beiden möglichen Anordnungen bevorzugt, und unsere Vorstellungen von der Konfiguration der Proteine und ihrer Wechselwirkung mit den Lipiden sind sehr viel besser detailliert und unterbaut als die früheren Modelle.

a) Das Danielli-Davson-Modell, Robertsons „Einheitsmembran"

Danielli und Davson schlugen als erste ein komplettes Membranmodell vor, das weitgehende Beachtung fand, und das sich auf experimentelle Untersuchungen an Biomembranen und Modellsystemen stützte. Sie verteilten das Protein anfangs in globulärer Form, später als eine Lage voll entfalteter Polypeptidketten auf beide Oberflächen der Lipiddoppelschicht. Wie schon auf S. 427 ausgeführt, wurde diese Anordnung hauptsächlich postuliert, um die niedrige Grenzflächenspannung in biologischen Membranen zu erklären. Das Danielli-Davsonsche Modell wurde von J. D. Robertson übernommen und durch ausgedehnte elektronenmikroskopische Untersuchungen weiter ausgebaut. Er bezeichnete die an Schnittpräparaten fast immer darstellbare trilaminare Struktur aller Plasma- und intrazytoplasmatischen Membranen als „Einheitsmembran". Lipidmodelldoppelschichten mit adsorbierten Proteinschichten zeigten in gefärbten Dünnschnitten ebenfalls zwei stark elektronenstreuende Linien, die durch einen elektronentransparenten Raum voneinander getrennt waren, und die Dimensionen dieses Modelles entsprachen denen der Einheitsmembran, die zunächst von J. D. Robertson mit je 2,5 nm für die Dicke der Linien und auch ihren Abstand angegeben wurde. Es zeigte sich aber schnell, daß diese Dimensionen erheblich variieren, was nicht nur von der Art der untersuchten Membran, sondern auch der Fixierung und „Anfärbung" mit Schwermetallsalzen abhängt. Variationen in der Breite der Linien führen zu Variationen in der Gesamtbreite der Membranen, die meist zwischen 6,0 und 11,0 nm liegt. Die dunklen Linien stellen Anhäufungen von Schwermetallsalzen dar, die vorwiegend von den polaren Gruppen der Lipide und Proteine gebunden werden. Das elektronenmikroskopische Bild der Einheitsmembran war daher mit dem Danielli-Davsonschen Modell gut zu vereinbaren. Es sei schon hier erwähnt, daß es ebensogut mit dem später zu besprechenden Singerschen Mosaikmodell vereinbar ist, da dieses ebenfalls die hydrophilen Gruppen der Lipide und Proteine an der Oberfläche der Doppelschicht anordnet.

Es wurden aber auch abweichende elektronenmikroskopische Befunde erhoben. Wie schon erwähnt, erscheinen in Dünnschnitten Choroplasten-Thylakoid- und Mitochondrien-Membranen häufig eher als lineare Anordnungen globulärer Untereinheiten denn als trilaminare Strukturen, und in „negativ" gefärbten Membranen werden komplexe Oberflächenstrukturen wie z.B. stäbchenförmige oder globuläre Partikel gefunden, die mit einer einfachen Schicht von entfalteten oder globulären Proteinen nicht vereinbar sind. Korn (1966) hat die auf elektronenmikroskopischen Befunden gegründeten Argumente für das Danielli-Davson-Robertson-Modell zusammenfassend kritisiert.

Die sich schnell ausbreitende Anwendung der Gefrierbruchtechnik und die von Branton vorgeschlagene Interpretation der neuen Membranbilder brachten einen Wendepunkt in unseren Vorstellungen über die Struktur von Membranen. Es muß jedoch herausgestellt werden, daß auch die Gefrierbruchmethode ihre Grenzen hat. Es können sich nicht-biologische Strukturen (Artefakte) durch das Gefrieren bilden, plastische Deformationen durch das Brechen auftreten (sogar bei der Temperatur von flüssigem Helium) und durch das Ätzen Verunreinigungen der gebrochenen Oberflächen hervorgerufen werden. Weiterhin liegt die Auflösung gegenwärtig bestenfalls bei 2,0–2,5 nm und ist gewöhnlich nicht besser als 4,0–8,0 nm. Während die Gefrierbruchmethode die universelle Existenz der Lipiddoppelschichten bestätigte (s. S. 428), änderte sie unsere Auffassung über die Anordnung der Membranproteine erheblich. Das weitverbreitete Auftreten von Partikeln auf Membranbruchflächen (Abb. 12.5) wurde schon früh als Ausdruck der Anwesenheit von globulären Proteinen im Membraninneren interpretiert. Zunächst waren die angeführten Argumente wenig überzeugend. Die Hinweise für die Richtigkeit dieser Interpretation mehrten sich aber schnell. Den überzeugendsten Beweis lieferten wiederum Versuche an Modellsystemen, bei denen gereinigte Membranproteine, wie z. B. Rhodopsin und später Erythrozyten-

Abb. 12.5. Gefrier-gespaltene Erythrozytenschatten. Der Platin-Kohlenstoff-Abdruck zeigt oben die innere „Hälfte", auch als A- oder P-Schicht bezeichnet; unten die äußere „Hälfte", B- oder E-Schicht der Membran. Vergrößerung ×85000

Glykophorin in synthetische Lipiddoppelschichten eingebaut wurden. Die in reinen Lipiddoppelschichten glatten Bruchflächen zeigten daraufhin die für Biomembranbruchflächen charakteristischen Partikel. Es ist aber bisher nicht entschieden, ob diese Partikel nur von Proteinmolekülen gebildet werden, die weit über die Mitte der Lipiddoppelschicht reichen, oder ob auch weniger tief eindringende Proteine durch Umordnen der angrenzenden Lipide zum Auftreten von Partikeln führen können. In bestimmten Fällen können in Modellsystemen sogar reine Lipide ähnliche Partikel erzeugen.

b) Singer und Nicolsons „Flüssiges Mosaik"-Modell

Das neueste und heute weitgehend akzeptierte Modell für die Membranstruktur ist das „flüssige Mosaik"-Modell. Die Hauptargumente, die gegen das Danielli-Davson-Robertsonsche Modell sprechen und die Singer zu seinem neuen Modell führten, sind von ihm in einem Übersichtsartikel besprochen worden (Rothfield, 1971):

1. ORD und CD und neuerdings Röntgen- und Elektronenbeugung weisen auf einen beträchtlichen Gehalt an α-Helix in Membran-Proteinen hin. 2. Ein großer Teil der Phospholipide in biologischen Membranen wird durch wasserlösliche Enzyme hydrolytisch gespalten, was auf einen ausgedehnten Kontakt der Lipiddoppelschicht mit dem wäßrigen Milieu hinweist. 3. Es ist schwierig, die Transport-Funktionen der Membranen zu erklären, wenn das gesamte Membran-Protein peripher lokalisiert ist. 4. Extraktion mit chaotropen Ionen und Netzmitteln zeigt, daß ein großer Anteil der Membran-Proteine hydrophobe Eigenschaften hat. 5. Das Vorkommen von Partikeln auf den hydrophoben Bruchflächen der Membranen kann der Anwesenheit von Proteinen zugeschrieben werden. 6. NMR, ESR und verwandte Techniken zeigen Wechselwirkungen zwischen Proteinen und Lipid-Kohlenwasserstoffketten, wenn Membranproteine in Lipiddoppelschichten eingelagert sind. 7. Singer hätte hinzufügen können, daß auch die Röntgenbeugungsdiagramme isolierter Membranen in fast allen Fällen mit der Annahme einer wohldefinierten kontinuierlichen Proteinschicht an einer oder beiden Oberflächen der Lipiddoppelschicht unvereinbar sind.

Singer schlug daher vor, daß ein großer Teil der Oberfläche der typischen Membranproteinmoleküle von hydrophoben Aminosäureresten eingenommen wird und daß die Proteine mit diesem Teil tief in die Lipidschicht eintauchen. Die hydrophilen Gruppen sind in einem anderen Teil der Moleküloberfläche konzentriert, die dem wäßrigen Milieu ausgesetzt ist. Die Proteine können auch zwei vorwiegend hydrophile Oberflächenbereiche haben, die auf gegenüberliegenden Seiten der Membran mit dem wäßrigen Milieu Kontakt haben, so daß diese Proteine die ganze Dicke der Membran durchsetzen. Die meisten Membranen weisen allerdings außerdem einen erheblichen Anteil von wasserlöslichen Proteinen auf, die vermutlich an der Oberfläche — aber nicht als kontinuierliche Schicht — gebunden sind. Diese peripheren Proteine wurden zunächst in der Singerschen Darstellung etwas vernachlässigt und nicht als eigentliche Membranproteine betrachtet. Eine Abschätzung der Wechselwirkungen zwischen Wasser, Protein und Lipid zeigt, daß die vorgeschlagene Anordnung von Lipiden und Proteinen auch thermodynamisch vernünftig ist. Die zunehmenden experimentellen Hinweise auf die Beweglichkeit der Membrankomponenten veranlaßten Singer, diesen Aspekt des Modells mehr zu betonen und es zum „flüssigen Mosaik"-Modell (fluid mosaic model) auszubauen (Singer u. Nicolson, 1972). Diese Darstellung enthält auch Überlegungen über die Rolle der Beweglichkeit von Membrankomponenten in bestimmten Membranfunktionen, z.B. der Hormonwirkung, die zumindest zum Teil seither experimentell unterbaut worden sind.

Welche Beweise gibt es für das „flüssige Mosaik"-Modell? Die Beweise für die Existenz der Lipiddoppelschicht und für die Beweglichkeit der Lipide wurden bereits aufgeführt. In dieser Hinsicht unterscheidet sich das Singersche Modell nicht wesentlich vom Danielli-Davson-Robertson-Modell. Das Charakteristische am „flüssigen Mosaik"-Modell sind die Aussagen über die Struktur, Anordnung und Beweglichkeit der Proteine, die im folgenden besprochen werden.

12.1.3.1 Protein-Asymmetrie

Wir unterscheiden mit Singer zwei Kategorien von Membranproteinen — integrale und periphere. Periphere Proteine können leicht mit physikalischen Methoden in wäßrige Lösung gebracht und von den Membranen abgetrennt werden, ohne daß die Grundstruktur der Membranen zerstört wird. Sie unterscheiden sich nicht von anderen wasserlöslichen Proteinen. Integrale Proteine können nur durch Reagenzien isoliert werden, die die hydrophoben Wechselwirkungen in der intakten Membran zerstören, meist Netzmittel oder organische Lösungsmittel; integrale Proteine sind in neutralen wäßrigen Puffern unlöslich. Da integrale Proteine amphiphile Struktur mit ausgedehnten hydrophoben Oberflächen besitzen sollen, könnte man einen hohen Gehalt an nichtpolaren Aminosäureresten erwarten. Er wird auch in einigen integralen Proteinen wie z.B. Rhodopsin gefunden; keineswegs aber in allen. Entscheidend ist die räumliche Anordnung der Aminosäuren im Molekül, die leider bisher für kein integrales Membranprotein völlig bekannt ist. Dennoch kann der amphiphile Charakter in einigen Fällen experimentell belegt werden. In dem am besten charakterisierten Membranprotein — Erythrozyten-Glykophorin — sind die 23 nichtpolaren Aminosäurereste hauptsächlich in einem zentralen Teil der Polypeptidekette konzentriert, der dadurch stark hydrophoben Charakter hat. Dieser Teil kann eine α-Helix bilden und ist lang genug, um den hydrophoben Kern der Membran zu durchsetzen. Das Protein ist amphiphil, nicht nur, weil die hydrophilen Aminosäuren an beiden Enden der

Polypeptidkette konzentriert sind, sondern auch weil es verzweigte Oligosaccharidketten besitzt, die kovalent in Nähe der terminalen Aminogruppe des Polypeptids gebunden sind. Sie finden sich an der äußeren Oberfläche der intakten Erythrozytenmembran. Chemische Markierungsversuche, die später diskutiert werden sollen, weisen darauf hin, daß das Protein die Membran durchsetzt. Das erste und eindrucksvollste Beispiel für ein amphiphiles integrales Protein war aber Cytochrom b_5, das zum Elektronentransportsystem des endoplasmatischen Reticulums gehört. Es kann aus der Membran entweder durch proteolytische Enzyme oder durch Behandlung mit Netzmitteln extrahiert werden. Cytochrom b_5, das durch Enzymbehandlung isoliert wird, ist wasserlöslich und enthält die gesamte enzymatische Aktivität. Das Protein, das durch Behanlung mit Netzmitteln gewonnen wird, ist ebenfalls enzymatisch aktiv, es enthält jedoch zusätzlich 44 Aminosäurereste, die zu 60% hydrophob sind und durch enzymatische Behandlung als Polypeptid abgespalten werden können. Das dann verbleibende Protein ist mit dem proteolytisch aus der Membran gewonnenen identisch. Augenscheinlich sind die 44 hauptsächlich hydrophoben Aminosäurereste an einem Ende des Moleküls konzentriert und verankern es durch hydrophobe Bindungen an die Lipide im Inneren der Membran, während der enzymatisch aktive Teil des Moleküls an der Membranoberfläche vom wäßrigen Medium her zugänglich ist und durch proteolytische Enzyme abgespalten werden kann. In neuester Zeit sind weitere Beispiele für einen solchen hydrophoben „Anker" bekannt geworden. Oft und speziell in Transportproteinen sind aber viel größere Anteile des Proteins im hydrophoben Membraninneren angeordnet. Man nimmt an, daß in diesen Fällen, die hydrophoben Aminosäurereste an der Oberfläche des Moleküls angeordnet sind und die hydrophilen im Inneren, wo sie durch intramolekulare Salz- und Wasserstoffbindungen abgesättigt sind.

In fast allen Darstellungen des Singerschen Modells wird zwischen zwei Arten von integralen Proteinen unterschieden, solche die die Membran durchsetzen und an beiden Oberflächen vom wäßrigen Milieu her zugänglich sind und solche, die in die Membran nur etwa zur Hälfte eindringen und daher nur an einer Oberfläche Kontakt mit dem wäßrigen Milieu haben. Beispiele für die letztere Anordnung sind aber bisher in biologischen Membranen nicht mit Sicherheit nachgewiesen worden.

Proteine sind notwendigerweise asymmetrisch; wenn identische Moleküle nicht bilateral symmetrisch in der Doppelschicht angeordnet sind, müssen sie zur Asymmetrie der Membran beitragen. Daß dies tatsächlich der Fall ist, geht aus Untersuchungen über die unterschiedliche Zugänglichkeit verschiedener reaktiver Gruppen der Proteine von beiden Seiten der Membran hervor. Die Hauptmenge der reagierenden Gruppen, besonders der Aminogruppen, findet sich auf der Zytoplasmaseite der Membran, wie biochemische Markierungsuntersuchungen und Elektronenmikroskopie zeigen.

a) Biochemische Technik

Membranproteine und Polypeptide können mit Netzmitteln wie zum Beispiel Natriumdodecylsulfat (SDS) extrahiert und durch Elektrophorese in Polyacrylamid-Gelen (PAGE) in Anwesenheit von SDS aufgetrennt werden. Dies ist gegenwärtig bei weitem die wichtigste Technik zur Trennung und Charakterisierung integraler Membranproteine.

Ähnlich wie bei den Lipiden werden zur Bestimmung der Proteinverteilung zuerst intakte Zellen mit nichteindringenden chemischen Reagenzien oder Enzymen markiert, dann wird in einem zweiten Experiment dieselbe Reaktion durchgeführt, nachdem die Permeabilitätsbarriere der Membran zerstört wurde. Zuletzt vergleicht man die Markierungsmuster der Proteine mit Hilfe von SDS-PAGE. Bei Studien der Erythrozyten-Membran werden z.B. intakte mit lysierten Zellen verglichen. Eine Variation dieser Technik nützt die Möglichkeit aus, „umgestülpte" Vesikel herzustellen, die ihre zytoplasmatische Seite dem Außenmedium zukehren. Sie können von Vesikeln, die die gleiche Membranorientierung wie intakte Zellen haben, abgetrennt werden, und die Reaktivität derselben Proteine in den beiden Vesikelfraktionen kann dann verglichen werden. Zur Membranmarkierung ist eine Vielzahl von chemischen Reagenzien verwendet worden; kovalente Markierungsverfahren sind von Carraway (1975) zusammengefaßt worden. Schwierigkeiten in der Interpretation entstehen, weil es keine absolute Impermeabilität gibt, weil eine Zell-Lyse Veränderungen in der Membranstruktur bewirkt und weil ein penetrierendes Reagenz nicht nur an der Oberfläche, sondern auch innerhalb der Membran reagieren kann. Variationen der Techniken können diese Einwände wenigstens zum Teil ausschalten. Die Permeabilität von Zellen für große Eiweißmoleküle ist z.B. sehr gering. Viel benutzt wird daher die enzymatische Markierung, bei der z.B. durch proteolytische Enzyme ein Teil der Polypeptidkette von exponierten Proteinen abgespalten wird und das Protein durch seine veränderte elektrophoretische Wanderungsgeschwindigkeit identifiziert wird. Glykolytische Enzyme werden benutzt, um Glykoprotein zu identifizieren. Mit Lactoperoxidase können Tyrosinreste jodiert werden. Es ist auch möglich, das markierende Reagenz erst nach seinem Eindringen in die Zelle z.B. durch Belichtung zu aktivieren.

Ausgedehnte Untersuchungen mit verschiedenen Techniken liegen bisher nur für Erythrozyten vor. Trotz der oft sehr unterschiedlichen Markierungsmethoden stimmen die Ergebnisse weitgehend überein. Bei der Behandlung intakter Erythrozyten mit nicht permeierenden Reagenzien werden nur zwei größere Proteinfraktionen markiert. Der Rest der Proteinbanden (7 oder mehr, das hängt von der Technik ab) wird nur markiert, wenn die Reagenzien Zugang zur inneren Membranoberfläche haben, d.h. daß zumindest ihre reaktionsfähigen Gruppen nur an der zytoplasmatischen Seite vom wäßrigen Milieu aus zugänglich sind. Proteine, die die Membran durchsetzen, sind von beiden Seiten markierbar. Eine weitere Verfeinerung der Methode besteht darin, die Proteine nach Markierung hydrolytisch zu spalten und die Markierung der so erhaltenen Peptide zu bestimmen. Es zeigt sich, daß in Erythrozyten, die an der äußeren Oberfläche zugänglichen Proteinmoleküle auch an der inneren Oberfläche zugänglich sind, d.h. daß sie die Membran durchsetzen.

b) Morphologische Technik

Die Elektronenmikroskopie wird ebenfalls benutzt, um die Verteilung von reaktiven Gruppen auf den beiden Oberflächen von Membranen zu untersuchen. Obgleich eine Ortsbestimmung durch die Bildung von elektronenstreuenden Niederschlägen an der Reaktionsstelle leicht durch Diffusion oder Umordnung während der folgenden chemischen Entwicklung verfälscht werden kann, wurde die aus anderen Versuchen erschlossene Asymmetrie von Enzymaktivitäten, z.B. die der $Na^{+}-K^{+}$-ATPase zytochemisch bestätigt. Die Markierung mit großen Molekülen, z.B. Ferritin, die durch chemische Modifikation mit reaktiven Gruppen versehen ist, ist weniger anfällig für Diffusionsartefakte. Dafür entstehen aber andere Probleme. Die großen Moleküle können die intakte Membran nicht durchdringen und auch an der Oberfläche wegen ihrer Größe manche reaktiven Gruppen nicht erreichen oder nach Bindung andere abdecken, die mit kleineren Molekülen reagieren würden. Ferritin kann durch Koppelung an Antikörper für die Antigen-Lokalisierung benutzt werden, Lectine zeigen die Oligosaccharid-Verteilung an, und mit kationischen Gruppen ausgestattetes Ferritin dient für den Nachweis von Stellen hoher Konzentration elektronegativer Gruppen. Ferritin, Hämocyanin, Virus-Partikel und synthetische Polystyrol- oder Polyhydroxybutyrat-Perlen eignen sich besonders gut als Markierer für die Gefrierätzung und die Rasterelektronenmikroskopie. Die mit den morphologischen Techniken nachweisbare Asymmetrie der Proteinverteilung stimmt zumindest für die Erythrozytenmembran gut mit der durch die rein chemischen Verfahren bestimmten überein. Zusätzlich können die morphologischen Techniken aber auch die topographische Verteilung von Proteinen in der Ebene der Membran darstellen. Wenn eine Oberflächenmarkierung zusammen mit Gefrierätzung benutzt wird, zeigen sich Korrelationen im Oberflächenmuster und dem Partikel-Muster der Bruchflächen, wie nach der Proteinanordnung im Singerschen Membranmodell zu erwarten ist. Auf diese Weise wird es möglich, zytochemische Informationen über die Bruchflächenpartikel zu gewinnen. Es darf bei der Interpretation aber nicht vergessen werden, daß ein Partikel gewöhnlich nicht einem Proteinmolekül entspricht, sondern daß meistens ein Aggregat von Proteinmolekülen vorliegt.

12.1.3.2 Protein-Beweglichkeit

Wir können theoretisch und mit gewissen Einschränkungen auch experimentell verschiedene Kategorien der Protein-Beweglichkeit unterscheiden, z.B. Rotation, Translation, Schaukelbewegungen sowie Platzwechsel innerhalb einer Einzelschicht, zwischen den beiden Einzelschichten einer Doppelschicht und zwischen zwei Doppelschichten. Intramolekulare Konformationsänderungen der Proteine werden nicht berücksichtigt, da hierüber kaum experimentelle Ergebnisse vorliegen. Am besten untersucht sind die Rotations- und Translations-Bewegungen der Proteine.

a) Rotations- und Translationsbewegungen

Die Untersuchungen von R. Cone an den Stäbchenaußengliedern der Netzhaut liefern ein klassisches Beispiel für die Messung der Bewegungen von Membranproteinen. Wegen der regellosen Verteilung der Rhodopsinmoleküle zeigen die Stäbchenaußenglieder entlang ihrer langen Achse, d.h. senkrecht zur Ebene der Rhodopsin enthaltenden Membranen, keinen Dichroismus. Ein Dichroismus in der Absorptionsbande des Rhodopsins wird aber erzeugt, wenn durch einen polarisierten Lichtblitz vorwiegend diejenigen Moleküle gebleicht werden, deren Chromophor parallel zum elektrischen Vektor des Lichtes ausgerichtet ist. Der zeitliche Abfall dieses induzierten Dichroismus ist ein Maß für die Rotationsdiffusion der ungebleichten Rhodopsinmoleküle, die in kurzer Zeit wieder eine regellose Orientierung des ungebleichten Rhodopsins herstellt. Die gemessene Relaxationszeit beträgt 20 µsec bei 20° C. Aus der Rotationsdiffusionszeit in einer Flüssigkeit läßt sich die Translationsdiffusionszeit berechnen. Cone hat sie aber auch experimentell bestimmt. Isolierte Stäbchenaußenglieder wurden mit einem Blitz so belichtet, daß nur eine Seite des zylindrischen Stäbchens gebleicht wurde. Da die Ebene der Rhodopsin-haltigen Membranen senkrecht zu der langen Achse des Stäbchens liegt, führt die laterale Diffusion der Rhodopsinmoleküle zu einer Zunahme der Rhodopsinabsorption in der gebleichten und einer Abnahme in der ungebleichten Stäbchenseite, bis die Absorptionsunterschiede ausgeglichen sind. Der so gemessene laterale Diffusionskoeffizient stimmt gut mit dem aus der Rotationsdiffusion errechneten überein, was zeigt, daß sich die Membran tatsächlich weitgehend wie eine zweidimensionale Flüssigkeit verhält.

Translationsbewegungen von markierten Oberflächenrezeptoren sind auch in vielen anderen Membranen gemessen worden. Frye und Edidin erbrachten den ersten eindrucksvollen Nachweis für die laterale Diffusion von Proteinen in Zellmembranen. Sie zeigten, daß nach Fusion von Mäuse- und menschlichen Gewebekulturzellen die mit verschiedenen fluoreszierenden Antikörpern markierten artspezifischen Oberflächen-Antigene sich innerhalb von 40 min diffus über die Oberfläche des Heterokaryons verteilten. Eine Reihe von Kontrollversuchen schlossen andere mögliche Erklärungen, wie Abbau und Neusynthese sowie Neuverteilung durch Pino- und Exozytose aus. Die Diffusionsgeschwindigkeit ist temperaturabhängig und spiegelt den Phasenübergang der Lipide wider.

Elektronenmikroskopische Ergebnisse zeigen ebenfalls Umverteilungen von Membran-Proteinen, wobei meist Ferritin-gekoppelte Lectine oder Antikörper als Oberflächen-Markierer benutzt werden, oder die Partikelverteilung in Gefrierbruch-Bildern ausgewertet wird. Eines der besten Beispiele ist der Nachweis der reversiblen pH-abhängigen Partikel-Zusammenballung in Erythrozytenmembranen und die Korrelation der mit Ferritin markierten Oberflächenmuster mit dem Partikel-Muster der Bruchflächen. Diese Proteinaggregation tritt jedoch nur in isolierten Membranen auf, die einen großen Teil der peripheren Membranproteine verloren haben; sie wird in intakten Zellen nicht beobachtet.

Eine Modifikation der eleganten Versuche an Stäbchenaußengliedern erlaubt eine mehr generelle Anwendung. Ein nicht penetrierender Fluoreszenzfarbstoff wird kovalent an die an der Membranoberfläche zugänglichen Proteine — gewöhnlich über freie Aminogruppen — gebunden. Die Fluoreszenz wird dann in einem Teil der Membran durch eine intensive Belichtung gebleicht und das Wiedererscheinen von Fluoreszenz in dem gebleichten Bezirk verfolgt. Es zeigt sich, daß die Beweglichkeit der Membran-Proteine meist geringer ist als die des Rhodopsins in den relativ „flüssigen" Stäbchenaußengliedermembranen. Für Fibroblasten wurde z.B. ein lateraler Diffusionskoeffizient von $2{,}6 \times 10^{-10}\,\mathrm{cm^2\,s^{-1}}$ gefunden. Bei unspezifischer Anfärbung sind in diesem Wert natürlich die Beweglichkeiten aller angefärbten Proteine enthalten, die sicher nicht alle gleich sind. Eine spezifischere Anfärbung ist mit fluoreszierenden Antikörpern möglich. Dann kann allerdings die Antigen-Antikörper-Reaktion die Beweglichkeit beeinflussen. Andere Einwände gegen diese Technik können hier nicht diskutiert werden. Die gefundenen Werte geben nur einen groben Anhalt, zeigen aber, daß die im „flüssigen Mosaik"-Modell postulierte Beweglichkeit der Membranproteine tatsächlich nachgewiesen werden kann.

Die Wechselwirkungen zwischen Membranproteinen und den sie direkt umgebenden Lipiden sind nur wenig untersucht. Wie schon erwähnt, ist eine reduzierte Beweglichkeit der Lipidkohlenwasserstoffketten beobachtet worden, wenn integrale Membranproteine in Lipiddoppelschichten eingebaut werden. Es wird allgemein angenommen, daß diese Beweglichkeitsbeschränkung hauptsächlich die Moleküle betrifft, die direkt mit der hydrophoben Proteinoberfläche Kontakt haben. Es gibt Anhaltspunkte dafür, daß diese Lipide in einigen Fällen mit umgebenden Lipidmolekülen frei austauschbar sind, in anderen aber scheint eine bestimmte Klasse von Lipiden bevorzugt adsorbiert zu werden. Ein solcher monomolekularer „Mantel" von Lipidmolekülen ist anscheinend für die Funktion der Ca^{++}-ATPase des sarkoplasmatischen Reticulums notwendig, und auch die Notwendigkeit von Lipiden für die Funktion anderer Enzyme kann durch die Annahme einer solchen Wechselwirkung zwischen Proteinen und Lipiden erklärt werden. Die Diffusionsbewegungen von Proteinen würden dann vorwiegend durch die Wechselwirkung zwischen gebundenen und freien Lipidmolekülen bestimmt.

b) Steuerung der Beweglichkeit und Verteilung von Membrankomponenten

Die Membranprotein-Verteilung kann durch Faktoren beeinflußt werden, die die Lipid-Anordnung bestimmen, z.B. Temperatur und Ionenkonzentration des wäßrigen Milieus. Bei abnehmender Temperatur treten Phasentrennungen gemischter Lipide auf; in der Lipiddoppelschicht entstehen Bereiche, die mehr gelartig und andere, die mehr flüssig sind. Integrale Membranproteine finden sich bevorzugt in der flüssigen Phase, und ihre Bewegungen sind auf diese Gebiete beschränkt. Das läßt sich besonders deutlich in einem Modellsystem aus Glykophorin und den synthetischen Phospholipiden Dimyristoyl-Phosphatidyl-Cholin (DMPC) und Dipalmitoyl-Phosphatidyl-Cholin (DPPC) zeigen. Oberhalb des Phasenüberganges beider Lipide ist das Glykophorin gleichmäßig in der Ebene der Lipiddoppelschicht verteilt, wie der Gefrierbruch zeigt. Unterhalb der Phasenübergangstemperatur von DPPC, aber oberhalb der von DMPC, treten gleichzeitig gelähnliche und flüssig-kristalline Gebiete innerhalb der Membranebene auf, die mittels ESR nachgewiesen wurden. Der Gefrierbruch zeigt jetzt glatte Bereiche in den Bruchflächen der Doppelschicht, die von Bereichen mit erhöhter Partikelkonzentration umgeben sind. Es ist nicht sicher, ob solche Proteinumverteilungen in nativen Membranen unter physiologischen Bedingungen eine Rolle spielen, besonders, wenn der Phasenübergang durch das Vorhandensein von Cholesterin verwischt ist. In nativen Membranen von Prokaryonten, welche kein Cholesterin enthalten, sind jedoch temperaturabhängige Änderungen der Partikelverteilung nachgewiesen worden.

Die Membranprotein-Verteilung kann auch durch Wechselwirkungen zwischen integralen Proteinen bestimmt werden. Verschiedene Proteine können in der Membran assoziieren, so daß sie komplexe makromolekulare Einheiten bilden. Experimente an Erythrozyten-Membranen mit chemischer Vernetzung der Proteine weisen auf spezifische Assoziation verschiedener Proteinfraktionen hin. Der Durchmesser der auf der Bruchfläche sichtbaren Partikel deutet ebenfalls darauf hin, daß sie solche Aggregate darstellen. Eine Korrelation zwischen spezifisch markierten Oberflächenrezeptoren und Bruchflächen-Partikeln zeigt auch, daß einzelne Partikel multiple Rezeptoren enthalten können.

Viel Beachtung haben in letzter Zeit Versuche gefunden, die zeigten, daß Wechselwirkungen zwischen integralen Membran-Proteinen und an der inneren Membranoberfläche lokalisierten peripheren Proteinen die Bewegung der integralen Proteine beeinflussen. Die Elektronenmikroskopie hat die Anwesenheit von Mikrotubuli und kontraktilen Mikrofilamenten mit Actin-ähnlichen Eigenschaften an zytoplasmatischen Membranoberflächen nachgewiesen. Diese Komponenten sind z.T. auch isoliert und chemisch charakterisiert worden. Anscheinend sind zumindest einige integrale Membranproteine, auch solche, die die Membran durchsetzen, an diese inneren peripheren Elemente gebunden. Eine Änderung in der Verteilung oder Konformation der inneren Oberflächenelemente kann zu einer Umverteilung von Rezeptoren an der äußeren Zelloberfläche führen.

Beispiele für diese Steuerung der Beweglichkeit liefert besonders die „Kappenbildung" in Lymphozyten, die durch eine Antigen- oder Lectin-Bindung an der Membranoberfläche hervorgerufen werden kann. Auch die Bewegung größerer Membrangebiete in Phagozytose, Pinozytose und Exozytose (Sekretion) ist mit der Anwesenheit dieser Elemente an der zytoplasmatischen Seite der Membran verknüpft. Elektronenmikroskopische Untersuchungen zeigen häufig eine Umverteilung von Bruchflächenpartikeln in frühen Stadien dieser Vorgänge.

Schließlich soll noch erwähnt werden, daß in neuester Zeit Wechselwirkungen und Bewegungen von integralen Membranproteinen zur Erklärung der Funktion von Rezeptormolekülen herangezogen werden, speziell in den vielen Fällen, wo gezeigt werden kann, daß das auslösende Molekül, z.B. ein Peptidhormon, nur an der Zelloberfläche gebunden wird und nicht in die Zelle eindringt. Bindung des Hormones soll die Konformation des Rezeptors ändern, der daraufhin mit einem zweiten integralen Membranprotein reagieren kann, das dann eine Reaktion an der inneren Membranoberfläche auslöst. Die erhobenen Befunde erfordern, daß eine laterale Diffusion erfolgen muß, ehe der Rezeptor mit dem zweiten Protein reagieren kann.

12.1.4 Die Kohlenhydrat-Anordnung in Biomembranen

Polymere Kohlenhydrate werden allein oder assoziiert mit Peptiden und Lipiden an der Oberfläche vieler Zellen gefunden. Sie sind ein Hauptbestandteil der Zellwände der meisten Prokaryonten und Pflanzen. Da sie nicht zur Membran zu rechnen sind, werden wir sie hier nicht weiter behandeln. (Zur Frage der Definition und Abgrenzung zwischen Zellwänden und Zellmembranen s. Stoeckenius u. Engelman, 1969.) Oligomere Kohlenhydrate in kleineren Mengen und in kovalenter Bindung finden sich als Glykolipide und Glykoproteine in den meisten Membranen. Sie spielen eine wichtige Rolle in Wechselwirkungen zwischen Zellen und in Rezeptorfunktionen. Der Anteil der Kohlenhydratkomponente an Glykoproteinen ist oft recht hoch, so beträgt er in Glykophorin z.B. 60% der Gesamtmasse und ist in der Form von Oligosaccharidketten an einem Ende des Moleküls konzentriert.

12.1.4.1 Markierung und Lokalisierung der Kohlenhydrate

Chemische Methoden zur Lokalisation von Kohlenhydraten benutzen häufig die Oxydation zu Aldehyden mit Koppelung des markierenden Moleküls als Schiffsche Base. Zur zytochemischen Markierung werden häufig auch Lectine oder Antikörper benutzt. Für lichtmikroskopische Untersuchungen werden die Lectine und Antikörper meist mit Fluoreszenzfarbstoffen markiert, für die Elektronenmikroskopie werden sie meist mit Ferritin gekoppelt. Der niedrige pK der Sialoglykoproteine erlaubt eine relativ spezifische Anfärbung mit kationischen Verbindungen bei niedrigem pH, z.B. kolloidalem Eisenhydroxyd für die Elektronenmikroskopie. Diese Markierungen der Membranoberfläche sind sowohl für Dünnschicht- als auch für Gefrierbruch-Elektronenmikroskopie brauchbar. Ein stufenweiser Abbau der Oligosaccharidketten mit spezifischen Enzymen kann als Kontrolle für die zytochemischen Verfahren dienen und erlaubt Aussagen über die Sequenz des Zuckers in der Kette.

Untersuchungen dieser Art haben ergeben, daß die Kohlenhydrate vorwiegend, wenn nicht ausschließlich, an der dem Zytoplasma abgewandten Seite der Membranen lokalisiert sind. Über die Konformation der Kohlenhydrate ist praktisch nichts bekannt. Wenn sie in Membranmodellen berücksichtigt werden, sind sie meist als entfaltete, verzweigte Ketten dargestellt, die sich ungefähr im rechten Winkel zur Membran ins Medium erstrecken.

12.1.5 Zusammenfassung und Ausblick

Die experimentellen Untersuchungen der letzten 10 Jahre haben eindeutig gezeigt, daß die Masse der Lipide in Biomembranen in Form einer Doppelschicht vorliegt, wie sie zuerst von Gorter und Grendel 1925 vorgeschlagen wurde. Der größte Unterschied der heutigen zu früheren Doppelschichtmodellen besteht in der Anordnung der Membranproteine. Von Danielli u. Davson (1935) bis zu Robertson (1960) herrschte die Auffassung vor, daß die Proteine fast ausschließlich als kontinuierliche Schichten an der Oberfläche der Lipiddoppelschicht angeordnet sind. Singer (1971) faßte alte und neue Argumente gegen diese Anordnung zusammen und schlug vor, daß ein großer Teil der Membranproteine im hydrophoben Inneren der Doppelschicht durch hydrophobe Wechselwirkungen mit den Kohlenwasserstoffketten der Lipide verankert ist, und daß Proteine die ganze Dicke der Membran durchsetzen können. Dieses Modell wurde bald zum „flüssigen Mosaik"-Modell erweitert, das die Lipiddoppelschicht als eine „zweidimensionale Flüssigkeit" betrachtet und die Diffusionsbewegungen der Lipide und Proteine in der Membran betont.

Das Modell kann sich auf eine Vielzahl experimenteller Ergebnisse stützen. Die Anordnung der Proteine stimmt gut mit den Gefrierbruchbildern der Elektronenmikroskopie überein, und moderne spektroskopische Methoden sowie Licht- und Elektronenmikroskopie bestätigen die Beweglichkeit der Lipide und Proteine in Membranen. Das „flüssige Mosaik"-Modell ist daher heute weitgehend akzeptiert, und es hat sich als von beträchtlichem heuristischen Wert erwiesen. Eine Kritik, die einige unbefriedigende Züge des Modells betont, findet sich in Tanford (1973). Hier sei nur erwähnt, daß es zumindest in seiner ursprünglichen Form die Rolle der peripheren Proteine in der Membranstruktur unterbewertet und die Beweglichkeit der Proteine überschätzt hat.

Die allgemeine Funktion von Membranen besteht darin, als Permeabilitätsbarriere für Zellen oder Zellorganellen zu dienen. Daraus ergibt sich, daß allgemeine Membranmodelle bevorzugt die Züge der Membranen wiedergeben, die dieser Funktion dienen. Membranen enthalten aber auch ein Mosaik funktioneller Einheiten, die die spezifischen Eigenschaften einer Membran bestimmen, z.B. spezifische Transportsysteme, Energiewandler und Rezeptoren. Während die Lipiddoppelschicht hauptsächlich als Permeabilitätsbarriere anzusehen ist, werden die spezifischen Funktionen der Membran hauptsächlich durch die Membranproteine — natürlich in ihrer Wechselwirkung mit den Lipiden — bestimmt. Über die Struktur dieser spezifischen funktionellen Einheiten können generelle Membranmodelle wenig aussagen. Neuere Untersuchungen konzentrieren sich daher darauf, solche funktionellen Einheiten zu isolieren und in ihrer Struktur aufzuklären. Ob sich daraus allgemeine Strukturen für Rezeptoren, Ionenpumpen, ionenspezifische Poren oder Energiewandler ableiten lassen, ist noch ungewiß. Die Arbeit ist über interessante Einzelergebnisse und Spekulationen kaum hinausgedrungen. Sie stellt aber sicher das nächste wichtige Kapitel in der Erforschung von Membranen dar.

Literaturauswahl

Carraway, K. L.: Covalent labeling of membranes. Biochim. Biophys. Acta (Amst.) **415**, 379–410 (1975).

Danielli, J. F., Davson, H.: A contribution to the theory of permeability of thin films. J. Cell Physiol. **5**, 495–508 (1935).

Gorter, E., Grendel, F.: On bimolecular layers of lipoid on the chromocytes of the blood. J. Exp. Med. **41**, 439–443 (1925).

Korn, E. D.: Structure of biological membranes. Science **153**, 1491–1498 (1966).

Luzzati, W.: X-ray diffraction studies of lipid-water systems. In: Biological Membranes, Physical Fact and Function (D. Chapman, Ed.), p. 71–123. New York: Academic Press 1966.

Mueller, P., Rudin, D. O.: Action potentials induced in biomolecular lipid membranes. Nature (Lond.) **217**, 713–719 (1968).

Robertson, J. D.: The ultrastructure of cell membranes and their derivatives. Biochem. Symp. **16**, 3–43 (1959).

Robertson, J. D.: The molecular structure and contact relationships of cell membranes. Progr. Biophys. **10**, 344–418 (1960).

Rothfield, L. I. (Ed.): Structure and Function of Biological Membranes. New York: Academic Press 1971.

Singer, S. J., Nicolson, G. L.: The fluid mosaic model of the structure of cell membranes. Science **173**, 720–731 (1972).

Stoeckenius, W., Engelman, D. M.: Current models for the structure of biological membranes. J. Cell Biol. **42**, 613–646 (1969).

Tanford, C.: The Hydrophobic Effect: Formation of Micelles and Biological Membranes. New York: John Wiley & Sons 1973.

12.2 Physikalische Grundlagen der molekularen Organisation und Dynamik von Membranen

Erich Sackmann

12.2.1 Einleitung

Vom physikalischen Standpunkt aus betrachtet sind biologische Membranen außerordentlich komplizierte Vielkomponenten-Legierungen amphipathischer Moleküle. Die Situation wird noch komplizierter, da es sich um zweidimensionale Systeme handelt, deren Struktur entscheidend durch die Kopplung mit der Umgebung (z.B. mit einer wäßrigen Phase oder mit zytoplasmatischen Komponenten) bestimmt wird. Die vielfältigen Aufgaben der natürlichen Membranen erfordern ein hohes Maß an Ordnung auf molekularer Ebene. Bekannte Beispiele sind die Elektron-Transfer-Kette oder der Photosynthese-Apparat (s. Kapitel 13.1). Für den Transport innerhalb oder durch die Membranen ist gleichzeitig eine große molekulare Beweglichkeit erforderlich. Die Natur erreicht dieses Ziel durch Kombination geeigneter Lipid-Komponenten.

Die Selbstorganisation in Membranen ist eines der interessantesten Probleme der Physik biologischer Systeme. Zur Lösung desselben werden derzeit zwei Wege beschritten. Einerseits wird versucht, durch direkte Experimente an Biomembranen oder durch Einbau größerer funktioneller Einheiten in Modellmembranen die Zusammenhänge zwischen Struktur und Funktion der Membranen aufzuklären. Ein anderer Weg ist die systematische Untersuchung der physikalischen Eigenschaften von reinen Lipidschichten und von Lipid-Protein-Lamellen. Ziel dieser Bemühungen ist der Aufbau immer komplexer Modellmembranen. Diese Membranforschung steht in Beziehung zur Physik fluider Grenzflächen und kolloidaler Systeme. Komplexe Mechanismen wie die Phagozytose oder die Pseudopodienbildung sind eng verwandt mit Problemen der Stabilität fluider Grenzflächen. Im folgenden Kapitel sollen die physikalischen Eigenschaften von Modellmembranen diskutiert werden.

12.2.2 Polymorphismus der Lipid/Wasser-Systeme

In diesem Kapitel wird fast ausschließlich über physikalische Eigenschaften der Phospholipide berichet. Diese unterscheiden sich in der Struktur der apolaren Ketten (in der Zahl der CH_2-Gruppen oder Doppelbindungen) und der polaren Kopfgruppen. Zur Nomenklatur der Lipide s. Abb. 12.6. Die Kopfgruppen können zwitterionisch (quasineutral) sein oder eine effektive Überschußladung besitzen (s. Abb. 12.6). Letztere Klasse von Molekülen ist von besonderem Interesse. In Membranen mit geladenen Lipiden lassen

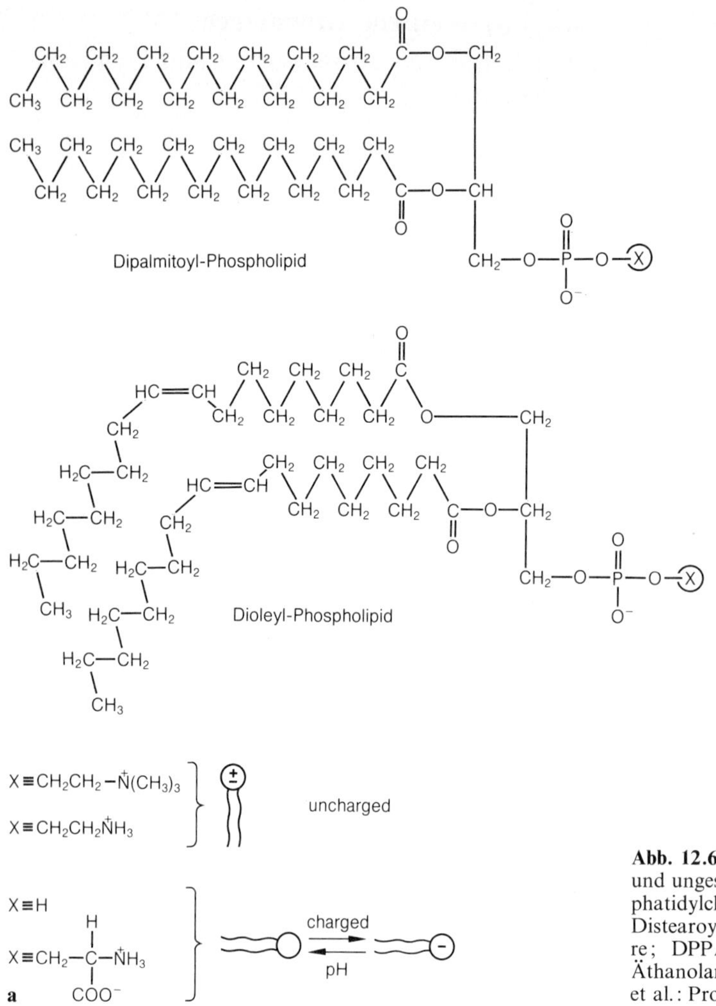

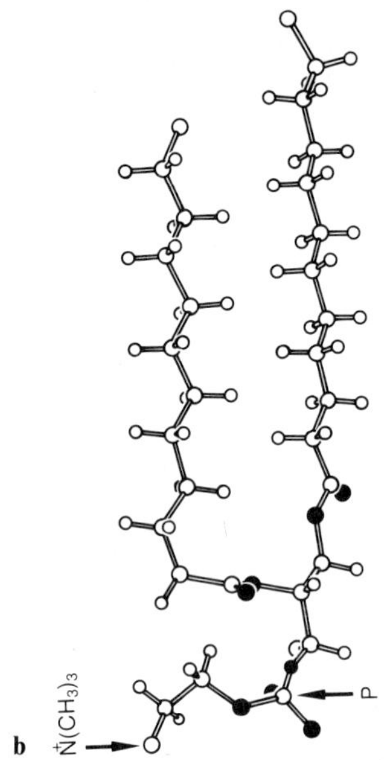

Abb. 12.6. a Neutrale und geladene Phospholipide mit gesättigten und ungesättigten Ketten. *Abkürzungen:* DMPC: Dimyristoylphosphatidylcholin; DPPC: Dipalmitoylphosphatidylcholin; DSPC: Distearoylphosphatidylcholin; DMPA: Dimyristoylphosphatidsäure; DPPA: Dipalmitoylphosphatidsäure; DMPE: Dimyristoyl-Äthanolamin. **b** Struktur der Lipide in der Membran. [Nach Elder et al.: Proc. R. Soc. London Ser. A **354**, 157 (1977)]

sich strukturelle Änderungen durch äußere Ladungen triggern. Geladene Proteine können durch elektrostatische Wechselwirkung fest an die Membran binden und zu drastischen Änderungen der mikroskopischen Organisation der Membran führen.

12.2.2.1 Das Lezithin/Wasser-Phasendiagramm

Gibt man trockenes Lipid in Wasser, so quillt dieses oberhalb einer kritischen Temperatur T_k sehr schnell (Sättigung der Wasseraufnahme in 2–3 Std.). Unterhalb T_k ist die Wasseraufnahme sehr langsam (Halbwertszeit mehrere Tage). Die entstehenden Strukturen hängen von der Art des Lipids ab. Lezithine bilden schlauchförmige (Myelin-artige) Strukturen konzentrisch angeordneter Doppelschichten, während Phosphatidsäure eher kleinere sphärische (multilammelare) Systeme bilden. Phosphatidyl-Äthanolamin quillt nur nach Zugabe von mindestens 6 mol-% Lezithin. Die treibende Kraft der Quellung ist die hydrophile Wechselwirkung der polaren Gruppen mit Wasser (Sackmann, 1978). Die Kinetik ist bestimmt durch die Geschwindigkeit v, mit der Wasser durch die Lipidschichten eindringt. Diese beträgt bei $T > T_k$ $v \approx 10^{-3}$ cm/s (Sackmann, 1978).

Ein für Lezithin typisches Phasendiagramm des Systems Lipid/Wasser zeigt Abb. 12.7. Bei nicht zu hohen Temperaturen ($T \lesssim 130°$ C für DPPC) ist die Lipiddoppelschicht die Grundstruktur im gesamten Temperatur- und Konzentrationsbereich. Einfache makroskopische Systeme entstehen nur im Grenzfall eines sehr geringen und sehr hohen Wassergehalts. Im ersteren Fall, d.h. bis zu einer Sättigungskonzentration von $c_{w,s} \approx 30\%$ bzw. $c_{w,s} \approx 20\%$ (s. Abb. 12.7), beobachtet man eine homogene smektische Phase aus parallelen Lipiddoppelschichten. Die Dicke der Wasserschicht variiert von ca. 10 Å bei $c_w = 5\%$ bis zu 20 Å bei $c_w \approx 20\%$ (Tardieu et al., 1973). Links von der Phasengrenze, $c_w = 5\%$, besteht wahrscheinlich Koexistenz zwischen wasserfreiem Lipid und einer äquimolaren Lipid/Wasser-Mischung (Monohydrat) Oberhalb der Sättigungskonzentration $c_{w,s}$ entsteht eine heterogene Phase. Diese besteht aus einer Dispersion, in der multilamellare Systeme (Liposomen) mit einschaligen (Vesikeln) koexistieren. Die Situation ist sehr kompliziert, da die mehrschaligen Liposomen und die ein-

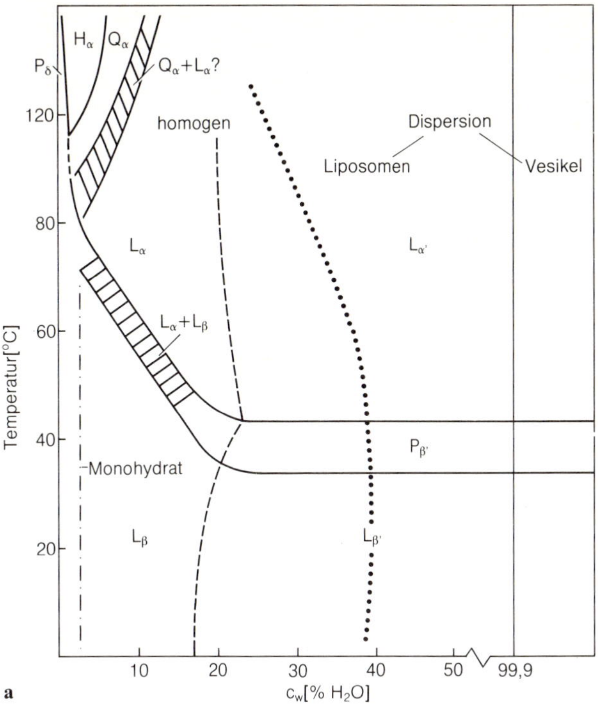

a

Abb. 12.7. Phasendiagramm von Diacyl-Phosphatidylcholinen im Wasser. Die Temperaturachse entspricht DPPC. Die lamellaren Phasen L_α, $L_{\alpha'}$ sind fluid und entsprechen der smektischen Phase sm *A* thermotroper Flüssigkristalle. L_β, $L_{\beta'}$, $P_{\beta'}$, sind kristalline Phasen, in der die Lipidketten ein Dreiecksgitter bilden. Die Kurve (---) gibt die maximale Wasseraufnahme aus der H_2O-Dampfphase und (···) diejenige aus der Flüssigkeit an. Rechts von letzterer Kurve ist das Lipid-Wasser-System heterogen. Unterhalb 2,5% H_2O besteht wahrscheinlich Koexistenz zwischen Monohydrat und wasserfreiem, kristallinen Lipid. Die schraffierten Gebiete sind Koexistenzbereiche von L_β und L_α bzw. Q_α und L_α. Bei $c_w < 20°$ und hohen Temperaturen gibt es eine Reihe von lyotropen flüssigkristallinen Zuständen, wie z.B. die hexogonale Phase H_α, die kubische Phase Q_α und die Bänder-Phase P_δ deren Strukturen in der Abbildung schematisch dargestellt sind. [Nach Powers u. Pershan: Biophys. J. **20**, 137 (1977); Chapman et al.: Chem Phys. Lipid **1**, 445 (1971); Jürgens, E.: Dissertation, Ulm 1981]

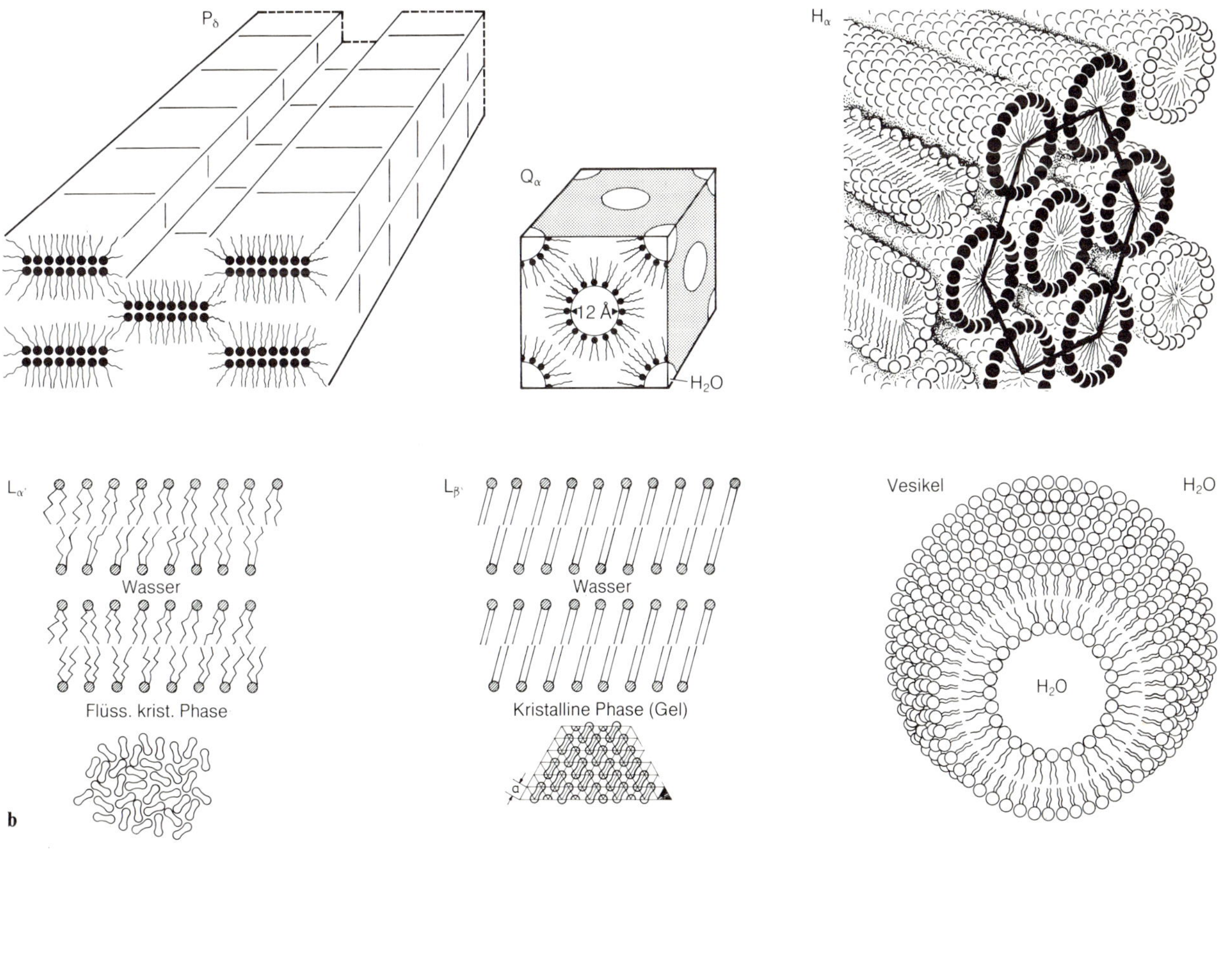

b

schaligen Vesikel metastabil sind. Im Grenzfall sehr hohen Wassergehalts ($c_w > 99,9\%$) entsteht eine Dispersion einschaliger Vesikel. Mit geeigneten Methoden lassen sich Vesikel von einigen µm Durchmesser herstellen (Sackmann, 1978). Durch Beschallen erhält man Dispersionen kleiner Vesikel von einigen 100 Å mit relativ scharfer Größenverteilung, die für mehrere Stunden stabil gehalten werden können.

Bei geringerem H_2O-Gehalt und hohen Temperaturen gibt es eine Reihe von lyotropen Flüssigkristall-Phasen, von denen einige in Abb. 12.7 wiedergegeben sind.

12.2.2.2 Thermotrope, strukturelle Phasenumwandlungen der lamellaren Phase und Vesikeln

Die Doppelschichten aller Lipide zeigen eine Phasenumwandlung 1. Ordnung, die mit dem Schmelzen der Kohlenwasserstoffketten verknüpft ist. Unterhalb der Umwandlung, in der kristallinen $P_{\beta'}$ oder $L_{\beta'}$-Phase (auch Gel-Phase genannt), bilden die Paraffinketten ein Dreiecksgitter (s. Abb. 12.7) mit der Gitterkonstanten a ($a = 4,2$ Å für 1,2-diacyl-Lecithine). Die Umwandlungstemperatur des $L_\beta \rightarrow L_\alpha$-Übergangs nimmt bis zur Grenze der Sättigung in Wasserdampf [Kurve (---) in Abb. 12.7] mit steigendem H_2O-Gehalt ab und bleibt dann bis zu sehr geringen Lipidkonzentrationen konstant. In der teilweise gesättigten lamellaren Phase (d.h. bei $c_w \leqq 20\%$) ist der Übergang $L_{\beta'} \rightarrow L_\alpha$ durch ein Koexistenzgebiet getrennt, in dem Aufspaltung in eine wasserreiche fluide Phase (L_α) und wasserärmere kristalline Phase auftritt. Oberhalb der Sättigungskonzentration $c_{w,s} = 20\%$ gibt es eine weitere strukturelle Phasenumwandlung, die sog. Vorumwandlung ($L_{\beta'} \rightarrow P_{\beta'}$).

Einige typische thermodynamische Daten der Lipidphasenumwandlung sind in Tabelle 12.1 zusammengestellt. Die Umwandlungswärme ΔH (-Entropie ΔS) der Hauptumwandlung wächst linear mit der Kettenlänge. Man kann daher einen ΔH-Wert (oder ΔS-Wert) pro CH_2-Gruppe definieren (Phillips et al., 1969). Diese Inkremente sind in Tabelle 12.1 angegeben. Die Umwandlungswärme der Vorumwandlung ist im wesentlichen unabhängig von der Kettenlänge (ΔH ≈ 5 kJ/Mol). Auffallend ist, daß die Umwandlungsentropien der isolierten Lipidschichten (z.B. der Vesikel) um etwa einen Faktor 3 höher ist als die des Monohydrats. Die molekulare Packungsdichte in der kristallinen Phase der beiden Strukturen ist in etwa gleich. Dagegen ist der mittlere Flächenbedarf in der fluiden Phase für die isolierten Doppelschicht-Lamellen wesentlich größer (70 Å) als im Monohydrat (50 Å^2). Diese erheblich geringere Packungsdichte in Vesikeln erlaubt eine höhere Unordnung in dem Bereich der Kohlenwasserstoffketten und erklärt die wesentlich größere Umwandlungsentropie.

Strukturelle Daten der verschiedenen Lipidphasen sind in Tabelle 12.2 zusammengestellt. In den kristallinen Phasen $L_{\beta'}$ und $P_{\beta'}$ sind die Lipidketten der Lezithine gegen die Membrannormale um einen Win-

Tabelle 12.1. Thermodynamische Daten der strukturellen Phasenumwandlungen der 1,2-Diacyl-L-Phosphatidycholine. Die Umwandlungswärmen, ΔH, und -entropien, ΔS, sind pro Mol CH_2-Gruppe angegeben. [Nach Phillips et al.: Chem. Phys. Lipids **3**, 234 (1969); Hintz, H.J., Sturtevant, J.M.: J. Biol. Chem. **10**, 6071 (1972)

	Multischichten (Monohydrat)	Liposomen und Einschalige Vesikel
ΔH [kJ/Mol CH_2]	$L_\beta \rightarrow L_\alpha$: 0,82	$P_{\beta'} \rightarrow L_\alpha$: 2,1
ΔS [J/Mol $CH_2 \cdot$ Grad]	$L_\beta \rightarrow L_\alpha$: 1,9	$P_{\beta'} \rightarrow L_\alpha$: 5,2
Umwandlungstemperaturen für DPPC	$L_\beta \rightarrow L_\alpha$ Monohydrat 70–85° C wasserfrei 94° C	$P_{\beta'} \rightarrow L_\alpha$: $T_m = 41°$ C $L_{\beta'} \rightarrow P_{\beta'}$: $T_v = 33°$ C

Tabelle 12.2. Strukturelle Daten der 1,2-diacyl-phosphatidylcholine. [Daten nach Büldt et al.: Nature (London) **271**, 182 (1978); Knoll, W.: Unveröffentlicht; Nagle, Wilkinson: Biophys. J. **23**, 159 (1978); Janiak, M.J. et al.: Biochemistry **15**, 4575 (1976); Gottlieb, Eanes: Biophys. J. **14**, 335 (1974); Tardieu et al.: J. Mol. Biol. **75**, 711 (1973)]

	Multilamellare Systeme			Einschalige Vesikel
	2,5% H_2O Monohydrat	10% H_2O	20% H_2O	99,9% H_2O
Doppelschicht-Dicke [Å]				
L_α	—	40	37,5	(L_α): 44
L_β	54	45	42,7	($L_{\beta'}$): 49
Wasserschicht-Dicke [Å]				
L_β	3,7	11	18	∞
Mittlerer Netzebenenabstand, a (s. Abb. 12.7) [Å]				
$L_{\beta'}$	—	4.2	4.2	$L_{\beta'}$: 4,2 Å
Neigungswinkel gegen Normale (20° C) L_β	17°	26°	31°	$L_{\beta'}$: 30°
Molvolumen [Å^3]				L_α: 1094 L_β: 1038

kel θ geneigt. Diese Zweiachsigkeit der Lipidschichten folgt indirekt aus der Messung der Dicke der Doppelschicht mit Röntgen- oder Neutronenbeugung. Sie läßt sich direkt durch konoskopische Beobachtung an geordneten Multischichten oder durch Messung mit Spin-Sonden nachweisen. Die Neigung ist die Folge des relativ hohen Flächenbedarfs der Kopfgruppen (50 Å^2) gegenüber dem der (gesättigten) Paraffinketten ($\approx$40 Å^2) und ermöglicht eine genügend hohe Packungsdichte der Ketten.

Während der letzten Jahre wurden eine Reihe von Theorien der Hauptumwandlung publiziert. Aus Platzgründen muß wegen einer Darstellung dieser theoretischen Modelle auf die Originalliteratur verwiesen werden.

Eine besonders wichtige Methode zur Untersuchung der molekularen Architektur von Lipidschichten ist die Gefrierätz-Elektronenmikroskopie. Prinzipiell können damit alle strukturellen Eigenschaften erfaßt werden, die zu einer Variation der lokalen Oberflächenkrümmung führen. Daher lassen sich die verschiedenen Phasen isolierter Lipidschichten aufgrund ihrer charakteristischen Textur der Gefrierätzaufnahmen unterscheiden. Durch Analyse der Platin-Schichtdicke läßt sich das dreidimensionale mikroskopische Oberflächenprofil recht genau rekonstruieren. Daraus und aus der Symmetrie der Defekte der Textur erhält man detaillierte strukturelle Information. Abbildung 12.8 zeigt einige charakteristische Beispiele:

a) Die $L_{\beta'}$-Phase zeigt je nach dem Grad der Ausheilung eine glatte Oberfläche oder eine solche mit spiralförmigen Defekt-Linien (Abb. 12.8a), die von verschiedenen Zentren des Vesikels ausgehen. Entlang der Defektlinien sind die Lipidschichten gegeneinander in Richtung der Längsachse der Moleküle verschoben. Die sphärische Gestalt des Vesikels wird daher durch eine stufenförmige Anordnung ebener zweiachsiger Bereiche angenähert. Nach einigen Stunden heilen diese Defekte aus. Bereiche verschiedener Neigungsrichtung sind durch (Néel-) Wände getrennt.

b) Die $P_{\beta'}$-Phase zeigt das bekannte wellenförmige Oberflächenprofil (Ripple-Phase). Tatsächlich beobachtet man zwei Arten von

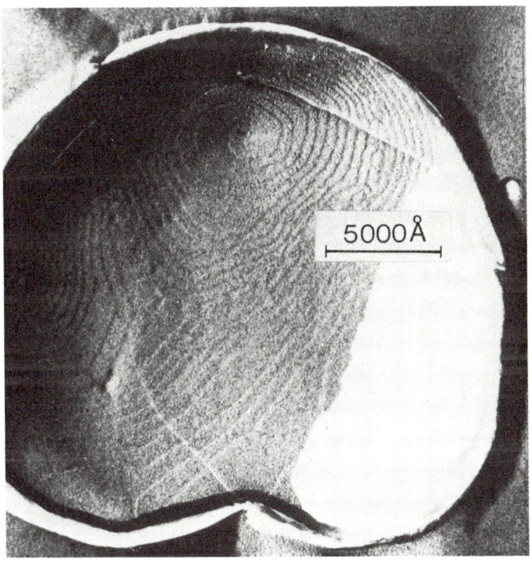

a

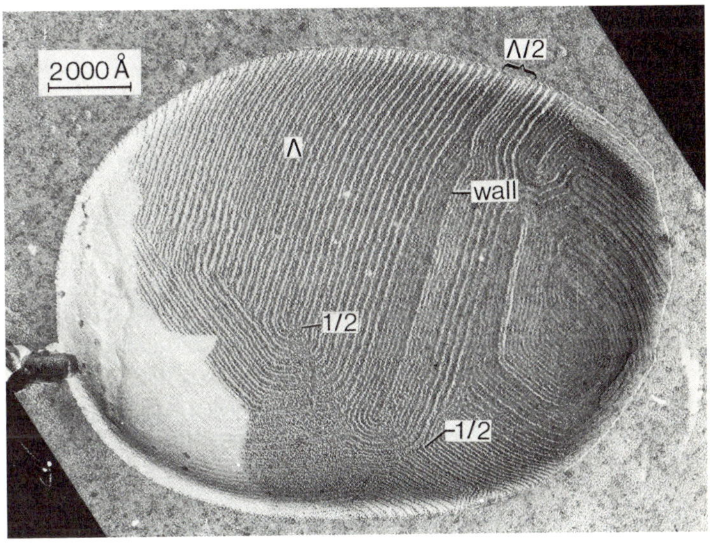

b

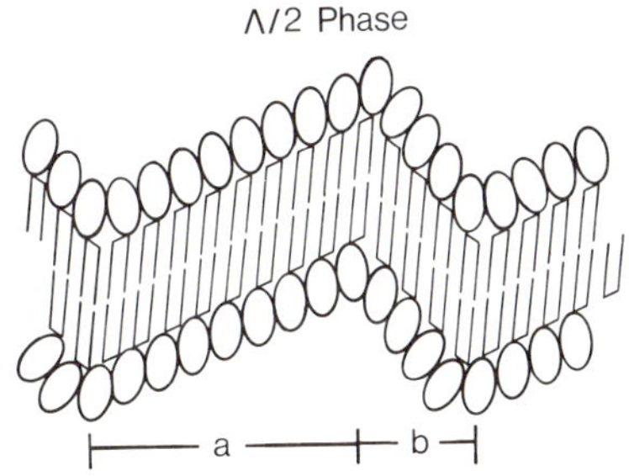

d

Abb. 12.8a–d. Charakterisierung der Phasen L_α, $L_{\beta'}$ und $P_{\beta'}$ von isolierten Lipidschichten aufgrund der Textur von Gefrierätz-Elektronenmikroskopie Aufnahmen. **a** $L_{\beta'}$-Phase: Spiralförmige Defekte oder fast glatte Oberflächen je nach Ausheilzeit. **b** $P_{\beta'}$-Phase: Wellenförmiges Oberflächenprofil (Ripples). Zwei mögliche Strukturen, die „Λ-Phase" (Wellenlänge Λ) und die „$\Lambda/2$-Phase" (Wellenlänge $\Lambda/2$) werden beobachtet. $L_{\alpha'}$-Phase: Völlig glatte Oberfläche, **d** Mögliche molekulare Struktur der $P_{\beta'}$-Phase. [Nach Sackmann et al.: Flüssigkristalltagung, Garmisch 1980. Berlin. Heidelberg, New York: Springer 1980; Larsson: Chem. Phys. Lipids **20**, 225 (1979)]

Strukturen: (die „Λ-Phase" und die „$\Lambda/2$-Phase"), die sich um einen Faktor 2 in der Wellenlänge unterscheiden. Sie koexistieren manchmal an einem Vesikel (Abb. 12.8b). Während das Profil der Λ-Phase Spiegelsymmetrie besitzt und diese im Mittel optisch einachsig ist, zeigt die $\Lambda/2$-Phase ein sägezahnartiges Profil und ist optisch zweiachsig. Ein charakteristischer Unterschied besteht auch in der Defektstruktur. Die Λ-Phase zeigt ioslierte $s \pm 1$ Punktdefekte (Gebhardt et al., 1977), während in der $\Lambda/2$-Phase Paare von $s = +1/2$ oder $s = -1/2$ Punktdefekte auftreten, zwischen denen Wand-Defekte verlaufen. An diesen stoßen Sägezahnprofile verschiedener Orientierung zusammen. Die mögliche molekulare Struktur zeigt Abb. 12.8d. Danach entsteht die Λ-Phase aus der $\Lambda/2$-Struktur durch 180°-Rotation der Sägezähne. Die Λ-Phase wird besonders bei kleinen Vesikeln beobachtet.

c) Die $L_{\alpha'}$-Phase besitzt eine völlig glatte Oberfläche.

Die Ripple-Struktur tritt immer dann auf, wenn die Ketten in der kristallinen Phase geneigt sind, um die unterschiedliche Flächenbelegungsdichte der Ketten und der Kopfgruppen anzupassen. Beispiele sind die Lezithine und Phosphatidylglycerole mit gesättigten Paraffinketten. Dagegen besitzen Vesikel aus Phosphatidsäure auch in der kristallinen Phase glatte Oberflächen, da die Ketten senkrecht zur Membranoberfläche stehen. Zwei verschiedene Modelle der Ripple-Phase wurden vorgeschlagen (Gebhardt et al., 1977). Die Existenz einer definierten Wellenlänge wird auf der Basis einer spontanen Krümmung der Monoschichten bzw. der gesamten Doppelschicht gedeutet. Die Ripple-Phase ist ein besonders faszinierendes Beispiel für die strukturelle Vielfalt der Phospholipide, die Auskunft über die elastische und elektrostatische Wechselwirkungsmechanismen in Lipidschichten gibt.

12.2.2.3 Über Polymorphismus von Lipid-Monoschichten

Die Filmwaagentechnik ist neben der Kalorimetrie die klassische Methode zur Untersuchung der thermodynamischen Eigenschaften von Lipidschichten. Druck-Flächen (π-A)-Diagramme (Isothermen) oder $T-A$-Diagramme von sorgfältig gereinigten Lipiden zeigen 3 Phasenumwandlungen: (1) Die Hauptumwandlung bei (π_M, T_M) im Bereich $M_1 - M_2$ in dem die Isothermen (und Isobaren) Geraden mit sehr kleiner, aber endlicher Steigung sind und (2) zwei Umwandlungen bei (π_K, T_K) und (π_F, T_F), die durch Knicke in den $\pi-A$- und $T-A$-Kurven angezeigt werden. Letztere sind daher von zweiter Ordnung (Abb. 12.9).

Die Hauptumwandlung führt zu einer starken Kondensation der Monoschicht. Sie wird daher dem Übergang von einem fluiden zu einem kristallinen Zustand zugeordnet und entspricht somit der Hauptumwandlung der Doppelschicht. Dies wird bestätigt durch die Elektronenbeugung, die eine hexagonale Kristallsymmetrie anzeigt (Abb. 12.9c). Die beiden anderen Übergänge sind strukturelle Phasenumwandlungen innerhalb der kristallinen (π_K, T_K) bzw. fluiden Zustände (π_F, T_F). Die Symmetrie der Lipidschicht ist bestimmt durch die Neigung der Ketten bzw. der polaren Kopfgruppen und durch die Anordnung der Lipide in der Ebene (d.h. durch die Packungsdichte ϱ). Die Umwandlungen zweiter Ordnung werden, nach Albrecht et al. (s. Abb. 12.9b), Übergängen von geneigten zu senkrechten Kettenorientierungen zugeschrieben. Interessant ist der kritische Punkt (π_M^C, T_M^C). Da beim Übergang von I (oder II) zu III (oder IV) ein Symmetriesprung stattfindet, muß dies ein tri-kritischer Punkt sein, oberhalb dem die Hauptumwandlung von zweiter Ordnung wird. Der Wechsel von einem Übergang erster Ordnung zu einem solchen zweiter Ordnung wurde als Folge der Kopplung zwischen Orientierung und Packungsdichte interpretiert, analog zum Rodbell-Beam-Effekt bei Ferromagneten.

Eine wichtige Frage ist, welcher laterale Druck in Doppelschichten herrscht. Aus dem Vergleich der Umwandlungswärme ergibt sich ein Druck von $\pi \approx 12$ dynes/cm in DPPC-Doppelschichten. Andere Überlegungen führen zu einem Druck von ca. 30 dynes/cm, so daß dies ein noch offenes Problem ist.

12.2.3 Molekulare Ordnung in Lipidschichten

12.2.3.1 Definition der Ordnung

Die CH_2-Ketten und die polaren Köpfe sind im allgemeinen längs verschiedener Achsen $\boldsymbol{L}$ (den sog. Direktoren) ausgerichtet und führen anisotrope Rotationsbewegungen um diese Achsen aus. Aufgrund der Flexibilität der CH_2-Ketten ist der Grad der Ausrichtung eine Funktion des Abstandes von der Lipid/Wasser Grenzfläche. $\boldsymbol{L}$ kann außerdem gegen die Membrannormale geneigt sein (s. Abb. 12.8). Zur Charakterisierung der lokalen Orientierung (z.B. an der Stelle der i-ten CH_2-Gruppe) kann der von den Flüssigkristallen her bekannte Ordnungsgrad dienen

$$S_i = \tfrac{1}{2}\langle 3\cos^2\vartheta_i - 1\rangle . \tag{12.1a}$$

$\langle\ \rangle$ bedeutet die Mittelung über alle thermodynamisch stabilen Konfigurationen. Dabei ist ϑ_i der Winkel, den z.B. die lokale Achse der CH_2-Kette des i-ten Kettensegments mit dem Direktor bildet[1]. Der mittlere Ordnungsgrad ist dann für eine Kette mit N CH_2-Gruppen:

$$S = 1/2\left\langle N^{-1}\sum_{K}(3\cos^2\vartheta_K - 1\right\rangle , \tag{12.1b}$$

wobei die Summation über alle Kettensegmente erfolgt.

Ein anderer Parameter zur Beschreibung der lokalen Ordnung in Lipidschichten, der gleichzeitig die laterale Packungsdichte berücksichtigt, ist der Flory-de Gennes Streckungsvektor

$$\boldsymbol{J} = \varrho \cdot \boldsymbol{J}_0 .$$

$\boldsymbol{J}_0 = \langle \boldsymbol{R}_m - \boldsymbol{R}_{m+1}\rangle$ ist der Vektor, der zwei benachbarte CH_2-Segmente verbindet. Die Klammer bedeutet Mitteilung über alle Konfigurationen der Kette und über alle möglichen Segmente, die in einem gegebenen Abstand von der Lipid/Wasser-Grenzfläche zu finden sind. ϱ ist die Dichte der Monomere am betrachteten Ort. Der Betrag des Vektors $\boldsymbol{J}_0$ ist ein Maß für die mittlere Länge der Projektion der Kette auf die durch den Direktor vorgegebene

[1] Der Ordnungsgrad S ist ein numerischer Parameter zur Charakterisierung der Verteilungsfunktion $f(\vartheta, \varphi)$, welche die Wahrscheinlichkeit angibt, die lokale Achse im Raumwinkelelement $d\Omega = \sin\vartheta d\vartheta d\varphi$ zu finden. Der Ordnungsgrad $S = \int (3\cos^2\vartheta - 1) \times f(\vartheta \cdot \varphi) d\Omega$ ist nur das niedrigste nichtverschwindende Glied einer Entwicklung von $f(\vartheta, \varphi)$ in Kugelflächenfunktionen.

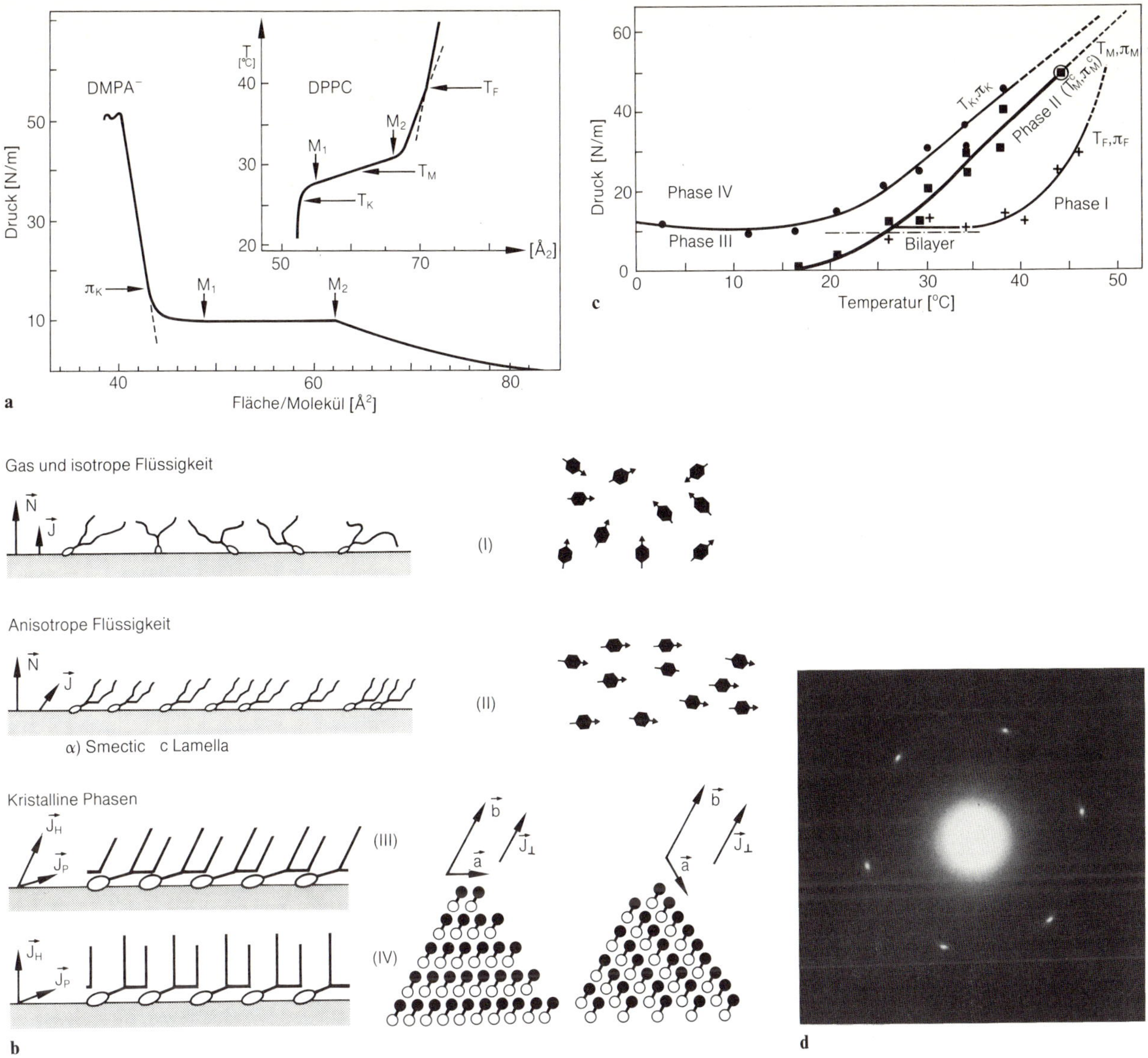

Abb. 12.9a–d. Zum Polymorphismus von Lipid-Monoschichten: **a** Isotherme (π-A-Diagramme) und Isobare (T-A-Diagramme) einer Monoschicht. Man erkennt drei Phasenumwandlungen: Die Hauptumwandlung im Bereich der Geraden M_1 M_2 und zwei Umwandlungen zweiter Ordnung bei (π_F, T_F) bzw. (π_K, T_K). **b** Schematische Darstellung möglicher Phasen verschiedener Symmetrie. **c** Gesamtes Phasendiagramm für DPPC. Der Punkt (◎) bei T_c, π_c ist ein kritischer Punkt. [Nach Albrecht et al.: J. de Physique **39**, 301 (1978)]. **d** Elektronenbeugung an Lipidmonoschicht die von Filmwaage (bei $\pi > \pi_K$) auf Kohlefilm übertragen wurden

Richtung (d.h. für den Grad der Streckung der Kette). An der Oberfläche der Membran ist $\boldsymbol{J} = \varrho$, d.h. gleich der mittleren Packungsdichte der polaren Kopfgruppen. Der Streckungsvektor ist besonders geeignet zur Beschreibung der Symmetrie der Lipidschichten, wobei $\boldsymbol{J}_0$ die Symmetrie der Molekülorientierung und ϱ der Anordnung der Moleküle in der Ebene der Membran charakterisiert. Für kristalline Phasen ist ϱ eine periodische Dichtewelle sowohl in paralleler als auch in normaler Richtung. Der Ordnungsparameter S ist proportional zum Quadrat des Streckungsvektors ($S \propto J^2$). Eine Theorie der Lipiddoppelschicht auf der Basis des Streckungsvektors wurde von Jähnig gegeben (s. Jähnig, 1976).

12.2.3.2 Zur experimentellen Bestimmung der Ordnung

Wie bei thermotropen Flüssigkristallen können lokale Ordnungsparameter in Lipidschichten durch NMR- und ESR-Spektroskopie oder optische Methoden (IR-, Fluoreszenz-, Raman-Spektroskopie) bestimmt werden. Die NMR-, Raman- und IR-Spektroskopie sind störungsfreie Methoden. Ordnungsparameter der Moleküllängsachse erhält man z.B. aus der Quadrupolaufspaltung der Deuterium Resonanz-Spektren von Liposomenpräparationen gemäß (Seelig, 1977)

$$S = -\tfrac{2}{3} A^{-1} \Delta\nu_Q .$$

Dabei ist A die Quadropolkopplungskonstante ($A = 1{,}7 \cdot 10^5$ Hz für aliphatische C–D-Bindungen), während $\Delta\nu_Q$ die beobachtete Doublettaufspaltung (in kHz) ist. Die Messungen werden üblicherweise in Liposomen-Präparationen durchgeführt. Man erhält dabei typische Pulverspektren, was die Genauigkeit

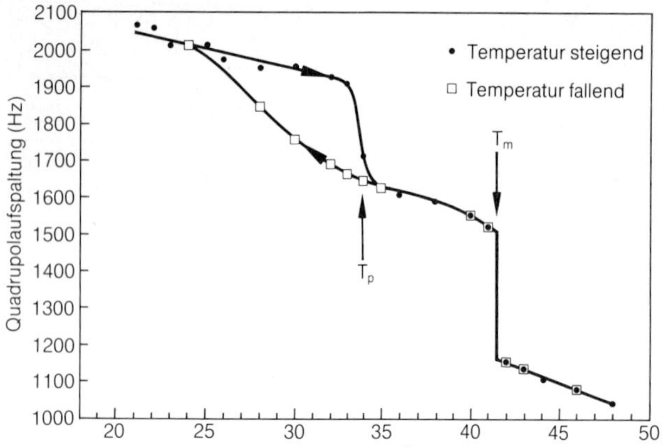

a

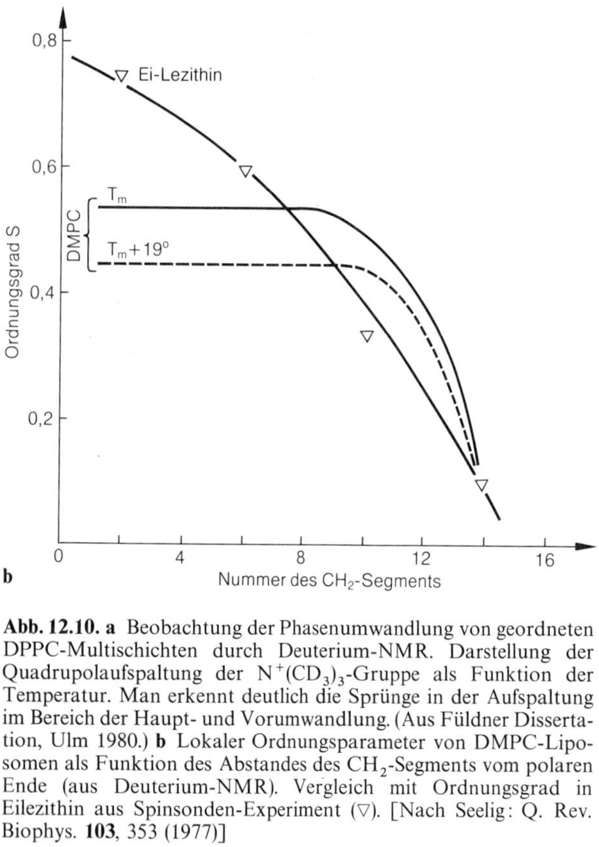

b

Abb. 12.10. a Beobachtung der Phasenumwandlung von geordneten DPPC-Multischichten durch Deuterium-NMR. Darstellung der Quadrupolaufspaltung der $N^+(CD_3)_3$-Gruppe als Funktion der Temperatur. Man erkennt deutlich die Sprünge in der Aufspaltung im Bereich der Haupt- und Vorumwandlung. (Aus Füldner Dissertation, Ulm 1980.) **b** Lokaler Ordnungsparameter von DMPC-Liposomen als Funktion des Abstandes des CH_2-Segments vom polaren Ende (aus Deuterium-NMR). Vergleich mit Ordnungsgrad in Eilezithin aus Spinsonden-Experiment (▽). [Nach Seelig: Q. Rev. Biophys. **103**, 353 (1977)]

der Methode limitiert. Experimente an orientierten Multischichten erlauben Messungen der Quadrupolaufspaltung auch in kristallinen Phasen und ermöglichen so gleichzeitig die Beobachtung der Phasenumwandlungen. Ein Beispiel ist in Abb. 12.10a wiedergegeben. Die Quadrupolaufspaltung der $N^+(CD)_3$-Gruppe zeigt deutlich zwei Sprünge bei T_p und T_m, die der Haupt- bzw. Vorumwandlung zuzuschreiben sind.

Ein typisches Ergebnis einer Messung der Variation des Ordnungsgrades entlang der Paraffinketten in der $L_{\alpha'}$-Phase zeigt Abb. 12.10b. Man findet das folgende charakteristische Verhalten (Seelig, 1977): der lokale Ordnungsgrad ist bis zum 8.–10. CH_2-Segment nahezu konstant und fällt dann schnell um einen Faktor 10 bis zur terminalen Methylgruppe ab.

Die Messung des Ordnungsgrades mit der Spin-Sondentechnik wird im Appendix beschrieben. Im Gegensatz zur NMR-Methode beobachtet man hier eine stetige Abnahme des Ordnungsgrades beim Übergang von der polaren Grenzfläche zum Zentrum der Membran (Abb. 12.10b). Bemerkenswert ist außerdem, daß die Spin-Sonde im semipolaren Bereich der Membran einen viel höheren S-Wert anzeigt, während im Inneren die beiden Methoden zu fast übereinstimmenden Ergebnissen führen. Dies zeigt, daß man bei Verwendung von molekularen Sonden keine detaillierten strukturellen Aussagen über die reinen Phasen machen kann, da die genaue Position der Sonde unbekannt ist und durch den Einbau des Fremdmoleküls Änderungen der lokalen Ordnung induziert werden. Hinzu kommt noch, daß der Ordnungsparameter vom Zeitraum abhängt, über den bei der betreffenden Methode gemittelt wird. Dieser Punkt wird im folgenden diskutiert.

12.2.3.3 Moleküldynamik und Ordnungsgrad

Der Ordnungsgrad stellt eine über die molekulare Bewegung gemittelte Größe dar, wobei über eine für die Meßtechnik charakteristische Zeit, t_{av}, gemittelt wird ($t_{av} \sim 10^{-9}$ s in ESR, $t_{av} \sim 10^{-4}$ s in NMR, $t_{av} \sim 10^{-12}$ s in IR). Je länger diese charakteristische Zeit ist, umso kleiner wird der Ordnungsgrad. In Membranen mit Bezirken kooperativ geneigter Ketten (z.B. in der Umgebung von Proteinen (s. Abb. 12.21) können erhebliche Probleme auftreten. Es sei θ der Neigungswinkel der Ketten (d.h. des lokalen Direktors $\boldsymbol{L}$) gegen die Membrannormale $\boldsymbol{n}$ und S sei der Ordnungsgrad der Lipide bezüglich dieses Direktors $\boldsymbol{L}$ Im Fall einer sehr langen Mittelungszeit t_{av} (z.B. bei der NMR) wird der gemessene Ordnungsgrad verringert gemäß

$$S' = \tfrac{1}{2}\langle 3\cos^2\theta - 1\rangle \cdot S. \qquad (12.2)$$

Mit einer sehr schnellen Technik (wie der IR-Spektroskopie) würde dagegen $S' = S$. Die zusätzliche Mittelung kann durch Rotation oder durch laterale Diffusion erfolgen. Im letzteren Fall gilt folgendes: Ist ξ die Dimension der Bezirke der kollektiven Neigung, so beobachtet man den kleineren Wert S', falls die Mittelungszeit die Bedingungen $t_{av} \cdot D \geqq \xi^2$ erfüllt. In fluiden Phasen ($D \approx 10^{-7}$ cm^2/s) ist diese Bedingung für die NMR-Spektroskopie erfüllt, falls $\xi \leqq 300$ Å. Im Fall der ESR gilt: $\xi \leqq 10$ Å. Dies zeigt, daß erhebliche Differenzen zwischen den mit verschiedenen Methoden gemessenen Ordnungsparametern auftreten können und daß der mit Spin-Sonden gemessene Wert von S größer sein kann als der aus der Deuterium-Kopplung gewonnene Wert. Bei langsamen experimentellen Methoden wie der NMR kann ein Teil der strukturellen Information verlorengehen.

12.2.3.4 Kettendefekte, Ordnungsgrad und freies Volumen

Die Ordnung der Lipidschicht ist bestimmt durch die Dichte der Defekte der CH_2-Kette. Der einfachste Defekt ist die in Abb. 12.11a dargestellte *gtg*-Kinke. Bei dieser befinden sich zwei benachbarte CH_2-Gruppen in einer *gauche*-Konfiguration. Die an die Kinke anschließenden Teile der Kette sind gegeneinander parallel verschoben, und ihre gesamte Länge verkürzt sich um $\Delta L = 0.13$ nm. Im fluiden Zustand sind natürlich höhere Defekte möglich. Dies gilt besonders für Bereiche im Zentrum der Membran, wo der Ordnungsgrad stark abnimmt.

Eine besonders wichtige Konsequenz der Defekte ist die Bildung freien Volumens, das für den Einbau von Fremdmolekülen essentiell ist. Die Defekte zeichnen sich durch eine sehr hohe Beweglichkeit aus. Die Sprungfrequenz, mit der eine Kinke sich längs der Kette bewegen kann ist bei 300 K: $\nu_j \sim 10^{11}\,s^{-1}$ was einem Diffusionskoeffizienten von $D \approx 10^{-5}\,cm^2/s$ entspricht. Diese hohe Beweglichkeit bestimmt die Geschwindigkeit des passiven molekularen Transports innerhalb Membranen (s. Abschn. 12.2.4).

Die Hauptumwandlung ist durch eine abrupte Zunahme der Zahl, n_g, von gauche-Konfiguration beim Übergang in die fluide Phase ausgezeichnet. Die Konzentration an gauche-Konfigurationen $x_g = n_g/n$ (n = Zahl der CH_2-Segmente einer Kette) läßt sich am genauesten mit der Raman Spektroskopie bestimmen (s. Abb. 12.11b). Danach erhöht sich x_g von $x_g = 0{,}07$ in der kristallinen Phase auf $x_g = 0{,}4$ beim Übergang in die fluide Phase.

Die Konzentration an gauche-Konfigurationen bestimmt auch die mittlere lokale Orientierung [Winkel ϑ_i in Gl. (12.1)] und damit den lokalen Ordnungsparameter S_i. Von Marcelja (1976) wurde eine Molekularfeld-Theorie der Ordnung in partiell orientierten Kettenmolekülen eingeführt, die eine Erweiterung der Maier-Saupe Theorie nematischer Phasen darstellt. Die Berechnung des statischen Mittelwertes der Gl. (12.1) erfolgt durch Berücksichtigung aller Konformationen der Einzelkette, bei der keine Rückfaltung erfolgt. Die Marcelja-Theorie gibt eine einfache Beschreibung des fluiden Zustandes, die aufgrund ihrer Anschaulichkeit Vorhersagen über Eigenschaften von Lipidschichten, wie Lipid/Protein und Protein-Protein Wechselwirkung ermöglicht.

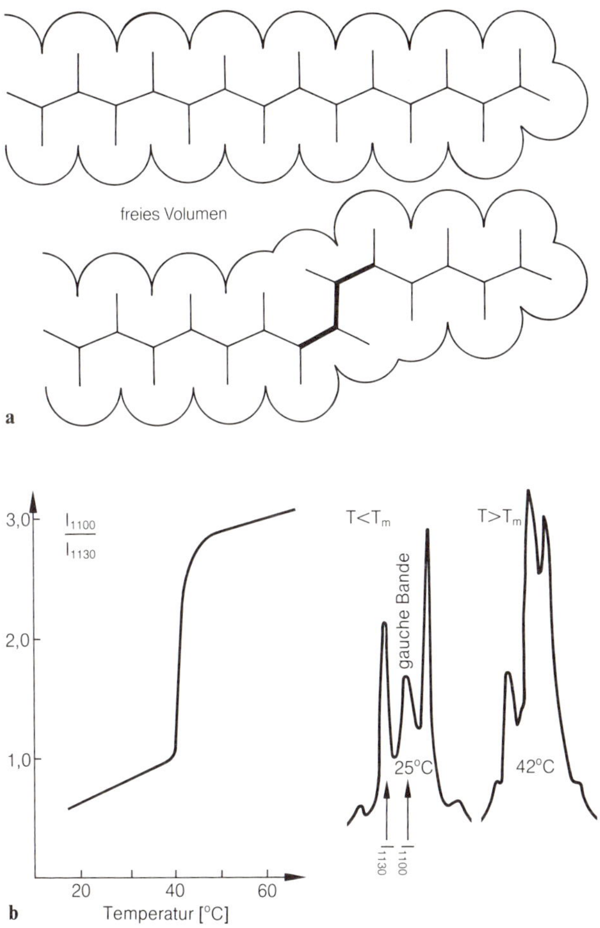

Abb. 12.11. a Modell einer *g-t-g*-Kinke in einer CH_2-Kette. Die gewellte Kurve gibt die Van der Waals-Dimension der Kette an und legt das freie Volumen fest. Dieses kann kleinere Fremdmoleküle (wie z. B. O_2) aufnehmen. **b** Änderung des Raman-Spektrums der CH_2-Streckschwingung beim Übergang von der kristallinen (*linkes Spektrum*) zur fluiden Phase (*rechtes Spektrum*). I_{1100} bzw. I_{1130} sind die C–C-Streckschwingungen der CH_2-Gruppen in *gauche* bzw. *trans*-Konfiguration. Aus dem Intensitätsverhältnis läßt sich die Zahl der *gauche*-Konformationen pro Kette bestimmen. [Nach Lippert and Peticolas: Proc. Natl. Acad. Sci. USA **68**, 1572 (1971); Knoll: Ulm 1980]

12.2.4 Molekulare Dynamik und Transporteigenschaften

Für die Vielfalt der notwendigen Transportprozesse in Membranen ist eine hohe molekulare Beweglichkeit erforderlich. In fluiden Phasen ist dies gewährleistet. Wie an *E coli* Bakterien mit synthetischen Lipiden nachgewiesen wurde, wird beim Übergang in die kristalline Phase die biologische Aktivität der Zelle unterdrückt. Allerdings können Transportprozesse (wie z. B. der transversale passive Ionentransport durch Membranen) dann besonders effektiv ablaufen, wenn Koexistenz zwischen kristallinen und fluiden Domänen besteht. Im folgenden sind einige Ergebnisse zusammengestellt, welche die erstaunlich hohe Beweglichkeit in fluiden Lipidschichten demonstrieren.

12.2.4.1 Die Lipid-Rotation

Eine gute Abschätzung der schnellen anisotropen Rotationsdiffusion der Lipide um die Richtung der bevorzugten Lipidorientierung ergibt sich aus den Linienbreiten der ESR-Spektren der Radikalsonden (s. Appendix). In der fluiden Phase ist die zugehörige Rotationskorrelationszeit $\tau_c \sim 10^{-9}$ s. In kristallinen Phasen ist die anisotrope Rotation der Lipide um etwa 2–3 Größenordnungen langsamer. Die Rotationskorrelationszeiten von membrangebundenen Proteinen (z. B.

Rhodopsin) in fluiden Lipidschichten sind ebenfalls sehr klein $\tau_c \approx 10^{-5}$ s.

12.2.4.2 Kettendefekte als Träger des Transports kleiner Moleküle durch Membranen

Der Wassertransport durch Membranen in fluidem Zustand ist sehr effektiv. Der Massenfluß ist von der Größenordnung $M \approx 10^{-3}$ g cm^{-2} s^{-1}. Dem entspricht eine Permeabilität $P \sim 10^{-3}$ cm/s. In der kristallinen Phase ist P um ca. 3 Größenordnungen kleiner. Nach Träuble wird der Wassertransport durch die Diffusion von Kettenefekten kontrolliert. Diese sind einerseits für die Bildung des freien Volumens zur Aufnahme der kleinen Moleküle verantwortlich (s. Abb. 12.11a) und liefern andererseits die treibende Kraft für den Transport in Kettenrichtung. Der einfachste Defekt für die Permeation ist die *gtg*-Kinke (s. Abb. 12.11a). Der Diffusionskoeffizient der Kinke sei D. Falls die Permeabilität durch die Beweglichkeit der Kinken bestimmt ist, gilt folgende Näherung

$$P = K \cdot D d^{-1}. \tag{12.3}$$

Dabei ist K der Verteilungskoeffizient der Moleküle zwischen der wäßrigen Phase und der Membran. Er ist proportional zur Konzentration der Kinken. d ist die Dicke der Membran.

Ein typischer Wert des Verteilungskoeffizienten von Wasser für das System H_2O/Dekan ist $K \approx 6 \times 10^{-5}$. Mit $D \approx 10^{-5}$ cm^2/s (300 K) und $d \approx 5$ nm folgt $P \approx 10^{-3}$ cm/s in guter Übereinstimmung mit dem Experiment. Der effektive Teilchenstrom ϕ (Mol · cm^{-2} s^{-1}) ist proportional zum Konzentrationsgradienten Δc(Mol · cm^{-3}) zwischen den beiden Seiten der Membran: $\phi = P \cdot \Delta c$.

Eine andere wichtige Transporteigenschaft ist der Stoffaustausch zwischen Membranen und der wäßrigen Phase oder zwischen verschiedenen Doppelschichten. Ein Beispiel von besonderer praktischer Bedeutung für den ersten Fall ist der schnelle Austausch von Lokalanästetika zwischen Membranen und der wäßrigen Phase. So wurde für Halothan ein Wert $K_{ex} \approx 10^{+4}$ s^{-1} beobachtet. Die Geschwindigkeit des Austausches von Molekülen zwischen verschiedenen Doppelschichten wurde durch Lichtstreu-Experimente durch Verwendung von Excimer-Sonden (Sackmann, 1978) und mit Molekularsieb-Techniken untersucht. Kleine amphiphatische und hydrophobe Moleküle tauschen sehr schnell aus. Für Pyrensubstituierte Fettsäuren bzw. Pyren wurden Geschwindigkeitskonstanten des Austausches von $k_{ex} = 0{,}15$ bzw. $k_{ex} = 0{,}25$ s^{-1} beobachtet. Eine große Diskrepanz besteht für Phospholipide. Aus Fluoreszenzmessungen folgt für Pyren-Lezithin ein Wert von etwa derselben Größe ($k_{ex} = 0{,}10$ s^{-1}), im Gegensatz zu Lichtstreu-Experimenten, die einen um etwa 10^4 kleineren Wert ergeben: $k_{ex} = 5{,}5 \times 10^{-5}$ s^{-1} für DMPC. Dieser Wert stimmt gut mit dem Wert der Geschwindigkeitskonstante des Lipid flip-flops überein und dieser ist möglicherweise der geschwindigkeitsbestimmende Schritt.

Ein besonders interessantes Phänomen ist die kritische Zunahme des molekularen Transports durch Membranen im Bereich der Phasenumwandlung. So ist der Na^+-Transport (Permeabilität P_{Na^+}) durch DPPC-Doppelschichten im Bereich der Phasenumwandlung um einen Faktor 3 höher als im fluiden Zustand. Ähnliches findet man nach Marsh auch für den Transport organischer Ionen. Eine Deutung dieses Verhaltens wurde von Nagle und Scott auf der Grundlage der kritischen Fluktuationen gegeben. Die Erhöhung der Permeabilität wird auf eine kritische Zunahme der lateralen Kompressibilität, κ, im Bereich der Lipid Phasenumwandlung zurückgeführt: $P_{Na^+} = A + B\kappa$. Eine solche kritische Zunahme der lateralen Kompressibilität wird experimentell in Filmwaage-Experimenten vor allem bei Mischungen beobachtet (s. Abb. 12.12a). In biologischen Membranen könnten solche kritischen Kompressibilitäts-Fluktuationen die Aktivität druckabhängiger Enzyme steuern. Tatsächlich wurde eine kritische Zunahme der Aktivität von Phospholipasen im Bereich der Phasenumwandlung beobachtet.

12.2.4.3 Die laterale Diffusion in Membranen

Die zweidimensionale laterale Diffusion in der Ebene von Membranen ist von besonders großer Bedeutung für die Funktion biologischer Membranen. Sie erlaubt einen sehr effektiven Transport der Moleküle zwischen verschiedenen Bereichen der Zelle. Andererseits gibt die Untersuchung der lateralen Diffusion wichtige Aufschlüsse über die Struktur künstlicher und biologischer Membranen. Zur Untersuchung der Diffusion werden derzeit vorwiegend zwei prinzipiell verschiedene Methoden angewandt. Eine der Methoden nutzt bimolekulare Reaktionen membrangebundener molekularer Reportermoleküle wie Radikal- oder Fluoreszenzsonden aus. Bei der Radikalsondentechnik wird die Spin-Austauschwechselwirkung zwischen Radikalsonden bei deren Zusammenstoß analysiert (s. Appendix). Bei Fluoreszenzsonden gibt die quantitative Analyse der Triplett-Triplett Annihilation oder die Bildung angeregter Komplexe (Exzimere) der kollidierenden Sonden Aufschluß über die laterale Diffusion. Dies sei am Fall der Exzimer-Sonden-Technik erläutert, bei der Pyren-substituierte Fettsäuren oder Phospholipide eingesetzt werden. Die Wechselwirkung zwischen einem Molekül im Grundzustand (P) und einer angeregten Sonde (P^*) führt zu einem angeregten Dimeren (Exzimeren), dessen Emissionsmaximum (bei der Wellenlänge λ') von dem des Monomeren (λ) deutlich getrennt ist. Die bimolekulare Reaktion

$$P + P^* \overset{k_a \cdot c}{\rightleftarrows} (PP)^* \tag{12.4}$$

ist durch die Assoziationsgeschwindigkeit ($k_a \cdot c$) bestimmt (c: Flächenkonzentration der Sonde). Bei nicht zu hohen Temperaturen ($T < 70°$ C) ist diese gleich der Kollisionshäufigkeit ν_{col} (Kollisionen pro s) der Sonden ($\nu_{col} = k_a \cdot c$). Das Produkt ($k_a \cdot c$) läßt sich aus dem Intensitätsverhältnis der Monomeren- (I) und der Exzi-

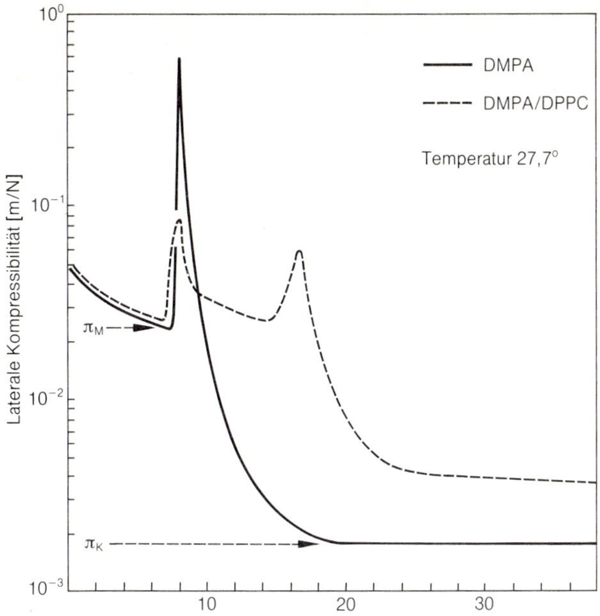

a

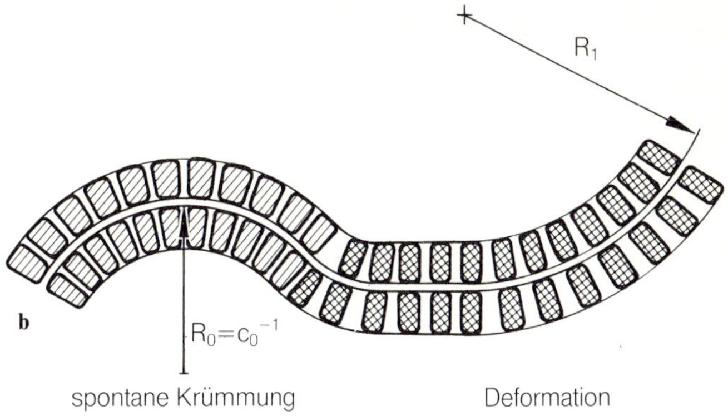

b

Abb. 12.12. a Laterale Kompressibilität, κ, von reinem DMPA und einer 90:10 DMPC/DMPA Mischung als Funktion des Drucks. Die Umwandlung zweiter Ordnung in der kristallinen Monoschicht bei π_K ist deutlich sichtbar. Im fluiden Zustand ist κ eine universelle Funktion des Drucks. Ähnliches Verhalten erwartet man für κ als Funktion der Temperatur. **b** Zur Definition der Orientierungs-oder Krümmungselastizität. Bereich mit Radius R_0: Spontane Krümmung durch Aufbau der Doppelschicht aus keilförmigen Molekülen. Bereich mit Radius R_1: Eine durch eine äußere Kraft induzierte Krümmung eines planaren Bereichs aus zylinderförmigen Molekülen

merenemission (I') experimentell bestimmen: $k_a \cdot c = K \cdot I'/I$. K ist ein bekannter empirischer Faktor, der für jede Sonde einen charakteristischen Wert hat.

Ein besonderes Problem stellt die Analyse der bimolekularen Reaktion bei zweidimensionaler Diffusion dar, da die übliche Smolukowsky-Theorie nicht anwendbar ist. Von Montroll wurde eine statistische Theorie der bimolekularen Reaktion angeregter Moleküle entwickelt, die auf das Problem der Exzimerenbildung anwendbar ist. Dies verknüpft in eindeutiger Weise die Kollisionshäufigkeit v_{col} mit der Sprungfrequenz v_j der Sonden. Letztere ist ihrerseits nach der Einsteinschen Theorie der Brownschen Bewegung mit dem Diffusionskoeffizienten D korreliert: $D = \frac{1}{4} v_j \cdot \lambda^2$ (λ = Lipidabstand). Es gilt

$$v_{col} = \langle n_s \rangle^{-1} \cdot v_j = \frac{4 \langle n_s \rangle^{-1} \cdot D}{\lambda^2}, \qquad (12.5)$$

wobei

$$\langle n_s \rangle = \frac{2}{\pi x_s} \ln \left[\frac{2}{x_s} \right] \qquad (12.6)$$

die mittlere Zahl von Schritten darstellt, welche die Sonden tun können, ehe sie reagieren. x_s ist der Molenbruch der Sonden bezogen auf das Gesamtlipid. Diese Technik liefert als charakteristischen Parameter des lateralen Transports die mittlere Verweildauer eines Moleküls an einer bestimmten Stelle der Membran.

Bei der zweiten Gruppe von Methoden wird die Brownsche Bewegung molekularer Farbstoffsonden: (markierter Proteine oder Lipide) direkt beobachtet. Bei der Photobleich-Methode (FRAP-Technik) wird mit einem gepulsten Laserstrahl auf einem kleinen (μm großen) Bereich der Membran der Farbstoff irreversibel ausgebleicht, so daß die Fluoreszenzintensität stark vermindert ist. Nach Beendigung des Impulses wird die Erholung der Fluoreszenz beobachtet, die durch Diffusion neuer Sonden in den gebleichten Bereichen aufgebaut wird. Bei Kenntnis des Intensitätsprofils des scharfen Laserstrahls kann die Diffusionskonstante durch Lösung der Diffusionsgleichung bestimmt werden. Die laterale Diffusion kann in fluiden und rigiden (kristallinen) Membranen gemessen werden. Die Bleich-Technik eignet sich auch besonders zur Messung der lateralen Diffusion von Proteinen. Diese kann auch durch die von Frye und Edidine eingeführte Zellfusions-Technik bestimmt werden.

Jede der drei Methoden mißt die laterale Diffusion über verschiedene Entfernungen auf der Membran. Bei der Ausnutzung der physikalischen Reaktionen zweiter Ordnung mißt man die Diffusion in lokalen Bereichen von ca. 100 Å Durchmesser. Bei der Photobleich-Technik wird die Brownsche Bewegung über Bereiche von einigen 10000 Å gemessen, während die Zellfusionstechnik die Diffusion über die gesamte Zelloberfläche erfaßt. Die drei Methoden ergänzen sich daher. Sie können zu sehr unterschiedlichen Diffusionskoeffizienten führen. Eine Zusammenstellung einiger typischer Diffusionskoeffizienten von Lipiden und Proteinen zeigt Tabelle 12.3.

Das freie Volumenmodell der Diffusion: Detaillierte Untersuchungen der lokalen Diffusion an Modellmembranen aus Lipiden verschiedener Kettenlängen haben gezeigt (s. Literatur a in Tabelle 12.3):

1. Die Diffusionskoeffizienten in Modellmembranen aus Diacyl-Phosphatidylcholinen sind unabhängig von der Kettenlänge und sind allein eine Funktion der Temperatur. 2. Während im fluiden Zustand $D \approx 10^{-7}$ cm^2/s ($T = 50°$ C) ist, wird der Wert im kristallinen Zustand um einen Faktor 10^4 kleiner ($D \sim 2 \times 10^{-11}$ cm^2/s in DMPC). 3. Die Temperaturabhängigkeit gehorcht im fluiden Zustand einem exponentiellen Gesetz [$D = D_0 \cdot (\exp - A/T)$]. 4. Die Diffusionskoeffizienten kleiner amphiphatischer Sonden sind in etwa umgekehrt proportional zur Wurzel ihres Molekulargewichts.

Die Brownsche Bewegung in fluiden Membranen läßt sich auf der Basis des freien Volumenmodells der Diffusion von Cohen und

Tabelle 12.3. Zusammenstellung einiger Diffusionskoeffizienten von Lipiden und Proteinen in künstlichen und biologischen Membranen

System	Sonde (Lipid; Protein)	Diffusionskoeffizient D in [cm²/s]	Temperatur	Technik	Literatur
DMPC (L_α)	Pyren-Lezithin	$0{,}65\times10^{-7}$	30°	EX	a
	N-4-Nitrobenzol-2-oxa-1,3 diazo Phosphatidyläthanolamin (PE)	$0{,}75\times10^{-7}$	30°	FRAP	b
DMPC (P_β)	PE	4×10^{-11}			b
	3,3′-dioctadecyl oxacarbocyanin Iodid ($diOC_{18}$)	$2{,}6\times10^{-11}$	15°	FRAP	c
DMPC/Cholesterol $0<x_c<0{,}2$	$diOC_{18}$	$7\times10^{-11}-3\times10^{-10}$	15°	FRAP	b
DMPC/Cholesterol $x_c>0{,}2$		5×10^{-9}	15°	FRAP	a, b
Erythrozyten (discoid)	$diOC_{18}$	3×10^{-9}	30°	FRAP	c
	Pyrene Lezithin	1×10^{-7}	30°	Ex	c
Glycophorin in DMPC-Liposomen	Glycophorin	2×10^{-8}	30° $T>T_m$	FRAP	f
		$\leqq1\times10^{-10}\leqq5\times10^{-11}$	10° $T>T_m$	FRAP	f
Rod outer segment	Rhodopsin	10^{-9}		Bleaching Technique	e
Maus Fibrolasten	Oberflächen Antigene	10^{-10}		Zell Fusion	g

a) Literatur in Galla et al.: J. Membr. Biol. **48**, 215 (1979)
b) Rubenstein et al.: Proc. Natl. Acad. Sci. USA **76**, 15 (1979)
c) Kapitza, Sackmann: Biochim. Biophys. Acta **595**, 56 (1980)
d) Schlesinger et al.: Science **195**, 307 (1977)
e) Liebmann, Entine: Science **185**, 457 (1974)
f) Vaz et al.: Biochemistry (1981)
g) Frye, Edidin: J. Cell. Sci. **7**, 319 (1970)

Abkürzungen:
EX: Exzimer-Technik
FRAP: (= Fluorescence Recovery after Photobleaching) Photobleich-Technik

Turnball deuten. Der elementare Prozeß ist die Schaffung freien Volumens, v_f, in der Lipidschicht durch laterale Dichte-Schwankungen. Das diffundierende Molekül springt dann von seinem Platz in die entstehende Lücke, falls deren Volumen eine kritische Größe v_k überschreitet. Die Rückkehr in die ursprüngliche Position wird durch Besetzung derselben durch ein Lösungsmolekül verhindert. Die Sprungfrequenz des diffundierenden Moleküls wird bestimmt 1. durch die mittlere Zeit, die zur Schaffung eines freien Volumens der Größe v_k notwendig ist und 2. durch die gaskinetische Geschwindigkeit, u, des Teilchens in seinem Lösungsmittelkäfig. Für amphiphatische Moleküle, die im polaren Bereich der Membran verankert sind, ist die mittlere freie Fläche pro Molekül als freies Volumen zu betrachten. Die Übertragung des freien Volumenmodells auf zweidimensionale Systeme ergibt

$$D=g\cdot a_k u\cdot\exp\left[\frac{-\gamma\cdot a_k}{a_m\alpha(T-T_0)}\right]. \tag{12.7}$$

T_0 ist die Schmelztemperatur, u die gaskinetische Geschwindigkeit des diffundierenden Teilchens der Masse m ($u=\sqrt{2kT/m}$), g ein geometrischer Faktor der Größenordnung $g\approx1$ und a_k die kritische freie Fläche, die für einen erfolgreichen Diffusionssprung notwendig ist. Da $D\propto u$, wird der Diffusionskoeffizient umgekehrt proportional zur Wurzel des Molekulargewichts der Sonde.

Die Temperaturabhängigkeit von D ist eine Folge der lateralen thermischen Ausdehung der Lipidschicht. Die freie Molfläche ist gegeben durch: $a_f=\alpha a_m(T-T_0)$, wobei a_m die molekulare Fläche bei der Schmelztemperatur und α der laterale thermische Ausdehnungskoeffizient ist. Das freie Volumenmodell führt tatsächlich zu einem exponentiellen Gesetz der Temperaturabhängigkeit der Diffusionskoeffizienten. Aus dieser folgt eine scheinbare Aktivierungsenergie. Die Konstanten des Exponenten lassen sich somit aus diesen scheinbaren Aktivierungsenergien bestimmen. Für Diacyl-Lezithine folgt $\gamma\cdot a_k/a_m=0{,}4$. Die thermischen Ausdehnungskoeffizienten α erhält man aus Filmwaage-Experimenten. Das freie Volumenmodell erlaubt, Beziehungen zwischen Transporteigenschaften der Membran und seinen thermodynamischen Eigenschaften herzustellen. Insbesondere führt es zu einer physikalischen und quantitativen Deutung der starken Reduktion in der lateralen Beweglichkeit in Phospholipid-Schichten bei der Zugabe von Cholesterol (Literatur a) in Tabelle 12.3). Die Dynamik der Erzeugung freien Volumens ist durch die Beweglichkeit der Kettendefekte entlang der Ketten bestimmt. Diese Defekt-Diffusion ist daher auch die treibende Kraft der lateralen Beweglichkeit. Tatsächlich läßt sich die Größenordnung des lateralen Diffusionkoeffizienten aus der Sprungfrequenz von *gtg*-Kinken abschätzen (Sackmann, 1977).

Brownsche Bewegung von Proteinen, lokale und weitreichende laterale Diffusion und über die Möglichkeit der Perkolation in biologischen Membranen: Die mebrangebundenen Proteine besitzen in fluiden Lipidschichten eine hohe laterale Beweglichkeit, die nur etwa um einen Faktor 10 kleiner ist als die der Lipide. Dies wird nach dem freien Volummodell erwartet, da die Sprunghäufigkeit der großen Proteine vorwiegend durch die Dynamik der Schaffung freien Volumens in der Lipidschicht bestimmt ist. Wegen $u=\sqrt{2kT/m}$ erwartet man folgende Beziehung zwischen den Diffusionskoeffizienten der Lipide (D_L) und der Proteine (D_P)

$$D_p=\sqrt{\frac{M_L}{M_p}}\,D_L\,. \tag{12.8}$$

Für ein Protein wie Glycophorin mit einem Molekulargewicht von $M_P \approx 50000$ Daltons erwartet man $D_p \approx \frac{1}{7} D_L \approx 10^{-8}\,\mathrm{cm}^2/\mathrm{s}$ in DMPC bei 30° C in guter Übereinstimmung mit dem Experiment.

Der hohen Beweglichkeit des Rhodopsins ($D_p \sim 10^{-9}\,\mathrm{cm}^2/\mathrm{s}$ in den Membranen der Stäbchen (Tabelle 12.3) steht die wesentlich kleinere Beweglichkeit der Proteine (z. B. des Glycophorins oder des Band III-Proteins) in Erythrozytenmembranen entgegen ($D_p \lesssim 10^{-12}\,\mathrm{cm}^2/\mathrm{s}$). Dafür gibt es zwei Erklärungen. Einerseits können membrangebundene Proteine immobilisiert werden durch Bindung an das cytoplasmatische Polymer-Netzwerk. Andererseits könnte eine hohe laterale Beweglichkeit in lokalen Bereichen von einigen 100 Å Durchmesser bestehen, während die Brownsche Bewegung über Strecken von einigen µm blockiert wird. Ein solches Verhalten wird tatsächlich in Erythrozyten beobachtet. Nach Tabelle 12.3 unterscheiden sich die mit der Exzimer-Technik und die mit der FRAP-Technik gemessenen Diffusionskoeffizienten von Lipiden um etwa einen Faktor 10^2.

Diese Diskrepanz ließe sich auf der Basis einer Mosaikstruktur aus fluiden und rigiden Bereichen der Membran erklären, die in Abb. 12.31 schematisch dargestellt ist. Eine schnelle Diffusion kann nur längs fluider Pfade verlaufen und die Diffusionswege zu einer Target-Stelle können drastisch erhöht werden, was zu einer entsprechenden Reduktion im gemessenen Diffusionskoeffizienten führt. Die Geschwindigkeit des lateralen Transports über größere Strecken ist dann bestimmt durch das Verhältnis, p, von fluiden zu rigiden Bereichen. Fluide Pfade, die sich über makroskopische Bereiche der Membran erstrecken, werden nur dann erwartet, falls dieses Verhältnis einen kritischen Wert p_k überschreitet $p \geqq p_K$. Die weitreichende laterale Diffusion ist damit ein typisches Perkolationsproblem. Das Verhältnis, p, kann über Phasenumwandlungen des Lipids gesteuert werden oder durch Variation der Lipidzusammensetzung. Ein mögliches Beispiel für letzteres ist die weitreichende laterale Diffusion in Mischungen aus DMPC und Cholesterol unterhalb der Lezithin Phasenumwandlung. Nach Rubenstein et al. (Literatur b in Tabelle 12.3) beobachtet man einen scharfen Anstieg der Diffusionskoeffizienten bei $x_C = 20$ mol-% Cholesterol. Dagegen zeigt die lokale (z.B. mit der Exzimer Technik gemessene) Diffusion kein solches Verhalten. Dies könnte mit der Ausbildung makroskopisch ausgedehnter fluider Kanäle ab 20% Cholesterol gedeutet werden.

12.2.5 Elastische Eigenschaften von Lipidschichten und Membranen

12.2.5.1 Laterale Elastizität (Kompressibilität)

Jede Änderung der molekularen Fläche, ΔA, führt zu einer tangentialen Spannung in der Ebene der Membran

$$\pi = K_t \cdot \frac{\Delta A}{A}. \tag{12.9}$$

K_t ist der Elastizitätsmodul. Er hat die Dimension einer Energiedichte (Energie/Fläche) und ist gleich der reziproken lateralen Kompressibilität (κ). Für monomolekulare Schichten kann K_t experimentell durch Experimente mit der Filmwaage bestimmt werden. Abbildung 12.12a zeigt als Beispiel die Kompressibilität zweier Lipide und einer Lipidmischung als Funktion des reduzierten Drucks π. In der fluiden Phase ist κ eine für alle Systeme universelle Funktion des Drucks. Laterale Spannungen könnten durch Austausch von Lipiden mit der wäßrigen Phase sehr schnell relaxieren (Relaxationszeiten ~0,1 s, s. Abschn. 12.2.4.2). Die laterale Elastizität ist daher möglicherweise nur ein Kurzzeitphänomen.

Besonders interessant ist die im Bereich der Hauptumwandlung reiner Lipide und bei den Phasengrenzen von Mischungen auftretende Singularität von κ. Änderungen der molekularen Fläche, Δa, können u.a. durch Bindung äußerer Ladungen (s. Abschn. 12.2.6), durch Temperaturvariation, durch Konformationsänderungen integraler Membranproteine oder durch den Einbau von lipophilen Fremdmolekülen (z.B. Pharmaka, Lokalanästhetika) getriggert werden. Dadurch eröffnet sich eine interessante Möglichkeit der transversalen Kopplung zwischen den beiden Monoschichten von Membranen. So kann der Einbau (bzw. Ausstoß) von Fremdmolekülen in einer Monoschicht durch eine laterale Expansion bzw. Kompression in der anderen Monoschicht gesteuert werden. Letzteres könnte bei Anwesenheit geladener Lipide durch äußere Ladungen (z.B. Ca^{++}) geschehen. Falls die Aktivität membrangebundener Enzyme oder Enzymkomplexe vom lateralen Druck abhängt, könnten auf diese Weise auch biochemische Prozesse gesteuert werden.

12.2.5.2 Krümmungselastizität und transversale Kompressibilität (Helfrich, 1975; Petrov, 1979)

Das mechanische Verhalten der Membranen wird vor allem durch die elastischen Kräfte bestimmt, die bei einer Änderung der Krümmung oder der Dicke auftreten. Die elastische Energiedichte (Energie pro Einheitsfläche) ist gegeben durch (Helfrich, 1975)

$$g_{el} = \tfrac{1}{2} K_{11}(c_1 + c_2 - c_0)^2 + K c_1 c_2 + \tfrac{1}{2} B \gamma^2. \tag{12.10}$$

c_1, c_2 sind die lokalen Hauptkrümmungen der Menbran, c_0 ist die spontane Krümmung (s. Abb. 12.12b) und γ ist die relative Dickenänderung einer isolierten Membran oder einer Multischicht.

Die ersten beiden Beiträge beschreiben die Orientierungselastizität (die sog. „Splay"-Elastizität) der flüssig-kristallinen Lipidschicht. Sie tritt auf, wenn die Moleküle aus ihrer Gleichgewichtsorientierung ausgelenkt werden (s. Abb. 12.12b). $K c_1 \cdot c_2$ ist die sog. Sattelpunkts-Krümmungsenergie, die häufig vernachlässigt wird. Der zweite Term berücksichtigt die Kompression isolierter Lepidschichten oder von Multischichten. Die krümmungselastische Energie ist um mehrere Größenordnungen kleiner als die Kompressionsenergie. Für fluide Lipidschichten wird $K_{11} = 2 \times 10^{-12}$ erg, $K \approx 10^{-12}$ erg, $B \approx 100\,\mathrm{erg/cm}^2$. Die splay-elastische Konstante, K_{11}, läßt sich aus thermisch induzierten Fluktuationen der Form von länglichen Vesikeln bestimmen (Helfrich, 1975).

Die spontane Krümmung ist eine Folge der konischen oder polaren Gestalt der Lipidmoleküle. Im Gleichgewicht können dem Flächenbedarf der Kopfgruppe und dem des hydrophoben Teils bestimmte Werte H (für Head) und C (für Chain) zugeordnet werden. Das Verhältnis H/C bestimmt die Richtung und Stärke der spontanen Krümmung. Betrachten wir z.B. eine sphärische Doppelschicht aus zwei Komponenten mit $H > C$ bzw. $H < C$, so wird sich im äußeren Monolayer die erste Komponente und im inneren die zweite anreichern. Die Verteilung der Lipide bestimmt also die spontane Krümmung. In Lamellen aus geladenen Lipiden läßt sich das Verhältnis H/C und damit die spontane Krümmung durch Variation der Ionenstärke oder des pH der wäßrigen Phase steuern. Ändert man die Krümmung durch eine äußere Kraft, so kann damit eine Umverteilung der Lipide zwischen den Monoschichten getriggert werden. Die Orientierungselastizität kann offenbar die Mikrostruktur der Lipidschichten entscheidend beeinflussen.

Das elastische Verhalten isolierter Lipidlamellen wird durch den Beitrag der Krümmungselastizität bestimmt. Dagegen spielt für das mechanische Verhalten von Lipidmultischichten der Kompressions-Term die entscheidende Rolle, da jede lokale mechanische Deformation automatisch eine Dickenänderung bewirkt. Die relative Dickenänderung kann innerhalb einer Lipidschicht oder zwischen den Lamellen (d.h. in der Wasserschicht) erfolgen. Der mechanische Widerstand der Wasserschicht steigt mit abnehmendem Wassergehalt, bis schließlich die Krümmungselastizität allein das elastische Verhalten bestimmt. Dieser Punkt kennzeichnet den Übergang vom quasi-zweidimensionalen zum dreidimensionalen System.

Die Form geschlossener einschaliger Lipidschichten ist sehr wahrscheinlich weitgehend durch die Krümmungselastizität bestimmt. Sie läßt sich daher durch Minimalisierung der freien elastischen Energie $E_{el} = \int g_{el} d\Omega$ ($d\Omega$ = Oberflächenelement) unter Berücksichtigung der Randbedingungen berechnen (Helfrich, 1975). Der entscheidende Parameter ist dabei die spontane Krümmung c_0. Ein Vesikel ist dann sphärisch, wenn der mit der Lipidmenge verträgliche Radius R_0 die Bedingung $R_0 = c_0^{-1}$ erfüllt. Die zylinderförmigen Systeme, die beim Quellen von Lipiden im Wasser entstehen, sind ebenfalls Zustände minimaler Energie. Im Prinzip lassen sich auch die Diskoid- und die Echinozyten-Form der Erythrozyten erklären (Helfrich, 1975). Die diskoide Form ist ein Zustand minimaler Energie, falls c_0 negativ ist ($c_0 = -0{,}73\,\mu m^{-1}$). Allerdings spielen bei Plasmamembranen auch Scherviskositäten und die Kopplung der Membran mit dem zytoplasmatischen Netzwerk eine wichtige Rolle bei der Ausbildung der Gestalt der Zelle.

Die mit der flüssig-kristallinen Struktur der Lipidschicht verknüpfte Orientierungselastizität führt offenbar zu einer Reihe außerordentlicher physikalischer Eigenschaften, die in normalen isotropen Flüssigkeiten nicht existent sind. Diese Eigenschaften erweitern die Möglichkeiten der Kontrolle biochemischer Membranprozesse außerordentlich.

12.2.6 Ladungsinduzierte Änderungen der Mikrostruktur von Membranen

12.2.6.1 Ladungsinduzierte Phasenumwandlungen

Ein erheblicher Teil der Lipide biologischer Membranen ist geladen. Wichtige Vertreter sind Phosphatidyl-Serine und Cardiolipin. Die Anwesenheit geladener Lipide eröffnet die Möglichkeit, weitreichende Konformationsumwandlungen an biologischen Membranen durch äußere Ladungen (d.h. bei konstanter Temperatur) zu steuern. Dies kann geschehen 1. durch Variation des lokalen pH an der Membranoberfläche, 2. durch Bindung zweiwertiger Ionen (z. B. Ca^{++}) oder 3. durch Bindung geladener Proteine. Ladungsinduzierte Konformationsumwandlungen an Modellmembranen wurden aus diesem Grund eingehend untersucht. Einige wesentliche Ergebnisse sind in Abb. 12.13 zusammengestellt. Abbildung 12.13a zeigt, daß die Umwandlungstemperatur, T_m, von Phosphatidsäure im Bereich der Dissoziation vom einwertigen zum zweiwertigen Ladezustand sehr stark pH-abhängig ist. Zwischen pH 8 und pH 10 ändert sich T_m um 10° C. Bei niedriger Salzkonzentration (Ionenstärke $I \lesssim 0{,}2$ Mol/l) ist die Umwandlungstemperatur sehr empfindlich von der Ionenstärke abhängig (Abb. 12.13b). Phasenumwandlungen können daher auch durch Variation der lokalen Ionenstärke an der Membranoberfläche getriggert werden.

Ursache des pH- und Salzeffekts ist letztlich die Abhängigkeit der Kettenschmelztemperatur, T_m, von der lateralen Packungsdichte, die aus Filmwaage-Experimenten bekannt ist. Aus solchen Untersuchungen weiß man auch, daß die Packungsdichte einfach geladener Phosphatidsäuren ($DMPA^-$) erheblich größer ist als die des zweifach geladenen Lipids ($DMPA^{--}$). Diese ladungsinduzierte Expansion ist die Folge eines zusätzlichen (expansiven) lateralen Drucks, $\Delta\pi_{el}$, aufgrund der Coulomb-Abstoßung der geladenen Köpfe. Nach der Gouy-Chapman-Theorie hängt $\Delta\pi_{el}$ in folgender Weise mit dem Oberflächenpotential, ψ_0 der Membran zusammen[2]

$$\Delta\pi_{el} = 6{,}1\sqrt{c}\left(\cosh\frac{e\psi_0}{2kT} - 1\right). \tag{12.11}$$

Diese Beziehung gilt für kleine Oberflächenpotentiale: $e\psi_0 < kT$. Dabei ist c die Konzentration der Ionen in der wäßrigen Phase (in Mol/l). Der Faktor 6,1 gilt für $T = 300$ K und einer Dielektrizitätskonstanten von $\varepsilon = 80 \cdot \Delta\pi_{el}$ ist dann in (N/m) gegeben. Der Übergang von der kristallinen zur fluiden Lipidphase an der Hauptumwandlung ist mit einer lateralen Expansion verknüpft. Nach dem Braun-Le-Chatelier-Prinzip führt daher ein positiver Druck $\Delta\pi_{el}$ zu einer Reduktion in T_m. Die Änderung der Umwandlungstemperatur ΔT_m folgt direkt aus der Clausius-Clapeyron-Gleichung

$$\Delta T_m = \frac{\Delta A}{\Delta S}\Delta\pi_{el}, \tag{12.12}$$

wobei ΔA und ΔS die Flächen bzw. Entropieänderung der betrachteten Phasenumwandlung darstellt.

Entscheidend für die Ladungseffekte ist nun, daß ψ_0 eine Funktion des Dissoziationsgrades, α, der Lipide ist (Jähnig, 1976). Für $\varepsilon = 80$ und 300 K gilt

$$\begin{aligned}\psi_0 &= \frac{2kT}{e}\operatorname{arcsinh}\left(\sqrt{\frac{\pi e^2}{2n\varepsilon kT}}\,\frac{\alpha}{A}\right)\\ &= \frac{2kT}{e}\operatorname{arcsinh}\left(\frac{134\alpha}{A\sqrt{c}}\right),\end{aligned} \tag{12.13}$$

wobei n die Dichte der positiven Ionen (Teilchen/cm^3) und A die Fläche pro Lipid ($Å^2$/Molekül) ist. Auf der Basis dieser Gleichung lassen sich alle elektrostatischen Effekte verstehen.

Die pH-*Abhängigkeit der Umwandlung* ist eine Folge der Kopplung zwischen Dissoziationsgrad, α, und Protonenkonzentration $[H^+]$. Für Grenzflächen gilt:

$$\alpha/(1-\alpha) = K_0[H_s^+]^{-1}, \tag{12.14}$$

[2] Eine sehr gute Darstellung der Gouy-Chapman-Theorie von Grenzflächen aus teilweise dissoziierten Lipiden gibt Payens (1955).

wobei K_0 die Dissoziationskonstante der Lipide und $[H_s^+]$ die lokale Protonenkonzentration an der Oberfläche der Membran sind. Wegen Gl. (12.13) wird dann ψ_0 und damit $\Delta\pi_{el}$ durch den lokalen pH gesteuert. Aus Monoschicht-Experimenten folgt für $DPPA^{--}: \Delta A/\Delta S \mp 1$ Grad m^{-1} N^{-1}. Nach den Gln. (12.11) und (12.13) wird $\Delta\pi_{el} = 8\alpha$(in Nm^{-1}). Danach wird ein Unterschied von $\Delta T_m = 8°$ C für die Umwandlungstemperaturen des ein- und zweifach geladenen Lipids erwartet. Dies ist in guter Übereinstimmung mit dem experimentellen Wert von $\Delta T_m = 10°$ C.

Die Effekte der Ionenstärke und der Bindung geladener Proteine beruhen auf der Tatsache, daß bei kleiner Ionenstärke, *c*, die Stern-Schicht der Grenzfläche noch nicht vollständig aufgebaut ist. ψ_0 und damit $\Delta\pi_{el}$ sind daher empfindlich von der Ionenstärke abhängig. Die Richtung der Verschiebung von T_m hängt davon ab, ob die Lipide nur teilweise oder vollständig dissoziiert sind: Im ersten Fall ist der Salzeffekt eine Folge der Abhängigkeit der Dissoziationskonstanten K vom Grenzflächenpotential ψ_0

$$K = K_0 \exp(e\psi_0/kT). \qquad (12.15)$$

Die Adsorption positiver Ionen führt zu einer Verringerung von ψ_0 und behindert den Zugang der Protonen. Der lokale pH-Wert an der Grenzfläche wird erhöht. Dies führt zu einer Zunahme des Ionisierungsgrades und damit zu einer Abnahme von T_m (Kurve für pH 4 in Abb. 12.13b).

Im zweiten Fall der vollständig ionisierten Lipide führt der Aufbau einer Stern-Schicht zu einer Verringerung des elektrostatischen (abstoßenden) Zusatzdruckes $\Delta\pi_{el}$ und damit zu einer Erhöhung von T_m (Kurve für pH 8,5 in Abb. 12.13b).

Ein besonders interessantes Beispiel ist die Verschiebung von T_m durch spezifische Adsorption des Poly-Lysins (Abb. 12.13c). Auch hier ist es die Kompensation des elektrostatischen Zusatzdruckes durch die positive Lysin-Gruppen, die zu einer Erhöhung von T_m führt. Der Effekt des Poly-Lysins ist kooperativ, da positiv geladene Lysin-Monomere keinen nennenswerten Einfluß auf T_m haben. Besonders stark ist die Verschiebung der Umwandlungstemperatur bei Bindung zweiwertiger Ionen (z.B. von Ca^{++}). Diese starke Verschiebung von T_m ist möglicherweise durch Ausbildung von Salzbrücken zwischen den Lipiden bedingt.

12.2.6.2 Ladungsinduzierte Domänenbildung in Lipidmischungen mit geladenen Komponenten

Die Assoziation zweiwertiger Ionen (wie Ca^{++}) oder geladener Proteine (wie Poly-Lysine) mit geladenen Lipiden führt zur Ausbildung einer Domänenstruktur. Ursache ist die Kondensation der assoziierten Lipide durch laterale Phasentrennung. Die Fusion der Domänen in größere Bereiche wird durch eine elastische rücktreibende Kraft verhindert (s. Abschn. 12.2.7). Diese Domänenstruktur ist in Abb. 12.14 wiedergegeben, und zwar für den Fall der durch Poly-Lysine induzierten lateralen Phasentrennung. Mit der Bindung an die Membran findet gleichzeitig eine Konformationsum-

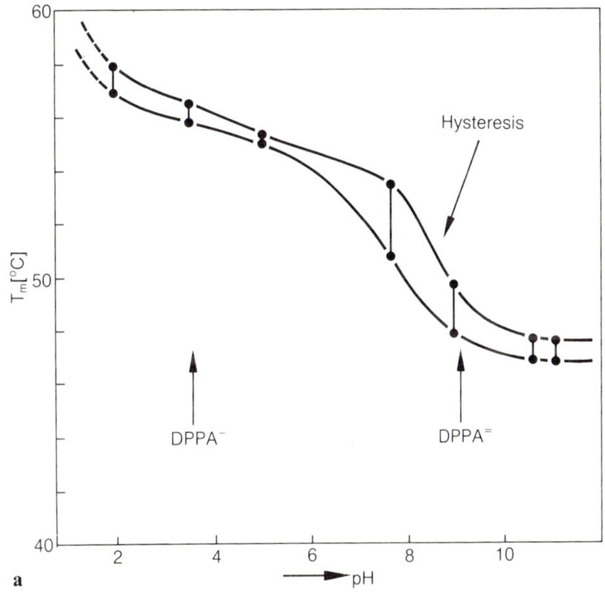

a

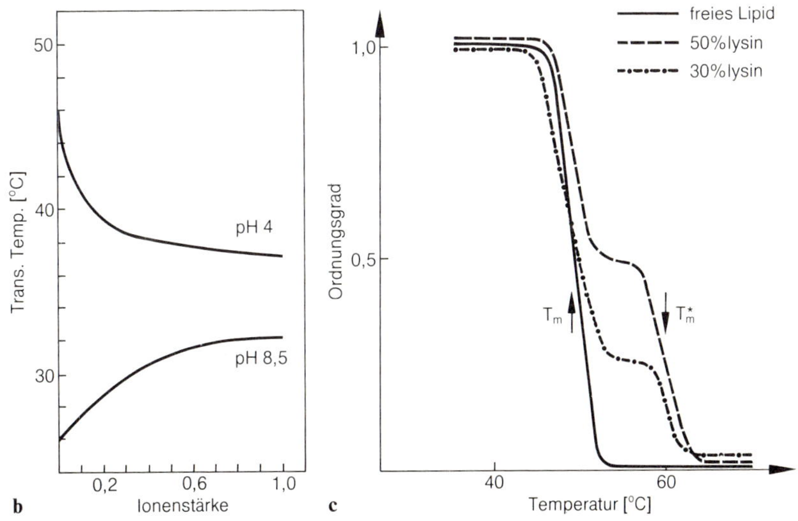

b c

Abb. 12.13a–c. Ladungsinduzierte Phasenumwandlungen in Modellmembranen. **a** pH Abhängigkeit der Umwandlungstemperatur, T_m, von Dipalmitoyl Phosphatidsäure (DPPA). **b** Einfluß der Ionenstärke auf die Umwandlungstemperatur von Dimyristoyl-Phosphatidsäure Methylester. [Nach Eibl u. Träuble: Proc. Natl. Acad. Sci. USA **71**, 214 (1972).] **c** Zweistufige Phasenumwandlung von $DPPA^{--}$ bei Bindung von Poly-Lysine. T_m ist die Umwandlung des reinen Lipids, T_m^* die des an Poly-Lysin gebundenen Lipids

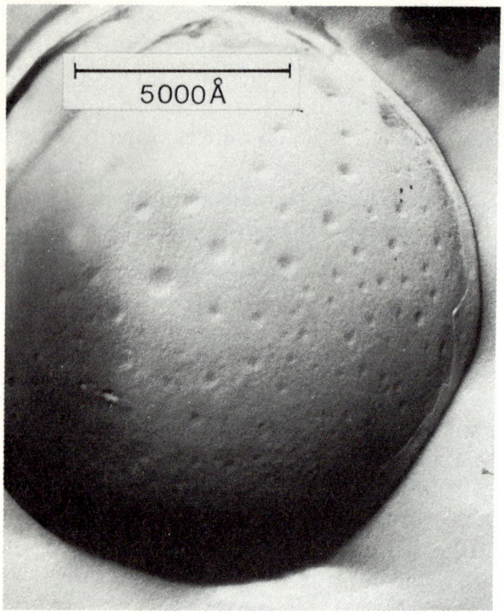

Abb. 12.14. Elektronenmikroskopische Aufnahme der ladungsinduzierten Domänenbildung an Vesikeln einer 1:1-Mischung aus zweifach negativer Dioleyl-Phosphatidsäure (pH 9) und Dioleyl-Lezithin durch Bindung von Poly-Lysine. Die blasenförmigen Bereiche werden von der an das Polypeptid gebundenen Phosphatidsäure gebildet. [Nach Hartmann et al.: FEBS Lett. **78**, 169 (1977)]

wandlung des Polypeptids statt, die zu einer Zunahme des helikalen Anteils führt. Dies Beispiel zeigt, daß Lipide und Proteine kooperative Systeme bilden können, bei denen eine strukturelle Änderung einer Komponente eine gleichzeitige Konformationsumwandlung der anderen induziert. Weitere Beispiele werden in Abschn. 12.2.8 diskutiert.

12.2.6.3 Hysteresis (Speicher-Effekt) der ladungsinduzierten Domänenbildung

Die pH (und Ca^{++}) induzierte Phasenumwandlung oder Phasentrennung (Domänenbildung) zeigt eine ausgeprägte Hysteresis im Bereich der Dissoziation, wo verschieden geladene Moleküle der ionisierbaren Komponente koexistieren. Abbildung 12.15 zeigt das Beispiel einer Hysteresis der lateralen Phasentrennung in einer Mischung aus geladenem und ungeladenem Lipid. In der Abbildung ist der Bruchteil des in Domänen kondensierten einfach geladenen Lipids als Funktion des pH wiedergegeben. Der pH der Vesikel-Präparation wurde durch Dialyse kontinuierlich variiert. Der Umwandlungspunkt ist bei steigendem und abnehmendem pH deutlich verschieden. Diese Hysteresis ist nicht kinetisch bedingt, sondern ist eine Folge der Domänenbildung. Dies erkennt man daran, daß kleine Hysteresis Schleifen durchlaufen werden, wenn man den pH von irgend einem Punkt der großen Hysteresis Schleife aus startend, um einen kleinen Betrag periodisch ändert.

Die Hysteresis ist die Folge einer unterschiedlichen Dissoziationskonstanten in der fluiden und kristallinen Phase aufgrund unterschiedlicher elektrostatischer Potentiale. Nach Gl. (12.13) wächst das Potential ψ_0 mit der Packungsdichte (A^{-1}). Nach Gl. (12.15) begünstigt die dadurch bedingte Verschiebung des Dissoziationsgleichgewichts das einfach geladene Lipid (P^-) in der kristallinen Phase und die zweifach geladene Komponente (P^{--}) in der L_α-Phase. Dies ist gleichbedeutend mit einer Erniedrigung des lokalen pH in der kristallinen Phase. Die Hysteresis wurde auf der Basis der Kittel-Changeaux-Theorie der kooperativen Umwandlung gedeutet (s. Sackmann, 1978).

12.2.7. Struktur und Eigenschaften von 2-dimensionalen Lipidlegierungen

12.2.7.1 Phasendiagramme 2-dimensionaler Lipidmischungen (laterale Phasentrennung)

Die Lipidzusammensetzung der Membranen eines bestimmten Zelltyps einer Spezies ist erstaunlich konstant und weitgehend genetisch bestimmt. Ein bekanntes Beispiel ist die Plasmamembran der Erythrozyten des Menschen, die einige hundert verschiedene Lipide enthält. Abweichungen von der natürlichen Zusammensetzung (z.B. durch krankheitsbedingte Änderung des Cholesterin/Phospholipid Verhältnisses) können fatale Folgen für das Leben der Zelle haben und zu erheblichen Krankheiten führen. Dies deutet darauf hin, daß die Lipide aktiv bei der Selbstorganisation biologischer Membranen beteiligt sind und nicht nur eine permissive Rolle als Träger der Proteine spielen.

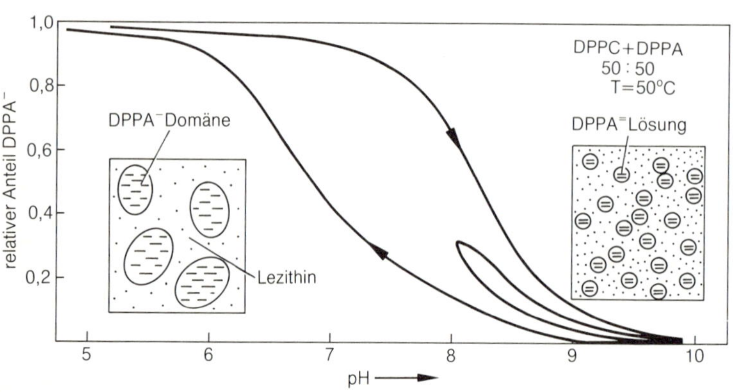

Abb. 12.15. Hysteresis der pH induzierten Domänenbildung in einer 1:1-Mischung von DMPC und DPPA. Die Ordinate gibt den Bruchteil des in Domänen kondensierten einfach geladenen Lipids an. Das zweifach geladene Molekül bildet eine homogene Mischung mit der zwitterionischen Komponente. Die Temperatur wurde so eingestellt, daß das geladene Lipid bei der Dissoziation $PH^- \rightleftarrows P^{--} + H^+$ von der kristallinen in die fluide Phase übergeht

Es ist durchaus möglich, daß die Natur die Lipide nach ihrer Fähigkeit auswählt, gewisse Proteine zu funktionellen Einheiten in geeigneter Anordnung zusammenzubringen. Beispiele sind 1. die Elektron-Transfer-Kette der Atmungskette der Mitochondrien, 2. der Photosynthese-Apparat, 3. das Hormon-Rezeptor/Adenylat-Cyklase System.

Eine Reihe von Methoden wurden zur Aufstellung der Phasendiagramme von Lipidmischungen angewandt: Spin-Sonden-Technik, Raman- und Fluoreszenzspektroskopie, Kalorimetrie, Filmwaagentechnik, Neutronenkleinwinkelstreuung und Elektronenmikroskopie. Mit Ausnahme der letzteren beiden beruhen alle Methoden auf der Analyse von Abkühlungskurven oder Aufheizungskurven. Die Temperaturänderung muß sehr langsam erfolgen, um die Einstellung der Gleichgewichtsverteilung der Komponenten zu erreichen. Unterschiede in den publizierten Phasendiagrammen sind oft auf die Mißachtung dieser Vorsichtsmaßnahme zurückzuführen.

Ein besonders großes Problem stellt die Möglichkeit einer unterschiedlichen Verteilung der Lipidkomponenten zwischen den inneren und äußeren Monoschichten gekrümmter Doppelschichten (Vesikel) dar. Eine Möglichkeit der direkten Beobachtung der lateralen Phasentrennung in Monoschichten bietet die Filmwaagentechnik (s. Abb. 12.16).

Für das Verhalten von Lipidmischungen sind zwei Eigenschaften wesentlich: 1. die molekulare Struktur und 2. die Symmetrie der Phasen der reinen Komponenten. Phasentrennung wird dann erwartet, wenn sich zwei Lipid-Komponenten in mindestens einer dieser Eigenschaften unterscheiden. Der erste Fall ist gegeben, falls Unterschiede in der Kettenlänge oder in der Struktur der polaren Kopfgruppe bestehen. Laterale Phasentrennung wird zumindest in der kristallinen Phase aufgrund rein sterischer Effekte erwartet. Ein Beispiel sind Mischungen aus Lezithinen, die sich in der Kettenlänge um mindestens $4\,CH_2$-Gruppen unterscheiden. So entmischen nach Abb. 12.16b DMPC und DSPC in der kristallinen Phase, während man Mischbarkeit beobachtet, falls nur ein Unterschied von $2\,CH_2$-Gruppen besteht (Beispiel DMPC-DPPC in Abb. 12.16a). Ein weiteres besonders wichtiges Beispiel ist das System Cholesterol/Lezithin der Abb. 12.16.

Beispiele für die zweite Ursache der lateralen Phasentrennung sind Mischungen aus zwei Lipiden, die bei gegebener Temperatur eine geneigte (smektisch C) bzw. nicht geneigt (z.B. smektisch $A = L_\alpha$) Phase bilden. Nach der Landau-Symmetrie-Regel erwartet man dann ebenfalls Entmischung (Sackmann, 1978; Gennes, 1974). Ein Beispiel ist die kristalline Mischung aus DMPC (geneigte Ketten) und DMPE (Ketten senkrecht zur Ebene der Membran). Unterhalb etwa 30 mol-% DMPE findet Entmischung in eine $P_{\beta'}$-Phase von fast reinem DMPC und eine in DMPE angereicherte Phase statt. Ein anderer möglicher Fall ist die flüssige Mischung aus DMPC (bzw. DPPC) und DOPC (Sackmann, 1978). DOPC hat eine gewinkelte Struktur und ist gegenüber der Membrannormalen geneigt. Die Symmetrieregel spielt eine wichtige Rolle für die Entmischung in fluiden Phasen.

Entmischung in der fluiden Phase ist besonders wahrscheinlich, wenn die Lipide unterschiedliche Kopfgruppen und Ketten besitzen. Ein mögliches Beispiel ist die Mischung aus DEPC und DPPE (Abb. 12.16c), bei der sogar ein kritischer Punkt in der fluiden Phase beobachtet wurde. Ein anderes Beispiel ist die Mischung von gesättigtem Lezithin mit (zweifach geladener) Phosphatidsäure (Sackmann, 1978).

Mischungen aus Cholesterol und Phospholipiden sind wegen ihrer biologischen Bedeutung von besonderem Interesse. Sie gehört zur Gruppe der Mischungen mit stark unterschiedlicher Molekülstruktur. Abbildung 12.16d zeigt das aus Filmwaageexperimenten gewonnene π-x-Diagramm. Abnehmender Druck in einem π-x-Diagramm entspricht zunehmender Temperatur im T-x-Diagramm. Letzteres wird daher im wesentlichen eine Form haben, die aus Abb. 12.16d durch Spiegelung an der Abszisse hervorgeht. Die Gebiete I und II sind Koexistenzgebiete. Der Bereich III ist sehr wahrscheinlich eine homogene Mischung von fluidem DPPC und Cholesterol. Die Phasengrenze L entspricht einer charakteristischen homogenen Mischung aus Cholesterol und DPPC. Die Vorumwandlung der reinen Phase ist bis zu 4 mol-% Cholesterol zu beobachten.

Die übliche thermodynamische Beschreibung der Mischung läßt sich auf 2-dimensionale Lipidlegierungen übertragen (Lee, 1977). Das Phasendiagramm des Systems DPPC/DMPC ist als ideale Mischung zu beschreiben. Die Paarwechselwirkungen sind gleich, und die freie Mischungsenthalpie, ΔG, ist allein durch die ideale Mischungsentropie, $\Delta S_\mathrm{m}^\mathrm{id}$ *gegeben*

$$\Delta G_\mathrm{m}^\mathrm{id} = -T\Delta S_\mathrm{m}^\mathrm{id} = -N \cdot k \cdot T(x_A \ln x_A + x_B \ln x_B)\,. \quad (12.16)$$

Dabei sind x_A und x_B die Molenbrüche der Komponenten A und B mit $x_B = 1 - x_A$ und N ist die Gesamtzahl der Moleküle ($N = n_A + n_B$). Die freien Enthalpiekurven $\Delta G_\mathrm{m}^\mathrm{id}(x_A, x_B, T)$, in der fluiden und in der kristallinen Phase sind einfache Parabeln und man erhält höchstens ein zigarrenförmiges Gebiet, in dem eine fluide und eine kristalline Phase koexistieren.

Im allgemeinen werden die Mischungen nicht ideal sein. Das bedeutet, daß die Paar-Wechselwirkungsenergien, U_{ij}, zwischen den reinen Komponenten $A - A(U_{AA})$, $B - B(U_{AB})$ und den verschiedenen Paaren $A - B(U_{AB})$ unterschiedlich sind. Unter der Annahme, daß die Lipide etwa gleiche Größe haben (wie im Fall der Phospholipidmischungen) kann die Theorie der regulären Lösungen angewandt werden. Bei einem ähnlichen Flächenbedarf der Moleküle trägt die Änderung der Fläche bei der Mischung nicht wesentlich zur Mischungsentropie bei und diese ist durch Gl. (12.16) gegeben. Die gesamte freie Enthalpie der regulären Mischung wird dann

$$\Delta G_\mathrm{m}^\mathrm{reg} = \Delta G_\mathrm{mix}^\mathrm{id} + NZ\phi x_A(1 - x_A)\,, \quad (12.17\mathrm{a})$$

$$\phi = U_{AB} - \tfrac{1}{2}(U_{AA} + U_{BB})\,. \quad (12.17\mathrm{b})$$

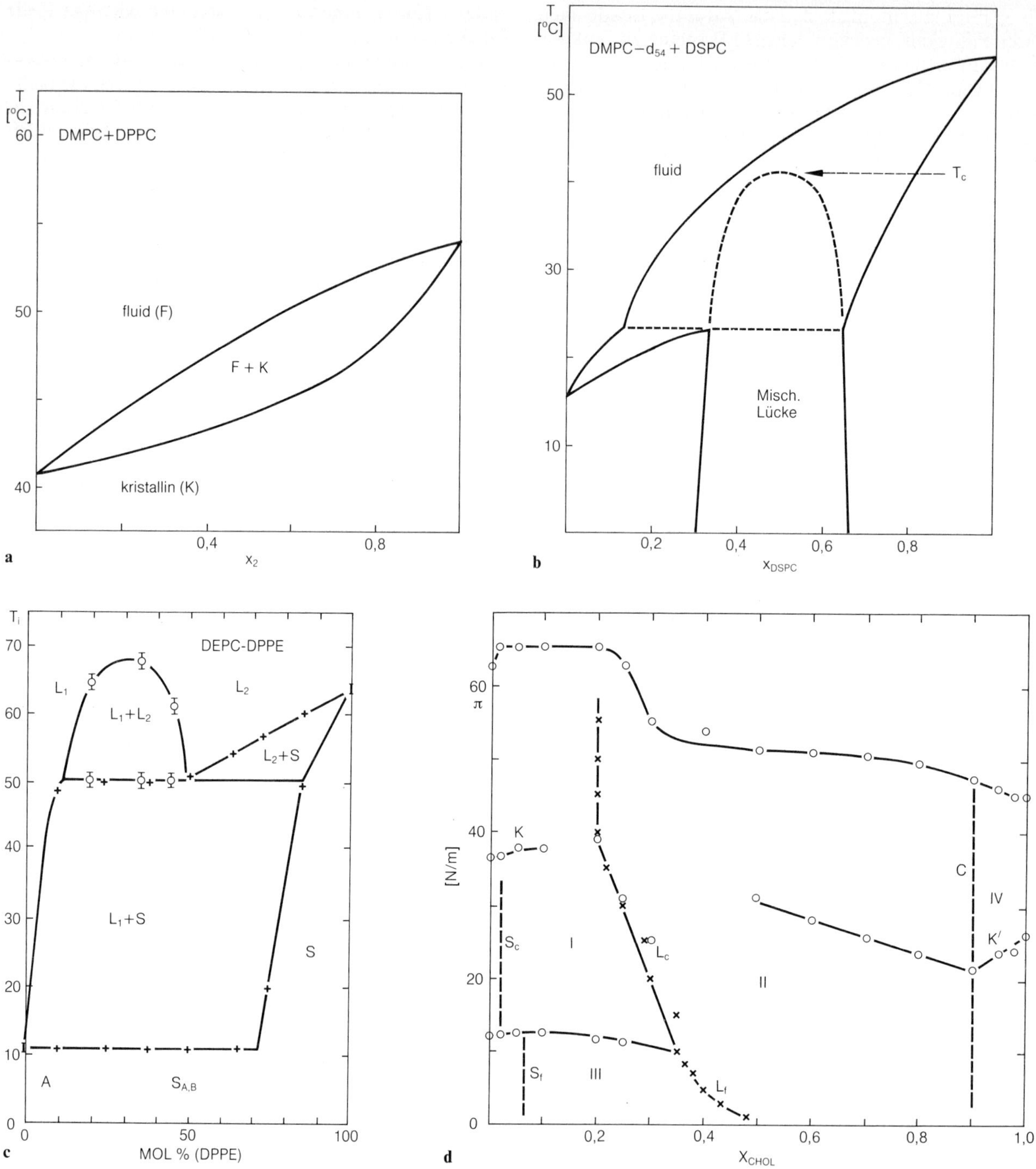

Abb. 12.16a–d. Typische Phasendiagramme von Mischungen aus Lipiden. [Siehe Übersichtsartikel von Lee, A.: Biochim. Biophys. Acta **472**, 285 (1977).] DEPC: Di-Elaidin-Phosphatidylcholin. Zur Bezeichnung der übrigen Lipide s. Abb. 12.6). **a** Vollständige Mischbarkeit in kristalliner und fluider Phase. Entmischung nur in „zigarrenförmigem" Gebiet. Beispiel: Lipide mit geringem Unterschied in Kettenlänge. **b** Mischbarkeit in fluider Phase und Mischungslücke in kristalliner Phase aufgrund des Unterschieds in Molekülstruktur. Beispiel: Lipide, die sich mindestens um 4 CH_2-Gruppen in Kettenlänge unterscheiden (nach Neutronen-Kleinwinkelstreuung). **c** Phasendiagramm mit Entmischung in kristalliner und fluider Phase. Mischung aus Lipiden unterschiedlicher Struktur und Symmetrie der Phasen der reinen Komponenten. [Nach Wu and McConnell: Biochemistry **14**, 847 (1975).] **d** Lezithin-Cholesterol-Phasendiagramm. π-x-Diagramm aus Langmuir-Filmwaage-Experimenten durch Analyse von Kompressibilität, thermischer Ausdehnung und Molfläche: (I) Koexistenz von nahezu reinem DPPC (< 4 % Cholesterol) und einer DMPC-Cholesterol-Mischung. (II): Koexistenz dieser Mischung mit nahezu reinem Cholesterol. (III): Homogene fluide DPPC-Cholesterol-Mischung. (IV): Lösung von Lezithin in Cholesterol. [Nach Albrecht et al.: J. Colloid. Interf. Sci. **79**, 319 (1981)]

Dabei ist Z die Zahl der nächsten Nachbarn. Das Potential ϕ ist ein Maß für die Änderung der mittleren Paarwechselwirkungsenergie bei der Bildung einer Mischung und gibt an, um wieviel die Wechselwirkungsenergie zwischen gleichen Nachbarn niedriger ist als die zwischen ungleichen. Im Falle regulärer Lösungen kann laterale Phasentrennung im fluiden oder im kristallinen Zustand erwartet werden, falls die Funktion ΔG_m^{reg} (x, T) Doppelminima besitzt. Man spricht dann vom Auftreten einer Mischungslücke. Nach der Bragg-Williams-Theorie ist dies der Fall, wenn $Z\phi/kT > 2$. Die Mischung ist homogen für $Z\phi/kT < 2$, während $T_c = Z\phi/2k$ die kritische Temperatur der Mischungslücke festlegt. Ein Beispiel einer Mischungslücke im fluiden Zustand zeigt Abb. 12.16c.

12.2.7.2 Ladungsinduzierte Phasentrennung

Im Zusammenhang mit biologischen Membranen ist die durch äußere Ladungen (pH, Ca^{++}, Proteine) induzierte Phasentrennung in Lipidlegierungen mit einer geladenen Lipidkomponente von besonderem Interesse. Änderungen in der Organisation der Komponenten in der Ebene der Membran können bei konstanter Temperatur durch Variation der lokalen Ionenkonzentration gesteuert werden. An Mischungen aus Lezithin mit Phosphatidsäure bzw. Phosphatidylserin wurde die durch zweiwertige Ionen oder durch geladene Polypeptide (Poly-Lysine) induzierte Phasentrennung ausführlich untersucht (Sackmann, 1978; Lee, 1977). Eine notwendige Bedingung ist eine direkte elektrostatische Bindung an das geladene Lipid. Allerdings bestehen erhebliche Unterschiede in der Wirkung verschiedener Ionen. So induziert Ca^{++} und Mn^{++} in Lezithin-Phosphatidylserine Mischungen die Bildung von Ausscheidungen des geladenen Lipids, während Mg^{++} keinen Effekt zeigt. Die ladungsinduzierte Phasentrennung ist letztlich eine Folge der Verschiebung der Umwandlung des gebundenen Lipids zu höheren Temperaturen. Sie läßt sich daher ebenfalls auf der Basis der Theorie der regulären Lösungen oder der Bragg-Williams-Theorie verstehen.

12.2.7.3 Kinetik der Entmischung im fluiden Zustand und weitreichende kritische Konzentrations-Fluktuationen

Natürliche Membranen sind im allgemeinen fluid. Die Möglichkeit der lateralen Entmischung der Lipide in fluiden Zustand ist ein wesentlicher Schritt bei der Selbstorganisation der Membrankomponenten zu funktionellen Einheiten mit definierter Mikrostruktur. Die Entmischung in fluiden Membranen hat zwei sehr interessante Aspekte.

a) Die Kinetik der Phasentrennung: Die mittlere Zeit, die zum Aufbau einer domänenartigen Ausscheidung mit N-Molekülen benötigt wird, ist gegeben durch

$$\tau \approx \frac{A}{4\pi D} \frac{N}{x}. \tag{12.18}$$

Dabei ist x der Molenbruch des betrachteten Lipids und A sein Flächenbedarf. Für $A = 75\,\text{Å}^2$, $x = 0{,}5$, $D = 10^{-7}\,\text{cm}^2/\text{s}$ wird $\tau \approx 10^{-7}$ für $N = 100$ und $\tau \approx 10^{-6}$ für $N = 1000$. Offenbar sind Änderungen in der lateralen Organisation fluider Membranen aufgrund der schnellen lateralen Diffusion in sehr kurzen Zeiten ($\tau \sim 10^{-6}$ s) möglich und könnten zur Steuerung schneller biologischer Prozesse ausgenutzt werden. Der schnellste Vorgang bei der Ausbildung des Aktionspotentials, der Gating-Prozeß, der in ca. 10^{-5} s erfolgt, ist langsam, verglichen mit den obigen Zeiten.

b) Weitreichende (kritische) Konzentrationsfluktuationen: Eine heterogene Struktur im fluiden Zustand könnte auch die Folge kritischer Konzentrationsfluktuationen sein. Solche Fluktuationen erstrecken sich über einen charakteristischen Abstand, die sog. Kohärenzlänge ξ. ξ wird umso größer, je näher man sich bei der kritischen Entmischungstemperatur T_c befindet und nimmt bei $T > T_c$ nur langsam mit steigender Temperatur ab: $\xi = (T - T_c)^{-2/3}$. Da die Lipidschichten 2-dimensionale Systeme sind, können die kritischen Ausscheidungen eine besonders große Ausdehnung besitzen und einige 1000 Moleküle enthalten. Hinweise auf solche kritischen Fluktuationen wurden am System DMPC/DSPC mit der Neutronen-Kleinwinkelstreuung gefunden. Die Bildung und die Auflösung solcher Domänen ist ein sehr schneller Prozeß ($\sim 10^{-6}$ s). Eine Stabilisierung der Domänen über einen längeren Zeitraum könnte durch den Einbau von Proteinen erfolgen. Solche kritischen Konzentrationsfluktuationen eröffnen daher außerordentlich interessante Möglichkeiten der dynamischen Aggregation von Enzymen in fluiden Membranen (s. 12.2.8.3). Ein mögliches Beispiel ist die Aggregation der Hormon-Rezeptoren mit dem Adenylat-Zyklase System.

12.2.7.4 Die Domänenstruktur der Lipidmischungen

Ein besonders wichtiges Problem ist die Mikrostruktur (oder das Mikrogefüge) der Lipid-Legierungen. Die ersten derartigen Untersuchungen wurden mit der Spin-Sonden-Technik durchgeführt (s. Appendix). Diese Experimente zeigten, daß die laterale Phasentrennung zur Ausbildung einer domänenartigen Organisation der Lipidkomponenten in der Ebene der Membran führen kann, wobei Domänen mit einigen 100 A Durchmesser entstehen. Ein direkter Nachweis der Domänenstruktur gelang mit der Gefrierätz-Elektronenmikroskopie. Abbildung 12.14 zeigte ein Beispiel einer ladungsinduzierten Domänenstruktur (andere Beispiele s. Sackmann, 1978; Gebhardt et al., 1977). Diese Domänenstruktur ist eine charakteristische Eigenschaft der gekrümmten 2-dimensionalen Lipidschichten (Sackmann, 1978). Sie steht im auffälligen Gegensatz zum Verhalten 3-dimensionaler Systeme, bei denen es zu einer vollständigen Trennung koexistenter Phasen kommt.

Eine Deutung der Domänenstruktur kann auf der Grundlage der aus der Metallphysik bekannten Theorie der spinodalen Entmischung und des Modells der spontanen Krümmung erfolgen (Gebhardt et al., 1977). Der Prozeß der Phasentrennung erfolgt in 2

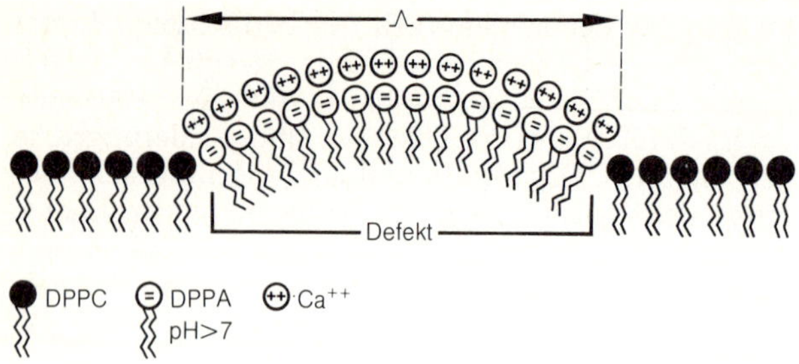

Abb. 12.17. Schematische Darstellung der Stabilisierung der Domänenstruktur im Fall der Ca^{++}-induzierten Phasentrennung im System DPPC/DPPA. Die verschiedenen spontanen Krümmungen der DPPC- und der Ca^{++}-gebundenen DPPA-Phase führt zu einer (splay) elastischen Grenzflächenenergie. Die unterschiedliche spontane Krümmung ist in Abb. 12.14 direkt sichtbar

Stufen. Der erste sehr schnelle Prozeß ist die Bildung von Keimen. Die zweite Stufe ist der Reifungsprozeß, bei dem Keime zu makroskopischen Bereichen wachsen. Für den Anfangsprozeß der Phasentrennung sind zwei Mechanismen denkbar: Erstens: die Bildung von Keimen einer Phase durch Konzentrationsfluktuationen, die oberhalb einer kritischen Größe stabil sind, wobei ein scharfer Übergang von der einen Phase in die andere an der Grenzfläche besteht (Keimbildungsmechanismus). Die zweite Möglichkeit ist die Bildung periodischer Konzentrationsvariationen durch Diffusion der Moleküle entgegen dem Konzentrationsgradienten. Dieser Prozeß ist innerhalb der Spinodalen der Mischungslücke möglich, wo der Diffusionskoeffizient negativ wird. Der entscheidende Unterschied zum Mechanismus der Keimbildung ist die kontinuierliche Variation der Konzentration an der Grenzfläche zwischen den verschiedenen Phasen. Diese diffuse Grenzfläche besitzt eine positive Grenzflächenenergie, die mit dem Konzentrationsgradienten, dc/dx, wächst und die treibende Kraft für den Reifungsprozeß darstellt, da dieser die gesamte Grenzflächenenergie reduziert. In Membranen kann eine zusätzliche Grenzflächenenergie auftreten, falls die koexistierenden Phasen verschiedene spontane Krümmung besitzen. Wie in Abb. 12.17 dargestellt, ändert sich an der Grenzfläche die Orientierung der Lipide abrupt. Dies führt zu einem positiven elastischen Beitrag zur Grenzflächenenergie, der mit zunehmender Domänengröße ansteigt. Die gesamte Grenzflächenenergie pro cm^2 enthält zwei Terme

$$F_{\mathrm{if}} = \left(\kappa \cdot \frac{\partial^2 c}{\partial x^2} + \gamma_{\mathrm{el}} \cdot x^2\right). \qquad (12.19)$$

Während der erste Term die Ausbildung unendlich großer Bereiche begünstigt, liefert der zweite Term eine rücktreibende Kraft. Das Zusammenspiel beider Effekte führt zu einer endlichen Domänengröße mit dem Durchmesser

$$\Lambda \approx \frac{\lambda}{\Delta C}\left(\sqrt{\frac{4RT_c T}{K_{11}(T_c - T)}}\right). \qquad (12.20)$$

Dabei ist λ der Abstand der Moleküle und $\Delta C = R_A^{-1} - R_B^{-1}$ die Differenz der spontanen Krümmung der beiden Phasen A und B. Wie erwartet wird $\Lambda \to \infty$, falls $\Delta C \to 0$.

Die Domänenstruktur kann auch instabil werden. Falls die elastische rücktreibende Kraft nicht ausreicht, die Domänengröße zu stabilisieren, so wird es zur Abspaltung von kleinen Vesikeln kommen. Diese wird z.B. bei der Ca^{++}-induzierten Phasentrennung in Mischungen mit DPPA beobachtet. Diese Art von Instabilität wäre eine mögliche Erklärung für die Phagozytose.

Eine völlig andere Art der Domänenstruktur beobachtet man, falls eine der Komponenten eine hexagonale oder mizellare Phase bildet. In diesem Fall kann die Phasentrennung zur Bildung von zylinderförmigen oder spärischen Mizellen führen, welche in die Doppelschicht eingelagert sind (s. Abb. 12.21b). Solche Strukturen wurden in Mischungen aus Lezithin und Äthanolamin beobachtet, falls die Temperatur oberhalb der Umwandlungstemperatur des Äthanolamins in der hexagonalen Phase liegt.

12.2.7.5 Asymmetrie der Lipidverteilung

Die Verteilung der Lipide mit verschiedenen Kopfgruppen auf die innere und äußere Monoschicht biologischer Membranen ist asymmetrisch. In Erythrozyten zum Beispiel enthält die äußere Monoschicht vorwiegend Lezithin und Sphinomyelin, während die innere überwiegend aus Phosphatidyl-Serin und -Äthanolamin aufgebaut ist. Asymmetrische Lipidverteilungen wurden auch in Vesikeln aus Mischungen beobachtet: Es gibt mehrere Mechanismen, welche eine ungleiche Verteilung stabilisieren. Der eine beruht auf der in Abschn. 12.2.5 beschriebenen spontanen Krümmung. Lipide mit kleinen Kopfgruppen werden sich vorwiegend in der inneren Monoschicht aufhalten. Die Verteilung der geladenen Lipide kann durch das Membranpotential, ϕ, gesteuert werden. Das Verhältnis der Flächenkonzentrationen des Lipids in der äußeren (ϱ_a) und der inneren (ϱ_i) Monoschicht ist $\varrho_a/\varrho_i = e^{-\phi/kT}$. In Biomembranen kann die Lipidverteilung noch durch spezifische Wechselwirkung mit Proteinen des Zytoplasmas gesteuert werden. Die transversale Lipidverteilung ist natürlich ein dynamisches Gleichgewicht, da die Lipide ständig zwischen den beiden Monoschichten austauschen (Flip-Flop). Die Halbwertszeiten des Austausches liegen im Bereich von einigen Stunden.

12.2.8 Makromoleküle (Proteine) in Lipidschichten

Nach dem von Singer und Nicolsen vorgeschlagenen Mosaik-Modell ist der größte Teil der mit der Membran assoziierten Proteine derart in der Doppelschicht verankert, daß der hydrophobe Teil mit dem hydrophoben Bereich der Lipidschicht in engem Kontakt steht, während ein hydrophiler (häufig geladener) Teil in die wäßrige Phase ragt. Manche Proteine, wie das Glycophorin der Erythrozyten-Plasmamembran, gehen durch die gesamte Doppelschicht hindurch. Ein direkter Beweis des Mosaik-Modells gelang mit der Strukturaufklärung der Purpurmembran des Halo Bakteriums.

Lipid und Protein bilden ein kooperatives System. Der Zustand der Lipide beeinflußt die Konformation und laterale Verteilung der eingebauten Enzyme und damit auch deren Funktion. Umgekehrt induzieren die Proteine Konformationsänderungen des Lipids. Die bisherigen Untersuchungen der Lipid-Protein-Wechselwirkung sind noch sehr widersprüchlich. Im folgenden sollen einige wichtige experimentelle Befunde und physikalische Prinzipien der Lipid-Protein-Systeme zusammengestellt werden.

12.2.8.1 Strukturelle Änderung des Lipids und Ausbildung des Lipid-Halo

Eine strukturelle Änderung des Lipids in der unmittelbaren Umgebung der Proteine wurde erstmals mit der Spin-Sonden-Technik nachgewiesen (s. Appendix). Man bezeichnet dieses an das Protein „adsorbierte“

Lipid als Grenzflächen (boundary-)-Lipid oder Lipid-Halo (s. Appendix). Folgende Effekte sind zu unterscheiden: 1. Eine Änderung in der Kettenbeweglichkeit (Dynamik), 2. eine Modifikation der mittleren Kettenorientierung und 3. die endliche Aufenthaltsdauer der Lipide im Halo. Aus diesem Grund sind die mit verschiedenen Methoden gefundenen Ergebnisse über strukturelle Änderungen sehr widersprüchlich (s. Übersichtsartikel von Chapman et al., 1979). Dies liegt an der unterschiedlichen Zeitspanne über die (z.B. bei der Messung des mittleren Ordnungsgrades) mit den verschiedenen Methoden gemittelt wird. Während die ESR-Spektroskopie einen Zustand (z.B. den des gebundenen Lipids) gerade noch erkennt, falls seine Lebensdauer 10^{-8} s beträgt, mittelt die Deuterium NMR über alle Strukturen mit Lebensdauer kleiner 10^{-3} s. Ist die Verweildauer der Lipide am Protein wesentlich kleiner, so wird kein gebundenes Lipid beobachtet. Bisher wurde vorwiegend der Einbau von Proteinen in synthetische Lipide (z.B. DMPC) untersucht. Im folgenden sind einige wichtige Ergebnisse zusammengestellt:

1. Die Kettenstruktur des Lipids in der Umgebung des Proteins wird gestört. Nach der Raman-Spektroskopie wird in fluidem Zustand ($T > T_m$) die Zahl der gauche-Konfigurationen der Kette erniedrigt, während im kristallinen Zustand die Kettendefekte zunehmen. Erstens kann zu einer Immobilisierung des Lipids führen. Der mittlere Ordnungsgrad des Lipids (bezüglich der Membrannormale) kann dabei zu- oder abnehmen. Letzteres ist bei einer durch das Protein induzierten Neigung der Ketten der Fall (s. Abb. 12.21). Aus Messungen des Ordnungsgrades allein kann daher keine strukturelle Information über das gebundene Lipid gewonnen werden.

2. Die Umwandlungswärme, ΔH, des gestörten Lipids wird erniedrigt. Die daraus folgende Abnahme der Umwandlungsentropie kann als Folge der zunehmenden Ordnung im fluiden und der abnehmenden Ordnung im kristallinen Zustand gedeutet werden.

3. Die Hauptumwandlung des mit dem Protein wechselwirkenden Lipids kann zu höheren oder tieferen Temperaturen verschoben werden. Ein Beispiel für ersteren Fall ist Apoprotein in DMPC (Chapman et al., 1979).

Die zweite Situation findet man bei Glycophorin in DMPC und zwar bei sehr geringer Protein-Konzentration (−0,05 mol-%). Diese Erniedrigung der Umwandlungstemperatur läßt sich wie folgt erklären. Durch Adsorption der Polysaccharid-Kopfgruppen an die Lipid/Wasser-Grenzfläche entsteht eine monomolekulare Schicht von Zucker-Monomeren. Nun ist bekannt, daß solche adsorbierten und gespreiteten Polymerfilme die Oberflächenspannung erniedrigen. Die Abnahme der Oberflächenspannung sei $\Delta\sigma$. Dann wird die Umwandlungstemperatur erniedrigt

$$T = T_0 - \frac{\Delta\sigma}{\Delta s},$$

wobei T_0 die Schmelztemperatur des reinen Lipids ist und Δs die Umwandlungsentropie pro Einheitsfläche.

4. Häufig verursachen Proteine eine starke Verbreiterung der Phasenumwandlungen. Dies läßt auf laterale Phasentrennung schließen. Ein typisches Beispiel zeigt Abb. 12.18a für den Fall Glycophorin in DMPC. Unterhalb der Umwandlungstemperatur des reinen DMPC erfolgt laterale Phasentrennung in nahezu reines Lipid und in eine gesättigte Lösung des Proteins in der DMPC-Doppelschicht. Oberhalb einer Sättigungskonzentration von etwa 1 mol-‰ wird das Protein aus der Membran ausgeschieden. Dies erfolgt wahrscheinlich in Form von Mizellen aus Lipid und Protein. In der Gefrierätzelektronenmikroskopie erscheinen in diesem Fall die typischen Partikel, die in Abb. 12.18b zu sehen sind.

5. Die durch das Protein induzierte strukturelle Änderung des Lipids hat eine endliche Reichweite. Die Störung läßt sich beschreiben als Änderung, δS, des Ordnungsgrades, S, des Lipids. $\delta S(r)$ ist eine mit zunehmendem Abstand, r, vom Protein abnehmende Funktion. Als Ordnungsgrad kann die mittlere Lipidorientierung S, der Streckungsvektor $J(J^2 \propto S)$ oder (wie von Owicki und McConnell vorgeschlagen) die relative Änderung, Δu, der mittleren Molfläche des Lipids gewählt werden. Eine einsichtige quantitative Beschreibung der induzierten Störung des Lipids wurde von Marcelja auf der Basis der Molekularfeldtheorie gegeben (Marcelja, 1976). Die Störung des Ordnungsgrades, S, nimmt danach nahezu exponentiell mit dem Abstand von der Oberfläche des Proteins ab

$$\delta S \propto \delta S_0 e^{-r/\zeta}. \qquad (12.21)$$

Dabei ist ζ die Kohärenzlänge, welche die Reichweite der induzierten Störung beschreibt. Von Schröder bzw. Owicki und McConnell wurde ein solcher exponentieller Zerfall der induzierten Störung des Ordnungsgrades, S, bzw., u, direkt abgeleitet. Die Kohärenzlänge nimmt bei Annäherung (von $T > T_m$) an die Lipid-Hauptumwandlung, T_m, zu und wurde von Marcelja für verschiedene Temperaturen numerisch berechnet. Aus numerischen Abschätzungen von Marcelja folgt für $T = T_m + 10°: \zeta \approx 1\lambda$ und für $T = T_m + 1°: \zeta = 2{,}5\lambda$, wobei λ der mittlere Lipidabstand ist.

12.2.8.2 Selektive Lipid-Protein-Wechselwirkung oder die Lipid-Selektion durch Proteine

Es gibt eine Reihe experimenteller Hinweise, daß membrangebundene Proteine in Lipidlegierungen selektiv an eine Lipidkomponente binden. Zwei mögliche Mechanismen sind 1. die Lipid-Selektion aufgrund elektrostatischer Wechselwirkung und 2. sterisch elastische Selektion.

a) Elektrostatische Selektion: Ein Beispiel für diesen Mechanismus ist die Bindung des Poly-Lysins an Membranen mit geladenen Lipiden (s. Abb. 12.11), die zur lateralen Phasentrennung mit domänenartiger Struktur der Membran führt. Ein biologisch relevanteres Beispiel ist die Bindung von Cytochrom C an Cardiolipin oder Phosphatidylglycerol, die in gemischten Doppelschichten mit neutralem Lipid ebenfalls zur Domänenbildung führt.

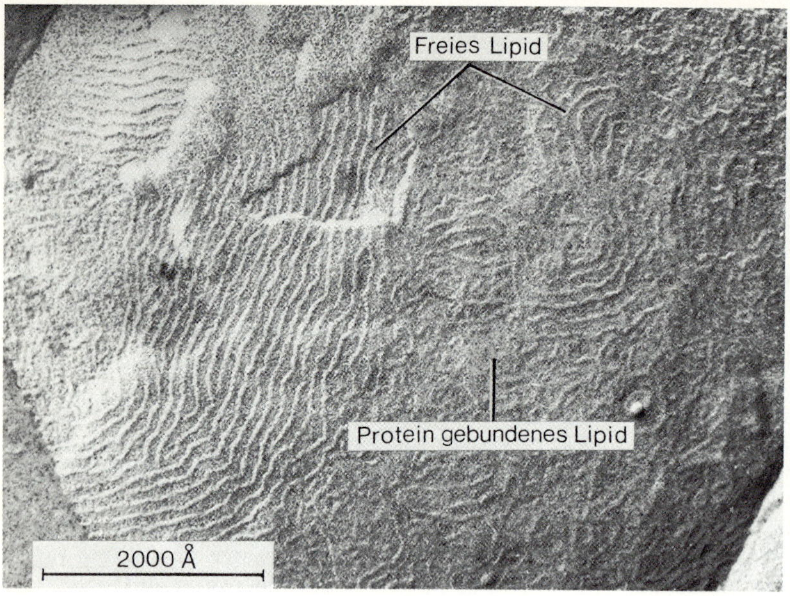

a

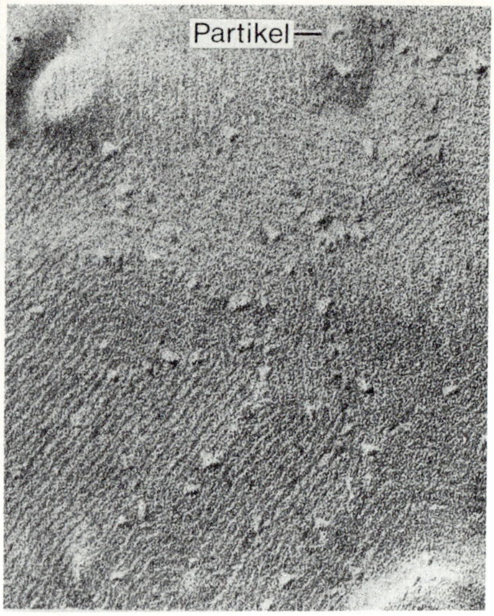

b

Abb. 12.18a, b. Gefrierbruch-Elektronenmikroskopie-Aufnahme eines Vesikels aus DMPC mit 0,4 mol-‰ (oder 2 Gew.-%) Glycophorin, eingefroren aus 19° C, d. h. 4° unterhalb Lipid-Hauptumwandlung. Man erkennt deutlich die Ripple-Textur des freien Lipids und die eher glatte Oberfläche des an Protein gebundenen Lipids. Bei der geringen Konzentration bilden die Proteine keine Partikels wie in biologischen Membranen. Vergrößerung ×90000. **b** Ausbildung von Partikels in DMPC/Glycophorin-Doppelschicht mit 1 mol-‰ Glycophorin; eingefroren aus 10° C. Partikel bilden sich oberhalb einer kritischen Protein-Konzentration von 0.8 mol-‰ (oder 4 Gew.-%). Sie bestehen sehr wahrscheinlich aus Lipid-Protein-Komplexen und werden von der Membran abgelöst

Ein besonders lehrreiches Modellsystem ist die Bindung von Polymyxin an eine binäre Lipidmischung mit Phosphatidsäure als geladene Komponente. Polymyxin ist ein zyklisches Peptid (s. Abb. 12.19a) mit einer $(CH_2)_nCH_3$-Kette als hydrophober Gruppe. Obwohl es gut wasserlöslich ist, wird es spontan in Membranen mit geladenen Lipidkomponenten (Phosphatidsäure, Phosphatidylserin, Phosphatidylglycerol) eingebaut. Es bindet dabei selektiv an diese Komponenten. Die Bindung führt zu einer Verschiebung der Umwandlung des geladenen Lipids zu tieferen Temperaturen (s. Abb. 12.19b). Abbildung 12.19c zeigt den Bruchteil an gebundenem Polypeptid als Funktion der gesamten zugegebenen Menge, für zwei pH-Werte, bei denen das Lipid einfach bzw. zweifach negativ geladen ist. Man beobachtet zwei Arten von Bindungskurven: 1. Einen parabolischen Typ (oder Langmuir Adsorptions-Isotherme) bei pH 6 und 2. eine *S*-förmige Kurve bei pH 9. Bei pH 6 erhält man ebenfalls eine *S*-förmige Kurve, falls die Ionenstärke erniedrigt wird (<0,3 Mol). Die Bindung des Polypeptids kann offenbar ein anti-kooperativer (Langmuir-artiger) oder ein kooperativer Prozeß sein. Letzteres ist ein Beispiel für das Kittel-Changeaux-Modell kooperativer (allosterischer) Effekte in Membranen.

Ursache der Kooperativität ist die Störung des Lipids durch den Peptid-Einbau, der mit einem Energieaufwand, ε_1, verbunden ist, Dieser nimmt mit zunehmender Konzentration des gebundenen Peptids gemäß $\varepsilon=(\varepsilon_1-zw\,y)$ ab. Dabei ist z die Zahl der das Peptid umgebenden Lipide (Koordinationszahl), und w ist die Lipid-Polymyxin Paar-Wechselwirkungsenergie. Der Bruchteil y an gebundenem Peptid, d.h. die Adsorption Isotherme läßt sich berechnen gemäß

$$y=\frac{\lambda\exp(-\varepsilon/kT)}{1+\lambda\exp(-\varepsilon/kT)}\,;\qquad \lambda=e^{\mu/kT}\,.$$

Dabei ist μ das chemische Potential des Peptids in der wäßrigen Phase. Aus der Bragg-Williams-Theorie folgt: Die Bindung ist kooperativ falls $zw\geqq 2{,}5\,kT$. Dann findet eine Kondensation des Lipid-Protein Komplexes in der Ebene der Membran statt.

b) Elastische Lipid Selektion: Membrangebundene Proteine wie Bakterio-Rhodopsin oder Glycophorin haben oft einen hydrophoben Kern definierter Länge L. Der Einbau in eine Doppelschicht aus Lipiden mit der Kettenlänge, l, kann zu einem erheblichen Aufwand an elastischer Energie führen, falls $L \neq l$ ist. Die elastische Energie pro Lipid-Molekül ist von der Größenordnung

$$E_{el}=\tfrac{1}{2}\kappa^{-1}\left(\frac{L-l}{l}\right)^2 A\,. \tag{12.22}$$

κ ist die laterale Kompressibilität des Lipids und A sein Flächenbedarf. Bei $T>T_c$ ist $\kappa^{-1}\approx 100$ N/m (Abb. 12.12a). Für $L-l\approx 5$ Å wird $E_{el}\approx 2\times 10^{-21}$ J. Die elastische Energie pro Lipid ist somit von derselben Größenordnung wie kT bei 300 K. Wie im Fall der induzierten Störung der Lipidstruktur durch Proteine nimmt die elastische Deformation mit zunehmendem Abstand vom Protein mit einer charakteristischen Kohärenzlänge ab. Man wird wieder einen exponentiellen Abfall erwarten. In einer Mischung aus Lipiden verschiedener Kettenlänge wird sich das Protein vorwiegend mit einem Halo des längenadaptierten Lipids

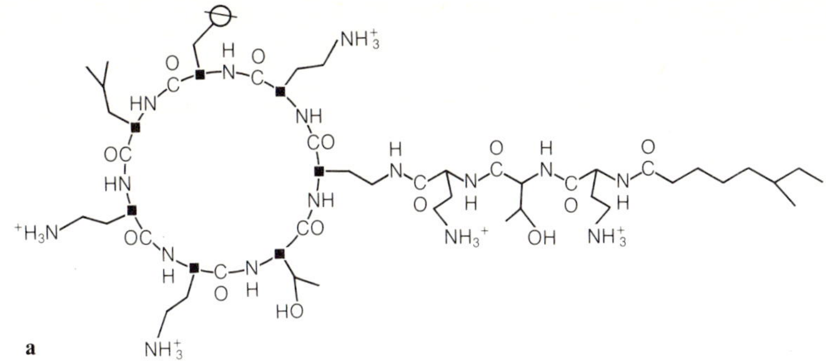

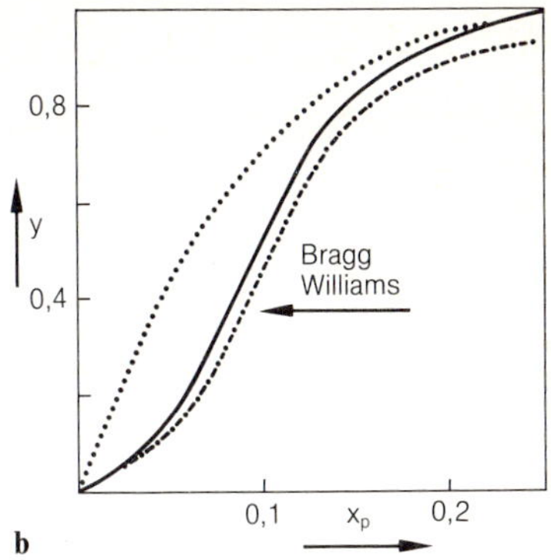

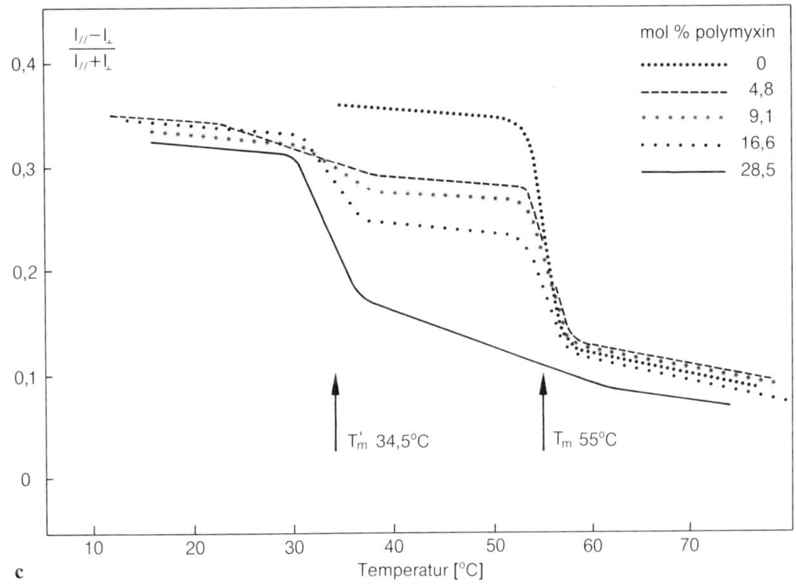

Abb. 12.19a–c. Zur kooperativen Lipid/Protein-Wechselwirkung: **a** Struktur des Polymyxin. **b** Nachweis der Phasenumwandlung des Phosphatidsäure/Polymyxin-Systems mit Fluoreszenzpolarisation. T_m: Umwandlung des reinen Lipids, T'_m: Umwandlung des an Polymyxin gebundenen Lipids, das bei pH 9 zweifach negativ geladen ist. **c** Prozentsatz, y, an gebundenem Peptid als Funktion des Molenbruchs, x_p, an zugegebenem Polymyxin (bezogen auf Lipid). (···) ph 6; Ionenstärke $I=2{,}0$ Mol (einfach negative Ladung DPPA⁻): (—) ph 9; $I=0{,}1$ Mol (zweifach negative Ladung DPPA⁻⁻). (–·–·–) Aufgrund der Bragg-Williams Theorie berechnete Kurve. [Nach Galla et al.: Biochim. Biophys. Acta **510**, 124 (1978); Sixl: Dissertation, Ulm 1981]

umgeben (s. Abb. 12.20). Ein mögliches Beispiel für einen solchen Effekt ist Gramicidin in Lezithin/Cholesterol-Mischungen (Sackmann, 1978). Dramatische Effekte können im Bereich eines kritischen Entmischungspunktes zweier Komponenten verschiedener Länge auftreten. Wie in Kapitel 12.2.8.3 beschrieben, kann es dann zur Ausbildung weitreichender Wechselwirkung zwischen den Proteinen kommen.

12.2.8.3 Indirekte, durch Lipid vermittelte Protein-Protein-Wechselwirkung

Die Bildung definierter Enzymkomplexe (z.B. der Photosynthese-Apparat, die Elektron-Transfer-Kette, das Hormonrezeptor/Adenylat-Zyklase System oder der Cytochrom P450/Reduktase-Komplex) erfordert selektive und weitreichende Mechanismen der Protein-Protein-Wechselwirkung. Die Suche nach solchen Mechanismen ist eines der Hauptziele der Membranforschung. Besonders naheliegend sind spezielle elektrostatische Kräfte. Wesentlich vielseitiger sind jedoch indirekte, über das Lipid vermittelte Protein-Protein-Wechselwirkungsmechanismen. Es sind Kräfte mittlerer und großer Reichweite möglich, die im folgenden diskutiert werden sollen:

a) Kräfte mittlerer Reichweite: Diese entstehen als Folge der durch das Protein induzierten Störung der Lipidstruktur, die in Abschn. 12.2.8.1 beschrieben wurden. Die Störung wurde charakterisiert als Fluktuation, δS, des Ordnungsgrades der Ketten, die mit zunehmendem Abstand von Protein abfällt. Nähern sich nun zwei Proteine, so überlappen die Bereiche der gestörten Lipidstruktur. Dies führt zur Ausbildung einer zwischenmolekularen Wechselwirkung, deren Reichweite durch die Kohärenzlänge, ζ, der Fluktuation, δS, bestimmt wird. Von Schröder wurde für große Proteinabstände ($r \gg \zeta$) ein exponentielles Abstandsgesetz der Wechselwirkungsenergie $U(r)$ abgeleitet.

$$U_{ij}(r) = -\text{const}\,(\delta S_i \cdot \delta S_j)\,\frac{R_0}{\sqrt{r}}\,\exp\left(-\frac{2(r-R_0)}{\zeta}\right). \tag{12.23}$$

Dabei ist r der Abstand der Proteine und R_0 deren Radius. Die numerische Rechnung von Marcelja (1976) liefert ebenfalls einen

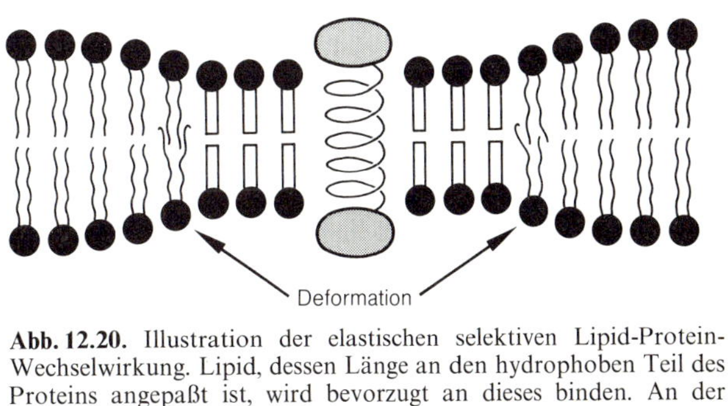

Abb. 12.20. Illustration der elastischen selektiven Lipid-Protein-Wechselwirkung. Lipid, dessen Länge an den hydrophoben Teil des Proteins angepaßt ist, wird bevorzugt an dieses binden. An der Grenzfläche entsteht eine elastische Deformation (Dilatation)

nahezu exponentiellen Abfall der Wechselwirkung. Man sieht, daß eine anziehende Kraft auftritt, falls beide Proteine eine gleichsinnige Störung δS induzieren. Abstoßung tritt auf, falls ein Protein eine Zunahme, das andere eine Abnahme von S bewirkt. Die Situation erinnert an die Wechselwirkung zweier Ladungen.

b) Durch elastische Deformation vermittelte weitreichende Protein-Protein-Wechselwirkung: Eine elastische Deformation der Lipidschicht durch den Einbau eines Proteins hat eine größere Reichweite als die oben diskutierte Fluktuation des Ordnungsgrades. Man erwartet wieder eine Wechselwirkung zwischen zwei Proteinen, wenn ihre induzierte Deformationsfelder überlappen. Zwei Möglichkeiten der elastischen Deformation sind zu beachten: (1) Eine Kompression bzw. Aufweitung der Lipidschicht in Normalenrichtung, falls die Dicken der hydrophoben Teile der Proteine bzw. der Lipiddoppelschicht verschieden sind (Abb. 12.20), (2) eine erzwungene Neigung (splay-Deformation) der Ketten, wenn der hydrophobe Teil der Proteine eine konische statt zylinderförmige Form besitzt (s. Abb. 12.21a). Diese Art der Deformation spielt eine wichtige Rolle für die elastischen Eigenschaften dreidimensionaler thermotroper Flüssigkristalle und wurde an diesen Systemen eingehend untersucht. In einer zweidimensionalen smektischen Phase, wie der Lipiddoppelschicht, ist die Deformation durch eine große Reichweite ausgezeichnet. Als Beispiel seien zwei konische Makromoleküle, i, j, mit Öffnungswinkel ϕ_i; ϕ_j betrachtet. Beim Einbau in die Lipidschicht wird in unmittelbarer Umgebung des Proteins der Direktor der mittleren Lipidorientierung um diesen Winkel geneigt. Aus der elastischen Theorie smektischer Phasen (de Gennes, 1975) folgt für die Kraft zwischen den Proteinen

$$F_{ij} = -2\pi K_{11} \sin\phi_i \sin\phi_j \cdot \frac{1}{r_{ij}}. \qquad (12.24)$$

Die Kraft hat offenbar eine sehr große Reichweite ($F_{ij} \propto r_{ij}^{-1}$). Die Wechselwirkungsenergie ist dann eine logarithmische Funktion des Abstandes. Für zwei Proteine mit einem relativ kleinen Winkel von $\phi_i = 10^0$ und einem Abstand von 100 Å folgt $F_{ij} \approx 10^{-12}$ N (mit $K_{11} = 10^{-12}$ erg). Die Wechselwirkungsenergie wird $U_{ij} \approx 10\,kT$. Diese Abschätzung zeigt, daß die über die Orientierungselastizität der Lipide vermittelten Kräfte beträchtliche Werte annehmen können.

c) Weitreichende Protein-Protein Wechselwirkung durch kritische Konzentrationsfluktuationen: Eine weitere Möglichkeit der weitreichenden Wechselwirkung kann in fluiden Lipidlegierungen oberhalb eines kritischen Entmischungspunktes auftreten. Sie wurde erstmals von de Gennes für normale Polymerlösungen postuliert. Der Wechselwirkungsmechanismus läßt sich wie folgt verstehen. Betrachtet werde eine Lipidlegierung der Komponenten A und B oberhalb eines kritischen Entmischungspunkts. In der Membran werden sich dann

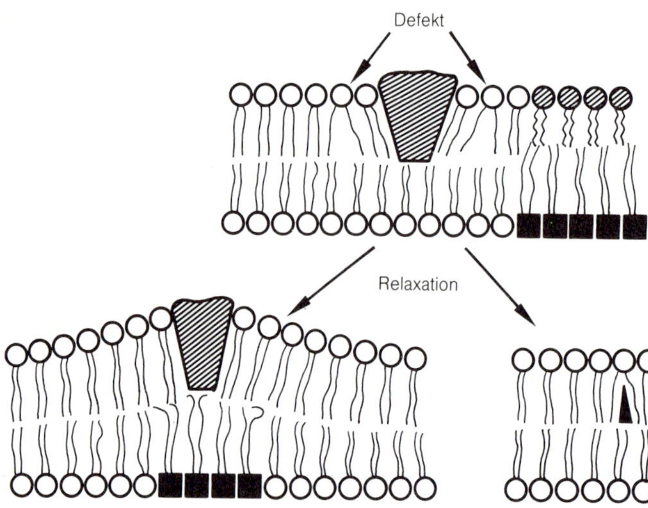

a

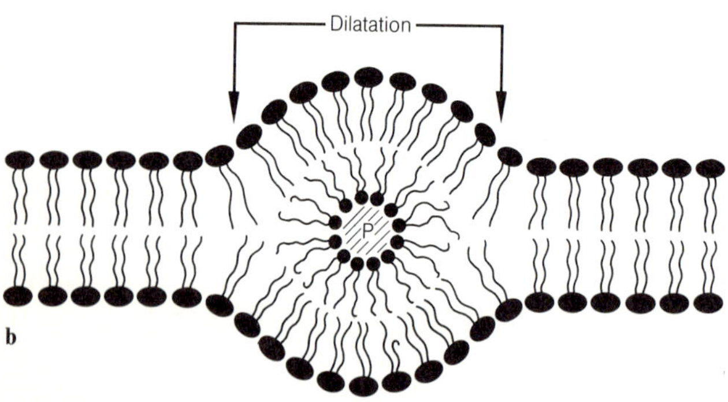

b

c

Abb. 12.21. **a** Schematische Darstellung zweier möglicher Mechanismen der Relaxation elastischer Spannungen an Orientierungsdefekten in der Umgebung eines Proteins mit konischer Gestalt. *Links:* Ausweichung in die dritte Dimension bei gleichzeitiger Umverteilung der Lipide in der unteren Monoschicht. *Rechts:* Einbau einer Wolke von Fremdmolekülen. **b** Schematische Darstellung des Einbaus eines Proteins (Makromoleküls) als mizellare Einschlußverbindung. Der Einbau führt zur Bildung eines Dilationsgebietes im Innern der Doppelschicht. **c** Gefrierätzaufnahme der Defektstruktur einer DMPC-Doppelschicht unterhalb der Hauptumwandlung, die durch Einbau von Cholesterol (4 mol-%) stabilisiert wurde (vgl. Abb. 12.8a) weitreichende Konzentrationsfluktuationen der Komponenten (δc_A; δc_B) ausbilden. In der Membran befinde sich eine Sorte von Proteinen, P_1, die sich bevorzugt in Lipid A löse, während B für P_1 ein schlechtes Lösungsmittel sei. P_1 wird sich daher mit Lipid A umgeben. Aufgrund der kritischen Konzentrationsfluktuationen entsteht dadurch um P_1 eine größere A-reiche Domäne. Die Konzentration ist gegeben durch $c_A=\bar{c}_A+\delta c_A(r)$. $\bar{c}_A$ ist die mittlere Konzentration von A und $\delta c_A(r)$ dessen ortsabhängige Fluktuation. Ein Proteinmolekül der Sorte P_2, das sich ebenfalls bevorzugt in A löst, erfährt eine effektive Anziehung durch P_1, da es mit diesem die in A angereicherte Domäne zu teilen versucht. Eine Proteinsorte, P_3, jedoch, für welches A ein „schlechtes" und B ein „gutes" Lösungsmittel ist, wird sich aus der A-reichen Wolke von P_1 zu entfernen versuchen; es wird von P_1 abgestoßen. Die Reichweite der Kraft ist durch die Kohärenzlänge der Konzentrationsfluktuation gegeben. Sie steigt also bei Annäherung an den kritischen Punkt stark an. Die Wechselwirkungsenergie folgt aus der Änderung des chemischen Potentials, $\delta\mu_3$, welches P_3 beim Eintritt in die in A angereicherte Domäne erfährt. Bei geringen Protein-Konzentrationen wird $\delta\mu_3(r) = \varepsilon\cdot\delta c_A(r)$. Die Konzentrationsfluktuation $\delta c_A(r)$ kann für 3-dimensionale Lösungen auf der Basis der Ornstein-Zernicke-Theorie der kritischen Fluktuation berechnet werden. Eine direkte Übertragung auf 2-dimensionale Membranen ist nicht möglich. Nach der Theorie kritischer Phänomene in 2-dimensionalen Systemen erwartet man für das Wechselwirkungspotential

$$W_{ij}(r)=\varepsilon\cdot\delta c_A(r)=\varepsilon\cdot r^{-\eta}. \tag{12.25}$$

Da $\eta\approx 1/4$ erwartet man eine sehr große Reichweite der Wechselwirkung.

12.2.8.4 Die Rolle von Defekten (Disklinationen) in Lipidschichten

Die Lipidschicht ist ein System dicht gepackter paralleler Ketten. Eine Störung dieser Ordnung durch Einbau von Proteinen oder durch Ausbildung einer Domänenstruktur führt zu einer Änderung in der Lipidorientierung. Die Situation ist analog zu der bei 3-dimensionalen Flüssigkristallen. Diese Störungen enthalten eine erhebliche elastische Energie. Sie können daher eine wichtige Rolle als attraktive Zentren für Substrat-Moleküle oder bei der Stabilisierung struktureller Zustände spielen. Im folgenden seien einige Beispiele diskutiert:

a) Orientierungsdefekte (Disklinationen): Diese treten beim Einbau von Proteinen mit konischer Struktur oder an der Grenze zwischen Domänen mit geneigten und senkrecht orientierten Lipiden auf. Der erste Fall ist in Abb. 12.21a dargestellt. Der Öffnungswinkel des konischen Proteins sei ϕ_i. Es entsteht ein rotationssymmetrisches Deformationsfeld der elastischen Energie[3] [s. Gl. (12.24)]

$$W=\pi K_{11}\sin^2\phi_i\ln\frac{r}{R_c}, \tag{12.26}$$

wobei R_c der Radius des Proteins ist. Bemerkenswert ist wieder der extrem langsame (logarithmische) Abfall des Feldes mit dem Abstand r vom Protein. Es gibt nun zwei Möglichkeiten der Relaxation des Spannungsfeldes, die in Abb. 12.21a dargestellt sind. Ausweichen in die dritte Dimension (de Gennes, 1975) und Einbau von Fremdmolekülen. In Mischungen aus verschieden langen Lipiden kann die erste Möglichkeit gleichzeitig zu einer Umverteilung des Lipids in der gegenüberliegenden Monoschicht führen, falls das Protein nicht die ganze Doppelschicht durchdringt. Das längere Lipid reichert sich gegenüber dem Protein an. Ein derartiger Mechanismus ermöglicht daher eine transversale Kopplung zwischen den beiden Monoschichten einer Membran. Die hohe elastische Defektenergie kann eine sehr effektive Stabilisierung der entstehenden Struktur bewirken.

b) Dilatationsgebiete: Nach dem Singer-Nicholson Modell sind menrangebundene Proteine ein integraler Teil der Doppelschicht. Eine andere Möglichkeit des Einbaus von Proteinen ist in Abb. 12.21b dargestellt. Eine solche Einschlußverbindung führt möglicherweise zur Ausbildung eines Dilatationsgebietes am Äquator der Mizelle. Eine Relaxation des entstehenden elastischen Spannungsfeldes wäre durch den unten diskutierten Einbau von Fremdmolekülen möglich. Ein ähnliches Dilatationsgebiet baut sich in der Umgebung von Proteinen auf, deren hydrophober Teil länger ist als die entsprechende Dicke des hydrophoben Teils der Lipid-Doppelschicht. Auch hier würde der Einbau von Fremdatomen zu einer Relaxation führen.

c) Defekte als attraktive Zentren für Fremdmoleküle (Cottrell-Wolke): Vom biologischen Standpunkt aus ist die Relaxation von Defekten durch den Einbau von hydrophoben gelösten Molekülen besonders interessant. In Abb. 12.21a ist gezeigt, wie das elastische Spannungsfeld von Defekten durch den Einbau hydrophober Moleküle relaxieren kann. Die Entropie wirkt einer strengen Lokalisierung der Fremdmoleküle entgegen. Daher stellt sich eine Boltzmann-Verteilung derselben in dem Bereich des Defekts ein. Die Konzentration als Funktion des Abstandes, r, vom Kern des Defekts ist gegeben durch

$$c(r)=c_0\exp\left[-\frac{W(r)}{kT}\right], \tag{12.27}$$

wobei $W(r)$ das Potential des elastischen Spannungsfeldes ist. Die Situation erinnert an die Metallphysik. Die Anhäufung von Fremdatomen im Bereich von Defekten (=Versetzungen) spielt eine wichtige Rolle bei deren Stabilisierung und damit für die Härte von Legierungen. In der Metallphysik bezeichnet man die Anhäufung von Fremdatomen an Defekten als Cottrell-Wolken.

Die Disklinationsdefekte üben auf geeignete membrangebundene Moleküle eine anziehende Kraft großer Reichweite aus. Diese ist wieder durch Gl. 12.26) gegeben, wobei ϕ_i den Keilwinkel des gelösten Moleküls darstellt. Für $\phi_i\approx 1^0$ und einen Abstand von 100 Å ergibt sich eine Anziehungskraft von $F\approx 10^{-8}$ dynes. Diese ermöglicht eine sehr schnelle gerichtete Diffusion der Fremdmoleküle in Richtung des Defekts. Die Driftgeschwindigkeit v_D ist gegeben durch

$$v_D=\frac{D}{kT}F.$$

Für obige Kraft ergibt $v_D\approx 10^{-1}$ cm/s. Der gerichtete Transport ist um mehrere Größenordnungen schneller als die normale Brownsche Bewegung. Dies ermöglicht einen sehr effektiven Transport von Substratmolekülen zu Enzymen, z.B. nach einer Konformationsänderung derselben.

Die oben beschriebene Deformation könnte auch zur Ansammlung hoher Konzentrationen von Lokalanästhetika in der Umgebung von Proteinen führen und so zu einer hohen lokalisierten Wirkung derselben führen.

[3] Ein besonders interessanter Aspekt ist die Möglichkeit der Ausbildung von Raumladung durch die induzierte Neigung der Lipide. Die kollektive Neigung führt zu einer spontanen dielektrischen Polarisation, $\boldsymbol{P}$, der Dipole der Kopfgruppen und der C=O-Bindung des Glyzeringerüsts. Man erwartet daher eine Flächenladungsdichte gemäß

$$\sigma=\operatorname{div}\boldsymbol{P}.$$

Diese ordnet sich im Fall der Abb. 12.21a ringförmig um das Protein an. Für Dipolmomente von 1 Debye erwartet man ca. 0,3 Elementarladungen pro Lipid [s. Sackmann E.: In: Gerischer, H., Katz, J. (Hrsg.): Light induced charge separation in biology and chemistry. Dahlem-Konferenz 1978].

Literaturauswahl

Chapman, D., Comez-Fernandez, J.C., Goni, F.M.: FEBS Lett. **98**, 211 (1979).

Gebhardt, C., Gruler, H., Sackmann, E.: Z. Naturforsch. **32**c, 581 (1977).

Gennes, de P.: The physics of liquid crystals. Oxford: Clarendon Press 1975.

Helfrich, W.: Z. Naturforsch. **30**c, 841 (1975).

Jähnig, F.: Biohys. Chem. **4**, 309 (1976).

Lee, A.G.: Biochim. Biophys. Acta **472**, 285 (1977).

Marcelja, F.: Biochim. Biophys. Acta **455**, 1 (1976).

Payens, Th.A.: Philips Res. Rep. **20**, 425 (1955).

Petrov, A.G., Seleznev, S.A., Derzhanski, A.: Acta Phys. Pol. A**55**, 385 (1979).

Phillips, M.C., Williams, R.M., Chapman, D.: Chem. Phys. Lipid **3**, 234–244 (1969).
Sackmann, E.: Ber. Bunsenges. Phys. Chem. **82**, 891–909 (1978).
Sackmann, E., Rüppel, D., Gebhardt, C.: In: Helfrich, W., Heppke, X. (eds.): Liquid crystal conference, Garmisch, 1980. Berlin, Heidelberg, New York: Springer 1980.
Seelig, J.: Q. Rev. Biophys. **103**, 353 (1977).
Tardieu, A., Luzatti, V., Reiman, F.C.: J. Mol. Biol. **75**, 711 (1973).

12.2.9 Die Anwendung der Radikalsonden-(Spin-Label-)Technik in der Membranforschung

Stabile Nitroxidradikale (Spin-Label) wurden während der letzten 10 Jahre sehr erfolgreich in der Membranforschung eingesetzt. Die Spin-Label-Technik ist einerseits durch eine große Empfindlichkeit ausgezeichnet und liefert gleichzeitig detaillierte Information über die molekulare Struktur und Beweglichkeit. Die Mittelung über die molekularen Bewegungen erfolgt über einen kürzeren Zeitraum ($10^{-6}-10^{-8}$ s als in der Deuterium-NMR-Spektroskopie ($10^{-3}-10^{-4}$ s) und über einen längeren als in der Fluoreszenz-Spektroskopie ($10^{-8}-10^{-10}$ s). Sie erfaßt z.B. noch strukturelle Eigenschaften, die in der NMR ausgemittelt werden.

Die Radikalsonden sind von der folgenden allgemeinen Struktur:

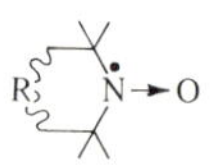

Sie sind chemisch sehr stabil. Die Gruppe R dient dazu, um das Radikal an andere Moleküle anzuhängen. Eine Reihe von Radikalsonden, die für die Membranuntersuchungen verwendet wurden, ist in Abb. 12.22 wiedergegeben.

Das ungepaarte Elektron ist in einem $2p$ π-Orbital am Stickstoffkern lokalisiert. Entscheidend für die Anwendung der Nitroxidradikale als strukturempfindliche Sonden sind die folgenden charakteristischen Eigenschaften ihrer Elektronenspin-Resonanz (ESR)-Spektren.

a) Die ESR-Spektren zeigen infolge der Kopplung des ungepaarten Elektrons mit dem ^{14}N-Stickstoffkern (Spinquantenzahl $I=1$) eine Hyperfeinaufspaltung. Die Spektren werden näherungsweise durch den folgenden Hamilton-Operator quantitativ beschrieben:

$$\mathscr{H} = |\beta| \cdot \boldsymbol{S}\underset{\sim}{\boldsymbol{g}}\boldsymbol{H}_0 + h\boldsymbol{S}\underset{\sim}{\boldsymbol{T}}\boldsymbol{I}\,. \qquad (12.28)$$

$\boldsymbol{S}$, $\boldsymbol{I}$ und $\boldsymbol{H}_0$ sind Vektoren des Elektronenspins, des Kernspins und des äußeren Magnetfeldes. $\underset{\sim}{g}$ ist der Tensor des g-Faktors und $\underset{\sim}{T}$ ist der Tensor, welcher die *anisotrope* Hyperfein-Wechselwirkung beschreibt.

b) Sowohl der g-Faktor als auch die Hyperfeinwechselwirkung hängen sehr empfindlich von der gegenseitigen Orientierung des Magnetfeldes und des $2p$ π-Orbitals ab. In dem im Radikal fixierten Koordinatensystem x, y, z (s. Abb. 12.22) ist das ESR-Spektrum

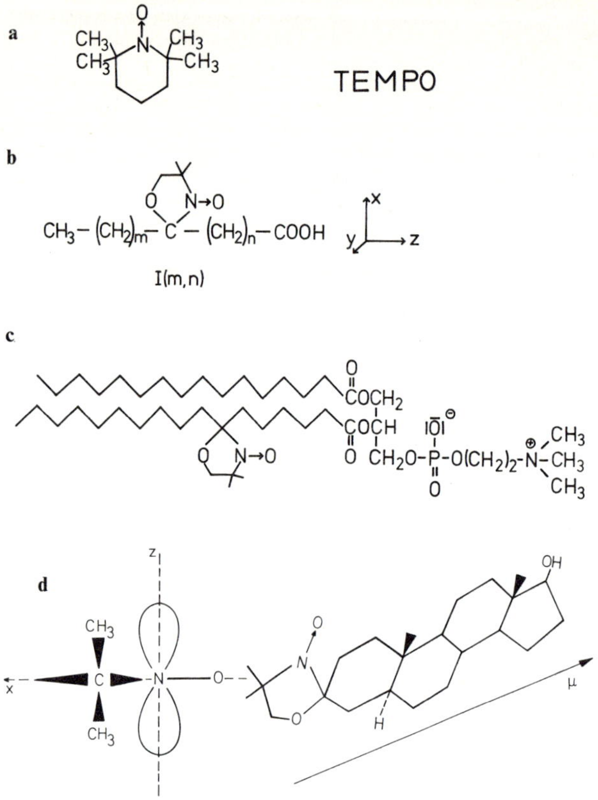

Abb. 12.22a–d. Strukturformeln einiger für Membranuntersuchungen wichtiger Radikalsonden. Die lange Achse z des $2p$ π-Orbitals ist parallel zur Moleküllängsachse bei Fettsäuremolekülen und bei der Phospholipid-Sonde z ist senkrecht zur Längsachse (μ) beim Steroidradikal **d**. *Merke:* Die z-Achse des $2p$ π-Orbitals und die Molekülachse sind starr verbunden

des Oxazolidin-Rings durch folgende Daten charakterisiert:

$$(T_{xx}; T_{yy}; T_{zz}) = (90; 16; 16)\,\text{MHz},$$
$$(g_{xx}; g_{yy}; g_{zz}) = (2{,}0024; 2{,}0090; 2{,}0060)\,.$$

c) Bedingt durch die hohe Anisotropie des g-Faktors und der Kopplungskonstanten sind die Spektren sehr empfindlich von der Viskosität in der unmittelbaren Umgebung des Radikals abhängig. Die Spektren liegen zwischen den in Abb. 12.23 angegebenen Extremfällen der völligen Immobilisierung und der sehr schnellen Rotation. Im letzteren Fall beobachtet man ein scharfes Triplettspektrum mit einer Aufspaltung von

$$a_{\mathrm{H}} = 1/3(T_{xx} + T_{yy} + T_{zz})\,. \qquad (12.29)$$

Durch geeignete Methoden lassen sich Lipid-Doppelschichten homogen orientieren. Mit solchen Systemen kann die Anisotropie direkt sichtbar gemacht werden. Abbildung 11.23b gibt als Beispiel die ESR-Spektren einer Fettsäure-Sonde in orientierten Multischichten einer smektischen Phase wieder. Die Spektren von Spin-Labels in Dispersionen von Vesikeln bestehen aus einer Überlagerung solcher Triplettspektren. Bei-

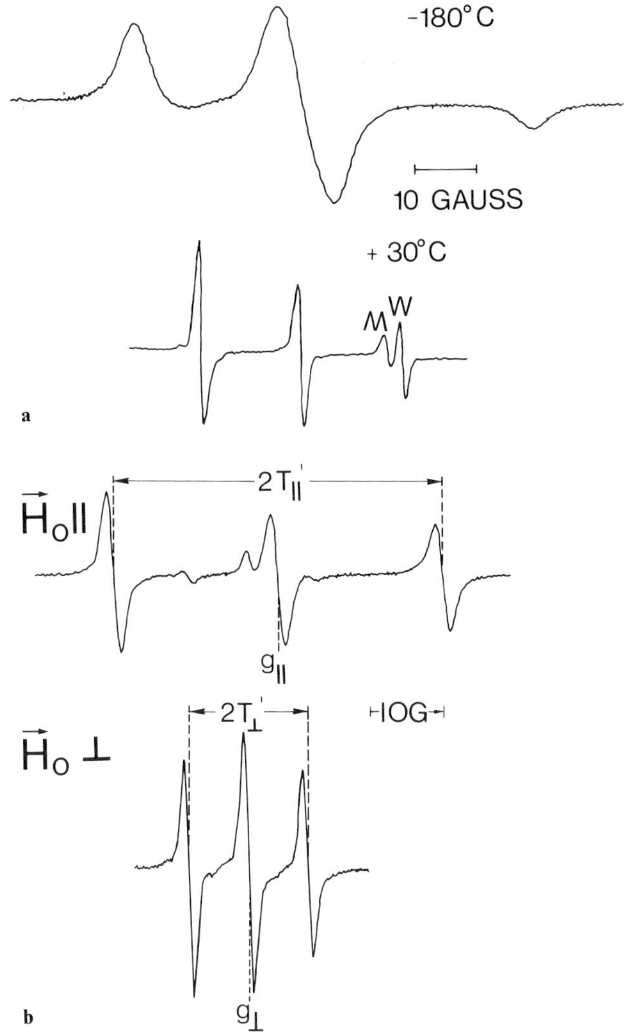

Abb. 12.23a, b. Typische ESR-Spektren von Radikalsonden in Membranen **a** ESR-Spektren von TEMPO (Abb. 12.22) in Dispersion von Lecithin-Vesikeln. Gezeigt sind die Grenzfälle völliger Immobilisierung (oberes Spektrum) und extrem schneller Rotation (unteres Spektrum) (Korrelationszeit $\tau \leqq 10^{-10}$ s). Die Linienaufspaltung in die Linien *M* und *W* auf der rechten Seite des unteren Spektrums ist eine Folge der Abhängigkeit der Kopplungskonstanten, a_H, von der Polarität. (Linie *W*: TEMPO in wäßriger Phase. Linie *M*: TEMPO in Membran.) **b** Demonstration der Anisotropie der ESR-Spektrum einer Fettsäuresonde I(12,3) in Lipid-Doppelschichten. Die Längsachse der Sonde und damit auch die *z*-Achse des $2p\pi$-Orbitals ist bevorzugt senkrecht zur Membranoberfläche orientiert. Oberes Spektrum: Magnetfeld parallel zur Normalen der Doppelschicht ($H_0 \|$). Unteres Spektrum: Magnetfeld senkrecht zur Membran-Normalen ($H_0 \perp$)

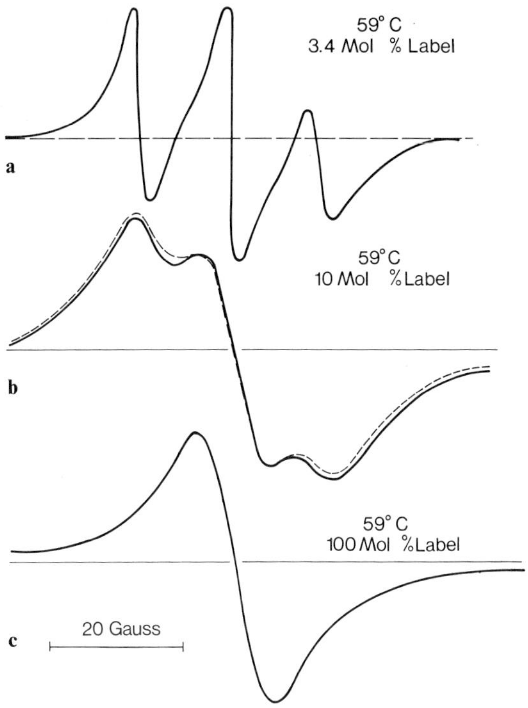

Abb. 12.24a–c. Einfluß der Radikalwechselwirkung auf die Linienform. ESR-Spektren der Phospholipid-Sonde (Abb. 12.22c) in Dipalmitoyllecithin-Membranen als Funktion der Radikal-Konzentration. **a** Die Spektren sind darstellbar als Überlagerung dreier Lorentzlinien im Abstand a_H (15 Gauss), die durch Spinaustauschwechselwirkung (ΔH_{ex}) und Dipolwechselwirkung (ΔH_d) verbreitert sind ($\Delta H = \Delta H_0 + \Delta H_d + \Delta H_{ex}$). **b** Eine weitgehende Verschmierung des Triplett-Spektrums durch Spin-Austauschwechselwirkung (Austauschrate $W_{ex} = 10$ MHz, $\Delta H_d = 3$ Gauss). Das gestrichelte Spectrum wurde berechnet. [Nach Sackmann, Träuble: J. Am. chem. Soc. **94,** 4492 (1972).] **c** Völlige Ausmittelung der Feinstruktur und Bildung einer Lorentzlinie ($W_{ex} = 25$ MHz, $H_d = 5$ Gauss)

spiele werden in Abb. 12.25 gezeigt. Aus diesen überlagerten Spektren lassen sich in vielen Fällen noch die charakteristischen Aufspaltungen $T'_{\|}$ und $T'_{\perp}$ bestimmen.

d) Die Hyperfeinkopplung a_H hängt von der lokalen Dielektrizitäts-Konstanten ab. Mit zunehmender Polarität der Umgebung wird a_H größer. Dies ist in der Abb. 10.23a demonstriert. Die in dem semi-polaren Bereich der Membran gebundenen Radikale haben einen kleineren Wert von a_H ($a_H = 14$ Gauss) als die in der wäßrigen Phase befindlichen Radikale ($a_H = 15$ Gauss). Die Linie *W* ist den Radikalen in der wäßrigen Phase zuzuordnen. Bei der mittleren und linken Linie fallen die Komponenten *W* und *M* zusammen.

c) *Radikal-Wechselwirkung*. Bei zunehmender Radikalkonzentration werden die ESR-Spektren durch die Wechselwirkung zwischen den ungepaarten Elektronen erheblich modifiziert. Zwei Wechselwirkungsmechanismen sind zu beachten:

α) Dipol-Dipol-Wechselwirkung zwischen den magnetischen Momenten der Elektronen. Diese führt zu einer Verbreiterung der Hyperfeinlinien um ΔH_d. ΔH_d ist umgekehrt proportional zur 3ten Potenz des mittleren Radikalabstandes *r* ($\Delta H_d \sim 1/r^3$).

β) Die Spin-Austauschwechselwirkung. Diese ist ein Nahwirkungsmechanismus, der nur bei Überlappung der $2p$ π-Orbitale auftritt, d.h. wenn sich die Radikale bis auf einen kritischen Abstand $d_c \sim 1$ nm nähern. 2 Grenzfälle sind zu unterscheiden:

Schwache Wechselwirkung: Die drei Komponenten des ESR-Spektrums werden um einen Betrag ΔH_{ex} verbreitert. Diese Verbreiterung ist ein direktes Maß für die Spin-Austausch-Frequenz (Abb. 12.24 oben)

$$\Delta v_{ex} = 2W_{ex}. \tag{12.30}$$

Starke Wechselwirkung: Die 3 Komponenten sind zu einer Linie im Zentrum des Spektrums zusammengelaufen. Die Linie hat Lorentzform (Abb. 12.24 unten). Die Linienbreite ΔH ist durch die Linienaufspaltung a_H und durch die Austauschfrequenz W_{ex} bestimmt: $\Delta H \sim a_H^2/\Delta W_{ex}$.

Im mittleren Bereich der Wechselwirkung muß die Austauschrate W_{ex} durch theoretische Berechnung der Spektren bestimmt werden (Abb. 12.24 Mitte).

12.2.10 Anwendungsbeispiele

12.2.10.1 Anisotrope Molekülbeweglichkeit und Ordnungsgrad

Im Hamiltonoperator der Gl. (12.28) sind die Hauptachsen der Tensoren $\underset{\sim}{g}$ und $\underset{\sim}{T}$ im Molekülgerüst der Radikalsonde fixiert (s. Abb. 12.22d). Der Spin des ungepaarten Elektrons versucht sich aber bezüglich des äußeren Magnetfeldes $\boldsymbol{H}_0$ einzustellen. Da der in der Membran eingebaute Spin-Label sich gegenüber $\boldsymbol{H}_0$ bewegt, wird der Hamiltonoperator $\mathscr{H}$ eine komplizierte Funktion der Zeit $\mathscr{H}(t)$ läßt sich formal zerlegen in

$$\mathscr{H}(t) = \langle \mathscr{H}(t) \rangle + \{\mathscr{H}(t) - \langle \mathscr{H}(t) \rangle\} \tag{12.31}$$

Dabei stellt $\langle \mathscr{H}(t) \rangle$ den zeitlichen Mittelwert des Operators und $\{t\}$ die zeitlichen Fluktuationen von $\mathscr{H}(t)$ um diesen Mittelwert dar.

Unter günstigen Umständen ist die Form des Spektrums im wesentlichen allein durch den Mittelwert $\langle \mathscr{H}(t) \rangle$ bestimmt. Die Fluktuation $\{t\}$ stellt eine kleine Störung dar, welche allein die Linienbreite beeinflußt. Durch Vergleich von beobachteten und berechneten ESR-Spektren konnte von Gaffney and McConnell gezeigt werden, daß die obige Zerlegung des Hamiltonoperators die ESR-Spektren von Radikalsonden in Membranen mit hoher Genauigkeit beschreibt.

Der effektive Hamiltonoperator $\langle H(t) \rangle$ ist

$$\mathscr{H}^1 \equiv \langle \mathscr{H}(t) \rangle = |\beta| \boldsymbol{S} \cdot \underset{\sim}{g}' \cdot \boldsymbol{H} + h\boldsymbol{S}\underset{\sim}{T}' \cdot \boldsymbol{I} \tag{12.32}$$

Dabei sind $\underset{\sim}{g}'$ und $\underset{\sim}{T}'$ Mittelwerte der Tensoren $\underset{\sim}{g}$ und $\underset{\sim}{T}$ über die Molekülbewegung.

Die obige Näherung ist deshalb für Spin-Sonden in Membranen zulässig, da diese dort eine sehr schnelle anisotrope Rotation (Nutationsbewegung) um eine Achse senkrecht zur Membran ausführen. In diesem Fall ist $\langle \mathscr{H}(t) \rangle$ axialsymmetrisch um die Normale der Membran. Der Tensor der Hyperfeinkopplung hat die Komponenten ($T'_{||}$ bzw. $T'_{\perp}$) in einer Richtung parallel bzw. senkrecht zur Normalen der Membran ($a_H = \frac{1}{3} \cdot (T'_{||} + 2T'_{\perp})$).

Es sind dies die Komponenten, die man direkt aus den Spektren orientierter Membranen (Abb. 12.23) oder Vesikelpräparationen (Abb. 12.25) erhält. Aus $T'_{||}$ und $T'_{\perp}$ läßt sich direkt die mittlere Orientierung der Längsachse z des $2p\pi$-Orbitals bezüglich der Membrannormalen bestimmen gemäß

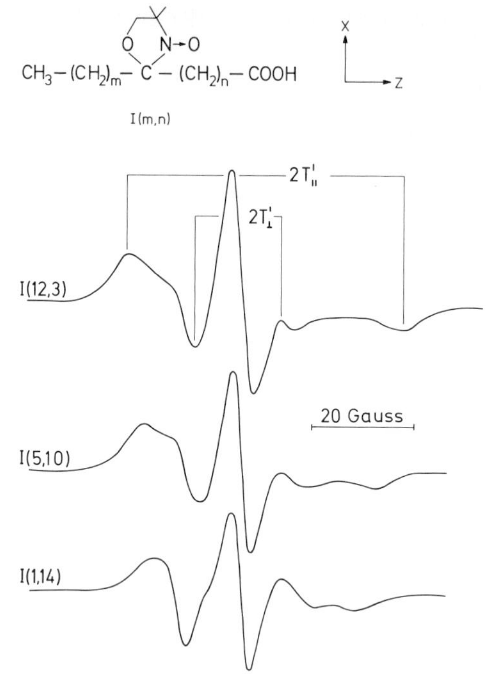

Abb. 12.25. Untersuchung der Molekülbeweglichkeit in verschiedener Tiefe der Lipid-Doppelschichten durch Verwendung von Fettsäure-Spin-Sonden, bei denen der Oxazolidin-Ring an verschiedenen Stellen längs der Fettsäureketten lokalisiert ist. Die ESR-Spektren dreier verschiedener Fettsäuresonden in Dipalmitoyllecithin-Membranen sind gezeigt. $T'_{||}$ und damit auch der Ordnungsgrad nehmen vom polaren Bereich der Membran nach innen hin stark ab. Daraus folgt: Die Flexibilität der Paraffinketten in der Umgebung der Sonde nimmt von außen nach innen zu

$$S = \tfrac{1}{2}\langle 3\cos^2 \vartheta - 1 \rangle \approx \frac{T'_{||} - T'_{\perp}}{T_{zz} - \frac{1}{2}(T_{xx} + T_{yy})} \tag{12.33}$$

ϑ ist der momentane Winkel zwischen der z-Achse und der Membrannormalen; $\langle\ \rangle$ bedeutet Mitteilung über alle Molekülorientierungen. S ist offensichtlich null, falls die Moleküle einer schnellen isotropen Rotationsdiffusion unterliegen.

Bei Fettsäureradikalen (Abb. 12.22b) oder Phospholipid-Sonden (Abb. 12.22c) ist die z-Achse des $2p\pi$-Orbitals parallel zur Moleküllängsachse. In diesem Fall ist $\boldsymbol{S}$ sogleich ein Maß für die mittlere Orientierung des Reporter-Moleküls in der Membran.

Der Ordnungsgrad läßt sich aus den Spektren von Dispersionen bestimmen, solange die Näherung der Gl. (12.31) gültig ist. Bei tiefen Temperaturen (ab einigen Grad über 0° C) ist die schnelle Rotation um die Längsachse soweit eingefroren, daß die nach Gl. (12.33) berechneten Ordnungsgrade sehr ungenau oder falsch werden. Bei den Spektren der Abb. 12.26 kann $T_{||}$ nur bei $T > 26°$ C mit einiger Genauigkeit bestimmt werden. Durch Variation der Lage des Oxazolidinrings kann S als Funktion des Abstands von der polaren Grenzfläche gemessen werden. Die dabei auftretenden Probleme wurden bei Abb. 12.10b im Zusammenhang mit ent-

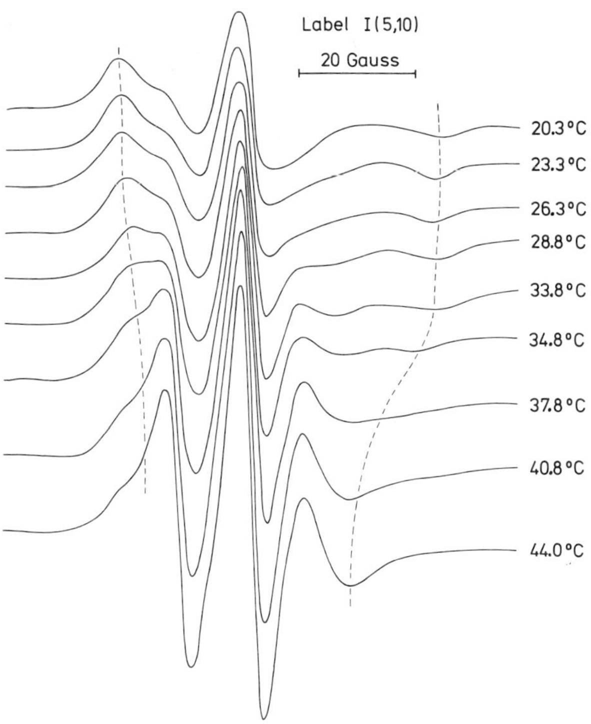

Abb. 12.26. Demonstration der Phasenumwandlung in natürlichen Membranen von Mutanten der *E. coli* Bakterien, welche vorwiegend Phospholipide mit *trans*-9-Oktadecan-Säure enthalten. ESR Spektren der Fettsäuresonde I (5,10) als Funktion der Temperatur. Die sprunghafte Abnahme von $2T_{\|}$ bzw. Zunahme von $2T_{\perp}$ signalisiert eine Phasenumwandlung der Lipidmatrix bei $T_t \sim 38°$ C. [Nach Sackmann et al.: Biochemistry **12**, 5360 (1974)]

sprechenden Ergebnissen der NMR-Spektroskopie diskutiert.

12.2.10.2 Ordnungsgrad und Lipid-Phasenumwandlung

Eine wichtige Anwendung der Spin-Sonden-Technik ist die Beobachtung kristallin-flüssigkristalliner Umwandlungen in künstlichen und biologischen Membranen.

Abbildung 12.26 zeigt als Beispiel eine Phasenumwandlung einer biologischen Membran. Dort sind die ESR-Spektren der Fettsäuresonde I (5,10) (s. Abb. 12.22b) in Zellmembranen von *E. coli*-Bakterien als Funktion der Temperatur wiedergegeben. Es handelt sich dabei um bestimmte Mutanten (Auxotrophe), die nur dann Phospholipide aufbauen können, wenn man die notwendigen Fettsäuren zur Nährlösung gibt. Dadurch kann erreicht werden, daß die Membran vorwiegend Phospholipide mit einer Art von Fettsäuren aufbaut. In Abb. 12.26 erkennt man deutlich eine sprunghafte Abnahme von $2T_{\|}$ bei $T=30°$ C, die auf eine Umwandlung vom kristallinen zum fluiden Zustand bei dieser Temperatur schließen läßt. Die durch die Sonde I (5,10) angezeigte Umwandlungstemperatur stimmt gut mit dem Wert T_t überein, den man kalorimetrisch beobachtet. Mit der Sonde I (3,12) wird eine um ca. 6° C niedrigere Umwandlungstemperatur beobachtet.

12.2.10.3 Anwendung der Spin-Sonden-Wechselwirkung

a) Lateraler Abstand der Lipide

Die Dipol-Dipol-Wechselwirkung ist empfindlich vom gegenseitigen Abstand der Radikale abhängig. Im Prinzip stellt diese Wechselwirkung daher einen molekularen Maßstab zur Messung von Molekülabständen dar. Diese Möglichkeit wurde von Marsh und Smith zur Messung lateraler Abstände in Membranen ausgenutzt. Die Wechselwirkung zwischen den magnetischen Dipolen der ungepaarten Elektronen zweier Radikale führt zu einer Dublettaufspaltung aller ESR-Linien. Die Größe ΔH_d der Aufspaltung hängt vom Winkel Θ ab, den der Verbindungsvektor zwischen den Radikalen mit dem äußeren Feld $\boldsymbol{H}_0$ bildet:

$$\Delta H_d = -\tfrac{3}{2} g^2 \beta^2 \frac{(3\cos^2\Theta - 1)}{r^2}. \qquad (12.34)$$

Nur falls die Radikalsonden homogen bezüglich dem äußeren Magnetfeld orientiert werden, ist die Dublettaufspaltung für alle Moleküle gleich. Dies ist z.B. der Fall, wenn ESR-Spektren in orientierten Membranschichten aufgenommen werden. Bei nichtorientierten Systemen führt die dipolare Radikalwechselwirkung nur zu einer Linienverbreiterung.

Ein Beispiel ist in Abb. 12.27 für ein Steroidradikal wiedergegeben. Nach Abb. 12.22d ist die Längsachse z des $2p\pi$-Orbitals senkrecht zur Längsachse μ der Sonde orientiert. Falls die Normale der Lipid-Doppelschichten parallel zum äußeren Magnetfeld liegt, so ist $\Theta = 90°$ und die Dublettaufspaltung wird

$$\Delta H_d = \tfrac{3}{2} \frac{g\beta}{r^3}. \qquad (12.35)$$

Man beobachtet die Aufspaltung nur, wenn zwei Radikale benachbarte Gitterplätze im zweidimensionalen Lipidgitter einnehmen. Für Radikale in größerem Abstand ist die Aufspaltung so klein, daß die entstehenden Linienpaare unter den drei Hauptbanden verschwinden. Eine weitere Voraussetzung für die Beobachtbarkeit der Linienpaare ist, daß das Radikalpaar eine Lebensdauer von mehr als 3×10^{-8} s hat, d.h. die laterale Diffusion der Lipide darf nicht zu schnell sein. Aus der Aufspaltung ΔH_d läßt sich der Abstand der Lipide nach Gl. (12.34) abschätzen. Abbildung 12.27 zeigt das Ergebnis für Dipalmitoyllecithin-Membranen unterhalb der Phasenumwandlung. Mit steigendem Cholesteringehalt nimmt ΔH_d ab. In kristallinen Lipidschichten führt Cholesterin offenbar zu einer Abnahme der Packungsdichte der Lipide. Im flüssig-kristallinen Zustand führt Cholesterin dagegen zu einer Kondensation der Lipide.

b) Laterale Diffusion

Der Diffusionskoeffizient der lateralen Brownschen Molekülbewegung D läßt sich auf sehr einfache Weise durch Beobachtung der Austauschwechselwirkung von Spin-Sonden bestimmen. Aus den durch Austausch-

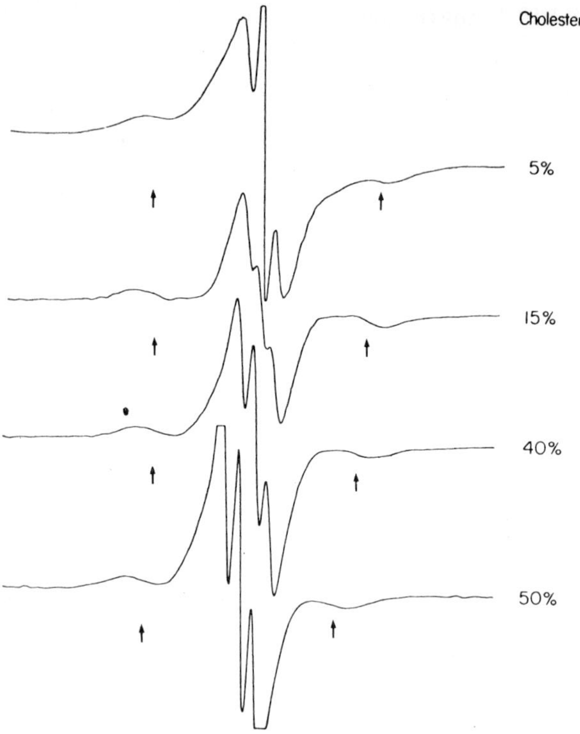

Abb. 12.27. ESR-Spektren einer Steroid-Spin-Sonde (3-Spiro-(2'-(N-oxyl-4',4'-dimethyloxazolidin))-cholestan) in homogen orientierten Lipid-Doppelschichten aus Dipalmitoyllecithin. Konzentration der Spin-Sonde: 8 Mol%. Orientierung der Membranebene senkrecht zum Magnetfeld $\boldsymbol{H}_0$. Das Spektrum besteht aus einer Überlagerung zweier Teilspektren: (1) Dem Triplettspektrum der isolierten Radikale. Die z-Achse des $2p\pi$-Orbitals steht senkrecht zur Längsachse der Sonde und damit senkrecht zu $\boldsymbol{H}_0$. $2T_{\|}''$ wird sehr klein. (2) Dem Dublettspektrum benachbarter Paare von Spin-Sonden (mit Pfeilen ↑ bezeichnet). Der Linienabstand ist ΔH_{d}. [Aus Marsh und Smith: Biochim. biophys. Acta (Amst.) **298**, 133 (1973)]

wechselwirkung modifizierten ESR-Spektren (s. Abb. 11.24) läßt sich die Häufigkeit der Spin-Austausch-Ereignisse pro Sekunde, die Austauschfrequenz W_{ex}, bestimmen. W_{ex} ist ein Maß für die Zahl der Radikalzusammenstöße, ν_{coll}, pro Sekunde und ist nach Träuble u. Sackmann mit dem Diffusionskoeffizient D durch folgende Gleichung korreliert:

$$D \approx \frac{F \cdot \lambda}{4 d_{\mathrm{c}}} \frac{1+c}{c} W_{\mathrm{ex}}. \qquad (12.36)$$

Dabei ist c das Molzahlverhältnis von Sonden zu Lipidmolekülen, F ist die von einem Lipidmolekül beanspruchte Fläche, d_{c} ist ein kritischer Abstand, unterhalb dessen ein Spin-Austausch stattfinden kann und λ ist die mittlere Länge eines Diffusionssprungs. Nach Gl. 12.36 kann der Diffusionskoeffizient aus der Konzentrationsabhängigkeit der Austauschfrequenz bestimmt werden. Der aus Gl. (12.36) bestimmte Wert hängt entscheidend von der Annahme von d_{c} ab. In früheren Arbeiten wurde $d_{\mathrm{c}} = 20$ Å angenommen. Ein realistischer Wert ist $d_{\mathrm{c}} \approx \lambda$. Man erhält dann für DPPC und 50° C $D = 1 \times 10^{-7}$ cm²/s. Der Wert ist um etwa einen Faktor 3 kleiner als der entsprechende Koeffizient für die Exzimersonde Pyren-Dekansäure. In Anbetracht des völlig unterschiedlichen physikalischen Hintergrunds der Methoden ist diese Übereinstimmung sehr befriedigend.

12.2.10.4 Lipidverteilung in gemischten Membranen (Ausscheidungsphänomene)

a) Verwendung Spin-markierter Lipide als Membranbestandteil

Die Spinaustauschwechselwirkung ist ein empfindlicher physikalischer Parameter, um die Bildung von Ausscheidungen in Legierungen festzustellen. Information über die Bildung zweidimensionaler Ausscheidungen ist im (funktionellen) Zusammenhang zwischen Austauschfrequenz und Molenbruch des markierten Lipids enthalten.

Falls die Radikalwechselwirkung im wesentlichen durch die Bildung von zweidimensionalen Ausscheidungen aus spin-markiertem Lipid bestimmt ist, wird

$$W_{\mathrm{ex}} = \hat{W}_{\mathrm{ex}} \left(1 - \sqrt{\pi d_{\mathrm{c}}^2 n} \sqrt{\frac{1+c}{c}}\right). \qquad (12.37)$$

$\hat{W}_{\mathrm{ex}}$ ist die maximale Austauschfrequenz im Innern der zweidimensionalen Ausscheidungen aus Spin-markiertem Lipid, n ist die Dichte der Ausscheidungen pro Quadratzentimeter.

Trägt man W_{ex} einmal als Funktion des Molenbruchs, $\frac{c}{1+c}$, und einmal als Funktion von $\sqrt{(1+c)/c}$ auf, so läßt sich feststellen, ob die Austauschwechselwirkung diffusionsbestimmt ist oder vorwiegend durch Bildung von Ausscheidungen bestimmt wird.

Ein Beispiel ist in Abb. 12.28 für eine Mischung aus Dipalmitoyllecithin und markiertem Androstan (Abb. 12.22d) wiedergegeben. Unterhalb der Phasenumwandlung ist W_{ex} offenbar durch Bildung von Ausscheidungen aus Androstan bestimmt. Aus der Steigung der Geraden in Abb. 12.28 kann die Dichte n der Ausscheidungen und die Zahl der Moleküle pro Ausscheidung bestimmt werden.

b) Phasendiagramme aus Bindungskonstanten von TEMPO

TEMPO ist eine polare Spin-Sonde, die sich bei Zugabe zu Lipiddispersionen zwischen der wäßrigen Phase und dem polaren Bereich der Membran verteilt. Wie in Abb. 12.23a gezeigt wurde, sind die ESR-Spektren von gebundenem und freiem TEMPO unterscheidbar. Damit läßt sich die Gleichgewichtskonstante der TEMPO-Bindung an Membranen bestimmen. Wie Abb. 12.29 zeigt, nimmt die Bindungskonstante beim Übergang vom kristalinen zum fluiden Zustand der Membran abrupt zu. TEMPO ist daher ein guter Indikator für Phasenübergänge in Membranen. Es zeigt dabei sowohl die Vorumwandlung als auch die Hauptumwandlung an. Das Verhältnis der Linienintensitäten $f = q(q+p)$ ist ein Maß für den relativen

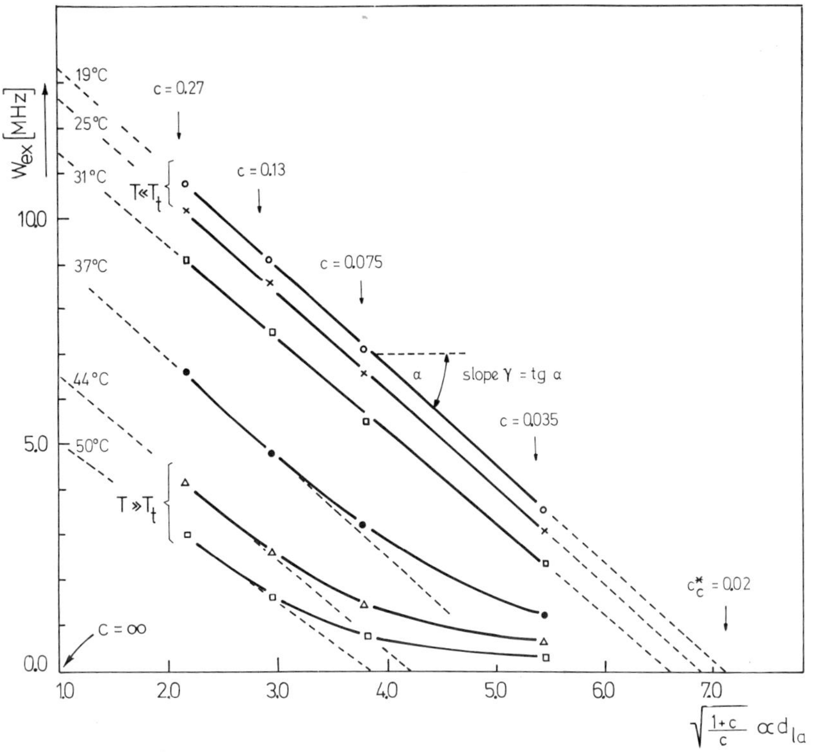

Abb. 12.28. Konzentrationsabhängigkeit der Austauschfrequenz W_{ex} von Androstan-Sonden (Abb. 12.22d) in Dipalmitoyllecithin-Membranen für Temperaturen unterhalb ($T \ll T_t$) und oberhalb ($T \ll T_t$) der Phasenumwandlung. c ist das Molverhältnis Androstan-zu-Lipid und $c/1+c$ ist der Molenbruch von Androstan

Anteil an gebundenem TEMPO. f ist damit auch ein Maß für das Verhältnis von kristallinem zu flüssigkristallinem Anteil in einer Membran.

Zur Bestimmung von Phasendiagrammen trägt man f als Funktion der Temperatur auf. An den Phasengrenzen ändert sich die Steigung der f-T-Kurven unstetig. Die Solidus- und Liquidus-Kurven lassen sich so sehr gut bestimmen. Wesentlich schwieriger ist der Nachweis der Koexistenz von zwei fluiden oder kristallinen Zuständen.

12.2.10.5 Messung der Membranpotentiale

Wie Kornberg u. Mitarb. gezeigt haben, sind Vesikel aus Phosphatidylcholin für die angegebene geladene Spin-Sonde (TEMPO-Tartrat) durchlässig:

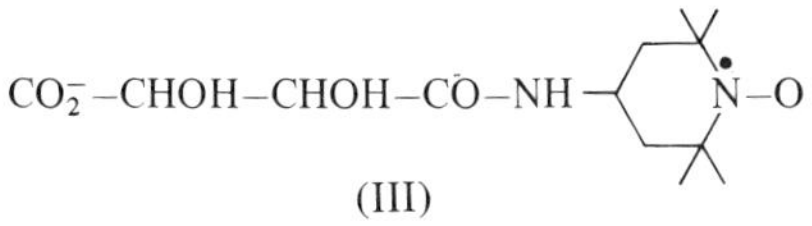

(III)

Die Verteilung dieses Moleküls im Innen- und Außenraum einer Vesikel ist eine Funktion der H^+-Ionenkonzentration in diesen Bereichen und liefert damit ein Maß für das Membranpotential. Diese Verteilung kann folgendermaßen gemessen werden: Der Dispersion wird zunächst bei tiefer Temperatur (4° C) Ascorbinsäure zugegeben. Da Lipiddoppelschichten für Ascorbinsäure nicht durchlässig sind, reduziert diese nur die außerhalb der Vesikel befindlichen Radikale. Erhöht man die Temperatur bis die Membran in den fluiden Zustand übergeht, so stellt sich gemäß der gegebenen H^+-Ionenverteilung das Verteilungsgleichgewicht des TEMPO-Tartrats ein. Das in den Außenraum diffundierende Tartrat wird wieder reduziert. Aus der beobachteten Abnahme der Signalintensität folgt der Verteilungsquotient.

12.2.10.6 Messung der Flip-Flop-Zeiten

Eine andere wichtige Anwendung ist die Messung der Kinetik des Austausches amphiphatischer Moleküle zwischen den Monoschichten (flip-flop-Zeiten). Dazu werden die Spin-Sonden in der äußeren Monoschicht von Vesikeln durch Ascorbinsäure reduziert. Dies geschieht bei niedriger Temperatur, so daß kein Austausch stattfindet. Danach wird der zeitliche Verlauf

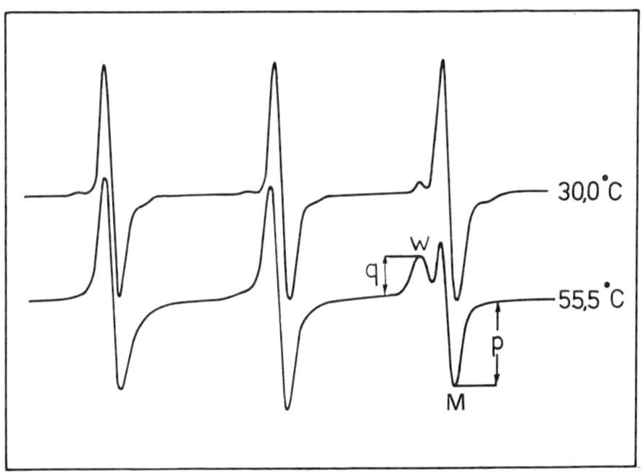

Abb. 12.29. ESR-Spektren von TEMPO in einer wäßrigen Dispersion von Dipalmitoyl-phosphatidsäure ($T_t \sim 51°$ C) oberhalb (unteres Spektrum) und unterhalb (oberes Spektrum) der Phasenumwandlung. Die Linie M ist dem membrangebundenen TEMPO und die Linie W ist dem freien TEMPO zuzuordnen

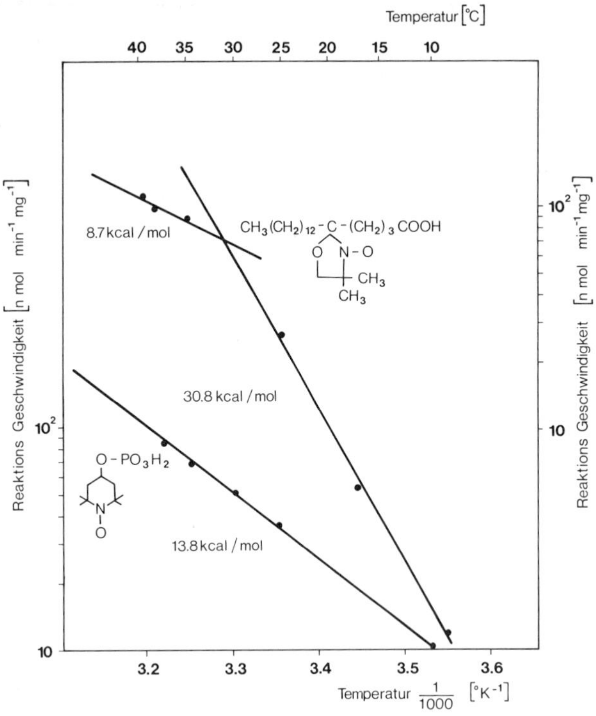

Abb. 12.30. Arrhenius-Diagramm der Geschwindigkeit der NADPH induzierten Reduktion durch P450/P450 Reduktase-System in Leber-Mikrosomen. *Obere Kurve:* Reduktion des Fettsäurelabels I (12,3), der nur über die Lipidphase das Enzym kontaktieren kann (Ordinate der rechten Seite). *Untere Kurve:* Reduktion des TEMPO-Phosphat, das nur über die wäßrige Phase mit dem Enzym in Kontakt kommt (Ordinate links). — Der Knick bei der oberen Kurve deutet auf eine Konformationsumwandlung im Lipid-Bereich hin. Die Aktivierungsenergie ΔE der Reduktion von I (12,3) oberhalb 32° C stimmt gut mit dem Wert der Aktivierungsenergie ΔE_d für die laterale Diffusion der Fettsäure in der Lipidphase überein ($\Delta E_d \approx 9$ kcal mol). [Nach Stier u. Sackmann: Biochim. Biophys. Acta **311**, 400 (1973)]

der Reduktion der Sonden in der inneren Monoschicht beobachtet. Da Lipidschichten für Ascorbinsäure undurchlässig sind, wird dabei direkt der Transfer der Sonden von der inneren .zur äußeren Monoschicht beobachtet.

12.2.10.7 Anwendung der Spin-Sonden-Methode auf biologische Membranen (Lipid-Protein-Wechselwirkung)

Die Anwendungsmöglichkeiten der Spin-Label-Technik in der Biologie sind nahezu unbegrenzt. Die Schwierigkeit besteht allerdings in der Konzeption geeigneter Experimente. In biologischen Membranen kann die Verteilung der Lipide sowohl innerhalb einer monomolekularen Schicht als auch zwischen beiden Schichten heterogen sein. Im allgemeinen ist keine homogene Verteilung der Spin-Sonden in der Lipidmatrix zu erwarten. Außerdem kann ein Teil der Radikalsonden auch an die Membran-Proteine binden. Trotzdem ist die Spin-Label-Methode bestens geeignet, um z.B. den Einfluß von Medikamenten (Hormonen, Anästhetika) auf die Fluidität und den mittleren Ordnungsgrad biologischer Membranen zu bestimmen.

Fettsäure- oder Phospholipid-Radikale werden spontan in viele biologische Membranen eingebaut. Die ESR-Spektren haben die in Abb. 12.26 gezeigte Linienform.

Diese ist typisch für langgestreckte Spin-Sonden, welche eine schnelle anisotrope Rotation ausführen. Aus diesen Beobachtungen läßt sich schließen, daß biologische Membranen zumindest teilweise aus Lipid-Doppelschichten (oder Monoschichten) aufgebaut sind. Dieser Schluß wird bestätigt durch Messungen

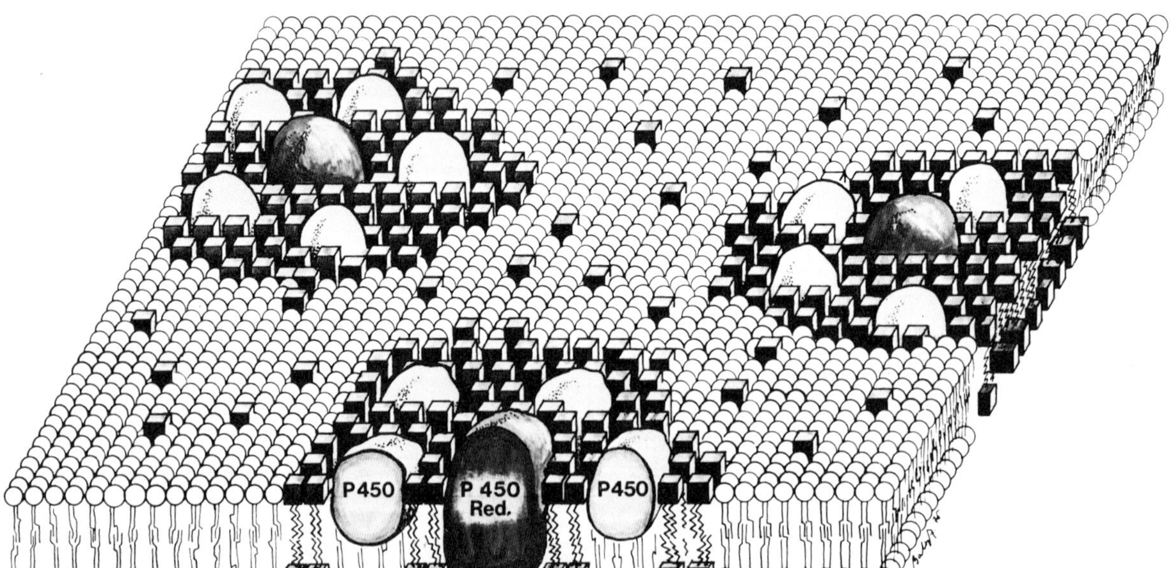

Abb. 12.31. Modell der Domänenstruktur biologischer Membranen (z.B. der Leber-Mikrosomen). Enzymkomplexe (z.B. das Cytochrom P450/Reduktase-System) sind in Domänen von rigidem Lipid eingebettet. Bereiche zwischen den Domänen bilden fluide Kanäle für lateralen Transport

der lateralen Diffusionskoeffizienten (D) in biologischen Membranen. Die Werte von $D=8\times10^{-8}\,cm^2/s$ in Membranen der *E.coli* bei 50° C und $D=3\times10^{-7}\,cm^2/s$ in Lebermikrosomen bei 40° C sind etwa gleich dem Wert in fluiden Lezithin-Lamellen.

Um die lokale Lipidstruktur z.B. in der Umgebung von Membrangebundenen Enzymen zu untersuchen, müssen aufwendige Verfahren angewandt werden. Eine Möglichkeit ist die Verwendung von *Spin-Sonden als Substrate.* Diese Methode wurde zur Untersuchung von Membranen der Lebermikrosomen eingeführt. Mikrosomen enthalten ein Enzymsystem, Cytochrom P450 und Cytochrom P450-Reductase. Dieses spielt bei der Hydroxylierung körperfremder Stoffe in der Leber eine Rolle. Nach heutiger Auffassung sind die beiden Enzymgruppen in der Membran assoziiert (wobei das Cytochrom P450 in ca. 7fachem Überschuß vorhanden ist). In Gegenwart von NADPA reduziert dieses Enzymsystem Nitroxidradikale.

Die Geschwindigkeit der enzymatischen Reduktion membranlöslicher Spin-Sonden stellt im Prinzip einen strukturempfindlichen physikalischen Parameter dar, der zur Untersuchung der Lipidumgebung des Enzymsystems ausgenutzt werden kann. Das Arrhenius-Diagramm der Reduktion einer markierten Fettsäure ist in Abb. 12.30 dargestellt. Es tritt offenbar eine Diskontinuität bei 32° C auf, die eine Konformationsumwandlung bei dieser Temperatur anzeigt. Die Reduktion einer nur von der wäßrigen Phase an das Enzym kommenden Spin-Sonde zeigt keine solche Diskontinuität. Aus letzterer Beobachtung kann mit ziemlicher Sicherheit eine Konformationsänderung des Enzyms ausgeschlossen werden. Das Ergebnis läßt sich daher mit der Annahme deuten, daß das Enzymsystem in einen Lipid-Bereich eingebettet ist, der sich in seiner Struktur von dem Hauptteil der Membran unterscheidet und der eine kristallin-flüssigkristalline Umwandlung bei ca. 32° C hat. Der Hauptteil des Lipids zeigt keine Phasenumwandlung. Die unterhalb dieser kritischen Temperatur bestehende Domänenstruktur der Membran ist in Abb. 12.31 wiedergegeben.

Eine weitere sehr elegante Technik für die Untersuchung der Lipidumgebung von membrangebundenen Enzymen wurde von Griffith, Jost u. Mitarb. entwickelt. Bei dieser Methode werden die integralen Proteine zusammen mit einem Teil ihrer Lipidumgebung isoliert und anschließend mit Spin-Sonden dotiert. Nimmt man an, daß das Enzym mit einem Ring von Lipiden umgeben ist und daß dessen Fluidität sich stark von derjenigen der Lipid-Doppelschichten des Hauptteils der Membran unterscheidet, dann sollte das ESR-Spektrum aus zwei Komponenten mit deutlich verschiedener Linienform zusammengesetzt sein. Durch Variation des Lipidanteils im isolierten Protein-Lipid-Komplex kann die Zahl der Lipide in der unmittelbaren Umgebung des Enzyms bestimmt werden. Mit dieser Methode konnte z.B. festgestellt werden, daß Cytochrom-Oxidase ebenfalls in einer Lipidumgebung starrer Konfiguration eingebettet ist, während dieser gesamte Lipid-Protein-Komplex in einer fluiden Lipidumgebung schwimmt. Inzwischen wurde von anderen Autoren ebenfalls das Grenzflächenlipid an anderen Systemen beobachtet. Abbildung 12.32 zeigt die ESR-Spektren des Grenzflächenlipids in Synaptosomen.

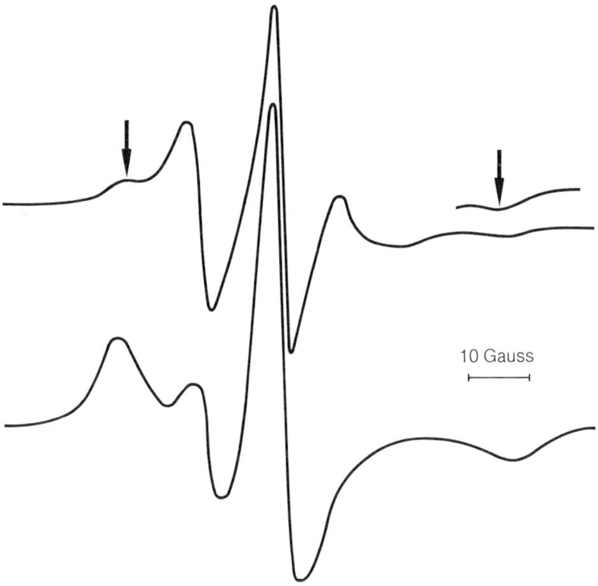

Abb. 12.32. ESR-Spektren der Fettsäure-Spinsonde (I.14) in Synaptosomen. Man erkennt im oberen Spektrum deutlich die Überlagerung der Spektren der beweglichen in der Lipidschicht befindlichen Sonden und des am Protein gebundenen Moleküls (mit Pfeil markiert). Im unteren Teil wurde das Spektrum der freien Sonden abgezogen, so daß das des gebundenen (I.14) besser sichtbar wird. [Nach Marsh et al.: Proc. Natl. Acad. Sci. USA **75**, 4329 (1978)]

Literaturauswahl

Berliner, L.J. (ed.): Spin labeling theory and applications. London, New York: Academic Press 1976.

Gaffney, B.J., McConnell, H.M.: J. Magn. Resonance **16**, 1 (1974).

12.3 Membranpotentiale

Berthold Neumcke

Bei den meisten Zellen besteht eine elektrische Spannung zwischen dem Zytoplasma und dem Außenmedium, wobei sich das Zellinnere negativ gegenüber der Außenseite verhält. Diese Potentialdifferenz wird Ruhepotential genannt. Das Ruhepotential unterscheidet sich beträchtlich von Zellart zu Zellart, ist aber stets kleiner als 100 mV. Es entsteht durch die unterschiedliche Ionenzusammensetzung der intra- und extrazellulären Lösungen auf beiden Seiten der die Zelle umgebenden Plasmamembran und wird daher auch als Membranpotential bezeichnet. Bei manchen Zelltypen treten nach Einwirkung eines Reizes kurze Spannungsänderungen auf, die vom Ruhepotential ausgehen und zu diesem zurückführen. Diese vorübergehenden Potentiale, das Aktionspotential von Nerven- und Muskelfasern, das Rezeptorpotential von Sinneszellen und die synaptischen Potentiale, werden im Kapitel 15 ausführlich beschrieben.

Dieses Kapitel behandelt nur das Membranpotential.

12.3.1 Messung des Membranpotentials

Riesennervenfasern des Tintenfisches sind so dick (Innendurchmesser bis zu 1 mm), daß man von der Schnittstelle her durch das Axoplasma eine Elektrode in axialer Richtung vorschieben kann. Das Membranpotential läßt sich dann direkt als Potentialdifferenz zwischen der Innenelektrode und einer Elektrode in der Außenflüssigkeit messen. Auch bei dünnen langgestreckten Nerven- und Muskelfasern, bei denen das Einführen einer Innenelektrode nicht möglich ist, führt ein ähnliches Verfahren zum Ziel. Man braucht dann nur zwei Faserabschnitte durch eine überfließende Saccharose-Lösung oder durch einen Luftspalt elektrisch voneinander zu isolieren, die Faser auf der einen Seite abzuschneiden und dort mit einer Lösung zu bespülen, die kein Kontaktpotential mit der Intrazellulärflüssigkeit bildet. Die zwischen den beiden Außenlösungen bestehende Potentialdifferenz ist dann gleich dem Membranpotential.

Die meisten Zellen sind aber so klein, daß die beiden beschriebenen Methoden nicht anwendbar sind. Man kann dann mit feinen Mikroelektroden (Spitzendurchmesser 0,1 bis 0,5 μm) durch die Plasmamembran in das Zellinnere einstechen und das Membranpotential bezüglich einer zweiten, im Außenraum lokalisierten Elektrode registrieren. Die auf diese Weise gemessenen Membranpotentiale können aber duch das Auftreten von Spitzenpotentialen an der Öffnung der Mikroelektrode und durch das Entstehen von Lecks an der Einstichstelle verfälscht werden.

Das Membranpotential kann auch aus der Verteilung von membranpermeablen Ionen zwischen dem Zelläußeren und -inneren bestimmt werden. So läßt sich die Konzentration von geladenen Farbstoffen im Zytoplasma durch Absorptions- oder Fluoreszenzmessungen ermitteln und daraus das Membranpotential berechnen. Diese optische Methode der Membranpotentialbestimmung wurde in den letzten Jahren auf eine Vielzahl verschiedener Zellen angewandt, und es wurden damit Ruhepotentiale ermittelt, die in etwa mit den elektrischen Potentialmessungen übereinstimmen. Die optische Methode ist allerdings nur dann anwendbar, wenn die Farbstoffe im Zytoplasma gleichmäßig verteilt sind, dort keine Aggregate bilden und sich auch nicht an Zellorganellen binden oder von diesen akkumuliert werden.

12.3.2 Ursachen des Membranpotentials

Es wurde bereits erwähnt, daß das Membranpotential durch die unterschiedliche Ionenzusammensetzung der intra- und extrazellulären Lösungen entsteht. In Tabelle 12.4 sind die Ionenkonzentrationen für ein sehr gut untersuchtes System, den Froschmuskel, angegeben.

Tabelle 12.4. Ionenkonzentrationen und Gleichgewichtspotentiale für den Froschmuskel. Werte für die Außen (c_a)- und Innenkonzentrationen (c_i) aus Katz (1971), Abb. 13. Gleichgewichtspotentiale E berechnet aus Gl. (12.44) mit $RT/F = 25$ mV.

	c_a (mM)	c_i (mM)	E (mV)
Na^+	120	9,2	+ 67
K^+	2,5	140	−102
Cl^-	120	4	− 86

Charakteristisch für diese und für andere untersuchten Zellen ist, daß die intrazelluläre K^+ Konzentration viel größer als die extrazelluläre ist. Dagegen sind Na^+ und Cl^- Ionen in der Außenlösung mit einer höheren Konzentration vertreten als im Zytoplasma. Weiterhin ist erkennbar, daß im Außenmilieu eine angenäherte Ladungsbilanz zwischen Na^+, K^+ und Cl^- Ionen besteht, während die Ladungen der Na^+ und K^+ Ionen im Zellinnern durch die viel geringere Anzahl von Cl^- Ionen nicht neutralisiert werden. Der Ladungsausgleich erfolgt hier stattdessen durch organische Anionen, die zum Teil in zytoplasmatischen Proteinen fixiert sind.

Auf Grund dieser Ionenverteilungen in den Extra- und Intrazellulärräumen könnte das über der Plasmamembran auftretende Ruhepotential auf folgenden Ursachen beruhen:

a) Durch die im Zellinnern vorliegenden fixierten Anionen könnte ein negatives Donnan-Potential bezüglich des Zellaußenraumes entstehen, ähnlich wie bei Polyelektrolyten in einem Ionenaustauscher.

b) Die Plasmamembran könnte für Na^+, K^+ und Cl^- Ionen unterschiedlich gut permeabel sein. Auf Grund dieser Ionenselektivität würde sich dann ein Diffusionspotential über der Plasmamembran ausbilden.

c) Zur Aufrechterhaltung der Konzentrationsdifferenzen zwischen Extra- und Intrazellulärräumen könnte in der Plasmamembran ein aktiver Ionentransport stattfinden, der selbst einen Beitrag zum Membranpotential liefert.

In den folgenden Abschnitten werden diese drei möglichen Ursachen des Membranpotentials im einzelnen diskutiert.

12.3.3 Donnan-Potential

Abbildung 12.33 ist eine schematische Darstellung eines Gebietes mit fixierten negativen Ladungen in Kontakt mit einer Elektrolytlösung einwertiger Ionen. X sei die Konzentration der negativen Festladungen und c die Ionenkonzentration in der Elektrolytlösung. Wir wollen annehmen, daß die Ionen aus der Elektrolytlösung in das Festladungsgebiet hineindiffundieren können. Wegen der negativen Festladungen wird dort die Konzentration c_+ der beweglichen Kationen größer sein als die Konzentration c_- der beweglichen

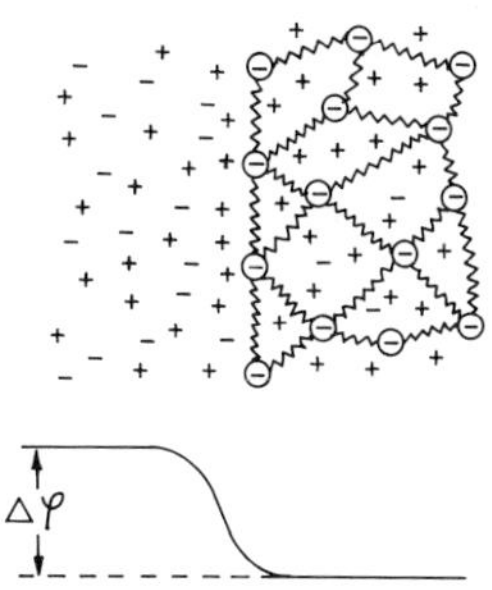

Abb. 12.33. Ionenverteilungen und Potentialverlauf zwischen einer Elektrolytlösung und einem Festladungsgebiet. +, −: bewegliche Kationen, Anionen. ⊖: negative Festladungen. $\Delta\varphi$: Donnan-Potential

Anionen aus der Elektrolytlösung. Die negativen Festladungen bewirken außerdem einen Potentialabfall $\Delta\varphi$ zwischen der Elektrolytlösung und dem Festladungsgebiet. Dieses sogenannte Donnan-Potential kann auf folgende Weise berechnet werden:

Im Gleichgewicht sind die Konzentrationen der beweglichen Ionen über die beiden Boltzmann-Beziehungen

$$c_+ = c\exp\left(-\frac{F\Delta\varphi}{RT}\right), \qquad (12.38)$$

$$c_- = c\exp\left(+\frac{F\Delta\varphi}{RT}\right) \qquad (12.39)$$

miteinander verknüpft (F: Faraday Konstante, R: Gaskonstante, T: absolute Temperatur, $RT/F = 25\,\mathrm{mV}$ bei 17° C). Daraus folgt:

$$c_+ \cdot c_- = c^2. \qquad (12.40)$$

Neben dieser Donnan-Gleichung (12.40) muß auch noch die Ladungsbilanz

$$c_+ = c_- + X \qquad (12.41)$$

im Festladungsgebiet erfüllt sein. Die Auflösung der obigen Gleichungen nach dem Donnan-Potential $\Delta\varphi$ liefert:

$$\Delta\varphi = -\frac{RT}{F}\ln\frac{c_+}{c} \qquad (12.42)$$

mit

$$c_+ = \frac{X}{2}\left[1 + \sqrt{1 + \left(\frac{2c}{X}\right)^2}\right]. \qquad (12.43)$$

Um die Größe des Donnan-Potentials für den Froschmuskel abzuschätzen, wollen wir zunächst den Extremfall annehmen, daß außer Cl^- nur negative Festladungen im Innern der Muskelfaser vorliegen. Aus Tabelle 12.4 folgt dann $X = 145\,\mathrm{mM}$, und mit einer Außenkonzentration $c = 120\,\mathrm{mM}$ ergibt sich $\Delta\varphi = -14\,\mathrm{mV}$. Ist nur ein Teil der intrazellulären Anionen fixiert, so wird der Betrag des Donnan-Potentials entsprechend geringer. Im Gegensatz zu diesen berechneten Werten beträgt das gemessene Ruhepotential am Froschmuskel etwa $-90\,\mathrm{mV}$. Ein Donnan-Potential zwischen Zytoplasma und Außenlösung kann also nur einen kleinen Beitrag zum Membranpotential liefern, der wesentliche Anteil dazu muß durch die Plasmamembran selbst verursacht sein.

12.3.4 Diffusionspotentiale an Membranen

12.3.4.1 Nernst-Gleichung

Wir betrachten eine Membran, die zwei Elektrolytlösungen unterschiedlicher Ionenzusammensetzung voneinander trennt und beginnen mit dem Idealfall, daß die Membran nur für eine Ionensorte, z.B. für K^+, permeabel ist. Diese K^+ Ionen werden dann zunächst von der höherkonzentrierten zur niederkonzentrierten Lösung durch die Membran diffundieren. Sie können aber nicht in das Innere der niederkonzentrierten Lösung vordringen, weil sie von den zurückgelassenen impermeablen Anionen auf der entgegengesetzten Membranseite zurückgehalten werden. So entstehen zwei dünne Schichten von positiver und negativer Überschußladung an den beiden Membranoberflächen. Diese elektrostatische Doppelschicht führt wie bei einem aufgeladenen Plattenkondensator zur Ausbildung eines Potentials. Es wird Diffusionspotential genannt, da es durch die Diffusion des membranpermeablen Ions entsteht.

In dem betrachteten Idealfall stellt sich an der Membran ein Gleichgewichtszustand ein, bei dem die weitere Ionendiffusion durch das entstandene Diffusionspotential verhindert wird. Das Diffusionspotential ist dann ein Gleichgewichtspotential und durch die Nernstsche Gleichung gegeben:

$$E = \frac{RT}{zF}\ln\frac{c_\mathrm{a}}{c_\mathrm{i}}. \qquad (12.44)$$

z ist dabei die Wertigkeit des membranpermeablen Ions ($z < 0$ für Anionen), und $c_\mathrm{a}, c_\mathrm{i}$ sind die Konzentrationen dieses Ions in den beiden Elektrolytlösungen (außen-innen). In Tabelle 12.4 sind die nach Gl. (12.44) berechneten Gleichgewichtspotentiale für Na^+, K^+ und Cl^- eingetragen. Es ist ersichtlich, daß die Diffusionspotentiale Werte bis 100 mV annehmen und damit einen wesentlichen Beitrag zum Ruhepotential liefern können.

12.3.4.2 Goldman-Gleichung

In Wirklichkeit sind biologische Membranen stets für mehrere Ionensorten permeabel. Ist die Membran für Kationen und Anionen durchlässig, so ist das Diffusionspotential nicht mehr stationär. Denn durch die Wanderung von positiven und negativen Ladungsträgern durch die Membran wird eine Überschußladung an den Membranoberflächen abgebaut, so daß die Konzentrationsdifferenz über der Membran und das Diffusionspotential allmählich gegen Null abfallen. In einer lebenden Zelle wird dieser Konzentrationsausgleich zwischen dem Extra- und Intrazellulärraum durch aktive Ionentransportvorgänge verhindert (s. Abschn. 12.3.5). Wir wollen daher im folgenden annehmen, daß die Ionenkonzentrationen in der Außen- und Innenlösung zeitlich konstant sind, auch wenn die Plasmamembran für mehrere Ionensorten permeabel ist. Das Diffusionspotential ist dann ebenfalls stationär. Es läßt sich aus der Bedingung berechnen, daß im

Ruhezustand kein elektrischer Strom durch die Membran fließt. Da Na^+, K^+ und Cl^- die wesentlichen beweglichen Ionen im Zelläußeren und -inneren sind, lautet diese Bedingung:

$$J_{Na} + J_K - J_{Cl} = 0. \qquad (12.45)$$

J_n ist der Nettofluß der Ionensorte n, der sich aus zwei Anteilen zusammensetzt. Einmal diffundieren die Ionen entlang ihres Konzentrationsgefälles dc/dx, zum anderen erfahren sie eine treibende Kraft in einem elektrischen Potentialgradienten $d\varphi/dx$ (vergl. Kapitel 12.5). Vernachlässigt man die Kopplung mit anderen Flüssen, so gilt demnach für J die Nernst-Planck-Gleichung (D: Diffusionskoeffizient):

$$J = -D\left(\frac{dc}{dx} + zc\frac{F}{RT}\frac{d\varphi}{dx}\right). \qquad (12.46)$$

Ist nur eine Ionensorte permeabel, so folgt für $J=0$ die Beziehung

$$\frac{d(\ln c)}{dx} + \frac{zF}{RT}\frac{d\varphi}{dx} = 0 \qquad (12.47)$$

aus der man nach Integration über die Koordinate x die Nernst-Gleichung (12.44) zurückerhält. Ist stattdessen die allgemeinere Bedingung (12.45) zu erfüllen, so ist die Integration nur unter Zusatzannahmen möglich. Am einfachsten verläuft die Integration, wenn man die Membran als eine homogene Phase auffaßt und annimmt, daß der Abfall des elektrischen Potentials zwischen Außen- und Innenlösung nur über der Membran und linear erfolgt, d.h. wenn die elektrische Feldstärke in der Membran konstant ist. Es gilt dann $d\varphi/dx = E/d$, wobei E das Diffusionspotential über der Membran von der Dicke d ist. Nach Einführung dieser "constant field" Näherung in die Nernst-Planck-Gleichung (12.46) läßt sich deren Integration leicht durchführen. Das Resultat lautet:

$$J = P\beta\frac{c_i e^{\beta} - c_a}{e^{\beta} - 1}, \qquad (12.48)$$

wobei $P = D/d$ der Permeabilitätskoeffizient der Membran ist und mit β der Ausdruck zFE/RT abgekürzt wurde.

Schreibt man die Flußgleichung (12.48) einzeln für Na^+, K^+, Cl^- Ionen an, setzt die Ausdrücke in die Beziehung (12.45) ein und löst dann nach dem Diffusionspotential E auf, so folgt:

$$E = \frac{RT}{F}\ln\frac{P_{Na}[Na]_a + P_K[K]_a + P_{Cl}[Cl]_i}{P_{Na}[Na]_i + P_K[K]_i + P_{Cl}[Cl]_a}. \qquad (12.49)$$

Mit [] wurden dabei die Außen- (a) und Innenkonzentrationen (i) der betreffenden Ionen bezeichnet. Diese sogenannte Goldman-Gleichung kann auch abgeleitet werden, wenn anstelle der "constant field" Näherung weniger strenge Annahmen über den Verlauf des elektrischen Potentials in der Membran getroffen werden. Ist die Membran nur für eine Ionensorte permeabel, so reduziert sich die Goldman-Gleichung auf die entsprechende Nernst-Gleichung. Im allgemeinen liegt das Diffusionspotential E zwischen den Gleichgewichtspotentialen der permeablen Ionen, wobei die Beiträge der einzelnen Ionensorten nach den Permeabilitätskoeffizienten gewichtet sind.

12.3.4.3 Ionenpermeabilitäten im Ruhezustand

Auf Grund der unterschiedlichen Verteilung von Na^+, K^+ und Cl^- Ionen zwischen den Extra- und Intrazellulärräumen ist das Gleichgewichtspotential für Na^+ Ionen positiv, das für K^+ und Cl^- Ionen aber negativ (vergl. Tabelle 12.4). Um daher aus der Goldman-Gleichung (12.49) ein negatives Diffusionspotential in der Nähe des Ruhepotentials zu erhalten, muß die Na Permeabilität P_{Na} klein gegenüber der K Permeabilität P_K oder der Cl Permeabilität P_{Cl} sein. Im ersten Fall würde das Ruhepotential hauptsächlich durch die Diffusion von K^+ Ionen bestimmt, während es im zweiten Fall ein Chlorid-Diffusionspotential wäre. Diese beiden Möglichkeiten lassen sich durch Messung des Membranpotentials bei veränderten Ionenkonzentrationen voneinander unterscheiden. Abbildung 12.34 zeigt das Resultat eines derartigen Experimentes an einer Riesennervenfaser des Tintenfisches, bei dem die extrazelluläre K^+ Konzentration zwischen 1,3 und 470 mM bei einer festgehaltenen Summenkonzentration $[Na]_a + [K]_a = 470$ mM variiert wurde.

Aus der halblogarithmischen Darstellung ist gut zu ersehen, daß das Ruhepotential E oberhalb $[K]_a = 30$ mM als K Diffusionspotential $E_K = RT/F \ln([K]_a/400\text{ mM})$ dargestellt werden kann. Bei niedrigeren $[K]_a$ Konzentrationen liegen die gemessenen Werte aber systematisch über dieser „Nernst-Geraden". Eine bessere Anpassung der Daten

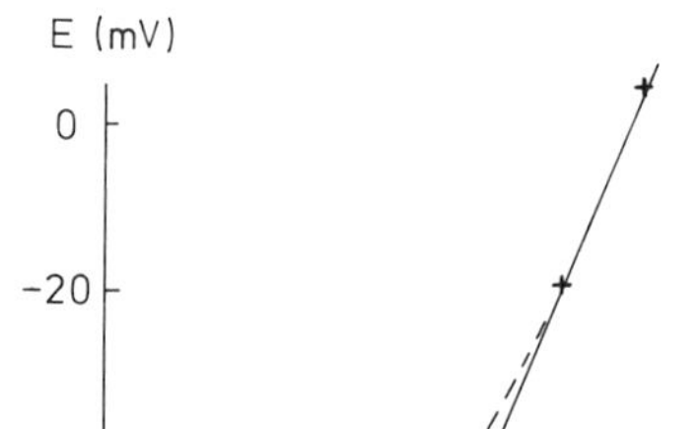

Abb. 12.34. Abhängigkeit des Ruhepotentials E eines Tintenfisch Riesenaxons von der extrazellulären K^+ Konzentration $[K]_a$. Werte + von Curtis, H.J., Cole, K.S.: J. Cell Comp. Physiol. **19**, 135–144 (1942). Analyse der Daten nach Hille (1977) mit den Annahmen: $E = -64$ mV für $[K]_a = 13$ mM und $[Cl]_a = 540$ mM, $[Na]_i = 50$ mM, $[K]_i = 400$ mM, $[Cl]_i = 90$ mM, $T = 20°$ C

über den gesamten $[K]_a$ Konzentrationsbereich ist mit der Goldman-Gleichung (12.49) möglich, die für das Permeabilitätsverhältnis $P_K : P_{Na} : P_{Cl} = 1 : 0{,}04 : 0{,}05$ berechnete Kurve ist in Abb. 12.34 gestrichelt eingezeichnet. Das Ruhepotential am Tintenfisch Riesenaxon ist also hauptsächlich durch eine im Vergleich zu P_{Na}, P_{Cl} hohe K Permeabilität P_K verursacht.

Ähnliche Untersuchungen wurden auch an anderen Zellen vorgenommen, um die Permeabilitätsverhältnisse im Ruhezustand zu bestimmen. Dabei wurde vielfach wie beim Riesenaxon eine überwiegende K Permeabilität festgestellt. Bei Skelettmuskelfasern des Frosches ist dagegen die Cl Permeabilität im Ruhezustand dominierend. Es können daher die für eine Zelle bestimmten Permeabilitätsverhältnisse nicht ohne weiteres auf andere Zellarten übertragen werden. In vielen Fällen (z.B. bei markhaltigen Nervenfasern) ist der Ursprung des Ruhepotentials sogar noch völlig ungeklärt.

12.3.5 Beiträge elektrogener Ionenpumpen zum Membranpotential

In Abschn. 12.3.4.2 wurde erläutert, daß durch passive Diffusion von Kationen und Anionen durch die Plasmamembran ein allmählicher Konzentrationsausgleich zwischen dem Zytoplasma und dem Außenmedium erfolgen würde. Dieser Ausgleich wird durch einen aktiven Ionentransport verhindert, wobei Ionen entgegen ihres Konzentrationsgefälles unter Verbrauch von Stoffwechselenergie transportiert werden (für eine genauere Definition des aktiven Transports, s. Kapitel 12.5). Die Membrankomponenten, die an dem aktiven Transport beteiligt sind, werden kurz als „Ionenpumpen" bezeichnet. Sie stabilisieren nicht nur die Ionenkonzentrationen in den Außen- und Innenlösungen, sondern sie können auch selbst einen Beitrag zum Membranpotential liefern. In den meisten untersuchten Fällen sind Ionenpumpen nämlich elektrogen, d.h. ihre Aktivität verursacht eine Ladungsverschiebung durch die Membran. Ein Beispiel dafür ist der aktive Transport von Na^+ und K^+ Ionen, der in vielen Membranen gekoppelt abläuft und die Stöchiometrie $3\,Na^+ : 2\,K^+$ besitzt. Die Pumpe befördert also mehr Na^+ Ionen aus dem Zytoplasma in die Außenlösung als K^+ Ionen in die umgekehrte Richtung. Dadurch wird das Zellinnere negativ aufgeladen, d.h. ein Teil des Ruhepotentials könnte durch die Aktivität elektrogener Ionenpumpen entstehen. Dieser Beitrag ist allerdings nicht genau zu bestimmen, da der Ladungstransport durch die Pumpen nur schwer von passiven Ionenflüssen zu unterscheiden ist. Wird am Tintenfisch Riesenaxon die Na, K-Pumpe durch Strophantin blockiert, so wird der Betrag des Ruhepotentials nur um 1–2 mV kleiner. Ähnlich geringe Änderungen des Ruhepotentials wurden auch an anderen Zellen festgestellt. Dies weist darauf hin, daß elektrogene Pumpen nur einen kleinen Beitrag zum Membranpotential liefern.

Literaturauswahl

Adam, G., Läuger, P., Stark, G.: Physikalische Chemie und Biophysik. Berlin, Heidelberg, New York: Springer 1977.

Cohen, L.B., Salzberg, B.M.: Optical measurement of membrane potential. Rev. Physiol. Biochem. Pharmacol. **83**, 35–38 (1978).

Hille, B.: Ionic basis of resting and action potentials. In: Handbook of Physiology, The Nervous System, Vol. 1, Chap. 4. Washington: American Physiological Society 1977, pp. 99–136.

Katz, B.: Nerv, Muskel und Synapse. Stuttgart: Thieme 1971.

Lassen, U.V., Rasmussen, B.E.: Use of microelectrodes for measurement of membrane potentials. In: Giebisch, G., Tosteson, D.C., Ussing, H.H. (eds.). Membrane Transport in Biology, Vol. I: Concepts and Models. Berlin, Heidelberg, New York: Springer 1978.

Ohki, S.: Membrane potential of phospholipid bilayer and biological membranes. Prog. Surface Membrane Science, Vol. 10, New York, San Francisco, London: Academic Press 1976, pp. 117–252.

12.4 Kontrolle von Differenzierung und Wachstum durch endogene elektrische Ströme

Manfred H. Weisenseel

12.4.1 Einleitung: Das Problem „räumliche Entwicklung"

Vielzellige Organismen entwickeln sich in der Regel durch Wachstum, Differenzierung und Teilungen von einzelnen Zellen. Im Verlauf der Entwicklung werden dabei räumliche Muster gebildet, ohne daß in der am Beginn der Entwicklung stehenden Zelle ein fester Plan für diese räumlichen Muster angelegt wäre. Für ihre geordnete Entwicklung im Raum brauchen Zellen und Gewebe demnach zusätzliche Information. Diese Information muß einer Zelle oder einem Gewebe anzeigen, *wo* bestimmte Funktionen ablaufen, *wo* bestimmte Strukturen aufgebaut werden sollen, z.B. in welcher Ebene sie sich teilen, in welcher Richtung sie wachsen sollen. Dieser Aspekt der Entwicklung, bei dem elektrische Phänomene eine wichtige Rolle zu spielen scheinen, soll im folgenden näher betrachtet werden.

Geeignete Objekte zum Studium der räumlichen Entwicklung sind verschiedene Typen pflanzlicher Zellen, sowie tierische Eizellen. Vor allem unter den Pflanzen kennt man eine Reihe von Organismen, wie z.B. die Braunalgen *Fucus* und *Pelvetia*, den Schachtelhalm *Equisetum*, den Farn *Dryopteris*, das Moos *Funaria* oder die Blütenpflanze *Lilium*, die praktisch undifferenzierte Zellen in Form von Eizellen, Sporen oder Pollen in die Umwelt entlassen. In diesen Zellen kann durch Außenfaktoren ein bestimmtes räumliches Muster induziert und dessen Entstehung *in vitro* studiert werden. Daneben sind auch bereits differenzierte pflanzliche Zellen, wie die Schläuche der Alge *Vaucheria* oder die Filamente von *Funaria*, in der Lage, als Reaktion auf exogene (und endogene) Faktoren neue, räumliche Muster in Form von Verzweigungen auszubilden.

Eine große Zahl von physikalischen und chemischen Faktoren kann die räumliche Entwicklung steuern. Bei pflanzlichen Zellen sind besonders das Licht, die Schwerkraft bzw. Zentrifugalkraft, elektrische und magnetische Felder, sowie K^+-, Ca^{2+}- und H^+-Gradienten wirksam. Braunalgenzygoten z.B. keimen auf der lichtabgewandten Seite bei einseitiger Belichtung, oder sie keimen parallel zum elektrischen Vektor bei Bestrahlung mit linear polarisiertem Licht. In Konzentrationsgradienten keimen sie zur Seite mit höherer K^+-, Ca^{2+}- oder H^+-Konzentration. *Lilium*pollen und *Equisetum*sporen keimen im elektrischen Feld bevorzugt in Richtung der positiven Elektrode; in starken Magnetfeldern wachsen die Pollenschläuche von *Lilium* parallel zu den Feldlinien. Aus diesen und ähnlichen Beobachtungen ergeben sich Ansatzpunkte und Fragen zur Aufklärung des Mechanismus der räumlichen Differenzierung, z.B.: Wo werden diese Umweltfaktoren in der Zelle perzipiert? Wie wird die aufgenommene Information von der Zelle verarbeitet? Wie entsteht daraus ein stabiles räumliches Muster der Zelle?

12.4.2 Die Zellmembran als Ort der Perzeption und Transduktion von Information

Viele Zellen zeigen in den ersten Stunden ihrer Entwicklung Veränderungen in den Eigenschaften ihrer Zellmembran. Bei den Braunalgen *Fucus* und *Pelvetia* z.B. beträgt das elektrische Membranpotential unbefruchteter Eizellen etwa −15 bis −40 mV. Nach der Befruchtung setzt eine Hyperpolarisierung ein, die bei *Pelvetia* nach etwa 6 h und bei *Fucus* nach etwa 9 h mit −70 bis −80 mV ein neues, stabiles Niveau erreicht. Die Fähigkeit, auf einseitiges Licht mit einem Auswachsen auf der Schattenseite zu reagieren, beginnt bei beiden Objekten, wenn das Membranpotential negativer als −50 mV geworden ist. Auch die Zellmembran des *Lilium*pollens hyperpolarisiert um ca. 40–50 mV nach Aussaat der Pollen in ein flüssiges Keimmedium. Kurz nach Aussaat zeigen die Pollen ein Membranpotential von −70 bis −80 mV, das im Verlaufe von 1–3 h auf −120 bis −130 mV steigt. Ähnlich verhält sich eine Reihe von tierischen Eizellen nach ihrer Aktivierung.

Die Ursachen für diese auffällige Hyperpolarisation sind bei *Pelvetia* näher untersucht worden. Die Messungen zeigen, daß die Zygoten mit Hilfe ihrer Zellmembran aktiv KCl aus dem Meerwasser aufnehmen und dazu eine starke Änderung der Ionenselektivität ihrer Zellmembran erfahren. Die Eizellen, die etwa 170 mM KCl enthalten, verdoppeln ihren KCl-Gehalt innerhalb weniger Stunden nach Befruchtung. Die Zellmembran unbefruchteter Eizellen ist relativ gut permeabel für K^+, Na^+ und Cl^-. Sie erfährt nach der Befruchtung eine starke Zunahme der Permeabilität für K^+, während die Permeabilität für Na^+ und für Cl^- abnimmt. Auch bei *Lilium*pollen könnte eine Zunahme der K^+-Selektivität der Zellmembran eine wichtige Rolle bei der Hyperpolarisation spielen, da die Membran von gekeimten Pollen fast ideal selektiv für K^+-Ionen ist.

Die auslösenden Mechanismen für die Änderungen in der Zellmembran am Beginn der Entwicklung sind noch unklar. Hinweise auf den möglichen Mechanismus ergeben Beobachtungen bei der Aktivierung von Fisch- und Seeigeleiern. Bei diesen löst die Aktivierung (z.B. durch das Eindringen eines Spermatozoids) eine starke Erhöhung der freien Ca^{2+}-Konzentration und eine Zunahme des pH-Wertes im Cytoplasma aus (für weitere Details siehe 12.4.3e). Entsprechende Änderungen scheinen auch andere externe Faktoren auszulösen. Stellvertretend für mehrere Beobachtungen dieser Art sollen drei Beispiele über die Wirkung des Lichtes auf pflanzliche Zellen angeführt werden: Bei der Armleuchteralge *Nitella* verursacht Bestrahlung mit hellrotem Licht eine rasche, von der Ca^{2+}-Konzentration des Mediums abhängige Depolarisation der Membran, die bis zu ca. 60 mV betragen kann. Bei der fädigen Grünalge *Mougeotia* verursacht eine Hellrotbelichtung die vermehrte Aufnahme von Ca^{2+} in den belichteten Zellen, wie Autoradiogramme von partiell bestrahlten Fäden zeigen. Beide Ergebnisse deuten auf eine licht-induzierte Veränderung der Zellmembran hin, die wahrscheinlich das Phytochrom (vgl. Kapitel 13.2) als Photorezeptor hat, und die zu einer Erhöhung der Ca^{2+}-Aufnahme in die Zellen führt. Blaulicht verursacht bei *Vaucheria* Änderungen in der Zellmembran, die einen Ionenstrom durch die Plasmamembran zur Folge haben. Dieser führt wahrscheinlich zu einer pH-Erhöhung im Cytoplasma (s. 12.4.3d).

Wie können Veränderungen in der Zellmembran zu einer räumlichen Differenzierung der Zelle führen? Eine auf Jaffe zurückgehende Hypothese nimmt an, daß die wirksamen exogenen (möglicherweise auch endogenen) Faktoren von Membranrezeptoren un-

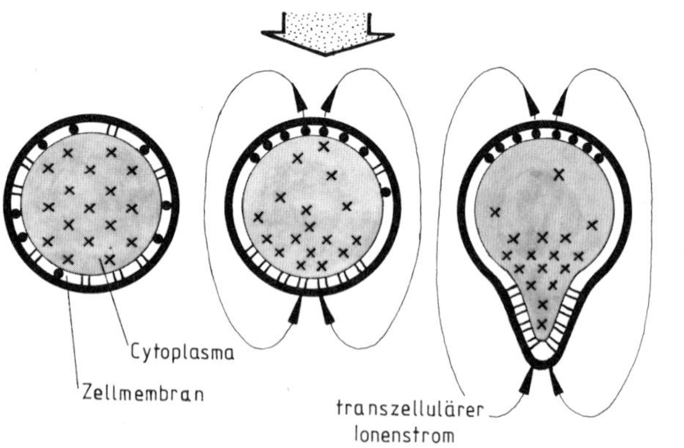

Abb. 12.35. Schematische Darstellung einer Hypothese zur räumlichen Differenzierung einer Zelle durch einen endogenen elektrischen Strom. Die Hypothese nimmt an, daß durch die unsymmetrische Perzeption eines Faktors, z.B. einseitiges Licht, die zunächst zufällige Verteilung von Ionenpumpen (●) und Ionenkanälen (||) in der Zellmembran unsymmetrisch wird und als Folge davon ein transzellulärer elektrischer Strom zu fließen beginnt. Dieser Strom ruft elektrische Gradienten entlang der Zellmembran und im Cytoplasma hervor, die Konzentrationsgradienten geladener Moleküle verstärken und zu neuen Konzentrationsgradienten führen. (Nach Weisenseel, 1979)

symmetrisch perzipiert werden und dabei eine zunächst schwache, labile Asymmetrie in der Anordnung von Ionenpumpen und Ionenkanälen in der Zellmembran entsteht (Abb. 12.35). Die notwendige Folge dieser leichten Asymmetrie ist ein elektrischer Strom (in Form von Ionen) durch die Zelle, wobei Ionen an einer Stelle in die Zelle einfließen und an anderer Stelle nach außen gepumpt werden. Durch diesen, von der Zellmembran getriebenen, also endogenen Strom entstehen elektrische Felder entlang der Zellmembran und im Cytoplasma, die nun durch Rückkopplung die asymmetrische Verteilung von Pumpen und Kanälen in der Membran verstärken. Bei genügender Dichte und Dauer des Stromes könnte dieser zu starken Konzentrationsgradienten in der Zellmembran und im Cytoplasma führen und damit die räumliche Entwicklung einer Zelle kontrollieren. Gibt es diese endogenen transzellulären Ströme?

12.4.3 Elektrische Ströme bei Differenzierung und Wachstum von Zellen und Geweben

Elektrische Ströme (d.h. gemäß Konvention, Flüsse von positiven Ionen), die der räumlichen Differenzierung vorausgehen und die das lokale Wachstum begleiten, wurden bei allen bisher untersuchten pflanzlichen und tierischen Objekten gefunden. Diese Ströme fließen bei pflanzlichen Zellen immer in die zukünftige und in die tatsächliche Wachstumszone ein und treten an den nicht-wachsenden Bereichen der Zellen wieder aus. An tierischen Oocyten und Eizellen treten sie am animalen Pol ein und am vegetativen Pol wieder aus. Die folgenden Beispiele sollen Vorkommen und Eigenschaften dieser Ströme illustrieren:

a) Bei *Braunalgenzygoten* beginnt im einseitigen Licht ca. 2–3 h nach Befruchtung, d.h. 8–10 h vor dem sichtbaren Wachstum einer Rhizoidanlage, an der lichtabgewandten Seite der Zelle ein elektrischer Strom von etwa $1-2\,\mu A\,cm^{-2}$ Dichte in die Zelle einzufließen. Dieser Strom breitet sich innerhalb der Zelle aus und verläßt sie am zukünftigen Thalluspol wieder. Über das Medium (hier Meerwasser) fließt der Strom zurück zum späteren Rhizoidpol. Ein Rhizoid wächst immer an der Stelle aus, an der ein stabiler Strom in die Zygote einfließt. Nach dem Beginn des Wachstums fließt in das Rhizoid Strom von ca. $1\,\mu A\,cm^{-2}$ ein und am Thallusende aus. Dieser kontinuierlich fließende Strom erreicht ca. 100 pA pro Zelle, nimmt im Licht mit Anstieg der Wachstumsgeschwindigkeit zu und mit Verlangsamung der Wachstumsgeschwindigkeit im Dunkel wieder ab (Abb. 12.36a). (*Anmerkung:* Ein elektrischer Strom von $1\,\mu A\,cm^{-2}$ entspricht einem Fluß einwertiger Ionen von $10\,pmol \cdot cm^{-2} \cdot s^{-1}$.)

Bringt man die Zygoten zwischen zwei Kammern und belichtet von einer Seite, so daß alle zukünftigen

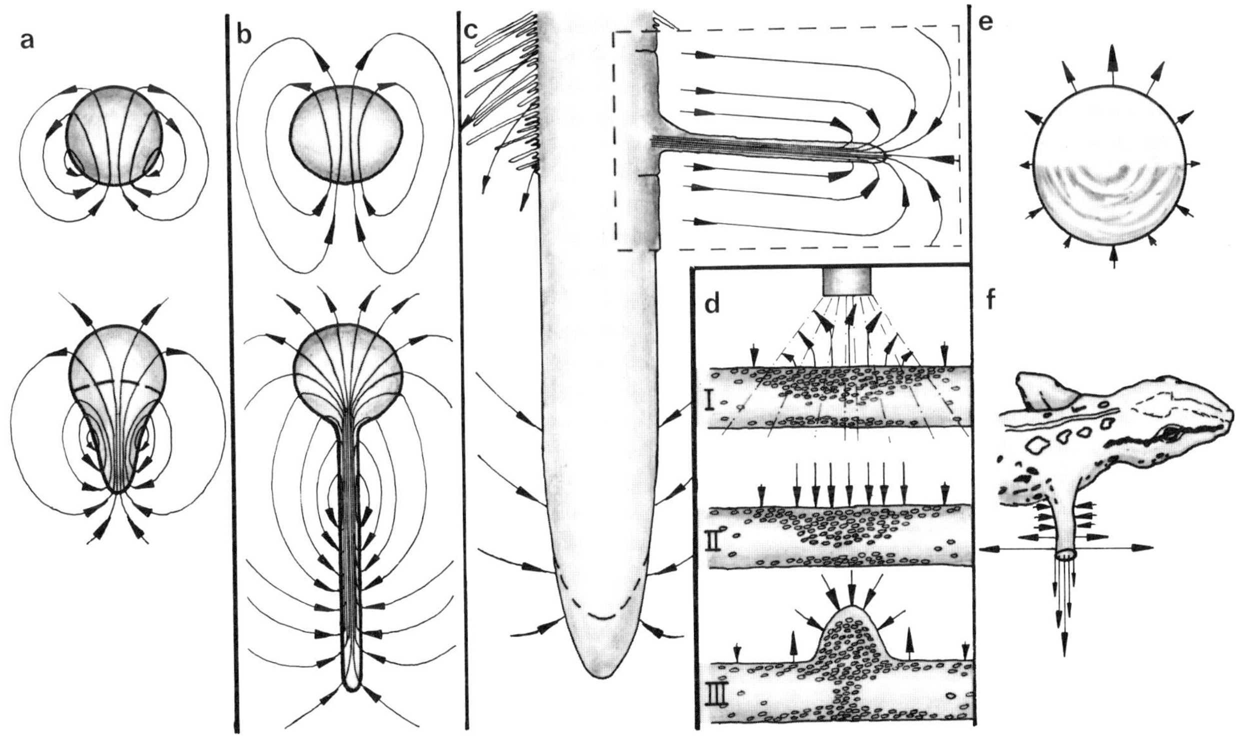

Abb. 12.36a–f. Schematische Darstellung typischer Beispiele für das Muster endogener elektrischer Ströme, die durch pflanzliche und tierische Objekte fließen. **a** Braunalgenzygoten vor und nach der Bildung einer Rhizoidanlage. [Nach Nuccitelli and Jaffe: Dev. Biol. **49**, 518 (1976); Nuccitelli: Dev. Biol. **62**, 13 (1978)]; **b** Lilienpollen vor und nach der Keimung. [Nach Weisenseel et al.: J. Cell Biol. **66**, 556 (1975)]; **c** Gerstenwurzeln und Wurzelhaare. (Nach Weisenseel et al., 1979); **d** *Vaucheria*, drei Stadien bei der Induktion einer Verzweigung im kontinuierlichen Blaulicht. [Nach Blatt, Kicherer, Weisenseel, unveröffentlicht]; **e** Froschoocyte; **f** amputierter Molcharm (beide nach Jaffe, 1979). (Die verschiedenen Objekte sind nicht mit gleichem Maßstab gezeichnet; für Details siehe Text)

Rhizoide zur einen Seite und alle zukünftigen Thallusenden zur anderen Seite orientiert sind, so läßt sich der Influx oder Efflux von Ionen am Rhizoid- und am Thalluspol getrennt messen. Dabei zeigt sich, daß eine starke Unsymmetrie im Influx von Ca^{2+}-Ionen zwischen Rhizoidpol und Thalluspol besteht. Sechs Stunden nach Befruchtung z.B. werden Ca^{2+}-Ionen am Rhizoidpol ca. 5× schneller aufgenommen als am Thalluspol und am Thalluspol schneller abgegeben als am Rhizoidpol. Ähnliche Unsymmetrien im Influx und Efflux treten bei Na^+- und Cl^--Ionen auf. Na^+-Ionen fließen in den zukünftigen Rhizoidbereich schneller ein als in den zukünftigen Thallusbereich, Cl^--Ionen werden in das zukünftige Thallusende schneller gepumpt als in das Rhizoidende. Der Ionenstrom durch die Zygoten besteht demnach zur Hauptsache aus einem Influx von Na^+- und Ca^{2+}-Ionen am Rhizoidpol und aus einem Cl^--Influx und Ca^{2+}-Efflux am Thalluspol. Letztere Flüsse erfolgen mittels aktiven Transportes, da sie gegen den elektrochemischen Gradienten verlaufen. Besonders bemerkenswert, auch im Hinblick auf die oben erwähnte Hypothese, ist der Befund, daß der totale Influx und Efflux von Ca^{2+}-Ionen während der frühen Entwicklung der Zygoten konstant bleibt. Es scheint daher wahrscheinlich, daß die Ca-Kanäle und die Ca-Pumpen nicht neu in die Zellmembran eingebaut, sondern in der Membran nur neu verteilt werden.

b) Bei *Lilienpollen* beginnt etwa 1/2 h nach Aussaat ein elektrischer Strom an einer Stelle des Pollens einzufließen und am gegenüberliegenden Bereich der Zelle auszufließen. Dieser Strom nimmt in den nächsten 1–3 h zu und erreicht dabei eine Dichte von ca. 3–5 $\mu A\,cm^{-2}$. Im Bereich der Stromeintrittsstelle wächst später ein Pollenschlauch aus. Nach dem Auswachsen des Pollenschlauchs fließt der Strom am wachsenden Schlauch, mit Ausnahme des pollennahen Bereiches, ein und am Pollenkorn wieder aus (Abb. 12.36b). Ein wachsender Pollen gleicht damit einem Stromdipol, bei dem der Schlauch die „Stromsenke“ und das Korn die „Stromquelle“ darstellen. Der Strom, der durch einen wachsenden Lilienpollen fließt, beträgt etwa 100–300 pA und erreicht im Schlauch die beträchtliche Dichte von ca. 60 $\mu A\,cm^{-2}$. Diesen Strom durch die Zelle zu treiben, kostet einen Pollen etwa 1% seiner aus der oxidativen Phosphorylierung stammenden Energie. Die Ionen, die an dem transzellulären Strom beteiligt sind, sind vor allem K^+- und Ca^{2+}-Ionen, die am Schlauch einfließen, und H^+-Ionen, die am Pollenkorn nach außen gepumpt werden.

c) Im Bereich der Wurzelspitzen von *Gerstenkeimlingen* fließen ebenfalls elektrische Ströme. Strom tritt aus der Oberfläche der Wurzelhaarzone aus und fließt in den Beginn der Elongationszone und in die Meristemzone der Wurzel sowie in die Spitzen der wachsenden Wurzelhaare ein (Abb. 12.36c). Die Stromdichte beträgt etwa 1–2 $\mu A\,cm^{-2}$ an der Oberfläche der Wurzel und der Wurzelhaare. Erhöhung des pH-Wertes im Medium führt zu einer Abnahme, Erniedrigung des pH-Wertes zu einer Zunahme des Einwärtsstromes. Änderungen der Na^+-, K^+- oder Cl^--Konzentration im Medium haben keinen signifikanten Einfluß auf die Stärke des Stromes. Die Hauptkomponente des Stromes scheint demnach ein H^+-Fluß zu sein. Daneben scheint Ca^{2+}, und zwar vor allem am Einstrom in die Spitzen der Wurzelhaare, beteiligt zu sein.

d) Bei der siphonalen Alge *Vaucheria* fließt der Strom in die Spitzen der wachsenden Schläuche ein und tritt weit hinter den Spitzen in verstreuten Bereichen wieder aus. Kontinuierliche lokale Belichtung eines Schlauches mit Blaulicht ($\lambda_{max} = 450$ nm) induziert einen auf den belichteten Bereich begrenzten Strom, der zunächst aus einem Auswärtsstrom besteht und nach ca. 20–100 min in einen Einwärtsstrom übergeht. Etwa 2–3 h nach Belichtungsbeginn bildet sich an der Eintrittsstelle des Stromes eine neue Wachstumszone in Form einer Vorwölbung, die zu einem „Seitentrieb“ auswächst (Abb. 12.36d). Die Stromdichte des Einwärtsstromes an einer wachsenden Schlauchspitze beträgt ca. 5–10 $\mu A\,cm^{-2}$. Der anfängliche Auswärtsstrom aus einer mit Blaulicht bestrahlten Stelle scheint hauptsächlich aus einem aktiven H^+-Export zu bestehen. pH-Erhöhungen im Medium fördern nämlich den Strom, pH-Erniedrigungen hemmen den Strom bzw. bringen ihn bei weiterer Erniedrigung ganz zum Erliegen, und H^+-Ionophoren wie CCCP haben einen deutlichen Hemmeffekt auf den Strom, noch bevor der zelleigene ATP-Spiegel absinkt.

e) Bei den Oocyten des *Krallenfrosches* fließt ein konstanter Strom von ca. 1 $\mu A\,cm^{-2}$ am animalen Pol der Zelle ein und am vegetativen Pol wieder aus. Stoffe, die den Influx von Ca^{2+} in die Zelle hemmen, wie La^{3+}, Mn^{2+} oder Verapamil, reduzieren den Einwärtsstrom in die Oocyte. Konzentrationserniedrigung von kompetitiven Hemmstoffen eines Ca^{2+}-Flusses wie Na^+ und Mg^{2+} erhöht den Einwärtsstrom. Daraus kann man schließen, daß ein Teil des Einwärtsstromes Ca^{2+}-Ionen sind. Die Hauptkomponente des Stromes am animalen Pol der Oocyte bildet ein Efflux von Cl^--Ionen (Abb. 12.36e). Das Eindringen eines Spermiums löst bei den Eiern des *Fisches Oryzias latipes* einen Strom aus, der an der Eintrittsstelle des Spermiums beginnt und sich in Form einer fortlaufenden Welle über das randständige Cytoplasma des ganzen Eies ausbreitet. Bei diesem Strom handelt es sich um Ca^{2+}-Ionen, deren Konzentration im Cytoplasma das 100- bis 1000fache des Ruhezustandes erreicht, da es zu einer Ca^{2+}-stimulierten Freisetzung von Ca^{2+} aus internen Bindungen kommt. Die unmittelbaren Wirkungen dieses Ca^{2+}-Stromes sind die Exocytose von Corticalvesikeln, die der Ca^{2+}-Welle im Abstand von ca. 10 s folgt, und die Beseitigung von entwicklungshemmenden Substanzen. Da Ca^{2+} ein wichtiger Regulator von Membraneigenschaften ist, führt die Erhöhung der freien Ca^{2+}-Konzentration im Cytoplasma wahrscheinlich auch zu Änderungen der Eigenschaften der Zellmembran.

f) Elektrischer Strom mit einer Dichte von 10–100 $\mu A\,cm^{-2}$ fließt in den ersten Tagen nach Amputation aus dem Stumpf eines *Molcharmes* und tritt an Stellen mit intakter Haut wieder ein. Dieser Strom, der hauptsächlich aus Na^+-Ionen besteht, scheint wesentlich an der Differenzierung der Gewebe am Ende des

Stumpfes beteiligt zu sein. Unterdrückung des Stromes durch Stoffe, die das Na^+-Transportsystem der Haut blockieren (z.B. Amilorid), verhindert die Differenzierung des regenerierenden Armes und führt zur Ansammlung von undifferenziertem Zellmaterial (Abb. 12.36f).

12.4.4 Eine neue Methode zur Messung von transzellulären Ionenströmen

Die oben beschriebenen natürlichen Ionenströme, die durch wachsende Zellen und Gewebe fließen, wurden mit einer Methode gemessen, die in den Jahren 1968–1974 von Jaffe und Nuccitelli entwickelt wurde. Diese Methode hat drei Eigenschaften, die sie zum Nachweis von elektrischen Strömen, die Zellen und Gewebe durch sich selbst treiben, besonders geeignet macht: a) Sie ist um den Faktor 10^2–10^3 empfindlicher als vergleichbare Methoden, so daß selbst noch Spannungsdifferenzen im nanoVolt-Bereich sicher gemessen werden können. b) Sie hat eine so hohe räumliche Auflösung, daß Membranbereiche innerhalb einer einzelnen Zelle mit unterschiedlichen Eigenschaften im Ionentransport noch nachzuweisen sind. c) Der „Fühler“ des Meßinstrumentes mißt extrazellulär, d.h. im Medium, das die Zelle umgibt, so daß die Zelle oder das Gewebe durch die Messung selbst weder verletzt noch in ihrer normalen Entwicklung gestört wird.

Dieser „Fühler“ ist eine metallgefüllte Glasmikropipette, die an ihrer Spitze eine Kugel aus Platinschwarz von 10–30 µm Durchmesser trägt. Die Platinschwarz-Kugel wird an der Spitze der Elektrode galvanisch abgeschieden und kann in ihrer Größe dem Meßobjekt angepaßt werden. Am Schaft der Mikropipette befindet sich, in einigen mm Abstand hinter der Spitze, eine weitere Platinschwarz-Schicht, die als koaxiale Referenzelektrode dient. Die Platinschwarz-Kugel und die Referenzelektrode sind über einen Vorverstärker mit einem Lock-in-Verstärker verbunden. Die ganze Elektrode sitzt in einem kleinen Plexiglasblock, der wiederum an einem piezoelektrischen Element befestigt ist (Abb. 12.37).

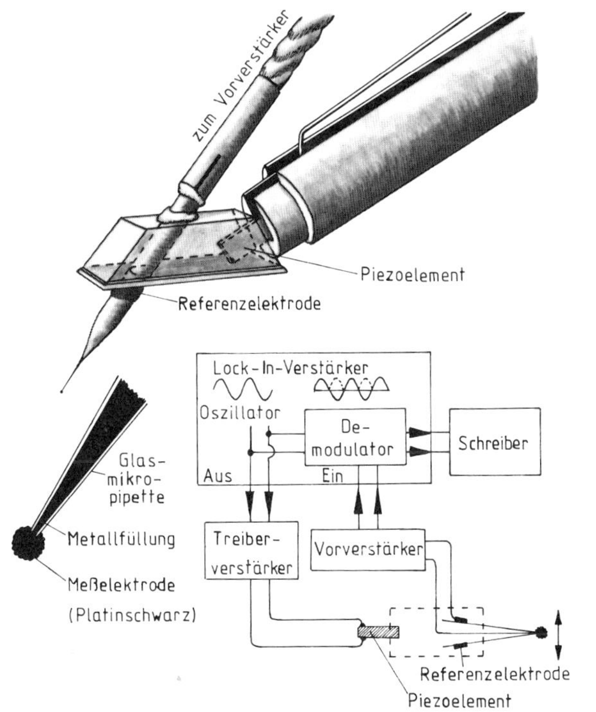

Abb. 12.37. Teilansicht der vibrierenden Elektrode und schematisches Schaltbild des Meßkreises zur extrazellulären Messung von elektrischen Strömen, die durch Zellen und Gewebe fließen. (Nach Jaffe und Nuccitelli, 1974; bezüglich Details und Funktionsweise siehe Text)

Bei der Messung wird der „Fühler“ durch Anlegen einer sinusförmigen Wechselspannung an das Piezoelement mit einigen Hundert Hertz (z.B. 515 Hz) und einer Amplitude von 10–30 µm in der Nähe eines Objektes in der horizontalen Ebene vibriert. Wenn an dieser Stelle ein elektrischer Strom parallel zur Schwingungsrichtung durch das Medium fließt, wird der von diesem Strom im Medium hervorgerufene Spannungsabfall von der Elektrode durch kapazitive Kopplung erfaßt, durch die Schwingung in eine sinusförmige Wechselspannung umgewandelt, und vom Lock-in-Verstärker verstärkt und gemessen. Aus diesem Spannungssignal kann die Stromdichte am Meßort berechnet werden. Aus mehreren Messungen an verschiedenen Stellen in der Umgebung eines Objektes und mit verschiedenen Schwingungsrichtungen lassen sich die Stromrichtungen und Stromdichte an den einzelnen Positionen ermitteln und daraus ein Bild über das Strommuster am Objekt gewinnen.

12.4.5 Die Kontrollfunktion der natürlichen Ionenströme

Die bisher beobachteten natürlichen elektrischen Ströme sind sicher kein bloßes Nebenprodukt von Differenzierung und Wachstum. Da sie (a) immer *vor* der morphologischen Differenzierung zu fließen beginnen, (b) immer den Ort des späteren Wachstums anzeigen und (c) ihre Unterdrückung zum Stillstand von Wachstum und Differenzierung führt, scheinen sie ein wesentliches Glied in der normalen Entwicklung zu sein. Ein Wachstum von Zellen und Geweben ohne selbstinduzierten elektrischen Strom wurde bisher nicht beobachtet, wohl aber transzellulärer Strom ohne Wachstum, z.B. bei Pollenschläuchen, die mit Cytochalasin behandelt und damit am Wachstum gehindert wurden. Die natürlichen Ionenströme scheinen für die Entwicklung also einerseits notwendig, andererseits aber nicht der einzige Kontrollmechanismus zu sein. Welche Rolle könnten diese Ströme also spielen? Die elektrischen Ströme, die durch differenzierende und wachsende Objekte fließen, scheinen in zweifacher Weise auf diese zu wirken: Die eine Wirkung geht wahrscheinlich von den elektrischen Feldern, die die Ströme entlang der Zellmembran und im Cytoplasma induzieren, aus; die andere Wirkung scheint auf die lokalen Unterschiede in der Ionenkonzentration, die sie im Cytoplasma und in der Umgebung einer Zelle hervorrufen, zurückzugehen.

Ein elektrischer Strom, der an einer Stelle in die Zelle einfließt, hyperpolarisiert an dieser Stelle die Zellmembran und depolarisiert sie an der Stelle, an der er aus der Zelle austritt. Es entsteht damit ein Gradient im Membranpotential, d.h. ein elektrisches Feld entlang der Zellmembran. Dieses Feld scheint in der Lage zu sein, elektrisch geladene Membrankomponenten entlang der Membran zu verlagern. Eine solche Bewegung von Membrankomponenten als Reaktion auf Gradienten im Membranpotential wurde in Experimenten mit embryonalen Muskelzellen nachgewiesen. Schon Feldstärken von ca. 1 mV pro Zelle, die 24 h lang bestehen, führen zur Verlagerung des Concanavalin-A-Rezeptors in der Zellmembran. Ein Strom, der durch die Zelle fließt, induziert auch im Cytoplasma ein elektrisches Feld. Die Stärke dieses Feldes (**E**) ist dabei abhängig von der Stromdichte (I) und dem spezifischen Widerstand des Cytoplasmas (ϱ^*): $E = I \cdot \varrho^*$. Der spezifische Widerstand des Cytoplasmas beträgt in der Regel 100–300 ohm · cm. Für Ionen wie Ca^{2+} (und vielleicht auch H^+), die im Cytoplasma stark gebunden werden, kann der Widerstand des Cytoplasmas ca. 10^5 ohm · cm betragen. In bezug auf einen elektrischen Spannungsabfall im Cytoplasma ist ein Ca^{2+}-Strom also etwa um den Faktor 10^3 wirksamer als ein K^+-Strom gleicher Stärke. Eine Beteiligung von Ca^{2+} an den transzellulären Strömen deutet auf das Vorhandensein relativ starker elektrischer Gradienten im Cytoplasma hin.

Die durch einen natürlichen transzellulären Strom hervorgerufenen elektrischen Gradienten scheinen in der Lage zu sein, vorhandene Konzentrationsgradienten geladener Moleküle und Partikel in der Zellmembran und im Cytoplasma zu verstärken und neue Gradienten aufzubauen. Diese Konzentrationsgradienten sind dann das Ergebnis aus der elektrophoretischen Bewegung der Teilchen in die eine Richtung und der Rückdiffusion in die umgekehrte Richtung und gegeben durch die Beziehung: $G = m \cdot E/D$, wobei **G** der Gradient, m die elektrophoretische Mobilität der Teilchen, **E** das elektrische Feld und D den Diffusionskoeffizienten der Teilchen bedeuten. Wichtig für die Entstehung eines Konzentrationsgradienten ist dabei, daß das elektrische Feld lange genug besteht. Die bisherigen Messungen zeigen, daß die natürlichen elektrischen Ströme mindestens 10^4–10^6 s lang durch Zellen und Gewebe fließen. Für Partikel mit Diffusionskoeffizienten von 10^{-8}–10^{-11} $cm^2 s^{-1}$, wie sie im Cytoplasma und in der Zellmembran vorkommen dürften, beträgt die notwendige Zeit für den Aufbau eines Gradienten etwa 10^3–10^6 s. Die natürlichen Ströme scheinen also lange genug zu fließen.

Neben der Erzeugung elektrischer Felder scheinen die natürlichen Ströme auch zu lokalen Änderungen des Ionenmilieus in Zellen und Geweben zu führen. Wenn beispielsweise beim Lilienpollen am Schlauch K^+- und Ca^{2+}-Ionen einfließen und am Korn H^+-Ionen nach außen gepumpt werden, entstehen möglicherweise starke Unterschiede im Ionenmilieu innerhalb sowie in der unmittelbaren Nähe der Zelle. Diese Änderungen im Ionenmilieu könnten Wirkungen auf Zellstrukturen und auf die Aktivierung oder die Inaktivierung von Enzymen und Hormonen haben. Ein verändertes Ionenmilieu könnte der Zelle oder dem Gewebe direkt als Kontrollmechanismus dienen oder aber den Fluß von Information durch Botenstoffe beeinflussen. Strom z.B., der durch die wachsende Spitze einer Wurzel fließt, könnte den Epidermiszellen der Wurzelhaarzone anzeigen, in welcher Richtung die Wurzelspitze liegt.

Der Autor dankt Herrn Prof. W. Kreische, Frau R. Kicherer und Herrn A. Dorn für hilfreiche Kommentare zum Manuskript und Frl. M. Lochner für die Anfertigung der Abbildungen.

Literaturauswahl

Dreyer, E. M., Weisenseel, M. H.: Phytochrome-mediated uptake of calcium in *Mougeotia* cells. Planta **146**, 31–39 (1979).

Jaffe, L. F., Nuccitelli, R.: An ultrasensitive vibrating probe for measuring steady extracellular currents. J. Cell Biol. **63**, 614–628 (1974).

Jaffe, L. F., Nuccitelli, R.: Electrical controls of development. Annu. Rev. Biophys. Bioeng. **6**, 445–476 (1977).

Jaffe, L. F.: Control of development by ionic currents. In: Cone, R. A., Dowling, J. E. (eds.). Membrane Transduction Mechanism. New York: Raven Press 1979, pp. 199–231.

Weisenseel, M. H.: Induction of Polarity. In: Haupt, W., Feinleib, M. E. (eds.). Encyclopedia of Plant Physiology, Vol. 7. Physiology of Movements. Berlin, Heidelberg, New York: Springer 1979, pp. 485–505.

Weisenseel, M. H., Dorn, A., Jaffe, L. F.: Natural H^+-currents traverse growing roots and root hairs of barley (*Hordeum vulgare* L.). Plant Physiol. **64**, 512–518 (1979).

12.5 Stofftransport durch biologische Membranen

EBERHARD FRÖMTER

Stofftransport durch Membranen ist ein Grundphänomen des Lebenden. Alle Lebewesen grenzen sich von der Umwelt durch spezielle Membranbarrieren ab, die den Stoffaustausch mit der Umgebung einschränken und regeln. Darüber hinaus sind praktisch alle Lebensvorgänge eng mit Membranprozessen verknüpft. So spielen Membranen eine zentrale Rolle bei der Umwandlung von Stoffwechselenergie in mechanische, osmotische oder elektrische Arbeit sowie bei der Aufnahme und Verarbeitung von Information und, wenn auch in geringerem Maße, bei der Reproduktion. Bei dieser Vielfalt von Aufgaben ist es erwartungsgemäß kaum möglich, den Begriff biologische Membran eindeutig zu definieren. Das vorliegende Kapitel wird sich in erster Linie mit dem Stofftransport durch *Zellmembranen* befassen. Unter Zellmembran verstehen wir dabei die bilamelläre Lipid-Protein-Doppelschicht, die alle Zellen kontinuierlich umgibt und als Hauptbarriere für den Stoffaustausch zwischen Zelle und Umgebung gilt. Außerdem werden an einigen Stellen Transporteigenschaften von *subzellulären Membranen* sowie von *multizellulären* Membranen *(Epithelmembranen)* besprochen (s. Abb. 12.38). Subzelluläre Membranen bestehen ähnlich wie die Zellmembranen aus einer Lipid-Protein-Doppelschicht. Sie finden sich in bläschenförmigen oder schlauchförmigen Organellen höher entwickelter Zellen (endoplasmatisches Retikulum, Mitochondrien etc., s. Kapitel 1). Epithelmembranen findet man bei allen größeren mehrzelligen Lebewesen. Sie grenzen als flächenhaft ausgedehnte Zellverbände den Körper gegen die Umwelt ab (Haut), kleiden innere Hohlräume aus (Darmschleimhaut) oder bilden bläschen- oder schlauchförmige Wände in Niere und Drüsen. Bei den multizellulären Verbänden der Epithelien kommen als Membranbarrieren nicht nur die einzelnen Wände der Epithelzellen, sondern auch die Kittstellen in Betracht, die benachbarte Epithelzellen zusammenhalten und zu

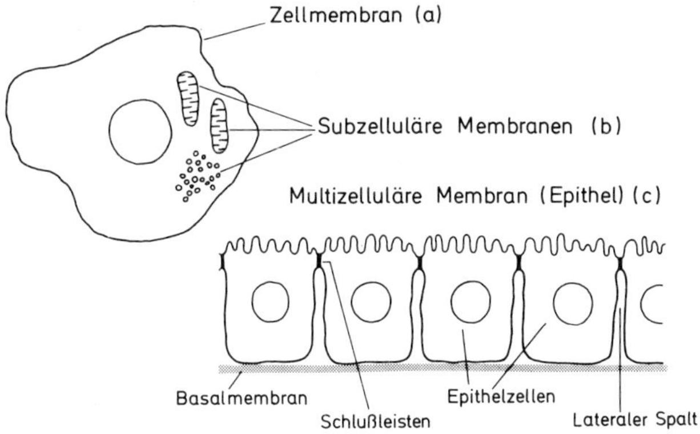

Abb. 12.38. Membrantopologie. (a) Zellmembran, (b) subzelluläre oder intrazelluläre Membranen (Beispiel: Mitochondrienmembran, endoplasmatisches Retikulum), (c) multizelluläre Membran (Beispiel: Epithel, Endothel). Epithel- und Endothelzellen liegen einer bindegewebigen Grundschicht (Basalmembran) auf, die Haltefunktionen erfüllt, aber kein wesentliches Permeationshindernis darstellt

einer makroskopisch einheitlichen Membran verbinden (Schlußleisten, s. Abb. 12.38).

12.5.1 Zusammensetzung und Struktur der Zellmembran

Die Zellmenbran besteht im wesentlichen aus Lipiden und Proteinen. Wie Tabelle 12.5 zeigt, ist der relative Anteil bei verschiedenen Zelltypen unterschiedlich. Es gibt Membranen, bei denen der Proteinanteil überwiegt, und andere, bei denen der Lipidanteil überwiegt. Die Lipide bestehen zum größten Teil aus Glycerolipiden (Phosphatidyläthanolamin, -serin, -inositol und -cholin) sowie aus Sphingolipiden (Sphingomyelin und Cerebrosid) und aus Cholesterin. Auch in der Verteilung der einzelnen Lipidkomponenten gibt es organ- und tierspezifische Unterschiede (s. Tabelle 12.6). Ein Beispiel für die Verteilung der Fettsäureketten zeigt Tabelle 12.7. Die Proteine sind bisher weniger gut charakterisiert. Bei der Auftrennung der Erythrozytenmembran mit der Natriumdodecylsulfat-Polyacrylamid-Gel-Elektrophorese erhält man z.B. mindestens 14 Banden mit Molekulargewichten zwischen 22000 und 260000, die man in die Banden I bis VII mit Unterbanden aufteilt. Die Reindarstellung der Membranproteine und die Zuordnung der Proteine und Lipide zu bestimmten Membranfunktionen ist bisher nur vereinzelt gelungen. Die größten

Tabelle 12.5. Chemische Zusammensetzung von Zellmembranen in % des Trockengewichts

Membran	Proteine	Lipide	Kohlehydrate
Erythrozyt (Mensch)	54%	46%	
Leberzelle (Ratte)	68%	29%	3%
Myelinscheide	20%	80%	
Sehstäbchen, Außensegment	60%	40%	

Tabelle 12.6a. Zusammensetzung der Membranlipide

Membran	Phospholipid	Sphingomyelin	Cholesterin
Erythrozyt (Mensch)	50%	18%	32%
Leberzelle (Ratte)	52%	19%	29%

Tabelle 12.6b. Zusammensetzung der Phospholipide

Membran	Phosphatidyl-Cholin	Phosphatidyl-Inositol und Phosphatidyl-Serin	Phosphatidyl-Äthanolamin
Erythrozyt (Mensch)	34%	32%	34%
Leberzelle (Ratte)	47%	23%	30%
Nierenzelle, luminale Membran (Ratte)	27%	40%	33%

Tabelle 12.7. Zusammensetzung der Fettsäuren im Phosphatidylcholin (Lecithin) aus Erythrozyten des Menschen

Palmitinsäure (16°)	Stearinsäure (18°)	Ölsäure (18^1)	Linolsäure (18^2)	Arachidonsäure (20^4)	Rest
35%	13%	19%	21%	5%	7%

Die Zahlen in Klammern geben die Kettenlänge an, die Hochzahlen die Anzahl der Doppelbindungen.

Fortschritte wurden in den letzten Jahren bei der Analyse des Bakteriorhodopsins aus der Purpurmembran von Halobakterien erzielt (s. S. 516).

Trotz der unterschiedlichen Zusammensetzung ist die Struktur der Zellmembran im elektronenmikroskopischen Bild recht einheitlich. Nach Behandlung mit Osmiumtetroxyd und Kaliumpermanganat oder Uranylacetat findet man im Querschnitt eine regelmäßige trilamelläre Schichtung (Abb. 12.39). Zwei dunkle, d.h. elektronendichte äußere Schichten von je 2,5–4 nm Dicke, in denen sich die Schwermetalle (Osmium) ablagern, werden von einer helleren, elektronendurchlässigeren Schicht getrennt, die etwa ebenso dick ist (3–6 nm). Außer geringeren Abweichungen in der Schichtdecke, die für einzelne Zellen spezifisch sein mögen, zeigen einige Membranen typische Anhänge. So findet man an der Lumenseite der Bürstensaummembran von Darm und Niere knopfartige Gebilde von ca. 6 nm Durchmesser, die sich mit Papain abspalten lassen und Enzyme enthalten (am Darm Invertase und Maltase), s. Abb. 12.40. Bekannt sind auch die keulenartigen Gebilde an der inneren Oberfläche der Mitochondrienmembran, in denen Teilreaktionen der Atmungskette ablaufen. An manchen Membranoberflächen, z.B. an der Darmschleimhaut, ist der Zellmembran eine lockere Mucopolysaccharidschicht aufgelagert (Glycocalyx).

Aufgrund ihrer asymmetrischen Form mit einem hydrophilen (polaren) und einem langgestreckten hy-

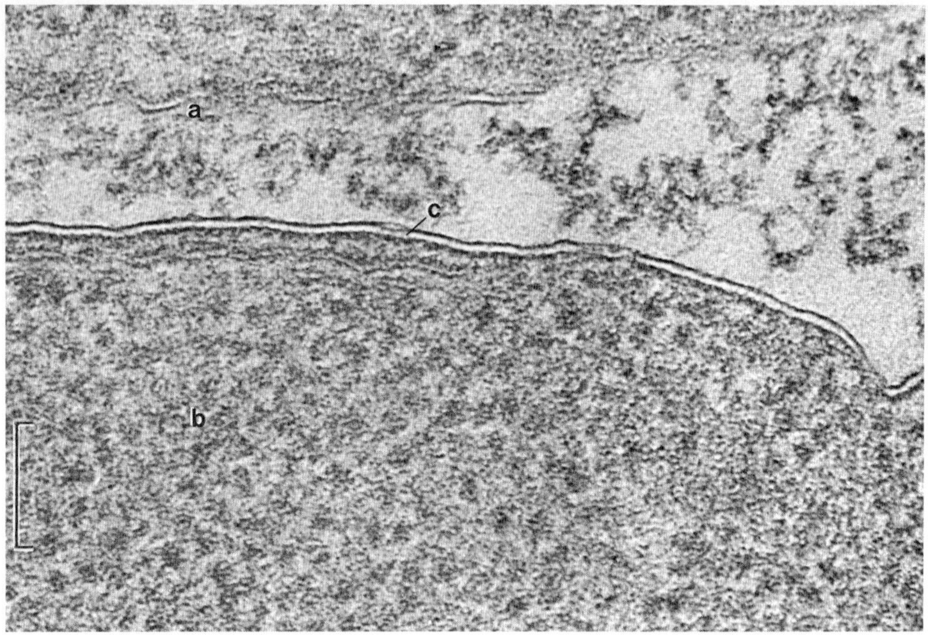

Abb. 12.39. Zellmembran. Elektronenmikroskopische Aufnahme eines Dünnschnitts einer Hefezelle. *a* Extrazellulärraum, *b* Zytoplasmaraum, *c* Zellmembran Marke: 100 nm. Nach Kopp, F., Cytobiologie **6**, 287 (1972)

drophoben (apolaren) Ende können die Lipide in wäßrigen Phasen stabile supramolekulare Strukturen bilden. An der Phasengrenze Wasser-Luft bilden sich monomolekulare Filme und in wäßrigen Lösungen bilden sich bei Behandlung mit Ultraschall sogenannte Myelinfiguren oder Mizellen, das sind sternförmige oder kugelige Gebilde mit bi- oder multilamellärer Schichtung oder es entstehen kleine, mit Wasser gefüllte Bläschen, sogenannte Liposomen. Ferner kann man mit besonderen Techniken Lipiddoppelschichtmembranen erzeugen, z.B. indem man, ähnlich wie beim

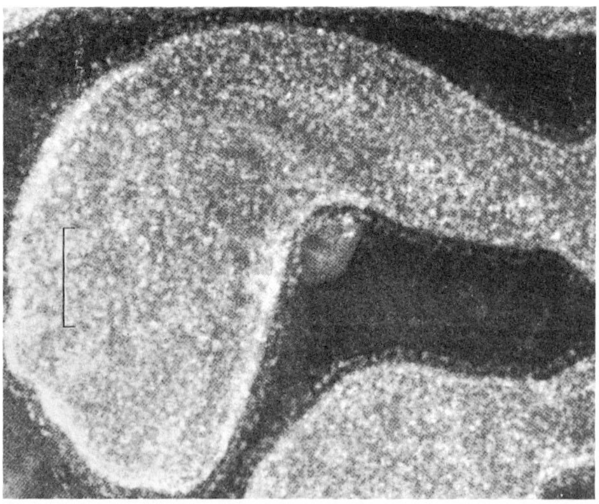

Abb. 12.40. Spezielle Oberflächenstruktur der Zellmembran. Elektronenmikroskopische Aufnahme der luminalen Zellwand des Rattendünndarms mit der Negativkontrasttechnik. Man erkennt zwei Mikrovilli, deren Oberfläche mit keulen- oder knopfartigen Anhängen übersät ist. Die Anhänge können durch Papain abgedaut werden. Sie enthalten Enzyme. Marke: 100 nm [Nach Johnson, C.F., Science **155**, 1670 (1967)]

Spielen mit Seifenblasen, Lipidlösung über einen dünnen Teflonring streicht, der dann als Membran zwischen zwei Flüssigkeitsräume eingesetzt wird. Es liegt deshalb nahe anzunehmen, daß die Zellmembran einfach eine Aneinanderreihung von Lipidmolekülen in Form einer Doppelschicht ist, die allein durch die hydrophil-hydrophoben Wechselwirkungskräfte zwischen Lipiden und Wasser zusammengehalten wird (s. Abb. 12.41a).

Diese Grundvorstellung über den Aufbau der Zellmembran ist im Prinzip anerkannt, bedarf aber einiger Erweiterungen (s. u.). Sie wird u.a. durch folgende Beobachtungen gestützt:

1. Extrahiert man alle Lipide aus einer Suspension roter Blutzellen und spreitet sie als monomolekularen Film auf einer Wasseroberfläche aus, so findet man, daß sie jetzt ungefähr die doppelte Fläche der ursprünglichen Membran einnehmen.

2. Wie unten gezeigt wird, läßt das Grundmuster der Nichtelektrolytpermeabilität den Schluß zu, daß die Substanzen durch eine Lipidschicht penetrieren.

3. Zahlreiche elektronenmikroskopische Untersuchungen (Transmissionstechnik, Gefrierätztechnik)

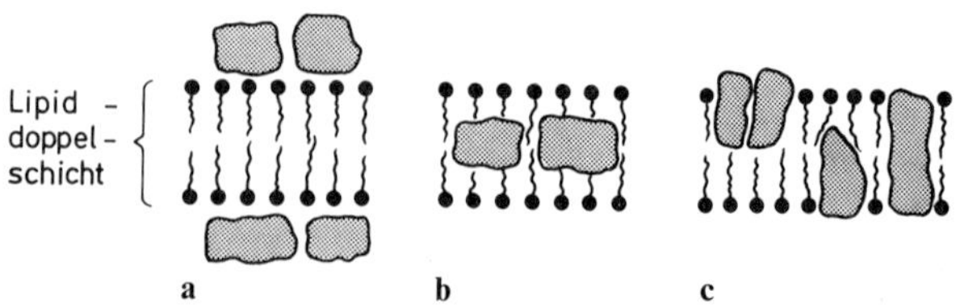

Abb. 12.41a–c. Mögliche Anordnung von Proteinen und Lipiden in der Zellmembran. **a** Die Proteine sind der Lipiddoppelschicht aufgelagert (Davson-Danielli-Modell), **b** in die Lipidschicht eingebettet oder **c** sind integrale Bestandteile der hydrophil-hydrophoben Doppelschicht und reichen auch durch die gesamte Membran hindurch (heutige Auffassung)

Tabelle 12.8. Vergleich von Zellmembranen und künstlichen Lipiddoppelschichten

	Zellmembran	Lipidmembran
Dicke	6–10 nm	4,5–8 nm
Kapazität	0.5–1,3 μF cm^{-2}	0,3–1,3 μF cm^{-2}
Widerstand	10^2–10^5 Ω cm^2	10^6–10^9 Ω cm^2
Durchschlagsspannung	≧150 mV	100–200 mV
Wasserpermeabilität	≦10^{-3} cm s^{-1}	$4 \cdot 10^{-4}$ cm s^{-1}

und spektroskopische Messungen (NMR, ESR) sowie dielektrische Messungen (Tabelle 12.8) zeigen, daß Aufbau und Eigenschaften von künstlichen Lipiddoppelschichten und natürlichen Zellmembranen weitgehend übereinstimmen.

4. Dehnt man *eine* Lamelle der Lipiddoppelschicht aus (z.B. durch Einlagerung von Chlorpromazin oder durch einseitige pH-Änderung, die zur Änderung der Festladungskonzentration führt), dann kann sich die Membran wie ein Bimetallstreifen verformen.

Im Gegensatz zum Modell von Danielli und Davson (Abb. 12.41a) wissen wir aber, daß die Proteine nicht nur der Lipidschicht der Membran aufliegen, sondern aufgrund ihrer eigenen Oberflächenstruktur mit hydrophilen und hydrophoben Oberflächenzonen integrale Bestandteile der hydrophil-hydrophoben Doppelschicht bilden können. Sie sind entweder einzeln oder in Form größerer Flecken in eine Lipidlamelle eingebettet, liegen zwischen den Lipidlamellen oder erstrecken sich quer durch die Membran von einer Seite zur anderen (s. Abb. 12.41c). Bricht man gefrorenes Membranmaterial und bedampft die Oberfläche mit Kohle, so findet man im Elektronenmikroskop Bruchebenen, die genau zwischen den Blättern der Lipid-Doppelschicht verlaufen und auf denen sich runde Partikel von ca. 6–9 nm Durchmesser abzeichnen (Abb. 12.42). Bei diesen Partikeln handelt es sich um Proteine, die offenbar zwischen den beiden Lipidlamellen der Membran liegen oder durch die gesamte Membran hindurchreichen. An der Erythrozytenmembran sind diese Proteine u.a. für die Anionenpermeabilität verantwortlich.

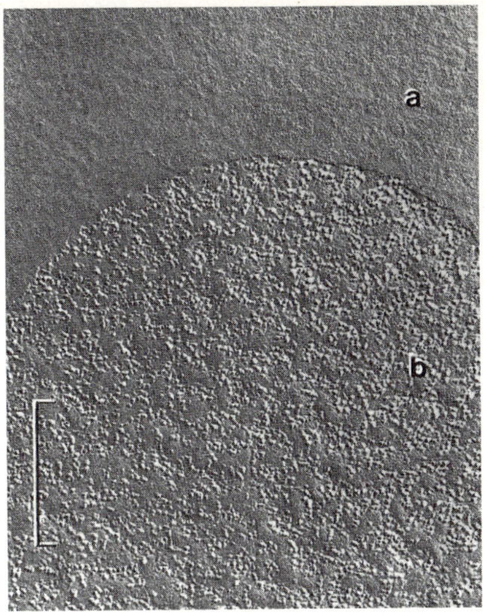

Abb. 12.42. Gefrierbruch durch die Membran roter Blutzellen. Blick von außen auf die äußere Membranoberfläche *a* und auf die Bruchebene *b* zwischen den Lipidlamellen (sog. P Ansicht). Die Bruchebene ist mit Proteinpartikeln übersät. Diese Partikel sind für den Cl-Austauschfluß verantwortlich. Marke: 500 nm. [Nach A. Rothstein, Z.I. Cabantchik and P. Knauf., Fed. Proc. **35**, 3 (1976)]

Obwohl die Grundvorstellung der Zellmembran als Lipiddoppelschicht mit eingelagerten Proteinen sicher richtig ist, sind damit noch nicht alle Eigenschaften erklärbar. Nach dieser Vorstellung müßten wir nämlich erwarten, daß alle Zellen, ähnlich wie Liposomen oder Seifenblasen, Kugelgestalt besitzen und bei direkter Berührung miteinander verschmelzen. In Wirklichkeit besitzen die meisten Zellen jedoch eine typische Gestalt und entwickeln zur Kontaktaufnahme mit Nachbarzellen spezifische ortsfeste Strukturen, wie z.B. Desmosomen, die der mechanischen Verankerung dienen, Synapsen, durch die elektrische Signale von einer Zelle auf die andere übertragen werden, oder die sogenannten Nexus oder "gap junctions", die eine direkte elektrische Kopplung (z.B. der Herzmuskelzellen) herstellen und den Austausch kleinerer Moleküle bis ca. 1500 Dalton erlauben. Um diese Eigenschaften erklären zu können, muß man wohl annehmen, daß die Zelle spezielle cytoplasmatische Skelettstrukturen besitzt, an denen sich die Zellmembran verankert, und daß der Einbau der Proteine in die Zellmembran nicht wahllos, sondern in enger Beziehung zur cytoplasmatischen Architektur erfolgt. Als Skelettstrukturen kommen Microtubuli sowie Actin und Myosinfäden in Betracht, die sich nicht nur in Muskelzellen, sondern auch in nicht-kontraktilen Zellen, wie z.B. in Epithelzellen, finden. Die Epithelzellen von Darm und Niere bilden an ihrer luminalen Oberfläche den sogenannten Bürstensaum aus, in dem die Zelloberfläche durch zahlreiche dicht nebeneinanderstehende handschuhfingerartige Ausbuchtungen (Microvilli) enorm vergrößert wird. Diese Struktur, die für eine einfache Lipidmembran äußerst unwahrscheinlich wäre, wird offensichtlich durch ein Netzwerk von Actinfäden und Myosin aufrechterhalten, das sich quer durch den oberen Pol der Zelle erstreckt und von dem aus einzelne Actinfäden in das Innere der Microvilli hineinziehen, um sich dort vielfach zu verankern. Die bikonkave Scheibenform der roten Blutzellen wird ebenfalls durch ein Cytoskelett von G-Actinfäden aufrechterhalten. Diese sind an einem Netz von Spektrinfäden verankert, das die innere Oberfläche der Zellmembran überzieht und selbst über ein weiteres Protein (Bande II, 1) an einem integralen Membranprotein anhaftet, das den Anionentransport vermittelt (Bande III-Protein, s. auch Seite 506). Als Beispiel für gezielten Proteineinbau in die Membran können wir wieder die Epithelzellen nennen, deren apicales und basales Ende ganz unterschiedliche Enzym- und Transportproteine enthalten. Wie die Zelle den gerichteten Einbau bewerkstelligt und den unterschiedlichen Besatz aufrechterhält, wissen wir noch nicht.

Abbildung 12.41 vermittelt ein statisches Bild der Membran, das insofern nicht der Wirklichkeit entspricht, als die Lipide der Zellmembran bei Körpertemperatur flüssig sind. Kernresonanzmessungen und Elektronenspinresonanzmessungen mit Hilfe von N—O substituierten Lipidverbindungen (spin label) an künstlichen Lipiddoppelschichten ergaben Relaxationszeiten für die Rotation von Lezithinmolekülen um die Längsachse in der Größenordnung von 10^{-8} s und für Oscillation in den Kohlenstoffbrücken der Fettsäuren in der Größenordnung von 10^{-10} s. Die Diffusionskonstante für die Lateraldiffusion der Phospholipide in Lipiddoppelschichten beträgt 10^{-8} cm^2/s. Zwei benachbarte Phospholipidmoleküle können ihren Platz ca. 10^7 mal pro Sekunde wechseln. Ähnliche Werte scheinen für natürliche Membranen zu gelten. Der Austausch der Phospholipide zwischen den beiden Lamellen einer Lipiddoppelschicht (Flip-Flop-Bewegung) geht dagegen sehr langsam vor sich (Halbwertzeit 6 Std). Auch hier scheint das Verhalten von Zellmembranen ähnlich zu sein. Wie man aus der seitenabhängigen Spaltbarkeit der Membranlipide durch Phospholipasen weiß, zeigen die Phospholipide der Erythrozytenmembran des Menschen eine deutliche Asymmetrie (Phosphatidylcholin und Sphingomyelin auf der Außenseite und Phosphatidyläthanolamin und Phosphatidylserin auf der Innenseite), die nach Ausschaltung des Stoffwechsel nur langsam zusammenbricht. Für die Lateraldiffusion fluorescenzmarkierter Proteine in der Erythrozytenmembran wird ein Wert von $3 \cdot 10^{-12}$ $cm^2 s^{-1}$ berichtet und für die Lateraldiffusion von Rhodopsinmolekülen in Sehstäbchen ein Wert von $4 \cdot 10^{-9}$ $cm^2 s^{-1}$. Die Beweglichkeit der Proteine in der Membran ist also geringer und wahrscheinlich sehr viel differenzierter als die der Lipide. Wie oben bereits diskutiert wurde, sind die Membranproteine möglicherweise an Strukturproteine gebunden und dadurch stärker immobilisiert.

Es ist unmittelbar klar, daß alle Aspekte der Membranfluidität eng mit der Temperatur zusammenhängen und sich total ändern, sobald die Lipidschicht vom flüssigen in den kristallinen Aggregatzustand übergeht. Wegen der heterogenen Lipidzusammensetzung erfolgt der Phasenübergang bei der Abkühlung tierischer Membranen jedoch nicht abrupt, sondern allmählich. Dabei entmischen sich die Lipide partiell, so daß im Übergangsbereich Zonen fester und flüssiger Phase nebeneinander vorliegen.

12.5.2 Phänomenologische Theorie des Membrantransports

Wie der vorangehende Abschnitt gezeigt hat, ist der molekulare Aufbau der Zellmembran äußerst komplex und im einzelnen noch zu wenig bekannt, um als Ausgangspunkt für annähernd realistische Modellvorstellungen über Transportvorgänge zu dienen. Es scheint deshalb geraten, die Ergebnisse von Transportuntersuchungen nicht gleich in Form irgendwelcher Membranmodelle präsentieren zu wollen, sondern eine allgemein gültige, modellfreie Beschreibung der Phänomene zu suchen, die die ganze Vielfalt der auftretenden Transportphänomene umfaßt und als Grundlage und Rahmen der Modelldiskussion dienen kann. Eine solche allgemein gültige Beschreibung ist auf der Basis der Thermodynamik irreversibler Prozesse möglich. Sie befaßt sich ausschließlich mit beobachtbaren Größen. Das heißt, sie betrachtet im eigentlichen Sinne nicht die Membran selbst, sondern den thermodynamischen Zustand der makroskopischen Außenphasen, die auf beiden Seiten an die Membran angrenzen. Sie gestattet es, die Relationen zwischen allen Transportvorgängen (Flüssen) und allen treibenden Kräften zu ordnen, sowie die Zusammenhänge zwischen Beobachtungen unter verschiedenen Randbedingungen quantitativ zu erfassen. Damit sagt sie uns, wieviel unabhängige Information durch welche Messung überhaupt gewonnen werden kann. Wir geben im folgenden einen kurzen Einblick in die phänomenologische Theorie und beschränken uns dabei auf allereinfachste Systeme und Bedingungen (membranfestes Bezugssystem, stationäre Zustände in Gleichgewichtsnähe).

12.5.2.1 Einfache Systeme mit Nichtelektrolyten

Wir betrachten ein geschlossenes System, das aus einer wäßrigen Lösung von Nichtelektrolyten besteht (Abb. 12.43). Es grenzt durch diathermane Wände an ein Wärmereservoir konstanter Temperatur (T). Das System wird durch eine Membran (m) in zwei homogene Phasen (′) und (″) unterteilt. Weder in der Membran noch in den Außenphasen sollen chemische Reaktionen ablaufen. Das System soll insgesamt m Stoffe enthalten, die wir von 1 bis m durchnumerieren. Die Membran soll nur für die Stoffe 1 bis k durchlässig sein, aber die Stoffe $k+1$ bis m nicht durchtreten lassen. Zur allgemeinen Kennzeichnung der permeierenden Stoffe benutzen wir in der Regel den Index i, gelegentlich aber auch den Index j, wobei, falls nicht anderweitig spezifiziert, sowohl i, als auch j nacheinander alle Substanzen von 1 bis k durchlaufen sollen (i, $j = 1, 2, \ldots, k$). Zur Kennzeichnung der nichtpermeierenden Stoffe benutzen wir den Index l ($l = k+1$, $k+2, \ldots, m$). Befindet sich das System außerhalb des Gleichgewichts, wird es dem Gleichgewicht zustreben. Dieser Vorgang muß dem 2. Hauptsatz gehorchen. Im stationären Zustand, d.h. wenn die Membran weder Substanz noch Energie verliert oder speichert, findet

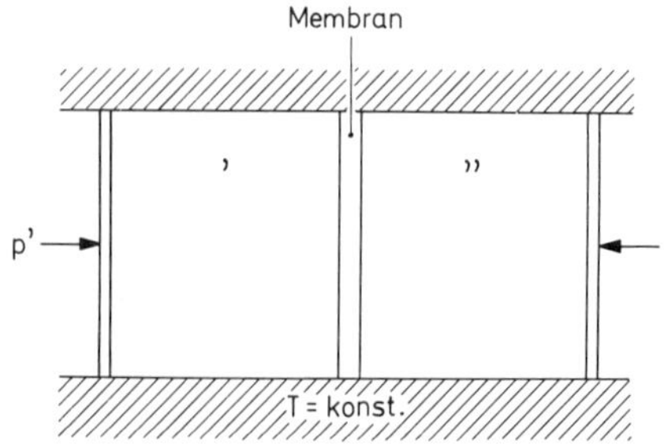

Abb. 12.43. Grundschema zur allgemeinen Diskussion von Transportvorgängen durch Membranen

man für die Entropieänderung (dS/dt) aus der Gibbsschen Gleichung offener Systeme

$$\frac{dS}{dt}=\frac{dS'}{dt}+\frac{dS''}{dt}=\frac{1}{T}\left\{\frac{dU'}{dt}+\frac{dU''}{dt}+p'\frac{dV'}{dt}+p''\frac{dV''}{dt}\right.$$
$$\left.-\sum_{z=1}^{m}\mu_z'\frac{dn_z'}{dt}-\sum_{z=1}^{m}\mu_z''\frac{dn_z''}{dt}\right\}, \qquad (12.50)$$

wobei U die innere Energie, p den Druck, V das Volumen, μ_z das chemische Potential und n_z die Molzahl von z $(z=i, l)$ bedeuten. Da das Gesamtsystem geschlossen ist, kann eine Änderung der inneren Energie nur durch Wärmeaustausch mit der Umgebung (dQ/dt) und Druckvolumenarbeit erfolgen (Änderungen der kinetischen Energie können vernachlässigt werden, da die Flußgeschwindigkeiten beim Transport durch biologische Membranen in der Regel sehr klein sind):

$$\frac{dU'}{dt}+\frac{dU''}{dt}=\frac{dQ'}{dt}+\frac{dQ''}{dt}-p'\frac{dV'}{dt}-p''\frac{dV''}{dt}. \qquad (12.51)$$

Für die Entropieproduktion innerhalb des Systems (dS_{in}/dt) erhalten wir folglich

$$\frac{dS_{\text{in}}}{dt}\equiv\frac{dS}{dt}-\frac{1}{T}\left\{\frac{dQ'}{dt}+\frac{dQ''}{dt}\right\}=\frac{1}{T}\sum_{i=1}^{k}J_i\Delta\mu_i\geqq 0, \qquad (12.52)$$

wobei $\Delta\mu_i$ die Differenz des chemischen Potentials von i zwischen den Phasen $'$ und $''$, und J_i den Nettofluß von i aus der $'$ in die $''$ Phase bezeichnen:

$$\Delta\mu_i\equiv\mu_i'-\mu_i''\,; \qquad J_i\equiv\frac{dn_i''}{dt}=-\frac{dn_i'}{dt}. \qquad (12.53\text{a, b})$$

Das Gleichgewicht ist erreicht, wenn $\Delta\mu_i=0$ und $J_i=0$ sind. Die Substanzen l, welche die Membran nicht penetrieren $(J_l=0)$, tragen nicht zur Entropieproduktion bei.

Liegt mehr als eine Komponente $i(i>1)$ vor, dann erwarten wir, daß die Flüsse aller Komponenten i vom thermodynamischen Zustand beider Kompartimente (und natürlich von den Eigenschaften der Membran) abhängen. Unter unseren Bedingungen der Temperatur- und Druckgleichheit erwarten wir also

$$J_i=J_i(T,\mu_1',\ldots,\mu_m',\mu_1'',\ldots,\mu_m'') \quad (i=1,\ldots,k). \qquad (12.54)$$

Aus praktischen Gründen betrachtet man aber nicht alle Abhängigkeiten gleichzeitig, sondern vereinfacht sich die Beschreibung, indem man die Zahl der Variablen stark reduziert und den Rest konstant hält. Die konstanten Größen faßt man dann im Bezugszustand α zusammen. Damit hängt das Ergebnis einer Flußmessung zum Beispiel von allen restlichen Variablen und vom Bezugszustand α ab. Zu dem Zweck definiert man die Variablen neu. So führt man statt der Absolutwerte der chemischen Potentiale beider Außenphasen die Differenzen der chemischen Potentiale $\Delta\mu_i=\mu_i'-\mu_i''$ ein und bringt die Abhängigkeit vom Absolutwert, die jetzt alternativ entweder durch μ_i' oder μ_i'' angegeben werden kann, in den Bezugszustand ein, indem man z.B. schreibt:

$$\alpha\equiv(T,\mu_1',\ldots,\mu_m',\mu_{k+1}'',\ldots,\mu_m''). \qquad (12.55\text{a})$$

Die Einführung von $\Delta\mu_i$ hat mehrere Vorteile. So weiß man, daß J_i im thermodynamischen Gleichgewicht gegen null geht, wenn $\Delta\mu_i$ ebenfalls null wird. Folglich kann man erwarten, daß sich J_i und $\Delta\mu_i$ in Gleichgewichtsnähe proportional verhalten. Ferner läßt sich für $\Delta\mu_i$ in Gleichgewichtsnähe eine sehr einfache Näherungsfunktion einführen (s. 12.64b).

Die Wahl des Bezugszustands ist frei. Sie kann den experimentellen Bedingungen angepaßt werden. Oft ist es vorteilhaft, einen symmetrischen Bezugszustand zu wählen:

$$\alpha\equiv(T,\bar{c}_1,\ldots,\bar{c}_k,\mu_{k+1}',\ldots,\mu_m',\mu_{k+1}'',\ldots,\mu_m''). \qquad (12.55\text{b})$$

In diesem Fall haben wir statt des chemischen Potentials der permeierenden Komponenten in einer Außenphase deren mittlere Konzentration $\bar{c}_i$ in beiden Phasen

$$\bar{c}_i=\tfrac{1}{2}(c_i'+c_i'') \qquad (12.56)$$

gewählt. Mit Hilfe von α und $\Delta\mu_i$ folgt aus Gl. (12.54)

$$J_i=J_i(\alpha,\Delta\mu_1,\ldots,\Delta\mu_k) \quad (i=1,\ldots,k). \qquad (12.57)$$

Die Potentialdifferenzen $\Delta\mu_i$, $(i=1,\ldots,k)$, bezeichnet man auch als die thermodynamischen Kräfte, welche die Flüsse J_i, $(i=1,\ldots,k)$, treiben. Über die qualitative und quantitative Abhängigkeit der Flüsse von den Kräften können wir keine Vorhersagen machen. Allgemein kann man aber erwarten, daß sich die Abhängigkeit formal durch Taylorreihen beschreiben läßt. Beschränkt man sich auf Systeme nahe dem Gleichgewicht, so kann man die Taylorentwicklung nach dem ersten Glied abbrechen, d.h. man berücksichtigt nur den Bereich, in dem alle Flüsse linear von allen Kräften abhängen. Wieweit sich der lineare Bereich erstreckt, muß im Experiment geprüft werden. Man erhält dann als Flußgleichungen

$$\begin{aligned}
J_1&=L_{11}\Delta\mu_1+L_{12}\Delta\mu_2+\ldots+L_{1k}\Delta\mu_k\\
J_2&=L_{21}\Delta\mu_1+L_{22}\Delta\mu_2+\ldots+L_{2k}\Delta\mu_k\\
&\vdots\\
J_k&=L_{k1}\Delta\mu_1+L_{k2}\Delta\mu_2+\ldots+L_{kk}\Delta\mu_k
\end{aligned} \qquad (12.58\text{a})$$

oder in kompakterer Schreibweise

$$J_i=\sum_{j=1}^{k}L_{ij}\Delta\mu_j \quad (i=1\ldots k)$$
bzw. $\boldsymbol{J}=\boldsymbol{L}\Delta\boldsymbol{\mu}$, (12.58b, c)

wobei die phänomenologischen Koeffizienten L_{ij} die partiellen Ableitungen der Flüsse nach den Kräften sind. $\boldsymbol{J}$ und $\Delta\boldsymbol{\mu}$ sind Fluß- und Kraftvektoren in der Matrixalgebra und $\boldsymbol{L}$ bezeichnet die Matrix des L-Koeffizienten.

Die phänomenologischen Koeffizienten beschreiben das Transportverhalten des Systems, sie hängen aber nicht nur vom Aufbau der Membran, sondern auch von den intensiven Zustandsgrößen des Gesamtsystems ab. Für jeden Bezugszustand α, den wir oben (s. 12.55) definiert haben, gibt es eine eigene Koeffizientenmatrix. Über die Abhängigkeit der Koeffizienten L_{ij} von α lassen sich aus thermodynamischen Überlegungen keine Aussagen machen. Sie muß im Experiment untersucht werden oder kann aus Modellbetrachtungen vorhergesagt werden. Bei einem gegebenen Bezugszustand läßt sich das Transportverhalten durch die Bestimmung aller Koeffizienten L_{ij} völlig beschreiben. Wegen der Gültigkeit der Onsager-Relationen

$$L_{ij} = L_{ji} \tag{12.59}$$

gibt es aber nicht k^2, sondern nur $\frac{1}{2}k(k+1)$ unabhängige Koeffizienten und eine gleich große Anzahl unabhängiger Messungen, aus denen sie bestimmt werden können.

Kennt man alle Koeffizienten L_{ij} für einen Bezugszustand α, so ist das System für diesen Bezugszustand zwar vollständig beschrieben, falls man aber keine weiteren Informationen besitzt, kann man noch keine Aussagen über Transportmechanismen machen. Solche Aussagen sind erst dann möglich, wenn man z.B. die Abhängigkeit der L_{ij} von α untersucht und mit dem Verhalten von Modellsystemen vergleichen kann oder wenn man die Untersuchungen in den nichtlinearen Bereich ausdehnt.

Es gibt zahlreiche Möglichkeiten, die Gl. (12.58) zu transformieren, um sie den jeweiligen experimentellen Gegebenheiten optimal anzupassen.

Eine Möglichkeit ist, das ganze System zu invertieren. Wir erhalten dann statt (12.58b)

$$\Delta\mu_i = \sum_{j=1}^{k} R_{ij} J_j \quad (i = 1 \ldots k) \tag{12.60a}$$

oder in Matrixschreibweise statt (12.58c)

$$\Delta\boldsymbol{\mu} = \boldsymbol{L}^{-1}\boldsymbol{J} \equiv \boldsymbol{R}\boldsymbol{J}\,. \tag{12.60b}$$

Die Koeffizienten R_{ij} der inversen Matrix sind als partielle Ableitung der Kräfte zu den Flüssen zu interpretieren. Wenn det ($\boldsymbol{L}$) die Determinante der L Matrix ist und $\boldsymbol{M}_{ji}$ die Minore der L Matrix nach Löschen der Zeile j und Spalte i, dann gilt

$$R_{ij} = \frac{\boldsymbol{M}_{ji}}{\det(\boldsymbol{L})} = \frac{\boldsymbol{M}_{ij}}{\det(\boldsymbol{L})} \tag{12.61}$$

wegen der Gültigkeit von (12.59). Der Informationsgehalt der L und R Matrix ist identisch.

Eine andere Möglichkeit ist, den Volumenfluß J_v einzuführen mit

$$J_v = \bar{V}_w J_w + \sum_{\substack{i=1\\ i\neq w}}^{k} \bar{V}_i J_i\,, \tag{12.62}$$

wobei wir in (12.62) den Wasserfluß J_w gesondert schreiben und $\bar{V}_w$ und $\bar{V}_i$ die mittleren partiellen Molvolumina des Wassers und der gelösten Substanzen sind. Die Einführung des Volumenflusses, J_v, anstelle des Wasserflusses, J_w, würde zu einer Änderung der konjugierten treibenden Kräfte führen, wenn die Gültigkeit der Onsagerrelationen gewahrt bleiben soll. Als weitere Variante kann man die Bezugsebene der Flüsse variieren und die Flüsse relativ zum Wasserfluß oder relativ zum Volumenfluß definieren. Da Transportuntersuchungen an biologischen Membranen aber normalerweise in verdünnten Lösungen durchgeführt werden und da die Molvolumina gut penetrierender Substanzen klein sind, ist der Volumenfluß durch den Transport gelöster Teilchen in der Regel unmeßbar klein, so daß er gegen den Wasserfluß vernachlässigt werden kann. Das gilt insbesondere für Untersuchungen zum sogenannten isotonen Transport (s. S. 518), bei dem der Wasserfluß mehr als 99% des Volumenflusses ausmacht. Wir verzichten deshalb auf alle Transformationen und beziehen uns stets auf die Grundform der Flußgleichungen, wobei wir das Lösungsmittel Wasser (w) meist aus der Gruppe der permeablen Substanzen $i = 1, \ldots, k$ herausnehmen und gesondert schreiben

$$\begin{aligned} J_w &= L_{ww}\Delta\mu_w + \sum_{i=1}^{k} L_{wi}\Delta\mu_i \\ J_i &= L_{iw}\Delta\mu_w + \sum_{j=1}^{k} L_{ij}\Delta\mu_j \quad (i = 1 \ldots k)\,. \end{aligned} \tag{12.63a, b}$$

Außerdem beschränken wir uns auf isobare Bedingungen ($\Delta p = 0$) und auf Systeme mit verdünnten Lösungen in Gleichgewichtsnähe. Unter diesen Bedingungen lassen sich die treibenden Kräfte einfach formulieren, und zwar gilt

$$\begin{aligned} \Delta\mu_i &= \mu_i^\circ + \mathrm{RT}\,\ln c_i' - (\mu_i^\circ + RT \ln c_i'') \\ &= RT \ln \frac{c_i'}{c_i''}\,, \end{aligned} \tag{12.64a}$$

wobei R die Gaskonstante, T die absolute Temperatur und μ_i° das Standardpotential von i bedeuten. Aus rein mathematischen Gründen können wir schließlich noch den Logarithmus durch eine einfachere Funktion ersetzen

$$\Delta\mu_i = RT\frac{\Delta c_i}{\bar{c}_i}\,, \tag{12.64b}$$

wobei Δc_i die Konzentrationdifferenz von i und $\bar{c}_i$ die mittlere Konzentration von i sind (s. 12.56). Wie man sich leicht überzeugen kann, beträgt der Fehler selbst bei einem Konzentrationsverhältnis von $c_i' : c_i'' = 2$ nur knapp 4%. Auf analoge Weise erhalten wir als treibende Kraft für den Wasserfluß

$$\begin{aligned} \Delta\mu_w &= -\frac{1}{\bar{c}_w}\left(\sum_{i=1}^{k} \bar{c}_i\Delta\mu_i + \sum_{l=k+1}^{m} \bar{c}_l\Delta\mu_l\right) \\ &= -\frac{RT}{\bar{c}_w}\left(\sum_{i=1}^{k} \Delta c_i + \sum_{l=k+1}^{m} \Delta c_l\right), \end{aligned} \tag{12.64c}$$

wobei wir für die Ableitung die Gibbs-Duhem-Gleichung

$$\bar{c}_w\Delta\mu_w + \sum_{z=1}^{m} \bar{c}_z\Delta\mu_z = 0 \quad (z = i, l)\,. \tag{12.65}$$

benutzt haben. Im folgenden betrachten wir kurz die Bedeutung der einzelnen phänomenologischen Koeffizienten.

a) Die Diagonalkoeffizienten und die Definition der Permeabilität

Die Diagonalkoeffizienten (L_{ii}, L_{ww}) beschreiben die Abhängigkeit eines Flusses von der konjugierten Kraft. Da die Entropieproduktion stets positiv ist, folgt, daß auch die Diagonalkoeffizienten positiv sein müssen: $L_{ii}>0$, $L_{ww}>0$.

Zur Bestimmung von L_{ii} mißt man J_i in Abhängigkeit von $\Delta\mu_i$

$$L_{ii}=\left(\frac{\partial J_i}{\partial \Delta\mu_i}\right)_{\substack{\Delta\mu_w=0\\ \Delta\mu_j=0}} \tag{12.66}$$

Dabei ist die Randbedingung $\Delta\mu_w=0$, $\Delta\mu_j=0 (j\neq i)$ einzuhalten. Solange das System im linearen Bereich ist, muß jedoch das gleiche Ergebnis zustande kommen, wenn $\Delta\mu_w$ und $\Delta\mu_j$ bei der Messung ungleich null aber konstant gehalten werden. Die Randbedingung $\Delta\mu_w=0$ kann im isobaren System durch Variation der Konzentration nicht permeierender Nichtelektrolyte erreicht werden [s. Gl. (12.64c)]. L_{ii} kann als Maß für die Permeabilität von i (P_i) angesehen werden. Definiert man

$$P_i\equiv L_{ii}\frac{RT}{\bar{c}_i}, \tag{12.67a}$$

so findet man aus (12.63b) bei $\Delta\mu_w=0$ und $\Delta\mu_j=0$ $(j\neq i)$

$$J_i=L_{ii}RT\frac{\Delta c_i}{\bar{c}_i}=P_i\Delta c_i\,. \tag{12.67b}$$

P_i ist identisch mit der herkömmlich definierten Permeabilität, falls wir J_i auf die Flächeneinheit der Membran beziehen und die Randbedingungen beachten, deren Bedeutung früher im allgemeinen nicht berücksichtigt wurde. P_i hängt weniger stark von der mittleren Konzentration und damit vom Bezugszustand α ab als L_{ii}.

Zur Permeabilitätsmessung werden häufig radioaktiv markierte Substanzen benutzt, die sich in äußerst niedrigen Konzentrationen bestimmen lassen. Dabei ist zu beachten, daß die so bestimmte "Tracer"-Permeabilität (P_i^*) nicht unbedingt mit P_i identisch ist. Um den Zusammenhang zu verdeutlichen, betrachten wir ein System, das die Komponente $i=1$ in markierter Form (*) und in unmarkierter Form (0) enthält. Beide Isotope sollen sich in ihrem Transportverhalten nicht unterscheiden. Wir folgen hier F. Sauer (1973) und formulieren das System nun einmal für die chemisch meßbare Komponente und einmal für die Isotope und vergleichen dann beide Ergebnisse.

Wir betrachten zuerst die Beziehungen zwischen den chemischen Potentialen der einzelnen Komponenten. Die Gibbs-Duhem-Gleichungen lauten im Fall I und II

$$c_1 d\mu_1+\sum_{z=2}^{w} c_z d\mu_z=0$$

bzw.
$$c_* d\mu_*+c_0 d\mu_0+\sum_{z=2}^{w} c_z d\mu_z=0 \tag{12.68a, b}$$

mit $z=2\ldots k, l$, w. Aus (12.68a, b) folgt

$$c_* d\mu_*+c_0 d\mu_0=c_1 d\mu_1\,. \tag{12.68c}$$

Wenn wir nun die spezifische Aktivität ϱ einführen

$$\varrho\equiv\frac{c_*}{c_1}\quad\text{und}\quad c_1=c_*+c_0 \tag{12.69a, b}$$

beachten, dann läßt sich durch Differentiation und Addition von (12.70a, b) leicht zeigen, daß

$$\mu_*=\mu_1+RT\ln\varrho\quad\text{und}\quad \mu_0=\mu_1+RT\ln(1-\varrho) \tag{12.70a, b}$$

Lösungen der Differentialgleichung (12.68c) sind. Aus (12.68c) und (12.69a) folgt

$$\varrho d\mu_*+(1-\varrho)d\mu_0=d\mu_1 \tag{12.71a}$$

und wenn wir die mittlere spezifische Aktivität $\bar{\varrho}$ durch

$$\bar{\varrho}\equiv\frac{1}{1-\dfrac{\Delta\ln\varrho}{\Delta\ln(1-\varrho)}} \tag{12.71b}$$

definieren, dann können wir (12.71a) auch auf endliche chemische Potential*differenzen* anwenden. Wir erhalten also folgende Relationen zwischen den treibenden Kräften

$$\begin{aligned}\Delta\mu_1&=\bar{\varrho}\Delta\mu_*+(1-\bar{\varrho})\Delta\mu_0\\ \Delta\mu_*&=\Delta\mu_1+RT\Delta\ln\varrho\\ \Delta\mu_0&=\Delta\mu_1+RT\Delta\ln(1-\varrho)\,,\end{aligned} \tag{12.71c–e}$$

d.h. wir können im Fall II entweder $\Delta\mu_*$ und $\Delta\mu_0$ oder $\Delta\mu_1$ und $\Delta\ln\varrho$ als unabhängige Kräfte betrachten.

Die Entropieproduktion lautet im Fall I und II

$$\frac{dS_{in}^{I}}{dt}=\frac{1}{T}\left\{J_1\Delta\mu_1+\sum_{\substack{z=2\\ z\neq l}}^{w}J_z\Delta\mu_z\right\}$$

bzw.
$$\frac{dS_{in}^{II}}{dt}=\frac{1}{T}\left\{J_*\Delta\mu_*+J_0\Delta\mu_0+\sum_{\substack{z=2\\ z\neq l}}^{w}J_z\Delta\mu_z\right\} \tag{12.72a, b}$$

wobei $dS_{in}^{I}/dt\neq dS_{in}^{II}/dt$. Das System I ist bei $\Delta\mu_z=0$ $(z=1, 2\ldots k$, w) im Gleichgewicht ($dS_{in}^{I}/dt=0$), das System II ist aber bei $\Delta\mu_z=0 (z=1, 2\ldots k$, w) und $\Delta\ln\varrho\neq0$ nicht im Gleichgewicht, d.h. $dS_{in}^{II}/dt>0$. Die Flußgleichungen lauten:

$$J_1=L_{11}\Delta\mu_1+\sum_{\substack{z=2\\ z\neq l}}^{w}L_{1z}\Delta\mu_z$$

und

$$J_* = L_{**}\Delta\mu_* + L_{*0}\Delta\mu_0 + \sum_{\substack{z=2\\z\neq l}}^{w} L_{*z}\Delta\mu_z$$

$$J_0 = L_{0*}\Delta\mu_* + L_{00}\Delta\mu_0 + \sum_{\substack{z=2\\z\neq l}}^{w} L_{0z}\Delta\mu_z\,. \qquad (12.73\text{a–c})$$

Da

$$J_1 = J_* + J_0 \qquad (12.74)$$

erhalten wir aus (12.73a–c) durch Koeffizientenvergleich mit Hilfe von (12.71c–e) folgende Relationen

$$L_{11} = \frac{L_{**} + L_{*0}}{\bar{\varrho}} = \frac{L_{00} + L_{*0}}{1-\bar{\varrho}} \qquad (12.75)$$

und in analoger Weise aus den übrigen Flußgleichungen:

$$L_{*z} = \bar{\varrho}L_{1z} \quad \text{und} \quad L_{0z} = (1-\bar{\varrho})L_{1z}\,. \qquad (12.76\text{a, b})$$

Durch Einsetzen in (12.73b) folgt für den Tracerfluß

$$J_* = \bar{\varrho}J_1 + \left\{\bar{\varrho}L_{11} - \frac{L_{*0}}{1-\bar{\varrho}}\right\}(\Delta\mu_* - \Delta\mu_1)$$

$$= \bar{\varrho}J_1 + \left\{\bar{\varrho}L_{11} - \frac{L_{*0}}{1-\bar{\varrho}}\right\} RT\Delta\ln\varrho\,. \qquad (12.77)$$

Dieses Ergebnis zeigt, daß der Nettofluß J_1 nur dann dem Verhältnis von Tracerfluß J_* zu spezifischer Aktivität $\bar{\varrho}$ entspricht, wenn $\Delta\mu_* - \Delta\mu_1 = 0$, d.h. wenn die spezifische Aktivität in beiden Phasen gleich ist ($\Delta\varrho = 0$). Bringt man J_1 zu null, was in unserem System durch $\Delta\mu_1 = 0$, $\Delta\mu_z = 0$ erreicht wird, dann folgt für den Tracerfluß

$$(J_*)_{J_1=0} = \left\{L_{11} - \frac{L_{*0}}{\bar{\varrho}(1-\bar{\varrho})}\right\} RT\frac{\Delta c_*}{\bar{c}_1} = P_1^*\Delta c_*\,, \qquad (12.78)$$

wenn wir die Tracerpermeabilität als

$$P_1^* \equiv \left\{L_{11} - \frac{L_{*0}}{\bar{\varrho}(1-\bar{\varrho})}\right\}\frac{RT}{\bar{c}_1} \qquad (12.79)$$

definieren. Der Vergleich mit (12.67a) zeigt, daß P_1 und P_1^* nur dann identisch sind, wenn $L_{*0} = 0$ ist, d.h. wenn keine Tracerflußkopplung besteht. Tracerflußkopplung wurde an künstlichen und biologischen Membranen nachgewiesen.

Der Koeffizient L_{ww} erlaubt eine Aussage über die Wasserpermeabilität. Variiert man $\Delta\mu_l$ unter der Bedingung $\Delta\mu_i = 0$, dann erhält man aus (12.63a) und (12.64c)

$$(J_w)_{\Delta\mu_i=0} = -L_{ww}\frac{RT}{\bar{c}_w}\sum_{l=k+1}^{m}\Delta c_l = -P_w\sum_{l=k+1}^{m}\Delta c_l\,, \qquad (12.80)$$

wenn die Wasserpermeabilität (P_w) als

$$P_w \equiv L_{ww}\frac{RT}{\bar{c}_w} \qquad (12.81)$$

definiert wird.

b) Die Kreuzkoeffizienten

Die Kreuzkoeffizienten L_{ij} und L_{iw} können entweder positiv oder negativ sein. Aus (12.52) folgt jedoch

$$L_{ii}L_{jj} \geqq L_{ij}^2 \quad \text{sowie} \quad L_{ii}L_{ww} \geqq L_{iw}^2 \quad (i,j = 1\ldots k), \qquad (12.82)$$

d.h. wenn $L_{ii} = L_{jj}$ kann L_{ij} maximal ebenso groß sein. In einem solchen Fall würde eine chemische Potentialdifferenz $\Delta\mu_i \neq 0$ bei $\Delta\mu_j = 0$ $(j \neq i)$ gleich große Flüsse von i und j hervorrufen (1:1 Kopplung der Flüsse J_i und J_j). Flußkopplung ist an künstlichen und biologischen Membranen beobachtet worden.

Eine gewisse Sonderstellung nimmt der Koeffizient $L_{iw} = L_{wi}$ ein, der den Wasserfluß J_w bei $\Delta\mu_w = 0$ in Abhängigkeit von einer treibenden Kraft $\Delta\mu_i \neq 0$ beschreibt. Er kann zur Definition des Reflexionskoeffizienten benutzt werden. Aus Gl. (12.63a) und (12.64c) folgt

$$J_w = -L_{ww}\frac{RT}{\bar{c}_w}\left(\sum_{i=1}^{k}\Delta c_i + \sum_{l=k+1}^{m}\Delta c_l\right) + \sum_{i=1}^{k} L_{iw}\frac{RT}{\bar{c}_i}\Delta c_i$$

$$= -L_{ww}\frac{RT}{\bar{c}_w}\left(\sum_{i=1}^{k}\sigma_i\Delta c_i + \sum_{l=k+1}^{m}\Delta c_l\right) \qquad (12.83\text{a})$$

und bei $\Delta\mu_w = 0$ [s. dazu Gl. (12.64c)] wird daraus

$$(J_w)_{\Delta\mu_w=0} = L_{ww}\frac{RT}{\bar{c}_w}\sum_{i=1}^{k}(1-\sigma_i)\Delta c_i\,, \qquad (12.83\text{b})$$

wobei der Reflexionskoeffizient (σ_i) definiert wird durch

$$\sigma_i \equiv 1 - \frac{L_{iw}\bar{c}_w}{L_{ww}\bar{c}_i} \quad \text{resp.} \quad L_{iw} \equiv (1-\sigma_i)\frac{\bar{c}_i}{\bar{c}_w}L_{ww}\,. \qquad (12.84)$$

Geichung (12.83b) zeigt, daß der Reflexionskoeffizient quasi die osmotische Wirksamkeit einer permeierenden Substanz i im Vergleich zur Wirkung der nicht permeierenden Substanzen l angibt. Ausgehend von dieser Gleichung kann man nicht permeierenden Stoffen formal den Reflexionskoeffizienten 1 zuordnen.

Die Ungleichung (12.82) legt eine Grenzrelation zwischen dem Reflexionskoeffizienten σ_i, dem Permeabilitätskoeffizienten P_i und der Wasserpermeabilität P_w fest, die im Experiment zwangsläufig erfüllt ist und in Modellrechnungen nicht verletzt werden darf. Aus (12.67a), (12.81), (12.82) und (12.84) folgt

$$(1-\sigma_i)^2 \leqq \frac{\bar{c}_w P_i}{\bar{c}_i P_w}\,. \qquad (12.85)$$

Außer dieser Ungleichung gibt es keinen phänomenologischen Zusammenhang zwischen Reflexionskoeffizient und Permeabilität.

Der Reflexionskoeffizient σ_i wird häufig in transformierten Flußgleichungen benutzt. Durch partielle Inversion von (12.63a, b) erhalten wir

$$-\Delta\mu_w = \tilde{L}_{ww}J_w + \sum_{i=1}^{k}\tilde{L}_{wi}\Delta\mu_i$$

$$J_i = \tilde{L}_{iw}J_w + \sum_{j=1}^{k}\tilde{L}_{ij}\Delta\mu_j \quad (i = 1\ldots k) \qquad (12.86\text{a, b})$$

mit

$$\tilde{L}_{ww} = -\frac{1}{L_{ww}}; \quad \tilde{L}_{wi} = \tilde{L}_{iw} = \frac{L_{iw}}{L_{ww}}$$

und $$\tilde{L}_{ij} = L_{ij} - \frac{L_{iw}L_{wj}}{L_{ww}} \quad (i,j=1\ldots k). \qquad (12.86\text{d–f})$$

Im Unterschied zu den Koeffizienten L_{ij} [s. Gl. (12.66)] sind die Koeffizienten $\tilde{L}_{ij}$ wie folgt definiert:

$$\tilde{L}_{ii} = \left(\frac{\partial J_i}{\partial \Delta\mu_i}\right)_{\substack{J_w=0 \\ \Delta\mu_j=0\ (j\neq i)}}. \qquad (12.86\text{g})$$

Aus (12.86b) folgt mit Hilfe von (12.84) und (12.86e)

$$J_i = (1-\sigma_i)\frac{\bar{c}_i}{\bar{c}_w} J_w + \sum_{j=1}^{k} \tilde{L}_{ij}\Delta\mu_j \quad (i=1\ldots k) \qquad (12.87\text{a})$$

Da in verdünnten Lösungen $\bar{c}_w \bar{V}_w \simeq 1$ ist, folgt aus (12.87a) mit (12.62) unter der Bedingung $\left|\sum_{i=1}^{k} \bar{V}_i J_i\right| \ll 1$

$$J_i = (1-\sigma_i)\bar{c}_i J_v + \sum_{j=1}^{k} \tilde{L}_{ij}\Delta\mu_j \quad (i=1\ldots k). \qquad (12.87\text{b})$$

Der erste Term auf der rechten Seite von (12.87a bzw. b) beschreibt die „Mitnahme" von i durch den Wasserfluß (solvent drag,) der zweite Term den „Diffusionsfluß".

12.5.2.2 Systeme mit Elektrolyten

Die Behandlung von Systemen, die Elektrolyte enthalten, bringt eine Reihe zusätzlicher Gesichtspunkte, unterscheidet sich aber nicht wesentlich. Eine wichtige Einschränkung ist, daß beide Einzelphasen des Systems (s. Abb. 12.43) der Elektroneutralitätsbedingung unterliegen:

$$\sum_{i=1}^{k} z_i F n_i = 0, \qquad (12.88)$$

wobei z_i Wertigkeit und Vorzeichen der Ladung der einzelnen Ionen $i=1,\ldots,k$ bezeichnet und F die Faraday-Konstante ist. Aus (12.88) folgt, daß nur $k-1$ Ionensorten unabhängig voneinander variiert werden können, bzw. durch die Membran fließen können, da

$$\frac{dn_k}{dt} = -\sum_{i=1}^{k-1} \frac{z_i}{z_k}\frac{dn_i}{dt} \qquad (12.89)$$

sein muß. Dadurch wird die Anzahl der unabhängigen Variablen in der Gibbs-Gleichung (12.50) um eins reduziert. Andererseits können wir aber ein Paar Elektroden in die Phasen $'$ und $''$ einbringen, das z. B. für das Ion 1 (Schlüsselion) reversibel ist. Durch diese Elektroden können wir einen Strom I fließen lassen, und über diese Elektroden können wir eine elektrische Spannung $E_1 = E_1' - E_1''$ messen. Dadurch wird elektrische Arbeit ermöglicht und ein Beitrag zur Entropieproduktion geleistet. Statt Gl. (12.52) müssen wir deshalb schreiben

$$\frac{dS_{in}}{dt} = \frac{1}{T}\left[\sum_{i=2}^{k} J_i\left(\Delta\mu_i - \frac{z_i}{z_1}\Delta\mu_1\right) + IE_1\right] \geqq 0, \qquad (12.90)$$

wobei wir J_1 mit einer (12.89) analogen Gleichung eliminiert haben. In Gl. (12.90) sind die Flüsse J_i $(i=2,\ldots,k)$ ebenso definiert wie in (12.53b); für das Schlüsselion 1 gilt jedoch

$$J_1 = \frac{dn_1''}{dt} - \frac{I}{z_1 F} \qquad (12.91)$$

weil dieses Ion an den Elektroden niedergeschlagen wird oder in Lösung geht. Finden wir z. B. bei stromloser Messung zwischen beiden Elektroden eine Spannung $(E_1)_{I=0}$ und schließen wir dann die Elektroden durch ein Kabel kurz, so fließt ein Strom I durch das Kabel und die Spannung bricht auf den Betrag E_1 zusammen. Innerhalb des Systems wird der Stromkreis durch die Membran geschlossen, wobei der Strom hier den Nettoladungstransport durch die Summe aller Ionenflüsse darstellt

$$I = \sum_{i=1}^{k} z_1 F J_i, \qquad (12.92)$$

Zu Gl. 12.90 sind einige Anmerkungen erforderlich. 1. Welches Ion eliminiert wird, ist frei wählbar. Es muß nicht das Schlüsselion sein. 2. Die Gleichung schließt auch permeierende Nichtelektrolyte l ein, für die wir dann annehmen: $z_l=0$. 3. Bei geeigneter Anordnung der Einzelterme sieht man, daß die $k-1$ Produkte aus Flüssen und Kräften, die neben dem Produkt von Strom und Spannung auftauchen, die $k-1$ Salze repräsentieren, die man aus den insgesamt vorhandenen k permeierenden Ionensorten zusammensetzen kann. Gleichung (12.90) kann deshalb als Ausgangspunkt für die Beschreibung des Systems im „Salzbild" angesehen werden. Der Zusammenhang zwischen „Salzbild" und „Ionenbild" ist besonders einfach, wenn wir einfache Lösungen mehrerer Salze eines gemeinsamen Anions (oder Kations) $i=1$ betrachten, wie z.B. NaCl und $CaCl_2$. Benutzt man außerdem Ag/AgCl-Elektroden, die für das gemeinsame Ion (Chlorid) reversibel sind, dann folgt mit $z_1=-1$, $z_2=1$, $z_3=2$ aus Gl. (12.90)

$$\begin{aligned}\frac{dS_{in}}{dt} &= \frac{1}{T}[J_{Na}(\Delta\mu_{Na} + \Delta\mu_{Cl}) \\ &\quad + J_{Ca}(\Delta\mu_{Ca} + 2\Delta\mu_{Cl}) + IE_{Cl}] \\ &= \frac{1}{T}(J_{NaCl}\Delta\mu_{NaCl} + J_{CaCl_2}\Delta\mu_{CaCl_2} + IE_{Cl}),\end{aligned} \qquad (12.93)$$

wobei

$$\Delta\mu_{Na} + \Delta\mu_{Cl} \equiv \Delta\mu_{NaCl} \quad \text{und} \quad \Delta\mu_{Ca} + 2\Delta\mu_{Cl} \equiv \Delta\mu_{CaCl_2} \qquad (12.94\text{a, b})$$

die chemischen Potentialdifferenzen der entsprechenden Salze sind und $J_{NaCl} = J_{Na}$ und $J_{CaCl_2} = J_{Ca}$ die entsprechenden Salzflüsse repräsentieren. Auf eine Verallgemeinerung der Relationen und eine weitere Diskussion des „Salzbildes" wollen wir hier verzichten. Wir wenden uns statt dessen der Beschreibung im „Ionenbild" zu.

Durch Einsetzen von Gl. (12.92) kann man aus Gl. (12.90) den Strom I eliminieren. Man erhält dann eine

Gleichung für die Entropie-Produktion in der analog zu (12.52) lediglich k Produkte aus den Flüssen aller k permeierenden Elektrolyte (und gegebenenfalls Nichtelektrolyte) mit ihren konjugierten Kräften übrig bleiben

$$\frac{dS_{in}}{dt} = \frac{1}{T}\left[J_1 z_1 F E_1 + \sum_{i=2}^{k} J_i\left(\Delta\mu_i - \frac{z_i}{z_1}\Delta\mu_1 + z_1 F E_1\right)\right]. \qquad (12.95)$$

Für den Fluß J_1 des Schlüsselions $i=1$ erkennt man sofort $z_1 F E_1$ als konjugierte Kraft. Hätten wir ein anderes Elektrodenpaar und damit ein anderes Schlüsselion $i=2$ gewählt, so bekämen wir $z_2 F E_2$ als konjugierte Kraft von J_2 und so fort. Mit Hilfe der Definition der elektrochemischen Potentialdifferenz

$$\Delta\eta_i \equiv z_1 F E_1 \quad (i=1, \ldots, k) \qquad (12.96)$$

erhalten wir folglich

$$\frac{dS_{in}}{dt} = \frac{1}{T}\sum_{i=1}^{k} J_i \Delta\eta_i \geqq 0. \qquad (12.97)$$

Diese Gleichung besagt, daß wir Elektrolytsysteme auch im „Ionenbild" beschreiben können, wobei die elektrochemische Potentialdifferenz der einzelnen Ionen die konjugierte Kraft der einzelnen Ionenflüsse von der ′ in die ″ Phase ist. Für Nichtelektrolyte l, mit $z_l=0$, finden wir wie zuvor $\Delta\mu_l$ als konjugierte treibende Kraft (s. Gl. 12.64).

Aus praktischen Gründen führen wir jetzt die Potentialdifferenz $\Delta\varphi = \varphi' - \varphi''$ ein, die im Gegensatz zu E_i unabhängig von i ist. $\Delta\varphi$ repräsentiert die elektromotorische Kraft, welche zwischen den Phasen ′ und ″ besteht und alle Ionen entsprechend ihrer Ladung beeinflußt. Wir definieren

$$\Delta\varphi \equiv E_i - \frac{\Delta\mu_i}{z_i F}$$

woraus folgt

$$\Delta\eta_i = \Delta\mu_i + z_i F \Delta\varphi \qquad (12.98a, b)$$

d.h. wir haben hier die elektrochemische Potentialdifferenz der Ionen $i=1, \ldots, k$ in zwei Teile aufgespalten: den chemischen Anteil $\Delta\mu_i$ und den elektrischen Anteil $z_i F \Delta\varphi$. Diese Aufteilung ist aber nicht ganz unproblematisch. Es ist nämlich nicht möglich, das chemische Potential $\Delta\mu_i$ einzelner Ionen exakt zu bestimmen, weil — im Gegensatz zu den Nichtelektrolyten — Aktivitätskoeffizienten einzelner Ionen nicht meßbar sind. Solange wir Experimente in verdünnten Lösungen betrachten, können wir jedoch analog (12.64) Näherungswerte auf der Basis von Konzentrationsangaben benutzen. Dementsprechend ist auch die Potentialdifferenz $\Delta\varphi$ nicht exakt meßbar. Sie kann aber meist in guter Näherung mit symmetrischen Halbzellen (z.B. Kalomel-Halbzellen) bestimmt werden, die über Salzbrücken in die Phasen ′ und ″ eintauchen. Salzbrücken sind Glasröhren, die meist mit einer hoch-konzentrierten KCl-Lösung gefüllt sind. Wegen der annähernd gleichen Überführungszahlen von K^+ und Cl^- treten an den Kontaktstellen mit den verdünnten Lösungen der Phasen ′ und ″ keine wesentlichen Diffusionspotentiale auf.

Durch die Salzbrücken werden neue irreversible Prozesse in unser System eingeführt, die — streng genommen — eine Neudefinition der Entropieproduktion und der Flüsse aller Ionen erfordern würden, die in der Salzbrücke vorliegen. Davon sehen wir jedoch ab. In der Praxis kann man extrem feine Salzbrücken benutzen, wie z.B. die sogenannten Mikroelektroden der Elektrophysiologen, die Spitzenöffnungen von weniger als 0,1 µm Durchmesser besitzen, sodaß Diffusionsflüsse vernachlässigbar klein werden. Aus dem gleichen Grund verwenden wir die Kalomelhalbzellen auch nicht zur Stromeinspeisung, sondern lediglich zur (quasi stromlosen) Potentialmessung. Strom kann über ein separates Elektrodenpaar eingespeist werden, das z.B. für das Ion 1 reversibel ist. Unter diesen Voraussetzungen bleibt die Flußdefinition für das Ion 1 nach (12.91) sowie für die Ionen $i=2, \ldots, k$ nach (12.53b) weiterhin gültig.

Unter Verwendung der Potentialdifferenz $\Delta\varphi$ lassen sich aus Gl. (12.97) in Gleichgewichtsnähe folgende Flußgleichungen erwarten

$$\begin{aligned} J_w &= L_{ww}\Delta\mu_w + \sum_{i=1}^{k} L_{wi}(\Delta\mu_i + z_i F \Delta\varphi) \\ J_i &= L_{iw}\Delta\mu_w + \sum_{j=1}^{k} L_{ij}(\Delta\mu_j + z_j F \Delta\varphi) \quad (i=1 \ldots k) \end{aligned} \qquad (12.99)$$

wobei der Index w das Lösungsmittel (Wasser) bezeichnen soll. Wenn innerhalb der Phasen ′ und ″ kein Spannungsabfall erfolgt, erhalten wir nach (12.92) für den Stromfluß durch die Membran

$$I = \sum_{i=1}^{k} z_i F\left(L_{iw}\Delta\mu_w + \sum_{j=1}^{k} L_{ij}\Delta\mu_j + \sum_{j=1}^{k} z_j F L_{ij}\Delta\varphi\right). \qquad (12.100)$$

Aus dieser Gleichung lassen sich eine Reihe elektrischer Phänomene ableiten:

1. Die Leitfähigkeit. Sind $\Delta\mu_w=0$ und $\Delta\mu_i=0$ und schicken wir einen Strom durch die Membran, dann beobachten wir eine Spannungsänderung $\Delta\varphi$. Daraus berechnen wir den elektrischen Widerstand oder seinen Kehrwert, die elektrische Leitfähigkeit (g)

$$g \equiv \left(\frac{\partial I}{\partial \Delta\varphi}\right) = \sum_{i=1}^{k} z_i F \sum_{j=1}^{k} z_j F L_{ij}. \qquad (12.101)$$

2. Für die Überführungszahlen (t_i) und die Partialleitfähigkeiten (g_i) finden wir

$$t_i \equiv \frac{z_i F J_i}{I} = \frac{z_i F^2}{g}\sum_{j=1}^{k} z_j L_{ij} \quad \text{mit} \quad \sum_{i=1}^{k} t_i = 1$$

und

$$g_i \equiv t_i g = z_i F^2 \sum_{j=1}^{k} z_j L_{ij}. \qquad (12.102a–c)$$

3. Bei $I=0$, d.h. wenn wir keinen Strom von außen durch die Membran schicken, und bei $\Delta\mu_i=0$ aber $\Delta\mu_w \neq 0$ beobachtet man ein Membranpotential $\Delta\varphi \neq 0$. Da dieser Fall mit Wasserfluß durch die Membran verbunden ist, sprechen wir von einem

Strömungspotential

$$(\Delta\varphi)_{\substack{I=0\\ \Delta\mu_i=0}} = -\frac{1}{g}\sum_{i=1}^{k} z_i F L_{iw}\Delta\mu_w$$
$$= -\frac{1}{g}\sum_{i=1}^{k} z_i F(1-\sigma_i)\frac{\bar{c}_i}{\bar{c}_w} L_{ww}\Delta\mu_w \qquad (12.103)$$

4. Bei $I=0$ und $\Delta\mu_w=0$ aber $\Delta\mu_i \neq 0$ finden wir ebenfalls ein von null verschiedenes Membranpotential. Es wird durch Diffusionsprozesse hervorgerufen. Wir sprechen deshalb vom Membrandiffusionspotential:

$$(\Delta\varphi)_{\substack{I=0\\ \Delta\mu_w=0}} = -\frac{1}{g}\sum_{i=1}^{k} z_i F\sum_{j=1}^{k} L_{ij}\Delta\mu_j = -\frac{1}{F}\sum_{i=1}^{k}\frac{t_i}{z_i}\Delta\mu_i \qquad (12.104)$$

Aus (12.103) und (12.104) lassen sich σ_i und t_i bestimmen. In multiionischen Systemen kann man zu diesem Zweck das permeable Ion schrittweise durch ein nicht permeierendes Ion gleicher Ladung ersetzen.

Da Kation und Anion nicht unabhängig voneinander variiert werden können, tauchen in den Gln. (12.101 und 12.104) stets Kombinationen von mehreren Koeffizienten auf, d. h. die phänomenologischen Koeffizienten eines Einzelions lassen sich nicht unmittelbar bestimmen. Eine Ausnahme macht lediglich die Permeabilitätsmessung mit Tracern, für die Gl. (12.78) unverändert gilt[1] (in diesem Fall benötigt man allerdings die zusätzliche Information über die Größe der Tracerflußkopplung). Trotzdem ist es immer möglich, genügend unabhängige Messungen durchzuführen, aus denen sich alle Einzelkoeffizienten berechnen lassen. Liegt zum Beispiel ein einziges z_1-, z_2-wertiges Salz mit den stöchiometrischen Zahlen v_1 und v_2 vor und hat man

$$g = F^2(z_1^2 L_{11} + 2z_1 z_2 L_{12} + z_2^2 L_{22})$$

und

$$t_1 = \frac{F^2}{g}(z_1^2 L_{11} + z_1 z_2 L_{12})$$

mit $$t_2 = \frac{F^2}{g}(z_2^2 L_{22} + z_1 z_2 L_{12}), \qquad (12.105\text{a–c})$$

z. B. nach (12.101) bzw. (12.104) bestimmt, dann kann man z. B. zusätzlich die Salzpermeabilität (P_s) bei $\Delta\mu_w=0$ und $I=0$ messen. Unter Beachtung der Elektroneutralitätsbedingung

$$v_1 z_1 + v_2 z_2 = 0 \qquad (12.106)$$

folgt mit

$$J_s = \frac{J_1}{v_1} = \frac{J_2}{v_2} \qquad (12.107)$$

nach Elimination von $\Delta\varphi$ aus den Flußgleichungen (12.99)

$$P_s = \frac{J_s}{\Delta c_s} = -\frac{z_1 z_2(L_{11}L_{22} - L_{12}^2)(v_1+v_2)RT}{v_1 v_2(z_1^2 L_{11} + z_2^2 L_{22} + 2z_1 z_2 L_{12})\bar{c}_s} \qquad (12.108)$$

Aus diesen 3 Meßwerten errechnen sich die Einzelkoeffizienten wie folgt:

$$L_{11} = \frac{v_1^2 P_s \bar{c}_s}{(v_1+v_2)RT} + \left(\frac{t_1}{z_1 F}\right)^2 g\,;$$
$$L_{22} = \frac{v_2^2 P_s \bar{c}_s}{(v_1+v_2)RT} + \left(\frac{t_2}{z_2 F}\right)^2 g \qquad (12.109\text{a–c})$$
$$L_{12} = \frac{v_1 v_2 P_s \bar{c}_s}{(v_1+v_2)RT} + \frac{t_1 t_2}{z_1 z_2 F^2} g\,.$$

Zum Schluß dieses Kapitels seien noch einige Vereinfachungen genannt, die sich ergeben, wenn die Kreuzkoeffizienten $L_{ij}(j \neq i)$ vernachlässigbar klein sind. Mit $L_{ij(j\neq i)}=0$ findet man

$$(P_i)_{\substack{\Delta\varphi=0\\ \Delta\mu_w=0\\ \Delta\mu_j=0\,(j\neq i)}} = L_{ii}\frac{RT}{\bar{c}_i}\Delta c_i \quad \text{und} \quad (g_i)_{\substack{\Delta\mu_j=0\\ \Delta\mu_w=0}} = z_i^2 F^2 L_{ii}\,, \qquad (12.110\text{a, b})$$

woraus dann die wichtige Beziehung folgt

$$P_i = \frac{RT}{z_i^2 F^2 \bar{c}_i} g_i\,. \qquad (12.111)$$

Für ein +1-, −1-wertiges Salz folgt aus (12.108)

$$P_s = \frac{2P_+ P_-}{P_+ + P_-} \quad \text{und} \qquad (12.112)$$

$$\sigma_s = \sigma_+ t_- + \sigma_- t_+\,, \qquad (12.113)$$

wobei die Reflexionskoeffizienten analog (12.84) definiert sind. Andererseits, wenn $L_{++} = L_{--}$, kann der Kreuzkoeffizient maximal $L_{+-} = L_{++} = L_{--}$ sein. In diesem Fall wäre $g=0$, $t_\pm$ unbestimmt und $\Delta\varphi$ stets gleich null, es läge 1:1 gekoppelter elektroneutraler Salzfluß vor. Für $L_{+-} = -L_{++} = -L_{--}$ gingen alle Flüsse gegen null.

12.5.2.3 Transport und chemische Reaktion[2]

In diesem Abschnitt werden Systeme diskutiert, bei denen die transportierten Komponenten an einer chemischen Reaktion beteiligt sind. Solche Systeme sind als Modelle für zahlreiche biologische Transportphänomene von großer Bedeutung.

a) Reaktion in beiden Außenphasen

Wir betrachten ein System, das z. B. drei Nichtelektrolyte ($i=1, 2, 3$) enthält. Die Membran sei für alle drei Komponenten permeabel. In den Phasen ′ und ″, nicht aber in der Membran, soll die Reaktion

$$v_1 B_1 + v_2 B_2 \rightleftharpoons v_3 B_3$$

oder in generalisierter Form

$$\sum_{i=1}^{k} v_i B_i = 0 \qquad (12.114)$$

[1] Eine Potentialdifferenz beeinflußt (12.78) nur über den Nettofluß J_1, der für die Messung von P_i^* ohnehin zu null gebracht wird.

[2] Wesentliche Teile der in Abschnitt a–c dargestellten Überlegungen verdanke ich Seminarvorträgen und Diskussionen mit F. Sauer.

ablaufen, wobei ν_i die stöchiometrischen Zahlen sind, die für die Ausgangsstoffe (1, 2) negativ und für das Produkt (3) positiv gerechnet werden und die B_i die chemischen Symbole von i darstellen. Die Umsatzzahl oder der Reaktionsfluß (J_r) ist

$$J'_r = L_A A' \quad \text{und} \quad J''_r = L_A A'', \tag{12.115}$$

wobei A' und A'' die Affinität der Reaktion in Phase $'$ und $''$ bezeichnet und L_A ein phänomenologischer Koeffizient ist. Die Affinität wird nach DeDonders als

$$A = -\sum_{i=1}^{k} \nu_i \mu_i \tag{12.116}$$

definiert. Die Produktion der einzelnen Komponenten (Γ_i) ist dann

$$\Gamma'_i = \nu_i J'_r \quad \text{und} \quad \Gamma''_i = \nu_i J''_r. \tag{12.117}$$

Für die Entropieproduktion erhalten wir im stationären Zustand

$$\frac{dS_{in}}{dt} = \frac{1}{T}\left\{\sum_{i=1}^{k} J_i \Delta\mu_i + J'_r A' + J''_r A''\right\} \tag{12.118}$$

Da die chemischen Reaktionen innerhalb der homogenen Phasen $'$ und $''$ ablaufen, die Flüsse aber am Phasenübergang von $'$ nach $''$ stattfinden, sind zwischen Flüssen und Reaktionen keine Kopplungen zu erwarten. Beide Prozesse sind nur durch die Bilanzgleichungen miteinander verknüpft. Die Flußgleichungen lauten also wie oben (12.58b):

$$J_i = \sum_{j=1}^{k} L_{ij} \Delta\mu_j . \quad (i = 1 \ldots k)$$

Die Änderung der Molzahlen beider Phasen wird jedoch nicht nur durch die Flüsse bestimmt. Im stationären Zustand gilt:

$$\frac{dn'_i}{dt} = -J_i + \nu_i J'_r \quad \text{und} \quad \frac{dn''_i}{dt} = J_i + \nu_i J''_r \quad (i = 1 \ldots k) \tag{12.119}$$

Aus (12.118) folgt, daß man die Transporteigenschaften (d.h. die Flüsse J_i und die Koeffizienten L_{ij}) in solchen Systemen nur dann bestimmen kann, wenn man die Reaktionsrate (d.h. z.B. L_A) kennt oder wenn man die Reaktion hemmen kann[3].

Als biologische Beispiele für Transport mit Reaktion in den Außenphasen seien der Transport von Kohlensäure und der Transport schwacher Säuren und Basen genannt. Kohlensäure kann entweder als H_2CO_3 oder nach Abspaltung von Wasser in Form von CO_2 transportiert werden. Die chemische Reaktion wird durch die Carboanhydrase katalysiert. Beim Transport schwacher Säuren und Basen muß die Dissoziationsreaktion

$$AH \rightleftharpoons A^- + H^+ \quad \text{bzw.} \quad BOH \rightleftharpoons B^+ + OH^- \tag{12.120}$$

berücksichtigt werden, wobei A^- und B^+ Säureanion bzw. Basenkation bezeichnen und AH und BOH die undissoziierten Komponenten sind. Da die undissoziierte Form wegen ihrer Lipidlöslichkeit meist besser permeabel ist als die ionisierte Form (*non-ionic diffusion*), kann man die Gleichgewichtseinstellung durch Verschiebung des pH-Wertes (und damit der Konzentration von AH resp. BOH) beschleunigen oder verlangsamen.

b) Reaktion nur in einer Außenphase

Läuft nur in einer Außenphase, z.B. in $''$ eine chemische Reaktion ab, weil nur dort das katalysierende Enzym vorliegt, dann gilt im stationären Zustand

$$\frac{dn'_i}{dt} = -J_i \quad \text{und} \quad \frac{dn''_i}{dt} = J_i + \nu_i J''_c, \tag{12.121}$$

d.h. die Flüsse durch die Membran können aus den Konzentrationsänderungen der Gegenseite ($'$) bestimmt werden. Ist die Membran für alle Komponenten permeabel, dann ist die Gleichgewichtslage ebenso wie im Fall der Reaktion in beiden Außenphasen. Kann jedoch die Komponente 3 oder können die Komponenten 1 *und* 2 nicht penetrieren, dann findet man im Gleichgewicht $\Delta\mu_3 \neq 0$, bzw. $\Delta\mu_1 \neq 0$ und $\Delta\mu_2 \neq 0$. Durch die asymmetrische Anordnung der chemischen Reaktion *und* die Undurchlässigkeit der Membran für einzelne Komponenten können in einem solchen System einzelne Komponenten von einer Phase in die andere überführt werden und sich dort nach chemischer Umwandlung anreichern, vorausgesetzt die Reaktionspartner sind in ausreichender Menge vorhanden. Ein solcher Mechanismus, der in der Literatur als "trapping" bezeichnet wird, ist anfangs für den Zuckertransport in Bakterien diskutiert worden. Setzt man z.B. B_1 = Glukose, B_2 = Phosphat und B_3 = Glukosephosphat und liegt im Inneren des Bakteriums ein Enzym vor, das die Zuckerphosphorylierung katalysiert, dann könnte ein solches System, falls die Membran für Glukose permeabel, aber für Glukosephosphat impermeabel ist, solange zur Aufnahme von Glukose in die Zelle führen, bis die intrazelluläre Phosphatreserve erschöpft ist.

c) Reaktion innerhalb der Membran

Wenn die Reaktion nur innerhalb einer isotropen Membran abläuft, wo sie zum Beispiel durch ein Enzym katalysiert wird, dann werden die Änderungen der Molzahlen in den Außenphasen wieder allein durch Flüsse hervorgerufen, der Fluß von der $'$ Phase in die Membran ist aber nicht gleich dem Fluß von der Membran in die $''$ Phase, und es gilt

$$\frac{dn'_i}{dt} + \frac{dn''_i}{dt} = \nu_i J_r . \tag{12.122}$$

[3] Interessant ist in diesem System die Betrachtung des Gleichgewichts. Im Gleichgewicht ist $J_i = 0$, $\Delta\mu_i = 0$, $J'_r = 0$, $J''_r = 0$, $A' = 0$ und $A'' = 0$. Ist die Membran nur für zwei Komponenten permeabel, aber für die dritte Komponente impermeabel, dann stellt sich der gleiche Gleichgewichtszustand ein. Ist jedoch nur eine Komponente i permeabel, dann folgt im Falle $i = 1$ für $\Delta\mu_1 = 0$, $(c'_2/c''_2)^{\nu_2} = (c'_3/c''_3)^{\nu_3}$ und entsprechendes gilt für $i = 2$, oder $i = 3$, wobei lediglich die Indizes zu vertauschen sind.

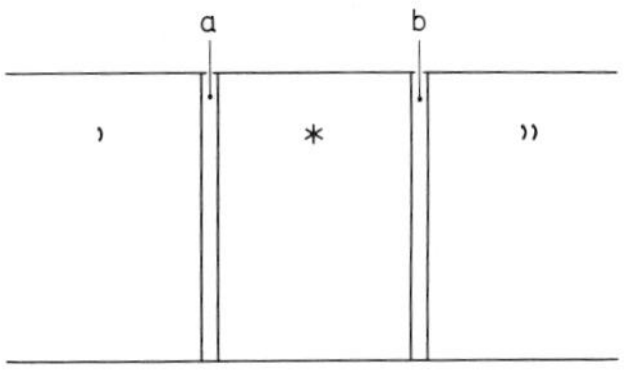

Abb. 12.44. System mit zwei Serienmembranen

Diesen Fall finden wir z.B. beim Transport von Stoffwechselpartnern (Glukose, Aminosäuren, Milchsäure) durch Epithelmembranen. Das System kann aber auch als Modell für den Zuckertransport durch Bakterienmembranen angesehen werden. Um die Eigenschaften des Systems besser überblicken zu können, zerlegen wir die Membran in zwei Serienmembranen a und b mit dem Zwischenraum Phase *, in dem die Reaktion abläuft (Abb. 12.44). Wir betrachten nun die Flüsse durch jede Einzelmembran gesondert. Wenn wir der Einfachheit halber alle Kreuzkoeffizienten L_{ij} vernachlässigen, lauten die Flußgleichungen

$$ {}^aJ_i = {}^aL_{ii}\,{}^a\Delta\mu_i \quad \text{und} \quad {}^bJ_i = {}^bL_{ii}\,{}^b\Delta\mu_i \qquad (12.123\text{a, b}) $$

und wegen der Serienschaltung gilt

$$ \Delta\mu_i = {}^a\Delta\mu_i + {}^b\Delta\mu_i \quad \text{mit} \quad -{}^aJ_i + {}^bJ_i = \nu_i J_r^* \,. \qquad (12.124\text{a, b}) $$

Wegen ${}^aJ_i \neq {}^bJ_i$ ist es nicht möglich, einen Fluß J_i durch die Gesamtmembran zu definieren. Wir beschränken uns nun auf den Fall, daß alle $\Delta\mu_i = 0$ sind, aber $A' = A'' \neq 0$ ist. Aus (12.123) und (12.124) finden wir für diesen Fall

$$ {}^aJ_i = -\frac{{}^aL_{ii}}{{}^aL_{ii} + {}^bL_{ii}}\,\nu_i J_r^* \quad \text{und} \quad {}^bJ_i = \frac{{}^bL_{ii}}{{}^aL_{ii} + {}^bL_{ii}}\,\nu_i J_r^* \,, \qquad (12.125\text{a, b}) $$

wobei

$$ J_r^* = L_A^* A^* = \frac{L_A^* A'}{1 - L_A^* \sum_{i=1}^{k} \nu_i^2 \left({}^aL_{ii} + {}^bL_{ii}\right)^{-1}} \qquad (12.126) $$

direkt proportional der Affinität der chemischen Reaktion in den Außenphasen ist. Daraus folgt:

1. Wenn die Membranen a und b gleiche Eigenschaften besitzen, ${}^aL_{ii} = {}^bL_{ii}$, dann ist ${}^aJ_i = -{}^bJ_i = -\frac{\nu_i}{2} J_r^*$ d.h. die Ausgangsstoffe fließen mit gleicher Rate von beiden Außenphasen in die Membran ein, und und die Produkte werden ebenfalls symmetrisch nach beiden Außenphasen abgegeben.

2. Haben die Membranen a und b aber unterschiedliche Eigenschaften und gilt z.B. ${}^bL_{11} = 0$ und ${}^aL_{33} = 0$, dann folgt ${}^aJ_1 = -\nu_1 J_r$ und ${}^bJ_3 = \nu_3 J_r$ und wenn $\nu_1 = -\nu_3$ so ist ${}^aJ_1 = {}^bJ_3$. In diesem Fall wird eine Komponente 1, z.B. Glukose, kontinuierlich aus der ′ Phase in die Membran transportiert und mit gleicher Flußrate tritt die Komponente 3, z.B. Glukosephosphat, aus der Membran in die ″Phase über. Dieser Fall kommt dem aktiven Transport, den wir unten ausführlich besprechen, sehr nahe, ist aber nicht mit ihm identisch. Ebenso wie beim aktiven Transport treten die Flüsse ${}^aJ_1 \neq 0$ und ${}^bJ_3 \neq 0$ bei $\Delta\mu_i = 0$ aber $A' \neq 0$ auf, und zwar ebenfalls nur unter der Voraussetzung asymmetrischer Membranen, im Gegensatz zum aktiven Transport wird aber die Komponente 1 nicht als solche transportiert, sondern beim Transport in die Komponente 3 umgewandelt. Wir könnten allenfalls von „aktivem Transport mit chemischer Umwandlung“ sprechen, möchten dies aber nicht als Begriff einführen. In der Literatur wird gelegentlich “group translocation” benutzt. Als Beispiel sei die Zuckeraufnahme in Bakterien genannt (s. S. 514).

d) Reaktion innerhalb der Membran: „Carriertransport“

Als Sonderfall betrachten wir noch das System in Abb. 12.45 (s. S. 497), dessen Membran in drei Serienmembranen a, b und c zerlegt ist, so daß im Inneren zwei hintereinandergeschaltete homogene isotrope Phasen * und ** entstehen. Die Außenphasen ′ und ″ sollen eine Komponente 1 enthalten, welche die Membranen a und c frei passieren kann, nicht aber die Membran b. Die Phasen * und ** enthalten außer 1 noch die Komponenten 2 und 3, die zwar die Membran b penetrieren können, nicht aber die Membranen a und c, d.h. 2 und 3 sind auf die Phasen * und ** beschränkt ($\mu_2' = \mu_2'' = \mu_3' = \mu_3'' = 0$). In den homogenen Phasen * und ** soll eine chemische Reaktion der Art (12.114) ablaufen mit $\nu_1 = \nu_2 = -1$ und $\nu_3 = +1$.

Das Besondere an diesem System ist, daß die Komponente 1 nicht direkt von ′ nach ″ gelangen kann. Sie kann aber in der Phase * mit Komponente 2 zu 3 reagieren. Die Komponente 3 kann dann die Membran b passieren und in der Phase ** wieder in 1 und 2 zerlegt werden. Als Summeneffekt kommt dadurch ein Transport von 1 aus der ′ in die ″ Phase zustande. Die Komponente 2 wirkt quasi als “Carrier” beim Transport durch die Membran b. Sie kann, wenn c_2^{**} ansteigt, von der ** in die * Phase zurückkehren. Das System läßt sich folgendermaßen quantitativ beschreiben: Die Entropieproduktion lautet im stationären Zustand

$$ \frac{dS_{\text{in}}}{dt} = \frac{1}{T}\left\{ {}^aJ_1\,{}^a\Delta\mu_1 + {}^cJ_1\,{}^c\Delta\mu_1 + \sum_{i=2}^{3} {}^bJ_i\,{}^b\Delta\mu_i + J_r^* A^* + J_r^{**} A^{**} \right\}, \qquad (12.127) $$

wobei die Flüsse $J_i (i = 1, 2, 3)$ nicht mit den J_r koppeln. Ferner gilt im stationären Zustand

$$ dn_i^*/dt = 0 \qquad dn_i^{**}/dt = 0 \qquad (i = 1, 2, 3) \qquad (12.128) $$

woraus folgt

$$ -J_r^* = {}^bJ_2 = -J_r^{**}; \quad J_r^* = {}^bJ_3 = J_r^{**} \quad \text{und} \quad J_r^* = J_r^{**} $$

sowie

$$ {}^aJ_1 = J_r^* = {}^cJ_1 \equiv J_1 \,. \qquad (12.129) $$

Wenn wir Flußkopplung in der Membran vernachlässigen ($L_{23} = 0$) und uns auf lineare Näherungen in

Gleichgewichtsnähe beschränken, erhalten wir für die Flüsse durch die Membran b analog (12.67)

$$^{b}J_3 = P_3\,^{b}\Delta c_3 = -\,^{b}J_2 = -P_2\,^{b}\Delta c_2 . \qquad (12.130)$$

Wenn wir außerdem annehmen, daß die Reaktion so rasch abläuft, daß die Phasen * und ** stets im inneren Gleichgewicht sind, dann gilt

$$\frac{c_1^* c_2^*}{c_3^*} = \frac{c_1^{**} c_2^{**}}{c_3^{**}} = K \qquad (12.131a)$$

wobei K die Gleichgewichtskonstante der Reaktion ist. Wenn wir nun noch die Gesamtmenge von 2 und 3, die als mittlere Konzentration des „Carriers" ($\bar{c}_E$) interpretiert werden kann,

$$\bar{c}_E = \tfrac{1}{2}(c_2^* + c_2^{**} + c_3^* + c_3^{**}) \qquad (12.131b)$$

einsetzen, dann können wir J_1 durch die genannten Systemeigenschaften ausdrücken

$$J_1 = \frac{PK\bar{c}_E(c_1' - c_1'')}{(c_1' + K)(c_1'' + K)}, \qquad (12.132)$$

wobei wir zur Vereinfachung weiter angenommen haben, daß $c_1' = c_1^*$ und $c_1'' = c_1^{**}$ und daß die Permeabilität der Membran b für den beladenen Carrier ebenso groß ist wie für den unbeladenen ($P_2 = P_3 = P$). Gleichung (12.132) werden wir später zur Beschreibung der erleichterten Diffusion mit Hilfe des Carriermodells benutzen (s. S. 503).

12.5.2.4 Systeme mit aktivem Transport[4]

a) Definition des aktiven Transports

Die bisher diskutierten Systeme erlauben es noch nicht, alle wesentlichen Transportphänomene an biologischen Membranen zu beschreiben. Selbst im letzten Beispiel ist $J_1 \neq 0$ an das Vorliegen einer von null verschiedenen chemischen Potentialdifferenz ($\mu_1' - \mu_1'' \neq 0$) geknüpft. An biologischen Membranen können jedoch selbst dann Substanzen von einer Seite zur anderen fließen, wenn die elektrochemischen Potentialdifferenzen aller Komponenten über der Membran null sind (Transport zwischen identischen Lösungen bei $\Delta T = 0$, $\Delta p = 0$, $\Delta\varphi = 0$). Solche Flüsse, die von Stoffwechselenergie angetrieben werden, bezeichnet man als aktiven Transport. Unterbindet man die Sauerstoffzufuhr zum Gewebe oder setzt man Stoffwechselgifte zu, dann kommt der aktive Transport zum Stillstand. Wir schließen daraus: an biologischen Membranen können Kopplungen zwischen chemischen Reaktionen und Flüssen auftreten. Das Phänomen des aktiven Transports setzt eine besondere Eigenschaft der Membran voraus. Bei Abwesenheit aller Temperatur-, Druck-, Konzentrations- und Potentialdifferenzen zwischen den Außenphasen ruft die aktiv transportierende Membran einen gerichteten Fluß einer Komponente i hervor, dessen Richtung sich umdreht, wenn wir die Membran umdrehen. Daraus folgt, daß die Membran asymmetrisch aufgebaut sein muß. Symmetrische Membranen können nicht aktiv transportieren. In Analogie zur irreversiblen Thermodynamik kontinuierlicher Systeme, die zeigt, daß vektorielle Flüsse und skalare chemische Reaktionen in isotropen Medien nicht interferieren (sondern nur in anisotropen Medien), kann man deshalb im Fall der diskontinuierlichen Systeme, die wir hier betrachten, von einem reduzierten Curie-Prinzip sprechen. Makroskopische Modelle asymmetrischer Membranen, die aktiven Transport erzeugen, werden im letzten Abschn. (d) dieses Kapitel besprochen.

Rein formal läßt sich ein aktiv transportierendes System wie folgt beschreiben. Wir nehmen an, daß im Inneren der Membran, nicht aber in den Außenphasen, eine chemische Reaktion abläuft, an der die Komponenten $n = m+1, \ldots q$, nicht aber die Komponenten $i = 1, 2, \ldots k$ beteiligt sind. Der Einfachheit halber sollen n und i Nichtelektrolyte sein. Die Membran soll für i permeabel sein. Wenn die Reaktionspartner entweder von beiden Seiten aus ungehindert in die Membran (*) eindringen können (Fall I: $\mu_n' = \mu_n^* = \mu_n''$) oder nur von der Seite ′ aus frei eindringen, während die Oberfläche zur Seite ″ für n impermeabel ist (Fall II: $\mu_n' = \mu^* \neq \mu_n''$)[5], oder wenn die Reaktionspartner allein auf das Innere der Membran beschränkt sind (Fall III: $\mu_n' = \mu_n'' = 0$, $\mu^* \neq 0$), dann läßt sich die Entropieproduktion im stationären Zustand einfach schreiben als

$$\frac{dS_{in}}{dt} = \frac{1}{T}\left\{\sum_{i=1}^{k} J_i \Delta\mu_i + J_r A'\right\}, \qquad (12.133)$$

wobei im Fall III A' durch A^* zu ersetzen wäre. Wenn wir nun postulieren, daß wir eine asymmetrische Membran vor uns haben, ohne die molekularen Ursachen der Asymmetrie im Augenblick näher zu definieren (s. dazu die Modelle S. 497–499), dann erhalten wir als Flußgleichungen

$$J_i = \sum_{j=1}^{k} L_{ij}\Delta\mu_j + L_{iA}A' \qquad (i = 1, 2 \ldots k)$$
$$J_r = \sum_{i=1}^{k} L_{Ai}\Delta\mu_i + L_{AA}A' \qquad (12.134a, b)$$

und mit Hilfe des Koeffizienten L_{iA} definieren wir den aktiven Transport

$$J_i^{act} \equiv (J_i)_{\substack{\Delta\mu_j = 0 \\ (j=1\ldots k)}} = \left(\frac{\partial J_i}{\partial A'}\right)_{\Delta\mu_j = 0} A' = L_{iA}A' \qquad (i = 1 \ldots k) \qquad (12.135)$$

und passiven Transport

$$J_i^{pass} \equiv \sum_{j=1}^{k} L_{ij}\Delta\mu_j \quad \text{mit} \quad J_i = J_i^{act} + J_i^{pass} \qquad (i = 1 \ldots k). \qquad (12.136a, b)$$

[4] Wesentliche Teile dieses Abschnitts und seiner mathematischen Formulierung verdanke ich F. Sauer.

[5] Fall II scheint der Realität am besten zu entsprechen. Soweit wir heute wissen, werden die Reaktionspartner, z.B. ATP, das zu ADP und P_i hydrolisiert wird (s. S. 513), ständig aus dem Zellinneren in die Membran nachgeliefert bzw. aus der Membran ins Zellinnere abtransportiert.

Gleichung (12.136b) gilt nur im linearen Bereich des Systems.

Gleichung (12.135) beschreibt einen Zustand, in dem alle passiven Kräfte null sind, so daß J_i gleich J_i^{act} wird. Dieser Zustand wird als *level flow* bezeichnet. Gleichung (12.134a) lautet in Matrixschreibweise

$$\boldsymbol{J} = \boldsymbol{L}\Delta\boldsymbol{\mu} + \boldsymbol{J}^{\text{act}} \qquad (12.137)$$

und für level flow gilt $\boldsymbol{J} = \boldsymbol{J}^{\text{act}}$. Bringt man in einem aktiv transportierenden System alle Flüsse J_i zu Null — diesen Zustand bezeichnet man als *stop flow* oder *static head* — dann folgt aus (12.137)

$$\Delta\boldsymbol{\mu} = -\boldsymbol{L}^{-1}\boldsymbol{J}^{\text{act}}$$

oder explizit

$$\Delta\mu_i = -\frac{1}{\det(\boldsymbol{L})}\sum_{j=1}^{k} \boldsymbol{M}_{ji} J_j^{\text{act}}, \qquad (i=1\ldots k) \qquad (12.138)$$

wobei sich $\det(\boldsymbol{L})$ und $\boldsymbol{M}_{ji}$ auf die Matrix der passiven Koeffizienten beziehen und definiert sind wie in (12.61). Wie man sieht, erzeugt der aktive Transport bei Unterdrückung aller Flüsse J_i von Null verschiedene passive Kräfte über der Membran.

Die stop flow-Situation ist in der Literatur ebenfalls zur Definition aktiven Transports herangezogen worden. Ausgehend von der inversen Form der Flußgleichungen (Gl. 12.60a), die in Gegenwart aktiven Transports folgendermaßen lauten

$$\begin{aligned} \Delta\mu_i &= \sum_{j=1}^{k} R_{ij}J_j + R_{ir}J_r \qquad (i=1\ldots k) \\ A &= \sum_{i=1}^{k} R_{ri}J_i + R_{rr}J_r, \end{aligned} \qquad (12.139)$$

wurde $R_{ir} \neq 0$ als Kriterium für aktiven Transport von i angesehen und der aktive Transport definiert als

$$J_i^{\text{ACT}} \equiv -\frac{R_{ir}}{R_{rr}} J_r. \qquad (i=1\ldots k). \qquad (12.140)$$

Diese Definition hat den Nachteil, daß der aktive Transport als solcher nicht direkt beobachtet werden kann. Man beachte, daß beide Definitionen nicht identisch sind. Nach (12.138) kann $\Delta\mu_1 \neq 0$ unter stop flow Bedingungen auch durch passive Flußkopplung mit einer Komponente 2 zustande kommen, falls $L_{12} \neq 0$ und $J_2^{\text{act}} \neq 0$, während die Komponente 1 gar nicht aktiv transportiert wird ($J_1^{\text{act}} = 0$). Nach (12.140) hieße $\Delta\mu_1 \neq 0$ dagegen definitionsgemäß, daß die Komponente 1 aktiv transportiert wird. Außer den beiden grundsätzlich verschiedenen Definitionsmöglichkeiten (12.135) bzw. (12.140) muß man auch beachten, daß der aktive Transport mit jeder Transformation der Flußgleichungen neu definiert wird. Geht man z.B. von (12.87b) aus, so erhält man in aktiv transportierenden Systemen

$$J_i = (1-\sigma_i)\bar{c}_i J_v + \sum_{j=1}^{k} \tilde{L}_{ij}\Delta\mu_j + \tilde{L}_{iA}A' \qquad (i=1,2\ldots k)$$

mit

$$\tilde{L}_{ij} = L_{ij} - \frac{L_{iw}L_{wj}}{L_{ww}} \quad \text{und} \quad \tilde{L}_{iA} = L_{iA} - \frac{L_{iw}L_{wA}}{L_{ww}}, \qquad (12.141\text{a–c})$$

wobei man $\tilde{L}_{iA}A'$ wieder als aktiven Transport bezeichnet.

b) Aktiver Transport in zusammengesetzten Membransystemen. Primär- und sekundär-aktiver Transport

Zusammengesetzte Membransysteme können aktiven Transport einer Komponente i (in der Definition (12.135) oder (12.140)), zeigen, obwohl die Komponente i selbst in keiner Einzelmembran aktiv transportiert wird. Das ist dann möglich, wenn 1. eine andere Komponente j ($j \neq i$) in einer asymmetrischen Teilmembran des Systems aktiv transportiert wird und wenn 2. zwischen beiden Komponenten i und j passive Flußkopplungen existieren und wenn 3. die relativen passiven Transporteigenschaften der Teilmembranen für i und j verschieden sind.

α) Serienschaltung

Ein System bestehe aus zwei hintereinandergeschalteten Membranen a und b mit den Flußgleichungen

$$^{a}\boldsymbol{J} = {}^{a}\boldsymbol{L}\,{}^{a}\Delta\boldsymbol{\mu} + {}^{a}\boldsymbol{J}^{\text{act}} \quad \text{und} \quad {}^{b}\boldsymbol{J} = {}^{b}\boldsymbol{L}\,{}^{b}\Delta\boldsymbol{\mu}, \qquad (12.142\text{a, b})$$

d.h. der aktiv transportierenden Membran a sei eine rein passiv transportierende Membran b in Serie geschaltet. Im stationären Zustand gilt dann

$$\boldsymbol{J} = {}^{a}\boldsymbol{J} = {}^{b}\boldsymbol{J} \quad \text{und} \quad \Delta\boldsymbol{\mu} = {}^{a}\Delta\boldsymbol{\mu} + {}^{b}\Delta\boldsymbol{\mu}. \qquad (12.143\text{a, b})$$

Durch Einsetzen von (12.143b) in (12.142a) erhalten wir mit (12.143a) und (12.142b)

$$({}^{a}\boldsymbol{L} + {}^{b}\boldsymbol{L})\,{}^{b}\Delta\boldsymbol{\mu} = {}^{a}\boldsymbol{L}\Delta\boldsymbol{\mu} + {}^{a}\boldsymbol{J}^{\text{act}},$$

und da ${}^{a}\boldsymbol{L} + {}^{b}\boldsymbol{L} > 0$ folgt

$${}^{b}\Delta\boldsymbol{\mu} = ({}^{a}\boldsymbol{L} + {}^{b}\boldsymbol{L})^{-1}\,{}^{a}\boldsymbol{L}\Delta\boldsymbol{\mu} + ({}^{a}\boldsymbol{L} + {}^{b}\boldsymbol{L})^{-1}\,{}^{a}\boldsymbol{J}^{\text{act}}.$$

Durch Einsetzen in (12.142b) folgt für den Fluß durch das Gesamtsystem

$$\boldsymbol{J} = \boldsymbol{L}\Delta\boldsymbol{\mu} + \boldsymbol{J}^{\text{act}}$$

mit

$$\boldsymbol{L} \equiv {}^{b}\boldsymbol{L}({}^{a}\boldsymbol{L} + {}^{b}\boldsymbol{L})^{-1}\,{}^{a}\boldsymbol{L} = ({}^{a}\boldsymbol{L}^{-1} + {}^{b}\boldsymbol{L}^{-1})^{-1}$$

und

$$\boldsymbol{J}^{\text{act}} \equiv {}^{b}\boldsymbol{L}({}^{a}\boldsymbol{L} + {}^{b}\boldsymbol{L})^{-1}\,{}^{a}\boldsymbol{J}^{\text{act}}. \qquad (12.144\text{a–c})$$

Um dieses Eregebnis zu veranschaulichen, betrachten wir jetzt den einfachen Fall, daß im Gesamtsystem nur zwei permeierende Komponenten ($i = 1, 2$) vorliegen. Aus (12.144) erhalten wir für den Fluß J_1 durch das

Gesamtsystem

$$J_1 = e\{{}^{a}L_{11}\det({}^{b}\boldsymbol{L}) + {}^{b}L_{11}\det({}^{a}\boldsymbol{L})\}\Delta\mu_1$$
$$+ e\{{}^{a}L_{12}\det({}^{b}\boldsymbol{L}) + {}^{b}L_{12}\det({}^{a}\boldsymbol{L})\}\Delta\mu_2$$
$$+ e\{\det({}^{b}\boldsymbol{L}) + {}^{a}L_{22}{}^{b}L_{11} - {}^{a}L_{21}{}^{b}L_{12}\}{}^{a}J_1^{\mathrm{act}}$$
$$+ e\,{}^{a}L_{11}{}^{b}L_{11}\left(\frac{{}^{b}L_{12}}{{}^{b}L_{11}} - \frac{{}^{a}L_{12}}{{}^{a}L_{11}}\right){}^{a}J_2^{\mathrm{act}}$$

mit

$$e \equiv \{\det({}^{a}\boldsymbol{L}) + \det({}^{b}\boldsymbol{L})\}^{-1} \tag{12.145}$$

und einen identischen Ausdruck für J_2, bei dem lediglich alle Indizes 1 und 2 vertauscht sind. Aus (12.145) bzw. bereits aus (12.144) schließen wir: Die passiven Transportkoeffizienten des Gesamtsystems werden allein durch die passiven Transportkoeffizienten der Einzelmembranen bestimmt, der aktive Transport des Gesamtsystems hängt aber nicht nur vom aktiven Transport in Membran a, sondern auch von den passiven Transportkoeffizienten beider Einzelmembranen ab, d.h. aktiver Transport kann am Gesamtsystem entweder verschwinden oder neu auftreten. Zum Beispiel kann die Komponente 1 selbst dann durch das Gesamtsystem aktiv transportiert werden ($J_1^{\mathrm{act}} \neq 0$), wenn ${}^{a}J_1^{\mathrm{act}} = 0$ ist, und zwar dann, wenn ${}^{a}J_2^{\mathrm{act}} \neq 0$ und wenn die relativen passiven Transporteigenschaften der Serienmembranen verschieden sind $\left(\text{Asymmetrie vom Typ } \frac{{}^{a}L_{12}}{{}^{a}L_{11}} \neq \frac{{}^{b}L_{12}}{{}^{b}L_{11}}\right)$. Diesen Fall kann man als sekundär-aktiven Transport der Komponente 1 bezeichnen. Wir definieren sekundär-aktiven Transport dann als eine Eigenschaft zusammengesetzter Membransysteme, bei denen aktiver Transport einer Komponente 1 durch lokal-passive Kopplung an den Fluß einer Komponente 2 auftritt, die selbst aktiv transportiert wird.

β) Parallelschaltung

Für die Parallelschaltung zweier Membranen a und c vom Typ (s. auch Seite 518)

$${}^{a}\boldsymbol{J} = {}^{a}\boldsymbol{L}\,{}^{a}\Delta\boldsymbol{\mu} + {}^{a}\boldsymbol{J}^{\mathrm{act}} \quad \text{und} \quad {}^{c}\boldsymbol{J} = {}^{c}\boldsymbol{L}\,{}^{c}\Delta\boldsymbol{\mu} \tag{12.146a, b}$$

gilt im stationären Zustand

$$\boldsymbol{J} = {}^{a}\boldsymbol{J} + {}^{c}\boldsymbol{J} \quad \text{und} \quad \Delta\boldsymbol{\mu} = {}^{a}\Delta\boldsymbol{\mu} = {}^{c}\Delta\boldsymbol{\mu} \tag{12.147a, b}$$

mit dem Resultat

$$\boldsymbol{J} = ({}^{a}\boldsymbol{L} + {}^{c}\boldsymbol{L})\Delta\boldsymbol{\mu} + {}^{a}\boldsymbol{J}^{\mathrm{act}}. \tag{12.148}$$

Bei der Parallelschaltung werden, ebenso wie bei der Serienschaltung, die passiven Eigenschaften des Gesamtsystems von den passiven Eigenschaften beider Einzelmembranen bestimmt, der aktive Transport wird aber durch die parallel geschaltete passive Membran nicht verändert.

Definiert man den aktiven Transport mit Hilfe der R-Koeffizienten nach (12.140), dann hängt der aktive Transport des Gesamtsystems bei Serienschaltung nur von den aktiven Transporteigenschaften der Einzelmembranen ab, bei Parallelschaltung aber von den *aktiven und passiven* Eigenschaften der Einzelmembranen. Man erhält also genau das umgekehrte Resultat wie bei der Definition nach (12.135). Ein universelles Kriterium zur Unterscheidung von primär und sekundär aktivem Transport an beliebig zusammengesetzten Membranen gibt es nicht. Die Unterscheidung läßt sich nur treffen, wenn man die Transporteigenschaften der Einzelelemente analysiert. Da man beim Arbeiten mit biologischen Membranen immer eine Parallelschaltung verschiedener Transporteinheiten im Sinne einer Mosaikmembran vor sich hat, ziehen wir die Definition des aktiven Transports nach (12.135) vor. Der so definierte aktive Transport hängt dann nicht von den Eigenschaften der übrigen Transporteinheiten ab.

c) Aktiver Transport in Elektrolytsystemen

Aktiver Transport von Elektrolyten kann mit Ladungstransport verbunden sein und zur Entstehung eines Membranpotentials (aktives Potential oder „Transport"-Potential) führen. Aus den Flußgleichungen folgt analog (12.100) und (12.103–12.104)

$$(\Delta\varphi)_{\substack{I=0\\ \Delta\mu_w=0\\ \Delta\mu_i=0}} = -\frac{1}{g}\sum_{i=1}^{k} z_i F L_{iA} A', \tag{12.149}$$

wobei $\sum_{i=1}^{k} z_i F L_{iA} A'$ den Ladungstransport durch die aktiv transportierten Ionen beschreibt. Er ist identisch mit dem Strom, den man benötigt, um das in (12.149) beschriebene Membranpotential auf null zu kompensieren (sog. Kurzschlußstrom). Wird nur ein Ion $i=1$ aktiv transportiert, so gilt

$$(I)_{\substack{\Delta\varphi=0\\ \Delta\mu_w=0\\ \Delta\mu_i=0}} = z_1 F J_1^{\mathrm{act}}, \tag{12.150}$$

d.h. in diesem Fall ist der Kurzschlußstrom ein direktes Maß für die aktive Transportrate. Werden Kation und Anion mit gleicher Rate aktiv transportiert, so bildet sich keine Potentialdifferenz aus, und es ist kein Kurzschlußstrom meßbar (elektroneutraler Salztransport).

Ausgehend von (12.141a) kann man den Nettofluß eines Ions in Gegenwart aktiven Transports schreiben

$$J_i = (1-\sigma_i)\bar{c}_i J_v + \sum_{j=1}^{k} \tilde{L}_{ij}\Delta\eta_j + \tilde{L}_{iA}A'. \tag{12.151a}$$

Unter Verwendung von (12.67a) und (12.98b) folgt daraus bei Vernachlässigung der Wechselwirkungen zwischen einzelnen Ionen die praktisch wichtige Gleichung

$$J_i = (1-\sigma_i)\bar{c}_i J_v + \tilde{P}_i\left(\Delta c_i + \frac{z_i F}{RT}\Delta\varphi\bar{c}_i\right) + \tilde{J}_i^{\mathrm{act}} \tag{12.151b}$$

d) Modellsysteme mit aktivem Transport

Die oben nicht näher definierte Asymmetrie aktiv transportierender Membranen, die für die Kopplung von Substanzfluß und chemischem Fluß verantwortlich ist, läßt sich durch asymmetrische Serienelemente innerhalb der Membran modellieren. Es sind zwei Klassen von Modellen vorgeschlagen und experimentell realisiert worden:

α) Asymmetrische Serienmembran mit Flußkopplung von aktiv transportierter Komponente und Reaktionspartner (Meyer, Sauer und Woermann)

Ein System enthalte die Komponenten $i=1,2,\ldots k$ und die Reaktionspartner $n=m+1,\ m+2,\ldots q$, wobei wir der Einfachheit halber nur Nichtelektrolyte zulassen wollen. Die Membran bestehe aus zwei Serienmembranen a und b mit dem Innenraum * (siehe z.B. Abb. 12.44), der eine homogene, isotrope Phase darstellen soll und in dem die chemische Reaktion unter Vermittlung eines Enzyms abläuft. Für die Entropieproduktion gilt in diesem System im stationären Zustand

$$\frac{dS_{\text{in}}}{dt}=\frac{1}{T}\left\{\sum_{z=1}^{q}{}^{\text{a}}J_z{}^{\text{a}}\Delta\mu_z+\sum_{z=1}^{q}{}^{\text{b}}J_z{}^{\text{b}}\Delta\mu_z+J_{\text{r}}A^*\right\}\quad (z=i,n) \tag{12.152}$$

Wenn wir aus Gründen der Übersichtlichkeit nur eine Komponente $i=1$ und drei Reaktionspartner $n=2,3$ und 4 zulassen, die an der Reaktion

$$\nu_2\text{B}_2\rightleftharpoons\nu_3\text{B}_3+\nu_4\text{B}_4 \tag{12.153}$$

beteiligt sein mögen, und annehmen, daß die Membranen a und b für die Komponenten 3 und 4 so gut permeabel sind, daß $\mu_3'=\mu_3^*=\mu_3''$ und $\mu_4'=\mu_4^*=\mu_4''$, dann lauten die Flußgleichungen

$$\begin{aligned}
{}^{\text{a}}J_1&={}^{\text{a}}L_{11}{}^{\text{a}}\Delta\mu_1+{}^{\text{a}}L_{12}{}^{\text{a}}\Delta\mu_2;\\
{}^{\text{b}}J_1&={}^{\text{b}}L_{11}{}^{\text{b}}\Delta\mu_1+{}^{\text{b}}L_{12}{}^{\text{b}}\Delta\mu_2\\
{}^{\text{a}}J_2&={}^{\text{a}}L_{21}{}^{\text{a}}\Delta\mu_1+{}^{\text{a}}L_{22}{}^{\text{a}}\Delta\mu_2;\\
{}^{\text{b}}J_2&={}^{\text{b}}L_{21}{}^{\text{b}}\Delta\mu_1+{}^{\text{b}}L_{22}{}^{\text{b}}\Delta\mu_2
\end{aligned} \tag{12.154a–d}$$

und im stationären Zustand gilt

$${}^{\text{a}}J_1={}^{\text{b}}J_1\quad\text{und}\quad -{}^{\text{a}}J_2+{}^{\text{b}}J_2=\nu_2J_{\text{r}} \tag{11.155a, b}$$

sowie

$$\Delta\mu_1={}^{\text{a}}\Delta\mu_1+{}^{\text{b}}\Delta\mu_1\quad\text{und}\quad\Delta\mu_2={}^{\text{a}}\Delta\mu_2+{}^{\text{b}}\Delta\mu_2\,. \tag{12.156a, b}$$

Wir beschränken uns jetzt auf die Bedingung $\Delta\mu_1=0$, $\Delta\mu_n=0$, aber $A'\neq 0$ und untersuchen, ob unter dieser Bedingung $J_1\neq 0$ sein kann, d.h. ob dieses System aktiven Transport zeigt. Das Resultat läßt sich leicht finden, wenn wir ${}^{\text{a}}\Delta\mu_2$ in (12.154a) mit Hilfe von (12.154b und 12.155b) durch J_{r} ausdrücken:

$${}^{\text{a}}J_1=\left\{{}^{\text{a}}L_{11}-\frac{{}^{\text{a}}L_{12}({}^{\text{a}}L_{12}+{}^{\text{b}}L_{12})}{{}^{\text{a}}L_{22}+{}^{\text{b}}L_{22}}\right\}{}^{\text{a}}\Delta\mu_1-\frac{{}^{\text{a}}L_{12}}{{}^{\text{a}}L_{22}+{}^{\text{b}}L_{22}}\nu_2J_{\text{r}} \tag{12.157}$$

und dann dem Vorgehen wie zur Ableitung von (12.144a) folgen. Wir erhalten dann

$$(J_1)_{\substack{\Delta\mu_1=0\\ \Delta\mu_n=0}}=\frac{{}^{\text{a}}L_{11}{}^{\text{b}}L_{12}-{}^{\text{a}}L_{12}{}^{\text{b}}L_{11}}{\det({}^{\text{a}}\boldsymbol{L}+{}^{\text{b}}\boldsymbol{L})}\nu_2J_{\text{r}} \tag{12.158}$$

bzw. wenn wir den chemischen Fluß durch die Affinität der Reaktion in der Außenphase ausdrücken und

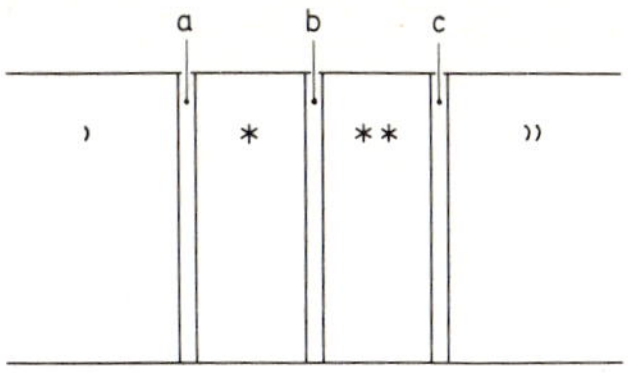

Abb. 12.45. System mit drei Serienmembranen

den Zähler umordnen

$$(J_1)_{\substack{\Delta\mu_1=0\\ \Delta\mu_n=0}}=\frac{\nu_2{}^{\text{a}}L_{11}{}^{\text{b}}L_{11}\left(\dfrac{{}^{\text{b}}L_{12}}{{}^{\text{b}}L_{11}}-\dfrac{{}^{\text{a}}L_{12}}{{}^{\text{a}}L_{11}}\right)L_A^*}{\det({}^{\text{a}}\boldsymbol{L}+{}^{\text{b}}\boldsymbol{L})-\nu_2^2L_A^*({}^{\text{a}}L_{11}+{}^{\text{b}}L_{11})}A'\,, \tag{12.159}$$

wobei L_A^* analog (12.115) für die Reaktion in der * Phase definiert ist. Nach (12.159) zeigt das System aktiven Transport der Definition (12.135), falls die relativen passiven Transporteigenschaften der beiden Membranen a und b unterschiedlich sind. Es handelt sich dabei um eine Asymmetrie vom Typ $\dfrac{{}^{\text{a}}L_{12}}{{}^{\text{a}}L_{11}}\neq\dfrac{{}^{\text{b}}L_{12}}{{}^{\text{b}}L_{11}}$, wie wir sie auch im Fall sekundär aktiven Transports (s. S. 495) gefunden haben.

β) Aktiver Transport einer Komponente, die an zwei hintereinandergeschalteten Reaktionen beteiligt ist (Kepes, Sélégny)

In diesem Modell wird die Membran in drei Serienmembranen a, b und c zerlegt, so daß vier hintereinandergeschaltete Phasen ', *, ** und '' entstehen (s. Abb. 12.45). Das System enthalte außer dem Lösungsmittel, für das alle Membranen impermeabel sein mögen, die Komponenten $i=1,2,\ldots 5$, die an verschiedenen chemischen Reaktionen beteiligt sind. In der Phase * sei ein Enzym vorhanden, das die Reaktion

$$\nu_1^*\text{B}_1+\nu_2^*\text{B}_2\rightleftharpoons\nu_3^*\text{B}_3+\nu_4^*\text{B}_4 \tag{12.160}$$

katalysiert, und in der Phase ** ein Enzym, das die Reaktion

$$\nu_3^{**}\text{B}_3\rightleftharpoons\nu_1^{**}\text{B}_1+\nu_5^{**}\text{B}_5 \tag{12.161}$$

katalysiert, wobei z.B. $\text{B}_1=$ Glukose, $\text{B}_2=$ ATP, $\text{B}_3=$ Glukose-6-Phosphat, $\text{B}_4=$ ADP und $\text{B}_5=$ Phosphat sein mögen, mit den Enzymen Hexokinase in Phase * und Phosphatase in Phase **. Im Gegensatz zum ersten Modell sollen die Eigenschaften der Membranen a, b und c symmetrisch sein. Die Asymmetrie des Gesamtsystems wird lediglich durch die asymmetrische Anordnung der chemischen Reaktionen bewirkt.

Im stationären Zustand gilt:

$$\frac{dS_{\text{in}}}{dt}=\frac{1}{T}\left\{\sum_{z=\text{a}}^{\text{c}}\sum_{i=1}^{5}{}^{z}J_i{}^{z}\Delta\mu_i+J_{\text{r}}^*A^*+J_{\text{r}}^{**}A^{**}\right\} \tag{12.162}$$

mit den Bilanzen

$$\begin{aligned} \frac{dn_i^*}{dt} &= {}^{\mathrm{a}}J_i - {}^{\mathrm{b}}J_i + v_i^* J_{\mathrm{r}}^* = 0 \,; \\ \frac{dn_i^{**}}{dt} &= {}^{\mathrm{b}}J_i - {}^{\mathrm{c}}J_i + v_i^{**} J_{\mathrm{r}}^{**} = 0 \quad (i=1\ldots5) \end{aligned} \tag{12.163}$$

und den Flüssen

$$\begin{aligned} {}^{\mathrm{a}}J_i &= \sum_{j=1}^{5} {}^{\mathrm{a}}L_{ij}\,{}^{\mathrm{a}}\Delta\mu_j \,; \qquad {}^{\mathrm{b}}J_i = \sum_{j=1}^{5} {}^{\mathrm{b}}L_{ij}\,{}^{\mathrm{b}}\Delta\mu_j \,; \\ {}^{\mathrm{c}}J_i &= \sum_{j=1}^{5} {}^{\mathrm{c}}L_{ij}\,{}^{\mathrm{c}}\Delta\mu_j \quad (i=1\ldots5)\,. \end{aligned} \tag{12.164}$$

Wegen der Serienschaltung gilt ferner:

$$\Delta\mu_i = {}^{\mathrm{a}}\Delta\mu_i + {}^{\mathrm{b}}\Delta\mu_i + {}^{\mathrm{c}}\Delta\mu_i \quad (i=1\ldots5)\,. \tag{12.165}$$

Um das System überschaubar zu halten, führen wir jetzt folgende Vereinfachungen ein: 1. Alle Flußkopplungen in allen Einzelmembranen sollen vernachlässigbar sein, d.h. ${}^{z}L_{ij}=0$ ($i \neq j = 1, 2 \ldots 5$, $z=$a, b, c). Damit eliminieren wir gleichzeitig alle möglichen Beiträge von Flußkopplungen zwischen Reaktionspartnern, die aktiven Transport im Sinne des zuvor besprochenen Modells geben könnten. 2. Mit Ausnahme der Komponente 3 sollen alle Diagonalkoeffizienten in allen Membranen gleich sein, d.h. ${}^{y}L_{ii} = {}^{z}L_{jj} = L$ für i, $j=1$, 2, 4, 5; y, $z=$a, b, c und für die Komponente 3 soll gelten: ${}^{\mathrm{a}}L_{33}=0$, ${}^{\mathrm{b}}L_{33}=L$ und ${}^{\mathrm{c}}L_{33}=0$, d.h. die Komponente 3 kann nur zwischen den Phasen * und ** austauschen. Die Symmetrie aller Membraneigenschaften bleibt dabei gewahrt. Wegen ${}^{\mathrm{a}}L_{33}=0$ und ${}^{\mathrm{c}}L_{33}=0$ folgt aus den Bilanzgleichungen

$${}^{\mathrm{b}}J_3 = v_3^* J_{\mathrm{r}}^* = -v_3^{**} J_{\mathrm{r}}^{**}\,, \tag{12.166}$$

d.h. im stationären Zustand stellt sich eine feste stöchiometrische Relation zwischen beiden chemischen Reaktionen ein. Für alle Reaktionspartner (t), die an beiden Reaktionen beteiligt sind und die Bedingung

$$\frac{v_t^*}{v_t^{**}} = \frac{v_3^*}{v_3^{**}} \tag{12.167}$$

erfüllen, folgt dann aus den Bilanzgleichungen

$${}^{\mathrm{a}}J_t = {}^{\mathrm{c}}J_t \tag{12.168}$$

d.h. die Komponenten t bleiben beim Transport erhalten. Sie werden zwar in der ersten Reaktion umgewandelt, aber in der zweiten Reaktion mit gleicher Rate neu gebildet.

Um zu einer Aussage über den aktiven Transport zu kommen, beschränken wir uns jetzt nur auf die Bedingung $\Delta\mu_i=0$. Außerdem nehmen wir vereinfachend an, daß die stöchiometrischen Zahlen aller Ausgangsstoffe -1 und aller Produkte $+1$ sind, woraus folgt

$${}^{\mathrm{b}}J_3 = J_{\mathrm{r}}^* = J_{\mathrm{r}}^{**} \equiv J_{\mathrm{r}} \tag{12.169}$$

Tabelle 12.9. Flüsse der einzelnen Komponenten in Modell β

Komponente	Membran		
	a	b	c
1	$\frac{1}{3}J_{\mathrm{r}}^{\rightarrow}$	$\frac{2}{3}J_{\mathrm{r}}^{\leftarrow}$	$\frac{1}{3}J_{\mathrm{r}}^{\rightarrow}$
2	$\frac{2}{3}J_{\mathrm{r}}^{\rightarrow}$	$\frac{1}{3}J_{\mathrm{r}}^{\leftarrow}$	$\frac{1}{3}J_{\mathrm{r}}^{\leftarrow}$
3	0	$J_{\mathrm{r}}^{\rightarrow}$	0
4	$\frac{2}{3}J_{\mathrm{r}}^{\leftarrow}$	$\frac{1}{3}J_{\mathrm{r}}^{\rightarrow}$	$\frac{1}{3}J_{\mathrm{r}}^{\rightarrow}$
5	$\frac{1}{3}J_{\mathrm{r}}^{\leftarrow}$	$\frac{1}{3}J_{\mathrm{r}}^{\leftarrow}$	$\frac{2}{3}J_{\mathrm{r}}^{\rightarrow}$

Alle Flüsse unter der Bedingung $\Delta\mu_i=0$ ($i=1\ldots5$) als Funktion der chemischen Reaktionsrate $J_{\mathrm{r}}^* = J_{\mathrm{r}}^{**}$. Die Pfeile geben die Flußrichtung an. Beachte, daß nur für die Komponente 1 gilt: ${}^{\mathrm{a}}J_i = {}^{\mathrm{c}}J_i$.

Mit diesem Ergebnis können wir aus (12.163–12.165) die Flüsse aller Substanzen i durch alle Membranen als Funktion von J_{r} berechnen. Diese Flüsse sind in Tabelle 12.9 zusammengestellt. Wie man sieht, werden bei $\Delta\mu_i=0$ ($i=1\ldots5$) alle Substanzen proportional zur Flußrate der chemischen Reaktionen transportiert. Aber nur für die Substanz 1, die der Bedingung (12.167) gehorcht, ist der Fluß aus der ′ Phase in die Membran gleich dem Fluß aus der Membran in die ″ Phase, d.h.

$$(J_1)_{\Delta\mu_i=0} = {}^{\mathrm{a}}J_1 = {}^{\mathrm{c}}J_1 = \tfrac{1}{3}J_{\mathrm{r}}\,. \tag{12.170}$$

Der chemische Fluß wird bei $\Delta\mu_i=0$ durch die Affinitäten beider chemischen Reaktionen in den Außenphasen bestimmt. Aus den Gln. (12.163–12.165) findet man mit Hilfe von (12.169)

$$J_{\mathrm{r}} = \left(\frac{1}{L_A^*} + \frac{1}{L_A^{**}} + \frac{11}{3L}\right)^{-1} \{(A^*)' + (A^{**})'\} \tag{12.171}$$

wobei L_A^* und L_A^{**} analog (12.115) die phänomenologischen Koeffizienten der Reaktionen in den Phasen * und ** bedeuten und $(A^*)'$ und $(A^{**})'$ analog (12.116) für jede Reaktion (* und **) aus den $\mu_i' = \mu_i''$ der Außenphasen gebildet wird. Aus (12.170) und (12.171) folgt

$$(J_1)_{\Delta\mu_i=0} = L_{1A}\{(A^*)' + (A^{**})'\} \tag{12.172}$$

mit

$$L_{1A} \equiv \tfrac{1}{3}\left(\frac{1}{L_A^*} + \frac{1}{L_A^{**}} + \frac{11}{3L}\right)^{-1}, \tag{12.173}$$

d.h. die Komponente 1 wird in unserem System entsprechend der Definition (12.135) aktiv transportiert, wobei die Flußrichtung des aktiven Transports allein von der Zugabe der Enzyme zu Phase * oder ** bestimmt wird. Für die Komponenten s mit

$$\frac{v_s^*}{v_s^{**}} \neq \frac{v_3^*}{v_3^{**}} \tag{12.174}$$

(in unserem Beispiel die Komponenten 2, 4 und 5) sind zwar die Flüsse durch Membran a und c ebenfalls ungleich null, ${}^{\mathrm{a}}J_s$ und ${}^{\mathrm{c}}J_s$ sind aber nicht gleich groß und sind zudem entgegengesetzt gerichtet, da diese Komponenten laufend produziert oder abgebaut werden. Für diese Komponenten kann man deshalb nicht von aktivem Transport sprechen. Um das Modell dem aktiven Transport an biologischen Membranen besser anzupassen, könnte man zusätzlich postulieren, daß Membran a nur für die Komponente 1 permeabel ist. Diese Komponente würde dann von der Außenphase (′) in die Zelle (″) aufgenommen, die das ATP liefert und die Spaltprodukte ADP und PO_4 zurückerhält.

12.5.3 Transport durch Diffusion

In diesem Kapitel werden Transportvorgänge betrachtet, die durch einen Diagonalkoeffizienten L_{ii} charakterisiert werden können, das sind Flüsse einer Komponente i, die durch ihre konjugierte Kraft, die chemische resp. elektrochemische Potentialdifferenz von i, hervorgerufen werden. Nach Gl. (12.67b) wird der Zusammenhang zwischen Fluß und treibender Kraft üblicherweise durch einen Permeabilitätskoeffizienten (P_i) beschrieben, der die Durchlässigkeit der Membran für die Komponente i angibt und eine geringere Konzentrationsabhängigkeit besitzt als der Koeffizient L_{ii}. Die Größe eines Permeabilitätskoeffizienten allein kann nichts über den Permeationsmechanismus aussagen. Um Einblick in die molekularen Mechanismen der Permeation zu gewinnen, muß man die Abhängigkeit des Koeffizienten von den Systemparametern, wie Konzentration aller Komponenten, Druck und Temperatur bestimmen und vergleichende Untersuchungen über die Abhängigkeit von den Eigenschaften des penetrierenden Teilchens (Molekulargewicht, Molekülform, chemische Struktur der Seitenketten, Ladung usw.) und von den Eigenschaften der Membran durchführen (Variation der Lipidzusammensetzung, der Seitenketten der Proteine, der Ladung usw.). Wie im folgenden gezeigt wird, kann man aufgrund solcher Untersuchungen zumindest zwei Gruppen von Permeationsvorgängen abgrenzen, die als „einfache“ Diffusion und „erleichterte“ Diffusion bezeichnet werden.

12.5.3.1 Transport durch „einfache“ Diffusion

a) Nichtelektrolyte

Die umfangreichsten Permeabilitätsuntersuchungen wurden bisher von Collander und Mitarbeitern an Algen durchgeführt. Abbildung 12.46 zeigt Permeabilitätskoeffizienten der Zellmembran der Alge *Nitella* für 57 verschiedene Substanzen mit Molekulargewichten zwischen 19 und 480. Sie sind gegen den Verteilungskoeffizienten Olivenöl/Wasser aufgetragen. Wie man sieht, sind Permeabilität und Verteilungskoeffizient deutlich korreliert, obwohl die Einzeldaten über sieben bzw. mehr als vier Größenordnungen variieren. Außerdem findet sich eine Abhängigkeit vom Molekulargewicht. Substanzen mit Molekulargewichten <60 liegen am linken Rand und Substanzen mit Molekulargewichten >150 am rechten Rand.

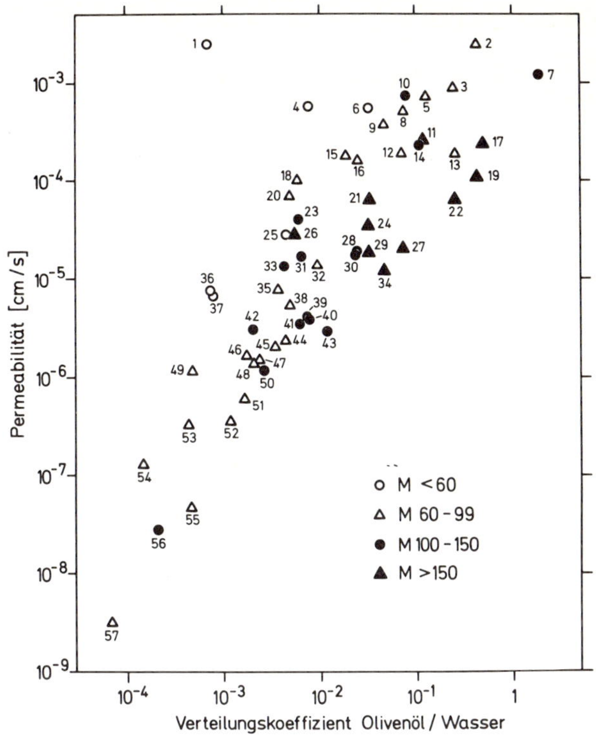

Abb. 12.46. Beziehung zwischen Lipid/Wasser-Verteilungskoeffizient und Permeabilität von 57 verschiedenen Substanzen an der Zellmembran der Alge *Nitella mucronata*. Abszisse: Olivenöl/Wasser-Verteilungskoeffizient, Ordinate: Permeabilität in cm/s. Doppeltlogarithmische Auftragung. Die Symbole geben das Molekulargewicht an. Die einzelnen Substanzen sind: 1. Wasser (D_2O), 2. Methylacetat, 3. sec.-Butanol, 4. Methanol, 5. n-Propanol, 6. Äthanol, 7. Paraldehyd, 8. Urethan, 9. iso-Propanol, 10. Acetonylaceton, 11. Diäthylenglykolmonobutyläther, 12. Dimethylcyanamid, 13. tert.-Butanol, 14. Glyzerindiäthyläther, 15. Äthoxyäthanol, 16. Methylcarbamat, 17. Triäthylcitrat, 18. Methoxyäthanol, 19. Triacetin, 20. Dimethylformamid, 21. Triäthylenglykoldiacetat, 22. Pyramidon, 23. Diäthylenglykolmonoäthyläther, 24. Caffein, 25. Cyanamid, 26. Tetraäthylenglykoldimethyläther, 27. Diacetin, 28. Methylpentandiol, 29. Antipyren, 30. iso-Valeramid, 31. 1,6-Hexandiol, 32. n-Butyramid, 33. Diäthylenglykolmonomethyläther, 34. Trimethylcitrat, 35. Propionamid, 36. Formamid, 37. Acetamid, 38. Succinimid, 39. Glyzerinmonoäthyläther, 40. N,N-Diäthyl-Harnstoff, 41. 1,5-Pentandiol, 42. Dipropylenglykol, 43. Glyzerinmonochlorhydrin, 44. 1,3-Butandiol, 45. 2,3-Butandiol, 46. 1,2-Propandiol, 47. N,N-Dimethyl-Harnstoff, 48. 1,4-Butandiol, 49. Äthylenglykol, 50. Glycerinmonomethyläther, 51. Äthyl-Harnstoff, 52. Thio-Harnstoff, 53. Methyl-Harnstoff, 54. Harnstoff, 55. Dicyandiamid, 56. Hexamethylentetramin, 57. Glyzerin. [Nach Collander, R., Physiol. Plant. 7, 420 (1945)]

Die Abhängigkeit vom Molekulargewicht ist jedoch vergleichsweise klein. Aus diesen Daten, die durch analoge Befunde von anderen Zellmembranen (Epithelzellen, rote Blutzellen) bekräftigt werden, kann man schließen: 1. daß sich die Zellmembran wie eine Lipidbarriere verhält, d.h., daß die Permeation im wesentlichen durch die Kräfte bestimmt wird, die auch die Verteilung zwischen Lipid und Wasser bestimmen, und 2. daß die Zellmembran als Diffusionsbarriere wirkt, die größere Moleküle schlechter hindurchläßt als kleinere.

Diese Befunde lassen sich zwanglos mit einem einfachen Diffusionsmodell erklären, in dem man die

Permeation in drei Einzelschritte zerlegt: 1. Übergang eines Teilchens von der Außenlösung in die hydrophobe Membranphase, 2. Diffusion durch die Membran und 3. Austritt aus der Membranphase in die Außenlösung. Nimmt man an, daß die Schritte 1 und 3 nicht geschwindigkeitsbestimmend sind, d.h. daß der Phasenübergang so rasch erfolgt, daß sich die Oberflächen der Membranphase mit den angrenzenden Außenlösungen stets im Verteilungsgleichgewicht befinden, dann gilt:

$$\tilde{c}_{i0} = K_i c_i' \quad \text{und} \quad \tilde{c}_{i\delta} = K_i c_i'' \tag{12.175}$$

wobei $\tilde{c}_{i0}$ und $\tilde{c}_{i\delta}$ die Konzentration von i in den Membranoberflächen bei $x=0$ und $x=\delta$ bezeichnen und K_i der Verteilungskoeffizient ist. Nimmt man ferner an, daß der Diffusionsfluß der Substanz i durch die Membran ähnlich wie in freier Lösung dem Fickschen Gesetz gehorcht, dann muß im stationären Zustand

$$\frac{J_i}{A} = \frac{\tilde{D}_i}{\delta}(\tilde{c}_{i0} - \tilde{c}_{i\delta}) \tag{12.176}$$

sein, wobei A die Membranfläche und $\tilde{D}_i$ den Diffusionskoeffizienten von i in der Membranphase bezeichnen, von dem man erwarten kann, daß er ähnlich wie in freien Lösungen eine negative Potenzfunktion des Molekulargewichts (M_i) von i ist

$$\tilde{D}_i = f\frac{1}{M_i^\beta}. \tag{12.177}$$

Aus (12.175) und (12.176) folgt

$$\frac{J_i}{A} = \frac{K_i \tilde{D}_i}{\delta}(c_i' - c_i'') \tag{12.178}$$

und der Vergleich mit (12.67) führt zu

$$P_i = \frac{K_i \tilde{D}_i}{\delta} \tag{12.179}$$

Nach diesem Modell sollte man folglich erwarten, daß die Permeabilität mit dem Verteilungskoeffizienten Membran/Wasser zunimmt und, wegen (12.177), mit zunehmendem Molekulargewicht abnimmt. Nun sind die Verteilungskoeffizienten Membran/Wasser zwar nicht bekannt, da wir aber wissen, daß die Zellmembran vornehmlich aus Lipiden besteht und da sich die Verteilungsmuster in verschiedenen Lipiden oder Lipid-Lösungsmitteln nur wenig unterscheiden, können wir annehmen, daß die $K_i^{\text{Olivenöl/Wasser}}$ die Verhältnisse in der Membran mit guter Näherung richtig wiedergeben. Wir schließen deshalb, daß das einfache Diffusionmodell die experimentellen Daten von Abb. 12.46 gut erklären kann. Über die Abhängigkeit der Diffusionskoeffizienten vom Molekulargewicht in Lipiden ist wenig bekannt. In wäßrigen Lösungen liegt der Exponent β von Gl. (12.177) zwischen 1/2 und 1/3.

Da die Lipidlöslichkeit von der Molekülstruktur abhängt, kommen in dem Permeationsverhalten von Abb. 12.46 letztlich Unterschiede der Molekülstruktur zum Ausdruck. Der Verteilungskoeffizient K_i ist ein Maß für die Differenz der molaren freien Energie (Gibbs Standard-Energie, G_i^0) für die Lösung einer Substanz i in zwei verschiedenen Phasen. Im Verteilungsgleichgewicht gilt

$$\mu_{i\text{w}} = \mu_{i\text{l}}, \tag{12.180}$$

wobei die Indices w und l die wäßrige und die nichtwäßrige Phase und der Index i die Testsubstanz bezeichnen. Wenn wir das chemische Potential in den konzentrationsabhängigen Term ($RT\ln c_i$) und das Standardpotential (μ_i^0) zerlegen, so folgt im Gleichgewicht

$$\mu_{i\text{w}}^0 + RT\ln c_{i\text{w}} = \mu_{i\text{l}}^0 + RT\ln c_{i\text{l}}$$

und damit

$$\mu_{i\text{w}}^0 - \mu_{i\text{l}}^0 = RT\ln\frac{c_{i\text{l}}}{c_{i\text{w}}} = RT\ln K_i. \tag{12.181}$$

Die Differenz der Standardpotentiale, $\mu_{i\text{w}}^0 - \mu_{i\text{l}}^0$, ist aber identisch mit der Differenz der partiellen molaren freien Energie (Gibbs-Standard-Energie) in beiden Phasen, $G_{i\text{w}}^0 - G_{i\text{l}}^0$. Werte für $G_{i\text{w}}^0$ sind für verdünnte, wäßrige Lösungen vieler Substanzen aus Partialdruck- und Löslichkeitsmessungen bekannt. Vergleicht man solche Daten von Molekülreihen, in denen jeweils nur eine Molekülgruppe α (z.B. OH oder CH_2) variiert wurde, so findet man, daß sich $G_{i\text{w}}^0$ jeweils um einen annähernd konstanten, spezifischen Betrag $\Delta G_{\alpha\text{w}}^0$ ändert (Tabelle 12.10, Spalte 2). Eine ähnliche Gesetzmäßigkeit, und zwar eine Änderung um einen annähernd konstanten Faktor, (ε_α findet man bei Betrachtung der Verteilungskoeffizienten (Spalte 3). Mit Hilfe von (12.181) kann man aus diesen Daten den Betrag der freien Energie $(\Delta G_\alpha^0)_{\text{w}\to\text{l}}$ für den Transfer eines Mols einer Substanz i von Wasser in die Lipidphase abschätzen, für den eine einzelne Molekülgruppe α verantwortlich ist. Diese Werte und Absolutwerte für $\Delta G_{\alpha\text{l}}^0$ sind in den Spalten 5 und 7 aufgetragen. In Spalten 4, 6 und 8 sind ähnliche Berechnungen für die Permeabilitätsdaten von Abb. 12.46 durchgeführt unter der grob vereinfachenden Annahme, daß die Permeabilität allein durch den Verteilungskoeffizienten bestimmt ist. Man sieht, daß $(\Delta G_\alpha^0)_{\text{w}\to\text{l}}$ für alle Molekülgruppen α (mit Ausnahme von CH_2) positiv ist, d.h. jeder Substituent verringert die Lipidlöslichkeit und damit die Permeabilität mit Ausnahme der CH_2-Gruppe, welche die Lipidlöslichkeit und Permeabilität erhöht. Die Tatsache, daß die Absolutwerte von $\Delta G_{\alpha\text{w}}^0$ (wieder mit Ausnahme der CH_2-Gruppen) größer sind als die Absolutwerte von $\Delta G_{\alpha\text{l}}^0$, besagt, daß die molekularen Wechselwirkungskräfte zwischen Wasser und gelösten Substanzen größer sind als zwischen Lipid (bzw. Membran) und gelösten Substanzen. Daraus kann man folgern, daß das Grundmuster der Permeabilität in erster Linie durch die physikalisch-chemischen Eigenschaften der einzelnen Komponenten in der wäßrigen Lösung bestimmt sind und weniger durch die Eigenheiten der Membran selbst. In der Tat ist das Permeabilitätsmu-

Tabelle 12.10. Beziehung zwischen Molekülstruktur und Lipidlöslichkeit (bzw. Permeabilität) nach Diamond J. M. Ann. Rev. Physiol. **31**, 581 (1969)

Molekülgruppe α	$\Delta G^0_{\alpha w}$ [a] [J mol^{-1}]	ε_α [b]		$RT \ln \varepsilon_\alpha = (\Delta G^0_\alpha)_{w \to l}$ [c] [J mol^{-1}]		$\Delta G^0_{\alpha l}$ [J mol^{-1}]	
		Olivenöl	Membran	Olivenöl	Membran	Olivenöl	Membran
—OH	−29000	0,009	0,002	11600	15000	−18400	−14000
—O—	−17000	0,1	0,25	6000	4000	−11000	−13000
O ‖ —C—	−25500	0,025	0,014	9500	10500	−16000	−15000
O ‖ —C—O—R	−23000	0,1	0,1	6000	6000	−17000	−17000
$—CH_2—$	+ 700	3,0	2,8	− 1400	− 1200	− 2100	− 1900

[a] $\Delta G^0_{\alpha w}$ resp. $\Delta G^0_{\alpha l}$: Differenz der Gibbs-Energie der Lösung zweier Substanzen, die sich nur durch die Molekülgruppe α unterscheiden. Der Index w bzw. l gibt das Lösungsmittel an: w = Wasser, l = Lipid.
[b] Der Faktor ε_α gibt die Änderung des Verteilungskoeffizienten an, die durch den Einbau einer Molekülgruppe α hervorgerufen wird.
[c] $(\Delta G^0_\alpha)_{w \to l} = -\Delta G^0_{\alpha w} + \Delta G^0_{\alpha l}$ = Änderung der Gibbs-Energie bei Transfer von Wasser in Lipid, die durch den Einbau einer Molekülgruppe α hervorgerufen wird.
Die Daten in Spalten 4, 6 und 8 basieren auf den Verteilungskoeffizienten und den Permeabilitätsmessungen der Abb. 12.46.

ster von Zellmembranen ganz unterschiedlicher Herkunft in seinen Grundzügen etwa gleich (Algen, rote Blutzellen, Epithelzellen).

Die thermodynamischen Daten von Tabelle 12.10 sind Ausdruck verschieden starker molekularer Wechselwirkungskräfte in den verschiedenen Phasen. In wäßrigen Lösungen handelt es sich dabei im wesentlichen um Wasserstoffbrückenbildung mit Wassermolekülen und in der Lipidphase um van der Waals-Kräfte und London-Dispersionskräfte. Auf molekularer Ebene kann man deshalb sagen, je größer die Fähigkeit eines Moleküls zur Wasserstoffbrückenbildung ist, desto geringer ist seine Lipidlöslichkeit und seine Permeabilität in biologischen Membranen. Entsprechend bewirkt die Einführung einer OH-Gruppe, die als H-donor und H-acceptor wirken kann, die stärksten negativen Werte von $\Delta G^0_{\alpha w}$ und hat die stärkste Reduktion der Permeabilität zur Folge.

Von diesem Grundmuster der Nichtelektrolytpermeabilität, das ein grob vereinfachendes Bild darstellt, gibt es wichtige Ausnahmen:

1. Kleine hydrophile Moleküle (H_2O sowie in vielen Membranen Harnstoff und andere Amide) diffundieren leichter, als das Grundschema erwarten läßt (siehe auch Abb. 12.46). Diese Ausnahme gilt als Indiz für das Vorhandensein hydrophiler Passagewege (Kanäle oder Poren), die nur für kleine Moleküle passierbar sind.
2. Verzweigte Moleküle penetrieren langsamer als unverzweigte Isomere, obwohl die G^0_{iw}-Werte mit der Verzweigung positiver werden d.h. K_i ansteigen sollte. Dieser Befund wird damit erklärt, daß die Membran im Gegensatz zur einfachen Lipidphase eine geordnete Doppelschichtstruktur aufweist.
3. Für eine Reihe von Substanzen, wie z.B. Zucker, gibt es besondere Transportmechanismen (s. unten „erleichterte Diffusion"), die die Permeabilität höchst selektiv um Größenordnungen erhöhen können.

b) Elektrolyte

Daß einfache Diffusion beim Transport anorganischer Ionen durch Zellmembranen eine nennenswerte Rolle spielt, muß bezweifelt werden. Im Vergleich zu den Nichtelektrolyten sind die Wechselwirkungskräfte zwischen Ionen und Wasser sehr viel stärker. Man muß deshalb annehmen, daß Elektrolyte nicht in ausreichender Menge in die Lipidphase der Membranen eindringen können, um meßbare Ionenflüsse hervorzurufen. In der Tat haben reine Lipiddoppelschichten sehr hohe elektrische Widerstände, d.h. sie sind schlecht permeabel für Ionen (Tabelle 12.8). Die elektrischen Widerstände von Zellmembranen sind dagegen um Größenordnungen niedriger. Das läßt vermuten, daß Zellmembranen spezifische Permeationshilfen für anorganische Ionen besitzen (siehe unten „Erleichterte Diffusion"). Für organische Ionen, die π-Elektronen besitzen (z.B. Tetraphenylborat, s. S. 515, oder Rhodanit), sind Lipiddoppelschichten aber gut permeabel.

Ionentransport durch einfache Diffusion findet man jedoch an Epithelmembranen, deren Schlußleisten (s. S. 481) nicht dicht, sondern durchlässig sind (proximaler Tubulus der Niere, Dünndarm, Gallenblase). Auf dem Weg durch die Schlußleisten brauchen die Substanzen keine geschlossene Lipidbarriere zu überwinden, da die Zellmembranen benachbarter Zellen hier nur in einem schmalen Saum aneinanderliegen, in dem sie punktförmig miteinander verlötet sind. Das Permeationsverhalten der Schlußleisten ähnelt dem von Ionenaustauschermembranen. Es scheint im wesentlichen durch die Abmessungen des Proteinmaschenwerks und durch einen kleinen Überschuß negativer Festladungen bestimmt zu werden.

12.5.3.2 Transport durch „erleichterte" Diffusion

a) Nichtelektrolyte

Untersucht man die Aufnahme von Zuckern in rote Blutzellen, so findet man für einige Zucker, z.B. D-Glukose, sehr viel höhere Transportraten, als nach den Daten der Abb. 12.46 zu erwarten wären, während

Tabelle 12.11. Spezifität des Zuckertransportsystems von roten Blutzellen des Menschen

Zucker	K_m mmol/l	V_{max} mmol s^{-1} l (Zellvolumen)$^{-1}$
A		
D-Glukose	4–10	3,3–15
D-Mannose	13–14	6–12
D-Galaktose	21–61	12
D-Xylose	50–71	11
L-Arabinose	200	11,8
D-Ribose	1900–2200	9–13
B		
L-Glukose	nicht meßbar (>3000)	nicht meßbar
L-Galaktose	nicht meßbar (>3000)	nicht meßbar
L-Xylose	nicht meßbar (>3000)	nicht meßbar
L-Rhamnose	nicht meßbar (>3000)	nicht meßbar

Die Zucker der Gruppe A zeigen Transportsättigung nach Gleichung (12.182) resp. (12.183) (siehe auch Abb. 12.47). Für die Zucker der Gruppe B ist innerhalb der Meßgenauigkeit keine Sättigungskinetik erkennbar. Diese Zucker penetrieren auch langsamer als die Zucker der Gruppe A.

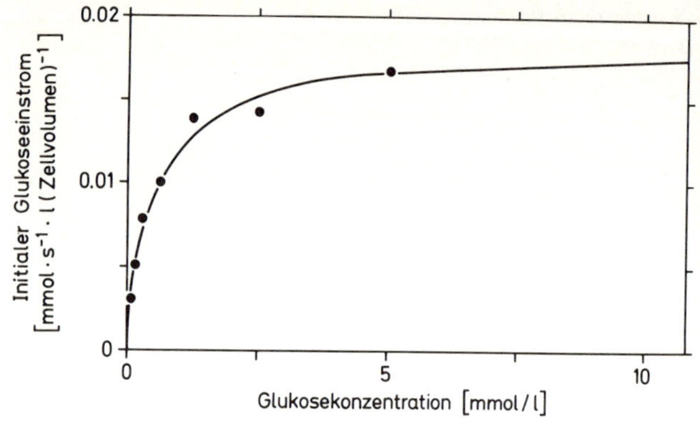

Abb. 12.47. Glukoseeinstrom in rote Blutzellen in Abhängigkeit von der Glukosekonzentration in der Außenphase (Sättigungskinetik), Abszisse: Glukosekonzentration in der Außenphase in mmol/l. Ordinate: Initialer Glukoseeinstrom in glukose-freie Erythrozyten in mmol/s l (Zellvolumen) bei 5° C. Die durchgezogene Kurve wurde nach Gl. (12.182) an die Meßpunkte angepaßt. [Nach Stein, W.D., The Movement of Molecules across Cell Membranes. Academic Press, New York 1967]

andere Zucker, die sich in Struktur und physikalischen Eigenschaften kaum unterscheiden (z.B. L-Glukose), keine vergleichbar hohen Transportraten aufweisen. Bei der näheren Untersuchung des Zuckertransports zeigten sich folgende Eigenschaften:

1. Ähnlich wie bei freier Diffusion erfolgt der Transport nur in Gegenwart eines Zucker-Konzentrationsgradienten. Wenn die Zuckerkonzentrationen im Inneren der roten Blutzellen und in der Außenphase gleich sind, ist der Zuckertransport null. Es handelt sich also nicht um aktiven Transport, sondern um *passiven* Transport.

2. Der Transport zeigt eine ausgeprägte *Selektivität* (s. Tabelle 12.11). Zucker der Gruppe A werden rasch transportiert, Zucker der Gruppe B sehr viel langsamer.

3. Für jeden Zucker i der Gruppe A gilt, daß der Diagonalkoeffizient (L_{ii}) in typischer Weise von der mittleren Konzentration $\bar{c}_i$ abhängt. Diese Abhängigkeit wird üblicherweise in Form der Abb. 12.47 beschrieben: In dieser Abbildung ist der *initiale* Zuckereinstrom in zuckerfreie rote Blutzellen in Abhängigkeit von der Zuckerkonzentration in der Außenphase aufgetragen. Bei niedrigen Konzentrationen steigt der Zuckerfluß proportional zur Außenkonzentration an. Bei höheren Konzentrationen stellt sich jedoch eine maximale Flußrate ein, die trotz steigender Zuckerkonzentration nicht mehr gesteigert werden kann *(Sättigungskinetik)*.

4. Die Gegenwart eines Zuckers j der Gruppe A (in gleichen Konzentrationen beiderseits der Membran) kann den Transport eines Zuckers i der Gruppe A vermindern *(kompetitive Hemmung* oder *cis-Hemmung)*; die Zucker m der Gruppe B haben dagegen keinen Einfluß, d.h. L_{ii} hängt nicht nur von $\bar{c}_i$, sondern auch von $\bar{c}_j$ ab, aber nicht von $\bar{c}_m$.

5. Die Kreuzkoeffizienten für Zucker der Gruppe A, $L_{ij}(j \neq i)$, sind deutlich von null verschieden und *negativ*. Der Ausstrom von D-Glukose wird z.B. durch die Anwesenheit von D-Galaktose, D-Mannose oder D-Xylose in der *Außenphase* beschleunigt (sog. *trans-Stimulation*). Gibt man gleiche Konzentrationen eines Zuckers i der Gruppe A im Zellinneren und in der Außenphase vor und setzt dann plötzlich außen einen Zucker j der Gruppe A zu, dann wird i vorübergehend nach außen transportiert (sog. *Gegentransport*) (Abb. 12.48). trans-Stimulation und Gegentransport finden sich nicht mit den Zuckern in der Gruppe B, d.h. $L_{im}=0$.

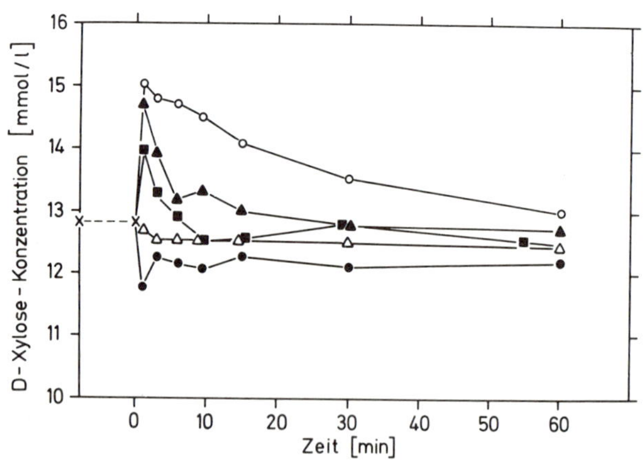

Abb. 12.48. Zuckergegentransport an Erythrozyten. Abszisse: Zeit in min, Ordinate: D-Xylose-Konzentration in der Außenphase in mmol/l. Vor Beginn des Experiments wurden die Erythrozyten mit D-Xylose inkubiert, bis intra- und extrazelluläre D-Xylose-Konzentration gleich waren. Zum Zeitpunkt null wurde der Außenphase entweder D-Glukose (○), D-Galaktose (▲), L-Arabinose (■), D-Fruktose (△) oder D-Mannit (●) zugesetzt (Endkonzentration 270 mmol/l). Dadurch kommt es zum Ausstrom von D-Xylose aus den Erythrozyten. Der Ausstrom ist um so größer, je schneller die einzelnen Zucker in die Erythrozyten einströmen (vergleiche Tabelle 12.11). (Nach Wilbrandt, W., Countertransport in Human Red Blood Cells, in: Laboratory Techniques in Membrane Biophysics, H. Passow and R. Stämpfli, Herausgeber, Springer, Berlin 1969)

6. Die Tracerkopplungskoeffizienten L_{0*} der Zucker in Gruppe A sind ebenfalls deutlich von null verschieden und negativ. Das führt zu analogen Beobachtungen wie unter 4 und 5: Der Tracerausstrom wird durch unmarkierten Zucker auf der Innenseite gehemmt (cis-Hemmung) und durch unmarkierten Zucker auf der Außenseite beschleunigt (trans-Stimulation). Eine Konzentrationsdifferenz der unmarkierten Komponente verschiebt die markierte Komponente aus dem Gleichgewicht oder sogar entgegen einem Konzentrationsunterschied (Gegentransport).

7. Der Zuckertransport wird durch Phloretin gehemmt, während andere Membranfunktionen noch wenig gestört sind.

Diese Befunde zeigen, daß in der Membran ein spezifisches Transportsystem existieren muß, das einzelne Zuckermoleküle erkennt und durch die Membran schleust. Die auffallenden Eigenschaften dieses Transportsystems haben schon früh zur Formulierung eines Modells, des sog. Carriermodells, geführt, das die genannten Phänomene zwanglos beschreibt (s. S. 493 und Abb. 12.49). Dieses Modell postuliert die

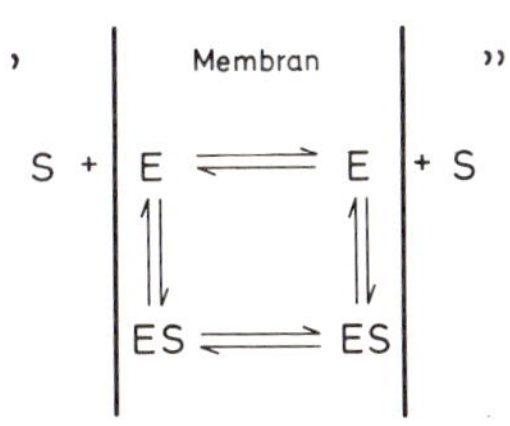

Abb. 12.49. Einfaches Carriermodell. E: Diffusibles Carriermolekül in der Membran, S: Substrat (siehe auch S. 493)

Existenz spezifischer Enzymmoleküle innerhalb der Membran, die auf einer Seite der Membran den Zucker selektiv binden, dann durch die Membran treten und auf der anderen Seite den Zucker wieder abgeben, um schließlich im unbeladenen Zustand auf die erste Seite zurückzukehren. Ausgehend von Gl. (12.132), die wir im Falle der Tracerexperimente lediglich etwas erweitern, können wir auch tatsächlich alle oben genannten Phänomene mit dem Carrier-Modell beschreiben. Wir beschränken uns im folgenden auf die wichtigsten Beobachtungen:

1. In Übereinstimmung mit dem Experiment zeigt das Carriermodell keinen aktiven, sondern lediglich *passiven* Transport. Der Zuckertransport ($J_i \neq 0$) ist an eine von null verschiedene Zucker-Konzentrationsdifferenz gebunden.

2. Bei $c_i' \neq 0$ und $c_i'' = 0$ findet man als Näherungslösung von (12.132)

$$J_i = \frac{P\bar{c}_E c_i'}{K + c_i'}, \qquad (12.182)$$

womit die *Sättigungskinetik* in Abb. 12.47 erklärbar ist. Gleichung (12.182) ist formal identisch mit der Michaelis-Menten Kinetik der Enzymreaktionen, die normalerweise geschrieben wird

$$V = \frac{V_{\max} \cdot S}{K_m + S}, \qquad (12.183)$$

wobei V die Umsatzrate, $V_{\max}$ die maximale Umsatzrate (entsprechend $P\bar{c}_E$), K_m die Michaeliskonstante und S die Substratkonzentration bezeichnen.

3. Will man den Tracerfluß von $i(J_*)$ in Gegenwart der unmarkierten Komponente 0 beschreiben, dann muß man Gl. (12.132) erweitern. Unter der Annahme, daß die spezifische Aktivität des Enzym-Substrat-Komplexes auf jeder Seite der Membran gleich der spezifischen Aktivität des Substrates in der angrenzenden Außenphase ist und daß sich K und P für den Tracer und für die unmarkierte Komponente nicht unterscheiden, erhalten wir unter den zuvorgenannten Bedingungen (s. S. 493)

$$J_* = P\bar{c}_E \frac{c_*'(K + c_0'' + c_*'') - c_*''(K + c_0' + c_*')}{(K + c_0' + c_*')(K + c_0'' + c_*'')}. \qquad (12.184)$$

Für $c_*' > 0$, $c_*'' = 0$ und $c_0' > 0$, $c_0'' = 0$ folgt dann als Näherungslösung

$$J_* = P\bar{c}_E \frac{c_*'}{K + c_0' + c_*'}, \qquad (12.185)$$

d.h. der Fluß des Tracers wird durch eine gleichgerichtete Konzentrationsdifferenz der unmarkierten Komponente bzw. überhaupt durch die Anwesenheit der unmarkierten Komponente gehemmt.

4. Liegt der Tracer im Gleichgewicht vor und schafft man eine Konzentrationsdifferenz für die unmarkierte Komponente, d.h. $c_*' = c_*'' = c_*$ und $c_0' > c_0''$, so folgt

$$J_* = P\bar{c}_E \frac{c_*(c_0'' - c_0')}{(K + c_0' + c_*)(K + c_0'' + c_*)} \qquad (12.186)$$

In diesem Fall läuft der Tracer entgegen dem Fluß der unmarkierten Komponente (im Zähler steht $c_0'' - c_0'$), wir haben *Gegentransport* vor uns. Um das Phänomen der *trans-Stimulation* zu erzeugen, muß man annehmen, daß entweder die Tracerkonzentration auf der Transseite ungleich null ist oder daß die Diffusionskonstante des Carriers in der beladenen Form größer ist als in der unbeladenen Form.

5. Ähnliche Ergebnisse wie im Fall der Tracerexperimente findet man auch für Experimente, in denen zwei verschiedene Zucker der Gruppe A (Tabelle 12.11) vorliegen. In diesem Fall muß man in der Rechnung unterschiedliche Bindungskonstanten für den Carrier-Substrat-Komplex berücksichtigen, womit man gleichzeitig die *Selektivitäts*unterschiede des Transportsystems für die verschiedenen Zucker erfaßt.

Zusammenfassend schließen wir, daß das einfache Carriermodell die wesentlichen Phänomene, die beim Studium des Zuckertransports durch die Erythrozytenmembran beobachtet wurden, zumindest qualitativ sehr gut erklären kann. Es sind dies: 1. die passive Natur des Transports, 2. die Sättigungskinetik, 3. die Existenz negativer Tracerkopplungskoeffizienten, die zu einer Überschätzung der Zuckerpermeabilität bei der Messung mit Tracern führen können und die Phänomene der cis-Hemmung, trans-Stimulierung und des Gegentransports der markierten Komponente

Tabelle 12.12

	Transportproteine aus Bakterienmembranen			
	Herkunft	Substrat	M^b	Inhibitor
PT-System[a]				
Enzym II A	E. coli	Glukose, Mannose, Fruktose		
Enzym II B	E. coli	– (an Phosphorylierung beteiligt)	36000	
Enzym E II	Staph. aureus	Laktose	36000	SH-Reagenzien
M. Protein	E. coli	Laktose	30000	SH-Reagenzien
Periplasmatische Bindungsproteine	gram-negative Bakterien	verschiedene Zucker oder Aminosäuren oder Sulfat	22000–42000	SH-Reagenzien unwirksam

[a] PTS = Phosphotransferasesystem. – [b] M = Molekulargewicht in Dalton

durch die unmarkierte Komponente hervorrufen können, sowie 4. die Existenz negativer Kreuzkoeffizienten, die bei gleichzeitiger Untersuchung verschiedener Zucker analoge Phänomene der cis-Hemmung, trans-Stimulierung und des Gegentransports bewirken. Damit ist die Existenz eines *diffusiblen* Carriers wie im Modell gefordert, aber keinesfalls bewiesen. Im Gegenteil, betrachtet man die Molekülgröße, die erforderlich wäre, um das relativ große Zuckermolekül durch die Membran zu transportieren, dann erscheint die Vorstellung eines kompletten diffusiblen Carriermoleküls eher unwahrscheinlich. Andererseits ist unsere mathematische Beschreibung mit jedem anderen Translokationsprozess vereinbar, der näherungsweise eine Kinetik erster Ordnung besitzt. Statt der Diffusion eines kompletten Carriermoleküls können wir uns deshalb auch die Kippung oder Rotation einer Bindungsstelle innerhalb eines Transportproteins vorstellen oder eine Konformationsänderung eines Teils einer Pore, die zur Freilegung der Bindungsstelle entweder auf der cis- oder auf der trans-Seite führt. Ein solches Modell ist in Abb. 12.50 für die Austauschdiffusion von Chlorionen dargestellt (s. S. 506).

Transportmechanismen mit ähnlichen Eigenschaften sind in der Natur weit verbreitet. Man findet sie in quasi allen Plasmazellmembranen sowie in Bakterienzellmembranen. Außer den Transportmechanismen für Zucker gibt es auch solche für Aminosäuren (z.B. auf der interstitiellen Seite von Nieren oder Darmzellen, s. auch S. 517) sowie für eine große Anzahl anderer Substanzen (z.B. kurzkettige Fettsäuren). Die Versuche, solche Transportsysteme aus dem Membranmaterial zu isolieren, sind bisher nur teilweise geglückt. An Bakterien, bei denen man die Neusynthese der Transportsysteme durch Substrat in der Außenphase induzieren kann, ist es gelungen, mit Hilfe radioaktiver Markierungstechniken Proteine zu isolieren, welche die zur Induktion benutzten Substrate spezifisch binden (sog. Bindungsproteine, s. Tabelle 12.12). Diese Proteine wurden z.B. aus gram-negativen Bakterien gewonnen, wo sie im periplasmatischen Raum (zwischen der Plasmamembran und der Bakterienwand) liegen und durch osmotischen Schock (kurzzeitige Reduktion der osmotischen Konzentration in der Außenphase) nach außen abgegeben werden. Obwohl sicher ist, daß die Bindungsproteine am Transport beteiligt sind, scheinen sie nur einen Teil des Transportsystems darzustellen. So wurde beobachtet, daß der Transport auch nach Entfernung des Bindungsproteins weiterläuft, aber mit verminderter Affinität.

b) Erleichterte Diffusion von Wasser

Da die Wasserpermeabilität vieler Zellmembranen in etwa ebenso groß ist wie die Wasserpermeabilität von künstlichen Lipiddoppelschichten, muß man annehmen, daß der Wassertransport durch Zellmembranen zum großen Teil als einfache Diffusion auf dem Weg durch die Lipidphase ablaufen kann. Andererseits gibt es aber Hinweise auf die Existenz spezieller wasserleitender Poren (s. auch S. 507). Manche Zellen (z.B. die Zellen der distalen Nierenkanälchen und der Harnblase oder der Froschhaut) können ihre Wasserpermeabilität nach hormoneller Stimulation in wenigen Minuten um den Faktor 10 oder mehr ändern. Die Erhöhung der Wasserpermeabilität ist mit dem Auftreten neuer Membranpartikel in der luminalen Zellwand verknüpft, die sich im Elektronenmikroskop mit der Gefrierbruchtechnik als kleine Inseln von Proteinpartikeln darstellen (ähnlich wie in Abb. 12.42). Dabei scheint es sich um Membrankanäle oder Poren zu handeln, die selektiv den Wasserdurchtritt erleichtern. Der Mechanismus des Transports ist noch nicht im Detail bekannt. Im Gegensatz zu den oben besprochenen Untersuchungen über den Glukosetransport an Erythrozyten sind die Wasserflüsse in der Regel so hoch, daß sich bereits in den ungerührten Schichten vor und hinter der Membran wesentliche Verschiebungen der Konzentrationsprofile (z.B. auch für HTO oder D_2O) ergeben, so daß die Barriere-Eigenschaft der Membran durch die Diffusionsverzögerung in den ungerührten Schichten überdeckt werden kann. Das erschwert die Untersuchungen oder macht sie unmöglich, solange keine geeigneten Techniken zur Reduktion der ungerührten Schichten verfügbar sind.

c) Erleichterte Diffusion von Ionen

Wie in Tabelle 12.8 gezeigt wurde, sind die elektrischen Widerstände der Zellmembran um mehrere Größenordnungen niedriger als die Widerstände von Lipiddoppelschichten. Das läßt vermuten, daß die Zellmembran spezielle Transportmechanismen für Ionen besitzt, die ähnlich wie im Fall der Zucker und Aminosäuren den Durchtritt durch die Lipidbarriere beschleunigen. In der Tat gibt es eine Vielzahl von Beobachtungen, die die Existenz solcher Mechanismen zur Diffusionserleichterung wahrscheinlich machen:

1. Praktisch alle Zellmembranen zeigen ausgeprägte Ionenselektivitätsmuster. Zum Beispiel ist die Kaliumleitfähigkeit der Muskel- und Nervenzellmembran im Ruhezustand ca. 2 Größenordnungen höher als die Natriumleitfähigkeit. Ähnliche Verhältnisse zeigt die Innen- (oder Blut-) seite der Drüsen- und Epithelzellen. Im Gegensatz dazu ist die Außenseite vieler Epithelzellen (z. B. Amphibienhaut) nahezu ideal selektiv permeabel für Natriumionen, und im Zustand der Erregung ist auch die Muskel- und Nervenmembran besser permeabel für Natrium- als für Kaliumionen.

2. Die Natriumleitfähigkeit der Außenseite der Froschhaut zeigt in Abhängigkeit von der äußeren Natriumionenkonzentration eine typische Sättigungskinetik wie in Abb. 12.47.

3. Die Natrium- und Kaliumleitfähigkeit von Muskel- und Nervenzellen sind potential- und zeitabhängig (s. Kapitel 15.1: Aktionspotential).

4. Die Anionenflüsse durch die Erythrozytenmembran und die Muskelzellmembran zeigen das Phänomen der Tracerflußkopplung (die Tracerflüsse sind um Größenordnungen größer als die Nettoflüsse). Außerdem findet man kompetitive Hemmung zwischen verschiedenen Anionen: Gegenwart von Cl^-, Br^-, I^- oder Bicarbonat hemmt den Tracerfluß von Cl^-.

5. In vielen Fällen kennt man Gifte, die in niedrigen Konzentrationen die Leitfähigkeit für einzelne Ionen selektiv blocken. Tetrodotoxin hemmt die Natriumleitfähigkeit ($K_i = 10^{-8}$ mol/l) und Tetraäthylammonium die Kaliumleitfähigkeit der erregbaren Membran. Das Diuretikum Amilorid hemmt die Natriumleitfähigkeit der Epithelzellen ($K_i = 10^{-6}$ mol/l). Das Stilbenderivat DIDS hemmt die Anionenflüsse der Erythrozytenmembran durch kovalente Bindung an Proteinpartikel irreversibel. Verapamyl hemmt die Ca^{++}-Aufnahme in Herzmuskelzellen.

Damit haben wir nur einige typische Einzelbeobachtungen aus einem Meer von Versuchsergebnissen herausgegriffen, die darauf hinweisen, daß die Zellmembranen spezifische Mechanismen zur Beschleunigung passiver Ionenflüsse enthalten. Obwohl wir diese Mechanismen heute noch nicht in allen Details kennen, zeichnen sich folgende Prinzipien ab:

1. *Carriertransport.* Das Modell des diffusiblen Carriers soll hier nochmals genannt werden, obwohl es für den physiologischen Ionentransport durch Zellmembranen keine Rolle spielt, ja quasi mit Sicherheit ausgeschlossen werden kann. Erleichterte Diffusion durch Carriermoleküle ist aber trotzdem ein natürliches Transportprinzip, das in der Natur z.B. in der Form der makrozyklischen Antibiotika wie Valinomycin, Enniatin B oder Monactin etc. vielfach verwirklicht ist. Hierbei handelt es sich offenbar um „Kampf"-stoffe, die einzelne Bakterienstämme absondern, um die Membranfunktion anderer Lebewesen zu stören. Valinomycin ist ein sogenanntes Depsipeptid, das aus je drei Molekülen L- und D-Valin, L-Milchsäure und D-α-Hydroxyvaleriansäure besteht und aus Kulturen von Streptomyces fulvissimus isoliert wurde. Es kann sich schalenartig um ein Kaliumion herumlegen, dann vermöge seiner hydrophoben Oberfläche in die Lipidmembran eindringen, diese durchqueren und das Kaliumion auf der Gegenseite wieder freilassen. Diese Prozesse lassen sich weitgehend mit dem Carrier Modell in Abschn. 12.5.2.3d beschreiben. Valinomycin und andere diffusible Carrier (s. a. Tabelle 12.13) spielen heute in der experimentellen Membranforschung eine große Rolle.

2. *Nicht-leitende Poren (Austauschdiffusion).* Als Beispiel sei der Anionentransport durch die Erythrozytenmembran genannt, der den Austausch von HCO_3^-

Tabelle 12.13. Einige natürliche und künstliche nicht-membranständige Ionophoren

Substanz	Aufbau	Ladung	Selektivität	Permeierende Spezies	Wirkung
A Diffusible Carrier					
1. Valinomycin	Polypeptid	neutral	$K^+ \gg Na^+ > H^+$	AK^+	K^+-Leitfähigkeit
2. Nigericin	$C_{40}H_{68}O_{11}$	$RCOO^-$	H^+, K^+, Na^+	AH, AM	K^+/H^+-Austausch
3. Monensin	$C_{36}H_{62}O_{11}$	$RCOO^-$	H^+, Na^+, K^+	AH, AM	Na^+/H^+-Austausch
4. CCCP,	(Carbonylcyanid-*m*-chloro-phenylhydrazon)	negativ	$H^+(Na^+, K^+)$	$AH \gg A^-$	H^+-Permeabilität, Entkoppler
5. FCCP,	(Carbonylcyanid-*p*-trifluoro-methoxy-phenylhydrazon)	negativ	$H^+(Na^+, K^+)$	$AH \gg A^-$	H^+-Permeabilität, Entkoppler
6. 2,4 Dinitrophenol		negativ	$H^+(Na^+, K^+)$	A_2H^-	H^+-Permeabilität, Entkoppler
B Porenbildner					
7. Gramicidin A	Polypeptid	neutral	H^+, K^+, Na^+	M^+	Kationenleitfähigkeit
8. Alamethicin	Polypeptid	positiv	K^+, Na^+, Cl^-	M^+, Cl^-	Leitfähigkeit
9. Monazomycin	$C_{62}H_{119}O_{20}N$	positiv	$K^+ = Na^+ > Cl^-$	M^+, Cl^-	Leitfähigkeit

A steht für die Carriersubstanz und M für das einwertige Kation. Die Substanzen 1–3 und 7–9 sind Antibiotika, die aus Bakterienkulturen gewonnen werden. Die Tabelle enthält nur einen Bruchteil der heute bekannten Ionophoren. Außer den natürlichen Polypeptiden gibt es heute auch künstlich hergestellte Polypeptid-Liganden. Einige dieser Substanzen binden bevorzugt Na^+ oder Li^-, andere Ca^{2+} oder Mg^{2+}. Die Substanzen 4–6 werden auch Entkoppler genannt, weil sie bei Zugabe zu atmenden Mitochondrien die Kopplung zwischen Sauerstoffverbrauch und ATP-Bildung aufheben (s. auch S. 516) gegen Cl^- (Hamburger-shift) erleichtert. Während das Blut durch das Gewebe fließt, diffundiert CO_2 in die roten Blutzellen ein und bildet in Gegenwart von Carboanhydrase HCO_3^-. Ein Teil des Bicarbonats wird vorübergehend im Austausch gegen Cl^- nach außen ins Blutplasma transportiert, wird dann aber während der Passage des Blutes durch die Lunge wieder (im Austausch gegen Cl^-) in die roten Blutzellen aufgenommen, in CO_2 rückverwandelt und als Gas abgeatmet. Das Transportsystem tauscht aber nicht nur HCO_3^- gegen Cl^-, sondern auch Cl^- gegen Cl^- aus. Aus diesem Grunde zählen wir es nicht zu den Flußkopplungssystemen für verschiedenartige Substanzen, die wir im nächsten Abschnitt gesondert behandeln (s. S. 509). Macht man die Erythrozytenmembran durch Zugabe von Valinomycin und K^+ extrem durchlässig für Kationen und mißt man dann den Nettochloridfluß, so findet man eine relativ niedrige Cl^--Permeabilität von $P_{Cl} = 2.8 \cdot 10^{-8}$ cm/s. Mißt man aber mit einer geeigneten Flußkammer im Gleichgewicht (d.h. bei $J_{Cl} = 0$) den Einstrom markierter Chlorionen, so findet man eine Chlorid-Tracerpermeabilität, die mehr als 10000 mal höher ist, nämlich $P^*_{Cl} = 5 \cdot 10^{-4}$ cm/s. Nach den Gln. 12.67a und 12.75 folgt daraus, daß die Membran einen enorm großen negativen Tracerkopplungskoeffizienten besitzt ($L_{*0} \ll 0$). Obwohl die Erythrozytenmembran im Verhältnis zu anderen Zellen für Nettochlorionenflüsse relativ dicht ist, werden mit hoher Geschwindigkeit laufend Chlorionen von einer Seite der Membran gegen Chlorionen der anderen Seite im Verhältnis 1:1 ausgetauscht. Man spricht deshalb auch von Austauschdiffusion.

Bei näherer Untersuchung des Systems findet man, daß die Flüsse rein passiver Natur sind — im Gleichgewicht wird der Austausch allein durch Fluktuationen der thermischen Energie bewirkt — und daß das Flußverhalten nahezu alle Eigenschaften zeigt, die wir auch beim Carriermodell gefunden haben. Das Modell eines diffusiblen Carriers können wir aber ausschließen, da wir wissen, daß der Transport durch ein ortsfestes Membranprotein bewirkt wird (s. Abb. 12.42), das in Schleifen sechsmal von einer Seite zur anderen Seite der Membran zieht. Das Protein läuft in der Gelelektrophorese der Erythrozytenmembran in Bande III und hat ein Molekulargewicht von 96000 Dalton.

Obwohl Aminosäuresequenz und Molekülstruktur noch nicht bekannt sind, kann man heute davon ausgehen, daß das Protein zwischen den einzelnen Strängen, die die Membran durchziehen, eine Art Pore bildet, die jedoch durch ein „Tor" verschlossen wird (nicht-leitende Pore). Das Tor, wahrscheinlich ein Lysinrest, an dessen positive Ladung sich ein Cl^- binden kann, kann entweder zur cis- oder zur trans-Seite der Membran zeigen. Das Umklappen wird jedoch durch eine Energiebarriere (positive Ladung auf der Gegenwand der Pore?) erschwert und kann nur erfolgen, wenn die Ladung durch die Bindung eines Chlorions neutralisiert ist (s. a. Abb. 12.50). Wie man aus veränderten Bindungskonstanten für verschiedene Transportinhibitoren schließen kann, ist das Umklappen des

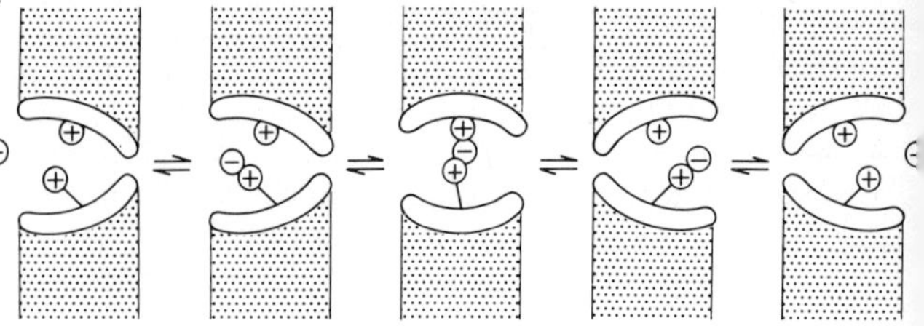

Abb. 12.50. Vereinfachte Modellvorstellung zum Mechanismus der Cl^- Austauschdiffusion durch die Erythrozytenmembran (nichtleitende Pore). Die Abbildung stellt den Tormechanismus dar in Kombination mit einer Konformationsänderung der Porenwand. Grundvorstellung ist, daß das Tor nur dann von der cis- in die trans-Stellung umklappen kann, wenn es ein Chlorion gebunden hat. Dabei tritt gleichzeitig eine Konformationsänderung in der Nachbarschaft der Proteinkette ein, die zu einer Abschirmung der Bindungsstelle von der cis-Seite führt. In der vorliegenden Abbildung ist die Konformationsänderung vereinfachend auf das Gesamtprotein übertragen. [Nach Publikationen von Knauf, P.A., Passow, H. und Rothstein, A. in: Membrane Transport in Erythrocytes, Benzon Symposium Nr. 14, Munksgaard, Copenhagen (1980)]

Tores mit einer Konformationsänderung der Proteinstruktur in der Nachbarschaft verbunden, die möglicherweise dafür sorgt, daß das Nachrutschen eines zweiten Cl^- verhindert wird (s. Abb. 12.50). Ein solches Modell sollte in der Tat einen 1:1 Cl^--Austausch bewerkstelligen, da das Tor immer nur dann zur Gegenseite umklappen kann, wenn es von einer Seite her mit einem Cl^- beladen wurde. Andererseits weiß man aber aus einem Vergleich der Inhibitionsmuster und der Aktivierungsenergien, daß der Großteil des Nettochloridflusses ebenfalls durch das Bande III-Protein läuft. Man nimmt deshalb an, daß gelegentlich ein Cl^- durch die Pore schlüpfen kann, ohne zu binden und ohne die Konformationsänderung auszulösen (slippage), oder daß das Tor aufgrund thermischer Energieschwankungen die Barriere gelegentlich auch im unbeladenen Zustand überwinden kann. Das würde in Gegenwart eines Chlorionengradienten zu einem Nettofluß führen, da die Besetzungswahrscheinlichkeit der Bindungsstelle von der äußeren Cl^--Konzentration abhängen und die Energiebarriere und damit der Kippvorgang direkt durch den Potentialgradienten beeinflußt werden sollten. Ähnliche Cl^-/HCO_3^- oder Cl^-/Cl^--Austauschmechanismen scheinen auch an verschiedenen Epithelzellen und eventuell an Muskelzellen vorzukommen.

3. *Elektrisch leitende Poren.* Obwohl eine Reihe von Beobachtungen (wie Fluktuationen der Membranleitfähigkeit oder Tracerflußkopplungen im Sinne der single-file Diffusion) nahelegten, daß die Zellmembran von ionen-selektiven Poren durchzogen wird, war deren Existenz lange Zeit umstritten. Allgemein akzeptiert wurde die Vorstellung erst, als es gelang, den Mechanismus der Porenbildung an einem natürlichen Polypeptid zu beobachten und die Funktion der Poren im Detail zu studieren. Es handelt sich dabei um das Antibiotikum Gramicidin A, das in der Lage ist, die Leitfähigkeit künstlicher Lipiddoppelschichten um mehrere Größenordnungen zu erhöhen. Gramicidin A wird aus Kulturen von Bacillus brevis gewonnen. Es

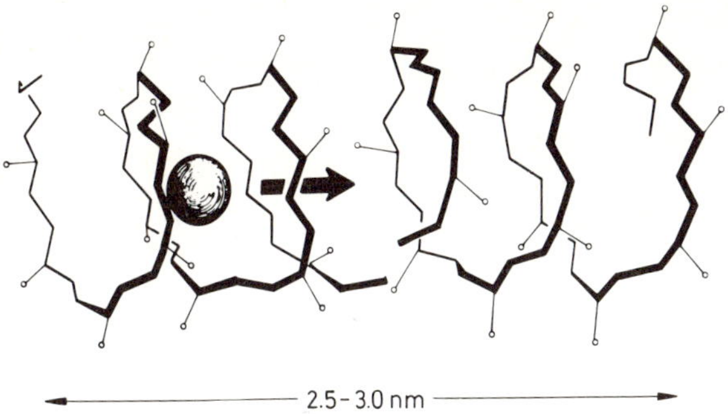

Abb. 12.51. Räumliches Modell einer elektrisch-leitenden Pore aus Gramicidin A. Zur Überbrückung der gesamten Dicke der Lipiddoppelmembran ist eine Kopf-an-Kopf-Anlagerung zweier Moleküle erforderlich. Die Seitenketten der Aminosäuren sind nicht dargestellt. Das Modell wurde ursprünglich von Urry aufgestellt (Proc. Nat. Acad. Sci. USA **68**, 672 (1971)]. Die Abbildung entstammt einer Arbeit von Ovchinnikov, Y. A., in: Biochemistry of Membrane Transport, Semenza, G., Carafoli, E. (eds.) Berlin: Springer 1977

scheint dem Bakterium als Kampfstoff zur Ausschaltung unliebsamer Mitbewerber seines Lebensraums zu dienen, indem es in deren Zellmembranen eindringt und diese kurzschließt. Obwohl die Gramicidinporen im Detail anders aufgebaut sein dürften und vielleicht auch etwas anders funktionieren dürften, als die Poren der Zellmembran, möchten wir die charakteristischen Eigenschaften von Porenstrukturen im folgenden am Beispiel des Gramicidins erläutern. Über die chemische Struktur und das Transportverhalten physiologischer Membranporen ist im Augenblick weit weniger exakte Information verfügbar.

Gramicidin A ist ein lineares Polypeptid aus 15 neutralen Aminosäuren, das sich zumindest in der Lipidphase zu einer helicalen Struktur (π^6(L, D) Helix] zusammenrollt, die durch Wasserstoffbrücken stabilisiert wird (Abb. 12.51). Das röhrenartige Gebilde ist dann ca. 1,2 bis 1,5 nm lang und hat im Inneren einen Kanal von ca. 0.4 nm Durchmesser, dessen Wände im wesentlichen von C=O Gruppen gebildet werden und der an beiden Enden offen ist. Die Außenseite trägt hydrophobe Seitenketten. Gibt man äußerst geringe Mengen Gramicidin in die Außenphasen zu beiden Seiten einer Lipiddoppelmembran, so können einzelne Gramicidinmoleküle in die Membran eindringen und durch Kopf-an-Kopf-Anlagerung Dimere bilden, die als kleine elektrolytgefüllte Kanäle durch die Lipidphase hindurchreichen. Mißt man dann die Leitfähigkeit, so beobachtet man, daß plötzlich kleine konstante Leitfähigkeitszunahmen auftreten und wieder verschwinden (ähnlich wie in Abb. 12.52), die offenbar den stochastisch auftretenden Prozeß der Dimerenbildung und -auflösung und damit der Porenbildung widerspiegeln. Die *Leitfähigkeit der Einzelkanäle* hängt in Form einer *Sättigungskinetik* von der Elektrolytkonzentration der Außenlösungen ab. In 0,1-molarer NaCl-Lösung beträgt sie bei Zimmertemperatur z.B. 6 pS. Daraus errechnet sich eine Transferrate von ca. 4 Millionen Ionen pro Sekunde pro Gramicidin-Dimer bei einer treibenden Spannung von 100 mV. Diese Transferrate ist um Größenordnungen höher als die Transferraten, die sich mit einem diffusiblen Carrier oder mit Transport durch Konformationsänderung von Membranproteinen erreichen ließen. Zur Abgrenzung gegen Carrierdiffusion kann man ferner anführen, daß Gramicidin an dickeren Lipidschichten, die keine Dimerenassoziation mehr erlauben, wirkungslos ist, während die Wirkung des diffusiblen Valinomycins dort keine Einbuße erleidet. Kühlt man die Membran, so daß die Lipide in den festen Aggregatzustand übergehen, dann bleibt die gramidicin-induzierte Leitfähigkeit nahezu konstant, während die valinomycin-induzierte Leitfähigkeit um ca. 4 Größenordnungen absinkt (Immobilisation des diffusiblen Carriers). Erwähnt sei noch, daß die Gramicidin A-Poren praktisch nur für einwertige Kationen, aber nicht für Anionen durchlässig sind. Die relativen Durchlässigkeiten für Kationen folgen der Sequenz I von Eisenman (s. S. 509). Das Verhältnis P_K zu P_{Na} liegt bei 3,5. Außer Gramicidin A sind noch weitere porenbildende Substanzen bekannt (s. Tabelle 12.13).

Außer dem Nachweis der quasi gequantelten Einzelkanalleitfähigkeit gibt es noch eine Reihe weiterer charakteristischer Merkmale für Transport durch Poren, die sich ebenfalls am Beispiel des Gramicidins erklären lassen: Das Stromrauschen und die single-file-Diffusion.

Stromrauschen: Gibt man höhere Gramidicin A-Konzentrationen vor, dann bilden sich zahlreiche Einzelkanäle, deren Öffnungszeiten sich partiell überlappen, so daß die Gesamtleitfähigkeit der Membran starken zeitlichen Schwankungen unterliegt. Legt man dann eine konstante Potentialdifferenz an die Membran an, so lassen sich diese Schwankungen als Stromrauschen beobachten. Aus der Spektraldichte der Stromfluktuationen kann man unter vereinfachenden Bedingungen die Einzelkanalleitfähigkeit und die mittlere Lebensdauer der Kanäle berechnen (s. dazu Abschn. 15.1). Voraussetzung für das Auftreten von Stromrauschen ist natürlich, daß die Kanäle nicht dauernd geöffnet sind, sondern spontan öffnen und schließen.

Single-file-Diffusion: Single-file-Diffusion wurde erstmals von Hodgkin und Keynes bei der Messung von Kalium-Tracerflüssen am Riesenaxon des Tintenfisches beschrieben und später von Heckmann theoretisch bearbeitet. Es handelt sich dabei um ein spezielles Phänomen der Tracerflußkopplung, das an langen Poren auftritt, in denen die Einzelteilchen ihren Platz innerhalb der Pore nicht tauschen können, so daß für den Transport eines individuellen Teilchens durch die Membran alle auf den Einzelplätzen sitzenden Partikel mitgeschoben werden müssen (single-file). Mißt man die Tracerpermeabilität P_i^* bei Nettofluß null ($J_i = 0$), so findet man wesentlich niedrigere Werte als sie sich für die Permeabilität P_i aus den Nettoflüssen errechnen lassen. Nach Gl. 12.75 besagt dies, daß wir große positive Tracerkopplungskoeffizienten vor uns haben ($L_{*0} \gg 0$). Im Vergleich zu einer 1-Platz Pore (die keine single-file-Diffusion aufweist) wird der freie Fluß markierter Partikel in einer langen mehrplätzigen single-file-Pore durch die Besetzung der Nachbarplätze mit unmarkierten Partikeln gehemmt. Das erklärt die geringe Tracerpermeabilität. Andererseits werden bei $J_i \neq 0$, die markierten Partikel von den unmarkierten Partikeln mitgerissen, und dieser Effekt ist um so stärker, je länger die Pore ist. Daraus folgt die bekannte Abweichung des Verhältnisses der unidirektionalen Tracer-Flüsse vom Verhältnis der chemischen Potentiale in den Außenphasen nach der Art einer Potenzfunktion in der Anzahl der Porenplätze (m):

$$\frac{\vec{J}_i^*}{\overleftarrow{J}_i^*} = \left(\frac{c_i'}{c_i''}\right)^m \quad \text{oder für Ionen:} \quad \frac{\vec{J}_i^*}{\overleftarrow{J}_i^*} = \left[\frac{c_i'}{c_i''} \exp\left(\frac{z_i F}{RT} \Delta\varphi\right)\right]^m . \tag{12.187a, b}$$

In dieser Gleichung ist $\vec{J}_1^*$ der Tracerfluß von ′ nach ″ $\overleftarrow{J}_i^*$ der Tracerfluß von ″ nach ′, den man gleichzeitig mit zwei verschiedenen Isotopen gleicher spezifischer Aktivität messen würde. Gramicidin A-Poren zeigen single-file Diffusion mit einer Platzzahl $m=2$. Erwähnt sei noch, daß auch single-file Poren eine typische *Sättigungskinetik* aufweisen, wenn man die Abhängigkeit der Nettoflüsse J_i von der Konzentration $\bar{c}_i$ untersucht. Die unidirektionalen Flüsse zeigen jedoch eine *sigmoide* Konzentrationsabhängigkeit, wobei der Bereich niedriger Konzentrationen wieder durch eine Potenzfunktion in den Porenplätzen beschrieben wird.

Elektrisch leitende Poren, die ähnliche funktionelle Eigenschaften aufweisen wie die Gramidicin A-Poren, scheinen quasi in allen *Zellmembranen* vorzukommen und im wesentlichen für die *passiven Kationen*flüsse verantwortlich zu sein. Das ist sehr gut belegt für die K^+-Kanäle der Nerven und Muskelzellen durch die Beobachtung der single-file-Diffusion, die Analyse von Leitfähigkeitsfluktuationen und durch die direkte Beobachtung von Einzelkanälen in Leitfähigkeitsmessungen. Sicher nachgewiesen ist auch die Existenz von elektrisch leitenden Poren in der motorischen Endplatte des Muskels, die an der Erregungsübertragung vom Nerven auf den Muskel beteiligt sind. Sie öffnen sich, sobald Acetylcholin aus der präsynaptischen Membran in den synaptischen Spalt ausgeschüttet wird und schließen sich nach kurzer Lebensdauer wieder spontan. Diese Kanäle sind für Na^+, K^+ und Cl^- permeabel. Eine Originalregistrierung der Aktivität solcher Einzelkanäle findet sich in Abb. 12.52. Aus Rauschanalysen ist ferner bekannt, daß auch die Ca^{2+}-Leitfähigkeit der Zellmembran des Herzmuskels und einiger Riesenganglienzellen von Schnecken durch elektrisch leitende Poren erfolgt. Ferner sind Na^+-spezifische Ionenkanäle an der Außenseite der Froschhaut und an der Schleimhautseite der Harnblase nachgewiesen.

Eine Sonderstellung nehmen die Na^+-Kanäle sowie die Ca^{2+}-Kanäle der erregbaren Membranen ein, die sich spannungsabhängig öffnen und nach kurzer Öffnungszeit wieder automatisch schließen. Man stellt sich vor, daß innerhalb dieser Kanäle ein „Tor“ besteht, welches die Pore bei normalem Membranpotential verschließt. Fällt das Membranpotential unter einen Schwellenwert ab, dann öffnet sich das Tor und

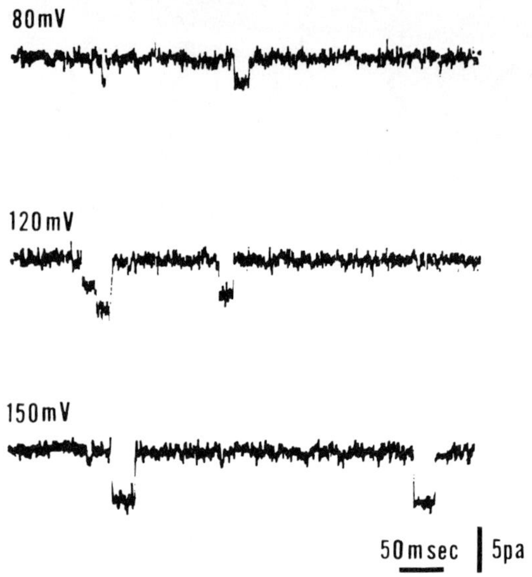

Abb. 12.52. Nachweis von elektrisch-leitenden Einzelkanälen in der Zellmembran des Froschmuskels nach chronischer Denervierung. (Originalregistrierung von Dr. E. Neher, Göttingen) Abzisse: Zeit, Ordinate: Strom. In dem Experiment wurde eine abgestumpfte Glaskapillare von ca. 1 μm Spitzenöffnung an die Zellmembran angedrückt, und der gesamte Strom aus der darunterliegenden Membranfläche abgeleitet, während das Zellpotential mit Hilfe zweier intracellulärer Mikroelektroden auf verschiedene Werte geklemmt wurde (−80, −120 und −150 mV). Man erkennt kleine, spontan eintretende und wieder verschwindende Zunahmen des Stroms, die proportional der Membranspannung ansteigen (Einzelkanäle konstanter Leitfähigkeit). Die Öffnung der Kanäle wurde mit Superyldicholine (10^{-7} mol/l), einem Analogon des Acetylcholins, bewirkt

erlaubt den Einstrom von Natriumionen. Die Öffnungszeit ist aber nur kurz, weil die Pore sogleich durch eine möglicherweise unabhängige zweite Konformationsänderung wieder verschlossen wird, wonach das Tor in die Ausgangsstellung zurückkehrt. Die Ladungsverschiebung beim Öffnen des Tores läßt sich als „Torstrom“ (gating current) direkt registrieren. Erwähnt sei noch, daß der molekulare Aufbau dieser Porenstrukturen trotz intensiver Bemühungen der Biochemiker bisher nicht geklärt ist. Frei passierbare anion-selektive Poren sind bisher nicht bekannt.

12.5.3.3 Ionen-Selektivität

Trotz einer sehr hohen Spezifität für einzelne Ionen sind die Ionentransportmechanismen der Zellmembranen in der Regel nicht absolut selektiv für eine Ionensorte. Bei systematischer Untersuchung findet man vielmehr typische Selektivitätsmuster. Für den Natriumkanal am Riesennerven des Tintenfischs wird z.B. folgende Permeabilitätsreihe der Alkalimetallionen beobachtet:

$$\text{Li}:\text{Na}:\text{K}:\text{Rb}:\text{Cs} = 1{,}1:1:1/12:1/40:1/61 .$$

Solche Selektivitätsmuster zeigen gewisse Gesetzmäßigkeiten. Vergleicht man die Selektivitätsdaten verschiedenster Transportprozesse von biologischen oder künstlichen Membranen miteinander, so findet man, 1. daß sich nahezu alle Daten zwanglos in nur 11 Selektivitätssequenzen einordnen lassen, obwohl insgesamt 120 Permutationen der Alkalimetallsequenz möglich sind, und 2. daß annähernd konstante quantitative Relationen innerhalb der einzelnen Sequenzen bestehen, die den Eisenman'schen Selektivitätsisothermen von Glaselektroden entsprechen.

Die 11 Selektivitätssequenzen für die Alkalimetallionen sind:

I	$Cs^+ > Rb^+ > K^+ > Na^+ > Li^+$
II	$Rb^+ > Cs^+ > K^+ > Na^+ > Li^+$
III	$Rb^+ > K^+ > Cs^+ > Na^+ > Li^+$
IV	$K^+ > Rb^+ > Cs^+ > Na^+ > Li^+$
V	$K^+ > Rb^+ > Na^+ > Cs^+ > Li^+$
VI	$K^+ > Na^+ > Rb^+ > Cs^+ > Li^+$
VII	$Na^+ > K^+ > Rb^+ > Cs^+ > Li^+$
VIII	$Na^+ > K^+ > Rb^+ > Li^+ > Cs^+$
IX	$Na^+ > K^+ > Li^+ > Rb^+ > Cs^+$
X	$Na^+ > Li^+ > K^+ > Rb^+ > Cs^+$
XI	$Li^+ > Na^+ > K^+ > Rb^+ > Cs^+$

Diese 11 Sequenzen lassen sich nach der Theorie von Eisenman durch unterschiedliche elektrische Feldstärken der Bindungsstellen in der Membran und durch die unterschiedlichen Wechselwirkungskräfte zwischen den einzelnen Ionen und Wassermolekülen in der Lösung voraussagen. Dabei ist zu beachten, daß die Bindungsstellen der Membran nicht unbedingt ionalen Ursprungs sein müssen, sondern daß z.B. auch Ion-Dipol-Wechselwirkungen mit Sauerstoff oder Stickstoffatomen möglich sind. Sequenz I ist identisch mit der Sequenz der Beweglichkeiten in freier Lösung und ist nach Eisenman zu erwarten, wenn die Wechselwirkungskräfte zwischen Ionen und Membran schwächer sind als zwischen Ionen und Wasser. Sequenz XI entspricht der Reihenfolge zunehmender Kristallradien der Alkalimetallionen. Sie ist zu erwarten, wenn die Wechselwirkungskräfte zwischen Membran und Ionen extrem hoch sind. Ähnliche Sequenzen ergeben sich übrigens für die freie Energie der Bildung der verschiedenen Alkalihalogenide, die als Modelle für die Wechselwirkung zwischen Bindungsstellen in der Membran und penetrierenden Alkalimetallionen angesehen wurden (Iodid: Sequenz I, Bromid: Sequenz II, Chlorid: Sequenz V, Fluorid: Sequenz XI).

12.5.4 Transport durch Flußkopplung verschiedenartiger Substanzen

In den vorangehenden Kapiteln haben wir Transporte J_i besprochen, die im wesentlichen durch ihre eigene elektrochemische Potentialdifferenz *i* angetrieben wurden. Dabei zeigte sich, daß auch bei diesen Transporten Flußkopplungsphänomene zu beobachten sind, und zwar im wesentlichen Tracerkopplungen zwischen dem Fluß der chemischen Komponente *i* und dem eines Isotops *i**. Außerdem traten aber auch Kopplungen zwischen verschiedenen Substraten auf, falls diese eine ähnliche molekulare Struktur aufwiesen (wie z.B. D-Xylose und D-Glukose beim Zuckertransport, Cl^- und HCO_3^- beim Anionentransportsystem der Erythrozyten oder auch K^+ und Rb^+ beim gleichzeitigen Fluß durch eine single-file-Pore — den wir allerdings nicht im Detail besprochen haben). Diese Kopplungen treten auf, weil die jeweilige Bindungs- oder Erkennungsstelle des Transportproteins nicht absolut selektiv ist für eine einzige Komponente, sondern (mit unterschiedlicher Affinität) auch andere Komponenten binden oder passieren lassen kann, die ähnlich gebaut oder ähnlich groß sind. Wir haben folglich analoges Verhalten wie bei der Tracerkopplung zu erwarten und auch beobachtet.

Darüber hinaus gibt es jedoch, insbesondere an biologischen Membranen, Flußkopplungen zwischen strukturell ganz unterschiedlichen Teilchenarten, wie z.B. NaCl und Wasser oder H^+ und Galaktose oder Na^+ und Aminosäuren. Solche Kopplungen zwischen verschiedenartigen Substanzen *i* und *j* ($j \neq i$) werden im folgenden diskutiert. Als Besonderheiten finden wir in vielen Fällen, daß ein meßbarer Fluß von $i(J_i \neq 0)$ die Anwesenheit der Komponente *j* voraussetzt und daß $L_{ii} = L_{ij} = L_{jj}$ ist, woraus folgt, daß die Flüsse J_i und J_j gleich groß sind. Wir sprechen dann von Ko-transport (Symport) oder, falls die Flüsse entgegengesetztes Vorzeichen haben, von Gegentransport (Antiport). Eine exakte Abgrenzung gegen die Flußkopplungen, denen wir im vorangehenden Kapitel begegnet sind, würde eine Definition des Begriffs der chemischen Ähnlichkeit erfordern und ist deshalb nicht möglich. Aus Gründen der Übersichtlichkeit teilen wir auf in Kopplung zwischen Wasser und gelösten Teilchen und Kopplungen zwischen gelösten Teilchen untereinander.

12.5.4.1 Kopplung zwischen Wasser und gelösten Teilchen

Nach Gl. (12.84) wird der Kopplungskoeffizient $L_{iw} = L_{wi}$ oft durch den Reflexionskoeffizienten σ_i charakterisiert. Der Reflexionskoeffizient kann im Prinzip negativ oder positiv sein und kann auch einen Wert >1 annehmen. $\sigma_i = 0$ heißt, daß die treibende Kraft für den Wasserfluß auch einen Fluß der Komponente 1 bewirkt, und zwar folgt dann aus (12.63b) bzw. (12.99) mit (12.84) bei $\Delta\mu_j = 0$ bzw. $\Delta\eta_j = 0$ ($j = 1 \ldots k$)

$$(J_i)_{\Delta\eta_j=0} = \frac{L_{ww}\bar{c}_i}{\bar{c}_w}\Delta\mu_w \quad \text{und} \quad J_w = L_{ww}\Delta\mu_w\,, \qquad (12.188)$$

d.h. Wasser und gelöste Substanz werden im selben Verhältnis transportiert, das in den Außenphasen vorliegt:

$$J_i/J_w = \bar{c}_i/\bar{c}_w\,. \qquad (12.189)$$

$\sigma_i = 1$ heißt, daß eine treibende Kraft für den Wasserfluß keinen Fluß von *i* bewirkt. Reflexionskoeffizienten $\sigma_i<0$ und $\sigma_i>1$ sind an biologischen Membranen bisher nicht beobachtet worden.

Systematische Untersuchungen über Reflexionskoeffizienten verschiedener Nichtelektrolyte liegen von Pflanzenzellmembranen, Erythrozyten und Gallenblasenepithelzellen vor. An der Gallenblase fanden sich für stark lipidlösliche Substanzen wie Chloroform, Butanol, Pyridine und die Substanzen 2–6 von Abb. 12.46 Werte um Null, während Substanzen mit geringer Lipidlöslichkeit wie Zucker und Aminosäuren und die Substanzen 56 und 57 von Abb. 12.46 Werte um 1,0 zeigten. Für die Reflexionskoeffizienten gelten demnach ähnliche Gesetzmäßigkeiten wie für die Permeabilitätskoeffizienten, d.h. je größer die Lipidlöslichkeit, desto größer die Permeabilität und desto kleiner der Reflexionskoeffizient. Über die Reflexionskoeffizienten der Zellmembran für einzelne Ionen liegen wenig exakte Messungen vor. Allgemein darf man annehmen, daß die Reflexionskoeffizienten für Alkalimetallionen und Halogenide nahe bei 1 liegen. Deutlich niedrigere Werte findet man jedoch an epithelialen Membranen, bei denen der Stofftransport nicht nur durch die Zellen hindurch, sondern auch zwischen den Zellen hindurch (parazellulär) erfolgen kann (proximaler Tubulus der Niere). Hier sind Werte von $\sigma_i=0{,}6$ für Na^+ und Cl^- beschrieben worden.

12.5.4.2 Kopplung zwischen gelösten Teilchen

Bei freier Diffusion in verdünnten Lösungen sind die Kreuzkoeffizienten (L_{ij}), die den Fluß einer gelösten Komponente i in Abhängigkeit von der treibenden Kraft einer anderen Komponente j beschreiben, normalerweise klein gegenüber den Diagonalkoeffizienten (L_{ii} oder L_{jj}). Entsprechende Daten für einfache Kochsalzlösung findet man in Tabelle 12.14. Daraus folgt, daß in freier Lösung Kopplungsphänomene zwischen den Flüssen einzelner Ionen oder zwischen Ionen und Nichtelektrolyten von untergeordneter Bedeutung sind. Das gilt jedoch nicht für Flüsse durch Membranen. Sobald der Beweglichkeitsspielraum der Teilchen in der Membran eingeschränkt ist, wie zum Beispiel im Inneren einer langen Pore, nimmt die Bedeutung der Kreuzkoeffizienten im Verhältnis zu den Diagonalkoeffizienten zu. Wenn die Pore im Extremfall sehr lang und so eng ist, daß die Teilchen nicht aneinander vorbeiwandern können, haben wir den Fall der „single-file“-Diffusion vor uns, der oben behandelt worden ist und bei dem die Kreuzkoeffizienten L_{ij} maximal positive Werte annehmen. Flußkopplungsphänomene, die durch wassergefüllte „Poren“ entstehen dürften, sind für Harnstoff und Glukose an der Froschhaut beobachtet worden.

Tabelle 12.14

	Phänomenologische Koeffizienten für NaCl-Lösung						
Konzentration [mol/l]	0,01	0,02	0,05	0,10	0,20	0,50	1,00
L_{NaNa}	5,2	10,4	25,4	49,8	97,3	232,9	440,2
L_{ClCl}	8,0	15,8	38,9	76,2	148,9	356,0	669,3
L_{NaCl}	0,2	0,6	2,3	5,5	13,6	42,4	93,1

Dimension der Koeffizienten ist 10^{-14} mol^2 J^{-1} cm^{-1} s^{-1}

Von großer biologischer Wichtigkeit sind Flußkopplungsphänomene im Rahmen des sekundär aktiven Transports (s. S. 495 u. S. 517). Dabei wird der Fluß einer Komponente i mit Hilfe eines lokal passiven Kopplungsmechanismus an den Fluß einer aktiv transportierten Komponente $j(j\neq i)$ erzeugt. Als Beispiel betrachten wir den gekoppelten Natrium-Glukose-Transport durch die luminale Zellwand (Bürstensaum) von Dünndarm und Niere, der in zahlreichen Experimenten am intakten Epithel (Flußmessungen, elektrische Messungen) und an isolierten Membranbläschen untersucht worden ist. Am intakten Epithel fand man, daß der Glukosefluß von der Glukosekonzentration und von der Natriumkonzentration im Lumen der Darmschlingen bzw. der Harnkanälchen abhängt und daß diese Abhängigkeit durch einfache Sättigungskinetiken (Gl. 12.182) mit K_m-Werten von 1 mmol/l für Glukose und 15 mmol/l für Natrium beschrieben werden kann (diese Zahlen gelten für den proximalen Tubulus der Rattenniere). Bei der Untersuchung von Bläschen der Bürstensaummembran zeigten sich folgende Eigenschaften:

1. In Abwesenheit von Natriumionen kann Zucker entlang einem Konzentrationsgefälle in die Bläschen einströmen, die Transportraten sind aber sehr klein und führen immer nur zum Konzentrationsausgleich zwischen Innen- und Außenphase (Abb. 12.53 Kurve a). Dieser Transport ist unspezifisch (D- und L-Glukose laufen etwa gleich schnell) und nicht durch Phlorhizin hemmbar.

2. In Gegenwart von Natriumionen ($c'_{Na}=c''_{Na}$) ist der Transport von D-Glukose (aber nicht der von L-Glukose) beschleunigt (Abb. 12.53, Kurve b), d.h. die D-Glukosekonzentration in den Bläschen steigt jetzt schneller auf den Wert der Außenphase an. Phlorhizin kann die Beschleunigung unterdrücken. Statt einer Hemmung wie im Falle der Kompetition um die gleiche Bindungsstelle (s. das einfache Carriermodell auf S. 503) finden wir hier, daß die Gegenwart der Substanz j den Fluß von i beschleunigt, resp. den spezifisch hemmbaren Fluß erst ermöglicht.

3. Erzeugt man einen Na^+-Gradienten, indem man der Außenphase, nicht aber dem Vesikelraum, NaCl zusetzt, dann beschleunigt sich die Glukoseaufnahme so stark, daß die Glukosekonzentration in den Bläschen vorübergehend die Konzentration der Außenphase übertrifft (Abb. 12.53, Kurve c) (Transport entgegen dem Konzentrationsgefälle). Wenn der Natriumeinstrom beendet ist, strömt Glukose wieder aus, bis sich Innen- und Außenphase im Konzentrationsgleichgewicht befinden. Dieser Effekt ist spezifisch für Natriumionen und D-Glukose (er wird nicht mit Kaliumionen oder Cholin und nicht mit L-Glukose beobachtet) und wird durch Phlorhizin gehemmt.

4. Der Glukoseeinstrom in Gegenwart des Na-Konzentrationsgradienten läßt sich noch beschleunigen, wenn man ein Membranpotential entsprechender Polung aufbaut (Bläscheninnenphase negativ), indem

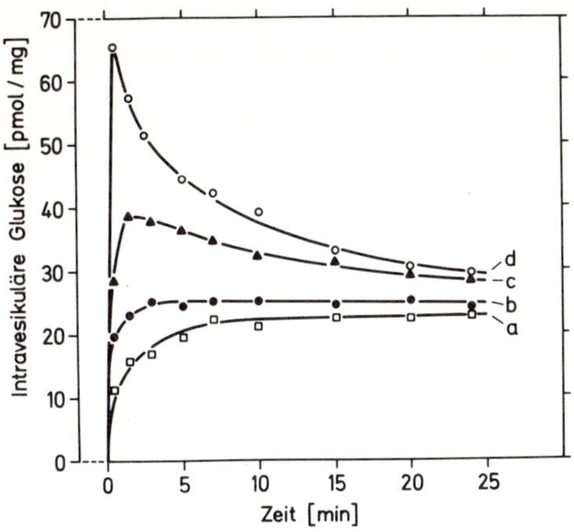

Abb. 12.53. Na^+/Glukose-Kotransport an Bürstensaumbläschen der Niere. Abszisse: Zeit in min, Ordinate: intravesikuläre Glukosemenge in pmol/mg Protein. Gemessen wurde die D-Glukose-Aufnahme in isolierte Membranvesikel der luminalen Zellwand von Nierenzellen. Die Glukose wurde zum Zeitpunkt Null der Außenphase zugesetzt. Die Messung erfolgte **a** in Abwesenheit von Na^+, **b** in Anwesenheit von Na^+ ($c'_{Na} = c''_{Na}$), **c** in Gegenwart eines NaCl-Gradienten und **d** in Gegenwart eines NaSCN-Gradienten (Einzelheiten und Erklärung im Text). [Nach Kinne, R., Murer, H., Kinne-Saffran, E., Thees, M., and Sachs, G., Sugar Transport by Renal Plasma Membrane Vesicles. J. Membrane Biol. **21**, 375 (1975)]

man das Chlorid durch das lipidlösliche Rhodanition ersetzt (Abb. 12.53, Kurve d). Der Glukosefluß wird also nicht nur von der Natriumkonzentrationsdifferenz, sondern auch von der elektrischen Potentialdifferenz getrieben. Dieser Befund deckt sich mit der Beobachtung, daß der Glukosetransport am intakten Epithel die Potentialdifferenz über der luminalen Zellmembran ändert.

5. Ein Konzentrationsgefälle unmarkierter D-Glukose von der Innenphase nach außen beschleunigt die Aufnahme radioaktiv-markierter D-Glukose in Gegenwart von Natriumionen.

Diese Beobachtungen zeigen eindeutig, daß der Tracer-Glukosefluß durch die Konzentrationsdifferenz der markierten und unmarkierten Glukose und durch die elektrochemische Potentialdifferenz der Natriumionen getrieben wird und daß der Fluß passiv erfolgt. Unter Vernachlässigung des Wasserflusses können wir demnach schreiben:

$$J_* = L_{**} \Delta\mu_* + L_{*0} \Delta\mu_0 + L_{*Na} \Delta\eta_{Na} , \qquad (12.190)$$

wobei der Index * für die markierte und der Index 0 für die unmarkierte Glukose steht. Aus den oben dargestellten Befunden folgt, daß L_{**} stark von der Natriumkonzentration abhängt, L_{*0} negativ und L_{*Na} positiv ist.

Der molekulare Mechanismus des Na^+- und Glukose-Kotransports ist noch nicht aufgeklärt. Alle bisherigen Versuche einer mathematischen Modellbeschreibung gehen vom Modell eines diffusiblen Carriers aus, der zwei Bindungsstellen, eine für Na^+ und eine für Glukose besitzt und der nur dann die Membran passieren kann, wenn beide Stellen beladen oder beide Stellen unbeladen sind. Im Vergleich mit anderen Transportsystemen müssen wir aber aus Analogiegründen annehmen, daß die Vorstellung eines diffusiblen Carriers falsch ist und daß wir im Prinzip wieder einen Porenmechanismus vor uns haben dürften, der den Transfer über irgendwelche Konformationsänderungen bewirkt, wenn beide spezifischen Bindungsstellen besetzt sind.

Flußkopplungsphänomene, die ähnliche Gesetzmäßigkeiten zeigen, sind in zahlreichen Membranen beobachtet worden (s. Tabelle 12.15). Außer positiven Koeffizienten L_{ij} (Beispiel Kopplung von Natrium- und Glukosefluß) gibt es auch Systeme mit negativen Koeffizienten, $L_{ij} < 0$. Ein typisches Beispiel ist das ATP-ADP-Transfersystem der Mitochondrienmembran, das ATP nach außen und im Austausch dafür ADP nach innen befördert.

12.5.5 Aktiver Transport

Wie auf den Seiten 494 bis 498 diskutiert und begründet wurde, bezeichnen wir als aktiven Transport den Transport einer Komponente *i*, der in Abwesenheit aller elektrochemischen Potentialdifferenzen (d.h. aller passiven Kräfte) durch Kopplung an eine chemische Reaktion entsteht. Wie wir ferner gezeigt haben, muß man an zusammengesetzten Membranen zwischen primär und sekundär aktivem Transport unterschei-

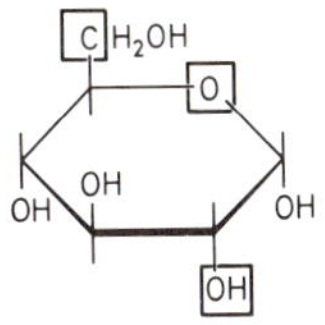

Abb. 12.54. Spezifität des Zuckertransportsystems in Darm und Niere. Es werden nur Zucker transportiert, deren Struktur in den Punkten 1 bis 3 mit der Struktur der D-Glukose übereinstimmt: 1. Pyranosering, 2. OH-Gruppe am C_2-Atom in der Stellung der D-Glukose, 3. C_6-Atom ebenfalls in der Stellung der D-Glukose. Zucker, deren Struktur in anderen Positionen von der Glukosestruktur abweicht, werden transportiert, aber meist mit geringerer Rate. So vermindert die Umkehr der Position der OH-Gruppe an C_4 (Galaktose) oder C_3 (Allose) die Affinität des Zuckers zum Transportsystem beträchtlich (Anstieg des K_m-Wertes)

Tabelle 12.15. Einige Flußkopplungssysteme in Zellmembranen

	Kotransport	Gegentransport
Niere, Darm (luminale Zellwand)	$Na^+/$Zucker $Na^+/$Aminosäuren[a] Na^+/PO_4^-	Na^+/H^+
Ascites-Tumor-Zellen	$Na^+/$Aminosäuren[a] Na^+, K^+, $2Cl^-$	
Mitochondrien	$H^+/HPO_4^=$ $H^+/R{-}(COO^-)_2$	H^+/Na^+ H^+/K^+ ATP/ADP
Bakterien	$H^+/$Zucker (β-Galaktosid) $H^+/$Aminosäuren[a]	H^+/Na^+

[a] Saure, basische und neutrale Aminosäuren werden über verschiedene Transportsysteme transportiert.

den. Während der primär aktive Transport in einer asymmetrischen Membran durch lokale Kopplung mit einer chemischen Reaktion zustande kommt, wird der sekundär aktive Transport durch passive Flußkopplung an eine primär aktiv transportierte Komponente erzeugt. Wir besprechen zunächst primär aktiven Transport und beginnen mit der Beschreibung des aktiven Na^+/K^+-Transports in der Zellmembran. Dieses Transportsystem ist als erstes aktives Transportsystem erkannt worden, und seine Beschreibung war deshalb eng mit den Bemühungen um die Definition des aktiven Transports verknüpft. Phylogenetisch älter und im Energiekreislauf der Zelle dem Na^+/K^+-Transport vorgeschaltet ist der aktive H^+-Transport in der Mitochondrienmembran und der Photosynthesemembran.

12.5.5.1 Primär aktiver Transport

a) Aktiver Na^+/K^+-Transport

Wahrscheinlich alle tierischen Zellen und zumindest einige Pflanzenzellen (Algen) besitzen in der Zellwand einen primär aktiven Transportmechanismus, der Na^+ aus der Zelle herauspumpt und K^+ in die Zelle hineintransportiert. Die Energie für diesen Transport stammt aus der Spaltung von ATP.

Die Entdeckung und Charakterisierung dieser Na^+/K^+-„Pumpe" hat Jahrzehnte gedauert, und die Aufklärung des Transportmechanismus selbst ist auch heute noch nicht abgeschlossen. Am Anfang stand die Beobachtung, daß die Ionenverteilung zwischen dem extrazellulären Raum und dem intrazellulären Raum lebender Zellen nicht im elektrochemischen Gleichgewicht ist. Wie aus Tabelle 12.16 hervorgeht, ist die Abweichung am deutlichsten für Na^+ und Ca^{++} und weniger deutlich für K^+. Obwohl die Zellwand für diese Ionen permeabel ist (wie man mit Tracerexperimenten leicht nachweisen kann) und obwohl Na^+ und Ca^{++} durch einen elektrochemischen Potentialgradienten ständig in die Zelle hineingetrieben werden bzw. K^+ aus der Zelle herausgetrieben wird, bleiben die Konzentrationsdifferenzen bestehen, solange der Stoffwechsel intakt ist. Blockiert man aber den Stoffwechsel durch Abkühlung oder durch Gifte, dann strömen Na^+, Ca^{++}, Cl^- und Wasser in die Zellen ein und K^+ aus, und die Potentialdifferenz über der Zellwand bricht zusammen. Die Zellen befinden sich also normalerweise in einer Situation, die der „stop flow"- oder „static head"-Situation (s. S. 495) entspricht: Die Nettoflüsse aller permeablen Substanzen (mit Ausnahme der Stoffwechselpartner, O_2, Glukose und CO_2) sind Null, aber für einige permeable Komponenten bestehen zwischen Zelle und Interstitium von Null verschiedene elektrochemische Potentialdifferenzen. Nach Gl. 12.138 müssen wir postulieren, daß diese Situation durch aktiven Transport einer oder mehrerer permeabler Komponenten (z.B. Na^+ und/oder K^+) hervorgerufen wird.

Tabelle 12.16. Ionale Zusammensetzung von extrazellulärer und intrazellulärer Flüssigkeit und elektrochemische Potentialdifferenzen einzelner Ionen über der Zellmembran

	c_i'' [mmol/l] extrazellulär	c_i' [mmol/l] intrazellulär[a]	$\Delta\eta_i$[b] [$Jmol^{-1}$]	$E_i = \frac{\Delta\eta_i}{z_i F}$[c] [mV]
Na^+	144	~ 10	$-15.6 \cdot 10^3$	−162
K^+	4	140	$+ 0.5 \cdot 10^3$	+ 5
Ca^{++}	1.3	~ 0.0001	$-41{,}8 \cdot 10^3$	−216
Mg^{++}	0.75	18[d]	$(3.8 \cdot 10^3)$	(+ 20)
Cl^-	114	~ 4	~0	~0
HCO_3^-	30	8	$+ 5.3 \cdot 10^3$	− 55
PO_4	1	70[e]		

[a] Näherungswerte für Muskelzellen des Warmblüters.
[b] Errechnet aus (12.58b) unter Berücksichtigung des Membranpotentials $\Delta\varphi = \varphi' - \varphi'' = -90$ mV.
[c] Die Potentialdifferenz E_i wäre mit Elektroden meßbar, die für die einzelnen Ionen i reversibel sind.
[d] Mg^{++} ist wahrscheinlich zum größeren Teil in subzellulären Räumen gelagert.
[e] PO_4 liegt hauptsächlich in Bindung an organische Substanzen vor. Das scheinbare Defizit anionischer Ladungen wird durch intrazelluläre Proteine gedeckt.

Einen entscheidenden Fortschritt brachten 1951 die Experimente Ussings an der Froschhaut, deren Ergebnisse wir im folgenden kurz zusammenfassen:

1. Nach Ausschaltung aller Druck-, Konzentrations- und Potentialdifferenzen zwischen der Außenseite und der Blutseite transportiert die Froschhaut ständig Na^+ von außen zur Blutseite, während keine meßbaren Nettoflüsse von K^+ oder Cl^- auftreten (später fand man noch eine vergleichsweise kleine H^+-Sekretion sowie bei einigen Froscharten einen Netto-Cl^--Transport).

2. Unter den gleichen Bedingungen liefert die Haut einen elektrischen Strom (Kurzschlußstrom), der quantitativ mit dem Netto-Na^+-Transport (d.h. der Differenz zwischen dem $^{22}Na^+$-Fluß von der Außenseite zur Blutseite und dem gleichzeitig gemessenen $^{24}Na^+$-Fluß von der Blutseite nach außen) identisch ist.

3. Netto-Natriumtransport und Kurzschlußstrom brechen zusammen, wenn der Stoffwechsel unterbunden wird.

4. Zwischen dem Na^+-Transport und dem Sauerstoffverbrauch des Gewebes besteht eine stöchiometrische Relation von ca. 20 mol Na^+/mol O_2.

5. Der Transport ist an die Gegenwart von Kaliumionen auf der Blutseite der Haut gebunden. In kaliumfreien Lösungen fällt der Transport langsam ab, um nach Rückkehr zu physiologischen Kaliumkonzentrationen wieder auf den Ausgangswert anzusteigen (Diese Beobachtung macht eine Verbindung des transepithelialen Natriumtransports mit der Na^+/K^+-Pumpe der Zellmembranen wahrscheinlich).

Mit diesen Experimenten war erstmals die Existenz des aktiven Na^+-Transports eindeutig nachgewiesen und zudem wahrscheinlich gemacht, daß es sich um primär aktiven Transport handelte. Sekundär aktiver Transport durch Kopplung an andere unbekannte Ionenflüsse ließ sich durch die Identität von aktivem Natriumtransport und Kurzschlußstrom ausschließen.

Die weitere Untersuchung erfolgte im wesentlichen am Riesenaxon des Tintenfisches und an Erythrozyten, deren intrazelluläre Ionenzusammensetzung durch geeignete Methoden geändert werden kann. Heute ergibt sich folgendes Bild:

1. Die Zellen transportieren Natriumionen aktiv von innen nach außen und Kaliumionen aktiv von außen nach innen. Beide Transporte sind eng gekoppelt. Ist die Außenseite kaliumfrei, sistiert der aktive Natriumausstrom, und ist die Innenseite natriumfrei, sistiert der aktive Kaliumeinstrom. An der Erythrozytenmembran ist das Kopplungsverhältnis 3 Natriumionen im Austausch für 2 Kaliumionen. Daraus folgt, daß die Na^+/K^+-Pumpe einen elektrischen Strom erzeugen muß (partiell elektrogene Pumpe). Der Transportmechanismus ist hoch selektiv für Na^+ — keines der übrigen Alkalimetallionen kann Na^+ ersetzen —, aber weniger selektiv für K^+. K^+ kann mit abnehmender Wirksamkeit durch Rb^+, NH_4^+, Cs^+ oder Li^+ ersetzt werden.

2. Die Energie für den Transport wird durch hydrolytische Spaltung von ATP (Adenosintriphosphat) in ADP (Adenosindiphosphat) und anorganisches Phosphat (P_i) gewonnen:

$$ATP + H_2O \rightarrow ADP + P_i \, .$$

ATP wird als Energieträger der Zelle in Mitochondrien gebildet (s. S. 516). Bei der Spaltung eines ATP-Moleküls werden 3 Na^+ nach außen und 2 K^+ nach innen transportiert.

3. Der aktive Na^+/K^+-Transport wird hochspezifisch durch Digitalisglykoside, z.B. g-Strophantin = Ouabain, gehemmt. Ouabain wirkt nur, wenn es der Zelle von der Außenseite angeboten wird. Es konkurriert dort mit K^+ um eine Bindungsstelle. Die Bindung von Ouabain erfolgt schnell und ist reversibel, die Dissoziationsgeschwindigkeit des Komplexes ist jedoch von Tier zu Tier und von Organ zu Organ verschieden. In günstigen Fällen (Erythrozyten des Menschen) kann man die Transportstellen in der Membran mit ^3H-Ouabain markieren und den Besatz der Membran mit Transportstellen auszählen. Solche Messungen ergeben ca. 200 Transportstellen pro rote Blutzelle.

4. Der aktive Transportprozeß ist umkehrbar. Inkubiert man ATP verarmte Erythrozyten in einer Na^+-reichen, K^+-freien Außenlösung, dann findet man einen Na^+-*Ein*strom und damit gekoppelt einen K^+-*Aus*strom, der durch Ouabain gehemmt werden kann, d.h. Na^+- und K^+-Ionen laufen rückwärts durch die Pumpe. Dieser Vorgang ist mit der *Synthese* von ATP verbunden. Pro zwei bis drei transportierte K^+-Ionen wird aus ADP und radioaktiv markiertem anorganischen PO_4 ein Molekül ATP gebildet. Gibt man Ouabain, dann unterbleibt auch die ATP-Synthese.

Für die weitere Aufklärung des Transportsystems war es wichtig, daß es sich praktisch ohne Aktivitätsverlust aus Zellmembranen isolieren und weitgehend rein darstellen läßt. Bei der Gelelektrophorese erhält man 2 Proteine mit Molekulargewichten von 100000 und 50000, wobei alle Transporteigenschaften dem größeren Protein zuzuordnen sind. Biochemisch

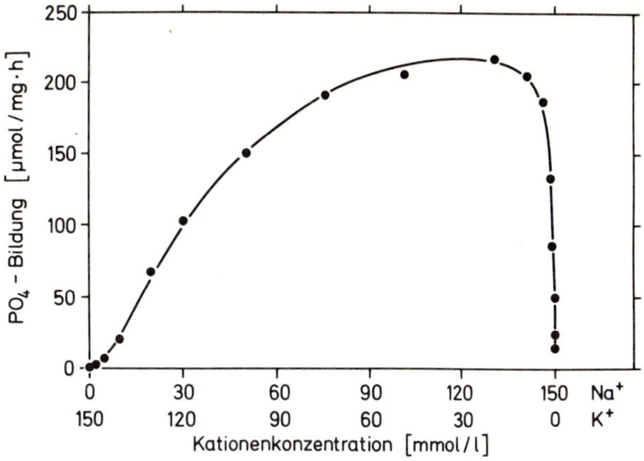

Abb. 12.55. Aktivität der Na^+/K^+-ATPase aus Ochsenhirn als Funktion der Na^+- und K^+-Konzentration. *Abszisse:* Na^+- und K^+-Konzentration in mmol/l im Testmedium. *Ordinate:* ATP-Spaltung in µmol abgespaltenes PO_4 pro mg Protein pro Stunde. [Nach Skou, J.C., The ($Na^+ + K^+$) Activated Enzyme System and its Relationship to Transport of Sodium and Potassium. Quarterly Rev. Biophys. 7, 401 (1975)]

wirkt das Transportsystem als ATPase (ATP-spaltendes Enzym), deren Aktivität von der Na^+-, K^+- und Mg^{++}-Konzentration reguliert wird (Abb. 12.55). Das Enzym ist ebenso wie der Transport durch Ouabain hemmbar, und die Hemmung zeigt in vielen Fällen die gleiche Konzentrationsabhängigkeit wie die Hemmung des Na^+/K^+-Transports in der ursprünglichen Membran. Ferner findet man eine gute Korrelation zwischen der ATPase-Aktivität und der Größe des aktiven Natriumtransports in verschiedenen Geweben. Der interessanteste biochemische Befund ist der Nachweis eines Phosphorylierungsprodukts, das durch Übertragung des endständigen energiereichen Phosphates von ATP auf das Enzym in Gegenwart von Na^+ und Mg^{++} entsteht und in Gegenwart von K^+ sofort zerfällt. Aus dem Studium der verschiedenen fördernden und hemmenden Einflüsse der Phosphorylierung ergibt sich das Reaktionsschema in Abb. 12.56.

Nach diesem Schema nimmt man an, daß das Enzym in zwei Konformationszuständen existieren kann. In der dephosphorylierten Form E′ liegen Natriumbindungsstellen auf der Zytoplasmaseite der Membran frei. Sobald Natriumionen gebunden sind, kann das Enzym durch ATP in Gegenwart von Mg^{++} phosphoryliert werden. Die Phosphorylierung bewirkt eine Konformationsänderung in den Zustand E″. Dabei werden die gebundenen Natriumionen von der Innenseite auf die Außenseite der Membran transferiert. In der Form E″ haben die Bindungsstellen ihre Selektivität für Natriumionen verloren und binden bevorzugt Kaliumionen. Die Natriumionen diffundieren deshalb in die Außenphase ab. Sobald Kaliumionen von der Außenphase an das Enzym gebunden sind, erfolgt die Dephosphorylierung, und das Enzym kehrt in den Zustand E′ zurück. Diese Konformationsänderung ist mit der Translokation der gebundenen Kaliumionen von der Außenphase in die Innenphase

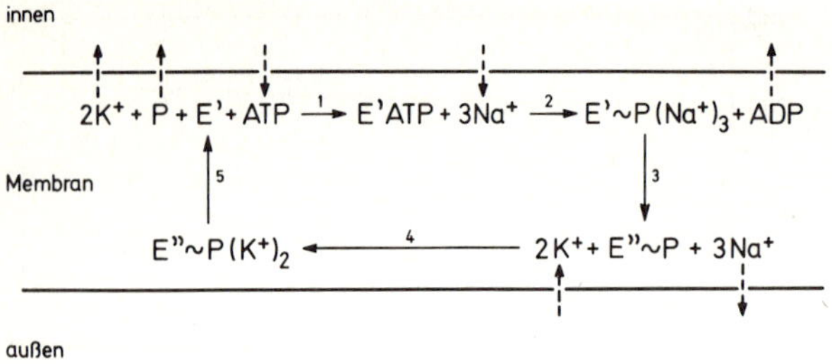

Abb. 12.56. Mögliches Funktionsschema der Na^+/K^+-Pumpe. Das Transportenzym kann in zwei Konformationszuständen vorliegen, als E′ auf der Innenseite und als E″ auf der Außenseite der Membran. Die Konformationsänderung von E′ in E″ (Schritt 3) kommt durch die Übertragung des energiereichen Phosphats aus ATP in Gegenwart von Na^+ und Mg^{++} zustande. Sie ist mit dem Transport von Na^+ von innen nach außen verbunden. Die zweite Konformationsänderung von E″ zurück zu E′ (Schritt 5) wird durch die Bindung von K^+ (Schritt 4) eingeleitet. Schritt 4 wird durch Ouabain gehemmt, Schritt 3 durch Oligomycin. Die gestrichelten Pfeile geben die Flußrichtung der Reaktionspartner zwischen Membran und Außenphase an. Alle Reaktionen sind umkehrbar. Die prinzipielle Ähnlichkeit mit Modell β (S. 498) ist unverkennbar

verbunden, wo die Kaliumionen wieder abdissoziieren, weil die Bindungsstellen in der Form E′ Natriumionen bevorzugen. Damit kann der Transportzyklus erneut durchlaufen werden.

Letzte Zweifel an der Identität von Na^+/K^+-ATPase und Na^+/K^+-Transportsystem in der Zellmembran wurden ausgeräumt, als es gelang, das Enzym in Liposomen einzubauen und das Phänomen des aktiven Na^+/K^+-Transports im Reagenzglas zu studieren.

b) Weitere aktive Transportsysteme mit Spaltung energiereicher Phosphate

α) *ATPasen*

Neben dem Na^+/K^+-Transport nennen wir an erster Stelle den Ca^{++}-Transport im sarkoplasmatischen Retikulum der Muskelfaser. Dieses Transportsystem nimmt in der Phase der Muskelerschlaffung Kalziumionen aus dem Zellplasma in kleine vesikuläre Räume auf und kann dabei große Kalziumkonzentrationsunterschiede zwischen Zellplasma (10^{-7} mol/l) und dem intravesikulären Raum (ca. 10^{-3} bis 10^{-2} mol/l) überwinden. Der Transport erfolgt mit Stoffwechselenergie aus der Spaltung von ATP. Ähnlich wie beim Na^+/K^+-Transport besteht eine feste stöchiometrische Relation, pro Mol ATP werden 2 Mol Ca^{++} aufgenommen. Die Gegenwart von Mg^{++} ist erforderlich. Versuche, das Enzym zu isolieren, führten zu ähnlichen Ergebnissen wie beim Na^+/K^+-Transport. Biochemisch wirkt das Enzym als ATPase, die durch Ca^{++} und Mg^{++} stimuliert wird. Ebenso wie die Na^+/K^+-ATPase funktioniert die Ca^{++}/Mg^{++}-ATPase nur in Gegenwart von Lipiden. Ca^{++}-ATPasen sind auch aus Zellmembranen isoliert worden (Erythrozyt). Außer Ca^{++}-ATPasen sind in Zellmembranen von Magen, Drüsen und Niere auch ATPasen beschrieben worden, die durch HCO_3^- oder K^+ aktiviert werden und die möglicherweise mit primär aktivem Wasserstoffionentransport in diesen Organen zusammenhängen. Trotz zahlreicher Berichte über aktiven Chloridtransport (Froschhaut, Nierenmark, Nervenzellen) ist eine Cl^--stimulierte ATPase bisher nicht nachgewiesen worden. Der Cl^--Transport ist möglicherweise in die Gruppe sekundär aktiven Transports einzustufen (s. S. 517).

β) *Phosphotransferasesystem*

An letzter Stelle sei hier ein Zuckertransportsystem (das Phosphotransferasesystem) aus Bakterienmembranen genannt, das im Unterschied zu den ATPasen einige *Besonderheiten* aufweist:

1. Es gehört nicht zu den Systemen, die aktiven Transport in der Definition (12.135) zeigen, sondern man kann allenfalls von „aktivem Transport mit chemischer Umwandlung“ sprechen (s. S. 493), da die Zucker während des Transports in der Membran phosphoryliert werden und als Zucker-Phosphatverbindungen in der Zelle erscheinen.

2. Die Energie für den Transport wird nicht durch Spaltung von ATP gewonnen, sondern stammt aus Phosphoenolpyruvat. Die energiereiche Phosphatgruppe des Phosphoenolpyruvats wird nach Passage über zwei oder drei Enzyme direkt auf den Zucker übertragen. Die Isolierung und Charakterisierung der einzelnen Enzyme des Phosphotransferasesystems ist schon relativ weit gediehen (s. a. Tabelle 12.12).

c) Aktiver H^+-Transport (Redox-Systeme etc.)

α) *Mitochondrienmembran*

Die Mitochondrien sind der Ort der Zellatmung. Hier wird durch eine Reihe von Redoxsystemen (Atmungskette) der Wasserstoff der im Stoffwechsel abgebauten Kohlehydrate mit dem durch die Atmung aufgenommenen Sauerstoff zu Wasser „verbrannt“ und die Energie der Wasserbildung in die Synthese einer energiereichen chemischen Verbindung (ATP aus ADP und PO_4) umgesetzt. Die Redoxreaktionen sind mit dem aktiven Transport von Wasserstoffionen aus dem Innenraum der Mitochondrien in die Außenphase verbunden. Dadurch entsteht eine elektrochemische Potentialdifferenz für H^+ über der Mitochondrienmembran, die die ATP-Synthese treibt (Mitchell).

Gibt man zu einer Suspension isolierter Mitochondrien, die unter Abschluß von Sauerstoff (anaerob) gehalten wurden, einen kleinen Sauerstoffpuls (der in ca. 1 s verbraucht ist), dann beobachtet man, daß der pH-Wert der Außenphase plötzlich abfällt (ebenfalls in ca. 1 s) und dann mit exponentiellem Verlauf langsam auf den Ausgangswert zurückkehrt (Abb. 12.54). Eine eingehende Analyse dieser Beobachtung und weitere Befunde führten zu folgenden Schlüssen:

1. Die initiale Ansäuerung der Außenphase wird durch Transport von H^+ aus dem Matrixraum nach außen hervorgerufen. Zerstört man die Lipidphase der Membran durch Detergenzien, z. B. Triton X 100, dann findet keine Ansäuerung statt.

2. Die H^+-Transportrate steht in einem festen stöchiometrischen Verhältnis zum verbrauchten Sauerstoff. Wählt man kleine O_2-Pulse, dann ist der H^+-Rückstrom während der Dauer der H^+-Ausschüttung vernachlässigbar, so daß man aus der maximalen pH-Verschiebung und der Pufferkapazität der Mitochondriensuspension die Menge der transportierten H^+-Ionen pro Atom verbrauchten Sauerstoffs errechnen kann. Solche Berechnungen geben konstante Verhältnisse J_{H^+}/Γ_0 von 6 in Gegenwart von β-Hydroxybuttersäure als Substrat bzw. 4 in Gegenwart von Succinat, das an anderer Stelle in die Atmungskette eingreift.

3. Das stöchiometrische Verhältnis ist unabhängig von der Ionenzusammensetzung des Mediums und wird weder durch Ionophoren (z.B. Valinomycin) noch durch Entkoppler (s. weiter unten) oder spezifische Blocker der ATPase (Oligomycin) verändert, wohl aber durch Gifte der Atmungskette. So senkt Rotenon den Quotienten J_{H^+}/Γ_0 in Gegenwart von β-Hydroxybuttersäure von 6 auf 2, Cyanid blockt total.

4. Der Auswärtstransport der H^+-Ionen ist mit der Entstehung eines Membranpotentials (Außenphase positiv, Innenphase negativ) verbunden. Da die Potentialdifferenz nicht direkt gemessen werden kann, weil die Mitochondrien für die Punktion mit Mikroelektroden zu klein sind, war man auf indirekte Methoden angewiesen (z.B. Messung von K^+-Flüssen nach Dotierung der Membran mit dem Kaliumionophor Valinomycin und Verteilungsmessung lipidlöslicher Ionen). Atmende Mitochondrien reichern im Innenraum lipidlösliche Kationen, z.B. $TPMP^+$ (Triphenylmethylphosphonium), an und senken die Konzentration lipidlöslicher Anionen, z.B. TPB^- (Tetraphenylborat), im gleichen Verhältnis unter die Konzentration in der Außenphase. Da diese Ionen Lipidmembranen frei penetrieren können, kann die gegensinnige Verteilung im stationären Zustand nur durch ein Membranpotential (Innenraum negativ) hervorgerufen sein.

5. Bei gleichzeitiger Bestimmung der pH-Differenz und der Potentialdifferenz fand man im Zustand stationärer Atmung eine elektrochemische Potentialdifferenz für Wasserstoffionen von $\Delta\eta_{H^+} = 22000$ J/mol. Das entspricht einer Potentialdifferenz E_{H^+}, die man theoretisch mit einem Paar H^+-Elektroden messen könnte (sog. „proton motive force") von

$$E_{H^+} = \frac{\Delta\eta_{H^+}}{z_{H^+}F} = \frac{RT}{z_{H^+}F} \ln \frac{c'_{H^+}}{c''_{H^+}} + \Delta\varphi = -230\,\text{mV},$$

wobei der Innenraum (hier als ′ Phase bezeichnet) negativ ist. Die Angaben über den Beitrag der elektrischen Spannung $\Delta\varphi$ zu E_{H^+} schwanken aber noch erheblich (zwischen ca. −70 und −160 mV, Innenraum negativ).

Aus diesen Befunden folgt, daß die Ansäuerung der Außenphase respirierender Mitochondrien durch aktiven Auswärtstransport von Wasserstoffionen erfolgt, der mit der Atmungskette gekoppelt ist und

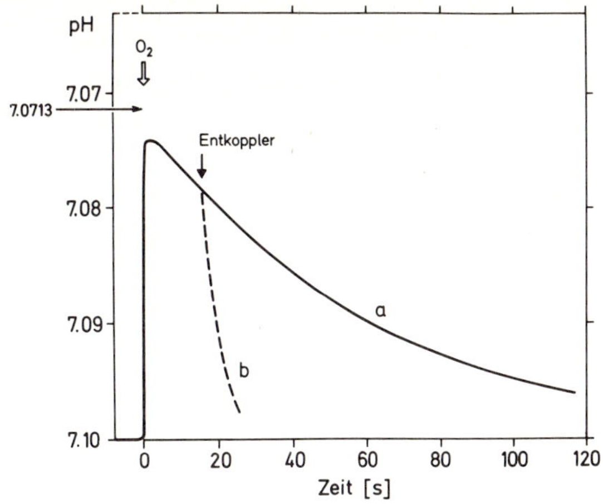

Abb. 12.57. Aktiver H^+-Transport durch die Mitochondrienmembran. Abszisse: Zeit in s, Ordinate: pH des Testmediums. Zur Zeit Null wurde einer anaeroben Suspension von Lebermitochondrien ein kleiner O_2-Puls zugeführt, der bereits in ca. 1 s verbraucht ist. Die Zugabe des O_2 führt zum Transport von H^+ durch die Mitochondrienmembran nach außen. Der pH-Wert des Testmediums sinkt von 7,10 auf 7.073 ab und kehrt dann mit einer Zeitkonstante von 60 s langsam zum Ausgangswert zurück. Gibt man 20 s nach dem O_2-Puls 0,5 μmol/l des Entkopplers CFCCP, der die Membran für H^+ gut permeabel macht, dann bricht die pH-Verschiebung sofort zusammen. Extrapoliert man den exponentiellen Verlauf der Relaxationskurve auf den Zeitpunkt null zurück, so findet man, daß die pH-Verschiebung (bei idealer Versuchsanordnung) eigentlich den Wert 7.0713 (s. Pfeil) erreicht haben sollte. Da die Pufferkapazität des Außenmediums bekannt ist, kann man daraus errechnen, daß pro 1 Atom verbrauchten Sauerstoffs 6 Wasserstoffionen nach außen transportiert worden sind. [Nach Mitchell,P., Proton-Translocation Phosphorylation in Mitochondria, Chloroplasts and Bacteria: Natural Fuel Cells and Solar Cells. Fed. Proc. **26**, 1370 (1967) und Mitchell,P. and Moyle,J. Respiration Driven Proton Translocation in Rat Liver Mitochondria. Biochem. J. **105**, 1147 (1967)]

energetisch durch die Oxydation des Substrat-Wasserstoffs gespeist wird (Abb. 12.58). Nach der Hypothese von Mitchell sollen die Redoxsysteme der Mitochondrienmembran in drei Schleifen angeordnet sein, in denen Elektronen kaskadenartig entsprechend dem Gefälle des Redoxpotentials von einem System zum anderen laufen, wobei sie wegen der räumlichen Anordnung der Systeme in der Membran ständig von einer Seite der Membran zur anderen wechseln. Nach jedem Übergang zweier Elektronen von der Außenphase in die Innenphase sollen zwei H^+-Ionen zusammen mit zwei Elektronen von innen nach außen befördert werden.

Die exponentielle Rückkehr der pH-Verschiebung zum Ausgangswert in Abb. 12.57 zeigt den passiven Rückstrom von H^+ in den Innenraum an, der über andere Wege läuft. Das schließt man aus Folgendem:

1. Der Zeitverlauf entspricht genau dem Abklingen eines pH-Sprungs in der Außenphase, der durch plötzliche Zugabe von Säure erzeugt wird.

2. Erhöht man die H^+-Permeabilität der Membran durch Zusatz eines Entkopplers (Wasserstoffionen-Carrier wie DNP = 2,4 Dinitrophenol oder CFCCP, Carbonylcyanid p-trifluoromethoxyphenylhydrazon),

dann klingt die pH-Verschiebung schneller ab (siehe Kurve b in Abb. 12.57).

3. Die Abklingphase kann durch die Gegenwart einzelner Kationen oder Anionen initial beschleunigt werden. In diesem Fall wird ein Teil der H^+ Ionen durch Cotransport- oder Countertransportsysteme (Flußkopplung mit PO_4 oder Na^+) beschleunigt in das Innere aufgenommen.

Abschließend sei zu diesem Kapitel erwähnt, daß der H^+-Ionengradient das Kopplungsglied zwischen der Atmungskette und der ATP-Bildung darstellt und daß die ATP-Bildung aus ADP und PO_4 durch eine ATPase erfolgt, die räumlich getrennt von der Atmungskette in der Mitochondrienmembran liegt und unmittelbar durch den Wasserstoffionengradienten angetrieben wird. Der Mechanismus der ATP-Bildung verläuft also ähnlich wie bei der „rückwärts laufenden" Na^+/K^+-Pumpe (s. Seite 513) mit dem Unterschied, daß nicht der Na^+-, K^+-Gradient, sondern der H^+-Gradient die Energie liefert. Verhindert man die Ausbildung des H^+-Gradienten durch Zugabe eines H^+-Carriers wie DNP oder FCCP, dann erfolgt keine ATP-Synthese, obwohl die Substratoxydation in der Atmungskette und der aktive H^+-Ionentransport weiterlaufen und der Sauerstoffverbrauch maximal ist (diese Substanzen wirken also als „*Entkoppler*").

β) Photosynthesemembran

Der Primärprozeß der Photosynthese ist die Absorption von Lichtquanten. Die absorbierte Energie wird in Form angeregter Elektronenzustände auf eine photochemische Reaktion übertragen, die eine Ladungstrennung bewirkt. Als Folge davon laufen Elektronentransferprozesse an Redoxsystemen ab, und es wird Wasser gespalten. Durch die gerichtete Anordnung der Redoxsysteme in der Membran führt der Elektronentransfer ähnlich wie an der Mitochondrienmembran zu gerichtetem H^+-Transport und zum Aufbau einer elektrochemischen Potentialdifferenz für H^+-Ionen über der Thylakoidmembran. Der Prozeß der Photosynthese ist im Detail in Abschn. 13.1 dargestellt.

γ) Purpurmembran (Lichtgetriebene „H^+-Pumpe")

Im Gegensatz zur Photosynthesemembran ist der aktive Wasserstoffionentransport durch die Purpurmembran nicht mit Redoxsystemen verbunden. Die Purpurmembran ist eine nahezu homogene Proteinschicht, die sich in Form einzelner Flecken in der Zellmembran der Salzbakterien (Halobacterium halobium) ausbildet, wenn diese längere Zeit bei ausreichender Lichtzufuhr im Sauerstoffmangel gehalten werden. Sie besteht zu 25% aus Lipiden und zu 75% aus nur einem einzigen Protein, dem Bakteriorhodopsin. Der Name Purpurmembran rührt von der intensiv-violetten Farbe des Proteins her, das sich leicht isolieren läßt und der Name Bakteriorhodopsin von der Tatsache, daß das Protein den gleichen Chromophoren besitzt, der auch im Sehfarbstoff (Rhodopsin) der Tiere vorkommt: Retinal. Im lichtadaptierten Bacteriorhodopsin liegt das Retinal in der all-trans-Form vor und ist

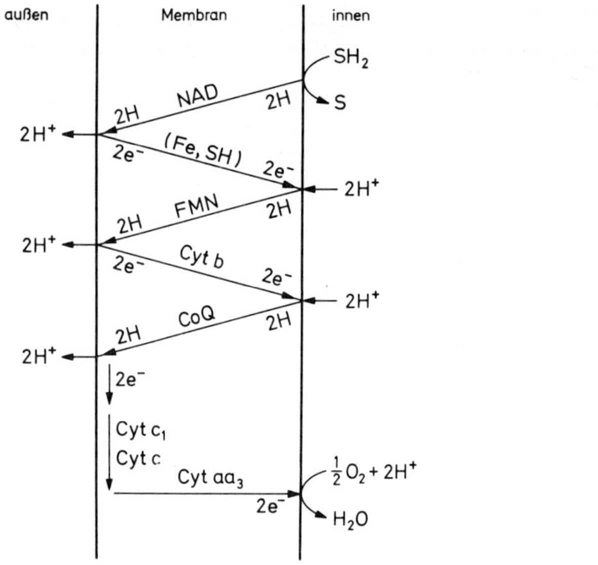

Abb. 12.58. Faltung der Atmungskette in der Mitochondrienmembran als Modell für die Kopplung von Substratverbrennung und aktivem H^+-Transport. S: Substrat, NAD: Nicotinadenindinucleotid, (Fe, SH): Fe oder SH-Gruppen als elektronenübertragende Gruppen eines nicht näher charakterisierten Enzyms. FMN: Flavinmononucleotid, cyt a, b, c: Cytochrome, Co Q: Coenzym Q. Die Elektronenübertragung in den Cytochromen erfolgt durch Valenzwechsel von Eisen oder Cu. Die Anordnung basiert auf der Lage der Oxydations-Reduktionspotentiale der einzelnen Enzyme. [Nach Mitchell, P., Chemiosmotic Coupling in Oxydative and Photosynthetic Phosphorylation. Biol. Rev. **41**, 445 (1966)]

in Form einer Schiffschen Base an eine Lysinseitenkette gebunden. Das Lichtabsorptionsmaximum der einfachen Schiffbase des Retinals liegt bei 370 nm, das des Bakterioopsins (nach Entfernung des Retinals) bei 280 nm und das des Bakteriorhodopsins bei 560 nm. Diese Absorptionsverschiebung zeigt eine enge Wechselwirkung zwischen Retinal und Opsin an. Belichtet man das Bakteriorhodopsin, so durchläuft es eine Reihe von Konformationszuständen unterschiedlicher Lebensdauer, die unterschiedliche Absorptionsmaxima besitzen (man unterscheidet zumindest 5 Zwischenprodukte K_{590}, L_{550}, M_{412}, N_{520} und O_{640}), und kehrt dann wieder in den Grundzustand (BR_{570}) zurück, wobei nur der erste Reaktionsschritt lichtabhängig ist (die Indices geben die Wellenlängen der Absorptionsmaxima an). Dieser Photozyklus wird in wenigen ms durchlaufen und ist mit einer Abgabe eines Protons aus der Membran in die Außenphase und der Aufnahme eines Protons aus dem Zytoplasma in die Membran verknüpft. Der lichtabhängige Protonenfluß wurde an intakten Bakterienzellen nachgewiesen sowie an Liposomen nach Einbau isolierten Bakteriorhodopsins. Der Protonenfluß ist als aktiver Transport zu charakterisieren. Er führt zum Aufbau einer elektrochemischen Potentialdifferenz für H^+ zwischen dem Zellinneren und der Außenphase und schafft damit ähnlich wie an Mitochondrien und Thylakoidmembranen die Vorbedingung zur ATP-Synthese. Obwohl Aminosäuresequenz und Sekundärstruktur des Proteins inzwischen bekannt sind, ist der Mechanismus des H^+-Transports noch ungeklärt. Das Protein besteht aus 240 Aminosäuren, hat ein Molekulargewicht von 26000 Dalton und bildet eine Alpha Helix, die sich in Schleifen insgesamt 7mal hin und zurück durch die Membran windet. Die Bindungsstelle des Retinals ist nahe der Membranmitte in der Position 41 (Lysin). Raman-spektroskopische Untersuchungen zeigen, daß die Schiffsche Base im Zustand vor der Belichtung (BR_{570}) protoniert ist und daß das Proton ca. 0,5 ms nach einem Lichtblitz, wenn das Protein im Zustand M_{412} vorliegt, bereits abgespalten ist. Es ist aber unwahrscheinlich, daß dasselbe H^+-Ion dann an der Membranoberfläche in die Außenphase abgegeben wird. Möglicherweise ist eine Reihe von Protonenbindungsstellen vorhanden, die das Molekül perlschnurartig durchziehen, so daß eine licht-induzierte pK-Änderung einer Bindungsstelle und die damit verbundene Konformationsänderung zur Verschiebung aller Protonen um jeweils einen Platz führt und das äußerste Proton dann in die Außenphase abdiffundieren kann. Das Bakteriorhodopsin ist offensichtlich das einfachste bekannte Protein, das aktiven Transport erzeugt.

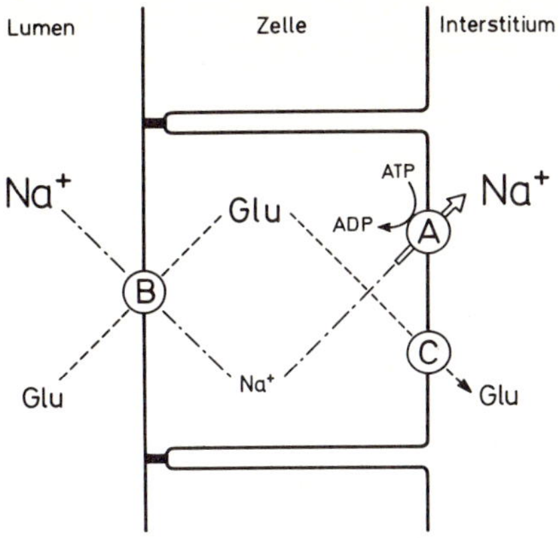

Abb. 12.59. Modell für den sekundär aktiven Transport von Glukose durch Darm und Nierenepithel. A: Primär aktiver Na^+-Transport in der basalen Zellmembran, B: Flußkopplungssystem für Na^+ und Glukose in der luminalen Zellmembran, C: „Carrier"-system zur erleichterten Diffusion von Glukose aus der Zelle. Die Größe der Symbole soll die Höhe des elektrochemischen Potentials der Komponenten in den einzelnen Phasen veranschaulichen. [Nach Crane, R.K., Na Dependent Transport in the Intestine *and other Animal Tissues. Fed. Proc.* **13**, 1000 (1965) und Schultz, S.G. and Zalusky, R. Ion Transport in Isolated Rabbit Ileum J. Gen. Physiol. **47**, 1043 (1964)]

12.5.5.2 Sekundär aktiver Transport

Bei der von uns bevorzugten Definition des aktiven Transports aus dem "level-flow"-Experiment (s.S. 494, Gl. 12.135) tritt sekundär aktiver Transport nur bei Serienschaltung auf (s.S. 495). Eine Komponente i wird z.B. dann sekundär aktiv transportiert, wenn zwei Membranen hintereinander geschaltet werden, wobei eine Membran eine Komponente j ($j \neq i$) primär aktiv transportiert, während die andere Membran einen passiven Flußkopplungsmechanismus für i und j ($L_{ij} \neq 0$) besitzt. Diese Situation ist an zahlreichen Epithelmembranen (z.B. Darm, Niere) verwirklicht (Abb. 12.59). Die Epithelzellen besitzen ebenso wie Muskel-, Blut- oder Nervenzellen eine Na^+/K^+-Pumpe, die als primär aktiver Transportmechanismus anzusehen ist. Im Gegensatz zu den genannten Zellen ist die Na^+/K^+-Pumpe der Epithelzellen aber nicht über die gesamte Zellmembran verteilt, sondern liegt zumindest bei Darm- und Nierenepithelien ausschließlich in der dem Blut zugekehrten Zellseite (basale Zellmembran). Da die gegenüberliegende (luminale) Zellmembran außerdem gut permeabel für Natriumionen ist, während die Natriumpermeabilität der basalen Membran gering ist, kommt auf diese Weise ein gerichteter aktiver Natriumtransport vom Lumen zum Interstitium zustande: Natriumionen werden laufend von der Zelle ins Interstitium gepumpt; dadurch entsteht eine elektrochemische Potentialdifferenz für Na^+ zwischen der Zelle und den Außenphasen, so daß Natriumionen ständig entlang ihrem Potentialgradienten vom Lumen in die Zelle nachströmen können. Um sekundär aktiven Transport einer Komponente i zu erzeugen, benötigen wir jetzt nur noch einen passiven Flußkopplungsmechanismus mit $L_{iNa} \neq 0$ in der luminalen Membran. Die Existenz solcher Kopplungsmechanismen haben wir bereits in Abschn. 12.5.4.2, S. 508 beschrieben. Ist ein solcher Mechanismus vorhanden, dann wird die Komponente i mit dem Na^+-Fluß vom Lumen in die Zelle gelangen und wird sich dort anreichern, bis die zelluläre Konzentration so hoch ist, daß der passive Ausstrom durch die basale Membran der Aufnahme durch die luminale Membran gerade die Waage hält. Die Energie für den inkongruenten Fluß der Komponente i vom Lumen zur Zelle — d.h. für den Fluß J_i entgegen dem Gefälle $\Delta\mu_i$ — liefert die elektrochemische Potentialdifferenz der Natriumionen über der luminalen Zellmembran, die ihrerseits durch die Tätigkeit der aktiven Natriumpumpe aufgebaut wird. Solche sekundär-aktiven Transportmechanismen finden sich am Darm- und Nierenepithel für die Resorption von Glukose, Aminosäuren, Phosphat und für die Sekretion von H^+ (bzw. die Resorption lipidlöslicher Puffer, die sich dem H^+-Gradienten entsprechend verteilen). Erwähnt sei noch, daß auch der passive Ausstrom von i durch die basale Zellmembran durch einen speziellen Transportmechanismus vermittelt wird, der aber nicht von der elektrochemischen Potentialdifferenz der Natriumionen beeinflußt wird. Ferner sei darauf hingewiesen, daß man an solchen Systemen durch Variation der Konzentration von i in den Außenphasen die aktive Transportrate der Natriumionen verändern kann. So findet man an Darm und Niere, daß aktives Transportpotential und Kurzschlußstrom von der Zuckerkonzentration in den Außenphasen abhängen. Eine symmetrische Konzentrationsänderung des Nichtelektrolyten Zucker bewirkt eine Änderung des elektrischen Potentials.

Als weiteres Beispiel für sekundär aktiven Transport sei die „*isotone Wasserresorption*" genannt. Hinsichtlich des Wassertransports lassen sich die Epithelien

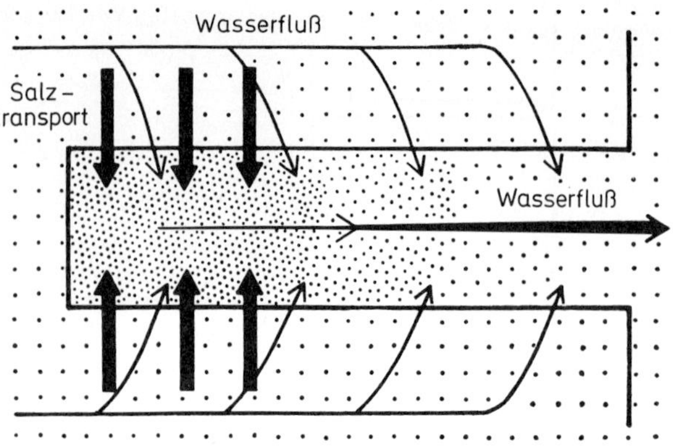

Abb. 12.60. Lokale Osmose. In einem intraepithelialen Raum, der zu einer Epitheloberfläche hin abgeschlossen, aber zur anderen Oberfläche hin offen ist, entwickelt sich durch den aktiven Salztransport ein konstanter osmotischer Gradient. Die Dichte der Punkte soll die osmotische Konzentration angeben. [Nach Diamond, J. M. and Bossert, W. H., Standing Gradient Osmotic Flow. A Mechanism for Coupling of Water and Solute Transport in Epithelia, J. Gen. Physiol. **50**, 2061 (1967)]

in zwei große Gruppen unterteilen. Die eine Gruppe, Harnblase, distaler Tubulus und Sammelrohr der Niere, zeigt nur dann einen meßbaren transepithelialen Wasserfluß, wenn ein osmotischer Gradient besteht. Die andere Gruppe, Dünndarm, Gallenblase und proximaler Tubulus der Niere, transportiert auch Wasser, wenn kein osmotischer Gradient besteht. Umspült man die Epithelien der Gruppe II auf der Lumen- und Blutseite mit der gleichen NaCl-Ringerlösung und hält den Stoffwechsel in Gang, dann findet man, daß NaCl und Wasser vom Lumen zur Blutseite transportiert werden und daß die transportierte Flüssigkeit innerhalb der Meßgenauigkeit die gleiche osmotische Konzentration hat wie die Außenlösungen (isotoner Wassertransport). Nach der Definition 12.135, S. 494) handelt es sich dabei um aktiven Wassertransport. Der Wassertransport sistiert aber, wenn man den aktiven Natriumtransport durch Ouabain ausgeschaltet hat, was auf sekundär-aktiven Wassertransport mit Kopplung an aktiven Natriumtransport schließen läßt. Im Gegensatz zum Zuckertransport kann der sekundär aktive Wassertransport aber nicht durch eine Art Carriermechanismus in der luminalen Membran der Epithelzellen zustande kommen, da pro Molekül Natrium ca. 370 Moleküle Wasser transportiert werden. Wahrscheinlicher ist Flußkopplung durch lokale Osmose (s. Abb. 12.60). Bei diesem Modell nimmt man an, daß der aktive Salztransport in speziellen Regionen des Epithels, z. B. in den lateralen Spalten zwischen den Epithelzellen (s. auch Abb. 12.38), Zonen erhöhter osmotischer Konzentration schafft, in die Wasser aus dem Lumen des Darms oder der Harnkanälchen nachströmen kann. Dadurch erhöht sich der hydrostatische Druck, und Flüssigkeit strömt zum Interstitium hin ab. Der osmotische Ausgleich der transportierten Flüssigkeit mit der Lösung in den Außenphasen findet erst im Endabschnitt der Transportstrecke statt.

Definiert man aktiven Transport nach (12.140) aus dem „stop-flow"-Experiment, was in der Literatur häufig geschieht, dann fallen noch mehr Transporte in die Kategorie sekundär aktiven Transports. Darunter gehören dann zahlreiche Transportsysteme nichtepithelialer Zellen, die lediglich eine passive Flußkopplung zwischen einer Komponente i und einer

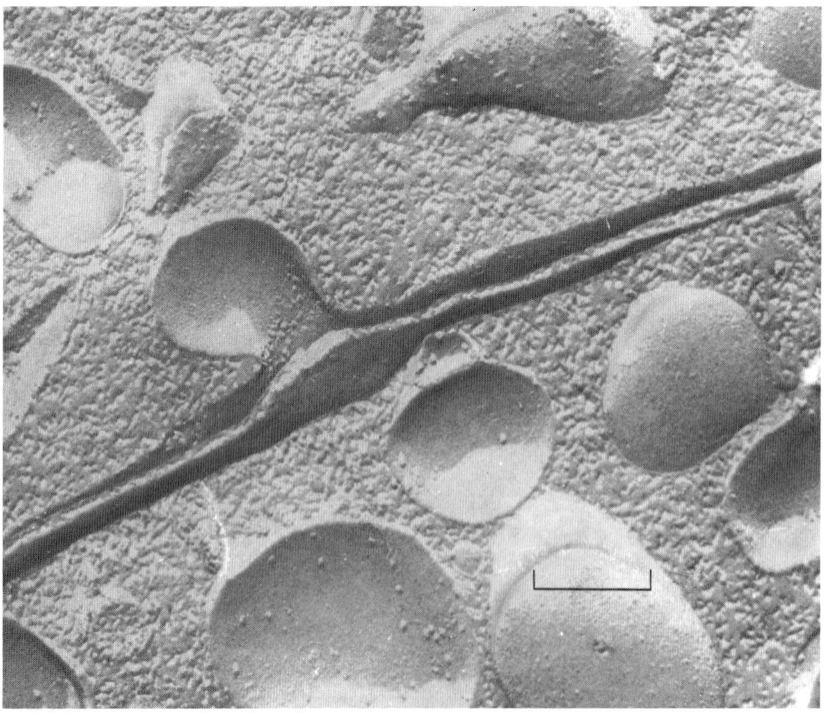

Abb. 12.61. Bläschentransport. Gefrierbruch von β-Zellen des Pankreas. Man erkennt ein Bläschen, das mit dem Spaltraum zwischen zwei benachbarten Drüsenzellen kommuniziert. Die β-Zellen sezernieren das Hormon Insulin. Marke: 200 nm (Originalaufnahme von Dr. G. Dahl, Homburg-Saar)

primär aktiv transportierten Komponente j ($j \neq i$) bewirken (Beispiele: Kopplung des Aminosäuretransports mit dem primär aktiven Na^+-Transport in Ehrlich-Ascites-Tumorzellen oder Kopplung des Na^+ und HPO_4^{--}-Transports mit dem primär aktiven H^+-Transport in Mitochondrien- und Bakterienmembranen). Diese Kopplungsmechanismen bewirken bei $\Delta\eta_i = 0$ und $\Delta\eta_j = 0$ keinen Nettofluß der Komponente i. In der stopflow Situation (bei $J_i = 0$, $J_j = 0$, $A \neq 0$) baut sich aber eine elektrochemische Potentialdifferenz für die Substanzen i ($\Delta\eta_i \neq 0$) über der Membran auf, weil der passive Rückstrom der primär aktiv transportierten Komponente j über den Kopplungsmechanismus einen Transport der Komponente i bewirkt (sekundär-aktiver Transport von i im Sinne der Definition (12.140), aber nicht im Sinne der von uns bevorzugten Definition (12.135).

12.5.6 Transport durch Bläschenbildung

Alle in den vorangehenden Abschnitten besprochenen Transportmechanismen betrafen klein-molekulare Substanzen. Für den Transport von Proteinen und anderen groß-molekularen Substanzen (ab MG 1000–4000) hat die Natur spezielle Transportmechanismen entwickelt. Diese Substanzen werden in eine licht- oder elektronenmikroskopisch sichtbare Ausstülpung der Zellmembran eingeschlossen, die sich dann entweder zum Zellinneren hin abschnürt (Endozytose), oder es treten vorgeformte Bläschen mit der Zellwand in Kontakt und entleeren ihren Inhalt nach außen (Exozytose). Auf diese Weise werden Proteine oder auch größere Partikel wie Zellfragmente oder Bakterien zur Verdauung in die Zelle aufgenommen, oder es werden von der Zelle produzierte Hormone oder Enzyme an die Umgebung abgegeben. In beiden Fällen handelt es sich um äußerst komplizierte Reaktionen, deren Auslösung und Ablauf erst wenig erforscht sind.

Der erste Schritt der Endozytose in der Niere scheint die Bindung der Makromoleküle an spezifische Bindungsstellen in der Membranoberfläche zu sein. Die Bindung löst dann eine lokale Neubildung von Membranmaterial aus, das sich zumindest an der Niere in Lipidzusammensetzung und Proteinbesatz deutlich vom Rest der Zellwand unterscheidet. Die Einstülpung selbst scheint wie an einem Bimetallstreifen durch unterschiedliche Oberflächenkräfte in den beiden Lipidlamellen der neugebildeten Zellmembran zu erfolgen. Nach der Aufnahme in die Zellen verschmelzen die Endozytosevesikel miteinander und bilden Lysosomen (s. Kapitel 1), in denen die Proteinverdauung erfolgt. Die Exozytose wurde insbesondere an Nervenendplatten (Freisetzung von Acetylcholin) und an Drüsenzellen (Sekretion von Verdauungsfermenten oder Hormonen) studiert. In beiden Fällen werden die spezifischen Hormone resp. Fermente im endoplasmatischen Retikulum der Zelle gebildet und in kleinen Bläschen gespeichert, die allseitig von einer Lipidmembran umschlossen sind. Reizt man die Zellen elektrisch oder chemisch, so treten die Bläschen an genau definierten Stellen mit der Zellmembran in Verbindung, verschmelzen mit ihr, platzen und entleeren den Inhalt nach außen (Abb. 12.61). Dieser Prozeß wird durch Erhöhung der intrazellulären Ca^{++}-Konzentration eingeleitet. Danach wird die Bläschenmembran entweder in die umgebende Zellmembran aufgenommen oder vielleicht abgeschnürt und kehrt als kleine Vakuole in die Zelle zurück.

Literaturauswahl

Diamond, J.M., Wright, E.M.: Biological membranes: The physical basis of ion and nonelectrolyte selectivity. Ann. Rev. Physiol. **31**, 581–646 (1969).

Giebisch, G., Tosteson, D.C., Ussing, H.H.: MembraneTransport in Biology, Vol. I–IV. Berlin, Heidelberg, New York: Springer 1978–1979.

Heckmann, K., Vollmerhaus, W.: Zur Theorie der "single-file"-Diffusion. Z. Phys. Chem. N.F. **71**, 320–328 (1970).

Hodgkin, A.L., Keynes, R.D.: The Potassium Permeability of a Giant Nerve Fibre. J. Physiol. **128**, 61–88 (1955).

Katchalsky, A., Curran, P.F.: Nonequilibrium Thermodynamics in Biophysics. Cambridge: Harvard University Press 1967.

Kepes, A., Cohen, G.N.: Permeation. In: Gunsalis, I.C., Stanier, R. Y. (Eds.): Bacteria, Vol. 4, pp. 179–221. New York: Academic Press 1962.

Meyer, J., Sauer, F., Woermann, D.: Coupling of Mass Transfer and Chemical Reaction across an asymmetric Sandwich Membrane. In: Zimmermann, U., Dainty, J.: Membrane Transport in Plants. Berlin, Heidelberg, New York: Springer 1974, pp. 28–35.

Mitchell, P.: Chemiosmotic coupling in oxidative and photosynthetic phosphorylation. Biol. Rev. **41**, 445–502 (1966).

Sauer, F.: Nonequilibrium thermodynamics of kidney tubule transport. In: Berliner, R.W., Orloff, J. (Eds.): Handbook of Physiology, Sect. 8, Renal Physiology, Chap. 12, pp. 399–414. Washington: American Physiological Society 1973.

Sauer, F.: Nonequilibrium Thermodynamics of Coupled Membrane Transport. In: Kramer, M., Lauterbach, F.: Intestinal Permeation, pp. 320–331. Amsterdam: Excerpta Medica 1977.

Sélégny, E., Broun, G., Thomas, D.: Enzymatically active model-membranes: experimental illustrations and calculations on the basis of diffusionreaction kinetics of their functioning, of regulatory effects, of facilitated, retarded and active transports. Physiol. Vég. **9**, 25–50 (1971).

Stein, W.D.: The Movement of Molecules across Cell Membranes. New York-London: Academic Press 1967.

12.6 Biophysik des Atemgastransportes

Gerhard Thews und Helmut Hutten

12.6.1 Teilprozesse des Atemgastransportes beim Menschen

Der Atemgastransport zwischen der Außenwelt und den Zellen des Organismus setzt sich aus vier Teilprozessen zusammen, die jeweils eigenen Gesetzmäßigkeiten unterliegen.

1. Konvektiver Transport in den Atemwegen. Mit der Inspiration gelangt Sauerstoff durch die Trachea und den Bronchialbaum in die Alveolen, während Kohlendioxid mit der Exspirationsluft in umgekehrter Richtung aus dem Alveolarraum entfernt wird. Bei diesem Austauschvorgang handelt es sich vornehmlich um einen konvektiven Transport.

2. Diffusionsaustausch zwischen Alveolen und Lungenkapillarblut. Im Bereich der Alveolen erfolgt der Gasaustausch mit dem die Lungenkapillaren durchströmenden Blut durch Diffusion. Die große Oberfläche der Alveolen sowie der kurze Diffusionsweg zwischen den Alveolen und dem Kapillarblut bieten dafür günstige Voraussetzungen. Unter normalen Bedingungen diffundiert Sauerstoff aus den Alveolen in das Blut und wird dort zum überwiegenden Teil an das Hämoglobin in den Erythrozyten gebunden. Lediglich ein geringer Anteil des Sauerstoffes bleibt im Blutplasma sowie in den Erythrozyten physikalisch gelöst. Kohlendioxid diffundiert in umgekehrter Richtung aus dem Lungenkapillarblut in die Alveolen. Es findet sich im Blut sowohl in der physikalisch gelösten Form als auch in den verschiedenen chemischen Bindungsformen.

3. Konvektiver Transport auf dem Blutweg. Der Atemgastransport zwischen der Lunge und den Gewebekapillaren erfolgt konvektiv auf dem Blutweg (s. 12.6.3). Der in der Lunge aufgenommene Sauerstoff gelangt mit dem Blut über das linke Herz in das arterielle Gefäßsystem, von dem die einzelnen Organe und Gewebe versorgt werden. Das in den Gewebekapillaren aufgenommene Kohlendioxid wird über das venöse Gefäßsystem und das rechte Herz der Lunge zugeführt.

4. Diffusionsaustausch zwischen Gewebekapillaren und Zellen. Die Gewebekapillaren sind die Orte des Gasaustausches zwischen dem Blut und dem Gewebe, das die Kapillaren umgibt. Sauerstoff diffundiert aus dem Kapillarblut in die benachbarten Zellen und wird hier im Zuge des oxidativen Abbaus der Nährstoffe verbraucht. Das in den Stoffwechselprozessen gebildete Kohlendioxid diffundiert aus den Zellen in das die Gewebekapillaren durchströmende Blut.

12.6.2 Physikalische Grundlagen

12.6.2.1 Das 1. Ficksche Diffusionsgesetz

Unter *Diffusion* versteht man bekanntlich einen Ausgleichsvorgang, der entlang des Konzentrationsgradienten vom Ort der höheren Konzentration zum Ort der niederen Konzentration gerichtet ist. Die Bewegung der gasförmigen oder gelösten Teilchen erfolgt aufgrund ihrer molekular-kinetischen Energie. Derartige Ausgleichsvorgänge laufen nach dem 2. Hauptsatz der Thermodynamik irreversibel ab.

Obwohl die Bewegung der einzelnen Teilchen in beliebiger Richtung erfolgen kann, ergibt die statistische Betrachtung aller Teilchen zu jedem Zeitpunkt einen gerichteten Teilchenstrom, der an jedem Ort dem Konzentrationsgradienten proportional ist. Dieser Sachverhalt wird durch das *1. Ficksche Diffusionsgesetz* beschrieben:

$$\mathbf{v} = -D \cdot \operatorname{grad} C. \qquad (12.191)$$

$\mathbf{v}$ bedeutet den Stromdichtevektor, d.h. die in der Zeiteinheit senkrecht durch die Flächeneinheit hindurchtretende Stoffmenge bzw. Teilchenzahl, und C die Teilchenkonzentration. Der Proportionalitätsfaktor D wird als *Diffusionskoeffizient* bezeichnet. Das negative Vorzeichen gibt an, daß der Teilchenstrom gegen den Konzentrationsgradienten gerichtet ist und dem Konzentrationsabfall folgt.

Die Gültigkeit der Gl. (12.191) ist auf einen homogenen Diffusionsraum beschränkt, in dem der Diffusionskoeffizient D überall gleich groß ist und keine Vorzugsrichtung aufweist. Diffusionsprozesse im biologischen Gewebe erstrecken sich jedoch zumeist über mehrere unterschiedliche Diffusionsräume. Die Übergangsbedingungen zwischen unterschiedlichen Diffusionsräumen lassen sich in einer anderen Darstellung der Gl. (12.191) besser berücksichtigen.

Die Beziehung zwischen der Teilchenkonzentration C und dem Partialdruck P, mit dem diese Konzentration im Gleichgewicht steht, wird durch das *Henry-Daltonsche Gesetz* beschrieben:

$$C = \alpha \cdot P. \qquad (12.192)$$

Der Proportionalitätsfaktor α wird als *Bunsenscher Löslichkeitskoeffizient* bezeichnet. Innerhalb eines homogenen Diffusionsraumes ist α konstant. Daher kann Gl. (12.191) ersetzt werden durch:

$$\mathbf{v} = -K \cdot \operatorname{grad} P, \qquad (12.191a)$$

wobei $K = \alpha D$ als *Kroghscher Diffusionskoeffizient* oder besser als *Diffusionsleitfähigkeit* bezeichnet wird. Einige numerische Werte für den Diffusionskoeffizienten D und die Diffusionsleitfähigkeit K des Sauerstoffes in biologischen Medien sind in Tabelle 12.17 angegeben.

Die Übergangsbedingung zwischen zwei unterschiedlichen Diffusionsräumen ist dadurch gekennzeichnet, daß der Partialdruckverlauf stetig ist, während der Konzentrationsverlauf in Abhängigkeit vom Löslichkeitskoeffizienten einen Sprung aufweisen kann.

Tabelle 12.17. O_2-Diffusionsleitfähigkeit K und O_2-Diffusionskoeffizient D für verschiedene biologische Diffusionsmedien bei 37° C (zusammengestellt nach neueren Literaturangaben)

	K ($m^2 \cdot s^{-1} \cdot Pa^{-1}$)	D ($m^2 \cdot s^{-1}$)
Wasser	$0{,}77 \cdot 10^{-15}$	$3{,}2 \cdot 10^{-9}$
Blutplasma	$0{,}44 \cdot 10^{-15}$	$2{,}2 \cdot 10^{-9}$
Erythrozyt (Mensch)	$0{,}22 \cdot 10^{-15}$	$0{,}8 \cdot 10^{-9}$
Alveolo-kapilläre Membran (Ratte)	$0{,}22 \cdot 10^{-15}$	$1{,}3 \cdot 10^{-9}$
Hirnrinde (Mensch)	$0{,}38 \cdot 10^{-15}$	$1{,}6 \cdot 10^{-9}$
Herzmuskel (Mensch)	$0{,}21 \cdot 10^{-15}$	$1{,}3 \cdot 10^{-9}$
Skeletmuskel (Mensch)	$0{,}20 \cdot 10^{-15}$	$1{,}2 \cdot 10^{-9}$

12.6.2.2 Die Differentialgleichung der Diffusion und ihre Integration

Gleichung (12.191) beschreibt zwar die allgemeine Gesetzmäßigkeit des Diffusionsvorganges, ist aber zur Lösung praktischer Diffusionsprobleme in der Regel nicht geeignet. Dazu ist der Übergang zur *partiellen Differentialgleichung* unter Berücksichtigung der jeweiligen Voraussetzungen erforderlich. Die einfachste Voraussetzung ist die, daß die diffundierenden Teilchen im Diffusionsraum an keiner chemischen Reaktion teilnehmen. Dann wird das raumzeitliche Verhalten der Konzentration durch die folgende Differentialgleichung beschrieben:

$$\frac{\partial C}{\partial t} = D \cdot \nabla^2 C. \qquad (12.193)$$

Dabei bezeichnet $\nabla^2 C$ den Laplace-Operator, angewandt auf C. In *Cartesischen* Koordinaten lautet die Differentialgleichung:

$$\frac{\partial C}{\partial t} = D\left(\frac{\partial^2 C}{\partial x^2} + \frac{\partial^2 C}{\partial y^2} + \frac{\partial^2 C}{\partial z^2}\right), \qquad (12.194)$$

t ist die Zeitvariable; x, y und z stellen die Ortskoordinaten dar.

Diffusionsvorgänge in biologischen Medien sind fast immer mit chemischen Reaktionen gekoppelt. Im einfachsten Fall kann angenommen werden, daß im Diffusionsraum ein *ortsunabhängiger* und *zeitlich konstanter Verbrauch* der diffundierenden Teilchen stattfindet. Für die raumzeitliche Beschreibung der Konzentrationsverteilung gilt dann die folgende Differentialgleichung:

$$\frac{\partial C}{\partial t} = D \cdot \nabla^2 C - A, \qquad (12.195)$$

wobei A die Größe des Verbrauches angibt. Die Darstellung in *Cartesischen* Koordinaten erfolgt entsprechend Gl. (12.194).

Ein wichtiger und im biologischen Bereich oft realisierter Sonderfall liegt vor, wenn unter stationären Randbedingungen die Konzentrationen an allen Orten des Diffusionsraumes zeitlich konstant bleiben. Mit $\partial C/\partial t = 0$ ergibt sich dann die Gleichung für die stationäre Konzentrationsverteilung im Diffusionsraum:

$$D \cdot \nabla^2 C = A. \qquad (12.196)$$

Für die *Integration* der Differentialgleichungen (12.193) oder (12.195) steht eine Reihe von Verfahren zur Verfügung. Häufig gelingt die geschlossene Lösung durch Anwendung der *Methode der Variablentrennung* oder mit Hilfe der *Laplace-Transformation* (s. Thews, 1953). Daneben gibt es die Möglichkeit, die Differentialgleichung in geeigneter Form durch eine Differenzengleichung zu ersetzen und dann numerisch zu lösen. Einen anderen Lösungsweg stellt die Simulation des physikalischen Vorganges auf einem *Digitalrechner*, z.B. nach der Monte-Carlo-Methode, oder auf einem *Analogrechner* dar.

Die Entscheidung darüber, welches Lösungsverfahren für ein spezielles Problem am besten geeignet ist, hängt in der Regel von den *Rand- und Anfangsbedingungen* ab. Diese Bedingungen legen die Lösung fest, welche aus der Vielzahl der möglichen Lösungen für eine bestimmte Differentialgleichung auf das vorliegende Problem zutrifft. Die Einführung geeigneter Rand- und Anfangsbedingungen bereitet bei biologischen Diffusionsprozessen die größten Schwierigkeiten. Zum Zweck einer einfachen mathematischen Behandlung wird man bestrebt sein, geometrisch übersichtliche Begrenzungen der Diffusionsräume anzunehmen.

Besonders einfache Verhältnisse liegen vor, wenn es sich bei dem Diffusionsraum um eine ebene Schicht, einen Zylinder oder eine Kugel handelt (s. Thews, 1953, 1966). Dagegen werden die Schwierigkeiten nahezu unlösbar, wenn man Begrenzungen einzuführen versucht, die die wahren, durch die Gewebearchitektur vorgegebenen Bedingungen berücksichtigen. Für viele biologische Diffusionsprobleme gelingt es jedoch, geometrisch einfache Randbedingungen zu formulieren und die Berechnungen dann für ein solches Modell durchzuführen, ohne daß dadurch die allgemeine Bedeutung der Ergebnisse unzulässig eingeschränkt wird. Der Kroghsche Zylinder (s. S. 528) stellt das typische Beispiel eines allgemeingültigen, vereinfachten Modells der Diffusion aus einer Kapillare in das umgebende Gewebe dar.

12.6.2.3 Analogiebeziehungen zur Lösung von Diffusionsproblemen

Die Lösung komplizierter Diffusionsprobleme mit Hilfe von Digitalrechnern scheitert häufig an der dafür erforderlichen Rechenzeit oder an der notwendigen Speicherkapazität. Analogrechner hingegen ermöglichen zumeist eine Lösung mit geringerem Aufwand in Echtzeit-Darstellung.

Analoge Vorgänge unterscheiden sich in der physikalischen Aussage, sie gehorchen jedoch derselben mathematischen Gesetzmäßigkeit. Zwei verschiedene Prozesse, die durch dieselbe Differentialgleichung beschrieben werden und durch analoge Nebenbedingungen festgelegt sind, besitzen auch analoge Lösungen.

Die Differentialgleichung (12.191), die für den Diffusionsvorgang gültig ist, beschreibt formal auch die Gesetzmäßigkeiten anderer physikalischer Prozesse. Auf diese Weise lassen sich Analogiebeziehungen zwischen dem *Diffusionsfeld*, dem *Temperaturfeld* (Wärmeleitungsgleichung), dem *elektrischen Strömungsfeld* in metallischen Leitern (Ohmsches Gesetz in allgemeiner Form), dem *elektrostatischen Feld* (2. Grundgesetz des elektrostatischen Feldes) und dem *magnetischen Feld* herstellen (s. Hutten, 1970).

Für die Lösung von Diffusionsproblemen wird zweckmäßigerweise die Analogie zwischen dem Diffusionsfeld und dem elektrischen Strömungsfeld in metallischen Leitern zugrunde gelegt. Es ergibt sich dann die in Tabelle 12.18 gezeigte Zuordnung analoger Größen und Beziehungen.

Tabelle 12.18. Zuordnung analoger Größen und Beziehungen zwischen dem Diffusionsfeld und dem elektrischen Strömungsfeld in metallischen Leitern

Diffusionsfeld	⟵	⟶	elektrisches Strömungsfeld
Vektor der Diffusionsstromdichte	$\mathfrak{v}$	$\mathfrak{i}$	Vektor der elektrischen Stromdichte
Partialdruck	P	φ	elektrisches Potential
Konzentration	C	q	räumliche Ladungsdichte
Diffusionsleitfähigkeit	K	σ	spezifische Leitfähigkeit
Bunsenscher Löslichkeitskoeffizient	α	ζ	auf die Volumeneinheit bezogene Kapazität
Diffusionskoeffizient	D	$\frac{\sigma}{\zeta}$	
Gl. (12.191)	$\mathfrak{v} = -D \operatorname{grad} C$	$\mathfrak{i} = -\frac{\sigma}{\zeta} \operatorname{grad} q$	
Gl. (12.191a)	$\mathfrak{v} = -K \operatorname{grad} P$	$\mathfrak{i} = -\sigma \operatorname{grad} \varphi$	
Gl. (12.193)	$\frac{\partial C}{\partial t} = D \cdot \nabla^2 C$	$\frac{\partial q}{\partial t} = \frac{\sigma}{\zeta} \cdot \nabla^2 q$	

Im allgemeinen erfordert die Lösung eines Problems mit Hilfe von Analogrechnern 5 Schritte: 1. die mathematische Formulierung des Problems bzw. Modells, 2. die Aufstellung geeigneter Analogiebeziehungen, 3. die Normierung der Variablen bzw. die Einführung von Maßstabsfaktoren, 4. den Aufbau des Analogrechners (mechanisch, elektrisch), 5. die Durchführung der Messung und Übertragung der Ergebnisse auf das Ausgangsproblem (zur speziellen Anwendung des Analogrechenverfahrens bei Diffusionsuntersuchungen vgl. Thews, 1963; s. auch Übersicht bei Kessler et al., 1973).

12.6.3 Der Atemgastransport im Blut

Im Mittelpunkt der am Atemgastransport beteiligten Prozesse (s. 12.6.1.) steht der Transport auf dem Blutweg. Durch die spezielle Form der chemischen Bindung der Atemgase im Blut werden auch die Austauschvorgänge in der Lunge und im Gewebe weitgehend mitbestimmt. Aus diesem Grunde ist es zweckmäßig, die Darstellung des Atemgastransportes im Blut an den Anfang zu stellen.

12.6.3.1 Sauerstoffbindung und Kinetik des O_2-Austausches

a) Sauerstoffbindung im Erythrozyten

An der O_2-Transportfunktion des Blutes sind die Erythrozyten maßgeblich beteiligt. Der in ihnen enthaltene rote Blutfarbstoff *Hämoglobin* besitzt die Fähigkeit zur reversiblen Bindung des Sauerstoffes, wobei der Anteil des chemisch gebundenen den Anteil des physikalisch gelösten Sauerstoffes weit übersteigt. Das Hämoglobin nimmt daher eine zentrale Stellung in der Transportkette des Sauerstoffes ein.

Hämoglobin ist ein Chromoproteid. Seine Eiweißkomponente *(Globin)* besteht aus vier Polypeptidketten mit jeweils mehr als 140 Aminosäureresten. An jede Polypeptidkette ist eine Farbstoffkomponente *(Häm)* gebunden, die aus einem Porphyringerüst mit einem zentralen zweiwertigen Eisenatom besteht. Das Molekulargewicht des Hämoglobins beträgt 64500.

Sauerstoff kann an die Eisenatome des Hämoglobins über Nebenvalenzen reversibel gebunden werden. Das *Hämoglobin* (Hb) geht dabei in das *Oxyhämoglobin* (HbO_2) über. Die O_2-Anlagerung, die ohne Wertigkeitsänderung der Eisenatome erfolgt, wird als *Oxygenation* bezeichnet.

Nach Maßgabe des tetrameren Molekülaufbaues vermag 1 Mol Hämoglobin maximal 4 Mole O_2 zu binden. Voraussetzung dafür ist eine hohe O_2-Konzentration, die unter physiologischen Bedingungen nicht vorliegt. Daher ist bei physiologischen O_2-Konzentrationen das Hämoglobin nicht vollständig oxygeniert. Der jeweilige prozentuale Anteil des Oxyhämoglobins am Gesamthämoglobin wird als O_2-Sättigung bezeichnet. Den Zusammenhang zwischen der O_2-Sättigung und dem O_2-Partialdruck, der der Konzentration des physikalisch gelösten O_2 proportional ist, stellt die O_2-*Bindungskurve* (Abb. 12.62) dar.

Wie aus Abb. 12.62 hervorgeht, besteht eine nichtlineare Abhängigkeit zwischen der O_2-Sättigung und dem O_2-Partialdruck, die durch eine *S-förmige* Kurve dargestellt wird. Als Ursache für den S-förmigen Verlauf der O_2-Bindungskurve werden vor allem zwei Möglichkeiten diskutiert (zusammenfassende Darstellung Bauer, 1974):

a) Die Anlagerung der vier Sauerstoffmoleküle an das Hämoglobinmolekül erfolgt in vier Teilschritten, wobei für jede Teilreaktion eine unterschiedliche Gleichgewichtskonstante angenommen wird.

b) Hämoglobin liegt in zwei molekularen Zustandsformen vor, die eine unterschiedliche Sauerstoffaffinität besitzen. Das Verhältnis zwischen diesen beiden Zustandsformen wird durch allosterische Effektoren beeinflußt, die den Übergang von der einen Zustandsform in die andere bewirken.

Im *arteriellen Blut* beträgt der O_2-Partialdruck etwa 12,7 kPa (=95 mm Hg), d.h. es liegt eine fast vollstän-

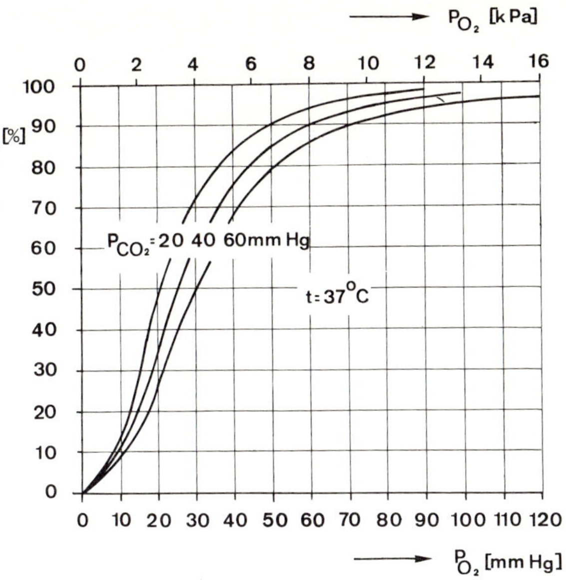

Abb. 12.62. Sauerstoffbindungskurve des menschlichen Blutes bei 37° C und für unterschiedliche CO_2-Partialdrücke. S_{O_2} [%]: Sauerstoffsättigung des Hämoglobins in Prozent (1 mm Hg = 133,3 Pa)

dige O_2-Sättigung vor. Das *gemischtvenöse Blut* weist noch einen O_2-Partialdruck von etwa 5,3 kPa (= 40 mm Hg), entsprechend einer O_2-Sättigung von etwa 70 %, auf.

Die Lage der O_2-Bindungskurve des Hämoglobins wird vom CO_2-Partialdruck, vom pH-*Wert*, von der *Temperatur* und von der Konzentration der organischen Phosphate, insbesondere des *2,3-Diphosphoglycerats* (2,3-DPG) beeinflußt. Mit zunehmendem CO_2-Partialdruck und mit abnehmendem pH-Wert erfolgt eine Rechtsverlagerung der O_2-Bindungskurve (Abb. 12.62). Diese Verlagerung, die als *Bohr-Effekt* bezeichnet wird, hat eine gewisse biologische Bedeutung, weil nach Maßgabe des CO_2-Austausches in der Lunge und in den Geweben die Bindungsfähigkeit des Hämoglobins für Sauerstoff variiert. Der Temperatureinfluß auf den O_2-Bindungskurvenverlauf hat dagegen unter physiologischen Bedingungen beim Warmblüter kaum Auswirkungen.

b) Experimentelle Untersuchung des O_2-Austausches

Die O_2-Aufnahme in der Lunge wird vorrangig von der Transportkinetik *im Inneren des Erythrozyten* bestimmt. Der Grund hierfür ist in erster Linie darin zu suchen, daß die Diffusionswege im Erythrozyten länger sind als in den vorgeschalteten Diffusionsmedien (s. S. 526). Es kommt hinzu, daß im Erythrozyten die O_2-Diffusion *mit der chemischen Reaktion der O_2-Anlagerung an das Hämoglobin gekoppelt ist.* Wenn auch die Zeitkonstante des Reaktionsprozesses sehr viel kleiner ist als die des Diffusionsvorganges, so hat sie doch einen gewissen Einfluß auf den Gesamtprozeß der O_2-Aufnahme durch den Erythrozyten. Bei der O_2-Abgabe in den Gewebekapillaren ist die Transport- und Reaktionskinetik im Erythrozyten von untergeordneter Bedeutung.

Unter diesen physiologischen Aspekten beansprucht also die experimentelle Untersuchung der O_2-Aufnahme des Erythrozyten besonderes Interesse. Hierfür sind verschiedene Verfahren entwickelt worden, die fast alle die unterschiedliche Extinktion von oxygeniertem und desoxygeniertem Hämoglobin im sichtbaren Spektralbereich ausnutzen (zusammenfassende Darstellung: Thews, 1963):

Rapid-Flow-Methode nach Hartridge u. Roughton: Eine Erythrozytensuspension und eine sauerstoffhaltige Pufferlösung werden in einer Mischkammer vereinigt und dann mit hoher Geschwindigkeit durch ein Beobachtungsrohr geleitet. Da jeder Ort des Beobachtungsrohres einer bestimmten Zeit nach der Mischung zugeordnet werden kann, läßt sich der zeitliche Ablauf der Sauerstoffsättigung des Hämoglobins photometrisch an den verschiedenen Stellen des Beobachtungsrohres ermitteln.

Stopped-Flow-Methode nach Chance: Auch hierbei werden die Lösungen, die die beiden Reaktionspartner enthalten, mit hoher Geschwindigkeit vermischt. Die photometrische Messung wird jedoch erst nach dem Abstoppen der Flüssigkeitsbewegung durchgeführt.

Einschuß-Methode nach Niesel, Thews und Lübbers: Eine Erythrozytensuspension wird in eine Reaktionslösung mit einem bestimmten O_2-Partialdruck eingeschossen. Die Sättigungsänderung des Hämoglobins wird mit einem schnellregistrierenden Spektralphotometer ermittelt, das 100 vollständige Absorptionsspektren pro Sekunde aufnimmt.

Lamellen-Methode nach Thews: Unter Ausnutzung der Oberflächenspannung des Blutes werden in einem Metallring Blutlamellen ausgespannt, die so dünn sind, daß die Erythrocyten in einfacher Schicht nebeneinanderliegen. Die monoerythrozytären Blutlamellen werden in den Lichtstrahl eines Photometers gebracht und einem plötzlichen O_2-Partialdruckwechsel ausgesetzt. Die Extinktionsänderung wird auf dem Schirm eines Oszilloskops dargestellt.

Diese Untersuchungen zeigen, daß innerhalb von etwa 0,2 s das intraerythrozytäre Hämoglobin vom venösen auf den arteriellen Wert aufgesättigt wird. Der Aufsättigungsverlauf wird mit guter Näherung durch eine Exponentialfunktion beschrieben. Abbil-

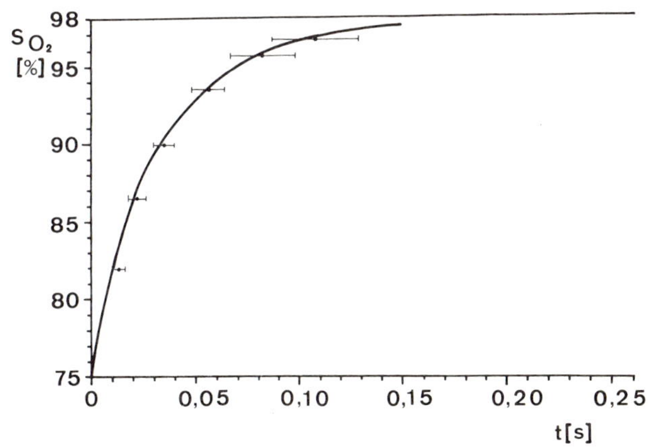

Abb. 12.63. Zeitlicher Verlauf der O_2-Sättigungszunahme des Hämoglobins in monoerythrozytären Blutlamellen bei einer plötzlichen Änderung der O_2-und CO_2-Partialdrücke von „venösen" auf „arterielle" Werte. Die Punkte entsprechen den Mittelwerten von Einzelmessungen, für die die Standardabweichungen eingetragen sind. Die ausgezogene Kurve stellt die berechnete O_2-Sättigung dar. [Nach Thews, G.: Der Gasaustausch in der Lunge unter Berücksichtigung der Inhomogenitäten von Ventilation, Perfusion und Diffusion. In: Vorträge der Erlanger Physiologentagung 1970 (W. D. Keidel, K.-H. Plattig, Hrsg.), p. 53–78. Berlin-Heidelberg-New York: Springer 1971]

dung 12.63 zeigt den mit der Lamellenmethode gemessenen Verlauf, wobei die Mittelwerte und Standardabweichungen angegeben sind. Die ausgezogene Kurve gibt die berechnete Sättigungsänderung (s. unten) wieder.

c) Mathematische Analyse des O_2-Austausches

Um den gesamten Vorgang des O_2-Austausches im Erythrozyten zu beschreiben, ist es notwendig, die *Diffusionsgleichung* mit den *Reaktionsgleichungen* für die Sauerstoffanlagerung an das Hämoglobin zu kombinieren. Da die Lösung dieses Gleichungssystems einen unverhältnismäßig großen mathematischen Aufwand erfordert, wurden zwei Verfahren vorgeschlagen, um durch Vereinfachung der Differentialgleichung den Rechenaufwand zu reduzieren (vgl. Thews, 1963):

a) Die Hämoglobin-Sauerstoff-Bindung wird als einfache Reaktion 2. Ordnung in Rechnung gestellt. Dann lautet die Differentialgleichung [vgl. Gl. (12.191)]:

$$\frac{\partial[O_2]}{\partial t} = D \cdot \nabla^2[O_2] - k'[O_2]\,[Hb] + k[HbO_2]\,. \tag{12.197}$$

Dabei geben die eckigen Klammern an, daß es sich um die Konzentration der jeweiligen Substanz handelt. k und k' stellen scheinbare Reaktionszeitkonstanten dar, die nur in einem begrenzten Bereich als echte Konstanten angesehen werden dürfen. In neueren Untersuchungen wurde Gl. (12.197) durch Berücksichtigung der Hämoglobindiffusion erweitert.

b) Für den physiologisch relevanten Fall der O_2-Aufnahme in den Lungenkapillaren kann angenommen werden, daß während des Diffusionsvorganges eine lineare Beziehung zwischen dem O_2-Partialdruck und der O_2-Sättigung des Hämoglobins besteht. Dabei wird berücksichtigt, daß es infolge der Reaktionszeit zu einer Verzögerung der Aufsättigung kommt, durch die der gekrümmte Teil der O_2-Gleichgewichtsbindungskurve weitgehend linearisiert wird. Dann läßt sich das Problem durch die einfache Differentialgleichung beschreiben [vgl. Gl. (12.193)]:

$$\frac{\partial[O_2]}{\partial t} = \frac{K}{\alpha'} \nabla^2[O_2]\,. \tag{12.198}$$

Dabei wird in Gl. (12.193) lediglich der Löslichkeitskoeffizient α (mit $D = K/\alpha$) durch den Koeffizienten der „Scheinlöslichkeit" α' ersetzt, der die physikalische Löslichkeit und chemische Bindungsfähigkeit zusammenfaßt.

Bei der Berechnung der O_2-Diffusion im Erythrozyten bereitet die Einführung der *Randbedingungen* besondere Schwierigkeiten. Die Erythrozyten stellen sich in der Aufsicht als kreisförmige Scheiben mit einem Durchmesser von etwa 7,5 μm und bei einem Schnitt durch die Symmetrieachse als hantelförmig dar. Die größte Dicke beträgt ca. 2 μm, die kleinste Dicke an der zentralen Eindellung ca. 1 μm.

Diese biologisch sinnvolle, jedoch für die mathematische Beschreibung komplizierte Form der Erythrozytenoberfläche erfordert eine Approximation durch geometrisch einfache Grenzflächen. Abbildung 12.64 zeigt, wie nach dem Vorschlag von Thews und Niesel der Erythrozyt durch einen Quader mit quadratischen Grundflächen ersetzt wird, dessen Volumen und dessen Oberfläche mit denen des Erythrozyten übereinstimmen. Bei Anwendung dieses *Ersatzquaders* kann vor allem berücksichtigt werden, daß der Sauerstoff sowohl durch die großen Seitenflächen als auch durch die Schmalseiten in den Innenraum der Zelle diffundiert. Bei allen Berechnungen kann davon ausgegangen werden, daß die sehr dünne Erythrozytenmembran keinen verzögernden Einfluß auf die Sauerstoffdiffusion ausübt.

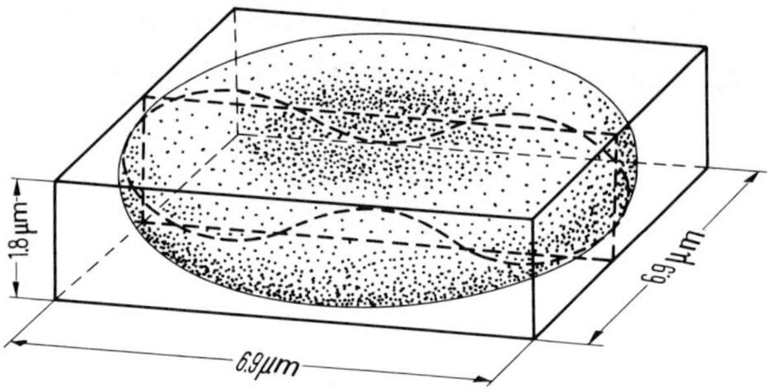

Abb. 12.64. Erythrozyt mit eingezeichnetem Ersatzquader, für den die Integration der Diffusionsgleichung in geschlossener Form möglich ist. [Nach Thews, G.: Die theoretischen Grundlagen der Sauerstoffaufnahme in der Lunge. Ergebn. Physiol. **53**, 42–107 (1963)]

Der zunächst einfach erscheinende Vorgang der O_2-Aufnahme des Erythrozyten erweist sich also vom mathematischen Standpunkt aus als ein sehr komplexes Problem (Kopplung der O_2-Diffusion mit einer chemischen Reaktion, Berücksichtigung der Hämoglobin-Diffusion, Festlegung der Randbedingungen). Die Ergebnisse der mathematischen Analyse, die auf Grund der geschilderten Approximationen erzielt werden, zeigen jedoch in einigen Fällen eine befriedigende Übereinstimmung (vgl. Abb. 12.63) mit den experimentellen Befunden.

Weder bei den experimentellen Untersuchungen noch bei der mathematischen Analyse ist es bisher gelungen, den Einfluß der Formänderungen, wie sie der Erythrozyt bei der Kapillarpassage erfährt (s. S. 527), auf die O_2-Aufnahme in vivo ausreichend zu berücksichtigen.

12.6.3.2 Kohlendioxidbindung und Kinetik des CO_2-Austausches

Die Untersuchung des CO_2-Austausches wird dadurch erschwert, daß der Diffusionsvorgang mit einer Reihe von *chemischen Reaktionen* gekoppelt ist (Abb. 12.65). Einen Einfluß auf den zeitlichen Verlauf der CO_2-Abgabe des Erythrozyten können ausüben: 1. die H^+-Ionenfreisetzung aus der Hämoglobinbindung durch die gleichzeitig stattfindende Oxygenierung (Haldane-Effekt), 2. der Bicarbonat-Chlorionen-Austausch (Hamburger-Shift), 3. die Assoziation der Kohlensäure, 4. die Dehydratation zu Kohlendioxid und Wasser, die im Erythrozyteninneren wegen der Mitwirkung der Carboanhydrase stark beschleunigt ist, 5. die CO_2-Freisetzung aus der Carbaminobindung des Hämoglobins, die ebenfalls durch den Haldane-

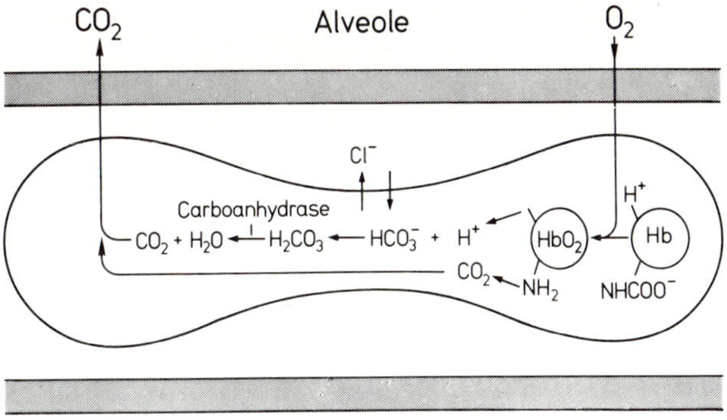

Abb. 12.65. Schematische Darstellung des CO_2- und des O_2-Austausches in der Lunge. Alle angegebenen chemischen Teilprozesse beeinflussen den zeitlichen Ablauf des CO_2-Austausches. [Nach Thews, G.: Der Einfluß von Ventilation, Perfusion, Diffusion und Distribution auf den pulmonalen Gasaustausch: Analyse der Lungenfunktion unter physiologischen und pathologischen Bedingungen. In: Funktionsanalyse biologischer Systeme, Bd. 5. Mainzer Akademie der Wissenschaften und der Literatur. Wiesbaden, Steiner-Verlag 1979]

Effekt beeinflußt wird, und 6. die Abdiffusion des Kohlendioxids.

Über die *Kinetik* der verschiedenen Teilprozesse ist bisher wenig bekannt, so daß eine Berechnung des zeitlichen Verlaufes der Kohlendioxidabgabe noch nicht möglich ist. Lediglich über den Diffusionsvorgang können gewisse Aussagen gemacht werden. Eine Abschätzung ergibt, daß im Erythrozyten die Diffusionsleitfähigkeit K für Kohlendioxid etwa 23mal größer ist als für Sauerstoff. Das bedeutet, daß bei gleichen Partialdruckgradienten 23mal mehr Kohlendioxid als Sauerstoff in der Zeiteinheit durch Diffusion ausgetauscht werden könnte. Wegen der unterschiedlichen scheinbaren Löslichkeitskoeffizienten α' (physikalische Löslichkeit plus chemische Bindungsfähigkeit) ist der effektive Diffusionskoeffizient $D' = K/\alpha'$ für Kohlendioxid jedoch nur 6mal größer als für Sauerstoff. Das heißt: Der Diffusionsangleich an einen bestimmten Partialdruck erfolgt für Kohlendioxid etwa 6mal schneller als für Sauerstoff (Thews, 1979).

Bei der CO_2-Abgabe in der Lunge dürfte unter physiologischen Bedingungen der Zeitbedarf vor allem durch den Diffusionsprozeß bestimmt sein. Damit kommen wir zu dem Ergebnis, daß die CO_2-Abgabe erheblich schneller abläuft als die O_2-Aufnahme. In der zur Verfügung stehenden Zeit, in der sich Erythrozyten mit der Alveolarluft in Diffusionskontakt befinden, ist daher ein vollständiger Angleich ihrer CO_2-Partialdrücke an den alveolären Wert sichergestellt.

12.6.4 Der Gasaustausch in der Lunge

12.6.4.1 Parameter des Gasaustausches in der Lunge

Die Effektivität der O_2-Aufnahme und CO_2-Abgabe in der Lunge wird durch vier Parameter bestimmt, und zwar durch

a) die *alveoläre Ventilation*, d.h. das Gasvolumen, das pro Zeiteinheit konvektiv vom Außenraum in den Alveolarraum hin- bzw. zurücktransportiert wird,

b) die *Diffusionskapazität*, d.h. das O_2- bzw. CO_2-Volumen, das pro Zeiteinheit und Partialdruckeinheit zwischen dem alveolären Gasgemisch und dem Lungenkapillarblut ausgetauscht wird (s. u.),

c) die *Perfusion*, d.h. das Blutvolumen, das pro Zeiteinheit das Kapillarbett der Lunge durchströmt,

d) die *Distribution*, d.h. die regionale Verteilung der drei Parameter Ventilation, Diffusion und Perfusion auf die verschiedenen Lungenkompartimente.

a) Alveoläre Ventilation

Das Atemzugvolumen eines gesunden Erwachsenen beträgt in Ruhe etwa 0,5 l, die Atemfrequenz 14 $\min^{-1}$. Damit ergibt sich ein *Atemzeitvolumen* von 7 l/min. Bei körperlicher Arbeit ist eine Steigerung bis auf 120 l/min möglich.

Entscheidend für den Atmungseffekt ist nun derjenige Teil des Atemzeitvolumens, der in die Alveolen gelangt und dort am Gasaustausch teilnehmen kann. Dies sind in Ruhe etwa 70% des Atemzeitvolumens. Die alveoläre *Ventilation* beträgt demnach ca. 5 l/min.

Die Größe der alveolären Ventilation bestimmt die Zusammensetzung des alveolären Gasgemisches. Auf Grund einer Massenbilanz berechnen sich die *O_2- bzw. CO_2-Partialdrücke im Alveolarraum* aus den folgenden Beziehungen:

$$P_{A_{O_2}} = P_{I_{O_2}} - 115{,}1 \frac{\dot{V}_{O_2(STPD)}}{\dot{V}_{A(BTPS)}} \,[\text{kPa}],$$
$$P_{A_{CO_2}} = 115{,}1 \frac{\dot{V}_{CO_2(STPD)}}{\dot{V}_{A(BTPS)}} \,[\text{kPa}]. \qquad (12.199)$$

Hierin bedeuten: $P_{A_{O_2}}$ bzw. $P_{A_{CO_2}}$ die alveolären O_2- bzw. CO_2-Partialdrücke, $P_{I_{O_2}}$ den inspiratorischen O_2-Partialdruck, $\dot{V}_{O_2(STPD)}$ bzw. $\dot{V}_{CO_2(STPD)}$ die O_2-Aufnahme bzw. CO_2-Abgabe unter Standard-Bedingungen [STPD = *S*tandard *T*emperature, *P*ressure, *D*ry, d.h. 0° C, 101,3 kPa (= 760 mm Hg), trocken], $\dot{V}_{A(BTPS)}$ die alveoläre Ventilation unter Körperbedingungen (BTPS = *B*ody *T*emperature, *P*ressure, *S*aturated, d.h. 37° C, Umgebungsdruck, mit Wasserdampf gesättigt).

Für die Ruheatmung ($\dot{V}_{O_2(STPD)} = 280$ ml/min, $\dot{V}_{CO_2(STPD)} = 230$ ml/min, $\dot{V}_{A(BTPS)} = 5$ l/min) ergeben sich hiernach auf Meereshöhe [$P_{I_{O_2}} = 20{,}0$ kPa (= 150 mm Hg)] die alveolären Partialdrücke $P_{A_{O_2}} = 13{,}3$ kPa (= 100 mm Hg) und $P_{A_{CO_2}} = 5{,}3$ kPa (= 40 mm Hg). Diese Werte, die während des Atmungscyclus weitgehend konstant bleiben, stellen die Randpartialdrücke für den Gasaustausch mit dem Kapillarblut dar.

Die im Alveolarraum ausgetauschten Atemgase müssen mit dem Blutstrom an- bzw. abtransportiert werden. Aus diesem Grunde sind die O_2-Aufnahme $\dot{V}_{O_2}$ und die CO_2-Abgabe $\dot{V}_{CO_2}$ mit der Lungenperfusion $\dot{Q}$ gekoppelt. Sofern die venösen und die arteriellen Blutgaswerte als konstant angenommen werden, ist $\dot{Q}$ den beiden Größen $\dot{V}_{O_2}$ und $\dot{V}_{CO_2}$ proportional. Daher lassen sich die Gln. (12.199) auch folgendermaßen interpretieren: Die alveolären O_2- und CO_2-Partialdrücke sind vom Verhältnis der alveolären Ventilation zur Lungenperfusion, d.h. von $\dot{V}_A/\dot{Q}$ abhängig.

Bei einer *Steigerung der alveolären Ventilation* kommt es nach (12.199) zu einem Anstieg des O_2-Partialdruckes in der Alveolarluft. Beim Lungengesunden wirkt sich der Anstieg des alveolären O_2-Partialdruckes auf die O_2-Aufnahme und damit auf die Sauerstoffversorgung der Organe kaum aus. Da normalerweise das Hämoglobin im arteriellen Blut ohnehin fast vollständig mit O_2 gesättigt ist, kann durch die Ventilationssteigerung lediglich die Menge des physikalisch gelösten Sauerstoffes geringfügig erhöht werden. Dagegen führt die Abnahme des alveolären CO_2-Partialdruckes zu einer verstärkten CO_2-Abgabe. Die Folge ist eine Senkung des CO_2-Partialdruckes und eine Zunahme des pH-Wertes im arteriellen und venösen Blut.

b) Diffusion

Das venöse Blut tritt mit einem O_2-Partialdruck von 5,3 kPa (=40 mm Hg) und einem CO_2-Partialdruck von 6,1 kPa (=46 mm Hg) in die Lungenkapillaren ein. Während der Kapillarpassage tritt das Blut in engen Kontakt mit der Alveolarluft, in der ein O_2-Partialdruck von 13,3 kPa (=100 mm Hg) und ein CO_2-Partialdruck von 5,3 kPa (=40 mm Hg) aufrechterhalten wird. Auf Grund der vorgegebenen Partialdruckdifferenzen erfolgt der Austausch der Atemgase durch Diffusion.

Dabei sind folgende *Diffusionswiderstände* zu überwinden (Abb. 12.66): das Alveolarepithel, das Interstitium, das Kapillarendothel, das Blutplasma, die Erythrozytenmembran und der Erythrozyteninnenraum. Die Strukturen, die die Gasphase von der Blutphase trennen und abgekürzt oft als alveolokapilläre Membran bezeichnet werden, sind nicht dicker als 0,5–1 µm. Daraus wird deutlich, daß der zeitliche Ablauf des O_2- und CO_2-Austausches hauptsächlich durch die Diffusions- und Reaktionsgeschwindigkeiten im Inneren des Erythrozyten bestimmt wird.

Während seiner Passage durch die Lungenkapillaren steht der einzelne Erythrozyt nur für eine verhältnismäßig kurze Zeit von etwa 0,3 s mit dem Alveolarraum im Diffusionskontakt. Diese *Kontaktzeit* reicht

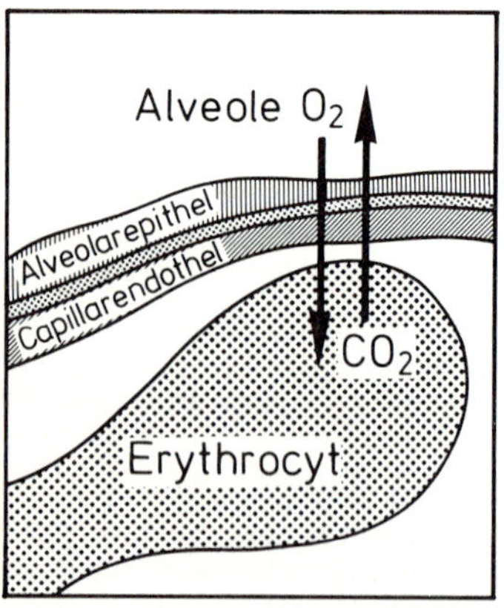

Abb. 12.66. Schematische Darstellung der Diffusionsmedien, die von den Atemgasen in der Lunge passiert werden müssen. [Nach Thews, G.: Der Gasaustausch in der Lunge unter Berücksichtigung der Inhomogenitäten von Ventilation, Perfusion und Diffusion. In: Vorträge der Erlanger Physiologentagung 1970 (W.D. Keidel, K.-H. Plattig, Hrsg.), p. 53–78. Berlin-Heidelberg-New York: Springer 1971]

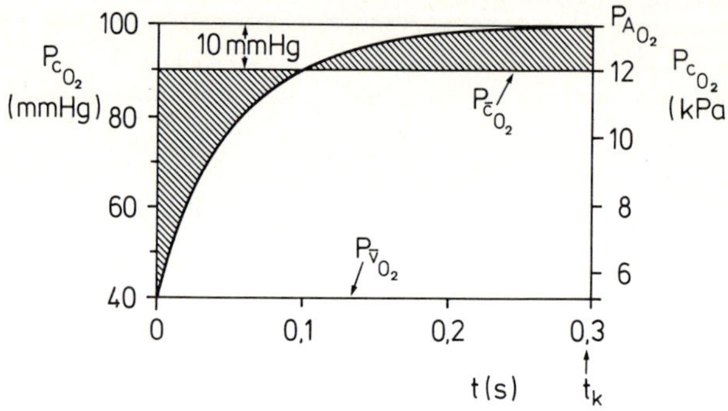

Abb. 12.67. Zunahme des O_2-Partialdruckes im Erythrozyten ($P_{c_{O_2}}$) während der Passage durch die Lungenkapillare. Innerhalb der Kontaktzeit t_k findet ein praktisch vollständiger Angleich des intraerythrozytären O_2-Partialdruckes an den mittleren alveolären O_2-Partialdruck ($P_{A_{O_2}}$) statt. $P_{\bar{v}_{O_2}}$ entspricht dem O_2-Partialdruck im venösen Mischblut, $\overline{P_{\bar{c}_{O_2}}}$ dem über die Kapillarlänge gemittelten intraerythrozytären O_2-Partialdruck. (Nach Thews, G.: Der Einfluß von Ventilation, Perfusion, Diffusion und Distribution auf den pulmonalen Gasaustausch: Analyse der Lungenfunktion unter physiologischen und pathologischen Bedingungen. In: Funktionsanalyse biologischer Systeme, Bd. 5. Mainzer Akademie der Wissenschaften und der Literatur. Wiesbaden, Steiner-Verlag 1979)

jedoch aus, um die Gaspartialdrücke im Blut denen des Alveolarraumes praktisch vollständig anzugleichen (s. Abb. 12.67). Ein Maß für die O_2-Diffusionsleitfähigkeit der gesamten Lunge läßt sich aus dem 1. Fickschen Diffusionsgesetz [Gl. (12.191a)] für den eindimensionalen Fall

$$\dot{V}_{O_2} = K \cdot F \frac{\overline{\Delta P_{O_2}}}{\Delta x} \tag{12.200}$$

gewinnen, worin $\dot{V}_{O_2}$ die in der Zeiteinheit diffundierende O_2-Menge, K den Kroghschen Diffusionskoeffizienten, F die Austauschfläche und Δx den Diffusionsweg bedeuten. $\overline{\Delta P_{O_2}}$ stellt in diesem Fall die über die Kapillarlänge gemittelte O_2-Partialdruckdifferenz zwischen dem Alveolarraum und dem Lungenkapillarblut dar ($P_{A_{O_2}} - P_{\bar{c}_{O_2}}$, s. Abb. 12.67). Faßt man die im Einzelfall nicht bestimmbaren Faktoren K, F und Δx zu einer neuen Größe $D_L = K \cdot F/\Delta x$ zusammen, so ergibt sich:

$$D_L = \frac{\dot{V}_{O_2}}{\overline{\Delta P_{O_2}}}. \tag{12.201}$$

D_L, die sog. O_2-*Diffusionskapazität*, ist über diese Beziehung der Messung zugänglich. Für den Erwachsenen in körperlicher Ruhe beträgt die Sauerstoffaufnahme etwa $\dot{V}_{O_2} = 300$ ml/min und die mittlere O_2-Partialdruckdifferenz $\overline{\Delta P_{O_2}} = 1{,}3$ kPa (=10 mm Hg), so daß die normale O_2-Diffusionskapazität einen Wert von $D_L = 230\ \text{ml} \cdot \text{min}^{-1} \cdot \text{kPa}^{-1}$ ($= 30\ \text{ml} \cdot \text{min}^{-1} \cdot \text{mm Hg}^{-1}$) hat. Eine Abnahme von D_L ist ein Zeichen für einen erhöhten Diffusionswiderstand in der Lunge, der vor allem durch eine Reduktion der Austauschfläche F oder durch eine Zunahme des Diffusionsweges Δx bedingt sein kann.

Für den O_2-Partialdruck, mit dem das Blut die Lungenkapillaren verläßt, ist neben der O_2-Diffusionskapazität D_L auch die Lungenperfusion $\dot{Q}$ maßgebend. Es läßt sich zeigen, daß ganz allgemein das Verhältnis $D_L/\dot{Q}$ die entscheidende Größe für die Effektivität des alveolären Gasaustausches darstellt.

c) Perfusion

Durch die funktionelle Anordnung des Lungengefäßsystems zwischen dem rechten und dem linken Herzen ist sichergestellt, daß das im Körperkreislauf umlaufende Blut zum überwiegenden Teil die Lunge durchströmt und dort arterialisiert wird. Die Lungenperfusion entspricht also etwa dem Herzzeitvolumen. Lediglich ein kleiner Teil (beim gesunden Erwachsenen etwa 1–2%) des Herzzeitvolumens strömt unter Umgehung der Lunge direkt aus dem venösen in das arterielle Gefäßsystem. Wenn der Anteil dieses sogenannten *Kurzschluß-Blutes* unter pathologischen Bedingungen zunimmt, so kommt es zu einem Abfall des O_2-Partialdruckes und zu einem Anstieg des CO_2-Partialdruckes im arteriellen Blut.

Unter Ruhebedingungen beträgt die Lungenperfusion ($\dot{Q}$) etwa 5 l/min. Bei mäßiger Muskelarbeit steigt die Perfusion an, wobei durch einen im einzelnen noch nicht geklärten Regulationsmechanismus eine enge Korrelation zum Anstieg der alveolären Ventilation $\dot{V}_A$ besteht. Das Verhältnis $\dot{V}_A/\dot{Q}$ bleibt also weitgehend konstant. Ebenso nimmt die Diffusionskapazität D_L mit der Perfusion $\dot{Q}$ zu, so daß sich $D_L/\dot{Q}$ nur wenig ändert. Auf diese Weise ist sichergestellt, daß in Ruhe und bei Belastung das Blut die Lunge stets mit der gleichen Sauerstoffbeladung verläßt.

Beim Passieren der Lungenkapillaren erfahren die Erythrozyten fortlaufend eine erhebliche *Formänderung* (Abb. 12.68). Als Folge davon kommt es zu einer intraerythrozytären Konvektion, die den Gasaustausch begünstigt. Das genaue Ausmaß der intraerythrozytären Konvektion und der damit erreichten Verbesserung der Austauschbedingungen ist jedoch nicht bekannt.

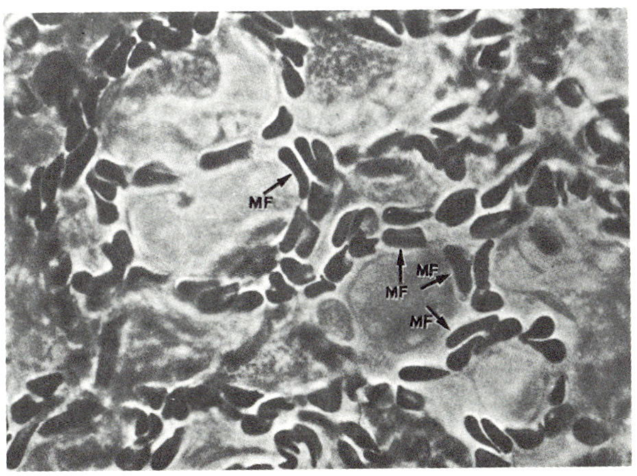

Abb. 12.68. Vielfältige Formänderungen der Erythrozyten während der Passage der Lungenkapillaren. Aus der Abbildung wird deutlich, wie die Alveolen vom Blut umströmt werden. An den mit *MF* bezeichneten Stellen befinden sich mehrere Erythrozyten nebeneinander. [Nach Miyamoto, A., Moll, W.: Measurements of dimensions and pathway of red cells in rapidly frozen lungs in situ. Resp. Physiol. **12**, 141–156 (1971)]

12.6.4.2 Verteilungsinhomogenitäten der austauschbestimmenden Parameter

Bereits beim Lungengesunden lassen sich geringe regionale Inhomogenitäten der Ventilation, Diffusion und Perfusion innerhalb der Lunge nachweisen. Diese Inhomogenitäten, die unter pathologischen Bedingungen ein erhebliches Ausmaß annehmen können, mindern den Arterialisierungseffekt, d.h., sie bewirken einen Abfall des O_2-Partialdruckes und einen Anstieg des CO_2-Partialdruckes im arteriellen Blut.

In den letzten Jahren sind erhebliche Anstrengungen unternommen worden, die *regionalen Inhomogenitäten* in der menschlichen Lunge *qualitativ und quantitativ zu erfassen.*

Die qualitative Darstellung der regionalen Verteilung der Ventilation und Perfusion gelingt mit Hilfe der Lungenszintigraphie. Die quantitative Erfassung des Ventilations-Perfusions-Verhältnisses $\dot{V}_A/\dot{Q}$ in verschiedenen Lungenarealen ist nach einem Verfahren von West möglich, bei dem die Aktivitätsrate von eingeatmetem radioaktivem CO_2 über verschiedenen Thoraxabschnitten gemessen wird. Mit einem von Thews und Vogel angegebenen Verfahren lassen sich die Inhomogenitäten der Ventilation, der Perfusion und der Diffusionskapazität bestimmen. Dabei wird nach einer plötzlichen Änderung der Einatmungskonzentrationen dreier Atemgase (CO_2, O_2 und Ar) die alveoläre Einwaschung oder Auswaschung der Gase massenspektrometrisch verfolgt. Da sich die drei Gase

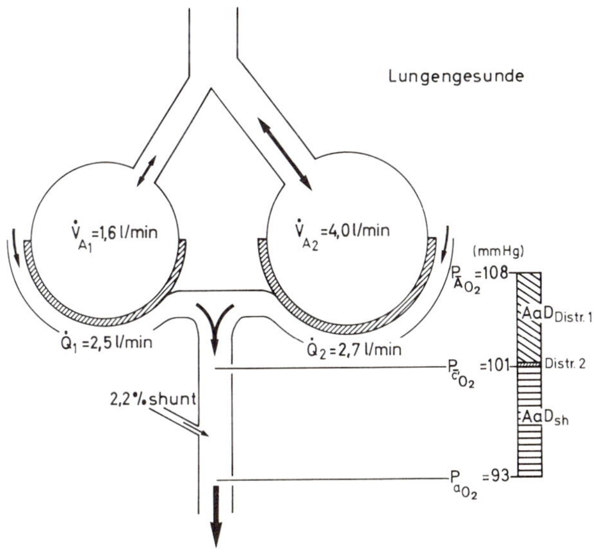

Abb. 12.69. Ergebnisse der pulmonalen Funktionsanalyse für 37 gesunde Erwachsene. Es sind die Mittelwerte für die regionale alveoläre Ventilation $\dot{V}_{Ai}$, die regionale Perfusion $\dot{Q}_i$, die alveolären, endkapillären und arteriellen O_2-Partialdrücke ($P_{\bar{A}O_2}$, $P_{\bar{c}'O_2}$, P_{aO_2}), sowie in Säulenform die Teilbeträge der alveolo-arteriellen O_2-Partialdruckdifferenz ($AaD_{Distr.1}$, $AaD_{Distr.2}$, AaD_{sh}) angegeben (Nach Thews, G.: Der Einfluß von Ventilation, Perfusion, Diffusion und Distribution auf den pulmonalen Gasaustausch: Analyse der Lungenfunktion unter physiologischen und pathologischen Bedingungen. In: Funktionsanalyse biologischer Systeme, Bd. 5. Mainzer Akademie der Wissenschaften und der Literatur, Wiesbaden, Steiner-Verlag 1979)

hinsichtlich ihrer Diffusionseigenschaften unterscheiden (CO_2 gut diffusibel, O_2 beschränkt diffusibel, Ar kaum diffusibel), ergeben sich für den Einwaschvorgang unterschiedliche Zeitkonstanten, aus denen die funktionelle Verteilung der alveolären Ventilation, der Lungendurchblutung und der O_2-Diffusionskapazität ermittelt werden kann.

Untersuchungen, die nach dem letztgenannten Verfahren durchgeführt wurden, liefern folgendes Bild von den Inhomogenitäten in der Lunge des gesunden Erwachsenen (s. Abb. 12.69):

Funktionell lassen sich zwei Kompartimente abgrenzen, von denen das eine stärker ventiliert ($\dot{V}_A = 4{,}0$ l/min), das andere schwächer ventiliert ist ($\dot{V}_A = 1{,}6$ l/min). Diese funktionellen Kompartimente setzten sich jeweils — was in der Abbildung nicht dargestellt ist — aus einer großen Zahl gleichventilierter Alveolarräume zusammen, die über die gesamte Lunge verteilt sind. Trotz der beträchtlichen Ventilationsunterschiede weisen die beiden Kompartimente fast gleiche Durchblutungswerte ($\dot{Q} = 2{,}7$ bzw. 2,5 l/min) und ähnliche Werte der O_2-Diffusionskapazität ($D_L = 100$ bzw. 135 ml $\cdot \text{min}^{-1} \cdot \text{kPa}^{-1}$) auf. Dies bedeutet, daß auch beim Lungengesunden $\dot{V}_A/\dot{Q}$ und $D_L/\dot{Q}$ ungleichmäßig verteilt sind. Diese Inhomogenitäten und die Beimischung von Kurzschluß-Blut führen dazu, daß der arterielle O_2-Partialdruck um 2 kPa (= 15 mm Hg) gegenüber dem mittleren alveolären O_2-Partialdruck vermindert ist. Zu der gesamten alveolo-arteriellen O_2-Partialdruckdifferenz AaD_{O_2} liefern die $\dot{V}_A/\dot{Q}$-Inhomogenitäten einen Beitrag von $AaD_{\text{Distr.}1} = 0{,}9$ kPa (= 7 mm Hg), die $D_L/\dot{Q}$-Inhomogenitäten von $AaD_{\text{Distr.}2} = 0{,}04$ kPa (= 0,3 mm Hg) und die Kurzschluß-Perfusion von $AaD_{sh} = 1{,}1$ kPa (= 8 mm Hg).

12.6.5 Der Gasaustausch im Gewebe

12.6.5.1 Mathematische Analyse des Austauschvorganges

Der Gasaustausch zwischen dem Blut und dem die Kapillaren umgebenden Gewebe erfolgt durch Diffusion. Die Strecken, die dabei überwunden werden, sind im allgemeinen kleiner als 0,1 mm. Erst vor wenigen Jahren gelang die Entwicklung von Mikroelektroden, mit denen die lokalen O_2-Partialdrücke im Gewebe direkt gemessen werden können. Bis dahin war die mathematische Analyse der einzige Zugang zum Verständnis der Versorgungsbedingungen.

a) Modell des Kroghschen Zylinders

Bereits 1918/19 gelang Krogh die erste mathematische Analyse der stationären O_2-Partialdruckverteilung in einem zylinderförmigen Gewebebezirk, der von einer zentralen Kapillare versorgt wird. Die Differentialgleichung lautet für diesen Fall:

$$\frac{\partial^2 P}{\partial r^2} + \frac{1}{r}\frac{\partial P}{\partial r} + \frac{\partial^2 P}{\partial z^2} = \frac{A}{K}. \qquad (12.202)$$

Dabei stellen r und z die Ortsvariablen dar. Als Randbedingung für den Kroghschen Zylinder wird angenommen, daß Sauerstoff weder durch die Stirnseiten ($z = 0$, $z = l$) noch durch den Zylindermantel ($r = r_z$) diffundiert (wie das bei regelmäßiger Anordnung gleicher Kroghscher Zylinder infolge der Symmetriebedingungen der Fall ist), d.h.:

$$\frac{\partial P}{\partial r} = 0 \quad \text{für} \quad r = r_z; \qquad \frac{\partial P}{\partial z} = 0 \quad \text{für} \quad z = 0 \quad \text{und} \quad z = l. \qquad (12.203)$$

Da unter physiologischen Bedingungen der Anteil der Längsdiffusion gegenüber der Radialdiffusion im Hinblick auf die Sauerstoffversorgung vernachlässigbar ist, vereinfacht sich Gl. (12.202) zu:

$$\frac{d^2 P}{dr^2} + \frac{1}{r}\frac{dP}{dr} = \frac{A}{K}. \qquad (12.204)$$

Außer der Randbedingung für den Zylindermantel wird noch der O_2-Partialdruck ($P = P_1$) am Kapillarrand ($r = r_1$) benötigt. Dann lautet die Lösung der Gl. (12.204):

$$P = P_1 + \frac{A}{4K}(r^2 - r_1^2) - \frac{A r_z^2}{2K} \ln \frac{r}{r_1}. \qquad (12.205)$$

Mit diesem Ansatz gelingt es, die Sauerstoffverteilung in Abhängigkeit von den diffusionsbestimmenden Faktoren (Radius des Zylinders, O_2-Partialdruck im Kapillarblut, Diffusionskoeffizient sowie Sauerstoffverbrauch im Gewebe) zu ermitteln.

Die maximale Reaktionsgeschwindigkeit der Atmungsfermente ist nur gegeben, wenn der O_2-Partialdruck im Gewebe einen *kritischen Wert* nicht unterschreitet. Die Länge der Diffusionsstrecke, bei der dieser Wert gerade erreicht ist, wird als kritischer Grenzversorgungsradius r_{krit} bezeichnet. Vereinfachend kann angenommen werden, daß der Sauerstoffverbrauch für $r > r_{\text{krit}}$ zu Null wird, d.h. es gelten die folgenden Randbedingungen:

$$P = P_{\text{krit}} \quad \text{für} \quad r = r_{\text{krit}}; \qquad \frac{dP}{dr} = 0 \quad \text{für} \quad r = r_{\text{krit}}. \qquad (12.206)$$

Damit ergibt sich die folgende Gleichung zur Bestimmung des *kritischen Grenzversorgungsradius:*

$$r_{\text{krit}}^2 \left(2 \ln \frac{r_{\text{krit}}}{r_1} - 1\right) = \frac{4K}{A}(P_1 - P_{\text{krit}}) - r_1^2 \qquad (12.207)$$

Mit dieser Gleichung ist es möglich, die nicht ausreichend mit Sauerstoff versorgten Gebiete in Abhängigkeit von den diffusionsbestimmenden Parametern zu ermitteln. (Zur mathematischen Darstellung zeitabhängiger Diffusionsprozesse im Kroghschen Zylinder siehe Thews, 1953.)

b) Modelle zur genaueren Beschreibung der Kapillararchitektur

Der Kroghsche Zylinder diente ursprünglich nur zur Analyse der Sauerstoffversorgung des Skeletmuskels, in dem eine besonders regelmäßige Gefäßarchitektur mit paralleler Kapillaranordnung vorliegt. Es ist in den letzten Jahren versucht worden, auch für die übrigen Gewebe adäquate Modelle einzuführen (Literaturübersicht in Lübbers et al., 1968; Kessler et al., 1973; Bicher u. Bruley, 1973). Die meisten dieser Modelle unterscheiden sich jedoch nicht grundsätzlich von dem des Kroghschen Zylinders und setzen ebenfalls eine regelmäßige Kapillaranordnung mit paralleler oder antiparalleler Durchströmung voraus.

Diemer ersetzte den Zylinder durch einen Kegelstumpf, wobei er von der Überlegung ausging, daß der intrakapilläre O_2-Partialdruck vom arteriellen zum venösen Ende der Kapillare und somit auch der zugehörige kritische Grenzversorgungsradius abnimmt. Durch eine Kapillaranordnung in der Weise, daß jeweils das arterielle und das venöse Ende zweier Kapillaren benachbart seien und die Kapillaren *antiparallel* durchströmt würden, läßt sich eine Verbesserung im Hinblick auf die kritischen Versorgungsbedingungen nachweisen.

Grunewald konnte für eine *antisymmetrische Kapillaranordnung* eine weitere Verbesserung der Versorgungssituation errechnen, indem er die Kapillaren als Kanten eines Quaders ansetzte und die arteriellen sowie venösen Verzweigungen von je zwei Kapillaren gegeneinander verschob.

Metzger führte noch weitere *Kapillarverzweigungen* ein, die jeweils senkrecht zueinander verlaufen. Die Strömungsgeschwindigkeiten in den einzelnen Kapillarabschnitten wurden über die Analogiebeziehung zu den Kirchhoffschen Regeln für elektrische Netzwerke ermittelt.

In neueren Ansätzen wird eine *statistische Verteilung der* räumlich angeordneten Kapillaren und der darin herrschenden Strömungsgeschwindigkeiten angenommen. Die Berechnung wird mit Hilfe des Monte-Carlo-Verfahrens durchgeführt. Obwohl mit diesem Modell die weitestgehende Annäherung an die biologische Kapillararchitektur möglich ist, geht dabei der Überblick über die gesetzmäßigen Abhängigkeiten, z.B. im Hinblick auf die Lokalisation der am schlechtesten versorgten Gewebebezirke, verloren.

12.6.5.2 Experimentelle Untersuchungen mit Mikroelektroden

Die Entwicklung spezieller Mikroelektroden, die nach dem *polarographischen Verfahren* arbeiten und Spitzendurchmesser von wenigen Mikrometern besitzen, ermöglicht die experimentelle Bestimmung der lokalen O_2-Partialdrücke im Gewebe. Es handelt sich zumeist um extrem dünne Gold- oder Platindrähte, die mit Glas ummantelt sind und deren freiliegende Metallspitze eventuell noch mechanisch oder elektrochemisch bearbeitet wird. Als Gegenelektrode dient eine Silber- oder Silberchlorid-Elektrode. Der Sauerstoff wird an der Gold- oder Platinoberfläche reduziert, wobei pro Sauerstoffmolekül vier Elektronen umgesetzt werden. Durch diesen Eigenverbrauch der Elektrode entsteht eine Verfälschung der lokalen Sauerstoffdruckverteilung, die teilweise jedoch rechnerisch korrigiert werden kann. Weitere Fehlerquellen stellen die mit dem Eindringen der Elektrode verursachte Zerstörung des Gewebes (Stichkanal) sowie die damit eventuell verbundene Kompression benachbarter Kapillaren dar.

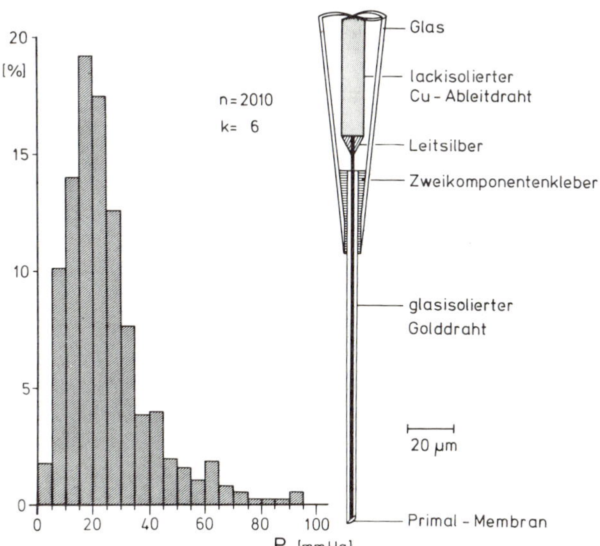

Abb. 12.70. Linke Bildhälfte: Häufigkeitsverteilung der O_2-Partialdrücke in der grauen Substanz des Meerschweinchengehirns, unterteilt in Klassen von je 5 mm Hg. [Lübbers, D.W.: Local Tissue P_{O_2}: Its Measurement and Meaning. In: Oxygen Supply (M. Kessler, D.F., Bruley, L.C. Clark, D.W. Lübbers, I.A. Silver, J. Strauss, eds.), pp. 151–155. München: Urban & Schwarzenberg 1973]. Rechte Bildhälfte: Schematischer Aufbau einer Mikroelektrode zur Messung des lokalen O_2-Partialdruckes

Erhebliche Schwierigkeiten bereitet die Interpretation einzelner Meßwerte deshalb, weil in den meisten Fällen die genaue Lage der Elektrodenspitze im Hinblick auf benachbarte Kapillaren nicht bekannt ist. Deshalb werden Mehrfachmessungen mit statistischer Auswertung und Darstellung in Form von *Häufigkeitsverteilungen* durchgeführt (Abb. 12.70). Der Vergleich der gemessenen mit den berechneten Histogrammen zeigt eine im Hinblick auf die zu erwartende Genauigkeit befriedigende Übereinstimmung, wobei die Abhängigkeit von den diffusionsbestimmenden Parametern deutlich zu erkennen ist.

12.6.5.3 Beispiele für die mathematische Analyse des Gasaustausches im Gewebe

a) Sauerstoffversorgung des Gehirngewebes

Der O_2-Verbrauch und die *Durchblutung* des Gehirngewebes sind weitgehend *konstant*. Die Sauerstoffversorgung des Gehirns, speziell der Hirnrinde, stellt daher ein typisches Beispiel für einen stationären Diffusionsvorgang dar. Der Sauerstoffpartialdruck am arteriellen Schenkel einer Kapillare beträgt 12,5 kPa (= 94 mm Hg), am venösen Schenkel 4,5 kPa (= 34 mm Hg). Für die Kapillararchitektur des Gehirns kann näherungsweise der Kroghsche Zylinder zugrunde gelegt werden. Der Radius der Kapillare muß zu 3 µm, der Radius der Gewebszylinder zu 30 µm angenommen werden. Der Sauerstoffverbrauch der grauen Hirnsubstanz beträgt etwa 0,05–0,11 $l \cdot kg^{-1} \cdot min^{-1}$.

Das Ergebnis der unter diesen Voraussetzungen durchgeführten Versorgungsanalyse ist in Abb. 12.71 in Form einer Reliefdarstellung der O_2-Partialdrücke in zwei benachbarten Versorgungszylindern angegeben. Der O_2-Partialdruck nimmt sowohl vom arteriellen zum venösen Ende des Zylinders als auch vom Zentrum zur Peripherie hin ab. Der am schlechtesten versorgte Ort, der häufig als tödliche Ecke bezeichnet wird, liegt am venösen Ende des Zylindermantels. Hier beträgt der O_2-Partialdruck nach dieser Modellrechnung nur noch 2,3 kPa (= 17 mm Hg).

Sauerstoffmangelzustände werden durch drei charakteristische Schwellen definiert: die „Reaktionsschwelle", ausgezeichnet durch eine beginnende Erweiterung der Gehirngefäße infolge der Hypoxie (entsprechend einem venösen O_2-Partialdruck von 3,3–3,7 kPa bzw. 25–28 mm Hg), die „kritische Schwelle" mit Be-

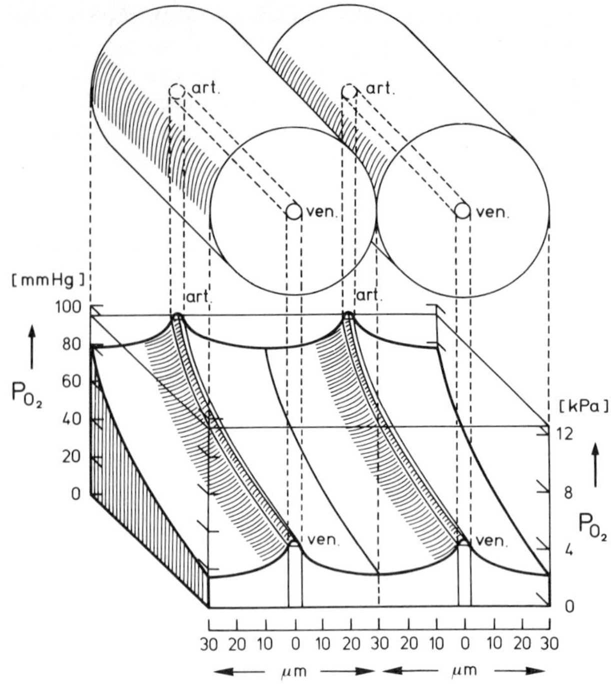

Abb. 12.71. Modell für die O_2-Versorgung in der Hirnrinde des Menschen. Schematische Darstellung zweier Gewebszylinder mit gleichsinniger Kapillardurchströmung. In der unteren Bildhälfte ist das Relief der berechneten O_2-Partialdrücke in den Kapillaren und in dem Gewebe entlang der Verbindungslinie der beiden Kapillaren dargestellt. [Nach Thews, G.: Die Sauerstoffdiffusion im Gehirn. Pflügers Arch. ges. Physiol. **271**, 197–226 (1960)]

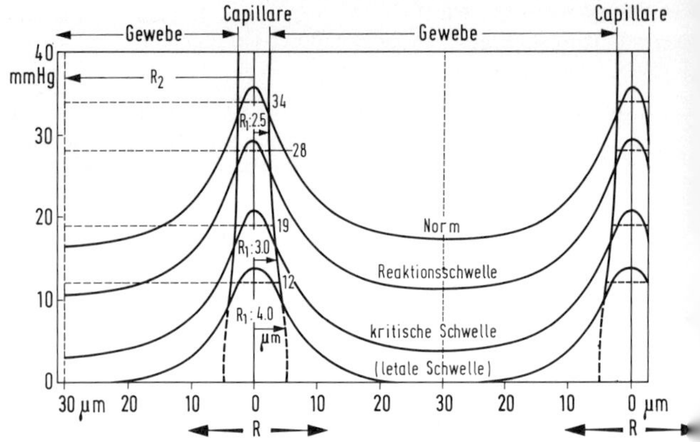

Abb. 12.72. O_2-Partialdruckprofile am venösen Ende zweier benachbarter Gewebszylinder bei bestimmten venösen Schwellenwerten. Am schlechtestversorgten Ort beträgt der O_2-Partialdruck normalerweise etwa 2,3 kPa (= 17 mm Hg) und kann bei Hypoxie bis zur Reaktionsschwelle (1,5 kPa = 11 mm Hg) und weiter bis zur kritischen Schwelle (0,5 kPa = 4 mm Hg) absinken. [Nach Thews, G.: Die Sauerstoffdiffusion im Gehirn. Pflügers Arch. ges. Physiol. **271**, 197–226 (1960)]

wußtseinsverlust beim Menschen (entsprechend einem venösen O_2-Partialdruck von 2,3–2,5 kPa bzw. 17–19 mm Hg) und die „letale Schwelle", bei der unmittelbare Lebensgefahr besteht (entsprechend einem venösen O_2-Partialdruck von 1,6 kPa bzw. 12 mm Hg).

Für die hypoxischen Zustände zeigt Abb. 12.72 die berechneten O_2-Partialdruckwerte am venösen Zylinderende. Die „Reaktionsschwelle" ist dann erreicht, wenn der O_2-Partialdruck an der tödlichen Ecke auf 1,3 kPa (= 10 mm Hg) absinkt. Die darauf einsetzende Gefäßerweiterung führt zu einer Verbesserung der Versorgungsbedingungen. Bei einem weiteren Absinken des O_2-Partialdruckes am venösen Kapillarende unter die „kritische Schwelle" ergibt die Diffusionsanalyse einen Wert von 0,5 kPa (= 4 mm Hg) für die tödliche Ecke. Als Folge hiervon kann es an einzelnen Orten zu einer Einschränkung der Reaktionsgeschwindigkeit der Cytochromoxidase und somit zu einem Zusammenbruch der zentralnervösen Funktionen kommen. Eine genaue Untersuchung der Eingangsparameter zeigt, daß die O_2-Versorgungssituation der Hirnrinde tatsächlich noch etwas ungünstiger ist, als dies in den Abb. 12.71 und 12.72 zum Ausdruck kommt.

b) Sauerstoffversorgung des Herzmuskelgewebes

Ein Beispiel für einen nichtstationären Diffusionsvorgang bietet die O_2-Versorgung des Herzens. Die O_2-Versorgung des Herzmuskelgewebes erfolgt unter nichtstationären Bedingungen, weil sich die *Durchblutung im Rhythmus der Herzaktion verändert.*

Für die Berechnung der O_2-Partialdrücke im Gewebe kann wieder das Modell des Kroghschen Zylinders zugrunde gelegt werden. Der Radius des Versorgungszylinders beträgt in diesem Fall 14 μm. Der O_2-Partialdruck nimmt innerhalb der Kapillare von 12,5 kPa (= 94 mm Hg) am arteriellen Ende auf etwa 2,9 kPa (= 22 mm Hg) am venösen Ende ab. Der O_2-Verbrauch des Gewebes bleibt trotz wechselnden Energiebedarfes in der Kontraktions- und Erschlaf-

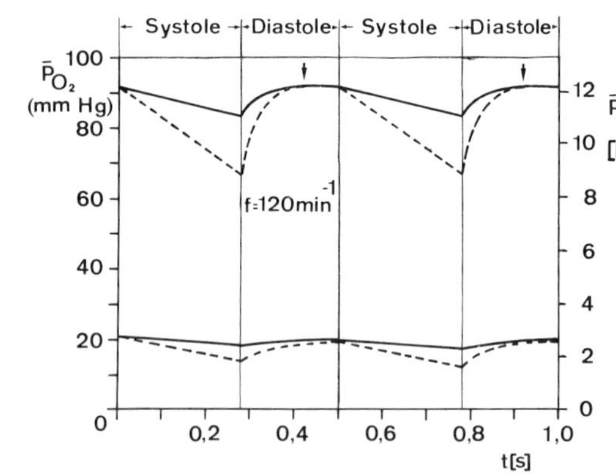

Abb. 12.73. Änderung des O_2-Partialdruckes im Herzmuskel bei einer mittleren Belastung (Herzfrequenz 120 min^{-1}). Die beiden oberen Kurven entsprechen den über alle Ortswerte am arteriellen Ende, die unteren beiden Kurven den über alle Ortswerte am venösen Ende gemittelten Partialdrücken. Ausgezogene Kurven: Kapillaren während der Systole mit Blut gefüllt, so daß Sauerstoff in das Gewebe diffundiert. Gestrichelte Kurven: Blutleere Kapillaren und somit keine Sauerstoffdiffusion während der Systole. [Grote, J., Thews, G.: Respiratory Gas Transport in Heart. In: Oxygen Transport to Tissue (H. I. Bicher, D. F. Bruley, eds.), pp. 525–534. New York: Plenum Publishing Corporation 1973]

fungsphase konstant. Variabel ist dagegen der Antransport des Sauerstoffes auf dem Blutweg. Die Kapillardurchblutung findet überwiegend in der Erschlaffungsphase des Herzens, der Diastole, statt, während in der Kontraktionsphase, der Systole, der Blutstrom nur noch in geringem Umfang aufrechterhalten wird oder völlig sistiert.

Berechnet man die O_2-Partialdrücke im Herzmuskelgewebe für eine Herzfrequenz von $120\,\text{min}^{-1}$ (entsprechend einer mittleren körperlichen Belastung) und einen O_2-Verbrauch von $0{,}16\ \text{l}\cdot\text{kg}^{-1}\cdot\text{min}^{-1}$ unter diesen Voraussetzungen, so findet man das in Abb. 12.73 dargestellte Ergebnis: In der Abbildung ist die zeitliche Änderung des mittleren, durch Integration über alle Ortswerte berechneten O_2-Partialdruckes angegeben, und zwar für das arterielle Ende des Versorgungszylinders (oben) und das venöse Ende (unten). Die durchgezogenen Kurven gelten für eine systolische Verbrauchsphase unter Berücksichtigung der Sauerstoffdiffusion aus den Kapillaren, die gestrichelten Kurven dagegen, wenn angenommen wird, daß die Kapillaren in der Systole blutleer sind und somit keine Sauerstoffdiffusion stattfinden kann. Die tatsächlichen O_2-Partialdrücke dürften zwischen diesen beiden Grenzwerten liegen. Wie aus der Abbildung hervorgeht, kommt es nach dem systolischen Partialdruckabfall zu einer Wiederaufsättigung, die am arteriellen Schenkel in kurzer Zeit (durch Pfeile gekennzeichnet), am venösen Schenkel dagegen erst unmittelbar vor dem Ende der Herzaktion erreicht wird. Bei stärkerer körperlicher Belastung führt die höhere Herzfrequenz sowohl zu einem größeren mittleren Sauerstoffverbrauch als auch zu einer verkürzten Diastolendauer. In diesem Fall reicht die Dauer der Diastole für eine vollständige Wiederaufsättigung am venösen Zylinderende nicht aus.

Literaturauswahl

Bauer, C.: On the Respiratory Function of Haemoglobin. Rev. Physiol. Biochem. Pharmacol. **70**, 1–31 (1974).

Bicher, H. I., Bruley, D. F. (Eds.): Oxygen Transport to Tissue. New York: Plenum Publishing Corporation 1973.

Hutten, H.: Untersuchung nichtstationärer Austauschvorgänge in gekoppelten Konvektions-Diffusions-Systemen. Mainz: Akademie der Wissenschaften und der Literatur, 1970.

Kessler, M., Bruley, D. F., Clark, L. C., Lübbers, D. W., Silver, I. A., Strauss, J. (Eds.): Oxygen Supply. München: Urban & Schwarzenberg 1973.

Lübbers, D. W., Luft, U. C., Thews, G., Witzleb, E. (Eds.): Oxygen Transport in Blood and Tissue. Stuttgart: Thieme 1968.

Miyamoto, A., Moll, W.: Measurements of dimensions and pathway of red cells in rapidly frozen lungs in situ. Resp. Physiol. **12**, 141–156 (1971).

Schmidt, R. F., Thews, G. (Hrsg.): Einführung in die Physiologie des Menschen. 20. Aufl. Berlin-Heidelberg-New York: Springer 1980.

Thews, G.: Über die mathematische Behandlung physiologischer Diffusionsprozesse in zylinderförmigen Objekten. Acta biotheoretica (Leiden) **10**, 105–138 (1953).

Thews, G.: Die theoretischen Grundlagen der Sauerstoffaufnahme in der Lunge. Ergebn. Physiol. **53**, 42–107 (1063).

Thews, G.: Diffusion und Permeation. In: D-Glukose und verwandte Verbindungen in Medizin und Biologie (H. Bartelheimer, W. Heyde, W. Thorn, Hrsg.), S. 250–276. Stuttgart: Enke 1966.

Thews, G.: Der Gasaustausch in der Lunge unter Berücksichtigung der Inhomogenitäten von Ventilation, Perfusion und Diffusion. In: Vorträge der Erlanger Physiologentagung 1970 (W. D. Keidel, K.-H. Plattig, Hrsg.), p. 53–78. Berlin-Heidelberg-New York: Springer 1971.

Thews, G.: Der Einfluß von Ventilation, Perfusion, Diffusion und Distribution auf den pulmonalen Gasaustausch: Analyse der Lungenfunktion unter physiologischen und pathologischen Bedingungen. In: Funktionsanalyse biologischer Systeme, Bd. 5. Mainzer Akademie der Wissenschaften und der Literatur. Wiesbaden: Steiner-Verlag 1979.

13 Photobiophysik

13.1 Photosynthese [1]

Gernot Renger

13.1.1 Einleitung

In den photoautotrophen Organismen wird die solare Strahlungsenergie des sichtbaren Spektralbereiches sowie angrenzender UV- und IR-Regionen [2] in Freie chemische Reaktionsenthalpie ΔG umgewandelt und in Form stabiler chemischer Verbindungen gespeichert. Von der gesamten auf der Erdoberfläche auftreffenden Sonnenenergie (0,4–1 $\cdot 10^{22}$ kJ/Jahr) werden nur ca. 0,5% (2–4 $\cdot 10^{18}$ kJ/Jahr) gemäß Gl. (13.1) in der Photosynthese umgesetzt und damit der Biosphäre zugänglich gemacht, der überwiegende Teil wird als Wärmestrahlung in den extraterrestrischen Raum wieder abgegeben.

In ihrer chemischen Bruttobilanz kann die Photosynthese als die lichtgetriebene Umkehr der Glukoseoxydation formuliert werden:

$$6\,CO_2 + 6\,H_2O \xrightarrow{h\nu} C_6H_{12}O_6 + 6\,O_2\,; \qquad \Delta G = +2868\ \text{kJ/mol}\,. \qquad (13.1)$$

In Abb. 13.1 ist das Organisationsschema der Photosynthese in Höheren Pflanzen dargestellt. In den Mesophyllzellen der Blätter findet die Photosynthese in strukturell hochorganisierten Organellen, den sog. Chloroplasten, statt. Diese zeichnen sich durch charakteristische Struktur- und Funktionsmerkmale aus.

13.1.1.1 Die funktionelle und strukturelle Zweiteilung des Photosyntheseapparates

Aus der Abhängigkeit der Photosyntheserate von der Anregungsintensität und der Temperatur wurde von Blackman (1905) gefolgert, daß die Photosynthese aus photochemischen und aus nachfolgenden chemischen Dunkelreaktionen besteht. Hill (1939) und Calvin und Benson (1948) zeigten später, daß die Photosynthese funktionell in 2 Bereiche gegliedert ist. Diese sind auch räumlich im Chloroplasten voneinander getrennt, und zwar in den Stromabereich und den Membranbereich der Thylakoide (Abb. 13.1).

a) Stromabereich

Der Stromabereich ist die zwischen den Thylakoiden und der inneren Chloroplastenmembran befindliche wäßrige Phase (Abb. 13.1). Im Stromabereich erfolgt die durch wasserlösliche globuläre Enzymsysteme katalysierte Reduktion des CO_2 mit NADPH und ATP, wobei die exergonische ATP-Hydrolyse (zu ADP und Phosphat) die energetische Voraussetzung für den Ablauf der Reaktion ist. Damit folgt für die Brutto-

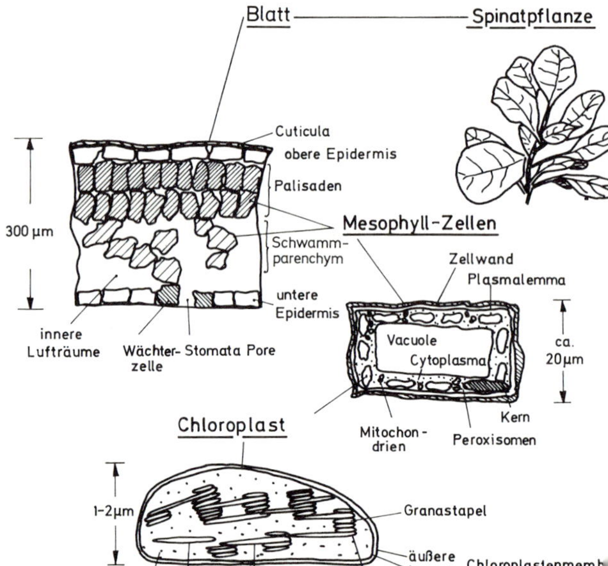

Abb. 13.1. Schema der strukturellen und funktionellen Gesamtorganisation der Photosynthese in Höheren Pflanzen. Zur Vereinfachung wurden nur die wesentlichen Organellen und Funktionselemente angegeben (z.B. wurden globuläre Einschlüsse im Stromabereich nicht berücksichtigt) (nach G. Renger in: Topics in Current Chemistry, Vol. 69, pp. 39–90. Berlin-Heidelberg-New York: Springer 197 verändert).

[1] Meinem Freund Dr. Ch. Wolff († 22.7.1975) gewidmet.

[2] Unter Berücksichtigung der UV-Absorption durch die Ozonschicht und der IR-Absorption durch CO_2 und H_2O-Dampf in der Atmosphäre wird die spektrale Photonenverteilung des Sonnenlichtes, das die Erdoberfläche erreicht, zu 2–5% UV, 45–55% sichtbares Licht und 40–53% IR abgeschätzt.

reaktion bei pH = 8 (dieser pH-Wert entspricht in etwa in vivo-Bedingungen):

$$CO_2 + 2\,NADPH + 3\,ATP^{4-} + 2\,H_2O \rightarrow -CH_2O- + 2\,NADP^+ + 3\,ADP^{3-} + 3\,HPO_4^{2-} + H^+\,, \qquad (13.2)$$

wobei $-CH_2O-$ eine Kohlenhydrateinheit ist (diese entspricht einem „fixierten" CO_2).

Die wesentlichen Teilreaktionen dieser enzymatischen CO_2-Reduktion wurden von Calvin und Benson (1948) mittels ^{14}C-Tracer-Methoden aufgeklärt. Der CO_2-Fixierungsmechanismus ist nicht für alle Pflanzen gleich. Man unterscheidet sog. „C-3"-Pflanzen (diese bauen CO_2 direkt in Ribulose-1,5-bisphosphat unter Bildung von zwei 3-Phosphoglyceratmolekülen ein) und sog. „C-4"-Pflanzen (diese binden CO_2 über die intermediäre Aspartat- oder Malat-Bildung). Keine dieser Reaktionen benötigt Licht, sie sind den photochemischen Prozessen nachgeschaltet und werden deshalb als *Sekundär*prozesse der Photosynthese bezeichnet.

b) Thylakoidmembranbereich

Die Thylakoide sind nach Menke diskusförmige Gebilde, die von einer geschlossenen Membran umgeben sind. Sie treten in 2 Formen auf (Abb. 13.1): als Einzelsystem (Intergrana- oder Stromalamellen) und als Stapel (Grana). Im Thylakoidmembransystem werden die im Stromabereich von dem Calvin-Zyklus benötigten Substanzen ATP und NADPH mit Hilfe von Strahlungsenergie synthetisiert. Nur diese Reaktionen sind mit Photoprozessen gekoppelt, man bezeichnet sie daher als die *Primärprozesse*[3] der Photosynthese. Ihre Bruttobilanz läßt sich durch Gl. (13.3) beschreiben:

$$2\,DH_2 + 2\,NADP^+ + 3\,ADP^{3-} + 3\,HPO_4^{2-} + H^+ \xrightarrow{h\nu} 2\,D + 2\,NADPH + 3\,ATP^{4-} + 3\,H_2O\,. \qquad (13.3)$$

In Gl. (13.3) ist DH_2 ein geeigneter natürlicher Elektronendonator. Im Laufe der Evolution wurden im Photosyntheseapparat Systeme entwickelt, die die Ausnutzung des fast überall vorkommenden Wassers als natürlichen Elektronendonator erlauben (s. System der Wasserspaltung, Abschnitt 13.1.4.3). Bis auf wenige Ausnahmen (z.B. photosynthetisierende Bakterien, die organische Substanzen oder Schwefelverbindungen verwenden) ist daher Wasser der natürliche Elektronendonator der Photosynthese (s. Kapitel Energiekonservierung, Abschn. 8.7.1.3). Die Donatorfunktion des H_2O wurde 1931 von van Niel postuliert und später durch Versuche mit ^{18}O-markiertem Wasser von verschiedenen Arbeitsgruppen bewiesen. Im Vergleich zu den Prozessen im Strombereich sind die Reaktionen des Thylakoidmembranbereiches strukturell wesentlich höher organisiert.

Die Reaktionspartner (meist Enzyme) sind in der Thylakoidmembran *anisotrop* angeordnet. Dies führt dazu, daß die Reaktionen in der Membran *vektoriell* ablaufen. Diese Eigenschaft spielt eine zentrale Rolle bei biologischen Energietransformationsprozessen (s. Abschn. 8.7.5, sowie Abschn. 13.1.5 und 13.1.6).

Die funktionelle Isolierung des Thylakoidsystems gelang 1939 Hill durch Isolierung von Chloroplasten aus ganzen Zellen. Dabei wurde die Chloroplastenmembran (Abb. 13.1) zerstört und die wasserlöslichen Enzyme des Stromabereichs ausgewaschen. An den erhaltenen Thylakoidsystemen[4], die keine CO_2-Fixierungsaktivität besitzen, konnte durch Zusatz künstlicher Elektronenakzeptoren (z.B. $K_3[Fe(CN)_6]$) eine lichtinduzierte O_2-Bildung gemessen werden, deren Rate mit *in vivo*-Werten vergleichbar ist. Der künstliche Elektronen-Akzeptor wird dabei anstelle von CO_2 reduziert (Hill-Reaktion). 1951 wurde von verschiedenen Arbeitsgruppen an isolierten Thylakoidsystemen die $NADP^+$-Reduktion nachgewiesen, und 1954 fand Arnon, daß diese Systeme auch eine lichtinduzierte Phosphorylierung ermöglichen. Die Raten entsprechen praktisch den *in vivo*-Werten. Damit war gezeigt worden, daß eine vollständige Trennung von Stroma- und Thylakoidmembranbereich ohne Verlust der wesentlichen biologischen Aktivitäten möglich ist. Da nur die Primärprozesse typisch für die Photosynthese sind, ist zu ihrem Verständnis die Kenntnis über den Reaktionsmechanismus des Thylakoidmembranbereiches erforderlich. Die räumliche Anordnung der Reaktionspartner in einem Membransystem führt zu wichtigen Korrelationen zwischen Funktion und Struktur. Zur Beschreibung des Mechanismus der Primärprozesse ist es daher notwendig, sowohl die chemische Natur und die reaktiven Eigenschaften der Membranbausteine als auch deren geometrische Anordnung und relative Beweglichkeit zueinander zu kennen. Diese Aufgabe ist nur mit modernen physikalischen Analysenmethoden zu lösen. Für die Untersuchung der reaktiven Eigenschaften werden meist Relaxationsverfahren angewandt, wobei sich insbesondere blitzlichtamperometrische und Blitzlicht-spektrometrische Methoden als ausgezeichnetes analytisches Hilfsmittel zur Aufklärung des Funktionsmechanismus erwiesen haben. Eine wesentliche Erweiterung dieses Verfahrens sowohl in der Empfindlichkeit als auch in der zeitlichen Auflösung wurde durch die Einführung repetierender Methoden erreicht (s. Kapitel 3.2.9).

Die Analyse des Membranaufbaues mittels Röntgenbeugung und Elektronenmikroskopie (Kapitel 3.2.1 u. 3.2.2) führt zu unterschiedlichen statischen Modellvorstellungen. Untersuchungen über Bewegungsvorgänge in der Membran und deren Bedeutung für den Funktionsmechanismus sind bisher nur vereinzelt angegangen worden.

[3] Der Begriff „Primärprozesse" ist in dieser Bedeutung nicht ganz zutreffend gewählt, da die meisten Teilreaktionen der Bruttoreaktion [Gl. (13.3)] reine Dunkelprozesse sind. Trotz dieser begrifflichen Unschärfe wird das Wort „Primärprozesse" als Sammelbezeichnung für die Reaktionen des Thylakoidmembranbereiches oft verwendet.

[4] Es sind moderne Isolierungsverfahren zur Präparation ganzer Chloroplasten mit intakten Chloroplastenmembranen entwickelt worden. Diese Chloroplasten besitzen die gleiche CO_2-Fixierungsaktivität wie ganze Zellen.

13.1.1.2 Prozeßtypen im Thylakoidmembransystem

Die Transformation der Lichtquantenenergie in Freie chemische Enthalpie kann nur über photochemische Reaktionen erfolgen. Damit eine photochemische Reaktion prinzipiell möglich ist, sind zwei notwendige Bedingungen zu erfüllen:

a) Die Lichtquanten müssen vom Reaktionssystem absorbiert werden.

b) Die Lichtquanten müssen die zum Antrieb der Reaktion notwendige Energie besitzen.

Zur Erfüllung der ersten Bedingung ist nicht unbedingt die direkte Lichtquantenabsorption durch einen Reaktionspartner erforderlich, sondern die Anregungsenergie kann auch *indirekt* von einem Absorbermolekül (A), das selbst an der Reaktion nicht beteiligt ist, auf den eigentlichen Reaktionspartner (C) übertragen werden (photosensibilisierte Reaktion). Damit ergibt sich in diesem Fall ein 3-Schritt-Mechanismus:

Absorptionsprozeß: $A + h\nu \rightarrow A^*$, (13.4a)

Energieleitung: $A^* + C \rightarrow A + C^*$, (13.4b)

Photochemische Reaktion: $C^* + R \rightarrow Pr$, (13.4c)

wobei C der Reaktant ist, der die Energie von A* aufnimmt, R ein Reaktionspartner von C* ist und Pr die gebildeten Produkte symbolisiert.

Es wird im folgenden gezeigt werden, daß die Primärprozesse der Photosynthese im Prinzip eine komplexe photosensibilisierte Reaktionsfolge mit anisotroper Anordnung der Reaktionspartner in einer funktionellen Membran (Thylakoidmembran) sind.

Es lassen sich folgende Typen von Prozessen unterscheiden:

a) Energieleitungen im Pigmentsystem, bei denen Energie in Form angeregter Elektronenzustände transferiert wird.

b) Photochemische Reaktionen, bei denen ein angeregter Elektronenzustand eine Ladungsseparierung verursacht.

c) Elektronentransferprozesse, die zu Redoxreaktionen führen.

d) Erzeugung elektrochemischer Potentialgradienten durch vektoriellen Ladungstransport.

e) Phosphorylierung.

13.1.1.3 Struktur und Eigenschaften der Chlorophylle

In allen photosynthetisierenden Organismen spielt Chlorophyll eine zentrale Rolle. Es ist an der Lichtabsorption und der Anregungsenergieleitung wesentlich beteiligt [Gln. (13.4a) u. (13.4b)] und bildet den Kern der Reaktionszentren, an denen die Umwandlung elektronischer Anregungsenergie in elektrochemische Freie Enthalpie stattfindet [Gl. (13.4c)]. Die molekulare Struktur der beiden wichtigsten Chlorophyllverbindungen, von Chlorophyll a und Bakteriochlorophyll a, ist in Abb. 13.2 dargestellt. Bakteriochlorophylle bilden den photochemisch aktiven Baustein in den Reaktionszentren photosynthetisierender Bakterien, Chlorophyll a hat diese Funktion in den Cyanobakterien, in allen O_2-bildenden Algen und Höheren Pflanzen. Die Chlorophylle sind außerdem der wichtigste Bestandteil des Antennenpigmentsystems (s. 13.1.2.1).

Die Chlorophylle besitzen ein konjugiertes π-Elektronensystem, das in Abb. 13.2 grau markiert ist. Dabei ist aufgrund der Reduktion einer Doppelbindung eines Pyrrolringes das Konjugationssystem im Bakteriochlorophyll eingeschränkt. Dies führt zu signifikanten spektralen Unterschieden.

Die starken Absorptionsbanden im blauen (Soret-Banden) und roten (bzw. IR) Spektralbereich sind durch Übergänge der π-Elektronen bedingt ($\pi\pi^*$-Übergänge). Da Chlorophylle Heteroatome (Stickstoff, Sauerstoff) mit besetzten nichtbindenden Orbitalen enthalten, sollten zusätzlich $n\pi^*$-Übergänge auftreten,

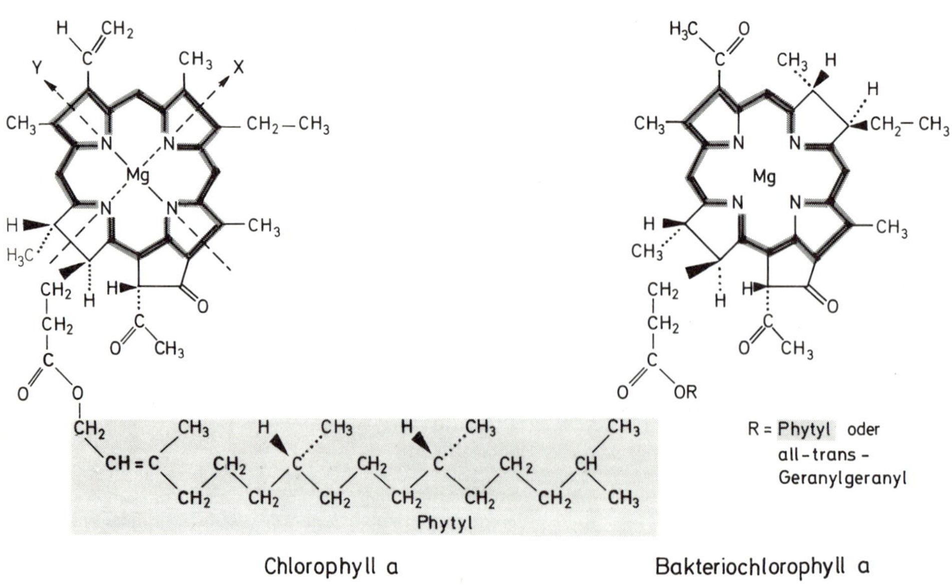

Abb. 13.2. Molekulare Struktur von Chlorophyll a und Bakteriochlorophyll a. Chlorophyll b unterscheidet sich von Chlorophyll a nur dadurch, daß im Pyrrolring II (oberer rechter Ring) die CH_3-Gruppe durch eine $-C{\scriptstyle\genfrac{}{}{0pt}{}{O}{H}}$-Gruppe ersetzt ist. (Nach Sauer, s. Zitat Govindjee, verändert)

die durch eine wesentlich geringere Oszillatorstärke gekennzeichnet sind. Ob $n\pi^*$-Übergänge, deren relative Lage im Vergleich zu $\pi\pi^*$-Übergängen von der Polarität der Umgebung abhängt, in der Photosynthese eine Rolle spielen, bleibt noch zu klären (zur Klassifizierung optischer Übergänge und angeregter Zustände s. Kapitel 5.1.2.3).

Die höheren Anregungszustände des Chlorophylls relaxieren im ps-Bereich strahlungslos auf das Niveau des niedrigsten angeregten Singulettzustandes. Dieser besitzt für monomeres Chlorophyll in Lösung eine Lebensdauer von ca. 5 ns. Er wird mit einer Wahrscheinlichkeit von etwa 1/3 unter Strahlungsemission (Fluorezenz) in den Singulett-Grundzustand abgebaut ($k_F = 6{,}5 \cdot 10^7\,s^{-1}$) und von etwa 2/3 über Interkombination unter Spinumkehr in den niedrigsten Triplettzustand überführt ($k_{ISC} = 1{,}3 \cdot 10^8\,s^{-1}$). Strahlungslose Abbauprozesse in den Grundzustand spielen praktisch keine Rolle. Im Gegensatz dazu dominiert in Chlorophyllaggregaten meist der strahlungslose Abbau, während die Fluoreszenz- und Triplettausbeuten relativ gering sind. Wegen der sehr schnellen Relaxation der höheren Anregungszustände emittiert Chlorophyll unabhängig von der Anregung nur im roten Spektralbereich und auch die photochemischen Reaktionen erfolgen aus dem niedrigsten angeregten Singulett- oder Triplettzustand. Für in vitro Reaktionen spielt der Triplettzustand aufgrund seiner größeren Lebensdauer (ca. 1 ms) eine wichtige Rolle, während in der Photosynthese die Photoredoxreaktionen direkt aus dem Singulettzustand erfolgen (13.1.3.2).

Im angeregten Zustand kann ein Elektron aufgenommen oder abgegeben werden. Daher sind Chlorophylle und deren Mg-freie Derivate (diese werden als Phäophytine bezeichnet) in Lösung je nach der Art des Reaktionspartners sowohl an Photoreduktionen als auch an Photooxydationen beteiligt. Diese Eigenschaften sind für die Photochemie der Reaktionszentren wesentlich, wobei die spezifische Einbindung in eine Proteinmatrix die reaktiven Eigenschaften determiniert (s. 13.1.3).

Das zentrale Mg^{2+} in den Chlorophyllen ist koordinativ ungesättigt. Aufgrund der Donatoreigenschaften der Carbonylgruppen und der Akzeptorwirkung von Mg^{2+} bilden daher Chlorophylle mit geeigneten Liganden und auch miteinander Komplexe.

Der Komplextyp ist von der Art des Lösungsmittels abhängig. Generell tendiert Chlorophyll a in unpolaren Lösungsmitteln zur Aggregatbildung, wobei die Cyclopentanon-Carbonylgruppe eines Moleküls mit dem Mg eines anderen Moleküls verknüpft ist. In polaren Lösungsmitteln dagegen werden entweder Komplexe zwischen monomerem Chlorophyll a und dem Lösungsmittel (nukleophil polar) oder oligomere Addukte gebildet, bei denen bifunktionelle polare Liganden (z. B. H_2O) als Brücke wirken. Ein Spezialfall dieser Brückenaddukte sind Dimerkomplexe (sog. „special pair"), die als Modell für die Reaktionszentren eingehend untersucht worden sind (s. 13.1.3).

Nach neuesten Ergebnissen ist praktisch das gesamte Chlorophyll photosynthetisierender Organismen an Proteine gebunden. Die einzelnen Chlorophyll-Protein-Komplexe besitzen leicht unterschiedliche spektrale Eigenschaften. Die Komplexierung führt im allgemeinen zu einer Rotverschiebung der langwelligen Absorptionbande gegenüber den Spektren in Lösung (diese sind in Abb. 13.5 dargestellt).

Ramanspektroskopische Untersuchungen führen zu dem Schluß, daß eine spezielle Komplexierung der Antennenchlorophyllmoleküle erfolgt, wobei die Chlorophylle in monomerer Form vorliegen, deren Mg-Zentralatom sehr wahrscheinlich mit H_2O als Ligand verbunden ist, während die Carbonylgruppe des Cyclopentanonringes im Chlorophyll a bzw. die Formylgruppe im Chlorophyll b (s. Abb. 13.2) mit spezifischen Proteingruppen assoziiert sind. Damit wird die Bildung von Chlorophyllaggregaten, die als dissipative Senken der Anregungsenergie in der Antenne wirken könnten, vermieden.

Eine definierte Pigmentkomplexierung beeinflußt auch wichtige Energieleitungsprozesse. Neueste *in vitro* Untersuchungen an Modellsystemen (diese enthalten ein kovalent an Tetraarylporphyrin gebundenes Carotinoid) zeigen, daß eine starke π-Elektronenwechselwirkung zwischen dem Porphyrinring und dem Carotinoidsystem essentiell für einen effektiven Triplett-Triplett-Energietransfer ist. Wegen der extrem kurzen Lebensdauer der angeregten Carotinoid-Singuletts ist diese starke Wechselwirkung auch für einen effektiven Singulett-Singulett-Energietransfer vom Carotinoid zum Chlorophyll erforderlich. Es wird daher gefolgert, daß die Proteinmatrix der Antennenpigmente (s. 13.1.2.1 u. 13.1.2.2) eine wesentliche Rolle für die Realisierung der funktionell notwendigen π-Elektronenwechselwirkung spielt.

13.1.2 Energieleitungsprozesse

Der primäre und zugleich schnellste Elementarprozeß ($\tau \sim 10^{-15}$ s) der Photosynthese ist die Absorption von Lichtquanten durch die Thylakoidpigmente. Da die natürlichen Quantenflußdichten sehr unterschiedlich sind, ist zur Erreichung einer hohen Effizienz einerseits und der Vermeidung von Überbelastung andererseits ein Adaptationssystem erforderlich. Dies wird durch Pigmentsysteme gewährleistet, die sowohl eine Antennen- als auch eine Schutzfunktion erfüllen.

13.1.2.1 Das Antennenpigmentsystem

Die Existenz und die Größe des Antennenpigmentsystems wurden 1932 von Emerson und Arnold über blitzlichtmanometrische Messungen der O_2-Bildung an Algen nachgewiesen. Bei Anregung der Algen mit kurzen Blitzen (Blitzdauer $\leqq 10\,\mu s$, Dunkelabstand zwischen den Blitzen $t_d = 500$ ms) steigt die Sauerstoffausbeute pro Blitz zunächst linear mit der Blitzintensität an und erreicht bei höheren Intensitäten einen Sättigungswert $[M_{O_2}]_{sätt}$. Maximal kann ein Sauerstoffmolekül pro Blitz und pro 2000–2500 Chlorophyllmoleküle gebildet werden (Abb. 13.3). Aus diesen Ergebnissen wurde geschlossen, daß nur ca. 0,05% aller

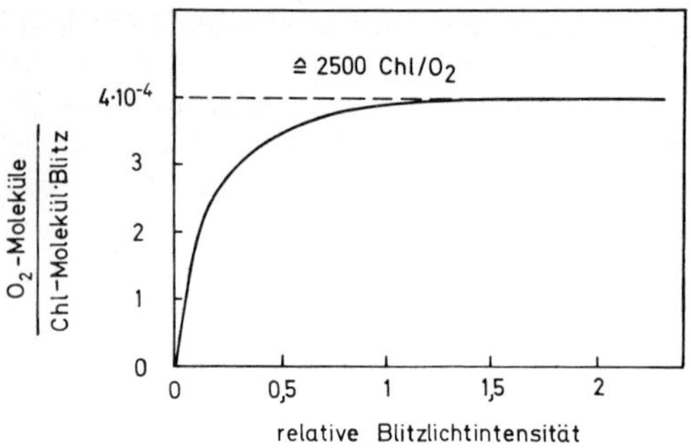

Abb. 13.3. Sauerstoffausbeute als Funktion der Blitzintensität. [Nach Emerson u. Arnold: J. gen. Physiol. **16**, 191 (1932)]

vorhandenen Chlorophyllmoleküle an den photochemischen Reaktionen beteiligt sind. Unter der Berücksichtigung des Quantenbedarfs, dessen Minimum bei 8–10 $h\nu$ pro Molekül O_2 liegt (Abb. 13.4), und der Voraussetzung, daß ein 10 µs-Blitz nur einen Umsatz pro Reaktionszentrum induzieren kann („single-turnover"-Blitz), postulierten Gaffron und Wohl 1936 die Existenz von Funktionseinheiten, die aus 250–300 Absorberchlorophyllmolekülen und einem photochemisch aktiven Reaktionszentrum aufgebaut sind. Nach diesem Modell finden die photochemischen Prozesse nur am Reaktionszentrum statt, während die überwiegende Anzahl (≧99,5%) der vorhandenen Chlorophyllmoleküle zur Lichtquanten-Absorption und zur Energieleitung dient. Damit bilden diese Chlorophyllmoleküle zusammen mit sog. Akzessorpigmenten (vgl. S. 537) ein Pigmentsystem, das als Antenne für das Reaktionszentrum wirkt. Für die Funktionseinheit, bestehend aus dem Antennenpigmentsystem und dem photochemisch aktiven Reaktionszentrum, wurde der Begriff *photosynthetische Einheit* geprägt. Diese Bezeichnung hat sich eingebürgert, obgleich die photosynthetische Einheit nicht die universelle Funktionseinheit aller Prozesse des Thylakoidmembranbereiches ist, da für die Ionentransferprozesse und für die Phosphorylierung das gesamte Thylakoid als Funktionseinheit wirkt (Abschnitt 13.1.5 u. 13.1.6). Die photosynthetische Einheit kann für den Mechanismus der Energieleitung als ein Molekülgitter der Antennenpigmente aufgefaßt werden, in das das photochemisch aktive Reaktionszentrum als Energiesenke eingebaut ist. Durch die Lichtabsorption wird primär an irgendeinem Pigmentmolekül des Gitters ein elektronischer Anregungszustand erzeugt, der dann mit einer bestimmten Wahrscheinlichkeit zum Reaktionszentrum geleitet und dort „eingefangen" wird. Prinzipiell sind in Aggregaten mit Festkörperstruktur 2 Mechanismen der Energieleitung zu unterscheiden:

a) Energieleitung ohne korrespondierenden Masse- und Ladungstransport. Dabei wandert der elektronische Anregungszustand in Form eines spingekoppelten Elektron-Defektelektron-Paares durch Resonanzeffekte durch das Gitter. Man bezeichnet diesen Typ der Energieleitung daher als Resonanz- oder Exzitonentransfer.

Exzitonen beschreiben die elektronischen Anregungszustände von Molekülkristallen. Man unterscheidet je nach der Stärke der Kopplung zwischen dem angeregten Elektron und dem Rest des Moleküls stark gebundene (Frenkel-Exzitonen mit ähnlichen Eigenschaften wie der molekulare Anregungszustand) und schwach gebundene (Wannier-Exzitonen mit Quasiteilchen-Eigenschaften) Exzitonen. Während die sehr stark beweglichen Wannier-Exzitonen zu starken spektralen Veränderungen (Auftreten neuer Banden in der Gitterstruktur, die im Einzelmolekül nicht auftreten) führen, bleibt das Spektrum bei Frenkelexzitonen meist erhalten. Sind aber Frenkelexzitonen kohärent über mehrere Moleküle verteilt, so tritt Bandenaufspaltung (Dawydow-Aufspaltung) auf.

b) Energieleitung mit korrespondierendem Masse- und Ladungstransport. Dabei führt der elektronische Anregungszustand zu Elektronen und Defektelektronen, die im Leitungs- bzw. Valenzband delokalisiert sind. Da sich hierbei die Zahl der Ladungsträger im Gitter vergrößert, ist dieser Typ der Energieleitung mit einer Photoleitfähigkeit verbunden.

Obwohl die Existenz einer Photoleitfähigkeit an getrockneten Chloroplasten nachgewiesen wurde, erfolgt die Energieleitung im Antennenpigmentsystem *in vivo* mit sehr großer Wahrscheinlichkeit durch einen Exzitontransfermechanismus.

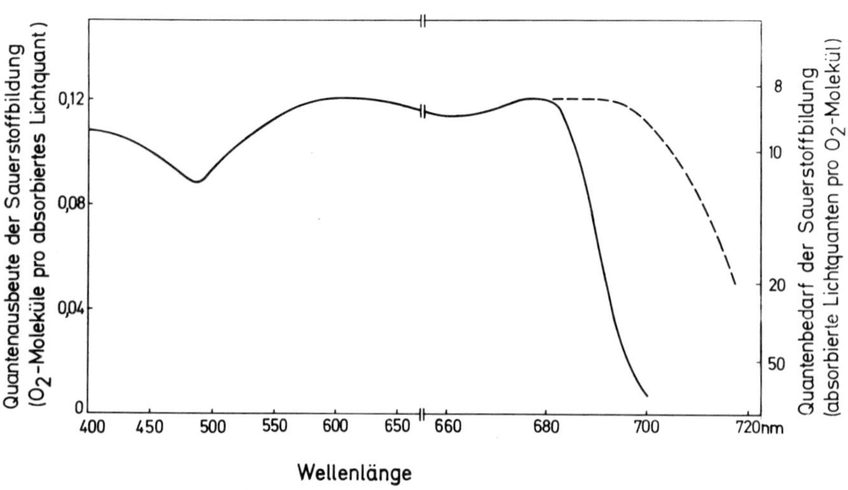

Abb. 13.4. Spektrale Abhängigkeit der maximalen Quantenausbeute bzw. des minimalen Quantenbedarfs für die Sauerstoffbildung an Grünalgen *(Chlorella)*. Die gestrichelte Kurve gibt die Quantenausbeute oberhalb von 680 nm bei Einstrahlung von kurzwelligem Zusatzlicht an. [Nach Emerson u. Mitarb.: Amer. J. Bot. **30**, 165 (1943) und Proc. Nat. Acad. Sci. **43**, 133 (1957)]

Dieser Schluß folgt a) aus der hohen Quantenausbeute (s. Abschnitt 13.1.2.3) (im Falle einer Photoleitung müßte der Ladungstransfer daher praktisch verlustfrei verlaufen), b) aus der hohen Energietransfereffizienz bis zu 1 °K (für die Photoleitung aber beträgt die Aktivierungsenergie 0,1–0,3 eV) und c) aus direkten Messungen der lichtinduzierten Bildung von Ladungen und deren Hall-Beweglichkeiten (über Faraday-Rotation bestimmt), die ergeben haben, daß diese in ihrer Konzentration in etwa mit der Zahl und in der Separationslänge (ca. 3 nm) mit der Größe des Pigment-Protein-Komplexes der Reaktionszentren übereinstimmen. Dies zeigt, daß die Ladungserzeugung im Licht praktisch nur an den Reaktionszentren stattfindet.

Der Mechanismus des Resonanzenergietransfers angeregter Elektronenzustände ist durch die Wechselwirkungsenergie ΔE_{WW} der Moleküle, zwischen denen der Energietransfer erfolgt, und die Spinmultiplizität des beteiligten Anregungs- und Grundzustandes bestimmt. Man unterscheidet Singulett-Singulett-Energietransfer (in folgenden als *S-S*-Transfer bezeichnet) und Triplett-Triplett-Energietransfer (im folgenden als *T-T*-Transfer bezeichnet).

Ist für einen *S-S*-Transfer ΔE_{WW} sehr viel größer (oder gleich groß) als die Franck-Condon-Bandbreite des entsprechenden elektronischen Überganges (in der Gasphase), so erfolgt der Energietransfer zwischen 2 Molekülen schneller (10^{13}–$10^{15}\,s^{-1}$) als oder gleich schnell wie (10^{11}–$10^{13}\,s^{-1}$) die Relaxation der Schwingungszustände des angeregten Elektronenzustandes. Unter diesen Bedingungen kann die Kohärenz der Exzitonen erhalten bleiben. Der angeregte Elektronenzustand ist dann praktisch über das gesamte Pigmentsystem verteilt und durch die mittlere Aufenthaltswahrscheinlichkeit bestimmt. (Man spricht daher von „delokalisierten" Exzitonen.) Die Transferwahrscheinlichkeit ist bei der Energieleitung über kohärente Exzitonen durch die Größe des Überlappungsintegrals der Absorptionsbande von Donator- und Akzeptormolekül und den Abstand R (R^{-3}-Gesetz bei Dipol-Wechselwirkung) bestimmt. Damit ΔE_{WW} hinreichend groß ist, muß der Molekülabstand relativ klein sein. Ist dagegen im *S-S*-Transfer ΔE_{WW} klein gegen die Franck-Condon-Bandbreite, so ist der Energietransfer langsam (10^{6}–$10^{11}\,s^{-1}$) und erfolgt erst nach Beendigung der Relaxation der Schwingungszustände des angeregten Elektronenzustandes durch sog. *induktive Resonanz*[5]. Dabei ist der angeregte Elektronenzustand zu jedem Zeitpunkt an einem definierten Molekül lokalisiert (man spricht daher von „lokalisierten" Exzitonen) und wandert statistisch von Molekül zu Molekül durch das Antennenpigmentsystem. Die Kohärenz der Exzitonen geht verloren. Man bezeichnet diesen Typ des Resonanzenergietransfers als *Förster*-Mechanismus. Da der Energietransfer vom Donatormolekül aus erst nach der Schwingungsrelaxation erfolgt, ist die Transferwahrscheinlichkeit k_{DA} durch das Überlappungsintegral der Emissionsbande des Donatormoleküls D und der Absorptionsbande des Akzeptormoleküls A sowie den molekularen Abstand R bestimmt (Förster, 1947). Es gilt:

$$k_{DA} = \frac{\text{const}}{\tau_0 \cdot R^6} \int \varepsilon_A(\nu) f_D(\nu) \frac{d\nu}{\nu^4},$$

wobei $\varepsilon_A(\nu)$ die Absorptionsbande von A und $f_D(\nu)$ die normierte Quantenverteilungsfunktion der Fluoreszenzbande von D angeben, τ_0 ist die „natürliche" Lebensdauer des Anregungszustandes (für Chlorophyll a beträgt diese ≈ 15 ns). Mit $\left(\text{const} \cdot \int \varepsilon_A(\nu) f_D(\nu) \frac{d\nu}{\nu^4}\right)^{1/6}$ ist ein kritischer Abstand R_0 definiert. Da ferner die Beziehung $\tau = \Phi_F \cdot \tau_0$ gilt, wobei τ die Lebensdauer des Anregungszustandes und Φ_F die Fluoreszenzquantenausbeute

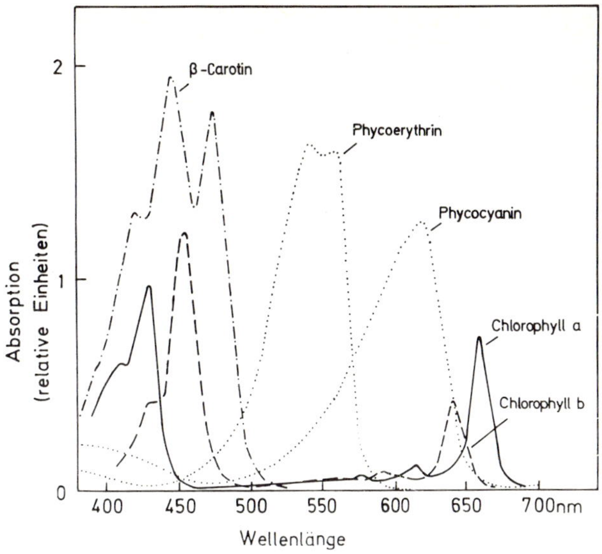

Abb. 13.5. Absorptionsspektren von Chloroplastenpigmenten in Lösung. (Die Spektren der Phycobiline sind für verschiedene Organismen unterschiedlich, die hier angegebenen Spektren gelten für Phycoerythrin aus der Rotalge *Porphyridium cruentum* und Phycocyanin aus der Blaualge *Nostoc muscorum*.) [Nach Zscheile u. Mitarb.: Bot. Gaz. **102**, 463 (1941) und Plant Physiol. **17**, 331 (1942); O'hEochoa, in: Chemistry and Biochemistry of Plant Pigments (Goodwin, Ed.), 407 Academic Press, London, New York 1966]

in Abwesenheit des Akzeptors sind, gibt das Produkt $\Phi_F^{1/6} \cdot R_0$ den Abstand $\overline{R_0}$ an, bei dem die Geschwindigkeiten für den Energietransfer zum Akzeptor- und für den Abbau des Anregungszustandes im Donatormolekül gleich groß sind. Die für Chlorophyll a unter verschiedenen Bedingungen ermittelten $\overline{R_0}$-Werte variieren zwischen 4 und 10 nm.

Zur Erreichung einer hohen Effizienz der Primärprozesse ist es notwendig, daß (a) möglichst alle Lichtquanten zum photochemisch aktiven Reaktionszentrum gelangen, (b) eine möglichst vollständige spektrale Ausnutzung erfolgt und (c) wegen der Existenz von 2 in Serie geschalteten unterschiedlichen Photosystemen (s. Abschnitte 13.1.3.2 und 13.1.3.3) eine möglichst optimale Verteilung der Anregungsenergie auf die beiden Photosysteme erreicht wird.

a) Bei geringen Lichtintensitäten ($< 10^{-5}\,W\,cm^{-2}$)[6] werden die wenigen Lichtquanten praktisch vollständig zu den reaktiven Zentren, an denen die Transformationsprozesse vom angeregten Elektronenzustand zur Ladungsseparierung stattfinden, geleitet. Damit wird durch das Antennenpigmentsystem (über den Mechanismus der Energieleitung) der Einfangquerschnitt für die Lichtquanten bezüglich des reaktiven Zentrums um mindestens 2 Größenordnungen erhöht.

b) Zur Erhöhung der spektralen Ausnutzung der Lichtquanten des Sonnenlichtes sind in das Antennenpigmentsystem sog. Akzessorpigmente (Phycobiline, Carotinoide und Chlorophyll b) eingebaut, wobei zwischen einzelnen Algen- bzw. Pflanzenarten große Unterschiede in der Akzessorpigmentzusammensetzung bestehen. Rot- und Blaugrünalgen enthalten vorwiegend Phycobiline (Phycoerythrin und Phycocyanin) und Carotinoide (α- und β-Carotin, Lutein und Violaxanthin), Braunalgen besitzen meist Chlorophyll c und das Carotinoid Fucoxanthin, während in Grünalgen und in allen Höheren Pflanzen Chlorophyll b und Carotinoide (α- und

[5] Der Name folgt aus der zunächst rein klassischen Ableitung für diesen Typ des Energietransfers, bei der angenommen wird, daß das Oszillatorfeld des Donatordipols bei vorliegender Resonanz eine Energieaufnahme durch den Akzeptordipol induziert und diesen damit zur Anregung bringt (s. Kapitel 5.2.1).

[6] Wegen der Polychromasie des Sonnenlichtes ist es sinnvoller, die pro Zeit- und Flächeneinheit einfallende Energie anzugeben, als eine mittlere Quantenflußdichte zu definieren.

β-Carotin, Lutein und Violaxanthin) als Akzessorpigmente auftreten. Die Akzessorpigmente absorbieren Lichtquanten meist in den Spektralbereichen, in denen die Chlorophyll a-Absorption nur sehr schwach ist (für einen qualitativen Vergleich sind in Abb. 13.5 die in vitro-Absorptionsspektren von Chlorophyll a und von einigen Akzessorpigmenten dargestellt), und leiten diese aufgenommene Energie über das Chlorophyll a des Antennenpigmentsystems schließlich zum photochemisch aktiven Reaktionszentrum. Die Energietransfereffizienz auf das Chlorophyll a wurde durch die Messung der sensibilisierten Fluoreszenz bestimmt. Sie ist für die einzelnen Akzessorpigmente sehr unterschiedlich. Während die Phycobiline (Phycoerythrin, Phycocyanin) eine Transferwahrscheinlichkeit von fast 100% aufweisen, ist diese für Carotinoide mitunter deutlich (40%) geringer. Daher können die von den Carotinoiden absorbierten Lichtquanten nur mehr teilweise für die photochemische Reaktion an den Reaktionszentren ausgenutzt werden und die maximal mögliche Quantenausbeute sinkt in den Wellenlängenbereichen, in denen hauptsächlich Carotinoide absorbieren, deutlich ab (s. Abb. 13.5).

c) Die Optimierung der Anregungsenergieverteilung auf die durch unterschiedliche spektrale Effizienz (s. Abschnitt 13.1.3.1) und unterschiedliche Regulierungskinetik (s. Abschnitt 13.1.4) charakterisierten photosynthetischen Einheiten der Systeme I und II erfolgt einerseits direkt durch die Steuerung des Lichtquantenverteilungskoeffizienten α (II)[7], andererseits indirekt durch die Variation der Energietransferwahrscheinlichkeit W (II, I), mit der angeregte Elektronenzustände aus dem Antennenpigment des Systems II in die des Systems I gelangen. Für diesen Prozeß hat sich in der engl. Literatur der Begriff „spillover" eingebürgert. Nach neuesten Modellvorstellungen existiert neben den Antennenpigmenten, die funktionell direkt mit den Reaktionszentren der Systeme I und II verbunden sind, noch ein dritter Pigment-Protein-Komplex, der ausschließlich zur Lichtabsorption und Resonanzenergieleitung dient, und als LHP-Komplex (engl. „light harvesting pigment protein") bezeichnet wird. Die im LHP-Komplex erzeugten Exzitonen gelangen sowohl zum System I als auch zum System II, wobei aber die funktionelle Kopplung mit System II wesentlich stärker ist als mit System I. Der „spillover"-Prozeß verläuft wahrscheinlich über den LHP-Komplex. Es wurde abgeschätzt, daß der LHP-Komplex ca. 50% des gesamten Chlorophyll a und über 90% des Chlorophyll b enthält.

Die unter a)–c) beschriebenen Transferreaktionen angeregter Elektronenzustände verlaufen sehr wahrscheinlich nach dem *S-S*-Mechanismus. Dies folgt einmal aus der Abhängigkeit der Fluoreszenzausbeute vom Funktionszustand des photochemischen Reaktionszentrums (im Falle eines *T-T*-Transfers sollte wegen des relativ großen Energieunterschiedes zwischen erstem angeregten Singulett und Triplett des Chlorophyll a diese starke Abhängigkeit nicht auftreten) und aus der äußerst geringen Triplettbildung in vivo, auch bei hohen Lichtintensitäten. Es ist bislang aber noch nicht geklärt, welcher Typ eines *S-S*-Mechanismus realisiert ist. Nach dem derzeitigen Stand der Forschung wird angenommen, daß in photosynthetisierenden Bakterien (diese besitzen nur einen Photoreaktionszentrentyp) ebenso wie in den photosynthetischen Einheiten des Systems I von Algen und Höheren Pflanzen der Mechanismus delokalisierter Exzitonen stattfindet, während im System II nach dem Mosaik-Modell (s. unten) sowohl der Förster-Mechanismus „lokalisierter" Exzitonen als auch der Mechanismus delokalisierter Exzitonen realisiert sein sollen. Die indirekt abgeschätzten Pigment-Pigment-Wechselwirkungsenergien liegen im Grenzbereich zwischen *Förster*- und *Exziton*-Mechanismus delokalisierter Exzitonen.

Die Antennenwirkung ist durch die Anzahl der Pigmentmoleküle bestimmt. Je größer die Pigmentzahl ist, desto größer wird der Einfangsquerschnitt für Photonen. Gleichzeitig steigt mit der Pigmentzahl die mittlere Zahl der notwendigen Transfers, die angibt, wie oft ein durch Lichtabsorption erzeugter Anregungszustand von Pigmentmolekül zu Pigmentmolekül wandert, bevor das photochemisch aktive Reaktionszentrum erreicht wird. Ist die mittlere Transferzahl zu hoch, so wird der Anregungszustand bereits vor dem Eintreffen am Reaktionszentrum teilweise dissipativ abgebaut und die Effizienz der Antenne sinkt. Theoretische Untersuchungen zeigten, daß unter geeigneten Annahmen über Pigmentanzahl, Gitterstruktur und Einfangswahrscheinlichkeit des photochemisch aktiven Reaktionszentrums mittlere Transferzahlen in der Größenordnung von 100–1000 auftreten, vorausgesetzt, daß die Chlorophyllmoleküle ein regelmäßiges Gitter bilden. Unter Berücksichtigung verschiedener Pigmente bzw. Chlorophyll a-Formen, deren Absorptions- und Emissionsbanden sich leicht unterscheiden, und der Annahme, daß die langwelligeren Formen in der Nähe des photochemisch aktiven Reaktionszentrums angeordnet sind, wurde gezeigt, daß in einem Antennenpigmentsystem von 200–300 Molekülen eine praktisch vollständige Transfereffizienz erreicht wird. Neuerdings wird ein Mosaik-Modell für das Antennenpigmentsystem vorgeschlagen, dessen Einheiten aus Pigment-Protein-Komplexen mit ca. 5–10 Pigmentmolekülen bestehen. Innerhalb der Komplexe soll kohärenter, zwischen den Komplexen inkohärenter (Förster-Mechanismus) Exzitonentransfer stattfinden. Aus der Messung der Fluoreszenz-Depolarisation und -Quantenausbeute wurde die in vivo auftretende mittlere Transferzahl zu 250–300 abgeschätzt.

13.1.2.2 Das Schutzsystem

Da die Geschwindigkeit, mit der die elektronische Anregungsenergie in elektrochemische Energie am Reaktionszentrum umgewandelt werden kann, kinetisch limitiert ist, herrscht bei hohen Lichtintensitäten, die bei grellem Sonnenlicht ($>10^{-2}$ W cm^{-2}) auftreten, ein Energieüberschuß. Der größte Teil dieser Überschußenergie wird von den photosynthetischen Einheiten durch Fluoreszenzemission oder strahlungslose Dissipation direkt wieder an die Umgebung abgegeben. Die Restüberschußenergie aber kann zur Bildung von langlebigen Chlorophyll-Triplettzuständen führen, die äußerst sensitiv gegenüber Photodestruktion (Reaktion mit O_2) sind. Es ist deshalb notwendig, diese Chlorophyll-Tripletts sehr rasch und effizient abzubauen. Es wurde gefunden, daß Carotinoide bei dieser Schutzfunktion eine wesentliche Rolle spielen, da Carotinoid-arme Zellmutanten im Licht und unter aeroben Bedingungen zerstört werden. Der Schutz erfolgt über einen *T-T*-Energietransfer-Mechanismus, wobei unter Carotinoid-Triplettbildung der Chlorophyll-Triplettzustand sehr schnell gelöscht wird. Die entsprechenden Carotinoid-Tripletts geben ihre Energie dann im µs-Bereich dissipativ an die Umgebung ab.

Dieser *T-T*-Transfer zwischen Chlorophyll a-Triplett und Carotinoid-Singulett-Grundzustand ist quantenmechanisch wegen der strengen Spin-Auswahlregeln nur nach dem sog. Austauschenergietransfermechanismus (s. Abschn. 5.1.8) möglich. Die Transfereffizienz ist dabei sehr stark vom Austauschintegral abhängig. Dieses liefert nur bei relativ kleinen Abständen (für *S-S*-Transfer etwa eine Größenordnung unter dem kritischen Radius für den Förster-Mechanismus) einen signifikanten Beitrag. Daher sind für einen effizienten *T-T*-Transfer sehr wahrscheinlich spezielle strukturelle Anordnungen der Pigmente erforderlich, um eine hinreichende

[7] α (II) (bzw. 1-α (II)) gibt an, welcher Bruchteil der einfallenden Lichtquanten zu System II (bzw. System I) gelangt. α enthält keinen Beitrag des sog. "spillover"-Prozesses.

Wechselwirkung der π-Elektronensysteme zu ermöglichen (s. 13.1.1.3).

Einige Carotinoide löschen mit hoher Effizienz auch den Anregungszustand des relativ langlebigen, sehr reaktiven Singulettsauerstoffs, $O_2(^1\Delta_g)$, und üben damit eine zusätzliche Schutzfunktion gegen destruktive Oxydationsprozesse aus. Der Abbau der Chlorophylltripletts erfolgt aber nicht über die intermediäre Bildung von $O_2(^1\Delta_g)$, sondern durch den oben beschriebenen direkten *T-T*-Energietransfer.

13.1.2.3 Struktur und Energetik der photosynthetischen Einheiten

Die strukturelle Organisation der photosynthetischen Einheiten ist noch weitgehend unbekannt. Der Organisationszustand ist im wesentlichen durch 3 Faktoren bestimmt: a) Die Pigmentanordnung innerhalb einer photosynthetischen Einheit, b) die Höhe der Energiebarrieren ΔE_b zwischen den einzelnen photosynthetischen Einheiten und c) die Anzahl der photochemisch aktiven Reaktionszentren n_{RZ} pro photosynthetische Einheit.

Die Gitterstruktur des Antennenpigmentsystems ist praktisch ungeklärt (Abschnitt 13.1.2.1). Hinsichtlich der Energiebarrieren unterscheidet man je nach der Höhe von ΔE_b das Modell isolierter Einheiten ($(\Delta E_b \to \infty)$), das Modell statistischer Einheiten ($\Delta E_b = 0$) und das Modell verknüpfter Einheiten. Bezüglich n_{RZ} wird zwischen heterogenen (n_{RZ} unterschiedlich) und homogenen Modellen unterschieden, wobei entweder Einzel- ($n_{RZ} = 1$) oder Multizentreneinheiten auftreten können. Nach den neuesten Erkenntnissen scheinen im System II verknüpfte photosynthetische Einheiten vorzuliegen mit $n_{RZ} = 3$. Darüber hinaus wurde gefunden, daß sich die Größe des Antennensystems des Systems II in einigen Pflanzen während der ontogenetischen Entwicklung nahezu verdoppelt (vornehmlich durch Chlorophyll b-Einbau) und auch die Energietransferwahrscheinlichkeit zwischen den photosynthetischen Einheiten des Systems II zunimmt. Demgegenüber ändern sich die Größe der Antenne und die Energietransferwahrscheinlichkeit in bestimmten Algen während der Entwicklung kaum. Noch weitgehend unbekannt ist die strukturelle und funktionelle Organisation der photosynthetischen Einheiten von System I, es deutet aber einiges auf die Existenz von isolierten Einheiten mit $n_{RZ} = 1$.

Die in den photosynthetischen Einheiten der Systeme I und II stattfindenden Prozesse der Energieleitung und Energietransformation sind in Abb. 13.6 schematisch dargestellt. Zur Vereinfachung wurde der LHP-Komplex, der in sehr enger funktioneller Beziehung zum Antennenpigmentsystem II steht (s. Punkt c in Abschnitt 13.1.2.1) nicht explizit berücksichtigt, sondern in erster Näherung als Teil des Antennenpigmentsystems II behandelt.

Für die energetischen Betrachtungen wird vorausgesetzt, daß sowohl die Energieleitung als auch die Energieaufnahme am photochemisch aktiven Reaktionszentrum über Singulettexzitonen erfolgt (Abschnitt 13.1.2.1) und daß alle gebildeten Triplettexzitonen über das Carotinoidschutzsystem abgebaut werden (Abschnitt 13.1.2.2). Nimmt man ohne Beschränkung der Allgemeinheit an, daß jedes Antennenpigmentsystem nur ein photochemisch aktives Reaktionszentrum enthält, so ergibt sich folgende Energiebilanz für die einzelnen Abbauprozesse eines in der *k*-ten photosynthetischen Einheit gebildeten[8] Singulettexzitons:

$$\Phi_{PC}(k) + \Phi_F(k) + \Phi_D(k) + \sum_{i \neq k} \Phi_T(k, i) = 1 \,. \qquad (13.5)$$

Dabei bedeuten $\Phi_{PC}(k)$ die Quantenausbeute der Ladungsseparierungsreaktion am photochemisch aktiven Reaktionszentrum der *k*-ten photosynthetischen Ein-

[8] Die Exzitonenbildung kann durch Lichtquantenabsorption oder durch Exzitonenwanderung aus einer anderen photosynthetischen Einheit ($i \neq k$) erfolgen. Die Exzitonenbildung durch chemische Rückreaktion am Zentrum spielt wegen der geringen Quantenausbeute keine Rolle (Abschnitt 13.1.3.5).

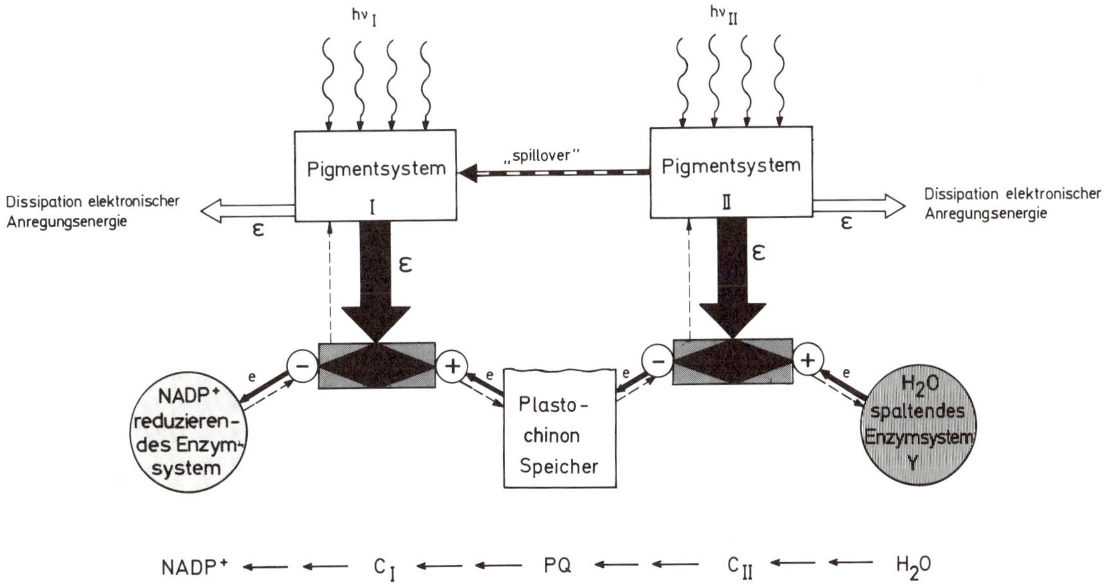

Abb. 13.6. Schematische Darstellung der funktionellen Organisation der Lichtquantentransformation in der Photosynthese. Dicke ausgezogene Pfeile markieren den Hauptreaktionsweg für Exzitonen (ε) und Elektronen (*e*), gestrichelte dünne Pfeile symbolisieren mögliche Rückreaktionen

heit und entsprechend $\Phi_F(k)$ die Fluoreszenzquantenausbeute, $\Phi_D(k)$ die Quantenausbeute der strahlungslosen Dissipativprozesse (einschließlich der Carotinoidschutzfunktion) und $\Phi_T(k, i)$ die Energietransferwahrscheinlichkeit für den direkten Übergang aus dem Antennenpigmentsystem der k-ten photosynthetischen Einheit in das der i-ten Einheit (bei der Summation über alle photosynthetischen Einheiten verschwindet dieser Term).

Die Quantenausbeute $\Phi_{PC}(k)$ ist abhängig vom Funktionszustand der Reaktionszentren. Ist das Reaktionszentrum der k-ten photosynthetischen Einheit funktionell blockiert, so ist $\Phi_{PC}(k)=0$. Für ein funktionell aktives Reaktionszentrum wurde $\Phi_{PC}(k)\approx 1$ gefunden. Das bedeutet, daß das Reaktionszentrum im funktionell aktiven Zustand eine äußerst effektive „Exzitonenfalle" für das Antennenpigmentsystem ist.

Damit kann im Prinzip ein einzelnes pro photosynthetische Einheit einfallendes Lichtquant in elektrochemische Energie transformiert werden.

Es ist interessant, daß im zweiten Photoprozeß von biologischer Bedeutung, dem Sehvorgang, bei geringer Lichtintensität ebenfalls ein einziges Lichtquant ausreicht, um eine ganze Sehzelle zu erregen, d.h. auch hier beträgt die Quantenausbeute (in diesem Falle für die Informationstransformation) praktisch 1 (Kapitel 13.5).

Die mittlere photochemische Quantenausbeute des Gesamtsystems $\overline{\Phi_{PC}}$ ist nicht einfach durch die Summation über alle photosynthetischen Einheiten gegeben, da diese wegen der Existenz von 2 verschiedenen Lichtreaktionen und deren Serienschaltung (Abschnitt 13.1.3.1) durch die Gesamtheit der Systeme (I oder II) bestimmt ist, die die geringere mittlere Quantenausbeute, d.h. $\overline{\Phi_{PC}(I)}$ oder $\overline{\Phi_{PC}(II)}$, besitzen. Dies wird in Abschn. 13.1.3.1 ausführlicher diskutiert. Darüber hinaus unterscheiden sich die Fluoreszenzspektren der Systeme I und II (diese spektralen Unterschiede sind erst bei tiefer Temperatur gut auflösbar). Zur Vereinfachung beziehen sich daher die folgenden Betrachtungen jeweils nur auf die Gesamtheit eines Systemes (I oder II).

Die mittlere Wahrscheinlichkeit dafür, daß ein Photon auf eine photosynthetische Einheit mit einem Reaktionszentrum im funktionell aktiven Zustand trifft, $\overline{W(C_i)}$ mit $i=$ I oder II, ist unter stationären Bedingungen durch das Verhältnis des mittleren zeitlichen Photonenabstandes $\tau_{h\nu_i}$[9] und der Halbwertzeit $\tau_{1/2}$ der geschwindigkeitsbestimmenden Reaktion des Elektronentransportes bestimmt (Abschnitt 13.1.4.) Es gilt:

$$\overline{W(C_i)}=\begin{cases}\approx 1 & \text{für } \tau_{h\nu_i}\gg\tau_{1/2} \quad \text{(ger. Lichtintensität)}\\ 0 & \text{für } \tau_{h\nu_i}\ll\tau_{1/2} \quad \text{(hohe Lichtintensität).}\end{cases}$$

Nach Gl. (13.5) ist die Fluoreszenzquantenausbeute vom Funktionszustand der Reaktionszentren abhängig. Es sollte daher im Prinzip möglich sein, aus der mittleren Fluoreszenzquantenausbeute des Gesamtsystems[10], $\overline{\Phi_F}$, Informationen über den mittleren Funktionszustand der Reaktionszentren zu erhalten. Es muß gelten:

$$\overline{\Phi_F(i)}=\begin{cases}\overline{\Phi_F^{max}(i)} & \text{für } \overline{W(C_i)}=0\\ \overline{\Phi_F^{min}(i)} & \text{für } \overline{W(C_i)}=1\end{cases} \tag{13.6}$$

Messungen der mittleren Fluoreszenzlebensdauern $\bar{\tau}$ an der Grünalge *Chlorella* zeigten, daß bei geringer Lichtintensität $\bar{\tau}\approx 350$ ps, bei hoher Lichtintensität (oder bei inhibiertem Elektronentransport) $\bar{\tau}\approx 2$ ns ist. Setzt man zur Vereinfachung eine einphasige exponentielle Abklingkinetik[11] voraus, so ergeben sich mit der Beziehung $\tau=\Phi_F\cdot\tau_0$ (τ_0 = „innere" Lebensdauer des Anregungszustandes, diese ist durch den Einsteinkoeffizienten der spontanen Emission, A, gegeben und beträgt für Chlorophyll a ≈ 15 ns) $\Phi_F^{min}=2{,}3\,\%$ und $\Phi_F^{max}=13{,}3\,\%$. Nach neueren Untersuchungen an isolierten Chloroplastenfraktionen ergeben sich für $\Phi_F^{min}(I)=0{,}4\,\%$ und für $\Phi_F^{min}(II)=1{,}3\,\%$. Dies bestätigt ältere Messungen, nach denen die Fluoreszenz des Gesamtsystems im Bereich von 685–695 nm im wesentlichen durch System II bestimmt ist. Daher werden Fluoreszenzmessungen sehr oft zur Untersuchung des Funktionszustandes von System II verwendet, wobei näherungsweise $\overline{\Phi_F(I+II)}\approx\overline{\Phi_F(II)}$ gesetzt wird. Die genaue analytische Funktion $\overline{W(C_i)}=f(\overline{\Phi_F(i)})$ ist explizit nicht anzugeben, da einige Größen in Gl. (13.5) von der Gesamttopologie der Funktionszustände der einzelnen Reaktionszentren abhängen. Es gilt allgemein:

$$\overline{W(C_i)}=\frac{\overline{\Phi_F^{max}(i)}-\overline{\Phi_F(i)}}{\overline{\Phi_F^{max}(i)}-\overline{\Phi_F^{min}(i)}}\,K(i)\,, \tag{13.7}$$

wobei $K(i)$ ein Topologiefaktor ist. Dieser beträgt für einfache Modelle: $K(i)=1$ für $\Delta E_b\rightarrow\infty$ und $n_{RZ}=1$, oder $K(i)=\Phi_F^{min}(i)/\Phi_F(i)$ für $\Delta E_b=0$.

Aus der Fluoreszenzquantenausbeute ist auch eine indirekte Abschätzung über die maximale photochemische Quantenausbeute möglich, unter der Voraussetzung, daß der Funktionszustand der Reaktionszentren das Verhältnis von Fluoreszenzemission (ausgedrückt durch die Geschwindigkeitskonstante k_F) zu strahlungsloser Dissipation (angegeben durch k_D) der

[9] Wegen der unterschiedlichen spektralen Eigenschaften der Systeme I und II ist diese Unterscheidung in $h\nu_I$ und $h\nu_{II}$ notwendig.

[10] Da die Reaktionszentren selbst ebenfalls Chlorophyll enthalten (Abschnitt 13.1), dessen Emissionsbanden nicht sehr weit gegenüber denen der langwelligen Antennenchlorophyllformen verschoben sind ($\Delta\lambda\leqq 10$ nm), ist eine spezifische Separierung der Fluoreszenz zwischen Antennen- und Reaktionszentrenchlorophyll bei Raumtemperatur nicht möglich. Der Beitrag der Reaktionszentren zur Gesamtfluoreszenz ist aber wegen der geringen Konzentration (1 Reaktionszentrum pro 250 Chlorophylle) zu vernachlässigen.

[11] Neueste Untersuchungen mittels eines ps-Impuls-Fluorimeters zeigen allerdings, daß die Abklingkinetik mindestens 3 Phasen enthält ($\tau_1=50$–100 ps, $\tau_2=350$–750 ps und $\tau_3=1-2$ ns), wobei sich der Anteil der langsamen Komponente beim Übergang $\overline{W(C_i)}=0\rightarrow\overline{W(C_i)}=1$ signifikant (Faktor 20–30) ändert, während deren Lebensdauer maximal um den Faktor 2 zunimmt. Daraus ist zu schließen, daß das Modell statistischer Einheiten (Matrix-Modelle) ($\Delta E_b=0$) nicht realisiert sein dürfte. Andererseits müßte im Modell isolierter Einheiten die Fluoreszenzlebensdauer invariant gegen $\overline{W(C_i)}$ sein (wenn man allosterische Struktureffekte ausschließt). Auch dies ist nicht in Strenge erfüllt.

Antennenchlorophylle nicht beeinflußt. Dann gilt bei Vernachlässigung der "spillover"-Prozesse für das einfache statistische Modell ($\Delta E_b = 0$):

$$\overline{\Phi_{PC}(i)} = \frac{k_{PC}(i) \cdot \overline{W(C_i)}}{k_{PC}(i) \cdot \overline{W(C_i)} + k_F(i) + k_D(i)}, \qquad (13.8)$$

wobei $k_{PC}(i)$ die Geschwindigkeitskonstante der Exzitonenabnahme aus dem Antennenpigmentsystem durch das photochemisch aktive Reaktionszentrum des Systems i (i = I oder II) ist. Ferner gilt allgemein:

$$\overline{\Phi_F^{min}(i)} = \frac{k_F(i)}{k_{PC}(i) + k_F(i) + k_D(i)}$$

und (13.9a, b)

$$\overline{\Phi_F^{max}(i)} = \frac{k_F(i)}{k_F(i) + k_D(i)}.$$

Daraus folgt *für* $\overline{\Phi_{PC}^{max}(i)}$ wegen $W(C_i) \to 1$ aus den Gln. (13.8), (13.9a, b)

$$\Phi_{PC}^{max}(i) = \frac{\Phi_F^{max}(i) - \Phi_F^{min}(i)}{\Phi_F^{max}(i)}. \qquad (13.10)$$

Nach Einsetzen der experimentellen Ergebnisse und mit der Näherung $\Phi_F(\mathrm{I+II}) \approx \Phi_F(\mathrm{II})$ ergibt sich daraus für System II $\Phi_{PC}^{max} = 0{,}83$, in guter Übereinstimmung mit den direkt ermittelten Werten.

Der über die Fluoreszenzausbeuten ermittelte Φ_{PC}^{max}-Wert ist nur als untere Grenze anzusehen, da bei der Ableitung von Gl. (13.10) vorausgesetzt wurde, daß die gesamte Fluoreszenz von Chlorophyllmolekülen stammt, die als Antennenpigmente mit einem funktionsfähigen Reaktionszentrum verbunden sind. Nimmt man an, daß ein Teil der Chlorophyllmoleküle funktionell nicht mit den Reaktionszentren gekoppelt ist, so liefern diese einen konstanten Beitrag Φ_F^0 (sog. „tote" Fluoreszenz), der in Gl. (13.10) zu eliminieren ist. Unter Berücksichtigung der „toten" Fluoreszenz ergibt sich dann für die „wahre" maximale photochemische Quantenausbeute $(\Phi_{PC}^{max})_{\text{„wahr"}}$:

$$\frac{1}{(\Phi_{PC}^{max})_{\text{„wahr"}}} = \frac{1}{(\Phi_{PC}^{max})_F} - \frac{\Phi_F^0}{\Phi_F^{max} - \Phi_F^{min}}, \qquad (13.10\,a)$$

wobei $(\Phi_{PC}^{max})_F$ die nach Gl. (13.10) aus den experimentellen Daten ermittelte photochemische Quantenausbeute angibt.

Gleichung (13.10a) ist auch anwendbar, wenn bei einer mehrphasigen Abklingkinetik die Fluoreszenzausbeute einiger kinetischen Komponenten unabhängig vom Funktionszustand $\overline{W(C_i)}$ ist. Dann wird entsprechend der Beitrag dieser Komponenten zur Gesamtfluoreszenz gleich Φ_F^0 gesetzt.

Bei der Ableitung von Gl. (13.10) war ferner vorausgesetzt worden, daß die Reaktionszentren nicht als variable dissipative Exzitonenfallen wirken, deren Effizienz vom Funktionszustand der Reaktionszentren abhängig ist. Ist diese Bedingung nicht erfüllt, und ist die an einem funktionell blockierten ($k_{PC}(i) = 0$) gegenüber einem photochemisch aktiven ($k_{PC}(i) \gg k_F(i) + k_D(i)$) Reaktionszentrum zusätzlich auftretende Exzitonendissipation durch die Geschwindigkeitskonstante $k_V(i)$ gegeben, so gilt unter der vereinfachten Annahme $\Phi_F^0 = 0$:

$$(\Phi_{PC}^{max})_{\text{„wahr"}} = \frac{1}{1 - k_V(i)/k_{PC}(i)}\,(\Phi_{PC\,max})_F\,. \qquad (13.10\,b)$$

Auch in diesem Falle ist die aus den Fluoreszenzausbeuten ermittelte maximale photochemische Quantenausbeute als unterer Grenzwert aufzufassen.

Es ist anzumerken, daß die Größe der nichtphotochemischen ($k_{PC}(i) = 0$) Fluoreszenzlöschung außerdem von der Art der Blockierung der Reaktionszentren abhängt. Dabei wirkt insbesondere der oxydierte Primärdonator der Reaktionszentren (Chlorophyll-a-Kationradikal) als effizienter Fluoreszenzlöscher. Wegen der kurzen Lebensdauer dieses Kationradikals im System II spielt dieser Effekt bei den üblichen Fluoreszenzmessungen keine Rolle.

Bezüglich der oben beschriebenen Betrachtungen muß betont werden, daß diese auf vergleichsweise einfachen Modellvorstellungen basieren. Neuere Daten zeigen, daß eine generelle Gültigkeit der Beziehung $\tau = \Phi_F \cdot \tau_0$ in Photosyntheseorganismen zu bezweifeln ist. Es wird neuerdings die Möglichkeit diskutiert, daß der beim Übergang $\overline{W(C_i)} = 0$ nach $\overline{W(C_i)} = 1$ beobachtete Fluoreszenzanstieg keine wirkliche Zunahme der spontanen Emission darstellt, sondern durch die schnelle Rekombination der primär gebildeten Redoxäquivalente am Reaktionszentrum entsteht (s. 13.1.3.5). Da die Rekombinationsgeschwindigkeit zu 2–4 ns ermittelt wurde, ist eine kinetische Unterscheidung zwischen dieser „verzögerten" und der spontanen Emission nicht möglich. Allerdings sollte die Rekombinationsgeschwindigkeit und damit die Abklingkinetik dieser „verzögerten" Emission unabhängig von $\overline{W(C_i)}$ sein (s. Fußnote, S. 540). Aus den hier diskutierten Überlegungen folgt, daß eindeutige Rückschlüsse auf den Funktionszustand der Reaktionszentren aus Fluoreszenzmessungen nur unter bestimmten Bedingungen möglich sind.

13.1.3 Photochemische Prozesse an den Reaktionszentren

Im vorangegangenen Abschnitt ist gezeigt worden, daß die Reaktionszentren im funktionell aktiven Zustand als äußerst effektive „Exzitonenfalle" wirken. An den Reaktionszentren erfolgt über Redoxreaktionen der eigentliche Photoprozeß, d.h. die Umwandlung der Exzitonenenergie in chemische Energie. Das bedeutet, daß das Exziton am Reaktionszentrum C_i einen Elektronentransfer zwischen einem Primärdonator und einem Primärakzeptor bewirkt. Dies entspricht formal einer Exzitonendissoziation in ein am Primärakzeptor lokalisiertes Elektron und ein am Primärdonator lokalisiertes Defektelektron. In diesem Sinne können die Reaktionszentren C_i als die Funktionselemente für eine „chemische" Exzitonendissoziation aufgefaßt werden. Man kann daher den Bruttoprozeß wie folgt formulieren:

$$C_i \xrightarrow{\varepsilon} C_i^* \longrightarrow {}^-[C_i]^+\,. \qquad (13.11)$$

Dabei symbolisiert C_i^* den durch Exzitoneneinfang[12] gebildeten Anregungszustand des Reaktionszentrums C_i (i = I oder II) und ${}^-[C_i]^+$ das daraus entstandene primäre chemische Reaktionsprodukt.

Die „natürliche Exzitoneneinfangzeit" des Reaktionszentrums läßt sich aus Fluoreszenzmessungen abschätzen. Benutzt man zur Vereinfachung wieder das statistische Modell für die photosynthetischen Einheiten, so folgt aus Gln. (13.8)–(13.10):

$$\tau_{PC}(i) = \frac{1}{k_{PC}(i)} = \frac{\tau_F^{min}(i)}{\Phi_{PC}^{max}(i)}, \qquad (13.12)$$

wobei $\tau_F^{min}(i) = \tau_0 \cdot \Phi_F^{min}(i)$ die gemessene Fluoreszenzlebensdauer für $W(C_i) \to 1$ ist. Mit $\Phi_{PC}^{max} \approx 1$ ergeben sich nach Gl. (13.12) unter Benutzung der Werte aus

[12] Die Erzeugung durch direkte Lichtabsorption spielt wegen der geringen Konzentration der Reaktionszentren im Vergleich zu den Antennenpigmenten praktisch keine Rolle.

Abschnitt 13.1.2.3 Exzitoneneinfangzeiten $\tau_{PC}(i)$ von 60–70 ps für C_I und 200–250 ps für C_{II}.

Der Mechanismus der „chemischen“ Exzitonendissoziation ist durch die molekulare Struktur der Reaktionszentren und dabei insbesondere durch die reaktiven Eigenschaften des Primärdonators und Primärakzeptors bestimmt.

13.1.3.1 2 Typen von Reaktionszentren

Im Abschnitt 13.1.2.1 (Abb. 13.4) wurde die Abnahme der photosynthetischen Quantenausbeute der Sauerstoffbildung, $\Phi_{PC}(\lambda)$, in verschiedenen Wellenlängenbereichen durch die verminderte Energietransfereffizienz von den Akzessorpigmenten (Carotinoide) auf Chlorophyll a erklärt und dabei der signifikante Abfall von Φ_{PC} oberhalb 680 nm (für einige Algen sogar bei >650 nm) außer Acht gelassen. Dieser Abfall im roten Bereich des Spektrums (in der Literatur hat sich dafür die engl. Bezeichnung „red drop“ eingebürgert) erfolgt bei Wellenlängen, in denen bestimmte Chlorophyll a-Formen *in vivo* noch merklich absorbieren. Emerson u. Mitarb. fanden 1957, daß die Quantenausbeute der Sauerstoffbildung an Algen im Wellenlängenbereich des „*red drop*“ deutlich ansteigt, wenn zusätzlich Licht kürzerer Wellenlänge von vergleichsweise schwacher Intensität eingestrahlt wird (Abb. 13.4, gestrichelte Kurve). Es zeigte sich, daß gilt:

$$\Phi_{PC}(\lambda_I + \lambda_{II}) > \Phi_{PC}(\lambda_I) + \Phi_{PC}(\lambda_{II}) , \qquad (13.7)$$

wobei λ_I eine Wellenlänge im Bereich des „red drop“ und λ_{II} eine kürzere Wellenlänge außerhalb des „red-drop“-Gebietes sind. Dieser synergistische Effekt wurde als „*enhancement*“-Effekt bezeichnet. Daneben wurde gefunden, daß bei einem schnellen Übergang von λ_I-Belichtung zu λ_{II}-Belichtung die Sauerstoffbildungsgeschwindigkeit an Algen zunächst sprunghaft ansteigt und danach wieder auf den stationären Ausgangszustand V_{O_2}(stat.) zurückgeht. (Die Lichtintensitäten I (λ_1) und I (λ_2) waren dabei so gewählt, daß sowohl I(λ_1) als auch I(λ_2) zur gleichen stationären Sauerstoffbildungsgeschwindigkeit V_{O_2}(stat.) führt.) Bei einem umgekehrten Wechsel ($\lambda_{II} \rightarrow \lambda_I$) trat eine intermediäre Abnahme der Sauerstoffbildungsgeschwindigkeit ein. Für diese Phänomene hat sich die englische Bezeichnung „chromatic transients“ eingebürgert. Sowohl der „enhancement“-Effekt als auch die „chromatic transients“ ließen vermuten, daß zur photosynthetischen Sauerstoffbildung zwei verschiedene Pigmentsysteme kooperieren müssen, wobei im Wellenlängenbereich des „red drop“ nur das System I operativ ist. Es wurde ferner von Hill und Bendall (1960) postuliert, daß die beiden Systeme in Reihe geschaltet sind. Ähnliche Schlußfolgerungen wurden von Kautsky auch aus Fluoreszenzinduktionskurven gezogen. 1961 gelang 3 Arbeitsgruppen (Duysens, Kok, Witt u. Mitarb.) gleichzeitig der direkte Existenzbeweis für die beiden postulierten Lichtreaktionssysteme, indem gezeigt wurde, daß an bestimmten Komponenten des Elektronentransportsystems (z. B. Cytochrom f oder P 700) bei λ_I-Einstrahlung die Reaktion (z. B. Oxydation) induziert und bei anschließender λ_{II}-Einstrahlung die Gegenreaktion (z. B. Reduktion) ausgelöst wurde. Das kürzerwellig ($\lambda_{II} < 700$ nm) anregbare Lichtreaktionssystem wird als System II, das längerwellig anregbare ($\lambda_I < 730$ nm) als System I bezeichnet.

1966 wurde von Anderson und Boardman gezeigt, daß sich die beiden Systeme I und II auch strukturell voneinander durch Chloroplastenfraktionierung trennen lassen.

Im Gegensatz zu den sauerstoffbildenden Cyanobakterien, Algen und Höheren Pflanzen konnte die Existenz von 2 verschiedenen Lichtreaktionssystemen an photosynthetisierenden Bakterien nicht nachgewiesen werden.

13.1.3.2 Das photochemisch aktive Reaktionszentrum des Systems I (C_I)

1956 entdeckte Kok, daß bei 700 nm die lichtinduzierte Ausbleichung eines Pigmentes stattfindet (entsprechend wurde dieses Pigment als P 700 bezeichnet). Da der gleiche Prozeß auch durch chemische Oxydation (z. B. mit $K_3[Fe(CN)_6]$) zu erreichen ist, wurde geschlossen, daß durch Licht eine P 700-Oxydation induziert wird. ESR-Messungen zeigten, daß sich dabei ein π-Kationradikal bildet. Die P 700-Photooxydation erfolgt auch bei tiefen Temperaturen, bei denen thermische Elektronentransferprozesse sehr stark gehemmt sind. Daraus wurde unter Berücksichtigung des Aktionsspektrums gefolgert, daß die P 700-Photooxydation mit der Primärreaktion an C_I gekoppelt ist. Wenn dieser Schluß richtig ist, war zu erwarten, daß die P 700-Photooxydation sehr schnell erfolgt. Laserblitzlichtphotometrische Untersuchungen von Witt und Wolff (1970) bestätigten dies. Es wurde eine Reaktionszeit von $\leqq 20$ ns gefunden. Nach neuesten Messungen an isolierten Photosystem-I-Partikeln erfolgt bei Anregung mit ultrakurzen Laserimpulsen (30 ps Dauer) die Bleichung bei 694 nm in <60 ps, wobei die Anfangsgesamtamplitude etwa doppelt so groß ist wie die für die P 700-Oxydation zu erwartende Absorptionsänderung. Die Gesamtabsorptionsänderung relaxiert mit einer Kinetik von ca. 200 ps Halbwertzeit auf die Hälfte und damit auf das für $P700^+$ erwartete Niveau. Aus diesen Ergebnissen ist zu schließen, daß P700 der Primärdonator von C_I ist, wobei im primären Transferschritt das Elektron auf einen Primärakzeptor übertragen wird, der ebenfalls im Bereich von 700 nm absorbiert und durch Reduktion ausbleicht.

Der Elektronentransfer erfolgt ohne intermediäre Triplettbildung direkt aus dem ersten angeregten Singulettzustand des Chl-a_I. Tripletts wurden an Chl-a_I nur dann beobachtet, wenn die sekundären Donatoren reduziert vorliegen. Das im Licht primär gebildete Singulettradikalpaar $^S[\text{Chl-a}_I^+ \cdot X_I^-]$ geht dabei in das Triplettradikalpaar $^T[\text{Chl-a}_I^+ \cdot X_I^-]$ über, das dann durch Ladungsrekombination zur Bildung eines angeregten Triplettzustandes am Chl-a_I führt. Eine Triplettbildung über analoge Radikalpaarmechanismen wurde auch an den Reaktionszentren photosynthetisierender Bakterien und an C_{II} (s. 13.1.3.3) beobachtet.

Das Differenzspektrum der P 700-Reaktion (Abb. 13.7a) und der Vergleich mit dem Differenzspektrum für die Photooxydation von Chlorophyll a in butanolischer Lösung führten zu dem Schluß, daß P 700 ein spezieller Chlorophyll-a-Dimerkomplex ist. Man bezeichnet P 700 daher auch als Chlorophyll-a_I (Chl-a_I). ESR-Messungen (Hyperfeinaufspaltung des P 700$^+$-Signals), Analysen des Zirkulardichroismus und der Vergleich mit Modellsystemen aus kovalent verknüpften speziellen Chlorophyll-a-Dimeren stützen die Annahme, daß Chl-a_I wahrscheinlich ein Dimer ist. Jüngste detaillierte EPR-Analysen und Anwendung von ENDOR-Spektroskopie führten allerdings zu Zweifeln am sog. “special-pair”-Modell. Diese Untersuchungen legen den Schluß nahe, daß Chl-a_I als monomeres Chlorophyll-a vorliegt, wobei die Enolform des Zyklopenanonringes V eine wesentliche funktionelle Rolle spielen soll. Darüber hinaus stimmen die Redoxpotentiale $E_{m,7}$ (s. Kapitel Energiekonservierung) von Chlorophyll-a-enol-derivaten sehr viel besser mit dem Redoxpotential von Chl-a_I/Chl-a_I^+ überein, als die entsprechenden Werte für Chlorophyll-a-Dimere. $E_{m,7}$ wurde für das Paar Chl-a_I/Chl-a_I^+ zu +430 mV bestimmt (die von verschiedenen Autoren publizierten Werte schwanken zwischen 380 und 500 mV).

Das Differenzspektrum der 200 ps Komponente und ausführliche Analysen von Messungen der photochemisch induzierten dynamischen Elektronenpolarisation (CIDEP) am Chl-a_I^+-Radikal stützen die Annahme, daß der Primärakzeptor X_I an C_I ebenfalls ein spezielles Chlorophyll-a-Molekül ist, das wahrscheinlich als Monomer vorliegt. Die Elektronen von X_I^- werden über die 200 ps-Kinetik an einen zweiten anisotrop in die Membran eingebauten Akzeptor A_I abgegeben. Anschließend findet in einem weiteren Elektronentransfer die Übertragung auf spezifisch an den Reaktionszentrenkomplex gebundenes Ferredoxin (Fe–S-Zentren, s. Kapitel Energiekonservierung, 8.7.4.3c) statt. Diese Zentren werden im folgenden als Fd(A, B) bezeichnet. Der Akzeptor A_1 enthält wahrscheinlich ebenfalls ein Fe–S-Zentrum als funktionelle Gruppe. Das Chl-a_I ist in C_I sowohl der Exzitonenakzeptor als auch der Primärelektronendonator.

Damit ergibt sich folgendes Schema für die Reaktionsfolge an C_I:

$$\begin{array}{ccccc}
\text{Chl-a}_I\cdot X_I\cdot A_I\cdot \text{Fd(A,B)} & \xrightarrow{\langle\varepsilon\rangle} & \text{Chl*-a}_I\cdot X_I\cdot A_I\cdot \text{Fd(A,B)} & \xrightarrow{<60\,\text{ps}} & \text{Chl}^+\text{-a}_I\cdot X_I^-\cdot A_I\text{Fd(A,B)} \\
\uparrow \; (\text{PD})_{ox} \leftarrow (\text{PD})_{red} & & & & \downarrow 200\,\text{ps} \\
\text{Chl-a}_I^+\cdot X_I\cdot A_I\cdot \text{Fd(A,B)} & \xleftarrow{(\text{Fd, NADP})_{red}\;\to\;(\text{Fd, NADP})_{ox}} & \text{Chl}^+\text{-a}_I\cdot X_I\cdot A_I\cdot \text{Fd(A,B)} & \longleftarrow & \text{Chl}^+\text{-a}_I\cdot X_I\cdot A_I^-\cdot \text{Fd(A,B)}
\end{array} \qquad (13.13)$$

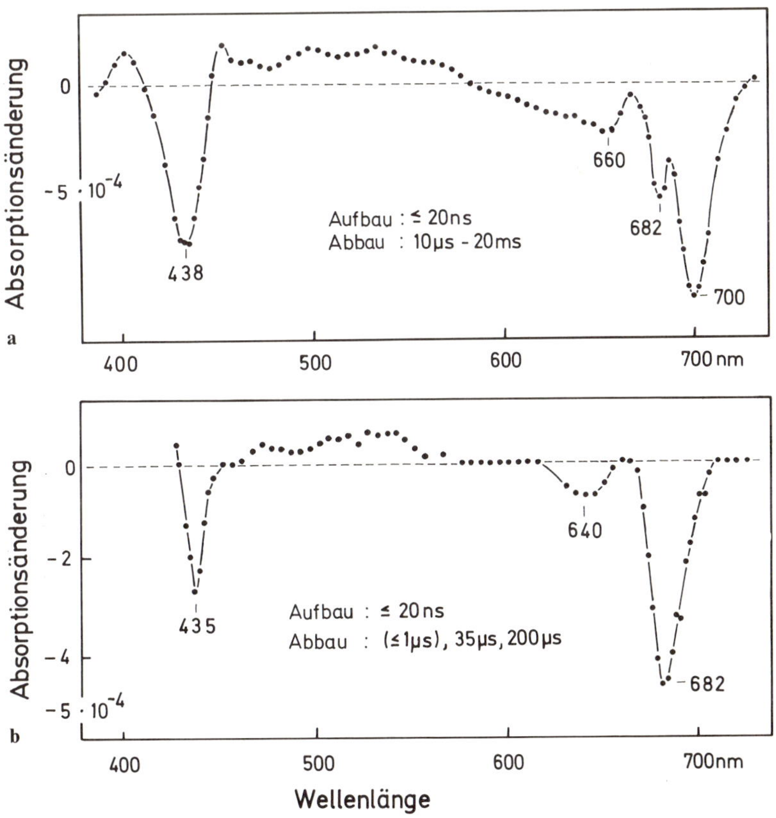

Abb. 13.7a, b. Differenzspektren der Absorptionsänderungen während der Reaktion des Chl-a_I (P 700) **a**. [Nach Kok: Biochim. Biophys. Acta **48**, 527 (1961); Döring, Bailey, Kreutz u. Witt: Naturwissenschaften **55**, 219 (1968)] und Chl-a_{II} **b**. [Nach Döring, Renger, Vater u. Witt: Z. Naturforsch. **24**b, 1139 (1969).] Der schnelle Aufbau wird der Photooxydation, der mehrphasige Abbau der Reduktion durch Elektronendonatoren zugeordnet. Die in Klammern angegebene ($\leqq 1\,\mu s$) Reduktionskinetik für Chl$^+$-a_{II} wurde bislang nur indirekt nachgewiesen [Gläser, Wolff u. Renger: Z. Naturforsch. **31**c, 712 (1976)]. Inzwischen erfolgte der direkte Nachweis einer schnellen (3 µs)-Kinetik [Renger, Eckert u. Buchwald: FEBS-Letters **90**, 10 (1978)]. Aus Messungen der Absorptionsänderungen bei 820 nm, die der Chl-a_{II}^+-Bildung zugeordnet werden, ist zu schließen, daß an dunkeladaptierten Systemen die Reduktion in 20–30 ns erfolgt. [Van Best u. Mathis: Biochim. Biophys. Acta **503**, 178 (1978)]. Nach neuesten Fluoreszenzmessungen wird gefolgert, daß im stationären Zustand auch eine 0,4 µs-Reduktionskinetik existiert. (Sonnefeld, Rademaker u. Duysens: Biochim. Biophys. Acta **518**, 536 (1979)]

Die Reduktion von Chl-a_I^+ erfolgt *in vivo* durch sekundäre Donatoren PD im µs- bzw. ms-Bereich, je nach dem Redoxzustand der Komponenten zwischen C_I und C_{II} (s. 13.1.4.2).

Der Reaktionszentrenkomplex

$$\text{Chl-a}_I \cdot X_I \cdot A_I \cdot \text{Fd(A, B)}$$

kann nur im funktionell aktiven Zustand Chl-$a_I \cdot X_I \ldots$ als „chemische Exzitonenfalle" wirken. Da die Regenerationskinetik durch die im Vergleich zur „chemischen" Exzitonendissoziation um mehrere Größenordnungen langsameren Reaktionen von Chl-a_I^+ limitiert ist, wird die Gesamtgeschwindigkeit der Lichtumwandlung in chemische Energie an den Reaktionszentren durch die sekundären Elektronentransferprozesse (s. 13.1.4) bestimmt. Die „stabile" Exzitonendissoziation an C_I (s. 13.1.3.4) führt zu relativ stark reduzierend wirkenden Elektronen ($E_{m,7}$ für Fd(A, B) ist $\leqq -530$ mV) und einem vergleichsweise schwach oxydierend wirkenden Defektelektron am Chl-a_I^+ ($E_{m,7} = +430$ mV).

Die Reaktionszentren photosynthetisierender Bakterien sind präparativ als funktionell aktive Systeme isolierbar. Sie sind aus 3 Polypeptiduntereinheiten aufgebaut, die 4 Bakteriochlorophylle, 2 Bakteriophäophytine, ein mit Fe komplexiertes Ubichinon und ein Carotinoid enthalten (für einzelne Bakterienarten kann diese Zusammensetzung variieren). Als Primärelektronendonator wirkt ein spezieller Bakteriochlorophyll-Dimerkomplex P870, bei dem im oxydierten Radikalzustand P870^+ das einsame Elektron symmetrisch auf beide Bakteriochlorophyllmoleküle verteilt ist. Demgegenüber scheint das aufgenommene Exziton über den gesamten Bakteriochlorophyllkomplex delokalisiert zu sein (im Gegensatz zu P700 ist die Dimerstruktur von P 870 praktisch gesichert). Die genaue strukturelle Anordnung der Pigmente ist noch unbekannt. Als Primärakzeptor (dieser wird meist durch I symbolisiert) bei der Photoreaktion wurde ein Bakteriophäophytin erkannt, dessen Elektron in einer nachfolgenden Dunkelreaktion mit einer 100–200 ps-Kinetik auf den mit Fe komplexierten Ubichinonakzeptor, (Fe)UQ, übertragen wird. Aus Laserblitz-induzierten Absorptionsänderungen wurde folgendes Reaktionsschema erhalten:

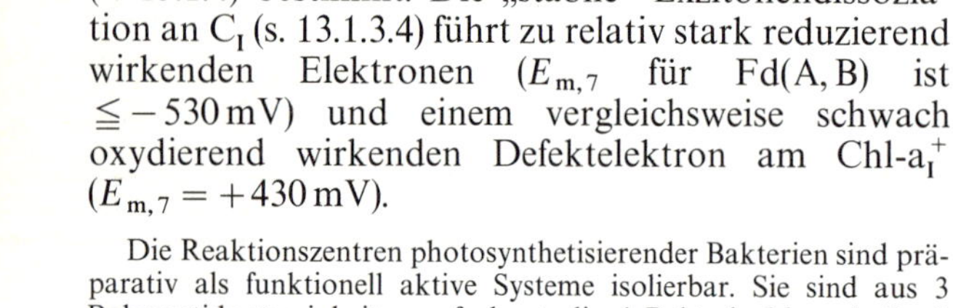

(13.14)

Jüngste Analysen zeigen, daß ein weiteres Bakteriochlorophyllmolekül als primärer Elektronenakzeptor wirkt, der das vom P870^+ aufgenommene Elektron in 10–50 ps auf das Bakteriophäophytin überträgt. Entsprechend ist in Gl. (13.14) das Symbol I als BChl·BPheo aufzufassen. Eine „stabile" Ladungsseparierung zur Umwandlung von Lichtenergie in chemische Nutzarbeit ist nur dann möglich, wenn der Sekundärakzeptor [(Fe)UQ] oxydiert vorliegt. Ist dies nicht der Fall, so erfolgt eine dissipative Rekombinationsreaktion zwischen P879^+ und I^-, die zur Triplettbildung am P870 führt.

Das Redoxpotential $E_{m,7}$ von P870/P870^+ ähnelt dem von Chl-a_I/Chl-a_I^+, während die reduzierende Wirkung der Elektronen wesentlich geringer ist, $E_{m,7}$ für (Fe)UQ^-/(Fe)UQ ≈ -180 mV [$E_{m,7}$(BPheo$^-$/BPheo) $= -500$ bis -400 mV].

13.1.3.3 Die photochemisch aktiven Reaktionszentren des Systems II (C_{II})

1967 entdeckten Witt und Mitarbeiter eine blitzlichtinduzierte Absorptionsänderung bei 690 nm, deren Amplitude durch $h\nu_{II}$-Zusatzlicht stark vermindert wird, durch $h\nu_I$-Zusatzlicht aber unbeeinflußt bleibt. Spezifische System II-Inhibitoren verhindern das Auftreten dieser Absorptionsänderung. Das Differenzspektrum zeigt die typischen Banden, die beim Ausbleichen von Chlorophyll a auftreten. Aus diesen Befunden wurde geschlossen, daß auch am Reaktionszentrum C_{II} die Exzitonenaufnahme durch ein spezielles Chlorophyll a erfolgt, das als Chlorophyll a_{II} (Chl-a_{II}) bezeichnet wird (entsprechend dem Absorptionsmaximum wird oft auch die Bezeichnung P 680 gewählt). Tieftemperaturmessungen bestätigten die Annahme, daß Chl-a_{II} an den Primärreaktionen von C_{II} beteiligt ist. Nach neuesten Untersuchungen wirkt Chl-a_{II} — analog wie Chl-a_I — auch als der primäre Elektronendonator. Ob Chl-a_{II} in Dimerform vorliegt, ist bislang noch nicht geklärt.

Unter der Voraussetzung einer gleich großen Extinktionskoeffizienten-Differenz für die Photooxydation von Chl-a_I und Chl-a_{II} in den entsprechenden Maxima wurde ferner das Verhältnis der Reaktionszentren C_I:C_{II} zu ≈ 1 abgeschätzt[13].

Die Struktur der Akzeptorseite von C_{II} ist weniger gut bekannt als die von C_I oder den Reaktionszentren von Bakterien. Als Elektronenakzeptor für die „stabile" Ladungsseparierung an C_{II} wirkt eine Komponente, die bei der Elektronenaufnahme eine charakteristische Bande bei 320 nm aufweist. Entsprechend wird dieser Akzeptor als X320 bezeichnet. Aus dem Differenzspektrum und dem Vergleich mit Messungen an methanolischen Lösungen von Plastochinon in verschiedenen Redox- und Protonisierungszuständen ist zu schließen, daß X320 ein speziell gebundenes Plastochinonmolekül ist und bei der Reduktion in das Plastosemichinon-Anionradikal übergeht. Die Einbindung in den Reaktionszentrenkomplex C_{II} führt zu spezifischen Eigenschaften von X320, die nicht typisch für Chinonreaktionen sind: a) X320 wirkt nur als 1-Elektronenakzeptor und b) das X320-Semichinonanionradikal besitzt kein typisches ESR-Spektrum. Ein ähnliches Verhalten ist auch typisch für den (Fe)UQ-Akzeptor in Bakterienreaktionszentren. Es wurde gezeigt, daß dies durch die Wechselwirkung des Ubichinonmoleküls mit dem Fe-Zentrum bedingt ist. Ob eine analoge Komplexierung mit einem Übergangsmetallzentrum auch für die spezielle Eigenschaften von X320 verantwortlich ist, bleibt noch zu zeigen.

Die Reaktionen an C_{II} führen — wahrscheinlich über einen lokalen elektrochromen Effekt (s. 13.1.5.1) — auch zu Absorptionsänderungen im Bereich von 550 nm, die entweder durch ein spezielles Carotinoid- oder ein Phäophytinindikatormolekül bedingt sein sollen, das selbst nicht am Elektronentransport an C_{II} beteiligt ist. Das in der Literatur beschriebene „Pigment" C550 ist daher keine

[13] Es wird angenommen, daß C_I-Zentren nicht nur in der linearen Elektronentransportkette vorkommen (für diese wurde C_I:C_{II} zu ca. 0,85 abgeschätzt), sondern daß daneben ein zyklisches Elektronentransportsystem existiert, das nur durch C_I-Zentren photochemisch angetrieben wird. Der Anteil dieser C_I-Zentren beträgt ca. 20–30% aller C_I-Systeme.

Neueste Messungen zeigen, daß in verschiedenen photosynthetischen Membranen und in Abhängigkeit von den Wachstumsbedingungen das Verhältnis C_I:C_{II} in relativ weiten Grenzen variieren kann.

zusätzliche Akzeptorkomponente in C_{II}, sondern nur ein Indikator für die X320-Reaktionen.

X320 ist in ein Protein eingebettet und daher nicht direkt für exogene Redoxsysteme zugänglich. Dieses Protein bildet wahrscheinlich auch eine Barriere für den H^+-Transport, so daß aus kinetischen Gründen das X320-Semichinonanionradikal *in vivo* nicht protonisiert wird.

Nach den Gln. (13.13) u. (13.14) findet an den Reaktionszentrenkomplexen C_I und denen von photosynthetisierenden Bakterien eine Folge von Elektronentransferschritten statt, ehe eine „stabile" Ladungsseparierung erreicht wird. Es ist daher zu vermuten, daß ein analoges Prinzip auch in C_{II} realisiert ist. Nach neuesten Untersuchungen kann Chl-a_{II} unter Bedingungen photooxydiert werden, unter denen X320 im funktionell inaktiven reduzierten Zustand vorliegt. Dies zeigt, daß neben X320 im Reaktionszentrenkomplex C_{II} noch eine weitere Akzeptorkomponente X_a vorhanden ist. Die Funktion und die chemische Struktur von X_a sind noch nicht geklärt. Eine mögliche Identifizierung von X_a als Phäophytin ist experimentell nicht eindeutig bestätigt. Neueste Ergebnisse, die an mit Photosystem II angereicherten Subchloroplastenpartikeln erhalten wurden, zeigen, daß Phäophytin als intermediärer Elektronenübertrager zwischen Chl-a_{II} und X320 wirkt. Ob ähnlich wie in den Reaktionszentren von Bakterien noch weitere Redoxgruppen am Elektronentransport vom photoaktiven Chlorophyll zum primären Chinonakzeptor beteiligt sind, ist noch ungeklärt. Daher ist im Schema für den Reaktionsverlauf an C_{II}, der sich entsprechend (13.15) formulieren läßt, (X_a) als ein Symbol für alle Komponenten zu verstehen, die als aktive Redoxgruppen für den Elektronentransfer vom Chl-a_{II}^+ zum X320 notwendig sind. Die Kinetik der Elektronentransferreaktionen vom Chl-a_{II} zum X320 ist noch unbekannt. Aus indirekten Messungen über die lichtinduzierte elektrische Aufladung der Thylakoidmembran (s. 13.1.5) ist zu folgern, daß der Gesamtprozeß in $\leqq 1$ ns stattfindet.

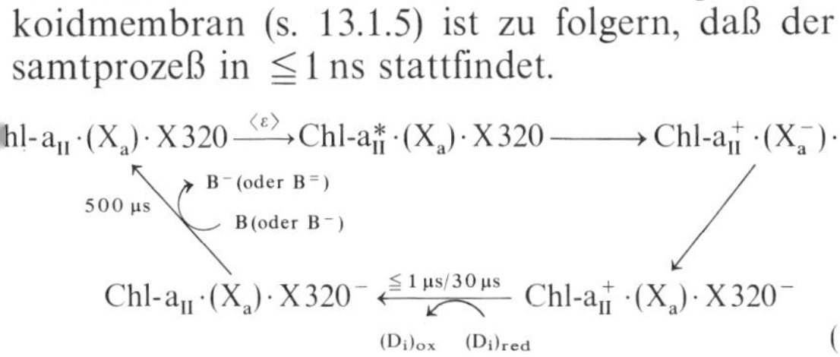

(13.15)

Nach neuesten Ergebnissen scheinen 2 verschiedene C_{II}-Reaktionszentrentypen zu existieren. Diese unterscheiden sich sowohl in der Organisation ihrer Antennenpigmente und damit auf der Stufe des Anregungsenergietransfers als auch im Redoxpotential ihrer X320-Komponenten. Für $E_{m,7}$ werden Werte im Bereich von -50 bis $+60$ mV und -300 bis -200 mV berichtet. Da beide X320-Typen speziell gebundene Plastochinonmoleküle sind, werden die Unterschiede in Gl. (13.15) nicht explizit berücksichtigt. Das Redoxpotential des primären C_{II}-Elektronendonators Chl-a_{II}/Chl-a_{II}^+ ist nicht bekannt, es wird zu $\geqq +950$ mV abgeschätzt. Damit unterscheidet sich die Chl-a_{II}-Komponente an C_{II} sehr deutlich von den photochemisch aktiven Donatorkomplexen an C_I(Chl-a_I) und den Bakterienreaktionszentren (P870) durch die wesentlich stärkere Oxydationswirkung ihres Kationradikals. Wie dies realisiert ist (z.B. durch eine Proteinmatrix mit speziellen Eigenschaften), ist noch zu klären. Aus *in vitro*-Untersuchungen an Chlorophyll-a-Lösungen folgt, daß eine spezielle Dimerkomplexbildung nicht unbedingt erforderlich ist, sondern auch monomeres Chlorophyll-a unter geeigneten Bedingungen stark oxydierend wirkende Kationradikale bilden kann.

13.1.3.4 Energetik und Mechanismus der „chemischen" Exzitonendissoziation an C_I und C_{II}

Im Kapitel Energiekonservierung wurde dargestellt, daß die einzige primäre Quelle Freier Enthalpie zur Ausbildung und Erhaltung der Organismen die Sonnenstrahlung ist. Es ist daher von besonderem Interesse, die thermodynamische Effizienz der Umwandlung des Sonnenlichtes in elektrochemische Energie zu untersuchen. Dieser Prozeß erfolgt an den Reaktionszentren durch Exzitonendissoziation. Damit die dabei vom Donator zum Akzeptor stattfindende photochemisch induzierte Elektronenverschiebung auch nutzbar gemacht werden kann, müssen die primär gebildeten elektrischen Ladungen aus dem Reaktionszentrum in geeignete Speichersysteme abfließen. Das Gesamtsystem aus Reaktionszentrum und Speichersystem wird daher im folgenden als photoelektrochemischer Energiekonverter betrachtet, in dem durch einen exergonischen Photonenstrom $J_{h\nu}$ ein endergonischer Elektronenstrom J_R gegen eine elektrochemische Potentialdifferenz $\Delta\boldsymbol{\mu}$ angetrieben wird. Im Sinne der irreversiblen Thermodynamik benutzen wir die korrespondierende „Kraft", d.h. die Affinität X_R, wobei $X_R = -\Delta\boldsymbol{\mu}$ (s. Kapitel 8.7.5). Dann ergibt sich für die Effizienz eines photoelektrochemischen Energiekonverters in Analogie zu der für einen elektrochemischen Energiekonverter durch Gl. (8.166) definierten Größe:

$$\eta = -\frac{J_R \cdot X_R}{J_{h\nu} \cdot X_{h\nu}}; \qquad (13.16)$$

dabei ist das Verhältnis $J_R/J_{h\nu}$ als die photochemische Quantenausbeute Φ_{PC} definiert, die für die Reaktionszentren experimentell zu praktisch gleich 1 bestimmt wurde (s. 13.1.2.3).

Nach dem heutigen Erkenntnisstand erfolgt die Ladungsseparierung direkt aus dem niedrigsten Singulettzustand des Reaktionszentren-Chlorophyll-(bzw.-Bakteriochlorophyll-)Komplexes. Es soll deshalb in Anlehnung an Untersuchungen von Ross und Mitarbeitern und Knox das einfache Modell eines photoelektrochemischen Energiekonverters mit nur 2 beteiligten Elektronenzuständen behandelt werden. Dies ist in Abb. 13.8 dargestellt. Dabei entspricht der energetische Abstand der beiden Niveaus $\Delta E = h \cdot c/\lambda_0$ dem langwelligsten 0–0-Übergang. Dies bedeutet, daß nur Lichtquanten mit $\lambda \leqq \lambda_0$ ausgenutzt werden kön-

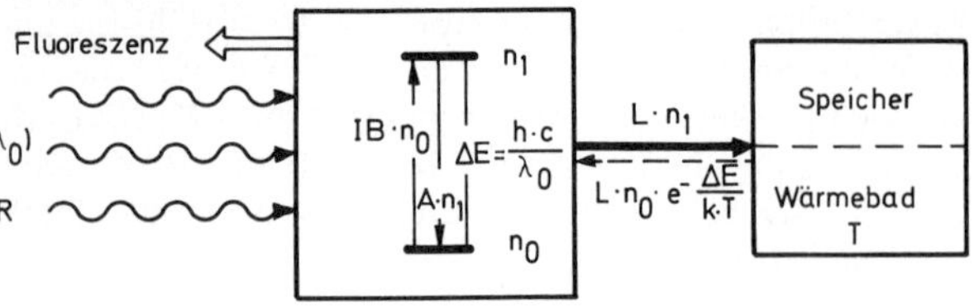

Abb. 13.8. Schematische Darstellung eines photoelektrochemischen Energiekonverters. n_1 und n_0 sind die Besetzungszahlen der am elektronischen Übergang beteiligten Niveaus, deren Energieabstand dem 0–0-Übergang des niedrigsten angeregten Singulettzustandes entspricht. Weitere Beschreibung s. Text

nen. Für die folgenden Berechnungen wird nur das Strahlungsfeld der Sonne betrachtet. Die Sonne wird als „Schwarzer Strahler" ($T_s = 5800$ K) behandelt, so daß nach dem Planckschen Strahlungsgesetz der Lichtintensität eindeutig eine Gleichgewichtstemperatur des Strahlungsfeldes zugeordnet werden kann. Durch die Streuung im Weltraum treten Entropieverluste auf, wodurch die auf der Erdoberfläche auftreffende Sonnenstrahlung durch eine niedrigere Temperatur T_{Erde} gekennzeichnet ist[14]. Nimmt man eine vollständige Streuung der Sonnenstrahlung in der Atmosphäre an, so wird nach der Planckschen Strahlungsformel T_{Erde} auch eine Funktion der Wellenlänge: $T_{\text{Erde}}(800\,\text{nm}) = 1181$ K, $T_{\text{Erde}}(681\,\text{nm}) = 1340$ K und $T_{\text{Erde}}(431\,\text{nm}) = 1920$ K. Zur Vereinfachung wird im folgenden die Existenz von 2 verschiedenen Lichtreaktionen (C_I und C_{II}) nicht berücksichtigt und ferner nur ein sehr schmalbandiges Strahlungsfeld im Bereich des 0–0-Überganges, d.h. 680–700 nm, betrachtet, dessen charakteristische Temperatur durch T_R gegeben sei (die Strahlung sei durch ein geeignetes Filter aus dem Strahlungsfeld eines „Schwarzen Strahlers" der Temperatur T_R ausgefiltert). Für diese Strahlung wird nun die Effizienz der Umwandlung in Freie Enthalpie in dem in Abb. 13.8 dargestellten photoelektrochemischen Energiekonverter untersucht. Der Energiekonverter enthalte ein Speichersystem und stehe außerdem mit dem Wärmebad der Erdoberfläche (Temperatur T) im Gleichgewicht.

Es sei ferner vorausgesetzt, daß die Intensität so klein ist, daß wegen $\Delta E/k \cdot T_R \gg 1$ die Besetzungszahl n_0 durch das Strahlungsfeld gegenüber dem Dunkelzustand nicht geändert und die induzierte gegenüber der spontanen Emission vernachlässigbar klein wird. Dann ergibt sich für den stationären Besetzungszustand des angeregten Niveaus[15]:

$$\frac{dn_1}{dt} = 0 = I \cdot B \cdot n_0 - A \cdot n_1 - L \cdot n_1 + L \cdot n_0 \cdot e^{-\frac{\Delta E}{k \cdot T}}. \quad (13.17)$$

[14] T_R ist durch den Raumwinkel der auf die Erde auftreffenden Sonnenstrahlung und damit durch den Abstand Sonne-Erde bestimmt. Für Planeten mit geringerem Abstand (Merkur, Venus) ergeben sich höhere, für solche mit größerem Abstand (Jupiter, Neptun) geringere Strahlungstemperaturen auf der Oberfläche.

[15] Anstelle der sonst üblichen Energiedichte ist die Lichtintensität benutzt worden (entsprechend unterscheidet sich der Einsteinkoeffizient B um einen konstanten Faktor von der gebräuchlichen Definition).

L ist die Summe der Geschwindigkeitskonstanten aller nichtstrahlenden Verluste und der photochemischen Reaktion, wobei der letzte Term die verschwindend kleine thermische Anregung beschreibt (s. 13.1.5.3). Im thermischen Gleichgewicht gilt für das Verhältnis der Einsteinkoeffizienten der spontanen Emission (A) und der induzierten Absorption (B) (s. Fußnote [15]) (wegen $e^{E/kT_R} \gg 1$) $A/B = I \cdot e^{E/kT_R}$ (I = Lichtintensität) und damit erhält man für das Verhältnis der Besetzungsstrahlen im Strahlungsfeld:

$$\frac{n_1}{n_0} = \frac{A \cdot e^{-\frac{\Delta E}{k \cdot T_R}} + L \cdot e^{-\frac{\Delta E}{k \cdot T}}}{A + L}. \quad (13.18)$$

Entsprechend errechnet sich die Fluoreszenzquantenausbeute Φ_F zu

$$\Phi_F = \frac{A \cdot n_1}{B \cdot I \cdot n_0} = \frac{A}{A + L}\left(1 + \frac{L}{A} \cdot e^{+\frac{\Delta E}{k \cdot T_R}} \cdot e^{-\frac{\Delta E}{k \cdot T}}\right). \quad (13.19)$$

Da die bei der Anregung auftretende Volumenarbeit ebenso vernachlässigbar ist wie die für den Elektronentransfer ($\Delta U \approx \Delta H$), läßt sich die durch das Strahlungsfeld der Temperatur T_R maximal erreichbare Differenz an Freier Enthalphie direkt nach der statistischen Thermodynamik aus der lichtinduzierten Änderung der Besetzungszahlen des Anregungszustandes 1 berechnen:

$$-X_R = \Delta G \approx \Delta F = k \cdot T \cdot \ln \frac{n_1(\text{Licht})}{n_1(\text{Dunkel})}. \quad (13.20)$$

Mit $n_1(\text{Dunkel}) = n_0 e^{-\frac{\Delta E}{k \cdot T}}$ und Gln. (13.18) u. (13.19) ergibt sich damit aus Gl. (13.20) für die thermodynamische Effizienz der Lichtumwandlung

$$\eta_{\text{Th}} = \lambda_0 \frac{\Delta G}{h c} \approx 1 - \frac{T}{T_R} + \lambda_0 \frac{k \cdot T}{h \cdot c} \cdot \ln \Phi_F. \quad (13.21)$$

Da $0 < \Phi_F \leqq 1$ ist, folgt aus Gl. (13.21) unmittelbar, daß die maximale Freie Enthalpie dann erhalten wird, wenn $\Phi_F = 1$, d.h. wenn der Energiekonverter keine Nutzleistung abgibt. Diese Situation entspricht der EMK einer idealen Batterie bei geöffnetem Stromkreis. Bei jeder Abnahme von Nutzleistung muß $\Phi_F < 1$ sein und damit $\eta_{\text{Th}} < (\eta_{\text{Th}})_{\max}$ werden. Mit $T_R = 1340$ K erhält man $(\eta_{\text{Th}})_{\max} = 0{,}80$. Bei diesen Lichtintensitäten treten aber Begrenzungen durch die kinetische Limitierung der Elektronentransportrate ein, so daß dieser Wert nicht erreichbar ist. Nach Duysens (1958) ergibt eine vernünftige Abschätzung unter Berücksichtigung der kinetischen Eigenschaften der Photosynthese ein $T_R' = 1100$ K und damit $(\eta_{\text{Th}})_{\max} \approx 0{,}73$. Die bisherigen Berechnungen gelten für ein sehr schmalbandiges Strahlungsfeld. Bezieht man dagegen die maximal mögliche thermodynamische Ausbeute auf den realistischen Fall des gesamten Sonnenspektrums, so muß man berücksichtigen, daß nur Strahlung mit $\lambda < \lambda_0$ photochemisch nutzbar gemacht werden kann und daß in diesem Bereich die Überschußenergie dissipativ vernichtet wird. Daraus ergibt sich, daß von der gesamten auf der Erdoberfläche auftreffenden Sonnenenergie nur ein Bruchteil η_S energetisch umgesetzt werden kann:

$$\eta_S = \frac{\int_0^{\lambda_0} \varrho_S(\lambda) d\lambda}{\int_0^{\infty} \varrho_S(\lambda) d\lambda}, \qquad (13.22)$$

wobei $\varrho_S(\lambda)$ die spektrale Energieverteilung des Sonnenlichtes angibt. Nach Gl. (13.22) ist η_S eine Funktion der Grenzwellenlänge λ_0, die dem Energieabstand der Zustände $S_1(0)$ und $S_0(0)$ im Energiekonverter entspricht. Für $\lambda_0 = 700$ nm erhält man $\eta_S \approx 40\%$ und damit $\eta_S \cdot (\eta_{Th})_{max} \approx 29\%$. Die so berechnete Effizienz hat aber keine praktische Bedeutung, da unter diesen Bedingungen $J_R = 0$ ist und damit der photoelektrochemische Energiekonverter keine Nutzarbeit leisten kann. Jede Nutzarbeit führt zum Aufbau einer elektrochemischen Potentialdifferenz $(-X_R)$, so daß die Rückreaktion aus dem Speicher [letzter Term in Gl. (13.17)] mit einer kleineren Energiedifferenz als ΔE erfolgt. Damit wird Φ_F eine komplizierte Funktion. Das rechnerische Verfahren zur Maximierung der Ausgangsleistung ist sehr aufwendig. Eine ausführliche numerische Auswertung verschiedener Energiekonvertermodelle von Ross und Mitarbeitern führte zu dem Schluß, daß unter natürlichen Belichtungsbedingungen eine maximale Leistungsausbeute dann erreicht wird, wenn die der Lichtabsorption nachfolgenden Dunkelreaktionen nahe am Gleichgewichtszustand der beteiligten Redoxkomponenten ablaufen. Dies erfordert, daß alle Geschwindigkeitskonstanten für die Vorwärtsreaktionen (in Richtung der Speicherung Freier Enthalpie) mindestens 100mal größer und alle Geschwindigkeitskonstanten für die Rückreaktionen mindestens genau so groß wie die Lichtabsorptionsrate sind. Diese Aussagen sind weitgehend unabhängig davon, wieviele Redoxkomponenten am Elektronenfluß beteiligt sind. Sie beziehen sich auf das Reaktionszentrum und die Stabilisierung der Ladungsseparierung selbst. Die Analyse zeigt ferner, daß bezüglich der thermodynamischen Effizienz der Lichtumwandlung kaum Einschränkungen für die Lage der Redoxpotentiale der Komponenten außerhalb der Reaktionszentren bestehen.

Aus den Berechnungen ergibt sich, daß die maximale Effizienz für die Sonnenenergieumwandlung an den photosynthetischen Reaktionszentren grüner Pflanzen bei ca. 20% liegt.

Neueste Abschätzungen aus Messungen der spontanen und verzögerten Fluoreszenz an Algen führen zu dem Schluß, daß unter physiologischen Belichtungsbedingungen eine Freie Enthalpie von 1.0 eV am Photosystem II gespeichert werden kann.

In den Elektronentransportprozessen außerhalb der Reaktionszentren mit den angeschlossenen Speichern (s. 13.1.4) treten weitere irreversible Verluste auf. Berücksichtigt man diesen Effekt und Sättigungsverluste durch kinetische Limitierungen im Elektronentransport, sowie Verluste bei der Absorption des Sonnenlichtes (z.B. Reflexion), so erhält man für die Effizienz der gesamten Photosynthese

$$\eta_{Photosynthese} = 5\%.$$

Dies stimmt mit experimentellen Werten an schnellwachsenden Kulturen (z.B. Zuckerrohr) unter optimalen Bedingungen gut überein.

Die hier skizzierten energetischen Abschätzungen, insbesondere die Berechnung der maximalen thermodynamischen Effizienz $(\eta_{Th})_{max}$, liefern keinerlei Information über den molekularen Mechanismus der Ladungsseparierung an den Reaktionszentren selbst. Es muß daher an dieser Stelle ausdrücklich betont werden, daß sie insbesondere keine Einschränkungen über die Halbstufenpotentiale (s. 8.7.4.3b) des primären Elektronen-Donator-Akzeptor-Paares im Reaktionszentrum beinhalten. Aus Effektivitätsgründen sind im Laufe der Evolution aber sicher nur die am besten geeigneten Redoxpaare zur „Konstruktion" der Reaktionszentren ausgewählt worden.

Der molekulare Mechanismus der Exzitonendissoziation ist noch weitgehend ungeklärt. Es wird angenommen, daß der Elektronentransport über Tunnelmechanismen erfolgt, deren Details ebenfalls noch nicht bekannt sind.

Eine wesentliche Schwierigkeit bereitet die Berechnung der Franck-Condon-Zustände der an den Elektronenübergängen beteiligten Redoxkomponenten. Diese Zustände sind auch von der Umgebung, d.h. der Struktur der Proteinmatrix, abhängig. Es ist daher zu vermuten, daß die Proteinmatrix die Funktion eines Apoenzyms für photochemische Reaktionen erfüllt. Die Struktur der Reaktionszentrenmatrices für C_I und C_{II} ist noch völlig unbekannt, so daß über deren funktionelle Bedeutung für die Tunnelprozesse (Orientierung und Abstand der Reaktionspartner zueinander, Größe der Franck-Condon-Faktoren) keine gesicherten Angaben möglich sind. Es ist nur bekannt, daß die Reaktionszentren praktisch die gesamte Thylakoidmembran durchdringen und der Elektronentransport von den innen angeordneten Chlorophyll-a-Donatorkomplexen (Chl-a_I, Chl-a_{II}) vektoriell durch die Membran zu den außen liegenden Akzeptorkomponenten [Fd(A, B) und X-320] über einen Abstand von 2–3 nm verläuft (s. 13.1.5).

13.1.3.5 Erzeugung von Exzitonen durch Ladungsrekombination an den Reaktionszentren C_i

Die Prozesse an den Reaktionszentren C_i waren bislang nur in Richtung auf das gebildete Endprodukt der chemischen Exzitonendissoziation betrachtet worden. Prinzipiell sollte die Umkehrreaktion der Exzitonendissoziation, d.h. die Ladungsrekombination [Gl. (13.14) und (13.15)], wieder zur Bildung eines angeregten Elektronenzustandes C_i^* führen, der mit einer bestimmten Wahrscheinlichkeit ein Exziton im Antennenpigmentsystem bildet. Ein im Antennenpigmentsystem erzeugtes Exziton wird mit einer Quantenausbeute Φ_F als Fluoreszenzstrahlung emittiert. Da durch die Ladungsrekombination der funktionell aktive Zustand des Reaktionszentrums wieder entsteht, wird das so gebildete Exziton ε_i mit einer Quantenausbeute $\Phi_F^{min}(i)$ ausgestrahlt werden. Außerdem muß wegen der vergleichsweise langsamen Rekombinationskinetik die Fluoreszenzemission gegenüber der normalen Fluoreszenz zeitlich stark verzögert und deshalb als *verzögerte Fluoreszenz* auftreten. Nach neuesten Untersuchungen ist auch eine sehr schnelle „verzögerte" Fluoreszenzemission möglich, deren Abklingkinetik ebenso wie die für die spontane Fluoreszenz im ns-Bereich liegt (s. 13.1.2.3). Dieser Typ des verzögerten Fluoreszenz kann durch sehr schnelle Ladungsrekombination zwischen oxydiertem Primärdonator und reduziertem Primärakzeptor bedingt sein, die dann erfolgt, wenn die sekundären Akzeptorkomponenten des Reaktionszentrums (z. B. UQ(Fe) in Bakterien, s. Gl. (13.14), reduziert vorliegen. Die Existenz einer vergrößerten Fluoreszenz wurde bereits 1951 von Arnold und Strehler nachgewiesen. Diese erstreckt sich über einen weiten Zeitbereich (ns–min nach der Anregung) und ist in der Intensität um mindestens 2 Größenordnungen geringer als die normale Fluoreszenz. Die Gesamtquantenausbeute bezogen auf ein absorbiertes Lichtquant ist mit 10^{-3}–10^{-4} äußerst gering und spielt daher in der Energiebilanz keine Rolle. (Diese Abschätzung gilt nicht für die nur unter besonderen Bedingungen mögliche „verzögerte" Fluoreszenz im ns-Bereich). Wenn diese verzögerte Fluoreszenz tatsächlich durch die Ladungsrekombination an den Reaktionszentren aus dem Zustand der „stabilen" Ladungsseparierung bewirkt wird, so ist hierfür eine beträchtliche Aktivierungsenergie von 0,6–0,7 eV erforderlich, da dieser Zustand um diesen Energiebetrag tiefer liegt als der Zustand C_i^*. Direkte Messungen der Aktivierungsenergie für die verzögerte Fluoreszenz ergaben die erwarteten Werte. Es wurde ferner gezeigt, daß die verzögerte Fluoreszenz von elektrochemischen Transmembrangradienten abhängt. Dies wird durch die anisotrope Anordnung der Reaktionszentren in der Thylakoidmembran verständlich (Abschnitt 13.1.5).

Es wurde ferner gefunden, daß Chloroplasten, die bei tiefer Temperatur belichtet werden, beim Erwärmen bei verschiedenen charakteristischen Temperaturen Licht emittieren. Dieses als Thermolumineszenz bezeichnete Phänomen wird durch thermisch aktivierte Singuletterzeugung infolge Rekombination gespeicherter Ladungen erklärt. Dabei spielen die im wasserspaltenden Enzymsystem gespeicherten Defektelektronen eine wichtige Rolle. Daher ist die Thermolumineszenz ein geeignetes analytisches Hilfsmittel zur Untersuchung dieser Zustände.

Es ist interessant, daß die verzögerte Fluoreszenz bislang nur an Bakterien und in Pflanzen nur am System II beobachtet wurde, während am System I kaum verzögerte Fluoreszenz auftritt. Eine mögliche Ursache dafür ist die geringe Fluoreszenzquantenausbeute am System I. Ob dies zur vollständigen Erklärung ausreicht, ist noch ungeklärt.

13.1.4 Elektronentransferprozesse

Entsprechend des in Abb. 13.6 dargestellten Funktionsschemas der Primärprozesse sind für die Redoxreaktionen, die durch die an den photochemisch aktiven Reaktionszentren C_I und C_{II} erzeugten Elektronen und Defektelektronen ausgelöst werden, prinzipiell 3 Teilbereiche zu unterscheiden:

a) Die $NADP^+$-Reduktion durch die Elektronen von C_I.

b) Die Neutralisierung der Defektelektronen an C_I durch die Elektronen von C_{II}.

c) Die Neutralisierung der Defektelektronen an C_{II} durch die Elektronen vom H_2O.

Alle diese Redoxreaktionen sind exergonisch, d. h. die elektronische Energie nimmt bei jedem Elektronentransferschritt ab. Dieser Verlust an elektronischer Energie ist aber nur teilweise dissipativ, weil ein Teil in Form protonischer Energie (als pH-Gradient) intermediär gespeichert (Abschnitt 13.1.5.3) und schließlich in eine chemische „energiereiche Bindung" in Form von ATP umgewandelt wird (Abschnitt 13.1.6.2, Punkt c).

13.1.4.1 $NADP^+$-Reduktion durch die Elektronen von C_I

Die von C_I erzeugten stark reduzierenden und primär an Fd(A, B) lokalisierten Elektronen ($E_{m,7} < -0{,}5$ V) werden zunächst auf relativ locker an der Thylakoidmembran-Außenphase gebundenes Ferredoxin und von dort aus auf das ebenfalls schwach gebundene Enzym Ferredoxin-$NADP^+$-Reduktase übertragen. Dieses Enzym besitzt einen speziellen Bindungsort für $NADP^+$, an dem die Reduktion erfolgt. Das gebildete Endprodukt NADPH besitzt mit $E_{m,7} = -0{,}32$ V eine um mindestens 0,25 eV geringere elektronische Energie als der reduzierte Akzeptor Fd(A, B) im Reaktionszentrenkomplex C_I.

13.1.4.2 Neutralisation der Defektelektronen an C_I durch die Elektronen von C_{II}

Das wesentliche funktionelle Verbindungsglied zwischen C_I und C_{II} ist ein Plastochinonspeicher mit einer Kapazität von ca. 10 Elektronen pro C_I und C_{II}. Dieser Plastochinonspeicher (abgekürzt PQ) nimmt die von C_{II} erzeugten und am $X320^-$ lokalisierten Elektronen auf (die funktionelle Verbindung zwischen dem 1-Elektronenüberträger $X320^-$ und dem 2-Elektronenüberträger PQ erfolgt über ein spezielles Plastochinonmolekül, das sequentiell 2 Elektronen vom $X320^-$ aufnimmt und diese dann simultan an den PQ-Speicher abgibt) und wird dabei reduziert. Dieses Überträgerplastochinonmolekül wird in der Literatur als B (oder R) bezeichnet. Die Reduktion von B zur Plastohydrochinonstufe ist mit einer Protonenaufnahme aus dem Stroma-Raum gekoppelt. Die Kinetik des Elektronenüberganges vom $X320^-$ zum B wird durch ein fest gebundenes HCO_3^- (oder CO_2)-Molekül gesteuert. Ebenso sind die Proteinkomponenten, die X320 und B einschließen, der Bindungsbereich für eine Vielzahl von Inhibitoren, die den Elektronentransport zwischen X320 und B blockieren. Die bekannteste dieser Verbindungen ist das Harnstoffderivat DCMU[16]. Eine Reihe von Substanzen, die eine DCMU-analoge Wirkung zeigen, finden als Herbizide auch praktische Anwendung. Durch genetische Modifizierung der X320-B-Proteine können Algen oder Pflanzen entstehen, die eine hohe Resistenz gegenüber diesem Typ von Herbiziden besitzen. Die Entladung (Oxydation) des reduzierten Plastochinonspeichers erfolgt nicht direkt durch Chl-a_I^+, sondern findet über einen Redoxenzymkomplex statt, der als Cytochrom-b-f (c)-Komplex bezeichnet wird. Dieser aus Thylakoiden isolierbare Komplex enthält neben den Cytochromen noch eine funktionelle Fe-S-Gruppe, die sich durch ein vergleichsweise positives Redoxpotential auszeichnet (Rieske-Fe-S-Protein, s. 8.7.4.3b). Der Cytochrom-b-f (c)-Komplex nimmt die Elektronen aus dem reduzierten Plastochinonspeicher in Einelektronentransferschritten auf und gibt sie an das Plastocyanin ab, dessen funktionelle Gruppe ein durch spezielle Aminosäurereste komplexiertes Cu ist. Das reduzierte Plastocyanin, das an der Innenseite der Thylakoidmembran lokalisiert ist, wirkt als Elektronendonator für Chl-a_{II}^+.

Ob möglicherweise am Elektronenübergang noch eine weitere Komponente beteiligt ist, die als Primärdonator für Chl-a_I^+ wirkt, bleibt noch zu klären.

Kinetische Untersuchungen ergaben, daß die Geschwindigkeit des linearen Gesamtelektronentransportes vom H_2O zum $NADP^+$ durch die Kinetik der Reoxydation des reduzierten Plastochinonspeichers limitiert ist. Da das Plastochinon protonisierbare Gruppen enthält, deren pK-Wert vom Redoxzustand des Plastochinons abhängt, sind die Redoxprozesse am Plastochinonspeicher gleichzeitig mit Protonisierungs-/Deprotonisierungsreaktionen gekoppelt (s. Abschnitt 13.1.5.3). Damit ist die Reoxydations-Kinetik des reduzierten Plastochinonspeichers sowohl vom Reduktionsgrad (Besetzungswahrscheinlichkeit mit Elektronen) als auch vom Protonisierungsgrad (Besetzungswahrscheinlichkeit mit Protonen) und damit vom lokalen pH-Wert abhängig. Da diese Reoxydation an der Innenseite der Thylakoidmembran stattfindet, ist deren Kinetik durch den pH-Wert im Thylakoidinnern bestimmt. Der Plastochinonspeicher hat damit die Funktion eines *kinetischen Regulationselementes* für den linearen Elektronentransport vom H_2O zum $NADP^+$ (s. auch Abschnitt 13.1.5.3). Die energetische Bedeutung der Kopplung von e-Transportprozessen mit Protonisierungsreaktionen wird später ausführlicher diskutiert (Abschnitt Phosphorylierung, s. auch Kapitel 8.7.5.2). Der Plastochinonspeicher erfüllt gleichzeitig auch noch die Aufgabe eines funktionellen Kopplungselementes für verschiedene Elektronentransportketten. Es wurde gefunden, daß mindestens 10 Elektronentransportketten über einen gemeinsamen Plastochinonspeicher funktionell untereinander verbunden sind.

[16] DCMU = 3-(3,4-dichlorphenyl)-1,1-dimethylharnstoff.

Neueste Untersuchungen führen zu dem Schluß, daß der Redoxzustand des PQ-Speichers über die Aktivierung einer Phosphokinase und der dadurch induzierten Phosphorylierung des LHP-Komplexes auch die Quantenverteilung auf die Antennenpigmente der Systeme I und II reguliert (s. 13.1.2.1). Damit scheint ein zusätzlicher feedback-Steuermechanismus zwischen den Redoxreaktionen und der Lichtquantenverteilung zu existieren, der eine optimale Anpassung an die Belichtungsbedingungen erlaubt.

13.1.4.3 Neutralisation der Defektelektronen an C_{II} durch die Elektronen vom H_2O

Die von C_{II} erzeugten stark oxydierend wirkenden und primär am Chl$^+$-a_{II} lokalisierten Defektelektronen ($E_{m,7} \geqq +0{,}9$ V) werden durch Elektronen neutralisiert, die vom H_2O unter Bildung von molekularem Sauerstoff abgegeben werden. Die H_2O-Oxydation zu O_2 erfordert prinzipiell die Kooperation von 4 Oxydationsäquivalenten (symbolisiert durch $\oplus$):

$$2\,H_2O + 4\oplus \rightarrow 4\,H^+ + O_2\,. \qquad (13.23)$$

Für die Realisierung der Ladungskooperation sind 2 verschiedene Mechanismen denkbar:

(a) Es kann eine *statistische Kooperation* von 4 Defektelektronen erfolgen, die gleichzeitig an 4 verschiedenen C_{II}-Einheiten erzeugt werden. Dabei ist entweder die direkte statistische Reaktion von Chl-a_{II}^+-Defektelektronen aus 4 verschiedenen C_{II}-Einheiten mit 2 H_2O-Molekülen möglich [Gl. (13.24)] oder die indirekte statistische Reaktion über ein Reaktionssystem Z, das simultan von Chl-a_{II}^+-Defektelektronen aus 4 verschiedenen C_{II}-Einheiten „aufgeladen" wird [Gl. (13.25a, b)]:

$$4\,\text{Chl-a}_{II}^+ + 2\,H_2O \xrightarrow{k'_{H_2O}} 4\,\text{Chl-a}_{II} + 4\,H^+ + O_2\,, \qquad (13.24)$$

$$4\,\text{Chl-a}_{II}^+ + Z \xrightarrow{k_Z} 4\,\text{Chl-a}_{II} + Z^{4+}\,, \qquad (13.25a)$$

$$Z^{4+} + 2\,H_2O \xrightarrow{k''_{H_2O}} Z + 4\,H^+ + O_2\,, \qquad (13.25a, b)]$$

wobei k'_{H_2O}, k_Z *und* k''_{H_2O} die entsprechenden Geschwindigkeitskonstanten sind.

(b) Die Kooperation erfolgt an einem speziellen Speichersystem, das funktionell nur mit einer C_{II}-Einheit verbunden ist. Die H_2O-Oxydation ist dann erst nach *sequentieller Ladungsakkumulation* mit 4 Defektelektronen aus der einen C_{II}-Einheit möglich [Gl. (13.21 a, b)]

$$\text{Chl-a}_{II}^+ + S_i \xrightarrow{k_{i,i+1}} \text{Chla}_{II} + S_{i+1}\,, \qquad (13.26a)$$

$$S_4 + 2\,H_2O \xrightarrow{k_{H_2O}} S_0 + 4\,H^+ + O_2\,. \qquad (13.26b)$$

S_i, mit $i = 0, \ldots, 3$, gibt den Speicherzustand an, wobei i die Anzahl der gespeicherten Defektelektronen ist. Da im Speichersystem die H_2O-Oxydation [nach Gl. (13.26b)] stattfindet, besitzt dieses zugleich die Funktion als wasserspaltendes Enzymsystem. (Es wird durch Y symbolisiert, s. Abb. 13.6.) Nimmt man ferner an, daß die höheren Akkumulationszustände S_i instabil sind, so sollte im Dunkeln eine dissipative Entladung stattfinden:

$$S_i + n \cdot e \xrightarrow{k_D} S_{i-n}, \qquad (13.26c)$$

wobei die Elektronen e von einem endogenen Donator mit $n=1$ oder 2 stammen und $i=2$ oder 3 ist. $k_{i,i+1}$, k_{H_2O} und k_D sind wieder die entsprechenden Geschwindigkeitskonstanten.

Durch Anregung von dunkeladaptierten Algen oder Chloroplasten mit einer Folge von „single turnover" Blitzen (Abschnitt 13.1.2.1) und die Messung der O_2-Bildung eines jeden Blitzes sollte experimentell zu entscheiden sein, welcher der beiden möglichen Kooperationsmechanismen realisiert ist. In Abb. 13.9 sind die erwarteten theoretischen Werte für beide Mechanismen dargestellt.

1955 fanden Allen und Franck, daß an dunkeladaptierten Algen bei Belichtung mit einem kurzen Blitz kein O_2 gebildet wird. Dieses Ergebnis ist durch Mechanismus a) nicht zu erklären. Blitzlichtamperometrische Untersuchungen, die seit 1969 die Arbeitsgruppen von Joliot und Kok ausführten, zeigen, daß bei Anregung von dunkeladaptierten Algen (oder isolierten Chloroplasten) mit einer Folge kurzer Blitze die O_2-Bildung pro Blitz oszilliert. Die experimentellen Werte sind in Abb. 13.9 dargestellt. Diese Ergebnisse schließen den einfachen statistischen Mechanismus aus. Es ließ sich zeigen, daß mit 2 Zusatzannahmen die experimentellen Daten durch das Modell sequentieller Ladungsakkumulation zu beschreiben sind: a) Der Akkumulationszustand S_1 ist im Dunkeln stabil und b) es ist nicht möglich, auch durch einen Blitz sättigender Intensität, die Reaktion Gl. (13.26a) in der Gesamtheit aller Speichersysteme zu realisieren. Der Prozeß findet nur mit einer Wahrscheinlichkeit $(1-\alpha_i)$ statt, wobei α_i die sog. „misses"-Wahrscheinlichkeit des Zustandes S_i ist. Die Reaktionszeiten der Redoxprozesse [Gl. (13.26a)] und der H_2O-Oxydation [Gl. (13.26b)] liegen im Bereich von 0,2–1 ms, während die Dissipativprozesse [Gl. (13.26c)] um mindestens 3 Größenordnungen langsamer sind. Durch spezielle Wirkstoffe (sog. ADRY-Substanzen) kann der dissipative Abbau von S_2 und S_3 bis zu 100fach beschleunigt werden.

Bei der Oxydation von 2 H_2O zu einem Molekül O_2 werden 4 H^+ freigesetzt. Wenn an den sequentiellen Akkumulationsreaktionen gemäß Gl. (13.26a) keine deprotonisierbaren Gruppen beteiligt sind, so sollte in einer Blitzfolge für die gebildeten Protonen das gleiche Oszillationsmuster wie für den Sauerstoff (s. Abb. 13.9) auftreten. Nehmen dagegen deprotonisierbare Gruppen und dabei insbesondere das H_2O selbst (z.B. als "inner sphere"-Ligand einer funktionellen Metallproteingruppe) als Reaktanten an den Redoxprozessen nach Gl. (13.26a) teil, so ist keine Synchronstöchiometrie zwischen der Bildung von O_2 und der Freisetzung von H^+ zu erwarten.

Vergleichende Untersuchungen der an dunkeladaptierten Chloroplasten durch eine Folge kurzer Blitze induzierten H^+-Abgabe und O_2-Entwicklung zeigen, daß die normierten Oszillationsmuster beider Aktivitäten nicht kongruent sind. Das gleiche Verhalten wird auch in Gegenwart von ADRY-Substanzen gefunden (diese katalysieren den dissipativen Abbau von S_2 und S_3), wie in Abb. 13.10 dargestellt ist. Aus diesen Ergebnissen ist zu schließen, daß an den oxydativen Aufladungsreaktionen des wasserspaltenden Enzymsystems ($S_i \rightarrow S_{i+1}$ für $i<3$) deprotonisierbare Gruppen beteiligt sind. Dies stützt theoretische Modellvorstellungen, nach denen H_2O als Reaktant an den konsekutiven Oxydationsreaktionen nach Gl. (13.26a) teilnimmt.

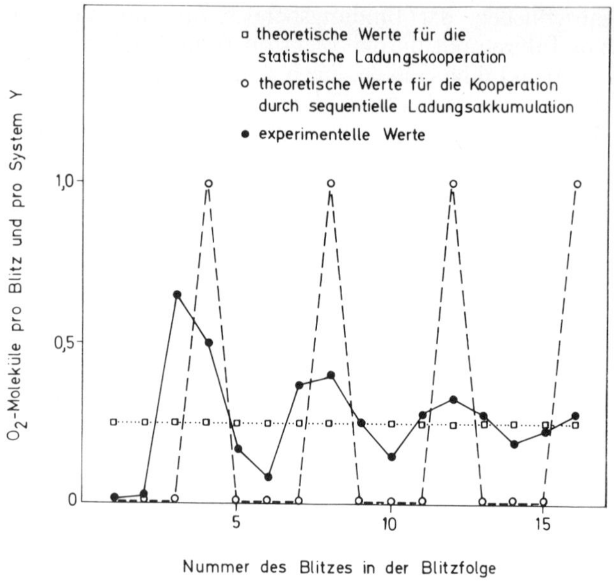

Abb. 13.9. Oszillation der Sauerstoffausbeute pro Blitz bei Anregung mit einer Folge kurzer Blitze. [Experimentelle Werte nach Forbush, Kok und McGloin: Photochem. Photobiol. **11**, 457 (1970)]

Der kooperative Mechanismus über sequentielle Defektelektronenakkumulation impliziert die Existenz eines Systems mit geeigneten Speichergruppen. Aus dem experimentellen Nachweis von 4–6 gebundenen Mangananionen wurde gefolgert, daß die Speicherplätze für die Defektelektronen Mangangruppen mit spezifischer Koordinationshülle sind. Damit wird das System Y als ein Manganoprotein postuliert, in dem die funktionellen Mangangruppen die reaktiven Zwischenstufen der Wasseroxydation komplexieren und durch partielle Ladungsdelokalisierung zwischen Manganzentrum und Ligand thermodynamisch stabilisieren und kinetisch passivieren. Der Reaktionsweg soll über eine Peroxydstufe („Kryptoperoxyd") verlaufen, die binuklear an 2 Manganzentren relativ fest gebunden ist. Es ist an dieser Stelle interessant, daran zu erinnern, daß auch für den an der Cytochromoxydase stattfindenden Umkehrprozeß, d. h. die O_2-Reduktion zu H_2O, ein binuklear an 2 Übergangsmetallzentren (Cu, Fe) komplexiertes Peroxyd als Zwischenstufe auftreten soll [s. Kapitel Energiekonservierung, Gln. (8.151c)–(8.151e)].

Wenn Mangananionen die Zentralatome funktionell aktiver Gruppen in System Y bilden, dann sollte die konsekutive Reaktionsfolge der H_2O-Oxydation mit

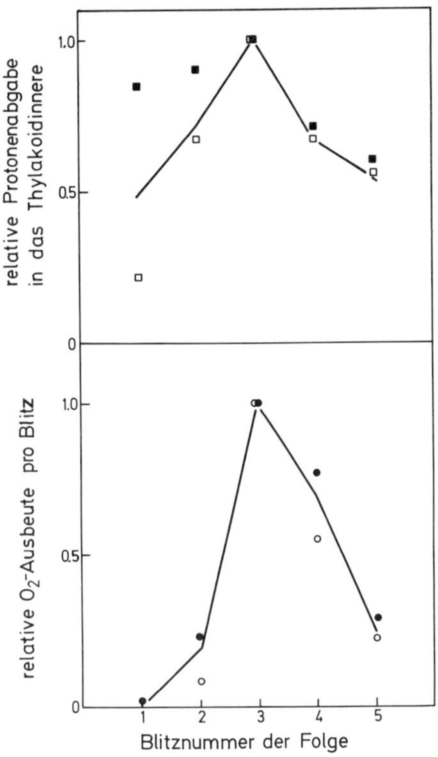

Abb. 13.10. Relative Protonenabgabe in das Thylakoidinnere (*oben*) und relative O_2-Ausbeute als Funktion der Nummer des Blitzes in einer Blitzgruppe. *Geschlossene Symbole* aus Junge, W., Renger, G., Ausländer, W.: FEBS Lett. **79**, 155 (1977), *offene Kreise* aus Kok, B., Forbush, B., McGloin, M.: Photochem. Photobiol. **11**, 457 (1970), *offene Quadrate* aus Fowler, C.F.: Biochim. Biophys. Acta **459**, 351 (1977). Die durchgezogenen Kurven geben die aus einem theoretischen Modell berechneten Werte an (G. Renger, s. Zitat Metzner, S. 229–248)

Valenzwechselprozessen an den Manganzentren verbunden sein. Das im System Y gebundene Mn ist ESR-inaktiv. Dies zeigt, daß eine spezielle Bindung (möglicherweise unter Beteiligung antiferromagnetischer Kopplung von 2 Mn-Zentren) des Mangans in situ vorliegt. Es ist daher bislang nicht gelungen, die Valenzzustände des Mangans in den einzelnen S_i-Zustände direkt zu bestimmen. Indirekte Messungen zeigen aber, daß in der Reaktionsfolge der H_2O-Oxydation der Valenzzustand des Mangans verändert wird.

Es ist ferner bekannt, daß Cl^--Ionen bei dem Prozeß der O_2-Bildung eine Rolle spielen. Allerdings ist dieser Effekt nicht absolut Cl^--spezifisch, so daß dies ein indirekter Anioneffekt sein kann (Cl^- ist durch Br^-, weniger gut durch NO_3^- zu ersetzen).

Neben den Mangangruppen ist auch ein spezielles Cytochrom b, das Cytochrom-b_{559} ($Cytb_{559}$), mit einem Redoxpotential von ca. +350 mV als möglicher Reaktant in der Reaktionsfolge der H_2O-Oxydation diskutiert worden. Eine direkte Beteiligung an den Redoxreaktionen, die zur O_2-Bildung führen, konnte bislang noch nicht nachgewiesen werden. Es wird spekuliert, daß $Cytb_{559}$ als Stabilisator der S_i-Zustände und bei der H^+-Freisetzung (Bohr-Effekt?, s. 11.5.3.1) eine direkte Funktion ausübt.

Die Aufladung des wasserspaltenden Enzymsystems erfolgt sehr wahrscheinlich nicht direkt durch das Chl-a_{II}^+ selbst, sondern über ein Donatorsystem D_i. Die Reduktionskinetik von Chl-a_{II}^+ ist komplex. Sie scheint überdies vom Ladungszustand S_i des Systems Y und dem pH-Wert im Inneren der Thylakoide abhängig zu sein. Die Art der funktionellen Kopplung zwischen System Y und Chl-a_{II} ebenso wie der molekulare Mechanismus der H_2O-Oxydation bleiben noch zu klären.

Nach Gl. (13.1) könnte der photosynthetisch gebildete Sauerstoff theoretisch auch aus dem CO_2 stammen. Da aber die Primärprozesse, durch die der Sauerstoff erzeugt wird, sowohl funktionell als auch räumlich von den Prozessen der CO_2-Fixierung separierbar sind (s. Abschnitt 13.1.1.1), ist CO_2 nicht das Substrat für die O_2-Entwicklung. Es ist aber nicht auszuschließen, daß CO_2 als Überträgerkatalysator an der H_2O-Oxydation zu O_2 beteiligt ist, so daß mechanistisch die O_2-Bildung letztlich durch eine Spaltung von C–O-Bindungen erfolgen könnte. Das Substrat für die O_2-Bildung aber ist das Wasser.

Der Einfluß von CO_2 (HCO_3^-) auf die Hillreaktion ist nicht durch einen Effekt auf System Y, sondern durch eine kinetische Verlangsamung von Elektronenprozessen zwischen C_{II} und C_I sowie eine partielle Inhibition von C_{II}-Zentren bedingt.

13.1.4.4 Nichtlineare Elektronentransportsysteme

Wegen der für den Calvin-Zyklus notwendigen Stöchiometrie von 2NADPH:3ATP [Gl. (13.2)] wird oft angenommen, daß *in vivo* neben dem linearen Hauptelektronentransportweg noch ein zyklischer Transport existiert, der nur durch die photochemisch aktiven Reaktionszentren C_I angetrieben wird. Dieser zyklische Weg soll ausschließlich zur ATP-Bildung dienen. Ein eindeutiger Existenzbeweis für dieses zyklische Elektronentransportsystem unter *in vivo*-Bedingungen ist bislang noch nicht gelungen.

13.1.4.5 Zusammenfassende Darstellung der Elektronentransferprozesse

Die in den Abschnitten 13.1.4.1–13.1.4.4 beschriebenen Elektronentransferprozesse sind in Abb. 13.11, oben, zusammenfassend unter Angabe der kinetischen Eigenschaften (Transferzeiten) dargestellt. Der lineare Hauptelektronentransportweg ist durch starke Pfeile gekennzeichnet, gestrichelte indizieren mögliche zyklische Elektronentransportwege. Die Charakterisierung der Energetik des Gesamtelektronentransportes erfolgt zweckmäßigerweise in Form eines Energiediagramms. In Abb. 13.11b ist das Energiediagramm des linearen Hauptelektronentransportweges der photosynthetischen Primärprozesse dargestellt. Aus dem Elektronentransportschema folgt, daß zum Transport von einem Elektron durch die gesamte lineare Transportkette 2 Lichtquanten erforderlich sind, d.h. zur Bildung eines O_2-Moleküls werden 8 $h\nu$ benötigt. Dies wird durch experimentelle Ergebnisse von Emerson (Abschnitt 13.1.2.1 u. Abb. 13.4) sehr gut bestätigt.

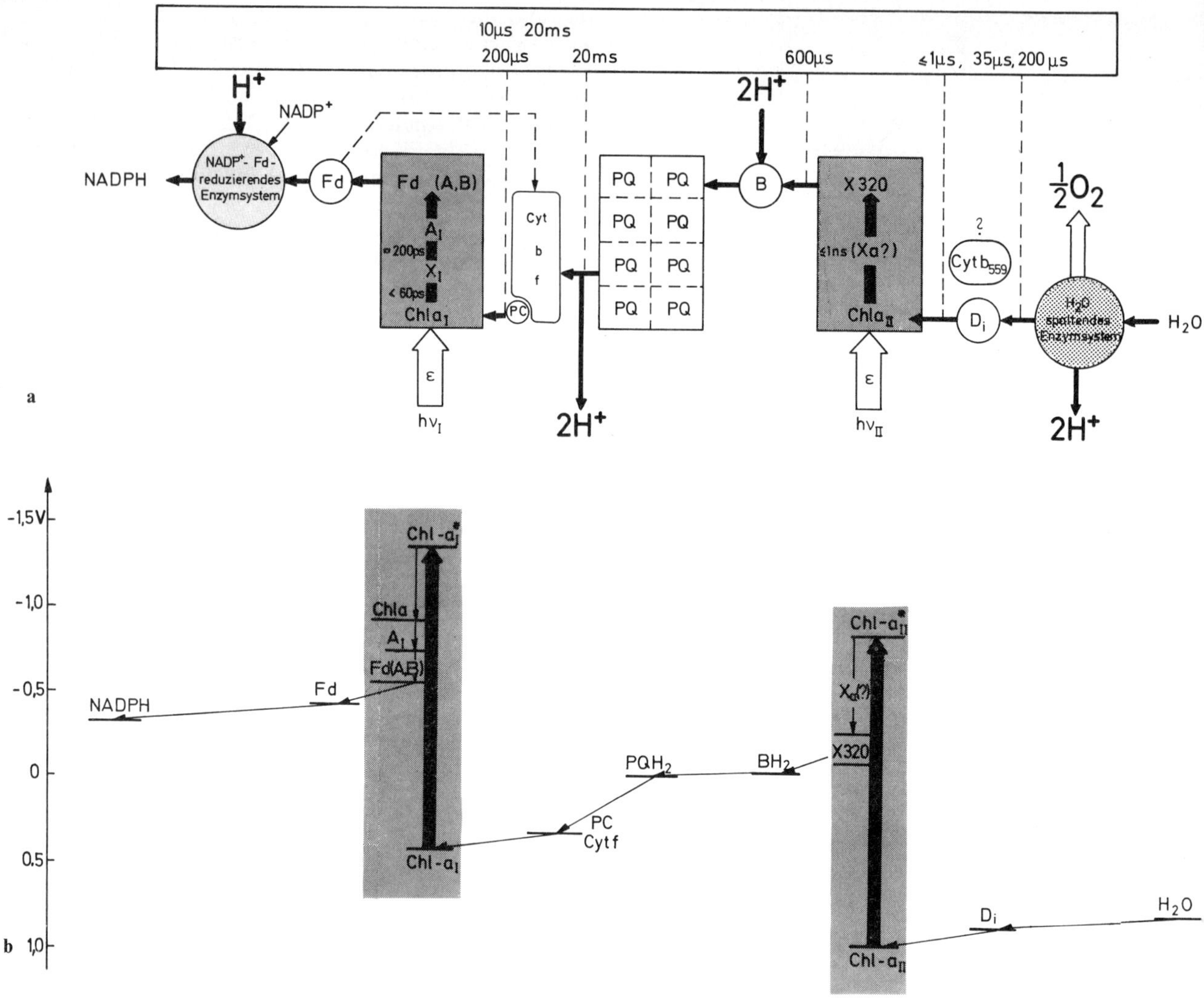

Abb. 13.11a, b. Elektronentransportschema. **a** Darstellung der wichtigsten Reaktionswege. Im oberen Kästchen sind die kinetischen Daten der beteiligten Komponenten angegeben. (Nach Witt u. Mitarb., s. Witt in Zitat Govindjee). **b** Darstellung einiger energetischer Daten des linearen Elektronentransportweges [sog. Z-Schema, nach Hill und Bendall: Nature **186**, 136 (1960)]. Folgende Abkürzungen wurden benutzt: A_I = Akzeptor in C_I, B = spezielles Plastochinonverbindungsmolekül, Chl = Chlorophyll, Cyt = Cytochrom, D_i = Donatorkomplex zwischen Chl-a_{II} und wasserspaltendem Enzymsystem, Fd = Ferredoxin, PC = Plastocyanin, PQ = Plastochinon, X_I = Primärakzeptor von System I, X320 = Akzeptor von System II. Fragezeichen bedeuten, daß eine eindeutige Zu- bzw. Einordnung noch nicht möglich ist

13.1.5 Erzeugung elektrochemischer Potentiale durch vektoriellen Ladungstransport

In den Abschnitten 13.1.3 und 13.1.4 wurden die Ladungstransferprozesse behandelt, ohne explizit die räumliche Anordnung der Reaktionspartner zu untersuchen. Nimmt man an, daß in einer Membran Elektronentransfer-Komponenten anisotrop bezüglich der Normalen angeordnet sind, so führt ein Elektronenübergang zwischen diesen Komponenten zwingend zur Ausbildung elektrischer Potentialgradienten, deren resultierender Beitrag senkrecht zur Membranebene von Null verschieden ist. Bei bekannter Anordnung der Membrankomponenten kann daher auf die Existenz elektrischer Potentialgradienten geschlossen werden. Umgekehrt sollte es möglich sein, unter geeigneten Bedingungen aus dem Auftreten elektrischer Potentialgradienten Informationen über die Anordnung von Membrankomponenten zu erhalten.

Zur Untersuchung elektrischer Phänomene an der Thylakoidmembran ist eine geeignete Meßmethode erforderlich. Wegen der molekularen Dimensionen des Thylakoidmembransystems reicht die gegenwärtige Mikroelektrodentechnik zur direkten Messung von elektrischen Potentialgradienten im allgemeinen nicht aus (Ausnahmen bilden Riesenchloroplasten einiger Pflanzen). Es sind deshalb andere Indikationsmethoden erforderlich. 1967 wurde von Junge und Witt gefunden, daß Absorptionsänderungen der Membranpigmente elektrische Felder in der Thylakoidmembran anzeigen. Es sollte daher möglich sein, über die meßbaren Absorptionsänderungen sämtliche elektrischen

Membranphänomene zu untersuchen. Dabei sind zum Verständnis und zur sinnvollen Anwendung dieser Methode zunächst einige Fragen zu klären:

a) Wie ist das Auftreten feldanzeigender Absorptionsänderungen physikalisch zu erklären?

b) Wie kann man feldanzeigende Absorptionsänderungen so eichen, daß diese als ein inneres Voltmeter zu benutzen sind?

c) Wie kann man feldanzeigende Absorptionsänderungen in komplizierten biologischen Membransystemen von solchen unterscheiden, die durch andere Prozesse, z.B. Elektronentransfer, Lichtreaktionen usw. bedingt sind.

13.1.5.1 Elektrochrome Absorptionsänderungen der pigmentierten Thylakoidmembran als molekulares Voltmeter

Da in die Thylakoidmembran Pigmentmoleküle (Chlorophyll a, Chlorophyll b, Carotinoide) eingelagert sind, ist zu erwarten, daß ein Membranpotentialgradient einen Elektrochromieeffekt bewirkt. Im allgemeinen bezeichnet der Begriff Elektrochromie Absorptionsänderungen eines Pigmentes aufgrund rein elektrostatischer Wechselwirkung. Dabei sind 3 Effekte zu unterscheiden: a) Orientierungseffekt durch das Feld $\boldsymbol{F}$, b) Beeinflussung des Übergangsmomentes [nach einer Störungsrechnung erster Ordnung ist $\Delta A(\boldsymbol{F})$ proportional zum Extinktionskoeffizienten und der Feldstärke $\boldsymbol{F}$], c) Bandenverschiebungseffekt.

Bei membrangebundenen Pigmenten sollte der Orientierungseffekt keine Rolle spielen, der Übergangsmomenteffekt ist bei den an der Thylakoidmembran aufgebauten Feldstärken ebenfalls vernachlässigbar, so daß für die folgenden Betrachtungen nur der Bandenverschiebungseffekt (Stark-Effekt) von Interesse ist (s. Abb. 13.12a). Für die Differenz zwischen den Absorptionsenergien des gleichen elektronischen Überganges eines Moleküls mit und ohne elektrisches Feld gilt:

$$h \cdot \Delta\nu = [\boldsymbol{\mu}^* - \boldsymbol{\mu}^0] \cdot \boldsymbol{F} + \tfrac{1}{2}(\alpha^* - \alpha^0) \cdot \boldsymbol{F}^2 . \qquad (13.27)$$

Dabei bedeuten:

$\boldsymbol{\mu}$ = permanentes Dipolmoment von angeregtem Zustand (*) und Grundzustand (0) des Pigmentmoleküls,

α = Polarisierbarkeit von angeregtem Zustand (*) und Grundzustand (0) des Pigmentmoleküls,

$\boldsymbol{F}$ = elektrische Feldstärke am Ort des Pigmentmoleküls,

h = Plancksches Wirkungsquantum.

Zu einer Abschätzung des Banden-Verschiebungseffektes sei angenommen, daß an einer Membran von 10 nm Dicke eine Potentialdifferenz von 100 mV aufgebaut werde (dies sind übliche Größenordnungen an biologischen Membransystemen). Dann ergibt sich eine Feldstärke von 10^5 V/cm. Feldstärken in der Größenordnung von 10^5–10^6 V/cm bewirken meist sehr geringe elektrochrome Bandenverschiebungen von 0,01–0,1 nm. Die direkte Messung dieser kleinen Änderung ist am biologischen System praktisch nicht

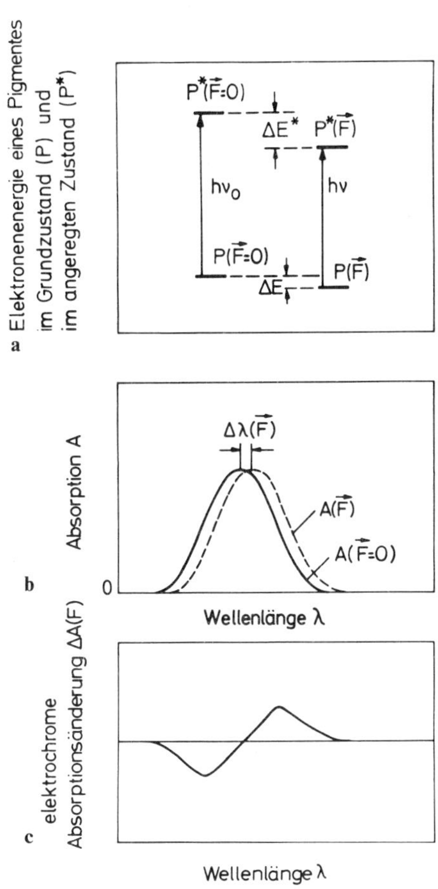

Abb. 13.12a–c. Elektrochromie eines Pigmentes P. **a** Verschiebung der Energieniveaus von Grundzustand (P) und angeregtem Zustand (P*) durch ein elektrisches Feld $\boldsymbol{F}$. **b** Elektrochrome Verschiebung der Absorptionsbande des Pigmentes P um $\Delta\lambda(\boldsymbol{F})$. **c** Differenzspektrum der elektrochromen Absorptionsänderung

möglich. Die kleinen elektrochromen Bandenverschiebungen sind aber indirekt über Absorptionsänderungen meßbar. Dazu betrachte man in Abb. 13.12b die Absorptionsbande (ausgezogene Kurve) eines in die Membran eingelagerten Pigmentes, die durch ein induziertes elektrisches Feld um $\Delta\lambda$ bathochrom verschoben werde (gestrichelte Kurve). Da die Bandenverschiebung im allgemeinen sehr klein ist und ferner angenommen werden darf, daß sich die Gestalt der Absorptionsbande praktisch nicht ändert[17], so ergibt sich unter Berücksichtigung von Gliedern höchstens 2. Ordnung für die Absorptionsänderung bei der Wellenlänge λ_i:

$$\Delta A(\lambda_i) = \left(\frac{\partial A}{\partial \lambda}\right)_{\lambda=\lambda_i} \cdot \Delta\lambda + \frac{1}{2}\left(\frac{\partial^2 A}{\partial \lambda^2}\right)_{\lambda=\lambda_i} \cdot \Delta\lambda^2 . \qquad (13.28)$$

Die so erhaltene *elektrochrome* Absorptionsänderung entspricht daher in ihrer Gestalt entweder der 1. oder 2. Ableitung der Absorptionsbande oder einer Über-

[17] Nach Labhart kann man das Dipolmoment und die Polarisierbarkeit eines Moleküls über die verschiedenen Schwingungsniveaus eines Elektronenzustandes als annähernd konstant ansehen.

lagerung beider Ableitungen [s. Gl. (13.29)] und zeigt eine charakteristische Struktur. Spielt nur die 1. Ableitung eine Rolle, so tritt jeweils eine positive und negative Bande auf (s. Abb. 13.12c), wobei der Nulldurchgang praktisch mit dem Maximum der Absorptionsbande des Pigments zusammenfällt. Bei nicht zu großen elektrochromen Bandenverschiebungen ist damit die Absorptionsänderung $\Delta A(\lambda_i)$ direkt ein Maß für $\Delta\lambda$. Es gilt dann ferner:

$$\Delta\nu \approx -\frac{c}{\lambda^2}\cdot\Delta\lambda \tag{13.28a}$$

und damit folgt mit Gl. (13.22)–(13.23) unter Berücksichtigung von höchstens quadratischen Gliedern in $\boldsymbol{F}$ für den Zusammenhang zwischen der Amplitude der elektrochromen Absorptionsänderung eines Pigmentes mit der Absorptionsbande $A(\lambda)$ bei der Wellenlänge λ_i und dem elektrischen Feld $\boldsymbol{F}$:[18]

$$\begin{aligned}-\Delta A(\lambda_i) = {} & \left(\frac{\partial A}{\partial\lambda}\right)_{\lambda=\lambda_i}\cdot\frac{\lambda_i^2(\boldsymbol{\mu}^*-\boldsymbol{\mu}^0)}{h\cdot c}\cdot\boldsymbol{F}\\ & +\frac{1}{2}\left[\left(\frac{\partial A}{\partial\lambda}\right)_{\lambda=\lambda_i}\frac{\lambda_i^2(\alpha^*-\alpha^0)}{h\cdot c}\right.\\ & \left.-\left(\frac{\partial^2 A}{\partial\lambda^2}\right)_{\lambda=\lambda_i}\frac{\lambda_i^4(\boldsymbol{\mu}^*-\boldsymbol{\mu}^0)^2}{h^2c^2}\cos^2\vartheta\right]\cdot\boldsymbol{F}^2 .\end{aligned} \tag{13.29}$$

wobei ϑ der Winkel zwischen $(\boldsymbol{\mu}^*-\boldsymbol{\mu}^0)$ und $\boldsymbol{F}$ ist. In Fällen, in denen die elektrochrome Bandenverschiebung proportional zum äußeren elektrischen Feld ist, kann die Amplitude der elektrochromen Absorptionsänderung $\Delta A(\lambda_i)$ direkt als lineares Voltmeter benutzt werden. Diese Bedingung ist hinreichend gut erfüllt bei Molekülen mit relativ großem permanentem Dipolmoment und bei relativ kleinen Feldstärken [s. Gl. (13.29)] oder wenn bei einem relativ hohen Grundfeld in der Membran (z. B. durch Felder von fixierten Ladungen) die elektrochrome Verschiebung in den pseudolinearen Bereich des quadratischen Feldeffektes fällt.

Der Linearisierungseffekt eines hohen permanenten Grundfeldes ergibt sich aus Gl. (13.29). Diese hat die Form $\Delta A(\boldsymbol{F}) = \boldsymbol{a}\boldsymbol{F} + b\boldsymbol{F}^2$. Zur Vereinfachung werde ohne Beschränkung der Allgemeinheit angenommen, daß ein rein quadratischer Effekt bestehe ($\boldsymbol{a}=0$). Ferner sei $\boldsymbol{F}_a$ das äußere und $\boldsymbol{F}_p$ das permanente Grundfeld. Es gilt: $A(\boldsymbol{F}) = A(\boldsymbol{F}=0) + b(\boldsymbol{F}_a+\boldsymbol{F}_b)^2$. Für die durch $\boldsymbol{F}_a$ allein bedingte elektrochrome Absorptionsänderung ergibt sich dann mit $\boldsymbol{F}_a \ll \boldsymbol{F}_p$: $\Delta A(\boldsymbol{F}_a) = A(\boldsymbol{F}_a) - A(\boldsymbol{F}_a=0) = \boldsymbol{b}^*\cdot\boldsymbol{F}_a$, wobei $\boldsymbol{b}^* = 2b\cdot\boldsymbol{F}_p$ ist.

Für die praktische Anwendung dieser Methode ist zunächst ein eindeutiges Unterscheidungskriterium für elektrochrome Absorptionsänderungen erforderlich. Da nur dynamische Prozesse untersucht werden, spielen statische elektrische Felder, die in einer Membran mit fixierten Ladungen existieren, keine Rolle. Da die Kinetik des Auf- und Abbaues elektrischer Potentialgradienten über die Thylakoidmembran durch die Geschwindigkeit von Transportprozessen geladener Teilchen (Elektronen, Ionen) bestimmt ist, ist insbesondere deren Abklingkinetik durch eine Änderung der Membranpermeabilität zu beeinflussen. Wird daher die Membranpermeabilität spezifisch verändert, so ändert sich die Kinetik der elektrochromen Absorptionsänderungen signifikant, während die anderen Absorptionsänderungen im allgemeinen unbeeinflußt bleiben. Durch sog. Ionophore[19] wird die Membranleitfähigkeit für bestimmte Ionen (meist Kationen der 1. und 2. Hauptgruppe des Periodensystems) um Größenordnungen erhöht. Daher ist es möglich, durch Anwendung von Ionophoren die elektrochromen von den anderen Absorptionsänderungen zu unterscheiden. Mit dieser Methode wurde das Gesamtdifferenzspektrum der elektrochromen Absorptionsänderungen ermittelt. Es ist in Abb. 13.13a angegeben. Dieses Spektrum zeigt, daß im wesentlichen Chlorophyll a, Chlorophyll b und Carotinoide zu den elektrochromen Absorptionsänderungen in der Thylakoidmembran führen.

Wenn diese Interpretation richtig ist, so sollte es möglich sein, ähnliche elektrochrome Absorptionsänderungen auch an künstlichen Schichtsystemen durch Anlegen elektrischer Felder zu erhalten. Unter Anwendung der von Blodgett und Langmuir 1935 eingeführten und später von Kuhn und Mitarbeitern weiterentwickelten Technik wurden Arachidatschichtsysteme von definierter Schichtzahl (die Dicke einer Schicht beträgt ca. 2,6 nm) aufgebaut, in die die zu untersuchenden Pigmente (Chlorophyll a, b und Carotinoide) eingebaut sind. Durch Aufdampfung einer dünnen Aluminiumschicht wurden so ca. 100 nm dicke Kondensatorsysteme hergestellt, an denen beim Anlegen einer Spannung (ca. 20 V, dies entspricht einer Feldstärke von ca. $2\cdot 10^6$ V/cm) elektrochrome Absorptionsänderungen gefunden wurden. Es konnte gezeigt werden, daß bei geeigneten Konzentrationsverhältnissen der verschiedenen Pigmente ein Differenzspektrum elektrochromer Absorptionsänderungen erhalten wird (s. Abb. 13.13b), das dem Differenzspektrum der durch Ionophore beeinflußbaren Absorptionsänderungen an Chloroplasten (Abb. 13.13a) sehr stark ähnelt. Eine analoge Übereinstimmung wurde auch für das elektrochromen Absorptionsänderungen zugeordnete Differenzspektrum an Bakterien, das hauptsächlich durch Carotinoide bedingt ist, gefunden. Damit ist die Existenz elektrochromer Absorptionsänderungen in vivo bewiesen worden.

Zur Benutzung der elektrochromen Absorptionsänderungen als molekulares Voltmeter ist nun noch eine geeignete Eichung erforderlich. Eine direkte Eichung ist dann möglich, wenn es gelingt, elektrische Potentialgradienten bekannter Größe an der Thylakoidmembran künstlich zu erzeugen. Dies ist möglich durch die Bildung von Ionengradienten, wobei geeignete Annahmen über die Ionenaktivitäten in der Innen- und Außenphase gemacht werden (die Aktivitätskoeffi-

[18] Zur Vereinfachung wurden unterschiedliche Orientierungen der Pigmente in der Membran nicht explizit berücksichtigt.

[19] Ionophore sind Polypeptide oder Polyäther, die entweder mit den Kationen leicht transportierbare hydrophobe Komplexe („Carrier"-Mechanismus) oder Poren in der Membran („Poren"-Mechanismus) bilden.

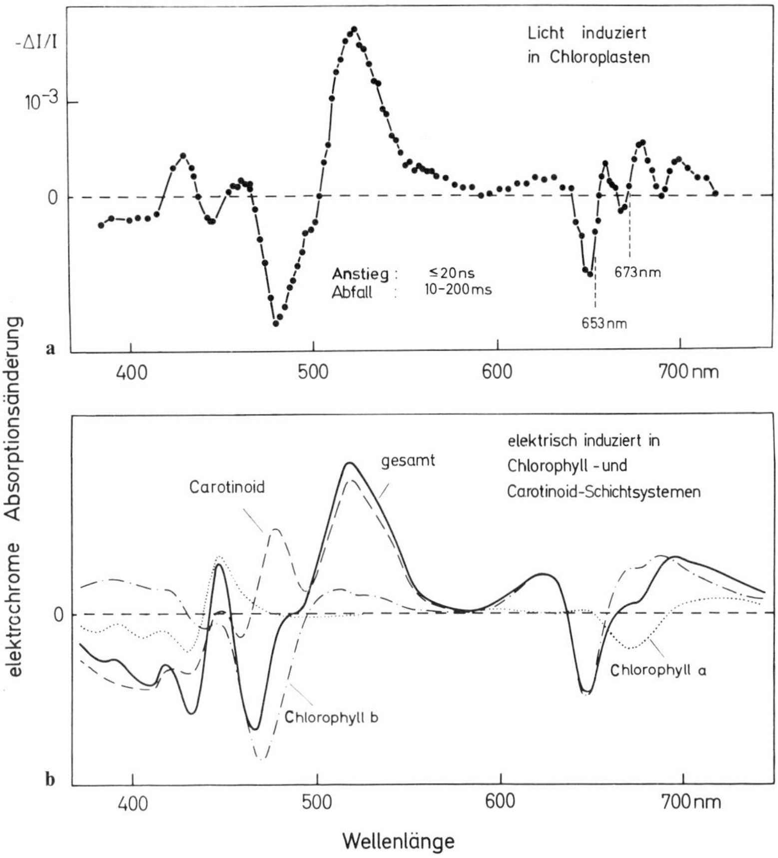

Abb. 13.13a, b. Differenzspektren elektrochromer Absorptionsänderungen. **a** An Spinatchloroplasten durch Licht induziert. [Nach Emrich, Junge u. Witt: Z. Naturforsch. **24**b, 1144 (1969).] **b** An künstlichen Pigmentschichten durch elektrische Felder induziert. [Nach Schmidt, Reich u. Witt: Naturwissenschaften **58**, 414 (1969)]

zienten werden in beiden Phasen als gleich groß angenommen). Auf diese Weise wurden die elektrochromen Absorptionsänderungen an photosynthetisierenden Bakterien geeicht. Eine andere Möglichkeit besteht darin, unter Anwendung von Strukturdaten eine Eichabschätzung vorzunehmen, wie im folgenden Abschnitt 13.1.5.2 gezeigt werden wird.

13.1.5.2 Aufbau eines elektrischen Potentialgradienten an der Thylakoidmembran

Der Aufbau elektrischer Potentialgradienten an Membranen erfolgt prinzipiell durch den Transport geladener Teilchen (Elektronen oder Ionen). Dabei sind verschiedene Mechanismen möglich. Es soll an dieser Stelle nur der mit dem Elektronentransport gekoppelte Aufbau elektrischer Potentialgradienten untersucht und nicht die bekannten Prozesse der Diffusions- bzw. Donnanpotentialbildung behandelt werden.

Für die Kopplung zwischen Elektronentransport und dem Aufbau eines elektrischen Potentialgradienten sind 2 Mechanismen möglich, die kinetisch unterscheidbar sind:

a) Sind die Elektronentransferkomponenten anisotrop bezüglich der Membrannormalen angeordnet, so ist der Aufbau direkt mit dem vektoriellen Elektronentransportschritt gekoppelt und die Kinetiken beider Prozesse koinzidieren.

b) Sind die Elektronentransferkomponenten isotrop angeordnet, so kann eine exergonische Elektronentransferreaktion ein vektorielles Ladungstransportsystem (z.B. eine Ionenpumpe) energetisch antreiben. Es liegt dann eine indirekte Kopplung vor und die Anstiegskinetik des elektrischen Potentialgradienten ist durch die Überlagerung der Kinetiken der induzierenden Elektronentransferreaktion und des Transportsystems gegeben.

Die Untersuchung der Anstiegskinetik elektrochromer Absorptionsänderungen mittels Laserblitzlichtspektroskopie zeigte, daß der Aufbau des elektrischen Potentialgradienten in $\leqq 20$ ns erfolgt. Aus indirekten Messungen (mittels Makroelektroden) wurde geschlossen, daß die elektrische Aufladung der Thylakoidmembran in $\leqq 1$ ns stattfindet. Diese Zeiten sind mit denen vergleichbar, die für den lichtinduzierten Elektronentransport an den Reaktionszentren C_I (s. 13.1.3.2) gefunden wurden. Aus dieser kinetischen Koinzidenz[20] ist zu schließen, daß der Aufbau des elektrischen Potentialgradienten durch direkte Kopplung mit dem lichtinduzierten Elektronentransfer an den photochemisch aktiven Reaktionszentren C_I bedingt ist. Es bleibt damit zu zeigen, inwieweit auch C_{II} daran beteiligt ist. Durch

[20] Obgleich die kinetische Koinzidenz nur bezüglich einer oberen Grenze gilt, scheidet eine indirekte Kopplung aus, da enzymatische Transportsysteme wesentlich langsamer arbeiten.

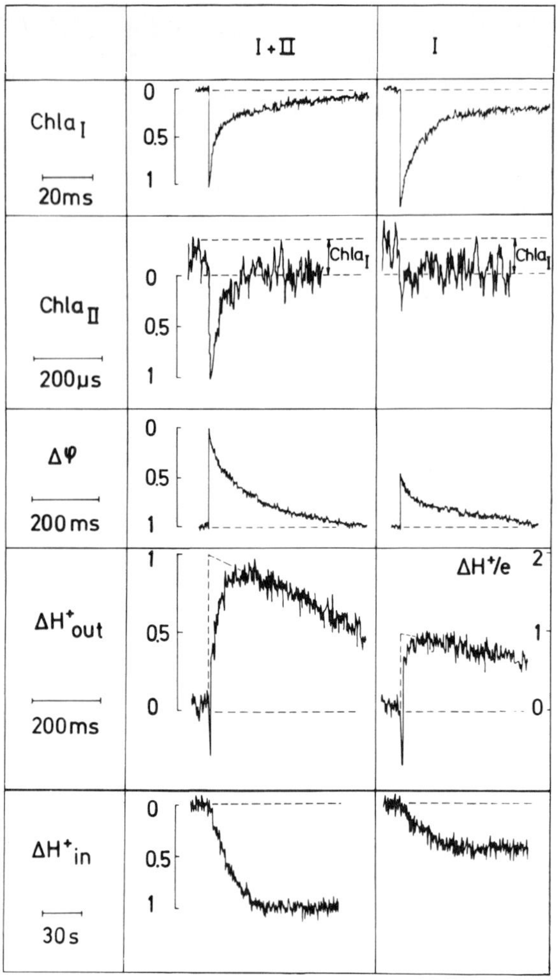

Abb. 13.14. Absorptionsänderungen von Chl-a_I, Chl-a_{II}, $\Delta\psi$ und der H^+-Aufnahme an der Außenphase (ΔH^+_{out}) bzw. der H^+-Abgabe an die Innenphase (ΔH^+_{in}) der Thylakoide am intakten Gesamtsystem (I + II) und am funktionell isolierten System I. [Nach Witt u. Mitarb., s. Gräber und Witt: FEBS-Letters **59**, 184 (1975)]

den Einsatz geeigneter exogener Wirkstoffe (Inhibitoren, Elektronendonatoren und -akzeptoren) ist eine funktionelle Separierung von System I bzw. II vom Gesamtelektronentransport möglich. Mit dieser Methode wurde gefunden, daß bei funktioneller Isolierung von System I (System II blockiert) die Amplitude der elektrochromen Absorptionsänderung um 50% abnimmt (Abb. 13.14). Daraus folgt, daß die Systeme I und II etwa den gleichen Beitrag zum gesamten elektrischen Potentialgradienten leisten. Da außerdem der Gesamtgradient in $\leqq 1$ ns aufgebaut wird, muß auch der Elektronentransfer, der am System II zur Bildung des elektrischen Potentialgradienten führt, in $\leqq 1$ ns erfolgen. Dies ist nur durch den primären Elektronentransfer von Chl-a_{II} zum X320 am Reaktionszentrum C_{II} möglich. Daraus ergibt sich ferner der indirekte Schluß, daß der Ladungstransfer an C_{II} in $\leqq 1$ ns erfolgt (Abschnitt 13.1.3.3). Wegen der direkten Kopplung zwischen der Bildung des elektrischen Potentialgradienten und dem Elektronentransfer an den photochemisch aktiven Reaktionszentren C_I und C_{II} sollte es möglich sein, Rückschlüsse über die geometrische Anordnung von C_I und C_{II} in der Thylakoidmembran zu ziehen. Dazu ist die Kenntnis sowohl über die Polarität des elektrischen Potentialgradienten als auch über die Lokalisation in der Membran erforderlich. Es wurde gefunden, daß bereits 1 Ionophormolekül pro Thylakoid ausreicht, um den Abbau des elektrischen Potentialgradienten zu beschleunigen. Daraus ist zu schließen, daß dieser über die gesamte Thylakoidmembran delokalisiert ist. Direkte Messungen der Oberflächenladungen bestätigen dies. Eine Polaritätsbestimmung ist in der folgenden Weise möglich: Da durch einen elektrischen Potentialgradienten an einer Membran Ionenflüsse induziert werden, kann aus der Richtung des Kation- und Aniontransportes auf die Richtung des elektrischen Feldes geschlossen werden. Dabei ist darauf zu achten, daß dieser Ionentransport tatsächlich durch den elektrischen Potentialgradienten bedingt ist und nicht durch ionenspezifische Enzymtransportsysteme verursacht wird. Es ist daher zweckmäßig, permeable Ionen unterschiedlicher chemischer Struktur, aber gleicher elektrischer Ladung zu benutzen, um ionenspezifische Effekte auszuschalten.

Untersuchungen des feld-induzierten Ionentransportes zeigen, daß die Thylakoidmembran beim Feldaufbau außen negativ gegenüber der Innenphase (positiv) aufgeladen wird.

Damit ist aus den Ergebnissen der Schluß zu ziehen, daß die Reaktionszentren C_I und C_{II} so in die Thylakoidmembran eingebaut sind, daß die Akzeptoren Fd(A, B) und X320 an der Außenseite und die entsprechenden Primärdonatoren Chl-a_I und Chl-a_{II} an der Innenseite lokalisiert sind (Abschnitt 13.1.7). Es ist nun auch möglich, eine Abschätzung über die Größe der elektrischen Potentialdifferenz $^1\Delta\psi$ zu geben, die durch Anregung mit einem „single turnover"-Blitz aufgebaut wird (der Index 1 in $^1\Delta\psi$ symbolisiert diese Art der Anregung). Dabei wird die Thylakoidmembran näherungsweise als Plattenkondensator aufgefaßt, dessen Aufladung durch den lichtinduzierten vektoriellen Elektronentransfer an C_I und C_{II} erfolgt (s. Abb. 13.15). Dann gilt die elektrischen Potentialdifferenz $^1\Delta\psi$:

$$^1\Delta\psi = \frac{Q \cdot l}{S \cdot \varepsilon \cdot \varepsilon_0}, \tag{13.30}$$

wobei Q = Zahl der transportierten Ladungen, l = Membrandicke, S = Membranfläche pro Ladung und ε = die Dielektrizitätskonstante (für Phospholipoide ≈ 2). Aus Strukturuntersuchungen wurden $S = 10^3$ nm^2 und $l = 2$ nm (für Monolipidschicht) bzw. 4 nm (für Lipiddoppelschicht) abgeschätzt. Mit diesen Daten folgt nach Gl. (13.30):

$$^1\Delta\psi \approx 35\text{–}70 \text{ mV}. \tag{13.31}$$

Untersuchungen mit einer anderen Eichmethode (Anwendung von Ionophoren, deren Wirkung vom elektrischen Potentialgradienten an der Thylakoidmembran abhängt) führten zu etwas höheren Werten (90–140 mV). Es ist daher sinnvoll, in 1. Näherung mit einem Richtwert von 50–100 mV zu rechnen. Die Größe der bei Anregung mit Dauerlicht sättigender Intensität aufgebauten elektrischen Potentialdifferenz ist noch umstritten. Da die lichtinduzierten Ionenflüsse durch die Membran mit osmotischen Volumenänderungen der Thylakoide gekoppelt sind und so zu zeitabhängigen Änderungen der Lichtstreuung führen, die die elektrochromen Absorptionsänderungen überlagern, ist eine Auswertung der Meßergebnisse nur dann eindeutig, wenn eine Separierung beider Effekte (Lichtstreuung und Elektrochromie) möglich ist. Dies ist oft nicht der Fall. Andererseits sind die durch Anwendung von Mikroelektroden an Riesenchloroplasten erhaltenen Ergebnisse ebenso zweifelhaft, da bei diesem Verfahren artifizielle Änderungen der Membranpermeabilität nicht auszuschließen sind.

Nach neueren Untersuchungen erfolgt bei Dauerlichteinstrahlung zunächst der sehr schnelle Aufbau einer relativ großen elektrischen Potentialdifferenz (ca. 200 mV), die dann auf einen stationären Wert in der Größenordnung von 20–50 mV abfällt.

Ähnliche Werte ($\sim$200 mV) wurden unter Anwendung der empirischen Potentialeichmethode (Anlegen von Ionenkonzentrationsgradienten bekannter Größe) auch an photosynthetisierenden Bakterien gefunden. Die bislang beschriebenen Phänomene beschränkten sich ausschließlich auf Transmembranpotentialgradienten. Eine Veränderung der Oberflächenladung der Membran führt aber auch zu einer Verschiebung der Grenzflächenpotentiale an den Doppelschichten der Grenzflächen Membran/wäßrige Außenphase und Membran/wäßrige Innenphase. Dies bewirkt signifikante dynamische Grenzflächenpotentialgradienten. Dadurch kann die Potentialdifferenz über die Membran relativ groß (100–200 mV), zwischen den wäßrigen Phasen des Innen- und Außenraumes aber relativ klein (10–20 mV) sein. Die biophysikalische Bedeutung der Grenzflächenpotentiale in der Photosynthese ist Gegenstand der aktuellen Forschung.

13.1.5.3 Aufbau eines Protonengradienten an der Thylakoidmembran

1963 wurde von Jagendorf und Hind gefunden, daß bei Belichtung von Chloroplastensuspensionen der pH-Wert des äußeren Mediums ansteigt und nach Beendigung der Belichtung wieder in den ursprünglichen Zustand abfällt. Da die Chloroplastenmembran (s. Abb. 13.1) zerstört war, konnte vermutet werden, daß an der Thylakoidmembran eine reversible Protonenaufnahme erfolgt. Diese H^+-Aufnahme kann durch 2 phänomenologisch völlig verschiedene Mechanismen bedingt sein:

a) Es kann eine reversible lichtinduzierte Erhöhung der Membranaffinität für H^+ auftreten und damit zur Aufnahme von Protonen aus der angrenzenden wäßrigen Phase führen (Membran-Bohr-Effekt).

b) Es kann ein lichtinduzierter aktiver Nettoprotonentransport durch die Thylakoidmembran stattfinden. Dieser Transport führt dann zur Bildung eines Protonengradienten über die Thylakoidmembran.

Durch die Untersuchung von pH-abhängigen Reaktionen, die an der Innenphase der Thylakoide ablaufen, wurde gezeigt, daß eine lichtinduzierte Azidifizierung im Innern auftritt, d.h. es findet ein Nettoprotonentransport über die Thylakoidmembran statt.

Die in die Innenphase der Thylakoide transportierten Protonen werden zum überwiegenden Teil durch endogene Puffersysteme gebunden. Bei Dauerlichteinstrahlung wurden im stationären Zustand an der Thylakoidmembran pH-Differenzen von maximal 3,5 pH-Einheiten zwischen Innen- und Außenphase gemessen.

Nachdem die Existenz eines Nettoprotonentransportes gezeigt wurde, bleibt zu untersuchen, nach welchem Mechanismus dieser Aufbau erfolgt. In Analogie zum elektrischen Feldaufbau ist entweder eine direkte Kopplung mit einem vektoriellen Elektronentransport, der Protonisierungsreaktionen einschließt, oder eine indirekte Kopplung über spezifische Protonentransportsysteme, die energetisch durch exergonischen Elektronentransfer angetrieben werden, möglich. Wenn eine direkte Kopplung zwischen Elektronen- und Protonentransport vorliegt, dann muß ein konstantes stöchiometrisches H^+/e-Verhältnis auftreten. Durch die Anwendung von geeigneten pH-Indikatoren[21] wurde ein stöchiometrisches H^+/e-Verhältnis von 2 gefunden. Dies weist darauf hin, daß der H^+-Transport direkt mit dem Elektronentransport gekoppelt ist. Neueste kinetische Untersuchungen bestätigen die direkte Kopplung zwischen Elektronen- und Protonentransport. Aus der H^+/e-Stöchiometrie folgt, daß entweder in 2 verschiedenen Elektronentransferreaktionen jeweils 1 Proton oder in einem Schritt 2 Protonen translokalisiert werden können. In analoger Weise wie für den Aufbau des elektrischen Potentialgradienten wurde auch für die Protonenaufnahme aus der Außenphase und die entsprechende Protonenabgabe an die Innenphase gezeigt, daß die Systeme I und II jeweils zu etwa 50% zum Gesamteffekt beitragen (Abb. 13.14).

Das bedeutet, daß pro transportiertes Elektron an jedem System I und II jeweils ein H^+ über die Thylakoidmembran transloziert wird. Dieses Ergebnis läßt sich durch eine zickzackförmig in die Membran eingebaute Elektronentransportkette erklären (s. Abb. 13.15). Bei Belichtung mit „single turnover"-Blitzen wird zunächst jeweils ein Elektron von Chl-a_I zum Fd(A, B) bzw. von Chl-a_{II} zum X320 *vektoriell* durch die Membran transportiert und damit ein elektrisches Feld aufgebaut. Über Redoxreaktionen gibt das gebildete Fd$(A, B)_{red}$ sein Elektron schließlich an $NADP^+$ ab, wobei *ein* H^+ pro Elektron an der Außenseite verschwindet (die Dissoziation von $NADPH_2^+$ bei höheren pH-Werten ist dabei, ebenso

[21] Bei einer Änderung des pH-Wertes in der Umgebung des Indikators treten kalibrierbare Absorptions-Änderungen auf. Je nach den Bindungs- und Permeabilitätseigenschaften eines Indikators kann so die pH-Änderung an der Außen- und Innenphase bestimmt werden.

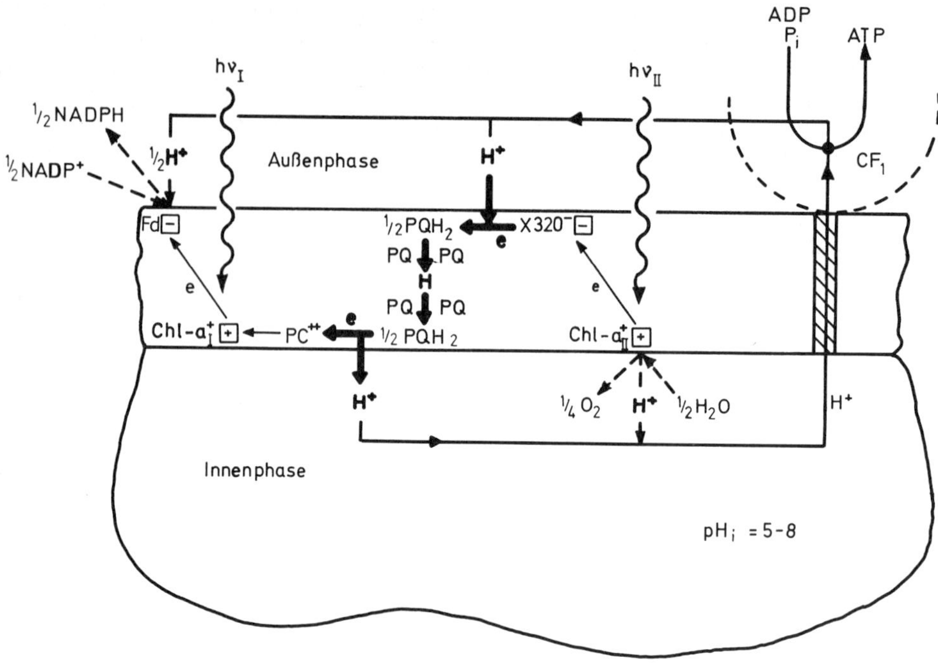

Abb. 13.15. Zickzackschema der vektoriellen Flüsse von Elektronen und Protonen (zur Erläuterung s. Text). [Nach Witt, Junge, Rumberg u. Mitarb., s. Tiemann, Renger, Gräber und Witt: Biochim. Biophys. Acta **546**, 498 (1979)]

wie in Abb. 13.15, nicht explizit berücksichtigt), das gleiche geschieht beim Elektronentransfer von $X320^-$ in den PQ-Pool. Andererseits wird bei der H_2O-Oxydation durch das an der Innenseite lokalisierte wasserspaltende Enzymsystem (Abschnitt 13.1.4.3) *ein* H^+ pro Elektron freigesetzt. Der Plastochinonspeicher wird an der Außenseite der Thylakoidmembran durch $X320^-$ über das Verbindungsmolekül B in einem 2-Elektronentransfer zur Plastohydrochinonstufe reduziert und es werden dabei gleichzeitig $1H^+$ pro Elektron aufgenommen. Innerhalb des Plastochinonspeichers werden Elektronen und Protonen gemeinsam von der Außen- zur Innenseite der Thylakoidmembran transportiert. Ob dies nach einem Sprungmechanismus über praktisch fixierte Plastochinonplätze oder einen Diffusionsmechanismus beweglicher Plastochinon(-hydrochinon)-Moleküle verfolgt, ist bislang ungeklärt. Damit wirkt der Plastochinon-Speicher als vektorieller Wasserstofftranslokator. An der Innenseite der Membran findet die Reoxydation des Plastohydrochinons statt. Dies ist mit der Abgabe von *einem* H^+ pro Elektron in die Innenphase des Thylakoids verbunden. Es wurde ferner gezeigt, daß die Kopplung von Elektronentransferreaktionen im Cytochrom-b-f(c)-Komplex mit Semichinon in einem zyklischen Prozeß zu einem zusätzlichen H^+-Transport über die Thylakoidmembran führen kann (dieser Mechanismus wird als sog. „Q-Cycle“ bezeichnet), so daß unter bestimmten experimentellen Bedingungen auch H^+/e-Verhältnisse von 3 gefunden werden. Die energetische Bedeutung (z. B. für eine zusätzliche Phosphorylierung) und die regulatorische Funktion dieses Zyklus sind noch nicht vollständig geklärt. Damit ist durch die mit den sekundären Redoxprozessen gekoppelten Protonisierungsreaktionen ein Nettoprotonentransport durch die Membran verbunden, wobei ein Teil der elektronischen in protonische Energie transformiert wird, während die elektrische Potentialdifferenz $\Delta\psi$ praktisch unverändert bleibt. Bei Dauerlichteinstrahlung stellt sich ein stationärer Zustand ein, bei dem die mit dem Elektronentransport gekoppelte H^+-Einflußgeschwindigkeit gleich der durch die Membranpermeabilität bestimmten Ausflußgeschwindigkeit ist.

Legt man für eine grobe Abschätzung die jeweiligen Redoxpotentiale zugrunde, so beträgt der Gewinn eines Elektrons an Freier chemischer Energie an jedem Reaktionszentrum ca. 1 eV (der Energiegewinn durch den elektrischen Potentialgradienten soll hier nicht betrachtet werden, da dieser während der sekundären Redoxreaktionen praktisch unverändert bleibt), d.h. insgesamt ca. 2 eV pro Elektronentransportkette. Beim Elektronentransport vom H_2O zum $NADP^+$ beträgt der Gewinn an Freier chemischer Energie aber maximal nur 1,2 eV. Ein Teil der Energie, die durch die exergonischen Redoxreaktionen verloren geht, wird in Form protonischer Energie gespeichert (unter stationären Bedingungen maximal 0,2 eV).

Über die Änderung des inneren pH-Wertes erfolgt auch die Steuerung der Geschwindigkeit des Gesamtelektronentransportes, da der geschwindigkeitsbestimmende Schritt die pH-abhängige Plastohydrochinonoxydation ist. Diese ist an der Innenseite der Thylakoidmembran lokalisiert. Mit abnehmendem pH-Wert im Thylakoidinnern wird der Elektronentransport und damit die H^+-Einflußrate vermindert. Dies führt zu einem feedback-Steuermechanismus, der eine zu starke Azidifizierung der Thylakoidinnenphase verhindert.

Nach neuesten Ergebnissen ist der PQ-Pool möglicherweise über spezifische Protonenleitfähigkeitskanäle mit der wäßrigen Außen- und Innenphase verbunden.

Der im Licht aufgebaute elektrochemische Potentialgradient repräsentiert gespeicherte Freie Enthalpie, die in andere Formen (z.B. chemische Bindungsenergie) umgewandelt, zum Antrieb aktiver Ionentransportvorgänge benutzt oder dissipativ vernichtet werden kann (s. Kapitel 8.7.5). Die Ionen- und Stofftransportprozesse üben wesentliche Steuerfunktionen in biologischen Membransystemen aus. Neben der direkten Regulierung der metabolitischen Substrat- und Produktflüsse werden über die Ionenkonzentrationen Enzymaktivitäten oder Anregungsenergietransferprozesse gesteuert. Der Stofftransport bestimmt die osmotischen Eigenschaften und führt damit zu Schrumpf- und Schwellungsvorgängen der Thylakoide oder des gesamten Chloroplasten.

13.1.6 Phosphorylierung

In Abschnitt 13.1.1.1 [Gl. (13.2)] wurde gezeigt, daß die endergonische CO_2-Reduktion mit NADPH thermodynamisch erst durch die Kopplung mit der exergonischen ATP-Hydrolyse möglich ist, d.h. die ATP-Hydrolyse-Reaktion „liefert" die Freie Enthalpie zum „Antrieb" der CO_2-Reduktion. Die Kopplung endergonischer mit exergonischen Reaktionen ist das fundamentale Prinzip der thermodynamischen Realisierung biologischer Prozesse. Dieses Prinzip ist in Kapitel Energiekonservierung, Abschnitt 8.7.5, ausführlich behandelt worden. Danach wird die endergonische ATP-Synthese über protische Kopplung durch die Freie Enthalpie eines elektrochemischen Protonengradienten energetisch angetrieben (chemiosmotische Theorie von Mitchell).

Im vorangegangenen Abschnitt wurde gezeigt, daß die lichtgetriebene Elektronentransportkette der photosynthetischen Primärprozesse in analoger Weise zur Atmungskette als Protizitätsgenerator wirkt (Kapitel Energiekonservierung, 8.7.4.3c). Die Kopplung mit der ATP-Synthese erfolgt über eine durch Protizität energetisierbare membrangebundene ATP-ase nach dem in Kapitel Energiekonservierung, 8.7.5.2, beschriebenen Schema. Ebenso besitzt die ATP-ase der Chloroplasten im Prinzip die gleichen funktionellen und strukturellen Eigenschaften wie die entsprechenden Enzymkomplexe an Mitochondrien oder Bakterien. Es soll deshalb an dieser Stelle auf eine allgemeine Beschreibung der photosynthetisch angetriebenen Phosphorylierung verzichtet und nur einige spezielle Punkte als Ergänzung zum Kapitel Energiekonservierung, Abschnitt 8.7.5.2, behandelt werden.

Nach der chemiosmotischen Theorie bildet die Kopplungsmembran die notwendige Barriere gegen einen raschen, dissipativen Protizitätsabbau. Daher sollte an Chloroplasten das Thylakoid auch die Funktionseinheit der Phosphorylierung sein.

Titrationsversuche der Phosphorylierung mit Ionophoren (s. Fußnote[19] S. 554) zeigen, daß unter geeigneten Bedingungen bereits ein Ionophormolekül pro Thylakoid ausreicht, um sowohl $\Delta\psi$ als auch die ATP-Ausbeute zu vermindern (s. Abb. 13.16). Daraus folgt, daß die Funktionseinheit des Phosphorylierungs-Kopplungsmechanismus das Thylakoid selbst und damit das Konzept der Kopplungsmembran bestätigt ist. Es wurde gefunden, daß der Feldabbau während der Phosphorylierung beschleunigt erfolgt. Die Phosphorylierungsrate entspricht der Rate des elektrischen Feldabbaues, der durch den H^+-Transfer über die ATP-ase erfolgt. Unter optimalen Bedingungen ($\Delta pH > 2{,}6$) ist die ATP-Ausbeute in kurzen Blitzen proportional der elektrischen Potentialdifferenz, d.h. proportional zu der Menge der translozierten Protonen. Nach der Mitchell-Hypothese sollte am Thylakoidmembransystem eine Phosphorylierung auch bei blockiertem Elektronentransport und im Dunkeln möglich sein, wenn künstlich ein elektrochemischer Potentialgradient erzeugt wird. Es wurde gefunden, daß ein durch einen Säure-Base-Sprung an der Thylakoidmembran erzeugter Protonengradient tatsächlich zu einer Phosphorylierung führt. Ferner wurde gezeigt, daß unter Meßbedingungen, unter denen nur ein suboptimaler pH-Gradient aufgebaut wird, ein zusätzlich gebildetes gleichgerichtetes artifizielles Diffusionspotential die Phosphorylierung stimuliert, ein entgegengesetzt gerichtetes Diffusionspotential dagegen inhibierend wirkt. Die Bedeutung von Grenzflächenpotentialen (s. Abschnitt 13.1.5.2) für die Phosphorylierung ist noch unbekannt (neue Ergebnisse deuten auf eine indirekte Beeinflussung, möglicherweise über Änderungen lokaler Ionenkonzentrationen). Es ist auch möglich, die Kopplungsmembran durch externe elek-

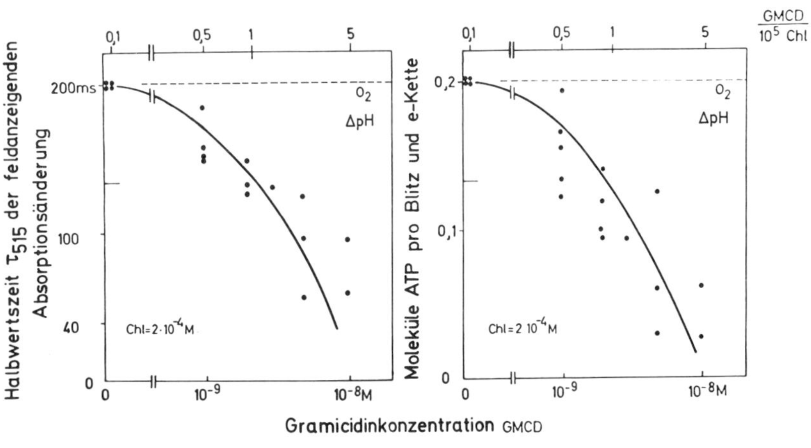

Abb. 13.16. Abhängigkeit der Geschwindigkeit des elektrischen Feldabbaues (gegeben durch die Halbwertszeit der Abklingkinetik der elektrochromen Absorptionsänderung bei 515 nm) und der ATP-Bildung in kurzen Blitzen von der Konzentration des Ionophors Gramicidin (GMCD). Die obere Abszisse gibt die mittlere Gramicidinmolekülzahl pro Thylakoid an. (Ein Thylakoid enthält im Mittel ca. 10^5 Chlorophyllmoleküle.) Die gestrichelte Kurve gibt an, daß im betrachteten Konzentrationsbereich die Größe von ΔpH und die O_2-Bildung invariant gegen Gramicidin sind. (Nach Boeck u. Witt, s. Zitat Kongreß-Bericht Photosynthesis, Band 2, 903, 1972)

trische Spannungspulse zu energetisieren. Wegen der geringen Dielektrizitätskonstanten der Membran und der hohen Leitfähigkeit der wäßrigen Außen- und Innenphase erfolgt der im äußeren elektrischen Feld auftretende Spannungsabfall längs der Vesikel praktisch vollständig an der Membran. Der so gebildete elektrische Potentialgradient besitzt nur in einer Hälfte der Vesikel die zur ATP-Synthese notwendige Richtung bezüglich der anisotrop in die Membran eingebauten ATP-ase. Die „falsch“ polarisierten ATP-asen sind an der Reaktion nicht beteiligt. Daher ist durch extern angelegte elektrische Spannungspulse an Thylakoiden im Dunkeln eine ATP-Synthese zu erreichen, die mit der lichtinduzierten ATP-Ausbeute vergleichbar ist.

Es ist schließlich gelungen, künstliche Membransysteme aufzubauen, in die ein lichtgetriebenes Protonenpumpsystem (Bakteriorhodopsin aus Halobakterien, dieses Protein induziert — wahrscheinlich über gerichtete Konformationsänderungen — im Licht einen H^+-Transport) und isolierte ATP-ase eingebaut wurden. An diesen artifiziellen Membransystemen wurde eine lichtinduzierte ATP-Bildung gemessen.

All diese durch die Mitchell-Hypothese inspirierten Versuche stützen das Modell der chemiosmotischen Energiekopplung.

Der molekulare Mechanismus der ATP-Synthese ist noch unbekannt (s. Kapitel Energiekonservierung, Punkt 8.7.5.2b).

13.1.7 Zur Struktur der Thylakoidmembran

Zum prinzipiellen Verständnis der Primärprozesse der Photosynthese ist nicht nur die Kenntnis der Eigenschaften einzelner Teilsysteme, sondern auch die über die funktionelle und strukturelle Zuordnung im Gesamtsystem der Thylakoide erforderlich. Die Wechselbeziehung zwischen Funktion und Struktur bietet die Möglichkeit, aus Erkenntnissen über funktionelle Zusammenhänge Rückschlüsse auf die geometrische Anordnung von Reaktionspartnern zu ziehen und auf diese Weise die über die typischen Methoden zur Strukturuntersuchung (Röntgenbeugung, Elektronenmikroskopie) gefundenen Ergebnisse zu ergänzen.

Es war in Abschnitt 13.1.5.2 gezeigt worden, daß die Reaktionszentren C_I und C_{II} so in die Thylakoidmembran eingebaut sind, daß Chl-a_I und Chl-a_{II} an der Innenseite, die zugehörigen Akzeptoren Fd(A, B) und X 320 an der Außenseite der Thylakoidmembran angeordnet sind. Ebenfalls aus Ergebnissen über die Funktion wurde geschlossen, daß der Plastochinonspeicher außen reduziert, innen oxydiert wird (Abschnitt 13.1.5.3) und damit als transversales Funktionselement sowohl für den Elektronen- als auch für den Protonentransport wirkt. Ferner wurde gefunden, daß das wasserspaltende Enzymsystem ebenso an der Innenseite der Thylakoidmembran lokalisiert ist (Abschnitt 13.1.4.3) wie das Plastocyanin. Immunologische Versuche mit Antikörpern führten zu dem Schluß, daß die $NADP^+$-Reduktion außen stattfindet. Extraktionsversuche zeigten, daß auch die ATP-ase an der Außenseite der Thylakoidmembran eingebaut ist.

Untersuchungen mit stereospezifischen proteolytischen Enzymen (z.B. Trypsin) ergänzen und bestätigen diese Erkenntnisse.

Verbindet man diese Ergebnisse mit bekannten Strukturdaten über die Thylakoidmembran und nimmt außerdem an, daß deren prinzipielle strukturelle Organisation durch das 1972 von Singer und Ni-

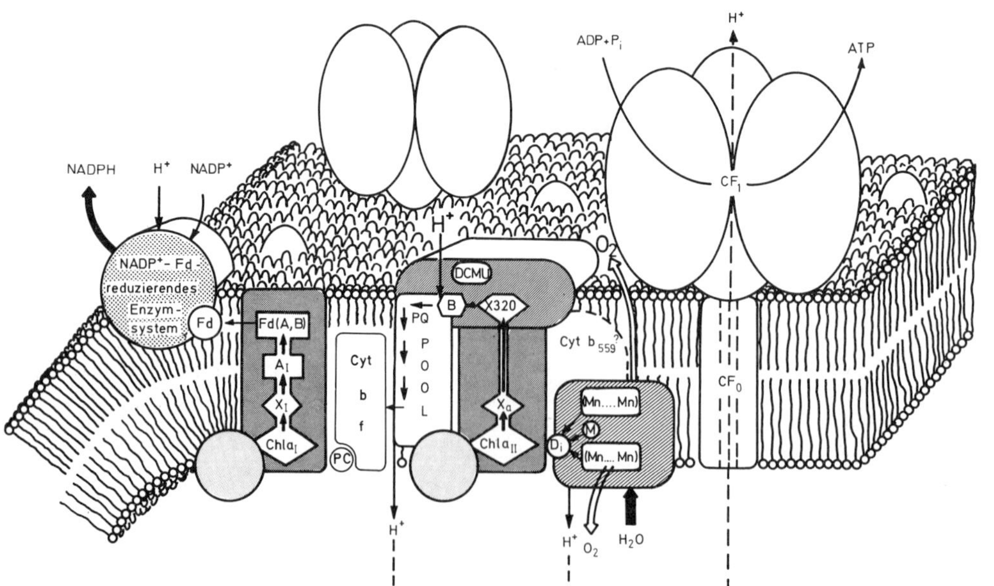

Abb. 13.17. Skizze des molekularen Aufbaues der Thylakoidmembran. Die dunkel gezeichneten Kreise an den Reaktionszentren symbolisieren einen Teil der Antennen-Chlorophyllproteinkomplexe (diese Komponenten sind aus Gründen der Übersichtlichkeit in der Darstellung stark unterrepräsentiert). Weitere Erklärungen s. Text

cholson postulierte Mosaik-Membran-Modell (vgl. Abb. 2.31) zu beschreiben ist, so ergibt sich als vorläufiges Bild das in Abb. 13.17 dargestellte Modell der Thylakoidmembran. Es kann in Anbetracht der noch unbeantworteten Fragen sicher nur ein sehr bescheidenes und möglicherweise verzerrtes Abbild der Realität sein. Es kann darüber hinaus nur eine statische Momentaufnahme darstellen, da dynamische Strukturprozesse (z.B. Lateraldiffusion oder Rotation von Enzymen in der Membran), deren Bedeutung (z.B. für die ATP-ase-Reaktionen) noch weitgehend ungeklärt ist, nicht berücksichtigt werden konnten.

13.1.8 Schlußbetrachtungen

Der hier gegebene kurze Abriß über die Primärprozesse der Photosynthese hat darzustellen versucht, welches strukturelle und funktionelle Organisationsschema von der Natur zur Ausnutzung der Sonnenenergie für die Synthese von Kohlenhydraten aus H_2O und CO_2 entwickelt wurde. Zur Lösung dieser Aufgabe wird eine Arbeitsteilung in 2 Funktionsbereiche vorgenommen, wobei nur die für die Photosynthese spezifischen Primärprozesse an ein strukturell hochorganisiertes Membransystem, die sog. Thylakoide, gebunden sind, während für die sekundären chemischen Reaktionen der strukturell einfachere Stromabereich ausreicht.

Nach einem analogen Organisationsschema finden in heterotrophen Organismen die Dunkel-Umkehr-Prozesse der Photosynthesebruttoreaktion [s. Gl. (13.1)], nämlich die Glukoseoxidation, statt. Dies wurde im Kapitel Energiekonservierung ausführlich dargestellt (vgl. Kapitel 8.7).

Entsprechend dem heutigen Erkenntnisstand wurden die Eigenschaften des Thylakoids beschrieben und dabei gezeigt, wieviele Fragen (z.B. die molekularen Mechanismen der O_2-Bildung und der ATP-ase oder die Bedeutung dynamischer Strukturänderungen) noch weitgehend unbeantwortet bleiben müssen.

Literaturauswahl

Monographien und Handbücher

Clayton, R.K.: Photosynthesis: physical mechanisms and chemical pattern. Cambridge: Cambridge University Press 1980.

Govindjee, Ed.: Bioenergetics of Photosynthesis. New York: Academic Press 1975.

Gregory, R.P.F.: Biochemistry of Photosynthesis. London: Interscience (Wiley) 2. Auflage 1977.

Kamen, M.D.: Primary Processes in Photosynthesis. New York: Academic Press 1963.

Nobel, P.S.: Introduction to Biophysical Plant Physiology. San Francisco: Freeman 1974.

Rabinowitch, E., Govindjee: Photosynthesis. New York-London-Sydney-Toronto: Wiley & Sons 1969.

Kongreß-Berichte

Progress in Photosynthesis Research. Proc. 1st Int. Congr. Photosynthesis Res., Freudenstadt 1968, 3 Bände (Ed. H. Metzner). Tübingen: Laupp 1969.

Photosynthesis, Two Centuries after its Discovery by Joseph Priestley. Proc. 2nd Int. Congr. Photosynthesis Res., Stresa 1971, 3 Bände (Eds. G. Forti, M. Avron, B.A. Melandri). The Hague: Junk 1972.

Proc. 3rd. Int. Congr. Photosynthesis, Rehovot 1974 (Ed. M. Avron). 3 Bände. Amsterdam-Oxford-New York: Elsevier 1975.

Photosynthetic Oxygen Evolution. Metzner, H. (ed.). London-New York-San Francisco: Academic Press 1978.

Tunneling in Biological Systems. Chance, B., Vault, D.C. De, Marcus, R.A., Schrieffer, R., Sutin, N. (eds.). New York-San Francisco-London: Academic Press 1979.

Light-Induced Charge Separation in Biology and Chemistry. Gerischer, H., Katz, J.J. (eds.). Weinheim-New York: Verlag Chemie 1979.

13.2 Photomorphogenese

KARL M. HARTMANN und WOLFGANG HAUPT

13.2.1 Einleitung

Bei den Pflanzen gibt es zwei fundamental verschiedene Lichtwirkungen. Einerseits wird bei der *Photosynthese* die Photonenenergie in chemische Energie umgewandelt und zum Bau- und Betriebsstoffwechsel eingesetzt; hier dient also Licht als Energiequelle. Andererseits wirkt Licht im Rahmen der *Photomorphogenese* kybernetisch, d.h. der Außenfaktor Licht wird als Signal zur Steuerung der Entwicklung genutzt. Lichtsignale entscheiden also über die Realisierung verschiedener Entwicklungs- bzw. Differenzierungsprozesse sowohl qualitativ als auch quantitativ, wobei die Energie hierfür nicht von diesem Lichtsignal, sondern aus dem Betriebsstoffwechsel stammt. Der Terminus Photomorphogenese besagt also, daß das Licht gestaltändernden oder *morphogenetischen* Einfluß ausübt.

Bevorzugte Entwicklungsstadien zum Studium der Photomorphogenese sind solche, die sich aus reservestoffreichen Pollenkörnern, Sporen, Samen, Knollen, Rhizomen (Erdsprossen) oder Zwiebeln entwickeln und deshalb längere Zeit unabhängig von der Photosynthese im Dunkeln wachsen können. Die erwünschte *Unabhängigkeit von der Photosynthese* kann speziell bei Mikroorganismen oder Gewebekulturen oft durch *Heterotrophie* (Ernährung durch Angebot organischer Substrate) erreicht werden.

Kultiviert man Pflanzen einheitlicher Genausstattung und Herkunft unter vergleichbaren Bedingungen einerseits im Dunkeln und andererseits im Licht, so lassen sich in der Regel morphologische Unterschiede, sog. Morphosen, erkennen (vgl. Abb. 13.18). Alle diese Morphosen, die unter dem Einfluß des Lichts entstehen, bezeichnet man als *Photomorphosen*. Dabei umfaßt dieser Begriff alle Unterschiede, die von der *makroskopisch-morphologischen* bis herunter zur *molekularen* Ebene nachweisbar sind. Damit ist also auch ein Konzentrations- oder Konformationsunterschied bei Inhaltsstoffen als Photomorphose anzusprechen.

Photomorphogenetische Umsteuerungen erfordern häufig nur kurze Belichtungen mit niedrigen Bestrahlungsstärken. So können einmalige Bestrahlungen mit etwa $0{,}5\,mJ \cdot m^{-2}$ bereits Photomorphosen auslösen. Das entspricht bei vollem Sonnenlicht einer Bestrahlungszeit von etwa 1 µs. Licht wirkt in solchen Fällen

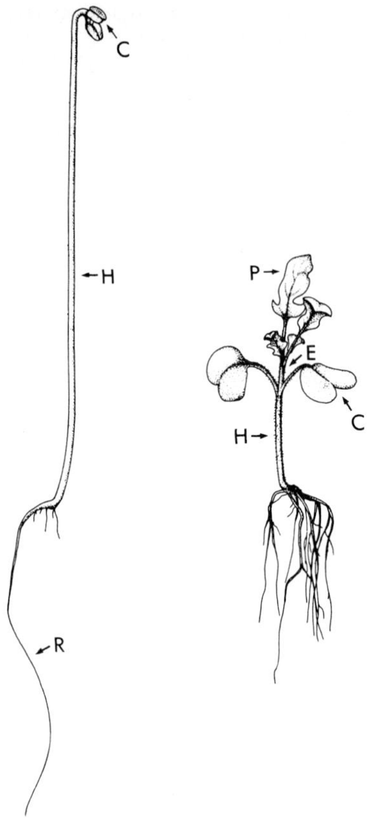

Abb. 13.18. Senfkeimlinge (*Sinapis alba* L.) gleicher Genausstattung, etwa 1 Woche im Reagenzglas auf Knop-Agar kultiviert. *Links*: im Dauerdunkel (etioliert). *Rechts*: im Dauerweißlicht (deetioliert). Beachte Wachstumshemmung und Behaarung des Keimstengels (*Hypokotyl*=*H*) und Öffnung seines Durchbruchhakens, Entfaltung und Vergrößerung der Keimblätter (*Kotyledonen* = *C*), Entwicklung und Behaarung der Keimblattstiele (*Petiolen*), Entwicklung der Sproßknospe (*Plumula*) mit *Epikotyl* (= *E*) und Primärblättern (= *P*), Pigmentierung (Chlorophyll und Anthocyan) in *Hypokotyl* und *Kotyledonen*, Verlagerung des Wachstums von der Keimwurzel (*Radicula* = *R*) auf die Seitenwurzeln. [Nach Mohr, in: The physiology of plant growth and development, Wilkins ed., McGraw-Hill, London 1969]

als *induzierendes Signal*. Unter natürlichen Bedingungen — etwa in den Tropen in Meereshöhe, wo die solare Bestrahlungsstärke bis zu 1 $kW \cdot m^{-2}$ beträgt — erreicht die tägliche Bestrahlung für den sichtbaren Spektralbereich ($380\,nm \leqq \lambda \leqq 780\,nm$) Werte bis zu 20 $MJ \cdot m^{-2}$, d.h. mehr als das 10^{10}fache. Die dabei auftretenden *Langzeit-Hochintensitäts-Phänomene* werden auf S. 573ff. behandelt.

Ohne photomorphogenetische Steuerung resultiert das *Etiolement* oder die Vergeilung. Es tritt bei Pflanzen auf, wenn diese (oder Teile davon) bei ausreichender Ernährung in völliger Dunkelheit wachsen. Der Habitus des Etiolements ist vom Spargel (*Asparagus officinalis*) her bekannt und wird hier durch Abdecken der Sprosse erzeugt und wirtschaftlich genutzt. Etiolierte Sprosse wachsen schnell, die Blätter bleiben rudimentär, Festigungselemente und Leitbündel werden kaum ausgebildet, und die Pigmentsynthese (Chlorophyll, Anthocyan, Carotinoide usw.) unterbleibt bzw. ist gering. Die Organe vergeilen also, und ihr Wachstum und ihre Entwicklung sind darauf selektioniert, daß mit Hilfe der mobilisierbaren Reservestoffe die Blattanlagen das Licht erreichen, um via Photosynthese die weitere Energieversorgung zu sichern. Schon eine tägliche Belichtungszeit von Sekunden oder Minuten steuert die Entwicklung zum normalen Habitus hin um; diese sog. *Deetiolierung* (Abb. 13.18) ist ein Beispiel für die *Signalwirkung* des Lichts; es resultieren reduziertes Sproßwachstum, Entwicklung von Blättern, Leitbündeln und Festigungsgewebe (Verholzung) sowie Synthese von Blattfarbstoffen (Ergrünung).

Eines der am intensivsten bearbeiteten Objekte ist der Senfkeimling (*Sinapis alba*). Bei diesem Objekt kann man makroskopisch zahlreiche der Photomorphosen erkennen, die für zweikeimblättrige Pflanzen (*Dicotyledoneae*) typisch sind. Abbildung 13.18 zeigt links einen etiolierten, etwa 1 Woche im Dunkeln gewachsenen Keimling und rechts einen gleichalten deetiolierten Weißlichtkeimling.

Auch im physiologischen Verhalten treten auffallende Unterschiede auf: Der negative Gravitropismus, d.h. die Orientierung des Wachstums weg vom Schwerezentrum der Erde, ist beim etiolierten Keimling weniger entwickelt; dafür reagiert dieser stärker positiv phototropisch (Wachstum zur Lichtquelle).

Die Zahl der Photomorphosen läßt sich beliebig vermehren, sobald man den mikroskopischen und molekularen Bereich mit hinzunimmt und vom Zeitpunkt des Belichtungsbeginns bis zur Auswertung, ähnlich der Situation in Abb. 13.18, genügend Zeit verstreichen läßt. Dann nämlich ist der deetiolierte Keimling im Vergleich zum etiolierten quasi zu einem vom Habitus und molekularen Aufbau her völlig verschiedenen Organismus geworden, d.h. alle Inhaltsstoffe differieren in ihrer räumlichen Konzentrationsverteilung. Natürlich gibt es auch Inhaltsstoffe, die bei Wahl eines geschickten Bezugssystems unverändert zu bleiben scheinen. So kann etwa die mittlere Aktivität von Enzymen des Intermediärstoffwechsels für einzelne Keimlingsorgane die gleichen zeitlichen Veränderungen erfahren. Es ist aber fraglich, ob diese Aussage gültig bleibt, wenn man die zelluläre oder gar intrazelluläre Aktivitätsverteilung untersucht. Es gibt also bereits bei einem Objekt eine *Vielfalt von Photomorphosen*, und diese ändert sich mit dem Entwicklungszustand.

Die Mannigfaltigkeit an Photomorphosen steigt noch weiter, wenn man berücksichtigt, daß Photomorphogenese bei fast allen Pflanzen vorkommt: So wird z.B. bei dem grünen Flagellaten *Chlamydomonas* die Gametogenese (Bildung der Geschlechtszellen) durch Licht gesteuert; die höheren Pilze der Klasse *Basidiomycetes* bilden nur unter Lichteinfluß einen normalen Fruchtkörper aus; Farnsporen keimen in Dunkelheit oder Rotlicht zu einem fädigen Zellschlauch, dem *Protonema*, das sich äußerlich nicht von dem der Moose unterscheidet, und erst unter dem Einfluß von blauem oder weißem Licht entwickelt es sich zum typischen zweidimensional-herzförmigen Farnvorkeim, dem *Prothallium*.

Bei dem Versuch, in die Vielfalt der Photomorphosen Ordnung zu bringen, kann man nach folgenden Prinzipien *klassifizieren*:

a) *Quantitative* Photomorphosen werden durch Zählen und Messen erfaßt, und zwar als *diskrete* (z.B. Zahl der Blüten) oder *stetige* Merkmale (z.B. Hypokotyllänge). *Qualitative* Photomorphosen lassen demgegenüber nur eine begrenzte Anzahl von nicht numerisch erfaßbaren Zuständen erkennen; am häufigsten sind *Alternativmerkmale* mit nur zwei Zuständen (z.B. bei der Keimung: gekeimt — ungekeimt).

b) Eine Photomorphose kann als *positiv*, *negativ* oder *komplex* gelten, je nachdem, ob das betrachtete Merkmal relativ zur Dunkelkontrolle zunimmt, abnimmt oder sich kompliziert verhält.

c) Photomorphosen können *Photodifferenzierungen* sein, d.h. *irreversible* lichtinduzierte Veränderungen, die auch nach der Rückkehr zur Dunkelheit erhalten bleiben, so wie etwa die Öffnung des Hypokotylhakens. Es kann sich aber auch um *Photomodulationen* handeln, d.h. lichtinduzierte Veränderungen, die zeitlich und räumlich voll *reversibel* sind; der Organismus muß also zum Ausgangszustand zurückkehren, sofern die ursprünglichen Umweltbedingungen wieder hergestellt werden. So kann z.B. die Aktivität eines Enzyms nach einer kurzen Belichtung für einige Stunden vorübergehend erhöht oder reduziert werden.

d) Ein wichtiger Aspekt ist die *Latenzzeit*, die verstreicht, ehe eine Photomorphose manifest wird. Es gibt *langsame* Photomorphosen, meist wohl Photodifferenzierungen, die erst Stunden oder Tage nach der Belichtung nachweisbar werden, wie etwa die Hypokotylhaken-Öffnung oder die Blütenbildung. Andererseits sind Photomodulationen oft vergleichsweise *schnell*, so daß die Latenzzeit nur Minuten oder gar Sekunden dauert, wie das z.B. für die Verlagerung von Zellorganellen oder für die Änderung von Membranpotentialen gilt.

Je kürzer die Latenzzeit einer Photomorphose ist, um so kürzer sollte die beteiligte Reaktionskette sein. Für die *Kausalanalyse* sind deshalb Photomorphosen mit kurzer Latenzzeit besonders erfolgversprechend, vor allem, wenn es sich um *negative Photomodulationen* handelt, weil dann das kinetische Verhalten u.U. für eine einzige Regelstelle typisch ist. Die Photomorphosen mit langen Latenzzeiten repräsentieren in der Regel tiefgreifende Systemveränderungen vom Typ der *Photodifferenzierungen* und können deshalb nicht ohne das entwicklungsphysiologische Konzept der *differentiellen Genregulation* verstanden werden.

Dieses Konzept besagt, daß analog zu Hormonwirkungen das Lichtsignal nach Absorption in einem *Sensorpigment* direkt oder über eine *Signalkette* differentiell regulierend in das Aktivitätsmuster der Zellgene eingreift. Hierzu werden *aktive* und *inaktive* Gene postuliert, die in ihrem Aktivitätszustand unbeeinflußbar sind; daneben aber auch inaktive Gene, die *aktivierbar*, und aktive Gene, die *reprimierbar* sind. Dabei sind der jeweilige Entwicklungszustand und die herrschenden Außenfaktoren entscheidend dafür, ob und wie Lichtsignale über das Genom einer Zelle oder eines Gewebes wirken: z.B. kann die Blütenbildung nur bei beblätterten Pflanzen induziert werden, und in der Nähe des Gefrierpunktes wird die Keimung mancher Samen lichtunabhängig. Obwohl die Hypothese der *differentiellen Photoregulation der Gene*, wie sie eigentlich heißen sollte, eine zwanglose Erklärung der Vielfalt der Photodifferenzierungen gestattet, so ist sie doch im Detail des molekularen Bereichs vorerst nur lückenhaft belegt, und grundsätzlich ist die Steuerwirkung auf verschiedenen Ebenen der in Abb. 13.19 schematisch dargestellten Genausprägung möglich. Auf der Enzymebene sind entsprechende Induktionen und Repressionen nachgewiesen, und auch eine Steuerung der Translationsaktivität wurde bereits beobachtet.

Die Ansätze zum Verständnis der regulatorischen Mechanismen bei der Photomorphogenese hängen durchweg mit Versuchen zur Identifizierung der Sensorpigmente zusammen und fallen also in den Bereich der *Wirkungsspektrometrie* (vgl. Kapitel 3.2.7, S. 122).

Die Frage nach der *spektralen Empfindlichkeit* von Photomorphosen kann nicht einheitlich beantwortet werden. Bei Pilzen ist meist nur der Spektralbereich <520 nm Wellenlänge wirksam. Bei grünen und potentiell grünen Pflanzen findet man demgegenüber Wirkungen vom ultravioletten bis in den infraroten Bereich, wobei die Empfindlichkeitsmaxima im Ultraviolett-A($315 \leqq \lambda \leqq 380$ nm), im Blau und im Rot liegen.

Wo immer Signalwirkungen des *Rotlichts* genauer untersucht wurden, konnte *Phytochrom* als Sensorpigment nachgewiesen werden.

Generalisierend kann man sagen, daß das Phytochrom unter den grünen und potentiell grünen Pflanzen *universell* verbreitet ist und für die Photomorphogenese die gleiche Bedeutung hat wie das Chlorophyll für die Photosynthese. Wir beschränken uns deshalb auf die Behandlung des Phytochroms. Sensorpigmente für blaulichtgesteuerte Photomorphosen sind in den meisten Fällen noch unbekannt und werden deshalb als *Cryptochrome* bezeichnet; diskutiert werden Carotinoide, Cytochrome, Flavine und auch Phytochrom wegen seiner Absorptionsbanden im Blau-UV-Bereich (s. Abb. 13.30).

13.2.2 Charakterisierung des Phytochroms *in vivo*

Die Entdeckung des Phytochroms geht auf Beobachtungen bei der photoperiodischen Blühinduktion sowie bei der Samenkeimung zurück.

Grundbedingung für die Keimung ist, daß die Samen bei Zimmertemperatur und ausreichender Wasserversorgung auf einem inerten Substrat (Filtrierpapier, Sand, Agar usw.) ausgelegt werden.

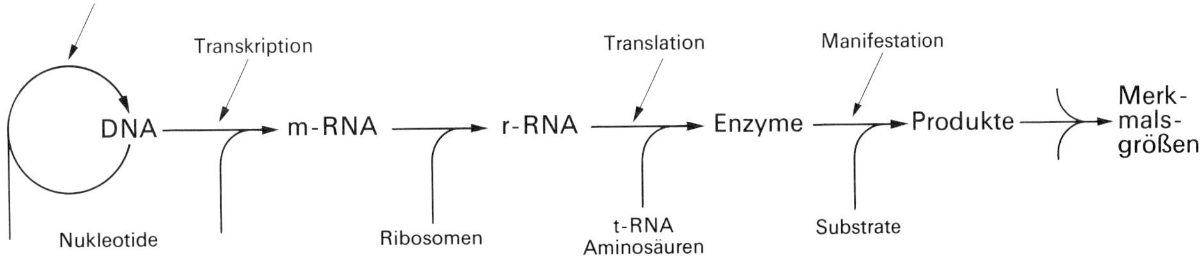

Abb. 13.19. Kinetisches Minimalmodell für wachsende biologische Systeme. Zur Symbolik s. S. 23. [Nach Hartmann and Unser, Growth II, Kinetic Analysis, Purdue Research Foundation 1972]

Darüber hinaus benötigt die Mehrzahl wildwachsender Pflanzen noch spezifische Signalwirkungen, wobei die wichtigste das Licht ist: Gequollene Samen müssen wenigstens für die Dauer von Sekunden mit Weißlicht belichtet werden, um zu keimen; die Keimung läuft dann auch im Dunkeln ab, d.h. das Lichtsignal wirkt induzierend. Wir sprechen hier von *Lichtkeimern* oder *positiv photoblastischen* Samen. Bei den selteneren *Dunkelkeimern* oder *negativ photoblastischen* Samen wirkt eine Belichtung keimungshemmend.

Bereits 1936 hat man mit Hilfe von monochromatischer Strahlung die *spektrale Empfindlichkeit* von Licht- und Dunkelkeimern bestimmt. Dabei erwies sich in beiden Fällen der Dunkelrot- ($700 \leqq \lambda \leqq 850$ nm) und der Blaubereich ($350 \leqq \lambda \leqq 510$ nm) als hemmend, der Bereich im Grün bis Rot ($510 \leqq \lambda \leqq 700$ nm) als fördernd. Nur überwiegt bei den Dunkelkeimern die hemmende, bei den Lichtkeimern die fördernde Wirkung, so daß im Weißlicht entweder Keimungshemmung oder Keimungsförderung resultiert. Durch Bestrahlen von Kürbissamen (*Cucurbita pepo*), die in Holzkohle eingebettet waren, wurde gezeigt, daß das *photosensitive Zentrum* dieses Dunkelkeimers in der Keimwurzelspitze liegt.

1952 wurde der *Hellrot-Dunkelrot-Antagonismus* zusammen mit dem Phänomen der *wiederholbaren HR-DR-Reversibilität* [1] bei der Keimungssteuerung von Salatfrüchten (Achänen von *Lactuca sativa*) entdeckt. Der entscheidende Befund war, daß bei minutigen Wechselbestrahlungen mit HR und DR stets die zuletzt gegebene Lichtqualität den Effekt determiniert (Tabelle 13.1): Maximale Keimung erfolgt, wenn zuletzt HR eingestrahlt wird, jedoch kaum Keimung, wenn zuletzt DR appliziert wird. Dieses Phänomen erwies sich als charakteristisch für das später als *Phytochrom* bezeichnete Sensorpigment und findet sich bei ungezählten Objekten von der Organisationsstufe des Flagellaten bis zur Blütenpflanze für eine Vielfalt von Photomorphosen, auch wenn manchmal nur partielle Photoreversion gelingt.

Gemäß den Wirkungsspektren fördert hellrote Strahlung nahe der Wellenlänge 660 nm maximal, während dunkelrote Strahlung um 740 nm optimal

[1] Für Hellrot und Dunkelrot sind die Abkürzungen HR und DR üblich; die entsprechenden französischen Abkürzungen sind r (=rouge) oder rc (=rouge clair) und rl (=rouge lontain) oder rs (=rouge sombre), die englischen r (=red) und fr (=far-red).

Tabelle 13.1. Wiederholbare HR-DR-Reversibilität der Keimungsinduktion von Salatachänen (*Lactuca sativa* L. *cv.* Grand Rapids tip burn resistant strain). Alle Bestrahlungen (HR 1 $W \cdot m^{-2}$, DR 5 $W \cdot m^{-2}$, je 5 min) folgen unmittelbar aufeinander. [Nach Borthwick et al.: Proc. Natl. Acad. Sci. U.S. **38**, 662 (1952)]

Bestrahlungsprogramm	Keimungsrate in %
HR	70
HR+DR	6
HR+DR+HR	74
$(HR+DR)_2$	6
$(HR+DR)_2$+HR	76
$(HR+DR)_3$	7
$(HR+DR)_3$+HR	81
$(HR+DR)_4$	7

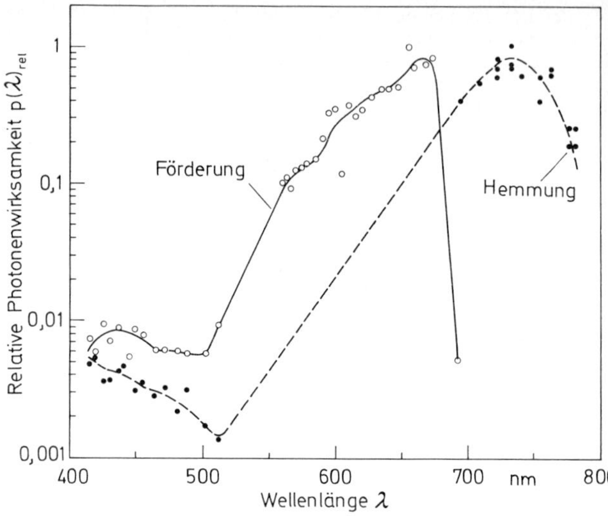

Abb. 13.20. Logarithmische Wirkungsspektren (s. S. 126) für die Photoregulation der Keimung von Salatachänen (s. Tabelle 13.1). Wegen der im Bereich 520–690 nm bestehenden Wirkungsüberlappung kann die Hemmung hier nicht bestimmt werden (vgl. Abb. 13.33). [Berechnet aus Daten von Borthwick et al.: Bot. Gaz. **115**, 205 (1954)]

hemmt (Abb. 13.20). Je nachdem, ob saturierend mit DR bzw. HR vorbestrahlt wird, wirkt Strahlung im Bereich 690 ± 20 nm und 450 ± 50 nm fördernd wie HR oder hemmend wie DR. Entsprechende Wirkungsspektren mit vergleichbarem Photonenbedarf sind heute für zahlreiche Photomorphosen ausgearbeitet.

Wichtige Zusatzbefunde sind: Temperatur-Unabhängigkeit der Induktionsbestrahlung im Bereich von 0 bis 40° C; exponentielle Abhängigkeit des Effekts von der applizierten Photonenmenge bei Gültigkeit des Bunsen-Roscoe-Reziprozitätsgesetzes (in der Physiologie allgemein als *Reizmengengesetz* bezeichnet), was für eine Photoproduktbildung gemäß einer Reaktion erster Ordnung spricht (s. S. 128); schlechte Photoinduktion und -reversion in trockenen Geweben; Bewahrung des Induktionszustandes über Perioden des Austrocknens; bei etwa 25° C Abklingen der HR-Induktion mit einer Halbwertszeit $\tau \approx 1$ h und Verschwinden der DR-Reversibilität mit 1 min $< \tau <$ 20 h; Effektinduktion bereits durch einen HR-Blitz, aber keine Wirkungsabnahme durch einen energetisch gleichwertigen DR-Blitz nach saturierender HR-Vorbestrahlung.

Aufgrund dieser Befunde haben die Entdecker vorgeschlagen, daß das Phytochrom ein *Chromoprotein* ist, welches in zwei weitgehend stabilen Formen existiert, die gemäß einer Photoreaktion 1. Ordnung ineinander konvertierbar sind:

$$R \underset{k_{fr\Lambda}}{\overset{k_{rf\Lambda}}{\rightleftharpoons}} F . \qquad (13.32)$$

Dabei repräsentiert R das physiologisch *inaktive, hellrotabsorbierende Phytochrom*, welches in Dunkelkulturen die alleinige Pigmentform ist. F ist demgegenüber das physiologisch *aktive, dunkelrotabsorbierende Phytochrom*, der sog. Effektor. Dieser Effektor F wurde als thermolabiler Regulator beurteilt, dessen induzierender und steuernder Einfluß nach einiger Zeit auch durch saturierende DR-Bestrahlung nicht mehr annulliert werden kann.

R und F stehen für die sonst üblichen Abkürzungen $P_r = P_{HR}$ bzw. $P_{fr} = P_{DR}$ und repräsentieren in Gleichungen Konzentrationsangaben in $mol \cdot m^{-3}$. Damit bleiben die Indizes rf und fr zur Kennzeichnung der Umwandlungen R→F bzw. F→R frei.

Das Phytochrom ist also ein sog. *Photochrom*, d.h. ein Pigment, welches bei Belichtung seine Farbe ändert (s. S. 137). Aufgrund der Wirkungsspektren war klar, daß R ein blaugrünes, F ein gelbgrünes Pigment sein muß, wobei die Absorptionsbanden sich im roten und blauen Spektralbereich überlappen. Als chromophore Gruppe wurde ein den Gallenfarbstoffen ähnliches Pigment, d.h. ein offenkettiges Tetrapyrrolderivat, vorgeschlagen.

Die *photochemische Reaktionsgeschwindigkeitskonstante* in s^{-1} für die Konversion R→F gem. Gl. (13.32) ist definiert als:

$$k_{\mathrm{rf}\Lambda} = \int_{\lambda_a}^{\lambda_b} \sigma_{\mathrm{rf}}(\lambda) E_0(\lambda) d\lambda \,. \tag{13.33}$$

Hierbei sind λ_a und λ_b die Grenzen des eingestrahlten Spektralbereichs Λ in nm, $\sigma_{\mathrm{rf}}(\lambda)$ der *spektrale Konversionsquerschnitt* in $m^2 \cdot mol^{-1}$ für die Photokonversion R→F, und $E_0(\lambda)$ der *spektrale Raumphotonenfluß* in $mol \cdot m^{-2} s^{-1} nm^{-1}$. Für $\sigma_{\mathrm{rf}}(\lambda)$ kann man auch schreiben:

$$\sigma_{\mathrm{rf}}(\lambda) = \sigma_{\mathrm{r}}(\lambda) \phi_{\mathrm{rf}}(\lambda) \,, \tag{13.34}$$

wobei $\sigma_r(\lambda)$ der *spektrale Absorptionsquerschnitt* von R in $m^2 \cdot mol^{-1}$ und $0 \leqq \phi_{\mathrm{rf}}(\lambda) \leqq 1$ die *spektrale Photonenausbeute* für die Photokonversion R→F sind. Analoges gilt für die photochemische Reaktionsgeschwindigkeitskonstante $k_{\mathrm{fr}\Lambda}$ der Photokonversion F→R.

Mit diesen Definitionen gilt für Modellgleichung (13.32) die monochromatische Photokonversionskinetik

$$\frac{dF}{dt} = \frac{-dR}{dt} = k_{\mathrm{rf}}(\lambda) R - k_{\mathrm{fr}}(\lambda) F \tag{13.35}$$

mit $(R+F)_t = R_0 =$ konstant.

Gemäß Gln. (13.32) u. (13.35) gilt bei saturierender Bestrahlung und Erreichen eines photostationären Zustandes (Fließgleichgewicht)

$$\left|\frac{+dF}{\mathrm{dt}}\right| = R_\infty k_{\mathrm{rf}\Lambda} = \left|\frac{-dR}{\mathrm{dt}}\right| = F_\infty k_{\mathrm{fr}\Lambda} \tag{13.36}$$

und somit für die *stationäre Fraktion* f_Λ des Pigments, die als Effektor F vorliegt:

$$f_\Lambda = \left(\frac{F_\infty}{F_\infty + R_\infty}\right)_\Lambda = \frac{k_{\mathrm{rf}\Lambda}}{k_{\mathrm{rf}\Lambda} + k_{\mathrm{fr}\Lambda}}. \tag{13.37}$$

Bei hinreichend monochromatischer Bestrahlung, d.h. für $\lambda_a \to \lambda_b$, resultiert die Vereinfachung:

$$f_\lambda = \frac{\sigma_{\mathrm{rf}}(\lambda)}{\sigma_{\mathrm{rf}}(\lambda) + \sigma_{\mathrm{fr}}(\lambda)}. \tag{13.38}$$

Abbildung 13.21 zeigt den spektralen Verlauf von f_λ. Dementsprechend finden sich für mehrstündige Bestrahlungen bei unempfindlichen Photomorphosen,

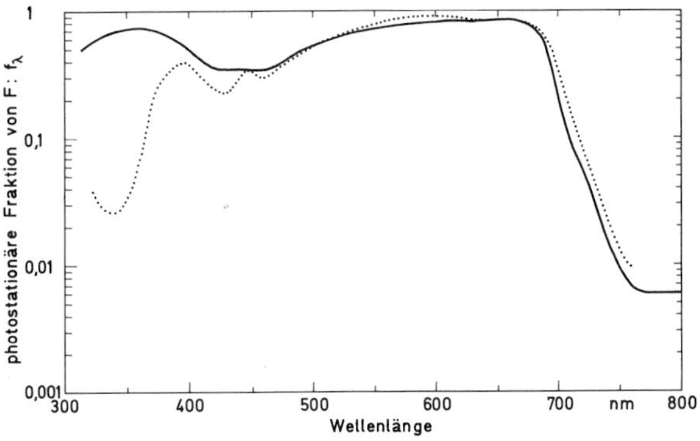

Abb. 13.21. Photostationäre Fraktion von F für Monochromatbestrahlung. *Ausgezogen*: Funktionsverlauf für Haferphytochrom *in vitro*, errechnet mit Daten gemäß den Abb. 13.32 u. 13.33. *Punktiert*: Funktionsverlauf aufgrund von *In-situ*-Messungen an Hypokotylhaken von Senfkeimlingen (d = 2,9 mm bei 25° C). Für diese *In-situ*-Kurve wurden nach Gln. (13.42) u. (13.45) einerseits direkt relative Fraktionen von F, andererseits aber auch die scheinbaren spektralen Konversionsquerschnitte von R und F ermittelt (s. S. 571). Der relative mittlere Fehler für diese *In-situ*-Kurve steigt bei den Werten im Bereich $f_\lambda < 0{,}1$ bis auf 0,3 an und deshalb gilt z.B. für $f_{720} = 0{,}09 \pm 0{,}027$ bzw. für $f_{760} = 0{,}01 \pm 0{,}003$. Die Unterschiede zwischen den *in-vitro-* und *in-situ*-Daten beruhen auf bathochromer Verschiebung und auf spektraler Beschattung durch Begleitpigmente (Carotinoide, Protochlorophyll, Chlorophylle, Flavonoide). [Nach Messungen von Butler et al.: Photochem. Photobiol. **3**, 521 (1964), sowie Hartmann and Spruit: Z. Pflanzenphysiol. **69**, 109 (1973)]

wie der Keimung von Samen und Sporen, spektrale Photonenempfindlichkeiten, die der photostationären Effektorfraktion gemäß Abb. 13.21 folgen.

Theoretisch konnte erwartet werden, daß das Phytochrom ein typisches *Differenzspektrum* liefert, wenn man seine spektrale Absorption nach saturierender HR- bzw. DR-Vorbestrahlung mißt. Dieses Differenzspektrum kann mit einer etwas erweiterten Betrachtung quantitativ formuliert werden.

Es sei f_{λ_1} die Fraktion des Pigments, die nach saturierender Monochromat-Bestrahlung mit λ_1 (üblicherweise HR mit 660 ± 5 nm) als F vorliegt; dann liegt gleichzeitig die Fraktion $1 - f_{\lambda_1}$ als R vor. Dabei gilt für die *Gesamtextinktion* einer Probe mit *n* nicht interagierenden Pigmenten unter idealen Bedingungen

$$A(\lambda) = d \sum_{i=1}^{n} c_i \varepsilon(\lambda)_i \,, \tag{13.39}$$

wobei $A(\lambda)$ = *spektrales dekadisches Absorptionsmaß* (bislang *Extinktion*), c = Pigmentkonzentration in $mol \cdot m^{-3}$, d = optische Weglänge in m, $\varepsilon(\lambda)$ = molarer *dekadischer* Absorptionskoeffizient in $m^2\ mol^{-1}$ sind; $\varepsilon(\lambda)$ kann durch den spektralen Absorptionsquerschnitt $\sigma(\lambda)$ = molarer *natürlicher* Absorptionskoeffizient ersetzt werden gemäß: $\varepsilon(\lambda) = 0{,}4343 \cdot \sigma(\lambda)$.

In einer solchen Probe liefert das Phytochrom einen *Extinktionsbeitrag* $A(\lambda)_{\lambda_1}$, der sich aus den Extinktionen $A_f(\lambda)$ und $A_r(\lambda)$ für reines F bzw. R summiert als

$$A(\lambda)_{\lambda_1} = f_{\lambda_1} A_f(\lambda) + (1 - f_{\lambda_1}) A_r(\lambda)$$
$$= 0{,}4343 \cdot cd[f_{\lambda_1} \sigma_f(\lambda) + (1 - f_{\lambda_1}) \sigma_r(\lambda)] \,. \tag{13.40}$$

Analoges gilt nach saturierender Monochromat-Bestrahlung mit λ_2 (üblicherweise DR mit 730 ± 5 nm) und f_{λ_2} als Fraktion von F.

Damit erhält man für das *Differenzspektrum* die Funktion

$$\Delta A(\lambda) = 0{,}4343 \cdot cd(f_{\lambda_1} - f_{\lambda_2}) [\sigma_f(\lambda) - \sigma_r(\lambda)] \,, \tag{13.41}$$

die in ihrem *spektralen* Verlauf nur von der Differenz der Absorptionsquerschnitte (bzw. Absorptionskoeffizienten) von F und R abhängt. Die Größe $\Delta A(\lambda)$ ist dabei proportional der Fraktion an konvertiertem Pigment, seiner Konzentration und der optischen Weglänge. Für die Messung von Differenzspektren ist also das *spektrale Absorptionsmaß* $A(\lambda)$ einer Probe nach partieller bzw. saturierender Pigmentkonversion (hier HR- bzw. DR-Vorbestrahlung) zu bestimmen, und die Meßwerte sind zu *subtrahieren.*

Dafür sind prinzipiell Ein- und Doppelstrahlverfahren geeignet. Sobald man mit optisch dichten und stark streuenden Gewebeproben arbeitet, müssen diese jedoch unmittelbar vor dem Sekundärelektronenvervielfacher plaziert werden, um möglichst viel des transmittierten und gestreuten Restlichts zu erfassen.

Mit Hilfe eines hochempfindlichen Photometers gelang es erstmals 1959 an dicht gepackten etiolierten Kotyledonen von Rübsenkeimlingen (*Brassica rapa*), das typische *Phytochromdifferenzspektrum in situ* zu messen und damit Vorkommen, Photochromie und spektrale Absorptionsdifferenz des Phytochroms direkt nachzuweisen. *Ungestörte* Phytochromdifferenzspektren (Abb. 13.22) zeigen charakteristische Maxima bzw. Minima bei 665 bzw. 730 nm sowie einen *isosbestischen Punkt* bei 690 nm, wo also $\sigma_f(\lambda)=\sigma_r(\lambda)$ ist. Im Bereich $\geqq 800$ nm gilt $\sigma_f(\lambda)\to\sigma_r(\lambda)\to 0$. Am Ort der Extremwerte ist das Verhältnis der Extinktionsdifferenzen $1\leqq|\Delta A(665)/\Delta A(730)|\leqq 1{,}2$.

Heute ist die Methodik so verfeinert, daß Phytochromdifferenzspektren bereits an einzelnen etiolierten Organteilen von mm-Größe gemessen werden können. Allerdings besteht die grundsätzliche Schwierigkeit, daß in grünen und potentiell grünen Geweben für die Photokonversion R→F Phytochromdifferenzspektren resultieren, die durch die Photokonversion Protochlorophyllid→Chlorophyll a sowie dessen Fluoreszenz *verfälscht* sind. Auch andere Photochrome, die in pflanzlichen Geweben vorkommen, sowie die starke Beschattung durch Carotinoide und Flavonoide, stören vor allem im

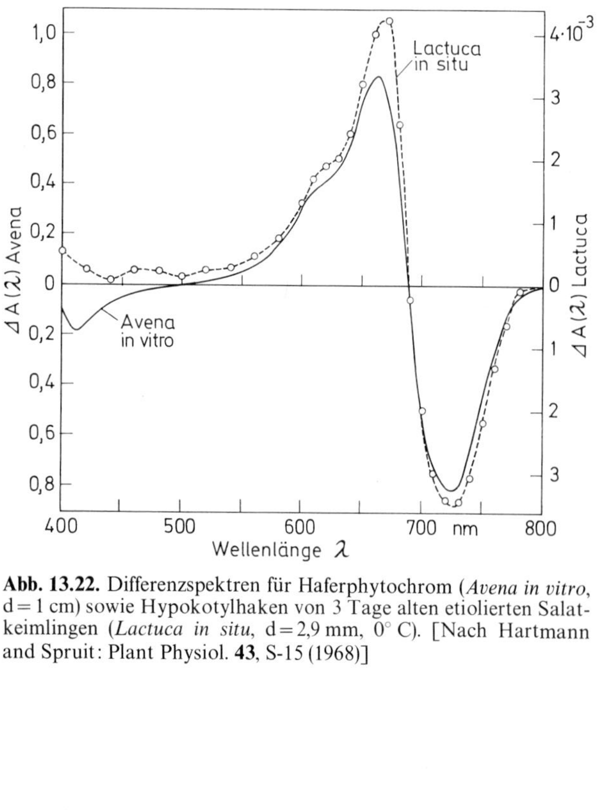

Abb. 13.22. Differenzspektren für Haferphytochrom (*Avena in vitro*, d = 1 cm) sowie Hypokotylhaken von 3 Tage alten etiolierten Salatkeimlingen (*Lactuca in situ*, d = 2,9 mm, 0° C). [Nach Hartmann and Spruit: Plant Physiol. **43**, S-15 (1968)]

Spektralbereich < 550 nm. Aus einem Satz von Differenzspektren, der durch saturierende Bestrahlung mit wechselnden Monochromatpaaren λ_1, λ_2 *in situ* gemessen worden ist, sollten sich mit Hilfe der Gln. (13.38) u. (13.41) die Absorptionsspektren von R und F direkt berechnen lassen; wegen der oben genannten Störungen gelingt dies jedoch nicht mit der erforderlichen Genauigkeit.

Mit der Messung von Phytochromdifferenzspektren wurde es möglich, die *Phytochromkonzentration c* nach Gl. (13.41) abzuschätzen. Da bestenfalls das gesamte Pigment photokonvertierbar ist, gilt $(f_r - f_f) < 1$ und im Bereich der Extremwerte $\sigma_f(730) \gg \sigma_r(730)$ bzw. $\sigma_r(665) > \sigma_f(665)$, wobei für organische Farbstoffe stets $\sigma(\lambda) < 10^5\ \mathrm{m^2\ mol^{-1}}$ ist. Für $d = 1$ cm fanden sich *in situ* Werte im Bereich $0{,}1 > |\Delta A(730)| \approx |\Delta A(665)| > 10^{-3}$, was scheinbare mittlere Phytochromkonzentrationen zwischen 10^{-3} und $10^{-5}\ \mathrm{mol\cdot m^{-3}}$ bzw. 10^{-6} und $10^{-8}\ \mathrm{mol\cdot dm^{-3}}$ (= molar) ergibt. Die Einschränkung *scheinbar* ist notwendig, da bei diesen Messungen der Einfluß der Lichtstreuung nicht berücksichtigt wurde (s. S. 123).

Wegen der sehr geringen Pigmentkonzentration ist klar, daß das photometrische Verfahren zum Studium von *intra*zellulären Phytochromverteilungen nicht empfindlich genug ist. In der Regel ist die scheinbare Phytochromkonzentration in etiolierten Meristemen (embryonale Gewebe) am höchsten und beträgt im ausdifferenzierten etiolierten Gewebe noch etwa 10%. Im Zuge der Deetiolierung durch Weißlicht fallen die scheinbaren Phytochromkonzentrationen innerhalb einiger Stunden auf 1 bis 10% der Werte für etiolierte Gewebe.

Diese und weitere Informationen über das Phytochrom *in situ* wurden hauptsächlich mit speziellen Zweiwellenlängenphotometern für die Wellenlängenpaare 665/810, 730/810 bzw. 665/730 nm gewonnen. Dabei nimmt man an, daß die gemessenen Extinktionsdifferenzen $\Delta\Delta A^{665}_{810} = \Delta A(665)$, $\Delta\Delta A^{730}_{810} = \Delta A(730)$ bzw. $\Delta\Delta A^{665}_{730} = \Delta A(665) - \Delta A(730)$ gemäß Gl. (13.41) den Konzentrationen von R, F bzw. R + F proportional sind. Dies ist zulässig, solange der *Streuungsmodulus* (s. S. 123) von zu vergleichenden Proben als unverändert gelten kann. Für begrenzte Zeiträume gilt dies bei äquivalenten Proben von etiolierten wachsenden Geweben, u.U. aber nicht mehr nach Deetiolierung.

An ein- und derselben Probe können entsprechende Störreaktionen und Veränderungen der Phytochromkonzentration drastisch reduziert werden, indem man bei 0° C arbeitet. Es gilt dann

$$\frac{F_t}{F_0} = \frac{\Delta A(730)_t}{\Delta A(730)_0} \quad \text{bzw.} \quad \frac{R_t}{R_0} = \frac{\Delta A(665)_t}{\Delta A(665)_0}, \tag{13.42}$$

d.h. man kann die *relativen* Konzentrationen von F bzw. R zur Zeit t, bezogen auf den Referenzwert zur Zeit $t = 0$ bestimmen, indem man die jeweils durch saturierende HR- bzw. DR-Bestrahlung erzielte Photokonversion R→F bzw. F→R photometrisch mißt. Die Störung durch das Chlorophyllsystem läßt sich reduzieren, indem man die Chlorophyllakkumulation durch Zusatz von Chloramphenicol oder Norflurazon hemmt und die Proben nach der ersten saturierenden HR-Bestrahlung mindestens 30 min dunkel hält; danach ist die Chlorophyllbildung abgeschlossen und der Protochlorophyllidpool weitgehend erschöpft. So wird es möglich, die Konversionskinetiken für beide Umlagerungen bei minimaler Fluoreszenzstörung photometrisch zu verfolgen, sofern die für streuende Proben typischen *hyperbolischen Photonenflußgradienten* berücksichtigt bzw. eliminiert werden (s. S. 123).

Mit Hilfe der Zweiwellenlängenphotometrie *in situ* konnten die aus physiologischen Versuchen erschlossenen *Eigenschaften des Phytochroms* teilweise bestätigt und weitere entdeckt werden (vgl. Abb. 13.35, S. 573):

a) Sofern das Phytochrom in der F-Form vorliegt, ist es nicht mehr stabil. Bei zweikeimblättrigen Pflanzen verschwindet F in der Regel gemäß einer Reaktion 1. Ordnung mit Halbwertszeiten τ zwischen 30 und 60 min bei 25° C. Diese sog. *Dunkeldestruktion* setzt sofort oder mit Verzögerungen von 10 bis 30 min ein, ist abhängig vom oxidativen Stoffwechsel und führt zu einem photochemisch und biologisch inaktiven Abbauprodukt D. Bei einkeimblättrigen Pflanzen erfolgt diese Destruktion von F um mindestens eine Größenordnung schneller ($90 \leqq \tau \leqq 250$ s bei 25° C) und ist schon bei einer photostationären Konzentration von einigen Prozent F gesättigt.

b) Die *Neusynthese* der R-Form erfolgt rückkopplungsfrei gemäß einer Reaktion 0. Ordnung mit einer Syntheserate von $\approx 5\% \cdot h^{-1}$, bezogen auf die Phytochromkonzentration im etiolierten Zustand. Dies bewirkt im Zusammenspiel mit Destruktion und Reversion (s.u.) ein Fließgleichgewicht für den Phytochrompool.

c) Bei zweikeimblättrigen Pflanzen ist teilweise auch eine *Dunkelreversion* F→R mit fraglicher Bedeutung beobachtet worden; sie kann zweiphasig sein, wobei bei 25° C 10% mit $\tau \approx 12$ min, die restlichen 90% aber sehr langsam (τ bis zu 10 h) revertieren.

d) Eine weitere Komplikation ist bei beiden Photokonversionen das Vorkommen von *Zwischenzuständen*, die sich durch Blitzlichtspektrophotometrie nachweisen und bei tiefen Temperaturen anreichern lassen. Ihre Charakterisierung basiert auf Untersuchungen von normalen sowie wasserfreien Geweben (wie auch Pigmentlösungen) bei verschiedenen Temperaturen. Abbildung 13.23 zeigt den Reaktionszyklus für die derzeit postulierten Zwischenzustände. Die Terminologie ist von den Umwandlungen der Sehpigmente übernommen (s. S. 742). Im wasserfreien Milieu laufen die Photokonversionen R→F bzw. F→R nur bis zu den Zwischenzuständen Meta-Ra bzw. Meta-Fa; diese Chromophorreaktionen erfolgen deshalb auch in gefriergetrockneten Gewebeproben und trockenen Samen. Das führt dazu, daß bei reduziertem Wassergehalt die Photonenausbeuten $\phi_{rf}(665)$ und $\phi_{fr}(730)$ von sonst $\approx 0{,}17$ (s. S. 572) gegen 0 gehen und die bei Bestrahlung akkumulierten Zwischenzustände Meta-Ra und Meta-Fa im Dunkeln revertieren, und zwar bei 0° C mit Halbwertszeiten $20\,s \leqq \tau \leqq 30$ min. Das Phytochrom verliert also unter diesen Bedingungen seine Photochromie und verhält sich wie zwei getrennte Pigmente.

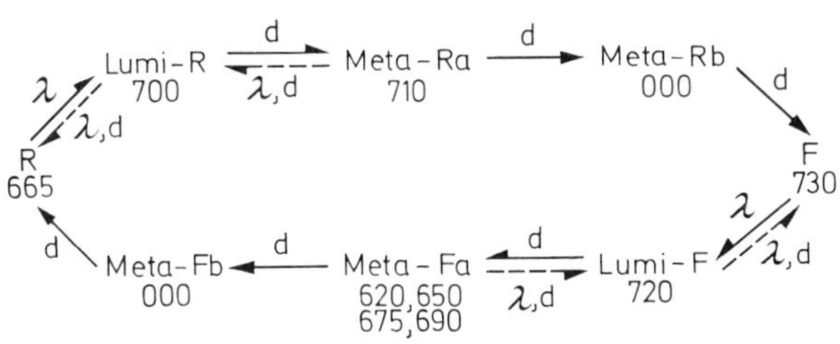

Abb. 13.23. Phytochrom-Photokonversionszyklus. λ = Lichtreaktion; d = Dunkelreaktion; die Zahlen bezeichnen die Maxima der Differenz- bzw. Konversionsspektren der Pigmentzustände in nm. Meta-Fa besteht aus drei ineinander umlagerbaren Formen, von denen Meta-Fa_3 als letzte entsteht und bei 690 nm absorbiert. Meta-Rb und Meta-Fb absorbieren kaum. Die Umlagerungen Meta-Ra→→F und Meta-Fa_3→→R sind mit Proteinkonformationsänderungen gekoppelt und laufen deshalb im wasserfreien bzw. festen Milieu nicht ab; unter diesen Bedingungen können stattdessen nur die rückläufigen Zusatzreaktionen ····→ beobachtet werden. Die Umlagerung Meta-Rb→F ist die langsamste und erfolgt bei 0° C mit $\tau \approx 4$ s. [Nach Daten von Spruit et al.: Planta (Berl.) **127**, 121 (1975)]

Die Reversion Meta-Fa zu F wurde im Zusammenhang mit der Steuerung der Samenkeimung 1968 entdeckt, zunächst aber fälschlicherweise als *inverse Dunkelreversion* R→F gedeutet. — Für die Physiologie ist weiter von Bedeutung, daß im wäßrigen Milieu im hellen Weißlicht bis zu 50% des Phytochroms in Form der Zwischenzustände akkumulierbar ist. Damit nimmt die mittlere Aufenthaltszeit der F- und R-Moleküle stark ab, und folglich wird die relativ langsame Dunkeldestruktion zusätzlich reduziert. Ferner verursacht die Existenz der Zwischenzustände bei Kurzzeit-Hochintensitätsbestrahlungen (Zeit $t < 10$ s; $E_{0\lambda} > 0{,}1\ \mu mol \cdot m^{-2} \cdot s^{-1}$; s. S. 132) Komplikationen, die die Wirkungsspektrometrie erschweren und eine Analyse der prästationären Übergangskinetiken erfordern; ob hieraus neue Erkenntnisse zum Wirkungsmechanismus des Phytochroms resultieren, ist bis dato unklar.

Bei allen diesen photometrischen Messungen *in situ* ist zu bedenken, daß stets nur relative mittlere scheinbare Konzentrationen für stark streuende Gewebeproben ermittelt werden und daß hierbei die inter- und intrazelluläre Pigmentverteilung unerkannt bleibt: Über etwaige zeitabhängige Pigmentverschiebungen zwischen Zellkompartimenten sowie über lokale Reaktionsunterschiede kann deshalb mit dieser Methode nichts ausgesagt werden.

13.2.3 Intrazelluläre Lokalisation des Phytochroms

Die mittleren scheinbaren Phytochromkonzentrationen von nur 10^{-3} bis $10^{-5}\,mol \cdot m^{-3}$ (s.o.) gestatten keinen photometrischen Phytochromnachweis für einzelne Zellen und noch weniger eine Untersuchung der intrazellulären Pigmentverteilung. Da jedoch das Phytochrom ein Chromoprotein ist, konnten hierzu neuerdings mit Erfolg *immunocytologische* Methoden eingesetzt werden. In der Form eines Radio-Immun-Tests ist damit der Picogrammbereich zugänglich geworden, was eine Empfindlichkeitssteigerung gegenüber der Photometrie um einen Faktor 1000 bedeutet.

Die bis jetzt vorliegenden Ergebnisse weisen darauf hin, daß die intrazelluläre Verteilung von R im Cytoplasma ziemlich diffus ist, während F bereits innerhalb einer Minute nach seiner Bildung partikulär verteilt ist. Nach Photoreversion von F zu R erscheint nach etwa 2 h bei 22° C das Phytochrom wieder in der R-typischen diffusen Verteilung, jedoch in geringerer Konzentration. Bei Dauer-HR-Bestrahlung ist nach 30 bis 60 min kein Phytochrom nachweisbar; es findet sich aber nach 90 min bis zu 8 h in zunehmend stärkerer Assoziation mit den Kernen, um nach 12 h völlig zu verschwinden. Dies spezifiziert die photometrisch erhobenen Befunde (s.o.) und stützt das klassische Konzept der differentiellen Photoregulation der Gene (s. S. 563).

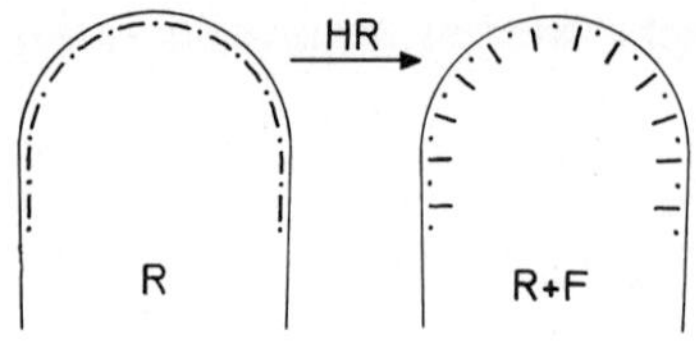

Abb. 13.25. Modell für den Umklappdichroismus des Phytochroms in Protonemaspitzen (Hauptebenenschnitt). Im Dunkeln liegt nur R vor, dessen S_1-Übergang an der Plasmamembran parallel zur Zelloberfläche orientiert ist (links). Durch Bestrahlung mit unpolarisiertem HR (senkrecht zur Papierebene) werden die R-Moleküle, deren S_1-Übergänge in der Papierebene liegen, in F umgewandelt. Die S_1-Übergänge von F stehen senkrecht zur Zelloberfläche. [Verändert nach Etzold: Planta (Berl.) **64**, 254 (1965)]

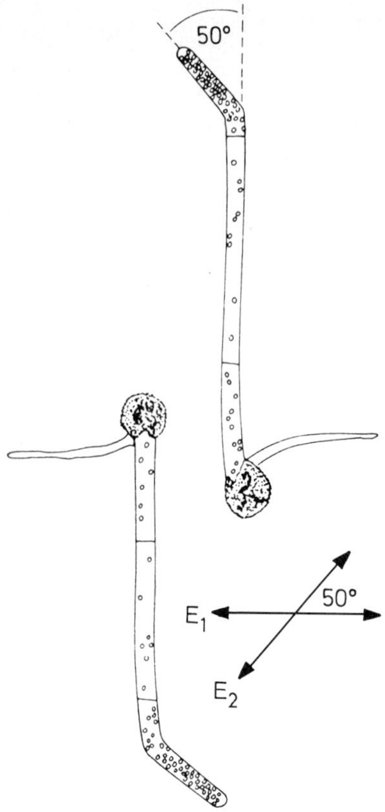

Abb. 13.24. Polarotropismus bei Protonemen (Keimfäden) von *Dryopteris filix-mas* (Wurmfarn). Die Vorkeime wuchsen unter einer Glasplatte im Agar und wurden mit linear polarisiertem HR bestrahlt, dessen Einfallsrichtung auf der Papierebene senkrecht stand. Zunächst wurde die Schwingungsebene des HR für drei Tage in Richtung E_1 fixiert, dann für einen weiteren Tag in Richtung E_2. [Verändert nach Steiner: Photochem. Photobiol. **9**, 493 (1969)]

Diese Befunde betreffen das gesamte Phytochrom einer Zelle. Physiologische Untersuchungen müssen entscheiden, ob damit auch die intrazelluläre Lokalisation des *funktionellen* Phytochroms erfaßt ist, also derjenigen Pigmentmoleküle, die die interessierenden Photomorphosen steuern. Eine wichtige Informationsquelle hierfür ist der *Wirkungsdichroismus*, d.h. die Abhängigkeit einer Reaktion von der Schwingungsrichtung linear polarisierter monochromatischer Strahlung.

Ein Beispiel für Wirkungsdichroismus einer Phytochromreaktion ist der *Polarotropismus* von fädigen Farnvorkeimen, den sog. *Protonemen* (s. S. 562). Diese zeigen ausgeprägtes Spitzenwachstum und reagieren im einseitigen Rotlicht positiv phototropisch, weil das Wachstumszentrum stets am Ort maximaler Anregung von R liegt. Wird im linear polarisierten Rotlicht das Wachstum der Protonemen mechanisch auf die Ebene senkrecht zur Durchstrahlungsrichtung beschränkt, so resultiert Polarotropismus, d.h. in diesem Falle Orientierung der Wachstumsrichtung senkrecht zum ***E***-Vektor des Rotlichts (Abb. 13.24). Da der Ort stärkster Anregung von R dem Ort stärksten Wachstums entspricht, folgt daraus unmittelbar, daß der S_1-Übergang von R in der Spitzenzone des Protonemas *tangential* zur Zelloberfläche orientiert sein muß.

Eine weitere Analyse zeigt, daß der S_1-Übergang des F *senkrecht* zur Zelloberfläche orientiert ist. Dies bedeutet, daß sich die Orientierung des S_1-Übergangs bei der Umlagerung von R nach F und umgekehrt jeweils um etwa 90° dreht (Abb. 13.25; *Umklappdichroismus*), was nur denkbar ist, wenn gleichzeitig eine Konformationsänderung des Proteinanteils erfolgt.

Detailliertere Versuche zur Phytochrom-Lokalisierung wurden an dem klassischen Objekt *Mougeotia* durchgeführt, einer grünen fadenförmigen Alge. In den

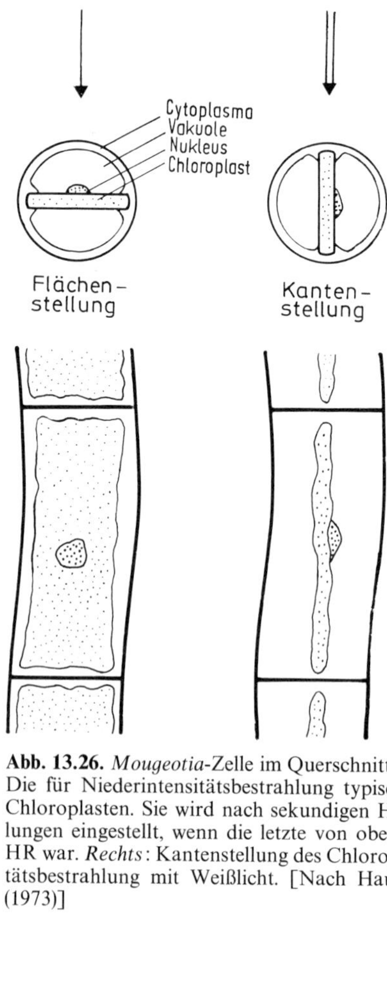

Abb. 13.26. *Mougeotia*-Zelle im Querschnitt und in Aufsicht. *Links*: Die für Niederintensitätsbestrahlung typische Flächenstellung des Chloroplasten. Sie wird nach sekundigen HR-DR-Wechselbestrahlungen eingestellt, wenn die letzte von oben gegebene Bestrahlung HR war. *Rechts*: Kantenstellung des Chloroplasten bei Hochintensitätsbestrahlung mit Weißlicht. [Nach Haupt: Bioscience **23**, 289 (1973)]

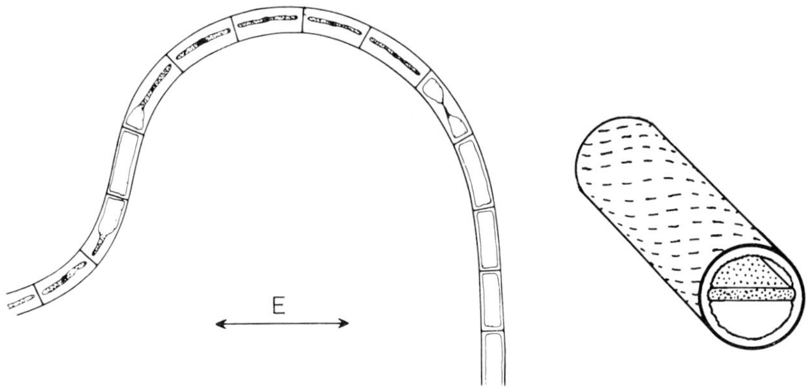

Abb. 13.27. *Links*: Wirkungsdichroismus bei der Chloroplastendrehung von *Mougeotia*. Nach sekundiger Bestrahlung mit linear polarisiertem HR (Einfallsrichtung senkrecht zur Papierebene und Orientierung des E-Vektors wie angegeben) drehen sich nur die Chloroplasten von Kanten- in Flächenstellung, deren Zellachse senkrecht zum E-Vektor orientiert ist. *Rechts*: Schema einer *Mougeotia*-Zelle mit Vorzugsorientierung der dichroitischen R-Chromophore im Plasmalemma entlang einer linksgängigen Schraube mit der Steigung 45°. [Nach Haupt: Physiol. Vég. **8**, 551 (1970)]

zylindrischen Zellen von etwa 20 µm Durchmesser führt der einzige zellfüllende plattenförmige Chloroplast Orientierungsbewegungen nach dem Licht durch (Abb. 13.26). Diese Bewegungen bringen den Chloroplasten jeweils in die günstigste Position für die Photosynthese. Im natürlichen Licht niederer Intensität stellt sich der Chloroplast senkrecht zur Einfallsrichtung ein; diese Reaktion läuft bei Raumtemperatur innerhalb von 15 min ab und kann bereits durch sekundige Bestrahlungen ausgelöst werden, wobei die spektrale Photonenempfindlichkeit sowie die wiederholbare HR-DR-Reversibilität das Phytochrom als Sensorpigment nachweisen.

Wird ein solcher Algenfaden, bei dem die Chloroplasten durch geeignete Vorbestrahlungen in Kantenstellung gebracht worden sind, mit linear polarisiertem HR bestrahlt, so reagieren nur solche Zellen mit Drehung des Chloroplasten in Flächenstellung, die ungefähr senkrecht zum ***E***-Vektor orientiert sind (Abb. 13.27). Aus einer genauen Analyse dieses Wirkungsdichroismus wurde gefolgert, daß der S_1-Übergang von R parallel zur Oberfläche der Zelle, also *tangential*, und in dieser Ebene bevorzugt entlang von Schraubenlinien orientiert ist. Dabei wird also impliziert, daß der Chromophor des R stark *dichroitisch* und seine Hauptachse parallel zur Oberfläche orientiert ist. Eine solche definierte Orientierung ist aber nur möglich, wenn die Pigmentmoleküle an Zellstrukturen gebunden sind, die bei der Chloroplastendrehung im Cytoplasma nicht mit verlagert werden; als eine solche Struktur kommt aufgrund aller Befunde nur die äußere Abschlußmembran des Cytoplasmas, das sog. *Plasmalemma* (s. S. 5), in Frage. Der Chloroplast orientiert sich dabei in einem intrazellulären, meist *tetrapolaren Gradienten* von F stets so, daß seine im Cytoplasma gleitenden Kanten den Orten höchster F-Konzentration ausweichen (Abb. 13.28).

Weiter konnte bei *Mougeotia* der Umklappdichroismus des Phytochroms mittels linear polarisierter HR- und DR-Bestrahlungen kleiner Zellbereiche direkt demonstriert werden (Abb. 13.29); auch hier steht also der S_1-Übergang von F senkrecht zur Zelloberfläche (vgl. Abb. 13.25).

Die Aussagen über Lokalisierung und Chromophor-Orientierung des Phytochroms gründen sich auf Daten aus *physiologischen* Versuchen und liefern deshalb

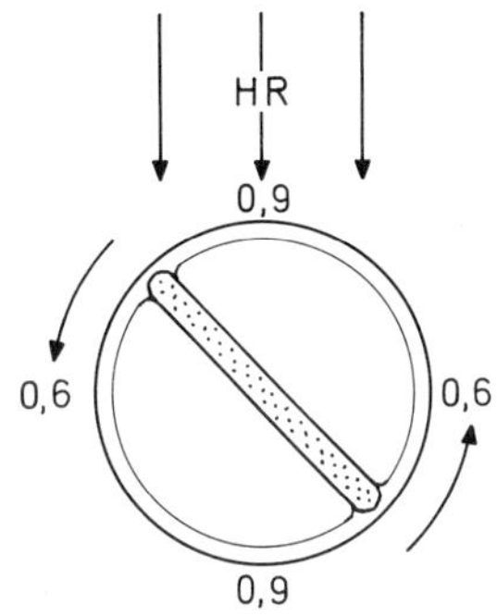

Abb. 13.28. Schema zur Drehung des *Mougeotia*-Chloroplasten in einem tetrapolaren Gradienten von F nach einseitiger Bestrahlung mit unpolarisiertem HR von oben. Infolge der unterschiedlichen Orientierung des dichroitischen F und R (s. Abb. 13.25) erhöht sich die Photonentreffwahrscheinlichkeit für F im Tangentialbereich, während sie im Zentralbereich reduziert ist; bei Annahme eines dichroitischen Verhältnisses von etwa 10 errechnen sich für die relativen Konzentrationen von F Extremwerte von $f_{650} \approx 0{,}9$ bzw. $\approx 0{,}6$. [Original]

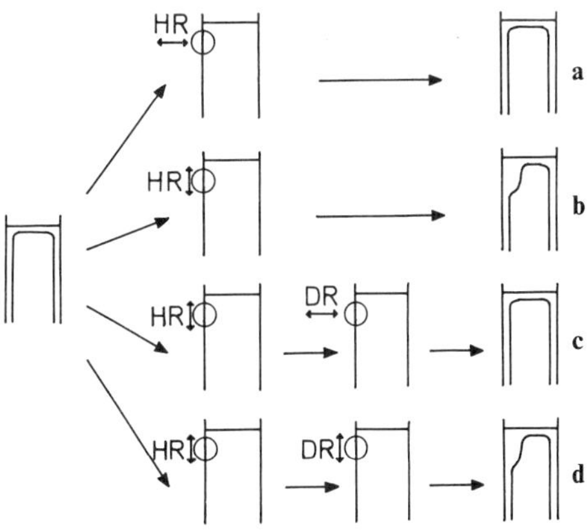

Abb. 13.29a–d. Demonstration des Umklappdichroismus des Phytochroms bei *Mougeotia*. Bei Zellen mit Flächenstellung der Chloroplasten und nach saturierender DR-Vorbestrahlung (links) kann durch punktförmige HR-Partialbestrahlung einer Zellecke (∅ ≈ 12 µm; $15 \leq t \leq 60$ s) nach 10 ± 5 min dort eine Verdrehung des Chloroplastenendes beobachtet werden. Linear polarisiertes querschwingendes HR löst diese Reaktion nicht aus (a), wohl aber längsschwingendes HR (b). Die Wirkung des längsschwingenden HR wird durch sofortige Nachbestrahlung mit querschwingendem DR ausgelöscht (c), nicht aber durch Nachbestrahlung mit längsschwingendem DR (d). [Nach Haupt et al.: Planta (Berl.) **88**, 183 (1969)]

Informationen über das *funktionelle* Phytochrom. Phytochrom kann jedoch in zahlreichen Zellkompartimenten gefunden werden (s. S. 567 u. 570). Wir müssen deshalb damit rechnen, daß auch bei *Mougeotia* und den Farnprotonemen Phytochrom noch in anderen Kompartimenten vorkommt; funktionell könnten diese Fraktionen allerdings für die hier besprochenen Photomorphosen nur als austauschbare Sensorpigmentreserve Bedeutung haben.

13.2.4 Charakterisierung des Phytochroms *in vitro*

Für die Extraktion des Phytochroms steht das Methodenspektrum der Proteinchemie zur Verfügung, und trotz seiner niedrigen mittleren Gewebekonzentration von 10^{-3} bis 10^{-5} mol·m^{-3} ist die Charakterisierung des Phytochroms bereits weit fortgeschritten.

Neuerdings hat sich gezeigt, daß das Phytochrom in Abhängigkeit von den Extraktionsbedingungen mit verschiedenen Zellfraktionen assoziiert sein kann, z. B. mit Plasmamembranen, Etioplasten, Mitochondrien und Riboproteidpartikeln. Der sedimentierbare Phytochromanteil hängt davon ab, ob das Phytochrom beim Zellaufschluß als R oder F vorliegt; in Analogie zu den immunocytologischen Befunden ergibt sich, daß die F-Form eine stärkere Affinität zu partikulären Zellfraktionen hat als die R-Form, die sich demgegenüber hauptsächlich in der löslichen Phase des Cytoplasmaaufschlusses findet. Der Aufbau der F-Affinität *in vivo* ist ATP-abhängig und erfolgt bei 25° C mit einer Halbwertszeit von $\tau = 2$ s.

Die *differentiellen Sedimentationen* hängen aber stark vom Ionenmilieu ab, und es ist unklar, inwieweit sie die Verhältnisse *in vivo* repräsentieren. Die zur Zeit bekannten Differenzspektren von *gebundenem* und *gelöstem* Phytochrom unterscheiden sich nicht signifikant (s. Abb. 13.22).

An den ersten Phytochrompräparaten sind bereits recht zuverlässige *Absorptionsspektren* nach saturierender HR- bzw. DR-Bestrahlung gemessen worden (Abb. 13.30). Da sich gemäß Gl. (13.38) bei solchen

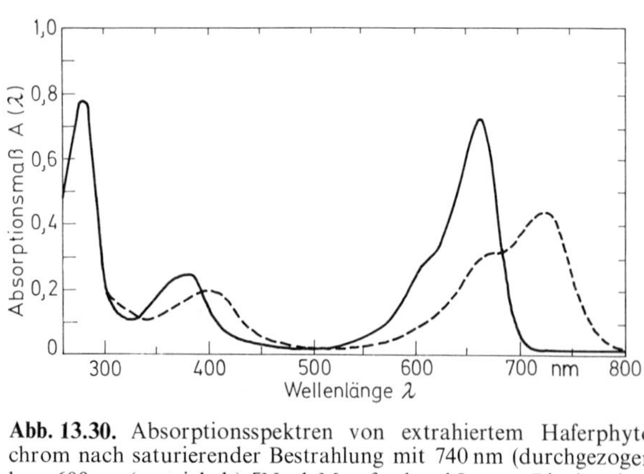

Abb. 13.30. Absorptionsspektren von extrahiertem Haferphytochrom nach saturierender Bestrahlung mit 740 nm (durchgezogen) bzw. 600 nm (gestrichelt). [Nach Mumford and Jenner: Biochemistry **5**, 3657 (1966)]

Bestrahlungen stets photostationäre Zustände zwischen R und F einstellen, erhält man Pigmentgemische, deren Absorptionsspektren durch Gl. (13.40) beschrieben werden, wobei f_{λ_1} für die jeweils gewählte Vorbestrahlung typisch, zunächst aber unbekannt ist. Trotzdem läßt sich sofort erkennen, daß R neben der Absorptionsbande bei 665 nm eine weitere Bande bei 380 nm besitzt, während F neben der Bande bei 725 nm eine weitere bei 400 nm aufweist; beiden Phytochromformen gemeinsam ist die starke Proteinbande bei 280 nm, die das Pigment als *Chromoprotein* ausweist. Mit zusätzlicher Information wird es möglich, die Absorptionsspektren $A_r(\lambda)$ und $A_f(\lambda)$ für reines R bzw. F zu berechnen, was zuerst für proteolytisch abgebautes Phytochrom (s. S. 571) gezeigt worden ist.

Man geht von der Tatsache aus, daß das langwellige Ende des Absorptionsspektrums eines hochkonjugierten C-Chromophors der Normalverteilung folgt und daher (nach Logarithmieren) beschrieben werden kann durch die Parabelform

$$\log \frac{\sigma}{\sigma_{max}} = -k\left(\frac{1}{\lambda_{max}} - \frac{1}{\lambda}\right)^2, \qquad (13.43)$$

wobei λ_{max}^{-1} in m^{-1} die *Wellenzahl* an der Stelle maximaler Absorption ($=\sigma_{max}$) und k eine Konstante sind. Es gibt also im Raster der *typischen Farbkurven* (s. S. 127) Grenztangenten, die im Bereich kleiner Absorption den Farbkurven hinreichend genau folgen. Abbildung 13.31 zeigt die Absorptionsspektren eines Phytochrompräparates als typische Farbkurven, wie man sie nach saturierender Vorbestrahlung mit $\lambda_1 = 573$ nm und $\lambda_2 = 725$ nm erhält. Die Spektren folgen also am langwelligen Ende der Gl.(13.43) mit Ausnahme der Versetzung der Tangente bei der Kurve $A(\lambda)_{725}$ im Bereich 700 bis 770 nm; dies muß so gedeutet werden, daß mit abnehmender Absorption von R zum Langwelligen hin der Absorptionsbeitrag des geringen Anteils von F nicht mehr vernachlässigbar ist und seinerseits den Endverlauf des Spektrums bestimmt. Auf der Basis dieser Überlegungen kann man dem Graphen entnehmen, daß für dieses Präparat $(1-f_{725})\cdot A_r(725) \approx 0{,}018$ und $f_{725}\cdot A_f(725) \approx 0{,}045 - 0{,}018 = 0{,}027$. Hiermit erhält man wegen Gln. (13.33), (13.34), (13.36) u. (13.40) für das *Photonenausbeuteverhältnis* sofort

$$\frac{\phi_{rf}(725)}{\phi_{fr}(725)} = \frac{f_{725}\cdot A_f(725)}{(1-f_{725})\cdot A_r(725)} \approx \frac{0{,}027}{0{,}018} = 1{,}5. \qquad (13.44)$$

Des weiteren kann man den Spektren in Abb. 13.31 für die Wellenlängen der Vorbestrahlung die Werte von $A(\lambda)_{573}$ bzw. $A(\lambda)_{725}$ entnehmen und in Gl. (13.40) einsetzen, wobei 4 Bestimmungsgleichungen resultieren. Hieraus errechnet sich für $f_{725} \approx 0{,}044$ und für $f_{573} \approx 0{,}74$.

Damit wird es möglich, die Absorption von R und F für gleiche Konzentration c und optische Weglänge d zu berechnen (Abb. 13.32). Nun kann auch die *stationäre Konzentration von* F gemäß Gl. (13.37) bzw. (13.38) mit Hilfe von Gln. (13.34) u. (13.39) ermittelt werden (Abb. 13.21, S. 565). Wegen der Parallelität der langwelligen Absorptionskanten von R und F (s. Abb. 13.32) erhält man für f_λ im *Tiefrotbereich* $770 \leqq \lambda \leqq 820$ nm einen *Minimalwert* $f_{min} \approx 0{,}006$, der auch durch reinste Monochromatbestrahlung theoretisch nicht unterschreitbar sein sollte.

Prinzipiell kann man an Phytochrompräparaten mit Hilfe fraktionierter Monochromatbestrahlung und unter Verwendung der Zweiwellenlängenphotometrie (s. S. 566) die Photokonversionen R→F und F→R im gesamten Spektrum kinetisch verfolgen. Aus einem Satz solcher Photokonversionskinetiken sind die *spek-*

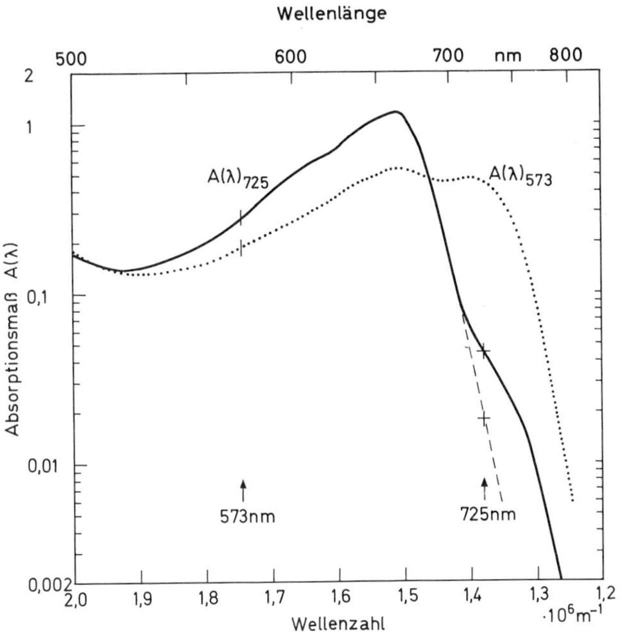

Abb. 13.31. Absorptionsspektren von extrahiertem Haferphytochrom im Raster der typischen Farbkurven. $A(\lambda)_{725}$: nach saturierender Bestrahlung mit 725 nm. $A(\lambda)_{573}$: nach saturierender Bestrahlung mit 573 nm. Bedingungen: 10^2 mol·m^{-3} K-Phosphat-Puffer pH 6,6 mit 20% Glycerin bei d = 1 cm; keine Streuungskorrektur. [Nach Daten von Kroes: Meded. Landbouwhogeschool Wageningen **70–18**, 1 (1970)]

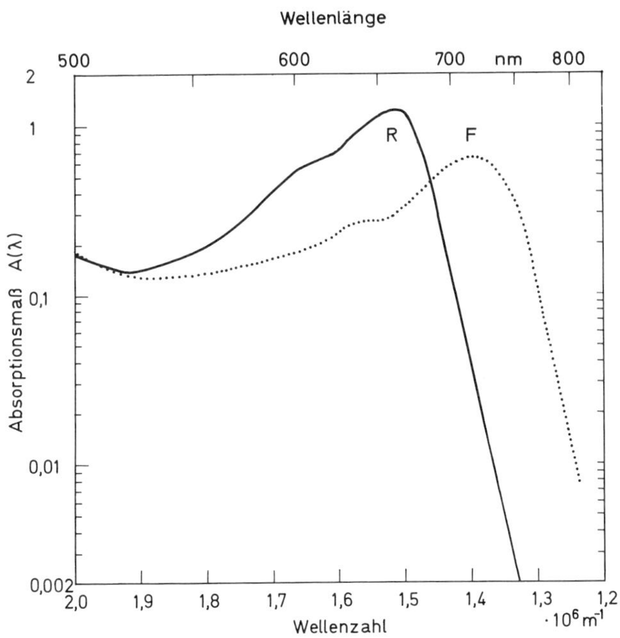

Abb. 13.32. Scheinbare typische Farbkurven für die hellrotabsorbierende bzw. dunkelrotabsorbierende Form des Phytochroms (R bzw. F), berechnet aus den Daten der Abb. 13.31 für gleiche Konzentration und optische Weglänge, jedoch ohne Streuungskorrektur [Hartmann: Original]

tralen Konversionsquerschnitte $\sigma_{rf}(\lambda)$ und $\sigma_{fr}(\lambda)$ bestimmt worden.

Die Lösungen der hierfür erforderlichen Differentialgleichung (13.35), S. 565, gewinnt man mit Hilfe der Gl. (13.37) und bringt sie in die Geradenform

$$\ln\left[\frac{F_t-F_\infty}{F_0-F_\infty}\right]_\lambda = \ln\left[\frac{R_t-R_\infty}{R_0-R_\infty}\right]_\lambda = -[k_{rf}(\lambda)+k_{fr}(\lambda)]\,t\,. \tag{13.45}$$

Hierin sind F_t und R_t durch Messung gemäß Gl. (13.42) direkt bestimmbar, wobei F_∞ der mit λ zu erzielende Sättigungswert ist, F_t der Wert nach der Bestrahlungszeit t und F_0 der Wert für $t=0$. Laut Gl. (13.45) erhält man also für beide Photokonversionen als Kinetiken *identische* Geraden. Die Steigung dieser Geraden ist jeweils die negative *Summe* der spektralen Reaktionsgeschwindigkeitskonstanten beider Photokonversionen R⇄F und kann bestimmt werden, indem man ein Phytochrompräparat in möglichst dünner Schicht für verschiedene Zeiten t mit ausgewählten monochromatischen Raumphotonenflüssen $E_{o\lambda}$ bestrahlt.

Zusätzlich ist das *Photonenausbeuteverhältnis* erforderlich. Man bestimmt es mit Hilfe der absoluten Photokonversionsraten $dA(725)/dt$ und $dA(665)/dt$ für $t\to 0$. Diese werden nach saturierender Vorbestrahlung mit $\lambda = 737$ bzw. 665 nm für bekannte Raumphotonenflüsse E_{o665} bzw. E_{o725} gemessen und sind laut Gln. (13.35), (13.33), (13.34) u. (13.39) etwa gleich

$$\frac{dA(725)}{dt} \approx (1-f_{737})\,A_r(665)\,\phi_{rf}(665)\,E_{o665}\,, \tag{13.46a}$$

$$\frac{dA(665)}{dt} \approx f_{665}\,A_f(725)\,\phi_{fr}(725)\,E_{o725}\,. \tag{13.46b}$$

Durch Division dieser Gleichungen findet man als Bestimmungsgleichung

$$\frac{\phi_{rf}(665)}{\phi_{fr}(725)} \approx \frac{dA(725)\,E_{o725}\,f_{665}\,A_f(725)}{dA(665)\,E_{o665}(1-f_{737})\,A_r(665)} \approx \frac{dA(725)\,E_{o725}\,A(725)_{665}}{dA(665)\,E_{o665}\,A(665)_{737}}\,, \tag{13.47}$$

worin noch die maximalen Extinktionswerte der Probe für 725 und 665 nm nach saturierender Vorbestrahlung mit 665 bzw. 737 nm eingehen. Mit diesem Verfahren ist für abgebautes (s.u.) Phytochrom im Rotbereich ein Photonenausbeuteverhältnis $\phi_{rf}/\phi_{fr}\approx 1{,}5$ ermittelt worden, was durch die oben angegebene Mischungsrechnung bestätigt wird (s. Gl. (13.44)).

Die weitere Rechnung ergab mit $f_{737}=0$ für diese Präparate $f_{665}=0{,}81$. Mit Kenntnis der spektralen stationären Konzentration von F (Abb. 13.21) errechnen sich mit Hilfe der Gln. (13.37) u. (13.45) die Absolutwerte der *Konversionsquerschnitte* $\sigma_{rf}(\lambda)$ und $\sigma_{fr}(\lambda)$ der Abb. 13.33.

Die Molmasse des Phytochroms in den hier untersuchten Extrakten war nahe 60000 g·mol^{-1} (= Dalton) und lieferte zusammen mit dem Proteingehalt die Phytochromkonzentration c der Probe. Aus Gl. (13.39) erhielt man so die Absolutwerte für die *Absorptionsquerschnitte* $\sigma_r(\lambda)$ bzw. $\sigma_f(\lambda)$, die durch einfache Division gem. Gl. (13.34) direkt zu den *spektralen Photonenausbeuten* $\phi_{rf}(\lambda)\approx 0{,}19$ und $\phi_{fr}(\lambda)\approx 0{,}13$ führten. Im Bereich der Proteinbande bei 280 nm fielen die Photonenausbeuten auf etwa 30% des Rotbereichs. Durch Blitzlichtspektrophotometrie sind auch *Zwischenzustände* der Photokonversionen R⇄F *in vitro* spektral und kinetisch charakterisiert worden (s. Abb. 13.23, S. 567). Inzwischen hat sich jedoch gezeigt, daß das Phytochrom bei der Extraktion durch eine Protease (ein eiweißabbauendes Enzym) degradiert worden war.

Das *native Phytochrom* hat eine *Molmasse* von etwa 120 kg·mol^{-1} und assoziiert leicht zu Oligomeren. Präparate von nativem Phytochrom unterscheiden sich in spektraler Hinsicht nicht vom degradierten Phytochrom, wenn man ihnen Äthylendiaminotetra-

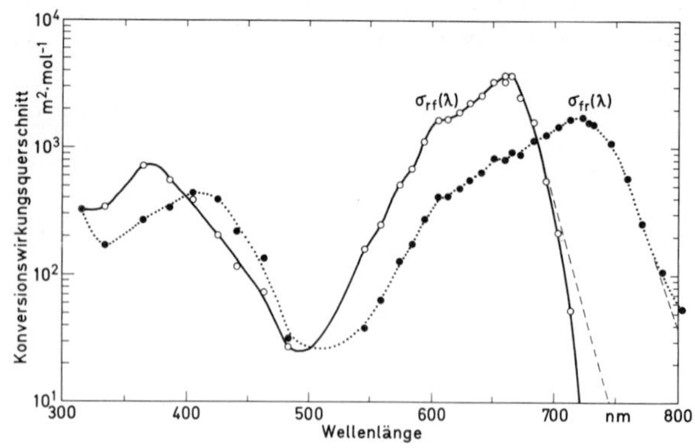

Abb. 13.33. Spektrale Konversions(wirkungs)querschnitte für extrahiertes Haferphytochrom. Die Werte für $\sigma_{rf}(\lambda)$ im Bereich $\lambda > 700$ nm sind gegenüber der Theorie (nach Abb. 13.32 gestrichelt) zu klein, da mit der nicht zulässigen Annahme $f_{737} = 0$ gerechnet wurde. Die Werte für $\sigma_{fr}(\lambda)$ im Bereich $\lambda > 780$ nm sind nach der Theorie zu groß, vermutlich bedingt durch nicht genügend gute Monochromasie, d.h. Beimischung von kurzwelligem Streulicht. [Nach Daten von Butler et al.: Photochem. Photobiol. 3, 521 (1964)]

azetat (EDTA) oder 2-Merkaptoäthanol zusetzt: Die Absorptionsspektren von R und F bleiben unverändert mit λ_{max} bei 667 bzw. 724 nm, und die *Photonenausbeute* im Rotbereich ist unter diesen Bedingungen für beide Übergänge $\phi_{rf} = \phi_{fr} \approx 0{,}17$. Damit wird das Ausbeuteverhältnis hier $\phi_{rf}/\phi_{fr} \approx 1$, was vermutlich auch im etiolierten Gewebe gilt.

Pro Phytochrommolekül (120 kg/mol) existiert ein Chromophor (612 g/mol), das sog. *Phytochromobilin*; es ist, wie ursprünglich vorgeschlagen (s. S. 565), ein *Tetrapyrrolderivat* (Gallenfarbstoff), welches dem Phycocyanobilin sehr nahe steht. Letzteres ist der Chromophor der Phycocyanine, die wie die Phycoerythrine sich als Biliproteine bei verschiedenen Algengruppen (*Cyanophyceen, Cryptophyceen, Rhodophyceen*) in hoher Konzentration finden. Sie fungieren dort als akzessorische Photosynthesepigmente (s. S. 535) und waren wichtige Modellsubstanzen bei der Strukturanalyse des Phytochromobilins. Die Strukturformel für seine R-Form darf als geklärt gelten (Abb. 13.34) und ist durch Totalsynthese bestätigt; der Chromophor ist über eine Thioätherbrücke (Ring A) ans Protein gebunden. Aus dem Intensitätsverhältnis der sichtbaren Bande bei 660 nm zu der UV-Bande bei 350 nm wird

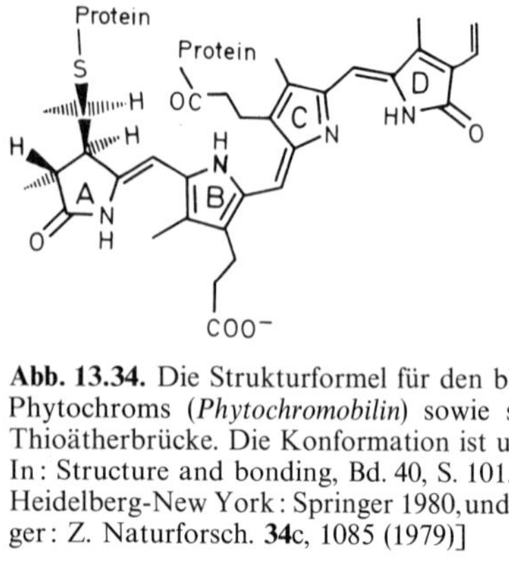

Abb. 13.34. Die Strukturformel für den blauen R-Chromophor des Phytochroms (*Phytochromobilin*) sowie seine Proteinbindung via Thioätherbrücke. Die Konformation ist ungeklärt. [Nach Rüdiger: In: Structure and bonding, Bd. 40, S. 101. Hemmerich (ed.). Berlin-Heidelberg-New York: Springer 1980, und Scheer, Formanek, Rüdiger: Z. Naturforsch. 34c, 1085 (1979)]

ferner abgeleitet, daß der Chromophor — im Gegensatz zu freien Gallenfarbstoffen — in einer gestreckten Form vorliegt. Das gleiche gilt für F, dessen langwelligere Absorption durch eine zusätzliche negative Ladung am Chromophor (Deprotonierung) erklärt wird. Aufgrund sterischer Behinderung ist jedoch keine planare Struktur der Chromophore möglich, sondern eine helikale Verdrehung der Ringe gegeneinander. CD- und ORD-Spektren (s. S. 152) weisen darauf hin, daß zwischen R und F eine partielle Inversion des Drehsinns der Helix erfolgt. Bei der Umwandlung zu F wird die Doppelbindung zwischen Ring A und B vom Restchromophor entkoppelt; aufgrund von Modelluntersuchungen kommen dafür eine Photoadddition oder eine photochemische *cis-trans* (Z–E) Isomerisierung in Frage.

Die Strukturunterschiede zwischen R und F verursachen ihre verschiedene Sensitivität denaturierenden Agenzien gegenüber. Ferner zeigt reines natives Phytochrom als F eine reduzierte Absorption und revertiert bei 3° C zum Teil mit $\tau \approx 2$ min zu R; die langsame Dunkelreversion F→R mit $\tau \approx 9$ h bei 25° C fällt demgegenüber kaum ins Gewicht. Problematisch ist, daß reduzierende Agenzien die Reversion F→R beschleunigen, was z.B. *in vivo* kompartimentspezifische und photosyntheseabhängige Reversionsraten verursachen könnte. Andererseits wird die Destruktion von F *in vitro* durch zweiwertige Metallionen beschleunigt (Hg^{2+}, Cd^{2+}, Co^{2+}, Cu^{2+}, Zn^{2+}), aber durch Zusatz von EDTA gehemmt.

13.2.5 Kinetische Aspekte der Phytochrom-Regulation

Eine Anwendung der soweit abgehandelten photokinetischen Eigenschaften des Phytochroms gemäß der Modellgleichung (13.35) auf die physiologische Situation ist nur mit Vorbehalt möglich, denn alle inzwischen bekannt gewordenen Reaktionen des Phytochroms (s. S. 567 u. 570ff.) müssen zur Beurteilung seiner regulatorischen Eigenschaften berücksichtigt werden.

Dies bedeutet z.B., daß bei Kurzzeitbestrahlungen ($t < 10$ s) bzw. bei hohen Raumphotonenflüssen ($E_{oA} > 5\,\mu mol \cdot m^{-2} \cdot s^{-1}$) die vorübergehende bzw. stationäre Anreicherung von Zwischenzuständen (s. Abb. 13.23 und S. 132) komplizierend wirken kann oder daß beim Arbeiten mit linear polarisiertem Licht der Wirkungsdichroismus (s. S. 568) ins Spiel kommt. Schließlich ist *in vivo* infolge von spektraler Streuung und Beschattung mit hyperbolischen Photonenflußgradienten zu rechnen (s. S. 123), was lokale Unterschiede der photochemischen Reaktionsgeschwindigkeitskonstanten verursachen kann. Diese und andere Komplikationen können gelegentlich durch geschickte Wahl der Randbedingungen für manche Fragestellungen eliminiert werden.

a) Kurzzeit-Induktionsphänomene

Nach dem derzeitigen Kenntnisstand muß zur Beurteilung der regulatorischen Eigenschaften des Phytochroms bei Kurzzeitbestrahlungen ein *kinetisches Minimalmodell* gemäß Abb. 13.35 zugrunde gelegt werden. Dieses Modell stützt sich auf Messungen *in vitro* und *in situ*, kann aber wegen der oben angeführten Argumente im Bereich der Physiologie nur als fragmentarische Arbeitshypothese gelten.

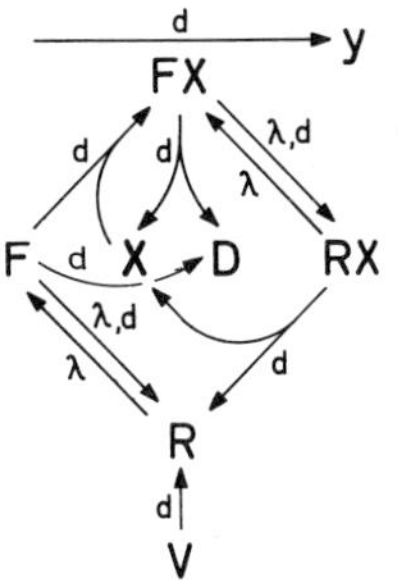

Abb. 13.35. Ein kinetisches Minimalmodell zum Verständnis der Phytochromwirkungen. λ = Lichtreaktion, d = Dunkelreaktion. Erklärung im Text. [Nach Daten von Boisard et al.: Plant Physiol. **54**, 272 (1974), und Schäfer: J. Math. Biol. **2**, 41 (1975)]

Gemäß dieser Modellhypothese kommt das Phytochrom in etiolierten Geweben als freies R vor, welches aus der Vorstufe V entsteht. Freies F, welches durch Photokonversion aus R entsteht, hat eine hohe Affinität zu einer Matrix X, an die es bei 25° C mit einer Halbwertszeit von einigen Sekunden gebunden wird: Gebundenes F als FX ist der eigentliche Effektor und seine Konzentration bestimmt die Änderungen der Photomorphosen bzw. Merkmale *y*. Die Dunkeldestruktion, vermutlich von F und FX ausgehend, liefert das unbekannte Produkt D, welches von der Matrix X abdissoziiert. Wird FX durch Belichtung in RX photokonvertiert, so zerfällt es in einigen Stunden in freies R und X. Für die Phytochromphotokonversionen R⇌F und RX⇌FX kann der *Halbwertsfluenz* nach Gl. (13.45) berechnet werden. Für 665 nm ergibt sich *in vitro* ein Halbwertsfluenz $K_{o665} = 150\,\mu\text{mol}\cdot\text{m}^{-2}$, das entspricht einer Raumbestrahlung mit $27\,\text{J}\cdot\text{m}^{-2}$. Für 725 nm findet man Werte von $K_{o725} = 450\,\mu\text{mol}\cdot\text{m}^{-2}$ bzw. $74\,\text{J}\cdot\text{m}^{-2}$. Diese Werte können im Bereich der Physiologie nur als Anhaltspunkte gelten, da sie objekt- und situationsabhängig variieren. Hochempfindliche phytochromgesteuerte *Induktionsmorphosen*, wie etwa die gravitropische Empfindlichkeit etiolierter Getreidekeimlinge (z.B. *Avena sativa* und *Zea mays*), werden schon durch einen Fluenz von $33\,\text{nmol}\cdot\text{m}^{-2}$ bei 660 nm saturiert, das sind $6\,\text{mJ}\cdot\text{m}^{-2}$. Hier genügt es also, wenn etwa ein Zehntausendstel des freien R in F verwandelt wird, was bei einer mittleren Phytochromkonzentration von $10^{-4}\,\text{mol}\cdot\text{m}^{-3}$ ($=10^{-7}$ molar) in einer Zelle von 50 µm Kantenlänge noch etwa 750 F-Molekülen entspricht. Dieses F bindet in weniger als einer Minute an die offenbar in begrenzter Zahl vorhandenen Bindungsstellen X der Funktionsmatrix. Deshalb wirkt DR, welches unmittelbar nach einem nicht sättigenden sekundigen HR-Stoß gegeben wird, kaum revertierend oder sogar noch induzierend, denn es trifft auf eine Population von freiem Phytochrom mit geringem F-Anteil. DR aber, welches nach abgeschlossener Bindung des F zu FX appliziert wird, wirkt stark revertierend, denn es trifft auf eine fast reine Population von FX, die durch DR weitgehend zum inaktiven RX revertiert wird. Auf dieser Basis lassen sich die meisten sog. Phytochrom-Paradoxa erklären. Allerdings absorbiert auch das freie R etwas DR, und deshalb werden einige Prozent R mit geringer Effektivität in F verwandelt, was bei erhöhtem DR-Fluenz einen gegenläufigen Induktionseffekt verursacht. Erst mit Anstieg der Dunkelzeiten zwischen der HR-Induktion und der DR-Bestrahlung geht die DR-Reversibilität zunehmend verloren: das FX hat dann z.Z. der DR-Bestrahlung bereits als Effektor gewirkt.

Schon bei Beschränkung auf das Minimalmodell (Abb. 13.35) können mehrphasige Kinetiken interpretiert werden, wie sie im Zusammenhang mit phytochromgesteuerten Kurzzeit-Induktionsmorphosen auftreten und für Photochromkatalysen typisch sind (s. S. 138). Im Zuge mehrstündiger Deetiolierung, wie sie in der Natur auftritt, kann sich die Situation jedoch grundlegend ändern, da via Phytochromdestruktion der Pigmentpool um mehr als eine Größenordnung verringert wird (s. S. 566) und dann u. U. nur noch gebundenes Phytochrom vorliegt.

b) Langzeit-Hochintensitätsphänomene

Die soweit dargestellte Charakterisierung des Phytochroms geht letztlich auf die wirkungsspektrometrische Analyse von Photomorphosen zurück, die durch *kurzzeitige* Belichtungen mit *niedrigen* Intensitäten auslösbar sind. In der Natur sind die Pflanzen aber *mehrstündigen* Bestrahlungen mit *hohen* Intensitäten ausgesetzt (s. S. 562), und es fragt sich, ob und wie das Phytochrom unter diesen Bedingungen reguliert. Die Frage nach dem Sensorpigment für diese sog. *Hochintensitätsphänomene* (HIP) kann bisher nicht einheitlich beantwortet werden. Prinzipiell zeichnen sich die HIP dadurch aus, daß für sie das Bunsen-Roscoe-Reziprozitätsgesetz (s. S. 128) nicht gilt und sich die wiederholbare HR-DR-Reversibilität nicht oder nur eingeschränkt nachweisen läßt. Außerdem variieren die spektralen Empfindlichkeiten der HIP mit dem Objekt, der Photomorphose, dem Entwicklungszustand und der Bestrahlungsdauer (s. Abb. 13.36); in der Regel liegen Empfindlichkeitsmaxima im ultravioletten, blauen und dunkelroten Spektralbereich. Wegen dieser *Polytypie der spektralen Empfindlichkeit* werden bereits für den Bereich $\lambda > 520$ nm z.Z. vier Deutungen der HIP diskutiert:

1. Die HIP werden unabhängig vom Phytochrom über ein unbekanntes Pigment, häufig wohl Chlorophyll, gesteuert.
2. Die Steuerung kann über Phytochrom *und* ein weiteres Pigment erfolgen.
3. Es wird ein Energietransfer von einem unbekannten Pigment auf Phytochrom postuliert, wobei die Steuerung selbst über Phytochrom erfolgt.
4. Die Steuerung erfolgt ausschließlich über Phytochrom.

Der Fortschritt auf diesem Gebiet ist dadurch erschwert, daß nur ein HIP bekannt ist, welches nach den Prinzipien der analytischen Wirkungsspektrometrie (s. S. 127ff.) *kinetisch* bearbeitet werden kann. Bei diesem HIP handelt es sich um eine relativ sensitive, mit minutiger Verzögerung ansprechende negative Photomorphose, nämlich die *Hypokotylwachstumshemmung* bei Keimpflanzen von *Lactuca sativa*.

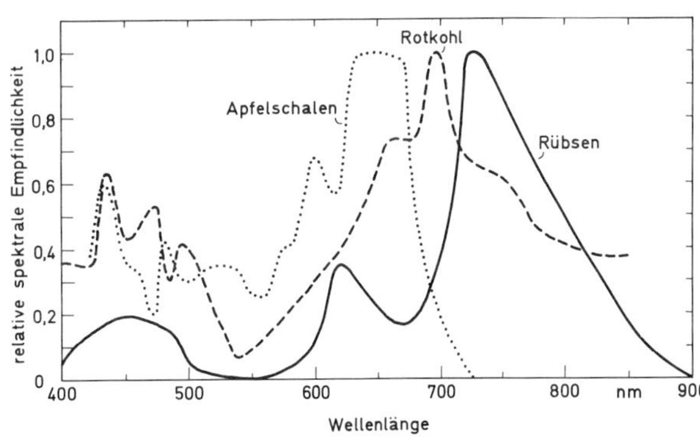

Abb. 13.36. Relative spektrale Empfindlichkeit der Anthocyanakkumulation bei Apfelschalen, Rotkohlkeimlingen bzw. Rübsenkeimlingen, jeweils für Langzeit-Hochintensitätsbestrahlung über 12, 4 bzw. 8 h mit 260, 50 bzw. $100\,\text{kJ}\cdot\text{m}^{-2}$. [Nach Daten von Siegelman and Hendricks: Plant Physiol. **32**, 393 (1957) and **33**, 185 (1958)]

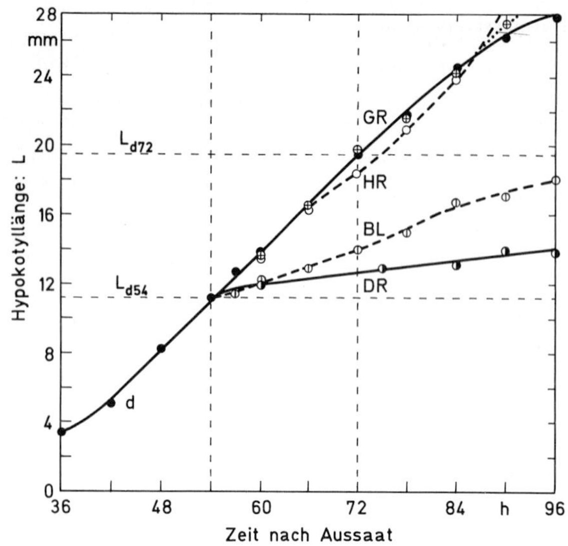

Abb. 13.37. Wachstumskurven des Salathypokotyls für 25±0,5° C (*Lactuca sativa* L. *cv.* Grand Rapids tip burn resistant strain). *Bedingungen*: d = Dauerdunkel. BL, GR, HR und DR: Bestrahlung ab der 54. Stunde nach Aussaat mit Blau ($\lambda_m = 450$ nm, HW = 43 nm), Grün ($\lambda_m = 530$ nm, HW = 30 nm), Hellrot ($\lambda_m = 658$ nm, HW = 15 nm) bzw. Dunkelrot ($\lambda_m \approx 740$ nm, HW ≈ 120 nm). Der Raumphotonenfluß im BL, GR und HR lag bei 6,6 bzw. im DR bei 46,3 $\mu mol \cdot m^{-2} \cdot s^{-1}$. Die Hilfslinien markieren den günstigsten Bestrahlungszeitraum (54 bis 72 h) sowie die mittlere Anfangs- und Endlänge der Hypokotyle im Dunkeln (L_{d54}, L_{d72}). [Nach Hartmann: Photochem. Photobiol. **5**, 349 (1966)]

Zur Imitierung des natürlichen Langtags werden die Salatkeimlinge für 18 h bei 25° C bestrahlt, und zwar von der 54. bis 72. Stunde nach Aussaat, weil dann die Wachstumsgeschwindigkeit im Dunkeln am größten und konstant ist und die Längenzunahme im Bereich der *Hypokotylcortex* (= Rindenschicht der Keimachse) auf Zellstreckungswachstum beruht. Dabei durchlaufen die Zellen, von der Basis zur Spitze fortschreitend nacheinander eine Phase der Streckung, ohne daß die Zellzahl merklich zunimmt.

Die durch monochromatisches Dauerlicht verursachten Wachstumshemmungen sind für etwa 18 h konstant, jedoch wellenlängen- und intensitätsabhängig (Abb. 13.37). Man kann deshalb als Maß für die Lichtwirkung hier die *relative mittlere Hemmung H* oder den *relativen mittleren Zuwachs Z* verwenden, welche jeweils durch Messung der mittleren Anfangs- und Endlängen der Hypokotyle im Dunkeln (L_{d54}, L_{d72}) und Licht ($L_{\lambda 72}$) bestimmbar sind gemäß

$$H = 1 - Z = \frac{L_{d72} - L_{\lambda 72}}{L_{d72} - L_{d54}}. \qquad (13.48)$$

Auf diese Weise sind im Spektralbereich $320 < \lambda < 1100$ nm Teile von *Fluenz-Effekt-Kurven* ausgearbeitet worden. Entscheidend wichtig ist, daß diese Kurven weitgehend durch eine einfache Gleichung erfaßt werden können. Im Bereich $H \geqq 0{,}15$ und solange die *relative Photonenwirksamkeit* $p(\lambda)_{rel} \geqq 0{,}02$ bleibt (s. S. 125 und Abb. 3.86), folgen die Fluenz-Effekt-Kurven nämlich der Hyperbelgleichung

$$\frac{H}{Z} = \left[\frac{E_{o\lambda}}{K_{o\lambda}}\right]^{\bar{n}}. \qquad (13.49)$$

Dabei gilt für den *Hill-Koeffizienten* $\bar{n} = 1 \pm 0{,}1$ und für die *Halbwerte der spektralen Raumphotonenflüsse* $K_{o\lambda}$:

$$K_{o\lambda} \cdot p(\lambda)_{rel} = 1{,}45 \pm 0{,}15\, \mu mol \cdot m^{-2} \cdot s^{-1}, \quad \text{wobei } p(\lambda)_{rel} = 1 \quad \text{für} \quad \lambda = 720\,\text{nm}. \qquad (13.50)$$

Durch Einsetzen von Gl. (13.50) in Gl. (13.49) zeigt sich, daß das *logarithmische Wirkungsspektrum* (s. S. 126) resultiert, sofern man $\log(H/Z)$ für einen konstanten Raumphotonenfluß $E_{o\lambda} \geqq K_{o720}$ als spektrale Größe ermittelt:

$$\log p(\lambda)_{rel} = \log \frac{H}{Z} + \log \frac{K_{o720}}{E_{o\lambda}}. \qquad (13.51)$$

Das so bestimmte logarithmische Wirkungsspektrum ist in Abb. 13.38 dargestellt. Da einerseits die *Photonenflußabhängigkeit* oberhalb des Anlaufbereichs hinreichend genau hyperbolisch 1. Ordnung ist (s.o.) und andererseits der absolute Effekt etwa proportional mit der Bestrahlungszeit zunimmt (s. Abb. 13.37), muß es sich bei dem Sensorpigment um einen *Photokatalysator* handeln, welcher in gebundener Form wirkt (s. S. 132); folglich gilt auch das Bunsen-Roscoe-Reziprozitätsgesetz nicht.

Um zu klären, ob das logarithmische Wirkungsspektrum dem scheinbaren typischen Konversionsspektrum *eines* unbekannten Pigments entspricht oder aber durch Interaktion *mehrerer* Pigmente verursacht wird, sind gleichzeitige Bestrahlungen mit zwei günstig gewählten Monochromatbändern λ_1 und λ_2 erforderlich. Erfolgt die Steuerung über *ein* Pigment mit *einem* aktiven Zustand, so muß sich nach Gl. (3.150) die *Wirkung der Dichromatbestrahlungen* aus den Monochromateffekten errechnen wie

$$\left[\frac{H}{Z}\right]_{\lambda_1+\lambda_2} = \left[\frac{H}{Z}\right]_{\lambda_1} + \left[\frac{H}{Z}\right]_{\lambda_2}. \qquad (13.52)$$

Alle diesbezüglichen Versuche widersprechen der Gl. (13.52) und widerlegen somit die Ein-Pigment-Hypothese. Man benötigt deshalb *mindestens* eine *Zwei-Pigment-Hypothese*, die etwa besagt, daß die DR-Wirkungsbande im Bereich $700 \leqq \lambda \leqq 740$ nm (s. Abb. 13.38) durch Anregung von zwei sich hier überlappenden Pigmenten verursacht wird, die noch rechts bzw. links außerhalb der DR-Wirkungsbande absorbieren. Diese Zwei-Pigment-Hypothese läßt sich dadurch prüfen, daß man gleichzeitig mit HR (≈658 nm) und TR (= Tiefrot, ≈768 nm) bei variierten Photonenflußverhältnissen bestrahlt. Man findet auf diese Weise ein Raumphotonenflußverhältnis $E_{o658}/E_{o768} \approx 0{,}004$, welches die für 720 nm typische maximale Hypokotylwachstumshemmung erzeugt. Gemäß der Zwei-Pigment-Hypothese gelingt es auch, die DR-Wirkung bei 720 nm durch simultane Einstrahlung von HR oder TR auszulöschen (Abb. 13.39). Durch diese *Enhancement-* und *Annullierungseffekte* ist nachgewiesen, daß im Bereich der DR-Wirkungsbande bei diesem HIP *mindestens zwei* Pigmente interagieren. Weil aber die Intensitätsabhängigkeit hyperbolisch *1. Ordnung* ist, kann nur *ein* aktiver Pigmentzustand steuernd wirken, und als Pigmentpaar ist ein *Photochrom* zu postulieren, dessen eine Form der Effektor ist (*Photochromkatalyse*; s. S. 137ff.).

Die *relativen scheinbaren Konversionsspektren* der beiden Photochromformen können bestimmt werden, indem für frei wählbare Wellenlängenpaare Dichromatkurven ausgearbeitet werden, aus denen die Raum-

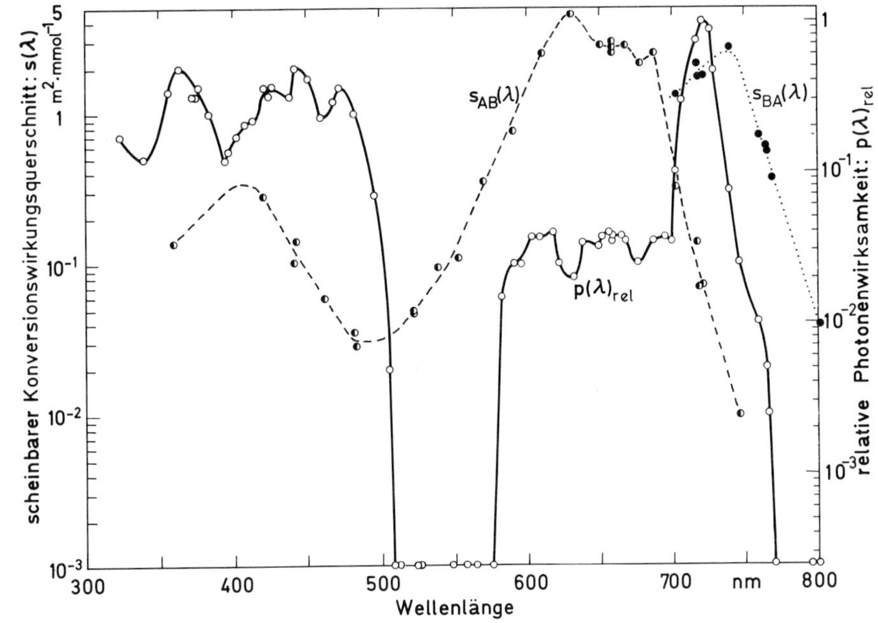

Abb. 13.38. Logarithmisches Wirkungsspektrum der Hypokotylwachstumshemmung von Salatkeimlingen für 18stündige Dauerbestrahlung. Gemäß Abb. 13.37 wurde bei 24,8 ± 0,3° C von der 54. bis zur 72. Stunde nach Aussaat bestrahlt mit Bandbreiten $5 \leqq HW \leqq 15$ nm und einem Raumphotonenfluß $E_{o\lambda} = 6{,}3\,\mu mol \cdot m^{-2} \cdot s^{-1}$; die relative Photonenwirksamkeit $p(\lambda)_{rel}$ ist nach Gl. (13.51) ermittelt. Die Auswertung von Dichromatkurven (vgl. Abb. 13.39) nach der Photochromhypothese Gl. (13.53) liefert für das Sensorpigment die *scheinbaren Konversionsspektren* $s_{AB}(\lambda)$ und $s_{BA}(\lambda)$, sofern man für $s_{AB}(720)$ und $s_{BA}(720)$ die Werte 0,074 bzw. $1{,}75\,m^2 \cdot mmol^{-1}$ laut Haferphytochrom vorgibt (vgl. Abb. 13.33). [Original nach Daten von Hartmann: Z. Naturforsch. **22**b, 1172 (1967), und Photochem. Photobiol. **5**, 349 (1966)]

photonenflußverhältnisse $E_{o\lambda_1}/E_{o\lambda_2}$ für maximale Hypokotylwachstumshemmung H_{max} zu entnehmen sind.

Dabei ist gemäß dem Stark-Einsteinschen Äquivalenzgesetz (s. S. 125) zu fordern, daß für gleiche Maximaleffekte H_{max} die Zahl der pro Zeiteinheit konvertierten Photochrommoleküle A⇄B jeweils gleich ist. Dies gilt unter Verwendung der *scheinbaren Konversionsquerschnitte* $s_{AB}(\lambda)$ und $s_{BA}(\lambda)$ für Simultanbestrahlungen mit den Monochromatbändern λ_1 und λ_2 wie auch für Monochromatbestrahlungen mit 720 nm, sofern die Maximaleffekte im Bereich $0{,}15 \leqq H_{max} \leqq 0{,}8$ liegen, und liefert die Gleichung:

$$\left|\frac{dA}{dt}\right| = B[s_{BA}(\lambda_1)E_{o\lambda_1} + s_{BA}(\lambda_2)E_{o\lambda_2}] = Bs_{BA}(720)E_{o720}$$
$$= \left|\frac{dB}{dt}\right| = A[s_{AB}(\lambda_1)E_{o\lambda_1} + s_{AB}(\lambda_2)E_{o\lambda_2}] = As_{AB}(720)E_{o720}. \quad (13.53)$$

Hiernach wird H_{max} also stets durch das gleiche, evtl. zeitabhängige Konzentrationsverhältnis $(A/B)_{opt}$ der beiden unbekannten Photochromformen verursacht.

Aus solchen Daten ergeben sich Bestimmungsgleichungen für die scheinbaren Konversionsspektren beider Photochromformen (Abb. 13.38). Offensichtlich handelt es sich bei den *scheinbaren Konversionsspektren* $s_{AB}(\lambda)$ und $s_{BA}(\lambda)$ der beiden Photochromzustände um modifizierte Konversionsspektren der Phytochromübergänge R→F und F→R (vgl. Abb. 13.33). Damit ist gezeigt, daß dieses HIP im wesentlichen durch *gleichzeitige Anregung von R und F* verursacht wird. Allerdings kann eine Beteiligung anderer Pig-

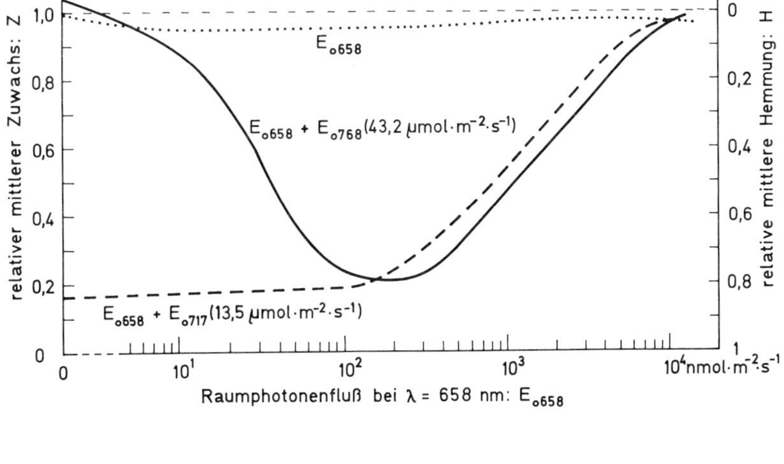

Abb. 13.39. Wachstumshemmung des Salathypokotyls bei Dichromatbestrahlung. *Ausgezogen*: Mit zunehmender Beimischung von fast unwirksamem Hellrot gemäß Abszissenangabe ($=E_{o658}$) zu einem festen unwirksamen Raumphotonenfluß von Tiefrot ($=E_{o768}$) kann die relative mittlere Hemmung H kontinuierlich zwischen 0 und 0,8 variiert werden. *Gestrichelt*: Die Hemmung, die durch Dunkelrot ($=E_{o717}$) verursacht wird, verschwindet mit zunehmender Beimischung von Hellrot ($=E_{o658}$). *Punktiert*: Hellrotkontrolle ($=E_{o658}$). [Nach Hartmann: Europ. Photobiol. Symp. Hvar, Jugoslavia, Abstr. 29 (1967)]

mente (z.B. Phytochrom-Zwischenzustände, Chlorophyllsystem, Cryptochrom) nicht ausgeschlossen werden. Zumindest für den Spektralbereich $520 \leqq \lambda \leqq 800$ nm darf aber als Hauptsensorpigment das Phytochrom gelten.

Nach Gl. (3.169) ergibt sich für die Inaktivierungskonstante von F als Abschätzung

$$k_f = [\sigma_{rf}(720) + \sigma_{fr}(720)] K_{o720}, \tag{13.54}$$

wobei nach Abb. 13.33 $30 \leqq \sigma_{rf}(720) \leqq 70\ m^2\ mol^{-1}$ und $\sigma_{fr}(720) = 1740\ m^2\ mol^{-1}$ sowie nach Gl. (13.50) $1{,}3 \leqq K_{o720} \leqq 1{,}6\ \mu mol \cdot m^{-2}\ s^{-1}$ einzusetzen sind. Damit erhält man für die *Halbwertszeit der Inaktivierung von F* als $\tau_f = \ln 2/k_f$ Werte im Bereich $4 < \tau_f < 5$ min, was auch durch zyklische Bestrahlungsprogramme bestätigt wird (s. S. 132). Es bleibt offen, ob diese langsame Inaktivierung als Destruktion, Dunkelreversion, eine andere unbekannte Reaktion oder aber eine Kombination dieser Reaktionen zu deuten ist. Wegen der großen Halbwertszeit des Effektors F folgt aber, daß dieser nur als gebundenes F im Grundzustand wirken kann.

Es entspricht diesem Schluß, daß die optimale DR-Wirkung bei 720 nm durch simultane Einstrahlung genügend hoher Photonenflüsse von TR um 760 nm annullierbar ist. Für diese Annullierungssituation ist die photostationäre Konzentration der Zwischenzustände (s. Abb. 13.23) höher als für das reine DR, die photostationäre Konzentration von F aber fast auf den für TR typischen theoretischen Minimalwert (s. Abb. 13.21) gesenkt. Deshalb scheiden Zwischenformen der Photokonversionen R⇌F bzw. RX⇌FX als Effektoren dieses HIP aus.

Natürlich interessiert die Frage, wie bei diesem HIP der Effekt von der stationären Konzentration des Effektors F abhängt. *Formal* läßt sich für alle Monochromat- und Dichromatbestrahlungen die relative photostationäre Konzentration von F ($=f_\Lambda$) nach Gln. (13.37) u. (13.33) berechnen (Abb. 13.40). Es gibt also für dieses HIP eine Korrelation, die die Abhängigkeit des Effekts von f_Λ beschreibt. Es ist evident, daß der Effekt im Bereich niederer Werte von f_Λ stark *kooperativ* mit F zunimmt, d.h. man kann von einer *Schwellenwertregulation* sprechen; wegen der Unsicherheit der Konversions(wirkungs)querschnitte des R im Spektralbereich >700 nm kann der Kooperationsgrad nur als $4 \leqq \bar{n} \leqq 16$ angegeben werden. Die maximale Wirksamkeit liegt im Bereich $0{,}03 \leqq f_\Lambda \leqq 0{,}10$, im Bereich $f_\Lambda \geqq 0{,}4$ geht der Effekt auf etwa 15% zurück. Entscheidend ist die Feststellung, daß halbmaximaler Effekt bereits im Bereich $0{,}01 \leqq f_\Lambda \leqq 0{,}02$ erreicht ist; dies weist nämlich darauf hin, daß auch bei diesem HIP, ähnlich wie bei vielen Induktionsphänomenen (s. S. 573), nur eine kleine Fraktion des Phytochrompools für die Steuerung der Photomorphosen benötigt wird.

Diese und weitere Schlüsse aus der F-Abhängigkeit gemäß Abb. 13.40 sind mit Vorsicht zu beurteilen, denn einerseits sind die photokinetischen Eigenschaften sowie die Störreaktionen des Phytochroms für die Funktionsmatrix X gemäß Abb. 13.35 nicht bekannt. Andererseits gibt es Probleme der zellulären und intrazellulären Kompartimentierung, deren kinetische Auswirkungen völlig unklar sind. Deshalb bleiben Berechnungen für photostationäre Bedingungen nach Modellgl. (13.32), Abb. 13.35 oder für andere homogene kinetische Modelle prinzipiell von zweifelhaftem Wert.

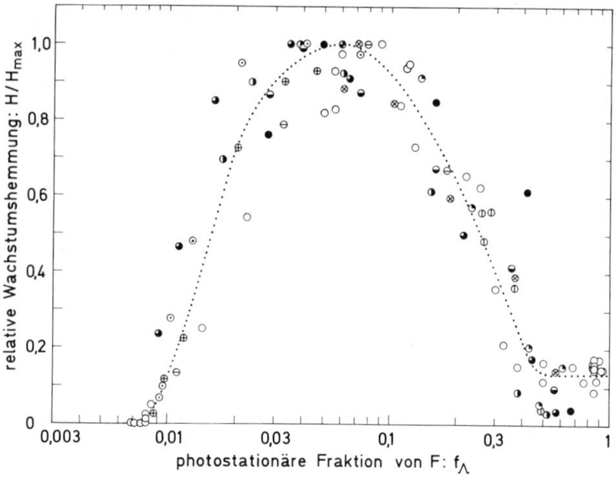

Abb. 13.40. Relative Wachstumshemmung des Salathypokotyls als Funktion der eingestellten photostationären Fraktion von F. In dieser Abbildung sind Monochromat- und Dichromatbestrahlungen für den Spektralbereich $549 \leqq \lambda \leqq 801$ nm berücksichtigt. Im einzelnen bedeuten: Monochromatbestrahlungen = ○; Dichromatbestrahlungen mit variiertem Photonenfluß bei 658 nm und festem Photonenfluß bei 706 nm = ⦶, 717 nm = ◔, 727 nm = ⊗, 739 nm = ◒, 746 nm = ◑, 768 nm = ◕ bzw. 801 nm = ●; Dichromatbestrahlungen mit variiertem Photonenfluß bei 759 nm und festem Photonenfluß bei 702 nm = ⊖, 716 nm = ⊙ bzw. 727 nm = ⊕; Dichromatbestrahlung mit 770 und 549 nm = ◍. Die Werte von f_Λ wurden mit Hilfe von *In-situ*-Konversionsspektren R⇄F errechnet, die photometrisch nach Gl. (13.45) an Hypokotylhaken von 3 Tage alten Salatkeimlingen ermittelt wurden (d = 2,9 mm bei 0° C). [Nach Hartmann: Vortrag MSU/AEC Plant Research Laboratory, East Lansing, U.S.A., 2. XI. 1970]

Daß die Phytochromwirkung stark kooperativ ist, wird auch für die Hemmung der Zunahme der *Lipoxygenaseaktivität* in den Keimblättern des Senfs angenommen; der Organteil, welcher dabei das steuernde Licht perzipiert, scheint die Hakenzone des Hypokotyls zu sein (s. Abb. 13.18). Eine solche Schwellenwertregulation durch Phytochrom muß grundsätzlich für *Alternativmerkmale* wie z.B. Keimung oder Blühinduktion postuliert werden. Ob es sich bei diesen Schwellenwertregulationen jedoch um eine Kooperation auf molekularer, intrazellulärer oder interzellulärer Ebene handelt, ist ungeklärt.

Neuerdings ist gefunden worden, daß die Sedimentierbarkeit des Phytochroms in Zellaufschlüssen (s. S. 570), die Destruktion des F, wie auch die Dunkelreversion F→R *in vivo* in ähnlicher Weise in Form von Optimumskurven von der photostationären Konzentration von F abhängen. Inwieweit solche Abhängigkeiten bei einer quantitativen Interpretation von HIP zu berücksichtigen sind, bleibt wegen der Kompartimentierungsprobleme offen.

Mit Hilfe von Dichromatbestrahlungen sind *Enhancement- und Annullierungseffekte* gemäß Abb. 13.39 auch bei anderen Objekten und Photomorphosen nachgewiesen worden, so z.B. für die HIP bei der Samenkeimung, bei der Anthocyanakkumulation, beim Achsenwachstum und der Blühinduktion. Diese Effekte werden als ein Beweis für phytochromabhängige HIP angesehen und durch Experimente gestützt, bei denen die Phytochromkonzentration durch HR-Vorbestrahlung via F-Destruktion reduziert und die Lichtempfindlichkeit der HIP entsprechend modifiziert wird. Es muß aber einschränkend vermerkt werden, daß selbst für die kinetisch analysierbare Hypokotylwachstumshemmung von Salatkeimlingen nicht endgültig geklärt ist, ob sie quantitativ auf der Basis des

Phytochroms zu deuten ist. Generell scheint es sich bei den stark variablen spektralen Empfindlichkeiten der HIP (Abb. 13.36 u. 13.38) um Übergangsphänomene zu handeln, die nach mehrtägiger Deetiolierung den Charakter von modifizierten Phytochrom-Cryptochrom-Spektren annehmen; dabei wirken Flavonoide, Carotinoide und Chlorophylle als Beschatter.

Eine kinetische Analyse weiterer HIP (z.B. bei *Sinapis alba*) scheitert daran, daß ihre Photonenflußabhängigkeiten hyperbolisch *kleiner* 1. Ordnung sind ($\bar{n}<1$); was auf starke Variabilität der Photonenempfindlichkeit innerhalb der Keimlingspopulation oder zwischen den Keimlingszellen hinweist; auch an die negative Interaktion mehrerer Steuerzentren, also etwa Organinteraktionen, ist hier ursächlich zu denken. Dementsprechend sind die für solche Photomorphosen ermittelten F-Abhängigkeiten maskiert und dürfen nicht gemäß der Reaktionskinetik homogener Systeme gedeutet werden (s. S. 130, δ).

13.2.6 Bedeutung des Phytochroms im natürlichen Biotop

Im natürlichen Biotop sind Pflanzen nicht monochromatischem Licht ausgesetzt, sondern Sonnenlicht, dessen spektrale Zusammensetzung aufgrund unterschiedlicher Tages- und Witterungsbedingungen sowie der lokalen Beschattungssituation stark variiert. Die selektive Filterwirkung pflanzlicher Assimilationsorgane erzeugt visuell den sog. *Grünschatten*; für die Phytochromwirkung ist hierbei die starke Reduktion der Strahlung unterhalb 700 nm Wellenlänge entscheidend (Abb. 13.41), wobei im Bestand durch die Vielfachstreuung des Restlichts im Prinzip eine Mehrfachfilterung erzielt wird.

Die wichtigsten Beschattungspigmente der grünen Pflanzen im HR-DR-Bereich sind die Chlorophylle, die sich in den *Assimilationsorganen* (Blätter, Sprosse oder Thalli) innerhalb der Chloroplasten finden. Wegen der zellulären und subzellulären Kompartimentierung pflanzlicher Gewebe tritt neben *Lichtabsorption* regulär auch starke *Lichtstreuung* auf, was spektrale hyperbolische Photonenflußgradienten verursacht (s. S. 123).

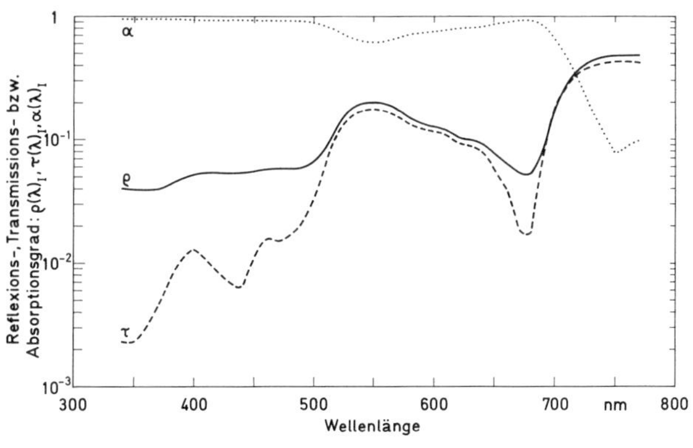

Abb. 13.41. Optische Eigenschaften voll entwickelter Keimblätter von Senfpflanzen (*Sinapis alba* L. *cv.* Beltsville). Der mittlere integrale spektrale Reflexions- und Transmissionsgrad [$\varrho(\lambda)_l$ und $\tau(\lambda)_l$] wurden nach DIN 5036 mit einer Photometerkugel im 10 nm-Abstand bei HW ≤ 5 nm und für senkrechte Inzidenz (⊥) auf die Blattoberseite gemessen. Der mittlere integrale spektrale Absorptionsgrad $\alpha(\lambda)_l$ ist errechnet als $\alpha(\lambda)_l = 1 - \varrho(\lambda)_l - \tau(\lambda)_l$. [Nach Schwarz: Zulassungsarbeit Erlangen 1976]

Abbildung 13.41 zeigt Meßwerte der integralen spektralen Transmissions- und Reflexionsgrade für voll entwickelte Keimblätter des Senfs. Hieraus folgt mit Hilfe der Gln. (3.107) u. (3.108) für $E_{\perp\lambda}$ = konstant als *Raumphotonenflußverhältnis für die Eintrittsebene* $E_{o730}/E_{o660} \approx 1{,}35$ und als das der *Austrittsebene* ≈ 9,6. Deshalb ist die mittlere photostationäre Konzentration von F im Blatt, nach Gl. (13.37) berechnet, lokal sehr verschieden. Entsprechende Unterschiede ergeben sich auch für die nach Gl. (13.36) berechenbare photostationäre Bildungsrate von F. Dieses *Gradientenproblem* wird noch durch den Siebfiltercharakter vieler Blätter kompliziert, scheint aber von den Pflanzen dadurch gemeistert zu werden, daß die Funktion eines Steuerzentrums auf bestimmte Zell- oder Gewebetypen beschränkt ist. So kann z.B. bei der Blühinduktion die spektrale Empfindlichkeit für Bestrahlung der Blätter von oben und von unten differieren; bei der Kurztagpflanze *Kalanchoë blossfeldiana* beruht dies darauf, daß die obere Epidermis Ort der Photoperzeption ist.

Die *photostationäre Konzentration von* F an einem Sommerklartag liegt mittags bei $f_A = 0{,}56 \pm 0{,}02$, wird aber bereits unter einem voll entwickelten Zuckerrübenblatt auf $f_A = 0{,}15 \pm 0{,}01$ reduziert, unter zwei Blättern auf $f_A = 0{,}04 \pm 0{,}005$. Dieser letzte Wert ist typisch für den *starken Grünschatten*, wie er in der Bodenzone unter dichten Beständen von Mais, Weizen und Zuckerrüben auftritt, und gilt als Extremwert für pflanzliche Biotope; er entspricht einer Verschiebung des Raumphotonenflußverhältnisses von $E_{o730}/E_{o660} \approx 0{,}8$ auf ≈ 20 bei gleichzeitiger Reduktion des absoluten Raumphotonenflusses auf das Prozentniveau und ist somit mit einer reinen DR-Bestrahlung um 740 nm vergleichbar. Das gestattet im Wechsel mit ungefiltertem Weißlicht eine Demonstration der HR-DR-Reversibilität (s. Tabelle 13.2).

Im *Grünschatten* sind also die photostationären Konzentrationen und Bildungsraten von F mehr oder weniger stark verringert und damit der Steuereinfluß des Phytochroms entsprechend abgeschwächt: Dies verursacht eine *partielle Etiolierung*, die sich z.B. als Hemmung der Samenkeimung, verstärktes Streckungswachstum und unterdrückte Fortpflanzung auswirken kann. Bei Intensivkulturen kann deshalb infolge der Selbstbeschattung durch zu dichte Bepflanzung oder Überdüngung eine Ertragsdezimierung resultieren. Der Grünschatten kann sich auch im Zuge der Belaubung und Entlaubung jahresperiodisch stark

Tabelle 13.2. Phytochromtypische Reversibilität der Keimungsinduktion von Salatachänen (vgl. Tabelle 13.1, S. 564), erzeugt durch Weißlicht-Grünschatten-Bestrahlungen. Bestrahlung und Auswertung 5 bzw. 48 h nach Aussaat bei 25 ± 0,5° C; Niedervolthalogenlampendiaprojektor 250 W mit Wärmefilter 2 mm KG 1, Lichtfeld 10 × 10 cm; WL: Weißlichtbestrahlungsstärke ≈ 600 W·m^{-2}; GS: Grünschatten, nach Filterung von WL durch 2 voll entwickelte Blätter von *Platanus hybrida*; HR: Hellrot, 650 ± 11 nm, ≈ 1 W·m^{-2}; DR: Dunkelrotband hinter 6 mm RG 9, ≈ 4 W·m^{-2}. σ = mittlerer Fehler der Keimungsraten für $n = 200$. [Nach Hartmann: Pflanzenphysiologische Übungen Erlangen 1977]

Bestrahlungsprogramm	Keimungsrate $p \pm \sigma$ in %
10 s WL	92,5 ± 1,9
5 min GS	5,0 ± 1,5
5 min GS + 10 s WL	94,5 ± 1,6
10 s WL + 5 min GS	6,5 ± 1,7
10 s WL + 5 min GS + 3 min HR	98,5 ± 0,9
10 s WL + 3 min DR	3,0 ± 1,2
Dunkel	9,5 ± 2,1

ändern und so die Entwicklung der Begleitflora steuern. Die *ökologische Bedeutung* des Phytochroms ist aber noch weiterreichend, indem es auch die im natürlichen Tagesablauf auftretenden Änderungen des Photonenflusses und seiner spektralen Verteilung registriert.

Der totale Raumphotonenfluß variiert im Spektralbereich $400 \leqq \lambda \leqq 800$ nm tages- und jahresperiodisch sowie witterungsabhängig zwischen 0 und 3 mmol·m^{-2} s^{-1}. Die stärksten *Veränderungen der spektralen Raumphotonenflußverteilung* sind an klaren Sommertagen zur Zeit des Sonnenaufgangs und -untergangs gemessen worden. Dabei verschiebt sich das Photonenflußverhältnis vor Sonnenuntergang innerhalb von 30 min von $E_{\perp 730}/E_{\perp 660} \approx 0{,}5$ zu $\approx 1{,}5$. Diese Verschiebung bewirkt eine Änderung der Konzentration von F, wie sie in etwa beim Wechsel von Tageslicht-Leuchtstofflampen auf Glühlampen erfolgt, wobei f_A von $\approx 0{,}71$ auf $\approx 0{,}53$ abfällt. Daß eine solche Absenkung des F-Spiegels bei Tagesende photomorphogenetisch wirksam ist, konnte bei vielen Pflanzen durch Klimakammerversuche nachgewiesen werden. Gibt man nämlich am Ende der täglichen Lichtperiode jeweils einige Minuten reines Leuchtstofflampenlicht, so kommen die Objekte mit hohem F-Gehalt in die Dunkelphase; dementsprechend bleiben die Internodien kurz und manchmal resultiert starke Blühverzögerung, wie z.B. bei Zuckerrübe, Weizen, Roggen, Hirse und Dill. Andererseits bewirken jeweils einige Minuten reines Glühlampenlicht bei Tagesende aufgrund der Erniedrigung des F-Gehalts besonders bei Langtagpflanzen (s.u.) eine deutliche Internodienstreckung und Blühbeschleunigung.

Bei der Klimakammeranzucht von Pflanzen kann der *natürliche Tagesgang der spektralen Photonenflußverteilung* imitiert werden. Hierzu verteilt man die Strahlungsquellenleistung auf 90% Tageslicht-Leuchtstofflampen oder, um natürliche Bestrahlungsstärken bis zu 500 Wm^{-2} im sichtbaren Spektralbereich zu erzielen, auf wärmestrahlungsfreies Xenonlampenlicht sowie 10% Glühlampenlicht. In beiden Fällen kann man die *Morgen-* und *Abendröte* durch minutiges Vor- und Nachbelichten mit Glühlampenlicht simulieren, wobei letzteres wegen der Absenkung des F-Spiegels bei Nachtbeginn für eine natürliche Entwicklung der Pflanzen wichtig ist.

Die Tatsache, daß die Entwicklung der Pflanzen auf die relative Tages- und Nachtlänge und damit auf den Verlauf von Helligkeit und Lichtfarbe anspricht, gehört zum Problemkreis des *Photoperiodismus*.

Entsprechend der Vielfalt von Photomorphosen bei Pflanzen gibt es auch eine Fülle von photoperiodischen Reaktionen, von denen neben der Umsteuerung von der vegetativen zur reproduktiven Entwicklung (z.B. Blühinduktion) hier noch Wachstumsrate, Cambiumaktivität, Blattform, Speicherorganbildung, Seneszenz, Blattfall, Knospenruhe, Frostresistenz sowie Samen- und Sporenkeimung erwähnt seien. Für solche photoperiodisch regulierten Prozesse ist charakteristisch, daß sie einerseits von der Temperatur und dem Entwicklungszustand abhängen, andererseits aber im typischen Fall von einer bestimmten *kritischen Tageslänge* an (etwa 10–14 h) ausfallen oder stattfinden bzw. verlangsamt oder beschleunigt werden. Demzufolge kann man sog. *Kurztag-* bzw. *Langtagreaktionen* (KTR bzw. LTR) unterscheiden, also solche Reaktionen, die im Kurztag bzw. Langtag begünstigt werden.

Wenn im Kurztag (etwa 8 h) die lange Nacht (etwa 16 h) in der Mitte durch *Störlicht* kurzfristig unterbrochen wird, dann wirkt der Kurztag wie ein Langtag: LTR werden ausgelöst, KTR unterdrückt. Demgegenüber ist die Unterbrechung des Lang- oder Kurztags durch kurze Dunkelphasen fast ohne Einfluß. Prinzipiell ist also beim Photoperiodismus die *Nachtlänge* entscheidend.

Die Störlichtempfindlichkeit schwankt etwa tagesperiodisch, also *circadian*. Bei KTR ist die Lichtbedürftigkeit, d.h. die sog. *photophile* Phase, etwa 4 h nach Tagbeginn am größten, und die dunkelliebende oder *skotophile* Phase ist etwa 16 h nach Tagbeginn am stärksten ausgeprägt. Bei LTR dagegen erreicht die photophile Phase etwa 16 h nach Tagbeginn ihren Höhepunkt, alternierend mit einer schwach ausgeprägten skotophilen oder gar indifferenten Phase. Die photoperiodische Zeitmessung erfolgt also mit Hilfe der physiologischen Uhr oder der sog. *endogenen circadianen Rhythmik*, an die die meisten Stoffwechselprozesse bei Eukaryoten gekoppelt sind (s. Kapitel 16.5, S. 850). So kann z.B. der Phytochromgehalt tagesperiodisch schwanken, nachdem die innere Uhr durch eine einmalige Belichtung der Keimpflanzen angestoßen worden ist.

Für die praktische Nutzung der *Störlichtwirkung* ist wichtig, daß die empfindlichsten KTR in der skotophilen Phase schon durch Bestrahlungsstärken bis herunter zur Größenordnung des Vollmondlichts (etwa 1 mW m^{-2}) blockiert werden können. Für die Auslösung mancher LTR sind zusätzlich zum Kurztag oft mehrere Stunden Störlicht erforderlich. Selbst dann kann aber durch geschickte Wahl der Zusatzlichtperiode der Energieaufwand für die Erzielung von LTR im Kurztag gering gehalten werden. So kann man z.B. bei 12stündiger Kurztaganzucht von Douglasien (ein schnellwüchsiger nordamerikanischer Nadelbaum) durch eine 1stündige Zusatzlichtperiode in Nachtmitte fast das gleiche Wachstum erzielen wie im 20stündigen Langtag (s. Abb. 13.42). Diese und andere Störlichteffekte, vor allem im Zusammenhang mit der Blühinduktion, sind im Gartenbau von großer *wirtschaftlicher Bedeutung*.

Die meisten Störlichtwirkungen zeigen die typischen Phytochromeigenschaften, wie wiederholbare HR-DR-Reversibilität oder Enhancementeffekte bei Dichromatbestrahlungen (s. S. 576); dabei sind die

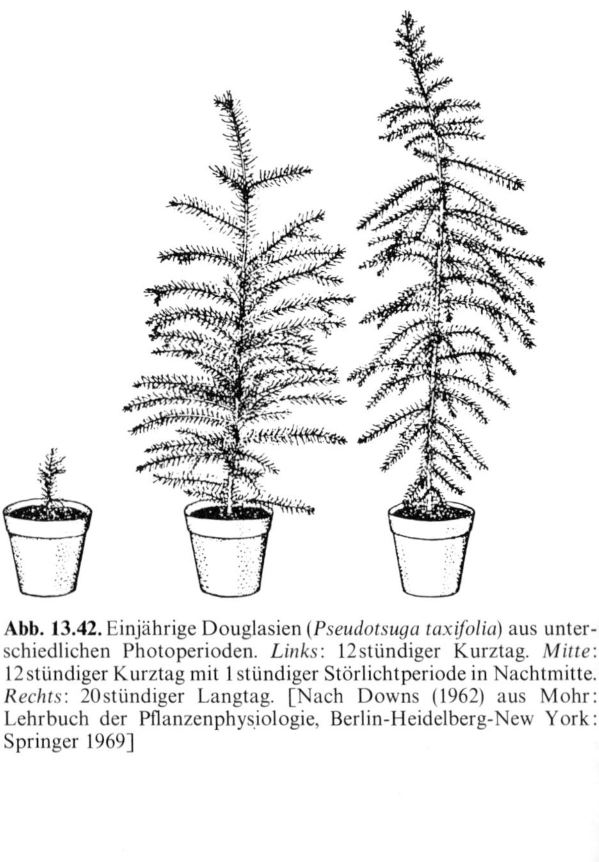

Abb. 13.42. Einjährige Douglasien (*Pseudotsuga taxifolia*) aus unterschiedlichen Photoperioden. *Links*: 12stündiger Kurztag. *Mitte*: 12stündiger Kurztag mit 1stündiger Störlichtperiode in Nachtmitte. *Rechts*: 20stündiger Langtag. [Nach Downs (1962) aus Mohr: Lehrbuch der Pflanzenphysiologie, Berlin-Heidelberg-New York: Springer 1969]

Rezeptororgane der Höheren Pflanzen die Laubblätter, im Ruhestadium die Knospen. Als Störlichtquellen genügen häufig ein paar weiße oder sogar rote Leuchtstofflampen, die bei einer Bestrahlungsstärke von etwa $1\,W\,m^{-2}$ in <5 min die hohen photostationären Endwerte von F mit einer Abweichung $\Delta f_A < 1\,\%$ einstellen.

13.2.7 Schlußbemerkungen

Unabhängig davon, ob letztlich eine quantitative kinetische Deutung physiologischer Datensätze gelingt, läßt sich bezüglich der *molekularen Funktion* des Phytochroms folgendes sagen: Phytochrom als Sensorpigment unter natürlichen Bedingungen perzipiert den Photonenfluß, seine spektrale Verteilung und u. U. auch die Schwingungsrichtung linear polarisierten Lichtes und übersetzt diese drei Eingangsgrößen in zwei molekulare Freiheitsgrade, nämlich die *photostationäre Konzentration von F* und die *photostationäre Bildungsrate von F*, die beide bei der Regulierung durch Phytochrom genutzt werden: Denn die F-Abhängigkeit ist höherer Ordnung bzw. stark kooperativ, die Photonenflußabhängigkeit aber nur hyperbolisch 1. Ordnung. Phytochrom in Pflanzen erfüllt also die Funktion eines *intrazellulären Auges*, wobei durch sein Vorkommen in allen Zellen eine Aussteuerung des gesamten Organismus auf das Lichtbiotop erzielt wird. Diese Aussteuerung ist aber nicht uniform, sondern räumlich und zeitlich stark verschieden. Einerseits variieren die Beschattungssituation am Standort sowie die Selbstbeschattung und u. U. der Absorptionsdichroismus (s. S. 123, Abb. 3.80) lokal stark, andererseits sind der natürliche Tagesgang des Photonenflusses und seine spektrale Verteilung von prinzipiellem Einfluß.

Trotz der universellen Bedeutung des Phytochroms für die Steuerung der pflanzlichen Entwicklung läßt sich die Frage nach der *primären Regelstelle* noch nicht beantworten. Es ist sogar fraglich, ob es eine einzige Primärreaktion gibt. Die Bearbeitung einiger schneller Phytochromreaktionen hat nämlich zu dem Konzept geführt, daß es sich beim Phytochrom um einen *Membraneffektor* handelt. So ist z. B. gezeigt worden, daß die tagesperiodischen Fiederblattbewegungen mancher Mimosen *(Mimosa pudica, Albizzia julibrissin, Samanea saman)* auf eine Interaktion der endogenen circadianen Rhythmik mit dem Phytochrom zurückgehen. Dabei kann in den dünnwandigen Parenchymzellen der Fiederblattgelenke eine plötzliche phytochromabhängige Turgorbewegung bzw. -abnahme ausgelöst werden, die durch einen Wasser- und K^+-Efflux aus den Zellvakuolen in die Interzellularräume bedingt ist. Das Vorkommen eines *phytochromgesteuerten Kationeneffluxes* ist auch für Wurzelspitzen postuliert worden, da diese nach der F-Bildung innerhalb von 30 s an negativ geladenen Glasflächen adhärieren. Eine entsprechende F-abhängige Positivierung von Bohnenwurzelspitzen (*Phaseolus aureus*) konnte als direkte *Potentialänderung* (etwa 1 mV) gemessen werden; bis zu 10 mV große Potentialänderungen sind an Haferkeimscheiden beobachtet worden.

Auf zellulärem Niveau gibt es dazu erste Befunde an Algen. Auch der Umklappdichroismus (s. S. 568) sowie eine Beeinflussung zellulärer Ca-Ströme durch das Phytochrom favorisieren das Membraneffektorkonzept. Hierzu paßt ferner, daß Bor sowie membranaffine Phytohormone wie Abszisinsäure, Äthylen, Gibberelline, β-Indolylessigsäure usw. mit Phytochromeffekten interagieren. Sollte das Phytochrom z. B. die elektrischen Eigenschaften oder die Permeabilität von Membranen beeinflussen, so wäre u. U. keine hohe Spezifität zu erwarten, denn die primäre Phytochromwirkung würde jeweils wesentlich vom Entwicklungszustand, also von den Konzentrationsverhältnissen der Ionen, Substrate und Effektoren in benachbarten Kompartimenten, abhängen.

Herrn Kollegen E. Schäfer, Freiburg/Br., danken wir für kritische Hinweise.

Literaturauswahl

Correll, D.L., Edwards, J.L., Shropshire, Jr., W.: Phytochrome (a bibliography with author, biological materials, taxonomic, and subject indexes of publications prior to 1975). Washington D.C.: Smithsonian Institution Press 1977.

Downs, R.J.: Controlled environments for plant research. New York-London: Columbia University Press 1975.

Pratt, L.H.: Phytochrome: function and properties. In: Photochemical and photobiological reviews, Vol. 5. Smith, K.C. (ed.). New York-London: Plenum Press 1979.

Shropshire, Jr., W., Mohr, H. (eds.): Photomorphogenesis. Encyclopedia of plant physiology, New Series. Berlin-Heidelberg-New York: Springer 1982.

13.3 Biolumineszenz

W. D. McElroy

13.3.1 Einführung

Die Erzeugung von Licht ohne Zufuhr von Wärme hat schon immer das Interesse von Wissenschaftlern, aber auch von Laien geweckt. Geschichtlich gesehen wurden Licht und Wärme immer im Zusammenhang betrachtet. Lavoisiers Beschreibung des Verbrennungsvorgangs enthielt das richtige Verständnis von „Feuer", obwohl „Wärme" noch bis zu den berühmten Experimenten des Count Rumford im Jahre 1798 als materielle Substanz angesehen wurde. Erst im Jahre 1865 veröffentlichte Maxwell seine dynamische Theorie der Elektromagnetischen Wellen, in der alle bis dahin gemachten Entdeckungen zu einem einheitlichen Konzept des Elektromagnetismus zusammengefaßt wurden. 1888 verwendete der deutsche Physiker und Historiker Wideman erstmals den Begriff „kaltes Licht", genannt „Lumineszenz". Er bezeichnete damit alle Lichtphänomene, die — wie er es formulierte — ohne Temperaturveränderung auftreten können.

Es ist interessant, daß nur zwei Jahre früher, also im Jahre 1886, der französische Physiologe Rafael Dubois in Glühwürmchen („Fireflies") zwei Substanzen hatte nachweisen können, bei deren Mischung es im Reagenzglas in Anwesenheit von Sauerstoff zur Erzeugung von Licht kam. Eine dieser Substanzen war hitzebeständig und wurde von Dubois „Luciferin" genannt. Die zweite Substanz zersetzte sich bei Erwärmung und verlor ihre Fähigkeit, Licht zu erzeugen. Dubois fand für diese Substanz die Bezeichnung „Luciferase". Die Durchführung jenes Typs von Reaktion im Reagenzglas durch Dubois zeigte eine grundsätzliche Übereinstimmung. Mit anderen biologischen Prozessen im Hinblick darauf, daß Katalysatoren äußerst wichtig für die in Organismen ablaufenden chemischen Reaktionen sind.

Prof. E. Newton Harvey untersuchte später eine große Zahl von lichterzeugenden Pflanzen und Tieren und kam zu dem Ergebnis, daß das Vorhandensein eines spezifischen Lucifers und einer spezifischen Luciferase, und die Anwesenheit molekularen Sauerstoffs grundlegend für die Fähigkeit zur Lichtproduktion sind.

Heute kennt man viele verschiedene Arten von Luciferinen und Luciferasen. Allen Biolumineszenz-Reaktionen scheint jedoch ein grundlegendes Prinzip gemein zu sein: sie beruhen alle auf enzym-katalysierten Oxidationen, die in Anwesenheit molekularen Sauerstoffs an dem als Substrat fungierenden Luciferin ablaufen. Die im Verlauf dieser Reaktionen freigesetzten großen Energiebeträge werden in einem einzigen Schritt verfügbar. Ein Zwischen- oder Endprodukt der Reaktion wird sich aus diesem Grund in einem angeregten Zustand befinden. Zur Lichtemission kommt es bei der Rückkehr eines Elektrons in den Grundzustand.

Es ist von historischem Interesse, daß es sich bei der hitzebeständigen Substanz, die Dubois aus den Glühwürmchen gewinnen konnte, in Wirklichkeit nicht um das uns heute bekannte oxidierbare Luciferin handelte. Dubois hatte vielmehr das ATP entdeckt, ohne sich jedoch dieser Tatsache zu jener Zeit bewußt zu sein.

Das echte oxidierbare Luciferin der Glühwürmchen findet sich in großen Mengen bei der Herstellung von Extrakten der Leuchtorgane der Glühwürmchen. Durch den Verbrauch von ATP kommt es zum Erliegen der Lichtemission. Das Experiment von Dubois scheint jedoch der erste Nachweis einer physiologischen Funktion von ATP gewesen zu sein. Isoliert und identifiziert wurde das ATP erst einige Jahre später.

Einen der bemerkenswertesten Züge des Phänomens der Biolumineszenz stellt die ungeheure Vielfalt von Organismen dar, die die Fähigkeit zur Aussendung von Licht entwickelt haben.

Zu ihnen gehören Bakterien, Pilze, Strahlentierchen (Hydrozoen), Schwämme, Korallen, Dinoflagellaten, Kamm- bzw. Rippenquallen und ähnliche Quallenarten, Krustentiere, Steckmuscheln, Schnecken, Tintenfische, Hundert- und Tausendfüßler, Regenwürmer, Insekten und schließlich Fische. Interessanterweise tritt im Pflanzenreich die Lumineszenz nur bis (zur Stufe) zu den Pilzen auf; unter den Wirbeltieren ist sie nur bei den Fischen zu finden. Weder Amphibien noch Reptilien, noch Vögel oder Säuger besitzen ein eigenes der Lichterzeugung dienendes System.

Es ist unmöglich, im vorliegenden Artikel die gesamte Chemie und Biochemie der vielen verschiedenen lumineszierenden Formen zu besprechen; der am Detail interessierte Leser sei daher auf die Monographien am Ende des Kapitels verwiesen.

13.3.2 Biolumineszenz der Glühwürmchen

Das Glühwürmchen stellt den ersten Organismus dar, aus dem sowohl das Luciferin als auch die Luciferase erstmalig in reiner Form gewonnen werden konnten. Die Luciferase konnte in kristalliner Form dargestellt werden; viele ihrer Eigenschaften sind sehr eingehend untersucht worden. Das Luciferin wurde ebenfalls in Kristallin gereinigt, und in einigen Laboratorien gelang die organische Synthese. Aus diesen Gründen soll zunächst ein genauer Überblick über die Chemie der Glühwürmchen-Lumineszenz gegeben werden; daneben sollen jedoch in einem späteren Abschnitt einige der bei anderen lumineszierenden Organismen gefundenen biochemischen Reaktionsmechanismen vorgestellt werden.

Die Glühwürmchen gehören zur Familie der Lampyridae (Leuchtkäfer). Im Laufe der vergangenen hundert Jahre galt ihnen vor allen anderen luminiszierenden Formen das größte Interesse.

Die Luciferase des Glühwürmchens katalysiert zwei Hyupttypen von Reaktionen. Im ersten Schritt dient ATP zur Aktivierung des Luciferins; dabei zeigt der Reaktionsablauf sehr viel Ähnlichkeit mit der Wirkungsweise aktivierender Enzyme, wie etwa derjenigen der Acyl-*t*-RNA-Synthetasen. Im zweiten Reaktionsschritt, dessen Charakteristika zu denjenigen von Oxygenasereaktionen analog sind, katalysiert das Enzym eine Oxydation.

Abbildung 13.43 zeigt die Struktur des aktiven Substrats D(−)Luciferin (LH_2) und daneben einen kompetitiven Inhibitor, das Dehydroluciferin (L). Das L(+)-Isomere ist für die Lichterzeugung nicht wirksam. Die Luciferase katalysiert die im folgenden näher beschriebenen drei Reaktionen:

$$E + LH_2 + ATP \xleftrightarrow{Mg^{2+}} E - LH_2 - AMP + PPi\,. \quad (13.55)$$

Der erste Schritt besteht also in der katalytischen Produktion eines enzymgebundenen Luciferyl-Adenylats (LH_2-AMP). Die Carboxylgruppe des Luciferins ist hier über eine Anhydrid-Bindung mit der Phosphoryl-Gruppe von AMP verbunden.

Bei der weiteren Reaktion des enzymgebundenen LH_2-AMP wird dann Licht erzeugt, wobei Oxyluciferin und daneben AMP und CO_2 entstehen:

$$E - LH_2\,AMP + O_2 \rightarrow \text{Oxyluciferin} + AMP + CO_2 + \text{„Licht"}\,. \quad (13.56)$$

Gibt man synthetisches LH_2-AMP in Gegenwart von Sauerstoff zu Luciferase, so kommt es sogar in Abwesenheit von ATP spontan zur Erzeugung von

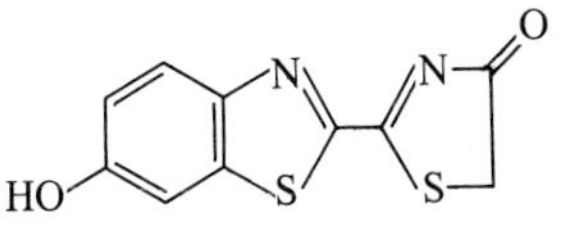

Oxyluciferin

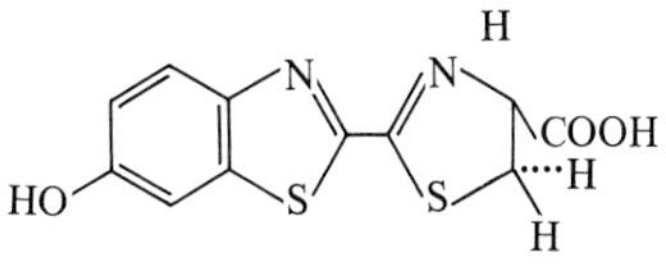

D (−) Luciferin

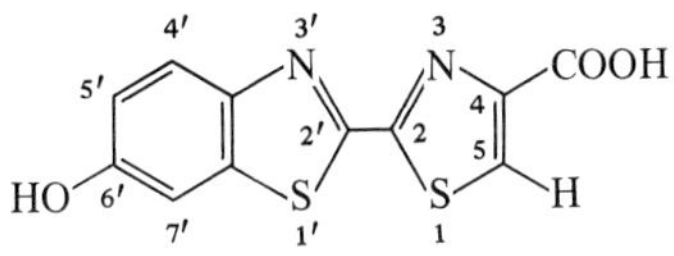

Dehydroluciferin

Abb. 13.43. Struktur des beim Glühwürmchen gefundenen D(−)-Luciferins, des Oxyluciferins und des Dehydroluciferins. (Aus McElroy u. Seliger)

Licht. Sorgt man durch Zugabe eines Überschusses von Luciferase gegenüber Luciferin für die vollständige Umsetzung des Luciferins, so ergibt sich bei basischem pH in bezug auf das Luciferin eine Quantenausbeute von etwa 0,9. Bei der Umsetzung eines Mols LH_2, zu der ein Mol Sauerstoff benötigt wird, wird ein Mol CO_2 freigesetzt.

Die Glühwürmchen-Luciferase katalysiert schließlich die Bildung von Dehydroluciferyl-Adenylat (L-AMP):

$$E + L + ATP \xleftrightarrow{Mg^{2+}} E - L\text{-}AMP + PP_i . \qquad (13.57)$$

In diesem Reaktionsschritt wird kein Licht erzeugt; das L-AMP bleibt fest an das Enzym E gebunden. Durch Ermittlung des Anteils von zugegebenem $^{32}PP_i$ der in Gegenwart von L in ATP eingebaut wird, ist die Reversibilität der Reaktion 13.57 leicht zu beweisen.

Photinus pyralis (?) sendet gelb-grünes Licht im Bereich von etwa 500 nm bis zu etwa 630 nm aus; das Maximum der Emission liegt bei 560 nm. Daraus ergibt sich, daß im letztgenannten Reaktionsschritt ein Energiebetrag von mindestens 57 kcal/mol freigesetzt werden muß. Andere Glühwürmchen-Arten zeigen andere Emissionsmaxima; dies legt den Schluß nahe, daß die Struktur der Luciferase und die Art der Bindung Einfluß auf die Farbe des emittierten Lichtes haben. In allen durchgeführten Untersuchungen wurde das gleiche synthetische Luciferin verwendet.

Auch die folgenden Beobachtungen stützen die geäußerte Schlußfolgerung: sowohl durch Absenkung des pH-Wertes auf 6,0 als auch durch Zugabe von Harnstoff oder einer Reihe von Schwermetallen ist es möglich, mit Hilfe der geschilderten Reaktion die Emission von rotem Licht herbeizuführen (vgl. Abb. 13.44). Untersuchungen der Chemolumineszenz von $LH_2 - AMP$ in organischen Lösungsmitteln ermöglichen Rückschlüsse über die Natur von rot respektive gelbgrüner Strahlen. Abbildung 13.45 zeigt die Struktur des Monoanions des decarboxylierten 4-keto-Abkömmlings von LH_2, das vermutlich das rote Licht emittiert; außer dem die Struktur des Phenolat-Fons, das für die Emission des gelbgrünen Lichtes verantwortlich ist.

13.3.3 Mechanismus der oxidativen Reaktion

Die quantitative Freisetzung von CO_2 aus Luciferin im Verlauf der lichterzeugenden Reaktion (13.56) läßt sich durch Verwendung von ^{14}C-carboxylmarkiertem Luciferin zeigen.

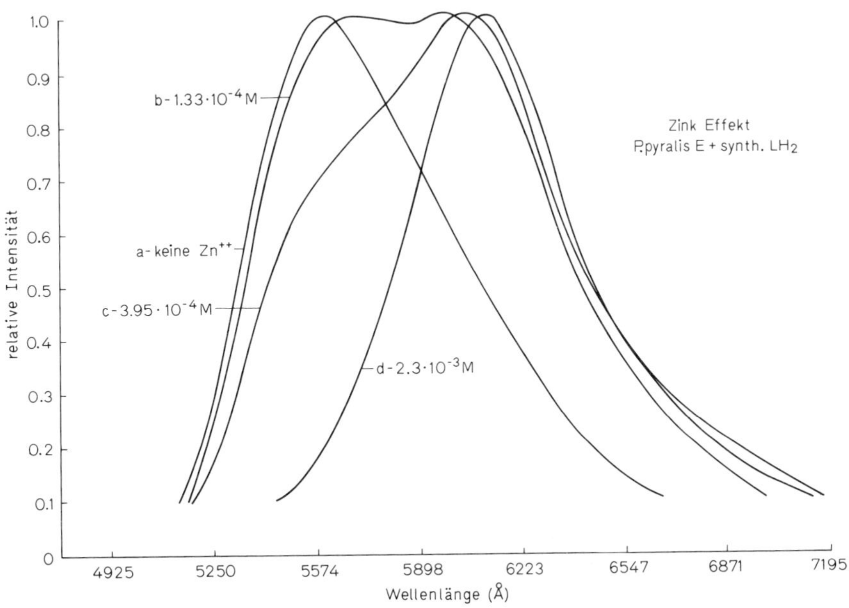

Abb. 13.44. Die Auswirkung von Zink auf die Biolumineszenz-Spektren: *a* Kontrolle: pH 7,6; *b* $1{,}3 \times 10\,E^{-4}$ $ZnCl_2$; *c* $4{,}0 \times 10\,E^{-4}$ $ZnCl_2$; *d* $2{,}3 \times 10\,E^{-3}$ $ZnCl_2$. (Aus McElroy u. Seliger)

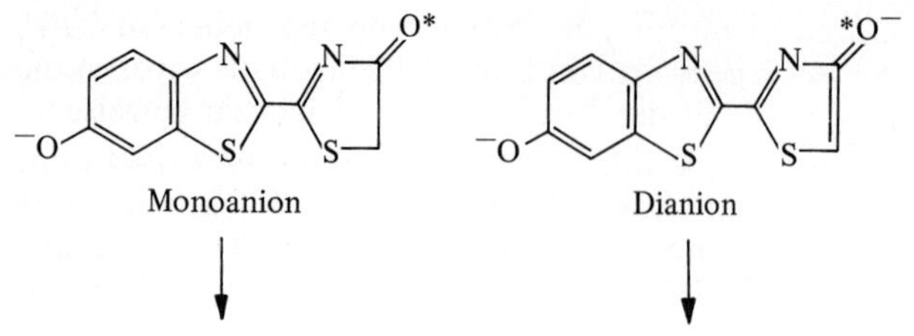

Abb. 13.45. Struktur der monoanionischen und der dianionischen Form des als Reaktionsprodukt entstehenden Moleküls. (Aus White et al.)

Ausgehend von diesem Befund wurde auf der Grundlage weiterer Untersuchungen zur Chemolumineszenz und auf der Basis von $^{18}O_2$-Markierungsexperimenten ein Vorschlag zum Mechanismus der Lichtproduktion erarbeitet. Wie in Abb. 13.46 dargestellt, kommt es nach der Abgabe eines Protons vom C_4-Kohlenstoff an derselben Stelle zur Addition von Sauerstoff, die schließlich zur Bildung eines viergliedrigen α-Peroxylacton-Ringes führt. Nach der Abspaltung von AMP ergäbe sich das erwartete Produkt durch Decarboxylierung. Möglicherweise ist als Zwischenprodukt ein lineares Hydroperoxyd realisiert, wie dies in Abb. 13.46 gezeigt wird; andererseits lassen Ergebnisse aus Experimenten mit $^{18}O_2$- und $^{17}O_2$-Markierungen einen solchen Ablauf der Reaktion als unwahrscheinlich erscheinen.

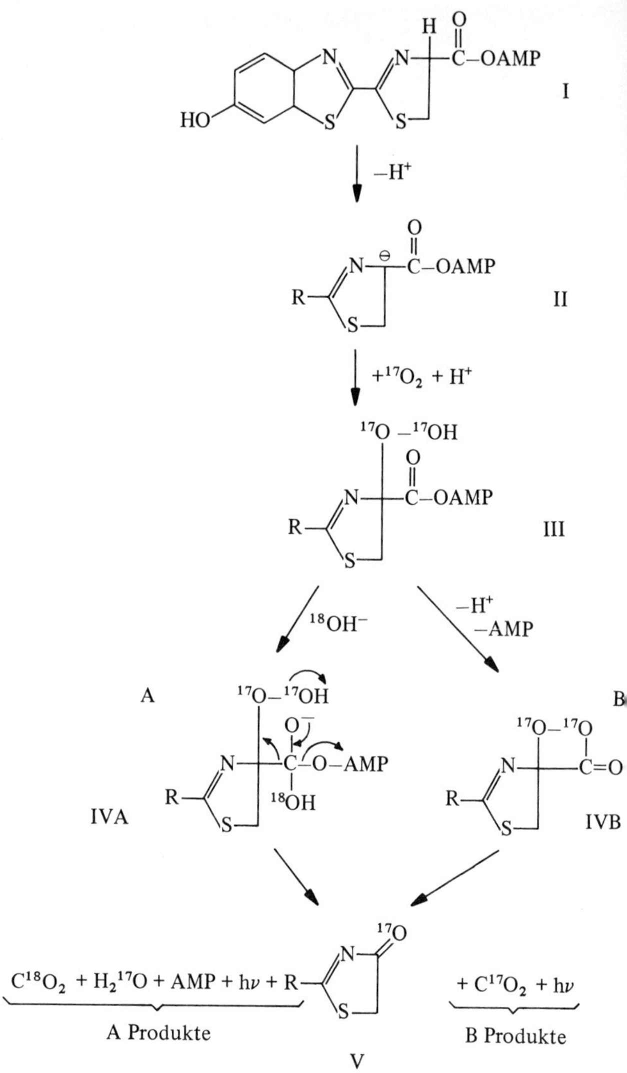

Abb. 13.46. Der Mechanismus des oxidativen und des zur Lichterzeugung führenden Reaktionsschrittes, die beide durch die Luciferase des Glühwürmchens katalysiert werden. (Aus DeLuca u. McElroy)

13.3.4 Kinetik der Lichterzeugung

Wird die Luciferase mit ihren Substraten vermischt, so kommt es — bei $t = 25°$ C — nach einer Verzögerung von 25 ms zur Emission von Licht. Bei tieferen Temperaturen ist eine noch größere Verzögerung zu beobachten, von der man zeigen kann, daß sie nicht durch die Bindung von ATP kontrolliert ist, umgeht man den Reaktionsschritt der ATP-Bindung an E und LH_2 [vgl. (13.55)] und startet die Reaktion mit LH_2 – AMP und Luciferase, so kann man nachweisen, daß die Synthese des Luciferyl-Adenylats nicht den geschwindigkeitsbestimmenden und damit den für die auftretende Verzögerung verantwortlichen Schritt darstellt. Die Verzögerungszeit von 25 ms läßt sich eliminieren, wenn alle Reaktionspartner unter anaeroben Bedingungen zusammengegeben werden, und genügend Zeit für die vollständige Umsetzung des Enzyms zum E – LH_2 – AMP-Komplex zur Verfügung steht. Die Zugabe von Sauerstoff zu diesem Reaktionsgemisch resultiert in einer verzögerungsfreien Lichtemission. Die logische Erklärung für diesen Befund lautet, daß die geschwindigkeitskontrollierenden Reaktionsschritte in der Deprotonierung des C_4 und in einer Proteinstrukturumwandlung zu sehen sind. Dies ist in Abb. 13.47 dargestellt.

In den als Referenzen zitierten Werken sind weitere speziellere Untersuchungen zum aktiven Zentrum der Luciferase, zur Funktion der veränderten Struktur von

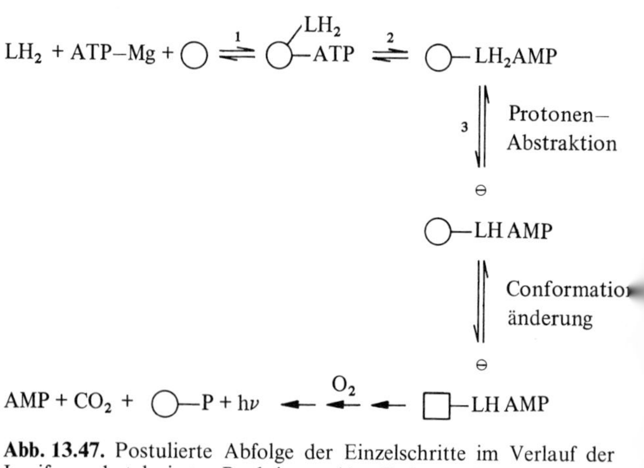

Abb. 13.47. Postulierte Abfolge der Einzelschritte im Verlauf der Luciferase-katalysierten Reaktionen. (Aus Deluca u. McElroy)

Luciferin und von ATP, zu den Eigenschaften der Hydrolase, zur Rolle der SH-Gruppen, zum hydrophoben Charakter der LH_2-Bindungsstelle und schließlich zum Austausch von Tritium und Wasserstoff in Gegenwart bzw. in Abwesenheit von Substraten im Detail beschrieben.

Außer bei den Lampyridae findet man lichterzeugende Formen auch bei den (sog.) Elaterydae („click beetles"), die zur Gattung der Pyrophoren gehören. Der sogenannte „Automobile bug", der zur letzten Gruppe gehört, besitzt gewöhnlich zwei strahlende, grünlich leuchtende, augenähnliche Organe im Prothorax und daneben ein Ventralorgan, das gelb-orangefarbenes Licht aussendet und am fliegenden Käfer sichtbar ist. An den genannten Organismen sind umfangreiche chemische Untersuchungen durchgeführt worden; sie liefern die Grundlage für die Annahme, daß das Luciferin dieser Organismen identisch mit dem der echten Glühwürmchen ist.

Ein weiterer, Licht zweier Farben emittierender Käfer ist der südamerikanische „Railroad worm" Phrixothrix. Die Larve dieser Insekten ist mit 10 oder 11 Paaren von grün leuchtenden Punkten besetzt, die in zwei entlang des Körpers parallel zueinander verlaufenden Reihen angeordnet sind; jedes Segment des Larvenkörpers enthält dabei einen der Leuchtpunkte. Am Kopf der Larve befinden sich zwei rot leuchtende Punkte. Sie geben der Larve das Aussehen einer glühenden Zigarette; wird das Tier jedoch gestört oder bewegt es sich kriechend fort, so leuchten die grünfarbenen Leuchtpunkte auf. Das Tier besitzt dann in der Tat einige Ähnlichkeit mit einem Personenzug bei Nacht.

Einige weitere Landformen leuchtender Organismen sind genauer untersucht; ihr Luciferin und ihre Luciferase wurden in reiner Form dargestellt und identifiziert. Zu ihnen gehört der lumineszierende Regenwurm *Diplocardia longa.* Luciferin, Luciferase und H_2O_2 müssen vorhanden sein, um die Aussendung von Licht zu ermöglichen. Das Luciferin wurde als N-Isovaleryl-3-amino-1-propanal identifiziert. In der Luciferase findet sich als ein sehr wichtiges Metall Kupfer, das offenbar von entscheidender Bedeutung für die Katalyse der Umwandlung des Aldehyds des Luciferins in die entsprechende Säure ist.

Das Luciferin und die Luciferase der in Neuseeland vorkommenden Süßwassernapfschnecke *Latia neritoides* wurden ebenfalls isoliert und charakterisiert. Dieser Organismus sondert bei Reizung ein hell leuchtendes schleimartiges Sekret ab, dessen maximale Emission bei 535 nm liegt.

13.3.5 Lumineszenz bei Bakterien

Leuchtende Formen von Bakterien sind in allen Ozeanen weit verbreitet. Sammelt man tote Fische oder auch andere Salzwasserorganismen und lagert sie in feuchter Umgebung, so beginnen sie häufig nach kurzer Zeit zu lumineszieren. Die Ursache für dieses Phänomen ist das Wachstum lumineszierender Bakterien auf den Kadavern. Sie finden sich auch als Symbionten und leben häufig in speziellen Leuchtorganen von Fischen oder aber in den Eingeweiden, sowie in bestimmten inneren Organen.

Man unterscheidet zwei Hauptgattungen lumineszierender Bakterien. Die Gattung Photobakterien umfaßt die drei Spezies „Fischeri", „Phosphoreum" und „Leiognathi". Die beiden lichterzeugenden Spezies „*Harveyi*" und „*Splendida*" gehören der Gattung „*Beneckia*" an.

Da lumineszierende Bakterien ohne Schwierigkeiten isoliert und auf einfachen Nährböden gezüchtet werden können, wurden sie bereits in großem Umfang als Untersuchungsobjekte zu physiologischen und biochemischen Studien verschiedenster Art herangezogen. Die Mehrzahl dieser Untersuchungen ist in den am Ende dieses Artikels aufgeführten Referenzen dargestellt. Suspendiert man die von einem Salzwassermedium geernteten lumineszierenden Bakterien in destilliertem Wasser, so kommt es bei der dann eintretenden Lysis zur Freisetzung des für die Lumineszenz verantwortlichen Enzyms. Durch Säurefällung des Lysats läßt sich ein Komplex gewinnen, der bei Zugabe von NADH Licht aussendet. Es wurden vier für die Erzeugung von Licht notwendige Hauptbestandteile des Komplexes gefunden: eine Oxidoreduktase, bakterielle Luciferase, ein langkettiges Aldehyd und Flavin-Mononucleotid (FMN).

Die Oxidoreduktase katalysiert die Reduktion von FMN entsprechend der folgenden Beziehung:

$$H^+ + NAD(P)H + FMN \rightarrow NAD(P)^+ + FMNH_2 .$$

Das reduzierte FMN verbindet sich dann mit der bakteriellen Luciferase und reagiert anschließend in Gegenwart eines langkettigen Aldehyds mit Sauerstoff. Hierbei kommt es zur Ausstrahlung von Licht. Das reduzierte Pyridinnucleotid wird für die Lichterzeugung nicht benötigt, wenn man stattdessen auf chemischem Wege reduziertes FMN anbietet

$$FMNH_2 + E \rightarrow E^*FMNH_2$$

$$E^*FMNH_2 + O_2 + RCHO \rightarrow E + FMN + RCOOH + H_2O + \text{„Licht"}.$$

Die Kettenlänge des Aldehyds ist nicht kritisch (C_8–C_{16}); es läßt sich jedoch eine höhere Effektivität der längerkettigen Aldehyde in bezug auf die Lichterzeugung nachweisen. Obwohl der Mechanismus dieser oxidativen Umwandlung vom Aldehyd zur Säure noch nicht vollständig verstanden ist, lagert sich dem Anschein nach Sauerstoff an den E^*FMNH_2-Komplex an. Das auf diese Weise entstehende Peroxy-Zwischenprodukt reagiert mit dem Aldehyd; es entsteht ein angeregter Zustand — vermutlich E*FHOH* — und die dem Aldehyd entsprechende Säure.

Die Oxidoreduktasen wurden in Reinform gewonnen und in allen Einzelheiten studiert. Während bei einigen lumineszierenden Spezies ausschließlich NADH als Substrat Verwendung findet, produzieren andere Arten ein Enzym, das sowohl mit NADH als auch mit NADPH arbeitet. Es ist nicht bekannt, ob es sich dabei um den eigentlichen in der Zelle ablaufenden Mechanismus zur Reduktion von FMN und zur Erzeugung von Licht handelt.

Den Oxidoreduktasen mag eine allgemeinere Rolle im Elektronentransportsystem zukommen; bis jetzt ist jedoch nichts über die Funktion dieser ungewöhnlichen Enzyme bekannt. Auf der Grundlage von Untersuchungen mit verschiedenen Inhibitoren wurde der Anteil der Lumineszenz am normalen Sauerstoffverbrauch atmender Zellen auf etwa 20% geschätzt.

Das von Bakterien ausgestrahlte Licht ist blau; das Emissionsmaximum liegt bei etwa 490 nm; es kommen jedoch einige Arten vor, deren maximale Emission von dem genannten Wert um 10–15 nm zu kürzeren oder längeren Wellenlängen hin abweicht. In bezug auf die Natur des Emitters bestehen immer noch offene Fragen.

13.3.6 Lumineszenz bei Meeresorganismen

Die Ozeane beherbergen von ihrer Oberfläche bis hinunter zu großen Tiefen die größte Zahl lumineszierender Lebewesen. Mit wenigen Ausnahmen emittieren die meisten dieser Organismen ein blaues oder blau-grünes Licht. Dagegen finden sich die gelbgrünes und rotes Licht aussendenden Organismen vornehmlich unter den Landbewohnern. Weiterhin häufen sich Befunde, die darauf hindeuten, daß die lumineszierenden Meereslebewesen über nicht sehr viele verschiedene Arten von Luciferin verfügen. Dies läßt sich besonders gut an einer Gruppe von Organismen verdeutlichen, die ein Luciferin vom Typ des bei Cölenteraten gefundenen Luciferins enthalten. In Tabelle 13.3 sind Organismen aufgeführt, die diesen

Tabelle 13.3. Vorkommen des Cölenteraten-artigen Luciferins. (Aus Cormier)

1. Cnidaria(Coelenterates) (Nesseltiere)
   A) Anthozoen (Korallentiere)
      Renilla (drei Spezies)[a]
      Stylatula
      Ptilosarcus
      Cavernularia[b]
      Acanthoptilum
   B) Hyrozoen (Polypen)
      Aequorea[b]
      Obelia
2. Ctenophora (Kamm- oder Rippenquallen)
   Mnemiopsis
   Beroe
3. Mollusca (Weichtiere)
   Watasenia (Kalmar)[a]
4. Pisces (Fische)
   Neoscopelus microchir[a]
   Diaphus
5. Crustacea (Krustentiere)
   A) Decapoden (Krabben) (Zehnfüßler)
      Acanthephyra eximia
      Acanthephyra purpurea
      Oplophorus spinosus[a]
      Heterocarpus grimaldii
      Heterocarpus laevigatus[a]
      Systellaspis cristata
      Systellaspis debilis
   B) Mysidacea (Opossum Krabben)
      Gnathophausia ingens

[a] Aus den an extrahierten Luciferinen gewonnenen chemischen und physikalischen Daten ergibt sich eine zu (I) (vgl. Abb. 13.48) identische Struktur. Alle anderen (Angaben) basieren auf Luciferin-Luciferase-Kreuzungsreaktionen und daneben auch auf dem Vergleich von Reaktionskinetiken von

[b] Die über den isolierten, erwiesenermaßen mit (II) (vgl. Abb. 13.48) identischen Emitter vorliegenden chemischen und physikalischen Ergebnisse enthalten zusätzliche Hinweise darauf, daß das Luciferin mit (I) identisch ist.

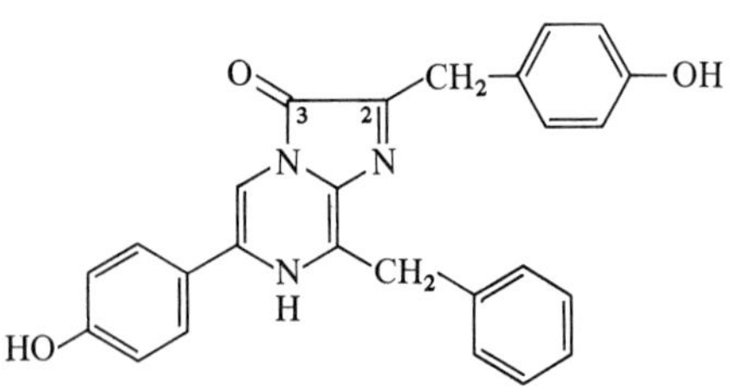

Cölenteraten–Typ Luciferin (I)

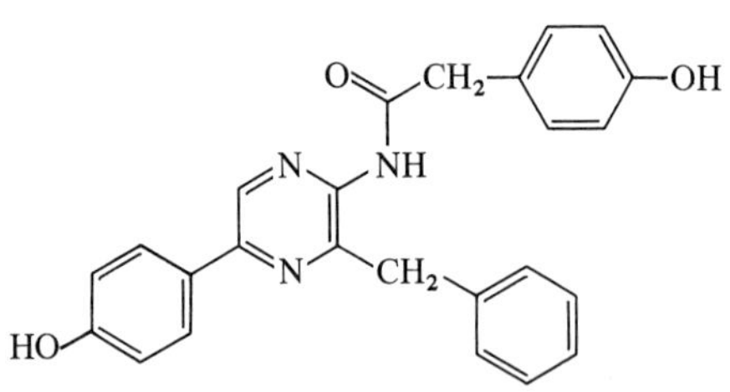

Cölenteraten–Typ Oxyluciferin (II)

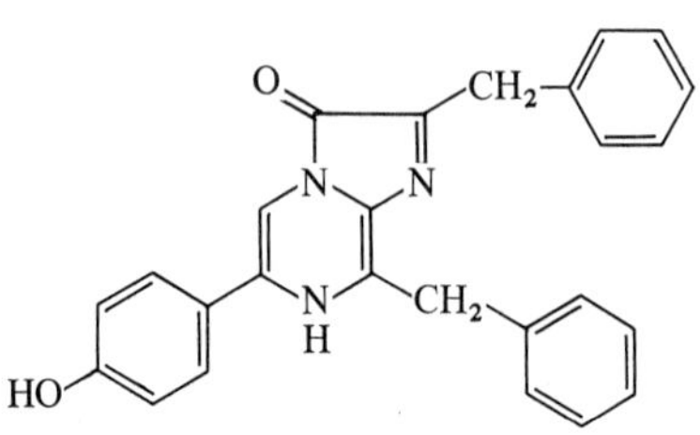

2–Benzyl–Luciferin (III)

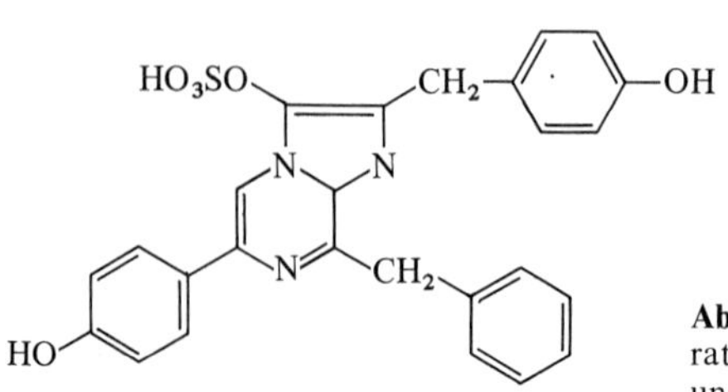

Luciferylsulfate (IV)

Abb. 13.48. Die Struktur des Cölenteraten-Luciferins, des Oxyluciferins und des Luciferylsulfats. (Aus Cormier)

Luciferin-Typ besitzen; Abb. 13.48 zeigt die Struktur des jeweiligen Luciferins.

Im Detail untersucht ist der zur Lichtemission führende chemische Reaktionsmechanismus bei dem Anthozoen Renilla reniformis. Das auf Vorrat eingelagerte Luciferin liegt als Sulfat vor und muß zunächst durch die folgende, durch eine Sulfokinase katalysierte Reaktion in aktives Luciferin umgewandelt werden:

Luciferylsulfat + PAP → Luciferin + PAPS.

Das Sulfat wird von 3′,5′-Diphosphoadenosin (PAP) gebunden, aus dem dabei 3′-Phosphoadenosin-5′-phosphosulfat (PAPS) entsteht. Das Luciferin besetzt eine aktive Position der Luciferase; die weitere Reaktion mit Sauerstoff führt dann — wie in Abb. 13.49

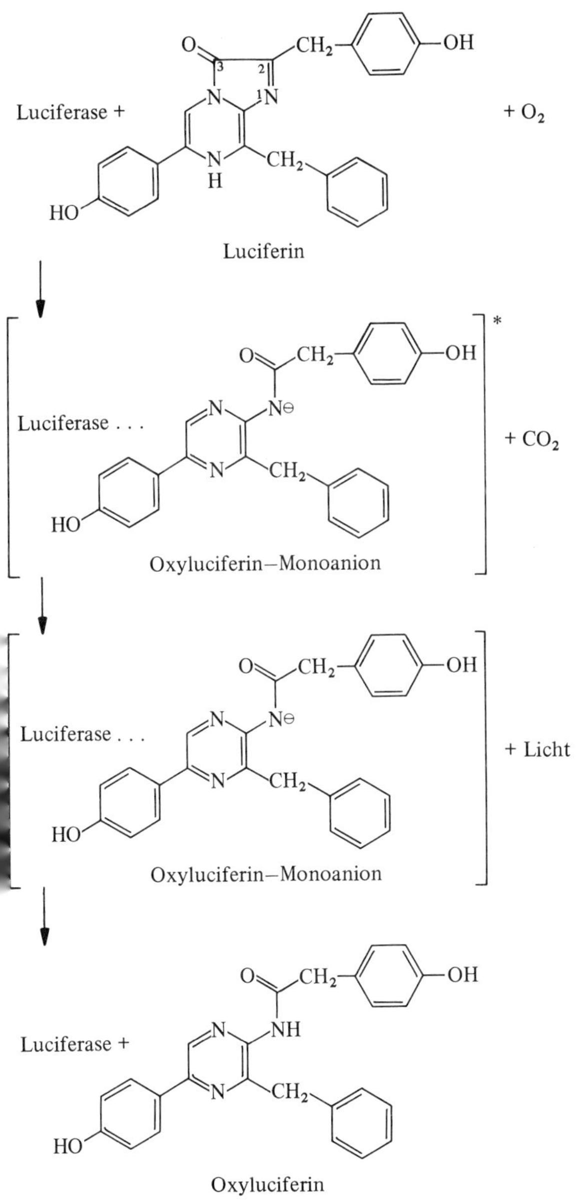

Abb. 13.49. Die durch die Luciferase der Renilla katalysierte Reaktion. (Aus Cormier)

dargestellt — zur Lichtemission. Im Gegensatz zur grünen Farbe des *in vivo* emittierten Lichtes (Emissionsmaximum: 509 nm) ist das emittierte Licht blau (Emissionsmaximum: 480 nm). Diese Beobachtung löste eine sehr sorgfältige Analyse und schließlich die Isolierung eines fluoreszierenden Proteins der Renilla aus, dessen Fluoreszenzlicht dieselbe Farbe aufweist wie das *in vivo* ausgestrahlte Licht. Die Zugabe dieses fluoreszierenden Proteins zu der in Reinform gewonnenen Luciferase führt — ausgehend von der Emission ursprünglich blauen Lichts — zur Aussendung grünen Lichts. Die Ergebnisse der bis jetzt durchgeführten Untersuchungen deuten darauf hin, daß sich zwischen dem grün fluoreszierenden Protein (GFP) und der Luciferase eine feste Bindung ausbildet, so daß auf diese Weise ein effektiver Energietransfer vom angeregten Zustand des Oxyluciferin zu dem GFP, das den eigentlichen Licht-Emitter darstellt, gewährleistet wird.

Die Lumineszenz der Renilla unterliegt der Kontrolle des Nervensystems; es ist kürzlich gelungen, ein Protein zu isolieren, das als Verbindungsglied zwischen Nervenimpulsen und Lumineszenz wirksam zu sein scheint. Dieses Protein bindet das Luciferin und verhindert damit dessen Oxidation durch die Luciferase. In Gegenwart von Ca^{++}-Ionen kommt es jedoch zu einer Anlagerung des Luciferins an die Luciferase und damit zur Aussendung von Licht. Die dabei ablaufenden Reaktionsschritte lassen sich wie folgt darstellen:

Bindendes Protein

$(BP)-LH_2 + Ca^{++} \leftrightarrow Ca-BP-LH_2$

$Ca-BP-LH_2 + E \leftrightarrow E-LH_2 + Ca-BP$

$E-LH_2 + O_2 + GFP \rightarrow Oxyluciferin^* - E - GFP + CO_2$

$Oxyluciferin^* - E - GFP \rightarrow Oxyluciferin - E - GFP^*$

$Oxyluciferin - E - GFP^* \rightarrow Oxyluciferin - E$
$+ GFP +$ „Licht“(509 nm).

In vivo sind die Luciferase, das $BP-LH_2$ und das GFP in kleinen Vesikeln enthalten, die die Bezeichnung Lumisomen tragen. Werden diese extrahiert und in einer hypotonischen Lösung mit Ca^{++}-Ionen zusammengebracht, so ist ein grüner Lichtblitz zu beobachten. Offenbar schützen die Lumisomen der intakten Renilla den Komplex vor dem Kontakt mit dem Ca^{++}, bis die Ionenpermeabilität der Lumisomen infolge eines Nervenimpulses verändert wird. Die Entfernung der Ca^{++}-Ionen führt zur Inaktivität des Systems; vermutlich werden zur erneuten Ladung und zur Anlagerung an das bindende Protein (BP) das Luciferylsulfat und die Sulfokinase benötigt.

Die gegenwärtigen Ergebnisse weisen darauf hin, daß alle Anthozoen ein der Renilla ähnliches Lumineszenzsystem besitzen. Dies scheint ebenfalls für die „*Hydrozoen*“ und die „Ctenophoren“ zu gelten. Die beiden letztgenannten Gruppen enthalten jedoch — im Gegensatz zu den Anthozoen — kein Luciferin bindendes Protein (BP). Das Lumineszenzsystem der

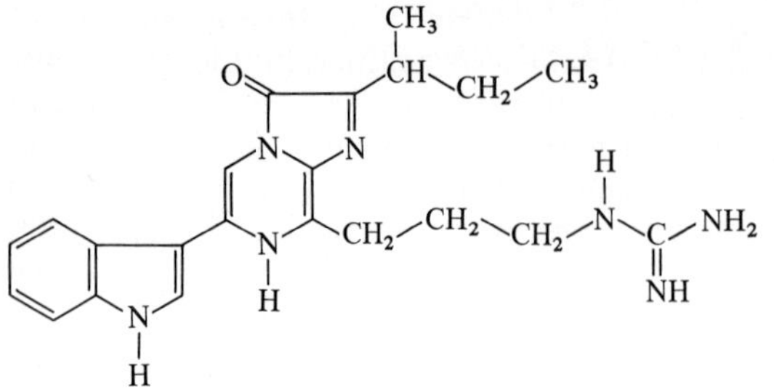

Cypridina–Typ Luciferin (VI)

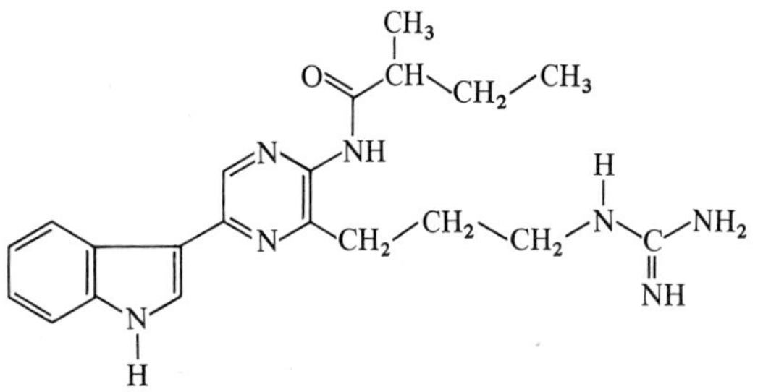

Cypridina–Typ Oxyluciferin (VII)

Abb. 13.50. Die Struktur des Luciferins(VI) und des Oxyluciferins(VII) des Muschelkrebses *Capridina hilgendorfi*

zehngliedrigen Krabben, der Tintenfische und bestimmter lumineszierender Fischarten scheint mit einem Luciferin zu arbeiten, wie es auch bei den Cölenteraten vorliegt. Eine zweite bei Meeresorganismen zu findende Art von Luciferin ist aus dem Muschelkrebs „*Cypridina hilgendorfi*" isoliert worden. Die Struktur dieses Luciferins ist zusammen mit dem Produkt der lichterzeugenden Reaktion in Abb. 13.50 gezeigt. Dieses Luciferin kommt auch in einigen Fischarten vor, wie sich aus Tabelle 13.4 entnehmen läßt. Die Farbe des emittierten Lichtes ist ein strahlendes Blau mit einer maximalen Emission bei 460 nm. Cypridina ist ein besonders interessanter Organismus, der in der Lage ist, Licht zu erzeugen, ohne selbst lumineszierend zu sein. Zu der hellen Lumineszenz kommt es, wenn Cypridina bei Reizung ihr Luciferin und ihre Luciferase als Sekret in das umgebende Seewasser absondert.

Tabelle 13.4. Vorkommen des Cypridina-Luciferins

1. Crustacea (Krustentiere)
Cypridina
2. Pisces (Fische)
Apogon ellioti
Parapriacanthus
Porichthys porosissimus
Porichthys notatus

Es wurde der Vorschlag gemacht, daß es sich bei diesem Vorgang um einen zum Überleben notwendigen Schutzmechanismus gegen Räuber handelt.

Eine Vielzahl anderer im Meer lebender lumineszierender Organismen, wie beispielsweise der unter dem Namen „Fireworm of the Sea" bekannte Wurm, *Spillidae Odontosyllis* ist untersucht worden. Das Luciferin und die Luciferase der Bohrmuschel *Pholas dactylus* wurden isoliert; eine Reaktion von der Art der Luciferin-Luciferase-Wechselwirkung wurde bei „*Chaeopterus*" und bei dem im Meer lebenden Eichelwurm „*Balanoglossus*" nachgewiesen. Leider ist die Struktur des von diesen Organismen verwendeten Luciferins nicht bekannt und demzufolge läßt sich dort nur sehr wenig über den chemischen Mechanismus der Lichterzeugung sagen.

Literaturauswahl

Die beiden großen von DeLuca bzw. Herring herausgegebenen Monographien geben einen exzellenten Überblick über den aktuellen Stand, wobei im wesentlichen alle Aspekte der Biolumineszenz berücksichtigt sind. Die Beiträge der wichtigsten Vertreter der auf dem Gebiet betriebenen Forschung sind in diesen beiden Bänden zu finden. Daneben sind einige Arbeiten aufgeführt, die sich mit den Anwendungen der Lumineszenz in biologischen und klinischen Laboratorien befassen.

Das von dem Verstorbenen E. Newton Harvey verfaßte Buch bietet immer noch eine der besten Einführungen in die Vielfalt der in der Natur vorkommenden Formen.

Marlene, A.: Deluca (Hrsg.): Bioluminescence and chemiluminescence. Erschienen als „Methods in enzymology", Vol. LVII. London-New York: Academic Press 1978.

Peter, J.: Herring (ed.): Bioluminescence in action. London-New York: Academic Press 1978.

Newton, E.: Harvey (ed.): Bioluminescence. London-New York: Academic Press 1952.

14 Biomechanik

14.1 Die molekulare Physiologie von Kontraktilität und Motilität

HANS GEORG MANNHERZ
und KENNETH CHARLES HOLMES

14.1.1 Einleitung

Motilität, die Fähigkeit zum aktiven Ortswechsel, und Kontraktilität, die Fähigkeit Kraft zu erzeugen, sind Grundleistungen von Lebewesen. Am augenfälligsten sind diese Fähigkeiten im quergestreiften Skeletmuskel verwirklicht. Jedoch sind nicht alle Formen der Motilität und Kontraktilität so augenfällig wie etwa das Spiel des Bizepsmuskels. Es existieren eine Vielzahl verschiedener Formen von Kontraktilität, die ein weites Spektrum unterschiedlicher mechanischer Arbeitsleistungen ermöglichen, angefangen von den schnellen Verkürzungen der quergestreiften Skeletmuskulatur zu den langsamen Bewegungen der glatten Muskulatur des Darms bis zu den ausdauernden tonischen Halteleistungen der Schließmuskel bestimmter Muscheln. Darüberhinaus beruhen viele Motilitätserscheinungen einzelliger Organismen und isolierter eukaryoter Zellen auf den gleichen molekularen Mechanismen, nämlich der Interaktion zweier Proteine, Actin und Myosin, die in den verschiedenen Muskeltypen in jeweils charakteristischer Weise organisiert vorliegen und die unter Hydrolyse von ATP zu ADP und anorganischem Phosphat (P_i) mechanische Arbeit leisten.

Doch Actin und Myosin sind nicht die einzigen Proteinpartner, die Motilität unter Energieverbrauch bewirken können. Die Natur hat noch das Tubulin-Dynein-System entwickelt, das Flagellen und Cilien eukaryoter Zellen schlagende Bewegungen ausführen läßt, und ein kompliziertes Rotationssystem, dessen Einzelkomponenten noch nicht identifiziert sind und Bakterien Beweglichkeit verleiht.

Alle diese Systeme sind biologische Maschinen mit der Aufgabe, chemische Energie in mechanische Arbeitsleistung umzuwandeln. Obwohl der genaue Mechanismus der chemomechanischen Energietransformation immer noch weitgehend ungeklärt ist, lassen sich zuverlässige Aussagen über die Prinzipien dieses Vorgangs machen. Kontraktile Maschinen können keine Wärme-Kraft-Maschinen sein,dies macht in allen Lebewesen eine in engen Grenzen arbeitende Temperaturregulation unmöglich. Metabolische Prozesse, z. B. der Zitronensäurezyklus, sind in Zyklen angeordnet. Innerhalb solcher Zyklen stehen oft bestimmte Enzyme unter allosterischer Kontrolle durch niedermolekulare Liganden, die Konformationsänderungen des Enzyms bewirken. Gedanklich läßt sich eine chemomechanische Maschine konstruieren, die mechanische Arbeit durch zyklische Konformationsänderungen leistet, die durch die Hydrolyse von z. B. ATP zu ADP und P_i bewirkt werden. Am besten untersucht sind diese Vorgänge am quergestreiften Skeletmuskel. Deshalb nimmt zwangsläufig die Besprechung des Actin-Myosin-Systems den größten Umfang ein, was auch durch seine weite Verbreitung gerechtfertigt erscheint: 70% des menschlichen Körpers besteht aus Muskelgewebe und in fast allen übrigen Zellen lassen sich Actin und Myosin nachweisen.

14.1.2 Muskelphysiologie

Auch wenn der Muskel nicht wie eine Wärmekraftmaschine arbeiten kann, die Physiologie betrachtet ihn als Maschine und untersucht seine Arbeitsleistung im Verhältnis zum Energieverbrauch. *Energiebilanz:* Die während der Kontraktion ablaufenden chemischen Umwandlungen der energiereichen Phosphatverbindungen (ATP und Kreatinphosphat) können durch rasches Einfrieren des lebenden Muskelpräparats und nachträgliche chemische Analyse bestimmt werden. Im lebenden Muskel bleibt der ATP-Spiegel während der Kontraktion nahezu konstant bei ca. 3×10^{-3} M. Dies beruht auf der Tatsache, daß schon während der Kontraktionsphase gebildetes ADP von anderen energiereichen Phosphatverbindungen rephosphoryliert wird. Dies kann sowohl in aeroben wie anaeroben Reaktionen geschehen. Anaerobe Reaktionen sind die Lohmann-Reaktion: die Rephosphorylierung von ADP durch Kreatinphosphat ($\mathrm{ADP} + \mathrm{KrP} \leftrightarrows \mathrm{ATP} + \mathrm{Kr}$), der Glukoseabbau und die Adenylatkinasereaktion:

$$2\,\mathrm{ADP} \leftrightarrows 1\,\mathrm{ATP} + 1\,\mathrm{AMP}.$$

Aerobe ATP-Restitution vollzieht sich in den Mitochondrien durch oxidative Phosphorylierung. Erst nachdem man alle ATP restituierenden Reaktionen durch selektive Enzyminhibitoren auszuschalten gelernt hatte, konnte am lebenden Muskel demonstriert werden, daß ATP die unmittelbare Energiequelle ist. An einem anderen Muskelpräparat, nämlich den Glycerin-extrahierten Muskelfasern, war dieser Nachweis H. H. Weber schon früher gelungen. Durch diese Behandlung werden die Zellmembran und die Mitochondrien zerstört und fast sämtliche zellulären Enzyme ausgewaschen. Man erhält die funktionell isolierte Muskelmaschine, die sich nur bei ATP-Zugabe verkürzt und deren Energieverbrauch unter genau definierten mechanischen und ionalen Bedingungen untersucht werden kann. Nachdem ATP als unmittelbare Energiequelle eindeutig identifiziert war, konnte man den Wirkungsgrad der Muskelmaschine bestimmen. Nimmt man eine Änderung der freien Energie der ATP-Hydrolyse unter zellulären Bedingungen von -9 kcal/mol an, so errechnet sich eine Effizienz des gesamten Kontraktions- und Erschlaffungszyklus von 50–60%. Erschöpft ein Muskel seine Energievorräte, d. h. steht ihm kein ATP mehr zur Verfügung, so geht er in die „Totenstarre" (Rigor mortis) über, die durch einen Spannungsanstieg und extrem hohen Dehnungswiderstand gekennzeichnet ist. Erst die erneute Zugabe von ATP kann diesen Zustand durchbrechen und den Muskel erschlaffen. ATP erfüllt also eine Doppelfunktion: Es wird während der aktiven Kontraktion hydrolysiert und ist zur Erschlaffung von kontrahierten Muskeln notwendig.

14.1.3 Muskelmechanik und -energetik

Die typische Muskelarbeit ist die Verkürzung, wobei eine bestimmte Last über eine bestimmte Distanz bewegt wird: die isotonische Kontraktion. Der Muskel kann aber auch nur Kraft ohne Verkürzung entwickeln, dann spricht man von einer isometrischen Kontraktion. Die bei isotonischer Kontraktion umgesetzte chemische Energie wird in Form von Wärme und Arbeit, bei isometrischer nur als Wärme abgegeben. Die während einer tetanischen Zuckung von einem isolierten Muskel abgegebene Energie, nämlich Arbeit plus Wärme, ist größer, wenn sich der Muskel verkürzt, als bei der entsprechenden isometrischen Kontraktion. Dieses Ergebnis ist als *Fenn-Effekt* bekannt geworden und zeigt die Abhängigkeit des Energieumsatzes (somit auch des ATP-Verbrauchs) des arbeitenden Muskels von den mechanischen Bedingungen. Die Wärme, die während der Verkürzung freigesetzt wird, ist größer als die bei der isometrischen Kontraktion freigesetzte, und die Extrawärme ist proportional zur Verkürzung x. Die Verkürzungsgeschwindigkeit $dx/dt = v$ steht durch einen konstanten Proportionalitätsfaktor a zur Geschwindigkeit der Extrawärmeproduktion in Beziehung. Diese ist somit $a dx/dt = av$. Die mechanische Leistung Pv (P = Last) und die Geschwindigkeit der Extraenergiefreisetzung $(P+a)v$ ist abhängig von der Größe der zu hebenden Last P. Es gilt: $(P+a)v = b(P_0 - P)$ (Hillsche Gleichung). Für die isometrische Kontraktion ist $P = P_0$, wobei P_0 die Last ist, die der Muskel nicht mehr heben kann, wodurch $(P+a)v = 0$ wird. Ist dagegen $P = 0$, so wird $av = bP_0$ oder $v = bP_0/a = V_{max}$, der maximalen Verkürzungsgeschwindigkeit des betreffenden Muskels. Der Proportionalitätsfaktor b ist abhängig von der maximalen Verkürzungsgeschwindigkeit und für jeden Muskeltyp eine charakteristische Größe. Die Konstante a ist für alle Muskeltypen etwa gleich groß und zeigt, daß die chemomechanische Effizienz bei allen Muskeltypen etwa gleich ist. Die Physiologen konnten das mechanische Verhalten der Skeletmuskulatur und seine Energetik ohne genaue Kenntnis der Struktur und der Wirkungsweise des kontraktilen Apparates beschreiben. Ihre Ergebnisse werden heute nach Entdeckung der Myosinquerbrücken als den molekularen Kraftgeneratoren wieder aktuell, vor allen seitdem es möglich ist, das mechanische Verhalten dieser Querbrücken direkt zu untersuchen.

14.1.4 Struktur des Skeletmuskels

Lichtmikroskopisch erkennt man, daß Skeletmuskeln aus einer Vielzahl von länglichen, parallel zur Zugrichtung verlaufenden Muskelzellen aufgebaut sind, die bis zu 10 cm lang werden. Sie besitzen mehrere randständige Zellkerne, sind vom Sarkolemm umgeben und werden von den Myofibrillen durchzogen. Charakteristisch ist ihre lichtmikroskopisch erkennbare Querstreifung, die dadurch entsteht, daß stark lichtbrechende, dunkle A-Banden und schwach lichtbrechende, helle I-Banden entlang der Faserrichtung abwechseln. Da innerhalb und zwischen den parallel verlaufenden Muskelzellen diese Banden auf gleicher Höhe zu liegen kommen, erhält dieser Muskeltyp seine charakteristische Querstreifung. Beide Arten von Banden haben eine Breite von ca. 1500 nm und werden jeweils von schmäleren, optisch dichteren Streifen in ihrer Mitte halbiert. Die I-Bande wird durch die Z-Membran und die A-Bande durch die M-Linie geteilt. Erst mit Hilfe des Elektronenmikroskops konnte man erkennen, daß diese Banden aus einer Vielzahl von Filamenten bestehen, von denen man deutlich zwei Typen unterscheiden konnte: dünne Filamente, die die I-Bande und dicke Filamente, die die A-Bande aufbauen. Die schwächer ausgeprägte M-Linie besteht aus einem Protein, das die dicken Filamente in ihrer regelmäßigen, parallelen Anordnung stabilisiert. Die Z-Membran wird von α-Actinin aufgebaut, von ihr entspringen beidseits die dünnen Filamente. An der Grenze zwischen A- und I-Bande gibt es eine Zone, in der sich beide Filamenttypen überlappen, je nach funktionellem Zustand des Muskels schieben sich die dünnen Filamente mehr oder weniger tief zwischen die dicken Filamente in die A-Bande. Die kleinste kontraktile Einheit der Muskelzelle ist der Bereich zwischen zwei Z-Membranen, Sarkomer genannt. Abbildung 14.1 zeigt einen elektronenmikroskopischen Längsschnitt eines Sarkomers mit einer schematischen Darstellung, die die Dimensionen der Sarkomere verdeutlichen soll. Das Sarkomer besteht aus etwa 1000 dicken Filamenten, die ca. 1500 nm lang sind, und aus 2000 dünnen Filamenten, die 1000 nm lang sind und bei Ruhelänge zu zwei Drittel ihrer Länge in die dicken Filamente hineinragen. Die Ruhelänge des Sarkomers beträgt 2200 nm, bei maximaler Verkürzung, d. h. vollständiger Überlappung der dünnen und dicken Filamente, verkürzt es sich auf 1500 nm, also um 32%.

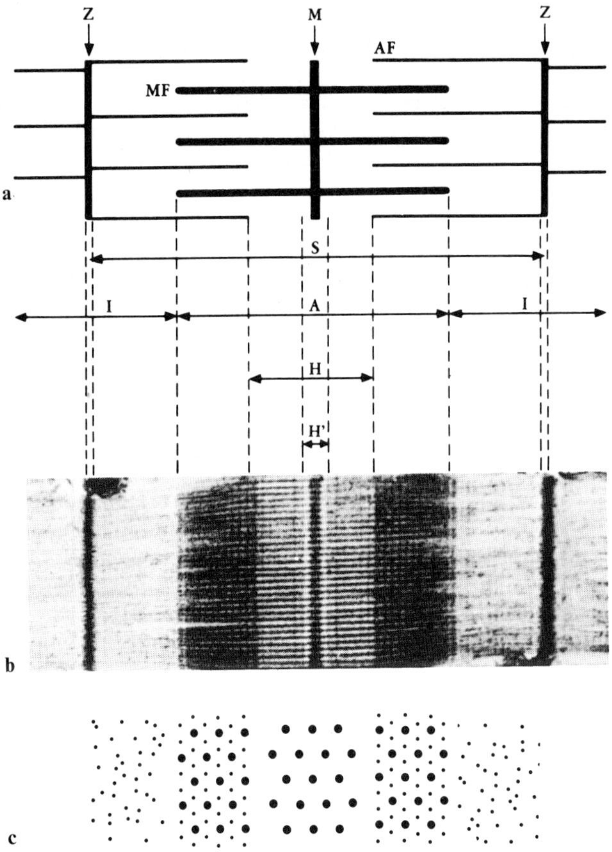

Abb. 14.1a–c. Elektronenmikroskopische Aufnahme eines Längsschnitts durch ein Sarkomer eines Skeletmuskels **a** und schematische Darstellung der Anordnung der Myofilamente **b**: *I* (isotrope) I-Bande, nur Actinfilamente (AF); *Z* Z-Scheibe, Insertionsstelle der Actinfilamente; *A* (anisotrope) A-Bande enthält Myosinfilamente (MF) und im Überlappungsbereich der Filamente (Ü) Actin- und Myosinfilamente; *H* H-Bande nur MF; *M* M-Linie, elektronenoptisch dichtes Material bestehend aus sog. M-Protein, das die Myosinfilamente quervernetzt und in hexagonaler Anordnung hält. **c** Schematische Darstellung der Filamentanordnung in Querschnitten durch verschiedene Ebenen der Sarkomere *große Punkte* MF, *kleine Punkte* AF

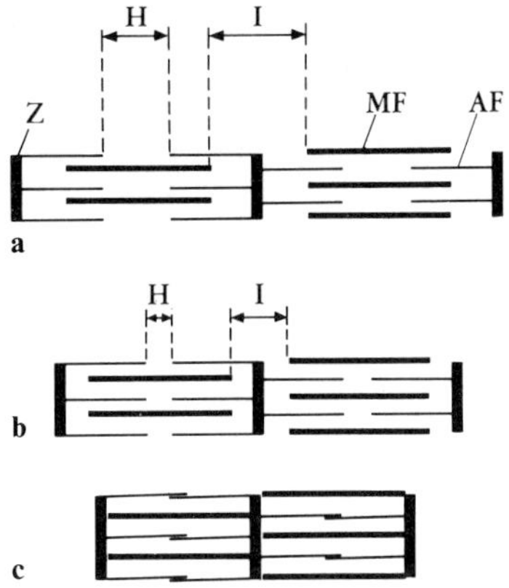

Abb. 14.2a–c. Schematische Darstellung des Filamentgleitmechanismus bei der Verkürzung des Muskels, *MF* bzw. *AF* Myosin- bzw. Actinfilament **a**. Man erkennt, daß die I- und H-Banden mit zunehmender Verkürzung **b** schmaler werden und bei maximaler Verkürzung **c**, die durch das Anstoßen der MF an die Z-Scheibe begrenzt wird, ganz verschwinden

14.1.5 Der Mechanismus der Verkürzung

14.1.5.1 Die gleitenden Filamente

Während der Kontraktion gleiten die dünnen Filamente von beiden Seiten entlang den dicken Filamenten in Richtung M-Linie und bringen so die Z-Membranen beiderseits näher aneinander. Da sich längs einer Myofibrille Tausende von Sarkomeren reihen, bilden diese eine Serie von Verkürzungseinheiten, die eine maximale Verkürzung des gesamten Muskels auf 32% der Ruhelänge ermöglichen. Dies entspricht der maximalen Überlappung beider Filamenttypen, d.h. dem vollständigen Hineingleiten der dünnen Filamente in den Zwischenraum der dicken. In der Tat kann man bei maximaler Verkürzung im Phasenkontrastmikroskop erkennen, daß die I-Bande vollständig verschwindet. Die Aufklärung dieses Mechanismus gelang 1953 A. F. Huxley und Nidergerke (London) und unabhängig H. E. Huxley und J. Hanson (Cambridge) und beendete die Vorstellung, Verkürzung werde durch ein Auffalten eines filamentösen Netzwerkes erzielt. Abbildung 14.2 zeigt in schematischer Darstellung den Filament-Gleitmechanismus bei Verkürzung der Sarkomere. Neu an diesem Mechanismus war, daß die Verkürzung des Muskels ohne jegliche Verkürzung der Filamente erreicht wird, die als nahezu starre Stäbe angesehen werden müssen. Weiterhin folgt daraus, daß sowohl die dünnen Filamente an der Z-Membran als auch die dicken Filamente in der M-Linie ihre Polarität ändern müssen, um ein Wandern der dünnen Filamente in Richtung Sarkomerenmitte zu ermöglichen. Der Mechanismus des Filament-Gleitens wurde einige Zeit angezweifelt, weil aus den elektronenmikroskopischen Aufnahmen zunächst nicht ersichtlich war, wie die für diesen Vorgang nötige Scherkraft erzeugt werden könnte. Aufgrund theoretischer Überlegungen schlug A. F. Huxley vor, entlang dem dicken Filament existierten molekulare Kraftgeneratoren, die am Actinfilament angreifen und die notwendige Kraft entwickeln können. So konnte H. E. Huxley elektronenmikroskopisch an Ultradünnschnitten (20–30 nm dick) zeigen (Abb. 14.3), daß tatsächlich vom dicken Filament seitliche Fortsätze ausgehen, die sich ans dünne Filament anheften könnten. Diese werden Querbrücken genannt und werden heute allgemein als die gesuchten Kraftgeneratoren angesehen. Das bedeutet: die Scherkraft wird in der Überlappungszone der Filamente erzeugt: und physiologisch: die bei isometrischer Kontraktion erreichbare Muskelkraft hängt vom Ausmaß der Überlappung der Filamente ab. Abbildung 14.4 zeigt den experimentellen Beweis dieser Folgerung. Der Grad der Überlappung läßt sich durch Dehnung im erschlafften Zustand variieren; je größer die Dehnung und je geringer damit das Maß der Überlappung, desto kleiner ist die maximale isometrische Kraft.

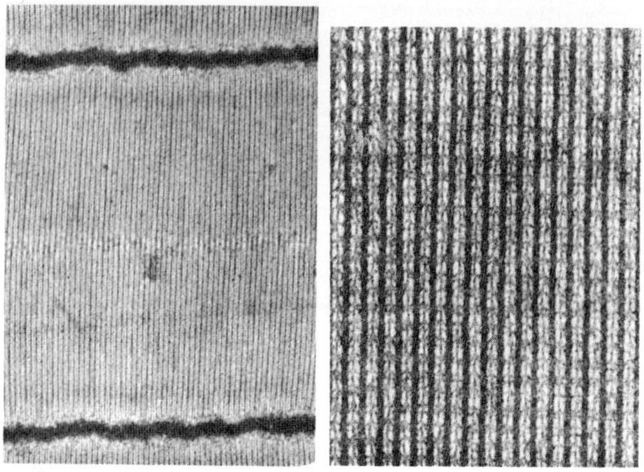

a b

Abb. 14.3a, b. Elektronenmikroskopischer Längsschnitt durch eine Insektenflugmuskelfaser im Überlappungsbereich (Rigor-mortis-Zustand). **a** Dicke und dünne Filamente sind deutlich erkennbar (Vergrößerung: 18000fach). **b** Teilvergrößerung: Querverbindungen zwischen dicken und dünnen Filamenten (Querbrücken) sind erkennbar

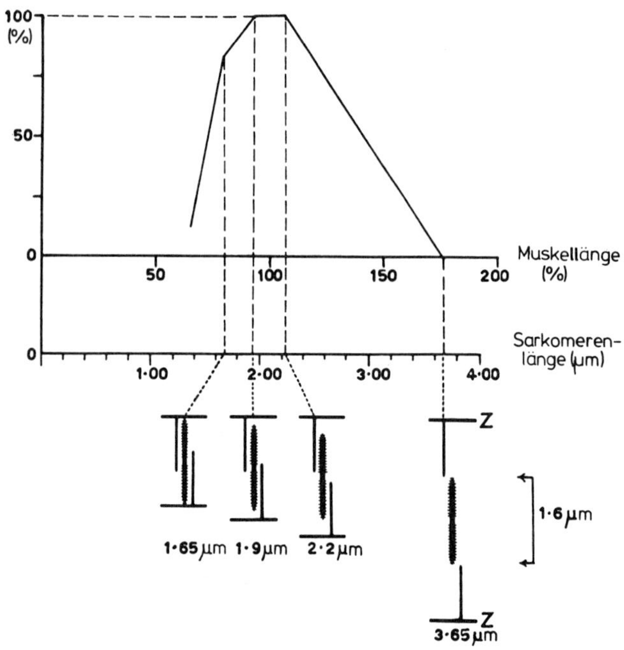

Abb. 14.4. Abhängigkeit der Muskelkraft bei isometrischer Kontraktion vom Ausmaß der Vordehnung im erschlafften Zustand, d. h. dem Ausmaß der Filamentüberlappung. *Abszisse:* Sarkomerenlänge in µm. *Ordinate:* Isometrische Muskelkraft in Prozent des Maximalwertes. Darunter schematische Darstellung der Überlappungszustände von Myosin- (MF) und Actinfilament (AF)

14.1.5.2 Änderungen der Querbrückenkonfiguration

Die heutige Arbeitshypothese der Erzeugung der Verschiebungskraft durch die Querbrücken geht davon aus, daß diese befähigt sind, während der Kontraktion zyklisch ihre Orientierung zu ändern, um dabei am dünnen Filament angreifend dieses in Sarkomerenmitte zu treiben. Die ersten Hinweise für diese These kamen von der Analyse von Kleinwinkelröntgenbeugungsbildern von Glycerin-extrahierten Muskelfasern der Flugmuskel bestimmter großer tropischer Insekten. An diesem Muskeltyp lassen sich zwei verschiedene Orientierungen der Querbrücken nachweisen, die sich zwei verschiedenen physiologischen Zuständen zuordnen lassen. Bei Anwesenheit von ATP und niedriger Ca^{2+}-Ionen Konzentration, d. h. im erschlafften Zustand des Muskels, nimmt die Querbrücke, die etwa 10 nm lang und 5 nm dick ist, eine Orientierung ein, die sich am besten als waagrecht aus dem dicken Filament herausragend oder als 90°-Stellung beschreiben läßt. Dabei greift sie nicht am dünnen Filament an, eine Tatsache, die sich mit dem geringen Dehnungswiderstand vereinbaren läßt, den alle Muskeln im erschlafften Zustand zeigen. Im Rigor-Zustand dagegen, d. h. nach Auswaschen oder Verbrauch des ATP, nachdem der Muskel die Rigorspannung entwickelt hat und einen hohen Dehnungswiderstand zeigt, heften die Querbrücken am dünnen Filament und nehmen relativ zum dicken eine gewinkelte Orientierung (45°-Stellung) ein. Schematisch sind die beiden verschiedenen Querbrückenorientierungen in Abb. 14.5 mit den entsprechenden Röntgenstrahlbeugungsbildern dargestellt. Obwohl diese Ergebnisse aus statischen Zuständen und nicht während einer aktiven Kontraktion gewonnen wurden, läßt sich aus ihnen folgende Hypothese der Kraftgeneration durch die Querbrücken ableiten: Die Querbrücken sind in der Lage, zyklisch ihre Orientierung, sprich Konformation, relativ zum dicken Filament zu ändern; sie heften sich am dünnen Filament in 90°-Stellung an, klappen, während sie angeheftet bleiben, in die 45°-Stellung um und treiben das dünne Filament in Richtung Sarkomerenmitte. Danach lösen sie sich, und schwingen in die 90°-Stellung zurück, um die Ruderbewegungen am dünnen Filament zu wiederholen. Die Intensität der für die Orientierung der Querbrücken im Interfilamentraum charakteristischen Reflexe nehmen bei aktiver Kontraktion (Froschmuskel) einen Wert zwischen denen des Ruhe- und Rigor-Zustandes ein, was bedeutet, daß die Querbrückenorientierung sich statistisch zwischen diesen beiden Zuständen verteilt. Auch konnte an oszillierenden Muskelfasern durch stroboskopische Röntgenaufnahmen gezeigt werden, daß die Intensität dieser Reflexe in konstanter Phasenrelation zum Kontrastzyklus variiert.

14.1.6 Die Proteine des kontraktilen Apparates und ihre enzymatische Aktivität

14.1.6.1 Das Protein der dicken Filamente: das Myosin

Das dicke Filament besteht zu 90 % aus dem fibrillären Protein Myosin, das ein 140 nm langes stabförmiges Protein mit einem Molekulargewicht (MG) von 480000 ist. Bei hoher Ionenstärke ($KCl > 0{,}3$ M) geht es als Monomer in Lösung, bei niedriger Ionenstärke

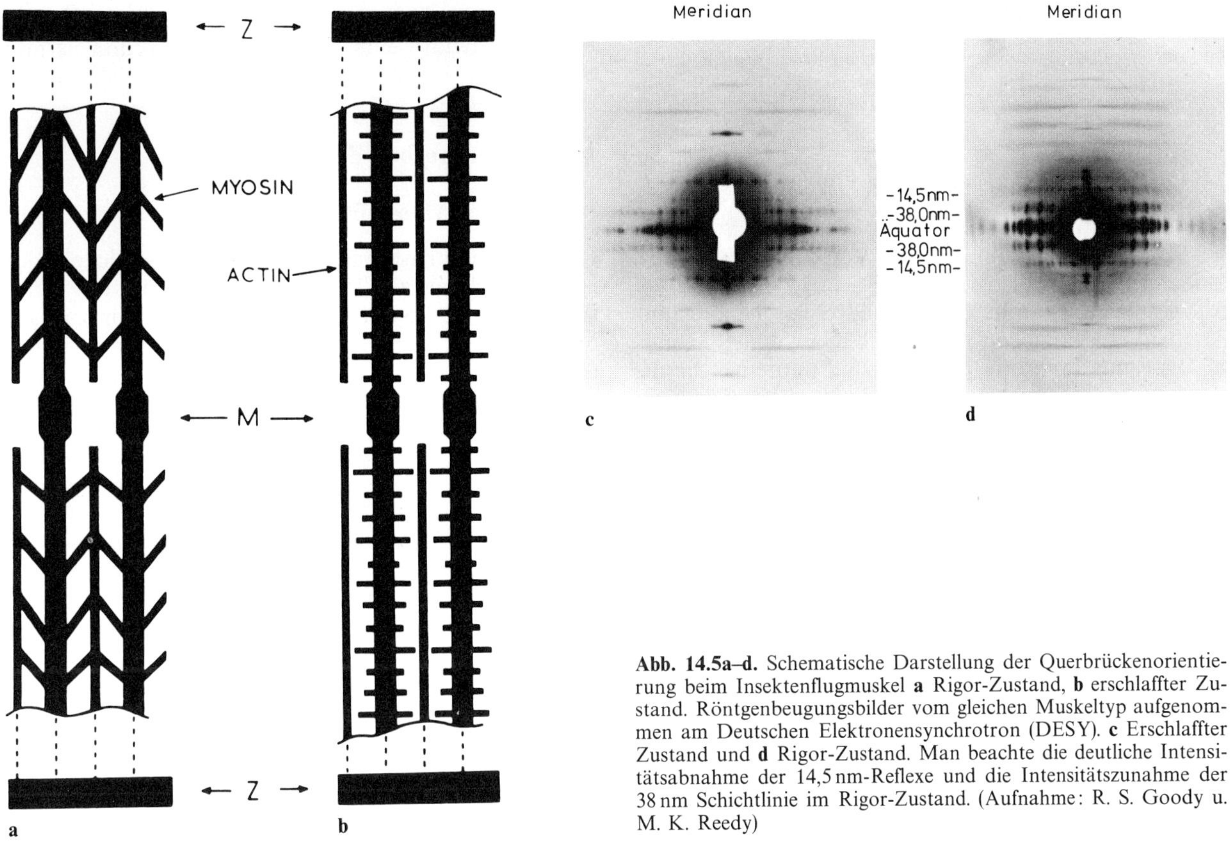

Abb. 14.5a–d. Schematische Darstellung der Querbrückenorientierung beim Insektenflugmuskel **a** Rigor-Zustand, **b** erschlaffter Zustand. Röntgenbeugungsbilder vom gleichen Muskeltyp aufgenommen am Deutschen Elektronensynchrotron (DESY). **c** Erschlaffter Zustand und **d** Rigor-Zustand. Man beachte die deutliche Intensitätsabnahme der 14,5 nm-Reflexe und die Intensitätszunahme der 38 nm Schichtlinie im Rigor-Zustand. (Aufnahme: R. S. Goody u. M. K. Reedy)

dagegen präzipiert es unter Ausbildung von filamentösen Aggregaten, die den natürlichen dicken Filamenten ähneln. Ferner besitzt es allein die Fähigkeit ATP zu ADP und P_i zu hydrolysieren; alle anderen kontraktilen Proteine sind enzymatisch inaktiv und nur befähigt, die enzymatische Aktivität des Myosins zu modifizieren.

Myosin besteht aus zwei sehr ähnlichen Polypeptidketten (MG 200000, auch schwere Ketten genannt), die auf einer Strecke von ca. 120–130 nm eine rein α-helikale Struktur besitzen und zusätzlich schraubenförmig umeinander gedreht sind (coiled-coil). Dieser Teil ist der Schaftteil. Am anderen Ende entspiralisieren sich beide Polypeptidketten und bilden zwei getrennte, globuläre Teile, die auch die Köpfchen des Myosinmoleküls genannt werden (s. Abb. 14.6). An jedem Köpfchen befinden sich noch vier niedermolekulare Proteineinheiten nicht kovalent gebunden (MG zwischen 16000 und 25000, auch leichte Ketten genannt). Durch Verdauung mit proteolytischen Enzymen läßt sich dieses Riesenmolekül in kleinere Bruchstücke aufspalten. Nach Trypsineinwirkung erhält man das HMM (Heavy Meromyosin) und LMM (Light Meromyosin). Dabei behält LMM die Löslichkeitseigenschaften des Gesamtmoleküls, während HMM auch in reinem Wasser löslich bleibt. Mit Hilfe von Papain läßt sich 1 Molekül HMM in drei weitere Fragmente aufspalten, nämlich in 2 Moleküle HMM-Subfragment 1 und 1 Molekül HMM-Subfragment 2. Beide Subfragmente sind wasserlöslich, nur die HMM-Subfragmente 1 jedoch besitzen enzymatische Aktivität, alle anderen Fragmente sind inaktiv. Somit besitzt das Myosin 2 enzymatische Zentren, die auf den Köpfchen lokalisiert sind. Abbildung 14.6 verdeutlicht die Struktur des Myosins und die Lokalisation der proteolytischen Fragmente. Beim Myosin des phasischen (schnellen) quergestreiften Skeletmuskels lassen sich drei verschiedene leichte Ketten nachweisen, die sich in ihrem MG (16000, 20000 und 25000) unterscheiden. Die leichten Ketten von MG 16000 und 25000 sind für die ATPase Aktivität des Myosins bzw. seiner proteolytischen Fragmente essentiell. Neuere Untersuchungen scheinen die Annahme zu bestätigen, daß das Myosin des phasischen Skeletmuskels ein Isoenzymgemisch darstellt, d. h. die Myosinmoleküle tragen entweder zwei leichte Ketten von 25000 oder von 16000 MG. Darüber hinaus besitzt jedes Myosinmolekül zwei weitere leichte Ketten von 20000 MG. Für die ATPase Aktivität ist diese leichte Kette nicht essentiell, sie scheint aber Substrat für eine leichte Kette spezifische, Calcium-abhängige Proteinkinase zu sein. Obwohl ein physiologischer Effekt der kovalenten Phosphorylierung dieser leichten Kette bei quergestreiften Muskeln noch nicht eindeutig nachgewiesen ist, scheint dieser Mechanismus für die Aktivierung der Actin-aktivierten ATPase des Myosins aus glattem Muskel wichtig zu sein.

Myosine anderer Muskeltypen besitzen vom MG unterschiedliche leichte Ketten, z. B. hat das Herzmuskelmyosin zwei leichte Ketten von MG 27000 und 20000. Allen Myosinen dagegen scheint die

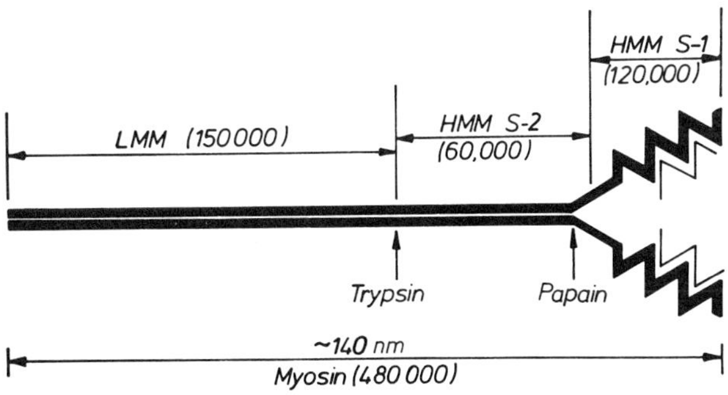

Abb. 14.6. Schematische Darstellung des Myosinmoleküls. *Pfeile* sollen die Angriffspunkte der proteolytischen Enzyme anzeigen. In Klammern die Molekulargewichte der proteolytischen Fragmente (Details s. Text)

phosphylierbare leichte Kette von MG 20000 gemeinsam zu sein. Die Muskel-typische Spezifität des Myosins wird von der schweren und den leichten Ketten bestimmt, experimentelle Befunde deuten darauf hin, daß der Typus der essentiellen leichten Ketten die ATPase Aktivität des Myosins und seine Stimulierbarkeit durch Actin modifizieren.

14.1.6.2 Die Proteine des dünnen Filaments

Das dünne Filament wird von einer Reihe verschiedener Proteine aufgebaut. Zu 60% besteht es aus Actin, das ein globuläres Protein mit einem MG von 42000 ist, dessen vollständige Aminosäuresequenz bekannt ist. Den Rest machen die Regulatorproteine Tropomyosin und Troponin aus; das sind Proteine, die die Aktivität des Muskels kontrollieren. Ähnlich dem Myosin kann monomeres Actin, das nahezu Kugelform besitzt, filamentöse Aggregate bilden, die den dünnen Filamenten genau entsprechen. Vergleichende Aminosäureanalysen haben gezeigt, daß die Sequenz von Actin während der Evolution außerordentlich konstant bewahrt wurde. Man findet nur wenige muskeltyp- und artcharakteristische, immer jedoch konservative Aminosäurenaustausche. Actin aus Schimmelpilzen kann sich mit Skeletmuskelmyosin ebensogut zum Actomyosin-Komplex vereinigen wie ein Actin aus irgendeiner anderen Quelle. Der Actomyosintyp wird nur von dem Myosintyp bestimmt. Das Tropomyosin (MG 76000) ist ein fadenförmiges, 42 nm langes und 2 nm dickes Protein, das sich aus zwei rein α-helikalen Untereinheiten aufbaut, die zu einer Doppelspirale umeinander gewunden sind. Troponin (MG 80000) besteht aus drei globulären Untereinheiten, von denen jede im Regulationsmechanismus der Muskelaktivität eine bestimmte Funktion erfüllt (s. 14.1.9).

14.1.7 Der Aufbau der Myofilamente

14.1.7.1 Das Myosinfilament

Elektronenmikroskopisch erscheint das dicke oder Myosinfilament als 1500 nm langer Stab mit einer Dicke von 12–15 nm. Wie schon gesagt, präzipitiert Myosin bei niedriger Ionenstärke zu Aggregaten strukturell ähnlich den dicken Filamenten. Verfolgt man den Polymerisationsvorgang elektronenmikroskopisch, so findet man, daß sich zunächst die Myosinmoleküle Ende zu Ende aneinanderlagern und das weitere Wachsen des Filaments durch seitliche Anlagerung erfolgt (s. Abb. 14.7). Auf diese Weise entsteht ein Filament, dessen Mittelregion frei von herausragenden Querbrücken ist, mit einer Bipolarität der Anordnung der einzelnen Myosinmoleküle beidseits dieser Mittelregion. Dies erklärt die Tatsache, daß das dicke Filament von beiden Seiten her das Actinfilament in die Sarkomerenmitte treiben kann. Die Querbrücken, die alle 14,3 nm aus dem Filament herausragen, werden vom HMM-Teil des Mysinmoleküls gebildet, wie die Markierung mit HMM-spezifischen Antikörpern ergeben hat.

Nach neueren Befunden ergibt sich für den Aufbau des Myosinfilaments von Vertebraten-Skeletmuskel folgendes Modell: Es wird von drei Strängen, in denen die Myosinmoleküle geordnet sind, helikal aufgebaut. Nach jeweils 14,3 nm kommen auf gleicher Höhe von jedem Myosinstrang Querbrücken an die Oberfläche des Filaments, die um 120° zueinander versetzt sind. Das nächste Querbrückentriplett nach wieder 14,3 nm ist um ca. 40° azimutal zum vorigen versetzt. Auf diese

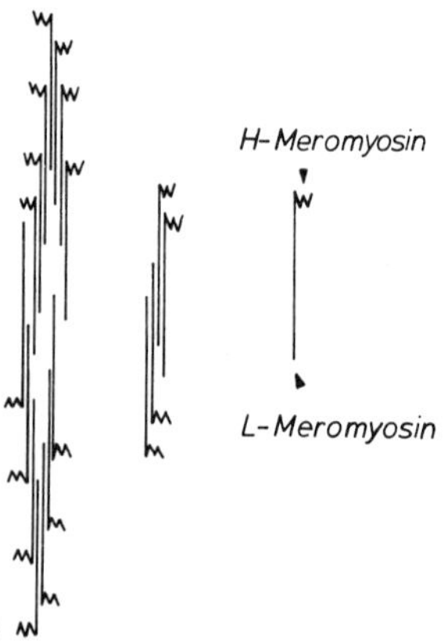

a

b

Abb. 14.7. a Schematische Darstellung der Aggregation der Myosinmoleküle, zunächst End-zu-End Anlagerung, dann weiteres Wachstum durch seitliche Aggregation. **b** Elektronenmikroskopische Aufnahmen nach negativer Kontrastierung vom graduellen Wachstum synthetischer Myosinfilamente durch Seit-zu-Seit-Anlagerung von Myosinfilamenten. Man erkennt, daß die querbrückenfreie Mittelzone konstant bleibt, während sich die Querbrücken enthaltenden Seiten verlängern

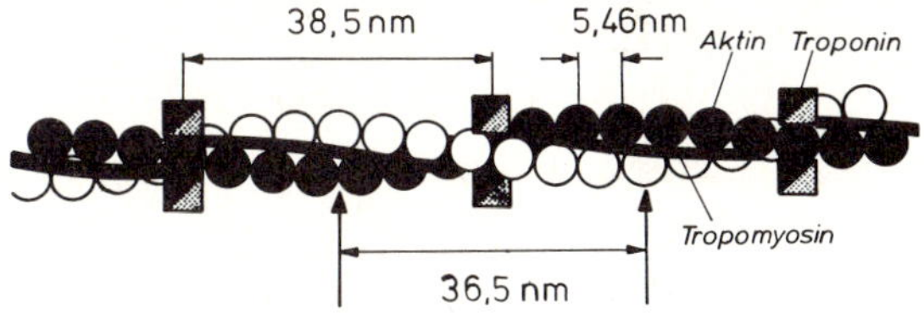

Abb. 14.8. Schematische Darstellung des Aufbaus des dünnen Filaments. *Helle* und *dunkle Kreise* zeigen die Actinmonomere der beiden Perlenketten an (Details s. Text)

Weise kommen alle 43 nm (3 × 14,3 nm) Querbrückentripletts in identischer Orientierung auf der Filamentoberfläche zu liegen; die tatsächliche Länge der Schraubenwindung der drei helikal umeinander gedrehten Myosinstränge beträgt 3 × 43 nm = 129 nm.

14.1.7.2 Das Actinfilament

Das dünne Filament (Durchmesser 7 nm) besteht zu 60% aus Actin, das sein Grundgerüst bildet. Monomeres Actin, das nur im destillierten Wasser stabil ist, polymerisiert nach Erhöhung der Ionenstärke zu einer doppelsträngigen Helix mit einer Periodizität der Untereinheiten von 5,46 nm und der Schraubenwindung von 36,5 nm. Innerhalb des einzelnen Strangs sind die Actinmonomere linear aneinandergereiht, jedes Actinmonomer steht mit vier benachbarten Actinmolekülen in Kontakt. Stabilisiert wird diese Struktur noch durch die Regulatorproteine, vor allem durch das 42 nm lange stabförmige Tropomyosin. Dieses schmiegt sich zu beiden Seiten der Actindoppelhelix in die Vertiefung zwischen den Einzelsträngen. Jeweils in der Mitte eines Tropomyosinmoleküls befindet sich mit einer Periodizität von 40 nm der Troponinkomplex, der unter Einwirkung von Ca^{2+}-Ionen zusammen mit dem Tropomyosin intrazellulär die Muskelaktivität reguliert, indem er die Fähigkeit des Actinfilaments, mit den Myosinquerbrücken in Wechselwirkung zu treten, bestimmt (Abb. 14.8). Die Wechselwirkung zwischen Actinfilamenten und Querbrücken läßt sich experimentell auch mit den proteolytischen Fragmenten des Myosins, HMM und HMM-S1, nachweisen. Bei Abwesenheit von ATP binden sich diese Fragmente an das Actinfilament, dabei scheint jedes Actinmonomer in der Lage zu sein, ein HMM-S1-Fragment zu binden. Ähnlich der Querbrückenkonfiguration im Rigor-Zustand nehmen die HMM-S1-Fragmente relativ zum Actinfilament eine gewinkelte Position ein, was dem so mit Myosinköpfchen dekorierten Actin im Elektronenmikroskop eine speerähnliche Erscheinung verleiht (Abb. 14.9a, b). Mit Hilfe dieser charakteristischen Markierungsmethode konnte man Actinfilamente in einer Reihe von Zellen nachweisen, die Kontraktilität zeigen. Bei Zugabe von ATP und niedriger Ca^{2+}-Konzentration lösen sich die HMM-S1-Fragmente vom Actinfilament, analog zum Verhalten der Querbrücken bei der Erschlaffung.

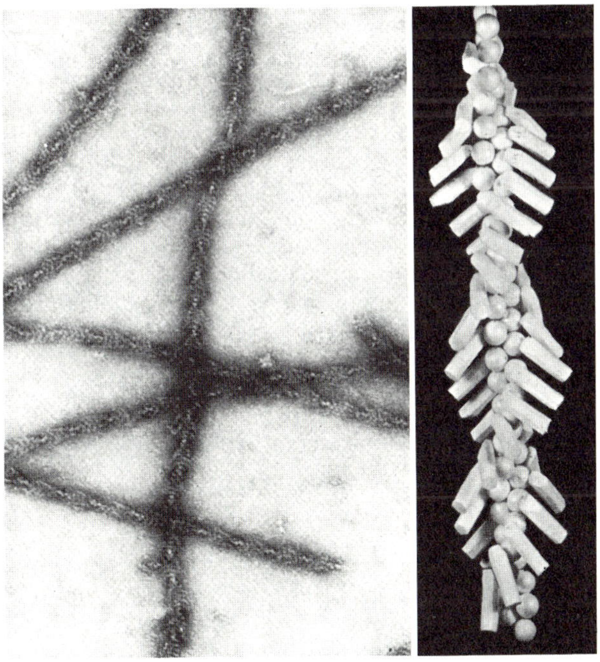

a b

Abb. 14.9. **a** Elektronenmikroskopische Aufnahme nach negativer Kontrastierung von Actinfilamenten, die mit HMM-S1-Fragmenten beladen (dekoriert) wurden. Man erkennt die speerähnliche Erscheinung der Filamente, die durch die anheftenden S1-Fragmente hervorgerufen wird. **b** Modell des Actinfilaments nach Dekoration mit HMM-S1-Fragmenten bei 2,3 nm Auflösung. [Nach Moore, P.B., Huxley, H.E., DeRosier, D.J.: J. Mol. Biol. **50**, 279–295 (1970)]

14.1.8 Die Anordnung der Filamente in der Überlappungszone

Abbildung 14.10 zeigt eine schematische Darstellung eines Querschnitts eines Skeletmuskels in der Überlappungszone der dicken und dünnen Filamente. Man erkennt die typische hexagonale Bienenwabenstruktur; die Myosinfilamente werden von 6 Actinfilamenten und die Actinfilamente von 3 Myosinfilamenten umgeben. Jedes Myosinfilament sendet zu allen 6 Actinfilamenten Querbrücken aus, in einer bestimmten Ebene jedoch nur zu jeweils 3. Umgekehrt wird jedes Actinfilament von den Querbrücken der drei es umgebenden Myosinfilamente erreicht; die von einem bestimmten Myosinfilament haben entsprechend dem

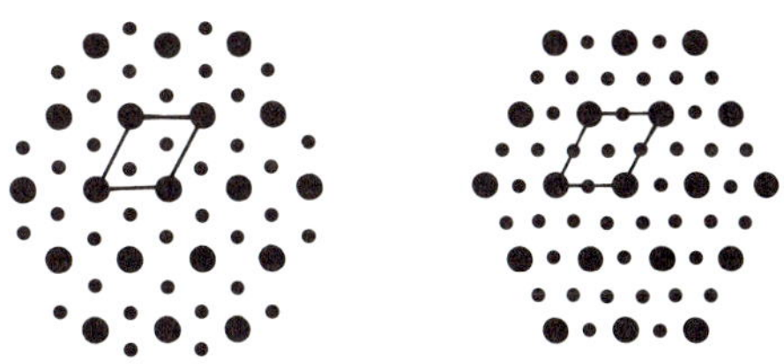

a b

Abb. 14.10a, b. Schematische Darstellung der Anordnung beider Filamenttypen in der Überlappungszone von dicken und dünnen Filamenten. Man erkennt die doppelte hexagonale Anordnung dicker und dünner Filamente. **a** Beim Skeletmuskel der Säugetiere, **b** Insektenflugmuskel

Modell des dicken Filaments einen Abstand von 43 nm. Die Einheitszelle, d. h. die kleinste strukturelle Untereinheit des interfilamentären Gitters, wird von einer Raute gebildet, deren Kanten 4 dicke Filamente bilden. Bei der Beugung von Röntgenstrahlen wirken die möglichen Ebenen durch die Elemente dieser Einheitszelle als diffraktierendes Gitter.

Der mittlere Abstand zwischen den Myosinfilamenten beträgt 43 nm, der zwischen Myosin- und Actinfilament 23 nm, das ist die Distanz, die die Myosinquerbrücke überbrücken muß, um sich an das Actinfilament anheften zu können. Man erhält bei der Röntgenstrahlbeugung senkrecht zur Faserrichtung des Muskels eine Serie von Diffraktionspunkten, deren Öffnungswinkel vom Primärstrahl Auskunft über die interfilamentären Abstände gibt (äquatoriale Reflexe: Abb. 14.5). Aus der relativen Intensität der Diffraktionspunkte lassen sich Informationen über die Massenverteilung der Filamente gewinnen. So ändert sich die relative Intensität zweier äquatorialer Reflexe beim Übergang des Muskels vom erschlafften in den Rigor-Zustand, wie man es bei einer Massenverschiebung vom dicken zum dünnen Filament erwarten würde. Auf die Querbrücken bezogen: während der Rigor-Kontraktion findet durch ihr Anheften am Actinfilament eine Massenverschiebung vom Myosin zum Actinfilament statt. Während der Verkürzung rücken die Filamente entsprechend dem Gesetz der Volumenkonstanz der Muskelzelle auseinander, der interfilamentäre Abstand vergrößert sich. Umgekehrt verringert er sich bei Dehnung. Somit muß bei der aktiven Kontraktion die Querbrücke sich an einem variierenden interfilamentären Abstand anpassen können. Man nimmt an, daß das Myosinmolekül an den beiden Stellen, die von den proteolytischen Enzymen angegriffen werden, Regionen besitzt, die flexibler sind als es die übrige α-helikale Superschraube des Schaftteils ist. Diese Regionen könnten als eine Art intramolekularer Gelenke wirken und so die beiden Myosinköpfe immer in der richtigen Position zum Anheften an das Actinfilament halten (Abb. 14.11). Auch entlang der Faserrichtung existieren periodisch sich wiederholende Strukturelemente, die für Röntgenstrahlen als Beugungsgitter wirken. Es sind dies vor allem die Querbrücken mit einer Periodizität von 14,3 nm und die Troponinkomplexe entlang des Actinfilaments. Diese Periodizitäten bewirken eine Ablenkung des Röntgenstrahls in Richtung des Faserverlaufs. Da diese Periodizitäten helikal geordnet sind, erhält man keine Diffraktionspunkte, sondern Schichtlinien oder eine Serie von Reflexpunkten entlang der Reflektionsebene. Auch für diese gelten die für die äquatorialen Reflexe genannten Prinzipien. Aus der starken Änderung der Intensität der 14,3 nm-Linie beim Übergang vom erschlafften in den Rigor-Zustand konnten erstmals Hinweise für die These der Querbrückenbewegung gewonnen werden (s. auch die Diffraktionsbilder von Abb. 14.4). Die filamentäre Ordnung der Überlappungszone bleibt beidseits dieser Zone von den Actin- und Myosinfilamenten erhalten.

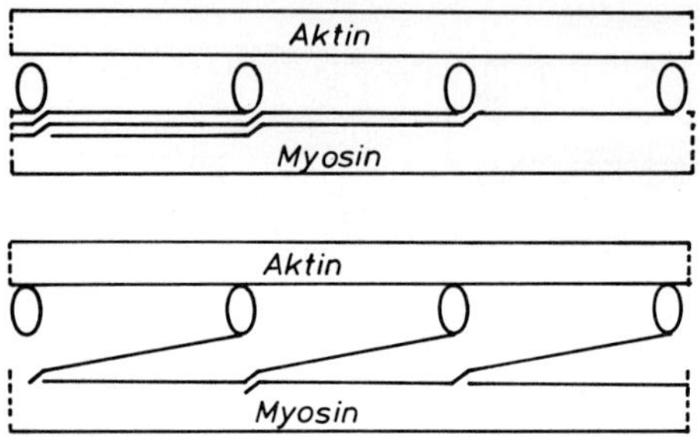

Abb. 14.11. Möglicher Mechanismus der Anpassung der Querbrücke, um den variierenden Interfilamentabstand zu überbrücken. Der HMM-S2-Anteil der Myosinmoleküle kann sich aus dem dicken Filament lösen und die HMM-S1-Anteile an das Actinfilament bringen. [Nach Huxley H.E.: Science **164**, 1356–1366 (1969)]

14.1.9 Die Regulation der Muskelaktivität

Die Aktivität der willkürlichen Muskel steht unter nervaler Steuerung. Die Depolarisation der Zellmembran wird durch Invaginationen in das Zellinnere an das Sarkoplasmatische Retikulum (SR) fortgeleitet. Das SR ist in der Lage, durch einen aktiven, ATP-verbrauchenden Pumpmechanismus Ca^{2+}-Ionen bis zu einem Konzentrationsgefälle von 1:1000 zu speichern, die bei Depolarisation lawinenartig freigesetzt werden. Auf diese Weise wird die freie Ca^{2+}-Konzentration im Zellinnern von 10^{-7} M auf 10^{-5} M erhöht, was zur vollen Aktivierung des kontraktilen Apparates führt. Der molekulare Schalter, der auf das Signal „hohe Ca^{2+}-Konzentration" reagiert, ist der auf dem Actinfilament lokalisierte Tropomyosin-Troponin Komplex. Unmittelbar nach einer Depolarisation und Ca^{2+}-Freisetzung beginnt das SR die freien Ca^{2+}-Ionen wieder zu speichern, sofern kein erneuter Nervenimpuls mehr erfolgt. Auf den Abfall der freien Ca^{2+}-Konzentration reagiert wieder das Troponin-Tropomyosin-System und blockiert die vorher freigemachten Bindungsstellen für Querbrücken auf dem Actinfilament.

Der molekulare Ablauf dieses Schaltmechanismus kann jetzt in groben Zügen angegeben werden. Das Troponin besteht aus drei Untereinheiten: TnC, TnI und TnT. TnC bindet reversibel vier Ca^{2+}-Atome, TnI bindet bei niedriger Calciumkonzentration an das Actinfilament und blockiert die Bewegung des Tropomyosins (s. unten). TnT verbindet den Troponinkomplex unabhängig von der Calciumionenkonzentration an das Tropomyosin (s. Abb. 14.12).

Innerhalb des Troponinkomplexes ist die Interaktion von TnI und TnC abhängig, die von TnC zu TnT unabhängig von der freien Calciumionenkonzentration. Bei Erhöhung der Ca^{2+}-Konzentration und Sättigung des TnC mit Calcium bindet dieses an das TnI, das sich jetzt vom Aktinfilament löst und ein Gleiten des fadenförmigen Tropomyosins in den Zwischenraum der beiden Actinstränge erlaubt (s. Abb. 14.12): Querbrücken können sich anheften. Das Tropomyosin verändert seine Position um ca. 1 nm. Verringert sich

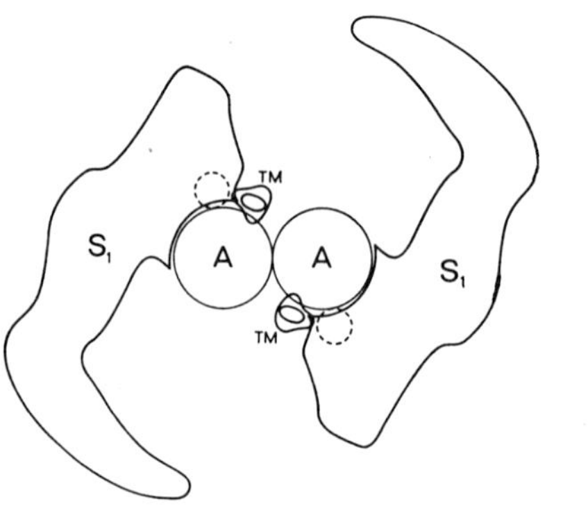

Abb. 14.12. Schematische Darstellung des dünnen Filaments im Querschnitt und der Positionswechsel der Tropomyosinmoleküle (*TM*) entlang der Actinhelix bei Änderung der freien Calciumionen Konzentration. *Gestrichelt* erschlaffter Zustand. *A* Actin; S^1 Myosinköpfchen (Details siehe Text)

die intrazelluläre Ca^{2+}-Konzentration, so löst sich die Bindung von TnI und TnC nach dessen Ca^{2+}-Verlust, TnI bindet mit hoher Affinität an das Actinfilament und bewirkt die Verschiebung des Tropomyosins an die Oberfläche des Actinfilaments.

Die Tropomyosinbewegungen regulieren die Zahl der Bindungsstellen am Actinfilament; ob sie durch das Ausweichen eine sterische Blockierung aufheben oder die Konformation der einzelnen Actinmonomere ändern, ist noch nicht entschieden.

14.1.10 Die enzymatische Aktivität von Myosin und der Mechanismus der ATP-Hydrolyse

Die Identifizierung der Myosinquerbrücken als molekulare Kraftgeneratoren der Muskelzelle war ein wichtiger Fortschritt in der Erforschung des Mechanismus der chemomechanischen Energietransformation in Lebewesen; jedoch ohne genauere Kenntnis der Einzelschritte der ATP-Hydrolyse, ihrer Energetik und der genauen Struktur der Myosinquerbrücke muß unsere Kenntnis von diesem biologischen Elementarvorgang unvollständig bleiben. Die beiden Köpfe (HMM-S1-Fragmente) des Myosins sind Teile der Querbrücke, sie besitzen die Fähigkeit, den Actomyosin-Komplex zu bilden und ATP zu spalten; es ist ihre Aufgabe, die in ATP vorliegende chemische Energie in mechanische Arbeit umzuwandeln. Nur Myosin besitzt von den beschriebenen Proteinen ATPase-Aktivität. Bei Anwesenheit von physiologischer Mg^{2+}-Ionen-Konzentration zeigt Myosin eine nur geringe ATPase-Aktivität (turnover Zahl: 6 pro min). Mit Actinfilamenten ist Myosin in der Lage, den Actomyosinkomplex zu bilden. Die ATPase-Aktivität dieses Komplexes ist wesentlich höher als von reinem Myosin, was auf dem aktivierenden Einfluß von Actin auf die Myosin-ATPase beruht und eine Steigerung der Myosin-ATPase-Aktivität bis auf das 400fache bewirkt. Reines filamentöses Actin, d.h. ohne Tropomyosin und Troponin, aktiviert die Myosin-ATPase unabhängig von der Ca^{2+}-Ionen-Konzentration. Der aktivierende Effekt von natürlichen dünnen Filamenten (d.h. bei Anwesenheit von Tropomyosin und Troponin) läßt sich durch Änderung der Ca^{2+}-Ionen-Konzentration modifizieren. Verringerung der Ca^{2+}-Ionen-Konzentration auf 10^{-7} M bewirkt eine völlige Aufhebung des aktivierenden Effekts von Actin, bei einer Ca^{2+}-Konzentration von 10^{-5} M dagegen erhält man maximale Aktivität. Dieser Vorgang entspricht der oben beschriebenen intrazellulären Regulation der Muskelaktivität, die durch die Ca^{2+}-Konzentration gesteuert und über den Tropomyosin-Troponin-Komplex ausgeführt wird.

Der Mechanismus der ATP-Hydrolyse unter physiologischen ionalen Bedingungen durch Myosin in Lösung konnte mit Hilfe von Methoden zur Messung schneller Reaktionskinetik (stopped flow and quenched flow) geklärt werden. Dabei zeigte sich, daß das erste ATP-Molekül schnell, mit einer Geschwindigkeit von $160\,s^{-1}$, am Enzym gespalten wird. Das ist nahezu 4000mal schneller als die steady-state-Geschwindigkeit, was nur bedeuten kann, daß ein Schritt nach der Enzym-gebundenen ATP-Hydrolyse wesentlich langsamer und damit geschwindigkeitsbestimmend ist. Da die Produkte ADP und PO_4 schneller vom Myosin abdissoziieren können, als der steady-state-Geschwindigkeit entspricht (k_{off} für ADP $=1{,}4\,s^{-1}$ und für $P_i=1{,}4\,s^{-1}$), muß ein Schritt vor der Produktfreisetzung und nach der Enzym-gebundenen ATP-Spaltung geschwindigkeitsbestimmend sein. Sehr wahrscheinlich entspricht dieser Schritt einer Konformationsänderung des Myosin-Moleküls. Die geschilderten Ergebnisse sind in Schema 1 zusammengefaßt:

$$M+ATP \xrightarrow{(1)} MATP \xrightarrow{(2)} M^*ADP\cdot P_i \xrightarrow{(3)} MADPP_i$$
$$\xrightarrow{(4)} MADP+P_i \xrightarrow{(5)} M+ADP+P_i$$

Schema 1

(M = Myosin, $P_i = PO_4$). Alle Schritte sind durch zwei Geschwindigkeitskonstanten gekennzeichnet, k_{+n} und k_{-n}, die Geschwindigkeitskonstanten der Hin- und Rückreaktion. Bei ausreichender ATP-Konzentration sind k_{+1} und k_{+2} sehr groß ($k_{+1}=2\times10^6\,M^{-1}\,s^{-1}$, $k_{+2}=160\,s^{-1}$), Schritt 3 ist geschwindigkeitsbestimmend. Der Stern soll die postulierte unterschiedliche Proteinkonformation bezeichnen, die durch ATP-Hydrolyse entsteht und nach Schema 1 im geschwindigkeitsbestimmenden Schritt wieder abgebaut wird. Darüber hinaus findet man einen Anstieg der Tryptophan-Fluoreszenz bei Substrat- und Produkt-Bindung, die in zwei Schritten (einem zusätzlichen Isomerisierungsschritt des Proteins) abläuft. Daher ist das kinetische Schema 1 noch unvollständig, es muß folgendermaßen ohne grundsätzliche Änderung ergänzt werden:

$$M+ATP \xrightarrow{(1)} MATP \xrightarrow{(2)} M^*ATP \xrightarrow{(3)} M^{**}ADPP_i$$
$$\xrightarrow{(4)} M^*ADPP_i \xrightarrow{(5)} M^*ADP+P_i$$
$$\xrightarrow{(6)} MADP+P_i \xrightarrow{(7)} M+ADP+P_i.$$

Schema 2

Hier bedeuten die Sterne unterschiedliche Fluoreszenzeigenschaften des Proteins, bedingt durch Nucleotid-Bindung, der doppelte Stern soll die durch die ATP-Hydrolyse erzeugte Konformation bezeichnen, die unter steady-state Bedingungen der dominierende Enzym-Komplex ist. In Schema 2 ist Schritt (4) geschwindigkeitsbestimmend (d.h. $k_{+4}-k_{-4}=k_{cat}$). Auch konnten nahezu alle Rückraten entweder direkt gemessen oder rechnerisch ermittelt werden. Eine Aufstellung aller kinetischen Daten von Schema 2 gibt Tabelle 14.1. Noch nicht so gut untersucht ist das Actomyosin-System (AM), d.h. die modifizierende Wirkung von Actin. Zwar konnte gezeigt werden, daß ATP AM in Myosin und Actin dissoziiert, bevor es von Myosin hydrolysiert werden kann. Die Dissoziationsgeschwindigkeit ist $1000\,s^{-1}$ und damit wesentlich schneller als die Spaltungsrate k_{+3}. Deshalb kann Actin keinen direkten Einfluß auf k_{+3} haben. Actin bewirkt eine 400fache Steigerung der maximalen ATP-Spaltungsrate des Myosins durch die Beschleunigung des geschwindigkeitsbestimmenden Schrittes (4) und wahrscheinlich aller diesem folgender, nachdem es sich mit dem steady-state-Komplex erneut verbunden hat. Für das AM-System gilt Schema 3:

$$\begin{array}{ll} Am+ATP \rightarrow AMATP & AM^{**}ADPP_i \rightarrow AM^*ADPP_i \\ \quad A\downarrow\uparrow & \quad A\downarrow\uparrow \\ \quad\rightarrow M^*ATP & M^{**}ADPP_i \end{array}$$

$$AM^*ADP+P_i \rightarrow AMADP+P_i \rightarrow AM+ADP+P_i$$

(AM = Actomyosin, A = Actin).

Schema 3

Der im Schema 3 formulierte kinetische Mechanismus ist noch spekulativ, da die meisten Geschwindigkeitskonstanten und die Identität der Intermediärzustände noch nicht genau bestimmt sind. Jedoch ist er mit allen bekannten Befunden vereinbar und erklärt auch die eingangs erwähnte „Doppelrolle“ des ATP, ATP dissoziiert den AM-Komplex, d.h. es löst die Querbrücken vom Actinfilament und erschlafft den Muskel, andererseits wird es während der aktiven Kontraktion hydrolysiert, wenn sich der Muskel verkürzt oder Spannung entwickelt.

Tabelle 14.1 gibt die gemessenen und berechneten Geschwindigkeitskonstanten der Hin- und Rückraten (k_{+n} und k_{-n}) und die sich daraus ergebenden Gleichgewichtskonstanten (K_n) der einzelnen Schritte der ATP-Hydrolyse wieder. Versuchsbedingungen 100 mM KCl; pH 8,0, 21° C, alle Werte für HMM-Subfragment 1

$$\begin{matrix} ATP \\ + \\ M \end{matrix} \rightleftarrows MATP \rightleftarrows M^*ATP \rightleftarrows M^{**}ADP\cdot P_i \rightleftarrows M^*ADP\cdot P_i \rightleftarrows \begin{matrix} P_i \\ + \\ M^*ADP \end{matrix} \rightleftarrows MADP \rightleftarrows \begin{matrix} ADP \\ + \\ M \end{matrix}$$

Schritt	1	2	3	4	5	6	7
k_{+n}		$400\ s^{-1}$	$>160\ s^{-1}$	$0.05\ s^{-1}$	$>1.4\ s^{-1}$	$1.45\ s^{-1}$	
k_{-n}		$2\cdot10^{-7}\ s^{-1}$	$>18\ s^{-1}$	$4{,}23\cdot10^{-3}\ s^{-1}$	$>1{,}9\cdot10^{2}\ M^{-1}\ s^{-1}$	$400\ s^{-1}$	
K_n	$5\cdot10^{3}\ M^{-1}$	$2\cdot10^{9}$	9	15.6	$7{,}3\cdot10^{-3}\ M$	$3{,}5\cdot10^{-3}$	$2{,}7\cdot10^{-4}\ M$
ΔG^0	-16 kj mol^{-1}	-50 kj mol^{-1}	$-5{,}4$ kj mol^{-1}	-11 kj mol^{-1}	$+12$ kj mol^{-1}	$+14$ kj mol^{-1}	$+20$ kj mol^{-1}

In Tabelle 14.1 sind neben allen Geschwindigkeitskonstanten auch die daraus errechenbaren Gleichgewichtskonstanten der einzelnen Schritte angegeben. Aus den Gleichgewichtskonstanten ist die Änderung der freien Enthalpie unter Standardbedingungen nach $\Delta G^0 = -RT \ln K$ errechenbar, die ebenfalls in Tabelle 14.1 angegeben ist. Diese Berechnungen gelten allerdings für das Myosin-System und haben nur unter Standard-Bedingungen Gültigkeit. Auffällig ist das geringe ΔG^0 für den geschwindigkeitsbestimmenden Schritt (4) und den Hydrolyseschritt (3), groß ist ΔG^0 dagegen für den ATP-Bindungsschritt (1) und (2). Gerade für den geschwindigkeitsbestimmenden Schritt erwartet man ein großes ΔG^0, da sich dieser am ehesten mit dem mechanischen Kraftschritt der Querbrücke korrelieren ließ. Jedoch unter steady-state-Bedingungen können die aktuellen Änderungen der freien Energie (ΔG) ganz anders sein, da sie von den Konzentrationen der Intermediärkomplexe abhängig sind. Darüber hinaus sind für das Actomyosinsystem Gleichgewichtskonstanten der einzelnen Schritte noch nicht bestimmt worden.

14.1.11 Versuch der Korrelation von Querbrückenzyklus und ATP-Hydrolyse

Wie schon erwähnt, sind die im vorigen Kapitel beschriebenen kinetischen Schemata der ATP-Hydrolyse von AM an den isolierten Proteinen oder den Myosinsubfragmenten erarbeitet worden, so daß eine direkte Übertragung auf die intakte Muskelfaser nicht ohne weiteres möglich ist. Aus diesem Grund soll die folgende Korrelation von Querbrückenzyklus und ATP-Hydrolyse als Versuch gewertet werden. Trotzdem bietet sich das kinetische Schema der ATP-Hydrolyse durch Actomyosin zu einer Korrelation von zyklischer Querbrückenbewegung mit dem enzymatischen Vorgang geradezu an. Eine solche Korrelation ist in Abb. 14.13 schematisch dargestellt. Der Rigor-Zustand, Bindung der Myosinquerbrücke am Actinfilament in der 45°-Position, entspräche dem AM-Komplex. Auf Bindung von ATP erfolgt die rasche Dissoziation dieses Komplexes, die Myosinquerbrücke löst sich vom Actinfilament und schwingt in die 90°-Position zurück unter gleichzeitiger Hydrolyse des gebundenen ATP. Der nächste Schritt ist abhängig von der Ca^{2+}-Konzentration, d.h. von freien Bindungszentren auf dem Actinfilament. Ist die Ca^{2+}-Konzentration niedrig und sind keine Bindungsstellen verfügbar, so entspricht die weitere enzymatische Aktivität der Querbrücke der reinen Myosin-ATPase, d.h. dem kinetischen Schema 2. In diesem Falle ist der dominierende Enzymkomplex der Myosin-Produkt-Komplex ($M^{**}ADPP_i$), dem die in 90°-Position verharrende Querbrücke entspricht. Daß im erschlafften Zustand der Myosinquerbrücke tatsächlich ADP die gebundene Nukleotidspezies ist, konnte experimentell an Muskelfasern demonstriert werden. Ist die Ca^{2+}-Konzentration jedoch hoch (10^{-5} M), so reagieren die Myosinquerbrücken sofort nach der ATP-Hydrolyse mit verfügbaren Bindungsstellen auf dem Actinfilament entsprechend dem kinetischen Schema 3, unter Freisetzung der gebundenen Produkte und gleichzeitigem Übergang von der 90°- in die 45°-Position, d.h. Leistung mechanischer Arbeit. Die Rigor-Kontraktion, die sich beim Auswaschen des ATP einstellt, läßt sich als ein einmaliges Durchlaufen dieses Zyklus erklären, um schließlich im ATP-freien Intermediärzustand (AM-Komplex) zu verharren. Zwar gibt es noch keine direkten Beweise für die Richtigkeit dieses Querbrückenmodells, doch spricht die Mehrheit der experi-

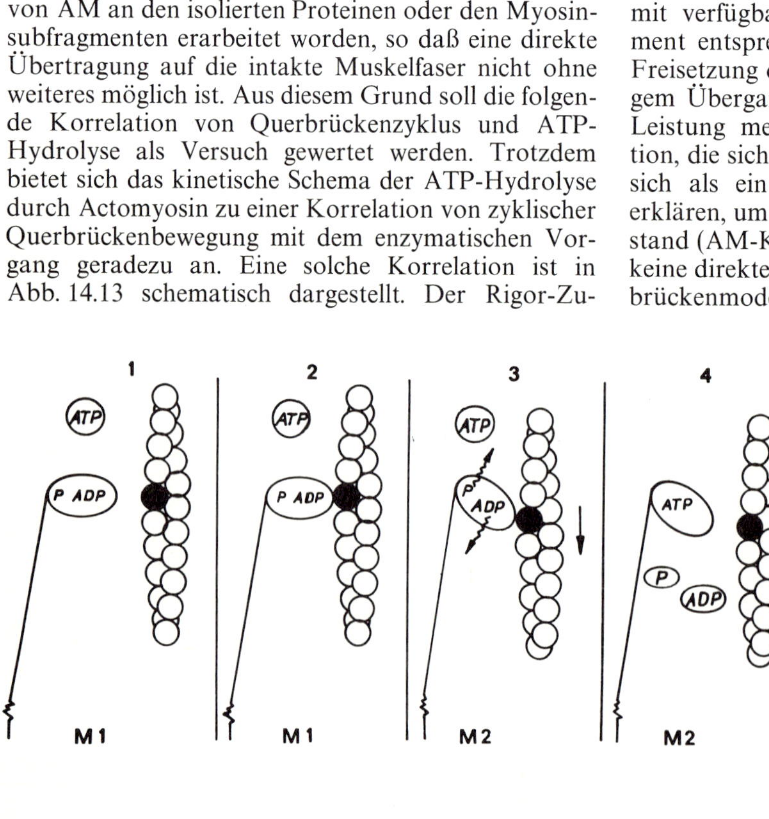

Abb. 14.13. Modell der Korrelation von Querbrückenzyklus und ATP-Hydrolyse. [Nach Mannherz, H.G., Barrington-Leigh, J., Holmes, K.C., Rosenbaum, G.: Nature (London) New Biol. **241**, 226–229 (1973)]

mentellen Ergebnisse für eine solche Vorstellung. Eine mögliche Linie der direkten Beweisführung sind neuere Experimente mit ATP-Analogen, die nach kinetischen Überlegungen den Querbrückenzyklus an bisher noch nicht identifizierten Phasen „einfrieren", da sie andere dominierende steady-state-Komplexe erzeugen. Die strukturelle Aufklärung solcher „neuen Querbrückenphasen" bestätigte die skizzierte Hypothese. Nach diesen Ergebnissen reicht ATP-Bindung aus, um die Querbrücke vom Actinfilament zu lösen und in die 90°-Position zu treiben, so daß der Querbrücken-Substrat- und Produkt-Komplex in dieser Hinsicht identisch wären. Aus dem vorgeschlagenen Querbrükkenmodell folgt, daß ATP-Spaltung am Myosin und mechanische Arbeitsleistung keine gekoppelten Schritte sind, vielmehr erfolgt die Leistung mechanischer Arbeit nach der Freisetzung der durch ATP-Spaltung verfügbaren chemischen Energie. Diese muß daher von der Querbrücke — wahrscheinlich in Form von Konformationsenergie — bis zur Interaktion mit Actin gespeichert werden. An dieser Stelle muß nochmals an die Änderungen der Freien Enthalpie (Tabelle 14.1) erinnert werden. Den größten ΔG^0-Wert hat der ATP-Bindungsschritt, und auch ohne Kenntnis der effektiven Myosin- und Actinkonzentrationen in der Muskelfaser ist es denkbar, daß die Querbrücke die größte Energiezufuhr durch die Bindung von ATP erhält. Aber auch dieser Schritt ist nicht mit dem mechanischen Arbeitsschritt gekoppelt, jedoch mit einer deutlichen Konformationsänderung der Querbrücke verbunden. Da im erschlafften Zustand die Myosin-ATPase dem kinetischen Schema 2 gehorcht, ist es notwendig, um gewonnene Energie nicht unnötig zu verlieren, daß die Schritte nach der maximalen Energiezufuhr langsam und mit geringen Änderungen der freien Energie ablaufen. Einmal um den ATP-Verbrauch niedrig zu halten und zum zweiten, um eine ausreichende Konzentration der Enzymspezies zu gewährleisten, die bei Aktivierung mit Actin reagieren kann. Das kinetische Schema 3 erfüllt diese Forderungen, da k_{+4} langsam und geschwindigkeitsbestimmend ist, ist $M^{**}ADPP_i$ der dominierende steady-state-Komplex mit einer Halbwertszeit von ca. 30 s. Natürlich darf die Bereitstellung dieser Spezies nach der Energiezufuhr nicht viel Energie kosten (K_3 ist klein) und vor allem muß sie schnell geschehen (k_{+3} ist groß), um auch während der aktiven Kontraktion die losgelöste Querbrücke rasch wieder mit Actin reaktionsbereit zu machen.

14.1.12 Kinetik der Querbrückenmechanik

In dem vorausgegangenen Versuch, Querbrückenzyklus und kinetisches Schema der ATP-Hydrolyse durch Actomyosin zu korrelieren, wurde stillschweigend davon ausgegangen, daß die in Lösung bestimmten Geschwindigkeitskonstanten auf das Actomyosinsystem in situ, wenn nicht genau, so doch wenigstens in ihren relativen Verhältnissen übertragbar seien. Angenommen, dies ist der Fall, so verdeutlicht der eingangs beschriebene Fenn-Effekt (Abhängigkeit der von einem Muskel freigesetzten Energie — ATP-Verbrauch — von der Geschwindigkeit der Verkürzung = Querbrückenschlagfrequenz) nicht nur die enge Korrelation von ATP-Spaltung und Querbrückenleistung, sondern widerlegt auch die Alles-oder-Nichts-Vorstellung der mechanischen Leistung der Querbrücken. Vielmehr kann die Querbrücke ihre Leistung an mechanische Erfordernisse anpassen, was bedeuten muß, daß sie die Geschwindigkeit ihres Anheftens an (k_f) und Ablösens vom (k_g), Actinfilament zu variieren in der Lage ist. Entsprechend müßten sich kinetische Konstanten des ATP-Hydrolyse-Mechanismus ändern. In Lösung war es bisher noch nicht möglich, die Geschwindigkeit der Bildung des Actomyosinkomplexes zu messen, über den Dissoziationsvorgang kann nur gesagt werden, daß er schneller als k_{+3} ist, wahrscheinlich $\geqq 1000\,s^{-1}$.

A. F. Huxley hat in den letzten Jahren durch mechanische Dehnungsexperimente an aktiv kontrahierenden Muskelfasern versucht, Information über die Geschwindigkeit von k_f und k_g zu erhalten. Ändert man die Länge eines sich isometrisch kontrahierenden Muskels (Dehnung oder Entdehnung) so antwortet der Muskel mit einer Änderung seiner Spannung, die sich aus einer rein passiven Reaktion der elastischen und einer aktiven der kontraktilen Elemente zusammensetzt. Die Anpassung der elastischen Elemente erfolgt momentan, die der kontraktilen Komponente verzögert — in mehreren deutlich unterscheidbaren Phasen. Zur Auflösung der elastischen und kontraktilen Komponente muß die Längenänderung nach 1 ms beendet sein (length jump). Dabei hat sich gezeigt, daß beide Elemente in der Myosinquerbrücke lokalisiert sind, denn die Höhe der Spannungsantwort der elastischen und kontraktilen Elemente ist vom Ausmaß der Vordehnung d.h. der Größe der Überlappungszone und damit von der Zahl der interagierenden Querbrücken abhängig. Wo innerhalb der Myosinquerbrückenstruktur (s. Abb. 14.16) die einzelnen Elemente lokalisiert sind, ist noch nicht eindeutig entschieden, jedoch ist in Anbetracht der Sekundärstruktur des Myosinmoleküls folgende Verteilung wahrscheinlich: die beiden Myosinköpfe (oder HMM-S1-Fragmente) tragen das kontraktile Element, der Myosinhals (HMM-S2-Fragment) die elastische Komponente. Die Querbrücke wandelt nach Bindung an das Actinfilament die in ihrer Konformation gespeicherte Energie in energetisch diskreten Schritten durch Dehnung des elastischen Elements in mechanische Kraft, indem sie eine begrenzte Zahl verschiedener Bindungspositionen durchläuft (Abb. 14.14). Die Geschwindigkeit der Anpassung der kontraktilen Elemente nach einer raschen Längenänderung ist ein Maß für die Geschwindigkeit des Übergangs der gebundenen Querbrücken zwischen einzelnen Bindungspositionen und den Geschwindigkeiten k_f (bei Entdehnung) und k_g (bei Dehnung). Diese zusammengesetzte Geschwindigkeit ist abhängig von der Amplitude der Längenänderung, d.h. der Geschwindigkeit des relativen Filamentgleitens. Die Geschwindigkeit der Anpassung des kontraktilen Ele-

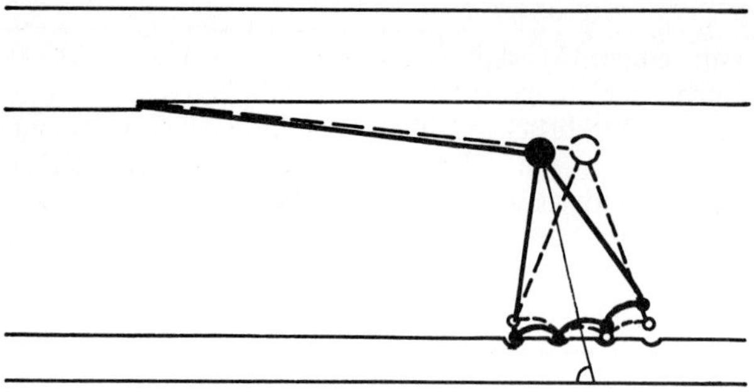

Abb. 14.14. Schematische Darstellung unterschiedlicher Energieniveaus während des Umklappens der Querbrücke am Actinfilament. [Nach Huxley, A.F.: Muscular contraction. J. Physiol. **243**, 1–43 (1974)]

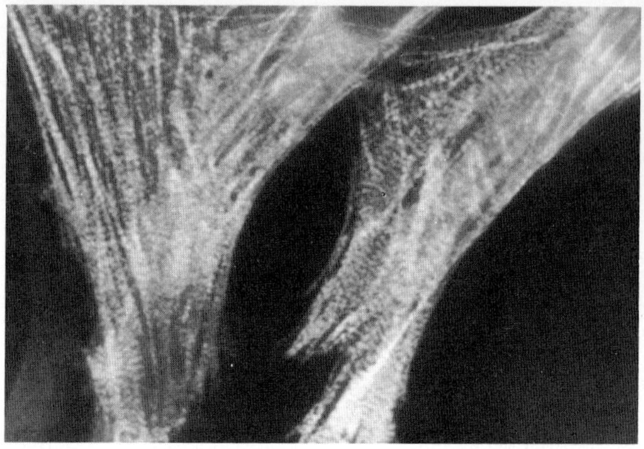

Abb. 14.15. Fluoreszenzmikroskopische Darstellung von „stress fibres" mit Myosin spezifischen Antikörpern in Mäusefibroblasten. Beachte die regelmäßig unterbrochene Anfärbung entlang der „stress fibres". [Aufnahme von Gröschel-Stewart, U., Chamley, J.H., McConnell, J.D. Burnstock, G.: Histochemistry **43**, 251–224 (1975)]

ments zeigt bei Entdehnung eine größere Abhängigkeit von der Amplitude, sie wird exponentiell größer, während sie bei Dehnung nahezu konstant bleibt.

14.1.13 Die Variabilität des Aktin-Myosin-Systems

Die beschriebenen Befunde über Sarkomerenaufbau und Funktionsweise der beteiligten Proteine gelten prinzipiell für alle quergestreiften Muskeltypen, d.h. den verschiedenen Skeletmuskeltypen und dem Herzmuskel. Bei den Skeletmuskeln lassen sich mit bloßem Auge zwei Typen unterscheiden: die weißen und roten Muskel. Die weißen Muskel (Typ II) erhalten ihre charakteristische Färbung durch ihren Reichtum an Glykogen. Diese können sich schnell verkürzen und werden daher auch phasische oder Zuckungsmuskel genannt. Ihr Glykogenreichtum erlaubt ihnen, schnell zusätzliche Energie, d.h. ATP, ohne O_2-Verbrauch durch anaerobe Glykolyse zu mobilisieren (Sauerstoffschuld). Die roten oder tonischen Muskel (Typ I) dagegen sind auf lang anhaltende, ausdauernde Kontraktionen ausgelegt. Ihre rote Färbung erhalten sie von ihrem Myoglobinreichtum, dem intrazellulären O_2-Speicher. Ihr Energiestoffwechsel ist auf die oxydative Phosphorylierung ausgelegt, die es ihnen erlaubt, für längere Zeit einen ausreichenden ATP-Nachschub zur Aufrechterhaltung ihrer Aktivität zu haben.

Die maximale Verkürzungsgeschwindigkeit (V_{max}) des tonischen Muskels ist etwa dreimal geringer als die des phasischen. Die ATP-Spaltungsrate von extrahiertem Aktomyosin korreliert, mit der maximalen Verkürzungsgeschwindigkeit (V_{max}) der Ursprungsmuskel, d.h. um die gleiche Last eine bestimmte Strecke zu bewegen, verbraucht der phasische Msukel etwa 3mal mehr Energie (ATP) als der tonische. Noch effektiver sind die glatten Muskel (s. unten) oder bestimmte Schließmuskel von Muscheln.

Die Unterschiede der physiologischen Parameter der Muskeln wird vom Myosinmolekül bestimmt. Tatsächlich unterscheiden sich Myosine aus phasischen und tonischen Muskeln nicht nur in ihrer ATP-Spaltungsrate, sondern auch in ihrem proteinchemischen Aufbau. Es lassen sich 1. Unterschiede in der Aminosäurezusammensetzung der schweren Ketten und 2. gänzlich unterschiedliche leichte Ketten nachweisen (s. oben).

Glatte Muskeln haben keinen geordneten Sarkomerenaufbau ihrer Myofilamente. Elektronenmikroskopisch lassen sich in ihnen eine Vielzahl anscheinend unregelmäßig angeordneter Filamente nachweisen. Es überwiegen die dünnen Actin-enthaltenden Filamente, dicke Myosin enthaltende Filamente lassen sich elektronenoptisch in nur geringer Zahl nachweisen. Tatsächlich ist in glatten Muskeln das molare Aktin:Myosin-Verhältnis zugunsten des Actins verschoben: von ca. 4:1 beim Skeletmuskel nach 20:1 beim glatten Muskel; auch nimmt man an, daß die Fähigkeit zur Selbstaggregation, d.h. zur Ausbildung dicker Filamente des Myosins glatter Muskeln, intrazellulär verringert ist. Ganz besonders gilt dies für das Myosin in motilen eukaryoten Zellen, in denen sich elektronenoptisch keine dicken Filamente nachweisen lassen. Fluoreszenzmikroskopisch dagegen lassen sich mit spezifischen Antikörpern Actinfilamente und mit ihnen, in fast regelmäßigen Abständen angelagert, Myosin nachweisen, (s. Abb. 14.15). Das molare Actin:Myosin-Verhältnis beträgt in diesen Zellen 100:1 zugunsten des Actins.

Man nimmt an, daß Motilität und Kontraktilität von glatten Muskeln und eukaryoten Zellen ebenfalls auf dem Filament-Gleit-Mechanismus beruhen. Um mechanische Kraft entwickeln zu können, müßten bestimmte filamentäre Strukturen (vorzugsweise Actinfilamente) sich an mechanische Fixpunkte, wie z.B. Zellmembranen oder intrazelluläre Organellen, anheften. Kurze Myosinpolymere, die zwischen den einzelnen Actinfilamenten lokalisiert vorzustellen wären, könnten diese an unterschiedlichen Zellorganellen haftenden Filamente relativ zueinander verschieben.

In allen motilen eukaryoten Zellen, sind die Actinfilamente keine stabilen Strukturen, sondern werden entsprechend den physiologischen Bedürfnissen der Zelle auf- und abgebaut. Zelluläre Aktivitäten, bei denen Actin-Myosin-Wechselwirkungen eine Rolle spielen, sind außer der amöboiden Wanderung Endozytose, Exozytose, Zytokinese und der axonale Transport entlang den Nervenfasern, um nur einige aufzuzählen.

Die Beteiligung eines weiteren Proteinsystems, das Motilität erzeugen kann, nämlich das Tubulin-Dynein-System an diesen Vorgängen, wird ebenfalls diskutiert, obwohl die Hinweise dafür nur indirekt sind, da eine eindeutige Funktion den intrazellulären Mikrotubuli noch nicht zugeordnet werden konnte.

14.1.14 Das Tubulin-Dynein-System

Neben dem Actin-Myosin System besitzen eukaryote Zellen noch das Tubulin-Dynein System, das ebenfalls Motilität erzeugen kann. In seiner am höchsten entwickelten Form liegt dieses Proteinsystem in den Cilien und Flagellen vor. Cilien und Flagellen sind von der Plasmamembran umkleidete Zellausstülpungen von ca. 500 nm Durchmesser. Cilien sind ca. 2 bis 10 µm, Flagellen ca. 100–200 µm lang. Cilien besetzen zahlreich die Oberflächen, z.B. der die Atmungswege auskleidenden Zellen. Sie tauchen in einen Schleimfilm und bewegen diesen durch eine Art Ruderschlag mundwärts. Auf diese Weise werden aufgefangene, anhaftende Staubpartikel aus den Bronchien transportiert Ebenso sind viele Protozonen mit zahlreichen Cilien ausgestattet, die ihnen Beweglichkeit im flüssigen Me-

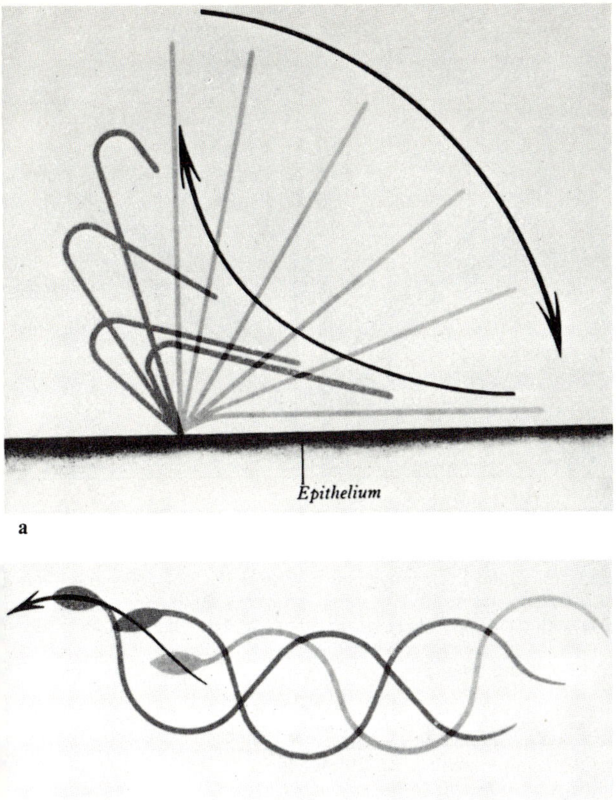

a

b

Abb. 14.16a, b. Schematische Darstellung des Bewegungsablaufs von Cilien und Flagellen. **a** Ruderschlag der Cilie, **b** wellenförmige Bewegung einer Spermienflagelle

dium verleihen. Cilien führen koordinierte Bewegungen aus, sie bewegen sich sozusagen wie die Ähren eines Kornfeldes im Wind, so daß ein kontinuierlicher Flüssigkeitsstrom entlang der Zelloberfläche garantiert wird. Der Schlag eines Ciliums läßt sich in zwei Phasen aufteilen: die Kraft- und die Erholungsbewegung. Während des Kraftschlags knickt das Cilium an seiner Basis um und bewegt den gestreckten starren Zellfortsatz in Richtung des Flüssigkeitsstroms (s. Abb. 14.16a). Darauf erfolgt eine scharfe Rückwärtsbewegung des basalen Teils, während sich das Cilium noch in der effektiven Richtung weiterbewegt (Phase 4 in Abb. 14.16a). Die Rückwärtsbewegung des basalen Teils pflanzt sich in der Erholungsbewegung distalwärts fort, so daß das Cilium in seine Ausgangslage nahe der Zelloberfläche zurückschwingt.

Die Erholungsbewegung dauert zeitlich länger als der Kraftschlag, alle Bewegungsphasen sind jedoch aktive Vorgänge und laufen planar in einer Ebene ab. Cilien schlagen mit Frequenzen zwischen 10–40 Hz und bewirken in den Atmungswegen eine Schleimtransportgeschwindigkeit von ca. 20–100 Cilienlängen pro Sekunde (ca. 1 mm/s).

Im Gegensatz dazu führen die längeren, einzeln vorkommenden Flagellen (z. B. bei der Spermienzelle) undulierende, nahezu symmetrische planare Bewegungen aus, die sich von der Basis zur Spitze hin fortpflanzen (s. Abb. 14.16b). Dadurch wird ein Flüssigkeitsstrom entlang des Flagellums erzeugt, der der Zelle einen entgegengesetzt gerichteten Schub verleiht. Flagellen schlagen mit einer Frequenz von 40–60 Hz und verleihen den Trägerzellen eine Geschwindigkeit von 5–50 Flagellenlängen pro Sekunde.

14.1.15 Struktur und Biochemie von Cilien und Flagellen

Der innere Aufbau von Cilien und Flagellen ist identisch und läßt sich im elektronenmikroskopischen Querschnitt als 9+2 Struktur (= Axoneme, Durchmesser 190 nm) darstellen (s. Abb. 14.17). Neun Doppelröhren (Doubletts) umgeben zwei einzelne zentral gelegene Mikrotubuli. Bei den Doubletts lassen sich jeweils ein vollständiger Mikrotubulus (= A-Tubulus) und ein unvollständiger B-Tubulus unterscheiden. Der innere Durchmesser der vollständigen Tubuli beträgt 10–15 nm, der äußere 20–25 nm. Vollständige Tubuli werden von 13 parallelen Protofilamenten (Durchmesser 4,5–5 nm), die B-Tubuli von 10 aufgebaut. Die Protofilamente sind lineare Aggregate von Tubulin. In den Zelleib ist die Axoneme durch eine besondere Struktur, dem Basalkörper, verankert. Die 9 äußeren Doubletts der Axoneme setzen sich in den Basalkörper hinein fort, ihnen wird noch ein dritter Tubulus angelagert, so daß 9 Tripletts entstehen; das zentrale Paar fehlt. Man nimmt an, daß der Basalkörper (= Axosom) Organisationszentrum für auswachsende Mikrotubuli ist; die gleiche Struktur bewirkt bei der Zellteilung die Ausbildung der Teilungsspindel (= Zentriol). Tubulin gehört zu einer Familie von Proteinen mit 110000 MG, bestehend aus zwei nicht identischen (α und β) Untereinheiten. (MG: $\alpha = 56000$ und $\beta = 53000$). Das Tubulin zytoplasmatischer Mikrotubuli unterscheidet sich vom Tubulin der Axoneme, auch ist das Tubulin von A- und B-Tubulus nicht identisch. Allen Tubulinen gemeinsam sind Bindungsstellen für zweiwertige Ionen und Guanosinnukleotide. Jedoch nur cytoplasmati-

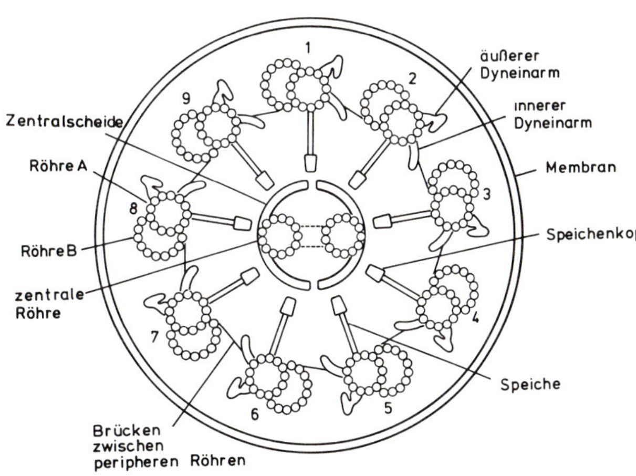

Abb. 14.17. Schematische Darstellung des Aufbaus einer Axoneme. (Für Details s. Text)

sche Mikrotubuli binden mit hoher Affinität die Alkaloide Colchicin (der Herbstzeitlose) und Vinblastin (des Immergrüns). Colchicin bewirkt eine Depolymerisation cytoplasmatischer Mikrotubuli, Vinblastin die Ausbildung parakristalliner Aggregate. Diese Alkaloide stören eine Reihe von Zellaktivitäten wie die Mitose (Colchicin = Mitosegift), Exozytose und Endozytose, so daß eine Beteiligung cytoplasmatischer Mikrotubuli an diesen Prozessen postuliert wird.

Außer den Tubuli lassen sich in der Axoneme noch folgende Strukturen nachweisen: 1. von jedem A-Tubulus ragen auf gleicher Ebene zwei Arme, ein innerer und ein äußerer, zum B-Tubulus des benachbarten Doubletts. Die Länge der Arme beträgt 12–15 nm, ihre Dicke 5 nm. In der longitudinalen Richtung beträgt die Periodizität der Arme 13–17 nm. Diese sind aus dem Protein Dynein aufgebaut, dem Dynein 1 mit 600000 und dem Dynein 2 mit 700000 MG. Dynein zeigt ATPase Aktivität und entspricht insoweit dem Myosin.

2. Von jedem A-Tubulus ragen Speichen auf den zentralen Zylinder, der die beiden zentralen Tubuli umgibt. In der Nähe des Zylinders verdicken sich diese Speichen zu den Speichenköpfchen. Die longitudinale Anordnung der Speichen ist bei verschiedenen Arten unterschiedlich. Bei bestimmten Cilien sind die Speichen in longitudinalen Tripletts von 21–24 nm Abstand organisiert. Die Tripletts entspringen von den A-Tubuli nicht gleichzeitig auf einer Ebene, sondern sind helikal mit einer Periodizität von 85 nm angeordnet. Die Anheftung der Speichen an die A-Tubuli scheint invariant, an die zentrale Scheide dagegen variabel zu sein. Über die aufbauenden Proteine ist noch nichts näheres bekannt.

3. Unter bestimmten Bedingungen lassen sich elektronenmikroskopisch zwischen den A-Tubuli benachbarter Doubletts dünne, 20 nm lange Verbindungen nachweisen. Diese Brücken sind permanent, man spricht ihnen die Struktur der Axoneme stabilisierende Funktion zu. Sie werden von einem Protein von 165000 MG gebildet, das Nexin benannt wurde.

14.1.16 Der Mechanismus von Cilien- und Flagellenbewegung

Cilien und Flagellen erzeugen Motilität durch rhythmische Beugungen, dabei wird ATP als Energiequelle verbraucht. Dieser Nachweis gelang nach Zerstörung der Membran von Paramecien durch Glycerinbehandlung. An solchen „Cilienmodellen" mit intaktem kontraktilen Apparat läßt sich der Einfluß von ATP und verschiedenen Ionenmilieus untersuchen. Zugabe von ATP induziert aktive Bewegung, Entfernen des ATPs augenblicklichen Stillstand; die Cilien und Flagellen verharren in Abwesenheit von ATP in einem Art Rigor-Zustand. Der Mechanismus der Beugungserzeugung ist jedoch noch nicht endgültig geklärt. Eine Reihe von experimentellen Beobachtungen sprechen für einen Gleitmechanismus, bei dem benachbarte Doubletts sich relativ zueinander verschieben.

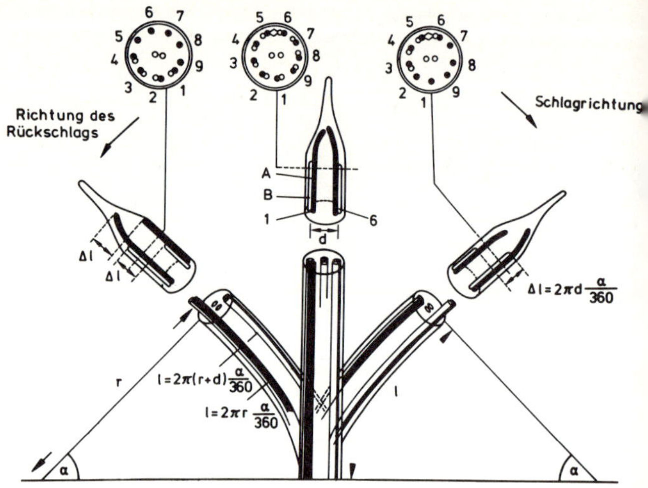

Abb. 14.18. Schematische Darstellung der relativen Verschiebung von gegenüber liegenden Doubletts bei Änderung der Schlagrichtung der Cilie. Das in Schlagrichtung gelegene Doublett ragt am weitesten in die Cilienspitze hinein. *Oberer Teil* gibt schematisch das elektronenoptische Bild von Querschnitten durch die Cilienspitze von unterschiedlichen Bewegungsphasen. Die Identifizierung der Doubletts wird durch konstante Querverbindungen zwischen Doubletts 5 und 6 möglich

Den ersten Hinweis für einen solchen Mechanismus erbrachte die elektronenmikroskopische Untersuchung der Querschnitte der äußersten Spitzen von Cilien zu unterschiedlichen Bewegungsphasen. Dabei wurde der Umstand genutzt, daß der A-Tubulus länger als der B-Tubulus ist und somit weiter in die Cilienspitze hineinragt. Die der Schlagrichtung entgegengesetzten Doubletts sind jeweils aus der Cilienspitze zurückgezogen (s. Abb. 14.18). Dieses Ergebnis läßt zunächst offen, ob das Gleiten der Doubletts eine Folge oder die Ursache der Cilienbewegung ist. Für letzteres und die aktive Beteiligung der Dyneinarme sprechen folgende Beobachtungen: Werden Glycerin-extrahierte Flagellen kurzzeitig mit Trypsin behandelt, dann verlängern sie sich im ATP-haltigen Medium um bis das 5fache ihrer Ausgangslänge, statt undulierende Bewegungen auszuführen. Elektronenmikroskopische Analyse vor Zugabe von ATP ergab, daß die radialen Speichen abgebaut worden waren, ohne merkliche Beeinträchtigung der übrigen Strukturen der Axoneme. Elektronenmikroskopische Analyse der im ATP-haltigen Medium verlängerten Flagellen zeigte, daß tatsächlich einzelne Doubletts bzw. Gruppen von Doubletts sich aneinander vorbeigeschoben hatten. Die treibende Kraft für diesen Gleitmechanismus bewirken wahrscheinlich die Dyneinarme unter ATP-Verbrauch, durch Anheften und Loslösen von benachbarten B-Tubulus, ähnlich dem Querbrückenzyklus des quergestreiften Skeletmuskels. Man vermutet daher, daß begrenzt lokalisierte Gleitbewegungen benachbarter Doubletts die oszillierenden Bewegungen von Cilien und Flagellen erzeugen. Über den Mechanismus der Umsetzung von Gleitbewegung in eine weitergeleitete Beugungswelle existieren im Augenblick nur Modellvorstellungen. Die radiären Speichen scheinen die einzelnen Doubletts in ihrer Verschiebemöglichkeit stark zu begrenzen, indem sie die Doubletts mit der zentralen Scheide verbinden. Manche Autoren vermuten, daß die Verbindungen der radiären Speichen mit der zentralen Scheide nicht permanent sind, sondern entlang der zentralen Scheide Bindungsstellen existieren, die eine bestimmte radiäre Speiche entlang einer bestimmten Strecke besetzen kann. In der aktiven Axoneme wird die Scherkraft der Dyneinarme über die radiären Speichen auf die zentrale Scheide übertragen. Sind diese fest angeheftet, so werden sie je nach Verschiebungsrichtung der Doubletts gestreckt oder gebeugt und können somit eine Beugung der zentralen Scheide bewirken. Weiterhin könnte ein koordiniertes Anheften und Lösen der radiären Speichen von der zentralen Scheide eine koordinierte Ausbreitung der Beugungswelle erklären. Tatsächlich vermuten Autoren, daß die Speichen eine aktive Rolle bei der Erzeugung von Beugungswellen haben, denn nach Entfernen der Dyneinarme zeigt die Restaxoneme noch eine geringe ATPase

Aktivität, obwohl inmotil. Mutanten von Flagellen, die keine Speichen haben, sind ebenfalls inmotil.

Inwieweit dieses Modell korrekt ist, läßt sich jedoch noch nicht endgültig beurteilen.

14.1.17 Cytoplasmatisches Tubulin

Ebenso wie Actin läßt sich Tubulin in allen eukaryonten Zellen nachweisen. Elektronenmikroskopisch kann das cytoplasmatische Tubulin als singuläre Mikrotubuli dargestellt werden, unter anderem bilden diese während der Zellteilung die Teilungsspindel und haften an den zu trennenden Chromosomen. Obwohl sich Dynein intrazellulär und besonders innerhalb der Teilungsspindel fluoreszentmikroskopisch nachweisen läßt, ist die Rolle der Mikrotubuli während der Anaphase der Kernteilung noch nicht endgültig geklärt: erzeugen sie eine aktive, mechanische Kraft, oder halten sie die Chromosomen nur in der richtigen Ebene und dienen als Leitschiene für das ebenfalls beteiligte intrazelluläre Actin-Myosin System (s. auch (1.22.5)? Ähnliche Fragestellungen ergeben sich hinsichtlich der Beteiligung von Mikrotubuli an anderen Zellaktivitäten wie Endo- und Exozytose und dem axonalen Transport (Stofftransport innerhalb der Nervenfasern).

Cytoplasmatisches Tubulin steht ähnlich dem cytoplasmatischen Actin in einem dynamischen Gleichgewicht zwischen Polymer und Monomer. Dieses Gleichgewicht muß die Zelle entsprechend ihren Bedürfnissen steuern können. Unphysiologisch greift Colchicin in diesen Prozeß ein, indem es das Gleichgewicht zur monomeren Form verschiebt. Physiologischerweise bewirkt eine intrazelluläre Erhöhung der Ca^{2+}-Ionen Konzentration eine Depolymerisation von Mikrotubuli. Dabei wird die Calciumwirkung durch ein Protein, das Calmodulin, in stoichiometrischer Weise vermittelt. Calmodulin hat ein MG von 16000 und ist ein cytoplasmatisches Korrelat der Troponinuntereinheit TnC. Es ist darauf spezialisiert, eine Reihe von intrazellulären enzymatischen Reaktionen Ca^{2+}-abhängig zu modifizieren. Somit scheinen intrazellulär das Actin-Myosin-System und das Tubulin-Dynein-System antagonistisch regulierbar zu sein: Calcium aktiviert die Actin-Myosin Interaktion und inaktiviert das Tubulin-Dynein-System durch Depolymerisation von Mikrotubuli.

14.1.18 Bakteriengeißeln

Bakterien (Prokaryonten) sind ebenfalls mit Geißeln ausgestattet, die ihnen Beweglichkeit im flüssigen Medium verleihen. Bakteriengeißeln werden auch Flagellen genannt, haben jedoch nichts gemein mit den Flagellen der Eukaryonten; ihr Aufbau und Mechanismus der Krafterzeugung sind vollständig anders. Bakteriengeißeln haben einen Durchmesser von 20 nm und sind nicht von einer Zellmembran umgeben. Sie sind also keine Zellausstülpungen und liegen daher extrazellulär. Aufgebaut werden sie von dem Protein Flagellin, dessen MG zwischen 40000 und 60000, je nach Bakterienart, schwankt. Flagellin besitzt keine enzymatische Aktivität, es ist ein reines Strukturprotein von wahrscheinlich spherischer Gestalt mit einem Durchmesser von 5 nm. Es bildet lineare Aggregate von 20 nm Dicke und 3 μm Länge (= Länge der Bakteriengeißel).

Die Bakteriengeißel hat die Form eines Zylinders, dessen Wand von elf Protofilamenten aufgebaut wird. Somit hat jedes Flagellinmolekül mit mindestens vier Nachbarmolekülen Kontakt, mit zwei aus der gleichen und mit mindestens zwei aus den benachbarten Reihen. Isolierte Bakteriengeißeln haben eine schraubenförmige Gestalt, ihre Insertionstelle in den Zelleib ist hakenförmig gekrümmt und zum Basalkörper verdickt. Die helikale Struktur der Geißel läßt sich durch nichtäquivalente Bindungsstellen bestimmter Flagellinmoleküle zueinander erklären; unterschiedliche Kontaktkonfigurationen lassen sich durch unterschiedliche Konformationen oder Aminosäuresequenz (oder beidem) bestimmter Flagellinmoleküle erklären.

Da die Bakteriengeißel enzymatisch inaktiv und nicht in der Lage ist, chemische Energie in mechanische Arbeit umzuwandeln, erhebt sich die Frage, wie sie mechanischen Schub im flüssigen Medium erzeugen kann. Theoretisch kann eine undulierende Welle auch von einer starren Schraube erzeugt werden, wenn sie wie eine Schiffsschraube an einem Ende gedreht wird. Genau dies macht die Bakteriengeißel. Bakteriengeißeln lassen sich mit Hilfe von Antikörpern gegen Flagellin an einen Objektträger fixieren. Die Rotationsbewegung der Geißel bewirkt dann eine Rotation des Zellkörpers, die lichtmikroskopisch beobachtet werden kann. Elektronenoptisch lassen sich an der Insertionsstelle der Geißel in den Zellkörper vier bei gram-negativen bzw. zwei scheibenartige Ringstrukturen bei gram-positiven Bakterien nachweisen; diese bilden den erwähnten Basalkörper der Geißel und verankern diese wie eine Art Rollenlager in das Membransystem (s. Abb. 14.19). Man vermutet, daß diese auch den Rotationsgenerator darstellen. Der genaue Antriebsmechanismus des Rotationsmotors ist noch unklar.

Diskutiert werden folgende zwei Möglichkeiten: Es sind bestimmte Scheiben fest mit der Geißel und andere mit dem Membransystem verbunden, Scherkräfte werden zwischen den unterschiedlich fixierten Scheiben erzeugt. Oder es sind alle Scheiben fest mit der Geißel verbunden und Scherkräfte werden zwischen diesen und dem Membransystem erzeugt. Die Energie für die Rotationsbewegung wird jedoch nicht aus ATP oder anderen energiereichen Phosphaten gewonnen. Man vermutet, daß eine Protonenpumpe durch die M-Scheibe elektrostatische Umladungen bewirkt, die dann in Rotation der Scheiben umgewandelt wird. Bakterien zeigen ein gezieltes Schwimmverhalten, das von externen chemischen Substanzen beeinflußt wird: Chemotaxis, positiv oder negativ. Das Bakterium muß also in der Lage sein, gezielte Richtungswechsel auszuführen. Um dies zu erreichen, haben Bakterien zwei unterschiedliche Bewegungsarten entwickelt: die Schwimm- und Taumelphase. Während der Schwimmphase sind alle Flagellen an einem Pol des Bakteriums gesammelt, ihre Schraubenwindung ist eine Linkshelix, die gegen den Uhrzeigersinn gedreht werden. Auf diese Weise wird ein Schub erzeugt, der das Bakterium geradlinig vorwärts treibt. Diese Schwimmphase dauert maximal eine Sekunde und wird von einer Taumelphase unterbrochen. Innerhalb einer 1/100 s fliegen die Flagellen auseinander und verteilen sich gleichmäßig über die gesamte

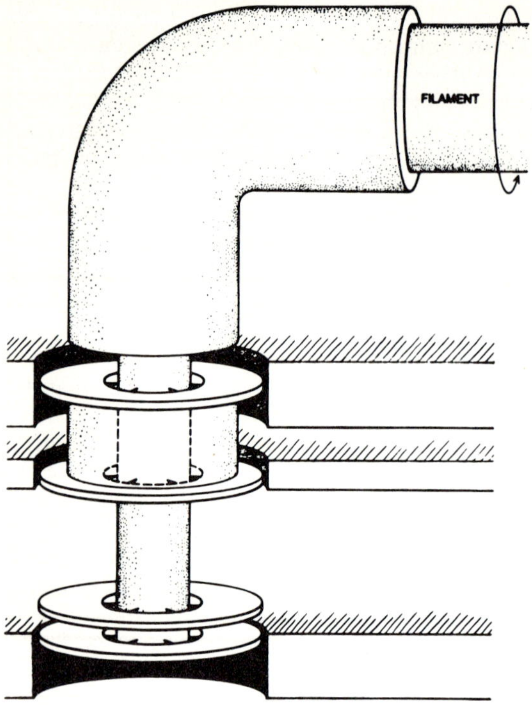

Abb. 14.19. Schematisches Modell der Insertionsstelle der Bakteriengeißel in den Zellkörper. Die Geißel ist vor der Insertionsstelle zum Haken gekrümmt und wird mit Hilfe von vier Scheiben in das Membransystem verankert

Oberfläche der Zelle. Ebenso schnell lagert sich die Schraubenwindung in eine rechtshändige Helix um und der basale Rotor dreht sie im Uhrzeigersinn. Jetzt wird kein gerichteter Schub erzeugt, das Bakterium tritt sozusagen auf der Stelle. Der Übergang von der Taumelphase in die Schwimmphase erfolgt ebenso schnell, das Bakterium schwimmt in eine statistisch bestimmte Richtung weiter. Gerichtetes Verhalten wird durch zeitlich längere Schwimmphasen in die richtige Richtung erzeugt. Die Dauer der Schwimmphasen wird von der Taumelfrequenz bestimmt. Experimentelle Befunde sprechen für die Existenz eines intrazellulären Taumelgenerators, der von einem Proteinkomplex gebildet wird und sich während der Taumelphasen entweder an den intrazellulären Teil des Rotorsystems anlagert oder diesen indirekt so beeinflußt, daß sein Drehsinn umgekehrt wird. Dieser Vorgang wird seinerseits von chemotaktischen Signalen reguliert, die an der Bakterienmembran von spezifischen Rezeptorproteinen aufgenommen werden. Wie das Signaltransfer vom Rezeptorprotein zum Taumelgenerator geleitet wird, ist noch völlig unklar; diskutiert werden Methylierungsreaktionen bestimmter Proteinuntereinheiten des Taumelgenerators und Änderungen des Membranpotentials.

Somit ist das Schwimmverhalten der Bakterien ein Modellsystem der Verhaltensforschung auf molekularer Ebene.

Literaturauswahl

Adler, J.: Chemotaxis in bacteria. Annu. Rev. Biochem. **44**, 341–356 (1975).

Ebashi, S., Endo, M., Ohtsuki, I.: Control of muscle contraction. Q. Rev. Biophys. **2**, 351–384 (1969).

Huxley, A.F.: Muscular contraction, J. Physiol. (London) **243**, 1–43 (1974).

Huxley, H.E.: The mechanism of muscular contraction. Science **164**, 1356–1366 (1969).

Mannherz, H.G., Goody, R.S.: Proteins of contractile systems. Annu. Rev. Biochem. **45**, 427–465 (1976).

Satir, P.: Studies on cilia: further studies on the cilium tip and a sliding filament' model of ciliary motility. J. Cell Biol. **39**, 77–94 (1968).

Taylor, E.W.: Mechanism of actomyosin ATPase and the problem of muscle contraction, CRC Critl. Revs. Biochem. **6**, 103–164 (1979).

Weber, A., Murray, J.M.: Molecular control mechanism in muscle contraction. Physiol. Rev. **53**, 612–673 (1973).

Goldman, R., Pollard, T., Rosenbaum, J. (eds.): Cell Motility, Vol. A, No. C, Cold Spring Harbor Laboratory 1976.

14.2 Biophysik der Fortbewegung auf dem Land

Werner Nachtigall

14.2.1 Biomechanik des Sprunges

Die Biomechanik analysiert biologische Systeme mit den Untersuchungs- und Beschreibungsmethoden der technischen Mechanik. Am Beispiel des Insektensprungs sei biomechanisches Vorgehen einführend dargestellt.

14.2.1.1 Physikalische Formulierungen

a) Wie groß ist die Startgeschwindigkeit und Startbeschleunigung?

Das Tier habe die Masse m. Als Sprungbahn kann die Bahn seines Schwerpunktes S bezeichnet werden (Abb. 14.20b). Ihr Anfangsteil sei unter einem Winkel β zur Horizontalen geneigt (Abb. 14.20a). Aus Hochfrequenzaufnahmen oder stroboskopischen Registrierungen läßt sich der zwischen aufeinanderfolgenden Zeitpunkten $t_{i+1} - t_i = \Delta t_i$ zurückgelegte Weg s_i ausmessen und die momentane Geschwindigkeit $v_i = s_i \cdot \Delta t_i^{-1}$ berechnen. Die Auflagefläche der Beine überträgt beim Absprung eine Sprungkraft auf den Untergrund, der eine entgegengesetzt gleichgroße Reaktionskraft F entspricht. Die Sprungkraft wird bei Heuschrecken im wesentlichen vom Musculus extensor tibiae geliefert. Eine Wüstenheuschrecke, *Schistocerca gregaria*, mit $3 \cdot 10^{-3}$ kg Körpermasse, die unter $\beta = 55°$ schräg abspringt und $d = 0{,}8$ m weit springt, muß nach den Gesetzen des schiefen Wurfs eine theoretische Mindest-Startgeschwindigkeit von $v = \sqrt{dg\,(\sin 2\beta)^{-1}} = \sqrt{0{,}8 \cdot 9{,}81 \cdot (\sin 110°)^{-1}} = 2{,}81\ \mathrm{m\,s^{-1}}$ erreichen.

Zur Beschleunigung von $v = 0$ auf $v = v_{\mathrm{Start}}$ steht eine Strecke von $s = 4 \cdot 10^{-2}$ m zur Verfügung. Damit resultiert eine — vereinfacht als konstant genommene — mittlere Beschleunigung $b = v_{\mathrm{Start}}^2 / 2s = (2{,}81\ \mathrm{m\,s^{-1}})^2 / 2 \cdot (4 \cdot 10^{-2}\ \mathrm{m}) = 98{,}7\ \mathrm{m\,s^{-2}}$, ein Wert, der also etwa der zehnfachen Erdbeschleunigung ($g = 9{,}81\ \mathrm{m\,s^{-2}}$) entspricht. Das ist noch nichts außergewöhnliches. Flöhe können beim Absprung mit 100 g, Schnellkäfer fast mit 400 g beschleunigen!

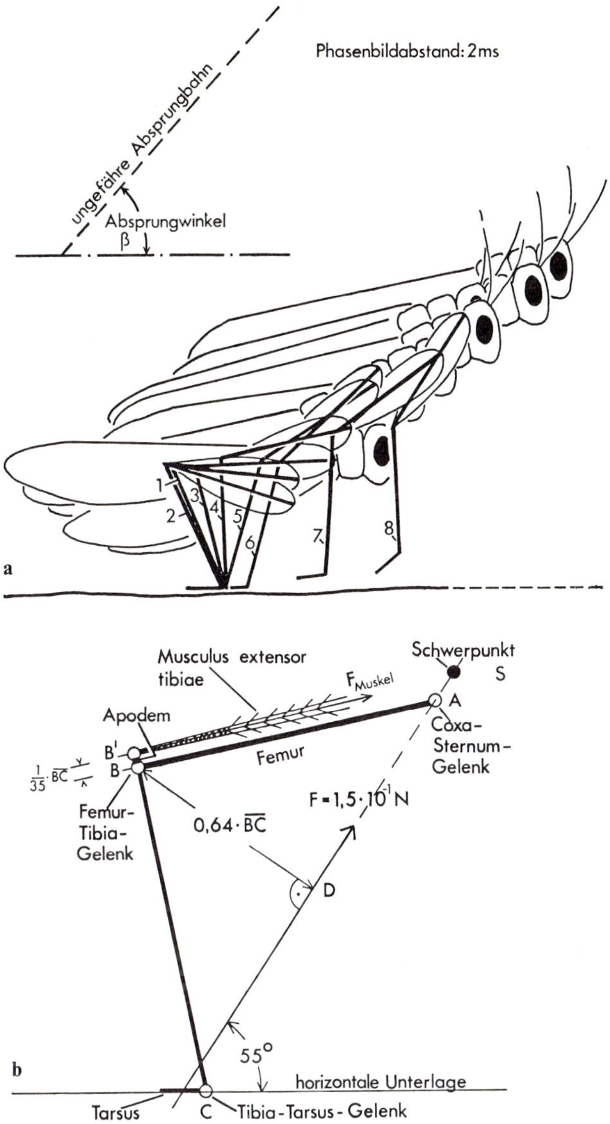

Abb. 14.20. a Absprung einer Wüstenheuschrecke. **b** Schematische Kräfteverhältnisse in der Sprungphase „4“. (Nach Brown)

b) Absprungkraft, Muskelkraft, mechanische Spannungen und Sicherheitsfaktoren

Nach dem 2. Newtonschen Gesetz gilt für die Absprungkraft der Heuschrecke

$$F = m \cdot b = 3 \cdot 10^{-3}\,\mathrm{kg} \cdot 100\,\mathrm{m\,s^{-2}} = 3 \cdot 10^{-1}\,\mathrm{N},$$

wenn man den zusätzlichen geringfügigen Einfluß des Körpergewichts auf Sprunghöhe und Sprungrichtung vernachlässigt. Diese momentan auftretende Schubkraft ist also mehr als 10mal größer als das Körpergewicht (die Körpermasse von $3 \cdot 10^{-3}$ kg wiegt in mittleren Breiten $3 \cdot 10^{-3}\,\mathrm{kg} \cdot 9{,}81\,\mathrm{m\,s^{-2}} = 2{,}94 \cdot 10^{-2}\,\mathrm{kg\,m\,s^{-2}} = 2{,}94 \cdot 10^{-2}\,\mathrm{N}$). Jedes Bein muß $F = 1{,}5 \cdot 10^{-1}\,\mathrm{N}$ aufbringen.

Der Kraftvektor muß durch die (angenähert punktförmige) Beinauflagefläche und — da der Rumpf beim Absprung nicht rotieren soll — durch den Schwerpunkt laufen, der in der Nähe des Coxa-Gelenks des Sprungbeins liegt (Abb. 14.20b).

Aus der geometrischen Konfiguration des Beines während einer mittleren Absprungphase kann man auf die momentane Muskelkraft schließen. Da sie unter einem sehr geringen Hebelabstand $\overline{BB'}$ angreift (Abb. 14.20b) sollte sie relativ groß sein. Betrachtet man für den Gleichgewichtsfall die Momente am Kniegelenk unter Vernachlässigung der vergleichsweise geringfügigen Eigenbeschleunigung der Tibia und unter Benutzung der ausmeßbaren Abstände $\overline{BB'} = 1/35\,\overline{BC}$ und $\overline{BD} = 0{,}64\,\overline{BC}$, so ergibt sich aus der Bedingung für Kräfte am Winkelhebel $F_{\mathrm{Muskel}} \cdot \overline{BB'} = F \cdot \overline{BD}$ die Muskelkraft zu $F_{\mathrm{Muskel}} = F \cdot \overline{BD}/\overline{BB'} = 1{,}5 \cdot 10^{-1}\,\mathrm{N} \cdot 0{,}64\,\overline{BC}/(1/35)\overline{BC} = 3{,}36\,\mathrm{N}$. Aufgrund verschiedener Vereinfachungen des Ansatzes wird der tatsächliche Wert etwas größer sein, rund 5 N.

Die beträchtliche Muskelkraft führt zu einer mechanischen Spannung in der 35 mm² Querschnittsfläche aufweisenden Sprungmuskulatur von $5\,\mathrm{N}/35\,\mathrm{mm}^2$ oder $140\,\mathrm{kN\,m^{-2}}$.

Die hohe Muskelkraft läßt erwarten, daß das zarte Apodem des Hauptsprungmuskels (Abb. 14.21), das bei einem Sprung ja nicht reißen darf, eine extrem zugbeanspruchbare Struktur darstellt. Rechnet man mit einer Apodem-Querschnittsfläche von $0{,}01\,\mathrm{mm}^2$, so ergibt sich beim Sprung eine Spannung von $5\,\mathrm{N}/0{,}01\,\mathrm{mm}^2 = 500\,\mathrm{N\,mm^{-2}}$ oder $5 \cdot 10^5\,\mathrm{kN\,m^{-2}}$.

Die experimentell ermittelte Reißfestigkeit dieses biologischen Materials beträgt rund $600\,\mathrm{N\,mm^{-2}}$ und kommt damit in den Festigkeitsbereich von Baustählen (450–$2700\,\mathrm{N\,mm^{-2}}$). Der Sicherheitsfaktor des Apodems gegen Reißen, das heißt der Quotient Reißspannung/auftretende Spannung, beträgt $600\,\mathrm{N\,mm^{-2}}/500\,\mathrm{N\,mm^{-2}} = 1{,}2$ und ist somit erstaunlich gering. Geringe Bruchsicherheitsfaktoren von 1,5–2 gelten auch für die dünne Sprungstange der „Tibia“, die sich bei kraftvollen Sprüngen bereits deutlich durchbiegen kann.

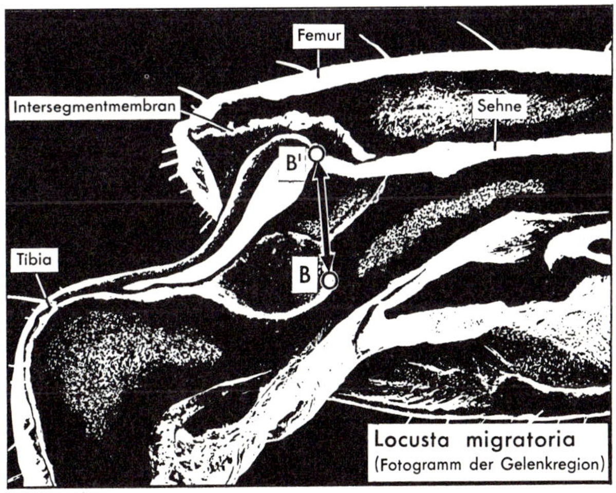

Abb. 14.21. Femur-Tibia-Gelenk der Wüstenheuschrecke *Locusta migratoria*. Fotogramm nach einer REM-Aufnahme. Die Einzeichnungen entsprechen einem Ausschnitt von Abb. 14.20b

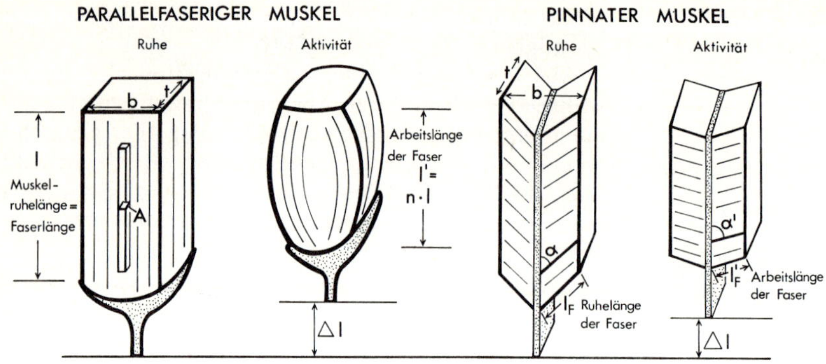

$\Delta l_{parallel} = (1-n)l$	Relative Dehnung	$\Delta l_{pinnat} = l_F \cos\alpha - n\, l_F \cos\alpha' = (\cos\alpha - \sqrt{n^2-\sin^2\alpha})b/2\sin\alpha$
A	Faserquerschnitt	$A/\sin\alpha$
bt/A	Faserzahl	$2lt\sin\alpha/A$
$n = l'/l$	Kontraktionsverhältnis	$n = l'_F/l_F$
F_n	Kontraktionskraft der Einzelfaser	F_n
$F = ltF_n/A$	Gesamtkontraktionskraft des Muskels in Faserrichtung	$F = 2ltF_n\sin\alpha/A$
$F_{S_{parallel}} = ltF_n/A$	Gesamtkontraktionskraft des Muskels in Richtung der Sehne	$F_{S_{pinnat}}$ $2ltF_n\sin\alpha\cos\alpha'/A = 2ltF\sin\alpha\sqrt{(n^2-\sin^2\alpha)}/nA$

$$F_{S_{pinnat}}/F_{S_{parallel}} = 2l\sin\alpha\sqrt{n^2-\sin^2\alpha}/nb$$

Abb. 14.22. Mechanische Eigentümlichkeiten parallelfasriger und pinnaten Muskeln. (Neuzeichnung nach Angaben von Alexander u.a.)

14.2.1.2 Vorteile eines gefiederten Muskels

Der Sprungmuskel ist in der festen Chitinhülle des Metafemur eingeschlossen, die er praktisch ausfüllt. Muskeln dieser Art sind gefiedert (pinnat) aufgebaut (Abb. 14.22 rechts): die Fasern laufen nicht parallel, sondern unter einem Winkel α beidseitig gegen ein mittleres, bandartiges Apodem. Bei der Kontraktion vergrößert sich der Winkel. Solche Muskeln haben zwei Vorteile. Bei günstiger geometrischer Anordnung können sie eine größere Kraft als parallfaserige Muskeln entwickeln. Die Kontraktionsbedingungen und Kräfteverhältnisse parallelfaseriger und pinnater Muskeln sind in der Abb. 14.22 vergleichend erläutert. Demnach entwickelt der pinnate Sprungmuskel am Hinterbein der Wüstenheuschrecke (Körpermasse 3 g) mit $\alpha = 15°$, $l = 17$ mm, $b = 2$ mm, $\Delta l = 1$ mm und daraus $n = 16/17 = 0{,}89$, insgesamt eine $2 \cdot 1{,}7 \cdot 10^{-2} \cdot 0{,}26 - \sqrt{0{,}89^2 - 0{,}07}/0{,}89 \cdot 2 \cdot 10^{-3} = 4{,}21$fach größere Kraft als ein in gleichem Maß kontrahierter parallelfaseriger Muskel. Außerdem schwellen pinnate Muskeln bei der Kontraktion nicht (l = const., b = const.), so daß sie sich besonders zum Einbau in feste, röhrenartige Skeletelemente eignen.

14.2.1.3 Spezifische Muskelarbeit und spezifische Muskelleistung

Die Masse m_{Muskel} der Sprungmuskel in den beiden Hinterbeinen der Heuschrecke entspricht etwa 5% der Körpermasse m. Ohne Brücksichtigung von Reibungsverlusten ist die Sprungmuskelarbeit $E_{Muskel} = E_{Masseneinheit} \cdot m_{Muskel}$ gleich der dem Körper beim Absprung mitgeteilten kinetischen Energie $E_{kin} = 1/2 m_{Körper} \cdot v^2$. Aus $E_{Muskel} = E_{kin}$ folgt für die spezifische (das heißt auf die Masseneinheit bezogene) Arbeit

$$E_{Masseneinheit} = 0{,}5 \cdot v^2 \cdot m/m_{Muskel}$$
$$= 0{,}5 \cdot (2{,}81\ \mathrm{m\,s^{-1}})^2/0{,}05^{-1}$$
$$= 79\ \mathrm{N\,m\,kg^{-1}}(\mathrm{J\,kg^{-1}})$$

oder rund $8 \cdot 10^{-2}\ \mathrm{J\,g^{-1}}$.

Die mechanische Leistung pro Einheit der Muskelmasse — die spezifische Leistung — beim Sprung berechnet sich bei konstanter Beschleunigung zu $P_{Masseneinheit} = E_{Masseneinheit}/t_{Beschleunigung}$. Die mittlere Beschleunigungszeit $t_{Beschleunigung}$ beträgt $2\,sv_1^{-1}$, womit sich die spezifische Sprungmuskelleistung zu $P_{Masseneinheit} = E_{Masseneinheit}/2 \cdot s/v) = 0{,}5\,v^2 \cdot v \cdot m/2 \cdot s \cdot m_{Muskel} = 0{,}25 \cdot v^3\ \mathrm{m/s} \cdot m_{Muskel}$ berechnet. Für unser Beispiel ergibt sich: $P_{Masseneieheit} = 0{,}25 \cdot (2{,}81\ \mathrm{m\,s^{-1}})^3 \cdot (4 \cdot 10^{-2}\ \mathrm{m})^{-1} \cdot 0{,}05 = 2{,}74 \cdot 10^3$ N m/s kg (W/kg) oder rund 2,7 W/g. (Wegen der Ansatzvereinfachungen kann man bis 5 W/g annehmen; für den Flohsprung wurden 3 W/g errechnet.) Solche spezifischen Sprungmuskelleistungen sind weitaus höher als Muskelleistungen bei „konventionellen" Tätigkeiten. Fahrradergometermessungen beim Menschen führten zu rund 0,04 W/g; eine dem Sprung entsprechende Einzelmuskelzuckung beim Frosch (bei 40° C) ergab 0,4 W/g. Histologische und histochemische Befunde ergaben keine auffälligen Abweichungen im Feinbau der Sprungmuskeln vom üblichen Bild.

14.2.1.4 Katapultmechanismen

Aus der eben genannten Diskrepanz läßt sich folgern, daß beim Sprung eine Art Katapultprinzip vorherrscht. Der Sprungmuskel müßte demnach nicht diese hohe Leistung aufbringen, sondern würde — mit gleicher Energie, aber in längerer Zeit, das heißt auch mit geringerer Leistung — ein Katapult spannen, das die gespeicherte Energie in kürzester Zeit — also unter hoher Leistung — wieder abgibt. Katapultartige mechanische Systeme konnten für Heuschrecken wahrscheinlich gemacht, für Flöhe bewiesen werden.

a) Absprung der Wüstenheuschrecke

Vor dem Sprung werden sowohl der Musculus flexor tibiae wie der Musculus extensor tibiae aktiviert. Wegen der geometrischen Eigentümlichkeiten der Gelenkregion (Abb. 14.21) kann der zarte Flexor bei der Beinhaltung vor dem Absprung ein größeres Moment erzeugen als der massige Extensor, so daß das Bein nicht gestreckt werden kann (Abb. 14.23, 1. Phase). Währenddessen wird elastische Energie in dehnungsfähigen Strukturen des Flexor gespeichert („Spannen des Katapults"), der Löwenanteil in seinem relativ steifen Apodem, das mit einer Masse von 0,5 mg nur Bruchteile eines Promilles der gesamten Körpermasse ausmacht. Der Sprung beginnt mit einer plötzlichen Entspannung des Flexor, worauf sich die Extensorspannung auswirken kann und das Tier davonschnellt (Abb. 14.23, 2. Phase; Abb. 14.20a).

Das Hebelverhältnis $\overline{BB'}/\overline{BC}$ (Abb. 14.20b) verändert sich während der ersten Sprunghälfte von 1/60 auf 1/35. Ähnlich wie beim Armbeugen des Menschen wird der anfangs stark belastete Muskel im Laufe der Kontraktion also entlastet, was seiner nun geringeren Kontraktionskraft entgegenkommt („Schleuderzuckung"). In gleicher Weise würde auch die elastische Energie eines sich entladenden Katapults optimal genutzt, so daß die auf den Boden übertragene Absprungkraft und die entsprechende Leistung während des Sprungs zum mindesten konstant bleibt, auch wenn die Antriebskraft abnimmt.

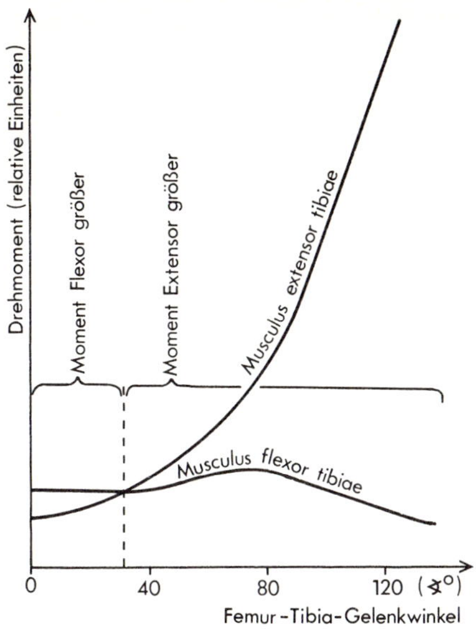

Abb. 14.23. Momente der Tibiaflexoren und -extensoren, abhängig vom Gelenkwinkel. (Nach Brown)

b) Absprung des Kaninchenflohs

Der Kaninchenfloh, *Spilopsyllus cuniculus*, besitzt eine Masse *m* von rund 0,5 mg; seine Absprunggeschwindigkeit *v* beträgt rund $1\ \mathrm{m\,s^{-1}}$. Damit berechnet sich die kinetische Energie für den Absprung zu $E_{kin} = 1/2mv^2 = 0{,}5 \cdot 0{,}5 \cdot 10^{-6}\ \mathrm{kg} \cdot (1\ \mathrm{m\ s^{-1}})^2 = 2{,}5 \cdot 10^{-7}\ \mathrm{kg\ m^2\ s^{-2}}$ (N m oder J). Jeder Hauptsprungmuskel der beiden Hinterbeine könnte zwar knapp $2\text{–}10^{-7}$ J leisten; trotzdem kann aber die direkte Kontraktion nicht zum Absprung führen, weil der Floh in weniger als 1 ms auf seine Absprunggeschwindigkeit beschleunigt ($b_{min} = 1\ \mathrm{m\,s^{-1}} - 0\ \mathrm{m\,s^{-1}}/10^{-3}\ \mathrm{s} = 10^3\ \mathrm{m\,s^{-2}}$, entsprechend 100 g), die einzelne Muskelzuckung aber weitaus längere Zeit beansprucht.

Durch langsames „Aufziehen" wird Energie in zwei Strängen von Resilin — einem kautschukartig vernetzten, höchst elastischen Protein — gespeichert, $1\ \mathrm{cm^3}$ Resilin kann bei Maximaldehnung oder -stauchung rund 2 J speichern. Die beiden Resilinpolster eines Flohs umfassen rund $3 \cdot 10^{-7}\ \mathrm{cm^3}$, können also $6 \cdot 10^{-7}$ J speichern und mit Verlusten kleiner als 5% in sehr kurzer Zeit wieder abgeben. Wenn sie maximal „aufgezogen" werden, ist das mehr als genug zur Deckung des Energiebedarfs beim Absprung.

Das Aufziehen und Auslösen des „Sprungkatapults" geschieht folgendermaßen (Abb. 14.24). Durch Kontraktion der über ihr Apodem A_1 am Trochanter angreifenden Muskeln M_1 wird der Femur gehoben und das Bein nach vorne-oben rotiert (Abb. 14.24a). Dabei wird das Apodem A_1 caudad vom Coxa-Trochander-Drehpunkt verschoben. Wenn sich M_1 kontrahieren, kann deshalb das Bein nicht nach unten geschlagen werden; vielmehr wird das Resilinpolster *R* unter meschanischen Druck gesetzt. Sobald sich nun die Hilfsmuskeln M_2 kontrahieren, ziehen sie das Apodem A_1 frontad

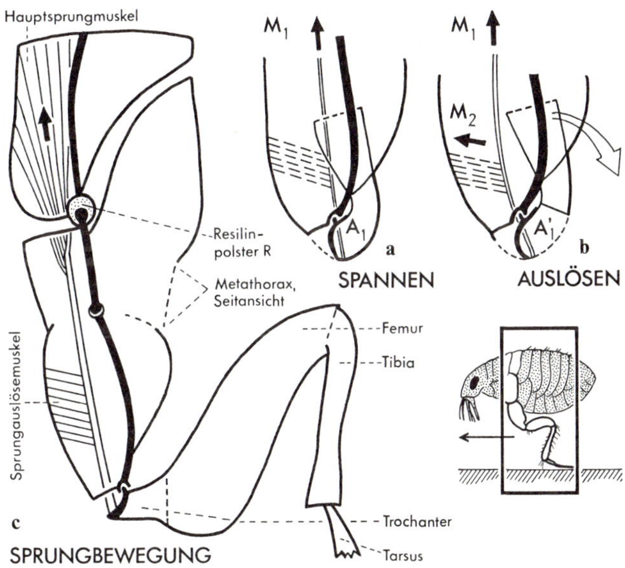

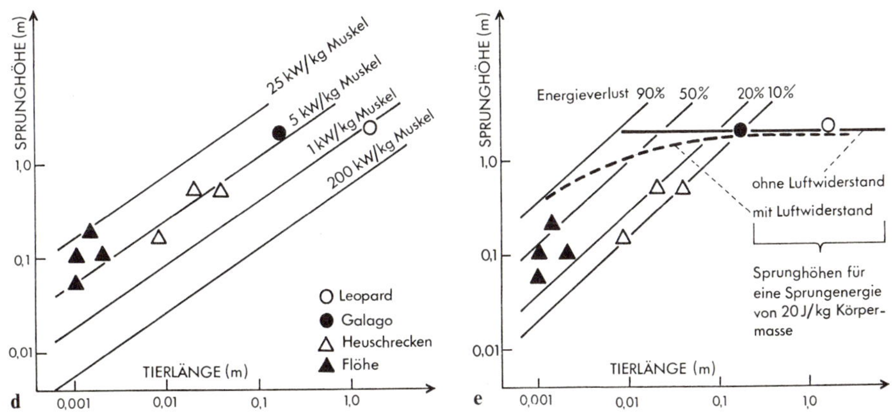

Abb. 14.24. a–d Geometrische Muskel-Gelenk-Verhältnisse vor und während des Absprungs des Kaninchenflohs *Spilopsyllus cuniculus*. **e** Abhängigkeit der Sprunghöhe von der Tiergröße und Einfluß der spezifischen Sprungleistung, **f** Einfluß des Luftwiderstands. (Nach Bennett-Clark sowie Bennett-Clark u. Lucey)

(Abb. 14.24b), und sobald dieses ein wenig vor der Gelenkregion zu liegen kommt (Stellung A'_1), kann sich der vereinigte Druck von R und Zug von M_1 auswirken; das Sprungbein schnellt in Bruchteilen einer Millisekunde gegen den Boden, und der Floh startet (Abb. 14.24c, d). Seine Absprungkraft F berechnet sich zu $F = m \cdot b = 0{,}5 \cdot 10^{-6}\,\text{kg} \cdot 10^3\,\text{m}\,\text{s}^{-2} = 5 \cdot 10^{-4}\,\text{N}$. Das Gesamtgewicht beträgt $W = m \cdot g = 0{,}5 \cdot 10^{-6}\,\text{kg} \cdot 9{,}81\,\text{m}\,\text{s}^{-2} = 4{,}91 \cdot 10^{-6}\,\text{N}$. Die Absprungkräfte übersteigen damit das Tiergewicht um den Faktor $F/W = 102$.

14.2.1.5 Dimensionsbetrachtungen

a) Physikalische Nachteile kleiner Springer

In Umkehrbetrachtung der Gleichung für den freien Fall $v = \sqrt{2gh}$ ergibt sich bei Vernachlässigung des Luftwiderstands, daß die Sprunghöhe $h = v^2/2\,g$ nur von der Sprunggeschwindigkeit v, nicht aber vom Gewicht abhängt. Ein Floh müßte (theoretisch) mit der gleichen Geschwindigkeit von $4{,}4\,\text{m}\,\text{s}^{-1}$ abspringen wie ein Löwe, wenn er wie dieser 1 m hoch springen wollte. Da kleine Tiere geringere Sprungbeinlängen aufweisen, müssen sie eine größere Beschleunigung b einstellen, um über die geringere Kontaktstrecke s, die zur Erreichung der 1 m Grenze nötige Anfangsgeschwindigkeit v zu bekommen. Damit muß die Absprungkraft F pro Masseneinheit m steigen: $b = v^2/2s = F/m$ (da $F = m \cdot b$). Demzufolge muß auch die Sprungleistung P steigen: $P = F \cdot v = m \cdot b \cdot v$. All das zwingt kleinere Tiere zu einer relativ größeren Muskelmasse (Steigerung von 5% auf 20% der Körpermasse möglich), insbesondere aber zu einer höheren spezifischen Muskelleistung (Einheit $\text{W/kg}_{\text{Muskel}}$) als sie bei größeren Tieren nötig ist. Wo bei den kleinsten Insekten eine muskelphysiologische Grenze erreicht ist, müssen Katapultmechanismen mit Möglichkeiten zur Speicherung der zum Sprung nötigen Energie E geschaffen werden. In Abb. 14.24e kennzeichnet die Gerade für eine spezifische Muskelleistung von $1\,\text{kW/kg}_{\text{Muskelmasse}}$ in etwa die Obergrenze für eine direkte Sprungmuskelwirkung. Wie ersichtlich liegt der Leopard in diesem Bereich. Heuschrecken und Flöhe erreichen trotz höherer spezifischer Muskelleistung nur geringe Sprunghöhen, und diese auch nur mit Hilfe einer indirekten katapultartigen Einrichtung. Hätten sie diese nicht, so könnten sie gerade nur einige wenige Zentimeter hoch springen.

b) Sprunghöhenlimitierung durch den Luftwiderstand

Der Luftwiderstand ist ein weiterer Faktor zu Ungunsten kleinerer Tiere. Da kleinere Lebewesen eine im Verhältnis zur Körpermasse größere Oberfläche haben, steigt der auf die Masseneinheit der Muskulatur bezogene oberflächenabhängige Reibungswiderstandsanteil mit sinkender Tierlänge. Wegen der geringeren Reynoldzahl steigt in gleicher Weise auch der sogenannte Druckwiderstandsbeiwert, selbst wenn man eine bessere Strömungsanpassung bei kleineren Tieren annimmt. Schlägt bei einem springenden Leoparden der Luftwiderstand nur mit knapp 10% zu Buch, so sind es beim Floh bereits weit mehr als 50% (Abb. 14.24f). Damit wird verständlich, daß bei einer spezifischen Sprungenergie von beispielsweise rund $20\,\text{J/kg}_{\text{Korpermasse}}$ der Floh nur 30 cm hoch springen kann, der Leopard dagegen 2,50 m.

14.2.2 Biomechanik des Stehens und Laufens

a) Stehen

Beim Stehen der Wirbeltiere wird der Rumpf statisch stabil über Beine abgestützt, deren tragendes Knochensystem über Muskeln und Zugbänder fein geregelt im mechanischen Gleichgewicht gehalten wird. Als Beispiel sei das Bein eines Hühnervogels während der Standbeinphase besprochen. Die Extremität ist in das Becken eingelenkt, das mit der Wirbelsäule fest verbunden ist (Abb. 14.25a). Sie besteht aus folgenden Skeletelementen und Gelenken: Hüftgelenk-Femur-Kniegelenk-Tibia (genauer: Tibiotarsus) und Fibula-Intertarsalgelenk (Laufgelenk)-Tarsometatarsus-Zehengrundgelenk-Phalangen-Zehengelenke. In Abb. 14.25a sind die Wirklinien der an der Verspannung beteiligten Muskeln als durchgezogene dünne Linien gekennzeichnet, die dazugehörenden Sehnen als unterbrochene Linien. Die prinzipiellen Kräfteverhältnisse beim Stehen auf zwei Beinen sind in Abb. 14.25b dargestellt. Die Schwerkraft greift am Hebelarm AH an und zieht den Körper bis zu einer durch Knochen und Bänder vorgegebenen Grenze nach unten, bis der Femur dem Rumpf angedrückt ist. Dieses gesamte System ist nun in den Kniegelenken am Restbein abgehängt. Da die Kniegelenke, der Körperschwer-

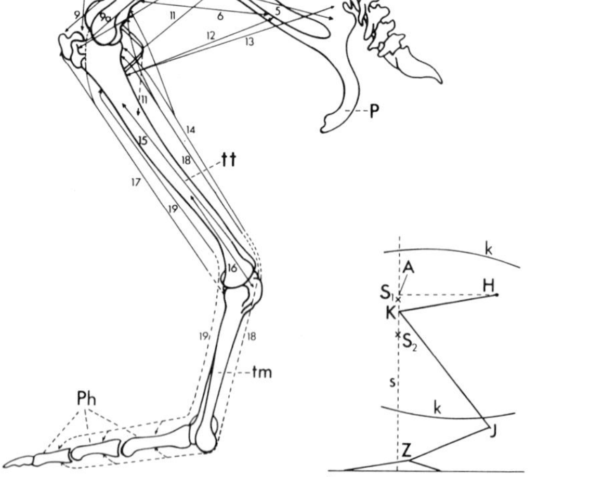

Abb. 14.25. a Beinskelet und Schema der Beinmuskulatur eines Hühnervogels. Muskeln (Zahlen) ausgezogen, Sehnen gestrichelt. *O* Achse des Hüftgelenks für Heben und Senken des Femur; *f* Femur; *tt* Tibiotarsus, *tm* Tarsometatarsus; *Ph* Phalangen; *Il* Ileum; *Isch* Ischium,; *P* Pubis. **b** Schema einer Taube in Ruhestellung. *Z* Zehengelenk; *I* Intertarsalgelenk; *K* Kniegelenk; *H* Hüftgelenk; *AH* Hebelarm; *S1* und *S2* verschiedene Lagen des Schwerpunkts (s. Text); *s* Schwerelinie; *k* Körperkontur (Kopf links). (Nach Stolpe)

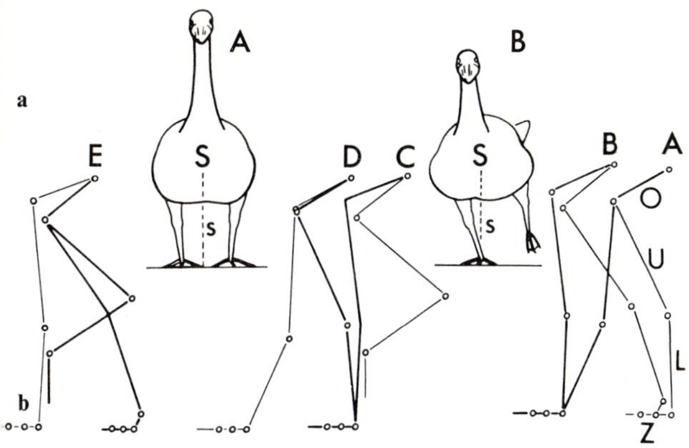

Abb. 14.26. **a** Schwerpunktsverlagerung einer schreitenden Gans. *A* Ausgangsstellung stehend, *B* schreitend; *S* Schwerpunkt, *s* Schwerelinie. **b** Schemadiagramme zum Gang der Vögel. *A*→*E* Aufeinanderfolgende Phasen des Gehens; linkes Bein dick gezeichnet, rechtes Bein dünn gezeichnet, Laufrichtung nach links. *Kreise* Gelenke. *O* Oberschenkel; *U* Unterschenkel; *L* Lauf; *Z* Zehen. (Nach Stolpe)

punkt und die Mitten der Unterstüzungsflächen (Füße) in der gleichen vertikalen Ebene liegen, tritt im Kniegelenk kein Moment auf. Sehr wahrscheinlich liegt bei den meisten Vögeln der Schwerpunkt unterhalb des Kniegelenks, so daß sich der Körper im stabilen Gleichgewicht befindet. Das Intertarsalgelenk wird auf Überbeugung beansprucht. Die Strecker dieses Gelenks und die Zehenbeuger wirken der Beugung ständig entgegen. Da die Schwerelinie etwas vor dem Zehengrundgelenk liegt, wird dieses überstreckt, so daß die Zehenbeuger dem entgegenwirken müssen. Sind die genannten Muskeln fein abgestimmt aktiv, so sind die Beine statisch ausgesteift, und der Rumpf hängt im stabilen Gleichgewicht im Kniegelenk ab (Abb. 14.25b, Taube). Beim Stehen auf einem Bein, wie es auch beim langsamen Laufen vorkommt, wird das Standbein schräg nach innen gestellt, so daß der Schwerpunkt senkrecht über der Standfläche liegt (Abb. 14.26a; Gans). Bei dieser Stellung werden die Gelenke des Standbeins vor allem auf Scherung beansprucht, der die kräftigen Seitenbänder entgegenwirken müssen.

Die Grundvoraussetzung für jeden biomechanischen Ansatz liegt darin, daß bei (quasi)-stationären Zuständen an den Gelenken Kräfte- und Momentengleichgewicht herrschen muß. Im biomechanischen Vorgehen wird ein Körperteil modellmäßig abstrahiert, das Modell wird definierten Bedingungen unterworfen, und die Ergebnisse werden auf den Zustand in situ rückprojiziert; in immer feinerer Abstimmung Modell↔Original kann ein Verständnis für das So-

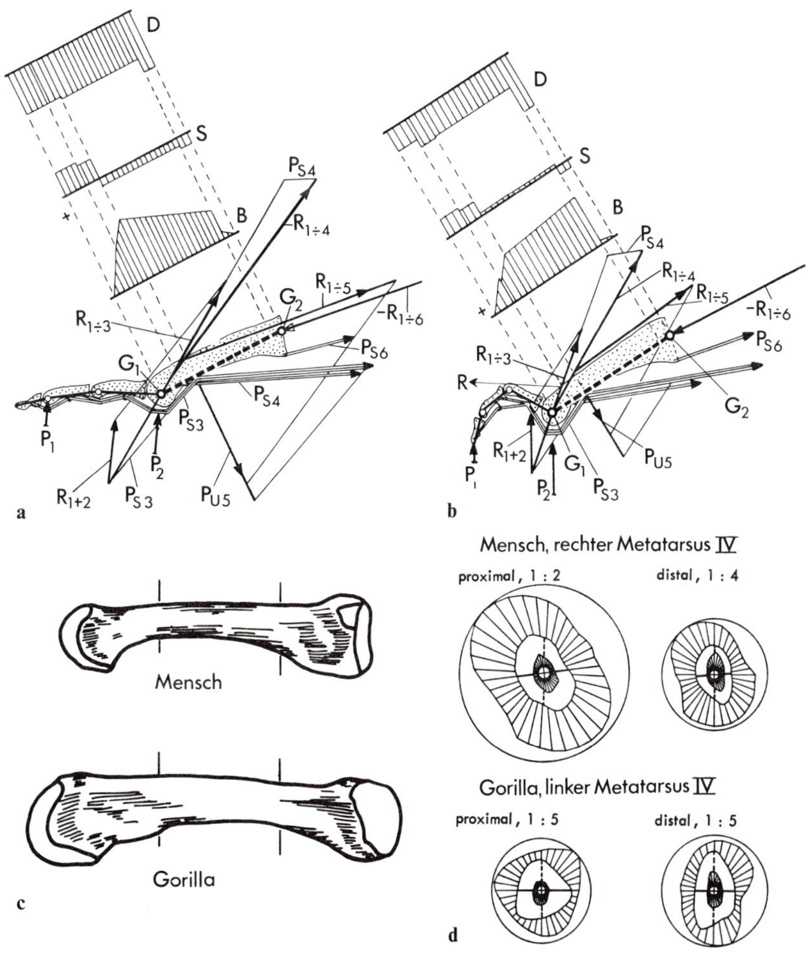

Abb. 14.27. **a** Kräfteverhältnisse und Lastverteilungen am gestreckt-langzehigen Fuß des Gorilla. **b** Entsprechende Verhältnisse am gebogen-kurzzehigen Fuß des Menschen. (Nach Preuschoft)

Sein des Originals erarbeitet werden, wenn auch eine absolut sichere Aussage mit diesem — einzig gangbaren — Verfahren nicht möglich ist.

Wenn der langzehige Fuß des Schimpansen oder Gorilla während des Laufens oder Stehens nach Art der Abb. 14.27a mit den äußeren Phalangen und den distalen Enden der Metatarsalregion den Grund berührt, so ist er den Kräften P_1 und P_2 ausgesetzt, die einer resultierenden Kraft $R_{1,2}$ entsprechen. Sie tendiert dazu, die Zehenregion um das distale Metatarsalgelenk G_1 nach oben zu rotieren. Im Gleichgewichtsfall wird das durch den Zug P_{S3} der plantaren Sehnen kompensiert; die Resultierende $R_{1 \div 3} = R_{1,2} + P_{S3}$ verläuft durch den Gelenkmittelpunkt. Der Zug der plantaren Aponeurose P_{S4} addiert sich mit $R_{1 \div 3}$ geometrisch zu $R_{1 \div 4}$, und diese resultierende Kraft addiert sich mit der Umlenkkraft P_{U5} der plantaren Sehnen zu $R_{1 \div 5}$, die über dem Tarsal-Metatarsalgelenk G_2 verläuft und deshalb dazu tendiert, den distalen Fußabschnitt nach oben zu rotieren. Diese Rotation wird kompensiert durch den Zug des plantaren Ligaments P_{S6}, so daß die Resultierende $R_{1 \div 6} = R_{1 \div 5} + P_{S6}$ durch G_2 läuft. Insgesamt resultieren, über die Verbindungslinie G_1G_2 aufgetragen, im Metatarsalknochen eine ungefähr konstante Druckspannung D (allerdings mit proximaler Spitze), eine nur distal nicht vernachlässigbare Scherspannung S und eine beträchtliche, im distalen Drittel maximale, proximal abnehmende Biegespannung B.

Die analoge Konstruktion für einen kurzzehigen Fuß mit gebogenen Zehen, wie er für den Menschen typisch ist, zeigt Abb. 14.27b. Als wesentlicher Unterschied findet sich eine proximal weiter zunehmende Biegespannung mit dem Maximum an der Ansatzstelle des plantaren Ligaments, weiter eine distal von dieser Ansatzstelle verringerte Druckspannung. Weniger bedeutsam ist die geringere, zentral umgepolte Scherspannung.

b) Laufen

Die Prinzipien seien am Beispiel eines Hühnervogels verdeutlicht. Die beiden Beine sind abwechselnd Stütz- und Schwungbeine. Ein Bein stößt den Körper über das andere, das den Rumpf trägt (Stützbein) nach vorne, schwingt nach Vorwärtsbeschleunigung des Rumpfes selbst nach vorn (Schwungbein) und wird anschließend zum Stützbein. Die einzelnen Laufphasen sind in Abb. 14.26b schematisch dargestellt, und wie folgt zu erläutern:

A) Beide Beine unterstützen den Körper. A→B) Das rechte Bein beschleunigt den Körper nach vorn, dessen Gewicht auf das linke Bein verlagert wird. Beim linken Bein wird dabei das Zehengrundgelenk gestreckt; die Zehen werden nach oben abgebogen; auch das Intertarsalgelenk wird geringfügig gestreckt. Durch die gleichzeitige Beugung des Kniegelenks bleibt die Höhe des Rumpfes über dem Boden konstant. Am rechten Bein wird der Oberschenkel niedergezogen; gleichzeitig wird das Intertarsalgelenk gestreckt. Dadurch wird der Körper vorwärts gestoßen. Dabei wird das Kniegelenk leicht gebeugt, und das Bein wird in den Zehengelenken nach vorne geschwenkt. B→C) Während das rechte Bein abgehoben wird, wobei Knie und Intertarsalgelenk gebeugt werden, ruht die Rumpflast auf dem linken Bein. C→D) Vom linken Bein angestützt, fällt der „Körper" ein Stückchen nach vorn. Die Bewegung wird dadurch noch unterstützt, daß das Intertarsalgelenk des linken Beins gebeugt und sein Femur nach unten gezogen wird. Währenddessen schwingt das rechte Bein nach vorn, streckt sich, setzt auf und fängt den nach vorne kippenden Rumpf ab. D→E) Der Rumpf wird vom linken Bein nach vorne gestoßen; das rechte Bein wird zum Stützbein, das linke zum Schwungbein.

Literaturauswahl

Alexander, McNeill. R.: Animal mechanics. London: Sidgwick and Jackson 1968.

Bennett-Clark, H.C.: Scale effects in jumping animals. In: Pedley, T.J. (ed.): Scale effects in animal locomotion, pp. 185–201. London: Academic Press 1977.

Bennett-Clark, H.C., Lucey, E.C.A.: The jump of the flee: a study of the energetics and a model of the mechanism. J. Exp. Biol. **47**, 59–76 (1967).

Brown, R.H.J.: Mechanism of locust jumping. Nature (London) **214**, 939 (1967).

Hughes, C.M., Mills, P.J.: Locomotion: terrestrial. In: Rockstein, M. (ed.): The physiology of insecta, 2nd ed. Vol. III, pp. 335–379. New York-London: Academic Press 1974.

Preuschoft, H.: Statische Untersuchungen am Fuß der Primaten. I. Statik der Zehen und des Mittelfußes. Z. Anat. Entwickl.-Gesch. **129**, 285–345 (1969). II. Statik des ganzen Fußes. Z. Anat. Entwickl.-Gesch. **131**, 156–192 (1970).

Stolpe, M.: Physiologisch-anatomische Untersuchungen über die hintere Extremität der Vögel. J. Ornithol. **80**, 161–247 (1932).

14.3 Biophysik der Fortbewegung im Wasser

WERNER NACHTIGALL

Aktiv schwimmende Tiere erzeugen durch die Interaktion ihrer Lokomotionsorgane mit dem flüssigen Medium Vortriebskräfte V, infolge der Umströmung ihrer Rümpfe Widerstandskräfte W. Im Stationärfall, beim geradlinigen, unbeschleunigten Schwimmen, muß — über eine oder mehrere Schlagperioden gemittelt — $V = -W$ sein.

Wenn der Rumpf starr ist und keine große Interferenz zwischen Lokomotionsapparat und Rumpf auftritt (Wasserkäfer, Wasserwanzen, Seeschildkröten, Ciliaten), können Rumpf als Widerstandserzeuger und Ruderapparat als Vortriebserzeuger getrennt betrachtet werden. Im anderen Fall (Fische, insbesondere aalartig-langgestreckte Formen, Wale und Delphine, auch Robben, Pinguine, Flagellaten, Spermatozoen) ist das nicht möglich; die W- und V-Erzeugung ist biomechanisch mehr oder minder in einem System integriert.

In den meisten Fällen gilt für die Dichte $\varrho_{\text{Körper}} \approx \varrho_{\text{umgebendes Wasser}}$ (Schwimmblasen, Schulp, fetthaltiges Körpergewebe usw.), so daß der statische Auftrieb A gleich dem Gewicht G ist ($A = -G$) und somit die Auftriebserzeugung das Lokomotionssystem energetisch nicht belastet. In einigen Fällen ist $\varrho_{\text{Körper}} > \varrho_{\text{umgebendes Wasser}}$ (Haie); hier muß zur Vermeidung des Absinkens durch eine geeignete Rumpfform und/oder Flossenanordnung mit stetem Schwimmen dynamischer Auftrieb erzeugt werden, also eine vertikale

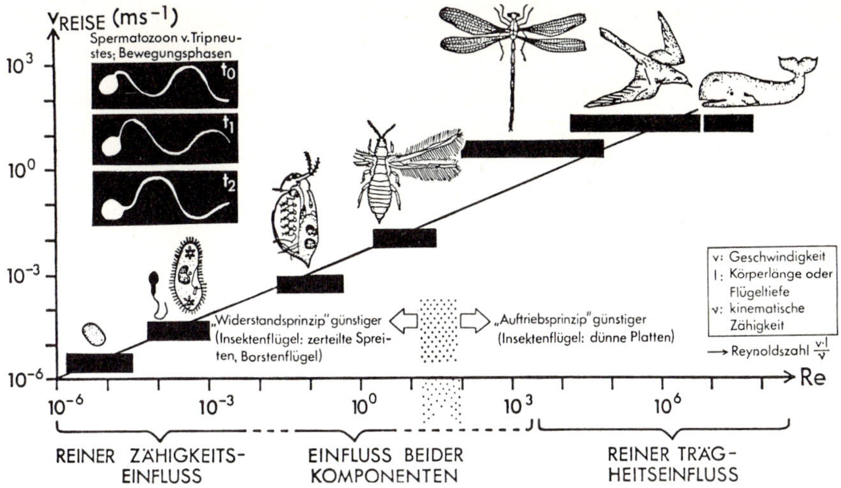

Abb. 14.28. Reynoldszahl-Bereich für die Lokomotion von Organismen. (Nach Nachtigall)

Nettokraft A_N, die gleich der Differenz zwischen dem vorhandenen statischen Auftrieb A des Tierkörpers und seinem Gewicht G ist:

$$A_N = A - G = G\left(\frac{\varrho_{\text{Flüssigkeit}}}{\varrho_{\text{Körper}}} - 1\right).$$

14.3.1 Grundlegende strömungsmechanische Kenngrößen

14.3.1.1 Reynoldszahl

Von der Strömung werden Kräfte auf den umströmten Körper übertragen, die einerseits auf die Trägheit der strömenden Teilchen (Trägheitskräfte $T \sim v^2 l^2 \varrho$), andererseits auf die Zähigkeit des strömenden Mediums (Zähigkeitskräfte $Z \sim v l \mu$) zurückzuführen sind. Als Reynoldszahl Re bezeichnet man den Quotienten aus Trägheits- und Zähigkeitskräften (s. Abb. 14.28):

$$Re = \frac{T}{Z} = \frac{v^2 l^2 \varrho}{v l \mu} = \frac{vl}{\frac{\mu}{\varrho}} = \frac{vl}{\nu}$$

(v Strömungsgeschwindigkeit, l charakteristische Länge, ϱ Dichte, μ Zähigkeit, ν kinematische Zähigkeit. Kennzeichnende Werte von ν: $\nu_{\text{Wasser } 20^\circ\text{C}} = 1 \cdot 10^{-6}\,\text{m}^2\text{s}^{-1}$; $\nu_{\text{Luft } 20^\circ\text{C, Meereshöhe}} = 16 \cdot 10^{-6}\,\text{m}^2\text{s}^{-1}$).

Bei gleicher Reynoldszahl sind die Strömungen um zwei geometrisch ähnliche Körper „hydromechanisch ähnlich". Gleiche Reynoldszahlen können durch gegenläufige Variation von v, l, ν eingestellt werden. Beispielsweise kann man ein- und denselben Körper (l = const.) statt im Wasserkanal auch bei 16fach höherer Geschwindigkeit im Windkanal untersuchen:

$$Re = v\frac{l}{\nu_{\text{Wasser}}} = 16v\frac{l}{\nu_{\text{Luft}}} = \text{const.},$$

solange nicht Kompressibilitätseigenschaften der Luft ins Spiel kommen, etwa ab einer Mach-Zahl von $M \approx 0{,}3$.

Mit sehr hohen Reynoldszahlen schwimmen Wale ($Re \lesssim 10^8$). Hier sind Zähigkeitseinflüsse des Mediums zu vernachlässigen, und der Widerstand W ist proportional dem Quadrat der Geschwindigkeit, v^2. Mit sehr kleinen Reynoldszahlen schwimmen Flagellaten und Spermatozoen ($Re \gtrsim 10^{-5}$). Hier sind Trägheitseinflüsse des Mediums zu vernachlässigen, und der Widerstand W ist proportional der Geschwindigkeit v. Im Übergangsbereich fliegen zum Beispiel die kleinsten Insekten, etwa Mymariden (Zwerg-Schlupfwespen) ($Re \leqq 10^1$). Hier sind Trägheits- und Zähigkeitseinflüsse zu berücksichtigen, und $W \sim v^1$ bis $W \sim v^2$.

14.3.1.2 Widerstände

Auf einen rotationssymmetrischen Körper, der keinen Auftrieb (Querkraft) erzeugt, wirken lediglich Reibungs- und Trägheitskräfte ein, deren Resultierende in Strömungsrichtung weisen. Demgemäß setzt sich der Gesamtwiderstand W_{ges} zusammen aus einem Reibungs- oder Oberflächenwiderstandsanteil W_R und einem Druck- oder Formwiderstandsanteil W_D; $W_{\text{ges}} = W_R + W_D$. W_R ist zurückzuführen auf die nicht vernachlässigbare Zähigkeit realer Medien, W_D auf Ablösungserscheinungen der Grenzschicht (s. 14.3.1.4.) infolge der Trägheit des strömenden Mediums. W_R wird im wesentlichen von der gesamten „benetzbaren" Oberfläche F_O bestimmt, W_D im wesentlichen von der Körperform. Beide Anteile hängen von der Größe des Körpers und von der Strömungsgeschwindigkeit v ab; für höhere Reynoldszahlen gilt für den mit hydromechanischen Waagen meßbaren Strömungswiderstand W_{ges}

$$W_{\text{ges}} \sim F\frac{\varrho}{2}v^2 \sim Fq$$

$$\left(F \text{ Bezugsfläche, } \frac{\varrho}{2}v^2 = q \text{ Staudruck}\right).$$

14.3.1.3 Widerstandsbeiwerte

Der Proportionalitätsfaktor der voranstehenden Proportion wird als Widerstandsbeiwert c_w bezeichnet:

$$c_w = \frac{W_{\text{ges}}}{Fq}.$$

Als Bezugsfläche F wird bei Überwiegen von W_R üblicherweise die Körperoberfläche F_O gewählt, bei Überwiegen von W_D die „Stirnfläche" F_{St} der Körper. Die letztere ist die Fläche, in der der Körper in der Projektion auf eine Ebene senkrecht zur Anströmrichtung erscheint. Eine weitere Bezugsfläche, die zur Analyse der energetischen Transportkosten für die Einheit des bewegten Volumens von Wichtigkeit ist, stellt die „Volumenfläche" $F_V = V^{2/3}$ dar ($l^3 \sim V$; $(l^3)^{2/3} \sim V^{2/3} \sim l^2$; Dimension einer Fläche). Demzufolge unterscheidet man drei kennzeichnende Beiwerte:

Reibungswiderstandsbeiwert $c_{wR} = \dfrac{W_{ges}}{F_0\, q}$,

Druckwiderstandsbeiwert $c_{wD} = \dfrac{W_{ges}}{F_{St}\, q}$,

Volumenwiderstandsbeiwert $c_{wV} = \dfrac{W_{ges}}{F_V\, q}$.

Über die Beiwerte als dimensionslose Kennzahlen werden die strömungsmechanischen Eigenschaften unterschiedlich großer, unterschiedlich schnell bewegter Körper (wegen $c_w(Re)$ streng genommen nur bei $Re = \text{const.}$) vergleichbar. Bei mittleren Reynoldszahlen liegen die c_{w_D}-Werte zwischen $\leqq 0{,}2$ (beste Strömungskörper; geringste Widerstandserzeugung) und $\geqq 1{,}3$ (Fallschirmform, beste Bremskörper, höchste Widerstandserzeugung).

Widerstand W und Widerstandsbeiwert c_w umströmter Körper sind Funktionen der Reynoldzahl Re. Die Abhängigkeit kann gering sein („kennzahlunempfindliche Körper", wie zum Beispiel scharfkantige, senkrecht angeströmte Kreisscheiben); sie kann aber auch beträchtlich sein [„kennzahlempfindliche Körper", zum Beispiel Kugeln (Abb. 14.29), langgestreckte Rotationsellipsoide oder Modelle von Tierrümpfen (Abb. 14.24, Möve)]. Im Bereich körpertypischer „kritischer Reynoldszahlen" Re_{krit} können drastische Änderungen dc_w/dRe auftreten (Abb. 14.29). Im Bereich $Re < Re_{krit}$ spricht man von „unterkritischer", im Bereich $Re > Re_{krit}$ von „überkritischer" Umströmung eines Körpers. Der Druckwiderstandsbeiwert einer Kugel ist im überkritischen Bereich (turbulente Grenzschicht, s. 14.3.1.4., Abreißen hinter dem Äquator, kleiner Abreißquerschnitt, kleine Totwasserschleppe) mit $c_{w_D} \approx 0{,}1$ fünfmal kleiner als im unterkritischen Bereich ($c_{w_D} \approx 0{,}5$; laminare Grenzschicht, Abreißen nahe dem Äquator, großer Abreißquerschnitt, große Totwasserschleppe) (Abb. 14.29). Durch Turbulenzhilfen wie „Stolperdrähte" kann der Umschlag zur überkritischen Strömung in Richtung auf kleinere Reynoldzahlen verschoben werden.

14.3.1.4 Grenzschicht

Die Geschwindigkeit v von Flüssigkeiten und Gasen ist direkt an der Wand umströmter Körper gleich Null: „Haftbedingung". In Richtung senkrecht zur Körper-

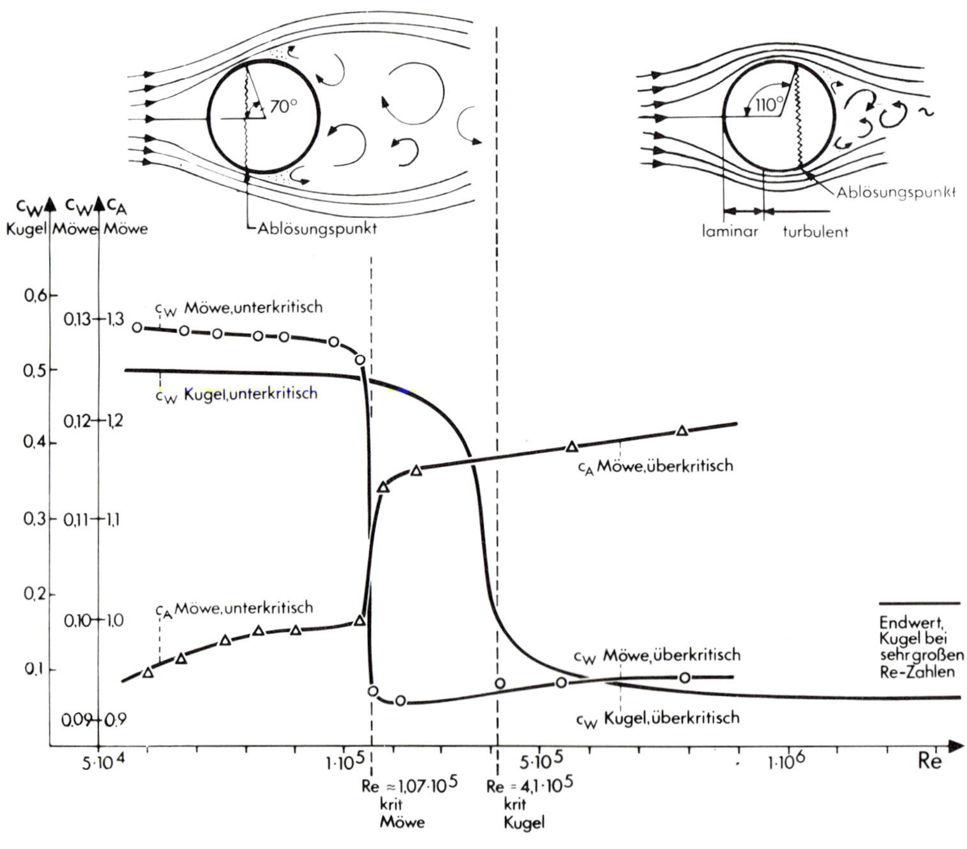

Abb. 14.29. Widerstandsbeiwerte einer Kugel und eines glatten Gipsmodells einer Möwe als Funktion der Reynoldszahl Re aufgetragen. Einschaltbilder: unterkritische (links) und überkritische (rechts) Kugelumströmung (Zusammengestellt nach Messungen von Wieselberger u. Feldmann)

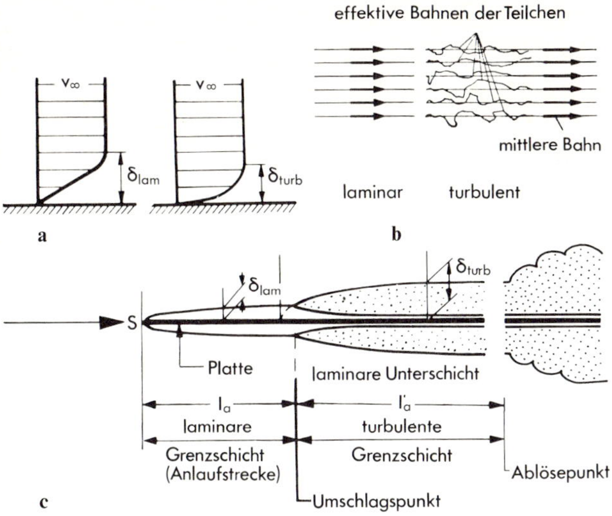

Abb. 14.30. **a** Laminares und turbulentes Grenzschichtprofil; δ Grenzschichtdicke, v_∞ Geschwindigkeit der freien Außenströmung. **b** Laminar und turbulent strömende Teilchen. **c** Grenzschichtausbildung an der unendlich dünnen, glatten, strömungsparallelen Platte. In der Praxis treten Ablöseerscheinungen auf (rechts). (Nach verschiedenen Autoren zusammengestellt)

kontur nimmt v graduell zu und erreicht asymptotisch den Wert v_∞ der freien Außenströmung (Abb. 14.30a). Den Bereich $0 < v < 0{,}99 \cdot v_\infty$ nennt man die Dicke δ der Grenzschicht (Abb. 14.30a). Es hat sich die Vorstellung als sehr tragfähig erwiesen, die Außenströmung als reibungsfrei zu betrachten und die widerstandsinduzierenden Reibungseinflüsse der dünnen Grenzschicht zuzuordnen, deren Dicke oft nur Millimeterbruchteile mißt.

Die Grenzschicht kann laminar oder turbulent strömen. Als laminar (Abb. 14.30b) bezeichnet man die stetige Bewegung eines Flüssigkeitsteilchens auf stetig gekrümmter Bahn. Im Turbulenzfall sind diesen Bewegungen statistische Geschwindigkeitsschwankungen in allen oder vorwiegend in bestimmten Raumrichtungen überlagert (Abb. 14.30b).

Vom Staupunkt an der ideal zugeschärften Vorderkante einer längsangeströmten glatten, ebenen Platte (Abb. 14.30c) oder kreiszylindrischen Röhrenform entwickelt sich unter konstantem Außendruck eine laminare Grenzschicht, deren Dicke δ_{lam} mit steigender Lauflänge x zwischen Staupunkt S (Abb. 14.30c) und betrachteter Stelle $\left(\text{dimensionslos betrachtet: mit steigender Reynoldszahl } Re = \frac{v_\infty \cdot x}{\nu}\right)$ nach der Bedingung

$$\delta_{\text{lam}} = 5\sqrt{\frac{\nu \cdot x}{v_\infty}} = 5x\sqrt{\frac{1}{Re_x}}$$

zunimmt. Die Dicke δ_{turb} der sich anschließenden turbulenten Grenzschicht steigt — rascher — nach

$$\delta_{\text{turb}} = 0{,}37x\sqrt[5]{\frac{\nu \cdot y^4}{v_\infty}} = 0{,}37y\,\frac{1}{\sqrt[5]{Re_y}}\,.$$

Hierbei ist y die Laufstrecke zwischen dem Umschlagpunkt (Abb. 14.30c) und der betrachteten Stelle.

Dicke Grenzschichten erzeugen kleineren W_R als dünne, da bei den ersteren Oberflächenrauhigkeiten im Gebiet geringerer Strömungsgeschwindigkeit liegen; im Grenzfall sind hier rauhe Oberflächen „hydraulisch glatt“.

Nach einer bestimmten Lauflänge x, die bei der genannten Platte einer kritischen Reynoldszahl $Re_{\text{krit}} = \frac{v \cdot x_{\text{krit}}}{\nu} \geqq 3{,}2 \cdot 10^5$ entspricht, schlägt eine laminare Grenzschicht in die Turbulenz um. Bei höheren Reynoldszahlen, jedoch nicht über $Re \approx 10^7$, ist der Druckwiderstandsbeiwert c_{w_D} gerundeter, umströmter Körper bei turbulenter Grenzschicht kleiner als bei laminarer Grenzschicht. Das rührt daher, daß turbulente Grenzschichten infolge des ihnen eigenen Energietransports in Richtung zur Wand den nach dem Bernoulli-Theorem im Bereich abfallender Körperkonturen auftretenden Druckanstieg besser überwinden können. Sie reißen später, das heißt bei einem kleineren Querschnitt ab (Abb. 14.29, oben), und induzieren mit einer geringeren „Totwasserschleppe“ auch geringeren W_D. Dagegen ist der Oberflächen- oder Reibungswiderstandsbeiwert c_{w_R} turbulenter Grenzschichten bei höheren Reynoldszahlen größer als der laminarer.

14.3.2 Strömungsanpassung von Rümpfen schwimmender Tiere

14.3.2.1 Umströmung bei kleineren Reynoldszahlen: Rumpf des Gelbrandkäfers Dytiscus

a) Widerstandsbeiwert und Rumpfstruktur

Rümpfe sollten möglichst geringe c_w-Werte aufweisen. Untersuchungen zur Strömungsanpassung des Dytiscus-Rumpfes haben folgendes ergeben (Abb. 14.31). Die Rümpfe haben Minima der Widerstandsbeiwerte um 0,3 bei Anstellwinkeln (Definition: Einschaltbild der Abb. 14.31a) von $\alpha \approx 0°$, die der normalen Schwimmhaltung entsprechen. Bei den hier vorliegenden Reynoldszahlen von $Re \approx 10^4$ für rasches Schwimmen rangieren die Widerstandsbeiwerte geometrischer Körper, wie erwähnt, etwa zwischen 0,2 und 1,3. Dytiscus ist also gut, wenn auch nicht maximal möglich, strömungsangepaßt. Widerstandserhöhend wirken insbesondere die scharfen Elytralkanten (Abb. 14.31c), die allerdings als Dämpfungs- und Leitflächen für eine günstige Quer- und Längsstabilität nötig sind. Der Dytiscus-Rumpf ist eine Kompromißkonstruktion bezüglich möglichst geringer Widerstandserzeugung und möglichst großer Schwimmstabilität.

b) Widerstandsbeiwerte als Funktion der Reynoldszahl

Das hydrodynamische Verhalten des Dytiscus-Rumpfes ist durchaus komplex. Unterhalb einer kritischen Reynoldszahl von $Re_{\text{krit}} = 8 \cdot 10^3$, der eine Schwimm-

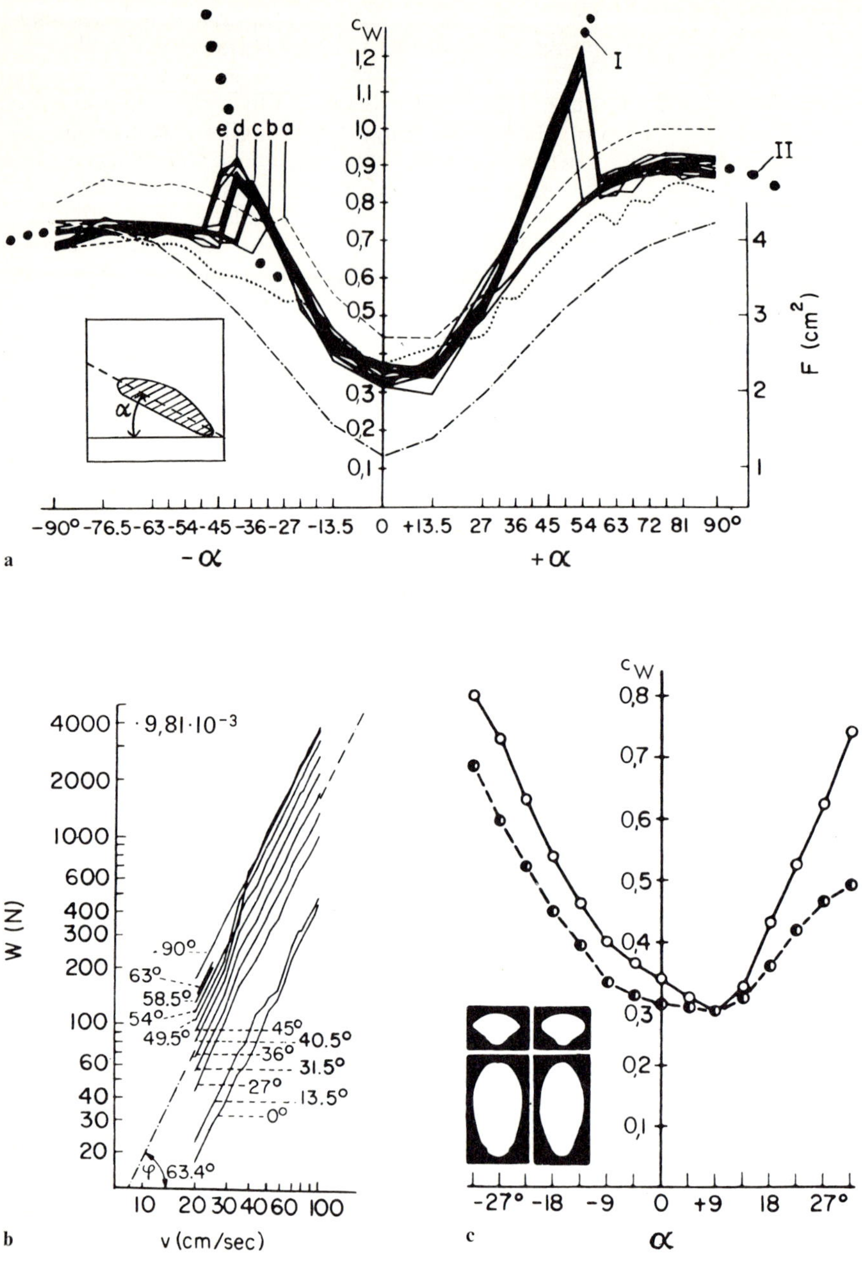

Abb. 14.31a–c. Hydromechanische Messungen an Rümpfen von *Dytiscus marginalis*. **a** Widerstandsbeiwerte als Funktion des Rumpfanstellwinkels α (Einschaltbild); strichpunktierte Kurve: Stirnfläche (rechte Ordinate). Erläuterung der übrigen Symbole im Text. **b** Widerstand als Funktion der Strömungsgeschwindigkeit doppelt logarithmisch aufgetragen. Parameter: Rumpfanstellwinkel α. **c** Einfluß der Deckflügelkanten; aufgelöste Widerstandspolare eines normalen Käferrumpfs (leere Kreise) und eines Käferrumpfs mit abgeschliffenen Prothorakal- und Deckflügelkanten (halb ausgefüllte Kreise). (Nach Nachtigall u. Bilo)

geschwindigkeit des 3 cm langen Tieres von $v_{krit} = 29\,cms^{-1}$ entspricht, nähern sich die Funktionen $c_w(\alpha)$ bei Geschwindigkeiten zwischen 9 und 29 cms^{-1} der in Abb. 14.31a mit II bezeichneten dick punktierten Vorzugskurve an. Oberhalb von Re_{krit} beziehungsweise v_{krit} nähern sie sich mit der I bezeichneten dick punktierten Vorzugskurve an. Bei experimenteller Geschwindigkeitserhöhung erfolgt der Übergang sprunghaft, und zwar mit zunehmend höheren Ausgangsgeschwindigkeiten bei zunehmend negativen Anstellwinkeln (Richtung b→e in Abb. 14.31a). Diese Sprünge äußern sich auch in den Funktionen $W(v)$ mit dem Parameter α (Abb. 14.31b). Drastische Änderungen dc_w/dRe im Bereich jeweils typischer kritischer *Re*-Zahlen sind von vielen geometrischen Körpern bekannt. Ob sie im vorliegenden Fall mit einer speziellen biologischen Bedeutung korreliert sind, ist ungewiß.

In Abb. 14.31b sind die ebengenannten Funktionen in doppelt logarithmischem Maßstab aufgetragen. Die exponentielle Abhängigkeit $W = pv^n$ wird in dieser Auftragung zu $\log W = \log p + n \log v$. Die Steigungen ergeben im Mittel $\varphi = 63{,}4°$; dem entspricht ein Exponent $n = \operatorname{tg} \varphi = \log W / \log v = 2{,}00$. Die nach der Newtonschen Widerstandsgleichung für höhere Reynoldszahlen anzunehmende Abhängigkeit $W \sim v^2$ gilt also bereits im vorliegenden Meßbereich $5 \cdot 10^3 < Re < 2{,}6 \cdot 10^4$ präzise.

14.3.2.2 Umströmung bei hohen Reynoldszahlen: Rümpfe großer Hochseeschwimmer

a) Rumpfausbildung als Laminarspindel großer Dickenrücklage

Die Rümpfe ausdauernder, großer Hochseeschwimmer, etwa von Delphin, Tümmler und Thunfisch, entsprechen häufig Laminarspindeln mit großer Dickenrücklage x/l (Abb. 14.32a). Beispielsweise fallen die Konturen der Ersatzspindeln des Thunfisches *Thunnus thynnus* und das Laminarprofil NACA 67021 mit seiner beträchtlichen Dickenrücklage von $x/l \approx 0{,}7$ nahezu zusammen. Bis zur größten Dicke bleibt im Bereich ansteigender Körperkrümmung ohne Störstellen die Grenzschicht laminar, und damit ist der Reibungswiderstand W_R klein. Da W_R bei solchen Formen den Löwenanteil an W_{ges} ausmacht, ist hier der Gesamtwiderstand besonders gering zu halten.

b) Vortex-Generatoren in der Schwanzregion

Laminares Grenzschichtabreißen an der breitesten Stelle erzeugt aber einen großen Druckwiderstand W_D. Manche Fische (Drückerfische, Makrelen und Schwertfische) besitzen in der Region des größten Körperquerschnitts stark gekielte Schuppen, die als Turbulenzgeber („Vortex-Generatoren") wirken könnten. Eine erst in dieser Region turbulent gemachte Grenzschicht reißt später, das heißt bei kleinerem Querschnitt ab und erzeugt somit geringeren W_D. Eine möglichst lange Laminarhaltung und anschließende „künstliche" Turbulenz der Grenzschicht kann also bei günstiger Abstimmung W_R und W_D optimal klein halten.

c) Rümpfe großer relativer Dicke

Bei großen, massiven Schwimmern dürfte das Problem besonders relevant sein, die Massen- oder Volumeneinheit „umhüllter" Körpersubstanz bei gegebener Schwimmgeschwindigkeit mit möglichst geringer Energieausgabe zu transportieren. Trägt man den Oberflächenwiderstandsbeiwert c_{w_R} und den Volumenwiderstandsbeiwert c_{w_V} technisch starrer Laminarspindeln als Funktion der relativen Profildicke d/l auf, so ergeben sich Minimumskurven mit Kleinstwerten im Bereich $20\% < d/l < 25\%$ (Abb. 14.32b). Solche relativ dicken Spindelformen erreichen also zum einen kleinste Oberflächenreibung und transportieren zum anderen die Einheit des umschlossenen Volumens mit dem geringstmöglichen Widerstandsanteil. Mit anderen Worten: Soll ein gegebenes Volumen unter geringstmöglicher Energieausgabe transportiert werden, so muß es in Form einer Laminarspindel mit hoher Dickenrücklage x/l und einer relativen Profildicke d/l von etwa 25% angeordnet werden. Diese Forderungen erfüllen die Rümpfe großer Hochseeschwimmer, nicht jedoch technische Gebilde wie etwa Flugzeugrümpfe. In Anlehnung an die Optimalformen der Natur werden deshalb neuerdings von technischer Seite Flugzeugrümpfe von dicker Spindelform gefordert (Hertel).

d) Grenzschichtdämpfung durch Hautstrukturen

Dem Umschlag laminar→turbulent gehen im Bereich von Re_{krit} oder schon bei geringeren Reynoldszahlen — hinter umströmten lokalen Oberflächenstörungen — vielfach Schwingungsvorgänge in der Grenzschicht voraus, die sich bis zum Zustand der Vollturbulenz aufschaukeln. Gelingt es, die sich entfachenden Schwingungen abklingen zu lassen, bevor sie kritische

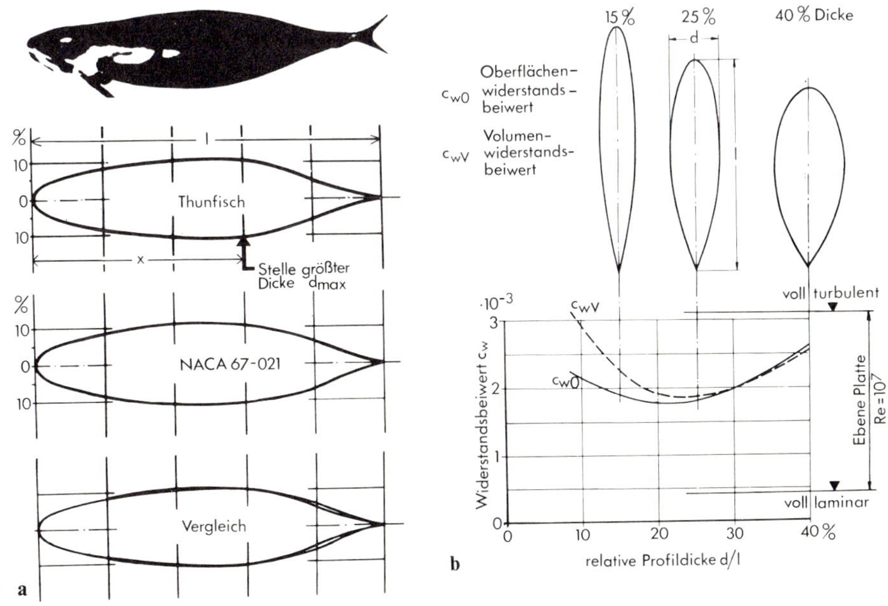

Abb. 14.32. a Vergleich des Thunfischrumpfs mit einem technischen Strömungsprofil; unten Übereinanderzeichnung. **b** Abhängigkeit der Widerstandsbeiwerte von der relativen Profildicke von Rotationskörpern (DVL-Laminarprofile). (Nach Hertel)

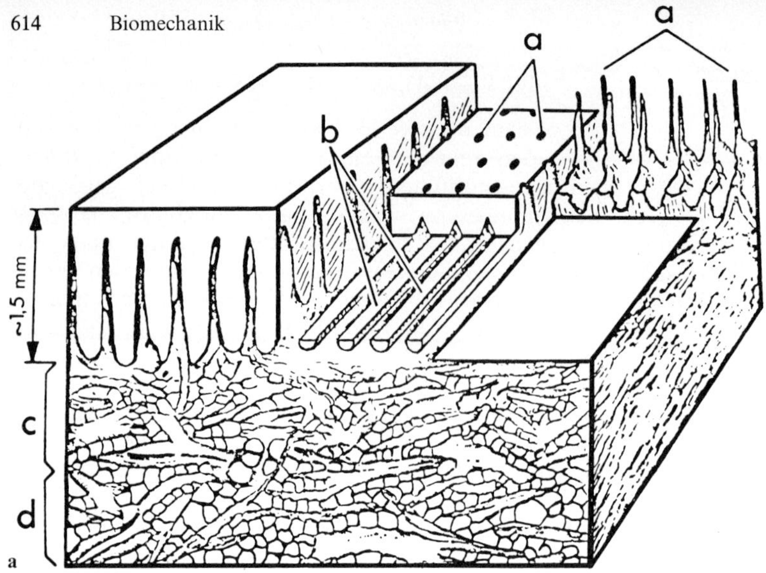

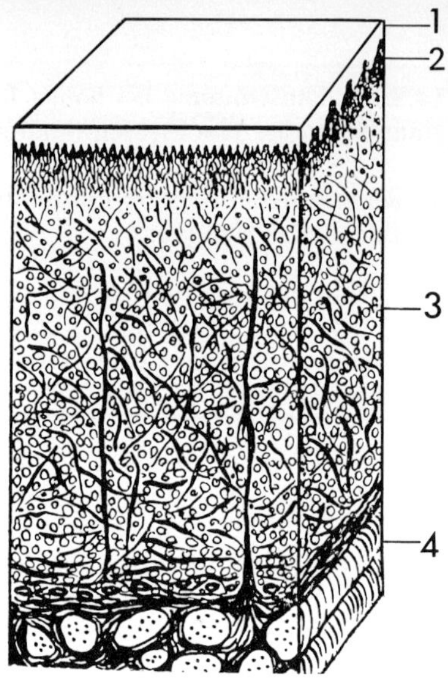

Abb. 14.33. **a** Blockdiagramm durch die Delphinhaut. *a* Coriumpapillen, *b* Coriumleisten, *c* Außenteil des Corium (Lederhaut), *d* Innenteil des Corium mit eingelagerten Fettzellen. **b** Analoges Blockdiagram, weiter nach innen reichend, *1* Epidermis, *2* Subpapillarschicht des Corium, *3* Netzschicht des Corium, *4* Hautmuskeln. (Nach Surkina)

Werte annehmen, so läßt sich der Umschlag vermeiden. Er tritt dann erst bei höheren *Re*-Zahlen, also bei großer Anströmgeschwindigkeit und/oder nach längerer Laufstrecke auf; Re_{krit} wird folglich zu höheren Werten verschoben. Eine solche Grenzschichtdämpfung könnte durch elastische Hautstrukturen geeigneter Steifigkeitseigenschaften bewerkstelligt werden. Die Delphinhaut scheint eine solche grenzschichtdämpfende Struktur zu sein. Die Schichten der Körperbedeckung eines Delphins sind in der Abb. 14.33a, b dargestellt. Eine in den wesentlichsten Konstruktionsprinzipien analoge technische Dämpfungshaut, zu deren Bau das Studium der Delphinhaut Anregung gegeben hat, ist dem biologischen Gebilde in den Abb. 14.34b gegenübergestellt.

Die hydrodynamischen Eigenschaften solcher „künstlicher Delphinhäute" sind nach einer Schleppmethode untersucht worden, deren Ergebnisse in Abb. 14.34a dargestellt werden.

Die positiven Effekte — Verringerung des Reibungswiderstands beziehungsweise Verschiebung von Re_{krit} zu höheren Werten — sind je nach den elastischen Kenngrößen der technischen „Häute" unterschiedlich groß, jedoch stets stark ausgeprägt. Eine drastische Widerstandsverringerung bis um 60%(!) ist erreicht worden. Erklärt wird das durch bifunktionelle Reaktion der Haut auf zwei Störquellen: Die Dämpfungseigenschaften der zähen, dünnen Außenhaut bewirken ein Wegdämpfen kurzwelliger turbulenter Störungen, wie sie hinter Unregelmäßigkeit der Oberflächenstruktur auftreten. Die strömungsgedämpfte Verschiebung der zähen Flüssigkeitsfüllung im Raum zwischen den Coriumpapillen beziehungsweise den Gumminoppen bewirkt ein Wegdämpfen der 10 bis 40fach längerwelligen Grenzschichtstörungen vor dem Umschlag zur Turbulenz. Im Analogieschluß wird angenommen, daß die nach gleichen Konstruktionsprinzipien gebaute Delphinhaut gleichartig widerstandsvermindernd wirkt. Auch in Gebieten, in denen die Grenzschicht normalerweise turbulent strömen würde [Bereich abfallender Körperkontur, Störstellen

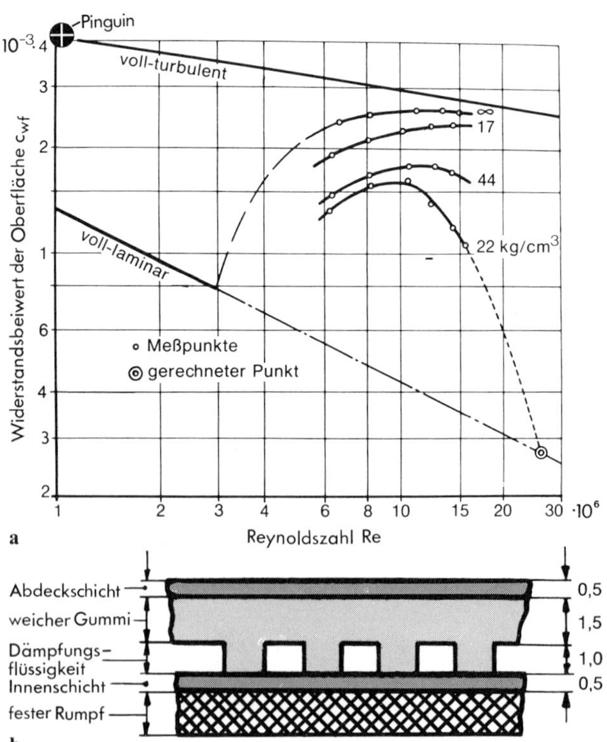

Abb. 14.34. **a** Widerstandsmessung mit „künstlichen Delphinhäuten". Parameter: Steifigkeit der Innenflüssigkeit. Gestrichelte Kurven: extrapoliert. Erläuterung im Text. **b** Schematischer Aufbau der „künstlichen Delphinhaut". [Nach Kramer, M.O.: New Scientist **7**, 1118–1120 (1960)]

hinter Maul, Augen, Flossenansatzstellen, Aufwuchs (Seepocken), Hautverletzungen] dürfte demnach Laminarität erhalten bleiben beziehungsweise wiederhergestellt werden.

e) Strömungsanpassung eines Pinguins

Bei der Strömungsanpassung von Pinguinen spielen möglicherweise alle bisher genannten Phänomene zusammen; insbesondere wichtig ist die Art der Rumpfprofilierung (Abb. 14.34a). Die von Nachtigall u. Bilo (1980) mit einem störungsfreien Auslaufverfahren bei $Re = 10^6$ bestimmten Widerstandsbeiwerte betragen: $c_{WD} = 0{,}07$, $c_{WR} = 0{,}0044$, $c_{WV} = 0{,}031$. Damit entspricht die Strömungsanpassung dieses Pinguins (inklusive Flossen und Beinen) den besten bekannten technischen strömungsangepaßten Formen (exklusive Anhänge wie Steuerflossen, Antriebsgondeln etc.) (Abb. 14.35b). Nach der Lage der Meßpunkte für c_{WR} in Abb. 14.34 müßte der Pinguin in der Meßsituation teils laminar, teils turbulent umströmt werden. Beim schnellen aktiven Schwimmen erreicht er $Re \approx 10^7$. Es ist anzunehmen, daß turbulenzdämpfende Mechanismen dann stärker zum Tragen kommen. Der Vergleich der Meßpunkte mit den Kennlinien für technisch ideale Luftschiffformen (Abb. 14.35c) zeigt, daß der Pinguin eher auf einen geringen c_{WV}-Wert optimiert ist, also darauf, die Volumen- beziehungsweise Masseneinheit mit geringstmöglichem Energieaufwand zu transportieren, als auf einen geringen c_{WD}-Wert (Abschn. 14.3.1.3): Die Dickenrücklage des Pinguins (vgl. Abschn. 14.3.2.2a) beträgt $x/l = 0{,}48$, und hierbei hat der Graph c_{WV} (x/l) ein Minimum, während das entsprechende Minimum für c_{WC} bei geringeren Dickenrücklagen liegt. (Die hier genannten Beiwerte sind möglicherweise etwas zu erhöhen, da der Einfluß von Verdrängungs- und Schleppeffekten (virtuelle Masse) unberücksichtigt geblieben ist.)

14.3.2.3 Hydrodynamische Wirkung von Fisch-Schleimen

Fische können Schleimsubstanzen abscheiden. Die Untersuchung von Fisch-Schleimen hat ergeben, daß sie — einer durch einem Rohr strömenden Wassermenge beigemischt — schon in Spuren die Reibungswiderstände drastisch herabzusetzen vermögen, jedoch nur bei hohen Strömungsgeschwindigkeiten. Maximal wirkt der Schleim des Barrakuda mit einer Reduktion des Reibungswiderstands von höchstens 66%. Es wird angenommen, daß die bei größeren Geschwindigkeiten beginnenden Grenzschichtschwingungen die sonst schwer löslichen Schleimkomplexe lokal da zur Lösung bringen und der Grenzschicht

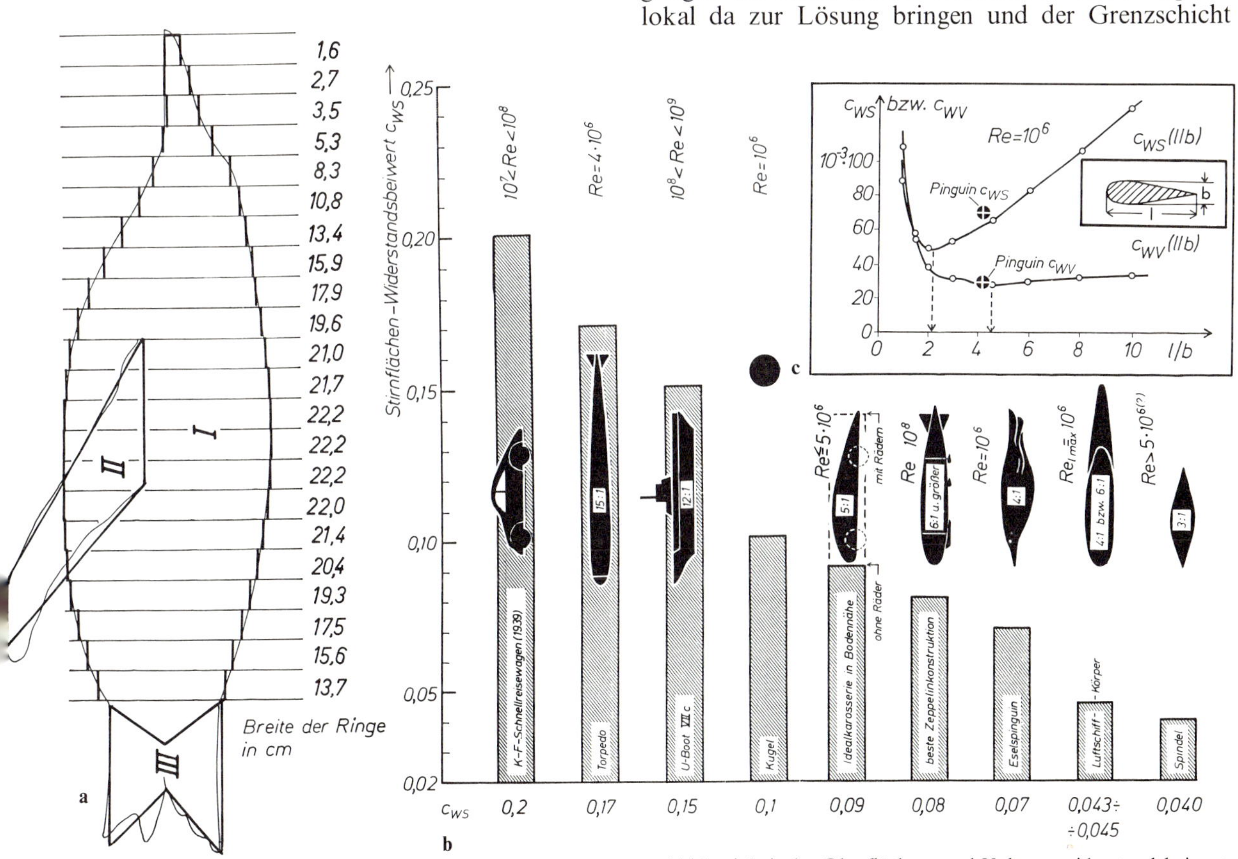

Abb. 14.35. a. Rumpf eines Eselspinguins, von der Seite gesehen und zur Oberflächen- und Volumenmessung unterteilt. **b** Strömungsangepaßte technische Gebilde im Vergleich mit dem Pinguinrumpf. **c** Abhängigkeit des Oberflächen- und Volumenwiderstandsbeiwerts von Längen-Dicken-Verhältnisse bei Luftschiff-Körpern und Vergleich mit den Meßdaten des Pinguin-Rumpfes. (Nach Nachtigall u. Bilo)

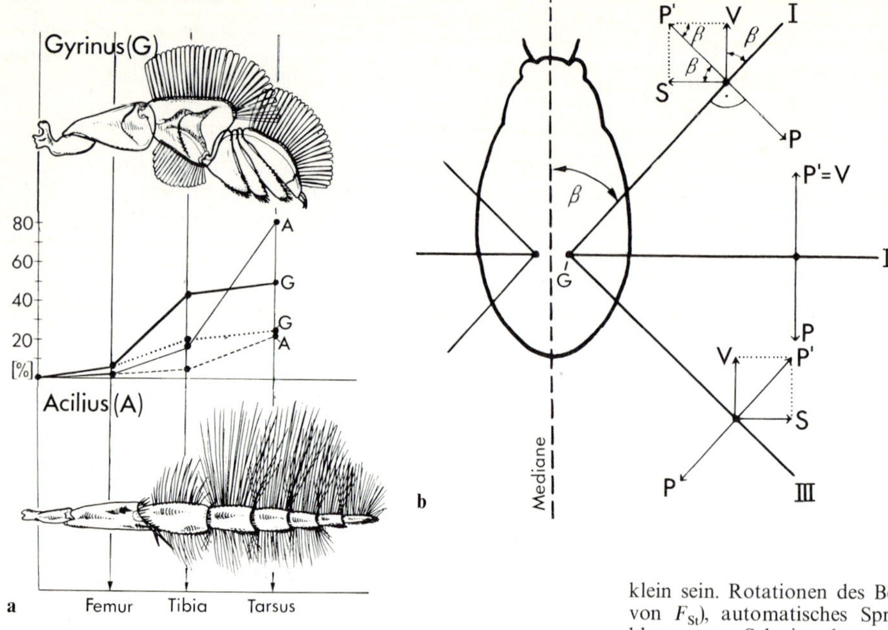

Abb. 14.36. **a** Gespreiztes Bein des Taumelkäfers *Gyrinus* mit Schwimmplättchen und des echten Schwimmkäfers *Acilius* mit Schwimmhaaren während des Ruderschlags. Angegeben sind die prozentualen Schubanteile der drei Beinglieder. **b** Schema der Kräfteverteilung beim Ruderschlag eines Wasserkäfers. I, II, III aufeinanderfolgende Schlagstellungen, V Vortrieb, S Seitentrieb, P induzierte Ruderschlagkraft; $P' = -P$. (Nach Nachtigall)

beimischen, wo Ablösungsgefahr besteht, die Schwingungen also besonders stark sind. Beim Beutefang und Fluchtschwimmen könnte der Schleim also ein – kurzfristig benutztes und automatisch sich einstellendes – Mittel zur Erreichung extrem kleiner Widerstände, das heißt sehr hoher Schwimmgeschwindigkeiten, sein. „Künstliche Schleime" werden heute bereits dem Löschwasser der Feuerwehr beigemischt; die erzielte Reibungsverminderung erlaubt größere Spritzweiten.

14.3.3 Vortriebserzeugung bei schwimmenden Tieren

14.3.3.1 Ruderschwimmen der Wasserinsekten

Viele Wasserkäfer (Dytisciden, Gyriniden) und Wasserwanzen (Corixiden, Notonectiden) erzeugen den vorwärts treibenden Impuls durch synchrone Ruderschläge der Hinterbeine nach dem Widerstandsprinzip der Schaufelräder. Die Beinglieder sind abgeplattet und tragen automatisch sich spreizende Widerstandserzeuger in Gestalt von Schwimmhaaren und Schwimmplättchen (Abb. 14.36a).

Ein Schema der Kräfteverteilung beim Ruderschlag (Rückwärtsschlag) eines Wasserkäfers gibt die Abb. 14.30b. Die bei der Ruderbewegung — einer Rotation um das Coxo-Trochanter-Gelenk G (Abb. 14.36b) — auftretende Reaktionskraft des Wassers P' zerlegt sich in Seitentriebskomponenten S und Vortriebskomponenten V, wobei $V = P \cdot \sin\alpha$ und $S = P \cdot \cos\alpha$. Während über einen Ruderschlag $\Sigma S_{\text{links, rechts}} = 0$, addieren sich die Vortriebskomponenten V zum Gesamtschub $\Sigma V = V_{\text{ges}}$. Beim Vorziehen des Beins entstehen in analoger Weise Rücktriebskomponenten R, die sich zum Gesamtrücktrieb $\Sigma R = R_{\text{ges}}$ aufaddieren. Um vorwärts zu kommen, muß das Wasserinsekt Mechanismen entwickeln, denen zufolge $\Sigma V > \Sigma R$. Wegen der Rotationsbewegung ist $v = r\omega$ (v Bewegungsgeschwindigkeit eines Beinpunkts, r Abstand des Punkts vom Coxo-Trochanter-Gelenk, ω Winkelgeschwindigkeit). Da $W \sim Fv^2$, folgt für die Winkelbewegung $W \sim F_{\text{St}} r^2 \omega^2$. Zur Erfüllung der Beziehung $\Sigma V > \Sigma R$ müssen also F_{St}, r, ω beim Ruderschlag groß, beim Vorzug klein sein. Rotationen des Beins um die Längsachse (→Änderung von F_{St}), automatisches Spreizen (Abb. 14.36a) und Zusammenklappen von Schwimmhaaren und Schwimmplättchen (→Änderung von F_{St}), beim Ruderschlag ausgestrecktes (Abb. 14.30a), beim Vorziehen „angeschmiegtes" Bein (→Änderung von r) und unterschiedlich schnelle Beingeschwindigkeiten (→Änderung von ω) spielen zusammen. Die Abb. 14.37 zeigt die Verhältnisse am Beispiel eines Hinterbeins des Taumelkäfers *Gyrinus natator*. Aus all dem ergeben sich von Zeitpunkt zu Zeitpunkt einer Schlagperiode unterschiedliche Widerstandsbeiwerte c_w für das Ruderbein.

Der Wirkungsgrad η einer solchen Ruderbewegung formuliert sich zu

$$\eta = \frac{1}{1 + [(c_{w_{\text{Rumpf}}} F_{\text{Rumpf}})/(c_{w_{\text{Ruderbein Gesamtschlag}}} F_{\text{Ruderbein Gesamtschlag}})]^{1/2}} \,.$$

Ein möglichst hoher Wirkungsgrad setzt also voraus:

1. $c_{w_{\text{Rumpf}}}$, $F_{\text{Rumpf}} \to$ klein
2. a) ($c_{w_{\text{Ruderbein}}}$, $F_{\text{Ruderbein}}$) beim Ruderschlag → groß
   b) ($c_{w_{\text{Ruderbein}}}$, $F_{\text{Ruderbein}}$) beim Vorziehen → klein.

Die erste Bedingung wurde oben diskutiert, die zweite ist aus Abb. 14.37a qualitativ, aus Abb. 14.31b, c quantitativ zu entnehmen. Ein Faktor $m = c_w F r^2$ läßt sich durch direkte Widerstandsmessungen an

Abb. 14.37a–c. Kinematik und Dynamik der Schwimmbewegungen des Taumelkäfers *Gyrinus*. **a** aufeinanderfolgende Schlagstellungen des rechten Hinterbeins, von unten (links) und hinten (rechts) betrachtet. 1–4 Vorziehen; 4–6 Einklappen in die neue Ruderstellung, 6–13 Ruderschlag, Bildabstand: 1,25 ms. **b** Kinematische Meßwerte. α Schlagwinkel (Winkel zwischen Femur und Tierlängsachse in der Projektion auf die Frontalebene), ω Winkelgeschwindigkeit, ε Winkelbeschleunigung, β Winkel zwischen Femur- und Trochanterfläche, γ Winkel zwischen Femur und Tibia, δ Winkel zwischen Tibia und Tarsus. *Tars.* Spreizgrad des Tarsenfächers, *Schwimmbl.* Spreizgrad der Schwimmblättchen in Prozent der Maximalspreizung. **c** Dynamische Kurven. W „Widerstandsverteilungskurve" (relativer Widerstand verschiedener Beinstellung bei konstanter Anströmungsgeschwindigkeit), ω Winkelgeschwindigkeit, ω^2 quadrierte Winkelgeschwindigkeit, $K_{\mathbf{V},\mathbf{R}}$ Vorzugs- bzw. Ruderschlagkraft; jeweils senkrecht zur momentanen Beinrichtung gerichtet. S Schubkraft, jeweils parallel zur Körperlängsachse gerichtet. Impulsflächen gestrichelt. Die punktierte Kurve berücksichtigt die nicht konstante Schlaggeschwindigkeit. (Nach Nachtigall)

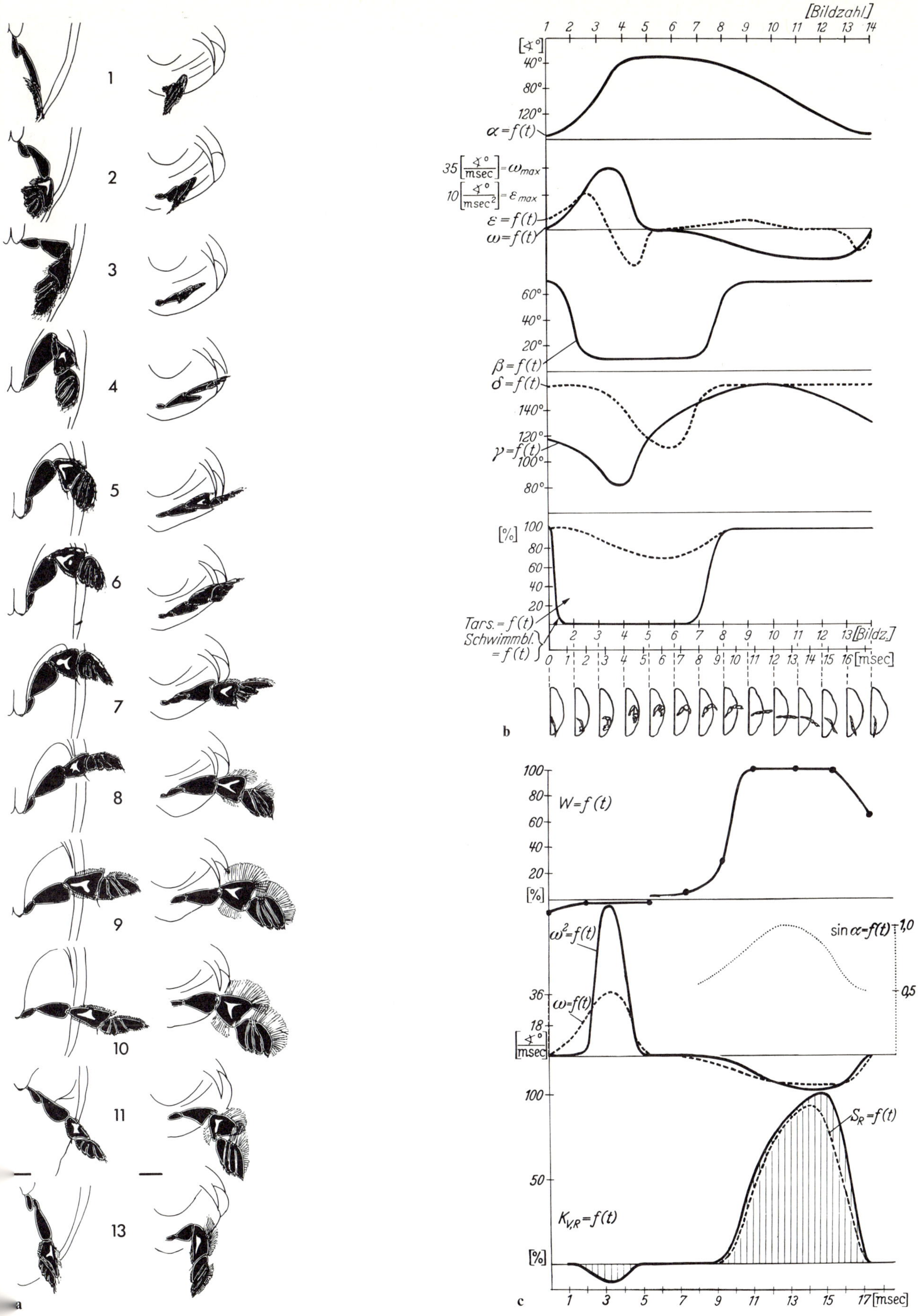
1
2
3
4
5
6
7
8
9
10
11
13
a
[Bildzahl]
α = f(t)
ω = f(t)
ε = f(t)
β = f(t)
δ = f(t)
γ = f(t)
Tars. = f(t)
Schwimmbl. = f(t)
[Bildz.]
[msec]
b
W = f(t)
ω² = f(t)
sin α = f(t)
S_R = f(t)
K_V,R = f(t)
c

unterschiedlich eingestellten Beinmodellen im Strömungskanal gewinnen [Abb. 14.37, Graph $m=f(t)$]. Weiter gilt $P \sim m\omega^2$ und $V \sim m\omega^2 \sin\alpha$. Durch graphische Rechnung werden die Funktionen $P(t)$ und $V(t)$ über eine Ruderschlagperiode des Metapodiums von Gyrinus gemessen (Abb. 14.37c). Die Flächen unter den Kurven entsprechen den zeitlichen Integralen der Kräfte, also den „Kraftstößen" oder den Änderungen der (Schub- und Gegenschub)-Impulse $\dot{I}$:

$$\dot{I}_{\text{Schub}} = \int_{t_1=7\,\text{ms}}^{t_2=18\,\text{ms}} V(t)\,dt; \quad \dot{I}_{\text{Gegenschub}} = \int_{t_3=0\,\text{ms}}^{t_1=7\,\text{ms}} R(t)dt\,.$$

Es wird ersichtlich, daß das Vorziehen nur etwa 1/40 des Widerstands des Ruderschlags erzeugt. Hydromechanische Teilwirkungsgrade von

$$\eta = \frac{\dot{I}\text{ abgegeben}}{\dot{I}\text{ zugeführt}} = \frac{\dot{I}_{\text{Schub}}}{\dot{I}_{\text{Schub}} + \dot{I}_{\text{Gegenschub}}} = 0{,}87$$

werden erreicht (unterer Grenzwert = 0,5). Als Widerstandserzeuger übertrifft das Gyrinusbein andere technische Gebilde und erreicht die Gütegrade bester, nach dem hydrodynamisch günstigeren Querkraftprinzip (s. 14.4.4.1e) arbeitender Verstellpropeller.

14.3.3.2 Vortrieb durch Schwanzflossenschlag

Als Tragflügelflattern bezeichnet man eine nach Überschreiten einer kritischen Geschwindigkeit v_{krit} auftretende, angefachte Flügelschwingung, die sich bis zum Flügelbruch aufschaukeln kann. Der Flügel biegt sich dabei auf und ab (Biegeschwingung, Abb. 14.38a oben) und proniert/supiniert gleichzeitig um eine Längsachse (Drehschwingung, Abb. 14.38a unten). Biege- und Drehschwingung sind dabei mit bestimmten Phasenwinkeln φ gekoppelt; im Beispiel der Abb. 14.38a rechts eilt die Drehung der Biegung um $90° \mathrel{\hat{=}} \frac{\pi}{2}$ voraus. Die analoge Übertragung derartiger aeroelastischer Phänomene auf die bewegte Schwanzflosse der Fische durch den Aerodynamiker Hertel hat zu einer adäquaten Formulierung des Schwanzflossenschlags geführt.

Aus Filmaufnahmen resultiert die Abb. 14.38b. Die Flosse einer Forelle kombiniert eine Biegeschwingung ($\rightarrow a$) mit einer Drehschwingung ($\rightarrow \beta$). Sie stellt sich gegen ihre angenähert sinusförmige Bahn unter $\alpha \leqq 20°$ jeweils so an, daß schräg nach vorne gerichtete Querkräfte A entstehen (Abb. 14.38c), die sich in Vortriebskomponenten V und Seitentriebskomponenten S zerlegen. Wie im Falle des Ruderschwimmens ist $\Sigma S = 0$ und $\Sigma V = V_{\text{ges}}$. Die Filmanalyse einer schnell schwimmenden Forelle hat eine Koppelschwingung der Schwanzflosse erkennen lassen, bei der Biegekomponente $a(t)$ und Drehkomponente $\beta(t)$ angenähert sinusförmig verlaufen; der oben definierte Phasenwinkel betrug $\varphi = 72°$ (Abb. 14.39a). Ähnliche Koppelschwingungen resultierten beim Stör, der zwei funktionelle Flossen besitzt (Abb. 14.38b). Die Phasenwinkel betrugen $\varphi_1 = 105°$ (Schwanzflosse) und $\varphi_2 = 75°$ („Heck"flosse).

Je nach der Kombination von α, β, φ ergeben sich unterschiedliche Kräfteverhältnisse. Zwischen einem

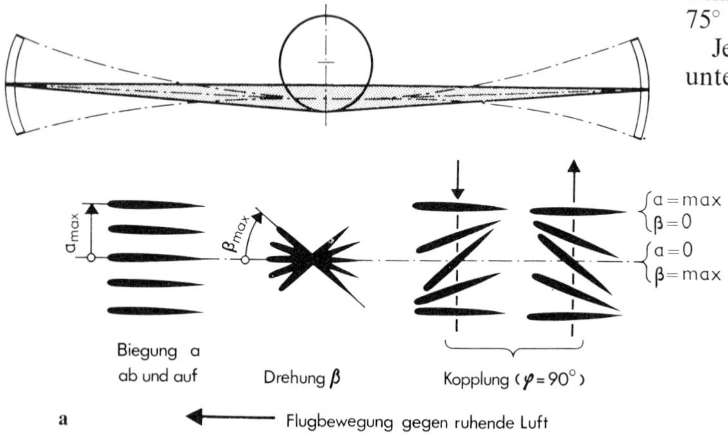

Abb. 14.38. a Schema des Tragflügelflatterns (Ansicht von vorne auf ein Flugzeugschema) sowie Darstellung der Biege- und Drehschwingung und der Koppelung dieser beiden Komponenten mit einem Phasenwinkel von 90°. **b** Schwanzflossenschlag der Forelle; kinematische Kennkurve. Das Tier schwimmt von rechts nach links; dargestellt sind die Winkel β zur jeweiligen Bahnrichtung und der Abstand a des Schwanzflossenmittelpunkts von der Mittellinie. **c** Kräfteschema beim Schwanzflossenschlag der Forelle. V Vortrieb, S Seitentrieb, A Auftrieb (Querkraft). Abszisse: Teil der Schlagperiode (Vollperiode 360°). (Nach Hertel)

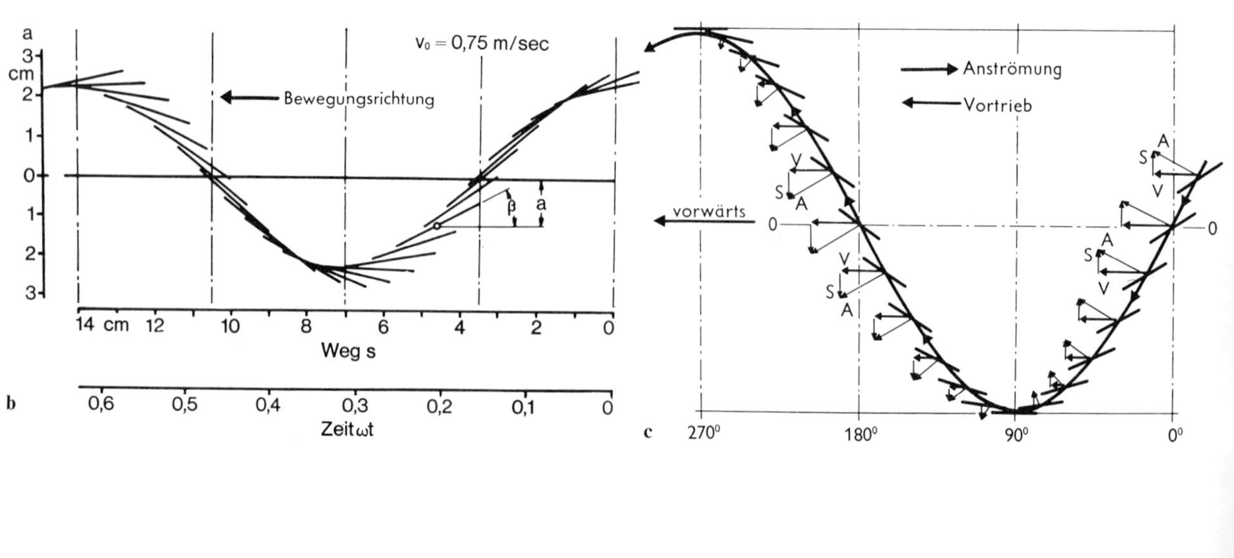

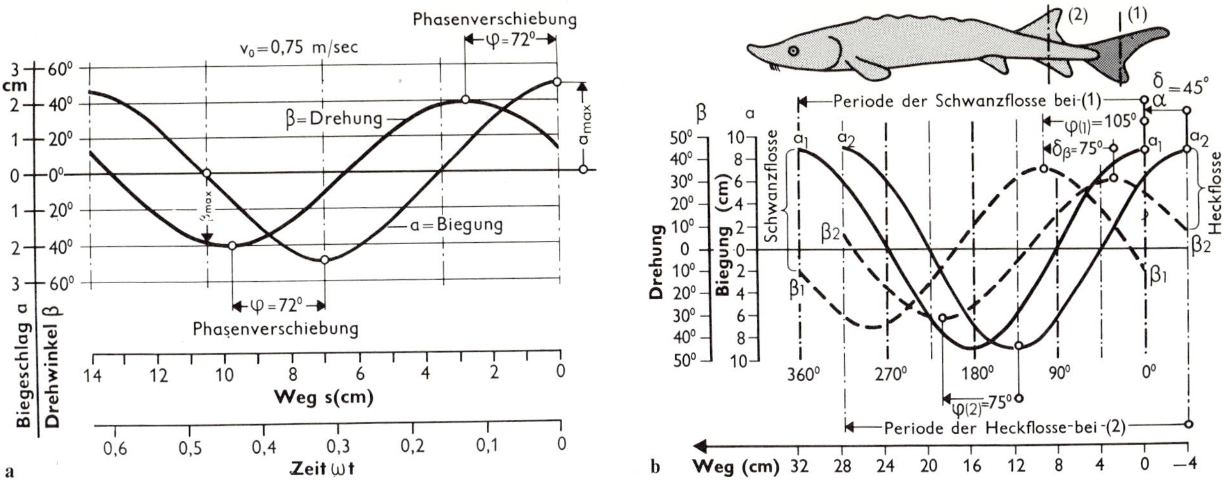

Abb. 14.39. a Um einen Phasenwinkel von $\varphi = 72°$ verschobene sinusoidale Zeitfunktionen der Biege- und Drehschwingung der Schwanzflosse einer rasch schwimmenden Forelle. **b** Analog **a**; geltend für den funktionell doppelflossigen Stör. (Nach Hertel)

„aktiven Schlag“ (Energie wird unter Vortriebserzeugung auf das flüssige Medium übertragen) und einem „passiven Schlag“ (Energie wird zur Anfachung und Aufrechterhaltung einer passiven Schwingung der Strömung entzogen: Flattern der Fahnen!) gibt es alle Übergänge. In der Mitte steht der „neutrale Schlag“, bei dem theoretisch in summa keine Energie zwischen Bewegungsapparat und Medium übertragen wird, die Rotationsenergie abgehender Wirbel nicht eingerechnet. Jedem dieser drei Grenzfälle entspricht eine typische Wirbelverteilung hinter dem schwingenden Körper. Zeigt sich im Experiment die für den neutralen Schlag typische Wirbelverteilung — bei schwimmenden Ringelnattern wurde das gemessen —, so heißt das praktisch, daß infolge eines idealen Ineinandergreifens von „Widerstandsmechanismen“ und „Vortriebsmechanismen“ das Schnellschwimmen mit minimalem Leistungsaufwand möglich ist. Die durch die Widerstandselemente verzögerte Strömung — und im Idealfall nur diese — wird durch die Vortriebselemente wieder beschleunigt, so daß im Endeffekt hinter dem Gesamtsystem keine Nettobeschleunigung der Flüssigkeit resultiert. Für diesen Fall ergeben sich maximale Vortriebswirkungsgrade.

Bei schlängelschwimmenden Tieren ist das am ehesten zu erwarten. Im Gegensatz etwa zu den unter 14.3.2.1 geschilderten Wasserkäfern, aber auch zu denjenigen Fischen, bei denen der Rumpf als reiner Widerstandserzeuger weitgehend unbewegt bleibt (Extremfall: Seepferdchen), ist jeder Körperabschnitt solcher Schlängler sowohl Widerstandserzeuger wie Vortriebserzeuger. Im nächsten Abschnitt werden dazu Messungen und der Versuch einer theoretischen Formulierung dieser in der belebten Welt weit benutzten Fortbewegungsart diskutiert.

14.3.3.3 Schlängelschwimmen

Langgestreckte Fische, insbesondere Aale, aber auch Ringelnattern, Insektenlarven (Ceratopogoniden; Abb. 14.40a–d), die Geißeln von Flagellaten und die Schwanzstücke von Spermien bewegen sich schlängelnd und erzeugen im periodischen Wechsel mit jedem Element des langgestreckten Körpers vorwärtstreibende Kraftkomponenten.

a) Schlängeln der Ceratopogonidenlarven

Die Phasenbilder einer schwimmenden Ceratopogonidenlarve (Abb. 14.40a) zeigen die mit zunehmender Amplitude zum Körperende laufende metachrone Körperwelle. In der Übereinanderprojektion der Bewegungsphasen (Abb. 14.40b) wird erkennbar, daß jeder Körperpunkt in einem körperfesten Bezugssystem eine senkrecht zur Bewegungsrichtung stehende, gebeugte 8-Figur beschreibt, die bei $\lambda/2$ zu einer Geraden zusammenschrumpft und ihre Bewegungsrichtung umkehrt. Jedes Körpersegment besitzt die größte Transversalgeschwindigkeit und den größten Anstellwinkel zur Schwimmrichtung, wenn es die Bewegungslängsachse kreuzt (Abb. 14.40b, Mitte). Aus der Richtung der Anstellung folgt, daß analog zur Abb. 14.38c Seitentriebskomponenten S und Vortriebskomponenten V auftreten, wobei die Gleichungen $\Sigma S = 0$ und $\Sigma V = V_{ges}$ erfüllt sein müssen. Die Übereinanderzeichnung unter Berücksichtigung der Translationsbewegung (raumfestes Bezugssystem) der Abb. 14.40d und die Kräfteskizze der Abb. 14.40c zeigen am Beispiel des Rumpfendabschnitts, daß Rumpfteile unter positiven, vorwärts treibenden Anstellwinkeln β zu ihrer aus Seitbewegung v_{seit} und Vorwärtsbewegung v_{vor} resultierenden Bahn v_{res} angestellt sind. Aus Widerstand W in Bewegungsrichtung und profilinduzierter, senkrecht dazu verlaufender Querkraft A setzt sich die Resultierende R zusammen, die sich wiederum in eine Seitentriebskomponente S und eine Vortriebskomponente V zerlegt.

Es herrschen bei den langgestreckten Schlängelschwimmern somit entsprechende Verhältnisse wie beim Schwanzflossenschlag, nur ist hier die Vortriebs-

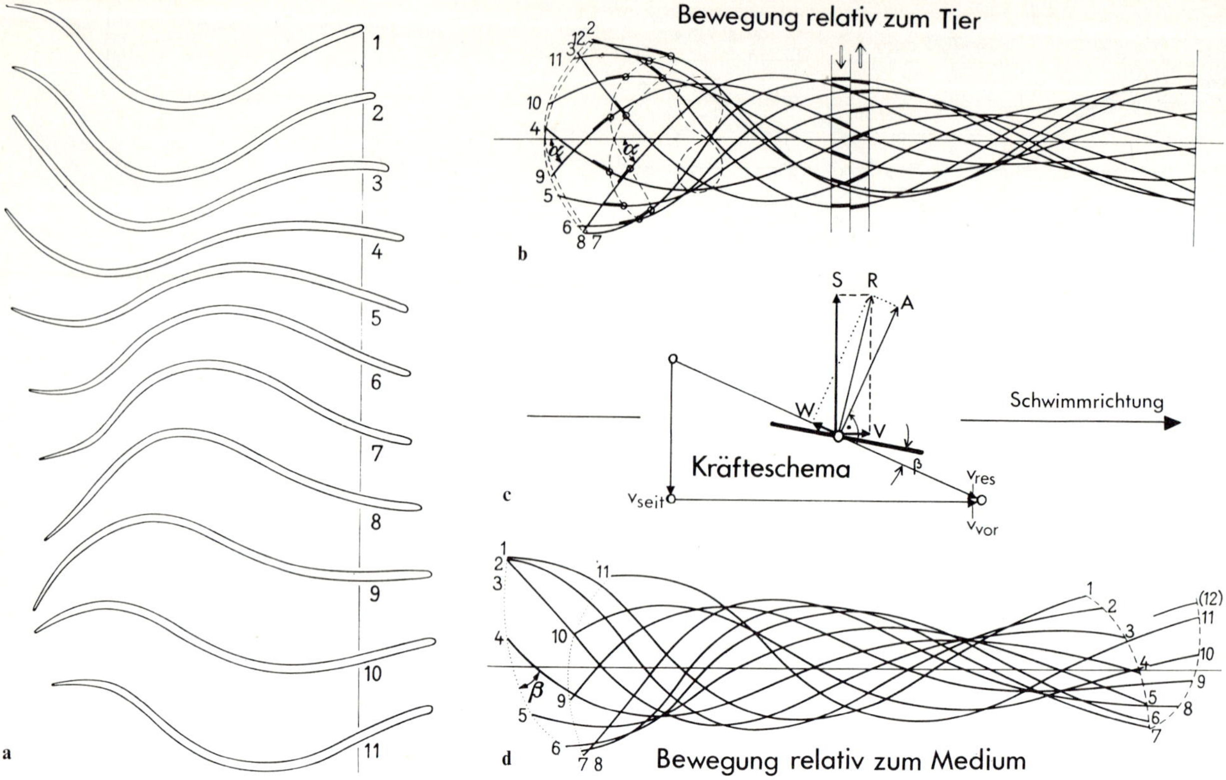

Abb. 14.40 a Schlängelphasen einer 10 mm langen Ceratopogonidenlarve. „Kopf" rechts. Schwanzborsten nicht abgesetzt. Bildabstand 10 ms. Schwimmen nach rechts. **b** Übereinanderzeichnung der Schlagphasen in einem tierfesten Koordinatensystem. α Anstellwinkel einer betrachteten Körpertangente zur Mittellinie. **c** Kräfteschema; Erklärung im Text. **d** Übereinanderzeichnung der Phasenbilder von a in einem raumfesten Koordinatensystem. β hydrodynamischer Anstellwinkel einer betrachteten Körpertangente (hier Tangente durch Körperendpunkt) gegen die Schwimmbahn. (Nach Nachtigall)

erzeugung nicht vorwiegend auf die Schwanzflosse beschränkt, und die hydrodynamischen Wirkungsgrade sind wegen der Ausweichströmung um die drehrunden Rümpfe geringer.

b) Theorie des Schlängelns langgestreckter Formen

Im folgenden sei aus der Fülle der theoretischen Lösungsansätze des Schlängelschwimmens eine Theorie besprochen, die Lighthill entwickelt und auf das Schlängelschwimmen von Fischen angewandt hat.

Der Fisch schwimme in einer horizontalen Ebene, deren Achse $+x$ in die mittlere Schwimmrichtung, die Achse z senkrecht dazu weisen. Die y-Achse stehe senkrecht auf der xz-Ebene. Ein Punkt P auf der als inextensibel angenommenen Wirbelsäule des Fisches wird durch seine Lagrange-Koordinate a bestimmt, die seinen Abstand vom Hinterende längs der (verwundenen) Wirbelsäule angibt (Abb. 14.41a) und Werte zwischen Null und l (Körperlänge l) annehmen kann. Die Positionskoordinaten x, z dieses Punktes in der Ebene $y=0$ sind Funktionen von a und der Zeit t; $x(a,t)$; $z(a,t)$. Der Inextensibilität der Wirbelsäule entspricht die Formulierung

$$\left(\frac{\partial x}{\partial a}\right)^2+\left(\frac{\partial z}{\partial a}\right)^2=1\,.$$

Der horizontale Geschwindigkeitsvektor $\boldsymbol{v}$, gleich $(\partial x/\partial t,\ \partial z/\partial t)$, hat eine nach vorne gerichtete Komponente u tangential zur Wirbelsäule und eine senkrecht dazu gerichtete Komponente w (Abb. 14.41b)

$$u=\frac{\partial x\partial x}{\partial t\partial a}+\frac{\partial z\partial z}{\partial t\partial a}\quad\text{und}\quad w=\frac{\partial z\partial x}{\partial t\partial a}-\frac{\partial x\partial z}{\partial t\partial a}\,.$$

Zwischen zwei aufeinanderfolgenden Zeitpunkten t_1, t_2 wird der Punkt P von der Position $P_1=x(a,t_1)$, $z(a,t_1)$ in die Position $P_2=x(a,t_2)$, $z(a,t_2)$ übergehen; dem entsprechen der horizontale Geschwindigkeitsvektor $\boldsymbol{v}$ beziehungsweise seine beiden Komponenten u und w (Abb. 14.41b): Nennt man $m(a,t)$ die virtuelle Masse der Längeneinheit des Fisches, so entspricht der Impuls der Längeneinheit des Fisches dem Vektor $mw(-\partial z/\partial a,\ \partial x/\partial a)$ (Klammerwert: Einheitsvektor in w-Richtung).

Betrachtet wird nun ein bestimmter Teil der Flüssigkeit in der Umgebung des schwimmenden Tieres, mitgenommen von der schlagenden Schwanzflosse, aber den sich ablösenden Wirbelbereich nicht einschließend. Sein Impuls ist das Integral der letztgenannten Gleichung von 0 bis l in bezug auf a, und seine Änderung entspricht der Summe von drei Größen $o+p-q$. Dabei ist o die Änderung durch Flüssigkeitskonvektion von einer Seite zur anderen, p die Änderung durch Druckdifferenzen zwischen den beiden Seiten; q entspricht den Reaktionskräften (Vortrieb V und Querkraft Q), mit denen die Flüssigkeit auf den Fisch wirkt:

$$\frac{d}{dt}\int_0^l mw\left(-\frac{\partial z}{\partial a},\frac{\partial x}{\partial a}\right)da$$
$$=\left[-umw\left(-\frac{\partial z}{\partial a},\frac{\partial x}{\partial a}\right)+\frac{1}{2}mw^2\left(\frac{\partial x}{\partial a},\frac{\partial z}{\partial a}\right)\right]_{a=0}-(V,Q)\,.$$

Nach Umformung ergeben sich daraus die Reaktionskräfte V, Q zu:

$$(V,Q)=\left[mw\left(\frac{\partial z}{\partial t},-\frac{\partial x}{\partial t}\right)-\frac{1}{2}mw^2\left(\frac{\partial x}{\partial a},\frac{\partial z}{\partial a}\right)\right]_{a=0}-$$
$$-\frac{d}{dt}\int_0^l mw\left(-\frac{\partial z}{\partial a},\frac{\partial x}{\partial a}\right)da\,.$$

Unter der Annahme einer periodischen Änderung von z und mw bei $a=0$, etwa $z=z_0\sin\omega t$ und $mw=m_0w_0\cos\omega t$ ergeben sich aus der

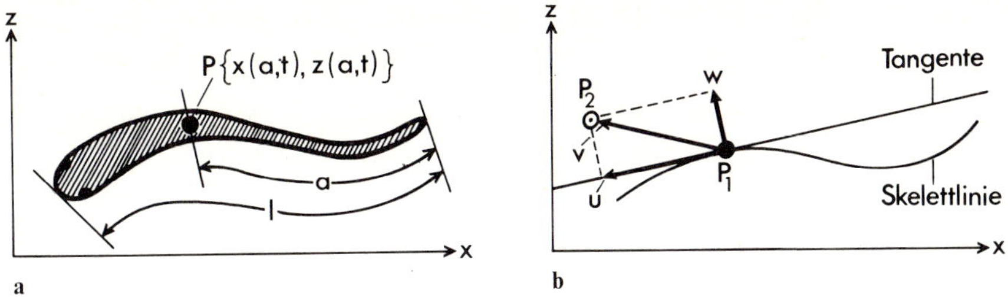

Abb. 14.41. **a** Abstand eines betrachteten Körperpunktes eines Fisches vom Schwanzende in Lagrange-Koordination. **b** Bewegungskomponenten beim schlängelnden Fisch. (Nach Lighthill)

Gleichung für (V, Q) der phasische Vortrieb zu

$$V = m_0 w_0 z_0 \omega \cos^2 \omega t + \frac{d}{dt}\left(-\tfrac{1}{2} m_0 w_0 z_0 \sin \omega t \cos \omega t\right) = \tfrac{1}{2} m_0 w_0 z_0 \omega$$

und die phasische Querkraft, die auf den Fisch wirkt, zu

$$-Q = \left[mw \frac{\partial x}{\partial t} + \frac{1}{2} mw^2 \frac{\partial z}{\partial a} \right]_{a=0} + \frac{d}{dt} \int_0^l mw \frac{\partial x}{\partial a} \, da \, .$$

Die Theorie nimmt an, daß der mittlere Vortrieb auf Reaktionskräfte infolge der w-Bewegung (senkrecht zur Wirbelsäule), der — im Falle konstanter Geschwindigkeit im Mittel entgegengesetzt gleiche — mittlere Widerstand auf Reibungskräfte infolge der u-Bewegung (tangential zur Wirbelsäule) zurückzuführen ist. Ein Vergleich der Theorie mit vorliegenden kinematischen Meßdaten ergibt die zunächst erstaunliche Forderung, daß der Reibungswiderstand beim aktiven, „schlängelnden" Schwimmen (der dem reaktiven Vortrieb das Gleichgewicht hält), mehrmals — bis fünf Mal — größer sein muß als derjenige Reibungswiderstand, der beim „passiven Auslauf" ohne Körperbewegung, der sich an eine aktive Beschleunigungsphase anschließt, auftritt. In ähnlicher Weise überschreiten die Widerstände im Wasserkanal geschleppter toter Fische, die in seitlichen Richtungen schwingen können, mehrmals die Widerstände starrer Exemplare. Eine mögliche Erklärung läge darin, daß sich infolge der Schwimmbewegungen keine so großen Grenzschichtdicken aufbauen können, wie sie bei einem ungestört umströmten starren Körper bei $Re \approx 10^5$ zu erwarten sind. Eine kleinere Grenzschichtdicke bedeutet aber bei gegebener mittlerer Oberflächenrauhigkeit einen größeren Reibungswiderstand. Die großen Amplituden beim Schlängelschwingen mögen durch den Zwang erklärbar sein, durch Beschleunigung beträchtlicher Wassermassen die großen Reaktionskräfte zu erzeugen, die zur Überwindung des bei Seitbewegungen drastisch ansteigenden Reibungswiderstands nötig sind. Energetisch scheint es — analog dem „Wellenflug" der Spechte — günstiger zu sein, anstelle einer kontinuierlichen Schlängelbewegung mit mittleren Amplituden kurze Beschleunigungsphasen großer Bewegungsamplituden mit zwischengeschalteten längeren Auslaufstrecken ohne Schlängelbewegungen zu kombinieren.

c) Schwimmen der Mikroorganismen

Bei Mikroorganismen (Abb. 14.42a) kann eine Reynoldszahl mit der Rumpflänge l als charakteristische Länge definiert werden $\left(Re_l = \frac{vl}{\nu}\right)$, eine weitere auf die Dicke d des mit der Winkelgeschwindigkeit ω schwingenden Spermienschwanzes, Flagellums oder Ciliums bezogen werden: $Re_d = \frac{\omega d^2}{\nu}$ (das Produkt ωd besitzt die Dimension einer Geschwindigkeit). Typische Werte sind $Re_l \approx 10^{-6}$ sowie $Re_d \approx 10^{-7}$ für kleine, begeißelte Bakterien, $Re_l \approx 10^{-2}$ sowie $Re_d \approx 10^{-3}$ für Spermatozoen, $10^{-2} < Re_l < 10^0$ sowie $Re_d \approx 10^{-3}$ für Ciliaten.

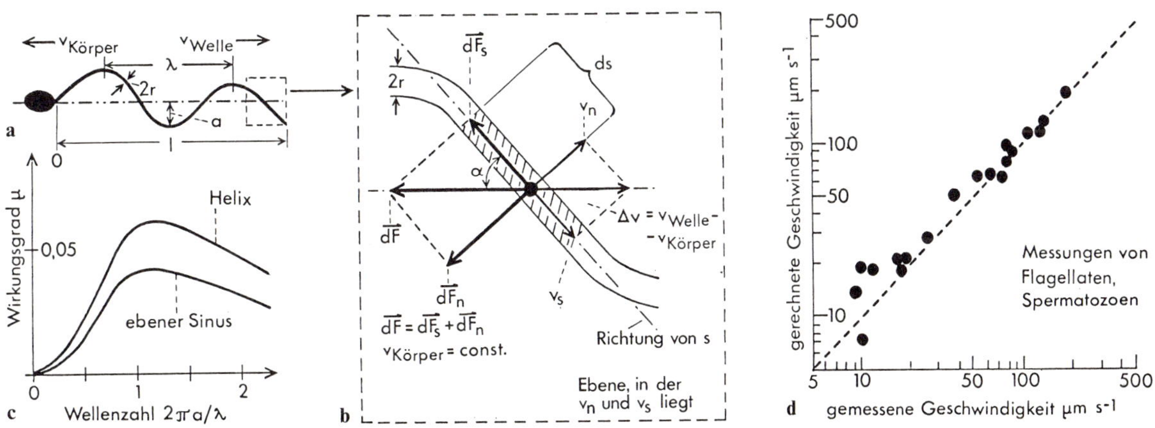

Abb. 14.42a–d. Schwimm-Mechanik geißeltragender Mikroorganismen. **a** Kinematische Kenngrößen beim Schwimmen eines Spermiums, **b** Kennzeichnung der beim Schwimmen entstehenden Reibungskräfte (vgl. Text). **c** Wirkungsgrad als Funktion der Wellenzahl. **d** Vergleich der Ergebnisse der Theorie für langgestreckte schlängelnde Körper mit Direktmessungen. (Nach Holwill)

Wie auch die Abb. 14.28 zeigt, schwimmen Mikroorganismen also bei sehr kleinen Reynoldszahlen, so daß Trägheitseffekte vollständig vernachlässigbar sind. Deshalb bleibt ein solcher Organismus beim Aufhören der Antriebsbewegung ohne die geringste „Auslaufstrecke" abrupt stehen. Die Theorie des Schlängelschwimmens mit langgestreckten Vortriebsorganen („elongated body theory") bei kleinen Reynoldszahlen ist sehr komplex (s. Taylor, 1952; Holwill, 1974; Lighthill, 1976; Wu, 1977); die folgenden Auszüge sind aus Darstellungsgründen auf die Grundlagen beschränkt.

Die beispielsweise über einen Spermienschwanz mit der Geschwindigkeit v_{Welle} nach hinten laufende, zunächst als eben betrachtete Welle treibt den Spermienkopf mit einer — kleineren — Geschwindigkeit $v_{\text{Körper}}$ vorwärts. Sie ist charakterisiert durch ihre Wellenlänge λ und Amplitude b (Wellenzahl $z=2\pi b/\lambda$); die Gesamtlänge des undulierenden Vortriebsapparats beträgt l' (Abb. 14.42a), die der gebogenen Mittellinie l. Betrachtet man einen kleinen Abschnitt der Bogenlänge ds, der sich mit der momentanen (Zeitpunkt t), lageabhängigen (Lage a) Geschwindigkeit $v\ (t, a)$ bewegt, so zerlegt sich diese in die Komponenten v_s tangential zu ds und eine Komponente v_n senkrecht dazu (Abb. 14.42b). Entsprechend ist die induzierte Zähigkeitskraft dF die geometrische Summe der beiden Komponenten dF_s und dF_n. Diese sind jeweils proportional der Zähigkeit des Mediums μ und der Geschwindigkeit v, so daß sich die Kraftkomponenten berechnen zu $dF_s=C_s\mu v_s ds$ und $dF_n=C_n\mu v_n ds$. Die Proportionalitätsfaktoren der Gleichung, die dimensionslosen Beiwerte C_s und C_n, sind für angenäherte drehrunde Vortriebsapparate logarithmische Funktionen des Quotienten aus Wellenlänge λ und Radius r, die auch von der Bewegungsart des Vortriebsapparats abhängen. Von dem Quotienten $\gamma=C_s/C_n$ hängt die hydrodynamische Güte der Schubbewegung ab.

Die physikalisch nötige Leistung P für eine Fortbewegung eines Körpers mit der Geschwindigkeit v ist das Produkt aus dem Gesamtwiderstand W des Körpers und seiner Schwimmgeschwindigkeit v. Da bei kleinen Reynoldszahlen der Widerstand W der Geschwindigkeit $v_{\text{Körper}}$ linear proportional ist, gilt für diesen Fall: $P \propto v_{\text{Körper}}^2$. Bezieht man diese theoretisch nötige Leistung auf die vom Organismus über sein Fortbewegungsorgan tatsächlich ausgegebene Leistung $P_{\text{Bewegungsorgan}}$, die gleich der Summe aller Produkte $dF_s v_s$ und $dF_n v_n$ ist, so erhält man einen hydromechanischen Gütegrad

$$\eta = P_{\text{Körper}}/P_{\text{Bewegungsorgan}} \propto v_{\text{Körper}}^2/P_{\text{Bewegungsorgan}}.$$

Dieser Wirkungsgrad ist stets sehr viel kleiner als 1, was bedeutet, das nur ein recht kleiner Teil der vom Organismus aufzubringenden mechanischen Leistung in Vortriebsleistung umgesetzt werden kann. Trägt man diesen Wirkungsgrad η gegen die oben definierte Wellenzahl z auf, so ergibt sich ein Maximum von (lediglich) rund 0,05 um $z \approx 1$, wenn also die Amplitude rund 15% der Wellenlänge erreicht (Abb. 14.42c). Außerdem zeigt sich, daß eine räumlich-helicale Bewegung des Vortriebsapparats effizienter ist als eine sinusförmige Bewegung in einer Ebene. Vergleicht man die nach der Theorie für langgestreckte schlängelnde Körper berechneten Geschwindigkeiten für Bakterien, Protozoen, Spermien und Würmer mit den tatsächlich gemessenen Geschwindigkeiten, so ergibt sich nach Abb. 14.42d eine brauchbare Übereinstimmung.

Literaturauswahl

Eck, B.: Technische Strömungslehre, 7. Aufl. Berlin-Heidelberg-New York: Springer 1966.

Hertel, H.: Biologie und Technik. Mainz: Krausskopf 1963.

Holwill, M.E.J.: Low Reynolds number undulatory propulsion in organisms of different sizes. In: Pedley, T.J. (ed.): Scale effects in animal locomotion. London-New York: Academic Press 1977.

Lighthill, J.: Hydrodynamics of aquatic animal propulsion. Ann. Rev. Fluid. Mech. **1**, 413–445 (1969).

Lighthill, J.: Large-amplitude elongated-body theory of fish locomotion. Proc. Roy. Soc. B **179**, 125–138 (1971).

Nachtigall, W.: Funktionelle Morphologie, Kinematik und Hydromechanik des Ruderapparates von Gyrinus. Z. Vergl. Physiol. **45**, 193–226 (1961).

Nachtigall, W., Bilo, D.: Die Strömungsmechanik des Dytiscus-Rumpfes. Z. Vergl. Physiol. **50**, 371–401 (1965).

Nachtigall, W., Bilo, D.: Strömungsanpassung des Pinguins beim Schwimmen unter Wasser. J. Comp. Physiol. **137**, 17–26 (1980).

Rosen, M.W., Cornford, N.E.: Fluid friction of fish slimes. Nature **234**, 49–51 (1971).

Taylor, G.J.: Analysis of long and narrow animals. Proc. R. Soc. London, Ser. A **214**, 158–183 (1952).

Wu, T.Y.: Hydrodynamics of swimming at low Reynolds numbers. In: Nachtigall, W. (Hrsg.): Physiology of movement — Biomechanics. Fortschr. Zool. **24** (2/3). Stuttgart: Fischer 1977.

14.4 Biophysik der Fortbewegung in der Luft

Werner Nachtigall

14.4.1 Definition

Die Flugbiophysik befaßt sich mit den Mechanismen des Antriebs und der Luftkrafterzeugung von Schlagflügeln, Phänomenen der Flugsteuerung und der Bewegung im Raum, sowie der Belastung des Energiehaushalts durch die Flugvorgänge.

14.4.2 Umfang und Problematik des Fachgebiets

Zwei Drittel aller Tierarten können fliegen. Die Lokomotion durch die Luft stellt einen grundlegenden physiologisch-biophysikalischen Fragenkomplex dar. Dem passiven Flug (Treiben von Mikroorganismen, Spinnwebfäden im Luftstrom, Gleitflug, Segelflug in Thermik, Hangaufwinden, Leewellen, dynamischer Segelflug der Sturmvögel über dem Meer) steht als energetisch aufwendigstes Fortbewegungsverfahren der aktive Flug gegenüber (Streckenflug, Bogen- und Wellenflug, Schwirrflug auf der Stelle).

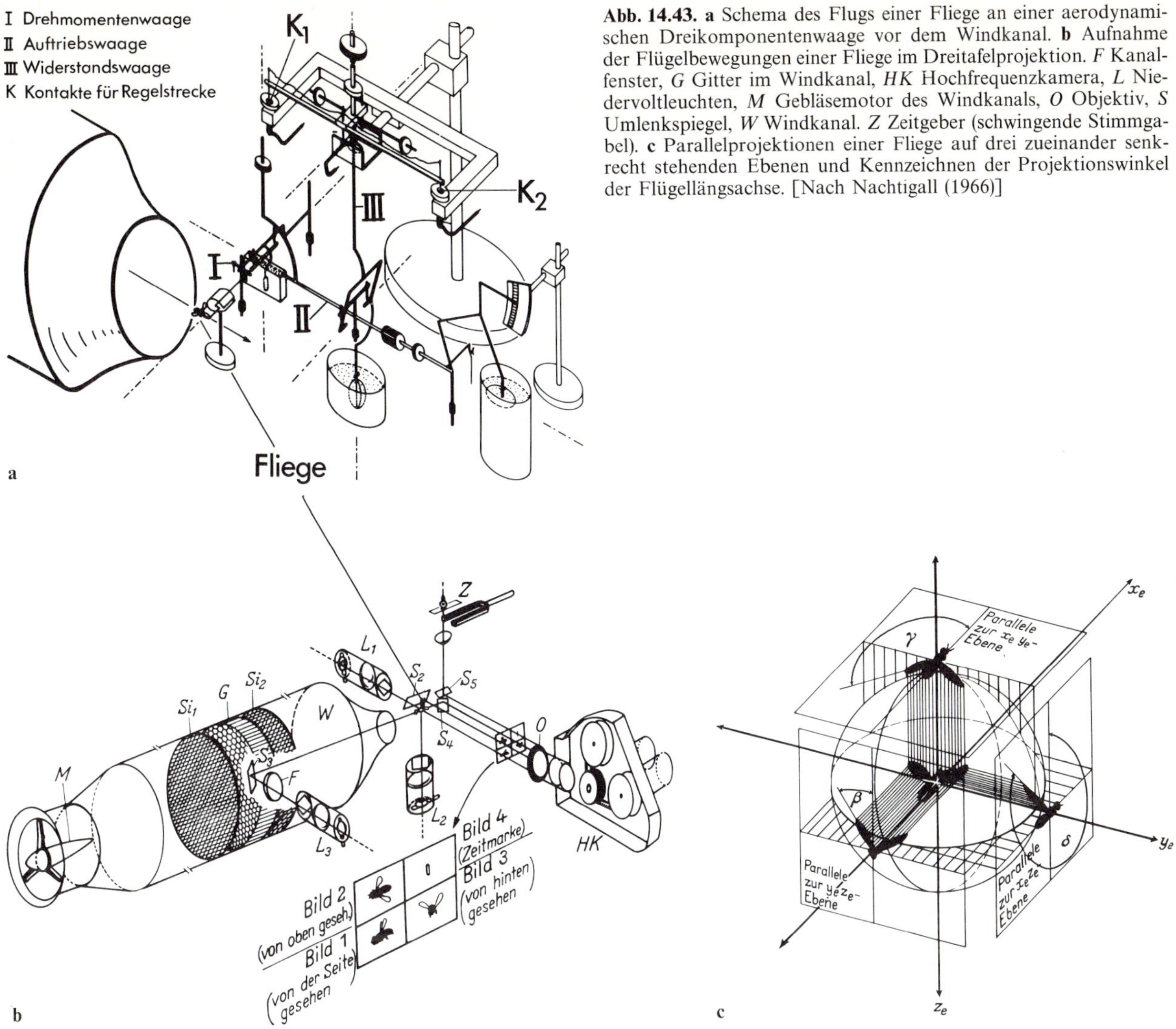

Abb. 14.43. a Schema des Flugs einer Fliege an einer aerodynamischen Dreikomponentenwaage vor dem Windkanal. **b** Aufnahme der Flügelbewegungen einer Fliege im Dreitafelprojektion. *F* Kanalfenster, *G* Gitter im Windkanal, *HK* Hochfrequenzkamera, *L* Niedervoltleuchten, *M* Gebläsemotor des Windkanals, *O* Objektiv, *S* Umlenkspiegel, *W* Windkanal. *Z* Zeitgeber (schwingende Stimmgabel). **c** Parallelprojektionen einer Fliege auf drei zueinander senkrecht stehenden Ebenen und Kennzeichnen der Projektionswinkel der Flügellängsachse. [Nach Nachtigall (1966)]

Im Gegensatz zu den meisten schwimmenden Tieren (etwa karpfenartigen Fischen mit Schwimmblasen) und im Gegensatz zum klassischen Flugzeug mit huberzeugenden Tragflügeln und schuberzeugenden Propellern oder Düsentriebwerken muß ein aktiv fliegendes Tier mit ein- und demselben Lokomotionsorgan, dem Schlagflügel, Hub und Schub erzeugen. Dabei belastet die erstere Komponente den Energiehaushalt weitaus am stärksten. Einen sehr großen Bereich übergreifend sind sowohl die Mechanismen des Flügelantriebs wie der Luftkrafterzeugung sehr vielfältig und nicht selten prinzipiell unterschiedlich. Zwischen den kleinsten Insekten (Gewicht $\approx$ 0,15 mp; Flügelschlagfrequenz $\geq$ 1 kHz) und den größten flugfähigen Vögeln (Gewicht $\approx$ 15 kp; Flügelschlagfrequenz $\leq$ 1 Hz) spannt sich ein Gewichtsbereich von etwa $1:10^8$, ein Bereich der Flügelschlagfrequenzen von mindestens $1:10^3$.

Ein zentrales Problem der Flugbiophysik ist die Kinematik der Schlagflügelbewegung. Es ist mit der Aufnahme der Raumbahnen aller relevanten Flügelpunkte unter ausreichender Zeitauflösung und mit der Herausarbeitung der Invarianten der Schlagflügelbewegung zu lösen. Die Untersuchung des Flügelantriebs (neuromotorisch-gelenkmechanischer Komplex) und der Luftkrafterzeugung (instationäre Aerodynamik der schwingenden Flügel) muß sich auf die Kinematik beziehen, beziehungsweise von ihr ausgehen. Während der Übergang Flügelantrieb$\rightarrow$Kinematik lösbar erscheint, gehört der Übergang Kinematik$\rightarrow$Aerodynamik zu den schwierigsten Problemen der Strömungsmechanik und ist mangels geeigneter Theorien, technischen Grundlagenwissens und Meßmöglichkeiten an biologischen Objekten derzeit kaum durchzuführen. Im Hinblick auf den letzteren Punkt haben deshalb kinematische Analysen beim jetzigen Stand der Forschung den Charakter von Bestandsaufnahmen.

14.4.3 Kinematik der Schlagflügel

Nachtigall ließ Glanzfliegen im Kräftegleichgewicht (s. 14.4.4.1) an einer aerodynamischen Dreikomponentenwaage (Abb. 14.43a). vor dem Windkanal fliegen und analysierte die Flügelbewegung durch synchrone Hochfrequenzaufnahmen mit 8000 Bildern pro Sekunde aus drei Raumrichtungen (Dreitafel-Projektion; Abb. 14.43b). Die Raumstellung der Flügellängsachse ist durch die drei in Abb. 14.43c eingezeichneten Projektionswinkel definiert; die Zeitfunktionen dieser Winkel werden aufgetragen. Daraus läßt sich die Bahn der Flügelspitzen auf der Oberfläche einer Kugel vom Radius der Flügellänge konstruieren und durch projektiv-geometrische Verfahren auf die Ebene abwickeln (Abb. 14.44a, rechts; nicht vollständig entzerrt). Durch Addition des Vektors der horizontalen Flugbewegung läßt sich aus der Flügelspitzenbahn die Raumbahn konstruieren (Abb. 14.44a, links; nicht vollständig entzerrt). In dieser Projektion steht die Flügellängsachse stets senkrecht zur Papierfläche. Deshalb lassen sich geometrische Anstellwinkel α_{geom} des — in erster Näherung als unverwunden betrachteten — äußeren Flügeldrittels zur Bahn im tierfesten Koordinatensystem (Abb. 14.44a, rechts) und der aerodynamische Anstellwinkel α_{ae} zur Bahn im raumfesten Koordinatensystem (Abb. 14.44a, links) direkt einzeichnen. Die Zeitfunktion $\alpha_{ae}(t)$ ist in Abb. 14.44b gegeben. Abgesehen von sehr rasch durchlaufenen hohen Werten im Bereich der oberen und unteren Umkehrstellung nimmt α_{ae} während großer Abschnitte des Ab- *und* Aufschlags aerodynamisch günstige mittlere Werte von $\leqq 30°$ ein. Konsequenzen der Bahnlagen und des α_{ae}-Verlaufs sind in Abschn. 14.4.4.1e diskutiert.

Das hier geschilderte Verfahren der Dreitafel-Projektion ist für kleine Fliegen mit Schlagfrequenzen um 200 Hz verwendbar und führte unter mehreren vereinfachenden Annahmen zu Näherungslösungen. Ein exaktes stereophotogrammetrisches Aufnahmeverfahren wurde von Zarnack entwickelt. Es ist u.a. für langsam schlagende (20 Hz) große Heuschrecken anwendbar und wurde auf den Flug von *Locusta migratoria* angewandt, von Bilo auch auf den Flug des Haussperlings (Abb. 14.44).

14.4.4. Aerodynamik

14.4.4.1. Stationäre Luftkräfte am Schlagflügel und am Tierkörper

Unter einem Anstellwinkel α zur Strömungsrichtung angestellte platten- oder flügelähnliche Körper (Abb.

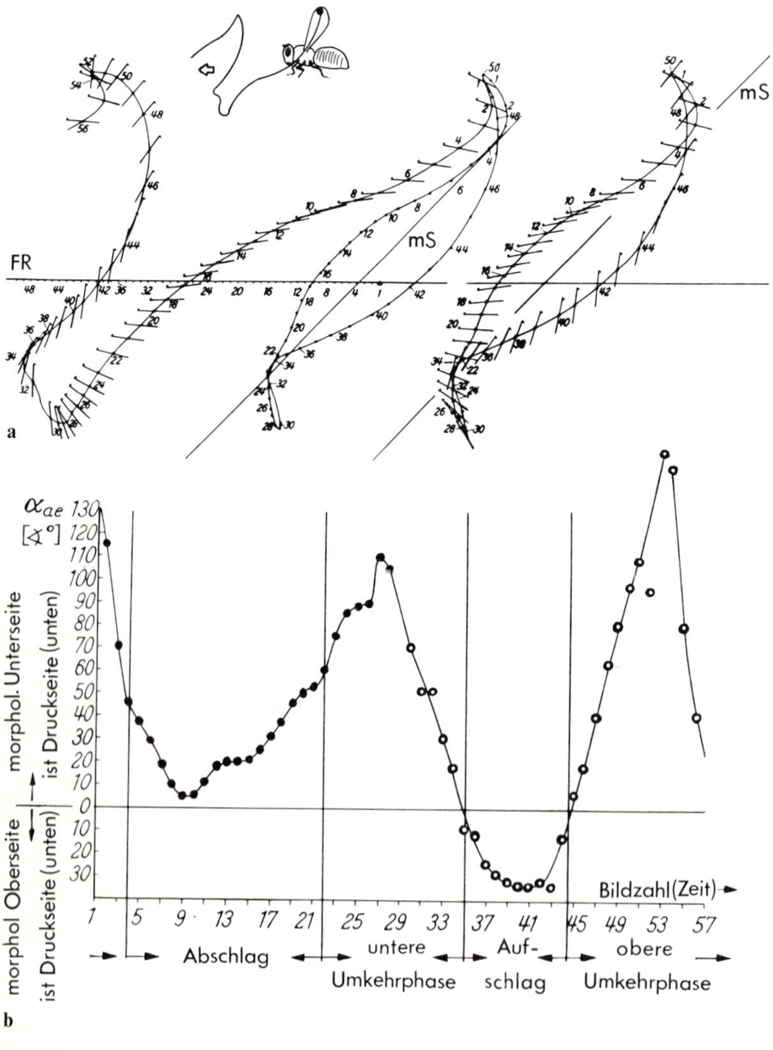

Abb. 14.44. a Abwicklung der Flügelbewegung im tierfesten Koordinatensystem (rechts) sowie im raumfesten Koordinatensystem (links). Eingezeichnet sind die Querschnitte des äußeren Flügeldrittels; das kleine Dreieck sitzt an der Vorderkante und kennzeichnet die Flügeloberseite. *mS* mittlere Schlagebene, *FR* Fortbewegungsrichtung. **b** Aerodynamischer Anstellwinkel, α_{ae}, analysiert nach **a**, über eine Flügelschlagperiode aufgetragen. Bildabstand: 1/6400 s. [Nach Nachtigall (1966)]

Abb. 14.45. Beispiele für Stereoregistrierung eines vor der Windkanaldüse freifliegenden Haussperlings, aufgenommen mit einer Drehplatten-Hochfrequenzanlage. Um 90° zu kippen und mit einem Stereobetrachter anzusehen. Der Haussperling befindet sich, von rechts nach links betrachtet, im beginnenden Abschlag, mittleren Abschlag und in der Endstellung des Abschlags. (Nach Bilo, 1971)

14.46a) entwickeln neben Widerstandskomponenten *W* in Anströmrichtung auch Querkraftkomponenten *Q* (auch „Auftriebs"-Komponenten *A* genannt) senkrecht dazu. Unter günstigen Bedingungen ist $A \gg W$. Die Resultierende aus *A*- und *W*, die Luftkraft *L*, ist in günstigen Fällen nach vorneoben geneigt und zerlegt sich in eine Hubkomponente *H* und Schubkomponente *V* (Abb. 14.46a). Während einer Schlagperiode wird *L* von Zeitpunkt zu Zeitpunkt ihre Richtung und Größe wechseln; es können am gesamten Flügel und an Flügelteilen kurzfristig auch unerwünschte Abtriebskomponenten *T* und Rücktriebskomponenten *R* auftreten (Abb. 14.46b, c). Über einen oder mehrere Schlagzyklen betrachtet, muß jedoch beim unbeschleunigten Flug Kräftegleichgewicht zwischen den beiden letzteren resultierenden Komponenten und dem entgegengesetzt gleichen Gewicht *G* bzw. Fahrtwiderstand W_T des Tieres herrschen:

$$H_{res} = H - T = -G \quad \text{und} \quad V_{res} = V - R = -W_T\,.$$

Außerdem entstehen an beiden Flügeln Seitentriebskomponenten *S* (Abb. 14.46b), die sich beim geradlinigen Horizontalflug als entgegengesetzt gleich aufheben.

a) Luftkräfte am Sperlingsflügel während des Aufschlags

Ein Kräfteschema für das Beispiel eines Haussperlingsflügels, der sich mitten im *Auf*schlag befindet, geben die Abb. 14.46b, c. Das tierfeste Koordinatensystem K $\{0;\, x,\, y,\, z\}$ hat hier seinen Ursprung im Schultergelenk des Flügels. Während der Armfittich Auftrieb *A* und Rücktrieb *R* erzeugt, liefert der Handfittich Vortrieb *V* und Abtrieb *T*. Da der Vogel auch beim Flügel*auf*schlag mit gleichförmiger Geschwindigkeit vorwärtsfliegt, muß hier sein:

$$H_{res} = H_{Arm} - T_{Hand} = -G \quad \text{und}$$
$$V_{res} = V_{Hand} - R_{Arm} = -W_T\,.$$

Es herrscht also bisweilen zwischen verschiedenen Flügelteilen eine Art Arbeitsteilung, dergestalt, daß ein Teil überwiegend eine förderliche Luftkraftkomponente liefert und gleichzeitig schädliche Komponenten des anderen Teils kompensiert.

b) Beiwerte der Luftkraftkomponenten

Mit zunehmendem Anstellwinkel α (Abb. 14.46a) erzeugt ein stationär angeblasener Flügel zunehmenden Widerstand *W* und, bis zu einem Optimalwinkel α_{opt}

zunehmend, dann wieder abnehmend, Querkraft Q (auch Auftrieb A genannt). Zur dimensionslosen, größen- und geschwindigkeitsunabhängigen Kennzeichnung der Luftkraftkomponenten kann man Beiwerte definieren:

$$\text{Auftriebswert } c_A = \frac{A}{Fq},$$

$$\text{Widerstandsbeiwert } c_w = \frac{W}{Fq}$$

(Bezugsfläche F: größte Flügelfläche (Draufsicht); q: Staudruck). Die als „aufgelöste Polaren" bezeichneten Graphen $c_A(\alpha)$ und $c_w(\alpha)$ sind für das Beispiel eines Sperlingsflügels in Abb. 14.47a dargestellt. Die Auftragung $c_A(c_w)$, Parameter α, bezeichnet man seit O. Lilienthal (1889) als „aerodynamische Polare" des Flügels (Abb. 14.47b).

c) Aerodynamische Polaren

Ein günstig geformter Flügel sollte einen möglichst großen c_A-Wert mit einem möglichst geringen c_w-Wert kombinieren. Der Winkel β_{min}, bei dem eine Gerade durch den Ursprung die Polare berührt (Abb. 14.47b), kennzeichnet den höchsten Quotienten c_A/c_w („Gleitzahl^{-1}") und damit einen besonders günstigen Anstellwinkel. Ein gleitendes Flugsystem erreicht mit dieser Einstellung die größte Gleitweite über Grund, gemessen von einer gegebenen Gleithöhe aus.

Die Form der Polaren und damit die aerodynamische Güte eines Trag- und Schlagflügels ist, außer von der Vorturbulenz der Strömung, von der Geometrie des Flügels in Aufsicht (Umriß, „Streckung") und Querschnitt („Wölbung", „Profilierung", „geometrische Verwindung") abhängig. Bei den relativ hohen Reynoldszahlen schnellfliegender großer Vögel (Taube: $Re = vl/\nu = 6{,}7 \cdot 10^4$ für $v = 10\,\text{ms}^{-1}$; l Flügellänge) sind Optimalflügel analog Flugzeugflügeln profiliert und gewölbt (Abb. 14.47c, d), bei den kleineren Reynoldszahlen großer und mittelgroßer Insekten (Schmeißfliege: $Re < 10^3$) sind Optimalflügel dagegen unprofilierte, schwach gewölbte oder ebene Platten (Fliegenflügel, Schmetterlingsflügel).

d) Optimalformen von Schlagflügeln und Reynoldszahl

Wie die aufgelösten Auftriebspolaren der Abb. 14.47c zeigen, sind bei kleineren Reynoldszahlen — hier $Re = 4 \cdot 10^4$ — ebene oder gewölbte dünne Platten dickeren Profilen überlegen. In diesem Re-Bereich können weiter morphologische Eigentümlichkeiten sehr positiv wirken, die die Grenzschicht turbulent machen und so zu überkritischer Umströmung führen, zum Beispiel scharfe Flügelvorderkanten, Oberflächenrauhigkeiten, Haarreihen an der Eintrittskante, im technischen Bereich Turbulenzdrähte vor und „Stolperleisten" an dem Flügelbug. Insektenflügel, die sich in diesem Re-Bereich bewegen, sind denn auch flache oder schwach gewölbte, scharfkantige, beborstete und behaarte, durch vielfache Knickung und Faltung oberflächenrauhe Platten. Vergleichsmessungen von Vogel an Drosophilaflügeln und geometrisch ähnlichen oberflächenglatten Modellen zeigen die deutliche Überlegenheit des Originalflügels (Abb. 14.48a), die demnach auf die zahlreichen Mikrostrukturen des Oberflächenreliefs zurückzuführen sein muß.

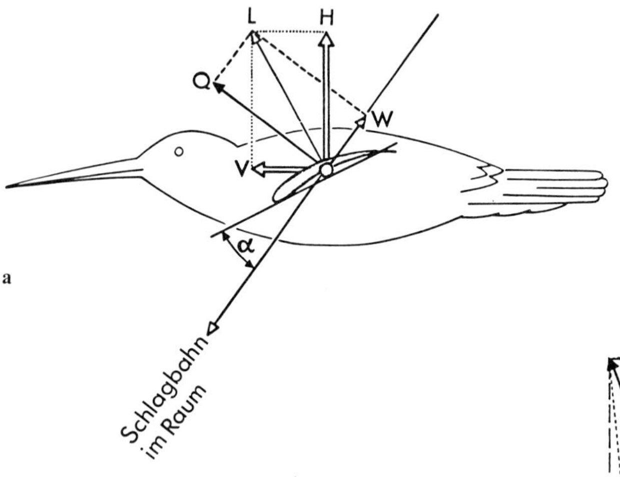

a

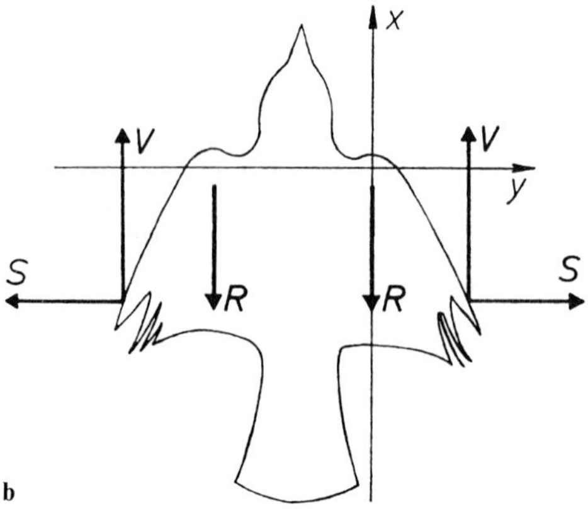

b

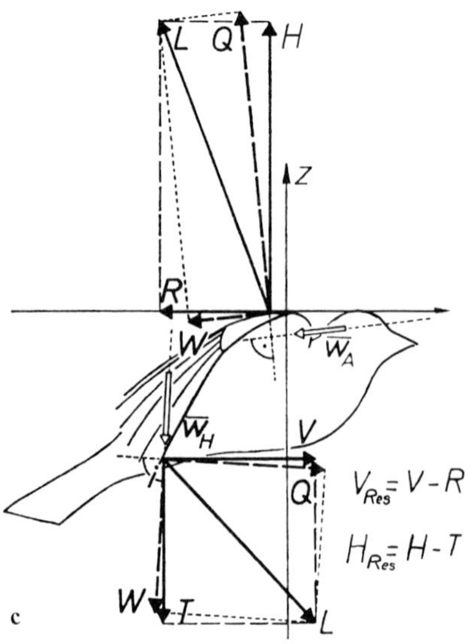

c

Abb. 14.46. a Schema der Kräftezerlegung beim Abschlag eines Vogelflügels im Moment der Stellung senkrecht zur Papierebene. Erläuterung im Text. Nach Nachtigall. **b, c** Schema der Kräftezerlegung beim Aufschlag eines Haussperlings in der Draufsicht und Seitansicht. Erläuterung im Text. (Nach Bilo, 1972)

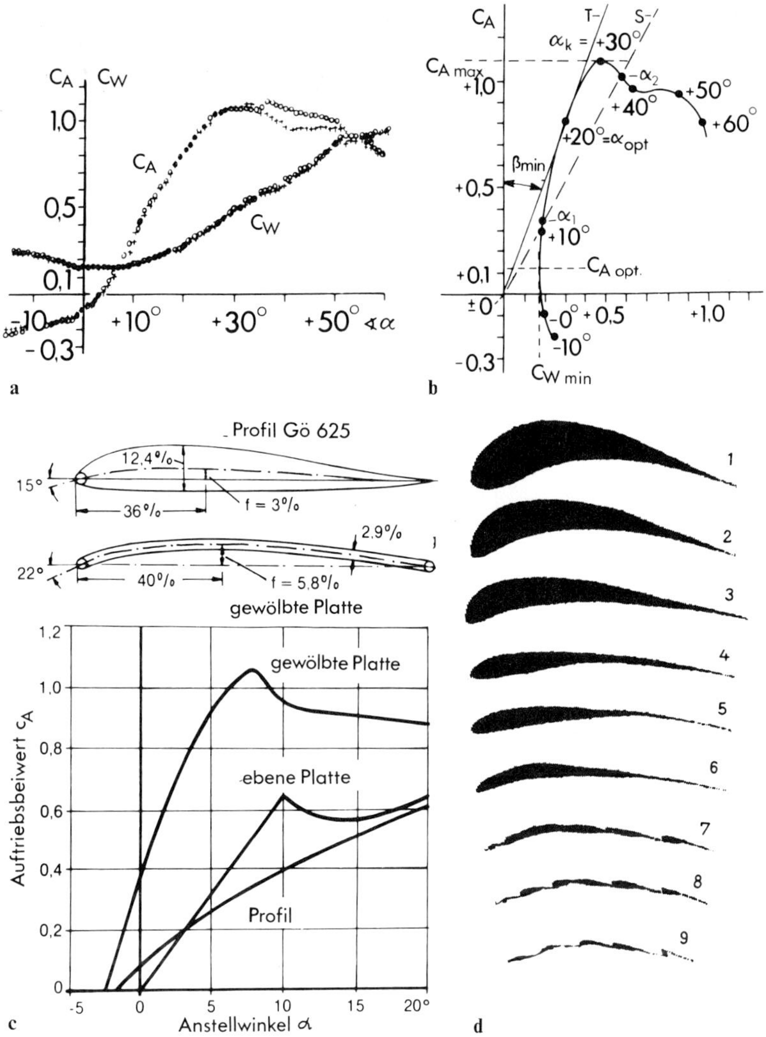

Abb. 14.47. **a** Aufgelöste Polaren $c_A(\alpha)$ und $c_w(\alpha)$ des rechten Flügels eines Haussperlings, in Gleitstellung gespreizt. Kreise: Daumenfittich abgespreizt. Kreuze: Daumenfittich angelegt. (Nach Nachtigall u. Kempf.) **b** Polare $c_A(c_W)$ aus den Daten von **a**. Erläuterungen im Text. (Nach Nachtigall.) **c** Aufgelöste Auftriebspolare $c_A(\alpha)$ für eine ebene Platte und die darübergezeichnete gewölbte Platte sowie das Profil Gö 625. (Nach Schmitz.) **d** Originalphotogramme der Flügelprofile einer Haustaube, in zunehmendem Abstand von der Flügelbasis aufgenommen. (Nach Nachtigall u. Wieser)

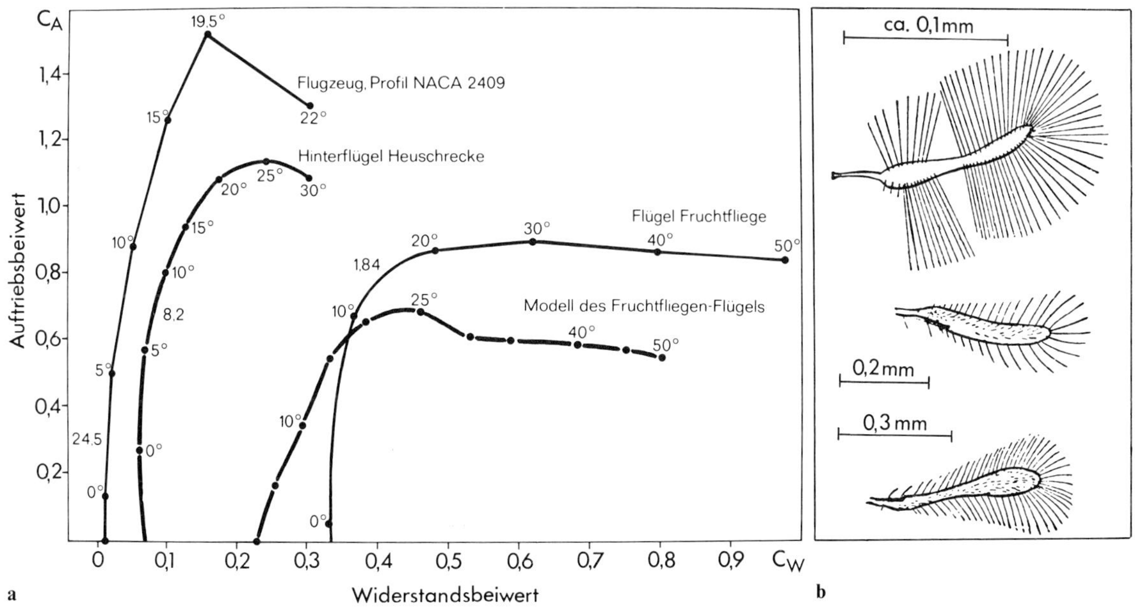

Abb. 14.48. **a** Polaren $c_A(c_w)$ verschiedener technischer und biologischer Flügel. Nach Vogel [J. exp. Biol. **46**, 431–443 (1967)]. **b** Konvergente Flügelformen verschiedener sehr kleiner Insekten. Von oben nach unten: ein Käfer, ein Fransenflügler, eine Schlupfwespe

Bei den kleinsten Reynoldszahlen der kleinsten, nur knapp millimetergroßen Insekten (kleinste Schlupfwespen: $Re \leqq 10$) wird wegen des zunehmenden Zähigkeitseinflusses (s. 14.3.1.1) das Querkraftprinzip — A groß gegen W — zugunsten des Widerstandsprinzips — W groß gegen A — aufgegeben. Die Flügel der kleinsten Käfer und Hymenopteren zum Beispiel bilden keulenartige, lang beborstete, konvergente Formen aus (Abb. 14.48b), die an schwimmhaarbesetzte Beine von Wasserinsekten erinnern (Abb. 14.37a, 14.48b) und analog diesen als „Luftruder" arbeiten.

e) Änderung der Luftkräfte während einer Schlagperiode

Aus der graphischen Darstellung der in die Ebene abgewickelten Flügelbewegung einer Fliege (Abb. 14.44a). läßt sich die $\alpha_{ae}(t)$-Funktion entnehmen (Abb. 14.44b). Demnach nimmt der aerodynamische Anstellwinkel während großer Teile des Ab- und Aufschlags Werte von $\alpha < 30°$ an, bei denen nach den Polaren der Abb. 14.48a α_{opt} kaum überschritten ist, die Strömung also noch nicht abreißt. Hiermit können förderliche Luftkräfte erzeugt werden. Der Flügel erzeugt bei Ab- und Aufschlag Auftrieb A und Vortrieb V; daß diese günstigen Verhältnisse auch beim *Aufschlag* zutreffen, resultiert aus der rückwärts geneigten Bahnschleife des Aufschlags (Abb. 14.44a) und aus einer vorherigen Rotation des Flügels um eine Längsachse, dergestalt, daß er beim Aufschlag gegen die morphologische Oberseite angeströmt wird.

Von Schlagmoment zu Schlagmoment stellt sich ein anderes A/V-Verhältnis ein. Beispielsweise wird in der Mitte des Abschlags der Hauptauftrieb, im ersten Drittel des Aufschlags der Hauptvortrieb erzeugt. (Das folgt aus den bekannten Anstellwinkeln, Geschwindigkeiten und Querkraft-Widerstands-Verhältnissen insektenflügelähnlicher Plättchen. Synchrone phasischer Direktmessungen der beiden Luftkraftkomponenten sind bisher nicht gelungen.) An den Umkehrpunkten sind die α_{ae}-Werte so hoch, daß bei stationärer Betrachtung die Strömung abreißen müßte und damit die Erzeugung förderlicher Luftkräfte zusammenbräche. Bei diesen sehr raschen kombinierten Schlag- und Drehschwingungen ($\Delta\alpha_{ae\,max} \approx 3 \cdot 10^4$ Grad pro Sekunde) scheint aber eine derartige „quasistationäre" Betrachtung der Luftkrafterzeugung nicht gestattet zu sein, da instationäre Strömungseffekte nicht mehr vernachlässigt werden dürfen. Bereiche kritischer Anstellwinkel könnten so rasch durchlaufen werden, daß es nicht zu — zeitbehafteten — Grenzschichtablösungen kommt. Infolgedessen könnte der instationäre Auftrieb merklich höher sein als der stationäre.

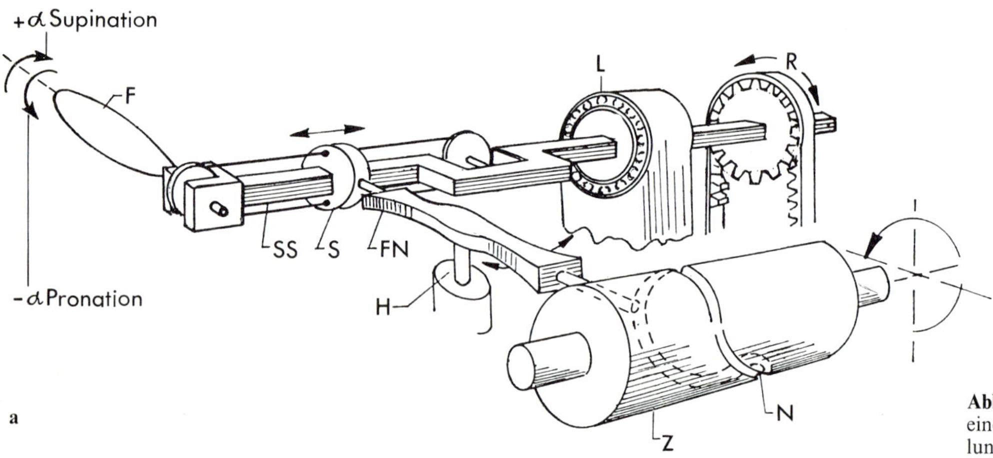

a

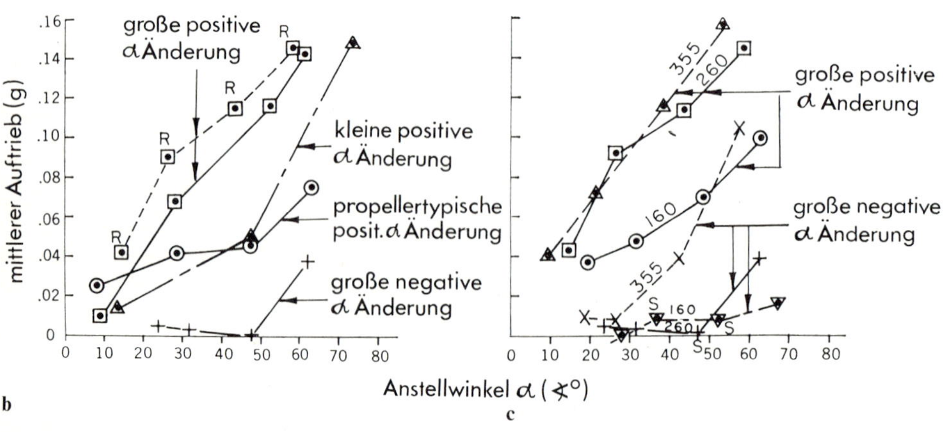

b c

Abb. 14.49. **a** Prinzipskizze eines Mechanismus zur Kopplung von Schlag- und Rotationsschwingung insektenflügelähnlicher Blättchen. Im Lager L sitzt ein Träger, der über das Zahnband R hin- und hergedreht wird (Schlagschwingung). Die in eine synchron umlaufende Walze Z eingefräste Nut N läßt einen Überträger H hin- und herschwingen, dessen Führungsnocken FN eine Scheibe S auf einer Schleifstange SS verschiebt und dabei über ein Seilgetriebe den Anstellwinkel α des Flügels F phasisch verstellt **b, c** Ergebnisse der Modellversuche. Erläuterung im Text [Nach Bennett, L.: Science **167**, 177–179 (1970)]

14.4.4.2 Instationäre Luftkrafterzeugung

Bennett hat den eben angesprochenen Gesichtspunkt mit Messungen an maikäferflügelähnlichen, schwingenden Flügelmodellen im angenäherten Schwirrflug näher untersucht.

Der künstliche Maikäferflügel (Abb. 14.49a) wurde über eine Riementransmission R angetrieben (einfach harmonischer Aufschlag und Abschlag um rund 110°) und gleichzeitig über ein kraftschlüssiges Nuten-Schleifer-Getriebe N in seinem Anstellwinkel α etwa so verstellt (Pronation — Supination), wie es Hochfrequenzaufnahmen des Maikäfers *Melolontha melolontha* erkennen lassen. Das gesamte System wurde von einem Windkanal angeblasen, gegen den es zu Simulation des mittleren Bahnneigewinkels (Winkel der „Flügelschlagebene" zur Anströmrichtung) unter 60° geneigt werden konnte. Der Auftrieb A wurde als Produkt der durch die Schlagebene laufenden Luftmasse und der induzierten Abwärtskomponente der Strömungsgeschwindigkeit berechnet. Die letztere Komponente wurde über ein Hitzdrahtanemometer gemessen, das im Abstand 0,7 · Flügellänge vom Gelenk in der medianen Frontalebene (dort ist $A \approx A_{max}$) justiert war.

Für den am Meßort momentan erreichten phasischen Anstellwinkel α_{ae} (Abb. 14.49b, Abszisse) hing der berechenbare Auftrieb (Abb. 14.49b, Ordinate) von der Größe und Richtung der aufgeprägten Anstellwinkeländerung ab. Im positiven Fall (α größer mit zunehmendem Abschlag) und bei großen Änderungen ($\Delta\alpha = 10^4$ Grad pro Sekunde) waren die größten Auftriebskräfte feststellbar; ein Strömungsabreißen trat nicht auf. Die Wiederholung des Experiments mit neuem Flügel, Hitzdraht-Sensor, Hitzdraht-Eichkurve und Getriebe führte zu einem prinzipiell gleichen Ergebnis (Abb. 14.49b, gestrichelte Kurve). Der Auftrieb sank mit abnehmendem $\Delta\alpha$. Im negativen Fall (α kleiner mit zunehmendem Abschlag) war nur sehr wenig Auftrieb meßbar, verbunden mit Strömungsabreißen. Weiter sank die Auftriebserzeugung mit abnehmender Anströmungsgeschwindigkeit (Abb. 14.49c).

Wie ersichtlich, erhöht eine α-Änderung im positiven Fall allgemein den Auftrieb (verglichen mit Stationärbedingungen) und verhindert im Bereich hoher Anstellwinkel entweder das Strömungsabreißen oder schiebt es zu höheren Anstellwinkeln hinaus. Umgekehrt führt eine α-Änderung im negativen Fall zu verstärktem Strömungsabreißen, verbessert also nicht die Bedingungen des Stationärfalls. Mit diesen Ergebnissen stimmen die $\alpha_{ae}(t)$-Funktionen für den Vorderflügel der Wüstenheuschrecke *Schistocerca gregaria* und für die Flügel der Glanzfliege *Phormia regina* überein. Aus Abb. 14.44b ist zu entnehmen, daß *Phormia* beim Abschlag durchschnittliche Anstellwinkel-Änderungen von nicht weniger als rund $2 \cdot 10^4$ Grad pro Sekunde ausführt. In solchen Fällen sehr rasch sich ändernder α_{ae}-Werte ist also eine reine quasistationäre Betrachtung (d. h. die Annahme, der Flügel erzeugte in einer bestimmten, rasch durchlaufenen Schlagstellung die gleichen Kräfte, die er in dieser Stellung „eingefroren" bei stationärer Anströmung erzeugen würde) nicht möglich. Die phasischen Auftriebswerte können ein Mehrfaches der Stationärwerte erreichen.

Fragen dieser Art wurden neuerdings insbesondere von Ellington (1980) untersucht.

14.4.5 Energetik

14.4.5.1 Formationsflug

Gänse, Enten, Schwäne, Kraniche und andere Vögel fliegen insbesondere beim Zug in Keil- oder schräger Linienformation. Es ist zu vermuten, daß durch positive Interferenz das Einzeltier im Verband weniger Energie verbraucht als im gleichschnellen Einzelflug. Definierte Phasenbeziehungen der Flügelschläge sind als Voraussetzung für eine Energieeinsparung teils gefordert und festgestellt, teils nicht gefunden worden. Hummel hat durch Modellrechnung gezeigt, daß auch ohne Phasenbeziehungen eine Leistungseinsparung beim Verbandsflug möglich ist, nachdem das induzierte Abwindfeld eines schlagenden Flügels rechnerisch durch das Aufwindfeld eines starren Flügels ersetzt werden kann.

Der — einem allein fliegenden Vogel analoge — der Rechnung zugrunde gelegte Einzelflügel muß im Stationärfall sein Gewicht G durch Auftrieb A_0 kompensieren; ($|A_0| = |G|$; Abb. 14.50a, Index 0: Einzelflügel). Dabei erfährt der Flügel den Widerstand W_0 und muß zu dessen Überwindung die Leistung $N_0 = W_0 v$ (v Fluggeschwindigkeit) aufbringen. Im Verbandflug gelten zwar die gleichen Auftriebsverhältnisse $|A| = |A_0| = G$ (kein Index: Verbandflug); jeder Flügel μ fliegt nun aber in dem von allen übrigen Flügeln am Ort von μ induzierten Aufwind der Gesamtgeschwindigkeit w_{i_μ}. Dabei wird die Flügelanströmung um den Aufwindwinkel $\varphi_\mu = w_{i_\mu} v^{-1}$ gedreht (Abb. 14.50a), wobei $v \approx$ const. Damit ergibt sich infolge Mitdrehung von A_0 in die neue Lage die Widerstandsersparnis $\Delta W_\mu = A\varphi_\mu = A w_{i_\mu} v^{-1}$, und somit ist die relative Widerstandsersparnis zu $\Delta W_\mu W_0^{-1}$, die Leistungsersparnis zu ΔN_μ und die relative Leistungsersparnis zu $e_\mu = \Delta N_\mu N_0^{-1}$ berechenbar. Für die letztere gilt

$$e_\mu = \frac{\Delta N_\mu}{N_0} = \frac{\Delta W_\mu v}{W_0 v} = \frac{A_0}{W_0} \frac{w_{i_\mu}}{v}.$$

Die gesamte absolute Leistungsersparnis ΔN und die relative Leistungsersparnis E für alle n Flügel eines Verbands ergibt sich zu

$$\Delta N = \sum_{\mu=1}^{n} \Delta N_\mu \quad \text{und} \quad E = \frac{\Delta N}{n N_0} = \frac{1}{n} \sum_{\mu=1}^{n} e_\mu .$$

Die Abb. 14.50 zeigt, daß die relative Leistungsersparnis E mit abnehmendem relativem Abstand $\Delta\eta = \Delta y b^{-1}$ (s. Einschaltbild) und zunehmender Zahl der Flügel n anwächst, wobei — bei konstantem n, $\Delta\eta$ — eine Verschiebung einzelner Flügel längs der Flugrichtung keine Rolle spielt. Bei gleicher Gesamtersparnis hängt die Verteilung der Leistungsersparnis auf die einzelnen Vögel allerdings von der Form des Verbandes ab. Die Abb. 14.50c, d zeigt die Verhältnisse bei einer Keilflugformation (offene Kreise und Kästchen). Die inneren Vögel weisen eine nur sehr geringe Einsparung zugunsten der weiter außen fliegenden Vögel auf. Der Verband kann so modifiziert werden (schwarze Kreise und Kästchen), daß nahezu konstante Leistungsersparnis-Verteilung resultiert. Annäherung an solche theoretisch erschlossene, aerodynamisch optimale Flugformationen ist nicht selten beobachtbar.

14.4.5.2 Flugleistungen

Die Flugleistung setzt sich aus einzelnen Komponenten zusammen, die in der Abb. 14.51a getrennt dargestellt und zu der Gesamtleistungskurve verrechnet sind.

Zur Huberzeugung muß Luft abwärts beschleunigt werden. Die dafür verbrauchte Leistung ist gleich der induzierten Leistung P_i. Sie ist beim Rüttelflug auf der Stelle ($v=0$) am größten und sinkt mit steigender Fluggeschwindigkeit. Die schädliche Leistung P_{sch} wird zur Überwindung des Profilwiderstands des Flugkörpers gebraucht und steigt mit der dritten Potenz der Fluggeschwindigkeit v. Die Profilleistung P_P wird zur Überwindung des Profilwiderstands der Flügel eingesetzt und ändert sich mit zunehmender Fluggeschwindigkeit wenig. Eine Leistung zur Überwindung des Trägheitsmoments der Flügel wird von manchen Autoren gefordert, von anderen als Teil der induzierten Leistung betrachtet. (Zu den genannten Leistungskomponenten für den geradlinigen horizontalen Streckenflug käme beim Steigflug die sogenannte Steigleistung, die zur Gewinnung potentieller Energie eingesetzt wird.) Die Addition der genannten Leistungskomponenten gibt die Flugleistung P_F. Diese ist als Funktion der Fluggeschwindigkeit in Abb. 14.51a dargestellt. Sie ist beim Rüttelflug auf der Stelle nicht unbeträchtlich, sinkt dann auf ein breites Minimum um $v=8$ m/s und steigt mit zunehmender Geschwindigkeit an. Die Taube muß beim Rüttelflug 11,5 W, beim Flug mit einer Geschwindigkeit von 8–9 m/s 8,7 W ausgeben. Im letzteren Fall kann sie mit einem gegebenen Nährstoffvorrat am längsten in der Luft bleiben.

Aus dem Leistungsdiagramm läßt sich eine Reihe von Grenzwerten ablesen. Die Fluggeschwindigkeit v_{ms}, bei der die größte Flugstrecke pro geleisteter Arbeit zurückgelegt werden kann, liegt unter dem Berührungspunkt einer durch den Ursprung gelegten Tangente an die Kurve $P_F(v)$. Bei der Taube beträgt sie $v_{ms}=16$ m/s; das Tier gibt dabei 10,5 W aus. Bei dieser Geschwindigkeit kann der Vogel mit einem gegebenen Nährstoffvorrat die größte Flugstrecke zurücklegen. Für die Taube berechnet sich diese wie folgt: Die bei der vollständigen Oxydation von einem Gramm Fett entstehende Energie beträgt etwa $4 \cdot 10^4$ J. Der Wirkungsgrad der Flugmuskulatur beträgt etwa $\eta=0{,}2$. Damit ergibt sich eine maximale Flugstrecke von 11,8 km pro Gramm Fett. Rechnet man für eine große Taube einen gesamten Fettvorrat von rund 37 g, so kann das Tier bei $v_{ms}=16$ m/s maximal 400 km zurücklegen. Dafür braucht es 7 Flugstunden.

a
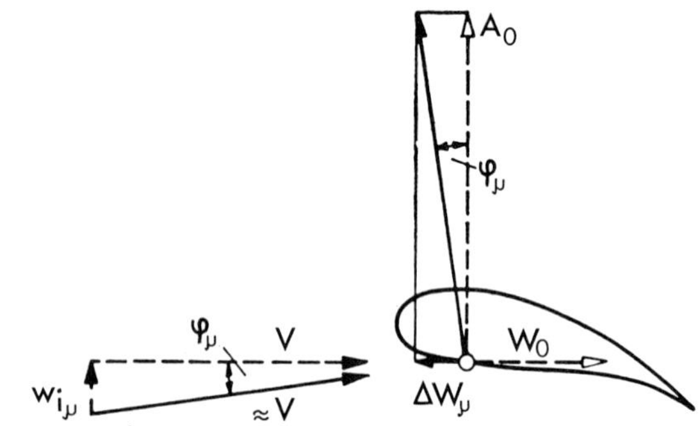

b
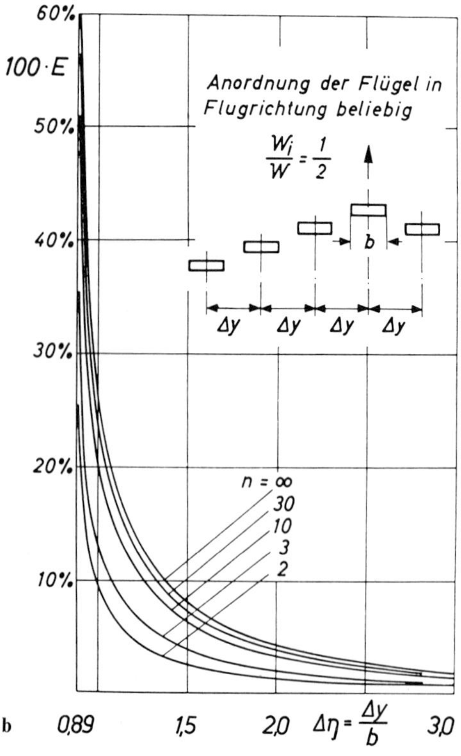

c
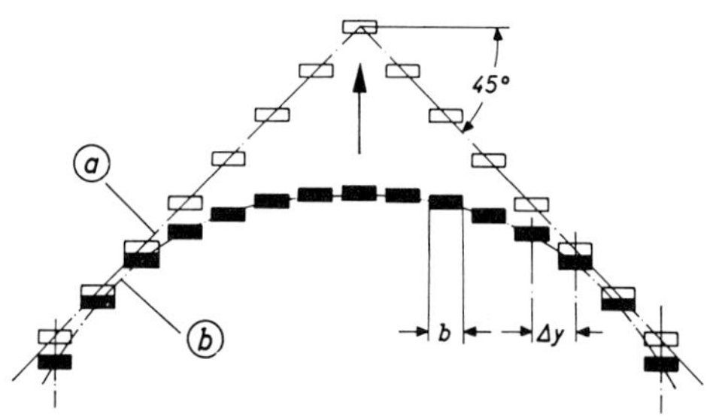

d
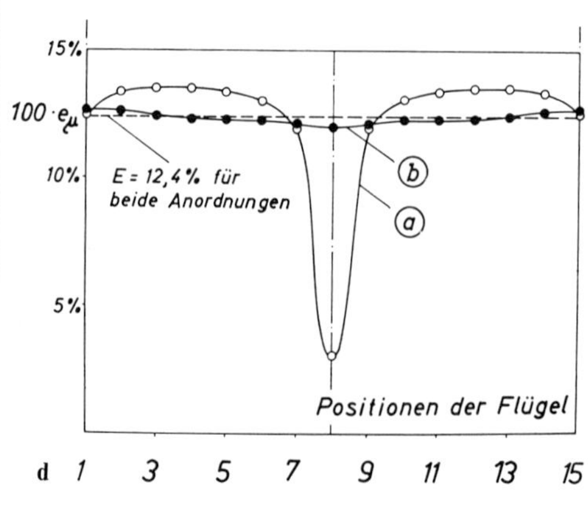

Abb. 14.50. **a** Einfluß eines induzierten Aufwinds auf die Auftriebsrichtung an einen Flügel. Erläuterung im Text. **b** Prozentuale Energieeinsparung E, abhängig vom Verhältnis aus Flügelabstand und Flügelbreite $\Delta y/b$ und der Zahl der Flügel n in einem Verband. **c, d** Relative Energieeinsparung verschiedener Flügel in strenger Keilformation (offene Kästchen und Kreise), sowohl in einer Anordnung, die jedem Flügel ungefähr gleiche Energieeinsparung ermöglicht (dunkle Kästchen und Kreise). [Nach Hummel, D.: J. Ornithol. **114**, 259–282 (1973)]

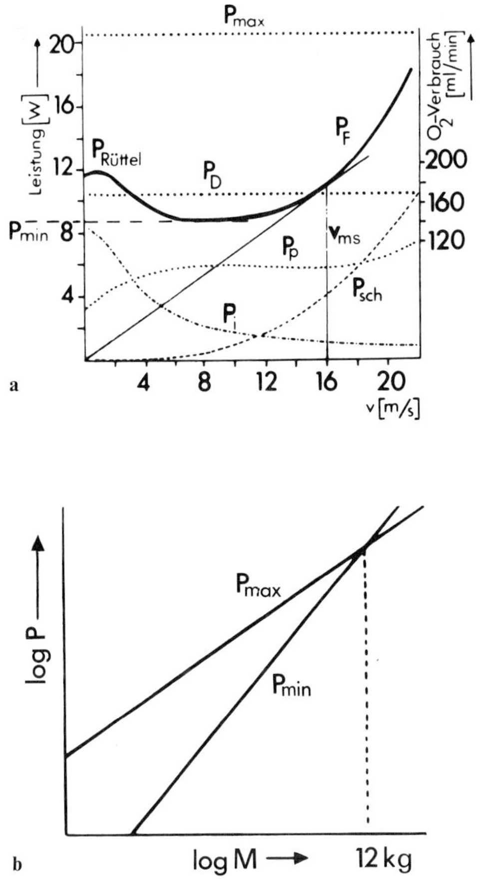

Abb. 14.51. a Flugleistung P_F (linke Ordinate) und Sauerstoffverbrauch (rechte Ordinate) einer Taube als Funktion der Fluggeschwindigkeit v und Zustandekommen von P_F aus den Komponenten P_i, P_{sch} und P_p. Erläuterungen im Text. **b** Abhängigkeit der zur Verfügung stehenden Muskelleistung P_{max} und der zum aktiven Horizontalflug minimal auszugebenden Leistung P_{min} verschiedener Vögel von der Masse M. Massengrenze für den Kraftflug bei $M \approx 12$ kg. [Nach Pennycuick, L.J.: J. exp. Biol. **49**, 527–555 (1968)]

Diese maximale Flugstrecke, die ein Vogel mit einem gegebenen Nährstoffvorrat zurücklegen kann, hängt von der „aerodynamischen Güte" der Flugmaschine „Vogel" ab. Die aerodynamische Güte ist um so höher, je größer der Quotient mittlerer Hub $\bar{H}$/mittlerer Widerstand $\bar{W}$ ist. Dieser Quotient $\bar{H}/\bar{W}$ ist am größten bei v_{ms}; hierbei erreicht die Taube einen Wert von rund 6, Hubschrauber erreichen Werte von 15 bis 20. Pennycuick hat für die maximale Flugstrecke s_{max} folgende Beziehung abgeleitet: $s_{max} = E/G \cdot (\bar{H}/\bar{W})_{max}$. Dabei ist E die zur Überwindung von s_{max} notwendige Flugarbeit, G das Körpergewicht. E entspricht einer bestimmten Menge an Nährstoffen, vor allem Fett. Rechnet man gleichen prozentualen Fettanteil für einen Flug, etwa 10% des Körpergewichts, so würde ein großer Kolibri etwa 0,5 g, eine hundertmal schwerere Taube 50 g verbrauchen. Mit diesen beiden Treibstoffmengen kämen die beiden so unterschiedlich großen und schweren Vögel gleich weit, wenn man gleiche aerodynamische Güte voraussetzt.

14.4.5.3 Leistungsgrenzen

Als maximale Dauerflugleistung P_D kann man die Dauermuskelleistung bezeichnen, die der Vogel abgeben kann, ohne daß er eine Sauerstoffschuld eingeht. Sie ist in Abb. 14.51a als punktierte Horizontallinie eingezeichnet. Demnach beträgt sie für die Taube etwa 10,4 W und wird gerade bei der ausgezeichneten Geschwindigkeit v_{ms} erreicht. Nach den Schnittpunkten P_f und P_D betragen die minimalen und maximalen Dauergeschwindigkeiten für die Taube etwa 3 m/s und 16 m/s. Beim senkrechten, aufsteigenden Rüttelflug kann die Taube für sehr kurze Zeit maximal 20,4 W abgeben, wie durch die abszissenparallele Linie P_{max} dargestellt ist. Hierbei geht sie eine beträchtliche Sauerstoffschuld ein. Für verschieden große Vögel verschieben sich die Lagen der Geraden P_D und P_{max} relativ zur Kurve P_F.

Große und schwere Vögel kommen bald an die Grenze einer Fähigkeit zum Kraftflug. Nach Pennycuick ist die maximal zur Verfügung stehende Muskelleistung P_{max} proportional $M^{7/6}$ (M = Masse), die minimal zum horizontalen Kraftflug nötige Muskelleistung P_{min} proportional $M^{2/3}$. Trägt man die beiden Kurven $P(M)$ auf (Abb. 14.51b), so findet man Gleichheit $P_{max} = P_{min}$ bei $M \approx 12$ kg. Schwere Vögel sind also nicht mehr zum Kraftflug befähigt. Etwa so schwer werden die Riesentrappe, der Kalifornische Kondor und der Trompetenschwan.

Literaturauswahl

Bilo, D.: Flugbiophysik von Kleinvögeln. I und II: Kinematik und Aerodynamik des Flügelabschlags beim Haussperling (Passer domesticus L.). Z. Vergl. Physiol. **71**, 382–454 (1971); **76**, 426–437 (1972).

Ellington, C.F.: Vortices and howering flight. In: Nachtigall, W. (Hrsg.). Instationäre Effekte an schwingenden Tierflügeln. Akad. Wiss. u. Lit. Mainz (1980).

Jensen, M.: Biology and physics of locust flight. III. The aerodynamics of locust flight. Phil. Trans. B **239**, 511–552 (1956).

Nachtigall, W.: Die Kinematik der Schlagflügelbewegungen von Dipteren. Methodische und analytische Grundlagen zur Biophysik des Insektenflugs. Z. Vergl. Physiol. **52**, 155–211 (1966).

Nachtigall, W.: Biophysik des Tierflugs. Rheinisch-Westfälische Akademie der Wissenschaften, Vorträge N 236, S. 73–138. Köln-Opladen: Westdeutscher Verlag 1974.

Oehme, H.: Der Kraftflug der Vögel. Vogelwelt **89**, 20–42 (1968).

Pennycuick, C.J.: Animal flight. London: Arnold 1972.

Weis-Fogh, T., Jensen, M.: Biology and physics of locust flight. I. Basic principles in insect flight. A critical review. Phil. Trans. B **239**, 415–458 (1956).

Zarnack, W.: Flugbiophysik der Wanderheuschrecke (Locusta migratoria L.) I. Die Bewegungen der Vorderflügel. J. Comp. Physiol. **78**, 356–395 (1972).

14.5 Biostatik

WERNER NACHTIGALL

14.5.1 Definition

Pflanzen und Tiere sind auch in unbewegtem Zustand stets Kräften ausgesetzt, Landlebewesen zumindest ihrem Eigengewicht, das — im Gegensatz zu Wasserbewohnern — durch statischen Auftrieb des umgebenden Mediums nicht kompensiert werden kann. Mit dem Zusammenspiel von inneren und äußeren Kräften und Momenten bei verschiedenen Stellungen und Bewegungen pflanzlicher und tierischer Organismen befaßt sich die Biostatik.

14.5.2 Dimensionsbetrachtung; biomechanische Konsequenzen der Absolutgrößen

Die Kräfteverhältnisse und die Befähigung der Stützelemente, äußere Belastung und Eigengewicht zu kompensieren, ändern sich mit der Absolutgröße. Für Durchmesser d, Radius r, Oberfläche O und Volumen V von Kugeln gilt zum Beispiel $d=2r$; $O=4r^2\pi$; $V=\frac{4}{3}r^3\pi$; $O/V \sim r^2/r^3 \sim r^{-1}$.

Mit zunehmender Größe wird also die auf die Volumeneinheit fallende Oberfläche immer kleiner. Nimmt man die Kugel als einfachstes Denkmodell für den Körper eines Lebewesens (die Betrachtung gilt im Prinzip auch für beliebig anders geformte, geometrisch ähnliche Körper), so gelten für die Oberfläche O, das Volumen V und die — bei Dichtegleichheit — dem Volumen proportionalen Größen Masse m und Gewicht G die Proportionen $O \sim r^2$; V, $m \sim r^3$ und somit $O^3 \sim G^2$ oder $O \sim \sqrt[3]{G^2} \sim G^{\frac{2}{3}}$. Diese einfache Beziehung hat außerordentlich weitreichende statische, dynamische und energetische Konsequenzen.

Der erstere Gesichtspunkt sei hier weiter diskutiert.

14.5.3 Statische Systeme hoher Schlankheitsgrade

Nach dem eben Gesagten müßte ein Strohhalm, würde ihn die Natur größer bauen, seine Proportionen ändern. Als kennzeichnendes Maß sei der Schlankheitsgrad $\lambda = h/d$ betrachtet.

(h Höhe, d mittlerer Durchmesser. Genaue Definition: $\lambda = h/\sqrt{I/F_0}$; I Flächenträgheitsmoment (s. 14.2.6.4), F_0 Basisquerschnittsfläche. Der Ausdruck unter der Wurzel besitzt die Dimension $\sqrt{\text{Länge}^4/\text{Länge}^2}$ = Länge; für Überschlagsrechnungen kann er durch d ersetzt werden.)

Der Roggenhalm erreicht mit $h \approx 150$ cm und $d \approx 0{,}3$ cm einen Schlankheitsgrad von $\lambda \approx 500$. Der schlankste Fabrikschornstein der Welt, die 1927 errichtete Halsbrücker Esse bei Freiberg in Sachsen, erreicht dagegen „nur" einen Schlankheitsgrad von $\lambda = 140$ m/8 m = 17,5, der Münchener Fernsehturm erreicht $\lambda = 290$ m/16,5 m = 17,6. Vor der unangemessenen Einschätzung der scheinbar besseren natürlichen Konstruktion bewahrt die Einbeziehung relevanter statischer Gesetzlichkeiten. Dem Volumen $V \sim h^3$ der zylindrisch gedachten Hochbaukonstruktion proportional ist die belastende Eigenmasse m. Nach dem Barba-Kickschen Gesetz der proportionalen Widerstände ist der innere Widerstand W dieses Systems gegen Belastung der Querschnittsfläche $F \sim h^2$ proportional. Bei Vergrößerung der Absoluthöhe h unter Wahrung der Proportionen wächst also m stärker als W, so daß das System nach Überschreiten einer Grenzhöhe unter seiner Eigenmasse zusammenbricht. Um das zu verhindern, muß F rascher wachsen als proportional dem Quadrat der Höhe; statt $F \sim h^2$ muß nach Barba-Kick gelten: $F \sim h^3$.

Da weiter $F \sim d^2$ ergibt sich die geforderte Proportion zu $d^2 \sim h^3$ und daraus der Durchmesser zu $d \sim h\sqrt{h}$.

Bei Vergrößerung von h wird das Bauwerk also seine Proportionen nicht bewahren können (was $d \sim h$ bedeutete), sondern relativ dicker werden. Das bedeutet, daß der Schlankheitsgrad λ des Bauwerks mit steigender Absolutgröße drastisch abnehmen muß (letzte Spalte in Abb. 14.51a). Der Vergleich tatsächlich realisierter Schlankheitsgrade bei natürlichen Hochbaukonstruktionen bestätigt die Relevanz

		$d \sim h$ (nicht zutreffend)		$d \sim h\sqrt{h}$ (zutreffend)	
h [m]	h^* [Vielfache von 1,5 m]	d [m] $= h^* \cdot 1{,}5 \cdot \frac{1}{500}$	$\lambda = \frac{h}{d}$	d [m] $= h^* \cdot \sqrt{h^*} \cdot 1{,}5 \cdot \frac{1}{500}$	$\lambda = \frac{h}{d}$
1,5	1	$3 \cdot 10^{-3}$	500	$3 \cdot 10^{-3}$	500
3	2	$6 \cdot 10^{-3}$	500	$8{,}5 \cdot 10^{<3}$	354
9	6	$1{,}8 \cdot 10^{-2}$	500	$4{,}4 \cdot 10^{-2}$	204
18	12	$3{,}6 \cdot 10^{-2}$	500	$1{,}2 \cdot 10^{-1}$	144
36	24	$7{,}2 \cdot 10^{-2}$	500	$3{,}5 \cdot 10^{-1}$	102
72	48	$1{,}4 \cdot 10^{-1}$	500	$1{,}0 \cdot 10^{0}$	72
144	96	$2{,}9 \cdot 10^{-1}$	500	$2{,}8 \cdot 10^{0}$	52
288	192	$5{,}8 \cdot 10^{-1}$	500	$8{,}0 \cdot 10^{0}$	36

Abb. 14.52a. Beispielrechnung für höhenabhängige Änderung der Schlankheitsgrade

	Höhe [m]	maximaler Schlankheitsgrad λ_{max} [−]
Roggen	1,5	500 : 1
Bambus	25–40	133 : 1
Palmen	30–40	60 : 1
Tanne	70	42 : 1
Eukalyptus	128	28 : 1
Sequoien	>100	15 : 1

Abb. 14.52b. Höhen und Schlankheitsgrade von Gräsern und Bäumen. Erläuterung im Text. (Nach Nachtigall)

dieser Gesetzlichkeit für die belebte Welt (Abb. 14.52a, b).

14.5.4 Kräfte und Momente

Begriffe der geometrischen Addition und Zerlegung von Kräften und Momenten, der Kräfteverschiebung längs der Kraftwirklinie, der Bildung der Resultierenden zwei paralleler Kräfte, des Kräftepaars, der Kräfteparallelverschiebung unter Zufügung eines Moments werden als bekannt vorausgesetzt. Weiterhin wird die Technik der Bildung der Resultierenden in einem zentralen und in einem allgemeinen Kräftesystem durch wiederholte Parallelogramm- und Kräftedreiecksbildung bzw. Seileck- und Schlußlinienverfahren als bekannt vorausgesetzt. Zum Verständnis der Wirkung von Sehnen sei hier folgende Beziehung angegeben. Wird ein Band, das die Zugkraft oder Seilkraft P_S entwickelt, umgelenkt, so tritt eine von den beiden Teilzügen des Bandes induzierte Umlenkkraft P_U auf. Sie besitzt die Größe $P_U = 2P_S \cos\alpha/2$ und verläuft in Richtung der Winkelhalbierenden des Umlenkwinkels α zur offenen Seite.

14.5.5 Biegebeanspruchung und Biegefestigkeit

14.5.5.1 Beanspruchungsarten

Bei Schrägbelastung, der mit Abstand häufigsten Belastungsart, wird ein Körper auf Druck und Schub, vor allem aber auf Biegung beansprucht. Insbesondere biologische Materialien, etwa die Knochenkompakta, sind zwar außerordentlich druck- und zugfest, brechen dagegen bereits bei vergleichsweise geringen Biegebelastungen. Biegeentlastung durch gegenseitige Beeinflussung von Tragestrukturen oder Zusatzstrukturen ist deshalb ein weit verbreitetes und äußerst wesentliches Konstruktionsmerkmal biologischer Leichtbauweise.

14.5.5.2 Biegeentlastung durch Gegengewichte und Zuggurtung

Belastet man eine Vollsäule zentrisch mit der Kraft P (Abb. 14.53a), so resultiert in jedem Querschnitt Q die gleiche Druckbelastung $D = P/Q$. Belastet man die Säule exzentrisch achsenparallel über einen Ausleger, so wird sie in jedem Querschnitt auf Druck und zusätzlich auf Biegung belastet, also auf der der Kraft P zugewandten Seite gestaucht, auf der abgewandten gedehnt (Abb. 14.53b, c). Durch Gegenbiegung über ein Gegengewicht (Abb. 14.53d) oder über eine Zugverspannung (Abb. 14.53e) kann die Biegebelastung B im Grenzfall auf Null reduziert werden. Bei Schrägbelastungen kann es zusätzlich zum Auftreten von Scherungskräften und damit zum Auftreten von Tangential- oder Schubspannungen S im betrachteten Querschnitt kommen.

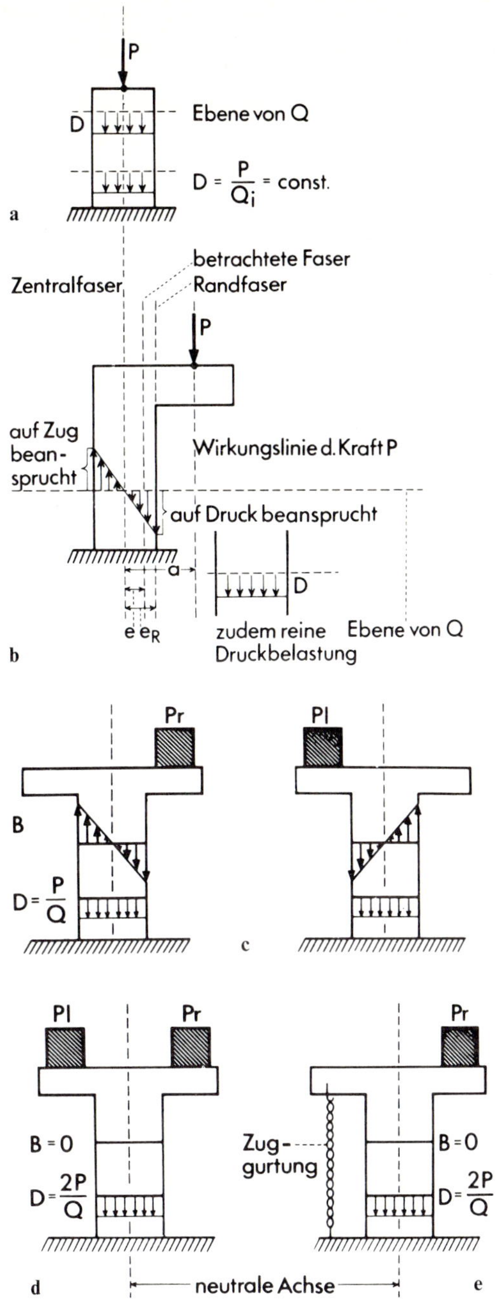

Abb. 14.53. **a** Druckbeanspruchung bei zentrischer, achsenparalleler Belastung. **b** Druck- und Biegebeanspruchung bei exzentrischer, achsenparalleler Belastung. **c** Biegebeanspruchungsrichtungen bei gegenläufigen Belastungen. **d** Reduktion der Biegebeanspruchung durch Gegengewicht. **e** Reduktion der Biegebeanspruchung durch Zuggurtung. Maßstab für D nicht konstant. (Nach Nachtigall, basierend auf Pauwels)

14.5.5.3 Grundbeanspruchung eines Röhrenknochens

Ein Röhrenknochen ist üblicherweise auf zwei Gelenken gelagert; zu seiner „Feststellung“ muß für jedes Gelenk mindestens ein eingelenkiger Muskel vorhanden sein, wenn das Gelenk, vereinfachend betrachtet, nur einen Freiheitsgrad der Rotation aufweisen soll. Im Gleichgewichtsfall (Ruhezustand) müssen die durch eine Gewichtsbelastung P und die Muskelspannung mu induzierten Momente entgegengesetzt gleich sein (Abb. 14.54a):

$$Pa_P = mu\, a_{mu}\,.$$

Das bedeutet, daß die Resultierende R aus Gewichtsbelastung und Muskelzug durch den Gelenkmittelpunkt läuft (Abb. 14.54a). Dann herrschen im Gelenk (theoretisch) reine Druckbelastungen. Bei gegebener Größe und Richtung von P müssen sich die Muskeln also gerade so anspannen, daß diese Bedingungen erfüllt sind.

Abgesehen von der Gelenkregion werden alle Knochenbereiche auf Druck D (→Druckbespannung), Scherung S (→Schubspannung) und Biegung B (→Biegespannung) beansprucht. Bei achsenschräger Belastung P nimmt die Biegung nach unten zu. Durch die Muskelzüge werden die Gelenkregionen zusätzlich druck- und scherungsbelastet, dagegen — wegen in Richtung zum Gelenkmittelpunkt zunehmender „Gegenbiegung“ im Idealfall bis auf Null — biegeentlastet. Durch die Zuggurtungswirkung [Gegenbiegung durch zweigelenkige Muskeln oder muskelgespannte Sehnenbänder (Tractus)] kann der Röhrenknochen sehr merklich biegeentlastet werden, wenngleich die Druckbeanspruchung steigt (Abb. 14.54b). Da Knochenmaterial sehr druckfest, dagegen biegeempfindlich ist, tragen derartige Verspannungen ungemein zu einer skeletmechanisch günstigen Stabilität bei.

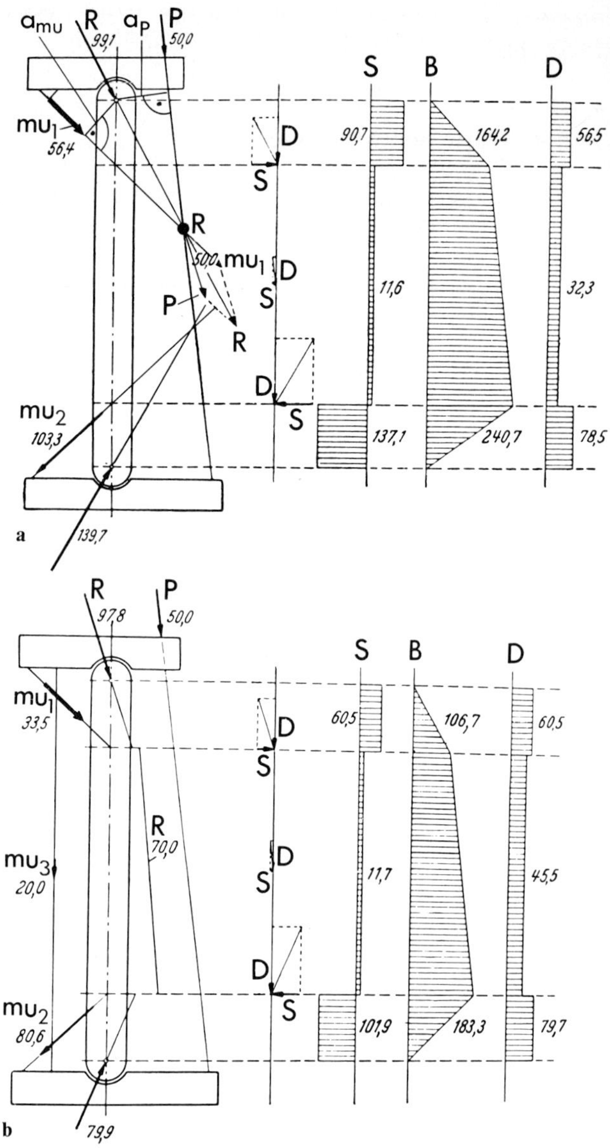

Abb. 14.54a, b. Schema der beidseitig gelenkigen Einspannung eines (Oberschenkel-)Knochens, seiner Belastungs- und Beanspruchungsverhältnisse. P Belastung, mu Zugbeanspruchung durch Muskelzug, R resultierende Belastung von P und mu; geht im Gleichgewichtsfall durch den Gelenkdrehpunkt, a_p senkrechter Abstand des Drehpunktes von P, a_{mu} senkrechter Abstand des Drehpunktes von mu, D Druckbelastung, S Schubbelastung, B Biegebelastung. (Nach Pauwels, ergänzt)

14.5.5.4 Biegemoment und Widerstandsmoment

Als maximale Biegebelastung, absolut gleich der Biegefestigkeit B_{max} eines Systems, bezeichnet man den Quotienten aus Biegemoment M_b und Widerstandsmoment W; $B_{max} = M_b/W$. Dabei wird das Biegemoment M_b induziert durch eine über seinen senkrechten Abstand a angreifende Kraft P (Eigengewicht, Fremdbelastung): $M_b = Pa$. Das Widerstandsmoment W beinhaltet die Befähigung des Systems, einer solchen Belastung Widerstand entgegenzusetzen, und hängt von der Art und Querschnittsverteilung des Materials ab, wobei sich die Querschnittsverteilung im Flächenträgheitsmoment I widerspiegelt.

Das Widerstandsmoment ist definiert als: $W = I/e_R$ (e_R Abstand der Randfaser (Abb. 14.53b) von der neutralen Zentralfaser). Somit gilt:

$$B_{max} = M_b \cdot W^{-1} = P \cdot a \cdot e_R \cdot I^{-1}\,.$$

Diese maximale Biegebelastung wird auch als Biegebeanspruchung bezeichnet. Für jede andere betrachtete Faser vom Abstand e zur neutralen Faser gilt die nämliche Beziehung für die Biegebelastung: $B = M_b \cdot W^{-1} = P \cdot a \cdot e \cdot I^{-1}$. Die Gesamtbelastung eines schräg belasteten Systems beträgt $B_{ges} = D + S + B_{max}$. Da meist $(D+S) \ll B_{max}$, gilt in erster Näherung $B_{ges} \approx B_{max}$, woraus die große praktische Bedeutung der Biegebelastung ersichtlich ist.

14.5.5.5 Axiales Flächenträgheitsmoment

Das axiale Flächenträgheitsmoment I als Kenngröße für die Materialverteilung in einem Querschnitt gegebener Außenkontur ist die Summe aus den Produkten aller Flächenelemente ΔF innerhalb dieses Querschnitts und den Quadraten ihrer Abstände von einer gewählten Bezugsachse. Definiert man in einem rechteckigen Querschnitt nach Art der Abb. 14.55a zwei Achsen x und y als Bezugsachsen, so ergeben sich für die Balkenhälften zwei axiale Flächenträgheitsmomente, je nachdem, ob auf die Achse x oder y bezogen wird:

$$I_x = \Sigma \Delta F y^2, \quad \text{entsprechend} \quad \int y^2 dF \text{ (Dimension: Länge}^4\text{)},$$

$$I_y = \Sigma \Delta F x^2, \quad \text{entsprechend} \quad \int x^2 dF \text{ (Dimension: Länge}^4\text{)}.$$

Die entsprechenden Widerstandsmomente in bezug auf die x- und y-Achse lauten

$$W_x = \frac{I_x}{e_x}; \quad W_y = \frac{I_y}{e_y}.$$

Als Beispiel sind die statischen Kenngrößen des Balkens der Abb. 14.55a in Abbildung 14.55d zusammengestellt. Demnach besitzt der gleiche Balken hochkantbelastet (Biegung um die x-Achse) ein $170{,}7:42{,}7\approx 4$mal höheres Flächenträgheitsmoment und ein $42{,}68:21{,}35\approx 2$mal höheres Widerstandsmoment. Die erstere Belastung ist also festigkeitstechnisch günstiger als die zweite.

Wird der als $a=0{,}5$ m lang angenommene Balken von Abb. 14.55a einseitig eingespannt und am freien Ende mit einem Gewicht $B=10$ N belastet, so treten nach Abb. 14.55 im basalsten Querschnitt Q_1 bei Hochkantstellung Biegespannungen von $B=11{,}72\,\mathrm{Nm}^{-2}$, bei Flachkantstellung doppelt so hohe Biegespannungen von $23{,}42\,\mathrm{Nm}^{-2}$ auf. Homogene Materialverteilung verausgesetzt wird der gleichartig belastete Balken ($M_b=$const) also flachkant eingespannt eher seine Bruchfestigkeit überschreiten und daher brechen als hochkant eingespannt.

Bisweilen schließen sich die einzeln stehenden Festigungsstränge durch periphere Verwachsung zu einem im Querschnitt kreisringartigen Festigungszylinder zusammen, der besonders günstige Festigkeitseigenschaften gegen Biegung in alle Richtungen aufweist (Abb. 14.56). Betrachtet man den gesamten Stengelquerschnitt als Träger, so findet man auch hier periphere Verlagerung der stützenden Flächenelemente (Strangquerschnitte) und somit die Konzeption einer optimalen Biege- und Torsionssteifheit (Abb. 14.56, rechts).

14.5.5.6 Polares Flächenträgheitsmoment

Eine günstige Torsionssteifheit äußert sich in einem besonders hohen polaren Flächenträgheitsmoment I_p, für dessen Berechnung die Mittellinie des Stengels als Bezugsachse genommen wird (im Querschnitt der Mittelpunkt), der Radius r des Stengels als Abstand der Randfaser (entsprechend e_r). Als Flächenelemente werden aneinander schließende Kreisringe zunehmenden Mittelpunktsabstands betrachtet (Abb. 14.55c):

$$I_p = \Sigma \Delta F r^2, \quad \text{entspr.} \quad \int r^2 dF \ (\text{Dimension: Länge}^4).$$

Bei Kreis- und Kreisringquerschnitten ist das polare Trägheitsmoment und Widerstandsmoment I_p, W_p doppelt so groß wie das axiale, I, W.
Nach dem eben gesagten sind periphere Kreiszylinder als Stützstrukturen optimal. Auf vielen Schnitten von Stengeln, Sprossen und Stämmen findet man dieses Prinzip verwirklicht oder zumindest angenähert (Abb. 14.56). Die periphere Verschiebung der Stützelemente möglichst weit von der neutralen Biege-(mittel)achse entfernt geht oft Hand in Hand mit einer Materialersparnis im Zentrum (hohle Stengel). Stütz-

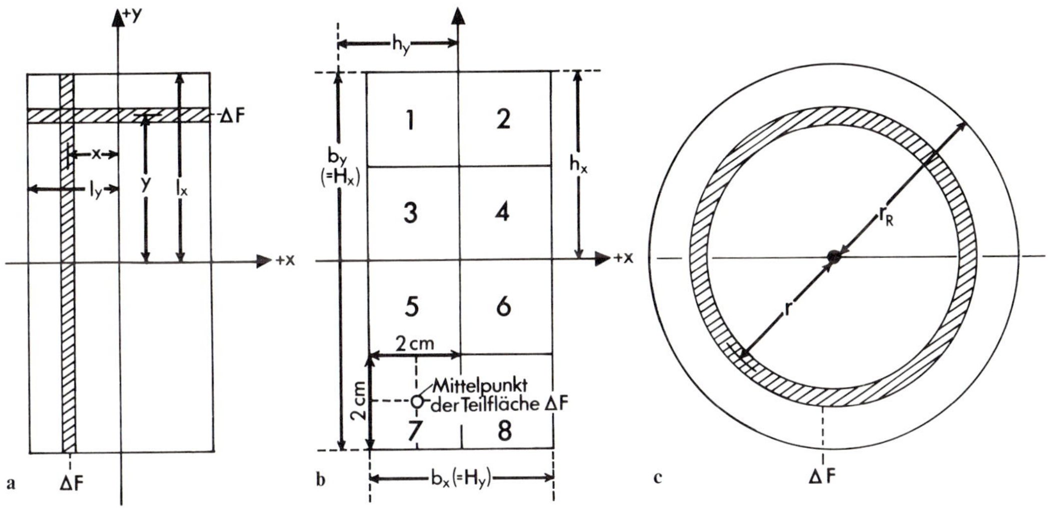

$h_y=e_y=2$, $h_x=e_x=4$, $b_y=8$, $b_x=4$ (m); P=10 (N), a=50 (m)	Flächenträgheitsmoment		Widerstands-moment	Biege-moment	Biegebean-spruchung
	Nährungswert $J_n=2\sum\Delta Fn^2$	Exakter Wert $J_n=2\int n^2 dF$	$W_n=\frac{J_n}{e_n}$	$M_b=P\cdot a$	B_n
	(m^4)	(m^4)	(m^3)	$(N\cdot m)$	$(N\cdot m^{-2})$
Biegung um die y-Achse	32	42,7	21,35	500	23,42
Biegung um die x-Achse	160	170,7	42,68	500	11,72

d

Abb. 14.55. a Skizze zur Veranschaulichung des axialen Flächenträgheitsmoments bei Biegung eines Balkens um die Achse x oder y. Erläuterung im Text. **b** Zerlegung eines Balkens in Flächeneinheiten von je $4\,\mathrm{cm}^2$ zur Gewinnung eines Näherungswertes für das axiale Flächenträgheitsmoment. **c** Schemaskizze zur Verdeutlichung des polaren Flächenträgheitsmoments. Erläuterung im Text. **d** Kennzeichnende Momente und Beanspruchungen bei Biegung des unter **a** und **b** dargestellten Balkens um zwei zueinander senkrecht stehende Achsen

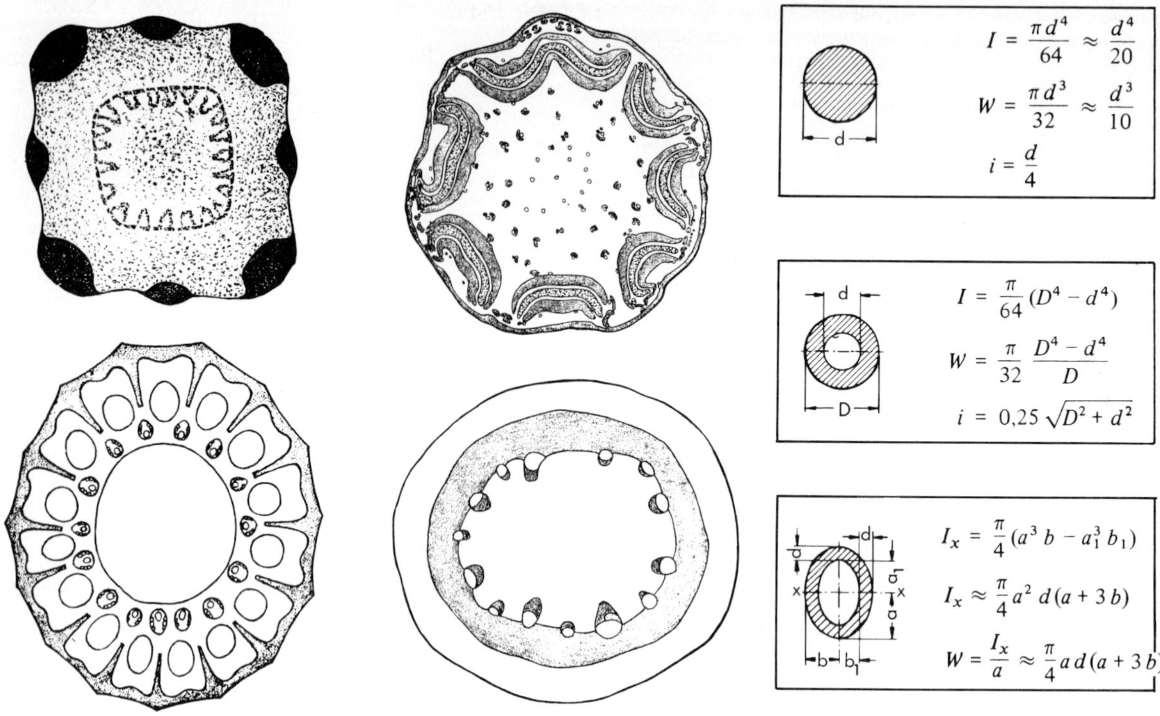

Abb. 14.56. Querschnitte durch pflanzliche Stengel und Sprosse sowie analoge Querschnitte durch technische Körper hohen polaren Flächenträgheitsmoments. Von oben nach unten und links nach rechts: *Sambucus spec.* (Holunder), *Cyathea usambarensis* (ein tropischer Baumfarn), *Equisetum telmateja* (ein Schachtelhalm), *Armeria elongata* (eine Grasnelke). (Nach verschiedenen Autoren zusammengestellt; Formeln nach Böge)

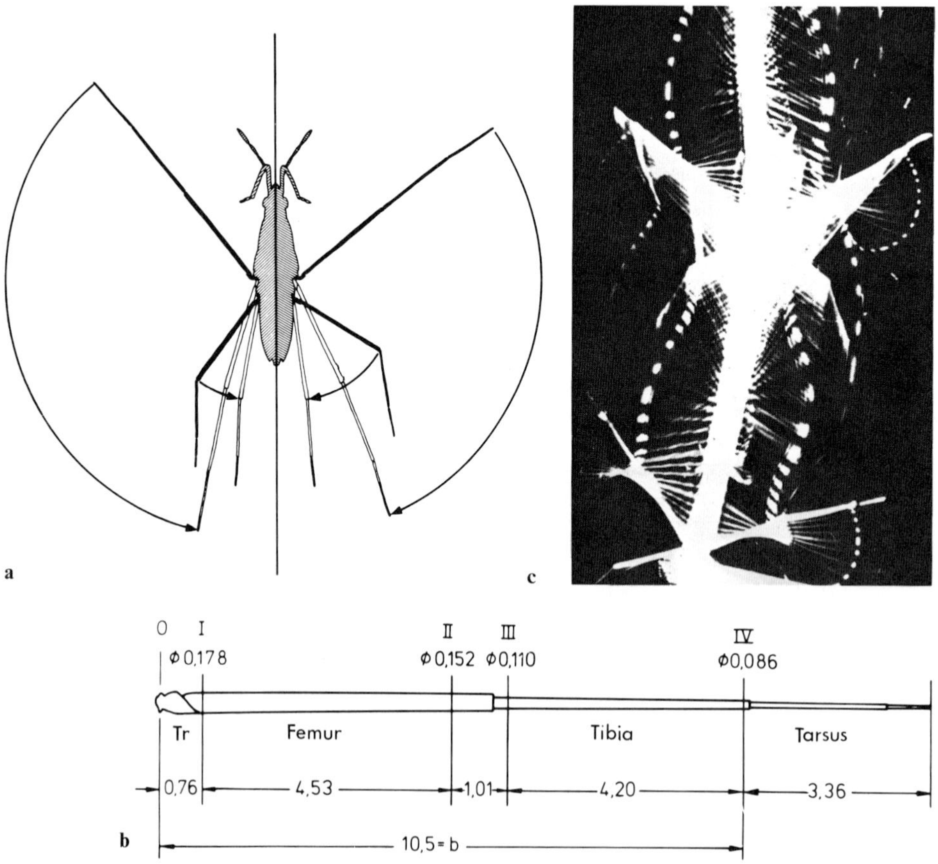

Abb. 14.57. a Wasserläufer *Gerris*, eine die Oberfläche von Tümpeln bewohnende Landwanze. Anfangs- und Endstellung der Mittel- und Hinterbeine eines Schlags mit großer (links) und kleiner Amplitude (rechts), dunkel und hell gezeichnet. **b** Mittelbein von *Gerris*, zur besseren Verdeutlichung doppelt so dick gezeichnet. Maße: mm. Betrachtete Querschnitte mit römischen Zahlen eingezeichnet. **c** Fortbewegung von *Gerris* auf der Wasseroberfläche, Photogramm einer stroboskopischen Aufnahme. Zwei vollständige Zyklen (Ruderschlag und Vorziehen) gezeigt. Blitzabstand 5 ms. Jeder vierte Blitz doppelt so lang. (Nach Darnhofer-Demar, 1974)

strukturen konstanten Flächenquerschnitts sind also um so wirkungsvoller eingesetzt, je weiter peripher sie verlaufen. Zu weit nach außen verlagerte, bei konstantem Trägerquerschnitt also zu dünne Stützstrukturen, können allerdings beulungs- und knickunstabil werden. Bei biegebeanspruchten Röhren betragen in Technik wie Botanik die Wanddicken üblicherweise 1/5 bis 1/9 des Außendurchmessers. Die Wanddicke des reifen Roggenhalms, die etwa gleich der Gesamtdicke der tragenden Wand ist, beträgt rund ein Zehntel des Halmdurchmessers.

14.5.5.7 Statik des Gerris-Beins

Als Beispiel für Biegebeanspruchungen eines einfachen biologischen Systems seien Untersuchungen von Darnhofer am Wasserläufer *Gerris lacustris* (Abb. 14.57a) angeführt. *Gerris* bewohnt das Oberflächenhäutchen stehender oder langsam fließender Gewässer und bewegt sich sprungartig durch synchrone Ruderschläge der Mittelbeine, die sich an der Front einer selbst aufgeworfenen Oberflächenwelle abstoßen. Das Mittelbein wird durch die Gegenkraft P' der tangential zur kreissektorförmigen Bahn des Beinauflage „punktes" wirkenden Ruderschlagskraft P (vgl. Kapitel 14.36b, Abb. 14.3) auf Biegung beansprucht.

Trotz weit auseinander liegender Querschnitte I und II ist $B_{I} \approx B_{II}$; das Femur scheint als „Körper gleicher Festigkeit" konstruiert zu sein (s. 14.5.6). In Querschnitt III ist $B_{Tibia} \approx 2B_{Femur}$. Die Tibia wird also stärker beansprucht; sie biegt sich dementsprechend beim Beinabschlag ab. Da eine Abbiegung weit entfernt vom Coxo-Trochanter-Gelenk positive Konsequenzen für die Vortriebserzeugung hat, scheint eine B-Verteilung wie vorgefunden ein inhärentes „Konstruktionsprinzip" des Beins zu sein.

Belastungsversuche des über zwei Kanten gelegten und zentrisch mit zunehmenden Gewichten behängten frischen Femur haben eine kritische Biegespannung, bei der das Chitin-Skelet sich bleibend zu verformen beginnt, von $B_{krit} = 1{,}6 \cdot 10^2$ MPa ergeben. Diese Werte entsprechen der Biegefestigkeit von Knochen. Bei den raschesten Sprüngen werden Biegespannungen induziert, die bei Femur 6%, bei der Tibia höchstens 12% von B_{krit} erreichen; die Sicherheitsfaktoren der Beinkonstruktion gegen bleibende Schädigung durch Überlastung sind also mit $\frac{100}{6} \approx 16{,}6$ beziehungsweise $\frac{100}{12} \approx 8{,}3$ sehr hoch.

14.5.6 Körper gleicher Festigkeit

Wenn ein materialhomogener Körper so geformt ist, daß in jedem Querschnitt die gleichen Biegespannungen auftreten, spricht man von einem „Körper gleicher Festigkeit".

14.5.6.1 Biegespannungsdiagramm und Momentenfläche

Beim einseitig (Abb. 14.58) oder beidseitig eingespannten, zentrisch oder exzentrisch (Abb. 14.59) belasteten Balken treten in jedem Querschnitt Quer-

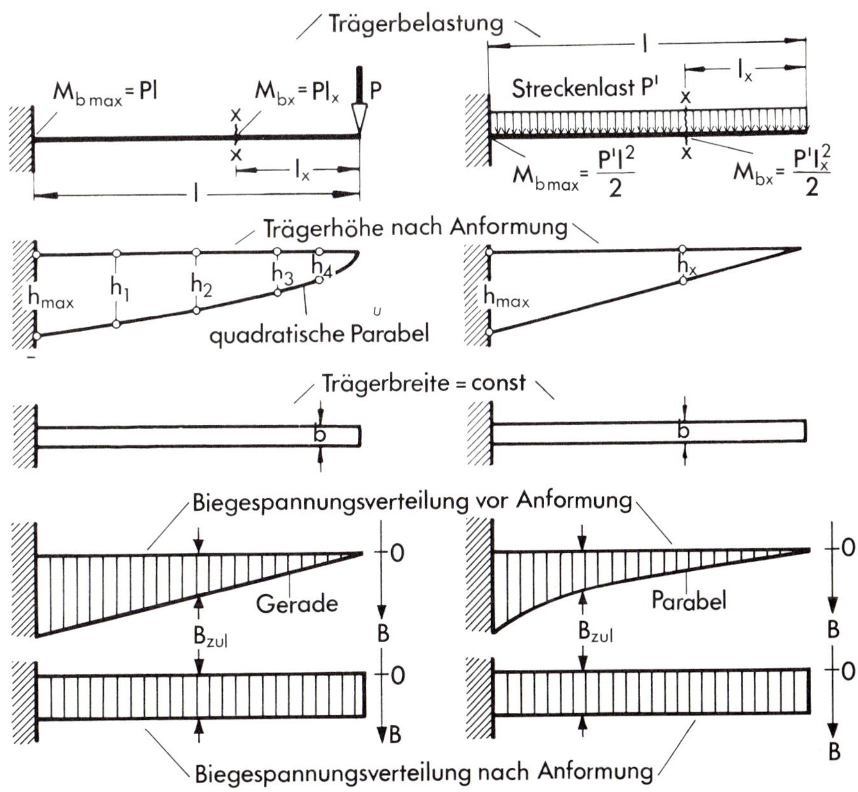

Abb. 14.58. Biegespannungsverteilung (unten) bei Trägern mit distaler Punktbelastung (links) und Streckenbelastung (rechts), vor und nach der adäquaten „Anformung". (Zusammengestellt nach Böge)

kräfte und Biegemomente auf, die der Querschnitt übertragen muß. Im Verhältnis zum Biegemoment M_b, das die Biegespannung B induziert, können die Querkräfte gerade beim längeren Balken im allgemeinen vernachlässigt werden. Die Biegespannungen nehmen, von der neutralen Bezugsfaser (Bezugsebene) aus gerechnet, nach außen linear zu und erreichen ihre Maximalwerte $+B_{max}$ (Zugspannung) und $-B_{max}$ (Druckspannung) in der Randfaser bzw. Randebene (vgl. 14.53b). Weiterhin nehmen sie in jedem betrachteten Querschnitt Q unterschiedliche Werte an (Abb. 14.58, 14.59).

Beim einseitig eingespannten, am Ende mit P punktbelasteten Träger erreichen die Biegespannungen B ihren Maximalwert B_{max} im basalsten Querschnitt und nehmen von da an nach außen linear ab. Im distalsten Querschnitt, in der der Angriffspunkt von P liegt, sind sie gleich Null. Die Biegebeanspruchung B_{max} darf an keiner Stelle des belasteten Systems die zulässige Biegespannung B_{zul} überschreiten: $B_{max} < B_{zul}$.

Den Verlauf der Biegespannungen kann man in einem Diagramm nach Art der Abb. 14.58, 14.59 aufzeichnen, indem man in jedem Querschnitt Q die dort wirkenden Randspannungen B_{max} senkrecht zur Körperkontur aufträgt. Da $B = M_b W^{-1}$ und $W = \text{const.}$ für $Q = \text{const.}$, ist diese Auftragung im Falle des Trägers konstanter Querschnittsfläche nach $B \sim M$ (einen Umrechnungsfaktor einzubeziehen) identisch mit der Auftragung der Biegemomente Pa über den jeweiligen Querschnitt. Die eingeschlossene Fläche ist somit ein Maß für das aus der Summe der Biegespannungen in allen Querschnitten und ihren Abständen resultierende Gesamtmoment („Momentenfläche" oder „Seileckfläche"). Ihre Außenkontur („Momentenlinie") kennzeichnet den Verlauf des Biegemoments längs des gebogenen Trägers.

Die Momentfläche nimmt beim beidseitig eingespannten, zentrisch oder exzentrisch senkrecht zur Längsachse belasteten Balken die Form eines symmetrischen oder unsymmetrischen Dreiecks an (Abb. 14.59). Man kann sie auch für kompliziertere Lagerungen und (Vielfach-)belastungen konstruieren. Für die Biomechanik ist dieses Darstellungsverfahren grundlegend wichtig geworden (s. u.).

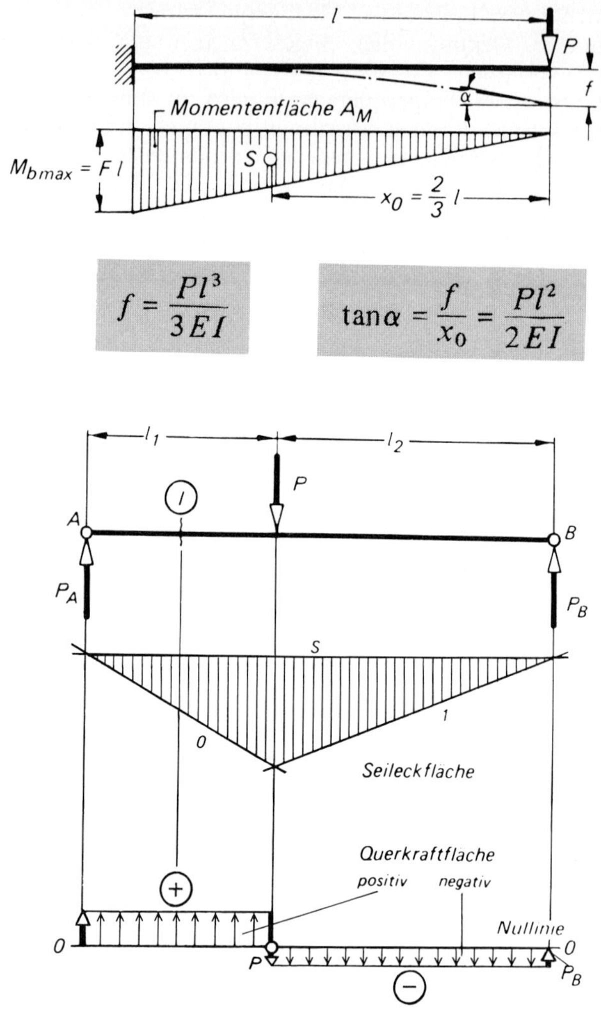

Abb. 14.59. Oben: Exzentrisch punktbelasteter Träger. P Belastung, S Schwerpunkt, l Länge, f Abbiegungsstrecke, α Abbiegungswinkel, x_0 Schwerpunktsabstand der Belastung, E Elastizitätsmodul, I Flächenträgheitsmoment. Unten: An beiden Enden abgestützter exzentrisch punktbelasteter Träger. (Nach Böge)

14.5.6.2 Technische Körper gleicher Festigkeit

Der einseitig eingespannte, am freien Ende punktbelastete Träger (Abb. 14.58, links) errecht ein B_{max} im basalsten Querschnitt; die Biegespannung nimmt nach außen bis auf Null ab. Im Vergleich mit einer mittleren, zulässigen Biegespannung B_{zul} kann ein Träger konstanten Querschnitts basal zu dünn, distal unnötig dick sein. Zur Erreichung von $B = \text{const.}$ wird man ihn „anformen", das heißt bei gleicher Breite b nach außen zu eine immer geringere Höhe h wählen. Die ideale Anformung ist erreicht, wenn der Träger in jedem Querschnitt gerade so hoch ist, daß er B_{zul} noch aufnehmen kann, ohne zu brechen. Das bedeutet für jeden Querschnitt Q: $B_Q = B_{zul\,Q}$. Die Biegespannung ist über den Träger konstant, wenn

$$\frac{M_{bQ_1}}{W_{Q_1}} = \frac{M_{bQ_2}}{W_{Q_2}} = \frac{M_{bQ_n}}{W_{Q_n}} = \text{const.}$$

Betrachtet man den basalsten Querschnitt mit $M_{b\,max}$ und einem beliebigen anderen Querschnitt mit M_{bQ}, so gilt

$$\frac{M_{b\,max}}{W_{max}} = \frac{M_{bQ}}{W_Q}, \quad \text{und daraus} \quad \frac{M_{b\,max}}{M_{bQ}} = \frac{W_{max}}{W_Q}.$$

Durch Einsetzen ergibt sich für den Träger von rechteckigem Querschnitt

$$\frac{P \cdot a}{P \cdot a_Q} = \frac{6b \cdot h_{max}^2}{6b \cdot h_Q^2}; \quad \frac{a}{a_Q} = \left(\frac{h_{max}}{h_Q}\right)^2.$$

Aufgelöst nach h_Q ergibt sich die gesuchte „Anformungsgleichung" $h_Q(l)$ als Höhenverteilung über die Trägerlänge zu

$$h_Q = h_{max} \cdot \sqrt{\frac{a_Q}{a}}.$$

Die Höhe des außen punktbelastenden „Trägers gleicher Festigkeit" nimmt also distal in Form einer quadratischen Parabel ab (Abb. 14.58 links). Das Biegespannungsdiagramm (Abb. 14.58 links unten) läßt nun in jedem Querschnitt gleiches B erkennen.

In analoger Weise ergibt sich für den einseitig eingespannten Träger bei gleichmäßig verteilter Last („Streckenlast") mit

$$h_Q = h_{max} \cdot \frac{a_Q}{a}$$

eine lineare Höhenabnahme (Dreiecksform, Keilform; Abb. 14.58 rechts).

14.5.6.3 Die Ulna des Menschen als Körper gleicher Festigkeit

Natürliche Konstruktionen folgen aus Gründen der Substanzersparnis, bei bewegten Gliedern damit auch aus Gründen der Energieersparnis (kleineres Trägheitsmoment bei geringerem Gewicht), dem Prinzip der Körper gleicher Festigkeit. Nach Betrachtungen von Pauwels stellt die Ulna des Menschen einen solchen Körper dar. Die Argumentation geht von einer technischen Modellvorstellung aus, die sich auf die bisher diskutierten Grundphänomene stützt.

Der schwarz gezeichnete Stab der Abb. 14.60a stellt das Modell der Ulna dar, die, horizontal abgewinkelt, durch den Seilzug $mu_1 = 7{,}4$ N (entsprechend den Oberarmmuskeln) und das Gewicht $G = 95$ N (entsprechend einer in der Hand gehaltenen Last) biegebeansprucht wird. Die zugeordnete Momentenfläche ist dreieckig und weist ein Maximalmoment von 2300 Nm auf (b). Die Zug- und Druckspannungen verlaufen symmetrisch, erreichen Maximalwerte von 96 MPa (c). Als Körper gleicher Festigkeit mit $B = 8{,}5$ MPa $=$ const. müßte der Stab unförmig dick ausgebildet sein (d). Der Seilzug mu_2 (entsprechend den als Zuggurtung wirkenden zweigelenkigen Unterarmmuskeln) (e) reduziert die Momenten- und Spannungsfläche (f, g), so daß $M_{max} = 1612$ Nm und $B = 63$ MP beträgt. Als Körper gleicher Festigkeit mit $B = 8{,}5$ MPa $=$ const. müßte der Stab aber immer noch unförmig dick ausgebildet werden (h). Eine Abknickung an der Ansatzstelle von mu_1 (i) bringt drastische Entlastung (k, l). Eine zusätzliche Verdickung in der Knickregion und Verdünnung gegen das freie Ende führt nun zu einem Körper gleicher Festigkeit (m) von $B = 8{,}5$ MPa der in seinen Umrissen sehr stark dem Ulnarknochen ähnelt (n). Abweichungen, insbesondere in der Gelenkregion, finden ihre Deutung in der geringeren Belastbarkeit des Gelenkknorpels und weiter darin, daß Ansatzstellen und Drehabstände (Hebelarme) für die Skeletmuskulatur nötig sind. Gegenüber der theoretischen Ausgangsform, dem geraden Stab gleicher Dicke (a), besitzt die Endform (n) — von den eben angeführten abgesehen — keine größere Masse; sie weist nur eine optimale Masse*nverteilung* auf. Allein damit ergibt sich die Reduktion der B_{max}-Werte auf kaum mehr als 10%(!) der unphysiologisch hohen Ausgangswerte.

In Prinzipbetrachtungen dieser Art oder in weitergehenden biomechanischen Analysen, wie sie im Abschn. 14.2.2 in einem ausführlicher dargestellten Beispiel geschildert worden ist, kann also bereits die konsequente Anwendung einfacher statischer Grundgesetzlichkeiten zu einer funktionsangemessenen Betrachtung biologischer Strukturen, insbesondere einer angemessenen Deutung der Form und des Feinbaus von Stütz- und Tragekonstruktionen, führen.

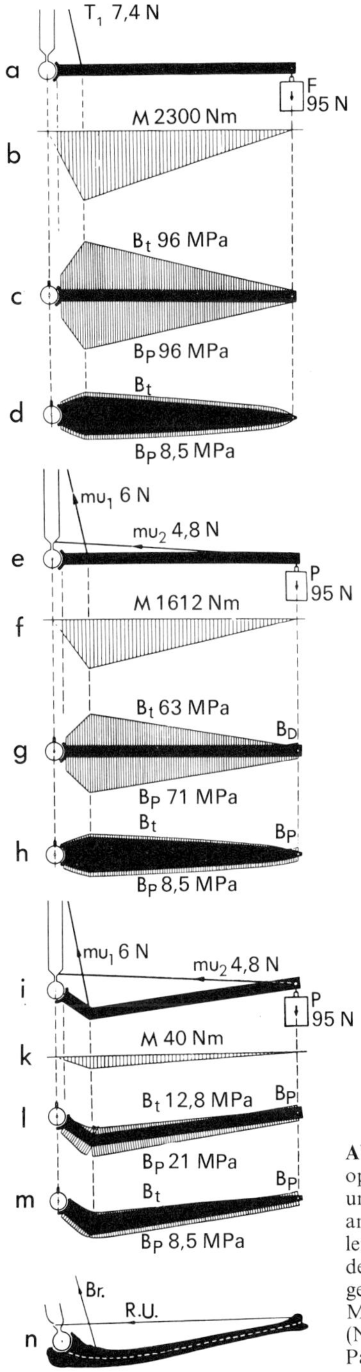

Abb. 14.60. Modellschritte zur optimalen Dimensionierung und Reduktion der Biegebeanspruchung eines horizontalen, übersimplifizierten Modells der Ulna an die endgültige Form der Ulna des Menschen. Erklärung im Text. (Neu zusammengestellt nach Pauwels)

Literaturauswahl

Böge, A.: Mechanik und Festigkeitslehre. Braunschweig: Vieweg 1974.

Darnhofer-Demar, B.: Habilitationsarbeit, Naturwiss. Fak., Universität Regensburg (1974), unpubl.

Kummer, B.: Funktioneller Bau und funktionelle Anpassung des Knochens. Anat. Anz. **111**, 261–293 (1962).

Nachtigall, W.: Biotechnik — Statische Konstruktionen in der Natur. Heidelberg: Quelle und Meyer 1971.

Pauwels, F.: Die Bedeutung der am Ellenbogengelenk wirkenden mechanischen Faktoren für die Tragfähigkeit des gebeugten Armes. Sechster Beitrag zur funktionellen Anatomie und kausalen Morphologie des Stützapparates. Z. Anat. Entwickl.-Gesch. **118**, 35–94 (1954).

Rasdorsky, W.: Über die Baumechanik der Pflanzen. Biologica Generalis **5**, 63 (1930).

14.6 Biomechanik des Blutkreislaufs [1]

RUDOLF DIETRICH BAUER, RUDI BUSSE und ERIK WETTERER

14.6.1 Vorbemerkung

Der Blutkreislauf ist ein lebenswichtiges Transportsystem. Die Transportgeschwindigkeit ist den am schnellsten zu befördernden Stoffen, den Atemgasen O_2 und CO_2, angemessen. Ferner findet Transport im Dienste der Ernährung, des Zwischenstoffwechsels und der Ausscheidung sowie des Wasser- und Salzhaushaltes statt. Die Hormone werden als Träger der chemischen Signalübermittlung und die Immunkörper als Abwehrstoffe befördert. Schließlich dient der Kreislauf auch dem Wärmetransport.

Der Blutkreislauf ist ein in sich zurückführendes System von Leitungsröhren, die teils in Serie, teils parallel geschaltet sind. Durch zwei rhythmisch arbeitende Pumpen, die beiden Herzventrikel, wird im Zusammenwirken mit Ventilen eine gerichtete Flüssigkeitsströmung erzeugt und aufrechterhalten. Das „rechte Herz“ treibt das Blut durch die Pulmonalarterie in die Lungengefäße; von den Lungenkapillaren strömt es durch die Lungenvenen dem „linken Herzen“ zu. Von diesem wird es durch die Aorta in die sich verzweigenden Arterien des Körpergefäßsystems ausgeworfen und den zueinander parallel geschalteten Organgebieten zugeleitet. Hier finden jeweils weitere Aufzweigungen bis zu den Kapillaren statt. Aus den letzteren gelangt das Blut in kleine Venen, die in größere Venen zusammenmünden, bis schließlich die beiden großen Hohlvenen das Blut dem „rechten Herzen“ zuleiten, womit der Kreislauf geschlossen ist (Abb. 14.61).

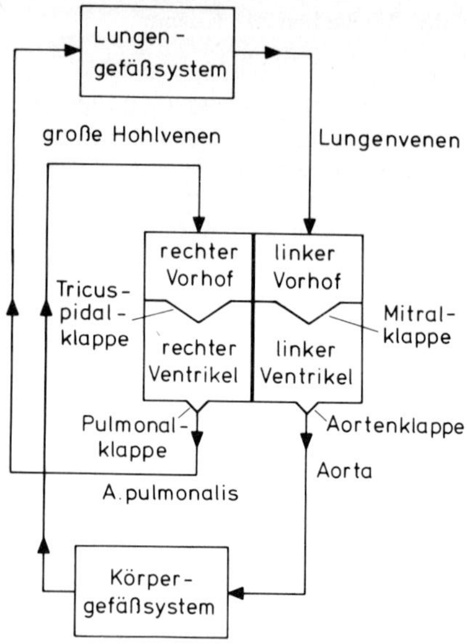

Abb. 14.61. Schema des menschlichen Blutkreislaufs. Die beiden Herz-„Hälften“ sind funktionell in Serie geschaltet. Dasselbe gilt für das Körpergefäßsystem einerseits und das Lungengefäßsystem andererseits

14.6.2 Das Herz als Pumpe

Das Herz ist ein Hohlmuskel, der aus 4 Räumen, den beiden Vorhöfen und den beiden Ventrikeln, besteht. Die Vorhöfe dienen im wesentlichen als Zuflußreservoire. Die Ventrikel wirken als die eigentlichen Pumpen, indem ihre muskulären Wände rhythmisch sich kontrahieren und erschlaffen. Insgesamt 4 Klappen verhindern den Rückstrom aus den Ventrikeln in die Vorhöfe (Atrioventrikularklappen: links Mitralklappe, rechts Tricuspidalklappe) und aus den großen Arterien in die Ventrikel (Semilunarklappen: Aortenklappe und Pulmonalklappe).

Jede mechanische Aktivität des Herzmuskels setzt einen Erregungsvorgang an der Muskelzellmembran voraus. Für die Bildung und Leitung der rhythmischen Erregung steht dem Herzen ein System von spezifischen Muskelzellen zur Verfügung, von dessen Endigungen die Erregung auf die Arbeitsmuskulatur übergeleitet wird. Dem spezifischen System, das seinerseits durch Hormone und durch vegetative Nerven beeinflußbar ist, verdankt das Herz seine „Automatie“.

Die Elementarvorgänge der mechanischen Tätigkeit der Arbeitsmuskulatur des Herzens entsprechen grundsätzlich denjenigen des Skeletmuskels (vgl. Kapitel 14.1). Während jedoch beim linear angeordneten Skeletmuskel die Variablen Kraft, Länge und Zeit im Vordergrund des Interesses stehen, ist es für den Herzmuskel, der blutgefüllte Räume umschließt, zweckmäßig, den Druck in diesen Räumen, deren Volumen und die Zeit zu betrachten. Abbildung 14.62 zeigt die verschiedenen Phasen des Herzzyklus in Verbindung mit den entsprechenden Vorgängen in der Aorta und Pulmonalarterie. Die Aktivität der Ventrikel fällt in den ersten Hauptabschnitt des Herzzyklus, die *Systole.* Diese umfaßt die *Anspannungszeit*, in der bei rasch steigendem Druck das Innenvolumen konstant bleibt (*isovolumetrische Phase*), und die *Austreibungszeit*, in der ein Teil des im Ventrikel enthaltenen Blutes in die Aorta bzw. Pulmonalarterie ausgeworfen wird. Während der Anspannungszeit sind alle Klappen geschlossen. Erst wenn der Ventrikeldruck den Druck in der Aorta bzw. Pulmonalarterie eben übersteigt, öffnet sich die entsprechende Arterienklappe, und im Anfangsteil der Arterie kommt eine Blutströmung zustande. Der Ventrikeldruck steigt dabei langsamer an als vorher, durchläuft ein Maximum und sinkt darauf mäßig ab. Da die Arterienklappe weit geöffnet ist, folgt der Druck im Anfangsteil der Arterie mit nur geringem Unterschied dem Ventrikeldruck. Am Ende der Austreibungszeit sinkt der Ventrikeldruck rasch ab, bleibt jedoch in der elastisch dehnbaren Arterie noch hoch, so daß ein kurzdauernder Rückstrom auftritt, der zur Klappenschließung führt.

[1] Dem Andenken unseres Freundes, Herrn Prof. Dr. Otto H. Gauer, gewidmet.

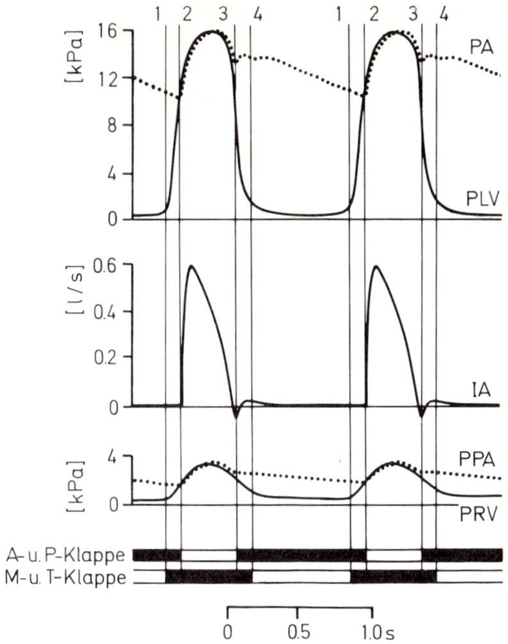

Abb. 14.62. Phasen des Herzzyklus, dargestellt am pulsatorischen Verlauf des Drucks im linken Ventrikel (*PLV*), des Drucks und der Stromstärke im Anfangsteil der Aorta (*PA* und *IA*) sowie des Drucks im rechten Ventrikel (*PRV*) und der Pulmonalarterie (*PPA*). Die Druckwerte und der Zeitmaßstab gelten für den Kreislauf des Menschen bei Körperruhe. Systole (*1–3*): *1–2* Anspannungszeit, *2–3* Austreibungszeit. Diastole (*3–1*): *3–4* Entspannungszeit, *4–1* Füllungszeit

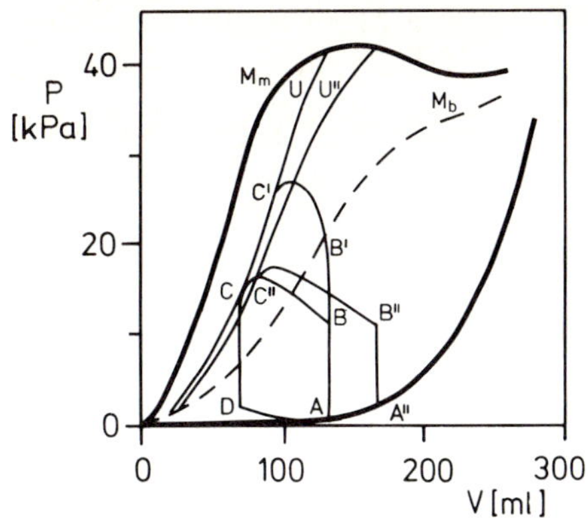

Abb. 14.63. Druck(*P*)-Volumen(*V*)-Diagramm des linken Ventrikels des Menschen. *R* Ruhedehnungskurve; M_b Kurve der isobaren Volumenminima; M_m Kurve der isovolumetrischen Druckmaxima; *U* und *U''* Kurven der Unterstützungsmaxima. Erklärung im Text. (Nach Reichel u. Bleichert, 1969)

Der nun folgende, im wesentlichen passive zweite Hauptabschnitt des Herzzyklus, die *Diastole*, ist zunächst durch eine schnell fortschreitende isovolumetrische Entspannung der Vertikalwand und daher durch eine steile Drucksenkung im Ventrikel gekennzeichnet (*Entspannungszeit*). Wenn der Druck im Ventrikel unter denjenigen im Vorhof gesunken ist, öffnet sich die zwischen beiden befindliche Klappe, und es strömt Blut aus dem Vorhof in den Ventrikel ein (*Füllungszeit*). In der letzten Phase der Diastole wird die Ventrikelfüllung durch die nun einsetzende Vorhofkontraktion noch etwas erhöht. Infolge der Füllung des erschlafften Ventrikels steigt in ihm der Druck und erreicht schließlich den für die darauffolgende Systole wichtigen *enddiastolischen Füllungsdruck*. Kurz nach Beginn der nächsten aktiven Anspannung schließen sich die Atrioventrikularklappen, und der geschilderte Ablauf von Systole und Diastole wiederholt sich. Wie aus Abb. 14.62 zu ersehen ist, werden im rechten Ventrikel und der Pulmonalarterie wesentlich kleinere Drucke erreicht als im linken Ventrikel und der Aorta.

Es hat sich als zweckmäßig erwiesen, zur quantitativen Betrachtung der Herzdynamik Druck-Volumen-Diagramme heranzuziehen. Abbildung 14.63 stellt ein solches Diagramm für den linken Ventrikel dar. Die *Ruhedehnungskurve* (*R*) gibt die für den erschlafften Ventrikel geltende Druck-Volumen-Beziehung an, deren Steilheit wegen des bei wachsender Wanddehnung ansteigenden Elastizitätsmoduls mit zunehmendem Volumen größer wird. Für einen Kontraktionsablauf ist der Ausgangspunkt auf der Ruhedehnungskurve von entscheidender Bedeutung. Kontrahiert sich der Ventrikel bei andauerndem Verschluß seiner Öffnungen. so resultiert ein isovolumetrischer Druckanstieg, und im Diagramm wird derjenige Punkt auf der *Kurve der isovolumetrischen Maxima* (M_m) erreicht, der sich senkrecht über dem Ausgangspunkt befindet. Der entgegengesetzte Fall liegt vor, wenn der Druck im Ventrikel während der ganzen Kontraktion auf seinem Ausgangswert verbleibt und nur eine Volumenänderung stattfindet (isobare Kontraktion). Dann wird im Diagramm derjenige Punkt auf der Kurve der Minima des Volumens (M_b) erreicht, der denselben Ordinatenwert wie der Ausgangspunkt auf der Ruhedehnungskurve hat. Im natürlichen Betrieb des Herzens ist keiner der beiden Grenzfälle in reiner Form verwirklicht. Stellt z.B. der Punkt A in Abb. 14.63 den durch die enddiastolische Füllung gegebenen Ausgangspunkt dar, so verläuft die isovolumetrische Anspannung von A nach B, wobei der Druck im Punkt B etwas über dem momentanen Druck in der Aorta liegt, so daß sich die Aortenklappe öffnet und die von B nach C sich erstreckende Austreibung erfolgt. Im Punkt C ist der Druck zwar höher als in B, aber bereits etwas kleiner als der im Zeitpunkt von C vorhandene Aortendruck. Hierdurch wird die Schließung der Aortenklappe bewirkt, und die von C nach D verlaufende isovolumetrische Entspannung tritt ein. Im Punkt D ist der Ventrikeldruck etwas niedriger als der momentane Druck im linken Vorhof, so daß sich die Mitralklappe öffnet und die Ventrikelfüllung stattfindet, die bei A beendet ist. Das aus dem Ventrikel in die Aorta pro Herzschlag ausgeworfene Blutvolumen, dessen Größe den Punkten B und C entnommen werden kann, wird als *Schlagvolumen* bezeichnet. Es beträgt beim gesunden Erwachsenen 60–70 ml. Etwa ebenso groß ist das nach der Austreibung im Ventrikel verbleibende *Restvolumen*. Die einzelnen Phasen des Herzzyklus dauern bei Körperruhe etwa: Anspannung 80 ms, Austreibung 300 ms, Entspannung 80 ms, Füllung 400 ms, zusammen 860 ms, was einer Herzfrequenz von 70/min entspricht.

Da die natürliche Herzkontraktion weder rein isovolumetrisch noch rein isobar ist, liegt der Punkt C zwischen der M_m- und der M_b-Kurve. Für seine Lage ist eine Kurve maßgebend, die in Anlehnung an die Terminologie der Mechanik des Skeletmuskels als *Unterstützungskurve* (U) bezeichnet wird. Diese U-Kurve stellt die Verbindungskurve zwischen zwei Punkten dar, deren einer auf der M_m-Kurve liegt und denselben Abszissenwert hat wie A, und deren anderer auf der M_b-Kurve liegt und denselben Ordinatenwert hat wie A. Für jeden Punkt A existiert daher eine eigene U-Kurve. Ist bei unveränderter Lage des Punktes A der Aortendruck erhöht, so bleibt die U-Kurve unverändert, und es wird zunächst von A aus der Punkt B′ und dann auf der U-Kurve der Punkt C′ erreicht. Die Austreibung gegen einen erhöhten Aortendruck hat, wie ersichtlich, eine Verminderung des Schlagvolumens zur Folge. — Ist zu Anfang des Herzzyklus die Ventrikelfüllung vergrößert (A″), so ergibt sich eine neue U-Kurve (U''), die am Ende der Austreibung im Punkt C″ erreicht wird. Das Schlagvolumen ist nun vergrößert. Die Abhängigkeit des Schlagvolumens von der Füllung wird als *Frank-Starling-Mechanismus* bezeichnet und hat weitreichende Bedeutung. Steigt, wie im obigen zweiten Beispiel, der Aortendruck und nimmt das Schlagvolumen zunächst ab, so erhöht sich von Herzschlag zu Herzschlag das Restvolumen, die Ventrikelfüllung steigt, und das Schlagvolumen nähert sich infolge des Frank-Starling-Mechanismus dem vorherigen größeren Wert.

Die für den linken Ventrikel beschriebenen Gesetzmäßigkeiten gelten auch für den rechten Ventrikel, wobei jedoch, entsprechend dem niedrigeren Druck in der Pulmonalarterie, die Ordinatenwerte im Druck-Volumen-Diagramm des rechten Ventrikels kleiner sind. Bezüglich des Zusammenwirkens der beiden Ventrikel gewährleistet der Frank-Starling-Mechanismus in leicht ersichtlicher Weise, daß die Schlagvolumina des rechten und des linken Ventrikels im zeitlichen Mittel einander gleich sind. Dies ist von großer Bedeutung, da die beiden Ventrikel zwei in Serie geschaltete Pumpen sind und schon ein kleines Übergewicht einer Pumpe im Laufe der Zeit eine lebensbedrohende Überfüllung des von ihr gespeisten Gefäßgebietes herbeiführen müßte.

Durch die Wirkung der sympathischen Nerven und der Hormone Adrenalin und Noradrenalin wird der Herzmuskel zu größerer Leistung befähigt (positiv inotrope Wirkung), was vor allem bei körperlicher Arbeit von Bedeutung ist. Die M_m-, M_b- und somit auch die U-Kurven sind dann im Diagramm so verschoben, daß bei gegebener Ventrikelfüllung und gegebenem Auswurfdruck ein vergrößertes Schlagvolumen erreicht wird.

Die von einem Ventrikel pro Herzschlag geleistete mechanische Arbeit entspricht als Druck-Volumen-Integral der Fläche ABCD in Abb. 14.63 und ergibt bei Körperruhe für beide Ventrikel zusammen etwa 1,2 J pro Herzschlag und eine mittlere Leistung von etwa 1,5 W.

Das dreidimensional angeordnete Diagramm von Abb. 14.64 bezieht sich nicht auf einzelne Herzschläge, sondern ist experimentell am Hund bei jeweils einer längeren Serie von Herzaktionen nach Erreichen eines stationären Zustands gewonnen. Es zeigt die kombinierte Wirkung des mittleren Drucks im rechten Vorhof (und damit des mittleren Füllungsdrucks des rechten Ventrikels) und des mittleren Aortendrucks auf die mittlere Stromstärke in der herznahen Aorta. Hierbei sei nochmals darauf hingewiesen, daß Änderungen des Blutauswurfs aus dem rechten Ventrikel wegen des Frank-Starling-Mechanismus gleichsinnig auf den linken Ventrikel weiterwirken. Bei normalem Aortendruck von 12–16 kPa (= 90–120 mm Hg) steigt die Aortenstromstärke mit wachsendem Druck im rechten Vorhof zunächst steil an, um dann bei Vorhofdrucken oberhalb etwa 1,3 kPa praktisch konstant zu bleiben. Andererseits sinkt bei festgehaltenem Druck im rechten Vorhof die Aortenstromstärke steil ab, wenn der Aortendruck über eine bestimmte Grenze erhöht wird. Das Diagramm zeigt deutlich, daß diese Grenze vom Druck im rechten Vorhof und der Aortenstromstärke abhängt.

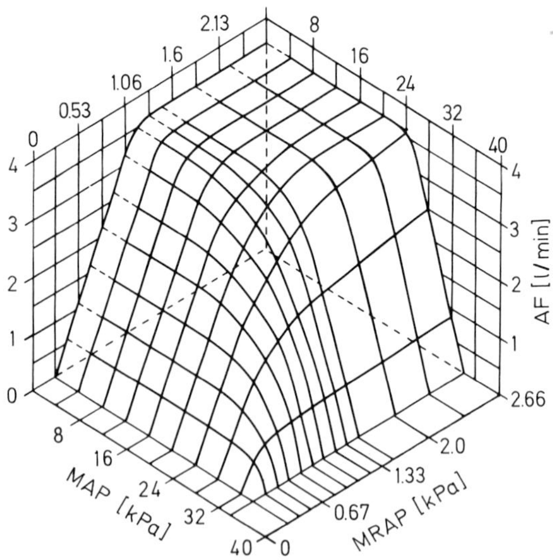

Abb. 14.64. Dreidimensionales Diagramm der wechselseitigen Beziehungen zwischen mittlerem Druck im rechten Vorhof (*MRAP*), mittlerem Druck in der Aorta (*MAP*) und mittlerer Stromstärke in der Aorta (*AF*). Versuchstier: Narkotisierter Hund von 10 kg. Die Herzfrequenz blieb weitgehend konstant, da nervale Einflüsse durch Blockade der entsprechenden Nerven ausgeschaltet waren. (Nach Herndon u. Sagawa, 1969)

14.6.3 Das Arteriensystem

Wie schon erwähnt, wird das Blut vom linken Ventrikel intermittierend in die Aorta ausgeworfen. Die sich hieraus im Arteriensystem ergebenden Vorgänge kann man im Hinblick auf die zeitlichen Mittelwerte und auf die pulsatorischen Ergebnisse betrachten. Der zeitliche Mittelwert der Stromstärke des Blutes (i_m), das *Herzminu-*

tenvolumen, ergibt sich als Produkt aus dem Schlagvolumen und der Herzfrequenz, beim gesunden Erwachsenen unter Ruhebedingungen beispielsweise als 70 ml · 70/min ≅ 5 l/min. Der mittlere Blutdruck in der Aorta beträgt etwa 13 kPa. Der reibungsbedingte Strömungswiderstand in den großen und mittleren Arterien sowie in den Venen ist gering. Hingegen stellen die „peripheren" Gefäße, d.h. die kleinsten Arterien, die Arteriolen und die Kapillaren, die Orte des hauptsächlichen Strömungswiderstandes dar, der als *peripherer Widerstand* (R_{per}) bezeichnet wird. Aus der Differenz der mittleren Drucke in Aorta (p_{ma}) und rechtem Vorhof ($p_{mv} \cong 0{,}08$ kPa) sowie dem Herzminutenvolumen erhält man für den Menschen:

$$R_{per} = \frac{p_{ma} - p_{mv}}{i_m} \cong 1{,}5 \cdot 10^5\,\text{kPa} \cdot \text{m}^{-3} \cdot \text{s}. \tag{14.1}$$

Die mittlere Blutströmungsgeschwindigkeit (v_m) beträgt in der herznahen Aorta etwa 0,25 m/s. Jede Verzweigung im Bereich der Aorta und ihrer Äste führt zu einer Zunahme des Gesamtquerschnitts der jeweils parallelgeschalteten Gefäße, so daß schließlich der Gesamtquerschnitt im Bereich der Kapillaren etwa das 500fache des Querschnitts der herznahen Aorta beträgt. Aufgrund der Kontinuitätsbedingung hat die mittlere Stromstärke in allen hintereinandergeschalteten Abschnitten des Gefäßsystems denselben Wert. Da die Strömungsgeschwindigkeit gleich dem Quotienten aus Stromstärke und jeweiligem Gesamtquerschnitt ist, ergibt sich, daß v_m von der Aorta zu den peripheren Gefäßen abnimmt und in den Kapillaren einen Wert von 0,25/500 = 0,5 mm/s erreicht. Beim Zusammenmünden in Venen vermindert sich der Gesamtquerschnitt wieder.

Für das *Lungengefäßsystem* gelten grundsätzlich dieselben Beziehungen. Jedoch beträgt der mittlere Druck in der Pulmonalarterie nur etwa 2 kPa. Da der mittlere Druck in den Lungenvenen bei etwa 0,7–1 kPa liegt und i_m ebenso groß ist wie im Körpergefäßsystem, erhält man für den peripheren Widerstand des Lungengefäßsystems nur etwa 10% des in Gl. (14.1) errechneten Wertes. Der Gesamtquerschnitt der Lungenkapillaren ist 100- bis 150mal so groß wie der Querschnitt der Pulmonalarterie, woraus sich in den Lungenkapillaren eine mittlere Strömungsgeschwindigkeit von etwa 2 mm/s ergibt.

Die Beschreibung der *pulsatorischen* Vorgänge im Arteriensystem, die durch den intermittierenden Bluteinstrom ausgelöst werden, ist wesentlich komplizierter als die der zeitlichen Mittelwerte. Es handelt sich um die Beziehungen zwischen den *Pulsationen* des *Drucks*, der *Strömung* und des *Gefäßdurchmessers*. Zur vollständigen Analyse dieser Vorgänge werden Kontinuitätsgleichung und Bewegungsgleichungen der Flüssigkeit (Navier-Stokessche Gleichungen) sowie Kontinuitätsgleichung und Bewegungsgleichungen der Wand benötigt. Dieses System von Gleichungen ist nur für Spezialfälle und auch hierbei nur unter vereinfachenden Annahmen lösbar.

In allgemeiner Form lassen sich die Navier-Stokesschen Gleichungen für die 3 Raumkoordinaten durch folgende Gleichung angeben:

$$\frac{\partial \boldsymbol{v}}{\partial t} + (\boldsymbol{v}\nabla)\boldsymbol{v} = -\frac{1}{\varrho}\,\text{grad}\,p + \frac{\eta}{\varrho}\Delta\boldsymbol{v}. \tag{14.2}$$

Hierin bedeuten: $\boldsymbol{v}$ die Geschwindigkeiten in den 3 Raumkoordinaten, p den Druck, η und ϱ die Viskosität und Dichte der Flüssigkeit, ∇ den Nabla-Operator, Δ den Laplace-Operator und t die Zeit. Äußere Kräfte, z.B. die Schwerkraft, sollen hier nicht berücksichtigt werden. Um die Geschwindigkeitsverteilung bei pulsierender Strömung in einem zylindrischen Rohr in geschlossener Form berechnen zu können, muß man in vereinfachender Weise annehmen, daß nur Geschwindigkeiten in longitudinaler (axialer) Richtung auftreten. Dies bedeutet, daß die Wand starr und die Strömung laminar ist. So gelangt man zu folgender Gleichung, in der v die Geschwindigkeit in axialer Richtung, r die radiale Koordinate und x die axiale Koordinate bedeuten:

$$\varrho\frac{\partial v}{\partial t} = -\frac{\partial p}{\partial x} + \eta\left(\frac{\partial^2 v}{\partial r^2} + \frac{1}{\varrho}\frac{\partial v}{\partial r}\right). \tag{14.3}$$

Hierin sind der konvektive Term, Änderungen von v- in x-Richtung sowie die Abhängigkeit des Drucks von der radialen Koordinate bereits vernachlässigt. Für stationäre Strömung läßt sich aus Gl. (14.3) das Hagen-Poiseuillesche Gesetz ableiten.

Für nichtstationäre, *pulsierende* Strömung im eingeschwungenen Zustand wird ein *sinusförmiger* Druckgradient in axialer Richtung ($P'_x \cdot e^{j\omega t}$) vorausgesetzt, der zu einem sinusförmigen Ablauf der Geschwindigkeit ($V_x \cdot e^{j\omega t}$) führt. Hier sind P'_x und V_x die komplexen Amplituden des Druckgradienten und der Geschwindigkeit in x-Richtung, ω die Kreisfrequenz und $j = \sqrt{-1}$. Unter Berücksichtigung der Randbedingung, daß die Flüssigkeit an der Rohrwand haftet, ergibt sich aus Gl. (14.3):

$$v = V_x \cdot e^{j\omega t} = \frac{P'_x \cdot r_i^2}{j\eta\alpha^2} \cdot \left[1 - \frac{J_0(\alpha y\sqrt{-j})}{J_0(\alpha\sqrt{-j})}\right] e^{j\omega t}. \tag{14.4}$$

Als Abkürzung sind die dimensionslosen Größen $y = r/r_i$ mit r_i als Innenradius des Rohres, sowie $\alpha = r_i \cdot \sqrt{\omega\varrho/\eta}$ eingeführt. J_0 ist eine Bessel-Funktion erster Art und nullter Ordnung. Drei Beispiele für Geschwindigkeitsprofile oszillatorischer Strömung, die nach Gl. (14.4) berechnet wurden, sind in Abb. 14.65 wiedergegeben. Man kann erkennen, daß die Geschwindigkeitsumkehr stets in den wandnahen Zonen beginnt und im mittleren Rohrteil die Phase der Geschwindigkeit derjenigen in den Randzonen nacheilt. Mit steigendem α wird das Profil flacher, und die zentrale Flüssigkeitssäule schwingt fast wie ein kompakter Körper.

Ein grundsätzlich gleichartiges Verhalten läßt sich mit dem in neuerer Zeit entwickelten Verfahren der gepulsten Ultraschall-Doppler-Strömungsmessung an

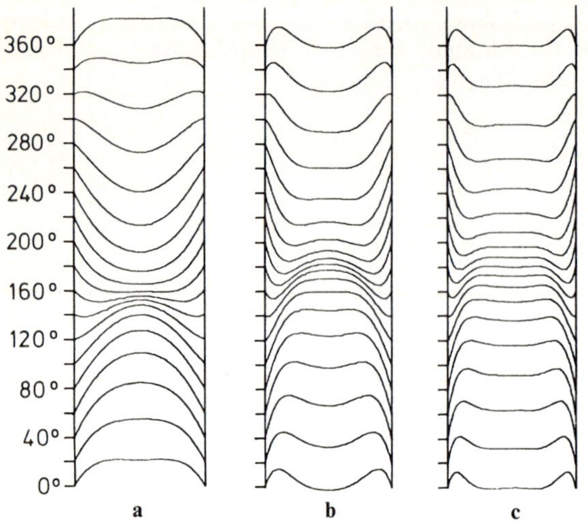

Abb. 14.65. Geschwindigkeitsprofile bei sinusförmigem Verlauf (cos ωt) des Druckgradienten in einem starren Rohr, berechnet nach Gl. (14.4). Es ist jeweils eine volle Schwingung (0–360°) dargestellt. In der Ordinate sind die Momentanwerte der Geschwindigkeitsverteilung über den Rohrdurchmesser in Intervallen von 20° aufgetragen. Die kleinen Querstriche bedeuten die jeweiligen Nullwerte der Geschwindigkeit. a:$\alpha=3$; b:$\alpha=6$; c:$\alpha=9$. Bei übereinstimmenden Werten von r_i, η und ϱ ist also die Frequenz in c neunmal so groß wie in a. Die Größe des Druckgradienten ist in b viermal und in c achtmal so groß gewählt wie in a, um eine deutliche Darstellung zu ermöglichen

Arterien *in vivo* nachweisen, wenn es sich hier auch nicht um einen sinusförmigen Verlauf des Druckgradienten und auch nicht um eine starre Wand handelt (Abb. 14.66).

Obwohl die lokalen Beziehungen zwischen dem Druckgradienten und dem Geschwindigkeitsprofil annähernd unter Annahme einer starren Rohrwand beschrieben werden können, so spielt doch die *Elastizität* der Blutgefäßwände für die Hämodynamik eine entscheidende Rolle. Der pulsierende Einstrom in ein starrwandiges, mit kompressibler Flüssigkeit gefülltes Rohrsystem müßte dazu führen, daß jeweils die gesamte Flüssigkeitsmasse unter hohem Druckanstieg beschleunigt würde. Da jedoch die Gefäßwände elastisch dehnbar sind, kommt es bei jeder Blutaustreibung aus dem Herzen in die Aorta bzw. Pulmonalarterie zu einer zunächst nur lokalen Blutbeschleunigung, die mit elastischer Erweiterung des Gefäßes und mäßiger lokaler Druckerhöhung einhergeht. Dieses Phänomen pflanzt sich als *Schlauch-* oder *Pulswelle* durch das System fort, was noch im einzelnen erläutert wird. Zunächst ist zur Analyse solcher Vorgänge die Kenntnis der elastischen Eigenschaften der Arterien von grundlegender Bedeutung. Blutgefäßwände gehören zu den „hochdehnbaren Stoffen", deren elastisches Verhalten wegen der Nichtlinearität der Dehnungskurve nicht durch den Elastizitätsmodul in der ursprünglichen Youngschen Formulierung, sondern besser durch einen differentiell definierten *Elastizitätsmodul* (E) zu kennzeichnen ist:

$$E=\frac{dK\cdot l}{dl\cdot q}. \qquad (14.5)$$

Hierin sind: K = dehnende Kraft, l = Länge und q = Querschnitt des gedehnten Körpers. Arterienwände sind elastische Körper mit anisotropem Dehnungsverhalten. Daher werden für die zylindrische Wand Elastizitätsmoduln in tangentialer (= zirkulärer), longitudinaler und radialer Richtung unterschieden. Von diesen kommt dem tangentialen Modul die Hauptbedeutung für die Druck-Volumen-Beziehung und die Beschreibung der Wellenvorgänge zu. Hinsichtlich der Längsdehnung ist zu beachten, daß die Arterien in situ normalerweise in Längsrichtung vorgedehnt und fixiert sind. Mit wachsender Wandspannung nimmt die elastische Dehnbarkeit aller Komponenten der Arterienwand ab, ihre Elastizitätsmoduln nehmen also zu. Für die *tangentiale* Richtung ergibt sich die *Wandspannung* (σ) als:

$$\sigma=\frac{p\cdot r_i}{h}. \qquad (14.6)$$

Hier ist p der transmurale Druck, d.h. die Differenz zwischen dem Innendruck und dem Druck im umgebenden Medium, r_i der Innenradius und h die Wanddicke. Gleichung (14.6) gilt für dünnwandige Rohre. Die Länge l in Gl. (14.5) entspricht für den tangentialen Elastizitätsmodul des Blutgefäßes dem Umfang $2r_i\pi$. Daher ist $dl/l=dr_i/r_i$. Setzt man vereinfachend $d\sigma=dK/q=r_i\cdot dp/h$, so erhält man aus Gl. (14.5) für den tangentialen Elastizitätsmodul:

$$E=\frac{dp}{dr_i}\cdot\frac{r_i^2}{h}. \qquad (14.7)$$

Die Wände größerer Blutgefäße bestehen aus verschiedenen Komponenten, die in Schichten angeordnet sind. Für das elastische Verhalten sind vor allem wichtig das *elastische* und das *kollagene* Bindegewebe sowie die *glatte Muskulatur*. Im Bereich kleiner Spannungen hat elastisches Gewebe einen Elastizitätsmodul von 0,3–0,6 MPa, kollagenes Gewebe einen solchen von etwa 100 MPa. Für die glatte Muskulatur werden Werte von 10–100 kPa angegeben. Das Dehnungsverhalten der Arterienwand im ganzen resultiert aus den

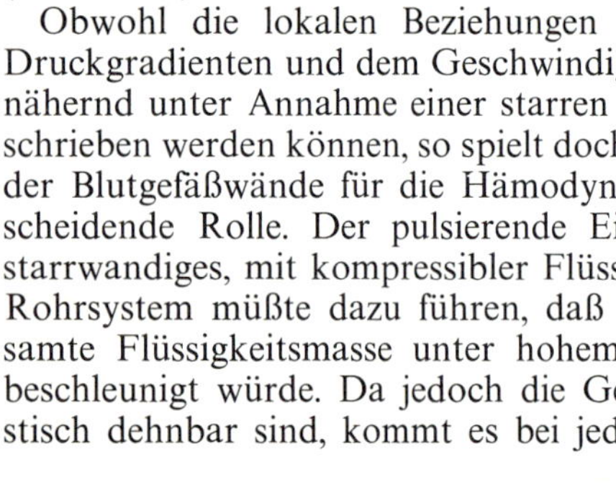

Abb. 14.66. Geschwindigkeitsprofile (oben) und daraus errechnete pulsatorische Stromstärke (unten) der A. cubitalis einer 29jährigen gesunden Versuchsperson. Registrierung mittels eines gepulsten Ultraschall-Doppler-Verfahrens, das von M. Anliker et al. im unten genannten Institut entwickelt wurde. Abstände der Geschwindigkeitsprofile 30 ms. Die Eichmarke 1 m/s gilt für jedes der Profile. r radiale Koordinate, i Stromstärke. (Freundlich überlassen von M. Casty, Institut für Biomedizinische Technik der ETH Zürich, 1979)

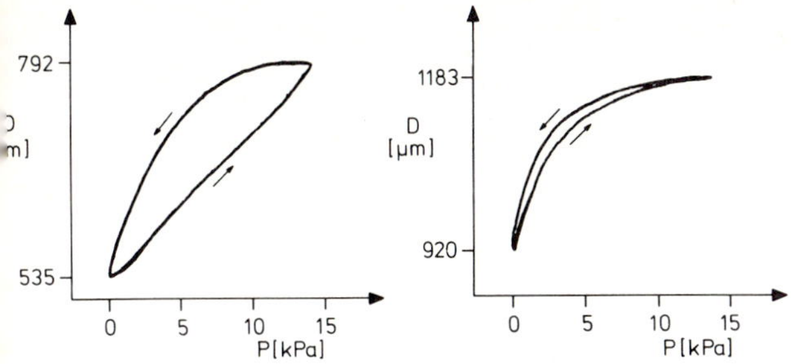

Abb. 14.67. Druck(P)-Durchmesser(D)-Beziehungen einer muskulären Arterie der Ratte, experimentell gewonnen *in vitro* unter quasistatischen Bedingungen. Zur Erreichung eines stabilen Verhaltens wurden vorher mehrere Dehnungs-Entdehnungszyklen durchgeführt. Die *Pfeile* geben die Richtung an, in der die Kurven durchlaufen werden. *Links* Glatte Muskulatur durch Noradrenalin stark dauerkontrahiert. *Rechts* Glatte Muskulatur der Arterie durch Papaverin zur Erschlaffung gebracht

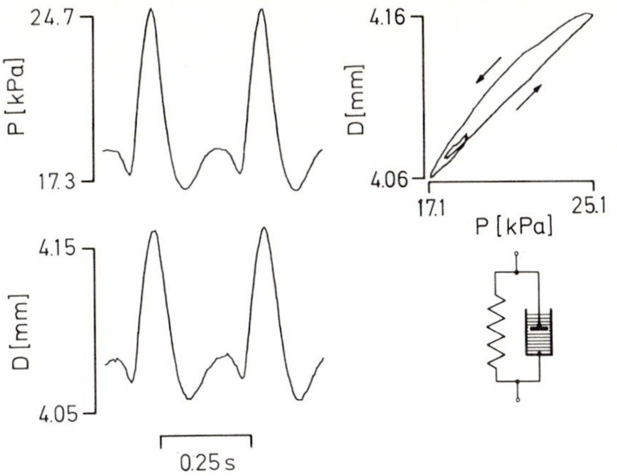

Abb. 14.68. Natürliche Pulse des Drucks (P) und Durchmesser (D) der A.femoralis des Hundes in situ. *Links* Pulse als Funktion der Zeit. *Rechts oben* Durchmesser als Funktion des Drucks, Hystereseschleife; der Durchmesser eilt dem Druck nach. (Nach Wetterer et al., 1977.) *Rechts unten* Sog. Voigt- oder Kelvin-Modell, bestehend aus elastischer Feder und Dämpfungsscheibe in visköser Flüssigkeit als Modell eines visko-elastischen Körpers

Dehnungseigenschaften ihrer Komponenten, deren Anteilen am Wandaufbau und deren struktureller Anordnung. Bei sehr niederer Spannung haben die Arterienwände einen Elastizitätsmodul von etwa 0,1 MPa. Unter den Bedingungen des normalen Blutdrucks beträgt der Modul für die thorakale Aorta des Jugendlichen etwa 0,4–0,5 MPa. Die kollagenen Fasern sind in diesem Blutdruckbereich aufgrund ihrer größeren Ausgangslänge noch nicht gedehnt und tragen daher noch nichts zum Elastizitätsmodul der Wand bei. Erst bei sehr hohem Innendruck wird die Arterie so stark gedehnt, daß auch die kollagenen Fasern gespannt werden und wegen ihres sehr viel größeren Elastizitätsmoduls als Schutz gegen Überdehnung wirken. Mit steigendem Lebensalter nehmen die Elastizitätsmoduln aller Arterien zu. Oberhalb 60 Jahren werden Werte von über 2 MPa gefunden.

Die Zunahme des Elastizitätsmoduls mit wachsender Spannung bzw. Dehnung zeigt sich auch in der Form der *Druck-Durchmesser-Kurve* (p-D-Kurve), deren Steilheit dD/dp mit zunehmendem Druck abnimmt (Abb. 14.67). In charakteristischer Weise weichen die Kurvenverläufe bei Dehnung und Entdehnung voneinander ab, ein Verhalten, das als *Hysterese* bezeichnet und dessen Zustandekommen durch innere Wandreibung erklärt wird. Die von der Kurve umschlossene Fläche ist ein Maß für den reibungsbedingten Energieverlust.

Laufen die Druckänderungen nicht extrem langsam, wie in Abb. 14.67, sondern rasch ab (dynamische Bedingungen), so tritt eine deutliche Hysterese schon bei kleineren Druckänderungen auf. Abbildung 14.68 zeigt dieses Verhalten bei natürlichen Pulsen.

Prinzipiell läßt sich die Hysterese dem Zusammenwirken elastischer und visköser Eigenschaften der Blutgefäßwand zuschreiben. Hierzu wurden Modelle sehr unterschiedlicher Kompliziertheit entworfen. Das einfachste Modell eines visko-elastischen Körpers ist das in Abb. 14.68 gezeigte *Voigt-* oder *Kelvin-Modell*, das aus der Parallelschaltung einer rein elastischen Feder und einer rein viskösen Dämpfungseinrichtung besteht. Um dem Verhalten der Arterienwand bei verschieden schnellen Druckänderungen gerecht zu werden, ist für jede Geschwindigkeit der Dehnung und Entdehnung eine gesonderte Stärke der Dämpfung anzunehmen. Außerdem muß man dem nichtlinearen elastischen Verhalten der Arterienwand durch Annahme einer Feder mit entsprechender Dehnungscharakteristik im Modell Rechnung tragen.

Ein lineares Verhalten darf bei Beschränkung auf sehr kleine Dehnungsamplituden angenommen werden. So gelangt man im Falle sinusförmiger Dehnungen zur Definition eines *komplexen Elastizitätsmoduls*, dessen Realteil durch eine reine Elastizität und dessen Imaginärteil durch das Produkt aus Wandviskosität und Kreisfrequenz gegeben ist. Bei großen und mittleren Arterien beträgt der Wert des Imaginärteils etwa 10–15% des Realteils. Allgemein ist die visköse Komponente um so stärker ausgeprägt, je größer der Gehalt der Gefäßwand an glatter Muskulatur ist.

Die Austreibung der Schlagvolumina aus den beiden Ventrikeln erzeugt je eine Pulswelle, die die zugehörigen Arterien durchläuft. Der Wellenvorgang entsteht durch das Zusammenwirken der Massenträgheit der beschleunigten Flüssigkeit und der Speicherung und Entspeicherung von Flüssigkeit durch die druckbedingten Weitenänderungen der elastischen Gefäße. Dabei ist in einem gegebenen Zeitpunkt und an einem gegebenen Ort die kinetische Energie der bewegten Flüssigkeit so groß wie die potentielle Energie der gedehnten Wand. Denn die eine Energieform wird ständig in die andere umgewandelt, wobei das Phänomen entlang der x-Achse von Ort zu Ort weiterschreitet. Der Quotient aus Wellendruck (p) und Wellenstromstärke (i) vorwärtslaufender (antegrader), d.h. in positiver x-Richtung sich fortpflanzender Wellen wird als komplexer Wellenwiderstand (Z) definiert:

$$Z = \frac{p}{i}. \tag{14.8}$$

Z ist eine Impedanz, die in erster Linie von der Massenträgheit der Flüssigkeit und vom elastischen Verhalten der Wand abhängt; außerdem spielen noch die innere Reibung der Flüssigkeit und die innere Wandreibung eine Rolle. Vernachlässigt man die Reibungswiderstände, was für eine Näherungsbetrachtung erlaubt ist, so ergibt sich Z als reell, und gemäß Gl. (14.8) sind dann Druck und Stromstärke von Wellen einer einzigen Laufrichtung einander proportional und zeigen denselben zeitlichen Verlauf.

Die Massenträgheit der Flüssigkeit und die Wandelastizität sind auch für die *Fortpflanzungsgeschwindigkeit* (c) der Welle von vorrangiger Bedeutung, so daß man analog der Newtonschen Formel für die Schallgeschwindigkeit zu folgender Beziehung gelangt[2]:

$$c=\sqrt{\frac{\kappa}{\varrho}}. \tag{14.9}$$

Der sog. Volumelastizitätsmodul κ ist definiert als das Verhältnis einer Druckänderung (dp) zur zugehörigen relativen Volumenänderung (dV/V). Im Falle der Längsfixierung der Arterie ist $dV/V=dQ/Q$, wobei $Q=r_i^2\pi$ der Innenquerschnitt des Gefäßes ist. Unter Verwendung von Gl. (14.7) entsteht:

$$\kappa=\frac{dp}{dV}V=\frac{dp}{dQ}Q=\frac{dp}{dr_i}\cdot\frac{r_i}{2}=\frac{Eh}{2r_i}. \tag{14.10}$$

Setzt man Gl. (14.10) in (14.9) ein, so erhält man die Formel für die Wellengeschwindigkeit nach Moens und Korteweg:

$$c=\sqrt{\frac{Eh}{2r_i\varrho}}. \tag{14.11}$$

Vermittels der für Z und c gemeinsam maßgebenden Größen ergibt sich bei Vernachlässigung der Reibung:

$$Z=\frac{\varrho c}{Q}. \tag{14.12}$$

Die innere Flüssigkeitsreibung und innere Wandreibung bewirken, daß die Amplitude der sich fortpflanzenden Welle abnimmt. Diese *Dämpfung* der Pulswelle ist frequenzabhängig; Wellenanteile höherer Frequenz werden stärker gedämpft als solche niedrigerer Frequenz. Weiterhin bewirken die Reibungswiderstände, daß auch die Pulswellengeschwindigkeit komplex und somit frequenzabhängig ist (*Dispersion*); dasselbe gilt für den Wellenwiderstand. In großen und mittleren Arterien spielen die Reibungswiderstände keine sehr bedeutende Rolle. Daher stellt die Verwendung der Gln. (14.8), (14.11) u. (14.12) eine für viele Zwecke gut brauchbare Näherung dar.

Weit stärker als von der Frequenz hängt die Pulswellengeschwindigkeit vom Niveau des Drucks ab. Dies läßt sich aus der Zunahme des Elastizitätsmoduls mit wachsendem Druck bzw. mit zunehmender tangentialer Wandspannung (Abb. 14.67) erklären.

Für den idealisierten reibungsfreien Fall und bei Längsfixierung des Gefäßes lassen sich die Wellenvorgänge folgendermaßen beschreiben. Die Bewegungsgleichung für die Flüssigkeitsverschiebung von einem differentiellen Gefäßsegment zum nächsten lautet:

$$-\frac{\partial p}{\partial x}=M'\frac{\partial i}{\partial t}. \tag{14.13}$$

p und i sind wieder Druck und Stromstärke der Welle, x ist die axiale Koordinate und $M'(=\varrho/Q)$ die auf die Längeneinheit bezogene „wirksame Masse" der Flüssigkeit. Druckbedingte Änderungen des Querschnitts sind in Gl. (14.13) vernachlässigt. Wegen der angenommenen Reibungsfreiheit ist das Geschwindigkeitsprofil als völlig flach vorausgesetzt. Weiterhin gilt die Kontinuitätsgleichung:

$$-\frac{\partial i}{\partial x}=C'\frac{\partial p}{\partial t}. \tag{14.14}$$

$C'(=dQ/dp)$ ist die Kapazität (Compliance) pro Längeneinheit. Die Gln. (14.13) u. (14.14) lassen sich zu den Wellengleichungen vereinigen:

$$\frac{\partial^2 p}{\partial t^2}=c^2\frac{\partial^2 p}{\partial x^2} \quad \text{und} \quad \frac{\partial^2 i}{\partial t^2}=c^2\frac{\partial^2 i}{\partial x^2}. \tag{14.15}$$

Hierbei ist c wieder die Wellengeschwindigkeit, die im vorliegenden Fall als

$$c=(M'\cdot C')^{-1/2} \tag{14.16}$$

gegeben ist. Gleichung (14.16) ist gleichbedeutend mit Gl. (14.9) unter Voraussetzung der Längsfixierung.

Die Lösungen der Gln. (14.15) lauten nach D'Alembert:

$$p(t,x)=f_1\left(t-\frac{x}{c}\right)+f_2\left(t+\frac{x}{c}\right), \tag{14.17}$$

$$i(t,x)=\frac{1}{Z}\left[f_1\left(t-\frac{x}{c}\right)-f_2\left(t+\frac{x}{c}\right)\right]. \tag{14.18}$$

Die Richtigkeit dieser Lösungen läßt sich durch zweimaliges Differenzieren bestätigen. Die Funktionen f_1 und f_2 stellen Druckpulse von beliebiger Form, jedoch ohne Unstetigkeiten dar; f_1 pflanzt sich in positiver, f_2 in negativer x-Richtung als Welle fort. Auf welche Weise diese Wellen zustandekommen, ist für die Lösung der Wellengleichungen ohne Bedeutung. Wichtig sind die entgegengesetzten Vorzeichen von f_2 in den Gln. (14.17) u. (14.18). So hat beispielsweise eine retrograd laufende Welle, die positiven Wellendruck besitzt, eine negative Wellenströmung. Die Bedeutung dieser Beziehung für die Form der arteriellen Pulse wird unten besprochen.

Die Pulswelle wird im Verlauf des Arteriensystems und an den peripheren Widerstandsgefäßen reflektiert. Grundsätzlich treten *Wellenreflexionen* dort auf, wo sich der Wellenwiderstand von Ort zu Ort ändert (Zwischenreflexion) oder wo eine Wellenleitung durch

---

[2] Auf die mathematische Ableitung dieser und später folgender Formeln muß hier aus Raumgründen verzichtet werden. Es sei auf die ausführliche Darstellung in der Monographie von Wetterer u. Kenner (1968) verwiesen.

einen Widerstand abgeschlossen ist (Endreflexion). Im Falle der Zwischenreflexion sei der Wellenwiderstand vor der Reflexionsstelle Z_1, nach der Reflexionsstelle Z_2. Im Falle der Endreflexion sei der Wellenwiderstand Z und der Endwiderstand R. Der Reflexionsfaktor (k), d.h. das Verhältnis der Druckamplitude der reflektierten zu derjenigen der ankommenden Welle, errechnet sich dann folgendermaßen:

$$k=\frac{Z_2-Z_1}{Z_2+Z_1} \quad \text{bzw.} \quad k=\frac{R-Z}{R+Z}. \tag{14.19}$$

Trifft die ankommende Welle am Reflexionsort auf einen höheren Widerstand ($Z_2>Z_1$ bzw. $R>Z$), so tritt positive Reflexion ($k>0$) auf, d.h. ein Berg des Drucks der ankommenden Welle ergibt einen Berg des Drucks der reflektierten Welle. Im umgekehrten Fall ist die Reflexion negativ ($k<0$), d.h. ein Berg des Drucks wird als Tal des Drucks reflektiert. Ändert sich der Widerstand nicht ($Z_2=Z_1$ bzw. $R=Z$), was als angepaßter Zustand bezeichnet wird, so erfolgt keine Reflexion ($k=0$). Die Welle läuft dann unverändert weiter bzw. läuft vollständig durch den Endwiderstand hinaus.

Am Reflexionsort tritt durch *Überlagerung* die Summe der Wellendrucke auf. Ist p_1 der Druck der ankommenden Welle, $p_2(=kp_1)$ der Druck der reflektierten Welle und p_3 der Druck am Reflexionsort, gleichbedeutend mit dem Druck der weiterlaufenden Welle, so gilt:

$$p_3=p_1+p_2=p_1(1+k). \tag{14.20}$$

Wie sich aus der Anmerkung zu den Gln. (14.17) u. (14.18) ergibt, muß die Stromstärke einer retrograden Welle ein zum zugehörigen Druck entgegengesetztes Vorzeichen aufweisen. Im wesentlichen sind die Zwischen- und Endreflexionen antegrader Wellen im Arteriensystem positiv. Die reflektierten retrograden Wellen sind daher durch positives Vorzeichen des Wellendrucks und negatives Vorzeichen der Wellenstromstärke gekennzeichnet. Ante- und retrograde Wellen überlagern sich im Arteriensystem auf weite Strecken. Hierbei bildet sich aus den Drucken die Summe, aus den Stromstärken die Differenz, und der *Verlauf des resultierenden Drucks stimmt daher nicht mit demjenigen der resultierenden Stromstärke überein.* Die Beachtung dieses Verhaltens ist eine wichtige Voraussetzung für das Verständnis der Kurvenformen der arteriellen Druck- und Strompulse.

Bereits in der Aorta ascendens unterscheidet sich die Form des Druckpulses sehr erheblich von derjenigen des Strompulses. Wie Abb. 14.62 zeigt, ist der Strompuls, der den zeitlichen Ablauf der Austreibungsstromstärke aus dem linken Ventrikel darstellt, in der Hauptsache dreieckförmig. Das Maximum liegt vor der Mitte der Austreibungszeit. Am Ende derselben tritt ein kurzdauernder Rückstrom auf, der zur Schließung der Aortenklappe führt. In der Diastole ist die Stromstärke Null. Durch Integration des Strompulses läßt sich das Schlagvolumen des linken Ventrikels abzüglich des in die Coronararterien strömenden, etwa 5% betragenden Anteils bestimmen.

Der Druckpuls in der Aorta ascendens (Abb. 14.62 oben) beginnt gleichzeitig mit dem Strompuls. Das Druckmaximum liegt deutlich später als das Strömungsmaximum. Das Ende der Austreibungszeit ist in der Druckkurve durch eine kurzdauernde Senkung, die *Inzisur*, markiert, die durch den erwähnten Rückstrom hervorgerufen wird. In der Diastole ist der Unterschied zwischen Druck- und Strompuls besonders groß. Im Gegensatz zur Strömung hat der Druck am Ende der Austreibungszeit einen höheren Wert als an deren Anfang und sinkt im Verlauf der Diastole[3] ab. Bei stationärem Kreislaufzustand, der in Abb. 14.62 zugrundegelegt ist, beginnen und endigen die Druckpulszyklen auf gleichem Niveau. Der während der Austreibung erreichte Maximalwert des Drucks wird „systolischer Blutdruck". der am Ende der Diastole erreichte Druck „diastolischer Blutdruck" und die Differenz zwischen beiden „Blutdruckamplitude" genannt.

Für die weiteren Betrachtungen ist es von Wichtigkeit, daß die *Pulswellengeschwindigkeit* mit wachsender Entfernung vom Herzen zunimmt. Beim Jugendlichen beträgt sie in der herznahen Aorta etwa 4 m/s und hat für die ganze Aorta einen Durchschnittswert von etwa 5 m/s, um in den Arterien der Extremitäten auf 6–8 m/s und in den distalen Teilen der Beinarterien sogar auf über 10 m/s zu steigen. Diese Zunahme in distaler Richtung ist hauptsächlich auf das Anwachsen des Verhältnisses h/r zurückzuführen [Gl. (14.11)]. Da außerdem der Querschnitt der einzelnen Arterien mit zunehmender Zahl der Verzweigungen abnimmt, ergibt sich für diese Gefäße gemäß Gl. (14.12) ein starkes Anwachsen des Wellenwiderstandes in distaler Richtung.

Wegen der Zunahme des Wellenwiderstandes in distaler Richtung stellt das Arteriensystem eine *inhomogene Wellenleitung* dar. Diese Zunahme erfolgt teils kontinuierlich, teils sprunghaft. Daher erfährt die distalwärts laufende Pulswelle innerhalb des Systems vielfach positive Reflexionen. Die zurücklaufenden und am linken Ventrikel bzw. an der geschlossenen Aortenklappe positiv reflektierten Wellen sind der Grund dafür, daß das Druckmaximum während der Austreibungszeit später auftritt als das Strömungsmaximum und daß im zentralen Puls der Druck am Ende der Austreibungszeit höher als an ihrem Anfang ist. Die Stromstärken dieser rückläufigen und wieder reflektierten Wellen heben sich in der zentralen Aorta gegenseitig weitgehend auf, so daß im wesentlichen der vom linken Ventrikel erzeugte dreieckförmige Strompuls mit seinem frühen Maximum und in der Diastole Strömungsstillstand in Erscheinung treten. — Die Reflexionen an peripheren Widerstandsgefäßen sind ebenfalls positiv. Die multiplen positiven Reflexionen

---

[3] Vom Standpunkt der Herzdynamik werden die Entspannungs- und die Füllungszeit zusammen als Diastole bezeichnet (s.o.). Dagegen umfaßt die vom Standpunkt der arteriellen Dynamik definierte Diastole noch zusätzlich die Anspannungszeit des nächsten Herzzyklus.

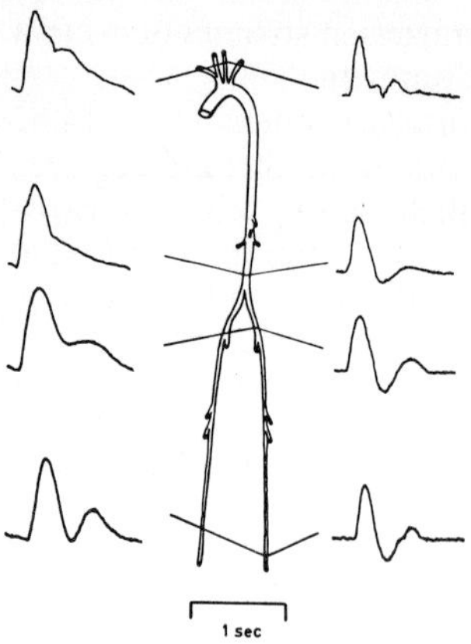

Abb. 14.69. Druckpulse (*links*) und Strompulse (*rechts*) an verschiedenen Orten des menschlichen Arteriensystems, das in der Mitte schematisch dargestellt ist. Männliche Versuchsperson, 32 Jahre, 185 cm groß. Die Registrierstellen sind von oben nach unten: A. carotis communis in Höhe des Schildknorpels; Bauchaorta in Nabelhöhe; A. femoralis am Leistenband; A. tibialis post. am medialen Knöchel. Die Druckpulse wurden als Sphygmogramme registriert. Die Strompulse wurden mittels eines kontinuierlichen Ultraschall-Doppler-Verfahrens und durch elektronische Mittelung (averaging) gewonnen. Sämtliche Pulse sind ungeeicht. Untereinander angeordnete Pulsbilder sind der Übersichtlichkeit wegen auf etwa gleiche Amplitude gebracht

im Verlauf des Arteriensystems und an seinen Endigungen bewirken, daß die Druckamplitude der resultierenden Pulswelle mit wachsender Entfernung vom Herzen zunimmt und beim Jugendlichen in den Beinarterien sogar das Doppelte des in Herznähe gemessenen Wertes erreichen kann. Im Alter steigt der Wellenwiderstand zentraler Arterien relativ mehr an als derjenige distaler Arterien, so daß die Druckamplitude zentral höher wird und distalwärts weniger oder gar nicht mehr zunimmt.

Auch die Formen der Druck- und Strompulse verändern sich bei der Fortpflanzung durch das Arteriensystem in charakteristischer Weise (Abb. 14.69). Infolge der frequenzabhängigen Dämpfung rundet sich die Wellenform mit wachsender Entfernung vom Herzen ab. Die Inzisur geht dabei verloren. Andererseits bildet sich in den Pulsen der Beinarterien eine diastolische „*dikrote*“ *Erhebung* heraus. Sie kommt, vereinfacht ausgedrückt, dadurch zustande, daß die vom linken Ventrikel erzeugte Pulswelle an Zwischen- und Endreflexionsstellen der Beinarterien reflektiert wird, dann zentralwärts zurückläuft, an der inzwischen geschlossenen Aortenklappe eine nochmalige Reflexion erfährt und hierauf als dikrote Druckerhebung wieder distalwärts läuft. Dieser Periodik im distalen Puls entspricht eine Periodik mit etwa entgegengesetzter Phase im herznahen Puls, von der meist die nur schwach ausgeprägte frühdiastolische Erhebung sichtbar ist (s. Aortendruckkurve in Abb. 14.62). In dem Gebiet der unteren Bauchaorta tritt keine dikrote Druckerhebung auf („Knoten“ des Drucks). — In den Strompulsen der distalen Arterien findet sich eine Phase der Rückwärtsströmung, die hauptsächlich die Folge retrograder, von Endreflexionen stammender Wellen ist.

Die positiven Reflexionen im Verlauf und an den Enden des Arteriensystems geben Anlaß zu dem funktionell sehr bedeutsamen Phänomen der Speicherung von Blut, das dazu geeignet ist, trotz des intermittierenden Einstroms in das Arteriensystem ein relativ hohes mittleres Druckniveau aufrechtzuerhalten und somit einen peripheren Abstrom während des ganzen Pulszyklus zu sichern („*Windkesselwirkung*“). Denn die positiven Reflexionen sorgen dafür, daß ein Teil des Volumens, das der vom Herzen erzeugten Pulswelle zugehört, nicht schon beim ersten Eintreffen der Pulswelle in der Peripherie das Arteriensystem verläßt, sondern im System verbleibt und durch hin- und herlaufende Wellen in ihm verteilt wird. Dieser gespeicherte Anteil fließt dann in der Diastole durch die peripheren Gefäße ab. Durch diese Speicherung und Entspeicherung wird auch erreicht, daß die pulsatorischen Druckschwankungen im ganzen System nicht sehr groß sind. In der herznahen Aorta betragen sie normalerweise $\pm 20\%$ des mittleren Drucks.

Der mittlere Druck sinkt in den großen und mittleren Arterien distalwärts nur wenig ab, da die Flüssigkeitsreibung in diesen Arterien gering ist. Erst in den peripheren Widerstandsgefäßen tritt ein steiler Druckabfall auf. Die Stromstärke vermindert sich entlang dem Arteriensystem distalwärts sowohl hinsichtlich ihres Mittelwerts als auch ihrer Amplitude wegen des Blutabflusses in die abzweigenden Seitenäste.

Tatsächlich sind die zur Entstehung der arteriellen Pulsformen beitragenden Vorgänge wesentlich komplizierter, als sie sich in einer knappen Übersicht darstellen lassen. Zu einer detaillierteren Analyse des Zustandekommens der Pulsformen werden physische und theoretische *Modelle* verwendet, mit deren Hilfe

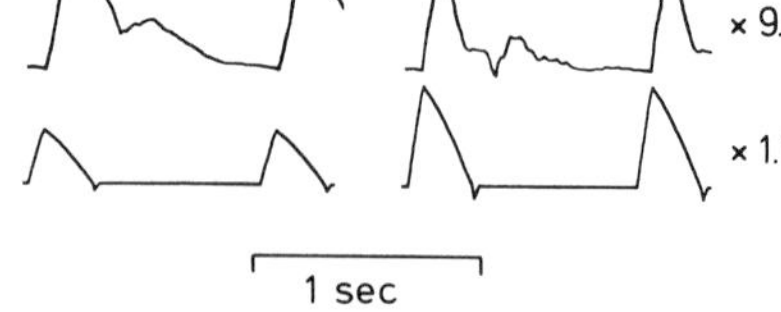

Abb. 14.70. Pulse eines inhomogenen, verzweigten theoretischen Schlauchmodells des menschlichen Arteriensystems, berechnet mit einem Digitalrechner. Die Wellenwiderstände und Reflexionsfaktoren sind als reell angenommen. *Links* Druckpulse, *rechts* zugehörige Strompulse für die Stellen des Modells, die den angegebenen Arterien entsprechen. Amplitudenhöhen des Drucks maßstabsgerecht gemäß der Berechnung. Die Ordinatenmaßstäbe der Strompulse sind zur besseren Übersicht distalwärts im Verhältnis der angegebenen Faktoren vergrößert. Der „primäre“ Druckpuls in der Aortenwurzel, durch dessen Fortpflanzung und Reflexionen sich alle übrigen Pulse entwickeln, ist entsprechend dem an derselben Stelle auftretenden Strompuls dreieckförmig. (Modifiziert nach Wetterer et al., 1977)

die beteiligten Wellenvorgänge, soweit sie wesentlich erscheinen, simuliert werden können. Abbildung 14.70 zeigt Druck- und Strompulse, die unter Zugrundelegung eines inhomogenen und verzweigten theoretischen Schlauchmodells des menschlichen Arteriensystems mittels eines Digitalrechners berechnet wurden. Ein Vergleich der berechneten Pulsformen mit den natürlichen Pulsen von Abb. 14.69 zeigt gute Übereinstimmung in den wesentlichen Merkmalen.

Grundsätzlich gelten für das Lungenarteriensystem dieselben Gesetzmäßigkeiten, wie sie für das Arteriensystem des Körperkreislaufs geschildert wurden. Jedoch besitzen die Lungengefäße bei wesentlich geringerer Länge eine besonders große elastische Dehnbarkeit; die pulsatorischen Druckschwankungen sind daher gering. Wegen des kleinen peripheren Widerstandes (s.o.) herrscht ein niedriger Mitteldruck (Abb. 14.62). Der systolische Blutdruck in der Pulmonalarterie ist 2,7–3,3 kPa, der diastolische etwa 1,3 kPa. Die Pulswellengeschwindigkeit in der Pulmonalarterie beträgt etwa 2 m/s.

14.6.4 Periphere Widerstandsgefäße (Mikrozirkulation)

Aus den *kleinen Arterien* mit Innendurchmessern von 70–100 µm gehen die *Arteriolen* hervor, deren Wände besonders reich an glatter Muskulatur sind. Daher sind die Arteriolen befähigt, durch mehr oder weniger weitgehende Kontraktion ihrer Muskulatur den Strömungswiderstand zu variieren und sich sogar völlig zu verschließen. Durchströmte Arteriolen haben Innendurchmesser von 15–50 µm. Aus den Arteriolen entspringen die ebenfalls muskelhaltigen *Metarteriolen* und aus diesen die *Kapillaren*, die auch unmittelbar aus Arteriolen hervorgehen können. Am Ursprung vieler Kapillaren befindet sich eine oft ringförmige Anordnung glatter Muskulatur, der sog. *Präkapillarsphinkter*. In bestimmten Stromgebieten münden die Kapillaren vielfach ineinander und bilden ein Netzwerk. Die Kapillarwand enthält keine glatte Muskulatur; sie besteht aus einer etwa 1 µm dicken Schicht von Endothelzellen mit Basalmembran und gestattet den Austausch von Stoffen zwischen dem Blut und der die Gewebezellen umgebenden interstitiellen Flüssigkeit. Der Innendurchmesser einer durchströmten Kapillare liegt zwischen 3 und 10 µm: die Kapillarlänge beträgt meist 0,5–1 mm. Durch wechselnde Stärke des Kontraktionszustandes der glatten Muskulatur der vorgeschalteten Gefäße läßt sich die Kapillarstömung in weiten Grenzen variieren und sogar zum völligen Stillstand bringen. Die Fortsetzung der Kapillaren bilden die kleinsten Venen (*Venolen*), die sich zu größeren Venen sammeln. Der mittlere Druck fällt längs der Arteriolen steil ab und beträgt normalerweise am Anfang der Kapillaren 4–5 kPa, an ihrem Ende 1,5–2,5 kPa. Pulsationen des Drucks und der Strömung sind noch in den Arteriolen, in geringerem Ausmaß auch in den Kapillaren, jedoch nicht mehr in den Venolen nachweisbar.

In den Gefäßen der Mikrozirkulation macht sich die *Anomalität des Fließverhaltens des Blutes* deutlich bemerkbar. Mittels der Definitionsgleichung

$$\eta = \frac{\tau}{\gamma}, \qquad (14.21)$$

worin η die Viskosität, τ den Schergrad und γ die Schubspannung bedeutet, erhält man bei laminarer Strömung einer homogenen (Newtonschen) Flüssigkeit gleichbleibender Temperatur einen konstanten Wert von η. Während sich Blut in Röhren von mehr als 1 mm Innendurchmesser praktisch wie eine Newtonsche Flüssigkeit verhält, also eine von der Schubspannung nahezu unabhängige Viskosität aufweist, zeigt es in engeren Röhren mit wachsender Schubspannung eine abnehmende Viskosität. Aus diesem Grunde spricht man von *„scheinbarer“ Viskosität* des Blutes. Das anomale Verhalten ist durch die Inhomogenität des Blutes bedingt, das sich aus einer physikalisch homogenen Flüssigkeit, dem Blutplasma, und darin suspendierten korpuskulären Bestandteilen, den Blutkörperchen, zusammensetzt. Von diesen spielen die Erythrozyten, die an Zahl etwa 99,9 % aller größeren Blutkörperchen ausmachen, die entscheidende Rolle. Beim Menschen besitzen sie die Form bikonkaver runder Scheiben, deren großer Durchmesser etwa 8 µm beträgt. Allgemein hängt die Blutviskosität von der Konzentration der Blutkörperchen ab, die sich durch den Wert des Hämatokrits, d.h. des Verhältnisses von Blutkörperchenvolumen zu Blutvolumen, kennzeichnen läßt. Beim Menschen ist dieses Verhälnis normalerweise etwa 45 %.

Abbildung 14.71 zeigt, in welcher Weise die scheinbare Viskosität von Erythrozytensuspensionen in Röhren unterschiedlicher Weite vom Hämatokrit abhängt. Beträgt der Rohrdurchmesser 1 mm und mehr, so steigt die Viskosität mit wachsendem Hämatokrit relativ stark an. Bei Verkleinerung des Durchmessers wird der Anstieg flacher oder, anders ausgedrückt,

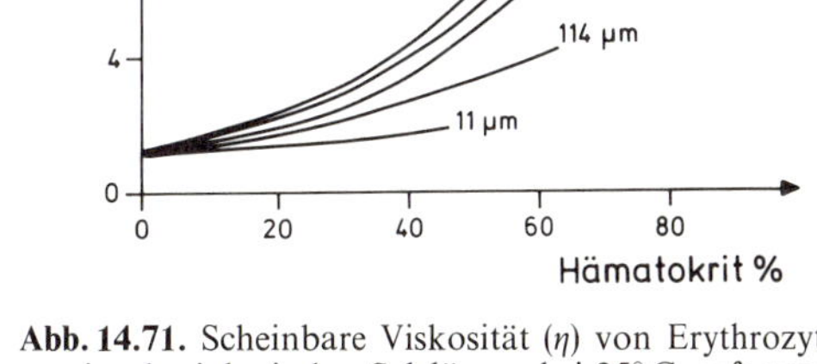

Abb. 14.71. Scheinbare Viskosität (η) von Erythrozyten-Suspensionen in physiologischer Salzlösung bei 25° C, aufgetragen in Abhängigkeit vom Hämatokrit. Durchströmung starrer Röhren, deren Innendurchmesser an den Kurven angegeben sind. (Modifiziert nach Haynes und nach Prothero, 1961)

nimmt die scheinbare Viskosität, bezogen auf gleichbleibenden Hämatokrit, ab, bis schließlich im Durchmesserbereich um 10 µm die Viskosität nahezu unabhängig vom Hämatokrit ist, d.h. den Wert der zellfreien Flüssigkeit nur wenig überschreitet.

Dieses besondere Verhalten der scheinbaren Viskosität ist großenteils durch die *enorme Verformbarkeit* („Fluidität") der Erythrozyten bedingt. Wegen der sehr flexiblen Membran und des flüssigen Inhalts dieser Zellen verhält sich das strömende Blut nicht wie eine Suspension starrer Korpuskeln, sondern eher wie eine Emulsion. Die infolge der Scherung zustandekommende Rotation der Erythrozyten bewirkt deren elliptische Verformung und eine Relativbewegung zwischen Membran und Inhalt. Es resultiert eine Schrägstellung der längeren Achse zur Bewegungsrichtung der Flüssigkeit und, vorwiegend aus diesen Gründen, eine Verschiebung der Erythrozyten in Schichten mit höherer Geschwindigkeit, also in Richtung zur Rohrachse („*Axialmigration*"). Auf diese Weise steigt die Konzentration der Erythrozyten in den achsennahen Schichten, so daß sich eine „*zentrale Zellsäule*" bildet, in der sich die Erythrozyten wegen ihrer großen Verformbarkeit dicht aneinanderlegen. Im Gegensatz hierzu tritt in den Randschichten eine Verarmung an Zellen ein. Durch diesen Vorgang erniedrigt sich der an sich schon kleinere Schergrad in Achsennähe, während sich der Schergrad der Randschichten erhöht. So ermöglichen es die niederviskösen Randschichten, daß sich die zentrale Zellsäule mit vergrößerter Geschwindigkeit bewegt. Die hieraus resultierende Verkleinerung der scheinbaren Viskosität des Blutes ist um so ausgeprägter, je enger das Rohr ist (Abb. 14.71), ein Verhalten, das als *Fåhraeus-Lindqvist-Effekt* bezeichnet wird. Das Minimum der scheinbaren Viskosität wird mit einem Wert, der nur um etwa 20% über dem des Blutplasmas liegt, bei einem Rohrdurchmesser von 8–9 µm erreicht. Im darunterliegenden Durchmesserbereich steigt die scheinbare Viskosität wieder an.

Infolge der erhöhten Geschwindigkeit der Erythrozyten in der zentralen Zellsäule ist die mittlere Aufenthaltsdauer eines Erythrozyten in dem Kapillarrohr kürzer als die eines entsprechenden Plasma-Volumenelements. Daher ist der „dynamische" Hämatokrit im durchströmten Kapillarrohr kleiner als der Hämatokrit des ruhenden Blutes (*Fåhraeus-Effekt*). Je Zeiteinheit tritt jedoch durch das Kapillarrohr anteilmäßig ebensoviel Erythrozyten- und Plasmavolumen hindurch, wie dem „statischen" Hämatokrit entspricht.

Es sei bemerkt, daß menschliches Blut noch durch Kapillarrohre mit Durchmessern bis herab auf etwa 3 µm strömen kann. Die Erythrozyten werden hierbei extrem verformt.

Für die Blutversorgung der Gewebe ist außer den Fließeigenschaften des Blutes der Durchströmungsdruck und der Kontraktionszustand der glatten Muskulatur der Widerstandsgefäße maßgebend. Häufig ist die experimentelle Untersuchung auf die Gewinnung von sog. i-p-Kurven, d.h. der Beziehung zwischen Stromstärke (i) und Durchströmungsdruck (p) gerichtet und kann sich auf den Lungen-, den Körperkreislauf oder auf bestimmte Teilgebiete, z.B. die Gefäße einer Extremität, der Leber, Niere oder des Gehirns, beziehen. Je nach Art des untersuchten Gebiets und der Reaktion der glatten Muskulatur auf die Druckänderungen können sich sehr verschiedenartige i-p-Kurven ergeben. Wird der gewählte Druckbereich schnell, etwa innerhalb einiger Sekunden, durchlaufen, so ergeben sich im allgemeinen geradlinige i-p-Kurven (Abb. 14.72), deren extrapolierte Verlängerungen nicht durch den Nullpunkt des Koordinatensystems gehen, sondern die p-Abszisse (Nullwert von i) bei einem erheblich über Null liegenden Druck schneiden. Dieses Phänomen tritt auch auf, wenn der Druck tatsächlich so weit gesenkt wird, daß die Strömung stillsteht, und ist vorwiegend dadurch zu erklären, daß sich die Widerstandsgefäße infolge der anhaltenden aktiven Spannung der glatten Muskulatur schon bei über Null liegenden Drucken soweit verengern, daß keine Blutströmung mehr stattfinden kann („kritischer Verschlußdruck" p_k). Je stärker die aktive Spannung, desto höher ist p_k. Der reziproke Wert der Steilheit einer i-p-Kurve entspricht dem differentiellen Strömungswiderstand (dp/di), der unter den Bedingungen von Abb. 14.72 für einen bestimmten Zustand konstant ist, während der „absolute" Strömungswiderstand (p/i) stark variiert. Diese beiden Definitionen des Widerstandes, die begrifflich unterschieden werden müssen, sind für die Interpretation von i-p-Kurven und für viele andere hämodynamische Probleme von Bedeutung. So verhindert z.B. die Zunahme des absoluten peripheren Widerstandes mit sinkendem Druck eine zu starke Verminderung des mittleren Füllungszustandes (und des mittleren Drucks) des Arteriensystems bei einer kurzfristigen Verkleinerung des Herzminutenvolumens

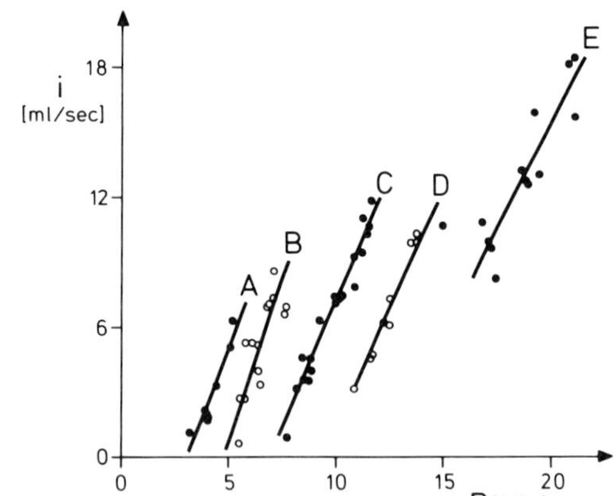

Abb. 14.72. Beziehung zwischen Druck (P) und peripherer Abflußstromstärke (i) des gesamten Arteriensystems des Körperkreislaufs eines narkotisierten Hundes von 8,5 kg. Ohne Unterbrechung der Herztätigkeit wurde der arterielle Mitteldruck durch eine mit der Aorta verbundene Kolbenpumpe rhythmisch variiert. Sinusförmige Kolbenbewegung, Dauer eines Pumpenzyklus etwa 5 s. Die mittlere Abflußstromstärke (i) während der diastolischen Pulszyklusabschnitte wurde mittels eines indirekten Verfahrens bestimmt; P ist der jeweils zugehörige Aortendruck. A und B Herabgesetzter Kontraktionszustand der glatten Muskulatur. C Ausgangszustand. D und E Verstärkter Kontraktionzustand der glatten Muskulatur. (Nach Wetterer u. Pieper, 1955)

und unterstützt damit die längerfristigen regulatorischen Vorgänge.

Bei langsamer Änderung des Durchströmungsdrucks, z. B. innerhalb von Minuten, werden *i-p*-Kurven gefunden, die konvex oder konkav zur *p*-Abszisse verlaufen können. Im ersten Fall handelt es sich um eine druckpassive Weitenänderung der Widerstandsgefäße, im zweiten Fall um eine Reaktion der glatten Muskulatur, die sich mit wachsendem Druck stärker kontrahiert. Oft geht diese Reaktion so weit, daß die *i-p*-Kurve in einem bestimmten Druckbereich nahezu oder vollständig horizontal verläuft, die Stromstärke also weitgehend unabhängig vom Druck ist. Zu diesem Verhalten, das als „*Autoregulation*" bezeichnet wird, sind fast alle Gefäßgebiete fähig. Besonders ausgeprägt ist es in der Niere, im Gehirn und im Gebiet des Darms.

14.6.5 Das Venensystem

Nach Durchströmung der Kapillaren fließt das Blut durch die Venen dem rechten Vorhof zu. Die Wände der Venen bestehen aus den gleichen Geweben wie diejenigen der Arterien, sind aber dünner. Die Venen haben ebenfalls eine gekrümmte Druck-Volumen-Kurve, besitzen aber eine weit größere elastische Dehnbarkeit. Bei horizontaler Körperlage ist der Druck im Venensystem allgemein niedrig; er fällt von etwa 2 kPa in den Venolen bis auf etwa 0,6 kPa im rechten Vorhof ab. In den intrathorakalen Venen und dem rechten Vorhof kann der Venendruck während der Einatmung sogar subatmosphärisch werden, wobei aber der transmurale Druck positiv bleibt. Bei aufrechter Körperstellung steigt im bewegungslosen Zustand der Druck in den Fußvenen aus hydrostatischen Gründen bis über 10 kPa. Beim Gehen sinkt er jedoch bedeutend ab, da nun die in der Beinmuskulatur verlaufenden Venen durch die Muskelkontraktionen rhythmisch komprimiert und hierdurch entleert werden und die Venenklappen eine Fortbewegung des Blutes nur in Richtung zum Herzen zulassen (*Muskelpumpe*).

Der *venöse Rückstrom* zum Herzen wird in der Hauptsache durch den oben genannten permanenten Druckgradienten zwischen Venolen und rechtem Vorhof aufrechterhalten. Doch kommen außer der Muskelpumpe noch zwei unterstützende Mechanismen hinzu. Während der Einatmung sinkt der Druck in den intrathorakalen Venen, wodurch die Blutströmung aus den extrathorakalen in die intrathorakalen Venen gefördert und somit die Füllung des rechten Herzens vermehrt wird. Durch die Trikuspidalklappe wird dafür gesorgt, daß beim rhythmischen Wechsel von Aus- und Einatmung im Durchschnitt ein Gewinn an venösem Rückstrom entsteht.

Ein weiterer Hilfsmechanismus des venösen Rückstroms ist die rhythmische Verschiebung der sog. *Ventilebene* des Herzens. Die Basis der beiden Ventrikel, in der sich die 4 Klappen befinden, wird in jeder Austreibungszeit spitzenwärts gezogen und bewegt sich in der folgenden Füllungszeit zurück. Im ersten Fall wird eine Druckerniedrigung in den Vorhöfen bewirkt, so daß Blut in diese aus den Venen in vermehrtem Maße einströmt. Im zweiten Fall wird bei offenen Atrioventrikularklappen eine Verkleinerung des Vorhof- und eine Vergrößerung des Ventrikelvolumens bewirkt, so daß die Ventrikelfüllung gefördert wird.

Im Venensystem ist der überwiegende Teil des Blutvolumens enthalten, da die Venen schon bei niedrigem Füllungsdruck ein großes Volumen aufweisen (*kapazitive* Gefäße). Das gesamte Blutvolumen eines gesunden Erwachsenen beträgt 5–6 l. Hiervon befinden sich etwa 55% in den extrathorakalen Venen, 10–15% in den intrathorakalen Venen und dem rechten Herzen und 15–20% in den Lungengefäßen und dem linken Herzen. Auf das Arteriensystem entfallen nur 15%.

14.6.6 Einstellung und Regelung der Kreislaufgrößen

Ein kompliziertes System wie der Blutkreislauf mit seinen vielfältigen Aufgaben bedarf zur Aufrechterhaltung eines stabilen Funktionszustandes besonderer *Einstell-* und *Regelmechanismen*, auf die hier in aller Kürze hingewiesen sei.

Die Organe passen großenteils selbsttätig ihre Durchblutung den wechselnden Bedürfnissen an, indem lokale Stoffwechselprodukte (*Metaboliten*) den Kontraktionszustand der glatten Muskulatur der Arteriolen und Präkapillarsphinkter und somit den lokalen Strömungswiderstand herabsetzen. Die hierdurch zustande kommende Mehrdurchblutung sorgt für Verminderung der Konzentration der Metaboliten, wodurch die Durchblutung wieder fällt. Diese lokalen Vorgänge tragen die Kennzeichen einer Regelung.

Tritt in vielen Organen gleichzeitig eine verstärkte Stoffwechselaktivität und damit ein vermehrter Anfall von Metaboliten auf, so kommt es zu einer erheblichen Abnahme des peripheren Gesamtwiderstandes. Daher muß zur Aufrechterhaltung des mittleren Blutdrucks das Herzminutenvolumen vergrößert werden. Solche Fälle sind vor allem durch gesteigerte körperliche Leistung bedingt, an der sich größere Muskelgruppen beteiligen.

Im Kreislauf besteht eine Einrichtung zur *Regelung des arteriellen Blutdrucks*. In der Wand herznaher Arterien befinden sich dehnungsempfindliche Fühler (*Pressorezeptoren*), deren Erregung mit wachsendem Blutdruck steigt, was durch Nervenverbindungen den Kreislaufzentren des Hirnstamms übermittelt wird. Von diesen Zentren wird das Herz und die glatte Gefäßmuskulatur beeinflußt. Bewirkt eine Störgröße eine Erhöhung des arteriellen Blutdrucks, so wird durch die Kreislaufzentren auf nervalem Wege das Herz gehemmt und die Kontraktionsstärke der glatten Gefäßmuskulatur herabgesetzt. So vermindern sich das Herzminutenvolumen und der periphere Strömungswiderstand; der mittlere Blutdruck sinkt ab. Führt eine Störgröße zu einem Blutdruckabfall, so werden von den Kreislaufzentren die entgegengesetzten Wirkungen ausgelöst, so daß der Blutdruck wieder ansteigt.

Die Kreislaufzentren des Hirnstamms können von der Großhirnrinde und vom Hypothalamus in einer Weise beeinflußt werden, die einer Sollwertverstellung des Reglers entspricht. In diesem Sinne ist der Blutdruckanstieg bei bestimmten Emotionen oder bei Intendierung einer Muskelarbeit aufzufassen.

Weitere Regelsysteme, die funktionell mit dem Kreislauf verbunden sind, betreffen das Blutvolumen, den Wasser- und Elektrolythaushalt, die Atmung und den Wärmehaushalt. Durch zahlreiche Vermaschungen sind diese Systeme miteinander verknüpft.

Literaturauswahl

Bauereisen, E. (Hrsg.): Physiologie des Kreislaufs, Bd. 1. Berlin-Heidelberg-New York: Springer 1971.

Bauereisen, E.: Herz. In: Keidel, W.D. (Hrsg.): Kurzgefaßtes Lehrbuch der Physiologie, 5. Aufl., S. 5-1 bis 5-37. Stuttgart: Thieme 1979.

Bergel, D.H. (Ed.): Cardiovascular fluid dynamics, Vols. 1 and 2. London-New York: Academic Press 1972.

Caro, C.G., Pedley, T.J., Schroter, R.C., Seed. W.A.: The mechanics of the circulation. Oxford-New York-Toronto: University Press 1978.

Fung, Y.C., Perrone, N., Anliker, M. (Eds.): Biomechanics. Its foundations and objectives. Englewood Cliffs: Prentice-Hall 1972.

Kaley, G., Altura, B.M. (Eds.): Microcirculation, Vols. I and II. Baltimore-London-Tokyo: University Park Press 1977 and 1978.

Mirsky, I., Ghista, D.N., Sandler, H. (Eds.): Cardiac mechanics: physiological, clinical, and mathematical considerations. New York-London-Sydney-Toronto: Wiley 1974.

Noordergraaf, A.: Circulatory system dynamics. New York-San Francisco-London: Academic Press 1978.

Ruch, Th.C., Patton, H.D. (Eds.): Physiology and Biophysics, Vol. II., 20th edit. Philadelphia-London-Toronto: W. B. Saunders 1974.

Stehbens, W.E. (Ed.): Hemodynamics and the blood vessel wall. Springfield: Charles C. Thomas Publ. 1979.

Wetterer, E., Bauer, R.D., Busse, R.: Bau und Funktionen des Gefäßsystems. In: Keidel, W.D. (Hrsg.): Kurzgefaßtes Lehrbuch der Physiologie. 5. Aufl., S. 6-1 bis 6-57. Stuttgart: Thieme 1979.

Wetterer, E., Kenner, Th.: Grundlagen der Dynamik des Arterienpulses. Berlin-Heidelberg-New York: Springer 1968.

14.7 Flüssigkeitsströme in Pflanzen

Hubert Ziegler

14.7.1 Einführung

Im pflanzlichen Organismus sind je nach seiner Konstruktion (z.B. Einzeller — Vielzeller) oder seiner Lebensweise (z.B. submerse Wasserpflanze — Landpflanze) verschiedene Transportsysteme entwickelt.

Alle Pflanzen haben, wie auch alle Tiere, *Kurzstreckentransport* durchzuführen; darunter versteht man den intrazellulären Transport (z.B. von den Chloroplasten in das Zytoplasma, vom Zytoplasma in die Vakuole oder vom Zytoplasma in den Zellkern) und den Transport durch die äußere Zellmembran (Plasmalemma, vgl. S. 5). Diese Phänomene sollen hier nicht weiter behandelt werden.

Schon im Transport zwischen den verschiedenen Zellen eines Gewebes oder Organs (z.B. von der Wurzeloberfläche in das Wurzelinnere), dem sog. *Mittelstreckentransport*, unterscheiden sich die Pflanzen erheblich von den Tieren: Die einzelnen Zellen bei den vielzelligen Pflanzen sind von einer festen Zellwand (Sakkoderm, Kapitel 1) umgeben, die ein zusammenhängendes Kompartiment außerhalb der Protoplasten bildet (*Apoplast*). In diesem Zellwandsystem laufen auch Transporte ab (Apoplastentransport). Meist handelt es sich um Diffusion in der Wasserphase, die sich zwischen den Molekülen und Molekülaggregaten der Zellwandsubstanzen befindet, oder um Wasserströme, die durch Wasserpotential-Gradienten innerhalb des Apoplasten ausgelöst werden. Diese Wasserströme können auch gelöste Stoffe mit sich führen.

Die durch die Zellwände voneinander geschiedenen Zelleiber (Protoplasten) einer vielzelligen Pflanze sind in der Regel durch Plasmabrücken (Plasmodesmen, Kapitel 1) durch die Zellwände hindurch miteinander zu einem strukturellen und funktionellen Kontinuum verbunden, zum *Symplasten*. Es gibt eine große Zahl von Indizien, wenn auch wenig direkte Belege, daß die Plasmodesmen Transportfunktion haben und wesentlich an den Stoffverschiebungen innerhalb des Symplasten *(symplasmatischer Transport)* beteiligt sind.

Für den *Langstreckentransport* benutzen die Höheren Pflanzen wie die Tiere eigene Transportsysteme mit spezialisierten Zellen, die einen leistungsfähigen Transport unter möglichst geringem Aufwand von Stoffwechselenergie gestatten. In der Struktur der Bahnen, in der Art des transportierten Materials und im Transportmechanismus unterscheiden sich die Systeme des Langstreckentransportes bei den Pflanzen aber grundlegend von denen der Tiere.

Alle Pflanzen, bei denen die assimilatproduzierenden oder -mobilisierenden Zellen von denen des Verbrauches oder der Abscheidung räumlich über eine größere Strecke getrennt sind, haben *Assimilattransportsysteme (Phloem)* entwickelt. Dies gilt nicht nur für die Höheren Pflanzen, sondern schon für große Meeresalgen. Über ein leistungsfähiges *Wassertransportsystem (Xylem)* verfügen dagegen nur Pflanzen, die Teile ihres Vegetationskörpers im Luftraum mit seinen in der Regel hohen Wassersättigungsdefiziten (s.u.) entwickeln, die daher laufend Wasserdampf durch die Transpiration verlieren. Ein Xylem fehlt daher nicht nur den Algen, sondern in der Regel auch den unter Wasser lebenden Blütenpflanzen.

Soweit beide Langstreckentransportsysteme in einer Pflanze ausgebildet sind, kommen sie normalerweise stets eng benachbart vor. Bei sekundär in die Dicke gewachsenen Formen (z.B. Bäumen) sind funktionsfähiges Xylem (äußerste Lagen des Holzkörpers) und Phloem (innerste Lage der Rinde) nur durch die wenigen Zellagen des Neubildungsgewebes (Kambiums) voneinander getrennt, bei den anderen Pflanzen sind die beiden Transportgewebe zu Strängen zusammengefaßt (Leitbündel), die z.B. im Blatt als „Blattadern“ besonders hervortreten können. Den Sinn dieser engen Vergesellschaftung von Wasser- und Assimilatleitbahnen werden wir später erläutern.

Während kein Zweifel darüber besteht, daß der Wassertransport im Xylem eine Strömung ist, gehen über die Art des Assimilattransportes die Meinungen noch auseinander. Allerdings nehmen die meisten Forscher hier ebenfalls eine Flüssigkeitsströmung an; auch unsere nachfolgende Betrachtung der physikalischen Aspekte der pflanzlichen Langstreckentransporte stellt diese Vorstellung in den Mittelpunkt.

14.7.2 Der Xylemtransport

14.7.2.1 Die Bahnen

Bei der phylogenetischen Entwicklung der Wasserleitungsbahnen standen die Pflanzen vor der Aufgabe, Transportsysteme zu entwickeln, die einer Flüssigkeitsströmung möglichst geringen Widerstand entgegensetzten, den auftretenden Belastungen aber gewachsen waren. Der entscheidende Schritt dabei war die Entfernung des Zytoplasmas aus den Zellen der Wasserleitungsbahnen, d.h. die Verwendung von toten Zellen für diesen Zweck: Die Wasserleitungselemente sind somit dem Apoplasten zuzurechnen. Der Zytoplasmasaum zwischen Vakuole und Zelloberfläche (einschließlich der beiden Membranen Tonoplast und Plasmalemma, S. 5) einer einzigen Zelle hat eine Wasserpermabilität von nur etwa 10^{-5} cm s^{-1} 10^{-5} Pa, das entspricht dem Wert für 600 m Kiefernholz in der Faserlängsrichtung (Wasserfluß 0,6 cm s^{-1} bei einem Druckgradienten von 10^5 Pa cm^{-1}) und von 0,3 cm in der Radialrichtung ($3 \cdot 10^{-6}$ cm s^{-1}).

Das Fehlen des Protoplasmas hat den Wegfall des Turgordrukkes in den Zellen der Wasserleitbahnen zur Folge. Da die Wasserleitungszellen von lebenden, turgeszenten Zellen umgeben sind, und zudem in ihrem Inneren häufig sogar negative Drucke herrschen (s.u.), würden sie von der Umgebung zusammengedrückt werden, wenn ihre Wände nicht durch Einlagerung von Lignin ausgesteift wären. Erst die „Erfindung" der Verholzung hat es den Höheren Pflanzen ermöglicht, leistungsfähige Wasserleitungsbahnen zu entwickeln und dadurch große Gestalten auf dem Lande zu bilden.

Bei den meisten Farngewächsen und Nacktsamern treten einzelne tote, verholzte Zellen *(Tracheiden)*, die mit keilförmig zugespitzten Enden aneinandergrenzen (Abb. 14.73a, 14.74), zu Strängen zusammen. Der Widerstand der Zellenden gegen einen Wasserdurchtritt wird einmal durch den verstärkten Einbau von Durchlaßventilen („Tüpfeln") an diesen Stellen und zum andern durch die Verlängerung der Einzelzellen, d.h. die Verringerung der Zahl der Querwände pro Einheit der Wegstrecke, vermindert (Tabelle 14.2).

Die Bedecktsamer, zu denen z.B. die Laubbäume gehören, sind einen Schritt weiter gegangen und verwenden statt der langgestreckten, englumigen Tracheiden Röhrensysteme *(Tracheen)*, die sich aus zahlreichen kurzen, weitlumigen Einzelelementen *(Tracheengliedern)* zusammensetzen (Abb. 14.73b., 14.75, Tabelle 14.2), deren Querwände teilweise oder vollständig aufgelöst sind. Während der Durchmesser der Tracheen (wie der der Tracheiden) leicht zu bestimmen ist, ist die Ermittlung der Tracheenlänge (d.h. des Abstandes zwischen zwei erhalten gebliebenen Querwänden) viel schwieriger. So wird z.B. für den Ahorn eine Tracheenlänge von 60 cm, für die Esche von 3 m angegeben; ersterer gehört zu einer Gruppe von Pflanzen, die relativ enge Tracheen über den ganzen Querschnitt des jährlichen Holzzuwachses verstreut zeigen *(„Zerstreutporige")*, während die Esche (wie z.B. auch die Eiche, Ulme und Robinie) zu einem Typus gezählt wird, der besonders weite Tracheen aufweist, die vor allem im Frühjahr gebildet werden *(„Ringporige")* (Abb. 14.75).

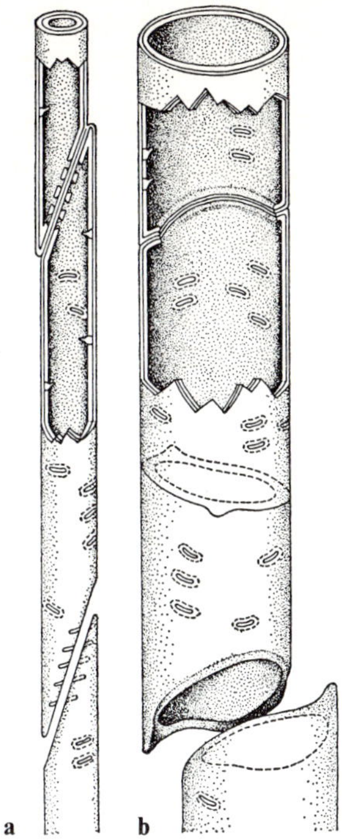

Abb. 14.73a, b. Schematische Darstellung der beiden Haupttypen pflanzlicher Wasserleitungsbahnen. **a** Reihe von Tracheiden (mit Tüpfeln). **b** Tracheenglieder (mit Tüpfeln), zu einer Trachee zusammengefügt. (Hinsichtlich der wahren Dimensionen der Elemente vgl. Tabelle 14.2) (Nach Mohr, H.: Pflanzenphysiologie. 2. Auflage, Berlin-Heidelberg-New York: Springer 1971)

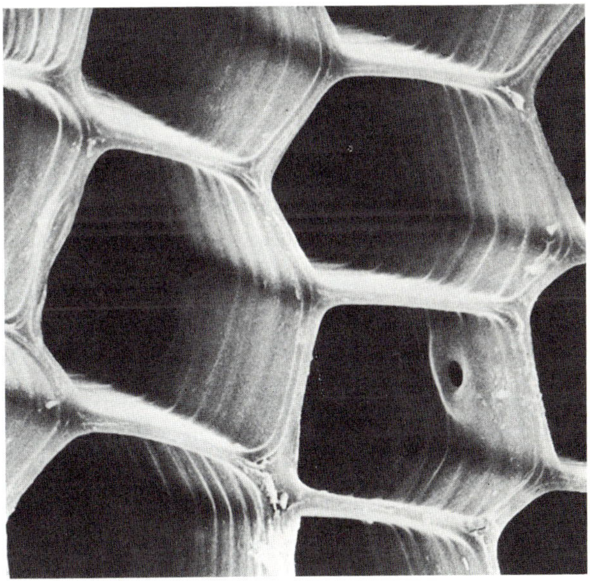

Abb. 14.74. Rasterelektronenmikroskop-Aufnahme des Holzes der Douglasie (Nadelholz). Das Holz ist aus Tracheiden zusammengesetzt, die eine schraubige Verdickung der Wände aufweisen. Rechts unten ein („Hof"-)Tüpfel sichtbar. ×1200. (Aus Meylan, B.A. u. Butterfield, B.G.: Three-dimensional Structure of Wood. London: Chapman and Hall 1972)

Tabelle 14.2. Übersicht über die Dimensionen der pflanzlichen Wasserleitungselemente

	Länge (μm)	Durchmesser (μm)
1. Tracheiden		
Nadelhölzer (Mittel)	2000– 5000	20–40
(Extreme)	300–11000	
2. Tracheenglieder		
Ahorn (zerstreutporig)	300	30–110
Eiche (ringporig)	100–400	10–400

Tabelle 14.3. Querschnittsflächen des Wasserleitungssystems bei verschiedenen Pflanzen (in mm^2 pro Gramm Blattfrischgewicht). (Aus Zimmermann u. Brown)

Seerosen (Blattstiele)	0,02
Laubbäume	0,50(0,25–0,79)
Nadelbäume	0,48(0,3 –0,61)
Kräuter des Waldbodens	0,19(0,01–0,80)
Wüstenpflanzen	3,40(1,42–7,68)

a

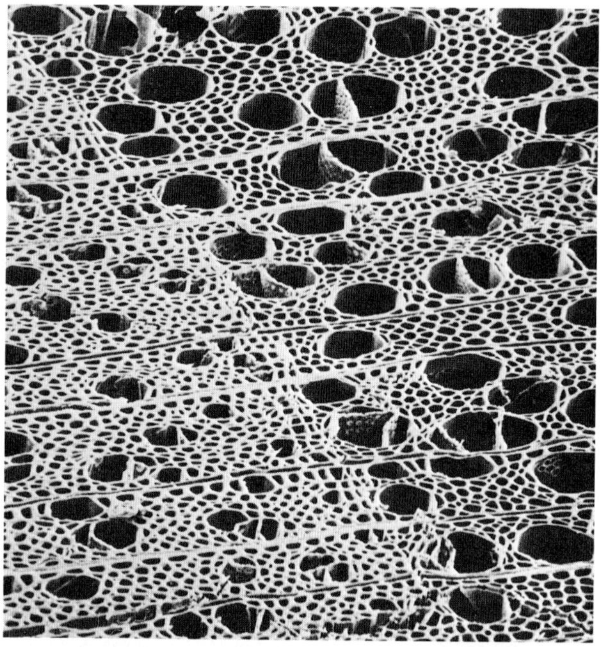

b

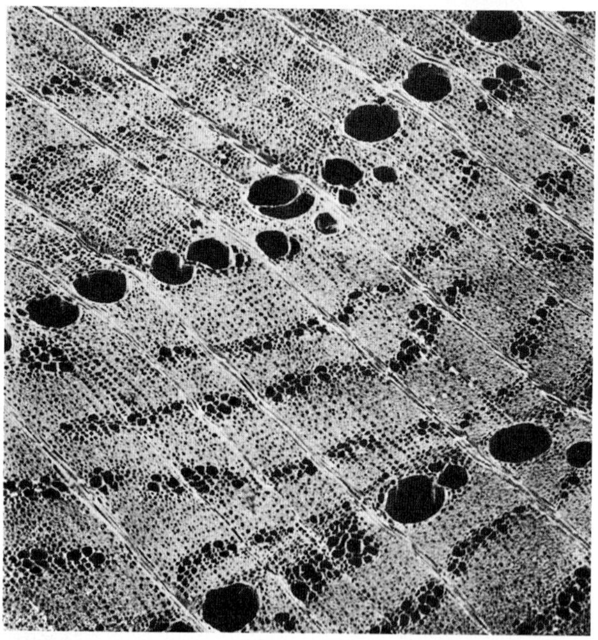

Abb. 14.75a, b. Rasterelektronenmikroskop-Aufnahme von Laubbaumholz. **a** „Zerstreutporiges" Holz der Pappel (×190). **b** „Ringporiges" Holz der Ulme (×70). Beachte die Unterschiede in der Vergrößerung! (Aus Meylan, B.A. u. Butterfield, B.G.: Three-dimensional Structure of Wood. London: Chapman and Hall 1972)

Die Gesamtquerschnittsfläche an wasserleitenden Elementen, die in der Achse einer Pflanze pro Gramm Frischgewicht der mit Wasser zu versorgenden Blätter entwickelt ist, hängt von der Stärke der Transpiration ab: Pflanzen feuchter Standorte haben geringere Werte als solche trockener Herkünfte (Tabelle 14.3). Auch innerhalb einer Baumkrone ist dieser Wert in den einzelnen Ästen und Zweigen nicht konstant (Abb. 14.76); so ist z.B. der Spitzentrieb in der Versorgung eindeutig bevorzugt.

14.7.2.2 Die Geschwindigkeit des Wassertransportes

Da die im Xylem transportierten Substanzen (Wasser und darin gelöste anorganische Ionen, in geringer Konzentration auch organische Verbindungen) leicht

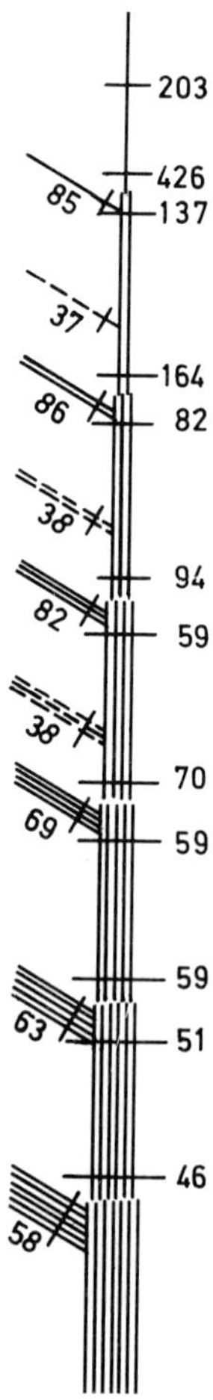

Abb. 14.76. Xylem-Querschnittsfläche im Stamm und in den Ästen einer jungen Tanne *(Abies concolor)*. Die Zahlen geben mm^2 pro Gramm Frischgewicht der versorgten Nadeln an. (Aus Huber)

Tabelle 14.4. Mittägliche Spitzengeschwindigkeiten des Transpirationsstromes verschiedener Pflanzentypen. Gemessen mit der thermoelektrischen Methode. (Aus Huber)

Objekt	Geschwindigkeit ($cm \cdot s^{-1}$)
Nadelhölzer, immergrün	0,033
Lärche	0,033
Mediterrane Hartlaubgewächse	0,011–0,042
Sommergrüne zerstreutporige Laubhölzer	0,028–0,167
Ringporige Laubhölzer	0,111–1,222
Krautige Pflanzen	0,278–1,667
Lianen	4,167

mit der Zellwand und der Umgebung der wasserleitenden Zellen ausgetauscht werden, ist es nicht leicht, die tatsächliche Strömungsgeschwindigkeit des Xyleminhaltes zu ermitteln. Meist werden nur Mindestgeschwindigkeiten erhalten. Das gilt auch für die meist verwendete thermoelektrische Methode (Abb. 14.77a, b). Wie Tabelle 14.4 zeigt, sind die Werte für die einzelnen Arten sehr verschieden, wobei sich die drei großen Gruppen (Nacktsamer, zerstreutporige und ringporige Bedecktsamer) in ihren Höchst- und Durchschnittswerten unterscheiden.

14.7.2.3 Die Strömungswiderstände im Xylem

In einer vertikalen, unbewegten Wassersäule ist der hydrostatische Druckgradient (dp/dl) etwa 10 Pa $\cdot cm^{-1}$. In einem wassergefüllten Baumstamm, in dessen Xylem am Grunde Atmosphärendruck ($+10^5$ Pa) herrschen und in dem keine Wasserströmung erfolgen würde (z.B. vor Sonnenaufgang bei stark eingeschränkter Transpiration), wäre in 10 m Höhe der Druck gleich 0, in 100 m Höhe gleich $-9 \cdot 10^5$ Pa; derartige Höhen werden aber von bestimmten Bäumen erreicht (Mammutbäume, Eucalyptus).

Ist das Wasser in den Röhrensystemen des Xylems in Bewegung, so kommen Strömungswiderstände hinzu. Für einen Fluß durch ideale Kapillaren gilt das Hagen-Poiseuillesche Gesetz:

$$V = \frac{\pi}{8\eta} \frac{\Delta p}{l} t r^4 , \qquad (14.22)$$

wobei V = Volumen der Flüssigkeit, η = Viskosität der Flüssigkeit (0,001 Pa s für Wasser bei 20° C), $\Delta p/l$ = Druckgradient entlang der Kapillare, t = Zeit, r = Radius der Kapillare.

Will man aus dieser Gleichung den Druckgradienten im Xylem eines Baumstammes mit strömendem Wasser bestimmen, so muß man demnach neben den übrigen, leicht zu ermittelnden Werten das Wasservolumen kennen, das in einer gegebenen Zeit durch einen Stamm fließt. Dies macht aber sehr große Schwierigkeiten, weil nur ein Teil der auf einem Querschnitt ausmeßbaren Wasserleitungsbahnen tatsächlich funktioniert, andere aber durch Luftembolien (s. u.) oder Verschlußstrukturen („Thyllen") blockiert sind. Bequem zu messen sind dagegen, wie erwähnt, die Strömungsgeschwindigkeit (jedenfalls der Mindestwert). Nun läßt sich aus Gl. (14.22) ableiten, daß die Geschwindigkeit der Flüssigkeitsströmung durch eine Kapillare eine paraboloide Verteilung über den Querschnitt aufweist, d. h. die Moleküle unmittelbar an der Kapillarenwand sind stationär, die in der Mitte werden am schnellsten verfrachtet. Ein in einer Kapillare strömendes Flüssigkeitsvolumen nimmt dementsprechend eine paraboloide Form an. Setzt man das Volumen eines Paraboloids ($1/2 r^2 \pi h$, d. h. die Hälfte eines Zylinders mit derselben Höhe h) gleich dem Volumenfluß einer Einzelkapillare in Gl. (14.22), so erhält man:

$$h = \frac{\Delta p}{l} \cdot t \cdot \frac{r^2}{4\eta} . \qquad (14.23)$$

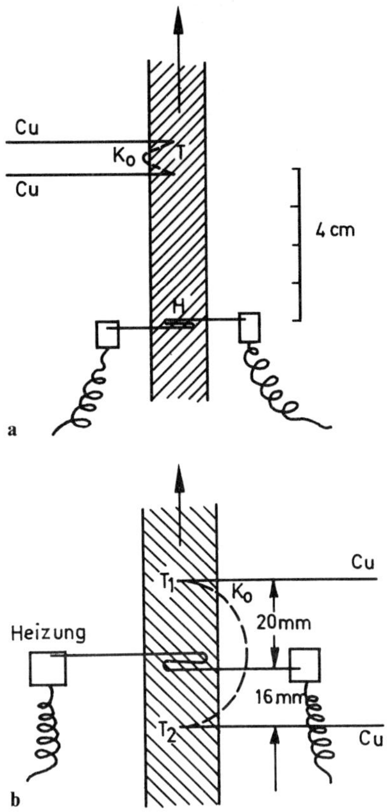

Abb. 14.77a, b. Versuchsanordnungen zur thermoelektrischen Messung von Strömungsgeschwindigkeiten im Xylem. **a** Anordnung zur Bestimmung von Geschwindigkeiten $> 60 cm\,Std^{-1}$. Die Heizdrahtschleife (H) wird kurz (1–3 s) elektrisch aufgeheizt und die Ankunft der Wärmewelle „stromabwärts" mit einem Thermoelement (T; Kupfer-Konstantan-Legierung) in definierter Entfernung von der Heizstelle registriert. Die strömende Front des erwärmten Saftes trifft zuerst die nähere Lötstelle und führt zu einem Galvanometerausschlag. Passiert die Wärmewelle die zweite Lötstelle, wird diese wärmer als die erste, d.h. es kommt zu einer Umkehrung des Galvanometerausschlages. Diese Umkehr ist der sichere Beweis für das Passieren einer Säule erwärmten Wassers. **b** Anordnung zur Bestimmung langsamer Strömungen („Kompensationsmethode"). In diesem Falle wird die Kontroll-Lötstelle des Thermoelements (T_2) stromaufwärts (d.h. stammabwärts) näher an die Heizung montiert als die eigentliche Meßstelle (T_1). Bei dieser Anordnung erwärmt sich zunächst die nähere Lötstelle T_2. Je schneller der Gefäßinhalt strömt, desto schneller kehrt der Galvanometerausschlag um, d.h. T_1 wird wärmer als T_2. (Aus Huber)

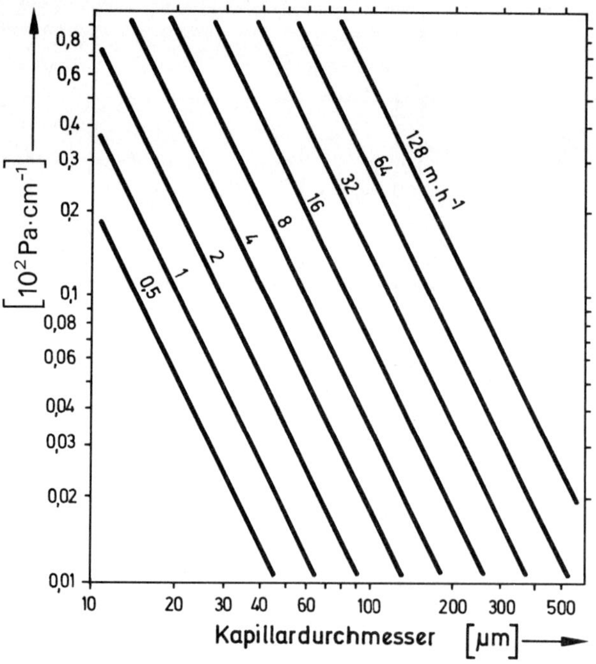

Abb. 14.78. Die Abhängigkeit der benötigten Druckgradienten von den Kapillardurchmessern bei verschiedenen Strömungsgeschwindigkeiten nach Hagen-Poiseuille. (Aus Zimmermann u. Brown)

Diese Beziehung ist unabhängig vom transportierten Volumen. h/t gibt die Spitzengeschwindigkeit wieder:

$$\frac{h}{t} = \frac{\Delta p}{l} \cdot \frac{r^2}{4\eta}. \tag{14.24}$$

Mit Hilfe der Gl. (14.24) kann man aus der Strömungsgeschwindigkeit den Druckgradienten berechnen, der notwendig ist, um die Flüssigkeit mit der jeweiligen Geschwindigkeit durch Kapillaren gegebenen Durchmessers zu drücken (Abb. 14.78).

Wie aus der Schilderung der Struktur der Wasserleitungszellen hervorgeht, entsprechen die Leitbahnen keineswegs idealen Kapillaren: Sie haben keine glatten Wände (häufig Aussteifungsstrukturen) und vor allen Dingen nur eine begrenzte Länge, die z.B. bei Tracheiden nur meist etwa 0,5–3 mm beträgt. Vergleicht man die hydraulische Leitfähigkeit von Holzstücken definierter Länge von verschiedenen Arten mit der von idealen Kapillaren gleichen Durchmessers wie die jeweiligen Wasserleitelemente, so kommt man zu der überraschenden Feststellung, daß die Leitbahnen von Lianen (mit sehr langen Tracheen!) sich praktisch wie ideale Kapillaren verhalten, während die anderen Holzpflanzen niedrigere Werte zeigen (Tabelle 14.5). Besonders unerwartet ist die hohe Leitfähigkeit des Tannenholzes, dessen Tracheiden ja nur wenige Millimeter lang sind, so daß das Wasser auch über kurze Entfernungen zahlreiche Tüpfel in den Zellwänden zu passieren hat. Der geringe Widerstand gegen den Wasserfluß in diesen Tüpfeln ist ein physikalisches Rätsel.

Tabelle 14.5. Hydraulische Leitfähigkeit des Xylems verschiedener Pflanzen in % des theoretischen Wertes für ideale Kapillaren des gleichen Durchmessers (aus Zimmermann u. Brown)

Art	% des theoretischen Wertes
Weinstock (Liane)	100
Eiche (Wurzelholz)	53–84
Tanne	26–43
Birke (Wurzelholz)	34,8
Pappel (Stammholz)	21,7
Verschiedene Kräuter und Sträucher	12–22

14.7.2.4 Theoretische und gemessene Druckgradienten im Xylem

Aus den gemessenen Wassertransport-Geschwindigkeiten im Xylem der verschiedenen Pflanzen (Tabelle 14.4) und aus dem Prozentsatz der tatsächlichen hydraulischen Leitfähigkeit im Vergleich zu der idealer Kapillaren (Tabelle 14.5) läßt sich mit Hilfe von Abb. 14.78 leicht der jeweils benötigte theoretische Druckgradient in den Stämmen berechnen. Allerdings liegen die benötigten beiden Meßwerte jeweils nur für verschiedene, wenn auch nahe verwandte Arten vor. Die Pappel *Populus balsamifera* weist bei einem maximalen Tracheendurchmesser von 120 μm eine Spitzengeschwindigkeit des Wasserstromes von 6,25 m·Std^{-1} (ca. 0,174 cm·s^{-1}) auf; dies entspräche einem Druckgradienten von etwa 20 Pa·cm^{-1} für ideale Kapillaren. Da Holz von *Populus robusta* etwa 1/5 der Leitfähigkeit idealer Kapillaren besitzt, käme man auf einen Strömungswiderstand von etwa 100 Pa·cm^{-1}. In dieser Größenordnung von 50–100 Pa·cm^{-1} liegen auch die berechneten Werte für die anderen Bäume, bemerkenswerterweise auch für die Nadelbäume mit ihren Tracheiden, so daß im allgemeinen mit Druckgradienten zwischen 150 und 200 Pa·cm^{-1} gerechnet werden muß, um das Wasser in den Pflanzen nicht nur gegen die Schwerkraft zu heben, sondern auch mit den gemessenen Geschwindigkeiten nach oben zu bewegen. Die Arten mit geringerem Strömungswiderstand (z.B. ringporige Bäume) haben ganz einfach höhere Strömungsgeschwindigkeiten (Tabelle 14.4).

Für die Wasserströmung im Xylem ist es prinzipiell gleichgültig, ob die Druckgradienten dadurch zustande kommen, daß in der Wurzel ein positiver Druck erzeugt wird, der nach oben entsprechend abnimmt, oder dadurch, daß am oberen Ende der Transportstrecke ein entsprechend starker negativer Druck (Sog) entwickelt wird, so daß die kontinuierlichen Wasserfäden in den Xylembahnen nicht „geschoben", sondern „gezogen" werden.

Beide Möglichkeiten sind verwirklicht, wobei die Erzeugung positiver Drucke in der Wurzel („Wurzeldruck") meist nur temporär eine Rolle spielt („Frühjahrsblutung", z.B. bei angeschnittenen Birken, Ahorn, Weinstöcken), der Sog durch die wasserverbrauchenden Teile aber bei allen lebhaft transpirierenden Pflanzen entscheidend ist (s.u.).

Positive Drucke sind leicht mittels spezieller Manometer im Holz zu messen; in Stämmen der Weinrebe

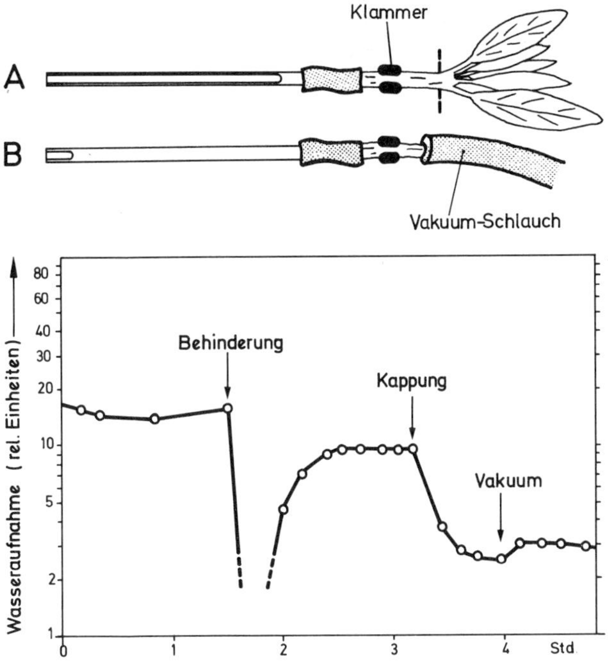

Abb. 14.79A, B. „Renner-Versuch". Läßt man einen beblätterten Zweig durch eine graduierte Kapillare („Potometer") Wasser aufnehmen und behindert nach der Stabilisierung der Wasseraufnahme (nach $1^1/_2$ Std) die Wasserleitung durch den Druck einer Klammer **A**, so wird die Wasseraufnahme zunächst vermindert, um dann aber fast wieder den Ausgangswert zu erreichen (nach 3 Std). Entfernt man nun die beblätterte Spitze und schließt an den Stumpf eine Vakuumpumpe an **B**, so erreicht die Wasseraufnahme schließlich nur einen Bruchteil der durch Transpiration bewirkten. (Nach Zimmermann u. Brown, ergänzt)

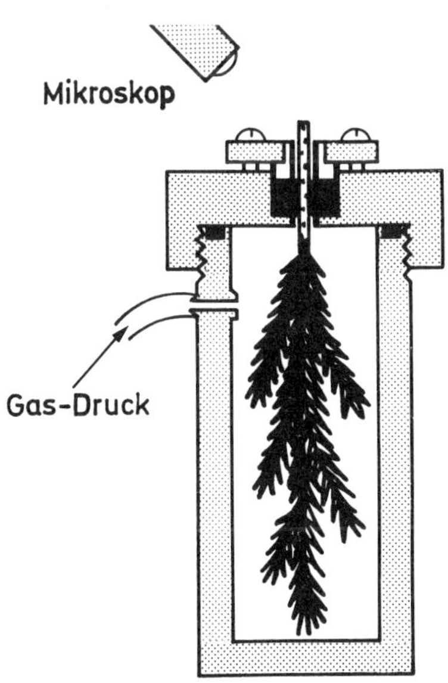

Abb. 14.80. Druckkammer zur Messung negativer Drucke im Xylem von Pflanzenteilen. (Nach Scholander u. Mitarb., aus Zimmermann u. Brown)

z. B. wurde zur Blutungszeit auf diese Weise ein Druckabfall von 100 Pa · cm^{-1} von unten nach oben erhalten.

Negative Drucke im Xylem sind viel schwieriger zu bestimmen. Der erste Nachweis wurde allerdings

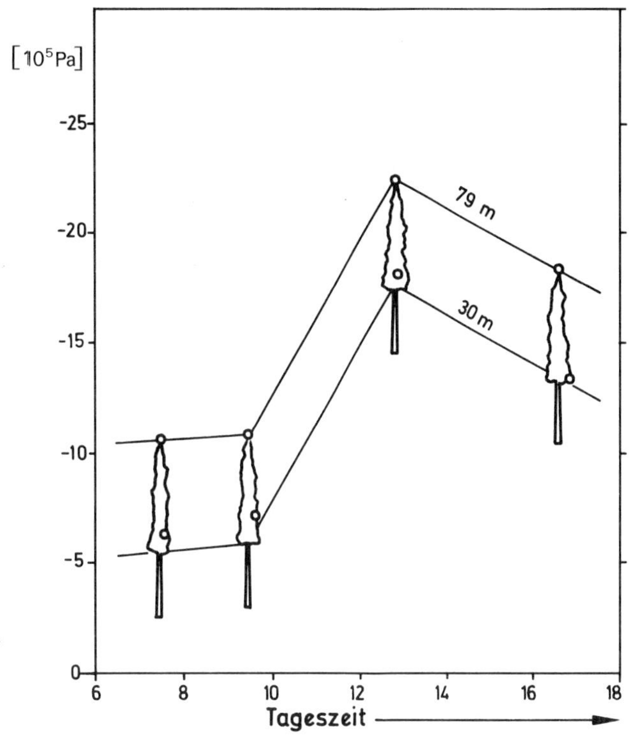

Abb. 14.81. Mit der Druckkammer ermittelte Druckgradienten im Xylem einer Douglasie zu verschiedenen Tageszeiten. Die Zweige wurden aus den angegebenen Höhen mit einem Gewehr heruntergeschossen. (Nach Scholander u. Mitarb., aus Zimmermann u. Brown)

schon 1893 von Böhm geführt, der zeigte, daß abgeschnittene, transpirierende Thujenzweige eine Quecksilbersäule höher ziehen konnten als dem Atmosphärendruck entsprach. Noch eindrucksvoller ist der in Abb. 14.79 erläuterte Versuch.

Inzwischen ist es auch möglich, Gradienten negativen Drucks in Bäumen direkt zu messen. Dazu wird der Druck in einer Druckkammer gemessen, der nötig ist, um in abgeschnittenen Pflanzenteilen die Menisci der durch den herrschenden Sog in das Innere der Wasserleitungsbahnen gezogenen Wasserfäden gerade wieder an der Schnittfläche erscheinen zu lassen (Abb. 14.80). Mit Hilfe dieser Methode wurde bei hohen Nadelbäumen tatsächlich ein Druckgradient in der erwarteten Größenordnung gefunden (etwas mehr als 100 Pa · cm^{-1}; Abb. 14.81). Die absoluten Werte zeigten zudem einen deutlichen Tagesgang mit Maxima der negativen Drucke zur Zeit der höchsten Transpiration; dies ist ein Zeichen dafür, daß der Wassernachschub nicht immer mit dem Wasserverbrauch vollständig Schritt hält.

14.7.2.5 Die Antriebskräfte für den Xylemtransport

a) „Druckpumpe" beim Wurzeldruck

Auf den „Wurzeldruck" führt man, wie erwähnt, z. B. den Vorgang der Saftabscheidung (Exsudation) verschiedener Holzpflanzen im Frühjahr, vieler Kräuter auch während der ganzen Vegetationsperiode, nach Anbohren des Holzkörpers zurück. In Fällen, in denen die Transpiration ausgeschaltet ist (z.B. in wasserdampfgesättigter Luft) sieht man bei vielen Pflanzen einen Austritt flüssigen Wassers (Guttation) an bestimmten Stellen (Hydathoden), der z.T. auf Drüsentätigkeit (aktive Hydathoden), z.T. aber auch auf den Wurzeldruck zurückgeht, der das Wasser durch Poren (passive Hydathoden) nach außen drückt. Die Guttation hat den Zweck, den auch beim Fehlen einer Transpiration für die Salzversorgung der Pflanze nötigen Xylemtransport aufrechtzuerhalten.

Der Wurzeldruck erreicht keine hohen Werte: Der gemessene Höchstwert ist $+6 \cdot 10^5$ Pa, meist bleibt er aber unter 10^5 Pa.

Wenn ein Wurzelsystem in einem Medium reinen Wassers einen positiven hydrostatischen Druck in den toten Zellen des Xylems entwickelt, so könnte dies einmal darauf zurückgehen, daß die lebenden Zellen in der Umgebung der Wasserleitbahnen das Wasser gegen ein Gefälle des Wasserpotentials aus dem Symplasten (s. S. 652) in den Apoplasten und damit in das Lumen der Leitelemente pressen. Es gibt keinen Hinweis darauf, daß ein derartiger aktiver Wassertransport in diesem oder in irgendeinem anderem Fall bei Pflanzen verwirklicht ist. Vielmehr wird angenommen, daß der Wassereintritt in die Leitbahnen durch Abscheidung von osmotisch wirksamen Substanzen (anorganischen Ionen, organischen Substanzen) aus dem Symplasten verursacht wird, denen das Wasser entlang einem Wasserpotentialgradienten folgt. (Sowohl der Blutungssaft als auch die Guttationsflüssigkeit bestehen nicht aus reinem Wasser, sondern aus Lösungen.) Es ist noch nicht entschieden, ob die eigentliche Konzentrierungsarbeit der osmotisch wirksamen Substanzen gegenüber dem Außenmedium bei der Aufnahme in den Symplasten (z.B. an der Wurzeloberfläche oder in der Wurzelrinde) erfolgt und der Symplast in der Umgebung der Leitbahnen nur „leckt", oder ob die Osmotika von den lebenden Zellen in der Nachbarschaft der Xylemelemente (Abb. 14.82) aktiv in diese sezerniert werden (oder ob schließlich beide Prozesse nebeneinander herlaufen). Auf jeden Fall erfordert der Wurzeldruck den Aufwand von Stoffwechselenergie; er kann daher z.B. durch Atmungsgifte oder niedere Temperaturen gehemmt werden.

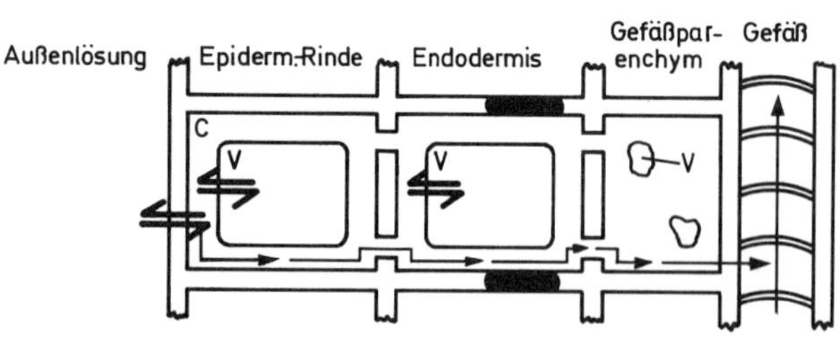

Abb. 14.82. Schema eines Wurzelquerschnittes (vereinfacht; normalerweise ist die Epidermis einschichtig und mit Ausstülpungen — Wurzelhaaren — versehen, die Rinde mehrschichtig). Pfeile Transportprozesse. *C* Zytoplasma, *V* Vakuole. Durch Einlagerung einer lipophilen Substanz (schwarz gekennzeichnet) in die Radialwand einer bestimmten Schicht („Endodermis") wird der Apoplast lokal für eine Wasserströmung blockiert. (Aus Lüttge u. Higinbotham)

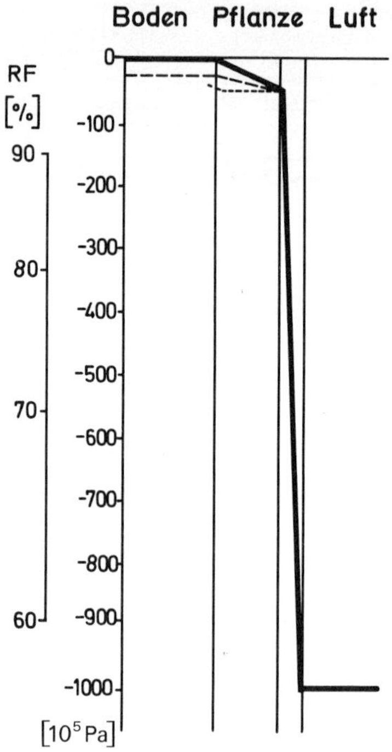

Abb. 14.83. Schema des Wasserpotential-Gefälles zwischen Luft, Pflanze und Boden. Als Maß der Wassersättigung dient die relative Feuchtigkeit (*RF* in Prozent) bzw. die Saugspannung in 10^5 Pa (Ordinate). Der größte Potentialsprung liegt nicht zwischen Boden und Pflanze, sondern zwischen Pflanze und Luft. Die gestrichelte und punktierte Kurve gilt für zunehmend trockenere Böden. (Nach Gradmann, aus Huber)

Ein Druck in den Elementen des Xylems kann sich nur aufbauen, wenn die unter Druck stehende Lösung nicht durch die Wurzelrinde (z.B. durch deren Zellwände) in das Medium entweichen kann. Das wird aber dadurch verhindert, daß in die Radialwand einer bestimmten Zellage in der Wurzel eine hydrophobe Sperre eingebaut ist (Abb. 14.82).

b) Sog durch die Transpiration

Der Hauptantrieb für die Wasserströmung im Xylem und in der Regel der einzige ist aber nicht der Wurzeldruck, sondern der Transpirationssog, weshalb die Wasserbewegung im Xylem gewöhnlich auch als *Transpirationsstrom* bezeichnet wird.

Es war seit langem bekannt, daß das Wasser im Holzkörper z.B. von transpirierenden Bäumen oder Lianen auch durch Abschnitte fließen konnte, die durch Hitze oder Gifte abgetötet waren: Für den Xylemtransport transpirierender Pflanzen ist die direkte Mithilfe lebender Zellen nicht notwendig. (Sie können allerdings für die Verhinderung, evtl. auch Beseitigung von Luftembolien bedeutsam sein, s.u.) Die Pflanze wendet für den Wassertransport keine eigene Energie auf, sondern nützt das Wasserpotentialgefälle zwischen dem meist wassergesättigten Boden und der Atmosphäre mit ihrem in der Regel beträchtlichen Sättigungsdefizit aus, in das sie eingespannt ist (Abb. 14.83).

Man kann das den Wasserfluß in der Pflanze, vom Boden durch die Wurzel, durch das Leitbahnsystem von der Wurzel bis in die Blätter, durch das Blattgewebe und schließlich in die Atmosphäre treibende Wasserpotentialgefälle ($\Delta\psi$) in einzelne Komponenten zerlegen:

Wurzelmilieu — Atmosphäre

$\Delta\psi$ Boden — Wurzelgewebe

$+\ \Delta\psi$ Wurzelgewebe — Gefäßsystem (Anfang)

$+\ \Delta\psi$ Gefäßsystem (Anfang) — Gefäßsystem (Ende)

$+\ \Delta\psi$ Gefäßsystem (Ende) — Blattgewebe

$+\ \Delta\psi$ Blattgewebe — Gasphase im Blattinnern

$+\ \Delta\psi$ Gasphase im Blattinnern — Gasphase in der Atmosphäre.

Wie Tabelle 14.6 erkennen läßt, wird für den Übertritt des Wassers von der flüssigen in die Gasphase (die Transpiration) bei dieser Serie von Prozessen mit Abstand am meisten Energie verbraucht; diese Energie aber wird durch die Sonnenenergie geliefert. Die Transpiration führt zunächst zu einer Minderung der Wassersättigung der Zellwände des Blattgewebes, zu einer Entquellung, also einer Verringerung der Krümmungsradien der Wassermenisci in den Zellwandkapillaren an der Oberfläche, einem Zurückweichen der Menisci in die Kapillaren und damit einer Herabsetzung des Wasserpotentials. Da das Imbibitionswasser der Zellwände in direkter Verbindung mit der Wasserfüllung der Leitbahnen steht, setzt sich der Sog bis hierher fort und „zieht" sozusagen Wasserfäden in den Xylembahnen nach oben, wobei der negative Druck im Xylem ausreicht, um das Wasser aus den Bodenkapillaren durch die Wurzelgewebe nach Art einer Druckfiltration in die Leitbahnen zu ziehen und bis an die äußersten Enden der Pflanzen zu transportieren. Dies gilt auch für Pflanzen, die wie die Mangroven Seewasser im Wurzelmilieu haben; einige von ihnen haben einen fast salzfreien Xyleminhalt, so daß allein die osmotische Potentialdifferenz zwischen dem Xylemwasser und dem Medium etwa $-25\cdot10^5$ Pa beträgt. Auch die Triebkraft für diese „umgekehrte Osmose" wird letztlich vom Transpirationssog, also von der Sonnenenergie, aufgebracht.

Um das Wasser aus dem Wurzelmilieu durch die Pflanze mit ihren verschiedenen Widerständen bis an die Orte der Transpiration zu saugen, sind somit häufig hohe negative Drucke erforderlich, die aber vom Quellungsdruck der nicht mehr wassergesättigten Zellwand ohne weiteres aufgebracht werden können. Auch im Xylem der Kronen hoher Bäume sind bei lebhafter Transpiration und damit hoher Strömungsgeschwindigkeit negative Drucke von $25\cdot10^5$ Pa und mehr notwendig und auch verwirklicht (vgl. Abb. 14.81). Die Wasserfäden in den Leitungsbahnen können dieser Zugspannung nur widerstehen, wenn die Adhäsion an die Gefäßwandungen und die Kohäsion der Wassermoleküle dieser Beanspruchung standhalten. Vor allem die Kohäsion schien unter dieser Belastung so gefährdet, daß sie der kritische Punkt der geschilderten Vorstellung vom Mechanismus des Wassertransportes in der Pflanze schien; sie wird deshalb auch als *Kohäsionstheorie* der Wasserleitung bezeichnet.

Die Zugspannung, bei der die Kohäsion von Wassermolekülen überwunden wird, kann theoretisch berechnet oder auch experimentell bestimmt werden. Die erste derartige Bestimmung benutzte ein natürliches System, nämlich das Reißen der Wasserfüllung in den Anuluszellen eines Farnsporangiums (Abb. 14.84). Es erfolgt bei Drucken von -300 bis $-500\cdot10^5$ Pa. Eine rein physikalische Methode läßt wassergefüllte Kapillaren auf einer Zentrifuge rotieren (Abb. 14.85) und leitet von der Umdrehungsgeschwindigkeit, bei

Tabelle 14.6. Glieder des Energieaustausches der Biosphäre bei der Transpiration (nach Tyree aus Zimmermann u. Brown)

Glied	Energie pro cm³ H_2O Joule
Bindungsenergie des Wassers[a]	1,2
Energie, die zum Hub des Wassers auf 10 m Höhe (*mgh*) benötigt wird, wenn $\frac{dp}{dl} = 10^4$ Pa/Meter	0,098
Dissipation im „porösen Medium" Xylem	0,1
Dissipation im „porösen Medium" der Blattzellwände für eine Transportstrecke von 40 μm[b]	0,05
Verdampfungsenergie	2450
Dissipation in der Gasphase vom Blattinnern (zu 99% rel. Feuchte (*RF*) angenommen) zur Außenluft (50% *RF* angenommen)	100

[a] Berechnet aus Kurven der Wasserdampfspannung von Boden mit 15% Wassergehalt.
[b] Berechnet für das Zuckerrübenblatt bei maximaler Transpiration ($2{,}5\cdot10^{-7}\ g\cdot s^{-1}\cdot cm^{-2}$).

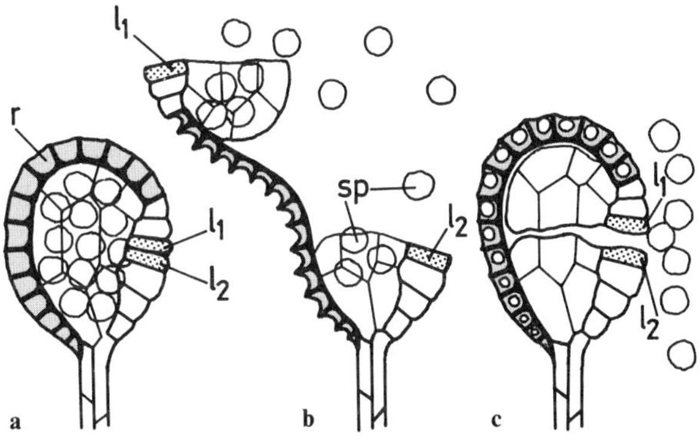

Abb. 14.84a–c. Kohäsionsmechanismus beim Farnsporangium. **a** Noch geschlossener Sporenbehälter. **b** Aufreißen an vorgeformter Stelle durch Kohäsionszug des schwindenden Füllwassers der (toten) Ringzellen. **c** Schließen nach Überwinden der Kohäsion (Auftreten von Gasblasen). Das „Reißen" der Wasserfüllung erfolgt in den einzelnen Zellen des Anulus zu verschiedener Zeit, so daß das Schließen unter natürlichen Bedingungen sprunghaft („rüttelnd") erfolgt und auf diese Weise die Sporen ausschleudert. $l_{1,2}$ Lippenzellen, *r* Ring, *sp* Sporen. (Nach Stocker, O.: Grundriß der Botanik. Berlin-Göttingen-Heidelberg: Springer 1952)

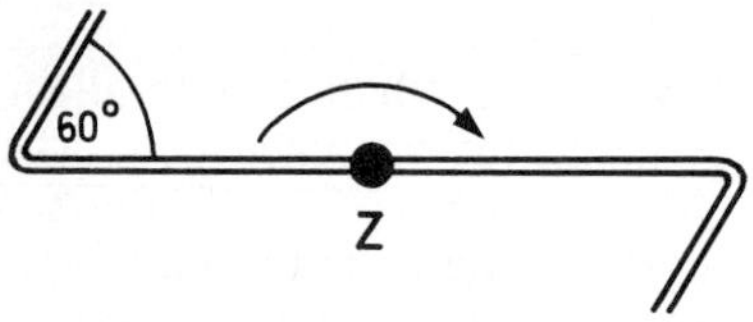

Abb. 14.85. Z-förmig gebogene, beidseitig offene Kapillare, die auf eine Zentrifugenachse (Z) montiert ist. Sie wird definierten Beschleunigungskräften ausgesetzt und das Reißen der Wasserfüllung beobachtet. [Nach Briggs, L. J.: J. appl. Physics **21**, 721 (1950)]

der der Wasserfaden reißt, den hierbei herrschenden Zug ab. Man erhielt auf diese Weise Werte von etwa $-200 \cdot 10^5$ Pa.

Es besteht also keine Gefahr, daß bei den im Xylem herrschenden Unterdrucken die Kohäsion des Wassers überwunden wird. Die Gefahr für eine Unterbrechung der gespannten Wasserfäden im Xylem stark transpirierender Pflanzen besteht vielmehr darin, daß Gasembolien in den Leitbahnen auftreten, wobei bei den herrschenden Unterdrucken auch kleinste Gasblasen große Volumina einnehmen. Durch entsprechende Versuchsanordnung konnte man das sprunghafte Auftreten von Gasblasen im Xylem auch akustisch vernehmbar machen. Vor allem bei den weitlumigen Leitelementen scheint es nur eine Frage der Zeit zu sein, wann sie durch Embolien — meist irreversibel — außer Funktion gesetzt werden. Bei den ringporigen Bäumen, z.B. der Eiche, sind die großen Tracheen in der Regel nur während einer Vegetationsperiode funktionsfähig, und zu Beginn einer neuen Wachstumsperiode muß das ganze Wasserleitsystem vom Kambium neu aufgebaut werden. Dies ist einer der Gründe, warum die Eichen im Frühjahr so spät austreiben.

Tracheiden sind in dieser Hinsicht viel weniger anfällig, weswegen sich die Nadelhölzer trotz ihres „altmodischen" Holzbaues auch heute noch als konkurrenzfähig erweisen.

Die Zunahme der negativen Drucke im Xylem bei starker Transpirationsbeanspruchung (Abb. 14.81) zeigt, wie erwähnt, daß der Wassernachschub mit dem Wasserverbrauch bei den Pflanzen nicht immer Schritt hält. Da die Wände der Wasserleitungsbahnen nicht völlig starr sind, wird ein Baumstamm bei Zunahme des Unterdruckes im Holz (bei starker Transpiration, z.B. während der Mittagsstunden) meßbar schlanker. Dies hat man mit empfindlichen „Dendrometern" schon festgestellt (Abb. 14.86), als man vom Mechanismus des Wassertransportes praktisch noch nichts wußte.

14.7.2.6 Die Regulation des Wassertransportes

Eine Regulation des Wassertransportes liegt einmal darin, daß bei steigender Transpiration, wie erwähnt, der Transpirationssog, die Antriebskraft für den Transpirationsstrom, zunimmt und damit den Wassertransport beschleunigt. Die Pflanze hat aber auch die Möglichkeit, die Transpiration und damit die Wasserströmung im Xylem physiologisch zu regulieren. Die Transpirationsorgane der Landpflanzen (gewöhnlich die Blätter) sind von einer für Wasser extrem schwerdurchlässigen Haut (Kutikula) überzogen, in die regulierbare Ventile, die Stomata, eingebaut sind. Ihr Verschluß unterbricht die direkte Verbindung der internen Gasphase der Blätter (in den Zellzwischenräumen, Interzellularen) mit der Atmosphäre und setzt die Transpiration sehr stark herab (meist auf $<10\%$ derjenigen bei geöffneten Stomata). Über den Regelkreis der Stomata wird an anderer Stelle berichtet (s. 16.5).

14.7.3 Der Phloemtransport

14.7.3.1 Die Bahnen

Die Leitbahnen für den Assimilattransport der Pflanzen haben mit den Wasserleitungsbahnen gemeinsam, daß in ihnen einzelne Zellen zu ununterbrochenen Reihen aneinandergefügt sind. Ein grundlegender Unterschied besteht allerdings darin, daß diese Einzelzellen im Phloem im Gegensatz zum Xylem im funktionsfähigen Zustand noch lebendig sind, wenn sie auch eine spezifische zytologische Differenzierung aufweisen.

Auch im Phloem haben wir in den einzelnen Pflanzengruppen verschiedene Grade der Spezialisierung (z.B. bei den großen Algen, den Farngewächsen und Nacktsamern und schließlich den Bedecktsamern); wir wollen hier nur die Verhältnisse bei den höchstentwickelten Formen, den Bedecktsamern, näher betrachten.

Die Einzelelemente der Assimilatleitbahnen sind hier die Siebröhrenglieder (Abb. 14.87), langgestreckte Zellen, deren Dimensionen bei den einzelnen Pflanzenarten variieren. Während ihrer Entwicklung in den funktionsfähigen Zustand verlieren sie den Zellkern und die Plasmamembran zwischen Vakuole und Zytoplasma (Tonoplast), behalten aber das randständige Zytoplasma mit dem selektiv permeablen Plasmalemma (Abb. 14.87). Besonders charakteristisch sind die Querwände zwischen den aneinandergrenzenden Zellen einer Siebröhrengliedreihe *(Siebröhre)* gestaltet: Sie weisen zahlreiche große Poren *(Siebporen)*

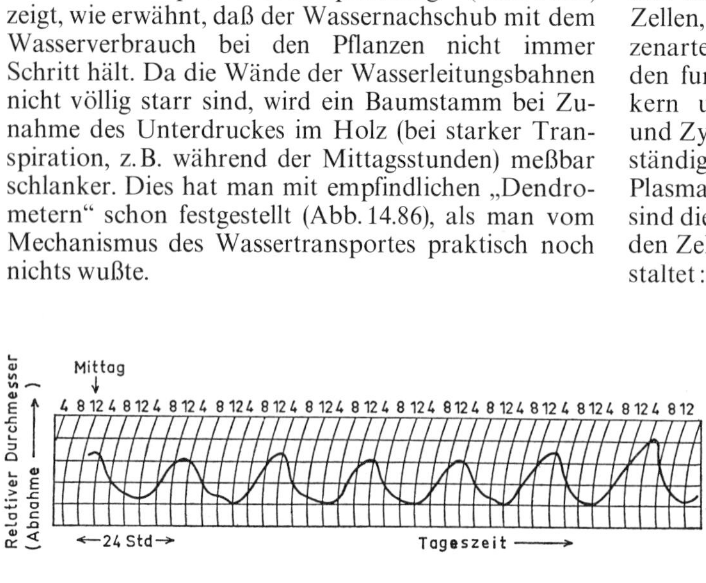

Abb. 14.86. Tägliche Schwankungen im Stammdurchmesser einer Kiefer *(Pinus radiata)* nach Messungen mit einem Dendrographen. (Aus Mohr, H.: Pflanzenphysiologie. 2. Auflage, Berlin-Heidelberg-New York: Springer 1971)

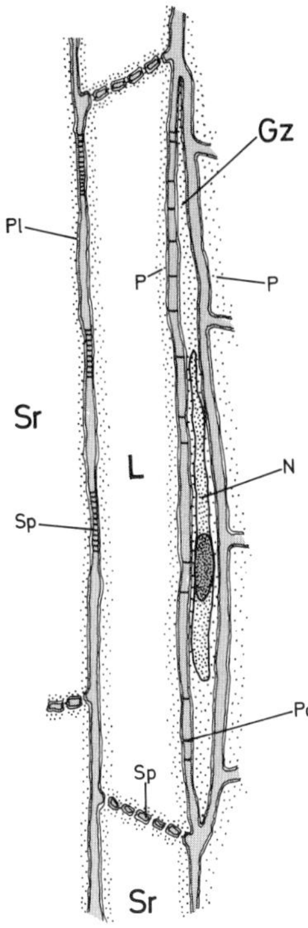

Abb. 14.87. Schema eines Längsschnittes durch ein Siebröhrenglied *(Sr)* mit Geleitzelle *(Gz)*. *Sp* Siebplatte, *L* Lumen des Siebröhrengliedes, *P* Plasma mit Plasmalemma *Pl*, *N* Zellkern, *Pd* Plasmodesmen zwischen Siebröhrenglied und Geleitzelle. Verg. etwa 300fach

auf, die aus umgestalteten Plasmodesmen entstehen und der Querwand ein siebartiges Aussehen geben *(Siebplatte)*. Im Elektronenmikroskop zeigen die Siebröhrenglieder häufig Plasmafilamente in ihrem Lumen, die sich z.T. auch durch Siebporen ziehen.

Die meisten Siebröhren sind nur 1–2 Vegetationsperioden funktionsfähig, sterben dann ab und werden von lebenden, turgeszenten Nachbarzellen zusammengedrückt; bei den Palmen sind die Siebröhren aber viele Jahrzehnte aktiv. Bei kernlosen Zellen ist dies nur denkbar, wenn Nachbarzellen funktionell aufs Engste mit ihnen verknüpft sind. Bei den Bedecktsamern sind dies die Geleitzellen (Abb. 14.87), Schwesterzellen der Siebröhrenglieder, die mit diesen durch zahlreiche spezifisch geformte Plasmodesmen verbunden sind. Diese Geleitzellen sind vollausgestattete Zellen mit Zellkern, dichtem Plasma und sehr zahlreichen Mitochondrien.

Wie erwähnt, sind die Phloemelemente in der Regel denen des Xylems benachbart, sei es in den Leitbündeln, sei es in Organen mit sekundärem Dickenwachstum, z.B. Baumstämmen, in denen das aktive Phloem während der Vegetationsperiode eine höchstens 0,5 mm dicke „Safthaut“ bildet, die vom Holz nur durch das Kambium getrennt ist und durch die der gesamte vertikale Assimilattransport läuft.

14.7.3.2 Die transportierten Stoffe

Aus Analysen des Inhalts des Siebröhrenlumens weiß man, daß er eine wässerige Lösung mit meist etwa 10–25% Trockensubstanz, davon in der Regel der ganz überwiegende Teil Zucker, darstellt. Der verbreitetste Transportzucker ist der Rohrzucker. In geringer Menge werden in den Siebröhren auch zahlreiche andere organische Stoffe transportiert, außerdem auch anorganische Ionen, unter denen Phosphat- und Kaliumionen mengen- und vermutlich auch funktionsmäßig eine besondere Rolle spielen.

14.7.3.3 Die Transportgeschwindigkeit und der Massentransport

Wie in den Bahnen des Wassertransportes so ist auch in den Siebröhren keine einheitliche Transportgeschwindigkeit über deren Querschnitt anzunehmen. Man kann also entweder eine Spitzengeschwindigkeit oder eine mittlere Geschwindigkeit angeben; im Falle eines Flusses nach Hagen-Poiseuille wäre die erstere gerade doppelt so hoch wie die letztere. Mißt man, wie dies häufig geschah, die Transportgeschwindigkeit einer radioaktiv markierten Substanz über eine definierte Distanz in den Siebröhren, so muß man berücksichtigen, daß die Nachweisempfindlichkeit begrenzt ist und die Testverbindung unterwegs z.T. aus den Siebröhren austreten kann. Man ermittelt auf diese Weise also wieder „Minimal-Spitzengeschwindigkeiten“. In den ausgewachsenen Blattstielen der Zuckerrübe, in denen nur ein geringfügiger seitlicher Stoffaustritt aus den Leitbahnen zu erwarten ist, wurde auf diese Weise eine Transportgeschwindigkeit von 50–135 cm · Std^{-1} bestimmt.

Eine andere Möglichkeit der Geschwindigkeitsbestimmung des Assimilattransportes besteht in der Analyse der Wandergeschwindigkeit eines Konzentrationsmaximums der Assimilate (hervorgerufen von einem Photosynthesemaximum in den Blättern) im Phloem (z.B. basalwärts in einem Baumstamm); dabei wird vorwiegend die mittlere Geschwindigkeit erfaßt. Da das Phloem aber im engsten Wasseraustausch mit dem Xylem steht (s.u.), ist hierbei die Gefahr einer Verfälschung durch temporäre Druckunterschiede im Xylem gegeben. Diese Schwierigkeit wird umgangen, wenn man statt der Konzentration einer Substanz (oder der Assimilate insgesamt) das (variable) Konzentrationsverhältnis zweier Substanzen im Phloem bestimmt (das von der absoluten Konzentration unabhängig ist) und die Geschwindigkeit der Verschiebung eines „Konzentrationsverhältnis-Gipfels“ in den Siebröhren mißt. Bei der Esche wurden auf diese Weise Transportgeschwindigkeiten von etwa 0,5 m · Std^{-1} gefunden. Die meisten übrigen Angaben über die Transportgeschwindigkeit im Phloem bewegen sich in ähnlicher Größenordnung.

Eine quantitative Charakterisierung des Assimilattransportes wird oft auch durch den „Massentransport“ gegeben. Man versteht darunter die Menge Trockensubstanz, die pro Zeiteinheit verfrachtet wird (g · Std^{-1}).

Im Falle einer normalen Diffusion ist der Massentransport umgekehrt proportional der Transportstrecke (Ficksches Gesetz):

$$\frac{dQ}{dt} = -DF\frac{\delta c}{\delta x}. \qquad (14.25)$$

Dabei ist dQ die Substanzmenge, die während des Zeitabschnitts dt diffundiert, F ist die Querschnittsfläche, durch welche die Diffusion erfolgt, $\delta c/\delta x$ der Konzentrationsgradient. D ist die Diffusionskonstante (der Diffusion-Koeffizient), der unter isothermen und isobaren Bedingungen von der Art des Lösungsmittels und des gelösten Stoffes abhängt. (Das Minuszeichen verdeutlicht den Abwärtstransport bei einem negativen Konzentrationsgradienten.)

Berechnet man die „Diffusionskonstante“ für den Massentransport im Phloem, so erhält man einen Wert, der vieltausendfach größer ist als der für die Diffusion von Zucker in Wasser (bei der Baumwolle etwa 40000mal so groß). Mason u. Phillis (1937) nahmen deshalb eine “activated” oder “accelerated diffusion” an; sie folgerten: “...the mechanism activating diffusion consists of some special organization of the cytoplasm, maintained by metabolic energy, whereby the resistance to solute movement is so reduced that materials diffuse in the sieve-tube at rates comparable with those in a gas”. Eine ähnliche, keineswegs präzisere, wenn auch gelegentlich etwas modifizierte Vorstellung wird auch heute noch von verschiedenen Forschern vertreten.

Statt des geschilderten „Massentransportes“ wird heute meist der „Spezifische Massentransport“ (*SMT*) angegeben, worunter man den Massentransport (Gramm) pro Zeiteinheit (Stunde) und Einheit der Querschnittsfläche (cm^2) versteht. Dabei kann entweder die (leichter zu ermittelnde) Querschnittsfläche des Gesamtphloems (SMT_{Ph}) oder (sinnvoller) nur die der Siebröhren (SMT_{Sr}) angegeben werden; letztere nehmen durchschnittlich etwa 20% der Gesamtquerschnittsfläche des Phloems ein.

Es stellte sich überraschenderweise heraus, daß die *SMT*-Werte für die großen Pflanzengruppen recht einheitliche Größen ergaben:

Stämme der Laubbäume:

$$SMT_{Sr} = 10\text{–}25\ g \cdot cm^{-2} \cdot Std^{-1}$$

Stämme der Nadelbäume:

$$SMT_{Sr} = 2{,}2\text{–}2{,}5\ g \cdot cm^{-2} \cdot Std^{-1}$$

(Das Phloem der Nadelbäume besteht nicht aus Siebröhren, sondern aus Strängen von Siebzellen, die etwas primitiver gebaut sind als die Siebröhrenglieder.)

Aus den *SMT*-Werten kann man unter der Annahme, es handele sich bei der bewegten Masse um eine strömende „Lösungssäule“, bei Kenntnis der Konzentration der Lösung die Strömungsgeschwindigkeit errechnen:

$$SMT_{Sr}\,(g \cdot cm^{-2}\,Std^{-1}) = \text{Konz.}\,(g \cdot cm^{-3}) \cdot \text{Geschwindigkeit}\,(cm \cdot Std^{-1})\,. \tag{14.26}$$

Nimmt man einen SMT_{Sr}-Wert von $15\,g \cdot cm^{-2} \cdot Std^{-1}$ und eine Konzentration von 15% ($0{,}15\,g \cdot cm^{-3}$) bei einem Laubbaum an, so wäre die errechnete Geschwindigkeit $100\,cm \cdot Std^{-1}$. Es handelt sich bei der so errechneten Geschwindigkeit um eine Durchschnittsgeschwindigkeit. Bei einer Strömung nach Hagen-Poiseuille wäre die Spitzengeschwindigkeit doppelt so hoch anzunehmen, würde also $200\,cm \cdot Std^{-1}$ betragen. Diese errechnete Geschwindigkeit stimmt sehr gut mit dem gemessenen überein, so daß diese Ableitungen als Stütze für die Annahme einer Lösungsströmung in den Siebröhren betrachtet werden können.

14.7.3.4 Der Mechanismus des Siebröhrentransportes

Es wird hier von der — von den meisten Forschern geteilten — Auffassung ausgegangen, daß der Stofftransport in den Siebröhren in Form einer Lösungsströmung erfolge. Es stellt sich dann die Frage nach den Antriebskräften.

Die einfachste Vorstellung geht auf Münch (1930) zurück, der die physikalischen Grundlagen seiner Hypothese in einem Modellversuch verdeutlichte (Abb. 14.88). Münch setzte das System A–R–B im Modell gleich dem gesamten Symplasten in der Pflanze, der vom Apoplasten (Zellwände + Wasserleitungsbahnen; entspricht Außenmedium W im Modell) durch selektiv permeable Membranen abgegrenzt ist. A entspräche einer Zelle, die osmotisch wirksames Material produziert, z. B. durch Photosynthese oder durch Abbau von Speicherpolysacchariden, B einer Zelle, die osmotisch wirksames Material verbraucht, z. B. durch Einbau in Makromoleküle oder durch Veratmung. Die Verbindung zwischen A und B (R im Modell) sollte nach Münchs Vorstellung durch den Symplasten mit seinen Plasmodesmen, inklusive den Siebröhren mit ihren Siebporen (= modifizierte Plasmodesmen) erfolgen. Beim Transport sollte das osmotisch wirksame Material in den Assimilat-produzierenden Zellen (“source”) aus dem Apoplasten osmotisch Wasser anziehen und so den Turgor steigern. In den Empfängerzellen („sink“) dagegen sollte durch den Verbrauch osmotischen Materials (oder durch Dehnung der noch plastischen Zellwand) der Turgor gesenkt und das nicht mehr osmotisch festgehaltene Wasser in den Apoplasten abgegeben werden. (Dieser Wasseraustausch zwischen Phloem und Apoplast würde auch erklären,

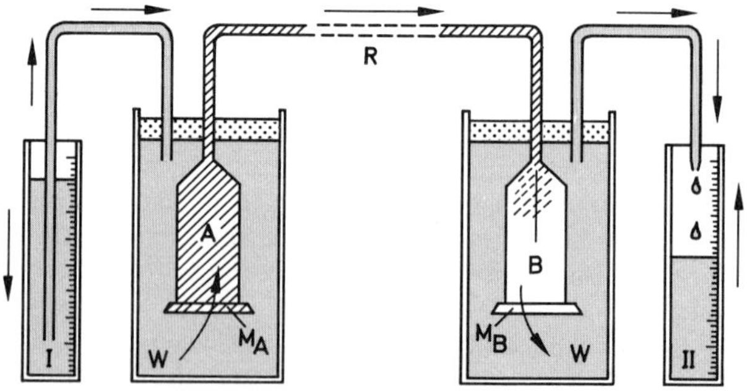

Abb. 14.88. Münchscher Modellversuch zur Demonstration einer durch einen osmotischen Gradienten getriebenen Lösungsströmung. Zelle *A* 10%ige Saccharoselösung, mit Kongorot angefärbt. Zelle *B* Wasser. *R* Verbindungsrohr, *M* semipermeable Membran. Zelle *A* nimmt durch die semipermeable Membran M_A Wasser aus dem Außenmedium *W* auf, das durch den entstehenden hydrostatischen Druck durch die Membran M_B aus Zelle *B* ausgedrückt wird. Zucker und Kongorot werden von *A* nach *B* transportiert. Wasser fließt von Gefäß *I* in Gefäß *II*, bis der osmotische Gradient *A-B* ausgeglichen ist

warum Phloem und Xylem immer eng benachbart sind.) Es käme somit zu einem Gradienten des osmotischen Drucks zwischen source und sink, der eine Lösungsströmung, einen „Druckstrom", zur Folge hätte.

In der ursprünglichen Form wird diese Hypothese heute nicht mehr vertreten: Eine Lösungsströmung wird nur für die Siebröhren (oder die Siebzellenreihen bei den Nadelbäumen und Farngewächsen) selber angenommen, während der Eintritt und der Austritt der Substanzen in die und aus den Siebröhren ± aktiv und selektiv erfolgt; dabei ist vermutlich ein Zucker/Proton-Cotransport beteiligt. Kompartiment A im Modell entspräche dann den Beladungsabschnitten der Siebröhre, R den Abschnitten der Siebröhre, in denen kein wesentlicher seitlicher Stoffein- und -austritt erfolgt, und B den Entladungsabschnitten der Siebröhre im sink-Bereich.

Ein Druckstrom in den Siebröhren der Pflanzen *muß* aus physikalischen Gründen erfolgen, wenn folgende Voraussetzungen erfüllt sind:

(1) Die Siebröhren müssen an ihren Seitenwänden einen selektiv permeablen Plasmabelag besitzen, durch den gelöste Substanzen (z. B. Zucker) in beiden Richtungen nur unter Aufwand von Stoffwechselenergie „gepumpt" werden können.

(2) Die Siebröhren müssen in longitudinaler Richtung, durch die Siebporen hindurch, für eine strömende Lösung mit der entsprechenden Geschwindigkeit passierbar sein.

(3) Es muß ein Turgorgradient zwischen source und sink bestehen.

Die erste Voraussetzung ist unzweifelhaft verwirklicht: Siebröhrenglieder zeigen in hypertonischen Medien das Phänomen der Plasmolyse, d. h. eine Ablösung des Plasmaschlauches von der Zellwand infolge des osmotischen Austritts von Zellwasser; plasmolysiert werden können nur Zellen mit selektiv permeablen Plasmamembranen.

Auch die zweite Prämisse, die Längswegsamkeit der Siebröhren für eine relativ schnell strömende Lösung, ist durch verschiedene Befunde gut belegt. So erfolgt beim Anschneiden der Siebröhren bei vielen Arten eine druckelastische Entleerung (Exsudation), wobei der Inhalt sehr zahlreicher Siebröhren austritt. Besonders eindrucksvoll ist das Phänomen, wenn man die Saugrüssel Siebröhren-punktierender Insekten (z. B. der honigtauproduzierenden Blattläuse) kappt, deren Spitzen exakt in das Siebröhrenlumen tauchen. Es tritt dann durch diese „Mikrokanülen" Siebröhrensaft aus (getrieben durch den Turgor der Siebröhre), und zwar in solcher Ergiebigkeit, daß sich z. B. bei der Linde das durch eine Rindenlaus angezapfte Siebröhrenglied in einer Sekunde 5mal füllen und entleeren muß, wobei die Konzentration des Exsudats praktisch unverändert bleibt.

Die dritte Voraussetzung für eine Druckströmung in den Siebröhren, ein Turgorgradient in der Transportrichtung, ist am schwersten zu prüfen. Am überzeugendsten sind direkte Druckmessungen in den Siebröhren, z. B. in verschiedener Höhe intakter Baumstämme. Manometrische Bestimmungen an einer Roteiche ergaben zwischen 6,5 und 1,5 m Höhe, also in der Wanderrichtung der Assimilate, einen Abfall des Turgordrucks um $1\text{–}2 \cdot 10^5$ Pa. Es wurden auch wieder gekappte Läuserüssel zur Ermittlung entsprechender Werte verwendet: Aus dem osmotischen Potential des Exsudates in verschiedenen Höhen eines Weidenstammes ließ sich ein Turgorgradient zwischen 0,5 und $2{,}7 \cdot 10^5\,\mathrm{Pa \cdot m^{-1}}$ berechnen. Aus der Flußrate aus den gekappten Rüsseln konnte zudem ein hydrostatischer Druckgradient von $1{,}9\text{–}4{,}7 \cdot 10^5\,\mathrm{Pa \cdot m^{-1}}$, ebenfalls in der Transportrichtung, ermittelt werden. Allerdings sind diese Methoden noch zu unvollkommen, als daß den quantitativen Aussagen allzu großes Vertrauen geschenkt werden könnte.

Was derzeit unter den Phloemforschern vor allem diskutiert wird, ist die Frage, ob die vorhandenen osmotischen Gradienten über die Transportstrecke ausreichen, um bei den vorliegenden Strömungswiderständen den Assimilatstrom mit der gemessenen Geschwindigkeit zu befördern. Eine Reihe von Forschern zieht zusätzliche Hilfsmechanismen in Erwägung, z. B. elektroosmotische Phänomene (wobei K^+-Konzentrationsdifferenzen über die Siebplatten Potentiale erzeugen sollen) oder ein peristaltisches Pumpen durch die erwähnten Plasmafilamente. So ist der Mechanismus des Siebröhrentransportes immer noch eines der meistdiskutierten Probleme der Pflanzenphysiologie.

Literaturauswahl

Briggs, G.E.: Movement of water in plants. Oxford-Edinburgh: Blackwell 1967.

Crafts, A.S., Crisp, C.E.: Phloem transport in plants. San Francisco: Freeman 1971.

Huber, B.: Die Saftströme der Pflanzen. Berlin-Göttingen-Heidelberg: Springer 1956.

Lüttge, U., Higinbotham, N.: Transport in plants. Berlin-Heidelberg-New York: Springer 1979.

Zimmermann, M.H., Milburn, J.A. (Eds.): Transport in plants. I. Phloem Transport. Encyclopedia of Plant Physiology, New Series. Berlin-Heidelberg-New York: Springer 1975.

Zimmermann, M.H., Brown, C.L.: Trees, structure and function. Berlin-Heidelberg-New York: Springer 1971.

15 Neurobiophysik

15.1 Erregung, Erregungsleitung und synaptische Übertragung

Josef Dudel

15.1.1 Einführung

In Kapitel 12.3 wurde dargestellt, daß zwischen dem Inneren und dem Äußeren einer lebenden Zelle in der Regel eine elektrische Spannung besteht, das *Membranpotential.* Dieses Membranpotential hat meist einen Wert von -50 bis -100 mV, d.h. über eine Mikroelektrode, die von dem auf Nullpotential liegenden Außenmedium ausgehend in die Zelle eingestochen wird, mißt man eine negative Spannung auf der Innenseite der Zellmembran. Dieses Potential ist meist einigermaßen konstant und wird „Ruhepotential" genannt. Wie in Kapitel 12.3 ausführlich behandelt, wird es im wesentlichen hervorgerufen durch eine ungleiche Verteilung der verschiedenen Ionenarten innerhalb und außerhalb der Zelle, sowie durch eine weitgehend selektive Permeabilität der Zellmembran für verschiedene Ionen. Das Ruhepotential beeinflußt selbst die Ionenverteilung zwischen dem Inneren und Äußeren der Zelle, sowie die vielfältigen Transportprozesse von geladenen Molekülen über die Zellmembran (s. Kapitel 12.4). Die Höhe des Ruhepotentials kann auch einen regulatorischen Einfluß auf die Größe eines bestimmten Stofftransportes haben.

Neben dieser Rolle als Parameter des Stofftransportes über die Zellmembran wird das Membranpotential schon bei einzelligen Lebewesen dazu verwendet, aus der Umwelt eintreffende *Reize,* z.B. „Berührung", in Änderungen des Membranpotentials umsetzen, die dann *Reaktionen* der Zelle, z.B. Änderungen der Bewegungsrichtung, auslösen. Das Membranpotential, und insbesonders seine Änderung, wird hiermit Träger und Vermittler von *Information.* Die Vermittlung von Information über die Umwelt, und die Möglichkeit einer geordneten Reaktion des Lebewesens wird für mehrzellige Lebewesen noch wichtiger. Im Tierreich haben sich entsprechend Zellen und Zellverbände, die Neuronen und Nervensysteme ausgebildet, die als Hauptaufgabe die Vermittlung von Information innerhalb des Organismus haben. Die physikalischen Parameter der Umsetzung und Verbreitung von Informationen in Nervenzellen sind Gegenstand dieses Kapitels.

In der Neurobiophysik wird im wesentlichen die Kodierung und Vermittlung der Information in Form von Änderungen von Membranpotentialen behandelt. Neben diesem neuralen System der Informationsvermittlung gibt es in den Organismen durchweg ein zweites Steuerungssystem, die Ausbreitung von chemischen Signalen, *Hormonen,* über die Blutbahn oder ähnliche Zirkulationssysteme. Dieser Aspekt der Informationsvermittlung wird im Rahmen der Biophysik nicht näher besprochen, darf in seiner Wertigkeit jedoch nicht unterschätzt werden. Das hormonale und das neurale System sind im übrigen im Organismus vielfältig miteinander verknüpft.

15.1.2 Erregung

15.1.2.1 Aktionspotentiale

Zuckt eine Muskelfaser, so tritt kurz zuvor eine kurz dauernde sprunghafte Änderung des Membranpotentials in positiver Richtung auf, und ähnlich reagiert z.B. eine Druckrezeptorzelle, wenn ein bestimmter Druck überschritten wird, mit einer kurzen positiven Membranpotentialänderung. Solche Potentialänderungen treten bei vielen Zelltypen auf, wenn sie aktiv werden, sie werden deshalb *Aktionspotentiale* genannt. Die Zeitverläufe von Aktionspotentialen von Nerven-, Muskel- und Herzmuskelzellen von Warmblütern zeigt Abb. 15.1. Ihnen ist gemeinsam, daß zu Beginn die Membran schnell ihre Polarisation einbüßt: während des Aufstriches des Aktionspotentials erfolgt innerhalb von weniger als 1 ms eine *Depolarisation* der Membran, und der Aufstrich überschießt in der Regel das Null-Potential, so daß die Spitze des Aktionspotentials bei $+20$ bis $+30$ mV liegt. Die maximale Depolarisationsgeschwindigkeit während des Aufstrichs erreicht $1000\,\mathrm{Vs^{-1}}$. Nach dem kurzen Aufstrich folgt eine langsamere *Repolarisation.* Diese hat bei verschiedenen Zelltypen einen unterschiedlichen Zeitverlauf. Am Nerven erreicht das Aktionspotential innerhalb von 1 ms schon wieder das Ruhepotential, bzw. es überschreitet es sogar für kurze Zeit, was als *hyperpolarisierendes Nachpotential* bezeichnet wird (Abb. 15.1, Nerv). Am Muskel erfolgt ebenfalls zuerst eine schnelle Repolarisation, die sich aber bei einem Membranpotential von -60 bis -70 mV stark verlangsamt und erst nach etwa 10 ms das Ruhepotential erreicht. Diese verzögerte Repolarisationsphase wird *depolarisierendes Nachpotential* genannt (Abb. 15.1, Muskel). Beim Herzmuskel schließlich verläuft die Repolarisation im positiven Potentialbereich sehr langsam, es bildet sich ein *Plateau,* bis schließlich nach 200 bis 300 ms die volle Repolarisation eintritt (s.

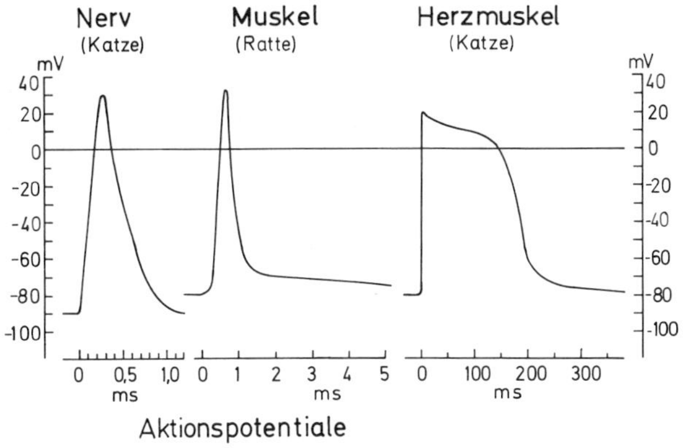

Abb. 15.1. Intrazellulär abgeleitete Aktionspotentiale von verschiedenen Zelltypen von Warmblütern. In den Abszissen die Zeit nach Beginn des Aktionspotentials, in der Ordinate das Membranpotential. Beachte die verschiedenen Zeitmaßstäbe in der Abszisse

Abb. 15.1). Diese verschiedenen Zeitverläufe der Aktionspotentiale sind typisch für die betreffende Zellart, und an einer und derselben Zelle können tausende von nacheinander ablaufenden Aktionspotentialen mit absolut *gleichförmigem Zeitverlauf* gemessen werden. Auch an anderen Tieren haben Aktionspotentiale ähnliche Zeitverläufe, das Nervenaktionspotential z.B. eines Wurmes ist von dem eines Warmblüters kaum verschieden.

Eine charakteristische Eigenschaft aller Aktionspotentiale ist ihre Auslösung an einer *Schwelle.* Wird die Membran vom Ruhepotential ausgehend durch irgendeinen Einfluß schnell um 10–20 mV depolarisiert, so tritt bei Überschreiten eines *Schwellenpotentials* eine selbsttätig sich beschleunigende Depolarisation ein, der Aufstrich des Aktionspotentials. Der Schwellenbereich ist dadurch ausgezeichnet, daß Depolarisation der Membran eine zunehmende *Erhöhung der Leitfähigkeit (Leitwert) für* Na^+- und/oder Ca^{2+}-Ionen hervorruft. Diese Ionen haben Gleichgewichtspotentiale (s. Abschn. 12.3) höher als +30 mV und strömen in die Zelle. Dies verursacht eine weitere Depolarisation, worauf wiederum die Na^+- und Ca^{2+}-Leitfähigkeiten ansteigen. Der Depolarisationsprozeß läuft somit nach Überschreiten der Schwelle mit positiver Rückkopplung explosionsartig ab. Er kommt jedoch nach wenigen $^1/_{10}$ ms bei etwa +30 mV zum Stillstand, und es setzt, wiederum selbsttätig, die Repolarisation ein. Während dieser Phase ist die *Kaliumleitfähigkeit*, bei manchen Zellen auch die Chloridleitfähigkeit, der Membran *erhöht*, was einen Ausstrom dieser Ionen hervorruft, bis der Bereich des Ruhepotentials erreicht wird das ja nahe beim K^+- und Cl^--Gleichgewichtspotential liegt.

Die Tatsache, daß viele Zellen beim Überschreiten eines Schwellenpotentials mit einem Aktionspotential antworten, wird auch als *Erregbarkeit* bezeichnet. Wenn über der Schwelle die Natriumleitfähigkeit ansteigt und dies weitere Depolarisation auslöst, befindet sich die Zelle im Zustande der *Erregung.* Dieser Zustand wird erst auf der Spitze des Aktionspotentials beendet, was als Alles-oder-Nichts-Gesetz der Erregung bezeichnet wurde. Der Erregungszustand geht nach der Spitze regelmäßig in die Repolarisationsphase über. Die Vorgänge, die das Aktionspotential hervorrufen, sind somit *regenerativ*, sie stellen selbsttätig, ohne weitere äußere Einflüsse, den Ruhezustand wieder her.

Daß der Aufstrich des Aktionspotentials vorwiegend durch das Fließen von Na^+-Ionen zustandekommt, läßt sich aus relativ einfachen Experimenten ableiten. Wird in der extrazellulären Lösung die Na^+-Konzentration vermindert, so nimmt bei den meisten Zellen die Steilheit des Aufstriches ab, und bei niedrigen extrazellulären Na^+-Konzentrationen werden die Zellen unerregbar. Es gibt auch Gifte, die den potentialabhängigen schnellen Natriumeinstrom verhindern, das wichtigste und am spezifischsten wirksame ist das *Tetrodotoxin.* Sehr kleine Konzentrationen dieses Giftes (10^{-8} mol l^{-1}) verlangsamen den Aufstrich des Aktionspotentials und verhindern es schließlich völlig. Eine ähnliche Rolle wie die Na^+-Ionen für den Aufstrich des Aktionspotentials spielen die K^+-Ionen für seine Repolarisation. Entsprechend vermindert sich bei erniedrigten extrazellulären K^+-Konzentrationen die Geschwindigkeit der Repolarisation, und Gifte, die die K^+-Permeabilität der Membran herabsetzen, z.B. *Tetraäthylammonium*, verlangsamen kräftig die Repolarisation.

15.1.2.2 Zeit- und Potentialabhängigkeit der Ionenströme während des Aktionspotentials

Die während des Aktionspotentials fließenden Ionenströme hängen stark vom Membranpotential, aber auch von Zeitfaktoren ab. Das Membranpotential ändert sich während des Aktionspotentials sehr schnell, deshalb ist eine Analyse der Kinetik der Ströme nur möglich, wenn im Experiment das Membranpotential bei bestimmten Werten festgehalten wird und bei so definierten konstanten Potentialen der Zeitverlauf der Ströme gemessen wird. Dies wird mit der Methode der *Spannungsklemme* (voltage clamp, Abb. 15.2) erreicht. Das Membranpotential E_M wird mit einer intra-

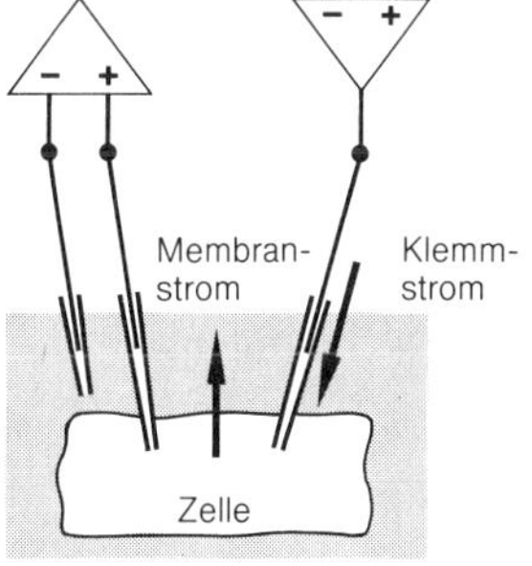

Abb. 15.2. Messung des Membranstroms in einer Spannungsklemme. Das Membranpotential E_M wird als Differenz des intra- und extrazellulären Potentials gemessen. Ein Regelverstärker vergleicht E_M mit einem vorgegebenen Sollpotential, weicht E_M vom Sollpotential ab, so fließt ein Klemmstrom durch eine zweite intrazelluläre Elektrode, der den Membranstrom kompensiert

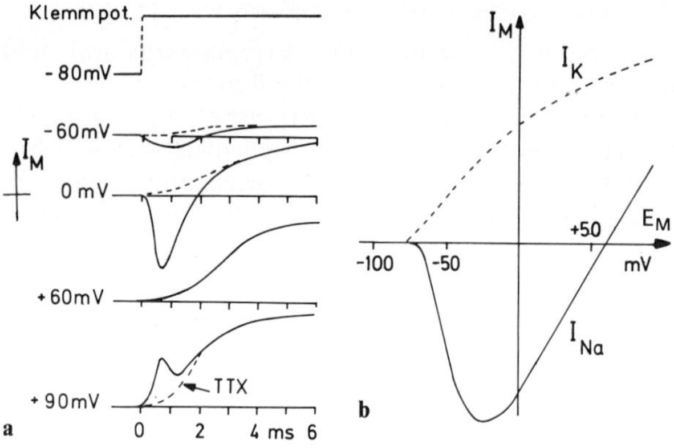

Abb. 15.3. **a** Klemmströme nach Potentialsprung. —— Normale Lösung; - - - Lösung mit Tetrodotoxin (TTX). **b** Potentialabhängigkeit der Membranströme $I_{Na\,max}$ und $I_{K\,max}$

zellulären Elektrode gemessen. Dieses Potential wird in einem Regelverstärker mit einem eingegebenen Sollwert verglichen und über eine zweite intrazelluläre Elektrode ein der Spannungsabweichung proportionaler Strom in die Zelle geleitet, so daß die Abweichung des Membranpotentials vom Sollwert kompensiert wird. Der kompensierende Klemmstrom ist dann gleich groß, aber umgekehrt gepolt, wie der bei dem eingestellten Potential fließende Membranstrom.

Die Spannungsklemme wurde von Hodgkin, Huxley und Katz (1952) erstmals mit Erfolg zur Analyse des Aktionspotentials eingesetzt. Abbildung 15.3a gibt eine schematische Darstellung eines solchen Versuches. Vom Ruhepotential bei -80 mV ausgehend wird das Potential innerhalb von einigen µs auf das Klemmpotential E_M verschoben, wobei ein kurzer, großer kapazitiver Strom fließt, der in Abb. 15.3a weggelassen wurde. Danach fließen Ionenströme verschiedenen Zeitverlaufes. Bei dem gerade überschwelligen Klemmpotential von -60 mV fließt ein kleiner negativer, einwärts gerichteter Strom, der nach etwa 2 ms in einen positiven Strom übergeht. Wird durch Verminderung der extrazellulären Na^+-Konzentration oder durch Blockierung des Na^+-Einstromes durch Tetrodotoxin (TTX) der Na^+-Strom unterdrückt, so fehlt die negative Stromkomponente (gestrichelte Kurve). Nach einem Spannungs-Klemm-Schritt auf ± 0 mV erscheint die negative Stromkomponente gegenüber -60 mV stark vergrößert, und auch der später auftretende positive Strom ist gewachsen. Bei unterdrücktem Na^+-Strom (gestrichelte Kurve) fehlt wiederum die negative Stromkomponente. Diese ist ebenfalls nicht sichtbar bei $+60$ mV, dem Na^+-Gleichgewichtspotential E_{Na}. Bei Potentialen positiver als E_{Na}, $+90$ mV in Abb. 15.3a, ist nun die kurze initiale Stromkomponente positiv, während bei unterdrücktem Na^+-Strom nur ein verzögert ansteigender Strom erscheint, der nach einigen ms ein Maximum erreicht und dort stehen bleibt. Diese letztere Stromkomponente ist offenbar K^+-Strom, während die kurz dauernde initiale Stromkomponente von Na^+-Ionen getragen wird. Die Amplitude dieser Stromkomponente läßt sich als Differenz zwischen den ausgezogenen und den gestrichelten Kurven in Abb. 15.3a bestimmen. Die Potentialabhängigkeit des so bestimmten maximalen Na^+-Stroms ($I_{Na\,max}$) wird in Abb. 15.3b gezeigt. I_{Na} ist beim Ruhepotential sehr klein, wächst im Schwellenbereich von -60 bis -50 mV steil an und erreicht bei etwa -20 mV ein Maximum. Dann fällt I_{Na} etwa linear mit dem Potential und schneidet bei E_{Na} die Abszisse. In diesem linearen Abschnitt ist folglich $g_{Na\,max}$ relativ hoch und *konstant*. Den Zeitverlauf der aus Versuchen wie in Abb. 15.3 geschildert abgeleiteten Ionenleitfähigkeiten g_{Na} und g_K zeigt Abb. 15.4 für einen Depolarisationsschritt auf 0 mV. g_{Na} steigt unverzüglich nach der Spannungsänderung steil an, erreicht ein Maximum innerhalb von weniger als 1 ms und fällt danach wieder ab. g_K dagegen steigt nach der Depolarisation verzögert an, hält jedoch seinen Maximalwert, solange die Depolarisation andauert.

Bei der Analyse des Aktionspotentials des Tintenfisch-Riesenaxons haben Hodgkin und Huxley den Zeitverlauf von g_{Na} und g_K nach Spannungssprüngen auf eine fein abgestufte Serie von Membranpotentialen bestimmt. Wenn sie aus der so bekannten Potential- und Zeitabhängigkeit der Ionenleitfähigkeiten den Zeitverlauf des Aktionspotentials synthetisieren wollten, mußten sie die Zeitverläufe und die Potentialabhängigkeiten der Ionenleitfähigkeiten quantitativ mathematisch beschreiben, um danach schrittweise den Zeitverlauf des Aktionspotentials berechnen zu können. Zu dieser quantitativen Beschreibung wählten sie einen Formalismus, der aus der Kinetik einfacher chemischer Reaktionen abgeleitet ist. Diese Formulie-

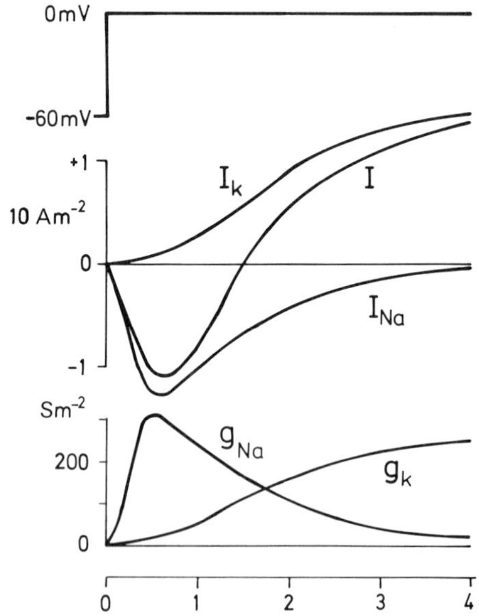

Abb. 15.4. Ionenströme und Membranleitfähigkeiten nach Spannungsänderung am Tintenfischriesenaxon. Oben Zeitverlauf der durch die Spannungsklemme erreichten Potentialänderung von -60 mV auf 0 mV. Darunter der nach der Potentialänderung fließende Klemmstrom I und seine Komponenten I_{Na} und I_K. Unten der daraus berechnete Zeitverlauf der Membranleitfähigkeiten g_{Na} und g_K. g_{Na} ist definiert durch $I_{Na} = g_{Na}(E_M - E_{Na})$, und g_K entsprechend. [Nach Hodgkin: Proc. roy. Soc. **B 148**, 1 (1958)]

rung, die Hodgkin-Huxley-Theorie der Erregung, hat sich auf viele Zelltypen anwendbar und für die Diskussion außerordentlich fruchtbar erwiesen und soll deshalb etwas ausführlicher geschildert werden.

Beginnen wir mit der K^+-Leitfähigkeit, deren Verhalten einfacher ist als das der Na^+-Leitfähigkeit. Es wurde angenommen:

$$g_K = n^4 \bar{g}_K, \tag{15.1}$$

$$dn/dt = \alpha_n(1-n) - \beta_n n, \tag{15.2}$$

dabei ist $\bar{g}_K$ eine konstante maximale Leitfähigkeit und n ist potential- und zeitabhängig. Die Formulierung geht aus von der Annahme, daß die Fähigkeit der K^+, durch die Membran zu fließen, vom Zustand oder der Position von geladenen Molekülen in der Membran abhängt. α ist der Zustand, in dem die Membran K^+ passieren läßt, im Zustand β ist sie für K^+ undurchlässig (s. Abb. 15.5). n ist dann der Anteil der Moleküle, die sich im Zustand α befinden, und $1-n$ der Anteil im Zustande β. Die Reaktionsgeschwindigkeit des Übergangs vom Zustand α in den Zustand β ist β_n, und die das Übergangs von $\beta \rightarrow \alpha$ ist α_n. α_n und β_n sind potentialabhängig, aber nicht zeitabhängig. Beim Ruhepotential ist β_n groß und α_n klein. Folglich sind nach Gl. (15.2) die meisten der g_K regulierenden Moleküle im Zustand β (s. Abb. 15.5, 0 ms). Bei Depolarisation wächst α_n potentialabhängig und β_n fällt, folglich steigt n und damit g_K (0,5 ms in Abb. 15.5). Nach ausreichend langer Depolarisation (10 ms in Abb. 15.5) ist α_n größer als β_n und das Gleichgewicht stellt sich so ein, daß die meisten Moleküle im Zustand α sind. n und g_K haben somit einen hohen Wert und behalten ihn, solange die Depolarisation dauert. Die Potentialabhängigkeiten von $\alpha_n(E)$ und $\beta_n(E)$, die in Abb. 15.4 graphisch dargestellt sind, lassen sich numerisch ohne weitere Annahmen aus den Zeitverläufen von g_K bei den verschiedenen Potentialen (Beispiel Abb. 15.4) berechnen.

n erhielt die vierte Potenz, weil nur so der verzögerte, aber dann steile Anstieg der g_K nach einem Depolarisationsschritt nachgebildet werden konnte (Abb. 15.5 unten). Diese vierte Potenz kann als Zusammenwirken von jeweils 4 Molekülen der Membran an der Regulierung der K^+-Bewegungen interpretiert werden.

Die Natriumleitfähigkeit der Membran wird durch ein ähnliches Gleichungssystem beschrieben wie das für g_K. Es muß jedoch der Komplikation Rechnung tragen, daß g_{Na} nach einer Depolarisation nicht konstant hoch bleibt, sondern nach 1 ms wieder zum Ruhewert abfällt. Dies wird als *Inaktivierung* des Natriumsystems bezeichnet. Während also der Beginn des Anstiegs von g_{Na} durch eine Variable m beschrieben wird, die sich ähnlich wie n verhält, wird g_{Na} weiter noch bestimmt durch eine Variable h, die für die Inaktivation sorgt:

$$g_{Na} = m^3 h \bar{g}_{Na}, \tag{15.3}$$

$$dm/dt = \alpha_m(1-m) - \beta_m m, \tag{15.4}$$

$$dh/dt = \alpha_h(1-h) - \beta_h h. \tag{15.5}$$

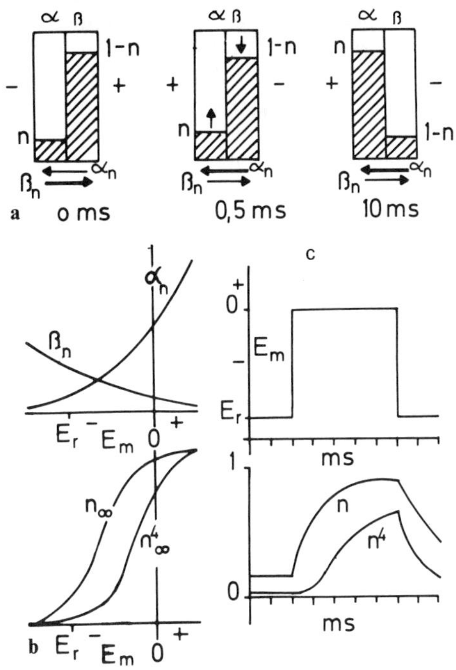

Abb. 15.5a–c. Potentialabhängigkeit der den K^+-Strom bestimmenden Größen n, α_n und β_n. **a** Verschiebung der Anteile n bzw. $(1-n)$ der α_n und β_n zu den Zeiten 0 ms, 0,5 ms und 10 ms nach einem Depolarisationsschritt. **b** Potentialabhängigkeit von α_n, β_n, n_∞ und n_∞^4; E_m Membranpotential, E_r Ruhepotential. **c** Zeitverlauf von n und n^4 nach einem Depolarisationsschritt. [Nach Noble: Physiol. Rev. **46**, 1–50 (1966)]

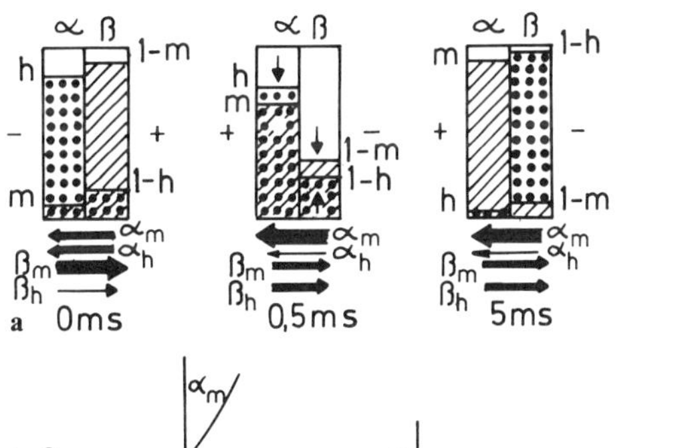

Abb. 15.6a–c. Potentialabhängigkeit der den Na^+-Strom bestimmenden Größen m, α_m, β_m und h, α_h und β_h. **a** Verschiebung der Anteile m bzw. $(1-m)$ und h bzw. $(1-h)$ der α_m, β_m, α_h und β_h, 0 ms, 0,5 ms und 5 ms nach einem Depolarisationsschritt. **b** Potentialabhängigkeit von α_m, β_m, α_h und β_h, m_∞ und h_∞. **c** Zeitverlauf von m, h und m^3h nach einem Depolarisationsschritt. [Nach Noble: Physiol. Rev. **46**, 1–50 (1966)]

Hier ist analog zum Kaliumsystem $\bar{g}_{\mathrm{Na}}$ die konstante maximale Natriumleitfähigkeit, und m und h beschreiben Zustände von 2 die Natriumleitfähigkeit regulierenden Molekülen, wobei die betreffenden Reaktionsgeschwindigkeiten α_m, β_m, α_h und β_h nur potentialabhängig sind. Das Verhalten dieses Systems wird analog zu Abb. 15.5 durch Abb. 15.6 veranschaulicht. α_m und β_m zeigen qualitativ dieselbe Potentialabhängigkeit wie α_n und β_n, d.h., sie beschreiben einen Prozeß, der bei Depolarisation die Membran für Na^+-Ionen öffnet. α_h und β_h haben dagegen die spiegelbildlich verkehrte Potentialabhängigkeit, sind aber absolut kleiner als α_m und β_m (Abb. 15.6). Bei Depolarisation nimmt deshalb h langsamer ab als m zunimmt, g_{Na} steigt folglich schnell an (Abb. 15.6 oben, 0,5 ms), inaktiviert jedoch nach kurzer Zeit (Abb. 15.6, oben, 5 ms). Die numerischen Werte für $\alpha_m(E)$, $\beta_m(E)$, $\alpha_h(E)$ und $\beta_h(E)$ wurden ebenfalls aus den Zeitverläufen von g_{Na}, wie in Abb. 15.4 gezeigt, bestimmt. Für die Funktion α_h und β_h wurden dazu auch Messungen von $g_{\mathrm{Na}}(t)$ herangezogen, bei denen ein Depolarisationsschritt auf ein bestimmtes Membranpotential von verschiedenen Ausgangspotentialen aus startete, wo also das Ausgangsniveau der Inaktivierung variiert wurde.

Die Potentialabhängigkeit der Inaktivierung wird am besten deutlich für den Wert h_∞, der den Endwert von h längere Zeit nach einer Spannungsänderung darstellt (Abb. 15.6). h_∞ ist schon beim Ruhepotential <1, d.h. das Natriumsystem ist teilweise inaktiviert und kann während des Aktionspotentials nicht maximal aktiviert werden. Eine solche maximale Aktivation ist jedoch möglich, wenn die Membran vor Auslösung des Aktionspotentials um 20 bis 30 mV hyperpolarisiert wird. Noch empfindlicher reagiert das Aktionspotential auf anhaltende Vordepolarisationen, denn im Bereich des Ruhepotentials nimmt h_∞ bei Depolarisation steil ab. Haben deshalb Zellen auf Grund von steuernden Einflüssen oder Störungen erniedrigte Ruhepotentiale, so wird die Amplitude des Aktionspotentials stark vermindert bzw. die Auslösung eines Aktionspotentials ganz unmöglich. Eine weitere Konsequenz der Potentialabhängigkeit der Inaktivierung ist, daß während Aktionspotentialen mit verzögerter Repolarisation, wie sie für Herzmuskelaktionspotentiale typisch sind (Abb. 15.1), h einen sehr niedrigen Wert hat, bis das Potential in den Bereich des Ruhepotentials zurückgekehrt ist. Es können deshalb während des langen Herzmuskelaktionspotentials keine neuen Aktionspotentiale ausgelöst werden, der Herzmuskel ist *refraktär*. Die lange Refraktärzeit des Herzmuskels verhindert ungeordnete Erregungsabläufe im Herzen, eine Störung der Refraktäritätsverhältnisse legt sofort die Funktion des Herzens lahm.

Der Gesamtmembranstrom I ist nach den Hodgkin-Huxley-Gleichungen (15.1)–(15.5) gegeben durch:

$$I = C_{\mathrm{m}} \frac{dE}{dt} + n^4 \bar{g}_{\mathrm{K}}(E - E_{\mathrm{K}}) + m^3 h \bar{g}_{\mathrm{Na}}(E - E_{\mathrm{Na}}) + g_l(E - E_l)\,. \qquad (15.6)$$

Hier sind C_{m} die Membrankapazität, E_{K} und E_{Na} die betreffenden Gleichgewichtspotentiale, und g_l und E_l charakterisieren einen kleinen, unspezifischen Leckstrom mit konstantem g_l. Bei für n, m und h bekannten Potential- und Zeitabhängigkeiten kann Gl. (15.6) vom Schwellenpotential ausgehend schrittweise integriert werden und es ergibt sich daraus der Zeitverlauf des Aktionspotentials an einer Membranstelle in sehr guter Übereinstimmung mit den gemessenen Aktionspotentialen.

Nach dem Vorbild der Analyse des Aktionspotentials des Tintenfisch-Riesenaxons sind auch für die Aktionspotentiale an einigen anderen geeigneten Präparaten die Zeit- und Potentialabhängigkeiten der verschiedenen Stromkomponenten ermittelt worden. Wichtige Beispiele sind das Krebs-Riesenaxon, die Frosch-Nervenfaser und der Säugetier-Herzmuskel. Bei allen diesen Präparaten haben sich Gleichungen vom Typ der Hodgkin-Huxley-Gleichungen als anwendbar erwiesen. Der Erregungsprozeß zeigt also bei den verschiedenen Tierstämmen viele Gemeinsamkeiten, und es erscheint möglich, daß die ihm zugrunde liegenden molekularen Mechanismen in der Membran weitgehend identisch sind. Trotz der sehr erfolgreichen Anwendung der Hodgkin-Huxley-Gleichungen für die Beschreibung der Erregung darf nicht geschlossen werden, daß notwendig das ihnen zugrunde liegende Modell der Steuerung der Membranleitfähigkeit zutrifft. Die Beschreibung wäre auch mit Hilfe anderer Modelle möglich.

15.1.2.3 Physikalische und chemische Einflüsse auf den Erregungsablauf

Viele Änderungen der Bedingungen an den Membranen der Nervenzellen beeinflussen den Erregungsprozeß, und diese Modifikationen lassen sich anhand der kinetischen Größen α und β der n, m und h-Systeme gut quantitativ beschreiben. Hier soll nur auf einige Parameter eingegangen werden, deren Untersuchung zu einer biophysikalischen Modellbildung für den Erregungsprozeß von besonderer Bedeutung war.

Der einfachste solcher Parameter ist die Temperatur. Die α- und β-Werte haben meist Q_{10}-Werte (relative Änderung bei Temperaturverschiebung um 10° C) von 2–3, wie dies für eine chemische Reaktion zu erwarten ist. Entsprechend verlängert sich das Aktionspotential bei Abkühlung, und etwas unterschiedliche Temperaturempfindlichkeit der verschiedenen α und β bedingen gewisse Formänderungen der Aktionspotentiale. Interessanter sind die Einwirkungen von Änderungen der Ca^{2+}-Konzentration oder des pH auf die Kinetik der Erregung. Diese verschieben die Spannungsabhängigkeit der Aktivierungs- und Inaktivierungsprozesse parallel auf der Spannungsachse, z.B. die Erhöhung der extrazellulären Ca^{2+}-Konzentration verschiebt sämtliche Spannungsabhängigkeiten in Abb. 15.5 u. 15.6 zu positiveren Spannungen. Dies läßt sich quantitativ dadurch erklären, daß der Sensor für das Potential, der die α- und β-Werte bestimmt, nicht auf das „Membranpotential" zwischen dem Inneren und dem Äußeren der Zelle anspricht, sondern auf die lokale Feldstärke innerhalb der Membran. Diese Feldstärke wird nun nicht allein vom Membranpotential bestimmt, sondern auch von der Dichte negativer Festladungen an der Membranoberfläche und der von diesen angezogenen Gegenionen. Ein solches System läßt sich durch die Gouy-Chapman-Stern-Theorie der Ionendoppelschichten beschreiben, und die Einflüsse von Ca^{2+}-Konzentration und pH auf das Na^+- und das K^+-System können mit dieser Theorie auf Veränderungen der Dichte der Festionen-Gegenionen-Komplexe zurückgeführt werden.

Die Arten und Konzentrationen der Ionen in den extra- und intrazellulären Lösungen können das Aktionspotential stark beeinflussen. Wird Na^+ in der Außenlösung durch ein impermeables Kation ersetzt, so wird die Zelle unerregbar. Durch die Na^+-Kanäle der Membran können jedoch auch andere Ionen fließen: Praktisch genauso gut wie Na^+ permeieren Li^+ und das relativ große Hydroxylamin, während die Permeabilität für Ammonium, K^+, Methylhydroxylamin, Cs^+, Rb^+ in dieser Reihenfolge absteigend bei 1/20 bis 1/100 der Na^+-Permeabilität liegt. Auch zweiwertige Anionen können den Na^+-Kanal permeieren, besonders Ca^{2+} kann 1/10 der Natriumpermeabilität erreichen. An manchen Nerven- und Muskelzellen wird sogar der Erregungsprozeß vorwiegend von Ca^{2+}-Strömen getragen. Ähnliches wie für den Na^+-Kanal der Membran gilt für den K^+-Kanal, hier verhalten sich die Permeabiltäten, z.B. an markhaltigen Nerven, wie folgt:

$Tl^+ : K^+ : Rb^+ : NH_4^+ : Cs^+ \quad : Li^+ \quad : Na^+$

$2{,}3 : 1{,}0 : 0{,}91 : 0{,}13 \; : <0{,}08 : <0{,}02 : <0{,}01$

Die Selektivität der Na^+- bzw. K^+-Kanäle ist somit unvollständig. Die Art und relative Permeabiltät der verschiedenen Ionen läßt Schlüsse über den Bau des betreffenden Kanals oder der „Pore" durch die Membran zu, auf die im nächsten Abschnitt eingegangen wird. Bemerkenswert ist, daß die kinetischen Kennwerte von n, m und h durch die verschiedenen Ionenspezies kaum verändert werden. Selbst lange Durchströmungen des Faserinneren mit exotischen Lösungen, wie z.B. 25 mmol l^{-1} CsF + Sucrose lassen die kinetischen Kenngrößen unbeeinflußt. Dies spricht dafür, daß die „Na^+- und K^+-Kanäle" wirklich in der Membran liegende Strukturen sind, die sich im wesentlichen nur gesteuert durch das Membranpotential öffnen und schließen, wobei die jeweils anwesenden permeierenden Ionen entsprechend ihrer Konzentrationsgradienten und beeinflußt durch ihre Ladung hindurchfließen können. Am Erregungsprozeß sind auch unmittelbar keine energieliefernden chemischen Reaktionen beteiligt; solange die Ionenkonzentrationsgradienten über die Membran bestehen, können ohne Energienachschub viele tausend Erregungen ablaufen.

Das Studium der Wirkung einiger Pharmaka auf die Erregungsvorgänge ist ein wichtiges Werkzeug zur Kennzeichnung der Membrankanäle geworden. Schon genannt wurde der Blocker des Na^+-Kanals, Tetrodotoxin (TTX), ein anderes tierisches Toxin, das Saxitoxin, wirkt ganz ähnlich. Ein solches Toxinmolekül lagert sich mit hoher Affinität (Gleichgewichtskonzentration etwa 10^{-9} mol l^{-1}) außen an die Eingänge des Na^+-Kanals und blockiert diesen. Durch eine bestimmte TTX-Konzentration wird somit der erregende Na^+-Strom um einen entsprechenden Anteil vermindert, die Kinetik des verbleibenden Stroms ist jedoch unverändert. Diese Toxinmoleküle müssen also auf den Eingang des Na^+-Kanals passen, durch Abwandlung des chemischen Aufbaus der Moleküle lassen sich folglich Aussagen über die sterische Struktur des Eingangs des Na^+-Kanals gewinnen. Die hochselektive Bindung von TTX an die Eingänge der Na^+-Kanäle kann auch dazu ausgenutzt werden, in Homogenaten der Membraneiweiße „Na^+-Kanäle" zu identifizieren. Eine weitere Gruppe von Pharmaka, die die erregenden Na^+-Ströme vermindern, sind die Lokalanaesthetika. Am besten untersucht ist Procain, es blockt Na^+-Kanäle, reagiert jedoch mit einem anderen Membranbestandteil als TTX oder Saxitoxin, sein Angriffsort scheint auf der Innenseite der Membran zu liegen. Die blockierende Wirkung von Procain ist außerdem auch potentialabhängig, und es reagiert auch mit synaptischen Ionenkanälen (s. 15.1.4).

K^+-Kanäle werden durch Tetraäthylammonium (TEA) blockiert, das wie TTX mit einzelnen Kanälen reagiert, seine Affinität zum K^+-Kanal ist jedoch nicht so hoch (Gleichgewichtskonzentration etwa 5×10^{-4} mol l^{-1}) wie die des TTX zum Na^+-Kanal. TEA wirkt auch auf der Innenseite der Membran, und es ist unklar, ob es verschiedene, intra- und extrazelluläre Rezeptoren gibt. Die Wirkung von TEA auf K^+-Kanäle verschiedener Zelltypen ist, im Vergleich zur TTX-Wirkung, recht variabel. Ein anderer spezifischer Blocker der K^+-Kanäle mit hoher Affinität ist 4-Aminopyridin (4-AP), das von innen auf K^+-Kanäle wirkt. Der 4-AP-Block ist potentialabhängig, und es ist möglich, daß 4-AP nur auf offene K^+-Kanäle wirkt.

Neben den spezifischen Blockern der Na^+- und K^+-Kanäle gibt es Pharmaka, die die Kinetik dieser Systeme verändern. Die Potentialabhänigkeit der Na^+-Kanäle wird z.B. stark verändert durch Akonitin, Skorpiongift oder Veratrum-Alkaloide. In die Zelle eingefüllte Pronase, ein eiweißabbauendes Enzym, zerstört spezifisch die Inaktivierung des Na^+-Kanals, den h-Parameter, ohne die Aktivierung, den m-Parameter, wesentlich zu beeinflussen. Es wird daraus geschlossen, daß die Inaktivierung von der Innenseite der Membran her kontrolliert werden kann.

15.1.2.4 Modell des Na^+-Kanals

Die im letzten Abschnitt besprochenen Ergebnisse, zusammen mit einigen noch zu erwähnenden neuen Messungen, gestatten es, ein Modell des Na^+-Kanals zu entwerfen, das sich dem molekularen Niveau nähert (Abb. 15.7). Ein ähnliches Modell kann auch für den K^+-Kanal aufgestellt werden, die Information über den K^+-Kanal ist jedoch weniger spezifisch als die über den Na^+-Kanal.

Die in 15.1.2.2 dargestellte Theorie der Erregung von Hodgkin und Huxley bezog sich auf „Moleküle", die die Membran für K^+ bzw. Na^+ permeabel oder impermeabel machen können. Schon im letzten Abschnitt wurden diese Membranzustände als spezifische *Membrankanäle* angesprochen, und die „Moleküle" entsprachen dann *Toren* (gates), die die Kanäle schließen und öffnen können. Diese Vorstellung von Kanälen durch die Membran gründet sich auf einer Reihe von Beobachtungen. Man kann aufgrund der zum Blockieren der Na^+-Ströme benötigten Zahl von TTX-Molekülen abschätzen, an wie vielen Stellen Na^+ durch die Membran treten kann. Es ergeben sich einige 100 Stellen pro μm^2, d.h. der mittlere Abstand solcher Stellen liegt in der Größenordnung 100 nm. Bei einer Dicke der Membran von weniger als 10 nm ist dieser Abstand relativ groß, und man kann mit Recht von lokalisierten Durchlässigkeiten, von Kanälen sprechen. Aus der Art und Größe der durch den Na^+-Kanal permeierenden Ionen kann man folgern, daß der Eingang des Kanals, das Selektivitätsfilter (Abb. 15.7) etwa $0{,}5 \times 0{,}3$ nm groß ist und eine negative Ladung trägt. Die Kanaleingänge nehmen also nur weniger als 1/50000 der Membranfläche ein. Die Selektivität für Na^+-Ionen kommt nicht nur zustande durch die Abmessungen des Kanaleingangs, sondern auch durch die Anordnung von Sauerstoffatomen im Ein-

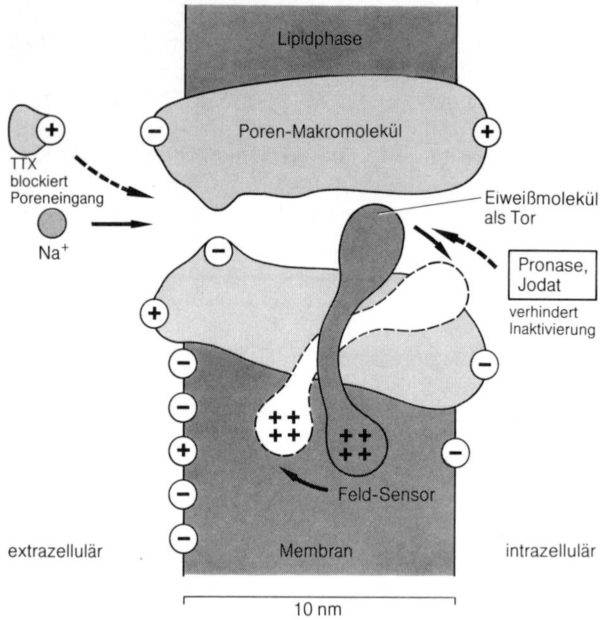

Abb. 15.7. Schema eines Na^+-Kanals durch die Membran. Die Größenverhältnisse sind weitgehend hypothetisch, nähere Erläuterung im Text. [Nach Dudel: In: Schmidt u. Thews (1980)]

gang, die mit der Wasserhülle der permeierenden Ionen in Wechselwirkung treten.

Der Kanal wird in Ruhe verschlossen durch ein Tormolekül, das über einen „Sensor" von der Feldstärke innerhalb der Membran gesteuert wird (Abb. 15.7). Wird die Membran über die Schwelle depolarisiert, so klappt das Tor mit der Zeitkonstante τ_m auf. Die Öffnung wird durch den Inaktivierungsvorgang mit der Zeitkonstante τ_h rückgängig gemacht. Ob der Inaktivierungsfunktion ein zweites Tor entspricht, wie es die Unabhängigkeit von m und h in der Hodgkin-Huxley-Theorie nahelegen würde, oder ob Aktivierung und Inaktivierung in ein Tor integriert sind, ist noch umstritten. Die Inaktivierung hat jedenfalls von der Aktivierung unabhängige Aspekte, wie nicht nur die Hodgkin-Huxley-Theorie, sondern auch die getrennte Störbarkeit der Inaktivierung durch Pharmaka zeigen.

Das Modell der Ionenkanäle durch die Membran ist elegant gestützt worden durch Messungen der *Rauschspektren* der Ionenströme. Wenn sich die Ionenkanäle bei einem bestimmten Potential mit der Zeitkonstanten τ_m und τ_h öffnen bzw. schließen, so wird die Summe der damit durch die Einzelkanäle fließenden Stromstöße sich zu einem statistisch schwankenden, verrauschten Gesamtstrom addieren. Aus den Rauschspektren kann τ_m, τ_h und der Strom i durch einen *Einzelkanal* berechnet werden. Abbildung 15.8 zeigt ein Beispiel eines derartigen Rauschspektrums, d.h. der elektrischen Leistungsdichte S in Abhängigkeit von der Frequenz f, für den Na^+-Strom am Wirbeltiernerven (Ranvier-Knoten). Das Spektrum setzt sich aus 3 Komponenten zusammen:

(1) einer dem Öffnungsparameter m entsprechende Komponente S_m, (2) einer dem Schließparameter h entsprechende Komponente S_h, und (3) einer der reziproken Frequenz proportionalen Komponente, die schwer interpretierbar ist und hier nicht weiter besprochen werden soll. Aus der Kinetik der Hodgkin-Huxley-Gleichungen [Gln. (15.1)–(15.6)] und der Annahme von M Einzelkanälen lassen sich bei einem Gesamtstrom I_{Na} die ersten beiden Komponenten

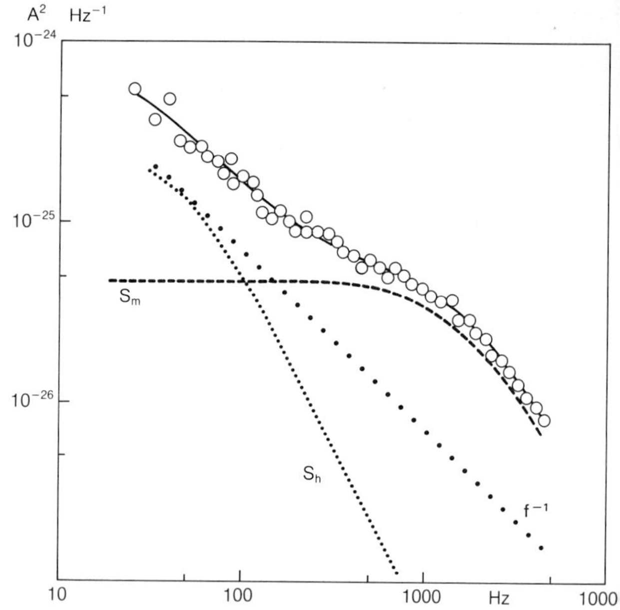

Abb. 15.8. Rauschspektren des Na^+-Stromes der Erregung am markhaltigen Nerven des Frosches. Der Strom wurde durch 32 mV Depolarisation, vom Ruhepotential ausgehend, ausgelöst. Abszisse Frequenz f des Rauschanteils, Ordinate Rauschleistung bei der betreffenden Frequenz. Die gesamte Rauschleistung (ausgezogene Kurve durch die Meßpunkte) wird als Summe der Komponenten S_m und S_h, der Aktivierung und Inaktivierung des Na^+-Kanals, sowie einer f^{-1} proportionalen Komponente N/f interpretiert. [Nach Conti et al.: J. Physiol. (London) **262**, 699 (1976)]

berechnen:

$$S_h(f) = \frac{4I_{Na}^2}{Mh}(1-h)L(\tau_h, f), \tag{15.7}$$

$$S_m(f) = \frac{4I_{Na}^2}{Mh}\sum_{b=1}^{3}\binom{3}{b}\left(\frac{1-m}{m}\right)^b L(\tau_m/b, f), \tag{15.8}$$

wobei $L(\tau, f)$ eine Lorentz-Funktion der Form $\tau\cdot[1+(2\pi\tau f)^2]^{-1}$ darstellt. Mit Hilfe dieser Beziehungen ergeben sich aus den Messungen von Abb. 15.8 und ähnlichen Messungen Werte für τ_m und τ_h, die mit den makroskopischen Werten, wie sie aus Klemmströmen nach Potentialsprung (Abb. 15.3–15.5) abgeleitet werden, gut übereinstimmen. Dabei ist im Rahmen der Hodgkin-Huxley-Gleichungen $\tau_m = (\alpha_m + \beta_m)^{-1}$ und $\tau_n = (\alpha_h + \beta_h)^{-1}$ [Integrale der Gln. (15.4) u. (15.5)].

Aus I_{Na} und M, der Zahl der Kanäle, läßt sich der Strom durch einen Einzelkanal berechnen. Aus ihm ergibt sich eine *Einzelkanalleitfähigkeit* γ von 5–8 pS. Für andere Präparate, und auch für K^+-Kanäle, werden ebenfalls Einzelkanalleitfähigkeiten dieser Größenordnung berechnet. Der Fluß von Ionen durch diese Kanäle ist beträchtlich, etwa 10^7 Ionen pro Sekunde, und dieser hohe Wert ist eine gute Rechtfertigung für das Modell einer *Pore* durch die Membran.

Noch eine weitere Messung belegt Details des Modells des Na^+-Kanals (Abb. 15.7). Das Tor, das den Kanal öffnen kann, kann, fühlt die Feldstärke in der Membran und bewegt sich offenbar unter Verschiebung von Ladungen. Es ist nun gelungen, Ladungsverschiebungen zu messen, die dem *Torstrom* (gating current) entsprechen können, ein Beispiel zeigt Abb. 15.9. Derartige Ströme sind sehr klein, und sie verschwinden normalerweise in den sehr viel größeren Ionenströmen durch die Membran. Zur Messung von Torströmen werden deshalb die Ionenströme möglichst verhindert, indem man

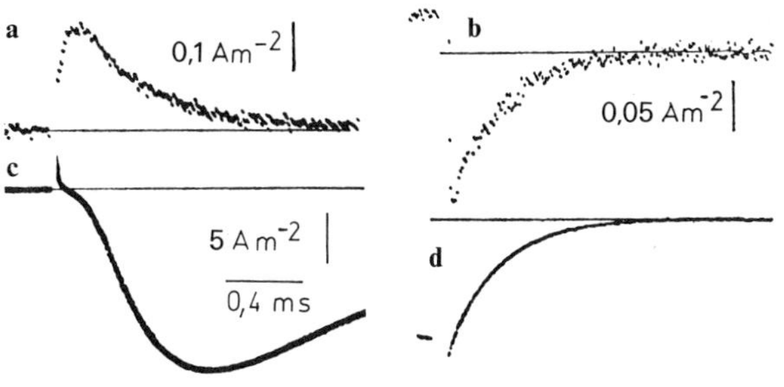

Abb. 15.9a–d. Torströme (**a, b**) und I_{Na}(**c, d**) am Anfang (**a, c**) und Ende (**b,d**) eines Spannungsschrittes von 70 mV, ausgehend vom Ruhepotential. I_{Na} wurde während eines Depolarisationsschrittes gemessen, der Torstrom als Asymmetriestrom der Summe von je 50 positiven und negativen Spannungsänderungen. **a, c** sowie **b, d** von 2 verschiedenen Tintenfischriesenaxonen. [Nach Armstrong, Bezanilla: J. Gen. Physiol. **63**, 533 (1974)]

die Kanäle mit TTX, TEA und anderen blockiert. Außerdem werden die bei Spannungssprüngen auftretenden kapazitiven Ströme kompensiert, indem man streng symmetrische Spannungssprünge in positiver und negativer Richtung ausführt und die resultierenden Ströme addiert. Die erhaltenen „Asymmetrieströme" zeigt Abb. 15.9a, b für Anfang und Ende eines Spannungssprunges, sowie darunter Abb. 15.9c, d. die entsprechenden Na^+-Ströme des nichtblockierten Präparates. Wie für einen Torstrom erwartet, erscheint er etwas früher als die Änderungen des Na^+-Stroms, außerdem sind die Flächen unter den positiven und negativen Torströmen in Abb. 15.9a, b gleich, wie für eine reversible Ladungsverschiebung zu fordern ist. Auch unter veränderten Bedingungen, z.B. Störungen der Inaktivierung, verhalten sich die gemessenen Asymmetrieströme wie erwartet. Es ist jedoch heute noch nicht ganz klar, ob der gesamte Asymmetriestrom Torstrom darstellt, oder ob noch andere Komponenten in ihm enthalten sind. Die Messung dieser Ströme, die auch quantitativ mit den theoretischen Vorhersagen gut übereinstimmen, stützt jedenfalls das Kanalmodell der Membranleitfähigkeit für Na^+.

15.1.3 Elektrotonus und Fortleitung des Aktionspotentials

15.1.3.1 Ausbreitung von Potentialänderungen im Nerven

Die meisten Zellen sind langgestreckt, besonders die auf die Verbreitung von Informationen im Organismus spezialisierten Nervenfasern. Diese können bei einem Durchmesser von 1 µm die Länge von 1 m erreichen. Bei einer Potentialänderung an einer Stelle an solchen langgestreckten Zellen werden zwischen diesen Stellen und den anderen Zellabschnitten Ströme fließen, und die Potentialänderung wird sich ausbreiten. Für einfache Strukturen wie für einen zylindrischen Nerven kann die Potential- und Stromverteilung berechnet werden. Die Membran wird in diesem Kabelmodell als ein Widerstand r_m mit paralleler Kapazität c_m (alle Größen bezogen auf einen cm Faserlänge) angenommen. Der intrazelluläre Widerstand r_i ist klein gegenüber r_m, so daß nur axialer Strom in der Faser fließt. Der Widerstand der extrazellulären Lösung ist relativ sehr klein und kann vernachlässigt werden. Für den Membranstrom i_m durch die Membran gilt dann:

$$i_m = \frac{1}{r_i} \frac{\delta_2 E}{\delta x^2}, \tag{15.9}$$

wobei E das Membranpotential und δx eine Verschiebung längs des Nerven ist. i_m setzt sich nun zusammen aus Kapazitätsstrom und Ionenstrom i_i durch die Membran:

$$c_m \frac{\delta E}{\delta t} + i_i = \frac{1}{r_i} \frac{\delta_2 E}{\delta x^2}. \qquad 15.10)$$

Bei kleinen Depolarisationen und bei Hyperpolarisationen wird die Membran nicht erregt, r_m bleibt konstant und $i_i = (E - E_r)/r_m$ (E_r das Ruhepotential). In diesem Fall der passiven Stromausbreitung kann Gl. (15.10) explizit gelöst werden. Wird z.B. an der Stelle $X = 0$ einer Nervenfaser zur Zeit $T = 0$ der Strom I_M in die Faser appliziert (Abb. 15.10), so steigt an dieser Stelle das Potential verzögert auf einen Endwert, das maximale elektrotonische Potential. In größerer Entfernung vom Ort der Stromapplikation, z.B. bei $X = 1$, steigt das elektrotonische Potential noch wesentlich langsamer und erreicht einen kleineren Maximalwert. Der Maximalwert des elektrotonischen Potentials nimmt negativ exponentiell mit der Entfernung vom Ort der Stromapplikation ab. Der Zeitmaßstab in Abb. 15.10 ist t/τ_m, und der Längsmaßstab x/λ. τ_m ist die Membranzeitkonstante und gleich $r_m \cdot c_m$. λ heißt Membranlängskonstante und ist gleich $\sqrt{r_m (r_e + r_i)^{-1}}$, wobei r_e der extrazelluäre Widerstand ist. λ hat bei Nervenfasern meist eine Größe von einigen mm. Elektrotonische Potentiale nehmen folglich über Entfernungen von cm auf unmeßbar kleine Werte ab. Die theoretisch abgeleiteten Zeit- und Entfernungsabhängigkeiten von elektrotonischen Potentialen stimmen ausgezeichnet mit Messungen überein. Aus solchen Messungen werden häufig Membranwiderstand und Membrankapazität berechnet.

In der Natur kommt elektrotonische Ausbreitung häufig nicht in gleichförmigen Fasern oder Kabeln, wie sie für die Lösung der Gln. (15.9) u. (15.10) vorausgesetzt wurden, sondern an Strukturen mit veränderli-

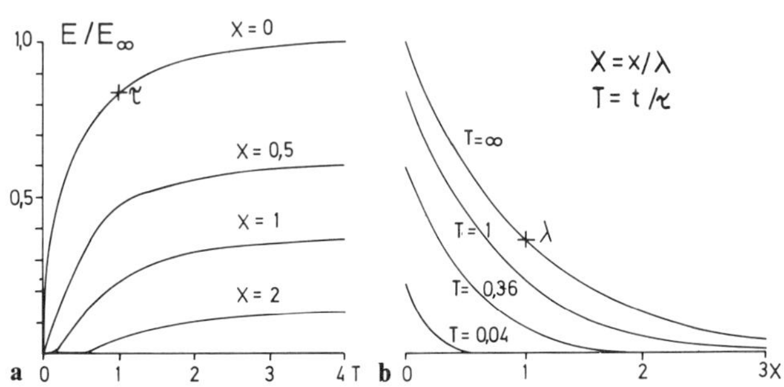

Abb. 15.10. a Zeitverlauf des Anstiegs des elektrotonischen Potentials E nach einem Strompuls in verschiedener Entfernung X vom Ort der Stromapplikation. **b** Abfall des elektrotonischen Potentials E längs der Faser für verschiedene Zeiten T nach Beginn eines Strompulses

chem Durchmesser und mit Verzweigungen vor, z.B. an Dendritenbäumen von Zellen. Auch für solche Fälle kann die elektrotonische Ausbreitung mathematisch beschrieben werden.

15.1.3.2 Fortleitung des Aktionspotentials

Wird der an einer Membranstelle injizierte positive Strom so groß, daß das durch ihn erzeugte elektrotonische Potential die Schwelle erreicht, so tritt Erregung ein; ein solcher Strom ist dann ein Erregung auslösender *Reiz*. Der Membranstrom i_i ist dann nicht mehr proportional δE, sondern wird z.B. durch die Hodgkin-Huxley-Gleichungen (15.1)–(15.6) gegeben. Aus Gl. (15.10) wird dann:

$$c_m \cdot \frac{\delta E}{\delta t} + n^4 \bar{g}_K (E - E_K) + m^3 h \bar{g}_{Na} (E - E_{Na}) + g_l (E - E_l) = \frac{1}{r_i} \frac{\delta_2 E}{\delta x^2}. \qquad (15.11)$$

Gleichung (15.11) beschreibt die Ausbreitung einer Erregung über eine Nervenfaser. Sie wurde von Hodgkin und Huxley für den Fall der gleichmäßigen Fortleitung des Aktionspotentials numerisch gelöst und ergab mit den eingesetzten Meßwerten eine Leitungsgeschwindigkeit, die genau der am Nerven gemessenen Leitungsgeschwindigkeit entsprach. Damit war gezeigt, daß die Fortleitung der Erregung allein auf Grund der Potential- und Zeitabhängigkeiten der Ionenströme durch die Membran und der elektrotonischen Koppelung zwischen verschiedenen Membranstellen beschrieben werden kann.

Abbildung 15.11 zeigt eine Zusammenfassung des Zeitverlaufes der verschiedenen Membranstromkomponenten während eines gleichförmig fortgeleiteten Aktionspotentials. Wegen der gleichförmigen Fortleitung kann die Zeitachse auch als Entfernungsachse aufgefaßt werden. Unter dem Zeitverlauf des Membranpotentials sind die schnell ansteigende und abfallende g_{Na} und die verzögert auf die Depolarisation reagierende g_K eingezeichnet. Darunter ist der Zeit- und Ortsverlauf des Membranstromes i_m, des kapazitiven Stromes i_c und des Ionenstromes i_i eingetragen, wie sie durch Gl. (15.9) u. (15.10) definiert sind. i_m ist proportional der zweiten Ableitung des Potentials nach der Zeit (und auch nach der Entfernung); dieser triphasische Zeitverlauf von i_m wird bei extrazellulären Messungen von Aktionspotentialen mit fokalen Elektroden, bei der die Meß-Spannung der lokalen Stromdichte proportional ist, gefunden. Zu Beginn des Aktionspotentials ist der Membranstrom positiv, während noch kaum Ionenstrom fließt. Wie die Stromlinienverteilung in Abb. 15.11 unten zeigt, wird dieser Stromfluß erzeugt in dem voll erregten Membranbezirk, der der Spitze des Aktionspotentials entspricht. Der anfängliche positive Membranstrom, der die Membrankapazität entlädt, bis der Schwellenbereich erreicht wird, ist also elektrotonischer Strom, der im erregten Bezirk in die Faser injiziert wird. Nach Erreichen der Schwelle wird i_i aufgrund des Ansteigens von

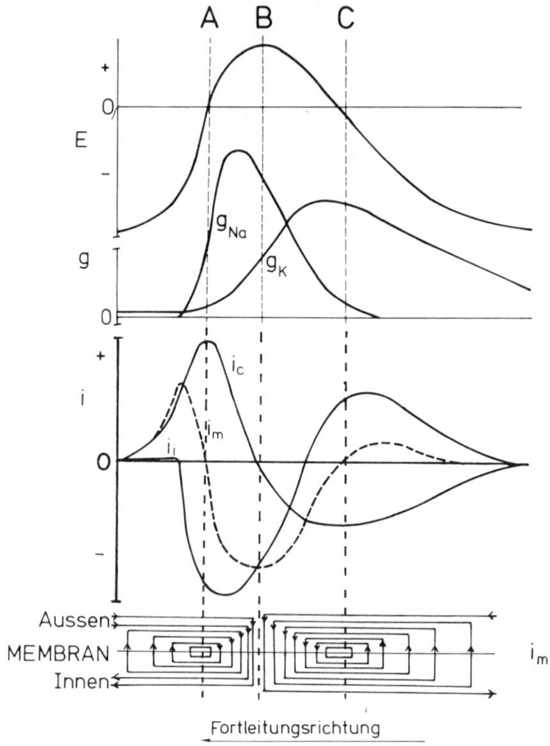

Abb. 15.11. Fortleitung des Aktionspotentials. Oberste Kurve Zeitverlauf oder örtliche Änderung (längs der Faser) des Aktionspotentials, darunter der Membranleitfähigkeiten g_{Na} und g_K. Darunter die Membranstromkomponenten: der Ionenstrom i_i, der Strom durch die Membrankapazität i_c und der die Membran kreuzende Membranstrom i_m. Die gestrichelten vertikalen Hilfslinien sind *A* an der Stelle der maximalen Anstiegteilheit, *B* beim Maximum des Aktionspotentials und *C* an der Stelle der maximalen Repolarisationsgeschwindigkeit eingezeichnet. [Nach Noble: Physiol. Rev. **46**, 1–50 (1966)]

g_{Na} schnell zunehmend negativ. Auf der Spitze des fortgeleiteten Aktionspotentials fließt noch fast der maximale negative Ionenstrom, das Membranpotential steigt jedoch nicht weiter, weil der gesamte Strom als Membranstrom i_m in benachbarte unerregte Gebiete abfließt und damit letztlich die Fortleitung unterhält. Nach der Spitze des Aktionspotentials fällt g_{Na} und steigt g_K, i_i wird positiv und erzwingt eine schnelle Repolarisation.

Die *Geschwindigkeit der Fortleitung* des Aktionspotentials hängt einerseits ab von der Größe des depolarisierenden Natriumstroms, andererseits auch von den Bedingungen für die elektrotonische Ausbreitung von Membranströmen, d.h. vom Membranwiderstand r_m, dem Faserinnenwiderstand r_i und der Membrankapazität c_m. Diese Bedingungen sind für dickere Fasern günstiger als für dünne, weshalb die Leitungsgeschwindigkeit mit dem Faserdurchmesser wächst. Sehr dicke Nervenfasern wie das bis zu 1 mm dicke Riesenaxon des Tintenfisches erreichen Leitungsgeschwindigkeiten bis zu $20\,m\,s^{-1}$. Derart dicke Fasern haben einen großen Platzbedarf, bei Vertebraten hat sich deshalb für Bahnen mit hoher Leitungsgeschwindigkeit ein besonderer Typ von Nervenfasern, die *mylelinisierte Faser* entwickelt. Bei diesen Fasern werden Abschnitte durch aufgelagertes Myelin isoliert, so daß in ihnen der Membranwiderstand sehr hoch ist. Das Aktionspotential „springt“ über solche myelinisierte Strecken fast ohne Zeitverlust hinweg, die *Fortleitung* ist *saltatorisch*. Mit dieser Konstruktion können die myelinisierten Nervenfasern bei Durchmessern von 20 µm Leitungsgeschwindigkeiten von über $100\,m\,s^{-1}$ erreichen.

15.1.3.3 Auslösung von Aktionspotentialen durch Rezeptorpotentiale

Bei der Besprechung der Aktionspotentiale ist auf die *Reize*, die die Membran bis zur Schwelle depolarisieren und so Aktionspotentiale auslösen, bisher kaum eingegangen worden. Nur bei dem fortgeleiteten Aktionspotential wurde darauf hingewiesen, daß die Depolarisation bis zur Schwelle durch Stromfluß aus dem schon erregten Gebiet erfolgt. Neben diesem sind als natürliche Auslöser von Aktionspotentialen die an Sinneszellen entstehenden Potentiale, die *Rezeptorpotentiale*, sowie die bei der Informationsübertragung von Zelle zu Zelle auftretenden synaptischen Potentiale wichtig. In diesem Buch werden Rezeptorprozesse im Rahmen der Kapitel 15.2.1–15.2.6 angesprochen.

Überschreitet ein Rezeptorpotential (s. 15.2.1) eine bestimmte Amplitude, so löst es bei den meisten Rezeptorzellen Aktionspotentiale aus. Bei vielen Rezeptoren und auch anderen Nervenzellen ist die Schwelle im Zellkörper relativ hoch, das Rezeptorpotential erreicht deshalb die Schwelle zuerst im Axon in einiger Entfernung vom Soma, wo ein anhaltendes Rezeptorpotential eine Serie von Aktionspotentialen auslöst. Wenn das erste Aktionspotential bis zu dem Potentialniveau repolarisiert hat, das das Rezeptorpotential ohne Aktionspotentiale erreichen würde, ist g_K noch höher als in Ruhe, die Repolarisation wird folglich zu negativeren Potentialen fortschreiten. Nimmt dann g_K auf Grund seiner Potentialabhängigkeit zum Ruhewert ab, so depolarisiert die Membran in Richtung auf den Endwert des Ruhepotentials. Dabei überschreitet die Depolarisation die Schwelle und löst das nächste Aktionspotential aus. Die Frequenz der so entstehenden Aktionspotentialserie steigt mit der Amplitude des Rezeptorpotentials, denn mit dem Rezeptorpotential wächst auch die Steilheit der die Aktionspotentiale auslösenden Depolarisationsphasen. Insgesamt wird also der Sinnesreiz über gewisse Übertragungsfunktionen umgesetzt in ein Rezeptorpotential und dies wiederum in eine Frequenz von Aktionspotentialen. Diese Aktionspotentiale sind die einzigen Informationen, die von den Rezeptoren an die Zentren des Nervensystems weitergeleitet werden.

15.1.4 Chemische synaptische Übertragung

Aktionspotentiale und elektrotonische Potentiale werden nur bis zum Ende der Zelle fortgeleitet; außer bei sehr spezialisierten Strukturen (s. Abschnitt 15.1.5) werden benachbarte Zellen von den elektrischen Potentialänderungen in einer Zelle nicht beeinflußt. Das Nervensystem ist jedoch ein Netzwerk mit sehr starker funktioneller Verknüpfung zwischen den Zellen; und auch zwischen Rezeptorzellen und Nervenzellen, sowie zwischen Nervenzellen und Effektoren wie Muskel- oder Drüsenzellen müssen Informationen übertragen werden. Diese Informationsübertragung geschieht an *Synapsen*, morphologisch besonders gestalteten Kontaktstellen zwischen den Zellen, und meist unter Einschaltung eines chemischen Überträgerstoffes.

15.1.4.1 Morphologie und Funktionsprinzip einer chemischen Synapse

Ein Schema des Aufbaues der am besten bekannten chemischen Synapse, der Endigung der motorischen Nervenfaser auf einer Muskelfaser eines Wirbeltieres, auch *neuromuskuläre Endplatte* genannt, zeigt Abb. 15.12. Das Aktionspotential in der motorischen Nervenfaser wird zu deren Endigung geleitet, und wird von dieser *präsynaptischen* Struktur auf die *postsynaptische* Muskelfaser übertragen. Dort wird wiederum ein Aktionspotential ausgelöst, das eine Kontraktion der Muskelfaser einleitet (Abb. 15.12a). In der Nervenendigung fallen präsynaptische *Vesikel*, von einer einfachen Membran umgebene Bläschen von 30–50 nm Durchmesser, auf, die sich in „aktiven Zonen“ anhäufen (Abb. 15.12b), in geordneten Leisten der präsynaptischen Membran anlagern, und die sich mit jener verschmelzend zum synaptischen Spalt öffnen können (Abb. 15.12c). Der synaptische Spalt ist ein mit diffusem Material angefüllter Raum von etwa 20 nm Breite zwischen der präsynaptischen Membran der Nervenendigung und der postsynaptischen Membran der Muskelfaser. In der postsynaptischen Membran liegen gegenüber den präsynaptischen aktiven Zonen regelmäßig Einfaltungen, und in der Umgebung der Faltenmündungen fallen innerhalb der postsynaptischen Membran Anhäufungen von Partikeln auf, die mit Rezeptoren identifiziert werden (Abb. 15.12c).

Wie durch vielfältige und zum Teil noch zu schildernde Befunde belegt, bewirkt das in der Nervenendigung anlangende Aktionspotential eine Freisetzung des Inhalts von synaptischen Vesikeln in den synaptischen Spalt. Die Vesikel enthalten einen *Überträgerstoff*, im Falle der neuromuskulären Endplatte Acetylcholin. Dieser Überträgerstoff diffundiert durch den synaptischen Spalt und reagiert mit Rezeptoren der postsynaptischen Membran, die in dieser die Öffnung von synaptischen Ionenkanälen verursachen. Die resultierenden Ionenströme drücken sich als ein postsynaptisches Potential aus, das in der postsynaptischen Faser ein Aktionspotential auslösen kann, womit der synaptische Übertragungsvorgang abgeschlossen ist. In den folgenden Abschnitten sollen die verschiedenen Schritte der Übertragung im einzelnen behandelt werden.

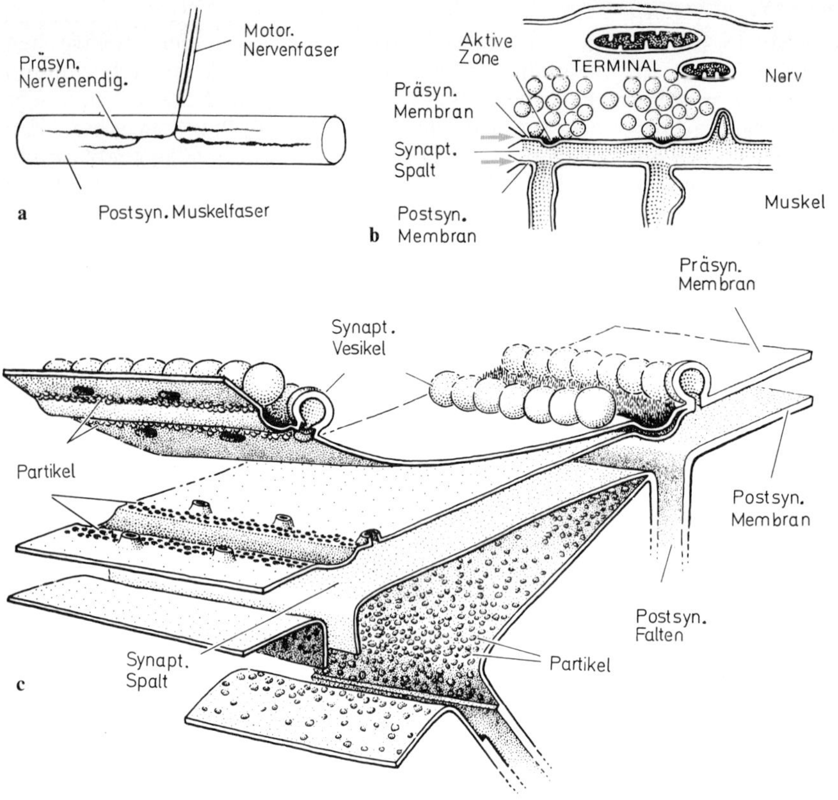

Abb. 15.12a–c. Struktur der synaptischen Membran. **a** Neuromuskuläre Endplatte des Frosches. **b** Detail der Nervenendigung an der Synapse, darunter die Membran der Muskelfaser. **c** Detail der Membran von Nervenendigung und Muskel an der Synapse, die Membranen sind links in ihre beiden Schichten aufgespalten, um die durch Gefrierbruchtechnik erhaltenen elektronenmikroskopischen Informationen darzustellen. [Nach Kuffler und Nicholls (1976)]

15.1.4.2 Freisetzung des Überträgerstoffes

Überträgerstoffe. Es sind eine Reihe von Überträgerstoffen bekannt, die an verschiedenen Synapsen wirksam sind. Die wichtigsten sind *Acetylcholin* (ACh), *Adrenalin/Noradrenalin, γ-Amino-buttersäure* (GABA) und Glutamat. Für diese ist auch die Freisetzung nach Reizung der präsynaptischen Nerven nachgewiesen. Weitere Überträgerstoffe, deren Funktion jedoch nicht völlig gesichert ist, sind *Glycin, Aspartat, Serotonin* (5-Hydroxytryptamin), *Dopamin, Nukleotide* wie Adenosin und einige Peptide, die zum Teil auch als Hormone fungieren. Alle diese Moleküle sind relativ klein und einige wie Glutamat, GABA oder Glycin kommen im Stoffwechsel der meisten Zellen in relativ hohen Konzentrationen vor. Diese Stoffe sind also nur durch lokal sehr hohe Konzentrationen und spezielle Hilfsmechanismen als Überträgerstoffe geeignet. Sehr wahrscheinlich gibt es weitere, noch unbekannte Überträgerstoffe.

Die präsynaptischen Nervenendigungen enthalten typische *synaptische Vesikel* (Abb. 15.12b, c). In einigen Fällen ist nachgewiesen, daß diese synaptische Vesikel den Überträgerstoff in hoher Konzentration enthalten. Es wird angenommen, daß die synaptischen Vesikel mit spezialisierten Stellen der Membran des präsynaptischen Nerven verschmelzen können und dabei den enthaltenen Überträgerstoff in den synaptischen Spalt freisetzen.

Mit diesem Freisetzungsmodus korrespondiert der an allen genau untersuchten Synapsen erhobene Befund, daß die postsynaptischen Potentiale oder Ströme aus kleinen Einheiten, *Quanten,* zusammengesetzt sind. Dies ist besonders gut sichtbar bei stark abgekühlten Präparaten, bei denen der Zeitverlauf der synaptischen Ströme stark verlangsamt ist (Abb. 15.13). Neben den durch präsynaptische Aktionspotentiale ausgelösten postsynaptischen Strömen kommen an den Synapsen auch kleine spontane „Miniatur"-synaptische Ströme vor (Abb. 15.13), die in Amplitude und Zeitverlauf genau einem Quant synaptischen Stromes entsprechen. Es liegt nahe anzunehmen, daß den Quanten des synaptischen Stromes oder Potentials Quanten von freigesetztem Überträgerstoff entsprechen und daß weiter diese *Überträgerstoffquanten* mit dem Inhalt eines synaptischen Vesikels gleichzusetzen sind.

Gewisse Schlüsse über den Mechanismus der Überträgerstoff-Freisetzung ließen sich aus der *statistischen Verteilung der Amplituden* der postsynaptischen Ströme ziehen, welche die Zufalls-Schwankungen in der Quantenfreisetzung widerspiegeln. Aus den ersten Untersu-

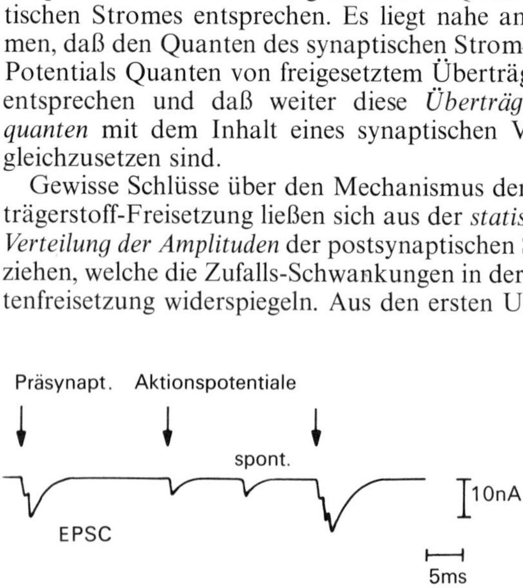

Abb. 15.13. Erregende postsynaptische Ströme (*EPSC*), aus 1–3 Quanten zusammengesetzt

chungen an der neutromuskulären Synapse des Frosches und von Krebsen wurde gefolgert, daß die Amplitudenverteilung der postsynaptischen Ströme einer Poisson-Verteilung entspricht, d.h., daß aus einem großen Vorrat von bereitliegenden Überträgerstoff-Quanten mit sehr geringer, konstanter Wahrscheinlichkeit pro Aktionspotential eine durchschnittliche Quantenzahl m freigesetzt wird. In neueren Untersuchungen war es möglich, die in einzelnen postsynaptischen Strömen enthaltenen Quanten zu zählen (Abb. 15.13), und es wurde mit dieser verfeinerten Methode nachgewiesen, daß eine binomiale Verteilung zutrifft. Dabei wird angenommen, daß aus einer begrenzten Zahl n von bereitstehenden Quanten mit der Wahrscheinlichkeit p im Durchschnitt m Quanten pro Aktionspotential freigesetzt werden:

$$m = n \cdot p\,. \tag{15.12}$$

Die Wahrscheinlichkeit, daß durch ein Aktionspotential die Zahl x von Quanten freigesetzt werden, ist dann P_X:

$$P_X = \frac{n!}{(n-x)!\,x!}\, x \cdot p^x (1-p)^{n-x}\,, \tag{15.13}$$

wobei p auch über die experimentell bestimmbare Varianz σ^2 der Häufigkeitsverteilung berechnet werden kann:

$$p = 1 - \frac{\sigma^2}{m}\,. \tag{15.14}$$

Die gemessenen Häufigkeitsverteilungen stimmen mit den durch Gl. (15.13) vorhergesagten sehr gut überein. Überraschenderweise ergaben sich für n kleine Werte von höchstens 10. Dieser Wert wird interpretiert als eine relativ kleine Zahl von synaptischen Vesikeln, die an den aktiven Zonen (Abb. 15.12) der präsynaptischen Membran zur Freisetzung bereitstehen.

Die Freisetzung des Überträgerstoffes aus dem präsynaptischen Neuron wird ausgelöst durch das Aktionspotential. Es ist jedoch nicht notwendig, daß die Faser erregt wird, auch ihre passive Depolarisation führt zur Freisetzung von Überträgerstoff. An Riesensynapsen von Tintenfischen kann man das präsynaptische Potential durch applizierten Strom einstellen (Abb. 15.14a). Bis zu einer Depolarisation von etwa 25 mV wird an dieser Synapse kein Überträgerstoff ausgeschüttet, mit weiterer Depolarisation steigt jedoch die Freisetzung des Überträgerstoffes sehr steil an und erreicht bei mehr als 60 mV Depolarisation einen Sättigungswert. Qualitativ ähnliche Beziehungen zwischen Depolarisation und Freisetzung von Überträgerstoff gelten auch an anderen Synapsen. Die Freisetzung von Überträgerstoff hängt weiterhin sehr stark von der Ca^{2+}-Konzentration in der extrazellulären Lösung ab (Abb. 15.14b). Das postsynaptische Potential steigt etwa mit der 4. Potenz der Ca^{2+}-Konzentration, was für eine Freisetzung eines Quants Überträgerstoff auf Grund der kooperativen Reaktion von 4 Ca^{2+} mit die Freisetzung kontrollierenden Molekülen der Nervenendigung spricht. Eine Erhöhung der präsynaptischen Ca^{2+}-Konzentration unmittelbar vor der Ausschüttung von Überträgerstoff ist auch direkt gemessen worden. Zusammenfassend wird für den Mechanismus der Freisetzung der Überträgerstoffe angenommen, daß auf Grund der Depolarisation der Zellmembran Ca^{2+}-Ionen in die präsynaptische Faser eindringen und nahe der Membran die Ca^{2+}-Konzentration stark erhöhen. Die Ca^{2+} reagieren mit Rezeptoren, die die Verschmelzung von zur Freisetzung bereitliegenden Vesikeln mit der Zellmembran bewirken, wodurch der Inhalt der Vesikel in den synaptischen Spalt entleert wird. Die Freisetzung der Vesikel erfolgt mit geringer Wahrscheinlichkeit auch beim Ruhepotential, was die spontanen Miniaturpotentiale verursacht.

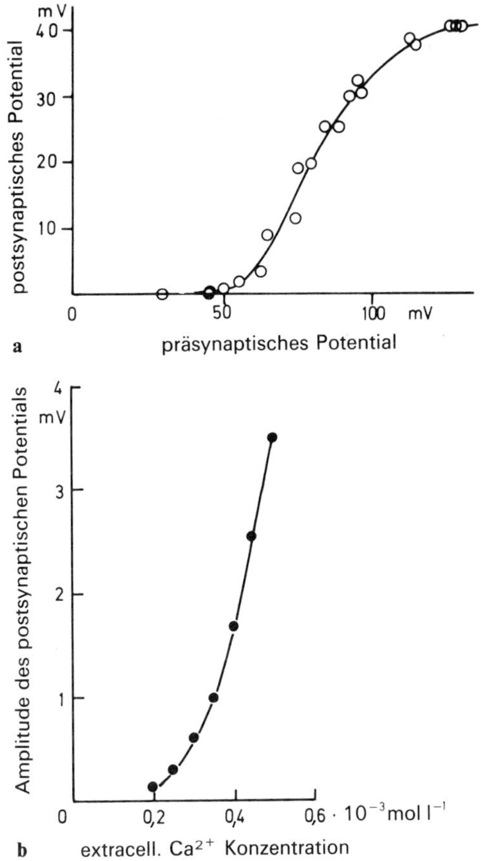

Abb. 15.14. a Abhängigkeit des *EPSP* von der präsynaptischen Depolarisation (Tintenfischriesensynapse) [Nach Katz und Miledi: Nature **212**, 1242–1245 (1966).] **b** Abhängigkeit des postsynaptischen Potentials von der extrazellulären Ca^{2+}-Konzentration (Froschmuskel). [Nach Dodge und Rahamimoff: J. Physiol. (Lond.) **193**, 419–432 (1967)]

15.1.4.3 Erregende und hemmende postsynaptische Potentiale

Bisher wurden die postsynaptischen Potentiale und Ströme als Maßeinheiten für den ausgeschütteten Überträgerstoff betrachtet. Im folgenden soll auf die Funktion und die Entstehungsweise der postsynap-

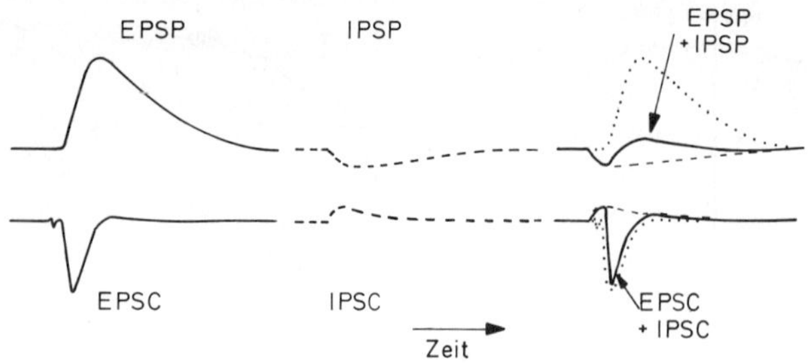

Abb. 15.15. Erregende und hemmende postsynaptische Potentiale (*EPSP* und *IPSP*), Ströme (*EPSC* und *IPSC*) sowie ihre Überlagerung (*EPSP*+*IPSP* bzw. *EPSC*+*IPSC*); in dieser letzten Grafik wurden zum Vergleich die ungehemmten *EPSP* gepunktet und die *IPSP* gestrichelt eingetragen

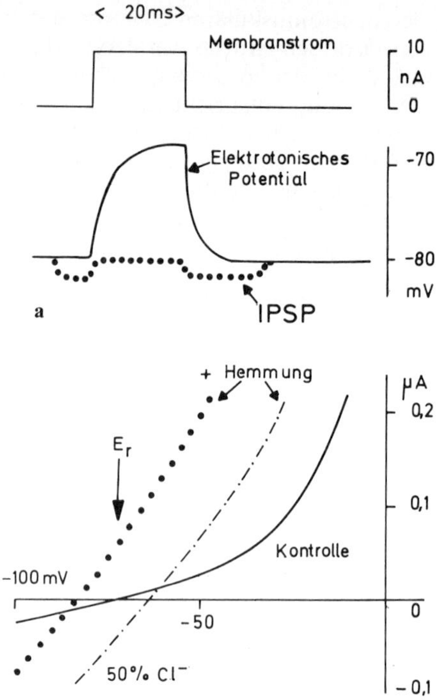

Abb. 15.16. a Elektrotonisches Potential in Ruhe und während synaptischer Hemmung (*IPSP*). **b** Stromspannungskurve der Membran in Ruhe (ausgezogene Kurve) und während synaptischer Hemmung (gepunktete Kurve); bei auf 50% herabgesetzter extrazellulärer Cl^--Konzentration ergibt sich während Hemmung eine nach rechts verschobene Kurve (strichpunktiert)

tischen Potentiale selbst eingegangen werden. Abbildung 15.15 zeigt den Zeitverlauf von synaptischen Potentialen und Strömen, wie sie an einzelnen Synapsen gemessen werden. Es gibt Synapsen mit erregender und mit hemmender Funktion. Bei den erregenden Synapsen wird ein *erregendes postsynaptisches Potential* (EPSP, Abb. 15.15) erzeugt, das die Membran *depolarisiert*, bei ausreichender Größe die Schwelle überschreitet und Aktionspotentiale auslöst. Solche EPSP lösen z.B. in den Muskelfasern Aktionspotentiale aus, die die Kontraktion einleiten. Bei hemmenden Synapsen wird ein *hemmendes* (inhibitorisches) *postsynaptisches Potential* (*IPSP*, Abb. 15.15) erzeugt, das die Membran um einige mV *hyperpolarisiert*, kaum sichtbar ist oder auch *geringfügig depolarisiert*. Falls jedoch an einer Zelle erregende und hemmende Synapsen gleichzeitig aktiviert werden, so wird das *EPSP* während des *IPSP* sehr stark vermindert und damit meist die Auslösung eines Aktionspotentials verhindert (Abb. 15.15). Ähnlich wie die EPSP werden auch depolarisierende elektrotonische Potentiale (Abb. 15.16a) oder Rezeptorpotentiale (s. 15.2.1) durch *IPSP* stark vermindert. Die *synaptische Hemmung* ist also dadurch definiert, daß sie die Tendenz zur Auslösung von Erregung herabsetzt.

Während des *EPSP* fließt an der Synapse ein Strom in die Zelle, das *EPSC* (C für „current") (Abb. 15.15). Die Amplitude des *EPSC* ist stark potentialabhängig, sie wächst in der Regel bei Hyperpolarisation und fällt bei Depolarisation. Schließlich kehrt bei Potentialen zwischen -20 und $+60$ mV das *EPSC* seine Richtung um. Die Amplitude des *EPSC* wird weiter vermindert durch eine Herabsetzung der extrazellulären Na^+-Konzentration. Das *EPSC* wird folglich in der Regel durch eine Erhöhung vorwiegend der g_{Na} der Membran bewirkt, die an verschiedenen Synapsen in wechselndem Ausmaß von einer Erhöhung der g_K oder der g_{Ca} begleitet wird. An einigen Synapsen ist jedoch der komplementäre Mechanismus wirksam: g_K nimmt während des *EPSC* ab, erzeugt dadurch eine relative Zunahme von g_{Na} und damit Depolarisation.

Ebenso wie während des *EPSP* ist während des *IPSP* die Membranleitfähigkeit erhöht. Wie Abb. 15.16a zeigt, ist diese Erhöhung der Membranleitfähigkeit sehr beträchtlich, die Amplitude des elektrotonischen Potentials ist während des *IPSP* sehr stark vermindert. Abbildung 15.16b zeigt die Änderung der Stromspannungskurve einer nichterregbaren Membran während der synaptischen Hemmung: Die Leitfähigkeit der Membran steigt stark an, und die Richtung der hemmenden Potentiale kehrt sich in der Nähe des Ruhepotentials um. Wird die extrazelluläre Chloridkonzentration auf die Hälfte vermindert, so verschiebt sich das Umkehrpotential um etwa $+20$ mV. Dies zeigt, daß die Ursache für das *IPSP* eine starke Erhöhung der g_{Cl} ist. Dies wird an vielen hemmenden Synapsen beobachtet, etwa ebenso häufig kommt aber auch die Erhöhung von g_K vor. Wesentlich für den Mechanismus der synaptischen Hemmung ist jedenfalls, daß durch die Erhöhung der Leitfähigkeit für Ionen, die ihr Gleichgewichtspotential in der Nähe des Ruhepotentials haben, das Membranpotential nahe dem Ruhepotential stabilisiert und dadurch Erregung verhindert wird.

Sowohl die *EPSP* wie die *IPSP* werden durch die Reaktion von *Überträgerstoffen* mit Rezeptoren der postsynaptischen Membran ausgelöst. Die Überträgerstoffe erzeugen dabei *EPSP*, wenn sie vorwiegend g_{Na} erhöhen, und *IPSP*, wenn sie g_K oder g_{Cl} erhöhen. Wie oben dargelegt gibt es eine Reihe von Überträgerstoffen. Diese lassen sich jedoch nicht eindeutig den Funktionen Erregung und Hemmung zuordnen.

An Synapsen des Skeletmuskels erhöht Acetylcholin vorwiegend g_{Na} und erzeugt so ein *EPSP*, an solchen des Herzmuskels erhöht es g_K und führt zur Hemmung. Ähnliches gilt auch für andere Überträgerstoffe. Die Überträgerstoffe reagieren an den einzelnen Synapsen sehr spezifisch mit den Rezeptoren in der postsynaptischen Membran. Diese Reaktion des Rezeptors führt an der betreffenden Synapse zu der Erhöhung einer Leitfähigkeit, die für die betreffende Synapse, aber nicht den auslösenden Überträgerstoff spezifisch ist.

15.1.4.4 Synaptische Summation und Bahnung

Synaptische Potentiale werden durch Stromfluß durch die synaptische Membran erzeugt, der sich elektrotonisch auf den Rest der Zelle ausbreitet. Solche Ströme sind summierbar, und ebenso die synaptischen Potentiale. Viele Nervenzellen tragen Hunderte von Synapsen. Die an einer einzelnen dieser Synapsen entstehenden synaptischen Potentiale sind oft sehr klein, z.B. nur 0,1 mV groß. Erst wenn viele dieser Synapsen gleichzeitig aktiviert werden, *„räumliche Summation"* eintritt, ergibt sich daraus ein synaptisches Potential, das die Schwelle erreichen und Erregung auslösen kann. Wichtig ist auch die *zeitliche Summation* von kurz aufeinanderfolgenden synaptischen Potentialen (Abb. 15.17a). Die meist nur wenige ms dauernden synaptischen Ströme erzeugen postsynaptische Potentiale, die entsprechend der Zeitkonstante der Membran abfallen (Abb. 15.15). Wird die Synapse aktiviert, bevor das vorhergehende synaptische Potential abgeklungen ist, addiert sich dieses zum Rest des vorhergehenden, und so kann sich aus einer Serie aufeinanderfolgender kleiner synaptischer Potentiale ein großes aufbauen (Abb. 15.17a). Sowohl die *EPSP* wie die *IPSP* können derart summieren. Dies macht eine sehr fein abgestufte Kontrolle des Potentials möglich.

Funktionell ähnlich wichtig wie die Summation ist die *synaptische Bahnung*. Bei vielen Synapsen steigt der synaptische *Strom*, wenn die Synapse durch kurz nacheinander eintreffende präsynaptische Aktionspotentiale aktiviert wird (Abb. 15.17b). Diese Bahnung ist ein *präsynaptischer Mechanismus:* Eine nähere Analyse des Quantengehaltes (s. Abb. 15.13) der synaptischen Ströme zeigt, daß die Amplitude der Quanten konstant bleibt, jedoch der durchschnittliche Quantengehalt m [s. Gl. (11.147)] der einzelnen synaptischen Potentiale ansteigt. Die Aktivierung des präsynaptischen Nerven hinterläßt in diesem einen Zustand, in dem für Sekunden bis zu vielen Minuten die Ausschüttungswahrscheinlichkeit p für Quanten oder die Zahl n von verfügbaren Quanten erhöht sind. Dieser Mechanismus begünstigt stark die synaptische Übertragung durch wiederholte Aktivierung der gleichen Synapse. Er bildet damit einen Hochpaß-Frequenz-Filter für die Ausbreitung der Information, stellt aber auch eine Basis für Lern- und Gedächnisleistungen auf zellulärer Ebene dar.

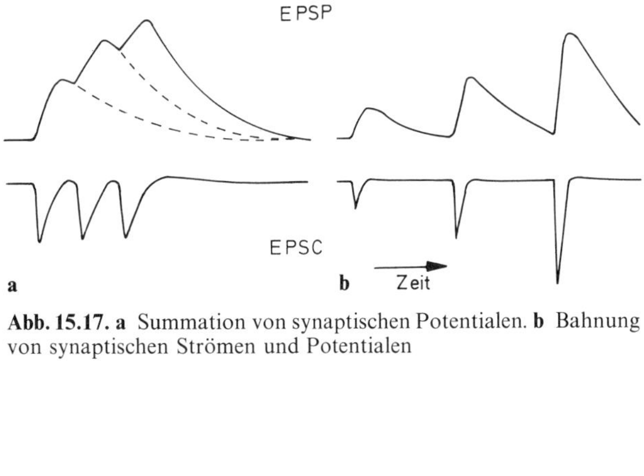

Abb. 15.17. a Summation von synaptischen Potentialen. **b** Bahnung von synaptischen Strömen und Potentialen

15.1.4.5 Überträgerstoff-Rezeptor-Reaktion und Zeitverlauf der synaptischen Ströme

Die Reaktion Überträgerstoff-Membranrezeptor kann analysiert werden, wenn man den Überträgerstoff in bekannter Konzentration in die extrazelluläre Lösung gibt und die resultierenden synaptischen Ströme oder Potentiale mißt. Die Applikation des Überträgerstoffes kann entweder in die gesamte, am Präparat vorbeiströmende extrazelluläre Lösung erfolgen, oder aus Mikrokapillaren, die mit Überträgerstoff gefüllt sind und aus denen er iontophoretisch durch geeignete Ströme freigesetzt wird. Die letztere Methode hat den Vorteil, daß man die Mikrokapillaren bis auf wenige µm Abstand zur synaptischen Membran positionieren kann und damit sehr lokale Überträgerstoffwirkungen erreicht. Mit diesen Methoden können vor allem die *Dosis-Wirkungskurven* der Reaktion des Überträgerstoffs mit der postsynaptischen Membran gemessen werden. Diese Dosis-Wirkungskurven sind in den meisten genau untersuchten Synapsen S-förmig (Abb. 15.18): Bis zu einem Schwellen-Konzentrationsbereich erfolgt kaum eine Reaktion, dann steigt mit wachsender Konzentration die Reaktion steil an und erreicht schließlich einen Sättigungswert. Wenn man annimt, daß das Verhältnis $i_s/\bar{i}_s$ des synaptischen Stroms i_s zum maximal möglichen synaptischen Strom $\bar{i}_s$ dem Anteil der Membranrezeptoren entspricht, die mit

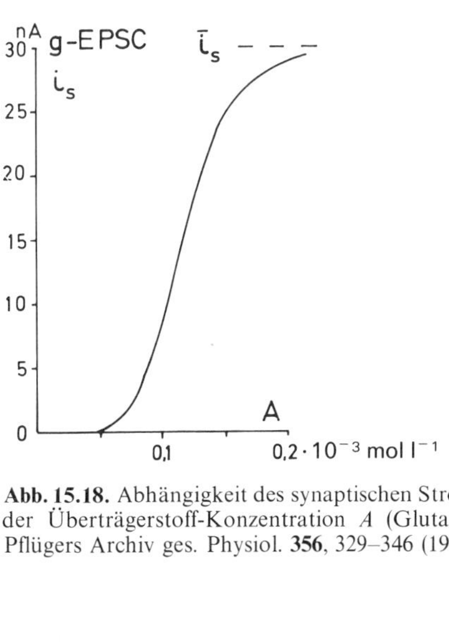

Abb. 15.18. Abhängigkeit des synaptischen Stromes i_s (*g-EPSC*) von der Überträgerstoff-Konzentration *A* (Glutamat). [Nach Dudel: Pflügers Archiv ges. Physiol. **356**, 329–346 (1975)]

dem Überträgerstoff reagierten und synaptischen Strom auslösten, so ist nach dem Massenwirkungsgesetz:

$$i_s = \frac{\overline{i_s}}{1+(K/A)^n}, \tag{15.15}$$

Hierbei ist A die Konzentration des Überträgerstoffes, K eine Konstante und n die Anzahl der Überträgerstoffmoleküle, die mit dem Rezeptor reagieren müssen, um einen synaptischen Stromfluß auszulösen. Gleichung (15.15) mit $n>1$ beschreibt Dosis-Wirkungskurven von der in Abb. 15.18 dargestellten Form, die experimentell gefundenen Werte für n liegen an verschiedenen Synapsen zwischen 2 und 6, man muß also *gleichzeitige Reaktion von 2–6 Überträgerstoffmolekülen* mit einem Rezeptor annehmen. Die Konstante K in Gl. (15.15) bezeichnet die Überträgerstoffkonzentration bei dem halbmaximalen Effekt, sie hat bei verschiedenen Glutamat- und GABA-Synapsen Werte zwischen $5 \cdot 10^{-5}$ und $2 \cdot 10^{-4}$ mol l^{-1}.

Der Zeitverlauf der synaptischen Ströme ist bei selbst sehr kurzen mikroiontophoretischen Überträgerstoff-Applikationen bestimmt durch den Zeitverlauf der Diffusion. Die Kinetik der Überträgerstoff-Rezeptor-Reaktion kann deshalb nur an über den Nerven ausgelösten *EPSC* oder *IPSC* analysiert werden. Eine solche Analyse wurde kürzlich für den *EPSC* an der neuromuskulären Synapse des Frosches durchgeführt. Die Analyse geht aus von der Beobachtung, daß der Zeitverlauf des *EPSC* vom Membranpotential abhängt (Abb. 15.19a). Die Rückbildungsphase des *EPSC* hat einen Zeitverlauf proportional $e^{-\alpha t}$, und α hängt beim Membranpotential zwischen -150 und $+50$ mV entsprechend der Beziehung

$$\alpha = b\ e^{a \cdot E} \tag{15.16}$$

vom Potential E ab, wobei b und a Konstanten darstellen (Abb. 15.19b). Zur Interpretation dieser Befunde wurde eine Reaktion des Überträgerstoffes A mit dem Rezeptor R angenommen, die zu einem Komplex $A \cdot R$ führt. $A \cdot R$ ändert spontan seine Konformation zu $A \cdot R^*$, was das Tor für den synaptischen Strom öffnet:

$$A + R \underset{k_2}{\overset{k_1}{\rightleftharpoons}} A \cdot R \underset{\alpha}{\overset{\beta}{\rightleftharpoons}} A \cdot R^* . \tag{15.17}$$

Die in Gl. (15.16) definierte Rückbildungsgeschwindigkeit α des *EPSC* erscheint in dieser Reaktion als Geschwindigkeit der Rückreaktion von $A \cdot R^*$ nach $A \cdot R$. Es wird nun weiter angenommen, daß die Diffusionsgeschwindigkeit von A, wie auch die Reaktionsgeschwindigkeit k_1 und k_2, sehr viel größer sind als die

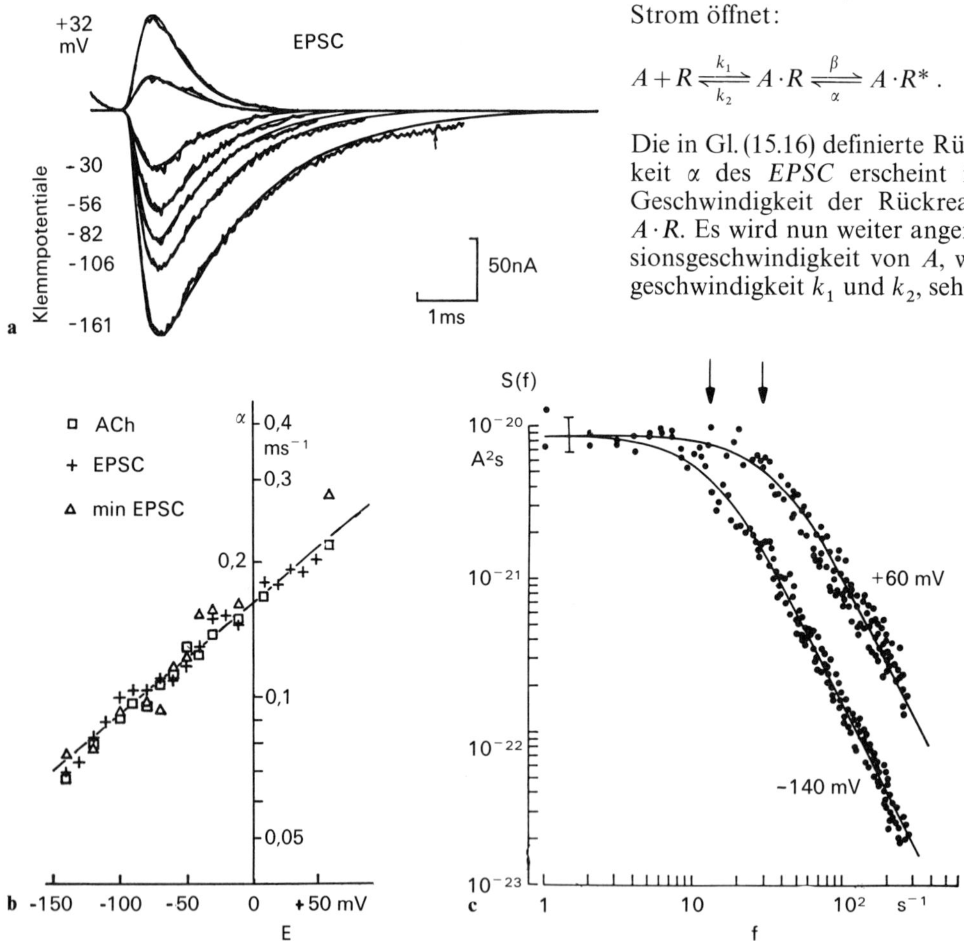

Abb. 15.19. a Abhängigkeit des *EPSC* (Froschmuskel) vom Membranpotential, die jeweiligen Klemmpotentiale sind links neben dem Maximum des *EPSC* angegeben. **b** Abhängigkeit der Relaxationsrate α vom Membranpotential E. α wurde bestimmt mittels des durch Acetylcholin induzierten synaptischen Rauschens (ACh), und der Abfallrate des synaptischen Stromes (*EPSC*) und des Miniatur-*EPSC* (min *EPSC*). **c** Frequenzspektrum $S(f)$ des durch Acetylcholin (ACh) induzierten synaptischen Rauschens bei Membranpotentialen von -140 mV und $+60$ mV. [Nach Anderson und Stevens: J. Physiol. (Lond.) **235**, 655–691 (1973) und Magleby und Stevens: J. Physiol. (Lond.) **223**, 151–197 (1972)]

Geschwindigkeiten α und β der Konformationsänderungen, so daß letztere die Kinetik bestimmen. Wenn α die Reaktionsgeschwindigkeit einer Konformationsänderung beschreibt, die vom Membranpotential beeinflußt ist, so muß gelten

$$\alpha = v e^{-\frac{U(E)}{kT}}, \tag{15.18}$$

wobei v die Vibrationsfrequenz des Moleküls, k die Boltzmann-Konstante, T die absolute Temperatur und $U(E)$ die potentialabhängige Änderung der freien Energie durch die Konformationsänderung ist. Diese besteht in einer Änderung des Dipolmoments des Moleküls; und $U(E) = U_0 - \mu E/M$, wenn U_0 der Unterschied der freien Energie der Konformationen ohne Einfluß des elektrischen Feldes, μ der Unterschied in den wirksamen Dipolmomenten der Konformationen und E/M die Feldstärke bei einer Membran von der effektiven Dicke M ist. Aus Gl. (15.18) wird dann:

$$\alpha(E) = v \cdot e^{-U_0/kT} \cdot e^{\frac{\mu E}{MkT}}. \tag{15.19}$$

Diese Gleichung entspricht Gl. (15.16), es ist $b = v e^{-U_0/kT}$ und $a = \mu/MkT$. Die durch Gl. (15.16) beschriebene Potentialabhängigkeit von α (Abb. 15.16b) hat durch die Gln. (15.18) u. (15.19) einen physikalischen Sinn erhalten. Berechnet man aus (15.19) den Wert μ, so ergibt sich $\mu = 48$ D, was für eine Änderung eines Dipolmomentes bei einer Konformationsänderung eines Eiweißmoleküls als ein realistischer Wert erscheint. In ähnlicher Weise wurde auch für $\beta(E)$ eine beschreibende Gleichung abgeleitet, so daß der gesamte Zeitverlauf des *EPSC* synthetisiert werden konnte (s. ausgezogene Kurven in Abb. 15.19a). Zu der Interpretation der Potentialabhängigkeit des EPSP als durch eine potentialabhängige Konformationsänderung eines Eiweißmoleküls, des Rezeptors, verursacht, muß angemerkt werden, daß es Befunde gibt, die Potentialabhängigkeit weniger am Rezeptor selbst und an der mit ihm verbundenen Steuerung eines Ionenkanals durch die Membran, als an Nebenbedingungen wie der Fluidität der Lipidphase der Membran lokalisieren lassen.

Die in Gl. (15.17) beschriebene Konformationsänderung des Rezeptors von $A \cdot R$ nach $A \cdot R^*$, die den synaptischen Strom fließen läßt, kann ähnlich wie für den erregenden Na^+-Strom angenommen (Abb. 15.7) als Öffnung eines diskreten *Kanals* durch die Membran aufgefaßt werden, durch den dann mit bestimmter Selektivität Ionen entsprechend ihrer Gradienten und Ladungen fließen können. Der synaptische Strom i_s wäre dann eine Summe von Stromstößen durch Einzelkanäle, von denen jeder die mittlere Dauer $\tau_s = 1/\alpha$ hätte. Die Summe der Einzelkanalbeiträge würde statistisch schwanken, der synaptische Strom also ein Rauschen zeigen. Dieses Rauschen des synaptischen Stroms ist auch bei Applikation des Überträgerstoffes deutlich sichtbar.

Die Rauschspektren lassen sich wie die Spektren des Rauschens der Na^+- und K^+-Kanäle des Erregungssystems [s. Gln. (15.7) u. (15.8)] analysieren. Solche Spektren sind in Abb. 15.19c für durch Acetylcholin an der Vertebratenendplatte ausgelösten synaptischen Strom aufgezeichnet. Aus dem Reaktionsschema der synaptischen Rezeptoren [Gl. (15.17)] lassen sich die Spektren berechnen; wenn angenommen wird, daß die Rückwärtsrate $\alpha = 1/\tau_s$ die Öffnungszeit τ_s der Kanäle bestimmt, dann gilt für die Abhängigkeit der Rauschleistung S von der Frequenz f:

$$S(f) = \frac{4\gamma_s \tau_s i_s (E - E_s)}{1 + (2\pi\tau_s f)^2}. \tag{15.20}$$

Dabei ist γ_s die Leitfähigkeit des synaptischen Einzelkanals, i_s der mittlere synaptische Strom, und $(E - E_s)$ der Abstand des Membranpotentials vom Gleichgewichtspotential des synaptischen Potentials. Die ausgezogenen Linien in Abb. 15.19c entsprechen Gl. (15.20). Nach dieser Gleichung fällt die Rauschleistung für $f_c = 1/2\pi\tau_s$ auf die Hälfte des für $f \to 0$ eingestellten Maximalwertes, aus diesem Wert von f_c (Pfeile in Abb. 15.19c) läßt sich also τ_s oder α unmittelbar ablesen, und der Verschiebung der Kurven mit dem Membranpotential entspricht ein höherer Wert von τ_s bei Hyperpolarisation. Die durch Rauschmessung erhaltenen Werte sind als Quadrate in Abb. 15.19b eingetragen, überraschenderweise stimmen diese Werte exakt mit den aus dem Abfall der synaptischen Potentiale erhaltenen überein. Dies bedeutet, daß das makroskopische Ereignis EPSC durch eine praktisch synchrone Öffnung von synaptischen Kanälen durch die Membran, die mit ihrer mittleren Schließrate α auch die identische Abfallsrate α des *EPSC* bestimmen, hervorgerufen wird. Der Überträgerstoff, der mit sehr geringer Zeitdispersion von der präsynaptischen Freisetzungsstelle zu den postsynaptischen Rezeptoren diffundiert (Abb. 15.12), hat also nur einmal die Chance, nach Reaktion mit den Rezeptoren synaptische Kanäle zu öffnen. Wenn diese eine Reaktion nach der mittleren Zeit τ_s abgeschlossen ist, ist die Überträgerstoffkonzentration offenbar schon zu niedrig, um merkliche zweite Reaktionen innerhalb eines synaptischen Potentials auszulösen. Diese unmittelbare Übereinstimmung von makroskopischen synaptischen Potentialen und von mikroskopischen Reaktionskonstanten der Rezeptoren bzw. Ionenkanäle ist mit guter Näherung an allen bisher genau untersuchten Synapsen gefunden worden, und zwar nicht nur für Synapsen mit dem Überträgerstoff Acetylcholin, sondern auch für solche mit Überträgerstoff γ-Aminobuttersäure (inhibitorisch!) und Glutamat.

Mit Hilfe von Gl. (15.20) kann man nun weiter für $S(f = 0)$ bei bekannntem τ_s und i_s die Einzelkanalleitfähigkeit γ_s berechnen. Für die Acetylcholinsynapse von Abb. 15.19 ergibt sich ein $\gamma_s = 16$ pS. Für verschiedene Typen von synaptischen Kanälen wurden γ-Werte zwischen 10 und 100 pS gefunden. Damit sind die Leitfähigkeit der einzelnen synaptischen Kanäle eher höher als die des Na^+-Kanals des Erregungsprozesses. Aus γ_s und der Amplitude der synaptischen Stöme läßt sich auch die Zahl der offenen Kanäle abschätzen, sie liegt für die *EPSC* in Abb. 15.19a in der Größenordnung 10^5, und für durch Einzelquanten Überträgerstoff ausgelöste synaptische Potentiale in der Größenordnung 10^3 bis 10^4.

Das Konzept der synaptischen Kanäle hat neuerdings durch Experimente von Neher und Sakman eine sehr elegante Unterstützung erhalten. Sie konnten an Membranbezirken von nur wenigen µm Durchmesser und geringer Rezeptordichte die Stromflüsse durch einzelne synaptische Kanäle getrennt messen. Abbildung 15.20 zeigt eine solche Messung, es erscheinen statistisch verteilt kurze negative Stromstöße, die mit der Hyperpolarisation der Membran an Amplitude zunehmen. Die mittleren Amplituden und Dauern dieser Stromstöße entsprechen genau dem mit Hilfe von Rauschmessungen am gleichen Präparat ermittelten Wert von γ_s und τ_s, diese Stromstöße entsprechen somit dem Stromfluß durch jeweils einen einzelnen synaptischen Kanal. Mit diesen Messungen werden

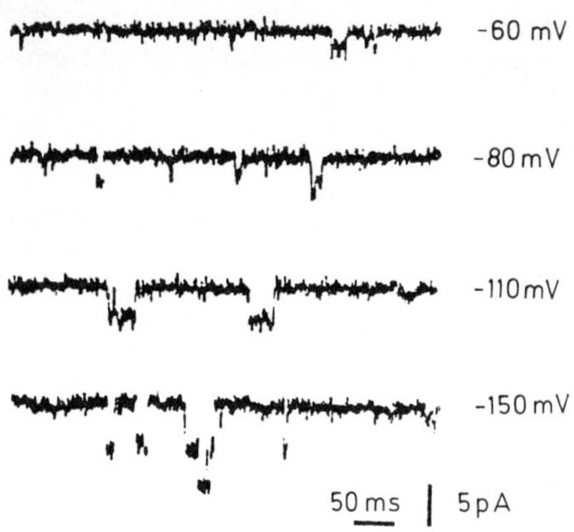

Abb. 15.20. Strom durch synaptische Einzelkanäle. Die diskreten, sprunghaften Stromänderungen wurden an einer kleinen Membranfläche des denervierten Froschmuskels in Anwesenheit eines Acetylcholinagonisten (10^{-7} mol l^{-1} Suberyldicholin) gemessen, rechts das Klemmpotential für die jeweilige Messung. [Nach Neher and Stevens (1977)]

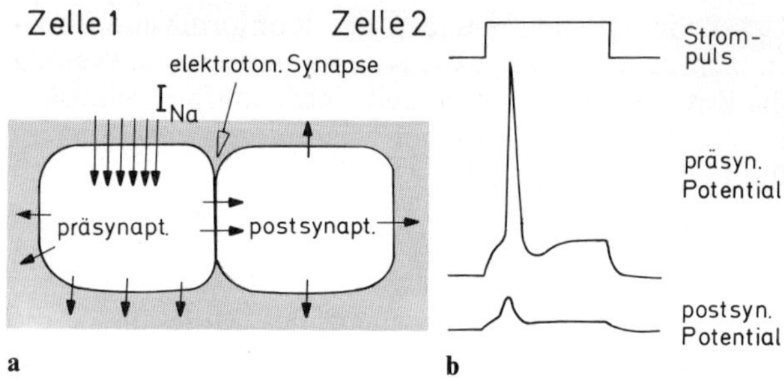

Abb. 15.21. a Elektrotonische Synapse zwischen Zelle 1 (präsynaptisch) und 2 (postsynaptisch). **b** Strompuls in präsynaptischer Zelle 1 löst Elektrotonus und Aktionspotential aus, die verkleinert nach Zelle 2 (postsynaptisch) übertragen werden

also die Folgen der einzelnen Reaktionen eines molekularen Rezeptor-Ionenkanal-Komplex sichtbar.

Die synaptischen Rezeptoren reagieren nicht nur mit den spezifischen Überträgerstoffen, sondern auch mit strukturverwandten Substanzen, sogenannten Agonisten. Außerdem können die Rezeptoren oder die Kanäle durch Antagonisten reversibel oder irreversibel blockiert werden. Dazu beeinflussen einige Substanzen die Kinetik der Rezeptor-Überträgerstoff-Reaktion. Viele der hier angesprochenen Substanzen sind wichtige Pharmaka, die bei Erkrankungen des Nervensystems eingesetzt werden, zu ihnen gehören wichtige Psychopharmaka. Über diese Reaktionen gibt es eine umfangreiche Literatur, auf die hier nur hingewiesen werden kann. Die vielfachen Reaktionsmöglichkeiten der synaptischen Rezeptoren und die hier kurz besprochenen auf dieses System anwendbaren biopysikalischen Untersuchungsmethoden machen die chemische Synapse zu einem sehr fruchtbaren Feld der Forschung, in dem wichtige Funktionsabläufe auf das Niveau der Physik und Chemie der Moleküle zurückgeführt werden können.

15.1.5 Elektrische synaptische Übertragung

15.1.5.1 Elektrotonische Übertragung

Ein Aktionspotential in einer Zelle verursacht in einer benachbarten Zelle in der Regel nur eine Potentialänderung von wenigen µV, deshalb ist an den funktionellen Kontakten zwischen Nervenzellen meist ein chemischer Übertragungsmechanismus eingeschaltet. Werden jedoch zwischen Zellen spezielle Kontakte mit geringem Widerstand hergestellt, so ist eine direkte elektrische Übertragung möglich. Solche Zellen haben Bezirke, in denen die Zellmembran mit der der Nachbarzelle teilweise verschmolzen ist (Abb. 15.21). Der Membranwiderstand dieser fusionierten Membran ist sehr viel geringer als der der normalen Zellmembran. Wird deshalb in Abb. 15.21 Zelle 1 erregt, so breitet sich das Aktionspotential nicht nur über Zelle 1, sondern elektrotonisch auch auf Zelle 2 aus. Die Amplitude des Aktionspotentials in Zelle 2 ist gegenüber dem in Zelle 1 verringert, kann jedoch durchaus groß genug sein, um in Zelle 2 die Schwelle zu überschreiten und Erregung auszulösen. Da die Koppelung zwischen den Zellen durch elektrotonische Ströme vermittelt wird, wird diese Art der synaptischen Übertragung *elektrotonisch* genannt.

Das Ausmaß der Koppelung zwischen den beiden Zellen kann im wesentlichen unabhängig sein vom Membranpotential, dann gilt die lineare Koppelungskennlinie in Abb. 15.22. Die Koppelung kann aber auch potentialabhängig sein, wie die gestrichelte Kennlinie in Abb. 15.22. Sie beschreibt das Verhalten der Riesenaxon-Synapse des Krebses, bei der starke Gleichrichtung an der die Zellen koppelnden Membran auftritt. Depolarisierende Potentialänderungen, d.h. auch Aktionspotentiale, werden gut von der präsynaptischen auf die postsynaptischen Zelle übertragen, während präsynaptische Hyperpolarisationen postsynaptisch kaum sichtbar werden. Für die Übertragung von der postsynaptischen auf die präsynaptische Seite verhält sich die Synapse spiegelbildlich, hier werden Depolarisationen nicht und Hyperpolarisationen gut übertragen. Diese gleichrichtenden elektrotonischen Synapsen sind also für die Übertragung von Aktionspotentialen eindeutig polarisiert und haben ebenso wie chemische Synapsen für die Erregungsübertragung eine Ventilfunktion.

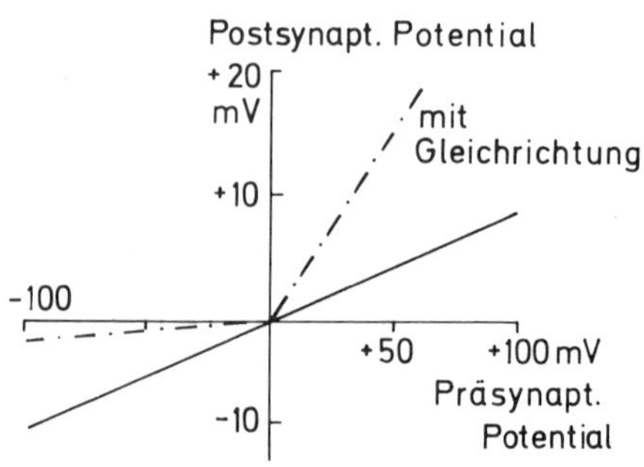

Abb. 15.22. Koppelungskennlinien elektrotonischer Synapsen, ohne und mit Gleichrichtung

Das Ausmaß der elektrotonischen Koppelung zwischen den Zellen wird bestimmt durch den Widerstand des gemeinsamen Membranabschnittes r_{12} im Verhältnis zu den Membranwiderständen der Zellen r_1 und r_2. Ist $r_2 \gg r_{12}$, so wird das Potential von Zelle 1 zu Zelle 2 fast verlustlos übertragen. Solche Verhältnisse kommen bei Synzytien wie den Herzmuskelzellen der Wirbeltiere oder Epithelien vor. An anderen Zellen sind die Widerstände r_2 und r_{12} in der gleichen Größenordnung, und das Potential wird dann im Verhältnis 1:2 bis 1:50 übertragen. Solche Kopplungen mit Faktoren 1:10 bis 1:20 (Abb. 15.22) kommen häufig zwischen Zellen des Zentralnervensystems vor. Sie bewirken vor allem die Synchronisierung der Aktivitäten größerer Zellgruppen. Ein quantitatives Modell der elektrotonischen Ausbreitung der Ströme an elektrotonischen Synapsen wird von *Bennett* gegeben.

15.1.5.2 Andere elektrische Synapsen

Neben den elektrotonischen Synapsen sind noch einzelne Beispiele für andere elektrische synaptische Übertragungsmechanismen bekannt geworden, auf die hier nicht näher eingegangen werden kann. Erwähnt werden soll noch eine *kapazitive Erregungsübertragung* über einen großflächigen Membrankontakt mit hoher interzellulärer Kapazität (Ziliar-Ganglion) und eine *hemmende elektrische Übertragung*, bei der für kurze Zeit durch die präsynaptische Nervenfaser in der Umgebung eines postsynaptischen Nerven ein positives extrazelluläres Potential aufgebaut wird, das das Membranpotential der postsynaptischen Zelle erhöht und dadurch die Fortleitung von Erregung verhindert.

Literaturauswahl

Ergänzende Lehrbücher

Kuffler, S.W., Nicholls, J.G.: From neuron to brain. Sunderland (Mass.): Sinauer Assoc. 1976.

Ruch, Th.C., Patton, H.D.: Physiology and biophysics, 20th edn., Vol. I. Philadelphia: Saunders 1975.

Schmidt, R.F., Thews, G. (Hrsg.): Physiologie des Menschen, 20. Aufl. Berlin-Heidelberg-New York: Springer 1980.

Sammlung wichtiger Originalarbeiten

Cooke, I., Lipkin, M.: Cellular neurophysiology. New York: Holt, Rinehart, Winston 1972.

Originalarbeiten

Colquhoun, D., Dreyer, F., Sheridan, R.E.: The actions of tubocurarine at the frog neuromuscular junction. J. Physiol. (London) **293**, 247–284 (1979).

Hodgkin, A.L., Huxley, A.F.: A quantitative description of membrane current and its application to conduction and excitation in nerve. J. Physiol. (London) **117**, 500–544 (1952).

Neher, A., Sakmann, B., Steinbach, J.H.: The extracellular patch clamp: A method for resolving currents through individual open channels in biological membranes. Pflügers Arch. **375**, 219–228 (1978).

Neher, E., Stevens, C.F.: Conductance fluctuations and ionic pores in membranes. Annu. Rev. Biophys. Bioeng. **6**, 345–381 (1977).

Ulbricht, W.: Ionic channels and gating currents in excitable membranes. Annu. Rev. Biophys. Bioeng. **6**, 7–31 (1977).

Wernig, A.: Estimates of statistical release parameters from crayfish and frog neuromuscular junctions. J. Physiol. (London) **244**, 207–221 (1975).

15.2 Biophysik sensorischer Mechanismen

15.2.1 Grundzüge der Transduktionsmechanismen in Sinneszellen

ULRICH THURM

15.2.1.1 Sensorische Transduktion – ein Steuerungsprozeß

Lebende Zellen „re-agieren" auf physikalische und chemische Einwirkungen aus ihrer Umgebung; das heißt, es finden in ihnen physikalisch-chemische Vorgänge statt, die zwar durch die Außeneinflüsse verursacht werden, deren Ablauf aber wesentlich komplexer als die äußere Einwirkung ist und deren Energie nicht aus dieser Einwirkung, sondern aus dem Stoffwechsel der Zelle stammt. Man unterscheidet daher die physikalisch-chemischen Vorgänge außerhalb und jene innerhalb der Zelle als „Reiz" und „Erregung". Jener Abschnitt der Kausalkette, in dem der Reiz in die Erregung übergeht, wird als *sensorische Transduktion* oder *Reiz-Erregungsumsetzung* bezeichnet.

Der Begriff der sensorischen Transduktion ist für die Erregungsbildung in Sinneszellen geprägt worden. Die Erregungsbildung in Sinneszellen erweist sich jedoch nur als einer aus der Vielzahl der Steuerungsvorgänge, die die unterschiedlichsten Zellaktivitäten auf die verschiedenen Außeneinflüsse abstimmen. Zahlreiche Bewegungs-, Wachstums-, Transport- und Stoffwechselvorgänge werden durch physikalische oder chemische Einflüsse aus der Umgebung der Zellen in ihrer Intensität und räumlichen Verteilung gesteuert. Als sensorische Transduktionsprozesse im engeren Sinne mögen nur jene Steuerungsvorgänge bezeichnet werden, bei denen die steuernde Einwirkung als Sinnesreiz aufgefaßt und bei denen die Reaktion der Zelle zu den Erregungsvorgängen gerechnet werden kann. Auch nach dieser einschränkenden Definition sind sensorische Transduktionsprozesse konstitutiv für den Lebenszustand eines Organismus überhaupt und nicht an die Existenz eines Nervensystems gebunden. Je genauer man das molekulare Geschehen im Transduktionsprozeß verstehen lernt, desto mehr erscheint eine bestimmte Abgrenzung dieses Begriffes willkürlich; dagegen fördert die Kenntnis von analogen Vorgängen das Verständnis.

Die Steuerung von Bewegungsvorgängen bestimmter Bakterien, z.B. von *Escherichia coli*, und von Flagellaten besitzt Analogien zur Erregungsbildung in Sinneszellen, so daß an stammesgeschichtliche Vorstufen gedacht werden kann. Auch manche motorisch tätigen Zellen vielzelliger Tiere, z.B. zilientragende Zellen oder die Nesselzellen der Nesseltiere, zeigen funktionelle und strukturelle Beziehungen zu den auf die rein sensorische Funktion spezialisierten Rezeptorzellen. Schließlich ist die Erregungsbildung an den chemischen Synapsen aller Neuronen als eine Art von Chemorezeption zu betrachten.

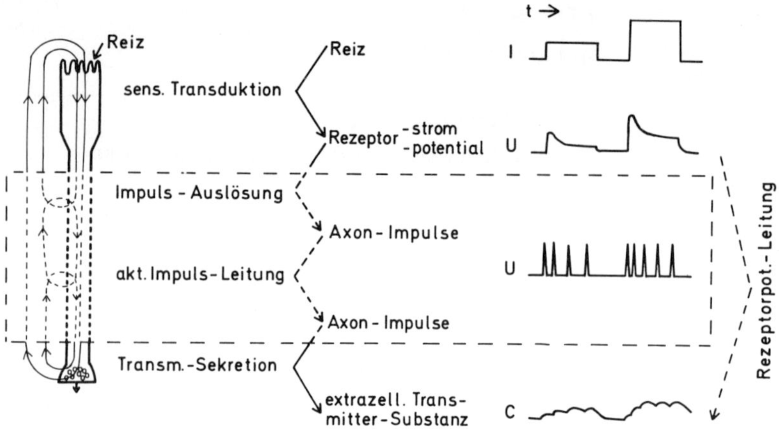

Abb. 15.23. Die Erregungsbildung und -leitung in einer Rezeptorzelle. Die Auslösung von Axon-Impulsen unterbleibt bei vielen Rezeptortypen und wird durch eine wahrscheinlich passive („elektrotonische") Rezeptorpotential-Leitung bis hin zur Synapse ersetzt, die mit Signal-Abschwächung verbunden ist. *C* Konzentration der Transmitter-Substanz; *I* Reizintensität; *U* Membranpotential; sämtlich als Funktionen der Zeit *t*

Die Erforschung sensorischer Transduktion in Sinneszellen ist einerseits Teil der informationstheoretischen Untersuchung der durch die Sinneszelle geleisteten Signalaufnahme und -kodierung; sie verfolgt also den Signalfluß mit dem Ziel, die Funktion der Sinneszelle für den Organismus zu verstehen. Vom Signalfluß sind die Energieflüsse zu unterscheiden (s. Abb. 15.24). Diese sind Gegenstand der physikalischen und chemischen Untersuchung, die darauf zielt, Arbeitsweise und Aufbau der Transduktionsmechanismen schließlich auf dem molekularen Niveau verstehen zu lernen.

Im Transduktionsprozeß der Sinneszellen wird die äußere Reizeinwirkung in ein elektrisches Signal umgesetzt, das die weitere Übertragung und Verrechnung der im Reiz gegebenen Information ermöglicht (Abb. 15.23). Diese primäre elektrische Antwort der Sinneszelle wird als *Rezeptorstrom* bzw. *Rezeptorpotential* bezeichnet. Die Intensität des Reizes ist in der Größe dieses Stromes und der entsprechenden Spannung kontinuierlich analog kodiert (s. 16.1). Das Rezeptorpotential — eine Änderung des Membran-Ruhepotentials — löst den nächsten Erregungsschritt aus. Dies ist entweder eine Sekretion von Überträger-Substanz an der Synapse, die der Informationsübertragung auf die nachgeschaltete Nerven- (oder Muskel-)zelle dient, oder es ist die abschwächungsfreie Fortleitung der Information über eine längere Strecke noch innerhalb der Sinneszelle. Die abschwächungsfreie Fortleitung wird ermöglicht durch eine Umkodierung von der Amplituden-Modulation des Rezeptorpotential-Signals in die ebenfalls analoge, aber diskontinuierliche Frequenzmodulation impulsförmiger Spannungsänderungen (Nervenimpulse) im Axon (s. 15.1.3).

Die Umsetzung des Reizes in den Rezeptorstrom ist ein *Steuerungsvorgang*. Der durch den Reiz gesteuerte Energiefluß des Rezeptorstromes wird durch den Stoffwechsel der Zelle zur Verfügung gestellt. Der Steuerungsprozeß ermöglicht es, daß auch ein Reiz, der — im Schwellenbereich — nur an ein oder wenige Moleküle der Sinneszelle seine Energie abgibt, das Membranpotential der gesamten Sinneszelle über das „Rauschen" dieses Potentials hinaus verändert. Der Energieinhalt dieser Reaktion liegt in der Regel ganz wesentlich über dem Energieinhalt des Reizes, auch dann, wenn ein Minimalreiz selbst erheblich mehr Energie enthält als das nach der Informationstheorie für ein Signal erforderliche Minimum, das durch das thermische Rauschen gegeben ist. So führt ein absorbiertes Lichtquant von etwa 500 nm Wellenlänge dem Rezeptor $5 \cdot 10^{-19}$ J zu; für die einem menschlichen Photorezeptor mit einem Quant ermöglichte Informationsaufnahme sind theoretisch nur $4 \cdot 10^{-21}$ J erforderlich; demgegenüber liegt der Energieinhalt einer durch ein Lichtquant in einem Photorezeptor ausgelösten Reaktion zwischen 10^{-16} und 10^{-13} J. Schon im ungereizten Zustand der Zelle übersteigen die Schwankungen des Membranpotentials das thermische Rauschen eines idealen Widerstands. Dies erfordert einen entsprechend höheren Energieaufwand der Zelle für die Übermittlung eines Signals.

Bei vielen Mechanorezeptoren ist zu erkennen, daß die Reizenergie nur für die *Änderung* in der Einstellung des Steuermechanismus benötigt wird. Ist einem derartigen Mechanorezeptor eine bestimmte reizwirksame Deformation konstant aufgezwungen, so fließt der Rezeptorstrom über eine beliebige Zeitdauer, ohne daß während dieser Zeit weiterhin eine Zufuhr von Reizenergie erforderlich wäre (s. 15.2.2.1). Der Zustand, über den das Nervensystem durch das Signal der Sinneszelle informiert wird, ist demnach der Deformations*zustand* der Zelle bzw. einiger Moleküle der Zelle; nicht nur die Reizenergie-Zufuhr wird gemeldet. Der Steuerungsvorgang der Reiz-Erregungsumsetzung ist der Steuerung mittels eines Ventils vergleichbar: Auf der Eingangsseite muß Energie nur für die *Änderung* des ausgangsseitigen Energieflusses aufgewandt werden. Bei Photo- und Chemorezeptoren genügt anscheinend eine bestimmte, im einzelnen noch unbekannte Konformationsänderung eines einzigen der für die Reizaufnahme spezialisierten Rezeptormoleküle, um eine als Signal hinreichende Änderung des Stromflusses in der Sinneszelle zu bewirken. Während aber bei jenen mechanorezeptorischen Sinneszellen nach einer Reizenergie-Zufuhr der ungereizte Zustand erst durch die Rückgabe der zugeführten Energie (durch eine Rückstellung der Form) wiedererreicht wird, wird bei Photorezeptoren nach dem Ende eines Lichtquanten-Einstroms der Rezeptorstrom mit einer dem Rezeptor eigenen Kinetik wieder in den „Ruhe“- zustand zurückgestellt, obwohl die Photopigment-Moleküle, die durch die Lichtenergie isomerisiert wurden, in der Regel erst nach längerer Frist zum Dunkelzustand regeneriert werden (s. 15.2.4.1). Soll bei diesen Rezeptoren ein bestimmter Rezeptorstromfluß konstant aufrechterhalten werden, so benötigen sie daher einen fortdauernden Reizenergie-Zufluß.

Der Zustand gesteigerten Energieflusses in der Sinneszelle, d. h. der Zustand erhöhter Erregung, kann bei verschiedenen Rezeptortypen an ganz unterschiedliche energetische Bedingungen der Reizseite gebunden sein, wie es einem ventilähnlichen Steuermechanismus entspricht: Im stationär gereizten Zustand eines Mechanorezeptors kann die Energiezufuhr fehlen; bei den auf Abkühlung ansprechenden Thermorezeptoren (Kaltrezeptoren) wird der Rezeptorstromfluß durch Entzug von Energie gesteigert; bei Photorezeptoren von Wirbeltieren wird durch Zufuhr von Energie (Belichtung) der Stromfluß im Rezeptor vermindert, während er bei vielen Photorezeptoren von wirbellosen Tieren durch Belichtung erhöht wird. Als Reizung bezeichnet man daher Abweichungen in der Größe des Reizparameters von einem für den einzelnen Rezeptor mehr oder weniger willkürlich angesetzten „Ruhe“- oder „Normal“-Wert ohne Rücksicht auf die Richtung der energetischen Änderung auf der Reizseite und unterscheidet je nach der Richtung der Reaktion zwischen depolarisierenden (exzitatorischen) und hyperpolarisierenden (inhibitorischen) Reizen.

15.2.1.2 Übersicht über die Teilmechanismen der Transduktion und ihre Funktionsbeziehungen

Die Teilmechanismen der Transduktion (Abb. 15.24) können in drei Gruppen gegliedert werden:

a) Die Sensor-Mechanismen: molekulare Mechanismen, in denen sich eine primäre Umsetzung der Reizenergie vollzieht, wie z. B. im photolabilen Pigment der Photorezeptoren oder an den Rezeptormolekülen der Chemorezeptoren. Diese Mechanismen geben der Sinneszelle eine spezifische Empfindlichkeit für eine bestimmte Modalität (z. B. elektromagnetische Wellen) und Qualität (z. B. Wellenlänge) äußerer Einwirkungen.

b) Die Effektor-Mechanismen, die den passiven Fluß des Ionenstroms durch die Zellmembran kontrollieren und entsprechend dem Reiz-Zustand des Sensors modulieren (Permeabilitäts-Änderung): Obwohl bisher nur für postsynaptische chemorezeptorische Membranen direkt belegt, erscheint hier allgemein das Modell steuerbarer Membran-Kanäle am begründetsten, ähnlich wie es für die Na^+- und K^+-Leitfähigkeit der Axonmembran zutrifft (10^{-12} bis 10^{-10} S im offenen Zustand). Im Unterschied zur Axonmembran, in der die Membranpermeabilität durch Depolarisation ansteigt, sind diese Permeabilitätsmechanismen der rezeptorischen Membran nicht oder nur in geringem Maße durch das Membranpotential steuerbar. Dadurch wird eine Rückwirkung einer Potentialänderung auf die Permeabilität in der entsprechenden Membranregion vermieden; dies ist eine entscheidende Voraussetzung für eine graduierbare, nicht schwingende Potentialreaktion wie sie als Rezeptorpotential auftritt.

c) Die Mechanismen, die elektrische Energie für den Rezeptorstrom bereitstellen und die die ionalen Bedingungen für ihn schaffen: Dies sind aktive Ionentransport-Mechanismen, die ihre Energie ganz vorwiegend vom Atmungsstoffwechsel beziehen. Sie bauen Energie-Reservoire (Stromquellen) in Form von Ionen-Konzentrationsgradienten und wahrscheinlich auch von direkt erzeugten Ladungsgradienten (elektrogener Transport) auf. Der Na^+-K^+-Transport, der von den meisten Zelltypen bekannt ist, wird auch in diesem Zusammenhang regelmäßig in Sinneszellmembranen gefunden. Darüber hinaus wirken in manchen Rezeptorsystemen andersartige, in Hilfszellen lokalisierte Transportmechanismen an der Aufladung der Stromquellen und der Bildung des Ionenmilieus mit (s. unten).

Die funktionellen Beziehungen zwischen diesen Teilmechanismen, gegeben durch die Flüsse von Signal und Energie, veranschaulicht Abb. 15.24. Die Art der Kopplung zwischen Sensor- und Effektor-Mechanismus ist eines der entscheidenden heute noch ungeklärten Probleme der Transduktion in Sinneszellen. Mindestens zwei Gruppen sehr unterschiedlicher Kopplungsarten zeichnen sich ab:

1. „Direkte“ Kopplungen mit einer Latenzzeit zwischen Reizbeginn und Kanalöffnung in den Größenordnungen 10–100 µs. Dies entspricht der Dauer von innermolekularen Umlagerungsvorgängen, schließt aber auch die Wechselwirkung zwischen zwei eng benachbarten Proteinmolekülen nicht aus. Diese Vorgänge können anscheinend ohne Versorgung mit Stoffwechselenergie vielfach wiederholt werden. Zu Kopplungsvorgängen dieser Gruppe gehört die Steuerung der Membrankanäle durch das elektrische Feld in Axonmembranen, die Steuerung des Membranleitwerts durch Verformungsreize in Mechanorezeptoren (s. 15.2.2.1a) und die Steuerung von Kanälen vieler postsynaptischer Membranen durch Bindung von Molekülen einer Überträgersubstanz (insbesondere in motorischen Endplatten; s. 15.1.4.1).

2. Indirekte Kopplungen mit einer Latenzzeit von mehreren ms bis s. Diese Zeit ist genügend lang für enzymatische Übertragungsschritte. In diese Gruppe gehört die Steuerung des Membranleitwerts durch Lichtabsorption bei allen bisher untersuchten Photorezeptoren (s. 15.2.4.1). Sensor-Moleküle (Rhodopsin) und die in ihrem Leitwert gesteuerte Membranregion können bis zu mehreren µm von einander entfernt liegen. Diese Leitwertsteuerung benötigt anscheinend selbst eine Stoffwechselversorgung (Experimente u.a. an Photorezeptoren von Bienen). Die Art der Sensor-Effektor-Kopplung in Photorezeptoren ist noch ungewiß; ein Funktionssystem cyclischer Nukleotide ist bei

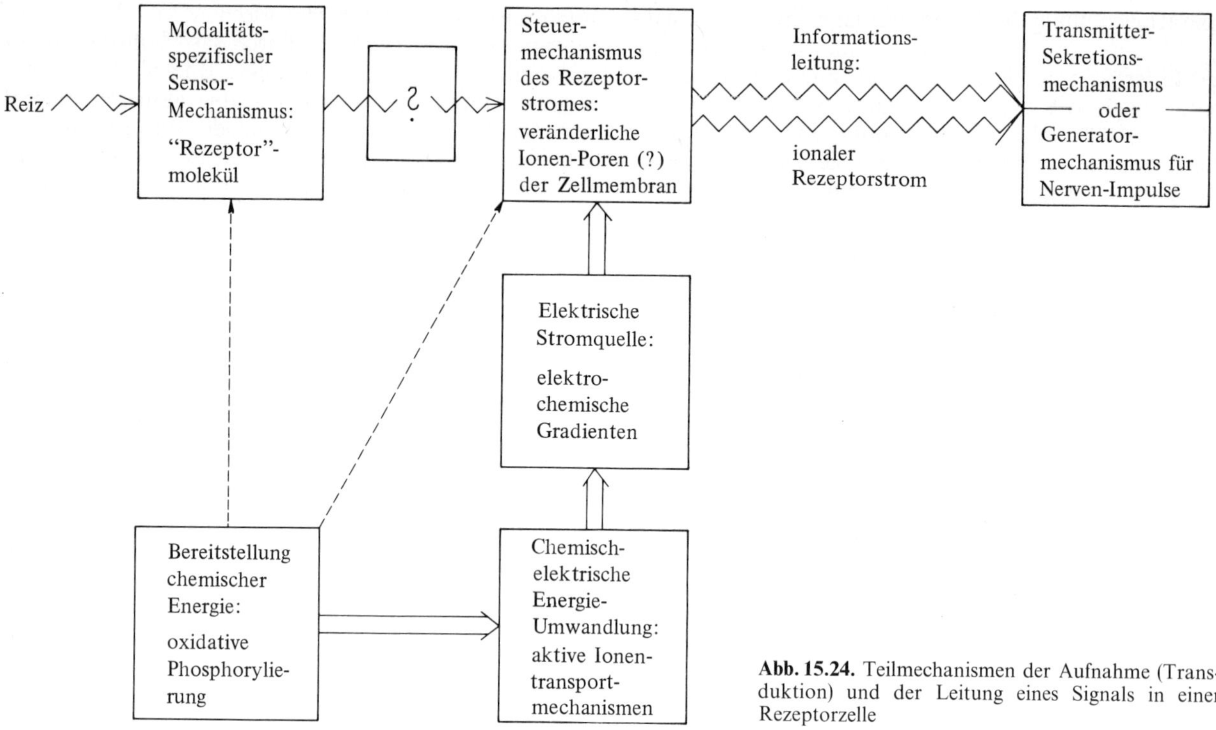

Abb. 15.24. Teilmechanismen der Aufnahme (Transduktion) und der Leitung eines Signals in einer Rezeptorzelle

Vertebraten zumindest beteiligt (s. 15.2.4.1). Für bestimmte chemorezeptorische Vorgänge insbesondere der Hormonrezeption und mancher Synapsen sind Rezeptormolekül und Effektor gesichert über cyclische Nukleotide und Phorphorilierungsschritte miteinander gekoppelt (s. 15.2.3). Die Latenz kann hier Sekunden bis Minuten dauern; die Kopplung benötigt Stoffwechselenergie. Ob die Kopplung in Photorezeptoren in eine gemeinsame Gruppe mit diesen Cyclonukleotid-Mechanismen gestellt werden dürfen, muß gegenwärtig offen bleiben.

Bei Kopplungen über cyclische Nukleotide können unterschiedliche Effektoren, wie kontraktile Systeme, Enzymsysteme oder Membrankanäle (deren Zahl oder Aktivierbarkeit gesteuert wird) angeschlossen sein ohne Vermittlung über Membranspannungsänderungen. Wie weit die in photorezeptorischen Zellen auftretenden Bewegungsvorgänge ebenfalls ohne Vermittlung des Membranpotentials gesteuert werden können, ist unbekannt (z.B. die Bewegung von Pigmentgranula in Sinneszellen und Kontraktionen in Iris-Muskelzellen von Vertebraten-Augen).

15.2.1.3 Die räumliche Anordnung der Teilmechanismen der Transduktion

In rezeptorischen Zellregionen findet man in der Regel eine ausgeprägte strukturelle Gliederung. Sie entspricht einer Separation von Teilmechanismen. Dieser gegliederte Aufbau unterscheidet die rezeptorische Region deutlich von der in sich gleichförmiger aufgebauten Axonregion eines Neurons (zumindest einer unmyelinisierten Axonregion). Dieser Unterschied läßt sich auf zwei wesentliche Verschiedenartigkeiten der Arbeitsbedingungen von rezeptorischen bzw. Axon-Abschnitten der Neuronen zurückführen.

a) Der Rezeptorstrom fließt in einem räumlich fixierten Stromkreis, im Unterschied zu den Nervenimpuls-Strömen, die entlang eines Axons wandern. Während im unmyelinisierten Axon jede Membranregion zeitlich nacheinander der Ort von Netto-Ein- und Ausströmen ist, findet am einzelnen Membranort der rezeptorischen Endigung stets entweder nur der Netto-Ein- oder nur der Netto-Ausstrom statt (Abb. 15.23).

b) Die reizaufnehmenden Zonen der meisten Typen von Sinneszellen ragen aus dem Lymphraum des Körpers hinaus in das den Körper umgebende Milieu (z.B. bei Rezeptoren in der Körperwand von Würmern) oder in einen abgegrenzten Hohlraum (z.B. in Hör- und Schwerkraft-Sinnesorganen der Wirbeltiere). Diese Sinneszellen sind Teil des epithelialen Zellverbandes, der jeweils das Körperinnenmilieu (die interzelluläre Lymphe) gegen den betreffenden Außenraum abgrenzt (Abb. 15.25). Der Ionen- und Ladungsaustausch zwischen den beiden Epithel-Seiten ist durch eine bandförmige Zone von Membrankontakten vermindert (Schlußleistenkomplex aus Zonula occludens oder Zonula septata oder Zonula adhaerens u.a.), die in den das Epithel durchquerenden Zwischenzellspalten entlangzieht (s. Abb. 15.25). Diese Sinneszellen sind damit der funktionellen Asymmetrie unterworfen, die in der Regel zwischen den beiden Seiten eines Epithels besteht: die ionale Zusammensetzung der durch das Epithel vom interzellulären Milieu abgegrenzten Lösung kann von der Zusammensetzung dieser interzellulären Lösung erheblich abweichen (wie z.B. Süßwasser, das Außenmedium vieler Organismen); zu den damit

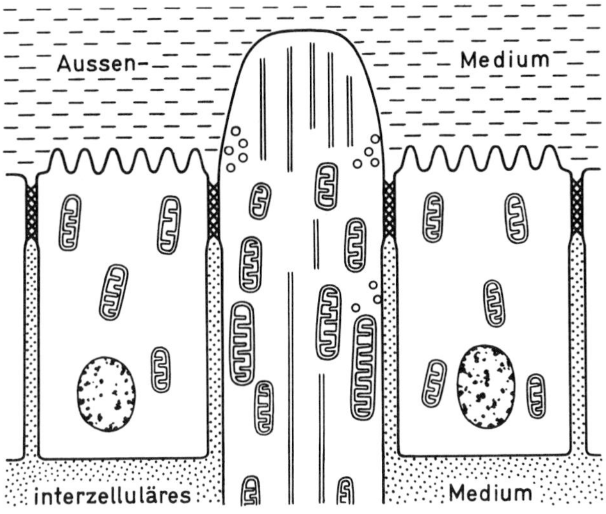

Abb. 15.25. Schematischer Querschnitt durch ein Epithel mit sensorisch spezialisierter Zelle (Sinnesepithel). Der im Außenmedium stehende Teil der Sinneszelle symbolisiert spezialisierte Terminalstrukturen wie Mikrovilli oder Zilien. Die duchkreuzten Zonen zwischen den Zellen symbolisieren die Komplexe unterschiedlicher Membranverbindungen. Mitochondrien, Mikrotubuli und Vesikel. deuten eine für viele Sinneszelltypen charakteristische Verteilung an

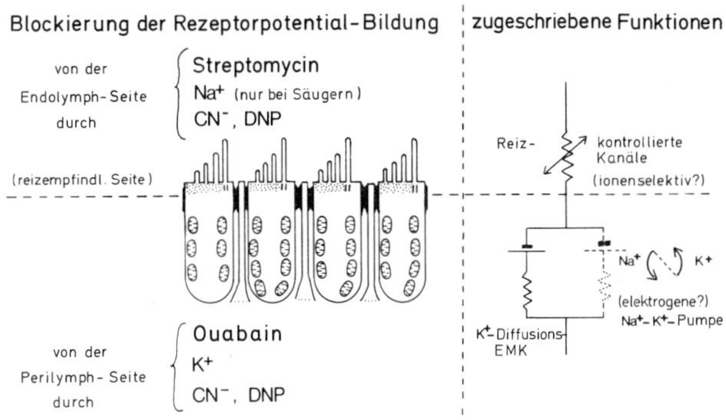

Abb. 15.26. Illustration der am Sacculus-Sinnesepithel des Goldfisches gewonnenen Ergebnisse (links) und des erschlossenen Ersatzschaltbildes (rechts). Die Ergebnisse demonstrieren die Getrenntheit der beiden an das Epithel grenzenden Lösungsräume und die Unterschiedlichkeit der Membraneigenschaften der zu den verschiedenen Epithelseiten gerichteten Zellmembran-Regionen. Die schwarzen Zonen zwischen den Zellen symbolisieren die Komplexe von Membranverbindungen (Schlußleistenkomplexe). [Experimente von Matsuura, S., Ikeda, K., Furukawa, T.: Ouabain and Streptomycin: their different loci of action on saccular haircells in goldfish. Science **160**, 1117–1119 (1969)]

über dem Epithel gegebenen Ionenkonzentrationsgradienten treten Unterschiede in den Permeabilitäts- und Ionentransport-Eigenschaften der durch die Schlußleistenzone von einander abgegrenzten Zellmembranregionen. Während bei allen epithelialen Sinneszellen die den Sensor-Mechanismus enthaltende reizaufnehmende Zellregion vom „Außenraum" umgeben ist (der, wie erwähnt, selbst ein separater Hohlraum des Organismus sein kann), gehören in den meisten derartigen Zellen basalere, an der Rezeptorstrombildung mitwirkende Teile zur basalen Epithelseite und sind somit von der interzellulären Lymphe umgeben (Abb. 15.25).

Besonders klare Ergebnisse über die funktionelle Organisation epithelialer Sinneszellen lieferten Experimente am Innenohr des Goldfisches (Abb. 15.26). Diese Ergebnisse lassen sich folgendermaßen zusammenfassen: (a) Die Lösungsräume zu beiden Seiten des Epithels erweisen sich als durch Diffusionsbarrieren von einander separiert. (b) Der Ionenbedarf der apikalen und der basalen Membranregion für die Bildung des Rezeptorpotentials ist unterschiedlich. (c) Diese beiden Membranregionen enthalten unterschiedliche an der Rezeptorpotential-Bildung mitwirkende Mechanismen: In den basalen Membranen ist eine K^+-Diffusion-Spannungsquelle sowie ein von Stoffwechselenergie betriebener Na^+-K^+-Transport zu erschließen, der Na^+-Konzentrationsgradient spielt hier keine entscheidende Rolle; in der apikalen Membran ist eine noch nicht näher bekannte Streptomycin-empfindliche Funktion lokalisiert, die mit dem reizgesteuerten Permeabilitäts-Modulations-Mechanismus in Zusammenhang stehen mag, während ein K^+-Konzentrationsgradient für die Rezeptorpotential-Bildung hier nicht erforderlich ist und ein Na^+-Konzentrationsgradient über dieser Membran bei verschiedenen Vertebraten-Gruppen unterschiedlich stark beteiligt ist; ein Na^+-K^+-Transport ist in der apikalen Membran nicht nachweisbar. In diesem Beispiel trennt die Zone der Membrankontakte des Epithels die an der Rezeptorstrombildung beteiligten Mechanismen in zwei Gruppen: Der Sensor sowie der Permeabilitäts-Modulations-Mechanismus liegen in der apikalen, in den „Außenraum" gerichteten Membran (mit intrazellulären Elektroden nachgewiesen); die als Stromquelle vorherrschenden Ionen-Konzentrationsgradienten sowie die Quelle der Stoffwechselenergie (Mitochondrien) liegen im basalen Bereich (s. Abb. 15.25).

Eine räumliche Trennung des Sensor- und Modulator-Bereiches von den Mechanismen der Energieversorgung ist bei den verschiedensten Rezeptortypen zu finden. Sie ist in ihren Grundzügen möglicherweise allgemeingültig und wahrscheinlich nicht auf epitheliale Rezeptoren beschränkt (s. Abb. 15.27f, g). Sie wird im Bau der epithelialen primären Sinneszellen besonders deutlich (Abb. 15.27a–e, h); bei manchen Geschmacksrezeptoren von Insekten beispielsweise liegen die beiden Gruppen von Mechanismen über mehrere 100 µm von einander getrennt. In diesen Fällen wird der Sensor-Bereich von modifizierten Zilien oder Mikrovilli gebildet, die über die Epithelfläche hinausragen. Diese Region wird vielfach als Außensegment bezeichnet. Das proximal anschließende Innensegment liegt in der Regel innerhalb des Epithels, basal der Zone von Membrankontakten. Es enthält eine Konzentration von Mitochondrien, die wesentlich höher ist als die Mitochondrien-Konzentration in der Axonregion. Weiterhin fällt es vielfach durch eine Anhäufung von pinozytotischen Vesikeln auf (s. Abb. 15.25).

Die Akkumulation von Mitochondrien, die das Innensegment kennzeichnet, ist ein Merkmal der rezeptorischen Region nahezu aller Sinneszellen. In den meisten Fällen ist dabei die Verteilung der Mitochondrien nicht gleichförmig, sondern, wie in den Beispielen von Abb. 15.26 und 15.27, auf einen bestimmten Abschnitt konzentriert. Falls der Sinneszell-Durchmesser groß ist gegenüber dem Durchmesser eines Mitochondriums, findet man die Menge der Mitochondrien vorwiegend dicht unter der Zellmembran liegend (Abb. 15.27f, g). Diese Verteilung der Mitochondrien kann einen Hinweis auf den Ort intensiven Ionentransports geben: Biochemische und pharmakologische Bestimmungen der räumlichen Verteilung von Transport-ATPasen fanden diese ATPasen insbesondere in jenen Membranregionen lokalisiert, denen Mitochondrienanhäufungen eng benachbart sind (s. die Ouabain-Empfindlichkeit des Mitochondrien-benachbarten Membranbereichs in Abb. 15.26.

Ein weiterer, von den beiden eben betrachteten Zellmembran-Bereichen funktionell verschiedener Membranbereich ist jener der Axonregion. Hier ist die elektrische Steuerbarkeit der Membranpermeabilitäten die kennzeichnende Eigenschaft.

15.2.1.4 Rezeptoren für verschiedene Reizmodalitäten: die Varianz der Sensorregion und die Invarianz der energieliefernden Strukturen

Aus dem Bauplan der primären Epithel-Sinneszellen haben sich Rezeptoren für nahezu alle Reizmodalitäten entwickelt. Dieser Bauplan ist von entsprechenden Sinneszellen der Medusen bis zu solchen des Menschen gleichgeblieben. Ein Vergleich von Rezeptoren dieses Bauplans zeigt, wie mit der Spezialisierung der Zellen für unterschiedliche Reizmodalitäten nur bestimmte Strukturen variieren, während andere strukturelle Ausprägungen für alle diese Sinneszellen charakteristisch sind und von der Anpassung an eine bestimmte Reizmodalität nicht betroffen werden (Abb. 15.27a–e, h). Man kann demgemäß innerhalb der für die Sinneszellen charakteristischen Strukturen modalitäts-spezifische von solchen unterscheiden, die gegenüber der Reizmodalität invariant sind. Durch die Anordnung der hier betrachteten Zellen in Epithelien sind diese modalitätsspezifischen bzw. -unspezifischen Strukturen in günstiger Weise seriell angeordnet.

Je nach der Reizmodalität, für die eine Sinneszelle spezialisiert ist, ist das Außenglied unterschiedlich strukturiert. Dies entspricht einer Lokalisation des modalitätsspezifischen Sensormechanismus in diesem Zellabschnitt. Dagegen sind für das Innenglied und die Zilienbasis keine modalitätsspezifischen Ausprägungen beschrieben worden (Abb. 15.27). Die hier lokalisierten Funktionen sind anscheinend für Rezeptoren aller Reizmodalitäten in ähnlicher Weise erforderlich. Die Sensormechanismen prägen sich in Photo- und Mechanorezeptoren in modalitätsspezifischen Ultrastrukturen aus. Für Photorezeptoren ist eine starke Erweiterung der Membranfläche im Außenglied charakteristisch (bis zu einem Faktor 100 erweitert gegenüber einer glatten Umhüllung). Sie resultiert aus der beträchtlichen Menge an Photopigment-Protein, die in dieser Membran des Außengliedes zugunsten einer hohen Trefferwahrscheinlichkeit für Lichtquanten untergebracht ist. Die dadurch notwendige Membranfaltung ist entweder fingerförmig (Mikrovilli, Abb. 15.27d, i) oder lamellenförmig (Abb. 15.27e) ausgebildet. Chemorezeptoren (Abb. 15.27a, c, h) besitzen anscheinend keine ähnlich große Zahl von Rezeptormolekülen; soweit bei ihnen eine Membranflächen-Vergrößerung vorkommt, geht sie nicht über eine Aufsplitterung des Außengliedes in einige Äste hinaus (Abb. 15.27c), oder es sind, wie bei den Wirbeltieren, mehrere Zilien mit geißelförmigen Fortsätzen vorhanden. In Mechanorezeptoren mit modifiziertem Zilium (Abb. 15.27b) enthält die Außengliedspitze im Bereich

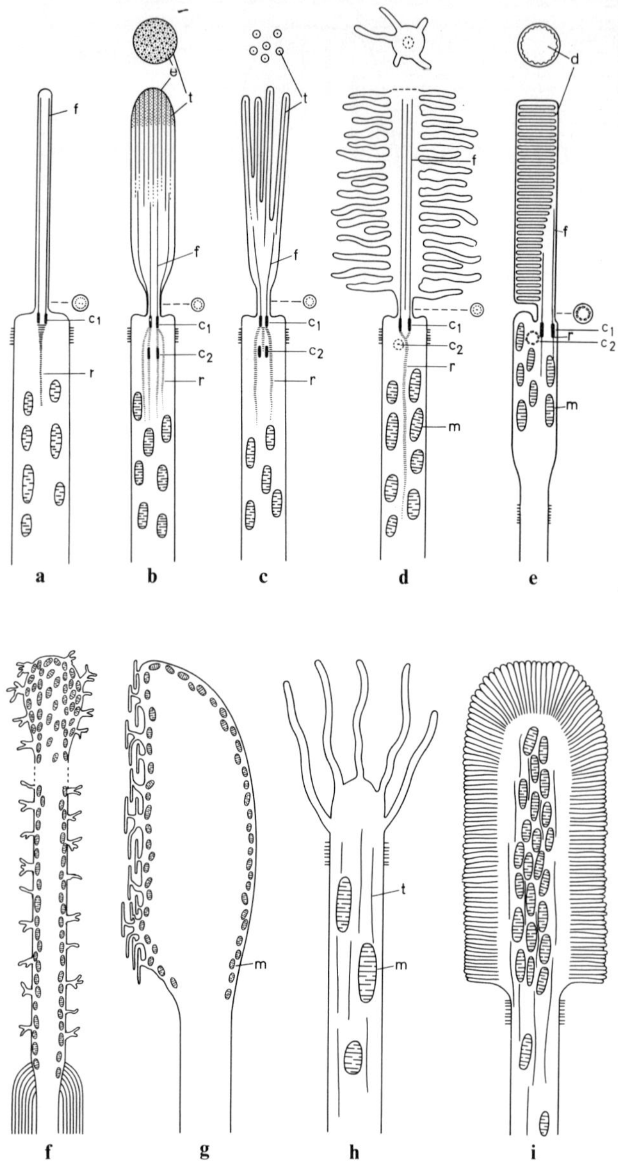

Abb. 15.27a–i. Rezeptorische Zellregionen (schematisierte Längsschnitte) für unterschiedliche Modalitäten des adäquaten Reizes. Obere Reihe: **(a–e)** ziläre Epithel-Sinneszellen. Untere Reihe: **h, i** nicht-ziläre Epithel-Sinneszellen (epithelialer Bau für **i** unsicher): **f, g** nicht-ziläre, nicht-epitheliale Sinneszellen. **a** nicht erkennbar spezialisierter Mechano- oder/und Chemorezeptor eines Plattwurms; **b, f, g** Mechanorezeptoren eines Insekts, eines Säugetiers und eines Krebses; **c, h** Chemorezeptoren eines Insekts und eines Reptils; **d, e, i** Photorezeptoren einer Meduse, eines Wirbeltieres und eines Plattwurms. Die schraffierten Zonen auf der Außenseite der Zellen symbolisieren die Zonen der Membranverbindungen zu benachbarten Zellen des Epithels. Vergrößerungen für **f, g** etwa 4mal geringer als für die übrigen Schemata. [Schemata **b–e** und **g–i** nach Thurm, U.: General organization of sensory receptors. In: Processing of optical data by organisms and by machines (W. Reichardt, Ed.), pp. 44–68. London: Academic Press, 1969; Schema **a** nach MacRae, E.K.: The fine structure of sensory receptor processes in the auricular epithelium of the planarian, *Dugesia tigrina*. Z. Zellforsch. **82**, S. 479–494 (1967); Schema **f** nach Spencer, P.S, Schaumburg, H.H.: An ultrastructural study of the inner core of the pacinian corpuscle. J. Neurocytology **2**, 217–235 (1973).]. c_1, c_2 Zentriolen; *e* stark „gefärbtes" Material, das mit Mikrotubuli assoziiert ist; *d* Membranscheiben; *f* ziliäre Mikrotubuli; *m* Mitochondrien; *r* Zilienwurzel-Filamente; *t* plasmatische Mikrotubuli

der Reizeinwirkung eine spezielle Gruppierung von Mikrotubuli, den Tubularkörper, und integrale Membranstrukturen, die als mechanosensitive Molekülkomplexe in Betracht gezogen werden (s. 15.2.2.1e u. 15.2.2.1f). Von Mechanorezeptoren mit nicht modifiziertem Zilium (z. B. Statorezeptoren von Vertebraten und Mollusken), ist eine elektronenmikroskopisch erkennbare modalitätsspezifische Struktur nicht bekannt (vielfach sind Mikrovilli den Zilien zugeordnet). Sie sind daher ultrastrukturell von einfach gebauten Chemorezeptoren nicht immer zu unterscheiden (Abb. 15.27a); grundsätzlich ist auch eine Kombination beider Sensitivitäten innerhalb einer Zelle denkbar (so möglicherweise in Nesselzellen der Coelenteraten).

Die Menge der im Innenglied oder auch in den entsprechenden Zonen anderer Rezeptor-Bautypen akkumulierten Mitochondrien (quantifiziert nach ihrer inneren Membranfläche) zeigt keinerlei Korrelation zur Reizmodalität. Sie kann jedoch je nach dem allgemeinen Bautyp eines Rezeptors um einen Faktor 1000 unterschiedlich sein (höchste Werte bei Wirbeltier-Hautrezeptoren unterschiedlicher Modalitäten und bei Muskelspindeln). Die größten Werte ergeben eine etwa 10mal größere Mitochondrien-Membranfläche als sie in den sehr stoffwechselaktiven Leberzellen vorhanden ist. Die Hauptfunktion dieser hohen Stoffwechselkapazität in rezeptorischen Zellregionen ist wahrscheinlich die Energieversorgung des Rezeptorstroms. Bei gleicher Reizintensität ist das Stromdichte-Zeit-Integral des Rezeptorstroms wahrscheinlich wesentlich größer als das der im Axon fließenden Impulsströme. Die Notwendigkeit des stoffwechselabhängigen aktiven Ionentransports für den Rezeptorstrom und dieses Verhältnis zwischen den verschiedenen Stromflüssen sind unabhängig von der Reizmodalität und entsprechen damit der gegenüber der Reizmodalität ebenfalls invarianten Ausgestaltung des Innengliedes.

15.2.1.5 Funktionelle Folgen des epithelialen Aufbaus von Sinnesorganen

Die Elektrophysiologie von Epithelien wurde bisher vornehmlich an nicht-sensorischen Epithelien studiert (s. Kapitel 12.4) und steht für Sinnesepithelien noch am Anfang. Die oben dargestellten Ergebnisse für Rezeptoren im Innenohr des Goldfisches (Abb. 15.26) zeigten aber bereits, wie eng die Aufklärung der funktionellen Organisation der Sinneszellen mit der Berücksichtigung ihres Epithelzell-Charakters verbunden ist. An jenem Beispiel wurde die funktionelle Unterschiedlichkeit der zu den beiden Epithelseiten hingerichteten Membranregionen aufgezeigt. Hier sollen nun, zuerst in den physikalischen Grundzügen, dann an zwei physiologischen Beispielen, Folgen epithelialer Sinneszellanordnung für die elektrischen Verhältnisse in Sinneszellen skizziert werden, insbesondere elektrische Wechselwirkungen zwischen unterschiedlichen rezeptorischen und nicht-neuralen Zellen eines Epithels.

Über einer epithelialen Zell-Lage ist vielfach ein elektrischer Gradient vorhanden, der jenem über der einzelnen Zellmembran vergleichbar ist. Er entsteht, wenn die Gradienten, die über den apikalen Membranregionen der Epithelzellen gegeben sind, nicht gleich jenen über den basalen Membranregionen sind (Abb. 15.28). Dies ist immer dann der Fall, wenn (a) die beiden Medien, die an die beiden Seiten des Epithels grenzen, in ihrer ionalen Zusammensetzung nicht identisch sind, und/oder (b) die Permeabilitätseigenschaften und die Präsenz aktiver Ionentransport-Mechanismen in den Membranen der beiden Epithelseiten nicht gleich sind. In diesen Fällen sind die elektromotorischen Kräfte (EMK) der unterschiedlichen Membranregionen nicht gleich. Daraus resultiert eine transzelluläre (Differenz-) EMK zwischen der apikalen und der basalen Außenseite der einzelnen derartigen Zelle. Entscheidend ist nun, daß diese transzelluläre EMK für verschiedene Zelltypen innerhalb eines Epithels außerordentlich verschieden sein kann, obwohl diese Zellen von denselben Medien umgeben sind. Dies ist möglich, wenn die einander entsprechenden Membranregionen der verschiedenen Zelltypen sich in den Permeabilitätsverhältnissen oder in der Präsenz von Ionentransport-Mechanismen unterscheiden.

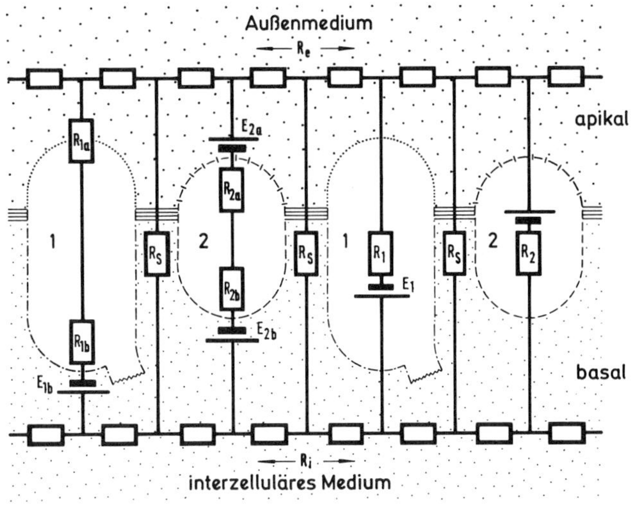

Abb. 15.28. Schematischer Querschnitt durch ein Epithel, das aus Zellen zweier verschiedener Typen zusammengesetzt ist (z. B. *1* Sinneszellen und *2* akzessorische Zellen); erhöhter Widerstand in den Zwischenzellspalten durch Membranverbindungen (Schlußleistenkomplex). Die EMKs der verschiedenen Membranregionen, die aufgrund der Unterschiede in den extrazellulären Medien und verschiedener Membraneigenschaften ungleich groß sind, summieren sich zu transzellulären EMKs, wie sie in den beiden rechten Zellen eingezeichnet sind. Bei Unterschieden zwischen den transzellulären EMKs der beiden Zelltypen fließen, in Abhängigkeit von den Widerstandsrelationen (s. Text), Ströme durch die Zellen

Die Größe des elektrischen Gradienten über dem Epithel hängt u. a. von dem Widerstand der das Epithel durchquerenden Zwischenzellspalten (als passiven Leitern) im Verhältnis zum Querwiderstand der aktiven Zellelemente ab. Je nach der Art der Membrankontakte im Schlußleistenkomplex kann der Spaltwiderstand zwischen dem eines offenen Spaltes und dem eines membranähnlich verschlossenen liegen. Im verschiedentlich verwirklichten Grenzfall verhält sich das Epithel wie eine nicht unterbrochene Membranfläche.

Für eine Darstellung der Grundzüge kann ein Netzwerk nach Abb. 15.28 als Modell eines Epithels mit gleichförmig verteilten verschiedenen Zelltypen 1, 2, ..., n dienen. Die transepitheliale Spannung, meist als Potentialdifferenz (*PD*) bezeichnet, ergibt sich für den vereinfachten Fall außer acht gelassener Epithelbegrenzung (z. B. isolierende Epithelumrandung) und vernachlässigbarer Medienwiderstände R_e und R_i aus den verschiedenen Differenz-EMKs $E_1, E_2, \ldots, E_n$ der entsprechenden Zelltypen, die mit den relativen Zellzahlen $z_1, z_2, \ldots, z_n$ und den transzellulären Leitfähigkeiten $g_1, g_2, \ldots, g_n$ vorhanden sein sollen:

$$PD = \frac{E_1 z_1 g_1 + E_2 z_2 g_2 + \ldots + E_n z_n g_n + E_S g_S}{z_1 g_1 + z_2 g_2 + \ldots + z_n g_n + g_S}.$$

Die Gleichung besagt: Die unterschiedlichen transzellulären EMKs bestimmen entsprechend der transzellulären Leitfähigkeiten die gemeinsame, über dem Zellverband liegende Spannung. Die Summe der Leitfähigkeiten aller das Epithel durchquerenden Zwischenzellspalten in der behandelten Epithelfläche geht als g_S parallel zu den Zellelementen ein, evtl. mit einer von 0 verschiedenen Diffusions-EMK E_S. Wie bei nicht-sensorischen Epithelien, so ist auf Grund des Schlußleistenaufbaus auch bei manchen Sinnesepithelien wahrscheinlich $g_S < g_1 + g_2 + \ldots + g_n$ (so in den unten betrachteten Beispielen), in anderen, noch nicht geprüften Sinnesepithelien ist vielleicht $g_S > g_1 + g_2 + \ldots + g_n$. Eine Voraussetzung für die Gültigkeit der Gleichung ist, daß keine niederohmigen Plasma-zu-Plasma-Verbindungen, wie sie in vielen Epithelien zwischen Zellen gleicher Typen vorhanden sind, zwischen Zellen unterschiedlicher Typen existieren. Diese Voraussetzung ist verschiedenen Befunden zufolge mindestens für die im folgenden betrachteten Beispiele erfüllt.

Ist die transzelluläre EMK einer Zelle E_n ungleich *PD*, so fließt durch sie fortlaufend ein Strom

$$\begin{aligned} I_n = (PD - E_n)\, g_n = & -g_1 z_1 (PD - E_1) \\ & - g_2 z_2 (PD - E_2) - \ldots - g_n (z_n - 1)(PD - E_n) \\ & - g_S (PD - E_S)\,. \end{aligned}$$

Dieser Strom ist für den betrachteten einfachsten Fall (R_e und R_i sowie Epithelumrandung vernachlässigbar) gleich der negativen Summe aller Ströme, die durch die übrigen Zellen des Epithels fließen. Das bedeutet: Zellen beliebigen Typs, deren E_n von der transepithelialen Spannung abweichen, sind von Einfluß auf einen Strom, der durch eine Rezeptorzelle fließt und der in dieser Zelle Träger des Signals ist. Dies gilt u.a. auch für Stromanteile, deren Energiequelle in nicht-neuralen Epithelzellen liegt, die somit Energie für den Rezeptorstrom beitragen. Es gilt auch für benachbarte Rezeptorzellen, die auf Grund einer adäquaten Reizung vorübergehend ihre Leitfähigkeit g und/oder ihre transzelluläre EMK E ändern; auf Grund der Vorzeichen-Beziehung bedeutet dies eine antagonistische Wechselwirkung zwischen den Erregungszuständen benachbarter Sinneszellen.

Bei der detaillierteren Betrachtung einzelner Sinnesepithelien kann die Frage nach der Strom- und Spannungsausbreitung in der Fläche des Epithels nicht unberücksichtigt bleiben. In der Umgebung einer lokalen transepithelialen Spannungsquelle breitet sich die Spannung über dem Epithel wie in einem zweidimensionalen Kabel nach einer Bessel-Funktion aus. Der Halbwertsradius beruht, entsprechend der Längskonstante des eindimensionalen Kabels, auf dem Verhältnis der Medienwiderstände R_e und R_i zum transepithelialen Widerstand. Er liegt z. B. für das Riech- und Rachenepithel des Frosches bei mehreren 100 μm. Die Epithelfläche, durch die der Strom einer Einzelzelle in solchem Fall hindurchtritt, hat damit im Vergleich zu einem durchschnittlichen Querwiderstand dieser Zelle einen so viel geringeren Widerstand, daß eine Einzelzelle in einer Umgebung von Zellen geringerer transzellulärer EMKs keine nennenswerte transepitheliale Spannung aufbauen kann. In dem einen der unten angeführten Beispiele (Abb. 15.29b) führt die hohe transzelluläre EMK einer einzelnen Zelle innerhalb einer weniger aktiven Epithelumgebung zu einer hohen transepithelialen Spannung auf Grund eines hohen äußeren Medienwiderstandes R_e (Insekten-Cuticula), der einen Halbwertsradius der Spannungsausbreitung in der Größenordnung von nur 10 μm zur Folge hat. Im anderen Beispiel (Abb. 15.29a) muß der Halbwertsradius in der erstgenannten Größenordnung angenommen werden; trotzdem führen kleine Gruppen transportaktiver Zellen zu beträchtlicher transepithelialer Spannung: Dieses Sinnesepithel mit seinen Spannung erzeugenden Zellen und nur geringen inaktiven Epithelflächen ist in sich zu einem Hohlzylinder geschlossen, so daß keine größere inaktive, stromaufnehmende Epithelumgebung existiert.

Die hier nur im Abriß skizzierten Zusammenhänge lassen offensichtlich durch unterschiedliche quantitative Ausgestaltung eine große Vielfalt verschiedener physiologischer Auswirkungen zu. Das Spektrum denkbarer und wahrscheinlich auch existierender Ausgestaltungen von Sinnesepithelien reicht von Vernachlässigbarkeit epithelialer Wechselwirkungen bis hin zu einer entscheidenden Steigerung der Sinneszell-Empfindlichkeit durch den epithelialen Zusammenschluß von Sinneszellen mit Zellen hoher transzellulärer EMK. Auch manche beobachtete Wechselwirkung zwischen benachbarten Sinneszellen, die für die Informationsverarbeitung von Belang ist, könnte auf einem gemeinsamen Stromkreis im Epithel beruhen.

Das Hörorgan der Säuger, die Cochlea, und sensorische Zellgruppen in der Epidermis von Insekten stellen zwei Beispiele hochentwickelter funktioneller Koppelungen zwischen Sinneszellen und bestimmten nicht-neuralen Epithelzellen dar. In völlig unabhängigen Linien hat sich ein ähnliches Funktionsschema entwickelt (Abb. 15.29a, b). In der Epidermis von Insekten ist in jeder sensorischen Zellgruppe (Sensillum) jeweils eine Epithelzelle (tormogene Zelle) auf die Ausführung eines intensiven Kationen- (insbesondere

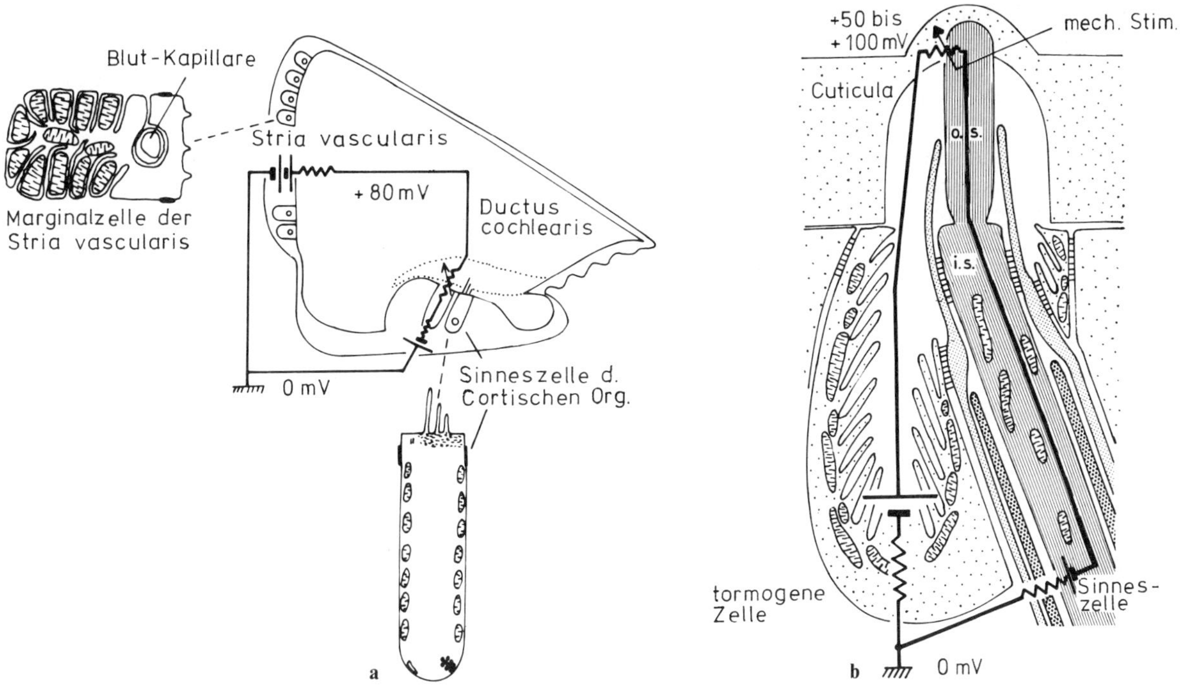

Abb. 15.29a, b. Rezeptorstromkreise (stark vereinfacht) in hochentwickelten epithelialen Sinnesorganen. **a** Querschnitt durch eine Cochlea-Windung im Innenohr der Säuger mit den Sinneszellen und Marginalzellen der Stria vascularis als aktiven Funktionselementen. [Nach Davis, H.: A model for transducer action in the cochlea. Cold Spring Harbor Symposia **30**, 181–189 (1965) und Hinojosa, R., Rodriquez-Echandia, E.L.: The fine structure of the stria vascularis of the cat inner ear. Amer. J. Anat. **118**, 631–664 (1966).] **b** Schnitt senkrecht zur Cuticula und Epidermis durch eine mechanorezeptorische Funktionseinheit (Sensillum) auf der Haltere einer Fliege. [Nach Thurm, U.: Basics of the generation of receptor potentials in epidermal mechanoreceptors of insects. In: Symposuim "Mechanoreception" (J. Schwartzkopff, ed.). Rheinisch-Westfälische Akademie der Wissenschaften, Abhandlung Band 53, S. 355–384 (1974).] In beiden Diagrammen sind gehäuft auftretende Mitochondrien eingezeichnet. o.s., i.s. (ziliäres) Außen- bzw. Innensegment des Sinneszelldendriten

K^+-)Transportes (aus der Zelle hinaus in den Außenraum = Rezeptorlymphraum) spezialisiert (Abb. 15.29b); er verleiht der ausführenden apikalen Zellmembran eine besonders hohe, nach außen positiv gerichtete EMK (Membranpotential von ca. 100 mV in mechanorezeptorischen Sensillen von Schaben). Über der Zellgruppe liegt als Folge der Transportaktivität eine transepitheliale Spannung von 20–100 mV (außen positiv). Im Säugerohr sind die Marginalzellen der Stria vascularis (Abb. 15.29a) ebenfalls auf einen intensiven Kationentransport spezialisiert. Sie enthalten — in noch ungeklärter Weise — eine ebenfalls zur Apikalseite positiv gerichtete transzelluläre EMK. In beiden Beispielen ist die Aktivität der genannten Zellen mit einer Anreicherung von K^+ in den apikalen Medien verbunden (115 mM bis 180 mM bei Sensillen von Insekten; 154 mM im Ductus cochlearis der Ratte; auf den basalen Epithelseiten liegen dagegen 6 bis 60 mM bzw. 6,9 mM K^+ vor). Die K^+-Konzentration im apikalen Außenmedium ist damit ähnlich dem allgemein im Zellinneren vorhandenen [K^+]-Wert. Für alle apikalen Membranregionen ist daher nur mit einer geringfügigen oder vernachlässigbaren K^+-EMK zu rechnen, während im allgemeinen gerade der K^+-Gradient das Membran-Ruhepotential weitgehend bestimmt, wie es auch für die basalen Membranregionen der betrachteten Sinneszellen angenommen werden muß. Dies bedeutet, daß diejenigen Zellen dieser Epithelien, die keine zusätzliche, auf einem Transportvorgang beruhende, nach außen positive EMK enthalten — wie es für die Sinneszellen angenommen werden muß — eine in apikaler Richtung negative transzelluläre (Differenz-)EMK darstellen, d.h. eine EMK, die der zuvor genannten der nicht-neuralen Zellen in ihrer Polarität entgegen gerichtet ist. Durch adäquate mechanische Reizung sinkt die transepitheliale Spannung. Dies läßt sich auf eine Leitfähigkeitssteigerung in der apikalen Sinneszellmembran zurückführen, die die transepitheliale Spannung in Richtung auf die umgekehrt polarisierte transzelluläre Sinneszell-EMK zieht (transepitheliales Rezeptorpotential). Mit dieser Leitfähigkeitserhöhung steigt der Stromfluß durch die Sinneszelle: er depolarisiert die basale Membranregion. In der basalen Membran wird der nächste Schritt der Signalübertragung (Impuls-Generation oder Transmitter-Sekretion) ausgelöst. Indem die transportspezialisierten Epithelzellen auf dem Weg über die transepitheliale Spannung die Größe des depolarisierenden Stromes in den Sinneszellen mitbestimmen, steigern sie die Empfindlichkeit der Sinneszellen. Ein zusätzlicher Einfluß der Spannung auf den Leitwert der Rezeptormembran kann jedoch zu einem komplizierteren Zusammenhang zwischen Empfindlichkeit und transepithelialer Spannung führen.

Der funktionelle Zusammenschluß von Sinneszellen mit nichtneuralen Zellen in einem Epithel enthält die Möglichkeit einer Steuerung der Sinneszellempfindlichkeit durch Einwirkung auf die nichtneuralen Zellen. Hinweise auf eine Realisierung dieser Möglichkeit, jedoch noch keine direkten Belege gibt es für beide hier betrachteten Systeme: Die Transportaktivität der tormogenen Zellen in den sensorischen Zellgruppen der Insekten-Epidermis kann humoral (durch Serotonin bei Schaben) gesteigert werden mit dem Effekt einer Erhöhung der transepithelialen Spannung; dies könnte eine Empfindlichkeitssteigerung zur Folge haben. In der Cochlea von Reptilien wurden efferente Synapsen an nicht-neuralen Epithelzellen in der Umgebung der Sinneszellen gefunden; eine synaptisch bewirkte Leitfähigkeitsänderung in diesen Zellen könnte ebenfalls die Empfindlichkeit der Sinneszellen beeinflussen.

15.2.1.6 Integration der Teilmechanismen: der Rezeptorstromkreis

Die gegenwärtig noch fragmentarischen Einzelergebnisse über den sensorischen Transduktionsprozeß lassen für einige epitheliale Rezeptoren von Wirbeltieren und Insekten doch bereits gemeinsame Grundzüge der Organisation des Rezeptorstromkreises erkennen. Darüber hinaus unterscheiden sich die einzelnen Rezeptortypen jedoch in zahlreichen Details. Ob der Unterschied zu nicht-epithelialen Rezeptoren mehr als nur die morphologische Anordnung der Funktionselemente betrifft, läßt sich gegenwärtig noch nicht entscheiden.

Wesentliche Merkmale des in Abb. 15.30 dargestellten Grundschemas des Rezeptorstromkreises sind:

a) Eine elektrische Quelle, die ihre Energie aus dem aktiven Na^+-K^+-Transport bezieht, ist in der Membran des *basalen* Bereichs der rezeptorischen Region lokalisiert (im Innensegment primärer Rezeptorzellen). Diese Quelle ist vorwiegend eine K^+-Diffusions-EMK. Die Stoffwechselenergie für die Aufrechterhaltung dieser EMK wird innerhalb dieser Zellregion bereitgestellt, in der ebenfalls der Ionentransport stattfindet.

b) Eine depolarisierende Reaktion der Sinneszelle wird durch eine reizgesteuerte Zunahme der Membranpermeabilität in Teilen der *apikalen* Membranregion bewirkt. Der depolarisierende Strom wird durch diese Membran von einem Einwärtsfluß von Kationen getragen (Na^+ und/oder K^+). Die EMK für diesen Strom liegt teilweise in anderen Membranregionen (s. a und e), so daß bei apikal niedrigem K^+-Gradient (hohe $[K^+]$ außen) auch K^+ den Strom hier einwärts tragen kann.

c) Der Ort der Permeabilitätsänderung kann räumlich getrennt vom Ort der primären Reizumsetzung (Sensor) liegen. Für Photorezeptoren der Vertebraten liegt diese Distanz in der Größenordnung von 1 µm.

d) Während einer Depolarisation fließen Kationen innerhalb der Zelle von apikal nach basal.

e) In einigen Sinnesepithelien sind zusätzliche elektrische Quellen, die in nicht-neuralen Epithelzellen lokalisiert sind, in den Rezeptorstromkreis eingeschlossen. Ihre Polarität ist so gerichtet, daß diese Quellen den Rezeptorstromfluß steigern (Apikalseite positiv).

Anscheinend ist die ionale Zusammensetzung des apikalen Einwärtsstromes von Ionen bei verschiedenen Rezeptortypen erheblich verschieden. Sie ist wahrscheinlich mit dem K^+/Na^+-Verhältnis im apikalen Außenmedium korreliert.

In bemerkenswerter Analogie steht dieses Grundschema des Ionenflusses und der Verteilung der Funktionselemente in epithelialen Sinneszellen zu den Verhältnissen in bestimmten, für die Absorption oder Sekretion von Na^+-Ionen spezialisierten Epithelzellen (z. B. der Froschepidermis, des distalen Tubulus der Niere und des Ausführungsganges der Speicheldrüse von Säugern). Wie bei den Sinneszellen tritt ein passi-

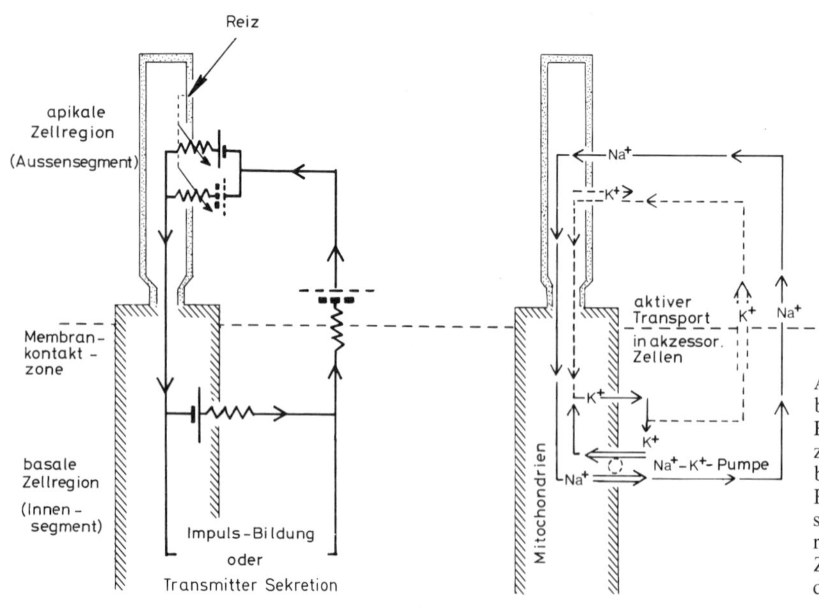

Abb. 15.30. Prinzipdarstellung des Ersatzschaltbildes (links) und der Kationenflüsse (rechts) des Rezeptorstromkreises in epithelialen Sinneszellen. Zusammenfassende Modelle aufgrund der bisherigen Ergebnisse von unterschiedlichen Rezeptortypen (s. Text). Doppellinige Pfeile symbolisieren aktiven Transport. Bei den Photorezeptoren der Vertebraten befindet sich die Zone der Membrankontakte nicht apikal, sondern basal des Innensegments

ver Ionenfluß auf der *Apikalseite* in diese Epithelzellen ein, der durch einen in der *basalen* Membranregion lokalisierten Na^+-K^+-Transport aufrechterhalten wird. Epitheliale Sinneszellen können als ionentransportierende Epithelzellen betrachtet werden, die auf eine spezifische Steuerbarkeit des Ionendurchtritts durch bestimmte Außeneinwirkungen („Reize“) spezialisiert sind.

Literaturauswahl

Jaenicke, L. (Ed.): Biochemistry of sensory functions. 25. Colloquium der Gesellschaft für Biologische Chemie, Mosbach 1974. Berlin-Heidelberg-New York: Springer 1975.

Loewenstein, W. R. (Ed.): Principles of receptor physiology. Handbook of Sensory Physiology, Vol. I. Berlin-Heidelberg-New York: Springer 1971.

Thurm, U.: General organization of sensory receptors. In: Reichardt, W. (Ed.): Processing of optical data by organism and by machines pp. 44–68, London: Academic Press 1969.

Thurm, U., Küppers, I.: Epithelial physiology of insect sensilla. In: Locke, M., Smith, D. (eds.): Insect biology in the future. London, New York: Academic Press 1980.

15.2.2 Biophysik der Mechanorezeption

15.2.2.1 Mechano-elektrische Transduktion

Ulrich Thurm

a) Leitwertsteuerung in der Rezeptormembran

Lokale adäquate Deformationen steuern in mechanorezeptorischen Sinneszellen den Leitwert einer Zellmembran-Region und verursachen damit den Fluß des Rezeptorstromes und eine lokale Änderung der Membranspannung, das Rezeptorpotential (s. 15.1 u. 15.2.1) (Abb. 15.31). Der Nachweis vergleichbarer Reaktivität bei Einzellern (z. B. dem Pantoffeltierchen *Paramecium*) und bei Pflanzenzellen macht deutlich, daß Mechanosensitivität ein Grundphänomen lebender Organismen ist. In epithelialen Mechanorezeptorzellen von Vertebraten und Insekten ist die durch den Reiz gesteuerte Permeabilität kationenselektiv; sie unterscheidet nur wenig zwischen verschiedenen Alkaliionen (im Unterschied zu den selektiveren Leitfähigkeiten der Axonmembran, aber ähnlich wie in postsynaptischen Rezeptormembranen, s. 15.1). Diese Permeabilität ist gegenüber bestimmten größeren organischen Ionen begrenzt; daraus läßt sich auf etwa 0,7 nm Durchmesser von Membrankanälen schließen.

Die Latenzzeit zwischen dem Beginn eines mechanischen Reizes und dem Anstieg des Membranleitwerts liegt zwischen 15 µs (im Wirbeltierohr bei 37° C) und 100 µs (Insekten-Rezeptoren bei ca. 20° C) (Abb. 15.31). Sie liegt damit in derselben Größenordnung wie diejenige der elektrisch steuerbaren Natrium-Kanäle der Axonmembran und schneller thermischer Reaktionen des Rhodopsinmoleküls, ist jedoch ca. 100fach kürzer als die Leitwertreaktion eines Photorezeptors. Diese kurze Latenz läßt eine enge Kopplung eines mechanosensitiven Molekülteils an ein Kanaltor oder deren Identität erwarten. In die gleiche

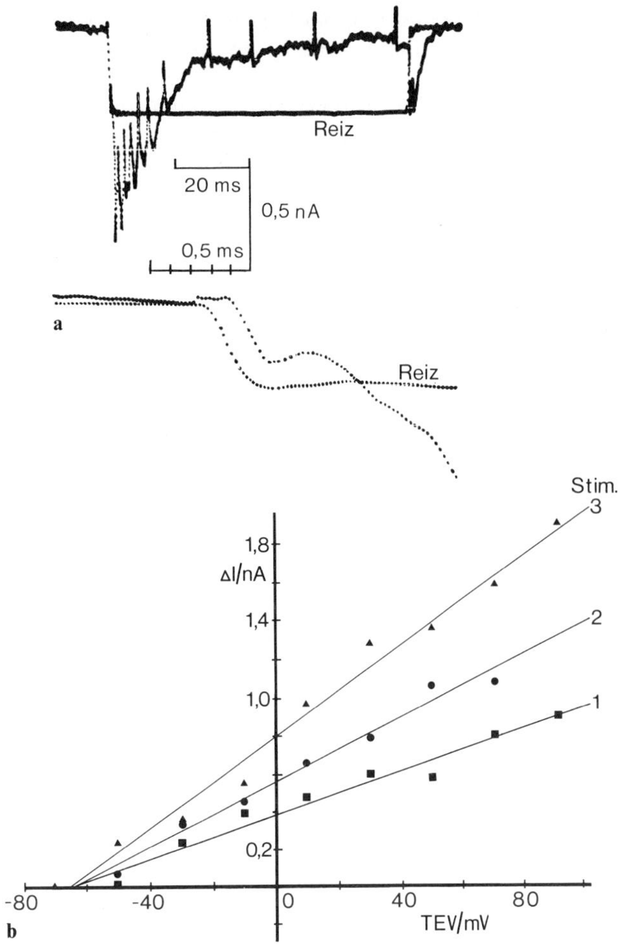

Abb. 15.31. a Latenz und Zeitverlauf des transepithelialen Rezeptorstroms mit überlagerten Nervenimpulsen einer mechanorezeptorischen Zelle eines Borsten-Sensillums auf dem Thorax der Fliege *Calliphora* in zwei verschiedenen Zeitauflösungen. Der zweite Strahl zeigt jeweils den Reizverlauf an (Abbiegung der Borste), der durch Photodioden gemessen wurde. **b** Spitzenamplituden des transepithelialen Rezeptorstroms einer Mechanorezeptor-Zelle wie in **a** bei drei verschiedenen Reizamplituden *(1–3)* als Funktion der transepithelialen Spannung. Die Steilheiten der linearen Regressionsgeraden geben die reizabhängigen Leitwertänderungen an. (Messungen: B. Vohwinkel)

Richtung deutet die weitgehende Unabhängigkeit des Membran-Öffnungsvorgangs von der Stoffwechselversorgung, die an Insekten-Mechanorezeptoren beobachtet wurde und die auch für den elektrischen Steuervorgang in der Axonmembran gilt. In diesen Rezeptoren ist jedoch der Öffnungsvorgang der mechanisch steuerbaren Kanäle nicht durch elektrische Spannungsänderungen hervorzurufen (Abb. 15.31) (dagegen ist ein Einfluß der Membranspannung auf die Adaptation zu finden).

b) Die Frage nach Sensormolekülen und ihrem adäquaten Reiz

Während die primäre Leitwerts- und zumindest die Spannungsreaktion von etlichen Mechanorezeptortypen beschrieben ist, ist die Frage nach der Existenz und Lokalisation von spezifisch mechanosensitiven Molekülen, die diese Reaktionen steuern, für keinen Mechanorezeptor abschließend beantwortet. Mechano-elektrische Transduktion ist vielfach als Resultat einer unspezifischen Membrandehnung interpretiert worden, wobei spezielle Rezeptormoleküle nicht gefordert wurden. Diesen Interpretationen steht jedoch entgegen, daß die für diesen Steuervorgang ausreichenden minimalen Energiebeträge ähnlich niedrig sind wie für Photorezeptoren: Für das menschliche Ohr und für Vibrationsorgane von Heuschrecken und Schaben jeweils für das *Gesamtorgan* einige 10^{-18} Ws (Energie eines Lichtquants grünen Lichtes, das *eine* Lichtsinnes*zelle* reizt $5 \cdot 10^{-19}$ Ws; vgl. auch 15.2.2.2b γ_3 und 15.2.2.3b β). Diese Ergebnisse sind nur dann verständlich, wenn ein wesentlicher Teil dieser Reizenergie relativ wenigen speziellen Molekülen zugeführt wird, die so gebaut sind, daß eine bestimmte, absolut sehr kleine Energieänderung in Form einer speziellen aufgezwungenen Lageänderung eines Molekülteiles zu einer wirkungsvollen Steuerung der Membranpermeabilität führt. Derartige Moleküle oder Molekülkomplexe bezeichnen wir als Sensoren. Eine quasi-kontinuierliche Steuerung der Leitfähigkeit durch die Zahl geöffneter Kanäle sowie die enge Kopplung von Sensitivität und Kanälen fordern die Existenz einer hinreichenden Zahl einzeln aktivierbarer Sensoren. Die Beschreibung des molekularen Reizvorgangs muß letztlich die Energie angeben, die diesen Molekülen zugeführt wird und die eine Kanalöffnung bewirkt. Diese Energie — eine mechanische Arbeit — ist als Weg mal Kraft zu beschreiben und die Richtung der Kraft auf die Ultrastruktur zu beziehen.

Elastische oder viskoelastische Strukturen, die parallel und in Serie zu den rezeptorischen Zellregionen bzw. Molekülkomplexen liegen, machen es in den meisten Mechanorezeptoren jedoch praktisch unmöglich, den Reizvorgang bis zum molekularen Niveau zu verfolgen. Sie passen vielfach eine hohe Empfindlichkeit der Rezeptorregion an große Kräfte und Verformungswege, die auf diese Organe einwirken, durch eine Untersetzung um viele Zehnerpotenzen an (Beispiel: große Mechanorezeptor-Borsten von Fliegen benötigen ein um ca. 10^5 größeres Reiz-Drehmoment als die unten besprochenen Fadenhaare von Grillen bei wahrscheinlich höchstens 10fach höherem Bedarf an Steuerenergie).

Die reizaufnehmende Zellregion weist bei vielen Mechanorezeptoren spezielle Strukturen auf, wie fingerförmige Ausläufer (0,1–0,2 µm ∅; wenige µm lang), Mikrovilli und oder mehr oder weniger modifizierte Zilien, die als Orte der Transduktion in Betracht kommen. Auch in Pacinischen Körperchen der Säuger ist die Rezeptorendigung, die früher vielfach als besonders einfaches Beispiel einer sensorischen Nervenendigung angesehen wurde, durch fingerförmige Ausläufer spezialisiert (s. Abb. 15.25f). Hinweise bestehen, daß für Rezeptoren mit fingerförmigen Ausläufern eine Querkompression (Quetschung) der Ausläufer der adäquate Reiz auf dem Zellniveau ist (maximale Durchmesserverminderung 30 nm = 20 % bei Muskelrezeptoren von Krebsen, s. Abb. 15.25g). Für epitheliale Sinneszellen mit unmodifizierten Zilien (im Ohr der Säuger ist der Zilienschaft sekundär reduziert) und mehr oder weniger stark entwickelten Mikrovilli („Stereozilien"), die Strömungs-, Gleichgewichts- und Hörorgane u. a. von Coelenteraten, Mollusken und Vertebraten aufbauen, besteht der adäquate Reiz auf Zellniveau in einer Abbiegung oder Scherung der Zilien und/oder der Mikrovilli (z. B. im Statoorgan von Fröschen Abbiegung um 2° für maximale Depolarisation) (s. 15.2.2.2b γ_4 und Abb. 15.86). Die Empfindlichkeit dieser Zellen hat eine kosinusförmige Richtcharakteristik (d. h. Abbiegung 180° gegen die depolarisierende Richtung führt zu Hyperpolarisation), deren Achsenlage generell mit dem morphologisch polaren Querschnitt der Zilien übereinstimmt.

Über Strukturen und Vorgänge der Reizaufnahme und -umsetzung auf dem Molekül-Niveau liegen für diese Rezeptortypen noch keine Ergebnisse vor. Die folgenden Abschnitte skizzieren für einen Insekten-Rezeptor den gegenwärtigen Stand der Annäherung an das molekulare Niveau des Transduktionsmechanismus[1].

c) Bau und Reizmechanik mechanorezeptorischer Sensillen von Insekten

Mechanorezeptoren in der Körperwand von Insekten sind Epithelzellen mit einem stark modifizierten Zilium als Außenglied des Dendriten und einem mit dem Zentralnervensystem verbundenen Axon (Abb. 15.25b). Jeweils eine Sinneszelle ist mit zwei bis drei epithelialen Hilfszellen und einem cuticularen Apparat (z. B. einer Borste) zu einer funktionellen Einheit, einem Sensillum, zusammengeordnet (Abb. 15.27b). Das Rezeptoraußenglied ragt in den von den Hilfszellen unter der Chitin-Cuticula gebildeten Rezeptorlymphraum hinein. Seine Spitze ist mit dem cuticularen Apparat verbunden, der den mechanischen Reiz auf die Sinneszelle überträgt und diese durch seine spezielle Ausgestaltung an eine der vielen unterschiedlichen Rezeptor-Funktionen anpaßt. Als reizwirksame Deformation konnte auf dem Zell-Niveau die Querkompression der Außengliedspitze (Eindellung) eingegrenzt werden. Andere auftretende Verformungskomponenten erwiesen sich als unwirksam.

Sensillen mit ca. 1 mm langem Fadenhaar (Trichobothrien) auf den Cerci (Anal-Anhängen) von Grillen, die schwache Luftströmungen und niedrige Schallfrequenzen rezipieren, bieten aufgrund der Konstruktion ihrer reizübertragenden Mechanik die Möglichkeit, die Energie sowie die Verformungs-Weglänge und die erforderliche Kraft für die Reizung der Dendritenspitze annäherungsweise zu bestimmen. Im Unterschied zu den elastischen Gelenken der meisten anderen Haar- und Borstensensillen sind diese Fadenhaare an einer sehr dünnen, abgewinkelten Cuticula-Lamelle aufge-

[1] Noch unpublizierte Ergebnisse entstanden in Zusammenarbeit mit J. Gödde, H. Kastrup, Th. Keil, W. Völker u. B. Vohwinkel.

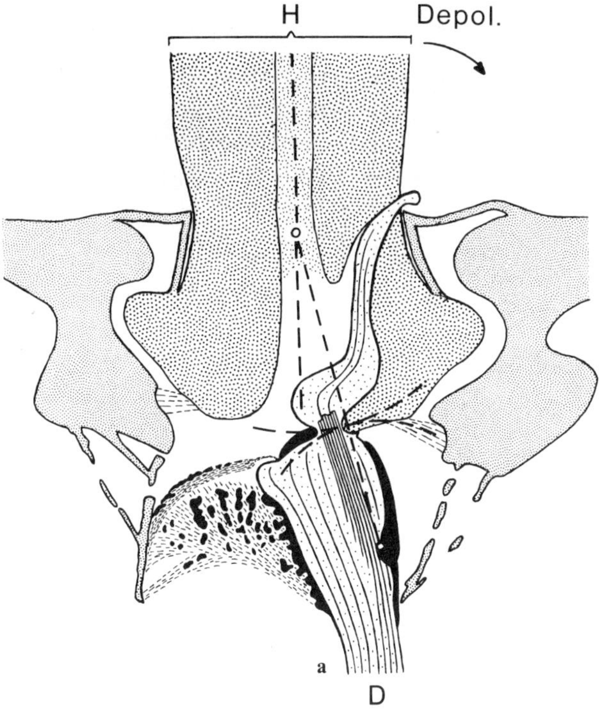

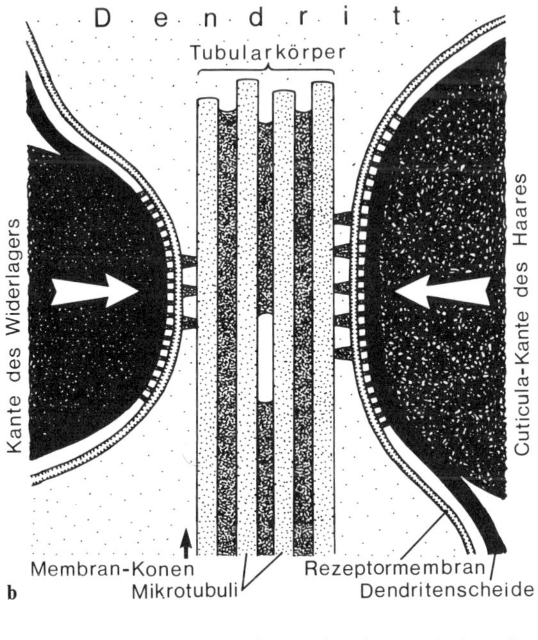

Abb. 15.32. a Schema der Gelenkregion eines Fadenhaar-Sensillums des Heimchens *Acheta*. Schnitt in der Längsachse des Haares *H*, quer zur Gelenkachse. *D*: Spitze des Dendriten mit Tubularkörper. *Depol.*: Richtung der zu einer Depolarisation der Rezeptorzelle führenden Haarauslenkung. **b** Schema der Reizübertragung auf die Dendritenspitze eines Fadenhaar-Mechanorezeptors. *Pfeile* geben die Richtung der Krafteinwirkung, die eine Depolarisation der Rezeptorzelle bewirkt, an. Der Vorschub der Haarkante für eine maximale Reaktion beträgt in dieser Vergrößerung etwa 0,5 mm. (Nach Keil und Thurm)

hängt. Die Auslenkbarkeit des Haares wird durch eine etwa elliptische Ausgestaltung des Gelenks nahezu auf eine Ebene eingeschränkt (Abb. 15.32). Ein 3–5 μm langer basaler Hebelarm des Haares drückt bei Haarauslenkung mit einer schmalen Kante die Dendritenspitze gegen eine gegenüberstehende ähnliche cuticulare Kante, die über ein elastisches Polster an der Cuticula-Wandung abgestützt ist; dieser Druck führt zu einem depolarisierenden Rezeptorpotential. Bei Auslenkung in entgegengesetzter Richtung zieht der Hebel an der Dendritenspitze und bewirkt damit eine Membranpotential-Steigerung (Abb. 15.33). Die Rückstellkraft des Haares, die im quasi-stationären Abbiegungszustand der von außen einwirkenden Kraft entgegengerichtet gleich ist, wird zu etwa 50% durch die Dendritenspitze in Serie mit dem elastischen Kissen aufgebracht, wie Messungen nach Auflösung der zellulären Teile zeigen.

d) Weg, Kraft und Energie des mechanischen Reizes

Die für eine Auslenkung eines Sinneshaares erforderliche Energie läßt sich nach der Messung der Federkonstanten dieses Haares (Drehmoment/Auslenkwinkel) berechnen, die Federkonstante wiederum aus seiner Resonanzfrequenz bestimmen: Mit einer am Haar befestigten ferromagnetischen Kugel entsteht ein im Magnetfeld anstoßbares schwingendes System; die Haarauslenkungen werden in mikroskopischer Projektion mit Photodioden registriert. Die oberen Grenzwerte der Verformungs-Weglänge und der verformenden Kraft an der Dendritenspitze folgen aus Auslenkwinkel und Drehmoment bei Einsetzen der basalen Hebellänge der Haares. Rezeptorpotentiale und Nervenimpulse können durch den angeschnittenen Haarkanal transepithelial abgegriffen werden, läßt man das Haar in eine elektrolytgefüllte Elektrodenkapillare eintauchen.

Die dynamischen Amplituden der Rezeptorpotential-Antworten sind eine sigmoide Funktion des Haar-Auslenkwinkels mit der Ruhestellung des Haares am Beginn des depolarisierenden steilsten und linearen Bereichs (Abb. 15.33). Diese Reiz-Reaktionsbeziehung ist sehr ähnlich jener von Haarsinneszellen der Vertebraten, auch im Hinblick auf die vorhandene Ruhe-Spikefrequenz. Bei langen Fadenhaaren steuern Auslenkungen um wenige 0,1° die möglichen Spannungsänderungen voll aus. Bei länger währenden Haarauslenkungen verstellt sich die Lage des Arbeitsbereichs um bis zu 5°. Für eine maximale Reaktion werden dem Sinneshaar einige 10^{-16} Ws zugeführt (entsprechend der Energie einiger 100 bis 1000 Quanten grünen Lichts), von denen nur ein Teil auf die Sinneszelle übertragen wird (s. o.). Der obere Grenzwert der Dendriten-Durchmesseränderung beträgt dabei 10–20 nm, der der wirksamen Kraft $1\text{–}5 \cdot 10^{-8}$ N (1–5 pp). Graduierte Potentialänderungen, die Nervenimpulse synchronisieren, lassen sich für Haarauslenkungen von wenigen Milligrad beobachten, die zu Verformungswegen an der Dendritenspitze in der Größenordnung von 0,1 nm führen. Die zugeführte Reizenergie liegt dabei in

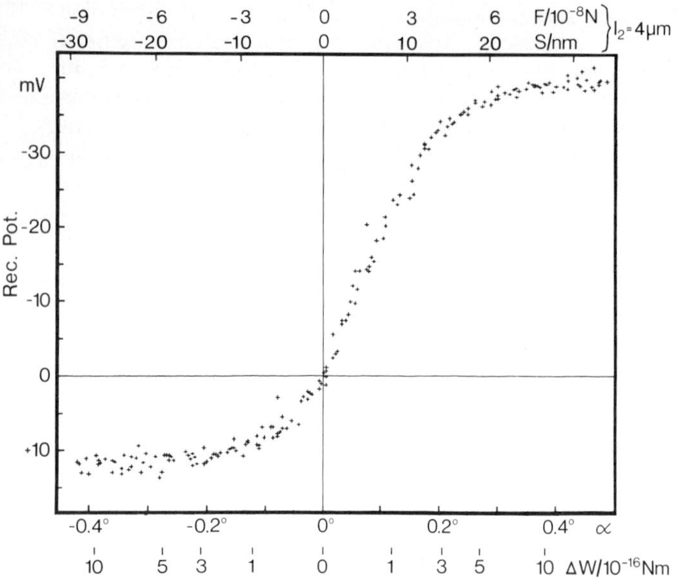

Abb. 15.33. Spitzenamplituden des Rezeptorpotentials eines Fadenhaar-Mechanorezeptors von *Acheta* als Funktion des Winkels α der Haarauslenkung. 0°: Ruhestellung des Haares; negative Spannungen: Depolarisation der Zelle; *F*: Kraft an der Dendritenspitze; *S*: Verformungsweg; ΔW: dem Haar zugeführte Energie; l_2: basale Hebellänge. (Messungen: J. Gödde)

der Größenordnung von 10^{-19} Ws, d.h. unter dem Energiegehalt eines Quants sichtbaren Lichts. Reproduzierbare Potentialreaktionen sind noch für Verformungswege der Dendritenspitze unter 0,05 nm nachweisbar. Bei dieser Amplitude bleibt ungewiß, ob noch jede einzelne Auslenkung beantwortet wird. Sowohl Bewegungsunregelmäßigkeiten des Haares wie auch das elektrische Spannungsrauschen des Rezeptors sind größer als die letztgenannten Reize und Reaktionen. Diese werden nur bei regelmäßiger zeitlicher Verteilung erkennbar.

e) Ultrastruktur der reizaufnehmenden Zellregion

Die reizaufnehmende Dendritenspitze enthält in epidermalen Mechanorezeptoren von Insekten und anderen Arthropoden eine Gruppierung von Mikrotubuli, die über eine Länge von 1–2 µm untereinander mit einer amorphen, osmiophilen Substanz verbunden sind. Die Zahl der Mikrotubuli (20–2000) und die Anordnung der Komponenten sind in diesem, als Tubularkörper bezeichneten Komplex, bei unterschiedlichen Rezeptoren sehr verschieden (Abb. 15.34). Stets jedoch findet sich bei genügend gut untersuchten Rezeptoren eine geordnete Lage von Mikrotubuli hinter der Zellmembran, die über Brücken mit der Membran verbunden ist. In geeigneten Objekten mit möglichst guter Strukturerhaltung (Gefriersubstitution) zeigt sich, daß die Tubulus-Membran-Brücken (ca. 18 nm Länge) innerhalb der Membran regelmäßig angeordnet sind (2000/µm²), jedoch nicht regelmäßig mit einem Tubulus in Kontakt stehen und daß ihre breitere Basis einen wesentlichen Prozentsatz der inneren Lamelle der Membran darstellt (Abb. 15.34). Mit den Tubuli stehen sie über lang dehnbare Filamente in Verbindung. Die Tubulus-Membran-Brücken sind demnach integrale Membrankomponenten (wahrscheinlich Proteine); wir bezeichnen sie als membranintegrierte Konen. Sie sind nur in jenem Abschnitt des Rezeptoraußengliedes vorhanden, der die reizwirksamen Verformungen empfängt (Abb. 15.32).

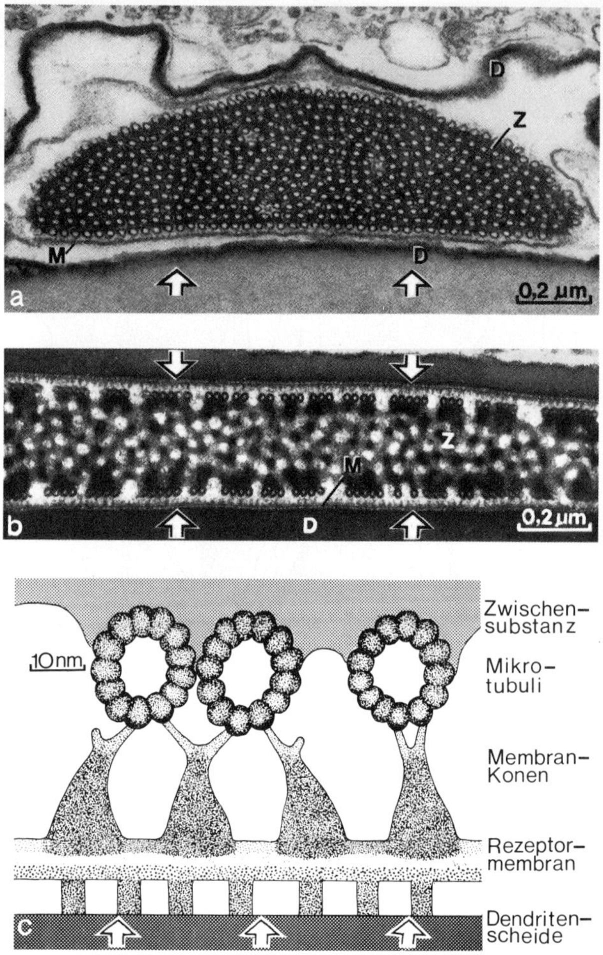

Abb. 15.34. Querschnitte von Dendritenspitzen mit Tubularkörpern: **a** Fadenhaar-Rezeptor von *Acheta* (wenig oberhalb der Reizzone; Aufnahme: Th. Keil); **b** campaniformer Rezeptor der Haltere von *Calliphora* (Aufnahme: W. Völker). *D*: Dendritenscheide; *M*: Rezeptormembran; *Z*: Zwischensubstanz. **c** Schematisierte Nachzeichnung des Membran-Mikrotubulus-Komplexes mit membranintegrierten Konen im Tubularkörperbereich campaniformer Mechanorezeptoren von *Calliphora*. (Nach Völker und Thurm.) *Pfeile* geben die Richtung der Krafteinwirkung des Reizes an

In den oben betrachteten Fadenhaar-Sensillen liegt die Außenglied-Membran im Bereich der Annäherung an den Tubularkörper massiven cuticularen Strukturen fest auf (verbunden über eine stets vorhandene, hier relativ dünne cuticulare Scheide und Abstand herstellende Brücken) (Abb. 15.32). Außerhalb dieser Zone ist eine mechanische Beanspruchung (z.B. Dehnung) der Membran bei den auftretenden Reizwegen aufgrund der Formgebung der Membran nicht zu erwarten. Ein wesentlicher Anteil der Reizkraft wird daher auf die zwei zueinander in Serie stehenden Gruppen von je etwa 500 Membran-Konen konzentriert (s. o.: Reduzierung der Rückstellkraft nach Auflösung der plasmatischen Strukturen).

f) Physik des Reizvorgangs auf molekularem Niveau

Die Membran-Konus-Komplexe erfüllen Voraussetzungen, die sie als Rezeptormoleküle (Sensoren) in Betracht kommen lassen; ihre Konstruktion kann die Leistungsfähigkeit der Rezeptoren verständlich machen:

a) Angesichts der Kleinheit der von der Sinneszelle aufgenommenen Verformungsenergie, die für die Steuerfunktion an der Grenze des physikalisch Hinreichenden liegt, ist zu erwarten, daß diese Energie auf das Minimum an Molekülen konzentriert wird, das für die Leitwertsteuerung erforderlich ist. Bei voller Konzentrierung des Vervormungsweges auf die Membran-Konen betrüge die Stauchung für maximale Rezeptordepolarisation etwa 50% ihrer mittleren Länge, für kleine Reaktionen weniger als 1%. Anordnung und Bau der Membran-Konus-Komplexe machen es wahrscheinlich, daß die Energie kleiner Reize bei den untersuchten Zellen tatsächlich zu großem Teil in diesen Molekülkomplexen absorbiert wird. In elektronenmikroskopischen Aufnahmen, die meist auch Verformungen des Tubularkörpers zeigen, ist für Membran-Konen die höchste prozentuale Verformbarkeit erkennbar (die in dieser Weise sicherbaren Verformungen liegen jedoch oberhalb des physiologischen Arbeitsbereichs).

b) Die Membran-Konen erfüllen die aus der kurzen Latenz abgeleitete Erwartung, daß Sensor und gesteuerter Membrankanal in engem Kontakt zueinander stehen. Die Zahl mechanisch steuerbarer Membrankanäle, die gegenwärtig aus einer Ermittlung maximaler Leitwertänderung der Rezeptormembran nur abschätzbar ist, liegt in derselben Größenordnung wie die der Membran-Konen desselben Rezeptortyps und legt somit den Gedanken an eine 1:1 Beziehung nahe.

c) An einem Rezeptortyp mit annähernd radiärsymmetrischem Gelenk und Tubularkörper ließ sich durch selektive Adaptation unterschiedlicher Verformungsrichtungen feststellen, daß die Sensorelemente kontinuierlich verteilt sein müssen und sich unterschiedliche Subpopulationen separat reizen lassen. Diese funktionell erschlossene Sensor-Verteilung stimmt mit der elektronenmikroskopisch in diesem Rezeptor gefundenen radiärsymmetrischen Verteilung der Membran-Konen überein.

d) Da schon Reizstärken wirksam sind, die der gesamten Rezeptorendigung einen Energiebetrag der Größenordnung nur eines Lichtquants zuführen, ist es sehr wahrscheinlich, daß die fluktuierende thermische Energie ΔW_T der einzelnen Sensormoleküle wesentlich zur Energie W_S des Schaltvorgangs dieser Moleküle beiträgt, nach der Gleichung

$$W_S = W_0 + \Delta W_T + \Delta W_R \tag{15.21}$$

(W_0 = willkürliches Energie-Bezugsniveau). Eine bestimmte Reizgröße, die den Sensoren im Mittel ΔW_{Ri} zuführt, aktiviert dann all jene Sensoren, für die

$$\Delta W_{Ri} + \Delta W_T + W_0 \geqq W_S. \tag{15.22}$$

Da die Zahl von Sensoren S_{wt}, deren thermische Energie in einer Raumrichtung (der Reizrichtung) $\geqq \Delta W_T$ ist, nach der Boltzmannschen Energieverteilung

$$S_{wt}/S_{w0} = e^{-\frac{\Delta W_T}{kT}} \tag{15.23}$$

beträgt (S_{w0} = Zahl von Sensoren mit mindestens der Bezugsenergie W_0, k = Boltzmann-Konstante, T = absolute Temperatur), so ergibt sich die Zahl von aktivierten Sensoren S_S als Funktion der zugeführten Reizenergie ΔW_R durch Kombination von (15.23) und (15.21) zu

$$S_s/S_{w0} = e^{\frac{\Delta W_R}{kT}} \cdot e^{-\frac{W_S - W_0}{kT}}, \tag{15.24}$$

sofern nur ein kleiner Anteil der vorhandenen Sensoren aktiviert wird. Veranlaßt jeder aktivierte Sensor einen gleichen Zuwachs des Membranleitwerts (Kanalöffnung), so ist ein exponentieller Anstieg des Leitwerts bei linear ansteigender Reizenergie zu erwarten (der zweite Exponent ist bei konstanter Temperatur eine Konstante). Bei Rezeptoren wie denen der hier behandelten Fadenhaar-Sensillen, deren gesamte konenbesetzte Membran nahezu einheitlich der Einwirkung der Reizkraft unterliegt, hängen kleine dynamische Spitzenleitwerte g_{dyn} (absolute Leitwerte) tatsächlich exponentiell von einem Reizparameter, dem Auslenkungswinkel α des Haares ab (vgl. Abb. 15.33):

$$g_{dyn} = g_{max} \cdot e^{(\alpha + \delta)/\sigma} \tag{15.24a}$$

(δ und σ: Winkelkonstanten; g_{max}: Sättigungsleitwert). Die auf die Rezeptorendigung wirkende Reizkraft ist im interessierenden Bereich proportional zur Haarauslenkung; für die Leitwert-steuernde Energie gilt dies ebenfalls, sofern die Kraft nur über eine konstante Weglänge atomarer Größenordnung für die Steuerung in den Sensoren wirksam wird. Für den gesamten Reaktionsbereich werden die dynamischen Spitzenleitwerte der Rezeptormembran durch eine Sättigungsfunktion auf der Basis von (15.24a) gut beschrieben:

$$g_{dyn} = g_{max} \cdot e^{(\alpha + \delta)/\sigma} / (1 + e^{(\alpha + \delta)/\sigma}). \tag{15.24b}$$

Diese Funktion folgt aus (15.24) und (15.24a), wenn die Summe aktivierter und nicht aktivierter Sensoren konstant ist und alle Sensoren aktiviert werden können.

Dieser theoretische Ansatz fordert für einen e-fachen Leitwertanstieg eine Energiezuführung von $1\,kT$ für jeden Sensor ($4 \cdot 10^{-21}$ Ws bei 17° C). Im Beispiel von Abb. 15.33 wurden dem Sinneshaar etwa 10000 kT für e-fachen Leitwertanstieg zugeführt, von denen ein Teil auf die Sinneszelle überging; die Zelle enthielt etwa 1000 Membran-Konen. Dieses Resultat darf aus mehreren Gründen nicht überbewertet werden; aber es zeigt, daß die Membran-Konen auch unter energetischem Aspekt als Sensoren in Betracht kommen und daß die Größenordnung der Reizenergie physikalisch plausibel ist.

Der theoretische Ansatz macht verständlich, daß für den Energiegehalt eines mechanischen Reizes keine scharfe untere Grenze gefunden wird, im Unterschied zur Quantelung von Licht- und chemischen Reizen. Dies gilt ebenso für die elektrische Steuerung des Leitwerts von Axonmembranen, für die auch eine ähnliche exponentielle Beziehung zwischen Reiz (Membranspannung) und Leitwert besteht (sofern der positive Rückkopplungsvorgang der Nervenimpuls-Bildung nicht in Gang gesetzt wird). Eine Grenze der Reizgröße ist für mechanische und elektrische Steuerungen nur als Grenze der Unterscheidbarkeit eines Reizes innerhalb des thermischen Rauschens gegeben; die Lage dieser Grenze hängt nicht zuletzt von der zeitlichen Verteilung des Reizes und von übergeordneten Auswertungsmechanismen ab.

Anders auch als bei Photorezeptoren kann in einer mechanisch oder elektrisch empfindlichen Membran in einem Reiz allen Sensoren ein ähnlicher, graduierbarer Energiebetrag zugeführt werden. Der quasi-kontinuierliche Anstieg des Membranleitwerts bei kontinuierlicher Reizzunahme wird, wie oben dargestellt, durch die Boltzmannsche Verteilung der thermischen Energie erklärt. Durch sie fluktuiert die effektive Empfindlichkeit jedes einzelnen Sensors fortwährend; dadurch sind zu jedem Zeitpunkt Sensoren, trotz gleicher Struktur, mit um mehrere Zehnerpotenzen verschiedenen Empfindlichkeiten vorhanden, bei größter Häufigkeit der geringsten Empfindlichkeit.

Literaturauswahl

Corey, D.P., Hudspeth, A.J.: Response latency of vertebrate hair cells. Biophys. J. **26**, 499–506 (1979).

Hodgkin, A., Huxley, A.F.: A quantitative description of membrane current and its application to conduction and excitation in nerve. J. Physiol. **117**, 500–544 (1952).

Hudspeth, A.J., Corey, D.P.: Sensitivity, polarity, and conductance change in the response of vertebrate hair cells to controlled mechanical stimuli. Proc. Natl. Acad. Sci. USA **74**, 2.407–2.411 (1977).

Møller, A. (Ed.): Basic mechanisms in hearing. New York: Academic Press 1973.

Thurm, U.: An insect mechanoreceptor. I. Fine structure and adequate stimulus. II. Receptor potentials. Cold Spring Harbor Symp. Quant. Biol. **30**, 75–94 (1965).

15.2.2.2 Schallrezeption am Beispiel der Säugetiere und der Menschen

Eberhard Zwicker und Geoffrey Manley

a) Einleitung

Unter Schallrezeption wird die Wahrnehmung von physikalischen Schallreizen verstanden. Häufig werden zwei grundsätzlich verschiedene Bereiche der Reizverarbeitung im Gehör unterschieden. Im einen Bereich werden Schallschwingungen unter Beibehaltung des Schwingungscharakters verarbeitet, wobei auch Nichtlinearitäten auftreten können. Dieser Teil wird als Antransportorgan bezeichnet. Am Ende des Antransportorgans werden die vorverarbeiteten Schwingungen Sinneszellen zugeführt, welche die mechanischen Schwingungsvorgänge in elektrische Aktionspotentiale umcodieren. Hier beginnt des Gehörorgans zweiter Teil, in welchem die neuronale Verarbeitung durchgeführt wird, die letztlich zur Hörempfindung führt. Diese Zweiteilung des Sinnesorgans „Gehör" trifft bei fast allen Tierarten zu und erleichtert das Verständnis wesentlich.

Das Gehör höherer Säugetiere ist nach allem, was bisher bekannt wurde, demjenigen des Menschen sehr ähnlich. Deshalb können psychoakustische Untersuchungsergebnisse beim Menschen (quantitative Aussagen von Versuchspersonen über Hörempfindungen) und die Resultate von Verhaltensexperimenten beim Tier mit physiologischen Untersuchungsergebnissen an Säugetieren (morphologische Beobachtungen und neurophysiologische Ableitungen) verglichen und gemeinsam diskutiert werden.

Aus den zahlreichen Eigenschaften des Gehörs sollen im folgenden vor allem das auf peripheren Vorgängen beruhende Frequenzauflösungsvermögen und einige nichtlineare Effekte exemplarisch herausgegriffen und unter den genannten Gesichtspunkten besprochen werden. Zunächst wird jedoch der Antransport der Schallschwingungen, ihre Transformation in neuronale Information und ihre Weiterverarbeitung beschrieben.

b) Gehörorgan

α) Außenohr

Was im allgemeinen Sprachgebrauch als „Ohr" bezeichnet wird, ist das Außenohr. Es ist bei verschiedenen Tieren unterschiedlich ausgebildet und kann häufig in Form und Richtung verändert werden. Dies ist insbesondere bei Tieren, deren Überlebensaussichten von der aufgenommenen akustischen Information abhängen, sinnvoll, denn das Außenohr hat im wesentlichen die Aufgabe, möglichst viel Schallenergie und diese möglichst nur aus der interessierenden Richtung aufzufangen und über den Gehörgang zum Trommelfell weiterzuleiten.

In Abb. 15.35 sind Außenohr, Gehörgang, Mittelohr und Innenohr des Menschen schematisch dargestellt. Der Gehörgang bietet einerseits Schutz vor einer Beschädigung des Trommelfells und des Mittelohres, andererseits ist er notwendig, weil das Innenohr möglichst nahe am Gehirn liegen (kurze Nervenleitung) und im Knochen der Schädelkapsel (geringe Beeinflussung von durch Muskelbewegungen hervorgerufenen Störschwingungen) lagern muß. Der Gehörgang beeinflußt die Aufnahme von Schallschwingungen insbesondere in demjenigen Frequenzbereich positiv, in dem seine Länge etwa einem Viertel der Wellenlänge der Schwingung in Luft entspricht. Beim Menschen führt dies zu der großen Empfindlichkeit, aber auch großen Schädigungsanfälligkeit in der Umgebung von 4 kHz.

β) Mittelohr

Der Schall, der das Außenohr trifft, besteht aus Schwingungen der Luftteilchen. Im Innenohr befinden sich Lymphen, welche auch die Sinneszellen umgeben. Zur Anregung der Sinneszellen sind Schwingungen in der Lymphflüssigkeit nötig. Die Schwingungen in Luft (kleine Kräfte, große Auslenkungen) müssen also in Schwingungen in wasserähnlicher Lymphe (große Kräfte, kleine Auslenkungen) übergeführt werden. Weil der Schallwellenwiderstand $\varrho \cdot c$ (ϱ = Dichte des Mediums, c = Fortpflanzungsgeschwindigkeit des Schalles im Medium) in Luft mehr als 1000mal geringer ist als in Wasser, muß

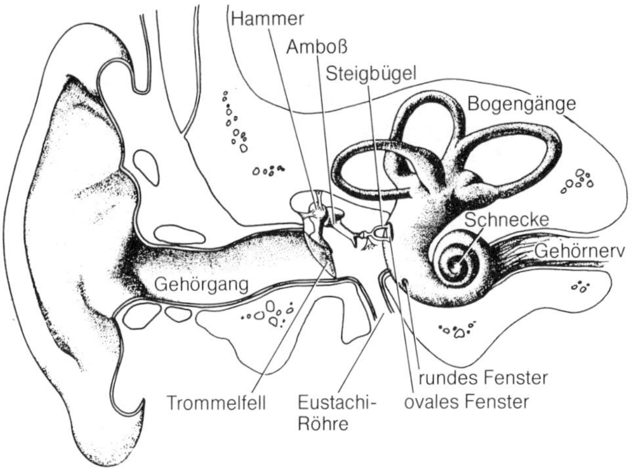

Abb. 15.35. Schematisiertes Bild von Außen-, Mittel- und Innenohr des Menschen

eine Transformation im Mittelohr stattfinden, durch welche die Widerstände aneinander angepaßt werden. Bei elektrischen Schwingungen werden dazu Transformatoren benützt. Bei mechanischen Schwingungen (fester Körper) kann dies durch Hebelübersetzungen erfolgen. Genau dies ist die Aufgabe des Mittelohres: Die trichterförmige, sehr leichte, aber stabile Membran des Trommelfelles fängt die Luftschwingungen auf. Das Trommelfell arbeitet in einem großen Frequenzbereich als Druckempfänger; es ist mit dem „Hammerstiel" fest verbunden (Abb. 15.35). Über die aus sehr hartem Knochen bestehenden Gehörknöchelchen Hammer, Amboß und Steigbügel (Abb. 15.36) werden die Schwingungen des Trommelfelles auf die Steigbügelfußplatte übertragen. Diese bildet zusammen mit der sie umgebenden ringförmigen Membran des ovalen Fensters den Eingang zum Innenohr. Neben der Hebelübersetzung, welche die Gehörknöchelchen leisten, wird vom Mittelohr auch eine Transformation entsprechend dem Verhältnis der Fläche des Trommelfelles (groß) zur Fläche des ovalen Fensters (klein) durchgeführt. Beides zusammen wirkt so, daß beim Menschen im mittleren Frequenzbereich um 1 kHz das mit Gehörknöchelchen und Innenohr belastete Trommelfell genau an den akustischen Wellenwiderstand der Luft angepaßt ist.

Der Mittelohrraum ist über die Eustachische Röhre (Abb. 15.35) mit dem Rachenraum verbunden. Normalerweise ist diese Verbindung geschlossen, wodurch ein von der Umgebung abgetrennter Mittelohr-Luftraum entsteht. Nur beim Schlucken öffnet sie sich kurzzeitig, so daß ein Druckausgleich stattfinden kann, wenn durch äußere Einflüsse, die Über- bzw. Unterdrucke zur Folge haben (z. B. Bergfahrten, Benützung von Aufzügen), die Ruhestellung des Trommelfelles und damit auch der „Arbeitspunkt" auf der Übertragungskennlinie der nachfolgenden Gehörknöchelchenreihe verändert worden ist. In solchen Fällen hört man nach dem Schlucken wieder normal.

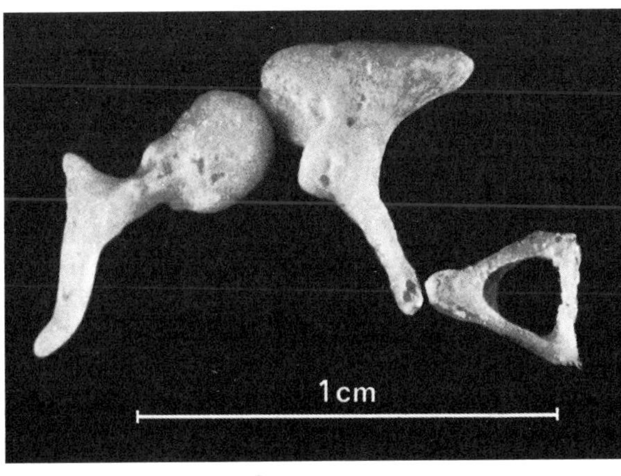

Abb. 15.36. Gehörknöchelchen des Menschen

γ) Innenohr

1) Struktur. Das Innenohr des Menschen ist in einem sehr harten Knochen — dem Felsenbein — eingelagert und hat die Form einer Schnecke (Abb. 15.35). Bei anderen Säugetieren, z. B. Nagetieren und Fleischfressern, ragt das Innenohr — meist mit mehreren Windungen — in einen Hohlraum, die Bulla, hinein. Die schneckenförmige Cochlea ist mit zwei Flüssigkeiten gefüllt. Ein Schnitt durch die Cochlea eines Meerschweinchens ist in Abb. 15.37 schematisch dargestellt. Die Cochlea besteht aus drei Kanälen oder Skalen, die nebeneinander von der Basis bis zur Spitze laufen. Die Fußplatte des Steigbügels ist in direkter Verbindung mit der Scala vestibuli. Da die Scala vestibuli von der Scala media nur durch die sehr dünne Reissnersche Membran getrennt wird, können vom Standpunkt der Hydromechanik die Schwingungen dieser beiden Skalen als eine Einheit betrachtet werden. Durch die Flüssigkeiten erreichen die Schwingungen die Basilarmembran. Auf dieser Membran, die die Scala media von der Scala tympani trennt, befindet sich das Cortische Organ mit den Sinneszellen. Da sowohl die Flüssigkeiten als auch der umgebende Knochen weitgehend inkompressibel sind, muß sich eine am ovalen Fenster aufgebrachte Schwingung ausgleichen können. Der Ausgleich erfolgt über die Basilarmembran bzw. — bei sehr tiefen Frequenzen — über eine an der Schneckenspitze befindliche Verbindung zwischen Scala vestibuli and Scala tympani (das Helicotrema) und dem runden Fenster, das die Scala tympani an der Schneckenbasis abschließt. Die Flüssigkeit in den Scalen tympani und vestibuli ist die Perilymphe, eine Na^+-haltige Lymphe, die anderen Körperflüssigkeiten ähnelt und mit der Flüssigkeit des Gehirnraumes in Verbindung steht. Die Flüssigkeit der Scala media, die Endolymphe, steht in Verbindung mit dem Inhalt der Räume des Gleichgewichtssystem und ist eine Lymphe mit hohem K^+-Gehalt. Die dichten Membranen der Zellen der Scala media verhindern den Verlust der Kalium-Ionen durch Diffusion. Eine Ionenaustauschpumpe mit hohem Energiebedarf, die sich in der äußeren Wand der Scala media befindet, die Stria vascularis, ersetzt den Verlust jeglicher Kalium-Ionen und erzeugt gleichzeitig ein positives Potential von 80–100 mV in der Scala media — gemessen gegenüber der Perilymphe. Die Basilarmembran und das Cortische Organ sind am Schneckeneingang, der basalen Windung, schmal, an der Schneckenspitze (apikale Windung) jedoch etwa dreimal breiter. Die Zahl der Windungen ist von Spezies zu Spezies verschieden und liegt zwischen $1^1/_2$ und $4^1/_2$. Dementsprechend findet man auch Variationen in der Länge der Basilarmembran und der Zahl der Sinneszellen. Abgesehen von diesen Faktoren ist die Struktur des Innenohres bei allen Säugetieren fast gleich.

2) Hydromechanik des Innenohres. Über die Schwingungsform der Basilarmembran bei Anregung des ovalen Fensters hat insbesondere der Nobelpreisträger von Békésy viele experimentelle Untersuchungen durchgeführt. Er hat dabei die Scala media als ein im ganzen schwingendes System betrachtet. Für diese Näherung weisen die Basilarmembran und die Reissnersche Membran dieselbe Auslenkung auf, bzw. verursachen dieselben Volumenverschiebungen für übereinander liegende Ausschnitte. Unter diesen Einschränkungen reicht es aus, lediglich die Auslenkung der Basilarmembran zu beschreiben, was in diesem Abschnitt getan werden soll.

Von Békésy konnte bei seinen Untersuchungen die Vorstellung von Helmholtz bestätigen, daß tiefe Frequenzen die Basilarmembran in der Nähe des Helicotrema, hohe Frequenzen dagegen in der Nähe des ovalen Fensters in Querschwingungen versetzen. Völlig neu war jedoch die Entdeckung von Wanderwellen im Gegensatz zu den früher angenommenen stehenden Wellen. Diese Wanderwellen der Querauslenkung der Basilarmembran beginnen beim ovalen Fenster mit sehr kleiner Amplitude, wachsen langsam an, erreichen an einer bestimmten Stelle ihr Maximum und nehmen danach gegen das Helicotrema hin rasch ab. In Abb. 15.38 sind die Auslenkungen *y* der Basilarmembran für 3 Frequenzen über der vom Helicotrema bis zum ovalen Fenster ausgestreckten Schnecke aufgezeichnet. Für die Frequenz 300 Hz ist die Welle für denjenigen Augenblick, in dem sie ihr Maximum erreicht (durchgezogen), und für einen um eine Viertelperiode früheren Zeitpunkt (gestrichelt) dargestellt. Dadurch wird der Charakter der Wanderwelle deutlich, die keine Knoten und Bäuche wie die stehende Welle besitzt. Aus den Umhüllenden (punktiert) wird ersichtlich, wie die Amplituden der Querauslenkung der Basilarmembran anwachsen und abfallen. Besonders markant ist die klare Trennung verschiedener erregender Frequenzen in verschiedene Orte der Maximalauslenkung. Wenn also ein 300 Hz-Ton, ein 1,5 kHz-Ton und ein 8 kHz-Ton gleichzeitig dargeboten werden, so werden diese Töne zwar vom Trommelfell gemeinsam aufgenommen und gemeinsam zum ovalen Fenster übertragen. Im Innenohr jedoch findet eine Trennung entsprechend Abb. 15.38 statt, so daß jeder Ton einen anderen Bereich der Basilarmembran zum Schwingen bringt. Das Innenohr führt also eine Frequenz-Orts-Transformation durch, es besitzt ein Frequenzauflösungsvermögen.

Die Auslenkungen der Basilarmembran sind sehr klein. Normale Umgangssprache erzeugt Schalldrucke von etwa 0,02 N/m^2, was einem Schallpegel von 60 dB entspricht. Die dazugehörenden Schwingungsamplituden der Basilarmembran betragen einige Zehntel nm, sie sind also in der Größe von Atomdurchmessern. An diesen Zahlen wird die außerordentlich große Empfindlichkeit des Gehörs deutlich. Wie sie zustande kommt, ist noch Gegenstand von Forschungen, deren Vorstellungen und erste Ergebnisse im nächsten Abschnitt diskutiert werden.

3) Innenohr. Die Funktion des Cortischen Organs ist die Transformation der mechanischen Schwingungen im Innenohr in ein Signal, das vom Nervensystem verarbeitet werden kann. Auf der Basilarmembran

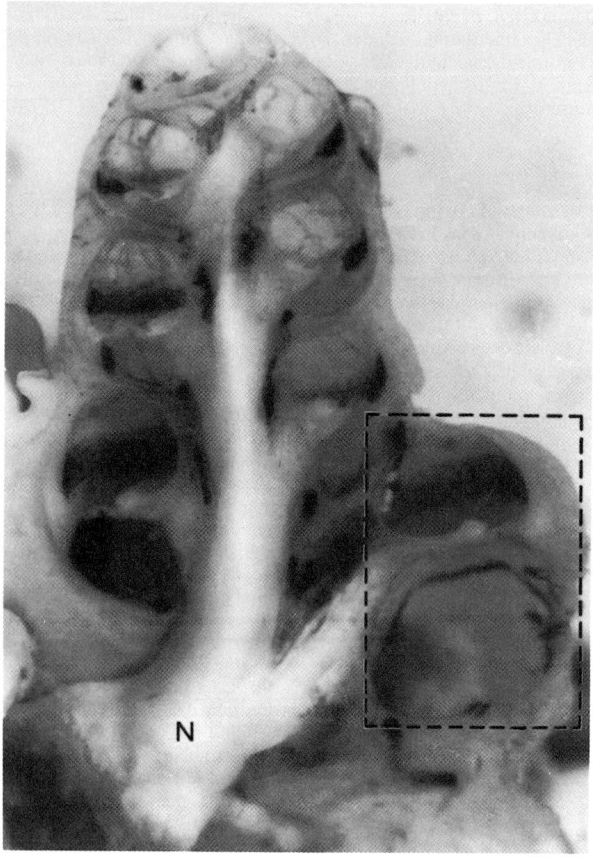

a

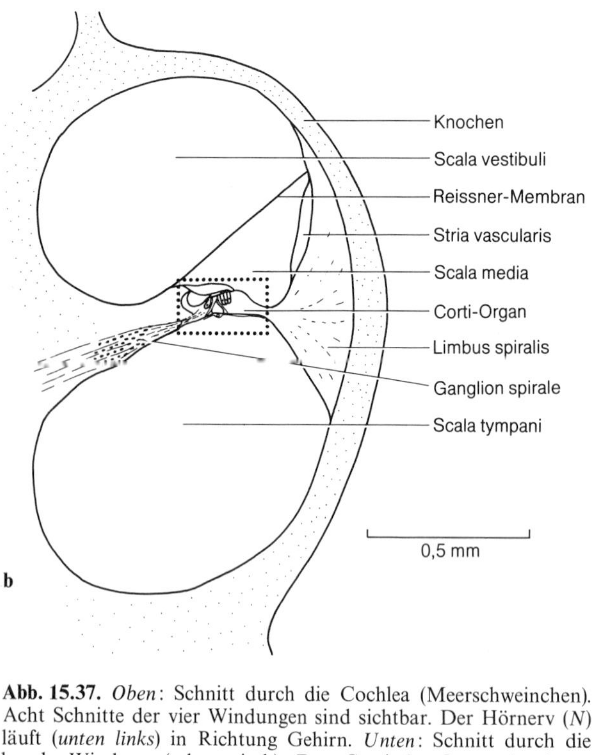

b

Abb. 15.37. *Oben*: Schnitt durch die Cochlea (Meerschweinchen). Acht Schnitte der vier Windungen sind sichtbar. Der Hörnerv (*N*) läuft (*unten links*) in Richtung Gehirn. *Unten*: Schnitt durch die basale Windung (schematisch). Das Cortische Organ (*punktiert umrandeter Ausschnitt*) ist in Abb. 15.39 weiter vergrößert

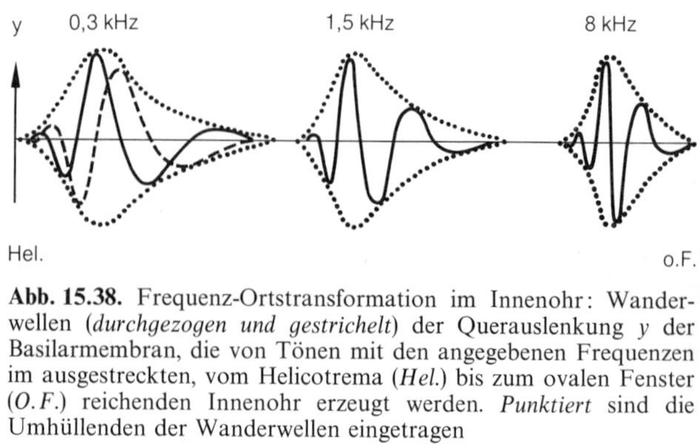

Abb. 15.38. Frequenz-Ortstransformation im Innenohr: Wanderwellen (*durchgezogen und gestrichelt*) der Querauslenkung *y* der Basilarmembran, die von Tönen mit den angegebenen Frequenzen im ausgestreckten, vom Helicotrema (*Hel.*) bis zum ovalen Fenster (*O.F.*) reichenden Innenohr erzeugt werden. *Punktiert* sind die Umhüllenden der Wanderwellen eingetragen

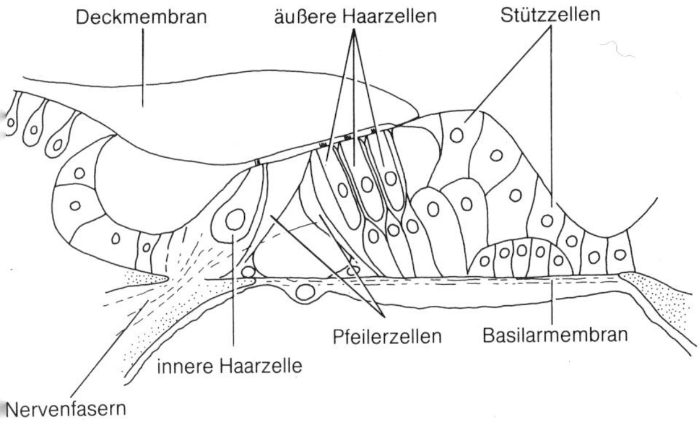

Abb. 15.39. Schematische Darstellung des Cortischen Organs und der Deckmembran des Meerschweinchens. Einzelheiten über die Struktur der inneren und äußeren Haarzellen sind in Abb. 15.41 dargestellt

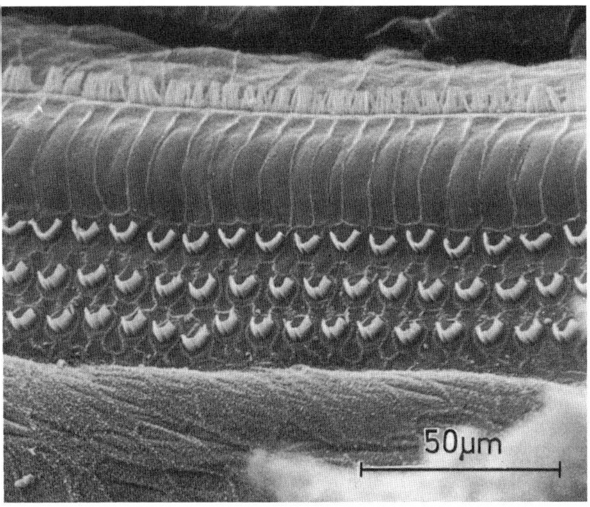

Abb. 15.40. Aufsicht auf das Cortische Organ eines Kaninchens mit drei Reihen äußerer (*unten*) und einer Reihe innerer Haarzellen (Rasterelektronenmikroskopische Aufnahme)

befinden sich die Sinnes- oder Haarzellen und verschiedene Stützzellen (Abb. 15.39), die zusammen das Cortische Organ bilden. Die wichtigsten Stützzellen sind die Pfeilerzellen, die den inneren Tunnel bilden. Die charakteristische Anordnung der Haarzellen — eine Reihe innerer Haarzellen innerhalb des inneren Tunnels und drei Reihen äußerer Haarzellen — ist in Abb. 15.40 (Oberflächenansicht) deutlich sichtbar. Die über dem Cortischen Organ lagernde Deckmembran ist am Limbus spiralis (über der knöchernen Trennwand) befestigt. Sie enthält keine Zellen und besteht aus zwei verschiedenen hydratisierten Protofibrillentypen. Sie ist in enger Verbindung mit dem Cortischen Organ außerhalb der äußeren Haarzellen und schließt dabei einen subtectorialen Raum gegen die Scala media hin ab. Es herrscht Unklarheit, inwieweit die Haare (Stereocilien) der Haarzellen mit der Deckmembran verbunden sind. Anatomische Ergebnisse deuten darauf hin, daß die Haare der äußeren Haarzellen eine stärkere Verbindung mit der Deckmembran aufweisen, während die Haare der inneren Haarzellen einen schwachen oder gar keinen Kontakt haben.

Die inneren und die äußeren Haarzellen sind verschieden aufgebaut. Die äußeren Haarzellen sind schmaler, säulenförmig und nicht — wie die inneren Haarzellen — dicht von Stützzellen umhüllt (Abb. 15.41). Es gibt auch auffallende und regelmäßige Unterschiede zwischen den intrazellulären Strukturen der zwei Haarzellentypen. Dazu kommt die interessante Tatsache, daß die afferenten Synapsen der inneren Haarzellen weitgehend der normalen Struktur einer chemischen Synapse entsprechen, die der äußeren Haarzellen jedoch abnormal sind. Diese ultrastrukturellen Unterschiede können als Indizien dafür angesehen werden, daß die inneren und die äußeren Haarzellen verschiedene Funktionen haben.

Die Haarzellen und die Nervenendigungen weisen ein Innenpotential von ca. -60 mV auf. Die Zugabe eines effektiven Reizes (z.B. eines Sinustones) erzeugt

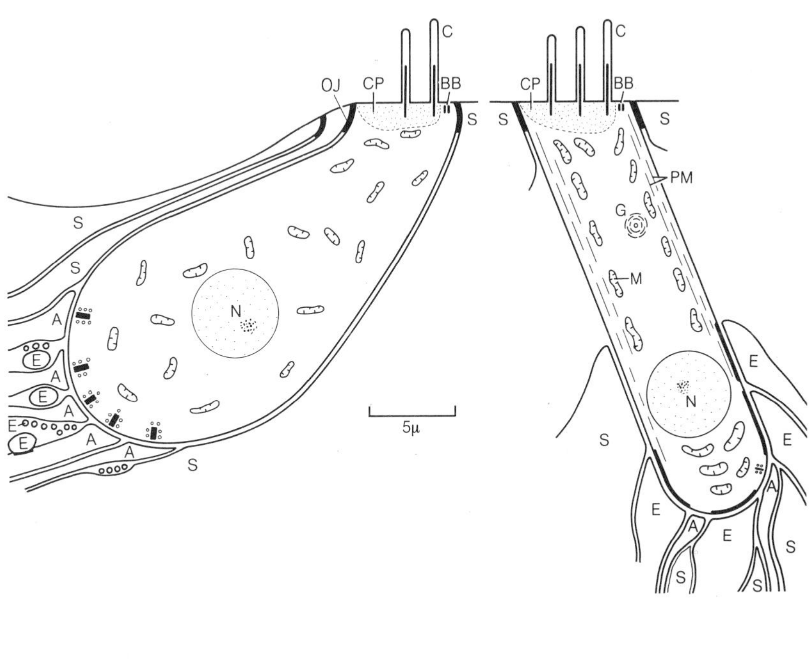

Abb. 15.41. Schematische Darstellung einer inneren (*links*) und einer äußeren (*rechts*) Haarzelle: Man beachte die unterschiedliche Ultrastruktur sowohl der Haarzellen als auch der Synapsen. *C* Stereocilien; *CP* Kutikularplatte; *BB* Basalkörper; *S* Stützzelle; *A* afferente Nervenfaser; *E* efferente Nervenfaser; *N* Zellkern; *M* Mitochondrien; *G* Golgi-Körper; *PM* periphere Membranen; *OJ* "occluding junction"

ein Rezeptorpotential in der Haarzelle, das sowohl eine Gleich- als auch eine Wechselspannungskomponente hat. Mit zunehmender Reizfrequenz reduziert sich der Wechselspannungsanteil der Antwort durch die Zeitkonstante der Zelle. Daher sinkt die Wechselspannungskomponente bei Frequenzen über 300 Hz um etwa 6 dB/Oktave ab. Bei tieferen Frequenzen verhalten sich Wechsel- zu Gleichpotentiale etwa wie 1:7. Der Gleichspannungsanteil ist positiv. Er entspricht einer Depolarisation der Zelle. Diese Potentiale beeinflussen die Abgabe der Neurotransmittersubstanzen der afferenten Synapsen. Diese chemischen Synapsen sind normalerweise auch ohne Reiz aktiv und geben in zufälliger zeitlicher Verteilung kleine Mengen des Transmitterstoffes ab. Diese Menge genügt manchmal, um ein Aktionspotential in der postsynaptischen Membran auszulösen, d.h. die sogenannte Spontanaktivität der primären Hörnervenfasern hervorzurufen. Das durch den Reiz erzeugte Rezeptorpotential erhöht die Abgabe des Transmitters, so daß eine erhöhte Rate von Aktionspotentialen zu beobachten ist. Bei Frequenzen unterhalb ca. 4 kHz ist die Wechselspannungskomponente des Rezeptorpotentials so groß, daß sich der Verlauf der Schwingungen im Zeitmuster der Aktionspotentiale widerspiegelt. Diese schwingungssynchronen Antwortmuster sind bei hohen Frequenzen nicht vorhanden. Die Spontanaktivität einzelner Nervenfasern ist unterschiedlich und liegt zwischen 1 und mehr als 100 Aktionspotentialen pro Sekunde. Fasern mit einer höheren Spontanaktivität sind empfindlicher für Schallreiz, obwohl fast alle Fasern einen dynamischen Bereich von nur etwa 40 dB aufweisen. 40 dB über der Schwelle einer Faser hat sich die Entladungsrate der Faser bei ca. 300 Aktionspotentialen pro Sekunde gesättigt. Diese Angaben können derzeit nur für innere Haarzellen gegeben werden.

Elektroden in der Cochlea leiten Reizantworten ab, die sowohl einen Gleichspannungsanteil als auch einen Wechselspannungsanteil (Reizfrequenz) aufweisen. Da die Leitfähigkeit der Flüssigkeiten groß ist, können Elektroden, z.B. am runden Fenster, Potentiale ableiten, die von weit entfernten Orten der Cochlea kommen. Diese summierten Potentiale sind nur schwer zu interpretieren. Je näher mit diesen Elektroden aus der Umgebung der Quellen, d.h. den Haarzellen, abgeleitet wird, desto einfacher ist es, die Antworten zu analysieren. Neuerdings ist es möglich geworden, mit Mikroelektroden in der unmittelbaren Umgebung — ja sogar innerhalb — einzelner innerer Haarzellen abzuleiten.

Die Antworten einzelner innerer Haarzellen sind genauso frequenzabhängig wie die der afferenten Nervenfasern. Dies läßt vermuten, daß die Aktivität dieser Nervenfasern durch die Erregung der inneren Haarzellen bestimmt wird und daß andere theoretisch mögliche Einflüsse, z.B. laterale Hemmung durch andere afferente Fasern, nicht zu finden sind. Die Tatsache, daß die starke Frequenzselektivität einzelner afferenter Nervenfasern ihren Ursprung in den inneren Haarzellen hat, läßt den Schluß zu, daß das Frequenzauflösungsvermögen des Hörsystems sehr peripher verursacht wird (siehe unten).

Die Innervation der Sinneszellen erfolgt durch Nervenfasern, die durch Löcher in der knöchernen Trennwand unter den inneren Haarzellen zu den Haarzellen laufen. Es gibt afferente (die Information läuft in Richtung Gehirn) und efferente (die Information läuft umgekehrt) Fasern. Mehr als 90% der afferenten Fasern finden Kontakt durch Synapsen mit inneren Haarzellen. Hier erfolgt fast immer eine 1:1 Zuordnung, d.h. eine Faser ist mit nur einer Haarzelle in Verbindung. Jede innere Haarzelle ist aber mit etwa 20 afferenten Nervenfasern verbunden. Der Rest der afferenten Nervenfasern (also 5–8%) liefert die spärliche Innervation der äußeren Haarzellen (Abb. 15.42). Diese Fasern überqueren den inneren Tunnel, laufen frei einen halben Millimeter basalwärts und innervieren dann mehrere äußere Haarzellen, auch in verschiedenen Reihen.

Die efferenten Fasern haben ihren Ursprung im Gehirn in der Olive (siehe Abb. 15.45). Bis jetzt liegen keine Ergebnisse vor, die eindeutig auf die Antworten oder die Aktivitäten efferenter Nervenfasern zurückzuführen sind. Dagegen gibt es eine Menge neurophysiologischer Daten von afferenten Fasern, die allerdings eine einzelne Population bilden. Frühere theoretische Vorstellungen über eine zu erwartende höhere Empfindlichkeit der afferenten Fasern der äußeren Haarzellen sind nie durch Meßergebnisse bestätigt worden.

Von der Olive der gegenüberliegenden Seite des Gehirns laufen efferente Fasern zu den äußeren Haarzellen. Obwohl es sich hier nur um etwa 500 Fasern handelt, dominieren diese efferenten Endungen in der Gesamtfläche der Synapsen der äußeren Haarzellen, in ihrer Größe und in ihrer Zahl. Efferente Fasern von der gleichen Seite des Gehirns scheinen hauptsächlich Synapsen mit afferenten Fasern der inneren Haarzellen zu bilden. Die inneren Haarzellen selbst besitzen fast nie efferente Synapsen.

Die bescheidene afferente Innervation der äußeren Haarzellen hat keine Verbindung mit derjenigen der inneren Haarzellen. Neue anatomische Ergebnisse deuten darauf hin, daß die afferenten Fasern, die die äußeren Haarzellen innervieren, auch das Gehirn nicht erreichen, sondern im Spiralganglion der Cochlea enden. Es wird daher vermutet, daß diese Innervation vom Standpunkt der Evolution her gesehen sich jetzt in einer Phase der Degeneration befindet. In Verbindung mit einer Reihe anderer Tatsachen legt dies nahe, die

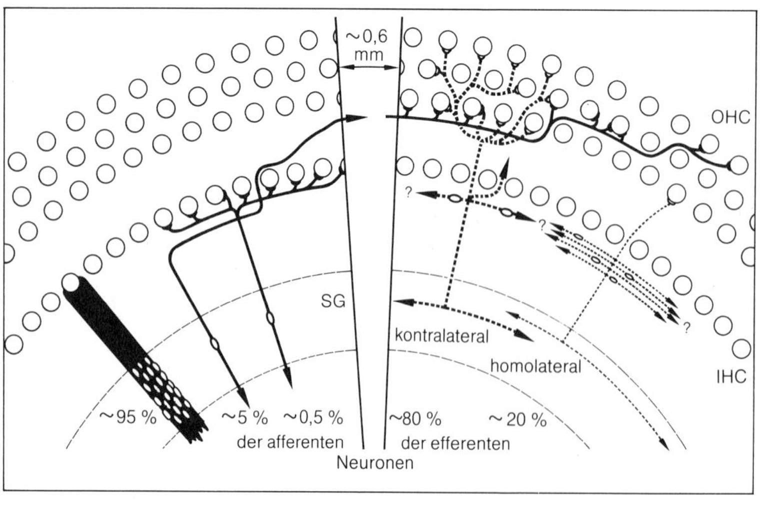

Abb. 15.42. Schema der Innervation der Sinneszellen des Cortischen Organes (Katze). *Durchgezogen* afferente, *punktiert* efferente Nervenfasern. *OHC* äußere; *IHC* innere Haarzellen; *SG* Spiralganglion. [Nach Spoendlin, H.: Arch. Klin. Exp. Ohr.-Nas.-Kehlk. Heilk. **200**, 275–291 (1971)]

Funktion der äußeren Haarzellen als im Cortischen Organ selbst begrenzt anzusehen. Dies würde bedeuten, daß die äußeren Haarzellen direkt oder indirekt die Funktion der inneren Haarzellen beeinflussen und daß über die starke afferente Innervation der inneren Haarzellen das resultierende Erregungsmuster dem Gehirn weitergegeben wird. Eine Tatsache ist, daß eine Erregung der efferenten Fasern, die zu den äußeren Haarzellen verlaufen, eine allgemeine Hemmung der Aktivität aller afferenten Nervenfasern im Hörnerv hervorruft, obwohl keine direkte neuronale Verbindung zwischen diesen Systemen existiert. Die äußeren Haarzellen üben offensichtlich großen Einfluß auf die inneren Haarzellen aus, die sogar vom efferenten System gehemmt werden können. Es ist eine Herausforderung an die auf diesem Gebiet Forschenden, die Mechanismen dieser Einflüsse herauszufinden.

4) Einfluß der Deckmembran. Bei den obengenannten kleinen Auslenkungen der Basilarmembran ist ein direkt damit verbundener Reiz der Sinneszellen kaum denkbar. Vielmehr muß eine Transformation dergestalt stattfinden, daß durch die Auslenkung ein für die Sinneszelle möglichst großer adäquater Reiz entsteht. Eine wesentliche Rolle spielt dabei offenbar nicht nur die Sinneszelle selbst, sondern auch ihre Umgebung. Die Sinneszellen besitzen an ihrer Oberseite je etwa 70 haarförmige Stereocilien, die in den Bereich zwischen oberer Begrenzung des Cortischen Organs und unterer Begrenzung der Deckmembran hineinragen. Aus Untersuchungsergebnissen, die an ähnlich aufgebauten Sinneszellen der Seitenlinienorgane der Fische gewonnen wurden, ist bekannt, daß eine Verbiegung der Haare zur Aktivierung dieser Sinneszellen führt. Auf diesen Ergebnissen basierend sind für das Innenohr der Säuger Vorstellungen für das Zustandekommen dieser Verbiegungen entwickelt worden. Sie gehen davon aus, daß die Haarspitzen mit der Deckmembran verbunden sind. Da Deckmembran und Basilarmembran mit Cortischem Organ an verschiedenen Stellen an der knöchernen Trennwand befestigt sind (Abb. 15.39), ergibt sich bei Auf- und Abbewegung der Basilarmembran und des zugehörigen Cortischen Organs eine stark vergrößerte Scherbewegung zwischen den Sinneszellen mit ihren Haaren und der darüberliegenden Deckmembran. Diese Scherbewegungen können die Haare der Sinneszellen verbiegen und damit die Sinneszellen selbst periodisch mit der Schwingungsfrequenz aktivieren. Diese Vorstellung ist, vom Vorgang selbst her gesehen, recht einsichtig. Quantitative Überlegungen über die Größe der Verbiegung der Haare führen jedoch zu Bedenken, da bei kleinen Amplituden die Verbiegungen sehr klein sein müssen, bei großen Amplituden jedoch — das Gehör nimmt Schalldruckamplituden im Verhältnis $10^6:1$ auf — die Verbiegungen zu groß werden und zu einer Zerstörung des Reizmechanismus der Sinneszellen führen müßten. Wenn der Vorgang der Reizung der Sinneszellen in dieser beschriebenen Weise abläuft, dann muß — soll eine Zerstörung vermieden werden — eine starke Nichtlinearität im Reizvorgang beteiligt sein. Nichtlineare Vorgänge, auf die in einem späteren Abschnitt eingegangen werden soll, wurden in den letzten Jahren gefunden und untersucht. Die Ergebnisse deuten darauf hin, daß sich diese Nichtlinearitäten in der Peripherie — vermutlich in der Scala media — abspielen. Wenn die Vorgänge, die zur Nichtlinearität führen, auch im einzelnen noch nicht bekannt sind, so macht das Auffinden von Nichtlinearitäten doch die Vorstellung über die Reizung der Sinneszellen durch Scherung bzw. Verbiegung der Sinneshaare wahrscheinlicher. Das Argument, daß ohne Nichtlinearität die Zerstörung des Reizmechanismus der Sinneszellen bereits bei 80 oder 90 dB eintreten müßte, ist damit ausgeräumt.

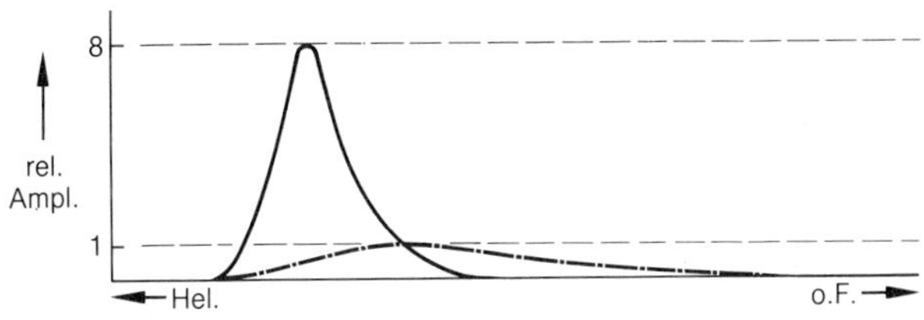

Abb. 15.43. Relative Amplitude der die Auslenkung der Basilarmembran (*strichpunktiert*) hervorrufenden Kräfte und der durch die Scherwirkung zwischen Cortischem Organ und Deckmembran (*durchgezogen*) hervorgerufenen Kräfte in Abhängigkeit vom Ort auf der Basilarmembran

An hydromechanischen Modellen wurden die Verhältnisse der Scala media in weit vergrößertem Maßstab nachgebildet. Cortisches Organ und Deckmembran wurden in diesen Modellen allerdings nicht miteinander verbunden. Die in den Modellen auftretenden Strömungsgeschwindigkeiten im Spalt zwischen Deckmembran und Cortischem Organ können den in Wirklichkeit in diesem Bereich auftretenden Kräften und damit auch den Verbiegungen der Sinneshaare proportional gesetzt werden. Unter dieser Annahme ergibt sich aus den Modellmessungen, daß die Scherung der Sinneshaare dort am größten ist, wo die Basilarmembranauslenkung, vom Maximum her gesehen, schon abfällt. Im Bereich des Anstieges der Basilarmembranauslenkung vom ovalen Fenster herkommend, ist die Auslenkung der Basilarmembran fast identisch mit der Auslenkung der Deckmembran, so daß nur sehr geringe Relativauslenkungen zwischen Deckmembran und Cortischem Organ auftreten. In diesem Bereich ist auch die Scherung der Haare sehr klein. Der Vorgang, der inzwischen auch theoretisch untermauert werden konnte, entspricht einer Selektionssteigerung der Frequenzortstransformation im Innenohr (Abb. 15.43). Wird das Gehör demnach durch einen einzelnen Sinuston beschallt, so konzentriert sich die Reizung der Sinneszellen, d.h. die Scherung der Sinneshaare auf einen engen Bereich, sehr nahe dem Maximum der Querauslenkung der Basilarmembran. Der Ort des Maximums hängt nach Messungen am Totenkopfaffen offenbar auch vom physiologischen Zustand der Cochlea ab: nach dem Tod treten sowohl Verschiebungen des Maximums als auch Veränderungen der dort gefundenen Nichtlinearitäten auf.

δ) Informationsverarbeitung im Nervensystem

Der gesamte Informationsfluß vom Innenohr in Richtung Gehirn läuft über die etwa 30000 (Mensch) Hörnervenfasern. Diese Fasern weisen untereinander verschiedene Charakteristiken auf, am ausgeprägtesten im Bezug auf den übertragenen Frequenzbereich. Die Verteilung der Frequenzen — die peripher in der Cochlea stattfindet — ist in den verschiedenen Fasern erhalten, d.h. die Stelle der Basilarmembran, an der eine Faser eine innere Haarzelle innerviert, bestimmt ihre charakteristische Frequenz. Zusammen mit der regelmäßigen Struktur der Nervenfaserbündel ergibt sich eine systematische Orts-Frequenz-Zuordnung oder tonotopische Organisation in allen Hörzentren des Gehirns. Die typische Frequenzabhängigkeit der Fasern ist in Abb. 15.48 illustriert. Dabei ist zu beach-

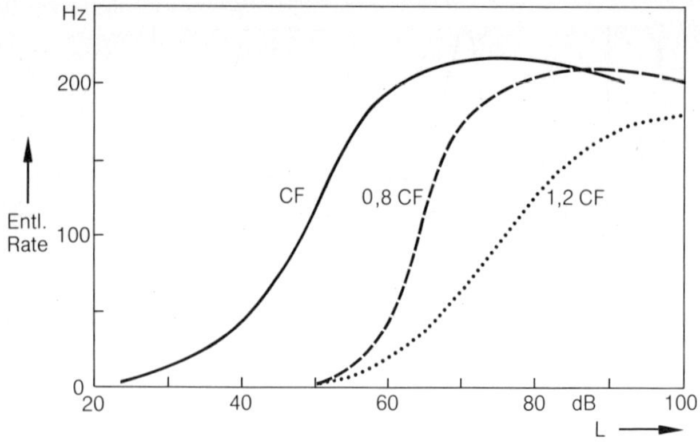

Abb. 15.44. Entladungsrate in Einzelfasern des Hörnerven in Abhängigkeit vom Schallpegel von Tönen bei, über und unter der charakteristischen Frequenz (*CF*)

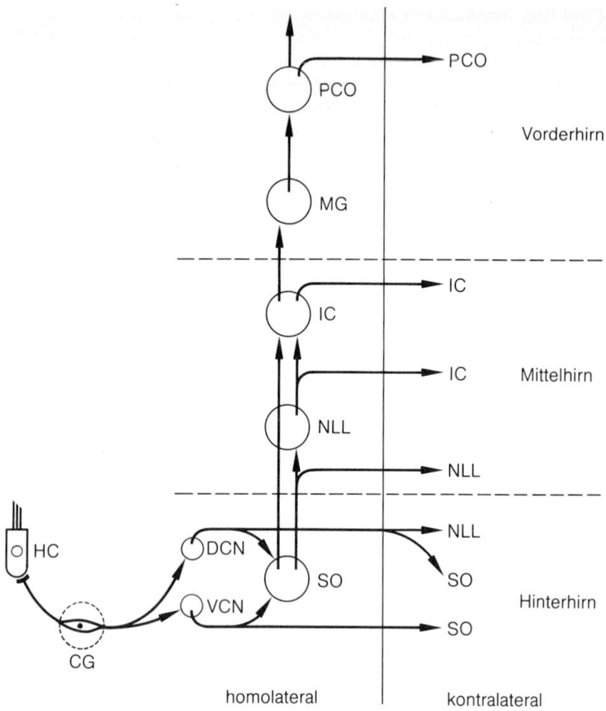

Abb. 15.45. Vereinfachte schematische Darstellung der afferenten neuronalen Verbindungen einer Haarzelle des Cortischen Organs. Efferente Fasern und auch afferente Eingänge vom anderen (kontralateralen) Ohr sind nicht gezeichnet. *HC* Haarzelle; *CG* Ganglion cochlearis; *DCN* Nucleus cochlearis, pars dorsalis; *VCN* Nucleus cochlearis, pars ventralis; *SO* Nucleus olivaris superior; *NLL* Nucleus lemnisci lateralis; *IC* Colliculus inferior; *MG* Corpus geniculatum mediale; *PCO* Primärer Cortex

ten, daß bei kleineren Reizpegeln ein Reiz, der mehrere Frequenzen enthält (wie z.B. bei Naturlauten), mehrere kleine Gruppen von Hörnervenfasern erregt. Bei höheren Pegeln sind die Fasern jedoch weniger selektiv, d.h. ein einzelner Sinuston erregt sehr viele Fasern.

Die Hörnervenfasern unterscheiden sich — wie schon erwähnt — auch in ihrer Spontanaktivität und in Verbindung damit in ihrer Empfindlichkeit. Die Schwellen der Fasern differieren innerhalb eines engen Frequenzbereiches relativ wenig (bis zu 20 dB), so daß man annehmen kann, daß ein Ton von 20 dB über der Schwelle der empfindlichsten Faser fast alle Fasern in diesem Bereich reizen wird. Da die Dynamik der Haarzellen und damit diejenige der Fasern nur etwa 40 dB beträgt (Abb. 15.44), müßte man erwarten, daß der gesamte Pegelbereich des Gehörs bei etwa 60 dB liegt. Daß dieser Bereich mehr als 100 dB groß ist, wird auf zwei Tatsachen zurückgeführt. Erstens ist die 40 dB Dynamik bei etwa der Hälfte der Fasern keine harte Grenze, sondern nur eine starke Drosselung des Anstiegs der Kennlinie bei 40 dB. Zweitens werden über die Wanderwelle bei höheren Pegeln neue Bereiche von Fasern im Randbereich angeregt.

Tieffrequente Fasern ($\leqq 4$ kHz) unterscheiden sich auch in den Antwortmustern voneinander, da die Entladung mehr oder weniger stark an die momentane Phase gekoppelt ist. Diese Koppelung beginnt bereits bei Pegeln, die (etwa 10 dB) kleiner sind als diejenigen, welche eine erhöhte Entladung verursachen.

Anders als beim Sehsinn oder im somatosensorischen System, beinhaltet die Entladung im Hörnerven fast keine Information über den Ort der Quelle des Schalls. Deswegen findet man im Gehör — auch in niedrigeren Zentren — einen starken Austausch der Information von beiden Ohren, damit durch einen Vergleich der Intensität, Phase und Latenz zwischen den bilateralen Sinnesorganen diese Information rückgewonnen werden kann (Abb. 15.45).

Der von den Nervenfasern übertragene Informationsinhalt wird in verschiedenen Zellgruppen des Gehirns verarbeitet, d.h. es ist eine Spezialisierung vorhanden, wobei Frequenz, Intensität usw. zum Teil getrennt ausgewertet werden. Im ersten Hörzentrum des Gehirns — dem Nucleus cochlearis — findet man viele Zellgruppen (13 beim Menschen), die auch physiologische Unterschiede aufweisen. Aus Experimenten, die vor allem an der Katze und am Meerschweinchen durchgeführt wurden, konnte ein erster Überblick gewonnen werden. Demnach hat der Nucleus cochlearis einen dorsalen Teil und einen ventralen Teil, die in ihren funktionellen Eigenschaften stark voneinander abweichen. Der dorsale Teil scheint mehr mit diskriminatorischen Funktionen zu tun zu haben, der ventrale Teil dagegen mit Ortung und reflexiven Funktionen. Der ventrale Teil hat drei Zellgruppen, die allerdings im allgemeinen wie die Hörnervenfasern reagieren. Hier sieht man in neurophysiologischen Experimenten fast die gleiche Frequenzselektivität, Phasenkopplung und Dynamik wie im Hörnerven. Der dorsale Teil ist dagegen komplexer, u.a. weil er nicht nur von Hörnervenfasern innerviert wird, sondern auch Eingänge vom ventralen Teil besitzt, also Information erhält, die schon bearbeitet worden ist. Diese Zellen zeigen eine starke Mannigfaltigkeit in ihren Antwortmustern, z.B. Zellen mit inhibitorischen Seitenbändern oder Zellen, die als einzige Reaktion eine Inhibition ihrer Spontanaktivität zeigen und viele Zellen mit kompliziertem Zeitverlauf der Antwort —

einschließlich einer Nachantwort beim Ausschalten des Reizes.

Von dem ventralen Teil des Nucleus cochlearis laufen Fasern zur Olive, wo die Information mit derjenigen von Fasern der anderen Seite des Gehirns verglichen wird (Abb. 15.45). Hier findet man Zellen, die außerordentlich empfindlich sind für Latenz- und Pegel-Unterschiede zwischen den beiden Ohren.

In höheren Ebenen der Hörbahnen im Gehirn werden die Reaktionen der Zellen immer komplizierter. Man findet dort Zellen, die nur auf bestimmte, relativ komplexe Reize reagieren, z.B. auf frequenzmodulierte Sinustöne. Im Mittelhirn — im Colliculus inferior — gibt es auch Zellen, die auf bestimmte interaurale Zeitverzögerungen reagieren, fast unabhängig von Frequenz und Pegel. Andere Zellen reagieren nur auf sehr kleine Unterschiede im Pegel der beiden Ohren (2–3 dB). Als maßgeblicher Reiz wirkt nur der Unterschied, fast unabhängig vom absoluten Pegel. Diese Zellen im Colliculus inferior sind eine Größenordnung empfindlicher für interaurale Zeit- und Pegelunterschiede als die Zellen der Olive. Im Colliculus inferior und in den nächsten Stationen findet man also eine steigende Spezialisierung, d.h. Zellen, die bestimmte Eigenschaften des Reizes „aussuchen" und deren Antwort nicht voraussagbar ist, wenn man nur die Antworten auf einfache Reize kennt. Dort werden auch Zellen gefunden, die keine einfachen Tuningkurven besitzen, die auch verschiedene Erregungs- und Hemmungs-Antwortmuster für verschiedene Frequenzen haben und die nur reagieren, wenn ein Reiz von einem bestimmten Ort kommt. Im Cortex z.B. reagiert ein Drittel der Zellen überhaupt nur dann, wenn der Schallreiz von einer bestimmten normalerweise contralateral gelegenen Quelle stammt. 10% der Zellen reagieren nur, wenn das Tier diesen Ort auch sehen kann. Diese Zellen sind offensichtlich multimodal. Einige Zellen sind sogenannte „Aufmerksamkeitszellen", die schwach und unzuverlässig reagieren, es sei denn, der Reiz ändere sich.

Die Beobachtungen können wie folgt allgemein zusammengefaßt werden: Erstens erfolgt eine starke Überkreuzung der Fasern in Zentren unterhalb des Thalamus, um die Information über den räumlichen Ursprung des Reizes schon in niederen Ebenen herauszuarbeiten, bevor das unvermeidbare „Rauschen", das durch Synapsen eingeführt wird, die Genauigkeit der Verrechnung beeinflussen kann.

Zweitens werden die vielen Komponenten des Reizes teilweise getrennt analysiert, obwohl natürlich ein Teil der Zellen des Gehirns Spezialisten, ein anderer Teil Generalisten sind. Die steigende Komplexität der Reaktionen der Zellen in höheren Ebenen ist auf eine Zusammenwirkung einzelner Komponenten zurückzuführen. Dadurch ist das Gehirn imstande, sowohl relativ einfache Informationen (z.B. interaurale Zeitunterschiede, die allerdings sehr früh im Gehirn bearbeitet werden müssen) zu analysieren, als auch sehr komplexe multimodale Antworten zu geben, die viele Parameter des Reizes beinhalten. Unser Verständnis über die Informationsverarbeitung in höheren Ebenen ist bislang noch sehr unvollständig, insbesondere wohl auch deswegen, weil meist nur einzelne Zellen studiert, jedoch nicht viele Gruppen gleichzeitig untersucht werden können.

c) Frequenzauflösungsvermögen

Bei der Diskussion der Wanderwelle der Basilarmembran und bei der Diskussion des Zusammenwirkens zwischen den Auslenkungen des Cortischen Organes und der Deckmembran wurde schon darauf hingewiesen, daß in diesen Systemen eine Transformation verschiedener Frequenzen in verschiedene Orte der Anregung stattfindet. Für physiologische Untersuchungen ist es häufig viel leichter, den Beobachtungsort konstant zu halten und die Wirkung der Änderung der Frequenz zu registrieren. Dabei wird entweder bei konstanter Reizamplitude die Größe der Wirkung, oder aber die Größe des Reizes bei konstanter Wirkung jeweils als Funktion der Frequenz dargestellt. Die so gefundene Frequenzabhängigkeit, die als

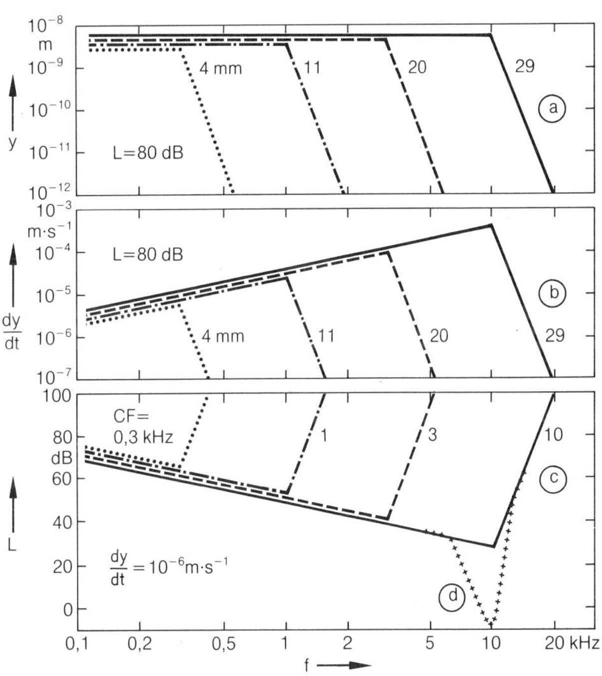

Abb. 15.46a–d. Schematische Darstellung der Entstehung von Tuning-Kurven: **a** An vier Stellen der Basilarmembran (Entfernung vom Helicotrema ist angegeben) entstehende Auslenkung y als Funktion der Frequenz f eines Sinustones konstanten Pegels $L = 80$ dB. **b** Wie **a**, anstelle der Auslenkung y jedoch die dem adäquaten Reiz eher entsprechende Schnelle dy/dt. **c** An vier Stellen (anstatt der Entfernung vom Helicotrema ist die für diese Stelle charakteristische, weil am leichtesten Erregung hervorrufende Frequenz, *CF*, angegeben) zur Erzeugung einer Schnelle $dy/dt = 10^{-6}$ m s^{-1} notwendiger Schallpegel L eines Tones als Funktion seiner Frequenz f. Solche Kurven werden als Tuning-Kurven bezeichnet, wobei das Kriterium (im vorliegenden Falle eine bestimmte Schnelle) auch ein anderes sein kann; s. Abb. 15.47–15.49. **d** Im Bereich der charakteristischen Frequenz wird gemäß der in Kapitel 15.2.2.2e erläuterten Vorstellung die Empfindlichkeit bei schwachen Erregungen erheblich gesteigert, so daß die mit Kreuzen gekennzeichnete schematisierte Tuning-Kurve entsteht (nur für CF = 10 kHz gezeichnet)

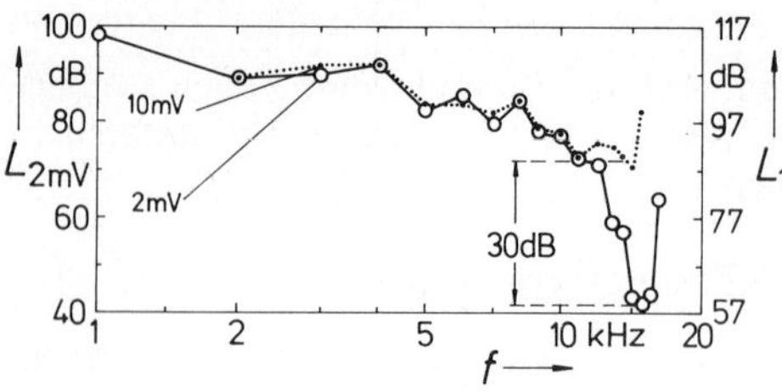

Abb. 15.47. Tuning-Kurve einer Haarzelle: Zur Erzeugung eines bestimmten Zell-Gleichpotentials (2 mV: *Kreise*; 10 mV: *Punkte*) notwendiger Pegel L eines Tones als Funktion seiner Frequenz. Die 10 mV-Kurve ist 17 dB nach unten verschoben (*rechte Ordinatenskale*), damit die beiden Kurven bei tiefen Frequenzen übereinstimmen und direkt verglichen werden können

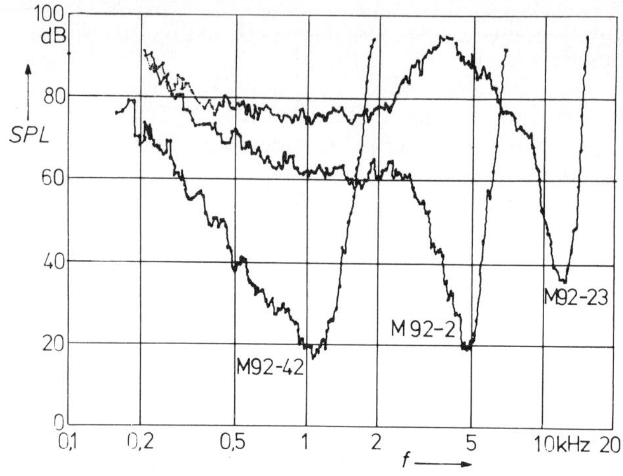

Abb. 15.48. Mit Hilfe eines Rechners gemessene neurophysiologische „Tuning Kurven" von 3 verschiedenen einzelnen Fasern des Nervus acusticus (Katze) mit verschiedenen charakteristischen Frequenzen. Aufgetragen ist der zum Erreichen der Schwelle notwendige Schalldruckpegel SPL eines Tones als Funktion seiner Frequenz. [Nach Kiang, N.Y.S., Moxon, E.C.: J. Acoust. Soc. Amer. **55**, 620–630 (1974)]

Frequenzauflösungsvermögen des Gehörs bezeichnet wird, kann in verschiedenen Ebenen der Verarbeitung bestimmt werden. Die erste Stufe ist die Auslenkung der Basilarmembran. Sie konnte mit kapazitiven Proben und auch mit Hilfe des Mößbauer-Effektes ausgemessen werden. Die Frequenzabhängigkeit der Querauslenkung der Basilarmembran, gemessen mit kapazitiven Proben ist in Abb. 15.46a dargestellt. Sie hat ausgesprochene Tiefpaßcharakteristik. Wird der Einfluß der Deckmembran — wie in Abschn. 2c diskutiert — mitberücksichtigt, so würde im ebenen Teil der Tiefpaßcharakteristik zusätzlich eine Dämpfung von 6 dB/Oktave einzufügen sein. Das Ergebnis ist in Abb. 15.46b dargestellt, wobei auf eine Verschiebung des Maximums verzichtet wurde.

Physiologisch wurde — als nächsthöhere Verarbeitungsstelle — die Frequenzabhängigkeit des Gleichpotentials in den inneren Haarzellen gemessen. Werden verhältnismäßig große Spannungen als konstanter Parameter benützt — wie in Abb. 15.47 — so ergeben sich Frequenzabhängigkeiten, sehr ähnlich denjenigen, die in Abb. 15.46c dargestellt sind.

Die im akustischen Nerven an einzelnen Fasern ableitbaren sog. Tuningkurven, Abb. 15.48 (Schalldruckpegel eines Tones, der notwendig ist, um die Impulsrate einer einzelnen Nervenfaser um ein gewisses Maß über seine Spontanaktivität hinaus in Abhängigkeit von der Frequenz des erregenden Tones zu erhöhen), zeigen Ergebnisse, die denjenigen, die in Abb. 15.47 für kleine Gleichspannungen und in Abb. 15.49 dargestellt sind, recht ähnlich sind. Die Kurven haben alle ein schmalbandiges Minimum bei der charakteristischen Frequenz, das bei hohen Frequenzen etwas ausgeprägter ist als bei tiefen Frequenzen. Nach tiefen Frequenzen zeigt sich der erwartete Anstieg, der wesentlich langsamer erfolgt als der Anstieg nach hohen Frequenzen, bei welchem ähnliche Steilheiten erreicht werden, wie bei der Auslenkung der Basilarmembran — gemessen mit der kapazitiven Probe.

Messungen über die Frequenzselektivität des menschlichen Gehörs können mit den oben angegebenen Methoden nicht durchgeführt werden. Psychoakustische Meßmethoden, die beim Menschen angewandt werden können, sind dagegen sehr anpassungsfähig, so daß es möglich ist, die bei Katzen gefundenen Tuningkurven bei Menschen psychoakustisch nachzumessen. Die Ergebnisse sind in Abb. 15.49 aufgetragen. Die charakteristischen Frequenzen wurden entsprechend dem Verhältnis von 2:1 der Frequenzen der Hörbereiche von Katze zu Mensch gewählt. Die Übereinstimmung der Kurvenverläufe ist überraschend gut, so daß angenommen werden kann, daß die mit psychoakustischen Methoden auf sehr hoher Verarbeitungsstufe bestimmte Frequenzselektivität des Gehörs bereits in den Nervenfasern des Hörnerven auf sehr niederer Verarbeitungsstufe vorhanden ist. Es ist daher wahrscheinlich, daß im hydromechanischen Filtersystem der Cochlea (Abb. 15.43) zusammen mit dem weiteren hydromechanischen Filtersystem der Scala media

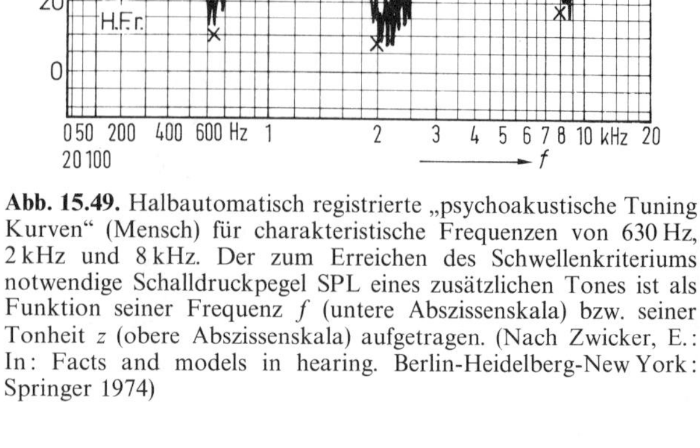

Abb. 15.49. Halbautomatisch registrierte „psychoakustische Tuning Kurven" (Mensch) für charakteristische Frequenzen von 630 Hz, 2 kHz und 8 kHz. Der zum Erreichen des Schwellenkriteriums notwendige Schalldruckpegel SPL eines zusätzlichen Tones ist als Funktion seiner Frequenz f (untere Abszissenskala) bzw. seiner Tonheit z (obere Abszissenskala) aufgetragen. (Nach Zwicker, E.: In: Facts and models in hearing. Berlin-Heidelberg-New York: Springer 1974)

(Abb. 15.46) das gesamte Frequenzauflösungsvermögen des Gehörs seine Grundlage hat.

Unklar bleibt lediglich, wie das Gehör die große Selektivität, insbesondere bei höheren Frequenzen, bewerkstelligt. Diese ist jedoch bei den Gleichpotentialen der Sinneszellen — wie sie in Abb. 15.47 dargestellt ist — bereits vorhanden, allerdings nur, wenn es sich um sehr kleine Werte des zu erreichenden Gleichpotentials handelt; nicht dagegen, wenn mit großen Werten gearbeitet wird. Da jedoch kleine Werte des Gleichpotentials den Messungen entsprechen, die in Abb. 15.48 und 15.49 aufgetragen sind, kann geschlossen werden, daß die Erhöhung der Frequenzselektivität bereits im Cortischen Organ durchgeführt wird und lediglich bei sehr kleinen Amplituden, d.h. bei geringen Schalldruckpegeln so ausgeprägt ist.

d) Periphere nichtlineare Effekte

α) Basilarmembranschwingung

An verschiedenen Tieren und mit verschiedenen Methoden wurden in den letzten Jahren mögliche nichtlineare Effekte bei der Schwingung der Basilarmembran untersucht. Die Ergebnisse sind nicht eindeutig. Während beim Meerschweinchen bisher lediglich ein lineares Verhalten beobachtet werden konnte, sind beim Totenkopfaffen Ergebnisse sowohl linearen Verhaltens als auch nichtlinearen Verhaltens bekanntgeworden. Nichtlinearitäten in Form von Sättigungserscheinungen traten dabei allerdings erst bei Pegeln oberhalb von 70 dB auf. Messungen der Auslenkung der Basilarmembran mit dem Mößbauer-Effekt können nur bei größeren Amplituden durchgeführt werden. Ergebnisse, die mit kapazitiven Proben gewonnen wurden, zeigen bis in die Nähe von Auslenkungen, welche der Schwelle des Hörens entsprechen, keine Nichtlinearität.

Andererseits werden über psychoakustische Methoden beim Menschen extrem starke Nichtlinearitäten festgestellt. Dies insbesondere bei kleinen Pegeln. Es erscheint daher möglich, daß die Auslenkung der Basilarmembran sich zwar linear verhält, jedoch diejenigen Systeme, welche an die Basilarmembran angekoppelt sind, das Cortische Organ und die Deckmembran, in ihrem Zusammenwirken nichtlinear arbeiten. Wenn dies so ist, kann aus Untersuchungsergebnissen über die Auslenkung der Basilarmembran nicht auf lineares Verhalten im Innenohr geschlossen werden.

β) Akustische Rückantworten

Wird das Gehör mit einem kurzen breitbandigen Impuls akustisch angeregt, so antwortet es mit einem akustischen Impuls, der nach etwa 8–12 ms erfolgt und von Versuchsperson zu Versuchsperson bzw. von Tier zu Tier verschiedene Frequenzanteile besitzt. Die Impulse der akustischen Antwort sind zum Teil sehr lang. Es kommen Antworten vor, die fast stationären tonförmigen Schalldruck besitzen, der lediglich mit 1 dB/30 ms abnimmt. Die Schalldrucke der Rückantworten sind sehr klein, so daß mit speziellen summierenden Meßmethoden gearbeitet werden muß. Eine Vergrößerung der das Gehör anregenden Impulse über 40 dB Pegel über Schwelle hinaus ergibt keine wesentliche Vergrößerung der Antworten. Der Effekt ist extrem nichtlinear: Mit wachsendem Anregungspegel wächst der Antwortpegel, wenn überhaupt, dann nur geringfügig. Unterhalb einer Art von Schwelle wird fast keine Antwort gefunden. Bei verschiedenen Versuchspersonen wurde sogar ein Abnehmen des Antwortpegels mit wachsendem Anregungspegel festgestellt (Abb. 15.50). Trotz der extremen Nichtlinearität ändert sich bei Umpolung des erregenden Impulses auch die Phase der Antwort in gleicher Weise. Dieser erstaunliche Effekt konnte auch dann noch festgestellt werden, wenn die Antwort sehr lang andauert. Demnach gehorchen die akustischen Antworten trotz ihres nichtlinearen Verhaltens strengen Gesetzmäßigkeiten.

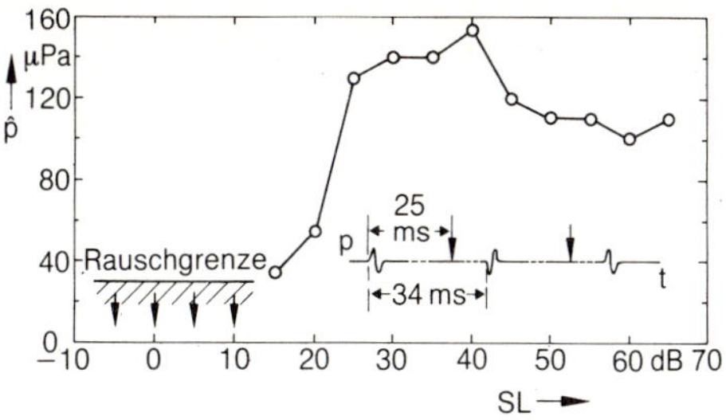

Abb. 15.50. Spitzenwert $\hat{p}$ des Schalldrucks eines 25 ms nach dem Reiz (kurze alternierende Impulse im Abstand von 34 ms, entsprechend der Einfügung) aufgenommenen akustischen Antworten in Abhängigkeit vom Pegel SL des Reizes (eine Periode eines 2 kHz-Tones) über seiner Hörschwelle

γ) Neurophysiologische Ableitungen

Ableitungen aus den Haarzellen (Gleichspannungen und Wechselspannungen), Ableitungen aus einzelnen Fasern des Hörnerven und Ableitungen aus dem Nucleus cochlearis zeigen alle einen stark nichtlinearen Effekt. Oberhalb einer Schwelle (bei Nervenfasern die Spontanaktivität) steigt die Erregung stark an, erreicht aber etwa 30–50 dB oberhalb der Schwelle eine Sättigung (Abb. 15.44). Dieser Sättigungseffekt begrenzt den Dynamikbereich der einzelnen Nervenfasern im Mittel auf etwa 40 dB. Dieses Ergebnis ist fast unabhängig von der Frequenz und auch unabhängig von der Art des Tieres.

δ) Psychoakustische Untersuchungen

Nichtlineare Effekte, die mit der Peripherie des Gehörs in Zusammenhang gebracht und die psychoakustisch gemessen werden können, kommen in drei Bereichen vor. Das nichtlineare Anwachsen der Verdeckung ist schon viele Jahre bekannt. Es wurde unlängst genauer untersucht. Dabei ergab sich im Pegelbereich bis etwa 40 dB über Schwelle ein überproportionales, nichtlineares Anwachsen des Testtonpegels, bei Pegeln über 40 dB etwa Proportionalität. Dieser Effekt konnte auch bei den Mithörschwellen-Periodenmustern gefunden werden. Die Übereinstimmung bei den Daten deutet darauf hin, daß die Nichtlinearität bei der Verdeckung dauerunabhängig, d.h. innerhalb der Meßmöglichkeiten trägheitsfrei arbeitet.

Bei der Übertragung über nichtlineare Kennlinien treten im Ohr Verzerrungsprodukte in Form von harmonischen Schwingungen bzw. von Kombinationsschwingungen auf. Bei der Übertragung von zwei Tönen sind insbesondere der quadratische und der kubische Differenzton gut hörbar. Mit Hilfe geeigneter Meßmethoden können die zusätzlich auftretenden, im Gehör erzeugten Differenztöne in ihren Amplituden

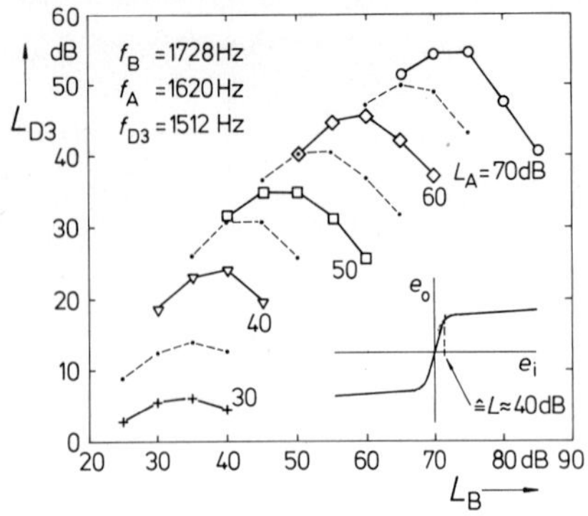

Abb. 15.51. Pegel L_{D3} eines Tones der Frequenz f_{D3}, der notwendig ist, um den im Ohr entstehenden kubischen Differenzton zu kompensieren, als Funktion des Pegels L_B des höheren Primärtones. Der Pegel L_A des tieferen der beiden Primärtöne ist Parameter. Die Einfügung rechts unten zeigt eine Eingangs-Ausgangs-Charakteristik mit Knickpunkten bei etwa 40 dB, die ähnliche Daten erzeugt

und Phasen ausgemessen werden (Abb. 15.51). Die quadratischen Verzerrungsprodukte zeigen fast keine Frequenzselektion, während die kubischen und ungeraden Verzerrungsprodukte einer Frequenzselektivität unterworfen sind, die der Frequenzabhängigkeit der Erregung im Innenohr entspricht. Mit Hilfe elektrischer Modelle, welche die Nichtlinearitäten nachbilden, konnten nichtlineare Charakteristiken gefunden werden, welche die beim Menschen gefundenen Meßergebnisse über den kubischen Differenzton (Abhängigkeit der Amplitude und der Phase) recht gut nachbilden. Die dazu notwendige Eingangs-Ausgangsfunktion ist eine Knickkennlinie mit symmetrischer Begrenzung (Abb. 15.51). Die Knickpunkte liegen bei einem Pegel, der etwa 40 dB entspricht. Die Unabhängigkeit des kubischen Differenztones von der Zeit bzw. der Dauer der Darbietung zeigt, daß die nichtlineare Charakteristik, welche die Verzerrungsprodukte erzeugt, trägheitsfrei arbeitet. Meßergebnisse, die unter speziellen Randbedingungen gewonnen wurden, deuten darauf hin, daß die Verzerrungsprodukte als Wanderwellen im Innenohr existent sind.

Akustische Nachtöne sind ein anderer Effekt, bei welchem eine starke Pegelabhängigkeit, d.h. Nichtlinearität, gemessen wurde. Diese akustischen Nachtöne werden hörbar für eine Dauer von etwa 5 s, wenn ein Schall mit starken spektralen Einbrüchen nach etwa 30 s abgeschaltet wird. Der Nachton wird auch dann in den Pausen hörbar, wenn solche Tiefpaß-, Hochpaß- oder Bandsperrenschalle periodisch dargeboten werden (z.B. 2 s Ein- und 1 s Auszeit). Schalle mit einem Pegel von 10–15 dB erzeugen keinen Nachton. Der Lautstärkepegel des Nachtones, der maximal nur etwa 15 Phon beträgt, erreicht sein Maximum für Anregungspegel zwischen 25 und 40 dB (Abb. 15.52). Für Pegel über 50 dB dagegen verschwindet der Nachton wieder völlig.

Alle psychoakustisch gemessenen nichtlinearen Effekte deuten ähnlich den physiologisch gemessenen Effekten darauf hin, daß bei verhältnismäßig kleinen Pegeln in der Nähe von etwa 40 dB starke Nichtlinearitäten auftreten. Offenbar ändert sich die Übertragungscharakteristik von kleinen Pegeln nach mittleren Pegeln im Bereich von etwa 40 dB sehr erheblich. Eine trägheitsfrei arbeitende symmetrische Begrenzerkennlinie, deren beginnende Begrenzung einem Schallpegel von etwa 40 dB entspricht, kann das gemessene Verhalten zu einem erheblichen Teil erklären.

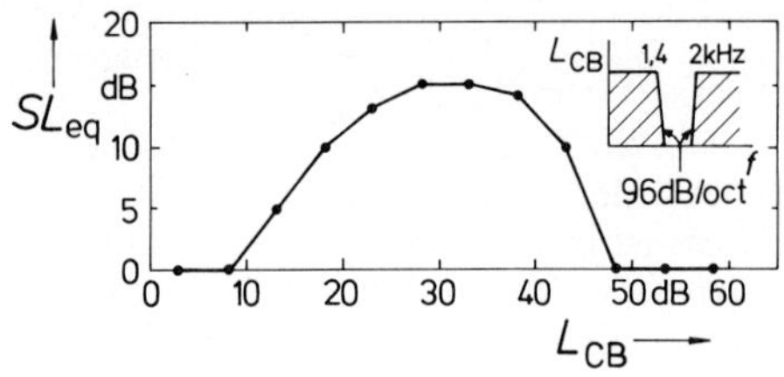

Abb. 15.52. Pegel über Schwelle SL_{eq} eines Tones, der gleiche Lautstärke wie ein akustischer Nachton besitzt, der von einem Bandsperrenrauschen (siehe Einfügung) erzeugt wird, das 30 s dargeboten wurde. Abszisse ist der Pegel des Rauschens, angegeben als Frequenzgruppenpegel L_{CB}

e) Modellvorstellungen zur Wirkungsweise des Innenohrs

Bei komplizierten Funktionsabläufen, deren physikalische Zusammenhänge im einzelnen noch weitgehend unerforscht sind, ist es zur Diskussion und leichteren Findung eines erfolgreichen Forschungsweges häufig sehr nützlich, sich durch Funktionsschemata, Funktionsmodelle oder Wirkungsgefüge eine Vorstellung zu erarbeiten, welche die funktionalen Zusammenhänge beschreibt. Solche Modelle werden gerne benützt, um sinnvolle Fragen zu stellen, die klar und konsequent herausgearbeitet, häufig schon einen beträchtlichen Teil der Antwort enthalten. Die wesentlichen Teile solcher Modelle basieren auf verschiedenen, experimentell gefundenen Effekten, die jedoch alle auf eine gemeinsame Grundstruktur hinweisen. Für die Peripherie des Gehörs sind dies die große Empfindlichkeit, die Frequenzselektivität, die Nichtlinearität und die äußerst geringe Trägheit. Eine Vorstellung, die bei weitem noch nicht entgültig, aber richtungsweisend sein kann, soll im folgenden in knapper Form erläutert werden:

Die große Frequenzselektivität und der große Dynamikbereich des peripheren Gehörs wird neben der Wirkung der Basilarmembran alleine und der weiteren Steigerung durch Bildung der Differenz zwischen der Schwingungsform des Cortischen Organs und derjenigen der Deckmembran insbesondere auf die Einwirkung der äußeren Haarzellen auf die inneren Haarzellen zurückgeführt. Diese Einwirkung läuft praktisch trägheitsfrei ab, so daß im Modell mit Wechselgrößen gearbeitet werden kann. In die gegenseitige Einwirkung der beiden Haarzelltypen ist eine sehr starke Nichtlinearität eingebettet, deren Charakteristik durch eine symmetrische Begrenzerkennlinie dargestellt wird.

In Abb. 15.53 sind die Vorstellungen in einer Art Blockschaltbild konkretisiert, wobei links die inneren und die äußeren Haarzellenreihen und ihre Wirkung aufeinander längs der Basilarmembran dargestellt sind, während rechts die funktionalen Zusammenhän-

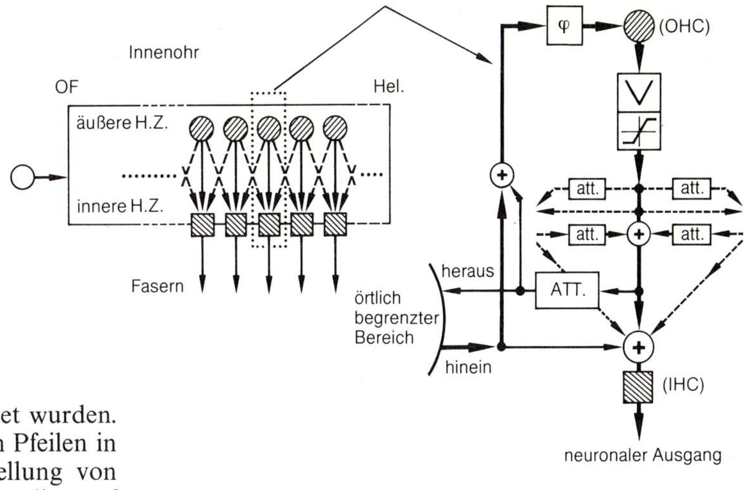

Abb. 15.53a, b. Zur Erläuterung des Funktionsschemas: **a** Prinzipielle Struktur der Einwirkung der äußeren Haarzellen auf die inneren Haarzellen, die entlang der Basilarmembran gleichbleibt. **b** Funktionelle Zusammenhänge zwischen den äußeren (*OHC*) und den inneren Haarzellen (*IHC*) für einen örtlich begrenzten Ausschnitt; die örtliche Erregung wirkt vor allem auf die äußeren Haarzellen. Über einen Verstärker mit Begrenzung wirken sie auf die inneren Haarzellen weiter. Rückkopplung ist über das Dämpfungsglied ATT direkt oder über die Dämpfungsglieder att lateral möglich. Nur innere Haarzellen besitzen einen neuronalen Ausgang. [Nach Zwicker, E.: Biol. Cybernetics **35**, 243–250 (1979)]

ge für einen kleinen Ausschnitt aufgezeichnet wurden. Aus den die Wirkungsrichtung anzeigenden Pfeilen in Abb. 15.53a wird deutlich, daß die Vorstellung von einer großen Einwirkung der äußeren Haarzellen auf die inneren und einer geringen in umgekehrter Richtung ausgeht. Demnach wird die im Schallreiz vorhandene Information nur von afferenten Fasern weitergeleitet, die von den inneren Haarzellen ausgehen. Dabei kann in erster Näherung angenommen werden, daß die Struktur der Anordnung längs der Basilarmembran vom ovalen Fenster bis zum Helicotrema gleich bleibt. Dementsprechend gilt der in Abb. 15.53b dargestellte Ausschnitt näherungsweise für die gesamte Länge des Cortischen Organs. An einer bestimmten Stelle wirkt der vorhandene Reiz sowohl auf die inneren Haarzellen als auch — über das Additionsglied und den Phasenschieber — auf die empfindlichen äußeren Haarzellen. Letztere wirken verstärkend, jedoch mit starker Nichtlinearität, die durch eine symmetrische Begrenzerkennlinie (die idealisierten Eckpunkte entsprechen Schallpegeln von etwa 40 dB) dargestellt werden kann. Die Wirkung der äußeren Haarzellen, die mechanischer, elektromechanischer, elektrischer oder biochemischer Natur sein kann, auf die inneren Haarzellen, ist die eines Vorverstärkers mit Begrenzung. Dadurch werden die inneren Haarzellen auch für sehr schwache Reize ansprechbar, bei sehr starken Reizen jedoch nicht übererregt. Die Wirkung der äußeren Haarzellen auf die Umgebung, d.h. weiter entfernte innere Haarzellen, ist zwar begrenzt (elektrische Felder, mechanische Wellenlängen oder chemische Diffusion), ihre Reichweite liegt jedoch im mm-Bereich. Diese Wirkung ist durch die Dämpfungsglieder angedeutet. Eine einzelne innere Haarzelle wird demnach von vielen äußeren Haarzellen ihrer Umgebung beeinflußt, bei starken Reizen (Vorverstärker in Sättigung!) jedoch auch direkt von dem auf sie wirkenden adäquaten Reiz.

Ein wichtiges Glied im Funktionsschema ist das Dämpfungsglied, welches hervorgehoben ist und eine Rückwirkung vom Ausgang der äußeren Haarzellen zu ihrem Eingang möglich macht. Solche Rückkopplungssysteme sind leicht erregbar, d.h. äußerst empfindlich, sie haben jedoch die Neigung zur Selbsterregung. Knapp unter der Selbsterregung ist der an den äußeren Haarzellen wirksame adäquate Reiz bei entsprechendem Phasengang der Rückkopplungsschleife erheblich vergrößert, was zu einer sehr selektiven Frequenzabhängigkeit führt. Eine Verschärfung der Frequenzselektion gegenüber derjenigen der Basilarmembran ist demnach über diese Rückwirkung bei kleinen Reizamplituden möglich, solange die Begrenzercharakteristik noch nicht wirksam wird. Andererseits wirkt dieses nichtlineare aktive System auch auf die Schwingung der Basilarmembran zurück, wodurch Wanderwellen auch von Verzerrungsprodukten entstehen können. Möglicherweise wird die Schwingneigung des Systems durch ein automatisch arbeitendes, verhältnismäßig träges Regelsystem unterdrückt, das im Funktionsschema von Abb. 15.53 jedoch nicht eingetragen ist. Wird die Automatik solch eines Regelsystems durch abnormale Randbedingungen gestört, so kann dies zu vorübergehendem oder sogar zu dauerndem Schwingen führen. Diese Vorstellung bietet Möglichkeiten der Erklärung sowohl für die akustischen Antworten als auch für die spontanen Aussendungen.

Die geschilderte Vorstellung über die Wirkungsweise des Innenohres ist noch nicht völlig abgesichert, so daß sie nur zum Teil (z.B. Amplitude und Phase kubischer Differenztöne) für quantitative Überlegungen benützt worden ist. Sie kann jedoch zum Verständnis einiger bisher nicht erklärbarer Effekte herangezogen werden und soll vor allem zum Nachdenken über weitere Versuche zur Klärung der Funktionsweise des so erstaunlich wirkungsvoll arbeitenden Sinnesorganes Gehör anregen.

Literaturauswahl

Békésy, G. von: Experiments in Hearing. New York: McGraw-Hill 1960.

Brink, G. van den, Bilsen, F.A.: Psychophysical, Physiological and Behavioural Studies in Hearing. Delft: University Press 1980.

Dallos, P.: The Auditory Periphery: Biophysics and Physiology. New York: Academic Press 1973.

Evans, E.F., Wilson, J.P.: Psychophysics and Physiology of Hearing. London: Academic Press 1977.

Plomp, R., Smoorenburg, G.F.: Frequency Analysis and Periodicity Detection in Hearing. Leiden: Sijthoff 1970.

Zwicker, E.: Psychoakustik. Berlin-Heidelberg-New York: Springer 1982.

Zwicker, E., Terhardt, E.: Facts and Models in Hearing. Berlin-Heidelberg-New York: Springer 1974.

15.2.2.3 Echoortung

Gerhard Neuweiler

a) Einleitung

Die Echoortung ist wie die Elektroortung schwach elektrischer Fische ein aktives Informationssystem. Die Trägerenergie zur Informationsgewinnung wird vom Tier selbst erzeugt und steht daher nur begrenzt zur Verfügung. Die Unabhängigkeit von anderen Nachrichtenträgern wird mit einem energetisch eingeengten zeitlichen und räumlichen Wirkungsbereich der Echoortung erkauft.

Die Echoortung hat sich im Tierreich nur bei Arten entwickelt, die

(1) über einen hochdifferenzierten Mechanismus zur Lautproduktion verfügen (Säuger und Vögel),
(2) einen relativ großen Aktivitätsbereich haben (Flieger und Schwimmer) und
(3) ihren gesamten Tagesablauf in nahezu völliger Dunkelheit verbringen.

Dies trifft auf die Fledermausarten zu, die tagsüber in Höhlen und dunklen Verstecken hängen und nachts zur Jagd ausfliegen. Die großen fruchtfressenden Fledermäuse verbringen den Tag in Kolonien auf Bäumen, ihnen fehlt die Echoortung mit einer Ausnahme: *Rousettus*, der sich tagsüber in Höhlen zurückzieht. Unter den Vögeln sind es wiederum die wenigen höhlenbewohnenden Arten, wie die Fettvögel Südamerikas oder die Salangane Hinterindiens, die Ortungslaute aussenden. Vielleicht über das wirkungsvollste Ortungssystem verfügen die Delphine und Wale, die im Meer und im schlammigen Wasser großer Flußläufe leben und nur noch zum Atemholen kurz an die Oberfläche kommen. Aufgrund der schalleitenden Eigenschaften des Wassers eignet sich die Echoortung für Wasserbewohner besonders gut: Die Schalldämpfung ist im Wasser um Größenordnungen geringer als in Luft; bei gleicher Intensität ist der Schalldruck im Wasser wegen der größeren Dichte des leitenden Mediums und der höheren Schallgeschwindigkeit 60mal größer als in Luft; schließlich ist die Schallgeschwindigkeit im Wasser 4,5mal größer als in Luft und beträgt ca. 1,5 m/ms.

Aus naheliegenden experimentellen Gründen ist die Echoortung der Fledermäuse weit besser untersucht als die der Delphine und Wale, und deshalb wird die Darstellung auf sie beschränkt.

b) Das Ortungsverhalten

Fledermäuse fliegen bei Einbruch der Dunkelheit aus ihren Verstecken und jagen ihre Beute mit Hilfe der Echoortung.

Sie können in finsterer Nacht bis zu 10 Insekten innerhalb einer Minute aus freiem Himmel fangen, selbst wenn die Beute so klein ist wie eine Fruchtfliege. Sie jagen ebenso gewandt unter wie im Blattwerk von Bäumen und Büschen. Sie lesen im Rüttelflug Insekten von Blättern ab. Einige Arten, wie der Falsche Vampir, fliegen dicht über dem Boden und ergreifen alles, was sich dort bewegt, von großen Insekten, Fröschen bis zu Jungvögeln und Mäusen. Andere verhalten sich wie Wegelagerer und suchen an einem Zweig hängend mit ihren Ortungslauten die Umgebung ab. Sobald der Laut auf ein fliegendes Insekt trifft, fliegen sie los und kehren mit der Beute an ihren Warteplatz zurück. Vor allem im tropischen Süd- und Mittelamerika, der artenreichsten Fledermausregion, haben sich Artengruppen auf den Blütenbesuch spezialisiert. Sie leben von Nektar und Pollen, die ihnen auf den Fledermausbesuch eingerichtete, nachtblühende Pflanzen anbieten. Schließlich sei nicht verschwiegen, daß es in der Neuen Welt die echten, blutleckenden Vampire tatsächlich gibt, die ihren unfreiwilligen Blutspendern nicht durch den geringen Blutverlust, sondern als Krankheitsüberträger (Tollwut) gefährlich werden.

Während dieser verschiedenartigen, nächtlichen Aktivitäten senden die Fledermäuse zur Detektion, Lokalisierung und Identifizierung ihrer Beute und zur allgemeinen Orientierung in der Umgebung Ortungslaute aus (Abb. 15.54).

Die *Ultraschall-* oder *Ortungslaute* im Frequenzbereich von 20 bis 140 kHz werden im Kehlkopf der Fledermäuse erzeugt und je nach Fledermausart durch das Maul oder die Nasenlöcher ausgestoßen. Der Schall wird in Flugrichtung abgestrahlt, wobei die aufgesperrte Mundhöhle bzw. die kompliziert strukturierten Nasenaufsätze die Schallkeule einengen.

Freifliegende Fledermäuse senden etwa alle 100 ms einen Ortungslaut aus. Die Entdeckung eines Beuteobjektes (oder eines Hindernisses) wird sofort mit einem sprungartigen Anstieg der Lautfolge beantwortet. Während der Verfolgungs- oder Annäherungsphase verkürzen sich die Pausen zwischen den Lauten kontinuierlich bis auf ca. 10 ms, gleichzeitig verkürzt das Tier die Lautlänge (Abb. 15.54). Kurz vor dem Ziel sendet die Fledermaus eine Lautsalve von etwa 24 Ortungslauten in 100 ms ab. Die Wiederholrate der Signale wird also in schwierigen Ortungssituationen oder dann, wenn das Tier präzise reagieren muß, auf das maximal Mögliche erhöht.

Die plötzliche Steigerung der Lautfolge beim Entdecken eines georteten Objektes gibt einen ungefähren Anhaltspunkt über die Reichweite der Echoortung. Beim Anflug einer Fledermaus auf ein Drahthindernis von 3 mm Durchmesser erhöht sie die Lautfolge in einem Abstand von 215 cm, bei einem Draht von 0,18 mm Durchmesser erst bei 90 cm.

Das schalleitende Medium Luft setzt der Reichweite der Echoortung enge Grenzen. Die Lautintensität beträgt am Sender, dem Kopf der Fledermaus, 80–120 dB SDP (0 dB Schall-Druck-Pegel $=2\cdot10^{-5}$ N/m^2). Da die Wellenfront des Ortungslautes als Kugelwelle zu betrachten ist, nimmt die Intensität mit der Entfernung quadratisch ab, um 20 dB bei einer Schalllaufstrecke von 9 m. Zu dieser geometrischen Abschwächung addiert sich noch eine starke atmosphärische Absorption des Ultraschalls in Luft, die von der Luftzusammensetzung, -temperatur und -feuchtigkeit abhängt und mit steigenden Schallfrequenzen anwächst.

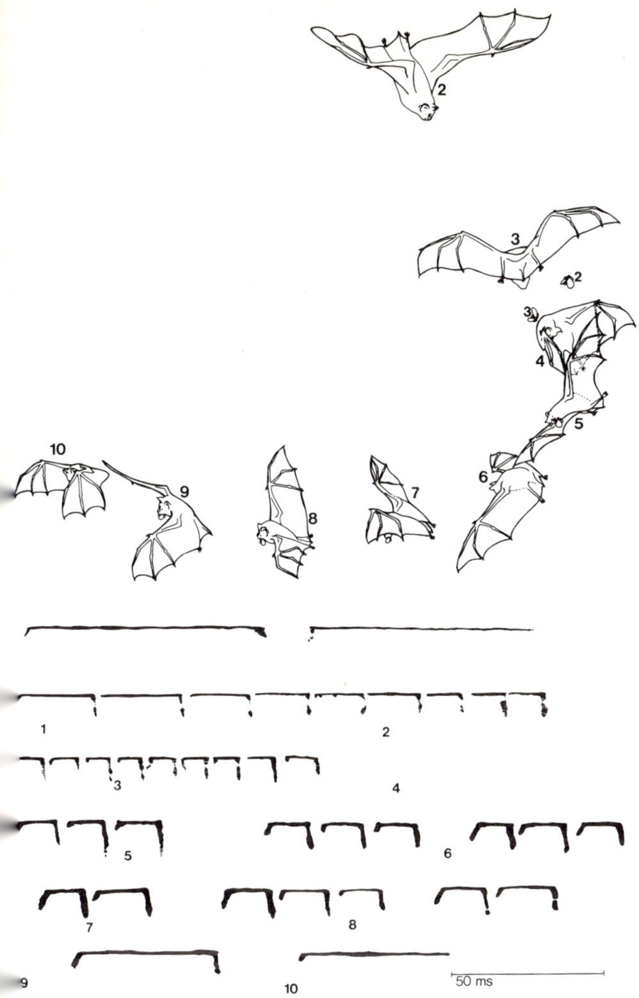

Abb. 15.54. Eine echoortende Hufeisennase fängt einen Schmetterling. Stroboskopische Aufnahme der Flugsequenz mit den ausgesandten Ortungslauten (Sonagramme, untere Bildhälfte). Die Nummern ordnen die Sonagramme den jeweiligen Flugpositionen zu. In Position *4* wird der Schmetterling gefangen, zu diesem Zeitpunkt werden keine Laute ausgesandt. Die oberste Reihe der Sonagramme zeigt Ortungslaute in der Suchphase: sie bestehen aus einem langen Reinton von 82 kHz, die frequenzmodulierten Anfangs- und Endteile fehlen. In der Annäherungs- (*1* und *2*) und in der Fangphase *(3–4)* werden die Laute verkürzt und die Lautfolge erhöht. Erst nach dem Fang *(5–9)* sind die frequenzmodulierten Anfangs- und Endteile des Lautes wieder stark ausgeprägt. Die langen Reintöne dienen zur Detektion des Flügelschlags der Beute. Senkrechter Maßstab: 10 kHz. Die gesamte Flugsequenz dauert etwa 0,9 s. (Vogler, 1980)

In den Tropen, dem Lebensraum der meisten Fledermäuse, wird z. B. von einem mit 90 dB SDP ausgesandten 100 kHz-Signal, das von einem 5 m entfernten schallharten Objekt reflektiert wird, ein Echo von nur 4 dB SDP am Fledermausohr ankommen. Selbst unter günstigen Bedingungen dürfte die Echoortung in Luft nicht weiter als ca. 20 m reichen. Der Frequenzbereich der Ortungssignale von 20–140 kHz ist wahrscheinlich ein Kompromiß zwischen der durch Luftdämpfung beschränkten Reichweite und den Reflexionseigenschaften der Ortungslaute, die sich mit höheren Schallfrequenzen verbessern.

c) Ortungslaute und Signaltheorie

Bei den über 800 Fledermausarten sind die Lautmuster und die Frequenzbereiche der Ortungslaute sehr unterschiedlich, aber artspezifisch (Abb. 15.55). Viele Arten verändern in unterschiedlichen Ortungssituationen ihren Laut nur wenig, andere dagegen variieren die Lautstruktur je nach Ortungsaufgabe.

Trotz aller artspezifischen Unterschiede und situationsbezogener Variabilität lassen sich drei Gruppen von Ortungslauten mit zugehörigen Ortungssystemen klassifizieren.

α) FM-Ortungslaute

Die meisten Arten, z. B. die häufig im freien Nachthimmel insektenjagenden Fledermäuse, senden kurze, 1–5 ms lange Ortungslaute aus, die um etwa eine Oktave frequenzabwärts moduliert sind: FM-Laute bzw. FM-Fledermäuse (Abb. 15.55). Für die Ortung steht somit ein breitbandiges, kurzes Signal hoher Intensität (100–120 dB SDP 10 cm vor der Mundöffnung) zur Verfügung. Viele Arten verbreitern das Frequenzband, indem sie einen FM-Laut mit mehreren Harmonischen aussenden (Abb. 15.55) und damit ein Frequenzspektrum von 120 bis 12 kHz erreichen können. Der Energiegehalt im Anfangs- oder Endteil des FM-Lautes kann durch Anhängen eines kurzen frequenzkonstanten Teils erhöht werden. So hängt z. B. *Eptesicus fuscus* bei der Ortung in Lärm gestörter Umgebung an den aus zwei FM-Komponenten bestehenden Laut noch einen kurzen Reinton an.

β) Ultrakurze Ortungslaute

Fledermausarten, die dicht über oder an einer Oberfläche jagen, wie z. B. *Megaderma lyra*, senden breitbandige Laute aus, die aus bis zu 6 Harmonischen bestehen und nur 0,2 bis 1,0 ms lang sind (Abb. 15.55). Durch die Kürze wird vermieden, daß die Echos vom nahen Untergrund das Ohr erreichen, während die Fledermaus den Laut noch aussendet. Das breite Frequenzband des Ortungslautes erlaubt wahrscheinlich eine gute Objektdifferenzierung anhand der Echospektren S. 715).

γ) CF/FM-Ortungslaute

Einige Fledermausfamilien, wie die Hufeisennasen (Rhinolophiden), senden einen kombinierten Laut aus, der aus einem langen Reinton (Constant Frequency, CF) von 15 bis 200 ms Länge besteht und jeweils mit einem kurzen frequenzmodulierten Teil (FM) beginnt und endet (CF/FM-Laut bzw. CF/FM-Fledermäuse). Während der konstantfrequente Teil des Lautes mit seiner artspezifischen Frequenz lediglich bei der Annäherung an das Ziel auf etwa 10 bis 15 ms verkürzt wird und sonst unverändert bleibt, können die FM-Teile in der Intensität von 110 dB SDP bis unter die Schwelle der Registrierbarkeit (ca. 20–30 dB SDP) abgeschwächt und damit an die Ortungsbedürfnisse angepaßt werden (Abb. 15.54).

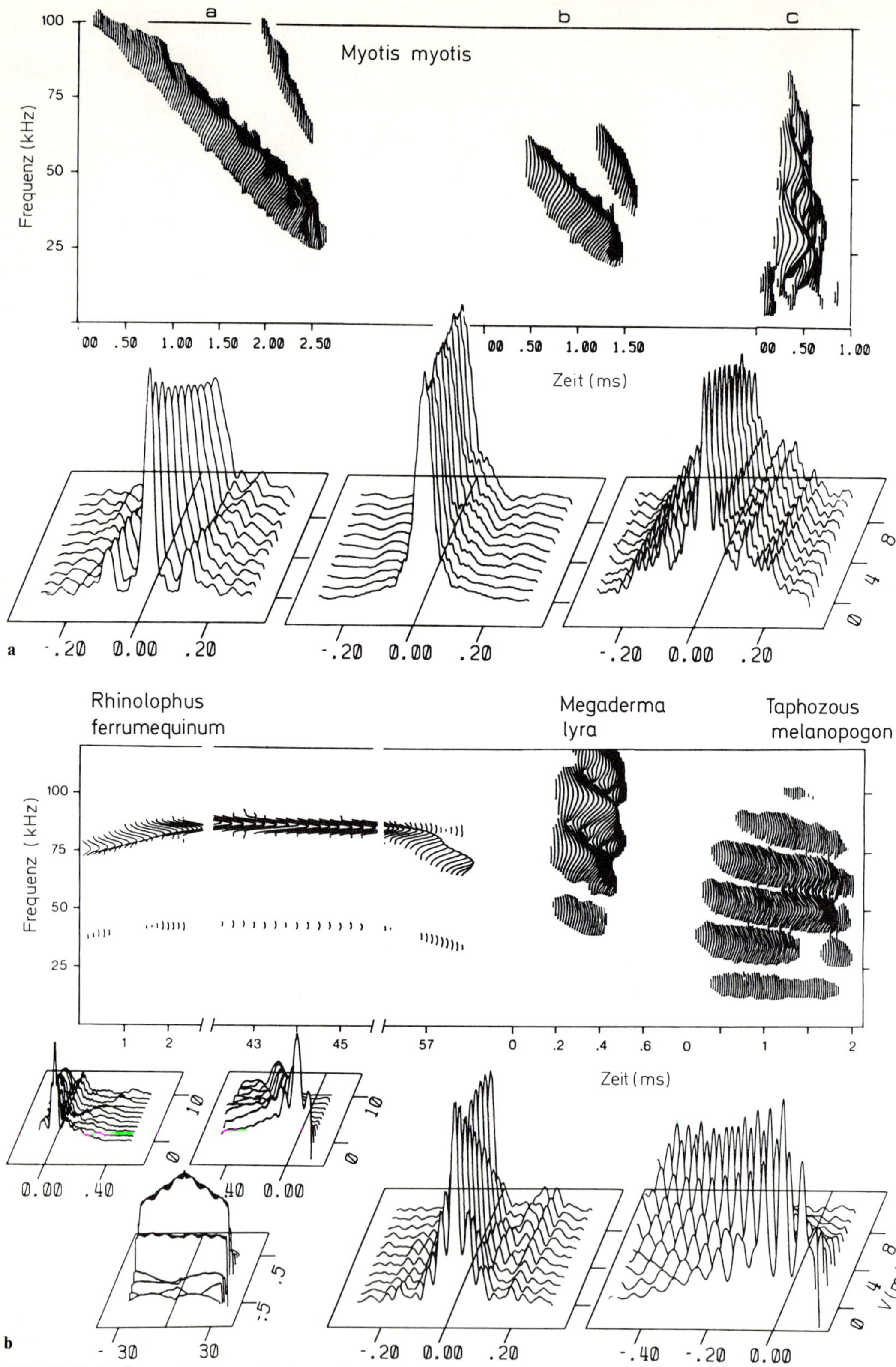

Abb. 15.55a, b. Ortungslaute verschiedener Fledermausarten. *Obere Reihe:* Spektrogramme, *untere Reihe* Ambiguity (Autokorrelations, AKF)-Funktionen der darüber abgebildeten Laute. **a** Ortungslaute der europäischen Mausohrfledermaus beim Beutefang: ausgesandt in der Such- (*a*), Annäherungs- (*b*) und Fangphase (*c*). Die Ambiguity-Funktionen dieser Laute belegen eine hohe Zeit-, aber schlechte Geschwindigkeitsauflösung. **b** Ortungslaute von drei Fledermausarten. Die Ambiguity-Funktion des Reinton-Teils *(unterste Reihe links)* des Hufeisennasen-Lautes zeigt eine hohe Geschwindigkeits-, aber schlechte Zeitauflösung des Lautes. Dieser Lauttyp ist daher zum Bewegungshören geeignet. Man beachte die unterschiedlichen Zeitmaßstäbe. [Aus Beuter, K.: In: Biosonar systems, Busnel, R.G., Fish, J. (eds.). New York: Plenum Press 1980]

Die Unterschiede in der Ortungslautstruktur, die die Fledermausarten aussenden, sind sicherlich keine Zufälle, sondern Anpassungen an besondere Ortungssituationen. Der Vergleich zur Radartechnik, die ebenfalls unterschiedliche Signalstrukturen für verschiedene Detektionsaufgaben verwendet, drängt sich auf. Radartechniker wenden bei der Auswahl der Signalform die Theorie optimaler Empfänger an. W. Glaser, R. Altes und J. Simmons haben diese Theorie auf die Echoortung der Fledermäuse übertragen.

Die Theorie beschreibt die Bedingungen, unter denen ein *bekanntes* Signal aus dem Umgebungsrauschen mit größter Treffsicherheit erkannt wird. Ein Empfänger, z. B. das Hörsystem der Fledermaus, ist dann optimal, wenn er das zu empfangende Signal schon im voraus möglichst genau kennt. Ein solches Mustersignal steht der Fledermaus durch den ausgesandten Ortungslaut zur Verfügung. Die Fledermaus muß innerhalb eines bestimmten Erwartungszeitraumes zu jedem Zeitpunkt das gegenüber der Lautaussendung zeitverschobene, durch Eigenschaften des Reflektors veränderte und durch Rauschanteile überlagerte Echo mit dem vollständigen Mustersignal, dem Ortungslaut, vergleichen. Dieser über die volle Signaldauer T integrierte Vergleich ist die Kreuzkorrelation des Echos mit dem ausgesandten Laut. *Bei der Benutzung eines Optimalempfängers wertet das Hörsystem der Fledermaus nicht die Zeitfunktion des Signals, sondern die Kreuzkorrelationsfunktion (KKF) aus.* Dies ist der wesentliche Unterschied zwischen einem Optimalempfang und der herkömmlichen Vorstellung der Echoauswertung.

Eine von vielen Realisierungsmöglichkeiten der Kreuzkorrelation ist das sogenannte „matched filter“ oder Optimalfilter, das als Impulsantwort am Ausgang die umgedrehte Zeitfunktion des zu detektierenden Signals, also den vom Lautende zum -anfang gelesenen Ortungslaut, liefert.

Im idealen ungestörten Fall, selbst unter Vernachlässigung der unvermeidlichen atmosphärischen Abschwächung, entspräche die Echostruktur exakt der des ausgesandten Ortungslautes. Damit liefert die Autokorrelationsfunktion (AKF) des Ortungslautes eine gute Beschreibung der maximal möglichen Leistungsfähigkeit des Ortungssystems. So werden z. B. solche Ortungslaute für eine Ortung nach der Theorie optimaler Empfänger am günstigsten sein, deren AKF ein eindeutiges, möglichst schmales Amplitudenmaximum ohne Nebenmaxima aufweist. Überschwellige Nebenmaxima würden das Eintreffen mehrerer Echos vortäuschen.

Für die verschiedenen Ortungslaute in Abb. 15.55 sind die AKF als sogenannte „Ambiguity-Funktionen“ abgebildet. Man sieht z. B., daß die AKF eines FM-Lautes im Zeitbereich einen eng begrenzten Gipfel ohne Nebenmaxima aufweist. Ein FM-Laut ist daher ein günstiges Signal, um Laufzeiten von Echos und daraus die Entfernung eines angepeilten Objekts zu bestimmen. Die in Dressurversuchen festgestellte Entfernungsauflösung echoortender Fledermäuse von 12 mm entspricht einer Echolaufzeitdifferenz von 70 µs. Dieser empirisch gewonnene Wert stimmt gut mit dem aus der AKF (Abb. 15.55) theoretisch zu erwartenden überein. Nach der Optimalempfängertheorie sind FM-Signale generell zur Detektion kleiner Einzelziele, etwa Insekten im freien Luftraum, geeignet.

Die ultrakurzen Laute weisen im Zeitbereich der AKF häufig hohe Nebenmaxima auf und sind daher — theoretisch — zur exakten Echolaufzeitmessung weniger gut verwendbar (Abb. 15.55).

Wie die Ambiguity-Funktion in Abb. 15.55 zeigt, ist ein Reinton für eine Laufzeitbestimmung gänzlich ungeeignet, da der Korrelatorausgang ein zeitlich ausgedehntes Maximum liefert. Das Maximum ist jedoch in der Geschwindigkeitsachse schmalgipfelig, und somit reagiert ein Reintonsignal empfindlich auf Bewegung eines angepeilten Zieles, da sie im Echo zu Dopplerverschiebungen der Signalfrequenz führt (s. Abschn. 15.2.23e).

Die Ortung von sogenannten Dichtezielen, strukturierten Wänden, Boden, Baumlaub, Gebüsch etc. verlangt nach der Optimalempfängertheorie ebenfalls ein möglichst langes und schmalbandiges Signal: Bei der Dichtezielortung wird das Signal/Rauschverhältnis am Optimalempfängerausgang um so besser, je länger der Ortungslaut (Vergrößerung der ausgesandten Energie) und je kleiner seine Bandbreite ist:

$$\frac{N_{\mathrm{S\,aus}}}{N_{\mathrm{R\,aus}}} = k \cdot \frac{N_{\mathrm{S\,ein}}}{N_0} \cdot \frac{T}{B}$$

N_S Echoleistung
N_R Rauschleistung
N_0 Rauschleistungsdichte
T Echodauer,
B Echobandbreite.

Der allgemeine Vorteil des Optimalempfangs liegt in der Verbesserung des Signal/Rauschverhältnisses um einen Faktor $2TB$ (T=Signallänge und B=effektive Bandbreite). Vielleicht können deshalb Fledermäuse schwache Echos aus intensivem Rauschen heraushören. Es muß jedoch betont werden, daß bislang alle Versuche gescheitert sind, bei Fledermäusen einen Optimalempfänger nachzuweisen. Als heuristisches Prinzip jedoch, zur Vorhersage bestimmter Ortungsleistungen aus der Signalstruktur und zur Planung entsprechender aussagekräftiger Experimente, hat sich die Anwendung der Signaltheorie auf die Echoortung der Tiere gut bewährt.

d) Ortungs- und Hörleistungen

Der Empfänger und Analysemechanismus für die Echos sind die beiden Ohren der Fledermaus und die nachgeschalteten Zentren der aufsteigenden Hörbahn im Gehirn: Hörnerv, Nucleus cochlearis, oberer Olivenkomplex, Lemniscus lateralis (alle drei Zentren im Stammhirn), Colliculus inferior (Mittelhirn), Corpus geniculatum mediale (Zwischenhirn) und Hörcortex (Vorderhirn). Das Ohr und die aufsteigende Hörbahn funktionieren bei Fledermäusen prinzipiell gleich wie bei anderen Säugern (s. Kapitel 15.2.2.2), das Hören von Ultraschallechos erfordert allerdings einige zusätzliche Anpassungen:

Schon das Mittelohr, das den Luftschall auf die Flüssigkeitssäulen des Innenohrs überträgt (s. Kapitel 15.2.2.2), ist auf die Aufnahme hoher Frequenzen angepaßt. Die Resonanzfrequenz dieses Impedanzwandlers ist proportional der Steifheit S und umgekehrt proportional der Masse M des Trommelfells und der Gehörknöchelchen ($\omega_0 = S/M^{0,5}$). Mit Hilfe des Mössbauereffekts läßt sich die Schwingungsgeschwindigkeit des Trommelfells bei Beschallung messen. Sie wird bei der Fledermaus *Eptesicus* für die Echofrequenzen von 15–80 kHz am größten und fällt für höhere und niedere Frequenzen steil ab. Im Sinne dieser Anpassung an die Übertragung hoher Frequenzen ist das Trommelfell der Fledermäuse sehr dünn und klein, es erreicht nur eine Fläche von 1,2–11 mm² gegenüber 25 mm² beim Meerschweinchen. Das Innenohr, die Cochlea, hängt in einer knöchernen Kapsel über Bindegewebe nur lose an der Schädelbasis und wird durch Fetteinlagerungen in der Verbindungsschicht zusätzlich vom Schädelknochen isoliert. Dadurch wird bei der Schallaussendung die Schallübertragung durch Knochenleitung vom Kopf auf die Cochlea abgeschwächt. Das Innenohr ist in bezug zur Körpergröße riesig: der Innenohrkanal einer Hufeisennase erreicht $^2/_3$ der Länge des menschlichen bei einem Gewichtsverhältnis Fledermaus/Mensch von 20:70000! Auffallend groß ist die basale erste Windung, in der die hohen Ultraschallfrequenzen „abgebildet" werden.

Die Erholzeiten der nervösen Hörbahn bei Doppelreizung. Das Hören eines Echos stellt das akustische ZNS einer Fledermaus vor eine schwierige Aufgabe: die Fledermaus sendet einen lauten, 80–120 dB intensiven Ortungslaut aus, der vom Fledermausohr rezipiert wird. Je nach Entfernung des schallreflektierenden Objektes trifft das sehr viel leisere Echo schon 0,04 bis 40 ms nach dem intensiven Ortungslaut am Ohr ein. Das menschliche Ohr kann solche kurzen Zeitabstände zweier Signale nicht mehr auflösen. Leitet man jedoch die Summenaktivität des Colliculus inferior auf Reizung des Ohres mit einem Schallreiz, das sog. evoked potential (e. p.), ab, so zeigt sich, daß bei Doppelreizen schon ab einem Reizabstand von 0,4–0,6 ms der zweite Reiz beantwortet wird. Die Erholzeit des akustischen Nervensystems der Fledermäuse erweist sich damit um mehr als 10mal kürzer als bei anderen Säugern.

Die periphere Abschwächung des Lauthörens. Durch eine Verminderung der gehörten Intensitätsdifferenz zwischen Ortungslaut und Echo könnte das Hören des Echos weiter verbessert werden. Mit zwei kleinen Muskeln im Mittelohr können die Steifheit der Gehörknöchelchenkette und die Schwingungsübertragung auf das Innenohr so verändert werden, daß die erregende Reizintensität abgeschwächt wird. Diese Muskeln kontrahieren sich kurz vor und während der Ortungslautaussendung, so daß das Hören des eigenen Lautes um etwa 15–20 dB vermindert wird. Bei nahen Zielen wird allerdings das Echo mitabgeschwächt, da die Muskeln erst 3–4 ms nach Lautende wieder vollkommen entspannt sind. Bei Lautfolgen über 50/s, wie sie bei der Insektenjagd kurz vor dem Fang vorkommen, bleiben die Muskeln tetanisch kontrahiert. Die daraus resultierende Abschwächung kann in Kauf genommen werden, da bei der kurzen Zielentfernung die Echos relativ laut sind.

Zu dieser peripheren Abschwächung kann sich noch eine zentralnervöse gesellen, bei der durch den Vokalisationsbefehl die neuronale Antwort auf den Ortungslaut noch einmal um ca. 15 dB abgeschwächt wird.

Eine Fledermaus, die eine Beute erfolgreich fangen will, muß

a) das vom Ziel reflektierte Echo detektieren
b) die Entfernung des Ziels bestimmen
c) die Richtung der Echoquelle bestimmen
d) Objekteigenschaften des angepeilten Ziels differenzieren.

α) Echodetektion

In Laborversuchen ist die Leistungsfähigkeit der Echoortung durch Dressuren getestet worden. Der kleinste von einer echoortenden Fledermaus gerade noch bemerkbare Objektdurchmesser liegt im Bereich des menschlichen optischen Auflösungsvermögens. *Megaderma lyra* kann mühelos Drahthindernissen von 80 µm Durchmesser ausweichen, wahrscheinlich hört sie sogar noch Echos von Nylonfäden, die nur 60 µm dick sind. Die zurückgestrahlte Schallenergie ist so minimal, daß Echos von solch kleinen Hindernissen mit der derzeitigen Schalltechnik nicht registriert werden können. Diese guten Ortungsleistungen deuten auf ein ausgezeichnetes Signal/Rauschverhältnis im Empfängerteil des Fledermaus-Ortungssystems hin.

In Hörzentren von Fledermäusen sind einzelne Neurone beschrieben worden, die auf simulierte artspezifische Ortungssignale auch dann noch gut antworten, wenn sie von einem lauteren, breitbandigen Rauschen überdeckt wurden. Da die gemessenen Detektionsschwellen nicht die theoretischen Werte erreichen, kann aus diesen Befunden noch nicht auf das Vorhandensein eines Optimalempfängers geschlossen werden.

β) Entfernungsbestimmung

Fledermäuse können die Entfernung eines schallreflektierenden Gegenstandes aus der Echolaufzeit bestimmen, gemessen vom Beginn der Lautaussendung bis zum Eintreffen des Echos im Ohr. Die Laufzeit beträgt für die maximale Reichweite der Ortung von ca. 20 m maximal 120 ms (Schallgeschwindigkeit 33,4 cm/ms). Beim Beutefang liegen jedoch die häufigsten Laufzeiten zwischen 8 und 0,1 ms, was einer Zielentfernung von 140 bis 2 cm entspricht.

Im Labor lernten Fledermäuse mit einer Futterbelohnungsdressur von einem festen Startplatz aus die nähere von zwei Landeflächen anzufliegen. Die Tiere konnten aus 30 und 60 cm Distanz noch Entfernungsunterschiede von nur 10–12 mm erkennen. Das entspricht einem Laufzeitunterschied der beiden Echos von 60–65 µs bei einer Gesamtlaufzeit des Signals von knapp 2 bzw. 4 ms. In einem Versuch gelang es sogar, einer Fledermaus die Entfernungsdifferenz durch elektronische Zeitverzögerung eines der beiden Echos vorzutäuschen. Die minimal unterscheidbare Zeitdifferenz lag ebenfalls im Bereich von 70 µs.

Vor kurzem wurde im Hörcortex einer Fledermaus ein „Echolaufzeit-Gebiet" (echoranging area) beschrieben (Abb. 15.56). Neurone dieses Gebiets reagieren nur dann, wenn zwischen Rezeption des Ortungslauts und des Echos eine definierte Zeitspanne (Echolaufzeit)

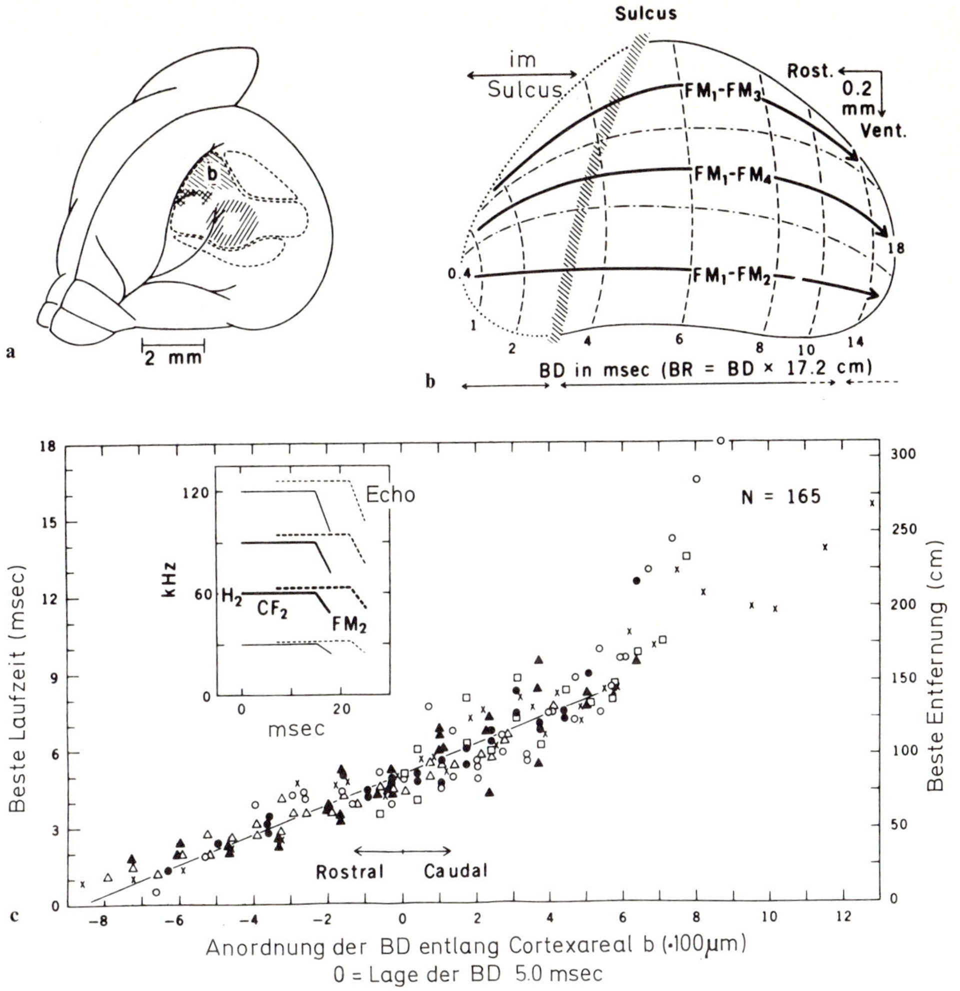

Abb. 15.56a–c. Darstellung der Echolaufzeiten bzw. Zielentfernungen im Hörcortex einer echoortenden Fledermaus. Die Fledermaus sendet einen CF/FM-Laut mit 4 Harmonischen aus (*Inset* in **C**), der FM-Teil wird zur Echolaufzeitmessung benutzt. **a** zeigt die Lage des auf Echolaufzeitmessung spezialisierten Teils (*b*) im Hörcortex (*gestrichelte Kurve*). **b** Vergrößerte Darstellung von *b*, sie zeigt die Anordnung der Besten Echolaufzeiten (Best Delay=*BD*), auf die die Neurone optimal reagieren. Kurze Echolaufzeiten werden anterior, lange posterior abgebildet. *BR* = Best Range (Echolaufzeit in ms × 17,2 cm). Von ventral nach dorsal werden in dem Gebiet die unterschiedlichen Harmonischen ausgewertet (FM_2–FM_4). Beachte: die 1. Harmonische FM_1 des Ortungslautes ist zur Auslösung einer Antwort immer notwendig. **c** Korrelation zwischen Bester Echolaufzeit (Best delay) und der Länge der Cortexoberfläche. Als Nullpunkt wird die Stelle der 5,0 ms-BD-Repräsentation angenommen (*Abszisse*). *Linke Ordinate:* Beste Echolaufzeit, *Rechte Ordinate:* entsprechende Beste Entfernung. Die sechs verschiedenen Symbole markieren Meßpunkte von sechs verschiedenen Cortices. *Inlet:* Schematisierte Spektrogramme des Ortungslauts bzw. Echos (*gestrichelt*) von *Pteronotus parnellii.* [Aus Suga, N., O'Neil, W.E.: Science **206**, 351–353 (1979)]

verstrichen ist. Diese Neurone mit ihren eigenen bevorzugten oder „besten" Echolaufzeiten (best delay BD in Abb. 15.56) sind in dem Cortexareal so angeordnet, daß Echos kurzer Laufzeit vorne und Echos längerer Laufzeiten weiter caudal Antworten auslösen. Die Entfernung eines angepeilten Objektes wird somit im Cortex räumlich geordnet abgebildet.

Der Auslöser für die Laufzeitmessung ist der ausgesandte Ortungslaut selbst, der an einer leisen, im Echo nicht mehr hörbaren 1. Harmonischen erkannt wird (Abb. 15.56, Einschub). Auf diese Weise wird der Nullpunkt der Zeitmessung eindeutig markiert. Im nächsten Kapitel wird gezeigt, daß Neurone so kleine Zeitabstände tatsächlich kodieren können.

γ) *Richtungsbestimmung*

Für die Lokalisierung eines angepeilten Objektes muß auch die Richtung, aus der das Echo zurückkommt, bestimmt werden. Durch die schmale Schallkeule des durch das Maul oder die Nasenaufsätze in Flugrichtung gebündelten Ortungslautes bleibt das effektive Echo-Hörfeld auf einen Kegel von 60–80° Öffnungswinkel beschränkt. Die beiden Ohrmuscheln wirken zusätzlich als empfindliche Richtantennen der Schallrezeption (Abb. 15.57).

Die Schallrichtung wird wahrscheinlich durch eine Verrechnung der Ohrmuschelstellung mit binauralen Echodifferenzen bestimmt. Über die Richtungsbestimmung in vertikalen Ebenen ist wenig bekannt, richtungsabhängige Spektralunterschiede der Echos dürften dabei eine Rolle spielen.

Wie generell bei Säugern, so werden auch bei Fledermäusen binaurale Zeit- und Intensitätsdifferenzen als hörphysiologische Grundlage der Richtungsbestimmung in horizontaler Ebene angenommen. So sind auch bei Fledermäusen die binauralen Afferenzen vieler Neurone des oberen Olivenkomplexes (Stammhirn), wo die Eingänge von beiden Ohren konvergieren, differentiell zusammengeschaltet: wirkt der Eingang eines Ohres erregend, so der des anderen hemmend. Dadurch werden auch relativ kleine Schalldruckdifferenzen, die bei schräg auf den Kopf treffender Echowelle durch den Schallschatten des Kopfes zwischen beiden Ohren entstehen, noch neuronal kodiert.

Im Stammhirn gibt es viele Neurone, die auf solche binauralen Intensitätsdifferenzen besonders empfindlich reagieren. Einige sind darauf spezialisiert, nur auf

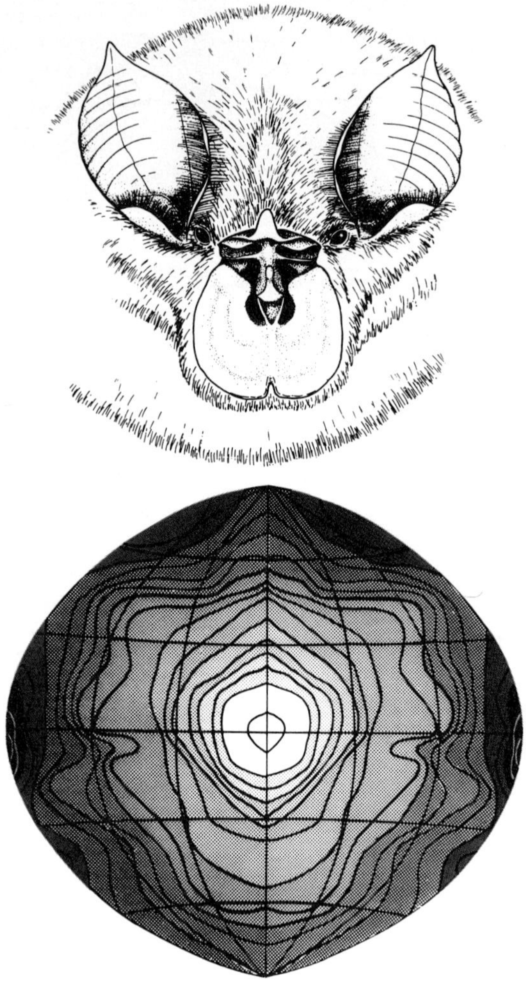

binaurale Intensitätsdifferenzänderungen, d.h. auf Richtungsänderungen der Echoquelle, zu antworten. Diese „Richtungsänderung"-Detektoren sind für die jagende Fledermaus nützlich, da die angepeilte Beute in der Regel keine gerade Bahn fliegt und manchmal Zickzackkurs steuert, um den Verfolger abzuschütteln.

Fledermäuse haben kleine Ohrabstände von nur 8 bis 22 mm. Die Zeitdifferenz, mit der ein gerichtetes Echo am linken und rechten Ohr eintrifft, kann daher nur zwischen Null (Vorausrichtung) und maximal 60 µs (90° seitlich) schwanken. Wie bei anderen Kleinsäugern, so hat man auch bei Fledermäusen eine Richtungsbestimmung auf Zeitbasis wegen dieser kleinen Zeitdifferenzen für unmöglich gehalten. Kürzlich sind jedoch bei einer Fledermausart Neurone nachgewiesen worden, die mit ihrer Entladungsrate binaurale Zeitdifferenzen im Bereich von +50 bis −50 µs kodieren (Abb. 15.58). Für diese präzise Zeitkodierung sind noch nicht einmal breitbandige FM-Signale notwendig, die nach der Signaltheorie (s. S. 711) für eine genaue Zeitbestimmung am geeignetsten sind. Das in Abb. 15.58 gezeigte Neuron erhält die Zeitinformation offensichtlich aus der Umhüllenden (zeitlicher Intensitätsverlauf) des im Experiment verwendeten Tonsignals. Der

◄ **Abb. 15.57.** Die Richtungsempfindlichkeit des Echoortungssystems bei einer Fledermaus *(Rhinolophus ferrumequinum)*. Die Hufeisennase sendet ihren Ortungslaut durch die Nasenlöcher aus, wobei die Nasenblätter als Richtstrahler dienen *(obere Abbildung)*. *Unten:* Die Richtungsempfindlichkeit des Ortungssystems, wie sie sich aus der Direktionalität der Schallkeule und der beiden Ohren ergibt. *Weiße Fläche* im Zentrum (Vorausrichtung): höchste Empfindlichkeit. Die *Konturlinien* geben eine Verminderung der Empfindlichkeit in 3 dB-Schritten an. [Aus Grinnell, A.D., Schnitzler, H.U.: J. Comp. Physiol. **116**, 63–76 (1977)]

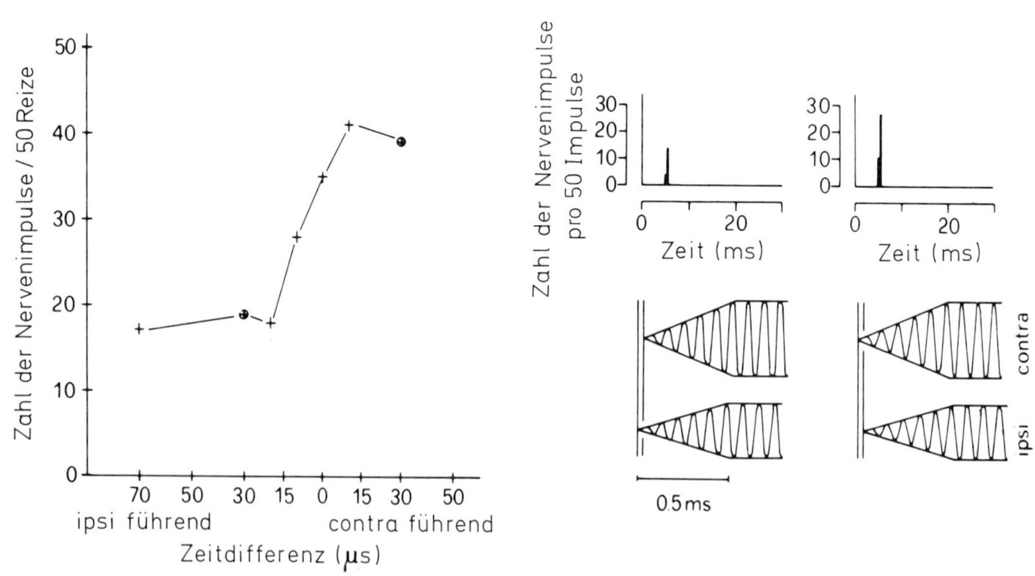

Abb. 15.58a, b. Ein Neuron der medialen oberen Olive einer FM-Fledermaus *(Molossus ater)*, das binaurale Zeitdifferenzen im µs-Bereich kodiert. Das Neuron wurde über Ohrlautsprecher ipsi- und contralateral mit einem Reinton erregt (Frequenz 32,9 kHz, Länge 2 ms, ipsilateral 17 dB SDP, contralateral 24 dB SDP). *Abszisse:* Zeitdifferenz des Reizbeginns zwischen ipsi- und contralateralem Ohr. *Ordinate:* Zahl der Nervenimpulse auf 50 gleiche, wiederholte Reize. Für die umkreisten Meßpunkte ist die Reizkonstellation in der rechten Bildhälfte angegeben. [Aus Harnischfeger, G.: Naturw. **67**, 314 (1980)]

Nachweis solcher Neurone beweist freilich noch nicht, daß sie auch für die Richtungsbestimmung der Echos eingesetzt werden. In der Verrechnung von Zeitmustern vermag das neuronale Hörsystem mehr, als man ihm bislang zugetraut hatte.

δ) *Objektdifferenzierung*

Echoortende Fledermäuse identifizieren die angepeilten Objekte auch. *Myotis* lernt sehr rasch, in die Luft geworfene Mehlwürmer zu fangen, Plastikscheiben ähnlicher Größe jedoch unberührt zu Boden fallen zu lassen. Im Labor lernen geblendete Fledermäuse von einem Startpunkt aus zum größeren von zwei formgleichen Dreiecken zu fliegen und Größenunterschiede bis zu 12% zu unterscheiden. Sie vermögen aber auch ein flächengleiches steilgiebeliges von einem flachgiebeligen Dreieck, eine Scheibe von einem Quadrat und einem Dreieck, Oberflächenstrukturen, wie Samt von Glas oder Glas von Sperrholz und Aluminium, konkave von konvexen Flächen zu unterscheiden.

Es ist immer noch ungeklärt, welche Eigenschaften der Echos die Information für Größe, Form und Oberflächenstruktur eines Zieles liefern. Einige Experimente geben jedoch Hinweise.

Im Verhaltensversuch können Fledermäuse mit Bohrlöchern versehene Plexiglasplatten, die sich nur in der Bohrlochtiefe unterscheiden, anhand der Echos differenzieren. Sie unterscheiden eine Bohrlochtiefe von 8 gegenüber einer von 6,8 mm. In einem unfreiwilligen Experiment stellte sich heraus, daß eine echoortende Fledermaus sogar zwei Platten gleicher Bohrlochtiefe durch aufgerauhte Bodenflächen der Bohrlöcher in einem der beiden Ziele voneinander unterscheiden konnte. Durch ein abgenutztes Werkzeug waren ringförmige Erhebungen von ca. 20–50 µm Höhe am Boden der Bohrlöcher entstanden, die offensichtlich im Echo erkennbar wurden.

Echos, die von einem tiefenstrukturierten Ziel reflektiert werden, wie von diesen Lochplatten, enthalten wenigstens zwei interferierende Wellenfronten, die von der Plattenoberfläche und, etwas zeitverschoben, die vom Boden der Bohrlöcher. Beschallt man die Platten mit breitbandigen FM-Signalen und betrachtet die spektrale Energiedichteverteilung der Echos, so stellt man fest, daß im Echospektrum in bestimmten Frequenzbändern aufgrund der Interferenz zwischen beiden Wellenfronten Energieminima, „Löcher", auftreten. Die Lage der Löcher im Spektrum korreliert mit der Tiefe der reflektierenden Struktur; je geringer die Tiefe, desto weiter liegen die Minima auseinander (Abb. 15.59). Gerade feine Flächenstrukturierungen könnten also durch eine Spektralanalyse des Echos erkannt werden. Die Fledermaus müßte für diese Aufgabe möglichst breitbandige Ortungslaute aussenden. Tatsächlich benutzen Fledermäuse, die die Oberfläche nach Beute absuchen, Ortungslaute mit vielen Harmonischen und erreichen damit eine Bandbreite von bis zu 100 kHz.

Größere Tiefenstrukturen, bei denen die Energieminima zu dicht beieinander liegen, um aufgelöst zu werden, könnten durch eine Analyse der Echo-Zeitstruktur differenziert werden. Für diese Hypothese fehlen jedoch bislang experimentelle Belege.

e) Das Bewegungshören

Fledermäuse, die im Gebüsch oder vor dichtem Hintergrund jagen, erhalten eine dichte, „zeitverschmierte" Folge von Echos zurück, wobei die Struktur des Echosignals und die in ihr enthaltene Information völlig verloren gehen kann. In einer solchen, unvermeidlich mit unerwünschten Echos beladenen, „verrauschten" Situation ist es vorteilhaft, die Analyse des Echos auf ein eindeutiges Charakteristikum des gesuchten Ziels zu konzentrieren. Bewegung, der rhythmische Flügelschlag eines Nachtschmetterlings etwa, ist ein solches Merkmal, das die Beute vom unbelebten Hintergrund abhebt. Bewegung des angepeilten Ziels

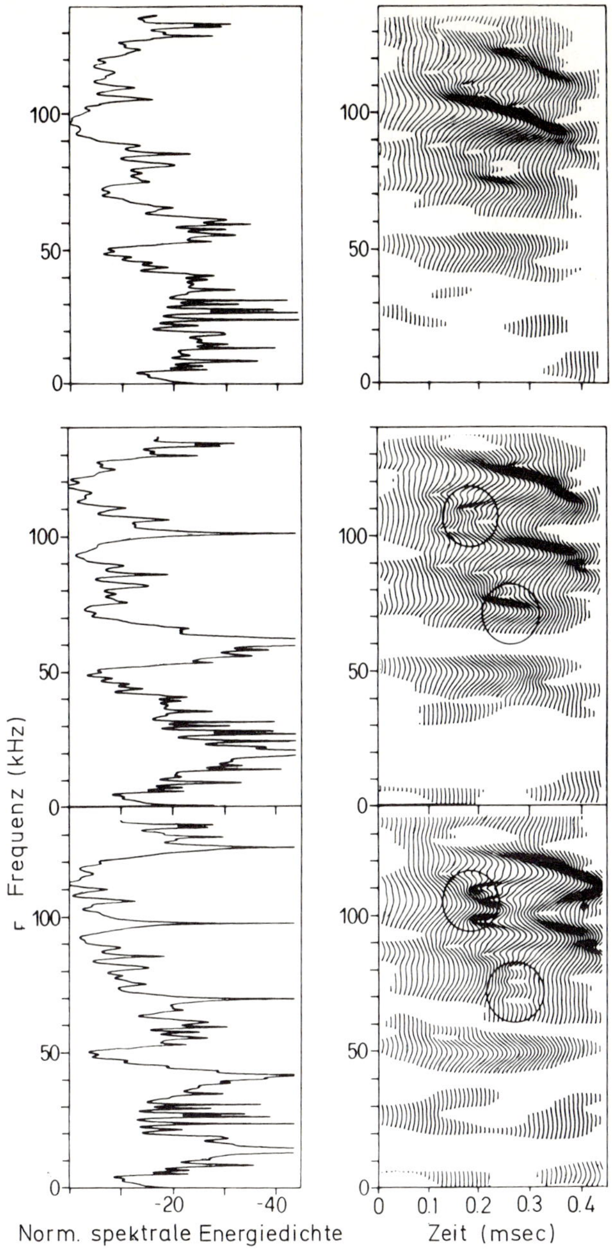

Abb. 15.59. Computer-simulierte Echos eines Ortungslautes von *Megaderma lyra* von verschiedenen Tiefenstrukturen reflektiert. *Linke Spalte:* Spektrale Energiedichteverteilung der Echos, normiert auf das Maximum = 0 dB. *Rechte Spalte:* Spektrogramme der Echos. *Obere Reihe:* Echo von einem Punktziel. *Mittlere Reihe:* Echo von einem tiefenstrukturierten Ziel, Tiefendifferenz 4,1 mm. *Untere Reihe:* Echo von tiefenstrukturiertem Ziel, Tiefendifferenz jedoch 5,9 mm. Man beachte bei den Echos von strukturierten Zielen die schmalen Energieminima (*Kreise* im Spektrogramm) und deren Lage im Spektrum in Abhängigkeit von der Tiefe. [Aus: Beuter, K.: In: Biosonar systems, Busnel, R.G., Fish, J. (eds.): New York: Plenum Press 1980]

schlägt sich im Echo durch den Dopplereffekt als Frequenzverschiebung nieder, gleichzeitig bewirkt sie auch eine komplexe Amplitudenmodulation des Echos (Abb. 15.59). Die Höhe der Frequenzverschiebung durch den Dopplereffekt errechnet sich für Fluggeschwindigkeiten, die sehr viel kleiner als die Schallgeschwindigkeit sind, in erster Näherung nach folgender Gleichung:

$$f = f_A \cdot \frac{2v_{rel}}{c}$$

f Dopplerfrequenzverschiebung
f_A CF-Ortungslautfrequenz
v_{rel} Relativgeschwindigkeit Fledermaus-angepeiltes Objekt
c Schallgeschwindigkeit in der Luft (33,4 cm/ms).

Nach der Theorie optimaler Empfänger (s. S. 711) wäre der von Hufeisennasen ausgesandte Reintonteil (CF-Teil) des Ortungslautes gut geeignet, um solche Dopplereffekte zu transportieren. Allerdings betragen die durch flügelschlagende Insekten ausgelösten Frequenzverschiebungen nur einige Hundert bis 1000 Hz, so daß der Empfänger, das Ohr, im Frequenzbereich des CF-Echotons von 83 kHz bei der Großen Hufeisennase *(Rhinolophus ferrumequinum)* eine besonders gute Frequenzfilterung aufweisen müßte.

α) Das Filter für die CF-Trägerfrequenz

Die Hörkurve oder das sogenannte Audiogramm der Hufeisennase, gemessen als Schwellenwertverlauf neuronaler Antworten, zeigt, daß in das Hörsystem dieser Fledermaus ein extrem schmalbandiges Filter mit Flankensteigungen von 960 dB/Oktave eingebaut ist, dessen Mittenfrequenz ziemlich genau mit der gehörten CF-Echofrequenz von 83 kHz übereinstimmt (Abb. 15.60).

Bei echoortenden Fledermäusen werden Hörfrequenzen wie bei allen anderen Säugern durch eine Reihe mechanischer Filter im Innenohr in logarithmischen Abständen (Oktaven) auf der Basilarmembran abgebildet; Oktaven nehmen gleichlange Strecken auf der Basilarmembran ein (s. Kapitel 15.2.2.2). Auch die Hufeisennase macht von dieser mechanischen Frequenzanalyse im Innenohr keine Ausnahme. Am basalen Beginn der Basilmembran (BM), vom ovalen Fenster bis etwa 4,3 mm apikal, wo die Frequenzen über 80 kHz abgebildet werden, weist der Bau der Basilarmembran jedoch einige Besonderheiten auf:

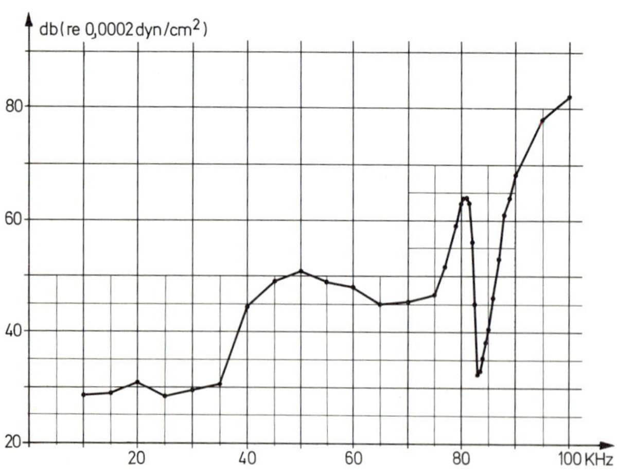

Abb. 15.60. Das Audiogramm von *Rhinolophus ferrumequinum*. Jeder Meßpunkt ist der Mittelwert aus Colliculus-Ableitungen von 10 Tieren. *Ordinate:* Erregungsschwelle in dB. *Abszisse:* Reizfrequenz in kHz. [Aus Neuweiler, G.: Z. vgl. Physiol. **67**, 273 (1970)]

Teile der Basilarmembran und ihrer Verankerungselemente sind ungewöhnlich dick und massig. Die Spirallamina, die die BM mit der knöchernen Außenwand des Innenohrs verbindet, ist stark vergrößert und enthält keine Radialfasern, die normalerweise die BM an der Außenwand fixieren. Üblicherweise wird die BM in ihrem Verlauf zum Apex immer weiter und elastischer, bei der Hufeisennase verengt sie sich jedoch zunächst.

Diese und andere auffällige strukturelle Spezialisierungen, die die mechanischen Eigenschaften der BM beeinflussen müssen, verschwinden schlagartig bei 4,3 mm apikalwärts vom ovalen Fenster. Eine Frequenzkartierung der BM hat ergeben, daß genau an dieser Stelle „mechanischer Diskontinuität" die Mittenfrequenz des Filters von 83 kHz abgebildet wird (Abb. 15.61).

Aus dieser Koinzidenz und aus der Tatsache, daß schon Mikrophonpotentialmessungen das Vorhandensein des Filters in der Cochlea belegen, wird geschlossen, daß dieses extrem schmalbandige Filter das Ergebnis mechanischer Prozesse des Innenohres ist.

Über die Art dieser Filtermechanismen wissen wir fast nichts. Vibrationsmessungen an der BM bei Beschallung des Ohrs deuten darauf hin, daß im Bereich der Filterfrequenz, also 4,3 mm vom ovalen Fenster entfernt bei Beschallung mit Frequenzen über 80 kHz innerer und äußerer Teil der BM nicht mehr in Phase, sondern gegenphasig schwingen. Dadurch könnten lokal radiale Flüssigkeitsströme in der Cochlea entstehen, die die Auslenkung der BM durch die längs fortschreitende Wanderwelle eingrenzen und damit die Reizung der Haarzellen auf der BM auf einen schmalen Streifen einengen. Vielleicht ist dieser, bei den Hufeisennasen besonders ausgeprägte zusätzliche Filtermechanismus generell bei Säugern verwirklicht und entspräche dann dem lange gesuchten zweiten Filter der mechanischen Frequenzanalyse im Innenohr. Aber dies bleibt bloße Spekulation solange die diffizile Mikromechanik des Innenohrs nicht ohne verfälschende Eingriffe gemessen werden kann.

β) Die akustische Fovea

Bei der Kartierung der Frequenzabbildung auf der Basilarmembran der Hufeisennase ergab sich eine zweite überraschende Entdeckung: der Frequenzbereich des CF-Filters von 82 bis 86 kHz ist auf der BM gespreizt abgebildet. Das nur 4 kHz breite Frequenzband nimmt auf der BM dieselbe Länge ein, auf der sonst eine ganze Oktave, z.B. von 80 bis 40 kHz untergebracht ist

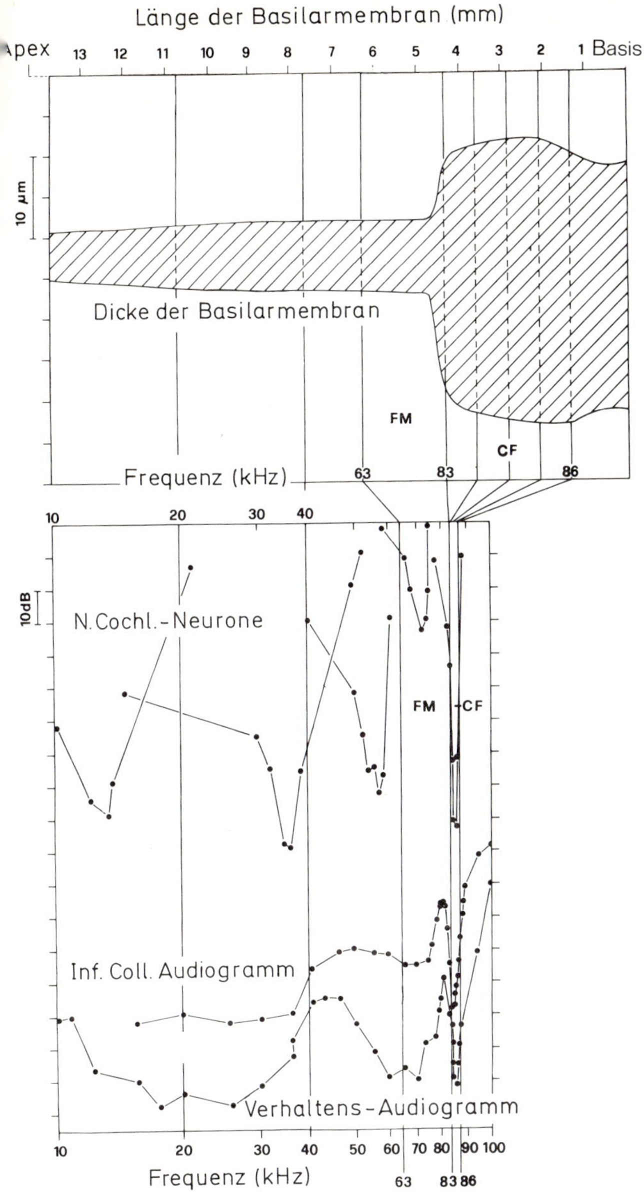

Abb. 15.61. Das Filter für die Echoträgerfrequenz *(CF)* in der Cochlea der Hufeisennase. *Obere Abbildung:* die Dicke der Basilarmembran von der Basis bis zum Apex *(Obere Abszisse)* und die zugehörige Frequenzabbildung *(untere Abszisse)*. Man sieht, daß die Frequenzen des Filters (83–86 kHz) im verdickten Teil der Basilarmembran abgebildet sind. *Untere Abbildung:* Mit der Cochleastruktur korrelierende physiologische Daten: Verhaltensaudiogramm *(unterste Kurve)* und neuronales Audiogramm (Inf. Coll.), darüber Abstimmkurven einzelner Nervenzellen aus dem Nucleus cochlearis. Schmal abgestimmte Abstimmkurven korrelieren mit der Frequenzabbildung im verdickten Teil der Basilarmembran. CF Frequenzen, die im Tonteil des Echos vorkommen, FM Frequenzen, die im frequenzmodulierten Endteil des Echos liegen. (Verändert nach Bruns, V., Schmieszek, E. Hear. Res. **3**, 27–43 (1980)]

(Abb. 15.62). Außerdem stehen in diesem Bereich die inneren Haarzellen nicht dicht an dicht, sondern durch Stützzellen weit voneinander getrennt. In Analogie zur Fovea des Auges, der Stelle bester Ortsfrequenzauflösung wurde dieser gespreizte Teil der Frequenzabbildung auf der Basilarmembran als akustische Fovea bezeichnet.

Die Frequenzauflösung in diesem fovealen Frequenzbereich von 82 bis 86 kHz ist extrem hoch, einige Neurone, die auf diese Fovea abgestimmt sind, reagieren auch bei höchstem Schalldruck nur auf einige Hundert Hz um die „beste Frequenz". Dies drückt sich in hohen $Q_{10\,dB}$-Werten aus (Beste Frequenz/Bandbreite der Antwortkurve 10 dB über der Schwelle für die Beste Frequenz, z. B. BF = 84,2 kHz, Bandbreite 10 dB über Schwelle 0,4 kHz, Q-Wert = 84,2/0,4 = 210,5) für Hörnervenfasern und Neurone der aufsteigenden Hörbahn, die auf die fovealen Frequenzen abgestimmt sind. Die $Q_{10\,dB}$-Werte reichen für Fovealfrequenzen bis zu 500, während sie für andere Frequenzen und generell bei anderen Säugern maximal 25–30 betragen (Abb. 15.62). Die ausgezeichneten Filtereigenschaften der auf foveale Frequenzen abgestimmten Neurone bleiben vom Hörnerv bis zum Hörcortex durch alle Verarbeitungsstufen des Gehirns erhalten und beweisen, daß selbst bei bester Frequenzauflösung die periphere Analyse keiner weiteren neuronalen Verschärfung bedarf.

Die Hufeisennase hört etwa von 1 bis 100 kHz. Ein überproportional hoher Anteil der 16000 afferenten Nervenfasern, nämlich über 20% kommt aus dem fovealen Bereich der Basilarmembran. Wie im Sehsystem die Fovea bei der retinotopen Abbildung im Gehirn überrepräsentiert bleibt, so bleibt auch bei der tonotop geordneten Abbildung der Frequenzen in den Hörzentren des Gehirns der Hufeisennase das foveale Frequenzband von 82–86 kHz gespreizt abgebildet (Abb. 15.62). Im Colliculus inferior des Mittelhirns besteht z. B. nahezu die gesamte ventrale Hälfte aus Neuronen, die nur auf die Foveafrequenzen antworten.

Wie diese Ergebnisse zeigen, hat die Hufeisennase ein auf Bewegungsdetektion spezialisiertes Ortungssystem entwickelt. Sie sendet einen langen Reinton (CF-Teil des Ortungslautes, Abb. 15.54) aus, der ihr als Trägerfrequenz dient für Frequenz- und Amplitudenmodulationen, die durch sich bewegende Ziele auf die Echoträgerfrequenz aufmoduliert werden (Abb. 15.63). In das Innenohr ist ein schmalbandiges Filter eingebaut, das genau auf die Echo-Trägerfrequenz abgestimmt ist. Der schmale Frequenzbereich der bewegungsinduzierten Frequenzmodulationen (82–86 kHz) wird durch die hohe Frequenzauflösung der Fovea und in den nachfolgenden neuronalen Zentren analysiert. Die „foveale" Neuronenpopulation ist im Gehirn überproportional groß. Wie Abb. 15.63 zeigt, können solche Neurone die Rhythmik des Flügelschlags eines Nachtschmetterlings gut kodieren, der vom Ortungslaut einer Hufeisennase aus irgendeiner Richtung getroffen wird und entsprechend modulierte Echos zum Ohr des nächtlichen Verfolgers reflektiert.

γ) Die Fixierung der Echo-Trägerfrequenz in der akustischen Fovea

Eine jagende Fledermaus kommt mit dem geschilderten Bewegungsdetektionssystem, bestehend aus Echo-Trägerfrequenz und auf sie abgestimmte Empfangsfilter in große Schwierigkeiten. Durch ihre eigene Fluggeschwindigkeit erfährt das ganze Echosignal einen zweifachen Dopplereffekt, da Sender (Nase) und Empfänger (Ohren) mitfliegen. Bei einer Fluggeschwindigkeit der Fledermaus von ca. 4–5 m/s erhöht sich die Frequenz des gehörten Echosignals um etwa 2–2,5 kHz. Die rückkehrenden Echos liegen damit nicht mehr im Zentrum der akustischen Fovea. Die Hufeisennase gleicht diese Dopplereffektverschiebung der gesamten Echofrequenz aus. Sie senkt die ausgesandte Ortungslautfrequenz um einen entsprechenden Betrag ab, wenn die gehörte Echofrequenz über einer bestimmten Sollfrequenz liegt. Dieser Sollwert, die sogenannte Referenzfrequenz, stimmt mit der individuellen Mittelfrequenz der akustischen Fovea bzw. des Filters überein. Jede Hufeisennase hält über diesen Regelkreis ihre individuelle Echo-Referenzfrequenz im Bereich von 81,0 bis 84,2 kHz präzise ein. Schon eine Erhöhung der Echofrequenz um 50 Hz, was einer Sollwertabweichung von 0,06 % entspricht, löst eine entsprechende Frequenzabsenkung des nächsten ausgesandten Ortungslautes aus (Abb. 15.64).

Der Regelkreis ist gleichgerichtet und reagiert nur auf Echofrequenzverschiebungen über die Sollfrequenz (die Fledermaus fliegt auf den Echoreflektor zu). Frequenzabsenkungen der Echos unter die Referenzfrequenz werden nicht kompensiert. Der Regelkreis arbeitet träge und benötigt z. B. 340 ms, um einen Frequenzhub des gehörten Echos durch entsprechende Frequenzabsenkungen des ausgesandten Ortungslautes zu kompensieren. Durch diese Trägheit des Systems wird gewährleistet, daß der Regelkreis nur Dopplereffektverschiebungen des gesamten Echosignals ausgleicht, nicht aber die innerhalb des Echosignals liegenden kurzen Frequenzverschiebungen, die das gewünschte Signal (flügelschlagendes Beuteobjekt) darstellen. Der Regelmechanismus wird nur ausgelöst, wenn das Echo innerhalb 20–25 ms nach Beginn der Ortungslautaussendung gehört wird. Der Regelkreis arbeitet nach einem „Sample and Hold"-Prinzip: der Wert der nächsten auszusendenden Frequenz wird auch bei minutenlanger Verzögerung der Lautaussendung gespeichert und beibehalten. Erst das nächstfolgende gehörte Echo kann die Stellgröße wieder verändern (Abb. 15.64).

Mit diesem Regelkreis, der die Hörzentren an das Vokalisationssystem koppelt, eliminiert die Fledermaus ihre eigene Reisegeschwindigkeit aus ihrem sensiblen Bewegungsdetektionssystem. Der Rückkopplungsmechanismus hält die gehörte Echofrequenz immer im Zentrum der akustischen Fovea, genauso wie die Blickfolgebewegungen der Augenmuskeln ein sich bewegendes Sehobjekt stets im Zentrum der Netzhaut-Fovea fixieren.

δ) Neuronale Anpassungen

Zu den geschilderten Spezialisierungen des Innenohrs zur Detektion von bewegten Objekten durch Echoortung mit einem Reintonsignal gesellen sich noch zahlreiche neuronale Anpassungen.

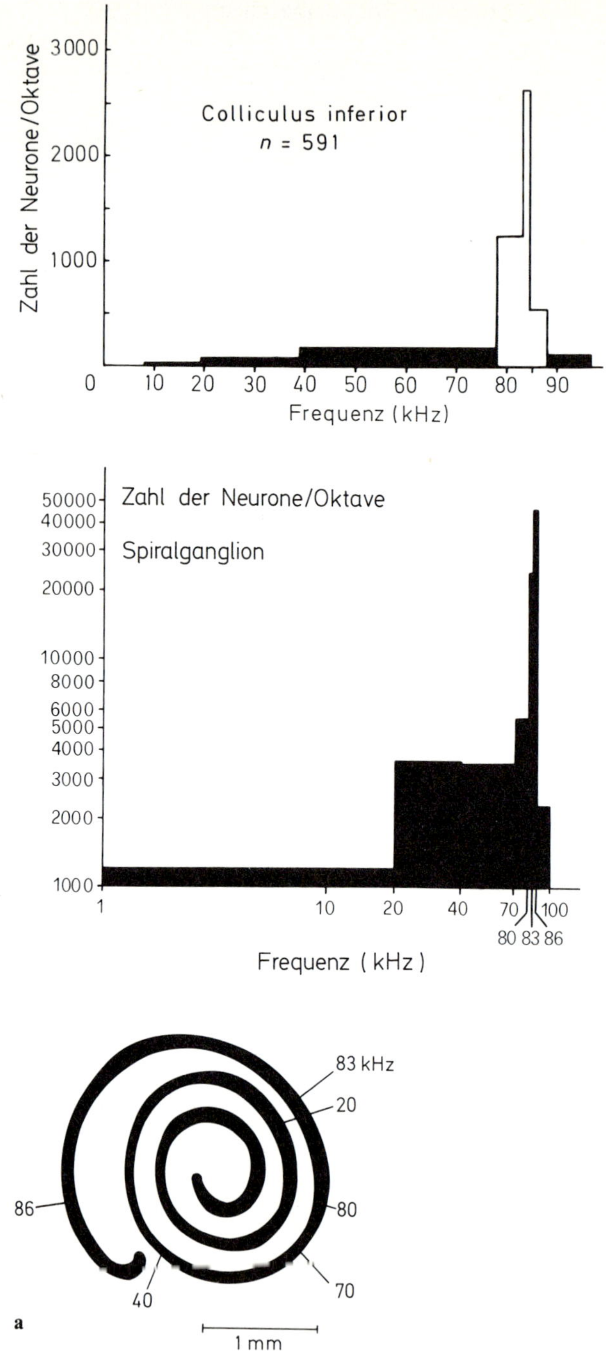

Abb. 15.62a, b. Die akustische Fovea der Hufeisennase für Frequenzen von 82 bis 86 kHz. **a** *unten:* Aufsicht auf die Basilarmembran (Apex = inneres Ende der Spirale) mit Bezeichnung der Frequenzabbildung. Das schmale Frequenzband von 86–82 kHz nimmt dieselbe Länge ein wie eine nachfolgende ganze Oktave. *Mitte* und *oben:* Überrepräsentation der Neurone in der Hörbahn, die auf die Foveafrequenzen abgestimmt sind. **b** $Q_{10\,dB}$-Werte von Neuronen des Nucleus cochlearis von *Myotis lucifugus* und *Rhinolophus ferrumequinum.* Die *obere Abbildung* gibt den Frequenz-Zeitverlauf der zugehörigen Ortungslaute wieder. Q-Werte über 20, d. h. extrem schmalbandige Neurone treten nur bei *Rh. ferrumequinum* im fovealen Frequenzbereich, der auf die CF-Trägerfrequenz des Echos abgestimmt ist, auf. **a** [Nach Bruns, V., Schmieszek, E.: Hear. Res. **3**, 27–43 (1980) und Pollak, G., Schuller, G.: J. Neurophysiol. **45**, 208–226 (1981).] **b** [Nach Suga, N., Neuweiler, G., Möller, J.: J. Comp. Physiol. **106**, 111–125 (1976)]

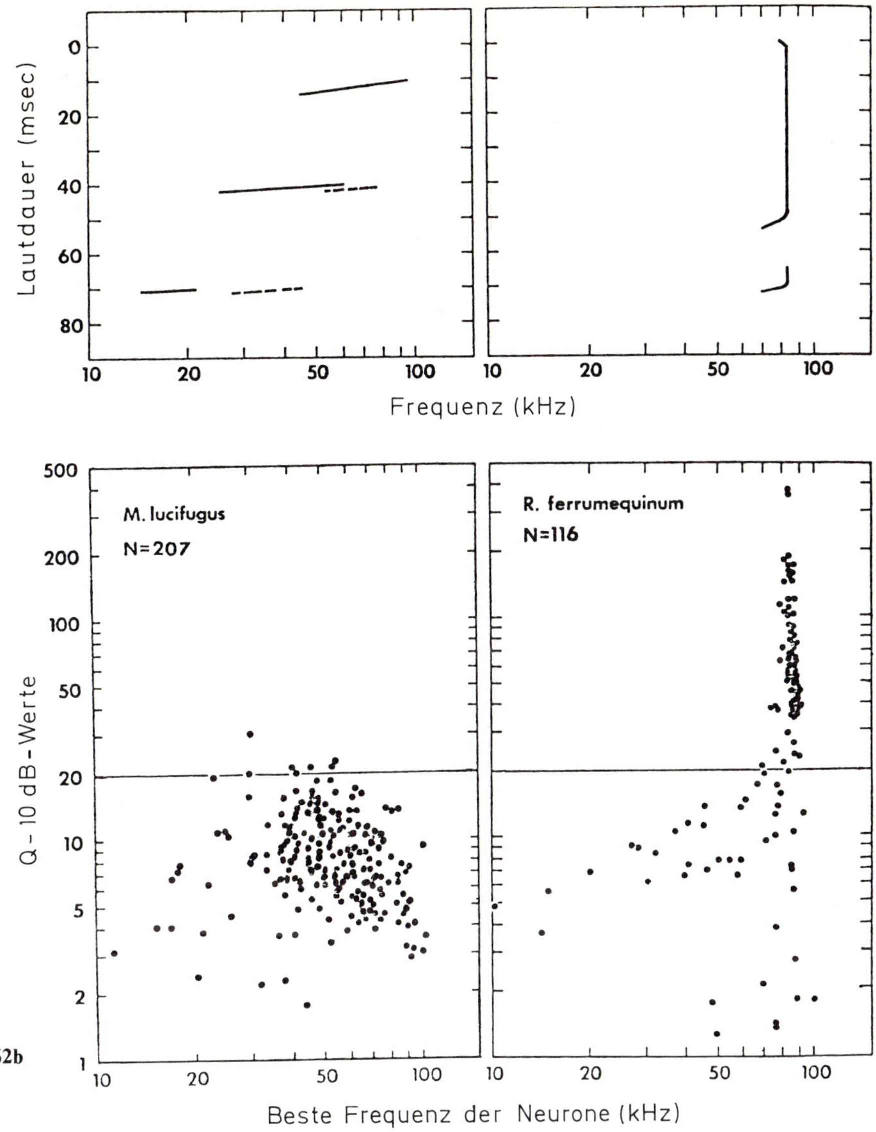

Abb. 15.62b

So wird die neuronale Antwort auf einen Hörreiz (Echo) im fovealen Frequenzbereich (82–86 kHz) durch einen unmittelbar vorausgehenden oder zeitlich überlappenden Reiz nicht, wie üblich, unterdrückt, sondern sogar noch verstärkt, wenn dieser vorausgehende Reiz (Ortungslaut) im Frequenzbereich von 78–81 kHz liegt (Abb. 15.65). Dies ist genau das Frequenzband, das eine jagende Hufeisennase aussendet, da sie ja zur Vermeidung einer Echofrequenzverschiebung durch ihre eigene Fluggeschwindigkeit niedere Frequenzen aussenden muß, als die gehörte Echofrequenz (Kapitel 5.3). Der gehörte eigene Ortungslaut (78–81 kHz) fördert also das Hören des nachfolgenden, leisen Echos (ca. 83 kHz) (Abb. 15.65).

Viele Neurone, die auf foveale Frequenzen abgestimmt sind, reagieren auf die reine Trägerfrequenz nicht mehr, wohl aber auf geringfügigste Modulation dieser Frequenz um einige 10 Hz. Diese Neurone sind „bewegungsspezifisch" geworden. Andere Neurone kodieren solche Frequenzmodulationen, die flügelschlagende Objekte signalisieren nur, wenn dem Signal eine Ortungslautaussendung vorausgegangen ist (Abb. 15.66). Solche Echoneurone werden offensichtlich durch die Lautaussendung für eine bestimmte Zeit, in der Echos zu erwarten sind, aktiviert, anschließend verstummen sie wieder.

Die Aussendung eines konstantfrequenten Signals und die genaue Kontrolle seiner Frequenz, der Einbau eines speziell auf die Echofrequenz abgestimmten Filters, die akustische Fovea mit neuronaler Überrepräsentation des engen Filter-Frequenzbandes, der Rückkopplungsmechanismus zwischen Hör- und Vokalisationszentren zur Eliminierung der eigenen Fluggeschwindigkeit aus dem Bewegungsdetektorsystem und die unterschiedlichen neuronalen Adaptationen konvergieren alle zu einem präzisen und empfindlichen Ortungsmechanismus, der sich auf die Detektion von Bewegung spezialisiert hat. Er zeigt, wie in der Evolu-

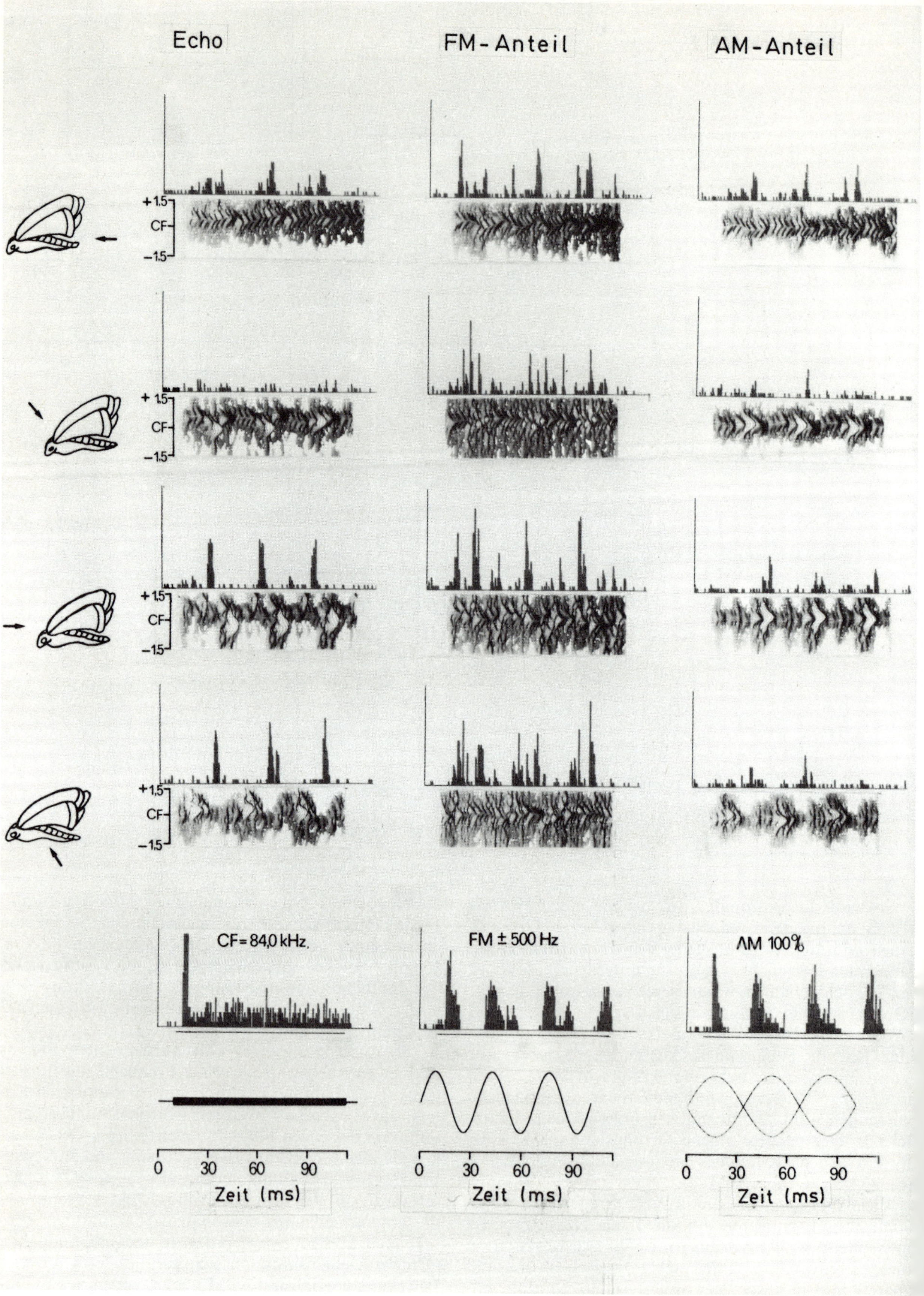
Echo
FM-Anteil
AM-Anteil
+1.5
CF
−1.5
CF = 84,0 kHz.
FM ± 500 Hz
ΛM 100%
0
30
60
90
Zeit (ms)

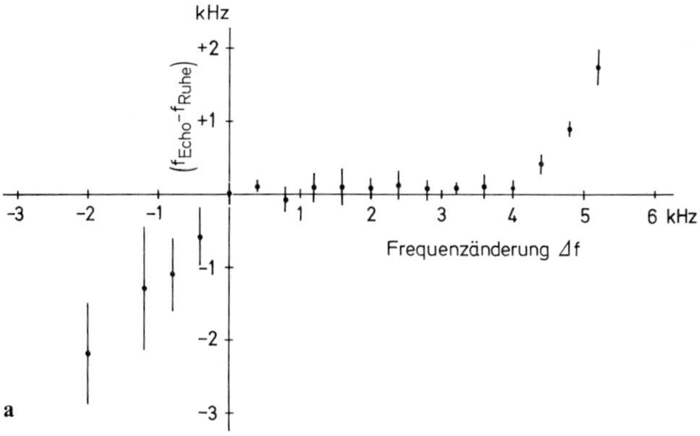

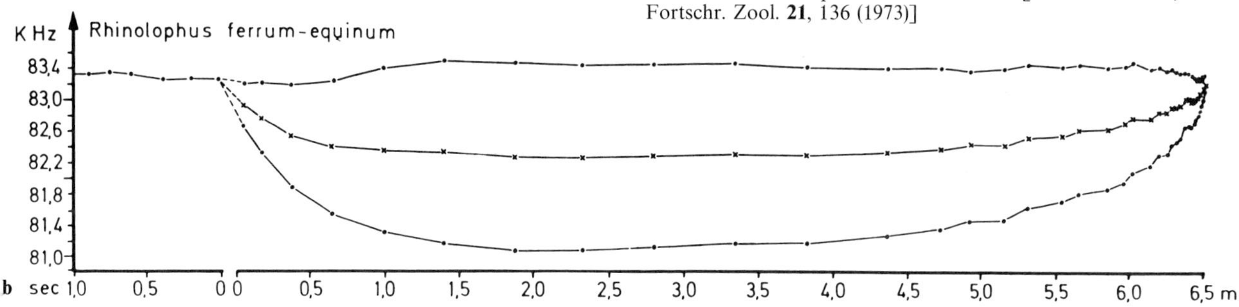

Abb. 15.64a. Gegenregelung der Dopplerfrequenzverschiebungen im CF-Teil der Echos durch Absenken der Ortungslautfrequenz bei Hufeisennasen. *Abszisse:* Echofrequenzverschiebung Δf. *Ordinate:* Differenz zwischen Echofrequenz und der CF-Ortungslautfrequenz der ruhenden Fledermaus. Die eingeregelte Echofrequenz liegt stets etwas über der „Ruhefrequenz". Echofrequenzverschiebungen unter die Ruhefrequenz $(-\Delta f)$ werden nicht kompensiert (abfallende Kurve im negativen Quadranten). [Aus Schuller, G., Beuter, K. u. Schnitzler, H.-U.: J. Comp. Physiol. **89**, 275 (1974).] **b** Frequenzen der CF-Teile der Echos *(obere Kurve)* und der ausgesendeten Laute *(untere Kurve)* von *Rhinolophus ferrumequinum* beim Flug über eine 6,5 m lange Flugstrecke und in der letzten Sekunde vor dem Start (bei o-o). Die *mittlere Kurve* stellt die CF-Teil-Frequenz der mit einem Mikrofon am Ende der Flugstrecke registrierten Ortungslaute dar. Aus dieser Mikrofrequenz wurden durch Hinzufügen bzw. Abziehen der bei Echoempfang bzw. Lautaussendung entsprechend der Fluggeschwindigkeit entstehenden Dopplereffekte die Echo- bzw. Aussendefrequenzen berechnet. [Aus Schnitzler, H.-U.: Fortschr. Zool. **21**, 136 (1973)]

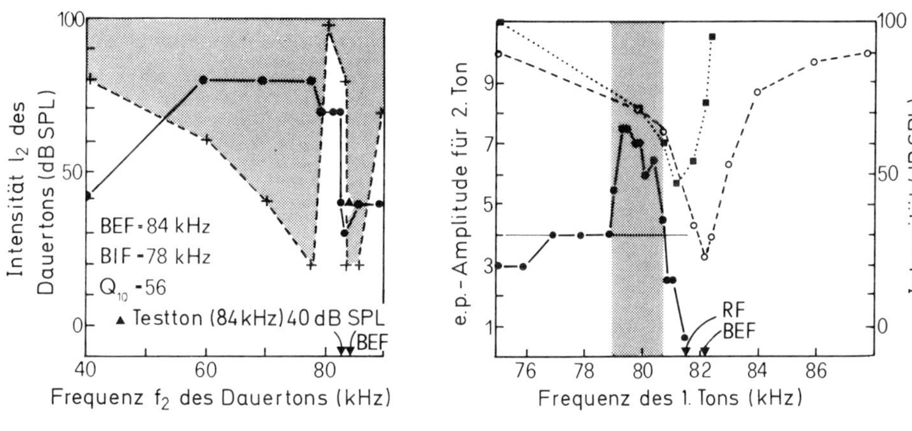

Abb. 15.63. Antworten eines Mittelhirnneurons der Hufeisennase *Rhinolophus ferrumequinum* auf Echos von einem flügelschlagenden Nachtfalter, der mit einer CF-Trägerfrequenz von 84 kHz beschallt wurde. Der *Pfeil* am Falter gibt die Richtung der Beschallung an. Jede Abbildung besteht aus einem Post-Stimulus-Time-Histogramm. Die *schwarzen Balken* geben die Häufigkeit an, mit der zu einem Zeitpunkt *(Abszisse)* nach Reizbeginn das Neuron einen Nervenimpuls feuert. Darunter ist der Reiz, d. h. das Spektrogramm des Echos abgebildet, das die darüber abgebildete neuronale Aktivität auslöst. CF = Trägerfrequenz von 84 kHz, Frequenzmodulationsbreite des Echos maximal ±1,5 kHz. *Linke Spalte* neuronale Antwort auf das Echo, *mittlere Spalte* neuronale Antwort auf die FM-Komponente des Echos bei konstantem Schalldruck. *Rechte Spalte* neuronale Antwort auf die amplitudenmodulierte Komponente des Echos bei konstanter Frequenz. *Untere Reihe:* Antwort desselben Neurons auf die Trägerfrequenz allein *(links)*, auf eine sinusförmige Frequenzmodulation *(Mitte)* und auf eine sinusförmige Amplitudenmodulation *(rechts)* der Trägerfrequenz. In Abhängigkeit von der Beschallungsrichtung kodiert das Neuron präzise den Flügelschlagrhythmus des beschallten Falters. (Nach Schuller, G.: In Vorbereitung)

▲

Abb. 15.65. Neuronale Anpassung an das Echohören bei der Hufeisennase. *Linke Abbildung:* Die neuronale Antwort eines Colliculus inferior-Neurons auf ein Tonsignal (Echo) von 84 kHz, 40 dB SPD (*Dreieck* = fixed tone) wird durch einen andauernden Ton variabler Frequenz *(Abszisse)* und Intensität *(Ordinate)* unterdrückt *(grau schraffiertes Gebiet)*. Liegt der andauernde Ton im Bereich von 78–82 kHz (Ortungslaut), so unterbleibt die Antwortunterdrückung. *Rechte Abbildung:* Das Hören des Ortungslautes (Frequenzbereich der schraffierten Säule, 90 dB SDP) verstärkt die neuronale Antwort auf das Echo (Frequenz = Referenzfrequenz RF, 60 dB SDP). *Ordinate:* evoked-potential-Amplitude für den Echoton in relativen Einheiten. Die *horizontale Linie* bei relativer Einheit 4 gibt die evoked-potential-Amplitude für den Echoton alleine an. *BEF* = Beste erregende Frequenz. *Gestrichelte Kurve:* Schwellkurve der evoked-potential-Antwort auf einen Einzelton (*Abszisse* Frequenz, *rechte Ordinate:* Schwelle). [Aus Möller, J.: J. Comp. Physiol. A **125**, 227–236 (1978)]

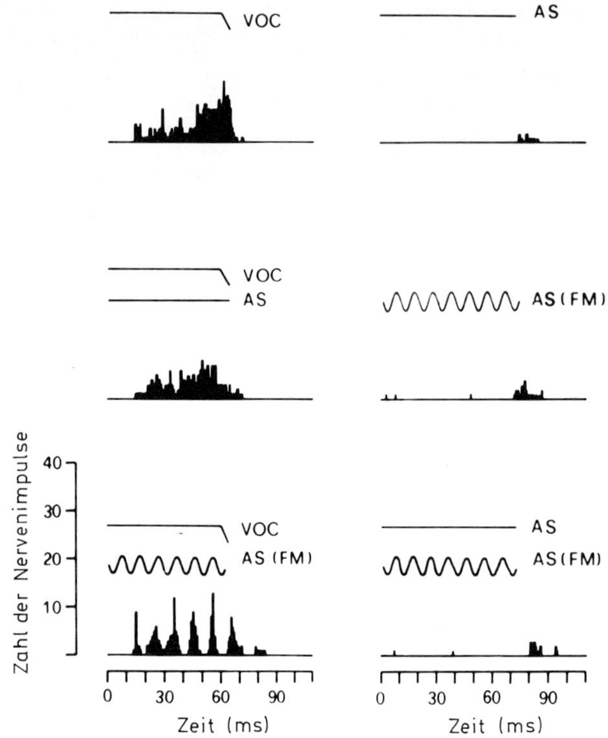

Abb. 15.66. Mittelhirn-Neuron der Hufeisennase, das nur nach Ortungslautaussendung auf einen Hörreiz (Echo) antwortet. *Linke Spalte:* Antworten während der Lautaussendung, oben auf Lautaussendung allein (VOC), mitte auf Lautaussendung und einen Reinton der gleichen Frequenz und Lautstärke wie die des Ortungslauts (AS), unten Antwort auf Lautaussendung und AS, der um ±500 Hz frequenzmoduliert ist [simuliertes Echo von flügelschlagender Beute, AS(FM)]. Das Neuron kodiert bei Lautaussendung das AS(FM)-Signal präzise. *Rechte Spalte:* Das Neuron antwortet auf dieselben Reize nicht, wenn das Tier nicht vokalisiert (Frequenz und Intensität von VOC und AS sind identisch). [Aus Schuller, G.: J. Comp. Physiol. **132**, 39–46 (1979)]

tion ein allgemeines Bau- und Funktionsprinzip, das Ohr der Säuger, und die nachgeschaltete Hörbahn des Gehirns durch spezifische Anforderungen zu Leistungen getrieben werden kann, die an das theoretisch Mögliche heranreichen. Solche speziellen Fälle, wie der der echoortenden Hufeisennase, enthüllen die Leistungsbreite biologischer Signalaufnahme- und -verarbeitungsmechanismen.

Es ist zu vermuten, daß auch andere Fledermausarten mit ihren spezifischen Ortungslautstrukturen auf besondere Anforderungen ihrer Hörwelt reagierten und ähnlich präzise, aber andere Leistungsanpassungen erzielten. Bei der experimentellen Aufklärung solcher Anpassungen hat sich die Signaltheorie aus der Radartechnik als nützlich erwiesen, auch dann, wenn die nachgewiesenen Ortungsleistungen einer Fledermaus suboptimal blieben. So bleibt die Echoortung ein fruchtbares Forschungsgebiet für Zoologen, Physiker und Nachrichtentechniker.

Literaturauswahl

Busnel, R.G., Fish, J. (Eds.): Biosonar Systems Symposium Jersey. New York: Plenum Press 1980.

Glaser, W.: Zur Hypothese des Optimalempfangs bei der Fledermausortung. J. Comp. Physiol. **94**, 227–248 (1974).

Griffin, D.R.: Listening in the dark. New Haven: Yale University Press 1958.

Neuweiler, G.: Die Echoortung der Fledermäuse. Vortr. Rheinisch-Westfäl. Akad. Wiss. N **272**, 57–82 (1978).

Schnitzler, H.U.: Die Echoortung der Fledermäuse und ihre hörphysiologischen Grundlagen. Fortschr. Zool. **21**, 136–186 (1973).

Simmons, J.A., Howell, D.J., Suga, N.: Information content of bat sonar echoes. Am. Sci. **63**, 204–215 (1975).

15.2.3 Molekulares Erkennen: Biophysik der Chemorezeption

KARL-ERNST KAISSLING

15.2.3.1 Einleitung: Chemische Signale

Wohl für alle lebenden Systeme spielen chemische Signale zur Übermittlung biologisch wichtiger Nachrichten eine Rolle. Als Signalträger werden meist spezielle chemische Verbindungen verwendet. Intrazelluläre Botenstoffe sind z.B. m-Ribonukleinsäure (messenger-RNA) oder das zyklische Adenosinmonophosphat (cAMP). Als Nachrichtenträger zwischen Zellen oder Organen eines Organismus dienen Hormone. Nervenzellen kommunizieren untereinander und mit anderen Zellen über besondere Transmittersubstanzen. Leukocyten werden durch zahlreiche chemotaktische Faktoren, meist Eiweißstoffe angelockt. Zwischen Artgenossen wird Information mit Hilfe von nach außen abgegebenen Pheromonen ausgetauscht. Auch an Nichtartgenossen werden chemische Signale — zum Vorteil des Senders (Allomone) oder des Empfängers (Kairomone) gerichtet, man denke etwa an die abstoßenden Gerüche von Wanzen oder Stinktieren oder an den Geruch der Fähre des Wildes. Für Blütendüfte und andere Stoffe, die Sendern und Empfängern zugleich nützen, gibt es keine eigene Bezeichnung; sie gehören zur Kategorie „Semiochemicals", in der alle von Organismen nach außen abgegebenen Signalstoffe im Englischen zusammengefaßt werden. Wichtige „artfremde" Signale sind auch die „Düfte", die etwa beim Abbau organischer Substanzen durch Bakterien entstehen. Schließlich muß man z.B. auch die oft von Mikroorganismen erzeugten fieberinduzierenden Pyrogene oder die das Immunsystem stimulierenden Antigene zu biologischen Signalmolekülen rechnen.

Zu einem Signalstoff gehören ein Sender, ein Empfänger und gewöhnlich ein Transportmedium. Alle oben genannten biologischen Systeme unterscheiden sich bezüglich des Senders (Zellkern, Zellmembran, Hormondrüse, synaptischer Endknopf, Pheromon- und Duftdrüsen, Bakterium, u.a.) und des Empfängers (Ribosomen, Enzyme, Zellgewebe, postsynaptische Membran und Muskelendplatte, Riech- und Schmeckzelle, Fieberzentrum, Immunozyten). Große Unterschiede gibt es aber auch im Transportmedium (Zellplasma, Zwischenzellflüssigkeit, Blutbahn, Wasser, Luft) und im Mechanismus des Transports (Diffusion, Konvektion).

An dieser Vielfalt mag es liegen, daß biologische Signalstoffe aus den verschiedensten Klassen organischer Verbindungen von einfachen Molekülen (Sauerstoff, Kohlendioxid, Ameisensäure) bis zu den Proteinen (z.B. Insulin) stammen, aber auch anorganische Substanzen (Salze) sein können. Entsprechend unterschiedlich verlaufen Produktion und die oft komplizierte Ausschüttung der Signalstoffe durch den Sender. Auch die Empfängersysteme müssen den verschiedenen Signalstoffen und ihren Transportmedien angepaßt sein.

Von biologischen Empfängersystemen für chemische Signale — chemosensitiven Organen, chemorezeptorischen Zellen und Rezeptormolekülen — soll hier die Rede sein. Vorausetzung für „molekulares Erkennen" ist eine chemische Spezifität des Empfängers. d.h. seine Eigenschaft, auf verschiedene chemische Verbindungen unterschiedlich empfindlich zu reagieren. Die Gruppe der für eine bestimmte Rezeptoreinheit wirksamen Verbindungen kann als ihr *Stoffspektrum* oder *Reaktionsspektrum* bezeichnet werden. Da das chemische Signal die Parameter *Intensität* $\left(=\frac{\text{Molekültreffer}}{\text{Empfängerfläche}\cdot\text{Sekunde}}\right)$ und *Qualität* (=Stoffart) hat, kann man mit Rezeptoreinheiten gleicher chemischer Spezifität nur die *Anwesenheit* eines Signalstoffes feststellen, genauer gesagt, eine aus Konzentration und Wirksamkeit der anwesenden Signalstoffe zusammengesetzte Größe. Erst mit zwei oder mehr Rezeptoreinheiten unterschiedlicher Spezifität lassen sich die Parameter trennen, also chemische Signale qualitativ und quantitativ unterscheiden.

Eine qualitative Unterscheidung zwischen Signalstoffen ist um so wichtiger, je mehr verschiedene Stoffe gleichzeitig dem Empfänger angeboten werden. So wird an einer gegebenen Synapse oder an einer motorischen Endplatte gewöhnlich nur eine einzige Transmittersubstanz freigesetzt. In diesem Fall genügt auch ein einziger Typ von Rezeptormolekülen an der postsynaptischen Membran. Bereits innerhalb einer Zelle können gleichzeitig zahlreiche Typen von Signalmolekülen, etwa unterschiedliche Boten-RNA-Moleküle, Genregulatoren usw. vorkommen. Die Anzahl der Hormone eines Organismus kann beträchtlich sein. Weit größer und nahezu unübersehbar ist die Zahl der von außen auf den Organismus einwirkenden chemischen Signalstoffe. Entsprechend werden an das Unterscheidungsvermögen etwa des Immunsystems oder der Riechorgane ganz besondere Anforderungen gestellt.

Wohl in den meisten Fällen wird die chemische Spezifität des Empfängersystems wesentlich durch Makromoleküle (Rezeptormoleküle) bestimmt, die einzelne Signalmoleküle aufnehmen und ihrerseits die Nachricht weiterleiten. Die Annahme spezieller Rezeptormoleküle scheint notwendig, wenn die wirksamen Konzentrationen der Signalstoffe zu gering sind, um makroskopische Wirkungen zu erlauben. In einigen Fällen gelang bereits die Isolierung von Rezeptormolekülen (Hormon-, Acetylcholin-, Zuckerrezeptoren, Antikörpern), die alle zu den Proteinen gehören. In manchen Fällen mögen aber auch andere Komponenten der Zellmembran, etwa die Phospholipide, die Rezeptorfunktion übernehmen, wie es für Salzrezeptoren von Wirbeltieren und Insekten diskutiert wird.

Von chemischen Signalen kann man auch bei den auf Zellmembranen lokalisierten Molekülen, meist Glykoproteinen und -lipiden, sprechen, mit deren Hilfe sich Zellen untereinander erkennen und aneinander anlagern. In diesem und anderen Fällen kann noch ein dritter Signalparameter eine Rolle spielen, nämlich die *räumliche Anordnung* qualitativ verschiedener Signale, etwa hier auf der Zelloberfläche. So können z.B. verschiedene Zelltypen, die ein Gewebe aufbauen, nach ihrer künstlichen Trennung wieder in der richtigen Anordnung reaggregieren. Räumliche Muster chemischer Signale können z.B. auch an einer Nervenzelle auftreten, die mehrere synaptische Eingänge hat, oder an Blütenblättern, die neben Farbmustern (Saftmalen) oft auch Duftmuster (Duftmale) besitzen.

Beim Empfang chemischer Signale in Form freier Moleküle kann man drei Aspekte diskutieren:

1. Der Signalstoff muß aufgefangen und den spezifischen molekularen Rezeptorstrukturen zugeleitet werden.
2. Das stoffliche Signal muß in einen physiologischen Effekt umgesetzt werden (Signalwandlung, Transduktion).
3. Der Signalstoff muß wieder desaktiviert, also entfernt oder abgebaut werden.

15.2.3.2 Signalstofftransport und -aufnahme

a) Transport durch Diffusion

Im einfachsten Fall mag der Signalstoff allein durch *Diffusion* im Transportmedium vom Sender zur Bindungsregion am Rezeptormolekül gelangen. Dies ist nur bei geringer Entfernung zwischen Sender und molekularem Empfänger und bei relativ hoher Signalstoffkonzentration in annehmbaren Zeiträumen möglich. Solche Fälle mögen bei der äußerst präzisen, nur ca. 20 nm weiten synaptischen Übertragung, im Inneren von Zellen, aber auch etwa an Geschmackrezeptoren auf der Zunge verwirklicht sein.

Sobald die Entfernung zwischen Sender und Empfänger größer und die Signalstoffkonzentration gering ist, können besondere morphologische Strukturen dafür sorgen, daß der Signalstoff mit größerer Wahrscheinlichkeit, also auch schneller aus dem Transportmedium zum Rezeptormolekül gelangt. So wäre es z.B. denkbar, daß etwa ein Hormonmolekül zunächst von der Zellmembran seiner Zielzelle adsorbiert wird und dann entlang der Membran zum Wirkungsort, etwa zu einem membrangebundenen Rezeptormolekül, diffundiert. Durch diese Art der Zuleitung kann ein Molekül schneller zu seinem Wirkungsort gelangen als durch Diffusion im dreidimensionalen Raum, wenn folgende Bedingungen gegeben sind:

1. Großer Abstand der Wirkungsorte im Verhältnis zu ihrer Ausdehnung.
2. Hinreichend große Diffusionsgeschwindigkeit auf der Membran im Verhältnis zur Diffusionsgeschwindigkeit im Medium.

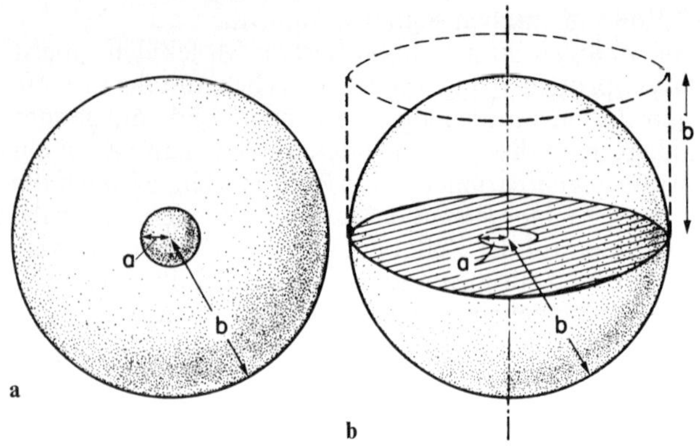

Abb. 15.67. a Modell für freie Diffusion in einem dreidimensionalen Raum. Die Moleküle sind zu Beginn gleichmäßig zwischen beiden Kugeln verteilt. Die äußere Oberfläche der kleinen Kugel adsorbiert die Moleküle beim ersten Kontakt. **b** Wie **a**, nur werden die Moleküle von der Äquatorebene der großen Kugel adsorbiert und diffundieren auf ihr mit dem Diffusionskoeffizienten $D^{(2)}$. Die mittlere Diffusionszeit aus dem eingezeichneten Zylinder zur Äquatorebene beträgt $\tau^{(3)}_{\mathrm{Zyl.}} = \frac{b^2}{3D^{(3)}}$. Auf der Ebene diffundieren die Moleküle zum zentralen Ring mit dem Durchmesser a in der Zeit $\tau^{(2)} = \frac{b^2}{y_1^2 D^{(2)}}$ wobei $y^2 < 1{,}2$ für $\frac{a}{b} < 0{,}1$ ist. [Aus Adam, G., Delbrück, M.: In Struct. Chem. and Molec. Biol. (A. Rich, N. Davidson, Eds.), pp. 198–215. San Francisco-London: Freeman 1968]

Adam und Delbrück schätzten die Effektivität eines solchen Fangmechanismus in einer Modellrechnung ab. Zunächst wird ein kugelförmiger Diffusionsraum mit dem Radius b betrachtet (Abb. 15.67a), in dem eine Partikel diffundiert (Diffusionskoeffizient $D^{(3)}$). Die Kugelschale beim Radius b ist für die Partikel undurchdringlich und nicht absorbierend. Die Partikel trifft nach der Zeit $\tau^{(3)}$ auf das Ziel, die Oberfläche einer zentral liegenden Kugel mit dem Radius a. Für $a/b \leqq 10^{-1}$ beträgt $\tau^{(3)} \approx \frac{b^2}{D^{(3)}} \cdot \frac{b}{3a} \cdot \left[1 - \left(\frac{a}{b}\right)\right]^2$.

Mit dieser Situation wird diejenige in einem halbkugelförmigen Diffusionsraum verglichen (Abb. 15.67b), dessen Äquatorebene die Partikel beim ersten Anstoß adsorbiert. Von da an diffundiert die Partikel auf der Ebene, bis sie zum zentralen Zielkreis mit dem Radius a gelangt. Es zeigte sich, daß die Diffusionszeit aus dem Raum zur Ebene vernachlässigbar klein, die Diffusionszeit auf der Ebene zum Ziel ($\tau^{(2)}$) also limitierend wirkt, selbst wenn man $D^{(2)} = D^{(3)}$ setzt. Da man in biologischen Systemen $D^{(2)} < D^{(3)}$ erwarten kann, ist also die Zeit für die kombinierte Diffusion $\tau^{(3,2)}$ der Diffusionszeit in der Ebene $\tau^{(2)}$ gleichzusetzen. Für $a/b = 10^{-1}$ gilt $\tau^{(2)} \approx \frac{b^2}{D^{(2)}} \cdot \frac{1}{y_1^2} \approx \tau^{(3,2)}$. Die Größe y_1 hängt von a/b ab, sie beträgt 1,103 für $a/b = 10^{-1}$ und 0,485 für $a/b = 10^{-4}$.

Für das Verhältnis der Diffusionszeiten bei kombinierter drei- und zweidimensionaler Diffusion ($\tau^{(3,2)}$) und bei rein dreidimensionaler Diffusion ($\tau^{(3)}$) läßt sich folgende Faustregel angeben: $\frac{\tau^{(3,2)}}{\tau^{(3)}} \approx \frac{aD^{(3)}}{bD^{(2)}} \cdot 10$. Diese stark vereinfachte Formel gilt etwa für a/b zwischen 10^{-2} und 10^{-4} und für $\frac{D^{(3)}}{D^{(2)}}$ zwischen 1 und 10^3. Ein zeitlicher Vorteil bei kombinierter drei- und zweidimensionaler Diffusion ergibt sich also unter der Bedingung $\frac{b}{a} > 10 \cdot \frac{D^{(3)}}{D^{(2)}}$. Nimmt man z. B. ein Ziel der Größe $a = 1$ nm an, etwa das aktive Zentrum eines Rezeptormoleküls, und setzt man $\frac{D^{(3)}}{D^{(2)}} = 10$, so ist kombinierte Diffusion günstiger, d. h. schneller, wenn die Entfernung b den Wert 0,1 µm übersteigt.

Diese Modellrechnung müßte für den Fall eines Hormonmoleküls, das von außen auf eine Zelle trifft und zu einem Rezeptormolekül findet, wegen der veränderten geometrischen Verhältnisse modifiziert werden. Sie zeigt jedoch, daß Membranen als Leitstrukturen für die Diffusion in biologischen Systemen eine Rolle spielen können.

Ob eine Oberfläche, wie z. B. die Zellmembran, als Auffangorgan dienen kann, hängt entscheidend auch von der Affinität zwischen Oberfläche und dem transportierten Molekül ab, also von der Wahrscheinlichkeit, mit der sich der Signalstoff bei gegebener Außenkonzentration an der Oberfläche aufhält. Durch hohe Affinität zur Membran könnte eine spezifische Anreicherung eines Signalstoffes an bestimmten Zellen zustande kommen. Damit würde die Spezifität einer solchen Rezeptorzelle nicht allein auf der Spezifität ihrer Rezeptormoleküle beruhen. Derartige Bindungsprozesse und darüber hinaus auch molekulare Orientierungsvorgänge müssen in Zusammenhang mit der Lipophilie und den polaren Eigenschaften vieler Signalmoleküle diskutiert werden. Eine überaus starke Affinität finden wir zwischen Duftstoffen und lipophilen Oberflächen der Riechorgane von Insekten, die auf sehr geringe Duftstoffkonzentrationen in der Luft ansprechen können (s. u.).

b) Transport durch Konvektion

Bisher wurde der Signaltransport durch Diffusion betrachtet. Schon intrazellulär werden aber Stoffe, und vermutlich auch Signalstoffe, oft durch *Konvektion* transportiert (Protoplasmaströmung, Axontransport), da die Transportdauer (t) bei Diffusion mit der Entfernung (x) quadratisch zunimmt ($t \sim x^2/D$). Durch Konvektion können chemische Signale, z. B. Duftstoffe, auch über verhältnismäßig große Strecken (> km) befördert werden, wie man es aus Versuchen über das Heimfinden von Fischen oder die Anlockung von Schmetterlingen weiß. Welche Ausdehnung der „aktive Raum" einer Duftquelle hat, in dem Duftstoffe noch wahrgenommen werden können, hängt natürlich von der Abgaberate der Quelle, von der Empfindlichkeit des Empfängers, von Strömungsgeschwindigkeit und Turbulenz des Transportmediums sowie von weiteren Faktoren wie der Lebensdauer oder dem Verlust der Duftmoleküle durch Adsorption ab.

Für den Empfänger chemischer Signale im strömenden Medium stellt sich die Aufgabe, aus dem ihm angebotenen Teilchenstrom $I = c \cdot v \cdot F$ [Moleküle/s] einen bestimmten Anteil Q_{ads} (Adsorptionsquotient) herauszusieben. Dabei ist c die Konzentration des interessierenden Signalstoffes, v die Strömungsgeschwindigkeit des freien Mediums und F der Strömungsquerschnitt, den der Empfänger maximal erfassen kann, sein „Eingangsquerschnitt", wie z. B. die Nasenöffnung. Von den ausgesiebten Molekülen wird nur der Anteil Q_{eff} zu den Rezeptormolekülen gelangen. Je mehr Moleküle bei einem Empfänger wirksam werden sollen, desto größer muß sein Filterkoeffizient $G = F \cdot Q_{\mathrm{ads}} \cdot Q_{\mathrm{eff}}$ [cm²] (bei gegebenem $c \cdot v$) sein. Der

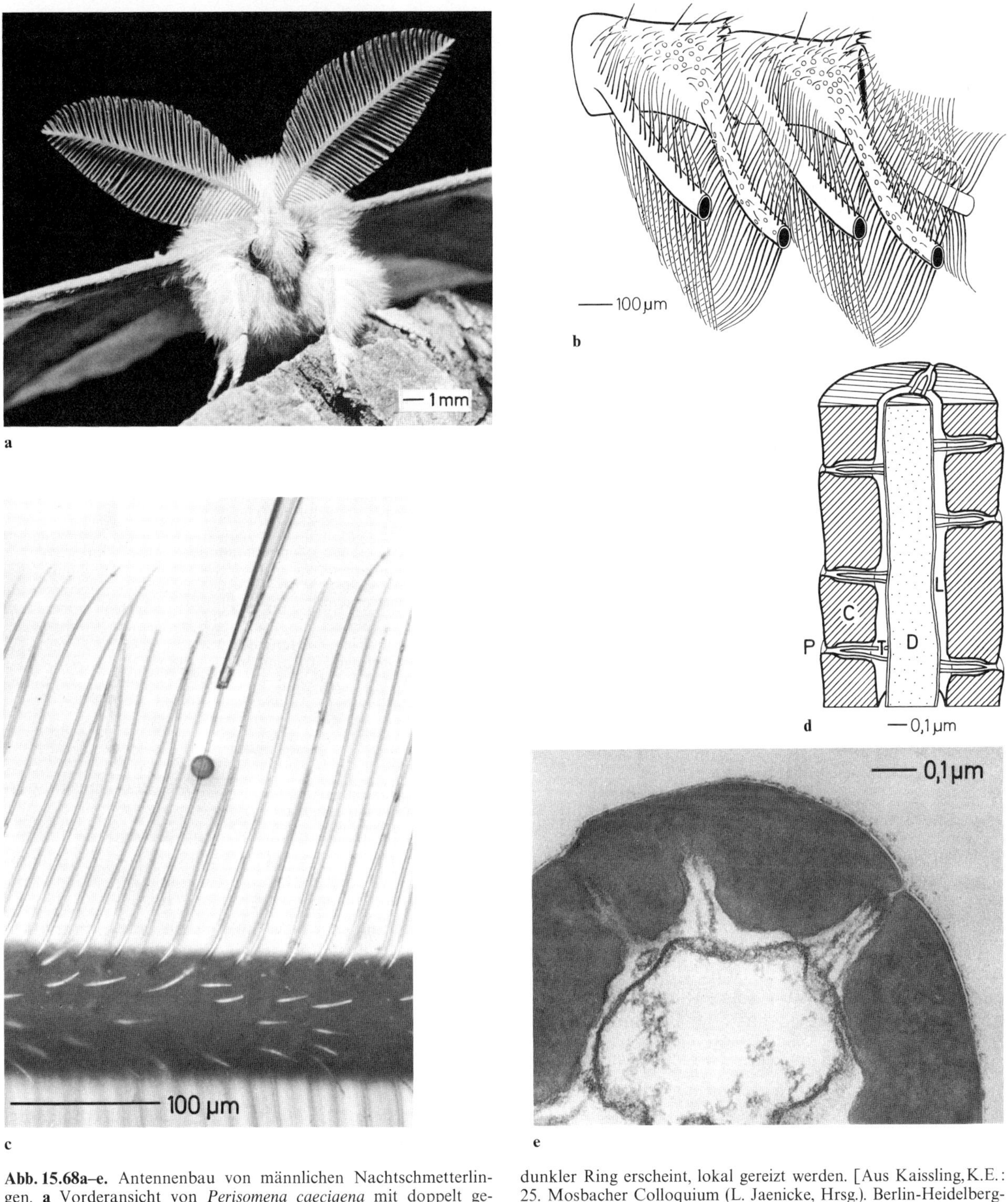

Abb. 15.68a–e. Antennenbau von männlichen Nachtschmetterlingen. **a** Vorderansicht von *Perisomena caecigena* mit doppelt gekämmter Antenne (Aufnahme E. Priesner). **b** Ausschnitt aus der ähnlich gebauten Antenne von *Antheraea polyphemus*. Zwei Antennensegmente mit abgeschnittenen Seitenästen. Außer den langen Riechhaaren (Sensilla trichodea) sind kurze Riechhaare, drei Schmeck- und Tastborsten (oben) und weitere Sensillen eingezeichnet. Der Gegenwind beim Flug käme von oben. **c** Ausschnitt aus einem Seitenast der Antenne von *A. polyphemus*. Die langen Haare enthalten die Fortsätze von je 2 bis 3 Sinneszellen, die auf verschiedene Komponenten des weiblichen Lockstoffes antworten. 5 lange Haare sind abgeschnitten, über eines davon wurde eine Elektrode zur Ableitung von Rezeptorpotentialen und Nervenimpulsen gestülpt. Das Haar kann durch eine Kapillare, deren Öffnung als dunkler Ring erscheint, lokal gereizt werden. [Aus Kaissling, K.E.: 25. Mosbacher Colloquium (L. Jaenicke, Hrsg.). Berlin-Heidelberg-New York: Springer 1974.] **d** Schematischer Längsschnitt durch ein langes Riechhaar des Seidenspinners *Bombyx mori*. *C* Kutikula bzw. Haarwand, *P* Pore, *T* Porenkanälchen oder Porentubuli, *L* Rezeptorlymphe, *D* Sinneszellfortsatz (Dendrit). **e** Querschnitt durch ein Riechhaar von *B. mori* (elektronenmikroskopische Aufnahme). [Aus Steinbrecht, R.A., Müller, B.: Z. Zellforsch. **117**, 570–575 (1971).] Die Duftmoleküle werden von der Haaroberfläche adsorbiert und diffundieren dann vermutlich durch Poren und Tubuli bis zur Membran des Sinneszelldendriten. Dort gelangen sie schließlich zu hypothetischen Rezeptormolekülen und bewirken über diese eine Leitfähigkeitszunahme der Zellmembran und damit eine Änderung der Potentialdifferenz über der Membran, das sog. Rezeptorpotential

für die Rezeptormoleküle verfügbare Molekülstrom ist daher $I_{eff}=c \cdot v \cdot G$. Ein besonderes Problem ist es, einen hohen Adsorptionsquotienten Q_{ads} zu erzielen. Dabei muß der Strom des Transportmediums fein verteilt werden, um den Signalmolekülen die Chance zum Kontakt mit der Empfängeroberfläche zu geben. Gleichzeitig muß der Strom des Mediums den Empfänger möglichst ungehindert passieren können. Morphologische Strukturen, die dieses leisten können, sind etwa Kapillarnetze oder die eigens für diese Funktion entwickelten, mit stark gegliederten Oberflächen ausgestatteten Riechorgane vieler Tiere.

Besonders effektive Molekularsiebe sind die Fühler einiger Nachtschmetterlinge, die äußerst empfindlich riechen (Abb. 15.68). Hier sind feine Härchen von ca. 1 bis 3 µm Dicke im Abstand von 10–30 µm zueinander und in mehreren Reihen hintereinander angeordnet. Durch das geringe Verhältnis Dicke zu Abstand der Haare wird einerseits der dufthaltige Luftstrom verhältnismäßig wenig gebremst. Andererseits stehen die Haare aber noch dicht genug, daß die Moleküle infolge ihrer thermischen Diffusionsbewegung hinreichende Chance haben, auf ein Haar zu treffen. Aufgrund von Diffusion ist sozusagen der wirksame Durchmesser des Haares und damit auch der vom Haar erfaßte Strömungsquerschnitt mehrfach gegenüber der geometrischen Projektionsfläche des Haares auf die Ebene quer zur Luftstromrichtung vergrößert. Für das Riechorgan (Antenne) des männlichen Seidenspinners *Bombyx mori* wurde ein Q_{ads} von 0,27 ermittelt. Dazu mußten die Duftstoffkonzentration c im Luftstrom sowie die von der Antenne mit der Umrißfläche F bei gegebener Luftstromgeschwindigkeit v adsorbierte Duftmenge mit Hilfe von radioaktiv markiertem Duftstoff bestimmt werden. Der Wert 0,27 ist sehr hoch, wenn man bedenkt, daß das Maximum 1 praktisch nicht erreichbar ist, da durch die Antenne aufgrund ihres Luftwiderstandes weniger Luft strömt als durch einen ihrer Umrißfläche F gleichen Strömungsquerschnitt. Dieses Beispiel zeigt ein optimales Zusammenwirken von Konvektion und Diffusion, bedingt durch die besondere Struktur dieses Molekularsiebes.

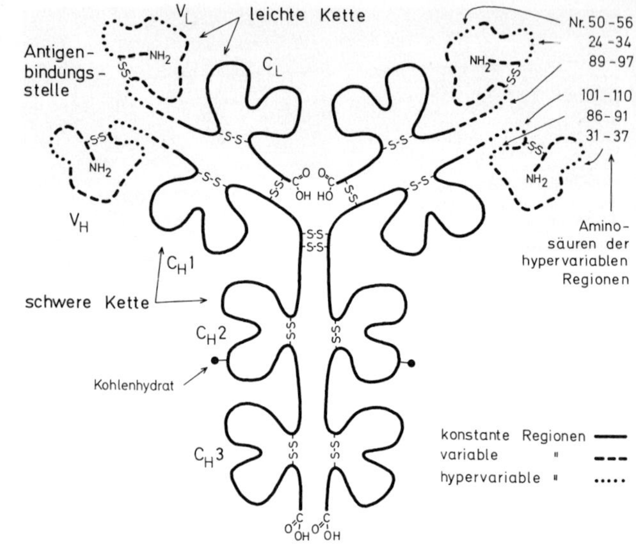

Abb. 15.69. Modell eines menschlichen Antikörpers der Klasse IgG. Das Molekül mit dem Molekulargewicht 143000–149000 ist aus je zwei schweren und leichten Proteinketten symmetrisch aufgebaut. Die konstanten Abschnitte (C_H1–3 und C_L) sind einander homolog, d.h. sie haben gleiche oder sehr ähnliche Aminosäuresequenzen. Dies spricht für eine phylogenetisch relativ junge Entstehung dieser Moleküle. Die große Zahl der Antikörpertypen beruht vor allem auf unterschiedlichen Sequenzen in den hypervariablen Regionen. Eine Immunzelle produziert nur einen einzigen Antikörpertyp, dessen Produktion durch die Bindung des Antigens in Gang gesetzt wird. [Verändert nach Gally, J.A., aus M. Sela (Ed.): The Antigens, Vol. I. New York-London: Academic Press 1973; Sternberger, L.A.: Immunochemistry. Englewood Cliffs NJ.: Prentice Hall 1974]

15.2.3.3 Signalwandlung

Wie erwähnt, spielen Rezeptorproteine bei der spezifischen Erkennung des chemischen Signals, seiner Wandlung und Weiterleitung eine entscheidende Rolle. Zunächst findet wohl eine reversible, nicht kovalente Bindung des Signalmoleküls im aktiven Zentrum des Rezeptormoleküls statt, die jedoch keinem einheitlichen Mechanismus folgt. Dies läßt sich schon aus der großen Verschiedenheit der Bindungskonstanten folgern, d.h. der für halbmaximale Besetzung der Rezeptormoleküle notwendigen Signalstoffkonzentration, die ein Maß für die Bindungsstärke darstellt. Allein bei der Bindung zwischen Immunprotein und Hapten, einem kleinmolekularen Teil des Antigens, liegen die Dissoziationskonstanten zwischen 10^{-9} mol $\cdot l^{-1}$ und $2 \cdot 10^{-5}$ mol $\cdot l^{-1}$. Die Besetzung der Hälfte der Insulinrezeptoren an Fettzellen erfordert nur $5 \cdot 10^{-11}$ mol $\cdot l^{-1}$. Membrangebundene Acetylcholinrezeptoren des Zitteraals *Electrophorus electricus* sind bei etwa $2 \cdot 10^{-6}$ mol $\cdot l^{-1}$, gereinigte bei $6 \cdot 10^{-8}$ mol $\cdot l^{-1}$ halbgesättigt. Besonders hohe Werte von mehr als 10^{-1} mol $\cdot l^{-1}$ sind bei den vermutlichen Zuckerrezeptoren, zuckerbindenden Proteinen der Zunge von Säugetieren, notwendig. Hier, wie in vielen anderen Fällen, liegen die Bindungskonstanten in einem Konzentrationsbereich, in dem eine besonders große Unterschiedsempfindlichkeit des Empfängers biologisch erwünscht ist.

Die große Variabilität in der Stärke der Bindung von Signalmolekülen wird vermutlich entscheidend von der komplementären Raumstruktur der Bindungsregion im Rezeptorprotein bestimmt. Bei genauer räumlicher Einpassung kann eine Summation vieler schwacher Wechselwirkungen zu einer starken und auch sehr spezifischen Bindung führen. Für diese Vorstellung spricht auch die Vermutung, daß bei Immunmolekülen zahlreiche Aminosäuren aus mehreren Kettenbereichen, den hypervariablen Regionen, für die Bindung des Antigens entscheidend sind (Abb. 15.69).

Durch das Signalmolekül kann das Rezeptormolekül R in einen allosterisch veränderten Zustand R' geraten, der seinerseits ein Signal für ein molekulares Effektorsystem bedeutet, welches weitere Veränderungen in Gang setzt. Als Beispiel sei der Anstoß zur Produktion von cAMP an der Innenseite der Zellmembran genannt, der durch die Bindung eines Hormonmoleküls am rezeptorischen Teil des makromolekularen Empfängersystems an der Zellaußenseite gegeben werden kann (Abb. 15.70). Ein anderes Beispiel ist die Öffnung eines „Ionenkanals“ in der Membran der Muskelendplatte, wenn der Neurotransmitter Acetylcholin vom Rezeptormolekül gebunden wird. Auch hier sind der molekulare Rezeptor und die molekulare

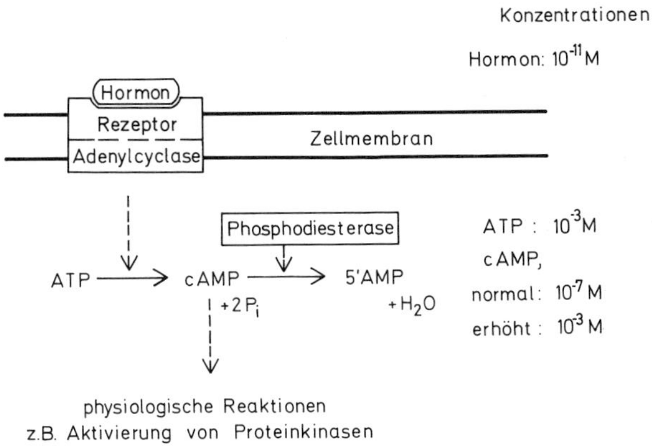

Abb. 15.70. Vereinfachtes Schema einer Möglichkeit zur Nachrichtenübertragung durch die Zellwand. Ein makromolekularer Komplex aus mehreren Untereinheiten in der Zellwand ist ein spezifischer Empfänger für ein bestimmtes Hormon und wirkt als Sender für den "second messenger", das zyklische Adenosinmonophosphat (cAMP). [Nach Sutherland, E.W., Øye, I. Butcher, R.W.: Recent Progr. Horm. Res. **21**, 623 (1965)]

Ionenschleuse wahrscheinlich Untereinheit eines makromolekularen Komplexes.

Von Riechzellen von Insekten wissen wir, daß ein einzelnes Duftmolekül genügt, um einen Nervenimpuls auszulösen. Zeitlich vor dem Nervenimpuls wird zunächst ein elementares Potential gebildet (Abb. 15.71). Dieses könnte durch die Öffnung eines einzigen Ionenkanals mit einem Leitwert von ca. $10^{-10}\Omega^{-1}$ in der Sinneszellmembran zustande kommen. In der gleichen Größenordnung (ca. $3\cdot10^{-11}\Omega^{-1}$) liegen die Leitwerte der oben erwähnten Ionenkanäle an der Muskelendplatte, die durch ein oder zwei Acetylcholinmoleküle geöffnet werden. Diese schließen sich allerdings schon nach 1 ms, während die Elementarpotentiale der Riechzellen ca. 40 ms andauern.

Am Beispiel der Öffnung von Ionenkanälen wird deutlich, daß mit dem Transduktionsprozeß oft Verstärkermechanismen gekoppelt sind. Für das elementare Rezeptorpotential der Riechzelle errechnet sich z.B. eine Energie von ca. 10^{-17} J. Bei einer angenom-

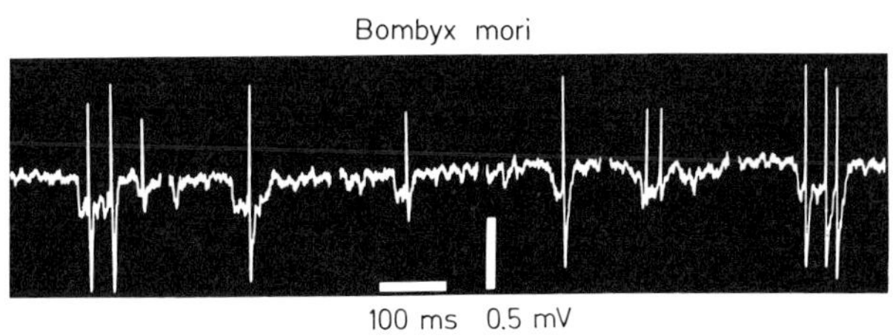

Abb. 15.71. Elementare Rezeptorpotentiale und Nervenimpulse zweier Riechzellen, extrazellulär abgeleitet aus einem Riechhaar des männlichen Seidenspinners *Bombyx mori*. Die großen Nervenimpulse stammen von der auf den Lockstoff Bombykol antwortenden Zelle (vgl. Fig. 15.78), die kleinen Impulse von der auf den entsprechenden Aldehyd, Bombykal, antwortenden Zelle. Einem Nervenimpuls, manchmal einer Gruppe von 2–3 Impulsen, geht ein Spannungssprung von 200–300 µV Höhe voraus, das sog. elementare Rezeptorpotential, das durch ein einziges Duftmolekül ausgelöst werden kann und die Öffnung eines einzigen Ionenkanals in der Zellmembran anzeigen könnte.

Tabelle 15.1. Substanzen, die auf unterschiedliche Rezeptormoleküle von *Escherichia coli* wirken und entweder positive oder negative Chemotaxis auslösen. Schwellenkonzentrationen sind in $mol\cdot l^{-1}$ angegeben. [Nach Mesibov, R., Adler, J.: J. Bacteriol. **112**, 315–326 (1972); Adler, J., Hazelbauer, G.L., Dahl, M.M.: J. Bacteriol. **115**, 824–847 (1973); Tso, W.W., Adler, J.: J. Bacteriol. **118**, 560–576 (1974)]

Attractants		Repellents	
N-Acetylglukosamin	10^{-5}	Buttersäure	10^{-4}
D-Fruktose	10^{-5}	Isopropanol	$6\cdot10^{-4}$
D-Galaktose	10^{-6}	L-Leucin	10^{-4}
Glukose	10^{-6}	D-Leucin	10^{-4}
Maltose	$3\cdot10^{-6}$	Indol	$7\cdot10^{-6}$
Mannitol	$7\cdot10^{-6}$	Benzoesäure	10^{-4}
Ribose	$7\cdot10^{-6}$		
Sorbitol	10^{-5}	H^+	$3\cdot10^{-7}$
Trehalose	$6\cdot10^{-6}$	OH^-	$3\cdot10^{-7}$
Asparaginsäure	$6\cdot10^{-8}$	2-Propanthiol	$3\cdot10^{-3}$
Serin	$3\cdot10^{-7}$	$NiSO_4$	$2\cdot10^{-5}$

menen Energie der Bindung zwischen Duft- und Rezeptormolekül von 1 kcal/Mol, bzw. $0{,}7\cdot10^{-20}$ J pro gebundenem Signalmolekül würde sich eine Energieverstärkung um mehr als den Faktor 10^3 ergeben. Die intrazelluläre Konzentration von cAMP kann infolge einer Hormoneinwirkung um den Faktor 10^4 ansteigen (Abb. 15.70). Beim Immunsystem könnte man das Verhältnis der unter dem Einfluß des Antigens gebildeten zu den anfangs vorhandenen Antikörpern des betreffenden Typs als Verstärkungsfaktor ansehen.

Als weiteres Beispiel für einen Transducer chemischer Signale sei die Zellwand von *Escherichia coli* genannt. *E. coli* reagiert auf viele Stoffe positiv oder negativ chemotaktisch, auch auf Stoffe, die es weder aufnimmt noch sonst verwertet. Durch Experimente mit Mutanten wurde gezeigt, daß in der Zellwand eine größere Anzahl verschiedener Rezeptorproteine lokalisiert ist (Tabelle 15.1). Einige von ihnen lassen sich sogar durch osmotische Behandlung reversibel herauslösen. Der chemische Reiz bewirkt mit Hilfe dieser Rezeptorproteine eine Veränderung des Drehsinnes und des zeitlichen Musters der Flagellenrotation. Wie dieser chemomechanische Transducer arbeitet, ist Gegenstand vieler Arbeiten. Der erste Schritt des Transducerprozesses könnte eine Konformationsänderung des Rezeptorproteins sein. So kann sich das isolierbare galaktosebindende Protein aus einer hochaffinen Form mit der Dissoziationskonstante 10^{-7} M in eine weniger affine Form mit der Konstante 10^{-5} M verändern. Das galaktosebindende Protein ist zwar auch am Galaktosetransport durch die Zellwand beteiligt, jedoch können Mutanten, die die Fähigkeit zum Galaktosetransport verloren haben, auf diesen Zucker noch chemotaktisch reagieren.

Bindungsproteine für Zucker und Bitterstoffe wurden auf der Zunge von Rindern und Ratten gefunden. Sie kommen als Rezeptorproteine in Betracht, obwohl man sie auch außerhalb der Geschmackspapillen findet. So bindet ein aus der Rinderzunge isoliertes Protein (Molekulargewicht 150000) Saccharin wesentlich besser als Rohrzucker und könnte als Rezeptormolekül die größere Empfindlichkeit von Rindern für Saccharin erklären. Auch hier scheint bei Bindung mit dem Reizmolekül eine Konformationsänderung zu erfolgen. Die Dissoziationskonstante für Rohrzucker liegt hier, wie erwähnt, außerordentlich hoch (0,66 M), etwa im Bereich der biologisch interessanten Zuckerkonzentrationen.

Bei Geschmacksrezeptoren von Fliegen findet man Glukosidasen, von denen einige als Rezeptorproteine infrage kommen, da sie ähnliche chemische Spezifität für die Spaltung von Zuckern und für die Erregung der Schmeckzellen durch diese Zucker haben. Die Dissoziationskonstante für Saccharose liegt bei $8 \cdot 10^{-2}$ M, also auch in einem relativ hohen Bereich. Die Spaltung der Zucker ist nicht nötig, um die Transduktion, wahrscheinlich auch eine Leitfähigkeitsänderung der Rezeptormembran, in Gang zu setzen, da auch Monosaccharide reizwirksam sind. Für Schmeckzellen, vor allem für Salzrezeptorzellen, von Wirbeltieren wird bezweifelt, daß das mit intrazellulären Elektroden gemessene Rezeptorpotential durch eine Permeabilitätsänderung der dem Reiz ausgesetzten Bereiche der Zellmembran zustande kommt.

15.2.3.4 Desaktivierung von Signalstoffen

Damit die Gesamtmenge eines Signalstoffes im betrachteten Überträgermedium infolge der Produktion durch den Sender nicht ständig zunimmt, muß für eine Desaktivierung des Signalstoffes gesorgt werden. Vielfach sind Desaktivierungsmechanismen räumlich mit den Empfängern eng gekoppelt. Dies ist notwendig, wenn die Desaktivierung schnell erfolgen muß, wie an der Synapse oder an Riechorganen, oder wenn eine starke Anreicherung des Signalstoffs am Empfänger durch hochaffine Auffangstrukturen gegeben ist. Im folgenden werden einige Möglichkeiten physikalischer Desaktivierung genannt:

a) Der Botenstoff könnte sich durch Diffusion verdünnen, wenn ein großes Volumen und genügend Zeit dafür zur Verfügung steht. Dies ist z.B. der Fall, wenn aus einer Kapillare anlockende Substanzen in ein Medium mit Bakterien diffundieren, die von den Bakterien nicht verbraucht werden.

b) Die Rezeptoroberfläche könnte durch Konvektion ständig „gespült" werden, wie es z.B. bei der Riechschleimhaut der Fall ist. Dort wird von den Bowmannschen Drüsen neue Schleimsubstanz produziert, die, durch Flimmerbewegung angetrieben, über die Riechzellen fließt.

c) Signalstoffe können resorbiert und damit dem Überträgermedium entzogen werden. Auf diese Weise können sich Bakterien durch Aufnahme von anlockenden Stoffen einen Gradienten aufbauen, dem sie dann chemotaktisch folgen. Manche Neurotransmitter (z.B. Serotonin) werden durch Rückresorption in die präsynaptische Faser wieder aus dem synaptischen Spalt entfernt.

In vielen Fällen wird der Signalstoff chemisch desaktiviert:

d) Er könnte unbeständig sein und von selbst zerfallen.

e) Er kann chemisch irreversibel gebunden werden, z.B. von den Rezeptormolekülen, wie etwa ein Antigen von Antikörpern. Beim Immunsystem ist die Desaktivierung des chemischen Signals sozusagen zum Hauptzweck geworden, da hier die Signalstoffe gleichzeitig gefährliche Gifte für den Organismus sind.

f) Schließlich wird das Signal oft auch chemisch abgebaut, z.B. das zyklische AMP durch die Phosphodieesterase (Abb. 15.70). Gut bekannt ist die enzymatische Desaktivierung für die cholinerge Synapse und die motorische Endplatte, bei denen der Überträger Acetylcholin durch die sehr schnell arbeitende Acetylcholinesterase abgebaut wird.

Dies soll durch ein kleines Rechenbeispiel verdeutlicht werden. Nehmen wir an, daß durch einen präsynaptischen Nervenimpuls $N = 6 \cdot 10^6$ Acetylcholinmoleküle in den synaptischen Spalt entlassen werden und daß es pro motorischer Endplatte $3 \cdot 10^7$ Esterasemoleküle gibt. In vernachlässigbar kurzer Zeit könnten alle Acetylcholinmoleküle an Esterasemoleküle gebunden sein, die eine Wechselzahl von $k = 25/\text{ms}$ haben. Nach der Formel $x = -k^{-1} \cdot \ln N^{-1}$ finden wir, daß schon nach $x = 0{,}625$ ms nur noch ein Acetylcholinmolekül übrig ist. Natürlich muß eine Anzahl von Acetylcholinmolekülen auch an die Rezeptormoleküle gebunden werden. Der dort gebundene Anteil richtet sich nach dem Verhältnis der Affinitäten zu Esterase und Rezeptormolekül sowie nach dem Zahlenverhältnis und der räumlichen Anordnung beider. Durch die Bindung des Transmitters an die Rezeptormoleküle verzögert sich dessen Abbau. Im Experiment erhält man entsprechend eine Abbaubeschleunigung, wenn man die Rezeptoren mit Curare blockiert. Auch der verzögerte Transmitterabbau ist noch schnell genug, da oft erst nach einigen ms der nächste Nervenimpuls eintrifft.

15.2.3.5 Eingangs-Ausgangsbeziehungen bei Empfängern chemischer Signale

Die quantitativen Beziehungen zwischen Eingangs- und Ausgangsgrößen chemischer Empfängersysteme werden durch die Eigenschaften der Auffangapparate, der Rezeptormoleküle und der Desaktivierungsmechanismen bestimmt. Nehmen wir als Eingangsgröße z.B. die Konzentration des Signalstoffes im Überträgermedium (S_{Medium}) und als Ausgangsgröße eine physiologische Reaktion y, so muß man mindestens folgende Einzelschritte für den gesamten Transducervorgang betrachten:

1. Auffang und Weiterleitung zum Rezeptormolekül R	$S_{\text{Medium}} \rightleftharpoons S_R$
2. Bindung an das Rezeptormolekül	$R + S_R \rightleftharpoons RS$
3. „Reaktion" bzw. Aktivierung des Rezeptormoleküls	$RS \rightleftharpoons R'S$
4. Induzierung einer physiologischen Reaktion y	$y = f(R'S)$
5. Desaktivierung des Botenstoffes	$\left.\begin{matrix} S_{\text{Medium}} \\ S_R \end{matrix}\right\} \rightleftharpoons S_{\text{desaktiviert}}$

Im ersten Schritt können die den Reiz aufnehmenden und weiterleitenden Strukturen bewirken, daß sich in der unmittelbaren Umgebung der molekularen Rezeptoren eine von der im Transportmedium verschiedene Reizkonzentration einstellt. So ist z.B. an der

Oberfläche und in der Porentubuli der Insektenriechhaare (Abb. 15.68d, e) eine enorme Anreicherung von Duftstoff zu erwarten.

Da mindestens eine bimolekulare Reaktion, die Bindung an das Rezeptormolekül, beteiligt ist, kann man bei sonst linearer Übertragung eine hyperbolische Abhängigkeit zwischen der gemessenen physiologischen Größe y und der Konzentration S_{Medium} erwarten, die der Form einer Adsorptionsisotherme entspricht. Nach dem Massenwirkungsgesetz gilt für den Gleichgewichtszustand der Schritte 2 und 3:

$$\frac{R'S}{R_{\mathrm{tot}}} = \frac{1}{\dfrac{K \cdot M}{S_{\mathrm{R}}} + M + 1}.$$

Dabei sind die Gleichgewichtskonstanten $K = \dfrac{R \cdot S_{\mathrm{R}}}{RS}$, $M = \dfrac{RS}{R'S}$, und die Gesamtzahl der Rezeptormoleküle ist $R_{\mathrm{tot}} = R + RS + R'S$. Tatsächlich findet man in vielen Fällen hyperbolische Beziehungen, etwa zwischen der Dosis eines Pharmakons und der physiologischen Reaktion, z. B. der Kontraktion eines Muskels (Abb. 15.72), oder zwischen der Konzentration von Geschmacksstoffen (Salz, Zucker, Glykoside) und der elektrophysiologisch gemessenen Antwort von Geschmacksrezeptorzellen (Abb. 15.73). Man findet in vielen Fällen auch, daß die statischen Kennlinien eines gegebenen Rezeptorsystems abhängig von dem gebotenen Reizstoff verschiedene Sättigungshöhen erreichen und für ihre halbmaximale Höhe unterschiedliche Reizkonzentrationen benötigen. Diese beiden Effekte lassen sich nach der obigen Formel durch Änderung der Parameter R_{tot} oder M (Wirkung auf die Sättigungshöhe) und M oder K (Wirkung auf die halbsättigende Reizkonzentration) erreichen.

Bei der Interpretation derartiger Kennlinien muß man jedoch beachten, daß einer hyperbolischen Beziehung zwischen S_{Medium} und einer physiologischen Reaktion y auch ganz andere Mechanismen zugrunde liegen können. So kann z. B. zwischen der Leitfähigkeitsänderung (ΔG) einer Zellmembran und der über der Membran gemessenen Spannungsänderung (ΔV) ebenfalls eine hyperbolische Abhängigkeit bestehen:

$$\frac{\Delta V}{\Delta V_{(\Delta G = \infty)}} = \frac{1}{\dfrac{G}{\Delta G} + 1}.$$

Dabei ist G eine Konstante, die die Ruheleitfähigkeit der Zellmembran sowie weitere Leitfähigkeiten im betrachteten Stromkreis enthält.

Messen wir nun die Änderung der Membranspannung ΔV als Ausgangsgröße y eines chemischen Empfängersystems, so wird diese Antwort durch die *beiden* genannten hyperbolischen Gesetzmäßigkeiten bestimmt. Die Verknüpfung beider Beziehungen sei etwa durch die Annahme gegeben, daß die Leitfähigkeitszunahme (ΔG) der Anzahl aktivierter Rezeptormoleküle $R'S$ proportional ist: $\Delta G = \bar{g} \cdot R'S$. Dabei ist $\bar{g}$ eine Konstante, die die mittlere Leitfähigkeitszunahme pro aktiviertem Rezeptormolekül $(R'S)$ darstellt. Man erhält eine wiederum hyperbolische Funktion für die Beziehung zwischen Spannungsänderung (ΔV) und Botenstoffkonzentration an den Rezeptormolekülen (S_{R}):

$$\frac{\Delta V}{\Delta V_{(\Delta G = \infty)}} = \frac{1}{\dfrac{K \cdot M \cdot Q}{S_{\mathrm{R}}} + M \cdot Q + Q + 1}.$$

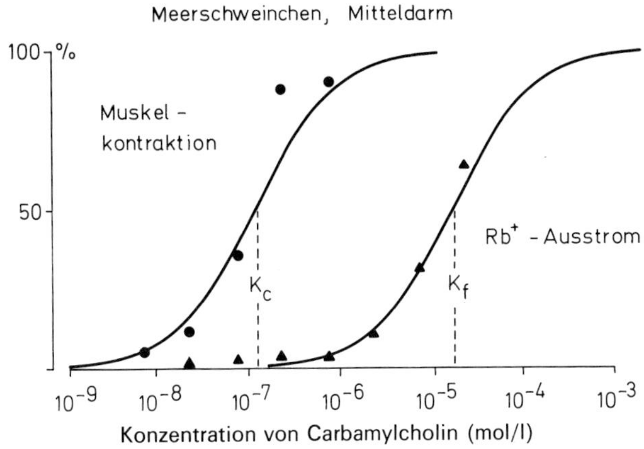

Abb. 15.72. Beispiel für die je nach der betrachteten physiologischen Reaktion unterschiedliche Lage von Dosis-Antwortkurven. Am gleichen Muskelpräparat, das vorher mit einem radioaktiven Rubidiumisotop gesättigt war, wurden die Kontraktion und der Ausstrom der Rubidiumionen aus den Zellen gemessen. Der Rb^+-Ausstrom ist ein Maß für den durch die Reizung mit dem cholinergen Carbamylcholin erhöhten K^+-Ausstrom. Die unterschiedliche Lage der beiden Kurven braucht nicht für unterschiedliche Angriffspunkte der cholinergen Substanz zu sprechen. Vielmehr könnte der Rb^+-Ausstrom der Anzahl aktivierter Rezeptormoleküle und die Muskelkontraktion der durch Carbamylcholin ausgelösten Änderung der Membranspannung proportional sein. Die Verschiebung der beiden Kurven ließe sich durch die nicht-lineare Übertragung zwischen Leitfähigkeit und Spannung erklären (K_f/K_c würde dem Faktor W' entsprechen, s. Text). [Nach Burgen, A. S. V., Spero, L.: Brit. J. Pharmacol. **34**, 99 (1968)]

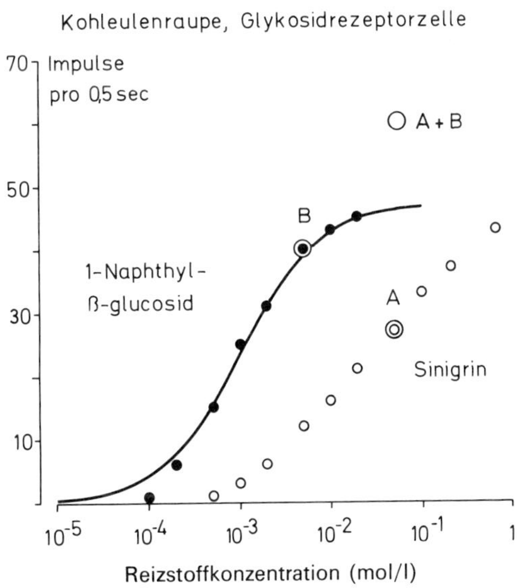

Abb. 15.73. Intensitätskennlinien der Impulsantwort einzelner Geschmackszellen der Larve von *Mamestra brassicae* L. Aufgetragen ist die mittlere Impulszahl aus der zweiten Halbsekunde nach Reizbeginn aus mehreren Messungen an 8 mit 1-Naphthyl-β-glukosid und 10 mit Sinigrin gereizten Zellen. 1-Naphthyl-β-glukosid erzeugt eine nahezu hyperbolische Kennlinie, Sinigrin eine deutlich flachere Antwortkurve. Wahrscheinlich wirken beide Reizstoffe auf unterschiedliche molekulare Rezeptoren der Zellen. Dafür spricht auch die starke Reaktion auf eine Mischung beider Substanzen (A + B), die deutlich über den Maximalantworten auf die reinen Substanzen liegt (Messungen an 4 Zellen). [Nach Wieczorek, H.: J. comp. Physiol. **106**, 153 (1976)]

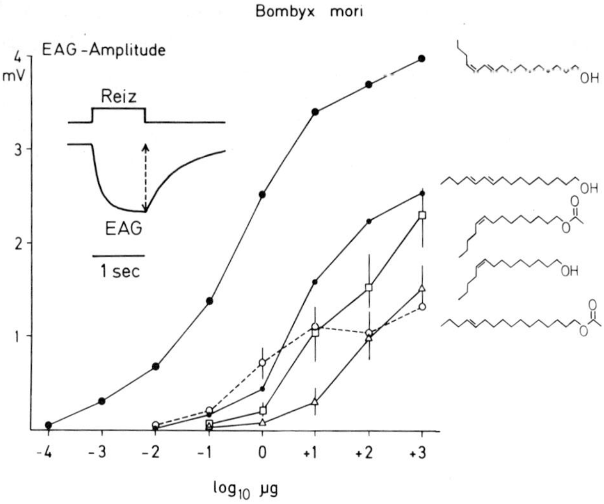

Abb. 15.74. Intensitätskennlinien der Summenantwort von Riechzellen (Elektroantennogramm, EAG). Im Einsatzbild links oben ist der Zeitverlauf eines EAG's und die ausgewertete Amplitude (vertikaler Doppelpfeil) angedeutet. Abszisse: Gehalt der Duftquelle. Duftstoffe von oben nach unten: *E*-10,*Z*-12-Bombykol, *E*-10,*E*-12-Bombykol, *Z*-9-Tetradecenylacetat, *Z*-9-Tetradecenol, *E*-12-Hexadecenylacetat (gestrichelte Kennlinie). Vertikale Striche an den Meßpunkten verbinden die Extremwerte von je 2 bis 10 Messungen. [Aus Kaissling, K.E.: 25. Mosbacher Kolloquium (L. Jaenicke, Hrsg.). Berlin-Heidelberg-New York: Springer 1974]

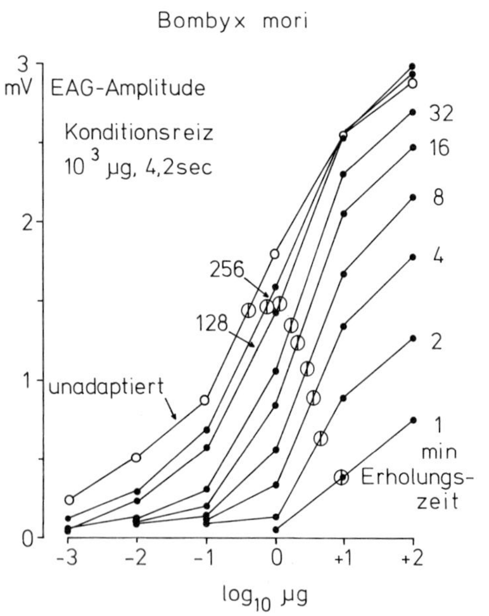

Abb. 15.75. Adaptation und Erholung des Elektroantennogramms nach einem starken Konditionsreiz mit Bombykol. Darstellung wie in Abb. 15.74. Die Kurven verschieben sich bei stärkerer Adaptation (reversibler Empfindlichkeitsverringerung) nach rechts bzw. bei Erholung nach links. Außerdem ändern sie ihre Form und streben verschiedenen Sättigungshöhen zu. Die Punkte, bei denen die halbe 100 µg-Amplitude erreicht ist, sind durch große Kreise markiert. Diese Punkte sowie die Sättigungshöhen würden sich bei Änderung eines der Parameter $\bar{g}$, M, R_{tot} und G des im Text beschriebenen Modells verlagern. Eine Änderung von K würde nur die Kurve verschieben, aber nicht die Sättigungshöhe ändern. [Aus Kaissling, K.E.: 68. Verhandl. Deutsche Zool. Gesellsch. (W. Rathmayer, Hrsg.). Stuttgart: Fischer 1975]

Dabei ist $Q = \frac{G}{\bar{g} \cdot R_{tot}}$. Aus dieser Formel läßt sich ableiten, daß der Sättigungswert der Spannungsänderung ΔV_{max} für $S_R = \infty$ von M, R_{tot}, $\bar{g}$ und G beeinflußt wird. Die für die jeweils halbe Sättigungshöhe von ΔV notwendige Konzentration $S_R = K_{\Delta V}$ hängt ebenfalls von diesen Größen und zusätzlich noch von K ab. Aus einer scheinbar einfachen Beziehung zwischen ΔV und S_R lassen sich also ohne weitere Information keine Schlüsse auf die zugrunde liegenden Größen ziehen.

Aus den obigen Formeln folgt auch, daß sich die beiden hyperbolischen Funktionen $R'S = f(S_R)$ und $\Delta V = f(S_R)$ nicht decken. Für halbmaximales $R'S$ ist immer eine um den Faktor $W' = \frac{\bar{g} \cdot R_{tot}}{G(M+1)} + 1$ höhere Konzentration $S_R = W' \cdot K_{\Delta V}$ nötig als für halbmaximales ΔV. Hier liegt eine mögliche Erklärung für Diskrepanzen, wie sie z. B. zwischen der „guten" Wirkung eines Pharmakons auf die Kontraktion von Muskelfasern und der „geringen" Wirkung auf die Ionendurchlässigkeit ihrer Zellmembranen beobachtet werden (Abb. 15.72).

Oft weicht der Verlauf der statischen Kennlinie (oder Dosis-Antwortkurve) von der Form der hyperbolischen Antwortkurve ab, so daß weitere Annahmen in das Modell eingefügt werden müssen. So können z. B. positive oder negative Kooperativität bei der Interaktion zwischen Reiz- und Rezeptormolekülen steilere oder flachere Bindungskurven erzeugen, wie sie etwa an membrangebundenen Acetylcholinrezeptoren beobachtet oder für Geschmacksrezeptoren von Insekten diskutiert werden (Abb. 15.73). Im Ergebnis ähnliche Effekte können aber auch durch besondere Leitfähigkeits-Spannungsbeziehungen entstehen, wie sie möglicherweise bei Riechzellen von Insekten gegeben sind. Hier findet man Kennlinien, die wesentlich flacher als die hyperbolische Kennlinie ansteigen und zudem ihre Form abhängig von der Reizsubstanz (Abb. 15.74) oder vom Adaptationszustand nach starken Reizen ändern können (Abb. 15.75).

15.2.3.6 Die Spezifität chemischer Signalempfänger

Bei chemischen Empfängersystemen sollte man zwischen Spezialisierung des Systems und Spezifität der Rezeptoren unterscheiden. Eine extreme *Spezialisierung* liegt vor, wenn alle beteiligten Rezeptoreinheiten die gleiche Spezifität haben, wie es etwa an den motorischen, cholinergen Endplatten einer Muskelfaser der Fall sein kann. Die chemische Spezifität braucht in diesem Fall nicht besonders hoch zu sein, da andere Transmitterstoffe als Acetylcholin kaum in hinreichender Konzentration an die Rezeptormoleküle gelangen.

Ein hoher *Spezifitätsgrad* liegt vor, wenn die Wirksamkeit zweier ähnlicher Verbindungen auf denselben Rezeptor sehr verschieden ist. So wirken z. B. Stereoisomeren auf manche Riechzellen ca. 100fach unterschiedlich (Abb. 15.74). Eine Änderung der Kettenlänge um ein C-Atom kann eine starke Abnahme der Wirksamkeit bewirken. Dies ist von Untersuchungen an Riechzellen der Ameise *Lasius fuliginosus* bekannt, die auf den Alarmstoff Undecan spezialisiert sind und auf Decan und Dodecan erst bei ca. 1000fach höheren Duftkonzentrationen antworten. Dieser hohen Spezifität muß eine äußerst genaue räumliche Einpassung in die Bindungsregion des Rezeptormoleküls zu-

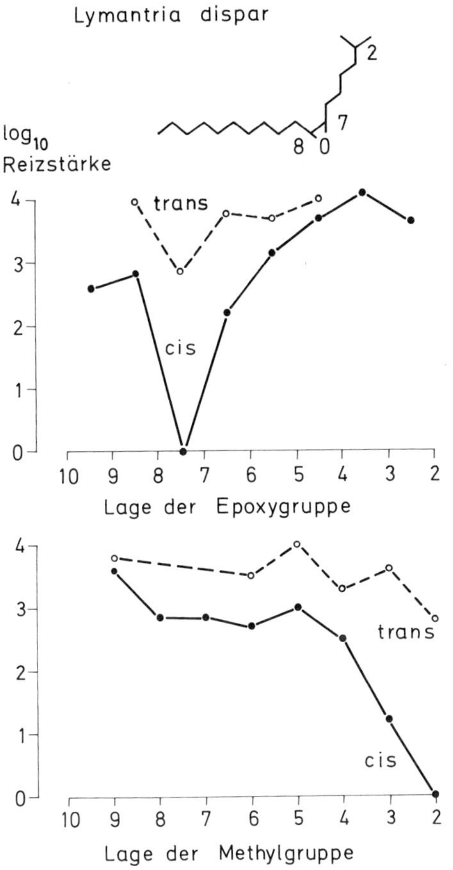

Abb. 15.76. Wirksamkeitsänderungen bei Verschiebung funktioneller Gruppen innerhalb eines Duftmoleküls, geprüft an einzelnen Riechzellen männlicher Schwammspinner *Lymantria dispar*. Die Ordinate zeigt die relative Reizstärke, die eine Standardantwort der Riechzelle hervorruft. Oben ist das Lockstoffmolekül Z-7,8-Epoxy-2-methyloctadecan (Disparlure) dargestellt. [Nach Schneider, D., Kafka, W.A., Beroza, M., Bierl, B.A.: J. comp. Physiol. **113**, 1 (1977)]

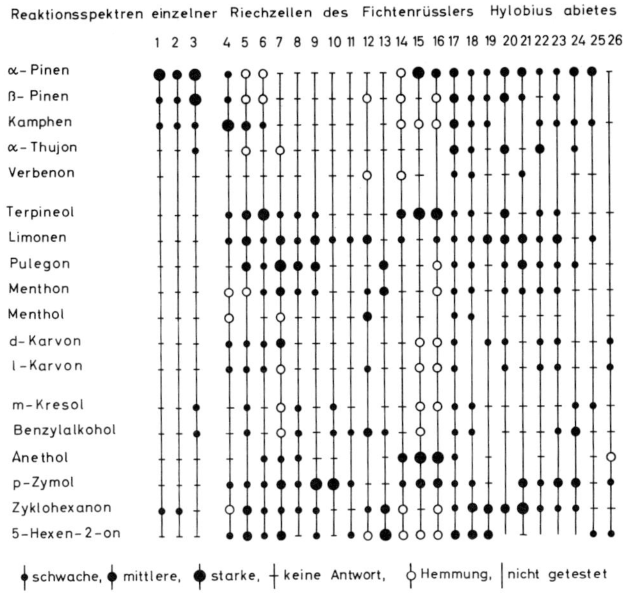

Abb. 15.77. Beispiel für die chemische Spezifität der Antwort von Riechzellen eines Rüsselkäfers. [Nach Mustaparta, H.: J. comp. Physiol. **97**, 271 (1975).] Die Zellen 1–3 gehören zu einem Zelltyp, der vorwiegend auf α- und β-Pinen spezialisiert ist. Die Zellen 4–26 variieren in ihrem Spektrum stark von Zelle zu Zelle („Generalistenzellen"). Jeder Duftstoff liefert ein eigenes Muster von erregten Zellen. Anhand dieser Muster könnte das Tier Düfte unterscheiden. Feldversuche zeigten, daß die Waldkiefer *(Pinus silvestris)* mit ihrem Gehalt an den Monoterpenen α- und β-Pinen für die Käfer attraktiver ist als die Fichte *(Picea abies)* mit Terpineol und Limonen

grunde liegen. Auch die Verschiebung funktioneller Gruppen im Molekül kann starke Wirksamkeitsunterschiede verursachen (Abb. 15.76).

Viele Insektenarten sind in der Lage, ein bestimmtes Mischungsverhältnis zweier oder mehrerer sehr ähnlicher Duft- bzw. Pheromonkomponenten zu erkennen und damit von einem artfremden Mischungsverhältnis zu unterscheiden. Dazu sind mindestens zwei unabhängige Riechzelltypen mit hoher, aber unterschiedlicher Spezifität notwendig (Abb. 15.68). Bei Riechorganen gibt es auch geringere Spezialisierungsgrade, z.B. bei der Biene, die eine Vielzahl von reinen Substanzen, Blütendüften und anderen Gerüchen voneinander unterscheiden kann. Hier finden wir von Zelle zu Zelle Spezifitätsunterschiede. Man kann zwar jeweils die Riechzellen zu einem Typ zusammenfassen, die auf dieselbe Substanz optimal reagieren und das gleiche oder ein ähnliches Stoffspektrum haben; jedoch variieren die Wirksamkeitsverhältnisse zwischen den einzelnen Substanzen auch bei Zellen desselben Typs. Entsprechend können Stoffe aus dem Spektrum eines solchen Zelltyps vom Tier unterschieden werden, wenn auch nicht ganz so gut wie Stoffe, die auf verschiedene Zelltypen wirken. Bei anderen Insekten gibt es sogenannte Generalisten, d.h. zahlreiche Zellen mit individuellen, jedoch überlappenden Riechstoffspektren (Abb. 15.77). Ob die Variabilität in den Zellspektren auf individuellen Rezeptormolekülen für jede Zelle oder auf Mischungen einer begrenzten Zahl verschiedener Rezeptorzelltypen beruht, ist nicht bekannt. Die Spezialität eines Rezeptormoleküls könnte auch durch die Lipidzusammensetzung der Zellmembran modifiziert werden.

Auch das Immunsystem ist im obigen Sinne wenig spezialisiert, da es aus einer großen Anzahl von Empfängerzelltypen (geschätzt auf 10^6 pro Individuum) mit unterschiedlicher Spezifität besteht, deren jeder nur einen Antikörpertyp als „Rezeptormolekül" besitzt und bei der „Reizung" durch Antigene auch nur die Produktion dieses Antikörpertyps auslöst. Die Antigenspektren verschiedener Empfängerzellen können sich überlappen, so daß ein gegebenes Antigen die Produktion mehrerer Antikörpertypen anregen kann. Damit ist das Immunsystem in der Lage, auf eine große Zahl möglicher Antigene zu antworten und diese außerdem gut zu unterscheiden, d.h. für ein bestimmtes Antigen nur die passenden Antikörpertypen zu produzieren. Die Spezifität von Antikörpern kann so hoch sein, daß z.B. D- und L-Weinsäure als Determinanten unterschieden werden. Optische Isomere können übrigens auch von Riech- und Schmeckorganen gut unterschieden werden.

Tabelle 15.2. Süßkraft und Bitterkeit verschiedener Verbindungen für den Menschen

Süßstoffe[a]	relative Süßkraft[e]	Molekulargewicht	Bitterstoffe[b]	Schwelle $mol \cdot l^{-1}$	Molekulargewicht
Glykokoll	0,2	70	Harnstoff	$1{,}2 \cdot 10^{-1}$	60
Saccharose (7%)	1	340	Magnesiumsulfat	$4{,}6 \cdot 10^{-3}$	246
L-Aspartyl-L-phenylalanin-methylester	170	400	Coffein	$7 \cdot 10^{-4}$	194
Saccharin	270	183	Phenylthioharnstoff	$2 \cdot 10^{-5}$	152
Thaumatin[c]	$3 \cdot 10^{+4}$	14000	Nicotin	$1{,}9 \cdot 10^{-5}$	162
Monellin[d]	$1 \cdot 10^{+5}$	10700	Strychninmonohydrochlorid	$1{,}6 \cdot 10^{-6}$	371
			Chininhydrochlorid	$3 \cdot 10^{-5}$	361
			Chininsulfat	$8 \cdot 10^{-6}$	750

[a] Werte aus v. d. Wel, H.: Int. Symp. Olfaction and Taste IV, (Ed. D. Schneider), p. 226–233. Stuttgart: Wiss. Verlagsgesellschaft 1972; Morris, J. A., Martenson, R., Deibler, G., Cagan, R. H.: J. biol. Chem. **248**, 534–539 (1973).
[b] Werte aus Pfaffmann, C.: Handb. Physiol. I (J. Field, Ed.). Washington D.C.: Amer. Physiol. Soc. 1959.
[c] Protein mit 133 Aminosäuren aus der Frucht von *Thaumatococcus Danielli* Benth. (v. d. Wel, s. [a]).
[d] Protein aus 91 Aminosäuren aus der Frucht von *Dioscorophyllum cumminsii* (Morris et al., S. [a]). [c] und [d] enthalten keine Kohlenhydrate.
[e] angegeben als äquivalente Anzahl von Saccharosemolekülen, die eine gleichstarke Süßempfindung wie 1 Molekül des betr. Süßstoffes hervorrufen.

Als relativ unspezialisiert ist auch der chemische „Sinn" von *E. coli* anzusehen, da eine große Zahl von Stoffen chemotaktisch wirkt. Jedoch können sich diese Bakterien in gewisser Weise höher spezialisieren, indem sie reizinduziert Rezeptormoleküle eines Typs stark vermehren. Trotz der großen Zahl verschiedener Rezeptorproteine ist kaum anzunehmen, daß diese Organismen viele Stoffe unterscheiden, d.h. qualitativ verschieden beantworten können. Bisher ist jedenfalls nur eine Unterscheidungsfähigkeit zwischen anlockenden und abstoßenden Verbindungen bekannt (Tabelle 15.1). Ähnlich wirkt auch auf die menschliche Zunge eine große Vielfalt chemischer Verbindungen (Tabelle 15.2). Die meist nur 4 unterschiedenen Geschmacksqualitäten süß, bitter, sauer und salzig können nur als grobe Geschmacksklassen angesehen werden. Sicherlich ist auch hier eine große Anzahl von Rezeptormolekültypen zu erwarten.

Wie kommt nun die Spezifität der Ausgangsgröße eines chemischen Empfängers zustande, also etwa die des Rezeptorpotentials einer Riechzelle? Im Prinzip können die Einzelschritte der Tranduktion untereinander verschiedene Spezifität haben und müssen daher möglichst getrennt untersucht werden. Bei den Riechorganen des männlichen Seidenspinners *Bombyx mori* sind Adsorption und Diffusion des Riechstoffes relativ unspezifisch. Auch die Desaktivierung der Duftstoffe scheint nur wenig zu der hohen Spezifität der Rezeptorzellantwort beizutragen. Die wichtigste Rolle spielen daher wahrscheinlich die Bindung des Duftmoleküls am Rezeptormolekül, dessen Aktivierung und die schließlich induzierte Leitfähigkeitszunahme der Zellmembran, die in Analogie zu anderen Sinnesorganen vermutlich das gemessene Rezeptorpotential verursacht. Entsprechend könnten also die Größen *K*, *M* und $\bar{g}$ von der Riechstoffqualität abhängen. Aus dem zeitlichen Verlauf des Rezeptorpotentials läßt sich sogar schließen, daß diese Größen unterschiedlich mit der Reizsubstanz variieren können, d.h. daß die ihnen zugrunde liegenden molekularen Prozesse verschiedene chemische Spezifität haben.

Dies soll anhand eines Registrierbeispiels von einer Lockstoffrezeptorzelle des Seidenspinners erläutert werden, die mit dem weiblichen Sexualpheromon Bombykol sowie mit verwandten Substanzen gereizt wurde und je nach Reizstoff verschiedene Antworttypen zeigt (Abb. 15.78). Auf einen schwachen Bombykolreiz antwortet die

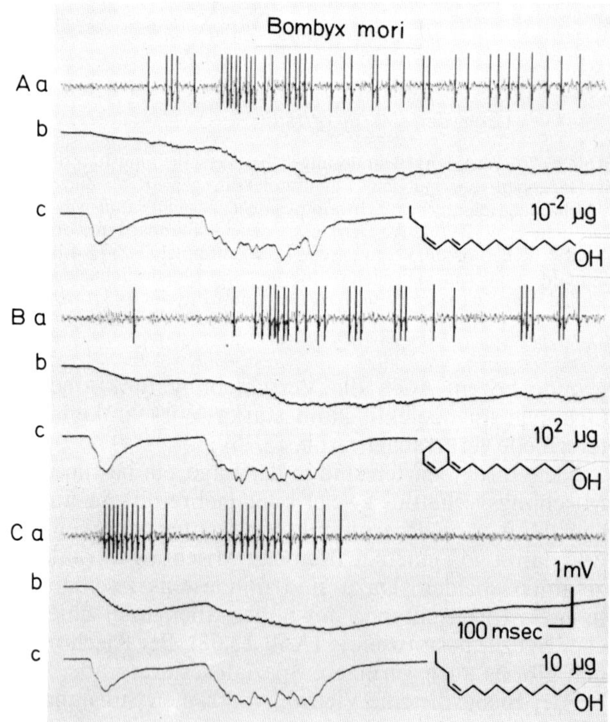

Abb. 15.78. Elektrophysiologische Ableitung von Rezeptorpotentialen (b in A–C) und Nervenimpulsen (a in A–C) einer einzelnen Riechzelle des Seidenspinners. Reizung mit Duftquellen von 10^{-2} µg Bombykol (A), 10^2 µg Cyclobombykol (B) und 10 µg *Z*-10-Tetradecenal (C). Reizfolge jeweils: 0,1 s Reiz, 0,4 s Pause, 0,5 s Reiz. Die Linien c, A–C zeigen den Verlauf der Luftstromgeschwindigkeit an der Antenne (Ausschlag nach unten). Die Zeitverläufe der Rezeptorpotentiale und die Impulsmuster sind charakteristisch von der chemischen Struktur der Duftsubstanz abhängig (s. Text). [Aus Kaissling, K.E.: 68. Verh. Deutsche Zool. Ges. (W. Rathmayer, Ed.). Stuttgart: Fischer 1975]

Zelle mit einem stark fluktuierenden Rezeptorpotential (Abb. 15.78Ab) und einem unregelmäßigen Impulsmuster (Aa). Eine ähnliche Antwort wird durch einen ca. 10000fach stärkeren Reiz mit Cyclobombykol ausgelöst (Ba, Bb). Die starken Fluktuationen des Rezeptorpotentials bei einem schwachen Bombykolreiz lassen sich auf die geringe Zahl von Molekültreffern und die entsprechend wenigen Elementarpotentiale (s. Abb. 15.71) zurückzuführen. Auch bei dem schwach wirksamen Cyclobombykolreiz deutet die Fluktuation auf eine geringe Zahl von Elementarantworten. Die geringere Wirksamkeit dieser Verbindung ließe sich durch eine schwächere Bindung zum Rezeptormolekül bzw. eine höhere Dissoziationskonstante *K* oder durch einen geringeren Anteil aktivierter Rezeptormoleküle *M* erklären.

Diese Erklärungen versagen für das ebenfalls schwach wirksame *Z*-10-Tetradecenol, das ein viel gleichmäßigeres Rezeptorpotential und entsprechend regelmäßige Impulsabstände hervorruft (Ca, Cb). Dieser Antworttyp könnte z.B. durch die Überlagerung vieler Elementarpotentiale mit entsprechend kleiner Amplitude zustande kommen. Es ließe sich also denken, daß bei Reizung mit *Z*-10-Tetradecenol zwar viele Rezeptormoleküle in einen aktivierten Zustand geraten, daß jedoch die Leitfähigkeitszunahme $\bar{g}$ pro aktiviertem Rezeptormolekül nur gering ist.

Diese Beobachtungen an Riechzellen deuten darauf hin, daß sogar verschiedene, am gleichen Rezeptormolekül ablaufende Prozesse unterschiedliche chemische Spezifität haben können.

Direkt meßbar sind solche Spezifitätsunterschiede bei Teilprozessen der Interaktion von Enzym und Substrat, wie z.B. an gereinigter Carboxylesterase aus Pferdeleber gezeigt wurde (Tabelle 15.3). Als Substrat dienten geradkettige Ester mit systematisch veränderten Kettenlängen der Alkyl- und Säuregruppen. Ein Optimum der Reaktivität bzw. der Maximalgeschwindigkeit der Enzymreaktion wird bei einer Säuregruppe mit 4–5 Kohlenstoffatomen erreicht, wobei die Ester insgesamt 8 bis 9 Kohlenstoffatome haben können. Für die Affinität zwischen Substrat und Enzym gilt diese Regel jedoch nicht, sie zeigt ein deutlich verschiedenes Spezifitätsmuster.

Offenbar sind für die einzelnen Reaktionsschritte verschiedene Eigenschaften des Substratmoleküls, wie z.B. die Länge bestimmter Abschnitte des Moleküls, wichtig. Um dies zu verstehen, darf man die Ursache für die chemische Spezifität molekularer Reaktionen bei Proteinen nicht nur in einer bestimmten Struktur der Bindungsregion suchen. Man muß ebenso auch die Art der durch den Liganden induzierbaren Strukturänderungen betrachten. Ein Studium der Spezifität der Teilreaktionen mag der Aufklärung der beteiligten Strukturen und Mechanismen im Rezeptormolekül dienen. Die oft erstaunlich hohe Spezifität einer durch Rezeptormoleküle vermittelten physiologischen Reaktion könnte durch unterschiedliche Spezifität aufeinander folgender Teilprozesse zustande kommen, sozusagen durch mehrere hintereinander geschaltete Filtermechanismen.

Wenn für eine gegebene Reaktion nicht alle Teile des Liganden gleich wichtig sind, können folglich gewisse Strukturveränderungen ohne Beeinträchtigung der Wirkung vorgenommen werden. Beispiele dafür findet man unter pharmakologisch wirksamen Substanzen, deren Molekülstruktur in bestimmten Bereichen der Struktur möglicher Neurotransmitter äußerst ähnlich ist. Daraus kann man auf die für die Wirkung entscheidenden Merkmale der betreffenden Transmitterstoffe schließen (Abb. 15.79).

Daß ein Signalmolekül natürlicherweise sogar von verschiedenen Seiten her „abgelesen" werden kann, läßt sich am Acetylcholin verdeutlichen (Abb. 15.80). Schon lange unterteilt man die cholinergen Rezeptormoleküle im Nervensystem von Vertebraten pharmakologisch in nicotinische und muscarinische Rezepto-

Tabelle 15.3. Spezifität von Carboxylesterase aus Pferdeleber

	$—O\cdot CH_3$	$—O\cdot C_2H_5$	$—O\cdot C_3H_7$	$—O\cdot C_4H_9$	$—O\cdot C_5H_{11}$	$—O\cdot C_6H_{13}$	$—O\cdot C_7H_{15}$	$—O\cdot C_8H_{17}$
$H\cdot CO—$	1,0 / 0,2							
$CH_3\cdot CO—$	0,26 / 0,02	0,07 / 0,28	0,12 / 1,55	0,28 / 3,1	0,18 / 1,1	0,45 / 0,87	0,3 / 2,5	0,13 / 1,8
$C_2H_5\cdot CO—$	1,28 / 0,025	0,46 / 0,43		2,0 / 4,7	1,5 / 2,2			
$C_3H_7\cdot CO—$	2,0 / 0,46	1 / 1	2,0 / 0,93	4,5 / 2,9	3,5 / 6,7	2,5 / 11,7	1,1 / 5,3	
$C_4H_9\cdot CO—$	1,85 / 1,1	1,04 / 2,3		3,2 / 3,3				
$C_5H_{11}\cdot CO—$	2,35 / 1,18	0,6 / 2,2		1,7 / 4,2		0,32 / 2,5		
$C_6H_{13}\cdot CO—$	1,75 / 1,3	0,92 / 4,0						
$C_7H_{15}\cdot CO—$	1,25 / 2,85	0.8 / 3,4						
$C_8H_{17}\cdot CO—$	1,05 / 10,0							
$C_9H_{19}\cdot CO—$	0,36 / 22,0							

Maximalgeschwindigkeit / Affinität

Geradkettige Ester mit verschiedener Länge von Säurerest (links) und Alkylrest (oben) wurden getestet. Maximalgeschwindigkeiten der Spaltung (obere Werte) und Affinität der Bindung (untere Werte) wurden gemessen und sind als Relativwerte angegeben. Schräge Striche verbinden die Werte von Estern gleicher C-Atomzahl. [Nach Webb, E.C., aus Dixon, M., Webb, E.C.: Enzymes. London: Longmans, Green 1966.]

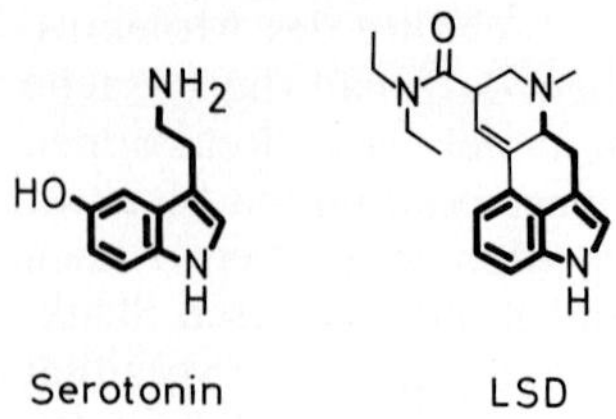

Abb. 15.79. Beispiel für partielle Strukturverwandtschaft zwischen einem vermuteten Neurotransmitter (Serotonin) und einer psychotropen Verbindung (Lysergsäurediäthylamid, LSD). Ein hochgereinigtes Protein aus dem Gehirn des Schweins bindet beide Stoffe nahezu gleich gut. Dissoziationskonstante *in vitro* für Serotonin $2–5 \cdot 10^{-8}$ M, für LSD $1 \cdot 10^{-8}$ M. [Nach Mehl, E., Weber, L.: 25. Mosbacher Kolloquium (L. Jaenicke, Hrsg.). Berlin-Heidelberg-New York: Springer 1974, sowie Mehl, E., persönliche Mitteilung]

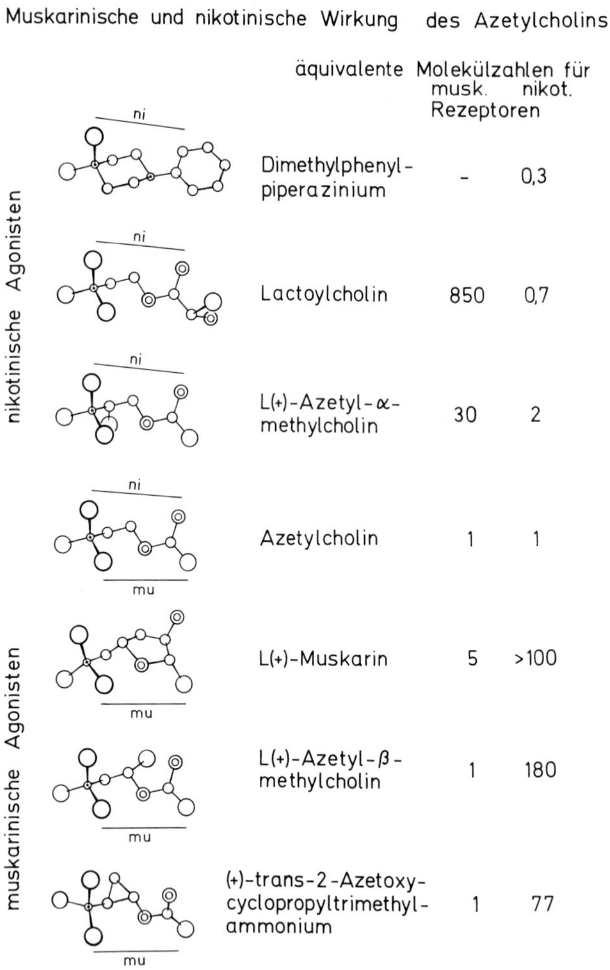

Abb. 15.80. Konformation cholinomimetischer Substanzen, wie sie in den entsprechenden Jodidkristallen vorliegt. Die Striche bezeichnen die gegenüber dem Acetylcholin nicht oder nur wenig abgeänderten Molekülseiten, die von den nicotinischen (*ni*) bzw. muscarinischen (*mu*) Rezeptoren „erkannt" werden. Kreise C-Atome, Kreise mit Punkt N-Atome, Doppelkreise O-Atome. Die äquivalenten Molekülzahlen sind reziprok zur physiologischen Wirksamkeit der betr. Substanzen im Vergleich zu Acetylcholin. Sie geben einen ungefähren Hinweis, da sie aus verschiedenen Literaturquellen stammen und auch nicht im Hinblick auf unterschiedliche Hydrolyserate korrigiert sind. [Nach Chothia: Nature **225**, 36–38 (1970)]

ren, je nachdem ob Nicotin und L(+)-Acetyl-α-methylcholin oder L(+)-Muscarin und L(+)-Acetyl-β-methylcholin als Agonisten wirken. Die nicotinischen Agonisten sind acetylcholinähnliche Moleküle, bei denen die Methylseite des Acetylcholins verändert, die Carbonylseite aber intakt ist. Bei den muscarinischen Agonisten ist es gerade umgekehrt: intakt ist die Methylseite, chemisch abgeändert aber die Carbonylseite. Weder nicotinisch noch muscarinisch ist die Spezifität der hydrolytischen Spaltung durch Acetylcholinesterase. Acetylcholin wirkt also wahrscheinlich auf ein ganzes (Wirkungs-)Spektrum unterschiedlicher Rezeptormoleküle. Derartige „multimodale" Wirkungen von Signalmolekülen lassen sich bei allen chemischen Kommunikationssystemen auffinden. Sie folgen notwendig aus der Überlappung der Reaktionsspektren von Rezeptormolekülen, die für Riech- und Immunzellen erwähnt wurde. Die multimodale Wirkung von Pharmaka ist oft für unerwünschte Nebenwirkungen verantwortlich.

Literaturauswahl

Beidler, L.M. (Ed.): Handbook of sensory physiology. Vol. IV/1. Chemical senses (olfaction); IV/2 (Taste). Berlin-Heidelberg-New York: Springer 1971.

Bossert, W.H., Wilson, E.O.: The analysis of olfactory communication among animals. J. Theoret. Biol. **5**, 443–469 (1963).

Hazelbauer, G.L. (Ed.): Receptors and recognition, Ser. B, Vol. 5. Taxis and Behavior. London: Chapman and Hall 1978.

Jaenicke, L. (Ed.): Biochemistry of sensory functions. 25. Mosbacher Colloquium, Gesellsch. Biol. Chemie. Berlin-Heidelberg-New York: Springer 1974.

Richards, W.G.: Quantum pharmacology. London-Boston: Butterworth 1977.

Ritter, F.J. (Ed.): Chemical ecology: odour communication in animals. Amsterdam: Elsevier, North-Holland 1979.

Triggle, D.J. (Ed.): Neurotransmitter-receptor interactions. London-New York: Academic Press 1971.

15.2.4 Biophysik der Photorezeption

15.2.4.1 Photorezeption und ihre molekularen Grundlagen

Hennig Stieve

a) Einführung

Lichtsinneszellen arbeiten wie Dolmetscher, die den Lichtreiz in die Sprache des Nervensystems übersetzen. Lichtsinneszellen sind biologische Verstärker; das bedeutet, daß die Energie, die bei Erregung umgesetzt wird, nicht durch den Lichtreiz geliefert wird, sondern durch den Stoffwechsel der Zelle. Der Lichtreiz löst lediglich die Erregung aus und steuert den Energiefluß der Sehzelle, so wie die Dreharbeit an einem Wasserhahn den Wasserstrom steuert. Die Energie des Lichtreizes kann bei höchster Empfindlichkeit einer Sehzelle bis zu 10^{-6}fach geringer sein, als der durch diesen Reiz ausgelöste Energieumsatz der Zelle. Ein einziges Lichtquant reicht hier aus, um eine Sehzelle zu erregen. Bei

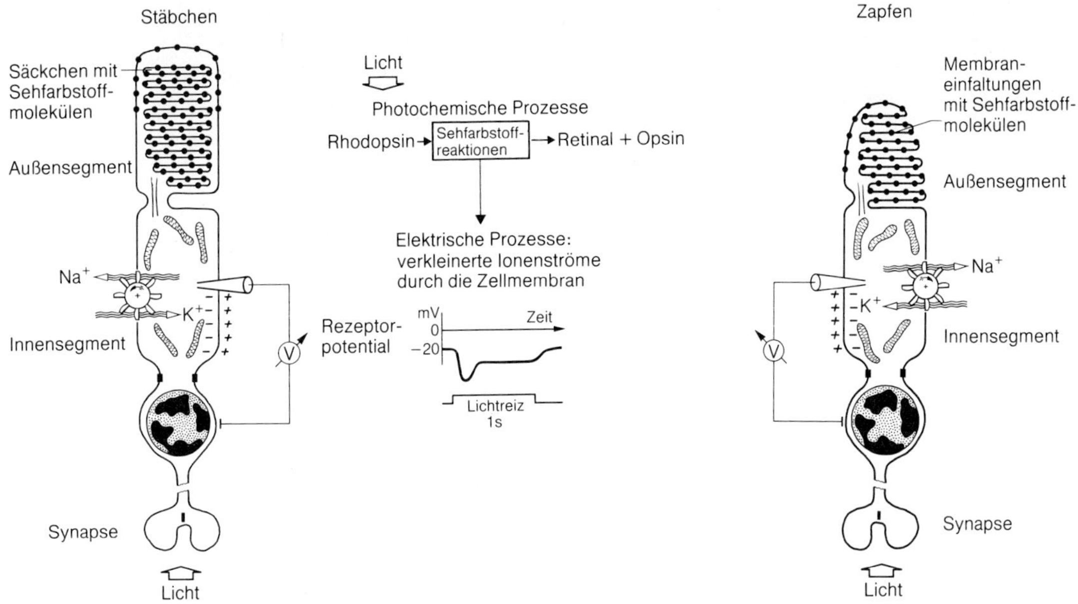

Abb. 15.81. Funktionsschema von Wirbeltiersehzellen: links Stäbchen, rechts Zapfen. Ein Stäbchen eines Frosches ist etwa 80 μm lang, davon das Außensegment 30–40 μm. Sein Durchmesser beträgt 7–8 μm. Das Außensegment besteht im wesentlichen aus Membranen, die das Rhodopsin enthalten. Während das Außensegment des Zapfens (z. B. einer Schildkröte) einige 100–1000 flache Einstülpungen enthält, deren Inneres mit dem Extrazellulärraum kommuniziert, enthält das Stäbchen-Außensegment flache, übereinander gestapelte, geschlossene Säckchen. Der Abstand von Diskmitte zu Diskmitte beträgt sehr regelmäßig etwa 30 nm. Ein Stäbchen-Außensegment enthält etwa 1000 solcher Disks. Außen umhüllt ist es von der Außenmembran, die ebenfalls Rhodopsin enthält. Innensegment und Außensegment sind durch einen dünnen Hals, in dem sich eine Cilienstruktur befindet, verbunden. Das Schaufelrad symbolisiert die Natrium-, Kalium-Ionenpumpe. (Stieve, 1979)

höheren Lichtintensitäten ist die Empfindlichkeit der Sehzelle und damit die Energieverstärkung geringer.

Lichtsinneszellen sind so gebaut, daß sie für ihre Übersetzerfunktion besonders geeignet sind (Funktionsschema, Abb. 15.81). Sie haben einen Abschnitt mit stark vergrößerter Membranoberfläche — bei den Stäbchen und Zapfen der Wirbeltiere das Außensegment — in den der Sehfarbstoff, das Rhodopsin, eingelagert ist. Dieser Abschnitt wirkt als Antenne, die die Photonen einfängt. Die Rhodopsin enthaltende photosensorische Membran bildet in den Sehzapfen der Wirbeltiere zahlreiche (mehrere hundert bis tausend) flache Einfaltungen, die alle miteinander kontinuierlich zusammenhängen und in die das Außenmilieu hineinreicht, während im Außensegment der Stäbchen zwei topographisch und elektrisch getrennte, rhodopsinhaltige Membrantypen entstehen; die äußere Zellmembran, die das Außensegment umschließt, und die Membranen der zahlreichen (etwa 1000) übereinandergestapelten Disks, die flache Doppelscheiben oder Säckchen bilden. Abbildung 15.82 zeigt den Gefrierbruch eines Stäbchenaußensegments, das im wesentlichen aus Membranen besteht, die Rhodopsin enthalten. Das Innensegment (Abb. 15.81), in dem sich der überwiegende Teil des Stoffwechsels dieser Sehzelle abspielt, enthält neben Golgi-Apparat und endoplasmatischem Retikulum vor allem sehr viele Mitochondrien. Es folgt dann der Zellabschnitt mit dem Zellkern und einem längeren Nervenfortsatz, der zur Synapse führt, durch die das Stäbchen mit den folgenden Nervenzellen verbunden ist.

Eine Reihe wichtiger Fragen für das Verständnis des Sehprozesses läßt sich besonders günstig an Lichtsinneszellen von wirbellosen Tieren, z. B. Insekten, Krebsen oder Tintenfischen untersuchen, deren Funktionsschema in Abb. 15.83 dargestellt ist. Bei Sehzellen wirbelloser Tiere, wie den Retinulazellen aus dem Krebsauge, wird die Vergrößerung des Membranabschnittes, der den Sehfarbstoff enthält, im typischen Fall durch viele lange, fingerförmige Ausstülpungen der Oberflächenmembran erreicht. Diese sog. Mikrovilli bilden regelmäßig nebeneinander gelagert das Rhabdomer bzw. Rhabdom. Die Gestalt der Sehzellen kann sehr unterschiedlich sein. Abbildung 15.84 zeigt den Gefrierbruch eines Ausschnitts aus dem Rhabdom eines Flußkrebses.

Wenn von einem Rhodopsinmolekül ein Photon absorbiert wird, so werden dadurch Veränderungen des Rhodopsinmoleküls ausgelöst, die schließlich zu einer vorübergehenden Veränderung der elektrischen Spannung über der Zellmembran führen. Dieses Signal, ein Spannungsimpuls, wird Rezeptorpotential genannt. Die elektrische Reizantwort ist um so größer, je höher die Intensität des Lichtreizes ist. Das Rezeptorpotential wird an der Synapse ausgewertet und schließlich in eine Folge von Nervenimpulsen einer Nervenfaser, die zum Gehirn führt, übersetzt.

Im Prinzip ist eine Photorezeptorzelle ein empfindliches Zählgerät für Lichtquanten. Der Meßbereich einer Lichtsinneszelle umspannt bis zu fünf Zehnerpotenzen. Eine Lichtsinneszelle kann ihren Meßbereich an die vorhandene Helligkeit anpassen. Sie kann dazu ihre Empfindlichkeit gegenüber der Höchstempfindlichkeit bis zu 10^{-5}fach verringern (Adaptation). Bei einem mittleren Adaptationsniveau ist für eine halbmaximale elektrische Reizantwort die Ladungsverstärkung etwa 10^5fach, d. h. das Rezeptorpotential hat eine Größe, die

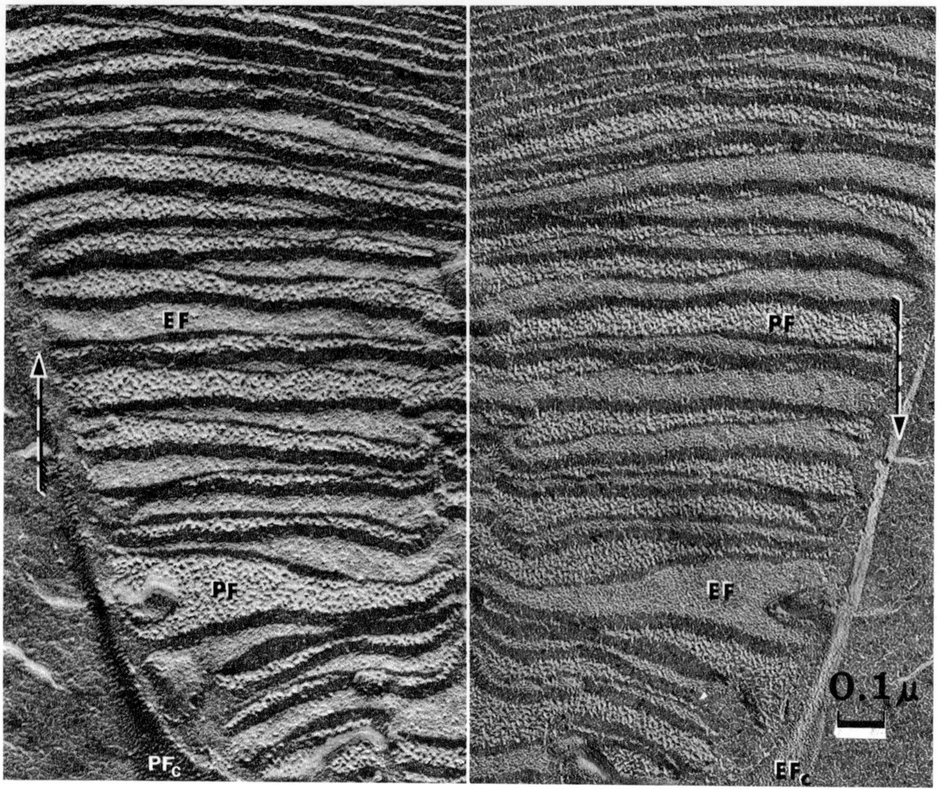

a b

Abb. 15.82a–c. a, b Stäbchenaußensegment eines Kaninchens (elektronenmikroskopisches Bild eines Gefrierbruchs [nach Yamamoto, T.Y. et al., Tohoku, J.: J. Exp. Med. **113**, 313–317 (1974)]). Das Bild zeigt die Masken der beiden komplementären Bruchflächen eines Schrägbruchs durch ein Außensegment. Der Bruch führt treppenartig, unterschiedlich lange durch die Mitte der Diskmembran. Dadurch entstehen zwei innere Membranflächen: Die PF-Fläche ist auf den Intradiskraum zu gerichtet und enthält dicht gepackt Partikel von etwa 10 nm Durchmesser (vermutlich Rhodopsin). Die EF-Fläche, die auf den Interdiskraum zu gerichtet ist, ist viel glatter. Der Pfeil gibt die Beschattungsrichtung an, PF_c und EF_c die Bruchflächen der das Außensegment umhüllenden Zellmembran. **c** Schema. S_i intrazellulärer Interdiskraum; S_d Disklumen. (Stieve, 1980)

dem Durchtritt von etwa 10^5 Elementarladungen (z.B. einwertigen Ionen) durch die Zellmembran pro vom Sehfarbstoff absorbiertem Lichtquant entspricht.

Im folgenden soll an wenigen Beispielen der Stand unserer Kenntnisse der Biophysik der Photorezeption geschildert werden. Die Darstellung soll sich weitgehend auf die Sehzellen einiger Wirbeltiere (vor allem Sehstäbchen von Rind und Frosch und Sehzapfen von Schildkröte) und einiger Wirbelloser (Gliedertiere) beschränken. Bei diesen Objekten ist bisher die Untersuchung am weitesten fortgeschritten. Wie weit die Befunde zu verallgemeinern sind, läßt sich vielfach noch nicht abschätzen.

b) Der Aufbau der Sehzellmembran

Die Außensegmente der Wirbeltier-Sehstäbchen bestehen überwiegend aus photosensorischer Membran (vgl. Abb. 15.82) und Cytosol, der amorphen, proteinhaltigen Zellflüssigkeit. Daher kann man an ihnen die biochemischen Eigenschaften dieses spezialisierten Membrantyps gut untersuchen. Stäbchenaußensegmente von Wirbeltieren lassen sich relativ gut isolieren und reinigen.

α) Zusammensetzung des Stäbchenaußensegments

Etwa 45% der Trockensubstanz des Stäbchenaußensegments sind Lipide, davon 80–90% Phospholipide [hauptsächlich Phosphatidylcholin (PC) und Phosphatidyläthanolamin (PE) sowie 3–8% Cholesterin]. Etwa die Hälfte der Fettsäuren der Phospholipide sind mehrfach ungesättigt. Daher ist die Lipidphase der Diskmembran flüssig; die Temperatur der Phasenumwandlung für die Diskmembran des Frosches liegt bei ca. $-25°$ C.

Etwa 50% der Trockensubstanz des Stäbchenaußensegments besteht aus Proteinen; von diesen sind etwa 30% wasserlöslich und in salzhaltiger wäßriger Lösung auswaschbar. Einige von ihnen besitzen enzymatische Aktivität. Von den nach sorgfältigem Waschen verbleibenden Proteinen macht der Sehfarbstoff Rhodopsin den größten Teil (80–90%) aus. Bei den restlichen Proteinen überwiegen solche mit relativ hohem Molekulargewicht von etwa 50000–200000.

Im Stäbchenaußensegment finden sich verschiedene enzymatische Aktivitäten: Alkoholdehydrogenase, Protein-Kinase (phosphatübertragendes Enzym), Guanylat- und Adenylat-Cyclase und -Phosphodiesterase, Calcium- und Magnesium-abhängige ATPase, 5'-Nucleotidase, lichtabhängige Guanosin-Triphosphatase (GTPase) und

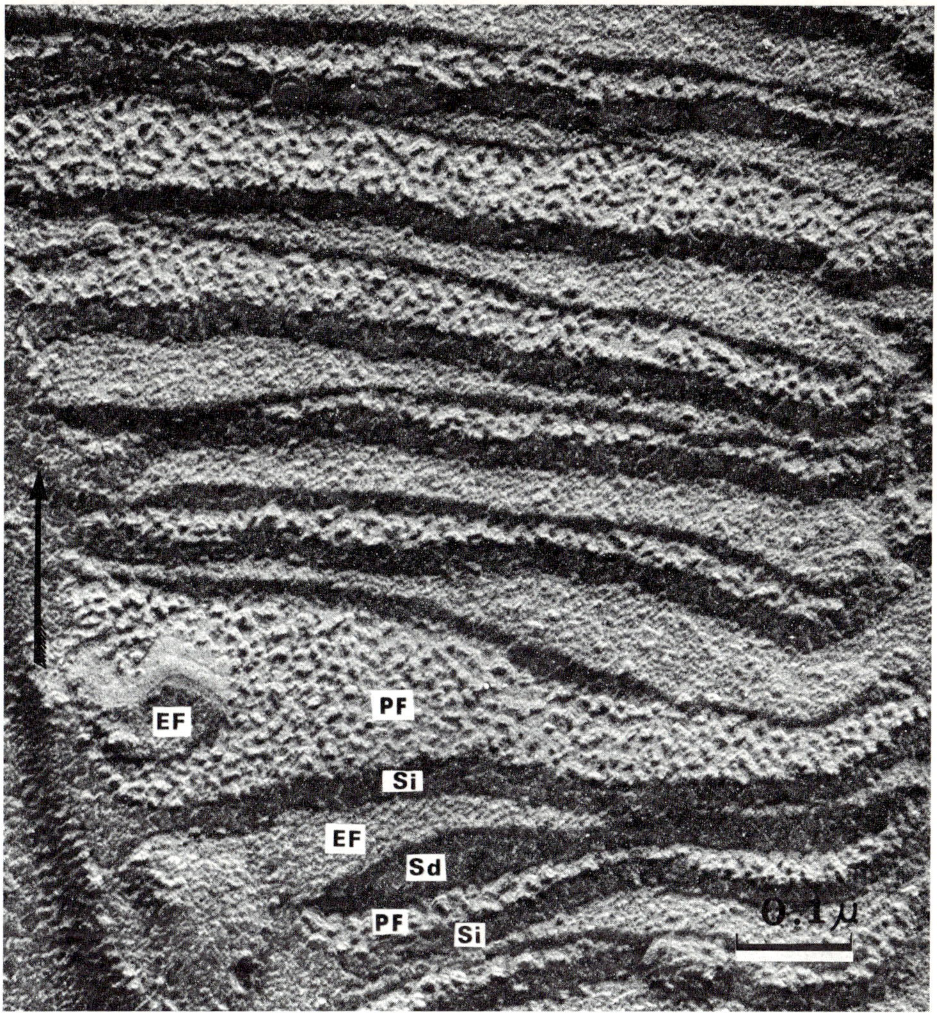

Abb. 15.82c

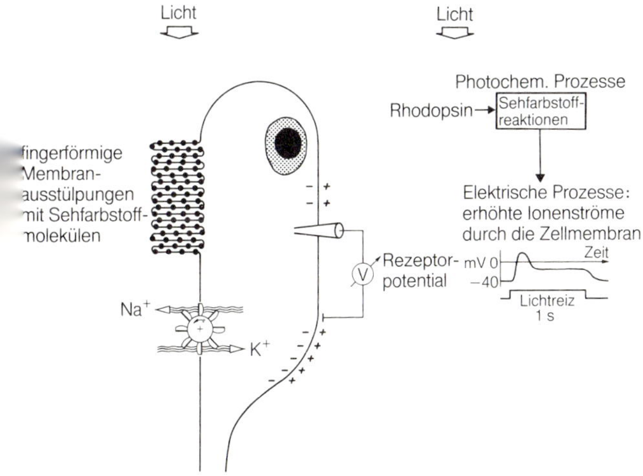

Abb. 15.83. Funktionsschema einer Sehzelle eines Wirbellosen (z. B. eine Retinulazelle eines Flußkrebses). Eine Retinulazelle eines Flußkrebses ist etwa 200 μm lang; ihr größter Durchmesser beträgt 10–20 μm. Sie besitzt etwa 10^5, im Mittel etwa 5 μm lange Mikrovilli, handschuhfingerartige Ausstülpungen der Zellmembran, die das Rhodopsin enthalten. Schaufelrad s. Abb. 15.81 (Stieve, 1979)

schließlich Superoxid-Dismutase. Im Stäbchenaußensegment konnte Natrium- und Kalium-aktivierbare ATPase nicht nachgewiesen werden (diese findet sich jedoch in der Zellmembran des Innensegments).

Mindestens 2–4% der Trockensubstanz des Stäbchenaußensegments sind Kohlenhydrate, davon ist etwa $^1/_4$ an Rhodopsin gebunden, ein anderer Teil ist Bestandteil von Glykolipiden, die 2–3% der gesamten Lipide ausmachen; der Rest besteht vor allem aus wasserlöslichen Polysacchariden, die sich vermutlich im Cytosol befinden.

Von den Sehzellen des Flußkrebses lassen sich die Rhabdome, die aus den Mikrovilli und ihrem cytoplasmatischen Inhalt bestehen, relativ rein isolieren. Sie enthalten etwa 10–15 verschiedene Proteine, von denen Rhodopsin etwa 40–50% ausmacht.

β) Rhodopsin

Rhodopsin ist ein membrangebundenes Chromoprotein. Obwohl es seit über 100 Jahren untersucht wird, ist sein Aufbau noch immer ungenügend bekannt. Abbildung 15.85 zeigt in einem hypothetischen Schema unsere heutige Vorstellung des Rhodopsinmoleküls in der Diskmembran. Rhodopsin besteht aus einer Farbstoffkomponente (dem Chromophor), einer Polypeptidkette und aus zwei Oligosaccharidketten, von denen minde-

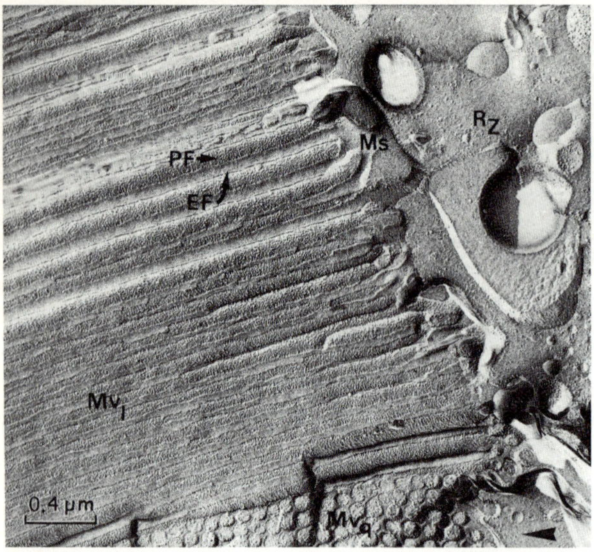

Abb. 15.84. Gefrierbruch durch einen Teil eines Rhabdoms des Flußkrebses mit einer angrenzenden Retinulazelle (R_Z). Die Mikrovilli sind in Paketen angeordnet, die senkrecht zueinander orientiert sind; daher sind Mikrovilli quer- (Mv_q) oder längsgebrochen (Mv_l). Auf der plasmatischen Membranhälfte der Mikrovilli (*PF*) erkennt man zahlreiche Partikel, vermutlich hauptsächlich Rhodopsin; die extraplasmatischen Membranhälften (*EF*) erscheinen glatt. Man erkennt die dichte Packung der Mikrovilli. *Der Pfeil* rechts unten gibt die Beschattungsrichtung an. Man erkennt, daß sich mehrere Mikrovilli von der Retinulazelle ausgehend aus einem gemeinsamen Stamm (M_s) verzweigen. (Original E. Winterhager)

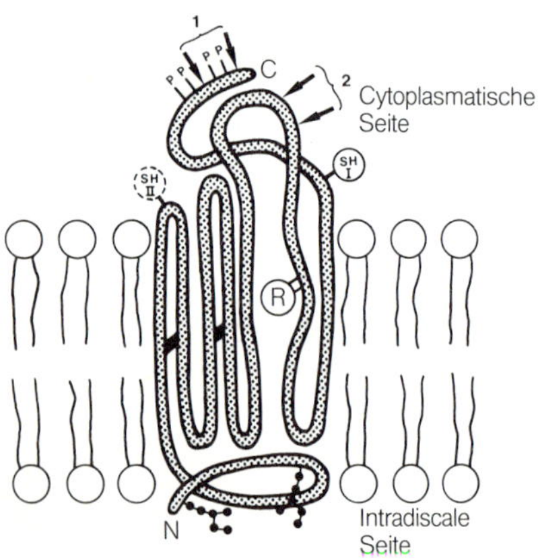

Abb. 15.85. Schematische Darstellung der Anordnung des Rhodopsinmoleküls in der Diskmembran. (Nach Hargrave, P.A. et al.: Int. Symp. on the Neurochemistry of the Retina, Athen 1979.) Der C-Terminal liegt auf der zytoplasmatischen Seite. An ihm finden sich die Orte, die infolge von Belichtung phosphoryliert werden. Der N-Terminal befindet sich auf der Seite des Disklumens und enthält die beiden Oligosaccharidketten. Die Lage des Retinals (*R*) ist nicht genau bekannt, ebenso die Anzahl der Schleifen der Polypeptidkette, die durch die Membran ziehen. *1* und *2*: Angrifforte von Proteinspaltenden Enzymen

stens eine aus 3 N-Acetyl-Glukosamin- und 3 Mannose-Bausteinen besteht. In Wasser ist Rhodopsin unlöslich. Nur bei Verwendung von Detergentien, welche die Lösungsbedingungen der Lipidphase in gewissem Umfange nachahmen, kann es aus der Membran micellar herausgelöst und (z. B. durch ein gel-permeationschromatographisches Verfahren) von Lipiden und anderen Proteinen getrennt werden. Dabei werden die hydrophoben Bereiche der einzelnen Rhodopsinmoleküle gürtelartig von einer Hülle von Detergensmolekülen umgeben. Die Lipide sind kein fester Bestandteil des Rhodopsins, doch sind die Membranlipide einflußreiche Nachbarn, die die Eigenschaften des Rhodopsins in der Membran stark mitbestimmen. Das Zahlenverhältnis von Rhodopsinmolekülen zu Phospholipidmolekülen im Stäbchenaußensegment des Frosches ist etwa 1:70.

Manche wichtige Eigenschaften des Rhodopsins hängen davon ab, in welcher Nachbarschaft sich das Rhodopsinmolekül befindet. So wird z. B. Rhodopsin aus Rinderaugen, das sich in seiner natürlichen Lipidnachbarschaft befindet, durch Belichtung ausgebleicht (s. u.), d. h. die lichtinduzierte Folge von Rhodopsinreaktionen endet mit der Abspaltung des Chromophors Retinal vom Opsin. Lipid- und Detergens-freies Rhodopsin wird durch Licht nicht ausgebleicht; die lichtinduzierte Reaktionskette endet hier, bevor der Chromophor abgespalten wird. Nur in solcher Lipid- oder Detergensnachbarschaft (z. B. in Digitonin-, nicht aber in Triton X-100-Extrakten), durch die die molekulare Beweglichkeit des Rhodopsinmoleküls eingeschränkt ist, ist eine Regeneration des ausgebleichten Rhodopsins durch Zugabe von 11-cis Retinal (s. u.) möglich.

Rinderrhodopsin hat ein Molekulargewicht von 35000–38000. Demnach enthält die Polypeptidkette etwa 350 Aminosäuren. Die Aminosäuresequenz ist erst teilweise aufgeklärt. Sie enthält Abschnitte mit überwiegend hydrophobem und solche mit überwiegend hydrophilem Charakter.

Rhodopsin aus Stäbchenaußensegmenten von Rinderaugen zeigt ein Absorptionsspektrum, wie es in Abb. 15.86 (durchgezogene Linie) dargestellt ist. Dieses Rhodopsin ist rot und hat ein Absorptionsmaximum bei etwa 500 nm. Die chromophore Komponente ist Retinal, der Aldehyd des Vitamin A_1. Der übrige Teil des Moleküls, die Polypeptidkette mit den Oligosaccharidketten, wird als Opsin bezeichnet. Das Retinal liegt im Rhodopsinmolekül in der 11-cis Form vor. Das 11-cis Retinal läßt sich rein gewinnen und kristallisieren und seine Struktur im kristallinen Zustand bestimmen. Diese ist in der Abb. 15.87 dargestellt. Reines Retinal ist gelb. Es hat ein starkes Absorptionsmaximum im nahen

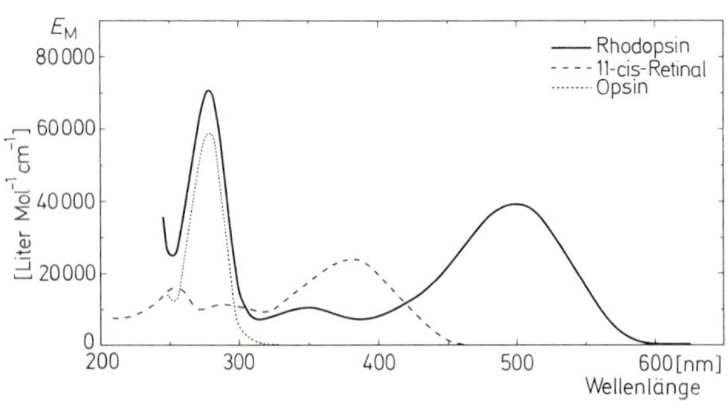

Abb. 15.86. Absorptionsspektrum von mit Hilfe des Detergens CTAB gelöstem Rinderrhodopsin *(dicke durchgezogene Linie)* und von seinen beiden Komponenten 11-cis Retinal *(gestrichelte Linie)* und Opsin. [Nach Shichi, H.: Biochemistry **9**, 1973–1977 (1970); Sperling, W., Rafferty, Ch.N.: Nature (London) **224**, 591–594 (1968)]

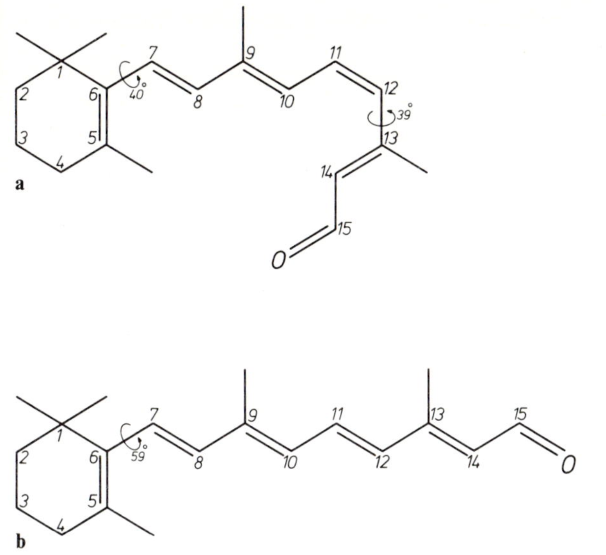

Abb. 15.87a, b. Strukturformel des Retinals. **a** 11-cis Retinal, **b** all-trans Retinal. [Nach Sperling, W.: Biochemistry and physiology of visual pigments. Langer, H. (Ed.). Berlin-Heidelberg-New York: Springer 1973]

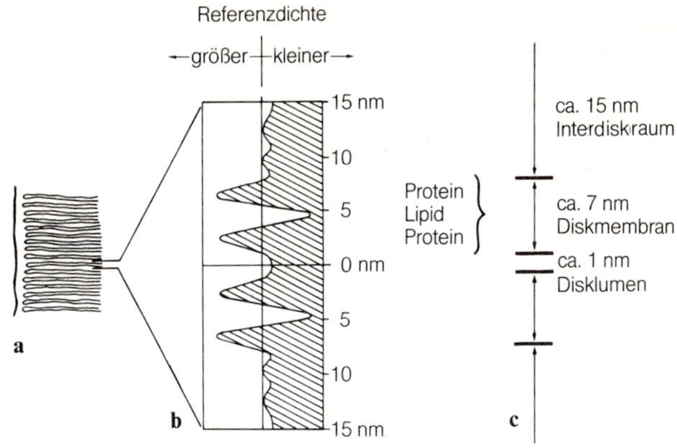

Abb. 15.88a–c. Die Struktur der Diskmembran nach Messungen der Elektronendichteverteilung durch Röntgenkleinwinkelbeugung an Stäbchenaußensegmenten des Frosches. **a** Ausschnitt aus einem Dünnschnitt durch ein Stäbchenaußensegment nach elektronenmikroskopischen Aufnahmen. **b** Elektronendichteverteilung eines Querschnittes durch einen Disk (bezogen auf eine Referenzdichte). **c** Die Dimension der Schichten eines Disks und des Interdisk-Raums. Der Abstand von Diskmittelpunkt zu Diskmittelpunkt beträgt etwa 30 nm. Die höhere Dichte ist auf Protein, die geringere auf Lipid bzw. Zellflüssigkeit zurückzuführen. [Nach verschiedenen Autoren, insbesondere Chabre, M.: Biochim. Biophys. Acta **382**, 322–225 (1975)]

Ultraviolett (etwa 370 nm, Abb. 15.86). Opsin allein ist für uns farblos (λ_{max} etwa 280 nm, Abb. 15.86).

Das 11-cis Retinal ist im Rhodopsin in Form einer Schiffschen Base kovalent an die ε-Aminogruppe eines L-Lysins der Peptidkette gebunden. Durch die Verbindung von Opsin mit Retinal wird also eine Rotverschiebung des Absorptionsmaximums um etwa 130 nm verursacht. Die Gründe für diese starke Farbverschiebung sind noch nicht ganz aufgeklärt. Die Schiffsche Base von 11-cis Retinal mit L-Lysin hat ein Absorptionsmaximum bei 359 nm in der unprotonierten und bei 448 nm in der protonierten Form. Die darüber hinausgehende Rotverschiebung kommt durch Wechselwirkung des Retinals mit dem Opsinmolekül zustande. Wahrscheinlich ist die Schiffsche Base im Rhodopsinmolekül protoniert.

γ) Andere Rhodopsine

Es gibt eine große Anzahl verschiedener Rhodopsine von Wirbeltieren und Wirbellosen, die alle den gleichen Chromophor 11-cis Retinal, aber verschiedene Opsinanteile haben und die sich in ihrem Absorptionsmaximum bei sonst ähnlichem Verlauf der spektralen Extinktionskurve unterscheiden. Die Absorptionsmaxima liegen zwischen 350 und 550 nm. Das Rhodopsin des Flußkrebses hat ein Absorptionsmaximum von 530 nm und ein Molekulargewicht von etwa 35000, das des Tintenfisches *Loligo* ein Absorptionsmaximum von 493 nm und ein Molekulargewicht von 51000.

Vielfach enthält ein einzelnes Auge mehrere Sehzelltypen, die sich in ihren Rhodopsinen unterscheiden. So enthält beispielsweise das menschliche Auge neben den Sehstäbchen, die für das Dämmerungssehen verantwortlich sind und ein Rhodopsin mit einem Absorptionsmaximum von 498 nm besitzen, drei verschiedene Zapfentypen, die je ein Rhodopsin (λ_{max} 440 nm bzw. 535 nm bzw. 575 nm) besitzen und in ihrem Zusammenwirken das Farbensehen ermöglichen.

Eine Gruppe naher Rhodopsin-Verwandter, die ebenfalls bei Wirbeltieren vorkommen, sind die sogenannten Porphyropsine, die als chromophore Gruppe das 11-cis-3-Dehydroretinal (den Aldehyd des Vitamin A_2) enthalten.

Die Bakterienart *Halobacterium halobium* besitzt ein rhodopsinartiges Chromoprotein, Bacteriorhodopsin. Dieses enthält als chromophore Gruppe all-trans bzw. 13-cis Retinal. Das Molekulargewicht ist 26000–27000. Hier ist die Aminosäuresequenz bereits aufgeklärt.

δ) Die Struktur der photosensorischen Membran am Beispiel der Diskmembran

Die molekulare Struktur der Diskmembran ist noch nicht genau bekannt. Bisher lassen sich folgende Aussagen machen:

1) Die Grundstruktur der Diskmembran besteht höchstwahrscheinlich aus einer durchgehenden Lipid-Doppelschicht. Dabei sind die Längsachsen der Lipidmoleküle senkrecht zur Membranfläche orientiert und die hydrophoben Reste gegeneinander gerichtet (Abb. 15.85). Die Dicke dieser Schicht beträgt 3–4 nm. Sie erscheint in der Elektronen-Dichteverteilung einer Röntgenkleinwinkelbeugung durch Stäbchenaußensegmente (Abb. 15.88) dünner, vermutlich da Proteine in die Lipidschicht hineinragen.

2) Der Querschnitt der Diskmembran ist etwas asymmetrisch. Die Abb. 15.88 zeigt die an Stäbchenaußensegmenten gemessene Elektronen-Dichteverteilung der Diskmembran. Sie zeigt 2 Maxima, die den polaren Endgruppen der Phospholipide entsprechen. Die Tatsache, daß die beiden Maxima nicht genau gleich groß sind, wird als Hinweis für eine asymmetrische Anordnung der Membranproteine, insbesondere des Rhodopsins gedeutet. Rhodopsin sollte demzufolge etwas stärker in dem äußeren, cytoplasmatischen Blatt der Lipid-Doppelschicht verankert sein. Diese Vermutung wird durch biochemische und durch elektronenmikroskopische Untersuchungen (Gefrierbrüche) gestützt.

c) Auch in der Fläche der Diskmembran findet sich eine regelmäßige Struktur (Periodenlänge 5–8 nm). Gefrierbrüche der Diskmembran zeigen in dem cytoplasmatischen Blatt der Diskmembran von der Fläche her ungleichmäßig verteilte Vorwölbungen von einem Durchmesser von 5–7 nm und einem mittleren Abstand (an Orten dichter Packung) von 7–9 nm, die vermutlich durch Rhodopsinmoleküle verursacht sind (Abb. 15.82).

Die *Gestalt des Rhodopsinmoleküls* wurde an detergensgelöstem Rhodopsin untersucht. Röntgen- und Neutronen-Kleinwinkelstreuung ergeben übereinstimmend ein langgestrecktes Molekül. Die Streuung entspricht einem Achsenverhältnis von 1,6–2.

Rhodopsin ist so in die Diskmembran eingelagert, daß ein Teil des Moleküls (etwa $^1/_3$) mit den Oligosaccharidketten von der Diskinnenseite (die topographisch der Außenseite der Zellmembran entspricht) zugänglich ist. Die Seite des Moleküls, an der das Retinal gebunden ist, befindet sich im hydrophoben Teil des Proteins. Aus Messungen des Dichroismus des Stäbchenaußensegmentes folgt, daß die Längsachse (d. h. die Achse des Übergangsmoments) des im Rhodopsinmolekül gebundenen Retinals fast parallel (mit einem Winkel von etwa 15°) zur Diskebene orientiert ist. Das Rhodopsinmolekül reicht durch die Diskmembran hindurch. Abbildung 15.85 zeigt die heutige Vorstellung vom Rhodopsinmolekül in der Diskmembran. Bisher gibt es keine überzeugenden Hinweise darauf, daß das Rhodopsinmolekül nicht monomer, sondern z. B. als Dimer oder Tetramer vorliegt; hingegen sprechen die Ergebnisse der Messung von Rotationsbewegungen der Rhodopsinmoleküle (s. u.) eher dafür, daß diese in der Diskmembran als Monomere vorliegen. Auch läßt sich noch nichts darüber aussagen, wo die restlichen 10–20 % des Gehalts an integralen Membranproteinen im Stäbchenaußensegment untergebracht sind. Das wichtigste integrale Membranprotein neben Rhodopsin ist Phosphodiesterase (0,1–1 mol pro mol Rhodopsin).

Belichtung der Stäbchenaußensegmente verursacht eine kleine Änderung im — durch Röntgenkleinwinkelbeugung gemessenen — Dichteprofil des Diskquerschnittes.

Diese Änderung ist vermutlich auf die vorübergehende Anlagerung einer Komponente hoher Elektronendichte an die cytoplasmatische Seite der Diskmembran zurückzuführen. Es wird angenommen, daß sich Proteinmoleküle aus dem Cytosol vorübergehend an belichtete Rhodopsinmoleküle anlagern.

In der lebenden Diskmembran sind die Rhodopsinmoleküle beweglich und führen Brownsche Molekularbewegungen aus. Sie können dadurch in der Membranfläche über weite Strecken diffundieren. Die Rotationsbeweglichkeit der Rhodopsinmoleküle ist beschränkt auf Rotationsachsen senkrecht zur Diskfläche. Die Lipidphase der Diskmembran ist nach diesen Messungen relativ dünnflüssig. Es läßt sich für die Viskosität der Lipidphase eine untere Grenze von 2 Poise (der Wert von Olivenöl) angeben.

Das Rhodopsin in der Mikrovillus-Membran der Sehzellen wirbelloser Tiere ist viel weniger beweglich. Es konnte keine Lateraldiffusion nachgewiesen werden. Eine Rotation um die Längsachse scheint dagegen möglich. Die Bakteriorhodopsin-Moleküle bilden in der Purpurmembran von *Halobacterium* ein hexagonales Flächenkristallgitter und sind dadurch völlig unbeweglich.

ε) Entstehung und Erneuerung der Diskmembran

Die Membranbausteine — Proteine, Kohlenhydrate und vermutlich auch Lipide — werden im Innensegment des Stäbchens synthetisiert und anschließend zum Außensegment transportiert. Die Polypeptidkette wird dabei vermutlich in die Membran des endoplasmati-

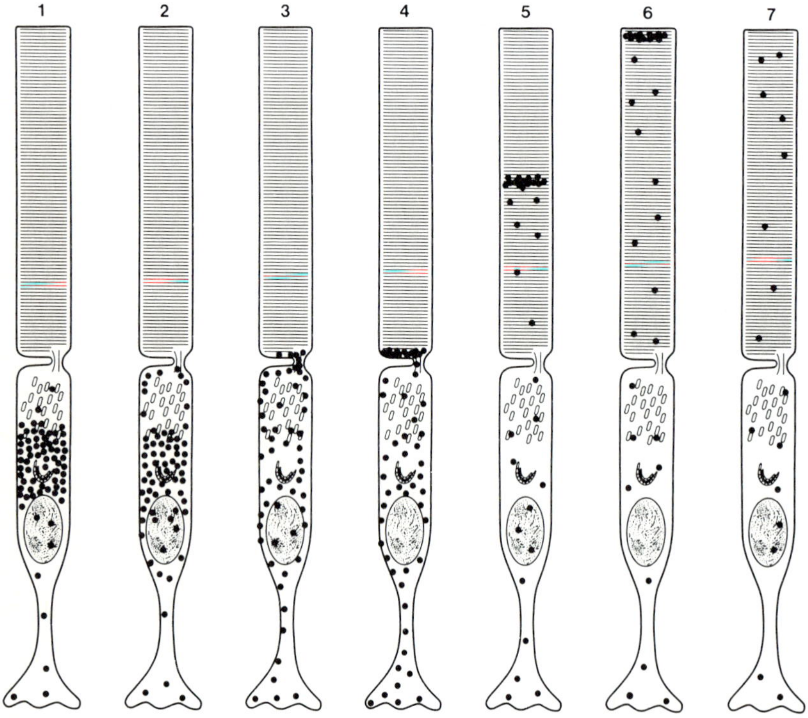

Abb. 15.89. Einbau von neugebildetem Protein in Sehstäbchen des Frosches. Radioaktiv markierte Aminosäuren werden an den Ribosomen im Innensegment der Sehzellen in neugebildete Proteine, u. a. in Rhodopsin, eingebaut. Neugebildetes Protein zeigt sich zunächst am Syntheseort im Innensegment (*1*), nachdem es durch den Golgi-Komplex transportiert wurde (*2*), gelangt ein Teil des Proteins nach proximal in die synaptische Region der Zelle, wo es allmählich verbraucht wird. Der größere Teil des markierten Proteins nimmt seinen Weg durch das Cilium (*3*) und reichert sich in einem Band an der Basis des Außensegments an (*4*). Dieses Band bewegt sich im Laufe von über 50 Tagen (*5, 6*) durch das Außensegment bis zu dessen freien Ende, wo es verschwindet (*7*) und vom Pigmentepithel aufgenommen wird. [Nach Young, R.W.: Sci. Am. **223**, 80 (1970)]

schen Retikulums inseriert. Membranvesikeln, die Rhodopsin enthalten, wandern zum Außensegment und werden durch Vesikelfusion in die Außen- bzw. Diskmembran aufgenommen. Retinal wird vermutlich erst im Außensegment an Opsin gebunden. Es gelangt wahrscheinlich aus dem Pigmentepithel direkt in das Außensegment.

Im Stäbchenaußensegment werden die Membranbausteine an Wachstumsregionen der Außenmembran so angelagert, daß neue Disks als Einfaltung der Außenmembran entstehen (Abb. 15.89). Während des ganzen Lebens werden Disks am Basalende des Stäbchenaußensegments neu gebildet; im Stäbchen des Frosches z. B. entsteht alle 40 min ein neuer Disk. Am freien Ende des Außensegments werden ebenso häufig Pakete alter Disks abgestoßen und vom Pigmentepithel, das dem Außensegment dicht anliegt, aufgenommen und abgebaut. Durch diesen Vorgang entfernt sich ein gebildeter Disk mehr und mehr vom Entstehungsort an der Basis und gelangt schließlich (beim Frosch nach über 50 Tagen, bei der Ratte nach 7–9 Tagen) an das freie Ende des Außensegments, wo er abgegeben wird.

Daneben gibt es einen Erneuerungsvorgang der Diskmembran durch molekularen Ersatz. Hier werden markierte, neue Moleküle diffus verstreut an verschiedenen Stellen des gesamten Außensegments gefunden.

In der Mikrovillusmembran der Sehzellen wirbelloser Tiere findet sich neugebildetes Rhodopsin ebenfalls diffus eingebaut.

c) Die Reaktionen des Rhodopsins

Rhodopsin ist lichtempfindlich. Belichtet man Rinder-Rhodopsin mit einem Lichtblitz, so löst man eine Folge von Veränderungen des Rhodopsinmoleküls aus. Bei Körpertemperatur ist z. B. nach etwa 2 ms das in Abb. 15.90 dargestellte, gegenüber dem Ausgangszustand veränderte, Absorptionsspektrum zu messen (Kurve M II). Dieses Spektrum entspricht einem Metarhodopsin II genannten Zustand des Rhodopsinmoleküls. Der Zeitverlauf seiner Bildung ist — mit Blitzlichtphotometrie gemessen — in Abb. 15.91 gezeigt. Die Veränderung des Absorptionsspektrums zeigt eine stereochemische Veränderung des Rhodopsinmoleküls an, die durch die Belichtung hervorgerufen wurde. Eine der bei diesem Vorgang erfolgenden Veränderungen ist die Stereoisomerisierung des Retinals von der 11-cis-Form in die all-trans-Form.

Es läßt sich zeigen, daß durch die Absorption eines Lichtquants eine ganze Reihe von schrittweise aufeinanderfolgenden Veränderungen des Rhodopsinmoleküls ausgelöst wird, die in Abb. 15.92 schematisch dargestellt ist. Auf die Absorption des Photons hin verändert sich das Rhodopsinmolekül mit einer Quantenausbeute von 0,6–0,7 innerhalb von höchstens 2 ps — wie kinetische Messungen mit hoher Zeitauflösung zeigen — zu einem Bathorhodopsin (Prälumirhodopsin) genannten Zustand und durchläuft anschließend eine Kaskade von Dunkelreaktionen. Die Abb. 15.91 zeigt den Zeitverlauf der Entstehung von Metarhodopsin II aus Metarhodopsin I (die aus mindestens zwei Prozessen besteht). Die

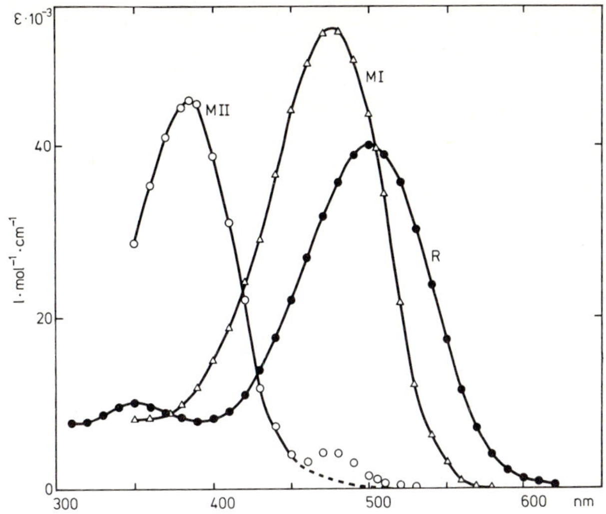

Abb. 15.90. Absorptionsspektren von Rinderrhodopsin (*R*), und den nach Lichtabsorption auftretenden Folgeprodukten Metarhodopsin I (*M I*) und Metarhodopsin II (*M II*) in einer Suspension von Stäbchenaußensegmenten. Die Spektren von M I und M II wurden berechnet aus dem gemessenen Rhodopsinspektrum und den blitzlichtspektrometrisch bei 1° C ermittelten Differenzspektren (M I bei pH 6,8; M II bei pH 5,5). (Rafferty, Ch.N., Spalink, J.-D.: Unveröffentlicht)

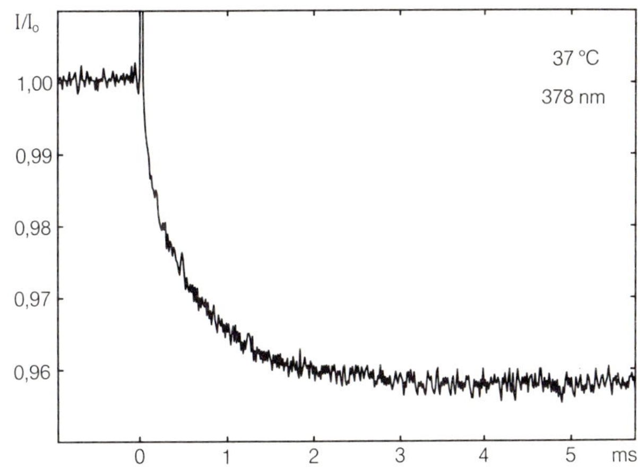

Abb. 15.91. Zeitverlauf der Bildung von Metarhodopsin II aus Metarhodopsin I in einer dunkeladaptierten Kuh-Retina bei 37° C. Aufgezeichnet ist die Transmissionsänderung für 378 nm Meßlicht — nach einem 6 ns langen, 500 nm Laser-Anregungsblitz — über der Zeit. Die (scheinbare) Transmissionszunahme bei $t = 0$ wurde durch gestreutes Anregungslicht (Blitzartefakt) verursacht. [Nach Spalink, J.-D., Stieve, H.: Biophys. Struct. Mech. **6**, 171–174 (1980)]

in Abb. 15.92 dargestellten Zwischenstufen dieser Rhodopsinveränderung sind alle spektroskopisch charakterisierbare und isolierbare Formen des Rhodopsins mit unterschiedlichen chemischen Eigenschaften. Im Laufe dieser Reaktionskaskade treten folgende Veränderungen am Rhodopsinmolekül auf:

1. Eine Stereoisomerisierung des Retinals von 11-cis- zur all-trans-Form.

2. Chemisch nachweisbare Veränderungen am Proteinanteil:

a) Im Verlaufe des Reaktionsschritts von Metarhodopsin I nach Metarhodopsin II wird eine (oder mehr als eine) protonenbindende Gruppe exponiert.

b) Eine (oder je nach Reaktionsbedingungen mehr als eine) vorher verborgene SH-Gruppe wird einer chemischen Titration zugänglich.

3. Spätestens beim Übergang von Lumirhodopsin zu Metarhodopsin I und von Metarhodopsin I zu Metarhodopsin II treten die beiden Komponenten der sogenannten schnellen Photospannung (early receptor potential) auf, die vermutlich durch Veränderung des Dipolmoments des Rhodopsinmoleküls verursacht werden. Jedoch folgt aus Messungen des Zirkulardichroismus der Peptidbanden, daß im Verlaufe des Übergangs von Rhodopsin zu Metarhodopsin II keine größeren Helix-Knäuel-Umwandlungen statt finden.

4. Als letzter Schritt dieser Dunkelreaktionsfolge wird einige Minuten nach Lichtabsorption all-trans Retinal vom Opsin hydrolytisch abgespalten. Das dabei entstehende Opsin/all-trans Retinal-Gemisch allein reagiert spontan nicht weiter.

Nach der Vorstellung von Wald (1968) (vgl. die Schemazeichnungen in Abb. 15.92) ist der erste Reaktionsschritt, der durch die Lichtabsorption verursacht wird, die Photo-Stereoisomerisierung des Retinals; die weiteren Schritte beruhen auf Änderungen der Konformation des Proteinanteils. Heute gilt es als sicher, daß die Stereoisomerisierung des Retinals zur all-trans-Form spätestens beim Übergang von Bathorhodopsin zu Lumirhodopsin erfolgt ist.

Nach der Abspaltung des all-trans Retinals von Opsin kann wieder funktionsfähiges Rhodopsin regeneriert werden, wenn aus dem Stoffwechsel 11-cis Retinal zur Verfügung gestellt wird. Dieses verbindet sich spontan mit dem Opsin, das daraufhin in seinen ursprünglichen Zustand übergeht. Diese metabolische Regeneration des Rhodopsins nach Belichtung erfolgt im Wirbeltierauge mit einer Halbwertszeit von 5–30 min. Von allen Belichtungsprodukten des Rhodopsins vor der Abspaltung des Retinals kann durch Absorption eines weiteren Lichtquants eine Rückwandlung in Rhodopsin verursacht werden (s. u.).

Einer der Zustände oder Reaktionsschritte in der Kaskade der Rhodopsinreaktionen nach der Lichtabsorption löst, auf noch weitgehend unbekanntem Wege, eine Veränderung der Membraneigenschaften der Sehzellmembran aus, die das Rezeptorpotential zur Folge hat. Sicher liegt dieser auslösende Schritt vor der Abspaltung des Retinals, die nicht bei allen Tierarten auftritt und zeitlich zu spät — erst nach Beginn des Rezeptorpotentials — erfolgt. Vermutlich sind es Änderungen der Eigenschaften des Proteinanteils des Rhodopsins, die die weiterfolgenden Erregungen in Gang

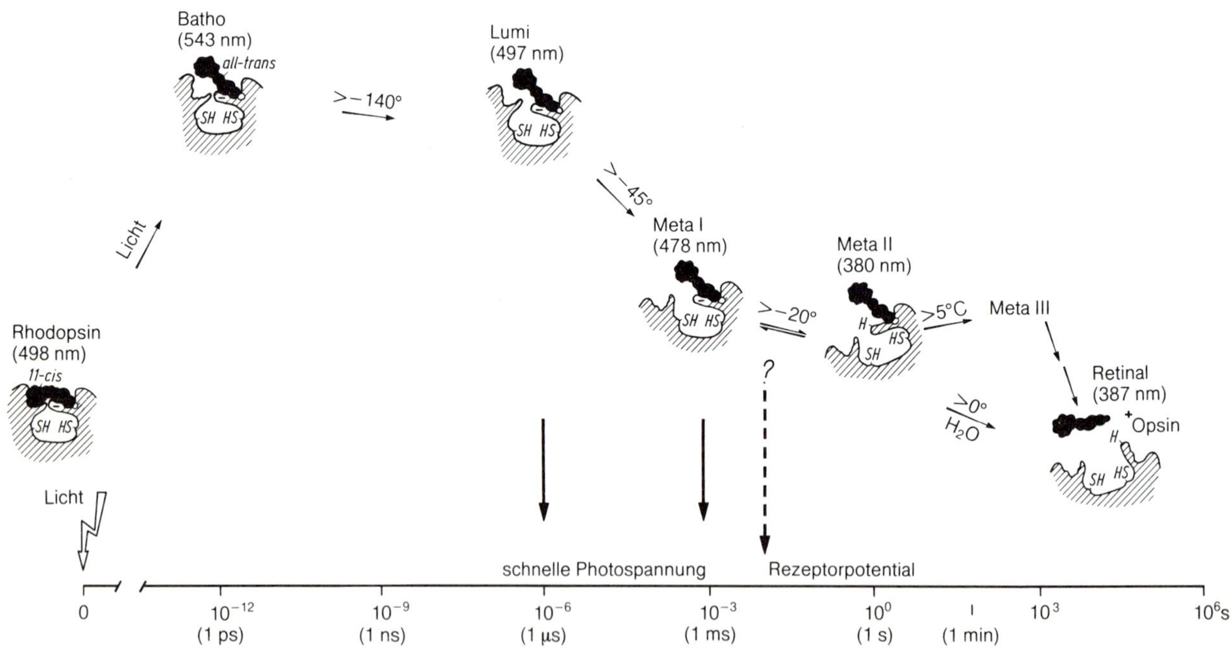

Abb. 15.92. Schema der auf Lichtabsorption folgenden Sehfarbstoffreaktionsschritte (Rinder-Rhodopsin). Der erste Schritt ist eine (photochemische) Lichtreaktion. Auf ihn folgt eine Kaskade von thermischen Dunkelreaktionen. Die Zeitskala gibt ungefähr an, wann nach der Absorption des Lichtquants bei Zimmertemperatur das jeweilige Zwischenprodukt entstanden ist. Außerdem sind die Absorptionsmaxima der Zwischenprodukte angegeben und die Temperaturen, oberhalb derer die einzelnen Reaktionsschritte ablaufen. Die Veränderung des Rhodopsinmoleküls bei den Reaktionen Lumirhodopsin → Metarhodopsin I → Metarhodopsin II erzeugen die beiden Komponenten S_1 und S_2 der schnellen Photospannung (early receptor potential). Durch die Reaktion von Metarhodopsin I nach Metarhodopsin II verliert das Rinderrhodopsin seine Farbe. Der Beginn des Rezeptorpotentials folgt zeitlich der Bildung von Metarhodopsin II. Die Bildung des Bathorhodopsins konnte bisher zeitlich noch nicht aufgelöst werden. Der Weg des Metarhodopsin II-Zerfalls zu Retinal + Opsin ist gegabelt. Er führt teilweise (temperaturabhängig) über Metarhodopsin III; all-trans Retinal/Opsin-Gemisch reagiert spontan nicht mehr weiter. Die Schemazeichnungen geben die Waldsche Vorstellung vom molekularen Mechanismus der Rhodopsinreaktionen wieder. [Daten aus verschiedenen Quellen]

setzen. Vielfach wird die Reaktion von Metarhodopsin I nach Metarhodopsin II als Kandidat für den Reaktionsschritt, an den die folgenden Erregungsschritte angekoppelt sind, angesehen. Bei ihm erfolgt wahrscheinlich eine Änderung des Dipolmoments des Rhodopsins, außerdem werden bei diesem Reaktionsschritt Protonen durch das Rhodopsinmolekül gebunden. Es erscheint wahrscheinlich, daß ein bei der Entstehung von Metarhodopsin II aus Metarhodopsin I rasch durchlaufener Zwischenzustand die weiteren Erregungsschritte auslöst.

Bei Wirbellosen und bei *Halobacterium* wird das Retinal nach Belichtung des Rhodopsins nicht vom Opsin abgespalten. Die Rhodopsinbelichtung führt bei *Halobacterium* in einer cyclischen Reaktionsfolge (mit einer Halbwertszeit von 5–10 ms) spontan wieder zum Ausgangszustand Rhodopsin zurück.

Bei Mollusken und Gliedertieren endet die lichtinduzierte Rhodopsin-Reaktionsfolge mit einem thermostabilen Photoprodukt Metarhodopsin (das all-trans Retinal enthält), welches innerhalb von 10 μs *(Calliphora)* bis 5 ms *(Limulus)* entsteht. Dieses kann durch Absorption eines weiteren Photons über 11-cis Metarhodopsin zu Rhodopsin zurückverwandelt werden. Eine Erregung wird jedoch nur bei der Umwandlung in der Richtung von Rhodopsin zu Metarhodopsin ausgelöst. In den Sehzellen von Insekten findet vermutlich keine oder eine sehr langsame metabolische Regeneration von Rhodopsin aus thermostabilem Metarhodopsin statt.

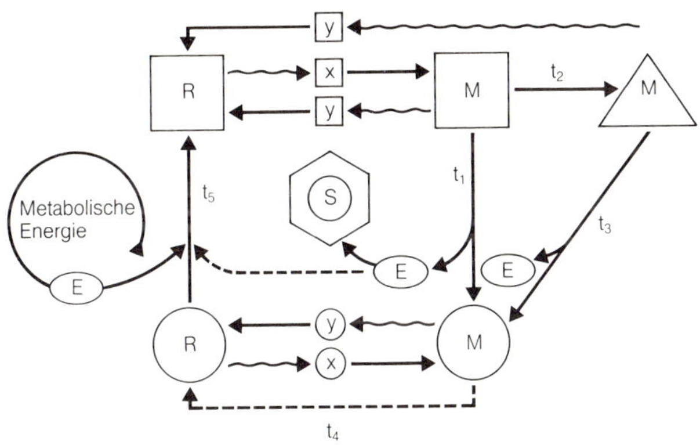

Abb. 15.93. Hypothetisches Schema der Sehfarbstoffreaktionen in der Mikrovillusmembran eines Evertebraten-Photorezeptors nach Vorstellungen von Hamdorf. Erfolgreiche Photonenabsorption durch dunkeladaptiertes Rhodopsin [R] verwandelt dieses zu „energiereichem" Metarhodopsin [M], welches einen Membranbestandteil (S) unter Energieabgabe aktivieren kann. Durch diesen Vorgang wird [M] inaktiviert zu (M). Weitere Photonenabsorption kann (M) in (R) umwandeln, welches nur mit Hilfe von Stoffwechselenergie wieder in die aktive Form [R] überführt werden kann. Dieser Zyklus dominiert bei normalen, physiologischen Lichtintensitäten. Unphysiologisch starke Belichtungen erhöhen die [R]⇝[M] Bildung. Die Rate t_1 wird durch die Geschwindigkeit, mit der die Membran die Energie nutzen kann, begrenzt. Dadurch gelangen einige [M] Moleküle in einen Speicherzustand △M. Dieser gibt die Energie in einem viel langsamer inaktivierenden Übergang zu (M) ab ($t_3 \ll t_1$) und erzeugt dabei eine verlängerte Nachdepolarisation (PDA). Die Zwischenzustände der Hin- und Rückreaktionen sind durch [x] und [y] symbolisiert. Gestrichelte Pfeile geben die Möglichkeit eines Energieüberganges von [M] oder △M direkt zu (R) an; t_1–t_5 sind thermisch kontrollierte Raten der Dunkelreaktionen; t_4 deutet die Möglichkeit einer sehr langsamen metabolischen Dunkelregeneration des Sehfarbstoffes an. [Nach Hamdorf, K.: In: Handbook of sensory physiology, Vol. VII/6A. Comparative physiology and evolution in vision in invertebrates. Autrum, H. (Ed.). Berlin-Heidelberg-New York: Springer 1979]

Bei der Sehzelle der Schmeißfliege muß das Metarhodopsin nach seiner Bildung etwa 1–2 ms lang existieren, damit der Lichtreiz zu einem Rezeptorpotential führt. Der Anfangszustand von Metarhodopsin löst hier also die folgenden Erregungsschritte aus. Abbildung 15.19 zeigt ein Schema der Sehfarbstoffreaktionen im Evertebraten-Photorezeptor, die alle wesentlichen bei der Lichterregung der Evertebraten-Photorezeptoren bekannten Phänomene erklären kann. Die Kopplung der Sehfarbstoffreaktionen mit der Membranleitfähigkeitsänderung erfolgt hiernach unter Energieabgabe durch Aktivierung eines Membranbestandteils S.

d) Elektrochemie der Sehzellmembran

Das Membranpotential der Sehzelle wird weitgehend bestimmt durch die Konzentrationsgradienten der Ionen über der Zellmembran zwischen dem Zellinnern und außen und durch die spezifische ionenselektiven Permeabilitätseigenschaften der Zellmembran. Es ist weitgehend ein Diffusionspotential (s. Kapitel 12.3 u. 15.1).

Die Ionenkonzentrationen zu beiden Seiten der Sehzellmembran sind 0,1–0,5 mol/l. Zwischen dem Zellinneren und dem außen an die Zellmembran angrenzenden Extrazellulärraum sind die Ionen ungleich verteilt. Es gibt erst wenige Messungen der intrazellulären (mit Hilfe von ionenselektiven Mikroelektroden) und extrazellulären Konzentrationen an freien Ionen von Lichtsinneszellen. Diese zeigen ähnliche Verhältnisse wie in Nervenzellen: Kaliumionen finden sich im Innern der Sehzellen etwa 20mal so konzentriert wie außerhalb, Natriumionen außen etwa 10fach und freie Calciumionen außen etwa 10000fach so konzentriert wie im Innern der Sehzelle. Es ist möglich, daß die Ionenkonzentrationen in den zum Teil außerordentlich kleinen (10–20 nm breiten) extrazellulären Räumen an verschiedenen Regionen einer Sehzelle verschieden sind. Die Eigenschaften der Sehzellmembran, wie ihre spezifischen Ionenpermeabilitäten, sind nicht über die gesamte Oberfläche einer Sehzelle gleich. Die unterschiedlichen Eigenschaften verschiedener Abschnitte der Sehzellmembran spielen eine bedeutende Rolle für die Funktion der Vertebraten-Sehzelle (s. u.).

Die ionenspezifische Permeabilität der Sehzellmembran beruht mit größter Wahrscheinlichkeit auf der Existenz diskreter, ionenselektiver Kanäle, die die Zellmembran überbrücken. Die Annahme solcher spezifischer Ionenkanäle liefert die einfachste Erklärung für die hohe Ionenleitfähigkeit bei gleichzeitiger hoher Ionenselektivität der Nerven- und Sehzellmembran bei Erregung.

α) Arthropoden-Sehzelle

Am besten sind bisher die elektrochemischen Eigenschaften der Sehzellen einiger Wirbelloser (Gliedertiere) untersucht worden.

1) Die Arthropoden-Sehzellmembran in Dunkelheit. Nach längerem Aufenthalt in Dunkelheit ist die Sehzellmembran der Evertebraten viel besser für Kaliumionen durchlässig als für die übrigen Ionenarten. Daher stellt sich über der Membran das sogenannte Dunkelpotential (Ruhepotential) ein, eine Spannung, die nicht ganz so groß wie das elektrochemische Gleichgewichtspotential für Kaliumionen ist, etwa −40 bis −60 mV (innen negativ gegen außen gemessen, das Kalium-Gleichgewichtspotential ist absolut etwa 10–20 mV größer). Die Zellmembran verhält sich dabei ähnlich wie eine selektive Kalium-Elektrode.

Die elektrischen Eigenschaften der Sehzellmembran lassen sich gut durch eine Strom-Spannungskurve charakterisieren. Diese mißt man zweckmäßigerweise unter potentiostatischen Bedingungen (Spannungsklemme), d. h. bei aufgeprägter Spannung. Die Methode ist besonders dann nützlich, wenn die Membranleitfähigkeit von dem Membranpotential abhängig ist und sich dadurch während eines Spannungssignals Spannung, Strom und Leitfähigkeit gleichzeitig

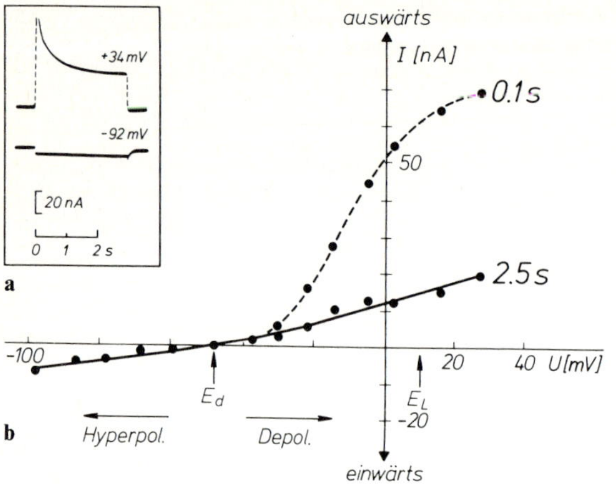

Abb. 15.94a, b. Spannungsklemme-Messung einer Arthropoden-Sehzellmembran im Dunkeln. [Nach Millecchia, R., Mauro, A.: J. gen. Physiol. **54**, 331–351 (1969), Ventralnerv-Photorezeptor von Limulus.] **a** Zeitlicher Verlauf der Kompensationsströme bei zwei verschiedenen — vom Dunkelpotential E_d ausgehend auf den angegebenen Wert — aufgeprägten Membranspannungen. **b** Stromspannungskurven zu zwei verschiedenen Zeitpunkten (0,1 s bzw. 2,5 s nach Spannungssprung); E_d Umkehrpotential im Dunkeln; E_l Umkehrpotential bei Belichtung

ändern, wie dies bei der Erregung der Sehzellmembran der Fall ist. Das Membranpotential wird mit einer Meßelektrode gemessen; über einen zweiten rückgekoppelten Stromkreis wird mit Hilfe eines – gemessenen – kompensatorischen Stroms das Membranpotential auf einen gewünschten Wert gebracht und konstant gehalten. Man benötigt also für dieses Verfahren zwei intrazelluläre Elektroden.

Mißt man an der Sehzelle eines Pfeilschwanzes (*Limulus*) bei konstant aufgeprägten Spannungsstufen den zeitlichen Verlauf des Kompensationsstroms durch die Sehzellmembran, der für die Konstanterhaltung des jeweils gewählten Membranpotentials erforderlich ist, so erhält man bei der nicht erregten Zelle in Dunkelheit Kurven wie in Abb. 15.94a. Die Auswertung vieler solcher Kompensationsstromkurven für verschiedene aufgeprägte Spannungsstufen ergibt Strom-Spannungskurven wie in Abb. 15.94b.

Solche Kurven lassen folgendes erkennen:

1. Die Strom-Spannungsbeziehung der Sehzellmembran im Dunkeln ist nicht linear; d.h. die Leitfähigkeit der Membran ist eine Funktion des Membranpotentials.
2. Der Kompensationsstrom, der eine membrandepolarisierende Spannungsstufe aufrecht erhält, ist zeitabhängig.
3. Das Umkehrpotential E_d der Sehzellmembran im Dunkeln ist fast zeitunabhängig und ist etwas kleiner als das elektrochemische Gleichgewichtspotential für den Konzentrationsgradienten der Kaliumionen. Wenn man die extrazelluläre Kaliumkonzentration erhöht, wird das Dunkelpotential – und damit das Umkehrpotential der Sehzellmembran im Dunkeln – verringert.
4. Im physiologischen Bereich zeigen diese Strom-Spannungskurven im allgemeinen kaum negatives Widerstandsverhalten – ein erheblicher, zumindest quantitativer Unterschied zur typischen, elektrisch erregbaren Nervenmembran.

2) Die elektrische Antwort der Arthropoden-Sehzellmembran auf einen Lichtreiz. Ein Lichtreiz verursacht nach einer Verzögerung von einigen Millisekunden eine vorübergehende, ionenspezifische Leitfähigkeitszunahme der Evertebraten-Sehzellmembran, die sich mit der Spannungsklemm-Methode messen läßt. Ihre Größe

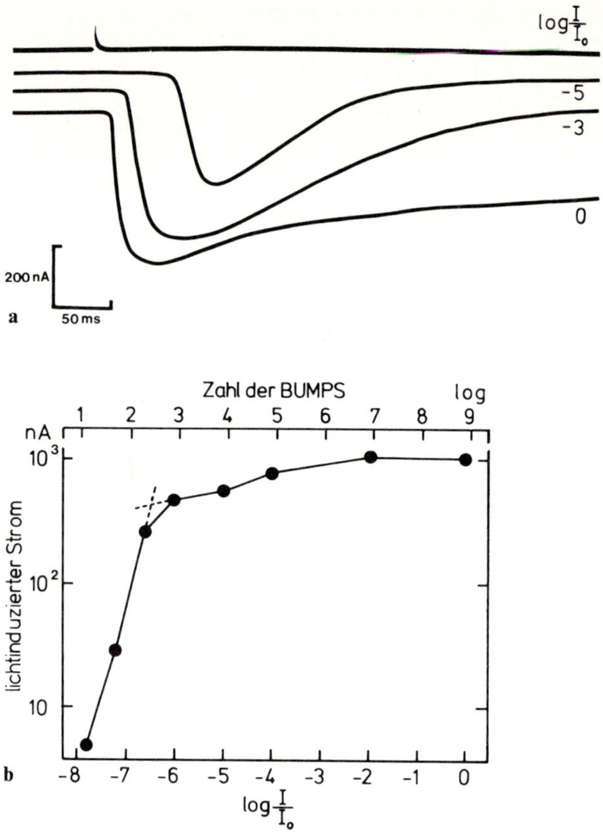

Abb. 15.95a, b. Lichtinduzierter Membranstrom einer Arthropoden-Sehzelle als Funktion der Reizenergie. [Nach Brown, J.E., Coles, J.A.: J. Physiol. **296**, 373–382 (1979), Ventralnerv-Photorezeptor von Limulus.] **a** Lichtreiz und 3 Rezeptormembranstrom-Antworten bei 3 verschiedenen Reizlichtintensitäten. **b** log-log-Graph der Amplitude des lichtinduzierten Membranstroms gegen die Reizlichtenergie. Die obere Abszisse wurde durch Extrapolation der bei niedrigen Lichtintensitäten gezählten Bumps gewonnen

steigt mit der Intensität des Reizlichtes (Abb. 15.95). Ihre Ionenselektivität unterscheidet sich von der Dunkelleitfähigkeit der Sehzellmembran (s. o.). Diese vorübergehende Leitfähigkeitsänderung verursacht einen Spannungsimpuls der Sehzellmembran, das Rezeptorpotential, dessen Abhängigkeit von der Intensität des Reizlichtblitzes in Abb. 15.96 dargestellt ist.

Bei sehr geringen Lichtintensitäten (und selbst in völliger Dunkelheit) kann man über der Sehzellmembran vieler Evertebraten langsame Leitfähigkeits- bzw. Potentialschwankungen, sog. „Bumps" (Abb. 15.97), messen: diskrete Membran-Depolarisationen, die höchstwahrscheinlich durch die Absorption einzelner Photonen ausgelöst werden. Sie gelten als die elementaren Erregungsereignisse der Sehzellmembran. Ihre Häufigkeit hängt linear von der Anzahl der pro Zeiteinheit eingestrahlten Photonen ab. Die Größe der Bumps variiert statistisch. Die Größenverteilung wird stark vom Adaptationszustand der Zelle beeinflußt (Abb. 15.99, s. u.). Bumps können im Mittel etwa 30 (ja selbst bis zu 70) mV groß sein und beruhen dann auf einer Leitfähigkeitszunahme von über 50 nS. Durch Helladaptation werden sie stark verkleinert. Bei höheren

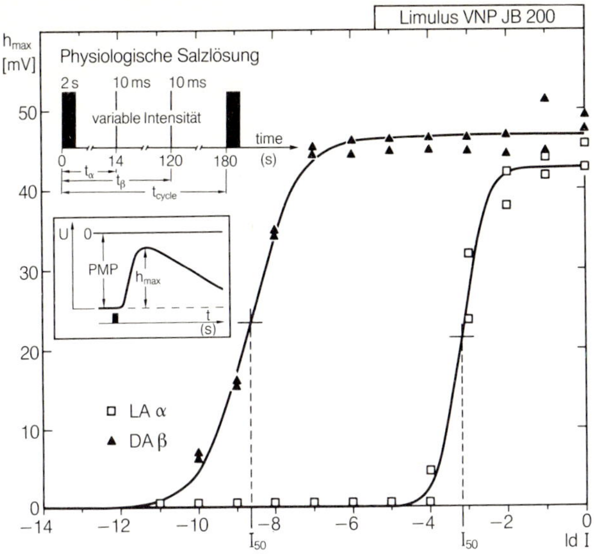

Abb. 15.96. Rezeptorpotential-Kennlinien einer Lichtsinneszelle eines Arthropoden. Die Größe des Rezeptorpotentials in Abhängigkeit von der Intensität des Reizlichtes (I_0 für α und β äquivalent $8 \cdot 10^{16}$ 550 nm Photonen $cm^{-2} s^{-1}$) bei 2 verschiedenen Adaptationszuständen. Ventralnerv-Photorezeptor von *Limulus* (Meßmethode vgl. Abb. 15.83). Der Einsatz beschreibt das Reizprogramm (weißes Licht). 2 Kennlinien α) 14 s und β) 120 s nach einer 2 s dauernden, helladaptierenden Belichtung (I äquivalent $2 \cdot 10^{16}$ 550 nm Photonen $cm^{-2} s^{-1}$). Die Kurve β *(links)* ist weitgehend dunkeladaptiert, α *(rechts)* ist relativ helladaptiert. Die durchgezogenen Linien wurden berechnet nach

$$h_{max} = \frac{h_{sat} \cdot I^n}{I_{50}^n + I^n}.$$

[Modifiziert nach Naka, K.J., Rushton, W.A.H.: J. Physiol. **185**, 536–555 (1966).] h_{max}: Amplitude des Maximums der Reizantwort; h_{sat}: Sättigungswert der Amplitude der Reizantwort; I_{50}: Halbsättigungsintensität; PMP: Membranpotential vor Lichtreiz

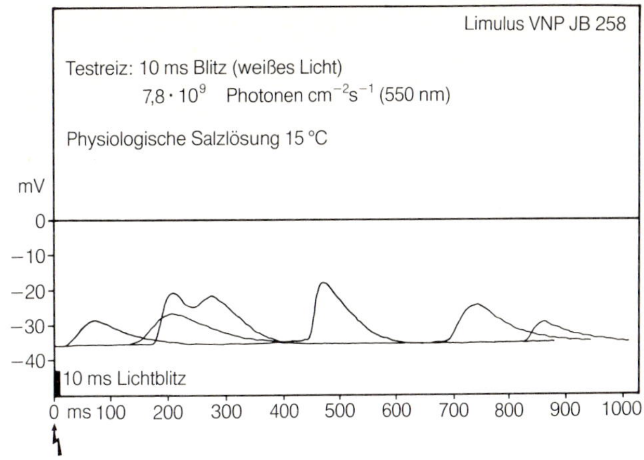

Abb. 15.97. Bumps einer Arthropoden-Sehzelle (Meßmethode Abb. 15.83), ausgelöst durch schwache 10 ms Lichtblitze (äquivalent $7{,}8 \cdot 10^9$ 550 nm Photonen $cm^{-2} s^{-1}$). *Lumulus* Ventralnerv-Photorezeptor 15° C. Mehrere Registrierungen übereinander gezeichnet. Bumps beruhen auf Leitfähigkeitsänderungen der Sehzellmembran, die durch Absorption einzelner Lichtquanten ausgelöst sind

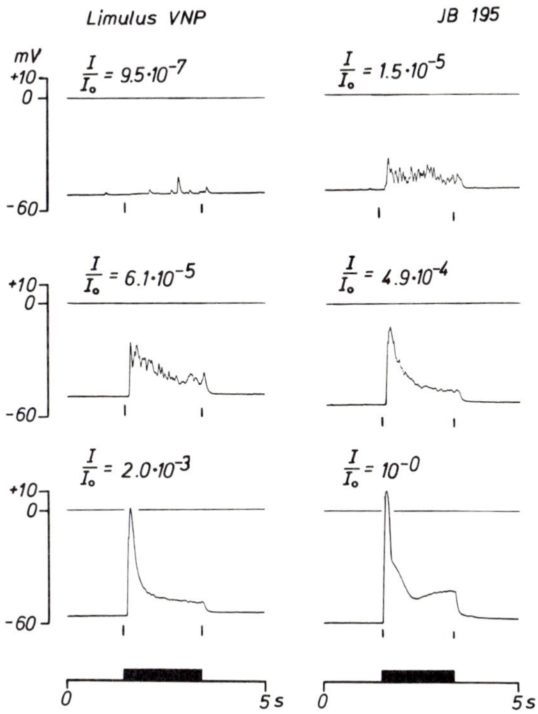

Abb. 15.98. Registrierung des Membranpotentials einer Arthropoden-Sehzelle bei 2 s langen Lichtreizen steigender Lichtintensität. *Limulus* Ventralnerv-Photorezeptor (Meßmethode Abb. 15.83). Bei geringer Reizlichtintensität einzelne Bumps, die sich bei höheren Reizintensitäten zu der glatten Wellenform des Rezeptorpotentials summieren. Weißes Licht; I_0 äquivalent $8 \cdot 10^{14}$ 550 nm Photonen $cm^{-2} s^{-1}$

Reizlichtintensitäten verschmelzen die Bumps zu einem kontinuierlichen glatten Wellenzug (Abb. 15.98).

Abbildung 15.98 zeigt Rezeptorpotentiale, gemessen mit der in Abb. 15.83 beschriebenen Meßmethode. Bei höheren Intensitäten und längeren Lichtreizen zeigt das Signal ein vorübergehendes Maximum der Membran-Spannung (oder des Membran-Stroms) und einen geringeren Plateauwert. Die Höhe des Rezeptorpotentials ist bei gleichem Empfindlichkeitsniveau (Adaptationszustand) der Sehzelle abhängig von der Intensität des Reizlichtes (Abb. 15.96 u. 15.98). Für sehr hohe Lichtintensitäten tritt eine Sättigung der Reizantwort auf. Die durch den Lichtreiz ausgelöste Spannungsantwort sättigt bereits bei niedrigeren Reizintensitäten als die lichtbedingte Leitfähigkeitszunahme.

Wird die Sehzelle unter potentiostatischen Ableitbedingungen mit Licht gereizt, so tritt infolge der lichtbedingten Leitfähigkeitsänderung der Zellmembran ein zusätzlicher Kompensations-Membranstrom auf. Abbildung 15.100a zeigt drei Kompensationsstrom-Kurven, bei einem 1,5 s langen Lichtreiz. Die Auswertung vieler solcher Kompensationsstrom-Kurven bei verschiedenen aufgeprägten Spannungsstufen und verschiedener Intensität der „rechteckigen" Lichtreize ergibt Strom-Spannungskurven für den lichtinduzierten Zusatz-Membranstrom wie in Abb. 15.100b.

Sie lassen folgendes erkennen:

1. Die Spannungsabhängigkeit des lichtbedingten Zusatzstroms ist ebenfalls nicht linear; die lichtbedingte Leitfähigkeitszunahme der Membran ist eine Funktion des Membranpotentials. Die Strom-Spannungsbeziehung zeigt kein negatives Widerstandsverhalten.

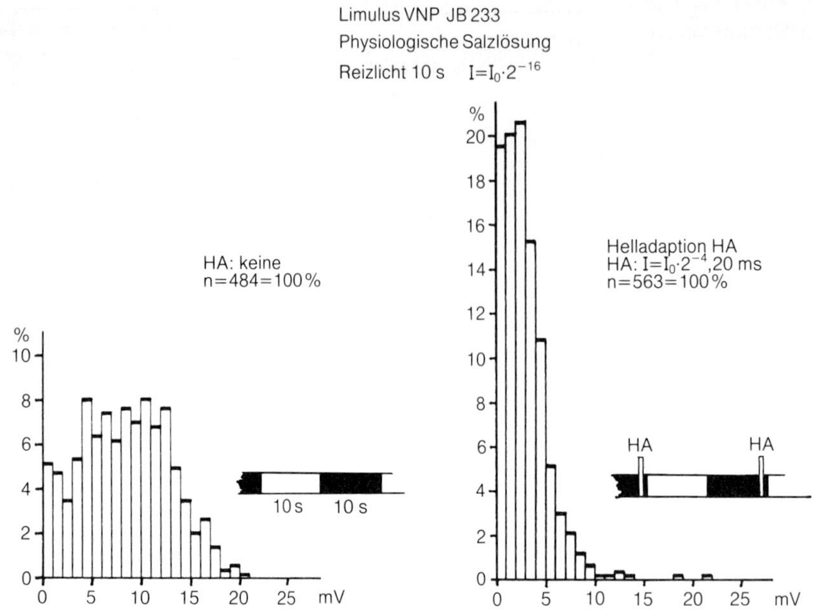

Abb. 15.99. Größenverteilung von Bumps einer Arthropoden-Sehzelle im dunkeladaptierten *(links)* und mäßig helladaptierten Zustand *(rechts)*. *Limulus* Ventralnerv-Photorezeptor (Meßmethode Abb. 15.83). Die Spannungsamplituden von während 50 schwachen, 10 s langen Belichtungen registrierten Bumps (weißes Licht). Die Helladaptation wurde durch Vorbelichtung mit 20 ms Lichtblitzen erreicht. I_0 äquivalent $3 \cdot 10^{13}$ 550 nm Photonen $cm^{-2} s^{-1}$. [Nach Stieve, H., Bruns, M.: Biophys. Struct. Mech. **6**, 271–285 (1980)

2. Das Umkehrpotential E_l für den lichtbedingten Zusatzmembranstrom liegt im Positiven bei +10 bis +30 mV. Es ist ebenfalls weitgehend zeitunabhängig; außerdem ist es unabhängig von der Reizlicht-Intensität. Es ist kleiner als das elektrochemische Gleichgewichtspotential für den Natrium-Konzentrationsgradienten, das zwischen +50 und +70 mV liegt. Wenn man die extrazelluläre Natrium-Konzentration erniedrigt, wird das Umkehrpotential der Sehzellmembran bei Belichtung erwartungsgemäß weniger positiv. Das Umkehrpotential ist etwas größer als die maximale Depolarisation bei Lichtreizen von Sättigungs-Lichtintensität.

3. Der lichtbedingte Zusatzstrom, der ein gewähltes Membranpotential aufrecht erhält (und damit die lichtbedingte Leitfähigkeitszunahme), ist zeitabhängig: im Maximum, bald nach Beginn des Lichtreizes, ist er wesentlich größer als später. Die beiden Lichtstrom-Spannungskurven unterscheiden sich voneinander nur durch einen annähernd konstanten Proportionalitätsfaktor.

4. Die lichtbedingte Leitfähigkeitszunahme ist um so größer, je höher die Intensität des Reizlichtes ist. Auch für verschiedene Reizlichtintensitäten unterscheiden sich die Zusatzstrom-Spannungsbeziehungen untereinander nur durch konstante Proportionalitätsfaktoren.

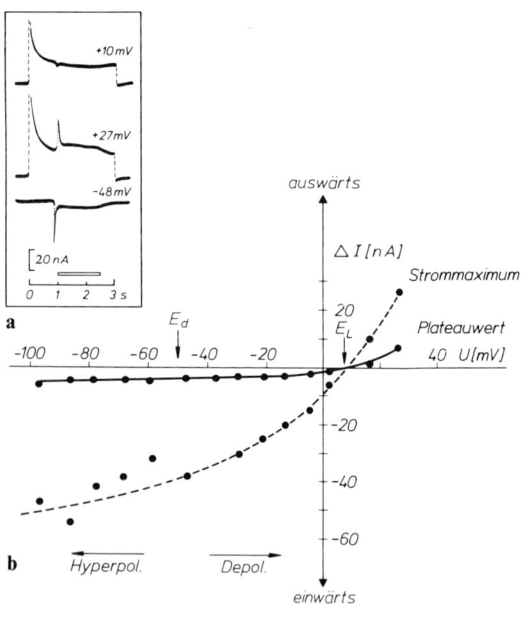

Abb. 15.100a, b. Spannungsklemme-Messungen an einer Arthropoden-Sehzellmembran bei Belichtung. [Nach Millecchia, R., Mauro, A.: J. Gen. Physiol. **54**, 331–351 (1969), Ventralnerv-Photorezeptor von Limulus.] **a** Zeitlicher Verlauf der Kompensationsströme bei drei verschiedenen aufgeprägten Membranspannungen. Der leere Balken markiert den Zeitraum der Belichtung. **b** Strom-Spannungskurve für zwei verschiedene Zeitpunkte des lichtbedingten Zusatz-Membranstroms (Strommaximum und Plateauwert). E_l Umkehrpotential der belichteten Sehzellmembran; E_d Umkehrpotential der Sehzellmembran im Dunkeln

3) Lichtinduzierte Ionenströme. Bei den meisten Wirbellosen beruht die Depolarisation der Sehzellmembran während der Anstiegsphase zum Maximum des Rezeptorpotentials hauptsächlich auf einem Einstrom von Natriumionen. Dies zeigen Experimente, in denen die ionale Zusammensetzung der extrazellulären Lösung variiert und für Natriumionen andere Ionen substituiert wurden. Der lichtbedingte Einstrom von Natriumionen und der das Rezeptorpotential repolarisierende, kompensatorische Ausstrom von Kaliumionen lassen sich mit Radioisotopen (Abb. 15.101) nachweisen.

Unter der Annahme, daß die ionenselektiven Permeabilitäten der Sehzellmembran und ihre Lichtabhängigkeit auf der Existenz von Ionenkanälen in der Sehzellmembran beruhen, kann man für die Sehzellmembran von Wirbellosen verschiedene Arten von Ionenkanälen postulieren (vgl. auch Abb. 15.102a):

1. *Dunkelkanäle*, die permanent geöffnet sind – im Dunkeln und bei Licht – und bevorzugt Kaliumionen hindurch lassen. Dadurch ist das Membranpotential der ruhenden Sehzelle im Dunkeln nahe dem Nernst-Potential für Kaliumionen (s. o.).

2. *Lichtaktivierte Kanäle* (oder Lichtkanäle), die nach der Lichtabsorption des Rhodopsins verzögert, vorübergehend geöffnet werden Ihre Öffnung wird durch die lichtinduzierten Rhodopsinreaktionen ausgelöst und geschieht auch bei konstant gehaltenem Membranpotential. Die Lichtkanäle haben eine Präferenz für Natriumionen gegenüber Kaliumionen von ca. 2 : 1.

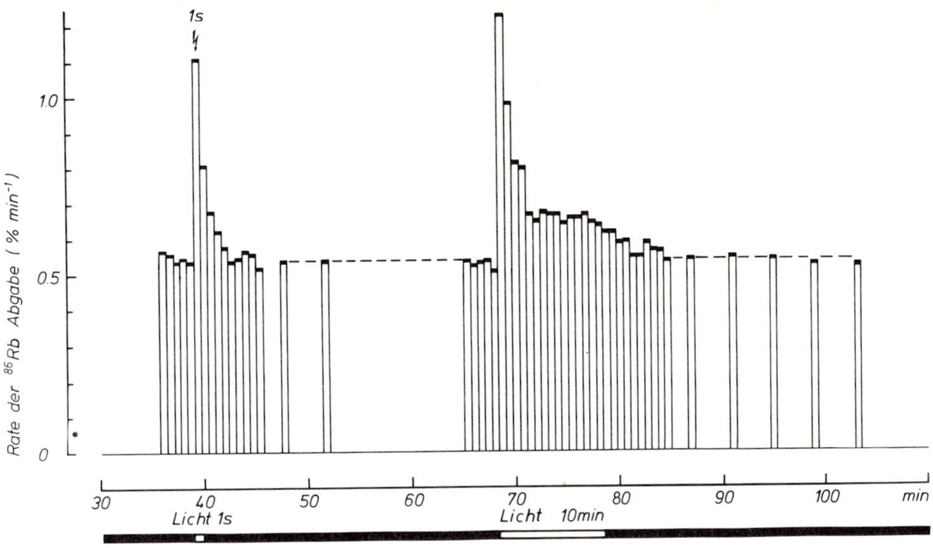

Abb. 15.101. Die Abgabe von ^{86}Rb als Indikator für den Kaliumausstrom der vorher mit ^{86}Rb beladenen Flußkrebsretina bei Dunkelheit und bei Belichtung. Die Zellmembran verwechselt Rubidium- mit Kaliumionen. Die Radioaktivität der die Retina umströmenden extrazellulären Flüssigkeit ist aufgetragen als Funktion der Zeit nach der Beladung der Retina. Am Anfang einer langen Dauerbelichtung ist der Kaliumausstrom erheblich größer als später während anhaltender Belichtung. (Nach Hartung, K.: Dissertation, TH Aachen, 1977)

3. Depolarisation der Sehzellmembran verursacht die Öffnung von 2 Arten von *spannungssensitiven Ionenkanälen*, solche, die Calciumionen und solche, die Kaliumionen bevorzugt passieren lassen. Im Verlaufe eines normalen Rezeptorpotentials verstärken die ersteren die Amplitude der elektrischen Lichtantwort, während die letzteren die Repolarisation (vom Maximum auf den Ruhewert) beschleunigen.

4. Darüberhinaus gibt es zumindest in der Zellmembran des Photorezeptors der Seepocke *Balanus* noch einen weiteren Ionenkanaltyp, der durch Erhöhung der intrazellulären Calciumionenkonzentration geöffnet und der den Durchtritt von Kaliumionen ermöglicht.

Je stärker der Lichtreiz ist, desto mehr Lichtkanäle einer Sehzelle werden geöffnet. Bei hohen Lichtintensitäten wird ein Sättigungs-Membranpotentialwert des Rezeptorpotentials erreicht, der wegen der Selektivität der Lichtkanäle – die gegenüber den Dunkelkanälen überwiegen – unterhalb des Natrium-Gleichgewichtspotentials bei +10 bis +30 mV liegt. Dabei strömen vor allem Natriumionen in die Sehzelle ein. Die Repolarisation ist überwiegend durch einen kompensatorischen Ausstrom von Kaliumionen bedingt.

Für die Sehzellen des Blutegels *Hirudo* konnte gezeigt werden, daß die lichtbedingten Leitfähigkeitsänderungen nur in dem Mikrovillus tragenden Abschnitt der Sehzellmembran auftreten. Vermutlich erfolgt auch bei den übrigen Evertebraten die lichtbedingte Leitfähigkeitsänderung nur in der Rhodopsin enthaltenden Mikrovillusmembran oder in ihrer unmittelbaren Nachbarschaft, während das Dunkelpotential vermutlich von der gesamten Membran der Sehzelle bestimmt wird.

4) Aktiver Ionentransport (Ionenpumpe). Die Konzentrationsunterschiede der Ionen zu beiden Seiten der Zellmembran würden durch die bei der Erregung und in Dunkelheit fließenden Ionenströme ständig verringert, wenn nicht unter Verbrauch von Stoffwechselenergie Ionen gegen ihr Konzentrationsgefälle aktiv durch die Membran transportiert würden (*Ionenpumpen*, s. Kapitel 12.3 u. 12.4).

Eine solche Ionenpumpe kann elektrogen sein, d. h. während ihrer Pumptätigkeit eine elektrische Potentialdifferenz über der Zellmembran erzeugen, indem sie z. B. mehr Natriumionen aus der Zelle herauspumpt als sie in der gleichen Zeit Kaliumionen in die Zelle hineintransportiert. Sofort nach dem Aufhören der Pumptätigkeit verschwindet dieses Transportpotential. Ein kleiner Anteil des Dunkelpotentials (bis zu 20 mV) kann bei Evertebraten-Sehzellen durch elektrogene Tätigkeit einer Ionenpumpe verursacht werden.

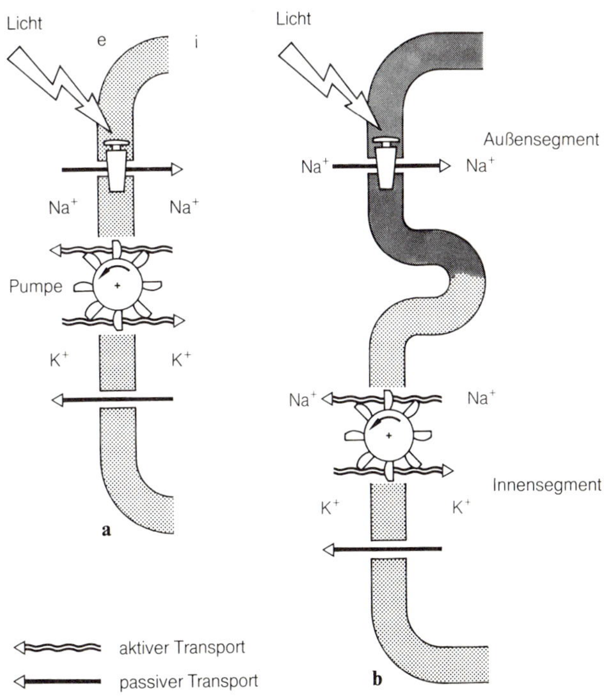

Abb. 15.102a, b. Vereinfachtes Schema für den ionalen Mechanismus des Membranpotentials (Dunkelpotential und Rezeptorpotential) **a** einer Evertebraten- und **b** einer Vertebraten-Sehzelle. *e* extrazellulär, *i* intrazellulär. Das Schaufelrad symbolisiert den aktiven Na-, K-Transportmechanismus. (Nach Stieve, H.: Verh. Dtsch. Zool. Ges. Stuttgart: G. Fischer Verlag 1977, S. 1–25)

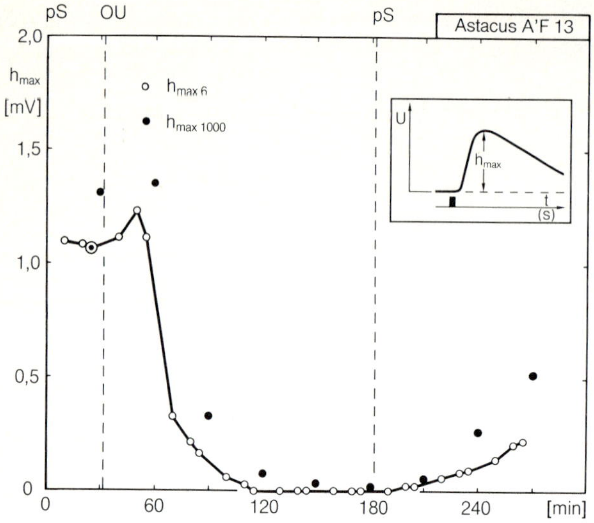

Abb. 15.103. Die Amplitude des Rezeptorpotentials der Sehzellen eines Flußkrebses bei Blockierung des aktiven Na-, K-Ionentransportes durch Ouabain. ○ Amplitude h_{max} des Rezeptorpotentials auf einen 6 ms langen Reiz, ● auf einen 1000 ms langen Reiz, *pS* physiologische Salzlösung; ab 31 min wurde 1 mmol/l Quabain (*OU*) zugesetzt. [Nach Stieve, H., Bollmann-Fischer, H., Brown, B.: Z. Naturforsch. **26** b, 1311–1321 (1971)]

Unterbricht man bei Sehzellen eines Arthropoden die Tätigkeit der Na-, K-Ionenpumpe, so führt dies langsam zum Verlust der Erregbarkeit (Abb. 15.103). In Dunkelheit bei seltener Reizung werden die Sehzellen des Flußkrebses erst etwa $1^1/_2$ Std nach der Blockade der Pumpe unerregbar. Je häufiger und je stärker die Zelle erregt wird, desto rascher tritt der Verlust der Erregbarkeit ein. Der Erregbarkeitsverlust beruht darauf, daß die Ionenkonzentrationsgradienten schwinden.

Neben der Na-, K-Pumpe gibt es in der Sehzelle zumindest noch eine Calciumpumpe, die unter ATP-Verbrauch Calciumionen aus dem Cytosol entfernt, indem sie diese in den Extrazellulärraum oder in das endoplasmatische Retikulum transportiert.

5) Der Mechanismus der Leitfähigkeitssteuerung der Sehzellmembran. Der Kopplungsmechanismus der Rhodopsinreaktion mit der Veränderung der Membranleitfähigkeit ist noch weitgehend ungeklärt. Man kann sich vorstellen, daß lichtbedingte Veränderungen des Rhodopsinmoleküls selbst einen Lichtkanal durch die Membran schaffen. Dies würde jedoch z. B. bei *Limulus* bei weitem nicht ausreichen, weil die gemessene Leitfähigkeitszunahme zu groß ist. Im dunkeladaptierten Zustand kann die Absorption eines Photons durch ein Rhodopsinmolekül im *Limulus*-Photorezeptor einen Bump auslösen, der der vorübergehenden Öffnung von 10^3–10^4 Ionenkanälen (Lichtkanälen) entspricht.

Die Annahme einer kleinen Zahl von Ionenkanälen mit sehr weiter Öffnung könnte nicht die Ionenselektivität der lichtinduzierten Leitfähigkeitszunahme erklären. Man hat zur Erklärung dieser hohen Verstärkung die Möglichkeit einer Kooperativität benachbarter Rhodopsinmoleküle vermutet, aber keine überzeugenden Hinweise dafür gefunden. Die Befunde sprechen eher gegen eine solche Kooperativität. Manches spricht für die Annahme von wandernden Transmittermolekülen, die zwischen Sehfarbstoffreaktion und der Veränderung der Leitfähigkeit der Sehzellmembran vermitteln. Es erscheint denkmöglich, daß das belichtete Rhodopsinmolekül vorübergehend enzymatische Aktivitäten in Gang setzt, welche aktive Transmittermoleküle erzeugen.

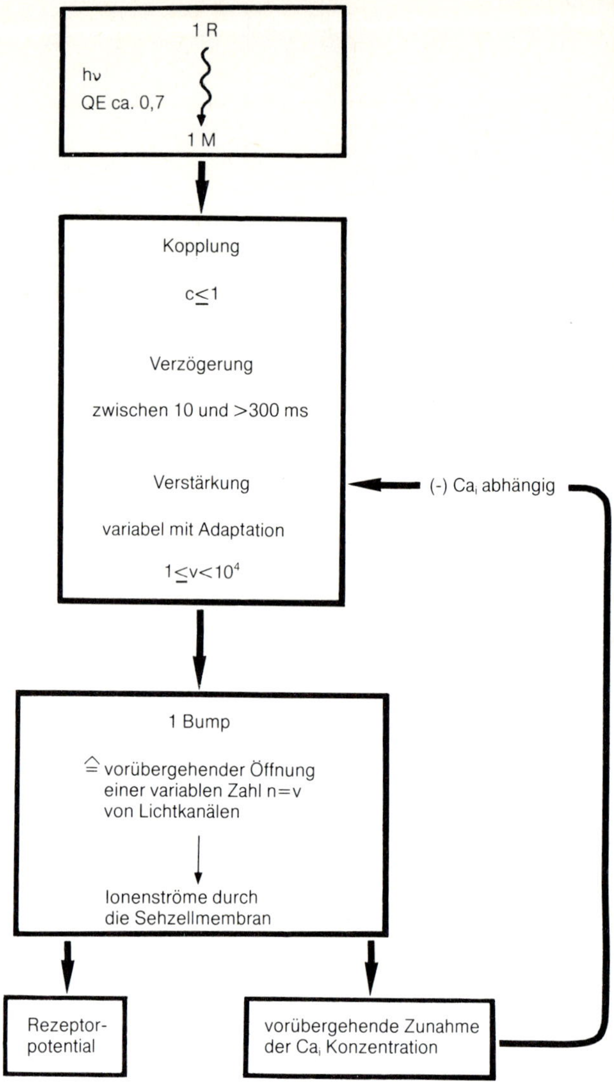

Abb. 15.104. Flußdiagramm der Kausalkette der Erregung einer Wirbellosen-Sehzelle. *R* Rhodopsin, *M* Metarhodopsin, *QE* Quantenausbeute, *c*-Kopplungsfaktor, *v* Verstärkungsfaktor. [Nach Stieve, H.: Sense Organs (ed. M. S. Laverack, D. J. Cosens), Blackie and Son Ltd., Glasgow and London 1981, p. 163–185]

Das Schema Abb. 15.104 beschreibt die Phänomene, die in der Kausalkette von der Photonenabsorption zur Bump-Bildung auftreten. Kopplung, Verzögerung und Verstärkung müssen nicht notwendigerweise drei getrennte, zeitlich hintereinandergeschaltete Prozesse sein. Der Verstärkungsfaktor v hängt stark von der Adaptation (s. u.) ab.

Bei der lichtbedingten Steuerung der Leitfähigkeit der Sehzellmembran spielen Calciumionen eine bedeutende Rolle.

Dies zeigt sich u. a. an folgendem:

1. Bei sehr hohen extrazellulären Calciumkonzentrationen und verringerter Natriumkonzentration läßt sich kein Rezeptorpotential mehr auslösen.

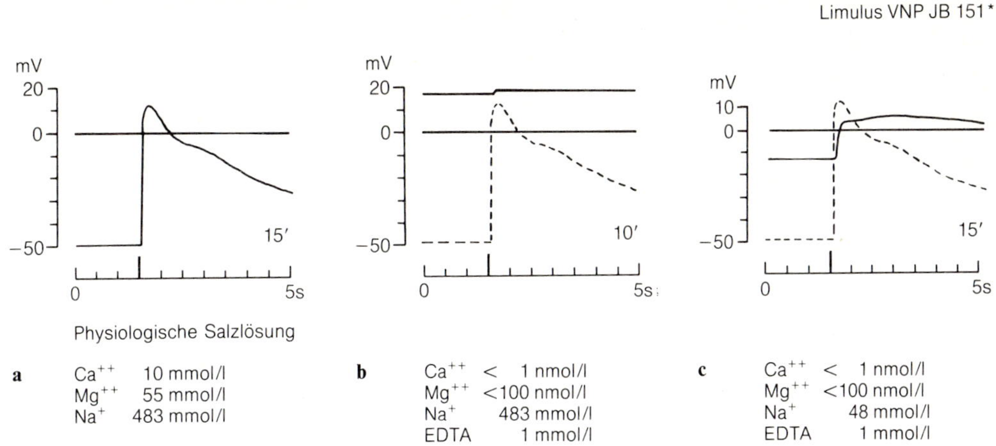

Abb. 15.105a–c. Die Veränderungen des Rezeptorpotentials einer Arthropoden-Sehzelle bei starker Reduktion der extrazellulären Konzentration von Calcium- und Magnesiumionen und bei verschiedener Natriumionenkonzentration. *Limulus* Ventralnerv-Photorezeptor. Rezeptorpotentiale **a** in physiologischer Salzlösung, **b** nach 10 min Aufenthalt in Salzlösung, die eine sehr geringe Konzentration an divalenten Kationen enthält. Das Dunkelpotential ist +18 mV, die Lichtantwort fast verschwunden (bei etwas längerem Aufenthalt verschwindet sie ganz); **c** 15 min nach **b**, nach 15 min Aufenthalt in einer Lösung, deren Konzentration an divalenten Kationen ebenso gering ist wie bei **c**, deren Na^+-Konzentration aber zusätzlich auf 10% des Normalwertes reduziert worden ist (substituiert gegen Cholinionen). Dunkelpotential und Lichtantwort haben sich beträchtlich erholt. Antwort-Amplituden sättigende, weiße, 20 ms Lichtblitze (äquivalent $4 \cdot 10^{15}$ 550 nm Photonen $cm^{-2} s^{-1}$). [Nach Stieve, H.: Sense Organs (ed. M.S. Laverack, D.J. Cosens), Blackie and Son Ltd., Glasgow and London 1981, pp. 163–185

2. Entfernt man möglichst weitgehend alle freien Calciumionen von der Außenseite der Sehzellmembran, indem man z.B. einen Calcium bindenden Chelatbildner, wie EDTA (Äthylendiamintetraessigsäure) der Außenlösung zusetzt (Abb. 15.105 u. 15.106), so verliert die Sehzellmembran ihre Erregbarkeit, d.h. genauer, die Fähigkeit, lichtbedingt ihre Leitfähigkeit zu ändern. Die Membranleitfähigkeit wird durch Calciumentzug bereits im Dunkeln stark erhöht, und das Membranpotential nähert sich dem Sättigungspotential der Lichtantwort.

Eine große Zahl verschiedenartiger Experimente an Sehzellen von Flußkrebs und *Limulus* führte zu einer vorläufigen Arbeitshypothese für die Rolle des Calciums bei der Kontrolle der Membranleitfähigkeit, die die experimentellen Befunde erklären kann und hier vereinfacht dargestellt werden soll (Abb. 15.107): Calcium- und Natriumionen konkurrieren um negativ geladene Bindungsorte an der Außenseite der Zellmembran. Diese Bindungsorte kontrollieren die Membranpermeabilität, insbesondere die Aktivierung der Lichtkanäle: Wenn nur Natriumionen gebunden sind, sind die Lichtkanäle offen, wenn Calcium gebunden ist, geschlossen. Die Bindungsorte haben unter Ruhebedin-

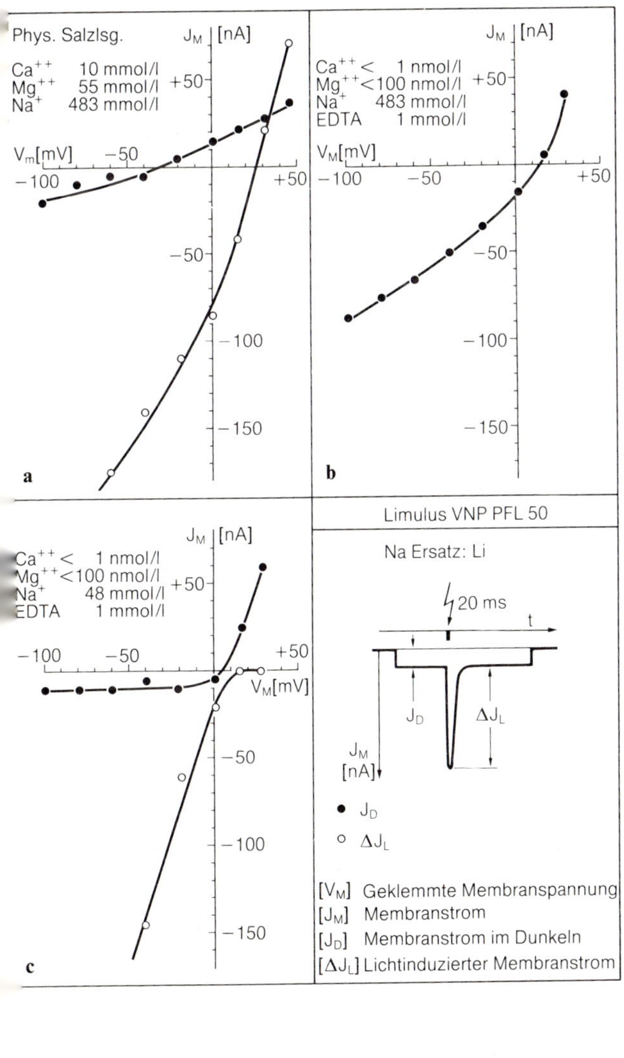

◀ **Abb. 15.106a–c.** Strom-Spannungskurven einer Arthropoden-Sehzellmembran in Dunkelheit und bei Belichtung in Abhängigkeit von der extrazellulären Calcium- und Natriumionenkonzentration. *Limulus* Ventralnerv-Photorezeptor; Spannungsklemme-Messungen (vgl. Abb. 15.94 u. 15.100). **a** Physiologische Salzlösung, **b** sehr geringe Konzentration divalenter Kationen und normale Natriumkonzentration; Lichtantwort ist verschwunden; Dunkelkurve ist weit nach rechts verschoben, Umkehrpotential +16 mV, **c** divalente Kationenkonzentration so gering wie bei **b** aber zusätzlich Natriumkonzentration auf 10% des Normalwertes reduziert (substituiert gegen Lithium). Lichtantwort wieder meßbar, die Dunkelkurve ist leicht erholt. Starker, weißer, 20 ms Lichtblitz, (äquivalent $6 \cdot 10^{15}$ 550 nm Photonen $cm^{-2} s^{-1}$, 15° C). [Nach Stieve, H.: Sense Organs (ed. M.S. Laverack, D.J. Cosens), Blackie and Son Ltd., Glasgow and London 1981, pp. 163–185]

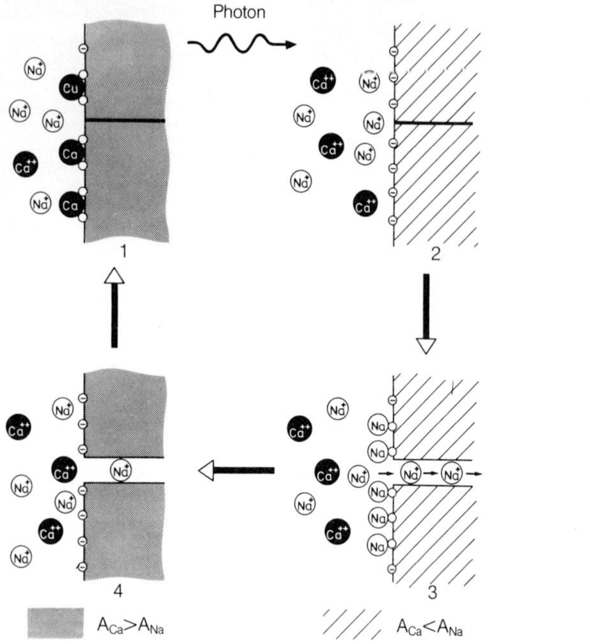

Abb. 15.107. Hypothese der Natrium/Calcium-Bindungskonkurrenz an negativ geladenen Bindungsorten, die das Öffnen und Schließen der Lichtkanäle der Arthropoden-Sehzellmembran kontrollieren. Der Lichtkanal ist stets geschlossen, wenn Calcium gebunden ist und geöffnet, wenn Natrium anstelle von Calcium gebunden ist. A_{Ca} Affinität für Calcium, A_{Na} Affinität für Natrium. *1* In der Dunkelheit bei unerregter Sehzelle haben die Bindungsorte eine stark bevorzugende Affinität für Calciumionen. Wenn Calcium gebunden ist, ist der Lichtkanal, der den Einstrom von Natriumionen ermöglicht, geschlossen. *2* Der Lichtreiz verursacht eine vorübergehende Affinitätsänderung der Bindungsorte. Ihre Affinität für Natriumionen ist nun relativ erhöht. Calcium- und Natriumionen konkurrieren um die Bindungsorte. *3* Unter normalen Bedingungen ist extrazellulär die Natrium-Konzentration soviel größer als die Calcium-Konzentration, daß Natrium gebunden wird. Die Bindung von Natrium verursacht die Öffnung des Lichtkanals. Nun können Natriumionen durch die Lichtkanäle permeieren. *4* Die Bindungsorte haben spontan wieder die erheblich höhere Calcium-Affinität neben einer sehr geringen für Natriumionen angenommen. Wieder konkurrieren Calcium- und Natriumionen um die Bindung, doch Calcium wird stark bevorzugt. Dadurch wird unter normalen Bedingungen Calcium gebunden. Dies verursacht ein Schließen des Lichtkanals. [Nach Stieve, H.: Biochemistry of sensory functions. Jaenicke, L. (Ed.). Berlin-Heidelberg-New York: Springer 1974, verändert]

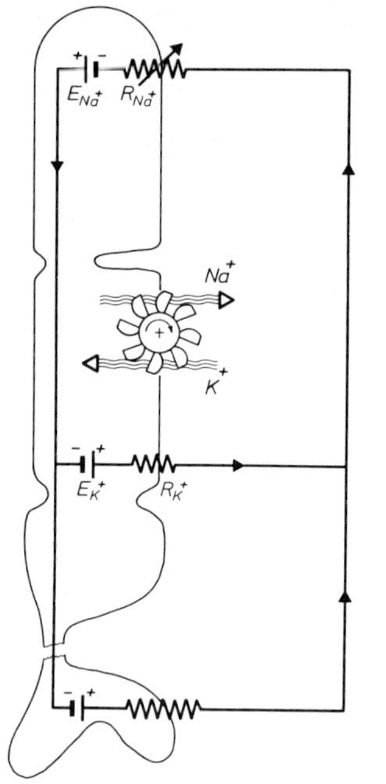

Abb. 15.108. Schema der Ionenströme bei dem Stäbchen eines Wirbeltieres (Ratte). [Messungen von Hagins, W.A.: Annu. Rev. Biophys. Bioeng. **1**, 131–158 (1972); Biophys. J. **10**, 380–412 (1970); Exp. Eye Res. **18**, 299–305 (1974)]. E_{Na^+}: durch den Konzentrationsgradienten für Natriumionen bedingte Batterie, R_{Na^+}: Widerstand der Zellmembran für den Natriumstrom E_{K^+}: Kaliumbatterie, R_{K^+}: Widerstand der Membran für den Kaliumstrom. Das Schaufelrad symbolisiert den aktiven Na-, K-Transportmechanismus

gungen in der Dunkelheit eine höhere Affinität für Calcium als für Natriumionen; dadurch sind die Lichtkanäle geschlossen. Der Lichtreiz verursacht eine vorübergehende Affinitätserhöhung der Bindungsorte für Natriumionen. Dies führt zu einer vorübergehenden Natriumbindung und damit zu einer vorübergehenden Öffnung der Lichtkanäle.

β) Wirbeltierphotorezeptoren

Die Messungen an Wirbeltierstäbchen und -zapfen zeigen überraschenderweise starke Unterschiede zu den Ergebnissen bei den meisten bisher untersuchten Sehzellen wirbelloser Tiere (vgl. Abb. 15.81 mit 15.83). Über der Zellmembran des Stäbchens mißt man in der Dunkelheit ein Dunkelpotential von etwa 20 mV, innen negativ gegen außen. Das Membranpotential der Vertebraten-Sehzelle ist ebenfalls in der Hauptsache ein Diffusionspotential. Die Potentialdifferenz über der Zellmembran des Innensegments ist größer als die über der des Außensegments. Die unterschiedlichen Membranpotentiale der beiden Zellregionen verursachen einen permanenten Ionenstrom im Dunkeln, der vom Innensegment durch das extrazelluläre Medium in das Außensegment fließt (Abb. 15.108). Das Dunkelpotential ist also nicht das Membranpotential, bei dem kein Brutto-Membranstrom fließt (Umkehrpotential), sondern es ist weit von diesem Zustand entfernt. Daher verbraucht der Vertebraten-Photorezeptor in der Dunkelheit mehr elektrische Energie als bei Belichtung. Der fundamentale Unterschied zwischen den Photorezeptoren der Vertebraten und den der Evertebraten ist, daß bei den Wirbeltierphotorezeptoren die Lichtabsorption schließlich eine Abnahme der Leitfähigkeit der Zellmembran des Außensegmentes hervorruft (vgl. 15.102a, b). Die vorübergehende, lichtinduzierte Abnahme der Leitfähigkeit der Zellmembran verursacht eine Verkleinerung des Membranstroms und dadurch eine vorübergehende Zunahme des Membranpotentials (d. h. dieses wird stärker innen negativ, Abb. 15.81).

Die Außenmembran des Stäbchenaußensegments ist sehr wahrscheinlich bei Dunkelheit bevorzugt für Natriumionen durchlässig, die Membran des Innensegments vermutlich bevorzugt für Kaliumionen. Bei Belichtung nimmt die Durchlässigkeit der Membran des Außensegments für Natriumionen ab; dies um so rascher, je höher die Lichtintensität ist. Der in der Dunkelheit fließende Einwärtsstrom durch die Außenmembran des Stäbchenaußensegments wird im wesentlichen durch Natriumionen getragen. Die Außenmembran eines Stäbchenaußensegments des Frosches besitzt vielleicht etwa 100–1000 Ionenkanäle, die bevorzugt Natriumionen einlassen. Der entsprechende passive Auswärtsstrom aus dem Innensegment und der restlichen Stäbchenzelle mit der Synapse wird vermutlich in der Hauptsache von Kaliumionen getragen.

1) Ionenpumpe. Erregbarkeit und Dunkelstrom der Vertebraten-Stäbchen erlöschen im Dunkeln sehr rasch (innerhalb von etwa 60 s), wenn die Ionenpumpe, die sich in der Membran des Innensegments befindet, durch Ouabain blockiert wird. Ein Grund für diese rasche Abnahme der Erregbarkeit ist, daß das innere Zellvolumen eines Vertebraten-Stäbchens sehr klein ist, und so die Ionen-Konzentrationsgradienten durch die im Dunkeln ständig fließenden, relativ großen Ionenströme sehr rasch erschöpft werden. Daher erlischt die Erregbarkeit auch rascher im Dunkeln als bei Belichtung. Noch ist nicht geklärt, wieweit diese Ionenpumpe elektrogen ist.

2) Steuerung der Leitfähigkeit. Im Vertebraten-Stäbchen ist der Ort der Photonenabsorption meist die Diskmembran, die von der äußeren Zellmembran, deren Leitfähigkeit bei Belichtung abnimmt, topographisch und elektrisch separiert ist. Das bedeutet, daß eine Wirkung über Distanzen von mehreren Mikrometern übermittelt werden muß. Eine einfache Erklärung für dieses Phänomen ist die Annahme, daß Licht die Freisetzung einer Transmittersubstanz vom Disk verursacht, die dann zur Außenmembran diffundiert. Nach einem Vorschlag von Hagins und Yoshikami kommen Calciumionen für diese Funktion in Frage (Abb. 15.109). Diese Calcium-Hypothese ist vielfach getestet worden: Intra- und extrazellulär angewandte Calcium-Chelatbildner, die die Calciumionenkonzentration auf sehr niedrige Werte puffern, zeigen die von der Hypothese vorausgesetzten Effekte. Eine hinreichend große, hinreichend rasche Calciumfreisetzung konnte jedoch weder in Suspensionen isolierter Disks, noch in lebenden Zellen überzeugend nachgewiesen werden.

Auch bei Vertebraten-Photorezeptoren lassen sich bei sehr geringer Belichtung diskrete Fluktuationen der Membranspannung registrieren, die bei stärkerer Belichtung zu der glatten Rezeptorantwort verschmelzen (Abb. 15.110). Diese Fluktuationen sind gewissermaßen „Antibumps", die auf einer Abnahme der Membranleitfähigkeit beruhen. Die erfolgreiche Absorption eines einzelnen Photons durch ein einziges Rhodopsinmolekül ruft im dunkeladaptierten Stäbchen einen „Antibump", d. h. eine auf die Umgebung des Absorptionsortes lokal beschränkte Abnahme der Membranleitfähigkeit um 20–30 pS, hervor. Dadurch wird die Gesamt-Dunkelleitfähigkeit der Zellmembran eines Stäbchenaußensegments um ca. 5% reduziert.

Diese große Leitfähigkeitsänderung der Membran durch die Absorption eines einzigen Photons bedeutet eine hohe Verstärkung. Vermutlich werden pro erfolgreich absorbiertem Photon mehr als 100 Ionenkanal-blockierende Partikel freigesetzt. Eine entsprechend große Calciumfreisetzung konnte (bisher) nicht beobachtet werden (s. o.).

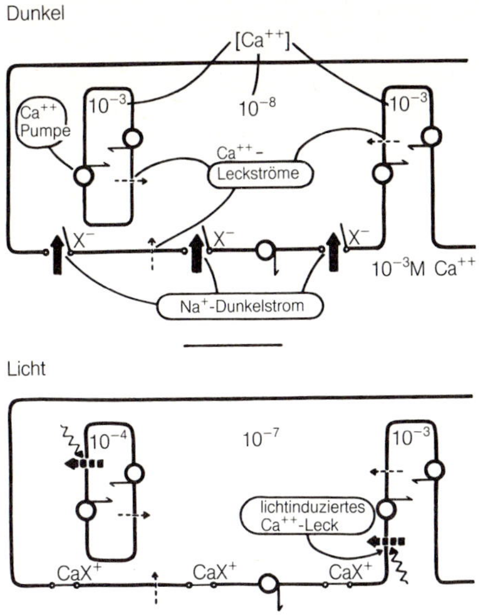

Abb. 15.109. Schematische Darstellung der Haginsschen Hypothese für den Mechanismus der Erregung von Wirbeltierstäbchen und -zapfen [Nach Hagins, W.A.: Annu. Rev. Biophys. Bioeng. **1**, 131–158 (1972)]

Bei geringer Belichtung der dunkeladaptierten Froschretina kann die erfolgreiche Absorption eines Photons durch ein Rhodopsinmolekül eine Abnahme des Gehalts des Stäbchenaußensegments an zyklischem Guanosintriphosphat (cGMP) um 100–1000 Moleküle verursachen. Diese Reaktion könnte schnell genug für einen kausalen Schritt in der Erregung des Photorezeptors sein. Die cGMP-Abnahme kommt dadurch zustande, daß das belichtete Rhodopsin die Aktivierung des Enzyms Phosphodiesterase (PDE) verursacht, das seinerseits den Abbau von cGMP katalysiert. Erhöhung des cGMP-Spiegels im Außensegment verursacht eine Zunahme der Lichtempfindlichkeit des Stäbchens. Calciumionen und cGMP zeigen in gewisser Hinsicht antagonistische Wirkungen. Möglicherweise wirken beim Transduktionsprozeß Calcium-Freisetzung und cGMP Abnahme zusammen.

e) Die Veränderung der Empfindlichkeit der Sehzelle[1] – Adaptation

Sehzellen können ihren Meßbereich an die vorhandene Helligkeit anpassen. Die Vorgänge, die zusammenwirkend die Empfindlichkeitsänderung bewirken, faßt man unter dem Begriff der *Adaptation* zusammen.

Eine starke Belichtung setzt für einige Zeit die Empfindlichkeit der Sehzelle herab (Abb. 15.111). Es handelt sich hier also um eine negative Rückkopplung.

[1] Neben Empfindlichkeitsveränderungen der Photorezeptorzelle selbst gibt es noch Adaptationsprozesse in den an die Sehzelle anschließenden Synapsen und nachgeschalteten nervösen Einheiten, die hier nicht behandelt werden.

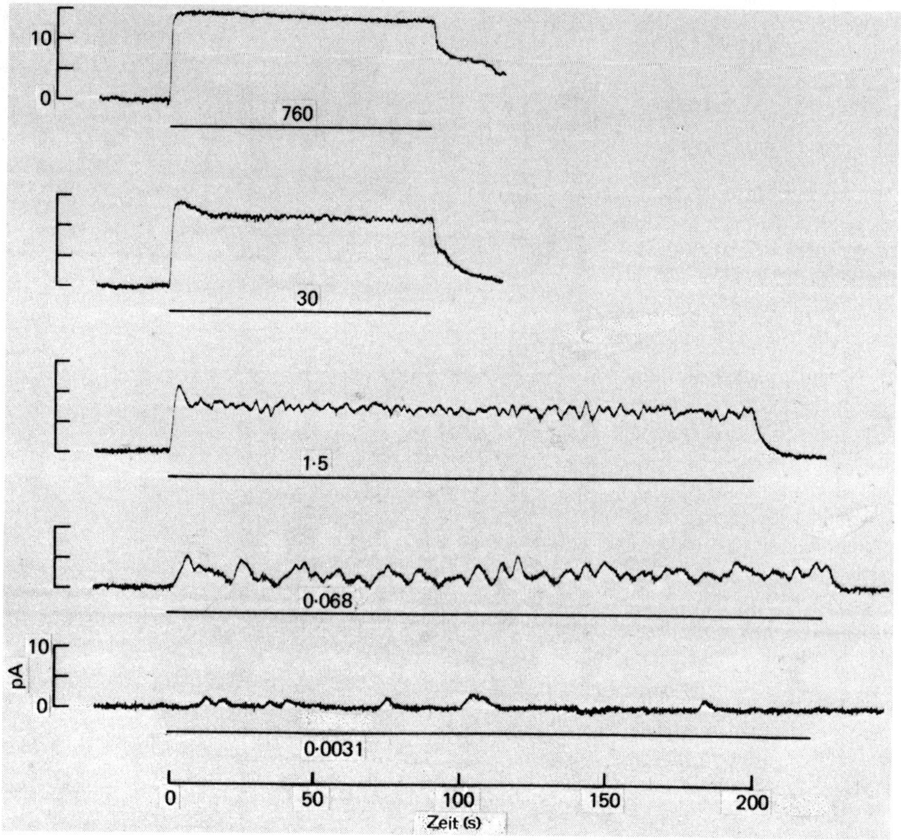

Abb. 15.110: Lichtantworten einer Stäbchenzelle eines Vertebraten (Kröte) bei verschiedenen Lichtintensitäten. Extrazellulär gemessen mit Hilfe einer Saugelektrode, in die das Stäbchenaußensegment bei intakter Zelle eingesaugt wurde. *Ordinate:* Abnahme des Membranstroms vom Dunkelstrom-Niveau. Die Striche unter den Kurven geben die Belichtungsdauer, die Zahlen darüber, die Reizlichtintensitäten in 500 nm Photonen $\mu m^{-2} s^{-1}$. Bei sehr niedrigen Reizlichtintensitäten sieht man einzelne „Antibumps", die bei höheren Intensitäten zu einem glatten Wellenzug verschmelzen. [Nach Baylor, D.A., Lamb, T.D., Yau, K.W.: J. Physiol. **288**, 613–634 (1979)]

Eine der Reizwirkungen ist die um etwa 100 ms verzögerte Verkleinerung der Empfindlichkeit. Unter Empfindlichkeit soll hier das Verhältnis der (oft konstant gewählten) Erregungsgröße zu der sie hervorrufenden Reizgröße verstanden werden. Eine solche Helladaptation bedingt, daß die Kennlinie – die Abhängigkeit der Höhe des Rezeptorpotentials von der Lichtintensität – zu höherer Intensität verschoben wird, und daß außerdem der Sättigungswert der Amplitude des Rezeptorpotentials etwas geringer wird (Abb. 15.96). Durch Adaptation kann sich die Empfindlichkeit einer Sehzelle um vier bis fünf Zehnerpotenzen verändern.

Abb. 15.111. Dunkeladaptation: Zeitverlauf der Empfindlichkeitsänderung einer Sehzelle eines Arthropoden nach einer stark helladaptierenden Belichtung. [Nach Benolken, R.M.: Biophys. J. **1**, 551–564 (1961), Sehzelle aus dem Facettenauge von *Limulus*.] *Ordinate:* Logarithmus der relativen Intensität des Reizlichtes, das nötig ist, um eine Reizantwort bestimmter Höhe (constant-response) hervorzurufen. Intrazellulär gemessenes Rezeptorpotential. Im Anschluß an die starke helladaptierende Belichtung vergrößert sich die Empfindlichkeit dieser Sehzelle im Verlaufe von etwa 20 min um über vier Größenordnungen

Adaptationsvorgänge beeinflussen neben der Größe der Reizantwort auch deren Zeitverlauf. Die Reizantwort einer helladaptierten Sehzelle ist rascher als die einer dunkeladaptierten.

Die Empfindlichkeitsabnahme ist ortsabhängig: in der Nähe der ausgebleichten Rhodopsinmoleküle ist sie stärker als an weiter entfernten Orten der lichtempfindlichen Sehzellmembran.

Die Empfindlichkeit einer Sehzelle wird durch mehrere verschiedene Prozesse bei der Adaptation beeinflußt. Die Mechanismen der verschiedenartigen (und verschieden schnellen) Adaptationsprozesse sind bei Wirbeltieren und Wirbellosen nicht nur quantitativ sehr verschieden. Sie sind bei Wirbellosen schon weiter aufgeklärt als bei Wirbeltieren. Daher soll die Darstellung mit diesen beginnen:

α) Adaptation der Evertebraten-Photorezeptoren

1) Als *Lichtflußadaptation* kann man die Adaptationsprozesse bezeichnen, die die Intensität des Reizlichtes, das in die rhodopsinhaltigen Membranabschnitte der Photorezeptorzelle gelangt – also die effektive Intensität des Reizlichtes – regulieren. Diese Regulation kann z. B. durch Wanderung von Schirmpigment-Granula gesche-

hen. Bei Insekten kann eine solche Lichtflußadaptation, die durch Wanderung von Pigmentgranula über wenige Mikrometer bewirkt wird, relativ rasch, mit einer Halbwertszeit von 1–3 s, erfolgen. Durch Lichtflußadaptation kann die effektive Reizlichtintensität maximal um einen Faktor von etwa 10^3 verkleinert werden.
2) *Pigmentadaptation.* Die Empfindlichkeit einer Sehzelle hängt u. a. von dem Gehalt der Sehzellmembran an Rhodopsin ab. Bei Arthropoden (Insekten) hängt die Empfindlichkeit der Sehzellen unter geeigneten Bedingungen direkt von der Absorptionswahrscheinlichkeit für Photonen durch Rhodopsin ab und damit von der Konzentration der ungebleichten Rhodopsinmoleküle in der Sehzellmembran. Die Photoregenerierbarkeit (s. S. 743 und Abb. 15.93) des Rhodopsins der Insekten und anderer Wirbelloser spielt eine bedeutende Rolle für die Anpassung der Augen dieser Tiere an große Helligkeiten. Selbst bei extrem starkem Dauerlicht wird unter natürlichen Bedingungen der Sehfarbstoff in der Sehzelle niemals vollständig ausgebleicht. Es stellt sich vielmehr ein photostationärer Zustand ein, bei dem pro Zeiteinheit gleich viele lichtbedingte Bleichungsreaktionen und lichtbedingte Regenerationen erfolgen, was zu einem konstanten Mengenverhältnis von Rhodopsin zu Metarhodopsin führt.

In den Sehzellen von *Limulus* und von dem Tintenfisch *Loligo* ist das Absorptionsmaximum von Rhodopsin und Metarhodopsin praktisch identisch. Hier ist der photostationäre Zustand daher auch praktisch nicht von der Wellenlänge des Reizlichtes abhängig. Bei den Sehzellen anderer Wirbelloser kommt eine nennenswerte Empfindlichkeitsabnahme durch Rhodopsinausbleichung erst bei sehr hohen Lichtintensitäten zustande. In den Sehzellen mancher Insekten kann unter physiologischen Bedingungen die Verkleinerung des Rhodopsin : Metarhodopsin-Verhältnisses beträchtlich sein.

3) *Verstärkungskontrolle.* Der vermutlich wichtigste Adaptationsprozeß der Wirbellosen-Sehzelle ist die Steuerung (Regulation) des Verstärkungsfaktors. Bei *Limulus* führt am dunkeladaptierten Photorezeptor die Photoisomerisierung eines Rhodopsinmoleküls zu einem großen Bump, der infolge eines Verstärkungsprozesses auf der Öffnung einer sehr großen Zahl (vermutlich etwa 10^4) von Lichtkanälen beruht. Durch Helladaptation wird diese Verstärkung, d. h. die Größe der Leitfähigkeitszunahme, die pro Rhodopsin-Photoisomerisierung ausgelöst wird, verringert (vermutlich maximal bis auf einen Ionenkanal pro Rhodopsin-Stereoisomerisierung), wodurch kleinere Bumps entstehen (Abb. 15.99). Bei dieser Steuerung der Verstärkung spielen Calciumionen eine Schlüsselrolle. Am Ventralnerv-Photorezeptor von *Limulus* wurde gezeigt, daß Calciumionen als interner inhibitorischer Transmitter wirken. Bei Belichtung steigt, verzögert dem Rezeptorpotential folgend, die intrazelluläre Konzentration an freien Calciumionen vorübergehend an (Abb. 15.112). Dieser Anstieg führt, vermutlich durch Bindung von Calciumionen an intrazelluläre Bindungsorte der Zellmembran, zu einer Empfindlichkeitsabnahme (d. h. Verkleinerung der durch Lichtreize verursachten Leitfähigkeitszunahme). Der Anstieg der intrazellulären Konzentration von Calciumionen stammt von extrazellulären Calciumvorräten, die durch die Sehzellmembran hindurch teilweise gegen Natriumionen ausgetauscht

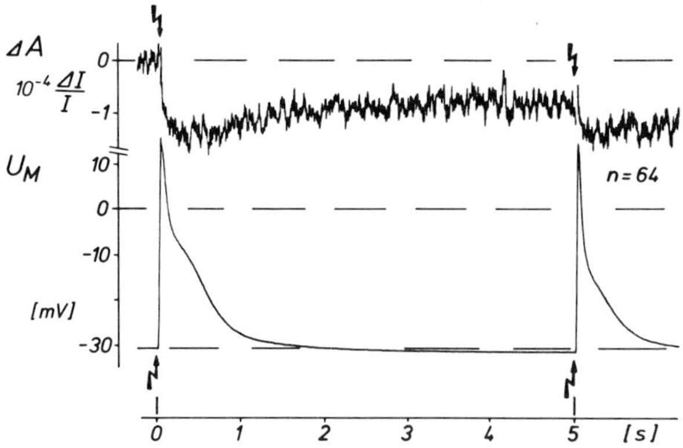

Abb. 15.112. Simultane Messung der Änderung der intrazellulären Ca^{2+}-Konzentration und des Rezeptorpotentials einer Arthropoden-Sehzelle. *Limulus* Ventralnerv-Photorezeptor. In eine Photorezeptorzelle wurde der Ca^{2+}-Indikatorfarbstoff Arsenazo III injiziert. Seine Absorptionsänderung wurde gemessen (*obere Meßkurve:* Transmission der Indikator beladenen Zelle). Eine Abnahme des Meßlichts entspricht einer Zunahme der intrazellulären Ca^{2+}-Konzentration. Gleichzeitig wurde das Membranpotential mit einer intrazellulären Elektrode gemessen *(untere Meßkurve)* Mittelung von 64 Einzelmessungen. Ein starker Lichtblitz (10 ms äquivalent $3{,}8 \cdot 10^{17}$ 540 nm Photonen $cm^{-2}\,s^{-1}$) ruft neben einem Rezeptorpotential eine verzögerte, vorübergehende Zunahme der intrazellulären Ca^{2+}-Konzentration hervor. [Aus Maaz, G, Stieve, H.: Biophys. Struct. Mech. **6**, 191–208 (1980)]

werden. Die geringe Diffusionsfähigkeit freier Calciumionen im Zellinneren kann die räumlich beschränkte Empfindlichkeitsabnahme der Sehzelle erklären.
4) Adaptationsprozesse können auch an anderen Stellen auf den Erregungsprozeß der Evertebraten-Sehzelle einwirken.

Lichtbedingte Ionenströme verkleinern bei Helladaptation die Konzentrationsgradienten über der Arthropoden-Sehzellmembran; durch stoffwechselabhängigen aktiven Ionentransport werden sie während der Dunkeladaptation wiederhergestellt. Die Wiederherstellung des Membranpotentials ist deutlich langsamer als die Rhodopsinreaktionen und wesentlich rascher als die Zunahme der Empfindlichkeit.

Die Kopplung (c) zwischen den Rhodopsinreaktionen und der lichtbedingten Leitfähigkeitszunahme (Abb. 15.104) kann adaptationsabhängig variieren.

Geringe Belichtung dunkeladaptierter Photorezeptoren kann dazu führen, daß die Empfindlichkeit der Sehzelle etwas zunimmt.

Die beschriebenen Adaptationsprozesse hängen miteinander zusammen: In den Sehzellen von Insekten folgt die elektrophysiologisch gemessene Empfindlichkeit der Rhodopsinregeneration mit Verzögerung. Ohne Pigmentregeneration gibt es nur eine geringe Zunahme der Empfindlichkeit. Eine vollständige Regeneration des Rhodopsins ist die Voraussetzung für eine vollständige Wiederherstellung der Empfindlichkeit im Verlaufe der Dunkeladaptation.

β) Adaptation der Vertebraten-Photorezeptoren

Bei Wirbeltieren besteht eine strenge Proportionalität zwischen der Menge des gebleichten Rhodopsins und dem Logarithmus der Schwelle für eine Reizantwort konstanter Größe. Die logarithmische Schwellenerhöhung durch Rhodopsinausbleichung ist viel zu groß, als daß sie durch eine Verringerung der Absorptionswahrscheinlichkeit für Photonen erklärt werden könnte: Bereits nach Ausbleichung eines geringen Prozentsatzes der Rhodopsinmoleküle wird die Empfindlichkeit einer Sehzelle erheblich verringert, z. B. wird durch die Ausbleichung von nur 10% der Rhodopsinmoleküle in menschlichen Stäbchen die Reizschwelle mehr als 100fach erhöht. Unter physiologischen Bedingungen überschreitet in den Photorezeptoren von Wirbeltieren die Rhodopsinausbleichung im allgemeinen kaum einige Prozent. In welcher Weise der Rhodopsingehalt die Empfindlichkeit der Sehzelle kontrolliert, ist noch nicht aufgeklärt. Die starke Empfindlichkeitsabnahme bei geringer Rhodopsinausbleichung ist möglicherweise ein Indiz für die Erschöpfung einer Substanz, die für einen Prozeß zwischen Rhodopsinreaktionen und Leitfähigkeitsänderungen in der Kausalkette der Erregung benötigt wird.

Unter normalen Bedingungen ist bei der Dunkeladaptation der Vertebraten-Sehzelle die Regeneration des Rhodopsins der geschwindigkeitsbestimmende Prozeß des Zeitverlaufs der Dunkeladaptation. Auch hier gibt es keine vollständige Regeneration der Empfindlichkeit ohne vollständige Rhodopsinregeneration. Die Empfindlichkeitszunahme im Verlaufe der Dunkeladaptation folgt bei Vertebraten-Sehzellen viel stärker der Wiederherstellung des Dunkel-Membranpotentials als bei Evertebraten-Sehzellen.

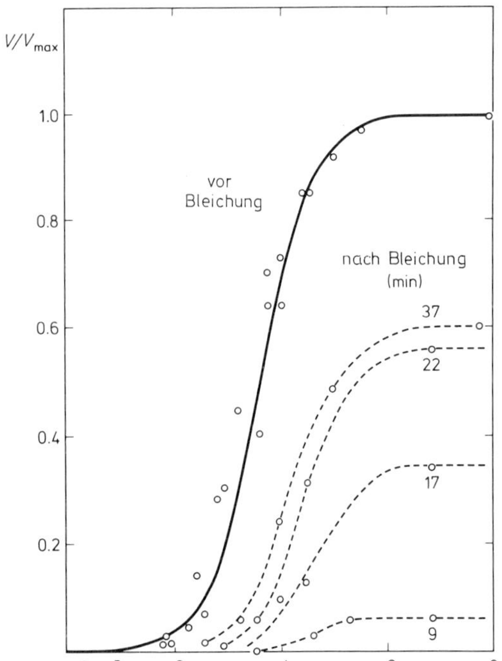

Abb. 15.113. Kennlinien eines Wirbeltierstäbchens unter verschiedenen Adaptationsbedingungen. Größe der elektrischen Lichtreiz-Antwort (als Bruchteil der Maximalamplitude V/V_{max} in Abhängigkeit vom Logarithmus der Intensität des Reizlichtes. Intrazellulär gemessene Rezeptorpotentiale eines roten Stäbchens eines Molches (Axolotl); 200 ms lange monochromatische (525 nm) Lichtreize. Die *durchgezogene Kennlinie* wurde an der dunkeladaptierten Sehzelle vor dem Ausbleichen gemessen. Darauf folgte eine starke Belichtung, durch die 45% des Rhodopsins des Stäbchens ausgebleicht wurden. Die *gestrichelten Kennlinien* sind zu den angegebenen Zeiten nach dem Ausbleichen in der anschließenden Dunkelperiode gemessen. Unter den experimentellen Bedingungen (ohne Pigmentepithel) findet hier keine (weniger als 5%) Regeneration des ausgebleichten Rhodopsins statt. Die beobachtete Dunkeladaptation erreicht nicht das Ausgangsniveau vor dem Ausbleichen. [Nach Grabowski, S.R., Pinto, L.H., Pak, W.L.: Science **176**, 1240–1243 (1971).] Die *gezeichneten Kurven* sind nach der zu Abb. 15.96 angegebenen Formel berechnet

Dennoch läßt sich zeigen, daß die Wiederherstellung der Empfindlichkeit nicht alleine auf der Rhodopsinregeneration beruht: An pigmentepithelfreien, isolierten Wirbeltierretinen (Abb. 15.113), in denen nach Helladaptation praktisch keine Regeneration des ausgebleichten Rhodopsins erfolgt, findet sich eine bedeutende Zunahme der Empfindlichkeit der Sehzelle im Dunkeln, die allerdings bei weitem nicht das vor dem Ausbleichen des Rhodopsins gemessene Ausgangsniveau erreicht. Diese verläuft etwa parallel zum Verschwinden eines Zwischenprodukts der Rhodopsinausbleichung und vielleicht auch parallel zu der Wiederherstellung des normalen Dunkelpotentials. Regeneration des Rhodopsins durch Zugabe von 11-cis Retinal zur Retina führt zu fast vollständiger Wiederherstellung der Empfindlichkeit.

Der dominierende Mechanismus in der Adaptation des Vertebraten-Photorezeptors ist noch nicht erkannt. Vielleicht ist auch in den Photorezeptoren der Wirbeltiere die Regulation des Verstärkungsfaktors der bedeutungsvollste Adaptationsprozeß. Am dunkeladaptierten Wirbeltier-Photorezeptor führt die Photoisomerisierung eines Rhodopsinmoleküls zur Freisetzung einer großen Zahl interner, inhibitorischer Transmittermoleküle. Die Regulation dieses Verstärkungsfaktors könnte von dem Prozentsatz der gebleichten Rhodopsinmoleküle abhängen und vielleicht über diesen Steuerungsprozeß die logarithmische Abhängigkeit der Schwellenerhöhung von der Rhodopsinausbleichung erklären.

Möglicherweise haben Phosphorylierung und Dephosphorylierung des Rhodopsins für die Steuerung der Empfindlichkeit der Sehzellmembran Bedeutung. Als späte Folge einer Belichtung (mit einer Halbwertszeit von etwa 2 min) wird das belichtete Rhodopsinmolekül von Wirbeltieren durch Adenosintriphosphat (ATP) unter Mitwirkung einer Protein-Kinase phosphoryliert. Im Laufe der Dunkeladaptation wird das phosphorylierte Rhodopsin mit einer Halbwertszeit von 10–20 min wieder dephosphoryliert. Die Halbwertszeit der Phosphorylierungsreaktion ist erheblich langsamer als die der Helladaptation, während die Geschwindigkeit der Dephosphorylierung etwa mit der der Dunkeladaptation übereinstimmt.

f) Ausblick

Neuerdings lassen sich die bisher bekannten biochemischen Reaktionen im Stäbchenaußensegment von Frosch und Rind versuchsweise zu einem — als Arbeitshypothese testbaren — Reaktionsschema zusammenstellen. Dieses besteht im wesentlichen aus einer Enzymkaskade mit mindestens 2 enzymatischen Verstärkungsschritten:

1) Das durch Lichtabsorption vorübergehend aktivierte Rhodopsinmolekül Rh* (vermutlich Metarhodopsin II) kann während der Dauer seiner Lebenszeit nacheinander viele sog. G-Proteinmoleküle (auch GTP-binding-protein, oder GTPase genannt) aktivieren. Hierbei wird das zu aktivierende G-Protein vorübergehend an Rh* gebunden. Dieses hat im nicht-

aktivierten Zustand GDP, im aktivierten GTP, gebunden.

2) Der aktivierte G-Protein-GTP-Komplex aktiviert seinerseits die Phosphodiesterase PDEase.

3) Ein aktiviertes PDEase-Molekül kann viele cGMP-Moleküle spalten.

4) Möglicherweise kontrolliert der cGMP-Spiegel im Stäbchenaußensegment die Phosphorylierung von sog. Gating-Proteinen, die das Öffnen und Schließen der Natriumionen-Kanäle steuern.

Die Bedeutung dieser postulierten Enzymkaskade im Transduktionsprozeß ist noch keineswegs gesichert. Auch ist noch unklar, wie diese Kaskade mit den Calciumreaktionen im Stäbchenaußensegment verknüpft sein soll. Die daraufhin bereits untersuchten Teilreaktionen sind nicht stark calciumabhängig.

Eine solche Enzymkaskade könnte die Basis zur Erklärung vieler bei der Erregung der Photorezeptorzelle beobachteter Phänomene, wie Latenzzeit, Verstärkung und Adaptation, sein.

Literaturauswahl

Barlow, H.B., Fatt, P. (Ed.): Vertebrate photoreception. London-New York-San Francisco: Academic Press 1977.

Bazan, N.G., Lolley, R.N. (Ed.): Neurochemistry of the retina. Oxford-New York: Pergamon Press (in press) (1980).

Hagins, W.A.: The visual process: excitatory mechanisms in the primary receptor cells. Annu. Rev. Biophys. Bioeng. **1**, 131–158 (1972).

Handbook of sensory physiology, Vols. VII/1, VII/2 (1972), Vol. VII/6A (1979): Berlin-Heidelberg-New York: Springer.

Hildebrand, E.: Comparative discussion of photoreception in lower and higher organisms. Structural and functional aspects. Proceedings of NATO-ASI. "Photoreception and Sensory Transduction in Aneural Organisms". London: Plenum Publ. Comp. Ltd. (in press) 1980.

Ostroy, S.E.: Rhodopsin and the visual process. Biochim. Biophys. Acta **463**, 91–125 (1977)

Stieve, H.: Charge separation by rhodopsin-containing photosensory membranes. In: Gerischer, H., Katz, J.J. (Ed.): Light-induced charge separation in biology and chemistry, pp. 503–523. Berlin: Dahlem Konferenzen 1979.

Stieve, H.: The roles of calcium in visual transduction of invertebrates. In: Sense Organs (ed. M.S. Laverack, D.J. Cosens), Blackie a. Son Ltd. Glasgow a. London (1981) pp. 163–185

Wald, G.: The molecular basis of visual excitation. Nature (London) **219**, 800–807 (1968).

Seit der Drucklegung dieses Artikels sind große Fortschritte für unser Verständnis des Phototransduktionsmechanismus gemacht worden. Diese sind zusammengefaßt dargestellt in:

Stieve, H.: Transduction of light energy to electrical signal in photoreceptor cells. Proc. of Symp.: The Biology of Photoreceptors, Norwich, Sept. 1981, Publ. by Cambridge Univ. Press (in press).

15.2.4.2 Photorezeptor-Optik

RANDOLF MENZEL und ALLAN W. SNYDER

a) Einführung

Photorezeptoren sind spezialisierte Sinneszellen der Tiere. Werden Lichtquanten in der photorezeptiven Struktur dieser Sinneszellen absorbiert, löst dies molekulare Prozesse aus, die zu einer Veränderung des elektrischen Spannungsgefälles zwischen dem Inneren der Sinneszelle und ihrer Umgebung führt. Dieses elektrische Signal kodiert die Zahl der im Photorezeptor absorbierten Quanten und gibt die Information über synaptische Verbindungen an nachgeschaltete Neuronen weiter.

Nur solange Lichtquanten absorbiert werden, bleibt das veränderte Spannungsgefälle erhalten. Das elektrische Signal enthält also auch Informationen über die Zeitdauer des einfallenden Lichtreizes. Bei hochentwickelten Lichtsinnesorganen liegen viele Photorezeptoren dicht gepackt in einer Retina. Da die einzelnen Photorezeptoren der Retina auf verschiedene Raumpunkte gerichtet sind, enthält das Signal von einem bestimmten Photorezeptor somit auch Informationen über die Raumrichtung, aus der ein Lichtreiz eintrifft. Die Photorezeptoren in der Retina können sich weiterhin in der Art des das Licht absorbierenden Photopigments unterscheiden. Manche Photorezeptoren z.B. absorbieren stärker im Blau (Lichtwellenlängenbereich um 450 nm), andere im Grün (um 520 nm), andere im Rot (um 630 nm). Das Spannungssignal des Photorezeptors informiert dann die nachgeschalteten Neuronen also auch über den Wellenlängenbereich des absorbierten Lichtreizes. Manche Photorezeptoren, sicher die vieler Insekten und Krebse, sind darüber hinaus auch unterschiedlich empfindlich für verschiedene Schwingungsrichtungen linear polarisierten Lichtes.

Die Gesamtheit der Photorezeptoren in der Retina kann also mehrere Parameter des Lichtreizes: seine Intensität, räumliche und zeitliche Verteilung, Wellenlängenbereich und Richtung seines elektrischen Vektors kodieren und dem Nervensystem als Eingangsinformation zur Verfügung stellen.

Phylogenetisch hochentwickelte Photorezeptoren sind für diese Aufgaben besonders gut angepaßt. Die Aufklärung der Mechanismen dieser Funktionsoptimierung ist Gegenstand der „Photorezeptor-Optik". Ihre grundlegende Frage lautet: Wie ermöglichen und beeinflussen die Struktureigenschaften der Photorezeptoren — ihre Anordnung, Orientierung, Form, Größe, optische Dichte und Membraneigenschaften — die Absorption von Lichtquanten und ihre absolute, spektrale, räumliche und Polarisations-Empfindlichkeit.

Grundlage für diese Fragestellung ist die Entdeckung, daß der Sehfarbstoff in einem spezialisierten Bereich des Photorezeptors liegt, der einen höheren Brechungsindex hat als seine Umgebung. Als Folge des höheren Brechungsindex wirkt dieser Teil des Photorezeptors als Lichtleiter. Damit wird das Sehpigment dem einfallenden Licht optimal ausgesetzt. Dieses Prinzip ist das Verbindungsglied zwischen den verschiedenen Forschungsgegenständen der Photorezeptor-Optik. Die biochemischen Untersuchungen der Photopigmente und die Biophysik der Ionenbewegung durch die Membran liefern Informationen, die unseren Überlegungen zugrunde gelegt werden müssen. Darauf wird in Kapitel 15.2.4.1 eingegangen. Die Wirkung des Lichtreizes, also die Wahrscheinlichkeit der Absorption von Lichtquanten durch die Photopigmentmoleküle, wird entscheidend beeinflußt von der Struktur

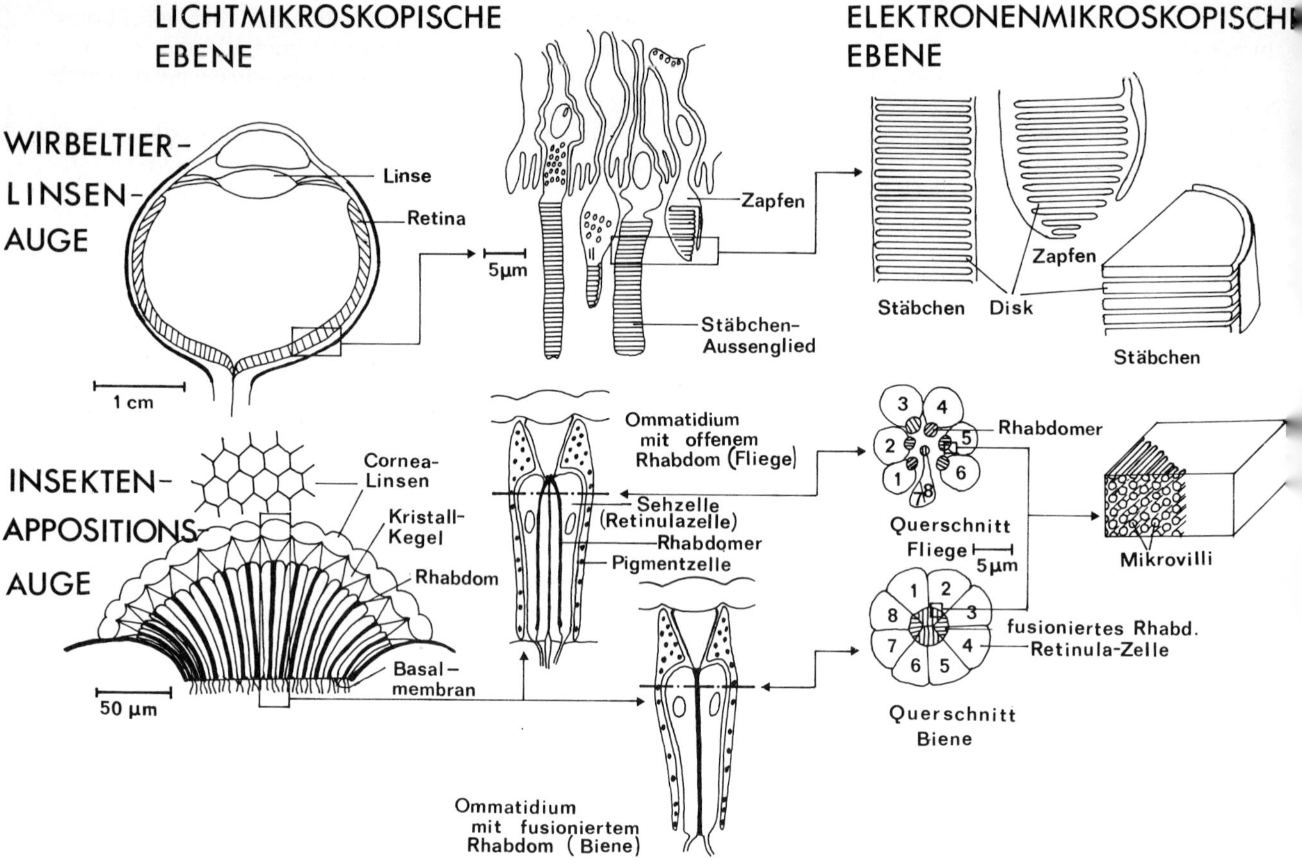

Abb. 15.114. Schematische Darstellung der Struktur von 2 hochentwickelten Augentypen auf der lichtmikroskopischen und elektronenmikroskopischen Ebene und Definition einiger wichtiger struktureller Elemente. Vom Wirbeltierlinsenauge *(obere Reihe)* werden Stäbchen und Zapfen und deren Membrananordnungen in Disks *(oben rechts)* gezeigt. Als Beispiele für ein Insektenappositionsauge wird das Ommatidium der Fliege (mit offenem Rhabdom) und der Biene (mit fusioniertem Rhabdom) im Längs- und Querschnitt gezeigt. Die Photopigmente sind in den fingerförmigen Ausstülpungen der Zellmembran, den Mikrovilli, eingelagert

des Photorezeptors. Daher müssen wir über die Biophysik und Biochemie der photorezeptiven Membran hinaus die Wechselwirkung zwischen der photorezeptiven Struktur und dem Licht verstehen, um die molekularen Mechanismen der Lichtrezeption in Photorezeptoren erschöpfend analysieren zu können.

b) Strukturelle Organisation der Photorezeptoren

Um mit der elementaren Struktur solcher Photorezeptoren bekannt zu machen, deren Funktionsstruktur im weiteren näher untersucht wird, seien einige anatomische Eigenschaften solcher Photorezeptoren bei Wirbeltieren und wirbellosen Tieren verglichen, die über hochentwickelte visuelle Systeme verfügen (Abb. 15.114).

Photorezeptoren von Arthropoden (Insekten, Spinnen, Krebse), Tintenfischen und Wirbeltieren sind spezialisierte, langgestreckte Zellen, die dicht gepackt in der Retina liegen. Ein Linsensystem fokussiert ein Abbild der Umwelt auf die Retina. Die räumliche Auflösung des Photorezeptormosaiks wird umso höher sein, je dichter die photorezeptiven Strukturen der Rezeptoren liegen. Die Zahl der Lichtquanten, die den einzelnen Photorezeptor erreicht, wird aber mit der Packungsdichte abnehmen. Die Evolution des Linsenauges und des Komplexauges mit hoher räumlicher Auflösung ist daher notwendigerweise an die Entwicklung von Mechanismen gekoppelt, die die Absorptionswahrscheinlichkeit in jedem Photorezeptor steigerten. Wie wir sehen werden, ist dies durch Strukturprinzipien auf der molekularen, der Fein- und Grobstruktur-Ebene erreicht worden.

Die feinstrukturelle Basis für die hohe Absorption ist ein vielschichtiges Membransystem im lichtabsorbierenden Teil des Photorezeptors. Im Wirbeltierstäbchen ist dies das Außenglied, das aus vielen hundert intrazellulären Membranscheiben (Disks) aufgebaut ist, die die Rhodopsinmoleküle enthalten. Zapfen enthalten weniger Membranscheiben als Stäbchen. Bei den Zapfen sind die Membranstapel Einschnürungen der Zellmembran, bei den Stäbchen liegen die Membranstapel intrazellulär und werden am Übergang zum Innenglied intrazellulär gebildet (Abb. 15.114 oben, Abb. 15.115c). Die Photorezeptoren der Arthropoden und Mollusken, die Retinulazellen, tragen das Photopigment in dicht gepackten tubulären Membranausstülpungen, den Mikrovilli. Al le Mikroville einer Retinulazelle werden Rhabdomer genannt.

Als Folge der dichten Membranpackung der Disks und Mikrovilli haben diese photorezeptiven Strukturen einen höheren Brechungsindex als ihre Umgebung und wirken somit als Lichtleiter, genauer als Wellenleiter für Licht. Bei Wirbeltierphotorezeptoren sind dies also die Außenglieder und möglicherweise auch die Teile des Innengliedes, die dicht mit Mitochondrien gefüllt sind. Bei den genannten Wirbellosen sind dies die Rhabdomere oder Rhabdome (Abb. 15.114 Mitte und unten).

In den meisten Arthropoden- und Molluskenaugen legen sich Gruppen von Retinulazellen zusammen. Ihr aus den einzelnen Rhabdomeren zusammengesetztes Rhabdom bildet eine einheitliche lichtleitende und lichtabsorbierende Struktur. Eine solche Gruppe von Zellen wird Ommatidium genannt. Beim altertümlichen *Limulus* z.B. bildet eine variable Zahl von Retinulazellen das Ommatidium (9–14) und das Rhabdom hat eine komplizierte sternförmige Gestalt (Abb. 15.115a). Hymenopteren (z.B. Bienen, Ameisen) haben stets 9 Retinulazellen in einem Ommatidium, und das Rhabdom hat eine einfache runde oder rechteckige, stäbchenförmige Struktur (Abb. 15.114, 15.115b). Im fusionierten Rhabdom der Krebse folgen Mikrovillipakete aufeinander, die zu verschiedenen Retinulazellen des gleichen Ommatidiums gehören und deren Mikrovilli rechtwinklig zueinander liegen (Abb. 15.114 unten). Fliegen haben dagegen ein

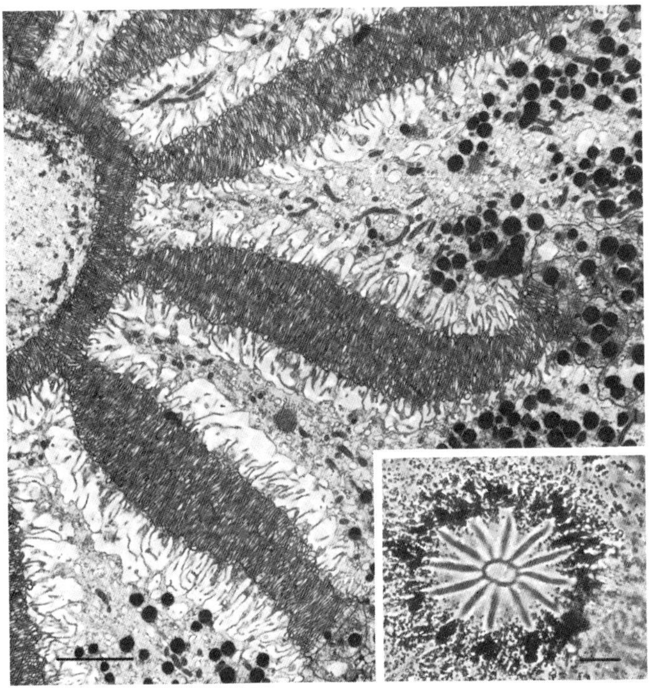

a

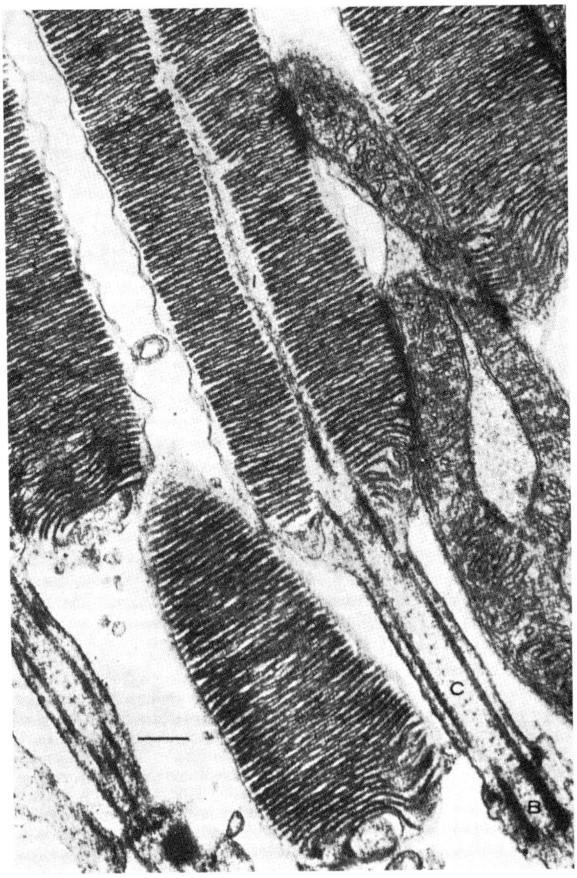

b

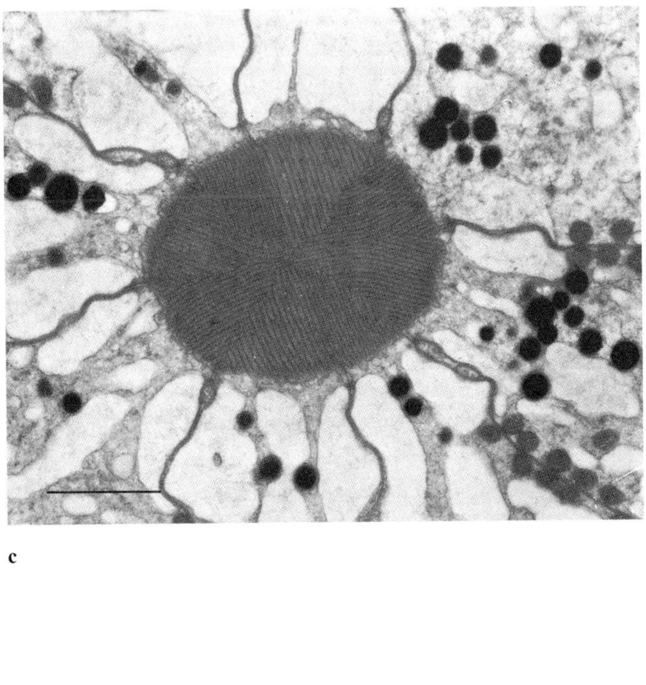

c

Abb. 15.115a–c. Elektronenmikroskopische Aufnahmen von 3 verschiedenen Photorezeptoren. **a** Ausschnitt aus einem Querschnitt durch das Ommatidium des Pfeilschwanzkrebses Limulus. Die U-förmigen Rhabdomere jeder Retinulazelle bilden ein sternförmiges fusioniertes Rhabdom. Einsatz rechts: Lichtmikroskopische Aufnahme, die einen Querschnitt durch das ganze Ommatidium zeigt. Die Marken geben 20 µm für die Einsatzfigur und 10 µm für die elektronenmikroskopische Aufnahme an. (Aufnahme von W. H. Miller, aus Snyder, A. W. u. Menzel, R.) **b** Querschnitt durch das Ommatidium der Ameise *Myrmecia gulosa*. Das fusionierte Rhabdom wird von 8 Rhabdomeren der 8 Retinulazellen gebildet. In 4 Rhabdomeren haben die Mikrovilli die gleiche Richtung; die übrigen Mikrovilli sind ca. 60° zu diesen orientiert. Die Marke gibt 1 µm. **c** Längsschnitte durch Außensegmente von Stäbchen in der Retina des Flughörnchens *(Glaucomys volans)*. Die Disks sind quer getroffen. Das Stäbchen unten ist schräg angeschnitten. Die Marke gibt 0,25 µm an. [Aufnahme von A.J. Cohen. In: Handbook of Sensory Physiology, Vol. VII/2. Fuortes, M.G.F. (Ed.). Berlin-Heidelberg-New York: Springer 1972] offenes Rhabdom (Abb. 15.114 Mitte), in dem jedes der 6 äußeren Rhabdomere und die beiden zentralen jeweils eine lichtleitende Struktur bilden. Alle 8 Rhabdomere eines Ommatidiums schauen durch eine Linse. Das zentrale Rhabdomer der übereinanderliegenden Retinulazellen 7 und 8 ist dünner ($d = 1$ µm) als die 6 peripheren ($d = 2$ µm).

Ein wichtiges Ziel der Photorezeptor-Optik ist die Aufklärung des Einflusses von Länge, Durchmesser und Form der lichtleitenden Struktur auf die Funktion der Rezeptoren. Arthropodenrhabdome sind für eine solche Analyse besonders geeignet, da sie in einer Vielfalt von Größen und Formen auftreten. Die Länge der Rhabdomere oder Rhabdome schwankt von wenigen µm bis fast 1000 µm. Der Durchmesser variiert zwischen 1 µm und mehr als 50 µm. Die Form des Querschnittes kann rund, quadratisch, rechteckig, ring- oder sternförmig sein. Die Variabilität wird noch dadurch gesteigert, daß die Form des Rhabdoms und die Zahl der Retinulazellen, die an seinem Aufbau beteiligt sind, über die Länge des Rhabdoms wechseln kann. Darüber hinaus können sich Länge, Durchmesser und Form des Rhabdoms oder des Rhabdomers durch Belichtung verändern.

Vom menschlichen Auge ist schon seit 100 Jahren bekannt, daß Stäbchen und Zapfen in verschiedenen Augenbereichen unterschiedliche Größe und Form haben. Fische, Amphibien und Vögel besitzen häufig Doppelphotorezeptoren, wobei nicht selten einer der beiden Rezeptoren ein gefärbtes Öltröpfchen enthält (Dartnall). Der mit Mitochondrien gefüllte Teil der Photorezeptoren bei Fischen und Amphibien weist bei verschiedenen Arten mit unterschiedlichen ökologischen Anpassungen eine große Variabilität auf.

Alle diese Strukturvariabilitäten sind ohne Zweifel spezifische Adaptationen zur Optimierung bestimmter funktioneller Parameter. Welche Prinzipien dabei eine Rolle spielen, soll im folgenden kurz dargestellt werden.

c) Funktionelle Organisation der Photorezeptoren

α) Physikalische Prinzipien photorezeptiver Lichtwellenleiter

Die das Licht absorbierenden Photopigmentmoleküle sind also in einem langen, dünnen Zylinder gepackt, dessen Durchmesser in der Größenordnung der Lichtwellenlänge liegt. Wir fragen nun, welche physikalisch-optischen Gesetzmäßigkeiten zu berücksichtigen sind, wenn wir die Ausbreitung und Absorption des Lichtes in einer solchen Struktur beschreiben wollen.

Klassische geometrisch-optische Betrachtung. Wie aus Abb. 15.116 hervorgeht, wird Licht von der Augen-

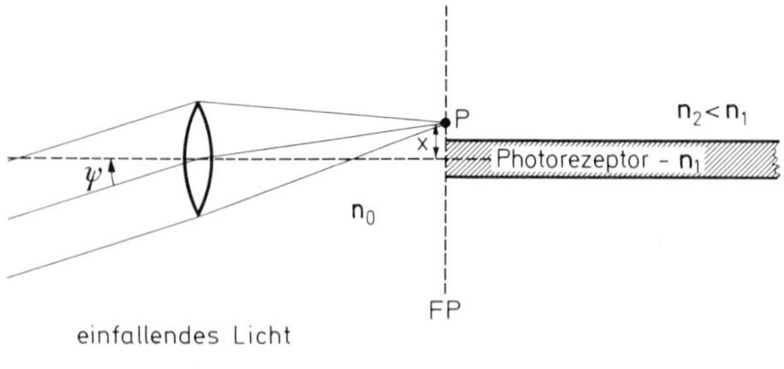

Abb. 15.116. Geometrisch-optische Darstellung eines Linsen-Photorezeptorsystems. Das einfallende Licht wird im Punkt P fokussiert. Die Brechungsindices sind: n_0 Medium zwischen Linse und Fokusebene, n_1 Photorezeptor, n_2 Umgebung des Photorezeptors. Da $n_2 < n_1$, wirkt der Photorezeptor als Lichtleiter. Die Beziehung zwischen dem Einfallswinkel des Lichtes ψ und der Lage von P (Abstand x von der optischen Achse) hängt von den spezifischen Eigenschaften des Linsenapparates ab

oder Ommatidenlinse auf den Punkt P in der Fokusebene FP fokussiert. Es ist eine generelle Regel, daß das distale Ende des Photorezeptors ebenfalls in der Ebene FP liegt. Zur Vereinfachung unserer generellen Betrachtung beschränken wir uns auf parallel einfallendes, monochromatisches Licht und nehmen einen kreisförmigen Querschnitt des Photorezeptors an.

Die Regeln der geometrischen Optik beschreiben die punktförmige Fokussierung parallel einfallenden Lichtes in P, das von der optischen Achse den Abstand X hat, in Abhängigkeit vom Einfallswinkel ψ. Wenn X größer ist als der Radius des Photorezeptors, gelangt kein Licht in den Photorezeptor, da nun P außerhalb des „geometrischen Einzugsbereichs", also außerhalb der durch die räumliche Ausdehnung des Photorezeptors definierten Eingangsblende liegt. Wenn dagegen P innerhalb des geometrischen Einzugsbereiches des Photorezeptors liegt, gelangen die Lichtstrahlen in den Photorezeptor und können über seine gesamte Länge geleitet werden.

Ob Lichtstrahlen in den Photorezeptor eindringen und durch Totalreflexion innerhalb des Photorezeptors geleitet werden, hängt entsprechend den Reflexions- und Brechungsgesetzen vom Einfallswinkel des Lichtes und von den Brechungsindices ab (Abb. 15.117a). Einfallendes Licht unter dem Winkel Θ wird am Übergang zu einem Medium mit höherem Brechungsindex ($n_0 < n_1$) zur optischen Achse gebrochen (oder es wird reflektiert). An der Grenze n_1 zu n_2 wird der Lichtstrahl dann total reflektiert, wenn der vom Medium mit höherem Brechungsindex kommende Strahl unter einem Winkel α auf die Grenzfläche einfällt, der größer ist als der Totalreflexionswinkel α_c:

$$\sin\alpha_c = \frac{n_2}{n_1}. \tag{15.25}$$

Die Größe des Lichtanteiles, der im Lichtleiter geleitet wird, hängt von der Zahl der Strahlen ab, die vom Punkt P ausgehen und die innerhalb des Totalreflexionswinkels liegen. Alle anderen Strahlen werden gebeugt und verlassen den Photorezeptor wieder (Abb. 15.117b, c).

Diese einfache geometrisch-optische Betrachtung zeigt bereits eine fundamentale optische Eigenschaft der Photorezeptorstruktur, nämlich ihre Lichtleitereigenschaft. Viele der später noch zu beschreibenden Eigenschaften der Photorezeptoren (Selbstabschirmung in langen Photorezeptoren, optische Kopplung zwischen Teilen der lichtleitenden Struktur, dichroitische Absorption, Doppelbrechungseigenschaften) verlangen tatsächlich nur das Verständnis dieser fundamentalen lichtleitenden Eigenschaft. Dies ist deshalb eine hinreichend genaue Beschreibungsweise, da der Durchmesser der lichtleitenden Struktur in den bisherigen Betrachtungen groß gegenüber der Wellenlänge angenommen wurde, was für viele Photorezeptoren zutrifft.

Beugung von Lichtwellen. Nach der geometrisch-optischen Betrachtungsweise sollte der Photorezeptor in Abb. 15.116 eine stufenförmige räumliche Empfind-

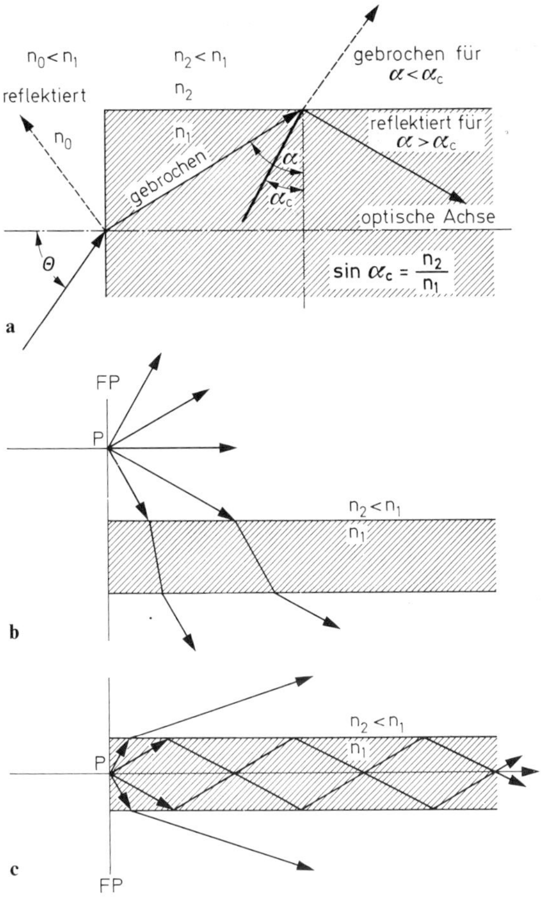

Abb. 15.117. **a** Geometrisch-optische Definition der Ausbreitung von Lichtstrahlen im Lichtleiter. Licht fällt unter dem Winkel Θ auf das distale Ende des Lichtleiters und wird am Übergang $n_0 \rightarrow n_1$ gebrochen (oder reflektiert), da $n_0 < n_1$. Am Übergang $n_1 \rightarrow n_2$ (wo $n_2 < n_1$) wird der Lichtstrahl reflektiert, wenn $\alpha > \alpha_c$, und gebrochen, wenn $\alpha < \alpha_c$. α_c ist der Totalreflexionswinkel. Dem Totalreflexionswinkel α_c entspricht ein Einfallswinkel Θ_{lg} (nicht eingetragen, s. Abb. 15.119). **b, c** Geometrisch-optische Darstellung des Strahlenverlaufs im Lichtleiter für Licht, fokussiert in P außerhalb des geometrischen Einzugsbereichs des Photorezeptors **b** und für P innerhalb des geometrischen Einzugsbereichs **c**. FP ist die Fokusebene des Linsensystems, n_1 und n_2 die Brechungsindices

lichkeitsänderung bei verändertem Einfallswinkel Θ haben, da bei verändertem Einfallswinkel Θ der Brenn*punkt* P entweder innerhalb oder außerhalb des distalen Photorezeptorendes liegt. Dies trifft aber deshalb nicht zu, weil die Linse wegen der Wellennatur des Lichtes dieses nicht in einen Punkt fokussieren kann. Wird Licht z.B. durch ein sehr kleines Loch mit dem Durchmesser d_a geschickt, ist die Streuung des Lichtes um so größer, je kleiner das Verhältnis d_a/λ (λ = Wellenlänge des Lichtes) ist. Eine Linse erzeugt daher nicht einen Brennpunkt, sondern eine Beugungsscheibe (Airy disc), deren Durchmesser d_A durch folgende Beziehung gegeben ist:

$$d_A = 2{,}44 \left(\frac{\lambda}{d_a}\right) \cdot \left(\frac{f}{n_0}\right) \quad \text{für} \quad d_A \ll f \tag{15.26}$$

(λ Wellenlänge des Lichtes, d_a Durchmesser der Linse, f Brennweite der Linse, n_0 Brechungsindex des Mediums zwischen Linse und Brennebene).

Bei konstanten Linsenparametern (f, d_a, n_0) ist d_A proportional λ/d_a, d.h. die Streuung des Lichtes ist größer bei längeren Wellenlängen. Wenn also der Durchmesser d des Photorezeptors bei kurzen Wellenlängen gerade gleich d_A ist, dann gelangt bei langen Wellenlängen wesentlich weniger Licht in den Photorezeptor. Die Beugungseigenschaft der Linse kann daher die spektrale Empfindlichkeit des Photorezeptors nachhaltig beeinflussen.

Es ist leicht einsichtig, daß wegen der Beugungseigenschaft der Linse die räumliche Empfindlichkeitsverteilung des Photorezeptors keine Stufenfunktion, sondern eine glockenförmige Kurve sein muß. Wir verzichten hier auf eine detaillierte formale Ableitung und veranschaulichen den Sachverhalt nur mit Abb. 15.118 um ein intuitives Verständnis zu ermöglichen. Der Grad der Überlappung (dunkle Zone in Abb. 15.118) zwischen dem geometrischen Einzugsbereich des Photorezeptors und der Beugungsscheibe legt fest, wieviel Lichtenergie in den Photorezeptor eintreten kann. Man sieht auch sofort, daß der Öffnungswinkel eines Photorezeptors mit dem Durchmesser d abnimmt.

Das Ergebnis dieser Betrachtungsweise läßt sich mit der räumlichen Empfindlichkeitsverteilung eines Photorezeptors quantitativ beschreiben (Abb. 15.118b). Wird eine punktförmige Lichtquelle (parallele Lichtstrahlen) um ein Linsensystem und einen Photorezeptor bewegt, ergibt sich eine glockenförmige räumliche Empfindlichkeitsverteilung, deren charakteristischer Parameter $\Delta\varrho$ (das ist die Halbwertsbreite der Empfindlichkeitskurve) von der Beugungseigenschaft der Linse (s. 15.26) und dem Photorezeptordurchmesser abhängt:

$$\Delta\varrho = \left\{\left(\frac{\lambda}{d_a}\right)^2 + \left(\frac{d}{f}\right)^2\right\}^{1/2}. \tag{15.27}$$

Wie wir schon in der Einleitung betont haben, wird die räumliche Auflösung einer Retina um so besser sein, je dichter die Photorezeptoren gepackt sind, also je geringer der Winkel $\Delta\phi$ zwischen den optischen Achsen benachbarter Photorezeptoren ist. Abbildung 15.118b weist auf einen einfachen geometrischen Zusammenhang beim Appositionsauge hin: Da das Appositionsauge aus vielen kleinen Linsen besteht, wird der Winkel $\Delta\phi$ zwischen benachbarten Ommatidien um so kleiner sein, je größer der Radius R des Auges in diesem Bereich ist.

$$\Delta\phi = \frac{d}{R}. \tag{15.28}$$

Es ist leicht einsichtig, daß zwischen $\Delta\varrho$ und $\Delta\phi$ ein Zusammenhang bestehen muß, wenn ein Auge das Bild der Umwelt optimal auflösen soll. Eine Vergrößerung von $\Delta\varrho$ macht den Photorezeptor zwar empfindlicher, verringert aber die räumliche Auflösung des Auges, wenn die räumlichen Empfindlichkeitskurven

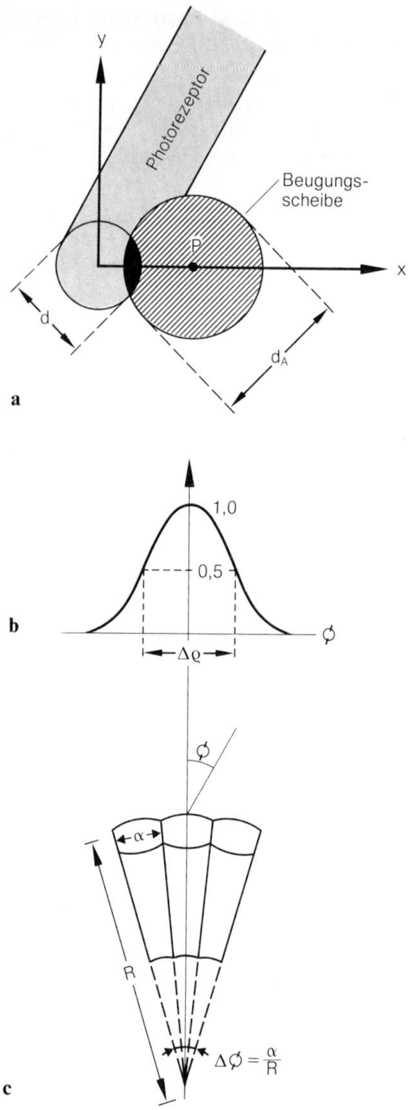

Abb. 15.118. **a** Überlappung der Beugungsscheibe und des geometrischen Einzugsbereiches des Photorezeptors in der Fokusebene (x, y sind die Koordinaten der Fokusebene). P ist das Zentrum der Beugungsscheibe, d_A der Durchmesser der Beugungsscheibe. d_A ist eine Funktion des Linsenapparates und der Wellenlänge des Lichts (s. Text). d ist der geometrische Einzugsbereich des Photorezeptors. Die *schwarze Zone* gibt die Überlappung der Beugungsscheibe mit dem geometrischen Einzugsbereich an. Ihre Größe ist ein Maß für die in den Photorezeptor einfallende Lichtenergie. **b** Längsschnitt durch drei benachbarte Ommatidien in einem Komplexauge und Definition der für die räumliche Auflösung wichtigen Parameter. R: Augenradius, d_a: Durchmesser einer Fazettenlinse, $\Delta\phi$: Winkel zwischen benachbarten Ommatidien. Die räumliche Empfindlichkeitsfunktion einer Sehzelle hinter einer Fazettenlinse wird ebenfalls dargestellt. $\Delta\varrho$ ist die Breite der Funktion bei 50% der Maximalempfindlichkeit und ϕ ist der Einfallswinkel des Lichtes relativ zur optischen Achsel des Ommatidiums

benachbarter Einzelaugen zu sehr überlappen. Kleine $\Delta\phi$ machen daher entsprechend auch kleine $\Delta\varrho$ nötig, und dies wiederum reduziert den Quantenfluß im Rezeptor. Ein wesentlicher Faktor wird daher der Rauschpegel oder besser das Signal-Rauschverhältnis im Photorezeptor spielen. Rauschquellen im Photorezeptor sind einmal die statistische Verteilung von Quantenabsorptionen im Photorezeptor und zum anderen die Unterschiede in der Signalgröße, die jede einzelne Quantenabsorption auslöst. Für Appositionsaugen wurde gezeigt, daß für Insekten, die bei großer Umgebungshelligkeit aktiv sind, die Beugungslimitierung erreicht wird, während Insekten, die sich bei geringer Helligkeit visuell orientieren, das Signal-Rauschverhältnis im Photorezeptor zur Limitierung wird. Solche Insekten haben dann größere Fazettendurchmesser, sammeln also mehr Licht von einem Umweltpunkt, als sich durch die Beugungseigenschaften vorher sagen läßt. Die vielfältigen Strategien bei der Konstruktion von Augen und die großen Unterschiede hinsichtlich der Rauschkomponente in den Photorezeptoren und den Neuronen des visuellen Systems erlauben bisher noch nicht, generelle Aussagen zu machen. Bisher hat sich aber gezeigt, daß es ohne Vorteil für ein Auge ist, wenn $\Delta\phi$ kleiner ist als

$$\Delta\phi = \frac{1}{\sqrt{3}} \cdot \frac{\lambda}{d_a}. \tag{15.29}$$

β) Laterale und geschichtete Filter

Ein häufiges Bauprinzip hochentwickelter Photorezeptoren ist die Zusammenlagerung oder Übereinanderschichtung photorezeptiver Strukturen verschiedener Photorezeptoren. 2 Beispiele seien genauer betrachtet: laterale und geschichtete Filter im fusionierten Rhabdom von Arthropoden.

Laterale Filter-Rhabdomere im fusionierten Insektenrhabdom. Wie die Abb. 15.114 schon zeigt, liegen bei den meisten Insekten mehrere Rhabdomere zusammengedrängt in einer einheitlichen, lichtleitenden Struktur, dem fusionierten Rhabdom. Von einigen Insekten weiß man, daß die einzelnen Rhabdomere verschiedene Absorptionseigenschaften hinsichtlich der Wellenlänge des Lichtes (unterschiedliche Sehpigmente) und des elektrischen Vektors (***E***) des Lichtes haben. Die Zusammenlagerung in einem einheitlichen Lichtleiter führt dazu, daß die einzelnen Rhabdomere optisch miteinander gekoppelt sind, also die Absorptionseigenschaft jedes Rhabdomers die jedes anderen beeinflußt. Worin könnte der Vorteil einer optischen Kopplung bestehen?

In einem einfachen geometrisch-optischen Strahlenmodell des absorbierenden Lichtleiters ist die absorbierte Lichtenergie A

$$A = J_0(1 - e^{-\beta \cdot l \cdot c}) \tag{15.30}$$

(β = Absorptionskoeffizient des Photopigments, J_0 = einfallendes Licht, c = Konzentration des Photopigments, l = Länge des Photorezeptors).

Da die Weglänge des Lichtstrahles z wegen der Totalreflexion in Abhängigkeit vom Einfallswinkel Θ größer ist als die betrachtete Länge des Photorezeptors l, gilt: $l = z \cdot \cos\Theta$. Entsprechend ändert sich die Gl. (15.30). Diese Korrektur ist aber von untergeordneter Bedeutung, da $n_1 \simeq n_2$, daher $\cos\Theta \simeq 1$ ($l \simeq z$).

Durch die dichte Membranpackung ist die Absorption recht hoch (Größenordnung: 1% Absorption pro 1 µm). Da die Rhabdome sehr lang sein können (bis 1000 µm bei Libellen), erreichen die Rhabdome eine hohe Gesamtabsorption. Tatsächlich kann man für ein etwa 300 µm langes Bienenrhabdom eine Absorptionswahrscheinlichkeit von etwa 90% abschätzen. Eine so hohe Absorptionswahrscheinlichkeit führt aber dazu, daß z.B. die spektrale Absorptionskurve des ganzen Rezeptors von der seines Photopigments stark abweicht (Abb. 15.119a). Die steile Kurve flacht mit zunehmender Gesamtabsorption immer mehr ab und das Maximum verbreitert sich. Dieser Zusammenhang wird leicht verständlich, wenn man in Gl. (15.30) immer größere Werte für $c \cdot l$ einsetzt. Veranschaulichen kann man sich diesen Effekt, wenn man sich vorstellt, daß die übereinanderliegenden Schichten von Photopigmenten wie gleichartige Farbfilter wirken, so daß die obersten Schichten die Absorptionswahrscheinlichkeit der daruntergelagerten zuerst im spektralen Absorptionsmaximum verringern, dann erst außerhalb des Absorptionsmaximums. Daher wird der Effekt hoher Totalabsorption auch als „Selbstabschirmung" bezeichnet.

Dieser Selbstabschirmung wirkt die optische Kopplung entgegen (Abb. 15.119b). Die verschiedene Photopigmente enthaltenden Rhabdomere wirken wie Farbabsorptionsfilter aufeinander. Da sie nebeneinander liegen, nennen wir sie *laterale Filter*. Die optische Kopplung von 3 verschiedenen Sehfarbstoffen mit maximaler Absorption im UV (340 nm), Blau (420 oder 440 nm) und Grün (510 nm) führt dazu, daß die spektrale Empfindlichkeit jedes Rezeptors weitgehend der spektralen Extinktionskurve seines Photopigments entspricht, die Absorptionswahrscheinlichkeit des ganzen Rhabdoms aber trotzdem sehr hoch ist.

Das fusionierte Rhabdom vom Insektentyp erweist sich damit als eine Struktur, die an eine hohe absolute Empfindlichkeit *und* scharfe spektrale Empfindlichkeit angepaßt ist.

Farbfiltereffekte können auch innerhalb der photorezeptiven Struktur nur einer Sehzelle eine Rolle spielen, z. B. beim Auftreten von mehr als einem Photopigment in einer Sehzelle, wie das etwa bei den Rhabdomeren der Fliege kürzlich nachgewiesen wurde.

Von Insekten und Tintenfischen wissen wir, daß der Sehfarbstoff nicht wie bei Wirbeltieren bei Belichtung bis zum freien Retinol reagiert, sondern in einen stabilen Zustand (Metarhodopsin) übergeht, der in einem anderen Spektralbereich absorbiert als das Rhodopsin. Metarhodopsin kann daher als Farbfilter

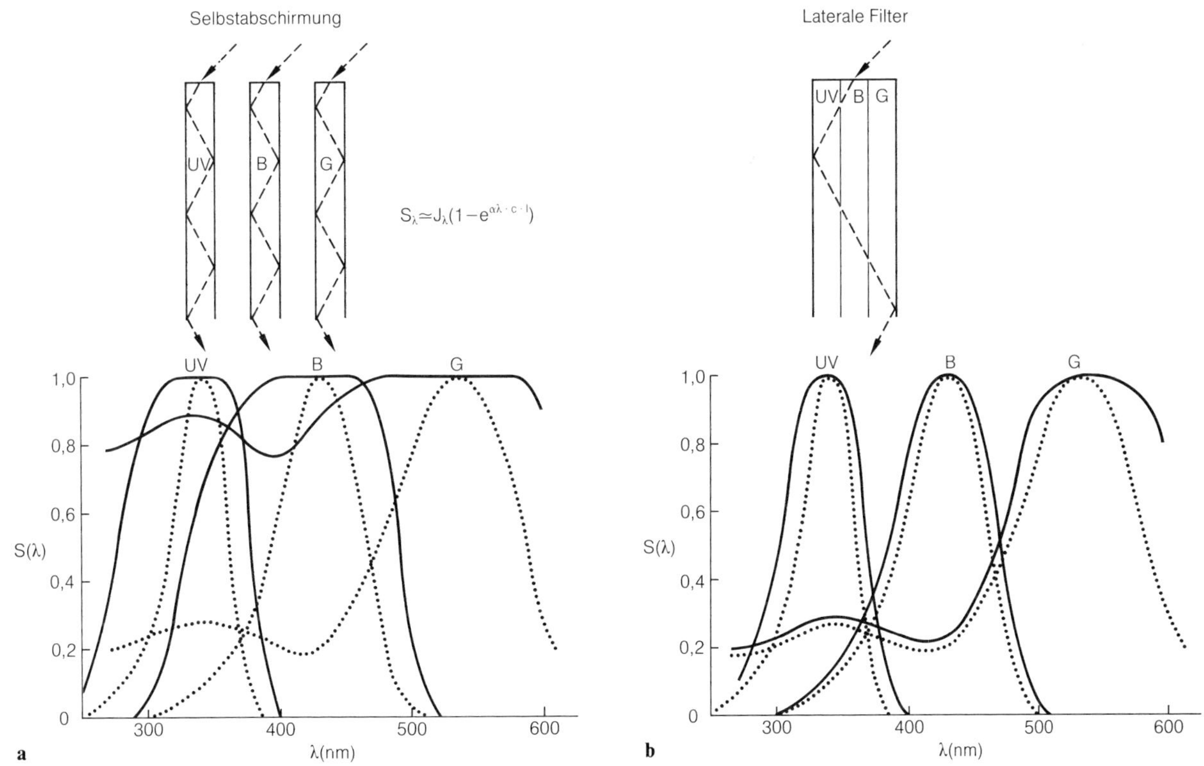

Abb. 15.119a, b. *Selbstabschirmung*: Der Effekt hoher Totalabsorption in langen Rhabdomeren auf die spektrale Empfindlichkeit des Photorezeptors. Für kleines $c \cdot l$ entspricht die spektrale Empfindlichkeit des Photorezeptors $S(\lambda)$ der spektralen Extinktion des Photopigments ($\beta_{(\lambda)}$, gepunktete Kurven für ein UV-, Blau- und Grünpigment). Bei hoher Totalabsorption (z.B. $c \cdot l = 7$) flachen die Maxima ab und die $S(\lambda)$-Kurven verbreitern sich. *Laterale Filter*: Im fusionierten Insektenrhabdom, das aus Rhabdomeren mit unterschiedlichen spektralen Absorptionseigenschaften besteht (z.B. das Bienenrhabdom), wirken die Rhabdomere wie absorbierende Farbfilter aufeinander. Eine solche Struktur ist identisch mit einer Anordnung, bei der jedem Rhabdomer jeweils die beiden anderen als Farbfilter vorgelagert sind. Die Folge des lateralen Filtereffekts von 3 verschiedenen Rhabdomeren ist, daß die $S(\lambda)$-Funktion jedes Photorezeptors weitgehend dem seines Photopigments entspricht, obwohl die Totalabsorption im langen Rhabdom hoch ist. Der laterale Filtereffekt wirkt also der Selbstabschirmung entgegen

für Rhodopsin wirken und die spektrale Empfindlichkeit eventuell zusätzlich zu einem lateralen Farbfiltereffekt verschärfen. Unter natürlichen Bedingungen dürfte dieser Effekt aber geringe Bedeutung haben, da die Metarhodopsinkonzentration infolge der Photoreisomerisierung zum Rhodopsin niedrig gehalten wird.

Bei Fischen und Vögeln findet man Sehzellen, die gefärbte Öltröpfchen enthalten. Diese könnten als den Photorezeptoren vorgeschaltete Farbfilter wirken. Dies ist aber noch nicht eindeutig nachgewiesen.

Geschichtete Filter-Rhabdomere im fusionierten Krebsrhabdom. Wohl alle Rhabdomere zeigen eine Empfindlichkeit für die Richtung des elektrischen Vektors linear polarisierten Lichtes (***E***). Ursache für diese Polarisationsempfindlichkeit ist die dichroitische Absorptionseigenschaft des einzelnen Mikrovillus (s. 13.4.5). Wenn Rhabdomere eine hohe Polarisationsempfindlichkeit zeigen, ist dies gewöhnlich an eine spezielle Struktur des Rhabdoms gekoppelt. Ein gut untersuchtes Beispiel ist das Krebsrhabdom. Im Krebsrhabdom folgen Pakete von Mikrovilli aufeinander, deren Mikrovilli 90° zueinander stehen. Ein und dieselbe Sehzelle hat über ihre ganze Länge Mikrovilli mit der gleichen Ausrichtung, die immer wieder unterbrochen werden von gekreuzt orientierten Mikrovilli anderer Sehzellen. In einer solchen Struktur liegen also viele gekreuzte Polarisationsabsorptionsfilter übereinander in einem einheitlichen Lichtleiter.

Durch die Stapelung unterschiedlich ausgerichteter Mikrovilli wird wie beim lateralen Filtereffekt erreicht, daß trotz hoher Totalabsorption im gesamten Rhabdom jedes Rhabdomer die Absorptionseigenschaften einer dünnen Schicht seiner photorezeptiven Membranen zeigt. Im Krebsrhabdom ist daher theoretisch die Polarisationsempfindlichkeit der Retinulazelle identisch mit der dichroitischen Absorption der absorbierenden Membran. Tatsächlich findet man bei Krebsen bei intrazellulären Ableitungen von den Retinulazellen eine hohe Polarisationsempfindlichkeit: die Empfindlichkeit bei Rotation von ***E*** ist für die wirksamste Richtung von ***E*** 10 mal höher als für eine Richtung 90° dazu.

In Insektenommatidien finden sich häufig spezielle, kurze Retinulazellen, deren Rhabdomere unterhalb anderer Rhabdomere liegen. Beispiele sind die 8. Sehzelle der Fliege und die 9. Sehzelle der Biene (Abb. 15.114). Da die über der proximalen Zelle liegenden Zellen mit den gleichen spektralen Absorptionseigenschaften ihre Mikrovilli rechtwinklig zur proximalen Zelle orientiert haben, wirken diese distalen Zellen als Polarisationsfilter und verstärken damit die Polarisationsempfindlichkeit der proximalen kurzen Zelle.

Die Schichtung von Rhabdomeren oder Rhabdomerabschnitten mit unterschiedlicher Mikrovilliorientierung erweist sich als ein Bauprinzip zur Erhaltung oder Verstärkung der Polarisationsempfindlichkeit bei gleichzeitig hoher Absolutempfindlichkeit.

d) Wellenleitereigenschaften von Photorezeptoren

Viele Tiere mit hochentwickelten visuellen Systemen haben lange und dünne photorezeptive Strukturen mit einem höheren Brechungsindex als das umgebende Medium. Solche Strukturen leiten Licht durch interne Totalreflexion (s. oben). Die lichtleitende Eigenschaft hat den Vorteil, daß benachbarte Photorezeptoren optisch voneinander isoliert sind. Vor allem aber bedeutet die lichtleitende Eigenschaft, daß mit relativ geringem Aufwand an Photopigment eine hohe Absorption erreicht wird, denn die Lichtquantenabsorption hängt vor allem von der Länge des Photorezeptors und relativ wenig vom Durchmesser und von seiner Form ab. Der kleinstmögliche Durchmesser eines Photorezeptors wird durch die Wellenleitereffekte bestimmt. Unterhalb eines kritischen Durchmessers wird nämlich immer weniger Licht im Inneren des Wellenleiters geleitet und damit wird der Wellenleiter immer uneffektiver. Die Wellenleitereffekte, die im folgenden kurz diskutiert werden sollen, sind daher eher ein Nebenprodukt der Entwicklung von dünnen photorezeptiven Strukturen, die wiederum im Verlaufe der Optimierung zwischen Photopigmentaufwand und Quantenabsorption entstanden sind.

In Außensegmenten von Wirbeltierphotorezeptoren und in Rhabdomeren von Insekten wurden Lichtmuster beobachtet, die als Wellenleitermoden bekannt sind. Solche Muster sind die Konsequenz dünner Lichtleiter und ein Indiz für die Wellenleitereigenschaft der Struktur. Wahrscheinlich haben diese Lichtmuster keine Funktion in der Lichtabsorption, obwohl sich theoretisch nicht ausschließen läßt, daß manche fusionierte Rhabdome wegen der Geometrie ihrer Rhabdomere zwischen verschiedenen Modentypen unterscheiden könnten.

Der Brechungsindex lichtabsorbierender Strukturen hängt von der Wellenlänge ab. Nahe dem Absorptionsmaximum nimmt er nach kürzeren Wellenlängen ab und nach längeren Wellenlängen zu (sog. anomale Dispersion). Bereits eine sehr geringe Veränderung des Brechungsindex beeinflußt η, die im Wellenleiter fließende Modenenergie. Eine Abnahme von n_1 (Brechungsindex des Wellenleiters) führt zu einer Abnahme der Modenenergie innerhalb des Wellenleiters.

Optische Wellenleiter haben vor allem 2 Eigenschaften, die eine Rolle spielen könnten oder zumindest eine Begrenzung für die Funktionsweise der Photorezeptoren darstellen:

1. Nur ein Teil der in Moden verteilten Lichtenergie wird innerhalb des Wellenleiters geleitet, der Rest befindet sich außerhalb. Dieses Phänomen hängt mit der Tiefenwirkung des reflektierten elektromagnetischen Feldes bei der internen Totalreflexion ab und ist stark Wellenlängen abhängig.

2. Da Lichtenergie auch außerhalb der photorezeptiven Struktur ist, sind dicht gepackte Photorezeptoren schwach miteinander optisch gekoppelt.

Effekte von Wellenleitermoden werden am besten mit dem Parameter V beschrieben:

$$V = \frac{\pi \cdot d}{\lambda} (n_1^2 - n_2^2)^{1/2} \quad (15.31)$$

(wo d = Durchmesser des Wellenleiters, n_1 Brechungsindex des Wellenleiters, n_2 Brechungsindex des umgebenden Mediums). Zum Beispiel hängt der Anteil η der im Wellenleiter befindlichen Lichtenergie von V und dem Modentyp ab (Abb. 15.120).

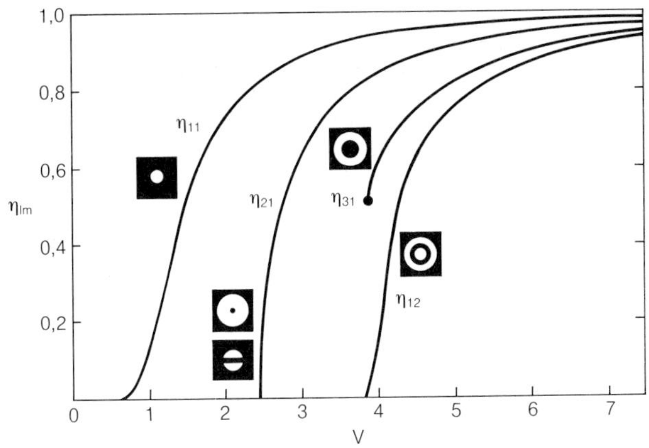

Abb. 15.120. Anteil der Lichtenergie η innerhalb eines Wellenleiters in Abhängigkeit von dem Wellenleiterparameter V für einige Moden (s. Text). Die Verteilung der Lichtenergie im Wellenleiter ist für jeden Modentyp im Einsatzbild gezeigt

In diesem Beispiel haben wir angenommen, daß die Länge des Wellenleiters mindestens 10mal größer ist, als sein Durchmesser.

Tatsächlich ist es nahezu unmöglich, den Parameter V mit Hilfe der Gl. (15.31) zu bestimmen, da sich die Brechungsindizes n_1 und n_2 experimentell nicht genau genug bestimmen lassen. Da aber $n_1 \simeq n_2$, ist eine sehr genaue Bestimmung der Brechungsindizes notwendig. Es ist auch nicht möglich, V über die sog. "cut-off" Eigenschaften der Moden zu bestimmen, d.h. über die Messung, bei welcher Mode gerade keine Lichtenergie mehr im Wellenleiter verbleibt, da wir inzwischen wissen, daß Moden keine solche abrupte "cut-off" Eigenschaft haben. Die genaueste Bestimmung von V wurde bisher erreicht, indem der Einfluß der Wellenleitermoden auf die Doppelbrechung gemessen wurde. Solche Messungen haben in den dünnen Rhabdomeren des Fliegenommatidiums zu einem $V \leqq 2{,}4$ geführt. Dabei wird die Mode vom Typ η_{11} angeregt. Eine wichtige Konsequenz dieser Messungen ist, daß nur unter bestimmten Bedingungen Modeneffekte Messungen an Photorezeptoren beeinflussen. Diese Bedingungen sind vor allem: (1) Durchmesser der photorezeptiven Struktur um oder kleiner 1 µm, (2) Messung der spektralen Absorption und des Brechungsindex in der Längsachse des Wellenleiters. Messungen quer zur Längsachse des Photorezeptors werden nicht beeinflußt. Weiterhin ist die Bestimmung der relativen dichroitischen Absorption (s. unten) unabhängig von Modeneffekten.

α) Spektrale Empfindlichkeit des Photorezeptors

Bei konstantem Durchmesser d des Photorezeptors und konstanten $(n_1^2 - n_2^2)$ ist V um so größer, je kürzer die Wellenlänge des Lichtes ist [s. Gl. (15.31)]. Bei kürzeren Wellenlängen fließt also ein größerer Anteil der Modenenergie innerhalb des Wellenleiters. Da nur die im Innern des Wellenleiters fließende Lichtenergie vom Photopigment absorbiert wird, verändert sich die spektrale Empfindlichkeit des Photorezeptors gegenüber der spektralen Absorption seines Photopigments: 1. Das im sichtbaren Wellenlängenbereich (400–700 nm) liegende Absorptionsmaximum wird zu kürzeren Wellenlängen verschoben. 2. Die UV-Empfindlichkeit wird relativ erhöht. In den schmalen Fliegenrhabdomeren 7 und 8 mag dieser Effekt zu einer Erhöhung der spektralen Empfindlichkeit im UV-Bereich führen.

Auch der Einfallswinkel ϕ bestimmt, welche Moden im Wellenleiter angeregt werden. Je stärker ϕ von der optischen Achse abweicht, um so höhere Moden tragen zum Energiefluß im Wellenleiter bei. Die resultierende Wellenlängenabhängigkeit durch das Wirksamwerden weiterer Moden führt im Wellenlängenbereich zwischen 450–500 nm zu einer Veränderung der im Wellenleiter fließenden Modenenergie. Die spektralen Absorptionsmaxima in diesem Bereich maximal absorbierender Photopigmente können daher nach kürzeren Wellenlängen verschoben werden. Das Ausmaß des Effekts hängt kritisch von V ab.

β) Effektiver Lichteinzugsbereich des Photorezeptors

Eine wichtige Konsequenz der Wellenleiternatur des Photorezeptors ist, daß der effektive Lichteinzugsbereich größer ist, als sein geometrischer Durchmesser. Ursache ist die Wechselbeziehung zwischen Modenenergie innerhalb und außerhalb des Wellenleiters. Praktisch bedeutet das, daß ein Teil der außerhalb des Photorezeptors auffallenden Lichtenergie vom Photopigment absorbiert werden kann. Die Größe des Effekts hängt von V und den Beleuchtungsbedingungen (Größe der Beugungsscheibe im Verhältnis zum Photorezeptordurchmesser) ab. Wenn z.B. $V=2$ und die Beugungsscheibe einen doppelten Durchmesser des Photorezeptors aufweist, dann gelangt 90% mehr Licht in den Wellenleiter, als eine geometrisch-optische Betrachtung erwarten ließe.

γ) Form, Länge, Packung von Photorezeptoren

Es ist lange bekannt, daß die Form und das Packungsmuster menschlicher Photorezeptoren vom Retinaort abhängt. Mit größer werdendem Abstand von der Fovea werden z.B. Zapfen immer kürzer, dicker und konischer und ihr Brechungsindex nimmt immer mehr ab. Auf der Basis von Wellenleitereffekten läßt sich dies möglicherweise verstehen. Periphere Zapfen könnten danach eine doppelte Funktion haben: 1. die Empfindlichkeit des Stäbchensystems im skotopischen Sehbereich erhöhen, indem sie wie Antennen für Lichtwellen wirken und diese auf die Zapfen lenken; 2. im photopischen Sehbereich Licht absorbieren und dann ein Farbensehen auch im weiter peripheren Sehraum ermöglichen.

Ein experimenteller Beweis für diese Hypothese steht aber noch aus. Die Länge von dicht gepackten Photorezeptoren in der Wirbeltierretina muß begrenzt sein, da sonst die außerhalb fließende Modenenergie in benachbarte Photorezeptoren übergeht, die Photorezeptoren also optisch miteinander gekoppelt würden. Da sich Modeneffekte erst nach einem gewissen Ausbreitungsweg des Lichtes im Wellenleiter entwickeln, könnte die Packungsdichte bei kurzen Photorezeptoren größer sein als bei langen. Es ist eine offene und interessante Frage, ob z.B. Zapfendichte und -länge in der Fovea des menschlichen Auges entsprechend diesen Überlegungen angepaßt sind. Im Fliegenommatidium liegen die Rhabdomere distal dichter zusammen und weichen innerhalb der ersten µm auseinander. Diese Anordnung legt die Vermutung nahe, daß eine optische Kopplung zwischen den Rhabdomeren, vor allem zwischen den peripheren und zentralen, vermieden werden soll. Besonders Invertebratenaugen zeigen eine große Fülle von unterschiedlich gestalteten photorezeptiven Strukturen, die ohne Zweifel spezielle Anpassungen an ihre besonderen Leistungen darstellen. Es bleibt weiterer Forschungsaktivität auf dem Gebiet der Photorezeptor-Optik überlassen, diese Zusammenhänge aufzuklären.

e) Photorezeptor-Optik und Struktur der photorezeptiven Membran

Die photorezeptive Membran ist anisotrop mit sowohl dichroitischen als auch doppelbrechenden Eigenschaften. Unter *Dichroismus* versteht man die Abhängigkeit der Lichtabsorption von der Richtung des elektrischen Vektors ***E***. Einzelne dichroitisch absorbierende Moleküle bezeichnen wir im folgenden als Dipolabsorber. Die Absorptionsachse eines Dipolabsorbers soll die Richtung des Moleküls sein, zu der ***E*** parallel schwingen muß, damit linear polarisiertes Licht maximal absorbiert wird. Das dichroitische Absorptionsverhältnis gibt das Verhältnis der maximalen zur minimalen Absorption bei Rotation von ***E*** an. Für eine photorezeptive Membran beschreibt die dichroitische Absorption den Grad der Ausrichtung solcher absorbierender Dipole. *Doppelbrechung* beschreibt die Abhängigkeit des Brechungsindex von der Richtung des elektrischen Vektors ***E*** und ist ein Maß für die Ordnung der Membransubstrukturen, also für die „Kristallinität" der Membran.

α) Funktionelle Grundlage der Dipolorientierung in der Membran verschiedener Photorezeptortypen

Die chromophore Gruppe 11-cis-Retinal im Rhodopsinmolekül ist ein Dipolabsorber, da die π-Elektronenwolken der konjugierten Doppelbindungen in einer Ebene zu beiden Seiten einer leicht geknickten Kohlenstoffkette liegen (vgl. Kapitel 15.2.4.2). Die Absorptionsachse der chromophoren Gruppe liegt parallel zur Oberfläche der Membranfläche. In den Diskmembranen der Wirbeltierphotorezeptoren und sehr wahrscheinlich auch in den Mikrovilli der Fliegenrhabdomere sind die Dipole in der Membranfläche statistisch verteilt orientiert (vgl. Kapitel 14.2.4.1). Bei den Stäbchenaußengliedern kann man das direkt messen. Beleuchtung einzelner Außenglieder von der Seite weist eine dichroitische Absorption von 6,5 nach. Beleuchtung in der physiologischen Richtung der Längsachse des Außengliedes ergibt keine dichroitische Absorption. Ursache für die statistische Verteilung der Dipolausrichtung in der Membran ist die freie Rotation um eine Achse senkrecht zur Membranfläche und die laterale Bewegung der Rhodopsinmoleküle aufgrund thermischer Kräfte (Brownsche Molekularbewegung).

Im Unterschied dazu müssen die Dipole im fusionierten Krebs- und Insektenrhabdom weitgehend parallel ausgerichtet sein, da solche Sehzellen eine hohe Polarisationsempfindlichkeit aufweisen. Unklar ist jedoch, wie eine solche Ausrichtung der Rhodopsinmoleküle zustande kommt. Bisher gibt es nur Modellvorstellungen.

Zum Beispiel könnte man annehmen, daß die Membran dieser Mikrovilli im Unterschied zur Diskmembran sehr viel „steifer" ist und eine freie Beweglichkeit der einmal ausgerichtet eingelagerten Rhodopsinmoleküle nicht erlaubt.

Eine andere Modellvorstellung geht davon aus, daß die Brownsche Molekularbewegung der Rhodopsinmoleküle selbst die Ursache für die Ausrichtung ist. Rollt man eine „flüssige Membran" wie die der Disks in einen Mikrovillus (Durchmesser etwa 50 nm), dann bewegen sich die Rhodopsinmoleküle bevorzugt in der Längsrichtung des Mikrovillus, da jede Querbewegung entlang der starken Krümmung durch eine radial zum Mikrovillusmittelpunkt gerichtete Komponente gebremst wird. Sind die Rhodopsinmoleküle in der Fläche der Membran nicht völlig zirkularsymmetrisch gebaut, sondern oval oder unsymmetrisch, dann sollte die Vorzugsbewegung entlang der Mikrovilluslängsachse eine weitgehend parallele Ausrichtung der Rhodopsinmoleküle bewirken.

Eine dritte Möglichkeit ist die, daß ein cytoplasmatisches Stützskelett in jedem Mikrovillus die Rhodopsinmoleküle von Innen in Ordnung hält. Diese Vorstellung wird durch neue feinstrukturelle Befunde unterstützt.

Die Lichtabsorption ist am größten, wenn die Absorptionsachsen aller Dipolabsorber senkrecht zur Ausbreitungsrichtung des Lichtes angeordnet sind, da ja ***E*** senkrecht zur Ausbreitungsrichtung schwingt. Da die chromophore Gruppe so in den Proteinträger eingebettet ist, daß ihre Längsachse parallel zur Membranfläche liegt, sind in allen hochentwickelten Photorezeptoren die photorezeptiven Membranen senkrecht zur Einfallsrichtung des Lichtes orientiert. Eine flächige photorezeptive Membran (Disk) weist dann die größte Absorptionswahrscheinlichkeit für unpolarisiertes Licht auf, wenn die Absorptionsachsen der Dipolabsorber in der Fläche statistisch verteilt sind. Das Gleiche gilt auch für die Rhabdomere des offenen Rhabdoms (z.B. Fliege). Im fusionierten Rhabdom dagegen hängt die Dipolorientierung zur optimalen Absorption unpolarisierten Lichtes von der Struktur des ganzen Rhabdoms ab. Beim Krebs- und Bienentyp (Abb. 15.114) wird die größte Absorption unpolarisierten Lichtes im ganzen Rhabdom dann erreicht, wenn die Dipolabsorber in den unterschiedlich orientierten Mikrovilli jeweils streng parallel ausgerichtet sind.

Diese Überlegung ist die Grundlage einer Hypothese, nach der die Dipolabsorber in der photorezeptiven Struktur jeweils so angeordnet sind, daß sich die höchste Empfindlichkeit für unpolarisiertes Licht ergibt. Der Dichroismus der meisten rhabdomeren Photorezeptoren wäre dann eine Konsequenz dieses Mechanismus und nicht eine spezielle Eigenschaft zur Detektion polarisierten Lichtes.

Offensichtlich ist die daraus resultierende Polarisationsempfindlichkeit der Sehzelle nicht in jedem Fall ein „erwünschtes" Nebenprodukt. So findet man bei manchen Insekten verdrillte Rhabdome, in denen die Polarisationsempfindlichkeit der Sehzellen aufgehoben wird. Die Polarisationsempfindlichkeit spezieller Retinulazellen wird aber erhalten oder sogar verstärkt und bildet die Grundlage für die Entwicklung von Orientierungsmechanismen nach dem Polarisationsmuster des blauen Himmels.

β) Kristallinität der photorezeptiven Struktur

Der hohe Ordnungsgrad der Lipoidmoleküle in den parallel ausgerichteten Membranen ist die Ursache für die seit langem bekannte Doppelbrechung photorezeptiver Strukturen. Da viele solche Membranen dicht gepackt parallel angeordnet sind, ist die an der ganzen Struktur (z.B. Stäbchenaußenglied, Rhabdomer) beobachtete Doppelbrechung eine Summe der Membrandoppelbrechung ($\Delta\eta_I$ = intrinsische Doppelbrechung) und der Formdoppelbrechung (Δn_F).

Messungen der Membrandoppelbrechung haben für Stäbchenaußenglieder und Fliegenrhabdomere etwa gleiche Werte ergeben: $\Delta n_I \approx 5 \cdot 10^{-3}$ ($\Delta n_I = n_x - n_y$, wobei n_x und n_y der Brechungsindex für linear polarisiertes Licht parallel zu den beiden optischen Achsen der doppelbrechenden Membran ist). Dies bedeutet, daß Rhabdomere und Disk-Photorezeptoren etwa die gleiche Kristallinität aufweisen.

Ist die doppelbrechende Struktur ein Wellenleiter, dann werden im Experiment nicht die Brechungsindices des Materials (Δn_I und Δn_F) allein gemessen, sondern die von den Wellenleitereigenschaften beeinflußten effektiven Brechungsindices ($\langle \Delta n_I \rangle$, $\langle n_F \rangle$). Es zeigt sich, daß die gemessene Doppelbrechung ein Produkt aus Strukturdoppelbrechung und η ist. Da η den Wellenleiterparameter V definiert, läßt sich aus der Wellenlängenabhängigkeit der effektiven Doppelbrechung indirekt V bestimmen. Auf diese Weise wurde V für die Fliegenrhabdomere bestimmt. Für das dünne Rhabdomer Nr. 7 ist $V \approx 2$ (bei 300 nm) und $V \approx 1$ (bei 650 nm).

f) Schlußfolgerung und Ausblick

Strukturen lebender Organismen haben eine evolutive Geschichte: ihre Leistungen für die Verbesserung der Überlebens- und Vermehrungschancen der Art stehen unter der Kontrolle äußerer Faktoren. Für Sehorgane ist der Einfluß solcher Faktoren unmittelbar einsichtig. Hohe absolute Lichtempfindlichkeit erlaubt optische Orientierung auch bei sehr geringer Helligkeit in der Dämmerung, in der Nacht, im dichten Wald, in Höhlen. Neue Nahrungsquellen können sich so erschließen, ein besserer Schutz vor Feinden kann sich ergeben. Die Entwicklung höherer räumlicher und zeitlicher Auflösung des zusammengesetzten Sehorgans wird möglich, Mechanismen, die eine detailreiche Wahrnehmung auch im schnellen Flug ermöglichen. Photorezeptoren mit Sehfarbstoffen unterschiedlicher Wellenlängenabsorption sind die Voraussetzung für Farbensehen, ein Orientierungsmechanismus, der zusätzliche Dimensionen der optischen Umwelt erschließt und für die Nahrungsaufnahme, das Auffinden des Geschlechtspartners, das differenzierte Erkennen von Orientierungsmarken von entscheidender Bedeutung sein kann.

Unsere Betrachtung hat sich auf die Frage konzentriert, wie neben der Biochemie der Sehfarbstoffe die räumliche Struktur des lichtabsorbierenden Teils die Photorezeptorfunktion determiniert. Da wir ausschließlich hochentwickelte Sehorgane betrachtet haben, können wir mit gutem Recht annehmen, daß deren Struktur in hohem Maße an die spezifischen Leistungsanforderungen angepaßt ist. Auf der Ebene der „photorezeptiven Einheitmembran" erwies sich die Orientierung der Dipolabsorbermoleküle senkrecht zur Ausbreitungsrichtung des Lichtstrahles, die statistische Verteilung der Dipolabsorber in Disk-Photorezeptoren und unfusionierten Rhabdomeren sowie deren parallele Ausrichtung in fusionierten Rhabdomen und die dichte Packung von absorbierenden Membranen senkrecht zum Lichteinfall als optimal zum Erzielen größter Lichtempfindlichkeit.

Die dichte Stapelung von Membranen hat weiter zur Folge, daß die lichtabsorbierende Struktur das Licht leitet, und so die Photopigmentmoleküle maximal dem Licht aussetzt. Quantitative Analysen der Funktionsstruktur ergeben dann, daß wegen des geringen Durchmessers dieser Lichtleiter die geometrisch-optische Beschreibung nicht ausreicht und Moden-effekte optischer Wellenleiter eine wichtige Rolle spielen können. Das hat zur Folge, daß Formparameter des Wellenleiters wie Länge, Querschnitt, Form des Querschnitts, Zusammensetzung aus unterschiedlich absorbierenden Teilabschnitten oder Sektoren, Abstand zu Nachbarwellenleitern, von eminenter Bedeutung für die Funktion der Photorezeptoren sind.

Die Analyse der Funktionsstruktur von Photorezeptoren steht erst am Anfang. Nur die generellen Linien eines Verständnisses sind bisher erarbeitet. Die ganze Mannigfaltigkeit der photorezeptiven Strukturen im Tierreich und der Zusammenhang mit ihren jeweiligen spezifischen Leistungen werden noch wenig verstanden. Hier können die dargestellten Konzepte ein fruchtbarer Ausgangspunkt sein.

Literaturauswahl

Born, M., Wolf, E.: Principles of Optics. Oxford: Pergamon Press 1965.

Dartnall, H. J. A. (Ed.): Photochemistry of Vision. In: H. Autrum et al. (Eds.) Handbook of Sensory Physiology, Vol. VII/1. Berlin-Heidelberg-New York: Springer 1972.

Marcuse, D.: Theory of dielectric waveguides. New York: Academic Press 1973.

Snyder, A. W., Menzel, R. (Eds.): Photoreceptor Optics. Berlin-Heidelberg-New York: Springer 1975.

Snyder, A.W.: Physics of Vision in Compound Eyes. In: H. J. Autrum (Ed.) Handbook of Sensory Physiology, Vol. VII/6 A. Berlin-Heidelberg-New York: Springer 1979.

15.2.4.3 Informationsübertragung und -verarbeitung im Nervensystem

dargestellt am Beispiel der neurophysiologischen Grundlagen des Sehens

Otto D. Creutzfeldt

a) Einleitung

Biologische Organismen zerlegen das sie umgebende und für sie bedeutsame, physikalisch kontinuierliche Reizfeld in ein Raster, dessen einzelne Punkte sowohl durch einen Ortswert als auch durch eine Qualität definiert sind. Der Ortswert ist durch die anatomische Lokalisation des Rezeptors auf der Körperoberfläche oder im Körper definiert. Der Qualitätswert ist durch die biophysikalischen Eigenschaften des Rezeptors (z.B. Empfindlichkeit auf chemische, thermische, photische oder mechanische Reize) bzw. seiner Verbindung mit reizaufnehmenden Strukturen (z.B. Mechanorezeptoren in der Haut oder im Innenohr) bestimmt. Die Erregungszustände einzelner Rezeptoren oder Rezeptorengruppen werden auf definierten Leitungsbahnen je einzeln auf neuronale Netzwerke in höheren Ebenen des Zentralnervensystems (ZNS) übertragen, wo die Erregungen aus den einzelnen Punkten in charakteristischer Weise miteinander verrechnet werden. Diese Netzwerkverschaltung in höheren Ebenen des ZNS führt dazu, daß bestimmte zeitlich-örtliche Erregungskombinationen von benachbarten Rezeptorpunkten das Netzwerk stärker erregen können, während andere Erregungskombinationen es kaum oder gar nicht erregen, so daß sie nachgeschalteten Strukturen des ZNS kaum oder gar nicht mitgeteilt werden. Somit kommt diesen Netzwerken die Funktion mehrdimensionaler Filter zu. Die Aufgabe dieser Filter ist es, Information aus der Umwelt in Erregungsmuster zu transformieren, die schließlich — in der letzten Station — räumlich-zeitliche Erregungsmuster in den Effektorstrukturen, z.B. im motorischen System, erzeugen, das dem Organismus sinnvolles Agieren (oder Verhalten) in der Umwelt ermöglicht. Das visuelle System eignet sich in mancher Hinsicht besonders gut für die Exemplifizierung einiger Prinzipien dieser Transformation des physikalisch definierten Reizfeldes in neuronale Erregungsmuster.

b) Die Netzhaut (Retina)

α) Anatomische Organisation der Retina (Abb. 15.121–15.123)

In der Retina wird in der Rezeptorenschicht Lichtenergie verschiedener Wellenlängen in elektrische Aktivität umgewandelt (s. Kapitel 15.2.4.1). Die Rezeptorzellen sind beim Menschen etwa 3–4 μm im Durchmesser und bilden eine dichte Schicht (Abb. 15.121c). Je einzelne Rezeptoren sind über charakteristische Kontaktstellen (Synapsen) mit einer zweiten Schicht von Zellen verbunden, den Bipolarzellen, und diese wiederum mit den Ganglienzellen der Retina, welche ihre Fortsätze (Axone) in das Zentralnervensystem senden.

Die Stäbchen enthalten als lichtempfindlichen Chromophor Rhodopsin mit einer maximalen Empfindlichkeit bei 505 nm (Bereich etwa 380–650 nm). Sie sind vor allem für das achromatische Sehen im skotopischen Bereich (Dämmerungs- und Dunkelsehen) verantwortlich. Die Zapfen enthalten einen der drei bisher bekannten, für das Farbsehen im photopischen Bereich verantwortlichen Pigmente: Erythrolab (maximale Empfindlichkeit bei 570 nm, Bereich etwa 430–720 nm), Chlorolab (Max. 535 nm, Bereich etwa 400–630 nm) und Cyanolab (Max. 445 nm, Bereich etwa 380–530 nm). Ihre relative und absolute Dichte ist nicht gleichmäßig über die ganze Retina verteilt: Blauempfindliche Zapfen mit Cyanolab als Farbstoff fehlen in der Fovea, sind jedoch im parafovealen Bereich zu finden, grün- und rotempfindliche Zapfen (mit Chloro- oder Erythrolab als Farbstoff finden sich in der Fovea und im parafovealen Bereich. Zur Peripherie hin nimmt die Dichte aller farbempfindlichen Rezeptoren verschieden rasch ab, und außerhalb 10° extrafoveal sind kaum mehr Zäpfchen vorhanden. Entsprechend der maximalen Empfindlichkeit der Stäbchen bei 505 nm, und der mittleren maximalen Empfindlichkeit aller Zapfen bei 555 nm verschiebt ist die Empfindlichkeit des Auges bei Dunkeladaptation nach 505 nm (Stäbchensehen), und bei Helladaptation nach 555 nm (Zapfensehen) (sog. Purkinje-Verschiebung der spektralen Helligkeitswahrnehmung bei Dunkeladaptation).

Die vertikale Verschaltung in der Retina wird ergänzt durch eine horizontale Organisation, die jeweils in den Kontaktbereichen der verschiedenen Schichten lokalisiert ist, also im Bereich der äußeren und inneren plexiformen Schichten (Schicht 5 und 7 in Abb. 15.121d). Sie ist einmal bedingt durch verschiedene anatomische Divergenz- und Konvergenzschaltungen der vertikalen Übertragungskanäle, andererseits durch laterale Interaktion spezifischer horizontaler Zellverbände im Bereich der Synapsen.

Das Licht trifft erst nach Passieren einer ca. 300 μm dicken Gewebeschicht, in der sich die neuronalen Elemente und Verschaltungen befinden, auf die Lichtrezeptoren. Im Gebiet des schärfsten Sehens und in Verlängerung der Sehachse des Auges (Fovea) ist diese Gewebeschicht zur Seite gedrängt, so daß das Licht in einem Sehwinkel von 2–3° einen unmittelbaren Zutritt zu den Rezeptoren hat (Abb. 15.121a, b). Andererseits gibt es keine Rezeptoren im Bereich des Sehnervenaustritts (blinder Fleck). Eine Fovea in diesem Sinne gibt es nur bei Primaten und Menschen, während die übrigen Säugetiere nur ein mehr oder weniger ausgedehntes Gebiet größerer Rezeptor- und Ganglienzelldichte im Gebiet des schärfsten Sehens haben (Area centralis oder visueller Streifen, engl. visual streak) (Abb. 15.123a–c). Dessen Form weist übrigens interessante artspezifische Unterschiede auf, möglicherweise eine Adaptation an die jeweilige visuelle Umwelt: Bei Tieren in horizont-bestimmter Umwelt (z.B. Steppentiere) ist er mehr horizontal, bei Tieren in einer Umwelt mit vertikalen Landmarken (z.B. bei der Bergziege) mehr vertikal gestreckt.

Die vertikalen Verschaltungsprinzipien in der Retina vom Rezeptor zur Ganglienzelle sind am besten an Imprägnationsbildern von einzelnen Zellen darzustellen, wie sie die Golgimethode bietet (Abb. 15.121d). Hier sind nur einzelne Zellen aus dem gesamten Verband erkennbar, dafür aber mit all ihren Fortsätzen. Man sieht in jeder Schicht verschiedene Zelltypen: Stäbchen und Zäpfchen in Schicht 2–4, große und Zwergbipolarzellen in Schicht 6, sowie Ganglienzellen verschiedener Form in Schicht 7 und 8. Bei verschiedenen Wirbeltierarten zeigt die Anatomie der Retina bei im Prinzip gleichem Bauplan Unterschiede im Detail, besonders in der Verteilung verschiedener Zelltypen. Bereits in der Rezeptorschicht finden sich solche Un-

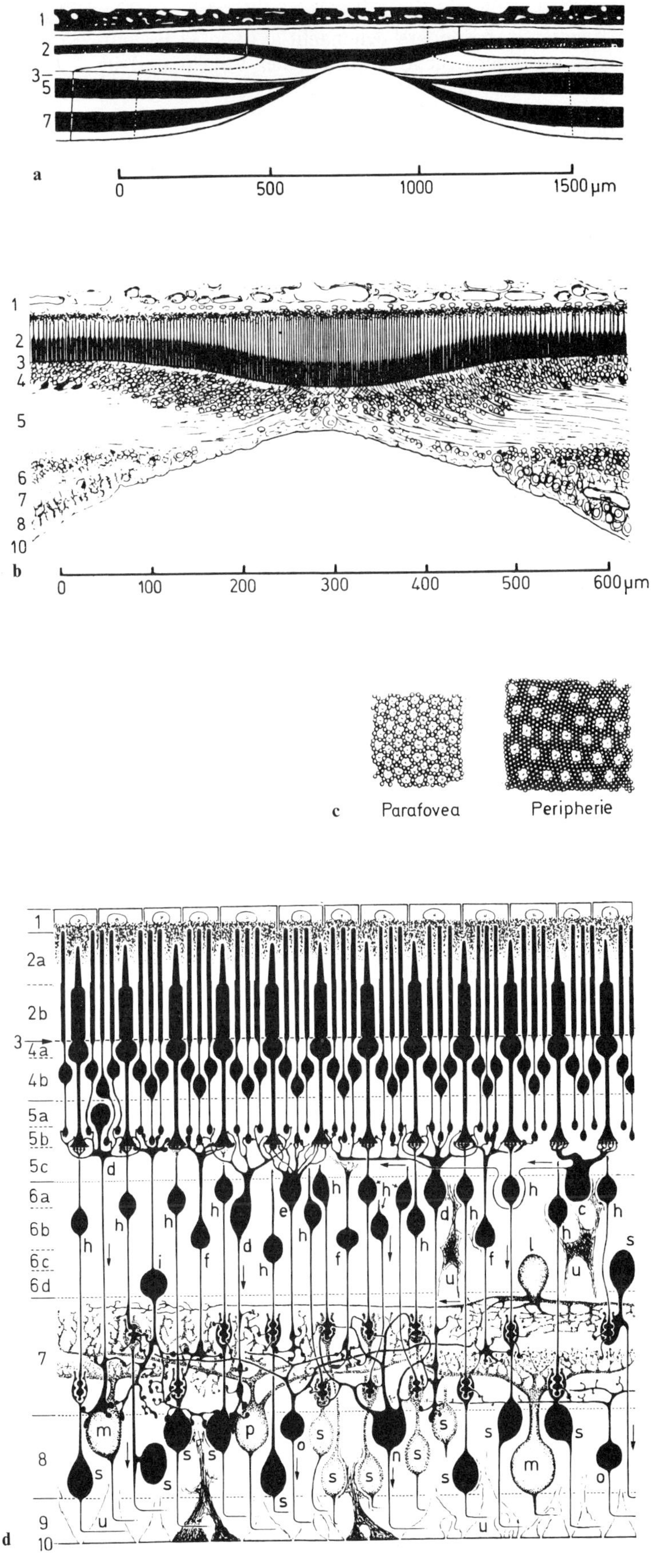

Abb. 15.121a–d. Halbschematische Darstellung der Struktur der Retina. **a, b** Schichtenaufbau der Retina. Das Licht fällt von unten auf die Retina, durchdringt die neuronalen Schichten 9–4 und trifft auf die dicht beieinanderliegenden äußeren Rezeptorglieder. In diesen findet die Umwandlung von Licht in elektro-chemische Energie statt. Die Anordnung der Rezeptoren in der Schicht 2 ist in **c** gezeigt (Aufsicht auf die Rezeptorschicht). Im fovealen und parafovealen Bereich wiegen Zäpfchen vor, die als kleine Punkte mit weißem Hof erkennbar sind, in der Peripherie wiegen Stäbchen vor. Die Verbindung zwischen den Rezeptoren und den nachgeschalteten neuronalen Elementen findet in der 5. Schicht statt. Im Bereich des schärfsten Sehens, der Fovea centralis (bei Primaten), weichen die neuronalen Elemente zur Seite, so daß das Licht hier direkt auf die Rezeptorschicht einwirken kann. Deshalb verlaufen die inneren Rezeptorglieder seitwärts, um im parafovealen Bereich Kontakte mit den zugeordneten Nervenzellen machen zu können(**b**).In **b** sind die verschiedenen zellulären Elemente, wie sie sich in einem Querschnitt der Retina darstellen, skizziert, und die Zeichnung gibt eine Andeutung der Zelldichte. **d** Schematische und repräsentative Darstellung der verschiedenen Zellelemente der Retina. In der Rezeptorschicht sind die Stäbchen und Zapfen als längliche bzw. mehr gedrungene Elemente erkennbar. Sie machen in der 5. Schicht (5b) synaptische Kontakte mit den nachgeschalteten Bipolarzellen, deren Zellkerne in der Schicht 6 liegen. Eine Reihe von Bipolarzellen (*h*) werden jeweils nur von einem einzelnen Zapfen erregt und erregen auch in der Schicht 7 jeweils nur eine einzelne Ganglienzelle (*s*). Ein anderer Typ von Bipolarzellen (*d, e*) wird dagegen von zahlreichen Rezeptoren, Zäpfchen sowie Stäbchen erregt und steht in der Schicht 7 mit Ganglienzellen in Verbindung, die einen größeren Dendritenbaum haben (*m, n, o, p*). In der Schicht 5c ist rechts eine Horizontalzelle (*c*) dargestellt, die mit verschiedenen Rezeptoren in Kontakt steht und deren Funktion offenbar die Verstellung der Übertragungsfunktion zwischen Rezeptor und Bipolarzelle ist. In Schicht 6d ist eine amacrine Zelle (*l*) dargestellt, die die Kontakte zwischen Bipolar- und Ganglienzellen beeinflussen kann. In Schicht 7 und 8 sind verschiedene Typen von Ganglienzellen dargestellt, deren Axone in Schicht 9 die Retina verlassen und sich zur Austrittsstelle des Nervus opticus hin sammeln. Die nur schwach angedeuteten Gliazellen *u* (Müller-Zellen) durchziehen die ganze Retina in vertikaler Richtung und haben offenbar metabolische und Regulationsfunktionen im Rahmen des Ionenhaushaltes der Retina. Die in diesem klassischen Schema dargestellten Verbindungen zwischen Rezeptoren und Ganglienzellen in der Retina gelten im Prinzip auch heute noch, obwohl im Detail wohl einzelne Veränderungen angebracht erscheinen. So sind die axosomatischen Synapsen zwischen dem Bipolarzelltyp *i* und *d* mit Ganglienzellen wohl nicht richtig; möglicherweise handelt es sich hier um amacrine Zellen, die nicht in direktem Kontakt mit Rezeptoren stehen, sondern über Bipolarzellen erregt werden. [Abb. **a, b, d** aus Polyak, S.: The vertebrate visual system, 1957; **c** nach Schultze, M.: Zur Anatomie und Physiologie der Retina, Bonn: Cohen und Sohn 1866]

terschiede: überwiegend Stäbchen bei den meisten Säugetieren, besonders den nacht-aktiven (z. B. Katzen), und überwiegend Zäpfchen bei Vögeln und im fovealen sowie perifovealen Bereich einiger Säugetiere wie den Erdhörnchen und Primaten. Entsprechend sind die meisten Säugetiere mehr oder weniger farbenblind, während Vögel und Primaten Farben gut erkennen können.

Die Verbindung zwischen einzelnen Rezeptoren und den nachgeschalteten Rezeptor- und Ganglienzellen kann in der Weise erfolgen, daß ein Rezeptor (ein Zäpfchen) nur mit einer Bipolarzelle und einer Ganglienzelle in Verbindung steht (Zwergbipolar- und Zwergganglienzellen, siehe die Verbindungen zwischen Zapfen, Bipolarzellen *h* und Ganglienzellen *s* in Abb. 15.121d). Diese Verschaltung findet sich besonders im Bereich der Area centralis und Fovea von höheren Säugetieren und Primaten. Oder es besteht eine größere Divergenz- und Konvergenzverschaltung: von einem Rezeptor auf mehrere Bipolarzellen, die wiederum von je zahlreichen Rezeptoren erregt werden; und in der nächsten Schicht Divergenz von einer Bipolarzelle auf mehrere Ganglienzellen, die je von zahlreichen Bipolarzellen erregende Kontake erhalten (Bipolarzellen *d* und *e*, Ganglionzellen *m* und *p* in Abb. 15.121d). Somit wird das Feld, von dem aus eine Ganglienzelle erregt werden kann, das sog. rezeptive Feld, im wesentlichen von der Geometrie der rezeptiven Fortsätze der entsprechenden Strukturen, d.h. dem Dendritenfeld der Gangliozellen und der Endverzweigung der Bipolarzellfortzätze bestimmt. Da die Verzweigung der Bipolarfortsätze (Divergenz) klein ist gegenüber der Ausdehnung der Dendritenbäume der Ganglienzellen, sind letztere der im wesentlichen determinierende Faktor des erregenden rezeptiven Feldes (ERF) von retinalen Ganglienzellen.

Abbildung 15.122 zeigt einige Ganglienzellen der Katzenretina in Aufsicht. Es lassen sich 3 verschiedene morphologische Typen unterscheiden: solche mit weitverzweigten einzelnen Dendriten (Abb. 15.122b, Typ γ), solche mit kleinen dichten Dendritenbäumen (Abb. 15.122c, Typ β) und solche mit einem dichten, aber weitverzweigten Dendritenbaum (Abb. 15.122d, Typ α). Diesen morphologischen Zelltypen können funktionelle Kriterien zugeordnet werden (s. u.): Die α-Zellen entsprechen den transient oder y-Zellen, die β-Zellen den tonischen sustained oder x-Zellen, und die γ-Zellen den w-Zellen.

Die Durchmesser der Dendritenbäume der α- und β-Zellen nehmen vom Gebiet des schärfsten Sehens (Area centralis, Fovea bei Primaten) bis zur Peripherie hin systematisch zu (Abb. 15.122c, d, 123d), während die Dendritenbäume der γ-Zellen über die ganze Retina hin etwa gleich groß sind.

Der Abstand zwischen einzelnen Ganglienzellen ist wesentlich kleiner als die Größe der Dendritenfelder. Auf diese Weise überlappen sich die rezeptiven Felder von jeweils etwa 30 Ganglienzellen. Der Abstand zwischen benachbarten Ganglienzellen nimmt systematisch zur Peripherie hin zu. Wenn man Ganglienzellenreihen mit gleichen Zellabständen verbindet, ergeben sich Isodistanz- oder Dichtelinien um die Area centralis bzw. Fovea. Diese sind bei verschiedenen Tierarten verzerrt (s. Abb. 15.123a–c), sind jedoch bei Primaten etwa circulär. Im gleichen Maß verändert sich auch die mittlere Größe der rezeptiven Felder, so daß der Überlappungsfaktor über den gesamten Bereich der Retina — vielleicht mit Ausnahme der Fovea — im wesentlichen konstant bleibt (Abb. 15.123e).

Die Konzequenz einer solchen nichtlinearen räumlichen Verteilung von Ganglienzellen über die Retina ist, daß im zentralen bzw. fovealen Bereich das Raster zur Auflösung der auf die Retina projizierten Bilder feiner ist. Denn hier stehen mehr Ganglienzellen zur Reizaufnahme in einer gegebenen Flächeneinheit des Gesichtsfeldes zur Verfügung und die rezeptiven Felder sind kleiner als in der Peripherie. Entsprechend zeigt sich eine Abnahme der Sehschärfe von der Fovea zur Peripherie proportional zur Zunahme der Durchmesser der rezeptiven Felder.

Bei niederen Tieren, z. B. Fröschen und Fischen, finden sich außer den beschriebenen Ganglienzellen auch solche mit ganz unsymmetrischen und teilweise bizarren Dendritenbäumen, die die Funktion dieser Ganglienzellen insbesondere determinieren (s. u.).

β) Erregungsübertragung vom Rezeptor zur Ganglienzelle (Abb. 15.124)

Die photochemischen Prozesse bei der Absorption von Lichtquanten durch Rhodopsin und die danach folgenden Veränderungen der Na-Permeabilität der äußeren Rezeptorsegmente sind im Kapitel „Photorezeption" in diesem Lehrbuch von Stieve dargestellt. Sie führen zu einer Hyperpolarisation des Membranpotentials der Rezeptoren bei Lichteinfall (s. Abb. 15,124b*r*), übrigens das einzige bisher bekannte Beispiel in der Neurobiologie, bei dem Erregung als Hyperpolarisation in Erscheinung tritt. Hierdurch kommt es vermutlich zu einer Freisetzung einer chemischen Überträgersubstanz in der Rezeptor-Bipolarzellsynapse und damit zu einer Erregungsübertragung auf die Bipolarzellen (Abb. 15.124b *b*). Diese breitet sich über die ganze Bipolarzelle aus und führt an der nächsten Synapse mit der Ganglienzelle wiederum zur Freisetzung einer erregenden Überträgersubstanz.

Wenn die Depolarisation der Ganglienzelle eine kritische Schwelle erreicht hat, entsteht am Initialsegment ein Aktionspotential, das über das Axon in das ZNS fortgeleitet wird (Abb. 15.124b *g*1,2). Die Folgefrequenz von Aktionspotentialen in den Axonen retinaler Ganglienzellen ist in einem begrenzten Erregungsbereich, wie in allen Nervenzellen, proportional der Depolarisation, d. h. dem integrierten synaptischen Stromfluß.

γ) Das rezeptive Feld retinaler Ganglienzellen (Abb. 15.125 u. 15.126)

Aus den anatomischen Gegebenheiten geht bereits hervor, daß das „rezeptive" Feld einer retinalen Ganglienzelle, d.h. das Gebiet von dem aus eine Ganglienzelle durch Licht erregt werden kann, nur im Bereich des schärfsten Sehens, d.h. im fovealen Bereich der

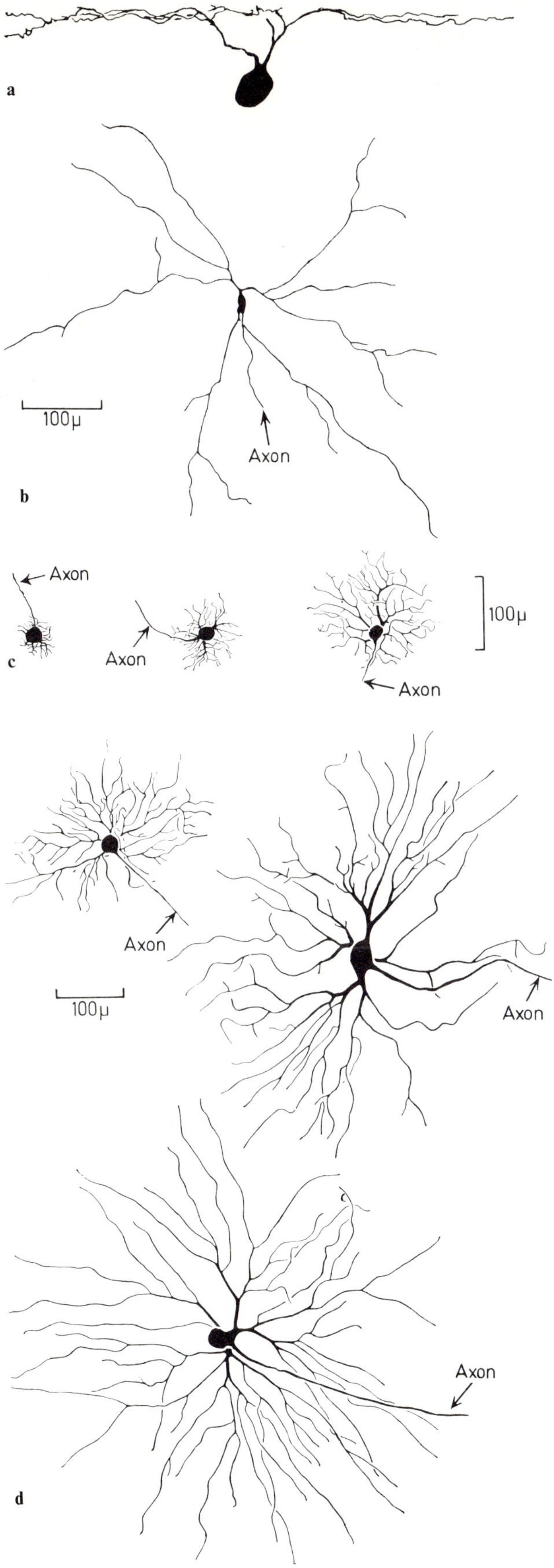

Primatenretina annähernd punktförmig sein kann. Hier entspricht es etwa der Größe eines Rezeptors. Alle Ganglienzellen mit größerer Konvergenz werden von einem entsprechend größeren Gebiet aus erregt, welches das „rezeptive Feldzentrum" (RFC) genannt wird. Es entspricht in etwa dem Ausbreitungsgebiet der Dendriten der retinalen Ganglienzellen. Das RFC wird von einem Gebiet umgeben, dem Umfeld des rezeptiven Feldes (engl. surround, RFS), dessen Beleuchtung zum gegenteiligen Effekt wie Beleuchtung des Zentrums führt (Abb. 15.125a–e). Ganglienzellen, bei denen Beleuchtung des RFC zu einer Erregung (und Beleuchtung des RFS zu einer Hemmung) der Aktivität führen, werden als on-Zentrum-Neurone bezeichnet. Diejenigen, bei denen Beleuchtung des RFC zu einer Hemmung (und Beleuchtung des RFS zu einer Erregung) führt, werden off-Zentrum-Neurone genannt. Denn bei diesen führt das Ausschalten des Lichtes (light off) zu einer Erregung. Ebenso führt ein bewegter Reiz zur Erregung, wenn er in die Erregungszone ein- oder aus der Hemmzone austritt (Abb. 15.126a–e).

Es ist noch nicht ganz sicher, ob die Hemmung der off-Zentrum-Neurone bei Belichtung des RFC bereits im Bereich der Bipolarzellen stattfindet, wie einige Untersuchungen an Retinae niederer Tiere nahelegen, oder ob diese Spezialisierung erst eine Eigenschaft der Ganglienzellen ist. In der Katzenretina reagieren z.B. einige Ganglienzellen auf Acetylcholin mit Erregung, andere mit Hemmung, und umgekehrt für andere chemische Überträgersubstanzen (wie Noradrenalin).

Die anatomische Grundlage und die synaptischen Mechanismen für die Umfeldhemmung sind ebenfalls noch nicht im Detail bekannt. Doch sprechen einige experimentelle Befunde dafür, daß die horizontalen Zellelemente in der äußeren und inneren plexiformen Schicht, also die Horizontal- und die amakrinen Zellen, dafür verantwortlich sind. Beide Zelltypen machen synaptische Kontakte mit den prä- und post-synaptischen Elementen des Rezeptor-Bipolarzellen- bzw. des Bipolar-Ganglienzellüberganges. Die hemmende Wirkung der Horizontalzellen wird meist als multiplikativ, die der Amakrinenzellen als multiplikativ und additiv angenommen.

Anatomisch lassen sich on- und off-Zentrum-Neurone in der Retina dadurch unterscheiden, daß die Dendriten (s. Abb. 15.122a) der off-Zentrum-Neurone sich tiefer in der Retina (also näher der Bipolarschicht) ausbreiten als die der on-Zentrum-Neurone, die sich näher der Ganglienzellschicht verzweigen.

◀ **Abb. 15.122a–d.** Morphologische Typen von Ganglienzellen in der Retina. (**a**) Seitlicher Blick auf eine Ganglienzelle der Primatenretina. (Nach Polyak, S.) Hier ist unten das Zellsoma erkennbar und die horizontale Auffächerung des Dendritenbaumes oben. **b–d** Aufsicht auf die Dendritenbäume von verschiedenen Ganglienzelltypen der Katzenretina. [Aus Boycott, B.B., Wässle, H.: J. Physiol. **240**, 397–419 (1974).] **b** γ-Typ-Ganglienzellen. Diese Zellen sind durch den kleinen Zellkörper und die sich weit erstreckenden, aber spärlichen Dendritenverästelungen gekennzeichnet. Sie entsprechen physiologisch den w-Zellen. **c** β-Typ-Ganglienzellen. Das Zellsoma ist von mittlerer Größe, die Ausbreitung des Dendritenbaumes relativ klein, jedoch stark verästelt. Im Bereich der Area centralis ist der Dendritenbaum wesentlich kleiner (links) als in der Peripherie (rechts). Diese Zellen entsprechen funktionell den x-Zellen. **d** α-Typ-Ganglienzellen mit großem Zellkörper und weit ausgedehntem, reich verzweigtem Dendritenbaum. Auch hier ist der Dendritenbaum bei Zellen im Bereich der Area centralis (links oben) kleiner als in der Peripherie (unten). Dies sind die physiologisch definierten y-Zellen. Der Maßstab in **b–d** gibt 100 µm

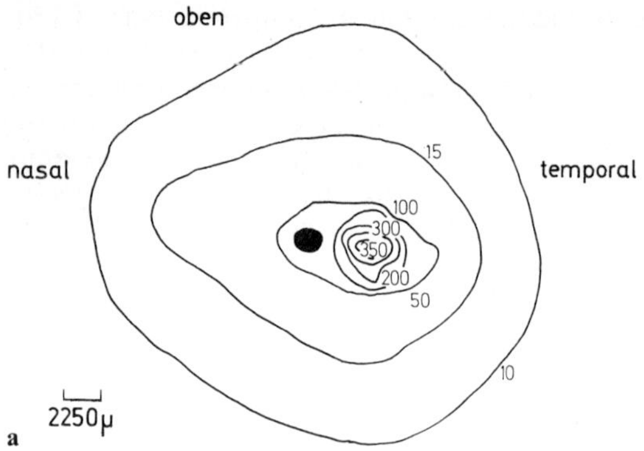

a

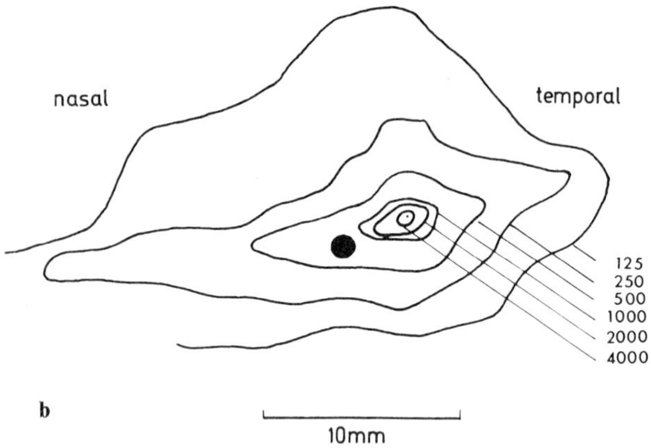

b

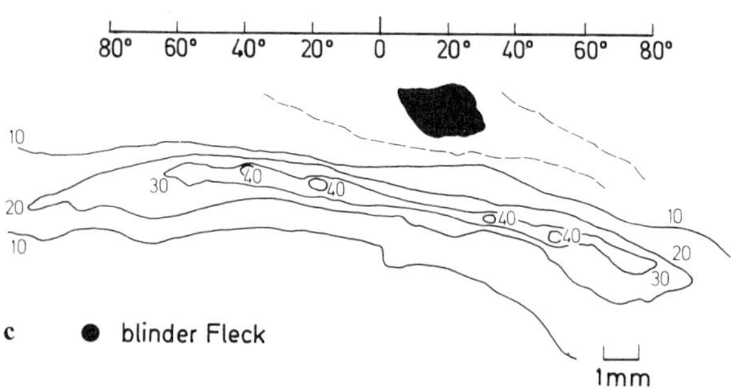

c

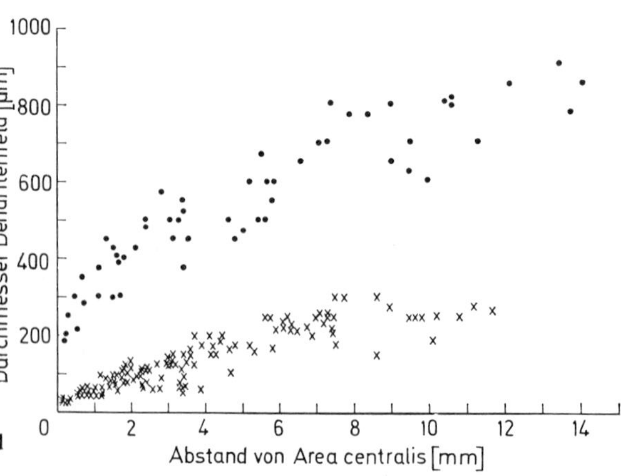

d

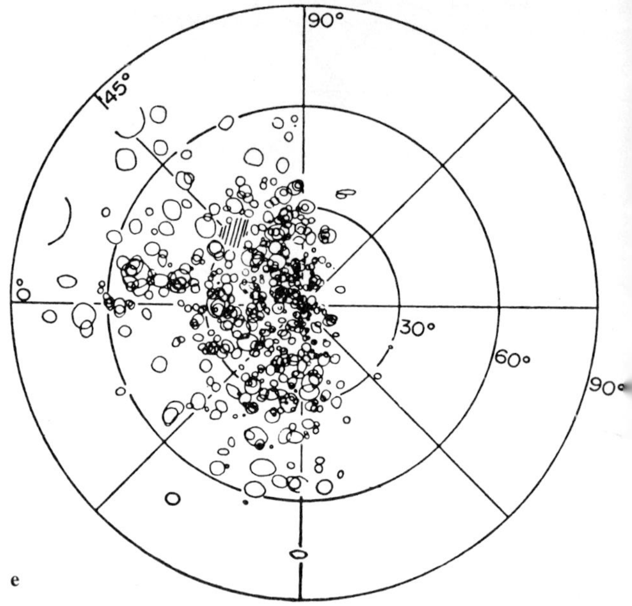

e

Abb. 15.123a–e. Gradienten der Zelldichte von Ganglienzellen in der Retina verschiedener Tierarten (**a**–**c**), der Größe der Dendritenfelder (**d**) und der Größe der rezeptiven Felder (**e**). **a**–**c** Isokonturlinien von Ganglienzelldichten in der Retina des Primaten (Pavian, die Zahlen ergeben Ganglienzelldichten pro 5000 μm^2, nach Whitteridge, D. in Handbook of Sensory Physiology, Bd. VII/3/B). **b** Katzenretina, Zelldichten pro mm^2. [Nach Stone, J.: J. Comp. Neurol. **124**, 337–352 (1965).] **c** Kaninchenretina, Zelldichten pro 3000 μm^2. (Aus Whitteridge, D., a.a.O.) Im Bereich des schwarzen Fleckes, der dem Austritt des Nervus opticus aus der Retina entspricht, sind keine Ganglienzellen und übrigens auch keine Rezeptoren vorhanden (blinder Fleck). Beachte die annähernd runden Isokonturlinien beim Primaten mit der größten Zelldichte im Bereich der Fovea und die mehr horizontal ausgezogenen Konturlinien bei der Katze und dem Kaninchen. **d** Zunahme der Durchmesser der Dendritenfelder (Ordinate) von α- (Punkte) und β-Ganglionzellen (Kreuze) der Retina der Katze in Abhängigkeit von der Exzentrizität (Abszisse: Abstand der Messung von der Area centralis = 0). (Aus Boycott, B.B. u. Wässle, H., a.a.O.) **e** Größe von rezeptiven Feldern von Ganglienzellen der Katzenretina in verschiedenen Bereichen des Gesichtsfeldes. Die rezeptiven Felder von insgesamt 534 Ganglienzellen sind hier eingezeichnet. Es ist deutlich die Zunahme der rezeptiven Feldgrößen von der Area centralis bis in die Peripherie erkennbar, jedoch auch das Vorhandensein von mindestens 2 Klassen, sowohl zentral als auch peripher, die den α- und β-Ganglienzellen in **d** entsprechen, d. h. y- und x-Zellen. [Aus Fischer, B.: Vision Res. **13**, 2113–2120 (1973)]

Außer den beschriebenen, im wesentlichen radiärsymmetrischen on- und off-Zentrumzellen gibt es bei Primaten noch farbkodierende Ganglienzellen. Diese sind im wesentlichen vom x-Typ, haben kleine RFC's, die nur auf einen begrenzten Farbbereich reagieren (8) (s. Abschn. c). Bei niederen Wirbeltieren finden sich stärkere Asymmetrien im rezeptiven Feldaufbau. So bei Kaninchen RFCs von elliptoider Form und Ganglienzellen, die auf bewegte Reize nur in einer Richtung antworten. In der Retina von Fröschen finden sich Ganglienzellen, die nur auf bewegte Reize in einer bestimmten Richtung, nur auf konkave oder konvexe Reize, und solche, die bevorzugt auf diffuse Lichtreize antworten. Es ist naheliegend, solchen Ganglienzellen die Eigenschaften von Musterfiltern oder

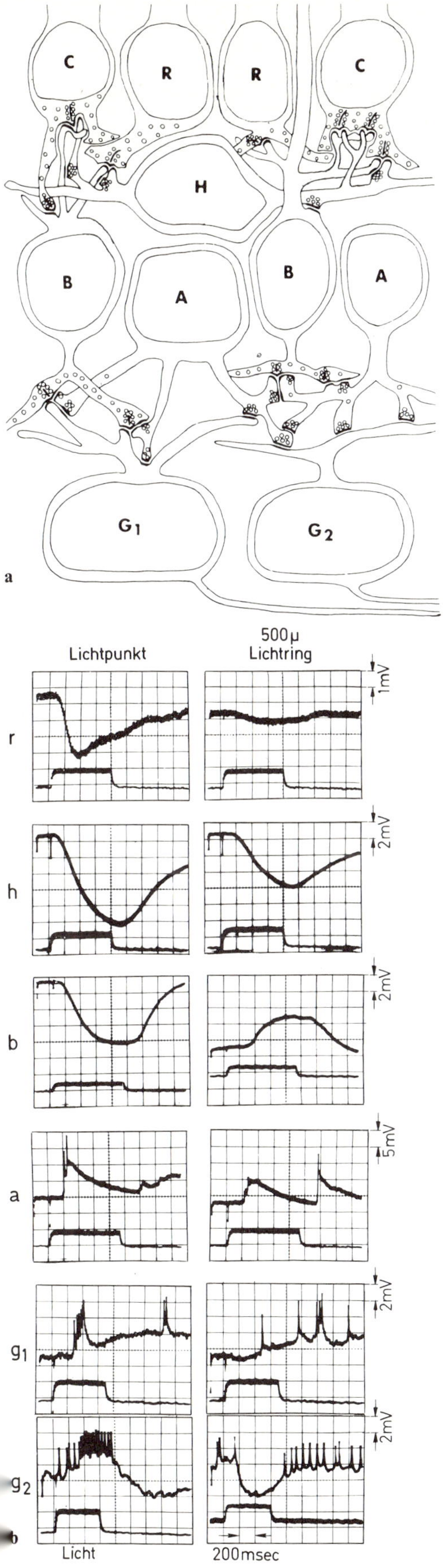

gar Musterdetektoren (feature detectors) zuzuschreiben. In der Tat scheint es so zu sein, daß derartige Musterfilter in der Retina besonders bei niederen Tieren gefunden werden, während bei höheren Tieren wie den Primaten die Retina zumindest im zentralen (fovealen) Bereich ein möglichst vollständiges Bild der Umwelt mit feiner räumlicher Auflösung an das Gehirn weiterleitet.

δ) Phasische und phasisch-tonische Reaktion von Ganglienzellen (x-, y- und w-Zellen)

Die Reaktion von Rezeptoren und retinalen Ganglienzellen sind nicht nur orts-, sondern auch zeit- und intensitätsabhängig. Nach einer initialen Entladungsspitze als erste Antwort auf einen Reiz klingt die Reaktion rasch auf ein niederes Niveau ab, das für längere oder kürzere Zeit aufrecht erhalten wird. Die initiale, phasische Reaktion entspricht dem Verhalten eines Differential- oder AC-Reglers ($R = a \times f(I, t)$) mit einer Zeitkonstanten von etwa 100 ms, während der zweite, tonische Teil in etwa der Reaktion eines Proportional- oder DC-Reglers ($R = a \times f(I)$) entspricht. Um die Aktivität einer Ganglienzelle zu beschreiben, muß man daher nicht nur die örtlichen, sondern auch die zeitlichen Parameter des Reizes und der Reaktion berücksichtigen. Da $f(t)$ von einer Reihe von im einzelnen schwer formalisierbaren Mechanismen abhängt, beschränkt man sich bei quantitativen Untersuchungen von Ganglienzellreaktionen in der Regel auf einen definierten Zeitpunkt nach Ein- oder Ausschalten des Lichtreizes.

Abbildung 15.125f, g zeigt Reaktionen von on-Zentrum- und off-Zentrum-Ganglienzellen verschiedener Reaktionsklassen auf länger dauernde Belichtung des

◂ **Abb. 15.124a, b.** Elektrische Reaktionen in den verschiedenen retinalen Elementen bei Lichtreizung. Retina der Molchlarve (Necturus maculosus). **a** Schematisches Diagram der Verschaltung in der Necturus-Retina. *C* und *R* sind die Endfüße der Stäbchen (rods, *R*) und Zäpfchen (cones, *C*), die mit den Bipolarzellen (*B*) synaptische Kontakte machen, an denen sich die Horizontalzellen (*H*) beteiligen. Ähnlich wie die Horizontalzellen im Bereich der Rezeptorbipolaren-Synapse angeordnet sind, sind die amakrinen Zellen (*A*) im Bereich der Synapse zwischen bipolaren und Ganglienzellen ($G_{1,2}$) angeordnet. [Aus Dowling, J.E., Werblin, F.S.: J. Neurophysiol. **32**, 315–338 (1969).] **b** Intrazelluläre Ableitung aus den verschiedenen Zellelementen. Depolarisation ist nach oben gezeichnet, Hyperpolarisation nach unten. Unter jeder Registrierung ist der Lichtreiz als Sprungfunktion aufgezeichnet. Links: Reizung mit einem kleinen Lichtpunkt im rezeptiven Feldzentrum, rechts: Reizung mit einem Lichtring, der das rezeptive Umfeld beleuchtet. In dem Rezeptor (*r*), den Horizontal- (*h*) und den Bipolarzellen (*b*) bewirkt der Lichtreiz im rezeptiven Feldzentrum eine Hyperpolarisation, in den amakrinen (*a*) und den Ganglienzellen ($g_{1,2}$) eine Depolarisation, die nur bei den Ganglienzellen zu einer längeren Folge von Aktionspotentialen führt. Beleuchtung des rezeptiven Umfeldes führt in der Ganglienzelle g_2 zu einer deutlichen Hyperpolarisation, in der Ganglienzelle g_1 nur zu einem Ausfall von Exzitation während der Lichtreizung, während in den vorgeschalteten Zellen späte Hyper- oder Depolarisationen auftreten. Der Rezeptor zeigt nur eine kleine Reaktion auf den Lichtring, da er nicht direkt beleuchtet wird. Die Reaktionen der übrigen Zellelemente müssen daher von anderen Rezeptoren herkommen. [Aus Werblin, F.S., Dowling, J.E.: J. Neurophysiol. **32**, 339–355 (1969)]

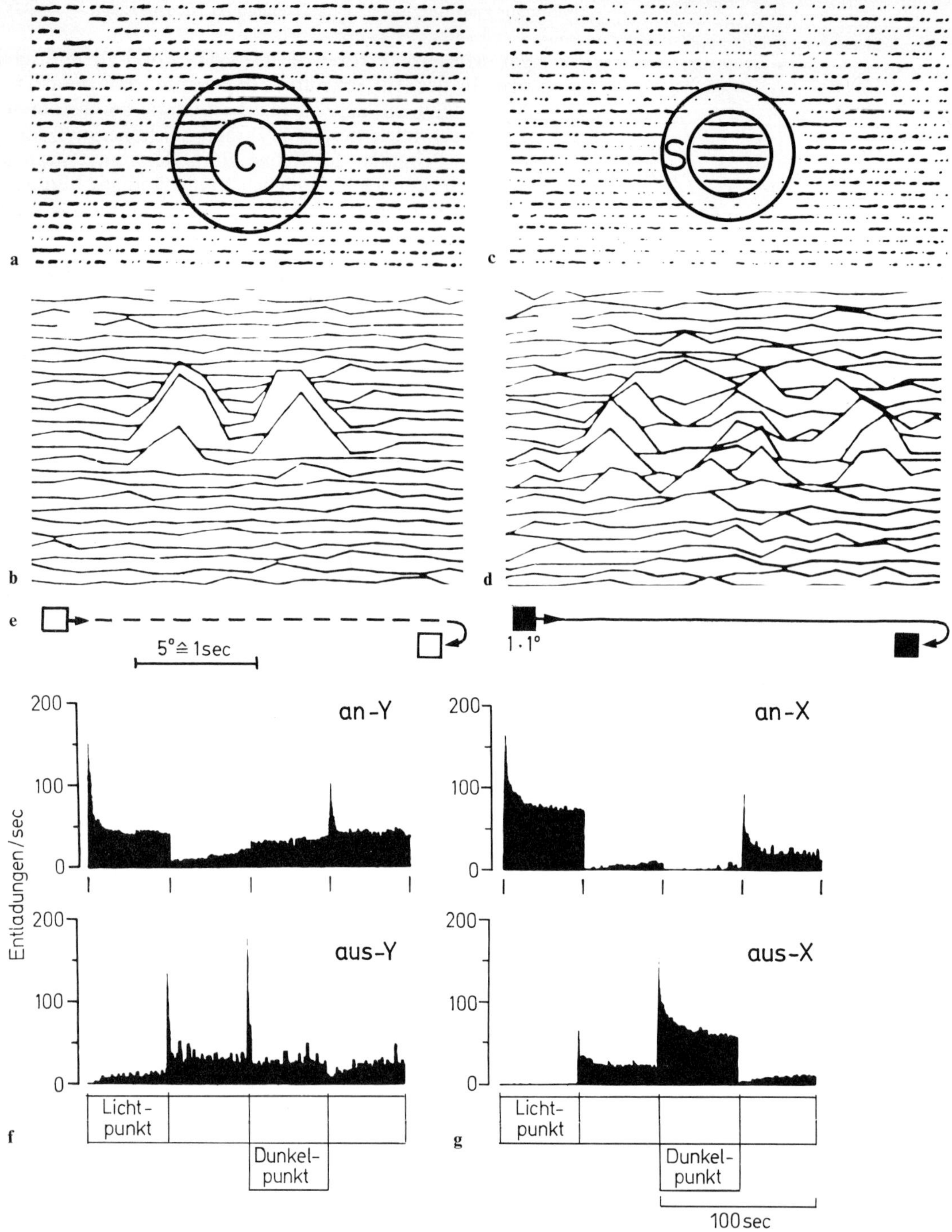

Abb. 15.125a–g. Organisation des rezeptiven Feldes und verschiedene Reaktionstypen von Ganglienzellen der Katzenretina. **a–e** Über das Gesichtsfeld wird ein heller(**a, b**)oder dunkler Reizpunkt(**c, d**)mit einer Geschwindigkeit von 5° pro Sekunde bewegt (s. Schema **e**). Mit dem Reizpunkt bewegt sich der Elektronenstrahl des Oszillographen in **a, c** und leuchtet auf, wenn ein Aktionspotential auftritt. Hier wird die elektrische Aktivität von einem off-Zentrum-Neuron abgeleitet. Wenn der helle Lichtpunkt durch das rezeptive Feldzentrum *c* (in **a**) wandert, entlädt die Zelle überhaupt nicht. Dagegen entlädt sie stärker, wenn der Lichtreiz das rezeptive Feldzentrum verläßt und durch das Umfeld wandert. Umgekehrt kommt es bei Eintritt des dunklen Reizes in das Feldzentrum in **c** zu einer erhöhten Entladungsrate, jedoch zu verminderter Entladung, wenn sich der Reiz durch das rezeptive Umfeld (*S* = surround) bewegt. In **b** und **d** sind auch die Stärke der Aktivitätserhöhung dargestellt. Man erkennt, daß die Erregung immer dann am größten ist, wenn der Reiz einen Hemmbereich verläßt (in **b**, bei Austritt des hellen Reizes aus dem rezeptiven Feldzentrum und in **d** bei Austritt des dunklen Reizes aus dem rezeptiven Umfeld) sowie bei Eintritt in einen Erregungsbereich (in **d** Eintritt des dunklen Reizes in das rezeptive Feldzentrum) (Registrierung von Dr. K. Behrend). Diese Art der Darstellung zeigt daß die Reaktionen von retinalen Ganglienzellen auf bewegte Reiz durchaus nicht ortsinvariant sind, sondern Ortsvariationen in Abhängigkeit von der Bewegungsrichtung zeigen. **f, g** Reaktionen vor retinalen Ganglienzellen des phasischen (transienten, y-) **f** und de phasisch-tonischen (sustained, x-) Typs **g** auf Beleuchtung de rezeptiven Feldzentrums mit einem Licht- und Dunkelpunkt. Obe ist jeweils die Reaktion von einer on-Zentrum-, unten von einer off Zentrum-Zelle des jeweiligen Types dargestellt. Die y-Zellen zeige vorwiegend nur eine starke initiale Reaktion während der erste Sekunden des Reizes, um sich dann wieder auf eine mittlere Entladungsrate einzustellen (Modell: Differentialregler), währen die x-Zellen eine länger dauernde Veränderung in der Entladungsrate entsprechend der Reizsituation zeigen (Modell Proportional/Differentialregler). Abszisse: Reizdauer des hellen un des dunklen Reizpunktes (s. 100 s-Eichung), Ordinate: Mittler Entladungsrate pro Sekunde. (Aus Rodieck, R.W.: The vertebrat retina. San Francisco: W.H. Freeman 1973)

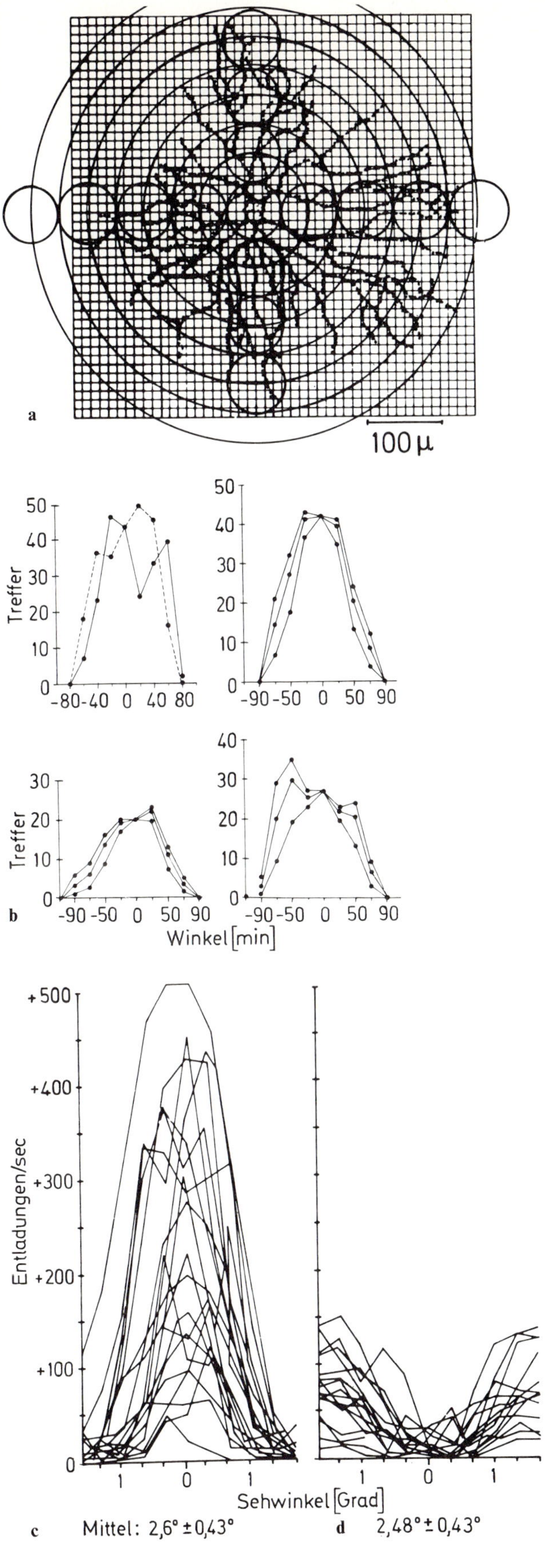

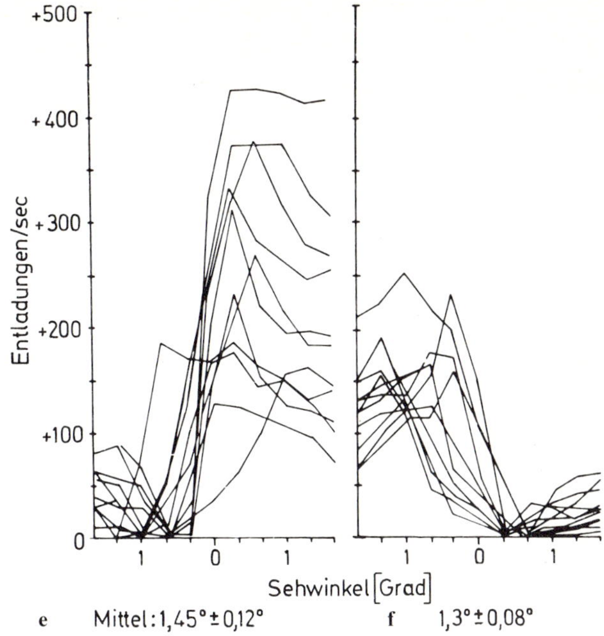

Abb. 15.126a–f. Ableitung der Sensitivitätsverteilung im rezeptiven Feldzentrum einer retinalen Ganglienzelle von der Dendritendichte. **a** Aufsicht auf eine retinale Ganglienzelle vom α-Typ und Projektion von kleinen „Lichtpunkten" auf verschiedene Teile des Dendritenfeldes. Die Dendritendichte wird als Trefferhäufigkeit im Bereich des jeweiligen Lichtpunktes gemessen, d.h. durch die Zahl der Schnitte einzelner Dendritenäste durch ein kleines Quadrat. **b** Verteilung von Trefferhäufigkeiten entlang einem Durchmesser durch das Dendritenfeld bei verschiedenen Ganglienzellen. Die jeweils oberen Kurven sind die Zahl der „Treffer", die unteren, mehr glockenförmigen Kurven ergeben sich dann, wenn angenommen wird, daß die Erregungsstärke zur Peripherie des Dendriten hin entsprechend einer Kabelfunktion abnimmt. **c** Empfindlichkeitsverteilung in rezeptiven Feldern von retinalen Ganglienzellen. Hier wurde die Reaktion von retinalen Ganglienzellen auf kleine Lichtpunktreize gemessen, die in verschiedene Teile des rezeptiven Feldes geleuchtet wurden. Im Zentrum des RFC ist die Reaktion am stärksten und nimmt nach beiden Seiten entlang eines Durchmessers ab (Messungen an einer Ganglienzelle jeweils durch eine Linie repräsentiert). Auf diese Weise läßt sich der Durchmesser des rezeptiven Feldes messen, der bei dieser Population einen Mittelwert von 2,6° hatte. **d** Entsprechende Messung an off-Zentrum Ganglienzellen. Hier ist die Hemmung der Entladung am stärksten in der Mitte des rezeptiven Feldzentrums. **e, f** Messungen an der gleichen Population von Ganglienzellen. Als Reiz diente jetzt jedoch nicht ein einzelner Reizpunkt, sondern ein schwarz-weiß Kontrast, dessen Grenze jeweils in verschiedene Bereiche des rezeptiven Feldes fiel. Die ortsabhängige Reaktionskurve ist jetzt viel steiler und die Umfeldhemmung tritt jetzt deutlicher in Erscheinung. **e** on-Zentrum, **f** off-Zentrum-Ganglienzellen. [Aus Creuzfeldt, O.D. et al.: J. Neurophysiol. **33**, 654–671 (1970)]

RFC. Die Reaktionen von on- und off-Zentrumzellen der beiden Klassen sind im wesentlichen komplementär. Ganglienzellen vom x-Typ zeigen eine stärkere und länger anhaltende tonische Reaktion (phasisch-tonische Zellen, sustained cells) (Abb. 15.125g), die vom y-Typ eine rasche Rückkehr zur Grundaktivität nach Ein- oder Ausschalten des Reizes (phasische Zellen, transient cells) (Abb. 15.125f).

Die Effekte einer Reizung des Umfeldes und des Zentrums des rezeptiven Feldes sind bei x-Zellen weitgehend komplementär, so daß man oft von einer linearen Summation beider Effekte spricht. Dies trifft bei y-Zellen nicht in vollem Maße zu, so daß Zentrum- und Umfeldeffekte eindeutig nicht linear summieren. Genauere Analyse der Signalübertragung mit Hilfe von unabhängig modulierten Lichtreizen im Zentrum und Umfeld haben jedoch gezeigt, daß auch bei x-Zellen keine lineare Interaktion zwischen Umfeld und Zentrum vorliegt (Eckhorn und Grüsser). Es ist daher nur bedingt richtig die x-Zellen als lineares System den y-Zellen als nicht lineares System gegenüberzustellen. Vor allem gelten für beide Zelltypen die gleichen nicht-linearen Summationsprinzipien für Lichtsignale, wie sie in Abschn. η dargestellt werden.

Die relative Häufigkeit und Dichte von x-Zellen ist im fovealen und parafovealen Bereich der Retina größer als in der Peripherie, während die relative Häufigkeit von y-Zellen zur Peripherie des Gesichtsfeldes hin zunimmt. Die Reaktionseigenschaften der beiden Zelltypen lassen vermuten, daß die y-Zellen vorwiegend für die Registrierung von bewegten Reizen, die x-Zellen mit ihren kleineren rezeptiven Feldern und tonischen Reaktionen vorwiegend für Detailanalyse ausgerüstet sind. Dies entspricht dem psychophysischen Befund, daß Detailsehen im zentralen/fovealen Bereich der Retina am besten ist, während das periphere Gesichtsfeld vorwiegend Bewegungen in der Umwelt registriert. w-Zellen, die etwa gleichmäßig über die Retina verteilt sind, sind ebenfalls ausgesprochen bewegungsempfindlich.

Phasisch-tonische (sustained, x), phasische (transient, y) und w-Zellen unterscheiden sich funktionell nicht nur durch die mehr oder weniger tonische Reaktion auf Beleuchtung des RFC, sondern auch durch die Leitungsgeschwindigkeit ihrer Axone. Zellgröße, Durchmesser D des Nervenzellfortsatzes (Axon) und Leitungsgeschwindigkeit V sind miteinander positiv korreliert, entsprechend etwa der Beziehung $V = 6 \cdot 10^6 \mathrm{D} \cdot \mathrm{s}^{-1}$. Die Leitungsgeschwindigkeit der Axone von y-Zellen ist am größten, die von w-Zellen am geringsten.

Da sowohl x- als auch y-Zellen zum Zentrum der Retina hin kleiner werden, ist jedoch auch die Leitungsgeschwindigkeit ihrer Axone abhängig von der Lokalisation in der Retina bzw. im Gesichtsfeld. In der Retina selbst sind die Axone nicht mehr von einer Myelinscheide wie im N. opticus umgeben, und entsprechend ist ihre Leitungsgeschwindigkeit im Auge wesentlich langsamer als nach Eintritt in den N. opticus.

Es muß betont werden, daß die Klassifizierung von Zellen nach morphologischen ($\alpha - \gamma$), elektrophysiologischen (Leitungsgeschwindigkeit: w, x, y) und funktionellen Gesichtspunkten (sustained/transient) jeweils verschiedene Kriterien benützt. Die Zuordnung y = transient = α-Zelle, x = sustained = β-Zelle und w = γ-Zelle muß daher im experimentellen Einzelfall klar definiert werden.

ε) *Spontanaktivität und Informationsübertragung retinaler Ganglienzellen*

Im Dunkeln haben retinale Ganglienzellen von Warmblütern eine dauernde Spontanaktivität von etwa 15–35/s.

Die Entladungen sind, sowohl spontan wie auch nach Reizen, unregelmäßig verteilt. Diese Verteilungen können durch eine Poissonverteilung oder eine Gammaverteilung zweiter bis dritter Ordnung mit kurzer initialer Totzeit entsprechend der Refraktärzeit von 3–10 ms beschrieben werden. Der mittlere Wert wie auch die Intervallverteilung dieser Daueraktivität sind von der Beleuchtungsintensität abhängig, wobei wieder verschiedene Neuronentypen eine verschieden starke positive oder negative Korrelation mit der Beleuchtungsstärke zeigen. Relativ kurzzeitige Änderungen der Beleuchtungsstärke (transiente Reize) führen zu einer Modulation der Entladungsrate um die der mittleren Leuchtdichte entsprechende Daueraktivität. An sich wäre deshalb eine Analyse der retinalen Übertragung mit Sinusreizen eine adäquate „Systemanalyse". Die nicht-lineare Summation, Überlagerung von Erregungs- und Hemmungsvorgängen sowie die nicht-linearen zeitlichen Filtereigenschaften führen jedoch dazu, daß sinusförmige Intensitätsänderungen nur in einem begrenzten Frequenz- und Intensitätsbereich auch zu entsprechenden sinusförmigen Modulationen der Entladungsfrequenz führen, während bei höheren Modulationsamplituden und bei Frequenzen über 5/s nicht-lineare Übertragungseigenschaften mit diskontinuierlichen Entladungsgruppen zu Tage treten.

Die Informationsübertragung von Ganglienzellen als Impulsintervallmodulation bei Intervallverteilungen entsprechend einer Poissonverteilung erlaubt eine Berechnung des Transinformationsflusses. Er beträgt optimal etwa 30–100 bit/s pro Ganglienzelle. Auf Grund der Nicht-Linearitäten der Übertragung und der Abhängigkeit der Reaktionen einer Nervenzelle von zahlreichen Bedingungen wie Adaptation, Reizform, Reizdauer, Reizbewegung usw. ist jedoch eine allgemeine Beschreibung der Leistung des Auges als Informationskapazität in binären Begriffen der Informationstheorie nicht sinnvoll. Dies vor allem auch deshalb, weil der „Empfänger" dieser Nachrichten im Sinn der Informationstheorie bisher nicht definiert werden kann. Die technische Informationstheorie mag jedoch bei der Analyse bestimmter Funktionen unter klar definierten Bedingungen als experimentelles Hilfsmittel nützlich sein.

ζ) *Modulationsübertragungsfunktion retinaler Ganglienzellen*

Im RFC einer Ganglienzelle ist die Empfindlichkeit auf punktförmige Lichtreize nicht gleich. Sie ist am größten in der Mitte und nimmt zur Peripherie hin ab (Abb. 15.126c, d). Dies entspricht einer abnehmenden Dendritendichte von der Mitte zu den peripheren Verzweigungen hin (Abb. 15.126a, b). Die Empfindlichkeitsverteilung im Bereich des RFC entlang eines Durchmessers kann vereinfacht durch eine Gausskurve dargestellt werden (Abb. 15.129b). Dies erklärt, weshalb retinale Ganglienzellen auf sinusförmige räumliche Veränderungen der Lichtintensität entsprechend der Größe des RFC, d.h. auf bestimmte spatiale

Frequenzen eines Lichtreizes besonders empfindlich reagieren. Hieraus und aus entsprechenden psychophysischen Versuchen wurde die Hypothese abgeleitet, daß das visuelle System eine spatiale Fourieranalyse eines Bildes durchführe. Dies ist jedoch nur eine formale Analogie und kann in dieser vereinfachten Form nicht verallgemeinert werden.

Man kann annehmen — und es gibt eine Reihe von experimentellen Hinweisen darauf —, daß die Hemmung des RFS nicht nur auf das Umfeld beschränkt ist, sondern sich ebenfalls entsprechend einer Gaußschen Verteilung über das Feldzentrum erstreckt (Abb. 15.129b). Im Bereich des RFC überlagern sich beide Effekte. Wenn man annimmt, daß sich erregende und hemmende Einflüsse in der postsynaptischen Membran der Ganglienzelle linear summieren — was im Schwellenbereich der Fall ist, jedoch nicht bei überschwelligen Erregungen (s. u.) —, läßt sich die Reaktion einer retinalen Ganglienzelle auf einen Lichtreiz beliebiger Form, d.h. die spatiale Modulationsübertragungsfunktion der Retina, folgendermaßen berechnen:

Die flächenförmige Lichtverteilung, die ein visueller Reiz auf der Retina bewirkt, sei durch

$$L(x, y)$$

gegeben. Das rezeptive Feld einer Ganglienzelle ist durch

$$g(x, y)$$

beschrieben. Die Erregung einer Ganglienzelle hängt von der Position (x', y') des Lichtreizmittelpunktes $L(x_0=0, y_0=0)$ im rezeptiven Feld $g(x, y)$ ab. Sie läßt sich durch das Faltungsintegral

$$R(x', y') = \int_{-\infty}^{+\infty} \int_{-\infty}^{+\infty} g(x, y) \cdot L(x-x', y-y') dx dy$$

darstellen.

Das rezeptive Feld der Ganglienzelle läßt sich durch zwei konzentrische Gaussverteilungen beschreiben:

$$g(r) = E_0 \exp(-(r^2/R_1^2)) - I_0 \exp(-(r^2/R_2^2)) .$$

Hierin ist

E_0 = Amplitude der Erregungsempfindlichkeit,
I_0 = Amplitude der Hemmungsempfindlichkeit,
R_1 = Radius des RFC,
R_2 = Radius des RFS,
$r^2 = x^2 + y^2$ entsprechend den oben gegebenen Definitionen.

Die tatsächliche Berechnung der Reaktion muß den Zeitfaktor berücksichtigen, da die Erregung einer Ganglienzelle immer phasisch-tonisch ist. Prinzipiell ist also $R = f(x, y, \tau)$. Nur im stationären Fall und wenn L in der Zeit nicht verändert wird, gilt $R = f(L(x, y))$.

Berücksichtigt man nur das Zeitverhalten der Zelle bei stationärem L, wird $R = f(t, L(x, y))$. Dies läßt sich formal beschreiben durch:

$$R(t) = [1 + a \exp((t_0 - t)/\tau)] R^* ,$$

wobei R^* die Zellantwort ohne Zeiteinfluß, also im stationären Zustand ist. t_0 entspricht dem Beginn der Reaktion nach dem Ein- bzw. Ausschalten des Reizes; τ ist die Zeit innerhalb derer der phasische Teil der Reizantwort auf $1/e$ vom Anfangswert abgesunken ist:

$$R(t_0 + \tau) = R^* + \frac{a}{e} R^* .$$

a ist eine empirische Konstante, die die Anfangshöhe des phasischen Anteils (aR^*) angibt. Der Ausdruck für $R(t)$ ist allerdings nur von akademischem Wert und läßt sich in der Praxis nur für jeweils klar definierte Reizbedingungen und bei Kenntnis aller dynamischen Eigenschaften einer einzelnen Ganglienzelle anwenden, da τ von der Reizintensität, vom Adaptationszustand der Retina, und vom Ganglienzelltyp (w-, x-, y-Zellen) abhängt. Bei höheren Leuchtdichten und im Helladaptationsbereich ist τ überhaupt nicht durch eine exponentielle Funktion zu beschreiben, sondern der phasisch-tonische Übergang ist durch nichtharmonische Oscillationen bestimmt.

η) Übertragungseigenschaften der Retina (Abb. 15.127 u. 15.129)

Das Auge ist über einen Intensitätsbereich von etwa 10 log-Einheiten, d.h. von einer Beleuchtung entsprechend klarem Sternenhimmel bis zu hellem Sonnenschein funktionsfähig, wenngleich sein räumliches Auflösungsvermögen in den unteren (zu wenig Lichtquanten) und oberen (Blendung) Grenzbereichen nur gering ist. Diesen weiten dynamischen Bereich verdankt es der Fähigkeit seiner Rezeptoren, auf einen mittleren Beleuchtungswert zu adaptieren. Diese Fähigkeit zur Adaptation ist, zumindest im photopischen Bereich (d.h. bei Lichtintensitäten über 1 cd/m^2) vorwiegend auf photochemische Prozesse im Rezeptor selbst zurückzuführen, da mit zunehmendem Quanteneinfall die Menge des für photochemische Reaktionen ständig zur Verfügung stehenden Rhodopsins abnimmt (Bleichung). Im mesopischen und skotopischen Bereich (unter 1 cd/m^2) kommen auch neurale Mechanismen ins Spiel, die insgesamt als neurale Adaptation bezeichnet werden, aber im Detail noch nicht ganz verstanden sind. Einer dieser neuralen Mechanismen ist eine Änderung des Übertragungsfaktors vom Rezeptor zur Bipolarzelle durch verstärkte Erregung der Horizontalzellen entsprechend einer Kurzschlußhemmung (shunting inhibition).

Beide, die photochemischen wie die neuralen Mechanismen führen jedoch zu einem ähnlichen Formalismus. Die photochemische Adaptation folgt im wesentlichen dem Massenwirkungsgesetz. Im Falle der neuronalen Adaptation, also einer Kurzschlußhemmung im Übergang zwischen Rezeptoren und Bipolarzellen, ergibt sich formal die gleiche Beziehung $R = a \frac{I}{b + cI}$ (R = Reaktion, I = Lichtintensität, a, b, c = Konstanten). Hieraus ergeben sich die seit 100 Jahren bekannten psychophysischen Beziehungen eines An-

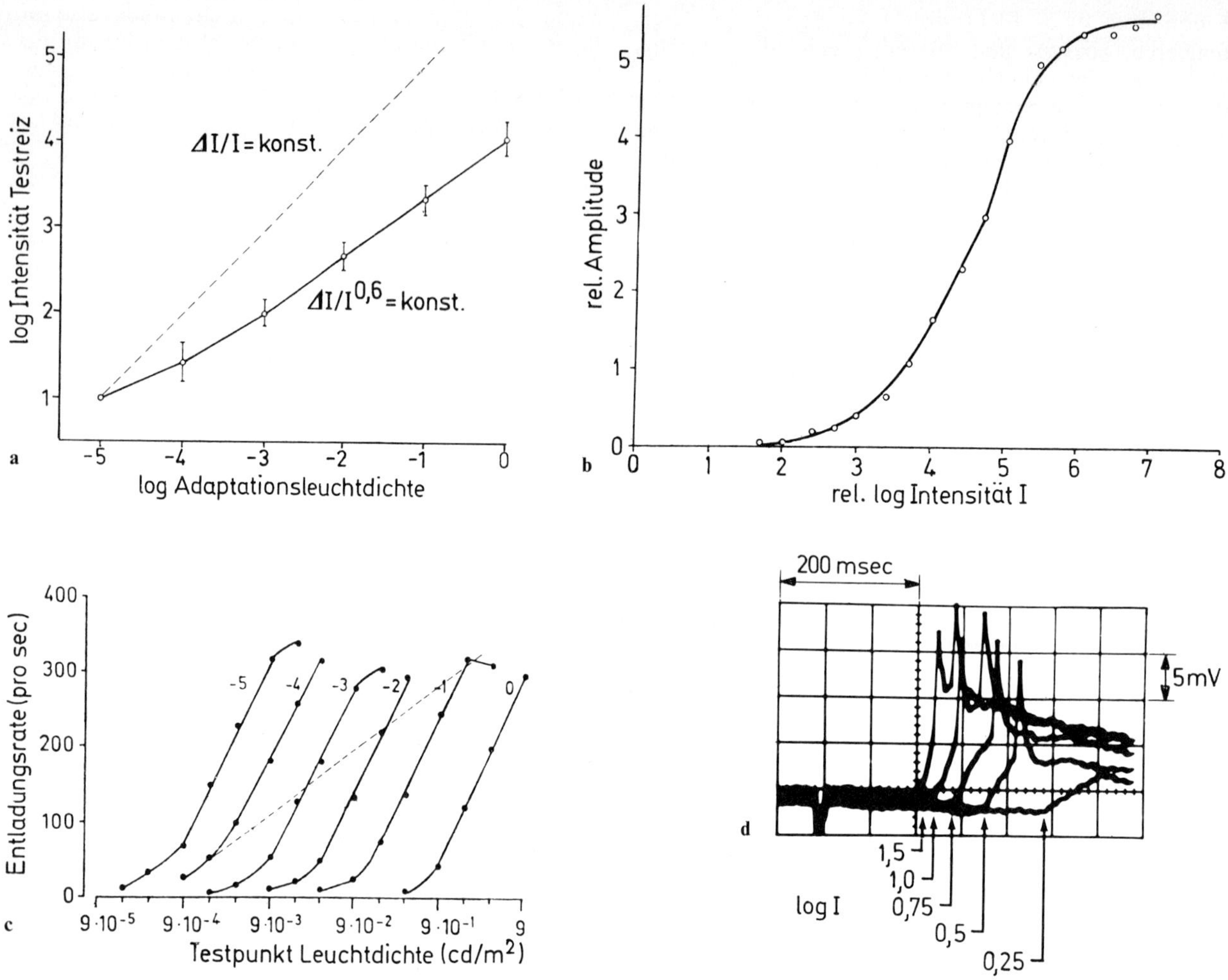

Abb. 15.127a–d. Dynamische Reaktionen von retinalen Ganglienzellen. **a** Adaptation der Retina. Auf der Abszisse ist die Adaptationsleuchtdichte (cd/m^2) in logarithmischen Einheiten aufgetragen, auf der Ordinate die Stärke eines Testreizes, der zu einer konstanten, gerade überschwelligen Reaktion führt. Wenn die Adaptation vollständig wäre (ΔI = konst.) würde eine 45°-Gerade resultieren (gebrochene Linie). Tatsächlich findet sich eine Gerade entsprechend $\Delta I/I^{0,6}$ = konst. entsprechend einer zunehmenden Empfindlichkeit in der Retina bei höheren Adaptationsleuchtdichten. **b** Dynamischer Bereich des Rezeptorpotentiales bei gleicher Adaptionsleuchtdichte. Die Amplitude des Potentials (Ordinate) ändert sich über einen Bereich von 4–5 log-Einheiten der Reizintensität (Abszisse) entsprechend einer S-förmigen Kurve. **c** Dynamische Kennlinien einer retinalen Ganglienzelle bei verschiedenen Adaptationsleuchtdichten. Bei jeder Adaptationsleuchtdichte besteht ein dynamischer Bereich von 1–2 log-Einheiten (also wesentlich kleiner als bei den Rezeptoren). Infolge der Adaptation der Rezeptoren werden die dynamischen Kennlinien parallel verschoben. Die Adaptationsleuchtdichte ist jeweils an die einzelnen Kennlinien geschrieben (log-Einheiten). Reaktionen bei gleichem $I_A + \Delta I$ (ΔI = 1,3 log-Einheiten) sind durch eine gestrichelte Kurve miteinander verbunden. Wenn das Weber-Fechnersche Gesetz ($\Delta I/I$ = konst.) gelten würde, müßte die Linie parallel zur Abszisse verlaufen. Ordinate: Reaktionsstärke (Entladungen pro Sek. während der ersten 200 ms der Reaktion). **a–c** Aus Creuzfeldt, O.D., a.a.O., 1972, Untersuchungen mit B. Sakmann. **d** Abhängigkeit der Reaktionslatenz von der Lichtintensität. Ableitung von einer amakrinen Zelle der Retina der Molchlarve. Bei ansteigender Reizintensität nimmt die Reaktionslatenz ab. Diese Latenzabnahme ist durch einen rascheren Anstieg des Rezeptorpotentiales bei stärkerem Quanteneinfall bedingt. (Aus Werblin, F.S., Dowling, J.E., a.a.O.)

steigens der Wahrnehmungsschwelle bzw. -größe (ΔI) proportional zur Adaptationsleuchtdichte (I), d.h. $\Delta I/I$ = konst. (Weber-Fechner-Gesetz). Diese Beziehung gilt allerdings nicht über den gesamten Adaptationsbereich des Auges. Im skotopisch-mesopischen Bereich (Dämmerungs- und Dunkelsehen bis zu einer Leuchtdichte von etwa 10^{-1} cd/m^2) war schon seit langem aus psychophysischen Versuchen bekannt, daß die Sensitivität der Retina mit zunehmender Adaptationsleuchtdichte (ΔI) zunimmt. Neurophysiologische Messungen an einzelnen retinalen Ganglienzellen haben ergeben, daß diese Zunahme der Beziehung $\Delta I/I^n$ = konst. entspricht, wobei n zwischen 0,45 und 0,75 variiert (im Mittel 0,6) (Abb. 15.127a). Im photopischen Bereich, d.h. bei Adaptationsleuchtdichten über 1 cd/m^2, ist die Adaptation fast ausschließlich durch photochemische Prozesse in den Rezeptoren bestimmt und entsprechend gilt hier das Weber-Fechnersche Gesetz $\Delta I/I$ = konst. mit größerer Annäherung.

Die dynamischen Kennlinien sowohl der Rezeptoren als auch der Ganglienzellen sind, bei Auftragen der Reaktion gegen $\log I$, immer S-förmig, d.h. sie haben einen initialen linearen, einen mittleren logarithmischen und einen oberen Sättigungsbereich. In jedem Adaptationsbereich haben die Rezeptoren einen dynamischen Bereich von 3–4 log-Einheiten (Abb. 15.127b), während die Ganglienzellen nur über einen Bereich von 1–2 log-Einheiten eine dynamische Beziehung zwischen Lichtintensität und Reaktionsstärke aufweisen (Abb. 15.127c). Die Reizstärke-Reaktionsbeziehungen lassen sich durch die allgemeine Formel $R = a\frac{I}{b + cI}$ vollständig beschreiben, während die üblichen Formulierungen $R = a \log I$ (logarithmische oder Weber-Fechner-Beziehung) bzw. $R = aI^n$ (Potenzfunktion oder Stevens-Beziehung) nur einen begrenzten Bereich beschreiben.

Dynamische Kennlinien einer retinalen Ganglienzelle bei verschiedenen Adaptationszuständen sind in Abb. 15.127c gezeigt. Die Kennlinien sind infolge der Adaptation im Rezeptorbereich in der logarithmischen Darstellung parallel gegeneinander verschoben. Doch ist der Abstand zwischen den parallelverschobenen Kennlinien kleiner als die Veränderung der Adaptationsleuchtdichte. Entsprechend nehmen die Reaktionen bei konstantem $\Delta I/I$ [oder konstantem $\log(\Delta I) + \log(I$ Adapt.) (gestrichelte Linie in Abb. 15.127c) zu. Dies bedeutet, daß nicht nur die Schwellenempfindlichkeit (Abb. 15.127a), sondern auch die relative Empfindlichkeit der Retina im photopischen größer als im mesopischen und skotopischen Bereich ist.

Die Tatsache, daß größere Ganglienzellen von vielen Rezeptor-Bipolarkanälen erregt werden, führt dazu, daß die einzelne Ganglienzelle nicht zwischen einer starken Erregung über einen einzelnen Rezeptor-Bipolarkanal und einer gleich großen Erregungssumme, die aus einer schwächeren Erregung vieler Rezeptor-Bipolarzellkanäle zusammengesetzt ist, unterscheiden kann. Im Schwellenbereich sind Reizgröße und -intensität völlig äquivalent und es gilt hier die Beziehung $AI =$ konst., wobei A die Fläche des Lichtreizes und I seine Intensität bedeuten (Ricco's Gesetz). Im überschwelligen Bereich gilt dagegen Ricco's Gesetz wegen der nicht-linearen Summationseigenschaften der Ganglienzellen nicht mehr.

ϑ) Räumliche und zeitliche Kontrastphänomene. Laterale Hemmung

Die besondere Organisation der rezeptiven Felder führt dazu, daß räumliche und zeitliche Kontraste in der Retina verstärkt werden. Werden durch einen diffusen Lichtreiz sowohl das RFC als auch das RFS gleichzeitig erregt, ist die Reaktion der Ganglienzelle schwächer als wenn nur das Zentrum beleuchtet würde. Ganglienzellen, die entlang einer Kontrastlinie liegen, und bei denen somit ein Teil des hemmenden Umfeldes nicht beleuchtet wird, reagieren stärker als von der Kontrastgrenze entfernt liegende Zellen, bei denen das RFZ und das RFS ganz ausgeleuchtet werden (s. Abb. 15.126e, f). Dies führt psychophysisch zu den bekannten Kontrastwahrnehmungen, die als räumlicher oder Simultankontrast sowie als Machbänder bekannt sind: Am Rande eines dunklen Feldes auf hellem Grund erscheint die Helligkeit oder Dunkelheit unmittelbar neben dem Helligkeitssprung stärker ausgeprägt als weiter entfernt davon, wie man sich dies in einem einfachen Versuch am Schreibtisch selbst demonstrieren kann. Die stärkere Helligkeit ist Ausdruck der stärkeren Erregung der on-Zentrumzellen, die stärkere Dunkelheit Ausdruck überhöhter Aktivität der off-Zentrumzellen im Kontrastbereich, infolge eines teilweisen Wegfalls der lateralen Umfeldhemmung.

Die laterale Hemmung aus dem RFS ist z.T., wenn nicht vorwiegend, multiplikativ. Sie wird also um so stärker in Erscheinung treten, je stärker die Erregung des Zentrums ist. Kontrastphänomene werden entsprechend deutlicher in Erscheinung treten, je größer der Kontrast ist und treten im Schwellenbereich (und im Bereich des Dunkelsehens) nicht auf.

Die verschiedenen Zeitkonstanten von Erregung und Hemmung führen zu komplexen, nicht-harmonischen Erregungsoszillationen der einzelnen Ganglienzellen nach einem Lichtreizsprung. Erregungsmaxima der on-Zentrum-Neurone fallen mit Minima der off-Zentrum-Neurone zusammen und entsprechen den sog. positiven Nachbildern unmittelbar nach Ein- oder Ausschalten eines Lichtreizes bzw. nach einem kurzen Lichtblitz, während Hemmungsphasen der on-Zentrum- und gleichzeitige Erregungsphasen der off-Zentrum-Neurone mit negativen Nachbildern zeitlich korrelieren. Diese unmittelbaren Beziehungen zwischen Erregungsveränderungen retinaler Ganglienzellen und psychophysischen Erscheinungen sind interessante Beispiele für die Korrelation von Wahrnehmungsphänomenen und neuronalen Vorgängen. Sie haben R. Jung zu der Vorstellung geführt, daß on-Zentrum-Neurone Helligkeit (Belichtung, B-System) und off-Zentrum-Neurone Dunkelheit (D-System) an das Zentralnervensystem melden. Von den kurzzeitigen Nachbildern im Bereich von 0,1–1 s nach dem Reizsprung sind jedoch die langdauernden Nachbilder zu unterscheiden, die auf Bleichung von Rhodopsin in den Rezeptoren zurückzuführen sind.

ι) Spektrale Filtereigenschaften von Neuronen im visuellen System

Der neuronale Code für Farben (Abb. 15.128). Die spektralen Filtereigenschaften der verschiedenen Zapfen sind die Grundlage für das Farbensehen. Die Ausgangssignale der retinalen Farbrezeptoren werden jedoch auf dem Wege in das Zentralnervensystem miteinander verschaltet, so daß die verschiedenen Filter miteinander interagieren. Es sollen hier nur die neuronalen Signale dargestellt werden, die über das Corpus geniculatum laterale (CGL) weiter in die Hirnrinde geleitet werden (s. Abschn. 2.3), das heißt eine Integrationsstufe oberhalb der Retina auf dem Weg zur Hirnrinde.

Im CGL von Primaten finden sich zwei verschiedene Unterkerne: der großzellige (oder magnozelluläre) und der kleinzellige (oder parvozelluläre) Kern. Die Neuro-

Abb. 15.128a, b. *Kodierung von Farbe durch Neurone des Corpus geniculatum laterale des Rhesusaffen (parvozellulärer Kern).* **a** Registrierung der Reaktionen der 5 verschiedenen Zelltypen auf bewegte monochromatische Reize. Über das rezeptive Feld eines Neurons werden jeweils Streifen verschiedener Farbe bewegt (*W* = Weiß, *B* = Blau, *G* = Grün, *Y* = Gelb, *O* = Orange, *R* = Rot) und die Zahl der Entladungsimpulse der Zelle werden gezählt (Eichung *rechts unten*). Die Zelltypen NS, WS, Wl, NL und Li sind hinsichtlich ihrer spektralen Empfindlichkeit im Text näher erklärt. Die NS-Zellen werden nur durch kurzwellige Reize erregt, durch alle anderen Farben und durch Weiß gehemmt. Die WS- und WL-Zellen werden über einen weiteren Spektralbereich und durch Weiß erregt, und nur durch lang- bzw. kurzwelliges Licht gehemmt. Die NL-Zellen werden nur durch langwelliges Licht erregt, von allen anderen Farben inkl. Weiß gehemmt. Die LI-Zellen werden durch alle Farben mit Ausnahme der langen oder kurzen Wellenlängen gehemmt. **b** Halbschematische Darstellung der funktionellen Organisation spektral empfindlicher Zellen des CGL: In *a* ist die spektrale Empfindlichkeit der 3 bekannten Rezeptortypen dargestellt, wie sie sich auf Grund von psychophysischen Messungen ergeben, *b* zeigt die negative Summe aller Rezeptorausgänge, gewichtet entsprechend ihrer Häufigkeitsverteilung. Wenn dieser „Inhibitionstopf" (inhibitory pool) von der Erregung je eines Rezeptortypes subtrahiert wird, ergibt sich die spektrale Erregbarkeit der verschiedenen Zelltypen im CGL (*c*). Die *gestrichelten Linien* bedeuten Hemmung der Spontanaktivität. *d* Da die erregenden und hemmenden rezeptiven Felder konzentrisch überlagert sind, ergeben sich für die verschiedenen Zelltypen bei den verschiedenen Wellenlängen (unter den jeweiligen Kolumnen angegeben) die als schraffierte Felder angegebenen Erregungsprofile. Das Erregungsprofil des exzitatorischen rezeptiven Feldes (nach oben gezeichnet) wurde als Parabel und das des inhibitorischen Feldes (nach unten gerichtet) als Gaußsche Verteilung angenommen. Der Scheitel der Parabel ergibt sich aus der spektralen Erregbarkeit der verschiedenen Rezeptoren (*a*), und für die inhibitorischen Felder aus der spektralen Funktion des Inhibitionstopfes (*b*). Vereinfacht wurde eine lineare Summation angenommen, und das schattierte Feld zeigt die resultierenden Reaktionsprofile, wie sie sich bei den verschiedenen monochromatischen Reizen ergeben. Sie stimmten überein. [Aus Creutzfeldt, O. et al.: Exp. Brain Res. **35**, 527–545 (1979)]

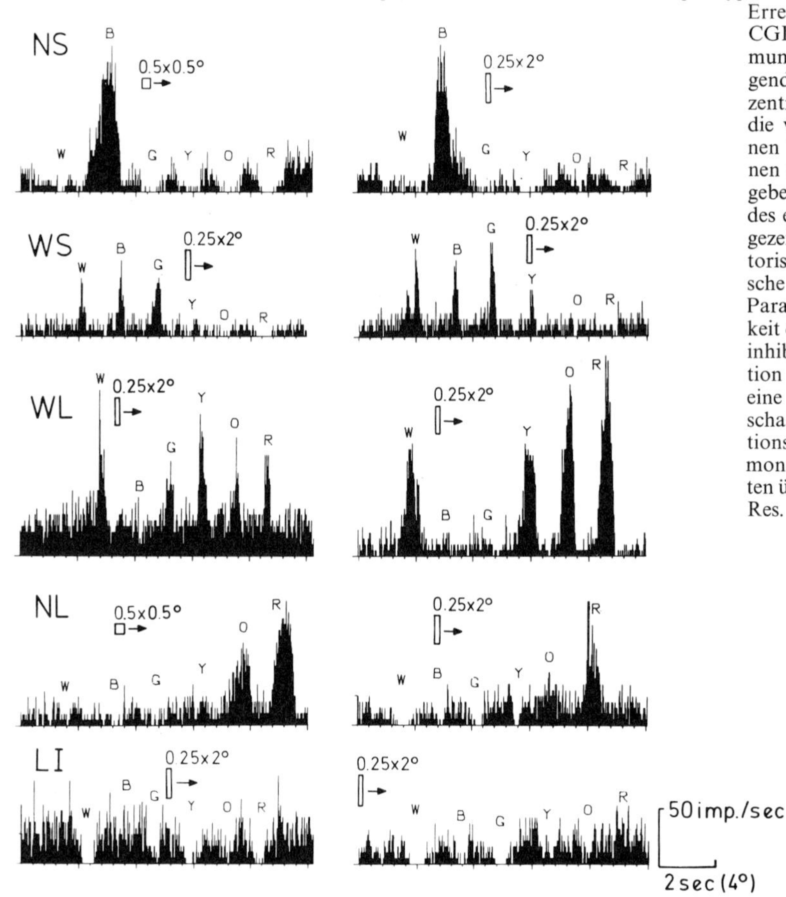

a

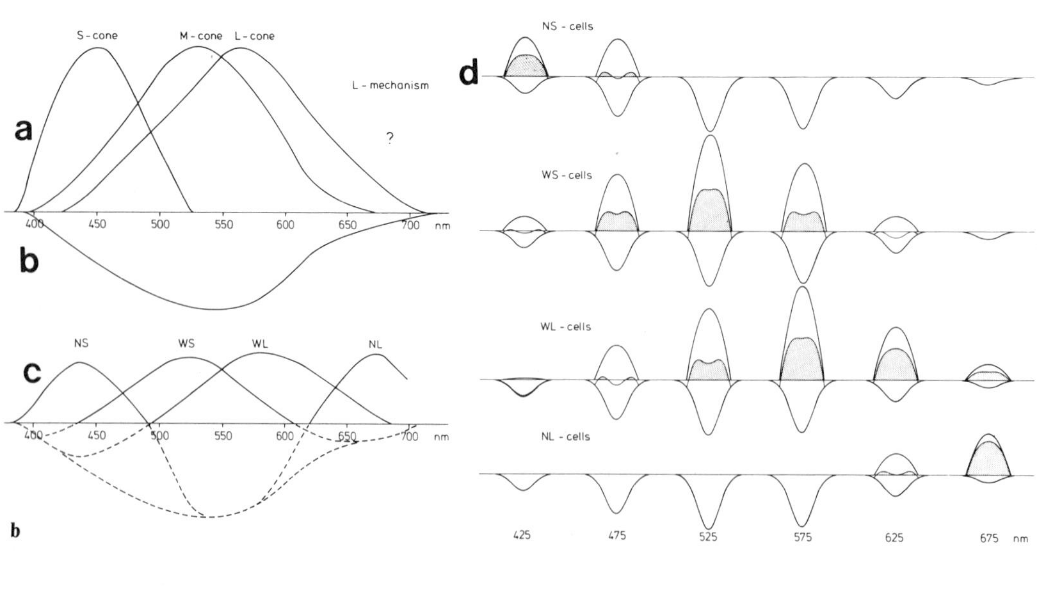

b

ne im parvozellulären CGL zeigen spektrale Empfindlichkeit, während diejenigen des magnozellulären Kerns für alle Bereiche des Spektrums gleich empfindlich sind, also panchromatische Eigenschaften haben. Hier lassen sich on- und off-Zentrum-Neurone wie beim achromatischen Hell-Dunkel-System der Katzen unterscheiden. Die Neurone des parvozellulären CGL lassen sich in 4 Gruppen von spektralen Filtern einteilen, sowie eine zusätzliche Gruppe von lichtgehemmten Zellen, mit stärkerer Hemmung im lang- oder kurzwelligen Bereich (s. Abb. 15.128a).

Zwei Gruppen der spektral empfindlichen Neurone zeigen Breitband-, zwei Schmalbandeigenschaften. Die Breitbandneurone haben maximale Erregbarkeit bei etwa 525 nm (WS-Neurone, wide band, short wavelength sensitivity) bzw. bei 600–625 nm (WL; wide band, long wavelength sensitivity). Die spektrale Erregbarkeit reicht von etwa 425–625 nm bei den WS- und von 475–700 nm bei den WL-Zellen. Die Schmalbandneurone haben einen Bereich von <400–500 nm (NS; narrow band, short wavelength), bzw. 600–750 nm (NL; narrow band, long wavelength). Monochromatisches Licht außerhalb der erregenden Spektralbereiche führt zu einer Unterdrückung der Spontanaktivität der Neurone, d.h. zu einer Hemmung. Die parvozellulären Neurone werden daher auch als Gegenfarbenneurone (opponent color cells) im Gegensatz zu den achromatischen Neuronen (non-opponent cells) des magnozellulären Kerns bezeichnet. Erregende und hemmende spektrale Reize interagieren nichtlinear miteinander, wobei die hemmenden Einflüsse eher multiplikativ als additiv wirken. Die Folge ist, daß spektrale Mischungen zu Hemmung oder Erregung entsprechend ihrer relativen Intensität führen. Achromatisches *Weiß* führt zu einer Erregung der neuronalen Breitbandfilter (WS, WL), während die Schmalbandfilter (NS, NL) durch weißes Licht gehemmt werden. Umgekehrt werden letztere durch *Schwarz* erregt, und erstere gehemmt. Bei achromatischen Lichtreizen verhalten sich die farbkodierenden Neurone also wie on- (WS, WL) bzw. off-Zentrum-Neurone (NS, NL) der Katze.

Die erregenden und hemmenden Einflüsse aus verschiedenen Spektralregionen sind konzentrisch überlagert. Die Reaktionen der spektralen Filterneurone des CGL lassen sich durch das in Abb. 15.128b dargestellte Modell erklären. Es wird angenommen, daß jedes Filterneuron nur von einem Zapfentyp (S = kurzwellig-blau; M = mittlere Wellenlängen-grün/gelb; L = lange Wellenlängen-gelb/rot) erregt und aus einem Hemmungstopf (inhibitory pool), in den Signale von allen Zapfentypen gespeist werden, gehemmt wird. Entsprechend reicht die Hemmung über den ganzen Spektralbereich, während die Erregung auf Bereiche je einzelner Zapfentypen beschränkt ist. Infolge dieser Überlagerung einer relativ engen spektralen Erregung durch einen panchromatischen Hemmbereich kommt es zu einer Verschärfung der Filtereigenschaften der einzelnen spektralen Kanäle [vgl. Abb. 15.128b (*a*) und (*c*)]. Räumlich sind die erregenden („monochromatischen") und die hemmenden („panchromatischen") Felder konzentrisch überlagert, wobei das Hemmfeld etwas größer als das Zentrum sein kann [Abb. 15.128b (*c*)].

Für den NL-Kanal muß noch ein besonderer Mechanismus der Interaktion zwischen dem Grün- (M) und Rot (L-)Zapfen angenommen werden, so daß hier nur das langwellige Ende der spektralen Empfindlichkeit des L-Zapfens wirksam wird (L–M). Ein eigener Rezeptor im langwelligen Bereich wurde bisher nicht gefunden.

Farben werden also im Zentralnervensystem durch bestimmte Erregungskombinationen der verschiedenen neuronalen Farbfilter kodiert, wobei durch jede Farbe mindestens zwei Kanäle erregt werden (s. Abb. 15.128a). Die achromatischen Farben Schwarz und Weiß werden entsprechend durch Erregung der Schmalband- (NS und NL) bzw. Breitbandfilter (WS und WL) kodiert. Hieraus folgt, daß der Dekodierer im Zentralnervensystem die Ausgänge der verschiedenen spektralen Neuronenfilter miteinander vergleichen muß, und daß sie nicht additiv miteinander verschaltet werden dürfen. Beim Dunkelsehen (skotopischer Sehbereich) übernehmen offenbar die Stäbchen die Erregungskontrolle der verschiedenen Spektralfilter. Da diese nur einen Sehfarbstoff (Rhodopsin) enthalten, werden im skotopischen Bereich nur verschiedene Graustufen unterschieden.

Die panchromatischen magnozellulären Neurone reagieren auf Änderungen des Lichtfluxes, ohne Rücksicht auf dessen spektrale Zusammensetzung, mit kurzen phasischen Reaktionen ähnlich wie die y-Zellen der Katzenretina. Diese Zellen sind daher besonders dazu geeignet, Kontrastlinien zu erkennen, während die Farben durch die mehr tonisch reagierenden paryozellulären Neurone repräsentiert werden.

κ) *Zusammenfassung* (Abb. 15.129)

Das vom optischen Apparat auf die Rezeptorschicht der Retina geworfene Bild der Umwelt wird in Rasterpunkte aufgelöst, deren Größe durch die rezeptiven Felder der retinalen Ganglienzellen gegeben ist. Das Rasterkorn ist im zentralen (fovealen) Bereich der Retina feiner als im peripheren. Proportional zur Feldgröße nimmt die Dichte der Ganglienzellen zur Peripherie hin ab. Die „Punkte" des Rasters, also die Ganglienzellen, registrieren und übermitteln mittlere Leuchtdichten im Bereich ihrer rezeptiven Felder. Die rezeptiven Felder von benachbarten Ganglienzellen überlappen sich. Kontraste werden stärker hervorgehoben als gleichmäßig ausgeleuchtete Flächen. Durch besondere, im einzelnen noch nicht bekannte Verschaltungsmechanismen kann ein Typ von Ganglienzellen durch Licht erregt, ein anderer gehemmt werden (on- und off-Zentrumneurone). Für verschiedene Spektralbereiche des Lichtes existieren verschiedene neuronale Spektralfilter, die aus der Zusammenschaltung der Erregung von je einem Zapfentyp und der Hemmung durch alle Zapfen resultieren.

Durch Adaptation im Rezeptorbereich kann die Retina sich auf verschiedene Helligkeiten einstellen über einen Gesamtbereich von etwa 10 log-Einheiten.

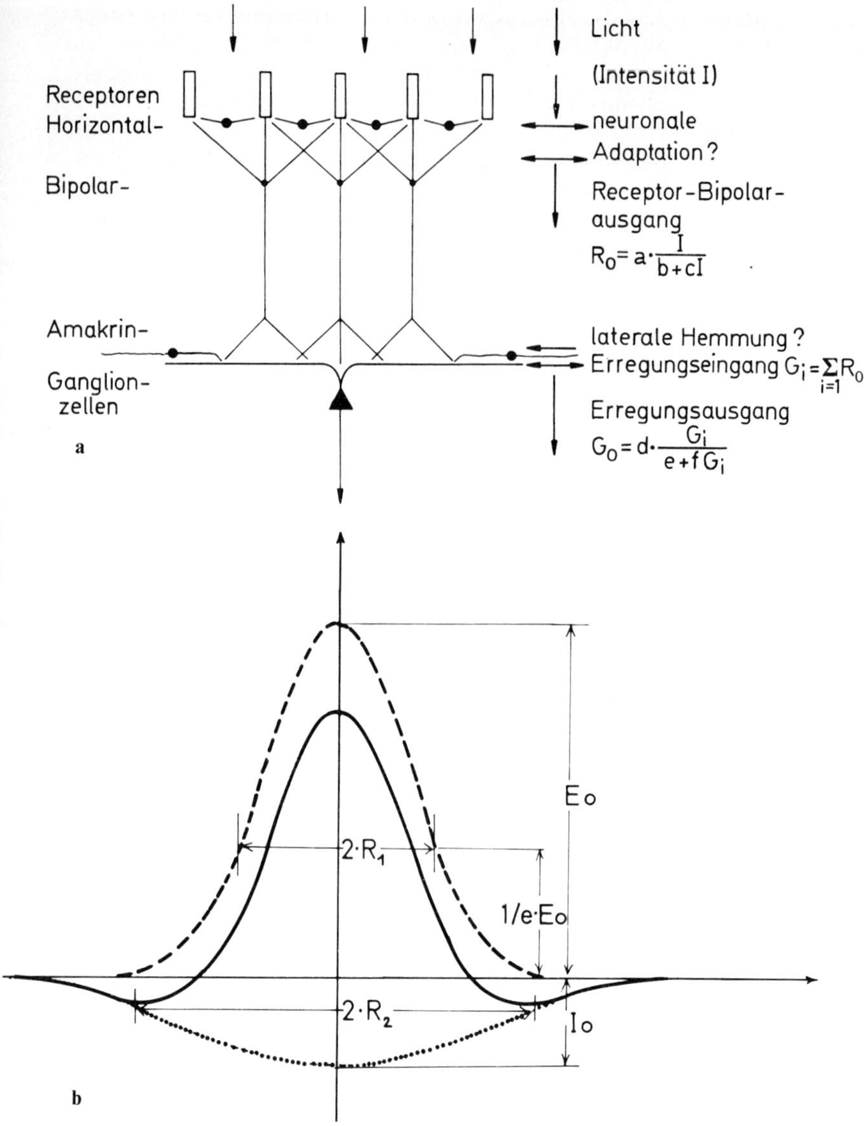

Abb. 15.129a, b. Modellhafte Darstellung der funktionellen Organisation der Retina. **a** Vertikale Organisation: Lichtenergie wird in den Rezeptoren in chemisch-physikalische Energie umgewandelt und als Erregung an die Bipolarzellen weitergegeben. Die Rezeptor-Bipolarzellübertragung kann durch die Horizontalzellen moduliert werden (gain control), wahrscheinlich ein Mechanismus der neuronalen Adaptation an Lichtintensität. Der Erregungsausgang aus den Bipolarzellen hängt von der Lichtintensität in der durch die Gleichung angegebenen Weise zusammen (nicht-lineare Summation unter Vernachlässigung von Adaptionsvorgängen). Die Ganglienzellen summieren die Erregung aus mehreren Bipolarzellen, ebenfalls nicht-linear. [Aus Creutzfeldt, O.D.: Electroencephal. Clin. Neurophysiol. Suppl. **31**, 159–169 (1972).] **b** Modell des rezeptiven Feldes von retinalen Ganglienzellen: Die Erregungsverteilung im rezeptiven Feldzentrum wird als Gauß-Kurve beschrieben (obere gestrichelte Kurve), diejenige des konzentrisch überlagerten inhibitorischen Feldes ebenfalls als Gauß-Kurve, aber flacher, mit umgekehrtem Vorzeichen und größerem Streubereich, bzw. größerer Ausdehnung (untere gepunktete Kurve). Durch Subtraktion der beiden Kurven ergibt sich die tatsächliche Empfindlichkeitsverteilung im rezeptiven Feld mit inhibitorischem Umfeld und exzitatorischem Zentrum (durchgezogene Linie). Mit Hilfe dieses Modells läßt sich die Modulationsübertragungsfunktion von einzelnen retinalen Ganglienzellen berechnen. Diese Berechnung wird vereinfacht, wenn die Durchmesser des RFC und RFS auf den einfachen Varianzbereich (σ) der angenommenen Gauß-Kurve beschränkt werden. [Aus Wässle, H., Creutzfeldt, O.D.: J. Neurophysiol. **36**, 13–27 (1973)]

In jedem Helligkeitsbereich ist der dynamische Bereich der Rezeptoren 3–4 log-Einheiten, der der Ganglienzellen 1–2 log-Einheiten. Die Intensitätsübertragung ist nicht-linear und wird durch die Gleichung $R = a\frac{I}{b+cI}$ beschrieben. In begrenzten Bereichen (ca. 1 log-Einheit) kann sie durch $R = a \log I$ oder $R = aI^n$ beschrieben werden. Vom skotopischen bis zum photopischen Bereich nimmt die Empfindlichkeit der Retina entsprechend $\Delta I / I^{0,6} =$ konst. zu, während sie im photopischen Bereich etwa gleich bleibt ($\Delta I / I =$ konst.).

λ) Der Nervus opticus und seine Verbindungen mit dem Zentralnervensystem (Abb. 15.130a, c)

c) Die Fortleitung der Information von der Retina in das Gehirn

Die Erregung der einzelnen Ganglienzellen wird über die Nervenfortsätze (Axone) im N. opticus in das Zentralnervensystem (ZNS) fortgeleitet, wobei jede Ganglienzelle nur ein Axon aussendet. Der N. opticus der Katze hat etwa 10^5 bis $2 \cdot 10^5$ Axone, der des Menschen ca. 10^6. Damit ist der Informationskanal des visuellen Systems, gemessen an der Zahl der afferenten Fasern, größer als alle anderen sensorischen Kanäle (Hören, Riechen, Schmecken, Somatosensorik) zusammengenommen. Bei Säugetieren sind die meisten, wenn nicht alle Axone myelinisiert, doch finden sich verschiedene Axondiameter, entsprechend der Größe der retinalen Ursprungszellen (w-, x- und y-Zellen, s.o.).

Die Position der Opticusfasern relativ zueinander entspricht im Groben der Anordnung der zugehörigen Ganglienzellen in der Retina. Bei niederen Tieren mit seitlich stehenden Augen (unterhalb der Säugetiere) kreuzen die optischen Nerven vollständig, d.h. vom rechten Auge auf die linke Hirnhälfte und umgekehrt, während bei den Säugetieren mit zunehmender Wanderung der Augen von seitlicher zu frontaler Stellung die lateralen (temporalen) Anteile der Retina ungekreuzt nach oben projiziert werden und nur die medialen (nasalen) Anteile kreuzen (Abb. 15.130a). Dies bedeutet, daß das rechte Gesichtsfeld auf die linke Hirnhälfte und das linke Gesichtsfeld auf die rechte Hirnhälfte projiziert werden, entsprechend der Kreuzung aller lateralisierten Hirnfunktionen. Die Information von den korrespondierenden Netzhauthälften der beiden Augen wird im Zentralnervensystem zusammengeführt. Die Parallaxverschiebung der Projektion verschiedener Punkte der Umwelt auf den jeweiligen korrespondierenden Retinahälften infolge des Augenabstandes kann vom ZNS gemessen werden und ist einer der Grundmechanismen des stereoskopischen Sehens.

Die Fasern des N. opticus und damit die Information aus der Retina werden in verschiedene Teile des ZNS projiziert. Bei Fischen, Amphibien und Reptilien existiert nur die phylogenetisch ältere Projektion in das Mittelhirn (Tectum opticum und Praetectum, tectale Projektion), während bei höheren Tieren vom Vogel an aufwärts zusätzlich eine z.T. mehrfache Projektion über das Corpus geniculatum laterale in die Hirnrinde erfolgt. Diese geniculo-corticale Projektion nimmt an Ausdehnung und funktioneller Bedeutung in der phylogenetischen Entwicklung zu. Außerdem findet sich bei den meisten bisher untersuchten Wirbeltieren eine Abzweigung von Fasern in den Hypothalamus, d.h. in die vegetativen Zentren, von denen aus Hormonhaushalt und circadiane Periodik gesteuert werden. Die Projektion in das Praetectum dient vorwiegend einfachen Regelmechanismen wie Einstellung der Pupillenweite (Pupillomotorik) und einfachen Augenstellreflexen. Die tectale Projektion nimmt mit zunehmender Entwicklung des geniculo-corticalen Systems bei höheren Tieren an funktioneller Bedeutung für die visuelle Orientierung und Wahrnehmung ab. So können sich z.B. Mäuse, Ratten und sogar Katzen nach Zerstörung der visuellen Hirnrinde unmittelbar nach der Geburt noch gut im visuellen Raum verhalten und Ausfälle sind oft erst in komplexen Situationen nachweisbar. Wird die visuelle Hirnrinde bei ausgewachsenen Tieren zerstört, resultiert jedoch eine „corticale Blindheit", d.h. eine Unfähigkeit zur visuellen Erkennung von Details (Formen), die je nach phylogenetischer Stellung des Tieres in verschiedenem Ausmaß das „visuelle Verhalten" beeinträchtigt. Beim Menschen sind nach umschriebener Läsion in der primären Hirnrinde (Area 17) zwar noch einige visuell ausgelöste Reaktionen, aber keine visuelle Wahrnehmung und kein visuell gesteuertes Verhalten mehr möglich. Affen lernen erst nach langjährigem Training das verbleibende tectale System visuell in begrenztem Ausmaß zu nutzen doch bleiben dauernde Störungen des visuellen Diskriminationsvermögens.

Das retino-tectale und das retino-geniculo-corticale System stehen über Informationsschleifen miteinander in Verbindung. So finden sich Projektionen aus den visuellen Hirnrindenanteilen in das Tectum opticum, und von diesem zurück in die Hirnrinde. Hirnrindenteile, die aus dieser Schleife Information erhalten, erhalten zusätzlich direkte Verbindungen aus der primären visuellen Rindenprojektion (Area 17), so daß in diesen nachgeschalteten Rindengebieten mehrfach, aber offenbar verschieden vorverarbeitete Information zusammenläuft. Bei Primaten ist das Gesichtsfeld auf diese Weise in der Hirnrinde mehrfach über teils kaskadenartig, teils sequentiell miteinander verbundene Felder bis zu fünf- oder sogar noch mehrfach repräsentiert (s. 15.2.4.3c ε).

α) Details der retino-corticalen Projektion (Abb. 15.130b, 15.131)

Ein wesentliches Prinzip bei der Projektion von der Retina in das ZNS ist die Tatsache, daß in praktisch allen visuellen Gebieten die „Retinotopie" erhalten bleibt (Abb. 15.130b). Dabei ist im Groben das Prinzip einer affinen, d.h. ortsgetreuen Abbildung des retinalen Ganglienzellmosaiks gewahrt. Dies bedeutet jedoch nicht eine gleichförmige Abbildung der Umwelt im Zentralnervensystem, da in der Retina die Ganglienzelldichte im zentralen (fovealen) Bereich größer als im peripheren Bereich ist (s.o.). In Area 17 ist das Hirnvolumen, das für eine Einheitsmenge retinaler Ganglienzellen zur Verfügung steht, über das ganze Gesichtsfeld konstant. Entsprechend ist der Vergrößerungsfaktor, d.h. die Menge Hirnvolumen, die pro Grad Sehwinkel in der Hirnrinde zur Verfügung steht, im zentralen (fovealen) Bereich größer als im parafovealen und peripheren Gesichtsfeld. Bei der Katze ist der reziproke Wert des corticalen Vergrößerungsfaktors im Bereich der Area centralis etwa 0,5°/mm, im peripheren Bereich 2°/mm (Abb. 15.130b). Bei Primaten ist er in der Fovea 0.1°/mm, in der Peripherie 0,50°/mm. Dies führt zu einer verzerrten (anamorphotischen) Abbildung der Umwelt in der Hirnrinde. Da andererseits die Zelldichte in der Hirnrinde homogen ist, bedeutet dies gleichzeitig, daß im fovealen Bereich in der Hirnrinde wie in der Retina mehr Zellen (mit kleineren, d.h. genaueren rezeptiven Feldern) zur Analyse eines Einheitsfeldes zur Verfügung stehen als im parafovealen und peripherem Bereich.

Ein weiteres wichtiges Prinzip der Projektion aus der Peripherie, in unserem Fall aus der Retina in das Zentralnervensystem ist die *Divergenz*: Jede Faser des N. opticus teilt sich im Corpus geniculatum laterale mehrfach auf und erregt etwa 5 Relaiszellen. Die Fasern dieser Zellen teilen sich im Cortex wiederum auf und erregen jeweils wiederum 10–20 Neurone der „ersten Generation". Die Relaiszellen im Geniculatum und die Zellen der „ersten Generation" im Cortex (etwa 20–30 %) erhalten ihre Haupterregung von nur je einer Faserart, von ihnen viele oder sogar alle (wie der Autor dieses Artikels nicht unumstritten annimmt) von nur einer retinalen Ganglienzelle. Auf diese Weise kommt es zu einer Mehrfachrepräsentation jeder retinalen Ganglienzelle in dem corticalen Projektionsfeld mit einem Multiplikationsfaktor von etwa 100–1000. Die Verzweigungen einer einzelnen Faser in der Hirnrinde reichen über einen Bereich von etwa 2,0–3,0 mm ihre Endigungen sind über diesen Bereich gestreut. Da

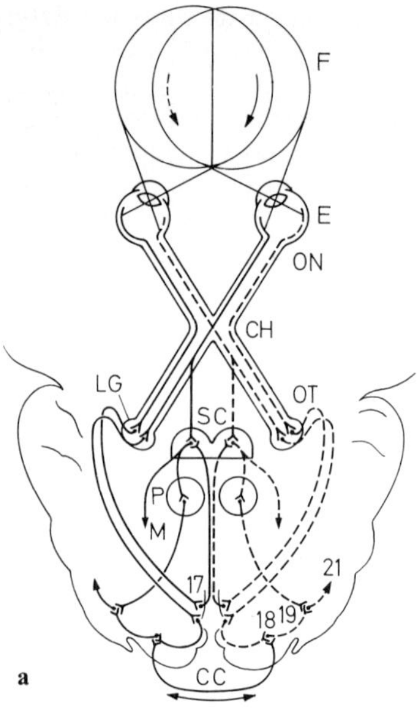

a

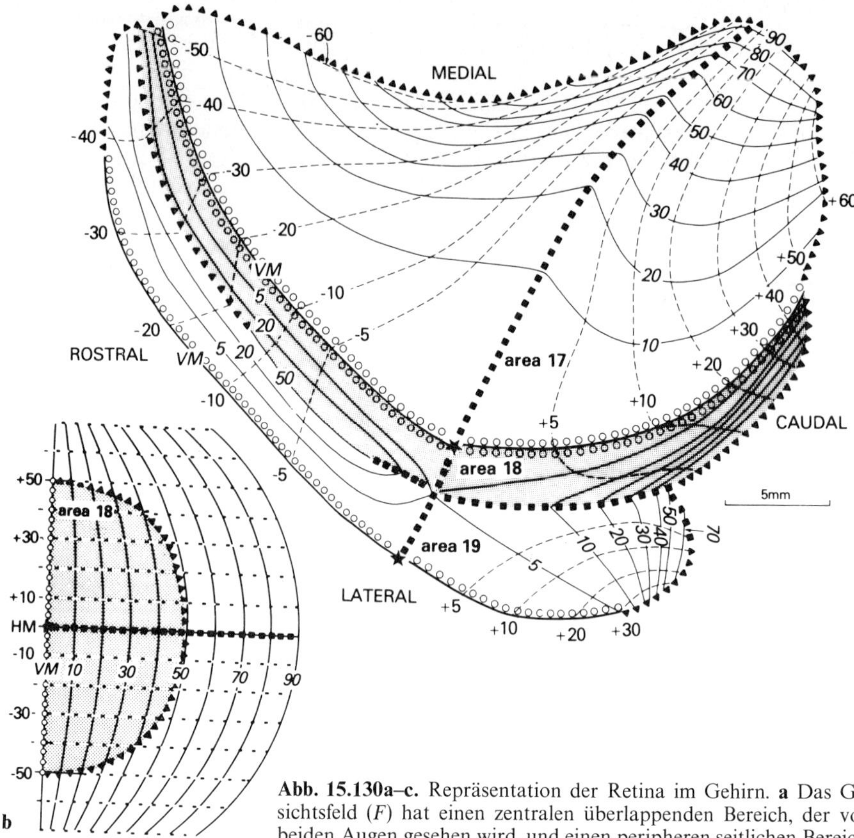

b

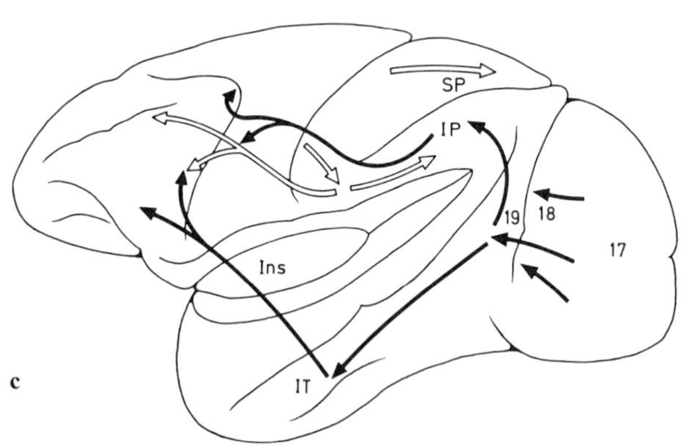

c

Abb. 15.130a–c. Repräsentation der Retina im Gehirn. **a** Das Gesichtsfeld (*F*) hat einen zentralen überlappenden Bereich, der von beiden Augen gesehen wird, und einen peripheren seitlichen Bereich, der nur monocular vorhanden ist. Das rechte Gesichtsfeld (durchgezogener Pfeil) wird in die linke Hirnhälfte projiziert, das linke Gesichtsfeld (durchbrochener Pfeil) in die rechte Hirnhälfte. Entsprechend kreuzen die nasalen Bereiche der Retinae der beiden Augen im Chiasma opticum (*CH*). Über den Nervus opticus (*ON*) und den Tractus opticus (*OT*) erreicht ein Teil der Nervenfortsätze der retinalen Ganglienzellen das geniculo-corticale Projektionssystem, ein anderer Teil das sogenannte zweite visuelle System über das Tectum opticum (*SC*). Die geniculo-corticale Projektion wird im Corpus geniculatum laterale (*LG*) umgeschaltet und dann in die corticale Area 17 (17) projiziert. Neurone aus der Area 17 senden ihre Axone entweder in weitere corticale Felder (18, 19, 21 etc.) oder wiederum in das zweite visuelle System mit Umschaltung im Tectum opticum (*SC*). Die in das Tectum opticum einstrahlenden Fasern werden in den vorderen Vierhügeln (superior colliculus, *SC*) oder in davorliegenden Strukturen (Praetectum) auf weitere Neurone umgeschaltet, die entweder über das hintere Kerngebiet des Thalamus (Nucleus lateralis posterior, Pulvinar, *P*) wieder in den Cortex projiziert werden oder gleich an motorische Reflexzentren (*M*) weitergeleitet werden, um hier zur Kontrolle der Augen- und Kopfbewegungen sowie Pupillenmotorik verwertet zu werden. *CC* Verbindung der beiden corticalen Gesichtsfeldrepräsentationen in Area 17 und 18 im Bereich des vertikalen O-Meridians über den „Balken" (Corpus callosum). **b** Repräsentationen des kontralateralen Gesichtsfeldes in den Areae 17–19 der Katze: Der zentrale Bereich des Gesichtsfeldes (0–5°) nimmt relativ mehr Platz ein als die entsprechenden peripheren Teile des Gesichtsfeldes (z.B. 40–60°). Der obere Teil des Gesichtsfeldes (+50°) ist hinten im Gehirn repräsentiert, der untere Teil (−50°) vorne. Das Gesichtsfeld ist unten dargestellt, die corticale Repräsentation oben. In beiden Karten sind die gleichen Symbole verwendet (gefüllte Vierecke: horizontaler Meridian, offene Kreise: vertikaler Meridian, gefüllte Kreise: Gesichtsfeldperipherie). [Aus: Tusa, Palmer, Rosenquist: J. compar. Neurol. **177**, 213–236 (1977).] **c** Projektion der Aktivität aus Area 17 in weitere corticale Felder: 18, 19, 21 (Gyrus temporalis inferior, IT) 7 (Area parietalis inferior, IT) und in den frontalen Cortex (links). Diese Fasersysteme werden insgesamt als Assoziationsfasern zusammengefaßt. (Aus Jung, R. In: Handbook of Sensory Physiology, Vol. VII/3, A, nach Nauta)

in einem corticalen Gebiet von 2–3 mm Durchmesser je nach Exzentrität ein größerer retinaler Bereich repräsentiert ist, ergibt sich eine Ungenauigkeit der Projektion mit einer statistischen Streuung der Ortswerte (Abb. 15.131). Der Streubereich in Grad Gesichtswinkel ist gegeben durch $(x°/mm) \cdot 2{,}5\,mm$, *d.h.* durch den reziproken Wert des Vergrößerungsfaktors multipliziert mit der corticalen Ungenauigkeit der Projektion. In diesem Detailbereich liegt also keine affine Abbildung vor, sondern eine statistische Vermischung von Gesichtsfeld- und damit Bildpunkten.

Die Projektion des Gesichtsfeldes in den primären visuellen Cortex ist doppelt insofern, als sie vom rechten und linken Auge her getrennt kommt (Abb. 15.130a und 15.132a). Morphologisch und physiolo-

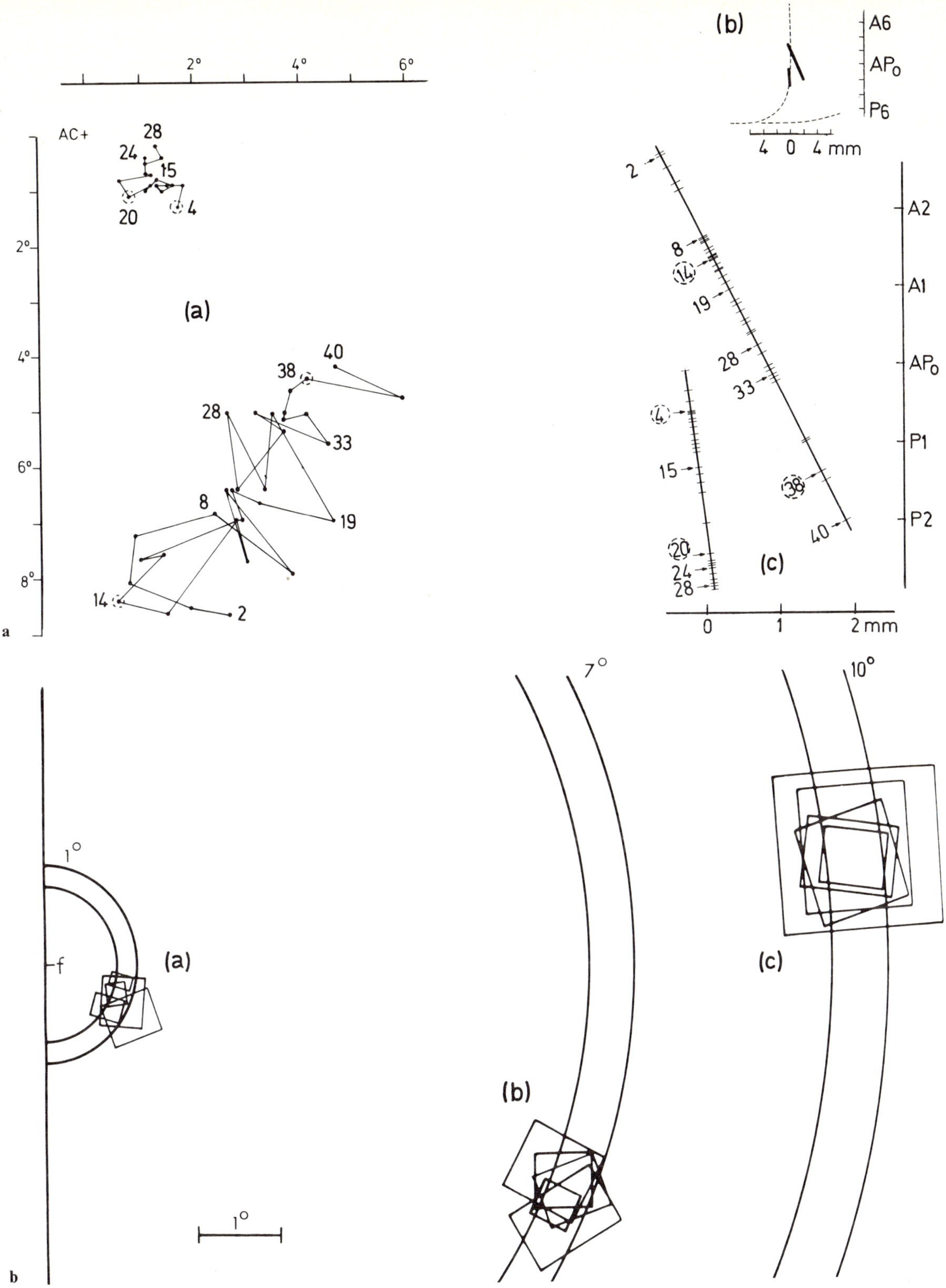

Abb. 15.131a, b. Ungenauigkeit der Projektion des Gesichtsfeldes in den visuellen Cortex. **a** In *a* sind die rezeptiven Feldlokalisationen von corticalen Neuronen dargestellt, die sukzessive in einer gradlinigen Penetration einer Mikroelektrode durch den visuellen Cortex abgeleitet wurden. Jeweils nebeneinanderliegende Neurone sind durch eine Linie verbunden. Es zeigt sich, daß die rezeptiven Felder der nebeneinanderliegenden Neurone nicht systematisch im Gesichtsfeld fortschreiten, sondern mehr nach Art des random walk. Die einzelnen Schritte dieses random walk bzw. die Ungenauigkeit der Projektion ist größer im peripheren Gesichtsfeld (unten) als im Bereich der Area centralis (*AC*, oben). Ordinate und Abszisse geben Abstände der rezeptiven Felder von der Area centralis in Winkelgraden an. *b, c* Schematische Darstellung der Penetrationen mit Angabe der Koordinatenwerte im stereotaktischen Hirnatlas der Katze. Auf den Linien in *c* sind die registrierten Neurone an entsprechenden Stellen mit einem Querstrich gekennzeichnet, die Nummern der abgeleiteten Neurone entsprechen Nummern in den rezeptiven Felddarstellungen in *a*. [Aus Albus, K.: Exp. Brain Res. **24**, 159–180 (1975).] **b** Überlappung von rezeptiven Feldern von corticalen Neuronen in verschiedenen Teilen des Gesichtsfeldes bei Primaten (Macacus rhesus). Der foveale Bereich ist links repräsentiert (*f*). Nahe der Fovea (*a*) sind die rezeptiven Felder kleiner, weiter davon entfernt (7°, *b* und 10°, *c*) sind die Felder größer, doch ist der Überlappungsbereich in etwa gleich. [Aus Hubel, D.H., Wiesel, T.N.: J. Comp. Neurol. **158**, 295–306 (1974)]

gisch finden sich in Area 17 Streifen von etwa 500 μm Breite, in denen entweder die Afferenzen des einen oder des anderen Auges vorwiegen (sog. Ocularitätsstreifen) (Abb. 15.132c). Jedoch werden Zellen in einem Ocularitätsstreifen auch vom nicht-dominanten Auge erregt, wenn auch weniger stark. Auf diese Weise werden bei der Katze die meisten (70–80 %) aller corticalen Neurone von beiden Augen her erregt. Jedoch kommen die erregenden Fasern nicht immer von Ganglienzellen mit rezeptiven Feldern genau korrespondierender Netzhautpunkte der beiden Augen, sondern zeigen eine Variabilität entsprechend der Ungenauigkeit retino-

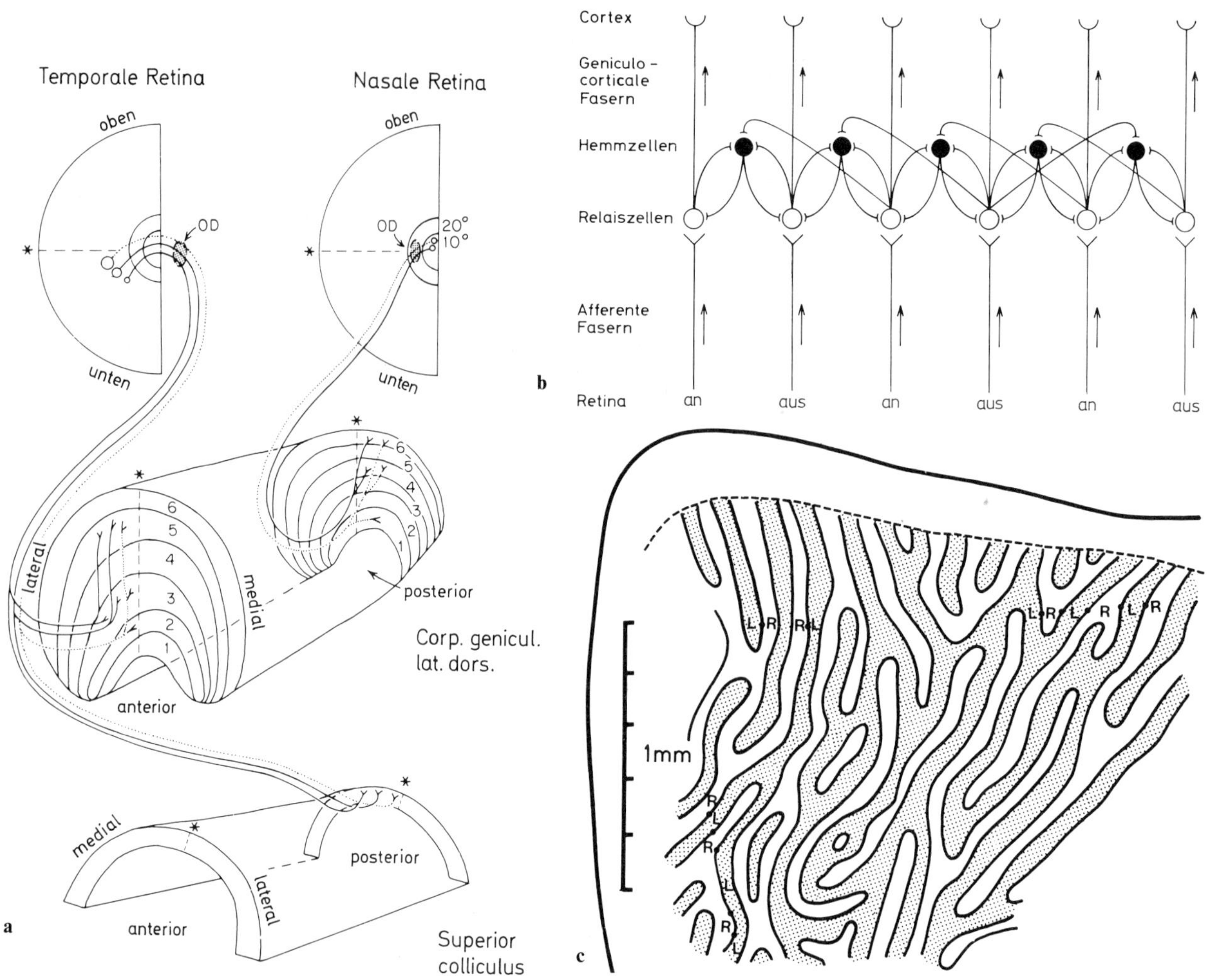

Abb. 15.132a–c. Projektion des rechten Gesichtsfeldes über das Corpus geniculatum laterale in den visuellen Cortex und den Colliculus superior. **a** Vom rechten Auge (nasale Retina) ist die ungekreuzte Projektion aus dem fovealen Gebiet gezeigt, aus dem linken Auge die ungekreuzte Projektion aus parafovealen Gebieten. Der laterale Kniehöcker (Corpus geniculatum laterale) zeigt verschiedene Schichten. Das contralaterale Auge projiziert in die Schichten 1, 4 und 6, das homolaterale in die Schichten 2, 3. Die zentralen Anteile der Retina werden in den hinteren Teil, die mehr peripheren Anteile in den vorderen Teil des Kniehöckers projiziert. Die Projektionen vom lateralen Kniehöcker zur Area 17 des visuellen Cortex bleiben weiterhin getrennt, so daß in der Area 17 (**c**) die Projektionsgebiete aus dem linken (*L*) und dem rechten Auge (*R*) jeweils als getrennte Streifen in Erscheinung treten. Erst innerhalb des visuellen Cortex kommt es zu einer Zusammenschaltung korrespondierender Punkte der beiden Netzhäute. Vor Eintritt in das Corpus geniculatum laterale werden Fasern aus dem Nervus opticus in den Colliculus superior fortgeleitet. Dabei ist das foveale Gebiet kaum repräsentiert, sondern nur das parafoveale und periphere Gesichtsfeld. Ganglienzellen aller Typen (angedeutet durch die verschieden großen Kreise der aussendenden retinalen Zellen) projizieren in das Geniculatum und die Colliculi sup. [**a** aus Lund, A.H. et al.: J. Comp. Neurol. **164**, 265–286 (1975), **c** aus Le Vay, S. et al.: J. Comp. Neurol. **159**, 559–576 (1975).] **b** Schema der lateralen Inhibition, gezeigt am Beispiel der Verschaltung im Corpus geniculatum laterale. Es wird angenommen, daß jeweils eine Relaiszelle im Corpus geniculatum laterale von einer einzelnen retinalen Ganglienzelle erregt wird. Die Erregung der Relaiszelle im Geniculatum wird über die geniculocorticalen Fasern in die Hirnrinde (Cortex) weitergeleitet, gleichzeitig jedoch wieder über rekurrierende Collateralen auf Hemmzellen im Kniehöcker rückgekoppelt. Diese Hemmzellen wirken auf benachbarte Relaiszellen und hemmen diese. Wenn die Retina diffus beleuchtet wird (Erregung der on-Zentrum-Zellen, on), kommt es zu einer zusätzlichen Hemmung von off-Zentrum-Zellen im Kniehöcker und damit zur Verstärkung der Lichtreaktion (Sukzessiv-Kontrast). Bei längerer Beleuchtung kommt es jedoch zu einer gegenseitigen Rückkoppelungshemmung der erregten Elemente und damit zur Verminderung der Ausgangssignale (Differentialregler). Bei Beleuchtung nur eines Teiles der on-Zentrum-Zellen (z.B. nur der rechten) kommt es außerdem zu einer Hemmung der benachbarten on-Zentrum-Zellen und damit zu einer Verstärkung der räumlichen Reizstärkedifferenz (räumlicher oder Simultankontrast)

corticaler Projektion. Diese wechselnden „Disparitäten" der excitatorischen Eingänge an binocular erregten corticalen Neuronen werden als Grundlage des Tiefensehens angesehen. Je nach Disparität der Eingangskanäle können, entsprechend dieser Hypothese, einzelne Neurone Objekte vor oder hinter der Fixationsebene scharf sehen.

Ein weiterer Schritt der Verarbeitung ist durch „*Konvergenz*" *von Erregung* gekennzeichnet. Außer den 20–30% der Neurone der „ersten Generation" im primären visuellen Cortex, die im wesentlichen monosynaptisch von einer afferenten Faser erregt werden, ist der Rest entweder von mehreren afferenten Fasern oder von mehreren corticalen Zellen erregt. Infolge der lokalen Streuung der afferenten Fasern sind die rezeptiven Felder dieser mehrfach innervierten Zellen entsprechend größer. Zur Zeit liegen noch keine ausreichenden Zahlen darüber vor, wie hoch der Anteil von sekundär, d.h. durch corticale Zellen der „ersten Generation" erregten Zellen, und wie hoch derjenige von Zellen der ersten Generation mit größerer Konvergenz ist.

Ein wesentliches Prinzip intracorticaler Verbindungen über kurze Distanzen ist jedoch die *inhibitorische Interaktion* zwischen nahe beieinanderliegenden corticalen Zellen. Intracorticale Inhibition kann über einen Bereich von etwa 1 mm nachgewiesen werden, während excitatorische Interaktionen zwischen corticalen Zellen auf Grund morphologischer und funktioneller Kriterien zwar zu fordern sind, bisher aber neurophysiologisch noch nicht eindeutig nachgewiesen werden konnten. Das corticale Volumen, in dem Neurone inhibitorisch miteinander in Verbindung stehen, ist ein Grundbaustein der corticalen Netzwerkorganisation, ein Modul. Aus diesen Daten läßt sich das in Abb. 15.133 gezeigte Modell der Organisation der retino-corticalen Projektion zusammenstellen, das in der Abbildungslegende erklärt ist.

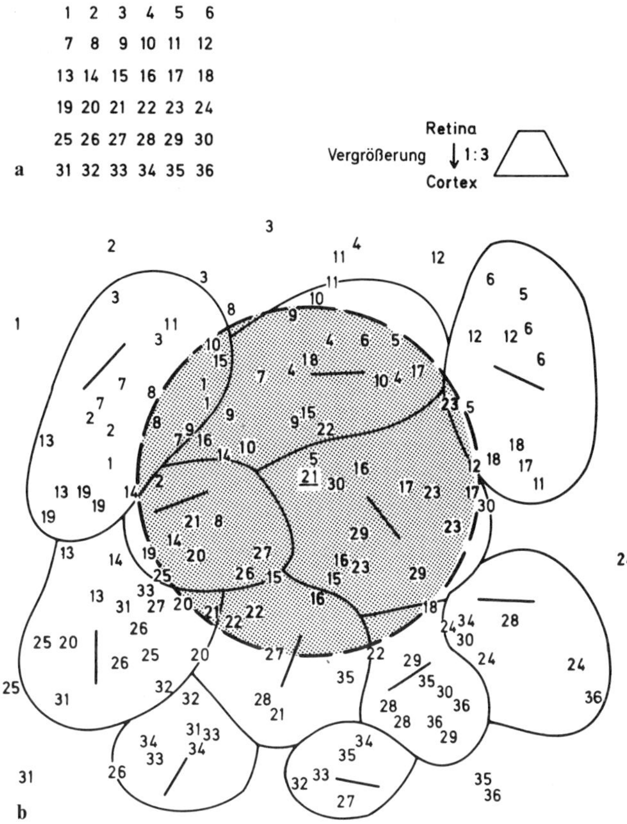

Abb. 15.133a, b. Schematische Darstellung der Projektion der retinalen Ganglienzellenmatrix auf den visuellen Cortex und funktionelle intracorticale Verschaltung. **a** Eine Matrix von nebeneinanderliegenden Ganglienzellen in der Retina. In diesem Schema erregt jede Retinazelle jeweils 9 corticale Neurone. **b** Die Repräsentation der einzelnen retinalen Ganglienzellen im Cortex entspricht einem retinotopen Gradienten, jedoch keiner exakten Projektion. Jede corticale Nervenzelle wird aus einem Bereich, der durch den schattierten Kreis angedeutet ist, gehemmt. In der Abbildung ist dargestellt, daß Zelle *21* Zentrum eines Hemmbereiches ist. Diese Zelle wird also von verschiedenen Gesichtsfeldorten entsprechend den Nummern in der corticalen Matrix gehemmt. Die corticalen Zellen repräsentieren jedoch nicht nur den Ort der Erregung im Gesichtsfeld, sondern auch bestimmte Gestaltelemente, hier als Orientierung von Linien angedeutet. Auf diese Weise beschränkt sich die laterale Hemmung im Cortex nicht nur auf den Ortsbereich, sondern auch auf die Gestalt eines Reizes, also den Qualitätsbereich. Ein entsprechender Hemmkreis existiert um jedes beliebige Neuron in der corticalen Matrix. [Aus Creutzfeldt, O.D. et al.: Exp. Brain Res. **21**, 251–274 (1974)]

γ) Funktionelle Transformationen im visuellen Cortex (Abb. 15.134)

Die Funktion einer derartigen kontinuierlichen Repräsentation der Umwelt in einem ebenfalls kontinuierlichen corticalen Netzwerk ist eine komplexe Transformation des — bereits in der Retina — verzerrten Bildes. Eine komplette Beschreibung dieser topographischen und funktionellen Transformation ist bisher noch nicht möglich.

Der Neurophysiologe, der die Reaktion von einzelnen Neuronen auf Lichtreize verschiedener Form ableitet, kann jedoch wesentliche Reaktionsunterschiede zwischen retinalen, geniculären und corticalen Neuronen als Folge dieser komplexen Verschaltungen feststellen. So nimmt die Spontanaktivität einzelner Neurone im Dunkeln von der Retina (30–50/s), über das Corpus geniculatum (10–20/s) bis zum Cortex (0–10/s) deutlich ab. Bei Beleuchtung des rezeptiven Feldzentrums mit einem Lichtpunkt (on-Zentrum Neurone) oder einem Dunkelpunkt (off-Zentrum Neurone) reagieren retinale Ganglienzellen mit einer langanhaltenden, mehr oder weniger ausgeprägten phasisch-tonischen Erregung, während corticale Neurone, wenn überhaupt, nur mit einer kurzen initialen, phasischen Entladungsfolge reagieren. Bei An- oder Ausschalten einer gleichmäßigen Ausleuchtung des Gesichtsfeldes reagieren retinale Ganglienzellen mit einer starken phasischen und einer mehr (x-Zellen) oder weniger (y-Zellen) ausgeprägten tonischen Reaktion, während geniculäre Neurone vorwiegend phasisch und corticale Neurone entweder gar nicht oder nur mit einzelnen Aktionspotentialen antworten.

Dagegen zeigen corticale Neurone eine lebhaftere Reaktion auf bewegte Reize, vor allem bewegte geradlinige Kontraste, Licht- oder Schattenlinien. Die Orientierung dieser Kontrastlinien ist kritisch und jedes Neuron reagiert nur auf Linien in einem bestimmten Orientierungsbereich von etwa ± 10–$40°$ um ein Optimum (Abb. 15.134a). Die bevorzugte Bewegungsrichtung ist in der Regel normal zur optimalen Orientierung eines Reizes, doch reagieren verschiedene corticale Neurone auf die Hin- und Rückbewegung des Reizes, andere nur auf die Hin- und wieder andere nur auf die Rückbewegung. Corticale Neurone sind also empfindlich auf bestimmte Gestaltelemente wie Orientierung eines elongierten Kontrastes, Bewegungsrichtung, Geschwindigkeit usw. Die neuronalen Mechanismen für die Orientierungs- und Richtungsempfindlich-

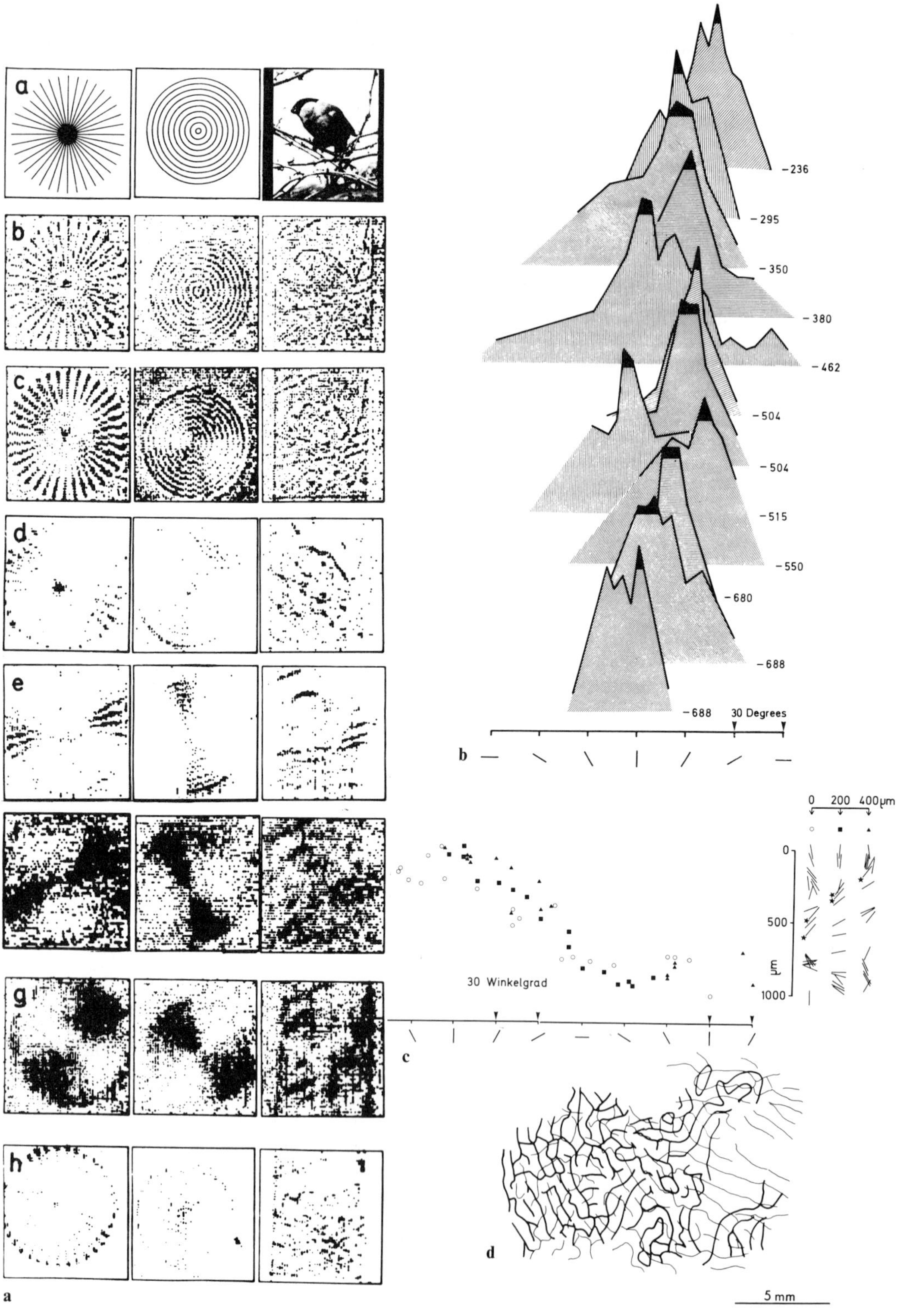

keit sind die intracorticalen inhibitorischen Verschaltungen, und nicht besondere excitatorische Konvergenzen. Die excitatorischen Felder der orientierungsempfindlichen Neurone sind vielmehr weitgehend rund, wie auch in der Retina und dem Corpus geniculatum.

Benachbarte corticale Neurone unterscheiden sich hinsichtlich ihrer Empfindlichkeit auf Richtung und Orientierung. Wenn man z.B. eine Elektrode parallel zur Cortexoberfläche vorwärts bewegt, zeigen die Neurone eine mehr oder weniger regelmäßige Progression der optimalen Orientierung (Abb. 15.134c). Die Ursache hierfür ist, daß Neurone ähnlicher Orientierungsempfindlichkeit in unregelmäßig verlaufenden Streifen angeordnet sind. Die Periode für einen ganzen Orientierungszyklus senkrecht zu diesen Streifen ist im Mittel etwa 1 mm (s. Abb. 15.134c). Diese „Orientierungsstreifen" kreuzen die Okularitätsstreifen in verschiedenen Winkeln (Abb. 15.134d).

Die Neurone der Area 17, also des sogenannten primären visuellen Feldes, lassen sich aufgrund ihrer Reaktion auf bestimmte Reizaspekte in verschiedene Klassen einteilen: Als simple Zellen werden Neurone bezeichnet, die ein kleines excitatorisches rezeptives Feld haben, und bei denen durch visuelle Punktreize nebeneinanderliegende excitatorische und inhibitorische rezeptive Feldanteile voneinander getrennt werden können. Sie zeigen eine ausgesprochene Orientierungsempfindlichkeit mit kleinem Bereich (5–30°) (s. Abb. 15.134a *d*, *e*), und reagieren nur auf langsam bewegte Reize. Als komplexe Zellen werden Neurone bezeichnet, die ein größeres excitatorisches rezeptives Feld zeigen, bei denen excitatorische und inhibitorische Feldanteile nicht klar voneinander getrennt werden können, deren Orientierungsempfindlichkeit einen weiten Bereich (bis 90°) aufweist (s. Abb. 15.134a *f*, *g*), und die besonders lebhaft auf bewegte Texturen und rascher bewegte Konturen reagieren, von denen simple Zellen nur gering oder gar nicht erregt werden. Simple Zellen finden sich besonders in mittleren, komplexe Zellen in tieferen und oberen Cortexschichten.

◄ **Abb. 15.134a–d.** *Repräsentation komplexer Reize durch Neurone im Zentralnervensystem und Orientierungsempfindlichkeit corticaler Neurone.* **a** Die komplexen Reizmuster in *a* werden am rezeptiven Feld eines einzelnen Neurons vorbeibewegt. Jede Stelle im Bilde, auf die das Neuron während dieses "Scannings" reagiert, wird als schwarzer Punkt an der entsprechenden Position markiert. Neurone des Corpus geniculatum laterale der Katze (*b*, *c*) reagieren auf alle Strahlen des Sterns (links) und auf die konzentrischen Kreise (Mitte), wenn auch mit verschiedener Intensität auf die verschiedenen Orientierungen. Das Zentrum des Sternes wird nicht mehr aufgelöst. Vom Bild des Dompfaffen (rechts) werden im wesentlichen die Konturen repräsentiert, aber auch die Helligkeit der verschiedenen Flächen wird durch vermehrte oder verminderte Aktivität markiert (vgl. die erhöhte Aktivität = größere Punktdichte) im dunklen Körperbereich des Vogels mit der verminderten Aktivität im Bereich des hellen Himmels darüber bei dem off-Zentrum-Neuron in (*b*), und umgekehrt bei dem on-Zentrum-Neuron in (*c*). Die beiden „simplen" corticalen Zellen (in *d*, *e*) reagieren nur auf Strahlen und Tangenten einer bestimmten Orientierung. Vom Vogel werden nur die Konturen repräsentiert, deren Orientierung in den Bereich der Orientierungsempfindlichkeit fällt. Die optische Auflösung ist gut. Die komplexen Zellen (in *f*, *g*) zeigen dagegen eine geringe optische Auflösung und eine breitere Orientierungsempfindlichkeit. Tatsächlich reagieren sie im wesentlichen auf die bewegten Texturen unter Berücksichtigung der vorwiegenden Orientierungen und der Bewegungsrichtung. Man kann sich das System der „simplen" Zellen als einen Halte- und Fixationsmechanismus für den Blick vorstellen, und das „komplexe" Zellsystem als Markierer für Bewegungen relativ zu diesem „Fixationsrahmen". Die „hypercomplexen" Zellen, die z.B. nur auf den Endpunkt einer Linie antworten (*h*), gehören ebenfalls zu dem Fixationssystem. [Aus Creutzfeldt,O., Nothdurft,Chr.: Naturwissenschaften **65**, 307–318 (1978).] **b** Ähnliche Orientierungsempfindlichkeit von Neuronen im visuellen Cortex (Area 17), die während einer Penetration radial durch den Cortex abgeleitet werden. Die Zahlen rechts geben die Ableitetiefe des jeweiligen Neurons, gemessen von der Cortexoberfläche in µm an. Die „Gebirge" stellen die relative Reaktion je einzelner Neurone auf Linien mit verschiedenen Orientierungen (s. Abszisse) dar. Die schwarzen „Gipfel" entsprechen der „Bestorientierung", d.h. der Orientierung, auf die das Neuron am stärksten reagiert. [Aus Lee,B.B. et al.: Exp. Brain Res. **27**, 301–314 (1977).] **c** Optimale Orientierungsempfindlichkeit (Abszisse) von Neuronen des visuellen Cortex (Area 17), die sukzessiv während einer Elektrodenpenetration parallel zur Cortexoberfläche abgeleitet wurden. Die relative Position der Elektrodenspitze ist auf der Ordinate angegeben. Je 3 parallele Elektrodenpenetrationen wurden ausgewertet (s. Skizze rechts von dem Diagramm). [Aus Albus,K.: Exp. Brain Res. **24**, 181–202 (1975).] **d** Neurone mit ähnlicher oder gleicher Bestorientierung sind in der Hirnrinde in unregelmäßigen Streifen angeordnet. Diese lassen sich anatomisch durch 14C-Deoxyglucose nach Sokoloff et al. nachweisen, die entsprechend dem Aktivitätszustand von den einzelnen Neuronen aufgenommen wird und später mittels Autoradiographie nachgewiesen werden kann. Wenn nur mit Kontrastlinien einer Orientierung gereizt wird, stellen sich diejenigen Neuronenpopulationen, die durch diese Kontrastlinien erregt wurden, stärker dar als die nicht gereizten. Die dicken Linien in der Abbildung repräsentieren halbschematisch die Positionen von Neuronen mit der gleichen Bestorientierung (Orientierungsstreifen), die dünnen Streifen geben die Lokalisation der Afferenzen aus dem kontralateralen Auge wieder (Okularitätsstreifen). [Aus Hubel et al.: J. Comp. Neurol. **177**, 361–380 (1978).] Die Elektrodenpenetrationen in *c* erfolgten offenbar weitgehend normal zur Richtung der Orientierungsstreifen

δ) Funktionelle Anatomie des corticalen Netzwerkes (Abb. 15.135)

Die Hirnrinde ist 1,5–2 mm dick. Bei Primaten mit Einschluß des Menschen läßt sie sich klar in 6 verschiedene Schichten einteilen, die durch verschiedene Zellgröße, -dichte, -form und Faserreichtum gekennzeichnet sind. Bei niederen Tieren lassen sich entsprechende Schichten unterscheiden, die jedoch meist nicht so deutlich gegeneinander abgegrenzt sind. Ein vertikaler Zylinder von 1 mm Durchmesser enthält bei der Katze etwa 80000 Zellen, bei Primaten mehr. Aus der subcorticalen weißen Substanz treten in einen solchen Zylinder etwa 20000 afferente Fasern ein und es verlassen ihn etwa 80000 Fasern. Afferente Fasern aus der Retina über das Corpus geniculatum laterale (sog. spezifische Afferenzen) enden vorwiegend in der Mitte der Hirnrinde, d.h. in der 4. Schicht, doch scheinen auch Neurone in der 2. Schicht direkte monosynaptische Erregung zu erhalten.

Neurone, die in einer vertikalen Linie übereinander liegen, werden zwar von verschiedenen afferenten Fasern erregt, zeigen jedoch im Mittel ähnliche Orientierungspräferenzen, die in etwa normal mit einer Standardabweichung von ±15–20° um einen Mittelwert verteilt sind (s. Abb. 15.134b). Andere Eigenschaften dieser Neurone wie Empfindlichkeit auf Vorwärts- oder Rückwärtsbewegung, on-off-Zentrum- oder Farbeigenschaften scheinen dagegen unsystematisch vermischt zu sein, obwohl es Anhaltspunkte dafür gibt, daß auch farbempfindliche und nicht farbempfindliche Neurone jeweils in vertikalen Gruppen angeordnet sind.

Angeregt durch Beobachtungen in der somato-sensorischen Hirnrinde mit ihrer somato-topen Organisation schlug Mountcastle (1957) die Hypothese vor, daß die Hirnrinde in vertikale „Säulen" („Kolumnen") aufgeteilt sei. Neurone einer Kolumne haben danach ähnliche funktionelle Eigenschaften, während verschiedene Kolumnen je andere Eigenschaften aufweisen. Die Ähnlichkeit der Orientierungspräferenz von Neuronen in einer vertikalen Penetration durch die Area 17 führte dann zu der Annahme, daß auch die Orientierungspräferenz in Kolumnen angeordnet sei.

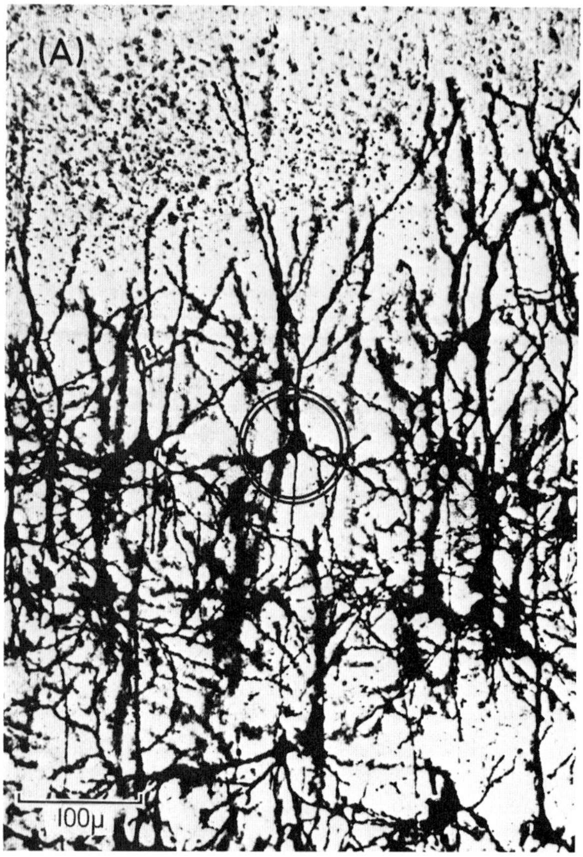

a

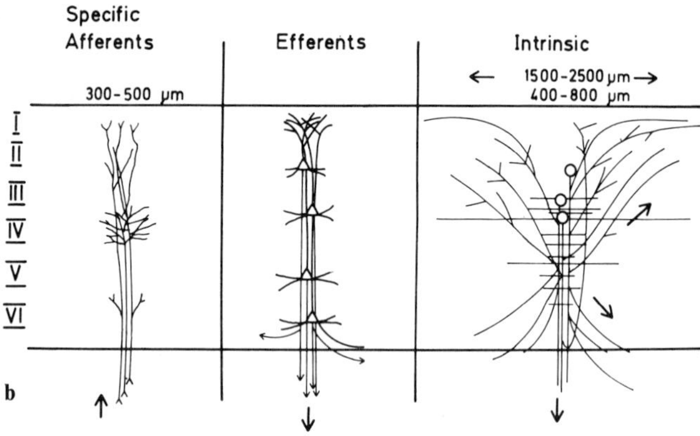

b

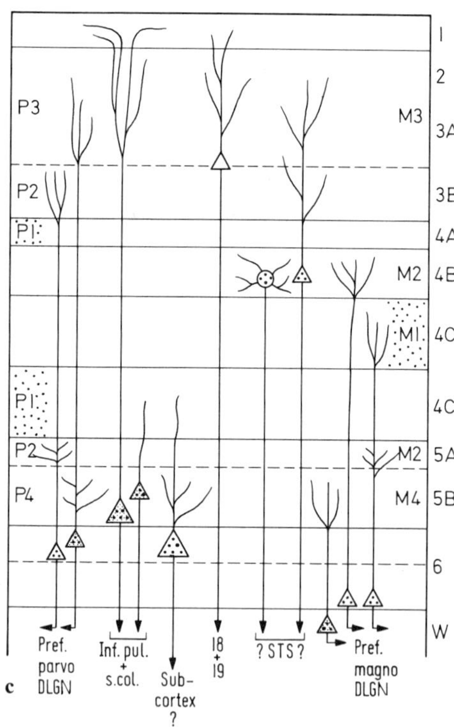

c

Abb. 15.135a–c. Funktionelle Anatomie der visuellen Hirnrinde. **a** Golgi-Imprägnation einzelner Pyramidenzellen in der Ara striata der Katze. Die nach oben strebenden, apikalen Dendriten sind gut erkennbar, desgleichen die Zellkörper von einzelnen Pyramidenzellen sowie Axone, die geradlinig nach unten aus dem Cortex hinauslaufen (z.B. das durch einen Doppelkreis gekennzeichnete Neuron). (Aus Scholl, D.A.: The organisation of the cerebral cortex. New York-London: Hafner Publ. Company, 1967.) **b** Halbschematische Darstellung der Hauptelemente der corticalen Organisation: Links sind die afferenten Fasern aus dem Thalamus und anderen cerebralen Strukturen dargestellt: Die Afferenzen aus dem Thalamus (Corpus geniculatum laterale) treten vertikal und parallel ein und verzweigen sich, vorwiegend in der 4. Schicht, über einen Bereich von 300–500 µm. Sie machen synaptische Kontakte mit corticalen Zellen, deren Fasern wiederum parallel die Hirnrinde verlassen (Mitte). Die austretenden Fasern schicken Verzweigungen (rekurrierende Kollateralen) zurück in die Hirnrinde (rechts). Die meisten dieser rekurrierenden Kollateralen haben — nach Umschaltung auf hemmende Zwischenneurone — eine inhibitorische Wirkung. Ihr Hauptverzweigungsgebiet überstreicht einen Zylinder von 400–800 µm, jedoch reichen weitere Verzweigungen besonders in den oberen Cortexschichten bis zu 3 mm. [Aus Creutzfeldt, O.D. et al.: Exp. Brain Res. **27**, 419–440 (1977).] **c** Projektion der verschiedenen Pyramidenzelltypen der Area 17 in verschiedene andere corticale oder subcorticale Gebiete. Die miesten efferenten Zellen sind in den tiefen Schichten des Cortex (5 und 6) lokalisiert, doch reichen ihre Dendriten auch in die oberen Schichten der Hirnrinde, so daß sie von dorther Signale empfangen können. P 1–4 und M 1–4 charakterisieren Eingänge in den visuellen Cortex aus kleinzelligen (parvozellulären, P) und großzelligen (magnozellulären, M) Schichten des Corpus geniculatum laterale. Zellen aus der 5. und 6. Cortexschicht projizieren entweder zurück in den lateralen Kniehöcker (DLGN), in das sogenannte zweite visuelle System (Tectum und Pulvinar: Inf. Publ. und S. Col.) sowie in andere subcorticale Strukturen. Corticale Assoziationsfasern (Zielorte 18 und 19) kommen offenbar vorwiegend aus oberflächlichen Schichten der Hirnrinde (Schicht 3). [Aus Lund, J.S. et al.: J. Comp. Neurol. **164**, 287–304 (1975)]

Es handelt sich bei diesem Säulen-Modell jedoch um eine mißverständliche Idealisierung der tatsächlichen Verhältnisse, die vor allem die kontinuierliche Repräsentation von Ort und Funktion in der Hirnrinde vernachlässigt. Grundsätzlich ist zwischen der afferenten und der inneren Organisation der Hirnrinde zu unterscheiden. Die Verteilung der afferenten Fasern bestimmt die Ortswerte und die Ocularität der einzelnen Neurone, während die funktionellen Eigenschaften vor allem auf Grund interner Verbindungen bzw. je verschiedener Konvergenzschaltungen zustande kommen. Wo immer man den Cortex vertikal penetriert, findet man Orts- und Funktionswerte der einzelnen Neurone um einen Mittelwert verteilt. Diese Mittelwerte zeigen eine kontinuierliche Progression, und jede beliebige vertikale Penetration ist Zentrum einer „Kolumne", d.h. eines Gebietes mit gleichen funktionellen Eigenschaften wie sie innerhalb dieser Penetration gefunden werden. Mehr oder weniger abrupte Übergänge gibt es nur dort, wo Faserbündel verschiedener Herkunft nebeneinander, d.h. unvermischt in den Cortex projiziert werden, z.B. im Falle der Herkunft der Fasern aus den beiden Augen (Ocularitätsstreifen s.o.).

Berücksichtigt man in diesem Zusammenhang die intracorticale moduläre Organisation mit vorwiegend inhibitorischer Interaktion zwischen Neuronen über einen Abstand von 500–700 μm, so wird unmittelbar klar, daß das Prinzip der „lateralen Inhibition" (s. Abb. 15.132b), das überall im Zentralnervensystem angewandt wird, Neuronenpopulationen mit verschiedenen Orts- und Qualitätseigenschaften in eine kontinuierliche funktionelle Verbindung bringt (Abb. 15.134). Der Effekt einer solchen Verschaltung ist, daß nicht nur bestimmte Ortscharakteristika, sondern auch qualitative Eigenschaften komplexer Reize stärker kontrastiert werden oder sich gegenseitig ausschließen.

Das retinale Bild der Umwelt wird auf diese Weise bis zur Hirnrinde komplexen Filterprozessen unterworfen, unter Hervorhebung bestimmter Gestaltaspekte und Verwerfung einer Reihe von Bildbestandteilen. Ohne daß wir bereits eine allgemeine Beschreibung dieser Transformation geben können, läßt sich doch auf Grund der funktionellen Eigenschaften einzelner Neurone vermuten, daß diese Transformation vor allem Konturen und Bewegungen des Umweltbildes hervorhebt. Darüber hinaus ist das Bild der Umwelt gleichzeitig mehrfach im Volumen der Area 17 repräsentiert, allerdings jeweils mit verschiedenen Aspekten, aber hinsichtlich seiner Ordinaten nicht wesentlich versetzt.

ε) *Weitere Repräsentation der Sehwelt im Gehirn*

Aus Area 17, der primären Sehrinde, erfolgen Projektionen in weitere, nachgeschaltete Hirnrindenfelder, die sog. sekundäre, tertiäre usw. Sehrinde (Abb. 15.130a, c). Bisher sind 8 derartige benachbarte visuelle Projektionsgebiete bekannt. Es handelt sich hierbei jedoch nicht einfach um eine serielle Verschaltung, indem die primäre auf die sekundäre, die sekundäre auf die tertiäre etc. Sehrinde projiziert. Vielmehr scheint jede visuelle Cortexstruktur Afferenzen aus mehreren visuellen Gebieten zu erhalten.

So z.B. Area 18 bei der Katze aus dem Corpus geniculatum laterale und aus Area 17; die sog. Clare-Bishop-Area im Gyrus suprasylvius der Katze aus Area 17, 18, dem Corpus geniculatum und dem Pulvinar (einer thalamischen Struktur, die vom Ausgang der vorderen Vierhügel gespeist wird). Bei Primaten scheint die Afferenz aus dem Corpus geniculatum laterale auf die primäre visuelle Area, also Area 17, beschränkt zu sein, doch erhalten die tertiäre Rinde und die folgenden visuellen Gebiete ebenfalls afferente Impulse aus dem Pulvinar, aus Area 17, 18 oder sogar mehreren der nachgeschalteten Rindengebiete.

In allen visuellen Rindengebieten bleibt die retinotope Karte erhalten, doch wird sie ungenauer und gröber, und die rezeptiven Felder der einzelnen Neurone werden größer, als Folge der Zusammenschaltung der Ausgänge von Neuronen der verschiedenen vorgeschalteten Strukturen. Dabei scheinen in verschiedenen nachgeschalteten Gebieten bestimmte Bilddetails besonders, wenn auch nicht ausschließlich signalisiert zu werden: in Area 18 (oder peristriata) bei Primaten die binoculare Disparität verschiedener Objekte, also die Bildebene, und in dem vierten visuellen Feld in Area 19 die Farbe.

Aus dem, was wir bisher über die Organisation höherer visueller Zentren wissen, scheint sich als Prinzip zu ergeben, daß die Verarbeitung von Reizen nicht einfach kaskadenartig von einer Station zur nächsten erfolgt, sondern daß in jeder der nachgeschalteten Gebiete eine Zusammenschaltung von mehreren Transformationen der visuellen Umwelt durchgeführt wird. Diese jeweils anderen Kombinationen von verschiedenen Transformationen werden wiederum entsprechend den allgemeinen Eigenschaften corticaler Netzwerke analysiert bzw. gefiltert.

Von Hubel und Wiesel wurde vorgeschlagen, daß Neurone des visuellen Systems in der Weise hintereinandergeschaltet sind, daß in der jeweils höheren Verschaltungsebene bestimmte Eigenschaften generalisiert werden: „simple" Zellen in der ersten corticalen Station analysieren Orientierung und Richtung eines Reizes in einem umschriebenen Teil des Gesichtsfeldes (kleines rezeptives Feld), complexe Zellen generalisieren für Richtung und Orientierung durch Zusammenschaltung verschiedener simpler Zellen, hyperkomplexe Zellen sind spezialisiert für die Länge eines Reizes, andere für die Kombination verschiedener Orientierungen (z.B. Winkel) usw. Dies führte zu der Hypothese einer hierarchischen Analysestruktur durch systematische Verschaltung von einzelnen Neuronen mit bestimmten funktionellen Eigenschaften, d.h. von gleichartigen Signalträgern. Die Konsequenz einer solchen hierarchischen Organisation wäre als Karikatur die Existenz von Neuronen, die spezifisch auf extrem komplexe Reizmuster antworten („Bananen-", „Großmutterneurone" usw.). Diese Hypothese ist in dieser Form nicht aufrecht zu erhalten. Gerade in sogenannten höheren Ebenen, wie z.B. dem infero-temporalen Cortex, dessen Intaktheit für die Leistungen des visuellen Gedächtnisses entscheidende Bedeutung hat, finden sich zwar Neurone mit großen rezeptiven

Feldern, deren spezifische Erregungseigenschaften aber eher ungenauer und nicht nachweisbar „spezifischer" als in den primären visuellen Rindenstrukturen sind. Sicher besteht eine gewisse Hierarchie der Analysestruktur im Zentralnervensystem, doch läßt sich weder die Hypothese einer hierarchisch-sequentiellen Verschaltung von simplen, komplexen und hyperkomplexen Zellen in der Area 17 noch die Hypothese von Identifikationsneuronen für komplizierte Gestaltkomplexe experimentell oder logisch begründen.

Die zentralen, corticalen Stationen des visuellen Systems haben nicht nur die Aufgabe, das Bild der Umwelt in hirn-, d.h. verhaltensgerechte räumlich-zeitliche Erregungsmuster umzukodieren, sondern auch die Bilder beider Augen zu einem Bild zusammenzubringen und die rechte und linke Bildhälfte, die ja jeweils gekreuzt zur gegenüberliegenden Hemisphäre projiziert werden, funktionell wieder zu einem kontinuierlichen Bild „zusammenzufügen". Die erstere Aufgabe wird dadurch gelöst, daß die meisten corticalen Neurone von beiden Augen her innerviert werden. Sie empfangen dabei Fasern aus mehr oder weniger exakt korrespondierenden Netzhaut-, also Gesichtsfeldpunkten der beiden Augen (über die Bedeutung dieser binoculären Disparitäten für das stereoskopische Sehen s.o.).

Das „Zusammenfügen" der beiden Gesichtsfeldhälften erfolgt auf die Weise, daß die Hirnrindengebiete, die den vertikalen O-Meridian des Gesichtsfeldes repräsentieren, über ein Fasersystem, den sog. Balken (Corpus callosum), miteinander verbunden sind (s. Abb. 15.130a, *CC*). In „höheren" Analysestationen, wie den parastriären, parietalen und frontalen visuellen Gebieten, sind dann auch beide Gesichtsfelder mehr oder weniger vollständig repräsentiert, wobei offenbar mehrere Commissurenbahnen im Corpus callosum und der Commissura anterior benutzt werden. Die Tatsache der bilateralen Repräsentation der beiden Gesichtsfelder in den sogenannten höheren corticalen Stationen des visuellen Cortex weist bereits darauf hin, daß die Zusammenschaltung der beiden Hirnhälften durch das Corpus callosum außerordentlich komplexe Funktionen der beiden Hirnhälften miteinander verbindet, und daß das „Zusammennähen" der Repräsentation der beiden Körperhälften nur eine relativ periphere Aufgabe ist.

Bei allen Überlegungen über die funktionelle Organisation des visuellen Systems, wie übrigens auch der anderen sensorischen Systeme, muß man sich die Frage stellen, zu welchem Zweck diese Analyse durchgeführt wird. Jedes Feld der Hirnrinde, also auch jedes Repräsentationsgebiet des Gesichtsfeldes in der Hirnrinde hat einen „Ausgang". Diese corticofugalen Ausgänge münden direkt oder indirekt alle in motorische Systeme, so daß man vereinfacht sagen kann, daß der visuelle Cortex mit seinen verschiedenen Feldern nur ein Zwischenglied eines visuo-motorischen Kontrollsystems ist. Jedes corticale Feld ist dabei in etwas anderer Weise mit den motorischen Exekutivsystemen verschaltet, so daß in den verschiedenen visuellen Repräsentationsgebieten nicht nur das Gesichtsfeld und besondere Eigenschaften eines visuellen Reizes verschiedenartig repräsentiert sind, sondern die visuellen Reize auch durch die andersartigen efferenten Verbindungen des einzelnen Feldes zu jeweils andersartigen „Reaktionen" des Systems führen. Die verschiedenen afferenten Repräsentationen werden dann durch das Aktionssystem des Gehirns, also letztlich das motorische System, zu einer einheitlichen Aktion oder Reaktion zusammengefaßt.

d) Kurze Schlußbemerkung über Wahrnehmung

Trotz guter Kenntnisse über die anatomische und funktionelle Verschaltung von Neuronen im visuellen System sind wir dennoch weit von einer allgemeinen neuronalen Theorie des Sehens entfernt. Bei allen diesbezüglichen Überlegungen muß berücksichtigt werden, daß das Sehen ein aktiver Vorgang ist: Es wird kein statisches Bild in die Hirnrinde projiziert, sondern die Augen schauen stets auf andere Punkte eines Objektes. Wenn man künstlich durch eine Spiegeloptik ein Bild auf der Retina fixiert (stabilisiertes Netzhautbild), entzieht es sich, infolge der raschen und mehr oder weniger vollständigen neuronalen Differentiationsmechanismen in allen Stationen des visuellen Systems, der Wahrnehmung. Möglicherweise führt eine Abnahme der Erregung corticaler und subcorticaler Strukturen bei längerdauernder Fixation zu einer Entkopplung der Augenbewegungskontrolle im Hirnstamm, dadurch zu einer Augenbewegung und somit zur Projektion eines in seinen Koordinaten verschobenen Bildes. Beide und alle nachfolgenden Bilder werden, obwohl verschiedene Bildteile von den gleichen Strukturen aufgenommen werden, zu einem kohärenten Gesamtbild zusammengesetzt. Wie dies geschieht und welche Strategien hierbei vom Nervensystem angewandt werden, ist bisher völlig unklar.

Doch sollte man sich bei allen Überlegungen in dieser Richtung stets vor Augen halten, daß „Wahrnehmung" des Menschen ein Vorgang ist, der — aus erkenntnistheoretischen Gründen — nicht mit neuronalen Kategorien beschrieben werden kann. Man sollte sich vielmehr darauf beschränken, die Funktion des visuellen Systems in adäquaten Kategorien, d.h. Verhaltenskategorien, zu beschreiben. Derartige Verhaltenskategorien sind z.B. motorische Verhaltensmuster als Reaktion auf visuelle Reize, Augenbewegungen oder auch komplexe vegetative Regulationsumstellungen (wie Blutdruckanstieg, Pulsbeschleunigung) als Reaktion auf einen visuellen Reiz.

Zwei Beobachtungen sind in diesem Zusammenhang bemerkenswert und sollen an den Schluß dieses Kapitels gestellt werden: Wenn man einer jungen Katze die gesamten visuellen Hirnrindenstrukturen fortnimmt, lassen sich nach einiger Zeit im Einzelverhalten keine offensichtlichen Störungen beobachten. Möglicherweise würden sich Störungen hier erst im sozialen Gruppenverhalten und in extremeren Daseinssituationen bemerkbar machen. Für den „täglichen" Gebrauch visuo-motorischer Reaktionen und den schlichten Beobachter reichen, nach einer gewissen Umgewöhnungszeit, bei Katzen und niederen Säugetieren offenbar Mittelhirnstrukturen, d.h. das phylogenetisch ältere visuelle System aus, obwohl durch detaillierte Testung besonders im Bereich des Mustererkennens erhebliche Defizite nachgewiesen werden können. Die Ausfälle sind deutlicher, wenn die Abtragung der visuellen Hirnrinde im späteren Lebensalter erfolgt. Bei Katzen und Primaten finden sich dann ausgeprägte Störungen (corticale Blindheit), obwohl auch hier einige Jahre nach visueller Decortication visuelles Verhalten in begrenztem Maß wieder möglich wird.

Selbst bei Menschen können in Gesichtsfeldbereichen, deren corticale Projektion in Area 17 zerstört ist, noch visuo-motorische Reaktionen (Blick- und Zeigebewegungen) ausgelöst werden. Doch nehmen Patienten mit derartigen Ausfällen die Reize nicht wahr, sie erreichen also nicht das „Bewußtsein".

Ein anderes Beispiel zum Nachdenken ist das von Patienten, bei denen zur Behandlung von epileptischen Anfallsleiden die Verbindung zwischen den beiden Hirnhälften, d.h. das Corpus callosum, durchtrennt wurde. Sprache und damit verbunden höhere Erkenntnisfunktion sind beim Menschen in nur einer, der dominanten Hemisphäre möglich, in der Regel in der linken. Doch sind alle visuellen Strukturen offenbar in beiden Hemisphären gleichermaßen vertreten und, soweit man mit anatomischen und elektroencephalographischen Methoden nachweisen kann, nicht unterschieden. Bei Patienten mit einem solchen „gespaltenen" Gehirn hat also die rechte Hemisphäre, d.h. die Information, die vom linken Gesichtsfeld in das Gehirn projiziert wird, keinen Zugang zu den Wahrnehmungs- und Sprachstrukturen der linken Hemisphäre. Gegenstände können von diesen Patienten nur dann benannt und identifiziert werden, wenn sie im rechten Gesichtsfeld gesehen werden. Dennoch ist das visuelle Verhalten, wenn sie nur mit dem linken Gesichtsfeld sehen, erstaunlich komplett. Nur „wissen" sie nicht, was sie gesehen haben und können es nicht mitteilen. Diese Beobachtungen zeigen, daß bewußtes Wahrnehmen in der Tat sprachliche Ausdrucksstrukturen zur Voraussetzung hat. Andererseits ist aber bewußtes Wahrnehmen nicht in jedem Fall die Voraussetzung für visuelles Verhalten, wie die weitgehend korrekten Lokalisationen visueller Reize bei corticaler Blindheit zeigen.

Literaturauswahl

Cleland, B.G., Dubin, M.W., Levick, W.R.: Sustained and transient neurones in the cat's retina and lateral geniculate nucleus. J. Physiol. (Lond.) **217**, 473–496 (1971).

Cornsweet, T.N.: Visual perception. New York-London: Academic Press 1970.

Creutzfeldt, O.D.: Transfer function of the retina. In: Cordeau, J.-P., Gloor, P. (Eds.): EEG Clin. Neurophysiol., Suppl. 31: Recent contributions to neurophysiology, pp. 159–169. Amsterdam: Elsevier Publ. Comp. 1972.

Creuzfeldt, O.: Repräsentation der visuellen Umwelt im Gehirn. Verh. Dtsch. Zool. Ges. 1979. Stuttgart: Gustav Fischer Verlag 1979, S. 5–19.

Creutzfeldt, O.D., Lee, B.B., Elepfandt, A.: A quantitative study of chromatic organization and receptive fields of cells in the lateral geniculate body of the Rhesus monkey. Exp. Brain Res. **35**, 527–545 (1979).

Creutzfeldt, O.D., Sakmann, B.: Neurophysiology of vision. Ann. Rev. Physiol. **31**, 499–544 (1969).

Ditchburn, R.W.: Eye movements and visual perception. Oxford: Clarendon Press 1973.

Fukuda, Y., Stone, J.: Retinal distribution and central projections of y-, x- and w-cells of the cat's retina. J. Neurophysiol. **37**, 749–772 (1974).

Gazzaniga, M.S.: The bisected brain. 172 pp. New York: Appleton Century-Crofts 1970.

Hubel, D.H., Wiesel, T.N.: Receptive fields and functional architecture of monkey's striate cortex. J. Physiol. (Lond.) **195**, 215–243 (1968).

Hubel, D., Wiesel, T.: Sequence, regularity and geometry of orientation columns in the monkey striate cortex. J. Comp. Neurol. **158**, 267–294 (1974).

Humphrey, N.K., Weiskrantz, L.: Vision in monkeys after removal of the striate cortex. Nature **215**, 595–597 (1967).

Jung, R. (Ed.): Central Visual Information. Handbook of Sensory Physiology Vol. VII, Teil 3 (A und B). Berlin-Heidelberg-New York: Springer 1973.

Polyak, St.: The vertebrate visual system. Chicago: University of Chicago Press 1957.

Ratliff, F.: Mach Bands: Quantitative studies on neural networks in the retina. San Francisco-London-Amsterdam: Holden-Day 1965.

Rodieck, R.W.: The vertebrate retina. Principles of structure and function. San Francisco: W.H. Freeman 1973.

Rushton, W.A.H.: Visual adaptation. The Ferrier lecture, 1962. Proc. Roy. Soc. B **162**, 20–46 (1962).

Sakmann, B., Creutzfeldt, O.: Scotopic and mesopic light adaptation in the cat's retina. Pflügers Arch. Ges. Physiol. **313**, 168–185 (1969).

Sperry, R.W.: Hemisphere disconnection and unity of conscious awareness. Am. Psychologist **23**, 723–733 (1968).

Yarbus, A.: Eye movements and vision. New York: Plenum Press 1967.

15.2.5 Biophysik der Elektrorezeption

HENNING SCHEICH

15.2.5.1 Einleitung

Durch Untersuchungen an Elektrorezeptoren und elektrischen Fischen sind eine Reihe von außergewöhnlichen Systemeigenschaften entdeckt worden, die von allgemeinem Interesse für die Biophysik sind und neue Perspektiven für die Betrachtung von Nervensystemen bieten. Dazu gehört z.B. die Sensitivität von Elektrorezeptoren für Potentialgradienten im Mikrovoltbereich. Diese Sensitivität dürfte die Lokalisation von elektrochemischen Potentialen von Beutetieren und bei schwimmenden Haien durch Induktion eine Orientierung im erdmagnetischen Feld ermöglichen. Manche Elektrorezeptoren besitzen Filtereigenschaften, die auf die Frequenz der elektrischen Organentladungen der jeweiligen Art abgestimmt sind. Solche Filter sind möglicherweise relevant für die Erklärung bestimmter Aspekte der Frequenzfilterung im Innenohr, die bisher rein mechanisch interpretiert wird (s. Kapitel 15.2.2.2). Ein weiterer interessanter Aspekt ist der Einsatz von elektrotonischen Synapsen. Schrittmacherneurone (Pacemaker), die elektrische Organe zur

Entladung bringen, sind mit weniger als 0,1% Schwankung wohl die stabilsten biologischen Uhren. Der wichtigste Stabilisierungsfaktor ist dabei die Koppelung der Neuronen durch elektrotonische Synapsen. Solche Synapsen, die auch in bestimmten Neuronentypen des peripheren und zentralen elektrosensorischen Systems vorkommen, stellen eine wichtige Alternative zu chemischen Synapsentypen dar.

Die aktiven elektrosensorischen Systeme benutzen elektrische Organentladungen als Feldquelle. Ortung und Kommunikation sind von einer extremen zeitlichen Kontrolle und Synchronisierung aller Elemente innerhalb der Schaltkreise abhängig. Ausdruck dieser Anforderungen sind das Auftreten von besonderen neuronalen Codes in der Zeitebene, die auch im auditorischen System vorkommen, deren Nutzung aber bisher wenig untersucht wurde. Ausdruck extrem genauer Verarbeitung von Information in der Zeitebene ist auch die Organisation des Kleinhirns der Mormyriden. Es findet sich dort die präziseste geometrische Ordnung von Neuronenelementen in allen bisher untersuchten Gehirnen.

Reaktionen erregbarer Gewebe auf Quellen mit wenigstens mehreren Volt Spannung lassen sich bei den meisten Organismen nachweisen. Hier soll nur spezialisierte Elektrorezeption mit Hilfe von hochempfindlichen Elektrorezeptoren besprochen werden. Dabei kann eine passive Elektrorezeption, d.h. Rezeption von äußeren Feldern, unterschieden werden von aktiver Elektrorezeption, d.h. Ortung und Kommunikation mit Hilfe von Eigenfeldern, die durch elektrische Organe erzeugt werden.

15.2.5.2 Elektrische Organe

Elektrische Organe finden sich als Ergebnis unabhängiger Evolution in verschiedenen Fischgruppen (Abb. 15.136); bei Knorpelfischen (Rochen) und Knochenfischen (afrikanische Mormyriden, *Gymnarchus*, elektrischer Wels, südamerikanische Gymnotiden, *Uranoscopus*). Quer durch Familien und Lebensräume in Salz- oder Süßwasser lassen sich Vertreter mit schwach elektrischen Organen (mV-Bereich Spitzenamplitude, gemessen in minimalen Wasservolumina) und stark elektrische Organe (1–600 V) unterscheiden. Stark elektrische Organe werden in unterschiedlichem Maße für Beutefang, Feindabwehr und Kommunikation, schwach elektrische Organe zur Orientierung und Kommunikation eingesetzt. Einige Arten besitzen mehrere unabhängige Organe; der elektrische „Aal" (*Electrophorus*, ein Gymnotide) z.B. besitzt ein schwaches und zwei starke Organe.

Sämtliche bekannten Organe bestehen aus parallelen und seriellen Anordnungen von mehreren Hundert bis zu mehreren Millionen Elektrocyten. Sie sind spezialisierte, vielkernige Zellen muskulären Ursprungs (myogene Organe) oder myelinisierte Axone (neurale Organe bei Apteronotiden) (Abb. 15.137). Je nach La-

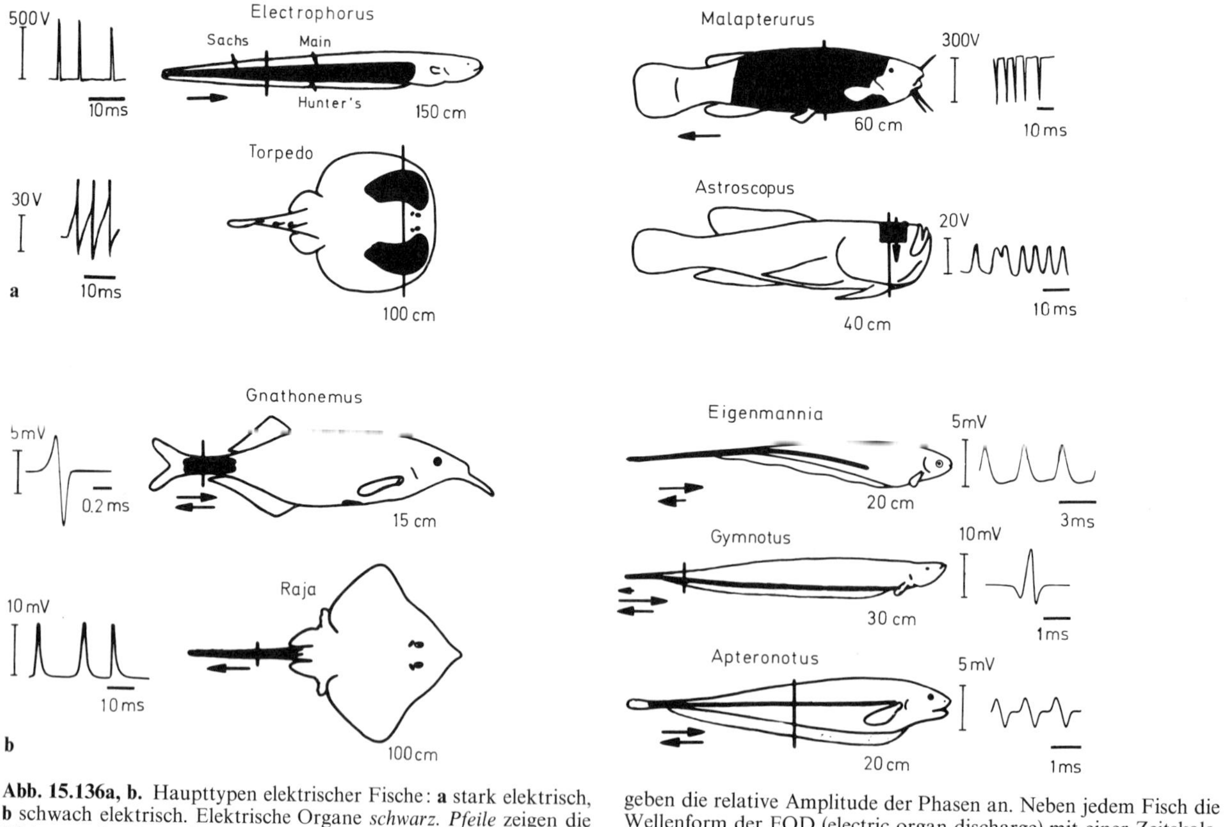

Abb. 15.136a, b. Haupttypen elektrischer Fische: **a** stark elektrisch, **b** schwach elektrisch. Elektrische Organe *schwarz*. *Pfeile* zeigen die Richtung des Stromflusses durch die Organe an, *mehrere Pfeile* bedeuten Änderungen der Polarität. Die relativen *Längen der Pfeile* geben die relative Amplitude der Phasen an. Neben jedem Fisch die Wellenform der EOD (electric organ discharge) mit einer Zeitskala. Die kopfwärts positive Phase ist nach oben aufgetragen (z.T. aus Bennett, 1971)

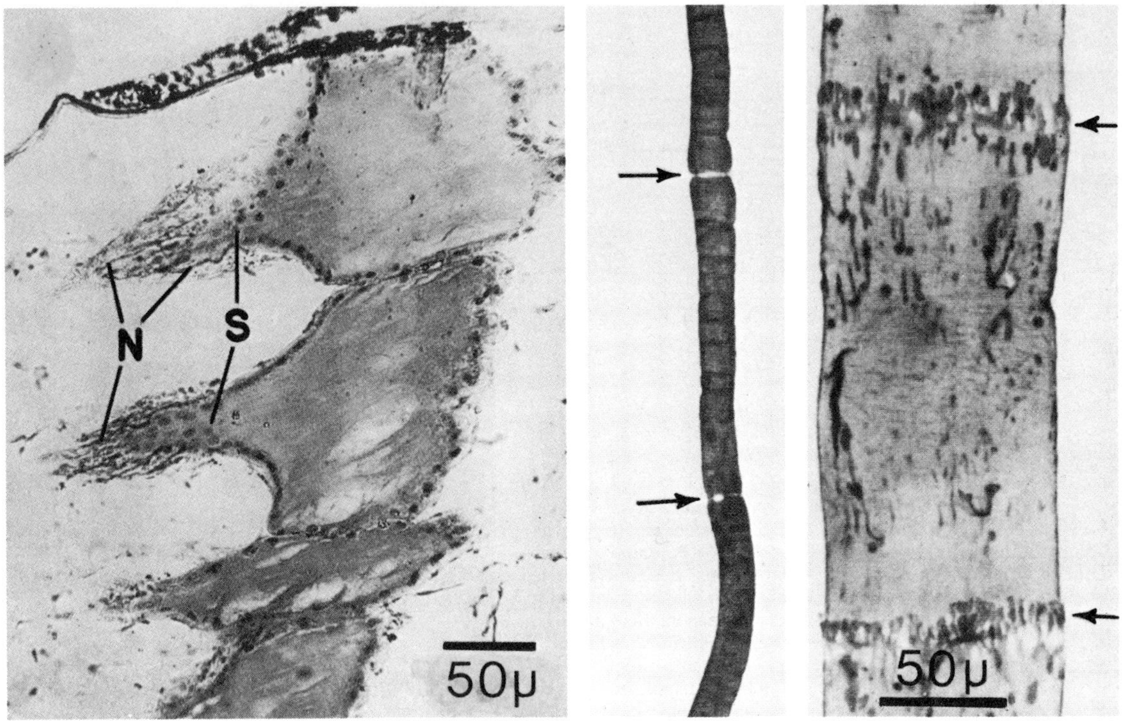

a b

Abb. 15.137a–c. Myogene Elektrocyten bei *Hypopomus* (**a**). Eine Reihe von parallelen Zellen mit Nervenendigungen (*N*) und Elektrocytenstielen (*S*) ist gezeigt. Neurogener Elektrocyt (*Axon*) bei *Apteronotus* (**b**, **c**). *Die Pfeile* in **b** und **c** markieren die Ranvierschen Schnürringe der Markscheiden, d. h. die Stellen der Stromein- und -austritte. **c** zeigt *links* die Kurvatur eines ganzen Axons mit den zugehörigen lokalen Potentialen und *rechts* durch *Pfeile* die Stromrichtung an den weiß markierten Schnürringen. (Bennett, 1971)

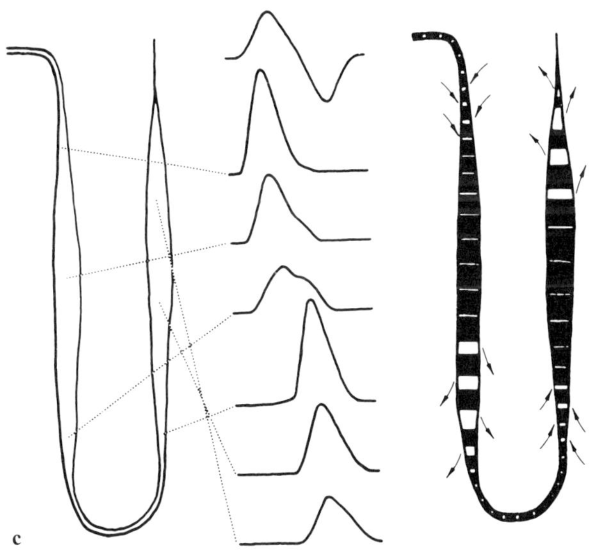

c

ge des Organs im Körper (Abb. 15.136) werden sie von Motorneuronen des Gehirns oder des Rückenmarks synaptisch zur Entladung gebracht oder bilden im Falle der Apteronotiden Potentiale an modifizierten Ranvierschen Schnürringen spinaler Motoraxone (Abb. 15.137).

Muskuläre Elektrocyten sind meist abgeplattet und besitzen zwei morphologisch und physiologisch unterscheidbare Oberflächen. Nur eine Oberfläche ist innerviert und soweit bekannt cholinerg. Innervierte Oberflächen serieller oder paralleler Elektrocyten haben die gleiche Raumorientierung. Oft sitzen die Synapsen stielartigen Ausstülpungen der Membran auf, denen eine Bedeutung für die Entladungssynchronisierung der Elektrocyten im Organ zukommt (Abb. 15.137, 15.138).

Elektrocyten generieren Potentiale nach dem gleichen Prinzip wie gewöhnliche Muskel- oder Nervenzellen, d. h., durch selektive Permeabilitätsänderungen der Membran fließen Na^+- und K^+-Ströme entlang von Konzentrationsgradienten (s. Kapitel 12.3 u. 15.1). Die dabei auftretenden Potentiale sind entweder nur erregende postsynaptische Potentiale (EPSP) oder zusätzliche Impulspotentiale (Abb. 15.138). Die EPSPs sind mit ca. 90 mV bei den marinen Arten größer als bei gewöhnlichen Muskel- oder Nervenzellen. Aufgrund von extrem niedrigen Membranwiderständen (z. B. bei *Electrophorus* einige $\Omega \cdot cm^2$ gegenüber $3\,k\Omega \cdot cm^2$ beim Froschmuskel), ist der Membranstrom am Gipfel der Impulse mit $60\,mA\,cm^2$ extrem hoch. Auch die Impulspotentiale sind mit 150 mV gegenüber 130 mV bei gewöhnlichen Zellen erhöht.

Das Gesamtpotential und die Leistung der elektrischen Organentladung (electric organ discharge = EOD) sind im wesentlichen abhängig von der Schaltung der Elektrocyten. Serielle Anordnung der Elektrocyten bestimmt das EOD-Gesamtpotential durch Summation, parallele Anordnung erhöht den resultierenden Strom. Der Stromfluß verläßt das Organ an einem Ende, kreuzt die Haut, breitet sich im Wasser aus und kehrt über entfernte Hautbezirke zum

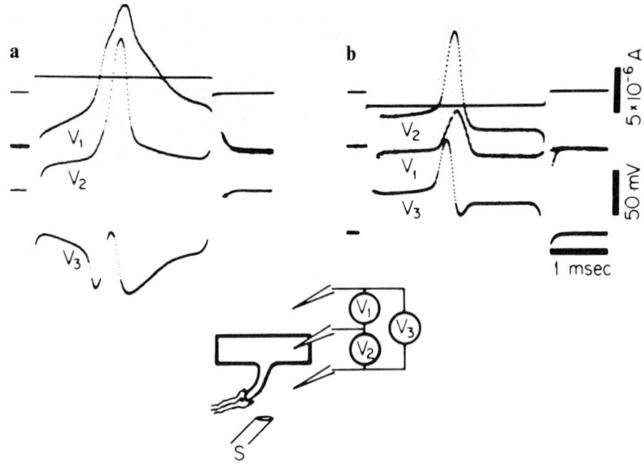

Abb. 15.138a, b. Erregungsmechanismus eines Elektrocyten von *Hypopomus* dargestellt durch extrazellulär applizierten Strom. Reizung (*s*) und gleichzeitige Ableitung mit drei Elektroden wie im unteren Diagramm. In **a** und **b** *obere Spur*: Reizstrom, V_1: Potential über der nichtinnervierten Membran, V_2: Potential über der innervierten, gestielten Membran, V_3: Potential zwischen den beiden extrazellulären Elektroden. Bei unphysiologischem, anodischem Reiz **a** ist die innervierte Membran hyperpolarisiert (Negativität in V_1 nach oben) und die nichtinnervierte Membran depolarisiert (Positivität in V_2 nach oben). Das externe Summationspotential ist triphasisch (Positivität im V_3 nach oben). Der physiologische, kathodische Reiz in **b** depolarisiert zunächst die innervierte Membran und hyperpolarisiert die nichtinnervierte Membran mit gewisser Latenz. Die Summe in V_3 ist ein diphasisches Potential das in etwa der EOD des Fisches entspricht. (Bennett, 1971)

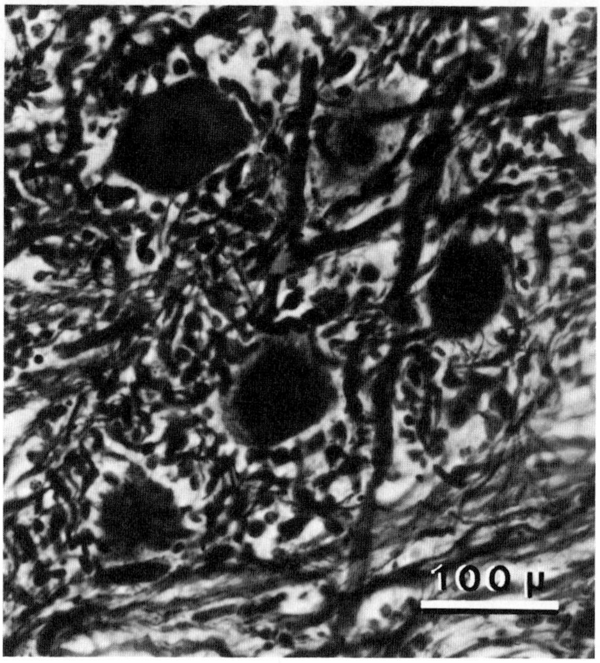

Abb. 15.139. Ausschnitt aus einem Schrittmacherkern. Es zeigen sich mehrere Zellen mit gestreckten Axonen inmitten von unregelmäßig geformten Dendriten und Nervenendigungen (Silberfärbung)

anderen Ende des Organs zurück (Abb. 15.143). Die Form der EOD wird im wesentlichen bestimmt durch das Entladungsverhalten der einzelnen Elektrocyten, die nahezu identische Einheiten bilden. Monophasische Pulse entstehen durch EPSP- oder Impulsaktivierung nur einer Seite der Elektrocyten. Dabei hängt die Polarität der EOD-Pulse relativ zur Fischachse davon ab, welche Seite der seriellen Elektrocyten erregt wird, z. B. kopfnegativ bei Depolarisation der kopfwärtigen Oberflächen (Abb. 15.136). Entsprechend können di- und triphasische Entladungen durch zeitlich verschobene Aktivierung der anderen Seite unter Umkehr des Stromflusses über die Membran zustandekommen (Abb. 15.138). Auch ohne aktive Impulsinvasion der anderen Seite sind diphasische Entladungen möglich, z. B. durch extrem hohe Kapazitäten der nichtinnervierten Seite, die sich zunächst auf- und dann entlädt. Die nicht innervierte Seite der Elektrocyten kann aufgrund zahlloser oberflächenvergrößender Einstülpungen der Membran Kapazitäten von bis zu 15 μF/cm² besitzen (gewöhnliche Zellen 1 μF/cm²). Die Variationen der vorhandenen Kapazitäten und der Membranwiderstände bestimmen die Zeitkonstanten der bei verschiedenen Arten sehr unterschiedlichen Pulse, z. B. Mormyriden < 1 ms, *Sternopygus* (Gymnotide) 20 ms Dauer (s. Abb. 15.136). Wohl aufgrund von Formveränderungen der elektrischen Organe entlang der Körperachse und Variation der umgebenden Gewebe zeigt die EOD gewisse Verschiebungen ihrer Parameter vom Kopf zum Schwanz.

15.2.5.3 Pacemaker (Schrittmacher)

Elektrische Organe werden Puls für Puls durch einen Pacemaker zumeist in der Medulla des Gehirns gesteuert (Abb. 15.139). Während also die Parameter des Einzelpulses der EOD durch Eigenschaften des elektrischen Organs bestimmt sind, hängen die zeitlichen Entladungsmuster von den Eigenschaften des Pacemakers und seiner zentralnervösen Verbindungen ab.

Pacemakerzellen sind wie die Herzschrittmacher zu zyklisch regenerativer Eigenerregung fähig. Die zeitlichen Muster sind weitgehend artspezifisch und können in verschiedenen Verhaltenskontexten durch elektrische und andere sensorische Reize durch Synapsen am Pacemaker moduliert werden. In Abb. 15.136 sind einige artspezifische Entladungsmuster illustriert. Man unterscheidet „Pulsfische" mit Entladungsraten kleiner als 100 Hz und Pulspausen, die wesentlich länger sind als die Pulsdauer, von „Wellenfischen" mit 50–1800 Hz und Pulspausen, die den Pulsen vergleichbar sind. Pulsfische haben zum größten Teil unregelmäßige Entladungsraten.

Pacemaker bestehen aus einer Anzahl von ca. 100 μ großen Zellen, die durch elektrotonische Synapsen gekoppelt sind. Elektrotonische Synapsen unterscheiden sich von chemischen Synapsen funktionell durch bidirektionale und niedrigschwellige Übertragungen von Potentialänderungen in gekoppelten Zellen. Sie entsprechen damit einfachen Impedanzen. Ultrastrukturell sind sie durch gap-junctions der Membranen gekennzeichnet. Durch die elektrotonische Kopplung wird erreicht, daß alle Pacemakerzellen synchron feuern. Sie erregen über ihre Axone entweder zuerst Relay-Neurone oder direkt Elektromotoneurone. Dabei wird eine Laufzeitkompensation der Impulse für näher am Pacemaker gelegene Elektrocyten gegenüber weiter entfernten durch fein abgestufte Längen- und Durchmesseränderungen der Axone und insbesondere Axonkurvaturen erreicht (Abb. 15.137). Eine ähnliche Aufgabe erfüllen die oben erwähnten Elektrocytenstiele.

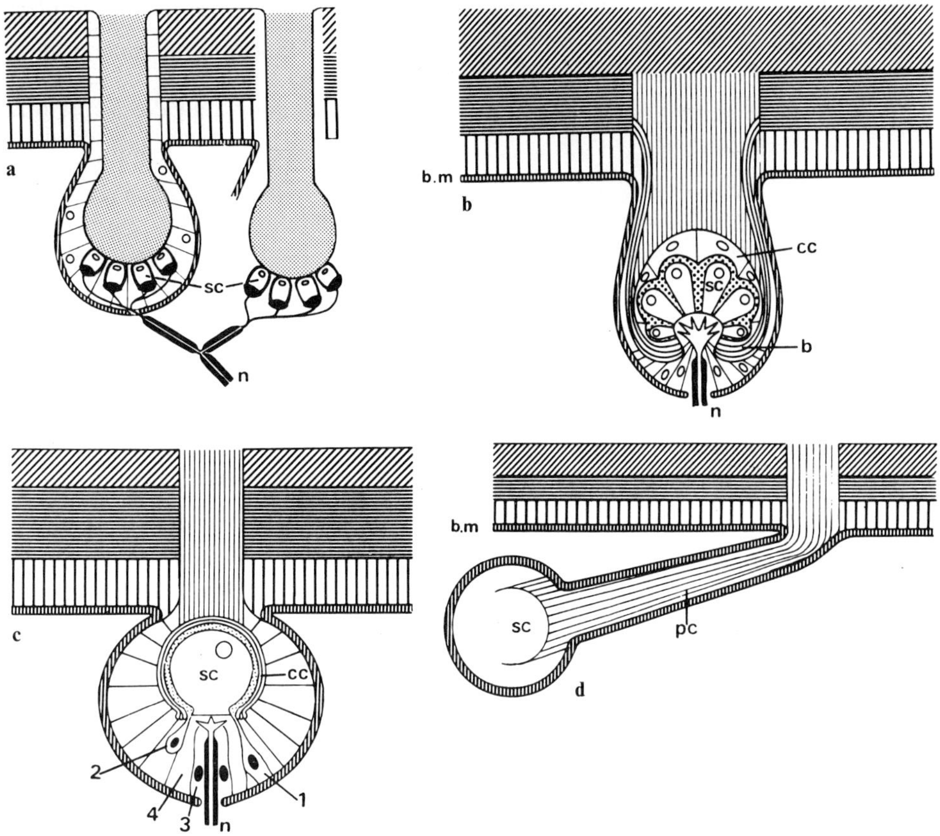

Abb. 15.140a–d. Halbschematische Darstellung von Elektrorezeptororganen in der Haut. **a** Ampulläre (Gymnotiden und Mormyriden), **b–d** tuberöse Organe (**b**, **d** Gymnotiden, **c** Mormyriden). Die offenen, gel-gefüllten Kanäle der ampullären Organe sind gepunktet. Kanäle der tuberösen Organe *(vertikal-gestreift)* sind mit Verschlußzellen gefüllt. Die Verteilung der sensorischen Zellen (*sc*) unter den Deckzellen (*cc*) und Interstitialzellen zeigt eine beträchtliche Variation sogar bei verwandten Arten. Ebenso findet sich bei den Terminalen des innervierenden Nerven (*n*) neben der Alternative von chemischen und elektrischen Synapsen eine enorme Variation der Verteilung und Morphologie, wahrscheinlich in Anpassung an artspezifische Bedürfnisse

15.2.5.4 Elektrorezeptoren

Elektrorezeptoren finden sich bei jenen Fischspezies, die elektrische Organe besitzen, darüber hinaus auch bei einer großen Zahl von Arten ohne elektrische Organe, z. B. bei Haien und Rochen, bei Stören, Lungenfischen, Welsen und Molchlarven Elektrorezeptoren leiten sich in der Evolution aus dem Akustiko-Lateralis-System ab, dem auch das gewöhnliche Seitenliniensystem von Fischen und Amphibien, das Gehörsystem und das Schweresinnes- und Beschleunigungssinnessystem des Labyrinths angehören. Elektrorezeptoren sind modifizierte Haarzellen, die meist weite Bereiche der Haut dicht besetzen. Sie bilden zusammen mit mehreren zentralen Kerngebieten im Gehirn das elektrosensorische System.

Elektrorezeptoren kommen in zwei morphologisch und physiologisch verschiedenen Grundtypen vor: ampulläre und tuberöse Rezeptoren (Abb. 15.140). Tuberöse Rezeptoren bei Gymnotiden, Mormyriden und *Gymnarchus* befinden sich in geschlossenen Hautkavernen. Sie besitzen eine durch Mikrovilli vergrößerte äußere Membranoberfläche (Kapazitätserhöhung) und werden durch hochfrequenten Wechselstrom erregt; optimal durch die stärkste Frequenzkomponente der arteigenen EOD. Ampulläre Rezeptoren kommen neben allen elektrischen Arten auch bei nichtelektrischen Arten vor. Sie befinden sich am Grunde einer mit hochleitfähiger Substanz gefüllten Hautpore (bei Haien und Rochen am Ende langer Kanäle, den Lorenzinischen Ampullen). Sie haben glatte Zellmembranen mit einem Kinocilium (rudimentäre Haarzelle bei Lorenzinischen Rezeptoren) oder wenige Mikrovilli. Sie reagieren optimal auf Gleichstrom oder Wechselstrom niedriger Frequenz. Die absolute Empfindlichkeit liegt bei ampullären Rezeptoren ein bis zwei Zehnerpotenzen höher (1 µV/cm) als bei tuberösen Rezeptoren (10–70 V/cm).

Alle Rezeptoren arbeiten im Prinzip als Voltmeter, d. h. Potentialgradienten führen über die sehr große Inputimpedanz der einzelnen Rezeptorporen (1 MΩ) zu graduierten Depolarisationen. Die Feldquellen sind entweder die eigenen Organentladungen, fremde Organentladungen (evtl. überlagert durch die eigene) oder andere biologische Quellen wie die elektrochemischen Gleichstrompotentiale aller aquatischen Tiere (10 µV/cm) und ihre Muskelpotentiale (1 mV/cm). Dazu kommen potentiell informative, geophysikalische

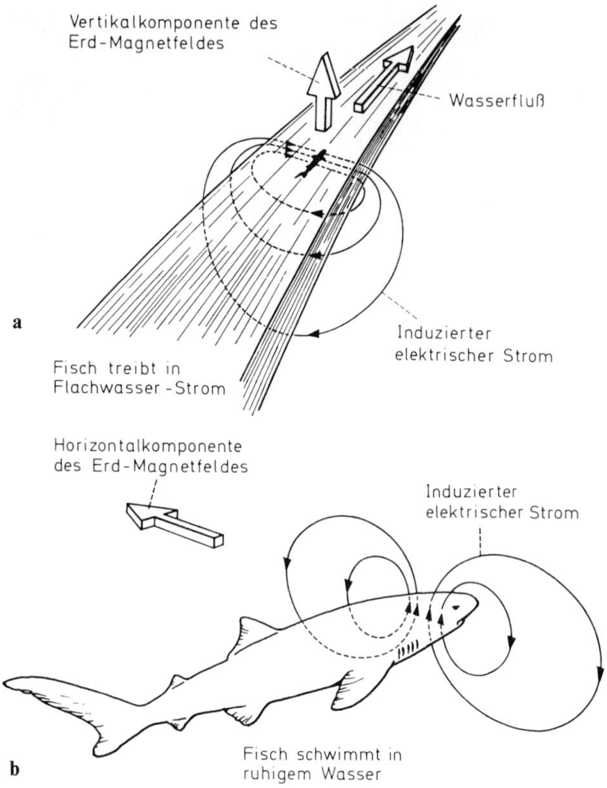

Abb. 15.141a, b. Orientierung im erdmagnetischen Feld von Ozeanen. **a** Strömungen im offenen Meer, die durch das erdmagnetische Feld fließen, gewinnen elektrische Gradienten, die im Strom driftende Tiere über Stromauf- und Stromabrichtung informieren können. **b** Fische, die aktiv durch das erdmagnetische Feld schwimmen, induzieren elektrische Gradienten, die eine physikalische Basis für Kompaßorientierung darstellen können. (Kalmijn, 1974)

Phänomene wie Blitze (1 μV/cm), tellurische Ströme durch geomagnetische Variationen (0,1 μV/cm) und lokale Feldänderungen unmittelbar vor Erdbeben. Einen interessanten Sonderfall stellen Felder dar, die durch Bewegung im erdmagnetischen Feld induziert werden (Abb. 15.141). Experimente in künstlichen Magnetfeldern haben gezeigt, daß Haie mit Hilfe der Lorenzinischen Ampullen durchaus in der Lage wären, sich im Erdmagnetfeld zu orientieren. Bei einer Geschwindigkeit von 1 m/s und Orientierung parallel zum Äquator kann die vertikale Komponente der durch das Erdmagnetfeld induzierten Potentialgradienten 0,4 μV/cm erreichen (s. auch Kapitel 15.2.6). Da die im Verhalten nachgewiesene Sensitivität um 0,1 μV/cm etwa 1 Zehnerpotenz größer ist als die meßbare Sensitivität einzelner ampullärer Rezeptoren, kommt die Sensitivität des Gesamtsystems höchstwahrscheinlich durch zentral nervöse Integrationsmechanismen zustande.

15.2.5.5 Räumliche Elektroortung

Unter natürlichen Bedingungen muß die Arbeitsweise der Elektrorezeptoren räumlich, d. h. in Zusammenhang mit der Potentialverteilung des Feldes im Wasser, über weite Bereiche der die Rezeptoren umgebenden Haut und im Inneren des Fisches betrachtet werden. Die beherrschenden Faktoren für diese Potentialverteilung sind die Verhältnisse der Leitfähigkeiten von umgebendem Wasser, der Fischhaut, der Gewebe im Fischinneren und die Fischgestalt. Diese Beziehungen haben erhebliche Konsequenzen für Bau und Konfiguration der Rezeptorporen bei Salz- und Süßwasserarten (Abb. 15.142). Die räumlichen Verhältnisse dominieren die passive Ortung, d. h. die Ortung von Fremdfeldern, wie auch die kompliziertere aktive Ortung mit Hilfe der eigenen EOD.

Abbildung 15.143a illustriert die EOD-Feldverteilung um den Gymnotiden *Eigenmannia virescens.* Das Feld entspricht in erster Näherung dem des Dipols des elektrischen Organs. Es ist allerdings im Nahbereich, d. h. wenige Zentimeter um das Vorderende des Fisches, erheblich verzerrt. Die Verzerrung entsteht durch die Position des elektrischen Organs im kleinvolumigen Schwanzteil „in Serie" mit dem großvolumigen und daher niederohmigen (50–200 Ω·cm) Inneren des Vorderkörpers, das keinen bedeutenden Spannungsabfall zeigt. Die Haut ist ein Isolator mit einem erheblichen Widerstand (1–4 kΩ·cm^2). In den natürlichen Biotopen der südamerikanischen Flüsse liegen Wasserwiderstände im Bereich von 10–100 kΩ·cm.

Zur Veranschaulichung der räumlichen Feldverarbeitung durch die Rezeptoren eignen sich diskrete Widerstandsnetzwerke, da die Rezeptorporen diskrete Kanäle für Potentialgradienten darstellen, durch die die Haut kompartimentiert wird (Abb. 15.143b). In der Abbildung sind Äquivalente der tuberösen und ampullären Rezeptoren mit dem hohen Hautwiderstand parallel geschaltet. Objekte von anderer Leitfähigkeit als das umgebende Wasser verzerren das elektrische Feld und verändern damit lokal das Potential über den Rezeptoren.

Simulation kleiner konduktiver oder nichtkonduktiver Objekte durch Reduktion oder Erhöhung von Wasserwiderständen über einem Rezeptor zeigt mehrere Grundphänomene, die mit dem gemessenen, räumlichen Antwortprofilen der Rezeptoren übereinstimmen: 1. Lokale Erhöhung des Potentials über einer Rezeptorpore durch ein hochkonduktives Objekt bewirkt gleichzeitig Erniedrigung des Potentials über benachbarten Poren. Daraus folgt 2. eine Kontrastverstärkung auf physikalischer Basis und eine räumliche Potentialverteilung (elektrische Bilder), die weitere Hautbezirke beeinflussen als der Größe von Objekten entspricht. 3. Antwortprofile sind nur symmetrisch entlang der Fischachse, wenn das Verhältnis von Hautwiderstand zu Innenwiderstand des Fisches in einem realistischen Bereich (größer als 500 : 1) liegt und in einem Hautbereich hinter den Kiemen, wo Feldlinien senkrecht einstrahlen. Im Schwanzbereich haben die Profile typische Asymmetrien mit je einem Bereich von Erregung und Suppression. Die Folge von Erregung und Suppression ist spiegelbildlich für Objekte mit höherer und niedriger Konduktivität als das Wasser (Abb. 15.143c).

Durch Simulation läßt sich auch die wirksame Distanz von Objekten in guter Korrelation mit Rezeptorantworten vorhersagen. Wird als Objekt ein Metallzylinder vom Durchmesser x angenommen, so ist die Spannungsänderung ΔU gemessen über die Haut proportional zur zweiten negativen Potenz des Abstandes (d^{-2}), d. h., um noch eine Spannungsänderung zu erfassen, wenn der Abstand eines gerade detektierba-

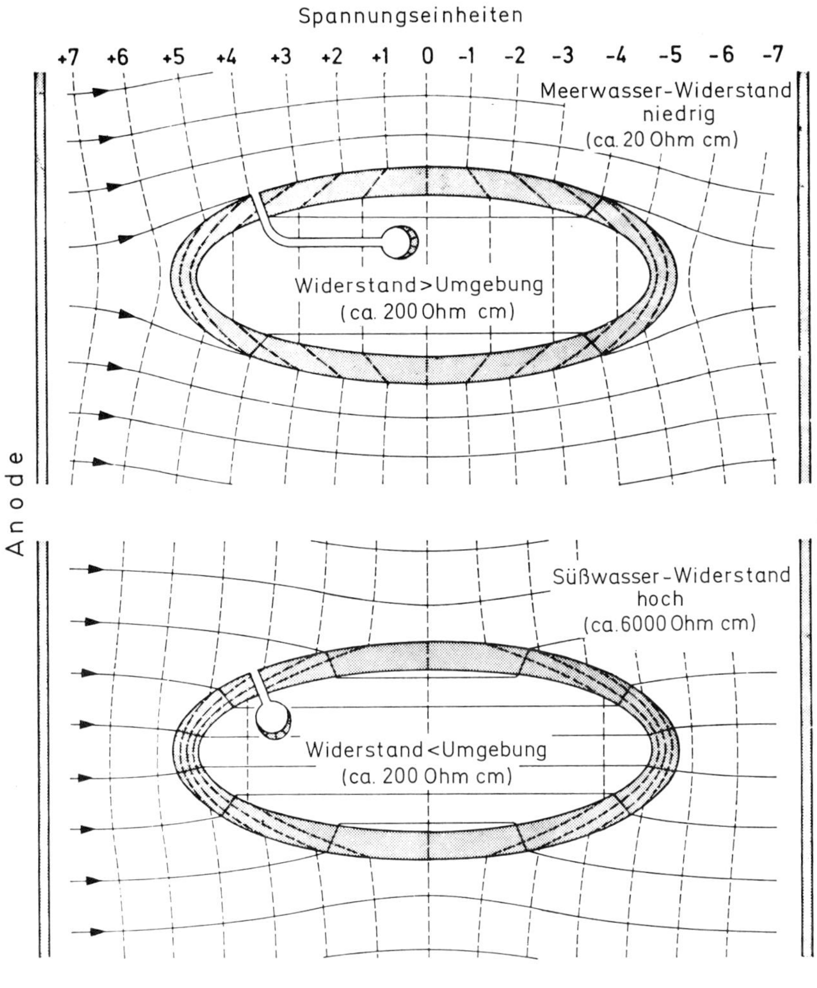

Abb. 15.142. Bau von ampullären Rezeptororganen für See- und Süßwasser-Elektrorezeption von äußeren Feldern. *Oben:* Elektrosensitiver Meeresfisch mit größerem Widerstand als Seewasser (20 Ω·cm). Die Stromlinien divergieren und die Äquipotentiallinien krümmen sich auf den Fisch zu. Wegen des relativ geringen Hautwiderstandes sind die Potentialgradienten in den Körpergeweben nicht wesentlich geringer als die im Wasser (vgl. unten). Die Elektrorezeptororgane haben lange Kanäle, damit der relativ geringe Potentialabfall über die Haut durch den zusätzlichen Abfall im Inneren besser genutzt werden kann. Beachte, daß die Rezeptorzellen am Ende der hervorragend leitenden Kanäle praktisch die Differenz zwischen dem Potential am Kanaleingang in der Haut und dem Potential an der Kanalbasis messen. *Unten:* Elektrosensitiver Süßwasserfisch. Die Tiere bieten weniger Widerstand als Süßwasser (6 kΩ·cm). Deshalb konvergieren die Stromlinien und die Äquipotentiallinien krümmen sich vom Fisch weg. Wegen des hohen Hautwiderstandes erfolgt der Hauptpotentialabfall über die Haut. Deshalb genügen kurze Kanäle der Rezeptororgane. (Kalmijn, 1974)

ren Zylinders verdoppelt wird, muß der Durchmesser vervierfacht werden. Der effektive Bereich für die Ortung kleiner Objekte von einigen Millimetern ist beschränkt auf wenige Zentimeter um den Fisch. Der Schwellenabstand von Objekten wird kleiner mit zunehmender Wasserleitfähigkeit, die das elektrische Feld zunehmend kurzschließt. Deshalb ist aktive Ortung mit Hilfe elektrischer Organe in Seewasser nicht effektiv. Ein guter Indikator der Ortungsleistung für Objekte ist die elektromotorische Reaktion (Abb. 15.144). Dabei wird das Ausweichmanöver der Fische zwischen im Wasser schwingenden Pendeln gemessen.

15.2.5.6 Erregung von Elektrorezeptoren

Die Rezeptorzellen sind elektrisch isoliert durch die Wandzellen der Poren und durch Stützzellen, so daß sich für den Potentialabfall über die Rezeptorzellen eine äußere und eine dem Fischinneren zugekehrte Membranfläche unterscheiden lassen (Abb. 15.140). Bei tuberösen Rezeptoren wird nur die innere Membranfläche depolarisiert. Dazu muß außen an der Haut ein anodischer Reiz, d. h. ein positives Potential oder unter der Haut ein kathodischer Reiz angelegt werden.

Bei ampullären Rezeptoren kann entweder die Depolarisation der inneren oder der äußeren Membran zu einer Erregung führen. Das ausgelöste Rezeptorpotential öffnet mit großer Wahrscheinlichkeit bei allen Rezeptortypen an der erregbaren Membran Ca^{2+}-Kanäle und führt wie bei neuronalen, chemischen Synapsen zu einem Ca^{2+}-Einstrom mit gekoppelter Transmitterausschüttung. Die Basis der ungewöhnlichen Empfindlichkeit der Rezeptoren für elektrische Gradienten bleibt allerdings spekulativ. Da weder die Rezeptorpotentiale noch die Transmitter enthaltenden präsynaptischen Bläschen in der Rezeptorzelle Besonderheiten aufweisen, ist die erhöhte Empfindlichkeit wahrscheinlich auf eine besonders niedrige Schwelle für die quantale Transmitterausschüttung oder auf besondere Eigenschaften der Rezeptormoleküle auf der subsynaptischen Membran der Nervenfaser zurückzuführen.

15.2.5.7 Neuronale Codierung

Impulspotentiale treten zuerst in der Nähe der Rezeptorsynapse an den Dendriten des ersten Neurons auf. Neurone von ampullären Rezeptoren benutzen den konventionellen Frequenzcode des Nervensystems. Sie

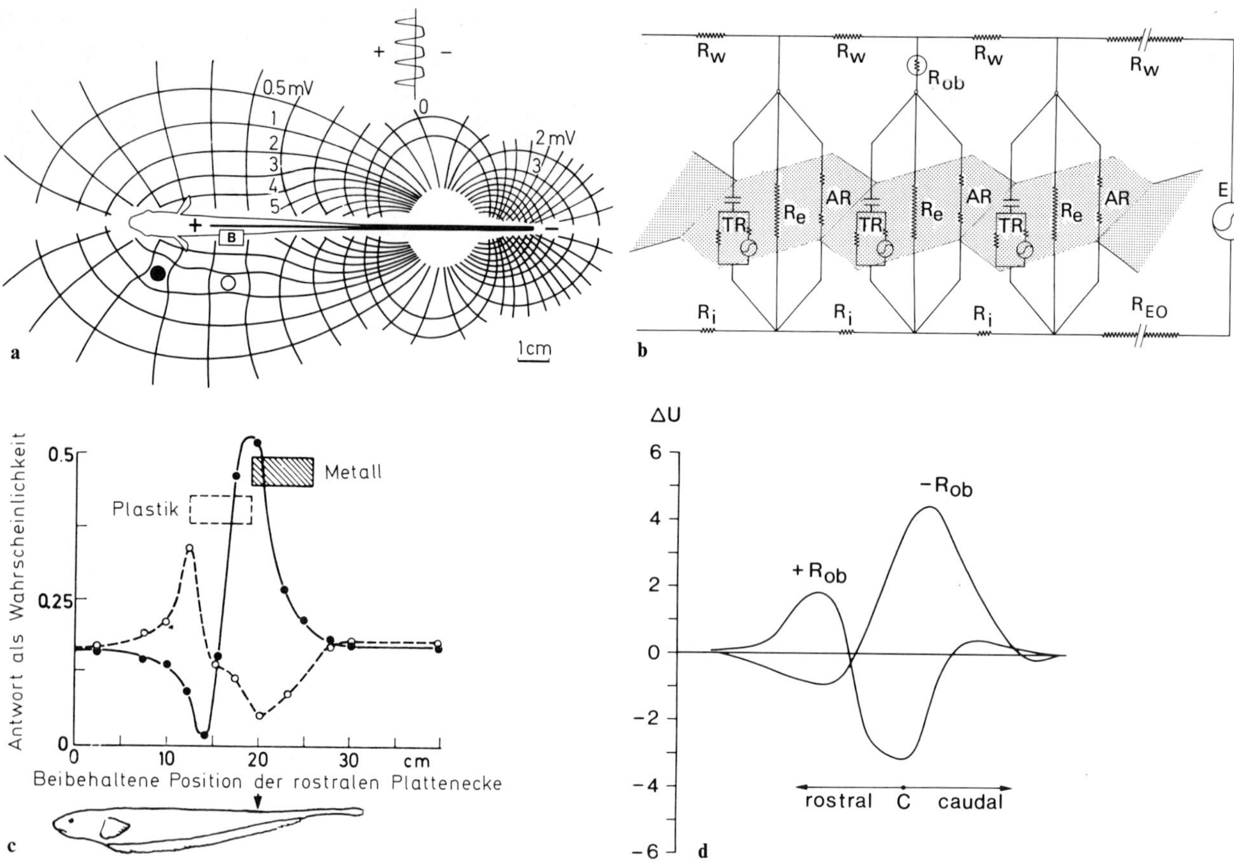

Abb. 15.143a–d. Räumliche Eigenschaften von Feldern elektrischer Organe, äquivalentes Netzwerk der räumlichen Arbeitsweise von Elektrorezeptoren und Rezeptorantwortprofilen bei Gymnotiden. **a** Isopotentiallinien und Stromlinien im elektrischen Feld von *Eigenmannia.* Die EOD des Fisches ist oben gezeigt. Gut leitende Objekte *(schwarzer Kreis)* und schlechte Leiter *(offener Kreis)* verzerren das Feld in der angegebenen Weise. **b** zeigt das äquivalente Netzwerk des Kastens *B* der oberen Abbildung. Der Generator des elektrischen Organs (*EO*) mit dem inneren Widerstand (R_{EO}) speist den Stromfluß über die Widerstände des Wassers (R_w), der Haut und der inneren Gewebe (R_i). In Abhängigkeit vom durchschnittlichen Abstand der Rezeptor-Kanäle kann die Haut in Kompartimente unterteilt werden, wobei jedes Kompartiment Äquivalente der tuberösen Rezeptoren (*TR*), der ampullären Rezeptoren (*AR*) und des Widerstandes der Haut (R_e) in paralleler Anordnung enthält. Der Widerstand R_{ob} im Wasser simuliert ein kleines dielektrisches Objekt. **c** Antwortprofile von Elektrorezeptoren, erhalten mit bewegten Objekten. (Hagiwara et al., 1965.) **d** Simultationen mit einem Netzwerk wie in *B.* Die Spannung über einem Hautkompartiment *C* ist gemessen als Funktion des Längsabstandes des positiven oder negativen Widerstandes R_{ob} von diesem Kompartiment im Schwanz

beantworten Gleichstrom oder niederstfrequenten Wechselstrom je nach Polarität mit Erhöhung oder Erniedrigung einer spontan vorhandenen Impulsrate. Neuronen von tuberösen Rezeptoren besitzen wesentlich kompliziertere Codierungsarten, die im Zusammenhang mit der aktiven Ortung und mit Kommunikationsleistungen durch elektrische Organe zu sehen sind. Je nach Entladungsmuster der elektrischen Organe und Fischspezies sind verschiedene Codierungsformen zu unterscheiden. Allen ist gemeinsam, daß Aktionspotentiale durch Einzelpulse des elektrischen Organs ausgelöst werden (Abb. 15.145). Bei Pulsfischen können Impulssalven ausgelöst werden, die in die Pulsintervalle des elektrischen Organs fallen. Reizpotentialerhöhung führt zu Latenzverminderung, Vermehrung der Zahl der Impulse und damit Salvenverlängerung. Daneben gibt es Neurone, deren einziger Impuls (oder wenige) in seiner Latenz gering intensitätsabhängig ist.

Wellenfische besitzen ebenfalls im Prinzip zwei Typen von Neuronen, die denen der Pulsfische nahestehen. Wellen der EOD lösen bei P-Einheiten mit einer gewissen Wahrscheinlichkeit Impulse aus, die eine Phasenbeziehung zur EOD besitzen. Bei Intensitätserhöhung steigt die Wahrscheinlichkeit der Impulsauslösung (Zahl der Impulse pro Zeiteinheit nimmt zu). Der zweite Typ von Neuronen, T-Einheiten, feuert nach jeder Welle und vermindert nur die Latenz bei Intensitätserhöhung der EOD.

Während der erste Neuronentyp bei Puls- und Wellenfischen einen abgewandelten Frequenzcode besitzt (Änderung der Impulsrate pro Zeiteinheit als Funktion der Intensität), ist der zweite Typ mehr im Sinne einer Zeitmarkierung der eigenen elektrischen Organentladung zu interpretieren. Diese Information wird offensichtlich im zentralen elektrosensorischen System des Gehirns benötigt, um bei Überlagerung eigene und Fremd-EOD in ihrem Effekt auf die Rezeptoren zu

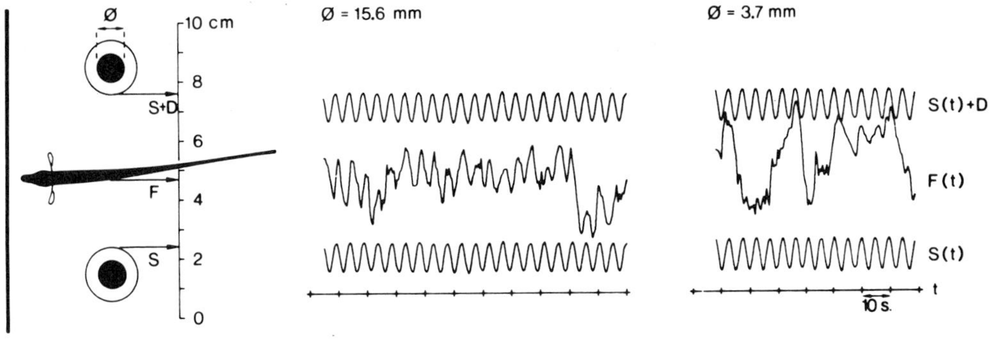

a

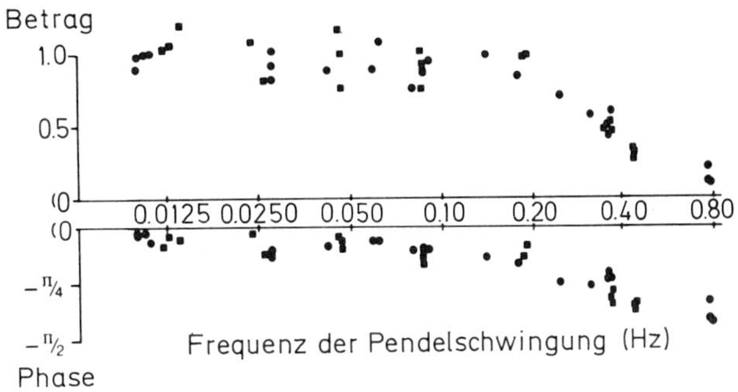

b

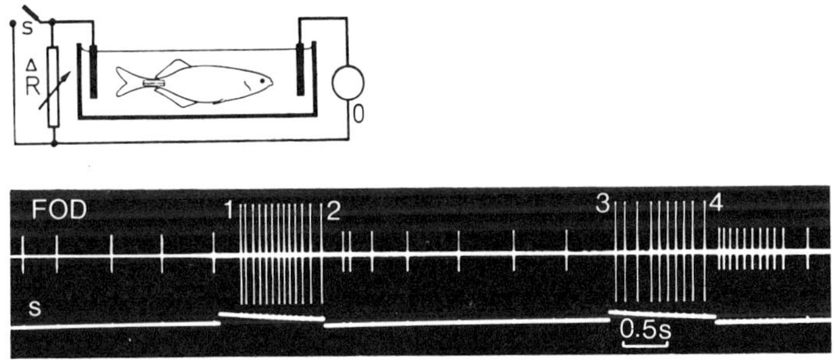

c

Abb. 15.144a–c. Die elektromotorische Reaktion. In **a** ist links der experimentelle Aufbau dargestellt, mit einem Fisch, der zwischen zwei gekoppelten Plastikpendeln im Wasser steht. Rechts finden sich die Aufzeichnungen der sinusförmigen Schwingungen der Pendel und dazwischen die lateralen Folgebewegungen des Fischkörpers. Darstellungen für zwei Durchmesser von Pendeln. **b** zeigt Betrag und Phase der elektromotorischen Reaktion von *Eigenmannia* als Funktion der Frequenz der Pendelschwingungen. Verschiedene Symbole repräsentieren unterschiedliche Tiere. (Heiligenberg, 1977.) **c** Frequenzantwort eines Pulsfisches (Mormyride) auf Kurzschließen des eigenen Feldes durch einen elektronischen Schalter. Bei Betrachtung der durchschnittlichen Entladungsintervalle vor und nach dem Kurzschluß ist es evident, daß die erste spontane EOD, die die Information über den Kurzschluß an die Rezeptoren übermittelt, genügt, um die Entladungsrate zu erhöhen. Diese Antwort kann auf verschiedene Weise ausgenutzt werden, um die Empfindlichkeit des Systems zu testen. (Szabo u. Fessard, 1974)

trennen. Eine andere Funktion dieses dualen Systems ist wahrscheinlich die Unterscheidung rein ohmscher Widerstände im Wasser von kapazitiven Reaktanzen, die durch die intakten Zellmembranen lebender Organismen erzeugt werden. Beide Typen von Neuronen lassen sich als anatomisch separate Systeme bis zur Mittelhirnebene verfolgen.

15.2.5.8 Filtereigenschaften tuberöser Rezeptoren

Ein fruchtbarer Ansatz für das Verständnis der aktiven Ortungs- und Kommunikationssysteme schwachelektrischer Fische war die Entdeckung, daß tuberöse Elektrorezeptoren Filtereigenschaften besitzen, die an den Spektralgehalt der EOD angepaßt sind (Abb. 15.146a). Die größte Sensitivität besteht für die stärksten Spektralkomponenten der EOD. Bei Wellenfischen ist dies gewöhnlich die Grundfrequenz. Dieses Prinzip ist in der Folge für eine Vielzahl von Wellen- und Pulsspezies (Abb. 15.146b), für die Individualeigenschaften der EOD solcher Fische und für lokale Unterschiede der EOD-Spektren entlang der Körperachse einiger Arten bestätigt worden. Diese Filter besitzen Steilheiten bis 40 dB/Oktave an der hochfrequenten Flanke, bis zu 10 dB/Oktave an der niederfrequenten Flanke. Sie können die Energie der Entladungen anderer Spezies in der Nähe unterdrücken (andere Frequenzbereiche), ebenso wohl auch das Signalrauschverhältnis der eigenen EOD zu anderen biologischen und nichtbiologischen Quellen verbessern. Aufgrund der geringen Filtersteilheiten und der eng gestaffelten Privatfrequenzen von Individuen ist es jedoch nicht wahrscheinlich, daß Filtern eine erhebliche Unterdrückung der Störsignale von Artgenossen bewirkt. Um diese Aufgabe zu lösen, kommen aktive Mechanismen ins Spiel (s. u.).

15.2.5.9 Zentrale Mechanismen der Elektroortung

Der die Elektrorezeptoren innervierende Seitenliniennerv hat seine zentralen Synapsen in einem Kerngebiet im Hirnstamm. Die Neurone dieses Kerns senden

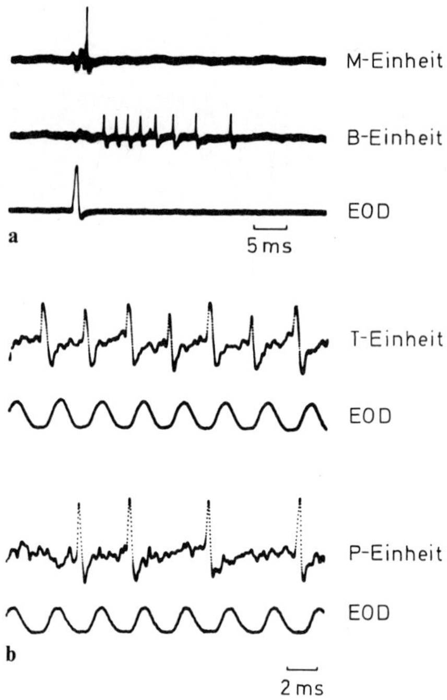

Abb. 15.145a, b. Die beiden Kodierungsarten von Elektrorezeptoren bei Pulsfischen **a** und Wellenfischen **b**. Pulse-Marker Neurone (M-Einheiten bei Gymnotiden) beantworten jeden EOD-Puls mit einem Impuls. Burst-Duration-Neurone (B-Einheiten bei Gymnotiden) antworten mit einer variablen Anzahl von Impulsen in Abhängigkeit von der EOD-Intensität. Phase-Coder-Neurone (T-Einheiten bei *Eigenmannia*) feuern 1 : 1 zu jeder EOD und vermindern die Latenzen, wenn die EOD-Intensität erhöht wird. Probability-Coder-Neurone (P-Einheiten bei *Eigenmannia*) beantworten mit höherer Wahrscheinlichkeit und geringerer Latenz EODs von stärkerer Intensität. (Bastian, 1977)

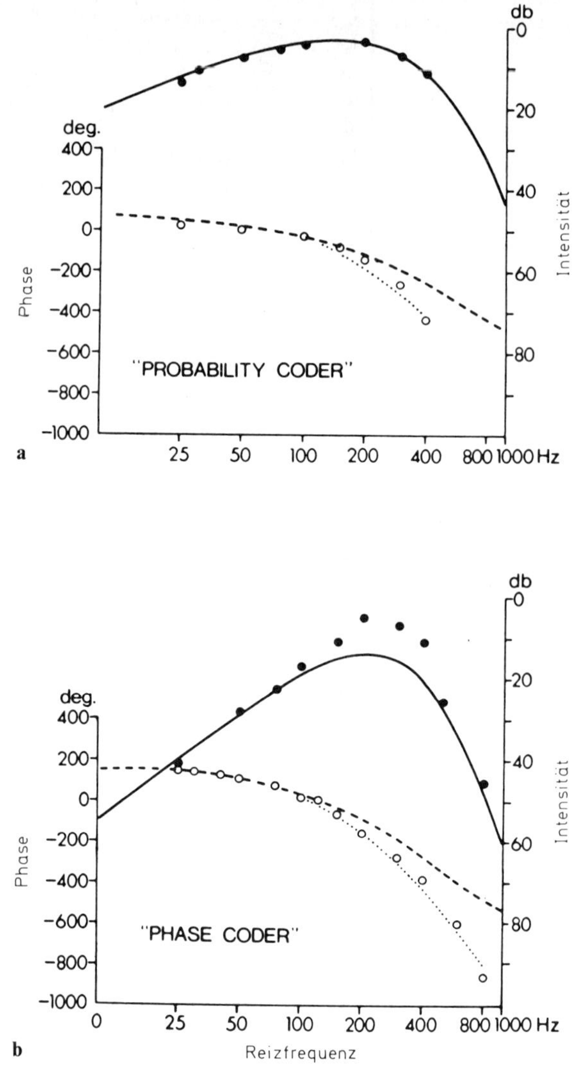

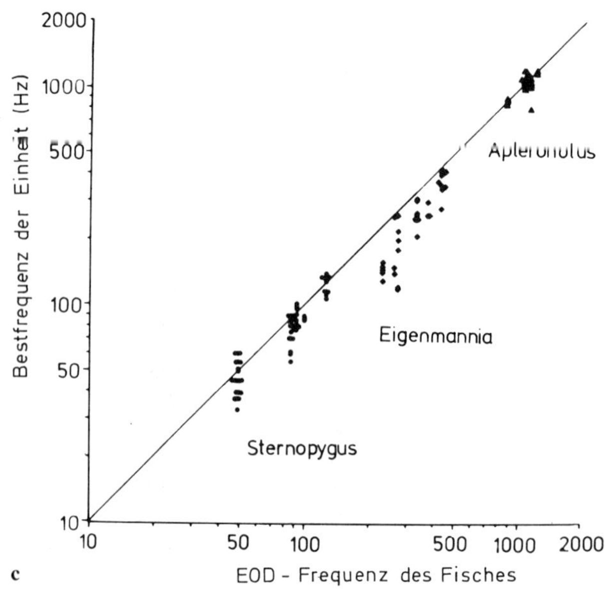

Abb. 15.146a–c. Frequenzabstimmung von Elektrorezeptoren bei ▶ Wellenfischen (*Gymnotiden*). **a** illustriert das Tuning einer P-Einheit auf die 200 Hz EOD-Frequenz eines *Eigenmannia*. Der curarisierte und deshalb nicht entladende Fisch wurde mit verschiedenen Frequenzen unter Erhöhung der Intensität gereizt, bis das Neuron jede Sinuswelle des Reizes beantwortete. Schwarze Kreise stellen dies Kriterium im Bezug auf die Intensitätsskala rechts dar. Offene Kreise zeigen die Phase des Impulses relativ zur Sinuswelle des Reizes. Die schwarze Linie und die gepunktete Linie stellen die Betrags- und Phasenwerte eines linearen Filtermodells dar, das den Daten des Neurons entspricht. Die unterbrochene Linie illustriert die erwartete Phasendrehung des Impulses auf der Grundlage der Laufzeit von 1 ms zwischen dem Rezeptor und dem Ort der Impulsableitung im Nerv. **b** zeigt die Daten einer T-Einheit vom gleichen Tier. Das Tuning auf die EOD-Frequenz ist schärfer als bei der P-Einheit. Das Filtermodell ist in der Gegend der Bestfrequenz flacher als die Neuronendaten entsprechend nichtlinearer Eigenschaften, die bei T-Einheiten auch durch andere Daten bekräftigt werden. (Scheich et al., 1973.) **c** zeigt das Rezeptortuning auf die EOD-Frequenzen von Individuen dreier Arten. Die gerade Linie zeigt eine ideale Beziehung an. (Hopkins, 1976)

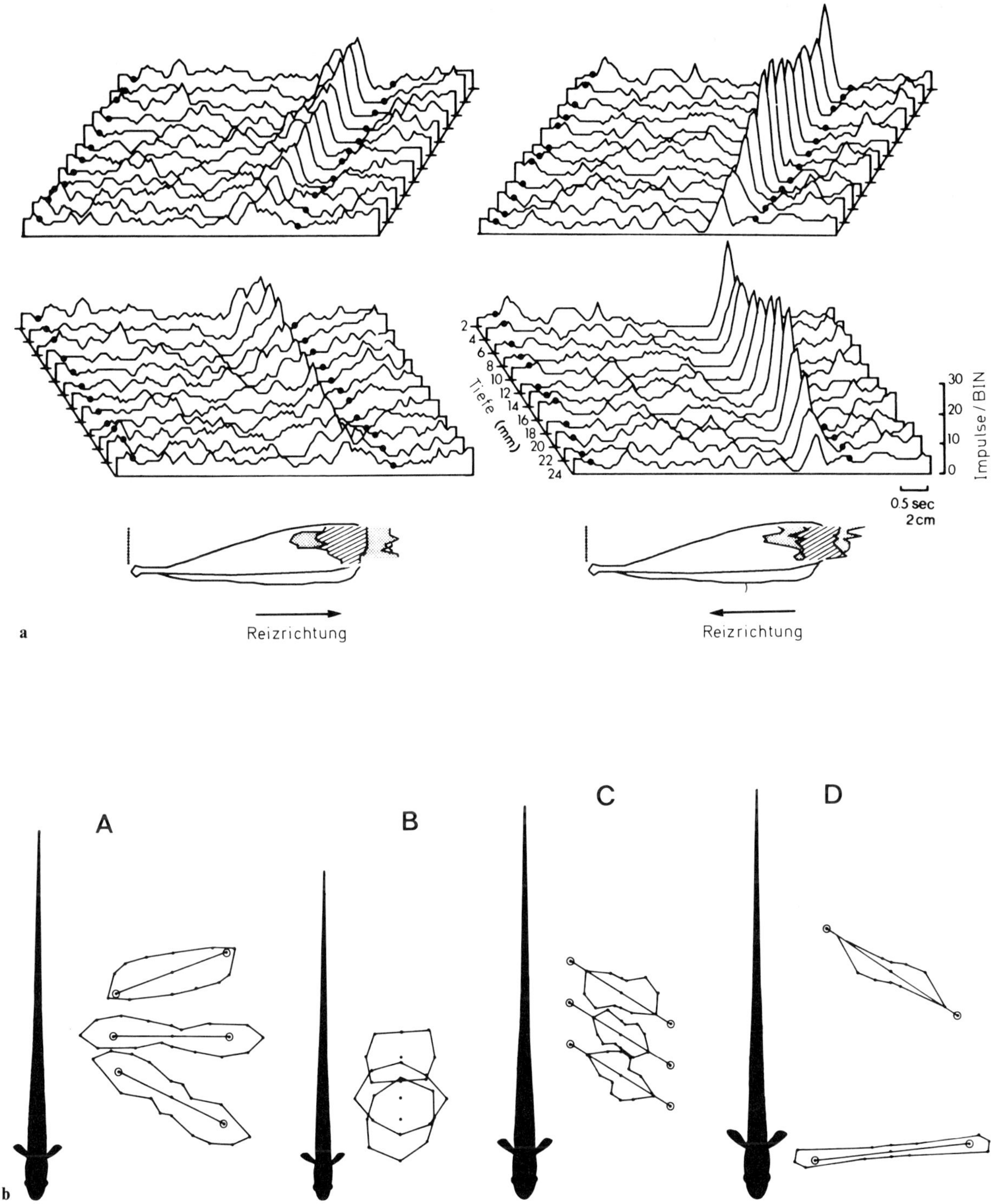

Abb. 15.147a, b. Komplexe Antwortprofile eines cerebellären Neurons **a** und von Mittelhirnneuronen aus dem Torus semicircularis **b**. Das cerebelläre Neuron wurde mit einem kleinen Dipol gereizt, das einen Reiz phasengekoppelt an die EOD emittierte und in verschiedenen Abständen parallel zur Fischachse bewegt wurde. Antworten auf der linken Seite auf Kopfwärtsbewegungen des Dipols zeigen ein anderes Profil als die schwanzwärts bewegten Reize auf der rechten Seite. Das rezeptive Feld dieses Neurons bei *Apteronotus* ist darunter dargestellt. Das gestreifte Gebiet bedeutet Erregung und die gepunkteten Gebiete Hemmung. (Bastian, 1975.) Die Mittelhirnneurone wurden mit stationären Dipolen gereizt, die um die Mitte der Dipolachse rotiert wurden und auf diese Weise Artgenossen mit verschiedener Orientierung zum Fisch simulierten. Der Reiz war sinusförmig und behielt ein konstantes ΔF von 4 Hz zur EOD. Die Entladungsrate der P-Neurone ist für jede Position und Orientierung des Dipols in Polarkoordinaten mit relativen Einheiten dargestellt. (*A*) zeigt die Antworten eines peripheren P-Neurons zum Vergleich. Die Orientierung der stärksten Antworten in verschiedene Positionen des Dipols „zeigt" auf den Rezeptor in der Haut. Mittelhirnneurone können Orientierungsselektivität weitgehend unabhängig von der Position zeigen (*C*), oder keine Abhängigkeit von Position und Orientierung (*B*) oder extreme Präferenz für Position und Orientierung (*D*). Im letzteren Fall sind zwei Neurone dargestellt, die nur Antworten in den gezeigten Positionen gaben. (Scheich u. Maler, 1976)

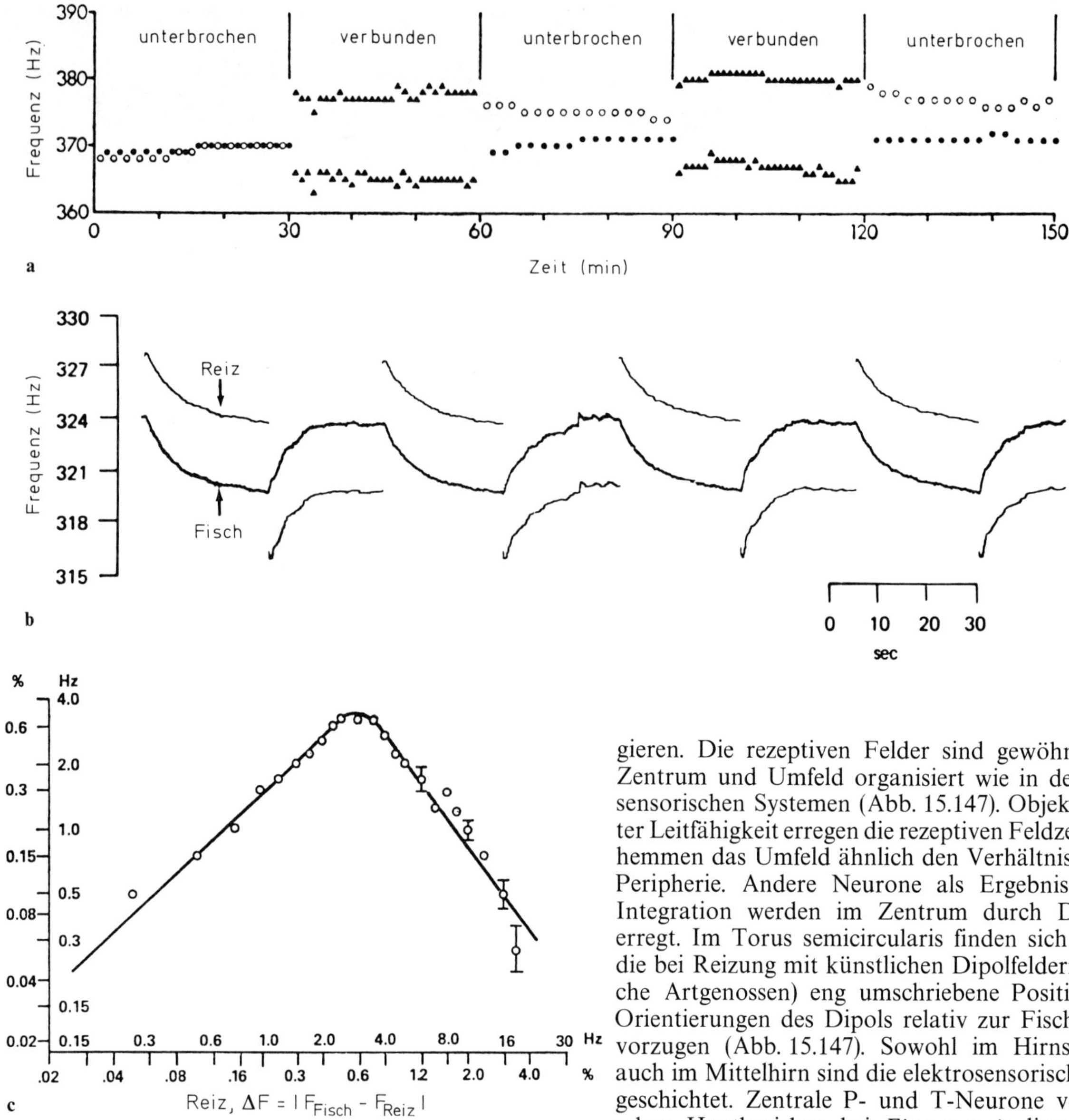

Abb. 15.148. **a** Zwei Individuen des Wellenfisches *Eigenmannia* mit nahezu gleicher EOD-Frequenz wurden in separaten Aquarien gehalten und abwechselnd durch zwei Drähte verbunden und unterbrochen. Beide zeigen eine Jamming Avoidance Response (JAR). **b** JAR von *Eigenmannia* gereizt mit einem Sinussignal, das ein konstantes ΔF von abwechselnd + und − 4 Hz ΔF einhielt und den Fisch in der Frequenz herauf und herunter trieb. **c** JAR als Funktion des ΔF in *Eigenmannia*. Der Reiz wechselt zwischen + und − eines jeweiligen für 26 s fixierten ΔF. Die aufgetragenen Werte sind die Differenz zwischen den unteren und oberen erreichten Frequenzplateaus. (**a–c** aus Bullock et al., 1972)

Axone zu einem kontralateralen Kern des Mittelhirns, dem Torus semicircularis und außerdem zum Kleinhirn. In der räumlichen Organisation dieser geschichteten zentralen Kerngebiete ist die Hautoberfläche in Form einer Landkarte repräsentiert. Benachbarte Neurone bekommen Input von benachbarten Elektrorezeptoren, wobei meist viele Rezeptoren auf ein zentrales Neuron exzitatorisch und inhibitorisch konvergieren. Die rezeptiven Felder sind gewöhnlich nach Zentrum und Umfeld organisiert wie in den meisten sensorischen Systemen (Abb. 15.147). Objekte mit guter Leitfähigkeit erregen die rezeptiven Feldzentren und hemmen das Umfeld ähnlich den Verhältnissen in der Peripherie. Andere Neurone als Ergebnis zentraler Integration werden im Zentrum durch Dielektrika erregt. Im Torus semicircularis finden sich Neurone, die bei Reizung mit künstlichen Dipolfeldern (künstliche Artgenossen) eng umschriebene Positionen und Orientierungen des Dipols relativ zur Fischachse bevorzugen (Abb. 15.147). Sowohl im Hirnstamm als auch im Mittelhirn sind die elektrosensorischen Kerne geschichtet. Zentrale P- und T-Neurone von identischen Hautbezirken bei *Eigenmannia* liegen in verschiedenen Schichten übereinander und bilden kongruente Repräsentationen der elektrischen Bilder auf der Fischoberfläche.

15.2.5.10 Elektrokommunikation

a) Jamming Avoidance

Viele schwach elektrischen Fische zeigen charakteristische Frequenzveränderungen im Rahmen des Sozialverhaltens. Die bestuntersuchte Verhaltensweise ist die Jamming Avoidance Response oder JAR (Frequenzausweichverhalten von Wellen- und Pulsfischen). Die JAR wird hervorgerufen durch Artgenossen ähnlicher Frequenz oder auch elektrische Fischattrappen mit ähnlicher Frequenz (Abb. 15.148). Die Fische verändern ihre Frequenz um einige Prozent und zwar jeweils in die Richtung, die zu einer Vergrößerung des Fre-

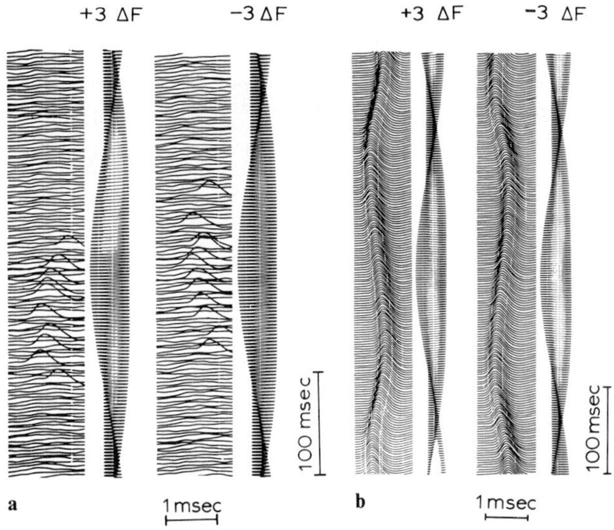

Abb. 15.149. Charakteristische Entladungsmuster einer Mittelhirn P-Einheit **a** und T-Einheit **b** bei *Eigenmannia* während eines Schwebungszyklus der JAR. Impuls-Muster beginnend am Nulldurchgang der vorausgegangenen EOD finden sich *links* und Schwebungen (Summe von EOD und Sinusreiz) *rechts*. Die T-Einheit entlädt bei jeder Welle des Schwebungszyklus. Die Latenz nach der EOD (damit auch das Intervall zwischen folgenden Impulsen) ist periodisch moduliert. Der $+\Delta F$-Modulationszyklus ist ein leicht zeitverschobenes Spiegelbild des $-\Delta F$-Zyklus. P-Einheiten entladen nur in der Nähe des Schwebungsmaximums. Beachte, daß ähnlich wie bei der T-Einheit die Latenz nach der EOD nicht konstant ist. Auch tritt eine zeitliche Verschiebung der + und $-\Delta F$-Entladungssalven entlang der Ordinate auf. Die Zeit läuft von unten nach oben. (Scheich u. Bullock, 1974)

quenzabstandes (ΔF) führt, d.h. zu höheren Frequenzen als Antwort auf niedrige Reizfrequenzen und umgekehrt. Maximale Frequenzveränderungen werden ausgelöst durch ein ΔF von wenigen Hz. Bereits ein ΔF von einem Bruchteil eines Hz bei Ausgangsfrequenzen von bis zu einem kHz führen ohne Zögern zu einer Frequenzantwort in die „richtige" Richtung. Damit ist die Frequenzauflösung für zwei überlagerte Frequenzen besser als im auditorischen System, obwohl Elektrorezeptoren breitbandigere Filtercharakteristiken besitzen als die Rezeptoren des Innenohrs (s. Zwicker u. Manley, Kapitel 15.2.2.2).

Diese und andere Eigenschaften der JAR weisen darauf hin, daß der sensorische Mechanismus auf einer Mustererkennung in der Zeitebene beruhen muß. In der Tat führen Überlagerungen zweier Signale mit kleinem ΔF zu Schwebungen, die zwei Parameter in der Zeitebene enthalten: Amplitudenmodulationen und Intervallmodulationen. Beide Parameter bewirken periodische Aktivitätsänderungen der beiden Typen von tuberösen Rezeptoren: Modulationen der Entladungsrate bei P-Einheiten und Modulationen der Entladungslatenz bei T-Einheiten (Abb. 15.149). Dies bedeutet eine erhebliche Störung für jede Ortungsleistung, da die Identifizierung kleiner Konduktivitätsänderungen im Wasser auf der Messung der gleichen Parameter beruht. Weichen die Fische mit der Frequenz aus, so erhöht sich das ΔF, die Schwebungen werden schneller, wobei die rhythmischen Aktivitätsänderungen der Rezeptoren verschmelzen und Ortung wieder möglich ist. Es handelt sich also um ein der Flickerfusion im visuellen System vergleichbares Phänomen.

Das interessanteste Problem der JAR ist die Identifizierung des Vorzeichens des ΔF (+ oder −) durch die Fische. Die in den Schwebungen enthaltenen Intervallmodulationen sind in ihrem Zeitverlauf spiegelbildlich für die beiden Zustände: höhere Reizfrequenz ($+\Delta F$) und niedrigere Reizfrequenz ($-\Delta F$) (s. Abb. 15.149b).

Aus einem Vergleich der Intervallmodulationen mit der für beide Zustände ähnlichen Amplitudenmodulationen wäre eine Identifikation des Vorzeichens des ΔF möglich. Eine weitere Identifikationsmöglichkeit liegt in der nichtsinusoidalen Wellenform der Fische, die zusammen mit sinusförmigen oder nichtsinusoidalen Reizsignalen Schwebungen mit asymmetrischen Umhüllenden zeigen (Abb. 15.150). Diese Asymmetrien sind zeitlich spiegelbildlich bei + und $-\Delta F$-Schwebungen.

Für beide Alternativen der Identifikation sind periphere und zentralnervöse Korrelate gefunden worden. Verschiedene Subtypen von peripheren und zentralen P-Einheiten reproduzieren Asymmetrien der Schwebungsumhüllenden durch ihre Entladungsrate (Abb. 15.149). Durch die nachgewiesene Konvergenz solcher Neurone mit anderen P-Einheiten an zentralen Neuronen, die Asymmetrien der Schwebungsumhüllenden nicht reproduzieren, wird eine Vorzeichenidentifikation erreicht. In der Tat finden sich im Torus semicircularis zentrale Neurone, die durch eine Entladungsrate höher oder niedriger als die Spontanaktivität + oder $-\Delta F$-Schwebungen anzeigen (Abb. 15.150). Es ist wahrscheinlich, daß solche Neurone auf den Pacemaker verschaltet sind, da im Prinzip gegenläufige Frequenzverschiebungen der Fische auf diese Weise erklärt werden können. Ein Modell zum Vergleich von Schwebungsumhüllenden mit Intervallmodulationen aufgrund von Konvergenz von P- und T-Einheiten zeigt, daß die Information über das Vorzeichen des ΔF auch auf diese Weise zu gewinnen ist.

b) Andere soziale Signale

Neben der JAR sind eine Reihe von Frequenzänderungen bei elektrischen Fischen bekannt, die z.T. in spezifischen sozialen Situationen eingesetzt werden. Dazu gehören phasische und tonische Frequenzerhöhungen bei Puls- und Wellenfischen während motorischer Aktivität, Aufmerksamkeitsverhalten (arousal) und aggressivem Verhalten, ebenso wie Frequenzerniedrigungen oder sogar Entladungsstop z.B. als elektrische „Versteckreaktion". Bei dem Gymnotiden *Sternopygus* erzeugen die erwachsenen Tiere verschiedenen Geschlechts um ca. eine Oktave unterschiedliche Frequenzen. Es wird vermutet, daß die resultierenden Schwebungen bei der Werbung eingesetzt werden. Bei Mormyriden sind neben unterschiedlichen Verteilungsbereichen der Entladungsintervalle in verschiedenen Verhaltenssituationen hochspezifische zeitliche Muster der EOD beschrieben worden (Abb. 15.151).

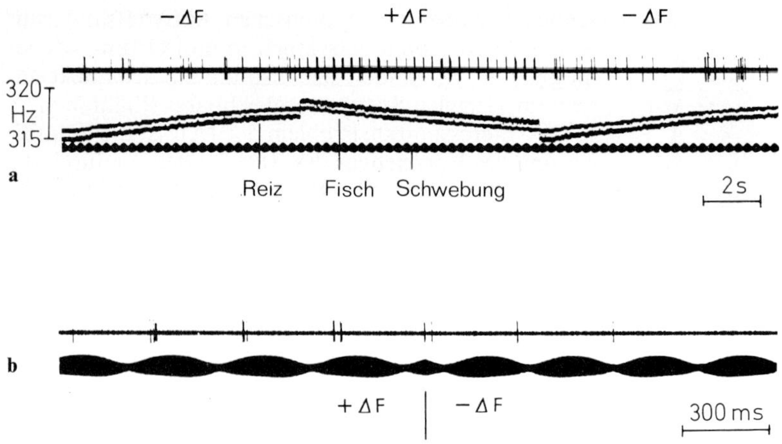

Abb. 15.150a, b. *ΔF*-decoder Neuron im Mittelhirn von *Eigenmannia* während der JAR. **a** zeigt die simultane Aufzeichnung der Schwebung *(unten)*, der Fischfrequenz zusammen mit der Reizfrequenz, die auf ein *ΔF* von + oder −3 Hz fixiert ist *(Mitte)*, und des neuronalen Entladungsmusters *(oben)*. Nur in der +*ΔF*-Situation feuert das Neuron in regelmäßigen Salven in jedem Schwebungszyklus. **b** illustriert die Phasenbeziehung der Impulse zum Schwebungszyklus beim gleichen Neuron. Die unterschiedlichen Phasen der Aktivität in + oder −*ΔF*-Schwebungen wie bei P-Einheiten sind in diesem Neuron höherer Ordnung noch erhalten. Beachte die Asymmetrien der Schwebungsumhüllenden, die durch die nichtsinusoidale Wellenform der EOD entstehen. (Scheich u. Bullock, 1974)

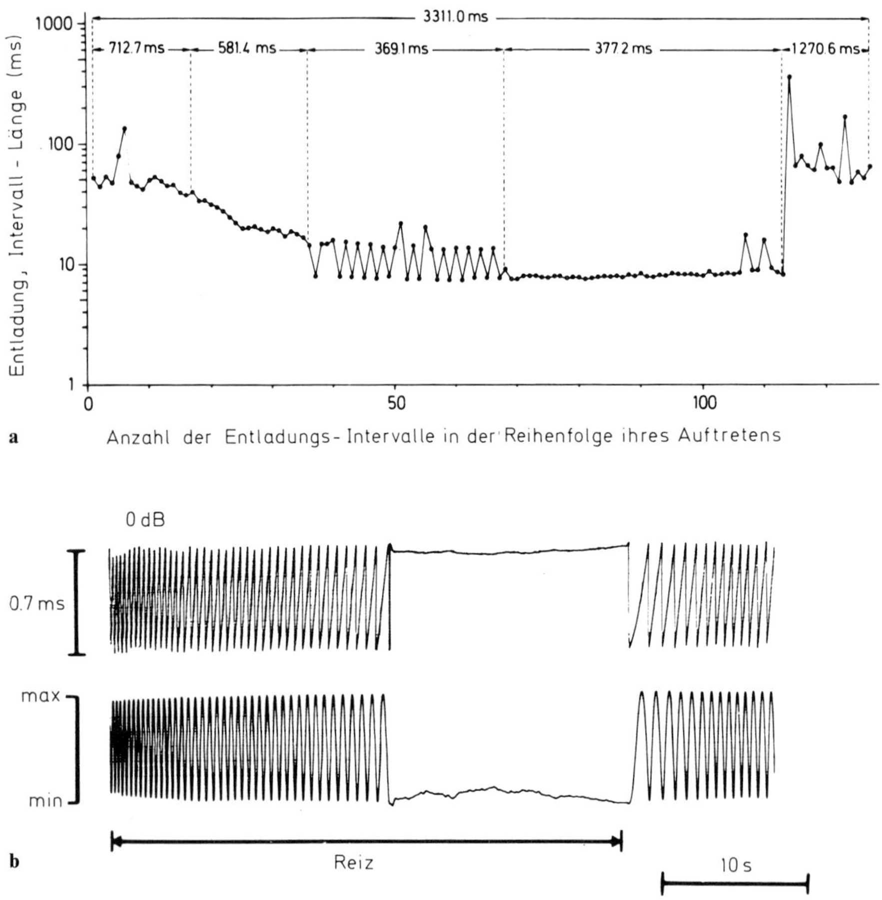

Abb. 15.151. a Sequentielle Darstellung des Entladungsmusters bei dem Mormyriden *Gnathonemus* während des antagonistischen Verhaltens. Jeder *Punkt* ist ein Intervall, sequentiell entlang der Abszisse aufgetragen. Die *Ordinate* zeigt die Länge der Intervalle. Während der Attacke dieses Männchens kommt es zu einem langsamen Abfall der Intervallänge, d. h. die Entladungsfrequenz nimmt zu. Während des folgenden antiparallelen Breitseitezeigens, wird ein hoch stereotypes Entladungsmuster produziert, das aus abwechselnd kürzeren und längeren Intervallen gefolgt von gleichlangen Intervallen besteht. Dieses Muster wird durch eine Entladungsunterbrechung von 350 ms beendet (Kramer u. Bauer, 1976). **b** illustriert das Phasenkopplungsmanöver von *Sternarchorhamphus* an einen Reiz, der anfangs einige Hz von der EOD des Fisches verschieden war. Die *untere Kurve* gibt die Oszillationen der Schwebungsumhüllenden und die obere Kurve die Phasenoszillationen wieder. Während des Reizes verlangsamt sich die Schwebungsfrequenz, wodurch eine Frequenzannäherung angezeigt wird, bis es für einige Zeit zur Phasenkoppelung kommt. (Langner u. Scheich, 1979)

Unregelmäßig entladende Pulsfische neigen bei Interaktionen zwischen zwei Individuen zur Stabilisierung der Entladungslatenz zwischen erstem und zweitem Fisch (Echo Response). Ein ähnliches Phänomen in Gestalt einer Phasenkoppelung tritt bei ultrahochfrequenten Wellenfischen (>1 kHz) auf (Abb. 15.151). Die Präzision der Koppelung, die auch auf subharmonische Frequenzen erfolgen kann, liegt im Bereich weniger μs Schwankung.

Literaturauswahl

Bennett, M.V.L.: Electric organs. In: Fish physiology, Vol. V. Hoar, W.S., Randall, D.J. (Eds.). London-New York: Academic Press 1971, pp. 347–491.

Bullock, T.H., Hamstra, R.H., Jr., Scheich, H.: The jamming avoidance response of high frequency electric fish, I and II. J. Comp. Physiol. **77**, 1–48 (1972).

Heiligenberg, W.: Principles of electrolocation and jamming avoidance response. Studies of brain function. Berlin-Heidelberg-New York: Springer 1977.

Kalmijn, A.J.: The detection of electric fields from inanimate and animate sources other than electric organs. In: Handbook of sensory physiology, Vol. III/3. Fessard, A. (Ed.). Berlin-Heidelberg-New York: Springer 1974, pp. 147–200.
Scheich, H.: Neural basis of communication in the high frequency electric fish, *Eigenmannia virescens* (jamming avoidance response), I–III. J. Comp. Physiol. **113**, 181–255 (1977).
Scheich, H., Bullock, T.H.: The detection of electric fields from electric organs. In: Handbook of sensory physiology, Vol. III/3. Fessard, A. (Ed.). Berlin-Heidelberg-New York: Springer 1974, pp. 201–256.
Szabo, T.: Anatomy of the specialized lateral line organs of electroreception. In: Handbook of sensory physiology, Vol. III/3. Fessard, A. (Ed.). Berlin-Heidelberg-New York: Springer 1974, pp. 13–58.

15.2.6 Geo-Biophysik: Mediendruck, Schwerefeld, Magnetfeld und Organismen

HUBERT MARKL

15.2.6.1 Einleitung

Das Leben steht unter dem ständigen Einfluß von Krafteinwirkungen, die durch die physikalischen Eigenschaften unseres Planeten bedingt sind. Sie geben gleichsam den Hintergrund der Umwelt ab, an den es im Lauf der Evolution angepaßt bleiben mußte.

Einige dieser Kraftwirkungen sind uns geläufig und ständig bewußt, andere nur durch besondere Meßinstrumente erfaßbar, ihre Wirkungen auf Organismen nur indirekt erschließbar und sogar oft zweifelhaft.

Die wichtigsten dieser geophysikalischen Energiebedingungen sind: (1) *Elektromagnetische Strahlung*, deren Hauptquelle die Sonne ist; (2) Das *Erdmagnetfeld;* (3) *Elektrische Felder der Atmosphäre;* (4) Das *Gravitationsfeld* der Erde (u. U. in Wechselwirkung mit den Gravitationsfeldern des Mondes und der Sonne); (5) *Druckkräfte*, die das umgebende Medium, Wasser oder Luft, auf Organismen ausüben. Manche dieser Kräfte sind für den annähernd stationär lebenden Organismus in Richtung und Intensität in organismischen Meßgrenzen konstant (Schwerkraft), andere unterliegen relativ geringfügigen periodischen oder aperiodischen Schwankungen (Magnetfeld, Mediendruck), wieder andere verändern sich vor allem tages- und jahreszyklisch sehr stark, wobei der genaue Verlauf dieser Variationen vom geographischen Ort abhängt (z.B. Strahlung und in engem Zusammenhang mit ihr zahlreiche meteorologische Elemente).

Weitere Kräfte wirken auf Organismen, wenn diese sich auf der Erde bewegen, wobei die Einwirkungen von Richtung und Geschwindigkeit der Bewegung abhängen: z.B. *Corioliskraft, elektromagnetische Induktionswirkungen.*

Damit haben wir die möglichen geobiophysikalischen Wirkungen keineswegs erschöpfend aufgelistet, doch ergeben sich bereits einige grundsätzliche Fragen:

Welche Effekte haben „starke" geophysikalische Einwirkungen (z.B. Schwerkraft, Mediendruck, Sonnenstrahlung, elektrisches Feld der Atmosphäre) auf Organismen? Wie sind diese daran angepaßt? Welche der „schwachen" Einwirkungen (z.B. Magnetfeld) beeinflussen Lebensvorgänge? Welche von ihnen werden von Sinnesnervensystemen wahrgenommen? Welche Eigenschaften und Funktionen haben diese organismischen Meßsysteme? Dabei ist vor allem die Unterschiedsempfindlichkeit für einwirkende Reize von Bedeutung, bestimmt sie doch u.a. auch die Richtempfindlichkeit sowie die Empfindlichkeit für periodische Oszillationen eines Reizes: Haben diese Einfluß auf die biologische Aktivitätsrhythmik?

Untersucht man die Wirkung eines geophysikalischen Faktors auf Organismen, so gehört dazu also die zweifache Quantifizierung: die der physikalischen Einwirkung und der physiologischen Reaktionscharakteristik.

Über einige der hier angeschnittenen Fragen wissen wir bereits besser Bescheid, etwa über die Wirkung relativ kurzwelliger elektromagnetischer Wellen auf Organismen (Infrarot-, Licht-, UV-, Röntgen-, Gamma- und kosmische Strahlung). Längerwellige, niederfrequentere elektromagnetische Strahlung (Mikrowellen, Ultrakurz-, Kurz-, Langwellen bis zu niederfrequenten (LF), sehr niederfrequenten (VLF) und extrem niederfrequenten (ELF) Wellen: $10^{12} \geqq f \geqq 1$ Hz) umgibt Lebewesen ständig mit geringer Energiedichte aus natürlichen und mit z.T. beträchtlicher Energiedichte aus technischen Quellen, ohne daß über die oft vermuteten physiologischen Auswirkungen solcher Felder Klarheit bestünde. Viele der in diesem Zusammenhang geäußerten Befürchtungen mögen sich als übertrieben oder falsch herausstellen, dennoch sind unsere mangelnden Kenntnisse auf diesem Gebiet allein schon deshalb unbefriedigend, weil dies pseudowissenschaftlicher Scharlatanerie einen allzu willkommenen Spielraum läßt.

Andererseits haben uns vor allen sinnes- und verhaltensphysiologische Ergebnisse an verschiedenen Organismen Fähigkeiten zur Wahrnehmung von und Beeinflussung durch ganz unvermutete, z.T. auch durch geophysikalische Phänomene bedingte Reizformen gelehrt, so daß dogmatische Blickverengung als Folge der gesunden Skepsis gegenüber ausgefallenen Behauptungen nicht angebracht erscheint. Sie darf jedenfalls nicht an die Stelle der Bereitschaft treten, sauber belegte Befunde auch und gerade dann sehr ernst zu nehmen und wissenschaftlich zu überprüfen, wenn sie mit gängigen Vorstellungen nicht übereinzustimmen scheinen. So gibt es z.B. durchaus beachtenswerte Hinweise darauf, daß Vögel durch schwache, niederfrequente elektromagnetische Wechselfelder in ihrer Orientierung beeinflußt werden; daß das normalerweise in Bodennähe ca. 100 V m^{-1} betragende statische elektrische Feld der Atmosphäre etwa in Gewitterfronten — wo es viele Tausende von V m^{-1} erreicht — das Verhalten von Tieren beeinflussen kann; daß viele Tiere vor Erdbeben in auffällige Verhaltensunruhe geraten, was u.a. mit auftretendem Infraschall oder mit erhöhter Luftionisation durch geladene Aerosolteilchen oder mit dem Auftreten langwelliger elektromagnetischer Strahlung in Verbindung gebracht worden ist; die circadiane Periodik (s. Kapitel 16.5) menschlicher Körperfunktionen wird nachweislich durch niederfrequente (10 Hz) elektromagnetische Felder beeinflußt, wie sie — mit ausgeprägt tagesrhythmischem Gang — ständig aus der Atmosphäre auf uns wirken; in diesem Zusammenhang ist auch darauf hinzuweisen, daß die normale elektrische Aktivität des Nervensystems von magnetischen Feldern begleitet ist, die 10^{-12} bis 10^{-11} T betragen können, und beim Alpha-Rhythmus des EEG bzw. MEG im 8–12 Hz-Bereich liegen.

Selbst diese kleine Auswahl an Befunden macht eines deutlich: die Erforschung geophysikalischer Wirkungen auf Lebewesen, hier als Geobiophysik bezeichnet, verspricht wichtige Erkenntnisse und harrt vor allem intensiver Bearbeitung.

Im folgenden seien für drei wichtige Faktoren exemplarisch geobiophysikalische Problemstellungen aufgezeigt, nämlich an der Wirkung von Mediendruck, der Geogravitation und des Geomagnetismus auf Organismen.

15.2.6.2 Die Wirkung von Mediendruck auf Organismen

Wie viele Umweltbedingungen kann Mediendruck für Organismen vor allem in den extremen Intensitätsbereichen von besonderer Bedeutung sein: bei sehr hoher Intensität als Einflußgröße auf chemische Reaktionen und Strukturen der Zelle; bei winzigen Intensitätsunterschieden als Anzeiger für Höhenlageänderungen im Medium, z. B. bei freischwimmenden Fischen oder fliegenden Vögeln, die auf wenigen mm Höhenänderung entsprechende Wasser- oder Luftdruckreize ansprechen können (möglicherweise auch als Anzeiger für luftdruckabhängiges Wettergeschehen). Sieht man von dieser Signalfunktion ab, so ist Luftdruck für Lebewesen an Land oder hydrostatischer Druck in den obersten Schichten von Gewässern für Lebewesen für sich betrachtet kein erheblicher Einflußfaktor (wohl aber z. B. das mit zunehmender Höhe und abnehmendem Luftdruck verminderte Sauerstoffangebot): er ändert sich vom Meeresspiegel bis zum höchsten Berggipfel nur von ca. 10^5 auf $2{,}5\,10^4$ Pa. Für in tiefen Gewässern lebende Organismen ist dies jedoch durchaus anders: pro 10 m Wassertiefe nimmt der hydrostatische Druck um 101 325 Pa zu und erreicht in 10 km Meerestiefe etwa 10^8 Pa. Manche Fische oder Wale sind beim Auf- und Niederschwimmen in kurzer Zeit Druckänderungen von mehreren 10^6 Pa ausgesetzt. So hohe Drucke wirken sich auf Lebewesen vor allem in zweifacher Hinsicht aus. Sie beeinflussen erstens Geschwindigkeit und Gleichgewichtslage von Stoffwechselreaktionen — und zwar je nach den mit der Reaktion verbundenen Volumenänderungen druckaktivierend, druckinhibierend oder auch druckneutral, wobei die Effekte zugleich auch temperaturabhängig sind — so daß bei Reaktionsketten die Druckeffekte auf ganze Stoffwechselprozesse sehr komplex sein können. Zweitens — und durchaus im Zusammenhang mit der erstgenannten Wirkung — können die hohen Drucke Konformationsänderungen an Proteinen und dadurch an vielen Zellstrukturen bewirken. In der Folge steigt auch die Zellviskosität, was wiederum Diffusionsvorgänge beeinflußt. Auch aktiver Transport von Ionen oder kleinen organischen Molekülen, selbst Transkription, Translation und Genregulation sind hochdruckempfindlich.

Entsprechend wundert es auch nicht, daß Tiefseeorganismen z. B. mit ihren Enzymausstattungen sehr spezifisch an bestimmte Tiefenlagen angepaßt sein können; so hat man barophile Bakterien isoliert, die sich optimal bei ihrem Herkunftsdruck $5\,10^7$ Pa vermehren. Wir stehen jedoch erst ganz am Anfang der Erforschung dieser Druckanpassungsmechanismen.

Auch der innere hydrostatische Druck („Zellturgor“) in Pflanzenzellen mit fester Zellwand kann aufgrund osmotischer Effekte einige 10^5 bis 10^6 Pa erreichen, wodurch — vielleicht im Zusammenhang mit druckabhängiger Membrankompression — Wasserpermeabilität der Zellmembran, Ionentransporte und elektrische Membraneigenschaften beeinflußt werden.

15.2.6.3 Die Wirkung der Schwerkraft auf Organismen

Die Gravitationskraft K zwischen der Erde mit der Masse M und einem Gegenstand mit der Masse m, deren Zentren sich im Abstand r von einander befinden, beträgt nach Newton $K = GMm/r^2$ (G = Gravitationskonstanten: $6{,}67\,10^{-11}\,m^3\,kg^{-1}\,s^{-2}$). Wir nennen $K = mg$ das Gewicht des Gegenstandes ($g = GM/r^2$: Erdbeschleunigung). Abhängig von der Entfernung vom Erdmittelpunkt, von lokal unterschiedlicher Verteilung verschieden dichter Massen in der Erde, von der Erdrotation und geringfügig auch von Gezeitenkräften von Sonne und Mond[1] variiert g je nach dem geographischen Ort zwischen 9,77 und 9,83 ms^{-2}, doch ist die Gravitationskraft der Erde insofern unter allen auf Organismen einwirkenden Kräften einzig, als sie an gegebenem Ort in organismischen Meßgrenzen — soweit diese bekannt sind — ununterbrochen in konstanter Intensität und Richtung einwirkt. Da diese Richtung stets senkrecht auf der Erdoberfläche steht, so wie sie annähernd durch die Oberflächenebene eines unbewegten freien Wasserkörpers an gegebenem Ort der Erde definiert ist (Äquipotentialfläche des Geoids), ist die Erdschwerkraft das ideale Bezugssystem für die Definition einer Oben-Unten-Richtung und somit für eine Ausrichtung, die für alle Organismen lebenswichtig ist, da ihr Überleben nur in einem ganz engen Bereich nahe der Erdoberfläche möglich ist. Besonders wichtig ist diese Referenzrichtung für Lebewesen, die sich frei im dreidimensionalen Raum — etwa im Wasser — bewegen. Für viele auf der Erdoberfläche existierende Lebewesen ist sie nicht weniger bedeutungsvoll, um ihren Körper in einem festen Winkelbezug zu ihr zu halten. Dies ist vor allem auch

[1] Der Gezeiteneinfluß auf die Erdbeschleunigung beträgt etwa 0,08 (Mond) bzw. 0,04‰ des Durchschnittswertes der Erdbeschleunigung. Die lunarbedingte Schwankung der Lotrichtung beträgt 0,017 Bogensekunden.

deshalb — z.B. für Pflanzen — wesentlich, da der Lichteinfall sein durchschnittliches Maximum etwa in der Schwerkraftrichtung hat.

Folgende Wirkungen der Schwerkraft auf Organismen lassen sich grob unterscheiden:

a) Morphogenetische Wirkungen (Gravimorphismus)

α) Kein Richtungsbezug der Reaktion zur Schwerkraftrichtung

Mit zunehmenden Körperdimensionen und damit zunehmendem Gewicht entstehen für die Aufrechterhaltung der Gestalt eines festen Körpers besonders bei landlebenden Organismen und — durch auftretende Trägheitskräfte — in besonderem Maß bei deren Bewegung biomechanische Probleme, von denen einige in Kapitel 14.5 behandelt werden. Wie sehr besonders größere Lebewesen an diese dauernd einwirkenden mechanischen Kräfte angepaßt sind, erweist sich an der Wirkung der Schwerelosigkeit (oder besser durch Fliehkraft kompensierter Erdschwerkraft) in Satelliten auf Organe, die auf der Erde lebenslang Arbeit gegen die Wirkung der Schwerkraft zu leisten haben. Durch die ständige Betätigung von Haltereflexen unterliegen Muskeln, die den Körper oder seine Teile gegen die Schwerkraftwirkung in bestimmten Lagen und Stellungen erhalten, einer tonischen Dauerbeanspruchung, die eine entsprechende Ausbildung ihres kontraktilen Apparates zur Folge hat. Bei Wegfall des einseitigen Schwereeinflusses unterbleibt diese Anregung zum Teil und es kommt zu Veränderungen. Nicht anders verhält es sich z.B. für die Kreislaufmuskulatur, die gegen die Schwerkraft Blutpumparbeit leisten muß. Schließlich steht auch der Bau eines Stützknochenskeletes unter Schwereeinfluß, da dessen innere biomechanische Struktur exakt an die mechanische Beanspruchung unter normaler Gravitationskraft angepaßt ist: Osteoporose (Knochenentkalkung) ist bei längerem Aufenthalt unter Weltraumbedingungen die Folge. Alle diese Schwerkraftanpassungen beruhen natürlich auf einer entsprechenden „Passung“ aller Stoffwechselabläufe, so daß unter „Schwerelosigkeit“ deren Zusammenspiel verändert wird, was besonders das Homöostasesystem betrifft.

Solche Ergebnisse bedeuten, daß vor allem bei Landlebewesen mit ausreichend großen Körperdimensionen die Funktionsstruktur des gesamten Körpers vom Schwereeinfluß geprägt ist, wobei sich im Lauf der Evolution genetische Dispositionen zur kompensatorischen Reaktion auf die mechanische Schwerebeanspruchung entwickelt haben.

β) Richtungsbezug der Reaktion zur Schwerkraftrichtung

Vor allem bei festsitzenden Lebewesen kann die Morphogenese so beeinflußt werden, daß sich der Körper und/oder seine Teile in festem Richtungsbezug zur Schwerkraftrichtung entwickeln, etwa wenn ein Stamm exakt entgegen, eine Wurzel exakt in Schwerkraftrichtung wachsen. Es könnte ein grundlegender Einfluß der Schwerkraft auf viele Lebewesen sein, daß schon die im Ei festgelegte Polarität der Körpergestalt auf diese Kraftrichtung bezogen wird. Geotrope Wachstumsreaktionen bestimmen die Raumgestalt zahlloser Pflanzen und somit die Raumverteilung eines erheblichen Teils der Biomasse auf der Erde, was die große Bedeutung dieser Richtwirkung unterstreicht.

Die Schwellenempfindlichkeit für Linearbeschleunigung wurde bei Pflanzen mit 10^{-4} bis 10^{-3} g bestimmt. Der zugrundeliegende Perzeptionsmechanismus konnte in einigen Fällen durch Bestätigung einer alten Hypothese aufgeklärt werden; er ist biophysikalisch von besonderem Interesse, da er intrazellulär angreift.

Die Rhizoiden[2] der Alge *Chara* wachsen stets genau senkrecht nach unten; legt man sie horizontal, so biegen sie sich nach ca. 10 min (Abb. 15.152a, b). Ursache dafür ist die Verlagerung einer Masse von 40–70 membranumhüllten, 1–2 µm messenden Statolithenkörnern in der Zelle, die aus dem Endoplasmatischen Retikulum (ER) (s. Kapitel 1) hervorgehen und mit einem Material (Bariumsulfat) gefüllt sind, das spezifisch schwerer als das Plasma ist. Diese Masse behindert dadurch an der Unterseite den Transport von Zellwandmaterial liefernden Golgi-Vesikeln zur an der Zellspitze gelegenen Wachstumzone. Diese werden daher überwiegend an der oberen Zellregion eingebaut, was zur Abwärtskrümmung der Zellspitze führt.

In den Wurzeln höherer Pflanzen könnten nach einer Hypothese in bestimmten Zellen gelegene, stärkehaltige Amyloplasten mit ca. 5 µm Durchmesser und ca. $1{,}5\ 10^3\ \mathrm{kg\,m^{-3}}$ Dichte (gegen $1{,}0\ 10^3\ \mathrm{kg\,m^{-3}}$ des Cytoplasmas), die einen Druck von etwa 0,4 Pa auf ihre Unterlage ausüben, die die Schwerkraftrichtung anzeigende Organelle sein. Dabei ist wohl nicht so sehr ihre Verlagerung bei Schrägstellung der Wurzel der wirksame Reiz für die geotrope Reaktion, sondern die Richtungsänderung ihrer Druckwirkung auf zellwandnahe Zisternen des ER (Abb. 15.152c, d), da für eine differentielle Wachstumsreaktion eine nur Sekundenbruchteile dauernde Querlage der Wurzel ausreicht, während eine Verlagerung der Körner erst nach Minuten meßbar ist. Auslenkungen von knapp unter 2° werden bereits beantwortet. Allerdings ist diese Vorstellung keineswegs unumstritten; sie kann jedenfalls gewiß nicht alle Reaktionen höherer Pflanzen auf die Schwerkraftrichtung erklären.

Diese Beispiele sind jedoch vor allem auch deshalb bemerkenswert, weil damit erstens gezeigt ist, daß Pflanzen wie Tiere die Schwerkraftrichtung aus der Richtung mechanischer Kraftwirkung beweglicher — hier intrazellulärer — Partikel auf sensible Strukturen erschließen, und zweitens, weil die vorliegenden, überwiegend feinstrukturellen Befunde den Zugang zu

[2] Einzellige Haare, die den Vegetationskörper im Untergrund verankern.

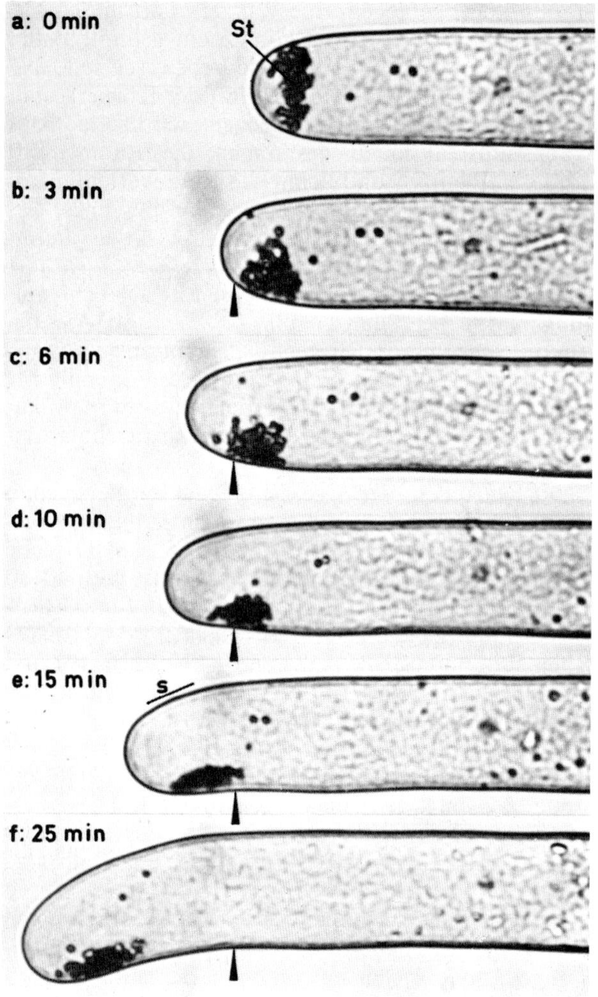

a

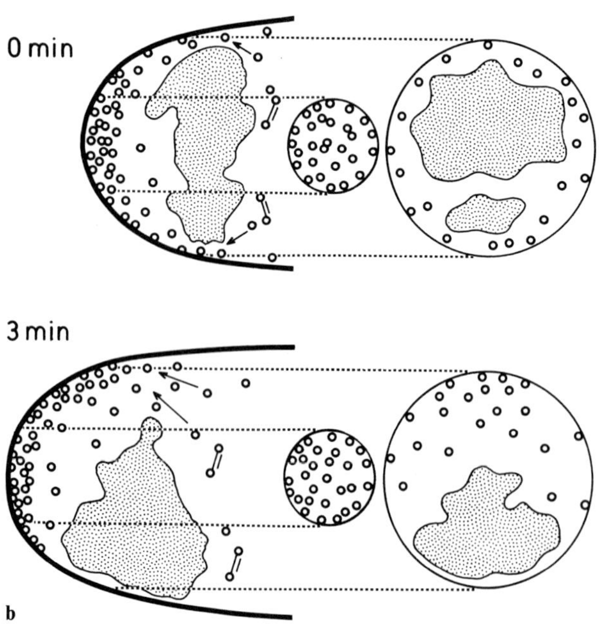

b

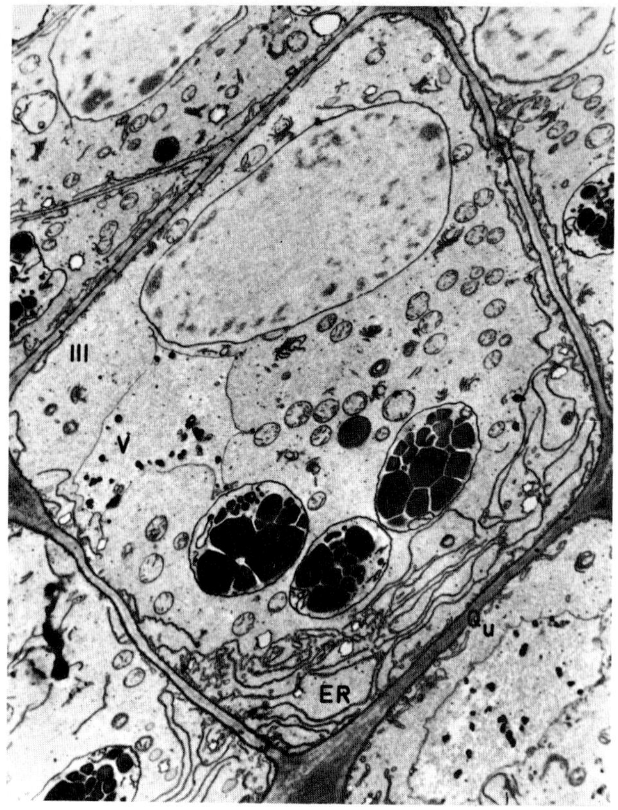

c

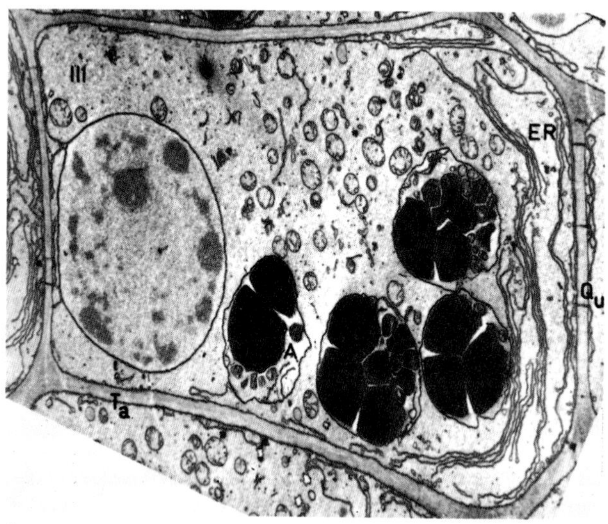

d

Abb. 15.152. a Zeitverlauf der Abwärtskrümmung eines Rhizoids der Alge *Chara* nach Horizontallegung. Die Krümmung erfolgt durch Zuwachs an der Zellspitze; die Pfeile weisen auf identische Punkte der Zellwand hin. *St* Statolithen. **b** Schema der Umordnung der Statolithen (gepunktet) und der Golgi-Vesikel (Kreise) bei Beginn der Abwärtskrümmung des *Chara*-Rhizoids, nach elektronenoptischen Aufnahmen. [Nach Sievers, A., Schröter, K.: Planta **96**, 339–353 (1971).] **c**, **d** Wurzelzelle der Gartenkresse *Lepidium* bei vertikaler Wurzel (**c**) bzw. nach 20 min Horizontallage (**d**). *A* Amyloplast; *ER* Endoplasmatisches Retikulum; Q_u morphologisch untere Querwand; T_a physikalisch untere, morphologisch äußere Zellwand; *V* Vakuole. [Nach Sievers, A., Volkmann, D.: Planta **102**, 160–172 (1972)] einer molekularphysiologischen Aufklärung des Rezeptionsmechanismus öffnen könnten („Transduktion" s. Kapitel 15.2.2.1).

Es lohnt zu überlegen, ob es bei einem solchen Mechanismus eine untere Größengrenze für Organismen gibt, die sich seiner bedienen können: Bei welchen Partikeldimensionen überwiegt die ungerichtete Summe von Stößen der Brownschen Molekularbewegung, mit anderen Worten, überwiegt Diffusion den gleichrichtenden Effekt der Schwerkraft auf die Partikel? Für die thermische Molekularbewegung gilt

$$\tfrac{1}{2}mv^2=\tfrac{2}{3}kT$$

(m Masse, v Geschwindigkeit eines Partikels, k Boltzmann-Konstante $1{,}38\cdot10^{-23}\,\mathrm{JK^{-1}}$; T absolute Temperatur). Setzt man bei einer Plasmakugel mit Radius r und der Dichte $\varrho=1{,}5\cdot10^3\,\mathrm{kg\,m^{-3}}$ für die Masse $m=\frac{4}{3}\pi r^3\varrho$, so ergibt sich bei $T=300\,\mathrm{K}$ für

$$r=10^{-8}\,\mathrm{m}\quad v=1{,}4\,\mathrm{m\,s^{-1}};$$
$$r=10^{-7}\,\mathrm{m}\quad v=4{,}5\cdot10^{-2}\,\mathrm{m\,s^{-1}};$$
$$r=10^{-6}\,\mathrm{m}\quad v=1{,}4\cdot10^{-3}\,\mathrm{m\,s^{-1}};$$
$$r=10^{-5}\,\mathrm{m}\quad v=4{,}5\cdot10^{-5}\,\mathrm{m\,s^{-1}};$$
$$r=10^{-4}\,\mathrm{m}\quad v=1{,}4\cdot10^{-6}\,\mathrm{m\,s^{-1}}.$$

Das heißt, daß sich ein Partikel von der Größe eines Ribosoms und der Dichte $1{,}5\,10^3\,\mathrm{kg\,m^{-3}}$ thermisch mit ca. 1m/s Geschwindigkeit bewegt, ein Mitochondrion mit ca. 1 cm/s, ein Zellkern mit ca. 10 µm/s und eine freischwebende Protistenzelle mit etwa 1 µm/s. Vergleichen wir damit die durch die Erdbeschleunigung erteilte Bewegungsgeschwindigkeit, der in Flüssigkeit die visköse Reibung entgegensteht, so gilt nach dem Stokesschen Gesetz für eine Dichtedifferenz zwischen Partikel und Plasma von $\varrho-1=0{,}5\cdot10^3\,\mathrm{kg\,m^{-3}}$:

$$\tfrac{4}{3}\pi r^3(\varrho-1)g=6\pi\eta rv$$

(η Viskosität, für Wasser bei 20° C 10^{-3} Pa s, für Blut bei 37° C $3\cdot10^{-3}$ Pa s). Es ergibt sich für:

$$r=10^{-8}\,\mathrm{m}\quad v=10^{-10}\,\mathrm{m\,s^{-1}};$$
$$r=10^{-7}\,\mathrm{m}\quad v=10^{-8}\,\mathrm{m\,s^{-1}};\ldots$$
$$r=10^{-4}\,\mathrm{m}\quad v=10^{-2}\,\mathrm{m\,s^{-1}}.$$

Für ein Partikel, das etwa um 50% dichter ist als das Medium, in dem es schwebt, beginnt die schwerebedingte Bewegung somit die Diffusionsbewegung erst zu überwiegen, wenn sein Durchmesser etwa 10 µm erreicht oder überschreitet. Schwerere Einschlußkörper (z. B. $CaCO_3$, $\varrho=2{,}7\,10^3\,\mathrm{kg\,m^{-3}}$) reduzieren die Grenzdimension um maximal zwei Drittel.

Ob sich unter dem Einfluß der Erdbeschleunigung eine Schichtung von intrazellulären Organellen nach ihrer Dichte einstellt, wird nach Einstein von der Boltzmann-Verteilung unter Schwereeinfluß bestimmt:

$$n/n_0=e^{-\frac{V(\varrho-1)gh}{kT}}$$

wobei n/n_0 das Verhältnis der Partikelanzahlen in der Verteilung bei der Höhendifferenz h, V das Partikelvolumen ist. Wenn der Exponent gegen Null geht, d. h. wenn der Zähler klein gegen kT ist, geht n/n_0 gegen 1, d. h. es tritt keine schwerebedingte Schichtung (Entmischung) ein. Damit sich eine solche Schichtung ergibt, muß also $V(\varrho-1)\,gh>kT$ sein. Da für in Frage kommende, biologische Partikel $(\varrho-1)$ zwischen ca. 0,1 und $1{,}7\,10^3\,\mathrm{kg\,m^{-3}}$ liegen kann, ergeben sich bei $g=10\,\mathrm{m\,s^{-2}}$, $T=300\,\mathrm{K}$ und den im Zellinnern realistischen Dimensionen $10^{-6}\leqq h\leqq10^{-5}$ m für der Einfachheit halber sphärische Partikel folgende Grenzwerte für r, bei denen $V(\varrho-1)gh=kT$ wird:

$$\varrho-1=0{,}1\,10^3\,\mathrm{kg\,m^{-3}}\quad\text{und}\quad h=10^{-6}\,\mathrm{m}\quad r=10^{-6}\,\mathrm{m}$$
$$\varrho-1=0{,}1\,10^3\,\mathrm{kg\,m^{-3}}\quad\text{und}\quad h=10^{-5}\,\mathrm{m}\quad r=0{,}5\cdot10^{-6}\,\mathrm{m}$$
$$\varrho-1=1{,}7\,10^3\,\mathrm{kg\,m^{-3}}\quad\text{und}\quad h=10^{-6}\,\mathrm{m}\quad r=0{,}4\cdot10^{-6}\,\mathrm{m}$$

Also kann sich in einer Zelle unter dem Einfluß der Schwerkraft eine von der Partikeldichte bestimmte Schichtung für infrage kommende Organelle oder Mineralkonkremente von größenordnungsmäßig 0,1–1 µm Durchmesser einstellen. Dies schließt somit die Möglichkeit ein, daß sich stoffwechselphysiologisch so wichtige Organelle wie Mitochondrien, Plastiden, Diktyosomen, Kerne (ja sogar Nucleoli in Kernen) schwerkraftbestimmt, also der physikalisch unteren Zellwand näher als der oberen, lagern. Sie könnten somit bevorzugt auf untere Membranbezirke (z.B. auch auf physikalisch schwache Membranen des ER) physikalische (Druck) oder biochemische Wirkungen ausüben. Diese Betrachtung ist überschlägig stark vereinfacht und zieht wichtige zusätzliche Gegebenheiten nicht in Betracht (z.B. kompartimentierte Gerüststruktur der Zelle, erhöhte Plasmaviskosität, aktive Plasmabewegung, elektrostatische Wechselwirkungen usw.). Sie zeigt jedoch den Rahmen für intrazelluläre Schwerkraftwirkungen.

b) Orientierungswirkung der Schwerkraft auf frei bewegliche Organismen

Beweglichen, größeren Organismen, die in instabilem Gleichgewicht laufen, fliegen oder schwimmen, kann der Bezug zur Schwerkraft einerseits zur Aufrechterhaltung einer definierten Körperstellung im Raum dienen, andererseits zum Einhalten eines Kurses auf einer Bewegungsebene, die nicht — innerhalb der Meßgrenzen — senkrecht auf der Schwerkraftrichtung steht. Beide Kontrollsysteme beruhen — wo immer sie bei Tieren untersucht wurden — auf Regelkreisen, deren Sollwerte meist durch intern vorgegebene Führungsgrößen verstellt werden können und deren Meßfühler die Schwerkraftrichtung bestimmen (Abb. 15.153). Diese Fühler arbeiten bei fast allen Tieren und dem Menschen nach dem Prinzip, daß die Richtung, in der bewegliche Partikel oder sogar ganze Körperteile, die dichter als das umgebende Medium sind, auf die Unterlage drücken, von mechanisch emp-

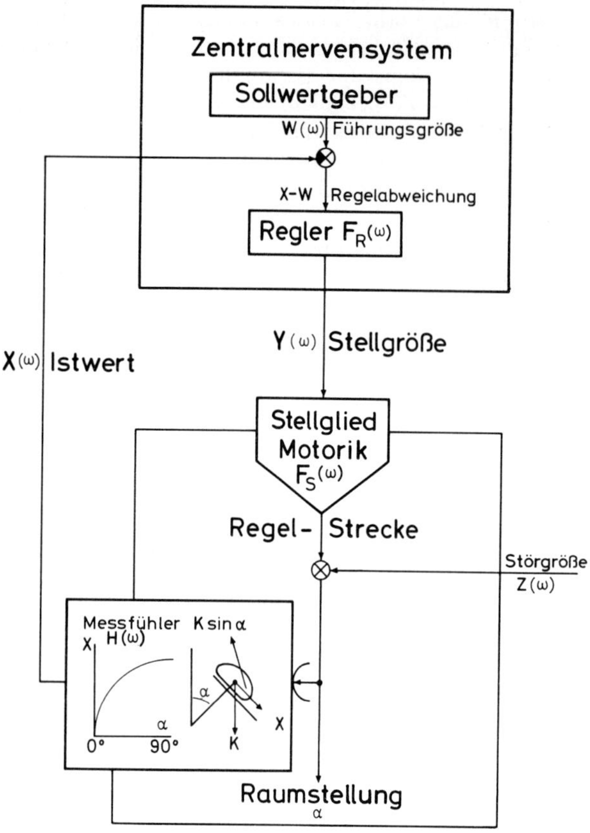

Abb. 15.153. Schema eines Regelsystems mit verstellbarer Führungsgröße zur Orientierung des Körpers nach der Schwerkraft. *K* Gewicht des Statolithen. Kreis mit schwarzem Quadranten: Subtraktionsstelle; mit vier gleichen Quadranten: Additionsstelle

findlichen Sinnesstrukturen (oft umgewandelte Zilien, s. Kapitel 15.2.2.1) registriert wird. (Als Sonderfall kann bei wenigen Wassertieren auch die Auftriebsrichtung einer spezifisch leichteren Gasblase bestimmt werden.) Da typischerweise die parallel zur Unterlage wirkende Scherungskomponente der Schwerkraft den wirksamen Reizparameter darstellt und diese sich in Abhängigkeit vom Neigungswinkel der Unterlage zur Vertikalen je nach der Ruhestellung der Rezeptorebene zu ihr nach einer Sinus- oder Cosinusfunktion ändert (s. Kapitel 16.2), zeigen die Meßfühler meist nicht unmittelbar die Schwerkraftrichtung an, sondern eine mechanische Reizintensität, die einer Winkeltransformation des Neigungswinkels zur Schwerkraftrichtung proportional ist.

Die Verrechnung von Führungsgrößen mit winkeltransformierten Kontrollvariablen unter Aufrechterhaltung eines für alle möglichen Sollrichtungen zur Schwerkraft gleich verläßlich funktionierenden Regelsystems wirft Probleme auf, die in Kapitel 16.2 behandelt werden.

Die beste, mit solchen Systemen erreichbare Meß- und Einstellgenauigkeit liegt etwa bei oder knapp unter 1°, d.h. die Schwellenempfindlichkeit für die Scherungskomponente der Schwerkraftbeschleunigung liegt bei sinusförmiger Rezeptorcharakteristik in der Größenordnung von $10^{-2}\,g$.

c) Die Schwerkraftrichtung als Referenz zur Beurteilung von Richtungen mit anderen Sinnessystemen

Bei vielen Tieren mit hochentwickeltem Sehvermögen bildet die durch die Schwerkraftrichtung definierte Lotrechte die Bezugsrichtung für die Beurteilung der Lage von Objekten im visuellen Raum und bestimmt somit maßgeblich die Hauptachse des perzipierten Raumes unabhängig von anderen Hilfen (also z.B. auch im Dunkeln). Das Zusammenwirken von optischen und schwererezeptorischen Meldungen bei dieser Raumbeurteilung kann dabei bei näherer Analyse, die vor allem in psychophysischen Versuchen am Menschen durchgeführt wurde, ein verwickeltes Verarbeitungssystem ergeben, dessen systemanalytische Charakterisierung Abb. 15.154 wiedergibt. Außer visuellen werden auch Berührungs-, Druck- und Muskelsinnesreize bei der Beurteilung der Raumlage mit Schweresinnesmeldungen verrechnet: der Ausfall der Schwerkraftinformation im schwerelosen Raumflug führt dabei zu auffälligen Raumlageillusionen.

15.2.6.4 Die Wirkung des Erdmagnetfeldes auf Organismen

Das Magnetfeld der Erde stellt ein außerordentlich „informationsreiches" physikalisches Kraftfeld dar. Organismen, die die Dichte, Polarität und Richtung seiner Feldlinien und deren zeitliche Variationen ausreichend genau wahrnehmen, könnten allein aus ihm bei Tag und Nacht nicht nur den geographischen Ort ihres Aufenthaltes und den Azimut jeder beliebigen Richtung auf der Erdoberfläche entnehmen, sie könnten aus dem weiten Spektrum der Amplituden- und Richtungsschwankungen des Feldes auch tages-, lunar- und jahresperiodische Steuersignale — um nur die Hauptrhythmen zu nennen — für ihre Aktivitätsperiodik erhalten. Trotz dieser besonders für die Raumorientierung so günstig erscheinenden Eigenschaften des geomagnetischen Feldes sind unsere Kenntnisse über seine Wirkungen auf Lebewesen leider äußerst gering. Wohl gemerkt sei hier nicht von Effekten künstlich erzeugter, gegenüber dem schwachen Erdmagnetfeld (Feldstärke $<1\,\mathrm{Oe} \approx 80\,\mathrm{A\,m^{-1}}$) extrem verstärkter Magnetfelder (bis $10^5\,\mathrm{Oe} \approx 8\cdot 10^6\,\mathrm{A\,m^{-1}}$) die Rede: Ihr Einfluß auf Stoffwechsel- und Zellteilungsaktivität, Wachstum, Mutationsraten, ja sogar neurophysiologische Phänomene (z.B. EEG) ist dokumentiert und nicht unerwartet, da ja Moleküle magnetische Dipoleigenschaften haben können und somit in ausreichend starken Magnetfeldern von diesen beeinflußt werden müssen. Es soll hier vielmehr um die Wirkungen des Erdmagnetfeldes oder ähnlich schwacher, künstlicher Felder gehen. Sie dürfen heute zumindest in einigen Modellfällen als nachgewiesen gelten und werfen gerade aufgrund der unzureichenden Aufklärung zugrunde liegender Mechanis-

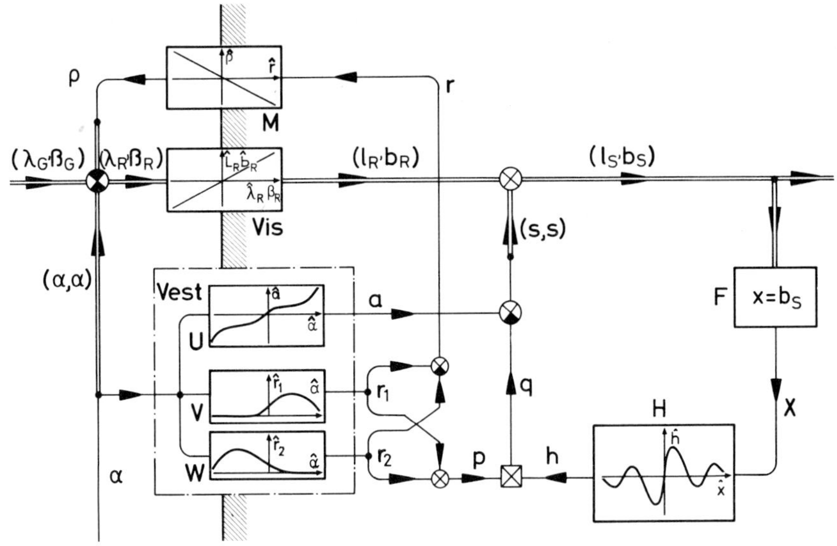

Abb. 15.154. Modell zur Erklärung der optisch-vestibulären Interaktion bei der Wahrnehmung der Vertikalen durch den Menschen. *M* okulomotorisches System, überträgt das Kommando *r* zur Augenrollung linear, jedoch mit Vorzeichenumkehr auf die Augenrollung ϱ; *Vis* Visuelles System, überträgt den Reizkomplex (λ_R, β_R Neigungswinkel visueller Muster) auf einen Erregungskomplex (l_R, b_R afferente, optische Meldungen); *Vest* Vestibuläres System, zerfällt in drei Teilsysteme *U*, *V*, *W*. *U* liefert eine Größe, die den Pegel der Meßkurven für die subjektive Vertikale bestimmt; die Differenz der Ausgänge von *V* und *W* bestimmt die Augenrollung, deren Summe die mittlere Schwingungsbreite der Meßkurven. *F* Filter; *H* System, in dem optische Vorzugsrichtungen nach Maßgabe ihrer Schräglage gewichtet werden; l_s, b_s repräsentieren die wahrgenommene Schräglage visueller Muster. [Aus: Bischof, N., Scheerer, E.: Psychol. Forsch. **34**, 99–181 (1970)]

men eine Fülle von Fragen für die biophysikalische Forschung auf.

Abbildung 15.155 gibt wichtige Kennzeichen und Meßgrößen des geomagnetischen Feldes wieder, wie es auf der Erdoberfläche auf Organismen wirkt. Seine Eigenschaften werden überwiegend durch das Dipol-Innenfeld der Erde bestimmt, dessen Südpol im geographischen Norden liegt und dessen Achse nicht genau mit der Rotationsachse der Erde zusammenfällt. Diese Achsabweichung — zur Zeit ca. 11,4° — führt zur Deklination der Richtung der örtlichen Horizontalkomponente des Feldes von geographisch Nord-Süd. Alle magnetischen Elemente (Abb. 15.155) unterliegen langsamen Veränderungen, die bei der Intensität zur Zeit pro Jahrhundert größenordnungsmäßig (aber lokal durchaus verschieden) einige Prozent, bei der Inklination etwa 1° und der Deklination etwa 10° betragen. Die Polarisationsrichtung des Erdinnenfeldes hat im Laufe der Erdgeschichte häufig gewechselt, in der jüngsten Epoche im Abstand von $<10^5$ bis ca. 10^6 Jahren.

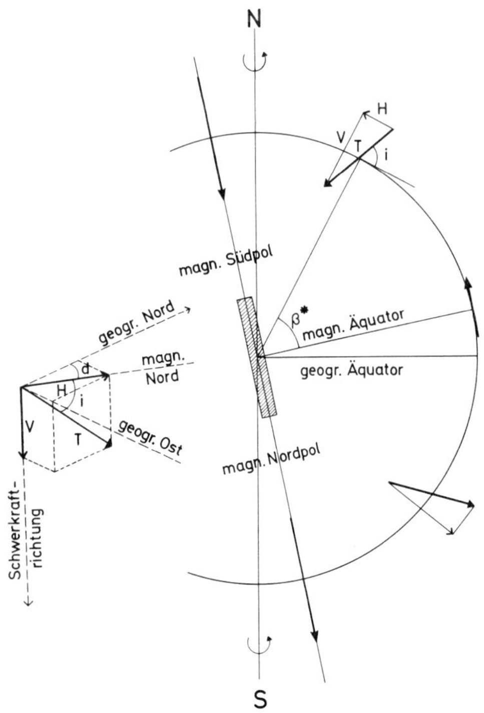

Abb. 15.155. Die wichtigsten Kennzeichen und Meßgrößen des geomagnetischen Feldes. *d* Deklination; *i* Inklination; *T* Totalintensität; *H* Horizontalintensität; *V* Vertikalintensität

Zur Zeit variieren auf der Erde — wenn man von lokalen Anomalien absieht, die durch den Magnetismus von Krustengestein bedingt sind — die Komponenten der Feldstärke des erdmagnetischen Vektorfeldes breitenabhängig zwischen folgenden Werten (Abkürzungen s. Abb. 15.155)[3]:

Gesamtintensität T: ca. 0,3 (Magn. Äquator) bis 0,7 Oe (Magnetpol) (bzw. 24–56 $\mathrm{A\,m^{-1}}$);
Horizontalintensität $H = T\cos i = 0{,}31\cos\beta^*$:
0 (Magnetpol) bis 0,3 Oe (Magn. Äquator) (bzw. 0–24 $\mathrm{A\,m^{-1}}$);
Vertikalintensität $V = T\sin i = 0{,}62\sin\beta^*$:
0 (Magn. Äquator) bis 0,7 Oe (Magnetpol) (bzw. 0–56 $\mathrm{A\,m^{-1}}$).

In Mitteleuropa ($\beta^* = 50°$; $i = +67°$) betragen $T(H, V)$ zur Zeit etwa 0,52 (0,20, 0,48) Oe [bzw. 41 (16, 38) $\mathrm{A\,m^{-1}}$] und ändern sich mit der Höhe über der Erde um $-2{,}47$ ($-0{,}96$, $-2{,}27$) γ/100 m und mit der geographischen Breite nach Norden um 4,40 ($-3{,}97$,

[3] Maßsysteme (die älteren Bezeichungen sind genannt, um einen Literaturvergleich zu ermöglichen): Einheit der magnetischen Induktion (Kraftflußdichte) *B*, die einem Material mit der Permeabilität μ von der Feldstärke *F* erteilt wird ($B = \mu F$): 1 Gauss $= 10^5\ \gamma = 10^{-4}$ Tesla $= 10^{-4}$ Wb m$^{-2} = 10^{-4}$ Vs m$^{-2} = 10^{-4}$ kg s^{-2} A^{-1}. Einheit der Feldstärke *F*: 1 Oersted (Oe) $= 10^5\ \gamma = 10^3/_4\ \pi$ A m$^{-1} = 79{,}6$ A m^{-1}. Da die Permeabilität μ(Vs A^{-1} m^{-1}) im Vacuum 1, in Luft bei 20° C und Atmosphärendruck 1,000024 beträgt, entspricht die häufige — falsche — Angabe der Feldstärke in Gauss zumindest numerisch der Angabe in Oersted.

6,35) γ/km ($1\gamma \approx 8 \cdot 10^{-4}$ A m^{-1}). Das heißt: für den kurzzeitigen Aktionsraum von Organismen ist das Erdmagnetfeld nahezu homogen.

Kurzzeitige Schwankungen des Magnetfeldes ändern seine Intensität meist nur unter oder bis zu 100γ seltener bis zu etwa 1% („Magnetsturm"), und die Deklination um wenige, selten bis zu 30′. Sie haben ihre Ursachen im erdmagnetischen Außenfeld, das vor allem durch solare Energieeinwirkungen auf die Ionosphäre beeinflußt wird. Solare Wellenstrahlung führt vor allem durch Photoionisation zu Leitfähigkeitsänderungen in der Ionosphäre; die entstehenden starken Kreisströme modifizieren das Magnetfeld an der Erdoberfläche. Die tagesperiodischen Schwankungen sind vom Sonnenstand und vom geographischen Ort (Breite) abhängig und unterliegen zudem noch einem Jahresrhythmus. Gezeitenstromwirbel in der ionisierten Hochatmosphäre sind nicht nur von der Stellung der Sonne, sondern auch von der des Mondes abhängig, so daß neben solaren auch lunare Periodizitäten im Erdmagnetfeld auftreten. Nichttagesperiodisch variiert das Erdfeld vor allem durch solare Korpuskularstrahlung, die u.a. in der Rhythmik der Sonnenrotation (27 Tage) und der Sonnenfleckenperiode (ca. 11jährig) schwankt. Aperiodische Eruptionen solaren Windes führen zu Magnetstürmen (und Polarlichtern). Der Strom geladener Teilchen von der Sonne wird im Erdmagnetfeld in eine Ringbahn gezwungen; durch Ladungstrennung entstehen elektrische Felder, in denen Ströme fließen, die das Erdfeld deformieren.

Wirkungen des Erdmagnetfeldes oder seiner Nullkompensation bzw. ähnlich schwacher künstlicher Felder wurden in zunehmender Häufigkeit für Lebewesen aus allen Organisationsstufen berichtet (Bakterien, ein- und mehrzellige Algen, Höhere Pflanzen, Protozoen, Plattwürmer, Insekten, Mollusken, Wirbeltiere), wobei die dafür angeführten Befunde keineswegs alle gleich überzeugend sind.

Ein besonders auffallendes Beispiel für die Ausrichtung von Lebewesen nach dem Erdmagnetfeld könnten die meterhoch ragenden Plattennester australischer Kompaßtermiten *(Amitermes)* sein, die auf wenige Winkelgrade genau in der magnetischen N–S-Richtung orientiert sind; daß Termiten besonders „magnetfühlig" sind, ergab sich auch in Laboruntersuchungen im künstlichen Magnetfeld.

Sowohl verhaltens- als auch elektrophysiologisch überzeugend nachgewiesen ist auch die Fähigkeit von Haien und Rochen, sich im Erdmagnetfeld mittels der beim Schwimmen im Seewasser oder durch Meeresströmung induzierten elektrischen Felder zu orientieren oder auf gleiche Weise auf Schwankungen des Erdmagnetfeldes zu reagieren. Empfänger höchster Empfindlichkeit sind die elektrorezeptorischen Lorenzinischen Ampullen, die noch auf Spannungsgradienten unter 10^{-8} V cm^{-1} ansprechen; bei normaler Schwimmgeschwindigkeit können jedoch Potentiale bis 10^{-6} V cm^{-1} induziert werden (s. Kapitel 15.2.5).

Im folgenden seien drei weitere überzeugende Beispiele für die Wahrnehmung des Erdmagnetfeldes durch Organismen herausgestellt, die zugleich erste Einblicke in die beteiligten Mechanismen erlauben, so geheimnisvoll diese z.T. auch immer noch sind.

a) Magnetbakterien

Im Bodenschlamm von Gewässern leben weltweit anaerobe oder micraerobe Bakterien, die, wenn sie ins Freiwasser gebracht werden, genau den natürlichen oder künstlichen Magnetfeldlinien entlang zum Magnetpol schwimmen. Auf der Nordhalbkugel (s. Abb. 15.155) führt die Bewegung zum Nordpol hinunter zum Schlammboden, auf der Südhalbkugel müssen sie sich dazu zum magnetischen Südpol begeben. Diese Magnetbakterien enthalten im Trockengewicht 1,5% Eisen, das in Form von 10–20gliedrigen Ketten von membranumhüllten 50 nm messenden, nahezu reinen Magnetit (Fe_3O_4)-Würfeln (Magnetosomen) vorliegt, von denen jeder einen ferromagnetischen Einzelbezirk mit einem permanentmagnetischen Dipolmoment von ca. $1{,}3\,10^{-15}$ A m^2 darstellt. Magnetitkörper unter 40 nm hätten kein stabiles magnetisches Moment mehr, bei solchen über 80 nm lägen mehrere magnetische Bezirke vor. Eine 0,5–1 μm lange, stäbchenförmige Kette von Einzelmagnetbezirken reicht eben aus, um sich im Erdmagnetfeld entgegen der thermischen Molekularbewegung ausrichten zu können (die Bakterien wären zu klein, um dem Schwerefeld folgend nach unten sinken zu können, s. 15.2.6.3). Züchtet man diese Bakterien in weitgehend eisenfreiem Medium, so verlieren sie ihre Magnetitkristalle und zugleich auch die Fähigkeit der Magnetfeldorientierung. Der Rezeptionsmechanismus für das Erdmagnetfeld ist somit in diesem Fall wenigstens im Prinzip klar: die Bakterien verwenden Kompaßnadeln. Man kann annehmen, daß das mechanische Drehmoment, das bei Abweichung ihrer Dipolrichtung von der äußeren Feldrichtung an ihnen angreift, zur Steuerung einer Drehbewegung in Feldrichtung führt.

b) Orientierung von Vögeln im Magnetfeld

Es ist — u.a. aus Radarbeobachtungen nachts in dichten Wolken ziehender Zugvögel — bekannt, daß Vögel ohne Hilfe optischer Himmelsmarken — nach denen sie sich ebenfalls orientieren können — große Strecken gerichtet zurücklegen können. An zugwilligen Singvögeln, deren Orientierungstendenz in Käfigen automatisch registriert wurde, ließ sich zeigen, daß sich diese Vögel erstens im völlig geschlossenen Raum jahreszeitgerecht in der natürlichen Zugrichtung freilebender Artgenossen (Herbst: S; Frühjahr: N) orientieren, solange das Magnetfeld der Erde in dem Raum weitgehend dem ungestörten Erdfeld entspricht; zweitens, daß sie sich, wenn man anstelle des natürlichen ein künstliches Magnetfeld gleicher Stärke, aber z.B. um 90° verdrehter Feldrichtung bietet, wiederum jahreszeitgerecht auf die neue, künstliche Magnetfeldrichtung einstellen; drittens, daß sie sich nur nach einem Magnetfeld orientieren können, dessen Totalintensität nicht kleiner als ca. 0,3 Oe (24 A m^{-1}) und nicht größer als ca. 0,7 Oe (56 A m^{-1}) ist (Normalintensität im

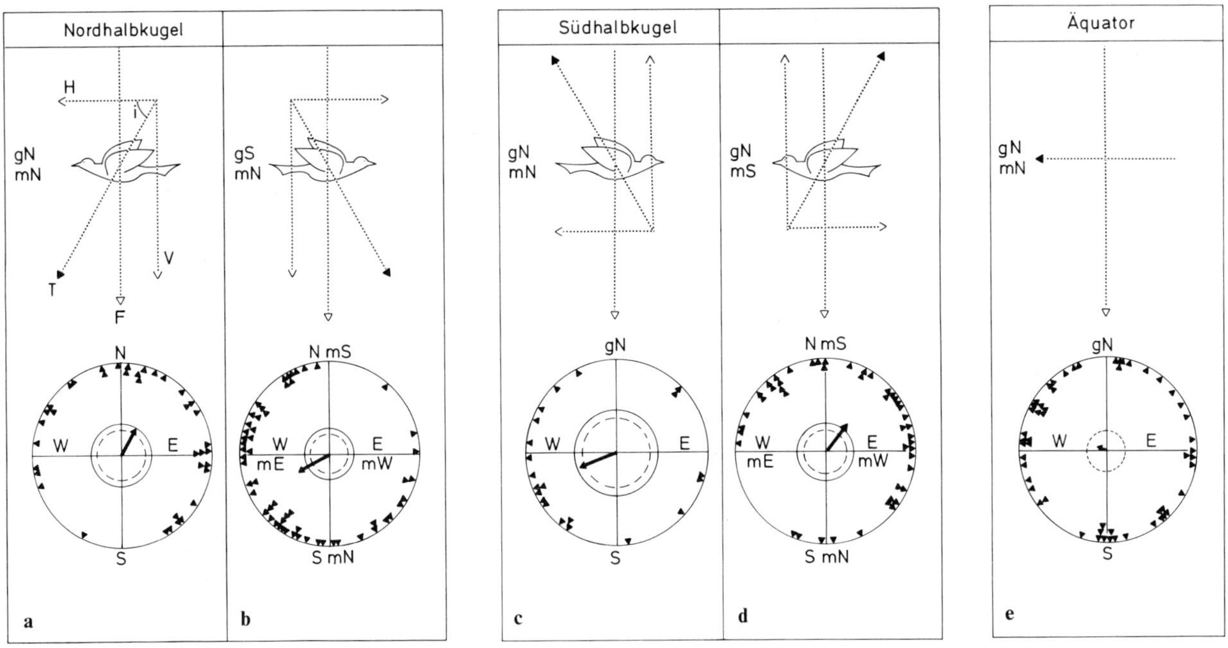

Abb. 15.156a–e. Zugrichtung von Rotkehlchen im Frühling bei bestimmten Stellungen der Komponenten *H*, *V*, *T* des Erdmagnetfeldes zur Schwerkraftrichtung *F*, wie sie den Verhältnissen auf der Nord- **a** bzw. Südhalbkugel **c** oder am magnetischen Äquator **e** entsprechen, bzw. durch künstliche Umpolung der Horizontalkomponente **b** bzw. der Horizontal- und Vertikalkomponenten **d** zustandekommen. *gN*, *gS* geographisch Nord, Süd; *mN*, *mS* magnetisch Nord, Süd. Die Kreisverteilungen zeigen wirklich gemessene Verteilungen der mittleren Zugrichtungen in einzelnen Nächten; der dicke Pfeil gibt den resultierenden Vektor aller dieser Zugrichtungen an; der innere, gebrochene Kreis bezeichnet die 5%-, der geschlossene die 1%-Signifikanzgrenze für die Ablehnung einer zufälligen Verteilung der Zugrichtungen. [Nach Wiltschko, W. u. R.: Science **176**, 62–64 (1972); verändert]

Versuch: 0,46 Oe bzw. 37 A m^{-1}). [Nach einigen Tagen Eingewöhnung konnte der Arbeitsbereich jedoch nach unten bis 0,14 Oe (11 A m^{-1}) und nach oben bis 0,81 Oe (65 A m^{-1}) erweitert werden, nicht aber darüber hinaus.] Die Änderung der Intensität der Horizontal- bzw. Vertikalkomponenten ist in weiten Grenzen ohne Einfluß auf die Orientierung, da man z. B. bei gleicher Totalintensität die Inklination zwischen $+12°$ und $+66°$ variieren kann, ohne die Orientierung zu beeinträchtigen[4].

Von größtem Interesse ist das Ergebnis von Versuchen in künstlichen Feldern mit veränderter Polarität von *H*, *V*, oder *T*, bzw. im horizontalen Magnetfeld ($i=0°$; $V=0$) (Abb. 15.156): Polt man nur *H* oder nur *V* um, so kehren die Vögel ihre Zugrichtung gegenüber der Kontrolle (= Normalfeld) um 180° um. Polt man dagegen *T* (d. h. *H* und *V* zusammen) um, so ändern sie ihre Zugrichtung gegenüber der im Normalfeld nicht! Im horizontalen Feld verwechseln sie Norden und Süden, sie sind desorientiert.

Daraus geht hervor: Die Vögel nehmen nur die Richtung wahr, in der die Magnetfeldlinien verlaufen — diese legt für sie die N-S-Achse fest —, nicht jedoch die Polarität des Feldes: Sie können am Magnetfeld allein den Süd- nicht vom Nordpol unterscheiden. Sie treffen dennoch eine korrekte Richtungswahl, da sie — formal — ihre Körperlängsachse in bezug auf Magnetfeld *und* Schwerefeld, dessen Richtung sie mit ihren Schweresinnesorganen wahrnehmen können, in eindeutiger Weise ausrichten: sie fliegen nämlich senkrecht zur Schwerkraftrichtung so, daß die Magnetfeldlinien sie in der Sagittalebene des Körpers von oben hinten nach unten vorne (Frühjahr) bzw. von oben vorne nach unten hinten (Herbst) durchdringen. Diese zunächst überraschende Unabhängigkeit von der Polarität des Magnetfeldes — die Vögel benutzen also keinen reinen Magnet-„kompaß"! — ist im Zusammenhang damit zu sehen, daß diese Orientierung somit von den im Lauf der letzten Jahrmillionen mehrfach erfolgten Umpolungen des Erdfeldes unabhängig ist. Der Arbeitsbereich des Systems zwischen höchstens ca. $\pm 25\%$ (nach längerer Anpassung ca. $\pm 50\%$) der Totalintensität verwundert bei einem lediglich der Richtungsfindung dienenden Rezeptionssystem nicht zu sehr; das schmale Energiefenster umfaßt zudem alle kurz- oder längerfristig — bezogen auf die Lebenszeit der Vögel — auftretenden Intensitätsschwankungen des Erdfeldes.

Dieses Magnetorientierungssystem schafft jedoch eine Anzahl weiterer Probleme: Es ist am Magnetäquator unbrauchbar ($V=0$); Vögel der Nordhalbkugel, die über den Äquator zur Südhalbkugel weiterziehen, müssen überdies, wenn sie die Richtung beibehalten wollen, bei jedem Zug über den Äquator die Richtungsbeziehung zu Magnet- und Schwerefeld umkehren.

[4] Das braucht jedoch nicht zu bedeuten, daß die Vögel die Inklination nicht wahrnehmen können; sie könnte ihnen z. B. Aufschluß über die geographische Breite ihres Aufenthaltortes geben.

Von besonderem Interesse ist in diesem Zusammenhang der Befund, daß nächtlich ziehende Vögel, die sich auch nach den Sternen orientieren, die Sternorientierungsrichtung mittels ihrer (angeborenen?) Magnetfeldeinstellung „eichen“ können, dann bei Sternsicht nach Sternkompaß fliegen und diesen nur gelegentlich durch eine „Ablesung“ vom Magnetkompaß nachstellen.

Eine solche Mehrfachsicherung der Orientierung ist auch das Prinzip, nach dem die Brieftauben ihre erstaunlichen Heimkehrleistungen erbringen, wobei z. B. die Magnetfeldorientierung erst deutlich nachweisbar wurde, als man die Heimkehrfähigkeit bei völlig bedecktem Himmel prüfte, also nach Ausfall der sonst bevorzugten Sonnenorientierung. Die Erdmagnetfeldorientierung läßt sich durch vogelfest überlagerte, künstliche Magnetfelder stören (aufgeklebte Stabmagneten oder stromdurchflossene Spulen am Kopf), wobei wiederum Hinweise dafür vorliegen, daß das Feld nicht nach seiner Polarität sondern nur nach seinem Feldlinienverlauf bewertet wird. Wie empfindlich das Magnetempfangssystem der Brieftauben ist, wird daraus deutlich, daß ihre Orientierungsleistung durch lokale Magnetfeldanomalien oder zeitliche Magnetfeldschwankungen („Magnetstürme“) beeinflußt wird, wobei bereits Änderungen im Bereich von 1–100 γ ($8\,10^{-4}$ bis $8\,10^{-2}$ $A\,m^{-1}$) wahrgenommen werden. Da Versuche, Tauben auf Magnetfelder zu dressieren, häufig fehlgeschlagen sind, verdient Interesse, daß dies neuerdings unter der Voraussetzung gelungen ist, daß der Vogel seine Wahl zwischen an- und abgeschaltetem Magnetfeld von Erdstärke treffen konnte, während er sekundenlang im Entscheidungsbereich *flatterte*.

Im Zuge der Erforschung der Navigationsleistungen von Vögeln wurden außer der Magnetfeldempfindlichkeit eine Reihe weiterer erstaunlicher Sinnesleistungen entdeckt (z.B. Infraschallwahrnehmung, Luftdruckempfindlichkeit, UV- und Lichtpolarisationsempfindlichkeit). Außerdem gibt es deutliche Befunde, die für eine Beteiligung des Geruchssinnes an der Heimkehrleistung der Brieftauben sprechen. Leider können jedoch alle diese Entdeckungen nach wie vor nicht überzeugend erklären, wie diese Vögel — und wie sie zahlreiche andere Tiere — aus ihnen unbekanntem Gelände über Hunderte und z.T. Tausende von Kilometern zum Zielort finden können.

Ungeklärt ist weiter der Rezeptionsmechanismus für das Erdmagnetfeld bei Vögeln. Neuerdings wurden teils unter dem Schädeldach, teils in der Nackenmuskulatur von Vögeln mit Supraleitungsquanteninterferenzsonden Ansammlungen permanentmagnetischen Materials (Magnetit) entdeckt. Es bleibt zu klären, ob sie mit der Magnetfeldwahrnehmung zu tun haben.

c) Orientierung von Bienen im Magnetfeld

Honigbienen, die von einer mehr als 100 m vom Stock entfernten, ergiebigen Futterquelle zum Stock heimkehren, zeigen im Dunkeln auf senkrechter Wabe durch einen „Schwänzeltanz“ (s. Abb. 15.157) in Polarkoordinaten die auf den Sonnenazimut bezogene Flugrichtung durch einen entsprechenden Tanzwinkel in bezug zur Schwerkraft an (Tanz nach oben = Flug in Sonnenrichtung). Dabei machen die Bienen bei der Übersetzung von Sonnenwinkel in Schwerewinkel außer zufälligen systematische Fehler (Mißweisung), die sich in Abhängigkeit vom Tageslauf gesetzmäßig zwischen 0 und $\pm 15°$ ändern und zwar erstaunlicherweise in verschiedener Weise, je nachdem, in welcher Himmelsrichtung die Tanzwabenfläche steht (Abb. 15.157). Dieser Mißweisung liegt der Einfluß einer Magnetfeldorientierung auf die Schwerkraftorientierung zugrunde. Wenn das Erdmagnetfeld durch Helmholtz-Spulen auf $\leqq 5\%$ der Normalintensität kompensiert wird, so verschwindet sie vollständig (Abb. 15.157). Die Nullstellen der Mißweisung im normalen Feld ergeben sich, wenn die schwerkraftbezogene Sollrichtung des Tanzes parallel zu einer der Komponenten des Magnetfeldes verläuft (bei O-W-Richtung der Wabe bei 0° und 180°; bei N-S-Stellung, wenn die Sollrichtung in der Inklinationsebene liegt, wobei die Genauigkeit, mit der die Bienen die Feldrichtung erkennen, verblüfft: $\pm 1/4°$).

Diese Mißweisung ist ganz unabhängig von der Entfernung vom und von der Flugrichtung zum Futterplatz: entscheidend sind allein die Magnetverhältnisse im — unter natürlichen Bedingungen dunklen — Stock auf der senkrechten Tanzwabe. Wiederum ist die Polarität des Magnetfeldes ohne Einfluß auf seine Wirkung, es kommt nur auf die Stellung der Tanzwabe zum Feldlinienverlauf an. Die Stärke des ablenkenden Effektes des Magnetfeldes hängt in weiten Grenzen nicht von der Feldintensität ab: das Feld kann mehrfach verstärkt oder auf weniger als 1/10 abgeschwächt werden, ohne seine richtungsbeeinflussende Wirkung zu verlieren. Von entscheidender Bedeutung für die magnetbedingte Mißweisung ist hingegen die Variation der Totalintensität des Erdmagnetfeldes, der die Bienen in ihren Tänzen ausgesetzt sind, wobei sie bereits auf Änderungen im Bereich weniger γ ($8\,10^{-4}$ $A\,m^{-1}$) ansprechen. Dabei ergeben sich hysteresisartige Effekte, da die Mißweisung den Intensitätsänderungen verzögert folgt. Auffällig sind weiter Adaptationsphänomene: bei Tanzbeginn, nach einer Tanzunterbrechung oder auch nach Aus- bzw. Wiedereinschalten des Magnetfeldes dauert es 10–60 min bis sich die magnetbedingte Mißweisung voll einstellt, bzw. bis sie völlig verschwindet (Abb. 15.157). Auch auf horizontalliegender Wabe unter diffuser Beleuchtung tanzen die Bienen nur anfangs zufallsverteilt: setzt man sie diesen Bedingungen über 2 Wochen aus, so sind die Tänze in magnetfeldbezogenen Richtungen orientiert, wobei bei Verstärkung des Feldes die N-S und O-W-Richtungen noch stärker gegenüber NO-SW und NW-SO bevorzugt werden.

Diese Einzelheiten sind sicher für die Aufklärung des Magnetfeldwahrnehmungsmechanismus der Bienen wichtig, der bisher noch ganz im dunklen liegt. Diskutiert wurden paramagnetische Detektormechanismen, die im Zusammenhang mit den Schwerkraftrezeptoren stehen könnten. Beachtung verdient, daß kürzlich auch bei Bienen vorne im Hinterleib quer zum Körper

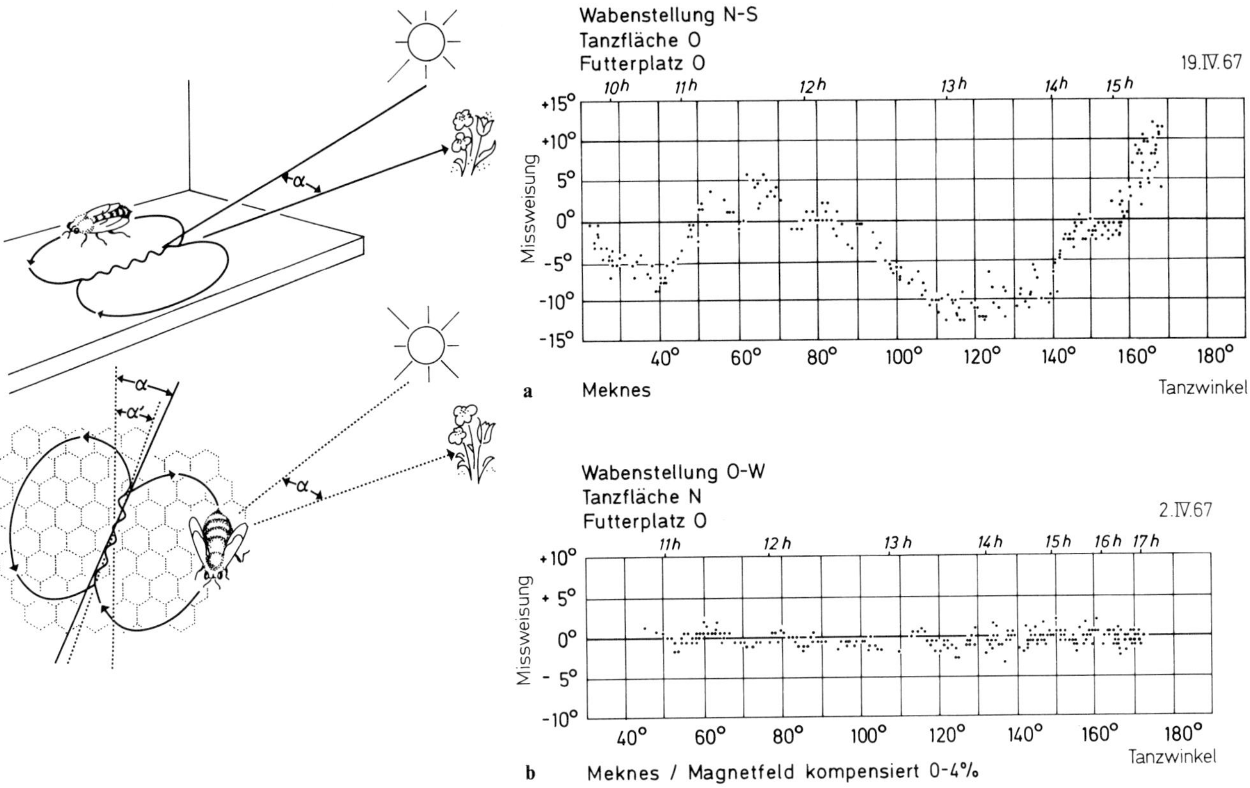

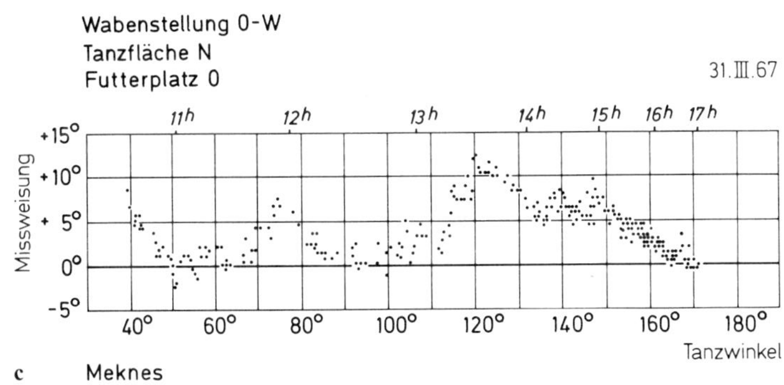

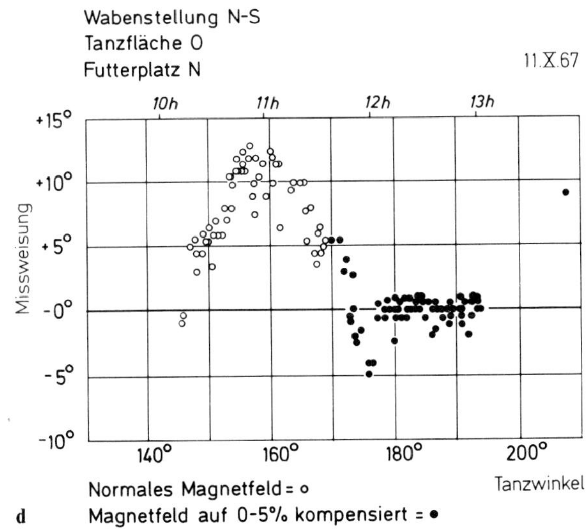

Abb. 15.157a–d. Mißweisung $(\alpha-\alpha')$ = Abweichung der Tanzrichtung α' von der dem Winkel zwischen Futterplatz und Sonnenazimut entsprechenden Solltanzrichtung α von Honigbienen in bezug zur Lotrechten (s. Einschaltbild) bei normalem Erdmagnetfeld **a** bzw. bei kompensiertem Magnetfeld **b**. In **c** wurde die Wabenstellung verändert: beachte die Veränderung der Mißweisungskurve gegenüber **a**. In **d** wurde die Mißweisung bei normalem Magnetfeld gemessen (offene Zeichen) und dann kompensiert (gefüllte Zeichen): die Mißweisung verschwindet bei Kompensation nicht sofort, sondern erst nach mehr als halbstündiger Übergangszeit. [Aus Lindauer, M., Martin, H.: Z. vgl. Physiol. **60**, 219–243 (1968)]

polarisiertes magnetisches Material gefunden wurde, das aufgrund der Curietemperatur von 580° als Magnetit identifiziert wurde.

d) Mechanismen der Magnetfeldwahrnehmung durch Organismen

Außer bei den Magnetbakterien und bei den mit Elektrorezeptoren ausgestatteten Knorpelfischen (s. S. 812 und Kapitel 15.2.5) sind die Rezeptionsmechanismen von Lebewesen für das Erdmagnetfeld bisher unbekannt.

Diskutiert wurden zum Beispiel Induktionseffekte in Leitern, die sich ausreichend schnell im Erdfeld bewegen, doch dürfte etwa ein statisches Magnetfeld auf dem Rücken einer Taube einen solchen Mechanismus nicht beeinträchtigen, er wäre anders als der Magnetkompaß von Vögeln oder Bienen von der Feldpolarität abhängig, und schließlich können sich auch sehr langsam bewegliche Tiere sehr gut nach dem Erdfeld ausrichten.

Nach anderen Vorstellungen könnten paramagnetische Moleküle, die sich in einem Außenfeld ausrichten, als Detektoren dienen. Moleküle mit ungepaartem Magnetspin treten in lebenden Zellen durchaus auf, doch fehlt bisher jeder Hinweis darauf, daß das Nervensystem eines Tieres die Wirkungen des schwachen Erdfeldes auf solche paramagnetischen Moleküle feldrichtungsgerecht auswerten könnte. Eine neuere Variante betrachtet die Möglichkeit, daß im visuellen System aufgefangene Lichtenergie solche Moleküle in einem optischen Pumpvorgang bei bestimmter Magnetfeldstärke und in Abhängigkeit von der Feldrichtung zur Resonanz anregen könnte. Dazu ist zumindest anzumerken, daß es zahlreiche Organismen gibt, die sich auch in völliger Dunkelheit nach dem Magnetfeld ausrichten können.

Weiterhin wurden elektrodynamische Effekte betrachtet: fließt ein Strom geladener Teilchen in einem Magnetfeld, so wirken auf die Ladungsträger Kräfte, die ihre Bewegungsrichtung beeinflussen können, was zur Ladungstrennung und so zu meßbaren Potentialen führen kann (Hall-Effekt). Bewegte Ladungsträger treten in Organismen an vielen Stellen auf, ob im schwachen Erdfeld auf diese Weise wahrnehmbare Effekte entstehen, ist jedoch gänzlich offen. Es wurde auch auf Magnetfeldeffekte auf Supraleiterschichten (Josephson-Schichten) hingewiesen, die bei sehr geringen Feldstärken und unabhängig von der Feldpolarität auftreten: doch fehlt bisher der Nachweis supraleitenden Materials bei lebenden Organismen.

Schließlich gibt es die — wie erwähnt — durch einige konkrete Befunde gestützte Möglichkeit, daß permanentmagnetische Einschlüsse, z. B. aus Magnetit, im Erdfeld Drehkräften ausgesetzt sind, die — gleichsam mechanorezeptorisch — wahrgenommen werden könnten (Magnethypothese). Noch fehlt allerdings — außer bei Bakterien — jeder Beweis dafür, daß die gefundenen Magnetpartikel tatsächlich als Felddetektoren dienen.

Dies sind keineswegs alle für die Magnetfeldwahrnehmung durch Organismen vorgebrachten Hypothesen. Entscheidend wird sein, welche davon durch experimentelle Belege gestützt werden können. Hier ist ein weites Feld für aufregende geobiophysikalische Entdeckungen.

Literaturauswahl

Adey, W.R., Bawin, S.M.: Brain interactions with weak electric and magnetic fields. Neurosci. Res. Prog. Bull. **15** (1) 1–129 (1977).

Barnothy, M.F. (Ed.): Biological Effects of Magnetic Fields, 2 Vol. New York: Plenum Press 1964, 1969.

Blakemore, R.P., Frankel, R.B.: Magnetic navigation in bacteria. Sci. Amer. **245** (6) 42–49 (1981).

Calvin, M., Gazenko, O.G. (Eds.): Foundations of Space Biology and Medicine. 3 Vol. Washington: NASA 1975.

Dubrov, A.P.: The Geomagnetic Field and Life. New York: Plenum Press 1978.

Gordon, S.A., Cohen, M.J. (Eds.): Gravity and the Organism. Chicago: Univ. Chicago Press 1971.

Hochachka, P.W., Somero, G.N.: Strategies of Biochemical Adaptation. Philadelphia: Saunders 1973 (deutsch: Strategien biochemischer Anpassung. Stuttgart: Thieme 1980).

Martin, H., Lindauer, M.: Der Einfluß des Erdmagnetfeldes auf die Schwereorientierung der Honigbiene *(Apis mellifica)*. J. Comp. Physiol. **122**, 145–187 (1977).

Reite, M., Zimmerman, J.: Magnetic phenomena of the central nervous system. Ann. Rev. Biophys. Bioeng. **7**, 167–188 (1978).

Schmidt-Koenig, K., Keeton, W.T. (Eds.): Animal Migration, Navigation, and Homing. Berlin, Heidelberg, New York: Springer 1978.

The Effects of Pressure on Organisms. Symp. Soc. Exp. Biol. XXVI. Cambridge: Cambridge Univ. Press 1972.

Tributsch, H.: Wenn die Schlangen erwachen. Stuttgart: Deutsche Verlagsanstalt 1978.

Zimmermann, U.: Physics of turgor- and osmoregulation. Annu. Rev. Plant Physiol. **29**, 121–148 (1978).

16 Kybernetik

16.1 Informationstheorie und Kommunikationstheorie

HANS MARKO

16.1.1 Einleitung

Seit der von Shannon 1948 begründeten statistischen Informationstheorie ist es möglich, den „Informationsgehalt" oder die Menge an „Information" einer Nachricht quantitativ anzugeben. Dieser ist durch die Wahrscheinlichkeit (Erwartungswahrscheinlichkeit) für das Auftreten der Nachricht bestimmt. Hierbei haben häufig auftretende Nachrichten einen kleinen und seltene Nachrichten einen großen Informationsgehalt. Sei $p(x_i)$ die Wahrscheinlichkeit einer Nachricht (z.B. für das Auftreten eines Symbols x_i der Nachrichtenquelle), so ist der zugehörige Informationsgehalt I_i gegeben durch

$$I_i = \mathrm{ld}\,\frac{1}{p(x_i)} = -\,\mathrm{ld}\,p(x_i)\,. \tag{16.1}$$

ld ist hierbei der Logarithmus zur Basis 2 und legt den Maßstab so fest, daß eine Nachricht mit $p=0{,}5$ den Informationsgehalt $I=1$ bit ergibt. Hierbei fügt man üblicherweise die Zähleinheit bit (von binary digit) hinzu, in Anlehnung an die Vorstellung, daß gleichwahrscheinliche binäre Zeichen den Informationsgehalt von 1 bit je Zeichen haben[1].

Der mittlere Informationsgehalt einer Nachrichtenquelle mit einem Symbolvorrat von N Symbolen oder Zeichen ergibt sich durch Bildung des Erwartungswertes E über die individuellen Informationsgehalte aller Symbole

$$H(x) = E[-\,\mathrm{ld}\,p(x_i)] = -\sum_{i=1}^{N} p(x_i)\cdot \mathrm{ld}\,p(x_i)\,. \tag{16.2}$$

Diese Größe nennt man „Entropie", da sie formal der thermodynamischen Entropie entspricht. Die Entropie ist am größten für gleichwahrscheinliche Zeichen. Es gilt dann $p(x_i)=\frac{1}{N}$ für alle i, und damit

$$H_{\max}(x) = \mathrm{ld}\,N\,. \tag{16.3}$$

[1] Zur Definition nach Gl. (16.1) sei bemerkt, daß der Informationsgehalt eine rein statistisch definierte Größe ist, die nur insoweit von der Bedeutung (Semantik) oder der Verwendung (Pragmatik) der Nachricht abhängt, als diese die Statistik beeinflussen.

Man nennt die Größe ld N auch „Entscheidungsgehalt", der die Anzahl der binären Entscheidungen angibt, die notwendig sind, um eines der N Zeichen auszuwählen. Die Entropie wird zu Null für die „Sicherheitsverteilung", wenn ein Symbol mit der Wahrscheinlichkeit 1 auftritt und alle anderen die Wahrscheinlichkeit Null haben. Allgemein gilt: je differenzierter die Verteilung ist, d.h. je mehr sie von der Gleichverteilung abweicht, desto geringer ist die Entropie.

Sind nun bei einer Nachrichtenquelle die einzelnen Symbole voneinander abhängig (z.B. bei einem sprachlichen Text), so müssen lange Symbolfolgen (Ketten) betrachtet werden, um die Entropie zu berechnen, da diese bei genügender Länge statistisch voneinander unabhängig werden. Es gilt dann für die Entropie je Symbol, wenn n die Länge der Folge x_n ist:

$$H(x) = \lim_{n\to\infty} \frac{1}{n} E[-\,\mathrm{ld}\,p(x_n)]\,. \tag{16.4}$$

Auf diese Weise erhält man z.B. für deutschen Text eine Entropie von 1,3 bit/Buchstabe und für englischen Text eine Entropie von 1 bit/Buchstabe. Dies ist mit dem Maximalwert (Entscheidungsgehalt) zu vergleichen, der bei 30 gleichverteilten und statistisch unabhängigen Buchstaben $H=4.9$ bit/Buchstabe wäre. Die Differenz zwischen dem Entscheidungsgehalt und der Entropie bezeichnet man als Redundanz. Die Redundanz ist somit 3,6 bit/Buchstabe für die deutsche und 3,9 bit/Buchstabe für die englische Sprache.

Mit Hilfe der bedingten Wahrscheinlichkeit $p(x|x_n)$ eines Symbols bei Kenntnis der n vorhergegangenen Symbole läßt sich die Entropie ebenfalls berechnen. Es gilt dann

$$H(x) = \lim_{n\to\infty} E[-\,\mathrm{ld}\,p(x|x_n)]\,, \tag{16.5}$$

d.h. es ist der mittlere Informationsgehalt eines Symbols bei Kenntnis aller vorhergehenden Symbole zu bilden.

Im folgenden sollen zwei grundlegende Anordnungen für die Informationsübertragung besprochen werden, nämlich der Nachrichtenkanal nach Shannon und die bidirektionale Kommunikation nach Marko. Beide sind in Abb. 16.1 dargestellt. Beim Shannonschen Nachrichtenkanal gemäß Abb. 16.1a liefert eine Quelle X sendeseitige Symbole x, die über einen Codierer C auf den Nachrichtenkanal K gelangen und über den Dekodierer D in der Senke Y entsprechende Empfangssymbole y erzeugen.

Da der Kanal gestört ist (durch die Rauschquelle angedeutet), ist die Zuordnung $x \leftrightarrow y$ nicht eindeutig, sondern nur statistisch nach Wahrscheinlichkeiten ge-

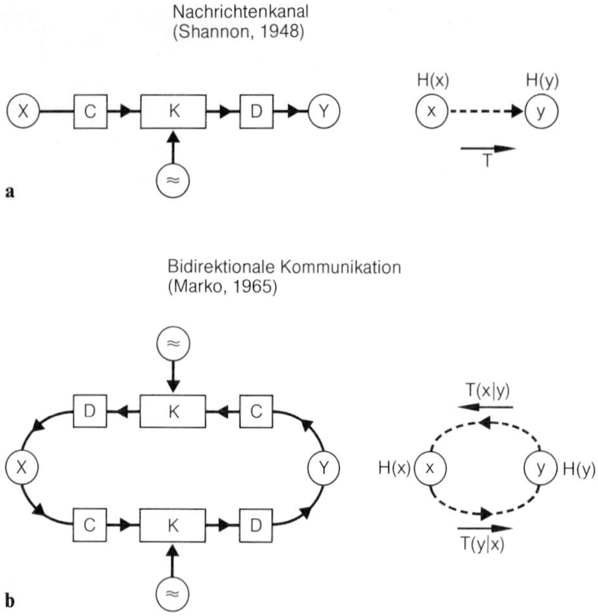

Abb. 16.1a, b. Blockschaltbild und stochastische Kopplung **a** beim Nachrichtenkanal und **b** bei der bidirektionalen Kommunikation

geben. Dies wird durch den gestrichelten Pfeil rechts in Abb. 16.1 angedeutet. Die Sendefolge wird durch ihre Entropie $H(x)$, die Empfangsfolge durch $H(y)$ charakterisiert. Es interessiert die Verkopplung beider Prozesse, die durch die übertragene Transinformation T gekennzeichnet ist.

Der Shannonsche Nachrichtenkanal ist einseitig gerichtet. Er benutzt eine *unabhängige*, d.h. vom Empfänger her nicht beeinflußte Nachrichtenquelle. Im Gegensatz dazu ist bei einer „Kommunikation" zwischen Lebewesen, aber auch sonst oft in physikalischen Systemen, die Nachrichtenquelle nicht unabhängig vom Empfänger, weil die erzeugten Symbole von den empfangenen Symbolen statistisch abhängig sind. Eine solche Kommunikation kann mit Hilfe der bidirektionalen Kommunikationstheorie beschrieben werden. Das Schema ist in Abb. 16.1b dargestellt und zeigt zwei gegensinnig gerichtete Nachrichtenkanäle, wobei an beiden Enden *gesteuerte* Nachrichtenquellen X bzw. Y wirksam sind, die sowohl Sender als auch Empfänger darstellen. Sender und Empfänger werden hier also nicht mehr unterschieden. Vielmehr liefern die beiden gesteuerten Nachrichtenquellen, (Abb. 16.1b, rechtes Schema) zwei stochastische Prozesse, die sich gegenseitig beeinflussen. Wieder läßt sich die Entropie $H(x)$ sowie $H(y)$ der beiden Prozesse in der üblichen Weise berechnen. Jetzt interessiert aber die gerichtete Transinformation $T(y|x)$, die die *Beeinflussung des* y-Prozesses vom x-Prozeß her darstellt und umgekehrt auch $T(x|y)$ für die andere Richtung. Es wird sich zeigen, daß die gerichteten Transinformationen berechnet werden können, wenn man die zeitliche Zuordnung der beiden Symbolfolgen beachtet (Kausalität) und daß die Summe beider gleich der Transinformation T nach Shannon ist.

16.1.2 Der einseitig gerichtete Nachrichtenkanal

Bei dem Nachrichtenkanal nach dem Schema von Abb. 16.1a werden Folgen von n Symbolen x_n auf der Sendeseite und ebensolche Folgen y_n auf der Empfängerseite betrachtet. Es wird Stationarität der Zufallsfolgen vorausgesetzt. Es seien folgende Wahrscheinlichkeiten gegeben:

- $p(x_n)$ die Wahrscheinlichkeit für das Auftreten der sendeseitigen Symbolfolge x_n;
- $p(y_n)$ die Wahrscheinlichkeit für das Auftreten der empfangsseitigen Symbolfolge y_n;
- $p(x_n, y_n)$ die Verbundwahrscheinlichkeit für das Auftreten von x_n und y_n;
- $p(x_n|y_n)$ die bedingte Wahrscheinlichkeit für das Auftreten von x_n bei Kenntnis von y_n;
- $p(y_n|x_n)$ die bedingte Wahrscheinlichkeit für das Auftreten von y_n bei Kenntnis von x_n.

Tabelle 16.1. Entropiegrößen beim einseitig gerichteten Nachrichtenkanal nach Shannon

$H(x)=\lim\limits_{n\to\infty}\frac{1}{n}E[-\mathrm{ld}\,p(x_n)]$	Sendeentropie
$H(y)=\lim\limits_{n\to\infty}\frac{1}{n}E[-\mathrm{ld}\,p(y_n)]$	Empfangsentropie
$H(x,y)=\lim\limits_{n\to\infty}\frac{1}{n}E[-\mathrm{ld}\,p(x_n,y_n)]$	Verbundentropie
$H(x\|y)=\lim\limits_{n\to\infty}\frac{1}{n}E[-\mathrm{ld}\,p(x_n\|y_n)]$ $=H(x,y)-H(y)$	Rückschlußentropie oder Äquivokation
$H(y\|x)=\lim\limits_{n\to\infty}\frac{1}{n}E[-\mathrm{ld}\,p(y_n\|x_n)]$ $=H(x,y)-H(x)$	Streuentropie oder Irrelevanz
$T=H(x)-H(x\|y)$ $=H(y)-H(y\|x)$ $=H(x)+H(y)-H(x,y)$	Synentropie oder mittlerer Transinformationsgehalt.

Damit lassen sich die in Tabelle 16.1 zusammengestellten Entropiegrößen definieren.

Die gewünschte Transinformationsgröße T berechnet sich aus folgender Vorstellung: Der individuelle Informationsgehalt einer bestimmten Sendesymbolfolge x_n ist für den Empfänger „*a*-priori", d.h. *vor* Empfang der Nachricht, also ohne Kenntnis von y_n

$$I_V=-\mathrm{ld}\,p(x_n)\,. \tag{16.6}$$

Der Informationsgehalt dieser gleichen Folge ist jedoch „*a*-posteriori", d.h. *nach* Empfang der Symbolfolge y_n gegeben durch

$$I_N=-\mathrm{ld}\,p(x_n|y_n)\,. \tag{16.7}$$

Der übertragene Transinformationsgehalt ist durch die Differenz dieser beiden Größen definiert:

$$I_T=I_V-I_N=\mathrm{ld}\frac{p(x_n|y_n)}{p(x_n)}\,. \tag{16.8}$$

Hierbei ist der Mittelwert (Erwartungswert) über alle Folgenpaare zu bilden und auf ein Symbol zu bezie-

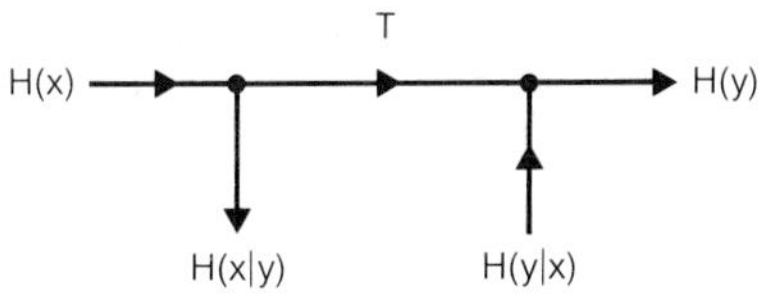

Abb. 16.2. Flußdiagramm des einseitig gerichteten Nachrichtenkanals

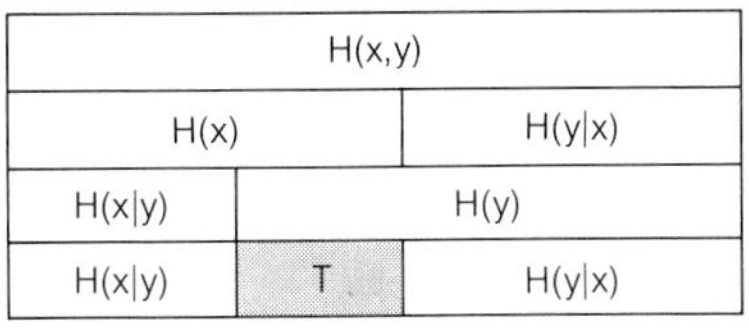

Abb. 16.3. Venn-Diagramm des einseitig gerichteten Nachrichtenkanals

hen, d.h.

$$T = \lim_{n \to \infty} \frac{1}{n} E[I_T]. \tag{16.9}$$

Wenn man noch die Bayessche Beziehung zwischen den Wahrscheinlichkeiten

$$p(x_n, y_n) = p(x_n | y_n) \cdot p(y_n) = p(y_n | x_n) \cdot p(x_n) \tag{16.10}$$

benutzt, erhält man die drei Versionen für T gemäß Tabelle 16.1. Diese lassen sich im Flußdiagramm Abb. 16.2 sowie im Venn-Diagramm Abb. 16.3 veranschaulichen. Alle Größen sind positiv. Das Flußdiagramm besagt, daß nur ein Teil der sendeseitigen Entropie $H(x)$, nämlich T den Empfänger erreicht, weil die Äquivokation $H(x|y)$ abzuziehen ist. Die Entropie des Empfängers $H(y)$ enthält einen nicht gewünschten Anteil, die Irrelevanz $H(y|x)$. Das Venn-Diagramm zeigt die Größenbeziehungen zwischen den Entropien, wobei die Verbundentropie $H(x, y)$, die Entropie des Gesamtprozesses (x, y-Folge) darstellt. Bei einer ungestörten Übertragung ist $H(x, y) = H(x) = H(y) = T$ und $H(x|y) = H(y|x) = 0$. Sind beide Prozesse voneinander unabhängig, so ist $T = 0$ und $H(x) = H(x|y)$ sowie $H(y) = H(y|x)$.

Die von Shannon bewiesenen Codierungstheoreme besagen, daß man bei geeigneter Codierung tatsächlich die durch T angegebene Informationsmenge „sicher", d.h. mit einer gegen Null gehenden Fehlerwahrscheinlichkeit übertragen kann, wenn man nur genügend lange ($n \to \infty$) Symbolfolgen bildet. Bei einem gegebenen Kanal [er kann durch die bedingte Wahrscheinlichkeit $p(y_n | x_n)$ definiert sein] kann man den Maximalwert von T berechnen und damit die sog. „Kanalkapazität", d.h. den Maximalwert des möglichen Nachrichtenflusses, bestimmen

$$C = \left(\frac{T}{\tau}\right)_{\max}. \tag{16.11}$$

Hierbei ist τ die mittlere Übertragungszeit je Nachricht (Symbol). Die Kanalkapazität ist z.B. bei einem symmetrischen Binärkanal mit der Fehlerwahrscheinlichkeit q und der Schrittdauer τ

$$C = \frac{1}{\tau}\left[1 - q \,\mathrm{ld}\frac{1}{q} - (1-q)\,\mathrm{ld}\frac{1}{1-q}\right], \tag{16.12}$$

wobei in Gl. (16.12) 1 die Sendeentropie für die beiden gleichwahrscheinlichen Binärzeichen ist und der restliche Ausdruck die Äquivokation darstellt. Auch bei analogen Kanälen, wie sie in der Signalübertragung benutzt werden, kann man die Kanalkapazität berechnen. Sie beträgt bei einem Kanal mit der Bandbreite B, der Signalleistung S und der Störleistung N beim Empfänger

$$C = 2B \,\mathrm{ld}\sqrt{\frac{S+N}{N}}, \tag{16.13}$$

wobei Gaußsche Verteilungen von Sende- und Störsignal vorausgesetzt sind.

Einige typische Werte für die Kanalkapazität technischer Nachrichtenkanäle sind:

Fernsehkanal	$C = 7 \cdot 10^7$ bit/s
Telefonkanal	$C = 5 \cdot 10^4$ bit/s
Datenkanal	$C = 200 \div 9600$ bit/s
Telegrafiekanal	$C = 50$ bit/s.

Die technischen Kanäle sind der Informationskapazität unserer Sinnesorgane in etwa angepaßt, für die folgende Werte geschätzt wurden:

Auge	$C = 3 \cdot 10^6$ bit/s
Ohr	$C = 4 \cdot 10^4$ bit/s.

Demgegenüber sind die vom Menschen bewußt verarbeitbaren Kapazitätswerte erheblich kleiner. So gilt nach Küpfmüller für:

leise lesen	$C = 45$ bit/s
laut lesen	$C = 30$ bit/s
Schreibmaschineschreiben	$C = 16$ bit/s
Klavierspielen	$C = 23$ bit/s
Addieren	$C = 12$ bit/s
Multiplizieren	$C = 12$ bit/s
Abzählen	$C = 3$ bit/s.

Daraus ist zu folgern, daß der Mensch nur Informationsflüsse < 50 bit/s bewußt aufnehmen und verarbeiten kann. Die dafür notwendige große Informationsreduktion erfolgt in der Dekodierung der Sinneseindrücke durch das Zentralnervensystem.

16.1.3 Die bidirektionale Kommunikation

Die bisher definierten informationstheoretischen Größen sind unabhängig von der Richtung der Nachrichtenübertragung. Im Schema der Abb. 16.1a könnte die Beeinflussung auch in umgekehrter Richtung, nämlich von y zu x erfolgen und es würden trotzdem die gleichen Entropien (bei gleichen Wahrscheinlichkeiten) gelten können. Insbesonders ist T nicht von der Übertragungsrichtung abhängig, was bei technischen Kanälen auch nicht stört, da hier die Übertragungsrichtung

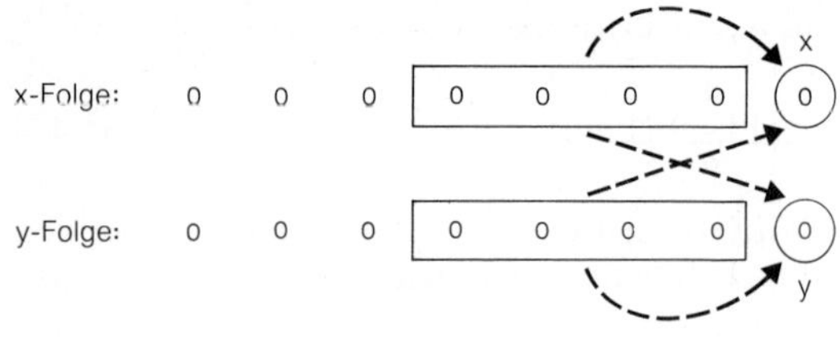

Abb. 16.4. Statistische Beeinflussung (Verkopplung) der x-Folge und der y-Folge bei der bidirektionalen Kommunikation

in der Regel festliegt. Die Shannonsche Informationstheorie ist somit akausal, da sie den kausalen Zusammenhang (x hängt von y ab, oder y hängt von x ab) nicht berücksichtigt. Dieser kausale Zusammenhang muß jedoch bei der Aufstellung einer Kommunikationstheorie maßgebend sein. Hierzu seien in Abb. 16.4 die x- und y-Folgen betrachtet, die sich gemäß dem Schema von Abb. 16.1b nun gegenseitig beeinflussen. Die Kausalität wird durch den zeitlichen Zusammenhang nach folgendem Prinzip berücksichtigt: Das gegenwärtige Symbol wird nur durch die vergangenen, nicht aber durch zukünftige Symbole beeinflußt. Eine Beeinflussung gleichzeitiger Symbole wird ausgeschlossen (Simultanindependenz).

Nach dem Schema von Abb. 16.4 wird somit ein Markoff-Prozeß höherer Ordnung betrachtet, der die gegenwärtigen Symbole nach Maßgabe der vergangenen Symbole erzeugt. Für die Beschreibung eines solchen Prozesses sind die sog. „Generator-Wahrscheinlichkeiten" $p(x|x_n y_n)$ und $p(y|x_n y_n)$ notwendig. Die jetzt benötigten bedingten Wahrscheinlichkeiten sind wie folgt definiert:

- $p(x|x_n)$ die bedingte Wahrscheinlichkeit für das Auftreten von x bei Kenntnis von n vorhergehenden Symbolen x_n des eigenen Prozesses
- $p(y|y_n)$ entsprechend.
- $p(x|x_n y_n)$ die bedingte Wahrscheinlichkeit für das Auftreten von x bei Kenntnis von n vorhergehenden Symbolen des eigenen Prozesses x_n sowie des fremden Prozesses y_n.
- $p(y|y_n x_n)$ entsprechend.
- $p(x, y|x_n y_n)$ die bedingte Wahrscheinlichkeit für das Auftreten von x und y bei Kenntnis von n vorhergehenden Symbolen beider Prozesse.

Bei Markoff-Prozessen der Ordnung m gilt für $n \geqq m$

$$p(x|x_n y_n) = p(x|x_m y_m)$$

$$p(y|y_n x_n) = p(y|y_m x_m)$$

Damit lassen sich die in Tabelle 16.2 dargestellten informationstheoretischen Größen berechnen.

Die im oberen Teil der Tabelle 16.2 dargestellten Größen sind identisch mit den Entropien der Shannon-Theorie, nur wurden sie hier im Gegensatz zu Tabelle 16.1 aus den bedingten Wahrscheinlichkeiten berechnet. Die im unteren Teil der Tabelle 16.2 angegebenen Größen sind aufgrund der folgenden Vorstellung neu definiert:

Man betrachte den Zeitablauf der x-Folge und y-Folge gemäß Abb. 16.4. Das gegenwärtig erzeugte Symbol x wird sowohl von der eigenen Vergangenheit, d.h. von der vergangenen Symbolfolge x_n, als auch von

Tabelle 16.2. Entropiegrößen bei der bidirektionalen Kommunikation

Identisch mit Shannon-Theorie	$H(x) = \lim_{n\to\infty} E[-\operatorname{ld} p(x|x_n)]$	Entropie von x
	$H(y) = \lim_{n\to\infty} E[-\operatorname{ld} p(y|y_n)]$	Entropie von y
	$H(x,y) = \lim_{n\to\infty} E[-\operatorname{ld} p(x, y|x_n y_n)]$	Verbundentropie
	$H(x|y) = H(x, y) - H(y)$	Restentropie von x, gegeben y
	$H(y|x) = H(x, y) - H(x)$	Restentropie von y, gegeben x
Neu definiert	$F(x) = \lim_{n\to\infty} E[-\operatorname{ld} p(x|x_n y_n)]$	freie Entropie von x
	$F(y) = \lim_{n\to\infty} E[-\operatorname{ld} p(y|x_n y_n)]$	freie Entropie von y
	$T(x|y) = H(x) - F(x)$	gerichtete Transinformation $y \to x$
	$T(y|x) = H(y) - F(y)$	gerichtete Transinformation $x \to y$
	$T = T(x|y) + T(y|x)$	gesamte Transinformation (Koinzidenz, Synentropie) $x \leftrightarrow y$

der Vergangenheit des Partners, d.h. von der Symbolfolge y_n, beeinflußt. Berechnet man nun die Entropie H der x-Folge in Abhängigkeit von dieser Beeinflussung, d.h. von der Länge der vergangenen Folgen (n_x für die x-Folge und n_y für die y-Folge), so folgt die Darstellung von Abb. 16.5. Berücksichtigt man nur die eigene Vergangenheit, so fällt die Entropie mit der Anzahl der bekannten Symbole n_x bis zum Grenzwert $H(x)$ für $n_x \to \infty$, der die Entropie des x-Prozesses bei Berücksichtigung der eigenen statistischen Bindungen darstellt. Die Entropie H fällt jedoch noch weiter ab, wenn die vergangenen y-Symbole der Partnerfolge berücksichtigt werden. Wird deren Anzahl n_y bis zu $n_y \to \infty$ gesteigert, so wird schließlich der Grenzwert $F(x)$ erreicht, der die „freie" Entropie des x-Prozesses darstellt, wenn die gesamte Vergangenheit des x- und des y-Prozesses bekannt ist. Die Differenz $T(x|y) = H(x) - F(x)$ stellt die statistische Beeinflussung des x-Prozesses durch die y-Folge dar und wird daher als gerichtete Transinformation $y \to x$ verstanden. Entsprechendes gilt für den y-Prozeß.

Bildet man nun die Summe

$$T(x|y) + T(y|x) = H(x) + H(y) - F(x) - F(y)$$
$$= \lim_{n\to\infty} E\left[\operatorname{ld}\frac{p(x|x_n y_n)\cdot p(y|x_n y_n)}{p(x|x_n)p(y|y_n)}\right] \tag{16.14}$$

so folgt wegen der Simultanindependenz

$$p(x|x_n y_n)\cdot p(y|x_n y_n) = p(x, y|x_n y_n), \tag{16.15}$$

daß obiger Ausdruck gleich T, der Transinformation nach Shannon ist. Diese mißt also die Summe der informativen Beeinflussung beider Prozesse. Abbildung 16.6 zeigt das Flußdiagramm und Abb. 16.7 das Venn-Diagramm aufgrund der Größenbeziehungen in Tabelle 16.2.

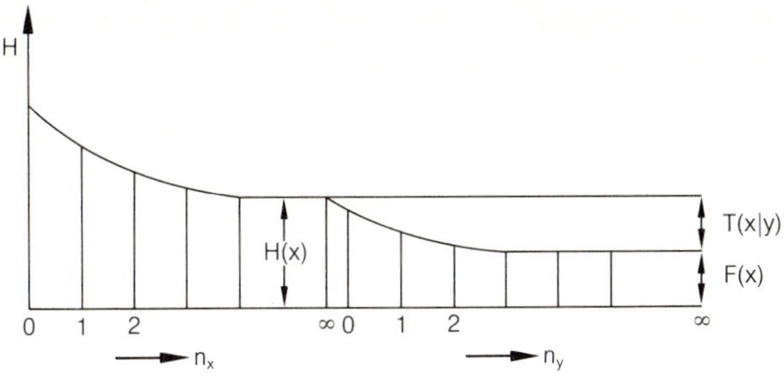

Abb. 16.5. Zur Definition von Entropie $H(x)$, freier Entropie $F(x)$ sowie gerichteter Transinformation $T(x|y)$ der x-Folge in Abhängigkeit der Beeinflussungslänge vorhergehender Symbole n_x bzw. n_y

Nach dem Flußdiagramm kann man die Entropie $H(x)$ zusammengesetzt denken aus dem freien (selbst erzeugten) Anteil $F(x)$ und der Fremdbeeinflussung $T(x|y)$. Von $H(x)$ wird ein Anteil $T(x|y)+H(x|y)$ abgezweigt und nur der Anteil $T(y|x)$ erreicht den y-Prozeß. Dies ist verständlich, denn $T(x|y)$ rührt ja vom y-Prozeß her und kann diesen daher nicht mehr beeinflussen, was einer Rückübertragung gleichkäme. Aufgrund der nicht vollständigen Kopplung ist noch eine Restentropie $H(x|y)$ abzuziehen, die der Äquivokation des Nachrichtenkanals gleich ist. Setzt man eine der beiden gerichteten Transinformationen z.B. $T(x|y)=0$, so folgt aus Abb. 16.6 das Flußdiagramm von Abb. 16.2.

Im Venn-Diagramm von Abb. 16.7 sind die ersten vier Zeilen die gleichen wie in Abb. 16.3. Die letzten drei Zeilen zeigen an, daß T in die beiden gerichteten Transformationsgrößen $T(x|y)$ und $T(y|x)$ aufgespalten wurde, und daß die gesamte Entropie $H(x, y)$ des Verbundprozesses durch die Summe $F(x)+F(y)$ gegeben ist, d.h. die insgesamt verfügbare Information ist durch die beiden freien Entropien bestimmt.

Es ist nun interessant, die Frage zu stellen, wie stark die beiden Prozesse verkoppelt sein können. Die gesamte Transinformation T wird maximal, wenn die beiden Restentropien $H(x|y)$ und $H(y|x)$ verschwinden. Dann ist $H(x)=H(y)=F(x)+F(y)$, d.h. die Entropien beider Prozesse enthalten die gesamte erzeugte Information. Normalerweise wird aber die Kopplung schwächer sein.

Definiert man die stochastischen Kopplungsgrade

$$\sigma_x=\frac{T(x|y)}{H(x)}, \tag{16.16}$$

$$\sigma_y=\frac{T(y|x)}{H(y)} \tag{16.17}$$

so gilt die Beziehung

$$\sigma_x+\sigma_y \leqq 1\,. \tag{16.18}$$

Sie definiert das „Kopplungsdreieck“ von Abb. 16.8, das den Verkopplungsgrad einer Kommunikation beschreibt. An den Koordinatenabschnitten $\sigma_x=0$ bzw. $\sigma_y=0$ liegt einseitige Kopplung vor, d.h. hier gilt der Nachrichtenkanal nach Shannon in der ursprünglichen Konzeption.

Im Nullpunkt herrscht Entkopplung. Für $\sigma_x=1$ oder $\sigma_y=1$ liegt determinierte Kopplung vor, die natürlich nur in einer Richtung vorhanden sein kann. Mögliche Werte σ_x und σ_y liegen unterhalb der Geraden der maximalen Kopplung gem. Gleichung (16.18). Durch den Abstand zu dieser Geraden wird angezeigt, wie stark die Prozesse verkoppelt sind, d.h. wie effektiv die Kommunikation ist. Für den Fall einer Kommunikation zwischen Menschen kann man den allgemeinen

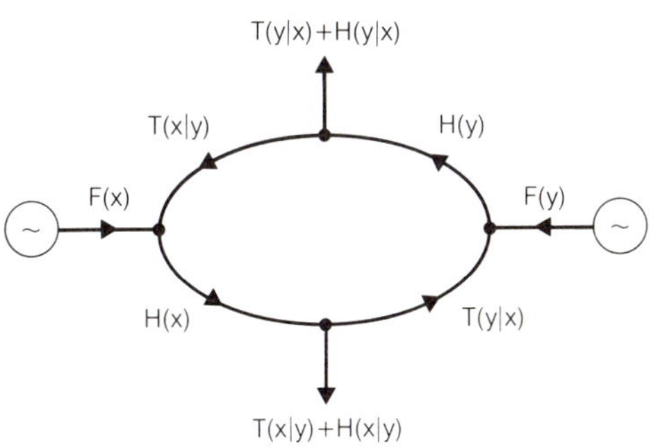

Abb. 16.6. Flußdiagramm der bidirektionalen Kommunikation

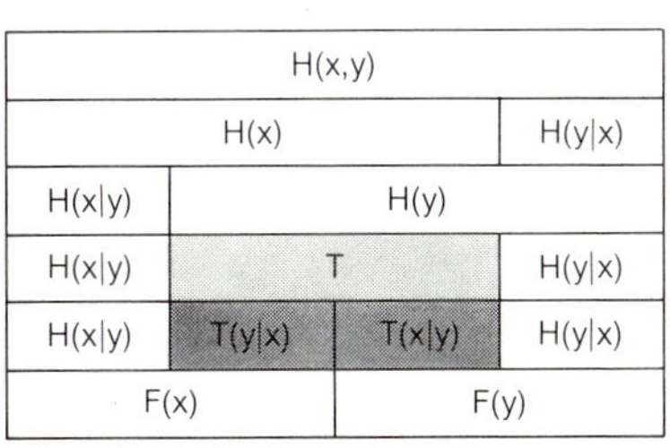

Abb. 16.7. Venn-Diagramm der bidirektionalen Kommunikation

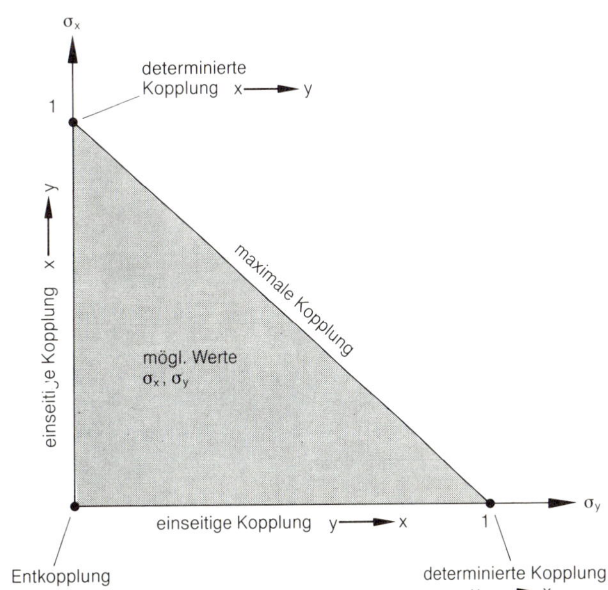

Abb. 16.8. Das Kopplungsdiagramm der bidirektionalen Kommunikation

Fall als Dialog, die einseitige Kopplung als Monolog und die determinierte Kopplung als Suggestion bezeichnen. Durch Angabe der Kopplungsgrade σ_x und σ_y kann eine bidirektionale Kommunikation charakterisiert werden.

Eine Erweiterung dieser Theorie auf mehr als zwei Systeme (Kommunikation der Gruppe) wurde von E. Neuburger vorgenommen. Für ein Beispiel der Anwendung der bidirektionalen Kommunikationstheorie auf ein Verhaltensexperiment an Tieren s. Mayer (1970).

Literaturauswahl

Gallager, R.: Information theory and reliable communication. New York: Wiley 1968.
Goldmann, S.: Information theory. New York: Prentice Hall Inc. 1953.
Küpfmüller, K.: Informationsverarbeitung durch den Menschen. Nachrichtentechn. Z. **12**, 68–74 (1959).
Marko, H.: Die Theorie der bidirektionalen Kommunikation und ihre Anwendung auf die Informationsübermittlung zwischen Menschen (subjektive Information). Kybernetik **3**, 128–136 (1966).
Marko, H.: The bidirectional communication theory — a generalization of information theory. IEEE Comm. **21**, 1345–1351 (1973).
Mayer, W.: Gruppenverhalten von Totenkopfaffen unter besonderer Berücksichtigung der Kommunikationstheorie. Kybernetik **8**, 59–68 (1970).
Neuburger, E.: Kommunikation der Gruppe (Ein Beitrag zur Informationstheorie). München: Oldenbourg 1970.
Peters, J.: Einführung in die Allgemeine Informationstheorie. Berlin-Heidelberg-New York: Springer 1967.
Shannon, C.E.: A mathematical theory of communication. Bell Syst. Tech. J. **27**, 379–423, 623–652 (1948).
Zemanek, H.: Elementare Informationstheorie. Wien-München: Oldenbourg 1959.
NTG-Empfehlung: NTG 0102 Informationstheorie-Begriffe. Nachrichtentech. Z. **19**, 231–234 (1966).

16.2 Einführung in die Kybernetik des Verhaltens am Beispiel der Orientierung im Raum

Horst Mittelstaedt

16.2.1 Gegenstand und Ziel

Das Ziel einer Kybernetik des Verhaltens könnte sein, die Wirkungsweise des Nervensystems und der mit ihm zusammenhängenden Sinnes- und Erfolgsorgane aus den beteiligten physikalischen Gesetzen zu verstehen. Danach scheint es möglich, die Aufgabe dieses Wissenschaftszweiges dadurch zu lösen, daß man die in diesen Organen ablaufenden physiko-chemischen Prozesse aufklärte. Aus einem hinreichend vollständigen Katalog dieser Prozesse müßte sich das ganze System synthetisieren und damit sein Verhalten ableiten lassen. Hier sollen nun nicht die zu erwartenden praktischen Schwierigkeiten eines solchen Vorgehens diskutiert werden — etwa die womöglich prohibitiv große Rechnerkapazität, die am Ende aufgewandt werden müßte, um die im ZNS einer Biene oder einer Maus ablaufenden physikalischen Prozesse soweit zu simulieren, daß sich das Verhalten des Tieres als Zeitverlauf der Ausgangsgrößen der Simulation ergäbe. Vielmehr soll gezeigt — oder wieder daran erinnert — werden, daß dieser Weg strenggenommen nicht gangbar und das auf ihm anvisierte Ergebnis auch nicht das Ziel der kybernetischen Verhaltensanalyse sein kann: Aus der Analyse der im Organismus ablaufenden physikalischen Prozesse *allein* — ohne Vorwissen über ihren strukturellen oder funktionellen Zusammenhang — ergibt sich nämlich nicht, welche von ihnen am Verhalten des Ganzen beteiligt, geschweige denn welche für den Ablauf welcher Verhaltensweise notwendig und/oder hinreichend sind. Aber selbst wenn alle während des Verhaltens ablaufenden physikalischen Prozesse beschrieben wären, hätte man das Ziel nicht erreicht: Eine solche Systemdarstellung wäre nicht nur ebenso kompliziert, sondern auch ebenso unverstanden wie der Organismus selbst.

Was hier fehlt, macht man sich am einfachsten bei dem Versuch klar, die Wirkungsweise eines technischen Apparates zu verstehen. Auch hier könnte man einen Katalog aller am und im Apparat ablaufenden physikalischen Prozesse aufstellen. Indessen, welche von ihnen für das Verhalten des Ganzen wesentlich sind, ergibt sich erst aus dem *Zweck*, dem es dienen soll oder — von einem anderen Standpunkt gesehen — aus der *Leistung*, die es erbringt. Für den Konstrukteur sind alle Teilprozesse in der Kausalkette sogar austauschbar, solange derselbe Zweck erfüllt, dieselbe Leistung erreicht wird. Erst aus diesem Gesichtswinkel läßt sich entscheiden, welche Wirkungen erwünscht, welche störend, welche vernachlässigbar sind; erst so lassen sich aus der Vielzahl der am und im Apparat ablaufenden Prozesse diejenigen herausfinden, die als Elemente einer wissenschaftlichen Erklärung seiner Wirkungsweise notwendig und hinreichend sind.

Der „Konstrukteur" der Lebewesen ist der Evolutionsprozeß: Auf allen Veränderungen des Nervensystems und der mit ihm zusammenhängenden Organe muß ein Selektionsdruck gelegen haben derart, daß das resultierende Verhalten das Überleben der neuentstandenen Form begünstigte. Ein überlebenswirksames Verhalten, es sei „Verhaltensleistung" genannt, sucht schädliche Einflüsse zu vermeiden oder günstige auszunützen. Dazu müssen diese Einflüsse von Ereignissen gefolgt, begleitet oder besser noch angekündigt werden, die so auf den Organismus wirken, daß das jeweils überlebenswirksame Verhalten in Gang gesetzt wird. Von diesen Ereignissen und ihren Wirkungen im Organismus läßt sich sagen, sie enthielten *Information*, und zwar genau deshalb weil, und insoweit wie, sie die Verhaltensleistung ermöglichen: Erst durch den Rekurs auf den potentiellen Nutzen läßt sich entscheiden, welche Ereignisse als Nachricht (als „Signal"), welche als Störung (als „Rauschen") wirken. Da die Quantität der so identifizierten Information von der Wahrscheinlichkeit des Auftretens der leistungsrelevanten Ereignisse abhängen wird, leuchtet ein, warum die in Kapitel 16.1 behandelten Theorien von Shannon und Marko ihr so genau angemessen sind.

Als Ergebnis des Gedankenganges können wir jetzt genauer formulieren: Die Gegenstände einer Kybernetik des Verhaltens sind Verhaltensleistungen. Das Ziel der kybernetischen Verhaltensanalyse ist die Aufklärung der Information verarbeitenden Prozesse, die eine Verhaltensleistung hervorbringen.

Man beginnt die Analyse im typischen Fall mit der Auswahl der Verhaltensleistung und ermittelt dann die Informationsquellen einerseits, die Bewegungsweisen der Erfolgsorgane und ihre Wirkungen andererseits. Sie werden damit als Eingangs- bzw. Ausgangsgrößen des die Verhaltensleistung bewirkenden Systems genauer erfaßt. Die Analyse soll das Netz der zwischen ihnen bestehenden Kausalbeziehungen, das Wirkungsgefüge der „interkausalen Größen", vollständig beschreiben.

Der Fortschritt der neurobiologischen Forschung liefert zunehmend genauere Messungen der Beziehungen zwischen neuralen Variablen, die möglicherweise, oder mit Sicherheit, interkausale Größen einer bestimmten bekannten Verhaltensleistung sind. Es ist indessen wesentlich für die Methode der kybernetischen Analyse, 1) daß sie nicht notwendig auf neurophysiologisches Vorwissen angewiesen ist, 2) daß ihre Ergebnisse zwar eine neurophysiologische Interpretation erlauben sollen, aber nicht notwendig mit neurophysiologischen Begriffen dargestellt werden müssen und 3) daß es heuristisch meistens auch nicht sinnvoll ist, von der Analyse der Beziehungen zwischen neurophysiologischen Meßgrößen auszugehen. Das ergibt sich daraus, daß es hier ja auf die Gewinnung und Verarbeitung von *Information* ankommt. Information wird repräsentiert durch die Zahl, den zeitlichen Verlauf, die räumliche Ordnung, die Verknüpfung und die durch die Verknüpfung bewirkte Änderung von Zahl und raumzeitlicher Ordnung der interkausalen Größen. Der nachrichten- und regelungstechnischen Forschung verdanken wir Darstellungsweisen, die genau diesem Aspekt der zu untersuchenden Systeme angemessen sind, nämlich Graphen und die dazugehörigen mathematischen Formalismen. Im folgenden werden die bekannten Blockdiagramme verwandt, bei denen die Beziehungen zwischen den Größen durch Rechtecke („Blöcke"), die Größen selbst durch Linien, die Wirkungsrichtung durch Pfeile und die Verknüpfungen durch leicht verständliche Sonderzeichen dargestellt werden. Der Vorteil dieser Beschreibungsweise ist zweifach: Man kann das ganze System oder auch einen beliebigen Teil von ihm in einem Block zusammenfassen und — aufgrund einer Messung oder einer theoretischen Vermutung — das „Verhalten des Blockes" summarisch, aber mit der jeweils nötigen Genauigkeit beschreiben, ohne über die innere Struktur der so zusammengefaßten Prozesse etwas wissen oder voraussetzen zu müssen. Man kann, wenn das System schließlich mehr bis ins einzelne bekannt ist, seine Teile blockweise so zusammenfassen, daß diejenigen Teilfunktionen und Verknüpfungen „mit einem Blick" zu übersehen sind, die das Wesentliche, das „Prinzip", der Nachrichtenverarbeitung ausmachen, aufgrund dessen die untersuchte Leistung zustandekommt. Das soll an Beispielen von Verhaltensleistungen der Orientierung im Raum gezeigt werden.

16.2.2 Regelung und Steuerung

Für die meisten Organismen ist es lebenswichtig, eine bestimmte Lage ihres Körpers im Raum aufrechtzuerhalten. Man weist diese Verhaltensleistung nach, indem man das Tier aus dieser Lage herausdreht und seine Reaktion beobachtet. Hier interessieren natürlich nur die *aktiven* Bewegungen, durch die es in seine alte Lage zurückkehrt. Durch geeignete Ausschaltungsexperimente ermittelt man als Informationsquelle das oder die Bezugssysteme, nach denen das Tier sich ausrichtet, z.B. die Erdoberfläche, die Sonne, das Lot, den Ort eines Objektes, und definiert als Eingangsgröße zweckmäßigerweise jeweils die Abweichung einer der Hauptachsen des Tieres von einer Koordinate des Bezugssystems.

Indessen, auch nach Ausschluß aller Informationsquellen und richtenden physikalischen Kräfte aus der Umwelt können manche Tiere in einer selbstgewählten Richtung über längere Zeit geradeaus laufen und nach einer experimentell erzwungenen Abweichung wieder in die alte Richtung einschwenken, oder sogar, unter diesen Bedingungen, von willkürlich ausgewählten Orten, zu denen man sie auf Umwegen gelockt hat, *geradewegs* heimkehren (Literaturübersicht s. Görner, 1973). In diesen Fällen kann die Information nur aus Meldungen über die abgelaufene *eigene* Bewegung stammen (daher die Bezeichnung „idiothetische" Orientierung, im Gegensatz zur „allothetischen" nach äußeren Bezugssystemen). Aus diesen Meldungen wird durch einen internen Verarbeitungsprozeß die Abweichung von einer Anfangsrichtung ermittelt und gespeichert. Allo- und idiothetische Information leisten nicht dasselbe: die erste ermöglicht, im Prinzip, eine mittlere Raumlage beliebig lange einzuhalten, während die letzte wegen des unvermeidlichen „Rauschens" nicht verhindern kann, daß das Tier aus seiner Anfangslage oder seinem Kurs unkorrigierbar wegdriftet.

In jedem Fall muß die Lageinformation liefernde Eingangsgröße so mit der motorischen Reaktion verknüpft sein, daß Abweichungen von der Normallage wieder rückgängig gemacht werden. Wie geschieht das?

Ein besonders instruktives experimentelles Verfahren besteht darin, den Erfolg der motorischen Reaktion zu verhindern, sie aber trotzdem so ablaufen zu lassen, daß sie möglichst ungestört gemessen werden kann. Abbildung 16.9 zeigt das am Beispiel der „optomotorischen Reaktion". Die Fliege ist am Rumpf befestigt (linkes Bild) und sitzt auf einem frei drehbaren Scheibchen, dessen Position registriert werden kann. Man kann jetzt der Eingangsgröße einen quantitativ vorherbestimmten Zeitverlauf geben — im Beispiel also die Streifentrommel nach einem vorbestimmten Programm drehen — und die Abhängigkeit der Ausgangsgröße (hier sinnvollerweise der Winkelgeschwindigkeit y des Scheibchens relativ zum Tier) von der

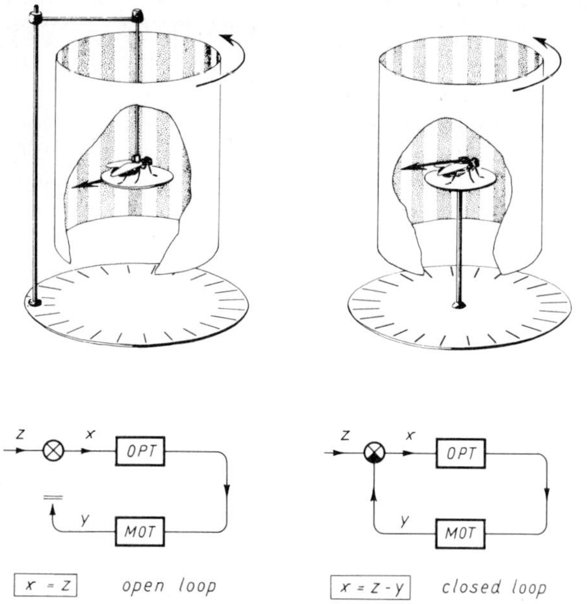

Abb. 16.9. Untersuchung der optomotorischen Regelung. *Links:* die Fliege ist am Thorax befestigt (an dem auch der Kopf mit den Augen durch ein Wachströpfchen festgelegt ist) und dreht ein Scheibchen, dessen Winkelgeschwindigkeit y gemessen werden kann. Der Regelkreis ist „geöffnet", weil die Bewegung des Tieres die Eingangsgröße, die Winkelgeschwindigkeitsdifferenz x zwischen Streifentrommel und Fliege, nicht beeinflussen kann. *Rechts:* Im Normalfall, bei freier Fliege, wirkt der Ausgang auf den Eingang nach $x = z - y$ zurück: die Kausalkette wird zum geschlossenen (Regel-)Kreis. (Nach Mittelstaedt, 1964)

Eingangsgröße (hier der Winkelgeschwindigkeit x der Trommel relativ zur Fliege) quantitativ bestimmen. Das Tier beantwortet eine konstante Winkelgeschwindigkeit der Trommel, nach einer anfänglichen Beschleunigungsphase, ebenfalls mit einer konstanten Winkelgeschwindigkeit im selben Drehsinn. Das muß im Normalfall, wenn das Tier auf dem Boden sitzt und die Trommel mit der Winkelgeschwindigkeit z relativ zum Boden gedreht wird, dazu führen, daß sich die Winkelgeschwindigkeitsdifferenz $x = z - y$ zwischen Trommel und Tier bis auf einen errechenbaren Wert verringert. Denn wenn im Experiment mit fixierter Fliege im Gleichgewicht $y = Vx$ ist, dann wird im Experiment mit freilaufender Fliege wegen $x = z - y$ jetzt $x = z - Vx = z/(1 + V)$. Wie man sieht, wird die Differenzgeschwindigkeit x um so kleiner, je größer V, die innere Verstärkung des Regelkreises, im Gleichgewicht ist. Man findet nun, daß V nicht konstant ist, sondern um so größer wird, je *kleiner* die Winkelgeschwindigkeit der Trommel ist. Im Versuch mit fixiertem Tier wurde an der Gottesanbeterin *(Mantis)* bei einer Relativgeschwindigkeit der Trommel von 0,00065 deg/s (das ist eine Umdrehung in 6 Tagen) $V \approx 1000$ gemessen. Im Normalfall des freien Tieres wird also die Differenzgeschwindigkeit zwischen Tier und Trommel gegen Null gehen, wenn die Geschwindigkeit der Trommel gegen Null geht. Und dieses Verhalten ist ja der Ausgangspunkt der Analyse! Der Leistung liegt also eine stetige (nicht-lineare) Regelung zugrunde. Das gilt auch für das kontinuierliche Verfolgen einzelner Objekte. Dabei wird im allgemeinen die Eingangsgröße, die *Winkelabweichung* des Ziels vom Auge, in eine ihr proportionale *Winkelgeschwindigkeit* des Augenträgers am Ausgang transformiert (s. dazu Kapitel 16.7).

Bei den optomotorischen Verhaltensleistungen werden neben stetigen auch unstetige Regelungsprozesse gefunden. Man kann sie beobachten, wenn man um eine Gottesanbeterin etwa in Reichweite ihrer Fangbeine eine Beutefliege bewegt. Häufig — regelmäßig beim ersten Auftauchen der Beute — sieht man eine ruckartige Kopfbewegung (Sakkade) in Richtung der Beute, der, wenn das Ziel am Ende nicht erreicht ist, eine zweite folgt. Bei der Sakkade löst die Meldung über den *Abstand* des Ziels von der Fixierstelle ein Bewegungsprogramm aus, das nach Ablauf aller Übergangsphasen eine *abstands*proportionale Stellungsänderung der Augen bewirkt. Das gleiche gilt für das Wirkungsgefüge aller Zielbewegungen, die in kürzerer Zeit durchgeführt werden, als eine Nachricht über ihren Fehler benötigte, den Weg vom Eingang zum Ausgang zu durchlaufen, wie z. B. der Fangschlag der Mantis oder ein Hammerschlag auf einen Nagel. Ebenso gilt das, wenn die Information über die Zielabweichung am Eingang für eine kürzere Zeit zur Verfügung steht als diese „Totzeit", z. B. im Fall eines Lichtblitzes. Der Überlebensvorteil solcher offenen Steuerungsprozesse liegt darin, daß sie schneller sein können als stetige Regelprozesse, denen dynamische Instabilität droht, wenn sie bei gegebener Totzeit schneller und/oder genauer werden sollen. Andererseits ist die Treffsicherheit der nur gesteuerten Bewegung von der richtigen „Eichung" und der Konstanz aller Systemkoeffizienten abhängig.

Im offenen Wirkungsgefüge werden auch alle „prädiktiven" Zielbewegungen gesteuert, deren Programm den künftigen Verlauf der Zielabweichung aufgrund seiner Vergangenheit vorwegzunehmen versucht. Das gelingt natürlich um so besser, je geringer die Unsicherheit über den künftigen Verlauf der Zielabweichung, also je geringer ihr Informationsgehalt ist. Beim Verfolgen rein periodisch bewegter Ziele oder beim Umkreisen ruhender Objekte kann die Zielabweichung dadurch in der Tat zu Null werden.

16.2.3 Sinusförmige Lagemeldungen und ihre Konsequenzen

Die Probleme der stetigen Regelung seien an Leistungen der Orientierung zur Schwerkraftrichtung weiterverfolgt.

Fische, die mechanisch im indifferenten Gleichgewicht sind, drehen sich, wenn man sie aus ihrer Normallage zum Schwerelot herausdreht, durch Flossenbewegungen wieder zurück. Die Reaktion hängt nicht vom *Winkel* der Abweichung von der Normallage ab, sondern von dessen *Sinus*. E. von Holst hat das mit einer Methode nachgewiesen, die sich vielfach bewährt hat: Er verwendete das von ihm entdeckte „Lichtrückenverhalten" der Fische, nämlich ihre Tendenz, die Hochachse (z-Achse) auf den „Schwerpunkt der Helligkeitsverteilung" zu richten. Fische im freien Wasser haben wegen der Totalreflexion am Tage eine Lichtkalotte von etwa 97° Öffnung über sich, deren Mittelpunkt etwa im Zenit liegt. Wenn man den Helligkeitsschwerpunkt aus dem Lot rückt, nimmt der Fisch eine Kompromißlage zwischen Licht und Lot ein. Das Gleichgewicht zwischen den beiden konkurrierenden „Drehtendenzen" (d) kann man durch Erhöhen der Lichtintensität zum Licht hin, durch Zentrifugieren des Fisches zum Lot hin verschieben. Das Ergebnis läßt sich bei großer Lichtfläche in erster Näherung mit

$$d_{(0)}=F\sin\alpha_{(x,y)}+L\sin\beta_{(x,y)}=0 \qquad (16.19)$$

beschreiben, wobei α bzw. β der Winkel zwischen dem Lot bzw. dem Mittelpunkt der Lichtfläche und der Fischhochachse ist, L ein Faktor, der im photopischen Bereich logarithmisch von der Lichtintensität, und F ein Faktor, der linear vom Betrag der Linearbeschleunigung abhängt. Beide Faktoren hängen außerdem vom Motivationszustand des Tiers ab. Sein Einfluß muß durch eine geschickte Versuchsdurchführung beherrscht oder eliminiert werden. Die Gesetzmäßigkeit gilt für Winkel um die Nick(y-) wie um die Roll-(x-)achse. Den vermuteten Kausalzusammenhang stellt das Blockdiagramm von Abb. 16.10 dar. Im motorischen System bewirkt die Summe der Drehtendenzen d ein Drehmoment und damit eine Bewegung, die sich durch eine Differentialgleichung 2. Ordnung beschreiben läßt, in der der „Reibungskoeffizient" K_1 so groß ist, daß der Fisch überkritisch gedämpft

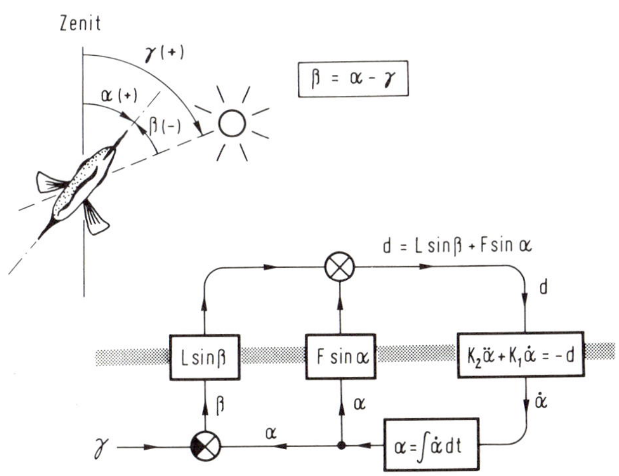

Abb. 16.10. Regelung der Lage zum Lot und zum Licht. *Oben:* Definition der Größen: α Abweichung der Hoch(z) achse des Fisches um seine Längs(x)achse (senkrecht zur Papierebene, in Blickrichtung des Lesers) vom Lot; β dasselbe vom Licht. γ Abweichung des Lichtes vom Lot. *Unten:* Blockdiagramm einer aus den Versuchen von v. Holst abgeleiteten Hypothese über die zugrundeliegende Kausalstruktur. Unter der Wirkung der Drehtendenz $d=F\sin\alpha+L\sin\beta$ wird der Fisch überkritisch gedämpft in eine durch den Divergenzwinkel γ und die Gewichtsfaktoren L, F bestimmte Gleichgewichtslage gedreht. *Graues Band:* Übergang der Information von der Umwelt (unterhalb des Bandes) zum Organismus (oberhalb) und umgekehrt

zurückgedreht wird. Der für die kybernetische Analyse entscheidende Punkt ist nun aber, daß die Methode erlaubt, von den im einzelnen sehr komplizierten und — wegen der Anpassung an wechselnde Lineargeschwindigkeiten — variablen Eigenschaften der Motorik abzusehen: die quasi-sinusförmige Abhängigkeit jedes der beiden Einflüsse muß hier, so zeigt das Ergebnis, bereits *vor* dem Eingang zur Motorik bestehen.

Bei allen bisher daraufhin untersuchten Orientierungssystemen sind mehr oder weniger sinusförmige Drehtendenzen gefunden worden. Die kybernetischen Vorteile der Sinusform sind: 1) die Lage wird stetig und am genauesten in der normalen gemessen; 2) das Tier wird aus allen Lagen in die normale gedreht; 3) Drehung um 180° ist durch bloße Vorzeichenumkehr möglich. Andererseits wirft sie besondere kybernetische Probleme auf: Eine universelle Orientierungsleistung besteht darin, die Raumlage nach selbstgewähltem Programm zu verändern und dann diese, von der normalen abweichende, Lage gegen Störungen aufrecht zu erhalten. Das geschieht in manchen Fällen nach dem Prinzip der additiven Sollwerteinstellung; in unserem Beispiel durch Addition einer „Führungsgröße" f zur Größe d in Abb. 16.10:

$$d_{(f)}=f+F\sin\alpha+L\sin\beta\,. \qquad (16.20)$$

Man sieht sofort, daß das Verfahren nur für kleine Sollwinkel praktikabel ist. Bei wachsender Führungsgröße f würde das Gleichgewicht in immer flachere Bereiche der sinusförmigen Kennlinie verschoben und schließlich bei

$$f^2>F^2+L^2+2FL\cos(\alpha-\beta) \qquad (16.20a)$$

nicht mehr möglich sein: das Tier würde dauernd rotieren. Da aber, bei Fischen vor allem um die Nickachse (y-Achse), Abweichungen bis einschließlich 90° stabil auch dann eingehalten werden können, wenn andere Orientierungssysteme nicht im Spiel sind[1], müssen alternative Lösungen gesucht werden. Man findet den Grund des Dilemmas in der Überlegung, daß die Information, die in einer sinusförmigen Lagemeldung steckt, für die Einstellung beliebiger Lagen nicht ausreicht. Also: Entweder greift die sollwertverstellende Größe φ in das System ein, *bevor* die Sinusform entsteht, z. B. nach

$$d_{(\varphi)}=F\sin(\alpha-\varphi)+L\sin(\beta-\varphi) \qquad (16.21)$$

oder die fehlende Information wird auf andere Weise beschafft, z. B. nach dem Bikomponenten-Prinzip

$$d_{(\varphi)}=(F_s\sin\alpha+L_s\sin\beta)\cos\varphi-(F_c\cos\alpha+L_c\cos\beta)\sin\varphi \qquad (16.22)$$

Hier werden zusätzlich *cosinus*förmige Lagemeldungen verlangt, die ja die fehlende Information enthalten. Jetzt benötigt man offensichtlich Kenntnisse über die

[1] Im Gleichgewicht zwischen zwei unter stumpfem Divergenzwinkel $\gamma=\alpha-\beta$ (Abb. 16.10) stehenden Bezugssystemen können natürlich schon nach Gl. (16.19) stumpfe Winkel auftreten.

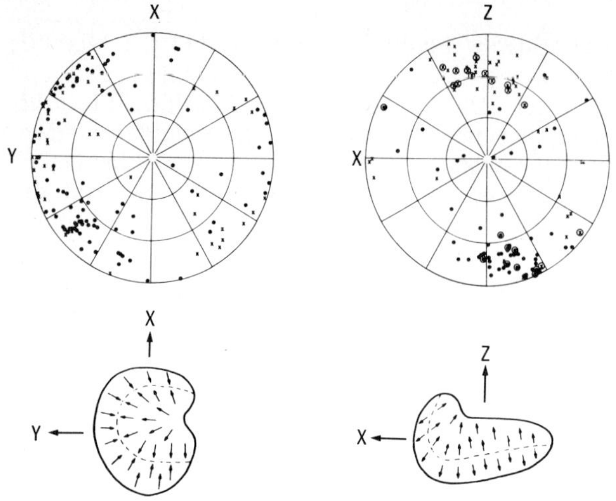

Abb. 16.11. Maximalerregungsrichtungen und Basalfußrichtungen des Utriculus *(links)* und des Sacculus *(rechts)* des Totenkopfäffchens *(Saimiri sciureus)* nach Fernandez u. Goldberg (1976), bzw. Lindeman (1969). x, y-Ebene = Ebene der horizontalen Bogengänge. Achsen nach der Konvention dieses Textes geändert: x = Längsachse, nasenwärts positiv; y=Querachse, zum linken Ohr positiv; z = Hochachse, zum Schädeldach positiv. *Oben:* Maximalerregungsrichtungen von afferenten Nervenfasern als Einheitsvektoren in Polarkoordinaten. Konzentrische Kreise und Radien in je 30° Winkel-Abstand. Punkte und Kreise: Vektoren zeigen zum Leser, Kreuze: vom Leser weg. *Unten:* Anordnung der Basalfußrichtungen nach Lindeman (1969). Die Maculae sind so rotiert, daß sich dieselben Achsenlagen des Utriculus und des Sacculus wie oben ergeben

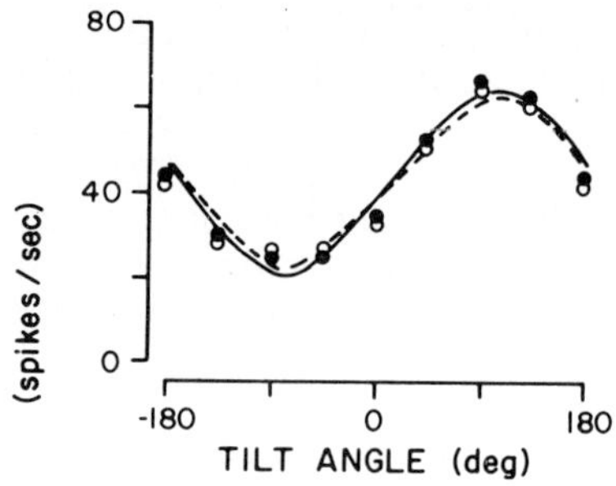

Abb. 16.12. Impulsrate (spikes/sec) einer Utriculusafferenz mit fast genau 45° nach vorn — seitwärts gerichteter Maximalerregungsrichtung bei schrittweiser Drehung (tilt angle $\alpha_{x,y}$) um die Längs(x)achse *(Punkte)* und um die Quer(y)achse *(Kreise)*. (Aus Fernandez u. Goldberg, 1976.) Positive Neigungswinkel $\alpha_{y,x}$: ipsilaterales Ohr bzw. Nase nach unten. Ausgezogene und gestrichelte Kurven: Erwartung bei linearer Abhängigkeit der Impulsrate von der Scherung (rein sinusförmige Modulation). Die gemessene Modulation erscheint gegenüber der Erwartung auf der Seite der Hemmung (um $\alpha = -90°$) verflacht, auf der Seite der Erregung (um $\alpha = +90°$) überhöht! [s. 16.2.4 und Gl. (16.23)]

Arbeitsweise der beteiligten Sinnesorgane. Aber Stand und Methode der Analyse machen es möglich, *gezielte* Fragen zu stellen.

Das Schweresinnesorgan der Wirbeltiere besteht aus einer relativ zum wäßrigen Medium dichteren Masse (Statolith), die bei Linearbeschleunigung Scherkräfte in einer Sinnesfläche erzeugt und dadurch die Impulsraten der in dieser „Macula“ liegenden 10000 bis 40000 Sinneszellen moduliert. Bei Fischen liegen je zwei Statolithen-Flächen annähernd in den 3 orthogonalen Hauptebenen des Tieres. Wenn der in der Normallage horizontal (in der x, y-Ebene des Fisches) liegende Utriculus-Statolith beidseitig operativ entfernt ist, wird F in Gl. (16.19) und Abb. 16.10 zu Null; nach *einseitiger* Entfernung wird — neben von der Art der Operation abhängenden Effekten, auf die hier nicht eingegangen werden kann — F gerade halb so groß gemessen wie vorher. Hingegen: Ausschaltung der übrigen Statolithen bei intakten Utriculi hat unter den Bedingungen der Messungen von v. Holst keinen erkennbaren Effekt. Für eine Utriculus-Sinneszelle gilt nun, daß sich eine in der x, y-Ebene des Utriculus liegende Achse finden läßt, derart, daß maximale Modulation der Impulsfrequenz auftritt, wenn das Tier durch 360° um sie rotiert wird. Die Impulsfrequenz hängt dann in der Tat in erster Näherung vom Sinus der Abweichung der Hochachse vom Lot ab. Am Punkt der maximalen Erregung dieser Zelle steht der Utriculus hochkant und der Basalfuß ihres Kinociliums, vermutlich der Ort der Mechanorezeption (s. Kapitel 15.2.2.1), zeigt abwärts. Die Basalfußrichtung läßt sich rasterelektronenoptisch ermitteln. Die Untersuchungen ergaben, daß die Basalfüße der Zellen eines Utriculus in nahezu alle Richtungen der x, y-Ebene zeigen, wenn auch mit unterschiedlicher Zelldichte pro Raumwinkel. Die Abb. 16.11 u. 16.12 zeigen an einem Beispiel, bei dem sowohl der morphologische wie der elektrophysiologische Befund vorliegen, wie gut beide übereinstimmen.

Aus der Informations-Verarbeitung im Utriculus ergibt sich: Nur über die Lage der Rotationsachse in der x, y-Ebene könnte der Utriculus *winkel*abhängige Information liefern; die Information über den *Betrag* der Abweichung ist bereits am Eingang sinusförmig. Das verweist auf ein Erklärungsprinzip von der Art der Bikomponenten-Hypothese. Mit ihr verträglich sind, aber im Widerspruch zu Gl. (16.20) stehen Ergebnisse an schrägstehenden Fischen und Plattfischen, ferner Ausschaltungs- und Zentrifugierexperimente. Kandidaten für den geforderten Cosinusgeber sind vorhanden: Sacculi bzw. Lagenae sind orthogonal zum Utriculus angeordnet, ihre Maximal-Erregungsrichtungen liegen überwiegend, und zwar besonders beim Sacculus, parallel zur z-Achse (vgl. Abb. 16.11, rechte Seite), so daß die Modulation der Impulsfrequenz der meisten Zellen vom Cosinus des Winkels zwischen Lot und Hochachse abhängt. Man versteht jetzt auch, warum nach Ausschaltung der Sacculi und Lagenae kein Ausfall der Lagereflexe beobachtet wird: das könnte man erst sehen, wenn das Tier aus seiner Normallage abweichen „wollte“; von dieser „Willensanstrengung“ erfährt der Experimentator aber gerade deshalb nichts, weil die Cosinusgeber ausgefallen sind!

16.2.4 Bildung orthogonaler Komponenten

Es bleibt zu erklären, wie die Information über die *Richtung* einer Abweichung gewonnen wird, die das motorische System braucht, um auf störende Drehmomente um beliebige Achsen zu reagieren. Daß Fische das können, sieht man, wenn man ihnen, bei variiertem Winkel zwischen Licht und Lot, alle Rotationsfreiheitsgrade gibt. Nun können die beiden Utriculi, wie wir gesehen haben (Abb. 16.11), eine sehr große Zahl von Richtungsmeldungen liefern, denn die Impulsrate einer afferenten Nervenfaser hängt, außer vom Sinus des Winkels zwischen Hoch-(z-)Achse und Lot, vom Cosinus des Winkels zwischen ihrer Maximal-Erregungsrichtung und der Richtung des Schwerevektors in der Utriculus-(x, y)Ebene ab (nämlich vom Produkt dieser beiden Größen). Diese in der x, y-Ebene nahezu gleichverteilten „utriculotopen" Signale müssen ein System von Flossen ansteuern, das die entsprechenden Drehmomente einerseits durch die Verschiebung des tonischen Gleichgewichts zwischen antagonistischen Muskelgruppen und andererseits durch Variation von Frequenz und Amplitude von periodischen Kontraktionen erzeugt. Wie wird die durch Winkel und Betrag gegebene Information am Eingang in ein Muster von skalaren Größen am Ausgang transformiert? Dieses Problem muß nicht nur für die x, y-Ebene des Utriculus gelöst werden, sondern auch für das Auge, hier sogar, außer für die Richtung des Helligkeitsschwerpunktes in der x, y-Ebene, für seine Abweichung von der z-Achse, die ja, anders als beim Utriculus, ebenfalls „retinotop" gegeben ist. Die Hypothese, die hier behandelt werden soll, nimmt an, daß aus der maculo- bzw. retinotopen Information 3 orthogonale Komponenten gebildet werden, die dann vom motorischen System in die entsprechenden Drehmomente transformiert werden.

Zwei Wege für die Bildung von skalaren Größen aus der utriculotopen Information sollen diskutiert werden:

1. Alle Utriculussignale werden *zwei*fach ausgewertet: Zum einen werden alle diejenigen, deren Impulsrate sich bei Linearbeschleunigung in Richtung der Quer-(y-)Achse vergrößert, mit positivem, alle entgegengesetzt antwortenden mit negativem Vorzeichen aufsummiert. Eine Abweichung vom Gleichgewicht der beiden Teilsummen führt zu einer Rotation um die Längs-(x-)Achse, die es wiederherstellt („Rollkomponente"). Zum anderen werden alle Utriculussignale nach Maßgabe ihres Verhaltens bei Linearbeschleunigung in Richtung der Längs-(x-)Achse zur „Nickkomponente" aufsummiert. Die dritte orthogonale Komponente wird von denjenigen Signalen gebildet, die auf Linearbeschleunigung in der Hoch-(z-)Achse ansprechen, also wohl fast ausschließlich von denen des Sacculus und der Lagena. Die Sollwerteinstellung kann jetzt durch dreifache Kreuzmultiplikation mit den entsprechenden „Kommandos" (nach Abb. 16.13), also durch ein System von reziproker Hemmung und Förderung des relativen Einflusses der drei Komponenten auf die Motorik, erreicht werden.

2. Der zweite Weg besteht darin, daß die afferenten Signale vor der Summierung *gewichtet* werden, und zwar mit einem Faktor, der für die Rollkomponente vom Sinus, für die Nickkomponente vom Cosinus des Winkels zwischen der Maximal-Erregungsrichtung und der x-Achse abhängt.

Dafür, daß einer dieser beiden Bildungsmechanismen realisiert ist, sprechen folgende Tatsachen: Die Rezeptoren der Statolithen sind nicht nur linear, sondern auch vom Quadrat der Scherkraft abhängig (vgl. auch Abb. 16.12). Ihre Impulsrate e läßt sich also bei Neigung in der Maximal-Erregungsrichtung um den Winkel α annähernd mit

$$e=l_0+F_{s1}\sin\alpha+F_{c2}\sin^2\alpha \quad \text{mit} \quad \frac{F_{c2}}{F_{s1}}=0{,}27\pm0{,}17 \qquad (16.23)$$

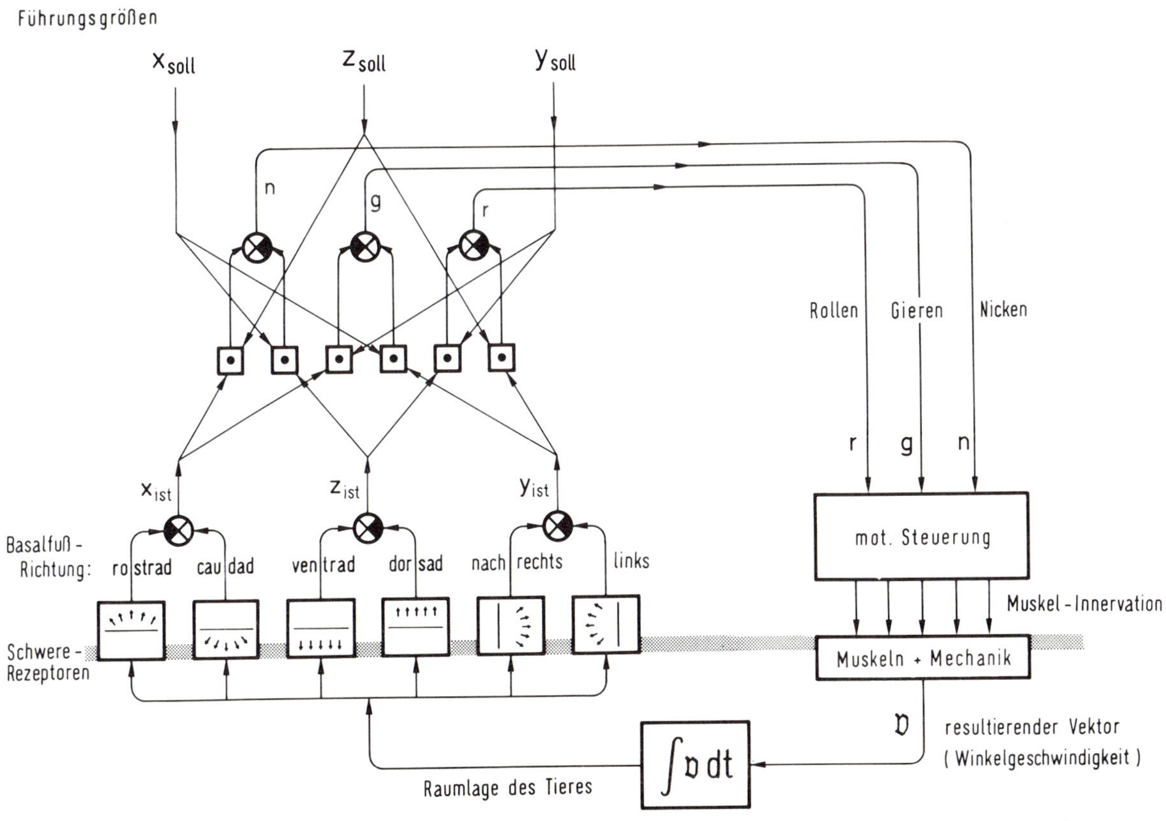

Abb. 16.13. Hypothese über die Kausalstruktur der Lageregelung mit beliebiger Einstellbarkeit des Sollwerts. Die afferenten Meldungen der statischen Organe werden entsprechend der Lage der Maximalerregungsrichtungen der an ihnen beteiligten Sinneszellen zu den drei orthogonalen Hauptachsen aufsummiert, also mindestens die des Utriculus zweifach. Die zentralen Führungsgrößen x_{soll}, y_{soll}, z_{soll} modulieren dann den relativen Einfluß der drei Komponenten x_{ist}, y_{ist}, z_{ist} auf drei ebenfalls orthogonale Nick-, Roll- und Gierbefehle n, r, g der Motorik durch dreifache Kreuzmultiplikation. (Nach Mittelstaedt, 1975.) *Graues Band:* Übergang der Information von der Umwelt *(unterhalb des Bandes)* zum Organismus *(oberhalb)* und umgekehrt

beschreiben (Fernandez u. Goldberg, 1976). Außerdem ist bei Neigung orthogonal zu dieser Richtung die Impulsrate gewöhnlich nicht konstant ($e \neq l_0$) sondern nimmt zu, und zwar nach beiden Richtungen. Diese beiden Einflüsse verschwinden ebenso wie der der mittleren Rate l_0 unter der Wirkung der beiden diskutierten Bildungsmechanismen vollständig, wenn die Maximal-Erregungsrichtungen gleicher Rezeptoren gleichverteilt sind. Das erklärt also, warum solche Abweichungen von der Sinusform im normalen Verhalten nicht gefunden werden. Wenn aber, wie häufig, auf einem der Utriculi mehr Zellen mit lateraler Maximal-Erregungsrichtung vorkommen als solche mit medialer, müssen diese Einflüsse in den gemessenen Drehtendenzen sichtbar werden, wenn ein Statolith operativ ausgeschaltet ist. Genau das wird in solchen Fällen oft gefunden.

Beide Verfahren sind auch zur Bildung orthogonaler Komponenten aus den Meldungen der *Photo*rezeptoren geeignet, besonders das zweite: Denn es eliminiert bei Gleichverteilung der optischen Achsen gleichartiger Photorezeptoren sogar alle höheren räumlichen Harmonischen aus der Fourier-Entwicklung i_i der mit der Helligkeitsverteilung der Umwelt gefalteten Winkel-Empfindlichkeitsfunktion der Photorezeptoren. Das soll hier für den Sonderfall von Photorezeptoren gezeigt werden, die in der y,z-Ebene liegen und von einer Lichtquelle beleuchtet werden, die ebenfalls in dieser Ebene liegt. Wenn diese Lichtquelle, die eine sonst gleichmäßig reflektierende Umwelt beleuchtet, von der z-Achse des Tieres in der y,z-Ebene um den Winkel β abweicht, die optische Achse des i-ten von k Photorezeptoren von der z-Achse um den Winkel ψ_i, dann sei am Ausgang dieses Rezeptors das Signal

$$\begin{aligned} i_i &= L_0 + L_1 \cos(\beta-\psi_i) + L_2 \cos 2(\beta-\psi_i) + \ldots + L_n \cos n(\beta-\psi_i) \\ &= \sum_{n=0}^{\max} L_n \cos n(\beta-\psi_i). \end{aligned} \tag{16.24}$$

Die Rollkomponente $\mathrm{BSIN}_{\mathrm{roll}}$ ist dann, nach Gewichtung des Signals jedes Rezeptors i mit dem Sinus seiner Achsenrichtung $\sin\psi_i$ und anschließender Summierung aller k Signale in der Tat:

$$\begin{aligned} \mathrm{BSIN}_{\mathrm{roll}} &= \sum_{i=1}^{k} \sin\psi_i \sum_{n=0}^{\max} L_n \cos_n(\beta-\psi_i) \\ &= \tfrac{1}{2} k L_1 \sin\beta. \end{aligned} \tag{16.25}$$

Bei Abweichungen von der Gleichverteilung treten jedoch die höheren Harmonischen im Endergebnis auf und verursachen charakteristische Phänomene, die wegen ihrer diagnostischen Bedeutung diskutiert werden sollen.

Im allgemeinen dreidimensionalen Fall werden, für die Rollkomponente $\mathrm{BSIN}_{\mathrm{roll}}$, die optischen Afferenzen i_i mit der y-Komponente des Einheitsvektors ihrer Achsenrichtung gewichtet, für die Nickkomponente $\mathrm{BSIN}_{\mathrm{nick}}$ mit der x-Komponente und für die dritte BCOS mit der z-Komponente. Von der Aufschaltung der so gebildeten Komponenten auf die Muskulatur soll hier ebenfalls nur das Prinzip angedeutet werden, und zwar für den Sonderfall von Drehungen und Drehmomenten um in der $x-y$-Ebene liegende Achsen bei normaler Soll-Lage: Jeder beteiligte Muskel wird von der Summe der Nick- und der Rollkomponente gesteuert, und zwar nach Gewichtung jeder der beiden mit dem Cosinus bzw. Sinus des Winkels zwischen der Richtung des von diesem Muskel erzeugten Drehmoments und der x-Achse.

Ein besonders schönes Beispiel für die Anwendbarkeit des Prinzips liefert das menschliche Auge:

Die 6 Augenmuskeln sind so angeordnet und efferent, so gekoppelt, daß die Bildung orthogonaler Komponenten aus der visuellen Information hinreichend oder sogar notwendig ist, um den Blick dergestalt zu steuern, daß Listing's Gesetz erfüllt ist.

16.2.5 Leistungsmöglichkeiten und Leistungsgrenzen

Was leistet die Verarbeitung von Rauminformation durch orthogonale Komponenten? Sie ermöglicht:

a) beliebige Soll-Lagen oder Soll-Kurse (Fische, Spinnen);

b) Mehrfachregelung durch additive Superposition der gleichnamigen Komponenten aller beteiligten Lage-Informationen [wie in Gl. (16.22)];

c) „Winkeltransponieren“, eine Leistung, die bei Insekten nachgewiesen worden ist. [Wenn $F_s : F_c = L_s : L_c$ stellt sich in Gl. (16.22) bei gleichem Wert der Führungsgröße φ derselbe Sollwinkel ein, wenn jeweils nur das Licht oder nur die Schwerkraft wirkt!]

d) den „Sonnenkompaß“ (Vögel, Bienen), die Kompensation der Azimutwanderung der Sonne durch Multiplikation von nur 3 zusätzlichen trigonometrischen Komponentenpaaren (vgl. Mittelstaedt, 1962);

c) die Koordinatentransformation von auf die Augen oder auf den Kopf bezogener Lageinformation für die am Rumpf sitzende Motorik (Mensch, Taube);

f) das Heimfinden von beliebigen Orten durch Integration der orthogonalen Komponenten des optischen oder auch des idiothetischen Azimuts über den Hinweg (Invertebraten, Vögel, Säuger).

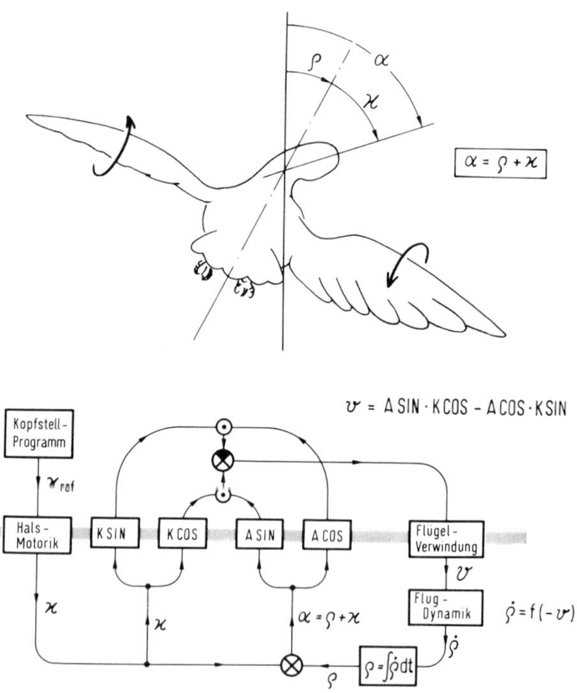

Abb. 16.14. Hypothese über die Kausalstruktur der Koordinatentransformation. *Oben:* Definition der Variablen: α Abweichung der Hochachse des Kopfes um die Längsachse vom Lot; ϱ Abweichung des Rumpfes vom Lot; κ Abweichung des Kopfes vom Rumpf; v Flügelverwindung, die eine rückdrehende Rollung um die Längsachse $\dot{\varrho}$ (Winkelgeschwindigkeit) bewirkt (Mittelstaedt, 1964). Dreidimensionale Verallgemeinerung der Theorie führt auf eine dreifache Kreuzmultiplikation, also auf eine der Struktur von Abb. 16.13 entsprechende Erweiterung. Erläuterung der Randbedingungen im Text. *Graues Band:* s. Abb. 16.10 u. 16.13

Alle diese Leistungen verringern sich im allgemeinen und werden schließlich unmöglich, wenn die beteiligten Komponenten nicht mehr orthogonal sind, d.h. wenn in der Fourier-Entwicklung der zwei bzw. drei Funktionen außer dem Sinus bzw. Cosinus noch höhere Harmonische auftreten. Aber die Leistungen a–f) stellen unterschiedliche Anforderungen an Form und Amplitude der Komponenten:

a) Bei der Sollwerteinstellung wird der Verlauf der Kennlinie, also auch die Genauigkeit der Regelung, mit wachsenden Amplituden der höheren Harmonischen von dem Sollwinkel abhängig. Aber das Wesentliche, die Möglichkeit zur Einstellung beliebiger Sollwinkel, bleibt auch bei erheblichen Verzerrungen erhalten.

b) Bei normaler Soll-Lage [Gl. (16.19)] kann die Mehrfach- (wie die Einfach-)regelung durch höhere Harmonische sogar verbessert werden. Es entstehen erst dann, allerdings dramatische, Verhaltensstörungen, wenn die Hauptachsen der beiden Bezugssysteme um große Winkel divergieren.

c) Beim Winkeltransponieren sind charakteristische „Mißweisungen" zu erwarten, wie sie bei Bienen und Ameisen gefunden worden sind.

d) Der Sonnenkompaß wird zunehmend ungenauer, wenn die zeitabhängigen Komponenten ihre Phase ändern.

e) Die Koordinatentransformation soll hier etwas genauer betrachtet werden. Angenommen, bei der Taube von Abb. 16.14 werde die Flügelverwindung v durch die Differenz zwischen dem Kreuzprodukt der Sinuskomponente des Ultriculus ASIN mit der Cosinuskomponente der Halsstellungsrezeptoren KCOS und der Cosinuskomponente des Sacculus ACOS mit der Sinuskomponente der Halsrezeptoren KSIN gesteuert, also:

$$v = \mathrm{ASIN} \cdot \mathrm{KCOS} - \mathrm{ACOS} \cdot \mathrm{KSIN}. \tag{16.26}$$

Dann ist die Flügelverwindung v bei beliebigen Halsstellungen κ und Kopflagen α allein von der Rumpflage $\varrho = \alpha - \kappa$ abhängig, wenn

$$\mathrm{ASIN} = F_{s1} \sin\alpha; \quad \mathrm{ACOS} = F_{c1} \cos\alpha;$$
$$\mathrm{KSIN} = K_{s1} \sin\kappa; \quad \mathrm{KCOS} = K_{c1} \cos\kappa \tag{16.27}$$

und

$$\frac{F_{s1}}{F_{c1}} = \frac{K_{s1}}{K_{c1}}. \tag{16.27a}$$

Wenn diese Idealbedingung nicht erreicht wird, aber — was wegen des bilateralsymmetrischen Baues der Taube plausibel ist — die entsprechende Symmetrie aller Funktionen erhalten bleibt, also

$$\mathrm{ASIN} = \sum_{n=1}^{\max} F_{sn} \sin n\alpha; \quad \mathrm{ACOS} = \sum_{n=1}^{\max} F_{cn} \cos n\alpha;$$
$$\mathrm{KSIN} = \sum_{n=1}^{\max} K_{sn} \sin n\kappa; \quad \mathrm{KCOS} = \sum_{n=1}^{\max} K_{cn} \cos n\kappa \tag{16.28}$$

kann die Taube unter bestimmten Bedingungen immer noch ihre Rumpflage ϱ bei wechselnder Halsstellung durch den Effekt der Flügelverwindung auf Null einregeln. Wenn

$$\frac{F_{sn}}{F_{cn}} = \frac{K_{sn}}{K_{cn}} \tag{16.29}$$

kann sie bei aufrechter Rumpflage ($\varrho = 0$) beliebige Kopfstellungen einnehmen, ohne daß Lagereflexe auftreten[2]. Aber bei $\varrho \neq 0$ ist unter diesen Bedingungen die Verwindereaktion v auch von der Halsstellung κ abhängig: Es treten „Halsreflexe" auf. Außer den koordinaten-transformierten Lagemeldungen aus dem Labyrinth bekommt die Taube übrigens auch noch Lagemeldungen von Sinnesorganen im Rumpf. Die ersten scheinen beim Fliegen, die zweiten beim Sitzen die Hauptrolle zu spielen.

[2] Gleichung (16.29) gibt hierfür eine hinreichende, aber nicht die mindestens notwendige Bedingung an, die schwächer als die von Gl. (16.29), aber erheblich komplizierter ist.

f) Beim Heimfinden indessen ginge die wesentliche, experimentell nachgewiesene Leistung, nämlich ihre Unabhängigkeit vom geometrischen Verlauf des Hinwegs, bei Abweichungen von der genauen Sinusform verloren.

16.2.6 Raum oder Raumfrequenz

Man sieht: Die mathematische Formulierung der Hypothesen zusammen mit ihrer kausalen Interpretation liefert gerade durch die Voraussagbarkeit der Folgen solcher quantitativer Abweichungen den methodischen Hebel zum Öffnen der "black box", die das System am Anfang der Analyse noch darstellt.

Dafür ein Beispiel: Bei einer Analyse des „Schwänzeltanzes" der Bienen auf hochkant gestellter Wabe unter variiertem Winkel zwischen einer die Sonne ersetzenden Lichtquelle und dem Lot fand W. Edrich die folgende Beziehung:

$$d_{(\varphi)} = F_{s1} \sin(\alpha - \varphi) + F_{s2} \sin 2(\alpha - \varphi) + L_{s1} \sin(\beta - \varphi) + L_{s2} \sin 2(\beta - \varphi) = 0. \tag{16.30}$$

Dabei ist α bzw. β der Tanzwinkel zum Lot, bzw. zum Licht; φ ist der „Sollwinkel", also der Winkel zwischen dem Sonnenazimut und der Richtung, die die Biene beim Flug vom Stock zum Futterplatz bei der (dem Versuch vorausgehenden) Dressur eingehalten hat. Dieses Ergebnis kann, wie man sieht, durch Kreuzmultiplikation von nur zwei orthogonalen Komponenten nicht zustandekommen. Man muß also entweder mindestens zwei weitere, von der 2. räumlichen Harmonischen abhängige Komponenten hinzuziehen oder nach einem alternativen Erklärungsprinzip suchen. Da die Information über den Winkel φ zwischen Sonne und Biene beim Dressurflug als Helligkeitsverteilung im Auge, also durch den Betrag einer Vielzahl von räumlich geordneten Signalen gegeben ist, könnte die Sollwerteinstellung — wie am Anfang diskutiert — auch bereits bei dieser, *winkel*abhängigen, Ordnung der Information ansetzen. Eine der hier möglichen Hypothesen nimmt an, daß die bei der Dressur bestehende Helligkeitsverteilung *zweidimensional retinotop* gespeichert wird, also die mittlere Intensität der von den Photorezeptoren abgegebenen Signale über einer *räumlichen* Repräsentanz ihrer Achsenrichtung. Beim Test auf der senkrechten Wabe werden die gespeicherten Werte „Punkt für Punkt" mit der ebenfalls zweidimensional abgebildeten aktuellen Schwereinformation verglichen (also mit der aktuellen Intensität der Gravizeptoren über einer entsprechend justierten *räumlichen* Repräsentanz ihrer Maximal-Erregungsrichtung). Der Vergleich könnte durch einen Algorithmus nach Art der Kreuzkorrelation durchgeführt werden und dadurch eine mehr oder weniger sinusförmige „Drehtendenz" für die Steuerung der Motorik liefern. Zur Prüfung hat H. Scharstein Ameisen auf *zwei* unter einem azimutalen Divergenzwinkel δ gebotene, möglichst punktförmige Lichtquellen dressiert und beim Test mit nur *einer* Lichtquelle *zwei*gipflige Verteilung der vom selben Tier eingeschlagenen Richtungen erhalten. Das ist nach einer solchen Korrelationshypothese immer dann zu erwarten, wenn die Halbwertsbreite der Repräsentanz eines Lichtes klein relativ zu δ ist. Bei Annahme orthogonaler Komponenten hingegen wäre das nur möglich, wenn der individuellen Ameise zwei verschiedene Sollwerte andressiert worden sind (die Tiere pendeln bei der Dressur meist zwischen den beiden Lichtrichtungen hin und her!). Das kann jetzt, ebenso wie die voraussagbaren Konsequenzen von höheren Harmonischen in den Komponenten, in gezielten Verhaltensversuchen getestet werden.

Die Probleme der Verarbeitung von retinotop abgebildeter visueller Rauminformation sind — durch die neurophysiologischen Befunde über die visuellen Hirnzentren von Insekten und Wirbeltieren — von so großer Bedeutung, daß die Betrachtung noch einen Schritt weiter geführt werden soll. Aus dem Beispiel, das hier abschließend diskutiert sei, läßt sich ein Prinzip gewinnen, das allgemein angewendet werden kann.

Eine Trichterspinne kann nach Exkursion zu beliebigen Orten auf ihrem Netz geradewegs heimlaufen. Die kybernetische Analyse der umfangreichen Versuchsdaten, auf die hier nicht im einzelnen eingegangen werden kann, ergab, daß die Leistung durch *Integration* des Sinus und des Cosinus der Abweichung des Tieres von seiner Anfangsrichtung *über den vom Tier zurückgelegten Weg* zustande kommt. Die beiden Komponenten müssen, da die Leistung von der Geometrie des Hinwegs unabhängig ist, rein orthogonal sein, aber aus visuellen und idiothetischen Eingangsfunktionen errechnet werden, die nachgewiesenermaßen höhere Harmonische mit erheblichen Amplituden enthalten. Die eben diskutierte Kreuzkorrelation ist dafür nicht hinreichend, weil die Heimkehrleistung von der Amplitude der Helligkeitsverteilung vollkommen unabhängig ist, solange deren Form konstant bleibt. Im Grenzfall kann die Helligkeit während eines Umweges vorübergehend zu Null werden, ohne daß die Spinne ihr Ziel verfehlt. Um einen wahrhaft schlagenden Nachweis richtig zu würdigen, muß man wissen, daß die Spinne zwar aufgrund der idiothetischen Information von Exkursionen im Dunkeln zur Warte zurückfindet, aber, unter den Versuchsbedingungen, in beliebiger Richtung läuft, wenn man sie bei einer Exkursion im Dunkeln kurz, aber mit allen acht Beinen aus dem Netz hebt. Beim Hochheben wird also die idiothetische Azimutal-Information gelöscht. Der Versuch: Die Spinne wird aus ihrer „Warte" zunächst im Licht eines entfernten Projektors zur rechten Netzseite, dann *im Dunkeln* quer über das Netz zur linken Seite gelockt, dort hochgehoben und, samt einer Beutefliege, in der Netzmitte abgesetzt. Zugleich wird dieselbe Lichtquelle wieder angeschaltet. Die Spinne läuft jetzt in diejenige Richtung, die sie geradewegs zur Warte zurückgeführt hätte, wenn man sie an derjenigen Stelle abgesetzt hätte, wo man sie hochgehoben hat! Es ist gelungen, einen mathematischen Formalismus zu finden, mit dem dieses und alle anderen Ergebnisse errechnet werden können, wenn man die jeweiligen Versuchsbedingungen in das System von Gleichungen einsetzt. Der Formalismus kann kausal so interpretiert werden, daß die zunächst „retinotop" gegebene visuelle Information durch $2n$-fache Gewichtung in $2n$ Fourier-Komponenten zerlegt, also vom Winkelbereich in den Raumfrequenzbereich transformiert wird. Aus diesen (und den entsprechenden idiothetischen Komponenten) wird dann das Paar der 1. Harmonischen durch einen internen Regelkreis herausgefiltert und dabei zugleich normiert (s. Mittelstaedt, 1978). Eine solche Hypothese ist nicht nur zur Erklärung der Heimfindeleistung der Trichterspinne hinreichend, sondern gilt vermutlich auch für solche Leistungen anderer Tiere, z.B. die Navigation bei Vögeln.

Das Prinzip des Herausfilterns der 1. Harmonischen aus einer Fourier-transformierten retinalen Repräsentation könnte darüberhinaus auf die Koordinatentransformation der retinalen Information für Kopf- und Rumpf-bezogene Leistungen und Wahrnehmungen beim Menschen angewendet werden. In den beiden Hypothesen, die versuchen, die Richtungskonstanz des Sehraums zu erklären, interagiert ein Korrelat der Okulomotorik („Efferenzkopie" oder „corollary discharge") mit der retinalen Information („Reafferenz"), und zwar entweder durch Superposition (v. Holst u. Mittelstaedt, 1950) oder durch einen Bewertungsprozeß, der variable Genauigkeitskriterien für die Übereinstimmung der beiden Partner zuläßt (MacKay, 1965). In jedem Fall trifft ein relativ einfaches motorisches Muster auf die hochkomplexe visuelle Information. Um beide miteinander zu vergleichen, muß der „retinale Raum" in derselben Weise repräsentiert werden wie die okulomotorische Kommandostruktur, und die besteht wahrscheinlich, wie wir oben gesehen haben, aus (maximal 3) orthogonalen Komponenten!

Aber entscheidend ist wohl nicht so sehr, ob diese und die anderen hier diskutierten Hypothesen künftige experimentelle Prüfungen überstehen werden, als daß mit der kybernetischen Verhaltensanalyse ein Weg vorliegt, auf dem — im Kreislauf von biologischer Fragestellung, Präzisierung der Leistung, Suche nach Prinzip-Lösungen, mathematischer Formulierung, kausaler Interpretation, Deduktion der Konsequenzen und experimenteller Prüfung — Probleme der Wirkungsweise des Nervensystems gelöst werden können, die man ohne sie oft sogar nicht erkennen, geschweige denn klar formulieren könnte. Der so erzielte Gewinn an Einsicht in das noch nicht Sichtbare ermöglicht, neue und gezielte Fragen an die neurobiologische Forschung zu stellen. Und deren Beantwortung wird dann, so läßt sich hoffen, die kybernetische Analyse weiter in die Tiefe führen.

Literaturauswahl

Edrich, W.: Interaction of light and gravity in the orientation of the waggle dance of honey bees. Anim. Behav. **25**, 342–363 (1977)

Fernandez, C., Goldberg, J.M.: Physiology of peripheral neurons innervating otolith organs of the squirrel monkey. J. Neurophysiol. **39**, 970–1008 (1976)

Görner, P.: Beispiele einer Orientierung ohne richtende Außenreize. Fortschr. Zool. **21**, 20–45 (1973)

Holst, E. von, Mittelstaedt, H.: Das Reafferenzprinzip. Naturwiss. **37**, 464–476 (1950)

Mittelstaedt, H.: Reafferenzprinzip — Apologie und Kritik. In: Keidel u. Plattig (Hrsg.), Vortr. Erlanger Physiol. Tgg. 1970, 161–171. Heidelberg: Springer 1971

Mittelstaedt, H.: On the processing of postural information. In: Schöne, H. (ed.), Mechanisms of spatial orientation, 128–141. Stuttgart: Fischer 1975

Mittelstaedt, H.: Kybernetische Analyse von Orientierungsleistungen. In: Hauske u. Butenandt (Hrsg.), Kybernetik 1977, 144–195. München: Oldenbourg 1978

Scharstein, H.: Der Mechanismus der Sollwertverstellung bei der Kursreglung der roten Waldameise. Diss. I.M.U. München 1975

16.3 Systemtheorie von Wahrnehmungsprozessen

Hans Marko

16.3.1 Das System

Um Wahrnehmungsprozesse zu beschreiben, bedarf es einer Vorstellung über das System, in dem diese ablaufen. Darunter sei hier das physikalisch vorhandene System des Wahrnehmungsapparates einschließlich des Zentralnervensystems verstanden. Es ist in Abb. 16.15 schematisch dargestellt und besteht aus den Rezeptoren, der afferenten Signalfortleitung und -verarbeitung, die beispielsweise im Zwischenhirn und im Cortex erfolgt, der corticalen Assoziation und Überleitung zum efferenten System, das an den Effektoren endet. Das letztere muß hinzugenommen werden, weil eine Wahrnehmung oder deren Veränderung von der Versuchsperson angezeigt werden muß. Ein Reiz der Außenwelt führt auf diese Weise zu einer Aktion. Hierbei steht die Frage des „Bewußtwerdens“ der Wahrnehmung außer Diskussion, obwohl es sich in der Regel um bewußte (und memorierbare) Vorgänge handelt. Aus dem Reiz-Aktions-Zusammenhang kann die Wahrnehmungsleistung experimentell bestimmt werden. Um Reproduzierbarkeit der Messungen zu erhalten, werden in der Regel einfache oder auch komplexe Reize geboten, jedoch nur sehr einfache Aktionen verlangt. Von der Versuchsperson wird etwa nur ein Knopfdruck also eine binäre Entscheidung (gesehen oder nicht gesehen) verlangt, wobei allerdings auch der Zeitpunkt dieser Entscheidung (Reaktionszeit) wichtig sein kann. Als Reize kommen für das visuelle System einfache Streifenmuster (ruhend oder bewegt), Ecken, Kanten oder Strichzeichnungen (etwa Handschrift) oder gar kompliziertere Muster und Bilder in Frage. Die experimentelle Erfassung des Reiz-Aktions-Zusammenhanges wird dadurch erschwert, daß dieser Zusammenhang nicht streng eindeutig ist, sondern statistischen Schwankungen unterliegt. Außerdem können im System selbst endogene und reizunabhängige Prozesse ablaufen, etwa aufgrund der in Abb. 16.15 gestrichelt eingezeichneten zusätzlichen Verkopplung zwischen Afferenz und Efferenz. Trotz dieser Schwierigkeiten lassen sich für sehr einfache Versuchsanordnungen genügend eindeutige und reproduzierbare Aussagen über die Wahrnehmungsleistung machen. Für die Aufstellung einer quantitativen Beschreibung und einer Modellierung des Systems müssen Struktur und Funktion des Neuronensystems näher betrachtet werden. Hierbei steht vor allem das afferente System (von den Rezeptoren bis zum Cortex) im Brennpunkt des Interesses, da für die Reiz-Aktions-Messungen angenommen wird, daß die Auslösung und Fortleitung der Aktion im efferenten System stets in der gleichen Weise erfolgt. Anatomisch wie auch funktionell stellt man eine große Regelmäßigkeit fest, die sich bis zu den höheren Zentren fortsetzt. Dies legt eine quantitative Erfassung der Signalübertragung durch eine „Schichtentheorie“ nahe. Eine solche Theorie wird im folgenden Abschnitt erläutert. In den weiteren Abschnitten wird diese Theorie zur modellhaften Beschreibung der Detektion und der Klassifikation (Mustererkennung) im visuellen System benutzt.

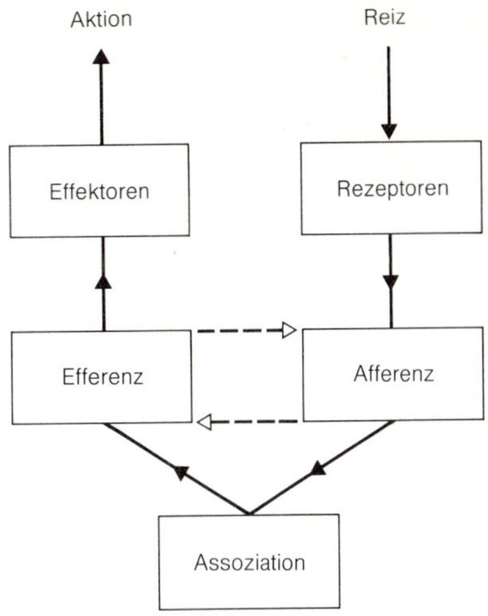

Abb. 16.15. Blockschema des Wahrnehmungsprozesses

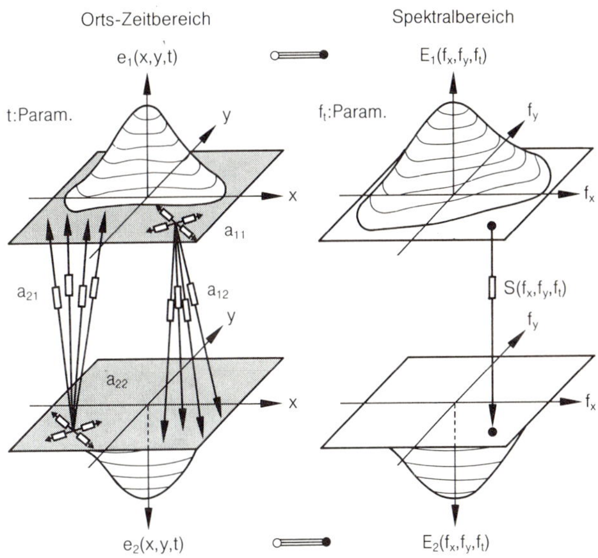

Abb. 16.16. Homogenes Schichtsystem: Darstellung der Erregung und Verkopplung im Orts-Zeitbereich und im Spektralbereich

16.3.2 Die 3-dimensionale Systemtheorie der homogenen Schichten

Die Systemtheorie homogener Schichten ist eine Erweiterung der klassischen Systemtheorie der Nachrichtentechnik. Sie beschreibt die Signalübertragung in

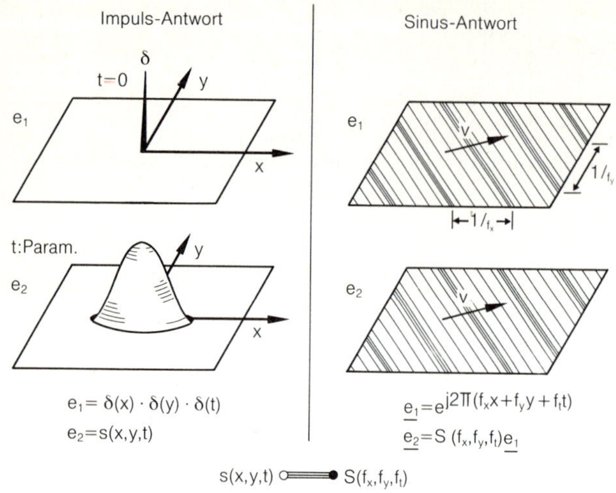

Abb. 16.17. Impuls-Antwort und Sinus-Antwort bei einem homogenen Schichtsystem

Schichtstrukturen. Es wird „Linearität" und „Homogenität" angenommen, was besagt, daß die Verkopplung zwischen zwei Punkten der Schicht nur von der Ortsdifferenz, nicht aber vom Ort selbst abhängig ist. Außerdem wird Zeitinvarianz, d.h. zeitlich konstante Verkopplung, vorausgesetzt. Diese Theorie hat sich als sehr erfolgreich erwiesen, um die Signalübertragung im visuellen System von den Schichten der Retina bis zum Cortex hinauf zu beschreiben. Sie beruht auf einer dreifachen Anwendung der Fourier-Transformation auf die beiden Ortskoordinaten und auf die Zeit. Abbildung 16.16 veranschaulicht dies.

Im linken Teil sind zwei Neuronenschichten und die auf ihnen befindlichen Erregungen $e_1(x,y,t)$ und $e_2(x,y,t)$ dargestellt. Diese sind Funktionen von x und y, was als Gebirge über der Fläche darstellbar ist. Außerdem sind sie von der Zeit abhängig, d.h. das Erregungsgebirge ändert sich mit der Zeit t und ist in Abb. 16.16 für einen bestimmten Zeitpunkt dargestellt. Diese Erregungen können als Aktionspotentiale, d.h. als neuronale Impulse pro cm^2 und s oder auch als unterschwellige postsynaptische Potentiale gegeben sein. Beide Neuronenschichten sind mehrfach miteinander verkoppelt. Einmal finden wir Zwischenkopplungen a_{12} und a_{21}, die von Schicht zu Schicht verlaufen und eine gewisse Streuung besitzen. Diese Kopplungen verbinden die Neuronen der ersten Schicht mit der der zweiten, wobei ihre Stärke nur vom Abstand der beiden Neuronen abhängt und nicht von der Stelle des Neurons auf der Schicht. Sie ist also gleichartig für alle Neuronen der Schicht (Homogenität). Weiterhin haben wir homogene Querkopplungen a_{11} und a_{22} innerhalb der Schicht, die die Neuronen der gleichen Schicht miteinander verkoppeln. Aufgrund dieser Kopplungen kann beispielsweise eine laterale Hemmwirkung zustande kommen. Alle diese Kopplungen können Laufzeiten enthalten, wodurch eine zeitliche Verzögerung der Wirkung in bezug auf die Ursache zustande kommt.

Um nun die Wirkung $e_2(x,y,t)$ aufgrund der Ursache $e_1(x,y,t)$ auszurechnen, müssen die Wirkungen über alle Kopplungswege aufsummiert werden. Dies resultiert in komplizierten Faltungsoperationen für die beiden Ortskoordinaten x und y und für die Zeit t. Stattdessen ist es sehr viel einfacher, mit den Fourierspektren der Erregungen zu rechnen. Führt man eine dreifache Fourier-Transformation nach den beiden Ortskoordinaten und nach der Zeit durch, so erhält man das 3-dimensionale Spektrum $E_1(f_x,f_y,f_t)$, das ebenfalls als Gebirge über einer $f_x f_y$-Ebene mit f_t als Parameter aufgetragen werden kann. Dies ist im rechten Teil der Abb. 16.16 dargestellt. f_x und f_y sind dabei die Ortsfrequenzkoordinaten und f_t ist die Zeitfrequenz. Hierbei sind die Transformationsgleichungen für die 3fache Fourier-Transformation mit dem Korrespondenzsymbol ○—●

$$E(f_x,f_y,f_t)=\iiint_{-\infty}^{+\infty} e(x,y,t)\cdot e^{-j2\pi(f_x x+f_y y+f_t t)}\,dx\,dy\,dt \qquad (16.31)$$

●
|
○

$$e(x,y,t)=\iiint_{-\infty}^{+\infty} E(f_x,f_y,f_t)\cdot e^{+j2\pi(f_x x+f_y y+f_t t)}\,df_x\,df_y\,df_t\,. \qquad (16.32)$$

Nach den Regeln der Fourier-Transformation berechnet sich nun das Spektrum $E_2(f_x,f_y,f_t)$ der Wirkung aus dem der Ursache $E_1(f_x,f_y,f_t)$ durch Multiplikation mit dem Übertragungsfaktor bzw. der Systemfunktion $S(f_x,f_y,f_t)$. Es gilt somit die einfache Rechenregel im Spektralbereich:

$$E_2=S\cdot E_1\,. \qquad (16.33)$$

Dies ist in Abb. 16.16 schematisch durch eine direkte Verkopplung ohne Streuung mit dem Kopplungsfaktor $S(f_x,f_y,f_t)$ zwischen den Schichten der Fourier-Ebene symbolisiert.

Wegen der einfachen Multiplikation als Operation im Spektralbereich ist die Anwendung der Fourier-Transformation sinnvoll. Gleichung (16.33) läßt sich freilich auch in den Orts-Zeitbereich transformieren und lautet dann

$$e_2=e_1***s\,. \qquad (16.34)$$

Hierbei bedeutet der dreifache Stern eine 3-dimensionale Faltung, d.h. ausführlich geschrieben:

$$e_2=\iiint_{-\infty}^{+\infty} e_1(\xi,\eta,\tau)\cdot s(x-\xi,y-\eta,t-\tau)\,d\xi\,d\eta\,d\tau\,. \qquad (16.35)$$

$s(x,y,t)$ ist die Impuls-Antwort des Systems, d.h. die Ausgangsfunktion für einen Erregungsimpuls im Orts- und Zeitnullpunkt. Abbildung 16.17 veranschaulicht dies. In der Neurophysiologie kennzeichnet $s(x,y,t)$ das „rezeptive Feld", d.h. die Antwort auf einen punktförmigen und blitzartigen Eingangsreiz. Es wird in der Regel durch Einzelableitung eines Neurons in der Ausgangsschicht gemessen. Anstatt an mehreren Neuronen abzuleiten, kann genauso gut der Ort des Eingangsreizes verändert werden, was eine Folge der örtlichen Homogenität ist.

$$s(x,y,t)\ \circ\!\!-\!\!\bullet\ S(f_x,f_y,f_t) \qquad (16.36)$$

d.h. Impuls-Antwort und Systemfunktion sind Fourier-Korrespondenzen. In Abb. 16.17 (rechte Seite) ist die Bedeutung von $S(f_x,f_y,f_t)$ als Übertragungsfaktor für eine komplex dargestellte Sinus-Erregung veranschaulicht. Dabei kann das reelle Signal $e=\mathrm{Re}\,e$ als eine „Wanderwelle" aufgefaßt werden, die sich mit der

Geschwindigkeit

$$v=\frac{-f_t}{\sqrt{f_x^2+f_y^2}} \tag{16.37}$$

quer zur Wellenfront fortbewegt. Sie tritt am Eingang und am Ausgang auf, wobei $S(f_x, f_y, f_t)$ das Amplitudenverhältnis und die Phasenverschiebung abhängig von den Orts- und Zeitfrequenzwerten angibt.

Die Berechnung homogener Schichtsysteme im Spektralbereich ist besonders nützlich, wenn es sich um Systeme handelt, die aus Teilsystemen zusammengesetzt sind und wenn Rückkopplungen vorhanden sind. Einige Beispiele zeigt Abb. 16.18. Das letzte Beispiel entspricht hierbei dem vollständig verkoppelten System zweier Schichten nach Abb. 16.16, wobei sämtliche möglichen Rückkopplungen vorhanden sind.

Es folgen einige wichtige Spezialfälle der Anwendung dieser Theorie.

16.3.2.1 Stationäres Muster

Eingangs- und Ausgangserregung sowie ihre Spektren sind

$$e_1=g(x,y) \circ\!\!-\!\!\!-\!\!\bullet E_1=G(f_x,f_y)\cdot\delta(f_t), \tag{16.38}$$

$$e_2=g_S(x,y) \circ\!\!-\!\!\!-\!\!\bullet E_2=S(f_x,f_y,0)\cdot G(f_x,f_y)\cdot\delta(f_t). \tag{16.39}$$

Die Funktion $g(x,y)$ beschreibt das Muster.

Die Dirac-Funktion $\delta(f_t)$ im Spektrum entsteht durch die zeitliche Fourier-Transformation. Daher kann man in der Systemfunktion $f_t=0$ setzen. Die stationäre Ausgangserregung $g_S(x,y)$ ergibt sich somit durch eine zweifache Fourier-Transformation in x und y aus dem Eingangsspektrum $G(f_x,f_y)$ und dem Übertragungsfaktor S für $f_t=0$ gemäß

$$g_S(x,y) \overset{x,y}{\circ\!\!-\!\!\!-\!\!\bullet} S(f_x,f_y,0)\cdot G(f_x,f_y). \tag{16.40}$$

$g_S(x,y)$ kennzeichnet z. B. die neuronale Erregung beim Formensehen als Antwort auf ein stationär angebotenes Bild $g(x,y)$.

16.3.2.2 Muster konstanter Geschwindigkeit

(CVP = constant velocity pattern)

Es sei ein beliebiges Eingangsmuster

$$g(x,y) \overset{x,y}{\circ\!\!-\!\!\!-\!\!\bullet} G(f_x,f_y) \tag{16.41}$$

gegeben, das mit konstanter Geschwindigkeit (v_x in x-Richtung und v_y in y-Richtung) bewegt wird. Dann ist die Eingangserregung

$$e_1=g(x-v_xt,\,y-v_yt) \tag{16.42}$$

und die Ausgangserregung

$$e_2=g_{CVP}(x-v_xt,\,y-v_yt). \tag{16.43}$$

Dies bedeutet, daß am Ausgang ein transformiertes Muster g_{CVP} entsteht, das sich mit gleicher Geschwindigkeit fortbewegt.

Für dieses gilt:

$$g_{CVP}(x,y) \overset{x,y}{\circ\!\!-\!\!\!-\!\!\bullet} S(f_x,f_y,-v_xf_x-v_yf_y)\,G(f_x,f_y). \tag{16.44}$$

Das heißt, man erhält das Ausgangsmuster durch zweifache Fouriertransformation nach x und y aus dem Spektrum des Eingangsmusters multipliziert mit der Systemfunktion S, wobei in S die Zeitfrequenz f_t durch den Ausdruck $(-v_xf_x-v_yf_y)$ ersetzt wird (vgl. hierzu Marko, 1979). Die Berechnung des CVP ist für das Studium des Bewegungssehens wichtig. Auch kann hiermit der Einfluß von Augenbewegungen beschrieben werden.

Art	Schema	Systemfunktion
Serienschaltung	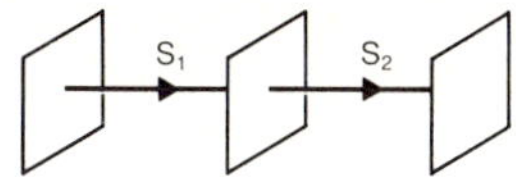	$S=S_1\cdot S_2$
Parallelschaltung	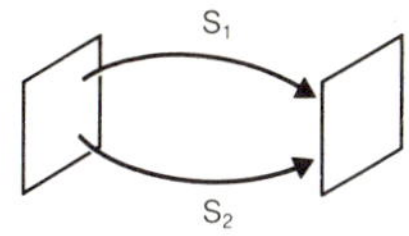	$S=S_1+S_2$
Rückkopplung in der zweiten Schicht	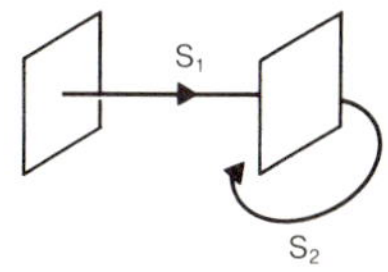	$S=\frac{S_1}{1-S_2}$
Rückkopplung zwischen zwei Schichten	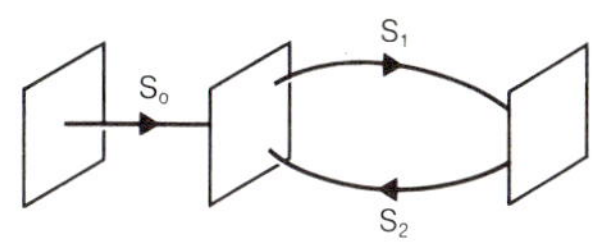	$S=\frac{S_0S_1}{1-S_1S_2}$
Vollständige Rückkopplung bei zwei Schichten	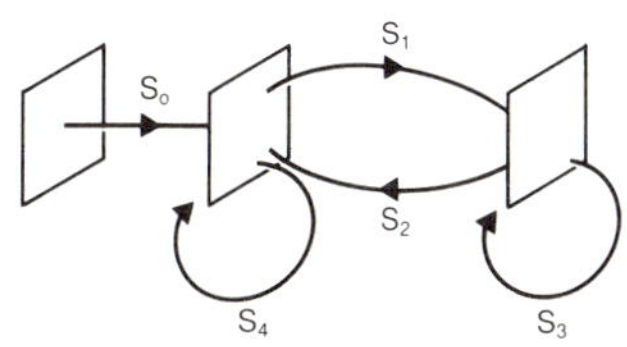	$S=\frac{S_0S_1}{(1\text{-}S_4)\,(1-S_3)-S_1S_2}$

Abb. 16.18. Aufbau von Schichtsystemen aus Teilsystemen (Bemerkung: Bei den beiden letzten Systemen muß das Teilsystem mit S_0 vorgeschaltet werden, da die Erregung der folgenden Schicht wegen der Rückkopplung nicht als Zwangskraft vorgegeben werden kann. Hierbei kann $S_0=1$ gesetzt werden)

16.3.2.3 Rotationssymmetrie der Systemfunktion

Bei Rotationssymmetrie der Systemfunktion gilt mit $r=\sqrt{x^2+y^2}$ und $f_r=\sqrt{f_x^2+f_y^2}$

$$S(f_x,f_y,f_t)=S_r(f_r,f_t) \tag{16.45}$$

$$\begin{array}{cc} \bullet & \bullet \\ \| & \| \\ \circ & \circ \end{array}$$

$$s(x,y,t)\quad = s_r(r,t) \tag{16.46}$$

Anstelle der zweifachen Fourier-Transformation nach x und y kann bezüglich der Ortskoordinate r die Fourier-Bessel-Transformation benutzt werden.

16.3.2.4 Faktorierbarkeit der Systemfunktion

Ist die Systemfunktion als Produkt von Funktionen der einzelnen Variablen darstellbar, so gilt dies auch für die Impuls-Antwort und es gelten dann die einfachen Fourier-Korrespondenzen für die Teilfunktionen, d. h.

$$S(f_x,f_y,f_t)=S_x(f_x)\cdot S_y(f_y)\cdot S_t(f_t) \tag{16.47}$$

$$\begin{array}{cccc} \bullet & \bullet & \bullet & \bullet \\ \| & | & | & | \\ \circ & \circ & \circ & \circ \end{array}$$

$$s(x,y,t)\quad = s_x(x)\quad\cdot s_y(y)\quad\cdot s_t(t) \tag{16.48}$$

Bei der Modellierung neuronaler Systeme durch homogene Schichtsysteme wird man nach Möglichkeit von diesen Vereinfachungen Gebrauch machen.

16.3.3 Die visuelle Detektion

Bei visuellen Detektionsexperimenten werden der Versuchsperson in der Regel einfache Muster nahe der Wahrnehmbarkeitsschwelle angeboten und es besteht die Aufgabe zu entscheiden, ob das Muster vorhanden oder nicht vorhanden war, ohne daß eine Entscheidung zwischen verschiedenen Mustern (Klassifikation) verlangt wird. In der Regel wird hierbei der Kontrast (Modulationsgrad) bei konstanter mittlerer Helligkeit variiert. Das visuelle System läßt sich in diesem Fall durch folgendes einfaches Schema nach Abb. 16.19a modellieren. Es wird ein lineares homogenes System $S(f_x, f_y, f_t)$ vorausgesetzt, das das Muster der Eingangserregung $e_1(x, y, t)$ in die Ausgangserregung $e_2(x, y, t)$ transformiert. Jedoch kommen nur solche Signalanteile $e_2'(x, y, t)$ zur Wirkung, die eine Schwelle überschreiten. Eine solche Schwelle wird z. B. durch die Knickkennlinie von Abb. 16.19a dargestellt und bedeutet eine nichtlineare Operation. Im Neuronennetzwerk wird die Schwelle durch das für die Bildung eines Aktionspotentials notwendige postsynaptische Potential gebildet. Um das Vorhandensein der Schwelle anzudeuten, ist die zweite Schicht schraffiert dargestellt. Eine Detektion findet statt, wenn ein Ausgangssignal e_2' auftritt, d. h. sobald die Schwelle für den Maximalwert von e_2 überschritten wird. Um auch negative Signale e_2 zur Wirkung zu bringen, muß parallel dazu das antagonistische System mit der Systemfunktion $-S$ vorhanden sein. Diese beiden Systeme werden im Nervensystem in der Regel auch vorgefunden. Für die Modellierung kann man sie gemäß Abb. 16.19b zu einem System mit zweiseitig symmetrischer Schwellenoperation zusammenfassen (doppelt schraffierte Ausgangsschicht). Das vor der nichtlinearen Schwelle angeordnete Schichtsystem S kann natürlich aus verschiedenen Teilsystemen (vgl. Abb. 16.17) zusammengesetzt sein.

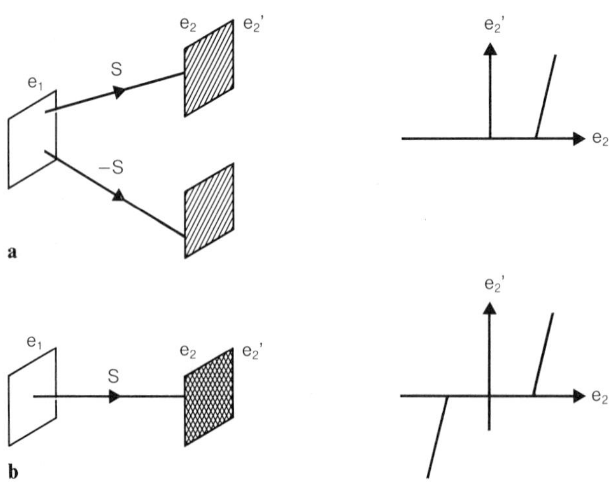

Abb. 16.19a, b. Einstufiges Schichtensystem mit Schwelle für die visuelle Detektion. **a** Antagonistische Anordnung mit einseitiger Schwelle. **b** Einfache Anordnung mit zweiseitiger Schwelle

Um S zu bestimmen, seien zwei Experimentgruppen beschrieben: die *harmonische* und die *zeitliche* Analyse der visuellen Wahrnehmung im Bereich der Detektionsschwelle.

16.3.3.1 Harmonische Analyse der visuellen Wahrnehmung

Der Versuchsperson werden Sinusmuster variabler Ortsfrequenz bei veränderlichem Kontrast angeboten. Abbildung 16.20 zeigt ein Demonstrationsbeispiel nach Campbell. Von links nach rechts wird die Ortsfrequenz größer; von unten nach oben wird der Kontrast (Modulationsgrad) kleiner. Man erkennt, daß das Auge wie ein örtlicher Bandpaß wirkt, d. h. tiefe und hohe Ortsfrequenzen werden schlechter gesehen als mittlere. Das Maximum tritt auf bei einer Ortsfrequenz von ca. 4 c/deg (c/deg = cycle per degree) und einem Modulationsgrad von ca. 1 %. Da es sich hier um stationäre Muster handelt, ist $f_t = 0$. Außerdem wurden vertikale Sin-Muster benutzt, so daß $f_y = 0$ ist.

Somit gilt für die Modulationsübertragungsfunktion (MÜF) für stationäre Sinus-Muster

$$\text{MÜF}_{\text{Stat.}} \sim |S(f_x, 0, 0)| . \tag{16.49}$$

Wird das Sinusmuster mit konstanter Geschwindigkeit v_x gleichförmig bewegt, so gilt gemäß Gl. (16.44)

$$\text{MÜF}_{\text{CVP}} \sim |S(f_x, 0, -v_x f_x)| \tag{16.50}$$

d. h. es ist in S die Zeitfrequenz f_t durch $-v_x f_x$ zu ersetzen. Bei einem stationären, aber mit der Zeitfrequenz f_t flickernden Muster, erhält man

$$\text{MÜF}_{\text{Flicker}} \sim |S(f_x, 0, f_t)| . \tag{16.51}$$

In Abb. 16.21 sind diese 3 Typen von Modulationsübertragungsfunktionen dargestellt.

Sie geben Aufschluß über den Betrag des Übertragungsfaktors und lassen diesen vollständig bestimmen, wenn man noch Rotationssymmetrie, d. h. $S(f_x, f_y, f_t) = S_r(f_r, f_t)$ voraussetzt. Auffallend ist, daß alle MÜF's Bandpaßcharakter haben, mit Ausnahme der Flicker-MÜF für $f_x = 4$ c/deg (Maximum der stationären MÜF), wo ein Tiefpaßcharakter vorliegt. Der Bandpaßcharakter der stationären MÜF ist für das lange bekannte Machsche Phänomen verantwortlich, d. h. für das Auftreten von Überschwingern bei der Präsentation einer Schwarz-weiß-Kante. Weiterhin erkennt man aus Abb. 16.21, daß beim bewegten Sin-Muster sich das Maximum der MÜF zu kleineren Ortsfrequenzen hin verschiebt.

16.3.3.2 Zeitliche Analyse der visuellen Wahrnehmung

Der zeitliche Einschwingvorgang der Wahrnehmung läßt sich mit Hilfe einer Reaktionszeitmessung wie folgt bestimmen: Es werden der Versuchsperson plötzlich eingeschaltete, überschwellige Sinus-Muster verschiedener Ortsfrequenzen angeboten und es wird die

Abb. 16.20. Demonstrationsbild für den Bandpaßcharakter des visuellen Kanals. (Nach Campbell)

Reaktionszeit für die Detektion bestimmt. Wird nun das gleiche Sinus-Muster unterschwellig, aber mit verschobenem Einschaltzeitpunkt überlagert, so läßt sich aus der dadurch bedingten Reaktionszeitdifferenz der zeitliche Einschwingvorgang bestimmen.

Setzt man nun einen nach Orts- und Zeitfunktion faktorierbaren Übertragungsfaktor voraus, so müßte der zeitliche Einschwingvorgang für alle Ortsmuster der gleiche sein.

Mit dem Ansatz:

$$S(f_x, f_y, f_t) = S_{xy}(f_x, f_y) \cdot S_t(f_t) \tag{16.52}$$

erkennt man dies aus folgender Signaldarstellung:

$$e_1 = g_1(x, y) \cdot h_1(t), \tag{16.53}$$

$$e_2 = g_2(x, y) \cdot h_2(t). \tag{16.54}$$

Die Eingangsfunktion ist hier angesetzt als das Produkt einer Ortsfunktion $g_1(x, y)$ und einer Zeitfunktion $h_1(t)$. Wegen der Faktorierbarkeit ist dann die Ausgangserregung ebenfalls das Produkt einer Ortsfunktion $g_2(x, y)$ und einer Zeitfunktion $h_2(t)$, die sich getrennt wie folgt berechnen lassen

$$g_2(x, y) \circ\!\!\overset{x,y}{=\!=}\!\!\bullet\, G_1(f_x, f_y) \cdot S_{xy}(f_x, f_y), \tag{16.55}$$

$$h_2(t) \circ\!\!\overset{t}{-\!-}\!\!\bullet\, H_1(f_t) \cdot S_t(f_t). \tag{16.56}$$

In unserem Fall ist $h_1(t)$ die Einschaltfunktion (Einheitssprung) und $h_2(t) = \sigma(t)$ die zeitliche Sprungantwort sowie $g_2(x, y)$ das mit $S_{xy}(f_x, 0)$ gedämpfte und phasenverschobene Sinus-Muster. Die von Lupp durchgeführten Messungen gemäß Abb. 16.22 zeigten jedoch für tiefe und hohe Ortsfrequenzen einen verschiedenen Einschwingvorgang, nämlich für hohe

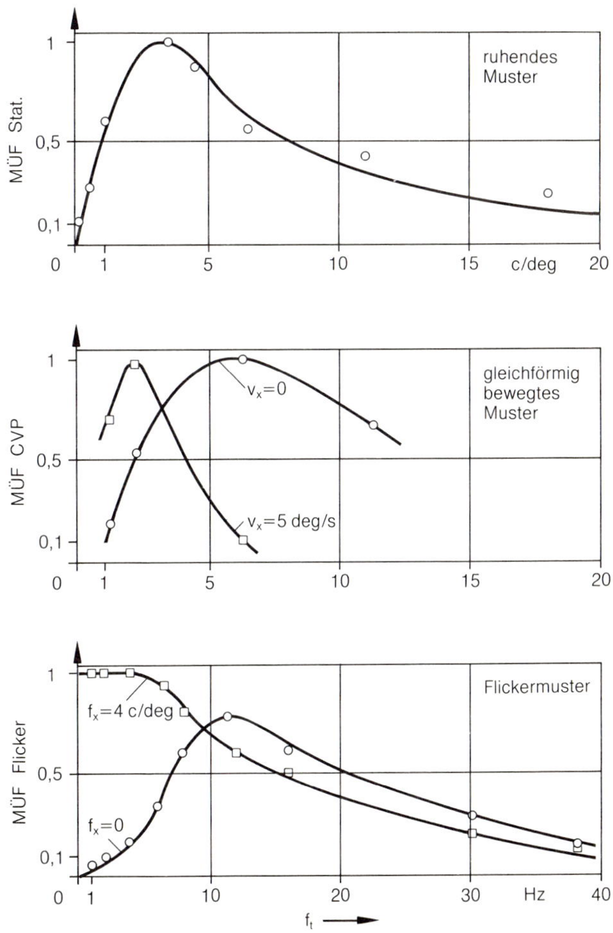

Abb. 16.21. Modulationsübertragungsfunktionen des visuellen Systems für ruhende, gleichförmig bewegte und Flickermuster

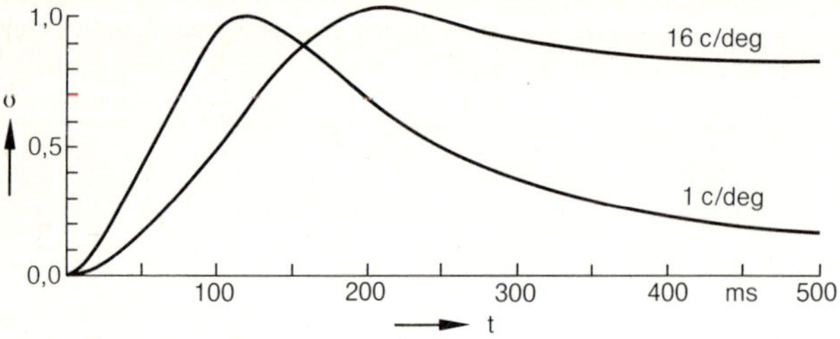

Abb. 16.22. Zeitlicher Einschwingvorgang (Sprungantwort σ) der Wahrnehmung beim Einschalten eines Sin-Musters von $f_x = 16$ c/deg und $f_x = 1$ c/deg. Bestimmt aufgrund von Reaktionszeitdifferenzen nach Lupp. [Siehe Lupp et al., Photo. Sci. Eng. **22**, 80–84 (1978)]

Ortsfrequenzen, den eines zeitlichen Tiefpasses und für niedere Ortsfrequenzen, den eines zeitlichen Bandpasses. Danach muß das faktorierbare 1-Kanalmodell verworfen werden.

16.3.3.3 Das z-Modell

Die Messungen sowohl der zeitlichen als auch der harmonischen Analyse werden jedoch mit einem faktorierbaren 2-Kanalmodell richtig wiedergegeben. Dieses besteht aus einem Kanal (1) mit einem örtlichen Bandpaß und einem zeitlichen Tiefpaß sowie aus einem Kanal (2) mit einem örtlichen Tiefpaß und einem zeitlichen Bandpaß, d. h.

$$S(f_x, f_y, f_t) = S_r^{(1)}(f_r) \cdot S_t^{(1)}(f_t) + S_r^{(2)}(f_r) \cdot S_t^{(2)}(f_t). \quad (16.57)$$

Hierbei wurde noch Rotationssymmetrie mit $f_r = \sqrt{f_x^2 + f_y^2}$ vorausgesetzt, was grob (allerdings nicht ganz exakt) den Messungen der MÜF bei verschiedenen Richtungen der Sinus-Gitter entspricht. Eine Aufspaltung in 2 Kanäle stimmt gut mit neurophysiologischen Befunden überein, nach denen bereits von der Retina ausgehend zwei Systeme, nämlich das tonische System (x-System) mit hoher Ortsauflösung entsprechend Kanal (1), und das phasische System mit hoher Zeitauflösung (y-System) entsprechend Kanal (2) gefunden werden. Man kann somit vermuten, daß Kanal 1 für das Formsehen und Kanal 2 für das Bewegungssehen hauptsächlich verantwortlich ist. Modelliert man nun die einzelnen Faktoren von S mit Gaußschen Tiefpässen bzw. Bandpässen (d. h. mit Funktionen der Form e^{-f^2} bzw. $f^2 e^{-f^2}$), so erhält man die folgende bestechend einfache Darstellung für S (vgl. Marko, 1979 und 1981)

$$S = z^2 e^{1-z^2} \cdot e^{-j\varphi_t(f_t)} \quad (16.58)$$

mit

$$z^2 = \frac{f_x^2 + f_y^2}{f_v^2} + \frac{f_t^2}{f_\tau^2}. \quad (16.59)$$

Bei dem sog. „z-Modell" gemäß Gln. (16.58) u. (16.59) wird $|S|$ als Funktion einer einzigen Variablen z dargestellt, die eine quadratische Kombination der Orts- und Zeitfrequenzen ist (vollständige Rotationssymmetrie). Die Konstante $f_v \approx 4$ c/deg ist das Maximum der stationären MÜF und die Konstante $f_\tau \approx 12$ Hz das Maximum der Flicker-MÜF. $\varphi_t(f_t)$ stellt eine Zeitpha-

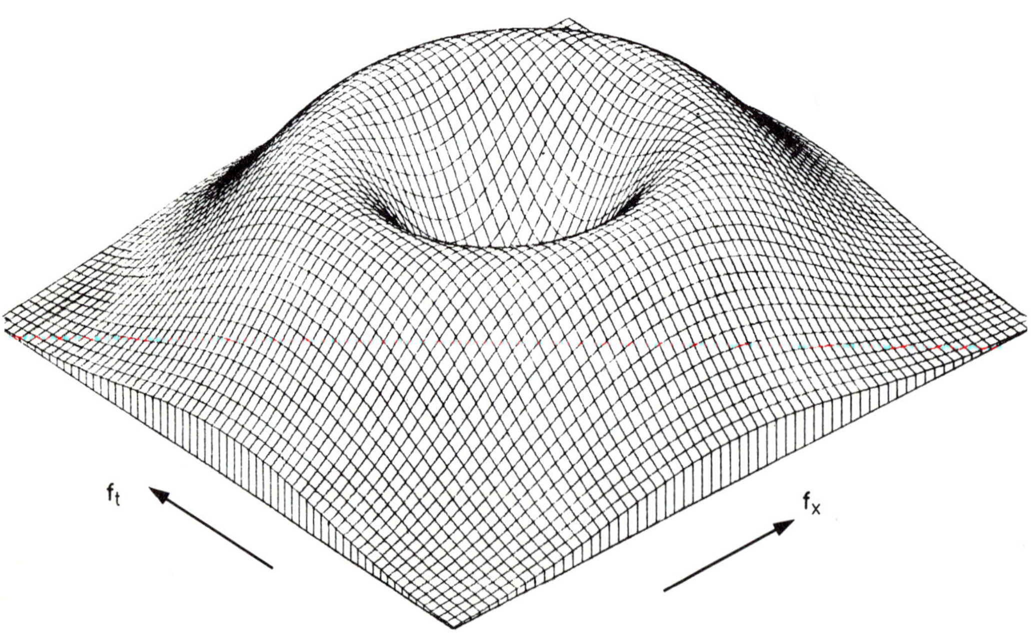

Abb. 16.23. Darstellung des Betrages der Systemfunktion $S(z) = z^2 \cdot e^{1-z^2}$ des Modells für die visuelle Detektion über einer (f_x, f_t)-Ebene, mit

$$z^2 = \frac{f_x^2 + f_y^2}{f_v^2} + \frac{f_t^2}{f_\tau^2} \quad \text{und} \quad f_y = 0.$$

Die Gerade $f_t = -v_x f_x$ für den Ort des Eingangsspektrums bei bewegten Mustern stellt einen diagonalen Schnitt durch das Funktionsgebirge dar. Dadurch wird das Maximum der Funktion bei kleineren f_x-Werten erreicht, was mit den Messungen nach Abb. 16.21 gut übereinstimmt se dar und bewirkt die Laufzeitverschiebung und die Asymmetrie des zeitlichen Einschwingvorgangs. Sie kann in vielen Fällen vernachlässigt werden.

Der Betrag von S ist in Abb. 16.23 über einer (f_x, f_t)-Ebene dargestellt (für $f_y=0$) und bildet eine ringförmige Struktur mit dem Maximum der Empfindlichkeit für $z=1$, wofür $|S|=1$ wird. Für ruhende eindimensionale Muster ($f_y=0$ und $f_t=0$) ist gemäß Gl. (16.40) die Systemfunktion $S(f_x 0, 0)$ maßgebend, deren Werte in Abb. 16.23 längs der f_x-Achse liegen. Dies entspricht der stationären MÜF gem. Abb. 16.21. Für das flikkernde Gleichfeld ist $S(0, 0, f_t)$ maßgebend, d.h. die Funktion ist längs der f_t-Achse zu betrachten. Für ein flickerndes Sin-Muster mit z.B. $f_x=4$ c/deg muß $S(0, f_x, f_t)$ längs einer Parallelen zur f_t-Achse betrachtet werden.

Für bewegte eindimensionale Muster ($f_y=0$ jedoch $f_t=-v_x f_x$) ist $S(f_x, 0, -v_x f_x)$ maßgebend, d.h. in Abb. 16.23 werden die Werte längs der Geraden $f_t=-v_x f_x$ beansprucht. Damit lassen sich die Befunde der harmonischen Analyse gemäß Abb. 16.21 gut erklären.

Setzt man nun für gleichmäßig bewegte Sinus-Muster $f_t=-v_x f_x$ und stellt die Frage, für welche optimale Geschwindigkeit $v_{x\,\mathrm{opt}}$ das Maximum der Empfindlichkeit $z=1$ erreicht wird, so erhält man mit Gl. (16.59)

$$v_{x\,\mathrm{opt}}=f_\tau\sqrt{\frac{1}{f_x^2}-\frac{1}{f_v^2}}\,. \tag{16.60}$$

Gleichung (16.60) ist in Abb. 16.24 dargestellt und gibt einen Hinweis auf den Einfluß der Augenbewegungen für die Detektion ruhender Sin-Muster. Danach können niederortsfrequente Muster mit einer Ortsfrequenz $f_x<4$ c/deg besser wahrgenommen werden, wenn Augenbewegungen vorliegen mit einer Geschwindigkeit, die nach niederen Ortsfrequenzen zu ansteigt. Für

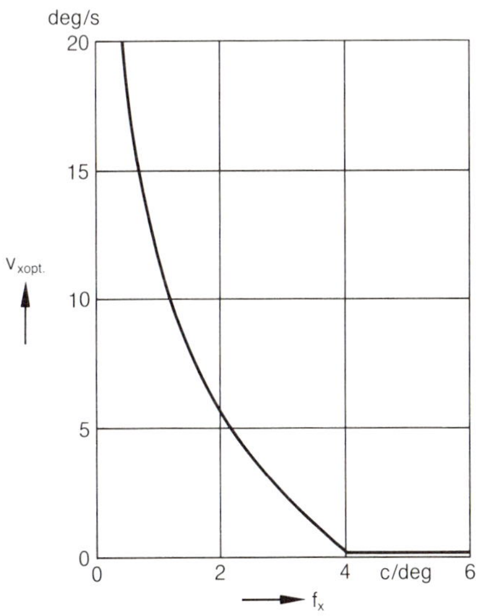

Abb. 16.24. Optimale Geschwindigkeit der Augenbewegungen für die Detektion ruhender Sin-Muster variabler Ortsfrequenz (c/deg = cycle per degree; deg/s = degree per second)

hohe Ortsfrequenzen im Bereich $f_x>4$ c/deg ist $v_{x\,\mathrm{opt}}=0$ zu setzen, denn dafür wird der Wurzelausdruck von Gl. (16.60) imaginär und das Maximum $z=1$ kann nicht mehr erreicht werden.

Jedoch ist nun anzumerken, daß bekanntlich das „stabilisierte Bild" auf der Retina für $v_x=0$ verschwindet und dies bedeutet wieder, daß streng genommen für unsere Modellfunktion $S(z)=0$ für $f_t=0$ gelten muß, d.h. daß sie in Abb. 16.23 noch zusätzlich einen „schmalen Graben" längs der f_x-Achse aufweisen muß, was bisher nicht berücksichtigt wurde. Dies ist dann vernachlässigbar, wenn man bedenkt, daß stets Augenbewegungen (insbesondere eine langsame Drift) vorhanden sind, so daß der Fall $v_x=0$ praktisch nicht vorkommt.

Das beschriebene z-Modell der visuellen Detektion stellt die experimentellen Befunde sowohl der harmonischen Analyse (MÜF) als auch der zeitlichen Analyse prinzipiell richtig dar, sofern es sich um eindimensionale Muster handelt. Zu bemerken ist allerdings, daß für hohe Werte von z der Betrag von S stärker abfällt als dies den Messungen der MÜF entspricht. Eine bessere Approximation in dieser Hinsicht würden die Funktionen $S=z^2\cdot e^{2-2|z|}$ oder $S=z^2\cdot e^{4-4\sqrt{z}}$ liefern, doch sind diese nicht mehr durch ein faktorierbares 2-Kanalmodell nach Gl. (16.57) darstellbar.

Inwieweit das hier beschriebene z-Modell die Detektion beliebiger, also auch aperiodischer eindimensionaler Muster richtig vorhersagt, zeigt der obere Teil von Tabelle 16.3. Hier sind in der mittleren Spalte die berechneten maximalen Ausgangserregungen $e_{2\,\mathrm{max}}$ dargestellt, unter Zugrundelegung des Detektionsmodells nach Abb. 16.19 mit der Systemfunktion S gemäß Gln. (16.58) u. (16.59), wobei $\varphi_t=0$ gesetzt wurde. An der Schwelle gilt: $m\cdot e_{2\,\mathrm{max}}=m_0$, wobei m der Modulationsgrad des aperiodischen Musters und m_0 der Modulationsgrad der stationären MÜF bei der Ortsfrequenz bester Wahrnehmbarkeit f_v (wobei $|S|=1$) ist. Das Verhältnis m_0/m kann als „Wahrnehmbarkeitsfaktor" für ein beliebiges Muster im Vergleich zum bestwahrgenommenen Sinusgitter bezeichnet werden.

Hierfür gilt:

$$e_{2\,\mathrm{max}}=m_0/m \tag{16.61}$$

Die gemessenen Wahrnehmbarkeitsfaktoren m_0/m sind in der dritten Spalte von Tabelle 16.3 dargestellt und können mit dem berechneten Wert für $e_{2\,\mathrm{max}}$ verglichen werden. In Tabelle 16.3 sind auch zeitliche Vorgänge (Impuls und Sprung) eingeschlossen. Hierbei zeigt sich, daß die Übereinstimmung bei großflächigen Mustern recht gut ist (Kante, Ganzfeld-Sprung, Kanten-Sprung). Bei örtlich eng begrenzten Mustern (Linie) und erst recht bei kurzzeitigen Mustern (Ganzfeld-Impuls, Linien-Impuls, Kanten-Impuls) ist die Wahrnehmbarkeit etwas schlechter als die Theorie voraussagt. Dies weist darauf hin, daß der angenommene Schwellenmechanismus noch nicht ausreichend ist und daß das Modell in einer weiteren Annäherung durch eine zweite Stufe ergänzt werden sollte, die eine zeitliche und örtliche Integration nach der ersten Schwelle bewirkt. Näherungsweise kann dies auch dadurch berücksichtigt werden, daß der Schwellenmodulationsgrad m_0 bei aperiodischen Mustern etwas höher als bei periodischen Mustern angesetzt wird, wobei es sich um einen Faktor von etwa 1,5 bis 3 handelt.

16.3.3.4 Das *ZO*-Modell

Die Messungen der Schwellenwahrnehmung, aus denen das z-Modell abgeleitet wurde, wurden ausschließlich mit eindimensionalen Mustern (z. B. vertikalen Streifen) durchgeführt. Bei zweidimensionalen Mustern versagt das Modell. Messungen von Kelly (1967) zeigten, daß bei rotationssymmetrischen Mustern eine geringere Wahrnehmbarkeit gemessen wird, als die Theorie voraussagt. Diese Messungen können jedoch erklärt werden, wenn man annimmt, daß zusätzlich ein „Orientierungsfilter" vorliegt. Dieses läßt nur Ortsfrequenzen einer bestimmten Richtung (in der $x-y$-Ebene) voll passieren und dämpft die Ortsfrequenzen einer davon abweichenden Richtung, so daß ein rotationssymmetrisches Eingangsspektrum eine zusätzliche Dämpfung erfährt. Solche Orientierungsfilter können durch elliptische Übertragungsfunktionen beschrieben werden, die auch entsprechend elliptische rezeptive Felder zur Folge haben. Solche elliptischen rezeptiven Felder wurden von Hubel u. Wiesel (1962) im Cortex Area 17 der Katze und des Affen gefunden und ihre Struktur und Organisation ist relativ gut bekannt (s. Kapitel 15.2.4.3).

Für ihre Modellierung ist anstelle von Gln. (16.58) und (16.59) anzusetzen (mit $\varphi_t=0$):

$$z_\varepsilon^2=\frac{f_x^2+\varepsilon^2 f_y^2}{f_v^2}+\frac{f_t^2}{f_\tau^2}, \tag{16.62}$$

$$S=z^2\cdot e^{1-z_\varepsilon^2}, \tag{16.63}$$

wobei ε die „Exzentrizität" bedeutet, d. h. das Verhältnis von großer zu kleiner Halbachse, der durch Gl. (16.62) definierten Ellipse im Ortsfrequenzbereich. Aufgrund der erwähnten Messungen von Kelly kann man eine Exzentrizität von ca. $\varepsilon=5$ abschätzen.

Im unteren Teil von Tabelle 16.3 ist das Ergebnis von Messung und Rechnung bei zweidimensionalen aperiodischen Mustern dargestellt. Man sieht, daß die Übereinstimmung für $\varepsilon=1$ (z-Modell) sehr schlecht wäre und daß die Annahme einer Orientierungsfilterung (*ZO*-Modell mit $\varepsilon=5$ eine viel bessere Übereinstimmung ergibt.

Tabelle 16.3. z-Modell und *ZO*-Modell: Vergleich von Rechnung ($e_{2\,max}$) und Messung (m_0/m) bei aperiodischen Mustern in normierter Form. Für die Linienbreite, Punktgröße und Impulsdauer sollte $\Delta x<0{,}3$ sowie $\Delta y<0{,}3$ sowie $\Delta t<0{,}3$ gelten. Zur Denormierung ist Δx und Δy durch $\Delta x f_v$ und $\Delta y f_v$ sowie Δt durch $\Delta t f_\tau$ zu ersetzen. Messungen von I. Rentschler, R. Hilz und H. Marko bei 15 cd/m², monokular, Ausdehnung von Linie, Kante und Ganzfeld ca. 4°

Muster	Berechnete maximale Erregung $e_{2\,max}$		Wahrnehmbarkeitsfaktor m_0/m
Eindimensional (z-Modell)			
Linie	2,42 Δx		1,9 Δx
Kante	0,33		0,39
Ganzfeld-Impuls	2,42 Δt		1,4 Δt
Ganzfeld-Sprung	0,33		0,30
Linien-Impuls	8,6 $\Delta x\Delta t$		2,9 $\Delta x\Delta t$
Linien-Sprung	2,72 Δx		2,2 Δx
Kanten-Impuls	2,72 Δt		0,75 Δt
Kanten-Sprung	0,56		0,46
	$\varepsilon=1$	$\varepsilon=5$	
Zweidimensional (*ZO*-Modell)			
Punkt	8,6 $\Delta x\Delta y$	0,86 $\Delta x\Delta y$	0,9 $\Delta x\Delta y$
Punkt-Impuls	22,8 $\Delta x\Delta y\Delta t$	3,0 $\Delta x\Delta y\Delta t$	1,3 $\Delta x\Delta y\Delta t$
Punkt-Sprung	8,4 $\Delta x\Delta y$	0,96 $\Delta x\Delta y$	0,9 $\Delta x\Delta y$

16.3.3.5 Das z-Kanalmodell

Messungen von Blakemore u. Campbell (1969) haben gezeigt, daß es neben den „Orientierungsfiltern" auch „Ortsfrequenzfilter" geben muß, in dem Sinne, daß die Summation spektraler Komponenten über getrennte relativ schmalbandige Kanäle erfolgt, deren Bandbreite sie zu etwa einer Oktave schätzten. Dies bedeutet neurophysiologisch, daß es rezeptive Felder verschiedener Größe geben muß, was auch gefunden wird. Daher kann man ein „Kanalmodell" annehmen mit parallelen Kanälen, die sich sowohl nach Ortsfrequenzlage als auch nach ihrer Orientierung unterscheiden. Bei Detektionsexperimenten (Schwellenwahrnehmung) kommt nur der Kanal zur Wirkung, dessen Ausgangserregung maximal ist. Dies entspricht einem „Selektionsvorgang".

Bei einer Modellierung durch ein z-Kanalmodell ist zu berücksichtigen, daß das elliptische Feld von Gl. (16.62) mit einem beliebigen Orientierungswinkel α_μ zu drehen ist und daß die Bezugsfrequenz für die maximale Empfindlichkeit f_v durch eine beliebige Bezugsfrequenz f_v zu ersetzen ist. Man erhält dann:

$$S=\langle A_{\nu\mu} z^2 e^{1-z_{\nu\mu}^2}\rangle_{sel}, \tag{16.64}$$

$$z_{\nu\mu}^2=\frac{f_x^2+f_y^2+(\varepsilon^2-1)(f_x\sin\alpha_\mu-f_y\cos\alpha_\mu)^2}{f_v^2}+\frac{f_t^2}{f_\tau^2}$$

$A_{\nu\mu}$: Amplitudenbewertung der Kanäle.

Die Operation „sel" besteht darin, daß der Kanal mit der maximalen Erregung auszuwählen ist, wobei die Bandmittenfrequenz f_v sowie der Orientierungswinkel α_μ zu variieren ist.

Es ist sehr wahrscheinlich, daß mit diesem Modell Detektionsaufgaben an der Wahrnehmungsschwelle bei einer großen Variation der Muster im Orts- und Zeitbereich richtig beschrieben werden können. So lassen sich z. B. auch die Messungen von Hauske (1978) durch ein solches Modell erklären.

Im überschwelligen Bereich deuten Messungen der Maskierung bei mehreren dargebotenen Mustern darauf hin, daß die einzelnen Kanäle sich gegenseitig im Sinne einer Hemmung beeinflussen. Diese Adaptationsvorgänge können durch eine Veränderung der Amplitudenfaktoren $A_{\nu\mu}$ modelliert werden. Hierzu sind jedoch weitere Messungen erforderlich.

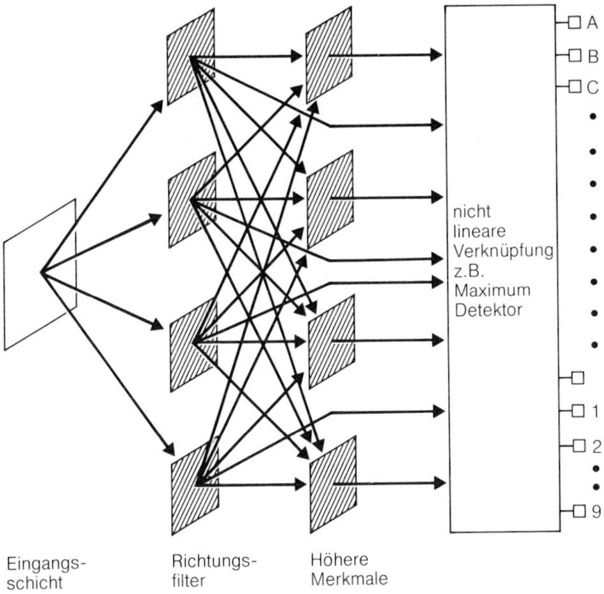

Abb. 16.25. Schichtenmodelle für die Mustererkennung zur Klassifikation handgeschriebener Buchstaben und Ziffern. [Siehe Marko, H.: IEEE Trans. SMC-**4**, 3–39 (1974); Giebel, H.: NTZ **28**, 413–417 (1975)]

16.3.4 Die visuelle Klassifikation

Handelt es sich um kompliziertere Wahrnehmungsaufgaben wie die Mustererkennung, so versagen die einstufigen Detektionsmodelle. Sie müssen durch mehrstufige Anordnungen ersetzt werden. Es wurde gezeigt (vgl. Marko u. Giebel, 1970), daß durch solche Anordnungen Klassifikationsaufgaben gelöst werden können. Auch die neurophysiologischen Befunde legen es sehr nahe, daß das visuelle System in dieser Weise funktioniert (vgl. Hubel u. Wiesel, 1962). Ein mehrfach beschriebenes Klassifikationsmodell (vgl. Giebel, 1975; Marko, 1974) ist das Schichtenmodell für die Mustererkennung. Es ist in Abb. 16.25 dargestellt. Hierbei sind die Systemfunktionen (Übertragungsfaktoren) durch die Verkopplungspfeile dargestellt. Die „Schicht" soll eine Neuronenschicht symbolisieren, auf der Erregungssignale zu denken sind. Die Schraffierung der Schicht soll andeuten, daß am Ausgang Schwellenelemente vorhanden sind, so daß nur überschwellige Signale fortgeleitet werden. Systemtheoretisch entspricht die Anordnung einer mehrstufigen Schwellwertlogik (jedoch mit analogen Signalen). Die durch die Schwellenelemente gegebene Nichtlinearität ist entscheidend für den Klassifikationsprozeß. In den einzelnen Stufen werden örtliche Filterungen durchgeführt (Richtungsfilter, Ecken- und Kantendetektion). Durch die folgende nichtlineare Verrechnung (z. B. Maximum-Detektion) erfolgt die Klassifikation. Obwohl die Funktionsweise des visuellen Systems durch ein solches Modell prinzipiell richtig beschrieben werden kann, ist es sehr schwierig, seine Parameter im einzelnen festzulegen. Dies vor allem wegen der Komplexität des Modells (und des Systems) und der Möglichkeit vieler äquivalenter Modellsysteme. Jedoch ist die Erkenntnis wichtig, daß Klassifikationsaufgaben durch Anordnungen gelöst werden können, die nur aus Funktionseinheiten bestehen, die im Nervensystem vorhanden sind. Vergleicht man die Leistung des beschriebenen Systems mit anderen technischen Anordnungen, z. B. dem optimierten quadratischen Klassifikator etwa für die Aufgabe der Erkennung handgeschriebener Buchstaben, so findet man eine gleich gute Fehlerrate (je nach Mustersatz zwischen 0 und 5%). Dabei ist das homogene Schichtsystem wegen der gleichartigen rekursiven Operationen besonders aufwandsgünstig mit einem elektronischen Rechner realisierbar.

16.3.5 Aktive Wahrnehmung und Informationserzeugung

Der Wahrnehmungsprozeß als ganzer ist vermutlich aber kein rein musterinduzierter Prozeß, sondern es ist sehr wahrscheinlich, daß auch endogene Prozesse mitwirken, wodurch die Wahrnehmung kein rein passiver Vorgang mehr ist. In Anlehnung an das Gesamtsystem gemäß Abb. 16.15 ist ein homogenes Schichtsystem mit Rückkopplung denkbar, das vereinfacht in Abb. 16.26 wiedergegeben ist. Dessen Gesamtübertragungsfaktor

$$S = \frac{S_1 S_2 S_3 S_4}{1 - S_5 S_2 S_3} \qquad (16.65)$$

ist jetzt vom Rückkopplungsweg S_5 abhängig und je nach Größe von S_5 kann eine Signalverstärkung erreicht werden, die bis zur Selbsterregung führen kann. In diesem Modell können Eigenschwingungen im neuronalen Schichtsystem erzeugt werden. Dadurch kann die Speicherung und Erzeugung von Information prinzipiell erklärt werden. Eine Speicherung findet statt durch Veränderung des Übertragungsfaktors (z. B. von S_2 oder von S_3) im Sinne einer besseren Durchlässigkeit (Verstärkung) häufig vorkommender Signale. Dies entspricht einem Lernvorgang, der durch das Konzept der adaptiv veränderlichen Synapse (Hebbsches Neu-

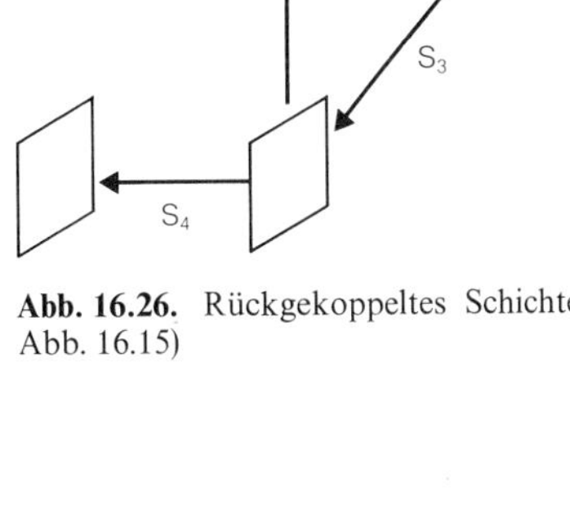

Abb. 16.26. Rückgekoppeltes Schichtensystem (in Anlehnung an Abb. 16.15)

ron) modelliert werden kann. Durch den Rückkopplungsprozeß können solchermaßen gespeicherte Signale wieder erregt, d. h. erzeugt werden. Es ist zu vermuten, daß der tatsächliche Wahrnehmungsprozeß ein Zusammenwirken von musterinduzierter und von endogener Erregung darstellt. Dies würde auch mit dem Konzept der gesteuerten Informationsquelle der Kommunikationstheorie (vgl. Kapitel 16.1) gut übereinstimmen.

16.3.6 Schlußbemerkung

Im vorstehenden wurde gezeigt, daß Wahrnehmungsprozesse, insbesondere des visuellen Systems, mit Hilfe einer 3-dimensionalen Systemtheorie (Systemtheorie homogener Schichten) gut beschrieben und modelliert werden können. Diese Methode hat den Vorteil, daß für die Systemrealisierung nur Bauelemente verwendet werden, die im Neuronensystem vorkommen (neuronale Verkopplungen, beschrieben durch rezeptive Felder und nichtlineare Schwellen). Die beiden Voraussetzungen dieser Methode, nämlich Homogenität und Linearität, seien im folgenden noch kurz diskutiert:

Homogenität bedeutet einen örtlich gleichartigen (regelmäßigen) Systemaufbau oder Ortsinvarianz der Verkopplungen im Neuronensystem. Ebenso muß auch zeitliche Homogenität bzw. Zeitinvarianz, d. h. zeitlich konstante Verkopplung, angenommen werden. Diese örtliche Homogenität gilt zwar nicht für das Gesamtsystem, jedoch gilt sie mit ausreichender Näherung in Teilbereichen des visuellen Systems, z. B. im fovealen Teil der Retina (Sehwinkel $<2°$) oder in kleineren Bereichen des Cortex. Zur Beschreibung größerer Bereiche müssen Mehrkanal-Modelle oder Mehrstufen-Modelle verwendet werden. Die Annahme zeitlicher Invarianz ist zulässig, wenn Lernvorgänge mit einer Veränderung der neuronalen Verkopplung im Zeitraum der Signalübertragung ausgeschlossen werden können. Langfristig können solche Vorgänge jedoch durch Veränderung der Modellparameter berücksichtigt werden.

Linearität ist im Bereich der Schwellenwahrnehmung (Kleinsignalverhalten) mit guter Näherung und auch für überschwellige Signale in der Regel mit ausreichender Näherung erfüllt. Die Schwelle selbst kann hierbei als nichtlineares Element (Knickkennlinie) hinter das lineare Modellsystem geschaltet werden.

Andere theoretische Ansätze, z. B. die Volterra-Entwicklung, sind praktisch auf die Beschreibung relativ schwacher Nichtlinearitäten, die durch Potenzreihen darstellbar sind, beschränkt. Demgegenüber bedeutet die Verwendung von Schwellen eine gute Anpassung an die Wirkungsweise des Neurons. Bei stufenartigem Aufbau kann hierbei ein hochgradig nichtlineares System beschrieben werden, das auch für Klassifizierungsaufgaben geeignet ist. Werden solche Systeme rückgekoppelt, so können sich komplizierte Signale ergeben, deren analytische Berechnung nicht immer gelingt, so daß hier oft zum Mittel einer Simulation gegriffen werden muß.

Literaturauswahl

Campbell, F.W., Robson, J.G.: Application of Fourier analysis to thc visibility of gratings. J. Physiol. **197**, 551 566 (1968).

Blakemore, C., Campbell, F.W.: On the existence of neurones in the human visual system selectively sensitive to the orientation and size of retinal images. J. Physiol. **203**, 237–260 (1969).

Hauske, G., Lupp, U., Wolf, W.: Matched filters – a new concept in vision. Photo. Sci. Eng. **22**, 59–64 (1978).

Kelly, D.H.: Studies of visual perception. Stanford Research Institute. Report SRI Project 6347 (1967).

Kelly, D.H.: Theory of Flicker and transient responses. II. Counterphase gratings. J. Opt. Soc. Am. **61**, 632–640 (1971).

Küpfmüller, K.: Die Systemtheorie der elektrischen Nachrichtenübertragung, 4. Aufl. Stuttgart: Hirzel Verlag 1974.

Marko, H.: Die Systemtheorie der homogenen Schichten. Kybernetik **5**, 221–240 (1969).

Marko, H.: Ein Funktionsmodell für die Aufnahme, Speicherung und Erzeugung von Information im Nervensystem. Bewußtsein, Klement, H.W. (Hrsg.). Baden-Baden: agis-Verlag 1975.

Marko, H., Giebel, H.: Recognition of handwritten characters with a system of homogeneous layers. NTZ **23**, 455–459 (1970).

Marko, H.: Methoden der Systemtheorie. Berlin-Heidelberg-New York: Springer 1977.

Marko, H.: Models of visual perception. In: Biomedical pattern recognition and image processing. Berlin, Dahlem Konferenzen 79. Fu, K.S., Pavlidis, T. (eds.), pp. 269–296. Weinheim: Vlg. Chemie 1979

Marko, H.: The *z*-Model — A Proposal for Spatial and Temporal Modeling of Visual Threshold Perception. Biol. Cybern. 39, pp. 111–123 (1981).

16.4 Systemanalytische Verhaltensforschung am Beispiel der Fliege

Werner Reichardt

16.4.1 Einleitung

In der systemanalytischen Verhaltensforschung geht man davon aus, reproduzierbare Verhaltensweisen unter systematisch kontrollierten und variierten Versuchsbedingungen quantitativ zu erfassen. Ziel des Vorgehens ist es, durch eine Analyse der gemessenen Verhaltensweisen Minimalbedingungen für Funktion und Organisation der ihnen zugrundeliegenden physiologischen Vorgänge im Innern des Organismus abzuleiten.

Eine Systemanalyse des Verhaltens läßt sich auf zwei verschiedenen Ebenen durchführen. Vergleichsweise dem Vorgehen in der Thermodynamik werden unter kontrollierten Umweltbedingungen zunächst die Eigenschaften des „Makrosystems" (Organismus) untersucht, ohne daß dabei auf Organisation und Funktion der beteiligten reizaufnehmenden Organe explizit eingegangen wird. Die Ergebnisse dieser Analyse werden in einer phänomenologischen Theorie zusammengefaßt, die das Verhalten des Makrosystems für einen möglichst vollständigen Satz von Umweltbedingungen beschreibt. Auf der zweiten Ebene der Analyse wird sodann die Frage behandelt: Welches sind die charakteristischen Eigenschaften der „Mikrosysteme", die das Makrosystem verwirklichen? Da die Struktur der Theorie des Makrosystems gleichbedeutend mit der Aufstellung von Bedingungen ist, die von den Mikrosystemen erfüllt werden müssen, ist deren Mannigfaltigkeit dadurch eingeschränkt. Auf dieser Ebene der Analyse stehen die Bestimmung von Minimaleigenschaften der Funktionen der beteiligten physiologischen Elementarbausteine, ihrer Wechselwirkung untereinander, sowie die Frage nach ihrer topologischen Organisation im Vordergrund. Gelingt es, die Ergebnisse der auf dieser Ebene vorgenommenen Verhaltensuntersuchungen in Form einer phänomenologischen Theorie abzubilden, so enthält diese notwendig die den Mikrosystemen eigenen funktionellen Prinzipien, deren Zusammenwirken die Verhaltensweisen des Makrosystems ergeben.

Diese Art des Vorgehens hat sich in den Bereichen der Biologie als fruchtbar erwiesen, die sich mit der Aufklärung komplexer integrativer Funktionen des Zentralnervensystems und der ihr zugeordneten Strukturen befassen. Hierfür lassen sich eine Reihe von Gründen anführen.

Die reine Strukturanalyse kann zwar wichtige Aufschlüsse über Zahl und Typen beteiligter Neuronen sowie über deren Verbindungen untereinander geben; es gelingt aber nur in seltenen, einfachen Fällen — allein aufgrund der Strukturkenntnis — Klassen von Funktionseigenschaften auszuschließen und damit die Mannigfaltigkeit der Funktionen des strukturell analysierten Systems einzuschränken. Eine weitere Schwierigkeit ergibt sich aus einer operativen Unterteilung der Gesamtstruktur in zwei Teilstrukturen, wobei die eine unmittelbar verantwortlich ist für die „Logistik“, nach der die Verarbeitung nervöser Daten erfolgt, während die andere mittelbar die „technologischen“ Voraussetzungen hierfür liefert.

Bekanntlich lassen sich Elementarfunktionen des Nervensystems mittels intra- und extrazellulärer Ableitungen von einzelnen Neuronen gewinnen, so daß eine Reihe von Fragen, die naturgemäß bei der reinen Strukturanalyse offen bleiben müssen, mit Hilfe dieser Methode beantwortet werden können. Jedoch sind hier, bedingt durch die heute verfügbare Technologie, Grenzen gesetzt, da es bisher nahezu unmöglich ist, von vielen Neuronen gleichzeitig abzuleiten. Der Aussagekraft dieser Methode sind zumindest dort Grenzen gesetzt, wo man es mit komplexen Wechselwirkungen zwischen vielen Neuronen zu tun hat. Denn aus der Funktion eines einzelnen Neurons lassen sich noch keine Schlüsse auf die Funktionszustände eines Neuronen-Ensembles ziehen, da diese im allgemeinen erst die Folge eines kooperativen Geschehens sind. Eine Ausnahme bilden nur solche Systeme, die in ihrer Struktur und Funktion homogen sind, weil sich in diesem Fall die gleichzeitige Ableitung von vielen Neuronen — also das örtliche Nebeneinander — durch das zeitliche Nacheinander der Ableitungen von einem Neuron ersetzen läßt.

Vielversprechend erscheint in neuerer Zeit die Anwendung der sog. Deoxyglukose-Methode, bei deren Anwendung sich radioaktiv markiertes Material in den Nervenzellen anhäuft, deren Stoffwechsel durch Aktivierung erhöht ist. Die Methode ließe sich auf die hier behandelten Fragen anwenden, wenn es gelingt, die Auflösung so zu verbessern, daß die Aktivität einzelner Zellen nach einem spezifischen Verhaltensexperiment nachgewiesen werden könnte.

Die systemanalytische Verhaltensforschung kann einen wichtigen Beitrag zur Funktions- und Struktur-Aufklärung leisten, wenn es ihr gelingt, die für die Bestimmung von Elementar-Funktion und Struktur adäquaten Fragestellungen scharf einzugrenzen. Im Prinzip ist dies immer dann möglich, wenn das Verhalten des Makrosystems auf eine begrenzte Zahl räumlich verteilter und in ihrer Funktion beschreibbarer Mikrosysteme zurückgeführt werden kann.

Im folgenden Beitrag sollen diese allgemeinen Überlegungen durch ein Beispiel konkretisiert und verdeutlicht werden. Die Studie befaßt sich mit einer Analyse des musterinduzierten, spontanen Orientierungs-Verhaltens fliegender Insekten. Dieses Thema wurde gewählt, weil das visuelle System der Insekten — zumindest was den verhaltensanalytischen Aspekt anbelangt — als ein geeignetes Modell angesehen werden kann. Die Analyse erfordert die Anwendung linearer und nichtlinearer Methoden.

16.4.2 Eigenschaften linearer und nichtlinearer Systeme

Bevor auf das hier gewählte Beispiel eingegangen sei, erscheint es angebracht, einige Bemerkungen zum Thema lineare und nichtlineare Systeme voranzustellen. Die funktionellen Eigenschaften linearer und nichtlinearer Systeme unterschieden sich grundlegend voneinander. Lineare Systeme verhalten sich so als wenn die einzelnen Systemfunktionen, aus denen die Gesamtfunktion zusammengesetzt ist, sich gegenseitig nicht „kennen“. Es gilt das Gesetz der Superposition der einzelnen Systemfunktionen. Wird ein System aus linearen Teilsystemen synthetisiert, so entspricht sein Verhalten der Summe des Verhaltens dieser Teilsysteme. Man kann stets ein geeignetes Koordinatensystem für lineare Systeme angeben, in dem sich die Dynamik des Systems als Summe unabhängiger, nicht interagierender Systemfunktionen beschreiben läßt. Eine echte Interaktion zwischen den Komponenten eines linearen Systems im Sinne einer kooperativen Wechselwirkung existiert nicht. Dagegen leisten nichtlineare Systeme mehr als die Summe der Teile, aus denen sie bestehen. Man beobachtet in ihnen sowohl plötzliche Veränderungen ihrer Systemfunktionen von einem Zustand der Unordnung zu einem Zustand der Ordnung, als auch Übergänge zwischen verschiedenen Ordnungszuständen. Beispiele solcher Phasenübergänge sind wohl bekannt. So z. B. aus dem Bereich der Physik der plötzliche Übergang von der normalen Leitfähigkeit eines Metalls zur Supraleitfähigkeit, wenn die Umgebungstemperatur einen gewissen, kritischen Wert unterschreitet. Kooperative Phänomene sind an nichtlineare Systeme gebunden. Hingegen zeigen lineare Systeme nur zwei strukturell stabile Verhaltensweisen: Entweder ihre Systemfunktionen nähern sich mit der Zeit dem Zustand null, oder sie wachsen über alle Grenzen. Allgemein läßt sich sagen, daß nichtlineare Systeme über ein wesentlich reichhaltigeres Verhaltensrepertoire als lineare Systeme verfügen. Sie spielen eine entscheidende Rolle bei fast allen essentiellen Problemen der Informations-Verarbeitung im Nervensystem, da die Problemlösungen mit der selektiven Vernichtung von Information verbunden sind.

16.4.3 Systemanalyse der musterinduzierten Flugorientierung von Insekten

Das Flugverhalten von Insekten wird in hohem Maße durch die optische Umwelt beeinflußt. Aus der Anordnung von Kontrastelementen entstehen Muster, die zu erkennen und zu unterscheiden Abstraktionsprozesse im Zentralnervensystem voraussetzen. Eine Systemanalyse der musterinduzierten Flugorientierung von Insekten kann daher zu Aussagen über die Prinzipien führen, auf denen Abstraktionsleistungen des Zentralnervensystems beruhen.

16.4.3.1 Experimentelle Konzeption und Methodik

Ein frei fliegendes Insekt verfügt über sechs dynamische Freiheitsgrade der Bewegung: drei der Translation und drei der Rotation. Die bisher vorgenommenen Untersuchungen beschränken sich auf je einen dieser Freiheitsgrade. Dabei finden schnelle Meßwandler Verwendung, die Flug-Kräfte bzw. -Drehmomente proportional wandeln und einen raumfesten Flug der Versuchstiere kompensatorisch ermöglichen. Wird eine kontrastierte Versuchsumwelt gegenüber dem fixiert fliegenden Tier bewegt und die durch diesen Reiz induzierte Reaktion gemessen, so spricht man von "open loop" Bedingungen; wird dagegen das Meßwandlersignal dazu verwendet, die Versuchsumwelt durch das Tier selbst bewegen zu lassen, so liegen "closed loop" Bedingungen vor.

Die experimentellen und theoretischen Ergebnisse, von denen hier berichtet wird, beschränken sich auf einen Rotationsfreiheitsgrad: der Drehung eines Insekts im freien Flug um seine Hochachse, die durch ein Flugdrehmoment bewirkt wird. Alle Ergebnisse, die in diesem Zusammenhang gefunden wurden, konnten entsprechend bei einem Translationsfreiheitsgrad, der Höhenorientierung, bestätigt werden. Als Versuchstiere dienten Stubenfliegen, *Musca domestica*. Einige der hier mitgeteilten Ergebnisse beziehen sich auf Untersuchungen an der Fruchtfliege *Drosophila melanogaster* und am Rüsselkäfer *Chlorophanus viridis*.

16.4.3.2 Flugdynamik

Zahlreiche mit Drehmomenten-Kompensations-Einrichtungen durchgeführte Versuche und ihr Vergleich mit Beobachtungen an frei fliegenden Insekten haben zu dem Ergebnis geführt, daß die Aerodynamik des Fluges bei Drehung um die Hochachse in guter Näherung durch folgende Differentialgleichung beschrieben werden kann:

$$\Theta\,\ddot{\psi}(t) + k\dot{\psi}(t) = -F(t)\,. \tag{16.66}$$

Darin bedeuten: Θ das Trägheitsmoment um die Hochachse der Fliege; k ein Koeffizient, durch den die Reibung der Luftströmung bei Rotation Berücksichtigung findet; F das Flugdrehmoment um die Hochachse der Fliege und ψ ein Winkelaufpunkt in einer zylindrischen Umwelt, deren Achse mit der Hochachse der Versuchsfliege übereinstimmt.

Zur Herstellung von Versuchsbedingungen, die denen des freien Fluges weitgehend entsprechen, wird beim raumfesten Flug unter closed loop Bedingungen die linke Seite von Gl. (16.66) elektronisch simuliert.

16.4.3.3 Eigenverhalten

Unter „Eigen"-Verhalten sei dasjenige Flugverhalten verstanden, das sich einstellt, wenn ein Versuchstier in einer optischen Umwelt fliegt, die homogen illuminiert ist und keinen Kontrast enthält. Unter diesen Bedingungen erzeugen Versuchsfliegen ein Flugdrehmoment $F = N(t)$, das in erster Näherung stationär ist, dessen Amplituden gaußisch verteilt sind und dessen Autokorrelations-Funktion $S(\tau) = A\,e^{-\gamma|\tau|}$ exponentiell abnehmend verläuft. Als stationäre Lösung von Gl. (16.66) erhält man, daß die Wahrscheinlichkeit $p(\psi)$ für die Flugrichtung ψ konstant ist, d. h. nicht von ψ abhängt.

16.4.3.4 Orientierungsverhalten gegenüber einer elementaren Umwelt

Induzierte Flug-Drehmomentenreaktionen werden beobachtet, wenn sich eine kontrastierte Umwelt relativ zu den Komplexaugen der Fliege bewegt. Stationäre retinale Bilder lösen keine Reaktionen aus. Das sogenannte Eigenverhalten tritt also auch unter diesen Versuchsbedingungen auf.

Elementares induziertes Verhalten wird unter closed loop Bedingungen beobachtet, wenn sich in der optischen Umwelt ein schwarzer, vertikal orientierter Streifen oder ein Streifensegment vor weißem Hintergrund befindet. Wird das am Drehmomenten-Kompensator hängende Versuchstier an diese Umwelt gekoppelt, so wird sie — unabhängig von der Streifen-Ausgangsposition — von ihm solange gedreht, bis der Streifen die Flugrichtung erreicht hat. Um diese stabile Fixations-Position fluktuiert das Objekt mit etwa gaußischer Winkelverteilung, was in Abb. 16.27 in Form eines Positionshistogramms gezeigt wird. Gegenüber der Ein-Streifen-Umwelt ist dies die einzige stabile Position, die die Fliege einnehmen kann.

Das Fixationsergebnis besagt, daß die Versuchsfliegen über Positionsinformation verfügen, die aus der Relativbewegung zwischen der Umwelt und den Fliegenaugen gewonnen wird, da stabilisierte retinale Bilder keinen Beitrag zur Reaktion liefern.

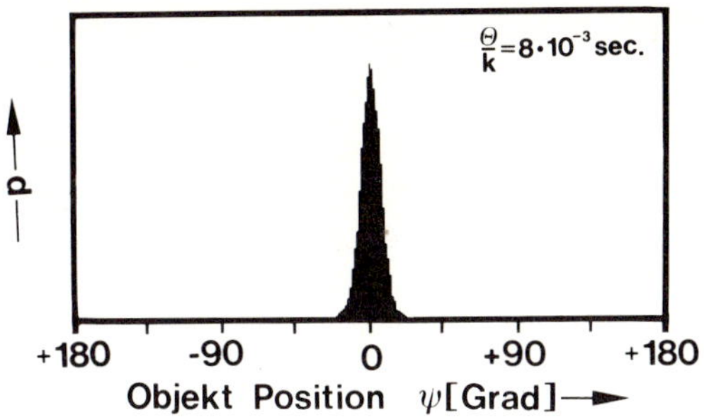

Abb. 16.27. Positions-Wahrscheinlichkeit p eines vertikal orientierten, 5° breiten schwarzen Streifens (Objekt) auf weißem Hintergrund als Funktion der Streifenposition ψ während der stationären Fixationsphase. Die Position $\psi = 0°$ ist durch die Flugrichtung der Versuchsfliege ausgezeichnet. Durch das Verhältnis $\frac{\Theta}{k} = 8 \cdot 10^{-3}$ s mit $\Theta = 1{,}5 \cdot 10^{-10}$ kg m^2 ist die Ankoppelung der Versuchsfliege an das Panorama unter closed loop-Bedingungen definiert

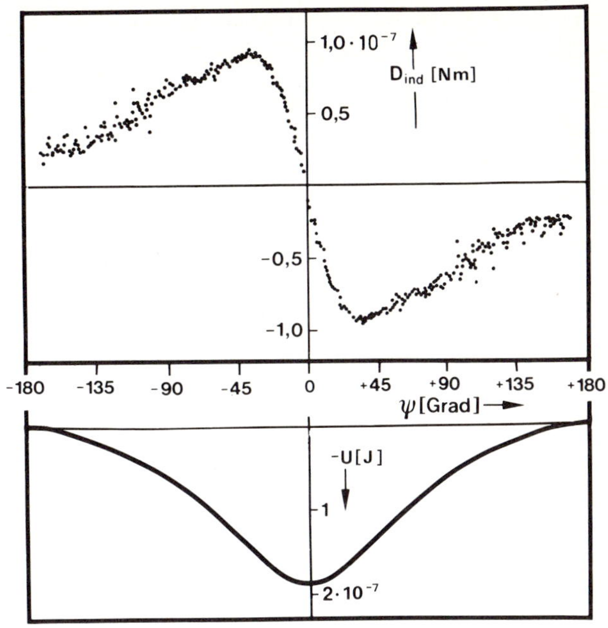

Abb. 16.28. Das von einem 5° breiten, vertikal orientierten schwarzen Streifen auf weißem Hintergrund induzierte, richtungsinsensitive Drehmoment D_{ind} als Funktion der Streifenposition ψ (obere Teilabbildung) und das zu D_{ind} korrespondierende Potential $U(\psi)$ (untere Teilabbildung). Die Verläufe geben das Mittel aus 111 Einzelmessungen wieder

Bezeichnet man die unter open loop-Bedingungen gemessene, induzierte Drehmomenten-Reaktion mit $R(\psi, \dot{\psi})$ und hängt R — abgesehen von einer Zeitverzögerung — nicht wesentlich von der Vergangenheit ab, so läßt sich die Reaktion in zwei Anteile aufspalten:

$$R(\psi, \dot{\psi}) = T(\psi, \dot{\psi}) + \varrho(\psi, \dot{\psi}), \tag{16.67}$$

worin T eine in bezug auf $\dot{\psi}$ gerade und ϱ eine in bezug auf $\dot{\psi}$ ungerade Funktion ist. Damit hat man eine Darstellung von R nach den Eigenfunktionen des Operators „Richtungsumkehr der Bewegung" gewählt. Für relativ kleine Fluktuations-Amplituden von $\dot{\psi}$, die durch die numerischen Werte von Θ und k gewährleistet sind, lassen sich T und ϱ in Taylorreihen entwickeln, die nach der ersten Ordnung von $\dot{\psi}$ abgebrochen werden können. Führt man die Entwicklung durch — in geraden Potenzen von $\dot{\psi}$ für T und in ungeraden Potenzen von $\dot{\psi}$ für ϱ — so ergibt sich:

$$R(\psi, \dot{\psi}) \approx D(\psi) + r(\psi)\,\dot{\psi}, \tag{16.68}$$

worin $D(\psi)$ und $r(\psi)$ ψ-abhängige Entwicklungs-Koeffizienten sind. $D(\psi)$, das positionsabhängige Flugdrehmoment, läßt sich aus einem Potential $U(\psi)$ ableiten, so daß Gl. (16.68) auch in der Form

$$R(\psi, \dot{\psi}) \approx -\frac{\partial}{\partial \psi} U(\psi) + r(\psi)\,\dot{\psi}, \tag{16.69}$$

geschrieben werden kann. In Abb. 16.28 ist der experimentell bestimmte Verlauf von $D(\psi)$ und entsprechend von $U(\psi)$ für eine Ein-Streifen-Umwelt wiedergegeben. $D(\psi)$ ist eine ungerade Funktion mit Nulldurchgängen bei $\psi = 0$ und $\psi = \pm 180°$. Eine entsprechende Bestimmung von $r(\psi)$ führt zu $r(\psi) = r_0 =$ const.; bei der Ein-Streifen-Umwelt hängt r also nicht von ψ ab. Fixationsgleichgewicht liegt bei $\psi = 0$ vor, entsprechend dem dort vorhandenen Potentialminimum. In der Umgebung des Gleichgewichts ist $D(\psi) \approx \alpha\psi$, so daß Gl. (16.68) die lineare Form

$$R(\psi, \dot{\psi}) \approx \alpha\psi + r_0\dot{\psi} \tag{16.70}$$

annimmt.

Kehren wir nun zur Bewegungsgleichung (16.66) zurück und betrachten das Orientierungsverhalten unter closed loop-Bedingungen, so ist der einfachste Ansatz gegeben durch

$$\Theta\ddot{\psi}(t) + k\dot{\psi}(t) = N(t) - R(\psi, \dot{\psi}). \tag{16.71}$$

Bei diesem Ansatz geht man von der Annahme aus, daß die nervösen Korrelate von N und R im Zentralnervensystem addiert werden. Diese Annahme läßt sich leicht in der Umgebung des Fixationsgleichgewichts prüfen, indem ein von $N(t)$ unabhängiger Zufallsprozeß $nM(t)$ gleicher spektraler Zusammensetzung und mit gaußischer Amplitudenverteilung von außen eingespeist wird. Dann ergibt sich als Bewegungsgleichung der Ausdruck

$$\Theta\ddot{\psi}(t) + \dot{\psi}(t) = N(t) + nM(t) - \alpha\psi - r_0\dot{\psi}, \tag{16.72}$$

worin n ein Skalierungsfaktor ist. Da Gl. (16.72) linear ist und N und M gaußische Zufallsprozesse sind, muß auch $\psi(t)$ ein gaußischer Zufallsprozeß sein. Daher ist die stationäre Wahrscheinlichkeitsverteilung $p(\psi)$ der Streifenposition ψ durch den Ausdruck

$$p(\psi) = \sqrt{\frac{1}{2\pi\sigma^2}}\, e^{-\frac{\psi^2}{2\sigma^2}} \tag{16.73}$$

gegeben. Beträgt die Halbwertsbreite der Verteilung $\sigma = \sigma_N$, wenn $n = 0$, dann muß — wegen der statistischen

Unabhängigkeit von N und M — für $n>0$ der Zusammenhang

$$\sigma^2=\sigma_N^2+n^2\sigma_M^2 \quad \text{oder} \quad \sqrt{\sigma^2-\sigma_N^2}=n\sigma_M \tag{16.74}$$

gelten. Eine experimentelle Überprüfung hat ergeben, daß Gl. (16.74) sehr genau erfüllt ist; damit ist aber der Ansatz entsprechnend Gl. (16.71) berechtigt.

16.4.3.5 Lineare Systemtheorie der Ein-Streifen-Fixation

Wie schon gezeigt wurde, gilt in der Umgebung des Fixationsgleichgewichts die linearisierte Bewegungsgleichung

$$\Theta\ddot{\psi}(t)+k\dot{\psi}(t)=N(t)-\alpha\psi(t)-r_0\dot{\psi}(t)\,. \tag{16.75}$$

Dabei vernachlässigt man die Verzögerung zwischen Reiz und Reaktion, was sich experimentell begründen läßt. Die stationäre Lösung von Gl. (16.75) ist durch die Positionswahrscheinlichkeit des Streifens $p(\psi)$ nach Gl. (16.73) gegeben. Die Halbwertsbreite σ in $p(\psi)$ muß von Θ, k, α, r_0 und den Parametern A und γ, der Autokorrelation von N abhängen. Da σ^2 durch die Autokorrelation $S_{\psi,\psi}(\tau)$ von ψ an der Stelle $\tau=0$ gegeben ist, bestimmt man zunächst das Leistungsspektrum von ψ aus Gl. (16.75) und durch Fourierrücktransformation $S_{\psi,\psi}$. Es ergibt sich

$$S_{\psi,\psi}(0)=\sigma^2=\frac{A}{\Theta^2\cdot a\cdot b}\cdot\frac{b+\gamma}{(a+b\gamma+\gamma^2)} \tag{16.76}$$

mit den Abkürzungen $a=\dfrac{\alpha}{\Theta}$ und $b=\dfrac{k}{\Theta}+\dfrac{r_0}{\Theta}$. σ^2 hängt besonders empfindlich von A, a und b ab. Es ist proportional zu A, der mittleren Fluktuationsleistung von N, und umgekehrt proportional zur Steigung α der $D(\psi)$-Charakteristik in der Umgebung von $\psi=0$, sowie zu b, das sich additiv aus den beiden Friktionsparametern k und r_0 zusammensetzt. In diesem Zusammenhang ist die Rolle von r_0, dem Entwicklungskoeffizienten des richtungssensitiven Beitrages der induzierten Reaktion $r_0\,\dot{\psi}$, besonders interessant. Wenn r_0, bei unverändertem α, große Werte annimmt, so sollte man wegen der dadurch bewirkten Abnahme von σ^2 eine Verbesserung in der Qualität der Objektfixation beobachten. Diese Voraussage, sowie die Abhängigkeit von A, a und γ wurden experimentell überprüft und bestätigt.

16.4.3.6 Stationäre „Verfolgung" eines einzelnen Objektes

Eine interessante Anwendung von Bewegungsgleichung (16.75) liegt dann vor, wenn sich das Objekt (schwarzer Streifen) mit konstanter Winkelgeschwindigkeit ω gegenüber der Fliege bewegt. Dem wird dadurch Rechnung getragen, daß man der rechten Seite von Gl. (16.75) $\pm k\omega$ hinzufügt. Löst man Gl. (16.75) unter dieser Bedingung, so ändert sich σ in $p(\psi)$ nicht, jedoch verschiebt sich der Schwerpunkt der Verteilung nach

$$\psi_{\text{tr}}=\pm\frac{k}{\alpha}\omega\,. \tag{16.77}$$

Das heißt, die Fliege verfolgt den Streifen mit gleicher Winkelgeschwindigkeit ω, jedoch stellt sich zwischen ihrer Flugrichtung und dem Streifen ein Winkel ψ_{tr} ein, der proportional zu ω ist. Diese Beziehung wurde sowohl an am Kompensator fliegenden als auch an frei fliegenden Fliegen überprüft und bestätigt. Allerdings gilt diese Beziehung natürlich nicht für beliebig große ω. Ihr Gültigkeitsbereich ist durch den linearen Bereich der $D(\psi)$-Charakteristik in der Umgebung von $\psi=0$ eingeschränkt. Wird dieser Bereich durch zu große ω-Werte überschritten, so verliert die Versuchsfliege das Objekt.

16.4.4 Orientierungsverhalten gegenüber einer komplexen Umwelt

Wird die Komplexität der Umwelt erhöht, indem zum Beispiel zwei oder mehrere vertikal orientierte Streifen in ihr angebracht werden, so beobachtet man ein Orientierungsverhalten, das sich nicht additiv aus dem Verhalten gegenüber einem einzelnen Streifen in den entsprechenden Positionen ableiten läßt. In diesem Sinn kann der einzelne Streifen auch nicht als „Muster-Merkmal" angesehen werden, da sein Beitrag zum induzierten Verhalten nicht frei vom Kontext ist. Die Frage, ob komplexes Verhalten als Summe elementaren Verhaltens verstanden werden kann, läßt sich jedoch in anderer Weise stellen: Kann die zu einer Mehr-Streifen-Umwelt korrespondierende $D(\psi)$-Verteilung durch Superposition von Ein-Streifen $D(\psi)$-Verteilungen gewonnen werden, die um die Winkel der Streifenseparationen gegeneinander versetzt sind? Diese Frage wurde insbesondere an Zwei-Streifen-Umwelten experimentell geprüft und hat zu folgendem Ergebnis geführt: Bei Streifenseparationen im Bereich von $0°\leqq\Delta\psi\leqq40°$ beobachtet man — wie bei einer Ein-Streifen-Umwelt — nur *eine* stabile Orientierungslage, die durch die Winkelhalbierende zwischen beiden Streifen ausgezeichnet ist. Dieses Ergebnis ist nicht trivial, da das mittlere Auflösungsvermögen der Facettenaugen von *Musca* 2° beträgt. Bei größeren Separationswinkeln, also im Bereich $40°<\Delta\psi<180°$, stellen sich *zwei* stabile Lagen ein, die in unmittelbarer Nähe der beiden Streifen liegen und gleich wahrscheinlich auftreten. Bezeichnet man mit $\Delta\psi^*$ den Winkelabstand der stabilen Lagen, so ist $\Delta\psi^*\leqq\Delta\psi$ für $\Delta\psi>40°$; das Gleichheitszeichen gilt im Fall $\Delta\psi=180°$. In Abb. 16.29 sind für Zwei-Streifen-Umwelten mit den Separationswinkeln $\Delta\psi=20°$ und 80° die gemessenen Positionswahrscheinlichkeiten $p(\psi)$ und die korrespondierenden $U(\psi)$-Verläufe wiedergegeben. Entsprechend der Zahl der Maxima in $p(\psi)$ und der damit gekennzeichneten stabilen Lagen beobachtet man in den korrespondierenden $U(\psi)$-Verläufen bei $\Delta\psi=20°$ und 80° eine

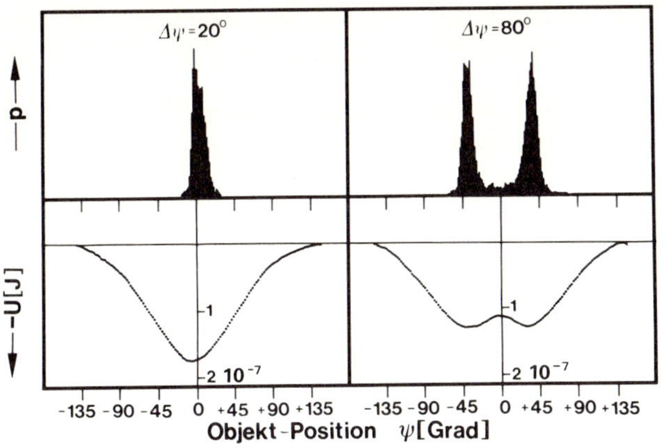

Abb. 16.29. Positions-Wahrscheinlichkeit p von Zwei-Streifen-Mustern, die aus 5° breiten, schwarzen Streifen auf weißem Hintergrund bestehen, als Funktion der Winkelposition ψ. Die Streifen befinden sich in den Positionen $\psi \pm \frac{\Delta\psi}{2}$; der Streifenabstand beträgt $\Delta\psi = 20°$ und $\Delta\psi = 80°$. Im unteren Teil der Abbildung sind die von diesen Streifenmustern induzierten Potentialverteilungen $U(\psi)$ wiedergegeben

entsprechende Zahl von Minima. Es läßt sich zeigen, daß $U(\psi)$ für $\Delta\psi = 80°$ durch Superposition zweier in Abb. 16.28 dargestellten Ein-Streifen-$U(\psi)$-Verläufe, die gegeneinander um 80° verschoben sind, errechnet werden kann. Entsprechend läßt sich bei Separationswinkeln $\Delta\psi > 80°$ verfahren. Anders liegen die Dinge im Separationsbereich $0 < \Delta\psi < 80°$, was am Beispiel von $\Delta\psi = 20°$ aus dem gemessenen $U(\psi)$-Verlauf in Abb. 16.29 zu ersehen ist. Vergleicht man dessen Potentialtiefe mit der des Ein-Streifen-Potentials in Abb. 16.28, so fällt auf, daß das in Abb. 16.29 abgebildete, keineswegs annähernd doppelt so tief ist, wie das in Abb. 16.28 wiedergegebene. Diese Beobachtung wird im gesamten Bereich $0 < \Delta\psi < 80°$ gemacht, allerdings nimmt der Unterschied mit zunehmenden $\Delta\psi$ ab. Das Superpositionsprinzip gilt in diesem Bereich nur qualitativ, aber nicht quantitativ. Offensichtlich tritt eine wechselseitige Inhibition zwischen den von den einzelnen Streifen induzierten Wirkungen auf, die nur bei Separationswinkeln von $\Delta\psi > 80°$ vernachlässigt werden kann.

Daher läßt sich feststellen: Nur teilweise kann komplexes Orientierungsverhalten aus elementarem Orientierungsverhalten zusammengesetzt werden. Dort, wo dies möglich ist, gilt das Superpositionsprinzip, das die Transitivitätsregel nach sich ziehen sollte. Wenn Objekt A attraktiver ist als Objekt B und dieses attraktiver ist als Objekt C, dann ist auch A attaktiver als C. Es ist nicht anzunehmen, daß im Gültigkeitsbereich dieser Regel eine Musterperzeption möglich ist, da diese die Wechselwirkung zwischen den Einzelwirkungen der Streifen voraussetzt. Gerade diese Voraussetzung ist aber im Separationsbereich $0 < \Delta\psi < 80°$ erfüllt.

Der Übergang von einer in zwei stabile Orientierungslagen in der Umgebung von $\Delta\psi = 40°$ ist ein typisches Phasenumwandlungsphänomen, das sich aus den Symmetrieveränderungen von $p(\psi)$ und $U(\psi)$ in Abb. 16.29 ablesen läßt.

16.4.5 Nichtlineare Systemtheorie der musterinduzierten Flugorientierung

Bei der stationären Lösung von Bewegungsgleichung (16.71) haben wir uns bisher auf Gleichgewichtszustände beschränkt, in deren Nähe eine lineare Näherung zulässig ist. Diese Einschränkung soll nun aufgehoben werden; $D(\psi)$ bzw. $U(\psi)$ seien beliebig vorgegeben; damit ist die Lösung von Gl. (16.71) ein nichtlineares Problem.

Zur Ermittlung einer allgemeinen Lösung empfiehlt es sich, Gl. (16.71) im Phasenraum (ψ, w) zu formulieren. Man erhält

$$\frac{d\psi}{dt} = w$$
$$\frac{dw}{dt} = \frac{N(t)}{\Theta} - \frac{k}{\Theta} w - \frac{R(\psi, w)}{\Theta}, \tag{16.78}$$

wobei $R(\psi, w) \approx -\frac{\partial}{\partial\psi} U(\psi) + r_0 w$.

Das Lösungsverfahren vereinfacht sich wesentlich, wenn der gaußische Fluktuationsprozeß N durch „weißes" Rauschen der Leistungsdichte ζ ersetzt wird; eine Approximation, die wegen der numerischen Werte von Θ, k in den meisten Fällen zulässig ist. Die Lösung von Gl. (16.78) erfolgt unter dieser Annahme mittels der Fokker-Planck-Methode, die hier nicht dargelegt werden kann.
Gesucht ist die stationäre Positionswahrscheinlichkeit $p(\psi)$, die man nach theoretisch unendlicher Beobachtungsdauer mit

$$p(\psi) = C \sqrt{\frac{\zeta \cdot \pi}{b}}\, e^{-\frac{U(\psi) \cdot b}{\Theta \cdot \zeta}}, \tag{16.79}$$

erhält, worin C ein Normierungsfaktor ist. Aus Gl. (16.79) ersieht man, daß die Beziehung zwischen dem Potentialverlauf $U(\psi)$ und der Orientierungswahrscheinlichkeit $p(\psi)$ zwar von der Korrespondenz eins zu eins, jedoch nichtlinear ist. Der Friktionsparameter b kann sich „verstärkend", die Leistungsdichte ζ der Fluktuation N dagegen „abschwächend" auf $U(\psi)$ auswirken. Nur wenn $\frac{U(\psi) \cdot b}{\Theta \cdot \zeta} \ll 1$ (für alle ψ), sind $U(\psi)$ und $p(\psi)$ proportional aufeinander bezogen.

Während Gl. (16.79) den Zusammenhang zwischen einem beliebigen Potentialverlauf $U(\psi)$ und der stationären Orientierungswahrscheinlichkeit $p(\psi)$ angibt, lassen sich in ähnlicher Weise die Wahrscheinlichkeiten des Orientierungsübergangs von einem in einen anderen Gleichgewichtszustand — bei Kenntnis von $U(\psi)$ — ermitteln.

Als Ergebnis dieses Abschnitts halten wir fest: Sind die zu einem Umweltmuster korrespondierenden $D(\psi)$- bzw. $U(\psi)$-Verteilungen bekannt, so läßt sich die stationäre Orientierungswahrscheinlichkeit $p(\psi)$

gegenüber dieser Umwelt berechnen. Eine Überprüfung dieses von Gl. (16.79) gegebenen Zusammenhangs — insbesondere mit Zwei-Streifen-Umwelten — hat ergeben, daß gute Übereinstimmung zwischen Theorie und Experiment besteht. Abweichungen wurden nur in der Nähe des Phasenumwandlungspunktes, also bei Streifenseparationswinkeln von ca. $\Delta\psi = 40°$, beobachtet. Ihre Berücksichtigung erfordert im Rahmen der Theorie eine Lösung von Gl. (16.71) unter Beachtung der Spektralverteilung des von den Fliegen generierten Drehmomentrauschens $N(t)$, worauf hier nicht weiter eingegangen sei.

16.4.6 Von der makroskopischen zur mikroskopischen Beschreibung

Die in den vorangehenden Kapiteln skizzierte makroskopische Systemanalyse der musterinduzierten Flugorientierung hat zu Ergebnissen geführt, die die mikroskopischen Realisierungen dieser Verhaltensleistung einschränken. Die Ergebnisse enthalten jedoch keine direkten Aussagen über die für das Orientierungsverhalten im visuellen System der Fliege verantwortlichen Wechselwirkungsprozesse, da sich die phänomenologischen Größen ψ und $\dot{\psi}$ nur mittelbar auf die Rezeptororganisation und die Wechselwirkungsprozesse im Zentralnervensystem beziehen. Eine Systemanalyse, die auf der mikroskopischen Ebene vorgenommen wird, muß diese Organisation schon im Ansatz berücksichtigen. Daher sollen im folgenden Kapitel die Eigenschaften von Systemen mit n parallelen Eingängen (Rezeptoren) und einem Ausgang (Reaktion) untersucht und mit den Ergebnissen der makroskopischen Analyse verglichen werden. Bei diesem Vergleich kann man sich auf die unter open loop-Bedingungen gewonnene Reaktion $R(\psi, \dot{\psi})$ beschränken, da sich bisher stets gezeigt hat, daß das closed loop-Verhalten aus der Kenntnis des open loop-Verhaltens abgeleitet werden kann.

16.4.6.1 Volterra-Beschreibung eines Systems von *n* Eingängen und einem Ausgang

Bezeichnet man mit $x_1(t), x_2(t) \dots x_n(t)$ die n Eingangsgrößen und mit $y(t)$ die Ausgangsgröße, so folgt aus einer Erweiterung der von Volterra angegebenen Entwicklung auf ein System von n Eingängen und einem Ausgang:

$$\begin{aligned} y(t) = {} & g_0 + \sum_{j=1}^{\infty} \sum_{i_1,\dots,i_j}^{n} \int_{-\infty}^{+\infty} \dots \int_{-\infty}^{+\infty} d\tau_1, \dots, d\tau_j \\ & \cdot \prod_{r=1}^{j} x_{i_r}(t-\tau_r)\, g_{i_1,\dots,i_j}(\tau_1 \dots \tau_j) \\ = {} & g_0 + \sum_{i=1}^{n} \int_{-\infty}^{+\infty} d\tau_1\, x_i(t-\tau_1)\, g_i(\tau_1) \\ & + \sum_{i,j}^{n} \int_{-\infty}^{+\infty} \int_{-\infty}^{+\infty} d\tau_1\, d\tau_2\, x_i(t-\tau_1)\, x_j(t-\tau_2) \\ & \cdot g_{ij}(\tau_1, \tau_2) + \dots . \end{aligned} \tag{16.80}$$

In dieser Gleichung charakterisieren die Kerne erster Ordnung die Impulsantworten linearer Systeme, während die Kerne höherer Ordnung den nichtlinearen Eigenschaften — darunter auch den Wechselwirkungen — Rechnung tragen. Systeme, die sich mit Gl. (16.80) beschreiben lassen, sind zeitinvariant. Sie besitzen ein begrenztes „Erinnerungsvermögen" und ihre Eingangs- und Ausgangsgrößen $x_i(t)$ und $y(t)$ müssen beschränkt sein.

Gleichung (16.80) stellt eine unendliche Reihe dar, deren Komplexität mit j — dem Grad der Nichtlinearität — und n — der Zahl der Eingänge — stark anwächst. Dem wirkt jedoch entgegen, daß man ein System von n Eingängen mit dem Nichtlinearitätsgrad j konzeptuell in die Summe von $\binom{n}{j}$ j-Eingangssystemen zerlegen kann. Da bei biologischen Systemen vielfach die Berücksichtigung des Nichtlinearitätsgrades „zwei" für eine adäquate Beschreibung ausreicht, würde in diesem speziellen Fall die Zerlegung aus einer Summe von $\binom{n}{2}$ 2-Eingangssystemen bestehen.

16.4.6.2 Anwendung des Volterra-Formalismus auf das Orientierungsverhalten

Das musterinduzierte Orientierungsverhalten beruht auf dem Bewegungssehen. Es ist nachgewiesen, daß die Bewegungsreizung von zwei Rezeptoren des Auges notwendig ist und hinreichend sein kann für die Auslösung einer richtungsabhängigen Elementar-Reaktion. Die Abhängigkeit dieser Reaktion vom Kontrast, der Struktur und der Geschwindigkeit des bewegten Musters läßt darauf schließen, daß die hierfür verantwortlichen Wechselwirkungsprozesse im Zentralnervensystem vom Nichtlinearitätsgrad „zwei" sind. Deshalb ist es zunächst gerechtfertigt, die in Gl. (16.80) allgemein formulierte Entwicklung nach der Ordnung „zwei" abzubrechen und vom entsprechenden Zerlegungstheorem Gebrauch zu machen.

Eine im stationären open loop-Experiment besonders leicht zu ermittelnde Größe ist das zeitliche Mittel der Reaktion $\overline{y(t)}$.

Beschränkt man die Entwicklung auf Wechselwirkungsprozesse „zweiter" Ordnung und berechnet $\overline{y(t)}$, so ergibt sich mit den Eingangssignalen $x_1(t)$, $x_2(t)$ und ihren Korrelationen ϕ_{11}, ϕ_{22}, ϕ_{12} die Darstellung

$$\begin{aligned} \overline{y(t)} = {} & g_0 + \overline{g_1}\,\overline{x_1} + \overline{g_2}\,\overline{x_2} + \int_{-\infty}^{+\infty} w_{11}(\tau)\phi_{11}(\tau)d\tau \\ & + \int_{-\infty}^{+\infty} w_{22}(\tau)\phi_{22}(\tau)d\tau + \int_{-\infty}^{+\infty} w_{12}(\tau)\phi_{12}(\tau)d\tau + \dots \end{aligned} \tag{16.81}$$

mit

$$w_{11}(\tau) = \int d\tau_2\, g_{11}(\tau_2 + \tau_1, \tau_2)$$

und

$$\phi_{11}(\tau) = \lim_{T \to \infty} \frac{1}{2T} \int_{-T}^{+T} x_1(t) x_1(t+\tau) dt .$$

Entsprechende Ausdrücke ergeben sich für w_{22} und ϕ_{12}. ϕ_{11} und ϕ_{22} sind gerade Funktionen von τ, da sie Autokorrelationen von x_1 und x_2 bezeichnen. Die Kreuzkorrelierte ϕ_{12} ist dagegen im allgemeinen weder gerade noch ungerade. Entsprechendes gilt für die Kerne w_{11}, w_{22} und w_{12}.

Aus der makroskopischen Analyse des Orientierungsverhaltens folgte, daß die von einem Kontrastmuster induzierte Reaktion $R(\psi, \dot{\psi})$ in die beiden Anteile $T(\psi, \dot{\psi})$ und $\varrho(\psi, \dot{\psi})$ entsprechend Gl. (16.67) zerlegt werden kann. Diese Zerlegung ist stets möglich und sie ist vollständig. $T(\psi, \dot{\psi})$ bezeichnet den Reaktionsanteil, der bei Umkehr der Bewegungsrichtung sein Vorzeichen nicht ändert. Er ist richtungsinsensitiv, da $T(\psi, \dot{\psi})$ eine gerade Funktion in $\dot{\psi}$ ist, so daß $T(\psi, +\dot{\psi}) = T(\psi, -\dot{\psi})$. $\varrho(\psi, \dot{\psi})$ dagegen ist eine ungerade Funktion in $\dot{\psi}$. Dieser Reaktionsanteil ist wegen $\varrho(\psi, +\dot{\psi}) = -\varrho(\psi, -\dot{\psi})$ richtungssensitiv und liefert daher „echte" Bewegungsinformation.

Eine entsprechende Zerlegung in richtungsinsensitive und richtungssensitive Komponenten läßt sich auch auf der mikroskopischen Ebene vornehmen, indem die geraden Teile der Kerne von den ungeraden Teilen separiert werden. Terme nullter Ordnung, lineare Terme und Selbstterme (diese entstehen aus dem Produkt gerader Funktionen) sind wie die geraden Anteile der Kreuzterme richtungsinsensitiv. Richtungssensitiv sind dagegen ausschließlich die ungeraden Anteile der Kreuzterme. Damit ergibt sich für $\dot{\psi} = \text{const}$ folgende Beziehung zwischen den Zeitmitteln der makroskopischen und der mikroskopischen Reaktionsanteile:

$$\frac{\overline{R(\psi, +\dot{\psi})}_{\dot{\psi}=\text{const}} + \overline{R(\psi, -\dot{\psi})}_{\dot{\psi}=\text{const}}}{2} = \overline{T(\psi, \dot{\psi})}_{\dot{\psi}=\text{const}}$$

$$= g_0 + \overline{g_1}\,\overline{x_1} + \overline{g_2}\,\overline{x_2} + \int_{-\infty}^{+\infty} w_{11}(\tau)d\tau + \int_{-\infty}^{+\infty} w_{22}(\tau)\phi_{22}(\tau)d\tau + \int_{-\infty}^{+\infty} w_{12}^{(\text{ge})}(\tau)\phi_{12}^{(\text{ge})}(\tau)d\tau \qquad (16.82)$$

und

$$\frac{\overline{R(\psi_1, +\dot{\psi})}_{\dot{\psi}=\text{const}} - \overline{R(\psi, -\dot{\psi})}_{\dot{\psi}=\text{const}}}{2} = \overline{\varrho(\psi, \dot{\psi})}_{\dot{\psi}=\text{const}}$$

$$= \int_{-\infty}^{+\infty} w_{12}^{(\text{un})}(\tau)\phi_{12}^{(\text{un})}(\tau)dt\,, \qquad (16.83)$$

wobei die Indizierungen (ge) die geraden und (un) die ungeraden Funktionsanteile bezeichnen.

Diskutieren wir zunächst den Zusammenhang nach Gl. (16.83), der die „klassische" optomotorische Reaktion beschreibt. Optomotorische Reaktionen von Insekten wurden schon vor Jahren experimentell und theoretisch eingehend studiert. Die experimentellen Ergebnisse führten zur Aufstellung eines Zwei-Rezeptor-Korrelationsmodells. Aus dem in Gl. (16.83) wiedergegebenen Zusammenhang ersieht man, daß die Annahme von Wechselwirkungsprozessen bis zur Ordnung „zwei" zwingend auf die Korrelation der von zwei Rezeptoren aufgenommenen sensorischen Daten führt. Damit ist nachgewiesen, daß das Korrelationsmodell die allgemeinste Repräsentation dieses Auswertemechanismus für das Bewegungssehen ist, wenn das zeitliche Mittel der Reaktion betrachtet wird. Der experimentelle Nachweis beruht wesentlich auf der Eigenschaft der Phaseninvarianz, d. h. die zeitlich gemittelte Reaktion hängt nicht von den relativen Phasenlagen der räumlichen Fourierkomponenten ab, in die ein Muster zerlegt werden kann, das sich vor den Komplexaugen mit konstanter Geschwindigkeit bewegt. Diese Eigenschaft besitzen notwendig alle mit dem Volterra-Formalismus beschreibbaren Systeme, deren Nichtlinearitätsgrad die Ordnung „zwei" nicht überschreiten. Für Systeme, in denen Nichtlinearitäten von höherer Ordnung auftreten, ist die Eigenschaft der Phaseninvarianz durch Bedingungen eingeschränkt. Daher stellt die Eigenschaft der Phaseninvarianz, wenn sie von allen möglichen Mustern erfüllt wird, die notwendige und hinreichende Bedingung für die Forderung dar, daß das System Nichtlinearitäten enthält, die die Ordnung „zwei" nicht überschreiten. — Die experimentelle Bestimmung von $\overline{\varrho(\psi, \dot{\psi})}_{\dot{\psi}=\text{const}}$ mit einer Ein-Streifen-Umwelt hat zu dem Ergebnis geführt, daß $\overline{\varrho}$ nicht von der Position ψ abhängt. Die für diesen Reaktionsanteil verantwortlichen Verrechnungsstrukturen sind daher zumindest in ψ-Richtung homogen über beide Komplexaugen verteilt. Die zweidimensionale Topologie dieser Interaktionen ist bisher nur zum Teil aufgeklärt. Sie erstreckt sich nicht nur auf benachbarte Rezeptoren.

Wesentlich schwieriger und keineswegs abgeschlossen ist die Interpretation von Gl. (16.82), die den Zusammenhang zwischen dem richtungsinsensitiven Reaktionsanteil $\overline{T(\psi, \dot{\psi})}_{\dot{\psi}=\text{const}}$ und den korrespondierenden Größen des Volterra-Formalismus herstellt. Aus der Beobachtung, daß stationäre retinale Bilder keinen Einfluß auf die Reaktion ausüben, folgt, daß in Gl. (16.82) die Terme nullter und erster Ordnung keine Beiträge liefern; sie sind null zu setzen. Die Abhängigkeit des Reaktionsanteils $T(\psi, \dot{\psi})$ von der Position ψ beruht daher im Prinzip — unter der Voraussetzung eines Systems vom Nichtlinearitätsgrad „zwei" — auf den Beiträgen der Selbstterme und der geraden Funktionsteile der Kreuzterme. Wir erinnern uns, daß $D(\psi)$, der nullte Entwicklungskoeffizient von $T(\psi, \dot{\psi})$ mit einer bewegten Ein-Streifen Umwelt, experimentell bestimmt wurde; sein Verlauf ist in Abb. 16.28 wiedergegeben. Man erhält diesen Verlauf auch, wenn der Streifen nicht bewegt wird, sondern seine Leuchtdichte sich periodisch ändert (Flickerlicht) und die Reaktion in Abhängigkeit von der Position ψ bestimmt wird. Da der richtungssensitive Reaktionsanteil $\varrho(\psi, \dot{\psi})$ auf Flickerlicht keinen Beitrag liefern kann, ist unter diesen Bedingungen für die beobachtete Reaktion ausschließlich der Anteil $T(\psi, \dot{\psi})$ verantwortlich. Flickerlicht, das von einem ruhenden Streifen ausgeht, löst aber nur dann eine positionsabhängige Reaktion aus, wenn der Streifen (in ψ-Richtung) schmal ist. Die Reaktion verschwindet bei breiten Streifen und auch dann, wenn ein periodisches Muster in ψ-Richtung oszilliert wird. Diese Befunde sind in qualitativer Übereinstimmung mit der Hypothese, daß die Positionsinformationen schmaler Objekte von den Selbsttermen in Gl. (16.82) geliefert werden, während der inhibitorische Einfluß der Kreuzterme erst bei größeren Rezeptorabständen wirksam wird. In diesem Zusammenhang müssen auch die Ergebnisse der Zwei-Streifen Experimente gesehen werden, die auf eine inhibitorische Wechselwirkung

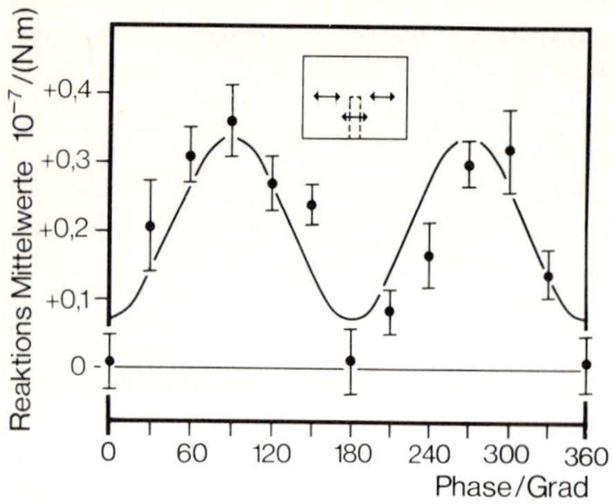

Abb. 16.30. Ein typisches Beispiel für die Phasenabhängigkeit des Figur–Grund-Unterscheidungs-Effektes. Die Figur besteht aus einem schwarzen, vertikal orientierten Streifen von 3° Breite, der um die Positionen $\psi_0 = +30°$ bzw. $\psi = -30°$ oscilliert wird. Der Grund ist mit einer Textur versehen, die aus statistisch verteilten, schwarzen Punkten besteht; er kann unabhängig von der Figur bewegt werden. In dem hier dargestellten Experiment betrugen die Oscillations-Amplituden von Figur und Grund $\pm 1°$ und die Oscillationsfrequenzen 2,5 Hz. Aufgetragen sind die zeitgemittelten Reaktionen (Flugdrehmoment) von Versuchsfliegen als Funktion des relativen Phasenwinkels zwischen Figur- und Grund-Oscillationen. Jeder Punkt repräsentiert den Mittelwert von zehn Messungen an zehn Fliegen. Die vertikalen Striche bezeichnen die Standard-Abweichungen vom Mittelwert. Die ausgezogene Linie ist die Komponente $k_4 \cos 2\varphi$, die sich aus einer Fourier-Analyse der aufgetragenen Meßpunkte ergibt. Aus der Abbildung ersieht man, daß die Figur vom Grund am besten unterschieden wird, wenn der Phasenwinkel 90° oder 270° beträgt. Bei 180° Phasenwinkel wird — wie bei 0° Phasenwinkel — keine Unterscheidung beobachtet

bei nicht zu großen Streifenabständen schließen lassen. Aufgrund neuerer Experimente sind in letzter Zeit jedoch gravierende Zweifel daran aufgekommen, daß die wechselseitige Inhibition dem Einfluß der Kreuzterme in Gl. (16.82) zugeschrieben werden kann: Bewegt man ein Kontrastelement (Figur) periodisch um die Position ψ_0 (in ψ-Richtung) vor einem mit gleicher Frequenz und gleicher Amplitude periodisch bewegtem Grund, der aus statistisch verteilten Kontrastelementen besteht, so wird unter open loop Bedingungen im Zeitmittel eine maximale positionsabhängige Reaktion auf die Bewegung der Figur gemessen, wenn zwischen Figur und Grund eine Phasenverschiebung von 90° oder 270° besteht. Ein typisches Experiment, das dieses Verhalten zeigt, ist in Abb. 16.30 wiedergegeben. Bei Inphase- und bei Gegenphase-Bewegungen, also bei den Phasenwinkeln 0° und 180° ist der positionsabhängige Reaktionsbeitrag null. Entsprechende Beobachtungen wurden unter äquivalenten Versuchsbedingungen auch unter closed loop-Bedingungen gemacht. Und noch ein weiterer wesentlicher Befund: Verwendet man zwei benachbarte Streifen, deren Leuchtdichten sich mit gleicher Frequenz bei gleichem Modulationsgrad ändern und deren relative Phasenlagen eingestellt werden können, so beobachtet man unter open loop-Bedingungen eine gleich starke inhibitorische Wechselwirkung bei 0° und bei 180°. Diese Wechselwirkung ist zumindest aufgehoben, wenn sich die Frequenzen, mit der die Leuchtdichten der beiden Streifen moduliert werden, unterscheiden, so daß die relative Phase jeden beliebigen Wert annimmt. Diese Befunde widersprechen dem von dem Kreuzterm in Gl. (16.82) zu erwartenden Einfluß, der, wenn er inhibitorisch beim Phasenwinkel 0° ist, excitatorisch beim Phasenwinkel 180° sein muß — eine Konsequenz der Interaktion „zweiter" Ordnung! Die Existenz von Mechanismen im visuellen System der Fliege, die durch den Kreuzterm in Gl. (16.82) beschrieben werden könnten, muß daher zumindest in Frage gestellt werden. Eine adäquate theoretische Interpretation der experimentellen Befunde erfordert die Einbeziehung höherer Wechselwirkungsprozesse und zwar mindestens von der Ordnung „vier", da die zeitgemittelten Reaktionen als Funktion des relativen Phasenwinkels (s. Abb. 16.30) eine Periodizität von 180° und nicht von 360° aufweisen. Eine erste theoretische Deutung, sowohl der Ergebnisse des Figur–Grund- als auch des Zwei-Streifen Flicker-Experiments, führte zu der Annahme, daß die zeitlich nicht gemittelten Ergebnisse der Selbstinteraktion [Selbstterme in Gl. 16.82)] von sensorischen Daten, die von einzelnen Rezeptoren aufgenommen werden, miteinander in Kreuzinteraktion (der Ordnung „zwei") treten, wobei das Ergebnis dieser Kreuzinteraktion linear inhibitorisch auf die Reaktion wirkt. Wäre diese Vorstellung richtig, so dürfte die positionsabhängige Reaktion im Figur–Grund-Experiment nach Abb. 16.30 nicht von den Orientierungen der Figur- und Grund-Bewegungen abhängen. Dies ist aber keineswegs der Fall, wie eingehende Untersuchungen gezeigt haben. Daher sind wir gezwungen anzunehmen, daß die zeitlich nicht gemittelten Ergebnisse von zwei Beiträgen aus Kreuzinteraktionen miteinander in eine weitere Kreuzinteraktion der Ordnung „zwei" treten, die linear inhibitorisch auf die Reaktion wirkt. Der für die Figur–Grund-Unterscheidung verantwortliche Elementarprozeß im visuellen System der Fliege ist daher nichtlinear und zwar von „vierter" Ordnung. Er ist an vier Rezeptor-Eingänge gebunden. Eine graphische Repräsentation dieser Interaktion ist in Abb. 16.31 wiedergegeben.

Die Erkenntnis, daß die Figur–Grund-Unterscheidung bei Relativbewegung auf einer Interaktion des beschriebenen Typs basiert, löst am Beispiel des visuellen Systems der Fliege ein klassisches Problem: Das der Kontextabhängigkeit von Reiz-Reaktions-Beziehungen. Allgemein ausgedrückt besagt die hier skizzierte Lösung dieses Problems, daß eine Kontextabhängigkeit solange besteht, wie es eine Kohärenz von Signalen gibt, die von der bewegten Figur und vom bewegten Grund ausgehen. Wird die Kohärenz zerstört, indem Figur und Grund unabhängig voneinander bewegt werden, so ist der Einfluß der Figur auf die Reaktion kontextunabhängig. Was dies im Fall des Figur–Grund-Unterscheidungstests bedeutet, wird anschaulich in Abb. 16.32 dargelegt.

Abschließend noch eine Bemerkung, die hier von Interesse sein könnte: Beschreibt man den Elementarprozeß der Figur–Grund-Unterscheidung im mathematischen Detail, so fällt auf, daß er dem Formalismus entspricht, den man benötigt, um die Bildung eines Hologramms auf einer photographischen Platte zu

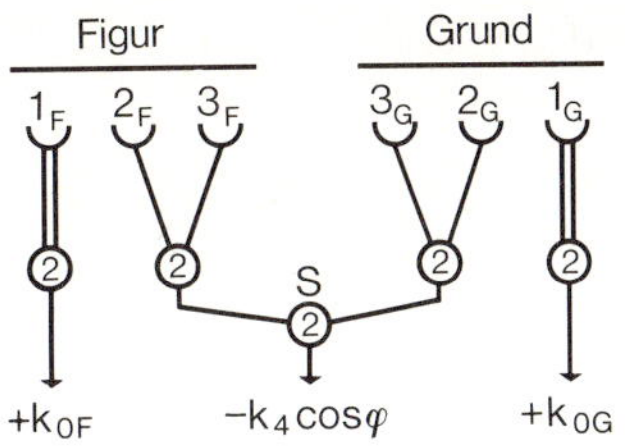

Abb. 16.31. Graphische Repräsentation des Elementarprozesses der Figur–Grund-Unterscheidung. Texturelemente von Figur und Grund liefern Beiträge k_{0F} und k_{0G} zur Reaktion über Selbstinteraktionen („zweiter" Ordnung), die von den Rezeptoren 1_F und 1_G ihre Signale beziehen. Diese Beiträge sind positiv indiziert, da sie die Fliege veranlassen in Richtung auf die Kontrastelemente zu fliegen. Je ein Rezeptorpaar empfängt Signale von der Figur (2_F und 3_F) und vom Grund (2_G und 3_G). Diese Signale treten je miteinander in Wechselwirkung gemäß einer Interaktion der Ordnung „zwei". Da die Teilsysteme symmetrisch (*S*) aufgebaut sind und von je zwei Rezeptoren gespeist werden, sind sie orientierungsempfindlich, jedoch nicht bewegungsrichtungsempfindlich. Die zweite, symmetrische (*S*) Kreuzinteraktion mißt den Kohärenzgrad der Bewegungsinformation von Figur und Grund. Bei kleinen Oscillations-Amplituden und relativen Oscillations-Phasen φ liefert die zweite Kreuzinteraktion einen Beitrag $k_4 \cos 2\varphi$, der inhibitorisch wirkt. Der Reaktionsbeitrag *R* des Elementarprozesses besteht daher aus drei Termen $R = k_{0F} + k_{0G} - k_4 \cos 2\varphi$, wobei $k_{0F} + k_{0G} = k_4$. Bewegen sich Figur und Grund statistisch voneinander unabhängig, z. B. mit zwei verschiedenen (inkommensurablen) Oscillationsfrequenzen, so bildet sich im zeitlichen Mittel der Mittelwert von $k_4 \cos 2\varphi$ über φ aus, da φ dann alle möglichen Phasenlagen durchläuft. Das aber heißt, die Inhibition verschwindet. Unter diesen Bedingungen ist der Reaktionsbeitrag, der von der bewegten Figur ausgeht, kontextunabhängig

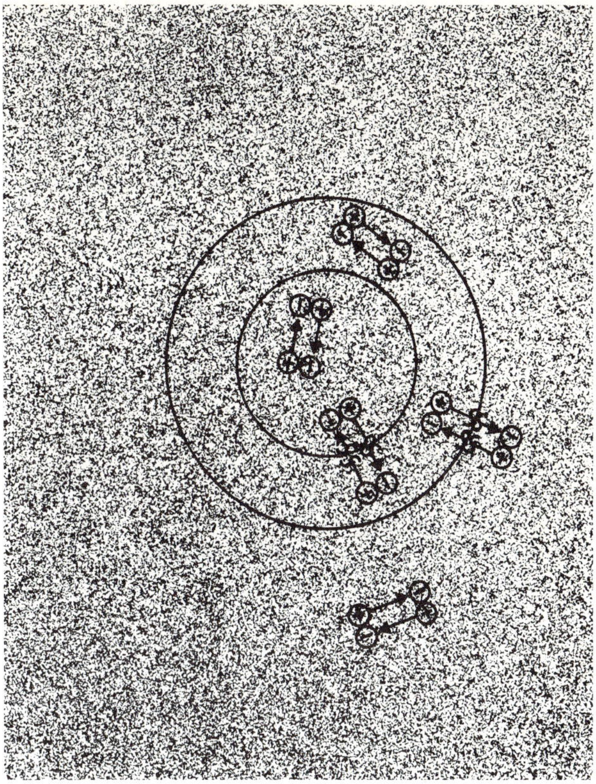

Abb. 16.32. Ein anschauliches Beispiel zur Erläuterung der Figur–Grund-Unterscheidung bei relativer Bewegung. Figur (Ring) und Grund besitzen die gleiche Textur, bestehend aus zufallsverteilten schwarzen Punkten. Ohne Relativbewegung zwischen Figur und Grund ist die Figur nicht vom Grund zu unterscheiden. Bei Relativbewegung sind die Berandungen der Figur jedoch leicht zu erkennen. Fliegt eine Fliege über dies Muster, dann löst jedes Kontrast-Element eine excitatorische (Attraktion) Reaktionskomponente aus, die mit (+) bezeichnet ist. Die optischen Signale, die von den Photorezeptoren aufgenommen werden, sind bewegungskohärent, wenn sie von Texturelementen ausgehen, die sich nicht relativ zueinander bewegen. Sie induzieren inhibitorische Reaktionskomponenten (−), die die excitatorischen Komponenten (+) kompensieren. Die Kohärenz der Signale und damit die Inhibition verschwindet jedoch über den Figurberandungen, wenn sich die Figur relativ zum und unabhängig vom Grund bewegt. Dieser Effekt ist durch die beiden Wellenlinien ≀≀ angedeutet. Wird eine Figur vom Grund unterschieden, so operiert der Teil des Nervensystems, der Signale von der Figur erhält, unabhängig von dem Teil, der Signale vom Grund empfängt. Die Kontextabhängigkeit ist unter diesen Bedingungen aufgehoben

beschreiben. Auch hier spielen die relativen Phasenbeziehungen zwischen Objekt- und Referenz-Strahl des kohärenten Lichtes eine entscheidende Rolle. Ihnen entsprechen — in dieser Analogie — die Phasenbeziehungen zwischen den Signalen, die von der bewegten Figur und vom bewegten Grund ausgehen. Dem Elementarprozeß der Wechselwirkung „vierter Ordnung", der eine Figur–Grund-Unterscheidung ermöglicht, ist daher die Bildung eines Hologramms äquivalent, das allerdings nur so lange aufrechterhalten wird, wie bewegungskohärente Signale auf die Lichtrezeptoren der Komplexaugen treffen.

16.4.7 Résumé und Ausblick

Das in diesem Beitrag skizzierte Beispiel einer Systemanalyse der musterinduzierten Flugorientierung sollte verdeutlichen, wie sich aus quantitativen Messungen des Verhaltens Minimalbedingungen für Funktion und Organisation des untersuchten Systems ableiten lassen. Aus den wechselseitigen Beziehungen zwischen der makroskopischen und der mikroskopischen Analyse ergeben sich Aussagen über des Zusammenwirken der Teilsysteme zur Gesamtfunktion. Im Hinblick auf das bewegungs- und positionsabhängige Reaktionsgeschehen ist das visuelle System der Insekten — soweit mit diesen Methoden untersucht — parallel organisiert. Die Komplexität der beobachteten Verhaltensleistungen, auch wenn sie sich aus einzelnen Verhaltensbeiträgen additiv zusammensetzt, ist eine Folge der nichtlinearen Positionsabhängigkeit. Durch diese Art der Parametrisierung eines parallel organisierten Auswertesystems können kooperative Phasenumwandlungs-Phänomene auftreten, die eine der wesentlichen Ursachen für die Flugorientierung und für die Musterunterscheidung bilden dürften. Für die Auswertung der Musterdetails sind vermutlich die Wechselwirkungsprozesse verantwortlich zu machen, die nach dem gegenwärtigen Stand unserer Kenntnisse mindestens vom Nichtlinearitätsgrad „vier" sind. Diese Mechanismen sind es auch, die eine Fliege dazu befähigen, eine bewegte Figur von ihrem Hintergrund zu unterscheiden. — Die bisher vorgenommenen Untersuchungen beschränken sich auf den Musterauswerte-

und Unterscheidungsprozeß, die eigentliche Erkennungsphase bleibt dabei bisher noch unberücksichtigt. Die vorliegende Analyse ist zunächst auch dadurch eingeschränkt, daß die Untersuchungen an fliegenden Insekten sich auf je einen dynamischen Freiheitsgrad der Rotation und der Translation beschränken. Ein weiterer Schritt in Richtung auf eine Vervollständigung der Aufklärung des Systems besteht z. Z. darin, frei fliegende Fliegen zu filmen und ihre Flugbahnen bei Aufgaben der Verfolgung oder der Landung durch Rechenmaschinen auszuwerten.

Aus der Systemanalyse der Flugorientierung ergeben sich eine Reihe von Aussagen, die als Minimalbedingungen für die zu fordernde Zahl der beteiligten Neuronen, ihrer Verknüpfungsstruktur und ihrer im elektrophysiologischen Zugriff zu verifizierenden Elementarfunktionen anzusehen sind. Eine nähere Behandlung dieses Problemkreises würde jedoch über den Rahmen dieses Beitrages zur systemanalytischen Behandlung des Verhaltens hinausführen.

Literaturauswahl

Braitenberg, V., Strausfeld, N. J.: Principles of the mosaic organization in the visual system's neuropil of *Musca domestica* L. In: Handbook of Sensory Physiology, Bd. II: Central Processing of Visual Information. Berlin-Heidelberg-New York: Springer 1973.

Götz, K. G.: Principles of optomotor reactions in insects. In: Bibliotheca Ophthalmologica, Bd. **82**, S. 251—259. Basel: Karger 1972.

Hassenstein, B., Reichardt, W.: Systemtheoretische Analyse der Zeit-, Reihenfolgen- und Vorzeichenauswertung bei der Bewegungsperzeption des Rüsselkäfers Chlorophanus. Z. Naturforsch. **11b**, 513—524 (1956).

Kirschfeld, K.: Das neurale Superpositionsauge. In: Fortschritte der Zoologie, Bd. **21**, S. 229—257. Stuttgart: Gustav Fischer 1973.

Land, M. F., Collett, T. S.: Chasing behaviour of houseflies. J. comp. Physiol. **89**, 331—357 (1974).

Marmarelis, P. Z., McCann, G. D.: Development and application of white-noise modeling techniques for studies of insect visual nervous system. Kybernetik **12**, 74—90 (1973).

Poggio, T.: Processing of visual information in insects: outline of a theoretical characterization. In: Drischel, H. (Ed.): Biocybernetics. Leipzig: Fischer 1975.

Poggio, T., Reichardt, W.: Visual control of orientation behaviour in the fly. II. Towards the underlying neural interactions. Quart. Rev. Biophysics **9**, 377–438 (1976).

Reichardt, W.: Autocorrelation, a principle for the evaluation of sensory information by the central nervous system. In: Rosenblith, W. A. (Ed.): Sensory Communication, pp. 303—317. Cambridge Mass.: MIT Press 1961.

Reichardt, W.: Musterinduzierte Flugorientierung. Naturwissenschaften **60**, 122—138 (1973).

Reichardt, W., Poggio, T.: A theory of the pattern induced flight orientation of the fly *Musca domestica* II. Biol. Cybernetics **18**, 69—80 (1975).

Reichardt, W., Poggio, T.: Visual control of orientation behaviour in the fly. I. A quantitative analysis. Quart. Rev. Biophysics **9**, 311–375 (1976).

Reichardt, W., Poggio, T.: Figure-ground discrimination by relative movement in the visual system of the fly. Part I: Experimental results. Biol. Cybern. **35**, 81–100 (1979).

16.5 Zur Biophysik biologischer Oszillatoren

ANDERS JOHNSSON

16.5.1 Einführung

Schwingungsphänomene werden heutzutage in vielen Bereichen der Naturwissenschaften in großer Zahl untersucht. Die in der Biologie gewöhnlich auftretenden Schwingungsdauern reichen von Bruchteilen einer Sekunde, z. B. bei rhythmischen Nervenpotential-Veränderungen, bis hin zu mehreren Jahren, beispielsweise bei Schwankungen in der Individuenzahl von Tierpopulationen. Das Interesse an Schwingungsphänomenen ist jedoch keineswegs auf die Biologie beschränkt. Beträchtliche Anstrengungen unternimmt man zum Beispiel auch, um ein besseres Verständnis von Schwingungsphänomenen in biochemischen Reaktionen und von biophysikalischen Schwingungsvorgängen in künstlichen und natürlichen Membranen zu gewinnen. Die auf diesen Gebieten erzielten Resultate führen zu einem besseren Verständnis biologischer Oszillationen und werden es vielleicht eines Tages möglich machen, die Mechanismen auf molekularer Basis zu erklären.

Die Zahl der Veröffentlichungen über biologische Schwingungsphänomene ist enorm angestiegen, vor allem über Schwingungen mit einer Periodenlänge von ungefähr einem Tag. Es ist unmöglich, in nur einem Kapitel das breite Spektrum der verschiedenen Schwingungen zu behandeln, und der Leser möge daher die subjektive Stoffauswahl verzeihen.

Dieser Beitrag beginnt mit einer kurzen Erörterung einiger Schwingungssysteme, wie sie Physikstudenten kennenlernen, und befaßt sich anschließend mit selbsterregten Oszillationen, Schwingungen in Rückkopplungssystemen, Störungen von Schwingungen und gekoppelten Oszillatoren. Zur besseren Erläuterung sind einige geeignete Beispiele aus den verschiedenen Gebieten in den Text aufgenommen worden. Da jedoch eine umfassende Behandlung den Rahmen dieses Kapitels sprengen würde, kann man nur hoffen, daß der Leser besonders den letzten Abschnitt beachten wird: dort werden Hinweise auf weitere Literatur gegeben.

16.5.2 Harmonische Schwingungen, Van der Polscher Oszillator

Das physikalische Pendel liefert ein gutes Beispiel einer sogenannten harmonischen Schwingung, wenn der Auslenkungswinkel der Schwingung klein ist und die Reibung vernachlässigt wird. Bezeichnet man die Pendelmasse mit M, die Länge des Pendels mit l und den Winkel, den das Pendel mit der Senkrechten bildet, mit θ, so gilt folgende Gleichung

$$M \cdot l \cdot \frac{d^2\theta}{dt^2} + M \cdot g \cdot \sin\theta = 0, \qquad (16.84)$$

wobei $g = 9{,}81$ m/s^2 ist.

Man erhält diese Gleichung, indem man die senkrecht zum Pendel wirkenden Kraftkomponenten nimmt und das erste Newtonsche Gesetz anwendet. Bei kleinem Auslenkwinkel ist $\sin\theta \approx \theta$, und man kann die Gl. (16.84) angenähert ausdrücken durch

$$\frac{d^2\theta}{dt^2} + \frac{g}{l}\theta = 0\,. \tag{16.85}$$

Die Gl. (16.85) für den einfachen harmonischen Oszillator wird gelöst durch folgenden Ausdruck für θ:

$$\theta(t) = \theta_0 \cdot \sin(\omega_0 t + \varphi)\,. \tag{16.86}$$

Hierbei ist $\omega_0^2 = g/l$; θ_0 und φ sind bestimmte Anfangswerte.

Es sollen nunmehr die harmonischen Schwingungen in einer sog. *Phasenebene* in zwei Dimensionen dargestellt werden. Um diese Ebene zu bestimmen, werden die beiden Variablen θ und $\dot\theta = d\theta/dt$ auf zwei senkrecht zueinander stehenden Koordinaten aufgetragen. Trägt man $\dot\theta$ als Funktion von θ für verschiedene Anfangswerte auf, so erhält man in der Phasenebene eine Schar elliptischer Phasenkurven um den Punkt (0; 0) (s. Abb. 16.33a).

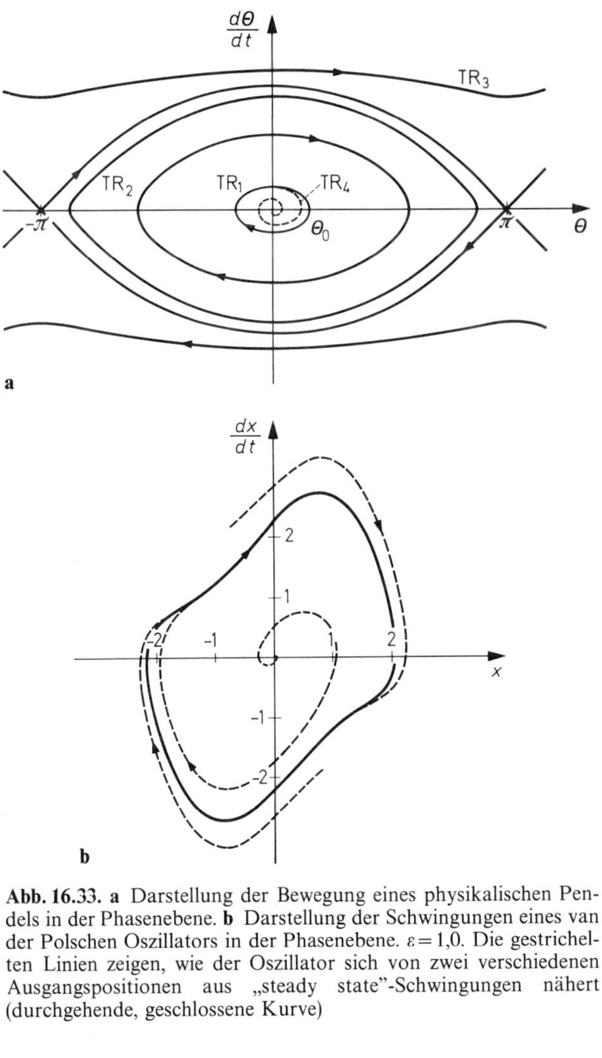

Abb. 16.33. a Darstellung der Bewegung eines physikalischen Pendels in der Phasenebene. **b** Darstellung der Schwingungen eines van der Polschen Oszillators in der Phasenebene. $\varepsilon = 1{,}0$. Die gestrichelten Linien zeigen, wie der Oszillator sich von zwei verschiedenen Ausgangspositionen aus „steady state"-Schwingungen nähert (durchgehende, geschlossene Kurve)

Diese Kurven werden als Phasenkurven TR (engl. trajectories) bezeichnet, und TR_1 zeigt, wie sich das Pendel in der Phasenebene bewegt, wenn die anfängliche Auslenkung θ_0 beträgt. Die Schwingungsrichtung in der Phasenebene ist durch Pfeile gekennzeichnet.

Wenn nun aber der Winkel nicht mehr klein ist (und $\sin\theta$ nicht mehr ungefähr gleich θ), so hat die Näherungs-Gl. (16.85) keine Gültigkeit mehr. Stattdessen muß die nicht-lineare Gl. (16.84) benutzt werden, und die Kurven werden dann komplizierter als Ellipsen, wie am Beispiel von TR_2 und TR_3 deutlich wird. TR_2 beschreibt das Verhalten eines Pendels, wenn der anfängliche Auslenkungswinkel knapp 180° beträgt. TR_3 zeigt, daß das Pendel nach einem ausreichend starken Anstoß sich überschlagen wird und dann in *einer* Richtung rotiert. Man beachte, daß immer noch die Annahme gemacht wird, daß keine Reibung auftritt und die Aufhängung steif bleibt.

Nun wird jeder, der in einem Experiment die Bewegung eines physikalischen Pendels aufzeichnet, natürlich feststellen, daß die Schwingung aufgrund von Reibung bald nachläßt und schließlich aufhört. Das heißt: $\dot\theta$ und θ nähern sich Null, und die Kurve $\dot\theta$ in Abhängigkeit von θ vollführt eine Spiralbewegung auf den Ursprung (0; 0) zu, wie die gestrichelte Bahn TR_4 in Abb. 16.33a zeigt. Hat das Pendel einmal den Ursprung erreicht, der einen *stabilen Gleichgewichtspunkt* darstellt, so bleibt es stehen und kann spontan nicht wieder zu schwingen anfangen.

Bisher ist ein physikalisches System erörtert worden, das keine selbsterregten Schwingungen aufwies, das also nicht ständig einer geschlossenen Bahn folgte, sondern eine Spirale zu einem stabilen Gleichgewichtspunkt hin beschrieb. In der Biologie kommen jedoch gewöhnlich selbsterregte Schwingungen vor, und man kommt zu dem Ergebnis, daß das harmonische Pendel kein geeignetes Modell für solche Systeme ist. Um ein besseres Modell zu erhalten, kann als eine Verallgemeinerung des harmonischen Oszillators die van der Pol-Gleichung betrachtet werden. Dieser Oszillator stellt ein Beispiel eines nicht-linearen physikalischen Oszillators dar und hat die Grundlage für zahlreiche Modelle biologischer Rhythmen geliefert, zum Beispiel der Kontraktion des Herzmuskels (mit einer typischen Periodendauer von 1 s) und der sogenannten circadianen Rhythmen (d.h. endogener Rhythmen mit einer Periode von etwa 24 Std). In seiner Grundform lautet die Gleichung folgendermaßen:

$$\frac{d^2x}{dt^2} + \varepsilon(x^2 - 1)\frac{dx}{dt} + \omega^2 x = 0\,, \tag{16.87}$$

wobei ε eine Konstante >0 ist.

Ein Vergleich mit der linearen, homogenen Gleichung

$$\frac{d^2x}{dt^2} + 2A\frac{dx}{dt} + \omega_0^2 x = 0 \tag{16.88}$$

ist nützlich. Diese Gleichung hat die Lösung

$$x(t) = x_0 \cdot e^{-At}\sin(\omega t + \varphi)\,,$$

wobei $\omega^2=\omega_0^2-A^2$ ist. Wenn $A<0$ ist, wird die Amplitude ständig zunehmen, während $A>0$ bedeutet, daß die Amplitude nach Null abnimmt. [$A=0$ entspricht dem Fall des harmonischen Oszillators, Gl. (16.84)].

Es soll nunmehr die van der Pol-Gleichung (16.87) mit der Gl.(16.88). verglichen werden. Für kleine Werte von x, d. h. wenn $\varepsilon(x^2-1)<0$ ist, nimmt die Amplitude der Schwingung zu, genau wie bei $A<0$ in Gl. (16.88). Für große Werte von x, d.h. wenn $\varepsilon(x^2-1)>0$, wird die Schwingungsweite entsprechend $A>0$ in Gl. (16.88) abnehmen. Folglich werden selbsterregte Schwingungen auftreten. Der Durchschnittswert von $\varepsilon(x^2-1)$ wird gleich Null [$A=0$ in Gl. (16.88)].

Obwohl die Ähnlichkeiten mit Gl. (16.85) groß sind (man lasse ε gegen 0 gehen!), kann die Kurvenform der Lösungen der van der Polschen Gleichung sich ziemlich stark von einer Sinuskurve unterscheiden. Je größer ε, um so weniger sinusförmig wird die Lösung sein, und bei $\varepsilon \gg 1$ nähert sie sich einer Rechteckwelle. ε ist ferner wichtig für das Übergangsverhalten der Schwingung: mit wachsendem ε nimmt die Zeit ab, bis Gleichgewichtsbedingungen erreicht sind.

Oszillatoren dieser Art werden häufig als Kipp-Schwingungen bezeichnet, da die Periode bestimmt wird durch eine Art Relaxationszeit, z.B. einer bestimmten Zeit zum Auffüllen eines Gefäßes, das, wenn es gefüllt ist, periodisch umkippt.

Ein Oszillator des van der Polschen Typs läßt sich ebenfalls in einer Phasenebene darstellen; ein Beispiel dafür ist in Abb. 16.33b gegeben. Die Phasenkurven unterscheiden sich jedoch von denen des harmonischen Oszillators in einem sehr wichtigen Punkt: wenn dieser Oszillator gestört wird und etwas von der geschlossenen Phasenkurve (durchgezogene Kurve in Abb. 16.33b) abweicht, so kehrt er wieder zu ihr zurück (gestrichelte Kurven in Abb. 16.33b). Diese Phasenkurve wird daher als *stabiler Grenzzyklus* oder kurzer *Grenzzyklus* bezeichnet. Lineare Systeme (wie der harmonische Oszillator) besitzen keine Grenzzyklen.

Beispiel 1: Circadiane Rhythmen von Pflanzen, Tieren und Menschen weisen zahlreiche Merkmale auf, die für Kipposzillatoren typisch sind; sie sind von Bünning und von Wever ausführlich diskutiert worden. Circadiane Rhythmen sind zwar endogen, können aber durch die Lichtverhältnisse in der Umwelt beeinflußt werden. Man kann die Oszillatoren sozusagen durch äußere Lichtsignale „erregen".

Um circadiane Rhythmen zu simulieren, wurde der folgende auf der van der Polschen Gleichung beruhende Ausdruck benutzt:

$$\frac{d^2y}{dt^2}+f_1(y)\frac{dy}{dt}+f_2(y)\cdot y=\frac{d^2x}{dt^2}+\frac{dx}{dt}+x\,.$$

y entspricht dabei der schwingenden biologischen Variablen, f_1 und f_2 sind Funktionen von y, die man benutzt, um bestimmte experimentell gefundene Ergebnisse zu erklären. f_1 entspricht im wesentlichen der in der van der Pol-Gleichung benutzten Form. Die rechte Seite der Gleichung beschreibt, wie die Lichtstärke x den van der Polschen Oszillator erregt. Verschiedene Eigenschaften der circadianen Rhythmen sind mit Hilfe dieser Gleichung simuliert worden.

16.5.3 Störungen von Oszillatoren, Phasen-Response-Kurven

Bis jetzt wurden die Lösungen für relativ einfache Differentialgleichungen, wie sie in der Physik benutzt werden, erörtert. Wenn man sich nun den biologischen Schwingungen zuwendet, so muß man sich immer wieder vor Augen halten, daß diese sehr viel komplizierter sind und daß sie sich möglicherweise überhaupt nicht mit solchen einfachen Gleichungen beschreiben lassen. Trotzdem soll das im vorigen Abschnitt Gesagte als Grundlage für ein besseres Verständnis dienen.

Alle biologischen Oszillatoren lassen sich durch geeignete Größen (Licht, Ionen, elektromagnetische Felder usw.) stören. Die Störung zeigt sich als Veränderung der Schwingung gegenüber dem vorhergehenden „steady state"-Zustand: in einer Phasenverschiebung, einer Änderung der Amplitude, der Frequenz usw. Veränderungen der Amplitude können das Ergebnis einer Störung am Oszillator selbst darstellen, sie könnten aber genau so gut darauf hindeuten, daß eine Veränderung der vom Oszillator verursachten Reaktionen stattgefunden hat. Veränderungen der Phase und der Frequenz (die nach einigen Übergangszyklen bestehen bleiben) müssen jedoch auf Veränderungen in dem Schwingungssystem selbst beruhen. Daher untersuchen Wissenschaftler, die die Grundlagen der Oszillatoren erkunden wollen, häufiger die Phasen- und Frequenzveränderungen der biologischen Oszillatoren. Der folgende kurze Abschnitt basiert auf Resultaten mehrerer Untersuchungen, die man bei Phasenverschiebungen der circadianen Schlüpfrhythmik von *Drosophila pseudoobscura* erhalten hat.

Diese circadiane Rhythmik kann dadurch in Gang gesetzt werden, daß man eine Population von Insektenpuppen einem kurzen Lichtpuls aussetzt (s. Abb. 16.34a). Das Schlüpfen einer einzelnen Fliege aus dem Puparium kann nur zu bestimmten Zeitabschnitten stattfinden, die durch eine physiologische Uhr in der Puppe festgelegt sind. Wenn die Puppe das Schlüpfstadium erreicht hat, aber das Schlüpfen aus irgendeinem Grund nicht zum „erlaubten" Zeitpunkt stattfinden kann, so muß sie eine weitere volle Tagesperiode abwarten, bis wieder Schlüpfen in einem bestimmten Zeitraum „erlaubt" ist. In einer Puppenpopulation, in der die einzelnen Puppen Altersunterschiede aufweisen, werden die Fliegen daher in regelmäßigen Zeitabständen, ungefähr alle 24 Std, schlüpfen. Diese Schlüpfrhythmik ist intensiv untersucht worden auf der Grundlage von Grenzzyklus-Überlegungen, wie sie in Abschnitt 16.5.2 umrissen worden sind. Es soll dies auch hier getan werden, und zwar sollen einige Experimente behandelt werden, bei denen Lichtpulse zur Störung der Schlüpfrhythmik benutzt werden. Zwei

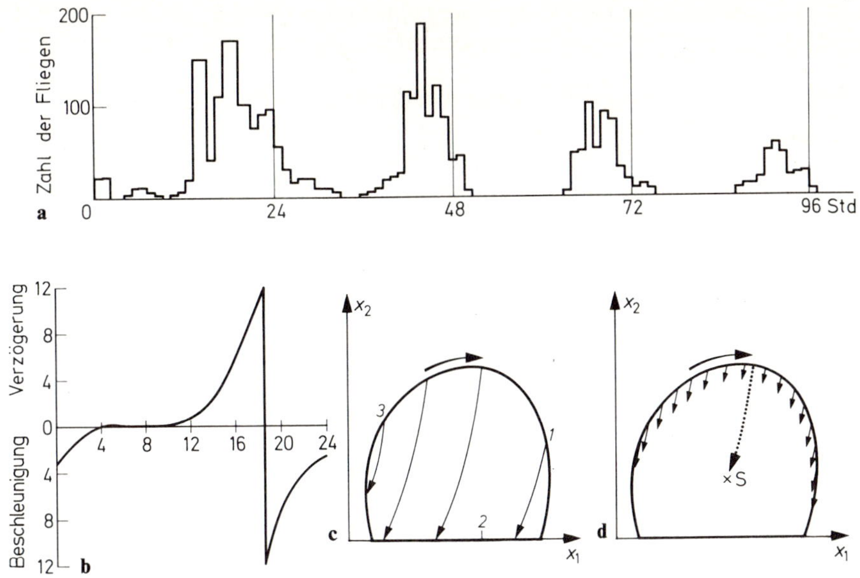

Abb. 16.34. a Anzahl der aus einer Population von Drosophila pseudoobscura-Puppen ausgeschlüpften Fliegen. Ein kurzer Lichtblitz endete zum Zeitpunkt Null. Das Schlüpfen erfolgt in Schüben, die 24 Std. voneinander entfernt sind. (Nach Bünning, 1973.) **b** Durch einen 15minütigen Weißlichtblitz von 1000 Lux verursachte Phasenverschiebung in der Schlüpfrhythmik. Alle Werte sind in Stunden angegeben. **c** Hypothetische Darstellung der Schlüpfrhythmik in der Phasenebene. x_1 und x_2 bezeichnen die hypothetischen Zustandsvariablen. „Starke" Lichtpulse stören die Schwingung, so daß sie sich am Ende des Pulses an den Stellen befindet, auf die die nach unten gerichteten Pfeile zeigen. **d** Dieselbe Darstellung in der Phasenebene wie bei **c**. Kleine nach unten gerichtete Pfeile zeigen an, wo sich das System nach Einwirken „schwacher" Lichtpulse befindet. Der punktierte Pfeil zeigt, wie ein richtig dosierter Lichtpuls den Oszillator in die Nähe des Singularitätspunktes S bringen könnte

verschiedene experimentelle Methoden sollen diskutiert werden.

(a) Wenn man 15 min lang weißes Licht (1000 Lux) auf die Puppen fallen läßt, so wird sofort eine Phasenverschiebung des circadianen Oszillators hervorgerufen. (Versuche mit mehrfachen Lichtpulsen bestätigen die Feststellung, daß die Phasenverschiebung sehr schnell eintritt.) Der Oszillator ist nach der Phasenverschiebung einem ungestörten Oszillator gegenüber entweder verzögert oder verfrüht. Größe und Richtung der Phasenverschiebung sind abhängig davon, in welcher Phase der Oszillator sich befindet, wenn der Lichtpuls gegeben wird. Dies ist in Abb. 16.34b dargestellt. Auf eine leicht verfrühende Phase folgt eine Zone ohne Wirkung, dann eine Zone mit zunehmenden Verzögerungen, der abrupt wieder eine Zone mit Verfrühungen folgt; dieses Muster setzt sich dann mit einer Periode von 24 Std fort. Es handelt sich um eine sogenannte *Phasen-Response-Kurve*.

Die Phasen-Response-Kurve soll jetzt mit dem Grenzzyklus in Abb. 16.34c verglichen werden (bei dieser Darstellung kann das System keine negativen Werte für x_2 erhalten). Eine Störung des Oszillators zu einem bestimmten Zeitpunkt kann man sich so vorstellen, daß das System vom Grenzzyklus wegbewegt wird. Lichtpulse (1000 Lux) stören das System entsprechend der nach unten gerichteten Pfeile, die wieder am Grenzzyklus enden. Man sieht, daß ein in Position 1 gegebener Puls die Schwingung beschleunigt (ein „Abkürzungsweg" des Grenzzyklus); in Position 2 gegeben, läßt der Lichtpuls die Schwingung unbeeinflußt und in Position 3 verzögert er sie (das System wird auf den Grenzzyklus zurückverschoben). Der Oszillator kehrt also nach dem Lichtpuls wieder zum Grenzzyklus zurück.

Die Analyse der Drosophila-Schlüpfrhythmik mit Hilfe der Phasen-Response-Kurve und der Grenzzyklen hat sich als sehr fruchtbar erwiesen und ist von Pavlidis eingehend diskutiert worden. Zum Beispiel hat man Phasen-Response-Kurven dazu benutzt, um vorauszusagen, wie die Phasenverschiebung der Schlüpfrhythmik aufgrund mehrfacher Lichtpulse von je 15 min aussehen müßte. Man hat experimentell herausgefunden, daß die Rhythmik von solchen Lichtpulsen „mitgenommen" werden kann und ihre 24 Std-Frequenz auf die der Lichtpulse umstellt. Diese Mitnahme des Oszillators auf ein äußeres, wiederholtes Signal nennt man „entrainment". Entrainment ist jedoch nur innerhalb eines bestimmten Periodenspielraums möglich, und die Grenzen des Mitnahmebereiches (18–30 Std) konnte man mit Erfolg anhand der Phasen-Response-Kurve für Drosophila vorhersagen.

(b) Im Abschnitt 16.5.2 ist gezeigt worden, daß es für den harmonischen Oszillator einen stabilen Gleichgewichtspunkt gibt, den Ursprung (0; 0). Dagegen ist der Gleichgewichtspunkt (0; 0) der van der Polschen Gleichung *nicht stabil* (bei $x \approx 0$ nähert sich die Gl. (16.87) der Form $\frac{d^2x}{dt^2} - \varepsilon \frac{dx}{dt} + x = 0$, deren Lösung zunehmende Amplituden aufweist). Dies ist ein Beispiel dafür, daß die Gleichgewichtspunkte, die auch als *Singularitätspunkte* bezeichnet werden, stabil oder unstabil sein können. Es stellt sich nunmehr die Frage, ob komplizierte biologische Oszillatoren derart gestört werden können, daß sie einen Singularitätspunkt erreichen, und wenn ja, ob dieser Singularitätspunkt stabil ist oder nicht?

Für den Fall der Drosophila-Schlüpfrhythmik ist diese Frage von Winfree untersucht worden. Seine experimentelle Methode läßt sich anhand der Abb. 16.34d verstehen. Der Grenzzyklus einfacher Schwingungssysteme (wie in der Abbildung angenommen) umschließt zumindest einen Singularitätspunkt (Poincaré); er ist mit S bezeichnet. Man kann annehmen, daß schwache Lichtpulse (entweder kurz oder von geringer Intensität) kleinere Störungen verursachen als 15minütige Pulse und daß sie das gestörte System innerhalb des Grenzzyklus belassen. In Abb. 16.34d entfernen sich die Pfeile nur wenig vom Grenzzyklus, sie bleiben innerhalb seiner *Anziehungszone*, und die Schwingung wird bald wieder den Grenzzyklus erreichen.

Man könnte daraus ableiten, daß es zwischen den beiden bisher genannten Extremfällen einen „geeigneten" Lichtpuls geben könnte, der, in der „richtigen" Phase des Rhythmus gegeben, das System in die Nähe des Punktes S bringt. Eine solche Störung zeigt der gestrichelte Pfeil in Abb. 16.34d. Tatsächlich hat Winfree festgestellt, daß die Schlüpfrhythmik durch einen richtig dosierten Lichtpuls in einen Singularitätspunkt gebracht werden konnte und daß ferner der Singularitätspunkt stabil zu sein scheint (d.h. die Amplitude des Oszillators müßte innerhalb der für das Experiment zur Verfügung stehenden Zeit nach dieser besonderen Störung Null sein). Dieses Ergebnis hat beträchtliche Folgen für die experimentelle und theoretische Arbeit auf dem Gebiet der endogenen Tagesrhythmik. Es wurde gezeigt, daß ein anderes cirkadianes System, eine Blütenblattbewegung, auch einen stabilen Singularitätspunkt hat (Engelmann u. Johnsson, 1978).

16.5.4 Ein anderer Blickpunkt: Rückkopplung

Ingenieure und Physiologen haben häufig mit Schwingungen in Kontrollsystemen zu tun, die von ihnen gern in Form von Blockdiagrammen dargestellt werden. In diesem Abschnitt sollen einige biologische Systeme dieser Art betrachtet werden.

Man betrachtet dazu das sehr einfache Blockdiagramm in Abb. 16.35. Es stellt ein *Rückkopplungs*-System dar, in dem das Signal $s(t)$ mit einem Sollwert s_{ref} verglichen wird, so daß $(s_{ref} - s(t))$ ein Fehlersignal $e(t)$ bedeutet. Dieses Fehlersignal ist der Input des Vorganges, den man untersucht, und die Reaktion des Systems erscheint als das Output-Signal $s(t)$. $s_1(t)$ bezeichnet das Signal kurz vor einem Block, der eine Verzögerung um t_d Zeiteinheiten bewirkt.

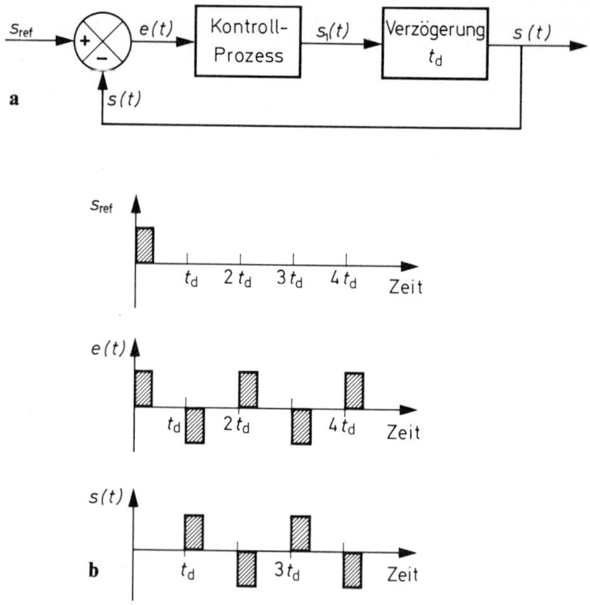

Abb. 16.35. a Rückkopplungssystem mit einem Kontrollprozeß und einer Verzögerung t_d. **b** Beispiel des Schwingungsverhaltens in diesem Rückkopplungssystem, wenn man annimmt, daß der Kontrollprozeß konstant und gleich 1 ist. s_{ref} verändert sich kurzfristig zum Zeitpunkt Null, wurde aber anschließend gleich Null gehalten. Da $s(t)$ Null ist, wird das Fehlersignal $e(t)$ zum Zeitpunkt Null positiv sein. Dies beeinflußt den Output $s(t)$, allerdings erst nach der Verzögerung t_d. Dadurch wird $s(t)$ positiv und $e(t)$ gleichzeitig negativ (da s_{ref} gleich Null). Das negative $e(t)$ zum Zeitpunkt t_d erscheint daher als ein negatives $s(t)$ zum Zeitpunkt $2t_d$ usw. und es entstehen Eigenschwingungen

Nimmt man zunächst an, daß der Kontrollprozeß eine Konstante k sei, dann kann man aus Abb. 16.35a ablesen, daß

$$s_1(t) = k(s_{ref} - s(t))$$

und

$$s(t) = s_1(t - t_d),$$

d.h.

$$s(t) = k \cdot (s_{ref} - s(t - t_d))$$

oder

$$s(t) = k \cdot s_{ref} - k \cdot s(t - t_d).$$

Nimmt man an, s_{ref} sei, mit Ausnahme eines kurzen Momentes (um die Störung in das Rückkopplungssystem einzuführen), gleich Null, und k sei einfach gleich eins, so ist der Ausdruck für das wiederholte Signal $s(t)$ besonders einfach. Dieser Fall ist in Abb. 16.35b wiedergegeben. Ist k kleiner als eins, so sind die Schwingungen gedämpft, ist k dagegen größer als eins, so werden die Amplituden der Schwingung zunehmen.

In einem Kontrollsystem mit Rückkopplung wie dem in Abb. 16.35a können Schwingungen auftreten, wenn die Verstärkung zusammen mit einer bestimmten Zeitverzögerung groß genug ist.

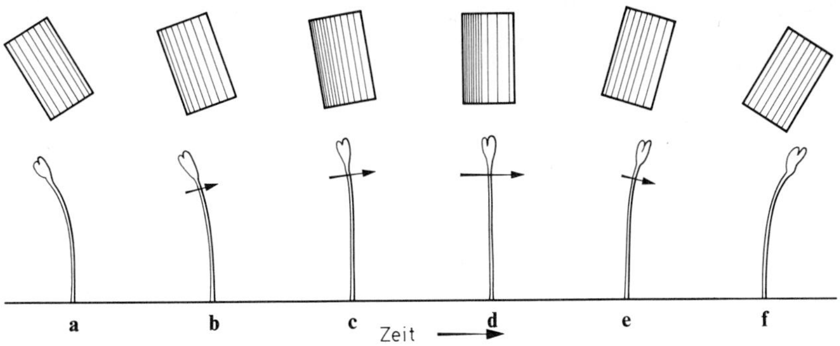

Abb. 16.36a–f. Aufeinanderfolgende Stadien der Schwingungsbewegung einer Pflanze um die Senkrechte. In **a** ist die Pflanze gegenüber ihrer Bezugs-Wachstumsrichtung (der Senkrechten) geneigt. Die ausgleichende Bewegung setzt nicht sofort ein, da der — über der Pflanze eingezeichnete — Gradient des Wachstumshormons erst nach einer gewissen Zeit nicht mehr gleich Null ist. In **b** ist ein geringer Hormongradient entstanden, und die Pflanze beginnt sich in Richtung auf die Senkrechte zu bewegen. In **c** und vor allem in **d** ist der Gradient voll entwickelt, die Pflanze erreicht eine maximale Krümmungsgeschwindigkeit und schießt über die Senkrechte hinaus. In **e** ist der Hormongradient geringer und in **f** schließlich wird er vernachlässigbar. Es ist jetzt die gleiche Situation wie in **a** vorhanden, und der Prozeß beginnt von neuem, wobei sich die Pflanze jetzt allerdings in die entgegengesetzte Richtung bewegt

Je nachdem, wie das System im einzelnen aussieht, können die Schwingungen durch Rauschen (das in einem biologischen System immer vorhanden ist) oder durch andere Störungen aus der Umwelt hervorgerufen werden. Die Amplitude dieser Schwingungen nimmt zu, bis einige nicht-lineare Elemente des Rückkopplungskreises das System daran hindern, zu „explodieren".

Beispiel 2: Ist der Kontrollprozeß in Abb. 16.35 ein Integrator (ein realistischerer und interessanterer Fall als eine Konstante, wie oben angenommen), so läßt sich die Analyse des Systems wie folgt vornehmen:

$$s_1(t) = \int_0^t k \cdot e(\tau) d\tau$$

$$\frac{ds_1(t)}{dt} = k \cdot e(t)$$

$$\frac{ds(t)}{dt} = \frac{ds_1(t-t_d)}{dt} = k \cdot e(t-t_d) = k[s_{ref} - s(t-t_d)] .$$

Nimmt man $s_{ref} = 0$ an, so erhält man

$$\frac{ds(t)}{dt} = -k \cdot s(t-t_d) .$$

Als Lösung erhält man $s(t) = A(t) \cdot \sin(\omega t + \varphi)$, wobei die Amplitude $A(t)$ konstant ist, wenn $k = \pi/2t_d$ und ω die Winkelgeschwindigkeit der Schwingung wiederhergestellt ist. Die Periodenlänge der Schwingungen beträgt in diesem Fall das Vierfache der bloßen Verzögerung t_d. Bei $k > \pi/2t_d$ nimmt die Amplitude zu, bei $k < \pi/2t_d$ nimmt sie ab.

An diesem Punkt sollen einige Beispiele diskutiert werden, die den Begriff der Schwingung in Rückkopplungssystemen verdeutlichen. Diese Beispiele sind vereinfachte Darstellungen aus der Literatur und selbstverständlich nicht als lückenlose Darstellungen dessen gedacht, was in der Realität geschieht.

Beispiel 3: Der Haupttrieb einer Pflanze wächst normalerweise senkrecht nach oben. Eine Abweichung von dieser Richtung wird von der Pflanze entdeckt und verursacht später eine Wachstumsreaktion, die die Abweichung ausgleicht. Dieses Gleichgewichtssystem ist weitgehend von Johnsson und Heathcote in derselben Weise beschrieben worden, wie es in Abb. 16.35a und Beispiel 2 dargestellt wurde. Aufgrund der Zeitverzögerung in der Reaktion und der relativ starken Reaktion (entsprechend der Verstärkung in dem Rückkopplungssystem) lassen sich in diesem Richtungssuchen des Systems Eigenschwingungen feststellen.

Abbildung 16.36 erläutert, wie die Schwingungen erklärt werden können. Eine Abweichung von der Senkrechten, wie in *a* dargestellt, ruft nach einer zeitlichen Verzögerung ein Gefälle des Wachstumshormons in dem Stengel hervor, siehe *b* (die dunklen Flächen bedeuten eine hohe Konzentration von Wachstumshormonen). Die Abweichung von der Senkrechten in *a* führt dazu, daß nach einer Weile entsprechend *c*, wie durch den Pfeil angedeutet, die Krümmungsgeschwindigkeit groß wird. Durch die Verzögerung durchläuft aber die Pflanze die Senkrechte, *d*, und schießt über sie hinaus, *e*. Bei *f* hat die Pflanze einen Abweichwinkel erreicht, der dem in *a* entspricht, und das Gefälle des Wachstumshormons wird umgekehrt sein und die Pflanze veranlassen, sich zurückzubiegen und einen Zyklus abzuschließen.

Beispiel 4: Licht, das ins Auge fällt, trifft die Retina, die logarithmisch auf den Lichtstrom F reagiert. Nach Verzögerungen im Empfängersystem, die zum Beispiel durch synaptische Übertragung hervorgerufen worden sind, wird die Pupillenzone durch den Schließmuskel reguliert. Das Produkt aus Pupillenfläche A und der Lichtintensität I bestimmt den Lichtstrom F.

So wird eine verstärkte Intensität I nach einer zeitlichen Verzögerung die Pupillenfläche verringern, um den neuen Lichtstrom zu vermindern (dieses Rückkopplungssystem ist übersichtlich von McFarland dargestellt worden). Konzentriert man einen kleinen Lichtstrahl auf den Rand der Pupille, so kann man in diesem Rückkopplungssystem leicht Eigenschwingungen erzeugen. Dies geschieht wiederum aufgrund

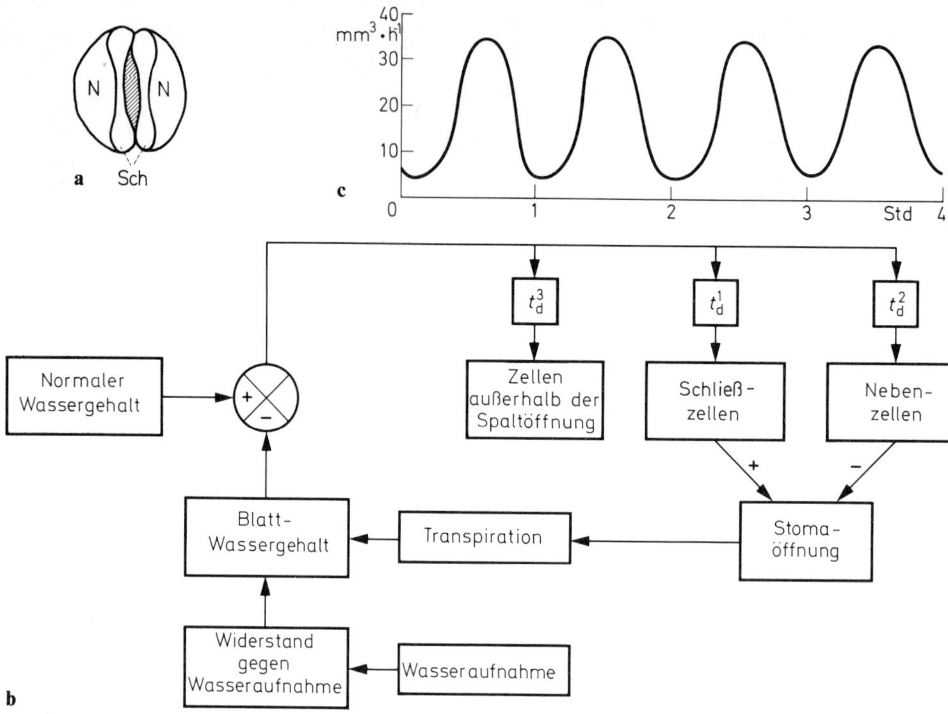

Abb. 16.37a–c. Spaltöffnung einer Haferpflanze bei der Regulation der Verdunstung an der Blattoberfläche. Wasserdampf wird durch den schraffierten Spalt transpiriert, der mit Hilfe der Schließzellen (*Sch*) und der Nebenzellen (*N*) reguliert werden kann. **b** Ein Kontrollschema, das die Existenz einer Rückkopplung bei der Wasserregulierung der Pflanze demonstriert. Wenn bestimmte Bedingungen im System erfüllt sind, ist es wahrscheinlich, daß Schwingungen entstehen. **c** Experimentelle Registrierung der rhythmischen Transpiration einer 7 Tage alten Haferpflanze

einer Verstärkung im Rückkopplungskreis: die Veränderung der Pupillenfläche wird einen Effekt auf den Lichtfluß auf die Retina haben, der größer ist als normalerweise, wenn der Lichtstrahl auf den Rand konzentriert wird.

Beispiel 5: Die Kontrolle des Wasserzustandes einer Pflanze, d.h. des Systems, mit dem eine Pflanze ihren Wasserhaushalt optimiert, besteht aus mehreren Rückkopplungsschleifen. Mit Hilfe eines solchen Modells ist es Cowan gelungen, Eigenschwingungen in der Transpiration und in der Wasseraufnahme unter bestimmten Bedingungen einigermaßen zu erklären.

Abbildung 16.37a zeigt schematisch eine Spaltöffnung (Stoma), die die Verdunstung von der Oberfläche eines Grasblattes regelt. Durch die schraffierte Fläche gelangt Wasserdampf heraus, und wenn der Wassergehalt der *Schließzellen* (Sch) zunimmt, wird ihrer mechanischen Struktur zufolge die schraffierte Fläche und somit auch die Transpiration *größer werden.* Andererseits führt eine Zunahme im Volumen der *Nebenzellen* (N) zu einer *Verminderung* der schraffierten Fläche und der Transpiration.

Die vereinfacht dargestellte Wasserregulierung dieser „Schlüssel"-Zellen läßt sich anhand von Abb. 16.37b erläutern. Der Wassergehalt des Blattes beeinflußt den Wassergehalt in den Schließ- und Nebenzellen. Da der Wasserfluß immer mit Fließwiderstand und „Wasserkapazitäten" verbunden ist, werden die Zeitkonstanten t_d^1 und t_d^2 (die den Zeitverzögerungen in den oben genannten Beispielen entsprechen) eingeführt. Die Spaltöffnung wird somit durch das gemeinsame Einwirken der beiden Zelltypen geregelt (+ und − weisen darauf hin, daß ein geänderter Wassergehalt zu einer größeren bzw. einer kleineren Spaltöffnungsfläche führen). Die Spaltöffnungsfläche beeinflußt die Transpirationsgeschwindigkeit und dadurch wiederum den Wassergehalt. Somit wird ein geschlossener Rückkopplungskreis gebildet (vgl. Abb. 16.35).

Schwingungen können in einem solchen Modell unter einer Vielzahl von Bedingungen auftreten, wie Cowan gezeigt hat. Auch in der Natur kommen Schwingungen in der Wasserregulierung relativ häufig vor und ein Beispiel solcher im Experiment festgestellter Schwingungen ist in Abb. 16.37c dargestellt.

Wenn der Widerstand gegen Wasseraufnahme Null beträgt, so beeinflußt die Transpiration den Wassergehalt der Blätter nur sehr geringfügig, und das bedeutet, daß die Verstärkung des Rückkopplungskreises nur klein ist. Es sollten daher keine Schwingungen auftreten. Dies konnte man auch demonstrieren, indem man das gesamte Wurzelsystem der Pflanze abtrennte: danach verschwindet der Großteil des Fließwiderstandes und die Pflanze wird mit Wasser „gesättigt". Experimente haben gezeigt, daß man durch physikalischen Druck auf die Wassertransportgefäße (als Ersatz für den Fließwiderstand in den Wurzeln) die Schwingungen wieder hervorrufen kann. Dadurch vergrößert sich die Auswirkung der Transpiration auf den Wassergehalt, d.h. der Verstärkungsgrad des Rückkopplungskreises steigt an und Schwingungen können stattfinden.

Natürlich werden auch andere Zellen im Blatt ihr Volumen je nach der Menge des verfügbaren Wassers verändern. Es kann davon ausgegangen werden, daß sie an der in der Abbildung dargestellten Regulierung nicht teilhaben. Darüber hinaus werden in dem Schema der CO_2-Gehalt des Blattes und zahlreiche andere wichtige physiologische Variablen nicht berücksichtigt. Es vermittelt aber dennoch in anschaulicher Weise eine Erklärung für viele Merkmale der oszillatorischen Wasserregulierung in Pflanzen.

Die Blattfläche einer Pflanze ist mit Tausenden von Spaltöffnungen bedeckt (40–50 pro mm^2 beim Grasblatt). Um zu einem gemeinsamen Transpirationsrhythmus des ganzen Blattes zu führen, müssen ihre Schwingungen synchron verlaufen. Dies ist nur möglich, wenn sie sich gegenseitig beeinflussen, d.h. wenn sie irgendwie miteinander gekoppelt sind. Gekoppelte Oszillatoren sind ein interessantes Thema; sie sollen im nächsten Abschnitt behandelt werden.

16.5.5 Kopplung mehrerer Oszillatoren

In der Natur haben die Zellen gewöhnlich räumlichen Kontakt miteinander, und man kann sich leicht vorstellen, daß zwischen ihnen Information fließt (zum Beispiel mit Hilfe chemischer Übertragung). Ein Schwingungsverhalten in einer Zelle kann daher Schwingungen in den Nachbarzellen beeinflussen. Untersuchungen über die Kopplung von biologischen Oszillatoren sowie über neue Effekte, die bei der Einführung von Kopplungen auftreten, sind daher von höchstem Interesse; sie wurden von Pavlidis übersichtlich dargestellt. Nehmen wir an, daß n Zellen vorhanden sind, von denen jede einen harmonischen Oszillator entsprechend Gl. (16.85) [bzw. Gl. (16.88), wenn $A=0$] enthält und mit allen anderen Zellen gekoppelt ist, und zwar derart, daß für den k-ten Oszillator der Ausdruck gilt

$$\frac{d^2x_k}{dt^2}+\omega_0^2x_k=r\cdot\omega_0^2\left(\sum_{\substack{j=1\\j\neq k}}^{n}x_j\right). \qquad (16.89)$$

Dies ist eine lineare Differentialgleichung, die nicht viel mit einem biologischen Oszillator zu tun hat. Darüber hinaus ist für alle Zellen die gleiche Kreisfrequenz angenommen und davon ausgegangen worden, daß der Kopplungsfaktor r zwischen den Zellen im gesamten Gewebe gleich ist. Dennoch wird diese Gleichung helfen, einige wichtige Punkte zu verstehen.

Wenn alle n Gl. (16.89) addiert werden und $\sum_{j=1}^{n}x_j=y$ gesetzt wird, erhält man

$$\frac{d^2y}{dt^2}+\omega_0^2(1-r(n-1))\,y=0\,.$$

y kann also mit einer Frequenz

$$\omega_o(1-r(n-1))^{\frac{1}{2}} \qquad (16.90)$$

schwingen [s. Gl. (16.88)]. Es muß beachtet werden, daß diese Frequenz bei $r>0$ gegenüber der eines einzelnen Oszillators verringert ist.

Die Oszillatorenpopulation kann jedoch auch Schwingungen mit einer anderen Frequenz enthalten. Betrachtet man den Ausdruck $x_{k+1}-x_k$ für unterschiedliche k-Werte, so erhält man

$$\frac{d^2(x_{k+1}-x_k)}{dt^2}+\omega_0^2(1+r)\,(x_{k+1}-x_k)=0\,,\qquad k=1,2,\ldots,n-1\,.$$

Unter bestimmten Bedingungen wird daher das System mit einer Frequenz $\omega_0(1+r)^{\frac{1}{2}}$ schwingen. Handelt es sich um eine gerade Anzahl von Oszillatoren, so können sie zwei Untergruppen bilden, die mit einer Phasenverschiebung von 180° gegeneinander schwingen.

Das oben angeführte Beispiel kann auf eine Population nichtlinearer, selbsterregter Oszillatoren mit verschiedenen Frequenzen und unterschiedlichen Kopplungsfaktoren erweitert werden. Die oben erörterten Punkte behalten auch in solchen komplizierteren Fällen ihre Gültigkeit.

Im folgenden sollen einige Bemerkungen über Oszillatoren mit endogener Tagesrhythmik gemacht und die Bedeutung gekoppelter Oszillatoren erörtert werden.

(a) Die bei einer Population von Oszillatoren beobachtete Frequenzverringerung ermöglicht, periphere Rhythmen mit langen Perioden durch Kopplung von Zellen mit inhärenten kurzen Schwingungen zu erklären. Da biochemische Oszillationen mit kurzen Perioden gefunden und eingehend untersucht worden sind, bietet die Frequenzverringerung eine attraktive Möglichkeit, Oszillationen mit langen Perioden (zum Beispiel Tagesrhythmen) und biochemische Oszillationen mit kurzen Perioden miteinander in Verbindung zu bringen. Das System gekoppelter Oszillatoren wird außerdem weniger empfindlich auf Parameterveränderungen reagieren, die in den einzelnen Oszillatoren zufällig auftreten.

(b) Die Oszillatoren können auf verschiedene Art und Weise miteinander gekoppelt sein. Dies könnte dazu führen, daß eine (innere oder äußere) Störung in der Population gekoppelter Oszillatoren Frequenzveränderungen hervorruft. Das würde erklären, warum Frequenzänderungen in biologischen Systemen sowohl spontan als auch nach einer äußeren Störung auftreten.

(c) Es könnte zwei Untergruppen geben, die mit einer Phasenverschiebung von 180° zueinander schwingen, wie schon oben erwähnt wurde. Nimmt man ein physiologisches Ereignis an, das von Maxima ausgelöst wird, die in der Gesamtpopulation auftreten, so kann man zu der folgenden Vorstellung gelangen: Wenn alle Oszillatoren synchronisiert sind, so wird pro Zyklus ein Ereignis ausgelöst. Sind die Oszillatoren in zwei Untergruppen aufgeteilt, so betrüge die Zahl der ausgelösten Ereignisse das Doppelte der Periode der Untergruppen (zuerst löst eine Untergruppe aus, dann die zweite, usw.).

Tatsächlich hat man auch ein solches Aufspalten (engl. „Splitting") der endogenen Tagesrhythmik experimentell gefunden. Bei der Registrierung der Aktivitätsrhythmen bestimmter Tiere kann man durch Verringern der Lichtintensität eine circadiane Rhythmik in eine ungefähr 12-stündige Rhythmik überführen.

(d) Bei der Aufspaltung einer Gruppe von Oszillatoren in zwei Untergruppen existiert theoretisch ein Hysterese-Effekt: Wenn man die Kopplung der Oszillatoren so weit reduziert, bis Splitting auftritt, und danach die Kopplung wieder auf ihren ursprünglichen Wert anwachsen läßt, so bleibt häufig das Splitting bestehen. Tatsächlich ist dann eine stärkere Kopplung erforderlich, um die normale Frequenz ohne Splitting wieder herzustellen.

Dasselbe Phänomen hat man auch bei Aktivitätsrhythmen gefunden. Wenn man mit einer Lichtstärke beginnt, bei der ein normales circadianes Aktivitätsmuster registriert wird, danach die Lichtstärke verringert, bis ein 12-stündiges Muster entsteht, und schließlich wieder zu den ursprünglichen Bedingungen zurückkehrt, so wird das 12 Std-Muster häufig immer noch beibehalten werden. Das bedeutet, daß der Hysterese-Effekt gekoppelter theoretischer Oszillatoren ein Analogon in der Biologie besitzt.

(e) Der Ausdruck für die Frequenz des Oszillatorsystems, Gl. (16.90), zeigt, daß bei abnehmendem n und $r>0$ die Frequenz zunehmen sollte. Tatsächlich nahm die Frequenz der periodischen Impulsaktivität bei Netzhautpräparaten von *Aplysia californica* zu, wenn Teile der Netzhaut entfernt wurden. Dieser Einfluß der Populationsgröße auf die Frequenz ist ein weiterer Beweis dafür, wie nützlich die Theorie der gekoppelten Oszillatoren bei der Erforschung biologischer Schwingungsprobleme sein kann.

Literaturauswahl

Aschoff, J. (Ed.): Circadian Clocks. Amsterdam: North-Holland Publ. 1965.

Bünning, E.: The physiological clock (3rd Ed.). Berlin-Heidelberg-New York: Springer 1973.

Chance, B., Pye, E. K., Ghosh, A., Hess, B. (Eds.): Biological and biochemical oscillators. New York-London: Academic Press 1973.

Cowan, I. R.: Oscillations in stomatal conductance and plant functioning associated with stomatal conductance: observations and a model. Planta **106**, 185–219 (1972).

Engelmann, W., Johnsson, A.: Attenuation of the petal movement rhythm in Kalanchoe with high pulses. Phys. Plant. **43**, 68–76 (1978).

Johnsson, A., Heathcote, D.: Experimental evidence and models on circumnutations. Z. Pflanzenphysiol. **70**, 371–405 (1973).

McFarland, D. J.: Feedback mechanisms in animal behaviour. New York-London: Academic Press 1971.

Menaker, M. (Ed.): Biochronometry. Washington: National Academy of Sciences 1971.

Milsum, J. H.: Biological control systems analysis. New York: McGraw-Hill Book Comp. 1966.

Pavlidis, Th.: Biological oscillators: their mathematical analysis. New York-London: Academic Press 1973.

Pittendrigh, C. S.: The circadian oscillation in Drosophila pseudoobscura pupae: A model for the photoperiodic clocks. Z. Pflanzenphysiol. **54**, 275–307 (1966).

Wever, R.: The circadian system of man. Berlin-Heidelberg-New York: Springer 1979.

Winfree, A. T.: Integrated view of resetting a circadian clock. J. theoret. Biol. **28**, 327–374 (1970).

17 Evolution

Die Vorstellung einer Biosphäre, welche sich stetig verändert und einer Entwicklung nach eigenen Gesetzmäßigkeiten unterworfen ist, war schon festes Gedankengut der meisten Naturwissenschaftler des ausgehenden 18. und beginnenden 19. Jahrhunderts. Der wirkliche Durchbruch des Evolutionsgedankens gelang dann durch die sorgfältigen und systematischen Arbeiten von Charles Darwin, welche in seinem weltbekannten Buch "On the origin of species" 1859 in zusammenfassender Form der wissenschaftlichen Öffentlichkeit vorgelegt wurden. Darwin formulierte seine Theorie aus dem reichen Erfahrungsschatz seiner Beobachtungen heraus und ganz ohne Detailkenntnisse über die mikroskopischen und submikroskopischen Strukturen und Mechanismen in der belebten Welt. Darwins Theorie sieht die Triebkraft der Evolution in dem Zusammenwirken von kleinen Abwandlungen der Organismen, welche durch zufällige Veränderungen beim Replikations- oder Vermehrungsvorgang zustandekommen, und natürlicher Selektion durch die Anforderungen der Umwelt. In der zweiten Hälfte des vorigen Jahrhunderts war es noch müßig, nach tieferen Ursachen dieser beiden Prinzipien zu fragen, geschweige denn gezielte Experimente anzustellen. Die Chemie der Naturstoffe steckte in den allerersten Anfängen, eine Biochemie im heutigen Sinn existierte nicht. In der Folge aber nahmen die Vorstellungen von den, in der belebten Welt wirkenden Mechanismen immer konkretere Formen an. Vor allem die Erkenntnisse der Genetik und der Molekularbiologie stellten Darwins Theorie auf ein solides Fundament. Heute stehen uns molekulare Erklärungsmöglichkeiten für viele Phänomene des Lebens zur Verfügung. Insbesondere das Vordringen zu den molekularen Einzelheiten des Erbmaterials und der Mechanismen der Vererbung mit dem spektakulären Auftakt des Postulates der DNS-Struktur durch Watson und Crick in den frühen fünfziger Jahren brachten uns wichtige neue Einsichten. Wenn es auch heute manchmal so aussieht, als würde das weitere Vordringen der Wissenschaft auf diesem Gebiet in einen Dickicht unerhöhter Komplexität im Detail enden, so dürfen wir doch eine Klärung vieler strittiger Fragen in der nächsten Zukunft erwarten. Die Möglichkeit, mit Hilfe von modernen Techniken die Sequenzen von langen Polynukleotidstücken routinemäßig bestimmen zu können, wird die molekulare Genetik und die Genetik schlechthin auf eine neue Basis stellen. Die Anfänge dieser überaus interessanten Untersuchungen ergaben bereits, daß das genetische Material, die DNA, unerhört flexibel bezüglich des Austausches ganzer Fragmente ist, und wir dürfen weitere Aufschlüsse über die Dynamik der Replikationsvorgänge erwarten.

Die bemerkenswertesten Beiträge unseres Jahrhunderts zum Verständnis der biologischen Evolution wurden in der sogenannten „synthetischen Theorie" zusammengefaßt. Sicherlich sind auch noch viele Fragen offen wie etwa die zwei aktuellen „schwelenden Konflikte" betreffend den paläontologischen Zeitablauf der Artenbildung oder „Makroevolution" — „Punctualism vs. Gradualism" (s. Stanley, 1979) — oder die Rolle der sogenannten „neutralen Mutationen" — „Selectionism vs. Neutralism" (s. Kimura, 1979). Trotzdem können wir aber davon ausgehen, daß die Pfeiler der Evolutionstheorie im Sinne Darwins auf solidem Grund stehen.

Die umfangreichen Kenntnisse, welche uns heute über die molekularen Strukturen und Mechanismen der Lebensvorgänge zur Verfügung stehen, ermutigen auch dazu, die Frage nach dem Ursprung dieser Mechanismen, also die Frage nach dem Ursprung des Lebens schlechthin, zu stellen. Dieses Gebiet der sogenannten „präbiotischen Chemie" ist ein unerhört breites und nach vielen Seiten offenes Betätigungsfeld für Forscher verschiedenster Ausbildung und mit unterschiedlichen Interessen. Kein Wunder, daß es eine äußerst umfangreiche und unterschiedliche Literatur zu diesem Thema gibt. Theorien und Vorstellungen über die Entwicklung der vielfältigen Formen des Lebens auf unserer Erde können sich auf die Funde der Paläontologen stützen. Trotzdem gibt es dort heftig geführte Diskussionen über die Aussagekraft dieser Funde. Für die frühe Phase der Evolution kennen wir keine Fossilien. Was uns zur Verfügung steht, sind nur Experimente unter den Bedingungen, welche voraussichtlich vor etwa vier Milliarden Jahren auf der Erde herrschten und Extrapolationen von den heutigen Lebensformen auf die primitiven Urformen. Verschiedene Forscher vertreten deshalb verschiedene und manchmal auch widersprüchliche Ansichten zu Problemen, wenn „harte" experimentelle Fakten und klare Beweise fehlen. Dies ist aber eher die Regel als die Ausnahme in den gegenwärtigen Ansichten und Theorien über den Ursprung des Lebens.

Literaturhinweise

Kimura, M.: Scientific American **241** (5), 94 (1979).

Morowitz, H.M.: Adavances in biological and medical physics. (Academic Press, New York) **16**, 151–163 (1977).

Stanley, S.M.: Macroevolution — Pattern and Process. Freeman and Co., San Francisco 1979.

Es wurde deshalb versucht in diesem Kapitel drei verschiedene Autoren mit unterschiedlichen Ansichten über die präbiotische Evolution zu Wort kommen zu lassen. Es hätte keinen Sinn, in dieser Einleitung das vorwegzunehmen, was in den einzelnen Beiträgen viel besser gesagt wird. Ein Hinweis ist für den Leser vielleicht von Nutzen. Die Vorstellungen der Autoren gehen hinsichtlich der Gewichtung der bekannten Fakten für die präbiotischen Entwicklungsprozesse auseinander. Sie messen den einzelnen Phänomenen, welche wir mit den Begriffen Leben und Evolution verbinden, unterschiedliche Bedeutung zu. Diese Phänomene sind im wesentlichen die zelluläre Struktur der belebten Materie, die Fähigkeit zur Selbstreplikation und Stoffwechsel und die Fähigkeit, sich an die gegebene Umwelt anpassen zu können. Abstrahiert man von diesen Unterschieden in der Gewichtung, so wird man viel Gemeinsames erkennen: allmählich beginnt sich ein einheitliches Bild aus den verschiedenen Vorstellungen abzuheben.

Zum Abschluß sei noch auf einen Gesichtspunkt hingewiesen, der zur Abrundung der vorgelegten Modellvorstellungen nicht unwesentlich erscheint. Von den ersten Anfängen der präbiotischen Evolution an war es notwendig, daß die Einzelprozesse, welche zur Entstehung des Lebens führten, eingebettet waren in die globalen Reaktionszyklen der Erde, die sich in Atmos-, Hydro- und Lithosphäre abspielen. Diese Einbettung, wie sie Harold Morowitz (1977) unter anderen zeigt, führt zu Restriktionen bezüglich der möglichen Formen der Energieübertragung und der massenerhaltenden Kreisprozesse. Eine solche Betrachtungsweise wirft neue Gesichtspunkte für die präbiotische Chemie auf, welche für die Plausibilitätabschätzung der vorgeschlagenen Modelle sehr nützlich sein werden.

PETER SCHUSTER

17.1 Selbstorganisation der Materie und Evolution früher Formen des Lebens

HANS KUHN und JÜRG WASER

17.1.1 Einleitung

Die Evolution selbsreplizierender Systeme wird als Folge von einzelnen Modellschritten beschrieben

Wie entstand das Leben auf der Erde? Wie konnten sich die ersten selbstreplizierenden Systeme entwickeln und durch welche Umstände nahm ihre Komplexität immer weiter zu? Zwei Möglichkeiten müssen ins Auge gefaßt werden:

1) Die entscheidenden Ereignisse könnten aus innerer Veranlassung in einem System stattgefunden haben, das sich in einem stationären Zustand weitab vom thermodynamischen Gleichgewicht befand. Beispiele der Selbstorganisation eines homogenen Systems sind die zellulären Benard-Strukturen, die bei Wärmezufuhr unter bestimmten Bedingungen spontan auftreten, die Wirbelstrukturen, die in homogenen Medien bei Vorhandensein von Konzentrationsgradienten bestimmter Stoffe entstehen (z. B. Winfree, 1973) oder zeitlich periodische Konzentrationsänderungen in einer homogenen Lösung. Strukturen dieser Art entwickeln sich spontan in geeigneten Systemen, wenn energiereiche Ausgangsstoffe zugeführt und die Reaktionsprodukte schnell genug entnommen werden. Dieser Gesichtspunkt wurde insbesondere von Eigen (1971) und Prigogine et al. (1972) hervorgehoben. Die untersuchten Probleme betreffen den Mechanismus der Replikation von Viren, die selbst-reproduzierenden Zyklen bei der Phageninfektion (Eigen et al., 1981) sowie den Mechanismus von so erstaunlichen physikalischen und chemischen Vorgängen wie die spontane Bildung von Strukturen und die thermodynamischen Bedingungen für ihr Auftreten (Schuster, Kapitel 8.17.2). Das große Problem ist jedoch, darüber hinaus zu beschreiben, wie sich in dieser Weise in einem homogenen Medium und unter realistischen Bedingungen ein System bilden kann, das schon so raffiniert ist, daß sich daraus fortlaufend immer komplexere und höher differenzierte Formen entwickeln.

2) Die zweite Möglichkeit liegt in der Annahme, daß für die kritischen Vorgänge eine räumlich und zeitlich sehr spezifisch strukturierte Umgebung notwendig war. Die schwierige Frage nach dem spontanen Auftreten eines komplizierten, sich immer wieder aus sich selbst verbessernden Systems stellt sich hierbei nicht. Unter der Wirkung der zeitabhängigen und räumlich strukturierten Umgebung entwickelt sich das System in vielen kleinen Schritten. Die Frage, wie es zu diesen Bedingungen kam, läuft praktisch hinaus auf die Frage nach dem Ursprung von Galaxien und Planeten. Die spontane Strukturierung eines anfänglich strukturlosen Mediums, das grundlegende Problem des ersten Ansatzes, gehört daher im zweiten Ansatz nicht zur engeren Frage nach dem Ursprung des Lebens, da eine vorgegebene Strukturierung als Voraussetzung betrachtet wird.

Lebende Organismen sind Systeme, die die Fähigkeit besitzen, Kopien von sich selbst herzustellen. Sie bestehen aus Makromolekülen, die zusammenwirken wie die Teile einer Maschine. Wie kann man sich die Bildung solcher Systeme vorstellen?

Jedes annehmbare Szenario des Ursprungs des Lebens muß aus einer Kette von logisch in sich konsistenten Schritten bestehen, von denen jeder unausweichlich zum nächsten führt. Es muß erklären, wie selbstreplizierende Systeme entstehen konnten und welche Einflüsse zu ihrer wachsenden Komplexität führten. Besonders rätselhaft ist das Zustandekommen der Enzyme, die an der Reproduktion des genetischen Materials und dessen Übersetzung in Proteine beteiligt und dabei selber Übersetzungsprodukte sind. Wie entstand ein so ausgeklügeltes System voneinander abhängiger Strukturen? Die Wahrscheinlichkeit, daß alle seine Elemente spontan zur selben Zeit entstanden, ist sicher praktisch Null. Es erscheint unmöglich, daß man sich einen

Mechanismus ausdenken kann, der eine Folge von Prozessen aufgrund systeminterner Bedingungen antreibt, ohne Wechselwirkung mit einer räumlich und zeitlich komplex strukturierten Umgebung, und die Systeme dauernd zu immer weiteren Entwicklungen führt.

Die Frage nach dem Ursprung des Lebens kann daher nicht beantwortet werden, indem man nach allgemeinen Bedingungen sucht, unter welchen in einem unstrukturierten Medium Strukturen entstehen. Im Gegenteil, damit sich selbstreproduzierende Maschinen bilden können, sind vorgegebene Eingrenzungen erforderlich, und Strukturen, die solche Eingrenzungen ermöglichen, waren auf der Urerde vorhanden, ebenso wie die zyklischen Veränderungen, die nötig sind, um die Bildung selbstreproduzierender Systeme anzuregen.

Um zu einer Lösung des Problems zu gelangen, stellen wir uns eine detaillierte Folge von Ereignissen vor, die plausibel sind und mit den bekannten Tatsachen und Gesetzen der Physik und Chemie im Einklang stehen. Mit dem Durchdenken einer solchen Folge möchte man wichtige allgemeine Prinzipien aufzeigen, denen jedes annehmbare Szenario genügen muß. Die Modellbetrachtung soll zu Experimenten anregen, die in dem Zusammenhang sinnvoll sind. Sie sollte Details über die grundlegenden Mechanismen vermitteln, auch wenn unsere Vorstellungskraft sicher nicht zu mehr als zu einigen korrekten Vermutungen ausreicht. Man bemüht sich im betrachteten Modell, jeden Schritt klein genug zu machen, so daß seine Durchführbarkeit aufgrund einfacher chemischer und physikalischer Kriterien einsichtig ist. Der weitverbreiteten Meinung, daß ein mathematischer Ansatz im Mittelpunkt jeder Theorie über den Ursprung des Lebens stehen müßte, wird daher widersprochen. Natürlich werden mathematische Formulierung die Argumente ergänzen. Die Modellbetrachtungen sind durch die heutigen Vorstellungen der Molekularbiologie stimuliert. Man darf nicht erwarten, daß die hier beschriebenen Schritte exakt dieselben sind, die wirklich auf der präbiotischen Erde stattfanden. Man möchte mit dem Modellansatz nicht mehr erreichen, als daß die Schritte logisch sind und als physikalisch-chemische Modellschritte durchführbar erscheinen.

Es ist wichtig, bei der notwendigerweise detaillierten Beschreibung der einzelnen Schritte die Logik in ihrer Verknüpfung nicht aus den Augen zu verlieren. Da jeder Schritt nur zum nächsten führt, ist der Gesamtzusammenhang, die Theoriestruktur, erst zum Schluß zu erkennen(s. Abb. 17.16b). Diese übergeordnete Organisationsstruktur ist von besonderer Bedeutung, denn sie bleibt erhalten, während die Modellschritte im einzelnen durchaus verändert werden könnten.

Die Frage der Entstehung des Lebens ist daher primär eine Frage nach dem logischen Gerüst und der prinzipiellen Organisationsstruktur evolutiver Prozesse. Wie kann es im Prinzip zu einem adaptionsfähigen System kommen? An welche grundsätzlichen Schranken stößt ein solches System? Welche grundsätzlichen Möglichkeiten gibt es, sie zu überwinden? Und sekundär ein physikalisch-chemisches Problem: Wie kann man mit physikalisch-chemischen Modellen, also unter Berücksichtigung der physikalischen und chemischen Gesetze und Tatsachen den logistischen Erfordernissen genügen?

17.1.2 Grundzüge des Modells

17.1.2.1 Die ersten Schritte

Zyklische Temperaturveränderungen und eine strukturierte Umgebung sind wichtige Annahmen

Wie kann man primitive Systeme finden, die die erforderlichen Fähigkeiten besitzen, sich zu vervielfältigen und zu mutieren und die der Selektion unterworfen sind? Gesucht sind Strukturen, die sich verdoppeln können und die auch nach Kopierfehlern noch verdoppelungsfähig sind, so daß eine Selektion unter rivalisierenden Mutanten auftreten kann.

Das vielleicht einfachste System, das Information tragen und sich vervielfältigen kann, enthält Molekülketten, die aus mindestens 2 Sorten von Kettengliedern, X und X′ bestehen. Die genaue Folge von X und X′ entlang des Strangs stellt eine Information dar. Replikation ist möglich, wenn verschiedene Sorten von Kettengliedern Paare bilden können, also X mit X′ und X′ mit X, aber nicht X mit X und X′ mit X′. Man sagt dann, daß X und X′ *komplementär* sind. Ein gegebener Strang kann so als Matrize für einen zweiten Strang dienen. Geeignete Umweltbedingungen sollen es den Monomeren ermöglichen, an einen vorgegebenen Strang anzukoppeln und sich so, eins ans andere, zu einem zweiten Strang aufzureihen (Abb. 17.1). Der neue Strang kann wieder als Matrize dienen für einen Strang, der nun das Duplikat des Originalstranges ist. Man bezeichnet den Originalstrang auch als (+) Strang, den zweiten als (−) Strang, den dritten wieder als (+) Strang, in Analogie zu photographischen Positiv- und Negativkopien[1].

[1] Natürlich gibt es keinen logischen Grund, warum nicht auch direkte Replikation von (+) Strängen an (+) Strängen möglich wäre, aber die erforderliche Spezifität der Wechselwirkung ist am besten über Komplementarität zu erreichen; auch ist Selbstkomplementarität sehr viel komplizierter und schwieriger durchzuführen, als Komplementarität über (+) und (−) Stränge.

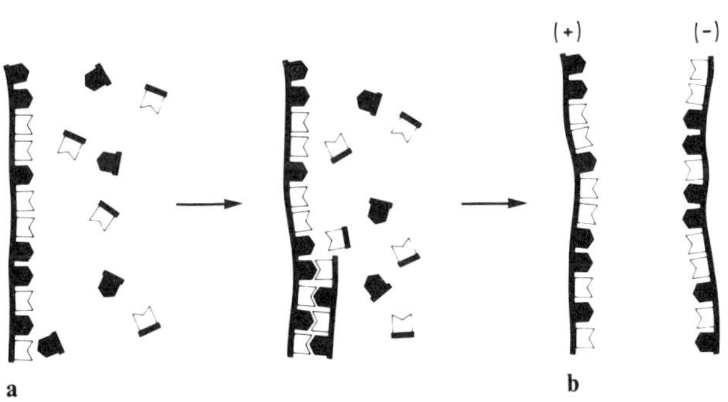

Abb. 17.1. **a** Zwei Sorten Monomere lagern sich an den Matrizenstrang und verknüpfen sich. **b** Matrizenstrang (+) und neugebildeter Komplementärstrang (−) trennen sich

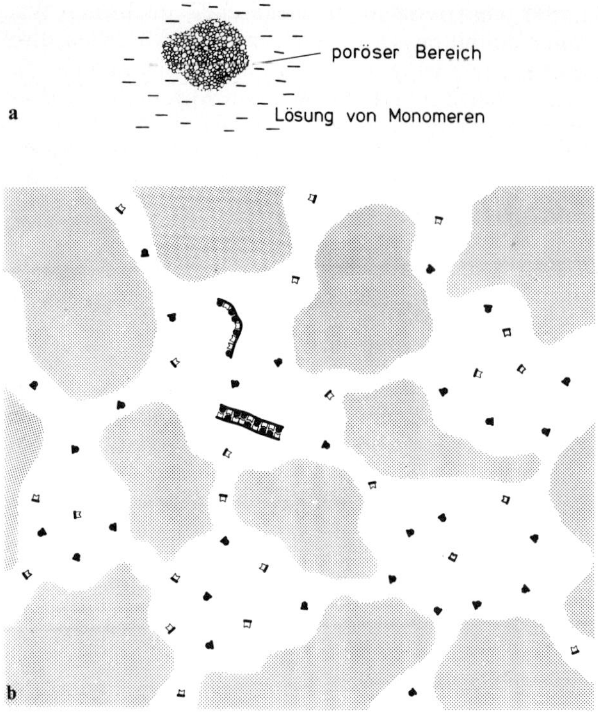

Abb. 17.2. **a** Kleiner Bereich (Lineardimension ca. 1 mm), periodischen Wechseln unterworfen und von einer Lösung energiereicher Monomeren umspült. **b** Poren mit Öffnungen, durch die Monomere diffundieren, während Stränge zurückgehalten werden. Stränge dienen als Matrizen für die Replikation

Betrachten wir nun einen kleinen Bereich auf der präbiotischen Erde, etwa ein Stein aus fein porösem Material, der zufälligerweise von einer wäßrigen Lösung von 2 (oder mehr) Arten energiereicher Monomerer, die die oben beschriebenen Eigenschaften besitzen, durchspült wird (Abb. 17.2). Monomere dieser Art könnten sich anderswo gebildet und konzentriert haben, z. B. durch Eintrocknen von Lösungen, Auflösen von Rückständen, Adsorption und Desorption. Eine solche Ausgangssituation dürfte an vielen Stellen auf der präbiotischen Erde vorhanden gewesen sein. Nukleotide[2] sind gute Beispiele solcher Monomeren, aber natürlich sind auch andere Möglichkeiten vorstellbar.

Die folgende Diskussion bezieht sich im wesentlichen auf Nukleotide. Das geschieht aus Gründen der Einfachheit, weil es realistisch scheint, anzunehmen, daß das heute arbeitende System sich aus einem System entwickelt hat, das Nukleotide oder eng verwandte Monomere verwendete. Man kann sich vorstellen, daß ursprünglich viele Systeme, die ganz verschiedene Monomere verwendeten oder sich vielleicht noch grundsätzlicher unterschieden, untereinander rivalisierten. Es ist jedoch höchst unwahrscheinlich, daß irgendein vorgegebenes System später eine so drastische Änderung wie einen weitgehenden Monomerenwechsel durchmachen kann. Das Monomersystem, das diesen früheren Konkurrenzkampf gewann, wird also nur wenig verschieden sein von dem System, das heute noch vorzufinden ist. Ein anderer Grund dafür, daß wir hier in erster Linie die Molekülsorten betrachten, die in den Biosystemen eine Rolle spielen, liegt darin, daß wir deren Eigenschaften kennen, so daß ihr Verhalten unter Modellbedingungen vorhersagbar ist. Die Vielfalt anderer Möglichkeiten auf früheren Evolutionsstufen darf jedoch nicht vergessen werden. Zum Beispiel kann man sich andere Basenpaare vorstellen und größere Ungenauigkeiten in den molekularen Bausteinen als die, die wir hier betrachten.

Es sei angenommen, daß irgendwann einmal ein kurzer Strang in den betrachteten Bereich gelangt, der vorher durch Verknüpfung von Monomeren, vielleicht durch Eintrocknen einer Lösung und Erwärmen, gebildet wurde. Wenn der Strang die richtigen Monomere, in geeigneter Weise miteinander verbunden, enthält, kann er als Matrize für die weitere Replikation dienen. Obgleich ein solches Ereignis selten eintritt, ist es doch früher oder später zu erwarten. Man kann unter geeigneten Bedingungen die Wahrscheinlichkeit abschätzen, daß ein Kettenbaustein das korrekte Nukleotid darstellt, welches gleichzeitig korrekt mit den Nachbarn verbunden ist. Sie ist etwa 1/100 (Abschn. 17.1.4.1a)[3]. Damit ist die Wahrscheinlichkeit, daß ein Strang mit 10 Gliedern für die Replikation geeignet ist, in der Größenordnung von $(1/100)^{10} = 10^{-20}$. Das bedeutet bei einer Nukleotidkonzentration von etwa 10^{-2} M/l, daß man einige replikationsfähige Stränge pro Liter finden müßte. Nachdem das erste Replika des eingedrungenen Stranges gebildet worden ist, trennen sich die zwei Stränge. Jeder kann als Matrize für weitere Replikationen dienen, usw.

Welche Bedingungen sind für die vielmalige Replikation notwendig? Die Bildung eines neuen Stranges sollte eine relativ niedrige Temperatur, die darauffolgende Trennung vom Originalstrang eine höhere Temperatur erfordern. Eine vielfache Wiederholung des Vorganges wird dann einen periodischen Wechsel der Temperatur, von kalt zu warm und zurück, erfordern; periodische Wechsel anderer Parameter wie pH oder Ionenstärke können ebenfalls nützlich sein. Periodische Temperaturschwankungen waren auf der präbiotischen Erde durch den Tagesrhythmus gegeben, ebenso durch mehr lokale Wechsel von Licht und Schatten, wie sie durch eine strukturierte Umwelt erzeugt werden (Abb. 17.3). Auch ist es möglich, daß sich die Stränge während der Replikationsphase nicht vollständig trennen müssen, da die Replikation an den offenen Enden des Doppelstranges beginnen könnte, der sich dann bei Fortgang der Replikation nach und nach auftrennen würde.

---

[2] Der Ausdruck „Nukleotide" soll hier nur für Kombinationen von D-Ribose, Phosphorsäure und Nukleobasen verwendet werden, die in DNA und RNA heute auftreten, sowie für die entsprechenden Moleküle, die L-Ribose enthalten. Kombinationen mit ähnlichen Eigenschaften, aber unterschiedlichen Zusammensetzungen (z. B. mit anderen C–5-Zuckern wie Arabinose oder mit C–6-Zuckern) werden als nukleotidartige Moleküle bezeichnet.

[3] Für numerische und mathematische Einzelheiten siehe Abschn. 17.1.4.

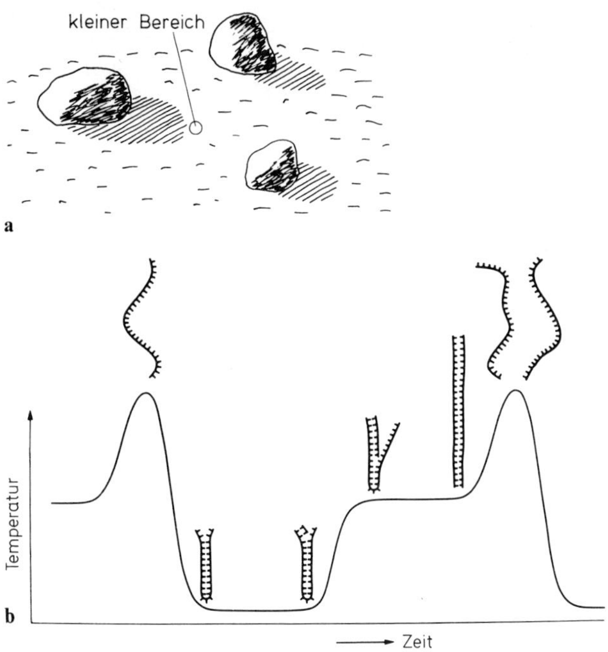

Abb. 17.3. **a** Verwirklichung eines Programms von periodischen Temperaturänderungen durch schattenwerfendes Gestein. **b** Schematische Darstellung eines für die Replikation von Strängen geeigneten Temperaturwechsels (s. auch Abschn. 17.1.3.6b). Bei hoher Temperatur sind die Stränge nicht gefaltet. Bei Temperaturrückgang falten sich die Stränge durch interne Basenpaarung, z. B. zur Haarnadelkonformation. In dieser Konformation könnte eine Replikation nur an einem Ende der Haarnadel anfangen und würde von dort ihren Fortgang nehmen, wenn die Temperatur steigt und die interne Basenpaarung schwächer wird (s. auch Abschn. 17.1.3.6b)

Weiter ist zu fordern, daß geeignete Bausteine und Stränge für eine genügend lange Zeit in einem Bereich verbleiben müssen, in dem das genaue Programm zeitlicher Veränderungen, das immer wieder zur Replikation führt, zur Verfügung steht. Diese Forderung ist durch das Vorhandensein des schon erwähnten feinporigen Gesteins auf der präbiotischen Erde leicht zu erfüllen. Die Poren müssen Öffnungen geeigneter Größe besitzen, so daß einmal eingedrungene Stränge den kritischen Bereich durch Diffusion nicht zu schnell wieder verlassen, während die kleineren Monomere keine Schwierigkeiten haben, in die Poren einzudiffundieren. Nachdem sich die Monomeren zum Tochterstrang verknüpft haben, können sie nicht mehr leicht wegdiffundieren, und auf diese Weise werden die neuen Stränge in dieser Region angereichert. Mit der Zeit wird ein stationärer Zustand erreicht, indem gerade soviele Stränge hydrolisiert werden oder die Region durch Diffusion verlassen, wie durch Replikation neu gebildet werden. Oberflächen mit katalytischen Eigenschaften (z. B. von Lehmpartikeln) oder bestimmte Moleküle (z. B. Peptide, die bei präbiotischen Simulationen auftreten) könnten als Replikationshilfe oder bei der Entstehung erster replikationsfähiger Stränge wichtig sein.

Zusammenfassend ergibt sich das Bild eines porösen Gesteins, das umgeben ist von schattenwerfenden Objekten und umspült wird von einer Lösung energiereicher Monomere und einiger kurzer Stränge, die zufällig in diese Region eingedrungen sind.

Durch die immense Vielfalt im Wechsel von Licht und Schatten ergeben sich riesige Mengen kleiner Gebiete mit verschiedensten periodischen Programmen, nach denen sich die Temperatur ändert. Man kann sich leicht vorstellen, daß das eine oder andere dieser Programme zufällig die nötigen Anforderungen erfüllt. Die betrachteten Stränge haben die Fähigkeit der Vervielfältigung, Mutation und Selektion (Abb. 17.4). Damit benehmen sie sich wie *Individuen* in dem Sinn, daß sie dem Selektionsprozeß ausgesetzt sind.

17.1.2.2 Helikale Nukleotidstränge

Helizität und Ursprung der optischen Aktivität sind verknüpft

Die Polymerisation ist bei gleichartigen Monomeren erleichtert, da sich jedes beliebige Monomer mit jedem

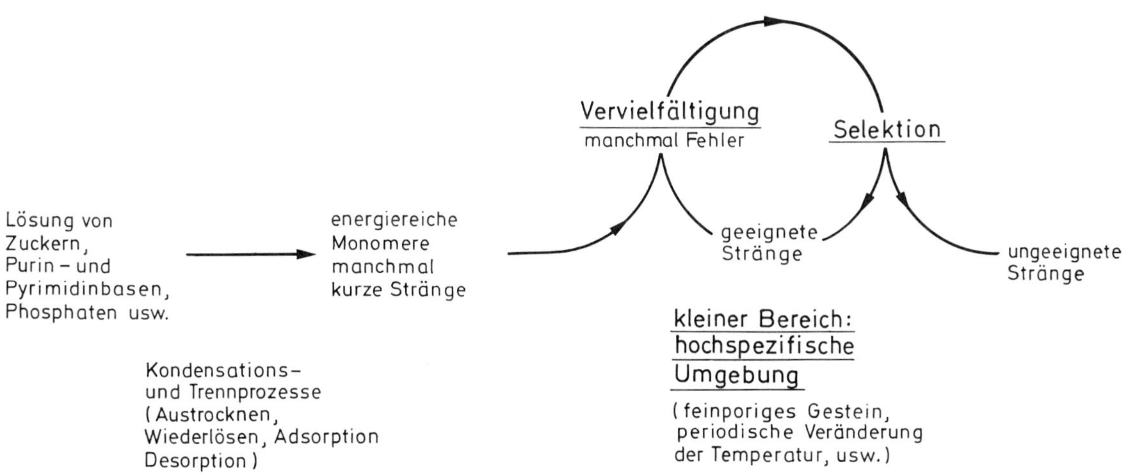

Abb. 17.4. Ein Modellsystem für Multiplikation, Mutation, und Selektion von präbiotischen Einheiten

anderen verbinden kann, wie es bei Nukleotiden der Fall ist. Wenn große Einheiten aus gleichartigen Bausteinen entstehen, tritt vielfach die Helix als geometrische Konformation auf. So wachsen Kristalle vielfach entlang einer Schraubenachse nach einem helikalen Muster. Bei der Polymerisation razemischer Mischungen bestimmter Aminosäuren entstehen helikale Bereiche, die nur die L-Form und andere, die nur die D-Form enthalten. Bei helikaler Anordnung ist das Wachstum besonders schnell und genau, da beim Einpassen jedes neuen Bausteins die Verhältnisse unverändert bleiben, genauso wie jede Stufe einer Wendeltreppe immer in der gleichen Beziehung zu den vorhergehenden Stufen steht. Eine entsprechende unveränderte Beziehung gilt beim Aufbau eines einzelnen helikalen Stranges aus Monomeren, oder bei der Bildung einer Doppelhelix durch replikatives Wachstum eines Stranges entlang eines Matrizenstranges.

Eine spezielle Eigenschaft der Nukleinbasen ist ihre Fähigkeit, Stapel zu bilden, was mit der Planarität und dem aromatischen Charakter der Purin- und Pyrimidinbasen zusammenhängt. Diese Stapel werden durch die hydrophobe Wechselwirkung stabilisiert, ähnlich wie im Fall organischer Farbstoffe. Diese Wechselwirkung in einem helikalen Strang führt zu einer bedeutenden energetischen Stabilisierung sowohl beim Aufbau eines Einzelstranges aus Monomeren als auch während der Replikation eines Stranges an einem Matrizenstrang.

Ein wichtiger Aspekt der Helixkonformation besteht darin, daß die Monomeren alle denselben optischen Drehsinn (Chiralität) aufweisen müssen. Die Chiralität eines Mononukleotids hängt von der Chiralität seiner Ribose ab; Nukleotide mit D-Ribose haben den entgegengesetzten Drehsinn von entsprechenden Molekülen mit L-Ribose. Die Stabilisierung durch Stapelung von 2 aneinandergebundenen Mononukleotiden ist besser, wenn beide denselben Drehsinn besitzen. Mehr als 2 Monomere sind nur gut gestapelt, wenn der Drehsinn aller Nukleotide gleich ist.

Stränge aus Monomeren gemischter Chiralität sind deshalb solchen mit gleicher Chiralität als Replikationsmatrizen unterlegen. Von Anfang an oder spätestens nach wenigen Generationen werden also Stränge, die entweder nur D-Ribose oder nur L-Ribose enthalten, übrigbleiben und sich vervielfältigen. Diese beiden Strangtypen evolvieren unabhängig voneinander. Früher oder später wird der eine der beiden Strangtypen zufälligerweise bedeutende Vorteile gegenüber dem anderen Typ erreicht haben. Der unterlegene Strangtyp wird damit den Wettstreit um gemeinsame Bausteinreserven (Basen und Phosphationen) verlieren. Der eine Typ wird sich spätestens in einem Stadium der Evolution gegen den anderen durchsetzen, in dem er Enzyme entwickelt hat, die den anderen Typ angreifen.

Es sei etwa angenommen, daß sich an einer Stelle der Erdoberfläche L-Systeme entwickelt haben und an einer anderen Stelle D-Systeme, die dann später in das Gebiet der L-Systeme eindringen. Die Entwicklungsstufe der D-Systeme muß also höher sein als die der L-Systeme, da eine Invasion einen höheren Unabhängigkeitsgrad der D-Form von ihrer Umgebung voraussetzt. Es sind nun zwei Möglichkeiten zu unterscheiden: (1) Die neu hinzutretenden D-Systeme sind fähig, die Rohstoffe im neuen Gebiet zu verwenden, und sie verdrängen die L-Systeme. (2) Die L-Systeme sind besser an das betrachtete besondere Gebiet angepaßt als die D-Systeme und nützen die Rohstoffe besser aus. Als Folge muß sich ein Wirt-Gastverhältnis entwickeln, in dem die L-Systeme als Lieferanten für die D-Systeme dienen. Eine solche Beziehung kann jedoch nicht stabil sein wegen der höheren Organisationsstufe der D-Systeme. Es werden sich Formen der D-Systeme entwickeln, die die Rohmaterialien direkt und deshalb rationeller verwerten können, als dies mit dem L-System als Vermittler möglich war. Von da an ist die Mitwirkung der L-Systeme nicht mehr nötig, und sie verschwinden. Es ist auch denkbar, daß der Mechanismus, den der Wirt zur Verwertung der Rohstoffe benötigt, allmählich durch einen rationeller arbeitenden Mechanismus des Gastes ersetzt wird. Es muß dann der Wirt langsam degenerieren und schließlich verschwinden. Eine stabile Koexistenz in einem Wirt-Gastverhältnis kann sich nur auf einer hohen Evolutionsstufe entwickeln, auf welcher beide Systeme so komplex und strukturell verschieden sind, daß sie voneinander abhängig bleiben: Der Gast hat keine Vorteile, sich zur Unabhängigkeit vom Wirt zu entwickeln, und der Wirt ist nicht fähig, sich in eine Richtung zu entwickeln, die zu einer Loslösung vom Gast führen würde. Beispiele von solchen Beziehungen sind Mitochondrien oder Chloroplasten und die sie umschließenden Zellen.

Es ist auch möglich, daß der zuerst erschienene helikale Strang von Anfang an überlegen war. Die Chiralität der sich entwickelnden Systeme muß in diesem Fall durch die zufällige Anfangssituation bestimmt sein, während im anderen Fall die Zufallsereignisse, die die eine Form gegenüber der anderen begünstigten, entscheidend waren.

Das Modell erklärt so auf einfache Weise, warum alle natürlichen Nukleotide Ribose derselben Chiralität, nämlich D-Ribose, enthalten. Die Chiralität der Nukleotide legt diejenige aller anderen in der Natur vorkommenden chiralen Moleküle, wie die von Aminosäuren, Zucker, usw., fest. Die relative Chiralität aller dieser Moleküle beruht also letzten Endes auf der Chiralität von Ribose, durch die die Geometrie der Helix und der Stapelung der Nukleo-Basen bedingt ist. (Zur Chiralität der Aminosäuren s. Abschn. 17.1.2.9.)

Es erscheint nicht hoffnungslos, in präkambrischen Sedimenten nach Überresten einer Chiralität zu suchen, die der heute vorhandenen entgegengesetzt ist. Man kann sich denken, daß in gewissen Gebieten entgegengesetzt chirale Formen erst auf einer relativ hohen Evolutionsstufe verschwunden sein könnten, das heißt auf einer Stufe, auf der schon ein genetischer Apparat vorhanden war.

Über den Ursprung der optischen Aktivität sind viele verschiedene Vorstellungen entwickelt worden. Vorschläge von Frank (1953) und Wald (1957) beruhen wie die vorliegenden Betrachtungen auf der Idee, daß sich die optische Aktivität im Lauf der Evolution durch Selektion entwickelt hat. Eine Vorstellung, die auf van t'Hoff zurückgeht, beruht auf der Beobachtung, daß bei elliptisch polarisierter Sonnenstrahlung eine leichte Bevorzugung des einen Enantiomeren in der Bildung von geeigneten Substanzen auftritt. Nach einer neueren Ansicht hängt die Erscheinung damit zusammen, daß beim β-Zerfall von ^{14}C mehrheitlich Elektronen mit linkshändigem Spin erzeugt werden, und daß solche Elektronen D-Leucin stärker zerstören als L-Leucin. Nach einer noch anderen Ansicht entstanden die optisch aktiven Verbindungen dadurch, daß gewisse autokatalytische Systeme in stationären Zuständen weitab vom Gleichgewicht bistabil sind. Eine kleine Schwankung verursacht dann die Bildung des einen Enantiomers in fast reiner Form (Seelig, 1971).

17.1.2.3 Weitere frühe Schritte

Struktur der Umgebung wirkt als wesentlicher Selektionsfaktor

Es ist zu erwarten, daß im betrachteten kleinen Gebiet in einem porösen Gestein mit der Zeit eine stationär bleibende Zahl von Strängen vorhanden sein wird, sofern die Poren und ihre Öffnungen in einem geeigneten Größenbereich sind. Je größer die Öffnungen sind, desto länger müssen die Stränge sein, die als ursprüngliche Matrize in Frage kommen. Nun ist aber praktisch nur mit einem Strang aus etwa 10 Monomeren zu rechnen (ein wesentlich längerer Strang entsteht spontan mit zu kleiner Wahrscheinlichkeit [z. B. mit der Wahrscheinlichkeit $(1/100)^{20} = 10^{-40}$ für 20 Monomere]. Eine Grenze für die Größe der Poren, die in dieser Weise besiedelt werden können, ist also rasch erreicht. Ist es möglich, auch größere Poren zu bevölkern? Ein längerer Strang konnte beispielsweise durch Kondensation aus zwei kürzeren entstanden sein, die sich in einer kleineren Pore gebildet hatten und dann ein geeignetes Gebiet erreichten, in dem sie verknüpft wurden. Der längere Strang konnte dann den Weg in eine größere Pore finden. Hier kann er sich lange genug aufhalten um repliziert zu werden, und die weitere Replikation kann unter geeigneten Bedingungen in Gang gehalten werden. Mit der Zeit stellt sich in allen benachbarten größeren Poren eine stationäre Besetzung ein.

Dieses Beispiel zeigt, wie eine Ausweitung des besiedelten Gebiets durch einen Anstieg der Komplexität erreicht werden kann, in diesem Fall durch eine Strangverlängerung. Das Beispiel zeigt auch, wie wichtig es ist, kleine Evolutionsschritte in Betracht zu ziehen. Große Schritte, wie die spontane Bildung eines 20gliedrigen Stranges durch Aneinanderfügen von Monomeren, erfolgen mit unannehmbar kleinen Wahrscheinlichkeiten. Um diese Schwierigkeit zu überwinden, haben wir einen anderen Mechanismus in Betracht gezogen: die spontane Entstehung und Vervielfältigung kurzer Ketten und die anschließende Verknüpfung zweier Ketten. Ähnliche Situationen müssen im Verlauf der Evolution immer wieder vorgekommen sein. Oft sind größere Schritte betrachtet worden, und es wurde dann gezeigt, daß deren Wahrscheinlichkeit lächerlich klein ist. Daraus wurde der (falsche) Schluß gezogen, daß die Entstehung des Lebens niemals auf physikalische Gesetze zurückgeführt werden könne.

Man kann sich leicht vorstellen, daß sich die Stränge durch Kondensation kurzer Stränge weiter und weiter verlängern und daß damit Gebiete bevölkert werden, die aus immer gröberen Poren bestehen. Eine Grenze ist jedoch bald erreicht. Mit wachsender Stranglänge wächst nämlich die Wahrscheinlichkeit, daß während der Replikation ein Fehler eingebaut wird, der die Fähigkeit des neuen Stranges, wiederum zu replizieren, zerstört. Wenn w die Wahrscheinlichkeit ist, daß während der Replikation beim Einbau eines Monomers an einer betrachteten Stelle ein lethaler Fehler entsteht (indem z. B. ein Monomer mit einem falschen Zucker eingebaut wird), dann ist $(1-w)$ die Wahrscheinlichkeit, daß ein richtiges Monomer eingesetzt wird, und $(1-w)^N$ die Wahrscheinlichkeit, daß ein Strang mit N Gliedern frei ist von Fehlern, die eine Replikation verhindern (Vereinfachend wird w für alle „lethalen" Fehler als gleich groß betrachtet.). Man sieht, daß diese Wahrscheinlichkeit exponentiell mit N sinkt. Ein vernünftiger Wert für w ist 1/30 (Abschn. 17.1.4.1b). Also ist zum Beispiel bei $N = 50$, $(1-w)^{50} = 0{,}2$, so daß etwa nur einer von fünf Strängen lebensfähig ist. Offensichtlich sind Stranglängen von viel mehr als etwa 50 Monomeren in dieser Weise nicht zu erreichen. Das ist auch die Größenordnung der Transfer-RNA, worauf wir am Ende von Abschn. 17.1.3.5f zurückkommen werden.

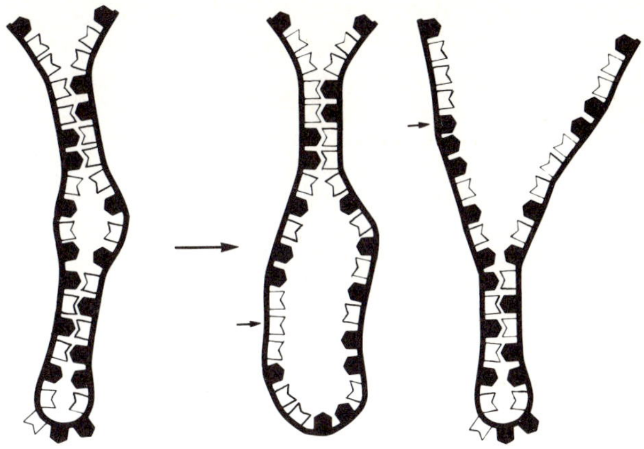

Abb. 17.5a, b. Verschiedene Faltungsformen von Strängen. **a** Die Konformation der gefalteten Form hängt von der Basenpaarung ab. **b** Der Austausch einer Base *(Pfeil)* kann eine erhebliche Änderung der Konformation zur Folge haben

Stränge mit mehr als etwa 30 Gliedern können gefaltete Konformationen annehmen, indem sich komplementäre Basen innerhalb des Stranges paaren (Abb. 17.5). Faltungsformen können stabiler gegen Hydrolyse oder anderen chemischen Abbau sein, und man könnte erwarten, daß eine Selektion solcher Formen eintritt. Man kann aber zeigen, daß dieser Effekt zu keinen größeren Veränderungen führt (Abschn. 17.1.4.2c), so daß bald ein Stillstand in der Entwicklung eintreten muß.

17.1.2.4 Aggregatbildung zusammenpassender Anbauelemente

Die Genauigkeit, die für einen Zusammenbau von Anbauelementen nötig ist, bildet die Grundlage eines Fehler-Filter-Mechanismus

Aus dieser Sackgasse führt ein fast trivial erscheinender Schritt, der aber doch grundsätzlich für das Verständnis der Entwicklung des frühen Lebens ist. Wie eben erwähnt, existieren in der betrachteten Phase viele Faltungskonformationen nebeneinander. Diese Konformationen hängen stark von der Sequenz der Basen ab, und ein Wechsel von auch nur einer Base kann die Faltung eines Stranges grundlegend ändern, ohne daß dadurch notwendigerweise die Replikationsfähigkeit des Stranges stark geändert wird. Gewisse dieser Faltungsformen können jedoch zufällig ineinander passen, was sie befähigt, durch Verkoppelung Aggregate zu bilden. Solche Aggregate haben Selektionsvorteile und können sich deshalb in geeigneter Umgebung ausbreiten. So können sie z. B. größere Poren besiedeln, die Einzelstränge durch Diffusion verlassen würden. Gewisse Aggregate können weniger anfällig gegen chemischen Abbau, z. B. gegen Hydrolyse sein, indem sich besonders empfindliche Teile durch Verkopplung der gefalteten Stränge im Aggregat gegenseitig abschirmen.

Solche Aggregate können sich wiederum vervielfältigen, wenn sich die Temperatur und andere Parameter in geeigneter Weise verändern. So verursachen Temperaturerhöhungen den Zerfall von Aggregaten. Bei geeigneten weiteren Temperaturwechseln können sich die Einzelstränge entfalten, mehrere Male replizieren (sofern energiereiche Monomere in den bis dahin unbesiedelten großen Poren reichlich vorhanden sind) und wiederum ihre Faltungsform annehmen. Gefaltete Formen treffen durch Diffusion aufeinander und aggregieren bei einer geeigneten Temperatur. Der Prozeß der Vervielfachung kann sich viele Male wiederholen. Dazu ist ein Programm der zeitlichen Temperaturänderung nötig, das nur wenig komplizierter ist als das früher erwähnte. Prinzipiell können recht komplizierte Temperaturprogramme durch die Überlagerung von verschiedenen Rhythmen erzeugt werden. So kann ein schneller lokaler Zyklus durch kleine schattenwerfende Steine verursacht sein, ein langsamerer Zyklus durch entferntere Gesteinsbrocken, und ein noch langsamerer durch den Wechsel von Tag und Nacht.

Ein entscheidender Punkt liegt darin, daß der Zusammenbau eines Aggregats aus Anbauelementen (gefalteten Strängen) als wirksamer Mechanismus zur Unterdrückung von Kopierfehlern wirkt. Dieser Mechanismus beruht darauf, daß sich kleine Unterschiede in der Sequenz, der Einbau eines anderen Monomers, stark auf die interne Basenpaarung auswirken. In der Fehlerkopie werden fast immer ganz andere Basenpaare gebildet als im Originalstrang. Das Ergebnis ist eine anders gefaltete Form (Abb. 17.5), die nicht mehr mit normal gefalteten Strängen aggregieren kann. Die Fehlerkopie diffundiert deshalb aus dem betrachteten Bereich weg und eine fehlerfreie Kopie nimmt ihren Platz im Aggregat ein. Fehlerhafte Stränge erschweren nur die Aggregation von fehlerfreien, verhindern sie jedoch nicht.

Wichtig an diesem Mechanismus der Fehlerunterdrückung ist, daß er die Information zur Nachbildung einer gewissen Faltungskonformation zu speichern erlaubt. Ohne Aggregation könnte diese Information von einer Population von Einzelsträngen nicht gespeichert werden wegen der großen Zahl von Kopierfehlern. Die Stränge, aus denen ein solches Aggregat zusammengebaut ist, bilden ein kooperatives System[4].

[4] Begriffe wie „Kooperation", „Individuum", „Leben", „Anpassung" und „Lernen" haben sehr spezifische Bedeutung in Biologie und Ökologie. Wir verwenden diese Begriffe hier in einem erweiterten Sinn.

Das Aggregat ist eine Funktionseinheit, die der Selektion unterworfen ist und die deshalb Eigenschaften eines *Individuums* hat. Jedes Aggregat ist eine Einheit, die eine Ausdrucksform für die Information darstellt, die in der Basenfolge entlang der Stränge enthalten ist. Jede dieser Einheiten repräsentiert das, was die *Form* genannt werden kann, die in der betrachteten Evolutionsstufe erreicht ist. Mit dem Erscheinen kooperativer Systeme und der dadurch ermöglichten Unterdrückung von Fehlern sind die grundsätzlichen Vorbedingungen für eine weitere Evolution gegeben.

Es ist hier von besonderer Wichtigkeit, daß die Komponenten durch die Porenwände oder auf andere Weise beisammengehalten werden, da dadurch die Nachkommen jedes mutierten Stranges in engster Nachbarschaft gehalten werden, so daß die neuen Stränge wieder aggregieren können. Die mutierten Aggregate vervielfältigen sich dann, indem sie auseinanderfallen, anschließend als Einzelstränge replizieren und sich dann erneut zu Aggregaten zusammenbauen. Wenn die Mutation den neuen Aggregaten einen Selektionsvorteil verleiht, werden sie die alten in der Pore ersetzen. Neue Stränge dringen durch Diffusion in benachbarte Poren ein, die dadurch allmählich auch erobert werden. Ohne den Zusammenhalt durch die Porenwände oder auf andere Weise würden alle Nachkommen des ursprünglich mutierten Stranges zu schnell auseinander diffundieren und könnten deshalb keine Aggregate bilden. Jeder potentielle Vorteil einer Mutante könnte dann nicht zur Realisation kommen, und die Mutante wäre nutzlos.

17.1.2.5 Eine Definition von Urleben

Leben begann mit dem ersten Strang, der sich selbst replizieren und mutieren konnte und dadurch der Selektion unterworfen war

Wie soll man Leben definieren? Mit einer Ausnahme scheint es willkürlich, irgendeinen der bisher beschriebenen Schritte als Grenze zwischen belebt und unbelebt zu betrachten, und dasselbe gilt für alle Stufen, die noch beschrieben werden sollen. Die Ausnahme bildet der allererste Schritt, das erste Auftauchen von Systemen, die sich selbst replizieren und die mutieren können, und die dadurch einer Selektion unterworfen sind (Abb. 17.6). Dieser Schritt ist der einzige, der zum Entstehen einer neuen Eigenschaft der Materie führt, während alle späteren Schritte graduelle Verbesserun-

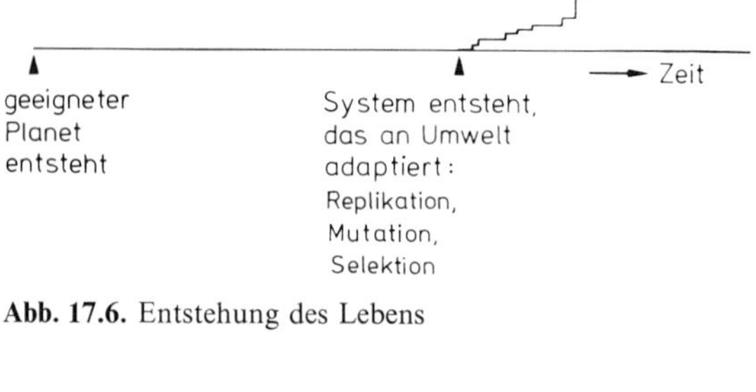

Abb. 17.6. Entstehung des Lebens

gen dieser neuen Eigenschaft sind. Diese Eigenschaft, die vorher auch nicht andeutungsweise vorhanden war, manifestiert sich mit der Existenz von Systemen, die sich vervielfältigen, mutieren und selektiert werden können, die also Apparate darstellen, die man als *lernfähig* beschreiben kann, als Systeme, die beginnen, Information, also eine sinnvolle Botschaft zu tragen, deren Inhalt in dem Maß wächst, wie der Lernprozeß voranschreitet. Nach diesem Umschwung folgt eine Vielzahl von kleinen Verbesserungen. Jeder Schritt in diesem Lernprozeß benötigt viele Generationen.

Obwohl diese Definition des Urlebens grotesk erscheinen mag, dürfte sie doch die einzige sein, die logisch völlig klar ist. Definitionen, die sich auf spätere Stufen beziehen, erscheinen willkürlich. Beispiele solcher Stufen sind das Erscheinen eines Apparates, der Proteine synthetisieren kann, also eines genetischen Codes, das Erscheinen der ersten Zellorganellen, der ersten eukaryotischen Zelle, des ersten multizellulären Organismus', oder des ersten Organismus' mit einem zentralen Nervensystem. Alle diese Ereignisse sind Zwischenstufen eines kontinuierlichen Fortschritts, und eines davon hervorzuheben scheint willkürlich zu sein. Leben im Sinn dieser Definition — der Prozesse der Replikation, Variation und Selektion — ist eng verbunden mit dem Vorhandensein von Einheiten, die selektiert werden können, und die man *lebende Individuen* nennen kann.

Die latent vorhandene Qualität der Materie, die sich im Auftauchen des Lebens manifestiert, ist eine Qualität, die in der Entwicklung jedes geeigneten Planeten irgendwann auftritt. Diese Qualität ist nicht unbekannten und geheimnisvollen Eigenschaften der Materie zuzuschreiben, sondern folgt, wie gezeigt wurde, aus dem Verhalten der Materie nach den bekannten Gesetzen der Physik und Chemie.

17.1.2.6 Der Sammelapparat

Die Entwicklung eines Mechanismus', der den Zusammenbau passender gefalteter Stränge erleichtert, bringt große Selektionsvorteile mit sich

Sowohl Geschwindigkeit als auch Genauigkeit der Vervielfältigung von Aggregaten bringen Selektionsvorteile mit sich. Während der Reproduktionsphase müssen die Aggregate in einzelne *Anbauelemente* (gefaltete Stränge) zerfallen, die sich dann entfalten und replizieren müssen. Neu entstandene Stränge müssen sich wieder zu geeigneten Anbauelementen falten, die sich wieder zu Aggregaten zusammenschließen. Die Geschwindigkeit und Genauigkeit des letzten dieser Schritte, die Aggregation der neuen Anbauelemente, hängt von Einzelheiten, wie zum Beispiel der äußeren Form der Anbauelemente, sehr empfindlich ab.

Ein wichtiger Entwicklungsschritt ist die Bildung von Anbauelementen, die identisch und in ihrer äußeren Form komplementär sind (Abb. 17.7a), denn solche Anbauelemente können sich besonders einfach zusammenbauen. Jedes Anbauelement paßt zu jedem anderen, mit dem es zusammenstößt. Die Aggregate sind somit linear. Lineare Aggregate sind auch beim Zerfallen bevorzugt. Sie können direkt und schnell zerfallen, während sich bei einem dreidimensionalen Aggregat Schicht für Schicht ablösen muß.

Bei linearen Aggregaten aus identischen Anbauelementen kann es vorkommen, daß ein Anbauelement wegen eines Replikationsfehlers unvollständig gefaltet ist. Das offene Strangende kann durch einen glücklichen Umstand die Funktion eines *Sammelstrangs* C haben, indem es ein gewöhnliches Anbauelement B_1 (d.h. eines ohne Extrastrang) einfängt und ihm als Führung zum gefalteten Teil A des modifizierten Anbauelements dient (Abb. 17.7b). Zudem könnte der Teil A als *Nukleations*zentrum für die Bildung eines Aggregats wirken, ähnlich den Kristallisationskeimen in einer übersättigten Lösung. Die Einheiten A könnten diese Funktion zum Beispiel durch besondere äußere Form, besondere Haftstellen, oder auf irgendeine andere Art und Weise haben. Der Extrastrang C würde also die dreidimensionale Diffusion, die sich abspielt, bis B_1 den Strang erreicht, in eine effektiv eindimensionale verwandeln. Der Strang kann lang genug sein, um weitere Anbauelemente B_2, $B_3, \ldots$ einzufangen und sie alle zum wachsenden Aggregat zu leiten. Der Zusammenbau würde durch einen solchen Mechanismus enorm beschleunigt. Die Systeme hätten einen großen Selektionsvorteil. Die Anbauelemente B_1, B_2, $B_3, \ldots$ könnten z.B. die Konformation einer Haarnadel annehmen, deren zwei Arme zu einer Doppelhelix zusammengewunden sind (Abb. 17.7c). Solche Haarnadelstränge könnten sich dann zu einem palisadenartigen Aggregat zusammenbauen, das eventuell durch zweiwertige Kationen Me^{2+} stabilisiert wäre, die die negativ geladenen Phosphatidylgruppen an den Außenseiten benachbarter Haarnadelstränge verknüpfen würden.

Jede Verfeinerung des Aggregationsmechanismus von Anbauelementen, einschließlich ihrer endgültigen Haftung am Sammelstrang, würde Selektionsvorteile bringen. Wir betrachten das Anbauelement B_i, das sich nahe am schon existierenden Teilaggregat $AB_1B_2 \ldots B_{i-1}$ befindet. B_{i-1} (und ursprünglich A) dient als Nukleationszentrum für diesen letzten Aggregationsschritt. Man kann aus sterischen und energetischen Gründen annehmen, daß sich das Anbauelement an drei benachbarten Stellen an den Sammelstrang anheftet, indem Wasserstoffbrücken zwischen drei Basen des Sammelstranges und drei Basen von B_i gebildet werden (Abb. 17.7d). Ursprünglich können diese drei Basenpaare ziemlich unspezifisch sein, aber der Zusammenbau der Anbauelemente wird durch komplementäre Basenpaarung erleichtert. Das Anbauelement B_i wird erst schwach am Sammelstrang haften und im Wechselspiel von Gebundensein und Nichtgebundensein dem Strang entlang diffundieren, bis die Wachstumsstelle des Aggregats erreicht ist.

Die Abb. 17.7e–g zeigen Einzelheiten eines molekularen Modells eines Aggregats und Sammelstrangs. Benachbarte Haarnadel-Anbauelemente passen erstaunlich gut ineinander. Das räumliche Zusammenpassen der komplementären Basen von Haarnadel-

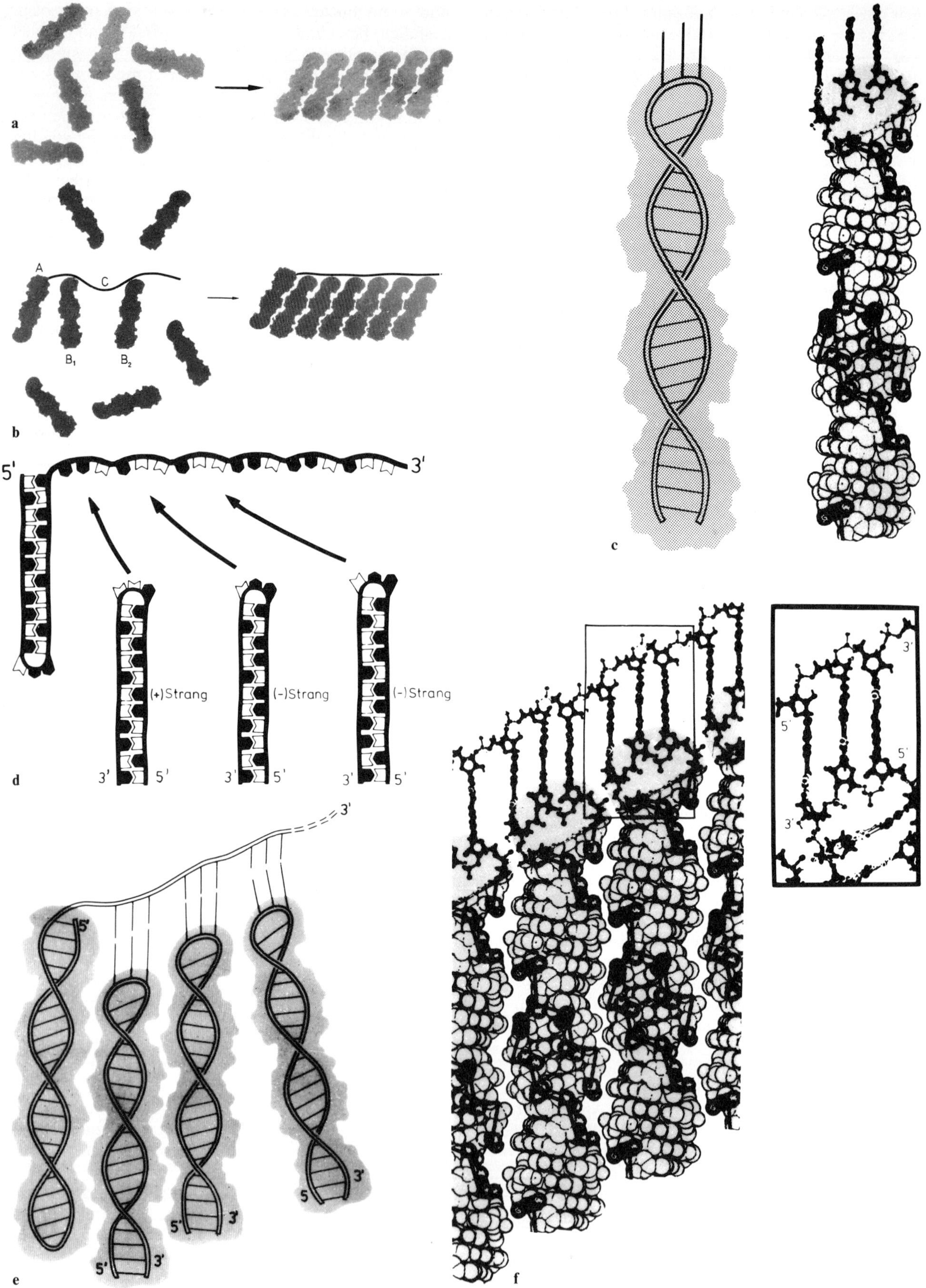
a
A
C
B1
B2
b
5'
3'
(+)Strang
(-)Strang
(-)Strang
3' 5'
3' 5'
3' 5'
d
c
3'
5'
5'
3'
3'
5'
5' 3'
5' 3'
5 3'
e
f

strängen und Sammelstrang ist ebenso ausgezeichnet. Die Basen der komplementären Triplets sind gestapelt, wie die Stabilisierung es erfordert, und die 3'5' Laufrichtungen der durch komplementäre Basenpaare verbundenen Stränge sind entgegengesetzt. Die umgedrehte Haarnadel A (die den Sammelstrang trägt) erleichtert den Beginn der Aggregation auf natürliche Weise, indem sie als Endpfosten des palisadenzaunartigen Aggregats dient. Das räumliche Zusammenpassen von A und B_1 ist ausgezeichnet, aber nur wenn die 3'5' Laufrichtungen in den zwei Strängen so sind, wie es Abb. 17.7d zeigt. Das räumliche Zusammenpassen ist in Modellen, in denen mehr als drei komplementäre Basenpaare zum Anheften der Anbauelemente an den Sammelstrang verwendet werden, nicht mehr zu erreichen. Andererseits benötigt die 180°-Biegung der Schlaufe mindestens drei Nukleotide.

Es ist bekannt, daß die Bindungsenergie für die Basenpaarung durch Wasserstoffbrücken bei Zimmertemperatur nicht ausreicht, um stabile Bindungen zwischen zwei Basentriplets herzustellen. Es ist also gerechtfertigt, sich vorzustellen, daß zunächst eine lose Bindung der Anbauelemente an den Sammelstrang eintritt, so daß jedes neue Anbauelement solange am Sammelstrang entlang diffundiert, bis es an die Wachstumsstelle gelangt und dort durch das Einpassen an das vorangehende Element stabilisiert wird. Das Modell erlaubt also die eindimensionale Diffusion von Anbauelementen entlang dem Sammelstrang. An der Wachstumsstelle wird die Bindung eines neuen Anbauelements an das wachsende Aggregat durch das enge Zusammenpassen mit dem vorangehenden Anbauelement des Aggregats stabilisiert. Das neue Anbauelement wird nur fest gebunden, falls es die geeigneten Basen an der Haarnadelschlaufe trägt, sonst nicht. Mit jedem weiteren Anbauelement, das sich einpaßt, werden die vorangehenden Elemente im Verband zusätzlich stabilisiert. Damit der Prozeß in der beschriebenen Weise abläuft, muß die Bindungsenergie des seitlichen Einpassens des neu hinzutretenden Anbauelements an das vorangehende etwa gleich groß sein wie die Bindungsenergie seines Basentriplets an ein passendes Triplet am Sammelstrang. Wäre sie kleiner, so würde bei Zimmertemperatur keine feste Verknüpfung stattfinden. Wäre sie größer, so würde sich auch ein Anbauelement fest einfügen, das kein Triplet trägt, welches komplementär zum Triplet am Sammelstrang wäre.

Eine wichtige Eigenschaft der Haarnadelkonformation liegt darin, daß (+) und (−) Stränge bis auf die Nukleotide in der Mitte identisch sind, eine Eigenschaft, die große Wirtschaftlichkeit im Gebrauch von Strangmaterial und beim Aufbau von Aggregaten erlaubt. Mit (+) wie (−) Strängen als Anbauelementen ergibt sich die folgende Symmetrie in der Nukleotidfolge der zwei Strangsorten[5]:

$$\begin{array}{ll} 5'\text{-}N_1N_2\ldots N_kN_cN'_k\ldots N'_2N'_1\text{-}3' & B_1\ (+)\ \text{Strang} \\ 3'\text{-}N'_1N'_2\ldots N'_kN'_cN_k\ldots N_2N_1\text{-}5' & B_2\ (-)\ \text{Strang} \\ \hline 5'\text{-}N_1N_2\ldots N_kN'_cN'_k\ldots N'_2N'_1\text{-}3' & B_2\ (-)\ \text{Strang, herumgedreht.} \end{array}$$

Das heißt, die Stränge müssen identisch sein, wenn sie von 5' nach 3' gelesen werden, außer an der Mittelposition (N_c und N'_c, s. Abschn. 17.1.2.9) und eventuell den Enden, an denen die interne Basenpaarung nicht perfekt zu sein braucht. Die Fähigkeit des (+) Stranges, sich zu einer aggregatbildenden Form zu falten, garantiert also, daß der (−) Strang dasselbe tun kann.

Die drei Basen der 180° Schlaufe eines Anbauelementes können nur mit Basentriplets geeigneter Art am Sammelstrang verknüpft werden und nicht mit beliebigen Folgen von drei benachbarten Basen. An der ersten Stelle jedes Triplets am Sammelstrang muß N_k und an der dritten N'_k sein. An der Mittelposition kann statistisch verteilt N_c oder N'_c sein. Wenn dort N'_c steht, heftet sich ein (+) Strang an, im anderen Fall ein (−) Strang. Man hat also einen einfachen Ableserahmen: An der ersten Stelle jedes Triplets auf dem Sammelstrang ist N_k und an der dritten Stelle N'_k.

Der sich allmählich entwickelnde Apparat, der aus Nukleationszentrum A und Sammelstrang C besteht, soll hier *Sammelapparat* genannt werden. Die Größe der gefalteten Anbauelemente B_i ist auf etwa 50 Monomere beschränkt. Längere Stränge können nicht mit hinreichender Genauigkeit repliziert werden (Abschn. 17.1.2.3). Andererseits erfordert die Präzision des Zusammenbaus gefalteter Stränge ein gewisses Minimum an Faltungskomplexität. So benötigt z.B. die Haarnadelkonformation bei $1^1/_2$ Umdrehungen etwa 30 Nukleotide.

◀ **Abb. 17.7. a** Zusammenbau von identischen Anbauelementen mit komplementären Regionen. **b** Erleichterung des Zusammenbaues von Anbauelementen $B_1, B_2, \ldots$ durch einen Sammelstrang C und ein Nukleationszentrum A. **c** Mögliches Modell eines Anbauelementes B_i mit Haarnadelkonformation. *Links* Schematische Helix mit van-der-Waals-Umrissen. *Rechts* Zur besseren Übersicht sind die Nukleotide an den Haarnadelschlaufen als Bindungsmodell dargestellt und die übrigen Teile der Haarnadel [in der *Rich-Arnott-Dickerson* linkshändigen Z Konformation (s. Rich et al., 1979; Arnott et al., 1980; Dickerson et al., 1980; Pohl u. Jovin, 1972). Vor kurzem haben van de Sande u. Jovin die Bildung von linkshelikaler RNA bei hohen Ionenstärken nachgewiesen]. **d** Verknüpfung von Anbauelementen und Sammelstrang durch Basentriplet. **e–g.** Einzelheiten des ausgezeichneten Zusammenpassens zwischen verschiedenen Haarnadelsträngen AB_1 und B_1B_2 (**e**) und zwischen Basentriplets an den Haarnadelschlaufen und komplementären Triplets am Sammelstrang **f**; **g** zeigt Einzelheiten eines Teils von **f**. Die Enden der Haarnadelstränge, die hier als miteinander verbunden gezeigt sind, könnten auch offen sein, wie z.B. in Abb. 17.3b oder in den Diagrammen in Abschn. 17.1.2.9 gezeigt

17.1.2.7 Befreiung von einer spezifischen Umgebung

Befreiung von Umweltsbedingungen ermöglicht Besiedelung neuer ökologischer Nischen

Der weitere Evolutionsverlauf in kleinen Modellschritten erfolgt nach demselben Muster. Immer wieder

[5] Die Buchstaben N und N' symbolisieren wie üblich Nukleotide, die komplementär zueinander, aber sonst nicht weiter spezifiziert sind.

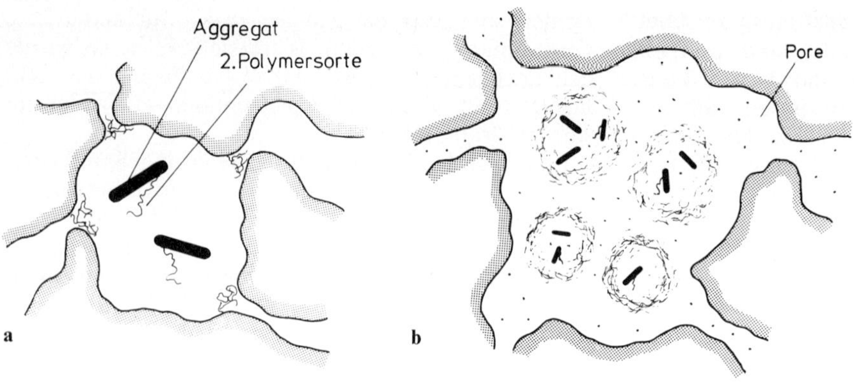

Abb. 17.8a, b. Polymere einer zweiten Art bilden. **a** Agglomerate, die in den Porenkanälen diffusionshemmend wirken. **b** Zellmembranähnliche Hüllen

ermöglicht ein Anwachsen der Komplexität eine gewisse Befreiung von der Bindung an eine spezifische Umgebung, die zu der Entwicklung der vorhandenen Population geführt hat. Das Ergebnis ist eine Ausweitung des besiedelten Gebiets oder das Eröffnen von neuen ökologischen Nischen in einem schon bevölkerten Gebiet.

Durch das „Erfinden" von immer verfeinerten Mechanismen wird das evolvierende System immer unabhängiger von den Einzelheiten des vorgegebenen zyklischen Temperaturprogramms, von der vorgegebenen porösen Umgebung, von gewissen energiereichen Substanzen, usw. Ein Beispiel eines wichtigen Durchbruchs auf einer viel späteren Evolutionsstufe war die Befreiung von energiereichen Substanzen durch die Entwicklung eines Apparates zur Photosynthese[6].

Die Modellschritte, die zu einem System führen, das die prinzipielle Organisationsstruktur des heutigen genetischen Apparates besitzt, sollen hier nicht im Detail erörtert werden, aber einige besonders wichtige Schritte sollen besprochen werden.

17.1.2.8 Hüllenbildung

Polypeptidhüllen ermöglichen die Eroberung von neuen Gebieten

Bis jetzt wurden molekulare Aggregate aus aneinanderpassenden gefalteten Strängen betrachtet. Sie können sich zu größeren Aggregaten entwickeln, aber bald wird eine Grenze erreicht, da die Einzelstränge die Tendenz haben, in der Replikationsphase auseinander zu diffundieren. Dies führt zu wachsenden Schwierigkeiten bei der Besiedelung von Gebieten mit größeren Poren. Diese Schwierigkeiten können durch die Bildung von geeigneten Hüllen, die die zusammenhaltende Wirkung der Porenwände übernehmen, vermieden werden. Solche Hüllen müssen aus einer zweiten Polymersorte bestehen, die unter anderen Bedingungen entstehen und aggregieren als die replizierenden Stränge, denn die Hüllen müssen auch dann unversehrt bleiben, wenn die Stränge eine Replikationsphase durchlaufen.

Wir verfolgen eine Reihe von Schritten, durch die solche Hüllen entstanden sein könnten. Dazu betrachten wir eine Situation, in der die Strangaggregate die Synthese einer zweiten Art von Hochpolymeren katalysieren. Diese Polymerenart soll aus energiereichen Monomeren entstehen, die keine Nukleotide sind, aber Aminosäuren sein können, die auf der präbiotischen Erde vorhanden waren und die aktiviert, also z. B. mit Mononukleotiden verknüpft, wurden. Die Polypeptide sollen lose Agglomerate in den Poreneingängen bilden, die die Auswärtsdiffusion der Stränge verlangsamen, die Einwärtsdiffusion der Monomere aber nicht wesentlich behindern (Abb. 17.8). Ist einmal ein Mechanismus für die Herstellung von solchen Agglomeraten vorhanden, so wirkt damit ein Selektionsdruck zur Verbesserung des Systems. Zum Beispiel können sich größere Aggregate bilden. Das führt zur Besiedelung von Poren mit größeren Öffnungen, also zu einer Aufweitung des besiedelten Bereichs. Die Agglomerate können sich dann allmählich zu Hüllen entwickeln, und damit können die Systeme viel größere Poren erobern. Solche hüllenbildenden Systeme sind immer noch auf Gebiete beschränkt, in denen das komplizierte zyklische Temperaturwechselprogramm existiert, das für die Replikation der betrachteten Stränge benötigt wird. Die Polypeptidhülle könnte auch gewisse katalytische Eigenschaften zur hydrolytischen Spaltung der Nukleinsäuren haben. Fehlerexemplare, die nicht im Aggregat eingebaut sind, würden schneller abgebaut. Die freigesetzten Mononukleotide ständen für den Aufbau neuer Ketten zur Verfügung, und das hätte Selektionsvorteile.

Eine andere Möglichkeit ist die *spontane* Hüllenbildung aus Polymeren der neuen Art, die vom betrachteten katalytischen Apparat in Fülle geliefert werden, der sie als Hindernis für die Poreneingänge fabriziert. Der spontane Zusammenbau von kleinen Peptiden zu Vesikeln ist bekannt (Fox, 1969). Nukleinsäuren sind negativ geladen und ihre Aggregate von einer Wolke von positiven Gegenladungen umgeben, wäh-

[6] Oft wird behauptet, daß der Beginn des Lebens dem Erscheinen von Molekülen, die die Fähigkeit zur Umwandlung von Sonnenenergie hatten, gleichzusetzen sei. In präbiotischen Simulationsexperimenten wurden Chromophore wie Porphyrine und Pteridine erhalten, die vielleicht in frühen photosynthetischen Systemen benutzt wurden; anorganische Systeme sind ebenfalls vorstellbar. Ohne die Existenz von genetischen Mechanismen konnten sich jedoch Apparate zur Photosynthese nicht entwickeln, und die Existenz eines photosynthetischen Systems erklärt nicht, wie ein genetischer Apparat erscheinen konnte.

rend Polypeptide positive und negative Ladungen tragen. Neu geschaffene Polypeptide könnten also durch elektrostatische Kräfte orientiert und an der Wegdiffusion behindert werden, so daß sie sich zu Vesikeln [ähnlich den von Fox (1969) untersuchten] zusammenfinden könnten[7].

Auf dieser Entwicklungsstufe haben die Individuen ihre eigenen Hüllen, die ersten Vorläufer von Zellmembranen. Der Fabrikationsprozeß von Hüllen wird immer wieder verbessert, da solche Hüllen große Selektionsvorteile mit sich bringen. Statt Poren von etwa 10^{-3} mm Durchmesser (Abschn. 17.1.4.5) können jetzt Poren mit größeren Durchmessern angesiedelt werden.

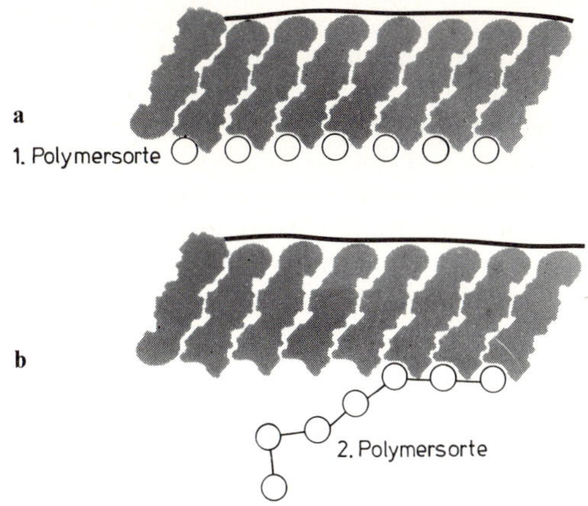

Abb. 17.9a, b. Katalytische Bildung von Polymeren einer neuen Sorte. **a** Durch Zufallsmutationen entwickelt die Oberfläche des Aggregats eine Affinität für Aminosäuren, die sich, einmal angeheftet, miteinander verknüpfen können. **b** Ein fertiger Polymerstrang löst sich ab

17.1.2.9 Ein einfacher Code und dessen Übersetzung

Ein einfacher Code entsteht als Nebenprodukt bei der Verbesserung der Replikation und der Hüllenproduktion

Wie könnte sich ein Mechanismus bilden, der die Polymerisation der zweiten Sorte von Monomeren (Aminosäuren) katalysiert, die zur Herstellung von Agglomeraten und später von Hüllen benützt werden? Eine Betrachtung des Sammelapparates (Abb. 17.9) zeigt eine Möglichkeit. Die Aggregation der Anbauelemente B_1, B_2, ... schränkt die Zahl möglicher Veränderungen in den zusammenpassenden Teilen ein, aber äußere Aggregatteile, die für das Einpassen unwichtig sind, sind dieser Bedingung nicht unterworfen. Replikationsfehler, die diese Teile betreffen, stören die Aggregation nicht, und mit der Zeit werden sich Formen entwickeln, die an solchen Stellen unterschiedlich sind und nebeneinander existieren. Durch Zufall können sich Oberflächen entwickeln, die die Polymerisation von Aminosäuren katalysieren. So könnte eine Außenseite von jedem Anbauelement eine aktivierte Aminosäure tragen. Es könnte dann Polymerisation eintreten. Die Anpassung der Aminosäure an die Aggregatoberfläche wäre nach ihrer Verknüpfung gestört. Das Polypeptid würde sich im Entstehen loslösen, und die katalytischen Stellen wären für eine Wiederholung des Prozesses frei.

Möglicherweise sind viele Kopierfehler nötig, bis man eine katalytisch aktive Oberfläche erhält. Besteht jedoch die Möglichkeit zur katalytischen Aktivität, so werden durch den großen Selektionsvorteil, den Agglomerate und Hüllen mit sich bringen, entsprechende Systeme auch auftreten, und damit die Eroberung von sonst unbesiedelten Gebieten ermöglichen. Eine einmal entstandene katalytische Aktivität könnte unter Umständen durch einen einzigen Fehler wieder zerstört werden. Aber solche Fehlerkopien wären nicht konkurrenzfähig und würden sich deshalb nicht ausbreiten und spielten keine Rolle.

Eine einfache Konformation der Anbauelemente wäre, wie erwähnt, eine Haarnadel mit Armen, die zu einer Doppelhelix verdreht sind. Sie könnten an den Enden offen sein und eine Aminosäure tragen. Die drei Basen an der Haarnadelschlaufe wären für die Bindung an die komplementären Basen am Sammelstrang verantwortlich, wie unten stark schematisch und in Abb. 17.10 ausführlicher gezeigt ist. (Die waagrechten Klammern stehen für die katalytischen Teile der Anbauelemente, und die mit ihnen verbundenen Aminosäuren sind mit „a" bezeichnet.)

Sammelstrang C	N' G N	N' C N	N' C N	N' G N ...
Anbauelemente B_i	$\underbrace{\text{N C N'}}$	$\underbrace{\text{N G N'}}$	$\underbrace{\text{N G N'}}$	$\underbrace{\text{N C N'}}$ ...
Aminosäuren	a	a	a	a

Die ersten und dritten Stellen sind jeweils von den komplementären Basen N und N' besetzt, während an der zweiten Stelle entweder G (Guanin) oder C (Cytosin) sitzt. Die entsprechenden Stellen am Sammelstrang sind durch die komplementären Basen N', N, C oder G besetzt.

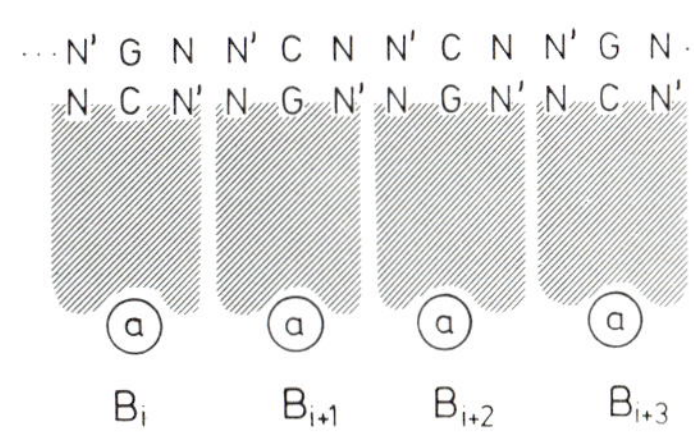

Abb. 17.10. Die Basen von Sammelstrang und Anbauelementen sind komplementär, N und N' sollen das überall gleiche komplementäre Basenpaar bezeichnen, das den Ableserahmen zum Erkennen der Triplets bildet. Im Text sind Anbauelemente B_i durch drei Buchstaben, unter denen eine waagrechte Klammer steht, gekennzeichnet, wie etwa durch $\underbrace{\text{NCN'}}$

[7] Die Bedeutung einer Polymerhülle als Diffusionsbarriere ist schon 1924 von Oparin erkannt worden, der Koazervate untersucht hat. Das Koazervat bildet, wie hier das poröse Gestein, eine vorgegebene Struktur. Hier steht die Polymerhülle in einem ganz anderen logischen Zusammenhang als das Koazervat im Bild von Oparin. Sie hat die Funktion, dem evolvierenden System zu ermöglichen, sich von der vorgegebenen Porenstruktur zu befreien. Nimmt man (mit Oparin, 1968) an, daß eine Polymerhülle schon am Anfang vorhanden ist, so haben zufällig entstandene Aggregate mit katalytischen Eigenschaften zur Herstellung von Hüllenmolekülen keine Selektionsvorteile. Es fehlt in diesem Fall der Selektionsdruck in Richtung hüllenproduzierender Systeme.

Die Basen C und G können sich stärker untereinander verknüpfen als A und U, da C und G untereinander 3 Wasserstoffbrücken bilden, A und U nur zwei. Daher sind die Basen N und N′ wahrscheinlich auch C und G. In der betrachteten Anordnung können sich die drei Basen in den Anbauelementen nur dann mit Basentriplets auf dem Sammelstrang paaren, wenn dort die Sequenz 5′…N′XN…3′ vorliegt (wobei X komplementär zur entsprechenden Base im Anbauelement ist), und nicht bei beliebigen Sequenzen der drei benachbarten Basen.

Stellt man sich nun vor, daß bei der Hüllenbildung Polypeptide verwendet werden, die zwei Sorten von Aminosäuren a_1 und a_2 enthalten, so könnten sich Anbauelemente entwickeln, die spezifische Erkennungsstellen für aktivierte Aminosäuren a_1^* und a_2^* haben. Es könnten sich vier Sorten von Anbauelementen bilden, die wir mit G_{a_1}, G_{a_2}, C_{a_1} und C_{a_2} bezeichnen. C_{a_1} und G_{a_2} wären komplementäre (+) und (−) Stränge, während G_{a_1} und C_{a_2} ähnliche komplementäre (+) und (−) Stränge wären, die sich ursprünglich von den anderen nur in der Mittelposition unterscheiden würden, wie es im folgenden schematischen Beispiel gezeigt ist (in dem die aktivierten Aminosäuren mit einbezogen sind):

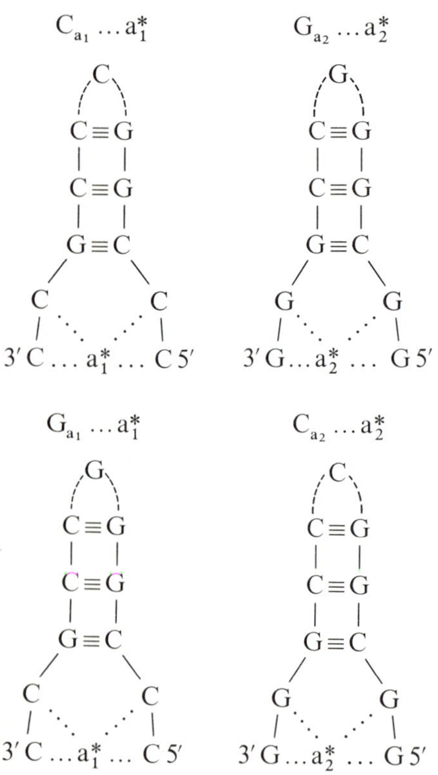

Die zwei Aminosäuren a_1 und a_2 könnten Glyzin und Alanin sein, die in präbiotischen Simulationen überwiegend vorkommen. Polypeptide dieser zwei Aminosäuren sind schlecht wasserlöslich und wären so für die Bildung von Agglomeraten und Hüllen prädestiniert. Eine andere Möglichkeit wäre, daß a_1 und a_2 zwei Klassen von Aminosäuren darstellen, z. B. hydrophile und hydrophobe.

Denken wir uns ein kurzes Polypeptid von etwa 10 Aminosäuren mit einer Folge, die mit $a_1a_1a_2a_1$… beginnen soll. Auf dieser Stufe muß keine Beziehung zwischen G und C einerseits und a_1 und a_2 andererseits angenommen werden. Jedoch wird zwischen Sammelstrang und Basentriplet der Anbauelemente Komplementarität vorausgesetzt.

N′ G N N′ C N N′ C N N′ G N…
N C N′ N G N′ N G N′ N C N′
$\underbrace{\quad}_{a_1}$ $\underbrace{\quad}_{a_1}$ $\underbrace{\quad}_{a_2}$ $\underbrace{\quad}_{a_1}$

Mit der Zeit wird eine Kombination auftreten, bei der durch Zufall eine eins-zu-eins Beziehung zwischen den mittleren Basen der Basentriplets der Anbauelemente und den mit den Anbauelementen verknüpften Aminosäuren besteht, es wird also z. B. a_1 überall mit C, a_2 überall mit G in Beziehung stehen. Die Kombination sieht dann so aus:

N′ G N N′ G N N′ C N N′ G N…
N C N′ N C N′ N G N′ N C N′
$\underbrace{\quad}_{a_1}$ $\underbrace{\quad}_{a_1}$ $\underbrace{\quad}_{a_2}$ $\underbrace{\quad}_{a_1}$

In diesem Beispiel codiert G auf dem Sammelstrang für a_1 und C für a_2 [8]. Dieser Code wird im allgemeinen in wenigen Generationen wieder verloren gehen. Unter den vielen möglichen Polypeptiden, die so gebildet werden können, soll einmal ein Polypeptid entstehen, das die Funktion eines primitiven kleinen Enzyms E ausüben kann, das (1) die Replikation erleichtert und (2) die Fehlerrate senkt, also in dieser Weise als *Replikase* wirkt. Die Reduktion der Fehlerrate muß ausreichend sein, so daß die Information, die für den Aufbau des Enzyms nötig ist, in der Zahl von Generationen nicht verloren geht, die zur Fixierung dieser Information durch Selektion erforderlich sind. Das Enzym wird dann selektiert, und als Nebenprodukt fixiert sich eine Beziehung zwischen zwei Aminosäuren und zwei Basen, womit sowohl ein primitiver Code wie auch ein Übersetzungsapparat für diesen Code entstanden sind. Die Elemente $B_1, B_2, \ldots$ dienen als *Adapter* zwischen Aminosäuren und Basentriplets auf dem Sammelstrang, d. h., sie sind die Vorläufer der Transfer-RNA und der Kollektorstrang die Frühform der Messenger-RNA [9]. Das Basentriplet auf dem Sammel-

---

8 Basenfolgen, deren „Leserahmen" eindeutig ist, wie hier, stellen einen sogenannten *kommafreien Code* dar.

9 Crick et al. (1976) haben ein Modell entwickelt, das auch aus einem Strang von Messenger-RNA und Adaptern besteht, ohne jedoch anzugeben, wie es zu diesem Übersetzungsapparat kommen konnte. Die Schwierigkeit, daß für eine stabile Bindung zwischen Adapter und Messengerstrang drei Basenpaare ungenügend sind, wird in ihrem Modell durch das Postulat eines Flipmechanismus überwunden, in dem 5 Basenpaare an der Bindung beteiligt sind. [Dieses Modell wurde von Eigen u. Schuster (1978) diskutiert und modifiziert.] Es gibt keine Hinweise dafür, daß in heutigen Ribosomen ein ähnlicher Mechanismus verwirklicht ist. Die Schwierigkeit, daß drei Basenpaare für eine stabile Bindung nicht genügen, wird im hier beschriebenen Modell durch die Wechselwirkung zwischen benachbarten Adaptern überwunden.

strang, an das sich das Triplet auf dem Adapter heftet, wird als Kodontriplett bezeichnet, das Gegenstück am Adapter Antikodontriplett. Auf diese Weise wird die Schwierigkeit überwunden, daß Enzyme für einen Mechanismus erforderlich sind, der diese Enzyme zuerst aufbauen muß (Henne-Ei-Problem).

Es ist natürlich denkbar, daß von Anfang an nur eines der komplementären Paare (G_{a_1}, C_{a_2}) oder (C_{a_1}, G_{a_2}) vorhanden war. Dieser Situation entspricht Abb. 17.7d. Wenn z. B. die offenen Enden eines (+) Stranges durch Basen C besetzt sind, dann müssen am Ende des (−) Stranges Basen G sein. Die zwei Strangsorten könnten dann verschiedene Affinitäten für zwei Sorten von Aminosäuren a_1 und a_2 besitzen. Präbiotisch könnten an Nukleotide gebundene Aminosäuren existiert haben, z. B. a_1 kombiniert mit G und a_2 kombiniert mit C[10]. Auf diese Weise wären (+) Stränge automatisch Adapter für a_1 und (−) Stränge Adapter für a_2. Auch in den frühsten Haarnadelsträngen könnten die Enden offen gewesen sein. Offene Enden können von Vorteil sein, da ein Replikationsbeginn dadurch auf das Strangende beschränkt ist (Abb. 17.3b), was zu einem Selektionsgewinn führen kann. Im vorgeschlagenen molekularen Modell kann das Anheften von a_1-C bzw. a_2-G durch Interkalation und komplementäre Basenpaarung erfolgen. Die Aminosäure a_1 kann dann im Molekülmodell so angeordnet werden, daß eine kovalente Bindung zur 2′ OH-Gruppe der Ribose am 3′ Ende des (+) Stranges stattfinden kann. Entsprechendes gilt für a_2. Das räumliche Einpassen des Carbonyl-Kohlenstoffatoms der Aminosäure an die betrachtete 2′ OH-Gruppe bei gleichzeitiger Wasserstoffbrückenbildung zwischen der Aminogruppe der Aminosäure und der 3′ OH-Gruppe der Ribose kann mit L- besser als mit D-Aminosäuren erreicht werden. In dieser Tatsache kann der Ursprung der Stereospezifität der Aminosäuren in Biosystemen liegen, also der faszinierenden Tatsache, daß sämtliche Aminosäuren im genetischen Code L-Formen sind. L-Aminosäuren würden dann notwendigerweise an D-Ribose geknüpft sein.

Wie könnte nun ein einfaches Polypeptid mit nur etwa 10 Aminosäuren die beschriebene Wirkung haben? Man kann sich vorstellen, daß z. B. Teile eines kurzen Polypeptids in die Furche der Doppelhelix passen, die während der Replikation da vorliegt, wo der neue Strang gebildet wird. Das Polypeptid könnte in dieser Furche weitergleiten und würde so während der Verlängerung des neuen Stranges in der Wachstumszone bleiben[11]. Die Anwesenheit des Polypeptids würde die Doppelhelixstruktur während der Replikation stabilisieren und den Kontakt zwischen den beiden Strängen während der Replikation verbessern. Dadurch würde die Replikation beschleunigt und die Spezifität des Anbaus energiereicher Mononukleotide erhöht, wodurch *W*, die Fehlerwahrscheinlichkeit bei der Basenpaarung während der Replikation, erniedrigt würde. (Vereinfachend wird *W* für alle Basenpaare als gleich groß angenommen. *W* darf nicht mit *w*, der Wahrscheinlichkeit für den Einbau eines „lethalen" Monomers, verwechselt werden.)

Nach dem Erscheinen eines Codeübersetzers innerhalb einer Hülle werden die anderen Sammelapparate schnell durch Codeübersetzer ersetzt werden. Durch die Anwesenheit des Enzyms E in der Hülle können sich nicht nur Codeübersetzer entwickeln, die das Enzym E produzieren, sondern auch Codeübersetzer, bei denen Fehler im Gebiet des Sammelstrangs aufgetreten sind. Auf diese Weise ändern sich einige der Codeübersetzer langsam, so daß sie neue Polypeptide zu bilden vermögen. Einige von Ihnen bringen dem Individuum, das sie in seiner Hülle enthält, weitere Selektionsvorteile, z. B. durch die Herstellung verbesserter Hüllen oder durch neue enzymatische Funktionen. Die Codeübersetzer werden schrittweise differenzierter und wirksamer, und der Code wird detaillierter, wobei irgendwann die zweite und endlich die dritte Base des Triplets Verwendung finden. Die Kooperation zwischen den verschiedenen Teilen innerhalb der Hülle entwickelt sich. Das Individuum verfeinert sich immer weiter.

17.1.2.10 Computersimulation der Codefixierung

Abbildung 17.11 zeigt die Ergebnisse einer Computersimulation der Entwicklung eines Codes, die auf dem Modell in Abschn. 17.1.2.9 beruht. Am Anfang des Laufes wird zwischen zwei Aminosäuren unterschieden, dann zwischen vier und schließlich zwischen sechs, jeweils nach einer vorprogrammierten Zahl von Generationen. Ferner sind Aminosäuresequenzen gespeichert, denen eine Replikaseaktivität zugesprochen wird, wobei eine Steigerung der Wirksamkeit mit zunehmender Komplexität angenommen ist. Jeder Strang wird verdoppelt. Gelegentliche Fehler werden durch ein Zufallszahlenprogramm eingebaut und Adapter werden auch durch Zufall ausgesucht. Die Gesamtzahl der Individuen wird nach jeder Generation auf 50 reduziert. Die Abbildung zeigt die Zahl der Individuen, die eine gewisse Replikaseaktivität besitzen, gegen die Zahl von Generationen aufgetragen. Im

[10] Neben chemischen Unterschieden, die zu einer Aktivierung von a_1 mit G und a_2 mit C führen könnten, sind Unterschiede im physikalischen Verhalten denkbar. Man kann sich etwa vorstellen, daß die beiden Aminosäuren a_1 und a_2 zwar etwa gleich gut mit Purin- oder Pyrimidin-Nukleotiden aktiviert werden, daß aber dann die verschiedenen Molekülsorten a_1-C, a_1-G, a_2-C, a_2-G getrennt werden, etwa durch unterschiedliche chromatographische Eigenschaften. Die Mischung kann an einem Substrat wie Montmorillonit adsorbiert und mit einer wäßrigen Lösung von anorganischen Salzen als Fließmittel in verschiedene Zonen aufgetrennt werden, die dann räumlich isolierte Reservoirs von aktivierten Verbindungen darstellen. Es kann also z. B. a_1-C und a_2-G in eine geeignete poröse Region sickern, in der dann die interessierenden Vorgänge stattfinden. U. Lehmann (Privatmitteilung) hat vor kurzem bei Verwendung von Salzlösungen als Fließmittel festgestellt, daß Gly und GMP die gleiche Laufgeschwindigkeit besitzen, während Ala und CMP eine andere, von dieser merklich verschiedene, Laufgeschwindigkeit haben. Dadurch ist die Möglichkeit einer *in situ* Bildung von GMP-Gly und CMP-Ala gegeben, während die Bildung von CMP-Gly und GMP-Ala nicht stattfinden kann.

[11] Diese Vorstellung wird durch Untersuchungen zur spezifischen Bindung von Proteinen an Nukleinsäuren gestützt, wonach sich Oligopeptide aus beispielsweise 10 Aminosäuren als Faltblatt in die Furche einer Doppelhelix einpassen müßten (Anderson et. al.).

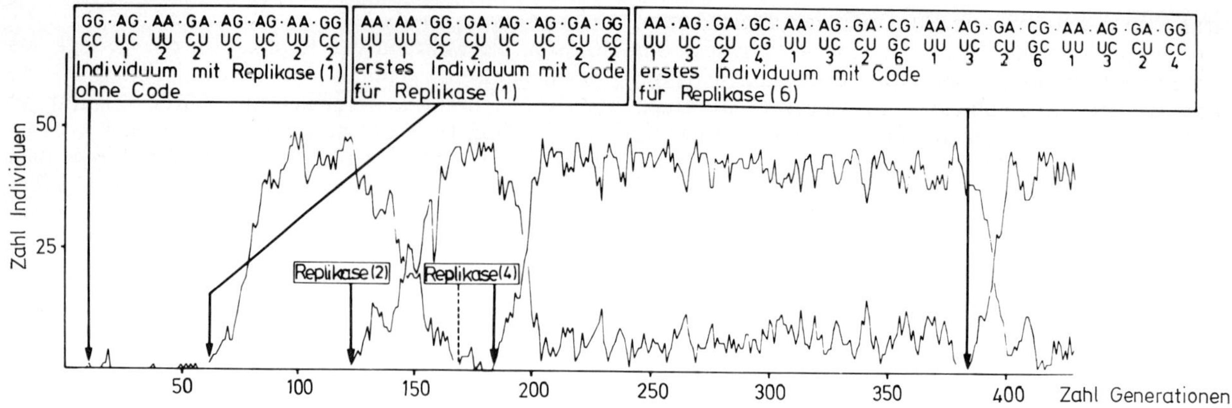

Abb. 17.11. Computersimulation einer Codefixierung

gezeigten Computerlauf dauerte es 53 Generationen, bis das erste Mal durch Zufall ein Individuum auftrat, das eine Folge der Aminosäuren 1 und 2 besaß, die mit einer anfänglich gespeicherten Folge übereinstimmte, der eine schwache Replikaseaktivität zugeschrieben worden war (Replikase 1) und in der sich zufällig eine eins-zu-eins Beziehung zwischen G und a_1 und C und a_2 ergab. Diese Form setzte sich bald durch, um später einer Reihe von zufällig erscheinenden Formen mit verbesserten Replikasen Platz zu machen, die im gezeigten Beispiel mit 2, 4 und 6 bezeichnet sind.

Gleichzeitig entwickelte sich ein Code, der am Ende alle 6 Aminosäuren einbezog. Replikase und entwickelter Code sind das Ergebnis von Entscheidungsfolgen, die durch Zufallszahlen bestimmt sind. Computerläufe mit anderen Zufallszahlen führten zu gänzlich anderen Codes und anderen Replikasen.

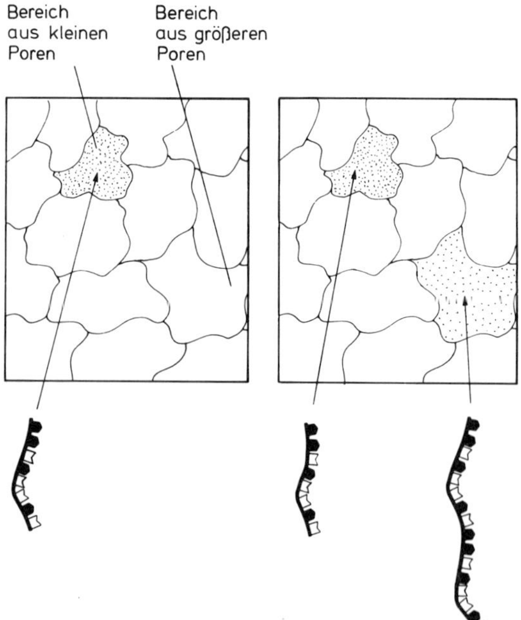

Abb. 17.12. Zwei Stagnationsphasen und die dazwischenliegende Durchbruchphase. Das gewählte Beispiel betrifft die Strangverlängerung in einer Durchbruchphase. Sie erlaubt die Besiedelung eines neuen Bereiches mit Poren, die größere Öffnungen haben

17.1.2.11 Weitere Unterdrückung von Ablesefehlern

Auf noch früher Stufe muß sich ein weiteres Element D entwickelt haben, das den Kontakt zwischen Sammelstrang C und Adaptern B_1, B_2, ... verbesserte und auf diese Weise Ablesefehler unterdrückte. Diese Vermutung liegt durch die Tatsache sehr nahe, daß die heutigen Ribosomen die einzigen Zellelemente mit enzymatischer Funktion sind, die zum großen Teil aus Nukleotiden bestehen und sich deshalb aus solchen Elementen D entwickelt haben dürften. Das ursprüngliche Element D könnte ein Nukleinsäuredoppelstrang sein, der den Komplex aus Sammelstrang und Anbauelementen stabilisiert, indem er sich an zwei oder mehr benachbarte Haarnadeln parallel anlegt. Er könnte am Aggregat entlanggleiten und die Verknüpfung der Aminosäuren zum Polypeptid erleichtern. Ein solcher Strang könnte eine Vorstufe für den späteren Apparat sein, der die Adapter von der A-Stellung (Kapitel 10) in die P-Stellung transportiert. Am Molekülmodell kann man sich die postulierten Schritte detailliert plausibel machen, insbesondere die Stabilisierung der gewünschten Anordnung der zu verknüpfenden Aminosäuren durch H-Brücken von den 3′ Enden der Adapter zum 3′ und 5′ Ende von D.

17.1.3 Allgemeine Modellaspekte und spätere Evolutionsstufen

17.1.3.1 Allgemeine Züge des Evolutionsprozesses

Wechsel zwischen Stagnationsphasen und Durchbruchphasen

Die verschiedenen bisher betrachteten Evolutionsstufen zeigen alle gemeinsame Züge, die sich auch in späteren Stadien wiederholen. Sogar auf den untersten Niveaus kann eine Wiederholung von zwei Entwicklungsphasen erkannt werden. Die eine ist durch eine Folge von vielen kleinen Schritten gekennzeichnet, wobei jeder die Anpassung an die Umwelt geringfügig oder überhaupt nicht verbessern kann: besonders wenig geschieht in den späten Stadien der betrachteten Phase; das System ist auf der bestehenden Evolutionsstufe gefangen. Keine neuen Gebiete werden besiedelt, keine Schranken überwunden. Die Evolution steckt in einer *Stagnationsphase.*

Nach einer gewissen Zeit ereignet sich plötzlich ein Durchbruch in eine neue Richtung, der eine Ausbreitung in eine neue ökologische Nische ermöglicht (Abb. 17.12). Beispiele von solchen *Durchbruchphasen* sind die Verlängerung von Strängen durch Verschmelzen kürzerer Stücke, die Aggregation von gefalteten Strängen, die Entwicklung von Apparaten, die zuerst Agglomerate und dann Hüllen produzieren, und das Erscheinen eines primitiven Codes.

Weitere Durchbruchphasen werden in späteren Abschnitten beschrieben. Eine davon ist die Entwicklung eines Speichersystems für Information, das auf DNA basiert, wobei diese Speicherfunktion vom RNA-Ablesesystem abgetrennt wird. Ein anderer Durchbruch betrifft den Austausch von genetischem Material durch Rekombination.

17.1.3.2 Schwierigkeiten, die durch die Anwesenheit von komplementären Strängen bedingt sind

Trennung der Mechanismen für Replikation und Enzymsynthese

Es erscheint zunächst außerordentlich rätselhaft, wie und wann ein einfacher Übersetzungsapparat in den genetischen Apparat biologischer Systeme umgebaut werden konnte, der eine fundamental andere Organisationsstruktur besitzt. Die Anwendung des bisherigen methodologischen Programms führt zu der Vorstellung, daß gerade ein Umbau dieser Art fast zwangsläufig erfolgen mußte.

In der bisher betrachteten Folge von Schritten tritt mit der Zeit ein Problem auf. Während der Replikationsphase werden nicht nur (+) Stränge gebildet, die sich zu Einheiten zusammenbauen, die Polypeptide synthetisieren, sondern auch die entsprechenden (−) Stränge, die als Matrizen zur Replikation erforderlich sind. Man kann sich zwar vorstellen, daß sowohl (+) als auch (−) Exemplare der Anbauelemente B_1, B_2, ... (Abschn. 17.1.2.6) als Adapter für verschiedene Aminosäuren fungieren können. Jedoch sind die (−) Kopien des Sammelstranges C entweder zur Polypeptidsynthese ungeeignet, oder noch schlimmer, sie produzieren sinnlose Polypeptide, die nur das Verkehrsproblem im Innern der Hüllen vergrößern und Aminosäuren verbrauchen. Diese Schwierigkeiten wachsen mit der Kompliziertheit und Vielfalt der Apparate, die verschiedene Polypeptide aufbauen. Es kann daher von einem Individuum nur eine begrenzte Anzahl von Enzymen hergestellt werden; eine Stagnationsphase der Evolution ist erreicht.

Der folgende Ausweg bietet sich an: Die „Replikase“ kann sich durch Fehler in der Basenübertragung allmählich abändern. Mit der Zeit können sich also „Replikasen“ mit etwas unterschiedlichem Verhalten in derselben Hülle entwickeln. Nehmen wir an, daß ein solches Enzym E_1 Mononukleotide, die Desoxyribose statt Ribose enthalten, in der Strangsynthese geringfügig begünstigt, während ein anderes Enzym E_2 desoxy-

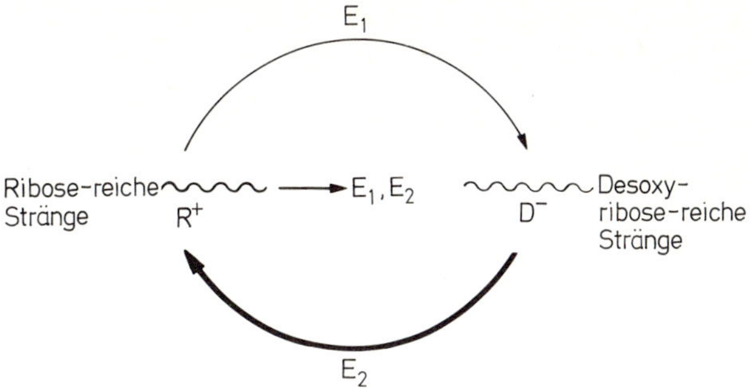

Abb. 17.13. Entstehung eines desoxyribosereichen D^- Stranges. Kurze desoxyribosereiche (−) Stränge (D^-) werden auf ribosereichen (+) Strängen (R^+) synthetisiert, katalysiert durch ein Enzym E_1, während E_2 die Synthese von R^+ auf D^- katalysiert. Enzym E_2 ist wirksamer als Enzym E_1

ribosereiche Stränge als Matrizen in der Synthese von ribosereichen Strängen bevorzugt. Durch Zufall soll E_2 auch etwas wirksamer als E_1 sein (Abb. 17.13).

Die E_1-katalysierte Replikation eines (+) Ribonukleinsäurestranges (mit R^+ bezeichnet) liefert dann einen desoxyribosereichen (−) Strang (mit D^- bezeichnet), der dann wiederum als Matrize dient, an der mit Hilfe des leistungsfähigen Enzymes E_2 schnell eine Anzahl von Kopien R^+ hergestellt werden. Aus wenigen D^- Strängen entstehen also viele R^+ Stränge. Die Stränge R^+ werden als Komponenten im Übersetzungsapparat eingebaut, die dann Enzyme synthetisieren. Durch gerichtete Selektion entwickelt sich dann allmählich ein genetischer Apparat, in dem die Mechanismen für Replikation und Enzymsynthese getrennt sind. Die Schwierigkeit, die durch Anhäufung von nutzlosen Strängen und unbrauchbaren Polypeptiden auftrat, wird also durch eine Reorganisation des Systems beseitigt, wobei eine dritte Sorte von Polymeren erscheint, die hauptsächlich Desoxyribosenukleotide enthält.

Zunächst führt die Zusammenarbeit der Enzyme E_1 und E_2 zur Weiterentwicklung der Funktionseinheit durch Einfügung von neuen Enzymen. Die zunehmende Komplexität der Molekülgesellschaft bringt jedoch neue Organisationsprobleme, die dadurch bedingt sind, daß der Bauplan des Organismus' über eine Vielzahl von R^+ Strängen (R_1^+, R_2^+, ...) verstreut ist. Diese Schwierigkeit kann beseitigt werden durch Vereinigung der komplementären Stränge D_1^-, D_2^-, ... in einige wenige längere, und schließlich in einen einzigen langen D^--Strang (Abb. 17.14a, α), der dann als Matrize für neue Stränge R_1^+, R_2^+, ... dient. Dadurch werden nicht nur die Organisationsprobleme verringert; auch die Tendenz eines Stranges, durch Diffusion zu entweichen, ist durch seine Länge verkleinert.

Der Verlängerungsprozeß der D^--Stränge würde erleichtert durch ein Enzym, das als „*Ligase*“ wirkt. Man kann sich vorstellen, daß das im Replikationsprozeß an den Reaktionsort nachrutschende Enzym E_1 etwas aus seiner Rille hervorragt, wenn das Strangende erreicht ist. Das herausragende Ende kann dann die etwaige Anheftung eines zweiten Stranges erleichtern. Damit entsteht ein neuer, um das betrachtete Stück verlängerter D^--Strang, der die Information der beiden R^+-Stränge trägt, die getrennt sind durch ein kurzes, durch matrizenlose Polymerisation entstandenes Strangstück NNNN (Abb. 17.14a, β)[12].

Das Enzym E_2, das in der Synthese der kurzen Stränge R_1^+, R_2^+, ... beteiligt ist, muß eine Erkennungsregion besitzen für die Stellen am Strang D^-, an denen der Replikationsprozeß beginnt und endet. Vielleicht wären hier die kurzen, durch matrizenlose Polymerisation entstandenen Strangzwischenstücke von spezieller Bedeutung (Abb. 17.14a, γ).

Ein weiterer notwendiger Schritt ist die Abwandlung einer früheren „Replikase" in ein Enzym E_3 (Abb. 17.14b, α), das die Bildung von D^+-Strängen an D^--Matrizen katalysiert und umgekehrt. Da nur D^- als Matrize zur Herstellung der Stränge R_1^+, R_2^+, ... dient, sollte die Erkennungsregion von Enzym E_2 für D^- spezifisch sein. Die erwähnten Zwischenstücke auf D^- könnten z. B. aus einer Folge NNNN bestehen, denen die Nichterkennungsregion N'N'N'N' auf D^+ entsprechen würde. [N' bezeichnet das zu N komplementäre Element) (Abb. 17.14b, β).]

Ein solches System von Enzymen würde der Form große Selektionsvorteile verleihen und die Evolution von Replikationsmechanismen anbahnen, die mit immer größerer Leistungsfähigkeit und Genauigkeit arbeiten würden. Der Mechanismus müßte zu der erwähnten Sachlage führen, in der Desoxyribosenukleinsäurestränge die Träger von Information werden. E_1 würde degenerieren und E_2 würde sich zu einer „*Transkriptase*" entwickeln (Abb. 17.14c). (Da inverse Transkriptase die gleiche Funktion hat wie E_1, wäre es möglich, daß sie sich aus einem solchen Vorgänger entwickelt hat.)

Alle wesentlichen Bestandteile des heutigen genetischen Mechanismus, wie sie von der Molekularbiologie her bekannt sind, sind auf dieser Stufe vorhanden, und ihre Evolution erscheint als Notwendigkeit.

[12] Es ist bekannt, daß Qβ-Replikase unter bestimmten Umgebungseinflüssen matrizenfrei Stränge synthetisieren kann (Sumper u. Luze, 1975).

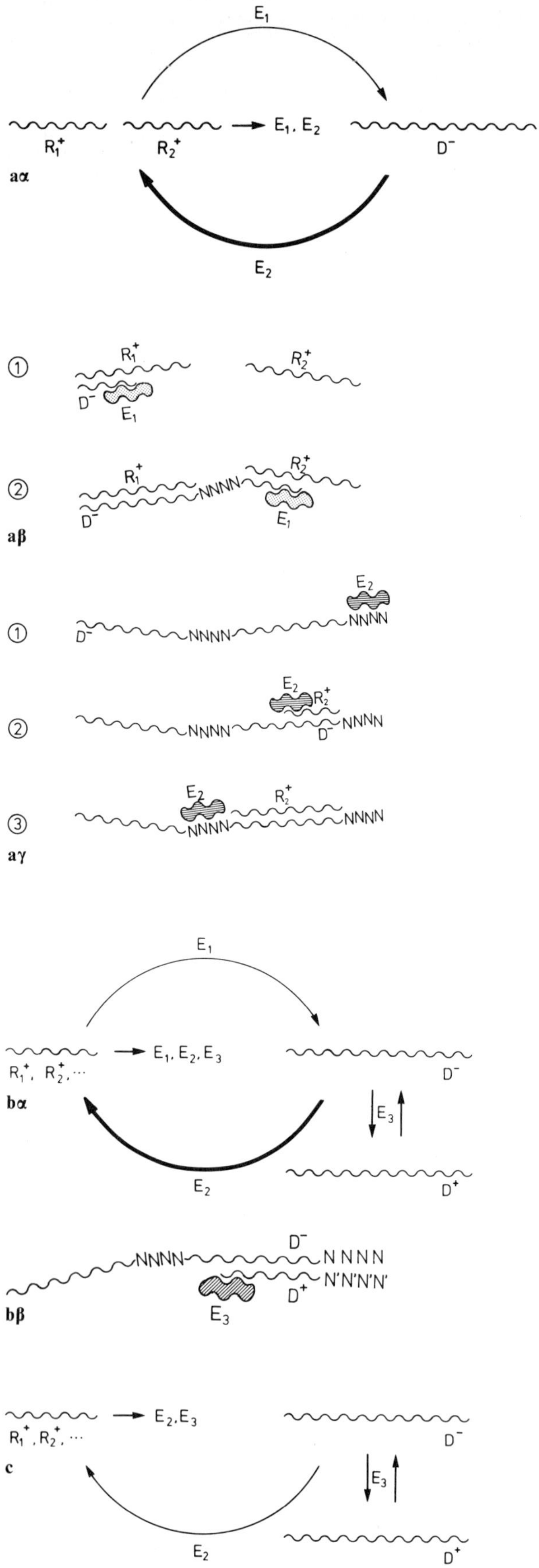

Abb. 17.14a–c. Organisationsstruktur des Prozesses, der zur Trennung der Mechanismen für Replikation und für Enzymsynthese führt. **a** D^- wird länger und dient als Matrize für kurze Stränge R_1^+, R_2^+, ... **(α)** Schema der katalytischen Wirkung der Enzyme E_2 und E_2. **(β)** Bildung von D^- an Strängen R_1^+ und R_2^+ als Matrizen, katalysiert durch Enzym E_1. Das Strangstück N N N N entsteht durch matrizenfreie Verknüpfung der Monomeren N. (γ) Bildung von R_2^+ an D^- als Matrize, katalysiert durch Enzym E_2. Die Strangstücke N N N N von D^- werden nicht repliziert, dienen aber dem Enzym E_2 als Erkennungsregion für den Beginn (1) und das Ende (3) der Replikation. **b** Enzym E_3 katalysiert die Replikation von D^+ an D^- Strängen und umgekehrt. **(α)** Schema der katalysierenden Wirkung der Enzyme E_1, E_2, und E_3. **(β)** Bildung von D^+ an D^- als Matrize, katalysiert durch Enzym E_3. Das Strangstück N'N'N'N' auf D^+ entsteht durch Replikation des Stückes N N N N auf D^-. **c** Enzym E_1 wird nicht mehr benötigt. Schema der katalysierenden Wirkung der Enzyme E_2 und E_3

17.1.3.3 Austausch von genetischem Material

Eine Evolutionsschranke wird durch die Rekombination von genetischem Material und eine gleichzeitige Verminderung der Fehlerrate überwunden

Die betrachteten Systeme werden immer komplexer, und dabei wächst die Information, die von einer Generation auf die nächste übertragen wird. Die Wahrscheinlichkeit W, daß bei der Replikation bei der Übertragung einer Base ein Fehler auftritt, also nicht die komplementäre Base in den Tochterstrang eingebaut wird, muß deshalb abnehmen in dem Maß, wie die Gesamtzahl N_{total} der an Informationsspeicherung und Übertragung beteiligten Monomere zunimmt. Evolution ist mit einer kontinuierlichen Anpassung von W an einen Optimalwert verbunden.

Eine obere Grenze von W ist durch die Bedingung gegeben, daß die Übertragung von Information von einer Generation zur nächsten mit ausreichender Wahrscheinlichkeit fehlerfrei sein muß. Praktisch jeder Fehler bedingt ernstzunehmende Schwierigkeiten, da ein einziger Fehler gewöhnlich zu einer Änderung der Konformation des zugehörigen Proteins führt, was normalerweise den Verlust von dessen Aktivität zur Folge hat. Da jedes Protein ein Teil im Funktionsgefüge ist, das als Ganzes das Individuum darstellt, ist der Verlust ebenso ernst zu nehmen wie der eines einzigen Zahnrädchens in einer Uhr, und die Form ist in der Selektion benachteiligt.

Mit durchschnittlich einem Fehler pro Kopie gibt es etwa 10/e (Poisson-Verteilung) oder beinahe vier fehlerfreie auf zehn Kopien, ein Bruchteil, der genügt, um die Verbreitung der Form zu sichern. Für N_{total} Nukleotide wird die Durchschnittszahl der Fehler, pro Kopie W N_{total} (W = Fehlerwahrscheinlichkeit pro Nukleotid). Diese Betrachtungen führen also zur Beziehung

$$WN_{total} \simeq 1 \tag{17.1}$$

für den Fall, daß der Bauplan bei der Ausbreitung nicht verloren geht, wobei W eine obere Grenze ist (Abb. 17.15).

Im allgemeinen sollte Vielseitigkeit und damit Komplexität, also ein großes N_{total}, eine Form begünstigen. Andererseits muß W genügend groß sein, um genügend Mutanten zu erzeugen, was nach (17.1) nur erreichbar ist, solange N_{total} klein ist. Die Forderung nach genügend Mutationen, um eine Anpassung an Änderungen in der Umgebung zu gewährleisten, bringt also eine untere Grenze von W mit sich und durch Gl. (17.1) eine obere Grenze für N_{total}.

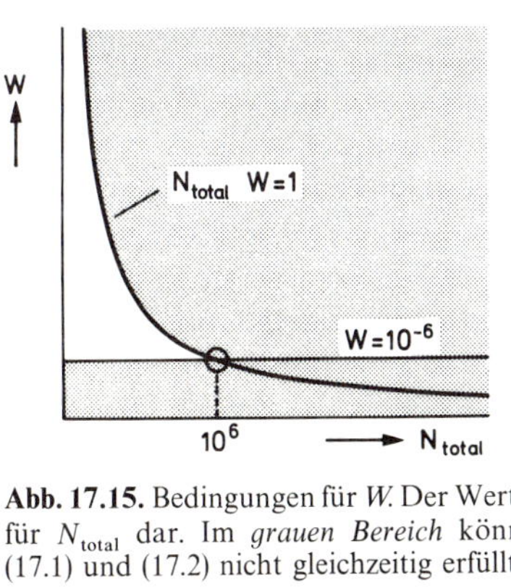

Abb. 17.15. Bedingungen für W. Der Wert 10^6 stellt eine obere Grenze für N_{total} dar. Im *grauen Bereich* können die Grenzbedingungen (17.1) und (17.2) nicht gleichzeitig erfüllt werden

Um diesen Minimalwert von W abzuschätzen, der für eine wirksame Evolution von Proteinen benötigt wird, betrachten wir eine Folge von Generationen, in denen eine Strecke der DNA von N Basen allmählich für ein neues Protein instruiert wird. Der ganze übrige DNA-Strang ist schon instruiert und braucht daher hier zunächst nicht betrachtet zu werden, denn Fehler in diesem Abschnitt sind im allgemeinen „lethal" und daher für den weiteren Evolutionsverlauf unwichtig, solange W kleiner als gemäß (17.1) ist, die Entstehung einer ausreichenden Zahl fehlerfreier Kopien also gewährleistet ist (näheres s. Abschn. 17.1.4.5). Durch Replikationsfehler im Abschnitt der N Basen sei eine günstige Mutante entstanden. Zu ihrer Fixierung, also zur Erzeugung genügend vieler fehlerfreier Nachkommen der Mutante, damit ihre Ausbreitung gewährleistet ist, seien etwa n Generationen nötig.

Im folgenden gehen wir aus von dem Fall, daß die durchschnittliche Fehlerzahl auf der betrachteten Strecke während der n Generationen, WNn, etwa 1 sei:

$$WNn \simeq 1\,. \tag{17.2}$$

Wir fragen dann, was geschieht, wenn W größer als nach (17.2) wird, vorausgesetzt, daß N_{total} genügend klein ist, so daß bei allen untersuchten Werten von W die durch (17.1) gegebene Grenzen nicht erreicht wird. Die Zunahme von W bringt keine großen Selektionsvorteile. Während zwar das Auftreten einer vorteilhaften neuen Mutante mit wachsendem W häufiger wird, steigt zur gleichen Zeit die Wahrscheinlichkeit, daß die schon vorhandene günstige Mutante durch einen neuen ungünstigen Fehler zerstört wird, bevor sie sich in den n Generationen etablieren kann. Andererseits hätten Systeme, bei denen W wesentlich kleiner wäre als nach (17.2), große Nachteile, da sich nun die Anpassungsfähigkeit bei abnehmender Häufigkeit von Kopierfehlern rapide verschlechtert. Der genaue Wert von W ist also relativ unwichtig, solange sich dieser Wert innerhalb der durch (17.1) und (17.2) gesetzten Grenzen befindet. Nimmt W mit wachsendem N_{total} nach (17.1) ab, so bringt das also zunächst kaum Nachteile, obgleich nun Mutanten, die durch Fehler im Bereich der N Basen bedingt sind, seltener auftreten. Sobald jedoch bei ansteigendem N_{total} die durch (17.2) gegebene Grenze erreicht wird, müssen sich nach dem Gesagten Schwierigkeiten ergeben.

Eine Abschätzung von N ergibt sich aus der Zahl der Aminosäuren in einem Protein mittlerer Größe (300). Nehmen wir an, daß diese Zahl für die Enzymaktivität der betrachteten Form notwendig ist, dann ist $N = 300 \times 3 \simeq 10^3$. Ein vernünftiger Wert für n ist auch etwa 10^3, was einer Feinabstimmung eines Proteins entspricht (Mitte von Abschn. 17.1.4.5).

Der optimale Wert von n hängt davon ab, wie wichtig die Verbesserung der Proteine im Verhältnis zur Anpassung an Umweltveränderungen ist. Aus der Beziehung (17.2) folgt dann

$$W \simeq 10^{-6} \tag{17.3}$$

[s. Abb. 17.15 sowie Gl. (17.34)]. Mit anwachsendem N_{total} sollte W also entlang der Hyperbel kleiner werden, bis der Punkt erreicht ist, wo $N_{total} \simeq 10^6$ ist.

An diesem Punkt tritt eine Schranke gegen eine weitere Evolution auf. Ein weiterer Anstieg von N_{total}, der bei wachsender Komplexität einer Form (zusätzliche Proteine) nötig ist, wäre ohne eine Verkleinerung von W unmöglich, da eine genügend große Zahl von Mutationen für die Anpassung nicht mehr gewährleistet wäre. Eine Form mit $W < 10^{-6}$ könnte mit einer anderen, für die $W \simeq 10^{-6}$ ist, nicht konkurrieren, und so scheint $N_{total} \simeq 10^6$ eine obere Grenze zu sein für die Zahl von Monomeren, die zur Speicherung und Vervielfältigung von Information verwendet werden.

Eine wichtige Annahme in diesen Betrachtungen einer systemgebundenen Grenze besteht darin, daß es für die Selektion eines sich entwickelnden Systems wichtiger ist, seine Anpassungsfähigkeit an eine sich ändernde Umwelt zu bewahren (Minimumwert von $W \simeq 10^{-6}$), als aus zusätzlichen Proteinen Nutzen zu ziehen. Man kann sich Situationen vorstellen, in denen diese Annahme nicht zutrifft, z. B. wenn die Umwelt konstant bleibt oder sich nur sehr langsam ändert (Abschn. 17.1.4.7).

In einer sich ändernden Umwelt, in der Anpassungsfähigkeit wichtig ist, ist die Grenze von $N_{total} \simeq 10^6$ real, kann aber überwunden werden durch einen grundlegenden Organisationswechsel, die Entwicklung eines Mechanismus, der den gegenseitigen Austausch von Strangstücken, d. h. die Rekombination von für die Empfänger vorteilhaftem genetischem Material, erlaubt. Nur wenige Rekombinationen sind vorteilhaft, und der Schritt, in dem der Austausch von genetischem Material stattfindet, muß deshalb so selten vorkommen, daß eine günstige Rekombination durch Vervielfältigung und Selektion fixiert werden kann, bevor die nächste Rekombination auftritt.

Es seien n' Vervielfältigungen für die Fixierung durch Selektion nötig. Wenn W sich so eingespielt hat, daß pro Generation etwa ein Fehler auftritt, geht der Vorteil schnell wieder verloren, da eine Fehlerwahrscheinlichkeit von W/n' vorliegen muß, damit das vorteilhafte Rekombinationsprodukt fixiert werden kann. Eine Verkleinerung von W durch zufällige Verbesserung des Replikationsapparates kann deshalb dem System Vorteile bringen, falls der Gewinn an Anpassungsfähigkeit durch Rekombination gegenüber dem Verlust durch die Verkleinerung der Mutationsrate überwiegt. Mit $n' \simeq 10$ würde ein Absinken von $W \simeq 10^{-6}$ auf $W \simeq 10^{-7}$ (für $N_{total} \simeq 10^6$) gerade genügen, um die Bedingungen $Wn'N_{total} \simeq 1$ zu erfüllen, während ein weiteres Absinken von W, etwa auf $W \simeq 10^{-8}$ nötig wäre, um einen entsprechenden Anstieg von N_{total} auf $N_{total} \simeq 10^7$ zu erlauben. Ein solcher Rückgang von W wäre jetzt erlaubt, da die Rekombination ausreichende Varianten der Form liefert. Eine Verbesserung des Rekombinationsmechanismus, eine Verkleinerung von W und eine Vergrößerung von N_{total} sind also eng miteinander verkoppelt.

Die vorliegende Informationsstufe entspricht etwa der einer Bakterie, die eine Gesamtzahl von etwa 3×10^6 bis 6×10^6 Nukleotide in der DNA trägt, von der nur ein Bruchteil zur Kodierung von Proteinen verwendet wird, also N_{total} ausmacht. Allerdings ist dieser Bruchteil für Bakterien wahrscheinlich ziemlich groß, so daß ein Wert von N_{total} von etwa 10^6 gerechtfertigt sein dürfte. Für *E. Coli* wurde experimentell ein Wert $W = 10^{-8}$ gefunden; tatsächlich tauscht *E. coli* hie und da genetisches Material durch Konjugation aus.

Der Austausch von genetischem Material beschleunigt die Anhäufung von genetischer Information stark und bestimmt dadurch die Richtung zur weiteren Entwicklung. Auf dem betrachteten Niveau muß eine Aufspaltung in einfach bleibende und viel komplizierter werdende Organismen eintreten. In gewissen ökologischen Nischen bringt Einfachheit des Organisationssystems (Verzicht auf einen sexuellen Apparat oder Beschränkung auf einen sehr einfachen solchen Apparat) Selektionsvorteile — die Organismen bleiben auf der Stufe der Prokaryonten stehen.

Die Vorteile von Einfachheit, Kleinheit und Robustheit führen zu Systemen wie Viren und Bakteriophagen, die einen Wirt befallen und dessen Mechanismen für ihre eigene Vermehrung ausnutzen. Andere ökologische Nischen können durch Erhöhung der Komplexität, also Zunahme von N_{total} und Abnahme von W, erschlossen werden. In einer Umgebung, die sich in geologischen Zeitspannen ändert, ist eine solche Anpassung nur durch Entwicklung eines sexuellen Apparates möglich. Auf dem Urplaneten existierte in den meisten ökologischen Nischen eine sich langsam ändernde Umwelt, wobei die Zeitspanne für größere Veränderungen (etwa der globalen klimatischen Veränderungen) in der Größenordnung von 10^4 Jahren lag.

Eine grundsätzliche Verbesserung des Sexualapparates setzt eine Vergrößerung der Komplexität voraus. Dies führt jedoch zu großen Organisationsproblemen, die nur durch Unterteilung des Zellinnern gelöst werden können, wodurch der Verkehr im Molekulargeschehen besser gesteuert werden kann. Die Zellarchitektur wird komplexer, Eukaryonten entstehen. Wo die Nährstoffbeschaffung eine allmähliche Entwicklung zunehmend komplizierter Mechanismen nötig macht, hilft nur noch die weitere Strukturierung durch Vielzelligkeit, um in neue Lebensräume auszuweichen.

Beiläufig sei erwähnt, daß genetische Rekombinationsprozesse auch bei Bakteriophagen auftreten. Dies spricht jedoch nicht gegen die hier vertretene Modellvorstellung, daß Sexualität einen Systemumbau darstellt, der zur Überschreitung der Schranke der genetischen Informationsspeicherung, der durch den Wert von $N_{total} \simeq 10^6$ gekennzeichnet ist, nötig wurde. Nach dem Modell ist zu erwarten, daß für Bakteriophagen der Wert von W zwischen 10^{-4} und 10^{-6} liegt. Einerseits sollte W nicht größer sein als $1/N_{total} \simeq 10^{-4}$, um eine genügende Zahl von fehlerfreien Kopien [Gl. (17.1)] zu gewährleisten. Andererseits kann W nicht kleiner sein als 10^{-6}, der Minimalwert für eine wirksame Proteinsynthese. Da N_{total} bei Bakteriophagen viel kleiner ist als bei Bakterien, tritt mit dem Grenzwert $W \simeq 10^{-6}$ die Schwierigkeit des Informationsverlustes während der wiederholten Replikationen zwischen Rekombinationen nicht auf, und deshalb ist die Grenzbedingung [Gl. (17.1)] bei weitem nicht erreicht. Ein Austausch von genetischem Material kann deshalb hier trotz des relativ großen Wertes von W Selektionsvorteile bringen.

Die Frage nach der Entstehung eines primitiven sexuellen Mechanismus, der im betrachteten Modell eine Notwendigkeit ist, darf nicht mit der von Entwicklungsökologen viel diskutierten Frage nach den Ursachen für die Erhaltung der heutigen Sexualreproduktion verwechselt werden. Asexuelle Reproduktion muß wiederholt in verschiedenen evolutionären Keimzellinien als Abweichung von sexueller Reproduktion erschienen sein.

Bei höheren Organismen ist die genetische Informationskapazität dadurch begrenzt, daß pro Generation höchstens ein Fehler in der Basenpaarung stattfinden darf. Nach einer Verallgemeinerung von Gl. (17.1) muß also als Grenzbedingung gelten

$$W s_{total} N_{total} \simeq 1 , \tag{17.4}$$

wo s_{total} die Gesamtzahl aufeinanderfolgender Replikationen (also Zellteilungen pro Generation entlang der Keimbahn) ist. s_{total} und N_{total} können also im weiteren Evolutionsverlauf anwachsen und W entsprechend abnehmen, bis eine Grenze erreicht wird, die durch den nicht mehr zu unterschreitenden Informationsverlust durch thermische Stöße gegeben ist. Sie scheint für Säugetiere bei etwa $W \simeq 10^{-10}$ zu liegen (Abschn. 17.1.4.8), für welche s_{total} die Größenordnung 10^2 hat. Deshalb scheint $N_{total} \simeq 10^{-2} \times 10^{10} = 10^8$ eine ungefähre Grenze für die Informationskapazität von höheren Organismen zu sein. Bei dieser Schranke muß eine globale Stagnationsphase eintreten; die Evolution von höheren Organismen in all ihrer Vielfalt führt nicht zu einem weiteren Durchbruch im System der Informationsverarbeitung.

Für einen Durchbruch ist ein Apparat nötig, der durch Verwendung nicht mehr molekular dimensionaler Schriftzeichen eine größere Informationsmenge speichern kann als der genetische Apparat. Solche Mechanismen sind durch Schrift und Computer gegeben. Information in künstlichen Speichern, wie etwa Anleitungen zur Fertigung eines Werkzeugs, werden während vieler Generationen übertragen, verändert und ergänzt durch Beiträge, die einem Selektionsprozeß unterworfen sind. Das Wechselspiel zwischen neuen Ideen und menschlichem Verhalten bestimmt jetzt eine Evolution künstlich gespeicherter Information. Ideen setzen sich durch, indem sie verwendet werden. Sie formen die menschliche Gesellschaft, indem sie zum technologischen Know-how beitragen und menschliches Verhalten beeinflussen. Der revolutionäre Durchbruch, der zu künstlichen Speichersystemen führte, ist vergleichbar mit dem Umschwung, der bei der Trennung von Replikations- und Proteinsyntheseapparat stattfand, wo die DNA zum Speicher von genetischer Information wurde. Wie damals führt ein Wechsel im System der Informationsübertragung zu einer enormen Vervielfachung der Information, die von Generation zu Generation übertragen werden kann. Einige der beschriebenen Durchbruchphasen sind in Abb. 17.16a zusammengefaßt. Abbildung 17.16b zeigt die grundsätzlichen Systemveränderungen in ihrer logischen Verknüpfung.

Unter geeigneten Bedingungen entsteht ein lernfähiges System (Schritt 1). Die Komplexität wächst an, doch tritt dann Stagnation durch Anhäufung von Replikationsfehlern auf. Zur Überwindung ist ein Mechanismus zum Abstoßen von Fehlerkopien nötig und erreichbar (Schritt 2). Danach nimmt die Komple-

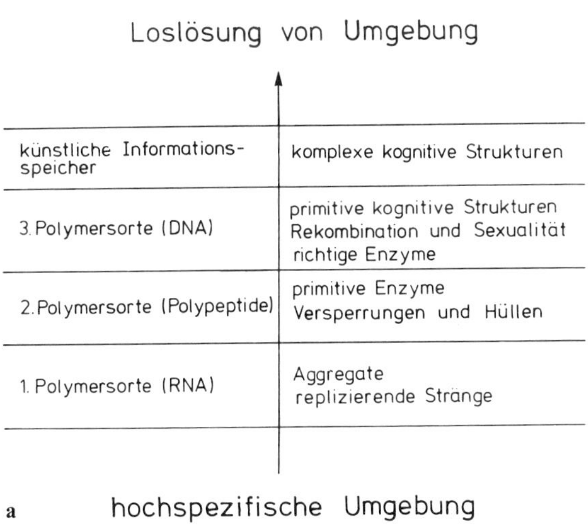

a

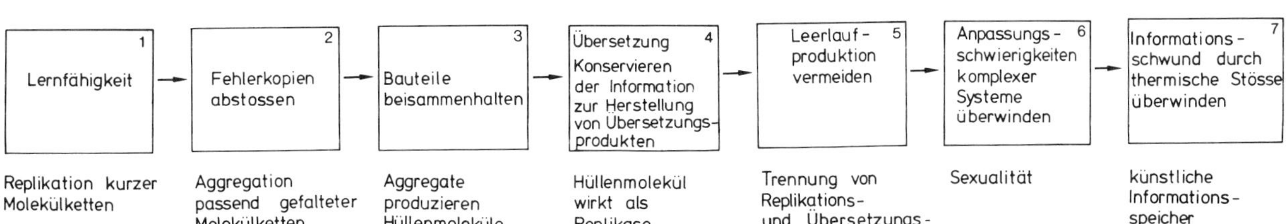

b

Abb. 17.16. **a** Zunehmende Komplexität erlaubt erhöhte Unabhängigkeit von spezifischen Umweltbedingungen. Grundlegende Änderungen in der Organisation von evolvierenden Systemen. **b** Organisationsschema des Evolutionsprozesses. Logische Forderungen (umrandet) und Mittel zur Realisation xität wieder zu, bis durch die Gebundenheit des Systems an eine vorgegebene Kompartmentierung Stagnation auftritt. Zur Überwindung ist ein Mechanismus zum Beisammenhalten der Bauteile nötig und erreichbar (Schritt 3), der sich unter geeigneten Bedingungen notwendigerweise in einen Übersetzungsapparat und Mechanismus zum Konservieren der Information zur Herstellung der Übersetzungsprodukte entwickelt (Schritt 4). Das führt wieder zur Komplexitätserhöhung, bis auf einer bestimmten Stufe Stagnation durch Anhäufung von Abfallprodukten auftritt. Zur Überwindung ist ein Mechanismus zum Vermeiden einer Leerlaufproduktion nötig und durch Systemumbau erreichbar (Schritt 5).

Die weitere Entwicklung zunehmend komplexer und dadurch diffizilerer Systeme führt nach Erreichen eines bestimmten Komplexitätsgrades notwendigerweise zu einer Stagnation durch mangelnde Anpassungsfähigkeit, die wiederum nur durch eine grundsätzliche Systemveränderung zu überwinden ist (Schritt 6). Man erreicht dann eine Komplexität, die wegen des Informationsschwundes durch thermische Stöße nicht überschritten werden kann, ohne daß ein grundsätzlicher Umschwung im Organisationssystem die Schranke zu umgehen erlaubt (Schritt 7).

17.1.3.4 Verschiedene Verwirklichungen desselben Evolutionsschritts

Unterschiedliche Modellschritte können denselben Evolutionsschritt darstellen

Ein wichtiges Ziel der Betrachtung von Modellen zur Selbstorganisation der Materie ist es, übergeordnete Prinzipien zu finden. Einige Beispiele sollen zeigen, wie ganz verschiedene Details zu denselben globalen Zusammenhängen und derselben Evolutionslinie führen. Solche Beispiele verdeutlichen, wie globale Zusammenhänge aus Modellbetrachtungen erkannt werden können. Es wird sich auch zeigen, daß wenigstens in einigen Fällen der Versuch einer experimentellen Realisation von etwas komplizierteren Verhältnissen ausgehen sollte als sie hier betrachtet wurden, und daß in Wirklichkeit evolutive Veränderungen auf Umwegen zustande gekommen sein konnten.

a) Alternativmodell der Replikation: Porenwand wirkt als Primärkatalysator

Es ist denkbar, daß eine nicht enzymatische Replikation von Nukleinsäuren an einer spezifischen Mineraloberfläche als Grenzflächenkatalysator besonders leicht erfolgt und als auslösender Prozeß der Evolution zu betrachten ist. Der Porenwand ist dann eine zweite Funktion, katalytische Aktivität, zuzuschreiben. Durch diese Alternativannahme wird der Anfangsschritt vielleicht erleichtert, ein späterer Evolutionsschritt aber entsprechend erschwert: Die Loslösung vom porösen Bereich ist erst möglich, wenn die von den replikationsfähigen Molekülen hergestellte Hülle beide Funktionen der Porenwand, Diffusionshemmung und katalytische Wirkung, übernehmen kann.

Es ist denkbar, daß die unspezifischen Polypeptidmoleküle, aus denen die Hülle zusammengesetzt ist, katalytisch ausreichend wirksam sind, um auch die letztgenannte der beiden Funktionen der Porenwand zu übernehmen. Der Weg für die Evolution der Hülle ist dann frei. Man kann sich aber auch vorstellen, daß nur Polypeptide mit festgelegter Sequenz katalytisch ausreichend wirksam sind, um die Porenwand zu ersetzen. In diesem Fall kann der poröse Bereich erst verlassen werden, nachdem die agglomerierenden Moleküle zu Polypeptiden geworden sind, deren Sequenzen durch einen primitiven genetischen Code festgelegt sind.

Derselbe Antriebsmechanismus wie im zuerst betrachteten Modell führt zur Evolution des gleichen Funktionsgefüges:

Verbesserungen im Herstellungsprozeß der Moleküle, die die Abgrenzung der replizierenden Molekülgesellschaft nach außen bilden (agglomerierende bzw. hüllenbildende Moleküle), bringen Selektionsvorteile und führen so zur Bildung eines primitiven Codes als Nebeneffekt.

Die Tatsache, daß bei Bakterien die Replikation an der Zellwand erfolgt, könnte auf eine ursprüngliche Bindung dieses Prozesses an die Hülle zurückzuführen sein.

b) Alternativmodell der Proteinsynthese: Porenwand wirkt als Primärkatalysator

Im vorangehenden wurde angenommen, daß die Sperrigkeit von Aggregaten ineinanderpassender Nukleinsäuren primärer Anlaß für die Selektion spezifischer Faltungsstrukturen ist und die Evolution eines Syntheseapparates für unspezifische Polypeptide anschließend erfolge. Die Modellvorstellung kann ohne Änderung der prinzipiellen Funktionsverknüpfungen ersetzt werden. Man kann sich etwa vorstellen, daß bestimmte Faltungsstrukturen an der Porenwand adsorbiert werden, was eine andere Möglichkeit wäre, das Auseinanderdiffundieren der Moleküle zu erschweren. Solche Systeme würden zu Gebilden von zunehmender Komplexität evolvieren, also in derselben Richtung wie die oben betrachteten Aggregate. Durch Einbau von Aminosäuren könnten sich Polypeptide bilden, die als Agglomerate Porenkanäle verengen. Damit wäre ein Antrieb zur Selektion von Nukleinsäuren mit spezifischen, zunehmend besser ineinanderpassenden Faltungsstrukturen gegeben: Der katalytische Apparat zur Herstellung der porenkanäleverengenden Moleküle würde sich zunehmend verbessern und sich allmählich von der Grenzfläche trennen. Notwendigerweise würden sich also die evolvierenden Systeme allmählich von ihrer Abhängigkeit von der Mineraloberfläche lösen und eine Hülle bilden. Man kommt grundsätzlich zum gleichen Evolutionsmechanismus wie in dem zuerst betrachteten Modell. In beiden Fällen liegt der Evolutionsantrieb in der Erweiterung des Lebensraumes durch Loslösung vom feinporigen Bereich. Der

Selektionsgewinn durch Verbesserungen in der Hüllenfabrikation führt zur Evolution von Nukleinsäuren mit immer besser ineinanderpassenden Faltungsstrukturen und damit zu einem Code als Nebeneffekt.

c) Hüllenbildung: Phospholipide als Komponenten der Hülle

Man kann sich denken, daß in der Entwicklung der Hülle und ihrer Evolution zur Zellmembran frühzeitig Lipide mit eingebaut wurden. Lipide erhält man leicht bei Simulation präbiotischer Bedingungen, und sie können mit der von der Molekülgesellschaft fabrizierten Polypeptidhülle eine Vorstufe einer Lipoproteinmembran gebildet haben. Da dadurch kein Rückkopplungs-Mechanismus hinzukommt, bleiben die prinzipiellen funktionellen Verknüpfungen unverändert.

Solange die Hülle die Aufgabe hat, aggregatbildende Makromoleküle vorwiegend zurückzuhalten und Makromoleküle durchzulassen, die sich nicht in die Aggregate einbauen, sollte der Lipideinbau keine Selektionsvorteile bringen. Erst nach Eingliederung der dritten Makromolekülsorte (Abb. 17.5) besteht die Aufgabe der Hülle darin, Makromoleküle zurückzuhalten und kleinere Moleküle durchzulassen. In dieser Evolutionsphase kann der Lipideinbau in die Hülle vorteilhaft sein. Der mögliche Selektionsvorteil durch den Lipideinbau muß in späteren Evolutionsstufen eine Erschwerung bringen: Die evolvierenden Systeme sind von einer Umgebung mit spontan entstandenen Lipiden solange abhängig, bis sie einen Organisationsgrad haben, der die Entwicklung eines Biosyntheseapparates für Lipide zuläßt. Erst damit (also nach Vorhandensein eines wirksamen Enzymsyntheseapparates) ist ein Rückkopplungs-Mechanismus und als Folge davon ein Evolutionsdruck zur Entwicklung von Systemen mit immer raffinierteren Membraneigenschaften gegeben.

Spontan entstandene Hüllen aus Lipiden oder proteinähnlichen Stoffen, also Systeme, die durch Selbstorganisation entstanden sind, wurden als Vorstufen lebender Systeme oft diskutiert. Solche Hüllen können die Funktion nicht übernehmen, die im vorangehenden einem porösen Mineral zugeschrieben wurde, nämlich eine spezifische Umgebungsstruktur bereitzustellen. Man kann sich denken, daß aggregierende Moleküle dieser Art Porenkanäle verengen. Die Evolution könnte dann auch in einem weniger fein porösen Mineral eingeleitet werden. Der spätere Schritt, in dem die vorgegebenen, porenkanäleverengenden Moleküle durch selbst fabrizierte ersetzt werden, könnte jedoch erst in Bereichen stattfinden, in denen solche Moleküle fehlen. Es würde sich also prinzipiell das gleiche Funktionsgefüge ergeben wie im zuerst betrachteten Modell.

Die verschiedenen Denkmöglichkeiten führen an denselben Punkten zu Schwierigkeiten. Die Frage, wie diese Schwierigkeiten einzeln im Evolutionsprozeß überwunden werden können, stellt sich also unabhängig vom genauen Modellweg.

17.1.3.5 Einige experimentelle Aspekte

Sinnvolle Modellannahmen müssen den bekannten Eigenschaften der Biopolymeren und den Bedingungen auf einer Urerde entsprechen. Das betrachtete Modell versucht, diesen Gegebenheiten Rechnung zu tragen. Wir glauben, daß alle im besprochenen Modell benötigten Monomere in genügenden Konzentrationen vorhanden waren. Einige wichtige Tatsachen der präbiotischen Chemie und wichtige Eigenschaften von Biopolymeren sollen im folgenden kurz beschrieben werden.

a) Oligonukleotide und Aminosäuren

Man nimmt an, daß alle für die frühe Evolution nötigen Bausteine auf der Urerde vorhanden waren. Dies folgt aus vielen verschiedenen Simulationsexperimenten, die mit der frühen Arbeit von Miller und Urey begannen (s. Miller u. Orgel, 1974). Vierzehn der zwanzig Aminosäuren, aus denen Proteine bestehen, konnten durch elektrische Entladungen und Fischer-Tropsch-Synthese gewonnen werden. Die wichtigsten unter ihnen (Alanin, Glyzin, Asparaginsäure, Valin, Glutaminsäure) konnten auch im Murchison-Meteorit nachgewiesen werden. Adenin und Guanin erhält man durch die Hydrolyse von HCN, Cytosin und Uracil durch die Hydrolyse von Cyanoacetylen und Ribose aus Formaldehyd in Gegenwart von Aluminiumoxid und Kaolinit. Nukleoside gewann man durch Eindampfen einer wäßrigen Lösung aus Purinen und Ribose (oder 2-Desoxyribose) in Gegenwart von Magnesiumchlorid. Beim Erhitzen von Nukleosiden mit anorganischem Phosphat und Harnstoff in Gegenwart von Magnesiumsalzen wurden Mononukleotide erhalten. Nukleosid-Oligophosphate konnten in einer Festkörperreaktion in 5'-Phosphoimidazolid umgewandelt werden, und es ist bekannt, daß Adenosin- und Uridin-5'-Phosphoimidazolid Oligonukleotide mit 5 und mehr Kettengliedern in einer Pb^{2+}-katalysierten Reaktion bilden (Lohrmann u. Orgel, 1979).

Diese Ergebnisse zeigen, daß für die präbiotische Synthese von energiereichen Nukleosid-Oligophosphaten, Oligonukleotiden und aktivierten Aminosäurederivaten sowohl Festkörperreaktionen als auch Reaktionen in der flüssigen und der Gasphase nötig waren. Es ist plausibel, daß solche Substanzen sich auf der Urerde nur an besonderen Orten anreichern konnten, an denen eine Vielzahl spezieller Bedingungen erfüllt war, damit sehr verschiedene Reaktionen, die höchst unterschiedliche und stark strukturierte Umgebungen erforderten, aufeinander folgen konnten. Die neueren Forschungsergebnisse der präbiotischen Chemie unterstützen also die spezielle Annahmen in unserem Modell, wonach eine reich strukturierte Umgebung besonders wichtig sei.

b) Matrizen-induzierte Polymerisation

Mehrere Fälle matrizen-induzierter Polymerisation von Nukleotidderivaten konnten beobachtet werden.

Besonders interessant sind dabei die Nukleosid-5'-Phosphoimidazolide, deren Existenz wie in Abschn. a) beschrieben, unter präbiotischen Bedingungen vermutet werden kann. Guanidyl-5'-Phosphoimidazolid (ImpG) polymerisiert auf einer Polycytidylsäure-Matrize in Gegenwart von Pb^{2+}, wobei Ketten mit ungefähr 15 Gliedern entstehen, die hauptsächlich an den 3', 5'-Positionen verknüpft sind, analog zu biologischen Nukleinsäuren. Benutzt man eine Mischung aus ImpC und ImpG, so wird ImpG (d.h. das Molekül mit der Komplementärbase zu der Base in der Matrize) hochselektiv in den wachsenden Strang eingebaut (Lohrmann et al., 1980).

Diese Resultate stützen die Modellannahme, daß kurze Stränge unter speziellen Bedingungen replikationsfähig sind, und es scheint vielversprechend, nach solchen Bedingungen zu suchen (Abschn. 17.1.3.6b).

Ähnliche Experimente mit Desoxyribose statt Ribose waren erfolglos, was mit der Modellannahme übereinstimmt, daß der erste Träger der genetischen Information die RNA war, und daß die DNA erst zu einem späteren Zeitpunkt ins Spiel kam, als schon ein genetischer Apparat zur Enzymsynthese vorhanden war.

c) Konformationsänderung der Nukleinsäurestränge

Der Wechsel zwischen offener, einsträngiger Nukleinsäurekette und Doppelhelix erfolgt ungefähr zwischen 30° C und 100° C, und mit solchen Temperaturen hat man auf der präbiotischen Erde zu rechnen. Die Vorstellung, daß Nukleinsäuren spezifische Faltungsstrukturen mit internen Basenpaarungen bilden, ist experimentell belegt. Im Fall der Transfer-RNA sind solche Faltungsstrukturen aus röntgenographischen Messungen bekannt. Durch Untersuchungen mittels hochauflösender Protonenresonanz konnten das Aufschmelzen der einzelnen Bereiche bei Temperaturerhöhung, also der allmähliche Übergang der Faltungsstruktur in den offenkettigen Strang, und die fehlerfreie Rückbildung der ursprünglichen Faltungsstruktur beim Abkühlen abgewiesen werden (Kearns u. Schulman, 1974).

Eine Linkshelix, wie sie in Abschn. 17.1.2.6 diskutiert wurde, ergab sich aus einer Röntgenstrukturanalyse von Oligo-GC-DNA-Kristallen (Rich et al., 1979; Dickerson et al., 1980) und -Fasern (Arnott et al., 1980), nachdem festgestellt worden war (Pohl u. Jovin, 1972), daß GC-DNA bei hohen Salzkonzentrationen eine linkshelikale Form bildet. Vor kurzem wurde festgestellt, (van De Sande u. Jovin, 1981), daß in GC-Ribonukleinsäuren eine Konformationsänderung auftritt, die auf den postulierten Übergang in eine Linkshelix hindeutet. In Lösungen von GC-RNA und $NaClO_4$ in Wasser mit 20% Ethanol tritt bei Erhöhung der Salzkonzentration von 4,8 mol/l auf 6 mol/l eine Umkehr im Vorzeichnen des CD-Maximums bei 284 nm (von + nach −) auf, und das Maximum verschiebt sich nach 294 nm. Das CD-Spektrum bei der höheren Salzkonzentration ist sehr ähnlich wie das Spektrum der linkshändigen Arnott-Rich-Dickerson-Form von GC-DNA. Mit der Konformationsänderung nimmt die Aggregationstendenz deutlich zu, wie man nach dem betrachteten Modell erwartet. Ferner wurde beobachtet (Behe u. Felsenfeld, 1981), daß in methylierter GC-DNA der Übergang in die Linkshelix bei Mg^{2+}-Konzentrationen erfolgt, die um drei Größenordnungen niedriger sind als bei nicht methylierten Polymeren, also unter üblichen physiologischen Bedingungen.

d) Aggregation von Nukleinsäuren

Doppelsträngige Nukleinsäuren bilden bei Zugabe multivalenter Kationen Bündel aus etwa 7 Doppelhelices (Mandelkern et al., 1981). Pörsche u. Labuda (1980) konnten eine durch Codon-Anticodon-Bindung induzierte Aggregation von t-RNA feststellen. Der beobachtete hohe Gewinn an freier Energie bei der Dimerisation des t-RNA-Codon-Komplexes läßt erkennen, daß die Wechselwirkung zwischen benachbarten codongebundenen t-RNA's für den ribosomalen Übersetzungsprozeß wichtig ist. Die Ergebnisse stützen die Vorstellungen in Abschn. 17.1.2.9 u. 17.1.2.11 über den Bau des früheren Übersetzungsapparats.

e) Polypeptide aus adenylsäuregebundenen Aminosäuren

Polypeptide entstehen durch Kondensation von Aminosäuren, die als Aminoacyladenylate gebunden sind, wobei eine bestimmte Sorte von Montmorillonit als Katalysator vorhanden sein muß (Paecht-Horowitz et al., 1970). Im betrachteten Modell ist dagegen angenommen worden, daß ein solcher anorganischer Grenzflächenkatalysator durch die ordnende Wirkung der katalytischen Oberfläche, die aus Aggregaten der gefalteten Stränge besteht, ersetzt werden kann (Abschn. 17.1.2.8 u. 9). Diese Vorstellung wird durch Untersuchungen von Fukuda et al. (1980) gestützt. Langkettige Ester von Glyzin und Alanin wurden an der Luft/Wasser-Grenzfläche zu einer monomolekularen Schicht geordnet, und bei Zimmertemperatur fand spontan Polykondensation der Aminosäuren statt.

f) Verschmelzen von Polypeptiden zu Vesikeln

Aus Polymeren, die durch trockenes Erhitzen von Aminosäuren erhalten wurden, entstehen im Wasser Membranen, die sich zu Vesikeln zusammenschließen (Fox, 1969). Es ist also gut denkbar, daß Polypeptide, die durch Nukleinsäureaggregate gebildet wurden, eine Anzahl solcher Aggregate als lose Hüllen umgeben.

g) Der Ableserahmen in der ursprünglichen Messenger RNA

Die Vorstellung, daß die genetische Information auf dem Sammelstrang im Ableserahmen 5'... N'XN N'XN ... 3' vorlag, wird durch eine Analyse der Sequenzen der DNA aus Viren, Prokaryonten und Eukaryonten durch Shepherd (1981) gestützt. Die festgestellte deutlich periodische Korrelation weist überzeugend darauf hin, daß ursprünglich der Ableserahmen PuXPy (Pu Purin wie G, Py Pyrimidin wie C, X Purin oder Pyrimidin) vorlag und ein nachträglicher Austausch von Pu durch Py bzw. Py durch Pu an den Stellen 1 bzw. 3 der Triplets kaum noch stattfand.

h) Struktur der ursprünglichen t-RNA

Spezifische Proteine verschiedener Organismen unterscheiden sich in ihrer Aminosäuresequenz, und die Zahl von Abweichungen ist ein Maß für den evolutiven Abstand von zwei Organismen. Vergleichende Studien solcher Sequenzen erlauben es, phylogenetische Stammbäume aufzustellen. Wie kürzlich von Eigen u. Winkler (1981) und Eigen (1979) in ähnlichen vergleichenden Studien von t-RNA's gezeigt wurde, haben sich alle t-RNA's von einem gemeinsamen Ahnen entwickelt, der einen hohen Gehalt an GC aufzeigte und symmetrisch war (Kleeblattkonformation). Die Ergebnisse stützen diejenigen Aspekte des hier besprochenen Modells, die auf der Annahme beruhen, daß alle t-RNA's sich aus Anbauelementen $B_1, B_2, \ldots$ entwickelten, für die eine Haarnadelkonformation (in die die Kleeblattkonformation leicht übergehen könnte) angenommen wird (Abb. 17.7c–g). Ein hoher GC-Anteil muß auch aus Messungen der Bindungskonstanten zwischen den Basen von Nukleotiden erwartet werden, die zeigen, daß eine kleine Fehlerrate von etwa 1% pro Base nur für Paarung von G≡C, nicht aber für Paarung von A=U erwartet werden kann (Pörschke, 1977).

Bei ihrer Suche nach einer Ursequenz für t-RNA unterwarfen Eigen u. Winkler (1981) alle bis dahin bekannten t-RNA-Sequenzen einer statistischen Analyse, durch welche sie zu einer *Stammsequenz* geführt wurden. Diese Sequenz ist in Abb. 17.17a in einer Haarnadelkonformation dargestellt. Man sieht, daß die meisten Basen in dieser Konformation gepaart sind, und diese Paarung kann etwas verbessert werden (Abb. 17.17b), indem man die zwei Nukleotide in den Stellen 60 und 65 und eines der drei Nukleotide C in den Stellen 61–63 ausläßt. [Eigen u. Winkler, (1981) ziehen es vor, das eben erwähnte C-Triplet wegzulassen.]

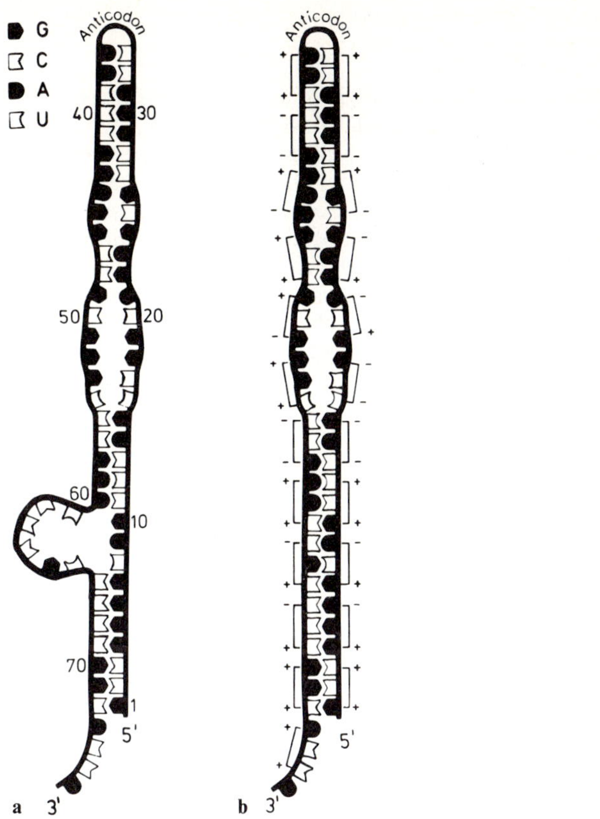

Abb. 17.17a, b. Stammsequenz von t-RNA. **a** Von Eigen u. Winkler (1981) aus Betrachtungen von bekannten Sequenzen von t-RNA's hergeleitet. **b** Dieselbe Sequenz, aber ohne die Nukleotide in den Positionen 60, 61 und 65

i) der Urcode

Wegen der oben angeführten Argumente ist es vernünftig anzunehmen, daß die komplementären Basen N und N' im Modell (Abschn. 17.1.2.9) entweder C und G oder G und C sind. Da diese 2 Möglichkeiten gleichwertig zu sein scheinen, nehmen wir hier an — und folgen damit Eigen u. Schuster (1978) — daß die erstgenannte von ihnen überwog. Der Grund für die Annahme ist die Tatsache, daß der Code für die zwei Aminosäuren dann GGC und GCC wäre; und das sind genau die Codebuchstaben Glycin und Alanin, die zwei wichtigsten Aminosäuren der präbiotischen Chemie. Für den Ableserahmen PuXPy sprechen auch die in Abschn. g) erwähnten Ergebnisse von Shepherd (1981). Die Ansicht, daß ein Polypeptid aus den hydrophoben Aminosäuren Gly und Ala ($RCHNH_2COOH$ mit R=H und $R=CH_3$) das erste Übersetzungsprodukt war, unterstützt die Annahme, daß dieses erste Übersetzungsprodukt zum Bau von porenkanalverengenden Agglomeraten oder Hüllen verwendet wurde. Zu diesem Zweck ist die Hydrophobie von Vorteil, da abnehmende Löslichkeit die Tendenz zur Zusammenballung und zur Bildung einer Hülle steigert, während enzymatische Aktivität wahrscheinlich eher hydrophile Polypeptide erfordern würde. Nehmen wir ein schrittweises Eindringen von A und U in die Stränge an (s. Computersimulation, Abschn. 17.1.2.10), dann wären die nächsten Codetriplets GAC und GUC. Diesen entsprechen Asparaginsäure und Valin [$R=CH_2CO_2H$ bzw. $CH(CH_3)_2$]. Asparaginsäure ist hydrophil, und die Entwicklung von enzymatisch aktiven Polypeptiden wäre auf dieser Stufe gut vorstellbar. Die von Eigen u. Schuster (1978) vorgeschlagene Ansicht, daß Gly und Ala und später Asp und Val die ersten mit dem genetischen Code verbundenen Aminosäuren waren, wird durch die Tatsache unterstützt, daß diese vier die häufigsten in präbiotischen Simulationsexperimenten vorkommenden Aminosäuren sind.

k) Fehlerrate bei Replikation

Wie in Abschn. 17.1.3.3 gezeigt, ist die Replikationswahrscheinlichkeit W in einfachen Organismen mit dem Informationsgehalt des Bauplans, N_{total}, verbunden, und N_{total} kann für ein gegebenes W aus Gl. (17.1) abgeschätzt werden. Im Falle des $Q\beta$-Phagen konnte der Austausch einer Base an einer bestimmten Position durch eine andere Base bestimmt werden, indem man die Rückentwicklungen zählte und so den Wert $W = 3 \times 10^{-4}$ erhielt (Weissmann et al., 1976).

Diesem Wert entspricht $N_{total} \approx \frac{1}{3} \times 10^4 \approx 3000$ und tatsächlich besitzt der Phage eine Einzelstrang-RNA aus 4500 Nukleotiden. Für den Fall eines Bakteriums folgt aus den Betrachtungen in Abschn. 17.1.3.3, daß W das Ergebnis eines kontinuierlichen Selbstoptimierungsprozesses ist und nicht durch die Beschränkungen des Replikationsapparates bestimmt wird. Tatsächlich konnte man bei *E. coli* beobachten, daß Mutationen an der Polymerase einen Anstieg oder Abfall im Wert von W bewirken. W wird auf einem bestimmten Optimalwert aufrecht erhalten, auch wenn der Replikationsapparat genügend raffiniert ist, um bei kleinerem W arbeiten zu können.

17.1.3.6 Einige experimentelle Möglichkeiten und Voraussagen

a) Chiralität

Nach dem Modell ist es ebenso wahrscheinlich, an Orten, die Überreste von unabhängig voneinander entstandenen Frühformen der Replikationsmechanismen enthalten, D oder L Chiralität zu finden. Nach Abschn. 17.1.2.9 müßten L-Aminosäuren zusammen mit D-Ribose, D-Aminosäuren zusammen mit L-Ribose auftreten.

b) Polymerisation von energiereichen Mononukleotiden

Eine experimentelle Verwirklichung der Strangreplikation wäre von großem Interesse. Im betrachteten Modell enthalten die Stränge Nukleotide mit den Basen G und C oder möglicherweise solche mit den Basen A, U, G und C. Die Nukleotide mit G und C können sich mit drei Wasserstoffbrücken paaren, A und U nur mit zwei Wasserstoffbrücken.

In einer möglichen Version des Modells wird angenommen, daß die Stränge folgende Eigenschaften haben:

1) An beiden Enden befinden sich zwei Nukleotide der ersten Sorte.

2) Dazwischen sind hauptsächlich Nukleotide der zweiten Sorte.

Bedingung 1) würde einen Replikationsanfang an den Enden von Strängen begünstigen, während die Bedingung 2) bei der Verhütung des Replikationsauflage an anderen Stellen als am Strangende nützlich wäre. Aus dieser Sicht wäre die Anwesenheit von zwei verschiedenen komplementären Basenpaarsorten notwendig, während mehr Paarsorten eine unnütze Komplikation darstellen würden.

Im betrachteten porösen Gebiet soll die Replikation durch ein zyklisches Temperaturprogramm der folgenden Art angetrieben werden. Am Anfang muß die Temperatur hoch genug sein, um nur Einfachstränge existieren zu lassen. Dann muß sie so weit erniedrigt werden, daß sich Komplementärbasen anlagern und durch Wasserstoffbrücken anheften, so daß ein Nukleationszentrum für den neuen Strang gebildet werden kann. Später muß die Temperatur weiter absinken auf einen Wert der gerade unter dem Schmelzpunkt einer A, U-Doppelhelix liegt (z. B. auf 40° C), so daß das Anfügen von weiteren komplementären Mononukleotiden fortschreiten kann, während ein schädlicher zweiter Replikationsbeginn irgendwo entlang dem Matrizenstrang vermieden wird. Ist der Tochterstrang fertiggestellt, muß die Temperatur wieder zum Anfangswert ansteigen, so daß sich wieder Einfachstränge bilden, die im nächsten Zyklus des Temperaturprogramms als Matrizen dienen können.

Als Folge von Bedingung 1) enthält der alte Strang zwei Nukleotide der G, C-Sorte sowohl an seinem 5'- als auch an seinem 3'-Ende. Der neue Strang enthält dann wieder zwei G, C-Nukleotide an seinem 3'-Ende, an dem die Replikation beginnt.

Das Problem, zu vermeiden, daß die Strangreplikation an einer anderen Stelle als einem Ende des Matrizenstrangs beginnt, tritt nicht auf, wenn nur Basen G und C vorhanden sind und der Matrizenstrang, wie früher beschrieben, zu einer Haarnadelkonformation mit freien Enden gefaltet ist. Den Monomeren sind dann nur die Enden zugänglich, und die Replikation sollte dann, einmal begonnen, den sich öffnenden Windungen der Doppelhelix der Haarnadelstruktur folgen, falls die Temperatur gerade unter dem Schmelzpunkt der Doppelhelix liegt.

Methoden zur Synthese der betrachteten Nukleinsäurestränge sind bekannt, und Experimente mit solchen Strängen könnten als Grundlage dienen, um das genaue periodische Programm von Umweltbedingungen aufzufinden, das Replikation auslösen und aufrechterhalten würde. Geeignete Katalysatoren könnten benötigt werden, z. B. spontan entstandene Polypeptide, wie man sie in Simulationen von präbiotischen Bedingungen erhält, und die mit Nukleinsäuren zur Wechselwirkung kommen könnten. Sind solche Programme einmal ausgearbeitet, so können sie auf Mischungen von Polymeren angewandt werden, die man durch Kondensation von Monomeren erhalten hat. Replikationsfähige Stränge würden dann durch Anwendung des periodischen Programms selektiert. Optische Aktivität würde mit einem Vorzeichen auftreten, das durch das Zufallsereignis, das die Replikation auslöste, bestimmt wäre.

c) Aggregation von gefalteten Strängen

Es wäre von Nutzen herauszufinden, ob Frühformen von t-RNA, vielleicht Haarnadelformen, fähig sind, unter geeigneten Bedingungen lineare Aggregate zu bilden, und ob Aggregate der Form von Abb. 17.7 realisierbar sind. Wenn ja, könnten die Bedingungen in das zyklische Temperaturprogramm aufgenommen werden, um die Möglichkeiten der Replikation von solchen Systemen sowie deren Weiterentwicklung zu untersuchen.

Das ausgezeichnete Zusammenpassen, das aus dem detaillierten, in Abb. 17.7 gezeigten Molekularmodell hervorgeht, erscheint vielversprechend für synthetisch chemische Versuche mit den betreffenden Strängen. Die Bedingungen (Kettenlänge und Milieu) müßten so gewählt werden, daß die Bindungsenergie des seitlichen Einpassens jeder neu hinzutretenden benachbarten Haarnadel genau die erforderliche Größe hat, also etwa gleich groß ist wie die Bindungsenergie des Triplets am Kopf der Haarnadel an das passende Triplet am Sammelstrang. Wenn die Bedingungen zur Herstellung des betrachteten Aggregats bekannt wären, könnte versucht werden, die postulierte Bildung von Polypeptiden aus aktiviertem Glyzin und Alanin oder eventuell aus zwei anderen Aminosäuren zu erreichen. Wenn man einmal die Aggregation und matrizengesteuerte Strangsynthese verstehen würde, könnte man versuchen, mit einem geeigneten periodischen Temperaturprogramm die Reproduktion von Aggregaten und allmähliche Entstehung einer Replikase zu erreichen. Es ist denkbar, daß bereits durch Zusammenlagern zweier Anbauelemente und Anheften an den Sammelstrang ein genügend stabiles Aggregat entsteht, um die weitere Aggregation zu ermöglichen. Das Nukleationselement am Sammelstrang wäre dann nicht nötig und könnte weggelassen werden. Auch solche Systeme könnten lohnende experimentelle Ziele sein.

17.1.4 Mathematische und numerische Details

17.1.4.1 Stränge und ihre Replikation

a) Bildung des ersten replikationsfähigen kurzen Stranges

Nukleobasen, Zucker und Phosphationen sollen unter Wasserausscheidung zu nukleotidartigen Monomeren und weiter zu einer Mischung von Polymersträngen kondensiert sein. Einfachheitshalber wird im Modell nur eine Strangsorte als replikationsfähig betrachtet. Von allen anderen Strangsorten wird angenommen, daß sie nicht als Matrizen dienen können, z. B. da sie nukleotidähnliche Monomere enthalten, die sich zur Replikation nicht eignen. Es wird weiter angenommen, daß unter präbiotischen Bedingungen C_4, C_5 und C_6 Zucker gebildet werden und sich mit geeigneten Basen und Phosphorsäuren zu nukleotidähnlichen Monomeren kondensieren, wobei die C_5 Zucker Ribose und Arabinose bevorzugt werden. Durch Betrachtung der wahrscheinlichen Verteilung dieser Zucker kann abgeschätzt werden, daß mindestens 1% der nukleotidähnlichen Monomere richtige Nukleotide sind, die also D-Ribose in den richtigen Positionen, die mit Nukleobasen und Phosphorsäure substituiert sind, enthalten, so daß sie als geeignete Bausteine für replikationsfähige Stränge dienen können. Die Wahrscheinlichkeit, daß in einem Strang, der z. B. durch Kondensation von $N=10$ Monomeren entstand, alle Monomere von der richtigen Sorte sind, ist dann etwa $(1/100)^{10}=10^{-20}$. Geht man davon aus, daß die Gesamtkonzentration von Monomeren 10^{-2} M/l ist, ähnlich zur Mononukleotidkonzentration im Innern einer Bakterie, und daß alle Monomere durch Eintrocknen von Lösungen und Erhitzen zu Strängen von je 10 Monomeren verknüpft werden, so würde das nach erneuter Suspension eine Zahl von $6\times10^{23}\times10^{-2}/10=6\times10^{20}$ Stränge pro Liter ergeben. Mit dem oben erhaltenen Wert für die Wahrscheinlichkeit, daß ein Strang replikationsfähig ist (10^{-20}), hätte man etwa 6 solche Stränge, die repliziert werden können, sobald sie das betrachtete, begünstigte Gebiet erreichen.

b) Evolution längerer Ketten

Man erreicht den Zustand, in dem, auf eine Periode bezogen, die Zahl der durch Replikation neu gebildeten Ketten gleich der Zahl der Ketten ist, die den Bereich durch Diffusion verlassen. Die wegdiffundierenden Stränge werden ab und zu miteinander zu längeren Ketten kondensieren, die wegen ihrer größeren Raumbeanspruchung auch in weniger feinporösen Bereichen ausreichend zurückbleiben, um sich dort vermehren zu können. Es findet also allmählich eine Bevölkerung bisher nicht besetzter Bereiche durch längere Stränge statt. Mit zunehmender Kettenlänge wächst die Wahrscheinlichkeit des Einbaues einer Fehlerstelle in den neu entstehenden Strang, die bewirkt, daß dieser Strang nicht replikationsfähig ist. Dadurch ist die Entwicklung zunehmend längerer Stränge bald begrenzt.

N sei die Zahl der Monomeren in der Molekülkette und w die Wahrscheinlichkeit, daß ein herausgegriffenes Kettenglied einen Fehler trägt, der die Replikationsfähigkeit der Kette blockiert. Die Wahrscheinlichkeit p, daß die Polymerisation am Matrizenstrang zu einem replikationsfähigen Molekül führt, ist dann

$$p=(1-w)^N. \tag{17.5}$$

Die Größe w muß unterschieden werden von der Wahrscheinlichkeit W, daß in einem replikationsfähigen Strang an einer herausgegriffenen Stelle die falsche Base eingebaut ist, also eine Base, die nicht komplementär ist zur Base auf dem Matrizenstrang, an dem die Bildung dieses Stranges erfolgte. W und w sollten ähnliche Werte besitzen. Nach Abschätzungen von Eigen (1971) kann für GC-Stränge unter vorteilhaften Bedingungen mit $W\simeq10^{-2}$ gerechnet werden. Im hier betrachteten Fall haben wir bei der Vielzahl unterschiedlicher Nukleotide in der Lösung mit einer größeren Wahrscheinlichkeit für den Einbau eines falschen Bausteines zu rechnen, obgleich durch die Kooperativität in der Doppelhelix eine ähnlich hohe Selektivität gegeben ist wie beim Wachstum eines Kristalls aus einer Lösung vieler verschiedener Substanzen. Wird die Replikationsfähigkeit von etwa jedem 30sten der angebauten Monomeren blockiert, so ist $w=1/30=3\times10^{-2}$ und bei $N=50$ wird $p=0{,}3$. In diesem Fall kann die Form im Bereich nur überleben, wenn pro Periode nicht mehr als etwa 20% der Ketten den Bereich durch Diffusion verlassen, wenn noch eine Vervielfältigung stattfinden soll. Die obere Grenze von N ist hier bei etwa 50 erreicht.

17.1.4.2 Selektion von Strängen mit spezifisch gefalteten Formen

a) Selektion einer Mutante

In einem Gebiet, das die Replikation von gefalteten Formen begünstigt, können sich viele solcher Formen bilden und man kann nach geeigneten Parametern und Bedingungen suchen, die die Selektion einer spezifischen Form bewirken. Man geht davon aus, daß eine gewisse Form aufgrund einer speziellen Faltungskonformation selektiert wurde. Es ist nützlich, von einer *Wachstumsphase* solcher Formen zu sprechen, während die Strangreplikation stattfindet und an deren Ende spezifische Faltungsformen angenommen werden, und von einer *Zerfallsphase*, während der einige der Stränge vom betrachteten Gebiet wegdiffundieren und hydrolisiert werden, während die übrigbleibenden Stränge in der darauf folgenden Wachstumsphase wieder repliziert werden (Abb. 17.18). Natürlich diffundieren die Stränge auch in der Wachstumsphase weg, aber dies sei vernachlässigt, um das Modell zu vereinfachen. Die Wachstumsphase wird als kürzer als die Zerfallsphase betrachtet, sie erstreckt sich z. B. über Teile des Tages, in denen die Stellung der Sonne günstig ist, während die Zerfallsphase sich auf die übrigen Tagesstunden und die Nacht bezieht. Es sei angenommen, daß viele Exemplare der *normalen* Strangform vorhanden sind, und daß Sättigung erreicht ist, so daß am Ende von jeder Zerfallsphase die Zahl Z von gefalteten Strängen, die überlebt haben, dieselbe ist, daß also der *Multiplikationsfaktor* r der normalen Form 1 ist.

Ab und zu entsteht durch Einbau einer nicht komplementären Base im Replikationsprozeß eine Mutante mit veränderter Faltungsform. Die meisten Mutanten sind benachteiligt und kommen nur in verschwindend kleinen Mengen vor. In seltenen Fällen entsteht eine vorteilhafte Form, d. h. der Vervielfältigungsfaktor r der Form ist größer als 1. Nach einer Periode sind dann im Durchschnitt r gefaltete Mutantenstränge vorhanden, nach einer zweiten Periode r^2 Stränge, usw. Es sei nun angenommen, daß nach n Perioden die Mutante die normale Form verdrängt habe; dann ist:

$$r^n \simeq Z\,. \tag{17.6}$$

Diese Beziehung erlaubt eine Abschätzung von n aus r und Z. Beispiele: Es sei $Z=10^6$ und $r=2$ (d. h. die vorteilhafte Mutante hat die doppelte Überlebensrate der Normalform). Dann folgt $n=20$. Für $r=1{,}01$ ergibt sich $n=1400$.

Es sei ϱ der Multiplikationsfaktor während der Wachstumsphase und β die Wahrscheinlichkeit, daß ein mutierter Strang während der Zerfallsphase aus dem Gebiet verloren geht, dann ist

$$r=\varrho(1-\beta)\,. \tag{17.7}$$

Ein wichtiger Punkt bei diesen Betrachtungen ist, daß mit einer gewissen Wahrscheinlichkeit, die hier als $(1-\omega)$ definiert sei, die ursprüngliche Mutante und alle ihre Nachkommen das betrachtete Gebiet verlassen oder hydrolysiert werden, bevor sie weiter repliziert werden können. Mit dieser Wahrscheinlichkeit stirbt also die Mutante aus, bevor eine genügend große Zahl von Nachkommen vorhanden ist, um ihre Ausbreitung zu sichern. Aus der obigen Definition von $(1-\omega)$ ergibt sich dann

$$\omega := \text{Überlebenswahrscheinlichkeit}\,. \tag{17.8}$$

Die Population der Größe Z muß deshalb entweder groß genug sein, so daß mindestens $\frac{1}{\omega}$ spontane Mutanten in ihr vorhanden sind, oder bei einer kleineren Population muß entsprechend länger gewartet werden, bis die Mutante spontan erscheint und sich durchsetzt. Die Wahrscheinlichkeit ω hängt von ϱ und β ab, sowie von der Zahl s von aufeinanderfolgenden Replikationen während der Wachstumsphase.

Die genaue Beziehung wird in Abschn. 17.1.4.2b, δ entwickelt. Werte sind unten zu finden (s. auch Abb. 17.22)

$\varrho=2,\quad s=3,\quad r=1{,}2;\quad 1/\omega=5$

$\varrho=2,\quad s=3,\quad r=1{,}1,\quad 1/\omega=10$

$\varrho=2,\quad s=1,\quad r=1{,}01;\quad 1/\omega=25\,.$

Man geht davon aus, daß die Mutante so günstige Eigenschaften hat, daß sie in den n Perioden nicht

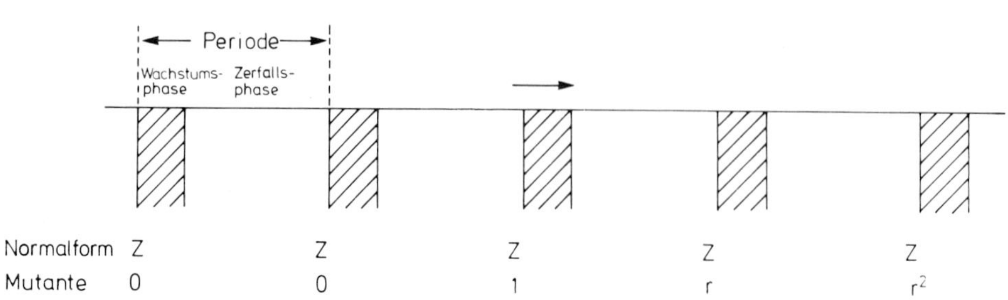

Abb. 17.18. Wachstumsphase (Replikation) und Zerfallsphase (Formen, die leicht hydrolysiert werden oder den Bereich leicht verlassen, sind benachteiligt). Eine bevorzugte Mutante besitzt Multiplikationsfaktor r pro Periode. Die Normalform von ursprünglich Z Strängen wird im Verlauf von n Perioden durch die Mutante verdrängt

durch andere Mutanten, die im Verlauf dieser Zeit aus der Normalform entstehen, verdrängt wird. Mutanten der Normalform, die dieser Bedingung nicht genügen, spielen für die Evolution keine Rolle — sie verschwinden, bevor sie sich durchsetzen können und werden daher nicht weiter betrachtet.

b) Fehlerhafte Kopien vorteilhafter Mutanten

Die Auswirkungen durch das Erscheinen von fehlerhaften Kopien der günstigen Mutante sind besonders zu beachten. Zwei Sachlagen sind unten, in den Unterabschnitten α und β behandelt. Unterabschnitt γ ist eine Vertiefung von β, während die Überlebenswahrscheinlichkeit ω im Unterabschnitt δ behandelt wird.

α) Fall 1: Unvorteilhaft veränderte Nachkommen der Mutante stören nicht. Die im folgenden betrachtete Mutante soll sehr spezifische Überlebensvorteile haben, die mit praktisch jedem Replikationsfehler verschwinden. Fehlerhafte Kopien stören nicht, da ihre Konzentration äußerst klein bleibt. Solange $r>1$ ist, kann sich die Mutante mit der Wahrscheinlichkeit ω im Selektionsprozeß durchsetzen.

Um weitere Einzelheiten zu behandeln, wird angenommen, daß jeder Strang aus N Monomeren besteht, daß Wachstums- und Zerfallphasen regelmäßig abwechseln, und daß jede Wachstumsphase eine Folge von s Replikationen ist, die dadurch bedingt sind, daß die Umweltveränderungen nach einem geeigneten zeitlichen Programm ablaufen. W sei die Wahrscheinlichkeit, daß im Replikationsprozeß an einer herausgegriffenen Stelle eine falsche Base übertragen wird. qN Stellen sollen für die betrachtete Faltungsstruktur entscheidend sein, d. h., jeder Fehler an einer dieser Stellen soll zum Verschwinden der Form führen. Veränderungen an den restlichen $(1-q)N$ Stellen sollen unwirksam sein. Nun ist WsN die mittlere Zahl der pro Strang in einer Periode falsch übertragenen Basen. $WsNq$ ist also die mittlere Zahl der Fehler pro Strang, die den Selektionsprozeß beeinflussen.

Die Wahrscheinlichkeit, daß die Replikation in s Schritten fehlerfrei ist, ist

$$[(1-W)^{Nq}]^s \simeq e^{-NqWs}. \tag{17.9}$$

Nimmt man an, daß ein Wert dieser Wahrscheinlichkeit von $1/e \simeq 0.4$ genügt, um die Verbreitung dieser Form zu sichern, dann wird $e^{-NqWs} = e^{-1}$, also

$$NqWs \simeq 1. \tag{17.10}$$

Die früher abgeleitete Beziehung (17.1) ist eine vereinfachte Form von Gl. (17.10), in der N_{total} an Stelle von Nq steht und wo $s=1$ ist. Für weitere Verfeinerungen beachte man die Diskussion von Gl. (17.18).

Bei einer Wahrscheinlichkeit von $1/e$ ist am Ende der Wachstumsphase im Mittel mit einem Fehler pro Strang zu rechnen, und bei 10 Strängen sind durchschnittlich $10/e$ oder etwas mehr als drei Stränge fehlerfrei. Nimmt man als Diskussionsbasis an, daß $s=1$ sei, dann müßten etwa 13 intakte Stränge am Anfang der Zerfallsphase vorhanden sein (die 10 ursprünglichen und die drei fehlerfreien Tochterstränge). Um die Bedingung (17.10) zu erfüllen, müssen mehr als 10 überleben. Die Beziehung (17.10) ist also eine notwendige Grenzbedingungen für die Selektion einer vorteilhaften Mutanten. Wäre sie nicht erfüllt, dann gäbe es zu viele Replikationsfehler, und die Mutante würde verschwinden.

In den bisherigen Betrachtungen wurden den (+) und (−) Strängen dieselben Selektionsvorteile zugeschrieben. Falls (+) und (−) Stränge unterschiedliche Selektionsvorteile besitzen, ergeben sich andere Werte.

Ferner sind die aus Gl. (17.10) abgeleiteten Werte nur rohe Schätzungen, die zudem noch von s abhängen.

Um diesen Punkt näher zu überblicken, gehen wir davon aus, daß W gerade so groß ist, daß Gl. (17.10) zutrifft, setzen $s=2$ und denken uns 10 (+) Stränge, die in eine Wachstumsphase eintreten. Am Ende des ersten Replikationsschrittes liegen dann die 10 ursprünglichen (+) Stränge und etwa $10/\sqrt{e}$ oder 6 fehlerfreie (−) Tochterstränge vor, am Ende des zweiten Replikationsschrittes ergeben sich die Zahlen $10+6/\sqrt{e}$ oder ungefähr 14 fehlerfreie (+) Stränge und ungefähr $6+6$ fehlerfreie (−) Stränge (die zweiten 6 kommen aus der zweiten Replikation der 10 Originalstränge). Im Mittel sind also aus den 10 (+) Strängen 14 fehlerfreie (+) und 12 fehlerfreie (−) Stränge entstanden, die in die Zerfallsphase eintreten. Nun müssen im Fall, daß (+) und (−) Stränge gleiche Selektionsvorteile besitzen, mehr als 10 der 26 Stränge die Zerfallsphase überleben, während im Fall, daß nur (+) Stränge der Selektion unterworfen sind, mehr als 10 der 14 (+) Stränge überleben müßten.

β) Fall 2: Nachteilig veränderte Nachkommen der Mutante stören in ihrer Gesamtheit. Fehlerhafte Nachkommen der Mutante vermehren sich und können in ihrer Gesamtheit die Mutante verdrängen, bevor sie wesentlich zur Population beiträgt. Eine große Zahl von fehlerhaften Nachkommen der ursprünglichen Mutante entsteht, und diese Nachkommen vermehren sich, während die Mutante weiter fehlerhafte Nachkommen liefert. Diese fehlerhaften Kopien können insgesamt die ursprüngliche Mutante verdrängen, auch wenn ihre r-Werte kleiner sind. Die Originalmutante tritt also nicht genügend hervor, ihre Selektion findet nicht statt.

Ein fehlerhafter Nachkomme würde die Mutante auch verdrängen, falls er einen größeren r-Wert besitzen würde als die ursprüngliche Mutante, doch spielt diese Möglichkeit keine Rolle, weil das Auftreten eines solchen Nachkommens so unwahrscheinlich ist, daß dieser Fall im allgemeinen erst viel später als nach n Perioden eintreten würde.

Um die zweite Möglichkeit zu betrachten, sei angenommen, daß ein Basenübertragungsfehler an einer der Nq Stellen den Vermehrungsfaktor vom Werte r der ursprünglichen Mutante auf den kleineren Wert r_F bringt. Veränderungen an den restlichen $(1-q)$ N

Stellen sollen wie im Fall 1 unwirksam sein. Die ursprüngliche Mutante soll während der Zerfallsphase mit der Wahrscheinlichkeit β verschwinden, und die fehlerhafte Kopie mit der Wahrscheinlichkeit β_F. Es sei angenommen, daß in der Wachstumsphase die beiden Formen denselben Vermehrungsfaktor ϱ besitzen, da die Unterschiede im Verhalten der beiden Formen hauptsächlich auf Verschiedenheiten in ihren Faltungskonformationen beruhen. Wenn r und r_F die entsprechenden Vervielfältigungsfaktoren in einer Periode sind, so gilt

$$r=\varrho(1-\beta); \quad r_F=\varrho(1-\beta_F). \tag{17.11}$$

Man kann die Verhältnisse am besten überblicken, wenn man annimmt, daß sich die Mutante gegenüber der ursprünglichen Normalform bereits durchgesetzt hat und nun nach den Bedingungen fragt, unter welchen sie durch die aus ihr hervorgehenden Fehlerexemplare nicht wieder verdrängt wird. Die Mutante ist jetzt die neue Normalform, mit Z Exemplaren, für die der Multiplikationsfaktor $r'=1$ ist. Der Vermehrungsfaktor des fehlerhaften Nachkommens der Mutante soll nun im selben Verhältnis verkleinert sein wie der Vermehrungsfaktor der ursprünglichen Mutante, d.h. daß $r'_F/r_F=r'/r$ sei. Falls ϱ unverändert bleibt, ist $r'=1=\varrho(1-\beta')$ und $r'_F=\varrho(1-\beta'_F)$. Nach einer Periode ist die Zahl der im Gebiet verbleibenden fehlerhaften Stränge $r'_F Z_F$, während die neue Mutante in der Wachstumsphase $\varrho Z WsNq/2$ neue fehlerhafte Stränge geliefert hat. In diesem Ausdruck[13] wurde die anfängliche Zahl Z der Stränge um den Faktor ϱ vergrößert, während $WsNq$ ein Näherungswert der Wahrscheinlichkeit ist, daß sich während der s Replikationsschritte, die zu dem betrachteten Strang führten, ein Fehler einschlich. Der Grund für den Faktor 1/2 ist der folgende: Das Ergebnis jeder Replikation ist ein Tochterstrang, der mit der Wahrscheinlichkeit $WsNq$ einen Fehler enthält, während der Mutterstrang fehlerfrei ist (Voraussetzung $WsNq \ll 1$). Da jeder gegebene, beliebig herausgegriffene Strang bei der letzten Replikation, bei der er beteiligt war, entweder ein Mutter- oder Tochterstrang war, ist die Wahrscheinlichkeit, daß der Strang einen Fehler enthält 1/2 $WsNq$. Von den neu entstandenen fehlerhaften Strängen bleibt nun der Bruchteil $(1-\beta'_F)$ am Ende der Zerfallsphase übrig (Abb. 17.19). Es stellt sich ein stationärer Zustand ein, in dem Z_F unverändert bleibt, d.h. es ist

$$Z_F=r'_F Z_F+(1-\beta'_F)ZWsqN\varrho/2=r'_F(Z_F+ZWsqN/2). \tag{17.12}$$

Diese Beziehung kann umgeformt werden zu

$$Z_F=\alpha Z \tag{17.13}$$

[13] Dieser Ausdruck ist nur solange richtig, wie $WsNq$ nicht größer als 1 ist, d.h., solange Kopien mit mehr als einer Fehlerstelle unwichtig sind. Diese Bedingung ist immer erfüllt, denn wäre sie es nicht, wäre die Normalform gar nicht aus dem Selektionsprozeß als Sieger hervorgegangen. Die Normalform konnte sich nur durchsetzen, weil W genügend klein war, so daß in jeder Generation eine genügende Zahl fehlerfreie Kopien entstehen konnte.

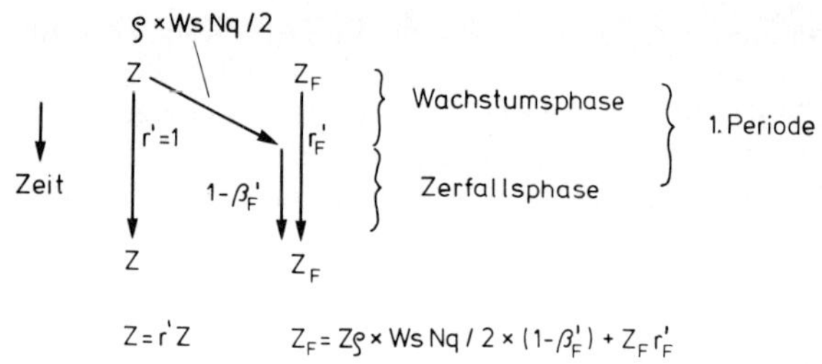

Abb. 17.19. Stationäre Zustände für eine Mutante und deren Fehlerkopien. Am Anfang und am Ende jeder Periode sind die Zahlen Z von Mutanten und Z_F von fehlerhaften Kopien der Mutanten unverändert. Die Ausdrücke an den Pfeilen bezeichnen Wahrscheinlichkeiten

mit

$$\alpha=\frac{WsNq}{2}\frac{r_F}{r-r_F}, \tag{17.14}$$

wobei r'_F durch r_F/r ersetzt wurde.

Wenn eine Kopie an mehr als einer, z.B. an k Stellen fehlerhaft ist, dann führen analoge Betrachtungen auf eine Beziehung für die Zahl dieser Kopien $Z_{k,F}$, nämlich

$$Z_{k,F}=\alpha_k Z_{k-1,F} \tag{17.15}$$

mit

$$\alpha_k=\frac{WsNq}{2}\frac{r_{kF}}{r-r_{kF}}. \tag{17.16}$$

Mit steigender Zahl der Fehlerstellen wird es immer unwahrscheinlicher, daß eine Kopie während der Zerfallsphase im begünstigten Gebiet verbleibt, so daß $r-r_{kF}$ mit wachsendem k zunimmt. Nimmt man vereinfachend an, daß $(r-r_{kF})/r_{kF}$ proportional mit k wächst, so daß $\alpha_k=\alpha/k$ und $Z_{k,F}=\frac{\alpha}{k}Z_{k-1,F}$ werden, dann folgt durch Rekursion

$$Z_{k,F}=\frac{\alpha}{k}\frac{\alpha}{k-1}\dots\alpha Z=\frac{\alpha^k}{k!}Z.$$

Für die Gesamtzahl $Z_{F,\text{total}}$ von fehlerhaften Nachkommen folgt dann die Beziehung

$$\begin{aligned}Z_{F,\text{total}}&=Z_F+Z_{2F}+Z_{3F}+\dots\\&=Z\left(\alpha+\alpha\frac{\alpha}{2}+\alpha\frac{\alpha}{2}\frac{\alpha}{3}+\dots\right)\\&=Z(e^{\alpha}-1).\end{aligned} \tag{17.17}$$

Abbildung 17.20 zeigt Beispiele solcher Verteilungen für die Fälle $\alpha=1/2$, $\alpha=1$ und $\alpha=2$. Eine Mutantenverteilung, die einer primären Mutante entspringt und spätere Satellitmutanten einschließt, wurde von Eigen (1979) als *Quasispezies* bezeichnet.

In der Gesamtpopulation ist der Bruchteil $Z/(Z_{F,\text{total}}+Z)$ von fehlerfreien Strängen gleich $e^{-\alpha}$. Für große Werte von α ist dieser Bruchteil klein, und die Mutante kann nicht selektiert werden. Trotzdem

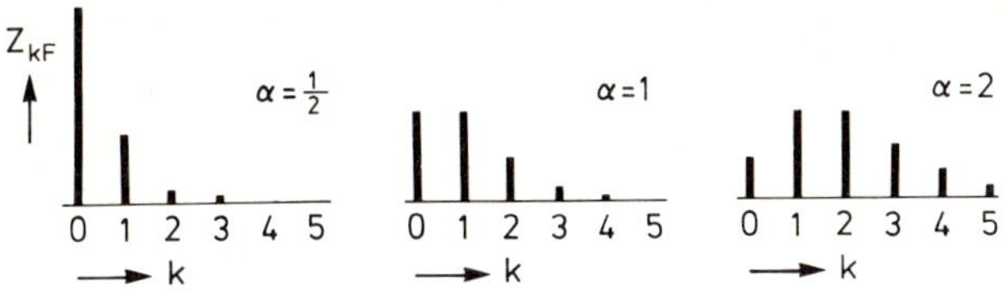

Abb. 17.20. Mutanten ($k=0$) und Satellit-Mutanten ($k=1, 2, 3, \ldots$) [Gl. (17.12)]

ist es möglich, daß die Form in späteren Perioden durch vorteilhafte Fehler verbessert wird und sich auf diese Weise langsam entwickelt. Die Wahrscheinlichkeit, daß in der Bevölkerung eine günstige neue Mutante erscheint, ist proportional zur Mutationsfrequenz, d.h. zu $WsNq = 2\alpha[(r/r_F) - 1]$ und proportional zur Zahl der fehlerfreien Stränge (d.h. zu Z). Es sei nun angenommen, daß die Gesamtpopulation $Z + Z_{F,\text{total}}$ konstant bleibt, da sie durch die vorhandenen Rohstoffe begrenzt ist. Dann folgt aus Gl. (17.17), daß $Ze^{\alpha} = \text{konst}$ ist, so daß Z proportional zu $e^{-\alpha}$ ist und dadurch die betrachtete Wahrscheinlichkeit proportional zu $WsNqe^{-\alpha}$. Wo liegt nun der optimale Wert von W für vorgegebene Werte von N, q und s? Man betrachte zuerst den Fall $WsNq \ll 1$, in dem ϱ unabhängig von W ist, da beinahe jeder replikationsfähige nach s Schritten erhaltene Strang fehlerfrei ist [s. Gl. (17.9)]. Also sind r und r_F in Gl. (17.11) unabhängig von W, da auch β und β_F beide unabhängig von W sind, so daß $WsNq$ proportional zu α ist [definiert durch Gl. (17.14)]. Der betrachtete Ausdruck $WsNqe^{-\alpha}$ ist also proportional zu $\alpha e^{-\alpha}$, eine Funktion, die bei $\alpha = 1$ ihr Maximum besitzt. Für $\alpha = 1$ ist also die Geschwindigkeit der weiteren Evolution am größten. Sie nimmt ab, wenn $\alpha > 1$ wird wegen der kleineren Zahl von fehlerfreien Strängen, die eine Chance haben, durch spätere nutzbringende Fehler verbessert zu werden. Ist $\alpha < 1$, so ist die Mutationsrate zu klein.

Systeme für die die Bedingung $\alpha = 1$ gilt oder im Detail

$$\frac{WsNq}{2} \frac{r_F}{r - r_F} = 1 \tag{17.18}$$

erfüllt ist, können sich stets durchsetzen, sofern diese Bedingung auf der betrachteten Evolutionsstufe tatsächlich erfüllt werden kann. Gleichung (17.18) ist nur gültig, wenn die Bedingung

$$\frac{r - r_F}{r_F} \ll 1$$

erfüllt ist, d.h., wenn die fehlerhaften Stränge stark stören. Verursachen die fehlerhaften Stränge keine nennenswerte Störung, ist also

$$\frac{r - r_F}{r_F} \gtrsim 1,$$

dann ist Fall 1 gegeben (Abschn. 17.1.4.2b, α), auf den sich Gl. (17.10) statt Gl. (17.18) bezieht. Hier ist $WsNq$ nicht klein gegen 1. Eine Untersuchung des Ausdrucks $WsNqe^{-\alpha}$ ist nicht von Interesse.

Systeme, für die Gl. (17.18) gilt, also $\alpha = 1$ ist, verdrängen die anderen immer, da sie sich schneller entwickeln (s. frühere Diskussion von α). Im Verlauf der Evolution wird daher die Wahrscheinlichkeit für Replikationsfehler immer Werten zustreben, für die die Bedingung $\alpha = 1$ erfüllt ist. Falls die Bedingung $\alpha = 1$ auf der gegebenen Evolutionsstufe nicht erfüllt werden kann, dann findet die weitere Evolution an Stellen statt, an denen für Systeme und Umwelt eine Verwirklichung von Fall 1 möglich ist. Die Beziehungen (17.10) und (17.18) stellen also grundsätzliche Kriterien dar, mittels denen Evolutionsmöglichkeiten abgeschätzt werden können. Gleichung (17.18) ermöglicht es, das Optimum von W in Fall-2-Situationen zu finden, in denen dieser Wert kleiner ist als derjenige, der aus Gl. (17.10) für Fall-1-Situationen folgen würde.

Gleichung (17.18) kann verallgemeinert werden, so daß sie auch in Fällen angewendet werden kann, in denen Basenfehler an den Nq kritischen Stellen verschiedene Folgen haben. An Nq_i Stellen soll eine Änderung der Base den Vervielfältigungsfaktor r auf den Wert r_{F_i} bringen, wo die Laufzahl i verschiedene Arten von diesen Stellen bezeichnen soll. Dann muß Gl. (17.14) ersetzt werden durch die Beziehung

$$\alpha = \frac{WsN}{2} \sum_i q_i \frac{r_{F_i}}{r - r_{F_i}} \tag{17.19}$$

und Gl. (17.18) durch die Beziehung

$$\frac{WsN}{2} \sum_i q_i \frac{r_{F_i}}{r - r_{F_i}} = 1\,. \tag{17.20}$$

Bis dahin wurde angenommen, daß die Selektionsvorteile von (+) und (−) Strängen gleich seien. Wenn nur (+) Stränge selektiert werden können, sind die Anforderungen an die Replikationsgenauigkeit größer. Nur halb so viele Fehler dürfen vorkommen, und W muß durch $2W$ ersetzt werden.

Die betrachteten Verhältnisse lassen sich im Computer leicht simulieren. Ursprünglich liegen Z gleiche Stränge vor, jeder mit N Monomeren in der gleichen Zufallssequenz. Alle Stränge werden verdoppelt mit einer angenommenen Fehlerwahrscheinlichkeit W. Die Fehlerstellen sind durch ein Zufallsprogramm bestimmt. Dann wird ein Teil der Stränge ausgeschieden, wobei wieder durch ein Zufallsprogramm selektiert wird. Sequenzen, die nahe an einer angestrebten Zielsequenz sind, werden etwas größere Überlebenswahrscheinlichkeit zugeschrieben. Sie werden also mit kleinerer Wahrscheinlichkeit ausgeschieden. Der Ausscheidungsprozeß wird solange fortgesetzt, bis die Gesamtzahl von Strängen auf den ursprünglichen Wert Z reduziert ist. Das ganze Verfahren wird viele Male wiederholt, und es wird untersucht, auf welche Weise man sich der Zielsequenz nähert. Für Werte von W, die viel kleiner sind als daß sie der Gl. (17.18) entsprechen, wird die Anpassung zwar erreicht, aber der Prozeß geht beträchtlich langsamer vor sich, als es der Fall ist für Werte von W, die der Gl. (17.18) gehorchen. Für Werte von W, die die Werte nach Gl. (17.18) beträchtlich übersteigen, ist eine gute Anpassung nicht mehr zu erreichen (s. Försterling et al., 1971).

γ) Auswertung von r und ϱ. Der Vervielfältigungsfaktor $r = \varrho(1 - \beta)$ hängt ab von der Durchschnittszahl von fehlerfreien Kopien, die von einem Strang in der Wachstumsphase gebildet werden, und von der Wahrscheinlichkeit β, daß während einer Periode ein gegebener Strang den betrachteten Bereich verläßt oder zerstört wird. Die Form soll in der Wachstumsphase s Replikationen erleiden, und der ursprüngliche Strang soll von der (+) Sorte sein. Wir fragen nach dem Erwartungswert v_s von „korrekten" (+) Strängen, also von Strängen, die in den maßgebenden qN Stellen genau wie der ursprüngliche Strang aussehen, und nach dem Erwartungswert v'_s von komplementären Kopien oder (−) Strängen. Nach einem Replikationsschritt ist

$$v_1 = 1$$
$$v'_1 = pP = (1-w)^N (1-W)^{qN} \simeq e^{-(w+qW)N},$$

wo p [Gl. (17.5)] die Wahrscheinlichkeit ist, daß ein am Matrizenstrang gebildeter Strang replikationsfähig ist. P ist entsprechend die Wahrscheinlichkeit, daß ein replikationsfähiger Strang an den maßgebenden qN Stellen komplementär zum Matrizenstrang ist.

In einer zweiten Replikationsphase liefert die Replikation am ursprünglichen Strang pP komplementäre (−) Stränge, und die Replikation an den pP komplementären (−) Strängen $(pP)^2$ Original (+) Kopien[14].

Es sind also insgesamt $1+(pP)^2$ Originalstränge und $pP+pP$ Komplementärstränge vorhanden. Somit hat man

$$v_2 = 1+(pP)^2$$
$$v'_2 = 2pP$$
$$v_3 = 1+(pP)^2+2pP\cdot pP = 1+3(pP)^2$$
$$v'_3 = 2pP+[1+(pP)^2]pP = 3pP+(pP)^3$$

und allgemein ist

$$v_s + v'_s = (1+pP)^s. \qquad (17.21)$$

Wie früher ist es möglich, daß sowohl (+) als auch (−) Stränge Faltungskonformationen annehmen, die selektiert werden können. Für diesen Fall ist $\varrho = v_s + v'_s$. Es kann aber auch so sein, daß nur (+) Stränge eine geeignete Faltungsform annehmen können und daß für (−) Stränge keine Selektion stattfinden kann. Dann ist $\varrho = v_s$.

Nach einer Replikation ist die Gesamtzahl von replikationsfähigen (+) und (−) Strängen gleich $1+p$. Nach 2 Replikationen ist sie $1+p+p(1+p)=(1+p)^2$ und nach s Replikationen ist sie $(1+p)^s$. Es sei nun F_s die Zahl von (+) und (−) Strängen nach s Replikationen, die zwar replikationsfähig, aber vom ursprünglichen Strang oder dem dazu komplementären Strang an irgendeiner der Nq maßgebenden Stelle verschieden sind. Es folgt

$$F_s = (1+p)^s - (1+pP)^s. \qquad (17.22)$$

Eine andere Größe, die von Interesse ist, ist die Zahl f_s von (+) und (−) Strängen, die sowohl nicht genau komplementär zum ursprünglichen Strang als auch nicht replikationsfähig sind. Die Wahrscheinlichkeit, während einer gewissen Replikation einen nicht replizierbaren Strang zu erhalten, ist $(1-p)$ und der Erwartungswert von replizierbaren Strängen nach i Replikationen ist gleich $(1+p)^i$. Deshalb wird

$$f_s = (1-p)\sum_{i=0}^{s-1}(1+p)^i = \frac{1-p}{p}[(1+p)^s - 1]. \qquad (17.23)$$

Tabelle 17.1

	s	v_s	$v_s+v'_s$	f_s	F_s
	1	1 (1)	1,17 (1,18)	0,8 (0,8)	0,06 (0,04)
$w=5\cdot 10^{-2}$	2	1,03 (1,03)	1,36 (1,40)	1,7 (1,7)	0,14 (0,10)
$W=10^{-2}$	3	1,08 (1,10)	1,58 (1,65)	2,9 (2,9)	0,25 (0,18)
$N=30$	4	1,16 (1,20)	1,84 (1,96)	4,3 (4,3)	0,4 (0,28)
$q=1\,(2/3)$	5	1,28 (1,34)	2,15 (2,31)	6,0 (6,0)	0,6 (0,42)
$w=10^{-2}$	1	1 (1)	1,5 (1,6)	0,3 (0,3)	0,2 (0,1)
$W=10^{-2}$	2	1,3 (1,4)	2,4 (2,6)	0,7 (0,7)	0,6 (0,4)
$N=30$	3	1,9 (2,1)	3,7 (4,1)	1,5 (1,5)	1,6 (1,1)
$q=1\,(2/3)$					
$w=10^{-2}$	1	1 (1)	1,3 (1,4)	0,5 (0,5)	0,2 (0,2)
$W=10^{-2}$	2	1,09 (1,14)	1,7 (1,9)	1,2 (1,2)	0,7 (0,5)
$N=60$	3	1,27 (1.41)	2,2 (2,6)	2,2 (2,2)	1,5 (1,2)
$q=1\,(2/3)$					
$w=10^{-2}$	1	1 (1)	1,14 (1,19)	0,6 (0,6)	0,2 (0,2)
$W=10^{-2}$	2	1,02 (1,04)	1,29 (1,41)	1,5 (1,5)	0,6 (0,5)
$N=100$	3	1,05 (1,11)	1,46 (1,68)	2,7 (2,7)	1,1 (0,9)
$q=1\,(2/3)$					

Tabelle 17.1 enthält Werte von v_s, $v_s+v'_s$, f_s und F_s. Für W wurde ein Wert von 10^{-2} angenommen, während für w die Werte 5×10^{-2} und 10^{-2} und für q die Werte von 1 und 2/3 (in Klammern) eingesetzt wurden. Die Eintragungen für v_s und $v_s+v'_s$ geben einen Hinweis auf die zu erwartenden Werte von ϱ (und daher auch von r). Wie man aus Tabelle 17.1 ersieht, kann ϱ durch Wahl eines großen s-Wertes vergrößert werden. Ein Anstieg von s hat jedoch auch ein Anwachsen der Werte von f_s und F_s zur Folge. Mit anderen Worten, Störungen durch fehlerhafte Nachkommen der Mutante steigen gleichzeitig an.

Es folgt ein Beispiel von tabellierten Werten, die von Interesse sind. Für $N=30$, $w=W=10^{-2}$, $s=3$, $q=2/3$ folgt, daß $F_s=1{,}1$ und $f_s=1{,}5$ ist. Für den Fall, daß (−) Stränge keine brauchbaren Faltungskonformationen annehmen können, ist $\varrho=v_s=2{,}1$, so daß $F_s/f_s=0.5$ und $f_s/v_s=0{,}7$ ist. Für den Fall, daß (+) und (−) Stränge gleiche Überlebenschancen haben, werden $\varrho=v_s+v'_s=4{,}1$, $F_s/(v_s+v'_s)=0{,}3$ und $f_s/(v_s+v'_s)=0{,}4$. Man sieht, daß unter den gewählten Bedingungen die fehlerhaften Kopien einen wesentlichen Anteil bilden. Ein Großteil der fehlerhaften Stränge soll nun vom betrachteten Bereich wegdiffundieren, während die interessierende Mutante darin noch soweit zurückbleibt, daß sie sich vervielfacht und Aggregate entstehen können. Die Porenöffnungen dürfen nicht zu klein für das erste dieser Erfordernisse sein, und nicht zu groß für das zweite. Nimmt man eine Porosität an, die es erlaubt, daß während einer Periode 40% der mutierten Stränge wegdiffundieren ($\beta=0{,}4$), dann liefert Gl. (17.7) r-Werte von $r=2{,}1\times 0{,}6=1{,}3$, bzw. $r=4{,}1\times 0{,}6=2{,}5$.

[14] Die Möglichkeit, daß durch wiederholten Einbau nicht komplementärer Basen zufälligerweise wieder die Originalsequenz erreicht werden kann, ist vernachlässigt.

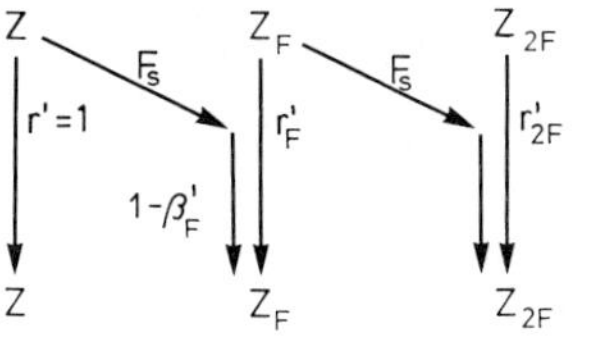

Abb. 17.21. Stationäre Zustände für Mutanten und fehlerhafte Kopien. Die Größen Z_F und Z_{2F} bedeuten die Anzahl von fehlerhaften Kopien mit einem bzw. zwei Fehlern. Die Abbildung ist analog zu Abb. 17.19

Nimmt man an, daß die Mutante zur Normalform geworden ist, dann gilt statt Gl. (17.12) die Beziehung (s. Abb. 17.21)

$$Z_F = r'_F Z_F + (1-\beta'_F) Z F_s . \qquad (17.24)$$

Dabei wurde angenommen, daß (+) und (−) Stränge die gleichen Selektionsvorteile haben. Falls nur (+) Stränge der fehlerhaften Kopie einen nennenswerten Selektionsvorteil haben, muß F_s in Gl. (17.24) durch $F_s/2$ ersetzt werden. Die Bedingung, daß Z_{2F}, die Zahl von fehlerhaften Kopien der Mutante mit zwei Fehlern, sich in einem stationären Zustand befindet, ist analog, etc. Man beachte, daß der Ausdruck $(\varrho/2) WsNq$ in Gl. (17.12) durch F_s in Gl. (17.24) ersetzt wurde.

Der numerische Wert von $F_s = 1{,}1$ im eben betrachteten Beispiel ist mit

$$(\varrho/2) WsNq = (4 \cdot 1/2) \times \tfrac{1}{100} \times 3 \times 30 \times \tfrac{2}{3} = 1{,}2$$

zu vergleichen. Für $N = 60$ und sonst gleichbleibende Werte ist $F_s = 1{,}2$ (Tabelle 17.1) und $(\varrho/2) WsNq = 2{,}4$. Setzt man $w = 0$ und benützt sonst dieselben Werte, so ist $F_s = 2^s - (1+P)^s = 2{,}0$ für $N = 30$ bzw. 3,4 für $N = 60$. Diese Werte sind zu vergleichen mit den unveränderten Werten von $(\varrho/2) WsNq = 1{,}2$ bzw. 2,4. Die vereinfachte Betrachtung gemäß Gl. (17.18) ergibt also die richtige Größenordnung, muß aber für genauere numerische Werte durch die jetzige detailliertere Betrachtung ersetzt werden.

δ) Überlebenschancen der Mutante. Bis jetzt wurde eine Situation betrachtet, in der die Zahl der mutierten Kopien groß ist, so daß ein zufälliges Aussterben der Mutante nicht berücksichtigt werden mußte. In Gl. (17.8) wurde die Wahrscheinlichkeit ω definiert, mit der diese günstige Sachlage erreicht wird, nachdem einmal eine Mutante erschienen ist. Es folgt nun eine detaillierte Diskussion von ω, in welcher zur Vereinfachung angenommen ist, daß (+) und (−) Stränge gleiche Selektionseigenschaften haben.

Es sei am Ende einer gewissen Wachstumsphase ein mutierter Strang vorhanden, und man betrachte die Verhältnisse nach n weiteren Perioden, deren jede mit einem Selektionsschritt beginnen soll, der von s Multiplikationsschritten gefolgt wird. Es sei j die Gesamtzahl von Einzelschritten, z. B. ist $j = (1+s)n$ für n vollendete Perioden. Wie groß ist dann die Wahrscheinlichkeit $W_j(Z)$, daß die Zahl der fehlerfreien Kopien der Mutanten nach j Schritten Z ist?

Am Anfang ($j = 0$) existiert nur der eine mutierte Strang, so daß $W_0(1) = 1$, während $W_0(Z \neq 1) = 0$ ist. Nach dem ersten Selektionsschritt ist $W_1(0)$ gleich β, wo β wiederum die Wahrscheinlichkeit ist, daß die Mutante das betrachtete Gebiet verläßt. Also ist $W_1(0) = \beta$, und $W_1(1) = 1 - \beta$. Der nächste Schritt ist eine Vervielfältigung, und die Wahrscheinlichkeit, daß keine Mutante im Gebiet ist, bleibt unverändert:

$$W_2(0) = W_1(0) = \beta .$$

Gemäß den Überlegungen in Unterabschnitt γ folgt

$$W_2(1) = (1 - pP) W_1(1)$$
$$W_2(2) = pP W_1(1) .$$

Nimmt man an, daß auch der dritte Schritt eine Vervielfältigung ist, dann ergeben sich die folgenden Beziehungen:

$$W_3(0) = W_2(0)$$
$$W_3(1) = (1 - pP) W_2(1)$$
$$W_3(2) = pP W_2(1) + (1 - pP)^2 W_2(2)$$
$$W_3(3) = 2pP(1 - pP) W_2(2)$$
$$W_3(4) = (pP)^2 W_2(2) .$$

Der letzte Ausdruck folgt z. B. aus der Überlegung, daß vier Stränge nur gebildet werden können, wenn vorher zwei Stränge vorhanden waren, die beide ohne Fehler kopiert wurden. Den Ausdruck für $W_3(3)$ erhält man, wenn man beachtet, daß drei richtige Stränge nur aus zwei Strängen entstehen können, von denen der erste fehlerfrei und der zweite mit Fehler kopiert wird, oder umgekehrt.

Ist andererseits der dritte Schritt eine Selektion, dann hat man

$$W_3(0) = W_2(0) + \beta W_2(1) + \beta^2 W_2(2)$$
$$W_3(1) = (1 - \beta) W_2(1) + 2\beta(1 - \beta) W_2(2)$$
$$W_3(2) = (1 - \beta)^2 W_2(2) .$$

Es ist ersichtlich, daß für jedes j der Wert von $W_j(Z)$ aus den Werten für den vorhergehenden Schritt $(j-1)$ erhalten werden kann. Die Werte von $W_j(Z)$ lassen sich daher Schritt für Schritt berechnen. Das Ergebnis ist von Zahl und Art der Schritte abhängig. Es folgt:

$$W_j(Z) = \sum_{v=Z}^{2^{j-n}} W_{j-1}(v) \cdot \beta^{v-Z} (1-\beta)^Z \binom{v}{Z} , \qquad (17.25)$$

falls der Schritt j ein Selektionsschritt ist. Ist der Schritt j ein Multiplikationsschritt, dann gilt

$$W_j(Z) = \sum_{v=Z/2}^{Z} W_{j-1}(v) (pP)^{Z-v} (1-pP)^{2v-Z} \binom{v}{Z-v} , \qquad (17.26)$$

falls Z gerade ist; ist Z ungerade, dann erstreckt sich die Summe von $v = (Z+1)/2$ bis Z. Die obere Grenze in der Summe in Gl. (17.25) ist 2^{j-n}, da alle Werte $v > Z$ zu einem Selektionsschritt beitragen. Die Maximalzahl der Stränge ist jedoch 2^{j-n}, da die betrachte-

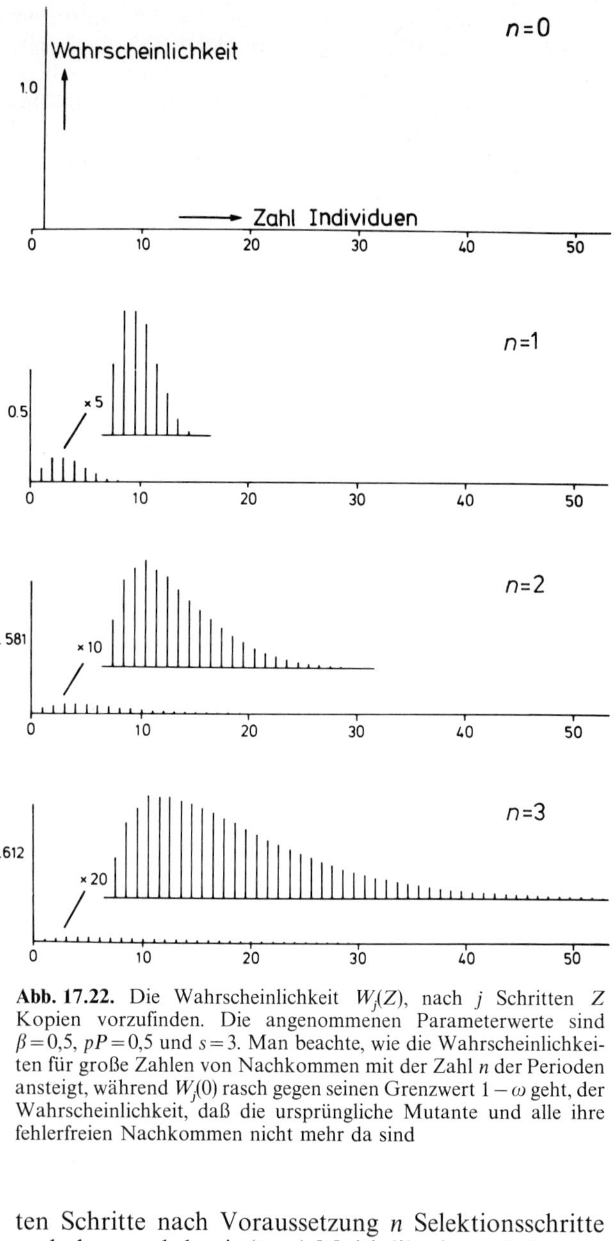

Abb. 17.22. Die Wahrscheinlichkeit $W_j(Z)$, nach j Schritten Z Kopien vorzufinden. Die angenommenen Parameterwerte sind $\beta=0{,}5$, $pP=0{,}5$ und $s=3$. Man beachte, wie die Wahrscheinlichkeiten für große Zahlen von Nachkommen mit der Zahl n der Perioden ansteigt, während $W_j(0)$ rasch gegen seinen Grenzwert $1-\omega$ geht, der Wahrscheinlichkeit, daß die ursprüngliche Mutante und alle ihre fehlerfreien Nachkommen nicht mehr da sind

ten Schritte nach Voraussetzung n Selektionsschritte enthalten und damit $(j-n)$ Multiplikationsschritte.

Abbildung 17.22 zeigt ein Beispiel, für welches folgende Werte angenommen wurden: $\beta=0{,}5$, $pP=0{,}5$, $s=3$, während n von 0–3 geht ($j=0, 4, 8, 12$). Damit ist $\varrho=(1+pP)^3=(1{,}5)^3=3{,}38$ und $r=1{,}69$. Für den Grenzwert $W_\infty(0)$ von $W_j(0)$ erhält man aus Abb. 17.22 den Wert 0,7 für die gewählten Parameter. Diese Größe ist mit der Überlebenswahrscheinlichkeit ω [Gl. (17.8)] durch die Beziehung $\omega=1-W_\infty(0)$ verknüpft. Werte von ω für einige Werte von ϱ, r und s wurden in Abschn. 17.1.4.2a angegeben.

c) Hindernisse bei der Selektion spezifisch gefalteter Konformationen

Eine wichtige Frage ist, ob Nukleinsäuren mit spezifischen Faltungsformen selektiert werden können. Um einen genügenden Reichtum an Faltungskonformationen zu haben, muß die Zahl N von Mononukleotiden mindestens so groß sein, daß zwei getrennte helikale Gebiete möglich sind, oder eine Haarnadel von genügender Größe, damit wohl definierte Aggregate entstehen können. Im ersten Fall sollten die helikalen Gebiete mindestens etwa 4–5 Basenpaare umfassen. Da der Strang auch ein Zwischengebiet aufweisen muß, kommt man auf einen Mindestwert für N von etwa 30. Im zweiten Fall muß die Helix mindestens etwa $1^1/_2$ Umdrehungen aufweisen, und man stellt wieder fest, daß der Strang aus etwa $N=30$ Monomere aufgebaut sein muß (Abb. 17.23).
Der Einfachheit halber sollen nur Stränge, die aus zwei Basen bestehen, betrachtet werden.

Der erste Fall sei näher untersucht, und es sei angenommen, daß die Strangselektion in zwei Schritten stattfindet. Zuerst soll ein Strang mit dem ersten helikalen Abschnitt aus vier Basenpaaren selektiert werden (Abb. 17.23a). Änderungen in der Basensequenz im nicht-helikalen Bereich sollen ohne Folgen sein, so daß nach einiger Zeit die Basensequenz in diesem Bereich zufällig sein wird. Auf einer zweiten Selektionsstufe tritt dann zufällig ein Strang auf, der einen zweiten helikalen Bereich von vier Basenpaaren aufweist (Abb. 17.23b).

Es sei angenommen, daß auf beiden Stufen die Mutanten eine Überlebenschance haben, die 20% größer ist als die der dann vorhandenen Normalform ($r=1{,}2$). Dieser Wert scheint vernünftig. Er entspricht einer geringfügigen Erhöhung der Selektivität durch den Umstand, daß Helizität zu größerer chemischer Resistenz führen kann. Nach dem vorangehenden Unterabschnitt (Tabelle 17.1) ist ein Wert dieser Größe und $\varrho=2$ in Modellbetrachtungen mit $s=3$ leicht zu erreichen. Für beide Stufen ist die Wahrscheinlichkeit, einen Strang mit dem gewünschten helikalen Abschnitt zu finden, gleich $(\frac{1}{2})^4$, da an jeder von vier bestimmten Stellen ein Nukleotid eingesetzt werden muß, das komplementär zu einem andern an einer bestimmten Stelle ist. Nach Gl. (17.8) ist die Wahrscheinlichkeit, daß eine Mutante selektiert, für beide Stufen gleich ω. Nach Abschn. 17.1.4.2a ist ω für die gewählten Parameter gleich 0,2. Mit einer Population von $Z=2^4/\omega=16/0{,}2=80$ kann man also mit einem spontanen Erscheinen einer solchen Mutante sowie deren Selektion rechnen[15]. Nach Gl. (17.6) benötigt dann die Selektion etwa $n=24$ Perioden.

Eine falsche Base im helikalen Abschnitt sollte die Helixkonformation in diesem Abschnitt zum Verschwinden bringen. Es entsteht dann ein Strang, der gegenüber der Normalform weder vorteilhaft noch nachteilig ist ($r_F=1$; auf der ersten Stufe hat der fehlerhafte Strang keinen helikalen Abschnitt, auf der zweiten Stufe ist *ein* solcher Abschnitt vorhanden). Im einzelnen ergibt sich folgendes:

Erste Stufe, Abb. 17.23a: Die Parameterwerte sind $r=1{,}2$ und $r_F=1$ für $q=8/30$ (da ein helikaler Ab-

[15] Bei z möglichen a priori gleich wahrscheinlichen Anordnungen, beispielsweise Reihenfolgen von Spielkarten, ist im Mittel nach z-maligem Durchmischen eine vorgegebene Anordnung erreicht.

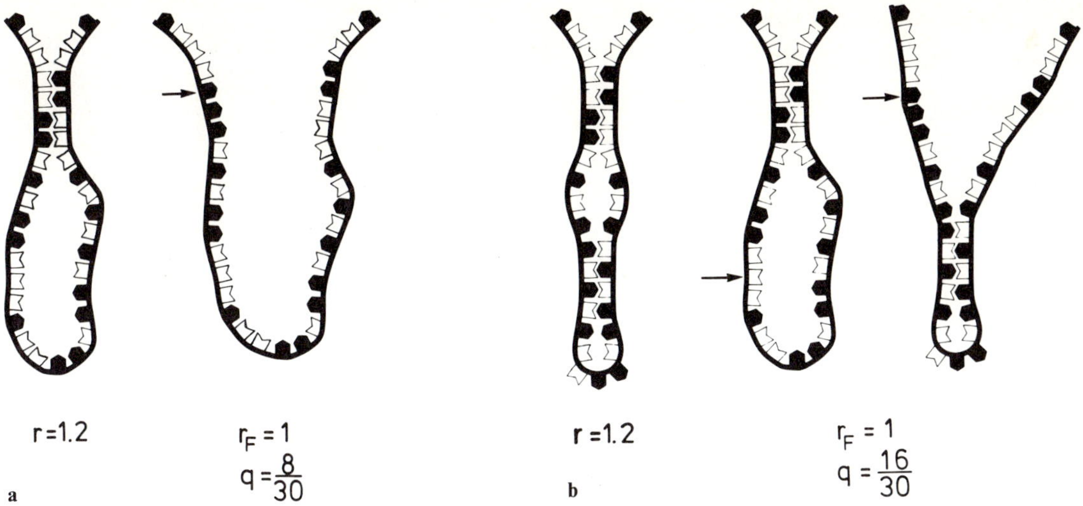

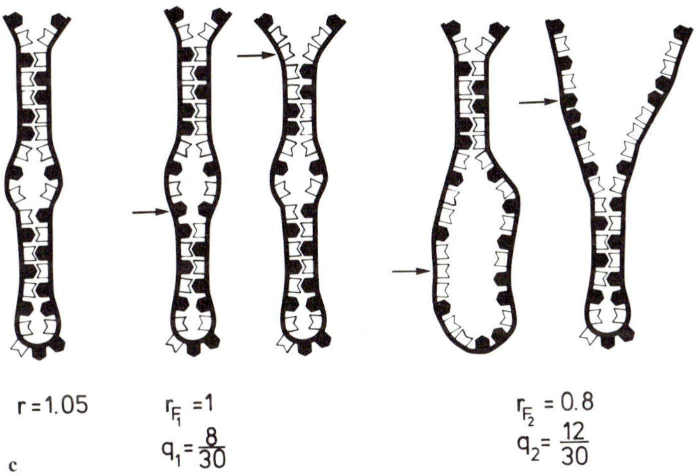

Abb. 17.23a–c. Verfeinerung der Faltungskonformation. **a** Helikaler Bereich mit vier gepaarten Basen. Eine falsche Base innerhalb dieses Bereiches soll die Helizität zerstören. **b** Zwei helikale Bereiche mit je vier gepaarten Basen. Ein Fehler innerhalb eines der Bereiche soll die Helizität des betroffenen Bereiches zerstören. **c** Zwei helikale Bereiche mit je fünf gepaarten Basen. Ein Fehler an einem der Enden jedes Bereiches soll diesen Bereich um ein Paar von gepaarten Basen verkürzen, während ein Fehler innerhalb eines Bereichs dessen Helizität zerstört

schnitt aus 8 Nukleotiden vorhanden ist). Gleichung (17.18) ist für diesen Fall zuständig, da $(r-r_F)/r_F=0{,}2\ll 1$. Es folgt der Wert $W\simeq 2\frac{r-1}{sNq}=\frac{2\times 0{,}2}{3\times 30(8/30)}$ oder $W=1/60$.

Zweite Stufe, Abb. 17.23b: Der Parameter r bezieht sich jetzt auf die Mutante mit zwei helikalen Abschnitten und r_F auf die Form mit einem solchen Abschnitt. Die Zahlenwerte sind $r=1{,}2$ und $r_F=1$ für $q=16/30$ (da nun zwei helikale Abschnitte vorhanden sind, die jeweils acht Nukleotide enthalten). Gleichung (17.18) liefert dann $W=1/120$.

Weiter sei angenommen, daß die zwei eben besprochenen Stufen von einem Feinabstimmungsprozeß gefolgt werden. Ein Beitrag zur Verbesserung der Funktion der Faltungsstruktur soll durch Hinzufügen eines weiteren Basenpaares in jedem der beiden helikalen Abschnitte geleistet werden. Jedes dieser zusätzlichen Basenpaare soll den Vermehrungsfaktor um einen anteiligen Betrag erhöhen.

Um diese Feinanpassung in ihren Einzelheiten zu erfassen, soll ein Strang mit zwei helikalen Abschnitten zu je fünf Basenpaaren betrachtet werden. Dann befindet sich je ein Basenpaar an den zwei Enden eines jeden der zwei helikalen Abschnitte (Abb. 17.23c). Durch einen Fehler an irgend einer dieser $q_1N=8$ Stellen bildet sich ein Strang, der im einen helikalen Bereich vier, im anderen fünf Basenpaare enthält. Ein Fehler an einer der $q_2N=12$ dazwischenliegenden Stellen der helikalen Abschnitte soll das Verschwinden des betroffenen helikalen Abschnitts bewirken. Da $N=30$ ist, muß also für die erste der betrachteten Möglichkeiten $q_1=8/30$, für die zweite $q_2=12/30$ gelten. Der Vermehrungsfaktor soll durch den Verlust eines helikalen Abschnitts wiederum von $r=1+0{,}2$ auf $r_{F_1}=1$ verkleinert werden. Wird andererseits ein solcher Abschnitt um ein zusätzliches Basenpaar vergrößert, so soll r auf den Wert $1+(5/4)\times 0{,}2=1{,}25$ ansteigen. Im interessierenden Fall stellt eine Form mit einem helikalen Abschnitt aus fünf und einem solchen aus vier Basenpaaren die Normalform dar ($r_{F_1}=1$), und es ist dann der Mutante mit zwei helikalen Abschnitten mit fünf Basenpaaren der Wert $r=\frac{1{,}25}{1{,}2}$

$= 1{,}05$ und der Satellitmutante mit nur einem helikalen Abschnitt der Wert $r_{F},=\frac{1}{1{,}2}=0{,}8$ zuzuschreiben. Aus Gl. (17.20) ergibt sich dann

$$W\times\frac{3\times 30}{2}\left[\frac{8}{30}\times\frac{1}{(1{,}25/1{,}2)-1}+\frac{12}{30}\frac{1/1{,}2}{1-(1/1{,}2)}\right]=1$$

oder $W=1/378$.

Nach Untersuchungen von Pörschke (1977) und Eigen · (1971) ist mit einem Wert von mindestens $W=1/100$ für enzymfreie Replikation zu rechnen, wie in Abschn. 17.1.4.2c erwähnt wurde. Es scheint deshalb kaum möglich, daß eine Selektion für Stränge von speziellen Faltungsformen eintreten kann durch den Mechanismus, der in Abschn. 17.1.3.2, β als Fall 2 bezeichnet wurde, da schon die Rohanpassung einen kleineren Wert von W erfordert. Sollte jedoch eine Realisation von Fall 1 möglich sein, dann wäre die genannte Fehlerwahrscheinlichkeit von $W=10^{-2}$ ausreichend. Da in Fall 1 die fehlerhaften Kopien der Mutante wenig stören, gilt die Bedingung $(r-r_F)/r_F \gtrsim 1$, und daher stellt Gl. (17.10) die Beziehung dar, die angewendet werden muß. Werden wiederum die Werte $N=30$ und $q=2/3$ für Stränge mit zwei helikalen Abschnitten angenommen, dann wird

$$W=\frac{1}{Nqs}=\frac{1}{30(2/3)3}=1/60\,.$$

Nimmt man Haarnadelkonformationen von einer Größe an, die zur Bildung von wohldefinierten Aggregaten ausreicht, dann sollte sich die Doppelhelix mindestens über $1^1/_2$ Windungen erstrecken. Man findet wieder einen Mindestwert von etwa $N=30$ Nukleotiden. Mit $q=1$ und $s=3$ wird ein Wert von $W=1/90$ errechnet.

d) Bildung von Aggregaten aus ineinanderpassenden gefalteten Strängen

Stränge mit Faltungskonformationen, die ineinanderpassen, können sich zu spezifischen Aggregaten zusammenbauen (Abb. 17.24). Ein Strang, in den während der Replikation eine falsche Base eingebaut wurde, paßt im allgemeinen nicht mehr ins Aggregat. Er diffundiert vom betrachteten Gebiet weg und wird durch einen fehlerfreien Strang ersetzt. Die hohe Selektivität, die für den Fall 1 benötigt wird, ($r_F \simeq 0$) ist dadurch gesichert, daß Stränge, die im Aggregat zusammengebaut sind, im Gebiet verbleiben, während es die anderen verlassen.

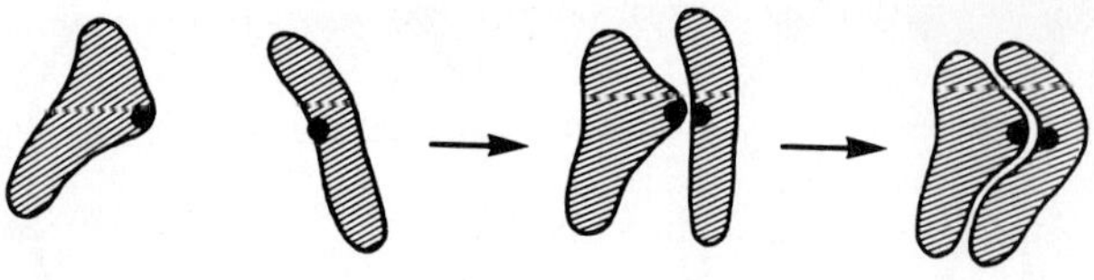

Abb. 17.24. Schematische Darstellung des Zusammenbaus von zwei gefalteten Strängen A und B. Der Zusammenbau wird als ein dynamischer Vorgang betrachtet, bei dem Änderungen in der äußeren Gestalt vorkommen können. A wirkt als Nukleationszentrum, indem es z. B. eine „klebrige" Stelle a aufweist, an die sich eine Stelle b von Strang B binden kann

Damit dieser Selektionsmechanismus wirksam werden kann, müssen die in der Wachstumsphase gebildeten und dann gefalteten Stränge einander erreichen können, während einer Zeit, die kurz gegen die Dauer der Zerfallsphase ist. Sonst diffundieren die einzelnen Stränge vom Gebiet weg, bevor sie durch Einbau im Aggregat festgehalten werden. Die Poren des Gebietes müssen deshalb fein genug sein, damit die thermische Bewegung der gefalteten Stränge zu einer ausreichenden Anzahl von zufälligen Zusammenstößen führt, wobei auch die gegenseitige Orientierung geeignet sein muß. Im folgenden sollen die erforderliche Porengröße und die nötige Zeitspanne abgeschätzt werden.

Eine schematisierte Ansicht der Sachlage ist in Abb. 17.28a gezeigt. Es wird davon ausgegangen, daß für den Zusammenbau der Stränge A und B die Punkte a und b einander näher kommen müssen als eine kritische Distanz von etwa 0,1 nm (1 Å). Ferner müssen die Stränge räumlich korrekt zueinander orientiert sein. Vereinfachend nehmen wir an, daß Strang A verbleibt, wo er ist, und b soll sich im Zentrum von Strang B befinden, so daß dieser Punkt nur an der

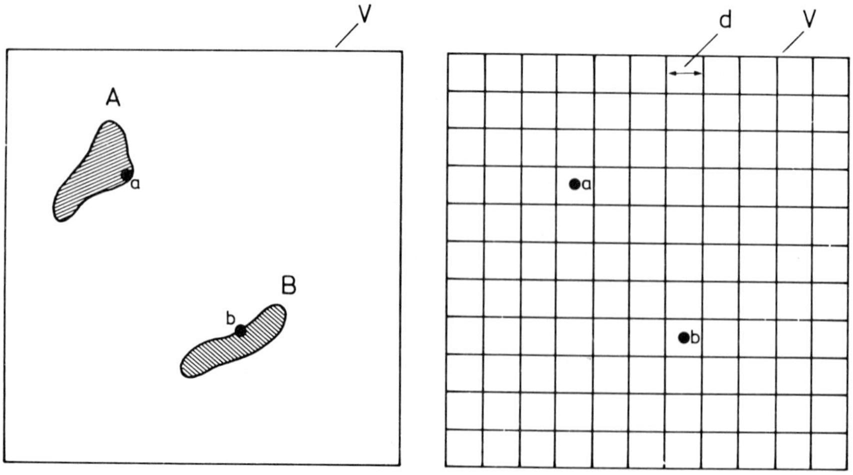

Abb. 17.25. Diffusion und Aggregation

translatorischen Diffusion von B teilnimmt. Um die mittlere Zeit abzuschätzen, die b braucht, um sich a bis auf den Abstand d zu nähern, wird das (als würfelförmig angenommene Gebiet) in Zellen, kleine Würfel mit der Kantenlänge d, aufgeteilt (Abb. 17.25b). Die durchschnittliche Zeit τ, die von b benötigt wird, um sich von einem Würfel zum nächsten zu bewegen, ist dann nach der Beziehung von Einstein und Smoluchowsky gleich $\tau = d^2/2D$, wobei D die Diffusionskonstante von Strang B ist. Die mittlere Zeit t, die vergeht, bis b die Zelle erreicht hat, in der a liegt, ist gleich τ vervielfacht mit der Zahl der Zellen im Gesamtvolumen V, also

$$t = \tau(V/d^3) = V/2dD\,. \tag{17.27}$$

Der Zusammenbau der Stränge A und B erfordert noch eine richtige räumliche Orientierung. Um diese einzubeziehen, wird t mit einem sterischen Faktor α multipliziert.

Ein kompakt gefalterer Strang von etwa 30 bis 50 Nukleotiden hat einen mittleren Radius von etwa $R = 4$ nm (oder 40 Å). Die Diffusionskonstante ist dann durch den Ausdruck

$$D = kT/6\pi\eta R \tag{17.28}$$

gegeben, wobei k die Boltzmannkonstante, T die absolute Temperatur, und η die Viskosität des Lösungsmittels ist ($10^{-3}\,\mathrm{kg\,m^{-1}\,s^{-1}} = 10^{-2}$ poise für Wasser). Also ist $D = 5\times 10^{-11}\,\mathrm{m^2\,s^{-1}}$. Nimmt man an, daß $t = 10$ s sei, ein Wert, der weiter unten noch besprochen und begründet wird, dann folgt mit $d = 0{,}1$ nm für die Größe des Porenvolumens

$$V = 10^{-19}\,\mathrm{m^3} = 10^{11}\,\text{Å}^3 = 10^8\,\mathrm{nm^3}\,. \tag{17.29}$$

Dies entspricht dem Volumen eines Würfels mit einer Kantenlänge von etwa 400 nm oder 4000 Å. Vergleichsweise ist etwa das Volumen einer Bakterie.

Um den Wert von $t = 10$ s zu begründen, gehen wir davon aus, daß der sterische Faktor die Größenordnung 100 hat. Die mittlere, für den Zusammenbau der Stränge A und B benötigte Zeit ist dann von der Größenordnung von 1000 s oder 20 min. Falls das Volumen mehrere Stränge B enthält, die sich gegenseitig ersetzen können, wird die Zeit entsprechend kürzer. Die Zeit, die es für den Zusammenbau eines Aggregates braucht, das aus einem gefalteten Nukleationsstrang A (ohne Sammelstrang C) und z. B. 20 anderen gefalteten Strängen $B_1, B_2, \ldots, B_{20}$ (Abschn. 17.1.2.6) besteht, wäre also, wenn entsprechende geeignete Bedingungen erfüllt sind, von der Größenordnung von

$$[(1/20) + (1/19) + \ldots + (1/2) + 1] \times 20\,\mathrm{min} \simeq 1\,\mathrm{Std}\,.$$

In einem höher entwickelten System, das aus Nukleationsstrang A, Sammelstrang C und weiteren gefalteten Strängen $B_1, B_2, \ldots$ besteht, umfaßt die zur Aggregatbildung benötigte Zeit die Zeit, die es den Anbauelementen B_i erlaubt, zum Sammelstrang zu diffundieren (von der Größenordnung von einer Minute nach den vorangehenden Überlegungen) und die Zeit, die es braucht, damit sich die Stränge räumlich korrekt anordnen können, um zu aggregieren. Die Zeit, die zum Einbau eines gefalteten Stranges nötig ist, sei 100mal so groß wie die Zeit, die eine vollständige Drehung durch Diffusion des Moleküls um seine Achse erfordert. Diese letztere Zeit hat die Größenordnung $t = (2\pi)^2/D_{\mathrm{rot}}$ mit $D_{\mathrm{rot}} = kT/8\pi\eta R^3$, mit einem numerischen Wert der Größenordnung 10^{-5} s. Mit einem Aggregat von 20 Strängen wäre also die Zeit für die erforderte Anordnung der Stränge von der Größenordnung von $20 \times 100 \times 10^{-5}\,\mathrm{s} = 0{,}02$ s. Diese Zeit ist nun klein im Vergleich zu der Zeit von 20×1 min, in der die 20 Anbauelemente zum Sammelstrang diffundieren. Alle diese Abschätzungen zeigen, daß die Aggregationszeiten klein verglichen mit der Dauer der Zerfallsphase sind, für die etwa ein Tag angenommen wird.

17.1.4.3 Stabilisierung des Codes

Im Abschn. 17.1.2.9 wurde angenommen, daß die evolvierenden Anbauelemente B_i Erkennungsstellen für die Aminosäuren a_1 und a_2 entwickeln. In der folgenden Diskussion wird der Fall betrachtet, daß sich auf dieser Stufe nur Erkennungsstellen von geringer Spezifität entwickeln können. Es wird sich zeigen, daß auch unter solchen Bedingungen eines hohen Rauschpegels eine Fixierung des Codes möglich sein muß.

Wie vorher wird angenommen, daß das Basentriplet auf dem Adapter komplementär zum entsprechenden Triplet auf dem Sammelstrang ist, und daß die Adapter sich in zwei Sorten differenziert haben, beispielsweise G_{a_1} und C_{a_2}, wobei G_{a_1} einen geringen Vorzug für die Aminosäure a_1 zeige und C_{a_2} für die Aminosäure a_2. Diese Adapter G_{a_1} und C_{a_2} könnten sehr wohl (+) und (−) Stränge sein, die komplementär zueinander sind (s. S. 872). Es könnte sich dann ein Sammelapparat aufbauen, von dem mit einem geringen Vorzug ein Polypeptid mit einer spezifischen Aminosäuresequenz synthetisiert werden könnte. Diese Sequenz könnte zufällig diejenige eines Polypeptids E (Abschn. 17.1.2.9) sein, das dem Individuum einen selektiven Vorteil verleiht. Die Diskussion wird zeigen, daß eine solche günstige Sequenz stabilisiert wird (und sich dadurch ein Code fixiert), falls E als Replikase wirkt, die W von etwa 1/100 auf 1/300 erniedrigt.

Die kleine Bevorzugung, mit der a_1 (verglichen mit a_2) an G_{a_1} gebunden ist, soll einem Unterschied in der freien Bindungsenthalpie von 6 kJ mol^{-1} entsprechen. Für die Bindungskonstanten von a_1 an G_{a_1} (K_{1G}) und von a_2 und G_{a_1} (K_{2G}) gilt dann

$$RT\ln(K_{1G}/K_{2G}) = \Delta G^0_{2G} - \Delta G^0_{1G} = 6\,\mathrm{kJ\,mol^{-1}}\,.$$

Es folgt $K_{1G}/K_{2G} = 11$ für $T = 300$ K. Für gleiche Konzentrationen von a_1 und a_2 folgt dann für die Wahrscheinlichkeit P_{1G}, daß a_1 anstatt a_2 an G_{a_1} gebunden wird:

$$P_{1G} = \frac{K_{1G}}{K_{1G} + K_{2G}} = \frac{11}{11+1} = 0{,}9\,. \tag{17.30}$$

Einfachheitshalber sei für P_{2C} der gleiche Wert angenommen, $P_{2C} = 0{,}9$ (die genauen Werte beeinflussen die diskutierten Größenordnungen nicht).

Die schwache Spezifität der Adapter G_{a_1} und C_{a_2} hat eine geringe Ausbeute an Replikase zur Folge, und die erste Frage ist, ob diese Ausbeute für eine Stabilisierung der Basensequenz des entsprechenden Sammelstranges genügt. Um die Frage zu beantworten, sei festgehalten, daß an jeder der betrachteten ($\nu=10$) Stellen des Sammelstrangs der korrekte Adapter sitzt und daß jeder Adapter mit der richtigen Aminosäure beladen sein muß. Nur die zweite dieser Anforderung ist von Belang, da die Spezifität der Bindung an den Sammelstrang wegen der Annahme spezifischer Basenpaarung hoch ist, so daß die Ausbeute P der Replikase

$$P=(0{,}9)^{10}=0{,}3$$

ist, wo 0,9 nach Gl. (17.30) die Wahrscheinlichkeit ist, daß ein herausgegriffener Adapter die richtige Aminosäure mit sich führt. Also ist etwa jedes dritte vom katalytischen Aggregat hergestellte Polypeptid eine Replikase, ein Anteil, dessen Größenordnung genügt, um der produzierten Replikase eine Auswirkung zuzusichern.

Man kann annehmen, daß die Hüllen, die Replikase-synthetisierende Aggregate enthalten, sich etwas besser vervielfachen können als Hüllen, die keine solchen Aggregate enthalten. Die Frage ist nun, ob dieser Vorteil zu einer Selektion der Form, die Replikase herstellt, genügt. Man muß also die Zahl n der Generationen schätzen, die für eine Selektion nötig sind, sowie die Wahrscheinlichkeit von Replikationsfehlern, die gerade noch tragbar ist, damit die Information, die zur Erzeugung der Replikase benötigt wird, im Verlauf der n Generationen nicht verloren geht.

Es sei die Zahl der Aggregate in der Hülle gleich u. Die Wahrscheinlichkeit, daß die Basen in der Mitte der ν Codons des Sammelstrangs eines dieser Aggregate die richtige Information für eine Replikase enthält, ist $(\frac{1}{2})^\nu$, also ist $u(\frac{1}{2})^\nu$ die Wahrscheinlichkeit, daß irgendeiner der u Sammelstränge diese Information enthält. Multiplikation mit ω gibt dann die Wahrscheinlichkeit, daß die Gruppe der betrachteten Aggregate durch Selektion fixiert wird. Also ist eine Population von $Z=[u(\frac{1}{2})^\nu\omega]^{-1}=2^\nu/u\omega$ nötig, damit mindestens ein Individuum der betrachteten Art erscheint und sich durchsetzt (vgl. Fußnote eingangs Abschn. 17.1.4.2c). Die Replikase-erzeugende Form soll eine um 10% erhöhte Überlebenschance haben ($r=1{,}1$). Der Wert spiegelt einen gewissen Selektionsvorteil durch die erhöhte Replikationsgeschwindigkeit bei Vorhandensein der Replikase wider. Mit $u=10$, und den früheren Werten $\varrho=2$, $\nu=10$, $\omega=0{,}1$ wird Z gleich 10^3, so daß nach Gl. (17.6) $n=\log Z/\log r=3/0{,}04=70$ für die Zahl der Generationen, die für eine Fixierung nötig sind.

Und nun zur Frage der Fehlerwahrscheinlichkeit W. Eine erste Bedingung für eine Fixierung der Information ist ein ausreichender Vorrat an korrekten Kopien von Strängen während der Wachstumsphase. Nach Gl. (17.10) muß also $NqWs$ kleiner als 1 sein. Am entscheidendsten wirkt sich diese Forderung bei der Nukleationseinheit A aus, an die ein Sammelstrang C mit seinen $3\nu=30$ Monomeren angeheftet ist. Die ganze Einheit enthält dann etwa $N=30+30=60$ Monomere, die alle kritisch sind ($q=1$). Mit $s=3$, muß W also kleiner sein als $1/(60\times 3)=1/180$, eine Bedingung, die vom früher genannten Wert von $W=1/300$ erfüllt wird.

Eine zweite Bedingung besteht darin, daß die Mutante nicht durch eine kollektive Störung durch fehlerhafte Nachkommen, die keine Replikaseaktivität mehr besitzen, verdrängt werden darf. Wir gehen davon aus, daß jeder Replikationsfehler an einer der $\nu=10$ früher betrachteten Stellen das Verschwinden der Replikaseaktivität bewirkt und deshalb eine Form erzeugt wird, die die gleichen Selektionsqualitäten hat, wie die vorherrschende Form ($r_F=1$). Fehler an anderen Stellen zählen nicht, solange die erste Bedingung [Gl. 17.10)] erfüllt ist. (Sie haben keine Folgen, entweder deshalb, weil durch die Fehler die Funktion nicht beeinträchtigt wird, oder deshalb, weil der Fehler „lethal" ist, indem beispielsweise der fehlerhafte Strang nicht mehr ins Aggregat eingebaut wird.) Daraus folgt, daß man in Gl. (17.18) Nq durch ν ersetzen und $r_F=1$ setzen muß.

Nun wurde Gl. (17.18) unter der Voraussetzung abgeleitet, daß (+) und (−) Stränge gleiche Selektionsvorteile haben. Da nicht erwartet werden kann, daß sowohl der (+) als auch der (−) Sammelstrang Replikasen liefern, muß W durch $2W$ ersetzt werden, wie früher erwähnt. Also wird

$$2W=2\frac{r-1}{\nu s}\simeq 2\frac{0{,}1}{3\times 10}\simeq 1/150\,. \tag{17.31}$$

Die zweite Bedingung ist also durch den früheren Wert von $W\simeq 1/300$ erfüllt.

Ist die günstige Form einmal selektiert, dann ist der Code für a_1 und a_2 fixiert. Irgend ein Individuum, das die falsche Base an einer der betrachteten Stellen am Sammelstrang hat, spielt in der späteren Evolution keine Rolle.

17.1.4.4 Weiterer Evolutionsverlauf

Jedes zusätzliche Polypeptid, das zur Verbesserung der Mechanismen beiträgt, vermittelt einen Vorteil, insbesondere jedes Polypeptid, das die Spezifität einer Aminosäure zu ihrem Adapter steigert. An einem solchen Polypeptid müssen sich Erkennungsregionen für Aminosäure sowie Adapter befinden. Es soll an ν' Stellen spezifische Aminosäuren tragen, wobei ν' etwa 10 sein könnte. Die Selektionsbedingung ist analog zum Fall der Replikase und kann jetzt wegen der Anwesenheit dieser Replikase leicht erreicht werden.

Auf diese Weise wird ein Polypeptid nach dem anderen angepaßt, um eine Funktion zu erfüllen. Die Polypeptide ergänzen einander, und das Funktionieren des Ganzen wird mehr und mehr von der Gegenwart jedes einzelnen abhängig; die Polypeptide bilden ein Funktionsgefüge. Das System einiger Aggregate, die Polypeptide synthetisieren, entwickelt sich so zu einem primitiven Organismus.

Die Fehlerwahrscheinlichkeit kann nicht größer sein, als es der Beziehung

$$WsN_{\text{total}}q_{\text{total}} \simeq 1 \qquad (17.32)$$

entspricht, die analog zu Gl. (17.10) ist. $N_{\text{total}}q_{\text{total}}$ bezeichnet jetzt die Anzahl von Monomeren, die die Information für die Proteinsynthese mit sich tragen[16]. Wenn man annimmt, daß $q_{\text{total}}=1$ und $s=1$ ist, dann kann für $N_{\text{total}}=10^3$ die Fehlerwahrscheinlichkeit den Wert von $W=10^{-3}$ nicht übersteigen. Die Annahme, daß $s=1$ sei, ist auf dieser Stufe vernünftig; im Gegensatz zu früheren Stufen sollte jetzt eine einfache Duplikation während der Wachstumsphase das Zunehmen der Population sicherstellen.

Mit dem Erscheinen der Replikase E nimmt w stark ab (w ist die Wahrscheinlichkeit, daß ein Fehler passiert, durch den der Tochterstrang nicht mehr replikationsfähig ist). Der Anteil an solchen Fehlerkopien, $1-(1-w)^N$ [s. Gl. (17.5)] kann nun vernachlässigt werden. Die Hülle braucht nicht mehr für Stränge begrenzt durchlässig zu sein, sondern muß nur noch eine Einwärtsdiffusion für energiereiche Nukleotidmonomere und Aminosäuren erlauben. Eine Evolution zu Hüllen mit feineren Poren findet statt. Auf dieser Stufe können Lipide wichtige Bestandteile der Membran werden.

17.1.4.5 Fehlerrate in der Replikation von Systemen, die richtige Proteine herstellen

Damit ein bestimmtes Protein mit etwa 20 Sorten von Aminosäuren selektiert werden kann, sollte W nicht größer als etwa 10^{-6} sein. Dies kann wie folgt begründet werden. Man betrachtet eine Form, die viele Proteine herstellt, die sich zu einem Funktionsgefüge zusammenpassen. Nun soll während der Replikation ein DNA-Strang hie und da um ein kurzes Stück verlängert werden, das die Information für ein zusätzliches Protein enthält, und zunächst aus einer Zufallsfolge von N Nukleotiden besteht. Kopierfehler haben im allgemeinen keine gravierenden Folgen, sofern sie sich auf den Teil der DNA beziehen, der für die Synthese der Proteine zuständig ist, die völlig instruiert sind (d. h. der Proteine, die gut eingeführte Funktionen haben); solche Proteine sind in ihrer Wirkung in einem solchen Ausmaß optimiert, daß eine Substitution von auch nur einer Aminosäure durch eine andere im allgemeinen derart nachteilig ist, daß die geänderte Form ausgeschieden wird und deshalb keinen Einfluß auf die spätere Evolution hat. An einigen anderen spezifischen Stellen eines Proteins kann die Aminosäure substitutuiert werden, ohne daß sich dabei die Funktion verändert, so daß ein Basenaustausch an den entsprechenden Stellen am DNA-Strang ebenfalls keinen Einfluß auf die spätere Evolution ausübt. Ein Basenwechsel, der der Mutante zufällig immer noch einen Selektionsvorteil verleiht, könnte irgendwo im betrachteten DNA-Stück auftreten und die Mutante würde sich innerhalb kurzer Zeit durchsetzen. In einem gewissen, kleinen Ausmaß findet also dauernd eine zusätzliche Selektion statt, ohne jedoch für die jetzigen Betrachtungen von Belang zu sein.

Für die folgende Diskussion unterscheiden sich die Individuen in der betrachteten Population nur bezüglich der Sequenz der Aminosäuren im neuen Protein, die am Anfang zufällig ist. Ein Individuum, das an v spezifischen Stellen spezifische Aminosäuren aufweist, soll merkliche Vorteile haben (z. B. können diese Aminosäuren für die Funktion eines aktiven Zentrums wichtig sein). Es folgt, daß $3v$ Kodierungsstellen durch Zufall richtig sein müssen (wobei der Einfachheit halber die Degeneration des genetischen Codes vernachlässigt wurde). Mit vier Basensorten ist die Wahrscheinlichkeit, spezifische Basen an $3v$ Stellen zu finden, gleich $(1/4)^{3v}$. Die Zahl n von Perioden, die benötigt werden, damit Selektion stattfindet, ist durch Gl. (17.6) gegeben, wobei

$$Z=4^{3v}/\omega \qquad (17.33)$$

ist, wie aus den Betrachtungen am Anfang von Abschn. 17.1.4.2c folgt.

Der optimale Wert von W, der sich während der Evolution dieser Systeme einstellen muß, muß klein genug sein, damit eine Feinanpassung der Aminosäurenfolge an die Funktion des Proteins immer noch stattfindet. Wir wollen diesen Wert für den Fall ermitteln, daß eine Selektion gerade noch möglich ist, wenn bei $v=5$ eine Verbesserung der Überlebenschancen um 1% erreicht wird ($r=1{,}01$).

Der Wert von $r=1{,}01$ mit $v=5$ ergibt sich aus folgenden Überlegungen. Wir können davon ausgehen, daß ein zusätzliches, völlig instruiertes Protein einem einfachen oder komplexen Organismus beträchtlichen Selektionsvorteil verleiht, da jedes neue Protein eine wesentliche Verbesserung für den Organismus bedeutet. Es soll seine Überlebenschancen um 20% erhöhen ($r=1{,}2$). Der Wert von r muß stark mit der Zahl v von Stellen anwachsen, die von vorteilhaften Aminosäuren besetzt sind. Es scheint vernünftig zu sein, anzunehmen, daß r exponentiell von v abhängt,

$$r=e^{v/a},$$

und daß der Wert $r=1{,}2$ für $v=100$ (etwa die Zahl von Aminosäuren, die in einem Protein von Bedeutung sind) erreicht wird. Damit wird $a=500$ und $r=1{,}01$ für $v=5$.

Die Multiplikationsphase sei eine einfache Verdopplung, so daß $\varrho=2$ und $s=1$. Diese Werte und $1/\omega=25$ (Abschn. 17.1.4.2a) liefern dann $Z=3\times10^{10}$ und $n=2\times10^3$.

Um W zu ermitteln, soll die Annahme gemacht werden, daß in der entscheidenden Situation alle $N/3$ Aminosäuren des völlig instruierten Proteins von Wichtigkeit sind. Während im allgemeinen nur ein Bruchteil q der Aminosäuren wichtig ist, wird der Wert von W durch die entscheidenden Proteine mit $q=1$ festgelegt. Wiederum soll die vereinfachende Annahme gemacht werden, daß jede Gruppe von v Aminosäuren in $N/3v$ aufeinanderfolgenden Schritten angepaßt wird. Jeder dieser Schritte ist das Ergebnis einer günstigen Folge von Veränderungen in der Basensequenz, und nach jedem Schritt muß immer wieder eine statistische Verteilung der noch nicht instruierten Aminosäuren abgewartet werden. Ähnlich wie in Abschn. 17.1.4.2c

[16] Diese Größe wurde in Gl. (17.1) einfach N_{total} genannt.

sei angenommen, daß ein Fehler in einer Base im schon angepaßten Bereich von v Aminosäuren alle selektiven Vorteile vernichtet, die von diesem Bereich stammen. Auf der betrachteten Stufe ist deshalb die fehlerhafte Form äquivalent mit der schon existierenden. Nun hat auf der i-ten Stufe der Selektion die unversehrte Mutante i Bereiche, von denen jeder v angepaßte Aminosäuren umfaßt, während die Normalform und die eben erwähnte fehlerhafte Mutante $(i-1)$ solche Bereiche aufweisen. Es folgt, daß $r_F = 1$ für $Nq = 3iv$ Stellen und deshalb nach Gl. (17.3)

$$2W = 2\frac{r-1}{3vsi},$$

wobei W durch $2W$ ersetzt wurde, wie früher erwähnt. Für die letzte Selektionsstufe $i = N/3v$ ergibt sich der kleinste und daher maßgebende Wert von W, also mit $r = 1{,}01$, $N = 10^3$ und $s = 1$

$$W = \frac{0{,}01}{1 \times 10^3} = 10^{-5}.$$

In Abschn. 17.1.4.2bβ wurde angenommen, daß der Unterschied zwischen dem Vermehrungsfaktor der ursprünglichen Mutante und demjenigen einer fehlerhaften Kopie mit k Fehlern proportional zu k zunehme. Man kann sehen, daß diese Annahme für die gegenwärtige Situation zutrifft, denn der Vermehrungsfaktor wird für jeden verschwindenden Bereich von $3v$ Positionen um denselben Betrag verkleinert. Da $N/3v$ eine sehr große Zahl ist, tritt jeder zusätzliche Fehler praktisch immer in einem anderen der $N/3v$ Bereiche auf.

Es sei nun wie in Abschn. 17.1.4.2c angenommen, daß die hier betrachteten Systeme auch einer Selektion unterworfen sind, die eine Feinanpassung der Proteine zur Folge hat. Wir betrachten ein System, das ein Protein herstellt, das aus $N/3v$ kooperativen Bereichen von je $(v-1)$ Aminosäuren besteht. Für jeden dieser Bereiche soll eine richtig gewählte zusätzliche Aminosäure einen Beitrag von 10% zum Überschuß des Vermehrungsfaktors (d.h. zu $r-1$) leisten. Daraus entsteht allmählich ein System mit einem Protein aus $N/3v$ kooperativen Bereichen von je v Aminosäuren. Nach dem Gesagten hat dann ein Fehler an einem der Enden irgendeines dieser kooperativen Bereiche eine Verringerung des Vermehrungsfaktors um $r - r_F = (r-1)/10$ zur Folge, während ein Fehler an den übrigen Stellen der Kooperativitätsbereiche wieder ein Verschwinden der Kooperativität bewirken soll. Wir betrachten wieder den letzten Schritt in der Selektion, in welchem die Normalform $(N/3v)-1$ Bereiche von je v kooperativen Aminosäuren enthält, und einen Bereich von $(v-1)$ kooperativen Aminosäuren, während die Mutante $N/3v$ Bereiche von v kooperativen Aminosäuren enthält. Die entsprechenden Parameterwerte sind dann $v = 5$; $r = \left(1 + \frac{0{,}01}{10}\right)$; $r_{F_1} = 1$, mit $q_1 = 2/5$; $r_{F_2} = \left(1 + \frac{0{,}01}{10} - 0{,}01\right)$, mit $q_2 = 3/5$ (der Wert von r_{F_2} ergibt sich dadurch, daß ein Verlust an Kooperativität in einem Bereich den Multiplikationsfaktor um 0,01 vermindert). Gleichung (17.20) mit $2W$ anstelle von W ergibt dann $W = 2 \times 10^{-6}$, also etwa den in Gl. (17.3) angegebenen Wert:

$$W = 2 \cdot 10^{-6}. \tag{17.34}$$

Zusätzlich sei bemerkt, daß bei einer Wahrscheinlichkeit W für den Einbau einer falschen Base an irgendeiner vorgegebenen Stelle nach $1/W$ Generationen, also hier nach etwa 10^6 Generationen, an jeder Stelle durchschnittlich einmal ein Basenwechsel stattgefunden hat. Unter der resultierenden Zufallsverteilung von Basensequenzen sollte dann mindestens eine vorteilhafte Mutante sein. Bei vorsichtiger Schätzung ist daher die Zahl Generationen, die für die Entstehung einer vorteilhaften Mutante abgewartet werden muß, etwa $1/W$. Die Wahrscheinlichkeit, daß ein aus der vorhandenen Population herausgegriffenes Individuum die gewünschte Mutante darstellt, ist $(1/4)^{3v}$ (falls mit 4 gleich wahrscheinlich auftretenden Nukleotiden gerechnet wird) oder $(1/4)^{15} = 10^{-9}$ für $v = 5$, so daß in einer Population von 10^9 Individuen im Mittel ein Exemplar mit der vorgegebenen Sequenz auftritt. Für eine weniger vorsichtige Schätzung der notwendigen Zahl Generationen sei die Situation nach $(1/10)(1/W)$ Generationen betrachtet. Die Wahrscheinlichkeit, daß ein herausgegriffenes Individuum die gesuchte Mutante darstellt, ist jetzt $[(1/10)(1/4)]^{3v}$ oder $(1/40)^{15} = 10^{-24}$. Im Mittel ist also erst bei einer Population von 10^{24} Individuen die gewünschte Mutante vorhanden.

17.1.4.6 Zeitbedarf für die Entwicklung eines einfachen Bakteriums

Die Evolution bis zum Zeitpunkt, an dem ein genetischer Apparat erschien, muß schnell verlaufen sein wegen der großen Fehlerhäufigkeit in der Reproduktion einfachster Formen. Sie verlief am schnellsten am Anfang, bis die Fehlerfrequenz beim Erscheinen von Aggregaten enorm verkleinert wurde. Die Entwicklung eines genetischen Apparates verkleinerte die Fehlerfrequenz wiederum enorm und verlangsamte auf diese Weise die Evolution weiter. Der Zeitbedarf für alle Schritte bis zur Entstehung des genetischen Apparates muß deshalb klein gegen die Zeit sein, die nötig ist, um danach die etwa 1000 Proteine einer Bakterie zu instruieren. Diese Zeit sei daher abgeschätzt. Wir nehmen an, daß ein Protein nach dem anderen in das Funktionsgefüge der jeweils bestehenden Form eingegliedert wird, indem sich der DNA-Strang mit jedem Protein um je 10^3 Nukleotide verlängert.

Die Sequenz auf dem Zusatzstrang ändert sich durch zufällige Basenübertragungsfehler, und so findet eine Anpassung des Proteins an seinen funktionellen Platz statt. Wir rechnen vereinfachend damit, daß jedes Protein in ungefähr 100 Optimierungsschritten instruiert wird und zwischen jedem dieser Schritte abgewartet werden muß, bis in der Population eine statistische Verteilung in der Besetzung der noch nicht instruierten Plätze von Aminosäuren vorliegt, was $1/W = 10^6$ Generationen pro Schritt und daher insgesamt $10^6 \times 10^2 = 10^8$ Generationen benötigt. Danach soll sich der DNA-Strang wiederum um ein Stück von 10^3 Nukleotiden verlängern, und der Prozeß soll sich wiederholen. Die 10^3 Proteine erfordern also zur Instruktion etwa $10^8 \times 10^3 = 10^{11}$ Generationen. Wird mit einem Tag je Generation gerechnet, so entspricht das 10^8 Jahren. Diese Zeit ist klein gegen die erdgeschichtlich für den Prozeß verfügbare Zeit von etwa 10^9 Jahren.

Der Grund für diese Abschätzung ist eine Widerlegung der oft gehörten Ansicht, daß die erdgeschichtlich verfügbare Zeit für die Evolution solcher Systeme viel zu kurz gewesen sei. Die Abschätzung stellt keineswegs eine genaue Berechnung des Zeitbedarfs für die Evolution einer Bakterie dar. Die Zeit könnte gut um eine Größenordnung kürzer sein, da wahrscheinlich nur etwa 100 Domänen statt 1000 Proteine unabhängig entwickelt werden mußten. Alle Proteine kann man sich aus einigen dieser etwa 100 Domänen aufgebaut denken, und man nimmt an, daß sie sich durch Genduplikation entwickelt haben (Schulz, 1981).

Neben der betrachteten Möglichkeit, daß sich durch die spontane Entstehung von Zufallssequenzen und deren langsame Änderung immer weitere Enzyme entwickeln, besteht die Möglichkeit, daß Gene, die für ein schon existierendes Enzym codieren, eine Duplikation und langsame Variation erfahren. Dadurch muß sich die Zeit für eine Evolution auf dieser Stufe weiterhin verkürzen.

17.1.4.7 Maximum der Informationsspeicherung, falls kein Austausch von genetischem Material stattfindet

In Abschn. 17.1.3.3 wurde eine Umgebung betrachtet, die sich während geologischer Zeitspannen ändert, wobei ein Austausch von genetischem Material nötig war, um eine Evolutionsschranke zu überwinden. Wie verhalten sich die Systeme jedoch in einer Umwelt, die konstant bleibt oder sich nur sehr langsam ändert, einer Umwelt, die dennoch räumlich strukturiert ist und Nischen enthält, die noch nicht kolonisiert sind? Unter solchen Bedingungen ist eine rasche Anpassungsfähigkeit an die Umwelt nicht mehr eine Überlebensnotwendigkeit. Es ist daher nicht mehr erforderlich, genetisches Material auszutauschen, während Entwicklungsmöglichkeiten von zusätzlichen Proteinen zum mindesten in einigen ökologischen Nischen von Vorteil sind.

Um eine solche Situation zu modellieren, sei angenommen, daß die Nettowachstumsrate einer gegebenen Form, die ein Maß für ihren Selektionswert ist, proportional ist zur Zahl der verschiedenen Proteine, die die Form erzeugen kann, also proportional zu N_{total}. Weiterhin sei die Nettowachstumsrate proportional zur Fehlerwahrscheinlichkeit W, solange W klein verglichen mit ihrem ungefähren Grenzwert

$$W_0 \simeq 10^{-6}$$

ist. Der Wert ergibt sich aus der Notwendigkeit, daß eine Minimalzahl von Generationen benötigt wird, damit eine neue Form durch Selektion fixiert werden kann und größere Fehlerwahrscheinlichkeiten als W_0 daher nur geringe Selektionsvorteile mit sich bringen (Abschn. 17.1.3.3). Ein einfacher Ausdruck, der proportional zu W ist, falls $W \ll W_0$, und gegen eins geht, falls $W \gg W_0$, ist $W/(W+W_0)$, und es soll daher im Modell

$$\text{Nettowachstumsrate} \simeq \text{konst} \times N_{total} \times \frac{W}{W+W_0} \tag{17.35}$$

sein. Nun unterliegen W und N_{total} der Beziehung (17.1); also ist $W \simeq 1/N_{total}$ und damit

$$\begin{aligned}\text{Nettowachstumsrate} &\simeq \text{konst} \times \frac{1}{W+W_0}\\ &\simeq \text{konst} \times \frac{1}{W_0 + 1/N_{total}}.\end{aligned} \tag{17.36}$$

Eine Erhöhung von N_{total} bringt also einen Selektionsvorteil mit sich, solange N_{total} nicht viel größer als $1/W_0$ wird, während ein weiterer Anstieg von N_{total} sich bei der Selektion neutral auswirkt. In diesem Bereich wird die Nettowachstumsrate von Einzelheiten abhängen, die im Modell nicht berücksichtigt wurden, und ein Optimalwert von N_{total} kann nicht angegeben werden. So lange $N_{total} < 10^6$ ist, ist also eine Vergrößerung von N_{total} wertvoll, während mit $N_{total} > 10^6$ ein weiteres Anwachsen nicht nachteilig ist. In einigen ökologischen Nischen sollten sich also Formen mit $N_{total} \gg 1/W_0$ entwickeln und in anderen einfache Formen.

Wir betrachten nun eine realistischer erscheinende Umwelt, die sich während geologischer Zeiten ändert. Es wird allgemein angenommen, daß auf der präbiotischen Erde wechselnde Bedingungen vorherrschten, die sich in ähnlicher Weise änderten, wie es in der jüngeren Vergangenheit der Fall war, in der z. B. die globale Temperatur sich etwa während Zeiten von $t_0 \simeq 10^4$ Jahren änderte (z. B. die Zeit, die zwischen dem Ende der letzten Eiszeit und der Gegenwart verstrich). Man muß also annehmen, daß primitive Lebensformen nur lebensfähig sind, wenn sie sich innerhalb einer solchen Zeitspanne anpassen können. Die Frage ist daher, was der Maximalwert von N_{total} sei, der eine Anpassung gerade noch erlaubt, ohne daß ein Mechanismus für einen Austausch von genetischem Material nötig wird.

Es soll das gleiche Modell wie im vorangehenden betrachtet werden, jedoch soll zudem berücksichtigt werden, daß sich die Systeme an langsame Umweltsänderungen anpassen müssen. Solche Umgebungsänderungen stellen einen weiteren Faktor dar, der von Einfluß auf die Nettowachstumsrate ist. Es sei z_0 die Zahl von Generationen in der Zeitspanne t_0, eine Zahl, die mit der Zahl von Generationen verglichen werden muß, die für eine erneute Anpassung benötigt wird. In Abschn. 17.1.4.6 wurde angenommen, daß etwa 100 Optimierungsschritte nötig sind, um für ein neues

Protein zu instruieren, zwischen welchen eine Zufallsfolge in den Besetzungen von nicht instruierten Stellen abgewartet werden muß, was $1/W$ Generationen beansprucht (s. Ende von Abschn. 17.1.4.5). Im jetzigen Fall hat sich eine Form einer ursprünglichen Umgebung angepaßt und muß sich nun den Veränderungen der Umgebung neu anpassen. Es müssen also in einer Anzahl von Proteinen einige der Aminosäuren durch andere ersetzt werden, was eine gewisse Zahl n_0 von Anpassungsschritten erfordert, also n_0/W Generationen. n_0 dürfte etwa 10 oder 100 sein. Diese Werte ergeben sich, wenn man wie in Abschn. 17.1.4.5 annimmt, daß gleichzeitig an etwa 5 bestimmten Stellen ein Aminosäurewechsel stattfindet, und etwa 10 oder 100 Proteine während der Neuanpassung verändert werden.

Die Neuanpassung der Form an die geänderten Umweltsbedingungen kann demnach leicht erfolgen, solange $n_0/W < z_0$ ist, während eine solche Anpassung unmöglich ist, falls $n_0/W \gg z_0$ ist. Um diese Überlegungen einzubeziehen, muß der Ausdruck (17.36) mit einem Faktor multipliziert werden, der proportional zu $\frac{z_0}{n_0/W}$ ist, falls $n_0/W \gg z_0$, und der praktisch unabhängig von z_0 ist, falls $n_0/W \ll z_0$. Der Faktor

$$1\Big/\left(1+\frac{n_0/W}{z_0}\right)$$

trägt dem Rechnung und soll daher in den zweiten Ausdruck für die Nettowachstumsrate in Gl. (17.36) eingesetzt werden. Es folgt

$$\text{Nettowachstumsrate} \simeq \text{konst} \times \frac{1}{W_0 + 1/N_{\text{total}}} \times \frac{1}{1+(N_{\text{total}} n_0/z_0)}. \tag{17.37}$$

Der Wert von N_{total}, für den die Nettowachstumsrate ein Maximum hat, kann durch Minimisierung des Zählers in Gl. (17.37) erhalten werden. Es folgt

$$N_{\text{total}} \simeq \sqrt{\frac{z_0}{W_0 n_0}}. \tag{17.38}$$

Eine rohe Abschätzung von z_0 kann wie folgt erhalten werden. Wie oben erwähnt, benötigen Änderungen in geologischen Zeitspannen etwa 10^4 Jahre, während eine charakteristische Zeit für eine Generation etwa die Größe eines Tages hat (Abschn. 17.1.4.6). Eine größenordnungsmäßige Schätzung von z_0 ist deshalb 10^7. Setzt man diesen Wert in Gl. (17.38) ein und wählt dazu noch $n_0 = 10$ oder 100, und $W = 10^{-6}$, so wird $N_{\text{total}} = 10^6$.

17.1.4.8 Grenzen bei der Speicherung von Information durch thermisches Rauschen

Im vorangehenden wurde angenommen, daß in der Zeitspanne t zwischen zwei Replikationen kein Informationsverlust stattfindet. Die Wahrscheinlichkeit W', daß während der Zeit t ein Basenwechsel stattfindet, wurde als klein betrachtet, verglichen mit der Wahrscheinlichkeit W, daß während der Replikation ein Fehler bei der Basenübertragung auftritt. Im Verlauf der Evolution kann sich W verkleinern (z. B. durch Korrekturenzyme), bis etwa die Größe von W' erreicht wird. Eine weitere Abnahme würde keine Selektionsvorteile mit sich bringen, und W' stellt daher eine untere Grenze der Fehlerwahrscheinlichkeit dar.

Ein Basenaustausch im Intervall t kann durch Strahlungseinwirkungen oder durch chemische Einflüsse erfolgen. Er kann auch durch die immer vorhandenen Temperaturstöße zu Stande kommen, und dies soll hier näher betrachtet werden. In roher Näherung wird W' durch die Wahrscheinlichkeit einer chemischen Reaktion in der Zeit t gegeben,

$$W' = f t e^{-\Delta E/RT}$$

wo f die Zusammenstoßfrequenz, ΔE die Aktivierungsenergie, R die Gaskonstante und T die Temperatur bedeuten.

Mit $t = 2$ Std (ungefähre Zeit zwischen zwei Zellteilungen von *E. coli* unter natürlichen Bedingungen), $f = 10^{12}\,\text{s}^{-1}$, $T = 300\,\text{K}$, und $E = 140\,\text{kJ mol}^{-1}$ findet man $W' = 10^{-9}$. Da W für ein System von der Komplexität von *E. coli* 10^{-8} ist, ist die Bedingung $W > W'$ erfüllt.

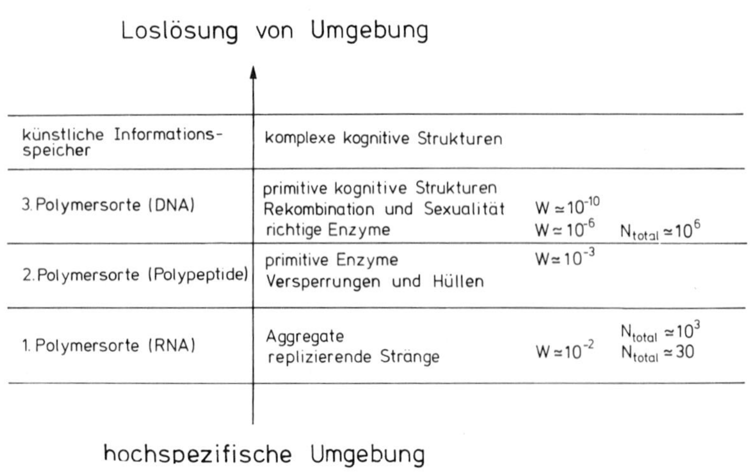

Abb. 17.26. Schrittweise Befreiung von spezifischen Umgebungen. Das Kleinerwerden von W ist mit einem Anstieg in der Komplexität des Systems verbunden

Ein Vergleich der Aminosäurenfolgen für Wirbeltiere führt zu einer Schätzung der Fehlerwahrscheinlichkeit für einen Basentausch von etwa 3×10^{-9} (Jahr)$^{-1}$, unabhängig davon, ob der Organismus sich schnell entwickelte (Säugetiere) oder eine lebende Fossilie darstellt (Karpfen). Wenn man eine konstante Rate von etwa 10^2 Zellteilungen pro Jahr annimmt, ergibt sich ein Schätzwert W von $3 \times 10^{-9}/10^2 \simeq 10^{-10}$. Ein ähnlicher Wert kann erhalten werden für *Drosophila*, wo pro Lokus und pro Generation etwa 3×10^{-6} lethale Mutationen auftreten. Jeder Lokus entspricht etwa 10^3 Basenpaaren, und die Zahl von mitotischen Zellteilungen ist etwa 10^2 pro Generation auf der Keimbahn. Die Wahrscheinlichkeit des Einbaus einer falschen Base pro Replikation ist also etwa

$$W \simeq 3 \times 10^{-6}/(10^3 \times 10^2) \simeq 10^{-10}.$$

Die verschiedenen Werte von W, die sich im Verlauf der Evolution einstellen, sind in Abb. 17.26 dargestellt.

Wenn man eine Aktivierungsenergie von 160 kJ mol^{-1} und $t = 10^{-2}$ Jahre annimmt, findet man $W' = 4 \times 10^{-10}$. Mit anderen Worten, $W > W'$, falls ΔE mindestens etwa gleich 160 kJ mol^{-1} ist, was z. B. erfordert, daß die Informationsträger in eine beschützende Struktur eingebaut sind.

17.1.5 Information und Kenntnis

17.1.5.1 Die Kenntnis *K*

Die Kenntnis K nach Erreichen einer bestimmten Evolutionsstufe ist die Information, die insgesamt (bei der Überwindung jeder neuen Schranke, die der betrachteten Stufe voranging) weggeworfen werden mußte.

Nach den hier entwickelten Ansichten muß das erste Erscheinen eines primitiven Systems, das als lebend angesehen werden kann, als plötzlicher Schritt betrachtet werden. Unter spezifischen präbiotischen Bedingungen erscheinen plötzlich Formen, die miteinander in ihrer Anpassung an die Umwelt im Wettstreit stehen. Im Verlauf von Generationen verändern sie sich in einer Richtung, die ihre Anpassungsfähigkeit verbessert. Die Systeme sind lernfähig. Die sich heranbildenden Formen tragen ihren Bauplan mit sich, den sie über Generationen hinweg aufbewahren und teilweise abändern. Was ist nun der Informationsgehalt eines solchen Bauplans? Wird der Bauplan durch eine lineare Sequenz von binären Elementen dargestellt, so ist die Zahl der möglichen Sequenzen $P = 2^N$. Die Information in Bits ist deshalb gleich $H = \log_2 P = N$, wo angenommen wurde, daß alle Sequenzen die gleiche a priori Wahrscheinlichkeit haben. Wird die Information in einem Alphabet von v Buchstaben ausgedrückt, in dem der i-te Buchstabe das Gewicht p_i besitzt, dann ist nach Shannon (1948)

$$H = -\sum_{i=1}^{v} p_i \log_2 p_i .$$

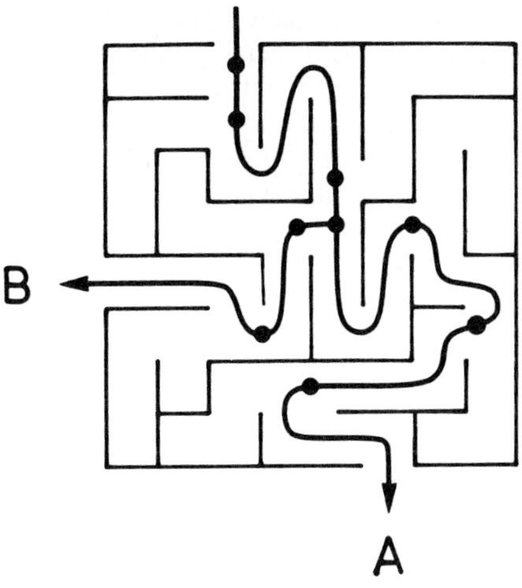

Abb. 17.27. Labyrinth mit zwei Ausgängen

Die Zahl der Bits sagt jedoch nichts aus über den pragmatischen Wert der Information, über die Nützlichkeit des Bauplans. Dieser in den Bauplänen enthaltene, pragmatische Wert nimmt mit dem Fortschritt der Evolution zu. Man benötigt ein Maß des Fortschrittes der Evolution. Man sucht eine Quantifizierung der neuen Qualität, die sich mit dem Erscheinen von lernfähigen Systemen manifestiert. Ein sinnvolles Maß für die von der Form erworbenen Kenntnis würde eine Funktion sein, die während der Ruhephasen praktisch konstant bleibt und diskontinuierlich während jeder Durchbruchphase ansteigt, also jedes Mal, wenn ein wesentlicher Zuwachs in der Qualität der Information eintritt, die im evolvierenden System erwächst.

Das Wesentliche erkennt man am Beispiel des Passierens eines Labyrinths aufgrund einer Folge von Zufallsentscheidungen. Wie viele Versuche sind im Durchschnitt nötig, um den Ausgang des in Abb. 17.27 dargestellten Labyrinths zu finden, ohne rückwärts zu schreiten? Im gezeigten Fall werden sechs, bzw. sieben richtige Entscheidungen zwischen zwei Möglichkeiten benötigt, um die Ausgänge A bzw. B zu finden. Die Wahrscheinlichkeit eines erfolgreichen Versuchs ist deshalb

$$(\tfrac{1}{2})^6 + (\tfrac{1}{2})^7 = \tfrac{1}{43}.$$

Im Durchschnitt wird also der Ausgang nach 42 erfolglosen Versuchen erreicht.

Es sei nun angenommen, daß die Häufigkeit von erfolgreichen Versuchen empirisch gefunden wird, indem gewürfelt wird. In der beschriebenen Situation wäre eine solche *Monte-Carlo*-Prozedur viel mühsamer als eine einfache Rechnung. In jedem Versuch muß eine Folge von sieben binären Elementen festgelegt werden. Im Mittel müssen 7×42 Bits weggeworfen werden, bis ein erfolgreicher Weg gefunden ist. Für Labyrinthe mit steigender Komplexität wächst die Zahl der erfolglosen Versuche, die durchschnittlich nötig sind, um den Ausgang zu finden. Die durchschnittliche Zahl von erfolglosen Versuchen, also die

Zahl der im Durchschnitt weggeworfenen Bits von Information ist deshalb ein Maß der Kenntnis, die bei diesem Zufallsprozeß gewonnen wird, der Kenntnis des Wegs zum Ausgang.

Um ein Maß für die Kenntnis zu finden, mit der ein System auf einer gewissen Evolutionsstufe behaftet ist, greifen wir eine solche Stufe heraus. Die Systeme replizieren, geeignete Formen breiten sich aus und die in ihren Bauplänen enthaltene Information wird gespeichert. Ungeeignete Formen breiten sich nicht aus, und ihre Baupläne gehen verloren. In jedem Zyklus geht eine gewisse Zahl von Bits verloren, indem die Information verschwindet, die in den verlorenen Bauplänen enthalten ist.

Betrachten wir ein evolvierendes System und bezeichnen mit I die gesamte Information, die während des gesamten Evolutionsprozesses weggeworfen wurde, angefangen mit dem Zeitpunkt, an dem die zur Strangreplikation nötigen Bedingungen vorhanden waren. Es sei $[I]$ der Wert von I bei einem Durchbruch von einer Evolutionsstufe zur nächsten, in welcher eine Form erscheint, die sich dann durchsetzen kann. Nun stelle man sich die Evolution mit den betrachteten identischen Systemen vor in identischen Umgebungen. Die Einzelheiten dieser parallelen Evolutionen werden voneinander verschieden sein, aber die Durchbrüche werden in jedem Fall von derselben Art sein. Der herausgegriffene Durchbruch wird in jedem Einzelfall zu einer etwas anderen Zeit oder nach einer anderen Zahl von Generationen stattfinden, mit entsprechend von Fall zu Fall unterschiedlichen Werten von $[I]$. Die Kenntnis K, die mit jeder neuen Evolutionsstufe verbunden ist, wird nun definiert als der Mittelwert $\overline{[I]}$ dieser verschiedenen Werte von $[I]$ (Abb. 17.28),

$$K=\overline{[I]}. \tag{17.39}$$

Mit anderen Worten, K ist eine Stufenfunktion, K bleibt konstant, bis der nächste Durchbruch stattfindet. In diesem Zeitpunkt nimmt K den Wert $\overline{[I]}$ an, der zum neuen Durchbruch gehört, bleibt konstant bis zum nächsten Durchbruch, etc. Abbildung 17.29 zeigt K schematisch für einige der ersten Durchbrüche. Die

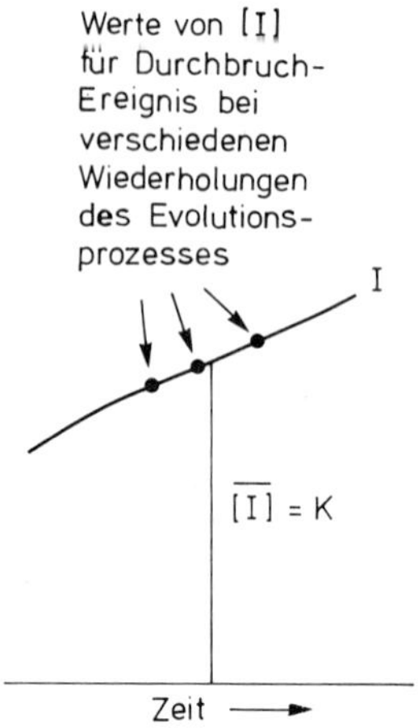

Abb. 17.28. Mittelung von $[I]$. Die Funktion wird schematisiert durch eine steigende Linie dargestellt

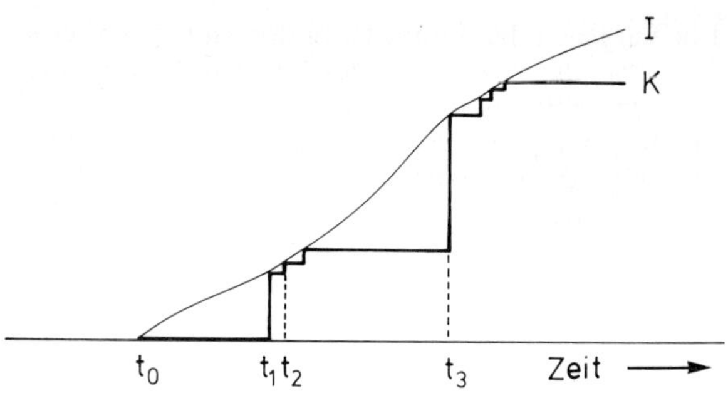

Abb. 17.29. Schematische Darstellung von K. Die gezeigten Ereignisse sind die folgenden: t_0, erster Strang, der Information mit sich führt; t_1, erster replizierender Strang; t_2, erster verbesserter Strang; t_3, erster verlängerter Strang

kleinen Schritte nach jedem größeren Durchbruch entsprechen kleineren Anpassungen.

Gleichung (17.39) ergibt sich aus der Überlegung, daß die Kenntnis, die ein Überleben in der Umwelt ermöglicht, mit der Zahl der Konfrontationen des Systems mit der Umwelt ansteigt. Die Information in allen Bauplänen, die selbst nicht weiterführten und deshalb verloren gingen, ist ein Maß der Kenntnis, die auf diesem Weg gewonnen wurde. In den Zeitspannen zwischen zwei Durchbrüchen bleibt die Kenntnis K unverändert. Mit anderen Worten, die Information, die vom Zeitpunkt des ersten dieser beiden Durchbrüche bis zum betrachteten Zeitpunkt weggeworfen wurde, darf nicht gezählt werden, bis der zweite Durchbruch da ist.

Man muß sich vergegenwärtigen, daß alle Wiederholungen eines gegebenen Evolutionsschrittes Systeme hervorrufen würden, die erheblich voneinander verschieden wären. Global betrachtet sind solche Schritte aber Verwirklichungen desselben Evolutionsschrittes, verschiedene Ansätze zur Überwindung derselben Schranke im Evolutionsprozeß. In diesem Sinn ist eine formale Ähnlichkeit da mit der Sachlage, die bei der Beschreibung makroskopischer Zustandsänderungen durch die statistische Thermodynamik vorliegt. Während jeder Wiederholung einer solchen Änderung durchläuft das System einen völlig verschiedenen Satz von Mikrozuständen, während es sich global um dieselbe Zustandsänderung handelt. Es existiert auch eine gewisse Ähnlichkeit zwischen der Entropie S und der Kenntnis K. Beide Größen beschreiben ein globales Verhalten. Der diskontinuierliche Zuwachs von K, der der Besiedelung eines neuen Bereichs entspricht, kann mit dem gleichfalls stufenweisen Anstieg in der Entropie verglichen werden, der eine Phasenumwandlung begleitet. Die Einzelheiten in den Prozessen, die Schwankungen in den Mikrozuständen oder die Zufälligkeiten im Verhalten von selbstorganisierenden Systemen hängen von einer riesigen Zahl von Parametern ab, die für alle praktischen Zwecke unbestimmbar sind. In jeder konkreten Situation ist zu wenig über die Systeme bekannt, um detaillierte Aussagen über ihr Verhalten machen zu können. Es ist nicht nötig, das quantenmechanische Unbestimmtheitsprinzip einzubeziehen (wie es oft versucht wurde), um das scheinbar eigenwillige Verhalten von selbstorganisierenden Systemen zu erklären.

Im Gegensatz zur Entropie kann die Kenntnis K eines zusammengesetzten Systems nicht durch Zusammenzählen der Beiträge der Teile erhalten werden. Zum Beispiel ergibt sich die Kenntnis, die ein Gesamtsystem von gleichen Individuen kennzeichnet, aus der Kenntnis eines einzelnen Individuums, vergrößert um die Zunahme von K, die sich auf die Kooperation zwischen den Individuen bezieht, die für den Zusammenbau des Gesamtsystems benötigt wird.

Der Kenntniszuwachs, der mit dem Lernprozeß während eines Evolutionsschrittes verbunden ist, ist eine Größe, die sich allgemein als nützlich in Bereichen erweisen kann, in denen der Lernprozeß von Wichtigkeit ist, zum mindesten, um gemeinsame Aspekte zu beleuchten.

Schließlich sei betont, daß auch auf den ersten Evolutionsstufen die Zahl der Realisationsmöglichkeiten ungeheuer groß ist, und daß die einfachen Methoden, die hier für das Labyrinth-Beispiel verwendet wurden, nicht mehr anwendbar sind. Man muß auf Monte-Carlo-Näherungsmethoden zurückgreifen. Mit anderen Worten, die betrachtete Evolution muß auf dem Computer simuliert und zur Mittelwertsbildung oftmals wiederholt werden.

17.1.5.2 Evolutionsprozesse und Computergrundlagen

Evolution und Computerprozesse zeigen parallele Züge

Zwischen dem betrachteten Modell des Evolutionsprozesses und grundsätzlichen Computerschritten bestehen Analogien. In beiden Bereichen wird Information in Zyklen verarbeitet, die von außen angetrieben werden. Im Computer ist die Information in Zuständen oder Stellungen von vielen Schaltern enthalten, im sich entwickelnden System in der Folge von Monomeren im Strang, der den Bauplan für die sich entwickelnde Form trägt. Im Computer wird die Stellung von jedem Schalter von außen gesteuert und läuft zyklisch durch drei Phasen: (1) eine Schaltphase, in der der Schalter eine Stellung einnimmt, die durch die Stellungen von anderen Schaltern bestimmt wird; (2) eine Speicherphase, in der die Stellung des betrachteten Schalters unverändert bleibt und die Stellungen von anderen Schaltern beeinflußt; und (3) eine Löschphase, in der der Schalter seine ursprüngliche Stellung einnimmt. Im Evolutionsprozeß, der auch durch Zyklen der Außenwelt gesteuert wird (Tag-Nacht-Wechsel, usw.), kann man ebenfalls verschiedene Phasen unterscheiden, durch die ein gegebenes Monomer getrieben wird: (1) die Schaltphase, in der das Monomere in einen Strang eingebaut wird; (2) die Speicherphase, in der das Monomere, jetzt ein Strangelement, den Einbau von anderen Monomeren in einen neuen Strang beeinflußt; und (3) die Löschphase, in der das Monomere ein Bestandteil eines verworfenen Stranges ist, der zerfällt, so daß das Monomere, von seiner Verknüpfung befreit, am Aufbau von Strängen wieder Verwendung finden kann.

Eine Gegenüberstellung von Ereignissen, die für Computerprozesse und für selbstreplizierende Systeme grundlegend sind, ist für ein Verständnis der Informationsverarbeitung in biologischen Systemen von Interesse und soll im folgenden etwas ausführlicher beschrieben werden.

Der minimale Energieverbrauch in einem Computer wurde von Landauer untersucht. Er betrachtete ein Teilchen in einem bistabilen Potentialtopf. Durch periodische Modulation findet ein wiederholter Übergang von einem Doppelminimum des Potentials in ein Einfachminimum und zurück statt. Nach von Neumann lassen sich aus solchen Elementen Prozeßrechner aufbauen. Landauer u. Woo (1971, 1973) ließen den Vorgang im Gedankenexperiment so langsam ablaufen, daß er thermodynamisch reversibel erfolgte. Die Entropieproduktion ist dann auf den Schritt beschränkt, in dem Information weggeworfen wird, d.h. auf den Übergang vom Doppelminimumpotential zum Einfachminimumpotential, und es ergibt sich eine minimale irreversible Wärmeabgabe an die Umgebung von $kT \ln 2$ pro Elementarprozeß.

Es soll nun eine vereinfachte Fassung des von Neumann-Landauerschen Modells beschrieben und dessen Beziehung zum Modell vom Evolutionsprozeß erläutert werden. Ein gegebenes Schaltelement wird durch ein Teilchen dargestellt, das sich in einem Potentialtopf befindet, dessen Form sich periodisch ändert (Abb. 17.30a, oder b). Das Potential durchläuft drei Phasen, (1) die Schaltphase, (2) die Speicherphase, und (3) die Löschphase. Während der Schaltphase baut sich auf der linken oder der rechten Seite des Topfes eine Potentialstufe von steigender Höhe E auf. Auf welcher Seite diese Stufe erscheint, hängt von der Resultante der Felder ab, die von benachbarten Schaltern ausgehen, die sich in der Speicherphase befinden, (i)→(ii). Während die Stufenhöhe anwächst, erscheint eine Po-

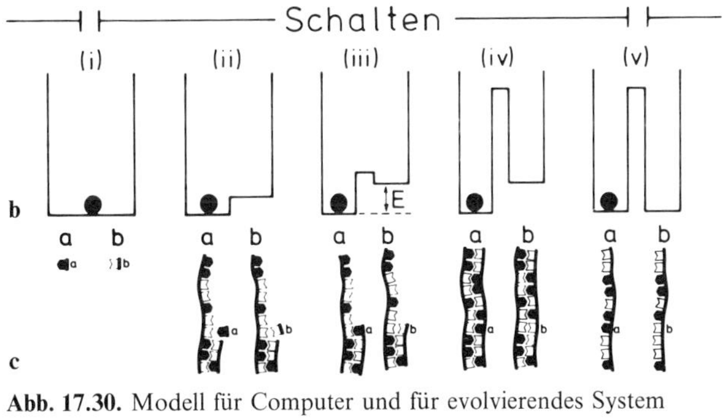

Abb. 17.30. Modell für Computer und für evolvierendes System

tentialschranke in der Mitte des Topfes, (ii)→(iii), die dann so stark ansteigt, daß das Teilchen im weiteren Verlauf der Schaltphase nicht mehr fähig ist, die Seiten zu wechseln, (iii)→(iv). Die Felder der benachbarten Schalter verschwinden, (E wird 0) aber das Teilchen ist nun auf der Seite des Topfes gefangen, auf der es war, als die Schranke unüberwindbar wurde, (iv)→(v). Die Schalterstellung ist jetzt fixiert.

Nach der Schaltphase gelangt das System in die Speicherphase, in der es andere Elemente beeinflußt, die sich in der Schaltphase befinden, und steuert in dieser Weise den Verlauf der Rechnung. Während der Löschphase verschwindet die Potentialschranke, und das System ist somit wieder im Anfangszustand.

Die Schritte, die von (i) bis (iv) führen, sollen so langsam verlaufen, daß sie reversibel sind, das System also immer in einem Gleichgewichtszustand ist, in dem die Wahrscheinlichkeit, das Teilchen auf der höheren Energiestufe zu finden, gleich $e^{-E/kT}/(1+e^{-E/kT})$ ist. Die reversible Arbeit, die am System geleistet werden muß, ist deshalb im Grenzfall $E \gg kT$,

$$\int_0^\infty \frac{e^{-E/kT}}{1+e^{-E/kT}}\,dE = kT\ln 2\,.$$

Beim Übergang vom Zustand (iv) zum Zustand (v) findet keine Energieabgabe statt, und desgleichen in Speicher- und Löschphase. Während der Schaltphase verringert sich die Entropie des Systems um $k\ln 2$, während diejenige der Umgebung sich um den gleichen Betrag vergrößert. Während der Löschphase nimmt das System wieder seinen Anfangszustand ein, so daß sich seine Entropie wieder um $k\ln 2$ vergrößern muß (was einem Verlust der Information entspricht, die früher während der Schaltphase gewonnen wurde). In jedem Zyklus findet also eine Entropieproduktion $k\ln 2$ statt.

Der Vorgang, der während der Schaltphase stattfindet, entspricht einer reversiblen Kompression eines idealen Gases auf die Hälfte seines Volumens. Die am Gas pro Molekül verrichtete Arbeit ist wiederum $kT\ln 2$. Diese Energie wird als Wärme an die Umgebung abgegeben, die aus einem konstanten Temperaturbad besteht, und dessen Entropie um $k\ln 2$ pro Gasmolekül zunimmt.

Diese Begriffe haben ihr Gegenstück im Evolutionsmodell, solange nur zwei komplementäre Nukleotide, z. B. C und G, zugelassen werden. Diese Vereinfachung stört die grundsätzlichen Züge des Evolutionsmodells jedoch nicht.

Die steuernde Wirkung der Schaltelemente, die sich in ihrer Speicherphase befinden, hat ihr Gegenstück in der Wirkung des Matrizenstranges, der an der betrachteten Stelle das zu C komplementäre Nukleotid enthalten möge (Abb. 17.30c). Wenn ein Nukleotid C sich dieser Stelle nähert, ist die potentielle Energie niedriger als bei einer ähnlichen Annäherung eines Nukleotids G. Je tiefer das Monomere in der Lücke sitzt, in die es an den neuen Strang gebunden werden kann, um so höher wird die entsprechende Stufe in der potentiellen Energie, und um so größer wird die Schranke gegen einen Monomerenaustausch. Diese Schranke wird wiederum erheblich vergrößert durch den weiteren Verlauf der Polymerisation. Die Speicherphase wird erreicht, wenn die Trennung vom Matrizenstrang stattfindet. Jetzt nimmt der neue Strang an der Steuerung des „Rechenprozesses“ teil. Die Analogie zu dieser Phase des von Neumann-Landauerschen Modells besteht hier im Eignungstest der gefalteten Konformation (Selektion von geeigneten und Ausmerzung von nicht geeigneten Faltungsformen) und der Verwendung von geeigneten Strängen als Matrizen zur weiteren Vermehrung. Wenn der Eignungstest nicht bestanden wird (d. h. der Strang vom Bereich wegdiffundiert), dann findet anschließend ein Übergang zur Löschphase statt. Der Strang wird in Monomere aufgelöst, die dann wieder Verwendung finden können.

Es seien im Fall der Strangreplikation noch einige Details betrachtet zum Prozeß des Wegwerfens von Information und der damit verbundenen Entropieproduktion. Es wird von einer Population ausgegangen, die Z Stränge mit je N Monomeren enthält, wobei j Sorten von Monomeren vorhanden sind [z. B. C, G ($j=2$) oder C, G, A, U ($j=4$)], die alle mit derselben apriorischen Wahrscheinlichkeit auftreten. Die Population soll sich in jeder Vermehrungsphase verdoppeln und in der darauffolgenden Zerfallsphase auf die ursprüngliche Zahl Z reduziert werden. Mit anderen Worten, es sei angenommen, daß Z Stränge von dem betrachteten Bereich wegdiffundieren (Konzentration C_i) und in eine Umgebung (Konzentration C_s) gelangen, wo sie zu Monomeren hydrolisiert werden. Die Entropie pro Strang, die in diesem zyklischen Prozeß erzeugt wird, ist dann mindestens gleich $k\ln C_i/C_s$ (Anteil von der Diffusion) plus $k\ln P = k\ln j^N$ (Anteil vom Verlust der Ordnung, die durch die festgelegten Folgen der Monomeren in den Strängen gegeben ist); dabei ist P die Anzahl der möglichen Monomerfolgen in einem Strang. In jedem praktischen Fall ist der Beitrag des zweiten Terms vorherrschend. Selbst wenn C_s/C_i nur 10^{-10} beträgt, ist der erste Term relativ klein. Mit diesem Wert, $N=100$, und $j=4$, wird $10\,k\ln 10 = 23\,k$ und $100\,k\ln 4 = 139\,k$. Die Entropieerzeugung pro Monomer ist also ungefähr gleich $kN\ln j$ ($kN\ln 2$, falls $j=2$, wie für den von Neumann-Landauer-Computer). Die Energiedissipation pro Monomer beläuft sich auf $kT\ln j$ und hat deshalb die Größenordnung kT.

Ein grundsätzlicher Unterschied zwischen dem von Neumann-Landauerschen Modell und dem hier betrachteten Evolutionsmodell ist der folgende. Die Rechenschritte im von Neumann-Landauer-Computer sind deterministisch. Die Präzision der Schaltprozesse muß groß genug sein, $W = e^{-E/kT}/(1+e^{-E/kT})$ muß klein genug sein, damit ein Fehler in jedem Schritt des ganzen Rechenablaufs nur mit kleiner Wahrscheinlichkeit auftreten kann. Die Wahrscheinlichkeit, die ganze Rechnung zu einem fehlerfreien Abschluß zu bringen, muß groß sein. Im Gegensatz dazu muß das Evolutionsmodell ein Element von Indeterminismus enthalten. Die Größe $e^{-E/kT}/(1+e^{-E/kT})$ darf nicht beliebig klein sein, wie im von Neumann-Landauer-Computer, da eine solche Sachlage den Evolutionsprozeß ausschließen würde. Stattdessen gibt es einen Optimalwert von *W*, und so kann während des Evolutionsverlaufs immer wieder eine Selektion stattfinden. Einerseits muß die Wahrscheinlichkeit, daß bei der Replikation kein Fehler gemacht wird, groß genug sein, damit eine genügend große Zahl von fehlerfreien Nachkommen vorhanden ist. Andererseits müssen so viele Mutanten wie möglich entstehen, um die Wahrscheinlichkeit, unter ihnen eine günstige zu finden, möglichst groß zu machen (Abschn. 17.1.4.2b). In Computersimulationen des Evolutionsprozesses muß man natürlich Programme für Zufallszahlen explizit einbauen, um den nötigen Grad von Indeterminismus zu erzeugen.

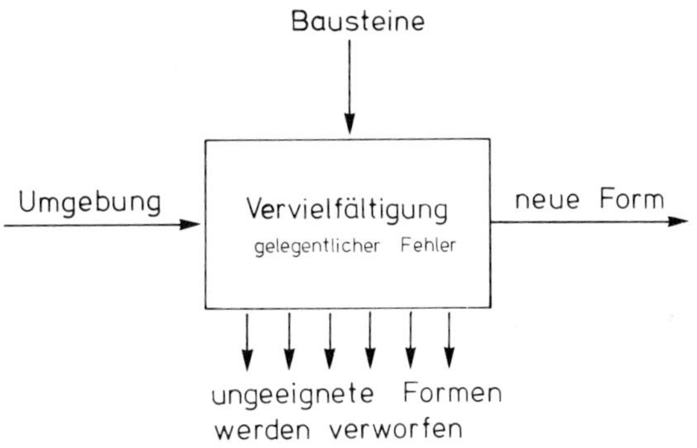

Abb. 17.31. Schematische Darstellung des Evolutionsprozesses

17.1.6 Grundsätzliche Aspekte der Selbstorganisation von Materie zu lebenden Systemen

Unterschiedliche Ansichten über den Ursprung des Lebens

In der Frage, wie das übergeordnete Prinzip der Selbstorganisation der Materie zu lebenden Systemen zu fassen sei, gehen die Ansichten auseinander. Nach Eigen (1971, 1972) wird das Prinzipielle des Prozesses durch ein homogenes System im stationären Zustand weitab vom Gleichgewicht eingefangen. Einflüsse durch Inhomogenität wurden von Eigen u. Schuster (1979) (vgl. dort insbesondere Kapitel VI.4 u. VII.5) betrachtet, aber die Konsequenzen strukturierter Umgebungen wurden von den Autoren nicht eingehend untersucht. Nach den Vorstellungen von Eigen ist der ganze Vorgang der Selbstorganisation, einschließlich der Ausbildung von Hyperzyklen, in prinzipieller Hinsicht ein inhärenter, also aus innerer Notwendigkeit ablaufender Prozeß (s. Schuster u. Sigmund, Kapitel 17.2). Die übergeordneten Prinzipien für das Auftreten lebender Systeme sind die Kriterien der irreversiblen Thermodynamik für das Erscheinen dissipativer Strukturen (Prigogine, 1972).

Der Vorgang, der zur Evolution lebender Formen führt — die Konfrontation von Individuen mit einer komplexen Umgebung — und der dadurch ausgelöste Lernprozeß der evolvierenden Formen, in einer komplexen Umwelt zunehmend besser zu überleben, wäre demnach ein späterer Prozeß, der erst beginnen kann, nachdem sich das System kompartimentiert hat und dadurch eine Individualisierung möglich wird. Der Übergang zu Formen mit dem typischen Verhalten lebender Systeme ist danach ein allmählicher, verschwommener Prozeß.

Demgegenüber ist in dem hier betrachteten Modell die zeitliche und räumliche Strukturierung der Umgebung der prinzipielle Antrieb zum Prozeß der Selbstorganisation. Der mit der Entstehung der ersten replikationsfähigen Form ausgelöste Lernprozeß, in einer komplexen Umwelt zunehmend besser zu überleben, setzt sich anschließend ununterbrochen fort.

Das Besondere evolvierender Systeme, Struktur und Mechanismus von Evolutionsprozessen, ist hier nicht eine Frage der irreversiblen Thermodynamik. Das evolvierende System wird als lernender Automat betrachtet, der dadurch funktioniert, daß ungeeignete Formen verworfen werden. In diesem Sinn ist es konsequent, nach den Fundamenten des Lernprozesses zu fragen, anstatt nach thermodynamischen Konzepten. Dies ist die Zielsetzung, mit der im Abschn. 17.1.5.2 die Kenntnis *K* eingeführt und diskutiert wurde. Dasselbe übergeordnete Prinzip eines Lernprozesses taucht in diesem Modell immer wieder auf, angefangen mit dem ersten Anstoß des Evolutionsprozesses und fortgesetzt bis zu der Entwicklung von begrifflichen Systemen (Abb. 17.31).

Eine kritische Evolutionsschranke, die in jedem Modell auftritt, ist die wachsende Schwierigkeit, bei ansteigender Komplexität eine genügend große Anzahl von fehlerfreien Kopien zu erhalten. Im hier betrachteten Modell wird eine frühe solche Schranke überwunden durch das exakte Zusammenpassen von fehlerfreien gefalteten Strängen, während fehlerhafte Stränge verworfen werden. Nach Eigen u. Schuster (1978) wird diese Schranke durch das Erscheinen eines sog. realistischen Hyperzyklus überbrückt, der das Zusammenspiel von mindestens zwei Replikasen R_1 und R_2 erfordert, von denen R_1 speziell die Replikation der Nukleinsäure katalysiert, die für die Synthese von R_2 sorgt, und umgekehrt. Das setzt aber das Vorhandensein von replizierenden Strängen von Nukleinsäuren mit einer Monomerenfolge, die für Enzyme codiert, und eines Übersetzungssystems, voraus. Eine Schwierigkeit in diesem Denkansatz ist, zu verstehen, wie es zum nötigen primitiven Code und seinem Übersetzungsapparat überhaupt kommen konnte.

17.1.7 Evolution außerhalb der Biologie

Parallelen zwischen der biologischen Evolution und der Entwicklung menschlichen Strebens

Es ist naheliegend, Lernsysteme aus ganz verschiedenen Bereichen in ähnlicher Weise zu beschreiben. So existiert z. B. eine enge Analogie zwischen der Evolution von selbstorganiserenden biologischen Systemen und der Entwicklung von begrifflichen Strukturen. Von einer Summe von Tatsachen macht man sich ein logisches Bild (Denkschema). Bei neuhinzutretenden Tatsachen findet man anfänglich, daß sie in das Schema passen, aber früher oder später finden sich neue Tatsachen, die nicht mehr passen. Neue Denkschemata werden aufgestellt, die durch geringfügige Änderungen am bisherigen Schema erhalten werden (Wachstumsphase), während ungeeignete Varianten verworfen werden (Zerfallsphase). Dieser Anpassungsprozeß der Denkschemata an die Tatsachen wird vielfach wiederholt; die Kenntnis *K* nimmt zu.

Beim Betrachten eines größeren Zeitraumes in der Entwicklung des Individuums oder der Population ist zu erkennen, daß das Denkschema, das für einen Tatsachenbereich entwickelt wurde, für einen anderen unbrauchbar sein kann. Durch Einführung von neuen Denkschemata, die manchmal nur durch eine geringfügige, aber an geeigneter Stelle erfolgende Änderung der begrifflichen Struktur entstehen, kann auf einmal ein Umschwung und Durchbruch zu dem neuen Tatsachenbereich erfolgen, und wiederum wird das neue Denkschema dem neuen Tatsachenbereich immer wieder angepaßt.

Man kann viele Beispiele aus dem Bereich menschlicher Tätigkeit finden, die nach demselben Muster verlaufen. Beispiele sind Stilrichtungen in Musik, Kunst und Literatur, die Entwicklung von wissenschaftlichen Gesichtspunkten oder der Aufstieg und Fall politischer Systeme. Ein anschauliches Beispiel aus der Physik betrifft die klassische Mechanik und das spätere Auftauchen der Quantenmechanik, die die Neuschöpfung von vielen Begriffen erforderte. Das Begriffssystem der klassischen Mechanik behält seine Gültigkeit in der Beschreibung von makroskopischen Vorgängen, genau so wie Vielzeller und Einzeller in verschiedenen ökologischen Nischen Seite an Seite existieren.

In dieser Sicht erscheint Evolution in allen Bereichen sprunghaft. Ruhephasen werden immer wieder von Durchbruchphasen unterbrochen, die in neue Richtungen führen. Die Durchdringung von immer größeren Bereichen wird durch einen Anstieg in der Komplexität begleitet. Der Wechsel von Denkschemata, wie der von biologischen Formen, scheint denselben grundsätzlichen Prinzipien zu unterliegen.

17.1.8 Schlußbemerkungen

Die Frage wird manchmal gestellt, ob ein Objekt unserer täglichen Sinneswelt belebt oder unbelebt sei. Unbelebte Objekte werden oft als von kausal-deterministischem Verhalten geprägt beschrieben, während auf belebte Objekte teleologisch-indeterministische Begriffe angewendet werden. Die Systeme werden so beschrieben, als ob sie zweckgerichtet (teleologisch), aber mit einem gewissen freien Willen ausgestattet (indeterministisch) wären. Beide dieser logischen Systeme sind in der Beschreibung von Alltagserfahrungen nützlich. Es muß jedoch betont werden, daß der Umschwung, durch den sich die entscheidende neue Qualität der Materie manifestiert, die lebende Systeme kennzeichnet, sich schon mit dem ersten replizierenden System offenbarte. Solche physikalisch-chemische Systeme zeigen ein zweckorientiertes Verhalten, das bis zu einem gewissen Grade auch eigenwillig erscheint. Diese scheinbare Eigenwilligkeit beruht darauf, daß die Vorgänge wegen der enormen Zahl nichtfestgelegter Parameter im Modellansatz in den Einzelheiten nicht voraussagbar sind. Andererseits folgt das zielorientiert erscheinende Verhalten von Modellsystemen aus dem Evolutionsmechanismus, in dem durch Replikation, Variation und Selektion ein Lernprozeß induziert wird. Betrachtungen über das Verhalten von Organismen wird man in vieler Hinsicht nicht sinnvoll anders beschreiben als durch das Bild des zweckorientierten Prozesses, auch wenn man davon überzeugt ist, daß im Prinzip der Prozeß in eine komplizierte Folge kausaler Schritte aufgelöst werden könnte, deren jeder durch die Gesetze der Physik erfaßt wird. Das übergeordnete Denkschema ist nötig, um den Überblick nicht zu verlieren. Je komplizierter die materiellen Systeme sind, die man betrachtet, mit um so übergeordneteren Denkschemata muß man die Prozesse beschreiben, um sie noch zu überblicken. Mit jedem übergeordneten Denkschema sucht man in vereinfachter Form die gleiche physikalische Welt zu beschreiben, wie mit dem darunterliegenden. Im Erfassen der großen Linie auf der unteren Ebene liegt der Sinn jedes übergeordneten Denkmodells.

Die faszinierende Einfachheit und erstaunliche Geschlossenheit des physikalischen Weltbildes kann über das Unbehagen darüber nicht hinwegtäuschen, daß in einem physikalischen Denkschema etwas Entscheidendes fehlt. Das physikalische Bild ist ein Denkschema für die Eindrücke unserer Sinne. Unser emotionales Erleben, das dieselbe unmittelbare Realität hat wie die Sinneserfahrung, ist in keiner Weise berücksichtigt.

Literaturauswahl

Anderson, W.F. et al.: Nature **290**, 754 (1981).
Arnott, S. et al.: Nature (London) **283**, 743 (1980).
Cairns-Smith, A.G.: The life puzzle on crystals and organisms and on the possibility of a crystal as an ancestor. Edinburgh: Oliver & Boyd 1971.
Calvin, M.: Chemical evolution. Oxford: Clarendon Press 1969.
Crick, F.H., Brenner, S., Klug, A., Pieczenik, G.: Origins Life **7**, 389 (1976).
Dickerson, R.E. et al.: Nature (London) **286**, 567 (1980).
Dose, K., Rauchfuss, H.: Chemische Evolution und der Ursprung lebender Systeme. Stuttgart: S. Hirzel 1975.
Eigen, M.: Naturwissenschaften **58**, 465 (1971); Nova Acta Leopold **37**, 171 (1972); Angew. Chem. **93**, 221 (1981); Max-Planck-Gesellschaft, Jahrbuch 1979. Göttingen: Vandenhoeck & Ruprecht; S. 17.
Eigen, M. et al.: Scient. American **244**, 78 (1981).
Eigen, M., Schuster, P.: The hypercycle. Naturwissenschaften **64**, 541 (1977); Naturwissenschaften **65**, 7 (1978); Naturwissenschaften **65**, 341 (1978).
Eigen, M., Winkler, R.: Naturwissenschaften **68**, 217, 282 (1981).
Försterling, H.D., Kuhn, H.: Physikalische Chemie in Experimenten: Weinheim: Chemie Verl. 1971; S. 250–261.
Follmann, H.: Chemie und Biochemie der Evolution. Heidelberg: Quelle u. Meyer 1981.
Fox, S.W.: Naturwissenschaften **56**, 1 (1969).
Frank, F.C.: Biochem. Biophys. Acta **11**, 459 (1953).
Fukuda, K., Shibasaki, Y., Nakahara, H.: J. Macromol. Sci.-Chem. A **15** (5), 999 (1981).

Kaplan, R.W.: Der Ursprung des Lebens. Stuttgart: Thieme; 2. Edition 1980.
Kearns, D.R., Schulman, R.G.: Acc. Chem. Res. **7**, 33 (1974).
Kuhn, H.: Angew. Chem. **84**, 838 (1972); Synergetics (H. Haken, ed.), p. 157, Stuttgart: Teubner 1973; Naturwissenschaften **63**, 68 (1976); Ber. Bunsenges. Phys. Chem. **80**, 1209 (1976).
Kuhn, H., Kuhn, Chr.: Origins Life **9**, 137 (1978).
Kuhn, H., Waser, J.: Angew. Chem. **93**, 495 (1981).
Labuda, D., Pörschke, D.: Biochem. **19**, 3799 (1980).
Landauer, R.: Phys. Today **31**, Nov., p. 23 (1978).
Landauer, R., Woo, J.W.: J. Appl. Phys. **42**, 2301 (1971); Synergetics (H. Haken, ed.), p. 97. Stuttgart: Teubner 1973.
Lohrmann, R., Orgel, L.E.: J. Mol. Evol. **14**, 243 (1979).
Lohrmann, R., Bridson, L., Orgel, L.E.: Science **208**, 1464 (1980).
Mandelkern, M., Dattagupta, N., Crothers, D.M.: Proc. Nat. Acad. Sci. USA **78**, 4294 (1981).
Maynard-Smith, J.: The evolution of sex. Cambridge U.K.: Cambridge University Press 1978.
Miller, S.L., Orgel, L.E.: The origins of life on the earth. Prentince Hall: Inc. Englewood Cliffs N.J. 1974.
Nicolis, O., Prigogine, I.: Selforganization in Nonequilibrium systems, Chap. 17. New York: Wiley-Interscience 1977.
Oparin, A.I.: Genesis and evolutionary development of life. New York: Academic Press 1968.
Orgel, L.E., Lohrmann, R.: Acc. Chem. Res. **7**, 368 (1974).
Paecht-Horowitz, M., Berger, J., Katchalsky, A.: Nature (London) **228**, 636 (1970).
Pörschke, D.: In: Chemical relaxation in molecular biology, p. 191 (Pecht, I., Rigler, R., eds.). Berlin-Heidelberg-New York: Springer 1977.
Pohl, F.M., Jovin, T.M.J.: Mol. Biol. **67**, 375 (1972).
Prigogine, I., Nicolis, G., Babloyantz, A.: Phys. Today **25**, Nov., p. 23; Dec., p. 38 (1972).
Rich, A. et al.: Nature (London) **282**, 680 (1979).
Schulz, G.: Angew. Chem. **93**, 143 (1981)
Schuster, P.: Prebiotic evolution. In: Biochemical evolution (Gutfreund, H., ed.). Cambridge U.K.: Cambridge University Press 1980.
Seelig, F.F.: J. theor. Biol. **32**, 93 (1971).
Shannon, C.E.: A mathematical theory of communication. Bell Syst. Tech. J. **27**, 379 (1948).
Shepherd, J.C.W.: Proc. Natl. Acad. Sci. USA **78**, 1596 (1981).
Sumper, M., Luze, R.: Proc. Natl. Acad. Sci. USA **72**, 162, 1750 (1975).
Wald, G.: Ann. N.Y. Acad. Sci. **69**, 352 (1957).
Weissmann, Ch. et al.: Gene **1**, 3 (1976).
Winfree, A.F.: Science **181**, 937 (1973).
Woese, C.R.: The genetic code. New York: Harper & Row 1967.

17.2 Vom Makromolekül zur primitiven Zelle — Das Prinzip der frühen Evolution

Peter Schuster und Karl Sigmund

17.2.1 Einleitung

Vor mehr als 140 Jahren erkannte Charles Darwin das Grundprinzip der Evolution der Biosphäre. Seinem Tagebuch zufolge war es im Herbst 1838, als er mit einem Schlag verstand, daß das Zusammenwirken von Variation und natürlicher Selektion die treibende Kraft der biologischen Entwicklung darstellt.

Mendels Vererbungslehre und Populationsgenetik deckten die grundlegenden Mechanismen auf, die die enorme Variabilität der Organismen bilden. Im wesentlichen gibt es derer zwei, nämlich Mutation und Rekombination[1]. Beide hängen engstens mit der Struktur von DNS und Chromatin sowie der Dynamik ihrer Replikation zusammen. Die wunderbaren Untersuchungen der Molekulargenetik brachten Schritt für Schritt — und bringen immer noch — die Einzelheiten der Replikation von Polynukleotiden ans Licht. Sehr viel ist auch schon bekannt über die extrem komplizierten Mechanismen der Zellteilung in den höheren Organismen, den sogenannten Eukaryoten. Dabei kommt dem Prozeß der geschlechtlichen Fortpflanzung ganz besondere Bedeutung zu. Obwohl die Replikation der DNS ein außerordentlich präziser Vorgang ist, treten doch manchmal Ablesefehler auf. Sind diese Fehler nun wirksam genug, um den Phänotyp zu beeinflussen, so werden sie zu makroskopischen Mutanten führen. Die Mutationen sind für Bakterien und Viren die Hauptursache ihrer Variabilität, obwohl auch sie über primitive Mechanismen für den Austausch genetischer Information verfügen. In den höheren Organismen aber begegnen wir einer anderen Form von Variation. Jedes von den Tausenden von Genen kann in mehr als einer Form aufscheinen.

Diese verschiedenen Formen, die sogenannten Allele, stellen meist nur geringe Abweichungen dar, doch im höchst komplizierten Netzwerk der genetischen Zwischenbeziehungen können sie nichtsdestoweniger die Eigenschaften der entsprechenden Phänotypen beeinflussen. Durch den Rekombinationsmechanismus bei der Keimzellenspaltung werden diverse Allele in einen gemeinsamen Topf zusammengeführt und im allgemeinen durch die geschlechtliche Fortpflanzung daraus neu kombiniert.

Die molekulare Grundlage für die enorme Variabilität in der Biologie liegt in der Struktur der DNS, also des genetischen Materials. Schon für ein winziges Stückchen davon, etwa ein nur 300 Basenpaare langes Polynukleotid, gerade genug zur Kodierung eines kleinen Proteins, sind $4^{300}=10^{181}$ verschiedene Folgen möglich. Das heißt, daß wir mit Hilfe eines so winzigen Stückes 10^{181} verschiedene genetische Botschaften aussenden können (hier einmal abgesehen von Entartungserscheinungen, wie sie die Struktur des Codes bedingt). So eine riesige Zahl — die wir wohl als superastronomisch bezeichnen können — sprengt den Rahmen unserer Vorstellungskraft. Erinnern wir uns jetzt noch daran, daß die genetischen Botschaften der Viren einige Tausend oder Zehntausend Basen enthalten, die der Bakterien einige Millionen von Basenpaaren, und die der höheren Organismen, Mensch inbegriffen, gar Milliarden von Basenpaaren, so bekommen wir wohl ein Gefühl für die unerschöpfliche Variabilität der Natur. Die Molekularbiologie hat die Begriffe von Mutation und Variation in der Biologie auf eine feste Grundlage gestellt. Wenden wir uns nun dem zweiten Bein zu, auf welchem die Darwinsche Theorie heute steht. Die natürliche Auslese beruht auf der

[1] Für weitere Einzelheiten werden dem Leser die Lehrbücher über moderne Genetik (z. B. Lewontin, 1974), Molekularbiologie (z. B. Watson, 1977) und Populationsgenetik (z. B. Crow u. Kimura, 1970) empfohlen.

ständigen Abwägung der Eigenschaften von Individuen, die sich in Einzelheiten mehr oder weniger voneinander unterscheiden. Dieser stetige Selektionsprozeß wurde als "Survival of the Fittest"[2] charakterisiert. Die Gene derer, die eine größere Zahl von Nachkommen haben, breiten sich aus. Was ist nun die Grundlage für die natürliche Auslese? Auf der Ebene der Phänotypen finden wir zahlreiche Beispiele für die Auslesewirkung durch die natürliche Umwelt oder auch durch die künstliche Züchtung, die Darwin selbst schon als einen Eckpfeiler seiner Theorie erkannte. Die Mendelsche Genetik und ihre mathematische Formulierung durch die bekannten populationsgenetischen Schulen bilden heute die Basis für das eindrucksvolle Gebäude des sogenannten Neodarwinismus. Auf molekularer Ebene befaßt sich die Populationsgenetik mit der Wirkung von neutralen Mutationen und genetischem Drift (Kimura, 1979). Ausgedehnte Studien von Proteinen und Polynukleotiden scheinen zu zeigen, daß ein nicht vernachlässigbarer Bruchteil der Variabilität innerhalb einer Spezies durch das zufallsgesteuerte Driften von selektiv gleichwertigen mutanten Genen verursacht wird, nicht aber durch eine gerichtete Selektion. Hier herrschen allerdings noch gewisse Meinungsunterschiede, welche — grob gesagt — die Biologen und Mikrobiologen in zwei Gruppen spalten, die „Selektionisten" und die „Neutralisten". Halten wir aber dennoch fest, daß es (mindestens) zwei wohlausgearbeitete Theorien gibt, welche den Weg der Evolution bis hin zu der jetzt von uns zu beobachtenden Variabilität erklären. Vermutlich sind beide Theorien korrekt, jedenfalls innerhalb der Grenzen der experimentellen Beobachtungen, auf die sie sich stützen.

Im krassen Widerspruch zur enormen Variabilität in der Biosphäre steht die Gleichförmigkeit gewisser grundlegender Strukturen und Mechanismen, die wir überall erhalten finden. Zu erwähnen ist hier etwa

1. Der Apparat zur Übersetzung genetischer Botschaften von Polynukleotiden in Polypeptide ist im wesentlichen in allen Organismen derselbe. Das gilt auch für den genetischen Code, von einigen kleinen Ausnahmen abgesehen, die in Mitochondrien beobachtet wurden (Hall, 1979).

2. Alle höheren Organismen besitzen sehr ähnliche Mechanismen für Meiose und Mitose.

Es könnten noch andere Beispiele angeführt werden. Dieses „Paradigma" von der Vielfalt im äußeren Erscheinungsbild und der Gleichförmigkeit in den grundlegenden Zügen der Organismen (Eigen u. Schuster, 1977) ist eines der großen offenen Probleme in der Evolutionstheorie und harrt noch einer passenden Erklärung. Unser derzeitiges Wissen um die Steuerung und die detaillierten molekularen Mechanismen von DNS-Replikation und Zellteilung, augenscheinlich die zwei Schlüssel zum vollen Verständnis der Evolution, ist noch lange nicht vollständig (Kornberg, 1980; Nagl, 1980). Dennoch erlauben uns die experimentell gesicherten Daten bereits, plausible Vermutungen über die wesentlichen Züge anzustellen, und ermutigen uns, eine formale Theorie der Selbstreplikation zu konzipieren, die auf den vorhandenen empirischen Daten beruht.

Die Auffassung über molekulare Selbstreplikation, die wir hier verfolgen, wurde von Eigen (1971) eingeführt und anschließend weiterentwickelt (Eigen u. Schuster, 1977, 1978a, b). Sie beruht auf der Anwendung der chemischen Kinetik auf matrizeninduzierte Replikation und Translation von Nukleotiden. Diese für Polynukleotide charakteristische Fähigkeit zur Selbstreplikation führt zu einer Art Darwinismus auf der Ebene der biologischen Makromoleküle. In diesem Bereich sind wir nun in der Lage, ein quantitatives Maß für Fitness auf der Basis der physikalisch-chemischen Eigenschaften der Makromoleküle abzuleiten. Dieses Maß wird auch als „Wertfunktion" bezeichnet. Darüber hinaus führt der Replikationsmechanismus zu einer oberen Schranke für die Länge von Genomen, die mit hinreichender Genauigkeit repliziert werden können. Die Existenz einer solchen Fehlergrenze führt zu einer natürlichen Erklärung für die Länge der Genome, die in den verschiedenen Organismen zu beobachten sind.

Einige der bedeutendsten Schritte in der Evolution scheinen durch die Kooperation von sonst konkurrierenden Einheiten bedingt. Die molekulare Theorie liefert ein Modell, nämlich den „Hyperzyklus", für diesen Typ von katalytischer Wechselwirkung, welcher das Ausleseprinzip teilweise aufzuheben scheint. Derartige funktionell korrelierte Systeme von replizierenden Einheiten wachsen gemäß ganz eigener Gesetze, welche die volle Optimierung ihrer Eigenschaften unterbinden. Diese Gesetze liefern auch einen Hinweis auf die mögliche Natur von „fixierten Zufällen". Schließlich werden wir noch einer dritten Voraussetzung für die Darwinsche Evolution begegenen, nämlich der räumlichen Trennung und Individualisierung. Dieser letzte Begriff führt uns zu den Prototypen von Bakterien, den einfachsten Organismen, die wir heute kennen.

17.2.2 Was ist „Evolution"?

In den Naturwissenschaften tritt der Begriff der „Evolution" in vielerlei Bedeutung auf. Im besonderen wird er für alle Prozesse benutzt, die zum Ursprung des Lebens und der weiteren Entwicklung bis hin zur heutigen Biosphäre führten. Für unsere Zwecke teilen wir den Ablauf in drei Phasen ein (Abb. 17.32). Diese Einteilung ist jedoch eher eine begriffliche als eine zeitliche, denn nach dem heutigen Stand unseres Wissens dürften einige der Reaktionen, die für die verschiedenen Phasen kennzeichnend sind, gleichzeitig abgelaufen sein.

1. Die „chemische Evolution" führt von den kleinen, in der Uratmosphäre vorhandenen Molekülen —

---

[2] Dieses geläufige Zitat stammt, so wie das von „Kampf ums Dasein", nicht von Darwin selbst. Beide Ausdrücke wurden von H. Spencer eingeführt, und erschienen erstmals in der fünften Auflage von "The origin of species".

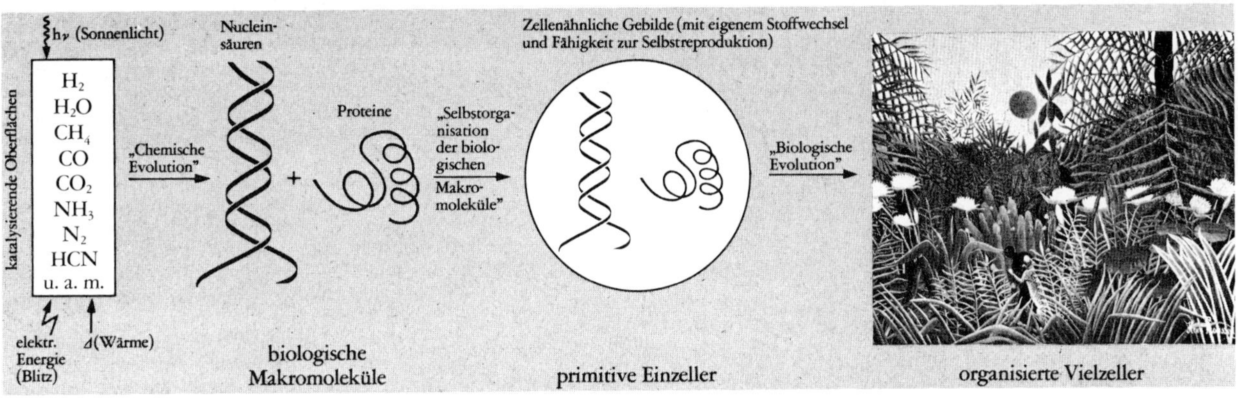

Abb. 17.32. Die Evolution der Biosphäre kann in drei Phasen eingeteilt werden: *1* „Chemische Evolution" bezieht sich auf die Vorgänge, durch die die ersten Biopolymere aus kleinen Molekülen in der Atmosphäre und Ionen im Wasser gebildet wurden. *2* Die Phase der „Selbstorganisation von biologischen Makromolekülen" beschreibt die Entstehung von primitiven Protozellen, die durch die Replikation von Polynukleotidsequenzen, die Translation von Polynukleotiden in Polypeptidsequenzen und die räumliche Trennung durch Membranen charakterisiert werden. *3* „Biologische Evolution" schließlich entspricht der Herausbildung der heutigen Biosphäre durch die ersten Protoorganismen. (Das Bild ist ein Ausschnitt aus Henri Rousseaus „Tropischer Wald bei Sonnenuntergang", wiedergegeben mit freundlicher Genehmigung des Kunstmuseums Basel. Photo: Hinz, Basel)

(H_2)[3], NH_3, N_2, CH_4, CO, H_2O, H_2S — bis zu den Bausteinen der Biopolymeren. Dabei spielen gewisse chemische Verbindungen, so etwa HCN, $(CN)_2$, Aldehyde, Ketone, NCO^- usw. eine Schlüsselrolle bei der präbiotischen Synthese von Aminosäuren, Zuckern, Purin- und Pyrimidinderivaten. Die für solche Synthesen benötigten Energiequellen müssen nicht sehr spezifisch sein: Licht, thermische Energie und elektrische Entladungen waren in ausreichendem Maße in Atmosphäre und Erdoberfläche vorhanden. Dank ausgedehnter Versuchsreihen zahlreicher Wissenschaftler (s. die Übersichtsartikel von Miller u. Orgel, 1974 und Schuster, 1981) kennen wir heute die allgemeine Gestalt der Reaktionsmechanismen, die die kleinen Moleküle der „Ursuppe" bildeten. Die Polymerisation solcher Monomere führte zu den ersten Biomolekülen. Wie können diese ausgesehen haben? Unsere Kenntnisse darüber sind weit davon entfernt, vollständig zu sein, doch scheint es eher wahrscheinlich, daß sich an geeigneten Plätzen nahe der Erdoberfläche Peptidbindungen ausbilden konnten. Die Polymerisation von Aminosäuren zu Oligopeptiden oder eng verwandten Stoffen konnte bereits unter vielen verschiedenen Bedingungen beobachtet werden (Miller u. Orgel, 1974; Katchalsky, 1973). Unserem derzeitigen Wissensstand nach scheint die Bildung von Oligonukleotiden nicht ganz so leicht zu erfolgen. Nichtsdestoweniger waren Lohrmann u. Orgel (1973) in der Lage, eine Folge von Reaktionsschritten im Festzustand und in Lösungen anzugeben, die unter den präbiotischen Bedingungen zumindest nicht ausgeschlossen werden kann. Metallionenkatalyse — und hier erwiesen sich bisher Pb^{2+} und Zn^{2+} als besonders wirksam — führt zu gewaltigen Verbesserungen der Ausbeute an positionell und stereochemisch korrekten Isomeren (Abb. 17.33). In dieser Entwicklungsphase gibt es keine direkte Verbindung zwischen Oligonukleotid- und Oligopeptidsequenzen. Abgesehen von gewissen Regelmäßigkeiten, die in der Stabilität und der Syntheserate begründet liegen, sind die Folgen der Monomeren in den Oligomeren und Polymeren rein zufällig angeordnet.

2. Die zweite Phase besteht aus den „Selbstorganisationsprozessen", wie sie in Mischungen von biologischen Makromolekülen stattfinden. Unter „Selbstorganisation" verstehen wir dabei eine spontane Entwicklung auf komplizierte Strukturen und Replikationsmechanismen hin. Dies betrifft insbesondere Polynukleotide, Polypeptide und Lipide und die Art und Weise, wie sie einen Prototyp der heutigen Zellorganismen bilden konnten. Diese Phase ist deshalb von besonderem Interesse, weil hier der Ursprung von enzymgesteuerter Replikation und Translation von Polynukleotiden zu suchen ist. Ein Modell für den Ursprung des Translationsmechanismus zu finden, ist eine ungemein schwierige Aufgabe, denn es muß Erklärungen liefern können für so heikle Fragen wie die Universalität des genetischen Codes[4] oder die ausschließliche Verwendung von L-α-Aminosäuren bei der Polypeptidsynthese in den Ribosomen. Die Universalität gewisser Eigenschaften kann als Resultat einer „Ein-für-allemal"-Entscheidung oder eines „fixierten Zufalls" in der Evolution angesehen werden. Daher muß offenbar die Frage gestellt werden, welche Art von Mechanismen denn in der Lage sein kann, Entscheidungen „ein-für-allemal" zu fällen, oder „Zufälle"

[3] Die Menge freien molekularen Wasserstoffs in der Atmosphäre war vermutlich äußerst gering, weil dessen „Diffusionsgeschwindigkeit" ins Universum groß ist. Es gab aber eine große Anzahl potentiell reduzierender Reagentien, wie etwa Metalle oder Metallionen in niedrigen Oxydationsstufen.

[4] Tatsächlich hat man entdeckt, daß der genetische Code nicht völlig universell ist. Hall (1979) berichtete über marginale Abweichungen beim Codieren von Mitochondrien. Der wichtigste Unterschied betrifft das Codon UGA, das in Mitochondrien Tryptophan codiert, während es sonst in allen Organismen oder Organellen, deren Code bisher bekannt wurde, ein Signal für das Kettenende darstellt.

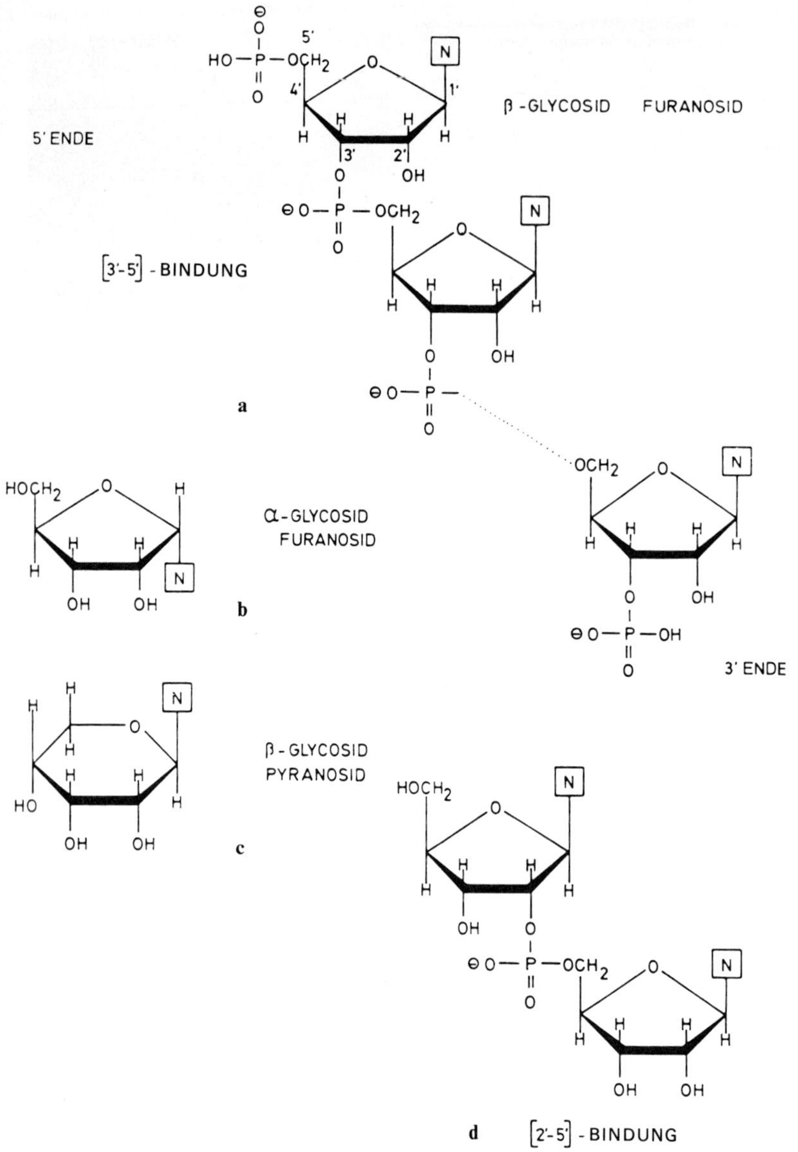

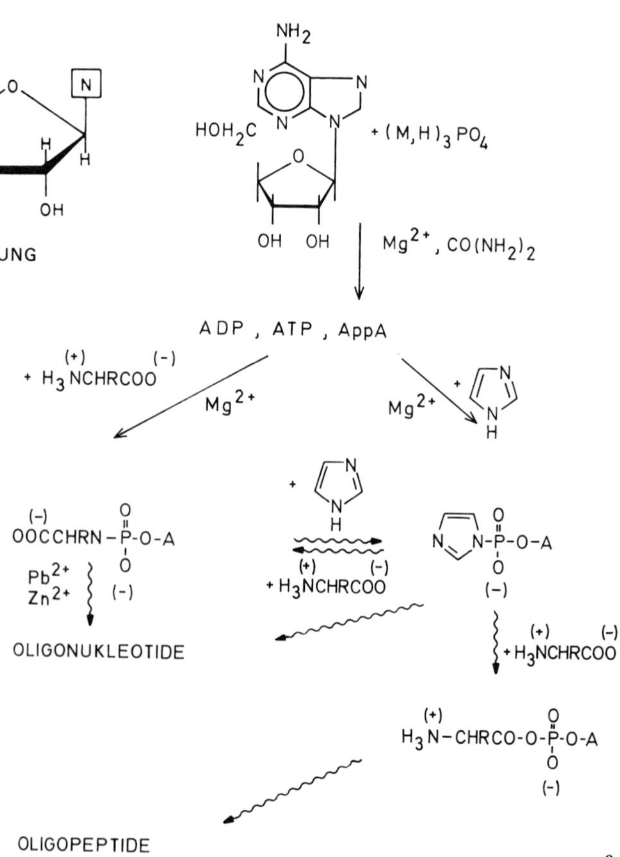

Abb. 17.33a–e. Stereochemische und positionelle Isomerie von Phosphor-Diester-Brücken in Oligo- und Polyribonukleotiden (N steht für eine der vier Pyrimidin- und Purinbasen; **a** die Struktur der heutigen RNS-Moleküle, alle Phosphordiesterbindungen sind 3'–5', der Ribosering ist in Furanoseform und alle glykosidischen Bindungen sind vom *β*-Typ. Beispiele anderer Konformationen und Bindungen; **b** Konformation von α-Glykosid, **c** Ribose in der Pyranoseform und **d** 2'–3' Phosphordiesterbindung. Der detaillierteste Vorschlag für einen möglichen Weg der präbiotischen Oligonukleotidsynthese ist Lohrmann u. Orgel (1973) zu verdanken. Die Reaktionen **e** wurden so gewählt, daß sie heutigen biochemischen Prozessen parallel laufen. Die präbiotische Rolle von Imidazol als Aktivierungsfaktor und Pb^{2+} oder Zn^{2+} als Metallkatalysatoren ist ungewiß, möglicherweise wirkten andere, häufiger vorkommende Metalle als ähnlich effektive Katalysatoren. Für Oligonukleotidsynthese und matrizeninduzierte Replikation verweisen wir auf kürzlich erschienene Arbeiten (Sleeper et al., 1979; Lohrmann et al., 1980). Abkürzungen: *M* ein monovalentes Metallion, K^+ oder Na^+; *A* Adenosin; *ADP* Adenosin-5'-diphosphat, *ATP* Adenosin-5'-triphosphat, *AppA* Diadenosylpyrophosphat. *Linien* Reaktionen in fester Phase; *Wellenlinien* Reaktionen in fester Phase oder in Lösung

zu fixieren. In den folgenden Abschnitten wollen wir den Versuch unternehmen, diese Probleme einigermaßen ausführlich zu besprechen. Bereits an dieser Stelle soll jedoch erwähnt werden, daß die Prozesse, die wir analysieren, der experimentellen Überprüfung zugänglich sind und daß es (im Gegensatz zur „Biologie der ganzen Organismen“) hier relativ einfach ist, physikalische oder chemische Interpretationen für den Begriff der „Fitness“ bei der Replikation von Polynukleotiden anzugeben. (Übrigens sei erwähnt, daß „Fitness“ wohl eines der umstrittensten Konzepte in der Biologie ist.) Wir gelangen nun zu der Frage, wie man eine Theorie der molekularen Selbstorganisation testen kann. Es gibt ja hier keine Fossilien, die als direkte Zeugen der molekularen Selbstorganisation anzusehen wären. Doch vielleicht gibt es „intellektuelle Fossilien“, verborgen in den Strukturen der Moleküle, die gegenwärtig bei der Replikation der Polynukleotide und der

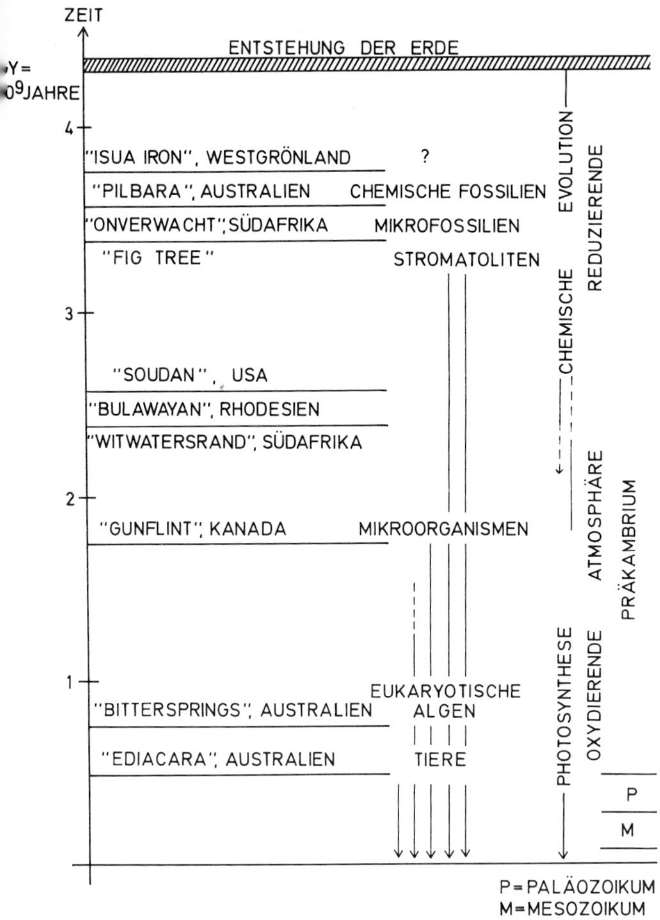

Abb. 17.34. Chronologie der biologischen Evolution nach fossilen Funden. Der früheste Hinweis auf organisches Leben auf der Erde ist 3,5 bis 3,8 Milliarden Jahre alt. Die ältesten „chemischen Fossilien" aus Grönland sind fragwürdig, die ersten Zeugen des Lebens scheinen also die Fossilien aus Westaustralien zu sein. Es bleibt eine Periode von ca. 1 Milliarde Jahren für die präbiotische Evolution (Phasen *1* und *2* in Abb. 17.32). Eine weitere interessante Tatsache ist die lange ruhige Periode zwischen dem ersten Auftauchen von primitivem Leben und den ersten Fossilien eukaryotischer Zellen

Translation in den Ribosomen eine Rolle spielen. Es scheint, als wäre die Information über den Ursprung der Translation auch durch einige Jahrmilliarden von zufälligen Mutationen noch nicht vollständig ausradiert worden (Eigen u. Winkler-Oswatitsch, 1981; Shepherd, 1981). Außerdem gibt es Experimente über die heutigen Replikationsmechanismen von Polynukleotiden, Viren und Bakterien, die direkte Testfälle für die theoretischen Voraussetzungen liefern.

3. Die dritte Phase der Evolution führt von den einfachsten einzelligen Organismen bis zur gegenwärtigen Biosphäre. Der Biologe, oder genauer der Paläontologe, wird dies in die zahlreichen, wohlbekannten „Epochen" einteilen. Dieser Zeitraum ist durch Fossilienfunde mehr oder weniger gut belegt (Abb. 17.34). Die ältesten Zeugnisse des Lebens auf Erden sind etwa $3{,}5 \cdot 10^9$ Jahre alte Stromatoliten, die in Australien gefunden wurden. Stromatoliten bestehen aus regelmäßigen Mustern von Ablagerungen von äußerst primitiven Organismen. Die von unserer Warte aus bemerkenswerteste Tatsache ist der lange und ziemlich ruhige Zeitraum zwischen dem ersten Auftreten von primitivem Leben und dem Auftauchen von höheren, eukaryotischen Lebewesen. Während dieser Zeitspanne von etwa $2 \cdot 10^9$ Jahren wurden die inneren und äußeren Bedingungen für die weitere Entwicklung vorbereitet. Die eukaryotische Zelle besitzt die Fähigkeit zur Zelldifferenzierung und ist somit die Grundlage für die Entwicklung mehrzelliger Lebewesen.

Die weitere Evolution mußte noch mehrere Probleme meistern, bevor sie die wunderbare Variabilität der Biosphäre ermöglichen konnte, die wir heute beobachten. Als besonders spektakuläre Ereignisse mit weitreichenden Folgen wären etwa zu nennen: Die Eroberung des Festlandes durch die Vorfahren unserer heutigen Pflanzen, die Entwicklung des Zentralnervensystems und der Sinnesorgane im höheren Tierreich, die Ausprägung der elterlichen Fürsorge, die eine lange Periode kindlichen Lernens ermöglichte, und die Entwicklung der Sprache als Kommunikationsmittel bei den fortgeschrittenen tierischen und den menschlichen Gesellschaften. So hat also die Evolution zu Systemen von immer höherer Komplexität und Subtilität bis heute noch nicht ein Ende gefunden.

In diesem Kapitel beschränken wir uns auf die Phase zwei. Es gibt gute Gründe dafür: Unsere derzeitigen Kenntnisse über präbiotische Chemie lassen die Entstehung von Oligonukleotiden unter den Bedingungen, die ursprünglich auf Erden walteten, recht plausibel erscheinen. Es ist also sicher der Mühe wert, die solchen Biopolymeren innewohnende Fähigkeit zur Selbstreplikation zu untersuchen. Polynukleotide sind — im Gegensatz zu ganzen Organismen — einfach genug, um einer direkten Analyse mittels Thermodynamik und chemischer Kinetik zugeführt werden.

17.2.3 Irreversible Thermodynamik und Selbstreplikation

Evolution beschreibt die Veränderung von beobachtbaren Strukturen im Laufe der Zeit. Die Evolution von Polynukleotiden ist dementsprechend als zeitabhängiges Phänomen in der Chemie aufzufassen. Wir wollen zur Beschreibung die Mittel der chemischen Kinetik heranziehen, um auf molekularer Ebene zwei häufig mißverstandene Begriffe des Darwinismus zu analysieren, Selektion und "Survival of the Fittest". Selektion erfordert, daß gewisse Strukturen wirksamer, also mit größerer Geschwindigkeit oder Genauigkeit arbeiten als andere. In der Chemie assoziieren wir einen Zuwachs in der Reaktionsrate mit dem Begriff der Katalyse. Autokatalyse läßt sich nun in der Tat als wesentliche Voraussetzung für Darwinsches Verhalten ansehen.

Die Fähigkeit zur Vervielfältigung oder Selbstreplikation ist ein notwendiges, wenn auch nicht hinreichendes Kriterium für das Leben. In der Sprache der Reaktionskinetik bezeichnen wir die Selbstreplikation als einen autokatalytischen Prozeß. Das einfachste Beispiel für Autokatalyse wird durch folgende irreversible Reaktion zweiter Ordnung dargestellt:

$$A+B \xrightarrow{k} 2A\,; \quad \frac{da}{dt}=\dot{a}=k\cdot a\cdot b\,. \tag{17.40}$$

Mit a und b bezeichnen wir die Konzentrationen von A und B[5]. Falls es keinen Mangel an B gibt, oder genauer, wenn die Konzentration von B gepuffert ist, also $b=b_0=\text{const}$, dann ist die Zuwachsrate der Konzentration von A proportional zur Konzentration von A. Die Lösungskurve der Differentialgleichung (17.40) weist exponentielles Wachstum auf:

$$a=a_0 \exp(kb_0 t)\,. \tag{17.40a}$$

Mit a_0 bezeichnen wir dabei die Anfangskonzentration von A zum Zeitpunkt $t=0$.

Eine wirksame Autokatalyse, die zu exponentiellem Wachstum führt, ist nur weitab vom Gleichgewicht möglich. Nahe am Gleichgewicht finden wir stets Relaxationsverhalten. In unserem konkreten Beispiel müssen wir dazu bloß die rückläufige Reaktion einführen

$$A+B \underset{k_2}{\overset{k_1}{\rightleftarrows}} 2A\,; \quad \frac{da}{dt}=\dot{a}=k_1\cdot a\cdot b-k_2\cdot a^2 \tag{17.41}$$

und finden dann ganz andersartiges Wachstumsverhalten von $a(t)$ für Bereiche nahe beim Gleichgewicht oder ferne davon (Abb. 17.35).

Instruktiv ist die Betrachtung von autokatalytischen Reaktionen mit Hilfe der irreversiblen Thermodynamik (Kapitel 8.6, S. 350). Zunächst leiten wir die Gleichungen für die verallgemeinerten Flüsse und Kräfte ab, wobei wir wiederum annehmen wollen, daß die Konzentration b gepuffert ist, und zwar am Gleichgewichtswert $b=\bar{b}$:

$$J=\frac{da}{dt}=\dot{a}=k_1\cdot\bar{b}\cdot a-k_2\cdot a^2=a\cdot(k_1\bar{b}-k_2 a)$$

und

$$X=\frac{A}{T}=-R\ln\frac{a}{\bar{a}} \tag{17.42}$$

Nahe am Gleichgewicht finden wir natürlich Proportionalität zwischen Fluß und Kraft, nämlich

$$J=\dot{a}\simeq k_2\cdot\bar{a}(\bar{a}-a) \quad \text{und} \quad X\simeq\frac{R}{\bar{a}}(\bar{a}-a)\,.$$

Beide Reaktionen weisen eine lineare Abhängigkeit von a auf, wie durch die Relaxationsbedingung gefordert. Man bemerkt sogleich eine interessante und ganz spezifische Eigenschaft der autokatalytischen Reak-

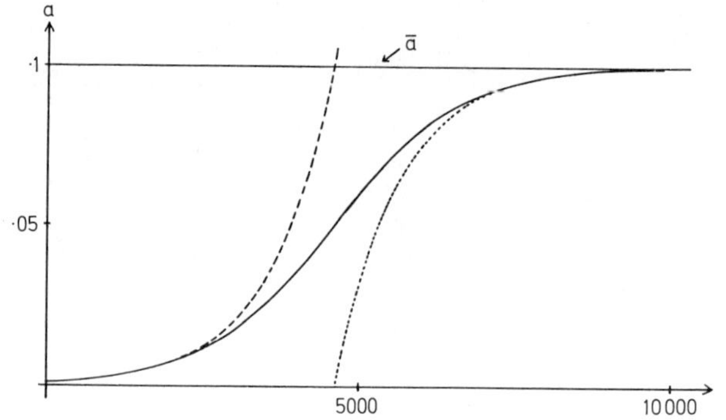

Abb. 17.35. Eine charakteristische Lösungskurve von Gl. (17.41) bei gepufferter Konzentration von B, $b=b_0=\bar{b}$. Rein exponentielles Wachstum und Relaxation zum Gleichgewicht sind als durchbrochene Linie gezeichnet. Die gewählten Konstanten sind $k_1=1[t^{-1}c^{-1}]$, $k_2=0{,}01[t^{-1}c^{-1}]$ und $\bar{b}=0{,}001[c]$ in willkürlichen Zeit- und Konzentrationseinheiten $[t]$ und $[c]$

tion, wie sie durch Gl. (17.41) beschrieben wurde. Das gesamte Gebiet der physikalisch zugänglichen Konzentrationen kann in zwei Bereiche geteilt werden (Abb. 17.36): Bereich I, um das Gleichgewicht herum und für alle Konzentrationen von A, die größer als der Gleichgewichtswert sind und Bereich II, der die kleinen Konzentrationen von A überdeckt, bis hin zu einem gewissen Wert — in unserem Beispiel ist dieser kritische Wert gerade die Hälfte der Gleichgewichtskonzentration von A, also $\frac{\bar{a}}{2}$.

Was die verallgemeinerten Kräfte und Flüsse betrifft, so zeigen die autokatalytischen Prozesse im Bereich I dasselbe charakteristische Verhalten wie die meisten anderen chemischen Prozesse. Beide Funktionen $J(a)$ und $X(a)$ haben eine negative erste Ableitung, $\frac{\partial J}{\partial a}<0$ und $\frac{\partial X}{\partial a}<0$. Sowohl chemischer Fluß als auch Affinität nehmen dem Absolutbetrag nach ab, wenn wir uns dem chemischen Gleichgewicht nähern.

Im Bereich II der autokatalytischen Prozesse beobachten wir ein anderes Verhalten: Der Fluß nimmt zu, wenn die Kraft abnimmt. Das ist ganz analog zu der wohlbekannten Instabilität, die in der Elektronik als negative „Strom-Spannungs-Charakteristik" bei elektronischen Röhren oder elektrischen Bögen bekannt ist. Eine Zunahme in der Konzentration des Reaktionsproduktes führt zu einer Steigerung der Reaktionsgeschwindigkeit, die zu einem weiteren Zuwachs des Reaktionsproduktes führt usw. (Abb. 17.36). Betrachtet man nur Elementarreaktionen, so erkennt man leicht, daß die Autokatalyse eine notwendige und hinreichende Bedingung für das Auftreten solcher Instabilitätsbereiche ist. Bei Elementarreaktionen sind die kinetischen Gleichungen Binome, wobei ein Term die Reaktanten, der andere die Reaktionsprodukte beschreibt. Es gibt aber nur zwei Typen von Reaktionen, wo wir dieselbe Spezies auf beiden Seiten der Reaktionsgleichung, der Reaktanten- und der Produktseite, finden, nämlich katalytische und autokataly-

[5] Um genauer zu sein, müßten wir in den kinetischen Gleichungen chemische Aktivitäten statt Konzentrationen verwenden. Das würde für die hier behandelten Fragen keine anderen Resultate liefern. Die gesamte Darstellung wäre allerdings länger, da wir unbekannte Aktivitätskoeffizienten berücksichtigen müßten. Außerdem sind die meisten unserer Ergebnisse für den Grenzwert niedriger Konzentrationen zutreffend, wo die Aktivitätskoeffizienten ohnedies nahe bei Eins liegen.

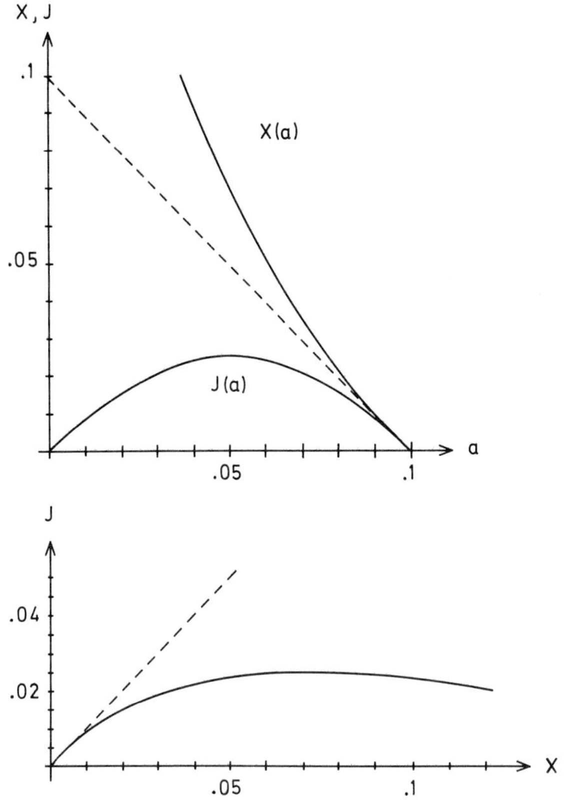

Abb. 17.36. Die Beziehung zwischen chemischen Kräften $X(a)$ und chemischen Flüssen $J(a)$ in einer autokatalytischen Reaktion $A+B \rightarrow 2A$ [s. Gl. (17.41)] bei gepufferter Konzentration von B: $b=b_0=\bar{b}$. Die Einheiten wurden so gewählt, daß die Tangente am Gleichgewichtspunkt $a=\bar{a}$ gleich -1 ist ($k_1=1[t^{-1}c^{-1}]$, $k_2=0{,}01[t^{-1}c^{-1}]$, $b_0=0{,}001[c]$ und daher $R=0{,}0001$ willkürliche Entropieeinheiten). Man beachte die beiden Bereiche der Kraft-Fluß-Beziehung: Im Bereich I, um das Gleichgewicht herum ($a>\bar{a}/2$) nehmen sowohl Kraft als auch Fluß mit zunehmender Konzentration von A ab. Im Bereich II ($0 \leqq a < \bar{a}/2$) gibt es eine negative Kraft-Fluß-Charakteristik, hier herrscht also Instabilität

tische. Im ersten Fall ist der Fluß proportional zur Konzentration des Katalysators, doch ändert sich diese Konzentration nicht während der Reaktion. Im Fall der autokatalytischen Reaktion aber beobachten wir sowohl eine Proportionalität des Flusses — s. z.B. Gl. (17.42) — als auch einen Nettozuwachs des Autokatalysators. In autokatalytischen Reaktionen verschwindet der chemische Fluß an zwei Stellen: bei $a=0$ und beim Gleichgewichtswert $a=\bar{a}$. Er ist notwendigerweise für die dazwischenliegenden Werte positiv und muß daher, da wir es mit Binomen zu tun haben, dazwischen genau ein Maximum annehmen. Zwischen $a=0$ und dem Maximum beobachten wir die für den Bereich II charakteristische Instabilität. Andere Elementarreaktionen als autokatalytische befolgen kinetische Gleichungen, bei welchen der Fluß zu keinem der Reaktionsprodukte proportional ist und können somit nicht die Bedingungen für Bereich II erfüllen (Abb. 17.36).

Wie bringt man nun eine chemische Reaktion dazu, weitab vom Gleichgewicht zu bleiben? Wir werden

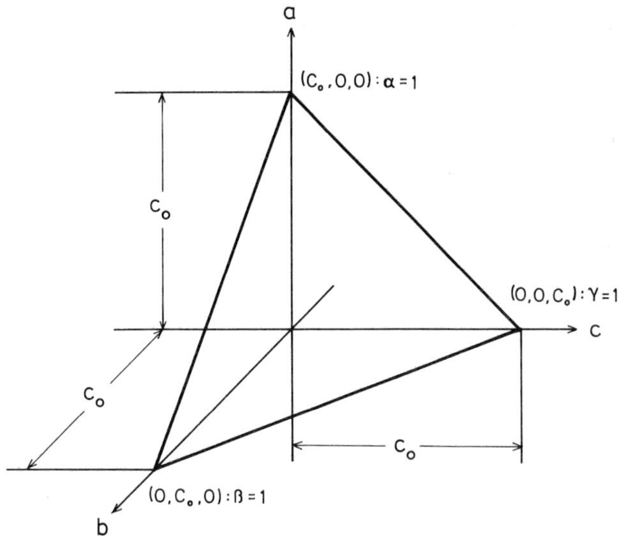

Abb. 17.37. Der Konzentrationssimplex in drei Dimensionen S_3. Dieser Simplex ist in den physikalisch zugänglichen Konzentrationsraum eingebettet — den positiven Orthanten von $\mathbb{R}^3$. Durch das Massenerhaltungsgesetz wird eine Schnittfläche definiert: $a+b+c=c_0$. Die Definition der relativen Konzentrationen führt also den Konzentrationsraum in den Einheitssimplex über: $\alpha=a/c_0$, $\beta=b:c_0$, $\gamma=c/c_0$

einen Mehr-Schritt-Mechanismus verwenden, bei welchem Auf- und Abbau des Autokatalysators (A) über verschiedene Reaktionswege laufen. Wir führen einen Fluß ein, der das System weitab vom Gleichgewicht hält und schließlich zu einem stationären Zustand führt. Im Prinzip genügt dazu ein Energiefluß, der die autokatalytische Reaktion mit einem Rückgewinnungsprozeß verbindet. Das einfachste System, das diese Anforderungen erfüllt, muß mit den folgenden 3-Schritt-Mechanismen identisch oder zumindest nahe verwandt sein:

$$A+B \underset{f_2}{\overset{f_1}{\rightleftarrows}} 2A\,, \tag{17.43a}$$

$$A \underset{d_2}{\overset{d_1}{\rightleftarrows}} C\,, \tag{17.43b}$$

$$C \xrightarrow{g(E)} B\,. \tag{17.43c}$$

Auf- und Abbau des Autokatalysators erfolgen reversibel. Die Wiedergewinnung von B aus C soll von einer äußeren Energiequelle abhängen. Im Prinzip könnte für diesen Zweck elektrische oder thermische Energie verwendet werden, oder elektromagnetische Strahlung. In dieser Arbeit wollen wir die Geschwindigkeitskonstante für den Aufbau mit „f", für den Abbau mit „d" bezeichnen. In Tabelle 17.2 bringen wir eine Analyse der Differentialgleichung, die dem Mechanismus (17.43a)–(17.43c) entspricht. Ein Resultat verdient dabei besondere Aufmerksamkeit: Es gibt zwei stationäre Zustände, die mit den Mechanismen vereinbar sind. Im Zustand $\bar{P}_1$ kommt nur B in nicht verschwindender Menge vor [$b=c_0$; mit c_0 bezeichnen wir dabei die Gesamtkonzentrationen, $c_0=a+b+c$, die ja durch Reaktion (17.43a)–(17.43c) erhalten bleibt]. Es folgt daraus, daß alle Bahnen am Konzentrationssim-

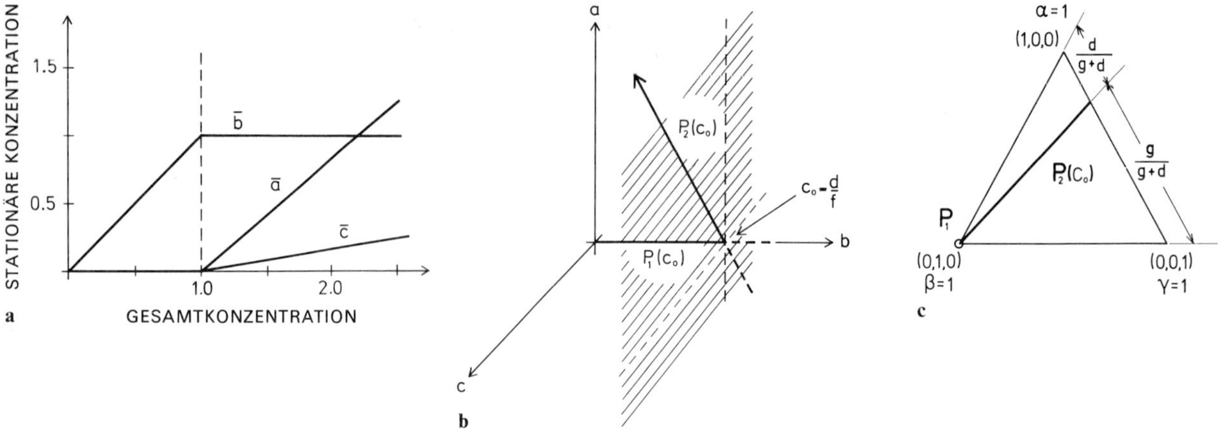

Abb. 17.38a–c. Die beiden Fixpunkte der Gleichung (T1–T3), die dem Mechanismus einer autokatalytischen Reaktion entspricht, die mit Abbau und Regeneration verbunden ist (17.43). Die Positionen der beiden Punkte sind Funktionen von c_0. Es gibt einen kritischen Wert von $c_0 = c_{cr}$, für den $\bar{P}_2$ in den Konzentrationssimplex eintritt (unterhalb dieses Wertes ist $\bar{P}_2$ nicht im positiven Orthanten, d.h. mindestens eine der Konzentrationen ist negativ). Beim kritischen Wert $c_0 = c_{cr}$ erfolgt ein Austausch in den Stabilitäten der beiden Fixpunkte $\bar{P}_1$ und $\bar{P}_2$. Bei niedrigeren Konzentrationen $c_0 < c_{cr}$ ist der reine Zustand $\bar{P}_1 = (0, c_0, 0)$ stabil, und weder der Autokatalysator noch das Zerfallsprodukt sind vorhanden. Oberhalb der Schwelle, $c_0 > c_{cr}$ ist der Zustand $\bar{P}_2$ im Inneren des Simplex und stabil. (Der Einfachheit halber wählen wir die Konstanten $f_1 = d_1 = 1$, $f_2 = d_2 = 0$ und $g = 3$; der kritische Wert ist dann $c_{cr} = 1$). Für Illustrationszwecke stellen wir hier drei Skizzen derselben Situation dar, **a** die stationären Konzentrationen als Funktionen von c_0, **b** die Positionen der Fixpunkte im Konzentrationsraum $\mathbb{R}^3$ und **c** die Positionen der Fixpunkte im Konzentrationssimplex

plex das Eck (0, $b = c_0$, 0) als ω-Limes besitzen (Abb. 17.39). Unter dem ω-Limes einer Bahn verstehen wir die Punktmenge, zu der die Bahn für $t \to \infty$ strebt. Der Zustand $\bar{P}_1$ ist stabil unterhalb eines kritischen Wertes

$$c_0 < c_{cr} = \frac{d_1}{f_1} \cdot \frac{g}{d_2 + g}. \tag{17.44}$$

Bei $c_0 = c_{cr}$ beobachten wir eine sehr einfache Art von Bifurkation. $\bar{P}_1$ wird instabil, und für $c_0 > c_{cr}$ dominiert ein neuer Zustand $\bar{P}_2$. Dieser Zustand $\bar{P}_2$ ist der eigentliche „Reaktionszustand" des Systems, da alle drei Komponenten A, B und C in nichtverschwindenden Mengen vorkommen und alle drei Reaktionen (17.43a)–(17.43c) mit nichtverschwindenden Flüssen erfolgen. $\bar{P}_2$ ist stabil oberhalb des Schwellwertes $c_0 = c_{cr}$. Anders ausgedrückt: Der autokatalytische Prozeß benötigt eine gewisse Mindestmenge an Material, damit der Reaktionskreislauf ablaufen kann. Der kritische Wert c_0 hängt in erster Linie vom Verhalten der Auf- und Abbauraten ab, sofern die Rückreaktion des Abbaues langsam ist im Vergleich zur Rückgewinnungsrate

$$d_2 \ll g: \; c_{cr} \simeq \frac{d_1}{f_1}.$$

Betrachten wir nun zwei extreme Situationen für den Rückgewinnungsprozeß. Bei sehr kleinen Werten von g nähert sich das System erwartungsgemäß dem Gleichgewichtszustand der Reaktionen (17.43a) u. (17.43b): c_{cr} strebt gegen Null und

$$\lim_{g \to 0} \bar{P}_2 = \frac{c_0}{f_1 d_1 + f_1 d_2 + f_2 d_2} (f_1 d_2, f_2 d_2, f_1 d_1)$$
$$= \frac{c_0}{FD + F + 1} (F, 1, FD),$$

wobei $F = f_1/f_2$ und $D = d_1/d_2$ die Gleichgewichtskonstanten der Reaktionen (17.43a) bzw. (17.43b) sind.

Wenn wir andererseits die Rückgewinnungsrate erhöhen, soweit dies unser Kontrollsystem zuläßt ($g \to +\infty$), dann erhalten wir $c_{cr} = f_1/d_1$ und für den relevanten stationären Zustand gilt:

$$\bar{P}_2 \simeq \frac{1}{f_1 + f_2} \left[f_1 c_0 - d_1, f_2 c_0 + d_1, (f_1 c_0 - d_1) \frac{d_1}{g} \right].$$

Dieses Resultat hat drei interessante Aspekte:

1. Die stationäre Konzentration von C wird proportional zu der von A

$$\frac{\bar{c}}{\bar{a}} = \frac{d_1}{g},$$

2. Die stationäre Konzentration von C wird sehr gering, was leicht einzusehen ist, da ja die Reaktion (17.43c) sehr schnell verläuft, und

3. Das Verhältnis $\bar{a}/\bar{b}$ ist gleich $(f_1 c_0 - d_1)/(f_2 c_0 + d_1)$.

Dieser letzte Aspekte zeigt ganz klar, daß die Einführung eines Rückgewinnungsprozesses nicht ausreicht, um eine autokatalytische Reaktion weitab vom Gleichgewicht zu halten. Bei hoher Konzentration kann $\bar{a}/\bar{b}$ beliebig nahe beim Gleichgewichtswert ($F = f_1/f_2$) sein. Im allgemeinen ist der Quotient etwas kleiner und abhängig von der Geschwindigkeitskonstante d_1 des Zerlegungsprozesses.

Zusätzlich zum Rückgewinnungsprozeß brauchen wir die de facto Irreversibilität des autokatalytischen Schrittes ($f_1 \gg f_2$), um die Reaktion innerhalb des Bereiches einer negativen Kraft-Fluß-Charakteristik zu halten (Bereich II). Wir wollen nun eine Situation betrachten, die den biochemischen Prozessen ähnelt,

Tabelle 17.2. Qualitative Analyse eines Dreischrittmechanismus für Replikation und Abbau eines Autokatalysators

Mechanismus

$$\mathrm{A}+\mathrm{B} \underset{f_2}{\overset{f_1}{\rightleftharpoons}} 2\mathrm{A} \quad \text{Selbstreplikation}$$

$$\mathrm{A} \underset{d_2}{\overset{d_1}{\rightleftharpoons}} \mathrm{C} \quad \text{Abbau}$$

$$\mathrm{C} \xrightarrow{g} \mathrm{B} \quad \text{Wiedergewinnung}$$

Differentialgleichung

$$\dot{a}=d_2c+(f_1b-f_2a-d_1)a \tag{T1}$$

$$\dot{b}=gc-(f_1b-f_2a)a \tag{T2}$$

$$\dot{c}=d_1a-(d_2+g)c \tag{T3}$$

Massenerhaltungsgesetz $\dot{a}+\dot{b}+\dot{c}=0$ oder $a+b+c=c_0$. Mit c_0 bezeichnen wir die Gesamtkonzentration des Systems. Wir beschreiben unser System durch einen Vektor in einem abstrakten Konzentrationsraum, der in unserem Beispiel dreidimensional ist:

$$\mathbf{P}=\{(a,b,c)\in \mathbb{R}^3\,; \quad a,b,c\geqq 0\} \tag{T4}$$

Unter Ausnützung der Massenerhaltung definieren wir neue Variable, die den positiven Orthanten auf einem Simplex abbilden (Abb. 17.37)

$$\boldsymbol{p}=(\alpha,\beta,\gamma)\,; \quad \alpha=\frac{a}{c_0}\,; \quad \beta=\frac{b}{c_0} \quad \text{und} \quad \gamma=\frac{c}{c_0} \tag{T5}$$

$$\boldsymbol{p}\in S_3\,; \quad S_3=\{\boldsymbol{p}\in \mathbb{R}^3\,;\alpha,\beta,\gamma>0\,;\alpha+\beta+\gamma=1\} \tag{T6}$$

Stationäre Lösungen: Stationäre Lösungen sind solche, in denen die Ableitungen aller Konzentrationen verschwinden, $\dot{a}=\dot{b}=\dot{c}=0$. Sie entsprechen den Fixpunkten der Differentialgleichung. Wir verwenden die Bezeichnungen[6]: $\bar{\mathbf{P}}_i=(\bar{a},\bar{b}_i,\bar{c}_i)$, $i=1,2\ldots$

In unserem konkreten Beispiel haben wir zwei Lösungen

$$\bar{\boldsymbol{P}}_1=(0,c_0,0) \tag{T7}$$

und

$$\bar{\boldsymbol{P}}_2=\frac{1}{f_1(d_1+d_2+g)+f_2(d_2+g)}\cdot\frac{1}{d_2+g} \cdot\{f_1c_0(d_2+g)^2-d_1(d_2+g)g, f_2c_0(d_2+g)^2+d_1(d_1+d_2+g)g, f_1c_0d_1(d_2+g)-d_1^2g\} \tag{T8}$$

Stabilitätsanalyse durch Linearisierung der Differentialgleichung um den Fixpunkt. Die stationäre Lösung ist gegenüber kleinen Störungen stabil, wenn alle Eigenwerte der Jacobischen negativen Realteilen besitzen. Die Jacobische Matrix A ist im allgemeinen Fall gegeben durch

$$A=\begin{bmatrix} \frac{\partial\dot{a}}{\partial a} & \frac{\partial\dot{a}}{\partial b} & \frac{\partial\dot{a}}{\partial c} & \cdots \\ \frac{\partial\dot{b}}{\partial a} & \frac{\partial\dot{b}}{\partial b} & \frac{\partial\dot{b}}{\partial c} & \cdots \\ \frac{\partial\dot{c}}{\partial a} & \frac{\partial\dot{c}}{\partial b} & \frac{\partial\dot{c}}{\partial c} & \cdots \\ \vdots & \vdots & \vdots & \end{bmatrix} \tag{T9}$$

In unserem Beispiel können wir auf Grund des Massenerhaltungsgesetzes eine Variable eliminieren, etwa $b=c_0-(a+c)$. A ist somit eine 2×2-Matrix

$$A=\begin{bmatrix} \frac{\partial\dot{a}}{\partial a} & \frac{\partial\dot{a}}{\partial c} \\ \frac{\partial\dot{c}}{\partial a} & \frac{\partial\dot{c}}{\partial c} \end{bmatrix}=\begin{pmatrix} f_1(c_0-c)-d_1-2(f_1+f_2)a & d_2-f_1a \\ d_1 & -(d_2+g) \end{pmatrix} \tag{T10}$$

Eine längere, aber einfache Rechnung führt zu folgenden Ausdrücken für die Eigenwerte $\omega_{1,2}$ der Matrix A

$$\begin{aligned} 0<c_0<\frac{d_1g}{f_1(d_2+g)}: \quad & \bar{\boldsymbol{P}}_1, \omega_1^{(1)}<0, \quad \omega_2^{(1)}<0 \\ & \bar{\boldsymbol{P}}_2, \omega_1^{(2)}<0, \quad \omega_2^{(2)}>0 \\ \frac{d_1g}{f_1(d_2+g)}<c_0: \quad & \bar{\boldsymbol{P}}_1, \omega_1^{(1)}<0, \quad \omega_2^{(1)}>0 \\ & \bar{\boldsymbol{P}}_2, \omega_1^{(2)}<0, \quad \omega_2^{(2)}<0 \end{aligned} \tag{T11}$$

Fassen wir die Gesamtkonzentration c_0 als Parameter auf, so beobachten wir für $c_0=c_{\mathrm{cr}}=d_1g/f_1(d_2+g)$ eine sehr einfache Art von „Bifurkation". $\bar{P}_1$ ist stabil für Werte unterhalb des kritischen Punktes, verliert aber diese Stabilität und wird ein instabiler stationärer Zustand für $c_0>c_{\mathrm{cr}}$. $\bar{P}_2$ dagegen ist für $c_0<c_{\mathrm{cr}}$ instabil, für $c_0>c_{\mathrm{cr}}$ stabil. Die Positionen der zwei Fixpunkte $\bar{P}_1$ und $\bar{P}_2$ (als Funktionen von c_0) sind in Abb. 17.38 gezeigt.

Linearisierung um den stationären Zustand erlaubt keine Schlußfolgerungen über Stabilität in dem Fall, daß einer der Eigenwerte Realteil Null besitzt. In dem Fall müssen auch die nichtlinearen Beiträge untersucht werden.

In Abb. 17.39 zeigen wir typische Trajektorien der Gl. (T1–T3) für $c_0<c_{\mathrm{cr}}$ und $c_0>c_{\mathrm{cr}}$.

---

[6] Der Einfachheit halber verwenden wir dasselbe Symbol (¯) für die Konzentrationen im stationären Zustand und im Gleichgewicht.

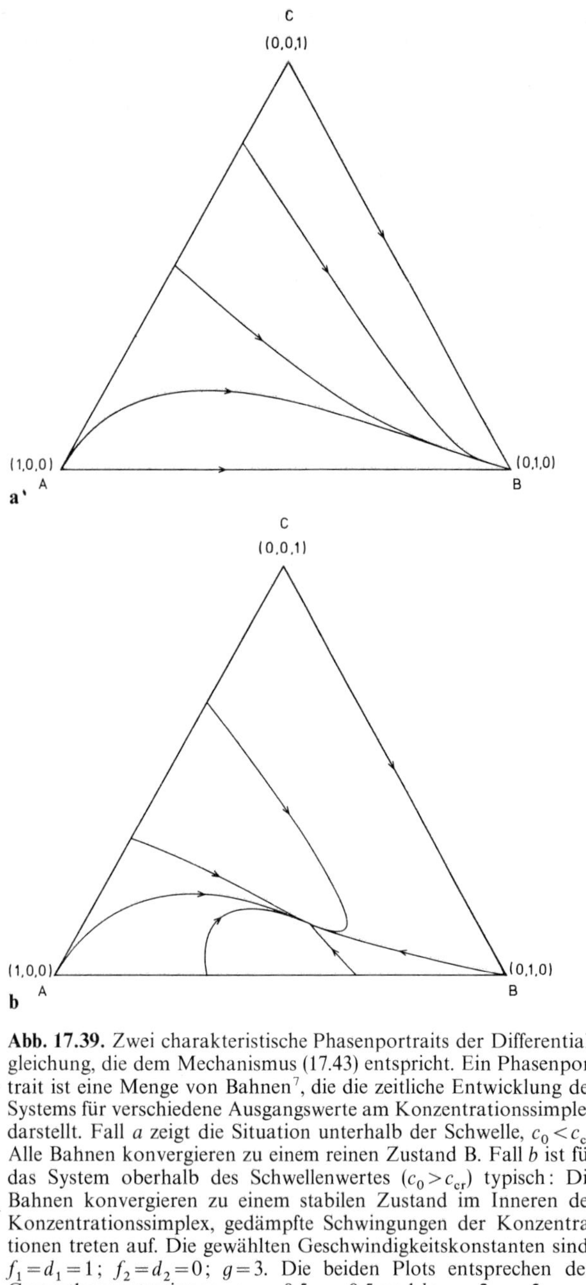

Abb. 17.39. Zwei charakteristische Phasenportraits der Differentialgleichung, die dem Mechanismus (17.43) entspricht. Ein Phasenportrait ist eine Menge von Bahnen[7], die die zeitliche Entwicklung des Systems für verschiedene Ausgangswerte am Konzentrationssimplex darstellt. Fall a zeigt die Situation unterhalb der Schwelle, $c_0 < c_{cr}$. Alle Bahnen konvergieren zu einem reinen Zustand B. Fall b ist für das System oberhalb des Schwellenwertes ($c_0 > c_{cr}$) typisch: Die Bahnen konvergieren zu einem stabilen Zustand im Inneren des Konzentrationssimplex, gedämpfte Schwingungen der Konzentrationen treten auf. Die gewählten Geschwindigkeitskonstanten sind: $f_1 = d_1 = 1$; $f_2 = d_2 = 0$; $g = 3$. Die beiden Plots entsprechen den Gesamtkonzentrationen $\underline{a}: c_0 = 0{,}5 c_{cr} = 0{,}5$ und $\underline{b}: c_0 = 2 c_{cr} = 2$

die in den folgenden Abschnitten besprochen werden: Sowohl Selbstreplikation als auch Abbauschritt erfolgen de facto irreversibel, $f_2 = 0$ und $d_2 = 0$ (wir verzichten jetzt auf den überflüssig gewordenen Index: $d_1 = d$, $f_1 = f$). Wir finden nun

$$c_{cr} = \frac{d}{f}$$

und

$$\bar{P}_2 = \frac{1}{f(d+g)} [(fc_0 - d)g, d(d+g), (fc_0 - d)d] .$$

Über dem Schwellenwert, $c_0 > c_{cr}$, ist die stationäre Konzentration von B konstant, $\bar{b} = d/f$, und zwar gleich dem kritischen Wert. Der autokatalytische Schritt regelt also seine Geschwindigkeit so, daß alles B verbraucht wird, was den absolut notwendigen Bedarf überschreitet. Wir können sagen, daß ein autokatalytischer Prozeß im Bereich der negativen Kraft-Fluß-Charakteristik die verfügbaren Ressourcen bis zum letzten erschöpft. Wie wir bald sehen werden, ist die Selektion in molekularen Systemen eine Folge dieses Verhaltens.

Im allgemeinen gehorchen die Schritte (17.43a) u. (17.43b) komplizierten Mehrschrittmechanismen. Wir werden konkrete experimentelle Beispiele im nächsten Abschnitt kennenlernen. Mehrschrittmechanismen sind schwierig zu analysieren. Die entsprechenden vereinfachten „overall"-Geschwindigkeitsgleichungen gehorchen nicht der Massenwirkungskinetik und enthalten im allgemeinen kompliziertere algebraische Ausdrücke als Polynome. Es ist trotzdem nicht unmöglich, den hier besprochenen Instabilitätstyp in sehr allgemeiner Gestalt zu untersuchen (Eigen, 1976). Zu diesem Zweck unterscheiden wir drei verschiedene Antworten der Reaktionsraten auf Fluktuationen in der Konzentration des Autokatalysators. Ein Zuwachs in a ($\delta a > 0$) kann folgendes verursachen:

1. Einen Zuwachs in der Reaktionsgeschwindigkeit (+);
2. keine Änderung in der Reaktionsgeschwindigkeit (0); und
3. eine Abnahme der Reaktionsgeschwindigkeit (−).

Wir haben dabei zwei Prozesse zu betrachten, den Aufbau (17.43a) und den Abbau (17.43b) des Autokatalysators. Wir haben es also mit neun verschiedenen Kombinationen von möglichen Antworten zu tun, die wir am besten in einer 3×3 Matrix anordnen (Abb. 17.40). Die Analyse der entsprechenden dynamischen Antwort in der Umgebung des betrachteten Zustands ist unmittelbar. Eigen u. Winkler-Oswatitsch (1975) geben Beispiele für die verschiedenen Verhalten, und zwar mit Hilfe von Brettspielen. Die Kombinationen, die nicht auf der Diagonalen liegen, sind entweder inhärent instabil oder stabil und daher für die Ziele der Selbstorganisation nicht zu gebrauchen (Abb. 17.40). Uns bleiben also drei Fälle übrig:

1. Die (+ +) Kombination der Antworten. Dieses Verhalten tritt in der chemischen Kinetik sehr häufig auf und kann durch verschiedene Mechanismen verwirklicht werden. Das sehr allgemeine System (17.43a)–(17.43c) — mit $f_2 = d_2 = 0$, oder sehr klein — ist ein Beispiel dazu. Die Aufbaurate nimmt mit der Konzentration von A zu ($\delta a > 0$), und ebenso die Abbaurate. (Man beachte, daß eine autokatalytische Reaktion im Bereich I diese Forderung nicht erfüllen kann, da ein Zuwachs in a zu einem Absinken der Rate

[7] Die Bahn einer Differentialgleichung ist eine Kurve im n-dimensionalen Raum, die einer bestimmten Lösung entspricht. Die Zeit t ist ein Parameter. Der ω-Limes einer Bahn ist der Punkt oder die Menge der Punkte, zu denen die Bahn für $t \to +\infty$ hinstrebt.

ZERSETZUNGSGESCHWINDIGKEIT REAKTION AUF $\delta a > 0$	BILDUNGSGESCHWINDIGKEIT REAKTION AUF $\delta a > 0$: +	0	−
+	VARIABEL	STABIL	STABIL
0	INSTABIL	INDIFFERENT	STABIL
−	INSTABIL	INSTABIL	VARIABEL

Abb. 17.40. Die Stabilität eines autokatalytischen Systems mit gesonderten Aufbau- und Abbaureaktionen (wie beim einfachen Beispiel im Mechanismus 17.43). Wir lassen drei verschiedene Antworten auf die Fluktuation δa zu: *1* Zuwachs der Geschwindigkeit, *2* keine Änderung und *3* Verringerung der Geschwindigkeit. Sechs der Kombinationen sind inhärent stabil oder instabil. Die geeigneten Kandidaten für die Selbstorganisation sind die Antwortkombinationen (+, +) und (−, −), die zu veränderlichem, also nicht notwendig nur stabilem oder unstabilem Verhalten des Systems führen (Eigen u. Winkler-Oswatitsch, 1975; Eigen, 1976). Im indifferenten Fall (0, 0) haben wir gar keine Antwort auf Fluktuationen, und das System driftet in einer Irrfahrt durch den Konzentrationsraum

führen würde und das System daher inhärent stabil wäre.)

2. Die (− −) Kombination der Antworten. Dieser Fall erfordert eine Abnahme der Reaktionsgeschwindigkeiten bei einem Zuwachs der Konzentrationen ($\delta a > 0$). Der autokatalytische Prozeß im Bereich I und die meisten anderen Synthesereaktionen würden diese Bedingung erfüllen. Mit dem Abbauprozeß aber kommt es zu Schwierigkeiten, da dessen chemischer Fluß [s. Gl. (17.43b), $d_2 = 0$, $d_1 = d$]

$$J = -\frac{da}{dt} = d \cdot a$$

strikt proportional zur Konzentration von A ist, wenn wir einen einfachen Einschrittmechanismus verwenden. Um hier die (−)-Antwort zu erhalten, müssen wir eine recht komplizierte molekulare Maschinerie für den Abbau annehmen, und zwar eine allosterische Enzymregulation. Überdies wäre die (−)-Antwort einer solchen Maschinerie notwendigerweise auf einen bestimmten Konzentrationsbereich eingeschränkt. Obwohl wir also die (− −)-Reaktion nicht a priori ausschließen können, ist es doch äußerst unwahrscheinlich, daß sie im molekularen System von allgemeiner Bedeutung ist.

Die indifferente Kombination (0, 0) schließlich ist von einem gewissen Interesse im Zusammenhang mit der nicht-selektiven Selbstreplikation, einem Problem, das in 17.2.7 diskutiert werden soll. In diesem Fall erfolgt keine Antwort der Reaktionsgeschwindigkeiten auf Änderungen in der Konzentration von A. Alle Zustände, die durch eine (00)-Antwort charakterisiert sind, sind lokal stabil, sofern man vom Herumdriften durch Fluktuationen absieht. Fluktuationen führen allerdings zu zufälligen Änderungen in der Konzentration. Die Entwicklung eines derartigen Zustands kann nicht mehr durch Differentialgleichungen beschrieben werden. Man muß, wie wir sehen werden, stochastische Prozesse betrachten, wobei die Konzentrationen durch Wahrscheinlichkeitsverteilungen ersetzt werden.

Dementsprechend ist also die (+ +)-Kombination der Antworten auf Änderungen in den Konzentrationen der wahrscheinlichste Kandidat für Selbstorganisation von präbiotischen, also relativ einfachen, molekularen Systemen. Diese Kombination erfordert nichts weiter als eine autokatalytische Reaktion, die weitab vom Gleichgewicht abläuft.

Biologische Systeme folgen grundsätzlich Reaktionsmustern, die denen von Gln. (17.43a)–(17.43c) eng verwandt sind: Die Synthesen von genetischem Material, das durch die autokatalytisch wirkenden Polynukleotide (A) gegeben ist, erfordert aktive Monomere, die Nukleosidtriphosphate (B). Polynukleotide werden durch Hydrolyse abgebaut, um „energieärmeres" Material, d.h. Nukleosidmonophosphate (C) zu liefern. Unter den natürlichen Bedingungen sind sowohl Reaktion (17.43a) als auch (17.43b) praktisch irreversibel, und daher sind die in diesem Abschnitt diskutierten Bedingungen alle erfüllt. Die energiearmen Monomere werden durch eine Rückgewinnungsreaktion, die Energie verbraucht, aktiviert. In der Biosphäre muß jeder solche Rückgewinnungsprozeß letzten Endes Sonnenlicht oder geothermische Energie verwenden. *In-vitro*-Experimente können den Rückgewinnungsprozeß durch stetige (Flußreaktor) oder schrittweise (serial transfer) Erneuerung des verbrauchten Materials ersetzen (Abschn. 17.2.4). Tatsächlich sind alle bisher bekannten Prozesse, wie wir sehen werden, weitaus komplizierter als die Reaktion (17.43). Jede der drei Reaktionen erfordert in Wirklichkeit viele Einzelschritte. Nichtsdestoweniger wird die „overall"-Kinetik in vielen, durchaus realistischen Fällen, starke Ähnlichkeit mit den Gln. (17.43a)–(17.43c) besitzen.

17.2.4 Die molekularen Mechanismen der RNS-Replikation

Autokatalyse und Selbstreplikation[8] beruhen üblicherweise auf komplizierten Mehrschrittmechanismen. Das gilt in der „nichtbiologischen" Welt — die autokatalytische Dampfphasenoxydation von molekularen Wasserstoff und die Belousov-Zhabotinski-Reaktion in wäßriger Lösung (Abb. 17.41) können hierfür als Beispiele dienen — sowie in der Biologie. Im letzteren

[8] Bisher haben wir Autokatalyse und Selbstreplikation als Synonyme verwendet. Das ist im üblichen Sprachgebrauch nicht völlig richtig. Wir können sagen, daß sich kleine Radikale in autokatalytischen Reaktionen vermehren, aber wir werden kaum den Ausdruck „Selbstreplikation" für diesen Vorgang gebrauchen. Er ist für die Replikation komplexer Einheiten wie etwa Biopolymeren vorbehalten.

$$2\,H_2 + O_2 \longrightarrow 2\,H_2O$$

$OH + H_2$	$\longrightarrow$	$H_2O + H$	(1)
$H + O_2$	$\longrightarrow$	$OH + O$	(2)
$O + H_2$	$\longrightarrow$	$OH + H$	(3)
$H + O_2 + M$	$\longrightarrow$	$HO_2 + M$	(4)
HO_2	$\xrightarrow{\text{OBERFLÄCHE}}$	DESAKTIVIERUNG	(5)
$HO_2 + H_2O_2$	$\longrightarrow$	$H_2O + O_2 + OH$	(6)
$H_2O_2 + M$	$\longrightarrow$	$OH + OH + M$	(7)
$HO_2 + H_2$	$\longrightarrow$	$H_2O_2 + H$	(8)
$HO_2 + H_2$	$\longrightarrow$	$H_2O + OH$	(9)

M, M' SIND STOSSPARTNER, DIE ÜBERSCHÜSSIGE ENERGIE ABFÜHREN

a

Reaktion	Nr.
$2H^+ + Br^- + BrO_3^- \rightleftharpoons HOBr + HBrO_2$	(1)
$H^+ + HBrO_2 + Br^- \rightleftharpoons 2HOBr$	(2)
$HOBr + Br^- + H^+ \rightleftharpoons Br_2 + H_2O$	(3)
$CH_2(COOH)_2 \rightleftharpoons (OH)_2C{=}CHCOOH$	(4)
$Br_2 + (OH)_2C{=}CHCOOH \rightleftharpoons H^+ + Br^- + BrCH(COOH)_2$	(5)
$HOBr + (OH)_2C{=}CHCOOH \rightleftharpoons H_2O + BrCH(COOH)_2$	(6)
$HBrO_2 + BrO_3^- + H^+ \rightleftharpoons 2BrO_2^\bullet + H_2O$	(7)
$BrO_2^\bullet + Ce^{(III)} + H^+ \rightleftharpoons Ce^{(IV)} + HBrO_2$	(8)
$Ce^{(IV)} + BrO_2^\bullet + H_2O \rightleftharpoons BrO_3^- + 2H^+ + Ce^{(III)}$	(9)
$2HBrO_2 \rightleftharpoons HOBr + BrO_3^- + H^+$	(10)
$Ce^{(IV)} + CH_2(COOH)_2 \longrightarrow {}^\bullet CH(COOH)_2 + Ce^{(III)} + H^+$	(11)
${}^\bullet CH(COOH)_2 + BrCH(COOH)_2 + H_2O \longrightarrow Br^- + CH_2(COOH)_2 + HOC(COOH)_2 + H^+$	(12)
$Ce^{(IV)} + BrCH(COOH)_2 + H_2O \longrightarrow Br^- + HO\dot{C}(COOH)_2 + Ce^{(III)} + 2H^+$	(13)
$2HO\dot{C}(COOH)_2 \longrightarrow HOCH(COOH)_2 + O{=}CHCOOH + CO_2$	(14)
$Ce^{(IV)} + HOCH(COOH)_2 \longrightarrow HO\dot{C}(COOH)_2 + Ce^{(III)} + H^+$	(15)
$Ce^{(IV)} + O{=}CHCOOH \longrightarrow O{=}\dot{C}COOH + Ce^{(III)} + H^+$	(16)
$2O{=}\dot{C}COOH + H_2O \longrightarrow O{=}CHCOOH + HCOOH + CO_2$	(17)
$Br_2 + HCOOH \longrightarrow 2Br^- + CO_2 + 2H^+$	(18)
$HOBr + HCOOH \longrightarrow Br^- + H^+ + CO_2 + H_2O$	(19)
$2{}^\bullet CH(COOH)_2 + H_2O \longrightarrow CH_2(COOH)_2 + HOCH(COOH)_2$	(20)
$Br_2 + BrCH(COOH)_2 \longrightarrow Br_2CHCOOH + Br^- + H^+ + CO_2$	(21)
$HO\dot{C}(COOH)_2 + BrCH(COOH)_2 + H_2O \longrightarrow Br^- + HOCH(COOH)_2 + HO\dot{C}(COOH)_2 + H^+$	(22)

b

Abb. 17.41a, b. Der Mehrschrittmechanismus von wirklich auftretenden autokatalytischen Reaktionen. **a** Oxydation in der Gasphase von molekularem Wasserstoff und **b** die Belousov-Zhabotinski Reaktion in wäßriger Lösung

Fall läßt sich die Replikation von Polynukleotiden als „harter Kern" der Molekulargenetik ansehen. Der molekulare Replikationsmechanismus von viraler RNS mittels spezifischer Enzyme ist ausführlich untersucht worden. Besonders gut sind die $Q\beta$-Bakteriophagen erforscht.

Die nunmehr bekannten Einzelheiten reichen bereits aus, um eine kinetische Analyse zu versuchen. Ein kürzlich vorgeschlagener Mechanismus (Eigen et al., 1981) besteht aus vielen Einzelschritten, die in drei Phasen des Replikationsprozesses zusammengefaßt werden können:

Initiierung und Kettenverlängerung für den Polymerisationsprozeß sowie Reaktivierung des Enzyms (Abb. 17.42).

Experimentelle Untersuchungen über die Replikation von RNS mittels $Q\beta$-Replikase setzen mit den „serial transfer"-Experimenten von Spiegelmann (1971) ein. In diesen Experimenten wächst RNS unter idealisierten Bedingungen: Enzym und aktivierte Monomere, ATP, GTP, UTP und CTP, sind im Überschuß vorhanden. Was die RNS-Synthese in der Lösung verbraucht, wird in diskreten Zeitintervallen durch neue Vorräte ergänzt (Abb. 17.43). Wir werden später noch diese „serial-transfer"-Experimente als elegante Beispiele von Evolution im Reagenzglas erwähnen. Neuere experimentelle Untersuchungen (Küppers u. Sumper, 1975) legen nahe, daß es spezifische Stellen für die Wiedererkennung in allen RNS-Molekülen gibt, die vom Enzym als Matrizen akzeptiert werden: So eine Stelle besteht aus je zwei –CCC-Triplets in einem bestimmten, aber nicht völlig fixierten Abstand vom 3'-Ende des Molekülstrangs, der repliziert wird (Abb. 17.42). Ein weiteres interessantes Resultat wurde von Sumper u. Luce (1975) gewonnen: Sie waren in der Lage nachzuweisen, daß $Q\beta$-Replikase die „de novo"-Synthese von RNS katalysiert. Mit anderen Worten: Das Enzym ist in der Lage, bei Abwesenheit einer Matrize sein eigenes Polynukleotid zu synthetisieren.

Der detaillierte Mechanismus der RNS-Synthese ist kompliziert, aber dennoch reichen zwei einfache Modelle, die wir jetzt gleich diskutieren wollen, aus, um uns mit der nötigen Einsicht in die Replikationskinetik zu versehen. Das erste Modell behandelt in einer sehr vereinfachten Form die Wirkung von enzymatischer RNS-Polymerase. Wir beschreiben die Selbstreplika-

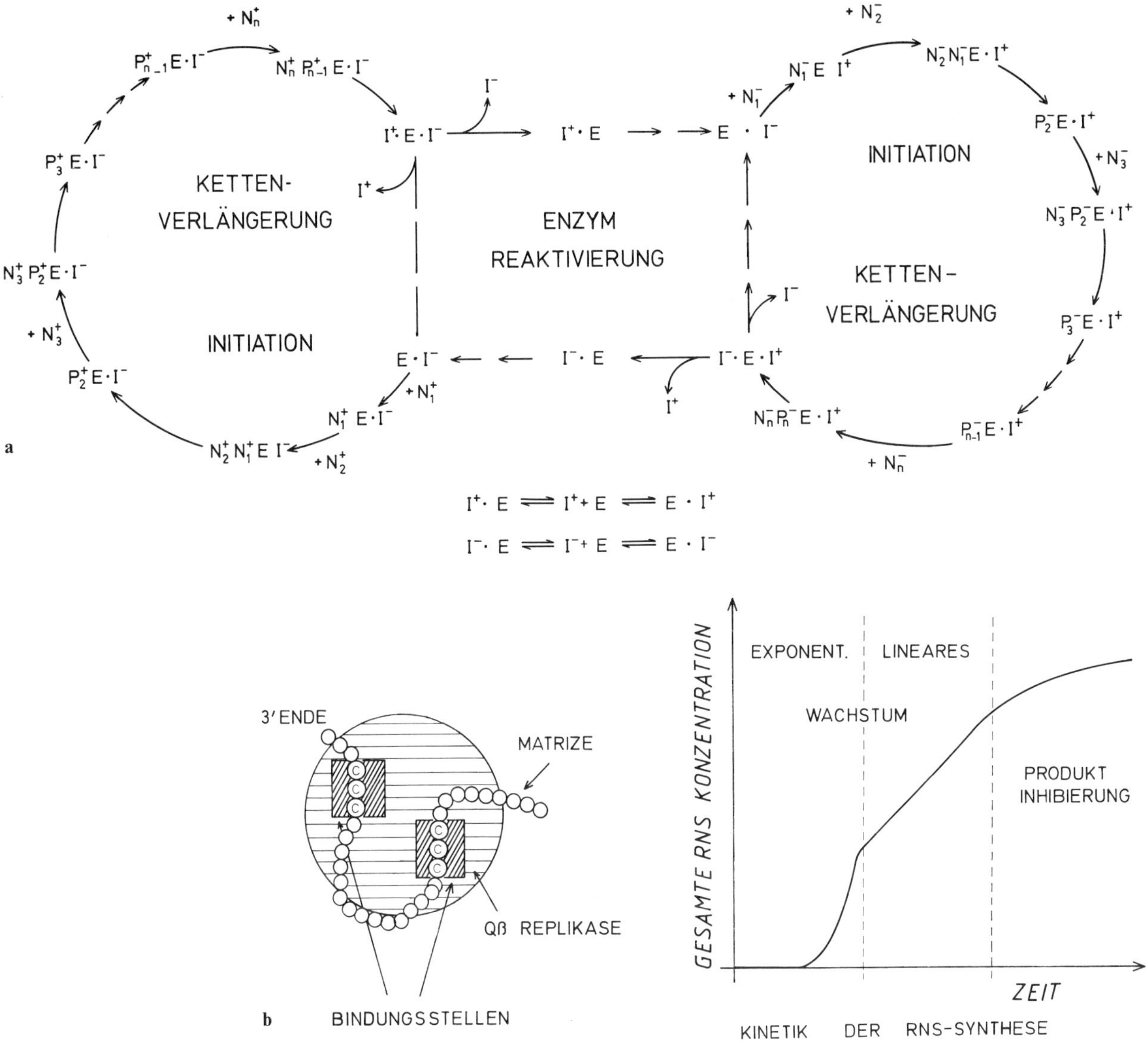

Abb. 17.42. Ein zyklischer Mechanismus für die *in vitro*-Replikation von RNS-Bakteriophagen, wie von Biebricher et al. (1981) angegeben, um damit die mit dem Qβ-System erhaltenen Resultate zu interpretieren. E, I^+ und I^- stellen die freie Qβ-Polymerase sowie die zu replizierenden Plus- und Minusstränge dar. $N_1^+, N_2^+, \ldots, N_n^+$ und $N_1^+, N_2^-, \ldots, N_n^-$ sind die Nukleosidtriphosphate in der Reihenfolge, wie sie in den Plus- bzw. Minussträngen auftreten. Die Kette der neu synthetisierten Moleküle wächst von 5′ zum 3′-Ende. $P_2^+, P_3^+, \ldots, P_n^+$ und $P_2^-, P_3^-, \ldots, P_{n-1}^-$ werden als Symbole für die wachsenden Ketten verwendet. Eine Nukleationslänge von zwei Basen ist vorausgesetzt. Das Enzym erkennt eine potentielle Matrize durch zwei CCC-Tripeln in bestimmter Entfernung vom 3′-Ende des RNS Moleküls. Um die wirksame Replikation zu garantieren, müssen beide Stränge, Plus und Minus, die Erkennungsstelle tragen. Daher gibt es komplementäre Bereiche mit zwei GGG-Tripeln an den 5′-Enden beider Polynukleotide (Küppers u. Sumper, 1975). Die Enzymreaktivierung ist notwendig, weil die zwei Polynukleotide nicht an geeigneter Stelle stehen, um die Polymerisation wieder zu starten: Der neu synthetisierte Strang ist mit dem korrekten Ende (3′) gebunden, aber am falschen Platz (Synthesestelle), während der alte Strang an der korrekten (Ablese-)Stelle sitzt, aber mit dem falschen Ende gebunden ist. Der Mehrschrittmechanismus besteht also aus drei unterscheidbaren Prozessen: Initiierung der RNS-Synthese, Kettenbildung und Reaktivierung des Enzyms. Eine typische Lösungskurve des entsprechenden Systems von Differentialgleichungen zeigt drei Wachstumsphasen: Exponentielles Wachstum bei niedriger Konzentration der Matrizen, lineares Wachstum oberhalb der Sättigungsgrenze des Enzyms durch Polynukleotide und weiteres Abflachen bei noch höheren Konzentrationen der Matrizen, wenn die Reaktivierung der geschwindigkeitsbegrenzende Schritt wird

tion über einem Polynukleotid-Enzym-Komplex durch einen Zweischrittmechanismus

$$I + E \underset{k_2}{\overset{k_1}{\rightleftharpoons}} I \cdot E, \tag{17.45a}$$

$$I \cdot E + \sum_{\lambda=1}^{4} \nu_\lambda B_\lambda \xrightarrow{f} I \cdot E + I. \tag{17.45b}$$

Wir bezeichnen das RNS-Molekül mit I, das Enzym mit E und den Polynukleotid-Enzym-Komplex mit I · E. Die vier energiereichen Monomere, die in das neu synthetisierte RNS-Molekül eingebaut werden, sind symbolisch mit $B_\lambda, \lambda = 1, \ldots, 4$ bezeichnet, z.B. B_1 = ATP, B_2 = GTP, B_3 = UTP und B_4 = CTP; die ν_λ sind die zugehörigen stöchiometrischen Koeffizienten.

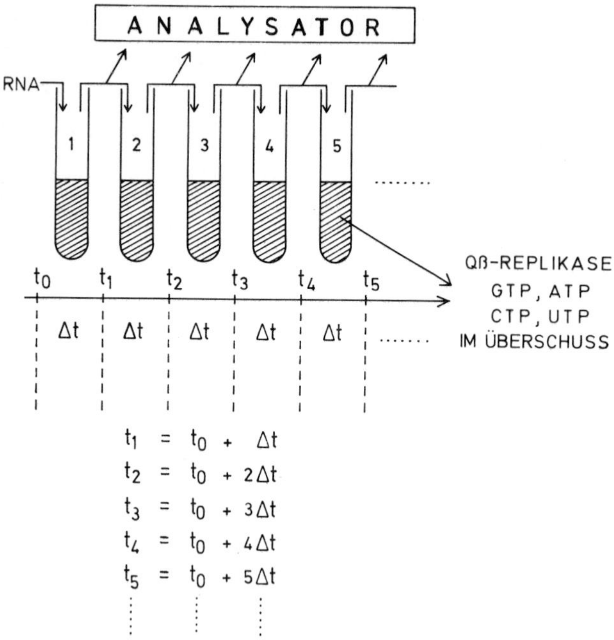

Abb. 17.43. Die Technik der "serial-transfer"-Experimente (Spiegelmann, 1971). RNS, insbesondere RNS des Bakteriophagen $Q\beta$, wächst in einem Medium, das das Enzym $Q\beta$-Replikase enthält und noch zusätzlich die vier Nukleosidtriphosphate ATP, UTP, GTP und CTP im Überschuß. Nach einer Zeit Δt wird eine Stichprobe aus dem Testglas entnommen. Ein Teil davon wird analysiert, ein weiterer Teil in ein neues Medium transferiert. Die Prozedur wird nach Zeitintervallen Δt wiederholt. Die Bedingungen werden so gewählt, daß die RNS in der exponentiellen Phase wächst (s. Abb. 17.44 u. 17.50)

[Man beachte, daß der Mechanismus (17.45) eine detailliertere Version des autokatalytischen Schrittes (17.43a) ist. I kann mit dem Autokatalysator A identifiziert werden, und $\sum \nu_\lambda B_\lambda$ entspricht dann B.]

Die folgenden Symbole werden für die Konzentrationen verwendet: $[I]=x$, $[E]=e$ und $[I\cdot E]=y$. Wir setzen gepufferte Konzentrationen für alle aktivierten Monomere voraus: $[B_\lambda]=b_\lambda^0$ $\lambda=1,\ldots,4$, sodaß diese also nicht als Variable in unsere kinetischen Gleichungen eingehen. Wir berücksichtigen sie bei der Neubezeichnung der Geschwindigkeitskonstanten f:

$$f'=f\cdot F(b_1^0, b_2^0, b_3^0, b_4^0)$$

und erhalten solcherart die folgenden kinetischen Gleichungen

$$\dot{x}=(f'+k_2)y-k_1xe\,, \tag{17.46a}$$

$$\dot{y}=k_1xe-k_2y\,, \tag{17.46b}$$

$$\dot{e}=k_2y-k_1xe=-\dot{y}\,. \tag{17.46c}$$

Aus (17.46b) u. (17.46c) folgt sofort $\dot{y}+\dot{e}=0$ oder $y+e=e_0=\text{konst.}$

Diese Erhaltungsrelation entspricht der katalytischen Rolle des Enzyms, das während der katalysierten Reaktion weder produziert noch verbraucht wird. Die Gesamtkonzentration des Polynukleotids I, $x_0=x+y$, nimmt ständig zu, da

$$\dot{x}_0=\dot{x}+\dot{y}=f'y>0 \tag{17.46d}$$

Um mehr über die Natur der Wachstumsfunktion zu lernen, machen wir eine einfache Approximation. Wir nehmen ein „Quasigleichgewicht" für die Komplexbildung an, oder anders ausgedrückt, wir setzen voraus, daß f' so klein ist, daß Reaktion (17.45a) praktisch im Gleichgewichtszustand verharrt. Dann erhalten wir

$$y=\frac{x_0+e_0+K^{-1}}{2}\left(1-\sqrt{1-\frac{4x_0e_0}{(x_0+e_0+K^{-1})^2}}\right). \tag{17.47}$$

Dieser Ausdruck kann leicht untersucht werden, wenn für die Gleichgewichtskonstante $K=k_1/k_2$ gilt, daß $K^{-1}>e_0$. Wir unterscheiden zwei Grenzfälle:

1. Niedrige Gesamtkonzentration von I: $x_0 \ll e_0$ $y\simeq Kx_0e_0$ und daher $\dot{x}_0=f'Ke_0x_0$. Die Differentialgleichung stimmt mit Gl. (17.40) überein und führt zu exponentiellem Wachstum (17.40a). Der Mechanismus (17.45) beinhaltet einen „verborgenen" autokatalytischen Schritt, der im Grenzfall niedriger Konzentrationen offenbar wird.

2. Hohe Gesamtkonzentration von I: $x_0>K^{-1}>e_0$, $y\simeq e_0$ und daher $\dot{x}_0=f'e_0=\text{konst.}$ Diese Bedingung nennt man gewöhnlich „Sättigung des Enzyms". Nahezu das gesamte Enzym liegt als Komplex I·E vor ($y\simeq e_0$), und das Enzym arbeitet daher mit der Höchstgeschwindigkeit, welche nicht mehr von der Konzentration an Matrizen abhängt. Die Gesamtkonzentration an Polynukleotiden wächst linear: $x_0(t)=x_0(\tau)+f'e_0(t-\tau)$ für $\tau<t$. Oft ist es praktisch, Gln. (17.47a)–(17.47d) durch einen Ausdruck vom Michaelis-Menten-Typ zu approximieren

$$y\simeq\frac{x_0e_0}{x_0+e_0+K^{-1}}. \tag{17.48}$$

In den zwei asymptotischen Grenzfällen, $x_0\to 0$ und $x_0\to\infty$ wird dieser Ausdruck exakt, sonst weicht er höchstens um einen Faktor 2 ab.

Das Verhalten der Lösungskurven der Gln. (17.46a)–(17.46d) — exponentielles Wachstum bei niedrigen, lineares bei hohen Konzentrationen — hängt nicht von der Approximation ab. Das kann man durch numerische Analyse für verschiedene Anfangswerte bestätigen. Ein charakteristisches Beispiel ist in Abb. 17.44 gegeben.

Das zweite einfache Modell entspricht der „komplementären Replikation". Die Eigenschaft der RNS, als Matrize für die eigene Reproduktion zu dienen, ist das Ergebnis ihrer molekularen Struktur, und insbesonders eine Folge der Komplementarität der Basen A=U und G≡C (Abb. 17.45). Die Replikation eines RNS-Moleküls liefert zunächst eine negative Kopie, welche bei der nächsten Replikation eine neue Kopie der ursprünglichen Sequenz liefert. (Der ganze Vorgang ähnelt sehr der üblichen photographischen Technik.) In diesem zweiten Modell wollen wir den Einfluß der intermediären negativen Kopie — des „minus-Stranges" — auf die Dynamik des Replikationsprozes-

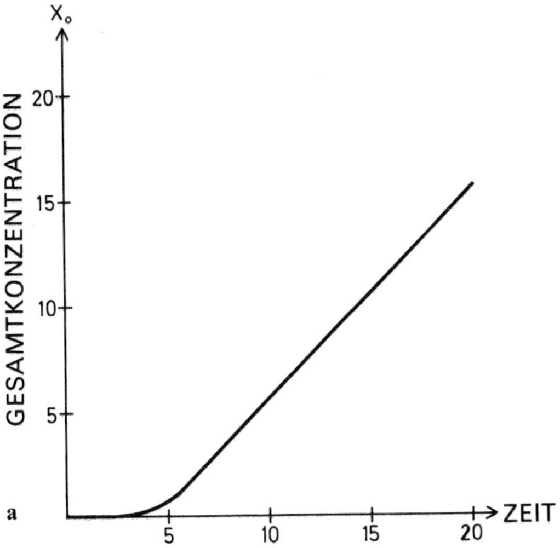

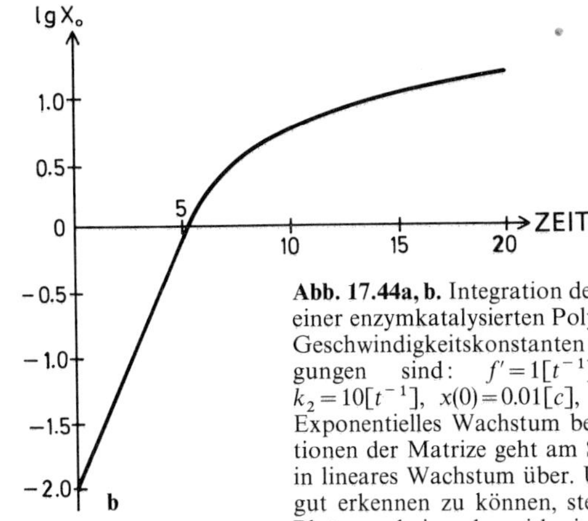

Abb. 17.44a, b. Integration der Gl. (17.46) als Beispiel einer enzymkatalysierten Polynukleotidsynthese. Die Geschwindigkeitskonstanten und die Anfangsbedingungen sind: $f'=1[t^{-1}]$, $k_1=1000[t^{-1}c^{-1}]$, $k_2=10[t^{-1}]$, $x(0)=0.01[c]$, $y(0)=0$ und $e_0=1[c]$. Exponentielles Wachstum bei niedrigen Konzentrationen der Matrize geht am Sättigungspunkt $x_0 \simeq e_0$ in lineares Wachstum über. Um beide Phasen gleich gut erkennen zu können, stellen wir einen linearen Plot **a** und einen logarithmischen **b** dar

ses untersuchen. Wir setzen also voraus, daß zwei komplementäre RNS-Stränge, ein Plus- und ein Minusstrang (I^- und I^+), vorliegen. Beide werden durch dasselbe Enzym E repliziert. Der „overall“-Mechanismus bei niedriger Konzentration der Matrize entspricht folgenden Reaktionsgleichungen (unter den gegebenen Bedingungen sind die intermediären Komplexe $I^+ \cdot E$ und $I^- \cdot E$ in sehr geringen Konzentrationen vorhanden):

$$I^+ + E + \sum_{\lambda=1}^{4} \nu_\lambda^{(-)} B_\lambda \xrightarrow{l_2} E + I^+ + I^-, \qquad (17.49a)$$

$$I^- + E + \sum_{\lambda=1}^{4} \nu_\lambda^{(+)} B_\lambda \xrightarrow{l_1} E + I^+ + I^-. \qquad (17.49b)$$

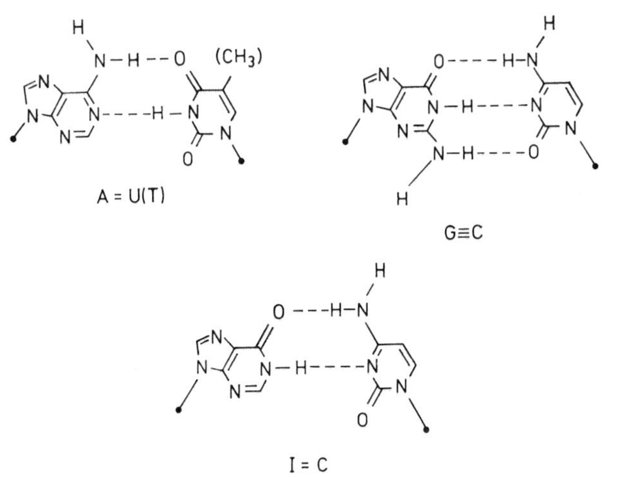

Abb. 17.45. Komplementarität von Purin- und Pyrimidinbasen in der Doppelhelix der Nukleinsäuren. Die Übereinstimmung von zwei Faktoren ist wesentlich: *1* Komplementäre Positionen von Wasserstoffbrückendonor- und Akzeptorstellen und *2* die passende Geometrie der Basenpaare, die das Einsetzen in das Rückgrat der Doppelhelix ermöglicht. A = U(T) und C ≡ G treten in RNS (DNS) regelmäßig auf, I = C ist als Beispiel einer ungewöhnlichen Paarung gezeigt, wie sie gelegentlich in katalytisch aktiven RNS Molekülen, t-RNS und ribosomaler RNS auftritt

Wieder setzen wir gepufferte Konzentrationen der energiereichen Monomere voraus. Wir bezeichnen die veränderlichen Konzentrationen mit $[I^+]=x_1$ und $[I^-]=x_2$ und die entsprechenden Bruttogeschwindigkeitskonstante mit

$$l'_1 = l_1 F_1(b_1^0, b_2^0, b_3^0, b_4^0) e_0$$

und

$$l'_2 = l_2 F_2(b_1^0, b_2^0, b_3^0, b_4^0) e_0 .$$

Wie schon früher ist e_0 die totale Konzentration des Enzyms. Wir gelangen derart zu einer linearen Differentialgleichung (Eigen, 1971)

$$\dot{x}_1 = l'_1 x_2 \quad \text{und} \quad \dot{x}_2 = l'_2 x_1 . \qquad (17.50)$$

Gleichung (17.50) kann nach einer geeigneten linearen Koordinatentransformation einfach interpretiert werden:

$$X = \sqrt{l'_2}\, x_1 + \sqrt{l'_1}\, x_2 \quad \text{und} \quad \xi = \sqrt{l'_2}\, x_1 - \sqrt{l'_1}\, x_2 . \qquad (17.51a)$$

$$\dot{X} = \sqrt{l'_1 l'_2}\, X \quad \text{also} \quad X(t) = X(0) \exp(\sqrt{l'_1 l'_2}\, t),$$

$$\dot{\xi} = -\sqrt{l'_1 l'_2}\, \xi \quad \text{also} \quad \xi(t) = \xi(0) \exp(-\sqrt{l'_1 l'_2}\, t) . \qquad (17.51b)$$

Wir sehen sofort, daß das Verhältnis der Konzentrationen von I^+ und I^- einem konstanten Wert zustrebt:

$$\lim_{t\to\infty} \xi(t) = 0 ; \quad \frac{x_1(t)}{x_2(t)} \to \frac{\sqrt{l'_1}}{\sqrt{l'_2}} .$$

Das Plus-Minus-Ensemble wächst exponentiell mit der Geschwindigkeitskonstanten $\sqrt{l'_1 l'_2}$.

Die Analyse von komplizierten Mechanismen der RNS-Synthese (Abb. 17.42) ist natürlich aufwendiger, führt aber zum gleichen qualitativen Verhalten: Bei niedriger Konzentration finden wir exponentielles Wachstum, so wie bei der einfachen autokatalytischen Reaktion. Bei sehr hohen Konzentrationen an Matrizen führt der in Abb. 17.42 gezeigte Mechanismus zu einer Abweichung vom linearen Wachstum: Die Reaktivierung des Enzyms wird hier zum begrenzenden Faktor, und die Lösungskurven werden horizontal. Genau das wurde experimentell bei der RNS-Replikation durch $Q\beta$-Replikase gefunden (Eigen et al., 1981; s. auch Abb. 17.42).

17.2.5 Der Evolutionsreaktor

Damit ein so komplexes Problem wie das der RNS-Replikation einer formalen mathematischen Behandlung zugängig gemacht werden kann, müssen wir die mechanistische Vielfalt und die Umwelteinflüsse auf ein Minimum reduzieren. Ein Dialysen-Reaktor, wie er schematisch in Abb. 17.46 gezeigt und detailliert in

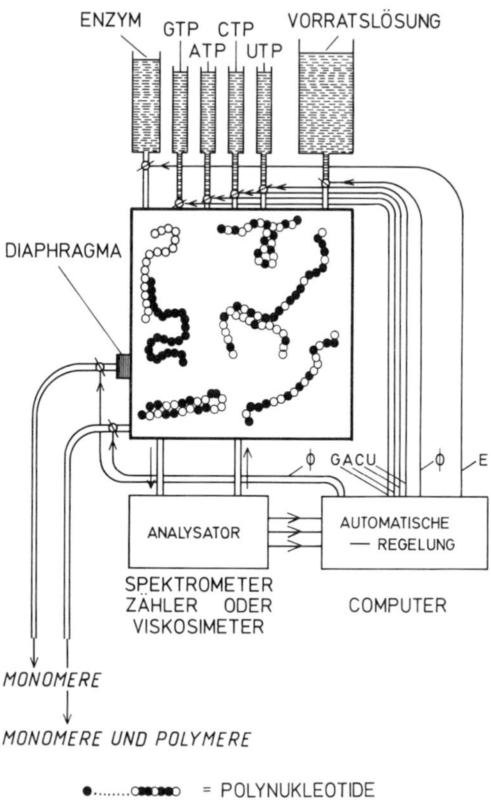

Abb. 17.46. Dialysen-Reaktor für Evolutionsexperimente (s. z. B. Küppers, 1979). Diese Art von Flußreaktor besteht aus einem Reaktionsgefäß, das Temperatur- und Druckkontrolle erlaubt. Die Wände sind für Polynukleotide undurchdringlich. Energiereiches Material wird von der Umgebung in den Reaktor geführt. Die Abbauprodukte werden stetig entfernt. Der Materialtransport ist so eingestellt, daß die Konzentrationen der Monomere im Reaktor konstant sind. Ein Verdünnungsfluß entfernt den Überschuß an Polynukleotiden, die sich durch Vermehrung bilden. Daher ist die Summe der Konzentrationen

$$[I_1]+[I_2]+\ldots+[I_n]=\sum_{i=1}^{n} x_i=c$$

durch den Fluß ϕ kontrolliert. Unter „konstanter Organisation" ist ϕ so geregelt, daß die Konzentration $c=c_0$ konstant ist. Die Regelung von ϕ bedarf einer internen Kontrolle, die durch die Analyse der Lösung und Datenverarbeitung durch einen Computer, wie oben angedeutet, ermöglicht wird

Küppers (1979) beschrieben wird, ist für diesen Zweck wohl geeignet. Der Reaktor ermöglicht es, die Konzentrationen aller niedriggewichtigen Molekülsorten, insbesonders die der vier Triphosphate ATP, UTP, GTP und CTP und die ihrer Abbauprodukte AMP, UMP, GMP und CMP, zu kontrollieren. Wenn man sie konstant hält, so verbleiben ausschließlich die Konzentrationen der Makromoleküle als veränderliche Größen. Weiter kann man die Konzentration des Enzyms kontrollieren, falls ein solches in der Polynukleotidsynthese verwendet wird (matrizeninduzierte, enzymfreie Synthese von Oligonukleotiden wird im Abschn. 17.2.8 diskutiert). Zunächst werden wir das Enzym als Teil der Umgebung ansehen und daher seine totale Konzentration (e_0) konstant halten. Im Abschn. 17.2.9 wird die Proteinsynthese explizit behandelt. Darüber hinaus kann die totale Konzentration der Polynukleotide, c, mit Hilfe des Verdünnungsflusses ϕ kontrolliert werden.

Nehmen wir an, daß n verschiedene Sorten von Polynukleotiden zugleich im Evolutionsreaktor vorhanden sind. „Verschiedene Sorten" heißt hier verschiedene chemische Sequenzen. Wir bezeichnen sie hier mit $I_1, \ldots, I_n$ und die entsprechenden Konzentrationen mit $[I_1]=x_1, \ldots, [I_n]=x_n$. Die Gesamtkonzentration der Polynukleotide ist einfach $c=\sum x_i$[9]. Wenn es keine äußeren Randbedingungen oder Verdünnungsflüsse gibt, so werden die Konzentrationen durch die kinetischen Gleichungen für uneingeschränktes Wachstum gegeben.

$$\dot{x}_i=\Gamma_i(x_1, \ldots, x_n) \qquad i=1, \ldots, n. \tag{17.52}$$

Wir nennen die Γ_i's die Nettowachstumsfunktionen der I_i. Diese Funktionen entsprechen gewissen Mechanismen für den Auf- und Abbau von Polynukleotiden.

$$\Gamma_i(\boldsymbol{x})=\mathscr{F}_i(\boldsymbol{x})-\mathscr{D}_i(\boldsymbol{x}). \tag{17.53}$$

[Zur Vereinfachung verwenden wir die vektorielle Schreibweise für die Konzentrationen der Polynukleotide: $\boldsymbol{x}=(x_1, \ldots, x_n)$.] Zum Beispiel haben wir im Fall von Mechanismus (17.43) (mit $x=a$)

$$\Gamma(x)=x(f_1 b-f_2 x-d_1)+d_2 c.$$

Im allgemeinen können die Funktionen $\Gamma_i(\boldsymbol{x})$ einfache Monome, Polynome, rationale Funktionen wie in (17.48), oder sogar kompliziertere Ausdrücke sein, je nach den speziellen Mechanismen für Auf- und Abbau und der zugrundeliegenden Kinetik (Massenwirkung, Michaelis-Menten, usw. ...).

Wenn der Reaktor mit einem allgemeinen Verdünnungsfluß $\phi(t)$ läuft, so erhalten wir die folgende nichtautonome Differentialgleichung

$$\dot{x}_i=\Gamma_i(\boldsymbol{x})-\frac{x_i}{c}\phi(t); \qquad i=1,2, \ldots, n. \tag{17.54}$$

[9] Wir müssen häufig summieren. Um uns überflüssige Wiederholungen zu ersparen, verwenden wir die Symbole

$$\sum_i=\sum_{i=1}^{n}; \quad \sum_{i,j}=\sum_{i=1}^{n}\sum_{j=1}^{n} \quad \text{und} \quad \sum_{i\neq j}=\sum_{i=1}^{j-1}+\sum_{i=j+1}^{n}.$$

Die totale Konzentration der Polynukleotide wird durch die Integralgleichung

$$c(t)=c(0)+\int_0^t\left[\sum_i \Gamma_i(\boldsymbol{x})-\phi(\tau)\right]d\tau \qquad (17.55)$$

gegeben.

Es ist unwahrscheinlich, daß der Evolutionsreaktor für einen gegebenen Mechanismus (Γ_i, $i=1,\ldots,n$) und einen beliebig gewählten Verdünnungsfluß $\phi(t)$ einem stationären Zustand zustrebt (Schuster et al., 1981). Aus diesem Grund müssen wir einen ganz besonderen internen Kontrollmechanismus in den Reaktor einführen (Abb. 17.46): Der Verdünnungsfluß wird so geregelt, daß er gerade dem Nettozuwachs an Polynukleotidkonzentrationen entspricht.

Die Stationarität der totalen Konzentration ist gewährleistet, wenn

$$\phi=\phi_0=\sum\Gamma_i(\boldsymbol{x})\rightarrow\dot{c}=0 \quad \text{und} \quad c=c_0\,. \qquad (17.56)$$

Dies ist die sogenannte Bedingung für konstante Organisation (Eigen, 1971). Die Gl. (17.54) mit $\phi=\phi_0$ ist autonom, und daher einfacher zu analysieren:

$$\dot{x}_i=\Gamma_i(\boldsymbol{x})-\frac{x_i}{c_0}\sum_j\Gamma_j(\boldsymbol{x})\,; \qquad i=1,2,\ldots,n\,. \qquad (17.57)$$

Die Stabilität dieses stationären Zustands kann leicht analysiert werden (Eigen u. Schuster, 1978a): Wir finden asymptotische Stabilität genau dann, wenn

$$\left[\sum_j\Gamma_j(\boldsymbol{x})\right]_{c=c_0}>0\,.$$

Konstante Organisation ist also ein stabiler stationärer Zustand, wenn die Summe aller Nettozuwachsfunktionen positiv ist oder, in anderen Worten, wenn wir einen positiven totalen Nettozuwachs haben, der durch den Fluß ϕ kompensiert werden kann.

Die Bedingung der konstanten Organisation führt ein Erhaltungsgesetz in die Differentialgleichung (17.57) ein: $\sum_i x_i=c_0$. Wir können das genauso wie in Tabelle 17.2 dazu benutzen, um die Zahl der Freiheitsgrade zu reduzieren. Unser System ist durch einen Zustandsvektor $\boldsymbol{x}$ in einem abstrakten Konzentrationsraum gegeben ($\boldsymbol{x}\in\mathbb{R}^n$). Mit Hilfe des Erhaltungsgesetzes bilden wir den positiven Orthanten von $\mathbb{R}^n$ auf dem Simplex S_n ab (der Kürze halber nennen wir diesen Simplex den „Konzentrationssimplex"):

$$\boldsymbol{\xi}=\frac{1}{c_0}\boldsymbol{x}\,; \qquad \boldsymbol{\xi}\in S_n\,;$$

$$S_n=\{\xi\in\mathbb{R}^n\,;\,\xi_i\geqq 0\; i=1,\ldots,n\,;\sum\xi_i=1\} \qquad (17.58)$$

Dieser Konzentrationssimplex enthält also jenen Teil des n-dimensionalen Raumes, der für Systeme mit konstanter Organisation zugänglich ist (wir werden weiter unten ein Beispiel angeben, um diese Variablenänderung zu illustrieren).

In einer früheren Arbeit (Eigen u. Schuster, 1978a) konnte eine wichtige Verallgemeinerung von Gl. (17.57) abgeleitet werden: Die Kenntnis der Lösungen der stationären Gleichung ist für die Beschreibung der wachsenden Systeme $c=c(t)$ in einem wichtigen Spezialfall hinreichend, nämlich wenn alle Nettozuwachsfunktionen $\Gamma_i(\boldsymbol{x})$ homogene Funktionen vom selben Grad (λ) sind. Dann kann das wachsende System in internen Koordinaten durch die Gleichung

$$\dot{\xi}_i=c^{\lambda-1}\left\{\Gamma_i(\boldsymbol{\xi})-\xi_i\sum_j\Gamma_j(\boldsymbol{\xi})\right\} \qquad (17.59)$$

beschrieben werden, die dieselben Bahnen wie Gl. (17.57) für $c_0=1$ besitzt.

Um die mathematische Darstellung des Evolutionsreaktors zu veranschaulichen, betrachten wir ein sehr einfaches (fast triviales) Beispiel, das den Vorteil hat, daß analytische Lösungen angegeben werden können. Nehmen wir an, daß der Evolutionsreaktor n verschiedene Polynukleotide (I_i) enthält, die durch spezifische Enzyme (E_i) repliziert werden. Sie besitzen einen gemeinsamen Vorrat von aktivierten Monomeren. Die Replikationskinetik ist dem Mechanismus von Gl. (17.45) ähnlich. Wir nehmen an, daß Matrizen im Überschuß vorhanden sind ($x_i^0>K_i^{-1}>e_i^0$) und daß die Hydrolyse sehr langsam erfolgt ($d=0$). Dann ist die Nettozuwachsfunktion einfach eine Konstante

$$\Gamma_i=f_i\,; \qquad i=1,2,\ldots,n\,. \qquad (17.60)$$

Eine vollständige Analyse des Systems unter der Bedingung der konstanten Organisation (17.57) ist in Tabelle 17.3 dargestellt. Alle Bahnen der entsprechenden linearen Differentialgleichung sind gerade Linien auf S_n. Sie streben alle zu dem einzigen und stabilen, stationären Zustand

$$\bar{P}=\frac{c_0}{\sum_i f_i}(f_1,f_2,\ldots,f_n)\,.$$

Keine Selektion findet statt, alle Polynukleotide sind in stationären Konzentrationen vorhanden, die ihren Zuwachsraten f_i proportional sind (Abb. 17.47). Es ist wichtig zu erwähnen, daß die Eigenschaften des Systems sich ganz drastisch ändern in dem Fall, daß alle Polynukleotide durch ein und dasselbe Enzym repliziert werden (s. Abschn. 17.2.6).

17.2.6 Molekulare Selektion

Selektion findet in einem Ensemble von Molekülen statt, wenn die Konzentration einer Verbindung auf Kosten der anderen zunimmt. In einer konstanten und homogenen Umgebung führt Selektion schließlich zu einem Zustand, in dem bloß eine einzige Verbindung oder eine einzige, wohldefinierte Menge von eng verwandten Molekülen vorkommt. Letztendlich gibt es einen „Überlebenden" oder eine überlebende Familie von Molekülen. Selektion tritt nie bei Annäherung an ein chemisches Gleichgewicht auf, da in einem solchen Gleichgewicht alle Konzentrationen strikt positive Werte haben. Autokatalyse hat, wie wir im Abschn. 17.2.3 gesehen haben, die inhärente Tendenz,

Tabelle 17.3. Vollständige Analyse eines Systems von linear wachsenden Polynukleotiden unter der Bedingung konstanter Organisation

Mechanismus $I_i + E_i \underset{k_{-i}}{\overset{k_i}{\rightleftarrows}} I_i \cdot E_i$

$$I_i \cdot E_i + \sum_{\lambda=1}^{4} \nu_\lambda^{(i)} B_\lambda \xrightarrow{f_i{}^0} I_i \cdot E_i + I_i$$

Der Mechanismus ist eine unmittelbare Ausweitung von Gl. (17.45) auf den Fall mehrerer Polynukleotide (Definition s. Abschn. 17.2.4). Wir führen die Variablen $[I_i] = x_i$, $[I_i \cdot E_i] = y_i$, $[E_i] = e_i$ ein und die totale Konzentration $x_i^0 = x_i + y_i$ sowie $e_i^0 = e_i + y_i = \text{konst}$. Unter der Bedingung der Sättigung an Enzymen ($x_i^0 > K_i^{-1} = k_{-i}/k_i > e_i^0$) finden wir

$$\Gamma_i = f_i = f_i^0 \cdot F_i(b_1^0, b_2^0, b_3^0, b_4^0) \cdot e_i^0 = \text{konst}.$$

Differentialgleichung unter der Bedingung konstanter Organisation:

$$\dot{x}_i^0 = f_i - \kappa x_i^0, \quad i = 1, 2, \ldots, n; \quad \kappa = \frac{1}{c_0} \sum_i f_i \tag{T13}$$

Erhaltungsgesetz $\sum_i x_i^0 = c_0$

Stationäre Lösung: Die lineare Differentialgleichung (T13) besitzt einen stabilen Fixpunkt

$$\bar{\boldsymbol{P}}: \bar{x}_i^0 = \frac{f_i}{\kappa}; \quad \omega^{(i)} = -\kappa; \quad i = 1, 2, \ldots, n \tag{T14}$$

Gleichung (T13) kann leicht gelöst werden. Die Lösungskurven sind der Form

$$x_i^0(t) = \bar{x}_i^0 + (x_i^0(0) - \bar{x}_i^0) e^{-\kappa t} \tag{T15}$$

(wobei $x_i^0(0)$ $i = 1, \ldots, n$ die Anfangskonzentrationen sind)

Bahnen erhält man aus Gleichung (T15) durch Eliminieren der Zeit

$$e^{-\kappa t} = \frac{x_i^0(t) - \bar{x}_i^0}{x_i^0(0) - \bar{x}_i^0} = \frac{x_j^0(t) - \bar{x}_j^0}{x_j^0(0) - \bar{x}_j^0}$$

Die Bahnen sind gerade Linien auf dem Simplex S_n mit der stationären Lösung $\bar{P}$ als ω-Limes. Ein Beispiel mit $n = 3$ ist in Abb. 17.47 dargestellt.

Reaktionen bis zur letzten Grenze zu treiben. Es ist daher naheliegend, Systeme von konkurrierenden autokatalytischen Reaktionen unter den geeigneten Bedingungen zu untersuchen, nämlich (um in Bereich II, s. Abschn. 17.2.3, zu bleiben) konstante Organisation und de facto Irreversibilität.

Abb. 17.47. Phasenportrait der Differentialgleichung (T13) die mit Gl. (17.57) übereinstimmt, wenn $n = 3$ und $\Gamma_i = f_i$ für $i = 1, 2, 3$. Der stationäre Zustand im Inneren von S_3 ist stabil, und alle Bahnen sind gerade Linien. Die numerischen Werte für die Geschwindigkeitskonstanten sind $f_1 = 1[t^{-1}c]$, $f_2 = 2[t^{-1}c]$ und $f_3 = 3[t^{-1}c]$

Das einfachste System, das die Konkurrenz zwischen Polynukleotiden beschreibt, wird aus Gl. (17.57) erhalten, wenn man Massenwirkungskinetik für Selbstreplikation einführt. Insbesonders verwenden wir die Wachstumsfunktionen

$$\Gamma_i = (f_i - d_i) x_i = E_i x_i, \quad i = 1, 2, \ldots, n. \tag{17.61}$$

Die Überschußproduktivität E_i erhält man hierbei als Differenz der Reaktionskonstanten für Auf- und für Abbau. Gleichung (17.61) entspricht den Reaktionsgleichungen

$$I_i + \sum_{\lambda=1}^{4} \nu_\lambda^{(i)} B_\lambda \xrightarrow{f_i^0} 2 I_i \tag{17.62a}$$

$$I_i \xrightarrow{d_i} \sum_{\lambda=1}^{4} \nu_\lambda^{(i)} A_\lambda, \tag{17.62b}$$

wobei wie vorher $i = 1, \ldots, n$ und $f_i = f_i^0 \cdot F_i(b_1^0, b_2^0, b_3^0, b_4^0)$. Mit A_λ bezeichnen wir die Nucleosidmonophosphate, die üblichen Produkte der Hydrolyse von Polynukleotiden. Gleichung (17.61) ist viel allgemeiner als der Mechanismus (17.62a) u. (17.62b) vermuten läßt. Tatsächlich beinhaltet sie jede Bedingung, die in Abwesenheit einer Einschränkung zu exponentiellem Wachstum führt. So ist Gl. (17.61) auch im Grenzfall niedriger Konzentration erfüllt, wenn jede Replikation durch ein spezifisches Enzym katalysiert wird (s.

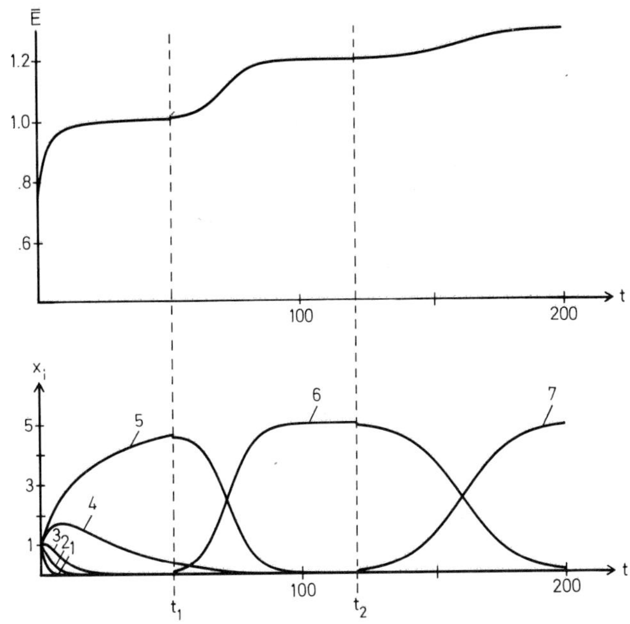

Abb. 17.48. Selektion in einem Ensemble von Polynukleotiden unter der Bedingung konstanter Organisation. Wir zeigen die Lösungskurven von Differentialgleichung (17.63): $\dot{x}_i = x_i(E_i - \bar{E})$, $i = 1, 2, \ldots, 7$ mit $E_1 = 0{,}3[t^{-1}]$, $E_2 = 0{,}65[t^{-1}]$, $E_3 = 0{,}82[t^{-1}]$, $E_4 = 0{,}96[t^{-1}]$, $E_5 = 1{,}01[t^{-1}]$, $E_6 = 1{,}2[t^{-1}]$ und $E_7 = 1{,}3[t^{-1}]$ sowie $\bar{E} = \sum_i x_i E_i / \sum_i x_i$. Die Anfangsbedingungen sind $x_1(0) = \ldots = x_5(0) = 1$ und $x_6(0) = x_7(0) = 0$. Die mittlere Überschußproduktivität $\bar{E}$ beginnt am Anfangswert $\bar{E} = 0{,}748$ und wächst stetig an, während die Bevölkerung homogen wird: $\bar{E} \to 1{,}01$ und $x_1, x_2, x_3, x_4 \to 0$ während $x_5 \to 5$. Man erkennt leicht den Grund für das Anwachsen von $\bar{E}$: Die weniger effizient wachsenden Polynukleotide werden eliminiert. Sie verschwinden in der Reihenfolge ihrer Überschußproduktivität E_i, nämlich $1, 2, \ldots, 5$. Bei $t = t_1 = 50[t]$ beobachten wir eine Fluktuation: x_6 geht von 0 zu δ, das Auftauchen des günstigen Mutanten I_6 führt zu einem weiteren Zuwachs von $\bar{E}$, der jetzt dem Wert 1,2 zustrebt, während I_5 verschwindet und die Bevölkerung wieder homogen wird: $x_1 = \ldots = x_5 = 0$, $x_6 = 5$. Dasselbe geschieht, wenn eine neue, noch effizientere Mutante zum Zeitpunkt $t = t_2 = 120[t]$ auftaucht. Jetzt wird I_6 durch I_7 ersetzt, und $\bar{E}$ nähert sich dem Optimum 1,3. Dieses Beispiel veranschaulicht die Natur des Selektionsvorganges und die Rolle der mittleren Überschußproduktivität $\bar{E}$ als Größe, die optimiert wird

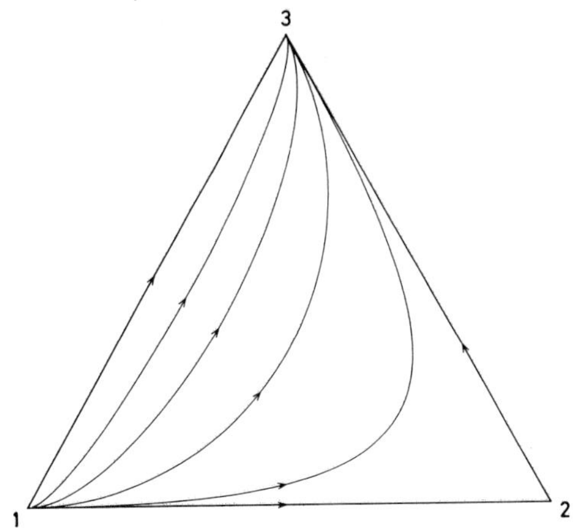

Abb. 17.49. Phasenportrait der Differentialgleichung $\dot{x}_i = x_i(E_i - \bar{E})$, $i = 1, 2, 3$ auf dem Konzentrationssimplex, mit $E_1 = 1[t^{-1}]$, $E_2 = 2[t^{-1}]$, $E_3 = 3[t^{-1}]$ und $\bar{E} = \sum_i E_i x_i / \sum_i x_i$. Es gibt drei Fixpunkte, die mit den Ecken vom Simplex S_3 übereinstimmen. $\bar{P}_1 = (c_0, 0, 0)$ ist eine Quelle, $\bar{P}_2 = (0, c_0, 0)$ ein Sattel und $\bar{P}_3 = (0, 0, c_0)$ die einzige Senke der Differentialgleichung, zu welcher alle Bahnen im Inneren von S_3 konvergieren, $\bar{P}_3$ entspricht also dem einzigen stabilen stationären Zustand und I_3 ist daher das Polynukleotid, das selektiert wird. In dem Fall, daß ein neues Polynukleotid sich wirksamer vermehrt, also eine größere Überschußproduktivität E_i hat als das vorher selektierte Makromolekül, ist die der neuen Sequenz entsprechende Ecke eine Senke, und die frühere Senke wird ein Sattel. Evolution geschieht durch die Optimierung von $\bar{E}$

die Diskussion des Mechanismus 17.45a, b), oder sogar bei hohen Matrizenkonzentrationen, wenn alle Polynukleotide durch dasselbe Enzym repliziert werden. Aus den Gln. (17.57) u. (17.61) erhalten wir die Differentialgleichung

$$\dot{x}_i = E_i x_i - \frac{x_i}{c_0} \sum_i E_i x_i = (E_i - \bar{E}) x_i ; \quad i = 1, \ldots, n. \tag{17.63}$$

$\bar{E}$ ist dabei die mittlere Überschußproduktivität: $\bar{E} = \sum_i E_i x_i / c_0$. $\bar{E}$ kann auch als Verdünnungsfluß pro Konzentrationseinheit verstanden werden: $\bar{E} = \phi_0 / c_0$.

Die Analyse von Gl. (17.63) ist ganz unmittelbar. Man kann so vorgehen wie in den Tabellen 17.3 und 17.2. Wir verweisen auf frühere Arbeiten (Eigen, 1971; Eigen u. Schuster, 1978a) und zählen nur die wichtigsten Resultate auf. Die Lösungskurven für ein konkretes numerisches Beispiel der Gl. (17.63) sind in Abb. 17.48 gezeigt. Die Bahnen eines Beispiels mit $n = 3$ auf dem Konzentrationssimplex S_3 sind in Abb. 17.49 zu sehen.

Betrachten wir zunächst den Fall, daß alle Ratenkonstanten E_i verschiedene Werte haben. Wie man sich leicht veranschaulichen kann, beschreibt Gl. (17.63) dann wirklich ein Selektionsverhalten. Zu jedem Zeitpunkt hat $\bar{E}$ einen bestimmten Wert. Die Konzentration aller Polynukleotide mit einer Überschußproduktivität, die kleiner ist als das Mittel, $E_i < \bar{E}$, wird abnehmen, da ja $\dot{x}_i < 0$ für diese Verbindungen gilt. Im Gegensatz dazu sind Polynukleotide mit $E_i > \bar{E}$ überdurchschnittlich produktiv, ihre Konzentrationen nehmen daher zu. Die relativen Konzentrationen im Evolutionsreaktor ändern sich zugunsten der produktiveren Sequenzen und dies führt zu einem Zuwachs von $\bar{E}$. Dieses qualitative Verhalten führt dazu, daß $\bar{E}(t)$ eine monoton wachsende Größe ist, die durch die Evolution der Reaktion optimiert wird (Abb. 17.48). Da das Resultat des Selektionsprozesses völlig determiniert und vorhersagbar ist, haben wir ein Beispiel für "Survival of the fittest". Das physikalische Maß für die Fitness ist in diesem sehr einfachen Beispiel die Überschußproduktivität E_i.

Eine Metapher zur Illustration: Selektion im Evolutionsreaktor ähnelt einem Hochsprungwettbewerb, wobei $\bar{E}$ die Latte ist, die höher und höher gelegt wird, während immer mehr Springer ausscheiden. Der Sieger entspricht dem Polynukleotid mit dem größten Wert von E_i.

Die Übernahme günstiger Mutationen ist eine andere wichtige Eigenschaft der Gl. (17.63). Nehmen wir an, daß ein kleiner Betrag einer Polynukleotidsequenz (I_r) zum Zeitpunkt $t=t_r$ in den Reaktor kommt. Schwankungen dieser Art treten regelmäßig als Fehlerkopien oder Mutanten bereits bestehender Sequenzen auf. Ihr Ursprung und ihre Folgen werden im Abschn. 17.2.8 diskutiert. Falls die Überschußproduktivität von I_r geringer ist als der mittlere Wert zum Zeitpunkt ihres Auftauchens $E_r < \bar{E}(t_r)$, wird die neue Sequenz schnell wieder verschwinden. Nehmen wir aber jetzt an, daß $E_r > \bar{E}(t_r)$ und daß der Evolutionsreaktor sich zum Zeitpunkt $t < t_r$ schon praktisch in stationärem Zustand befindet. Das heißt, daß bei Auftauchen der Mutanten nur eine makromolekulare Polymersequenz vorlag. Sofort beginnt dann Selektion von neuem, die alte Sequenz verschwindet, $\bar{E}$ nimmt zu und die günstige Mutante setzt sich durch (Abb. 17.48). Dieses Szenario erinnert uns an die zwei Arten von Fluktuationen um den stationären Zustand, die in Kapitel 8.6 (s. 345) diskutiert wurden. Die ungünstige Mutation entspricht einer Schwankung $\delta_x\sigma > 0$ in der Entropieproduktion: Sie stirbt unmittelbar nach ihrem Auftauchen aus und der stationäre Zustand wird wiederhergestellt. Die günstige Mutation aber ist analog zu einer Schwankung $\delta_x\sigma < 0$; ihr Auftauchen zerstört den stationären Zustand. Es bildet sich schließlich ein neuer stationärer Zustand aus, der durch einen größeren $\bar{E}$-Wert charakterisiert wird. Trotz dieser interessanten Analogie sollten wir aber festhalten, daß der Evolutionsreaktor nicht genau unter der Bedingung konstanter Flüsse operiert und daß daher der Satz von Prigogine und Glansdorff eigentlich nicht anwendbar ist. Nichtsdestoweniger wollen wir nochmals unterstreichen, daß kompetitive Selbstreplikation zu Selektion und der Optimierung der Überschußproduktivität führt.

Bevor wir diesen Abschnitt beenden, wollen wir nochmals den Fall entarteter Geschwindigkeitskonstanten behandeln: $E_1 = E_2 = \ldots = E_n$. Wir setzen dies in Gl. (17.63) ein und erhalten das triviale Resultat $\dot{x}_1 = \dot{x}_2 = \ldots = \dot{x}_n = 0$. Es gibt keine Änderung der Konzentrationen im Evolutionsreaktor. Dieses Resultat aus der konventionellen Kinetik ist aber nicht richtig, vor allem für kleine Konzentrationen nicht. Im Fall kinetischer Entartung müssen wir ein stochastisches Modell verwenden, das die Schwankungen explizit berücksichtigt (Abschn. 17.2.7).

Der Konkurrenzkampf zwischen Polynukleotidsequenzen und die Selektion sind experimentell von Spiegelmann und Mitarbeitern untersucht worden. Sie verwendeten dabei nicht einen Evolutionsreaktor, sondern stellten „serial transfer"-Experimente an, die die Bedingungen des Reaktors recht genau widerspiegeln (Abb. 17.50). Aufgrund des Transfers kleiner Mengen von Polynukleotiden werden diese im Zustand exponentiellen Wachstums gehalten. Diese Experimente wurden mit $Q\beta$-RNS und Überschuß an $Q\beta$-Replikase angestellt. Nach einer gewissen Zahl von Transfers nimmt die Rate der RNS-Synthese plötzlich zu: In der Lösung ist ein neues Polynukleotid aufgetaucht, das

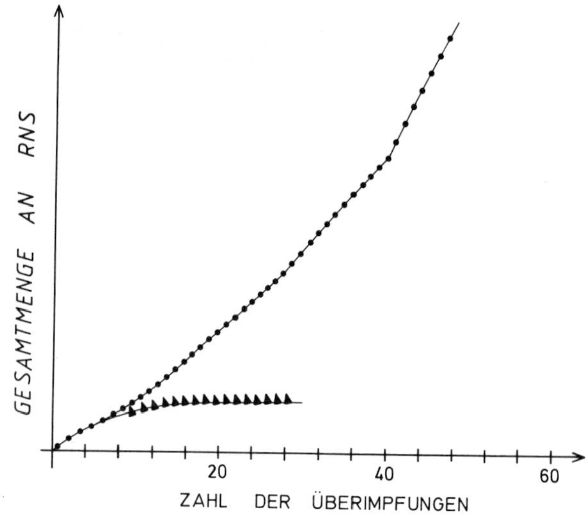

Abb. 17.50. Selektion in "serial transfer" Experimenten (nach Spiegelmann, 1971; s. auch Abb. 17.43). RNS Replikation im Reagenzglas wird durch Zufügen von $Q\beta$-RNS initiiert. Zwei Merkmale werden gemessen: Die Zahl der infektiösen Teilchen (▲) und der Anteil an Nukleosidtriphosphat, die in RNS eingebaut wird, als ein Maß der Polynukleotidsynthese (●). Die Geschwindigkeit der RNS Synthese nimmt sprunghaft zu. Der Prozentsatz an infektiösen Polynukleotiden wird aber immer kleiner. Es haben sich RNS Moleküle herausgebildet, die schneller wachsen, aber nicht mehr infektiös sind. Da "serial transfer" nur nach der Überschußproduktivität selektiert, ist die Eigenschaft, infektiös zu sein, bald verloren. Man beobachtet mehrere spontane, schrittweise Zuwächse der Synthesegeschwindigkeit der RNS, bis ein optimaler Wert erreicht wird

sich schneller repliziert als die ursprüngliche infektiöse RNS. Die neuen Sequenzen haben die Fähigkeit, Bakterien zu infizieren, verloren. Das neue Polynukleotid setzt sich sehr rasch durch, wird aber nach gewisser Zeit durch eine weitere Abart ersetzt, die noch schneller wächst. Dieser schrittweise Zuwachs der Geschwindigkeit der RNS-Synthese setzt sich noch eine Weile fort, bis ein optimaler Wert erreicht wird. Die schrittweise Optimierung ähnelt sehr der Übernahme einer günstigen Mutation, wie sie in Abb. 17.48 gezeigt wird. Der Bildungsmechanismus für neue RNS-Sequenzen ist noch nicht voll durchschaut (s. auch Sumper u. Luce, 1975; Biebricher et al., 1981), aber das Eintreten von Selektion wird durch diese eleganten Experimente sehr schön bestätigt.

17.2.7 Ein stochastisches Modell für die Selbstreplikation

Stochastische Methoden sind schon gelegentlich auf chemische Reaktionen angewandt worden. Gewöhnlich interessiert man sich dabei für die Rolle der Fluktuationen von Teilchenzahlen. Diese werden für gewisse Reaktionsmechanismen wichtig, wenn die Konzentrationen der reaktiven Zwischenstufen gering sind. Die chemische Reaktion wird dabei als ein Markov-Prozeß beschrieben. So ein Markov-Prozeß ist eine Folge von Zufallsgrößen, bei der die Wahrscheinlichkeitsverteilung für den nächsten Schritt bei vollständiger Kenntnis der gegenwärtigen Wahrscheinlichkeitsverteilung vorhersagbar ist. Ein Markov-System hat also kein Gedächnis, das weiter als einen Schritt in die Vergangenheit reicht. In der Anwendung auf chemische Reaktionen werden statt der Konzentrationen die Wahrscheinlichkeitsverteilungen der Teilchenzahlen verwendet. Wahrscheinlichkeitsverteilungen werden durch Erwartungswert, Dispersion und höhere Momente charakterisiert. Zur Illustration bringen wir ein Beispiel: Sei

$P_k^{(a)}(t)$

die Wahrscheinlichkeit, daß es zur Zeit t gerade k Teilchen vom Typ a gibt. Die Teilchenzahl $K(t)$ ist eine Zufallsgröße:

$$P_k^{(a)}(t) = \text{Prob.}\{K(t)=k\}.$$

Der Erwartungswert ist dann

$$\langle a\rangle = E\{K(t)\} = \sum_{k=0}^{\infty} k P_k^{(a)}(t). \tag{17.64}$$

Der Erwartungswert $\langle a\rangle$ spielt in der stochastischen Behandlung dieselbe Rolle wie die Konzentration a im deterministischen Ansatz mittels der üblichen Differentialgleichungen. Die Varianz der Wahrscheinlichkeitsverteilung liefert Information über die Abweichungen vom Mittel

$$\sigma_a^2 = D^2\{K(t)\} = \sum_{k=0}^{\infty} k^2 P_k^{(a)}(t) - \left\{\sum_{k=0}^{\infty} k P_k^{(a)}(t)\right\}^2 .$$

σ_a ist die Standardabweichung, die eventuell experimentellen Messungen zugänglich ist. Eine Veranschaulichung von Wahrscheinlichkeitsverteilungen ist in Abb. 17.51 gegeben.

Betrachten wir nun Selbstreplikation als Beispiel eines Markov-Prozesses[10]. Wir halten uns dabei an den Mechanismus, der in den Gln. (17.62a) u. (17.62b) vorgestellt wurde. In der Sprache der stochastischen Prozesse wird so ein Reaktionsschema formal als linearer „Geburts- und Todesprozeß" dargestellt:

$$I_i \xrightarrow{f_i} 2I_i \tag{17.62a'}$$

$$I_i \xrightarrow{d_i} 0. \tag{17.62b'}$$

Wieder sei $P_k^{(i)}(t)$ die Wahrscheinlichkeit, daß es zur Zeit t gerade k Moleküle I_i gibt. Die Evolution der Wahrscheinlichkeitsverteilungen wird mit Hilfe von Übergangswahrscheinlichkeiten beschrieben: $P_{lk}^{(i)}(t)$ ist die Wahrscheinlichkeit, daß es k Moleküle I_i zur Zeit t gibt, wenn es l Moleküle I_i zur Zeit $t=0$ gegeben hat. Die zeitlichen Ableitungen der Übergangswahrscheinlichkeiten werden durch ein System von Differentialgleichungen gegeben, die gewöhnlich Master-Gleichungen genannt werden. In unserem konkreten Beispiel gilt

$$\frac{dP_{lk}^{(i)}}{dt} = (k-1) f_i P_{l,k-1}^{(i)} + (k+1) d_i P_{l,k+1}^{(i)} - k(f_i+d_i) P_{lk}^{(i)}. \tag{17.65}$$

Die Größen f_i und d_i besitzen die Dimension einer reziproken Zeit und geben die mittlere Anzahl der Verdoppelungen und Zerfälle pro Zeiteinheit an. Sie entsprechen genau den Geschwindigkeitskonstanten beim deterministischen Ansatz, der im vorigen Abschnitt besprochen wurde. Wir können uns leicht die Bedeutung von Gl. (17.65) vor Augen führen: k Teilchen entstehen aus $k-1$ Teilchen durch eine Verdoppelung oder aus $k+1$ Teilchen durch einen Zerfall. Die Wahrscheinlichkeit, k Teilchen in der nächsten Zeiteinheit vorzufinden, wird durch beide Ereignisse, Verdoppelung und Zerfall, verringert.

Die Master-Gleichung kann mit der Methode der erzeugenden Funktionen gelöst werden, die es erlaubt, das System (17.65) von gewöhnlichen Differentialgleichungen in eine partielle Differentialgleichung umzuformen. In unserem konkreten Beispiel kann die partielle Differentialgleichung analytisch gelöst werden, woraus wir dann die Wahrscheinlichkeitsverteilungen erhalten. Wir verzichten hier auf Details und betrachten nur den Fall $f_i = d_i$, der für unser Problem von Bedeutung ist, etwas näher. In diesem Fall erhält man folgende Ausdrücke für Erwartungswert und Varianz der Wahrscheinlichkeitsverteilung [$x_i(t)$ ist dabei die Zahl der zur Zeit t vorhandenen Moleküle I_i]

$$\langle x_i\rangle = E\{K(t)\} = x_i(0), \tag{17.66a}$$

$$\sigma_i^2 = D^2\{K(t)\} = 2 f_i x_i(0) t. \tag{17.66b}$$

Der Erwartungswert von x_i ist konstant. Dieses Resultat ist identisch mit der Lösung der deterministischen Gleichung $\dot{x}_i = (f_i - d_i) x_i$ mit $f_i = d_i$. Die Varianz jedoch, die linear mit der Zeit anwächst, läßt dieses nicht unerwartete Resultat in anderem Licht erscheinen. Die Standardabweichung

$$\sigma_i = [2 f_i x_i(0) t]^{1/2} \tag{17.66c}$$

wächst wie $\sqrt{t}$. Zur Zeit

$$t_x = \frac{x_i(0)}{2 f_i} \tag{17.66d}$$

wird sie so groß wie der Erwartungswert. Dieser Erwartungswert sagt also für Zeiten $t > t_x$ nicht mehr viel über die vorliegende Situation aus, weshalb wir den Prozeß auf andere Weise untersuchen.

Betrachten wir zunächst die Wahrscheinlichkeit des vollständigen Aussterbens, also die Wahrscheinlich-

[10] Vom didaktischen Gesichtspunkt aus ist Selbstreplikation ein besonders schlechtes Beispiel, um die stochastische Kinetik von chemischen Reaktionen zu studieren, da recht komplizierte analytische Methoden verwendet werden müssen. Gewöhnliche (d. h. nicht autokatalytische) Reaktionen erster und zweiter Ordnung sind mit einer unmittelbaren Methode viel einfacher zu untersuchen. Diese Reaktionen sind allerdings für unsere Zwecke hier nur von geringer Bedeutung.

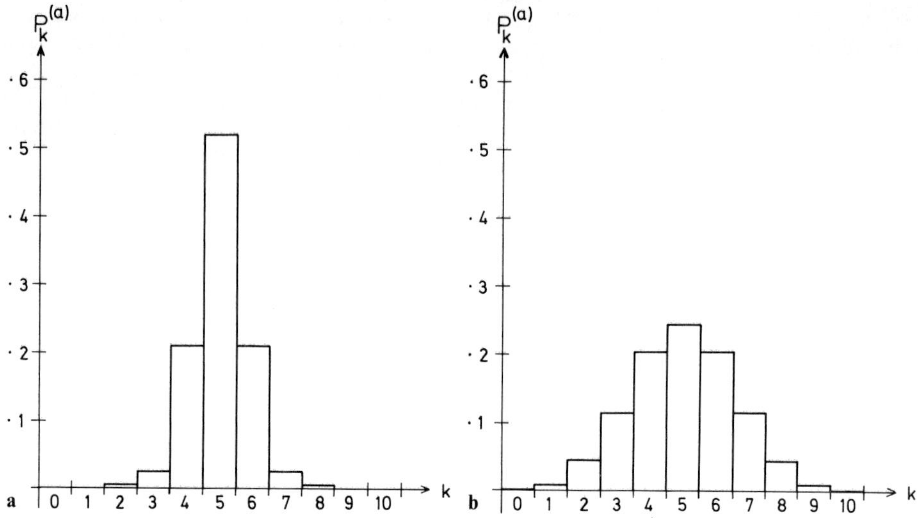

Abb. 17.51a, b. Einer Wahrscheinlichkeitsverteilung $P_k^{(a)}$ entspricht ihr Erwartungswert $\langle a\rangle=\sum_k kP_k^{(a)}$ und ihre Varianz $\sigma_a^2=\sum_k k^2P_k^{(a)}-\left\{\sum_k kP_k^{(a)}\right\}^2$. Wir zeigen zwei Beispiele **a** eine enge Verteilung mit $\langle a\rangle=5$ und $\sigma_a^2=0{,}710$ und **b** eine eher breite Verteilung mit demselben Erwartungswert, aber einer Varianz von $\sigma_a^2=2.508$. Beide Beispiele sind symmetrische Verteilungen. Wahrscheinlichkeitsverteilungen, die asymmetrisch sind oder mehrere Maxima besitzen, kommen auch vor. Der Erwartungswert muß nicht mit dem wahrscheinlichsten Wert von k, d. h. dem Wert für den $P_k^{(a)}$ am größten wird, übereinstimmen

keit, daß kein einziges Molekül überlebt:

$$P_{lO}^{(i)}(t)=\left(\frac{1}{1+\frac{1}{ft}}\right)^l. \qquad (17.67)$$

Wir finden $\lim_{t\to\infty} P_{lO}^{(i)}(t)=1$, also, daß unser System mit Sicherheit ausstirbt, ganz gleich, wieviele Teilchen ursprünglich vorhanden waren.

Betrachten wir nun ein anderes Problem. Wir beginnen mit n Polynukleotiden, die alle verschieden sind — jede Sequenz liegt also nur in einem einzigen Exemplar vor. Wir nehmen darüber hinaus an, daß sie bezüglich der Replikationskinetik ununterscheidbar sind. $f_1=f_2=\ldots=f_n=f$ und $d_1=d_2=\ldots=d_n=d$. So wie vorhin sollen die Wahrscheinlichkeit für Verdopplung und Zerfall gleich groß sein: $d=f$. Wir wählen diesen Extremfall, weil er eine Situation widerspiegelt, wo Selektion im deterministischen Modell nicht eintritt. Wir erinnern uns an die Wahrscheinlichkeit für das Aussterben eines Polynukleotids, das bei $t=0$ in einem einzigen Exemplar vorhanden war

$$P_O^{(i)}(t)=P_{1O}^{(i)}(t)=\frac{ft}{1+ft}. \qquad (17.67\text{a})$$

(Wir haben $l=1$, da wir mit einem einzigen Exemplar jeder Spezies beginnen.)

Obwohl der lineare Geburts- und Todesprozeß schon sehr ausführlich untersucht worden ist, wollen wir auf unser Problem etwas näher eingehen, weil wir keine geeignete Referenz kennen.

T_i sei die Zeit bis zum Aussterben von Spezies I_i. Das ist eine zufällige Veränderliche, die mit Wahrscheinlichkeit 1 endlich ist. Es ist leicht, die entsprechende Wahrscheinlichkeitsverteilung H_i zu erhalten. Für jede Zeit $t>0$ ist ja das Ergebnis $T_i<t$ gerade das Ereignis, daß I_i zum Zeitpunkt t bereits ausgestorben ist, hat also die Wahrscheinlichkeit $P_O^{(i)}(t)$.

$$H_i(t)=\text{Prob.}(T_i<t)=\frac{ft}{1+ft}\,(\text{für } t>0). \qquad (17.68)$$

T sei jetzt die Zeit bis zum Aussterben aller n Spezies. Da die Schicksale der verschiedenen Polynukleotide unabhängig sind, ist die Wahrscheinlichkeit des völligen Aussterbens einfach das Produkt:

$$P_O(t)=P_O^{(1)}(t)\cdot P_O^{(2)}(t)\ldots P_O^{(n)}(t)=\left(\frac{ft}{1+ft}\right)^n. \qquad (17.69)$$

Wieder ist T eine zufällige Veränderliche, die mit Wahrscheinlichkeit 1 nur endliche Werte annimmt, und die Wahrscheinlichkeitsverteilung ist

$$H(t)=\text{Prob.}(T<t)=P_O(t). \qquad (17.70)$$

Die entsprechende Wahrscheinlichkeitsdichte ist die Ableitung

$$H'(t)=\frac{d}{dt}H(t)=\frac{nf^nt^{n-1}}{(1+ft)^{n+1}}. \qquad (17.71)$$

Der Erwartungswert von T divergiert, da

$$E\{T\}=\int_0^\infty tH'(t)dt=nf^n\int_0^\infty\frac{t^n}{(1+ft)^{n+1}}=\infty. \qquad (17.72)$$

Jetzt interessieren wir uns für die Zeit, bis nur mehr eine Spezies überlebt. T sei also die Zeit, von der an nur mehr eine einzige Polynukleotidsequenz in einem oder mehreren Exemplaren existiert. Offenbar gilt $S<T$, also nimmt auch S mit Wahrscheinlichkeit 1 nur endliche Werte an. Wir können die Wahrscheinlichkeitsverteilung

$$G(t)=\text{Prob.}(S<t)$$

sehr einfach berechnen. Die Wahrscheinlichkeit, daß zum Zeitpunkt t die Spezies I_i noch lebt, ist

$$1-P_O^{(i)}(t)=\frac{1}{1+ft}.$$

Die Wahrscheinlichkeit, daß die Spezies I_i noch lebt, die anderen $n-1$ Spezies aber schon ausgestorben sind, wird gegeben durch

$$\frac{1}{1+ft}\left(\frac{ft}{1+ft}\right)^{n-1}.$$

Wieder verwenden wir hier die Unabhängigkeit der verschiedenen Sequenzen. Die Wahrscheinlichkeit, daß genau eine der n verschiedenen Spezies I_i noch überlebt, ist also

$$n\cdot\frac{1}{1+ft}\left(\frac{ft}{1+ft}\right)^{n-1}. \tag{17.73}$$

Das Ergebnis $S<t$ tritt genau dann ein, wenn eines der beiden folgenden Ergebnisse vorliegt:

1. Es gibt keine Spezies, die zur Zeit t noch lebt; oder

2. Es gibt noch genau eine Spezies zu diesem Zeitpunkt. Die Wahrscheinlichkeiten dieser beiden Ereignisse sind durch (17.70) u. (17.71) gegeben, und daher gilt

$$G(t)=\frac{(n+ft)(ft)^{n-1}}{(1+ft)^n}. \tag{17.74}$$

Die Wahrscheinlichkeitsdichte wird gegeben durch

$$G'(t)=\frac{d}{dt}G(t)=\frac{n(n-1)f(ft)^{n-2}}{(1+ft)^{n+1}}. \tag{17.75}$$

Der Erwartungswert von S wird durch eine einfache Rechnung gewonnen:

$$E\{S\}=\int_0^\infty tG'(t)dt$$

$$=n(n-1)f^{n-1}\int_0^\infty\frac{t^{n-1}}{(1+ft)^{n+1}}dt=\frac{n-1}{f}. \tag{17.76}$$

Die Varianz von S divergiert allerdings wieder, also gilt ähnliches wie für Gl. (17.66).

Es ist interessant, daß der Mittelwert für die Zeit, bis eine Spezies sich durchgesetzt hat, endlich ist, während der Mittelwert bis zum völligen Aussterben unendlich ist. Unser stochastischer Verdoppelungsprozeß führt also zu einer gleichförmigen Population. [Das gleiche Resultat wurde mit einer anderen, eher intuitiven Begründung schon in Eigen (1971) und Schuster (1972) abgeleitet.]

Fassen wir also zusammen, was unser einfaches stochastisches Modell zu zeigen vermag: Wir begannen mit n verschiedenen Molekülen mit der Fähigkeit zur Selbstreproduktion; jede Sequenz lag zur Zeit $t=0$ in einem einzigen Exemplar vor. Durch Replikation und Abbau verschwinden einige Sequenzen, während andere zunehmen. Nach einiger Zeit trifft man nur noch wenige Sequenzen an, diese aber in großer Zahl. Schließlich bleibt nur noch eine einzige Spezies im makroskopischen Bereich übrig. Was wir hier beobachtet haben, ist „stochastische Selektion" oder das „Überleben des Überlebenden". In diesem Fall ist die Tautologie ein korrekter Ausdruck dessen, was geschah: Es gibt kein physikalisches Kriterium, um vorherzusagen, welche der Sequenzen überleben wird.

Dieses Modell ist für die präbiotische Evolution von gewisser Bedeutung. Nehmen wir an, daß sich die ersten Polynukleotide durch zufälliges Aneinanderreihen von Mononukleotiden gebildet haben, ohne Bevorzugung bestimmter Sequenzen. Aufgrund der „überastronomisch" großen Zahl der möglichen Sequenzen (4^ν, wenn ν der Polymerisationsgrad ist) ist es höchst unwahrscheinlich, daß zwei Moleküle übereinstimmen. So ein System erfüllt die Voraussetzungen unseres Modells. Wie wir soeben sahen, bringt die Replikation Ordnung in diese unübersehbare Vielfalt.

Betrachten wir schließlich kurz den Fall, daß Replikations- und Abbauwahrscheinlichkeiten verschieden sind: $f_i \neq d_i$. Der deterministische Ansatz führt in diesem Fall zu exponentiellem Zuwachs oder exponentieller Abnahme der Konzentrationen, je nach der Differenz zwischen Aufbau- und Abbaurate:

$$\dot{x}_i=(f_i-d_i)x_i; \qquad x_i(t)=x_i(0)\exp(f_i-d_i)t.$$

Das stochastische Modell kann natürlich auch auf diesen Fall angewendet werden. Das für unseren Ansatz wichtigste Resultat besagt, daß die Überlebenswahrscheinlichkeit für ein bestimmtes Polynukleotid nicht verschwindet, wenn $f_i>d_i$. Die Lösung der Master-Gleichung (17.65) liefert die Übergangswahrscheinlichkeiten, und im Grenzwert erhalten wir für die Wahrscheinlichkeit des Aussterbens

$$\lim_{t\to\infty}P_{l0}^{(i)}=\left(\frac{d_i}{f_i}\right)^l. \tag{17.77}$$

Somit ist $1-(d_i/f_i)^l$ die Überlebenswahrscheinlichkeit. Diese Überlebenswahrscheinlichkeit ist für das Schicksal der Sequenzen, die in unserem Gemisch von replizierenden Polynukleotiden auftreten, von Bedeutung. Jede neue Sequenz oder Mutante beginnt mit einem einzigen Exemplar und muß eine Phase der Ungewißheit durchlaufen, ehe sie eventuell makroskopisch in Erscheinung treten kann. Wir illustrieren dieses Problem durch einige numerische Daten in Tabelle 17.4. Dort geben wir auch die Anzahl der Ausgangsexemplare an, die notwendig sind, um eine Überlebenswahrscheinlichkeit von $(1-1/e)\sim 63\%$ zu gewährleisten. In

Tabelle 17.4. Die Überlebenswahrscheinlichkeit für günstige Mutanten ($f_i>d_i$)

Geschwindigkeitskoeffizienten f_i/d_i	Wahrscheinlichkeit für das Überleben einer Kopie	Anzahl der Kopien, die zusammen eine Überlebenswahrscheinlichkeit von $(1-1/e)$ besitzen
1,0001	10^{-4}	10^4
1,001	10^{-3}	10^3
1,01	10^{-2}	10^2
1,1	0,09	10,5
1,3	0,23	3,8
1,5	0,33	2,5
2	0,5	1,4
5	0,8	<1
10	0,9	<1

diesem stochastischen Modell haben Mutanten, die nur um ein geringes besser sind, nur eine sehr kleine Chance, makroskopische Werte zu erreichen. So eine Situation trifft man z.B. in Spiegelmanns Selektionsexperimenten an (s. Abschn. 17.2.6), wo die Mutanten mit den schon vorhandenen Sequenzen nicht eng verwandt sind. Im nächsten Abschnitt modifizieren wir diesen Ansatz etwas, wenn wir die Entwicklung von eng verwandten Sequenzen betrachten. „Eng verwandt" heißt hier, daß die Folgen der Basen sich nur an wenigen Stellen unterscheiden, d.h. daß der Hamming-Abstand gering ist.[11]

17.2.8 Darwinsche Evolution von Polynukleotiden

Kein physikalischer Vorgang läuft mit absoluter Genauigkeit ab. Bei der Replikation haben wir gewisse Fehlerfrequenzen zu berücksichtigen. Diese Fehler führen zu neuen Mutanten der ursprünglichen Sequenz und schaffen so ein Reservoir von Variationen, aus welchem die Selektion schöpfen kann. Wie schon in der Einleitung erwähnt, verstehen wir unter Darwinscher Evolution das wirkungsvolle Zusammenspiel von Vervielfältigung durch Mutation und Vereinheitlichung durch Selektion. Das Problem der Replikation mit Fehlern ist schon ausführlich in früheren Arbeiten untersucht worden. Wir verweisen auf eine nicht weit zurückliegende Veröffentlichung (Eigen u. Schuster, 1977) und diskutieren die wichtigsten Resultate.

Um die Natur des Problems zu verdeutlichen, betrachten wir ein einfaches stochastisches Modell (Schuster und Sigmund, 1980). Wie in Abb. 17.52 gezeigt, wird angenommen, daß jede korrekte Sequenz eine Nachkommenschaft von Σ Kopien pro Generation besitzt und nur einen Multiplikationszyklus durchlebt. Alle Fehlerkopien, also Mutanten, sind letal: Sie haben keine Nachkommen. Wir stellen uns nun die Frage, ob eine Kette von aufeinanderfolgenden Replikationen dieser Art mit positiver Wahrscheinlichkeit bis $t \to \infty$ überleben kann oder ob die ursprüngliche Sequenz nach einer endlichen Zahl von Generationen ausstirbt. Wir wollen annehmen, daß jeder Buchstabe mit der Genauigkeit q repliziert wird. Diese Buchstabengenauigkeit ist die Wahrscheinlichkeit, daß der gegebene Buchstabe am richtigen Ort in die neue Folge eingebaut wird. $1-q$ ist daher die Wahrscheinlichkeit, an dieser Stelle einen Fehler zu finden. Replikationsfehler sollen voneinander unabhängig und für alle Buchstaben gleich groß sein. Eine Sequenz von ν Buchstaben wird also mit einer Genauigkeit

$$Q = q^{\nu} \tag{17.78}$$

korrekt repliziert. Wir nennen Q die Güte der Replikation der vollen Sequenz.

Das Problem der Fehlerfortpflanzung kann in diesem Modell als multiplikative Kette formuliert und analysiert werden (Bartlett, 1978). Die Zahl der Nachkommen ist eine zufällige Veränderliche X mit Binomialverteilung. Die Wahrscheinlichkeit, genau k korrekte Nachkommen von einer bestimmten Kopie zu erhalten, ist:

$$\text{Prob.}(X=k) = \binom{\Sigma}{k} Q^k (1-Q)^{\Sigma-k}. \tag{17.79}$$

Diese Verteilung besitzt einen Erwartungswert

$$\langle k \rangle = m = \Sigma \cdot Q = \Sigma \cdot q^{\nu}. \tag{17.80}$$

Aus der Theorie der multiplikativen Ketten folgt, daß $m \leqq 1$ eine notwendige und hinreichende Bedingung für

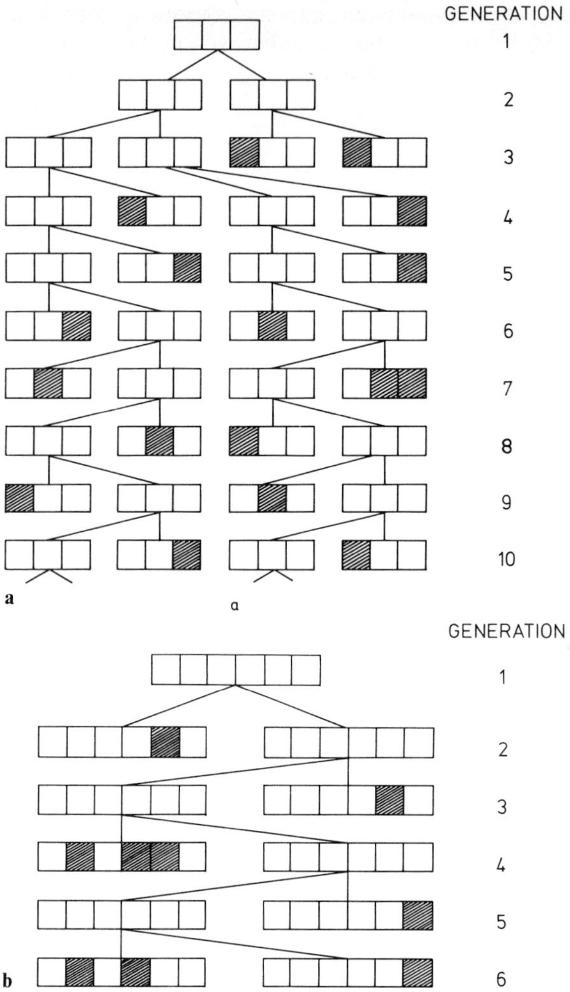

Abb. 17.52. Ein stochastisches Modell für die Selbstreplikation mit Fehlern. Eine Sequenz von ν Buchstaben wird durch aneinandergereihte Kästchen dargestellt. Fehler werden durch dunkle Kästchen angezeigt. Eine korrekte Sequenz produziert nach Voraussetzung eine Nachkommenschaft von Σ Kopien pro Generation. Alle Mutationen werden als letal angesehen: Fehlerkopien vermehren sich nicht. Die Genauigkeit des Replikationsprozesses wird durch eine Buchstabengenauigkeit q beschrieben — q ist die Wahrscheinlichkeit, daß ein gegebener Buchstabe korrekt in die wachsende Kette eingebaut wird. Zwei typische Beispiele mit verschiedenen Endergebnissen werden gezeigt: a: $q=5/6$, $\nu=3$ und $\Sigma=2$, das System hat eine hohe Überlebenswahrscheinlichkeit, und $\underline{b}$: $q=5/6$, $\nu=6$ und $\Sigma=2$, das System stirbt nach wenigen Generationen aus, es hat keine Überlebenswahrscheinlichkeit

[11] Die Hamming-Distanz zwischen zwei Sequenzen ist die Anzahl der Stellen, wo die Basen nicht übereinstimmen.

das sichere Aussterben der Kette ist. Die Bedingung, daß die Generationenkette mit positiver Wahrscheinlichkeit nicht abbricht, ist also einfach:

$$Q \cdot \Sigma = m > 1 \quad \text{oder} \quad Q > \Sigma^{-1}.$$

Es gibt eine scharfe Genauigkeitsschranke für die Replikation, $Q_{\min} = \Sigma^{-1}$, unterhalb derer das System mit Gewißheit ausstirbt. Für einen gegebenen Wert von q entspricht dieses Minimum einer maximalen Länge des Polymers

$$Q_{\min} = q^{\nu_{\max}}$$

oder

$$\nu_{\max} = -\frac{\ln \Sigma}{\ln q} \sim \frac{\ln \Sigma}{1-q}, \quad \text{wenn} \quad q \sim 1. \tag{17.81}$$

Ein gegebener Replikationsmechanismus für Polynukleotide ist durch einen bestimmten Wert von q charakterisiert, der seinerseits eine Schranke liefert für die Zahl der Buchstaben, also die Länge der Botschaft, die durch den Kopiermechanismus von Generation zu Generation übermittelt werden kann. Damit dieser Grenzwert $\nu_{\max}$ zunehmen kann, muß der Replikationsapparat präziser werden.

Dieses einfache stochastische Modell weist bereits eine wichtige Eigenschaft der Selbstreplikation mit Fehlern auf. Der Inhalt der zu übermittelnden Botschaft wird durch die Genauigkeit des Prozesses beschränkt. Um einen mehr quantitiven Einblick zu gewinnen, müssen wir die sehr einschränkende und unrealistische Voraussetzung fallenlassen, daß alle Mutanten letal sind. Evolution kann nur dann wirksam werden, wenn wir eine reichhaltige Verteilung von Mutanten zulassen mit einer fast stetigen Abstufung der Eigenschaften. Das entsprechende mathematische Problem ist auf der Ebene der stochastischen Prozesse sehr schwer zu behandeln, kann aber mit Hilfe von Differentialgleichungen untersucht werden.

Um die Selbstreplikation mit Fehlern unter der Bedingung konstanter Organisation im Evolutionsreaktor zu studieren, verallgemeinern wir die lineare Wachstumsfunktion (17.61)

$$\Gamma_i = \sum_j \omega_{ij} x_j . \tag{17.82}$$

In unserem Reaktionsschema kommt zur fehlerfreien Replikation und zum Abbau jetzt noch Replikation mit Fehlern hinzu:

$$\mathrm{I}_j + \sum_{\lambda=1}^{4} \nu_\lambda^{(i)} \mathrm{A}_\lambda \xrightarrow{\omega_{ij}} \mathrm{I}_i + \mathrm{I}_j ;$$
$$i,j = 1, \ldots, n ; \; i \neq j . \tag{17.83}$$

Die Geschwindigkeitskonstante ω_{ij} beschreibt also die Geschwindigkeit, mit der I_i als Fehlkopie aus I_j erhalten wird. Wir können ω_{ij} in zwei Faktoren aufspalten:

$$\omega_{ij} = f_j \cdot Q_{ij} . \tag{17.84}$$

Die Geschwindigkeitskonstante f_j ist dabei die Zahl der Kopien, korrekte und inkorrekte, die pro Zeiteinheit und bei Einheitskonzentration an der Matrix I_j synthetisiert werden. Q_{ij} ist die Wahrscheinlichkeit, die Sequenz I_i als Kopie von I_j zu erhalten. Offenbar gibt es ein Erhaltungsgesetz, da ja jede synthetisierte Kopie entweder korrekt oder inkorrekt sein muß:

$$\sum_i Q_{ij} = 1 . \tag{17.85}$$

In die Diagonalterme müssen wir noch die Raten für die Hydrolyse der Polynukleotide einfügen

$$\omega_{ii} = f_i Q_{ii} - d_i . \tag{17.86}$$

Die Wahrscheinlichkeit Q_{ii} ist nichts anderes als das Q im stochastischen Modell, wir können sie als Gütefaktor des Replikationsprozesses ansehen; Gl. (17.86) wird zu (17.61), wenn wir präzise Replikation annehmen, also voraussetzen, daß die Replikationswahrscheinlichkeiten $\boldsymbol{Q} = \{Q_{ij}\}$ durch die Einheitsmatrix gegeben werden

$$Q_{ij} = \delta_{ij}, \quad \text{d.h.} \quad Q_{ii} = 1, \quad Q_{ij} = 0 \quad \text{für} \quad i \neq j . \tag{17.87}$$

Im allgemeinen Fall haben wir $1 - Q_{ii} = \sum_{j \neq i} Q_{ji}$, was durch Summieren über alle Polymeren

$$\sum_i f_i (1 - Q_{ii}) x_i = \sum_i \sum_{j \neq i} \omega_{ji} x_i \tag{17.88}$$

ergibt. Mit Gl. (17.88) läßt sich leicht zeigen, daß der Verdünnungsfluß ϕ_0 einfach gleich c_0^{-1} mal der mittleren Überschußproduktivität $\bar{E}$ ist ($E_i = f_i - d_i$, so wie oben definiert, s. Gl. (17.63)

$$\bar{E} = \frac{1}{c_0} \sum_i E_i x_i = \frac{1}{c_0} \phi_0 . \tag{17.89}$$

Wir gelangen also zur Differentialgleichung

$$\dot{x}_i = (\omega_{ii} - \bar{E}) x_i + \sum_{j \neq i} \omega_{ij} x_j ; \quad i,j = 1, 2, \ldots, n . \tag{17.90}$$

Durch eine Variablentransformation (Thompson und McBride, 1974; Jones et al., 1976) können wir Gl. (17.90) in eine lineare Differentialgleichung verwandeln, die sich mit Hilfe der Störungstheorie weiter untersuchen läßt. So wie beim stochastischen Modell finden wir zwei Situationen:

1. Der Replikationsprozeß ist ausreichend genau ($Q_m > Q_{\min}$; dabei lassen wir der Kürze halber den zweiten Index des Qualitätsfaktors weg, $Q_m = Q_{mm}$).

Im Evolutionsreaktor findet Selektion statt. Durch sukzessive Elimination der langsam wachsenden Moleküle nimmt die mittlere Überschußproduktivität $\bar{E}(t)$ ständig zu, bis sie einen Optimalwert $\lambda_{\max}$ erreicht:

$$\lim_{t \to \infty} \bar{E}(t) = \lambda_{\max} = \omega_{mm} + \sum_{j \neq m} \frac{\omega_{mj} \omega_{jm}}{\omega_{mm} - \omega_{jj}} \quad j = 1, 2, \ldots, n . \tag{17.91}$$

Die Sequenz I_m ist das Polynukleotid mit dem größten Selektionswert: $\omega_{mm} = \max(\omega_{ii}, \; i = 1, 2, \ldots, n)$. Gleichung (17.91) liefert eine gute Approximation für $\lambda_{\max}$, den größten Eigenwert der linearen Differentialgleichung, sofern sich die Selektionswerte der verschiedenen Polynukleotide voneinander hinreichend unterscheiden [$\omega_{mm}-\omega_{jj}\gg 0$, insbesonders $\omega_{mm}-\omega_{jj}\gg(\omega_{mj}\omega_{jm})^{1/2}$ für alle $j\neq m$].

2. Die Genauigkeit des Replikationsprozesses liegt unterhalb eines bestimmten Schwellenwertes ($Q_m<Q_{\min}$). Die kinetischen Eigenschaften der Moleküle führen zu keiner Selektion. Selbst wenn das System einen stationären Zustand erreicht, werden die relativen Konzentrationen der Polynukleotide nur durch statistische Faktoren bestimmt.

Wir wollen jetzt den Fall (1) etwas näher untersuchen, um den Schwellenwert $Q_{\min}$ und die Natur des selektierten Ensembles von Molekülen besser beschreiben zu können. Zu diesem Zweck untersuchen wir die oben erhaltenen Ausdrücke mittels Störungstheorie. Die stationären Konzentrationen sind:

$$\bar{x}_m=c_0\frac{\omega_{mm}-\bar{E}_{-m}}{E_m-\bar{E}_{-m}}=c_0\frac{Q_m-\sigma_m^{-1}}{1-\sigma_m^{-1}} \tag{17.92a}$$

und

$$\bar{x}_j=\bar{x}_m\frac{\omega_{jm}}{\omega_{mm}-\omega_{jj}}; \quad j=1,2,\ldots,n;\, j\neq m. \tag{17.92b}$$

Hier haben wir zwei neue Größen eingeführt, die mittlere Überschußproduktivität von allen Molekülen außer der Mastersequenz

$$\bar{E}_{-m}=\frac{\sum\limits_{j\neq m}E_jx_j}{\sum\limits_{j\neq m}x_j}=\frac{c_0\bar{E}-x_mE_m}{c_0-x_m} \tag{17.93}$$

und die Überlegenheit der Mastersequenz

$$\sigma_m=\frac{f_m}{d_m+\bar{E}_{-m}}. \tag{17.94}$$

Zufolge der Gl. (17.92) sind die stationären Konzentrationen der Polynukleotide gerade dann nicht verschwindend, wenn

$$Q_m>Q_{\min}=\sigma_m^{-1}. \tag{17.95}$$

Wir haben also bereits den gewünschten Ausdruck für den Schwellenwert von Q gefunden. Wir werden uns vorwiegend für Polynukleotide mit verschiedenen Längen interessieren und ersetzen daher den Gütefaktor durch eine Buchstabengenauigkeit q, so wie im stochastischen Modell. Dabei müssen wir behutsam vorgehen, denn die Fehlerrate für den Einbau der korrekten Base an einer bestimmten Stelle des Polynukleotids hängt von der Natur der Base ab (A, U, G oder C) und auch von der Natur der Basen in der Nachbarposition. Wir dürfen nicht a priori annehmen, daß die Buchstabengenauigkeit für alle Positionen die gleiche ist. Dennoch können wir aber die multiplikative Struktur des Gesamtgütefaktors als eine gute Annäherung des schrittweise ablaufenden Replikationsprozesses beibehalten.

$$Q_m=q_1^{(m)}q_2^{(m)}\ldots q_{\nu_m}^{(m)}=\bar{q}_m^{\nu_m}. \tag{17.96}$$

(ν_m ist die Zahl der Buchstaben, der Basen in I_m.) Wir haben dabei einfach eine durchschnittliche Buchstabengenauigkeit $\bar{q}_m$ eingeführt, die sich auf die besondere Sequenz I_m bezieht. Betrachten wir nun hinreichend lange Polynukleotidsequenzen mit ungefähr derselben Zusammensetzung der Basen A:U:G:C. In diesem Fall sind die $\bar{q}$-Werte der verschiedenen Sequenzen einander sehr ähnlich, falls sie von demselben Mechanismus repliziert werden.

Wenn man (17.96) in (17.95) einsetzt, erhält man

$$Q_{\min}=\bar{q}_m^{\nu_{\max}}=\sigma_m^{-1}$$

oder

$$\nu_{\max}=-\frac{\ln\sigma_m}{\ln\bar{q}_m}\sim\frac{\ln\sigma_m}{1-\bar{q}_m}, \quad \text{wenn} \quad \bar{q}_m\sim 1. \tag{17.97}$$

Der Minimalwert für die Genauigkeit der Replikation entspricht einer maximalen Kettenlänge für Polynukleotide, die repliziert werden können, ohne die genaue Sequenz der Basen zu verlieren.

Wie sieht eine Quasispezies aus? Nach (17.95) hängt die relative Häufigkeit des Mutanten I_j, sowie die Wahrscheinlichkeit der entsprechenden Mutation Q_{jm} von der Differenz der Selektionswerte $\omega_{mm}-\omega_{jj}$ ab. Im Fall gleicher Kettenlänge ($\nu_m=\nu_j$) und gleicher mittlerer Genauigkeit ($\bar{q}_m=\bar{q}_j=\bar{q}$) ist Q_{jm} durch die Hamming-Distanz[11] (μ_j) zwischen der Mastersequenz I_m und der Mutante I_j gegeben

$$Q_{jm}=\bar{q}^{\nu-\mu_j}(1-\bar{q})^{\mu_j}. \tag{17.98}$$

Also gilt $Q_{jm}=\bar{q}^{\nu-1}(1-q)$ für die Einfehlermutanten, $Q_{jm}=\bar{q}^{\nu-2}(1-\bar{q})^2$ für eine Mutante mit zwei Fehlern, usw... Die Buchstabengenauigkeit aller hier betrachteten Replikationsprozesse ist sehr nahe bei eins ($\bar{q}>0{,}95$). So erhalten wir

$$\bar{q}^\nu\gg\bar{q}^{\nu-1}(1-\bar{q})\gg\bar{q}^{\nu-2}(1-\bar{q})^2\gg\ldots$$

Wenn wir von Unterschieden im Selektionswert absehen (die nur für $\omega_{mm}\gg\omega_{jj}$ klein sind), so wird der Mutantenanteil der Quasispezies überwiegend durch Einfehler- oder höchstens Doppelfehlermutanten gebildet. In jedem Fall sind die Mitglieder einer Quasispezies eng verwandt in Bezug auf die Hamming-Distanz. In Abb. 17.53 stellen wir die Resultate über die Verteilung der Mutanten innerhalb einer Quasispezies dar, so wie sie durch Störungstheorie und numerische Integration der Gl. (17.90) erhalten werden können. Für Polynukleotide mit interessanten Kettenlängen ($\nu>10$) sind die Resultate der Störungstheorie eine gute Annäherung.

Der hier skizzierte Zugang kann auch für Polynukleotide mit identischen oder fast identischen kinetischen Parametern angewendet werden. In diesem Fall ist es von Bedeutung, ob die zwei Sequenzen im Sinne der Hamming-Distanz nahe verwandt sind oder nicht. Nahe Verwandte bilden eine Quasispezies mit einem stationären Verhältnis der Konzentrationen. Zwei nichtverwandte, kinetisch aber ununterscheidbare Polynukleotide werden dem Drift unterworfen sein, wie im Abschn. 17.2.7 beschrieben.

Es bleibt noch ein Problem übrig, das die Anwendung von Differentialgleichungen auf die Selbstreplikation mit Fehlern einschränken wird. Wenn wir alle

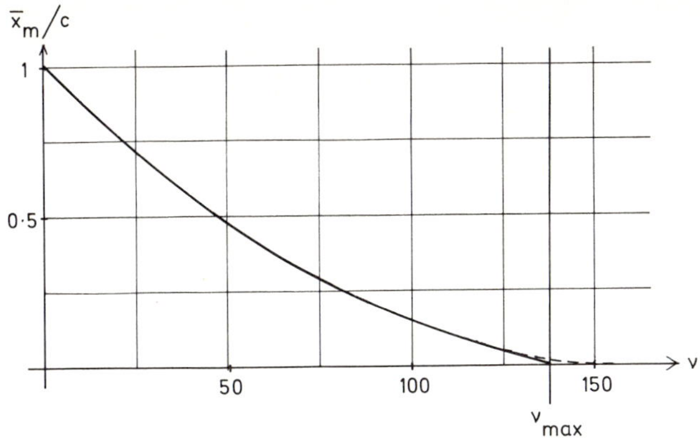

Abb. 17.53. Die Abhängigkeit der Mutantenverteilung innerhalb einer Quasispezies von der Kettenlänge v des Polynukleotids. Die Buchstabengenauigkeit ist nach Voraussetzung $\bar{q}_m = 0{,}99$ und der Wert $\sigma_m = 4$ ist als Superioritätsparameter gewählt. Die ausgezogene Linie gibt die Ergebnisse der Störungstheorie an, entsprechend Gl. 17.92. Numerische Integration führt zu einem fast identischen Resultat. Nur im Fall von sehr kleinen Polynukleotiden ($v < 10$) finden wir eine Abweichung des Resultats der Störungstheorie und der exakten Lösung

möglichen Mutationen einer mittellangen ($v \sim 100$) oder längeren Sequenz zulassen, etwa $v \sim 3000$, wie bei den kleinsten RNS Bakteriophagen, dann ist die Dimension der Differentialgleichung „superastronomisch“ hoch ($n = 4^v$). Selbst in sehr großen Systemen mit hohen Konzentrationen an Polynukleotiden wird die Zahl der vorhandenen Moleküle verschwindend gering sein gegenüber der Zahl aller möglichen Mutationen. Bilden wir zur Veranschaulichung unser System auf dem Einheitssimplex ab. Dieser Simplex wird gigantisch sein. Nur ein sehr kleiner Teil davon wird jedoch relevant sein für die Evolution einer gewissen Menge von Polynukleotiden. Die meisten Mutationen, außer die mit wenigen Fehlern, werden äußerst unwahrscheinlich sein [s. Gl. (17.98)]. Für eine vorgegebene Mastersequenz haben wir $3v$ Einfehlermutanten, $\frac{9}{2}v(v-1)$ Doppelfehlermutanten, allgemein $3^\alpha \binom{v}{\alpha}$ Mutanten mit α Fehlern. Anfangs sind die Konzentrationen fast aller Polynukleotide gleich Null. Fast alle Konzentrationen schwanken um äußerst kleine, völlig unrealistische Werte herum — viel weniger als ein Molekül pro Liter. Wir können also unser System auf die physikalisch bedeutungsvollen Konzentrationen einschränken und alle diese äußerst kleinen Werte gleich Null setzen. Die übrig bleibenden Variablen beschreiben die wirklich „aktiven“ Moleküle und können vernünftig behandelt werden. Das Erscheinen einer neuen Mutante eröffnet dann eine neue Dimension. Auf dem Riesensimplex ist die Quasispezies ein Punkt auf einer niedrig dimensionalen Teilfläche des Randes. Wir können drei verschiedene Situationen unterscheiden:

1. Der Replikationsprozeß ist sehr genau. Nur wenige Mutanten kommen vor. Die Quasispezies entspricht einem stationären, oder fast stationären Punkt auf der Oberfläche des riesigen Konzentrationssimplex. Die Mutation zu Sequenzen mit höherer Effizienz ist äußerst unwahrscheinlich und tritt nur sehr selten ein.

2. Der Replikationsprozeß ist von geringer Genauigkeit. Dann entspricht die Entwicklung des Systems einer Irrfahrt am Rand des Simplex.

3. Der Replikationsprozeß ist eben genau genug, um die Existenz einer Mastersequenz mit nicht verschwindender stationärer Konzentration zu gewährleisten. In diesem Fall treffen wir eine große Vielfalt an Mutanten an. Die eine oder andere wird sich schließlich effizienter replizieren als die Mastersequenz und diese ersetzen (Abb. 17.48).

Im Fall (3) folgt die Bewegung des Systems einer Bahn auf der Oberfläche des Riesensimplex, längs derer eine Optimierung stattfindet. Was wir also hier beobachten ist Evolution im Darwinschen Sinn.

Unser Bild — ein System, das am Rand eines riesigen Raumes entlangwandert, — erinnert etwas an Monods berühmten Satz, den er freilich in einem anderen Zusammenhang aussprach: ...„L'homme sait maintenant que, comme un tzigane, il est en marge de l'univers ou il doit vivre“... (Monod, 1970).

Gleichung (17.93) wurde für die idealisierten Bedingungen des Evolutionsreaktors abgeleitet. Die Schlußfolgerungen sind aber von sehr allgemeiner Art [s. Gl. (17.97)]. Wir wollen also versuchen, sie für gewisse Replikationssysteme von Polynukleotiden im Labor und in der Natur anzuwenden:

1. Matrizen-induzierte enzymfreie Replikation von RNS (s. die Reihe von Experimenten von Orgel u. Mitarb.; Lohrmann et al., 1980).

2. Die Replikation der RNS von Bakteriophagen mittels spezifischer Replikasen (s. z.B. Küppers, 1979).

3. DNS-Replikation in prokaryotischen Organismen, speziell in Bakterien (Kornberg, 1980).

In Tabelle 17.5 stellen wir einige Daten über die experimentell bestimmten Genauigkeiten von Replikationsmechanismen zusammen und dazu noch die durch Rechnung bestimmten v_{max}-Werte und die in der Natur beobachteten Genomlängen. Für eine detaillierte Diskussion und die Interpretation der experimentellen Resultate verweisen wir auf Eigen u. Schuster (1977). Hier halten wir nur einige der wichtigsten Ergebnisse fest. Enzymfreie, matrizeninduzierte Replikation von Polynukleotiden scheint auf Moleküle von der Länge der heutigen t-RNS beschränkt. Je nachdem, ob das Polynukleotid vorwiegend aus A, U oder G, C-Basen besteht, ist die maximale Kettenlänge für korrekte Replikation $v_{max} \sim 20$ oder $v_{max} \sim 100$.

Von unserem Standpunkt aus ist der $Q\beta$-Phage das am besten untersuchte System für RNS-Replikation. Weissmann u. Mitarb. (Domingo et al., 1976; Batschelet et al., 1976) lieferten eine direkte Bestimmung der Buchstabengenauigkeit des Prozesses. Aufgrund dieses Resultats und einer Abschätzung der Überlegenheit der Mastersequenz (Eigen u. Schuster, 1977) kann man den Wert von v_{max} berechnen. Interessanterweise ist der tatsächliche Wert des $Q\beta$-Genoms sehr nahe an dieser maximalen Kettenlänge. Wir haben also eine

Tabelle 17.5. Buchstabengenauigkeit, Superiorität und Fehlerschwelle für einige biologische und chemische Systeme

Buchstaben-genauigkeit $\bar{q}_m$	Fehlerrate pro Buchstabe $1-\bar{q}_m$	Superiorität σ_m	Maximale Buchstabenzahl ν_{max}	Biologische Beispiele
0,95	$5 \cdot 10^{-2}$	2	14	Enzymfreie RNS-Replikation (Lohrmann et al.,1980)
		4	28	
		10	46	
		20	60	
0,99	$1 \cdot 10^{-2}$	2	69	t-RNS Vorläufer
		4	139	
		10	230	$\nu \sim 80$
		20	300	
0,9995	$5 \cdot 10^{-4}$	2	1386	Einzelsträngige RNS Replikation mittels spezifischer Replikasen (Domingo et al., 1976) Qβ-Phage, $\nu = 4500$
		4	2772	
		10	4606	
		20	5991	
0,999999	$1 \cdot 10^{-6}$	2	$0{,}7 \cdot 10^6$	DNS-Replikation mittels Polymerasen und „Proofreading" (Kunkel et al., 1979)
		4	$1{,}4 \cdot 10^6$	
		10	$2{,}3 \cdot 10^6$	
		20	$3{,}0 \cdot 10^6$	
0,9999999	$1 \cdot 10^{-7}$	2	$6{,}9 \cdot 10^6$	
		4	$13{,}9 \cdot 10^6$	E. coli, $\nu = 4 \cdot 10^6$
		10	$23{,}0 \cdot 10^6$	
		20	$30{,}0 \cdot 10^6$	

recht heterogene Population zu erwarten — die Mastersequenz und die meisten eng verwandten, aber nicht letalen Mutanten. Genau das ist auch in einer Reihe von neueren Untersuchungen von Weissmanns Gruppe gefunden worden (Domingo et al., 1978): Sie verdünnten die Probe bis zu einer Konzentration von nur einem Molekül pro Reagenzglas und klonten diese verbleibende Sequenz. Der durch partielle Hydrolyse erhaltene „finger-print" der geklonten Sequenz zeigt eine Reihe von Unterschieden zum „wild type" auf (Abb. 17.54).

Die DNS-Replikation von Bakterien ist wesentlich komplexer als die RNS-Replikation der Phagen. Sie besteht aus vielen Einzelschritten und wird durch eine große Zahl von Enzymen katalysiert (Kronberg, 1980). Die Genauigkeit einiger der wichtigsten Schritte ist in einer Reihe von Experimenten von Loeb u. Mitarb. untersucht worden (s. z.B. Kunkel u. Loeb, 1979; Kunkel et al., 1979).

Der wesentliche Fortschritt gegenüber der RNS-Replikation besteht in einem Korrekturmechanismus, der die Fehlerwahrscheinlichkeit um etwa drei Größenordnungen reduziert. Andere Faktoren und dynamische Aspekte scheinen diese Genauigkeit noch weiter zu erhöhen.

Bakterien besitzen Gene, die innerhalb gewisser Grenzen die Raten für die Replikationsfehler *in vivo* steigern oder senken können. So können sie sich den wechselnden Anforderungen der Umwelt anpassen. Trotzdem ist auch die Replikation von DNS in prokaryotischen Organismen einem ganz ähnlichen Fehlerproblem unterworfen, wie die RNS-Replikation der einfachen Phagen. Es scheint, daß die Fehlerschranke für die Genome bei Prokaryoten bei einigen Millionen Basenpaaren liegt.

Im DNS-Replikationsmechanismus in eukaryotischen Zellen fand die Natur einen Weg zu noch längeren Genomen. Dieser Mechanismus benützt die ungemein komplexe Maschinerie von mitotischer (und meiotischer) Zellteilung, die noch nicht ganz verstanden wird. Im besonderen haben wir nur recht vage Ideen über die molekularen Details dieses Prozesses und seiner Regulation. Ein großer Teil der eukaryotischen DNS wird nicht in Proteine übersetzt, sodaß Mutationen, die dort geschehen, nur schwer zu entdecken sind. Außerdem wird in diploiden Organismen das Problem der Fehlerfortpflanzung noch zusätzlich kompliziert, weil alle Gene in (mindestens) zwei Kopien vorkommen. Es ist aber doch schon auf den ersten Blick klar, daß die effektive Fehlerschwelle beim Übergang von prokaryotischen zu eukaryotischen Organismen um weitere zwei oder drei Größenordnungen zugenommen hat.

Das wichtigste Ergebnis aus diesem Abschnitt ist die Existenz einer maximalen Kettenlänge bei der Replikation von Polynukleotiden. Nur bis zu einer bestimmten kritischen Länge können Sequenzen ohne Informationsverlust fortgepflanzt werden. Eine Überschreitung dieser Länge führt zu einer Fehlerkatastrophe. Diese Längenbegrenzung hängt in erster Linie von der Genauigkeit des Replikationsprozesses ab.

17.2.9 Kooperation von selbstreplizierenden Elementen

Die Selbstreplikation führt Konkurrenz und Selektion in Ensembles von Molekülen ein. Die für die Vermehrung wesentlichen Eigenschaften werden optimiert. Der Selektionsvorgang führt zu Quasispezies. Die

(1)	I_M	G A A G U G A C C U G G U G C A G U A A C C C A G U U G
(2)		G A G C U G A C C U G G U G C A G U A A C C C A G U U G
(3)		G A A C U G A C U U G G U G C A G U A A C C C A G U U G
(4)		G A A C U G A C C U G G U G C A A U A A C C C A G U U G
(5)	*	G A G C U G A C C C G G U G C A G U A A C C C A G U U G
(6)		G A A C U G A C C U G G U A C A G U A A C C C A G U U G
(7)		G A A C U G A C C U G G U G C A G U A A C C C A G U U G
(8)		G A A C U G A C C U G G U G C A G U A A C C C G G U U G
(9)	*	G A G C U G A C C U G G U G C A G U A A C C C A G C U G
(10)		G A A C U G A C C U G G U G C A G U A A C U C A G U U G
(11)		G A A C U G A C C U A G U G C A G U A A C C C A G U U G
(12)		A A A C U G A C C U G G U G C A G U A A C C C A G U U G
(13)		G A A C U G A U C U G G U G C A G U A A C C C A G U U G
(14)		G A A C U G A C C U G G U G C A G U A A C C C A G U C G
(15)		G A A C U G A C C U G G A G C A G U A A C C C A G U U G
(16)		G A A C U G A C C U G G U G C A G U A A C C C A G C U G
(17)		G A A C U G A C C C G G U G C A G U A A C C C A G U U G
(18)	*	G A A C U G A C C C G C U G C A G C A A C C C A G U U G
(19)		G A A C U G G C C U G G U G C A G U A A C C C A G U U G
(20)		G A A C U G A C C U G G U G C A G U A A C C C A G U U A

I_M "MASTERSEQUENZ"

a * ZWEIFEHLERMUTANTE

Basen Nr.	Basenverteilung G	A	C	U	Häufigste Base
1	0,95	0,05	0	0	G
2	0	1,00	0	0	A
3	0,15	0,85	0	0	A
4	0	0	1,00	0	C
5	0	0	0	1,00	U
6	1,00	0	0	0	G
7	0,05	0,95	0	0	A
8	0	0	0,95	0,05	C
9	0	0	0,95	0,05	C
10	0	0	0,15	0,85	U
11	0,95	0,05	0	0	G
12	1,00	0	0	0	G
13	0	0,05	0	0,95	U
14	1,00	0	0	0	G
15	0	0	1,00	0	C
16	0	1,00	0	0	A
17	0,95	0,05	0	0	G
18	0	0	0,10	0,90	U
19	0	1,00	0	0	A
20	0	1,00	0	0	A
21	0	0	1,00	0	C
22	0	0	0,95	0,05	C
23	0	0	1,00	0	C
24	0,05	0,95	0	0	A
25	1,00	0	0	0	G
26	0	0	0,10	0,90	U
27	0	0	0,05	0,95	U
28	0,95	0,05	0	0	G

Abb. 17.54. Die Bestimmung der mittleren Sequenz in einem heterogenen Ensemble von Polynukleotiden einer Quasispezies. Man beachte, daß die mittlere Sequenz mit der Mastersequenz (I_m) übereinstimmt, obwohl letztere nur in geringer Menge vorhanden ist (5%). Falls wir ein gewisses Polynukleotid aus der Quasispezies herausnehmen, das von I_m verschieden ist, und es klonen, dann erhalten wir beim Sequenzieren ein verschiedenes Resultat

Quasispezies ist eine Menge von selbstreplizierenden Molekülen, bestehend aus einer Mastersequenz und ihren effizientesten Mutanten. Sie ähnelt sehr einer biologischen Art, die eine analoge Menge von verwandten Organismen darstellt. In der Biologie gibt es wohlbekannte Beispiele für die Kooperation zwischen Arten oder zwischen einfachen selbstreplizierenden Elementen. Diese Beispiele von „Symbiose" reichen von unabhängigen Genen in manchen RNS-Viren wie Reo oder Influenza bis zur komplexen Regulierung des Verhaltens in tierischen Gesellschaften. Wir wenden uns nun einer Untersuchung der Mechanismen zu, welche die Konkurrenz zwischen bestimmten selbstreplizierenden Elementen ausschalten können.

In diesem Abschnitt suchen wir nach den einfachsten Mechanismen, die Kooperation in ein Ensemble von selbstreplizierenden Molekülen oder Arten einführen. „Einfachst" wird hier in bezug auf einen möglichen molekularen Mechanismus verstanden. In der Elementarschrittkinetik kennen wir ein unmittelbares Maß für die „Einfachheit": Es ist die Ordnung oder Molekularität einer Reaktion. Dabei beziehen wir uns nur auf die Makromoleküle, da deren Konzentrationen ja die einzigen Veränderlichen in unserem idealisierten System sind. Wie wir später sehen werden, müssen wir uns dabei auf jene Makromoleküle beschränken, die innerhalb des betrachteten Mechanismus synthetisiert werden. Andere Makromoleküle, wie das Enzym in den Qβ-Selektions- und Evolutionsexperimenten, sind Umweltfaktoren. Hier werden wir eine Reaktion „von erster Ordnung" nennen, wenn die Geschwindigkeit der Reaktion linear von den Konzentrationen der relevanten Makromoleküle, im besonderen also der Polynukleotide, abhängt. Ein Glied zweiter Ordnung wird durch eine quadratische Abhängigkeit gegeben, usw. In der Sprache der chemischen Kinetik bedeuten diese Glieder zweiter Ordnung, daß zwei Makromoleküle in den Replikationsprozeß involviert sind. Die unmittelbarste Art so einer Reaktion auf molekularem Niveau ist jene, wo eines der Moleküle als Matrize wirkt, während das andere ein Katalysator, also ein Enzym ist. Das ist gerade die Form der Synthese von Polynukleotiden, wie sie in der Natur stattfindet. Wir können die entsprechenden Reaktionsgleichungen leicht niederschreiben[12]:

$$\mathrm{I}_i+\mathrm{I}_j+\sum_{\lambda=1}^{4} \nu_\lambda^{(i)}\mathrm{A}_\lambda \xrightarrow{f_i} 2\mathrm{I}_i+\mathrm{I}_j. \qquad (17.99)$$

Gleichung (17.99) bringt die angekündigten quadratischen Glieder

$$\dot{x}_i=f_{ij}x_ix_j+\ldots$$

in die Geschwindigkeitsgleichungen. Im allgemeinen haben wir n solche Glieder, als Beiträge zur Wachstumsfunktion eines bestimmten Polynukleotids:

$$\Gamma_i=\sum_{j=i}^{n} f_{ij}x_ix_j, \qquad i=1,\ldots,n. \qquad (17.100)$$

Wir interessieren uns für die durch diese Glieder zweiter Ordnung bewirkten Eigenschaften und verschieben eine Diskussion der physikalisch realisierbaren Systeme und der Natur dieser Art von Katalyse auf später. Um den Einfluß der Glieder (17.100) ohne die Überlagerung der Auf- und Abbauglieder erster Ordnung zu untersuchen, betrachten wir die Differentialgleichung

$$\dot{x}_i=x_i\left(\sum_{j=1}^{n} f_{ij}x_j-\frac{1}{c_0}\phi_0\right), \qquad i=1,\ldots,n. \qquad (17.101)$$

Diese Gleichung hat den Vorteil, daß alle Wachstumsfunktionen homogen in x vom Grad $\lambda=2$ sind [s. Gl. (17.59)] und daher die Gesamtkonzentration keinen Einfluß auf die Bahnen des Systems hat. Ohne Verlust von Allgemeinheit können wir also $c_0=1$ setzen.

Die Differentialgleichung (17.101) ist recht ausführlich in früheren Arbeiten untersucht worden (s. z.B. Schuster et al., 1980; Hofbauer et al., 1980). Hier fassen wir nur einige der wichtigsten Resultate zusammen. Aufgrund der Bedingung der konstanten Organisation ist Gl. (17.101) invariant gegenüber Addition einer Konstante zu jeder Spalte der Matrix der Geschwindigkeitskoeffizienten. Die Substitution

$$F=\{f_{ij}\}\rightarrow K=\{k_{ij}\}=\{f_{ij}+f_j'\} \qquad (17.102)$$

ändert nichts an der Differentialgleichung auf dem Konzentrationssimplex. Wir können diese Eigenschaft dazu benützen, die Zahl der Geschwindigkeitskonstanten zu reduzieren und in der Diagonale Null zu erhalten, indem wir $-f_{jj}$ für f_j' verwenden:

$$F=\begin{bmatrix} f_{11} & f_{12}\cdots f_{1n} \\ f_{21} & f_{22}\cdots f_{2n} \\ f_{n1} & f_{n2}\cdots f_{nn} \end{bmatrix}$$

$$\rightarrow K=\begin{bmatrix} 0 & f_{12}-f_{22}\cdots f_{1n}-f_{nn} \\ f_{21}-f_{11} & 0 \quad \cdots f_{2n}-f_{nn} \\ f_{n1}-f_{11} & f_{n2}-f_{22} \quad\quad 0 \end{bmatrix}. \qquad (17.103)$$

Was bedeutet das physikalisch? Wir messen die katalytische Wirksamkeit eines bestimmten Makromoleküls in der Replikation eines gegebenen Polynukleotids relativ zur Wirkung auf sich selbst, d. h. relativ zur katalytischen Aktivität beim eigenen Replikationsvorgang. Im allgemeinen sind Geschwindigkeitskonstanten oder katalytische Koeffizienten nichtnegative Größen. Das muß natürlich nicht für die Elemente der Matrix K gelten. Wir werden also im folgenden eine wichtige Unterscheidung zu treffen haben: Wir nennen ein System nichthyperbolisch, wenn alle Elemente von K nichtnegativ sind, und hyperbolisch, wenn K negative Elemente besitzt.

[12] Gleichung (17.99) legt nahe, daß sowohl Katalysator als auch Matrize Polynukleotide sind. In der heutigen Biochemie katalysieren Polynukleotide die Synthese anderer Polynukleotide nicht direkt, sondern kodieren für Enzyme, die diese Aufgaben vollbringen. Wie wir später sehen werden, führt die vereinfachte Kinetik eines detaillierten Mechanismus für Replikation mit Translation zu den gleichen Ausdrücken zweiter Ordnung, jedenfalls bei geringen Konzentrationen.

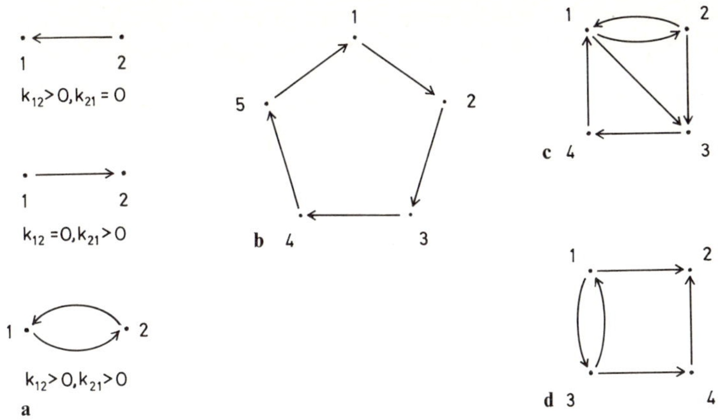

Abb. 17.55a–d. Beispiele von gerichteten Graphen, die verschiedenen Beispielen der Gl. (62) im nichthyperbolischen Fall zugeordnet sind **a** alle Graphen für $n=2$, **b** ein Graph, der nur aus einem Hamiltonschen Bogen besteht (= ein elementarer Hyperzyklus) mit $n=5$; **c** ein Graph, der einen Hamiltonschen Bogen enthält und **d** ein Graph ohne Hamiltonschen Bogen)

Der nichthyperbolische Fall kann in großer Allgemeinheit untersucht werden. Wir führen eine Klassifizierung ein, indem wir jedem System einen gerichteten Graphen zuordnen. Der Graph wird gebildet, indem wir eine gerichtete Strecke $j \to i$ einzeichnen, sofern die Geschwindigkeitskonstante k_{ij} nicht verschwindet. Einige charakteristische Beispiele werden in Abb. 17.55 gezeigt.

Als ein einfaches, aber illustratives Beispiel wollen wir den Fall von zwei Spezies betrachten ($n=2$). Die Gl. (17.101) ist hier von sehr einfacher Gestalt ($c_0=1$ und daher $x_2=1-x_1$):

$$\dot{x}_1 = x_1(1-x_1)(k_{12}-(k_{12}+k_{21})x_1). \qquad (17.104)$$

Die Untersuchung von Gl. (17.104) ist in Tabelle 17.6 dargestellt. Die Gleichung hat drei Fixpunkte, von denen zwei mit den reinen Zuständen $\bar{P}_1=(1,0)$ und

Tabelle 17.6. Qualitative Analyse der Differentialgleichung, die einer Katalyse zweiter Ordnung unter der Bedingung konstanter Organisation entspricht ($n=2$)

Mechanismus $\mathrm{I}_i+\mathrm{I}_j+\sum_{\lambda=1}^{4} \nu_\lambda^{(i)}\mathrm{B}_\lambda \xrightarrow{f_{ij}} 2\mathrm{I}_i+\mathrm{I}_j$; $\quad i,j=1,2$

Bedingung $[\mathrm{I}_1]+[\mathrm{I}_2]=x_1+x_2=c_0=1$

Differentialgleichung $\dot{x}_1=x_1(1-x_1)[k_{12}-(k_{12}+k_{12})x_1]$ (T16)

$k_{12}=f_{12}-f_{22}$ und $k_{21}=f_{21}-f_{11}$

Gleichgewichtslösung $\dot{x}_1=0$; drei Fixpunkte

$\bar{\boldsymbol{P}}_1=(0,1)$, $\quad \bar{\boldsymbol{P}}_2=(1,0)$ und $\bar{\boldsymbol{P}}_3=\left(\dfrac{k_{12}}{k_{12}+k_{21}}, \dfrac{k_{21}}{k_{12}+k_{21}}\right)$

Stabilitätsanalyse $\omega=k_{12}-2(2k_{12}+k_{21})x_1+3(k_{12}+k_{21})x_1^2$

$\omega^{(1)}=k_{12}$, $\quad \omega^{(2)}=k_{21}$ und $\omega^{(3)}=-\dfrac{k_{12}\cdot k_{21}}{k_{12}+k_{21}}$

Daher ist $\bar{\boldsymbol{P}}_1$ genau dann stabil, wenn $k_{12}<0$, und $\bar{\boldsymbol{P}}_2$ wenn $k_{21}<0$. Für $\bar{\boldsymbol{P}}_3$ ist die Lage komplizierter: Der Punkt ist stabil, wenn sowohl k_{12} als auch k_{21} positiv sind. $\bar{\boldsymbol{P}}_3$ ist aber auch stabil, wenn k_{12} und k_{21} verschiedenes Vorzeichen haben und $k_{21}<-k_{12}$ gilt. Dieser Fall ist für uns natürlich bedeutungslos, weil $\bar{\boldsymbol{P}}_3$ dann außerhalb des Konzentrationssimplex liegt. Die Bedingung für Kooperativität ist also $k_{12}>0$ und $k_{21}>0$.

$\bar{P}_2=(0,1)$ übereinstimmen. Die Stabilitätsanalyse ist ganz einfach und führt zu folgender Fallunterscheidung: Im *nichthyperbolischen* Fall ($f_{21}>f_{11}$ und $f_{12}>f_{22}$) unterscheiden wir drei Situationen, die durch die Graphen in Abb. 17.55 beschrieben werden (den trivialen Fall $k_{12}=k_{21}=0$ lassen wir beiseite):

1) $k_{12}>0, k_{12}=0$; Konkurrenz zwischen I_1 und I_2 und globale Selektion von I_1,

2) $k_{12}=0, k_{21}>0$; Konkurrenz zwischen I_1 und I_2 und globale Selektion von I_2, und

3) $k_{12}>0, k_{21}>0$; Kooperation zwischen I_1 und I_2. Es gibt einen stationären Zustand, bei welchem beide Arten I_1 und I_2 in nichtverschwindender Menge vorkommen. Dieser Zustand ist global stabil, denn er entspricht dem einzigen stabilen Fixpunkt des Systems. Das Verhältnis der stationären Konzentration ist $\bar{x}_1/\bar{x}_2=k_{21}/k_{12}$.

Im hyperbolischen Fall gibt es auch drei verschiedene Situationen:

1) $k_{12}>0, k_{21}<0$; Konkurrenz zwischen I_1 und I_2, globale Selektion von I_1.

2) $k_{12}<0, k_{21}>0$; Konkurrenz zwischen I_1 und I_2, globale Selektion von I_2, und

3) $k_{21}<0, k_{21}<0$; je nach den Anfangsbedingungen wird I_1 oder I_2 selektiert. Fall (3) entspricht einer Situation, wo die katalatische Wirkung eines Makromoleküls auf sich selbst stärker ist als die auf das andere Molekül ($f_{21}<f_{11}, f_{12}<f_{22}$). Dieser Fall ist von besonderem Interesse, denn er stellt ein Beispiel von Konkurrenz ohne globale Selektion dar. Eine Art wird selektiert, aber nicht notwendigerweise die mit der größten Geschwindigkeitskonstanten. Wir werden auf diese Frage noch gegen Ende dieses Abschnitts zurückkommen.

Wir wenden uns wieder dem nichthyperbolischen Fall zu und der Frage der Kooperation von Systemen mit Dimension $n>2$. Wie zu erwarten, ist die Analyse nicht so einfach wie vorhin, da die Zahl der verschiedenen Fälle mit steigendem n enorm wächst. Dennoch kann ein sehr allgemeines Kriterium für die Kooperation von n selbstreplizierenden Spezies gegeben werden. Dieses Kriterium wurde mit den Methoden der topologischen Dynamik bewiesen und ist unabhängig von der Dimension n (Schuster et al., 1979). Es besagt, daß alle Systeme, deren Graphen aus einem Hamiltonschen Bogen besteht, kooperatives Verhalten aufweisen. Ein Hamiltonscher Bogen ist eine gerichtete, geschlossene Schleife, die durch alle n Ecken verläuft, ohne sich selbst zu schneiden (Abb. 17.55). Es folgt, daß ein Ensemble von selbstreplizierenden Elementen stets Kooperation aufweist, wenn es eine zyklisch geordnete gegenseitige Abhängigkeit im Sinn einer geschlossenen Schleife gibt. So ein Kreis von Autokatalysatoren mit positiver katalytischer Rückkopplung

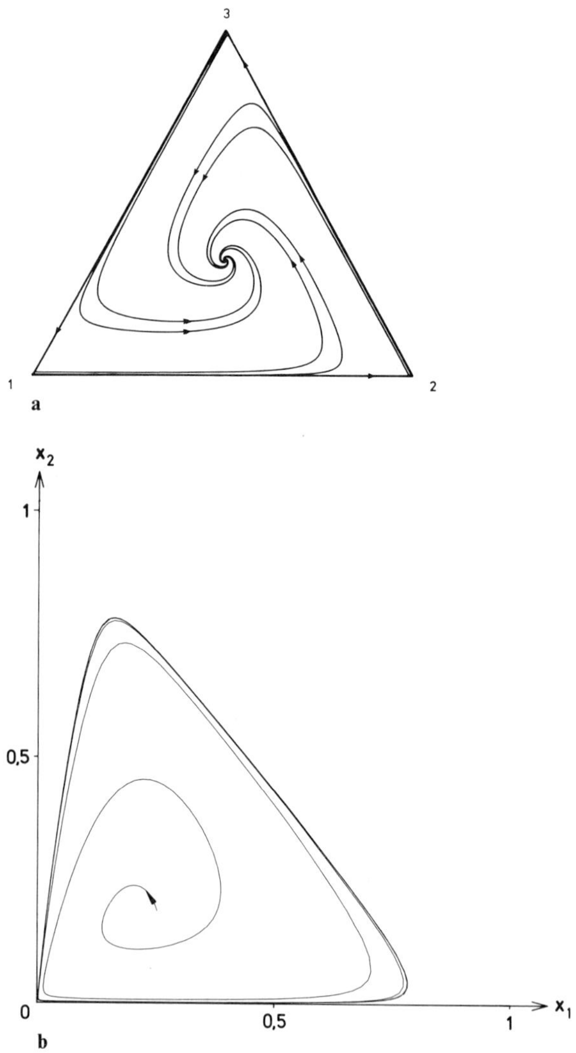

Abb. 17.56a, b. Phasenportraits der Differentialgleichung für den elementaren Hyperzyklus, mit $n=3$ **a** und $n=5$ **b**. Alle Geschwindigkeitskonstanten sind gleich vorausgesetzt: $k_1=k_2=\ldots=k_n=1$. Für $n=3$ zeigen wir den Konzentrationssimplex S_3. Es gibt einen stabilen Gleichgewichtspunkt im Inneren, zu dem alle Bahnen konvergieren. Für höherdimensionale Systeme ($n=5$) zeigen wir eine Projektion auf die x_1-x_2-Ebene. In diesem Fall erhalten wir einen stabilen Grenzzyklus: die Konzentrationen aller fünf Mitglieder oszillieren

wird „Hyperzyklus" genannt (Eigen, 1971; Eigen u. Schuster, 1977, 1978a, b). Der elementare, d. h. einfachste Hyperzyklus wird durch die Wachstumsfunktionen

$$\Gamma_i = k_i x_i x_j; \quad i=1,\ldots,n; \quad j=i-1+n\delta_{i1} \tag{17.105}$$

gegeben. Die entsprechende Differentialgleichung ist recht genau untersucht worden (Schuster et al., 1978). Die niedrigdimensionalen Systeme ($n \leqq 4$) besitzen stabile stationäre Zustände. Für $n \geqq 5$ werden die Konzentrationen oszillierten. Es gibt starke numerische Hinweise auf die Existenz eines Grenzzyklus.

Für niedrigdimensionale Systeme ($n \leqq 4$) sind die Voraussagen der topologischen Analyse von allgemeinerer Art: Alle Systeme, die keinen Hamiltonschen Bogen im entsprechenden Graphen aufweisen, führen zum Verschwinden von mindestens einer Art, und sind daher nicht kooperativ (Hofbauer et al., 1980).

Eine andere wichtige Verallgemeinerung dieses Kooperationstheorems betrifft die Gestalt der Wachstumsfunktionen. Die Wechselwirkungsglieder müssen nicht notwendigerweise Produkte sein, wie für die Massenwirkungskinetik in Gl. (17.105), Kooperation tritt schon ein, wenn die Wachstumsfunktionen von der Gestalt

$$\Gamma_i = F_i x_i x_j, \quad i=1,\ldots,n; \quad j=i-1+n\delta_{i1} \tag{17.106}$$

sind, wobei F_i eine beliebige stetige Funktion von x ist, die durch eine positive Konstante nach unten beschränkt ist (Hofbauer et al., 1981).

$$0 < a_i \leqq F_i < \infty\,. \tag{17.107}$$

Dieses Resultat erlaubt es uns, Voraussagen für eine große Zahl von verschiedenen Mechanismen zu treffen, die zu komplizierteren Ausdrücken führen als in der Massenwirkungskinetik. Zwei Beispiele, die für „Hyperzyklen mit Translation" von Bedeutung sind (s. weiter unten), sind die Michaelis-Menten-Kinetik

$$\Gamma_i = \frac{k_i x_i x_j}{1+x_i+x_j}, \quad i=1,\ldots,n, \quad j=i-1+n\delta_{i1} \tag{17.108}$$

und ein eng verwandter Ausdruck, den man aus einer Gleichgewichtsvoraussetzung für die Komplexe von Makromolekülen erhält (K_i ist die Gleichgewichtskonstante).

$$\Gamma_i = \frac{k_i}{2}(x_i+x_j+K_i^{-1}) \cdot \left(1-\sqrt{1-\frac{4x_i x_j}{(x_i+x_j+K_i^{-1})^2}}\right), \quad i=1,\ldots,n; \quad j=i-1+n\delta_{i1}\,. \tag{17.109}$$

Nach diesem allgemeinen Exkurs über Kooperation von selbstreplizierenden Elementen betrachten wir nun realistische molekulare Systeme, bei denen individuelle Makromoleküle als Matrizen und Katalysatoren der Synthese von Polynukleotiden wirken. Betrachten wir zunächst ein System von begrifflicher — wenn auch nicht notwendigerweise physikalischer — Einfachheit.

Nehmen wir an, daß n verschiedene unabhängige Gene in Proteine übersetzt werden. In diesem besonderen Modell wird die Übersetzungsmaschinerie mit den Ribosomen, den diversen Translationsfaktoren, t-RNS-Molekülen und Aminoacyl-Synthetasen als ein Bestandteil der Umwelt aufgefaßt. Die Translationsprodukte der Gene wirken als spezifische Polymerasen oder spezifische Kofaktoren: Solche Kofaktoren reichen bereits aus für die spezifische Erkennung eines Polynukleotids, wie das Beispiel der $Q\beta$-Replikase beweist (Abb. 17.56): Dieses Enzym besteht aus vier Untereinheiten, von denen drei als Wirtsfaktoren die ribosomale Translation von m-RNS in nicht infizierten Bakterien katalysieren. Nur der vierte Faktor der Replikase ist ein Translationsprodukt der viralen RNS. Eine zyklische Anordnung von alternierenden Aktivitäten in Translation und spezifischer Replikation, wie in Abb. 17.57 gezeigt, wird als „Hyperzyklus mit Translation" bezeichnet. So ein System besitzt alle wichtigen Eigenschaften der elementaren Hyperzyklen und führt insbesondere zur Kooperation von Polynukleotiden (Eigen u. Schuster, 1978a; Eigen et al., 1980a).

Das einfachste natürliche System, das die Eigenschaften eines Hyperzyklus besitzt, und zwar im Sinne von simultaner Aktivität als Matrize und indirekter Katalysator, d. h. als Katalysator nach einer Translation, wird durch die Phageninfektion einer bakteriellen Zelle gegeben. Wir zeigen in Abb. 17.58 ein stark vereinfachtes Schema des Vorgangs. Die Nichtlinearität in der Wachstumsgeschwindigkeit wird durch die Translation des Plus-Strangs bewirkt. Das so erhaltene Protein ist ein Faktor der phagenspezifischen RNS-Replikase. Seine Konzentration tritt als Faktor in der Geschwindigkeit der Phagen-RNS-Replikation bei geringen Konzentrationen auf.

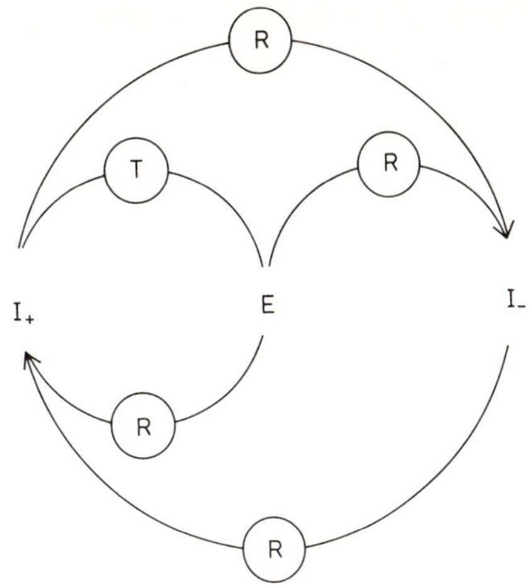

Abb. 17.58. RNS-Phageninfektion einer Bakterienzelle ist ein einfacher hyperzyklischer Prozeß (Eigen u. Schuster, 1977). Unter Verwendung der Translationsmaschinerie der Wirtszelle (T) instruiert der infektiöse Plus-Strang (I^+) zunächst die Synthese einer Protein-Untereinheit, welche sich mit anderen Wirtsproteinen verbindet, um eine Phagen-spezifische RNS-Replikase zu bilden. Dieser Replikase-Komplex (R) erkennt ausschließlich die phänotypischen Züge der Phagen-RNS, die an beiden Strängen (Plus und Minus) auf Grund der komplementären Symmetrie in gewissen Bereichen der RNS-Kette auftreten. Im $Q\beta$-Fall besteht diese Erkennungsstelle aus zwei CCC-Tripeln, wie in Abb. 17.42 diskutiert. Die Antwort auf die Infektion der Bakterienzelle durch Phagen ist ein schneller Anstieg der Phagenproduktion. Die Konzentration von Phagen-RNS wächst schneller als exponentiell, bis schließlich eines der Zwischenglieder einen Sättigungspunkt erreicht hat oder der Stoffwechselnachschub der Wirtszelle erschöpft ist

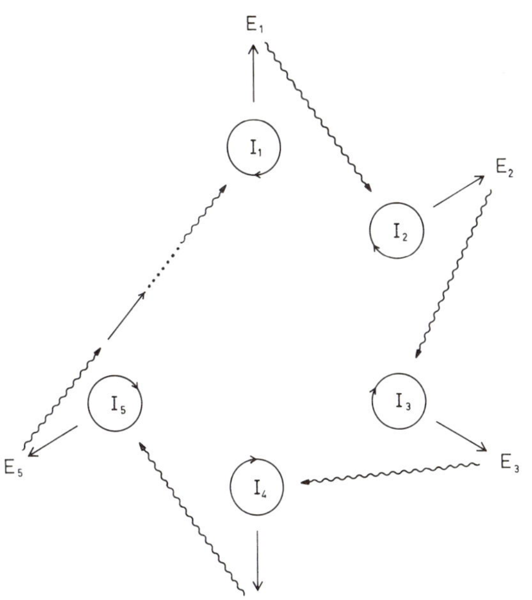

Abb. 17.57. Hyperzyklus mit Translation. Die Polynukleotide I_i üben zwei Arten von Instruktionen aus, eine für ihre eigene Replikation dank ihrer Fähigkeit, als Matrizen zu wirken, und eine für die Translation in Proteine, die potentielle Katalysatoren sind. Die zwei Aktivitäten werden durch die Symbole ○ und → gekennzeichnet. Katalytische Aktivität des Proteins wird durch ⇝ beschrieben. Neue Eigenschaften tauchen auf, wenn die katalytischen Aktivitäten sich in einem positiven Rückkoppelungskreis schließen, wie in der Skizze gezeigt. Translation verlangt die Existenz von einem (vielleicht primitiven) genetischen Code

Die Konkurrenz zwischen verschiedenen Hyperzyklen ist ein wichtiges Problem, das für die Bildung und Entwicklung solcher Systeme von großer Bedeutung ist. Die Konkurrenz von kurzen Hyperzyklen, also Hyperzyklen mit vier oder weniger Elementen, wurde mit topologischen Methoden bereits untersucht (Schuster et al., 1980). Numerische Integration zeigt, daß die so erhaltenen Resultate auch für längere Zyklen gültig sind. Konkurrierenden Hyperzyklen können in guter Annäherung durch quadratische Wachstumsfunktionen für die Gesamtzyklen beschrieben werden:

$$\Gamma_i = f_i c_i^2 ; \quad i = 1, \ldots, l. \tag{17.110}$$

Wenn ein Hyperzyklus aus n_i Elementen besteht, haben wir dabei

$$c_i = \sum_{j=1}^{n_i} x_j^{(i)} , \tag{17.111}$$

wobei die Veränderlichen $x_j^{(i)}$ die Konzentrationen der zum i-ten Hyperzyklus gehörenden Polynukleotide sind. Gleichung (17.110) folgt aus Gl. (17.105) unter der

Annahme der internen Equilibrierung innerhalb von jedem Hyperzyklus. Die dabei erhaltene Geschwindigkeitskonstante f_i ist

$$f_i = \left(\sum_{j=1}^{n_i} k_j^{-1} \right)^{-1} . \tag{17.112}$$

Im Fall von Hyperzyklen, die nicht einem stationären Zustand zustreben ($n \geqq 5$), müssen die Gleichgewichtskonzentrationen der einzelnen Polynukleotide durch ihre Zeitmittel ersetzt werden (Eigen u. Schuster, 1978a). Systeme von mehreren, gemäß Gl. (17.110) wachsenden Hyperzyklen sind durch äußerst scharfe Konkurrenz ausgezeichnet. Ein typisches Beispiel ist in Abb. 17.59 gegeben. Von gleichen Anfangskonzentrationen ausgehend, setzt sich das Subsystem mit der höchsten Geschwindigkeitskonstanten $f_m = \max\{f_i : i = 1, \ldots, l\}$ rasch durch. Sobald nun ein Subsystem dominiert, hat kein neugebildetes Subsystem eine Chance, sich durchzusetzen, selbst wenn seine Geschwindigkeitskonstante f_i wesentlich größer ist als die des bereits selektierten Subsystems. Mutanten treten ja anfangs nur in äußerst geringen Konzentrationen auf. Ein System aber, das mit der Wachstumsfunktion (17.110) wächst, toleriert keine Mutanten, die das gesamte System ersetzen könnten. Die Weiterentwicklung eines derartigen hyperzyklisch organisierten Systems geschieht lediglich durch Verbesserungen „von innen heraus". Ein Beispiel einer solchen Erweiterung eines Hyperzyklus durch einen Mechanismus, der Mutationen einbaut, ist in Abb. 17.60 dargestellt. Wir können eine Entwicklung, wie sie in den Abb. 17.59 und 17.60 skizziert ist, als „Ein-für-allemal"-Selektion bezeichnen. Dieses System ist äußerst konservativ: Alles, was während einer Phase von nichtlinearer Wachstumsgeschwindigkeit geschieht, bleibt fixiert und kann weder geändert noch optimiert werden.

Hyperzyklische Kopplung ist die einfachste mechanistische Möglichkeit, um Kooperation in ein Ensemble von selbstreplizierenden Elementen hineinzubringen. Die Elemente verlieren ihre Unabhängigkeit, und das Ensemble wächst und kontrolliert die relativen Konzentrationen der Elemente. Hyperzyklische Kopplung liefert also die Möglichkeit, den Informationsgehalt zu erhöhen, der in einer Quasispezies gespeichert werden kann. Dieser Zuwachs an Koordinierungskapazität kann dazu verwendet werden, neue Eigenschaften zu erhalten, wie etwa einen Translationsapparat oder schließlich den Apparat für Mitose und Meiose. Die Wachstumscharakteristik des gekoppelten Ensembles von selbstreplizierenden Elementen bewirkt, daß einmal erworbene Eigenschaften nicht

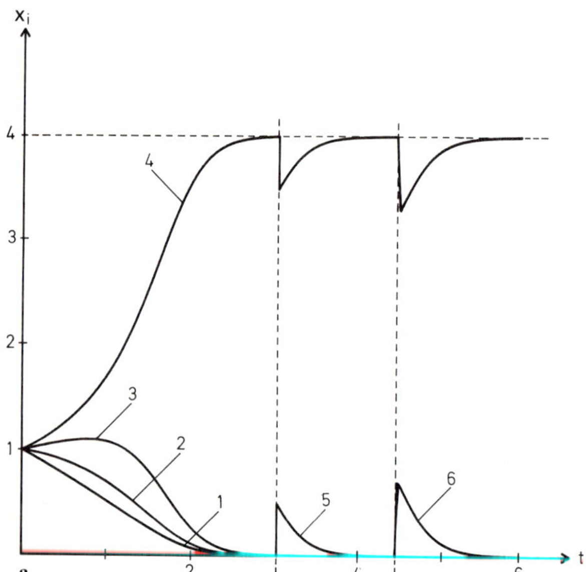

a

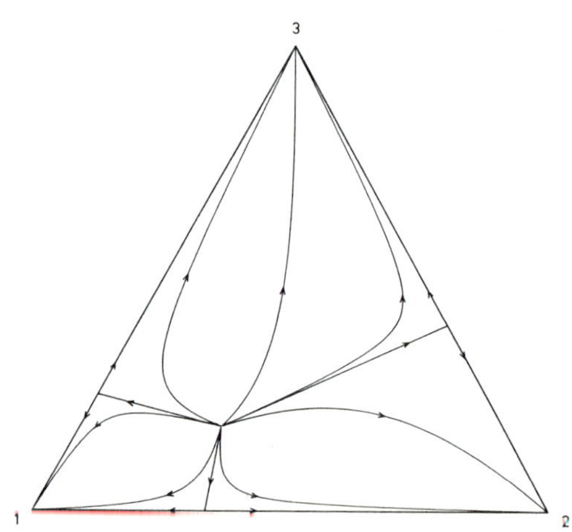

b

Abb. 17.59a, b. Selektion in einem Ensemble von Systemen mit quadratischen Wachstumsgesetzen unter der Bedingung konstanter Organisation. Wir zeigen Lösungskurven der Differentialgleichung **a**:

$$\dot{x}_i = f_i x_i^2 - x_i \phi / c_0 , \quad i = 1, \ldots, n$$

mit $f_i = 0{,}3[t^{-1}c^{-1}]$, $f_2 = 0{,}6[t^{-1}c^{-1}]$, $f_3 = 0{,}8[t^{-1}c^{-1}]$, $f_4 = 1{,}1[t^{-1}c^{-1}]$, $f_5 = 1{,}2[t^{-1}c^{-1}]$ und $f_6 = 1{,}3[t^{-1}c^{-1}]$, $c_0 = \sum_i x_i$ und $\phi_0 = \sum_i f_i x_i^2$. Die Anfangsbedingungen sind $x_1(0) = x_2(0) = x_3(0) = x_4(0) = 1$, $x_5(0) = x_6(0) = 0$. In der ersten Phase der Entwicklung wird das System mit dem größten Wert von f_i selektiert. Nachdem eine Spezies ein Stadium der Dominanz erreicht hat, ist es auch für eine günstige Mutante fast unmöglich, die selektivierte Spezies zu verdrängen. Selbst sehr starke Schwankungen ($t_1 = 3[t]$, $x_5 = 0{,}5[c]$; $t_2 = 4{,}5[t]$, $x_6 = 0{,}7[c]$) sterben in kürzester Zeit aus. Nach dem ersten Selektionsprozeß findet also keine Optimierung mehr statt. Die zweite Skizze **b** stellt ein Phasenportrait des Systems auf dem Simplex S_3 dar: $n = 3$, $f_1 = 1[t^{-1}c^{-1}]$, $f_2 = 2[t^{-1}c^{-1}]$ und für $f_3 = 3[t^{-1}c^{-1}]$. Es gibt drei stabile stationäre Zustände, die mit den Ecken des Simplex übereinstimmen und daher die drei reinen Populationen darstellen: $\bar{x}_1 = c_0$, $\bar{x}_2 = c_0$ und $\bar{x}_3 = c_0$. Je nach Anfangsbedingung kann jedes System selektiert werden. Die Geschwindigkeitskonstanten hängen nur von den Größen der Anziehungsbassins ab. Jeder asymptotisch stabile Fixpunkt besitzt so ein Anziehungsbassin. Eine von einem beliebigen Punkt ausgehende Bahn in einem gewissen Bassin hat den entsprechenden Fixpunkt als ω-Limes[7]. Je größer der Wert der Geschwindigkeitskonstanten, desto größer das Anziehungsbassin. So lange sich nicht die Geschwindigkeitskonstanten um viele Größenordnungen unterscheiden, könnte nur eine enorme Schwankung bewirken, daß das Anziehungsbassin verlassen wird

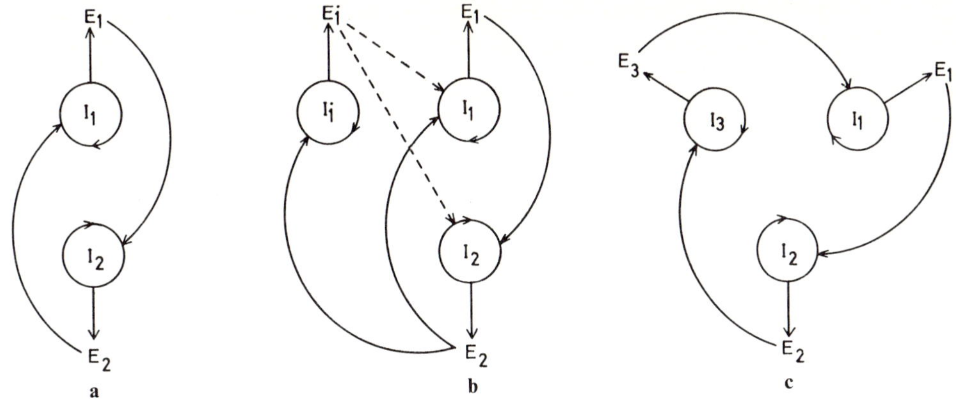

Abb. 17.60a–c. Ein Mutations-Einbaumechanismus für die schrittweise Ausbildung von Hyperzyklen **a** ein zweigliedriger Hyperzyklus mit Translation, **b** Eine Mutante I'_1 von I_1 taucht auf. Sie hat eine gewisse katalytische Wirkung auf die Replikation von I_1 und I_2; **c** Die Erweiterung des Hyperzyklus um ein Glied geschieht dann, wenn die Mutante die folgenden zwei Eigenschaften besitzt: *1* $I'_1(=I_3)$ wird durch E_2 besser als I_1 erkannt, und 2 das Translationsprodukt von $I'_1(=I_3)$, das Protein $E'_1(=E_3)$ ist ein besserer Katalysator für die Replikation von I_1 als E_2. In anderen Worten, die neuen Koppelungsterme müssen folgende Kriterien erfüllen: Die gegenseitige Förderung längs des Zyklus 1→2→3→1 überwiegt die Selbstförderung

mehr verändert werden. Sie werden künftig als „fixierte Zufälle" aufscheinen.

17.2.10 Compartments und Individuen

Soweit haben wir drei Prinzipien für die Evolution von Ensembles von selbstreplizierenden Makromolekülen abgeleitet:

1) Selektion durch Optimierung der Überschußproduktivität

2) Beschränkung der Längen der Genome durch die Fortpflanzung von Ablesefehlern; und

3) Kooperation von selbstreplizierenden Elementen durch hyperzyklische Koppelung.

Diese drei Prinzipien haben noch nichts ausgesagt über Compartments und ihre Rolle in der biochemischen Evolution. Alle Formen des gegenwärtigen Lebens sind zellulär. In diesem Abschnitt versuchen wir herauszufinden, ob es zusätzliche Entwicklungsfaktoren gibt, die die räumliche Trennung zu einer notwendigen Vorbedingung oder einer logischen Forderung für die Evolution von Polynukleotiden machen.

Wir beginnen mit einer organisierten Menge von Polynukleotiden und ihren Translationsprodukten. Wir nehmen an, daß die Informationsträger durch ein Netzwerk von katalytischen Zwischenwirkungen miteinander verknüpft sind, was im einfachsten Fall auf den geschlossenen "feedback"-Kreis des Hyperzyklus mit Translation hinausläuft. Das Endprodukt dieser Phase kann beschrieben werden als eine nukleare Replikations- und Translationsmaschinerie in homogener oder quasihomogener[13] Lösung, aber noch ohne organisierten Metabolismus und ohne räumliche Trennung.

[13] Mit „quasihomogen" wollen wir ausdrücken, daß die übliche chemische Kinetik homogener Lösungen auf das betrachtete System anwendbar ist, obwohl es kleine, katalytisch aktive feste Teilchen enthalten kann — mineralische Oberflächen oder Tröpfchen von hydrophoben Lipoiden, und daher eigentlich heterogen ist.

Ist so ein System einer prezellulären Evolution im Darwinschen Sinne fähig? Die zugrundeliegenden Gedanken und Überlegungen wurden schon an einer anderen Stelle dargestellt. Wir erwähnen die zwei letzten Veröffentlichungen: Eigen et al. (1980b) und Schuster (1981). Um das Problem zu verdeutlichen, betrachten wir zwei idealisierte Klassen von Mutationen, die wir als „phänotypisch" und „genotypisch" bezeichnen (Abb. 17.61). Eine phänotypische Mutation in einer Polynukleotidsequenz bewirkt eine geringe Änderung in der Tertiärstruktur des Moleküls. Änderungen an den Erkennungsorten der Polymerase (Abschn. 17.2.4) sind von besonderer Wichtigkeit. Dementsprechend wird das Polynukleotid ein besseres oder schlechteres Ziel für die Replikation. Sofort setzt die Selektion ein, und die phänotypischen Eigenschaften werden graduell verbessert, bis die Replikationsgeschwindigkeit einen optimalen Wert hat. Im Fall einer phänotypischen Mutation werden die Eigenschaften des Translationsprodukts im allgemeinen nur wenig geändert. In der Sprache der Molekulargenetiker sollte eine extrazistronische Mutation ein Beispiel einer phänotypischen Mutation sein.

Genotypische Mutationen verhalten sich in dieser Beziehung gerade entgegengesetzt: Sie führen zu einer Änderung des Translationsprodukts ohne substantielle Modifizierung der Tertiärstruktur des Polynukleotids. Nehmen wir an, daß das geänderte Translationsprodukt effizienter ist als sein Vorgänger. In homogener Lösung favorisiert dieses vorteilhafte Protein nicht die Erzeugung des mutierten Gens. Was stattfindet, ist eine allgemeine Änderung der Polynukleotid- und/oder der Polypeptidsynthese, je nach der katalytischen Wirkung des Translationsprodukts. Die vorteilhafte genotypische Mutation favorisiert also das gesamte Volumselement, in dem es auftauchte. Sie führt zu einer lokalen Steigerung der Synthese und, wenn nur die Diffusion hinreichend langsam ist, auch zu einem lokalen Zuwachs der Konzentrationen der Makromoleküle. Im stationären Zustand werden wir ei-

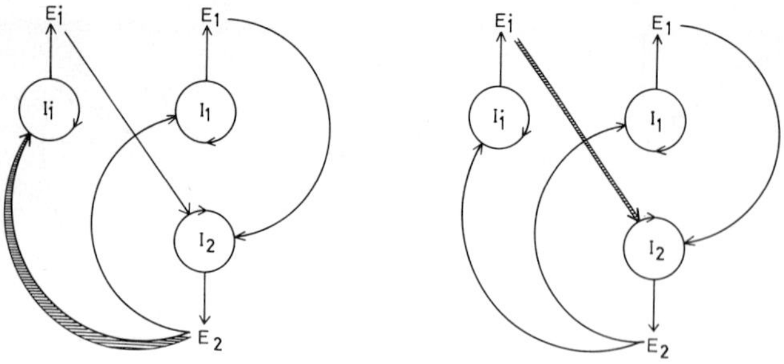

Abb. 17.61. Zwei idealisierte Klassen von Mutanten in primitiven Replikations-Translationssystemen. Die „phänotypischen" Mutationen führen zu Mutanten (I'_1), die bessere Ziele für die spezifische Replikase sind, während die Eigenschaften ihrer Translationsprodukte (E'_1) denen des Wildtyps (E_1) etwa entsprechen. Der „genotypische" Mutant ist im Gegensatz dazu charakterisiert durch ein besseres Translationsprodukt, aber unveränderter Erkennung durch die Replikase

nen Konzentrationsgradienten erhalten. Dieser verursacht einen Fluß, der die Moleküle aus dem erfolgreichen Volumselement langsam über einen immer größeren Bereich verbreitet. Diese Überlegung legt bereits eine mögliche Lösung des Problems nahe: In räumlicher Isolierung wird das favorisierte Volumselement seinen Vorteil am besten ausnützen können.

„Phänotypische" und „genotypische" Mutationen sind Abstraktionen, die wir für Illustrationszwecke verwenden. Abgesehen von den „stillen Mutationen", die durch Entartung des genetischen Codes bewirkt werden — mehr als ein Codon kodiert dieselbe Aminosäure: nur für Tryptophan und Methionin gibt es bloß ein Codon —, wird jede Änderung in einer Sequenz, die ein Protein kodiert, sowohl die Tertiärstruktur des Polynukleotids als auch die Eigenschaften des Translationsproduktes ändern. Gewöhnlich wird aber ein Effekt dominieren, und dann ist unsere Einteilung sinnvoll.

Langsame Diffusion beschränkt die Wirkung der räumlichen Ausbreitung und hat einen schwachen Isolierungseffekt. Dennoch reicht sie nicht aus, um die Selektion von günstigen genotypischen Mutanten zu ermöglichen. Die Lösung des Problems führt zu einem weiteren Prinzip der molekularen Selbstorganisation, der Bildung von Compartments. In einem Compartment ist das Schicksal eines mutierten Gens eng an die Effizienz seines Translationsproduktes gekoppelt, weil die Selektion auf das Compartment als Ganzes wirkt.

Die Isolierung von Genen in Compartments schafft aber dennoch eine Reihe von Problemen, die für homogene Lösungen nicht existieren:

1. Der Materialtransport muß irgendwie organisiert sein. Das wachsende System verlangt die Zufuhr von aktivierten Baublöcken des Biopolymers. Die Produkte der Hydrolyse müssen entfernt werden. Man kann hier entweder Compartmentwände postulieren, die von Material mit geringem Molekulargewicht durchdrungen werden können, oder einen Transportmechanismus, der spezifische Einlässe öffnet und schließt.

2. Die Bildung und Teilung von Compartments führt zu „Packproblemen". Ein vollständiger Satz von Molekülen ist notwendig, damit das Compartment lebensfähig ist. Wir sind hier also mit einem kombinatorischen Problem konfrontiert, zusätzlich zu den Schwierigkeiten, die für die homogenen Lösungen zu überwinden sind.

3. Die Synthese der Makromoleküle und die Bildungs- und Teilungsgeschwindigkeit der Compartments müssen synchronisiert sein, damit stationäre Konzentrationen der Polymere im Inneren der Compartments gewährleistet sind.

4. Das Compartment als Ganzes ist auch einem Fehlerfortpflanzungsproblem unterworfen.

Aus 1. bis 4. folgt, daß das Wachstum in Compartments recht ausgefeilte Mechanismen erfordert. Derzeit sind viele Einzelheiten noch unbekannt, und es ist sehr schwer, für dieses Stadium der präbiotischen Evolution ein plausibles Modell vorzuschlagen.

Wann tauchten Compartments erstmals in der präbiotischen Evolution auf? Die obigen Überlegungen lassen die Antwort vermuten: So früh wie notwendig, aber so spät wie möglich.

Wie entstanden Compartments und aus welchen Stoffen wurden sie aufgebaut? Eine Reihe von Experimenten, die die Bildung von sphärischen, Compartment-ähnlichen Teilchen behandeln, wurde bereits publiziert (Fox u. Dose, 1972). Im allgemeinen sind diese Teilchen von verschiedener Größe. Sie werden erhalten, wenn man ein Gemisch von Aminosäuren eine Zeit lang auf einer Temperatur von mehr als 100° C hält und das Material in heißem Wasser auflöst. Die Molekularstruktur dieser „Protenoide" ist nicht vollständig bekannt. Im Fall von Aminosäuren mit passenden funktionellen Gruppen in den Seitenketten, Hydroxy-, Amino- oder Carboxygruppen fand man zwischen den α-Amino- und den α-Carboxygruppen andere Verkettungen als die übliche Peptidbindung. Die bemerkenswerteste Eigenschaft dieser „Protenoide" ist ihre katalytische Aktivität. Es ist möglich, daß sie in der Ursuppe eine ähnliche katalytische Rolle gespielt haben wie Tonerden und andere anorganische Stoffe. Auch können sie die Diffusion erschweren und so die Evolution beschleunigt haben. Protenoide Teilchen sind aber wahrscheinlich nicht die Lösung unseres Compartment-Problems. Sie bilden sich unter Bedingungen, unter denen die meisten Biopolymere nicht mehr stabil sind. Außerdem ist es schwer, sich vorzustellen, wie das System die Protenoidbildung hätte kontrollieren können. Ohne diese Kontrolle hätte sich kein Mechanismus für Zellteilung entwickeln können. Die folgende Vermutung ist mehr oder weniger spekulativ. Sie wird vom Gedanken eines glatten Übergangs von den präbiotischen Reaktionen zur heutigen Biochemie geleitet. Ein kürzlich erschienener Überblick über die Bauweise der Zellmembranen (Lodish u. Rothman, 1979) kann in diesem Zusammenhang nützlich sein. Sehr viel wurde dabei vom Studium an tierischen Viren gelernt. Die Virusteilchen werden aus der Membran der Wirtszelle, viraler RNS, viralen Proteinen, viralen Glykoproteinen und einem spezifischen Matrizenprotein gebildet, das seinerseits wieder von viraler RNS kodiert wird. So wird mit Hilfe einiger weniger Proteine ein mit einer Membran umhülltes Teilchen gebildet, und zwar aus einem recht großen Vorrat an Lipiden aus der Membran der Wirtszelle. Nehmen wir an, daß Lipide oder irgendwelche verwandte Ampholyten in der Ursuppe vorhanden waren. Ein wesentlicher Bestandteil der Lipide sind geradkettige Monocarbonsäuren. Eine Analyse des organischen Materials im Murchinson-Meteoriten (Lawless u. Yuen, 1979) zeigt, daß sie mindestens bis zu einer Kettenlänge von C_8 vorkommen. Die Replikations-Translations-Maschinerie könnte in der Lage sein, ein hydrophobes oder ampholytisches Polypeptid zu erzeugen, das in eine der umgebenden Doppelschichten eingebaut wird. Einige solcher Proteine können Vesikelbildung induzieren. Dann könnte sich, unter geeigneten statistischen Voraussetzungen, die ganze Maschinerie mit einer Membran umhüllen. Von Beginn an wäre diese Membran asymmetrisch, da das Protein immer nur auf einer Seite synthetisiert wird. Weitere Proteinerzeugung kann zum Wachstum der Membran führen und schließlich eventuell zu einer Teilung des Systems, das bereits einen Teil des Vorgangs der Membranbildung kontrolliert. Diese Compartments haben bereits die charakteristischen Züge von Individuen, oder könnten als Protozellen aufgefaßt werden.

17.2.11 Die Rolle einer veränderlichen Umgebung

Bisher haben wir die Evolution von Polynukleotiden nur in einer mehr oder weniger homogenen und konstanten Umgebung untersucht. Die Fähigkeit zur Selbstreplikation und ihre Konsequenzen schufen, wie wir gesehen haben, unter passenden Bedingungen eine treibende Kraft für die Selbstorganisation. Im allgemeinen aber wird eine natürliche Umgebung weder homogen noch konstant sein — mit Ausnahme einiger außergewöhnlicher Orte auf der Erde, wie etwa der Tiefsee, die für präbiotische Evolution ohnedies nicht geeignet wären. Die Aufbau- und Zerfallsgeschwindigkeiten sind also komplizierte Funktionen von vielen äußeren Parametern, wie dem Energiefluß, dem Druck, der Temperatur usw. In einem inhomogenen System müssen wir auch die Diffusion explizit berücksichtigen, und partielle statt gewöhnlicher Differentialgleichungen studieren. All diese Komplikationen machen eine mathematische Analyse sehr umständlich und lassen keine allgemeinen Aussagen zu. Selbst in den am wenigsten allgemeingültigen, aber unmittelbarsten Computersimulationen können wir unmöglich alle Einflüsse auf die Evolution berücksichtigen. Die derzeitigen Rechenkapazitäten reichen für so eine gewaltige Aufgabe einfach nicht aus.

Diese kritische Frage muß also entweder vertagt werden, bis weitere Resultate vorliegen, oder sie wird mit Analogien behandelt. Um zu sehen, wie eine veränderliche Umgebung die Evolution von präbiotischen oder frühen biologischen Systemen beeinflußt hat, können wir ihren Einfluß auf die heutigen Systeme untersuchen. Eine konstante Umgebung führt zu einem hohen Grad von Spezialisierung, während Arten, die in einer veränderlichen und unvorhersehbaren Umgebung leben, eine hohe Widerstandskraft entwickeln. Ein extremes Beispiel für die reduzierte Anpassungsfähigkeit, die eine konstante Umgebung bewirkt, ist durch Pflanzenarten gegeben, welche auf sexuelle Rekombination verzichten und parthenogenetisch werden (Maynard-Smith, 1978). Solche Arten profitieren zunächst von ihrer höheren Fortpflanzungsgeschwindigkeit, aber auf die Dauer führt der Verlust an genetischer Variabilität zu ihrem Aussterben. Auf ähnliche Weise mögen unregelmäßige Bedingungen in den früheren Phasen der Evolution starke Spezialisierung verhindert haben.

Es ist hier wichtig zu unterscheiden zwischen regelmäßigen periodischen Änderungen und unregelmäßigen Änderungen in der Umgebung. Die regelmäßigen Schwankungen können von den Systemen zum eigenen Vorteil ausgenutzt werden. Periodische Schwankungen können leicht eine „conditio sine qua non" für gewisse Abläufe gewesen sein. Die ausführlichsten Vermutungen über die präbiotische Synthese von Oligonukleotiden (Lohrmann u. Orgel, 1973) setzen Reaktionen in flüssiger und trockener Phase voraus. Offenbar wird so eine Folge von Reaktionen durch das periodische Austrocknen von kleinen Teichen in der Nähe des Meeresstrandes gefördert. Kuhn (Kapitel 17.1) schlägt spezifische Modelle vor, die periodische Schwankungen in der Sonnenbestrahlung verwenden, um die Evolution der Reaktionsfolgen, die synchronisiert werden können, zu beschleunigen. Wir können mit der Bemerkung schließen, daß Periodizitäten in der Umgebung auf ähnliche Weise als Selektionszwänge wirken können, wie das konstante Umweltbedingungen vermögen. Gewisse Prozesse oder Folgen von Prozessen, deren Zeitkonstanten die geeignetsten sind, besitzen in einer periodisch schwankenden Umgebung einen Vorteil.

Stochastische Fluktuationen dagegen werden die Evolutionsgeschwindigkeit kaum steigern können. Es kann neben Verzweigungspunkten Ausnahmen geben: Es gibt Untersuchungen, wonach Verzweigungen früher einsetzen, wenn das System einem gewissen „Rauschen" ausgesetzt ist (Horsthemke, 1980).

17.2.12 Ein Modell für den Verlauf der frühen Evolution

Im letzten Abschnitt geben wir eine kurze Beschreibung eines Modells für die präbiotische Evolution, das auf allgemeinen Resultaten über molekulare Selbstreplikation beruht, sowie auf unseren heutigen Kenntnissen über die Bedingungen auf der Ur-Erde und die wahrscheinlichsten Reaktionen (für weitere Einzelheiten verweisen wir auf Eigen u. Schuster, 1977, 1978b; Schuster, 1981). Dieses Modell versucht die Lücke zwischen der präbiotischen Chemie und den ersten primitiven Organismen zu schließen. Eine Skizze, die

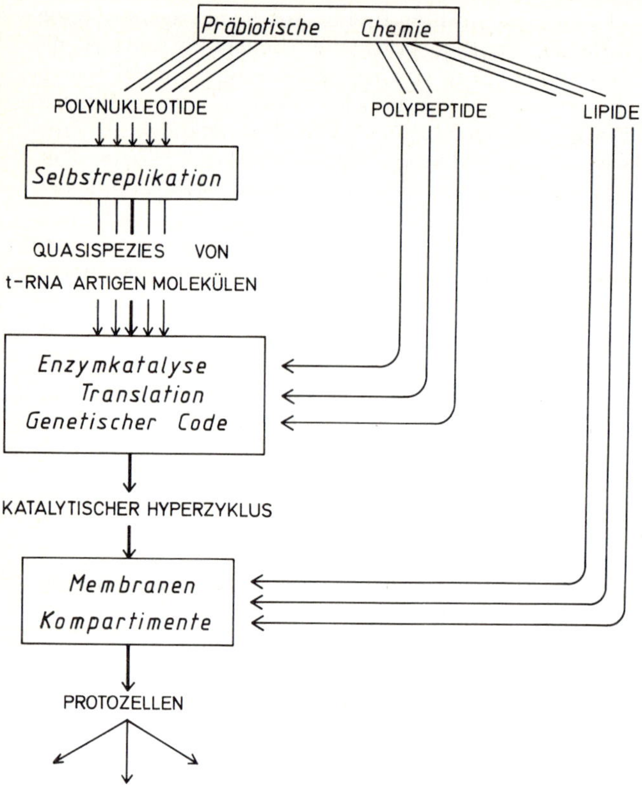

Abb. 17.62. Ein Schema für die logische Schrittfolge in der präbiotischen Evolution, von unorganisierten Makromolekülen bis zu Protozellen

es erleichtert im Text zu folgen, ist in Abb. 17.62 zu finden.

Präbiotische Chemie ist mittels Simulationsexperimenten ausführlich untersucht worden (s. Miller u. Orgel, 1974; Lohrmann u. Orgel, 1973). Diese Untersuchungen beweisen, daß sich die Bausteine unserer heutigen Biopolymere bilden konnten, und daß die meisten von ihnen in der Ursuppe recht häufig gewesen sein müssen. Polymer- oder genauer Oligomerbildung unter präbiotischen Bedingungen ist äußerst wahrscheinlich, obwohl die plausibelsten Folgen von Reaktionen vermutlich noch nicht bekannt sind. Einige der bisher durchgeführten Experimente, speziell die von Orgel u. Mitarb., legen es nahe, daß Oligonukleotide sich unter präbiotischen Bedingungen in nicht vernachlässigbaren Mengen bildeten. Divalente Kationen, insbesondere die Zn^{2+}-Ionen, haben eine gewaltige katalytische Wirkung. Diese Moleküle führten die Fähigkeit zur Selbstreplikation in der Urwelt ein. Matrizeninduzierte Polynukleotidsynthese ist so viel effizienter als die spontane Polymerisierung, daß die letztere nach Bildung der ersten Matrizen keine Rolle mehr gespielt hat. Die Genauigkeit von matrizeninduzierter Replikation (Lohrmann et al., 1980) erlaubt die korrekte Replikation von Molekülen, die ungefähr so groß sind wie unsere heutigen t-RNS. Zugleich setzte ein Selektions- und Optimierungsvorgang im Darwinschen Sinn ein. RNS-Moleküle, die sich effizienter replizieren können, werden selektiert. Dadurch werden alle Eigenschaften, die für die Replikation von Bedeutung sind, ständig verbessert.

Diese Eigenschaften werden durch die Basensequenzen bestimmt, da ja die Primärstrukturen (-Sequenzen) die stabilen Sekundär- und Tertiärstrukturen bestimmen. Eine der wichtigsten Eigenschaften der Doppelhelix ist ihre Schmelztemperatur (T_M). Das ist die Temperatur, bei der sich Doppelhelices zu gleichen Teilen paaren und zerlegen (50%). Der Wert von T_M wird im wesentlichen durch den relativen GC-Anteil des Polynukleotids und die Länge des doppelhelikalen Bereiches bestimmt (Pörschke, 1977). Optimale Fitness scheint eine mittelhohe Schmelztemperatur zu verlangen: Wenn T_M zu hoch ist, wird nur ein sehr kleiner Bruchteil der Doppelhelix zerlegt und somit für die Replikation bereitgestellt. Die Gesamtgeschwindigkeit der Polynukleotidsynthese wird also recht niedrig sein. Wenn T_M zu niedrig ist, sind die meisten Polynukleotide nur in einfachen Strängen vorhanden und somit der Hydrolyse ausgesetzt. Die Zerfallsgeschwindigkeit ist dann hoch. Wir kennen noch nicht die Temperaturabhängigkeit der Geschwindigkeitskonstanten für Replikation und Degradation, und daher ist es noch nicht möglich, einen verläßlichen Schätzwert für den optimalen Wert von T_M zu geben.

Enzymfreie Replikation wird durch den in Abschn. 17.2.6 diskutierten Mechanismus optimiert. Jener Teil der präbiotischen Erde, der Polynukleotiden zugänglich war, wurde bald so dicht bevölkert, wie es die Produktion von passendem energiereichen Ausgangsmaterial und die Hydrolysegeschwindigkeit erlaubten. Unterschiede in der Umgebung, wie etwa verschiedene Durchschnittstemperaturen, verschiedene Katalysatoren, insbesondere verschiedene Mineraloberflächen, usw. konnten Variationen in die lokal vorherrschenden Polynukleotide einführen.

Die im Abschn. 17.2.8 besprochene Fehlerschwelle begrenzt die Längen von Polynukleotiden auf das Maß der heutigen t-RNS. Wir können uns die Bedeutung dieser Fehlerschwellen folgendermaßen veranschaulichen: Innerhalb einer Quasispecies wird die Masterkopie gegenüber ihren eigenen, weniger effizienten Mutanten selektiert. Diese Selektion bricht zusammen, wenn die maximale Kettenlänge überschritten wird. Die meisten der in der Molekularevolution arbeitenden Biologen teilen die Ansicht, daß die t-RNS Moleküle zu den ältesten Biomolekülen in den lebenden Organismen gehören. Es sind Versuche angestellt worden, um phylogenetische Bäume für die t-RNS in verschiedenen Organismen aufzustellen und über das Verwandtschaftsverhältnis verschiedener t-RNS innerhalb desselben Organismus mehr zu erfahren. Wir verweisen auf eine kürzlich erschienene Untersuchung (Eigen u. Winkler-Oswatitsch, 1981), die die Rekonstruktion eines möglichen Vorfahren aller unserer heutigen t-RNS's unternimmt. Dieses hypothetische Polynukleotid hat eine ganze Anzahl von interessanten Eigenschaften: Hoher GC-Wert, eine deutliche Vorliebe für repetitive -RNY- und speziell -GNC-

Muster der Periode drei[14]. Diese extrapolierte Sequenz läßt ebensogut eine Kleeblatt- wie eine Haarnadelstruktur zu. Die Existenz komplementärer Symmetrie an den 3'- und 5'-Enden des Polynukleotids ist von besonderer Bedeutung für die Replikation. Der Minus-Strang besitzt dann eine Anfangssequenz, die identisch mit der des Plus-Stranges ist, was die Wiedererkennung und Replikation, vom selben Ende aus startend, erleichtert (Abschn. 17.2.4).

Was könnten t-RNS-artige Moleküle tun, um aus der Sackgasse ihrer begrenzten Länge herauszukommen? Jede Möglichkeit zu weiterer Entwicklung weist auf einen Zuwachs des Informationsinhalts hin, der in der Basensequenz gespeichert sein kann. Ein Weg, dieses Ziel zu erreichen, führt über die Entwicklung eines genaueren Replikationsmechanismus. Ein alternatives Konzept, die Kooperation von selbstreplizierenden Molekülen, von denen jedes in einer gewissen Anzahl von Kopien vorliegt, würde es ebenfalls erlauben, die Gesamtlänge der übertragbaren genetischen Information zu erhöhen. Zur Ermöglichung dieses zweiten Zugangs muß die Konkurrenz zwischen den kooperierenden Elementen vermieden werden. Zugleich aber bleibt es notwendig, die Fähigkeit zur Selektion gegen ungünstige Mutanten und andere Konkurrenten zu erhalten. Im Abschn. 17.2.9 fanden wir einen formalen Weg, der beide Vorbedingungen erfüllt, und zwar mit Hilfe von hyperzyklischer, katalytischer Koppelung von unabhängigen Quasispezies. Jede Lösung des praktischen Problems scheint beide Konzepte zur Steigerung der Information zu vereinen: Die t-RNS-artigen Moleküle können die Genauigkeit der Replikation nur dann verbessern, wenn sie kooperieren und beginnen, spezifische Katalysatoren für ihre eigenen Bedürfnisse zu entwerfen. Diese spezifischen Katalysatoren sind die Proteine, wie wir vom tatsächlichen Ergebnis des Evolutionsvorganges wissen. Also sind die Kooperation von kleinen Molekülen, der Ursprung der Translation und die Struktur des genetischen Codes eng verwandte Probleme. Verschiedene Modelle für primitive Translation sind schon ersonnen worden. Wir erwähnen eines davon, das vor nicht allzu langer Zeit aufgestellt wurde und frühere Gedankenvorgänge weiterführt (Crick et al., 1976). Wir haben dieses Modell ein wenig modifiziert (Eigen u. Schuster, 1979b; Eigen et al., 1981). Da dort eine ausführliche Diskussion erfolgt, ersparen wir uns hier alle Einzelheiten. Die wesentlichen Eigenschaften unseres Modells sind mehrere Vorhersagen, die im Bereich der präbiotischen Chemie Bedeutung besitzen und daher die Plausibilität dieses Zugangs erhöhen:

1. Um hinreichende Stabilität der m-RNS-t-RNS-Komplexe zu gewährleisten, müssen die primitiven Codone und Anticodone reich an G und C sein. Ein gewisser Anteil an AU-Paaren erlaubt es, eine für die wirksame Replikation allzu hohe Schmelztemperatur T_M zu vermeiden.

2. Um das Wegrutschen der t-RNS längs des Messengers während der Ribosom-freien Translation zu verhindern, braucht man ein repetitives Muster der Periode drei (Crick et al., 1976). Tatsächlich ist ein Muster vom Typ -RNY-[14] noch nicht völlig durch Mutationen ausgelöscht worden und existiert noch immer als eine Art von Hintergrundrauschen in den heutigen t-RNS Sequenzen (Eigen u. Winkler-Oswatitsch, 1981) und in DNS gewisser Viren, Bakterien und Eukaryoten (Shepherd, 1981).

3. Verbindet man 1. und 2., so gelangt man unmittelbar zu vier Codons, die derzeit für Aminosäuren verwendet werden

Glycin = GGC Alanin = GCC

Asparaginsäure = GAC und Valin = GUC.

Diese vier Aminosäuren waren unter präbiotischen Bedingungen am häufigsten vertreten. Die entsprechenden Adaptoren, also die t-RNS mit komplementären Anticodons, sind die vier am engsten verwandten t-RNS Moleküle. Sie könnten von derselben Quasispezies abstammen.

4. Die Fähigkeit, Nukleotide zu binden war wohl eine der ältesten Eigenschaften der codierten Polypeptide. Rossmann et al. (1974) stellten Koinzidenzvergleiche an für die Sequenzen verschiedener Dehydrogenasen und anderer nukleotidbindender Proteine, um ein mögliches gemeinsames Ur-Protein zu finden. Walker (1977) untersuchte die Bindungsstellen, die aus 21 Aminosäuren bestehen und Nukleotide binden. Er verfolgte diese Sequenz zurück bis zu einem vermutlich $3 \cdot 10^9$ Jahre alten Urprotein, aus dem sich die heutigen Proteine entwickelten. Er stellte fest, daß Valin und eine oder beide der Gruppe Asparaginsäure-Glutaminsäure mögliche Vorfahren waren, wobei Valin überwiegt. Beide Bestandteile der alten Erkennungsstelle sind Mitglieder dieser Gruppe der ersten vier Aminosäuren.

Unsere gegenwärtige Kenntnis der Physik der Polynukleotid-Polypeptid Wechselwirkungen ist bruchstückhaft. Daher sind auch noch nicht alle Einzelheiten über die Vorgänge und Eigenschaften bekannt, die für die Translation eine große Rolle gespielt haben können. Die erwähnten Modellbetrachtungen können ihre wichtigste Wirkung vielleicht in der experimentellen Forschung finden, einfach indem sie helfen, die relevanten Fragen über den Ursprung der Translation zu stellen. Für die weiteren Überlegungen wollen wir voraussetzen, daß es den Polynukleotiden irgendwie gelang, eine primitive Maschinerie für die Translation zu entwickeln. Mit so einer primitiven Maschinerie waren die Polynukleotide in der Lage, aktiv an der Replikation von anderen Polynukleotiden teilzunehmen, und zwar mittels ihrer Translationsprodukte, der entsprechenden Polypeptide. Sie können dabei positiven und negativen Einfluß ausüben, zum Beispiel durch das Codieren eines Proteins mit spezifischer Replikase — oder Nukleaseaktivität. Indirekte Koppelung mittels Translationsprodukten liefert ein realistisches Modell für katalytische Wechselwirkung

[14] Mit R bezeichnen wir eine der beiden Purinbasen A oder G, mit Y eines der Pyrimidine U(T) oder C und mit N eine beliebige der vier Basen.

bei der Selbstreplikation zweiter Ordnung. Zyklische Koppelung mittels Proteine liefert dieselben dynamischen Eigenschaften für das System, wie die direkte Koppelung (Abschn. 17.2.9).

Kinetische Modelle für Hyperzyklen mit Translation sind schon früher vorgeschlagen und untersucht worden (Eigen u. Schuster, 1978a; Eigen et al., 1980a). Darüber hinaus konnten wir beweisen, daß die Eigenschaft der kooperativen Wechselwirkung nicht von einer bestimmten algebraischen Form der Nichtlinearität abhängt (Hofbauer et al., 1981). Die einzige notwendige Voraussetzung ist ein positives Vorzeichen für alle Glieder im Rückkoppelungskreis.

Eine Translationsmaschinerie von der heutigen Komplexität ist eine enorm gut funktionierende chemische Fabrik. In den Frühphasen der Evolution gab es kein Bedürfnis für so hohe Präzision. Im Prinzip konnten manche Moleküle anfangs in zwei Rollen auftreten: Die frühen Transmitter oder Vorläufer unserer t-RNS können auch frühe Gene gewesen sein (Eigen u. Winkler-Oswatitsch, 1981). Die ersten Aminoacylsynthetasen, die Enzyme, die heutzutage die korrekten Aminosäuren an die entsprechenden t-RNS anfügen und die daher eine spezifische Erkennungsstelle für ein einzelnes Polynukleotid tragen, können ebensogut als spezifische Polymerasen gewirkt haben (Biebricher, persönliche Mitteilung). Das sind bloß Vorschläge, um darauf hinzuweisen, daß eine frühe Translation mit einem primitiven und sehr redundanten Code für eine Handvoll von Aminosäuren sich aus replizierenden Polynukleotiden bilden konnte. Zugegebenermaßen steht uns darüber noch nicht genug experimentelles Wissen zur Verfügung. Wir wissen nicht genau, wie wahrscheinlich das Ereignis war, das die notwendigen Teile zusammenführte.

Nehmen wir an, daß sich durch die Integration von Information eine erste, primitive Translationsmaschinerie bildete, die in einer Anzahl von strukturell unabhängigen Genen, die von einer einzelnen Quasispezies her stammen können, gespeichert war. Ihre relativen Konzentrationen werden durch hyperzyklische Organisation gesteuert. Das erste System, dem es gelang, den Rückkoppelungskreis zu schließen, besaß einen unerhörten Vorteil. Es vervielfachte die Geschwindigkeit der Polynukleotidsynthese. Zugleich wurde auch die Genauigkeit des Replikationsprozesses verbessert. Längere Gene wurden ermöglicht, die ihrerseits wieder bessere Enzyme kodieren konnten. Die dynamischen Eigenschaften einer solchen Replikations-Translationsmaschinerie in einer Lösung werden durch die Replikationskinetik höherer Ordnung gegeben und lassen keine Mutanten zu, selbst wenn solche effizienter wären. Verbesserungen können nur durch Erweiterung des Rückkoppelungskreises, also durch Eingliederung neuer Elemente erzielt werden. Die Katalysatoren wurden wirksamer und schließlich wurde die Replikation so genau, daß die Gene nicht mehr in vielen Kopien vorhanden sein mußten. Schließlich wurden die unabhängigen Gene aneinandergereiht, um ein Genom zu bilden, das aus einem einzigen Molekül bestand.

Früher oder später begann ein inhärenter Nachteil die Vorteile der homogenen Lösung zu überwiegen. Jede günstige genotypische Mutation (Abschn. 17.2.10) ist für jeden möglichen Nutznießer in der umgebenden Lösung zugänglich, ob dieser nun seinen ehrlichen Anteil zum Gemeinwohl beiträgt oder nicht. Parasiten konnten von den Erfolgen der integrierten Elemente profitieren. Das beste Gegenmittel war die räumliche Trennung. Physikalisch gesehen scheint die Bildung von Compartments und die Individualisierung die logische Folge der vorhergehenden Entwicklung zu sein. Compartments waren, wenn sie frei von Parasiten waren, erfolgreicher und konnten sich schneller vermehren als ihre Begleiter, die noch weitere Nutznießer zu füttern hatten. Sie breiteten sich immer mehr aus und gewannen schließlich den Wettbewerb. Compartmentierung brachte das System aber auch zur Replikationskinetik erster Ordnung zurück, da Compartments sich als Ganzes vermehren. Darwinsche Selektion ist wiedereingeführt. Während der dazwischenliegenden Periode der nichtlinearen Selbstreplikation wurde das System von der Ebene einzelner Moleküle auf die Ebene der Protozellen gebracht, die auch als die Ebene der ersten primitiven, aber schon integrierten und individualisierten Organismen angesehen werden kann. Von nun an wirkte die Vielfalt der Umgebungen auf die Individuen und schuf so die enorme Variabilität, die wir schließlich in unseren Untersuchungen über Bakterien und Blaualgen beobachten können.

Fassen wir unsere Vermutungen über präbiotische Evolution zusammen: Selektion setzt schon auf der Ebene der Polynukleotide ein, sobald matrizen-induzierte Replikation Bedeutung gewann. Die Integration von selbstreplizierenden Elementen in eine funktionelle Einheit setzt eine Kinetik höherer Ordnung voraus, um den Wettbewerb zwischen den einzelnen Mitgliedern auszuschalten. Diese Kinetik höherer Ordnung ist mit der Darwinschen Evolution unvereinbar. Während solch einer Phase „nichtlinearer“ Entwicklung können wir keine völlige Optimierung der neuerworbenen Eigenschaften erwarten. Wir müssen eher mit „fixierten Zufällen“ oder „Ein-für-allemal“-Entscheidungen rechnen. Einige primitive Polynukleotide vereinten ihren Informationsgehalt und bildeten die Fähigkeit aus, primitive Translationsmechanismen zu kodieren. Später in der Evolution wurde durch die räumliche Trennung mittels Compartmentbildung das Darwinsche Verhalten wiederhergestellt. Von hier an konnte es wieder Variation geben. Doch die Translationsmaschinerie wird als Einheit konserviert und erfährt keine ernsthafte Abänderung mehr.

Im Prinzip könnte ein formal ähnlicher Mechanismus auch die anderen „Explosionen“ der Evolution in der Biosphäre beschreiben. Die Bildung der Eukaryoten könnte das Resultat einer ähnlichen Symbiose sein. Gewisse Prokaryoten lieferten ihren Anteil an Metabolismus und Codierungskapazität, um die Maschinerie zur Organisation des komplexen Genoms und des Apparats für Mitose und Meiose zu bilden, die wir bei allen höheren Organismen beobachten. Wieder scheint es wahrscheinlich, daß die gemeinsamen Züge der

Eukaryoten „fixierte Zufälle" darstellen, Überbleibsel einer Periode ohne volle Optimierung.

Wir könnten versuchen, die Analogien noch weiter zu treiben und in den Bereich der reinen Spekulation zu dringen. Dies soll jedoch nicht das Ziel dieser Arbeit sein, die sich wesentlich an der makromolekularen Selbstorganisation ausrichtete. Es gibt noch einen weiteren Grund, der uns zwingt, mit der molekularen Beschreibung auf einer gewissen Ebene aufzuhören, da es immer schwieriger wird, Prinzipien für die Entwicklung zu entdecken, je höher organisiert die biologischen Einheiten sind. Jacob (1977) hat dieses Problem so präzise formuliert, daß wir bloß auf seinen Artikel verweisen, „Evolution and tinkering" — „Evolution und Weiterwursteln". Es gibt keinen Grund, Einfachheit oder intellektuelle Eleganz in der Natur zu erwarten. Die Natur entwirft nicht wie ein Ingenieur. Das einzige, was zählt und selektiert wird, ist funktionelle Effizienz. Außerdem kann Selektion immer nur auf Bestehendes einwirken. Die grundlegenden Prinzipien sind daher gut versteckt und nur schwer zu finden.

Danksagung. Wir danken den Professoren Manfred Eigen und William Gardiner für zahlreiche stimulierende Gespräche. C. Biebricher, M. Eigen, A. Schwartz, L. Orgel und J. C. W. Shepherd gewährten uns Zugang zu noch unveröffentlichtem Material. R. Wolff und J. Swetina versorgten uns mit Computer-Plots. Finanzielle Unterstützung für diese Untersuchungen verdanken wir dem Österreichischen Fonds zur Förderung der wissenschaftlichen Forschung, Projekt Nr. 3502. Schließlich möchten wir noch Frau J. Jakubetz für das Tippen des Manuskripts und Herrn J. König für die Zeichnungen danken.

Literaturauswahl

Bartlett, M.S.: An Introduction to Stochastic Processes, 3rd ed. Cambridge, U.K.: University Press (1978).
Batschelet,E., Domingo,E., Weissmann,C.: Gene **1**, 27 (1976).
Biebricher,C.K., Eigen,M., Luce,R.: J. Mol. Biol. **148**, 391 (1981).
Crick,F.H.C., Brenner,S., Klug,A., Pieczenik,G.: Origins of life **7**, 389 (1976).
Crow,J.F., Kimura,M.: An introduction to population genetics theory. New York: Harper & Row 1970.
Domingo,E., Flavell,R.A., Weissmann, C.: Gene **1**, 3 (1976).
Domingo,E., Sabo,D., Taniguchi,T., Weissmann, Ch.: Cell **13**, 735 (1978).
Eigen,M.: Naturwissenschaften **58**, 465 (1971).
Eigen,M.: Ber. Bunsenges. f. Physikal. Chemie **80**, 1059 (1976).
Eigen,M., Gardiner, jr., W.C., Schuster,P.: J. theor. Biol. **85**, 407 (1980b).
Eigen,M., Schuster,P.: Naturwissenschaften **64**, 541 (1977).
Eigen,M., Schuster,P.: Naturwissenschaften **65**, 7 (1978a).
Eigen,M., Schuster,P.: Naturwissenschaften **65**, 341 (1978b).
Eigen,M., Gardiner,jr.,W.C., Schuster,P., Winkler-Oswatitsch,R.: Scientific American **244** (4), 88 (1981).
Eigen,M., Schuster,P., Sigmund,K., Wolff,R.: Biosystems **13**, 1 (1980a).
Eigen,M., Winkler-Oswatitsch,R.: Das Spiel. München: Piper (1975).
Eigen,M., Winkler-Oswatitsch,R.: Naturwissenschaften **68**, 217 u. 282 (1981).
Fox,S.W., Dose,K.: Molecular evolution and the origin of life. San Francisco: Freeman (1972).
Hall,B.D.: Nature **282**, 129 (1979).
Hofbauer,J., Schuster,P., Sigmund,K.: J. Math. Biology **11**, 155 (1981).
Hofbauer,J., Schuster,P., Sigmund,K., Wolff,R.: SIAM J. Appl. Math. C **38**, 282 (1980).
Horsthemke,W.: Nonequilibrium transitions induced by external white and coloured noise. In: dynamics of synergetic systems (H.Haken, ed.), pp. 67–77. Berlin-Heidelberg-New York: Springer (1980).
Jacob,B.: Science **196**, 1161 (1977).
Jones,B.L., Enns,R.H., Ragnekar,S.S.: Bull. Math. Biol. **38**, 15 (1976).
Katchalsky,A.: Naturwissenschaften **60**, 215 (1973).
Kimura,M.: Scientific American **241**, (5), 94 (1979).
Kornberg,A.: DNA-Replication, 2nd ed. San Francisco: Freeman (1980).
Kunkel,T.A., Loeb,L.: J. Biol. Chem. **254**, 5718 (1979).
Kunkel,T.A., Meyer,R.R., Loeb, L.: Proc. Nat. Acad. Sci. (USA), **76**, 6331 (1979).
Küppers,B.O.: Naturwissenschaften **66**, 228 (1979).
Küppers,B.O., Sumper,M.: Proc. Nat. Acad. Sci. (USA) **72**, 2640 (1975).
Lawless,J.G., Yuen,G.U.: Nature **282**, 396 (1979).
Lewontin,R.C.: The genetic basis of evolutionary change. New York: Columbia University Press (1974).
Lodish,H.F., Rothman,J.E.: Scientific American **240**, (1), 38 (1979).
Lohrmann,R., Bridson,P.K., Orgel,L.E.: Science **208**, 1464 (1980).
Lohrmann,R., Orgel,L.E.: Nature **244**, 418 (1973).
Maynard-Smith,J.: The evolution of sex. Cambridge,U.K.: University Press (1978).
Miller,S.L., Orgel,L.E.: The origins of life on the earth, Engelwood Cliffs, New Jersey: Prentice Hall, Inc. (1974).
Monod, J.: Le hasard et la nécessité, p. 216. Paris: Edition du Denil (1980).
Nagl, W.: Chromosomen. Berlin: Paul Parey (1980).
Pörschke,D.: Elementary steps of base recognition and helixcoil transitions in nucleic acids. In: Chemical relaxation. In: Molecular biology. Pecht,I., Rigler,R. (eds.), pp. 191–218. Berlin-Heidelberg-New York: Springer (1977).
Rossmann,M.G., Moras,D., Olsen,K.W.: Nature **250**, 194 (1974).
Schuster,P.: Chemie i. u. Zeit **6**, 1 (1972).
Schuster,P.: Prebiotic evolution. In: Biochemical evolution. Gutfreund,H. (ed.), pp. 15–87. Cambridge: Cambridge University Press (1981).
Schuster,P., Sigmund,K.: Selforganization of biological macromolecules and evolutionarily stable strategies. In: Dynamics of synergetic systems. Haken,H. (ed.), pp. 156–169. Berlin-Heidelberg-New York: Springer (1980).
Schuster,P., Sigmund,K., Merz,P., Gottlieb,R.: Molecular selfreplication under time dependent constraints (preprint) (1981).
Schuster,P., Sigmund,K., Wolff,R.: Bull. Math. Biophys. **40**, 743 (1978).
Schuster,P., Sigmund,K., Wolff,R.: J. Diff. Equ. **32**, 357 (1979).
Schuster,P., Sigmund,K., Wolff,R.: J. Math. Analysis Applications **78**, 88 (1980).
Shepherd,J.C.W.: J. Mol. Evol. **17**, 94 (1981).
Sleeper,H.L., Lohrmann, R., Orgel,L.E.: J. Mol. Evol. **13**, 203 (1979).
Spiegelman,S.: Quart. Rev. Biophysics **4**, 213 (1971).
Sumper,M., Luce,R.: Proc. Nat. Acad. Sci. (USA) **72**, 162 (1975).
Thompson,C.J., McBride,J.L.: Math. Bioscience **21**, 127 (1974).
Walker,G.W.R.: Biosystems **9**, 139 (1977).
Watson,J.D.: Molecular Biology of the Gene, 3rd ed. Menlo Park, California: W.A.Benjamin (1977).

17.3 Chemische Evolution und der Ursprung lebender Systeme

KLAUS DOSE

17.3.1 Einleitung

17.3.1.1 Evolutionsbegriff und Evolutionssequenzen

Unter „chemischer Evolution" versteht man ganz allgemein die abiotische bzw. präbiotische Bildung und Umwandlung von organischen Molekülen in einem kosmischen System. In der Regel bezieht man sich hierbei jedoch auf die chemischen Vorgänge auf der präbiotischen (primitiven) Erde. Man versteht dann unter chemischer Evolution den abiotischen Aufbau von organischen Molekülen aus Bestandteilen der primitiven Atmosphäre, Hydrosphäre und zum Teil auch Lithosphäre.

Der Begriff „chemische Evolution" ist teilweise gleichbedeutend mit dem Ausdruck „molekulare Evolution". Aber der letzte Ausdruck hat eine breitere Bedeutung, da er auch die Selbstorganisation der präbiotischen Moleküle zu höheren Strukturen (Protozellen, Protozellmembranen, Protozell-Organellen) und deren weitere Evolution zu den ersten „lebenden" Zellen im heutigen Sinn umfaßt. Die weitere Evolution lebender Zellen von der „Urzelle" bis zur Vielfalt heutiger Zellen wird meist Darwinsche Evolution genannt. Verschiedene Autoren bezeichnen die Evolution von den Protozellen zu den ersten in unserem heutigen Sinne „lebenden" Zellen (Urzellen) auch als proto-Darwinsche Evolution.

Kosmologen sprechen auch von der Evolution von Sternen, Sonnensystemen und Milchstraßen, wenn sie deren Entwicklung beschreiben. Die Kernchemiker unter ihnen bezeichnen auch die Bildung bzw. Umwandlung von Elementen in den Sternen als „Evolution". Der Begriff „Evolution" wird damit — anders als im üblichen deutschen Sprachgebrauch — in Anlehnung an das Englische nicht nur im Sinne von „Entwicklung", sondern auch im Sinne von „Bildung" benutzt.

Diese Erweiterung des Evolutionsbegriffs hat den Vorteil, daß man die Prozesse vom Ursprung des Universums bis zur Darwinschen Evolution als eine Sequenz verschiedener Evolutionsschritte zusammenfassen kann (Abb. 17.63).

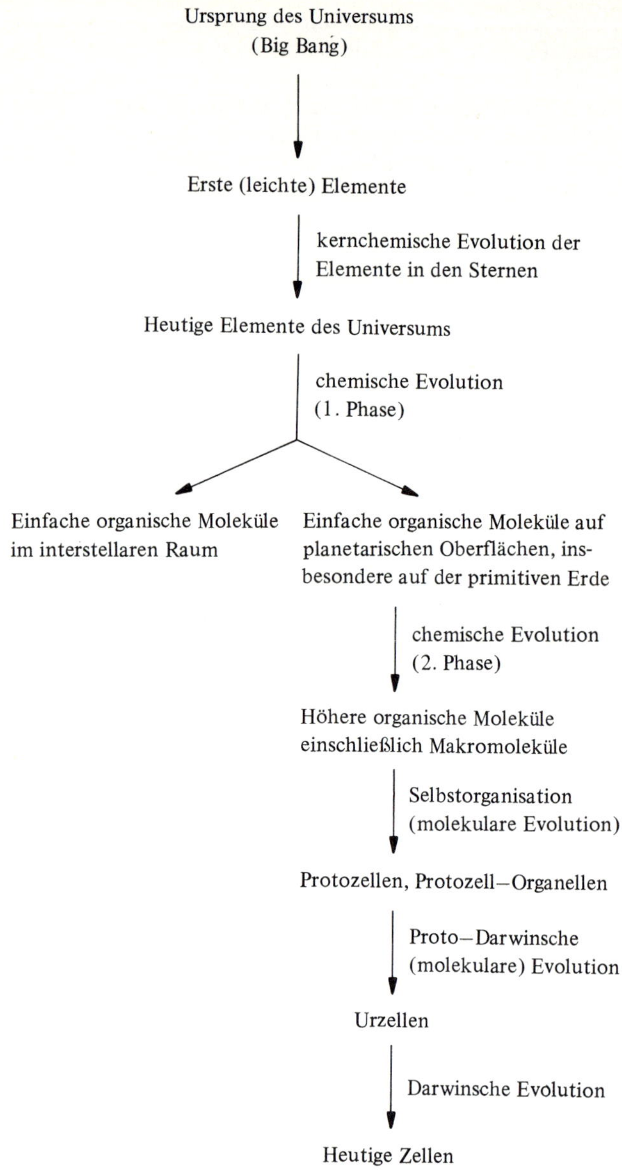

Abb. 17.63. Evolutionssequenzen vom Ursprung des Universums bis zu heutigen Zellen

17.3.1.2 Was sind lebende Systeme?

Wie Abb. 17.63 zeigt, nimmt man an, daß die Kluft zwischen chemischer und Darwinscher Evolution durch molekulare Evolution (oft auch unterteilt in die zwei Phasen: Selbstorganisation zu Protozellen und deren proto-Darwinschen Evolution zu „Urzellen") überbrückt wurde. Aufgrund vieler experimenteller Untersuchungen können wir uns heute ein gutes Bild über die verschiedenen Phasen der chemischen Evolution machen; aber die Prozesse, die über die (postulierten) Protozellen zu den phylogenetischen (entwicklungsgeschichtlichen) Vorläufern der heutigen Zellen auf der Erde führten, sind der direkten experimentellen Untersuchung nicht mehr zugänglich und nur durch Rekonstruktion aufzuklären.

Leider sind wir bisher noch nicht in der Lage, mit Hilfe der Terminologie der Biochemie oder Molekularbiologie genau anzugeben, was eine lebende Zelle ist. Um so schwerer fällt es daher, durch Rückwärtsprojektion ihrer Evolution genaue Definitionen der Urzellen oder gar der Protozellen zu geben.

Die entwicklungsgeschichtliche Lücke zwischen Protozellen und heutigen Zellen erscheint dabei vielen Wissenschaftlern z. Z. als so groß, daß sie es vorziehen, Informationen über die Bildung, Struktur und Funktion der Protozellen durch Rekonstruktion (d.h. durch Simulationsversuche) im Sinne der in Abb. 17.63 angegebenen Evolutionsfolgen zu gewinnen.

Die Bewertung aller dieser Ergebnisse wird dabei vor allem von der genauen Beschreibung der Merkmale abhängen, durch welche die einzelnen Systeme als Lebewesen oder deren Vorstufen charakterisiert werden können. Eine umfassende Definition eines lebenden Systems können wir als Naturwissenschaftler zur Zeit nicht geben. Wir sind lediglich in der Lage, lebenden Systemen bestimmte Eigenschaften zuzuordnen. Viele Eigenschaften der lebenden Organismen sind aber noch nicht genügend erforscht und können nicht genau angegeben werden. Daher wird eine Aufzählung charakteristischer Eigenschaften lebender Systeme heute noch unvollständig bleiben. Einige wesentliche *Merkmale lebender Systeme* sind:

a) Abgrenzung des Systems (als Zelle) gegenüber der Umgebung durch eine Hülle (Membran).

b) Die Befähigung zu einem Stoffwechsel, welcher dem System das Wachstum und eine spezifische Wechselwirkung (einschließlich Stoff- und Energieaustausch) mit der Umgebung sowie die Bereitstellung von „chemischer" Energie für weitere Funktionen ermöglicht.

c) Die Befähigung zur Fortpflanzung unter gleichzeitiger Replikation und Weitergabe der genetischen Information an die Tochterzellen.

d) Die Befähigung zur Darwinschen Evolution infolge Mutierbarkeit der genetischen Information.

e) Die Steuerbarkeit aller wesentlichen Zellfunktionen einschließlich Zellentwicklung und Morphogenese.

Man kann Systeme konstruieren und in der Natur finden, welche nur die unter a), b) und teilweise auch e) aufgeführten Eigenschaften besitzen. Es wird stets Definitions- oder Ansichtssache bleiben, ob man derartige Systeme als „lebend" ansieht. Betrachten wir z. B. die roten Blutkörperchen (Erythrocyten) des Menschen. Diese Zellen besitzen im ausgereiften Zustand keinen Zellkern (Hauptsitz der genetischen Information). Sie sind somit nicht mehr replikationsfähig. Man kann auch im Experiment aus normalen Zellen den Zellkern herauspräparieren oder die nutzbare genetische Information von Zellen zerstören, ohne ihre übrigen Funktionen wesentlich zu verändern. Desgleichen lassen sich bei Versuchen zum Nachvollzug (Simulation) der präbiotischen (oder präbiologischen) Evolution zellähnliche Systeme aufbauen, welche die Bedingungen a) und b) erfüllen und somit als Übergang zu einem lebenden System im heutigen Sinne angesehen werden können (Abschn. 17.3.2.8).

Wir erkennen, daß eine scharfe Grenze zwischen „lebenden" und „leblosen" Systemen überhaupt nicht besteht.

17.3.1.3 Gibt es „exotische" Biochemien?

Man hat vielfach spekuliert, ob auf anderen Planeten Leben vorhanden sein könnte, das nicht auf der Vielfalt der Kohlenwasserstoff-Chemie mit Wasser als Lösungsmittel aufgebaut ist. Aufgrund der Kenntnis der Häufigkeit der Elemente im Universum und des chemischen Verhaltens dieser Elemente und ihrer Verbindungen hätten andere („exotische") Biochemien jedoch nur eine sehr geringe evolutionsmäßige Chance gegenüber unserer Biochemie.

Wenn wir die Häufigkeit der Elemente im Universum betrachten (Tabelle 17.7), so erkennen wir, daß neben Helium, Neon und Silicium die Bioelemente (Organoelemente) Kohlenstoff, Wasserstoff, Sauerstoff und Stickstoff die häufigsten Elemente sind. Weiterhin wissen wir heute, daß sich aus diesen Elementen nicht erst auf hinreichend kühlen Planeten, sondern bereits im interstellaren Raum des Universums einfache Moleküle spontan bilden. Die meisten dieser Verbindungen sind *Kohlenstoffverbindungen* (Tabelle 17.8).

Tabelle 17.7. Die fünf neben He und Ne häufigsten Elemente im Universum (Si = 1)

Ordnungszahl	Element	Universum	Sonnenoberfläche	Erdoberfläche
1	H	4×10^4	$5{,}1 \times 10^4$	$1{,}4 \times 10^{-1}$
6	C	3,5	1	$2{,}7 \times 10^{-3}$
7	N	6,6	2,1	$3{,}3 \times 10^{-4}$
8	O	2,2	$2{,}8 \times 10^2$	2,9
14	Si	1	1	1

Tabelle 17.8. Einige in interstellaren Wolken nachgewiesene Kohlenstoffverbindungen

Verbindung	Formel
Kohlenmonoxid	CO
Methan	CH_4
Formaldehyd	H_2CO
Methanol	CH_3OH
Blausäure	$HC{\equiv}N$
Ameisensäure	$HCOOH$
Formamid	$HCO(NH_2)$
Thioformaldehyd	H_2CS
Acetaldehyd	$CH_3{-}CHO$
Acetonitril	$CH_3{-}C{\equiv}N$
Methylacetylen	$CH_3{-}C{\equiv}CH$
Cyanoacetylen	$HC{\equiv}C{-}C{\equiv}N$

An Siliciumverbindungen wurde bisher nur Siliciumoxid in nennenswerten Mengen nachgewiesen. Biochemische Systeme auf der Grundlage von Kohlenstoffverbindungen haben daher gegenüber anderen Systemen den Vorteil, daß Kohlenstoffverbindungen, bezogen auf das gesamte Universum, in relativ großer Menge und Vielfalt zur Verfügung stehen. Natürlich kann man nicht völlig ausschließen, daß sich irgendwo im Universum zum Beispiel biochemische Systeme auf der Grundlage von Silicium- und Borverbindungen, deren Vielfalt gleichfalls besticht, entwickeln konnten. Es gibt aber bisher keine konkreten Hinweise.

Ein weiteres wichtiges Charakteristikum unserer Biochemie (Dose, 1980) ist die Abhängigkeit aller Lebensvorgänge von der Gegenwart des *Wassers*. Theoretisch könnte man sich auch eine Biochemie nicht-wäßriger Systeme vorstellen. Insbesondere Ammoniak käme hier anstelle des Wassers in Betracht. Ammoniak besitzt jedoch bei weitem nicht die chemische Stabilität des Wassers. Es zerfällt bei höheren Temperaturen oder bei Belichtung recht leicht in Stickstoff und Wasserstoff. Weiterhin liegt Ammoniak nicht in einem so weiten Temperaturbereich wie Wasser in flüssigem Zustand vor (Siedepunkt: −33° C bei 1 at Druck; Schmelzpunkt: −78° C). Deshalb haben biochemische Systeme mit Wasser als Lösungsmittel nicht nur wegen dessen Verbreitung, sondern auch wegen der besonderen Eigenschaften des Wassers selektive Vorteile gegenüber Systemen mit anderen Lösungsmitteln.

Nach dem Wasser (etwa 80%) sind die *Eiweißkörper* die vorherrschenden Bestandteile (etwa 15%) aller lebenden Zellen. Man kann sich wiederum fragen, warum fast alle biochemischen Funktionen von der

Gegenwart bestimmter Eiweißkörper abhängig sind. Könnten nicht auch andere Makromoleküle in biochemischen Systemen anderer Welten die Aufgaben der Eiweißkörper übernommen haben? Wir sind nicht in der Lage, diese Fragen eindeutig zu beantworten. Es ist aber möglich aufzuzeigen, daß die Aminosäuren, die Bausteine der Eiweißkörper, gegenüber anderen Monomeren evolutionsmäßige Vorteile besitzen: Aminosäuren und somit auch die Eiweißkörper bestehen aus den Elementen H, C, N und O, neben He und Ne die *häufigsten Elemente* des Universums. Man nimmt an, daß diese Elemente im Verlauf der Bildung der Erde eine Atmosphäre bildeten, die überwiegend aus $CO_2(CO)$, N_2, H_2O neben CH_4, H_2 und NH_3 bestand. Setzt man derartige Atmosphären im Laboratoriumsversuch elektrischen Entladungen, UV-Strahlung, ionisierenden Strahlungen oder hohen Temperaturen (800° C) aus, so lassen sich als Reaktionsprodukte vor allem Aminosäuren abfangen (insbes. wenn sich der in der „Atmosphäre" befindliche Wasserdampf fortlaufend kondensieren kann, wodurch zugleich alle wasserlöslichen Reaktionsprodukte aus der Gasphase entfernt werden).

Abbildung 17.64 stellt die Schemazeichnung einer Apparatur dar, mit deren Hilfe S.L. Miller (1953) nachgewiesen hat, daß sich bei Einwirkung von elektrischen Entladungen auf eine CH_4-, NH_3-, H_2O- und H_2-Atmosphäre insbesondere Aminosäuren bilden. Aminosäuren nämlich besitzen aufgrund ihrer chemischen Eigenschaften (Stabilität und relativ begrenzte Reaktionsfähigkeit, niedriger Dampfdruck

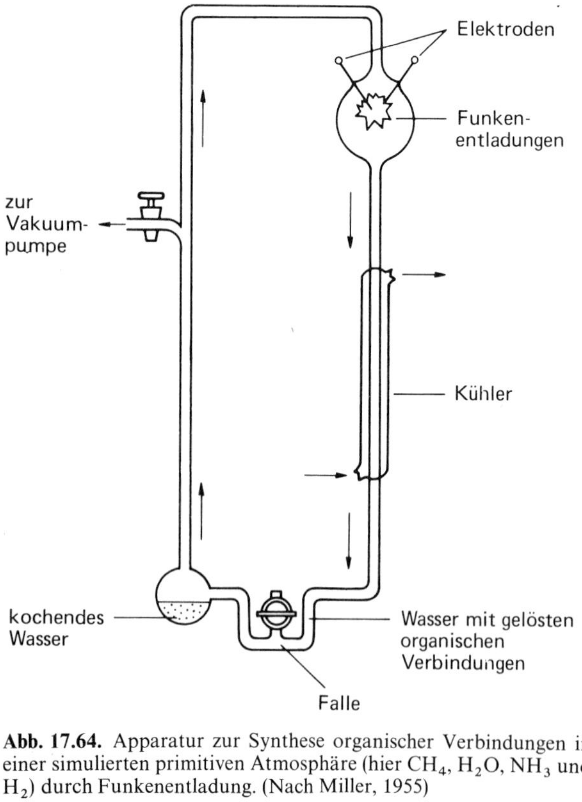

Abb. 17.64. Apparatur zur Synthese organischer Verbindungen in einer simulierten primitiven Atmosphäre (hier CH_4, H_2O, NH_3 und H_2) durch Funkenentladung. (Nach Miller, 1955)

und gute Löslichkeit in Wasser) nicht nur eine hohe Tauglichkeit für den Aufbau biologischer Systeme, sondern sind in einer präbiotischen Umwelt anderen potentiellen Monomeren biologischer Makromoleküle, z. B. in ihrer Beständigkeit, auch weit überlegen.

Die Ausbildung der uns bekannten biologischen Systeme ist entwicklungsgeschichtlich eng mit der Geschichte des Universums verknüpft. Nicht ein Zufall hat diese Entwicklung bestimmt, sondern die Eigenschaften der Materie und ihrer Bausteine haben sie determiniert.

17.3.2 Ursprung des Lebens

17.3.2.1 Allgemeine Darstellung der chemischen und präbiotischen Evolution

Wie einige Wissenschaftler (z. B. E. Haeckel und C. Darwin) in der zweiten Hälfte des 19. Jahrhunderts postulierten, ist die Entstehung des Lebens sehr wahrscheinlich ein evolutionärer Prozeß. Die neuzeitliche Ära der experimentellen Forschung auf diesem Gebiet wurde durch die Arbeiten von Oparin (1924) und Haldane (1928) eingeleitet. [Siehe auch Dose u. Rauchfuß (1975) sowie Fox u. Dose (1977).]

Das Konzept der Evolution vom Ursprung des Universums (vor etwa 15 bis 20 Milliarden Jahren) bis zu den Präzellen (den Vorläufern der Protozellen bzw. Urzellen), aus denen sich vermutlich unser heutiges Leben entwickelt hat, kann vereinfacht wie folgt zusammengefaßt werden (Abb. 17.65):

Im Gegensatz zu dem allgemeinen Schema in Abb. 17.63 sind in Abb. 17.65 nur die Evolutionsschritte in chronologischer Folge aneinandergereiht, für die es experimentelle Hinweise gibt. Daher endet das Schema bereits mit der Selbstorganisation von präbiotischen Makromolekülen zu zellähnlichen Mikrosystemen (Präzellen).

17.3.2.2 Mikrofossilien in Sedimentgesteinen des Präcambriums

Neuere paläontologische und paläobiochemische Untersuchungen an alten Sedimenten haben die Kluft zwischen der Bildung von Präzellen und ersten Zellen im heutigen Sinne beträchtlich vermindert, zumindest wenn man die zeitliche Folge der einzelnen Evolutionsschritte betrachtet:

Unser Sonnensystem hat sich vor etwa 4,5 Milliarden Jahren gebildet; die Erde dürfte nur wenig jünger sein. Die ältesten datierbaren Sedimentgesteine sind etwa 3,8 Milliarden Jahre alt. Aufgrund der Bezeichnung ihres Fundortes in Grönland nennt man sie Isua-Sedimente. Verschiedene Befunde sprechen dafür, daß diese Sedimente mit Überresten von einzelligen Lebewesen abgelagert wurden:

Zur Photoassimilation des CO_2 befähigte Organismen (insbesondere Pflanzen und Grünalgen) setzen das leichtere $^{12}CO_2$ schneller um als $^{13}CO_2$. Entsprechend enthalten biogene Carbonate und Kohlenstoffverbindungen weniger Kohlenstoff-13 als Calciumcarbonat-Ablagerungen anorganischen (abiotischen) Ursprungs. Auch die Isua-Sedimente sind arm an Kohlenstoff-13. Nun findet man aber auch z. B. in Meteoriten ähnlich niedrigere Werte für dieses Kohlenstoff-Isotop, obwohl die Kohlenstoffverbindungen der Meteoriten abiotischen Ursprungs sind. Aufgrund der verschiedenen kernchemischen Prozesse, die zur Bildung von Kohlenstoff-Isotopen führen, können je nach ihrem Ursprung ihre Verhältnisse der einzelnen Kohlenstoff-Isotope verschieden sein, ohne daß ein biologischer Prozeß hierbei eine Rolle spielt.

Jedoch sind in Isua-Sedimenten außerdem einige versteinerte Einschlüsse mit mutmaßlichen Resten von Zellen gefunden worden. Weiterhin gibt es Hinweise auf das Vorhandensein von isoprenoiden Kohlenwasserstoffen. Für isoprenoide Kohlenwasserstoffe sind bisher keine abiotischen Bildungsweisen bekannt. Daher wird für sie ein biogener Ursprung angenommen. Die Chlorophylle der grünen Pflanzen und Algen enthalten eine isoprenoide Seitenkette (den Phytylalkohol). Diese wird unter geochemischen Bedingungen leicht abgespalten und in das sehr stabile Phytan umgewandelt. Neben dem gleichfalls isoprenoiden Pristan ist das Phytan ein wichtiger Vertreter der isoprenoiden Kohlenwasserstoffe in Sedimenten. Ihre Strukturen zeigt Abb. 17.66.

Etwas zahlreicher sind die versteinerten Überreste von Mikroorganismen oder deren Vorläufer in den mehr als 0,5 Milliarden Jahre jüngeren Sedimentgesteinen Südafrikas (z. B. in den 3,1 Milliarden Jahre alten Sedimenten des Fig-Tree-Systems). Es handelt sich dabei wahrscheinlich um die fossilen Überreste von primitiven Bakterien. Diese Gebilde sind jedoch in ihrer Gestalt so wenig charakteristisch, daß auch ihr möglicher abiotischer oder protobiotischer (von einer Vorstufe des Lebens herrührend) Ursprung diskutiert wurde. Mikrofossilien aus dem Soudan-Eisen-Schiefer (etwa 2,7 Milliarden Jahre alt), dem Gunflint-Schiefer (1,9 Milliarden Jahre alt), und dem Nonesuch-Schiefer (1 Milliarde Jahre alt) lassen aber auf jeden Fall den Schluß zu, daß bereits vor zwei bis drei Milliarden Jahren hochentwickelte Mikroorganismen auf der Erde gelebt haben. Aus den sorgfältig präparierten Gesteinen wurden auch Isoprenoide, geradkettige und verzweigte Kohlenwasserstoffe isoliert, die

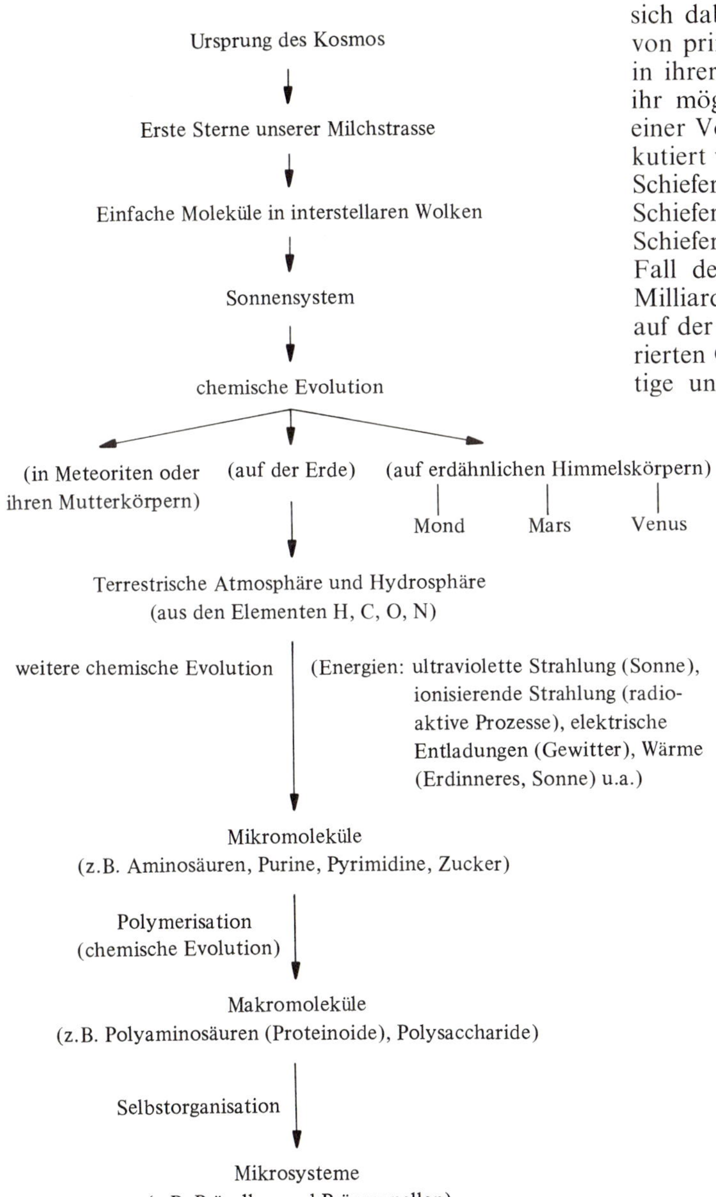

Abb. 17.65. Experimentell begründbares Schema zur präbiotischen Evolution

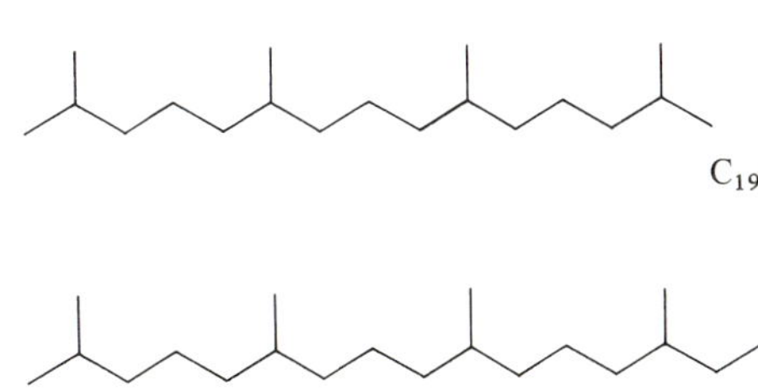

$C_{19}H_{40}$

$C_{20}H_{42}$

Abb. 17.66. Pristan (oben) und Phytan (unten)

bekanntlich nicht spontan unter geochemischen Bedingungen entstehen. Man vermutet daher, daß diese „molekularen Fossilien" biotischen Ursprungs sind. Wenn die Kohlenstoffketten dieser Kohlenwasserstoffe aber vor fast drei Milliarden Jahren durch Biosynthese entstanden sind, so müssen die Mikroorganismen jener Zeit bereits eine verhältnismäßig hochentwickelte Ausstattung an Enzymen, d. h. an Biokatalysatoren, besessen haben.

Wir wissen nicht genau, wann die chemische bzw. molekulare Evolution in die biotische Evolution übergegangen ist. Nimmt man das Alter der festen (abgekühlten) Erdkruste mit 4,3 Milliarden Jahren und das Alter der ältesten Fossilien mit 3,8 Milliarden Jahren an, so würden nur etwa 0,5 Milliarden Jahre für die molekulare (chemische) Evolution und die Entstehung des Lebens (Biogenese) verbleiben. Wichtige Ergebnisse über das Auffinden molekularer und organismischer Fossilien in Sedimenten sind in Tabelle 17.9 zusammengefaßt.

17.3.2.3 Umweltbedingungen vor mehr als drei Milliarden Jahren

Etwa zu der Zeit, als die Erde ihre heutige Gestalt annahm, war die Stärke der Sonnenstrahlung in den obersten Schichten der Atmosphäre um ca. ein Drittel geringer als heute (Tabelle 17.10). Die *Atmosphäre* der primitiven Erde war praktisch frei von Sauerstoff — eine grundlegende Voraussetzung für die chemische Evolution, da organische Stoffe in Gegenwart von Sauerstoff über geologische Zeiträume nicht beständig sind —, und so konnte sich kein nennenswerter Ozon-Schirm bilden. Das bedeutet, daß (im Gegensatz zu heute) auch ultraviolettes Licht mit Wellenlängen kleiner als 300 nm die Erdoberfläche erreichen konnte. Hätte allein die Wärmestrahlung der Sonne die Oberflächentemperatur der Erde bestimmt, so wäre die Temperatur vor 3 bis 4 Milliarden Jahren etwa 30° C niedriger gewesen als heute. Aber die aus dem Erdinnern abgegebene Wärme (Vulkanismus, Wärmestrahlung) dürfte dafür gesorgt haben, daß die durchschnittliche Oberflächentemperatur damals nicht niedriger lag als heute. Die Wärme stammte aus radioaktiven Zerfallsprozessen — etwa dreimal so viele wie heute — und aus der Gravitationsenergie, welche durch die Aggregation eines Teils der kosmischen Staubwolke zum Protoplaneten und die spätere Kontraktion der Protoplaneten freigesetzt wurde. Ein Teil dieser Energien wird noch heute bei vulkanischer Tätigkeit freigesetzt. Weitere Energiequellen sind die elektrischen Entladungen in der Atmosphäre; der Ursprung dieser Energieform ist gleichfalls die Sonnenstrahlung (Tabelle 17.10).

17.3.2.4 Ausgangsmaterial für die chemische Evolution

Wie schon in Abb. 17.63 u. 17.65 gezeigt wurde, folgte auf die Entstehung des Kosmos, der Urmaterie (insbes. Wasserstoff und weitere, leichte Elemente), die Evolution der ersten Sterne. Die Sternenbildung ist

Tabelle 17.9. Geologische Zeitskala der chemischen und biotischen Evolution

Sedimentgestein	Zeitskala (Alter in Jahren)	Älteste bisher gefundene chemische Fossilien	Geologisches Zeitalter	Evolutionsschritte
Mud-Lake Florida	0	Nucleinsäuren, Carotinoide	Känozoikum	Mensch, Säugetiere
Green River-Schiefer (50×10^6)		↑ Kohlenhydrate	Mesozoikum	↑
		Aminosäuren und Polypeptide, Fettsäuren, Porphyrine	Paläozoikum	Landpflanzen, früheste Wirbeltiere, früheste multizelluläre Fossilien, fossile Blaualgen
Nonesuch-Schiefer	10^9	↑		
Gunflint-Schiefer ($1{,}9 \times 10^9$)			Proterozoikum	
	2×10^9	Sterine und Triterpene		
Soudan-Schiefer ($2{,}7 \times 10^9$)				↑
	3×10^9	↑		
Fig-Tree-System ($3{,}1 \times 10^9$)				
Isua-System ($3{,}8 \times 10^9$)		Isoprenoide Alkane (Pristan, Phytan)	Archaikum	Mikrofossilien
	4×10^9			↑
	$4{,}5 \times 10^9$			Chemische Evolution ↑ Bildung der Erde

Tabelle 17.10. Energiequellen für die chemische Evolution auf der Erde (weitere mögliche Energiequellen: Stoßwellen von Meteoriten-Einschlägen, kosmische Strahlung)

Energieform	$\lvert J \times cm^{-2} \times a^{-1} \rvert$ Heutige Erde	$\lvert J \times cm^{-2} \times a^{-1} \rvert$ (vor etwa 4×10^9 Jahren) Primitive Erde
Gesamte optische Sonneneinstrahlung	1 097 000	711 800
UV-Strahlung unter 2000 Å	314	126
Radioaktiver Zerfall bis 35 km Tiefe	66	197
Wärme von vulkanischen Emissionen	~ 0,6	≧ 0,6
Elektrische Entladungen	17	17

untrennbar mit der weiteren Evolution der Elemente verknüpft, die sich auch heute noch über kernchemische Reaktionen im Innern der Sterne vollzieht. Von den entstehenden Elementen sind, wie erwähnt, die Bioelemente von besonderem Interesse, denn sie lieferten in der Atmosphäre und Hydrosphäre des primitiven Planeten Erde oder der Protoerde die Grundstoffe für die chemische Evolution. Wenngleich über die Zusammensetzung der Atmosphäre der Protoerde nur einige qualitative Angaben gemacht werden können, so sei doch nochmals daran erinnert, daß sie hauptsächlich aus den Bioelementen Wasserstoff, Sauerstoff, Stickstoff, Kohlenstoff (und den Edelgasen Helium und Neon) bestanden haben muß (Tabelle 17.7).

Die Atmosphäre der Protoerde wird daher als molekulare Bestandteile vor allem Wasserstoff (H_2), Wasser (H_2O), Ammoniak (NH_3) und Methan (CH_4) enthalten haben. Vermutlich hat der Protoplanet eine Phase höherer Temperaturen durchlaufen und dabei weitgehend seinen Bestand an Edelgasen, molekularem Wasserstoff und anderen flüchtigen Komponenten verloren. Eine zweite Atmosphäre wird sich anschließend aus vulkanischen Ausgasungen aufgebaut haben. Auch diese Atmosphäre enthielt noch keinen freien Sauerstoff, sondern wahrscheinlich neben den zuvor erwähnten Verbindungen vor allem Kohlenmonoxid (CO), Kohlendioxid (CO_2) und Stickstoff (N_2).

Es wird angenommen, daß durch die Einwirkung der damals verfügbaren Energien (Tabelle 17.10) in der Atmosphäre erste organische Moleküle entstanden sind. Diese Moleküle kamen mit den Niederschlägen auf die Erdoberfläche und wurden durch Lösung in der Hydrosphäre, durch Anlagerung an Mineralien oder durch Ablagerung in Sedimenten weitgehend der weiteren Energieeinwirkung entzogen. Sehr wichtig ist in diesem Zusammenhang, daß die auf diese Weise angehäuften organischen Verbindungen weder durch Mikroben noch durch Oxidation zerstört werden konnten, da ihre Umgebung völlig steril und frei von Sauerstoff war.

17.3.2.5 Laboratoriumsversuche zur Bildung von Mikromolekülen

Millers Laboratoriumsversuche (s. Abschn. 17.3.1.3, Abb. 17.64) haben zunächst großes Aufsehen erregt, weil durch sie erstmals folgerichtig und lückenlos die Möglichkeit eines präbiotischen Aufbaus von *Aminosäuren* und anderen einfachen, für die Entstehung des Lebens wichtigen Bausteinen direkt aus einer vorgegebenen Ur-Atmosphäre gezeigt werden konnte.

Über die Chemie der Aminosäure-Bildung herrscht noch keine völlige Klarheit. Wahrscheinlich gibt es mehrere Reaktionswege. Die Bildung des Glycins, der einfachsten Aminocarbonsäure, dürfte sich vor allem über folgende Schritte vollziehen:

$$CH_4 + H_2O \xrightarrow{\text{elektrische Entladung}} H_2CO + 2\,H_2$$
$$CH_4 + NH_3 \xrightarrow{\text{elektrische Entladung}} HCN + 3\,H_2$$
$$H_2CO + HCN + NH_3 \xrightarrow{\text{Strecker-Synthese}} CH_2(NH_2){-}C{\equiv}N + H_2O$$
$$CH_2(NH_2){-}C{\equiv}N + 2H_2O \xrightarrow{\text{Hydrolyse}} CH_2(NH_2){-}COOH + NH_3$$

Bei obigen Versuchen mit elektrischen Entladungen entstehen als Endprodukte neben Aminosäuren auch hochmolekulare Kohlenwasserstoffe und organische Säuren (wie Ameisensäure, Essigsäure, Propionsäure, Milchsäure) und vermutlich auch Peptide, aber keine aromatischen Verbindungen.

Bei den ersten Versuchen über die Einwirkung ionisierender Strahlung (Röntgenstrahlen) auf simulierte, präbiotische Atmosphären kam man zu ähnlichen Ergebnissen (Dose, 1957). An der Bildung der biotischen Bausteine, insbesondere der Aminosäuren, sind hier vor allem Radikalreaktionen beteiligt; die Prozesse konnten inzwischen weitgehend aufgeklärt werden. Auch durch Einwirkung von ultravioletter Strahlung oder hohen Temperaturen (800° C) auf simulierte Atmosphären entstehen kleine organische Moleküle, wiederum inbes. Aminosäuren. Die ersten Arbeiten mit UV-Licht stammen von Groth u. Suess (1938), diejenigen mit thermischer Energie von Harada u. Fox (1964).

Für das Entstehen der Aminosäuren spielt die Reaktion von Methan und Ammoniak zu Blausäure (HCN) eine bedeutende Rolle. Die Reaktionsfähigkeit der Blausäure zeigt sich nicht nur bei den Synthesen von Aminosäuren, den Bausteinen der Proteine, sondern auch bei der Bildung von *Purinen*, einer Gruppe von Bausteinen der Nucleinsäuren und Nucleotide. Abbildung 17.67 zeigt die Bildung der Purinbase Adenin aus fünf Molekülen Blausäure (der Reaktionsmechanismus wurde 1961 von Oró vorgeschlagen).

Syntheseversuche mit verschieden simulierten Uratmosphären lieferten auch *Formaldehyd* (H_2CO) (Formaldehyd ist auch im interstellaren Raum nachgewiesen worden!). Alkalische, wäßrige Formaldehydlösungen kondensieren zu Zuckern, so daß sich hieraus ein abiotischer Bildungsweg für Saccharide konstruieren läßt:

$$n\,H_2C{=}O \xrightleftharpoons[\text{Anorgan. Basen als Katalysatoren}]{\Delta} \begin{array}{ll} \text{Triosen} & (C_3H_6O_3) \\ \text{Tetrosen} & (C_4H_8O_4) \\ \text{Pentosen} & (C_5H_{10}O_5) \\ \text{Hexosen} & (C_6H_{12}O_6)\ \text{etc.} \end{array}$$

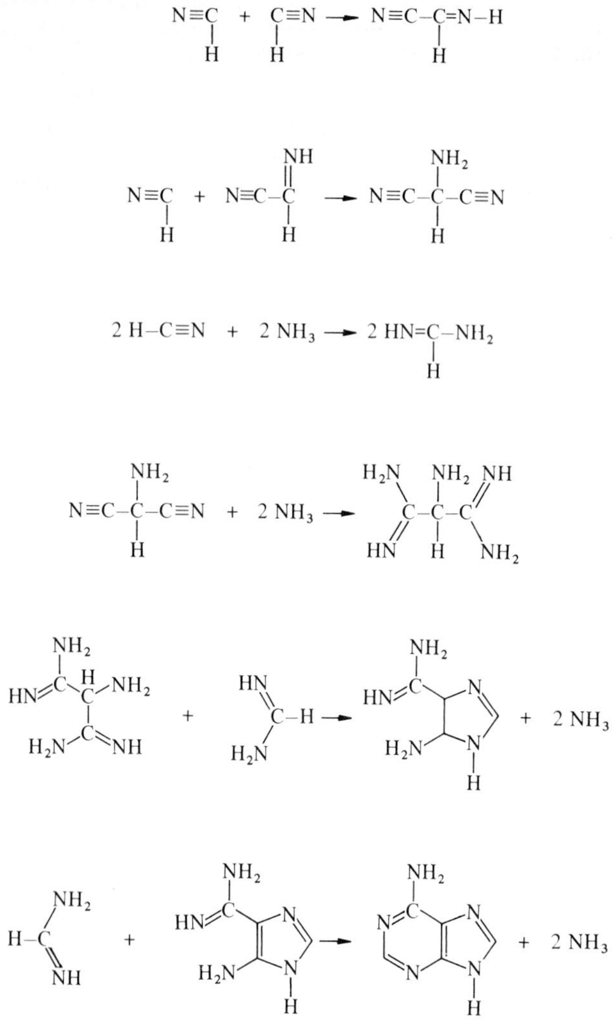

5 HCN → Adenin

Abb. 17.67. Synthese von Adenin aus Blausäure

Die zahlreichen in den letzten 25 Jahren durchgeführten Simulationsexperimente zur präbiotischen Bildung von organischen Molekülen aus den molekularen Bestandteilen möglicher primitiver Atmosphären haben gezeigt, daß sich ein zu niedriger CH_4-Gehalt in der primitiven Atmosphäre negativ auf die Bildung von aliphatischen Kohlenwasserstoff-Verbindungen (zu diesen gehören vor allem Aminosäuren und Fettsäuren), ein zu hoher H_2-Gehalt [wie in der ursprünglichen Urey-Atmosphäre (Urey, 1952) des Miller-Experiments (Miller, 1953)] negativ auf die Bildung von aromatischen Kohlenwasserstoffen (zu diesen zählen u. a. die Purin- und Pyrimidin-Basen der Nucleinsäuren) auswirkt, während O_2 in der simulierten Atmosphäre überhaupt der Bildung organischer Verbindungen entgegenwirkt. Versuche mit Modell-Atmosphären der Grundzusammensetzung: CO_2 (CO) $+N_2+H_2O$ mit variablen, aber meist geringem Gehalt an CH_4, NH_3 und H_2 haben nach Aktivierung dieser Systeme durch verschiedene Energie-Formen stets zur Bildung einer Vielfalt organischer Moleküle, darunter auch viele biologisch wichtige (besonders Aminosäuren, Zucker und Nucleinsäure-Basen) geführt (Zusammenfassung in Dose u. Rauchfuß, 1975; Fox u. Dose, 1977). Letztlich war bei diesen Experimenten die verwendete Energieform (Tabelle 17.10) von untergeordneter Bedeutung. Die Ergebnisse des Miller-Experiments (Bildung von organischen Verbindungen, insbesondere Aminosäuren, aus einer CH_4-, NH_3-, H_2O-, H_2-Atmosphäre) waren u. a. deswegen so spektakulär, weil hier wegen des großen Energieumsatzes auch große Stoffmengen umgesetzt wurden. Es sei aber andererseits erwähnt, daß dieses Experiment heute auch viel Kritik findet: Die frühe Erde hatte keine Urey-Atmosphäre, eine geschlossene Glasapparatur ist geologisch nicht relevant. Außerdem führten bekanntlich schon 1938 Groth u. Suess erste photochemische Experimente und 1951 Garrison et al. erste strahlenchemische Experimente zur Bildung einfacher Moleküle auf der präbiotischen Erde durch. Bei allen Untersuchungen mit simulierten primitiven Atmosphären kommt der primären Bildung von HCN und H_2CO (Formaldehyd) wahrscheinlich eine Schlüsselstellung zu.

Wir dürfen annehmen, daß auf der primitiven Erde alle für die Entstehung des Lebens wichtigen Bausteine wie Aminosäuren, Zucker, Fettsäuren und ihre Abkömmlinge, Purin- und Pyrimidinbasen, selbst die vom Blutfarbstoff (Hämoglobin) und vom Blattgrün (Chlorophyll) her bekannten Porphyrine in großer Vielzahl und Vielfalt vorhanden waren und als Ausgangsmaterial zur Bildung von höhermolekularen Verbindungen oder als Nahrung für erste Organismen bereit standen.

17.3.2.6 Ursprung der optischen Aktivität

Eine wichtige Frage bleibt: Durch welchen Evolutionsschritt entstand die Präferenz biologischer Systeme für bestimmte optisch-aktive Reihen?

Bei den erwähnten abiotischen Synthesen entstehen ausnahmslos razemische Gemische, welche z. B. die D- und L-Form der α-Aminosäuren, der Zucker usw. im Verhältnis 1:1 enthalten. Von Lebewesen stammende (biogene) Verbindungen enthalten dagegen in der Regel nur die eine oder die andere enantiomorphe Form. So findet man in Eiweißkörpern nur L-α-Aminosäuren. Diese Verbindungen sind optisch aktiv, d. h. sie drehen die Ebene des linear polarisierten Lichtes.

Es gibt auch in der unbelebten Natur Kräfte, die theoretisch die gezielte Bildung oder Zerstörung einer bestimmten, enantiomorphen (optisch aktiven) Form bewirken können (Zusammenfassung in Fox u. Dose, 1977). Man hat z. B. vermutet, daß das zirkularpolarisierte Himmelslicht oder die bei radioaktiven β-Zerfallsprozessen auftretenden polarisierten Elektronen selektiv Bildung oder Zerfall der einen oder anderen „optisch aktiven" Molekülform begünstigen können. Aber der wirksame Polarisierungsgrad solcher

Strahlungen ist so gering, daß bedeutsame Selektionen durch natürliche Strahlung bisher nicht beobachtet worden sind. Wenn jedoch einmal, vielleicht nur vereinzelt und „zufällig", eine Anhäufung einer bestimmten optisch aktiven Molekülform eingetreten war, so konnten diese Moleküle spezifisch mit den D- und L-Bestandteilen eines razemischen Gemisches reagieren und so eine Selektion einleiten. Bekannt ist die stereospezifische Ausfällung von D- beziehungsweise L-Aminosäuren aus einer übersättigten Lösung eines Razemats durch winzige Mengen optisch aktiver Kristallisationskeime.

Bisher muß die Möglichkeit offenbleiben, daß die Fähigkeit, in spezifischer Weise optisch aktive Verbindungen aufzunehmen, zusammenzusetzen und umzuwandeln, eine Eigenschaft ist, die gleichzeitig *mit* oder erst *nach* der Entwicklung von präbiotischen Systemen zu lebenden Zellen stattfand.

17.3.2.7 Kondensation der Mikromoleküle zu Oligomeren und Polymeren — der Ursprung der biologischen Information

Aus thermodynamischen Gründen ist die Wahrscheinlichkeit einer thermischen Kondensation von Biomonomeren (Aminosäuren, Monosaccharide, Nucleotide) zu Biomakromolekülen (Peptide, Proteine, Polysaccharide, Polynucleotide oder Nucleinsäuren) in verdünnten wäßrigen Lösungen sehr gering.

Um z. B. aus freien Aminosäuren ein Makromolekül (Peptid oder Protein) aufzubauen, müssen zwischen den einzelnen Aminosäuren Kondensationsreaktionen ablaufen, die — unter Wasserabspaltung — zur Knüpfung von Peptidketten führen. Der Chemiker, der im Laboratorium Peptide aufbaut, überführt zuerst die Aminosäuren in energiereiche, also reaktionsfähige Derivate. Diesen Prozeß bezeichnet man als „Aktivierung". In der Zelle erfolgt bei der Proteinbiosynthese diese Aktivierung primär durch das Adenosintriphosphat. Die Knüpfung einer Peptidbindung bedarf also der Zuführung von Energie:

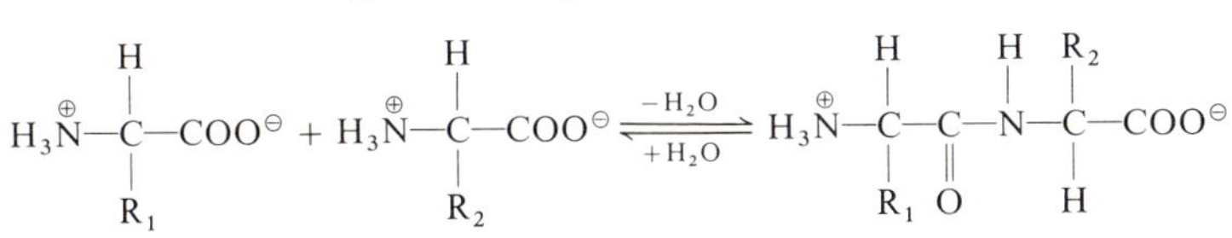

$\Delta G^{01} = 8–20$ kJ/Mol

In wäßriger Phase müssen mindestens 8–20 kJ/Mol zugeführt werden, um vor allem die Zwitterionenstruktur der Aminosäuren aufzuheben und die Kondensation zur Peptidbindung zu ermöglichen. Die höchsten Energiebeträge müssen bei der Bildung von Dipeptiden aufgewandt werden; sie vermindern sich bei der Bildung längerer Ketten. Sind daher erst einmal Di- oder Tripeptide entstanden, läuft der Prozeß der Kettenverlängerung unter geringerem Energieverbrauch ab. Das Gleichgewicht obiger Umsetzung liegt unter Normalbedingungen auf der Seite der Hydrolyse. Man kann die Gleichgewichtslage verändern, wenn man dafür sorgt, daß das bei der Kondensationsreaktion freigewordene Wasser aus dem System entfernt wird, z. B. durch erhöhte Temperatur, d. h. durch

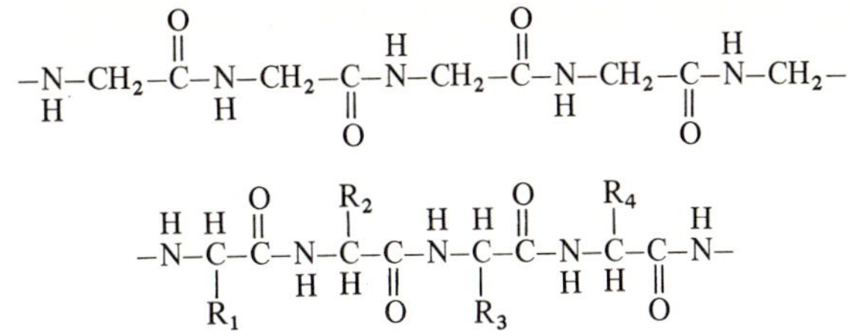

Abb. 17.68. Proteine sind Polypeptide. Jedes Protein ist formal ein polysubstituiertes Polyglycin. Oben: Polyglycin. Unten: Teilsequenz eines Polypeptids (Proteins)

Verdampfen oder durch chemische Bindung des Wassers, z. B. an Mineralien. Sicherlich konnten beide Umsetzungsformen unter präbiotischen Bedingungen realisiert werden. Oberflächentemperaturen von 100°–180° C waren möglicherweise gar nicht so selten und ebenso Substanzen mit der Eigenschaft, Wasser zu binden. Ob beide der diskutierten Möglichkeiten oder nur eine von beiden allein vor 4 Milliarden Jahren auf der Erdoberfläche die Kondensationsreaktionen bedingt haben, ist noch völlig offen.

Wir wissen, daß geologische Prozesse über „Chromatographie-Effekte" zur selektiven Anreicherung von bestimmten Stoffen, z. B. Aminosäuren, führen können und daß eine Konzentrierung von gelösten Substanzen durch Austrocknen von Gewässern erfolgen kann. Bei einem möglichen Auftreten vulkanischer Prozesse im Bereich dieser Ablagerungen haben dort verhältnismäßig ideale Bedingungen für thermische Kondensationsprozesse bestanden.

Laboratoriumsexperimente aus dem Arbeitskreis von S.W. Fox (Fox et al., 1959; Fox u. Dose, 1977) haben gezeigt, daß Gemische der in Proteinen vorkommenden Aminosäuren durch Erhitzen auf meist über 100° C zu eiweißähnlichen Makromolekülen (Proteinoide) kondensiert werden können.

Man kann — theoretisch — alle Proteine auf Polyglycin zurückführen (Glycin ist die einfachste aller Aminosäuren) und Proteine als „polysubstituierte" Polyglycine auffassen (Abb. 17.68).

Die Folge (Sequenz) der Aminosäuren mit den Resten R_1, R_2, R_3, R_4 etc. in der Peptidkette eines Proteins gibt diesem seine charakteristischen Eigenschaften, z. B. als Enzym, Hormon oder Transportprotein. Man kann auch davon sprechen, daß der Aminosäuresequenz in einem Protein — oder allgemeiner — der nicht-zufälligen Sequenz verschiedener Monomeren in einem biologischen Makromolekül ein bestimmter Informationsgehalt entspricht.

Die Begriffe Informationsgehalt oder Information werden hier in bezug auf molekulare Wechselwirkungen angewandt. Informieren heißt im Bereich der Mole-

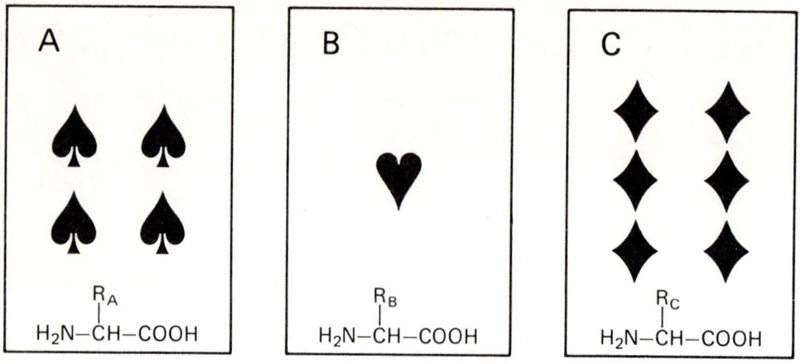

Abb. 17.69. Zufallsanordnung von Spielkarten bei der Bildung von „Tripletts" (alle Karten haben dieselbe Form und „Affinität")

AAA	BBB	CCC	– – –
AAB	BBA	CCA	ABC
ABA	BAB	CAC	ACB
BAA	ABB	ACC	BCA
AAC	BBC	CCB	BAC
ACA	BCB	CBC	CAB
CAA	CBB	BCC	CBA

kularbiologie, eine Nachricht von einem System A auf ein System B übermitteln und dadurch System B veranlassen, sich in bestimmter Weise zu verhalten.— Aufgrund ihrer Struktur enthalten alle Moleküle eine bestimmte Information (die Summe ihrer chemischen und physikalischen Eigenschaften). Ein wesentlicher Teil der „molekularen" Information der heute lebenden Organismen ist in ihren Genen verankert (genetische Information). Der Ursprung dieser genetischen Information ist noch unbekannt. Sie könnte, wie hier dargestellt wird, der Information der Proteinoide (Protoproteine) entstammen. Proteinoide haben nämlich einen bestimmten Informationsgehalt, da ihre Aminosäure-Bausteine nicht zufällig aneinandergereiht sind. Den theoretischen Ursprung dieser Information soll das folgende „Spielkartenmodell" verdeutlichen. Nehmen wir anstatt von drei beliebig ausgewählten Aminosäuren (mit den Seitengruppen R_1, R_2 und R_3) drei verschiedene Spielkarten-Typen, dann erhalten wir für die als Beispiel in Abb. 17.69 gewählten Dreierkombinationen (Tripeptide) $3^3=27$ verschiedene Kombinationsmöglichkeiten, von denen jede bei statistischer Kombination der Karten die gleiche Wahrscheinlichkeit besitzt. Die verschiedenen Aminosäure-Typen haben aber (im Gegensatz zu den verschiedenen Spielkartentypen) eine *unterschiedliche Raumstruktur und chemische Reaktivität*! Daher gibt es hier begünstigte und weniger begünstigte Kombinationen. Idealisierend zeigt Abb. 17.70 die Ausbildung einer begünstigten Kombination.

Die Information für die Sequenz der Aminosäuren in Proteinoiden entstammen also den *chemischen Eigenschaften der einzelnen Aminosäuren* und der Wechselwirkung mit ihrer Umgebung (pH-Wert, Temperatur und Konzentration, Gegenwart von Mineralien, Reaktivität der zu verlängernden Kette etc.). An diese Aussage knüpfen sich drei entscheidende Fragen:

a) Enthalten die heute im Labor synthetisierbaren Proteinoide die „richtige" Information, welche für die Evolution präbiotischer Systeme zu Protozellen (Urzellen) erforderlich war?

b) Wenn man in der Zusammensetzung und im Bau der Proteinoide eine „prägenetische" Information sehen darf, wie konnte diese Information auf die durch Proteinoide zu kodierenden Nucleinsäuren oder deren Vorläufer übertragen werden?

c) Wie konnten überhaupt erste Nucleinsäuren entstehen? Simulationsversuche zur präbiotischen Evolution geben bislang keine sicheren Anhaltspunkte für die abiotische Bildung von Nucleinsäuren.

Einzelne Reaktionsschritte, die zur Bildung von Proteinoiden durch thermische Polymerisation von Aminosäuren führen, werden seit einiger Zeit besser verstanden. Unter anderem hat man gefunden (Heinz et al., 1979), daß insbesondere bei Gegenwart von Lysin heterozyklische Verbindungen vom Typ der Pterine und des Flavins aufgebaut werden. Die Gegenwart von Glutaminsäure führt dagegen unter bestimmten Bedingungen bevorzugt zu Tripeptid-Sequenzen mit Pyroglutaminsäure am N-terminalen Kettenende (Nakashima et al., 1977; Hartmann et al., 1981). Abbildung 17.71 zeigt einen Strukturvorschlag. Die Darstellung zeigt, daß verschiedene chromophore Gruppen über kurze Peptidketten miteinander vernetzt sind. Somit sind diese Polymeren eher den Prote*iden* (Protei*ne* mit einem Nicht-Aminosäure-Anteil) verwandt. Sie könnten, wenn man in ihnen Vorläufer heutiger Proteine sieht, als Protoproteide bezeichnet werden.

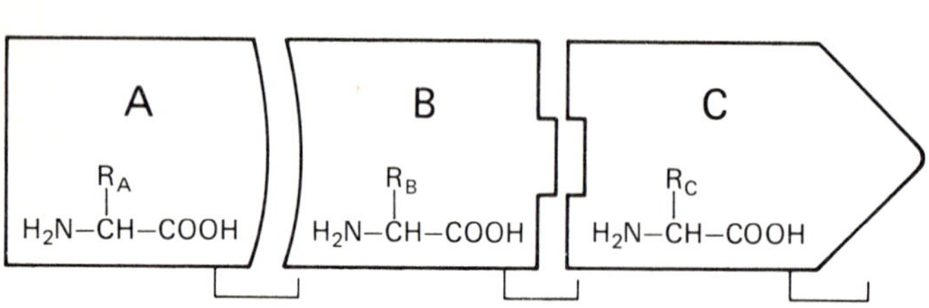

Abb. 17.70. Nicht-Zufallsanordnung von Aminosäuren bei der Bildung eines Tripeptids (jede Aminosäure besitzt eine spezielle Struktur und „Affinität"). Tatsächlich ist die nichtzufällige Anordnung nicht vollkommen. Die Spezifität der Struktur der Aminosäuren ist übertrieben dargestellt

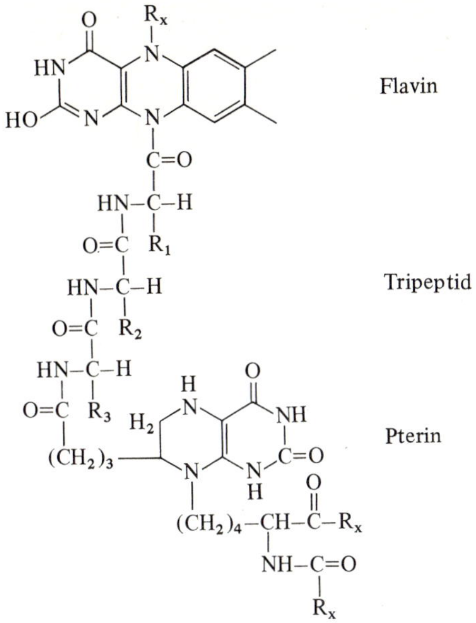

Abb. 17.71. Postulierte Teilstruktur eines thermischen Aminosäure-Polymeren (Proteinoid, Protoproteid)

Ob Protoproteide oder (allgemeiner) Proteinoide im Sinne der Frage a) die richtige Information enthalten, können wir z.Z. nicht sicher sagen. Aber viele der bisher dargestellten Proteinoide zeichnen sich durch zwei wichtige Eigenschaften aus, die wir auch bei evolutionsmäßigen Vorläufern unserer Proteine erwarten müssen:

Proteinoide zeigen in Abhängigkeit von den Bedingungen ihrer Bildung

1. katalytische (enzym-ähnliche) Eigenschaften und
2. sie können durch Selbstorganisation zellähnliche Strukturen (Präzellen, Mikrosphären) ausbilden.

Einige katalytische Eigenschaften verschiedener Proteinoide sind in der folgenden Tabelle 17.11 zusammengefaßt. Im Zusammenhang mit der erwähnten Bildung von Flavinen (Redoxsysteme) und Pteridinen bei der thermischen Polymerisation lysinreicher Aminosäure-Gemische zu Proteinoiden sei hier noch hervorgehoben, daß die in der Tabelle aufgeführte Aminierung der α-Ketoglutarsäure (zu Glutaminsäure) bzw. die Desaminierung der Glutaminsäure (zu α-Ketoglutarsäure) Redoxreaktionen sind, deren Mechanismus erst heute aufgrund des Nachweises von

Tabelle 17.11. Zusammenfassung der wichtigsten katalytischen Aktivitäten von thermischen Aminosäure-Polymeren

Substrat und Reaktion	Autoren	Aktive Aminosäuren in Polymeren	Aktivität [μM/mg/min]
Hydrolyse			
p-Nitrophenylacetat	Noguchi u. Saito (1962) Rohlfing u. Fox (1967) Usdin et al. (1967)	His, Lys, Asp.-imide Glu, Asp, Lys, His, Ser, Tyr	$1{,}5 \times 10^{-3}$
p-Nitrophenylphosphat	Oshima (1968)	Basische und neutrale Aminosäuren kooperative Asp-imide	2×10^{-3} $\sim 10^{-4}$
ATP	Fox u. Joseph (1965)	Zn^{2+}-Gehalt essentiell, lysinreiches Polymeres	
Decarboxylierung			
Glucose oder Glucuronsäure	Fox u. Krampitz (1964)	Lys	$\sim 10^{-4}$
Brenztraubensäure	Hardebeck u. Fox (1967) Krampitz u. Hardebeck (1966)	Glu, Thr	$\sim 10^{-4}$
Oxalessigsäure	Rohlfing (1967)	Lys	0,3
Aminierung und Desaminierung			
α-Ketoglutarsäure mit Harnstoff und ähnlichen NH_2-Donoren	Krampitz et al. (1967)	Lys und andere basische Aminosäuren	2×10^{-3}
Andere α-Ketosäuren, NH_2-Donor: Glutaminsäure	Krampitz et al. (1968)		$\sim 10^{-4}$
Oxidoreduktionen			
H_2O_2 (Katalase-Reaktion)	Dose u. Zaki (1971a, b)	Hämoproteinoid, Phe hemmt	1
H_2O_2 und H_2-Donor (NADH, Guaiacol) (Peroxidase-Reaktion)	Dose u. Zaki (1971a, b)	Lys-reiches Hämoproteinoid sehr aktiv	0,2

Flavinen in derartigen Polymeren verstanden werden kann.

Die zweite evolutionsmäßig wichtige Eigenschaft der Proteinoide, ihre Befähigung zur Selbstorganisation, soll im nächsten Abschnitt behandelt werden.

17.3.2.8 Selbstorganisation von Proteinoiden zu Mikrosphären („Präzellen")

Erstmals beschrieben Fox et al. (1959) die Bildung von „Sphärulen", die sie bei der Abkühlung gesättigter Proteinoidlösungen erhielten. Später wurden diese sphärischen, zellähnlichen Partikel meist Proteinoid-Mikrosphären genannt (Abb. 17.72). Nicht alle Sorten von Proteinoiden sind befähigt, Mikrosphären auszubilden. So erhält man beispielsweise keine Mikropartikel, wenn der Lysinanteil im Proteinoid zu hoch ist. Am besten eignen sich solche mit einem hohen Gehalt an sauren Aminosäuren. Neben der einfachen Darstellungsweise und ihren interessanten morphologischen Eigenschaften ist bemerkenswert, daß Mikrosphären erstaunliche Ähnlichkeiten mit den „organized elements", den mikroskopischen Strukturen von kohligen Chondriten (ein Meteoritentyp) aufweisen. Da das Innere von Meteoriten niemals Kontakt mit flüssigem Wasser hatte, sind jedoch unterschiedliche Bildungsweisen für die Mikrosphären und die „organized elements" wahrscheinlich. Der Durchmesser der Proteinoidmikrosphären ist abhängig von der Konzentration der Lösung an Salzen, d. h., die „Sphärulen" zeigen osmotisches Verhalten. Sie sind also befähigt zu schwellen und zu schrumpfen, je nach der Konzentration und Ionenstärke der Lösung, in der sie sich befinden. Nach diesen ersten aufsehenerregenden Ergebnissen erschienen mehrere Arbeiten über Eigenschaften und die mögliche Bedeutung dieser Protozellmodelle (Fox u. Dose, 1977).

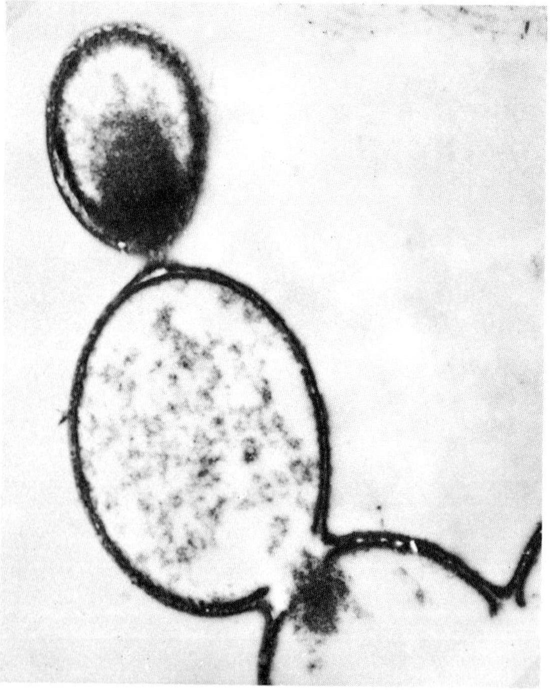

Abb. 17.72. Elektronenmikroskopische Aufnahme des Schnittes von Proteinoid-Mikrosphären nach Kontrastierung mit Osmiumtetroxid. (Nach Fox)

Die Mikrosphären können auch je nach dem Herstellungsverfahren recht unterschiedliche Durchmesser aufweisen, meist liegen sie zwischen 0,5–80 µm. Innerhalb einer Charge zeigen Mikrosphären eine relativ einheitliche Größe. Man errechnete, daß 1 Gramm des Ausgangsmaterials, also des Proteinoids, etwa 10^{10} solcher Partikeln ergibt. Bei der Suche nach Eigenschaften, die kontemporäre Zellen und Mikrosphären gemeinsam aufweisen, fand man, daß sie sich gegenüber einem typischen Färbeverfahren, der Gramfärbung, ähnlich wie Bakterien verhalten. Bei der Gramfärbung behandelt man die fixierten Bakterienzellen zuerst mit dem basischen Farbstoff Kristallviolett, darauf mit Jodlösung. Letztere bildet mit Kristallviolett einen in Wasser unlöslichen Farbstoff, der allerdings in Alkohol oder Aceton teilweise löslich ist. Das Präparat wird mit Alkohol differenziert. Die sog. „grampositiven" Zellen behalten den Jod-Farbstoffkomplex und bleiben blau gefärbt, die „gramnegativen" Zellen werden bei dieser Prozedur entfärbt. Abhängig von der Proteinoidzusammensetzung der Mutterlösung konnten sowohl grampositive als auch gramnegative Mikrosphären erzeugt werden.

Die in Abb. 17.72 gezeigten „Zellhüllen" lassen eine doppelte Wandstruktur erkennen. Diese „Zellhüllen" sind selektiv permeabel. Ein Stoffaustausch zwischen zwei Mikrosphären, der an eine bakterielle Konjugation erinnert, wurde in einigen Fällen nachgewiesen. Proteinoide behalten nach ihrer Selbstorganisation zu Mikrosphären ihre katalytischen Eigenschaften. So können bestimmte Stoffwechselreaktionen auch in Mikrosphären ablaufen. Somit erfüllen Mikrosphären die Kriterien a) und b) (Abschn. 17.3.1.2) für ein lebendes System. Mikrosphären verfügen sogar über eine Art primitiver Fortpflanzungsfähigkeit, da sich an ihrer Oberfläche spontan Knospen (und damit neue „Aggregationskeime") bilden können, welche durch Aufnahme von Proteinoiden aus der umgehenden Lösung zu voll ausgebildeten Mikrosphären heranwachsen.

17.3.3 Verbleibende Fragen

Es ist z. Z. unmöglich zu entscheiden, ob Proteinoid-Mikrosphären die „richtigen" Modelle für Präzellen oder gar Protozellen sind. Man käme einer Antwort entscheidend näher, wenn gezeigt werden könnte, daß sich aus Proteinoid-Mikrosphären über viele Generationen hinweg Zellen entwickeln können, in denen (wie bei heutigen Zellen) Nucleinsäuren als Träger der genetischen Information auftreten. Ein plausibler Weg dafür ist jedoch noch nicht bekannt. Seine Existenz wird sogar von vielen Molekularbiologen zumindest für kontemporäre Zellen bezweifelt (Zentrales Dogma der Molekularbiologie). In Abb.

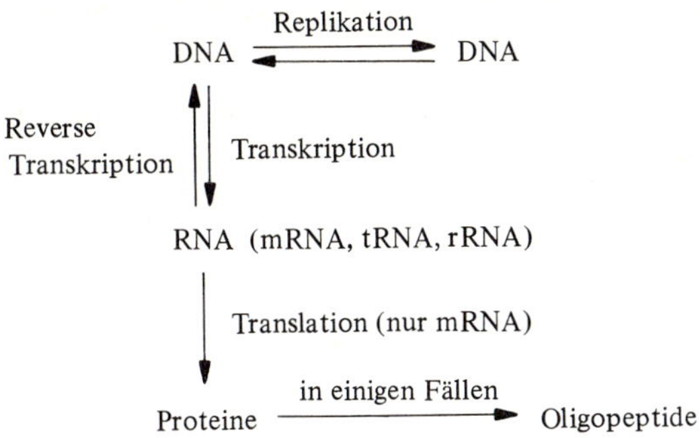

Abb. 17.73. Fluß der biologischen Information. Replikation = Reduplikation (der DNA). Transkription = Umschreiben der Nucleotidsequenz der DNA in eine entsprechende Sequenz der RNA. Translation = Übersetzung der Sequenz von Nucleotid-Tripletts der mRNA in die entsprechende Aminosäure-Sequenz eines Proteins oder Polypeptids

17.73 ist der bisher bekannte Fluß der biologischen (genetischen) Information in heutigen Zellen zusammenfassend dargestellt.

Viele Evolutionstheoretiker (s. a. Kapitel 17.1 u. 17.2) gehen davon aus, daß das zentrale Dogma der Molekularbiologie auch für die Vorläufer der ersten Zellen galt. Entsprechend müssen sie fordern, daß genetische Information auch während der proto-Darwinschen Evolution in der Nucleotid-Sequenz selbstreplizierender Polynucleotide der Zellvorläufer (Proto- oder Präzellen) verankert war. Voraussetzung für diese Hypothese ist, daß durch chemische Evolution unter anderem auch zur Selbstreplikation befähigte Zufallspolynucleotide entstanden sind, die zusammen mit anderen präbiotischen Molekülen durch Selbstorganisation zell-ähnliche Vorläufer der ersten Zellen bildeten. Leider wird diese Annahme durch die Simulationsexperimente zur chemischen Evolution nicht gestützt. Die spontane Bildung von zur „Selbstreplikation" befähigten Polynucleotiden (etwa eines Decanucleotids) erscheint aus mindestens zwei Gründen als sehr wahrscheinlich:

1. Auch in heutigen Zellen gibt es keine *Selbst*replikation von Nucleinsäuren. Die Replikation der Nucleinsäuren muß durch Enzyme (also Proteine) katalysiert werden, deren Biosynthese bereits an die Gegenwart hochentwickelter zellulärer Strukturen und Nucleinsäuren gebunden ist.
2. Selbst wenn es eine abiotische oder spontane Replikation von Polynucleotiden gäbe (dieser Prozeß erscheint zwar theoretisch möglich, er wurde jedoch experimentell noch nicht befriedigend gesichert), so müßten hierzu ab initio die Polynucleotide bereits dieselbe, vom Standpunkt der Stereochemie her gesehen äußerst komplizierte Struktur aufweisen (D-2-Deoxyribose in 3- und 5-Stellung verestert mit Phosphorsäure und in 1-Stellung β-glycosidisch verknüpft mit einem bestimmten N-Atom einer Purin- oder Pyrimidin-Base; s. hierzu auch Abb. 17.74 und Abschn. 17.3.2.6), wie wir sie von den Nucleinsäuren der heutigen Zellen her kennen. Nur bei strenger Einhaltung dieser stereospezifischen Gegebenheiten ist eine Replikation der DNA möglich.

Ähnlich wie die spontane Bildung eines funktionsfähigen DNA- oder RNA-Fragments erscheint z. Z. auch die abiotische Bildung von hochgeordneten

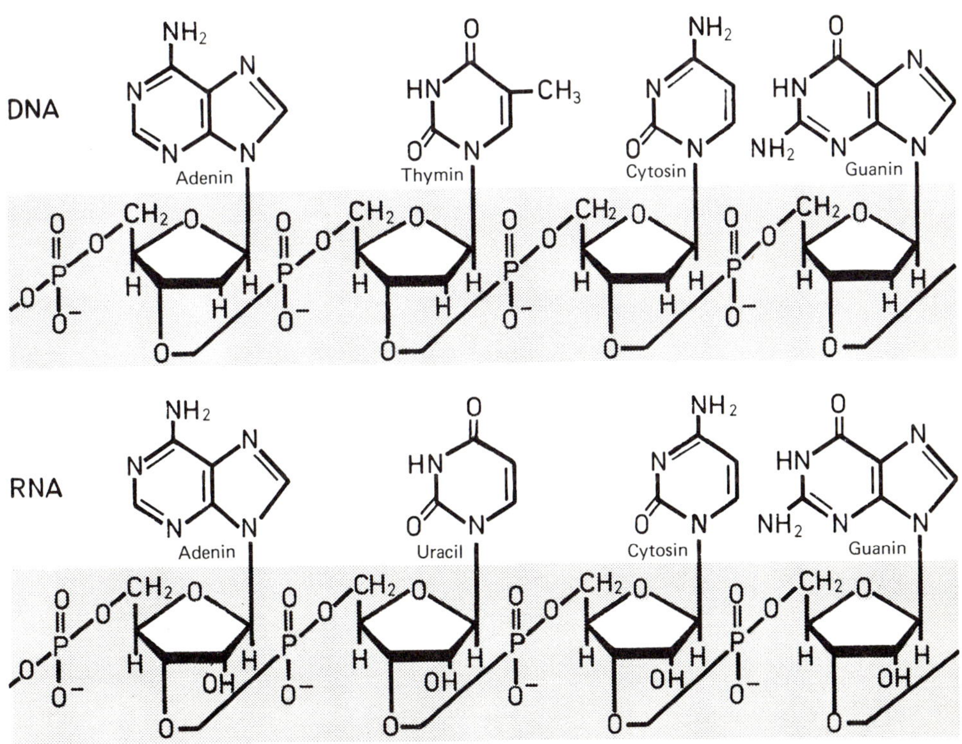

Abb. 17.74. Nucleotidsequenzen (von Modell-Fragmenten) der DNA und RNA. Alle Verknüpfungen sind streng stereospezifisch

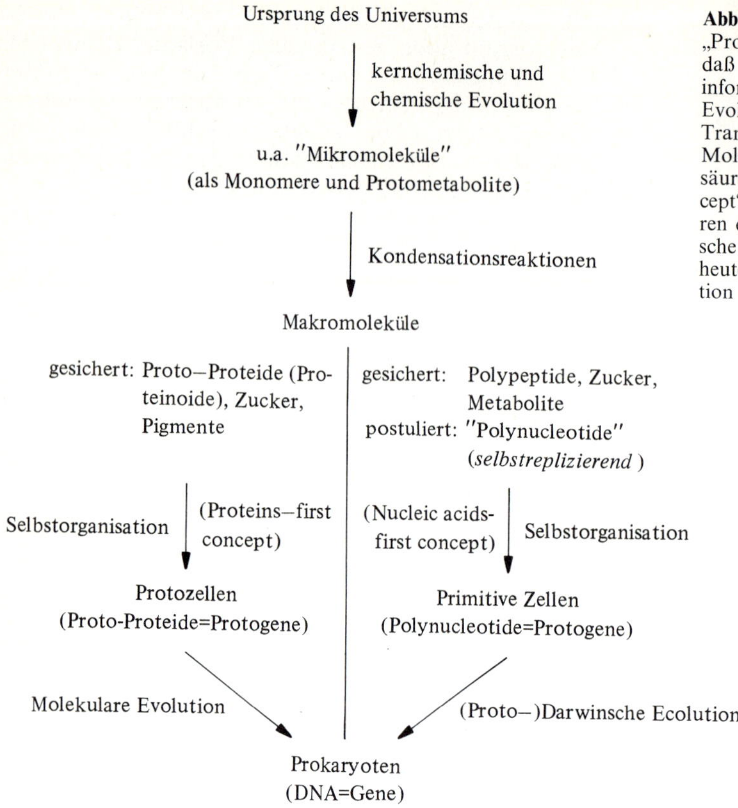

Abb. 17.75. Schema der Evolution von Prokaryoten. Beim „Proteins-first Concept" (links) wird davon ausgegangen, daß Proteinoide (Proto-Proteide = Proto-Gene) die ersten informativen Biopolymeren waren. Im Verlauf der weiteren Evolution wurde deren Information im Sinne einer reversen Translation (heute verboten durch das „zentrale Dogma der Molekularbiologie) in die Nucleotidsequenzen erster Nucleinsäuren (= Gene) übersetzt. Beim „Nucleic acids-first Concept" (rechts) wird angenommen, daß (ab initio) Nucleinsäuren die Träger der biologischen Information waren (abiotische Polynucleotide = Proto-Gene). Diese Annahme ist bis heute durch Simulationsversuche zur präbiotischen Evolution nicht gestützt

Polysacchariden (Cellulose, Glycogen, Stärke u. ä.), wie sie in heutigen Organismen vorkommen, als sehr unwahrscheinlich. Abbildung 17.75 faßt die wesentlichen Evolutionsschritte bis zur Bildung der Prokaryoten zusammen und macht nochmals die (hypothetischen) Alternativen zwischen der Evolution der genetischen Information aus der Information der Protoproteide (links) (Abschn. 17.3.2.7) und der spontanen Entstehung der protogenetischen Information (rechts) deutlich.

Literaturauswahl

Dose, K.: Biochemie. Eine Einführung. Berlin-Heidelberg-New York: Springer 1980.
Dose, K., Rajewsky, B.: Strahlenchemische Bildung von Aminen und Aminosäuren. Biochim. Biophys. Acta **25**, 225–226 (1957).
Dose, K., Rauchfuss, H.: Chemische Evolution und der Ursprung lebender Systeme. Stuttgart: Wissenschaftliche Verlagsgesellschaft 1975.
Fox, S.W., Dose, K.: Molecular evolution and the origin of life. New York: Marcel Dekker, 1977.
Fox, S.W., Harada, K., Kendrick, J.: Production of spherules from synthetic proteinoid and hot water. Science **129**, 1221–1222 (1959).
Fox, S.W., Harada, K., Vegotsky, A.: A thermal polymerization of amino acids and a theory of biochemical origins. Experientia **15**, 81–84 (1959).
Garrison, W.M., Morrison, D.H., Hamilton, J.G., Benson, A.A., Calvin, M.: Reduction of carbon dioxide in aqueous solutions by ionizing radiation. Science **114**, 416–478 (1951).
Groth, W., Suess, H.: Photochemie der Atmosphäre der Erde. Naturwissenschaften **26**, 77 (1938).
Haldane, J.B.S.: The origin of life. Rationalist **148**, 3 (1928). Wiedergedruckt in: Science and Human Life. New York: Harper Brothers 1933.
Harada, K., Fox, S.W.: Thermal synthesis of natural amino acids from a postulated primitive terrestrial atmosphere. Nature (London) **201** (4917), 335–336 (1964).
Hartmann, J., Brand, M.C., Dose, K.: Formation of specific amino acid sequences during thermal polymerization of amino acids. Biosystems **13**, 141–147 (1981).
Heinz, B., Ried, W., Dose, K.: Abiogene Bildung von Pteridinen und Flavinen durch thermische Behandlung von Aminosäuren. Angew. Chem. **91**, 510–511 (1979).
Miller, S.L.: A production of amino acids under possible primitive earth conditions. Science **117**, 528–529 (1953).
Miller, S.L.: Production of some organic compounds under possible primitive earth conditions. J. Am. Chem. Soc. **77**, 2351–2361 (1955).
Nakashima, T., Jungck, J.R., Fox, S.W., Lederer, E., Das, B.C.: A test for randomness in peptides isolated from a thermal polyamino acid. Int. J. Quant. Chem. Quant. Biol. Symp. **4**, 65–72 (1977).
Oparin, A.I.: Proiskhozdenic Zhizny; (Der Ursprung des Lebens). Moskau: 1zd. Mosk. Rabochii 1924.
Oró, J.: Mechanism of synthesis of adenine from hydrogen cyanide under possible primitive earth conditions. Nature (London) **191**, 1193–1194 (1961).
Urey, H.C.: The planets: their origin and development. New Haven: Yale University Press 1952.

Anhang

Tabelle 1. Im Buch vorkommende Konstanten

Größe und Formelzeichen		Zahlenwert[a]	SI-Einheit
Atomare Einheitsmasse	u	$1{,}6605655(86)\cdot 10^{-27}$	kg
Avogadro-Konstante	N_A	$6{,}022045(31)\cdot 10^{23}$	mol^{-1}
Bohrsches Magneton	μ_B	$9{,}274078(36)\cdot 10^{-24}$	$J\,T^{-1}$
Bohrscher Radius	a_0	$5{,}2917706(44)\cdot 10^{-11}$	m
Boltzmann-Konstante	k	$1{,}380662(44)\cdot 10^{-23}$	$J\,K^{-1}$
Elektrische Feldkonstante	ε_0	$8{,}85418782(7)\cdot 10^{-12}$	$F\,m^{-1}$
Elektronenladung	e	$1{,}6021892(46)\cdot 10^{-19}$	C
Elektronenladung, spezifische	e/m_e	$1{,}7588047(49)\cdot 10^{11}$	$C\,kg^{-1}$
Faraday-Konstante	F	$9{,}648456(27)\cdot 10^{4}$	$C\,mol^{-1}$
Kernmagneton	μ_n	$5{,}050824(20)\cdot 10^{-27}$	$J\,T^{-1}$
Lichtgeschwindigkeit im Vakuum	c	$2{,}99792458(1,2)\cdot 10^{8}$	$m\,s^{-1}$
Magnetische Feldkonstante	μ_0	$1{,}256637061\cdot 10^{-6}$	$H\,m^{-1}$
Molare Gaskonstante	R	$8{,}31441(26)$	$J\,mol^{-1}\,K^{-1}$
Molares Normvolumen des idealen Gases	V_0	$22{,}41383(70)\cdot 10^{-3}$	$m^3\,mol^{-1}$
Nullpunkt der Celsius-Temperaturskala		273,15	K
Planck-Konstante	h	$6{,}626176(36)\cdot 10^{-34}$	J s
Ruhemasse des			
Elektrons	m_e	$9{,}109534(47)\cdot 10^{-31}$	kg
Neutrons	m_n	$1{,}6749543(86)\cdot 10^{-27}$	kg
Protons	m_p	$1{,}6726485(86)\cdot 10^{-27}$	kg
Rydberg-Konstante	R_∞	$1{,}097373177(83)\cdot 10^{7}$	m^{-1}
Energieäquivalent $1\,eV = 1{,}6021892\cdot 10^{-19}\,J$			

[a] Die Zahl in Klammern bedeutet die Standardabweichung der Konstante bezogen auf die letzten geschriebenen Ziffern
[Beispiel: $u = (1{,}6605655 \pm 0{,}0000086)$]
(Aus: CODATA 11, Bulletin: Recommended consistent values of the fundamental Physical Constants, 1973)

Allgemeine Bemerkungen zu den SI-*Einheiten:*

Zusammengesetzte Einheiten sind entweder direkt aus den Basiseinheiten der Tabelle 2 zu bilden (Beispiel: Dichte: $kg\,m^{-3}$) oder unter Verwendung einer zusammengesetzten SI-Einheit, die einen eigenen Namen hat (Tabelle 3). (Beispiel: elektrische Feldstärke: $V\,m^{-1}$.) Vorsatzzeichen sind bei zusammengesetzten Einheiten möglichst nicht zu verwenden, da die neuen Einheiten nicht mehr mit dem SI-System konsistent sind. Dagegen können Einzeleinheiten mit den Zusätzen versehen werden, wenn sie nicht für die Rechnung weiterverwendet werden sollen. (Beispiele: Länge in m, nm; elektrische Spannung: mV, μV).

Tabelle 2. Basiseinheiten des SI-Systems

Größe	SI-Basiseinheit	
	Name	Einheitenzeichen
Länge	Meter	m
Masse	Kilogramm	kg
Zeit	Sekunde	s
Elektrische Stromstärke	Ampere	A
Thermodynamische Temperatur	Kelvin	K
Stoffmenge	Mol	mol
Lichtstärke	Candela	cd

Tabelle 3. Abgeleitete SI-Einheiten, die einen besonderen Namen haben

Größe	SI-Einheit			
	Name	Einheitenzeichen	durch andere SI-Einheiten ausgedrückt	durch SI-Basiseinheiten ausgedrückt
Frequenz	Hertz	Hz		s^{-1}
Kraft	Newton	N		$m \cdot kg \cdot s^{-2}$
Druck, Spannung	Pascal	Pa	N/m^2	$m^{-1} \cdot kg \cdot s^{-2}$
Energie, Arbeit, Wärmemenge	Joule	J	$N \cdot m$	$m^2 \cdot kg \cdot s^{-2}$
Leistung, Energiestrom	Watt	W	J/s	$m^2 \cdot kg \cdot s^{-3}$
Elektrizitätsmenge, elektrische Ladung	Coulomb	C		$s \cdot A$
elektrisches Potential, elektrische Spannung, elektromotorische Kraft	Volt	V	W/A	$m^2 \cdot kg \cdot s^{-3} \cdot A^{-1}$
elektrische Kapazität	Farad	F	C/V	$m^{-2} \cdot kg^{-1} \cdot s^4 \cdot A^2$
elektrischer Widerstand	Ohm	Ω	V/A	$m^2 \cdot kg \cdot s^{-3} \cdot A^{-2}$
elektrischer Leitwert	Siemens	S	A/V	$m^{-2} \cdot kg^{-1} \cdot s^3 \cdot A^2$
magnetischer Fluß	Weber	Wb	$V \cdot s$	$m^2 \cdot kg \cdot s^{-2} \cdot A^{-1}$
magnetische Flußdichte, Induktion	Tesla	T	Wb/m^2	$kg \cdot s^{-2} \cdot A^{-1}$
Induktivität	Henry	H	Wb/A	$m^2 \cdot kg \cdot s^{-2} \cdot A^{-2}$
Celsius-Temperatur	Grad Celsius	°C		K
Lichtstrom	Lumen	lm		$cd \cdot sr$ (a)
Beleuchtungsstärke	Lux	lx	lm/m^2	$m^{-2} \cdot cd \cdot sr$ (a)
Aktivität (radioaktive)	Becquerel	Bq		s^{-1}
Energiedosis	Gray	Gy	J/kg	$m^2 \cdot s^{-2}$

(a) In diesen beiden Ausdrücken wird der Steradiant (sr) wie eine Basiseinheit behandelt.

Tabelle 4. Vorsatzzeichen, mit deren Hilfe Teile oder Vielfache einer SI-Einheit ausgedrückt werden können

Faktor	Vorsatz	Vorsatzzeichen	Faktor	Vorsatz	Vorsatzzeichen
10^{18}	Exa	E	10^{-1}	Dezi	d
10^{15}	Peta	P	10^{-2}	Zenti	c
10^{12}	Tera	T	10^{-3}	Milli	m
10^9	Giga	G	10^{-6}	Mikro	µ
10^6	Mega	M	10^{-9}	Nano	n
10^3	Kilo	k	10^{-12}	Piko	p
10^2	Hekto	h	10^{-15}	Femto	f
10^1	Deka	da	10^{-18}	Atto	a

Tabelle 5. Weitere, nicht in den Tabellen 2 und 3 enthaltene SI-Einheiten:

	ältere Einheit	SI-Einheit
1. Beispiele für Einheiten aus Geometrie und Mechanik		
Fläche		m^2
Volumen		m^3
Ebener Winkel	°	rad (Radiant)
Räumlicher Winkel		sr (Steradiant)
Geschwindigkeit		$m\,s^{-1}$
Impuls		$kg\,m\,s^{-1}$

Tabelle 5 (Forts). Weitere, nicht in den Tabellen 2 und 3 enthaltene SI-Einheiten:

	ältere Einheit	SI-Einheit
Drehimpuls		$kg\,m^2\,s^{-1}$
Dichte		$kg\,m^{-3}$
Spezifisches Gewicht		$N\,m^{-3}$
Belastung, Spannung (i.a. Kraft/Fläche)		$N\,m^{-2}$
Moment (Biege-, Dreh-)		N m
Dynamische Viskosität		Pa s
2. Beispiele für Einheiten des Elektromagnetismus		
Wellenzahl		m^{-1} oder cm^{-1} (weiterhin erlaubt)
Elektrische Feldstärke		$V\,m^{-1}$
Magnetische Feldstärke	Oe	$A\,m^{-1}$
3. Beispiele für Einheiten aus Chemie und Thermodynamik		
Molekularmasse		$u\,[1\,u = \frac{1}{12} m_{12C}]$
Relative Molekularmasse (bezogen auf $\frac{1}{12}\,m_{12C}$)		ohne Einheit
Energie, bezogen auf die Stoffmenge eines Mols, molare Energie		$J\,mol^{-1}$
Wärmekapazität, Entropie		$J\,K^{-1}$
Stoffmengenkonzentration	$mol \cdot l^{-1}$	$mol\,m^{-3}$

Tabelle 5 (Forts). Weitere, nicht in den Tabellen 2 und 3 enthaltene SI-Einheiten

	ältere Einheit	SI-Einheit
4. Beispiele für Einheiten der *Strahlenphysik*		
Energiedosisleistung		$Gy\,s^{-1}$
Äquivalentdosis (Die Einheit Sv ist noch nicht als SI-Einheit aufgenommen)	rem	Sv (Sievert)
Ionendosis	R	$C\,kg^{-1}$
Bestrahlungsstärke		$W\,m^{-2}$
5. Beispiele für weitere Einheiten		
Sedimentationskoeffizient $1\,S = 10^{-13}\,s$		S (Svedberg)
Diffusionskoeffizient		$m^2\,s^{-1}$
Flächenträgheitsmoment		m^4
Druckgradient		$Pa\,m^{-1}$
Volumenflußrate		$m\,s^{-1}$

Tabelle 6. Einige Umrechnungen zwischen älteren und SI-Einheiten

Kraft	1 kp	=	9,806 N
	1 dyn	=	10^{-5} N
Druck	1 atm	=	101325 Pa
	1 Torr	=	(101325/760) Pa
		=	133,3 Pa
	1 bar	=	10^5 Pa
ebener Winkel	1°	=	$(\pi/180)$ rad
Viskosität	1 poise	=	0,1 Pa s
Energie	1 kcal	=	4,1868 kJ
	1 erg	=	10^{-7} J
magn. Induktion	1 G	≙	10^{-4} T
magn. Feldstärke	1 Oe	≙	$\frac{1000}{4\pi}\,A\,m^{-1}$
Radioaktivität	1 Ci	=	$3{,}7 \cdot 10^{10}$ Bq
Energiedosis	1 rd	≙	0,01 Gy
Äquivalentdosis	1 rem	≙	0,01 Sv
Ionendosis	1 R	=	$2{,}58 \cdot 10^{-4}\,C\,kg^{-1}$

Sachverzeichnis